# 中国爆破新技术 Ⅳ

New Technology of Blasting
Engineering in China Ⅳ

张志毅 主编

北 京
冶金工业出版社
2016

## 内 容 提 要

本书基于第十一届中国爆破行业学术会议征集论文整理编辑而成。书中收录了近四年来我国爆破领域的学术论文207篇,分为综述与爆破理论,岩土爆破与水下爆破,拆除爆破,爆炸加工,油气井爆破与二氧化碳相变膨胀致裂技术,爆破器材与装备,爆破测试技术,爆破安全与管理七大部分,内容反映了近年来我国爆破行业在爆破新理论、新技术、新材料、新装备,特别是爆破器材与装备、数字化爆破技术、爆破模拟技术、油气井爆破技术、爆炸加工新技术、深部地下采矿技术和微振测试技术以及示踪安检技术等的研发与应用方面取得的进步与发展。

本书可供爆破领域的工程技术人员以及相关科研、教学和管理人员参考阅读。

图书在版编目(CIP)数据

中国爆破新技术. Ⅳ = New Technology of Blasting Engineering in China Ⅳ/张志毅主编. —北京:冶金工业出版社,2016.9
ISBN 978-7-5024-7313-6

Ⅰ.①中… Ⅱ.①张… Ⅲ.①爆破技术—文集 Ⅳ.①TB41-53

中国版本图书馆 CIP 数据核字(2016)第 200939 号

出 版 人　谭学余
地　　址　北京市东城区嵩祝院北巷39号　邮编　100009　电话　(010)64027926
网　　址　www.cnmip.com.cn　电子信箱　yjcbs@cnmip.com.cn
责任编辑　程志宏　徐银河　美术编辑　吕欣童　版式设计　彭子赫
责任校对　王永欣　李　娜　责任印制　牛晓波

ISBN 978-7-5024-7313-6

冶金工业出版社出版发行;各地新华书店经销;固安华明印业有限公司印刷
2016年9月第1版,2016年9月第1次印刷
787mm×1092mm 1/16;91.25印张;2453千字;1434页
318.00元

冶金工业出版社　投稿电话　(010)64027932　投稿信箱　tougao@cnmip.com.cn
冶金工业出版社营销中心　电话　(010)64044283　传真　(010)64027893
冶金书店　地址　北京市东四西大街46号(100010)　电话　(010)65289081(兼传真)
冶金工业出版社天猫旗舰店　yjgycbs.tmall.com

(本书如有印装质量问题,本社营销中心负责退换)

# 《中国爆破新技术 IV》
## 编委会

**主　　任**　汪旭光

**副 主 任**　张志毅

**编委会委员**　（按姓氏笔画排列）

| | | | | | |
|---|---|---|---|---|---|
| 于亚伦 | 于淑宝 | 马宏昊 | 王　勇 | 王小林 | 王中黔 |
| 王尹军 | 王明林 | 方桂富 | 邓志勇 | 厉建华 | 龙　源 |
| 卢文波 | 田会礼 | 田运生 | 史长根 | 史雅语 | 曲广建 |
| 刘治峰 | 刘殿书 | 闫鸿浩 | 关尚哲 | 纪洪广 | 李战军 |
| 李晓杰 | 李健康 | 杨　军 | 杨仁树 | 杨年华 | 杨旭升 |
| 杨海斌 | 肖　纯 | 肖绍清 | 吴进东 | 吴新霞 | 何华伟 |
| 汪　浩 | 汪旭光 | 汪艮忠 | 沈兆武 | 宋锦泉 | 张正宇 |
| 张正忠 | 张永哲 | 张光权 | 张志毅 | 陈志刚 | 陈绍潘 |
| 范述宁 | 金　沐 | 周传波 | 周明安 | 周桂松 | 周景蓉 |
| 郑长青 | 孟海利 | 赵　根 | 赵　铮 | 赵明生 | 查正清 |
| 施富强 | 洪卫良 | 宫翠清 | 费鸿禄 | 贾永胜 | 顾毅成 |
| 徐宇皓 | 殷怀堂 | 高文学 | 高荫桐 | 郭子如 | 崔晓荣 |
| 章东耀 | 蒋昭镔 | 程志宏 | 谢　源 | 管志强 | 薛培兴 |

**秘 书 长**　高荫桐

**副秘书长**　杨年华

# 前　言

2016年，是我国"十三五"规划的开局之年，值此全国深入学习领会党的十八届五中全会精神、全面贯彻落实"创新、协调、绿色、开放、共享"五大发展理念之际，我国爆破行业迎来了第十一届中国爆破行业学术会议。

自2012年在广州召开第十届全国工程爆破学术会议以来，我国经济由高速发展进入中高速发展的新常态，转方式、调结构、创新驱动已成为新常态下促进经济持续健康发展的主旋律。基此，我国爆破行业大力实施创新驱动发展战略，积极调整产业结构、努力转变经济发展方式，在爆破新理论、新技术、新材料、新装备的研发与应用等方面取得了长足的进步与发展，例如爆破器材与装备、数字化爆破技术、爆破模拟技术、油气井爆破技术、爆炸加工新技术、深部地下采矿技术和微振测试技术以及示踪安检技术等都取得了新突破。本次会议旨在展示与交流我国爆破行业近年来的科技创新成就与生产应用成果，进一步提升我国爆破行业科技、安全和管理水平，促进我国爆破事业健康、可持续发展。

本次学术会议由中国爆破行业协会和中国力学学会共同主办。截至2016年4月底，共收到全国各地提交的学术论文236篇。2016年5月初，学术会议组委会在北京组织部分专家对论文进行了初步遴选与分类，而后于2016年5月25日至29日在杭州召开了第十一届中国爆破行业学术会议论文审稿会。来自全国各地的76名专家、学者经过3天认真负责的严格审查与仔细修改，最终确定录用207篇编辑成《中国爆破新技术Ⅳ》。经专家推荐和编委会审核，选定其中27篇论文作大会发言，其余论文在专业分组会上报告，并遴选一等奖论文21篇，优秀论文42篇。论文集按照综述与爆破理论，岩土爆破与水下爆破，拆除爆破，爆炸加工、油气井爆破与二氧化碳相变膨胀致裂技术，爆破器材与装备，爆破测试技术，爆破安全与管理七大部分编排，基本覆盖了爆破行业的方方面面，充分反映了近四年来爆破行业的技术进步，内容丰富，可供国内外爆破行业的同仁们学习和参考。

随着我国经济发展和科技进步，爆破行业已从传统的爆破工程设计施工拓展到爆破生产、爆炸加工、装备制造、教学科研、安全评估和安全监理及安全管理等方面，爆破技术广泛应用于我国经济建设的各个领域，而"工程爆破"已无法定义爆破行业的全部内涵。因此，中国工程爆破协会已于2015年10月31日更名为中国爆破行业协会。而《中国爆破新技术Ⅳ》的内容也有较大变化，除爆破理论、爆破器材与爆破技术外，还新增了油气井爆破技术、二氧化碳相变膨胀致裂技术和爆破器材安检示踪技术以及无人机技术应用等论文，爆炸加工、装备制造和安全管理等论文也明显增多。鉴于此，经多位专家建议，本次学术会议由"全国工程爆破学术会议"更名为"中国爆破行业学术会议"。

新时期、新形势、新任务，要求我们在科技创新方面有新理念、新设计、新战略。我们要深入贯彻落实党的十八大和十八届三中、四中、五中全会和习近平总书记系列讲话精神，团结拼搏、锐意进取、勇于创新，增强自主创新能力、促进创新成果转化，在创新中寻找国民经济发展的新支点，在创新中寻找爆破行业的新突破，为实现"两个一百年"奋斗目标提供强有力的科技支撑。

鉴于时间紧迫和水平所限，本论文集缺点错误在所难免，恳请广大读者指正。

《中国爆破新技术Ⅳ》编委会主任
中国爆破行业协会会长
中国工程院院士
2016年8月8日

# 目 录

## 综述与爆破理论

| | | |
|---|---|---|
| 爆轰波碰撞效应及其数值模拟 | 缪玉松 李晓杰 闫鸿浩 等 | 3 |
| 基于CONWEP动态加载的建筑物爆破拆除数值模拟研究 | 杨 军 张 帝 任 光 | 11 |
| 深部地层地应力水平与爆破振动频率特征的相关性研究 | 杨润强 严 鹏 卢文波 等 | 22 |
| 爆破振动信号的局部波分解方法 | 徐振洋 陈占扬 郭连军 等 | 32 |
| 爆炸荷载下缺陷介质裂纹扩展规律数值分析研究 | 王雁冰 杨仁树 许 鹏 等 | 41 |
| 某高层建筑物群爆破拆除触地冲击作用下邻近地下结构动力响应特性研究 | 贾永胜 谢先启 姚颖康 等 | 52 |
| 多损伤机制联合作用的岩体爆破分区模型研究 | 胡英国 吴新霞 卢文波 等 | 61 |
| 电爆炸过程及其机理分析 | 王金相 彭楚才 卢孚嘉 | 72 |
| 拆除高大烟囱撞地的侵彻溅飞 | 魏晓林 刘 翼 | 78 |
| 爆破荷载作用下核电站基坑边坡稳定的安全阈值研究 | 唐 海 刘亚群 吴仕鹏 等 | 89 |
| 不同爆破进尺深部围岩能量集聚及破损特性 | 谢良涛 严 鹏 范 勇 等 | 96 |
| 装药结构对爆破块度的影响与块度分布预测模型研究 | 张 昭 白和强 李红俊 等 | 106 |
| 爆破振动测试合成速度的探讨 | 王振毅 张正忠 崔未伟 | 115 |
| 直眼掏槽爆破中空孔效应分析 | 王长柏 程 琳 宗 琦 等 | 119 |
| 基于损伤程度的岩体爆破粉碎区及裂隙区模拟方法 | 何 琪 严 鹏 卢文波 等 | 126 |
| 安检示踪标识物与工业炸药的相容性研究 | 王尹军 汪旭光 刘奇祥 等 | 134 |
| 地面爆炸荷载作用下埋地钢管的动态响应分析与安全评价 | 谢先启 贾永胜 韩传伟 等 | 139 |
| 路堑边坡岩体爆破开挖数值模拟研究 | 曹晓立 高文学 吴 楠 等 | 147 |
| RHT模型在SHALE中的实现 | 江雅勤 王宇涛 刘殿书 等 | 156 |
| 模拟深水爆炸压力容器的可靠性设计优化 | 李琳娜 钟冬望 涂圣武 | 163 |
| 分水岭图像分割技术在岩石爆堆块度分析中的应用 | 孙俊鹏 缪玉松 徐 垚 等 | 170 |

炸药与岩石匹配的试验方法与工程应用 ………………………………………………… 崔晓荣 177
爆破拆除高大建（构）筑物重心位置高度的确定与计算
………………………………………………………………… 王 升 郭天天 易理辉 184
基于层次分析法的隧道掘进爆破效果影响因素分析及方案优化研究
……………………………………………………………… 邓杰文 白晓宏 李必红 等 189
小直径药柱传爆间隔装药技术研究 ……………………… 喻 智 林大能 郑文富 198
隧道掘进爆破参数优化设计 ……………………………… 龚周闯宇 白晓宏 贺居鳌 等 206
基于概率统计方法的导爆管起爆网路的可靠性分析
……………………………………………………………… 杨诗杰 张佩晴 刘岳云 等 211
炸药爆轰的连续测量研究 ………………………………… 潘训岑 李晓杰 李雪琪 218
改扩建隧道爆破开挖施工关键技术及其数值模拟研究
……………………………………………………………… 刘 冬 高文学 周世生 等 224
炸药岩石波阻抗匹配的数值模拟研究 …………………… 郝亚飞 杨敏会 周桂松 231
钢结构烟囱爆破切口参数正交优化研究 ………………… 孙 飞 龙 源 赵华兵 等 240
深孔束状装药爆破数值模拟 ……………………………… 崔新男 宋锦泉 汪旭光 等 250
球形炸药水下爆炸试验及数值模拟 ……………………… 胡 晶 陈祖煜 梁向前 等 256

## 岩土爆破与水下爆破

城区复杂环境 213 吨炸药大区深孔爆破技术 …………… 张中雷 管志强 李厚龙 等 265
空气间隔装药爆破应用研究 ……………………………… 康 强 赵明生 池恩安 277
非台阶拉槽爆破之孔内分层装药分段起爆施工技术 …… 黎蜀明 樊荆连 杨 斌 283
大型弧形高边坡预裂爆破设计与施工技术 ……………… 王永虎 李雷斌 金 沐 等 290
八达岭索道厂房基础控制爆破技术研究 ………………… 石连松 高文学 刘 冬 等 297
小间距下穿高铁隧道控制爆破技术 ……………………… 孟祥栋 王立川 孟令天 等 304
预裂爆破技术在露天铅锌矿大孔径深孔爆破中的应用 … 倪嘉滢 邓红峰 319
桩井爆破优化设计 ………………………………………… 王强强 常露晴 倪嘉滢 326
孔内分段间隔装药逐段爆破技术在复杂环境路堑开挖中的应用
……………………………………………………………… 李建设 杨永敏 李社会 等 332
炮台湾石灰岩矿深孔爆破裂隙区范围对炮孔排间距的影响 ……… 李子玉 赵良玉 339
高纬度地区季节性冻土深孔爆破技术的试验研究 ……………………………… 张庆新 344
空气间隔装药在多裂隙岩体爆破中的现场应用分析
……………………………………………………………… 袁就生 窦富有 吴 彪 350
露天矿山爆破参数优化试验研究 ………………………… 辛国帅 陈能革 杨海涛 360
复杂环境下组合控制爆破的设计与应用 ………………… 陈艳春 项 斌 368
复杂环境下基坑开挖深孔控制爆破 ……………………… 夏裕帅 朱振江 韦 凯 377

石油硐室侧上部石方控制爆破……………………………………周浩仓　罗福友　383
800kV 超高压线下岩石控制爆破技术及应用…………毛益松　陈志阳　王二兵　等　389
复杂环境下严寒地区爆破施工技术的研究与应用………李延宝　黎卫超　李　琦　等　395
临近次高压燃气管硬岩静态爆破施工技术……………………………………张俊兵　402
地铁深基坑微振动及覆土防护爆破技术………………………………………李建强　408
超大断面竖井深孔爆破成井技术………………………史秀志　邱贤阳　聂　军　等　414
石灰石露天矿深溜井高位堵塞处理方法的探讨………梁　锐　刘国军　张　龙　等　424
大采高坚硬顶板初采期间初次放顶深孔爆破技术研究
　………………………………………………………陈建安　张宝玉　杨　翎　等　429
复杂地质交通隧道掘进爆破……………………………胡文柱　白晓宏　赵东升　等　436
深部硬岩巷道掘进爆破技术的研究……………………闫大洋　胡坤伦　叶图强　等　442
露天矿地下复杂采空区爆破崩塌处理技术……………………………贾建军　邵　猛　449
隧道复杂溶洞超前地质预报及连接段爆破施工方法
　………………………………………………………刘　刚　申　会　厉建华　等　454
深水条件下岩塞钻孔爆破关键技术及应用……………赵　根　吴新霞　周先平　等　461
某地震堰塞湖应急泄流洞岩塞贯通过程分析…………………………………刘美山　469
丰宁抽水蓄能电站异形岩塞爆破设计…………………刘治峰　陈智勇　李海民　等　477
爆炸挤淤的卵砂层处理技术……………………………………………杨仕春　方宝林　489
斜坡海涂上修建海堤的爆炸挤淤施工技术……………蒋昭镛　江礼凡　江礼茂　等　495
爆炸挤淤法处理含夹砂层软基技术应用………………………………李雷斌　李　浩　503
导爆管起爆系统在大型集装箱沉船爆破解体中的应用
　………………………………………………………李清明　刘文广　申文胜　等　512
刘家峡发电厂洮河排沙洞工程岩塞爆破的监理要点…………………………吴从清　521
公路危岩体控制爆破……………………………………邓友祥　陈代贵　邹永生　526
宁明花山景区大型岩崩地质灾害爆破治理技术………谭志敏　朱　真　覃京音　等　531
爆破能量的精细控制在危岩地质灾害处理中的应用
　………………………………………………………顾　云　袁桂胜　王　静　540

## 拆　除　爆　破

框架结构联体大厦双折叠爆破拆除……………………李　伟　王　群　胡　军　等　547
18 层框-筒楼房双向三折叠控制爆破技术……………辛振坤　泮红星　骆利锋　等　554
17 层框-剪结构楼房拆除爆破…………………………公文新　李尚海　张忠义　等　561
水压爆破拆除钢筋混凝土拱桥…………………………王　升　孙向阳　张汉才　等　568
复杂环境下 150m 钢筋混凝土烟囱定向爆破拆除……徐鹏飞　刘殿书　李胜林　等　579
相邻两座砖烟囱定向爆破拆除…………………………章东耀　罗　伟　张福炀　等　586

| | | | | |
|---|---|---|---|---|
| 210m 钢筋混凝土结构烟囱爆破拆除 | 余兴春 | 任少华 | 杨建春 | 等 593 |
| 水电站导流洞围堰爆破拆除 | 刘美山 | 杨育礼 | 杨桂鹏 | 等 601 |
| 八达岭索道上站隧道爆破拆除 | 石连松 | 高文学 | 刘 冬 | 等 609 |
| 震后局部垮塌桥梁的抢险爆破拆除 | 廖学燕 | 施富强 | 蒋耀港 | 等 616 |
| 宁乡黄材水库溢洪道闸墩及溢流面爆破拆除 | 周明安 | 贾金龙 | 周晓光 | 等 622 |
| 复杂环境下倒锥式薄壁钢筋混凝土水塔的爆破拆除 | | | | |
| | 王洪森 | 李洪伟 | 郭子如 | 等 629 |
| 钢筋混凝土杆件轴向预埋炮孔拆除爆破技术探讨 | 叶建军 | 程大春 | 舒大强 | 等 635 |
| 电厂100m钢筋混凝土烟囱定向爆破拆除 | 毛益松 | 郎智翔 | 单志国 | 等 641 |
| 130m 特殊结构烟囱爆破拆除 | 李 伟 | 高姗姗 | 胡 军 | 等 646 |
| 两座102m高烟囱爆破拆除 | 刘庆兰 | 彭小林 | 李晓东 | 653 |
| 100m及90m砖砌烟囱定向控制爆破拆除 | | 周晓光 | 陈学立 | 659 |
| 连体砖混结构教学楼控制爆破拆除 | 郭 靖 | 韩学军 | 丁 盛 | 等 665 |
| 复杂环境下炸药生产厂房逐跨原地塌落爆破拆除 | 李建设 | 张海滨 | 蔡春阳 | 等 672 |
| 长田湾高速公路大桥爆破拆除 | 毛永利 | 王守伟 | 温良全 | 678 |
| 复杂环境下六角形钢筋混凝土水塔控制爆破拆除 | 仪海豹 | 王 铭 | 张西良 | 等 686 |
| 复杂环境下50m砖烟囱爆破拆除 | 刘国军 | 张海龙 | 赵存清 | 692 |

## 爆炸加工、油气井爆破与二氧化碳相变膨胀致裂技术

| | | | | |
|---|---|---|---|---|
| 爆炸烧结钨铜合金到铜表面的研究 | 李晓杰 | 陈 翔 | 闫鸿浩 | 等 701 |
| TA2/Q235B 复合板双立式爆炸焊接及防护研究 | 史长根 | 杨 旋 | 史和生 | 等 706 |
| 2205/X65 爆炸复合板组织及性能分析 | 杨涵鑫 | 刘建科 | 王 军 | 713 |
| TA10/Q345R 复合板两种制造工艺对比试验研究 | 郭新虎 | 张杭永 | 臧 伟 | 等 721 |
| 爆炸焊接钛/铜复合板组织及性能的研究 | 郭龙创 | 张杭永 | 郭新虎 | 等 726 |
| 超低温状态下大面积爆炸焊接预热工艺探索 | | 李敬伟 | 高 峰 | 731 |
| 压力容器用大厚度 13MnNiMoR/S32168 爆炸焊接金属复合板及其生产工艺探讨 | | | | |
| | 冯 健 | 侯国亭 | 李春阳 | 等 736 |
| 核聚变用大厚度铜/不锈钢复合板爆炸焊接试验研究 | | | | |
| | 范述宁 | 王宇新 | 刘建伟 | 等 742 |
| 铜/不锈钢加筋板爆炸焊接工艺试验研究 | 陈寿军 | 段绵俊 | 周景蓉 | 749 |
| 爆炸焊接银-铝-银三层复合触点材料研制 | 侯发臣 | 邓光平 | 岳宗洪 | 758 |
| 超级奥氏体不锈钢 S31254 爆炸复合材料开发工艺研究 | | | | |
| | 夏克瑞 | 杭逸夫 | 赵鹏飞 | 等 764 |
| 镍基合金 N06059 爆炸复合板开发应用 | 刘 飞 | 邓宁嘉 | 王 斌 | 等 770 |
| 铝合金/不锈钢爆炸焊接复合板工艺研究 | 许成武 | 邓宁嘉 | 戴和华 | 等 776 |

| 标题 | 作者 | 页码 |
|---|---|---|
| Inconel 625/铸钢阀门爆炸复合工艺研究及应用 | 许成武　邓宁嘉　戴和华　等 | 782 |
| 异种金属设备贴条材料的制备方法研究 | 许成武　邓宁嘉　潘玉龙　等 | 791 |
| 爆炸焊接不锈钢复合板厚度减薄量分析 | 杨国俊　王强达 | 798 |
| LNG过渡接头用多层复合材料的研制 | 庞磊　李演楷　邓光平　等 | 807 |
| 大厚度大幅面铜/钢复合板结合界面形成缺陷机理分析 | 冯健　李春阳　刘献甫　等 | 814 |
| 凝汽器用钛钢复合板微观组织与力学性能研究 | 张杭永　郭龙创　郭新虎　等 | 818 |
| N10276/S30408爆炸复合板热处理工艺研究 | 唐凌韬　赵恩军　刘昕 | 823 |
| S31254/14Cr1MoR爆炸复合板热处理工艺探索 | 成泽滨　张越举　李子健　等 | 827 |
| 爆炸焊接复合板残余应力分析 | 黄文　黄雪　陈寿军　等 | 832 |
| 爆炸焊接904L-14Cr1MoR复合钢板焊接试验研究 | 王小华　杨辉　李军 | 838 |
| 双相不锈钢爆炸复合板热处理工艺研究 | 夏小院　方雨　赵鹏飞　等 | 846 |
| 铝铜爆炸焊接复合板结合强度与超声波探伤研究 | 刘洋　孟繁和　王勇　等 | 851 |
| 药芯焊丝气体保护焊在不锈钢爆炸复合板挖补焊中的应用 | 王强达 | 857 |
| 镍基合金C276/钢复合板焊接工艺的研究 | 卫世杰　王海峰　王强达 | 861 |
| 大幅面钢/不锈钢复合板爆炸焊接影响因素研究 | 黄文尧　汪宏祥　曲桂梅　等 | 866 |
| 爆炸焊接炸药中添加剂的应用比较 | 刘自军　陈寿军　周景蓉 | 872 |
| 爆速对气相爆轰法制备纳米二氧化钛的影响 | 闫鸿浩　吴林松　孙明　等 | 876 |
| 爆轰法合成10纳米二氧化钛颗粒 | 闫鸿浩　赵铁军　李晓杰　等 | 884 |
| 形状记忆合金 $Ni_{50}Ti_{50}$ 与Cu爆炸焊接界面扩散的研究 | 罗宁　李晓杰　申涛 | 890 |
| 纳米氧化铝爆轰法表面基团改性研究 | 王小红　李晓杰　王达　等 | 898 |
| 爆轰法合成碳包覆坡莫合金纳米颗粒 | 李雪琪　李晓杰 | 904 |
| 油气井射孔技术的现状与发展 | 路利军　孙志忠　贺红民　等 | 911 |
| 油气井射孔装备与工艺技术 | 陈斌　刘雪峰　宋杰　等 | 917 |
| 页岩气储层内爆炸压裂技术探讨 | 汪长栓　姚元文　刘海让 | 926 |
| 油气井起爆技术现状与发展趋势 | 王雪艳　王峰　肖勇　等 | 931 |
| 高能气体压裂技术的进展 | 廖红伟　冯煊　张杰　等 | 941 |
| 水力泵送桥塞-射孔联作应用技术 | 孙志忠　路利军　扈勇　等 | 949 |
| 液态 $CO_2$ 相变膨胀破岩机理及其安全效应现场测试 | 李必红　辛燎原　张翠茂　等 | 955 |
| 二氧化碳智能爆破系统在煤矿中的研究与应用 | 毛允德　张茂宏　王钦方　等 | 963 |
| 二氧化碳智能爆破的优势与前景展望 | 毛允德　纪洪广　甘吉平　等 | 969 |
| 液态 $CO_2$ 爆破技术进展及工程实例 | 郭温贤　刘汉卿　李爱涛　等 | 975 |
| 液态 $CO_2$ 相变破岩技术综述 | 夏军　辛燎原　张翠茂　等 | 982 |

聚能射流在销毁废旧炮弹中的应用 …………………… 王鲁庆　马宏昊　沈兆武　等　991
线性聚能切割器水下切割钢板性能的实验研究 ………… 谢兴博　钟明寿　龙　源　等　998
爆炸切割结合沉管技术在盾构穿越地下障碍中的应用 … 刘少帅　申文胜　李介明　1003
物联网无人机技术在工程爆破中应用研究 ………………………………… 罗　潇　王雪峰　1007

## 爆破器材与装备

储氢型乳化炸药的爆轰性能研究 …………………… 程扬帆　汪　泉　颜事龙　等　1013
乳胶基质失稳机理分析 ……………………………… 王　阳　汪旭光　王尹军　等　1020
乳化炸药抗静水压力实验研究 ……………………… 张　立　熊　苏　刘　洁　等　1027
乳化炸药高、低温敏化生产工艺技术浅析 ………… 陈杰恒　王文斌　王兴平　1032
低爆速膨化铵油炸药在异种金属爆炸焊接中的应用实验研究 ……………… 王海峰　1037
基于逾渗模型对乳胶基质破乳现象的研究 ………… 张　阳　汪旭光　宋锦泉　等　1041
乳化炸药微观结构对其宏观性能的影响分析 ……… 王尹军　汪旭光　闫国斌　1046
地雷与爆破器材绿色再制造研究 …………………… 曹　勇　李　奇　蔡连选　等　1053
塑料导爆管遥控起爆系统的研究 …………………… 王项于　王　波　周明安　1060
导爆索端头防水的综合措施试验 ……………………………………………… 吴从清　1066
点火方式和气室长度对延期时间影响的实验研究 … 袁和平　郭子如　汪　泉　等　1070
物联网构架下的现场混装炸药车监管系统开发 …… 佟彦军　孙伟博　王　燕　1076
智能地下装药车视觉寻孔伺服机器人研制 ………… 臧怀壮　李　鑫　王明钊　等　1082
牙轮钻机远程监控管理信息软件开发 ……………… 段　云　熊代余　查正清　等　1087
5kg TNT 当量球形爆炸容器球体的设计计算 …… 宫　婕　汪　泉　汤有富　等　1094
基于物联网技术的地下矿现场混装炸药车 ………… 田　丰　齐宝军　查正清　等　1099
爆炸容器设计与检验浅谈 ……………………………………… 杨国山　谢胜杰　1105

## 爆破测试技术

基于爆破振动的岩质边坡损伤神经网络预测 ……… 邹玉君　严　鹏　卢文波　等　1113
基于经验格林函数方法的爆破振动预测 …………………………………… 杨年华　1123
大型水封洞室群开挖爆破振动安全控制标准研究 … 李　鹏　吴新霞　张雨霆　1130
爆速连续测量中杂波的成因分析 …………………… 李科斌　李晓杰　闫鸿浩　等　1137
地铁隧道爆破电子雷管延时优选试验与数值分析 ……………… 康永全　孟海利　1146
高耸建筑物爆破触地振动分布规律研究 …………… 薛　里　孟海利　刘世波　等　1156
深水厚淤泥中钻孔爆破地震及冲击波特性研究 ……………… 王文辉　赵　根　1163
水泥砂浆试块的爆炸裂纹观测试验研究 …………… 吴红波　邢化岛　缪志军　等　1171
工业炸药爆压的现场测量技术研究 ………………… 易生泰　李晓杰　闫鸿浩　等　1175

乐天溪航道水下炸礁爆破对船舶的影响及安全控制 ………………………………… 李红勇 1180
爆破空间三维激光精细化测绘技术研究 …………………… 崔 昊 张 达 马 志 等 1185
深孔台阶爆破上、下平台振动效应对比研究 ………… 祝 鑫 谢 烽 刘殿书 等 1190
两种不同传播介质下爆破振动传播规律分析 ………… 孙晓辉 金 沐 肖 涛 等 1197
小水池水下爆炸对地基振动的 HHT 分析研究 ……… 汤有富 汪 泉 程扬帆 等 1203
爆破作用下巷道稳定性的动态应力比分析评价 ……… 宋志伟 宋彦超 姚 丹 等 1212
爆破振动地表振速预测的等效路径及应用 …………… 璩世杰 胡学龙 蒋文利 等 1219
基于 FLAC$^{3D}$ 的露天矿土坝爆破振动模拟研究 ……… 武 宇 李胜林 袁东凯 等 1230
爆破振动三要素及龄期对新浇混凝土影响研究 ……… 梁书锋 吴帅峰 栗曰峰 等 1238
城市复杂环境下浅埋地铁隧道掘进爆破地表振动响应研究
……………………………………………………………… 赵华兵 龙 源 孙 飞 1245
基于加速度功率谱密度的爆破振动控制 ……………… 闫鸿浩 赵碧波 浑长宏 等 1256
地铁隧道掘进爆破下两种建筑物的振动规律分析 …… 高 愿 杨 军 路环畅 等 1264
地铁隧道孤石爆破地表振动计算方法及应用研究 …… 温智捷 林从谋 肖绍清 等 1269
爆破动载下支护参数对软岩巷道围岩稳定性的影响研究
……………………………………………………………… 宗 琦 汪海波 王梦想 1276
控制爆破降幅增频技术研究 …………………………… 孔令杰 闫鸿浩 王小红 1284

## 爆破安全与管理

爆破安全评估及监理技术的探索 ……………………… 杨 瑞 闫鸿浩 李晓杰 1293
三维数字化爆破质量评价技术研究 …………………… 施富强 廖学燕 龚志刚 等 1300
大型土石方爆破工程投标预算编制问题探讨 ………………………… 管志强 吴嗣兴 1304
爆破作业相关标准规范在执行中存在的问题讨论 ……… 冯新华 管志强 焦 锋 1310
关于电子雷管和信息化监控在爆炸物品安全监管中的作用 ……… 马春强 刘忠民 1315
未确知测度模型在拆除爆破安全评价中应用 …………… 池恩安 李 杰 余红兵 1320
销毁废旧爆炸物品的组织实施与安全管理 ………………………………… 马春强 1325
高压喷水消除爆破烟尘技术研究 …………………………………… 王振彪 解文利 1330
输电线路桩井爆破爆炸物品管理 …………………………………… 李昱捷 赵 旺 1336
乳化炸药现场混装车的安全管理探讨 …………………… 刘晓文 李建彬 张辉宇 1343
大型地下洞室群开挖爆破综合管理信息系统研究 ……… 李 鹏 吴新霞 黄跃文 1348
城市复杂环境下石方爆破安全防护技术 …………………… 项 斌 吴 义 陈艳春 1354
城区中水电站开挖爆破影响分析与控制研究 ………… 苏利军 王家鸿 熊新宇 等 1361
石方爆破施工的测量控制方法 …………………………………………… 姜晓伟 1367
接触与近场爆炸荷载作用下钢筋混凝土板结构的破坏特性分析
……………………………………………………………… 赵小华 王高辉 卢文波 等 1371

| | | |
|---|---|---|
| 爆破工程风险管理与对策 | 曾春桥 李运喜 管国顺 等 | 1378 |
| 移动实时视频监控系统在爆破作业现场的应用 | 张 艳 马元军 袁纯帧 | 1386 |
| 隧道掘进爆破人员管理定位系统 | 白晓宏 胡文柱 赵东升 等 | 1393 |
| 爆破管理系统在露天矿山爆破中的应用 | 娄文鹏 白和强 李红俊 等 | 1397 |
| 基于 Visual Basic 的隧道爆破安全风险评估系统 | 贺居燊 胡文柱 龚周闯宇 等 | 1403 |
| 探讨物联网在爆破施工过程安全管理中的应用 | 牛 磊 周明安 | 1410 |
| 爆破员、安全员和保管员培训与考核工作探索 | 周向阳 胡 鹏 齐世福 等 | 1417 |
| 网络云平台与爆破测振在线监管系统 | 邓志勇 张 勇 赵超群 等 | 1424 |
| 智能云爆破监控系统 | 甘吉平 赵 冲 陈 东 等 | 1430 |

# Contents

## Overview and Blasting Theory

Theory and Simulation Analysis of Detonation Wave Collision
·················· Miao Yusong  Li Xiaojie  Yan Honghao, et al  3

Numerical Simulation Research on Blasting Demolition of Buildings and Structures Based on CONWEP Dynamic Loading ············ Yang Jun  Zhang Di  Ren Guang  11

Effect of Crustal Stress Level on the Frequency Characteristics of Blasting Vibration
·················· Yang Runqiang  Yan Peng  Lu Wenbo, et al  22

The Application Research on LMD Method Using in Blasting Vibration Signal Analysis
·················· Xu Zhenyang  Chen Zhanyang  Guo Lianjun, et al  32

Numerical Simulation Research of Crack Propagation in Media Containing Flaws under Explosive Load ············ Wang Yanbing  Yang Renshu  Xu Peng, et al  41

Study on Dynamic Response of Underground Structure under Impact Induced by Demolition Blasting of High-Rise Buildings ····· Jia Yongsheng  Xie Xianqi  Yao Yingkang, et al  52

Investigation of Rock Partition Model under the Combination of Several Damage Mechanisms ·················· Hu Yingguo  Wu Xinxia  Lu Wenbo, et al  61

Analysis on Process and Mechanism of Electrical Explosion
·················· Wang Jinxiang  Peng Chucai  Lu Fujia  72

Penetrating Splash Flying of Chimney Demolished to Impact in Soil Body
·················· Wei Xiaolin  Liu Yi  78

Study on Safety Threshold of Foundation Pit Slope of Nuclear Power Station under Blast Load ·················· Tang Hai  Liu Yaqun  Wu Shipeng, et al  89

The Energy Accumulation and Damage Characteristics of Deep Surrounding Rock under Different Blasting Footage ············ Xie Liangtao  Yan Peng  Fan Yong, et al  96

The Influence of Charging Structure to Blasting Fragmentation and Forecast Model of Fragmentation Distribution ············ Zhang Zhao  Bai Heqiang  Li Hongjun, et al  106

Discussion of Blasting Vibration Velocity Signal Criterion
·················· Wang Zhenyi  Zhang Zhengzhong  Cui Weiwei  115

Analysis on Effects of Empty Hole in Parallel Cut Blasting
·················· Wang Changbo  Cheng Lin  Zong Qi, et al  119

Simulation Method Which Based on the Damage Extent of Crushed Zone and Fracture Zone

Caused by Rock Blasting ............... He Qi　Yan Peng　Lu Wenbo, et al　126

Study on the Compatibility between the Tracer Marker and the Industrial Explosive
............... Wang Yinjun　Wang Xuguang　Liu Qixiang, et al　134

Dynamic Analysis and Safety Evaluation of Buried Steel Pipeline under Surface Blasting Load
............... Xie Xianqi　Jia Yongsheng　Han Chuanwei, et al　139

Numerical Simulation of Blasting Vibration on Road High Cutting Slope
............... Cao Xiaoli　Gao Wenxue　Wu Nan, et al　147

The Implementation of RHT Model in SHALE
............... Jiang Yaqin　Wang Yutao　Liu Dianshu, et al　156

Reliability Based Design Optimization of the Simulated Deep Water Explosion Pressure
　Vessels ............... Li Linna　Zhong Dongwang　Tu Shengwu　163

Watershed Segmentation Technology in the Application of Rock Blasting Fragmentation
　Analysis ............... Sun Junpeng　Miao Yusong　Xu Yao, et al　170

Test-Method of Matching of Explosive & Rock in Blasting Engineering and its Application
............... Cui Xiaorong　177

Determination and Calculation of Gravity Center's Location and Height of Edifice
　Blasting Demolition ............... Wang Sheng　Guo Tiantian　Yi Lihui　184

Tunnel Excavation Blasting Effect Affecting Factors Analysis Based on the Analytic Hierarchy
　Process and Optimization Study ......... Deng Jiewen　Bai Xiaohong　Li Bihong, et al　189

Study on the Interval Charging Technology of Small Diameter Explosive Column Booster
............... Yu Zhi　Lin Daneng　Zheng Wenfu　198

Optimization Design of Tunnel Blasting Parameter System
............... Gong Zhouchuangyu　Bai Xiaohong　He Juao, et al　206

The Reliability Analysis of Nonel Priming Circuit Based on Probabilistic Method
............... Yang Shijie　Zhang Peiqing　Liu Yueyun, et al　211

The Continuous Measurement of Explosive Detonation
............... Pan Xuncen　Li Xiaojie　Li Xueqi　218

Blasting Excavation and Numerical Simulation of Reconstruction and Expansion of
　Existing Tunnel ............... Liu Dong　Gao Wenxue　Zhou Shisheng, et al　224

Numerical Simulation Study on Wave Impedance Matching between Explosives and Rocks
............... Hao Yafei　Yang Minhui　Zhou Guisong　231

Orthogonal Optimization of Blasting Cut Parameters for Steel Structure Chimney
............... Sun Fei　Long Yuan　Zhao Huabing, et al　240

Simulation of Deep Bunch-Hole Charging Blasting
............... Cui Xinnan　Song Jinquan　Wang Xuguang　250

Underwater Explosion Experiments and Numerical Simulations of Spherical Explosives
............... Hu Jing　Chen Zuyu　Liang Xiangqian, et al　256

## Rock Blasting and Underwater Blasting

Blasting Technique of 213 Tons of Dynamite Large-scale Deep-hole Blasting in Complex
　　Urban Area Environment ········ Zhang Zhonglei　Guan Zhiqiang　Li Houlong, et al　265
Influence Study of Rock Mass Integrity in Blasting
　　·················································· Kang Qiang　Zhao Mingsheng　Chi Enan　277
Construction Method for In-hole Layered Charging Stage Blasting of Non-bench Kerf
　　Blasting ·········································· Li Shuming　Fan Jinglian　Yang Bin　283
Large Arc High Slope Presplit Blasting Design and Construction Technology
　　······················································ Wang Yonghu　Li Leibin　Jin Mu, et al　290
Study on Controlled Blasting Technology of BADALING Cableway Factory Building
　　············································ Shi Liansong　Gao Wenxue　Liu Dong, et al　297
Controlled Blasting Technology for Tunnel Crossing under High-speed Rail in Small
　　Distance ····················· Meng Xiangdong　Wang Lichuan　Meng Lingtian, et al　304
Presplitting Blasting Technology in the Application of the Large Diameter Longhole
　　Blasting in Open Lead-Zinc Mine ···························· Ni Jiaying　Deng Hongfeng　319
Design Optimization to Control the Injury to the Foundation Pile Wall during Pile
　　Foundation Rock Blasting ················ Wang Qiangqiang　Chang Luqing　Ni Jiaying　326
Application of Adopting the Inner Hole Interval Charging by Relay Blasting Technology in
　　Complicated Surroundings Deep Cutting Excavation
　　······················································ Li Jianshe　Yang Yongmin　Li Shehui, et al　332
Paotaiwan Area Deep-hole Blasting in Limestone Fissures of Borehole Effects of Row Spacing
　　······························································································ Li Ziyu　Zhao Liangyu　339
The Experimental Study of Seasonally Frozen Soil Deep-Hole Blasting in High Latitudes
　　················································································································ Zhang Qingxin　344
The Application of Air-decking Charge Blasting in Multi-fractured Rock
　　······························································ Yuan Jiusheng　Dou Fuyou　Wu Biao　350
Experimental Study on Lateral Blasting Crater in Open Pit
　　······························································ Xin Guoshuai　Chen Nengge　Yang Haitao　360
Controlled Blasting Design for Rock Slope in Complex Urban Environment
　　······················································································ Chen Yanchun　Xiang Bin　368
The Research and Application of Controlled Blasting Technology of Deep Holes under
　　Complicted Environment ······················ Xia Yushuai　Zhu Zhenjiang　Wei Kai　377
The Controlled Blasting of the Complicated Environment on the Topside of Oil Chamber
　　······················································································ Zhou Haocang　Luo Fuyou　383
Rock Control Blasting Technology and Application under the 800kV EHV Transmission Line

................................ Mao Yisong　Chen Zhiyang　Wang Erbing, et al　389

Research and Application on the Technology of Blasting Construction in Severe Cold Area
　under Complex Environment ................ Li Yanbao　Li Weichao　Li Qi, et al　395

The Static Blasting Technology of Station Entrance-exit in Hard Rock Near Intermediate
　Pressure Gas Pipeline ................................................ Zhang Junbing　402

Micro Vibration and Soil Cover Protection Blasting Technology of Deep Foundation
　Pit in Subway ................................................................ Li Jianqiang　408

Technology of Deep-hole Blasting in Ultra-large Section Shaft Excavation
　.......................................... Shi Xiuzhi　Qiu Xianyang　Nie Jun, et al　414

Researching in Deep Open Pit Limestone High Chute Blockage Treatment Methods
　.......................................... Liang Rui　Liu Guojun　Zhang Long, et al　424

Research on Deep-hole Blasting Technology for the Primary Mining and Initial Caving of
　Hard Roof in Large Mining Height ... Chen Jian'an　Zhang Baoyu　Yang Ling, et al　429

Tunnel Excavation Blasting under Complex Geological Conditions
　.......................................... Hu Wenzhu　Bai Xiaohong　Zhao Dongsheng, et al　436

Research on Excavation Blasting Technology of Hard Rock in the Deep
　.......................................... Yan Dayang　Hu Kunlun　Ye Tuqiang, et al　442

Blasting Technique for Underground Complex Goaf in Open-Pit Mine
　.................................................. Jia Jianjun　Shao Meng　449

Tunnel Advanced Geological Prediction in the Complex Karst Caves and Blasting
　Construction Method in the Connection Section
　.......................................... Liu Gang　Shen Hui　Li Jianhua, et al　454

The Key Technology and Application of Rock Plug drilling Blasting under Deep
　Water Condition ................ Zhao Gen　Wu Xinxia　Zhou Xianping, et al　461

Penetrating Process Analysis of the Emergency Discharge Tunnel Rock Plug of an
　Earthquake Landslide Lake ................................................ Liu Meishan　469

Fengning Pumped Storage Power Station Special-shaped Rock Plug Explosive Design
　.......................................... Liu Zhifeng　Chen Zhiyong　Li Haimin, et al　477

Treatment Technology of Squeezing Silt by Blasting in Sand Gravel Layer
　.................................................. Yang Shichun　Fang Baolin　489

Explosion Squeezing Silt Technology for Seawall Construction in Ramp Tideland
　.......................................... Jiang Zhaobiao　Jiang Lifan　Jiang Limao, et al　495

Application of Blasting Treatment of Soft Ground Containing Sand Layer
　.................................................. Li Leibin　Li Hao　503

Non-electric Initiation System Application in Blasting Disintegration of the Large
　Container Ship ................ Li Qingming　Liu Wenguang　Shen Wensheng, et al　512

Supervision Key Points of Rock Plug Blasting for Taohe Sediment Tunnel Construction in Liujiaxia Power Station ................................................................ Wu Congqing 521

Directional Control Blasting Dangerous Rock Mass on Highway
................................................ Deng Youxiang　Chen Daigui　Zou Yongsheng 526

Ningming Huashan Scenic Spots Large Rockfall Geological Disasters Blasting
Control Technology ........................... Tan Zhimin　Zhu Zhen　Qin Jingyin, et al 531

Application of Fine Control of Deep Hole Blasting Energy in the Application in the
Processing of Dangerous Rock Geological Disasters
................................................ Gu Yun　Yuan Guisheng　Wang Jing 540

## Demolition Blasting

Double Folding Blasting Demolition of Frame Structure Building
................................................ Li Wei　Wang Qun　Hu Jun, et al 547

The Controlled Blasting Technology by Bidirection-3-times-folding of 18-storey
Frame-shear Structure Building ...... Xin Zhenkun　Pan Hongxing　Luo Lifeng, et al 554

17 Storied Frame-Shear Structure Building Blasting Demolition
................................................ Gong Wenxin　Li Shanghai　Zhang Zhongyi, et al 561

Water Pressure Blasting Demolition of Reinforced Concrete Arch Bridge
................................................ Wang Sheng　Sun Xiangyang　Zhang Hancai, et al 568

Directional Blasting Demolition of a 150m Reinforced Concrete Chimney in
Complex Environment ..................... Xu Pengfei　Liu Dianshu　Li Shenglin 579

Demolition of Two Adjacent Chimneys by Controlled Blasting
................................................ Zhang Dongyao　Luo Wei　Zhang Fuyang, et al 586

Blasting Demolition of 210m Reinforced Concrete Structure Chimney
................................................ Yu Xingchun　Ren Shaohua　Yang Jianchun, et al 593

Blasting Demolition of Hydropower Station Diversion Tunnel Cofferdam
................................................ Liu Meishan　Yang Yuli　Yang Guipeng, et al 601

Badaling Cableway Upstation Tunnel Blasting Demolition
................................................ Shi Liansong　Gao Wenxue　Liu Dong, et al 609

Demolition Blasting of Local Collapsed Bridge Caused by Wenchuan Earthquake
................................................ Liao Xueyan　Shi Fuqiang　Jiang Yaogang, et al 616

Blasting Demolition of Spillway Pier and Surface of Ningxiang Huangcai Reservoir
................................................ Zhou Ming'an　Jia Jinlong　Zhou Xiaoguang, et al 622

Blasting Demolition of Thin Wall Steel Reinforced Concrete Tower with the Shape of
Reverse in Complicated Surroundings ...　Wang Hongsen　Li Hongwei　Guo Ziru, et al 629

The Technology of Reinforced Concrete Bar Demolition Blasting by Using Pre-buried
Axial Pipes as Blast Holes ............ Ye Jianjun　Cheng Dachun　Shu Daqiang, et al 635

Demolition of a 100m-high Reinforced-Concrete Chimney of Huaihua by Controlled
    Blasting ·················· Mao Yisong  Lang Zhixiang  Shan Zhiguo, et al  641
Blasting Demolition 130m Special Structure Chimney
    ·················· Li Wei  Gao Shanshan  Hu Jun, et al  646
Blasting Demolition of Two 102m Tall Chimneys
    ·················· Liu Qinglan  Peng Xiaolin  Li Xiaodong  653
Directional Blasting of 100m and 90m High Brick Chimneys
    ·················· Zhou Xiaoguang  Chen Xueli  659
Controlled Blasting Demolition of Brick-concrete Structure Buildings of Overall Difference
    Floors Teaching Building ·················· Guo Jing  Han Xuejun  Ding Sheng, et al  665
Explosives Production Plant Blasting Demolition by Span In-situ Collapse in Complicated
    Surroundings ·················· Li Jianshe  Zhang Haibin  Cai Chunyang, et al  672
Blasting Demolishment of Changtianwan Expressway Bridge
    ·················· Mao Yongli  Wang Shouwei  Wen Liangquan  678
Controlled Blasting Demolition of Hexagonal Concretewater Tower under Complex
    Environment ·················· Yi Haibao  Wang Ming  Zhang Xiliang, et al  686
50m Brick Chimney Blasting Demolition under Complicated Environment
    ·················· Liu Guojun  Zhang Hailong  Zhao Cunqing  692

## Explosion Working, Blasting in Oil-Gas Wells and Fracture by $CO_2$ Phase Change Expansion

Explosion Sintered Tungsten Copper Alloy to Copper Surface
    ·················· Li Xiaojie  Chen Xiang  Yan Honghao, et al  701
Study of in Double Vertical Explosive Welding and Protection of TA2/Q235B Cladding
    Plate ·················· Shi Changgen  Yang Xuan  Shi Hesheng, et al  706
Microstructure and Property Analysis of 2205/X65 Explosive Composite Plate
    ·················· Yang HanXin  Liu Jianke  Wang Jun  713
Technological Research on TA10/Q345R Clad Plate of Thin Base and Cladding for
    Chemical Industry ·················· Guo Xinhu  Zhang Hangyong  Zang Wei, et al  721
Study on Microstructure and Properties of Explosive Welding Titanium/Copper Clad
    Plates ·················· Guo Longchuang  Zhang Hangyong  Guo Xinhu, et al  726
Explosive Composite Preheating Process to Explore Ultra-low Temperature Condition
    ·················· Li Jingwei  Gao Feng  731
Explosion Welding of 13MnNiMoR/S32168 Clad Metal with Large Thickness and Its
    Production Process for Pressure Vessel
    ·················· Feng Jian  Hou Guoting  Li Chunyang, et al  736

The Explosive Welding Tests and Analysis of Extra-thick Copper/Stainless Steel Clad
　　Plate Used for Nuclear Fusion ……… Fan Shuning　Wang Yuxin　Liu jianwei, et al　742
A Study of Bimetallic Rib-reinforced Plate Made by Explosive Welding Experiment
　　and Its Interface ……………… Chen Shoujun　Duan Mianjun　Zhou Jingrong, et al　749
Research on Ag-Al-Ag Three-layer Contact Composite Material for Explosive
　　Welding ………………………… Hou Fachen　Deng Guangping　Yue Zonghong, et al　758
Development and Process Research of Super Austanic Stainless Steel S31254
　　Cladding Piate ………………………… Xia Kerui　Hang Yifu　Zhao Pengfei, et al　764
Development and Application on N06059 Alloy Explosion Clad Plate
　　………………………………………… Liu Fei　Deng Ningjia　Wang Bin, et al　770
Study on Aluminum Alloy Plus Stainless Steel Clad Plate Process
　　………………………………… Xu Chengwu　Deng Ningjia　Dai Hehua, et al　776
Study on Explosive Bonding Process and Application of Inconel 625 Clad Steel Casting
　　Valve …………………………… Xu Chengwu　Deng Ningjia　Dai Hehua, et al　782
Study on the Preparation Method of Dissimilar Metal Equipment Strip Materials
　　………………………………… Xu Chengwu　Deng Ningjia　Pan Yulong, et al　791
Explosive Welding Stainless Steel Clad Plate Thickness Reduction Amount Analysis
　　………………………………………………………… Yang Guojun　Wang Qiangda　798
Study on the Multi-layer Composite Material for LNG Transition Joint
　　………………………………… Pang Lei　Li Yankai　Deng Guangping, et al　807
Analysis of Melting Defects Mechanism in Interface of Clad Metal of Big and Thick
　　Copper/Carbon Steel ……………… Feng Jian　Li Chunyang　Liu Xianfu, et al　814
Research of Interface Micro-structure and Mechanical Properties on Condensing Steam
　　Titanium Clad Steel Plate …… Zhang Hangyong　Guo Longchuang　Guo Xinhu, et al　818
Study on Heat Treatment of N10276/S30408 Explosive Clad Plate
　　………………………………………… Tang Lingtao　Zhao Enjun　Liu Xin　823
Exploration of Heat Treatment Process for S31254/14Cr1MoR Clad Plate
　　………………………………… Cheng Zebin　Zhang Yueju　Li Zijian, et al　827
The Residual Stress Analysis of Explosive Welding Composite Panels
　　………………………………… Huang Wen　Huang Xue　Chen Shoujun, et al　832
Investigation of Welding Test of the Super Austenitic Stainless Steel 904L-14Cr1MoR
　　Clad Metal Plate ……………………… Wang Xiaohua　Yang Hui　Li Jun　838
Study on Duplex Stainless Explosive Clad Plate Heat Treatment Processt
　　………………………………… Xia Xiaoyuan　Fang Yu　Zhao Pengfei, et al　846
Analysis of Binding Strength and Ultrasonic Wave-Formation for Aluminum-Copper
　　Clad Plate ……………………… Liu Yang　Meng Fanhe　Wang Yong, et al　851
Application of Flux-cored Arc Welding in Patching Welding of Stainless Steel Compound

Plate ········· Wang Qiangda 857

Welding of Nnickel Based Alloy C276 ········ Wei Shijie  Wang Haifeng  Wang Qiangda 861

Researches on the Influencing Factors of Explosive Welding in the Large Acreage Steel-Stainless Steel Clad Plate ······ Huang Wenyao  Wang Hongxiang  Qu Guimei, et al 866

Research on Comparison of Additive Application in Explosives for Explosion Welding
········· Liu Zijun  Chen Shoujun  Zhou Jingrong 872

Influence of Detonation Velocity on $TiO_2$ Nanoparticles Synthesized by Gaseous Detonation Method ············· Yan Honghao  Wu Linsong  Sun Ming, et al 876

Preparation of 10 nm Titanium Dioxide Particles by Detonation Method
········· Yan Honghao  Zhao Tiejun  Li Xiaojie, et al 884

Research on Atomic Diffusion Across Shape Memory Alloy $Ni_{50}Ti_{50}$ and Cu Explosive Welding Interface ············· Luo Ning  Li Xiaojie  Shen Tao 890

Surface Groups Modification of Alumina by Detonation
········· Wang Xiaohong  Li Xiaojie  Wang Da, et al 898

Synthesized Carbon-encapsulated Metal Nanoparticles by Detonation
········· Li Xueqi  Li Xiaojie 904

Present Situation and Development of Perforation Technology in Oil and Gas Well
········· Lu Lijun  Sun Zhizhong  He Hongmin, et al 911

Perforation Equipment and Technology of Oil and Gas Well
········· Chen Bin  Liu Xuefeng  Song Jie, et al 917

Discussion on Technological Process of "Exploding Stimulation" for Shale Gas Reservoir ············· Wang Changshuan  Yao Yuanwen  Liu Hairang, et al 926

Status and Development Trend of Oil and Gas Well Initiation Technology
········· Wang Xueyan  Wang Feng  Xiao Yong, et al 931

The Progress of High Energy Gas Fracturing Technology
········· Liao Hongwei  Feng Xuan  Zhang Jie, et al 941

Localization and Application of the Technology of Hydraulic Pump Plug-perforation Combination ············· Sun Zhizhong  Lu Lijun  Hu Yong, et al 949

Rock Fragmentation Mechanism and Safety Test of Carbon Dioxide Liquid-gas Phase Change ············· Li Bihong  Xin Liaoyuan  Zhang Cuimao, et al 955

Research and Application of Intelligent Carbon Dioxide Cold Blast System in Coal Mine ············· Mao Yunde  Zhang Maohong  Wang Qinfang, et al 963

Advantages and Prospect of Intelligent Carbon Dioxide Cold Blast
········· Mao Yunde  Ji Hongguang  Gan Jiping, et al 969

Progress in High Pressure $CO_2$ Liquid Explosion Technology
········· Guo Wenxian  Liu Hanqing  Li Aitao, et al 975

A Survey of the Technology of Rock Breaking for Gas Expansion for $CO_2$ Liquid-gas

Phase Transition ·················· Xia Jun　Xin Liaoyuan　Li Bihong, et al　982

Application Study of Destroying Discard Old Bomb by Shaped Jet
·················· Wang Luqing　Ma Honghao　Shen Zhaowu, et al　991

Experimental Study on the Linear Shaped Charge Cutting Steel Target under Water
·················· Xie Xingbo　Zhong Mingshou　Long Yuan, et al　998

Application of Explosive Cutting Combined with Immersed Tube Technology to Eliminate Underground Obstacles in Shield Tunneling
·················· Liu Shaoshuai　Shen Wensheng　Li Jieming　1003

Applicable Prospect of UAV with IOT Technology in Blasting Engineering
·················· Luo Xiao　Wang Xuefeng　1007

## Blasting Materials and Equipment

Performance Research on Hydrogen Storage Emulsion Explosive Sensitized by $MgH_2$ with Chemical Method ········· Cheng Yangfan　Wang Quan　Yan Shilong, et al　1013

Analysis of Instability Process of Emulsion Matrix
·················· Wang Yang　Wang Xuguang　Wang Yinjun, et al　1020

Experimental Researches on Hydrostatic Pressure Resistance of Emulsion Explosive
·················· Zhang Li　Xiong Su　Liu Jie, et al　1027

Analysis of Production Technology of Emulsion Explosive by High Temperature and Low Temperature Sensitization ········· Chen Jieheng　Wang Wenbin　Wang Xingping　1032

Experimental Study of Low-speed Welding Expanded ANFO Blasting in Dissimilar Metal
·················· Wang Haifeng　1037

Study on the Demulsification Phenomena of Emulsion Explosive Matrix Based on Percolation Model ············· Zhang Yang　Wang Xuguang　Song Jinquan, et al　1041

Analysis of the Influence of the Microstructure of Emulsion Explosive on Its Macro Performance ············· Wang Yinjun　Wang Xuguang　Yan Guobin　1046

Research on Green Remanufacture of Out-of-service Mine & Blasting Materials
·················· Cao Yong　Li Qi　Cai Lianxuan, et al　1053

A Research on the Remotely Controlled Detonating System with Nonel Tube
·················· Wang Xiangyu　Wang Bo　Zhou Ming'an　1060

Test on Water-proof Measures for Detonating Cord ··············· Wu Congqing　1066

Effect of Ignition Ways and Gas Chamber Size on Delay Time
·················· Yuan Heping　Guo Ziru　Wang Quan, et al　1070

Site Mixed Explosive Vehicle Monitoring System under the Framework of Internet of Things
·················· Tong Yanjun　Sun Weibo　Wang Yan　1076

Development of Robot to Find Borehole Basing on Machine Vision of Intelligent

Underground Charging Vehicle ⋯ Zang Huaizhuang　Li Xin　Wang Mingzhao, et al　1082

The Study on Remote Monitor Management Information System of Rotary Drill
................................................ Duan Yun　Xiong Daiyu　Zha Zhengqing, et al　1087

Design of Spherical Explosion Vessel with 5kg TNT Equivalent
................................................ Gong Jie　Wang Quan　Tang Youfu, et al　1094

The Underground Mine Mixed Loading Truck Based on Internet of Things Technology
................................................ Tian Feng　Qi Baojun　Zha Zhengqing, et al　1099

Brief Probe into Design and Test of Explosion Vessel
................................................ Yang Guoshan　Xie Shengjie　1105

## Blasting Test Techniques

Prediction of Blast-induced Damage Depth for Rock Slope Based on Monitored Vibration
and Neural Network Model ............... Zou Yujun　Yan Peng　Lu Wenbo, et al　1113

Prediction of Blasting Vibration Based on Empirical Green's Function Method
................................................ Yang Nianhua　1123

Safety Criteria of Blasting Vibration for Large-Scale Underground Water-Sealed
Cavern Group Excavation ............... Li Peng　Wu Xinxia　Zhang Yuting　1130

The Mechanism Analysis of Noise Wave in Detonation Velocity Continuous Measurement
................................................ Li Kebin　Li Xiaojie　Yan Honghao, et al　1137

The Experiment and Numerical Analysis of Electronic Detonator Delay Optimization in
Subway Tunnel ............... Kang Yongquan　Meng Haili　1146

Research on Touchdown Vibration Distribution Rules of Tower Building in Demolition
Blasting ............... Xue Li　Meng Haili　Liu Shibo, et al　1156

Study on Seism and Shock Wave Characteristics of Drilling Blasting in Thick Silt Soil
under Deep Water Demolition ............... Wang Wenhui　Zhao Gen　1163

Explosion Crack Observation of Cement Mortar Test Block
................................................ Wu Hongbo　Xing Huadao　Miao Zhijun, et al　1171

Research on Field Measurement Technology of Detonation Pressure for Industrial
Explosive ............... Yi Shengtai　Li Xiaojie　Yan Honghao, et al　1175

Influence of Underwater Reef Blasting in the Letianxi Lane on Ships and Safety Control
................................................ Li Hongyong　1180

Study on Blasting Space Fine Survey Based on BLSS-PE
................................................ Cui Hao　Zhang Da　Ma Zhi, et al　1185

Comparison of Upper Platform and Lower Platform Deep-hole Bench Blasting Vibration
Effect Research ............... Zhu Xin　Xie Feng　Liu Dianshu, et al　1190

The Blasting Vibration Attenuation Law Analysis under Different Transmission Mediums

........................................... Sun Xiaohui　Jin Mu　Xiao Tao, et al　1197

The Influence of Underwater Explosion in a Small Pond on the Foundation Vibration
　　Studied by HHT ............... Tang Youfu　Wang Quan　Cheng Yangfan, et al　1203

The Analysis and Evaluation of Dynamic Stress Ratio of Roadway Stability under Blasting
　　........................................... Song Zhiwei　Song Yanchao　Yao Dan, et al　1212

The Equivalent Path and Its Use in Prediction of PPV of Blast Induced Ground
　　Vibrations ........................... Qu Shijie　Hu Xuelong　Jiang Wenli, et al　1219

Influence Analysis of an Open-pit Coal Dam by Blasting Vibration with FLAC$^{3D}$
　　........................................... Wu Yu　Li Shenglin　Yuan Dongkai, et al　1230

Study on the Influence of the Three Elements of Blasting Vibration and Age on Fresh
　　Concrete ........................... Liang Shufeng　Wu Shuaifeng　Li Yuefeng, et al　1238

Study on Vibration Response of Urban Shallow-Buried Subway Tunnel Driving Blasting
　　in Complicated Environment ........................... Zhao Huabing　Long Yuan　Sun Fei　1245

Blasting Vibration Control under the Index of Acceleration Power Spectral Density
　　........................................... Yan Honghao　Zhao Bibo　Hun Changhong, et al　1256

Analysis of Vibration Regulation about Two Kinds of Buildings in Subway Tunneling
　　Blasting ........................... Gao Yuan　Yang Jun　Lu Huanchang, et al　1264

Study on the Computing Method of Surface Vibration of Boulder Blasting in Subway
　　Tunnel and its Application ......... Wen Zhijie　Lin Congmou　Xiao Shaoqing, et al　1269

Research on Surrounding Rock Stability of Different Supporting Parameters under Blasting
　　Dynamic Load in Soft Rock ............... Zong Qi　Wang Haibo　Wang Mengxiang　1276

Research in Reducing Amplitude and Increasing Frequency in Control Blasting
　　........................................... Kong Lingjie　Yan Honghao　Wang Xiaohong　1284

## Blasting Safety and Management

The Exploration of Blasting Safety Assessment Technology Supervision Technology
　　........................................... Yang Rui　Yan Honghao　Li Xiaojie　1293

Study of Three-dimensional Digitalization Technique on Blasting Quality Evaluation
　　........................................... Shi Fuqiang　Liao Xueyan　Gong Zhigang, et al　1300

Discussion on Bidding Budgeting of the Large Earthwork Blasting Project
　　........................................... Guan Zhiqiang　Wu Sixing　1304

Discussed on Problems in the Implementation of Blasting Operation Related Standards
　　........................................... Feng Xinhua　Guan Zhiqiang　Jiao Feng　1310

The Effect of Using Electronic Detonators and Digital Monitoring in Safety Supervision
　　of Explosives ........................... Ma Chunqiang　Liu Zhongmin　1315

Effect Safety Evaluation of Demolition Blasting Based on Unascertained Measurement

Model ············································ Chi Enan　Li Jie　Yu Hongbing　1320
Implementation and Safety Supervision of Disposing Expired Explosives
　················································································ Ma Chunqiang　1325
Study on the Technology of High Pressure Water Jet to Remove the Blasting Dust
　·········································································· Wang Zhenbiao　Xie Wenli　1330
The Explosives Management of Pile-well Blasting in Transmission Line Engineering
　······················································································ Li Yujie　Zhao Wang　1336
Study on Safety Management of Emulsion Explosive Mixed Loading Truck
　········································· Liu Xiaowen　Li Jianbin　Zhang Huiyu　1343
Information System of Integrated Blasting Management for Large-scale Underground
　sealed Cavern Group Excavation ················ Li Peng　Wu Xinxia　Huang Yuewen　1348
Safety Protection Technology of Rock Blasting under Complicated Urban Conditions
　··················································· Xiang Bin　Wu Yi　Chen Yanchun　1354
Impact Analysis and Control Study on Excavation Blasting of Hydropower Station
　Located in Urban Area ················ Su Lijun　Wang Jiahong　Xiong Xinyu, et al　1361
Measurement Control Method of Rock Blasting ················ Jiang Xiaowei　1367
Damage Mechanism and Mode of Reinforced Concrete Slab Subjected to Contact and
　Close-in Explosion ················ Zhao Xiaohua　Wang Gaohui　Lu Wenbo, et al　1371
The Risk Management and Solutions of Blasting Engineering Projects
　························· Zeng Chunqiao　Li Yunxi　Guan Guoshun, et al　1378
Application of Mobile Real-Time Video Surveillance System in Blasting Work Site
　··········································· Zhang Yan　Ma Yuanjun　Yuan Chunzhen　1386
Personnel Management and Positioning System for Tunnel Blasting Excavation
　······················ Bai Xiaohong　Hu Wenzhu　Zhao Dongsheng, et al　1393
The Application of Blasting Management System at Surface Mine
　································· Lou Wenpeng　Bai Heqiang　Li Hongjun, et al　1397
The Tunnel Blasting Safety Risk Assessment System Based on Visual Basic
　······················· He Juao　Hu Wenzhu　Gong Zhouchuangyu, et al　1403
Discussion of Things in Blasting Construction Process Safety Management Application
　··································································· Niu Lei　Zhou Ming'an　1410
Exploration of Methods on the Training and Examination for Blast Operator, Safety
　Officer and Storekeeper ················ Zhou Xiangyang　Hu Peng　Qi Shifu, et al　1417
Platform for Cloud Network and Blasting Vibration Online Monitoring System
　································ Deng Zhiyong　Zhang Yong　Zhao Chaoqun, et al　1424
Intelligent Cloud Burst Monitoring System
　··········································· Gan Jiping　Zhao Chong　Chen Dong, et al　1430

# 综述与爆破理论
Overview and Blasting Theory

# 爆轰波碰撞效应及其数值模拟

缪玉松[1]　李晓杰[1,2]　闫鸿浩[1]　王小红[1]　孙俊鹏[3]

(1. 大连理工大学工程力学系，辽宁 大连，116024；
2. 工业装备结构分析国家重点实验室，辽宁 大连，116024；
3. 大连经济技术开发区金源爆破工程有限公司，辽宁 大连，116600)

**摘　要**：基于爆轰波碰撞理论分析，得出爆轰波在正碰撞、斜碰撞和马赫反射三种条件下的爆压变化，确定了马赫反射发生的条件，并绘制入射角、偏离角和反射角间的关系曲线。应用LS-DYNA数值软件对爆轰波碰撞产生马赫反射的过程进行模拟。对模拟结果和理论计算进行对比知：对于多方指数为2.4的铵油炸药，马赫反射发生在斜爆轰波入射角为46.4°时，此时马赫波后压强达到最大值13.2GPa，并在马赫波后形成高压区域。研究结果对爆轰波传播及碰撞形成马赫反射的理论和实践研究具有较好的指导意义。

**关键词**：爆轰波；爆轰波碰撞；聚能效应；马赫反射；连续起爆

## Theory and Simulation Analysis of Detonation Wave Collision

Miao Yusong[1]　Li Xiaojie[1,2]　Yan Honghao[1]
Wang Xiaohong[1]　Sun Junpeng[3]

(1. Department of Engineering Mechanics, Dalian University of Technology, Liaoning Dalian, 116024; 2. State Key Laboratory of Structural Analysis for Industrial Equipment, Liaoning Dalian, 116024; 3. Dalian Economic and Technological Development Zone Jinyuan Blasting Co., Ltd., Liaoning Dalian, 116600)

**Abstract**: This paper analyzed the detonation pressure changes under frontal collision, oblique reflection and Mach reflection based on the detonation collision theory. Numerical software LS-DYNA was used to simulate the detonation wave collision process. The results of simulation and theoretical calculation were compared. For ANFO whose polytropic exponent is 2.4, Mach reflection occurs when the incident angle of the oblique detonation wave is 46.4°, and the detonation pressure can reach to 13.2GPa and a high pressure zone is formed after Mach reflection. The results can provide a good guidance on the theory and practice research of detonation wave collision.

**Keywords**: detonation wave; detonation wave collision; Munroe effect; Mach reflection; continuous initiating

---

基金项目：国家自然科学基金项目（10972051，11272081）。
作者信息：缪玉松，博士，393291800@qq.com。

## 1 前言

1888年自门罗开始进行聚能效应研究以来,许多科研工作者都开展了相关的研究工作,但主要得益于军事工业研究为主[1-3]。直到21世纪以来,一大批有金属聚能罩和无聚能罩结构的聚能装药形式才逐渐被应用于工程爆破的切割、预裂等领域。杨力[4]等比较几种线性切割器的性能,并以上海钢铁厂钢结构的厂房拆除为例,选定了适用于钢结构拆除的聚能装置;颜世龙等[5]应用最小二乘法对水下爆炸聚能切割器的装置进行优化设计;蒋耀港等[6]以钢管塔架为例,研究了铅质柔线性聚能切割器;李晓杰等[7]设计出了一套高效适用于浅海废弃油井的切割方法;罗勇等[8]将聚能爆破技术应用于石灰石岩块控制爆破中。

以上方法都是通过聚能装置改变爆轰波传播的方向,以达到聚能效果的目的。虽在工程应用中取得了很好的效果,但装置制作成本较高、现场施工繁琐。因此如何通过爆轰波自身的碰撞使其产生具有方向性的能量汇集成为了研究热点。肖雄[9]对通过双槽聚能装药结构产生线性射流的情况进行分析;王宇新等[10]应用物质点法模拟了爆轰波碰撞过程;韦祥光[11]通过铝板实验验证了爆轰波碰撞能量汇聚的可行性,并进行了基础研究分析。Botros等[12]通过烟熏箔试验研究了爆轰波泊头碰撞过程,并与ZND模型取得了很好的一致性。本文在爆轰波碰撞理论的基础上,分别对爆轰波正碰撞、斜碰撞和马赫反射进行理论分析,得出各碰撞情况下的爆压变化,并应用数值计算软件LS-DYNA对爆压变化规律进行分析,研究结果对爆轰波碰撞的理论和实践研究具有一定的指导意义。

## 2 爆轰波碰撞理论分析

### 2.1 爆轰波正碰撞

由于炸药从起爆到完全爆轰的过程是在瞬间完成的。因此,可近似忽略气体膨胀的作用。根据C-J理论,炸药完全爆轰的参数可以有下列公式进行计算:

$$p_H = \frac{1}{k+1}\rho_0 D^2 ; v_H = \frac{k}{k+1}v_0$$
$$u_H = \frac{1}{k+1}D ; c_H = \frac{k}{k+1}D \qquad (1)$$

式中,$p$、$v$、$u$和$c$分别为爆轰产物压力、体积、运动速度和声波速度;$k$为多方指数。

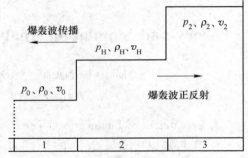

图 1 爆轰波正反射示意图
1—炸药初始状态;2—炸药稳定爆轰状态;
3—炸药正反射

Fig. 1 Sketch map of the detonation wave normal reflection

当爆轰波右传至固壁时发生正反射,根据三大守恒定律、C-J状态方程和波的反射定理可推导出爆轰波正反射后的压力与稳定爆轰压力的比值为:

$$\frac{p_2}{p_H} = \frac{5k + 1 + \sqrt{17k^2 + 2k + 1}}{4k} \qquad (2)$$

### 2.2 爆轰波的斜碰撞

图3给出了爆轰波斜反射示意图,对于Ⅱ区参数根据爆轰波斜反射理论可得入射角$\varphi$、偏转角$\theta$与炸药多方指数$k$值的关系式为:

$$\tan\theta = \frac{\tan\varphi}{k\tan^2\varphi + k + 1} \qquad (3)$$

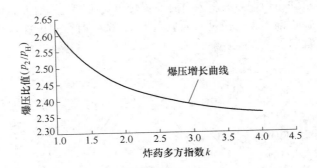

**图 2 爆压增长与多方指数关系曲线**

Fig. 2 The curve of polytropic exponent and detonation pressure increase

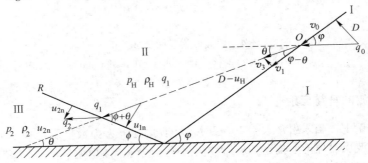

**图 3 动坐标系中的爆轰波斜反射示意图**

Fig. 3 Schematic diagram of the detonation wave oblique reflection in Coordinate

爆轰波经过 $O$ 点后,则不再平行于底边,而是与底边发生一个 $\theta$ 角度的偏转,爆轰产物的流动受到钢壁面的阻挠,在钢壁面上产生一反射冲击波 $R$,当爆轰产物经过反射冲击波 $R$ 时,其流动方向又偏转一个 $\theta$ 角度,然后沿着钢壁面传播。关于Ⅲ区参数的确定,根据爆轰状态方程、质量和动量守恒定理可推得入射角和反射角间的关系为:

$$\frac{\tan\phi}{\tan\left(\phi + \arctan\dfrac{\tan\varphi}{k\tan^2\varphi + k + 1}\right)} = \frac{k-1}{k+1} + \frac{2k^2}{k+1} \cdot \frac{1}{[k^2 + (k+1)^2\cot^2\varphi]\sin^2\left(\phi + \arctan\dfrac{\tan\varphi}{k\tan^2\varphi + k + 1}\right)} \tag{4}$$

反射与入射爆压间的关系为:

$$\frac{\tan(\phi + \theta)}{\tan\phi} = \frac{(k+1)p_2 + (k-1)p_H}{(k-1)p_2 + (k+1)p_H} \tag{5}$$

根据相关文献给出的 CHNO 型炸药的多方指数计算公式[13]:

$$k = \frac{(1.01 + 1.313\rho_0)^2}{1.558\rho_0} - 1 \tag{6}$$

假设装入炮孔中的炸药密度为 $0.9\text{g/cm}^3$,则可得出炸药的多方指数为 2.42,将其分别带入式(3)和式(4)中,绘制爆轰波入射角度在 0°~90°的反射角和 0°~46°的偏转角曲线如

图 4 所示。从图 4 中可知,当爆轰波斜入射时,偏转角随入射角的增大先增大后降低;而反射角则随入射角的增大而逐渐增大,但是当入射角大于 46.4°时,则出现虚数解,说明此时已不再是正规的爆轰波斜反射。

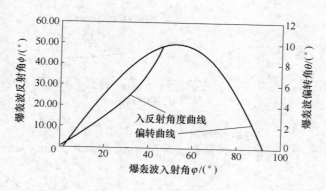

图 4 爆轰波斜反射角度关系
Fig. 4 Detonation wave oblique reflection angle

## 2.3 平面爆轰波的马赫反射

在上节的讨论中,当入射角大于 46.4°时,反射角的解为虚数。从物理学上来讲是没有意义的,从斜冲击波反射理论上描述为反射波从固壁上脱落,该现象最早有马赫于 1888 年发现,因此被命名为马赫反射。

根据马赫反射相关理论和三大守恒定理可推导出马赫波后压强 $p_3$ 与爆轰波压强 $p_H$ 间的关系为:

$$\frac{p_3}{p_H} = \frac{1}{\sin^2\varphi} + \frac{1}{\sin\varphi}\left(\frac{1}{\sin^2\varphi} - \xi\right)^{1/2} \tag{7}$$

式中,$\xi$ 为马赫爆轰释放出的能量与 C-J 爆轰释放能量的比值,即过度压缩系数,通常取值在 1.0~1.2 之间[14]。假设 $\xi=1$,则可绘制马赫爆轰波后压强 $p_3$ 与爆轰波压强 $p_H$ 关系曲线如图 5 所示。从图中可以看出,马赫反射后的爆压首先大幅上升至爆轰波压强的 3 倍以上,然后,随着入射角 $\varphi$ 的增大逐渐降低,最终衰减至爆轰波。

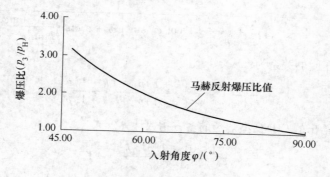

图 5 马赫反射爆压增长比值
Fig. 5 Detonation pressure increase ratio of Mach reflection

## 3 爆轰波碰撞数值模拟

### 3.1 模型的建立

为了模拟爆轰波传播及碰撞的真实过程，应用 LS-DYNA 有限元分析软件，以实际爆破工程为基础，考虑到炮孔具有轴对称性，为减少计算量，缩短求解时间，选取 1/2 模型建模。为形成爆轰波碰撞，在炮孔两侧对称布置导爆索，铵油炸药作为主装药，岩石类型选择花岗岩，建立剖面图如图 6 所示。

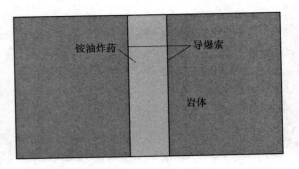

图 6 数值模型剖面图

Fig. 6 Profile map of numerical model

### 3.2 材料模型的确定

导爆索和铵油炸药采用 High_Explosive_Burn 高能炸药材料模型和 JWL 状态方程，其形式如下[15,16]：

$$p = A\left(1 - \frac{\omega}{R_1 V}\right)e^{-R_1 V} + B\left(1 - \frac{\omega}{R_2 V}\right)e^{-R_2 V} + \frac{\omega e_0}{V} \quad (8)$$

式中，$p$ 为爆轰压力；$e_0$ 为单位质量内能；$V$ 为相对体积；其他参数为与炸药相关的材料参数。

岩柱采用 John-Cook 本构模型和 Gruneisen 状态方程，John-Cook 本构模型表达式为：

$$\sigma = (A + B\bar{\varepsilon}^{\bar{p}})(1 + C\ln\dot{\varepsilon}^*)\left[1 - \left(\frac{T - T_r}{T_m - T_r}\right)^m\right] \quad (9)$$

式中，$\bar{\varepsilon}$ 为等效塑性应变；$\dot{\varepsilon}^*$ 为等效塑性应变率；$T_m$ 为熔化温度；$T_r$ 为外界温度；其他为与材料有关的参数。

Gruneisen 方程表达式为：

$$p = \frac{\rho_0 C^2 \mu \left[1 + \left(1 - \frac{\gamma_0}{2}\right)\mu - \frac{a}{2}\mu^2\right]}{\left[1 - (S_1 - 1)\mu - S_2 \frac{\mu^2}{\mu + 1} - S_3 \frac{\mu^3}{(\mu + 1)^2}\right]^2} + (\gamma_0 + a\mu)E \quad (10)$$

式中，$\mu = \rho/\rho_0 - 1$；$C$ 和 $S$ 分别为 $u_s$-$u_p$ 直线的截距和斜率；$\gamma$ 为 Gruneisen 系数；其他为与材料相关的参数。

### 3.3 数值计算过程结果分析

为了方便观察爆轰波波的传播及碰撞过程，选取主装药（Part2）作为研究对象，传播及碰撞过程如图 7 所示。从图中可知，当 $t = 5.9 \mu s$ 时，主装药被起爆，随后爆轰波沿球面向中心汇聚。当 $t = 43.9 \mu s$ 时，爆轰波在中心处发生碰撞，根据爆轰波冲击理论，此时爆轰波入射角为 0°，发生正碰撞。随后，两爆轰波互相为固壁，以斜入射的方式发生反射，并且入射角逐渐增大，当 $t = 47.8 \mu s$ 时，入射角达到马赫反射产生的条件，形成马赫反射并以该形态传播至固壁。

依次选取稳定爆轰点和爆轰波碰撞点绘制爆压曲线如图 8 所示。图中 A 单元为炸药达到稳定爆轰时的爆压值 4.74 GPa，E 单元为爆轰波碰撞并形成马赫反射时形成的最大爆压值 13.2 GPa。图 9 给出了爆轰波碰撞和发生马赫反射的爆压变化理论与数值模拟结果对比图（由

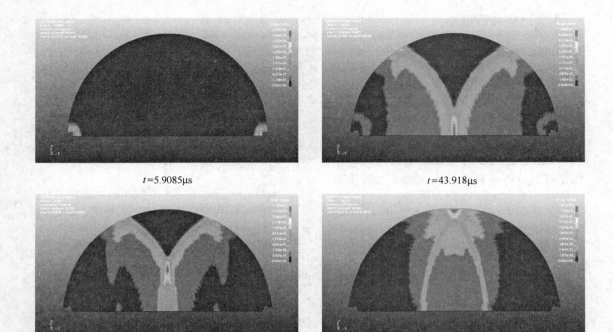

图 7 爆轰波传播及碰撞示意图

Fig. 7 Detonation wave propagation and collision

于计算机网格划分和求解步长的原因，使其存在有一定的误差，误差最大值为 5.2%）。理论和数值模拟结果均表明爆轰波在发生正碰撞时的爆轰压力较稳定，爆轰增强 2.54 倍。随后转换为斜爆轰波碰撞，此过程爆轰波压力逐渐增强。当入射角达到 46.4°时发生马赫反射，此时爆轰压力上升至最大值。随后，爆轰波压力逐渐下降，但仍保持在一定的高压范围内传播至孔壁。理论和数值计算结果表明爆轰波的马赫反射可以使大量能量汇聚在狭小的空间内，形成很强的高压区域。

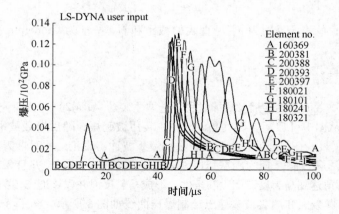

图 8 爆轰曲线图

Fig. 8 Detonation graph

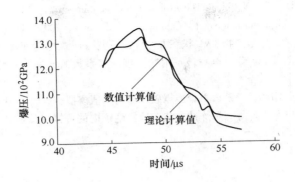

图 9 理论计算和数值结果比较图

Fig. 9 Contrast chart of the theoretical calculation and numerical results

## 4 结论

(1) 对爆轰波碰撞理论分析,得出不同碰撞情况下的爆压增长曲线及其控制因素,绘制爆轰波在斜入射时入射角、偏转角和反射角间的关系曲线,指出马赫反射发生的条件。

(2) 通过两对称导爆索起爆,实现爆轰波在平面上的碰撞,并且对碰撞过程进行分析。爆轰波首先由正碰撞转化为斜碰撞时爆压逐渐增大,当斜碰撞入射角达到一定值时(对于铵油炸药为 46.4°),形成马赫反射使爆压达到碰撞最大值,同时将能量汇聚在一个很小的范围内,形成高压区域。

(3) LS-DYNA 数值分析软件能够实现爆轰波碰撞形成聚能效应的仿真过程,但在计算过程中要注意网格划分和求解步长对结果的影响,防止求解误差过大。

## 参 考 文 献

[1] Guirguis R. MUNROE/CHANNEL EFFECT AND WEAK DETONATIONS: Shock Compression of Condensed Matter-1991[Z]. Tasker S C S D. Amsterdam: Elsevier, 1992: 341-344.

[2] Fortin Y, Liu J, Lee J H S. Mach reflection of cellular detonations[J]. Combustion and Flame, 2015, 162(3):819-824.

[3] Bhattacharjee R R, Lau-Chapdelaine S S M, Maines G, et al. Detonation re-initiation mechanism following the Mach reflection of a quenched detonation[J]. Proceedings of the Combustion Institute, 2013, 34(2): 1893-1901.

[4] 杨力,周翔,顾月兵,等. 线性聚能切割器切割钢板的实验研究[J]. 工程爆破,2003(02):19-21.

[5] 颜事龙,王尹军,王昌建. 水下爆炸切割钢板的试验研究[J]. 爆破器材,2004(02):26-29.

[6] 蒋耀港,沈兆武,龚志刚,等. 柔性线型聚能切割器的应用研究[J]. 含能材料,2011(04): 454-458.

[7] 李晓杰,江德安,闫鸿浩,等. 大型聚能切割器对浅海废弃油井的爆破拆除[J]. 辽宁工程技术大学学报(自然科学版),2008(S1):136-138.

[8] 罗勇,沈兆武. 聚能爆破在岩石控制爆破中的研究[J]. 工程爆破,2005(03):13-17.

[9] 肖雄. 普通工业炸药双槽聚能装药研究[Z]. 武汉理工大学,2014:70.

[10] 王宇新,李晓杰,闫鸿浩,等. 爆轰波碰撞聚能无网格 MPM 法数值模拟[J]. 计算力学学报,2014(02):223-227.

[11] 韦祥光. 爆轰波聚能爆破的技术基础研究[Z]. 大连理工大学,2012:63.

[12] Botros B B, Ng H D, Zhu Y, et al. The evolution and cellular structure of a detonation subsequent to a head-on interaction with a shock wave[J]. Combustion and Flame, 2007, 151(4):573-580.
[13] 赵铮,陶钢,杜长星. 爆轰产物 JWL 状态方程应用研究[J]. 高压物理学报,2009(04):277-282.
[14] 朱传胜,黄正祥,刘荣忠,等. 马赫波反射中过度压缩系数的计算[J]. 火炸药学报,2014(03):39-42.
[15] 陈寿峰,薛士文,高伟伟,等. 岩石聚能爆破试验与数值模拟研究[J]. 爆破,2012(04):14-18.
[16] 孔德森,孟庆辉,史明臣,等. 爆炸冲击波在地铁隧道内的传播规律研究[J]. 地下空间与工程学报,2012(01):48-55.

# 基于 CONWEP 动态加载的建筑物爆破拆除数值模拟研究

杨军　张帝　任光

（北京理工大学爆炸科学与技术国家重点实验室，北京，100081）

**摘　要**：建构筑物爆破拆除数值模拟通常采取单元删除法模拟爆破切口形成，而忽略了在爆炸载荷下形成爆破切口时动态冲击作用对结构失稳倒塌的影响。本文基于 Abaqus/Explicit，将内置的 CONWEP 爆炸加载方式和经典 JWL 状态方程加载方式进行对比。对 CONWEP 方式加载进行当量转化，将工程装药量转化为模拟装药量，实现了爆破加载模拟。最后将 CONWEP 动态加载方式用于模拟爆破切口的形成，分析爆炸载荷下建构筑物的连续倒塌过程，采取更接近拆除实际的模拟方法，并获得有益的进展。

**关键词**：爆破拆除；数值模拟；CONWEP；动态加载

## Numerical Simulation Research on Blasting Demolition of Buildings and Structures Based on CONWEP Dynamic Loading

Yang Jun　Zhang Di　Ren Guang

(State Key Laboratory of Explosion Science and Technology, Beijing Institute of Technology, Beijing, 100081)

**Abstract**: Unit delete method is often used to simulate the formation of blasting cut in the numerical simulation of demolition of buildings and structures, which ignores the effect of dynamic impact of blast loading to structural instability. Based on Abaqus / Explicit, CONWEP explosion loading and loading classic JWL equation of state are being compared. CONWEP loading method is converted equivalents, and engineering charge amount is converted to simulated charge amount to achieve the simulation of blast loading. Finally, CONWEP dynamic loading is applied to the formation of blasting cuts, so that the progressive collapse process of constructions and structures under blast loading is analysis and the simulation closer to actual demolition is found.

**Keywords**: blasting demolition; numerical simulation; CONWEP; dynamic loading

## 1　引言

建筑物爆破拆除数值仿真是深受关注的热点问题，在钢筋和混凝土连接方式、建筑倒塌后和地面的接触算法等方面，研究人员已经进行了大量相关尝试[1~5]。在爆破切口局部爆炸作

---

作者信息：杨军，教授，博士生导师，yangj@bit.edu.cn。

用过程模拟方面，流固耦合法可以对爆炸进行全尺寸分析[6,7]，但计算效率极低；将爆炸载荷简化为三角波加载，可以实现快速分析，但与爆炸载荷随空间分布特性不符。"生死单元"法中，单元状态以时间为变量，在指定时间被动失效并删除，形成切口[8,9]。这种简化的切口形成技术易于实现，但没有考虑爆炸载荷对钢筋和混凝土的相互作用过程，是一种"静态"分析方法，与实际不符。

进一步精细化分析连续倒塌过程，考虑爆炸载荷对建构筑物承重的钢筋混凝土立柱的作用过程，是爆破拆除仿真的方向之一，但是目前缺少相关进展。本文尝试使用CONWEP方法对切口加载爆炸载荷，既考虑了爆炸载荷与钢筋混凝土的相互作用，又避免了建立欧拉区域造成的计算效率低下的问题，实现了建构筑物在爆炸载荷作用下倒塌的全过程分析。

## 2 爆炸载荷和材料模型

### 2.1 切口位置施加爆炸载荷的简化方式

（1）将爆炸载荷简化为三角波加载。缺点是载荷仅随时间变化，在空间上没有变化。当迎爆面尺寸较大时，爆炸载荷实际上是随空间分布的。

（2）在切口位置建立欧拉区域，分别对炸药，空气，立柱建模，进行流固耦合计算。缺点是计算效率低。

（3）使用CONWEP算法计算载荷，直接对靶板施加[10]。靶板载荷随时间和空间位置发生变化，相对合理。

### 2.2 基于CONWEP理论的材料模型

CONWEP是来源于美国军方实验数据的爆炸载荷计算方法，用于自由空气场中爆炸和近距离爆炸计算。由于CONWEP忽略了空气介质的刚度和惯性，可避免对介质进行建模和计算。在给定的距离下，CONWEP给出以下载荷数据：载荷传播到作用面的时间、最大超压、超压时间以及指数衰减因子，从而获得完整的压力载荷曲线。以无限空气中炸药爆炸为例，炸药在空气中爆炸时，超压大小$p$是关于炸药能量$E_0$，空气初始状态压力$p_0$，空气密度$\rho_0$，和空气冲击波的传播距离$r$的函数：

$$\Delta p = f(E_0, p_0, \rho_0, r) \tag{1}$$

通过量纲分析，上式可以表示为

$$\Delta p = f\left(\frac{\sqrt[3]{w}}{r}\right) \tag{2}$$

定义比例距离$z = \dfrac{\sqrt[3]{w}}{r}$，并将函数展开为幂级数形式：

$$\Delta p = f\left(\frac{\sqrt[3]{w}}{r}\right) = A_0 + \frac{A_1}{z} + \frac{A_2}{z} + \frac{A_3}{z} + \frac{A_4}{z} + \cdots \tag{3}$$

式中，$w$为装药量，系数$A_0, A_1, A_2, A_3, \cdots$由具体实验环境决定。

CONWEP本质上和不同实验条件下得到的经验公式[11]相同，但是经过多次修正，现在内置在软件中的CONWEP可执行多种武器的毁伤效果计算（即可以输出多种武器、炸药等的荷载曲线），包括常规的空气爆炸，碎片和弹丸侵彻，成坑，地震动等方面[12]。

在ABAQUS中，对于给定的起爆点、加载面、爆炸类型和TNT当量，CONWEP给出下面的经验数据来形成爆炸载荷时间历程曲线：最大超压、到达时间、超压时间、指数衰减因子等。

$$p(t) = \begin{cases} p_{\text{incident}}(t)[1 + \cos\theta - 2\cos2\theta] + p_{\text{reflect}}(t)\cos2\theta, \cos\theta \geq 0 \\ p_{\text{incident}}(t), \cos\theta < 0 \end{cases} \quad (4)$$

式中，$\theta$ 是入射波的入射角；$p_{\text{reflect}}$ 是反射波压强；$p_{\text{incident}}$ 是入射波压强；$p(t)$ 是靶板上任意一点的总压强。适用范围是自由空气场中球形装药爆炸和结构表面半球形爆炸。在结构表面半球形爆炸中，可以考虑表面对冲击波的反射作用。

在 ABAQUS 中 CONWEP 的加载表面限定于实体单元，壳单元和薄膜单元。CONWEP 产生的爆炸载荷直接加载于这些单元表面，这样就产生了随时间和空间变化的压强。对比三角波加载的时间历程曲线加载方式，CONWEP 增加了空间维度。在靶板面积较大且爆源距离靶板较近时，CONWEP 加载在靶板中产生的应力场与实际更加相符。

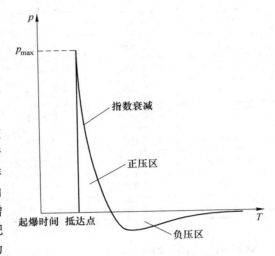

图 1 空气中爆炸超压曲线

Fig. 1 Explosion overpressure curve in air

### 2.3 基于 JWL 理论的材料模型

JWL 状态方程是数值仿真中广泛使用的炸药状态方程，在 ABAQUS 中给出的计算方程是：

$$p = A\left(1 - \frac{\omega\rho}{R_1\rho_0}\right)\exp\left(-R_1\frac{\rho_0}{\rho}\right) + B\left(1 - \frac{\omega\rho}{R_2\rho_0}\right)\exp\left(-R_2\frac{\rho_0}{\rho}\right) + \omega\rho E_m \quad (5)$$

式中，$p$ 是爆炸产物的压强；$A$，$B$，$R_1$，$R_2$；$\omega$ 是材料常数；$\rho_0$ 是炸药密度；$\rho$ 是爆炸产物密度；$E_m$ 是单位质量炸药内能。右端三项分别在高、中、低压区起主要作用[13]。

本文采用的岩石乳化炸药计算参数见表1。

表 1 岩石乳化炸药计算参数

Table 1 Calculation parameters of rock emulsion explosive

| 密度/g·cm$^{-3}$ | 爆速/m·s$^{-1}$ | $A$ | $B$ | $R_1$ | $R_2$ | $\omega$ | $E_0$ |
|---|---|---|---|---|---|---|---|
| 1000 | 4000 | 200 | 0.18 | 4.2 | 0.9 | 0.15 | 0 |

### 2.4 混凝土损伤塑性模型

混凝土典型特征是拉伸压缩不同性。在损伤塑型模型中，混凝土在不同应力状态下的拉伸损伤和压缩损伤，通过定义损伤因子实现。

表 2 CDP 基本参数

Table 2 CDP basic parameters

| 密度/g·cm$^{-3}$ | 弹性模量/Gpa | 泊松比 | 膨胀角/(°) | 偏心率 | $f_{b0}/f_{c0}$ | $K$ | 黏性系数 |
|---|---|---|---|---|---|---|---|
| 2.40 | 20.6 | 0.167 | 15 | 0.1 | 1.16 | 0.6667 | 0 |

表3 受拉和受压损伤参数[14]
Table 3 Tension and compression damage parameters

| 抗压强度/MPa | 非弹性应变 | 损伤因子 | 抗拉强度/MPa | 开裂应变 | 损伤因子 |
|---|---|---|---|---|---|
| 24.0 | 0 | 0 | 1.78 | 0 | 0 |
| 29.2 | 0.0004 | 0.1299 | 1.46 | 0.0001 | 0.30 |
| 31.7 | 0.0008 | 0.2429 | 1.11 | 0.0003 | 0.55 |
| 32.4 | 0.0012 | 0.3412 | 0.96 | 0.0004 | 0.70 |
| 31.8 | 0.0016 | 0.4267 | 0.80 | 0.0005 | 0.80 |
| 30.4 | 0.0020 | 0.5012 | 0.54 | 0.0008 | 0.90 |
| 28.5 | 0.0024 | 0.5660 | 0.36 | 0.0010 | 0.93 |
| 21.9 | 0.0036 | 0.7140 | 0.16 | 0.0020 | 0.95 |
| 14.9 | 0.0050 | 0.8243 | 0.07 | 0.0030 | 0.97 |
| 2.95 | 0.0100 | 0.9691 | 0.04 | 0.0050 | 0.99 |

## 3 数值仿真结果分析

### 3.1 JWL 与 CONWEP 加载结果比对

建立钢筋混凝土靶板：1000mm×1000mm×40mm，在中心层间隔 100mm 十字交叉布直径为 10mm 的钢筋共计 20 根。

模型中钢筋密度 7.8g/cm³，弹性模量 200GPa 屈服极限 300MPa。混凝土采用 CDP 模型。钢筋混凝土采用共节点方式相互连接。

靶板损伤状况初步对比：

图4 的对比可以看出 CONWEP 的超压峰值大于 JWL，得到的损伤半径 $R$ 也略大于 JWL。所以需要对 CONWEP 计算进行标定，使 CONWEP 适用于爆破拆除中近似接触爆炸载荷计算。

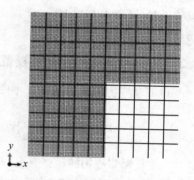

图2 共节点分离式钢筋混凝土靶板
Fig. 2 Separate common node reinforced concrete target

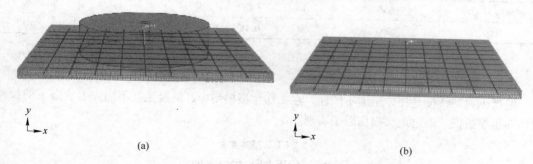

(a) (b)

图3 钢筋混凝土靶板
（a）JWL 加载爆炸载荷；（b）CONWEP 加载爆炸载荷
Fig. 3 Reinforced concrete target

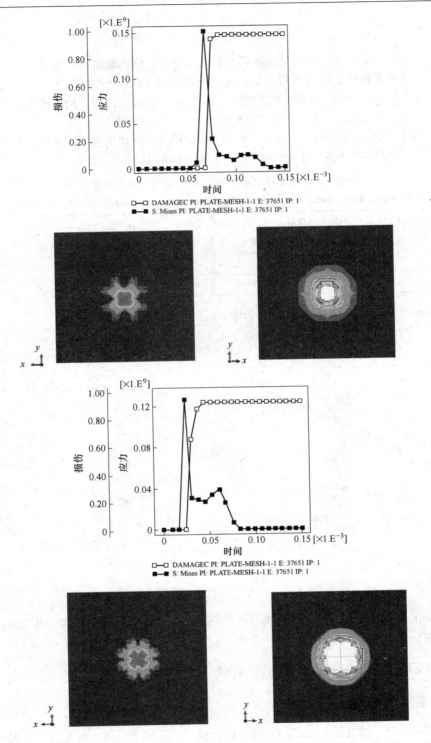

图 4 JWL 和 CONWEP 爆炸载荷下损伤发展和损伤分布
（上方是 JWL 的结果，下方是 CONWEP 的结果）
Fig. 4 Development and distribution of damage under blast loading of JWL and CONWEP
(The upper part is about JWL, the lower part is about CONWEP)

## 3.2 标定

对应于不同的关注点,可以设定不同的标准。比如,依据能量取当量系数,依据超压取当量系数。这里依据损伤半径取当量系数。通过不断改变 CONWEP 的 TNT 当量,使损伤半径 $R$ 逐渐按照 0.3,0.35,0.4,0.45,0.5 增加。再改变 JWL 质量,产生相应的损伤半径,比较两者之间的关系。

令 CONWEP 取值从 0.05,0.06,…依次增加到 0.1,得到损伤范围 $R$ 的取值,再改变 JWL 炸药的质量,使得达到相应的损伤半径,汇总如表 4 所示。

表 4  不同损伤半径下的 CONWEP 和 JWL 药量对比
Table 4  Comparison of CONWEP and JWL in different damage radium

| $R$/m | JWL/kg | CONWEP/kg | $C$ | $R$/m | JWL/kg | CONWEP/kg | $C$ |
|---|---|---|---|---|---|---|---|
| 0.12 | 0.120 | 0.05 | 0.417 | 0.15 | 0.190 | 0.08 | 0.430 |
| 0.13 | 0.142 | 0.06 | 0.422 | 0.16 | 0.210 | 0.09 | 0.433 |
| 0.14 | 0.166 | 0.07 | 0.420 | 0.165 | 0.228 | 0.1 | 0.438 |

在 Origin 中进行简单的线性拟合,如图 5 所示,得到:

$$M_{\text{CONWEP}} = 0.455 \times M_{\text{JWL}} - 0.005$$

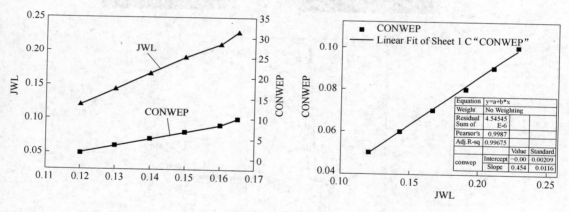

图 5  拟合曲线
Fig. 5  Fitting curve

从图 5 中可以看到,一次拟合虽然简单,但是已经具备较高的置信度,可以满足工程计算的需求,故接受这一线性拟合公式。

## 4 CONWEP 动态加载下的建筑物连续倒塌过程仿真

### 4.1 底部装药形成切口

针对广西抚州一栋九层楼房倒塌失败案例,建立 9 层框架结构。因为具体建筑尺寸无法查证,这里依据典型民用中高层建筑框架结构设计建立模型。楼房长 31.8m,宽 13.5m,高 31.6m,柱子为 0.6m×0.6m,梁为 0.5m×0.3m,楼板厚度 0.15m。在楼房长度方向,等间隔 3.2m 建立 9 根支撑立柱;宽度方向间隔 4.4m、2.4m 和 4.4m 建立四排立柱。

切口设计角度为 30°，如图 6（b）所示。在切口内，包含有三组梁柱接合位置，用虚线线框标出。分别采用立柱底部装药（虚线线框位置不装药）和立柱底部顶部分段装药（虚线线框位置装药）两种切口形成方式进行分析。

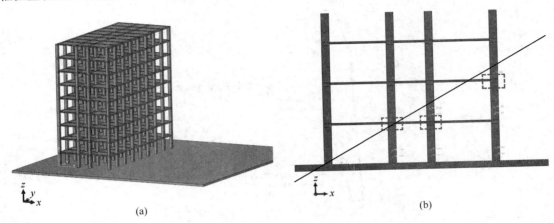

图 6　九层框架结构楼房
（a）九层框架结构楼房；（b）底部装药孔分布
Fig. 6　Nine-story frame structure building

其中混凝土使用 CDP 材料模型，钢筋使用 JC 塑性和延性断裂准则。得到爆炸载荷下损伤分布和梁柱框架结构中的应力状态如图 7 所示。取装药孔附近三个单元，观察损伤随时间历程的演化。

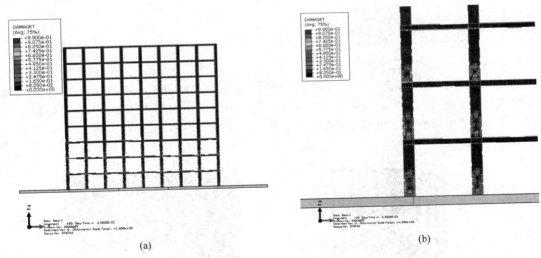

图 7　损伤分布
（a）$t=0.004$s 损伤分布；（b）损伤局部
Fig. 7　Damage distribution

从单元损伤发展历程得到，在 $t=0.002$s 时刻，损伤基本发展完全。故可以将这一时刻作为下一个分析步的起点。在下一个分析步中将对拉伸损伤因子大于 0.8 的单元进行删除。同时，将材料模型从 CDP 模型更换为弹塑性模型，并使用表 5 中的失效参数。

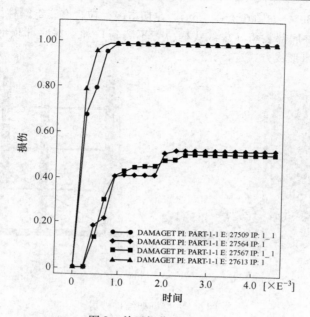

图 8　单元损伤演化过程

Fig. 8　Unit damage evolution

表 5　混凝土和钢筋失效参数

Table 5　Failure parameters of concrete and steel

| 材料 | 密度/g·cm$^{-3}$ | 弹性模量/$10^9$Pa | 泊松比 | 抗压强度/$10^6$Pa | 失效应变 |
|---|---|---|---|---|---|
| 钢筋 | 7.80 | 220 | 0.30 | 380 | 0.020 |
| 混凝土 | 2.40 | 30 | 0.21 | 30 | 0.002 |

爆破切口形成过程如图 9 所示。

图 9 (a) 表示装药爆炸 0.002s 时刻，在建筑中形成的损伤分布，可以看到底部装药不能在梁柱接合处形成有效损伤。图 9 (c) 中，第二个分析步时间长度 0.1ms，删除了损伤单元，形成了真实环境中的切口，而没有受损的框架中的应力状态与分析步保持一致。

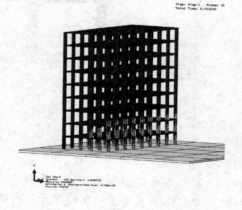

(a)

(b)

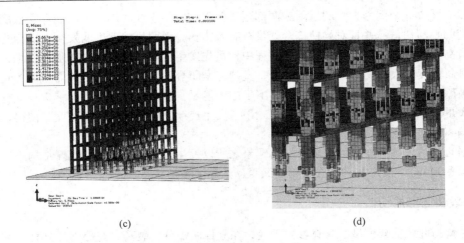

图 9 爆破切口形成过程
(a) $t=0.002s$ 损伤图；(b) 损伤局部；(c) $t=0.0021s$ 切口图；(d) 切口图局部
Fig. 9 Blasting cut formation process

形成爆破切口后，建筑结构连续倒塌典型时刻如图 10 所示。

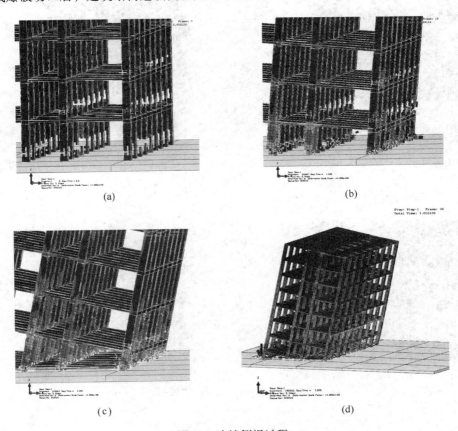

图 10 连续倒塌过程
(a) 装药切口形成；(b) 少量闭合；(c) 大量闭合；(d) 最终形态
Fig. 10 Continuous collapse process

显然，导致这个倒塌失败的原因为两部分。首先，因为立柱底部装药只能在立柱底部形成有限高度的装药切口，并且对梁柱接合处没有有效损伤，无明显强度削弱发生。因为立柱底部装药切口高度并不均匀统一，在倒塌的过程中，最先发生少量切口的闭合；随着倒塌继续，建构筑物倾斜角度增大，切口逐渐大量闭合，直到完全闭合发生。完全闭合的切口因为达到失效准则而被删除，吸收能量，减弱了前冲和下坐中的能量。其次，由于失效的结构在立柱装药切口下方大量堆积，占用大量空间，进一步减小了发生连续倒塌需要的切口高度，使得建筑的重心没有偏离出底面支撑面积，倒塌失败。

根据验算结果，推测歪而不倒等一类现象之所以发生，是因为没有对支撑结构进行有效破坏（底面和顶面），造成在结构在失稳后又重新达到了平衡状态。

## 4.2 分段装药形成切口

建立新的九层框架模型，材料参数不变，在立柱两端分段装药，充分破坏立柱。在删除损伤单元，得到爆破切口后，连续倒塌中得到如下的典型时刻：

在图11（b）中可以看到，因为在整根立柱的上下面均有装药切口形成，一层和二层的支撑立柱的自由度得到增加，在连续倒塌中，当切口发生闭合时，支撑立柱随机发生偏移，转

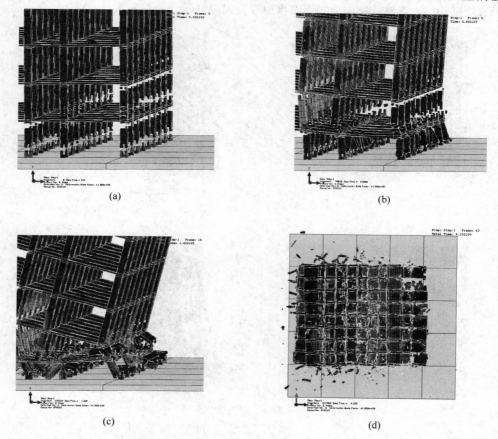

图11　连续倒塌过程
（a）装药切口形成；（b）少量闭合；（c）大量闭合；（d）最终形态
Fig. 11　Continuous collapse process

动，无法对上层结构形成有效支撑，最终框架结构连续倒塌。

通过对九层框架结构的倒塌过程分析可以发现，设计爆破切口只有完全被破坏才能保证结构的正常倒塌，否则可能倒塌失败。通过上述算例对比，可得使用单元删除法模拟爆破切口的不足以及动态加载方式的必要性。

## 5 结论

（1）在利用 ABAQUS 模拟建筑物爆破拆除连续倒塌分析中，可以采用 CONWEP 方式实现爆炸加载及切口形成。模拟二号乳化炸药加载需要的当量转化公式：

$$M_{\text{CONWEP}} = 0.455 \times M_{\text{JWL}} - 0.005$$

（2）利用 CONWEP 的加载方式和混凝土损伤塑性模型，进行九层框架结构的倒塌过程数值模拟。分别采用底部装药和上下分段装药，分析切口闭合后完全不同的倒塌的计算结果对比，证明了使用单元删除法模拟爆破切口的不足以及动态加载方式的必要性。

## 参 考 文 献

[1] 师燕超，李忠献. 爆炸荷载作用下钢筋混凝土柱的动力响应与破坏模式[J]. 建筑结构学报，2008(04)：112-117.
[2] 李楠，赵均海，吴赛，钢纤维高强混凝土墙基于 CONWEP 的爆炸响应[J]. 西安建筑科技大学学报（自然科学版），2014(06)：833-838.
[3] 刘昌邦. 城市高架桥爆破拆除力学机理与模型试验研究[D]. 武汉科技大学，2015.
[4] 徐泽沛. 爆破拆除塌落过程及触地震动的分析研究[D]. 长沙理工大学，2004.
[5] Luccioni B M, Lopez D E, Danesi R F. Bond-slip inreinforced concrete elements[J]. Journal of StructuralEngineering，2005，131(11)：1690-1698.
[6] 李蕾，柏劲松，刘坤，等. 二维 GEL 耦合方法的研究及对爆炸容器的数值模拟[J]. 高压物理学报，2011(06)：549-556.
[7] 李卫平，王少龙，汪德武，等. 基于 ALE 算法的爆破战斗部爆炸效应数值模拟研究[J]. 含能材料，2006(02)：105-107.
[8] 杨国梁，杨军，姜琳琳. 框-筒结构建筑物的折叠爆破拆除[J]. 爆炸与冲击，2009(04)：380-384.
[9] 谢春明，杨军，张光雄. 钢筋混凝土观光塔爆破拆除及数值模拟[J]. 爆破，2009(04)：8-12.
[10] 孙振宇. 外爆荷载下 K8 型单层球面网壳的损伤模型与损伤评估研究[D]. 哈尔滨工业大学，2015.
[11] 都浩，李忠献，郝洪. 建筑物外部爆炸超压荷载的数值模拟[J]. 解放军理工大学学报（自然科学版），2007(05)：413-418.
[12] 刘刚，李向东，张媛. 破片和冲击波对直升机旋翼联合毁伤仿真研究[J]. 计算机仿真，2013(06)：68-71.
[13] 赵铮，陶钢，杜长星. 爆轰产物 JWL 状态方程应用研究[J]. 高压物理学报，2009(04)：277-282.
[14] ABAQUSVerificationManual6.12.

# 深部地层地应力水平与爆破振动频率特征的相关性研究

杨润强[1,2]　严鹏[1,2]　卢文波[1,2]　陈明[1,2]　王高辉[1,2]

(1. 武汉大学水资源与水电工程科学国家重点实验室，湖北 武汉，430072；
2. 武汉大学水工岩石力学教育部重点实验室，湖北 武汉，430072)

**摘　要**：不同的地应力水平对深部岩体爆破振动的频率和能量分布具有重要影响。本文通过对不同地应力水平的深埋隧洞爆破开挖过程中实测围岩振动信号进行快速傅里叶变换，采用功率谱分析方法研究振动信号在不同频带上的能量分布。研究表明，实测爆破振动的低频振动($<50Hz$)能量占总振动能量的百分比随应力水平的提高而增加；爆破振动在其频域中除了有一个主振频率外，还存在多个子频带，且各子频带振动的能量与主频带振动能量的差距随应力水平的提高而减小；伴随爆破破岩过程而发生的应变能瞬态释放效应诱发围岩振动的主频一般比爆炸荷载诱发振动的主频低。在50MPa或更高应力水平下，应变能释放诱发的振动能量与爆炸荷载诱发振动能量大致相当。本研究内容对地下工程爆破振动安全控制具有一定指导意义。

**关键词**：地应力水平；爆破振动；能量分布；功率谱分析

## Effect of Crustal Stress Level on the Frequency Characteristics of Blasting Vibration

Yang Runqiang[1,2]　Yan Peng[1,2]　Lu Wenbo[1,2]　Chen Ming[1,2]　Wang Gaohui[1,2]

(1. State Key Laboratory of Water Resources and Hydropower Engineering Science, Wuhan University, Hubei Wuhan, 430072;
2. Key Laboratory of Rock Mechanics in Hydraulic Structural Engineering Ministry of Education, Wuhan University, Hubei Wuhan, 430072)

**Abstract**: Different stress level has important influence on the frequency and energy distribution of blasting vibration of deep rock mass. Based on the Fast Fourier transform of the measured vibration signal of surrounding rock during blasting excavation of deep buried tunnel under different stress conditions, the energy distribution of the vibration signal in different frequency bands is studied by means of the power spectrum analysis method. The research shows that the percentage of the measured blasting vibration of low frequency vibration energy in total vibration energy will increase with the increase of the stress level. In addition to a dominant frequency of blasting vibration, there are a number of sub bands in the frequency domain, and the gap between the vibration energy of each sub band and the vibration energy of dominant frequency will decrease with the increase of stress level. Accompanied by the breaking process of rock blasting, the dominant frequency of the vibration of surrounding rock induced by the

---

作者信息：杨润强，硕士，yangrq@whu.edu.cn。

transient release of strain energy is generally lower than the frequency of vibration induced by blast load. At 50MPa or higher stress levels, the strain energy release induced vibration energy is roughly equivalent to that of blast load induced vibration energy. This research has certain guiding significance to the safety control of blasting vibration in underground engineering.

**Keywords**: crustal stress level; blasting vibration; energy distribution; power spectrum analysis

## 1 引言

爆破振动是指装入地下的炸药爆炸产生的冲击波通过岩土介质传播到远距离处衰减而引起的弹性振动。然而，随着越来越多的地下工程向深部发展，岩体具有埋深大、地应力高等特点[1]，高地应力条件下高储能岩体的爆破开挖诱发振动明显不同于浅埋岩体，爆破开挖时，开挖轮廓面上的法向应力在很短的时间内变为0，开挖轮廓面上的初始地应力卸载是一个区别于常规准静态卸载的高速动态卸载过程[2]，必然会在围岩中产生强烈的应力调整，在围岩中激起动态卸载振动[3]。Carter和Booker[4]通过理论分析证明，隧洞的瞬间开挖可在围岩诱发振动，并且振动的幅值随卸荷速率的提高而增大。卢文波等[5,6]研究表明，在岩体初始地应力较低的条件下，隧洞钻爆开挖过程中围岩振动主要由爆炸荷载引起；而在高地应力条件下初始地应力的动态卸载将在掌子面附近的岩体中激起动态卸载振动，并且较高地应力条件下这一振动有可能超过爆炸荷载所诱发的振动而成为围岩振动的主要因素。张正宇等[7]在龙滩地下的爆破振动监测也表明爆破过程所诱发的围岩振动是由爆炸荷载所诱发的振动和开挖轮廓面上初始应力瞬间释放所诱发的振动二者的叠加。同时，罗先启和舒茂修[8]认为，坚硬脆性围岩中开挖洞室相当于一个处于压缩应力场中的脆性材料块体在开挖边界上突然卸载，卸载波迅速从开挖边界传播至岩体深部；若岩体中弹性压缩所贮存的势能足够大，位于卸载波前缘的剪切微裂纹将因动力扩展而导致岩体破坏并诱发岩爆。徐则民等[9]则认为爆破开挖过程中掌子面上初始地应力的瞬态卸载所激起的卸载应力波是岩爆发生的重要触发机制之一。以往对于爆破开挖振动能量特征的研究多仅针对爆炸荷载诱发的振动，对地应力瞬态卸载诱发振动的能量分布特征鲜有研究。因此，研究不同地应力水平实测爆破振动的能量分布特性不仅对于揭示深部岩体爆破开挖振动的频谱特性和优化爆破设计具有重要意义，同时也对高地应力条件下爆破开挖过程所诱发的围岩稳定和地质灾害等问题的预报和防治具有重要价值。

在实际爆破施工过程中所监测到的围岩振动信号中，爆炸荷载所诱发的振动和开挖轮廓面上的地应力动态卸载所诱发的振动在时域中并没有明确的分界点，两种振动相互耦合、叠加在一起[10,11]，而且爆破过程中的围岩振动是一个短时非平稳随机过程，具有明显的持时短、突变快等特点。近年来，信号处理领域提出的小波变换有突出被分析信号能量突变的特征，研究者们将十分适合处理非平稳随机信号的小波变换引入到爆破振动信号处理中来并取得了许多成果，有人采用小波分析的方法分析了实测爆破振动信号的能量分布，严鹏等[3]利用小波包分析的方法研究了地应力水平对爆破振动能量分布的影响，但目前利用小波变换处理爆破振动信号仍然还处于起步阶段[12,13]，其计算过程比较复杂，而且其物理意义不容易被工程技术人员理解，实际应用中有一定的难度。因此，研究者们采用功率谱能量分析方法，其原理和小波变换能量分析方法基本一致，并且具有操作简单，物理意义明确的特点[14]。卢文波[15]等采用功率谱能量分析方法，对比了不同爆源形式及深埋洞室钻爆开挖和露天台阶爆破振动的能量分布特征。赵振国等[16]采用基于功率谱的振动能量分析方法，研究了爆炸荷载和不同水平的地应力瞬态卸载诱发的振动能量频域分布特征。本文主要利用傅里叶变换得到不同地应力水平实测爆破振动的功率谱密度，运用基于功率谱的爆破振动能量分析方法研究实测爆破振动信号在不同频段上的能量分布特性。

## 2 基于功率谱的能量分析方法

### 2.1 傅里叶变换

设 $f(t)$ 是定义在 R 上的函数，$f(t)$ 的傅里叶变换定义为：

$$F[f(t)] = \hat{f}(\omega) = \int_{-\infty}^{+\infty} f(t) e^{-i\omega t} dt \quad (1)$$

其逆变换为：

$$F^{-1}[\hat{f}(\omega)] = f(t) = \frac{1}{2\pi} \int_{-\infty}^{+\infty} \hat{f}(\omega) e^{i\omega t} d\omega \quad (2)$$

通常将函数 $|\hat{f}(\omega)|$ 称为函数 $f(t)$ 的幅值谱函数，$|\hat{f}(\omega)|^2$ 称为功率谱密度函数。在获取振动信号数据后，利用 Matlab 中傅里叶变换工具箱函数，通过比较简单的编程将振动信号进行频谱分析直接完成从时域到频域的转化，即可以实现振动信号的幅值谱和功率谱分析。本文主要研究爆破振动能量在频域上的分布特性，因此采用功率谱分析方法。

### 2.2 功率谱能量分析方法

爆破振动发生时，对空间中质量为 $\Delta m$ 的质元在 $t$ 时刻的动能可以表示为：

$$E(t) = \frac{1}{2} \Delta m v^2(t) \quad (3)$$

式中，$E(t)$ 为爆破振动 $t$ 时刻的能量；$v(t)$ 为 $t$ 时刻振动速度；$\Delta m$ 为质元质量。

对质元质量做归一化处理，爆破振动信号的总能量 $E$ 可表示为在振动时程内进行积分：

$$E = \int_{t_1}^{t_2} v^2(t) dt \quad (4)$$

式中，$E$ 为爆破振动的总能量；$t_1$、$t_2$ 分别为爆破振动信号记录的起止时刻。

由于爆破振动监测仪记录的是一系列离散值，所以式（4）可表示为：

$$E = \sum_{i=1}^{N} v^2(t_i) \Delta t \quad (5)$$

式中，$N$ 为监测仪采集的离散振动速度 – 时间序列采样点数目；$v(t_i)$ 为采样序列中 $t_i$ 时刻对应的爆破振动速度；$\Delta t$ 为采样时间间隔。

对于爆破振动信号进行频谱分析，可以得到离散化的频率值系列和相应的功率谱密度 $PSD_i$ 系列。功率谱密度的物理意义表示一定频率谐波分量能量的相对大小，因此可以利用功率谱对爆破振动在一定频带范围内的能量分布进行分析研究。频率范围 $(f_m, f_n)$ 内的振动能量占总能量的比例可以表示为：

$$P_{E_i} = \frac{\sum_{i=m}^{n-1} PSD_i}{\sum_{i=1}^{M} PSD_i} \quad (6)$$

式中，$P_{E_i}$ 为频率范围 $(f_m, f_n)$ 内的振动能量比重；根据奈奎斯特采样定理，式中分母求和项为是从 $f=0$ 到 $f_c/2$ 之间的功率谱密度值求总和，$f_c$ 为爆破振动测试采样频率；$M$ 为转化到频率带 $(0, f_c/2)$ 内的序列样本数目。

对于特定的爆破振动信号，在进行频谱分析后，如果将整个频率域分为若干段，根据式（6），即可求得各频率区段内的能量比例大小，从而达到定量分析爆破振动频率构成的目的。

## 3 实测爆破振动分析

### 3.1 工程背景

本文选取了深溪沟排水灌浆廊道、瀑布沟尾水洞和锦屏地下实验室三个不同地应力水平的实测爆破振动信号作为研究对象，开挖断面均为城门洞型，爆破开挖均采用2号岩石乳化炸药，非电毫秒雷管起爆，爆破网络设计见分别见图1（a）~图3（a）。爆破振动监测采用相同的监测系统，各测点均监测水平径向（CHA）、水平切向（CHB）、竖直向（CHC）三个正交方向爆破振动，测点布置方案分别见图1（b）~图3（b）。选择了爆心距相近的三个测点进行研究，限于篇幅，仅给出每个测点水平径向的实测围岩质点振动速度时程曲线，分别见图1（c）~图3（c）。工程基本资料见表1。

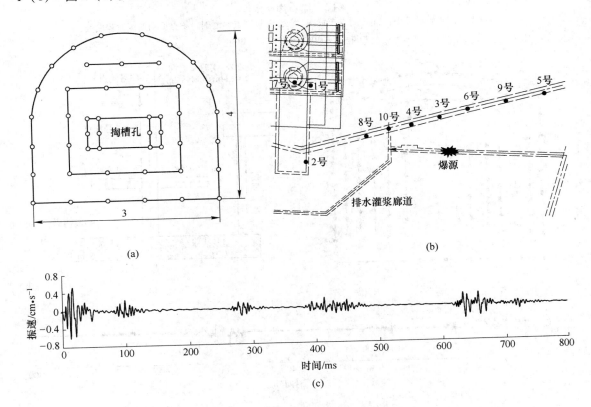

图 1 深溪沟排水灌浆廊道
（a）爆破设计图；（b）测点布置图；（c）4号测点实测围岩质点振动速度时程曲线
Fig. 1 The drainage grouting gallery of Shenxigou

· 26 ·　　　　　　　　　　　　　　　综述与爆破理论

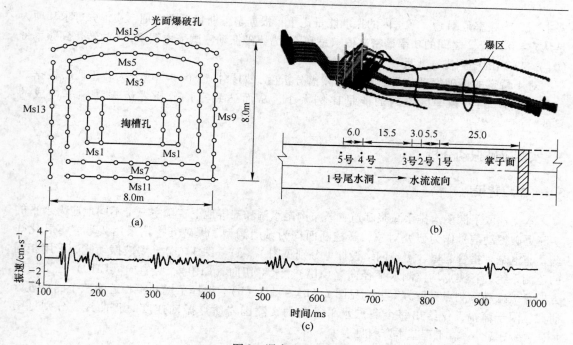

图 2　瀑布沟尾水洞
（a）上导洞爆破设计图；（b）测点布置图；（c）3 号测点实测围岩质点振动速度时程曲线
Fig. 2　Pubugou tailrace tunnel

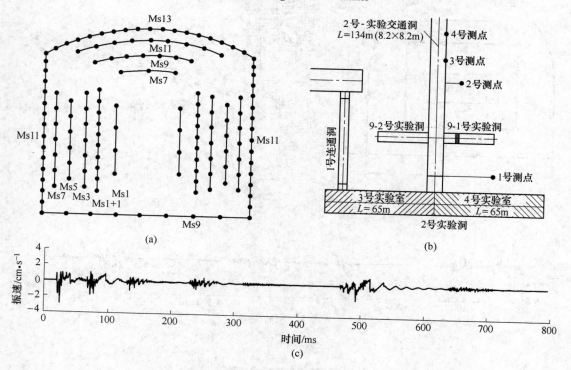

图 3　锦屏地下实验室
（a）中导洞爆破设计图；（b）测点布置图；（c）2 号测点实测围岩质点振动速度时程曲线
Fig. 3　The underground laboratory in Jinping

表1 工程基本资料
Table 1 Engineering basic information

| 工程名称 | 断面尺寸<br>(宽×高)/m×m | 地应力<br>/MPa | 岩性 | 围岩类别 | 抗压强度<br>/MPa | 峰值振速<br>/cm·s$^{-1}$ | 主频<br>/Hz | 最大单响<br>药量/kg | 爆心距<br>/m |
|---|---|---|---|---|---|---|---|---|---|
| 深溪沟 | 3×4 | 10 | 白云岩 | Ⅲ、Ⅳ | 115 | 1.00 | 118.75 | 8.4 | 44 |
| 瀑布沟 | 8×8 | 20 | 花岗岩 | Ⅱ、Ⅲ | 123 | 3.42 | 71.11 | 34 | 60 |
| 锦屏地下实验室 | 7×7 | 70 | 大理岩 | Ⅱ、Ⅲ | 120 | 2.88 | 33.92 | 60 | 34 |

## 3.2 整条曲线的功率谱分析

在 Matlab 8.0 中编制相应的信号处理和分析程序，通过快速傅里叶变换工具箱函数对实测爆破振动信号进行处理，将振动信号进行频谱分析直接完成从时域到频域的转化得到功率谱密度，并采用 2.2 中能量分析方法对功率谱密度进行数据处理，得到不同地应力水平条件下实测爆破振动能量在不同频带上的百分比及分布，限于篇幅，仅给出与 3.1 节中对应曲线的功率谱密度，见图 4～图 6。不同地应力水平实测爆破振动能量在不同频带上的百分比及分布见图 7。

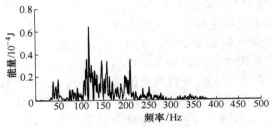

图4 深溪沟排水灌浆廊道实测爆破振动功率谱
Fig. 4 Measured blasting vibration power spectrum of drainage grouting gallery in Shenxigou

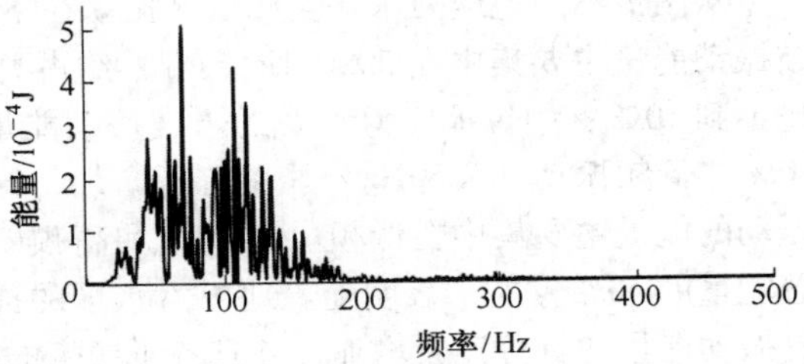

图5 瀑布沟尾水洞实测爆破振动功率谱
Fig. 5 Measured blasting vibration power spectrum of Pubugou tailrace tunnel

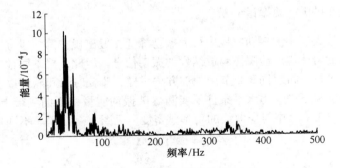

图6 锦屏地下实验室实测爆破振动功率谱
Fig. 6 Measured blasting vibration power spectrum of the underground laboratory in Jinping

从图 4～图 6 不同地应力水平的实测爆破振动功率谱可以看出，爆破振动在其频域中除了有一个主振频率外，还存在多个子频带。随着地应力水平的提高，爆破振动的主频会减小，低频振动成分会增加，并且呈现出两个优势频带。表明随着地应力水平的提高，不同频率的振动由两个不同的激励源引起，而根据杨建华[17]等研究表明，不同频率的振动不是由雷管误差等一些偶然因素产生，而是分别由爆炸荷载和应变能瞬态释放这两个必然的激励源所引起的。由于爆炸荷载上升时间短，荷载变化梯度大，主要对应产生围岩振动中的高频成分，而应变能瞬

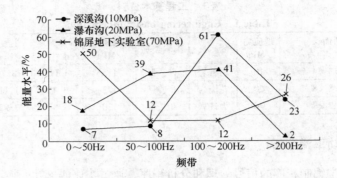

图 7　不同地应力水平实测爆破振动在不同频带上的能量分布
Fig. 7　Energy distribution of blasting vibration in different frequency bands at different crustal stress levels

态释放时间稍长,主要对应产生围岩振动中的低频成分。因此,伴随爆破破岩过程而发生的应变能瞬态释放效应诱发围岩振动的主频一般比爆炸荷载诱发振动的主频低。

从图7不同地应力水平实测爆破振动在不同频带上的能量分布可以看出,低地应力水平爆破振动能量主要集中在50200Hz频带,约占总振动能量的70%,低频振动(<50Hz)能量占比不到10%;中等地应力水平的爆破振动能量主要集中在50200Hz频带,约占总振动能量的80%,低频振动(<50Hz)能量有所增加,约占总振动能量的20%;而高地应力水平的爆破振动的能量主要集中在低频(<50Hz)和高频(>200Hz)部分,并且低频振动(<50Hz)能量占到总能量的50%左右。表明随着地应力水平的提高,实测爆破振动的低频振动(<50Hz)能量占总振动能量的百分比会增加,并且各子频带的振动的能量与主频带振动能量差距也会随着应力水平提高而减小。而实测爆破振动低频振动主要由应变能瞬态释放所引起,高频振动主要由爆炸荷载所引起可以看出,当地应力水平超过50MPa后,应变能瞬态释放诱发围岩振动能量与爆炸荷载诱发振动能量大致相当。

### 3.3　第一微差段(Ms1)功率谱分析

由于夹制作用较大,实测振动曲线中最大振动峰值一般出现在第一段(Ms1),这一段振动也含有最为丰富的岩体应变能瞬态释放诱发的振动信息。因此,对不同地应力水平的实测爆破振动第一微差段进行分析。同3.2节中处理方法一样,改变时间间隔可以获得爆破振动第一微差段的功率谱密度和不同应力水平条件下实测爆破振动能量在不同频带上的百分比及分布,限于篇幅,仅给出与3.1节中对应曲线的功率谱密度,见图8～图10。不同地应力水平实测爆

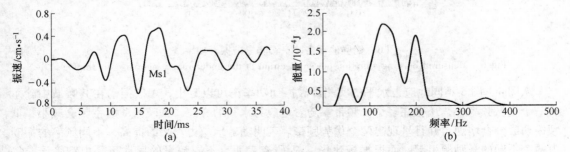

图 8　深溪沟排水灌浆廊道实测爆破振动(Ms1)功率谱
(a) Ms1振动曲线;(b) 功率谱
Fig. 8　Measured blasting vibration (Ms1) power spectrum of drainage grouting gallery in Shenxigou

破振动能量在不同频带上的百分比及分布，见图11。

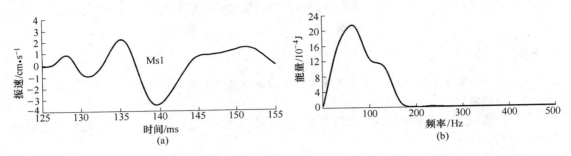

图9 瀑布沟尾水洞实测爆破振动（Ms1）功率谱
（a）Ms1 振动曲线；（b）功率谱
Fig. 9 Measured blasting vibration (Ms1) power spectrum of Pubugou tailrace tunnel

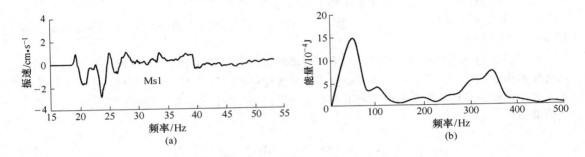

图10 锦屏地下实验室实测爆破振动（Ms1）功率谱
（a）Ms1 振动曲线；（b）功率谱
Fig. 10 Measured blasting vibration (Ms1) power spectrum of the underground laboratory in Jinping

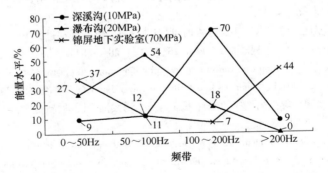

图11 不同地应力水平实测爆破振动（Ms1）在不同频带上的能量分布
Fig. 11 Energy distribution of blasting vibration (Ms1) in different frequency bands at different crustal stress levels

从图8~图10实测爆破振动（Ms1）功率谱可以看出，随着地应力水平的提高，爆破振动的主频明显降低，低频振动成分明显增多，并且能明显看到两个优势频率，分别为低频振动（<50Hz）对应于应变能瞬态释放所诱发振动，高频振动对应于爆炸荷载所诱发振动。

从图11不同地应力水平实测爆破振动（Ms1）在不同频带上的能量分布可以看出，随着地应力水平的提高，爆破振动的能量会向低频（<50Hz）和高频（>200Hz）集中，当地应力水平超过50MPa后，低频振动（<50Hz）能量与高频振动（>200Hz）能量大致相当，表明在50MPa或更高地应力水平下，应变能瞬态释放诱发围岩振动能量与爆炸荷载诱发振动能量大致相当。

## 4 结论

在对不同地应力水平条件下实测爆破振动进行整条曲线和第一微差段（Ms1）功率谱能量分析后可以得出以下结论：

（1）随着地应力水平的提高，实测爆破振动的低频振动（<50Hz）能量占总振动能量的百分比会增加。

（2）实测爆破振动在其频域中除了有一个主振频率外，还存在多个子频带，且各子频带振动的能量与主频带振动能量差距随着应力水平提高而减小。

（3）随着地应力水平提高，伴随爆破破岩过程而发生的应变能瞬态释放效应诱发的围岩振动的主频一般比爆炸荷载诱发振动主频低。

（4）在50MPa或更高地应力水平下，应变能瞬态释放诱发围岩振动能量与爆炸荷载诱发振动能量大致相当。

本文得到的结论只是对不同应力水平实测爆破振动的能量分布的初步结果，由于深溪沟排水灌浆廊道断面尺寸较小，因此还需要更多实测数据进行对比分析，对于高应力条件下爆破开挖过程中爆炸荷载诱发振动和应变能瞬态释放诱发振动的分离与识别等重要问题还需进一步开展研究。

## 参 考 文 献

[1] 谢和平. 深部高应力下的资源开采-现状、基础科学问题与展望[C]. 香山第175次科学会议, 北京：中国环境科学出版社, 2002：179-191.

[2] 卢文波, 金李, 陈明, 等. 节理岩体爆破开挖过程的动态卸载松动机制研究[J]. 岩石力学与工程学报, 2005, 24(1)：4653-4657.

[3] 严鹏, 卢文波, 罗忆, 等. 基于小波变换时-能密度分析的爆破开挖过程中地应力动态卸载振动到达时刻识别[J]. 岩石力学与工程学报, 2009, 28(增1)：2836-3844.

[4] Carter J P, Booker J R. Sudden excavation of a long circular tunnel in elastic ground[J]. International Journal of Rock Mechanics and Mining Sciences and Geomechanics Abstracts, 1990, 27(2)：129-132.

[5] 卢文波, 陈明, 严鹏, 等. 高地应力条件下隧洞开挖诱发围岩震动特性研究[J]. 岩石力学与工程学报, 2007, 26(1)：3329-3334.

[6] Lu W B, Peng Y, Zhou C B. Dynamic response induced by the sudden unloading of initial stress during rock excavation by blasting[C]//Proceedings of the 4th Asian Rock Mechanics Symposium. Singapore：World Scientific Publishing, 2006.

[7] 张正宇, 张文煊, 吴新霞, 等. 现代水利水电工程爆破[M]. 北京：中国水利水电出版社, 2003.

[8] 罗先启, 舒茂修. 岩爆的动力断裂判据——D判据[J]. 中国地质灾害与防治学报, 1996, 7(2)：1-5.

[9] 徐则民, 黄润秋, 罗杏春, 等. 静荷载理论在岩爆研究中的局限性及岩爆岩石动力学机制的初步分[J]. 岩石力学与工程学报, 2003, 22(8)：1255-1262.

[10] 卢文波, 杨建华, 陈明, 等. 深埋隧洞岩体开挖瞬态卸荷机制及等效数值模拟[J]. 岩石力学与工程学报, 2011, 30(6)：1089-1096.

[11] 严鹏, 卢文波, 许红涛. 高地应力条件下隧洞开挖动态卸荷的破坏机制初探[J]. 爆炸与击, 2007,

27(3): 283-288.
[12] 何军, 于亚伦, 梁文基. 爆破振动信号的小波分析[J]. 岩土工程学报, 1998. 20(1): 47-50.
[13] 黄文华, 徐全军, 沈蔚. 小波变换在判断爆破地震危害中的应用[J]. 工程爆破, 2001, 7(1): 24-27.
[14] 李洪涛, 杨兴国, 舒大强, 等. 不同爆源形式的爆破地震能量分布特征[J]. 四川大学学报: 工程科学版, 2010, 42: 30-34.
[15] Lu W B, Li P, Chen M, et al. Comparison of vibrations induced by excavation of deep-buried cavern and open pit with method of bench blasting[J]. Journal of Central South University of Technology, 2011, 18(5): 1709-1718.
[16] 赵振国, 严鹏, 卢文波, 等. 地应力瞬态卸载诱发振动的能量分布特性[J]. 岩石力学与工程学报, 2016, 35: 1-8.
[17] 杨建华, 卢文波, 陈明. 深部岩体应力瞬态释放激发微地震机制与识别[J]. 地震学报, 2012, 34(5): 581-592.

# 爆破振动信号的局部波分解方法

徐振洋[1]　陈占扬[2]　郭连军[1]　于妍宁[1]

（1. 辽宁科技大学矿业工程学院，辽宁 鞍山，114051；
2. 北京理工大学爆炸科学与技术国家重点实验室，北京，100081）

**摘　要**：针对爆破振动信号具有非线性、随机性较强的特点，提出利用局部波分解（Local mean decomposition，LMD）处理并分析爆破振动信号。结合露天铁矿逐孔起爆方式下爆破振动测试信号分析，研究了信号的时频及能量分布特征。结果表明：LMD 方法能完整地分解重构爆破信号，有效减少模态混叠现象，更加真实反映信号的原始信息；相比经验模态分解方法（Empirical Mode Decomposition，EMD），LMD 方法的端点效应轻微，具有较高的解调精度；LMD 方法可以精确分析振动能量的分布规律，有利于进一步识别爆破本身的力学作用特征。

**关键词**：爆破振动；信号分析；局部波分解

# The Application Research on LMD Method Using in Blasting Vibration Signal Analysis

Xu Zhenyang[1]　Chen Zhanyang[2]　Guo Lianjun[1]　Yu Yanning[1]

(1. College of Mining Engineering, University of Science and Technology Liaoning, Liaoning Anshan, 114051; 2. State Key Laboratory of Explosion Science and Technology, Beijing Institute of Technology, Beijing, 100081)

**Abstract**: According to the characteristics of higher randomness and larger interference of blasting vibration signal, we propose to analyze the blasting vibration signal using local mean decomposition (LMD) method. Moreover, the signal amplitude frequency and energy distribution feature are investigated in detail combined with Open-pit Iron Mine of hole by hole blasting vibration testing signal. The results illustrated that LMD has an accurate reconstruction effect on the characteristics of blasting signal time and frequency, and can reflect the complete information of original signal. Especially, compared with the Empirical Mode Decomposition (EMD), the LMD can apparently reduce the end effect of blasting vibration signals in the transformation, which improves the demodulation accuracy effectively. Meanwhile, analyzing how the signal vibration energy distributes in different frequency bands can further identify the own characteristics of blasting in order to guide the blasting production preferably.

**Keywords**: blasting vibration; signal analysis; LMD

---

基金项目：国家自然科学基金资助项目（51504129）。
作者信息：徐振洋，博士，讲师，xuzhenyang10@foxmail.com。

爆破振动信号是一种非线性的随机信号,蕴含了爆破过程的大量重要信息,能够反映爆破设计与爆破地质的本质特征[1,2]。研究人员对于爆破振动信号的分析开展已久,常见的信号分析方法有傅里叶变换、小波变换、Hilbert-Huang 变换等[3~5]。傅里叶变换处理非平稳信号时,无法计算瞬时频率与时间的变化情况,因此难以揭示信号在某一时刻的本质特征;小波变换严重依赖于所选取的小波基,小波基的选择全凭主观经验无自适应性;Hilbert-Huang 变换存在如模态混叠、端点效应与信息丢失等问题[6,7]。

2005 年 Jonathan S. Smith 提出了局部均值分解(Local meandecomposition,LMD)方法[8]。LMD 方法具有较好地分析非线性、非平稳信号的能力,已在脑电信号分析和机械故障诊断领域得到了应用[9,10]。爆破振动信号的随机性和受到的干扰都较大地超过了机械故障信号,后者关注的是信号的突变特征,而分析爆破振动信号不但需要研究局部信息,也需将爆破振动全过程的时频信息进行提取,所以,爆破振动信号的分析有必要引入这样一种高分解精度的自适应信号处理技术。

# 1 局部均值分解理论

LMD 方法自适应地将一个复杂非平稳的多分量信号分解为若干个瞬时频率具有物理意义的乘积函数(Product Function,PF)之和,其中每一个 PF 分量由一个包络信号和一个纯调频信号组成。包络信号就是 PF 分量的瞬时幅值,而 PF 分量的瞬时频率则可以由纯调频信号直接求出,进一步将所有 PF 分量的瞬时幅值和瞬时频率组合,便可以得到原始信号的完整的时频分布。

## 1.1 基本过程

对任意信号 $x(t)$,其 LMD 分解过程如下[8]:

(1) 找出信号所有的局部极值点 $n_i$,再计算相邻两个极值点 $n_i$ 与 $n_{i+1}$ 的局部均值 $m_i$、局部包络估计值 $a_i$。计算公式如:

$$m_i = \frac{n_i + n_{i+1}}{2} \tag{1}$$

$$a_i = \frac{|n_i - n_{i+1}|}{2} \tag{2}$$

(2) 将所有局部均值 $m_i$ 用直线依次连接然后用滑动平均法进行平滑处理,得到局部均值函数 $m_{11}(t)$。同理将所有局部包络值 $a_i(t)$ 依次连接然后用滑动平均法进行平滑处理,得到局部包络函数 $a_{11}(t)$。用原信号 $x(t)$ 减去局部均值函 $m_{11}(t)$ 得到,用 $h_{11}(t)$ 除以局部包络函数 $a_{11}(t)$ 实现解调:

$$h_{11}(t) = x(t) - m_{11}(t) \tag{3}$$

$$s_{11}(t) = \frac{h_{11}(t)}{a_{11}(t)} \tag{4}$$

(3) 判断 $s_{11}(t)$ 是否为纯调频信号,即它的包络函数 $a_{11}(t)$ 是否满足条件 $a_{11}(t) = 1$,如果不满足,将 $s_{11}(t)$ 作为新信号重复过程(1)和(2),直到 $s_{1n}(t)$ 为纯调频信号,在实际中可设定一个变动量 $\Delta$,$a_{1n}(t) = 1$ 时,有以下关系

$$1 - \Delta \leq a_{1n}(t) \leq 1 + \Delta \tag{5}$$

(4) 迭代结束,将迭代过程中所得的全部包络估计函数相乘得到瞬时幅值函数 $a_1(t)$,再将 $a_1(t)$ 和纯调频信号 $s_{1n}(t)$ 相乘得到第一个 PF 分量

$$a_1(t) = a_{11}(t) \cdot a_{12}(t) \cdots a_{1n}(t) = \prod_{q=1}^{n} a_{1q}(t) \tag{6}$$

$$PF_1(t) = a_1(t) \cdot s_{1n}(t) \tag{7}$$

（5）可由纯调频信号 $s_{1n}(t)$ 求得瞬时频率

$$f_1(t) = \frac{1}{2\pi} \cdot d[\arccos\{s_{1n}(t)\}]/dt \tag{8}$$

式（6）将 $PF_1$ 从 $x(t)$ 中分离出来得到一个新的信号 $u_1(t)$，把 $u_1(t)$ 当做原始信号重复步骤 1～4，直到 $u_n(t)$ 为常数或单调函数为止，从而将 $x(t)$ 分解为 $n$ 个 PF 分量和 $u_n(t)$，有

$$x(t) = \sum_{i=1}^{n} PF_i(t) + u_n(t) \tag{9}$$

## 1.2 算法的端点效应

EMD 方法采用所有极值点进行三次样条函数拟合，当端部数据不是极值点或获取的极值点存在误差时，分解过程中就会存在虚假分量[11]。LMD 算法中的 PF 分量采用除法运算取得，而 EMD 算法中的 IMF 分量采用减法运算取得，因此，对一个较为复杂信号进行分解时，LMD 比 EMD 获得的分量会少，这在一定程度上也抑制了虚假分量的产生。

## 1.3 信号时频分布

每一个 PF 分量均由一个包络信号和一个纯调频信号相乘得到，其中包络信号为 PF 分量的瞬时幅值，且 PF 分量的瞬时频率可由纯调频信号得到，每一个分量都具有其物理意义。通过局部均值分解直接可以获得信号的瞬时幅值和瞬时相位，即得到了信号相应的时频分布。同时，利用传统的 Hilbert 变换或者能量算子解调方法对每个 PF 分量进行解调同样也可以获得相应的时频分布。

本文中采用 Hilbert 变换计算信号的时频分布，当得到分解后的 PF 分量以后，对每一个 PF 分量做 Hilbert 变换

$$\hat{PF}_p(t) = \frac{1}{\pi} \int_{-\infty}^{\infty} \frac{PF_p}{t - \tau} d\tau \tag{10}$$

然后构造解析信号

$$Z_p(t) = PF_p(t) + j\hat{PF}_p(t) = a_p(t) e^{j\phi_p(t)} \tag{11}$$

信号的瞬时幅值为

$$a_p(t) = \sqrt{PF_p^2(t) + \hat{PF}_p^2(t)} \tag{12}$$

信号的相位为

$$\phi_p(t) = \arctan \frac{\hat{PF}_p(t)}{PF_p(t)} \tag{13}$$

信号的瞬时频率为

$$f_p(t) = \frac{1}{2\pi} \cdot \frac{d\phi_p(t)}{dt} \tag{14}$$

信号的时频谱为

$$H(\omega, t) = \text{Re} \sum_{p=1}^{k} a_p(t) e^{j\int \omega_p(t) dt} \tag{15}$$

这里省略了残量 $r_n$，Re 表示取实部。$H(\omega,t)$ 为信号在时域与频域上的变化。

## 2 仿真信号分析

在 EMD 的分析中可知，任意随机信号都可以分解为一系列平稳信号与随机信号的叠加[12,13]。取多周期信号 $x(t)$，模拟逐孔起爆方式下产生的振动信号的多次触发，以此验证 LMD 方法处理爆破振动信号的正确性。

$$x_1(t) = \sin(3 - 0.5\pi t) \cdot \cos(50\pi t)$$
$$x_2(t) = [1 + 1.5\sin(20\pi t)] \cdot \cos(200\pi t + 2\cos10\pi t) \quad (16)$$
$$x(t) = x_1 + x_2$$

式中，$t = [0,1]$，信号采样频率为 1024 Hz。

该信号由非线性调频-调幅信号 $x_1$ 和 $x_2$ 组成，波形图如图 1 所示。

首先采用 EMD 方法对信号 $x(t)$ 进行分解，分解出的结果如图 2 所示。

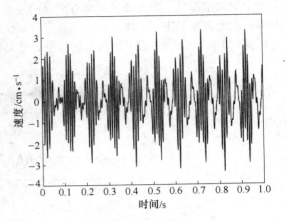

图 1 信号原始波形

Fig. 1 Original waveform

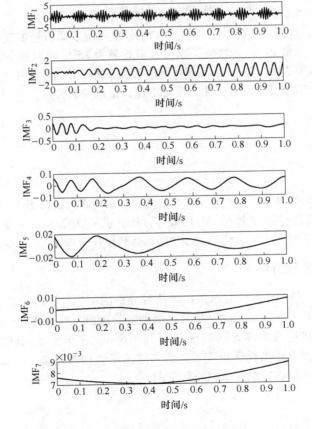

图 2 信号 EMD 分解结果

Fig. 2 The results of EMD decomposition

从图 2 中可以看出，经过 EMD 分解，共得到了七个 IMF 分量，其中前两个分量对应原始信号中的调制信号，但是信号端部有明显的变形。分解过程中出现了较多虚假分量，即事实上并不存在的分量 $IMF_3 \sim IMF_7$。

使用 LMD 方法对 $x(t)$ 进行分解，分解结果如图 3 所示。

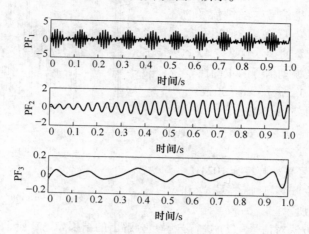

图 3　信号 LMD 分解结果
Fig. 3　The results of LMD decomposition

经过 LMD 分解，得到三个分量 PF 分量，$PF_1$ 分量对应了原信号中载频为 100Hz 的调频-调幅信号部分，第二个分量 $PF_2$，其对应了原信号中载频为 25Hz 的调幅-调频分量。余量 $PF_3$ 比较小且接近为零。从图 3 中可以看出，LMD 方法精确分离了原始信号中所包含的振动分量，且分解出的分量幅值和频率基本没有变化，没有出现大量的虚假分量，为精确分析信号所含信息奠定了基础。

## 3　工程实例验证

### 3.1　工程背景

鞍钢齐大山铁矿以磁铁矿、绿泥岩、混合岩为主，采用露天台阶爆破方法开采，使用逐孔起爆方式实现多炮孔的延时顺序起爆。台阶高度 12m，孔距为 7.5m，排距为 6m，钻孔直径为 250mm，超深为 1.5m；使用混装乳化与铵油炸药，炸药爆速为 5200m/s。爆破网路如图 4 所示。

### 3.2　爆破振动信号监测方案

测试目的在于验证 LMD 方法对爆破振动信号分析的可靠性，故选择了较为简单的爆破振动测试方法，旨在获取实际爆破振动波形。在爆破台阶选择较平整场地，测振仪布置与最后排属同一直线，距离爆破边缘距离分别为 60m、13m、60m。三个测点之间距离较为接近，位于远离起爆点的一侧，并且距爆区也较近，信号的波形会相对复杂，可以更好地测试 LMD 方法对信号的解调精度。爆破振动测试仪布置见图 5。

### 3.3　监测数据

选择较平整场地，进行爆破振动监测，爆区岩石以混合岩为主，测振仪沿直线布置，间隔为 60m、73m、89m，波形图如图 6 所示，监测结果如表 1 所示。

爆破振动信号的局部波分解方法 · 37 ·

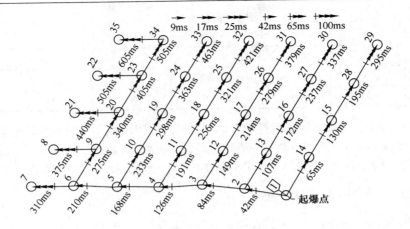

图 4 爆破网路
Fig. 4 Blasting Network

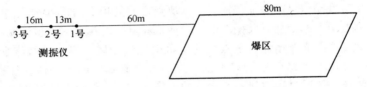

图 5 测点布置图
Fig. 5 Layout of monitoring points

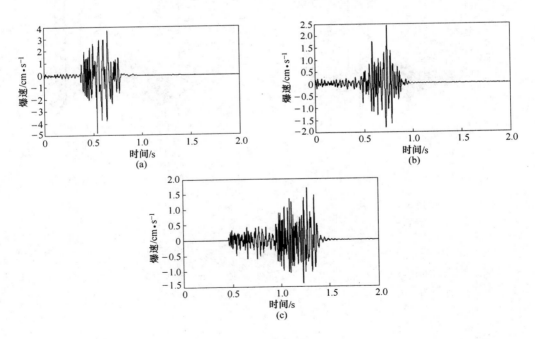

图 6 监测波形
(a) 60m; (b) 73m; (c) 89m
Fig. 6 Monitoring waves

## 表1 振动监测结果
## Table 1 Monitoring results

| 监测内容 | 振速峰值/cm·s$^{-1}$ | | | 主振频率/Hz | | |
|---|---|---|---|---|---|---|
| 混合岩 | 3.85 | 2.46 | 1.72 | 22.9 | 24.1 | 26.8 |
| 与爆源距离/m | 60 | 73 | 89 | 60 | 73 | 89 |

由表1中可以看出,振速峰值相差并不大,主振频率较为接近。一般的爆破振动测点布置距离爆区较远,但爆区后方的边坡在爆破中受到的影响是最大的,如果LMD方法可以对爆破近区的信号进行更好地分析,那么对爆破过程中分析爆破振动对边坡的危害效应也具有重要的参考价值。

## 4 爆破振动信号能量的LMD分析

经过EMD分解得到的IMF,可能会产生一些不具备实际物理意义的分量,LMD方法解决了这个问题。而且LMD更加适合处理非平稳、非线性的信号[14]。

图7表现的是振动信号能量与时间-频率的对应关系,目前广泛使用的逐孔起爆技术,更加客观地表示了爆破振动信号的叠加特性。三个测点之间的距离均在20m之内,但仍然能够清晰地识别出,随测点距离的增加爆破振动能量再向低频部分转移。从而也证明了逐孔起爆技术的优势,随着振动传播距离的增加,虽然振动能量向低频发展,但能量峰值衰减的更为快速,这有利保护爆区后方边坡的完整性[13]。本次测点布置在起爆点的另一侧,使得炮孔起爆后经过了一定距离的传播,传播过程中伴随着岩体的损伤与破碎,信号在此基础上产生叠加,可以

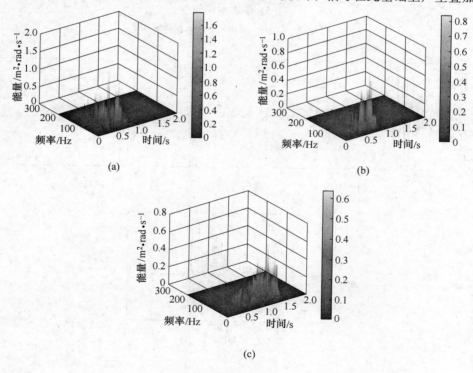

图7 LMD三维时频图
(a) 60m; (b) 73m; (c) 89m
Fig.7 Three-dimensional energy spectrum using LMD

看出，能量谱中波峰非常密集，每个能量的峰值能够精确到 0.1Hz 上的分布。实际 0.1Hz 也是一个频带，EMD 方法给出的能量谱近似能够表征能量在 1Hz 频带上的分布。以 0.1Hz 为单位来观察，爆破振动能量的分布是非常分散的，LMD 方法计算出的能量谱模态混叠现象非常轻微，而且从 0Hz 开始已经产生了分布，有效避免了端点处的信息丢失，计算出的能量分布准确度更高，有利于精确的时频分析。

由 LMD 计算出的时频图见图 7，采用 EMD 方法做出三个信号的三维时频图如图 8 所示。

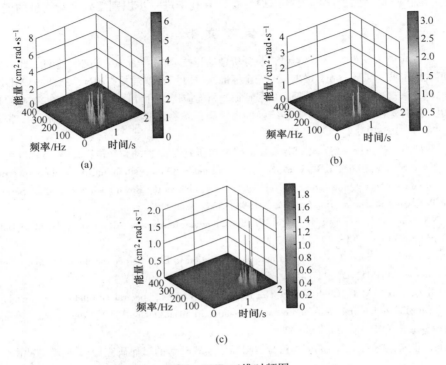

图 8　EMD 三维时频图
(a) 60m；(b) 73m；(c) 89m

Fig. 8　Three-dimensional energy spectrum using EMD

从图 8 可以看出，EMD 计算出的数据和 LMD 的有较大区别，接近 0Hz 频带内基本没有数据出现，主要是 EMD 的端点效应使得其实部分的信号丢失。EMD 方法是以 1Hz 为单位进行计算的，精确度会稍差一些，模态混叠现象也较多，而分析爆破振动正是需要精确地区分细小频带内的信息。

由此看出，LMD 方法在爆破振动信号的分析中有较大优势。分解的精度更高，有效抑制了处理过程中的端点效应。LMD 方法和 EMD 方法类似，同样以基于极值点为基础，由此定义局域均值函数和局域包络函数，主要的不同点在于 LMD 方法使用滑动平均代替三次样条插值，最终将信号分解为一系列单分量的调频调幅信号，迭代次数少，运算速度较快，PF 分量比 IMF 分量含有更多的频率和包络信息，由此抑制了信号分解的端点。LMD 的时频分析结中能量更加集中，没有产生 EMD 计算中的产生的负频率现象。

## 5　结论

（1）LMD 方法具有较好的时频分析性能，其分解具备自适应性，适合随机性较强的爆破振动分析，具有很好的完备性和可重构性。

（2）LMD 在分解过程中，信号信息较少有损失和泄露，每个 PF 分量都由包络信号与纯调频信号的乘积构成，具有明确的物理意义。

（3）LMD 方法有效地抑制了分解过程的端点效应，重构信号信息完整，具有较高的解调精度。

（4）LMD 方法可以将细小频率上能量变化表现得十分清晰，爆破振动信号的三维时频图峰值非常尖锐、密集，峰值之间没有出现混叠，有利于进一步识别爆破振动携带的能量。

<h2 style="text-align:center">参 考 文 献</h2>

[1] 李夕兵，凌同华，张义平. 爆破震动信号分析理论与技术[M]. 北京：科学出版社，2009，226-239.
[2] 言志信，彭宁波，江平，等. 爆破振动安全标准探讨[J]. 煤炭学报，2011，36(8)：1281-1284.
[3] 唐飞勇，王意堂，梁开水. 爆破振动信号特征分析的应用探讨[J]. 爆破，2010，27(4)：110-115.
[4] 中国生，房营光，徐国元. 基于小波变换的建（构）筑物爆破振动效应评估研究[J]. 振动与冲击，2011，28(8)：121-124.
[5] 徐振洋，杨军，陈占扬，等. 爆破地震波能量分布研究[J]. 振动与冲击，2014，33(11)：38-42.
[6] Huang N E, Shen Z, Long S R, et al. The empirical mode decomposition and the Hilbert spectrum for non-linear and non-stationary time series analysis [J]. Proceedings of the Royal Society of London Series A-Mathematical Physical and Engineering Sciences，1998，454：903-995.
[7] Huang N E, Wu Z H, Long S R, et al. On instantaneous frequency. Advances in Adaptive Data Analysis [J]. World Scientific，2009，1(2)：177-229.
[8] Smith J S. The local mean decomposition and its application to EEG perception data[J]. Journal of the Royal Society Interface，2005，(2)：443-454.
[9] Randall R B, ANTONI J, Chobsaard S. The relationship between spectral correlation and envelope analysis in the diagnostics of bearing faults and other cyclostationary machine signals[J]. Mechanical Systems and Signal Processing，2001，15(5)：945-962.
[10] 程军圣，张亢，杨宇，等. 局部均值分解与经验模式分解的对比研究[J]. 振动与冲击，2009，28(5)：13-16.
[11] 许宝杰，张建民，徐小力，等. 抑制 EMD 端点效应方法的研究[J]. 北京理工大学学报，2006，26(3)：196-200.
[12] Huang N E, Wu M L C, Long S R, et al. A confidence limit for the empirical mode decomposition and Hilbert spectral analysis[J]. Proceedings of the Royal Society of London. Series A：Mathematical, Physical and Engineering Sciences，2003，459(2037)：2317-2345.
[13] 于妍宁，徐振洋，郭连军，等. 岩石动态特性对爆破振动能量分布的影响[J]. 爆破器材，2015，44(6)：16-19.
[14] 程军圣，杨宇，于德介. 一种新的时频分析方法局域均值分解方法[J]. 振动与冲击，2008，27(增刊)：129-131.
[15] 王振宇，梁旭. 基于输入能量的爆破振动安全评价方法研究[J]. 岩石力学与工程学报，2010，29(12)：2492-2499.

# 爆炸荷载下缺陷介质裂纹扩展规律数值分析研究

王雁冰[1]　杨仁树[1,2]　许鹏[1]　丁晨曦[1]

（1. 中国矿业大学（北京）力学与建筑工程学院，北京，100083；
2. 深部岩土力学与地下工程国家重点实验室，北京，100083）

**摘　要**：本文利用爆炸加载数字激光动态焦散线试验系统，同时借助ABAQUS有限元分析中内聚力模型数值计算方法，研究了爆炸应力波作用下缺陷介质裂纹扩展规律，并将试验结果与数值计算结果进行了对比。研究表明：在爆炸应力波作用下预制缺陷两端产生了两条翼裂纹A、B，翼裂纹扩展变化趋势和裂纹尖端应力强度因子 $K_I$ 保持一致，计算结果较为接近试验，且内聚力模型为动态裂纹扩展的研究提供了一种有效的方法。

**关键词**：动态焦散线；内聚力模型；应力强度因子；数值计算

## Numerical Simulation Research of Crack Propagation in Media Containing Flaws under Explosive Load

Wang Yanbing[1]　Yang Renshu[1,2]　Xu Peng[1]　Ding Chenxi[1]

(1. School of Mechanics and Architecture Engineering, China University of Mining and Technology (Beijing), Beijing, 100083; 2. State Key Laboratory for Geomechanics and Deep Underground Engineering, Beijing, 100083)

**Abstract**: Using test system of digital laser dynamic caustics under explosive stress wave, and at the same time with CZM numerical methods in the ABAQUS finite element analysis, the paper studied on the law of crack propagation in media containing flaws under the explosive stress wave, and compared the test results with numerical calculation results. The results showed that two wing cracks A, B were generated at both ends of the prefabricated flaw under explosive stress wave, and the trend is the same with the crack tip stress intensity factor $K_I$. The numerical calculation result is closer to the test, the cohesive model provided an effective method for the study of the dynamic crack propagation.

**Keywords**: dynamic caustics; cohesive model; stress intensity factor; numerical calculation

爆炸作用下含缺陷介质的动态断裂一直是人们非常关注的问题，其动态断裂行为与静态时差异较大。当爆炸载荷所引起的应力波与裂纹相互作用时，裂纹尖端的动态应力强度因子将因介质结构和裂纹模式的变化而不断发生改变，并具有不同的起裂和止裂条件以及扩展行为。同

---

基金项目：国家自然科学基金-煤炭联合基金重点项目（51134025）；深部岩土力学与地下工程国家重点实验室自主重点课题（GDUEZB201401）；国家留学基金建设高水平大学公派研究生项目（201306430033）。
作者信息：王雁冰，博士，ceowyb818@163.com。

时,运动的裂纹的也对应力波的传播起到不同的散射作用,因此存在着各种应力波与裂纹间的相互作用关系。在工程岩体爆破中,缺陷如断层、层理、节理、裂隙对应力波的传播有着重要的影响。所以,研究缺陷对爆炸荷载下裂纹扩展的影响有着重要的意义。

利用动焦散,Theocaris[1],Kalthoff[2]研究了含预制缺陷简支梁的裂纹尖端的动态应力强度因子、动态断裂韧性以及断裂机理;Zehnder[3]研究了钢质材料的梁模型在中心横向冲击荷载下的裂纹起裂和扩展情况,指出动态断裂韧性与裂纹扩展速度有关;杨仁树[4]、岳中文[5]等研究了爆炸荷载下缺陷介质裂纹扩展的动态行为;利用动光弹,Corran[6]研究了冲击荷载下含裂纹简支梁中裂纹尖端等差条纹模式和应力波在介质中的传播机理;Kobayashi[7]研究了动态撕裂试件中,裂纹尖端的动态应力强度因子、裂纹扩展速度以及动态能量释放率。还有许多学者将动焦散与动光弹结合在一起,Fang[8]研究了在应力波与裂纹相互作用机理;姚学锋[9]研究了含偏置裂纹三点弯曲梁的动态断裂行为。

本文利用数字激光动态焦散线实验系统(DLDC),结合数值计算,研究了爆炸应力波作用下缺陷介质裂纹扩展规律。

## 1 爆炸加载数字激光动焦散试验

### 1.1 测试原理

焦散线方法[10]是利用几何光学的映射关系,将物体中应力集中区域的复杂变形状态,转换成简单而清晰的阴影光学图形,如图1所示。

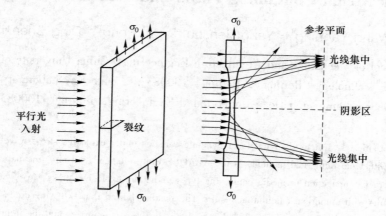

图1 焦散线成像示意图

Fig. 1 Schematic diagram of caustics formation

### 1.2 试验系统

新型的数字激光动态焦散线试验系统[11]由激光器、扩束镜、场镜组合、数码高速摄影机等组成。激光器发出持续稳定高亮的光波,经过扩束镜和场镜1后,变为平行光并入射到受载试件表面,发生偏转后的光束经场镜2聚合进入高速摄影机镜头,通过改变摄影机的拍摄记录速度,对参考平面处的光强变化过程进行拍摄,实现动态焦散线的记录,得到数码焦散斑照片。本系统可以对爆破、冲击等动态断裂试验过程进行光测力学分析,且光路系统简单,操作方便,便于观察,可以节约试验成本,提高试验的精确度和成功率。图2为透射式焦散线试验

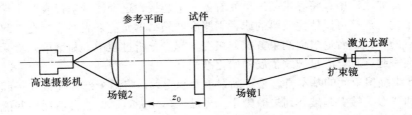

图 2 透射式焦散线试验系统光路

Fig. 2 Schematic diagram of transmission caustics experimental system

系统光路。

## 1.3 试验数据处理

### 1.3.1 裂纹尖端位移和速度的确定

从高速摄影照片上可以精确测得瞬时裂纹尖端的位置,并按图片与实物的比例进行换算,以此得到裂纹尖端的位移。由相邻两幅照片裂纹长度的差值,除以两幅照片的时间间隔,即可得到该时间间隔内裂纹扩展的平均速度。

### 1.3.2 动态应力强度因子

动态载荷下复合型扩展裂纹尖端的动态应力强度因子:

$$K_1 = \frac{2}{3g^{5/2}z_0 Cd_{\text{eff}}} \sqrt{2\pi} F(v) D_{\text{max}}^{5/2} \tag{1}$$

式中,$D_{\text{max}}$ 为沿裂纹方向的焦散斑最大直径;$z_0$ 为参考平面到物体平面的距离;$C$ 为材料的应力光学常数;$d_{\text{eff}}$ 为试件的有效厚度,对于透明材料,板的有效厚度即为板的实际厚度;$g$ 为应力强度数值因子;$K_1$ 为动态载荷作用下,复合型扩展裂纹尖端的 I 型动态应力强度因子;$F(v)$ 为由裂纹扩展速度引起的修正因子,在具有实际意义的裂纹扩展速度下,其值约等于 1。

## 2 数值计算理论

### 2.1 ABAQUS 中内聚力模型计算原理[12]

Dugdale 和 Barenblatt[14,15] 先后于 1960 年和 1962 年首次提出了内聚力模型的概念。在该模型里,他们把裂纹分为两部分:一部分是裂纹表面,不受任何应力作用;而另外一部分则作用有应力,称之为"内聚力"。如图 3 所示。

ABAQUS 中内聚区模型(CZM)计算原理是基于两个平面之间的能量准则和牵引分裂准则。对于各向同性材料,取决于三个参数:临界能量释放率、临界最大应力阀值和牵引分离法

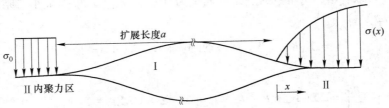

图 3 Dugdale(左)和 Barenblatt(右)的模型

Fig. 3 The model of Dugdale (left) and Barenblatt (right)

则所需参数。经典用法中，将黏聚裂纹单元看做一个连接，这个连接来代表一个粘结点、断裂面或者相似结构。连接可以使比较厚的或者零厚度。黏结单元上下表面连接在一起，使得相邻实体共享节点的方式或者通过面约束方式连接在一起。分析过程中，黏聚单元承受载荷来将两个部件连接在一起，直至满足裂纹扩展初始化准则。

ABAQUS 中黏聚单元的基本概念是：黏聚单元承受载荷将两个部件连接在一起，直至黏聚单元的应力和变形足够引起破坏到失效为止。当黏聚单元失效时，它会消耗一些能量，这些能量等于失效面上的临界断裂能 $G_c$。对于 ABAQUS 中使用的三者之间的关系，黏结单元为可恢复的线弹性行为直至拉伸变形超过 $\delta_0$，破坏发生；当变形超过材料的变形失效位移阀值 $\delta_f$ 时单元失效。此时失效阀值越大，材料延展性更好。

## 2.2 基于单元应力的应力强度因子外推法[15]

通过数值计算结果外推应力强度因子是，最直接方法是基于应力的外推法。$K_I$ 是在裂尖对应于 $r$ 趋近于 0 时的值，然而数值计算是无法达到 $r=0$ 的。因此，采用外推法来计算 $K_I$。其计算基本思路如下：

在有限元分析中，裂尖前端单元中积分点上的应力值 $\sigma_y$ 和对应的积分点坐标值 $r$ 是很容易直接读取的，它们在商业有限元软件都是可以直接输出的。如果描绘 $\sigma_y$ 和 $r$ 的关系，就会得到图 4 所示的应力分布曲线。随着单元的细化，应力值趋于无穷大，即应力奇异。

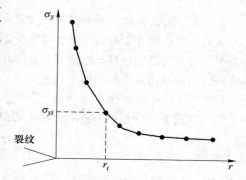

图 4 裂尖前端的应力分布
Fig. 4 Stress distribution at crack tip

虽然不能用数值方法直接计算裂纹尖端处的 $K_I$，但是裂纹前端那些应力值是已知的。对应于每一个 $r>0$，有一个非奇异的应力值 $\sigma_y$ 以及对应的 $K_I$：

$$K_{Ii} = \sigma_{yi}\sqrt{2\pi r_i} \tag{2}$$

然后构造数据对 $(r_i, K_{Ii})$，用最小二乘法来拟合数据。最小二乘法假定最佳曲线拟合时数据点与设定曲线间的方差最小。假定 $r_i$ 和 $K_{Ii}$ 间近似用线性关系来表示，则有

$$\hat{k}_I = Ar + B \tag{3}$$

当 $r=0$ 时，

$$K_I \approx \hat{k}_I(r=0) = B \tag{4}$$

由式（2）可以看出，每个数据点处的偏差为 $(\hat{K}_{Ii} - K_{Ii})$。根据最小二乘法的定义，最佳拟合应该满足：

$$S = \sum(\hat{K}_{Ii} - K_{Ii})^2 = \sum(Ar_i + B - K_{Ii})^2 = 最小值 \tag{5}$$

因此，有

$$\begin{cases} \dfrac{\partial S}{\partial A} = 2\sum(Ar_i + B - K_{Ii})r_i = 2(A\sum r_i^2 + B\sum r_i - \sum r_i K_{Ii}) = 0 \\ \dfrac{\partial S}{\partial B} = 2\sum(Ar_i + B - K_{Ii}) = 2(\sum r_i + BN - \sum K_{Ii}) = 0 \end{cases} \tag{6}$$

求解线性方程组（6），可以得到所拟合直线的斜率 $A$ 和截距 $B$ 如下：

$$A = \frac{\Sigma r_i \Sigma K_{\mathrm{I}i} - N\Sigma r_i K_{\mathrm{I}i}}{(\Sigma r_i)^2 - N\Sigma r_i^2} \tag{7}$$

$$K_{\mathrm{I}} \approx B = \frac{\Sigma r_i \Sigma r_i K_{\mathrm{I}i} - \Sigma r_i^2 \Sigma K_{\mathrm{I}i}}{(\Sigma r_i)^2 - N\Sigma r_i^2} \tag{8}$$

其截距的物理意义就是所需计算的应力强度因子。

## 3 试验及结果简介

### 3.1 试验描述

试验中使用的试件材料为有机玻璃（PMMA），尺寸为 300mm×300mm×6mm，它有较高的焦散光学常数 $c$ 及光学各向同性，所以产生单焦散曲线，有利于对焦散图像的分析，提高分析结果的精度。有机玻璃的动态力学参数：$C_P = 2320\mathrm{m/s}$，$C_S = 1260\mathrm{m/s}$，$E_\mathrm{d} = 6.1\mathrm{GN/m}^2$，$\nu_\mathrm{d} = 0.31$，$|C_\mathrm{t}| = 85\mathrm{\mu m}^2/\mathrm{N}$。为了研究爆炸应力波与缺陷介质的相互作用，在有机玻璃板中预制一个贯穿整个板厚的裂纹，长 50mm。预制炮孔，炮孔垂直预制缺陷，炮孔壁与预制缺陷近端距离为 25 mm，如图 5 所示，炮孔直径为 6 mm，在炮孔正对预制缺陷的方向切一个小槽，切槽角度为 60°，切槽深度为 1mm。装入 130 mg 叠氮化铅单质炸药。炮孔中插上起爆信号探针，将试件固定在加载架上，炮孔两侧用铁夹夹紧，设置高速摄影机的拍照时间间隔为 10μs。

### 3.2 试验结果

图 6 为含预制缺陷爆生裂纹扩展轨迹图。由图很直观地看到炸药爆炸后沿切缝方向垂直预制缺陷面产生一条初始裂纹，初始裂纹并没有穿透预制缺陷，而是在预制缺陷两端产生了 2 条翼裂纹 A 和 B，长度分别为和 24.3mm 和 25.5mm，2 条翼裂纹弯曲扩展和初始裂纹基本同方向，2 条翼裂纹的扩展基本是对称的，只是在尾端发生轻微翘曲。

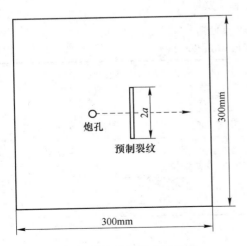

图 5 试件几何尺寸示意图
Fig. 5 Size of specimens

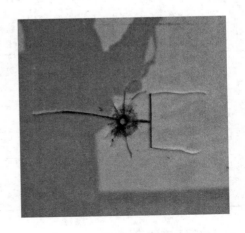

图 6 缺陷介质爆生裂纹扩展图
Fig. 6 Crack propagation in material with flaw

## 4 数值计算及结果简介

### 4.1 有限元模型的建立

将爆炸载荷作用下含预制缺陷的有机玻璃的响应简化为二维平面应力问题,建立与试验模型尺寸完全相同的有限元模型。建立几何模型时,观察试验最终的裂纹分布特征并根据此特征来对炮孔周围主裂纹进行尽可能的近似模拟,在炮孔周围预置裂纹时确保所预置裂纹均大于实际裂纹尺寸。此外在预制缺陷处预置不同"裂纹扩展角"($\beta = 75°$,$80°$,$85°$)的翼裂纹,以便于对各个角度裂纹扩展轨迹、扩展速度及动态应力强度因子进行比较分析。模拟冲击波超压时,采用目前普遍使用的冲击波超压计算公式计算其峰值,采用半梯形波进行计算。为了尽可能地避免单元尺寸效应对计算结果的影响,对黏聚单元周边网格进行加密,远离部分网格划分相对稀疏;为了使模型黏聚裂纹区域网格尽可能细分,且避免模型整体节点数目过多增加,对几何模型进行了适当的分割处理,图7 为 $\beta = 85°$ 有限元分析模型及网格划分示意图。

### 4.2 参数设置

炮孔与预制缺陷之间出现初始裂纹并且贯通,贯通后张开预制缺陷上下面会发生瞬时接触。采用法向硬接触,切向无摩擦的接触方式对其进行了近似处理。

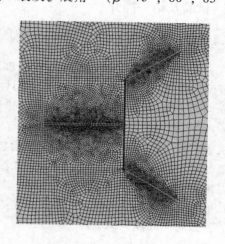

图 7 模型及网格划分示意图($\beta = 85°$)
Fig. 7 Model and mesh diagram($\beta = 85°$)

将材料简化为线弹性进行近似计算,模型计算所需有机玻璃动态力学参数如实际情况,稍微有所不同的是,预置裂纹路径时裂纹区时有一定宽度 $D$ 的,此时裂纹区的弹性模量应该是 $E_D = E/D$。黏聚单元模型计算采用拉伸型的弹性本构,其失效准则采用基于位移的、线性的最大主应力和最大主应变失效准则,失效准则参数见表1。

表 1 裂纹初始化和扩展准则
Table 1 Crack initiation and evolution law

| 最大主应力失效准则/N·m$^{-2}$ | | 最大主应变失效准则 | |
| --- | --- | --- | --- |
| 最大法向主应力 | $2.6 \times 10^6$ | 最大法向主应变 | $5.0 \times 10^{-5}$ |
| 第一法法向主应力 | $2.6 \times 10^6$ | 第一法向主应变 | $5.0 \times 10^{-5}$ |
| 第二法法向主应力 | $2.6 \times 10^6$ | 第二法向主应变 | $5.0 \times 10^{-5}$ |
| 失效应变 | | $5.5 \times 10^{-5}$ | |
| 模型复合比 | | 0.25 | |

### 4.3 数值计算结果

有限元几何模型建立时为了比较真实地反映爆炸后能量耗散及应力波对有机玻璃板的破坏

情况，对炮孔周围主裂纹数目及其扩展路径、扩展方向等进行了尽可能接近的处理，所预置裂纹的长度均大于试验结果对应裂纹长度，有限元计算结果最终图片如图 8 所示。但是有限元近似模拟过程中对于非黏聚单元区域并未进行失效分析，即炮孔周围破碎区未能准确模拟，此外对炮孔周围主裂纹区域也只是进行近似模拟，近似为一直线扩展。图 8 中可以直观地看出扩展角 $\beta$ 为 85°时最终的裂纹分布比较接近试验结果。

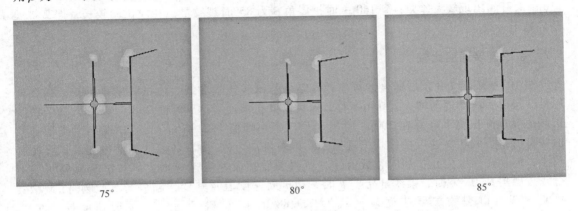

图 8　裂纹扩展轨迹

Fig. 8　Trajectory of crack propagation

## 5　结果比较与分析

### 5.1　裂纹尖端随时间变化比较

图 9 为翼裂纹 B 裂尖随时间变化的数值计算与试验结果比较曲线。扩展角 $\beta$ 为 75°时翼裂纹 B 在 101μs 时开始扩展，80°时在 56μs 开始扩展，85°时在 71μs 开始扩展，试验结果表明，50μs 时裂纹已经开始扩展。出现这种差别的主要原因是：尽管在裂尖单元划分的很细，但是还是有一定尺寸的，单元失效是整个单元一起失效，在单元所积聚能量还不足以使整个单元失

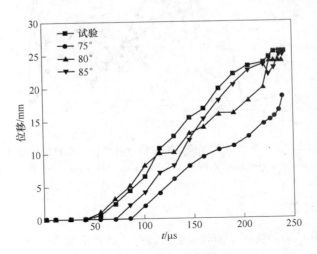

图 9　翼裂纹 B 尖端位置变化比较曲线

Fig. 9　The varied Comparation of the tip position for wing crack B

效之前，裂纹是不会出现的，这也是有限单元法只能近似模拟裂纹扩展的主要原因之一，此外裂纹开始扩展时是有一定角度的，未能对角度做到精确模拟也是其发生的原因。试验所得裂纹最终长度的上限为 25.5 mm，数值计算所得 75°、80°及 85°时最终裂纹长度分别为 18.52 mm、24.04 mm 和 25.03 mm，可以看出 85°的误差相对较小。扩展角为 80°和 85°时翼裂纹 B 裂尖变化时程曲线比较接近试验结果，裂纹刚开始扩展时扩展角 $\beta$ 为 80°时最接近试验结果，但到 116 μs 时开始出现较大差异，到 160 μs 时扩展角 $\beta$ 为 85°时裂纹虽然相对试验较长，但其扩展趋势趋于一致。

### 5.2 裂纹扩展速度比较

图 10 为翼裂纹 B 扩展速度的数值计算结果与试验比较曲线。由试验结果可知，翼裂纹 B 裂纹起裂后速度逐渐增大，100 μs 时，翼裂纹 B 扩展速度达到峰值 288.33 m/s，随后裂纹扩展速度逐渐振荡下降并在 200 μs 时出现第二个小峰值 182.86 m/s。与试验结果类似，数值计算所得裂纹扩展速度曲线均出现振荡。扩展角 $\beta$ 为 75°时，数值计算所得裂纹扩展速度较小，但是在裂纹停止扩展时，数值计算所得裂纹扩展速度迅速增大，与试验现象明显不符。扩展角 $\beta$ 为 80°时，裂纹开始扩展时，其扩展速度值及其变化趋势与试验吻合的较好，数值计算所得裂纹扩展速度最大值为 323.88 m/s，试验所得裂纹扩展速度最大值为 288.33 m/s，误差在 12% 之内，比较可靠。但是在 161 μs 之后，数值计算所得裂纹扩展速度曲线发生较大变化，其值与试验结果偏差较大。扩展角 $\beta$ 为 85°时裂纹起裂后，扩展速度增加很快，在 86 μs 时达到峰值 400.73 m/s，之后逐渐减小并振荡变化，在 146 μs 之后裂纹扩展速度误差变得很小。

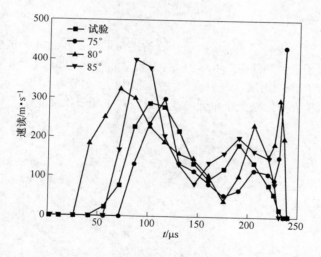

图 10 翼裂纹 B 扩展速度的数值计算结果与试验比较曲线
Fig. 10 The varied Comparation of FEM and Experiment's wing crack B propagating velocity

### 5.3 应力强度因子比较

图 11 为翼裂纹 B 应力强度因子随时间变化曲线。试验中翼裂纹 B 开始扩展后，应力强度因子 $K_I$ 开始逐渐增加，130 μs 时达到峰值 1.25 MN/m$^{3/2}$，之后开始振荡下降，180 μs 时达到第二个小峰值 0.97 MN/m$^{3/2}$，之后又振荡减小，这种变化趋势和裂纹扩展速度的变化趋势保持一

致。图12为含预制缺陷的翼裂纹尖端动态焦散斑系列图像。炸药爆炸10μs后,应力波到达预制缺陷处,应力波的波形开始发生变化,应力波条纹在预制缺陷背面明显减弱,在预制缺陷附近出现紊乱现象。在20μs时预制缺陷两端出现焦散斑。预制缺陷两端焦散斑直径随着时间变化较为明显。50μs时,两条翼裂纹开始扩展。数值计算中,扩展角$\beta$为75°时,裂纹开始扩展之后$K_I$直接变为最大值,其大小为1.42MN/m$^{3/2}$,大于实验最大值1.25MN/m$^{3/2}$,且其达到最大值的时间早于试验,之后Ⅰ型应力强度因子减小并振荡变化。$K_I$的大小变化关系在161μs前与实验结果比较接近。扩展角$\beta$为80°时,裂纹开始扩展后,应力强度因子$K_I$迅速增长,高于试验结果,且达到最大值时间早于试验结果,峰后降为0.7MN/m$^{3/2}$左右,之后一直在其附近变化发展。数值计算所得$K_I$峰值为1.73MN/m$^{3/2}$。扩展角$\beta$为85°时,裂纹开始扩展后,$K_I$大于试验结果,且其一直在增长,试验所得$K_I$达到最大值时数值计算结果同样为最大值,数值计算所得值为1.69MN/m$^{3/2}$,试验结果为1.25MN/m$^{3/2}$,差值较大的原因主要是数值计算裂纹扩展时间晚于试验,此刻已经积聚很多能量,所以开始扩展后其扩展时速度很快,应力强度因子也快速增长。$K_I$在达到峰值之后其变化与试验相同,且具体数值比较接近。

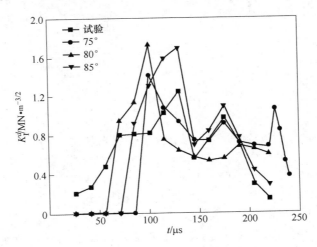

图11 翼裂纹B应力强度因子-时间曲线
Fig. 11 Curves of wing crack B's stress intensify factor vs. time

图12为动态焦散斑系列图像。裂纹扩展过程中,应力强度因子$K_I$不断发生变化,这些现象产生的机理是爆炸应力波在遇到预制缺陷自由面后发生反射,反射波场性质与多种因素有关,在一定条件下易造成预制缺陷面拉伸破坏,所以应力波发生衰减,预制缺陷后面看不到明显的应力波波峰,在预制缺陷两端产生波的绕射,波的叠加作用产生应力集中,致使翼裂纹产生。炸药起爆后,产生了膨胀波(P波)与剪切波(S波),在传播过程中,它们相互分离,独立传播。平面问题中P波以爆源为中心向外传播,以切缝方向最强,而S波在传播过程中波型较为紊乱,它们在预制缺陷两端的绕射、散射,导致预制缺陷两端的应力状态十分复杂。当爆炸载荷作用10μs左右时,P波开始与预制缺陷作用,表现为沿切缝方向产生的定向初始裂纹贯穿至预制缺陷面。随着爆炸应力波在预制缺陷两端的散射,预制缺陷两端的应力状态不断发生变化,其应力集中程度也随之而发生增强或减弱,主要表现为预制缺陷两端的焦散斑形状和面积的变化,预制缺陷两端的应力场变化呈现振荡性。

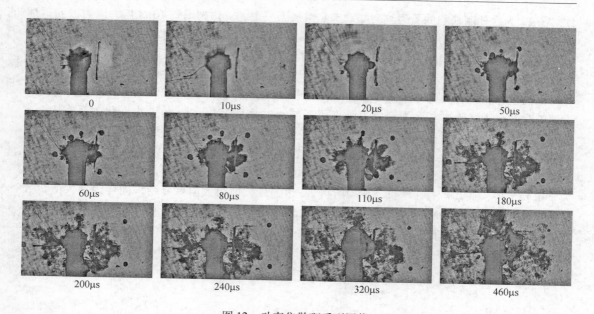

图 12　动态焦散斑系列图像
Fig. 12　Serial-gram of dynamical caustics

## 6　结论

（1）在爆炸应力波作用下预制缺陷两端产生了两条翼裂纹 A、B，扩展长度基本相同，方向垂直于预制缺陷。两条翼裂纹的扩展基本是对称的，只是在尾端发生轻微翘曲。

（2）翼裂纹扩展速度先增大至峰值又振荡减小，之后又增大至第二个较小的峰值，然后又减小，这种变化趋势和裂纹尖端应力强度因子 $K_I$ 保持一致。

（3）数值计算表明，扩展角 $\beta$ 为 85°时，计算结果较为接近试验。应力强度因子值与裂纹扩展角是紧密联系的，要想精确模拟动态裂纹扩展必须精确对应裂纹扩展路径。内聚力模型为动态裂纹扩展的研究提供了一种有效的方法。

### 参 考 文 献

[1] Theocaris P S, Andrianopoulous N P. Dynamic three-point-bending of short beams studied by caustics[J]. International Journal of Solids Structures, 1977, 17: 707-715.

[2] Kalthoff J F. On the measurement of dynamic fracture toughness—A review of recent work[J]. International Journal of Fracture, 1985, 27: 277-298.

[3] Zehnder A T, Rosakis A J. Dynamic fracture initiation and propagation in 4340 steel under impact loading [J]. International Journal of Fracture, 1990, 43: 271-285.

[4] 杨仁树,杨立云,岳中文,等. 爆炸载荷下缺陷介质裂纹扩展的动焦散试验[J]. 煤炭学报, 2009, 34(2): 187-192.

[5] 岳中文,杨仁树,郭东明,等. 爆炸应力波作用下缺陷介质裂纹扩展的动态分析[J]. 岩土力学, 2009, 30(4): 949-954.

[6] Corran R S J, Mines R A W, Ruiz C. Elastic impact loading of notched beams and bars[J]. International Journal of Fracture, 1983, 23(2): 129-144.

[7] Kobayashi A S, Chan C F. A dynamic photoelastic analysis of dynamic-tear-test specimen[J]. Exp Mech,

1976, 16: 176-181.
- [8] Fang J, Qi J, Jing Z D, Zhao Y P. An experimental method to investigate the interaction between stress waves and cracks in polycarbonate[J]. Recent Advances in Experimental Mechanics, Silva Gomes (eds), Balkeman, Rotterdam, 1994, 593-598.
- [9] 姚学锋, 熊春阳, 方竞. 含偏置裂纹三点弯曲梁的动态断裂行为研究[J]. 力学学报, 1996, 28(6): 661-669.
- [10] 杨仁树, 王雁冰, 杨立云, 等. 双孔切槽爆破裂纹扩展的动焦散实验[J]. 中国矿业大学学报, 2012, 41(6): 868-872.
- [11] 杨立云, 杨仁树, 岳中文, 等. 数字激光动态焦散线实验系统. ZL 2011 2 0458198. X.
- [12] 闫亚宾, 尚福林. PZT 薄膜界面分层破坏的内聚力模拟[J]. 中国科学 G 辑, 2009, 39(7): 1007-1017.
- [13] Yan Yabin, Shang Fulin. Cohesive zone modelling of interfacial delamination in PZT thin films[J]. Science in China Series G-Physics Mechanics & Astronomy, 2009, 39(7): 1007-1017.
- [14] Dugdale D S. Yielding of steel sheets containing slits[J]. Journal of the Mechanics and Physics of Solids, 1960, 8: 100-108.
- [15] Barenblatt G I. The mathematical theory of equilibrium cracks in brittle fracture[J]. Advances in Applied Mechanics, 1962, 7: 55-125.
- [16] 庄茁等. 基于 ABAQUS 的有限元分析和应用[M]. 北京: 清华大学出版社, 2009.

# 某高层建筑物群爆破拆除触地冲击作用下邻近地下结构动力响应特性研究

贾永胜[1]　谢先启[1]　姚颖康[1,2]　刘昌邦[1]　韩传伟[1]　丁梦薇[1]

(1. 武汉爆破有限公司，湖北 武汉，430023；
2. 河海大学土木与交通学院，江苏 南京，210098)

**摘　要**：高层建筑爆破拆除触地冲击与振动效应强烈，本文以武汉 20 层银丰宾馆楼群爆破拆除工程为背景，研究了触地冲击作用下邻近地下结构动力响应特性。基于现场振动、结构应变和土体位移等监测数据，分析了结构塌落过程中触地冲击荷载和地震波的基本特征，研究了触地冲击作用下邻近浅埋地下人防结构侧壁与顶板的动态变形特征，揭示了地下人防结构底板质点振动沿其轴线的分布与衰减规律。研究成果可为高层建筑爆破拆除触地冲击与振动控制以及邻近地下结构防护提供依据及参考。

**关键词**：高层建筑；爆破拆除；冲击振动；地下结构；动力响应

## Study on Dynamic Response of Underground Structure under Impact Induced by Demolition Blasting of High-Rise Buildings

Jia Yongsheng[1]　Xie Xianqi[1]　Yao Yingkang[1,2]　Liu Changbang[1]
Han Chuanwei[1]　Ding Mengwei[1]

(1. Wuhan Blasting Engineering Co., Ltd., Hubei Wuhan, 430023; 2. College of Civil & Transportation Engineering, Hehai University, Jiangsu Nanjing, 210098)

**Abstract**: Impact and vibration induced by high-rise buildings demolition blasting is inevitable, and may destroy adjacent underground structure. Take 20-storey Yin-Feng building blasting demolition engineering as example. Based on site monitoring data of vibration, strain and displacement of the understructure, characteristics of impact load and vibration wave were analyzed firstly; Dynamic deformation characteristics of side wall and roof of the adjacent underground structure were studied furthermore. Finally, the distribution and attenuation law of particle vibration in axial direction of the underground structure floor was revealed. Measures of impact and vibration control and adjacent underground structure protect in high-rise building blasting demolition can be provided by research results.

**Keywords**: high-rise building; blasting demolition; impact & vibration; underground structure; dynamic response

## 1　引言

高层建筑物爆破拆除过程中会诱发强烈的冲击和振动，冲击或振动作用下地下结构将在原

---

作者信息：贾永胜，教授级高级工程师，jason03566@163.com。

有的土压力或围岩压力基础上承受附加的暂态的动荷载，甚至导致原静荷载发生改变。随着城市地下空间开发和城市建筑物更新的同步进行，建筑物爆破拆除所遇到的地下建构筑物保护的问题越来越多，因此冲击与振动作用下地下建构筑物的动力响应特征分析与防护已成为拆除爆破领域的新课题。

国内外许多学者对爆炸应力波作用下地下空间的动力响应问题开展了许多理论研究，如鲍亦兴[1]、Lee[2]、Cao[3]和梁建文[4]等采用数学方法分析了圆孔对应力波的衍射问题和动应力集中问题。Manoogian[5]分析了任意形状地下结构在 SH 波作用下的解析解。纪晓东[6]分析了地下圆形单层衬砌隧道对入射平面 P 波和 SV 波散射问题的级数解。王光勇[7]采用试验和理论分析的方法研究了平面应力波作用下直墙拱形地下洞室动应力集中系数分布规律。孙金山[8]采用理论分析的方法研究了应力波对地下洞室的动力扰动特征。上述研究基本都是从动应力集中的角度分析地震波对地下洞室的影响，且多从纯理论的角度开展研究，然而由于地质条件的差异性和复杂性以及动力问题分析过程的复杂性，纯理论研究往往仅能反映大概的规律，但与实际往往存在较大的差异。为此，本文以武汉银丰宾馆 20 层大楼爆破拆除工程为研究背景，基于现场振动、结构应变和土体位移等监测数据，分析了结构塌落过程中触地冲击荷载和地震波的基本特征，研究了触地冲击作用下邻近浅埋地下人防结构侧壁与顶板的动态变形特征。

## 2 工程概况

武汉市硚口区汉正街群楼爆破拆除工程，包括银丰宾馆大楼（20 层框剪结构，简称 1 号楼）和中自小区 2 栋住宅楼（9 层框架结构，以下简称 2 号楼和 3 号楼），总建筑面积约 35000m²（图 1）。项目位于武汉市硚口区中山大道、友谊南路、长堤街和多福路之间的汉正街商业圈，其北侧紧邻交通繁忙的中山大道以及人流密集的美奇购物广场等高层建筑，项目西侧、南侧和东侧为拆迁后空地，空地外侧分布有大量民房和商业建筑。其中，北侧 6.9m 处分布有地下构筑物，该地下构筑物"平战结合"，和平时期为地下商业街，战时为人防工事，沿中山大道分布，长约 1000m。

### 2.1 爆破方案

综合考虑群楼结构、环境条件和有害效应控制，确定总体爆破方案为"一次点火，顺次重叠倒塌"，即 1 号、2 号楼向南定向倾倒，3 号楼分三部分分别向东、南、西定向倾倒，起爆顺序为 3 号楼→1 号楼→2 号楼，楼间起爆时差为 1.0s（见图 2）。

### 2.2 地下结构

该建筑群爆破时倒塌触地所产生的冲击荷载和振动可能对邻近地下构筑物造成不利影响。该地下结构覆土深度约 2.0m，为单箱单孔现浇钢筋混凝土结构（C35），其断面为矩形，布置有 3 排框架柱，结构净宽 28.0m、净高 4.9m、底、顶板厚度均为 0.5m、侧墙厚 0.7m，主要立柱尺寸为 0.7m×0.7m，结构顶板距离地面道路约 2.0m。

## 3 监测方案

### 3.1 监测内容

本次爆破待拆群楼包括 1 号（银丰宾馆）、2 号和 3 号等三栋楼房，其中 1 号、2 号楼紧邻中山大道，倾倒过程中可能会对地下人防工程和地下管线产生一定影响。1 号楼为 20 层框剪结

图 1 银丰宾馆群楼图
Fig. 1 The location of Yinfeng hotel

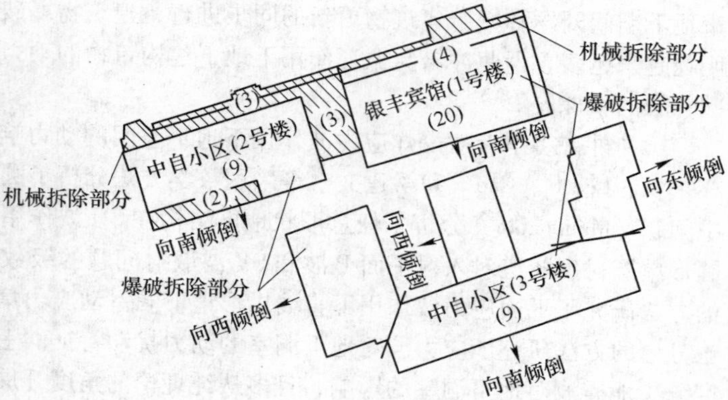

图 2 爆破方案示意图
Fig. 2 Sketch of blasting scheme

构（含地下室），2号楼为9层框架结构楼房，相比较而言，1号楼的影响更大，因此将1号楼范围内的地下人防工程和地下管线作为监测重点。监测内容主要包括：

（1）地下结构内部振动。
（2）地下结构顶部土体沉降。
（3）地下结构侧方土体沉降。
（4）地下结构顶板应变。

### 3.2 测点布置

（1）爆破振动

爆破振动监测共布置14个测点，均布置在地下商业街靠近爆源底板上，每个测点同时监测正对振源水平方向、沿地下结构轴向水平方向和竖直方向三个方向。现场传感器布置具体情况如图3所示。

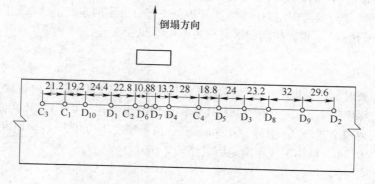

图 3 测点布置图（单位：m）
Fig. 3 Measuring points arrangement diagram（unit：m）

（2）位移监测

在1号楼范围内布置1个监测断面1-1，在地下人防工程电梯井处布置1个监测断面2-2，在 2 号楼范围内布置 1 个监测断面 3-3，其中 1-1 和 2-2 为重点监测断面，3-3 为普通监测断面。采用测斜管对土体水平位移进行监测，采用沉降仪对土体垂直位移进行监测，采用水准测点对土体表面沉降和地下人防工程的沉降及不均匀沉降进行监测。断面内监测仪器及测点布置见图4～图6。

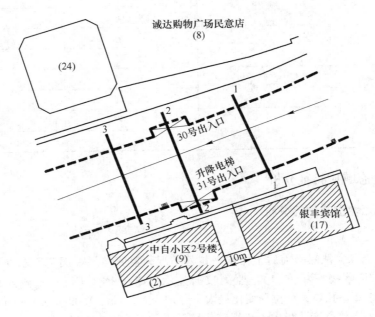

图 4　位移、应变监测布置断面图

Fig. 4　Layout of the monitor section

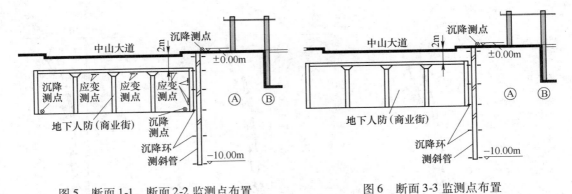

图 5　断面 1-1、断面 2-2 监测点布置

Fig. 5　Layout of instrument on section 1-1 and 2-2

图 6　断面 3-3 监测点布置

Fig. 6　Layout of instrument on section 3-3

（3）应变监测

结构应变监测采用 BDI 无线应变仪进行监测。在两个断面靠近银丰宾馆一侧（南侧）的顶板端部与边墙顶部内表面各选取一个点作为监测点，共四个监测点；顶板上的监测点布置两支传感器，分别顺中山大道方向（东西向）和垂直于中山大道方向（南北向）；边墙上的监测点同样布置两支传感器，分别为水平向和竖直向。四个监测点共布置八支传感器，传感器编号见表 1。本次监测工作采取在人员撤离之前首先进行应变归零处理，待爆破结束、现场允许进入后再采集结构物爆后的应变情况，以判断结构物的受力变形和安全状态。

**表 1　应变监测传感器位置编号**

**Table 1　The serial number of sensor in corresponding positions**

| 断面 | 结构部位 | 方向 | 传感器编号 |
|---|---|---|---|
| 1-1 | 顶板 | 东西向 | 2417 |
|  |  | 南北向 | 2388 |
|  | 边墙 | 水平 | 2389 |
|  |  | 竖直 | 2427 |
| 2-2 | 顶板 | 东西向 | 2413 |
|  |  | 南北向 | 2414 |
|  | 边墙 | 水平 | 2415 |
|  |  | 竖直 | 2430 |

## 4　地下结构动态响应特征分析

### 4.1　地下结构环境土体位移分析

#### 4.1.1　土体水平位移分析

采用钻孔测斜仪监测爆破前后土体水平位移情况，监测结果如图 7 所示（表中"+"表示垂直马路的诚达购物广场方向）。监测数据显示：$IN_1$、$IN_2$、$IN_3$ 三个测孔在爆后第一次（2014 年 12 月 10 日）孔口累计位移变化最大，分别为 1.33cm、1.09cm、0.89cm；其中离爆破区域最近的 $IN_1$ 测点位移变化最大，离爆破区域最远的 $IN_3$ 测点位移变化最小。根据监测布置图测斜仪观测点的分布情况，其变化趋势和变化规律基本符合现场的爆破情况，随后的两次监测

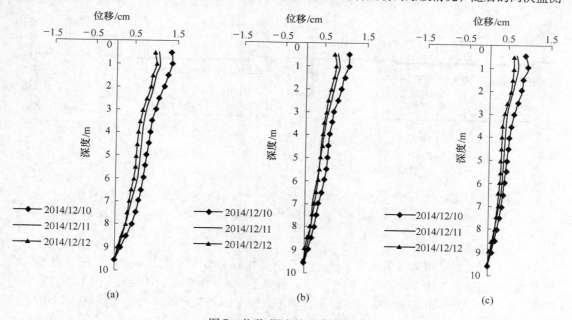

图 7　位移-深度关系曲线图

（a）$IN_1$；（b）$IN_2$；（c）$IN_3$

Fig. 7　Relations of displacements with depth

（2014年12月11日和12日）数据说明水平位移在逐渐变小，位移基本趋于稳定，如图8所示。

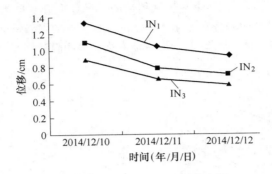

图8　最大位移-时间过程曲线
Fig. 8　Relations of Maximum displacements and time

监测结果表明。建筑物爆破塌落后，触地冲击荷载造成了土体的水平方向的位移，且在地表处最大，沿深度方向逐渐降低，最大影响深度近10m，较大的水平位移势必导致地下结构水平方向土压力的改变。

#### 4.1.2　土体垂直位移分析

爆破后监测孔各深度测点的沉降变形如图9所示（图表中"－"表示下降）。监测数据表明，几乎所有监测点都表现为垂直方向"上升"变形。最大的变形量出现在离地面最近的测点，其中离爆破区域最近的1号测孔上升最多，最大上升量为8.0mm，2号测孔最大上升量为7.0mm，3号测孔最大上升量为6.0mm。竖向变形随深度增加而逐渐减小，在4m深处基本消失。随后的两次观测说明变形逐渐变小，趋于稳定。

监测数据表明：受爆破后大楼倒塌的冲击影响，大楼周边土体受瞬间冲击而产生变形。由于大楼倒塌范围与各测孔存在一定距离，测孔土体受周围土体的挤压而产生向上位移。根据爆后三次观测，如图10所示，1号测孔各深度测点的位移量，随时间推移，呈减小回落的趋势，但减小幅度不大，且趋于平稳，表明冲击造成的地面抬升是不可逆的。

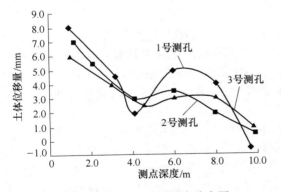

图9　土体垂直位移沿深度分布图
Fig. 9　Distribution of soil vertical displacement with depth

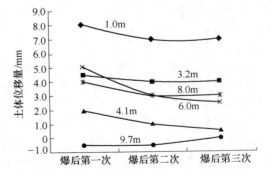

图10　1号测孔各深度测点位移量
Fig. 10　Displacement with depth in 1# measuring points

#### 4.1.3　地表隆起分析

地表沉降监测点布置如图11所示，爆破后监测点的沉降变形如图12所示，所有监测点都表现为垂直方向"上升"变形，其中离爆破区域最近的 1 号点上升最多，为 14mm；2 号点上升 11.3mm；3 号点上升 9.4mm；离爆破区域稍远的 4 号点上升变形为 5.8mm；由于四个监测点基本呈等距离分布，其变化趋势和变化规律基本符合现场的爆破情况，而最远的 5 号点上升变形仅为 0.2mm。随后的两次观测说明变形逐渐变小，表明隆起恢复程度有限。

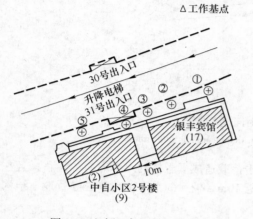

图 11 地表沉降监测点布置

Fig. 11 Layout of settlement monitor point

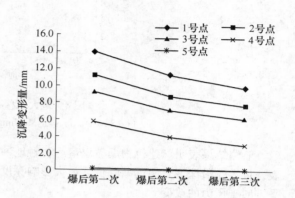

图 12 隆起变形过程曲线

Fig. 12 Relations of settlement and time

## 4.2 地下结构动态响应特性分析

### 4.2.1 振动特征

现场共布置 14 台 TC-4850 测振仪，均采集到有效数据。分析有效数据发现，最靠近银丰宾馆的 $D_6$ 测点振动速度最大，最大振速为 1.544cm/s，其余 $D_1$、$D_7$、$D_4$、$D_5$、$D_3$ 测点的最大振动速度均大于 1cm/s。

地下人防结构中振动速度的监测数据说明，由于采用了定向倾倒空中解体的爆破方式，且先爆破塌落的 3 号楼房对 20 层楼房起到缓冲作用，所以结构塌落所造成的触地振动较小。因此，结构触地振动对周边保护对象的影响小。

对各测点振动速度进行统计分析表明（如图 13 所示），各测点中 Z 方向（垂直地面方向）振动速度最高（主要发生在仪器触发后 3s 左右），而 X 方向（正对爆源水平方向）振动速度次之，Y 方向（水平面内垂直于 X 方向）最小。这表明结构倒塌所形成的振源主要是由垂直冲击地面所形成的，正对振源方向可能存在连续叠加效应，其诱发的邻近土层振动速度要高于 Y 方向。

对各测点振动频率进行统计分析表明（如图 14 所示），各测点的振动主频率为 3~5Hz 左右，其中 Z 方向（垂直地面方向）振动主频率略高，而水平的 X 和 Y 方向振动主频率相对较低且频率相近。这表明结构倒塌时因原地面覆盖了较厚的建筑垃圾和松土，且先爆破楼房对 20 层楼房起到了缓冲作用，所以触地时结构与地面的冲击作用时间延长，导致本次爆破工程的振动主频率低于直接冲击城市硬化路面时 10Hz 左右的常见主频率值。

### 4.2.2 结构应变特征

爆破后，各传感器的应变监测数据见表 2。由应变监测结果可知，地下结构发生了一定的应变，且附加的应变为拉应变，但应变相对较小。其中，断面 1-1 结构物受爆破的影响比断面 2-2 更为显著，这是由于断面 1-1 靠近较高的 1 号楼，爆破后受到的动土压力更大。相比于顶

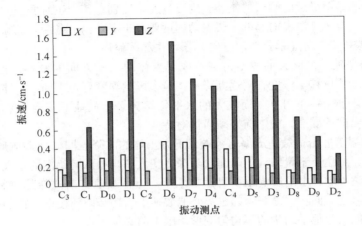

图 13 振动速度统计图
Fig. 13 The statistical figure of vibration velocity

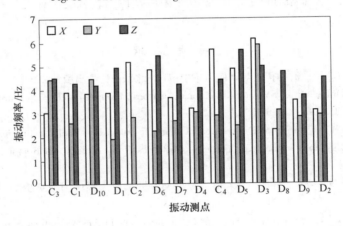

图 14 振动频率统计图
Fig. 14 The statistical figure of vibration frequency

板，因动土压力直接作用于边墙，因而在边墙内表面出现相对较大的拉应变。所有监测点中，断面1-1边墙内表面的水平拉应变最大，为 $6.52 \times 10^{-6}$，但相比于一般混凝土的极限抗拉应变来看，数值较小，说明爆破对地下结构物的影响有限，对其结构安全没有造成影响。通过爆后结构物的现场宏观巡查，也未发现明显裂缝。

表 2 传感器的应变监测结果
Table 2 The strain measurement results of sensor

| 断面 | 1-1 | | | | 2-2 | | | |
|---|---|---|---|---|---|---|---|---|
| 传感器编号 | 2417 | 2388 | 2389 | 2427 | 2413 | 2414 | 2415 | 2430 |
| 应变/$10^{-6}$ | 1.15 | 0.96 | 6.52 | 4.30 | 0.33 | 0.23 | 3.89 | 1.52 |

## 5 结论

（1）结构倒塌所形成的振源主要是因垂直冲击地面所形成的，在地下结构中引起了较为显著的振动，距离振源最近的测点的振动速度可达厘米级别；其中正对振源方向（$X$方向）可能存在连续叠加效应，其诱发的邻近土层振动速度要高于$Y$方向。各测点的振动主频率大致在$3\sim 5Hz$左右，其中$Z$方向（垂直地面方向）振动主频率略高。

（2）建筑物爆破后，巨大的冲击荷载造成了土体的水平方向的位移，且在地表处最大，可达厘米量级，水平位移沿深度方向逐渐降低，最大影响深度可达10m。土体水平位移在后期可略微恢复，总体上位移不可逆。而较大的水平位移势必造成地下结构水平方向土压力的改变，以及横向和纵向的变形，施工前必须谨慎对待。

（3）建筑物塌落冲击荷载造成塌落范围正下方土体的沉降但同时会造成周围土体的隆起，且在地表处最大，可达厘米量级，但隆起量随深度变大和与振源间距离的增大而迅速减少，近区的影响深度可达10m，水平影响距离可达数十米。土体数值方向的隆起在后期可略微恢复，但总体上基本不可逆。同样，地表隆起也势必造成地下结构竖向的变形，特别在振源近区其变化梯度较高，可能引起地下结构的不均匀变形，施工前必须重视。

（4）根据地下结构顶板和边墙的应变监测数据表明，冲击与振动荷载在地下结构中引起了附加拉应变，但应变量相对较小，仅为10个微应变以内，且受土体变形影响显著的边墙处应变相对较大。

## 参 考 文 献

[1] 鲍亦兴，毛昭宙. 弹性波的衍射与动应力集中[M]. 北京：科学出版社，1993.
[2] Lee V, Cao H. Diffraction of SV waves by circular canyons of variousdepths[J]. Journal of EngineeringMechanics, 1989, 115(9): 2035-2056.
[3] Cao H, Lee V W. Scattering and diffraction of plane P waves by circular cylindrical canyons with variabledepth-to-width ratio[J]. European Journal of Obstetrics & Gynecology and Reproductive Biology, 1979, 9(3): 141-150.
[4] 梁建文，张浩，Lee V W. 平面P波入射下地下洞室群动应力集中问题解析解[J]. 岩土工程学报, 2004, 26(6): 815-819.
[5] Manoogian M, Lee V. Diffraction of SH-waves by subsurface inclusions of arbitraryshape[J]. Journal of Engineering Mechanics, 1996, 122(2): 123-129.
[6] 纪晓东，梁建文，杨建江. 地下圆形衬砌洞室在平面P波和SV波入射下动应力集中问题的级数解[J]. 天津大学学报, 2006, 39(5): 511-517.
[7] 王光勇，余永强，张素华，刘希亮. 地下洞室动应力集中系数分布规律[J]. 辽宁工程技术大学学报（自然科学版），2010, 29(4): 597-600.
[8] 孙金山，左昌群，周传波，蒋楠. 爆破应力波对邻近圆形隧道的动力扰动特征[J]. 振动与冲击, 2015, 18: 7-12, 18.

# 多损伤机制联合作用的岩体爆破分区模型研究

胡英国[1]　吴新霞[1]　卢文波[2]　赵　根[1]　刘美山[1]

（1. 长江水利委员会长江科学院，湖北 武汉，430010；
2. 武汉大学水资源与水电工程国家重点实验室，湖北 武汉，430072）

**摘　要**：通过分析爆破荷载作用下岩体应力演化的全过程，阐明岩体在此过程中经历了压缩、剪切以及拉伸等不同应力状态，及其岩体爆破损伤的形成机理；进而引入反应不同应力组合下岩体损伤的强度准则，考虑强度的应变率效应，并基于 LS-DYNA 的二次开发技术，建立考虑多种损伤机制联合作用的爆破分区模型；最后研究了不同装药结构、起爆方式以及初始应力状态对爆破损伤形成类型与分布特征的影响。研究成果可为爆破损伤的孕育机制与数值仿真等研究提供一定参考。

**关键词**：爆破；损伤；应力；分区；模型

## Investigation of Rock Partition Model under the Combination of Several Damage Mechanisms

Hu Yingguo[1]　Wu Xinxia[1]　Lu Wenbo[2]　Zhao Gen[1]　Liu Meishan[1]

(1. Changjiang Water Resources Commission Changjiang Academy of Science, Hubei Wuhan, 430010; 2. Key Laboratory of Rock Mechanics in Hydraulic Structural Engineering, Ministry of Education, Wuhan University, Hubei Wuhan, 430072)

**Abstract**: The blasting damage formation is always the investigation hot topic. The whole process of stress evolution is investigated. The stress state went through the compression, shear and tensile shear and tensile process. Then different strength criterion was introduced and a new damage model was established. Object to different types of rock blasting, the damage characteristic was investigated. At last, suggestion of conventional production blasting, presplit blasting and smooth blasting was proposed.

**Keywords**: blasting; damage; stress; partition; model

## 1　引言

岩体爆破损伤机制从细观尺度上可归结为爆炸荷载作用下岩体内部微裂纹的动态演化过程，如何描述及量化这种动态损伤演化过程、建立相应的损伤模型是近年来岩体爆破损伤领域致力于解决的难题[1]。

---

基金项目：国家杰出青年基金项目（51125037）。
作者信息：胡英国，博士，yghu@whu.edu.cn。

美国 Sandian 国家实验室最早基于连续介质损伤力学理论建立爆破损伤模型研究岩体爆破问题。D. E. Grady 等[2]于1980年提出了岩体爆破的各向同性损伤模型，该模型认为岩体内随机分布的原生微裂纹在受拉条件下被激活、扩展，激活的微裂纹数目服从 Weibull 分布，损伤变量定义为激活的裂纹数与裂纹扩展速度的函数。随后，L. M. Taylor 等[3]将 R. J. O'connell[4] 关于裂纹材料有效体积模量与裂纹密度之间的关系的研究结果引入 GK 模型，建立了损伤变量与裂纹密度和有效体积模量之间的关系，形成了 TCK 损伤模型。J. S. Kuszmaul[5]针对高密度微裂纹情况下裂纹间的荫屏效应造成的裂纹激活率减少，在以上两个模型的基础上提出了新的 KUS 损伤模型，该模型中还引入了损伤随时间的变化率这一参数。B. J. Thorne 等[6]通过考虑激活的裂纹引起岩体的体积变化，基于不同的损伤变量定义，试图提高 KUS 模型在高裂纹密度下的适用性。R. Yang 等[7]、L. Liu [8]、H. Hao[9]引入断裂概率的概念，认为裂纹扩展的前提是体积拉应变大于某一阈值，通过考虑荷载时间对裂纹密度的影响对已有损伤模型的裂纹密度及损伤变量定义进行了修正。另外，相关学者基于能量耗散、纵波速度衰减率等参量表达岩体损伤状态并建立相应的爆破损伤模型，如 Rubin 等[10]采用爆前爆后的声波速度比值作为参考指标，验证了声波降低率与损伤程度的线性相关性，建立了应力波变化率相关的爆破损伤模型；Swoboda G[11]等通过研究爆破过程中的能量变化过程，建立了基于能量耗散准则的爆破损伤模型。

随着中国爆破工程技术的发展和广泛运用，国内众多学者在岩体爆破损伤模型方面进行了广泛的研究。杨小林等[12]对损伤变量的定义及等效损伤参数进行了评述和讨论；杨军等[13]基于声波试验的衰减规律，构造了应力波衰减基础上的爆破损伤模型；高文学等[14]通过试验研究了损伤能量耗散率和声波衰减系数的关系，建立了反应脆性岩石的冲击损伤模型；李宁等[15]通过提出了表达裂隙细观特征对波速影响的半连续介质动力损伤模型；夏祥等[16]通过现场声波检测和数值分析等方法，研究了岭澳核电站爆破损伤的分布特征；王志亮等[17]基于 TCK 本构模型研究了单临空面条件下的爆破损伤机理并建立岩体时效损伤模型；单仁亮等[18]基于岩体动态全应力-应变曲线提出了考虑应变率的岩体冲击损伤时效模型；姚金阶等[19]基于岩体初始结构面的统计特性和岩体爆破后的块度分布特征构造了统计损伤演化模型。此外，部分学者根据试验或理论依据定义应力或应变准则，并嵌入计算过程研究爆破过程岩体的力学行为[20]。

然而已有的爆破损伤模型大多以拉伸损伤为主，部分模型考虑了爆破近区的压损伤作用，但如要尽量精确的描述岩体的爆破损伤效应，应当结合爆破过程中的岩体应力变化特征，综合考虑岩体的多种损伤类型，建立能够全面反映岩体损伤机制的爆破分区模型，这样可以尽量合理反应岩体的爆破损伤过程。本文将首先分析柱状药包作用下岩体的应力演变过程，引入不同应力状态的动力强度准则，建立反应多损伤机制联合作用的爆破分区模型，并针对岩体的装药结构、起爆方式以及初始应力条件，研究爆破损伤的形成类型与分布特征。

## 2 岩体爆破近区的应力演变过程

岩体工程中常规采用柱状装药结构，炮孔近似简化为在以同一圆周上受到随时间变化的均布荷载的圆形空腔，将研究问题进一步简化，认为岩体介质具有均质、各向同性以及弹性特征，图1给出了简化的计算模型。

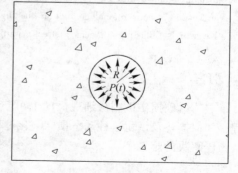

图 1　计算条件示意图
Fig. 1　The introduction of compute model

根据弹塑性力学的相关理论,计算可等效为典型的平面应变问题,采用极坐标描述药包在介质中激发弹性应力波的相关方程和边界条件如下式所示:

$$\begin{cases} \dfrac{\partial^2 u}{\partial r^2} + \dfrac{1}{r}\dfrac{\partial u}{\partial r} - \dfrac{u}{r^2} = \dfrac{1}{C_L^2}\dfrac{\partial^2 u}{\partial t^2} \\ \sigma_r(r,t) = (\lambda + 2G)\dfrac{\partial u}{\partial r} + \lambda\dfrac{u}{r} \\ \sigma_\theta(r,t) = \lambda\dfrac{\partial u}{\partial r} + (\lambda + 2G)\dfrac{u}{r} \end{cases} \tag{1}$$

$$u(r,0) = \dfrac{\partial u(r,0)}{\partial t} = 0 \quad (r \geq a, t > 0) \tag{2}$$

$$[\sigma_r(r,t)]_{r=a} = \begin{cases} 0 & (t \leq 0) \\ \dfrac{t}{t_1}P_b & (0 < t \leq t_1) \\ \dfrac{t_2 - t}{t_2 - t_1}P_b & (t_1 < t \leq t_2) \\ 0 & (t > t_2) \end{cases} \tag{3}$$

$$\lim_{r \to \infty}[u(r,t)] = 0 \quad (t > 0) \tag{4}$$

式中,$u(r,t)$ 为质点的径向位移,m;$r$ 为质点爆心距,m;$R$ 为空腔半径,m;$\sigma_\theta$、$\sigma_r$ 分别为卸载波在介质中引起的环向应力和径向应力,MPa;$\lambda$、$G$ 为拉梅常数;$C_L$ 为介质纵波波速,m/s。计算中采用的岩石密度 $\rho = 2700\,\text{kg/m}^3$,纵波速度 $v = 4500\,\text{m/s}$,泊松比 $\nu = 0.23$,爆炸荷载参数为上升时间 $t_1 = 0.6\,\text{ms}$,下降时间 $t_2 = 8\,\text{ms}$。

基于上式求解,可确定炸药爆轰在岩体中激发的径向及环向应力随时间、爆心距的变化规律。通过拉普拉斯变换,可求得径向应力、环向应力随时间与空间的变化规律,计算得到的与炮孔中心不同距离处径向、环向应力时程曲线,如图2和图3所示,其中 $a$ 为炮孔半径。

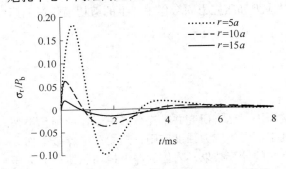

图2 与炮孔中心不同距离处径向应力时程曲线
Fig. 2 Time-history curve of radial stress at different distances

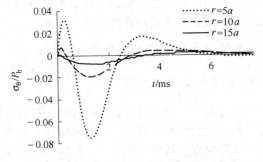

图3 与炮孔中心不同距离处环向应力时程曲线
Fig. 3 Time-history curve of tangential stress at different distances

计算结果表明，爆炸荷载使岩体的径向应力、环向应力均在短时间内突变至峰值，在爆炸荷载的初始作用阶段，质点单元处在径向、环向均受压的应力状态；由于较高的径向应力导致岩体产生强烈的径向压缩，由此衍生出较大的环向拉应力，随着荷载卸除，岩体中的径向应力会由压应力演变为拉应力。炮孔近区的岩体在径向和环向应力均经历了先压后拉的应力转化过程；另外，随爆心距增大，径向应力与环向应力都迅速衰减。

图4给了 $r = 5a$ 处的径向应力与环向应力的时程曲线对比。从时间尺度将岩石介质中的径向和环向应力进行组合，可得到其应力状态的时间演变过程，如图4所示，大致可分为以下四个阶段：Ⅰ—径向压应力与环向压应力组合的压缩应力状态；Ⅱ—径向压应力与环向拉应力组合的压剪应力状态；Ⅲ—径向拉应力与环向拉应力组合的拉剪应力状态；Ⅳ—径向拉应力与环向压应力应力组合的拉伸应力状态，如图5所示。

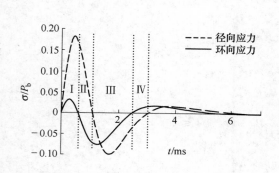

图 4  5倍炮孔半径处的应力状态变化示意图

Fig. 4  The curve of stress at distance of $5a$

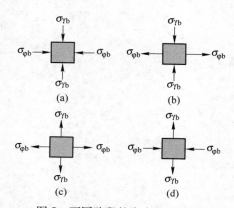

图 5  不同阶段的应力状态分布

Fig. 5  The stress state of different process

炸药爆炸在孔壁岩体产生的压应力很大，强烈的压缩应力不可避免在孔壁周围形成一定的压致粉碎区；但因应力波的急剧衰减，因此压损伤区域很小，若岩体在压缩应力状态不能损伤，在后续的压剪以及拉剪应力状态可能产生剪切损伤；相比抗压和抗剪强度，岩体的抗拉强度很小，因此部分岩体在经历压缩和剪切应力状态后虽未被损伤，但可能在双向拉应力状态下产生拉损伤，而经历以上不同应力阶段，岩体的相关指标仍未超过损伤阈值的区域则为弹性振动区。

从岩体的爆炸应力波分布和演化特征来看，岩体爆破损伤区应总体分为三类，第一类是由双向压应力下产生的压缩损伤区；第二类则是拉应力和压应力联合作用产生的剪切损伤区；第三类是拉应力产生的拉损伤区。

## 3 爆破损伤分区模型的建立

### 3.1 动态应力强度准则

岩体的应力演变过程是爆破损伤的形成直接原因，已有研究并未充分考虑岩体的损伤类型的不同，必然影响其分析问题的精确性。如果基于不同的应力强度准则，建立反应爆破损伤分区的计算模型，从理论角度更具合理性。根据上文的计算结果，岩体的爆破损伤总体可分为压缩、剪切和拉伸三种类型，如要准确描述这一过程，需要建立反应这一过程的动力强度准则。压损伤和拉损伤均采用常规的最大拉应力和最大压应力准则确定，剪切损伤采用复杂应力状态下用主应力表示的摩尔-库仑准则，相关的数学表达式如下：

$$\sigma_1 = \sigma_t \tag{5}$$

$$\sigma_3 = \sigma_c \tag{6}$$

$$\frac{\sigma_1 - \sigma_3}{2} = \frac{\sigma_1 + \sigma_3}{2}\sin\varphi + C\cos\varphi \tag{7}$$

式中，$\sigma_1$ 为最大主应力；$\sigma_3$ 为最小主应力；$\varphi$ 为介质的内摩擦角；$C$ 为岩体介质的黏聚力。计算过程中岩体的动抗拉强度为 5MPa，动抗压强度为 80MPa，内摩擦角为 30°，黏聚力取 1.5MPa。

在爆破强烈的动荷载作用下，岩体强度与应变率有一定的相关性。岩体动态抗压强度与应变率的关系可表示为：

$$\frac{\sigma_{cd}}{\sigma_{cs}} \propto \left(\frac{\dot{\varepsilon}_d}{\dot{\varepsilon}_s}\right)^n \tag{8}$$

式中，$\sigma_c$、$\dot{\varepsilon}$ 分别为抗压强度和应变率；$n$ 为指数，受岩性和应变率等因素的影响，可根据试验测定。李夕兵和古德生[21]认为岩体动态抗压强度与应变率的关系可近似统一表示为：

$$\sigma_{cd} = \sigma_{cs}\dot{\varepsilon}^{\frac{1}{3}} \tag{9}$$

式中，$\sigma_{cd}$、$\sigma_{cs}$ 分别为岩体动态单轴抗压强度和静态单轴抗压强度。本文计算条件下，爆炸荷载引起的岩体应变率可达 100~10² s⁻¹，近似取岩体动态抗压强度 $\sigma_{cd} = \sigma_{cs}\dot{\varepsilon}^{\frac{1}{3}}$，岩体动态抗拉强度 $\sigma_{td} = \sigma_{ts}$。

## 3.2 损伤分区模型的建立

基于以上动力判别准则，根据爆炸应力波演化的时空特征对岩体损伤类型进行分区，通过二次开发技术嵌入至动力有限元软件 LS-DYNA 中，图 6 给出了实现这一过程的技术路线。

参考 Krajcinovic 和曹文贵[20]等的研究成果，假定各岩体微元强度服从 Weibull 分布，定义损伤变量 D 定义为已破坏的微元体数目与总微元体数目之比，针对某一特定的强度准则，损伤变量的统一表达式如下：

$$D_i = 1 - \exp\left[-\left(\frac{F(\sigma)}{\sigma_i}\right)^{m_i}\right] \tag{10}$$

式中，$D_i$ 为不同类型的损伤变量；$F(\sigma)$ 为反映不同应力状态强度准则的函数；$\sigma_i$ 为岩体不同类别的岩体强度。

考虑损伤的最不利因素，采用三者中的较大值表征每一个荷载步下的岩体损伤变量，迭代至下一个荷载步。

$$D = \max\{D_t, D_s, D_c\} \tag{11}$$

损伤演化过程中，损伤岩体的有效弹性模量 $\overline{E}$ 和有效剪切模量 $\overline{G}$ 分别为：

$$\overline{E} = \frac{9\overline{K}\,\overline{G}}{3\overline{K} + \overline{G}} \tag{12}$$

$$\overline{G} = \frac{3(1 - 2\bar{v})}{2(1 + \bar{v})}\overline{K} \tag{13}$$

式中，$E$ 和 $G$ 分别为未损伤岩体的弹性模量和剪切模量。岩体损伤演化的本构关系式由以下增量型的虎克定律表示：

$$d\sigma_{ij} = \bar{\lambda}\delta_{ij}d\varepsilon_{ij} + 2\bar{G}d\varepsilon_{ij} \tag{14}$$

式中，$d\sigma_{ij}$ 为应力增量；$d\varepsilon_{ij}$ 为应变增量；$\bar{\lambda}$ 为损伤岩体拉梅常数；$\delta_{ij}$ 为 Kronecker 符号。

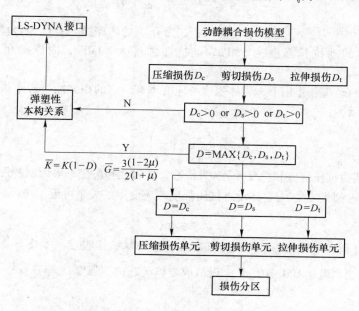

图 6　爆破损伤分区模型的实现路径

Fig. 6　The approach of blasting damage partition model

## 3.3　实例计算

基于上节爆破损伤分区模型的建立，本节以单孔爆破进行验证性计算。建立如图 7 所示的 1/4 模型，炮孔直径 $d_b$ = 90 mm、模型尺寸 100×100 m。采用的药卷直径 $d_e$ = 70 mm、炸药密度 $\rho_e$ = 1000kg/m³、爆轰波速 VOD = 3600m/s，采用爆炸荷载曲线模拟炸药的作用，荷载的详细确定过程参考杨建华及其他文献均未见提及等的研究成果。

基于以上 LS-DYNA 的二次开发技术，将以上描述的爆破损伤模型通过编程实现计算，图 8 给出了爆破后不同类型的损伤区分布图。

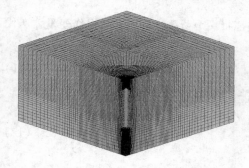

图 7　爆破损伤单孔三维模型

Fig. 7　The three-dimensional model of blasting simulation

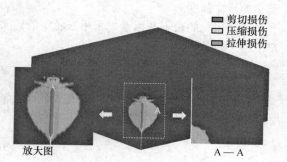

图 8　单孔爆破的损伤分区示意图

Fig. 8　The partition damage of blasting simulation

结果表明,爆破后炮孔孔壁附近存在一定区域的压缩损伤区,其半径约为炮孔半径的 2～4 倍,紧邻压损伤区的是范围稍大的剪切损伤区,损伤范围约为 8～10 倍炮孔半径;损伤区比重最大的为拉损伤区,约占总损伤区的 80%。

爆破损伤分区的计算结果与上节爆炸应力场的演化特征相互印证,从炮孔由内而外,岩体爆破损伤类型由压损伤到剪切损伤再到拉损伤过渡。常规认识中的爆破损伤以拉损伤为主,虽一定程度上体现了拉损伤区在总体爆破损伤区中的比重很大这一事实,但忽略炮孔近区的压剪损伤区显然违背了岩体爆破应力场的演化过程,必然影响结果的正确性。

## 4 不同类型爆破的损伤分布特征

### 4.1 装药结构的影响

在爆破过程中通过控制炮孔的装药结构来达到不同的爆破效果,如水电工程的岩石高边坡开挖中,通常采用的主爆孔、缓冲孔以及轮廓孔等不同的装药结构来实现破碎爆区岩体并形成平整轮廓面的目的。常规采用的装药结构如下,主爆孔为 90mm 孔径、70mm 药卷连续耦合装药,缓冲孔 90mm 孔径、70mm 间隔装药,轮廓孔采用 90mm 孔径、32mm 药卷间隔装药,装药结构示意图如图 9 所示。

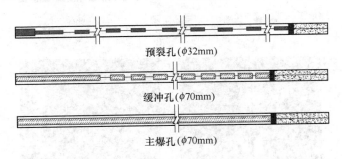

图 9 不同装药结构的示意图
Fig. 9 Schematic diagram of different charge structure

采用 LS-DYNA 的流固耦合计算方法模拟炸药的爆轰过程,仅采用孔底起爆的方式进行计算,图 10 给出了不同装药结构下的损伤分区示意图。

从图 10 中可以看出,三种类型爆破孔的损伤区均以拉伸损伤为主,但主爆孔的孔壁周围明显存在压缩损伤区和剪切损伤区,在缓冲孔的计算结果中,压缩和剪切损伤区的范围明显减少,而在预裂孔条件下,几乎不存在压损伤。图 11 给出了不同装药结构下各损伤类型所占比例示意图。

计算结果表明,随着炮孔不耦合系数的增加,拉损伤的比例逐渐增大,压损伤和剪切损伤比例逐渐减小。当炮孔接近耦合装药时,爆破瞬间产生巨大的爆轰压力,并将炮孔壁的岩体压碎形成粉碎区,而在预裂爆破装药条件下,爆破产生的应力波并不能直接使岩体发生压破坏,因此以拉伸损伤和剪切损伤为主。通常认为,爆破能量大部分在粉碎区消耗,因此当压损伤的区域过大时,此时爆炸的能量利用率并不理想。因此爆破损伤分区模型的计算结果在一定程度上可以为炸药爆炸的能量利用率的提供参考。

### 4.2 起爆方式的影响

爆破的起爆方式决定了爆轰波的传播过程,因此起爆方式对爆破损伤的分布特征应有显著

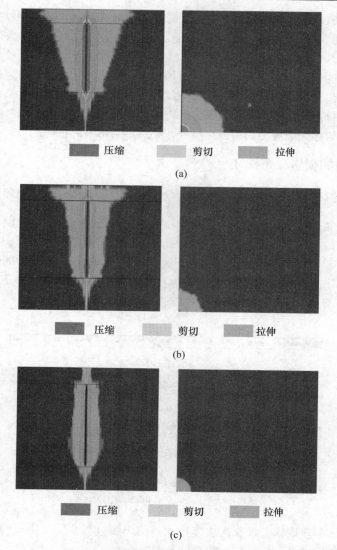

图 10 不同装药结构的损伤区分布示意图
(a) 主爆孔；(b) 缓冲孔；(c) 预裂孔
Fig. 10 Partition damage of different charge structures

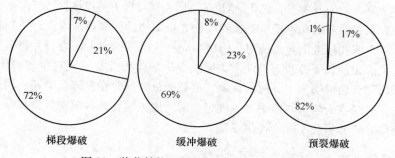

图 11 装药结构对损伤分区比例的影响特征
Fig. 11 The influence of charge structure for the damage partition proportion

的影响。此次计算中设置了四种不同的起爆方式,起爆点分别设置在孔口、孔口以下 1/4 处、药卷重点、孔底以上 1/4 处以及孔底等,如图 12 所示。

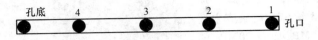

图 12　不同起爆方式计算工况示意图

Fig. 12　The sketches of different ways of initiation

图 13 给出了不同起爆方式条件下的损伤分区示意图。

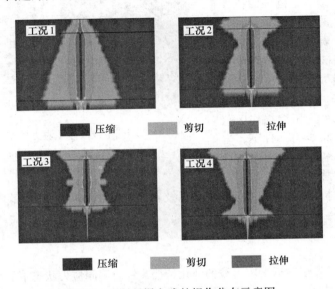

图 13　不同起爆方式的损伤分布示意图

Fig. 13　Diagram of damage distribution of different initiation ways

从图 13 中可以看出,不同的起爆方式下损伤区的外轮廓存在很大区别,由于爆轰波的冲击作用,损伤区在爆轰波的传播方向上形成一个纺锤形区域,这与已有的相关研究是相符的。

同时计算结果揭示了两个比较重要的现象,首先,不同的起爆方式对压缩损伤区和剪切损伤区的影响并不明显,四种工况下压缩与剪切损伤区均沿炮孔形成柱状的分布。如果认为压损伤区和剪切损伤区通常形成爆破中的粉碎区和严重破碎区,计算结果表明通过调整起爆方式很难改变这两个区域的分布特征。其次,损伤区的外轮廓均由拉损伤区决定,不同的起爆方式改变了爆轰波的传播过程,这种由爆轰波在炮孔内传播冲击产生的损伤类型为拉损伤。

## 4.3　初始应力分布的影响

爆破时常在一定的初始地应力环境中进行,如深埋隧洞以及深部采矿等,此条件下爆炸应力波和岩体卸荷重分布联合作用,将导致炮孔附近的应力场与常规爆破存在明显区别。因此,下文将选取一种简单的应力场分布,研究初始应力对岩体爆破损伤形成类型与分布特征的影响。应力场的分布如图 14 所示。

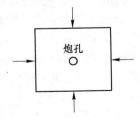

图 14　初始应力状态计算示意图

Fig. 14　Diagram of the initial stress state

为简化对结果的分析,此次计算的应力场选为静水应力场,通过改变初始应力值的大小,分析初始应力对爆破损伤分区的影响。图 15 给出了初始应力场为 5MPa、10MPa、15MPa 以及 20MPa 的计算结果。

从图 15 中可以看出,随着初始应力的增大,拉损伤区域明显减少,在 5 MPa 的计算工况下还存在一定范围的拉伸损伤区,而在 20MPa 的计算结果仅存在压缩和剪切损伤区。表明在深部岩体的爆破开挖中,岩体爆破损伤区的形成类型与常规爆破存在很大区别,主要体现为由拉伸损伤向剪切损伤过渡,而对比有无初始应力作用条件,压缩损伤区范围的变化并不明显。高应力条件下,岩体的开挖损伤类型逐渐由拉损伤向剪切损伤过渡,但压损伤总保持相对稳定,这种现象对于深部岩体的爆破开挖效果认识,以及岩爆治理常采用的应力解除爆破等方面均具有一定的启示意义。

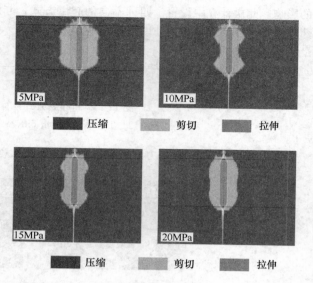

图 15 不同量级的静水应力场作用下的损伤分区
Fig. 15 Comparision of partition damage under hydrostatic stress field

## 5 结论

本文基于分析岩体爆破近区应力波的演化特征,针对不同应力状态下岩体的损伤机制,建立了爆破损伤分区模型,并采用该模型针对常规的爆破效果进行了分析,得到的结论如下:

(1) 常规爆破条件下,径向和环向应力均经历了先压后拉的应力状态,岩体先后经历双向受压、径向受压环向受拉、双向受拉、径向受拉环向受压等状态;从炮孔由进而远,爆破损伤呈现压缩损伤、剪切损伤以及拉伸损伤依次分布的特征。

(2) 引入不同应力状态下的强度准则,建立岩体爆破损伤分区模型,并基于 LS-DYNA 的二次开发技术,实现了模型的计算和验证。

(3) 研究了常规主爆孔、缓冲孔以及预裂孔等不同装药结构下的损伤分布特征,结果表明随着不耦合系数的增加,压损伤和剪切损伤所占比例减小。

(4) 计算了不同起爆方式下的损伤分布特征,起爆方式的不同显著影响了损伤的分布特征,对压损伤和剪切损伤的影响并不明显。

(5) 研究了静水应力场对爆破损伤的影响特征,结果表明随着初始应力的增大,爆破损伤的形成类型发生明显改变,在高应力条件下,爆破损伤以压损伤和剪切损伤为主。

以上研究仅仅采用损伤分区模型进行了初步的数值仿真,在下一步的工作中,将基于现场试验结果,进一步验证和修正该模型的准确性,并指导工程应用。

## 参 考 文 献

[1] 葛修润,任建喜,蒲毅彬,马巍,朱元林. 岩石疲劳损伤扩展规律CT细观分析初探[J]. 岩土工程学报,2001,23(2):191-195.

[2] Grady D E, Kipp M E. Dynamic rock fragmentation[J]. Fracture mechanics of rock, 1987, 75-429.

[3] Taylor L M, Chen E P, Kuszmaul J S. Micro crack-induced damage accumulation in brittle rock under dynamic loading[J]. Computer methods in applied mechanics and engineering, 1986, 55(3): 301-320.

[4] Budiansky B, O'connell R J. Elastic moduli of a cracked solid[J]. International Journal of Solids and Structures, 1976, 12(2): 81-97.

[5] Kuszmaul J S. A new constitutive model for fragmentation of rock under dynamic loading[C]//2nd International Symposium on Rock Fragmentation by Blasting. Keystone, Canada 1987: 412-423.

[6] Thorne B J, Hommer P J, Brown B. Experimental and computational investigation of the fundamental mechanisms of cratering[C]. Proceedings of the 3rd International Symposium on Rock Fragmentation by Blasting. Brisbane, Australia, 1990: 26-31.

[7] Yang R, Bawden W F, Katsabanis P D. A new constitutive model for blast damage[J]. International Journal of Rock Mechanics and Mining Sciences and Geomechanics Abstracts, 1996, 33(3): 245-254.

[8] Liu L, Katsabanis P D. Development of a continuum damage model for blasting analysis[J]. International Journal of Rock Mechanics and Mining Sciences, 1997, 34(2): 217-231.

[9] Hao H, Ma G, Zhou Y. Numerical simulation of underground explosions[J]. Fragblast, 1998, 2(4): 383-395.

[10] Rubin A M, Ahrens T J. Dynamic tensile-failure-induced velocity deficits in rock[J]. Geophysical Research Letters, 1991, 18(2): 219-222.

[11] Swoboda G, Yang Q. An energy-based damage model of geomaterials-Ⅱ. Deductionof damage evolution laws[J]. International journal of solids and structures, 1999, 36(12): 1735-1755.

[12] 杨小林, 王树仁. 岩体爆破损伤模型的评述[J]. 工程爆破, 2000, 3(2): 71-75.

[13] 杨军, 金乾坤, 黄风雷. 应力波衰减基础上的爆破损伤模型[J]. 爆炸与冲击, 2000, 3(2): 241-246.

[14] 高文学, 刘运通, 杨军. 脆性岩石冲击损伤模型研究[J]. 岩石力学与工程学报, 2002, 19(2): 153-156.

[15] 李宁, 张平, 段庆伟. 裂隙岩体的细观动力损伤模型[J]. 岩石力学与工程学报, 2002, 21(11): 1579-1584.

[16] 夏祥, 李俊如, 李海波等. 广东岭澳核电站爆破开挖岩体损伤特征研究[J]. 岩石力学与工程学报, 2007, 26(12): 234-241.

[17] 王志亮, 郑田中, 李永池. 岩石时效损伤模型及其在工程爆破中应用[J]. 岩土力学, 2007, 28(1): 1615-1620.

[18] 单仁亮, 薛友松, 张倩. 岩石动态破坏的时效损伤本构模型[J]. 岩石力学与工程学报, 2003, 22(11): 1771-1776.

[19] 姚金阶, 朱以文, 袁子厚. 岩体爆破的损伤统计演化理论模型[J]. 岩石力学与工程学报, 2006, 25(6): 1106-1110.

[20] 曹文贵, 方祖烈, 唐学军. 岩石损伤软化统计本构模型之研究[J]. 岩石力学与工程学报, 1998, 17(6): 628-633.

[21] 李夕兵, 古德生. 岩石冲击动力学[M]. 长沙: 中南工业大学出版社, 1994.

# 电爆炸过程及其机理分析

王金相  彭楚才  卢孚嘉

(南京理工大学瞬态物理国家重点实验室,江苏 南京,210094)

**摘　要**：为了研究金属丝电爆炸的过程及其爆炸形成机理，以铜丝和锆丝为原材料开展了微秒脉冲放电作用下的电爆炸实验。分别利用高压探头和Rogoswki线圈记录下爆炸丝两端电压和电流随时间的变化。利用爆炸丝中能量的沉积特点和电流的变化特征分析并估算了初始爆炸的冲击波压力。研究表明，爆炸冲击波的原动力来自于磁压消失所形成的压力差。爆炸的产生机理可以分为了两种类型：一种是金属丝表面击穿引起爆炸，这种爆炸类型的特点是在爆炸产生的瞬间，其电阻率随着瞬间下降。另一种是热力学及磁流体力学失稳引起的爆炸，这种爆炸类型的特点是在爆炸产生瞬间，其电阻率仍持续上升。

**关键词**：电爆炸；热力学；磁流体力学；放电击穿

## Analysis on Process and Mechanism of Electrical Explosion

Wang Jinxiang　Peng Chucai　Lu Fujia

(Science and Technology on Transient Physics Laboratory, Nanjing University of Science and Technology, Jiangsu Nanjing, 210094)

**Abstract**: To analyze the process and mechanism of electrical wire explosion, the experiments were conducted with copper and zirconium wires. The voltage between electrodes and current in the circult were measured by a high voltage probe and a Rogowski coil respectively. The dynamic change of deposited energy and current were used to analyze and estimate the pressure of explosion. It shows that the driving force of shock wave was from the pressure difference formed after the disappearance of magnetic pressure. The mechanism of explosion can be divided into two types: One is caused by arc discharge along the surface of wire. It is characterized by a reduction of resistivity at the explosion instant. Another is based on the thermodynamics and magnetohydrodynamics (MHD) instability. It is characterized by an increase of resistivity at the explosion instant.

**Keywords**: electrical explosion; thermodynamics; magneto hydrodynamics; arc discharge

## 1 引言

金属丝在强脉冲电流通过时，将迅速由固态转变为气态甚至等离子体态，并伴随有高温，

---

基金项目：国家自然科学基金（11272158）；江苏省自然科学基金（BK20151353）。
作者信息：王金相，研究员，wjxdlut@sina.com。

强电磁场以及强烈的冲击波等极端现象,这一过程被称为电爆炸。通过控制 RLC 电路参数,金属丝的材料参数以及爆炸丝周围的介质环境可以实现对爆炸冲击波的控制,具有丰富的理论研究价值和实际应用价值。如通过丝爆炸对岩石的破坏可以将电爆炸技术应用到采矿工业中[1,2],利用水下电爆炸可以模拟炸药水下爆炸产生的气泡脉动规律等[3]。

国内外围绕电爆炸条件下冲击波的产生机理开展了广泛的研究,邹永庆等提出了气化-爆炸模型[4],认为汽化波从金属丝外层同时向内传播和向外扩散。当金属丝完全汽化时,汽化波在丝中心发生固壁反射,形成金属爆炸。然而很多时候,爆炸发生时沉积能量达不到金属丝完全蒸发所需要的能量[5],因此,必定存在某些影响因素,导致在汽化的过程中爆炸提前产生。V. S. Vorob'ev 等进一步提出热力学失稳的拐点机制和成核机制,认为蒸汽波向内传播过程中热力学失稳形成气体和小液珠的混合态使得电流中断,从而导致爆炸的产生[6]。然而,利用这种机制计算出的冲击波速度与理论值还是有不小的偏差。总之,对于单丝电爆炸起爆的极限条件及产生机理尚没有取得一致的认识。

本文将利用电爆炸的电流、电压及电阻变化关系,分析电爆炸的基本过程。结合介质环境以及能量沉积特点分析了引起金属丝爆炸的两种模型。

## 2 电爆炸的基本原理

脉冲电源及脉冲放电电路原理如图 1 所示,此电路由充电回路和放电回路组成。首先通过交直流转换器和高压变压器通过充电回路将电网中的电能储存到电容器(电容器组的储能范围为 0.1~50kJ)中。充电完成后断开充电回路,接通放电回路开关,形成一个 RLC 脉冲放电回路。电容器中的能量通过脉冲电流迅速沉积到爆炸腔体中的金属丝中,使得金属丝发生爆炸。利用高压探头连接在电极两端测量爆炸金属丝两端的电压变化情况,通过 Rogowski 线圈测量通过金属丝的电流。电流和电压信号通过同一个示波器记录下来。

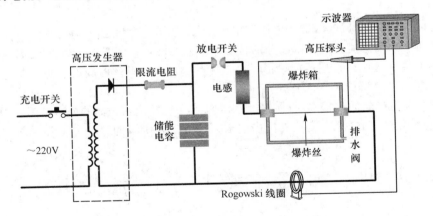

图 1 电爆炸电路原理图

Fig. 1 Circuit schematic diagram of the experimental setup

## 3 电爆炸过程分析

图 2 是直径为 140μm,长度为 5mm 的锆丝在不同充电电压下空气中和水中电爆炸的电流、电压和电阻率随时间变化图。电阻率通过式(1)计算得到。根据文献[5]的描述,由电流、电压和沉积能量的对应关系,电爆炸可以分为:固态加热、熔化、液态加热、汽化以及等离子

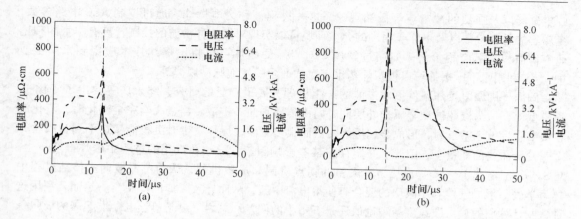

图 2 锆丝在（a）水中与（b）空气中电爆炸的电流、电压和电阻率波形图

Fig. 2 Current、voltage and resistivity waveforms of electrical explosion of zirconium wire in (a) air and (b) water

体击穿阶段。在金属丝电爆炸的各阶段，能量沉积起到一个非常重要的作用。实验中锆丝和铜丝沉积的能量通过式（1）来计算。而理论上金属丝熔化及气化所需要的能量可根据简化式（2）、式（3）得到。

$$E_R(t) = \int_0^t u_R(t) \cdot i_R(t) \mathrm{d}t \quad (1)$$

$$e = c_s \cdot \Delta T_s + h_f + c_1 \cdot \Delta T_1 + h_b \quad (2)$$

金属丝消耗的总能量为：

$$E = \pi r^2 l \rho e \quad (3)$$

式中，$u_R$ 和 $i_R$ 分别为金属丝两端的电压和电流；$E_R$ 为金属丝上沉积的能量；$e$ 为单位体积的金属丝完全蒸发所需总能量；$c_s$ 和 $c_1$ 分别是固态和液态的平均比热容；$\Delta T_s$ 和 $\Delta T_1$ 分别为固态和液态加热的温度变化；$h_f$ 是熔化热；$h_b$ 为汽化热；$E$ 为整根丝由固态加热到气态所需总能量；$r$ 是丝半径；$l$ 是丝长度；$\rho$ 为丝的密度。

在电流加热金属丝的过程中，在趋肤作用的影响下电流沿横截面的分布是不均匀的。电流上升阶段，金属丝中的电流密度从外向内递减，电流上升阶段的分布方程和趋肤层厚度可表示为[7]：

$$j(r,t) = j(0,0)\left(1 + \sum_{n=1}^{\infty}\frac{1}{2^{2n}(n!)^2}\left(\frac{r}{\delta}\right)^{2n} \times \prod_{k=1}^{n}\left(\frac{2(k-1)u}{\beta} + 1\right)\right)\exp(\beta t) \quad (4)$$

$$\delta = \sqrt{\frac{1}{\mu\sigma\omega}} \quad (5)$$

式中，$\mu$ 为磁导率；$\sigma$ 为电导率。

在固相和液相加热的过程中，在不发生相变的情况下其电阻率可简化表示为：

$$\rho = \rho_0(1 + aT) \quad (6)$$

式中，$\rho_0$ 为初始电阻率；$a$ 为电阻温度系数，正常电阻率材料一般为正值。可见电阻随温度的上升而增大。因此，在焦耳加热作用下电阻从外向内递减小，从而减缓了趋肤效应引起的不均匀加热，使得金属丝内外的温度能够相对均匀地上升到相变的临界温度。

在相变阶段，一方面由于趋肤效应的影响，外层金属先达到相变的临界温度。另一方面，爆炸丝表面的环境介质密度小，更有利于液态和气态金属的膨胀扩散，使得相变由丝表面向内进行。汽化阶段，金属蒸汽从丝表面开始蒸发膨胀，产生的压缩波同时向内部液态金属以及外部的环境介质中传递。蒸发后的气态金属导电性丧失，电流主要集中于丝中心直径不断减小的液态金属中。此时，趋肤效应的影响越来越小，假设在液态金属中的电流密度是均匀的。则在液态金属中沿径向向内的磁压可表示为：

$$P(r) = \frac{\mu i(t)^2}{4\pi^2 a^2}(1 - \frac{r^2}{a^2}) \tag{7}$$

式中，$a$ 为蒸发过程中金属丝内液态导电部分的直径，可以由式（8）计算：

$$a(t) = (1+\alpha)\sqrt{R^2 - \frac{\int_0^t i(t)u(t)\mathrm{d}t - \lambda E_b}{\pi L \rho_0 h_b}} \tag{8}$$

式中，$\alpha$ 为铜蒸发开始瞬间的线膨胀率；$\rho_0$ 为初始密度；$R$ 为金属丝的初始半径；$E_b$ 为刚加热到沸点所需要的能量；$\lambda$ 为过热系数。

## 4 爆炸形成机理分析

通过图 2 中电阻和电流的变化特征，试对比可以发现，电爆炸的产生机理可以分为两种类型：一种是击穿引起爆炸，另一种是热力学及磁流体力学失稳引起爆炸。

击穿引起爆炸的显著特征是：爆炸发生后，电阻大幅下降，如图 2（a）所示。在电爆炸的前期，金属丝内部的物相变化是基本上相似的。由于惯性作用及趋肤效应的影响，汽化前的各阶段爆炸丝均是处于过热状态。在爆炸丝汽化的某一瞬间，电流沿爆炸丝表面产生击穿放电，电流迅速上升。表面击穿分流引起电极间电压瞬间下降，爆炸丝内部的电流随着下降。由电磁压计算公式可以发现，此时向内箍缩的磁压急速下降，在热压的驱动下，爆炸丝以液滴和蒸汽混合态向四周喷发。对于某些高沸点金属，受材料表面粗糙度以及环境介质的击穿特性影响，也可能爆炸丝在达到气化状态前便先沿表面发生击穿。

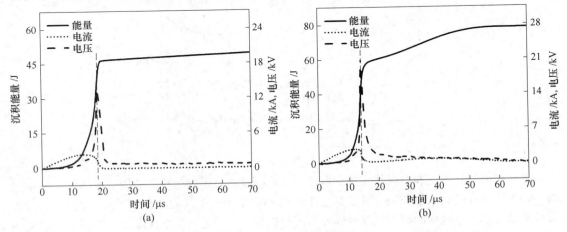

图 3 不同充电电压下铜丝水中电爆炸电流、电压和能量图
(a) $U_0 = 4\text{kV}$；(b) $U_0 = 5\text{kV}$

Fig. 3 Current、voltage and energy waveforms of electrical explosion of copper wire under charging voltage

热力学及磁流体力学失稳引起爆的显著特征是，在爆炸发生后，电阻将持续大幅度上升，如图 3（b）所示。同样在爆炸丝由表面向内部汽化的过程中，由于爆炸丝材料的不均匀性、形状的局部不规则以及内部缺陷都可能导致磁流体力学失稳或局部不均匀导致的热力学失稳的出现，如图 4 所示。局部的不稳定迅速扩散到整根丝引起电流快速中断。根据磁压计算公式，磁压与电流成正比，电流的快速中断将导致磁压急降，内部的热压将引起爆炸喷发的产生。爆炸后电路中的电流迅速下降至一个平台（小于 0.05kA）或中断并保持一段时间，此阶段两电极之间的环境介质尚未被击穿。随着爆炸喷发的进行，爆炸产物与周围的环境介质相互碰撞产生热电离。在液体介质中，根据电离程度以及剩余能量的不同有可能出现两种情况。一种是爆炸后放电终止，如图 3（a）所示。另一种是在剩余能量充足的情况下，电极间的环境介质与爆炸产物发生剧烈碰撞，产生等离子体，并在电极两端高电压的作用下，被再次击穿，形成二次击穿放电，如图 3（b）所示。

对于图 2（b）及图 3 中所示的水中电爆炸放电模式，可以发现一个持续的电压急速上升过程。蒸发波在向内传播的过程中，由于局部密度不均匀以及内部缺陷等因素导致蒸发波阵面上的扰动。当扰动将电流弄弯后，弯曲段附近的磁场在内测增强而在外侧减弱，内测磁压超过外侧磁压使得电流在原扰动基础上进一步弯曲，扰动被增强，如图 4（a）所示。当初始扰动使得某一段电流柱变细后，由于流过的总电流不变，使得这段电流密度比平衡值大，产生的磁压也将增强，从而使得电流被进一步压缩而进一步变细，扰动被放大，如图 4（b）所示。磁压减小的区域在蒸汽波的作用下更容易被蒸发，同时磁压加强的区域电流密度更大，温度上升更快，使得与邻近区域的压强差进一步增大，最终导致金属丝崩溃，电流在此处中断，金属丝中的磁压消失，形成爆炸性喷发。

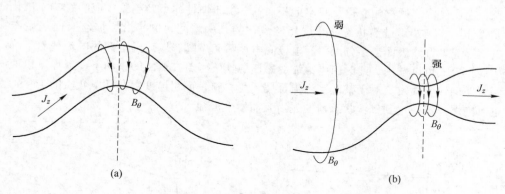

图 4　磁流体力学不稳定模型
（a）弯曲型；（b）腊肠型
Fig. 4　MHD instability model

## 5　结论

结合电流趋肤效应和电爆炸实验的电流、电压以及电阻率变化特征分析了电爆炸的基本过程。分析表明在趋肤效应和热电阻的综合作用使得固相和液相的加热是相对均匀稳步进行的。通过实验对比，电爆炸的产生机理可以分为两种类型：一种是击穿引起爆炸，这种爆炸类型的特点是爆炸产生的瞬间其电阻率随着瞬间下降。另一种是热力学及磁流体力学失稳引起的爆炸，这种爆炸类型的特点是爆炸产生瞬间其电阻率仍持续上升。同时，对于第二种爆炸模型，根据介质环境和初始储能条件的不同，还会出现放电中断和二次击穿两种情况。

## 参 考 文 献

[1] K. Uenishi, H. Yamachi, K. Yamagami, et al. Dynamic fragmentation of concrete using electric discharge impulses[J]. Construction and Building Materials 2014, 67: 170-179.
[2] V. F. Vazhov, V. M. Muratov, B. S. Levchenko, et al. Rock Breakage by Pulsed Electric Discharges[J]. Journal of Mining Science, 2012, 48(2): 308-313.
[3] 赵海峰, 操戈. 水中电爆炸气泡动态特性试验研究[J]. 船电技术, 2013, 33(5): 2326.
[4] 邹永庆. 强脉冲电流下金属爆炸理论及其应用[J]. 爆炸与冲击, 1983, 3(1): 28-36.
[5] 彭楚才, 王金相, 刘林林. 介质环境对铜丝电爆炸制备纳米粉体的影响[J]. 物理学报, 2015, 64(7): 075203.
[6] V. S. Vorob'ev, S. P. Malyshenko, S. I. Tkachenko. Nucleation Mechanism of Explosive Destruction of Conductors of High Energy Density[J]. High Temperature, 2005, 43(6): 908-921.
[7] N. I. Kuskova, S. I. Tkachenko. Radial Distributions of Rapidly Varying Currents and Fields in a Cylindrical Conductor[J]. Technical Physics Letters, 2002, 28(7): 604-605.

# 拆除高大烟囱撞地的侵彻溅飞

魏晓林　刘翼

（宏大矿业有限公司，广东 广州，510623）

**摘　要**：本文揭示出了高大烟囱溅飞的机理，即烟囱"筒顶"环触地冲击断裂成为弧片多体，侵彻半无限土体或成层土体，并触变泥浆反流抛射成弹道飞行，由此组建了动力微分代数方程组，从数值解中建立了最大溅飞距离与土体重率（体密度）、土体初始抗剪强度、土体动内摩擦角、土层厚度以及土中含石最大粒半径，烟囱高度（"筒顶"触地速度）、"筒顶"外、内半径以及混凝土强度和所配钢筋，地面积水水封掺气泥浆膨胀系数、地表反弹飞石二次跳飞的恢复系数等参数的关系，由此整理出含以上参数的个别溅飞物最大距离的近似式。经实测 6 例 83~240m 高大钢筋混凝土烟囱溅飞，证实机理正确，数值计算对实例实测准确，误差在 5% 以内，近似式对数值计算的误差在 9% 以内，为工程所容许，可以在实际中应用。

**关键词**：烟囱倒塌；侵彻土体；溅飞

## Penetrating Splash Flying of Chimney Demolished to Impact in Soil Body

Wei Xiaolin　Liu Yi

(Hongda Mining Limited Company, Guangdong Guangzhou, 510623)

**Abstract**: In this paper the mechanism of splash fly of Tall chimneys is proposed, that is chimney tube top ring impacting on the ground to fracture arc multi-body, penetrating semi-infinite soil or layered soil, thixotropic mudre flowing and projecting into ballistic flight, and the dynamic differential algebraic equations are set up. From the numerical solution equations the relationship of maximum flying range among the soil weight rate (density), initial shear strength in soil body, dynamic angle of internal friction in soil body and soil layer thickness, radius of grain stone contained in soil, chimney height (impacting speed of chimney tube top ring), outer and inner radius of cylinder cap, and the strength of concrete and reinforced, the aeration expansion coefficient sealed by ground water on sludge, recovery parameters $e$ of surface rebound slung shot second ricochet is established. By 6 tall reinforced concrete chimneys of 83~240m of individual splash flying object measurement it is confirmed that the mechanism is correct, numerical calculation is accurate with the measured instances, the error is within 5%, the errors among approximate expression and numerical calculation are limited within 9% of allowable by engineering and can be applied in practice.

**Keywords**: chimney topple; penetration of soil; flying

作者信息：魏晓林，教授级高级工程师，wxl_40@163.com。

高大烟囱爆破拆除倾倒撞地的溅飞,多年来一直困扰着工程爆破界,迄今为止理论上并没有解决。现今,我国拆除的烟囱已高达240m,虽然采取了防溅和防止跳飞的措施,但因施工中各种因素的限制,筒顶撞击土体溅起的土石已飞得较远,达288~350m,甚至更远。溅飞是作为被撞的土体(靶体)飞起,而跳飞是撞击体(弹体)破裂的弹起。与溅飞问题相近的是钻地武器,从1960年美国桑迪亚国家实验室的该武器研究,即土壤动力学的研究开始,已有50多年历史,经历了从实验、实测到经验公式,半理论半经验公式,现在理论上基本成熟。而溅飞机理却比钻地弹问题涉及更多其他学科,即建筑物倒塌动力学[1]、土力学、工程侵彻力学、冲击动力学、流体力学和弹道力学等多个学科。要研究清晰这个问题是困难的,但是爆破拆除安全上的需求,仍急需初步解决烟囱撞地的溅飞问题。

## 1 触地速度

烟囱单向倾倒,一般经历2个拓扑过程[1],首先是切口闭合前,支撑部支承烟囱单向倾倒,为第1拓扑;而后,是切口闭合后,支撑点前移到切口前缘,原支撑部钢筋拉断,切口前缘继续支撑烟囱倾倒直至筒顶触地,为第2拓扑。

烟囱等高耸建筑物,单向倾倒的角速度[1-3]

$$\dot{q} = \sqrt{2mgr_c(\cos q_0 - \cos q)/J_b + 2M_b(\sin q_0 - \sin q)/J_b + \dot{q}_0^2} \tag{1}$$

式中,$m$ 为建筑物质量,$10^3$kg;$r_c$ 为质心到底支铰的距离,m;$J_b$ 为建筑物对底支铰的转动惯量(包括内衬),$10^3$kg·m$^2$;$M_b$ 底塑性铰的抵抗弯矩,kN·m;$q$ 为质心到底铰连线与竖直线的夹角,rad;$q_0$ 为 $q$ 的初始夹角,rad。烟囱本文简化为以第1拓扑计算,并令 $M_b = 0$,$q_0 = 0$,$\dot{q}_0 = 0$,触地时 $q = \pi/2$。

式(1)简化为触地角速度

$$\dot{q}_g = k_q \sqrt{2mgr_c/J_b} \tag{2}$$

式(2)中参数 $k_q$ 以新汶电厂120m高烟囱计算为例,测定为 $k_q = 0.9996 \approx 1$。

因此,钢筋混凝土烟囱筒顶,以下简称"筒顶",其触地线速度 $v_h = \dot{q}_g H$,令 $\omega_0^2 = mgr_c/J_b$,则

$$v_h = H\sqrt{2\omega_0} \tag{3}$$

式中,$H$ 为烟囱切口以上高,m。

## 2 有铰筒环

当"筒顶"触地压缩土体[4]后,侵入半无限土体,如图1所示。"筒顶"环在土体抵抗侵彻抗力的作用下变形,分为两个阶段。首先,当土体侵入量 $s_x$ 较小时,"筒顶"保持圆环形,为第1阶段;而后随着侵入量 $s_x$ 的增加,侵彻地面宽 $A_s$ 加宽,土体抗力 $P$ 增大,"筒顶"圆环非完全离散[1]破坏,形成钢筋相连的 $J_1$ 和 $J_2$ 对塑性铰[5],为圆环变形的第2阶段。随着弧铰抗力 $F_1$ 继续加大,圆环不断破坏,将在 $J_1$ 铰两侧生成 $J_3$ 对塑性铰,相继在 $J_3$ 对铰外侧继续生成 $J_4$ 对铰,以此类推,由此最终形成环钢筋连接的筒身弧片躺置于侵入土体之上。

在"筒顶"圆环侵彻阶段,设质心速度为 $v$,其动力方程为

$$m_c dv/dt = m_c g - P \tag{4}$$

式中,$m_c$ 为每米"筒顶"高的质量,$10^3$kg;$P$ 为该"筒顶"圆环排开土体所受的抗力,kN。

初始条件 $t = 0$,$y_1 = 0$,$v_1 = v_h$ \hfill (5)

式中,$y_1$ 为质心下落侵彻的位移,m;$v_1$ 为质心速度。

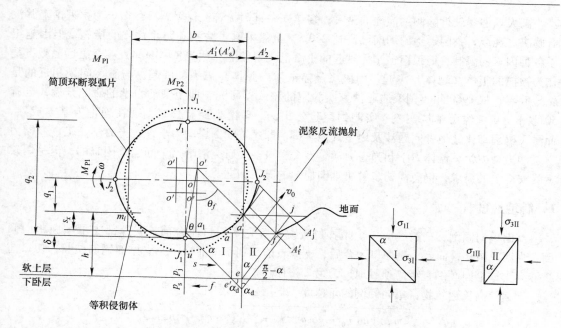

图 1 "筒顶"环冲击断裂成为弧片多体，侵彻成层土体，并触变泥浆反流抛射

Fig. 1 "Cone top ring" impacts and fractures to be arc multi-bodies, pentrating into soil layer, and thixotropic muol reflows to ejections

随着 $y_1$ 的增大，"筒顶"圆环变形，进入体有铰变形的多体阶段，即第 2 阶段。形成有 $J_1$ 对和 $J_2$ 对的 4 弧片组成的多体 2 自由度破损机构的运动，其动力方程为 4 体 2 自由度方程[7]。设相应自由度的广义坐标 $q_1$ 和 $q_2$，见图 1，将¼圆环的铰点用虚拟杆代替，其杆的角速度和质心相对速度分别是 $\omega = \dot{q}_2/(\sqrt{2}l)$，$v = \dot{q}_2/(2\sqrt{2})$ (6)

多体系统的动能为 $T = 2m_1\dot{q}_1^2 + 4(m_1v^2/2 + J_1\omega^2/2) \approx 2m_1\dot{q}_1^2 + m_1\dot{q}_2^2/3$ (7)

式中，$m_1$、$J_1$ 分别为¼圆环质量，$10^3$ kg 和主惯量，$10^3$ kg·m²，$J_1 \approx \dfrac{m_1 l^2}{12}$，$m_1 = m_c/4$；$m_c$ 为每米高圆环质量，$10^3$ kg。

系统的势能 $\nu = m_c g q_1$，令 $L = T - V$

拉格朗日方程为

$$\dfrac{\mathrm{d}}{\mathrm{d}t}\left(\dfrac{\partial L}{\partial \dot{q}_1}\right) - \dfrac{\partial L}{\partial q_1} = P$$

$$\dfrac{\mathrm{d}}{\mathrm{d}t}\left(\dfrac{\partial L}{\partial \dot{q}_2}\right) - \dfrac{\partial L}{\partial q_2} = -(P - F_1)/2 \qquad (8)$$

式中，$P$ 为每米"筒顶"的土体抗力，kN；$F_1$ 为每米"筒顶"形成 $J_1$ 和 $J_2$ 塑性铰的塑性弯矩所需的抗力，kN；初始条件见式（28）。

同理"筒顶"侵彻加深处依次形成 $J_3$、$J_4$ 等塑性铰的运动动力方程仍可按式（8）计算。

## 3 土体侵彻

"筒顶"环弧触地压缩土体[4]，环弧侵彻土体，土体变形历经压缩阶段、剪切阶段、隆起阶段[8]，并进入塑性极限平衡状态。在 $aa_1$ 线以上，"筒顶"侵入地面宽为 $A_s$，其 $\dfrac{A_s}{2}$ 为 $A'_s$：

$$A'_s = r_4(\theta + \sin\theta_f) \tag{9}$$

式中，$\theta$ 为圆环心 $O$ 到两侧弧片心 $O'$ 的水平距离 $s_g$ 对应的圆心角，$s_g = r_4\theta$；$r_4$ 为"筒顶"外半径，m；$\theta_f$ 为弧片侵入地面点 $e_1$ 与 $O'$ 竖直线对应的圆心角。

类同"冲切剪切破坏"[8]的"筒顶"侧平头等体积侵彻体[9~10]，其宽 b 以地面与"筒顶"侧表面相连的连续条件得到，即 $b = A_s$ 时，真实侵彻深为 $s_{xo}$，则等积侵彻深

$$s_x = r_4^2(\theta_f/2 - \sin(2\theta_f)/4 + r_4\theta s_{xo})/A'_s \tag{10}$$

淤泥和软土为易于飞溅的土质，具有触变性[11]。其机理为吸附在土颗粒周围的水分子的定向排列，被烟囱冲击振动破坏后，在烟囱旁 $aa_1$ 线以上的土粒，悬浮在水中而呈流动状态，具有泥浆流体性质。而在"筒顶"触地 $aa_1$ 线下方的土体，还未被充分振动而触变，仍具有固体土的力学性质。"筒顶"排开塑性土体的抗应力

$$p = p_s + p_i \tag{11}$$

式中，$p_i$ 为土体被排开的动抗应力，$kN/m^2$；$p_s$ 为土体滑动的静抗应力，$kN/m^2$。

$p_i$ 应用塑性体空穴膨胀理论[10,12]

$$p_i = \rho(3/2)u^2 \tag{12}$$

式中，$u$ 为"筒顶"底土体泥浆速度，m/s。

## 3.1 半无限土体

设侵彻的土体已被压实，按被动土压力移动行迹运动，行迹未触及下层，即在半无限土体中。根据条形地基塑性移动极限平衡理论，见图1。考虑到发生飞溅的土体松软，土体极限承载应力[4]

$$p_s = \frac{1}{2}\gamma b N_\gamma + CN_c + q_s N_q \tag{13}$$

式中，$\gamma$ 为"筒顶" $aa_1$ 线以下土体的天然重度，$kN/m^3$；$C$ 为"筒顶" $aa_1$ 线以下土体的黏聚力，$kPa$；$q_s$ 为"筒顶" b 宽以外 $aa_1$ 外延线的旁侧荷载，$q_s = s_x\gamma$；$N_\gamma$，$N_c$，$N_q$ 为土体承载力系数，均为 $\tan\alpha$ 的函数，

$$\tan\alpha = \tan(\pi/4 + \varphi/2) \tag{14}$$

式中，$\varphi$ 为土体的动内摩擦角，(°)。为了便于数值计算，将式（13）的极限承载力系数，近似地改用条形基础下塑性滑动土楔[8]，在竖直方向的静力平衡条件推得的系数如下：

在半无限土体中，$N_\gamma = \tan^5\alpha - \tan\alpha$，$N_c = 2(\tan^3\alpha + \tan\alpha)$，$N_q = \tan^4\alpha$

而向上滑动面 $A'_2 = A'_s \tan^2\alpha$，推导从略。

## 3.2 成层土体

当土体移动行迹触及下卧层，即在成层土体内。根据塑性移动极限平衡理论，见图1。土层有下卧坚硬土层时，当其厚为

$$(h - s_x) < (b/2)\tan\alpha \tag{15}$$

式中，$\alpha$ 为滑裂面 $ae'$ 与大主应力面 $aa_1$ 之夹角，$\alpha = \frac{\pi}{4} + \frac{\varphi}{2}$ 在侵彻宽 $A_1(A_s)$ 等积体底面 $aa_1$ 下的两侧弹塑性土楔，在"筒顶"侵彻下压后，分别转为向两侧以应力 $\sigma_{31}$ 从 $a'e'$ 向 $ae$ 面推移，其楔块 I 的最小主应力面的阻应力

$$\sigma_{31} = \sigma_{III} + (p_s + \frac{1}{2}\gamma(h - s_x))k_h f \tag{16}$$

式中，$k_h$ 为 $aee'a'$ 土块竖直受压面积与摩阻力正面积（$h-s_x$）之比，$k_h = \dfrac{A_1}{2(h-s_x)} - \cot\alpha$；$f$ 为等积体底对松软层和松软层底对下卧坚硬层的土体摩擦系数，$f = \tan\alpha$；（$h-s_x$）为侵彻面 $aa_1$ 之下所余软土厚，m；$\sigma_{1II}$ 为土楔块 II 最大主应力面的（水平向）应力：

化简后的极限承载应力为

$$p_s = \left(q_s N_q' + \dfrac{1}{2}\gamma(h-s_x)N_\gamma' + CN_C'\right)/N_f' \tag{17}$$

式中，$N_q' = \tan^4\alpha$；$N_\gamma' = \tan^4\alpha + fk_h\tan^2\alpha - 1$；$N_C' = 2(\tan^3\alpha + \tan\alpha)$；$N_f' = (1 - fk_h\tan^2)$；$q_s = \gamma s_x$。

式（14）和式（17）包含 $\alpha$ 中的 $\varphi$ 为土体的动内摩擦角，当地表土体受到"筒顶"高速撞击时，显现出土体的动强度特征，直接决定了土体运动行迹的破坏弧。动内摩擦角 $\varphi$ 由土体材料性质决定，并随土体切线速度方向加载，曲线运动改变引起的加载而增大，可简单表示为

$$\varphi = \arctan(k_\varphi(dv/dt, \omega_t)\tan\varphi_0) \tag{18}$$

式中，$\varphi_0$ 为土体的静内摩擦角，由土体材料和含水量 $\omega_t$ 决定；$k_\varphi$ 为动内摩阻函数，对可触变软土，当土体饱和，含水 $\omega_t$ 在液限 $\omega_p$ 以上，因水易于流动，$k_\varphi$ 取 1；干砂土，$k_\varphi$ 可增大至 2.5～3.0[10]；$dv/dt$ 为引起土体加载的运动加速度，如土体被撞击的切线速度，土体泥浆曲线反流也会引起极大的离心力加载。$k_\varphi$ 函数可以从飞溅距离实测。

土楔 I 分别于两侧沿 S 向外克服摩阻力推动土块 $a'e'ea$，再推动 II 区 $aef$ 土楔块以 $\omega_2$ 滑速快速上升，滑动体水平断面 $af$ 的面积

$$A_2' = (h-s_x)\tan\alpha \tag{19}$$

当下卧层为松软土层时，其下卧内摩擦角 $\varphi_d < \varphi$，滑动面 $ae'$ 将以 $\alpha_d$ 滑面伸入下卧层，并再按 $\alpha_d = \pi/4 + \varphi_d/2$，以图中 $e'e''f$ 向上滑升。上滑到两侧 $aa_1$ 面上方的土，按土体的触变性已触变为泥浆，将遵从流体力学性质运动。

## 4 反流

土体在"筒顶"下汇流后，由流体质量守恒知：

$$\rho A_1 \omega_1 = \rho A_2 \omega_2 \tag{20}$$

式中，$\rho$ 为汇流泥浆体密度，$\rho = \gamma/g$，$\gamma$ 为泥浆重率；$\omega_1$、$A_1$、$A_1'$ 和 $\omega_2$、$A_2$、$A_2'$ 分别为由侵彻凹坑中心流入和再从两侧流出的流速、相应水平断面和半侧水平断面积，$A_1 = 2A_1'$，$A_2 = 2A_2'$。

由非恒定总流动量方程[13]，见图 2。在水平投影方向得[10,13]

$$d(m\omega_1)/dt = \rho A_1\omega_1(\omega_2 + \omega_1) = -F_1 + P_n - F_2 \tag{21}$$

综合上述各动力方程，当"筒顶"弧片多体撞击，压实并侵彻土体，同时土体触变反流。在忽略侵彻深 $s_x$ 内的泥浆势能差后，可得到以下微分代数方程组，见图 3。

$$\begin{cases} d^2q_1/dt^2 = g - P/m_c \\ d^2q_2/dt^2 = -3(P - F_1)/m_c \\ P_n = p_s A_1 + p_i(A_1 + A_2) \\ d(m\omega_1)/dt = \rho A_1\omega_1(\omega_2 + \omega_1) = -F_1 + P_n - F_2 \\ \omega_1 = v - u \end{cases} \tag{22}$$

式中，$m$ 为土体被侵彻的质量，$10^3$ kg；$A_s$ 和 $s_x$ 分别为弧片多体的侵彻宽和深，m；$v$ 为弧片多体的侵彻速度，m/s；$F_1$ 为弧片多体带铰扁平运动的向下行推力，kN：

$$F_1 = 2(M_{p1} + M_{p2})/r_4 \tag{23}$$

式中，$M_{p1}$、$M_{p2}$ 分别为 $J_1$ 和 $J_2$ 的塑性机构残余弯矩[1,14]，$M_{p2} \approx 0$，kN·m；"筒顶"环钢筋采用抗拔拉脱黏强度[1]，混凝土受压等效矩形应力图系数[1] $\alpha_c = 0.85$；$P = pA_1$；$F_2$ 为液流出口阻力：

$$F_2 = \xi \rho A_2 \omega_2^2 / 2 \tag{24}$$

式中，$\xi$ 为出口阻力系数，当水射流 $\xi = 0.1$ 时，相当于式（30）的孔口水流速系数 $\psi = 0.9$；$\omega_2$ 为侵彻面 $aa_1$ 的泥浆反流速度，m/s。

$$\omega_2 = \omega_1 A_1 / A_2 \tag{25}$$

而

$$v = \dot{q}_1 + \dot{q}_2 / 2 \tag{26}$$

动力方程的初始条件：

当弧片侵彻半无限土体时 $\quad t = t_1; q_1 = y_1; q_2 = 2r_4; s_x = y_1; \omega_1 = v_1 \tag{27}$

式中，$y_1$、$v_1$、$t_1$ 分别为"筒顶"圆环侵彻阶段的侵彻深、末速度和对应时刻，m、m/s、s。

当弧片侵彻进入成层土体时

$$t = t_2; q_1 = q_{1,s}; q_2 = q_{2,s}; \dot{q}_1 = \dot{q}_{1,s}; \dot{q}_2 = \dot{q}_{2,s}; s_x = s_{x,1}; \omega_1 = \omega_{1,s} \tag{28}$$

式中，$q_{1,s}$，$q_{2,s}$，$\dot{q}_{1,s}$，$\dot{q}_{2,s}$，$s_{x,1}$，$\omega_{1,s}$，$t_2$ 分别为半无限土体侵彻结束时刻各变量末状态及对应时刻。

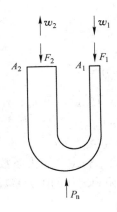

图 2  流入和流出变截面调头弯管

Fig. 2  Inflows and outflows in variable cross setion pipe with head bent

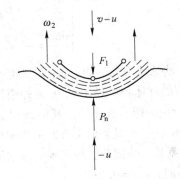

图 3  "筒顶"压入的侧向溅飞流出

Fig. 3  "Cone roof" pressure in and splashing out

## 5  冲射出口

"筒顶"外壁抛射方向 $\theta_f$ 的泥浆冲射动压，冲开土体形成"孔口"入口断面 $A_2'$，侵彻底 $aa_1$ 上 $f$ 的 $\theta_f$ 断面，见图 1：

$$A_f' = s_x / \cos\theta_f - s_x \sin\theta_f \tan\theta_f + A_2' \sin\theta_f \tag{29}$$

则出口流速 $\quad \omega_f = \psi \omega_2 A_2' / A_f' \tag{30}$

式中，$\psi$ 为孔口流速系数[15]，$\psi$ 取决于孔口形式，而与局部水头损失相对应，泥浆冲射的动量

损失已在式 (24) $F_2$ 中考虑。当 $\xi = 0.1$ 时,这时可认为 $\psi$ 取 1;其他因素增加的泥浆 $\psi$ 值,合并在 $K_m$ 中。出口射流沿程 $s_x/\sin\theta_f$ 以扩散角系数 $K_{rs}$ 扩散[16],其地面 $j$ 的 $\theta_f$ 向的出口断面

$$A'_j = A'_f + 2s_x K_{rs}/\sin\theta_f \tag{31}$$

式中,$K_{rs} = 0.40 \sim 0.65$,并与 $\psi(\xi)$ 由实测溅飞抛距 $l_s$ 和包含在 $K_m$ 中同时测定,见表 1。

射流地面出口平均流速
$$\omega_j = \omega_2 A_2/(2A'_j) \tag{32}$$

## 6 弹道飞行

"筒顶"溅飞流体多为固液两相流,而液体中又可能因地面积水而撞水封合气垫,并再压入为微小气泡,成为含固掺气泥浆[17]。在撞水封合气垫时,压缩土壤内的空气无法渗出,掺气泥浆在地面抛射出口受压力降低而体积膨胀,流速 $\omega_j$ 增大,设增大比 $K_{ge}$,水封时为 1.1 ~ 1.2,未水封仍为 1。固液两相射流可能是较均质的淤泥、软土或者是夹石泥浆,其夹石固相速度小于固液两相流平均速度 $\omega_s$,即 $\omega_s = k_s \omega_j$。式中 $k_s$ 为固相粒子流速系数,取约 0.95 ~ 1。在圆管水流中近轴心流速最大,其最大流速与该断面平均流速比 $k_v$[18],在紊流时为 1.22 ~ 1.25。泥浆射流黏性较大,$k_v$ 取 1.25 ~ 1.35。溅飞射流在抛射出口,破裂扩散,卷吸空气,分散为泥团,其中泥裹夹石成为飞石之一。综上所述,飞石的最大射速 $v_o = \omega_j \psi k_{ge} k_s k_v$,当 $\xi = 0.1$ 时
$$\psi = 1,\text{则 } v_o = \psi k_{ge} k_s k_v \omega_j \tag{33}$$

抛射的大块泥团,在飞行空气阻力作用下,进一步破裂分化为液滴、砂粒和较小的泥裹飞石,飞石的水平分速度为 $u_1 = dl_s/dt$,竖直分速度为 $u_v = dh_s/dt$;飞石行程遵从以下动力方程[19]

$$\begin{cases} \dfrac{du_1}{dt} = -[C_x \rho_a S_c/(2m_s)] u_1^2 \sec\theta \\ \dfrac{du_v}{dt} = -[C_x \rho_a S_c/(2m_s)] u_v^2 \csc\theta \sin(u_v) - g \end{cases} \tag{34}$$

式中,$l_s$ 为水平飞行距离,m;$h_s$ 为竖直飞行距离,m;$m_s$ 为飞石质量,$10^3$kg,$m_s = \rho_c 4\pi r_s^3/3$;$r_s$ 为飞石的球体积半径,m;$\theta$ 为弹道倾角[19],(°),$\theta = \arctan(u_v/u_1)$;$S_c$ 为过风横截面积,$m^2$;飞行中泥团形成弹形,其横截面积直径 $d$ 缩小,$d = 1.7r_s$,$S_c = \pi d^2/4$;$\rho_a$ 为空气密度,$1.21$kg/$m^3$;$\rho_c$ 为泥浆裹飞石的平均密度,$10^3$kg/$m^3$;$C_x$ 为飞石飞行空气阻力系数,$C_x = ic_{xon}$;$i$ 为弹性系数,参照旋转稳定弹的最大值,取 1[19];$c_{xon}$ 为 43 年阻力定律的阻力系数,当马赫数 $M_a < 0.7$ 时,$c_{xon} = 0.157$[19]。

方程 (34) 的初始条件
$$t = 0; u_1 = v_o \cos\theta_f; u_h = v_o \sin\theta_f; l_s = 0; h_s = 0 \tag{35}$$

当 $r_s \geq 0.04$m 时,飞石按近似或抛物线弹道飞行,而真空无空气阻力抛物线弹道飞行水平距离
$$l_{fm} = 2v_o^2 \sin\theta_f \cos\theta_f/g \tag{36}$$

以有空气阻力条件飞行,其水平距离 $l_{sf}$ 与同 $\theta_f$ 的最大 $l_{fm}$ 之比
$$k_{ar} = l_{sf}/l_{fm} \tag{37}$$

令综合抛射系数 $K_m = \psi k_{ge} k_s k_v \sqrt{k_{ar}}$,其中,$K_m$ 与相应的射流扩散角系数 $K_{rs}$ 参数均以实测溅飞抛距 $l_s$ 同时测定。

当飞石落地后反弹,令飞石落地碰撞恢复系数为 $e$。

个别溅飞物最远距离
$$l_{so} = k_g l_{sf} \tag{38}$$

式中，若两次在地面弹起，$k_g = 1 + e_1 e_h + e_1^2 e_h^2$，对混凝土地面的法向恢复系数 $e_h \approx 0.5$，切向恢复系数[20] $e_1 \approx 0.8$；硬泥地面和泥地面 $e_h$ 分别取 $0.25 \sim 0.35$ 和 $0.15 \sim 0.25$，而 $e_1$ 分别取 $0.35 \sim 0.7$ 和 $0.25 \sim 0.35$。飞石还可能以溅飞后剩余的水平速度沿地面溜滑，其个别溅飞物飞行最大总距离 $l_m = k_{fi} l_{so}$，式中滑行系数 $k_{fi} = 1.0 \sim 1.15$。

## 7 计算和讨论

以上计算参数单位为 kg-m-s 制，单位 k 为 $10^3$。现以茂名三、四部炉 120m 高钢筋混凝土烟囱为例计算，烟囱高 $H = 120$m，底外半径 $r_2 = 4.94$m，底内半径 $r_1 = 4.44$m，"筒顶"外半径 $r_4 = 2.5$m，内半径 $r_3 = 2.3$m，混凝土 $c_{30}$，随机强度均值[1] $\sigma_{cs} = 28.61$MPa；混凝土在筒壁温度作用后的强度折减系数[1] $\gamma_{cs} = 0.866$；"筒顶"环单层 Ⅰ 级钢筋 $\phi 12@200$(mm)，抗拔拉脱黏强度[1] $\sigma_{ts} = 365$MPa。烟囱单向倾倒，"筒顶"撞地为有表面积水的饱和水软质堆积土，混凝土受压等效矩形应力图系数[1] $\alpha_c = 0.85$。土体中含 $r_s = 0.06$m 以下夹石，下卧层为坚硬土；施工道路的硬土地面，飞石撞击恢复系数 $e_h = 0.3$，$e_1 = 0.5$；$K_{rs} = 0.55$；表面积水形成水封合"筒顶"气垫层，$k_{ge} = 1.1$，$\zeta = 0.1$，$\psi = 1$，$k_s = 0.97$，$k_v = 1.35$，$k_{ar} = 0.89$，综合抛射系数 $K_m = 1.36$；按以上各方程和公式计算结果："筒顶"撞地速度 $v_h = 62.71$m/s，"筒顶"破裂后，$J_2$ 铰塑性弯矩 $M_{pl} = 38.17$kN·m。飞溅距离 $l_{sf}$ 与侵彻深度 $s_x$ 关系见图4和图5。在图4中 $s_x < (0.05 \sim 0.1)h$ 内，土壤还未压实，有可能计算侵彻溅飞距离 $l_{sf}$ 偏大，且 $s_x$ 小，土量少，最远抛距夹石数量相对少，因此 $l_{sf}$ 多取自成层土体的最大值。从图中可见当等积侵彻 $0.11$m，即真实侵彻 $s_{xo} = 0.18$m 时，最大 $l_{so} = 227$m，与表1中序号1实例溅飞距离 240m 相近，误差 $-5.4\%$。并确定待定参数 $K_{rs}$、$K_m$、$k_{ge}$ 和两次以上跳飞比 $k_g$ 分别为 $0.55$、$1.36$、$1.10$ 和 $1.17$。由此计算出钢筋混凝土烟囱个别溅飞物距离（包含两次以上跳飞）并与实测比较，见表1。从表1中可见，烟囱单向倾倒的溅飞计算与实测值相近，相差在 10% 以内。由此证明，烟囱"筒顶"环冲击断裂成为弧片多体，侵彻半无限土体或成层土体，并触变泥浆反流抛射为弹道飞行的模型，是正确的，所取参数基本合理。将模型按表序条件，预测由土体参数 $\rho$、$\varphi$、$h$ 和烟囱参数 $r_4$、$v_h(H)$ 决定溅飞距离 $l_{so}$ 的关系，即烟囱单向倾倒侵彻松软土的溅飞距离 $l_{so}$，分别随 $\varphi$、$\rho$ 变小而射远，随 $h$ 减薄而 $r_4$ 的增大而抛远，因此与实际基本一致。表中应选取的独立因变量

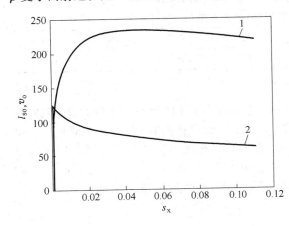

图4 半无限土体侵彻深与溅飞抛速和抛距

Fig. 4 The relation among $s_x$, $v_o$ and $l_{so}$ in semi-infinite soil

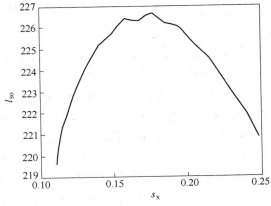

图5 成层土体侵彻深与溅飞抛距

Fig. 5 The relation between $s_x$ and $l_{so}$ in soil seam

只有 $K_{rs}$、$K_m$、($k_{ge}$)，由表 1 中序号 6 例实测值分别确定为 0.55，1.24（无水封时），（水封系数 1.1），可以在与表中类似条件的范围内使用。表中条件土体参数按土工法测定，粗略使用也可按土体材料估计；$h < 0.8m$，因土量少，溅飞量也小，本模型不适用。土体触变泥浆，将推动泥裹挟石抛射，泥裹挟石的泥团体积半径 $r_s$ 与溅飞距离 $l_{sf}$ 及其系数 $k_{ar}$ 的关系见表 2。从表中可见，在半无限土体，只有当 $s_x \geqslant 0.15m$，$r_s$ 大，$k_{ar}$ 也大，可能形成最大抛距 $l_m$。一般来说，在成层土体 $l_{so}$ 才有最大值，见图 5。

**表 1 烟囱撞地个别溅飞物飞行最远距离实测与数值计算比较**
**Table 1 The farthest individual flying distance measured compared with numerical computation of flying caused by chimney collide into ground**

| 序号 | 项目名称 | 烟囱高度/m | 筒顶外/内半径/m | 筒顶撞地速度/m·s$^{-1}$ | 土体容重 $\rho$/10$^3$ kg·m$^{-3}$ | 土体 C /kN·m$^{-2}$ | 土体 $\varphi$/(°) | 土层厚度 $h$/m | 水封系数 $k_{ge}$ | 综合抛射系数 $K_m$ | 最大溅飞距离 $l_m$/m 计算 | 最大溅飞距离 $l_m$/m 实测 | 备注 |
|---|---|---|---|---|---|---|---|---|---|---|---|---|---|
| 1 | 茂名三、四部炉[5] | 120 | 2.5/2.3 | 62.7 | 1.25 | 10 | 0.12 | 0.9 | 1.1 | 1.36 | 227 | 240 | |
| 2 | 太原国电[21] | 210 | 3.62/3.42 | 77 | 1.05 | 5 | 0.15 | 1.0 | 1.1 | 1.36 | 345 | 324 | 煤渣溅落 7.0m 房顶 |
| 3 | 云南宣威 | 120 | 2.9/2.74 | 56 | 1.1 | 10 | 0.1 | 1.1 | 1.1 | 1.36 | 176 | 190 | |
| 4 | 贵阳电厂[22] | 240 | 3.5/3.26 | 97 | 1.35 | 10 | 0.35 | 2.2 | 1.0 | 1.24 | (284) 262 | 288 | |
| 5 | 成都电厂[23] | 210 | 2.95/2.75 | 86.9 | 1.25 | 10 | 0.16 | 1.0 | 1.0 | 1.24 | 362 | 350 | |
| 6 | 茂名石化 | 83 | 2.4/2.2 | 49.8 | 1.1 | 10 | 0.08 | 1.5 | 1.0 | 1.24 | (128) 121 | 130 | 混凝土地面 |

注：1. 射流扩散角 $K_{rs} = 0.55°$；序号 4 和序号 6 的 $l_m$ 项的括号为在半无限土体中，其余在成层土体。
2. 序号 1~5 的地面 $e_h = 0.3$，$e_l = 0.5$，$k_{ar} = 0.89$，$k_{ft} = 1$。
3. 高 150m 以上的烟囱的"筒顶"[1]为 Ⅱ 级钢筋的抗拉拔脱黏强度 $\sigma_{ts} = 489.5$ MPa。

**表 2 泥裹飞石半径 $r_s$ 与溅飞距离系数 $k_{ar}$ 的关系**
**Table 2 The relation between $r_s$ and $k_{ar}$**

| $r_s$/mm | 1 | 3 | 22 | 41 | 60 | 79 | 98 |
|---|---|---|---|---|---|---|---|
| $k_{ar}$ | 0.18 | 0.36 | 0.77 | 0.85 | 0.89 | 0.91 | 0.92 |

注：计算条件为 $\theta_f = 0.5°$；$v_o = 60$ m/s；$\rho_c = 1.8 \times 10^3$ kg/m$^3$；$C_x = 0.157$。

从表 2 可见，采用尽可能高厚散粒体垫堤从烟囱纵向卸除了土体阻力，减弱了烟囱侧向溅飞，但过高垫堤在成层土体中的抛射速度也已没有极大值，而只有从半无限土体的降低值，超高垫堤已没必要，垫堤高厚 $h \approx 2.5$m 为宜。将图 5 的算值，按溅飞机理和式（36）形式整理为近似式（39），从表中可见，大多在 3% 以内，个别达 5%。考虑到当 $r_4/(h\tan\varphi) < 1.8$，有的 $l_{so}$ 在半无限土体中，此时近似式值偏高。个别溅飞物飞行最大距离近似公式为

$$l_{sf} = k_1 [K_m \rho_t^{-0.1} f(\varphi)(0.46 + 0.115 r_4) v_h / (h^{0.7653} h_f)]^2 \sin 2\theta_f k_g k_{ft}/g \qquad (39)$$

式中，$k_1 = 1.18$；$h_f = 0.88\tan\alpha + 0.12\cot\theta_f + 0.24 K_{rs}/\sin^2\theta_f$；$\theta_f = 0.52 r_4^{-0.32} h^{0.42}$；当 $0.08 \leqslant \varphi \leqslant 0.4$，$h \approx 0.8 \sim 2.5$m，即软土下卧坚硬层时，$f(\varphi) \approx C(2.26 + 0.66\varphi)/1.31$，$C \approx 1$；侵彻土表积水时，$K_m = 1.36$，未积水的软土，$\varphi = 1.24$；$K_{rs} = 0.55$。式（39）的 $l_{sf}$ 与数值解的误差在

9%以内，与实测误差个别仅12%。当干砂类 $\varphi \approx 0.4 \sim 1.1$，$h \approx 2.2 \sim 2.8m$，时 $C \approx (1.15 - 0.43\varphi)$。$\rho_t = \rho/10^3$，在 $1.0 \sim 1.35$ 之间。

由于溅飞机理复杂，当以 $l_m$ 确定警戒距离 $l_w$ 时，还应考虑安全系数 $n_s$，即

$$l_w = n_s l_m \tag{40}$$

式中，$n_s = 1.2 \sim 1.5$。

## 8 结语

（1）本文提出的高大烟囱溅飞的"筒顶"环冲击断裂为弧片多体，侵彻半无限土体或成层土体，并触变泥浆反流抛射弹道飞行模型是正确的，数值计算所取参数基本合理。模型和参数为实测6例 $83 \sim 240m$ 高大烟囱所证实是正确的，已为实测成组确定了综合抛射系数 $K_m(k_{ge})$ 和射流扩散系数 $K_{rs}$，其他参数包含在 $K_m$ 内，按以上溅飞机理及其计算式整理的个别溅飞物飞行最大距离近似公式与本文数值计算的误差大多在9%以内，与实测误差个别仅12%，为工程所容许。

（2）根据本模型（包含下卧软土层）及其计算结果可以认为，采用散粒体高厚 $h \approx 2.5m$ 垫层（堤），材料用袋装增加内静摩擦角 $\varphi_0 \geq 40°$、重率 $\gamma \geq 1.810^3 kg/m^3$，低触变灵敏度 $s_\tau \leq 2$，必须排水疏干，均是减弱溅飞的措施，但不都有利于减振。并且垫层（堤）材料以干砂和建筑垃圾为好，宜上分层用袋装细粒铺设。袋装干砂面层应为侵彻深度（最大抛距时）约为 $(0.12h)$ 的3.5倍，且砂半径 $r_s \leq 2mm$ 以形成低伸弹道短距飞行为好；当无法构筑理想的防溅垫堤时，可减小高大烟囱筒顶的触地速度 $v_h$，可平方倍的减小溅飞抛距 $l_{so}$，如实施分段拆除或折叠爆破拆除烟囱。

## 致谢

广州宏大爆破有限公司提供的表1爆破案例序号6，广东中人集团建设有限公司提供的观测。

## 参 考 文 献

[1] 魏晓林. 建筑物倒塌动力学（多体——离散体动力学）及其爆破拆除控制技术[M]. 广州：中山大学出版社，2011.

[2] 魏晓林. 控制爆破拆除的多体——离散体动力学[J]. 爆破，2015，32(1)：93-100，125.

[3] Wei Xiaolin. Multibody-discretebody dynamics to control building demolished by blasting[C]//New Development on Engineering Blasting (APS Blasting 4) Beijing: Metallurgical Industry press, 2014；32-43. (in Chinese)

[4] 陈希哲. 土力学地基基础[M]. 北京：清华大学出版社，1998.

[5] 朱常燕，高金石，陈焕波. 120米钢筋混凝土烟囱倒塌触地效应的观测分析[C]. 工程爆破文集（第六辑）. 深圳：海天出版社，1997：164-169.

[6] 余同希，卢国兴（澳）. 材料与结构的能量吸收[M]. 北京：化学工业出版社，2006.

[7] 金栋平，胡海岩. 碰撞振动与控制[M]. 北京：科学出版社，2005.

[8] 姜晨光. 土力学与地基基础[M]. 北京工业出版社，2013.

[9] 路中华. 尖拱类弹丸侵彻水沙介质理论分析与数值模拟[M]. 中国工程物理研究院，2002.

[10] 林晓，查宏振，魏惠之. 撞击与侵彻力学[M]. 北京：兵器工业出版社，1992.

[11] 戴文亭. 土木工程地质[M]. 武汉：华中科技大学出版社，2013.

[12] 高世桥,刘海鹏,金磊,等.混凝土侵彻力学[M].北京:中国科学技术出版社,2013.
[13] 张长高,水动力学[M].北京:高等教育出版社,1993.
[14] 过镇海,混凝土原理[M].北京:清华大学出版社,1999.
[15] 齐鄂荣,曾玉红.工程流体力学[M].武汉:武汉大学出版社,2012.
[16] 杜杨.流体力学[M].北京:中国石化出版社,2008.
[17] 程贯一,王宝寿,张效慈.水弹性力学——基本原理与工程应用[M].上海:上海交通大学出版社,2013.
[18] 王松岭,安连锁,傅松.管内紊流分布规律的研究[J].电力情报,1995,(4):35-39.
[19] 韩子鹏,等.弹箭外弹道学[M].北京:北京理工大学出版社,2008.
[20] 吕茂烈.关于斜碰撞的摩擦系数[J].西北工业大学学报,1986,4(3):261-263.
[21] 刘龚,魏晓林,李战军.210m高钢筋混凝土烟囱爆破拆除振动监测及分析[C]//中国爆破新技术,北京:冶金工业出版社,2012:964-971.
[22] 张英才,范晓晓,盖四海,等.240m高钢筋混凝土烟囱爆破拆除及振动控制技术[J].工程爆破,2014,20(5):18-22.
[23] 黎丹清,俞诚,汤月华,等.210m钢筋混凝土烟囱定向爆破拆除[J].工程爆破,2009,15(1):48-50,55.

# 爆破荷载作用下核电站基坑边坡稳定的安全阈值研究

唐 海[1]　刘亚群[2]　吴仕鹏[1]　黄靖龙[1]

（1. 湖南科技大学煤矿安全开采技术湖南省重点实验室，湖南 湘潭，411201；
2. 中国科学院武汉岩土力学研究所，湖北 武汉，430071）

**摘　要**：爆破荷载作用下核电站基坑边坡的安全监控标准尚无相应的规范。本文运用离散单元法，结合石岛湾核电站地质条件，建立了爆破荷载作用下的边坡力学模型，分析了边坡质点速度和位移矢量的变化规律，给出了爆破荷载作用下边坡的极限平衡定义，从而提出了一种新的确定安全速度阈值的方法。应用该方法确定了基坑边坡的安全速度阈值为 12cm/s。基坑爆破开挖实践证明，采用本文方法确定的安全速度阈值作为基坑边坡的控制标准，确保了爆破开挖期间基坑边坡的安全稳定。

**关键词**：爆破开挖；边坡；极限平衡；阈值；控制标准

## Study on Safety Threshold of Foundation Pit Slope of Nuclear Power Station under Blast Load

Tang Hai[1]　Liu Yaqun[2]　Wu Shipeng[1]　Huang Jinglong[1]

(1. Hunan Provincial Key Laboratory of Safe Mining Techniques of Coal Mines, Hunan University of Science and Technology, Hunan Xiangtan, 411201;
2. Institute of Rock and Soil Mechanics, Chinese Academy of Sciences, Hubei Wuhan, 430071)

**Abstract**: The safety standard of monitoring foundation pit slope of nuclear power station under blast load is still no corresponding code. Based on discrete element method to combine geological situation in Shidao Bay nuclear power station, the mechanical mode of slope is set up. The change law of velocity and displacement vector of particle to slope is analyzed, and the definition of limit equilibrium to slope is provided. A new method of determining threshold velocity is proposed, and by this method, the safety threshold velocity of foundation pit slope is 12cm/s. Practice in excavating the foundation pit shows that the control standard of foundation pit slope can ensure its safety and stability with front method of determining threshold velocity.

**Keywords**: blasting excavation; slope; limit equilibrium; threshold; control standard

---

基金项目：湖南省科技厅计划项目资助（2014FJ3105）；煤矿安全开采技术湖南省重点实验室开放基金资助项目（200803）。

作者信息：唐海，博士，副教授，tanghai707298@163.com。

## 1 引言

爆破作为核电站整平及核岛基坑开挖的主要施工手段，在破岩的同时还会对已形成的核电基坑的边坡稳定性造成影响，因此分析爆破荷载对边坡的影响尤其重要。目前很多学者对边坡稳定性做了较多的研究，取得了一定的成果。杨仕教等[1]在首次超越破坏理论的基础上，以爆破允许的安全振速作为界限值的标准，得到了动力可靠性的评价方法适用于边坡的稳定性分析；高文学等[2]对爆破开挖的振动及效应进行分析，探讨了边坡的安全测评标准和动力稳定性；刘亚群[3]、魏东[4]等利用 UDEC 数值模拟程序，计算了爆破动荷载作用下岩质边坡的动力响应，并将结果与现场实测数据作比较，两者契合度较高；钟冬望[5]、胡英国[6]等运用有限元动力分析程序，也对边坡在爆炸动荷载条件下的动力响应进行了研究；唐海等[7]基于预裂爆破振动效应的研究上，确定以质点峰值振速作为预裂爆破的安全控制指标，降低了爆破对基坑原岩的损伤；夏祥等[8]利用声波原理，研究了爆破开挖对于基岩的损伤特性。

在爆破荷载作用下核电站基坑边坡的安全监控标准方面，虽然也有一定的研究[9,10]，但尚无相应的规范。本文采用离散单元法，结合石岛湾核电站地质条件的具体情况，建立了爆破荷载作用下的边坡力学模型，分析了边坡质点速度和位移矢量的变化规律，给出了爆破荷载作用下边坡的极限平衡定义，从而提出了一种新的确定安全速度阈值的方法。实践证明，采用该方法确定的边坡的安全速度阈值，可以确保边坡的安全稳定。

## 2 计算模型的建立

根据石岛湾核电工程基坑地质剖面图及相关地质资料，建立计算模型如图 1 所示。支护完成后（坡体上部第一排锚杆和预应力锚索施工完毕）计算模型图 2 所示。基坑边坡计算模型尺寸为长 30m，宽 25m（沿基坑 AG 段截取），高 25m。模型中岩体为全－强风化花岗片麻岩，其中发育走向 NE30°，倾向 SE，倾角约为 70°的片麻理，模型中主要考虑走向 NW280°～310°，倾向 NW，倾角约为 83°的节理面。

为了消除模型区域边界应力波反射给数值分析结果造成的影响，在模拟分析中采用了 Lys-

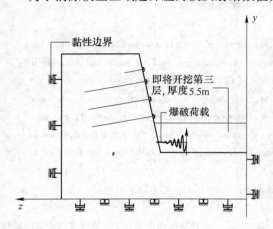

图 1　计算模型及边界条件

Fig. 1　Calculation model and boundary conditions

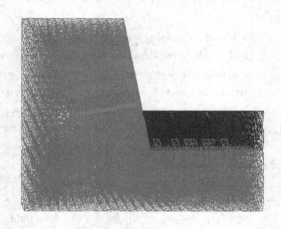

图 2　离散元模型的网格划分图

Fig. 2　The meshing figure of discrete element

mer 和 Kuhlemeyer 提出的粘性（不反射）边界，如图1所示。图中，边坡的前后左右侧面均设为粘性（不反射）边界，其左右方向（即 $z$ 向）施加 $z$ 向约束，前后方向即（即 $x$ 向）施加 $x$ 向约束。边坡的下底也设为黏性边界，且边坡底部 $y$ 向固定。

另外，在数值分析中，考虑到第三层在临近边坡面的爆破开挖对坡体的振动影响最大，故动力输入荷载直接加在边坡的右边界上，如图1所示。根据文献[11]、文献[12]和文献[13]，动力输入荷载简化为三角脉冲波，如图3所示。

模拟分析中采用的岩石和节理力学参数见表1和表2。

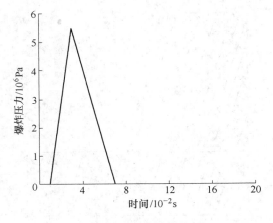

图 3 爆破荷载曲线
Fig. 3 The blasting load curve

表 1 完整岩石的力学参数
Table 1 Mechanical parameters of rock

| 岩 层 | 密度/kg·m$^{-3}$ | 体积模量/GPa | 剪切模量/GPa |
|---|---|---|---|
| 花岗片麻岩 | 2170 | 4.01 | 1.44 |

表 2 节理面的力学参数
Table 2 Mechanical parameters of joint surface

| 法向刚度/GPa·m$^{-1}$ | 切向刚度/GPa·m$^{-1}$ | 摩擦角/(°) | 内聚力/MPa | 抗拉强度/MPa |
|---|---|---|---|---|
| 3.1 | 1.8 | 34 | 0.27 | 0 |

## 3 边坡安全阈值的确定

### 3.1 边坡极限平衡状态和破坏状态的定义

在此次的研究中，结合超载法的思路，通过分析边坡速度和位移矢量的变化规律来定义爆炸动荷载作用下岩体边坡的稳定、极限平衡以及破坏状态。作者多次通过模拟爆破荷载下边坡稳定性时发现，在不同峰值和频率的爆破荷载作用下边坡坡面的位移矢量有这样的变化规律：在极限平衡状态和破坏状态下，边坡坡面的位移矢量方向都会分别趋向一致，但稳定状态下的位移分量值收敛（即位移稳定在某一定值），而破坏状态下的位移分量不收敛（即位移随时间延长而持续增大）。在此基础上得出了一种确定安全速度阈值的新方法，即以位移收敛到位移不收敛时的速度为安全阈值。采用该方法避免了以往数值计算中需要通过冗长烦琐的搜索计算来确定边坡的潜在滑动面，继而通过计算潜在滑面上抗滑力与致滑力的比值（即安全系数 $K$）来确定边坡的极限平衡状态（安全系数 $K$ 等于1）。

### 3.2 边坡的数值模拟结果分析

根据上述分析，保持图3所示的输入荷载曲线中横坐标不变（频率不变），将纵坐标（压力值）等值放大（如1.1、1.2、1.3倍等）可以得到不同峰值的动荷载作用下岩体边坡的位移矢量以及边坡关键点（本研究中取为坡顶距离基坑边线1m处的质点）的位移量值的变化规律。图4～图6是未放大压力值，多次爆破时边坡的位移矢量图和关键点的位移速度图。

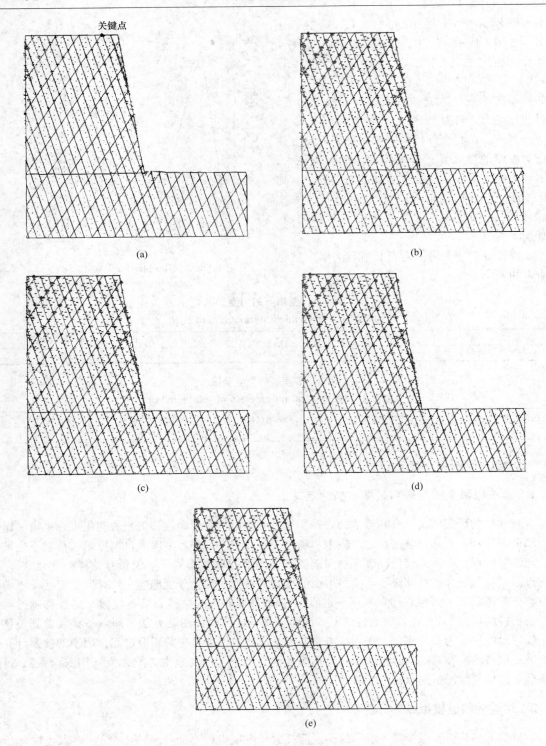

图 4 稳定状态时边坡各块体的位移矢量图
(a) 爆破1次；(b) 爆破2次；(c) 爆破3次；(d) 爆破20次；(e) 爆破50次
Fig. 4 Displacement vector diagram of every block with steady state

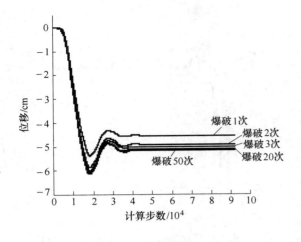

图 5 关键点位移曲线
Fig. 5 The displacement curve of key point

图 6 关键点速度曲线
Fig. 6 The velocity curve of key point

可以看出,在循环爆炸动荷载作用下,边坡位移矢量方向不尽相同,坡面顶点的位移曲线在增加至一定值后趋于稳定,表明此时边坡处于稳定状态。逐渐增大输入荷载,当输入荷载增至初始输入荷载的 1.5 倍后,计算结果表明边坡仍然处于稳定状态(篇幅有限,不一一列出)。

图 7 和图 8 为将图 3 所示荷载沿纵向放大 1.6 倍后作为输入荷载得到的边坡破坏时的位移矢量图和边坡关键点的位移量值变化图。

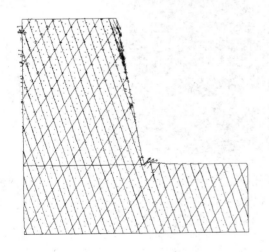

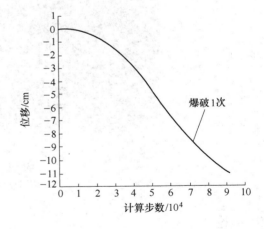

图 7 破坏状态时的位移矢量图
Fig. 7 Displacement vector diagram

图 8 破坏状态时关键点位移历时曲线
Fig. 8 Displacement duration curve of key point

可以看出,在爆炸动荷载作用下,边坡位移矢量方向基本相同,同时,边坡面顶点的位移持续增加(发散),表明此时边坡已处于破坏状态。

显然,当输入荷载为介于初始荷载的 1.5~1.6 倍之间某一值时,比如 1.55 倍时,边坡在该荷载的作用下一定会达到极限平衡状态。考虑到工程的安全以及应用方便,可以认为,前一级输入荷载(初始输入荷载的 1.5 倍)作用下边坡处于极限平衡状态。

## 3.3 基坑边坡安全阈值的确定

在确定边坡极限平衡状态的同时也确定了边坡极限安全速度值。考虑方便现场监测,取极限平衡状态时关键点的垂直向($y$向)速度峰值作为边坡的极限安全值。图9为极限平衡状态时关键点的速度历程曲线,峰值速度值为18.06cm/s。不论爆破的次数以及爆源距边坡距离的远近,只要在该点测得的垂直向速度值接近该极限安全值,即认为边坡达到极限平衡状态。若取安全系数为1.5,则在石岛湾核电工程基坑爆破开挖时的边坡关键点(坡顶距离基坑边线1m处质点)的安全阈值为12cm/s。

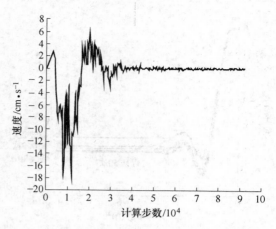

图9 极限平衡状态时关键点的速度历程曲线
Fig. 9 The velocity duration curve of key point with limit equilibrium state

在基坑开挖爆破中,以边坡关键点振动速度作为现场监控值,控制每次爆破在关键点的振动速度不超过12cm/s安全阈值。基坑开挖完后,边坡未出现滑坡,图10是基坑开挖完成后的边坡。

图10 基坑边坡
Fig. 10 Foundation pit slope

## 4 结论

(1)在循环爆炸动荷载作用下,边坡位移的矢量方向不尽相同,坡面顶点的位移曲线在增加至一定值后趋于稳定,表明此时边坡处于稳定状态,若边坡面顶点的位移持续增加(发散),表明此时边坡已处于破坏状态。

(2)运用提出的边坡极限平衡状态定义,确定了石岛湾核电工程基坑爆破开挖时边坡的安全速度阈值为12cm/s,现场爆破实践论证了该阈值的可靠性。

(3)本文提出的爆破开挖对其边坡安全速度阈值的确定,具有重要的理论指导意义,为类似工程边坡稳定性的判断提供了参考作用。

## 参 考 文 献

[1] 杨仕教, 罗辉, 喻清, 等. 高陡边坡爆破震动动力可靠性评价方法研究[J]. 武汉理工大学学报, 2010, 32(9): 85-88.
[2] 高文学, 刘宏宇, 刘洪洋, 等. 爆破开挖对路堑高边坡稳定性影响分析[J]. 岩石力学与工程学报, 2010, 29(增1): 2982-2987.
[3] 刘亚群, 李海波, 李俊如, 等. 爆破荷载作用下黄麦岭磷矿岩质边坡动态响应的 UDEC 模拟研究[J]. 岩石力学与工程学报, 2004, 23(21): 3659-3663.
[4] 魏东, 苗现国, 阴飞. 爆破荷载作用下边坡渐进破坏模式的 UDEC 模拟研究[J]. 土工基础, 2009, 23(5): 59-61.
[5] 钟冬望, 吴亮, 陈浩. 爆炸荷载下岩质边坡动力特性试验及数值分析研究[J]. 岩石力学与工程学报, 2010, 29(增1): 2964-2971.
[6] 胡英国, 卢文波, 金旭浩, 等. 岩石高边坡开挖爆破动力损伤的数值仿真[J]. 岩石力学与工程学报, 2012, 31(11): 2204-2213.
[7] 唐海, 李海波, 周青春, 等. 预裂爆破震动效应试验研究[J]. 岩石力学与工程学报, 2010, 29(11): 2277-2284.
[8] 夏祥, 李俊如, 李海波, 等. 广东岭澳核电站爆破开挖岩体损伤特征研究[J]. 岩石力学与工程学报, 2007, 26(12): 2510-2516.
[9] 陈明, 卢文波, 吴亮, 等. 小湾水电站岩石高边坡爆破振动速度安全阈值研究[J]. 岩石力学与工程学报, 2007, 26(1): 51-56.
[10] 谢冰, 李海波, 刘亚群, 等. 宁德核电站核岛基坑爆破开挖安全控制研究[J]. 岩石力学与工程学报, 2009, 28(8): 1571-1578.
[11] 赵坚, 陈寿根, 蔡军刚, 等. 用 UDEC 模拟爆炸波在节理岩体中的传播[J]. 中国矿业大学学报, 2002, 31(2): 111-115.
[12] 李志峰. 边坡工程中的爆破过程分析[D]. 浙江大学, 2003.
[13] 夏祥, 李俊如, 李海波, 等. 爆破荷载作用下岩体振动特征的数值模拟[J]. 岩土力学, 2005, 26(1): 50-56.

# 不同爆破进尺深部围岩能量集聚及破损特性

谢良涛[1,2]　严鹏[1,2]　范勇[3]　卢文波[1,2]　陈明[1,2]　王高辉[1,2]

（1. 武汉大学水资源与水电工程科学国家重点实验室，湖北 武汉，430072；
2. 武汉大学水工岩石力学教育部重点实验室，湖北 武汉，430072；
3. 三峡大学水利与环境学院，湖北 宜昌，443002）

**摘　要**：深埋隧洞施工实践证明控制爆破进尺可有效地降低岩爆风险，但其力学机理却并不十分清楚。本文采用 FLAC3D 模拟了高地应力条件下不同爆破开挖进尺下围岩中损伤区的分布情况，讨论了不同开挖进尺导致的围岩损伤分布及应变能集聚特征。研究表明，深部岩体爆破开挖将导致围岩应变能呈现驼峰状聚集形态，即由表及里按低→高→低分布。爆破进尺越大，开挖扰动越大，应变能瞬态释放动力效应越强，导致围岩的损伤深度越大，应变能聚集区域越深，由此孕育的岩爆烈度等级越高。短进尺爆破条件下，围岩应变能集中区更靠近隧洞表面，低等级岩爆或片帮现象将更为明显。

**关键词**：应变能集聚；钻爆开挖；爆破进尺；岩爆

## The Energy Accumulation and Damage Characteristics of Deep Surrounding Rock under Different Blasting Footage

Xie Liangtao[1,2]　Yan Peng[1,2]　Fan Yong[3]　Lu Wenbo[1,2]
Chen Ming[1,2]　Wang Gaohui[1,2]

（1. State Key Laboratory of Water Resources and Hydropower Engineering Science, Wuhan University, Hubei Wuhan, 430072; 2. Key Laboratory of Rock Mechanics in Hydraulic Structural Engineering Ministry of Education, Wuhan University, Hubei Wuhan, 430072; 3. College of Hydraulic & Environmental Engineering, China Three Gorges University, Hubei Yichang, 443002）

**Abstract**: The practice of deep tunnel excavation has proved that rock burst can be effectively reduced by controlling the blasting footage, while its mechanical mechanism is not entirely clear. By using FLAC3D, the author simulates the damage zone distribution of surrounding rock under different excavation footage, and discusses the strain energy accumulation and damage properties of surrounding rock. The research shows that, the phenomenon of rock blasting excavation would cause the surrounding rock's energy accumulation shape showing hump-like, that is, outside to the inside showing low→

---

基金项目：国家自然科学基金杰出青年基金项目（51125037）；国家自然科学基金面上项目（51179138；51479147）。
作者信息：谢良涛，博士，ltxie@whu.edu.cn。

high→ low distribution. With the increase of blasting footage, the excavation disturbance will larger, as well as the dynamic responses of the strain energy transient release, so the damage depth, the strain energy accumulation areas and the grade of rock burst will be larger. Under the condition of short blasting footage, the strain energy accumulation area of surrounding rock will be closer to the tunnel surface, low-grade rock burst or spalling phenomenon will become more frequent.

**Keywords**: strain energy accumulation; drilling and blasting excavation; blasting footage; rock burst

## 1 引言

高地应力环境下，硬岩破坏的一个显著特征是脆性破坏[1]。深埋隧洞爆破开挖后围岩发生脆性破坏的同时伴随着应变能的集聚和释放，可能导致围岩局部剥落、开裂、滑动，甚至诱发岩爆等灾害现象[2,3]。华安增[4]认为，地下洞室开挖后，围岩应力将发生重分布而导致应变能集聚，当集聚的能量超过岩体的极限储存能时，多余的能量将释放。刘新峰等[5]认为合理的开挖进尺能明显改善围岩应力重分布情况，有效控制围岩周边损伤和能量调整。杨永波等[6]也发现爆破进尺对围岩损伤范围和岩体稳定产生重大影响。因此，分析不同进尺下深部围岩应力调整以及应变能的集聚特性对于深埋洞室突发性动力地质灾害的研究具有重要意义。

钻爆开挖将引起深部围岩应力的剧烈调整，诱发围岩产生动力响应[7]，而不同爆破进尺下围岩的应力调整和动力响应差异较大，这些差异将导致围岩出现不同的应变能集聚和释放特性，进而诱发不同岩体损伤和灾变破坏。而现有的研究主要着眼于爆破开挖进尺与围岩损伤的宏观联系，即小进尺、弱爆破，且我国西部深埋隧洞工程，如锦屏二级水电站交通辅助洞和引水隧洞，天生桥二级引水隧洞、秦岭终南山公路隧洞等，均采用了改变爆破进尺的方法来控制开挖扰动、降低岩爆风险，取得了较好的效果。但不同爆破进尺条件下围岩损伤区演化以及应变能的集聚和调整机理问题并未深入探讨。初步研究表明，深部岩体爆破开挖过程中，由于应变能的集聚和释放效应，开挖后围岩损伤区的范围和程度远大于爆炸荷载单独作用的情况[8]。

本文通过对不同爆破进尺围岩损伤区和应变能的集聚情况进行数值模拟，深入讨论了不同爆破进尺导致的围岩损伤特性，初步探讨了高地应力条件下，硬质岩体爆破开挖后岩爆等高应力破坏的孕育条件。

## 2 不同爆破进尺围岩应变能集聚特性

### 2.1 计算模型及数值模拟方法

数值计算模型采用圆形隧洞开挖，断面的直径取 $d_a = 4.0$ m，初始地应力值采用：$\sigma_x = 20$ MPa，$\sigma_y = 20$ MPa，$\sigma_z = 20$ MPa，岩体力学参数则参照加拿大 URL 地下实验数据，见表1。

隧洞采用全断面开挖的方式进行。为了比较不同爆破开挖进尺诱发的围岩应变能动态调整效应，采用如下模拟方法：

(1) 预设爆炸荷载产生的损伤区。

(2) 假设爆破开挖过程中应力动态调整时假设爆破作用瞬间完成[9]，本文数值模拟中，将二次应力场在开挖时刻瞬间施加在开挖边界上。

**表1 岩体力学参数**
Table 1  Rock mechanics parameters

| $\sigma_c$ | $\sigma_t$ | $\tau$ | $m_b$ |
|---|---|---|---|
| 128MPa | 3.7MPa | 6MPa | 19.67 |
| $\varphi$ | $E$ | $\mu$ | GSI |
| 48° | 60GPa | 0.2 | 90 |
| $a$ | $s$ | $m_{br}$ | $s_r$ |
| 0.5 | 0.329 | 4 | 0.035 |

## 2.2 爆破损伤区估算

深部岩体钻爆开挖过程中围岩裂隙区的范围与炮孔装药具有密切联系,而宗琦等[10~13]研究表明,深埋隧洞爆破开挖损伤区深度主要取决于轮廓控制爆破。因此,这里仅针对光面爆破段进行模拟和讨论。

表2为不同学者对炮孔(柱形装药)周围裂隙区的研究成果。

**表2 炮孔周围裂隙区的大小**
Table 2  Radius of cracked area around blast holes

| 序 号 | 研究者 | 成果时间 | 裂隙区半径/炮孔半径 | 炮孔不耦合系数 |
|---|---|---|---|---|
| 1 | 哈努卡耶[11] | 1980 | 10~15 | — |
| 2 | 戴俊[12] | 2001 | 10~15 | 1.46~1.80 |
| 3 | 张志呈[13] | 2000 | 27~33 | 1.10~1.70 |
| 4 | 徐颖等[14] | 2002 | 60 | 1.0 |
| 5 | 夏祥[15] | 2006 | 67 | — |

另外,隧洞爆破开挖时炮孔破碎带的宽度还广泛采用下式[16]:

$$\begin{cases} \delta = 2R \\ R = k_n \sqrt[3]{Q} \end{cases} \quad (1)$$

式中,$R$ 为破碎带半径,m;系数 $k_n$ 一般取 $k_n = 0.57 \sim 1.4$,坚硬岩石 $k_n = 0.57$;$Q$ 表示炸药量,kg。

设开挖轮廓线上均匀分布一圈 $\phi 45$mm 炮孔,炸药选用密度为 1150kg/m³、爆轰速度为 4200m/s 的 2 号岩石乳化炸药,结合表2和式(1),爆破开挖进尺为 1m、2m 和 3m 的损伤区预设如表3所示,图1为爆破进尺为 1m 时模拟示意图。

**表3 数值模拟预设损伤区**
Table 3  The preset damage zone in numerical simulation

| 工 况 | 爆破进尺/m | 单孔药量/kg | 预设损伤区宽度/m |
|---|---|---|---|
| 1 | 1.0 | 0.5 | 0.45 |
| 2 | 2.0 | 0.9 | 0.8 |
| 3 | 3.0 | 1.2 | 1.25 |

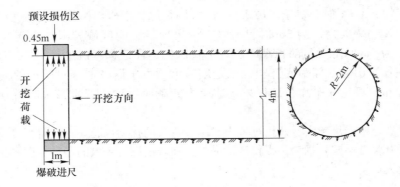

图 1 爆破开挖模型（1m 进尺）

Fig. 1 Blasting excavation model (footage of 1 m)

## 2.3 围岩塑性区分布

三种不同爆破开挖进尺的数值模拟均采用 Hoek-Brown 经验强度准则，并通过减小竖直向应力 $\sigma_z$ 来改变侧压力系数 $\lambda$。图 2 给出了爆破开挖进尺为 1m 和 3m，侧压力系数为 $\lambda=1$ 和 $\lambda=2$ 两种情况的围岩塑性区分布情况。

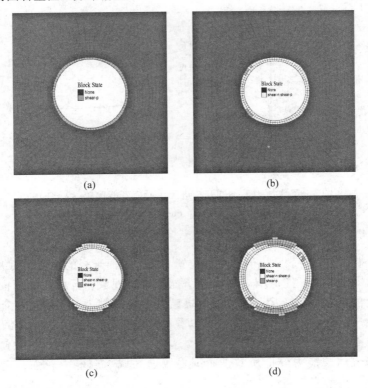

图 2 不同开挖进尺塑性区比较

(a) 开挖进尺为 1m（$\lambda=1$）；(b) 开挖进尺为 3m（$\lambda=1$）；
(c) 开挖进尺为 1m（$\lambda=2$）；(d) 开挖进尺为 3m（$\lambda=2$）

Fig. 2 Comparison of plastic zone under different excavation footage

由图 2 可知，$\lambda=1$ 时，对于爆破进尺为 1m 的情况，围岩周围虽出现塑性损伤区，但损伤深度较浅，而当爆破进尺为 3m 时，围岩周围出现了影响区域较深的损伤破坏区。$\lambda=2$ 时，爆破进尺为 1m 时围岩顶部和底部出现了较深的塑性区，爆破进尺为 3m 时，围岩损伤区同样有此规律，围岩顶部和底部塑性区范围最大。由于爆破本身对围岩的损伤在横断面上近似均匀分布，可见除爆炸荷载以外，地应力卸载而导致的围岩二次应力分布也可导致围岩损伤破坏。

因此，爆破开挖进尺越大，开挖过程中对围岩造成的扰动也越大，一定程度反映出通过缩短爆破进尺可有效减小围岩扰动和损伤区。另外，随着侧压力系数的增大，两种进尺下围岩塑性区范围均变大。

**2.4 围岩应变能集聚特性**

数值模拟依旧采用圆形断面开挖，岩体参数同样参照表 1 中数据，采用 Hoek-Brown 经验强度准则，通过减小竖直向应力的方法来改变侧压力系数。为了能准确反映开挖后围岩能量分布特性，分别取 $\lambda=1$ 时，围岩水平方向的单元应变能以及 $\lambda=2$ 时，围岩水平方向和竖直方向的单元应变能作曲线，如图 3 和图 4 所示。

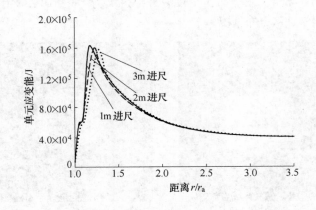

图 3  静水压力下不同开挖进尺单元应变能比较（$\lambda=1$）

Fig. 3  Comparison of cell strain energy of hydrostatic pressure in different excavation footage（$\lambda=1$）

图 3 和图 4 中横坐标均表示围岩中单元位置与圆形断面半径的比值，而纵坐标表示单元的应变能。三种爆破进尺开挖后围岩均出现了能量聚集现象，且由开挖面向围岩深部总体上表现出先增大再减小的驼峰状形态。然而爆破开挖进尺越大，围岩应变能聚集的最大值越小，且更远离开挖面。从图 3 和图 4 还可以看出，应变能出现了两次集聚的现象，且第一次小范围的集聚更靠近开挖面，峰值也较小，这是由于爆炸荷载的作用致使围岩的岩体力学性质弱化，围岩承载能力降低所致，而围岩较远区域承载能力较强，应变能集聚程度较大。

由于开挖进尺为 1m 的爆破掘进，不仅可以较大程度地维持围岩的物理状态，也可以减轻对围岩的扰动，围岩应变能集聚程度较大，而区域较浅；对于开挖进尺为 3m 的爆破开挖，围岩受扰动较大，表层岩体损伤严重，失去承载能力，应变能则向围岩深层集聚，且开挖过程中能量释放率较大，导致开挖后围岩能量聚集程度较低。

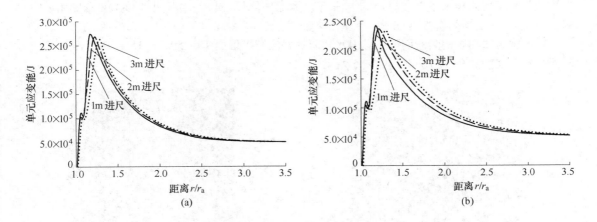

图 4 不同爆破进尺下单元应变能比较（$\lambda = 2$）
(a) 竖直向单元应变能与距离倍数关系曲线；(b) 水平向单元应变能与距离倍数关系曲线
Fig. 4 Comparison of cell strain energy in different blasting footage（$\lambda = 2$）

## 3 工程实例

### 3.1 工程背景

锦屏二级水电站位于我国西南地区，最大埋深达 2525 m，横穿锦屏山。与引水隧洞平行的 5 km 探洞内实测地应力值已达 42 MPa，地应力反演结果表明引水隧洞轴线上的最大主应力约为 72 MPa，中间主应力约为 34 MPa，最小主应力约为 26 MPa[17]。

该电站由 4 条单洞长约 16.67 km、开挖洞径约 13 m 的引水隧洞，四条引水隧洞采用了钻爆法和 TBM 相结合的施工方案。其中以钻爆法为主。TBM 开挖施工洞段（1 号和 3 号部分洞段）为圆形洞室，钻爆法开挖施工洞段为马蹄形断面，开挖直径 13 m，混凝土衬砌段洞径 11.8 m，爆破开挖进尺为 4 m/循环。通过应力反演的岩体力学参数如表 4 所示。

表 4 岩体力学参数
Table 4 Mechanical parameters of rock

| 围岩状态 | Hoek-Brown 强度参数 | | | 弹性模量/GPa |
|---|---|---|---|---|
| | USC/MPa | $m_i$ | GSI | |
| 峰值状态 | 110 | 9 | 60 | 13.52 |
| 脆性破坏残余 | 35 | 60 | 32 | 2.1 |

### 3.2 数值计算

#### 3.2.1 钻爆开挖掘进围岩损伤区分布

数值计算模型如图 5 所示，采用锦屏引水隧洞盐塘组大理岩Ⅲ类围岩参数（GSI = 60，岩石单轴抗压强度 110 MPa），地应力采用 1700 m 埋深条件下的地应力场（$\sigma_x = 43$ MPa，$\sigma_y = 50$ MPa，$\sigma_z = 38$ MPa），岩体的本构关系采用基于 Hoek-Brown 强度准则的弹-脆-塑性本构模型。

爆炸荷载的模拟同样采用上文提及的方法（仅考虑实际爆破设计中最外一圈光面爆破孔的影响）。爆破开挖后围岩塑性区如图 6 所示。

现场围岩损伤区检测断面取 2 号引水隧洞钻爆法开挖段的 15+505 与 15+700 断面。每个断面布置 5 个监测孔，检测结果如表 5 所示。

图 5　数值计算模型　　　　　　　　　图 6　围岩塑性区分布
Fig. 5　Numerical calculation model　　Fig. 6　Plastic zones of surrounding rock

表 5　开挖损伤区检测试验结果
Table 5　Detecting results of excavation damage zone

| 断面的桩号 | 岩石特性 | 埋深/m | 损伤区深度/m | | | | |
|---|---|---|---|---|---|---|---|
| | | | 1孔 | 2孔 | 3孔 | 4孔 | 5孔 |
| 2号5+700 | $T_{2y}^6$ | 1054 | 2.8 | 2.8 | 3.6 | 4.2 | 3.0 |
| 2号15+505 | $T_{2y}^4$ | 1110 | 1.6 | 2.8 | 2.8 | 2.0 | 1.8 |

对比图 6 和表 5 可知：爆破开挖掘进围岩损伤区的深度没有明显的差异，深度最大值均在 3m 左右，数值模拟结果略小于实测结果，只是由于仅考虑最外圈爆破孔的爆破荷载所致。而整个损伤区在横断面上的分布明显受到二次应力场的影响，在东北向拱肩和西南向拱底处损伤区深度较大。图 6 的计算结果以及表 5 的现场检测也再次表明，除爆炸荷载以外，伴随爆破过程的应力瞬态卸荷是造成围岩损伤的重要因素之一。

**3.2.2　钻爆开挖掘进围岩应变能分布特征**

开挖过程中出现的围岩损伤区实质上是爆炸冲击和围岩中应变能动态调整的具体体现。取开挖后拱肩处能量等值线如图 7 所示。

为了进一步较精确反应应变能的分布状态，在应变能最大的单元所在的径向方向，取所有单元的应变能作曲线，并模拟相同工况下爆破开挖进尺为 2m 的情况与之对比，如图 8 所示（横坐标为单元距离开挖面的距离）。

图 8 再次论证了爆破开挖后围岩轮廓面附近岩体出现应变能聚集现象，两种爆破进尺具有相同的规律。靠近开挖轮廓面的围岩能量较低，随着离开挖面距离增大，应变能迅速增大到一个最大值，随后围岩能量逐渐衰减至一稳定值。爆破进尺为 4m 时，在距离开挖面 1m 左右出现了一个小幅的能量集聚的现象，这是由于爆炸荷载对开挖面附近岩体损伤弱化引起的。

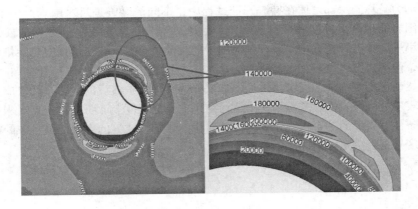

图 7 拱肩处围岩应变能等值线图（单位：J）
Fig. 7 Spandrel strain energy contours of surrounding rock (unit: J)

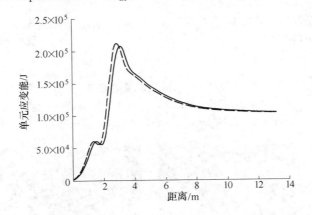

图 8 单元应变能随距离变化
Fig. 8 The cell strain energy changing with distance

结合不同爆破进尺的数值模拟和实测结果可以发现，对于高地应力硬质岩体，相同的地质条件和隧洞断面尺寸条件下，随着爆破进尺的增大，围岩受扰动的程度加深，其储存的应变能的释放剧烈，导致应变能集聚程度相对较低，且集聚区域较深。此过程中应变能的集聚和释放是导致围岩产生不同高应力破坏的真正原因[18]。

由于 TBM 开挖可以理解为进尺很小的爆破开挖，为了具体说明不同进尺下对于诱发不同围岩灾变响应的影响，图 9 给出了锦屏二级水电站引水隧洞相同桩号洞段在 TBM 和钻爆法两种开挖方式下岩爆的统计结果。从图 9 可以看出，钻爆法开挖段中高等烈度岩爆（2 级和 3 级）发生的频次较多，甚至出现了 4 级高烈度岩爆，从而再次说明钻爆开挖（大进尺掘进）过程对围岩扰动较大，而且扰动区扩展到了围岩深部。然而在局部区域（桩号 14000～15000m）以片帮为主的 1 级轻微岩爆钻爆法开挖洞段发生的频次低于 TBM 开挖洞段。这与 TBM 开挖（小进尺）后应变能集聚更靠近表层岩体，而且应变能峰值较大，受到扰动后表层更易发生开裂和脱落有关。图 10 给出了采用两种开挖方法后围岩轮廓面岩爆发生情况，同样可以清晰地看出钻爆法开挖出现较高等级岩爆，而 TBM 开挖仅出现了片帮为主小岩爆。

一般来讲，深埋隧洞钻爆开挖时，由于动力扰动和高地应力的联合作用，围岩容易发生岩爆等高应力动力破坏。深部岩体在钻爆开挖过程中，不同的爆破进尺对围岩产生不同的扰动，导致开挖后围岩能量聚集程度和聚集区域产生巨大差异，从而诱发不同程度的岩体损伤和破坏。而对于小进尺爆破开挖掘进，其开挖对围岩的扰动虽小，且开挖过程中总能量释放率较大进尺开挖低，但围岩能量聚集程度却较大，再加上相同长度的洞室小进尺开挖循环次数较多，造成的重复扰动也相对增加，同时小进尺掘进又普遍存在支护滞后的问题，就造成了开挖后深部围岩发生较多低等级岩爆现象。图9的统计结果也一定程度上证明了这一点。当然，关于不同进尺开挖条件下岩爆的孕育过程还受到支护时机、支护方式等的影响，围岩中的能量集聚特性和集聚深度只是其决定因素之一。

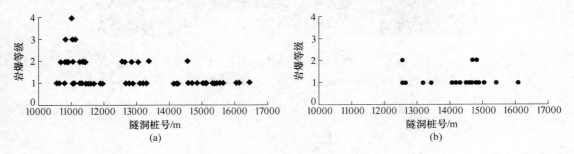

图 9　引水隧洞岩爆情况[19]
（a）2 号引水隧洞（钻爆法）；（b）1 号引水隧洞（TBM）
Fig. 9　Rock burst situation of headrace tunnel[19]

（a）　　　　　　　　　　　　　　（b）

图 10　引水洞开挖后的轮廓面
（a）钻爆法开挖；（b）TBM 开挖
Fig. 10　The contour surface of headrace tunnel after excavation

## 4　结论

通过数值模拟分析以及对锦屏二级实测的围岩损伤和岩爆的讨论，可得到如下结论：

（1）高地应力条件下，开挖引起的应力重分布导致开挖后围岩应变能聚集，呈现驼峰状分布形态，即由表及里呈现低→高→低的形态。

（2）钻爆法不同开挖进尺掘进时，围岩的开挖损伤区域和损伤程度差别显著，爆破进尺越大，围岩损伤区越大。这一损伤区的不同分布对围岩浅部的能量聚集具有重要影响。

（3）相同应力场和开挖洞径条件下，大进尺掘进比小进尺扰动大，开挖过程中能量释放率较多，且围岩应变能聚集区域较深，易于诱发较高等级的岩爆破坏。

## 参 考 文 献

[1] 何满潮，谢和平，彭苏萍，等. 深部开采岩体力学研究[J]. 岩石力学与工程学报，2005，24(16)：2803-2813.

[2] 徐则民，黄润秋，范柱国，等. 长埋隧道岩爆灾害研究进展[J]. 自然灾害学报，2004，13(2)：16-24.

[3] 徐则民，吴培关，王苏达，等. 岩爆过程释放的能量分析[J]. 自然灾害学报，2003，12(3)：104-110.

[4] 华安增. 地下工程周围岩体能量分析[J]. 岩石力学与工程学报，2003，22(7):1000-6915.

[5] 刘新峰，李睿，丁祖德. 开挖进尺对岩堆体隧道施工的影响[J]. 低温建筑技术，2015，37(10)：101-104.

[6] 杨永波，刘明贵，张国华，等. 邻近既有隧道的新建大断面隧道施工参数优化分析[J]. 岩土力学，2010，31(4):1217-1226.

[7] 卢文波，金李，陈明. 节理岩体爆破开挖过程的动态卸载松动机理研究[J]. 岩石力学与工程学报，2005，24(1)4653-4657.

[8] 严鹏，谢良涛，范勇，等. 不同开挖方式下深部岩体应变能的释放机制[J]. 煤炭学报，2015，40(S1)：60-68.

[9] Cai M. Influence of stress path on tunnel excavation response-Numerical tool selection and modeling strategy[J]. Tunnelling and Underground Space Technology，2008，23(6):618-628.

[10] 宗琦，孟德君. 炮孔不同装药结构对爆破能量影响的理论探讨[J]. 岩石力学与工程学报，2003，22(4):641-645.

[11] 哈努卡耶夫 A H. 矿岩爆破物理过程[M]. 刘殿中，译. 北京：冶金工业出版社，1980.

[12] 戴俊. 柱状装药爆破的岩石压碎圈与裂隙圈计算[J]. 辽宁工程技术大学学报（自然科学版），2001，20(20):144-147.

[13] 张志呈，定向断裂控制爆破[M]. 重庆：重庆出版社，2000.

[14] 徐颖，丁光亚，宗琦，等. 爆炸应力波的破岩特征及能量分析[J]. 金属矿山，2002，308(2)：13-16.

[15] 夏祥，爆炸荷载作用下岩体损伤特性及安全阀值研究［博士学位论文］[D]. 武汉：中国科学院武汉岩土力学研究所博士论文，2006.

[16] 张津生，陆家佑，贾愚如. 天生桥二级水电站引水隧洞岩爆研究[J]. 水力发电，1991,(10)：34-37.

[17] Shan Z, Yan P. Management of rock bursts during excavation of the deep tunnels in Jinping II Hydropower Station[J]. Bulletin of engineering geology and the environment，2010，69(3):353-363.

[18] 谢和平，鞠杨，黎立云. 基于能量耗散与释放原理的岩石强度与整体破坏准则[J]. 岩石力学与工程学报，2005，24(17):3003-3010.

[19] 谢良涛，严鹏，范勇，等. 钻爆法与TBM开挖深部洞室诱发围岩应变能释放规律[J]. 岩石力学与工程学报，2015，34：17-17.

# 装药结构对爆破块度的影响与块度分布预测模型研究

张 昭[1]　白和强[1]　李红俊[2]　刘 坚[1]

(1. 北方爆破科技有限公司，北京，100089；
2. 山西江阳工程爆破有限公司，山西 太原，030003)

**摘　要**：岩石爆破块度是影响铲装效率与爆破成本的重要因素，爆破块度过大不仅降低铲装效率，而且给二次处理造成困难；爆破块度过小不仅不符合质量要求，又造成炸药浪费，增加成本。岩石爆破块度除受岩石自身性质和结构影响外，还受到炸药单耗、孔网参数、装药结构等因素影响。针对工程中级配石料开采问题，以缅甸莱比塘矿山惰性碎石开采为背景，研究不同装药结构对爆破块度分布规律的影响，并通过 Kum-Ram 数学预测模型，建立爆破设计参数与爆破块度所占百分比的关系，通过工程实例，验证了模型的可靠性。

**关键词**：爆破块度；块度预测；Kuz-Ram 数学模型；装药结构

# The Influence of Charging Structure to Blasting Fragmentation and Forecast Model of Fragmentation Distribution

Zhang Zhao[1]　Bai Heqiang[1]　Li Hongjun[2]　Liu Jian[1]

(1. North Blasting Technology Co., Ltd., Beijing, 100089;
2. Shanxi Jiangyang Engineer Blasting Co., Ltd., Shanxi Taiyuan, 030003)

**Abstract**: The block size by rock fragmentation is the important factor of loading productivity and blasting cost. If the block size is too large, it would not only reduce the loading productivity but also be hard to conduct the second blasting; if the size is too small, also it could not meet the quality requirements and cost too much. The rock blasting fragmentation was affected by not only by rock character and structure, but also by explosive unit consumption, blast hole spacing pattern, charging structure and so on. This paper based on the background of LPD mine, according to problems of dimensions stones mining of inert crush rock, analyzed different charging structure's influence on the blasting fragmentation distribution, and then according the Kuz-Ram mathematical model, established the relation of blasting design character and the percentage of blasting fragmentation distribution. Finally according the case of engineering, we verified the reliability of the model.

**Keywords**: blasting fragmentation size; size prediction; Kuz-Ram mathematical model; charging structure

---

作者信息：张昭，硕士，工程师，MDLBTDCE@163.com。

## 1 引言

岩石爆破块度是衡量爆破质量的重要指标，影响爆破块度的因素主要有炸药单耗、岩石性质、孔网参数及装药结构等。目前，用于表征和预测爆破块度分布的方法主要有拓扑学方法、分形几何法、神经网络法、经验模型法等[1,2]。目前，对爆破块度影响因素的研究大多集中在炸药单耗和孔网参数方面，而在装药结构对爆破块度影响方面的研究则较少。

本文以缅甸莱比塘铜矿惰性碎石开采为背景，重点对装药结构对爆破块度的影响进行了探讨。通过建立爆破试验方案，利用 Kuz-Ram 数学模型推导出各试验方案对应的石料粒径所占百分比的函数关系式，并根据试验结果，确定出最优爆破设计方案。

## 2 影响爆破块度的因素

### 2.1 炸药单耗

前期研究表明，炸药单耗主要是对平均块度产生影响，炸药单耗的改变对爆破岩石的中小粒径块度的产生影响较大。而对于大粒径块度的影响不是很显著[1]。

### 2.2 超深及底盘抵抗线

在特定的采矿地点，岩石性质、构造以及炸药种类一定时，在一定范围内，随着抵抗线的增加，爆破平均块度大小增加。因此在实际工程的过程中在合适的范围内尽量选取小抵抗线，可以取得较好的爆破块度。而炮孔超深则主要用于克服根底，超深的大小可根据多种关系式确定。

### 2.3 孔网参数

孔网参数是影响块度分布的重要因素。参数过大，容易产生根底及大块。而过小则容易造成炸药的浪费和成本增加。孔距与排距之比为炮孔密集系数 $m$，增大 $m$ 值对爆破效果有很大提高，爆破岩石破碎的平均块度会明显变小，粒度明显均匀，大块率明显降低，因此，在级配料开采中，$m$ 不宜过大，也不能小于1，一般选取 $1 \leq m \leq 2$。

### 2.4 装药结构

在深孔爆破中，装药结构主要有连续装药结构、轴向不耦合装药、径向不耦合装药、混合装药结构等方式。连续装药具有施工速度快、施工成本低的优点，但炸药沿台阶高度分布不均匀，爆破后药包周围岩石容易过度粉碎，遇到可爆性较差的岩石时，上部堵塞段容易出现大块。轴向不耦合装药结构是把整个药柱分成 2~3 段，各段之间用空气、炮泥等介质隔开。

本文仅对空气介质轴向不耦合装药和径向不耦合装药方式进行探讨。当空气间隔层设在中间时，可使炸药分布较为均匀，台阶上部岩石能够受到炸药爆破的直接作用，空气层的存在有助于调节爆炸气体压力，延长其作用时间，从而增强爆破破碎效果；轴向不耦合装药时，空气层可设在中间或底部。当空气间隔层设在底部时，药包爆炸后的应力冲击波传到空气垫层中，激发空气垫层中的空气产生冲击波，利用激发后的冲击波对孔底岩石破碎。径向不耦合装药结构使爆轰波不直接作用于孔壁，而是经过压缩性很强的空气层再传到孔壁，利用空气层的缓冲作用，孔壁受到的压力减少，避免孔壁产生过度粉碎，由于孔壁不产生过度粉碎而形成爆炸腔，炮孔压力衰减速度也比较慢，延长了炮孔压力的作用时间，而且能提高药柱的高度，避免堵塞段出现大块。所以，不耦合装药结构在爆破后更容易形成粒度均匀的岩石。

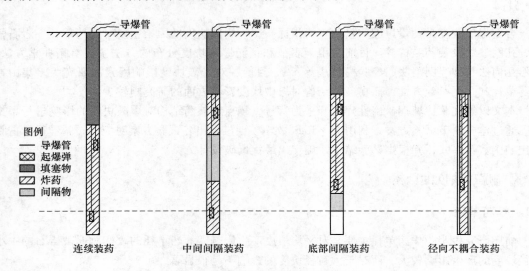

图 1　不同装药结构示意图

Fig. 1　Different charge structure diagrams

## 3　Kuz-Ram 爆破块度预测模型

Kuz-Ram 模型是由南非的 C. Cunningham 根据其多年的矿山爆破工作经验和研究结果提出的一种预测岩石破碎块度的工程统计型模型。该模型是库兹涅佐夫（Kuznetsov）和罗森拉（Rosin-Rammler）模型的结合，并认为爆破后爆堆岩石块度构成服从 R-R 分布。R-R 分布由下式表达，它包括石料特征尺寸 $x_0$ 和均匀性指数 $n$ 两个变量。其基本数学表达式如下[4~6]：

$$R = 1 - e^{-(\frac{x}{x_0})^n} \tag{1}$$

式中　$R$——粒径小于 $x$ 的物料所占的比例，cm；

　　　$x_0$——特征粒径，即筛下累计率为 63.21% 的块度尺寸，cm；

　　　$x$——石料粒径，cm；

　　　$n$——均匀性指数。

Kuznestov 提出了表达爆破平均块度 $\bar{x}$ 与爆破能量和岩石特性的经验方程：

$$\bar{x} = A_0 \left(\frac{V_0}{Q}\right)^{0.8} Q^{\frac{1}{6}} \left(\frac{115}{E}\right)^{\frac{19}{30}} \tag{2}$$

式中　$\bar{x}$——平均破碎块度（筛下累计率为 50% 的岩块尺寸），cm；可以表示为 $x_{50} = \bar{x}$；

　　　$A_0$——岩石系数，与岩石的节理、裂隙发育程度有关，中硬岩 $A_0 = 7$，坚硬岩石节理发育取 $A_0 = 10$，坚硬岩节理不发育取 $A_0 = 14$；

　　　$V_0$——每孔破碎岩石体积，m³；

　　　$Q$——单孔装药量，kg；

　　　$E$——炸药重量威力，TNT 炸药 $E = 115$，铵油炸药 $E = 100$。

Kuz-Ram 模型给出的 $n$ 值算法如下：

$$n = \left(2.2 - 14\frac{W}{d}\right)\left(1 - \frac{e}{W}\right)\left(1 + \frac{m-1}{2}\right)\frac{L}{H} \tag{3}$$

式中 $W$ ——最小抵抗线，m；
$d$ ——炮孔直径，mm；
$e$ ——凿岩精度的标准误差，m；
$m$ ——孔距与最小抵抗线之比；
$L$ ——不计超钻部分的装药长度，m；
$H$ ——为台阶高度，m。

根据式（1）可知，当 $x = \bar{x}$，$R = 0.5$，则

$$x_0 = \bar{x}/(0.693)^{\frac{1}{n}} \tag{4}$$

Kuz-Ram 模型建立了各种爆破参数与爆破块度分布的定量关系，根据该模型可绘制相应的分布曲线，形象直观，因此，在工程中应用较为普遍。

## 4 工程实例

缅甸莱比塘矿山惰性碎石用于矿山堆浸场底层垫料，经过穿孔爆破、铲装运输、破碎筛选等工序形成，对粒径要求严格，同时严格控制成品率，避免因成品率低而造成的成本上升、供不应求等问题，惰性碎石成品粒径尺寸为 10～80cm，同时含泥量不大于 20%。

### 4.1 Kuz-Ram 预测模型计算

缅甸莱比塘矿山是亚洲最大湿法炼铜露天矿山，现以该矿山某一爆区爆破参数为例，说明对 Kuz-Ram 预测模型的计算过程。爆破设计参数如表 1 所示。

表 1 爆破参数设计表
Table 1 Design of blast parameters

| 台阶高度 $H$/m | 超深 $h$/m | 孔径 $d$/mm | 孔距 $a$/m | 排距 $b$/m | 抵抗线 $W$/m | 装药量 $Q$/kg | 装药长度 $L$/m |
|---|---|---|---|---|---|---|---|
| 15 | 2 | 250 | 9 | 7 | 6 | 360 | 8 |

根据该爆破参数计算得：

$$\bar{x} = 7 \times (945/360)^{0.8} \times 360^{1/6} \times (115/100)^{19/30} = 44.0 \text{cm}$$

$$n = (2.2 - 1.4 \times 6/250) \times (1 - 0.5/6) \times (1 + 0.5/2) \times 6/15 = 0.993$$

$$x_0 = 44/(0.693)^{1/0.993} = 59.3 \text{cm}$$

则对应的块度分布公式为：

$$R = e^{-\left(\frac{x}{59.3}\right)^{0.993}}$$

依据此公式可知不同规格石料所占的百分比。

### 4.2 惰性碎石岩石分布特性

惰性碎石主要成分为火山岩、黑云母安山岩、石英安山岩及英安岩，经过氧化淋滤作用而形成的，岩石风化严重，含泥量较大，中等强度，普氏系数在 8～10 之间，裂隙较为发育，多为竖向裂隙或急倾斜向裂隙，爆破数据资料显示，此区域钻孔困难，但可爆性良好，爆后易粉碎，属于难钻易爆性岩石。

图 2　缅甸莱比塘矿区惰性碎石区域岩石结构图
Fig. 2　Partial rock structure distribution map inLeptaung

## 4.3　惰性碎石爆破块度控制

惰性碎石的爆破关键在于降低粉碎度，提高成品率，结合台阶爆破机理，即控制爆破时"粉碎区"和"破裂区"的大小，结合该区域的岩石类型及第 2 章节所述影响爆破块度因素，按照提高装药高度、优化孔网参数、调整装药结构进行爆破参数设计。试验方案着重以装药结构为区分，并结合不同的炸药单耗和孔网参数，装药结构主要分为连续装药、轴向不耦合装药、径向不耦合装药，其中轴向不耦合分为底部空气间隔装药和中部空气间隔装药，径向不耦合分为空气介质不耦合装药和水介质不耦合装药。

表 2　爆破试验方案表
Table 2　Blasting experiment program

| 项目 | 单位 | 连续装药 | | 轴向不耦合装药 | | 径向不耦合装药 | | |
| --- | --- | --- | --- | --- | --- | --- | --- | --- |
|  |  | 一 | 二 | 三 | 四 | 五 | 六 | 七 |
| 钻孔直径 | mm | 250 | 250 | 250 | 250 | 250 | 250 | 250 |
| 药卷直径 | mm | 250 | 250 | 250 | 250 | 200 | 160 | 160 |
| 不耦合系数 | — | 1 | 1 | 1 | 1 | 1.25 | 1.56 | 1.56 |
| 台阶高度 | m | 15 | 15 | 15 | 15 | 15 | 15 | 15 |
| 超深 | m | 2.5 | 2.5 | 2.5 | 2.5 | 2.5 | 2.5 | 2 |
| 孔深 | m | 17.5 | 17.5 | 17.5 | 17.5 | 17.5 | 17.5 | 17 |
| 底盘抵抗线 | m | 7.5 | 7.5 | 7.5 | 7.5 | 7.5 | 5.5 | 6.5 |
| 孔距 | m | 10 | 9 | 9 | 9 | 9 | 7 | 8 |
| 排距 | m | 8 | 8 | 7 | 7 | 7 | 6 | 7 |
| 单孔承担面积 | m² | 80 | 72 | 63 | 63 | 63 | 42 | 56 |
| 炸药单耗 | kg/m³ | 0.431 | 0.479 | 0.4 | 0.4 | 0.4 | 0.4 | 0.35 |
| 炸药类型 | — | ANFO | ANFO | ANFO | ANFO | ANFO | ANFO | H-ANFO |
| 延米装药量 | kg/m | 45 | 45 | 45 | 45 | 30 | 20 | 30 |
| 延米爆破量 | m³/m | 68.6 | 61.7 | 54 | 54 | 54 | 36 | 49 |
| 装药量 | kg | 517.5 | 517.5 | 378 | 378 | 378 | 252 | 294 |
| 装药密度 | g/cm³ | 0.91 | 0.91 | 0.91 | 0.91 | 0.91 | 0.91 | 1.27 |
| 装药长度 | m | 11.5 | 11.5 | 8.4 | 8.4 | 12.6 | 12.6 | 9.8 |

续表2

| 项目 | 单位 | 连续装药 | | 轴向不耦合装药 | | 径向不耦合装药 | | |
|---|---|---|---|---|---|---|---|---|
| | | 一 | 二 | 三 | 四 | 五 | 六 | 七 |
| 底部装药长度 | m | — | — | — | 5 | — | — | — |
| 上部装药长度 | m | — | — | — | 3.4 | — | — | — |
| 间隔长度 | m | — | — | — | 4 | — | — | — |
| 底部间隔长度 | m | — | — | 3 | — | — | — | — |
| 堵塞长度 | m | 6 | 6 | 6.1 | 5.1 | 4.9 | 4.9 | 7.2 |

注：ANFO 为铵油炸药；H-ANFO 为重铵油炸药。

### 4.4 Kuz-Ram 模型预测

针对上一节中爆破试验方案，利用 Kuz-Ram 爆破块度预测模型在计算机上对爆破块度进行预测，以下为以上 7 组爆破方案的爆破块度分布函数。

$$R_1 = 1 - e^{-\left(\frac{x}{58.2}\right)^{1.16}}$$

$$R_2 = 1 - e^{-\left(\frac{x}{54.5}\right)^{1.10}}$$

$$R_3 = 1 - e^{-\left(\frac{x}{71.3}\right)^{0.72}}$$

$$R_5 = 1 - e^{-\left(\frac{x}{57.7}\right)^{1.23}}$$

$$R_6 = 1 - e^{-\left(\frac{x}{52.9}\right)^{1.32}}$$

$$R_7 = 1 - e^{-\left(\frac{x}{63.6}\right)^{1.11}}$$

因第三组和第四组的爆破参数相同，区别仅在于空气间隔层的位置。而该模型中并未对轴向不耦合装药药柱的位置进行量化，故第三组及第四组的分布规律趋于一致，即 $R_3 = R_4$。

对以上函数进行计算，结果如表 3 所示。

表 3 爆破方案预测结果
Table 3 Blasting program predict result                         %

| 范围 | 第一组 | 第二组 | 第三/四组 | 第五组 | 第六组 | 第七组 |
|---|---|---|---|---|---|---|
| $x \leqslant 10$ cm | 12.2 | 14.3 | 21.6 | 10.9 | 10.5 | 12 |
| $10$ cm $< x \leqslant 80$ cm | 64.3 | 63.9 | 44.7 | 66.6 | 71.1 | 60.4 |

从表中可知，连续装药结构的第一组和第二组较为接近，第二组较第一组粉碎度更为严重，这是由于第二组孔网参数更小，炸药单耗更高；第三组及第四组虽然是轴向不耦合装药，但在 Kuz-Ram 模型中则被视为连续装药结构，虽然预测模型中对轴向不耦合装药无法做到合理预测，但对比第三组和第五组可知，在爆破参数均相同的条件下，径向不耦合装药比连续装药爆破后块度更为均匀。而在预测模型中，仅仅是装药结构不同，第三组的粉碎率（碎石直径小于 10cm）较第五组提高 11.6 个百分点，成品率降低了 21.9 个百分点。空气介质不耦合装药结构第六组碎石块度小于 10cm 的占比最低，成品率最高，模型预测显示此方案为最优方案。各组试验的爆破后不同粒径所占比例的分布图如图 3 所示。

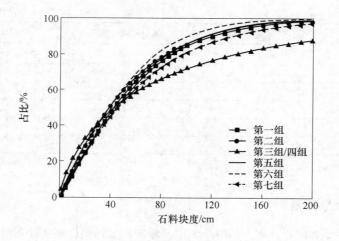

图 3 不同石料粒径所占比例的分布图

Fig. 3 Proportion of different diameter rock diagrams

## 4.5 爆破试验结果

爆破试验共计持续 3 个月左右，每个爆破方案区域爆破后铲装至碎石站，分别统计粉碎率和成品率，粉碎率为惰性碎石经过破碎筛分后粒径小于 10cm 的方量同单个方案总方量之比，成品率为粒径处于 10~80cm 的方量同单个方案总方量之比。爆堆效果见图 4，统计结果见表 4。

图 4 底部空气间隔装药（上左）、中间空气间隔装药（上右）、
水介质径向不耦合装药（下左）、空气介质径向不耦合装药（下右）

Fig. 4 The blasting effect of different charging structures

表 4　Kuz-Ram 预测值和爆破试验实际值对比

Table 4　The comparison of Kuz-Ram predicted value and blasting experiment　　%

| 组　别 | 粉碎度 | | 成品率 | | 备　注 |
|---|---|---|---|---|---|
| | 预测值 | 实际值 | 预测值 | 实际值 | |
| 第一组 | 12.2 | 20 | 64.3 | 60 | 连续装药 |
| 第二组 | 14.3 | 23 | 63.9 | 55 | |
| 第三组 | 21.6 | 15 | 44.7 | 65 | 轴向不耦合装药 |
| 第四组 | 21.6 | 15 | 44.7 | 65 | |
| 第五组 | 10.9 | 12 | 66.6 | 70 | 空气介质径向不耦合装药 |
| 第六组 | 10.5 | 10 | 71.1 | 80 | |
| 第七组 | 12 | 14 | 60.4 | 75 | 水介质径向不耦合装药 |

根据模型预测值及试验实际值比较可知，Kuz-Ram 模型在爆破块度分布预测方面具有一定的准确性，虽然模型中未能对轴向不耦合装药结构与连续装药结构进行区分，但在进行爆破参数优化时，Kuz-Ram 模型仍然是一种实用的工具。

### 4.6　试验结果与总结

试验结果表明，不耦合装药能更好地控制爆破块度，使爆破块度均匀，减小炮孔周围粉碎区范围。不偶合系数是爆炸能量分配大小的主要原因，选取合适的不耦合系数可获得良好的爆破块度；对于不同的传播介质存在着不同的最佳不耦合系数，水介质相对于空气介质属于不可压缩介质，当爆轰波传至水介质时，能量不会损耗，间接传递至周围岩石，理论上水介质不耦合系数应大于空气介质不耦合系数，当需要控制炮孔周围粉碎范围时，空气介质优于水介质；轴向不耦合和径向不耦合装药结构的选择应根据岩石地质构造确定，当岩石构造为层状或结构面、裂隙发育横向较多时，选择轴向不耦合装药，而当结构面、裂隙发育为竖向或急倾斜向时，则宜选择径向不耦合装药结构。

综上，对于莱比塘矿山惰性碎石爆破，不耦合装药优于连续装药，径向不耦合优于轴向不耦合装药，空气介质不耦合装药优于水介质不耦合装药。第六组试验优于第五组试验，说明空气介质最佳不耦合系数应大于或等于第六组试验中的不耦合系数 1.56，适合于惰性碎石块度要求的最优爆破方案应为达到最佳不耦合系数的空气介质径向不耦合方案，同时应优化孔排距。

## 5　结论

（1）Kuz-Ram 数学预测模型在实际工程应用中具有一定的可靠性，可利用此模型进行爆破参数优化设计。

（2）装药结构是影响爆破块度的重要因素，可利用不同的装药结构对爆破块度进行控制。

（3）对于莱比塘矿山惰性碎石爆破，如果要控制岩石粉碎率和成品率，则空气介质径向不耦合装药结构优于连续装药结构、轴向不耦合装药结构、水介质不耦合装药结构，而且不耦合系数取值应大于或等于 1.56。

### 参 考 文 献

[1] 胡振襄. 露天矿爆破至破碎综合优化[D]. 武汉：武汉理工大学硕士学位论文，2012.

［2］张有才．岩体爆破块度分布的预报模型分析［D］．武汉：武汉大学硕士学位论文，2005．
［3］汪旭光．爆破手册［M］．北京：冶金工业出版社，2010：40-41．
［4］吴新霞，彭朝辉，张正宇，等．Kuz-Ram模型在堆石坝级配料开采爆破中的应用［J］．长江科学院院报，1998(4)：39-40．
［5］蔡建德，郑炳旭，汪旭光，等．多种规格石料开采块度预测与爆破控制技术研究［J］．岩石力学与工程学报，2012(7)：1465-1466．
［6］傅光明，崔志伟，肖志武，等．控制爆破块度的优化设计研究［J］．采矿技术．2009(9)：45-46．

# 爆破振动测试合成速度的探讨

王振毅　张正忠　崔未伟

（浙江省高能爆破工程有限公司，浙江 杭州，310012）

**摘　要**：论文对具体工程实测振动速度数据进行了分析，通过截取三个方向上典型时间点的爆破振动速度数据进行速度合成，发现当实测各向振动速度均未达到阈值时，合成速度可能超过阈值，同时其发生时点并不一定位于实测的某一方向峰值时点，据此建议对爆破振动速度实测数据全程进行速度合成，根据合成的峰值进行安全判定。

**关键词**：爆破振动；速度合成；振动测试

## Discussion of Blasting Vibration Velocity Signal Criterion

Wang Zhenyi　Zhang Zhengzhong　Cui Weiwei

（Zhejiang Gaoneng Blasting Engineering Co.，Ltd.，Zhejiang Hangzhou，310012）

**Abstract**：This paper analyzes the measured vibration velocity data of a specific project by using the finite-step iteration of three typical time point on the direction vector synthesis of blasting vibration velocity data. It has been found that when the observed anisotropy vibration velocity is not ever the regulation number in the blasting safety regulations regulation, the vector synthesis results may exceed the standard threshold, and its occurrence time is not necessarily on the measured peak point in one direction. Accordingly, it suggests to measure the blasting vibration velocity data to vector synthesis and to determine safety on the basis of vector addition and peak value.

**Keywords**：blasting vibration velocity；signal processing；vector synthesis

## 1　引言

根据《爆破安全规程》（GB 6722—2014）[2]关于爆破安全距离判定的规定：爆破振动速度峰值是评价爆破振动是否对建筑物造成损害的主要依据，爆破振动监测应同时测定质点振动的三个分量，爆破振动最大速度数值取质点振动速度三个分量中的最大值，振动频率为主振频率；因此通常爆破振动速度危害性判定方式是将爆破振动测试仪器的三个方向振速峰值与规程标准中最大值进行比较，如有一个方向上的振速峰值大于规程标准最大值，则判定为对建筑物可能造成危害[3]。但实际工程当中，会遇到实测爆破振动速度未达到标准阈值，但建筑物仍产生裂痕等破坏现象的情况；下文将会对该类情况进行探讨。

---

作者信息：王振毅，工程师，158553731@qq.com。

## 2 爆破振动速度合成

依据爆破振动测试仪中磁电传感器的工作原理,实测的爆破振动波形图为瞬时测量的振动信号经过滤波分析形成的各个方向上振动速度信号的集合,而体现出的最大振速值实际是波形上波峰或波谷绝对值的最大数[3]。

实测时某一时间点的质点振动期间的记录为3个方向上的速度分量,因此其瞬时速度应为3个方向的速度合成:

如图1所示,对于测点a,其某一时点的速度应为$v_X$、$v_Y$、$v_Z$、的矢量合成$v_{XYZ}$,对实际工程测试数据计算可以发现,实测质点振动波形图中的某处或某几处的$v_a$通常要大于径向、切向和垂向最大质点振动速率值。

爆破振动对建筑物造成损伤的机理主要是应力破坏。当建筑物构件承受的应力超过其极限强度即造成裂纹、剪切、粉碎等破坏[4]。但对于不同建筑物,其体现不尽相同:对于框架结构建筑物,由于结构中钢筋良好的弹性和伸缩性,结构

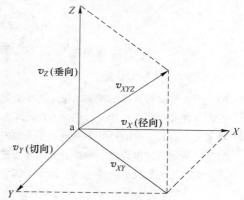

图1 三向矢量合成图
Fig. 1 Victor composite

上某点垂直于轴线的应力被钢筋传递分摊到结构的其他点上,从而减小了集中应力[5];对于传统砖砌体结构房屋,由于承重构建中没有钢筋的存在,某一质点承受的应力无法通过黏结材料全部传递到其他部位,导致该质点集中应力过大,从而出现砖裂纹、松动等情况的发生[6]。

## 3 工程实例分析

某铁路环线工程挖孔桩爆破距离周边菌菇厂较近,最近距离约68m,该工程采用孔桩掏槽爆破,孔外延期起爆网路,一次爆破总药量约为13kg、最大单响药量为4.7kg;该菌菇厂为双层砌体结构,该地区岩性主要为砂岩,岩石较为破碎。

由于爆破周边环境较为复杂,对该孔桩爆破进行了实施爆破振动监测,其某次设置在建筑物四边地基处的4个测点,爆破振动实测数据见表1。

图2 爆区环境示意图
Fig. 2 The blasting area environment

表 1 爆破振动测试数据表
Table 1 Blasting vibration test data

| 监测点 | 距测量点距离/m | 最大单响药量/kg | 振动速度/cm·s$^{-1}$ | | | 主振频率/Hz |
|---|---|---|---|---|---|---|
| | | | 径向 | 切向 | 垂向 | |
| 1号 | 38 | 4.7 | 1.927 | 0.992 | 1.625 | 29.630 |
| 2号 | 81 | 4.7 | 0.072 | 0.126 | 0.139 | 45.977 |
| 3号 | 134 | 4.7 | 0.020 | 0.039 | 0.028 | 16.327 |
| 4号 | 157 | 4.7 | 0.048 | 0.038 | 0.064 | 19.231 |

从检测的结果来看：该次爆破的实测最大振动速度为 1.927cm/s，主振频率为 29.630Hz，测试数据均未超过爆破振动允许标准，但经爆破前后建筑物对比，测点 1 处的砖墙外壁出现了长约 1.7m 的纵向贯通裂纹。

对实测爆破振动波形图中的三个典型时点进行速度合成，其时点截取位置见图 3，矢量合成结果见表 2。

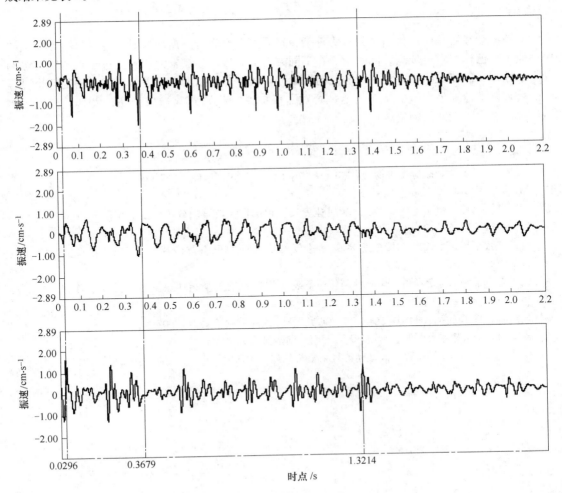

图 3 三向波形图及截取时点示意图

Fig. 3 Waveform figure and intercepetion time

**表 2 矢量合成表**
Table 2 Victor composite table

| 时点/s | 径向振速/cm·s$^{-1}$ | 切向振速/cm·s$^{-1}$ | 垂向振速/cm·s$^{-1}$ | 矢量合成振速/cm·s$^{-1}$ |
|---|---|---|---|---|
| 0.0296 | 0.2835 | 0.1249 | 1.6246 | 1.6539 |
| 0.3679 | 1.9267 | 0.0087 | 0.1120 | 1.9299 |
| 1.3942 | 1.4922 | 1.5907 | 0.2720 | 2.1974 |

以上三点各自选取的径向最大值时点、垂向最大值时点和三向相对较大值时点,对于时刻1.3942s处的矢量合成结果可以发现:三个方向上的振动速度均未达到各自方向上的最大值,但是矢量合成结果达到了2.1974cm/s,已经临近了爆破安全规程所允许的爆破振动速度值,可能对受保护建筑物造成损伤[7],因此测振数据中的各向爆破振动速度最大值不能完全体现周边受保护建筑物对爆破振动的相应情况[8],应对波形图进行矢量合成分析后,根据矢量和峰值判定该受保护建筑物是否达到或超过相关规程所规定的爆破振动速度允许阈值。

## 4 结论

爆破振动在岩体中的传播过程较为复杂,某质点在空间上的振动情况不应以单一方向上的振动速度峰值作为判定依据,同时质点在不同方向上的振速存在较大差异,对于砌体结构等构件为刚性连接的建筑物,应对实测的三向爆破振动波形图和数据进行矢量合成,确定整个过程中的爆破振动速度最大值,从而判定是否对受保护建(构)筑物造成损伤,尤其应注意砌体结构等构件为刚性连接的建筑物。

### 参 考 文 献

[1] 吴章珠,张专.爆破对建筑物的影响[J].华南地震,1994,14(2):57-60.
[2] GB 6722—2014.爆破安全规程[S].
[3] 罗明荣,余俊,赵明生,池恩安.响应速度安全判据在爆破振动分析中的应用[J].矿业研究与开发,2010,30(5):94-96.
[4] 马洲,张新华,李长山.爆破振动矢量速度峰值的回归分析与应用[J].现代矿业,2015(2):212-214.
[5] 赵明生,梁开水,曹跃等.爆破地震作用下建(构)筑物安全标准探讨[J].爆破,2008,25(4):24-27.
[6] 李洪涛.基于能量原理的爆破地震效应研究[D].武汉:武汉大学.2007.
[7] 杨军伟.爆破振动信号特征分析[D].湖南:湖南科技大学,2009.
[8] 杨峰.基于FPGA的工程爆破振动信号采集与处理技术研究[D].重庆:重庆大学,2012.

# 直眼掏槽爆破中空孔效应分析

王长柏[1]　程 琳[1]　宗 琦[1]　刘 博[2]

（1. 安徽理工大学，安徽 淮南，232001；
2. 中国科学院武汉岩土力学研究所，湖北 武汉，430071）

**摘　要**：空孔直眼掏槽是隧道或井巷掘进爆破的主要掏槽方法之一。为了进一步探讨空孔对掏槽爆破效果的影响，本文采用理论分析和数值模拟相结合的研究方法，对掏槽爆破中的空孔效应进行了分析。结果表明：在直眼掏槽爆破中，不装药空孔的存在具有明显的应力集中作用、导向作用和自由面效应。同时，空孔的存在改变了炮孔之间的应力场，形成了有利于岩石破碎的剪切带，具有明显的剪切作用。随着空孔直径的增大，空孔效应越显著，岩石破碎面积也越大。

**关键词**：掏槽爆破；空孔效应；数值模拟

## Analysis on Effects of Empty Hole in Parallel Cut Blasting

Wang Changbo[1]　Cheng Lin[1]　Zong Qi[1]　Liu Bo[2]

(1. Anhui University of Science and Technology, Anhui Huainan, 232001; 2. State Key Laboratory of Geomechanics and Geotechnical Engineering, Institute of Rock and Soil Mechanics, Chinese Academy of Sciences, Hubei Wuhan, 430071)

**Abstract**: Parallel cut blasting with empty hole (EH) is one of main methods for tunnel or shaft excavation. In order to investigate the effects of the empty hole on the cut blasting, analysis on the effects of empty hole in parallel cut blasting were carried out with the theoretical analysis and numerical simulation. The results showed that the empty hole without charge has an obvious impact on the role of stress concentration and orientation control and the free surface effect. Meanwhile, the existence of empty hole changes the stress field distribution in rocks between the two blast holes, which induced shear zones that favorable to rock breaking. It also was found that the effects of empty hole and the area of fractured rocks increased with the increase of its diameter.

**Keywords**: cut blasting; empty hole effect; numerical simulation

## 1　引言

　　空孔直眼掏槽是隧道或井巷掘进的主要方法之一，不装药空孔的存在为掏槽爆破创造了良

---

基金项目：国家自然科学基金项目（No. 51274009）；教育部博士点基金项目（No. 20123415120004）；安徽省博士后研究项目；贵州省交通厅科技项目（2016-121-032）。
作者信息：王长柏，博士，副教授，chbwang@ aust. edu. cn。

好的条件。国内外关于掏槽爆破方面的研究和应用都表明中心空孔对掏槽效果有着举足轻重的影响。张奇、杨永琦等[1]通过力学模型和数值计算定量分析了炮孔深度、孔距、空孔直径等因素对直眼掏槽爆破效果的影响,以及空孔在直眼掏槽中的作用,给出了含空孔直眼掏槽爆破效果的模拟方法;林大能、陈寿如[2]基于典型空孔掏槽炮眼布置,建立了空腔形成的物理和力学模型,研究了腔内碎石在高压爆生气体作用下的抛射过程,得出了空腔尺寸的理论计算方法;刘优平、周正义、黎剑华[3]着重从理论上分析了空孔的应力集中效应;李启月、徐敏[4]基于空孔直眼掏槽的基本形式,运用三维有限元软件 LS-DYNA 模拟了掏槽孔与 3 种不同直径空孔的动态破碎贯通过程,得到了直眼掏槽爆破应力分布规律;Konya[5]给出了带中空孔掏槽爆破设计方法;Hossaini 等[6]改进了煤矿井巷掏槽爆破方式,通过工业试验表明,带中空孔的掏槽爆破具有较好的效益。本文在已有研究成果的基础上,进一步分析了大直径空孔在直眼掏槽爆破中的作用机理;结合实际典型空孔掏槽炮眼布置方式,采用有限元软件 ABAQUS 建立了带中空孔直眼掏槽爆破数值计算模型,对掏槽效果及空孔对炮孔周围应力场的影响进行了分析。

## 2 空孔效应理论分析

### 2.1 应力集中及导向作用

如图 1 所示,A 孔为装药炮孔,B 孔为空孔。A 孔起爆后,在周围岩石中激起爆炸应力波,向外传播,随着距离增加,该应力峰值按一定规律衰减。当应力波传到 B 孔孔壁时,由于应力波的反射,B 孔孔壁附近的应力将比无空孔 B 时大,即为应力集中效应。根据弹性力学理论,B 孔附近的峰值应力状态最终表示为[7]:

$$\sigma_{\theta\theta\max} = 3\sigma_\theta + \sigma_\gamma = (1 - 3\lambda_d)p\left(\frac{r_A}{L - r_B}\right)^\alpha \quad (1)$$

式中,$\sigma_\gamma$ 为岩石中某点的爆炸附加径向应力,MPa;$\sigma_\theta$ 为岩石中某点的爆炸切向应力,MPa;$p$ 为炸药爆炸后作用于孔壁的初始压力,MPa;$r_A$ 为装药孔半径,m;$r_B$ 为空孔半径,m;$\alpha$ 为应力波衰减系数;$\lambda_d$ 为动态侧应力系数。$\alpha$ 和 $\lambda_d$ 均与岩石泊松比有关。

由式(1)知,最大拉应力出现在装药孔与空孔中心的连心线上。同时,空孔的存在改变了相邻装药孔起爆后所产生的炮孔孔壁各向均匀受压的应力状态,该集中应力导致裂纹优先向槽孔与空孔的连线方向发展。应力波在空

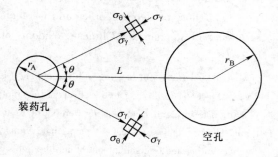

图 1 空孔的应力集中作用分析图
Fig. 1 Stress concentration of the empty hole

孔壁上的反射又加强了该方向上的拉伸作用,当反射拉伸波传播到爆源附近的裂隙激活区时,会引导爆生气体定向加速扩展裂纹,因而,空孔的存在同时起到了导向裂隙的作用。

空孔直径越大,反射拉伸波的波阵面比入射压缩波的波阵面越凹,爆炸能量得到越多聚集和利用,爆炸破坏作用范围也就越大。且随着空孔直径的增大,导向作用越显著,槽腔岩石破碎区域也越大。

### 2.2 自由面效应

直眼掏槽的目的是为后续延期起爆的崩落爆破提供自由面,而空孔的存在则为掏槽爆破提

供了自由面。根据两相流体力学的基本原理可知,装药孔爆炸以后,使装药孔与空孔之间的岩石介质破碎,并首先向空孔方向运动,空孔的存在为爆后破碎的岩石运动提供了一定的空间。同时,由于岩石的动抗拉强度较低,在相对应的空孔壁上产生撞击回弹而形成拉伸应力波,也会引起岩石自空孔壁开始向装药孔方向呈片状脱落,由此形成槽腔,如图2所示。空孔直径越大越有利于发挥空孔的自由面效应,也会为爆后破碎岩石提供更加富裕的补偿空间。

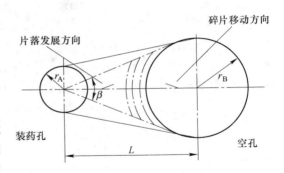

图 2 空孔的自由面效应分析图
Fig. 2 Free surface effect of the empty hole

## 3 空孔效应数值验证

### 3.1 计算模型

采用有限元软件 ABAQUS 建立爆破数值计算模型,如图3(a)所示。计算范围为 10m × 8m,中间布置两个间距 1.7m 的炮孔,孔径 55mm。计算时按照三种工况考虑:(1)两个炮孔之间没有空孔;(2)两个炮孔之间布置一个直径为 55mm 的空孔;(3)两个炮孔之间布置一个直径为 100mm 的空孔。

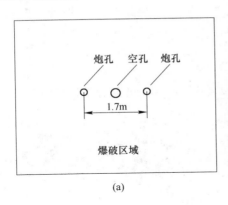
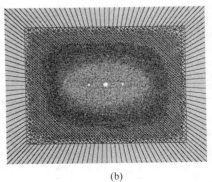

图 3 数值计算模型
(a)示意图;(b)有限元网格
Fig. 3 Model for blast simulation

有限元网格采用 CPE3 三角形平面应变单元划分,边界采用无限元 CINPE4,以消除应力波在边界的反射。炮孔和空孔周围加密网格密度,以模拟爆破荷载作用下裂纹的产生和扩展情况。大直径空孔最终单元网格划分如图3(b)所示。

岩石破碎采用 ABAQUS 动态拉伸破坏模型[8],如图4所示。当岩石材料点的应力组合达到破坏面上的 $A$ 点之后,岩石即发生碎裂破坏,之后材料点上将只能承受静水压力,而不能承受剪力和拉伸应力。岩石密度 $\rho = 2500 kg/m^3$,弹性模量 $E = 35 GPa$,泊松比 $\nu = 0.2$,单轴抗压强度 $f_c = 95 MPa$,抗拉强度为 $f_t = 15 MPa$。

在数值分析中,可以直接将等效后的爆破荷载施加到有限元单元网格节点上。柱状不耦合装药条件下爆破荷载计算公式为[9]:

$$P(t) = P_m f(t) = \frac{\rho_e D^2}{2(\gamma+1)} \left(\frac{d_b}{d_e}\right)^{-2\gamma} \left(\frac{l_b}{l_e}\right)^{-\gamma} n \cdot f(t) \tag{2}$$

式中，$P_m$ 为脉冲峰值；$\rho_e$ 为炸药密度；$D$ 为炸药爆轰速度；$\gamma$ 为炸药爆轰产物的膨胀绝热指数，一般取 $\gamma=3$；$d_b$、$d_e$ 分别为炮孔直径和装药直径；$l_b$、$l_e$ 分别炮孔装药段长度及药段总长度；$n$ 为爆轰作用增大系数，一般取 10；$f(t)$ 为三角脉冲函数[10]。

爆破荷载时程曲线如图 5 所示，取 $t_1=80\mu s$，$t_2=300\mu s$，脉冲峰值 $P_m$ 通过计算为 1.53GPa。

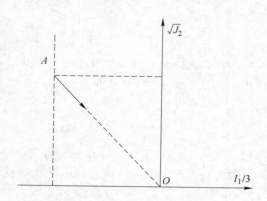
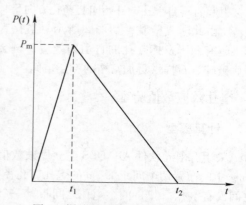

图 4　材料破坏模型　　　　　　　　　图 5　爆炸三角脉冲荷载时程曲线
Fig. 4　The failure model for the rock　　Fig. 5　Curve of the triangular pluse blast load

## 3.2　计算结果

### 3.2.1　破碎范围对比

图 6 为爆破后岩石破碎范围图。从图中可以看出，在无空孔条件下，相距 1.7m 的两个炮

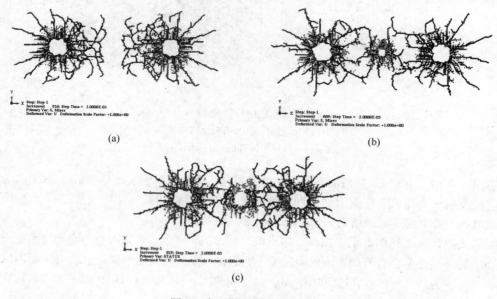

图 6　岩石爆破后破碎范围图
（a）无空孔；（b）小直径空孔；（c）大直径空孔
Fig. 6　Final fracturing pattern

孔起爆后，两炮孔之间的区域并不能贯通，因此，不能形成有效的掏槽效果。而有中空孔的掏槽爆破在炮孔起爆后能形成裂缝贯通区域，但是较大直径空孔形成的空孔效应较小直径空孔好，裂隙范围较大，贯通性较好。三种工况条件下岩石破碎面积（按照失效单元的面积计算）分别为 0.80113m$^2$，0.77226m$^2$，0.81922m$^2$，也表明大直径空孔掏槽爆破效果较好。

#### 3.2.2 应力场分布对比

图 7 和图 8 分别为三种工况条件下爆后计算区域 MISES 应力和剪应力分布云图。从 MISES 应力分布云图可以看出，除了炮孔周围的应力分布在三种工况条件下差异较大外，距离爆破孔一定距离外的应力分布都非常相似。而从剪应力分布云图可以看出，炮孔起爆后，在空孔周围形成明显的剪切带，因此，空孔效应除了应力集中作用、导向作用和自由面效应外，还具有剪切作用。

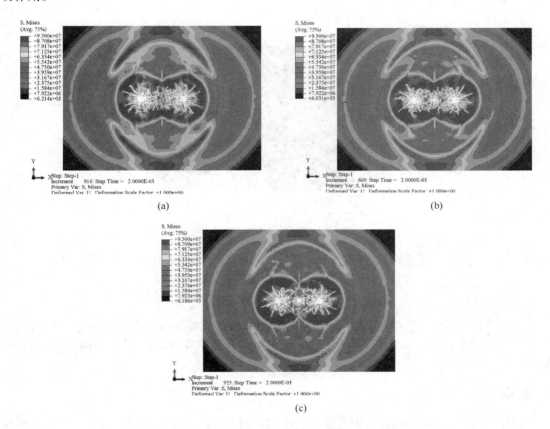

图 7 爆后计算区域 MISES 应力分布云图（单位：MPa）
（a）无空孔；（b）小直径空孔；（c）大直径空孔
Fig. 7 Final distribution of MISES stress (unit: MPa)

## 4 空孔效应应用探讨

通过理论分析和数值模拟可以看出，空孔效应能有效改善掏槽爆破的效果。同等爆破条件下，空孔孔径越大，其对掏槽效果的影响越明显。因此，在实际工程中应尽量采用大直径空孔，这样才能取得较好的掏槽爆破效果。但是，在煤矿小断面立井或巷道爆破施工作业时，由

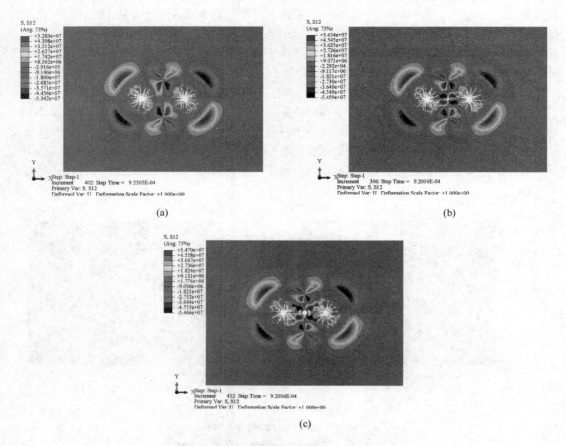

图 8 爆后计算区域剪应力分布云图（单位：MPa）
（a）无空孔；（b）小直径空孔；（c）大直径空孔
Fig. 8 Final distribution of Shear stress（unit：MPa）

于受钻孔设备的限制，采用大直径空孔可能会耗费较大的打眼时间，从而影响整个作业循环，反而不利于爆破施工作业，因而，在实际工程中应综合考虑各种影响因素，选择合理的空孔直径。

## 5 结论

通过理论分析和数值模拟对掏槽爆破中的空孔效应进行了探讨，结果表明：在直眼掏槽爆破中，不装药空孔的存在具有明显的应力集中作用、导向作用和自由面效应。同时，空孔的存在也改变了炮孔之间的应力场，形成了有利于岩石破碎的剪切带，为掏槽的成功爆破创造了良好的条件。随着空孔直径的增大，空孔效应越显著，槽腔岩石破碎区域也越大。但在实际工程中应综合考虑各种影响因素，根据炮孔间距等爆破条件选择合理的空孔直径。

### 参 考 文 献

[1] 张奇,杨永琦,员永峰,等. 直眼掏槽爆破效果的影响因素分析[J]. 岩土力学,2001(02)：144-147.
[2] 林大能,陈寿如. 空孔直眼掏槽成腔模型理论与实践分析[J]. 岩土力学,2005,26(03)：479-483.

[3] 刘优平,周正义,黎剑华. 井巷掏槽爆破中空孔效应的理论与试验分析[J]. 金属矿山,2007,368(02):12-14.
[4] 李启月,徐敏,范作鹏,等. 直眼掏槽破岩过程模拟与空孔效应分析[J]. 爆破,2011,28(04):23-26.
[5] Konya,C J. Blast Design Blast design[M]. Inter Continental Development Corporation,Montvillo. Ohio,USA.,1995.
[6] Hossaini M,Poursaeed H. Modification of four-section cut model for drift blast design in razi coal mine-north iran[C]//Coal Operators' Conference,2010.
[7] 林大能. 平巷掏槽爆破空孔尺寸效应及围岩频繁震动损伤累积特性研究[D]. 中南大学,2006.
[8] Abaqus user manual,version 6.11. Dassault Systemes Simulia Corp.,Providence,RI,USA. Inc. Dessault Systemes,USA,2011.
[9] 戴俊. 柱状装药爆破的岩石压碎圈与裂隙圈计算[J]. 辽宁工程技术大学学报(自然科学版),2001(02):144-147.
[10] 许红涛,卢文波,周小恒. 爆破震动场动力有限元模拟中爆破荷载的等效施加方法[J]. 武汉大学学报(工学版),2008,190(01):67-71,103.

# 基于损伤程度的岩体爆破粉碎区及裂隙区模拟方法

何琪[1,2]　严鹏[1,2]　卢文波[1,2]　陈拓[1,2]　陈明[1,2]　王高辉[1,2]

（1. 武汉大学水资源与水电工程科学国家重点实验室，湖北 武汉，430072；
2. 武汉大学水工岩石力学教育部重点实验室，湖北 武汉，430072）

**摘　要**：爆破粉碎区和裂隙区的模拟对岩体爆破设计及有害效应控制具有重要意义。本文以爆破近区质点峰值振动速度为纽带，建立了爆破破坏程度与损伤因子 $D$ 之间的定量关系，可以采用连续介质力学的方法方便地模拟不同装药及岩性条件下炮孔周围粉碎区和裂隙区的分布，赋予了损伤因子 $D$ 以实际物理意义。研究表明，当 $D = 0.84 \sim 1.0$ 时，岩体达到粉碎状态；当 $D = 0.45 \sim 0.84$ 岩体达到破裂状态；当 $D = 0.20 \sim 0.45$ 岩体为轻微损伤状态；当 $D < 0.2$ 时，可视为岩体无损伤。数值模拟计算结果表明，在本文岩体及爆破参数条件下，粉碎区深度 0.22m，为炮孔半径的 4.9 倍，与经验公式相符，证明了本文方法的可靠性。

**关键词**：粉碎区；裂隙区；质点峰值振动速度；损伤因子

## Simulation Method Which Based on the Damage Extent of Crushed Zone and Fracture Zone Caused by Rock Blasting

He Qi[1,2]　Yan Peng[1,2]　Lu Wenbo[1,2]　Chen Tuo[1,2]
Chen Ming[1,2]　Wang Gaohui[1,2]

(1. State Key Laboratory of Water Resources and Hydropower Engineering Science, Wuhan University, Hubei Wuhan, 430072; 2. Key Laboratory of Rock Mechanics in Hydraulic Structural Engineering Ministry of Education, Wuhan University, Hubei Wuhan, 430072)

**Abstract**: The simulation of crushed zone and fracture zone is important for the design of rock blasting and the controlling of blasting adverse effects. In the paper, the relationship between blasting damage extent and damage factor $D$ is established as the peak particle velocity near blasting area to be a link. The continuum mechanics are used in the simulation of the crushed zone and fracture zone distribution near blasting-holes under different charging and lithology. The damage factor $D$ is given an actual physical meaning. The study shows that, the rock mass is in the crushed damage state when $D = 0.84 \sim 1.0$, and the fracture damage, slight damage and intact rock mass states are corresponds to $D = 0.45 \sim 0.84$, $D = 0.20 \sim 0.45$ and $D < 0.2$ respectively. The simulation results show that, under the rock and

---

基金项目：国家自然科学基金杰出青年基金项目（51125037）；国家自然科学基金面上项目（51179138）。
作者信息：何琪，硕士，13026185409@163.com。

blasting parameters of this paper, the depth of crushed zone is 0.22m which is 4.9 times of blasting-hole radius. This result is consistent with the empirical formula that proves the reliability of this method.

**Keywords**: crushed zone; fracture zone; peak particle velocity; damage factor

## 1 引言

钻爆开挖方法为岩体开挖的重要手段，炸药在爆破的瞬间释放出巨大的能量，产生的爆炸冲击波和应力波以动荷载的方式作用于炮孔壁上，造成岩体的破裂和损伤。一般认为，爆炸应力波是岩体爆破开挖粉碎区及裂隙区形成的主要因素[1]，在冲击波及应力波的作用下产生微裂缝，爆生气体的作用使得初始裂纹不断扩展，围岩力学性能劣化，从而对岩石造成损伤。在岩体爆破开挖过程中为了岩体的稳定与施工安全，必须严格控制爆破开挖造成的岩体损伤范围。因此探究岩体爆破粉碎区及裂隙区的不同损伤程度的模拟方法对工程实践具有重要意义。

目前对岩体爆破粉碎区和裂隙区的损伤机理及损伤范围已有了大量的研究[2,3]。张奇[4]根据爆炸冲击波的理论分析，研究了岩石爆破的粉碎区及其空腔膨胀效应。夏祥等[5]通过 LS—DYNA 程序模拟了岩体单孔柱状装药的爆破破裂过程，分析了岩体爆破裂纹产生的机制，得到了岩体粉碎区和裂隙区的损伤范围。冷振东等[6]提出了一种计算钻孔爆破粉碎区范围的改进模型，并通过理论推导了柱状装药起爆条件下的岩石钻孔爆破粉碎区半径公式。国内外学者通过理论分析、数值模拟及室内试验的方法也得出了许多爆破粉碎区的经验公式。如 S. K. Mandal[7] 认为粉碎区半径为炮孔半径的 2~8 倍，裂隙区半径为炮孔半径的 10~100 倍。戴俊[8]利用岩体破坏的 Mises 屈服准则计算出的柱状装药条件下岩体爆破破坏范围，粉碎区半径是装药半径的 1.1~3 倍，裂隙区半径为装药半径的 10~15 倍。

此外，在爆炸致破应力方面也存在不同的主张，如王文龙[9]认为粉碎区是爆炸压应力超过了岩体的抗压强度而引起，而 Zhu 等[10]人的研究表明粉碎区是岩体压剪破坏的结果。岩体爆破破碎机理多种理论共存的局面以及爆破破坏范围的不确定性，表明与岩体爆破相关的爆破粉碎区和裂隙区的研究结果至今还存在较大差异。另外，上述研究者多为采用连续介质的方法研究爆破粉碎区及裂隙区的问题，连续介质损伤力学理论将岩体视为具有初始缺陷的连续材料，损伤是荷载作用下原有裂纹激活、扩展和贯穿，从而导致岩体宏观力学性能劣化的过程。如何通过细观损伤变量阈值 $D_{cr}$ 从宏观上确定岩体是否损伤，是现有损伤模型中尚未解决的难题，缺少试验数据，且由于各损伤模型对损伤系数的定义不同，由此得到的岩体损伤变量阈值 $D_{cr}$ 也不尽相同。如在 GK 爆破损伤模型中，Grady 等[11]通过数值模拟与试验数据的比较，确定岩体损伤变量阈值 $D_{cr}=0.20$；采用相同的方法，Yang 等[12]给出的 $D_{cr}=0.22$。

本文在前人研究的基础上，以爆破近区质点峰值振动速度为纽带，建立了爆破破坏程度与损伤因子 $D$ 之间的定量关系，采用了连续介质力学的方法可方便模拟不同装药及岩性条件下炮孔周围粉碎区和裂隙区的分布，赋予了损伤因子 $D$ 以实际物理意义。

## 2 爆破粉碎区及裂隙区的经验估算

爆破对岩体的损伤除了与爆炸荷载的参数有关外，还涉及岩体自身的物理特性和结构特征，是一个复杂的岩石动力学过程。岩体的爆破损伤是爆破产生的冲击波和爆轰气体共同作用的结果。炸药爆炸后，高温高压气体产生的强大冲击压缩作用在岩体中形成冲击波，其压力远远大于岩体的抗压强度，导致在炮孔周围小范围内形成极度破碎的粉碎区，随后冲击波在岩体中迅速衰减，在爆生气体的劈裂、膨胀作用下炮孔周围的初始裂缝进一步扩展，引起裂缝相互贯通、交错,形成岩体破碎区,破碎区以外,应力波与爆生气体准静态应力场的衰减对岩体只能造成轻微破坏,压应力波转化为地震波继续向外传播,如图 1 所示。

粉碎区和裂隙区的范围大小与炸药种类、岩体性质、装药结构和钻孔参数有关。爆破破坏区范围的确定是寻求改善岩体破碎效果、控制爆破损伤的理论基础。国内外学者基于理论分析和室内外试验提出了许多经验公式。如 Szuladzinski[13]通过建立一种可判别粉碎区的方法,得出了粉碎区损伤半径的经验公式:

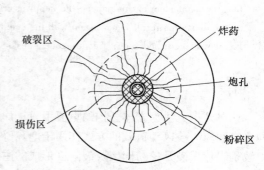

图 1 爆破破坏区示意图

Fig. 1 Blasting damage area

$$r_c = \sqrt{\frac{2r_0^2 \rho_0 Q_{ef}}{F_c'}} \tag{1}$$

式中,$r_0$ 为炮孔半径,mm;$\rho_0$ 为炸药密度,g/mm³;$Q_{ef}$ 为炸药爆炸的有效能量,N·mm/g,通常为爆炸能量的 2/3;$F_c'$ 为岩体侧限动态抗压强度,MPa,通常取为无侧限静态抗压强度的 8 倍。

Djordjevic[14]基于 Griffith 破坏准则得出爆破粉碎区半径经验公式:

$$r_c = \frac{r_0}{\sqrt{24T/p_b}} \tag{2}$$

式中,$r_0$ 为炮孔半径,mm;$T$ 为岩体的抗拉强度,Pa;$p_b$ 为炮孔压力,Pa。

Kanchibotla[15]建立了爆破粉碎区半径与炮孔半径、爆轰压力和岩体无侧限抗压强度之间的关系:

$$r_c = r_0 \sqrt{\frac{p_b}{\sigma_c}} \tag{3}$$

式中,$r_0$ 为炮孔半径,mm;$p_b$ 为炮孔压力,Pa;$\sigma_c$ 为岩体无侧限抗压强度。

另外,王明洋[16]通过求解无限岩体中球状药包爆破近区的速度场,获得了破碎区的半径计算公式;Esen 等[17]根据混凝土钻孔爆破试验数据,采用回归分析的方法提出了粉碎区范围计算的经验公式,得出粉碎区半径为 2.0 ~ 5.0 炮孔半径。

## 3 爆破损伤因子

爆破对岩体的损伤是在荷载作用下原有裂纹的激活、扩展和贯穿,从而导致岩体宏观力学性能参数劣化的过程,可通过损伤系数 $D$ 来评判宏观上岩体是否损伤。我国水电部门通常采用爆前爆后岩体纵波速度变化率 $\eta$ 作为爆破损伤范围的判据,$\eta = \frac{c_p - \overline{c_p}}{c_p} = 1 - \frac{\overline{c_p}}{c_p}$,$c_p$ 和 $\overline{c_p}$ 分别为爆破前后岩体的纵波速度。Kawamoto 等[18]根据损伤材料弹性模量的变化,从宏观尺度上给出了损伤变量 $D$ 的经典定义:

$$D = 1 - \frac{\overline{E}}{E} \tag{4}$$

式中,$E$ 为爆破前未损伤岩体的弹性模量;$\overline{E}$ 为爆破后损伤岩体的有效弹性模量。

根据弹性应力波理论,爆破开挖前后岩体弹性模量和纵波速度存在如下关系:

$$E = \rho c_p^2 \frac{(1+\mu)(1-2\mu)}{1-\mu} \tag{5}$$

$$\overline{E} = \overline{\rho}\, \overline{c_p}^2 \frac{(1+\overline{\mu})(1-2\overline{\mu})}{1-\overline{\mu}} \tag{6}$$

式中，$\rho$ 和 $\overline{\rho}$、$c_p$ 和 $\overline{c_p}$、$\mu$ 和 $\overline{\mu}$ 分别为爆破开挖前后岩体的密度、纵波速度和泊松比。假设爆破前后保留岩体的密度和泊松比没有改变。则式（4）可以进一步表示为：

$$D = 1 - \left(\frac{\overline{c_p}}{c_p}\right)^2 = 1 - (1-\eta)^2 \tag{7}$$

炮孔壁上的质点峰值振动速度 $v_0$ 与岩体的纵波速度可表示为：

$$v_0 = \frac{p_0}{\rho c_p} \tag{8}$$

式中，$p_0$ 为炮孔内爆生气体的初始压力，为 $p_0 = 1.5 \sim 2.8\text{GPa}$；$\rho$ 为岩石的密度，取 $\rho = 2700\text{kg/m}^3$；$c_p$ 为岩石的纵波速度，取值 4500m/s。估算 $v_0$ 值的范围为 120~230cm/s，这里取 $v_0 = 230\text{cm/s}$。

卢文波等[19]基于柱面波理论、长柱状装药中的子波理论以及短柱状药包激发的应力波场 Heelan 解的分析，在萨道夫斯基公式的基础上，推导出了岩石爆破中质点峰值振动速度衰减公式：

$$v = k' v_0 \left(\frac{b}{R}\right)^{\beta} \tag{9}$$

式中，$k'$ 为群孔爆破影响系数，在爆破区近区时 $k' \approx 1.0$，在爆破远区 $k'$ 取值为同段起爆的炮孔数；$\beta$ 为衰减系数；$b$ 为炮孔半径，mm；$R$ 为爆心距，m；$v_0$ 按式（8）计算得出。

由式（8）可知，质点峰值速度与 $c_p$ 成反比，则可将式（7）写成式（10），得到损伤因子与岩体的质点峰值振动速度（PPV）之间的关系：

$$D = 1 - \left(1 - \frac{v}{v_0}\right)^2 = 1 - \left(\frac{v_0 - v}{v_0}\right)^2 \tag{10}$$

## 4 计算模型及荷载的确定

借助动力有限元软件 LS-DYNA 建立一个炮孔爆破模型，简化为平面问题处理，炮孔直径90mm。岩体的弹性模量为30GPa，密度取为2700kg/m³，泊松比为0.22，抗拉强度4MPa，抗压强度50MPa。模型四周采用无反射边界，炮孔壁上施加爆炸荷载。模型尺寸为（长×宽×高）20m×20m×10m。有限元网格划分如图2所示，采用8节点的SOLID164单元，共含有26048个节点和23040个单元。模型四周施加无反射边界，炮孔壁上施加爆炸荷载。

爆炸荷载是炸药爆炸后作用在孔壁岩体上的冲击波压力，在冲击波传播的过程中，将衰减为应力波和弹性地震波。爆炸荷载峰

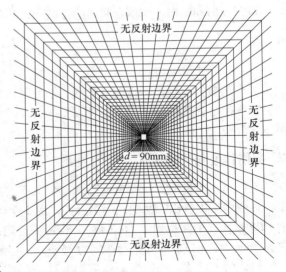

图 2　计算模型
Fig. 2　Calculation model

值大小及作用过程受炸药种类、装药结构及岩体特性等因素的影响。为确定爆炸荷载峰值的大小，Lu 等[20]基于理论分析和数值模拟将爆炸荷载时间历程曲线简化成为三角形荷载，如图 3 所示，其中，$p_{b0}$ 为爆炸荷载峰值，$t_r$ 为爆炸荷载上升时间，本文取 0.8ms，$t_b$ 为爆炸荷载总作用时间，$t_b - t_r = t_d$ 为爆炸荷载下降时间，取 6ms。

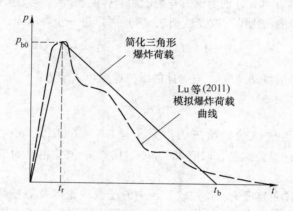

图 3  爆炸荷载时间历程
Fig. 3  The curve of blasting load

在耦合装药结构条件下，根据凝聚炸药爆轰波的 C-J 爆轰理论模型，在炮孔壁上的初始平均爆轰压力 $p_0$ 可由式（11）计算得出：

$$p_0 = \frac{\rho_0 W^2}{2(1+\gamma)} \tag{11}$$

式中，$p_0$ 为炸药的爆轰压力，Pa；炸药密度 $\rho_0$ 为 1030kg/m³；爆轰速度 $W = 3500 \sim 4500$m/s；$\gamma$ 为炸药的等熵系数，一般取 3.0。

对于径向和轴向均不耦合装药的爆破孔，其孔壁的初始冲击波峰值压力公式为：

$$p_{b0} = p_0 \left(\frac{d_c}{d_b}\right)^{2\gamma} \left(\frac{l_e}{l_b}\right)^{\gamma} n \tag{12}$$

式中，$d_c$ 为装药直径；$d_b$ 为炮孔直径；$l_e$ 为药柱总长度；$l_b$ 为炮孔装药段长度；$n$ 为爆轰气体产物膨胀撞击孔壁时的压力增大系数，一般取为 8~11。根据上述公式，本文取爆炸荷载峰值 200MPa。

## 5  损伤程度与损伤因子之间的关系

通过建立的模型，计算在单孔爆破情况下的质点峰值振动速度与距离的关系，如图 4 所示。从图中可以看出，在炮孔周围近区，由于受到爆炸荷载的直接冲击作用，质点峰值振动速度 PPV 很高，最高达到了 1160cm/s，但随着与炮孔距离的增加，PPV 值迅速减小，在 0.3m 处仅为 70cm/s，在 1.2m 处振动速度为 25cm/s，但减小的趋势渐缓。

岩体的不同质点峰值振动速度与岩体的损伤程度关系密切，表 1 给出了 Bauer-Calder[21]、Mojitabai-Beattie[22] 以及 Savely[23] 关于岩体不同损伤程度的质点峰值振动速度判据。其中严重损伤程度为岩体粉碎区，中等损伤程度为岩体破裂区，轻微损伤程度为岩体损伤区。

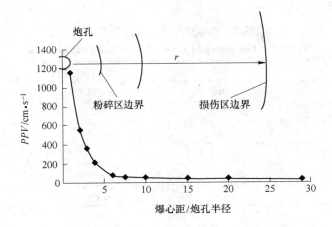

图 4 质点峰值振动速度与距离的关系
Fig. 4 The relationship between the PPV and distance

表 1 岩体损伤程度的质点峰值振动速度判据
Table 1 The criterion of rock mass damage extent based on the peak particle vibration

| 研究者 | 岩石类型 | 岩体无损伤 | 质点峰值振动速度/cm·s$^{-1}$ | | |
|---|---|---|---|---|---|
| | | | 轻微程度损伤 | 中等程度损伤 | 严重程度损伤 |
| Bauer-Calder | — | <25.0 | 25.0~63.5 | 63.5~254 | >254 |
| Mojitabai-Beattie | 软片麻岩 | — | 13.0~15.5 | 15.5~35.5 | >35.5 |
| | 硬片麻岩 | — | 23.0~35.0 | 35.0~60.0 | >60.0 |
| | Shultze 花岗岩 | — | 31.0~47.0 | 47.0~170.0 | >170.0 |
| | 斑晶花岗岩 | — | 44.0~77.6 | 77.5~124.1 | >124.1 |
| Savely | 斑 岩 | 12.7 | 38.1 | 63.5 | >63.5 |
| | 页 岩 | 5.1 | 25.4 | 38.1 | >38.1 |
| | 石英质中长岩 | >63.5 | >127.0 | >190.5 | >190.5 |

可见不同损伤程度对应的 PPV 与岩石类型相关,本文计算模型的岩体弹性模量为 30GPa,泊松比为 0.21,根据不同岩石参数,可根据表 1 归纳出岩石损伤临界振动阈值 25cm/s,岩石开裂临界振动阈值为 50cm/s,岩石粉碎临界振动阈值为 140cm/s。因此,结合式(9)可得岩体粉碎区、破裂区及损伤区对应的损伤因子,对不同的损伤因子赋予不同损伤程度的物理意义,其中,严重损伤程度(粉碎区)对应的 $D = 0.84 \sim 1.0$,中等损伤程度(破裂区)对应的 $D = 0.45 \sim 0.84$,轻微损伤程度(损伤区)对应的 $D = 0.20 \sim 0.45$。与之相对应的,本文单孔爆破损伤的数值模拟的粉碎区对应的半径为 0.22m,为炮孔半径的 4.9 倍,破裂区半径为 0.45m,为炮孔半径的 10 倍,损伤区半径为 1.2m。

由于爆破过程的复杂性和岩体性质的不确定性,为了验证本文数值模拟的可靠性,表 2 列举了近 20 年不同学者的计算结果,可以看出国内外不同的研究者对粉碎区和裂隙区的范围大小计算结果存在较大差异,综合现有的研究来看,粉碎区半径为炮孔半径的 1.0~15.0 倍,裂隙区半径为炮孔半径的 10~100 倍[24~28]。本文的粉碎区半径为炮孔半径的 4.9 倍,破碎区半径为炮孔半径的 10 倍,损伤区半径为炮孔半径的 27 倍,本文的计算结果与文中第二节众多研究者的经验公式相一致。

表2 粉碎区与损伤区范围[24~28]
Table 2 The extent of crushed zone and fracture zone

| 研究者 | 年 份 | 粉碎区半径/炮孔半径 | 损伤半径/炮孔半径 |
| --- | --- | --- | --- |
| Hustrulid | 1999, 2010 | 4.5~12.2 | 32~48.5 |
| 戴俊 | 2013 | 1.5~6 | 30~50 |
| Yilmaz & Unlu | 2013 | 6~17 | 30~45 |
| 张志呈 | 2000 | — | 27~33 |
| 徐颖,等 | 2002 | — | 60 |
| 本文结果 | — | 4.9 | 27 |

## 6 结论

（1）通过理论推导建立了质点峰值振动速度 PPV 与损伤因子 $D$ 之间的关系，并建立了不同损伤因子所对应的岩体损伤程度，赋予损伤因子 $D$ 以实际物理意义，当 $D=0.84\sim1.0$ 时，岩体达到粉碎状态；当 $D=0.45\sim0.84$ 岩体达到破裂状态；当 $D=0.20\sim0.45$ 岩体为轻微损伤状态；当 $D<0.2$ 时，可视为岩体无损伤。

（2）通过数值模拟的方法，采用连续介质研究岩体损伤的非连续问题，计算结果表明，在本文岩体及爆破参数条件下，粉碎区深度 0.22m，为炮孔半径的 4.9 倍，与经验公式相符，证明了本文方法的可靠性。

## 参 考 文 献

[1] Stecher F P, Fourney W L. Prediction of crack motion from detonation in brittle materials[J]. International Journal of Rock Mechanics and Mining Sciences &Geomechanics Abstracts, 1981, 18(1):23-33.
[2] 王明洋,邓宏见,钱七虎. 岩石中侵彻与爆炸作用的近区问题研究[J]. 岩石力学与工程学报, 2005, 24(16):2859-2863.
[3] 钱七虎. 岩石爆炸动力学的若干进展[J]. 岩石力学与工程学报, 2009, 28(10):1945-1968.
[4] 张奇. 岩石爆破的粉碎区及其空腔膨胀[J]. 爆炸与冲击, 1990, 10(1):79-82.
[5] 夏祥,李海波,李俊如,等. 岩体爆生裂纹的数值模拟[J]. 岩土力学, 2006, 27(11):1987-1991.
[6] 冷振东,卢文波,陈明,等. 岩石钻孔爆破粉碎区计算模型的改进[J]. 爆炸与冲击, 2015, 35(1):101-107.
[7] Mandal S K, Singh M M. Evaluating extent and causes of overbreak in tunnels[J]. Tunnelling and Underground Space Technology, 2009, 24(1):22-36.
[8] 戴俊. 柱状装药爆破的岩石压碎圈与裂隙圈计算[J]. 辽宁工程技术大学学报：自然科学版, 2001, 20(2):144-147.
[9] 王文龙. 钻眼爆破[M]. 北京：煤炭工业出版社, 1981: 2, 10-216, 318.
[10] Zhu Z, Mohanty B, Xie H. Numerical investigation of blasting-induced crack initiation and propagation in rocks[J]. International Journal of Rock Mechanics and Mining Sciences, 2007, 44(3):412-424.
[11] Grady D E, Kipp M E. Continuum modelling of explosive fracture in oil shale[J]. International Journal of Rock Mechanics and Mining Sciences &Geomechanics Abstracts, 1980, 17(3):147-157.
[12] Yang R, Bawden W F, Katsabanis P D. A new constitutive model for blast damage[J]. International Journal of Rock Mechanics and Mining Sciences &Geomechanics Abstracts, 1996, 33(3):245-254.

[13] Szuladzinski G. Response of rock medium to explosive borehole pressure[C]. Proceedings of the Fourth International Symposium on Rock Fragmentation by Blasting-Fragblast-4, Vienna, Austria. 1993: 17-23.
[14] Djordjevic N. A two-component of blast fragmentation[C]. AuslMMProceedings (Australia), 1999: 9-13.
[15] Kanchibotla SS, Valery W, Morrell S. Modelling fines in blast fragmentation andits impact on crushing andgrinding[C]. Proceedings of Explo'99—A Conference on Rock Breaking. The Australasian Institute of Mining andMetallurgy, Kalgoorlie, Australia, 1999: 137-44.
[16] 王明洋, 邓宏见, 钱七虎. 岩石中侵彻与爆炸作用的近区问题研究[J]. 岩石力学与工程学报, 2005, 24(16): 2859-2863.
[17] Esen S, Onederra I, Bilgin H A. Modelling the size of the crushed zone around a blasthole[J]. International Journal of Rock Mechanics and Mining Sciences, 2003, 40(4): 485-495.
[18] Kawamoto T, Ichikawa Y, Kyoya T. Deformation and fracturing behaviour of discontinuous rock mass and damage mechanics theory[J]. International Journal for Numerical and Analytical Methods in Geomechanics, 1988, 12(1): 1-30.
[19] 卢文波, Hustrulid W. 质点峰值振动速度衰减公式的改进[J]. 工程爆破, 2002, 8(3): 1-4.
[20] Lu W B, Yang J H, Chen M, et al. An equivalent method for blasting vibration simulation[J]. Simulation Modelling Practiceand and Theory, 2011, 19(9): 2050-2062.
[21] Bauer A, Calder P N. Open Pit and Blast Seminar[R]. Canada: Mining Engineering Department, Queens University, 1978.
[22] Mojitabai N, Beattie S G. Empirical Approach to Prediction of Damage in Bench Blasting[J]. Transactions of the Institution of Mining and Metallurgy Section A, 1996, 105: A75-A80.
[23] Savely J P. Designing A Final Blast to Improve Stability[C]. SME AnnualConference, 1986: 86-89.
[24] Hustrulid W A. Blasting Principles for Open Pit Mining: general design concepts[M]. Balkema, 1999, p.991.
[25] 戴俊. 岩石动力特性与爆破理论(第二版)[M]. 北京: 冶金工业出版社, 2013, pp. 236-238.
[26] Yilmaz O, Unlu T. Three dimensional numerical rock damage analysis under blasting load[J]. Tunnelling and Underground Space Technology, 2013, 38: 266-278.
[27] 张志呈. 定向断裂控制爆破[M]. 重庆: 重庆大学出版社, 2000: 75-77.
[28] 徐颖, 丁光亚, 宗琦, 等. 爆炸应力波的破岩特征及其能量分布研究[J]. 金属矿山, 2002, 02: 13-16.

# 安检示踪标识物与工业炸药的相容性研究

王尹军[1]　汪旭光[1]　刘奇祥[2]　王超军[2]

（1. 北京矿冶研究总院，北京，100160；2. 金发科技股份有限公司，广东 广州，510663）

**摘　要**：爆炸物品安检示踪标识物通过其携带的化学编码对爆炸物品进行身份标识，达到安检和示踪的目的。由于这类物质的特殊使命，与爆炸物品的相容性至关重要，因为只有具备良好的相容性，才能保证与爆炸物品长期相容共存，维持识别特征和身份编码不变，且对爆炸物品性能不产生影响。本文利用杜瓦瓶试验法对研制的安检示踪标识物分别与乳化炸药、粉状乳化炸药和乳胶基质的热稳定性进行了研究。试验温度100℃，试验过程中样品的最高温度为95～98℃。依据联合国《关于危险货物运输的建议书 试验和标准手册》（第五修订版）的判定标准，试样具有热稳定性，表明所研制的安检示踪标识物与乳化炸药、粉状乳化炸药和乳胶基质的相容性良好。

**关键词**：爆炸物品；安检示踪标识物；示踪剂；身份标识；热稳定性；杜瓦瓶试验法

## Study on the Compatibility between the Tracer Marker and the Industrial Explosive

Wang Yinjun[1]　Wang Xuguang[1]　Liu Qixiang[2]　Wang Chaojun[2]

(1. Beijing General Research Institute of Mining & Metallurgy, Beijing, 100160;
2. KINGFA SCI. & TECH. Co., Ltd., Guangdong Guangzhou, 510663)

**Abstract**: Explosives security-check and tracing markers make identification for explosive materials by means of its chemical coding to achieve the purpose of security and tracing. Due to its special mission, the compatibility of explosives and tracing markers is essential since only a good compatibility can guarantee a long-term co-existence of the markers and explosives. This also is ensured to remain the feature recognition and identity code and make no influence on the performance of explosives. The Dewar bottle test method was used to study the thermal stability of emulsion explosives, powdery emulsion explosives and emulsion matrix which were mixed with security-check and tracing markers respectively, with the test temperature of 100℃. During the test, the highest temperatures of the samples were 95℃ to 98℃. The test results show that the samples have thermal stability, according to the United Nations "The Recommendations on the Transport of Dangerous Goods, Manual of Test and Criteria" (fifth revision). Therefore the compatibility of the developed security-check and tracing markers with emulsion explosives, powdery emulsion explosives and emulsion matrix comforms to the safety standards.

**Keywords**: explosives; security-check and tracing markers; tracer; identification; thermal stability; the dewar bottle test method

---

作者信息：王尹军，博士，高级工程师，yjwang0281@163.com。

## 1 引言

爆炸物品安检示踪标识物（本文简称示踪剂）是在公安部治安管理局、反恐局和科信局领导下，历时10年研发成功的一种功能性添加剂，分别于2012年和2013年通过国家反恐办和公安部的验收和鉴定。自2016年1月1日起施行的《中华人民共和国反恐怖主义法》第二十二条规定，对民用爆炸物品添加安检示踪标识物。该类物质具有特定的化学编码用于标识、跟踪爆炸物品，在爆炸物品生产过程中以小于0.1%的比例均匀添加到爆炸物品中，与爆炸物品相伴始终。通过示踪编码为爆炸物品建立身份编码，准确区分爆炸物品的生产厂家、生产点、生产线、生产时期以及类别和品种等，并可基于示踪编码建立爆炸物品的追溯体系，实现对爆炸物品的跟踪溯源、动态监控、安全管理、综合治理等目标。

正是由于示踪剂的这种特殊使命，它与各类爆炸物品的相容性显得至关重要。因为只有优越的相容性，才能保证其所携带的编码不发生变化[1,2]，同时不影响爆炸物品的性能。本文将示踪剂与爆炸物品的相容性（compatibility）定义为示踪剂与爆炸物品各组分彼此相互容纳，在物理、化学性质上彼此不影响，也不发生化学反应。相容性好说明示踪剂能长期、稳定、均匀地存在于工业炸药中且示踪特征不变，是准确追踪爆炸物品和溯源的重要保证。本文选取了几种常用的工业炸药研究了它们与所研制的示踪剂的相容性[3~5]。

示踪剂与爆炸物品的热稳定性（或热安定性）是其相容性的一个重要表现[6]。本文采用杜瓦瓶试验方法，研究了示踪剂与几种工业炸药的热稳定性。杜瓦瓶试验法是联合国《关于危险货物运输的建议书 试验和标准手册》第五修订版（以下简称《手册》）试验系列 8（a）ANE 所规定的热稳定性试验方法，具有取材容易，结构简单，操作方便，绝热性能高，测量准确度高等优点，被国内民爆器材质量检测检验中心普遍采用[7~10]。

## 2 试验研究

### 2.1 试验方法

将少量示踪剂混入一定量的工业炸药中，利用杜瓦瓶试验法检测混合物的热稳定性，以热稳定性的优劣评价示踪剂与工业炸药的相容性。

#### 2.1.1 试验装置

杜瓦瓶试验室比普通试验室增加耐火、耐压设施，并配备有防爆墙。将试验样品放于带封闭装置的500 mL杜瓦瓶中，然后将其置于干燥箱中，通过干燥箱的温度调节系统进行恒温保存。在保存期间定期测量试样的温度，观察温度变化情况。杜瓦瓶结构如图1所示。

干燥箱为昆山松鑫电子有限公司产品，型号SXA-1460，容积1450 L，自动控温、控湿，外形尺寸 $W(1200mm) \times H(1890mm) \times D(700mm)$。干燥箱内加装风扇以保证杜瓦瓶四周的空气流通。控制干燥箱内的温度在10天内偏差不得超过

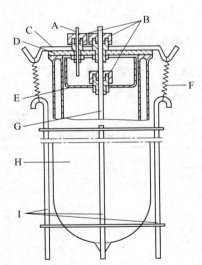

图1 带封闭装置的杜瓦瓶结构示意图
A—聚四氟乙烯毛细管；B—带环型封口的特制螺旋装置（聚四氟乙烯或铝）；C—金属带；D—玻璃盖；E—玻璃大口杯底座；F—弹簧；G—玻璃保护管；H—杜瓦瓶；I—钢支架

Fig. 1 Schematic diagram of the structure of Dewar bottle with a sealing device

±1℃。干燥箱内加装钢衬，并将杜瓦瓶置于专用金属网罩内。

在正式试验之前，先确定杜瓦瓶和封口的热损失特性。由于封闭装置对热损失特性有重要影响，因此可通过改变封闭装置，调节热损失特性。采用测量装满具有类似物理性质的惰性物质瓶体冷却一半所用的时间，计算单位质量的热损失 $L(W/kg·K)$ 的公式如下：

$$L = \ln2 \times c_p/t_{1/2}$$

式中　$t_{1/2}$——装满具有类似物理性质的惰性物质瓶体冷却一半所用的时间，s；

　　　$c_p$——物质的比热，J/kg·K。

经测量，本试验采用的杜瓦瓶和封口的热损失特性为 95 mW/kg·K，满足《手册》18.4.1.2.6 条"装有 400 mL 物质的杜瓦瓶，热损失在 80 到 100 mW/kg·K 之间者适合使用"的规定要求。

#### 2.1.2　试验样品

试验所用示踪剂样品为随机抽取的两种化学示踪剂，分别标记为 7 号和 9 号。试验所用的工业炸药及半成品有乳化炸药、粉状乳化炸药和乳胶基质 3 个品种。

分别称取乳化炸药、粉状乳化炸药和乳胶基质各 400g，每种炸药试样称取 2 份。每种示踪剂称取 3 份，每份 5g。将每份示踪剂分别置于 400g 工业炸药的中心部位，做成 6 个试验样品。

#### 2.1.3　试验流程和试验条件

本试验委托国家民用爆破器材质量监督检验中心完成，试验流程为将 6 个试验样品分别置于 6 支杜瓦瓶中，每个试样中心插一支温度传感器，将杜瓦瓶密封好。每 2 支杜瓦瓶置于干燥箱的一个储间，将干燥箱控制温度设定为 100℃，连接温度记录装置，连续测试试样的温度，在试样温度达到 98℃时（低于干燥箱温度 2℃）开始做记录。保持试样环境温度不变，连续储存 336h（两周时间）。

### 2.2　试验结果

在试验过程中测得的 6 个试样的最高温度见表 1，图 2 为国家民用爆破器材质量监督检验中心出具的一份检测报告。

表 1　杜瓦瓶热稳定性试验结果

Table 1　Results of thermal stability test with Dewar bottle method

| 示踪剂 | 工业炸药 | 试验过程中样品的最高温度/℃ |
|---|---|---|
| 7 号 | 乳化炸药 | 95 |
| | 粉状乳化炸药 | 96 |
| | 乳胶基质 | 98 |
| 9 号 | 乳化炸药 | 97 |
| | 粉状乳化炸药 | 95 |
| | 乳胶基质 | 96 |

### 2.3　试验结果分析

依据《手册》"18.4.1.4 试验标准和评估结果的方法部分"规定，如果在试验中，试样温度均未超过试验温度 6℃或以上，则可认为样品具有热稳定性。上述试验结果表明，2 种示踪剂分别与乳化炸药、粉状乳化炸药和乳胶基质制成的试样，在试验过程中的最高温度不仅均未

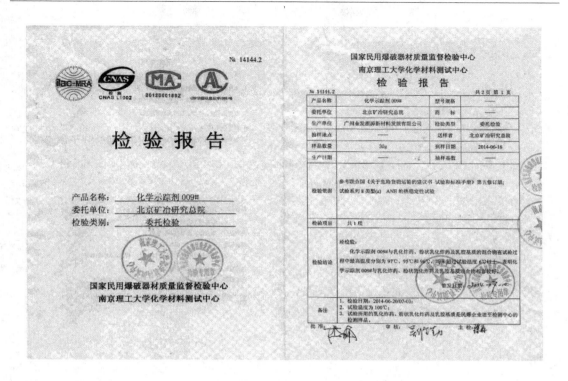

图 2  9 号示踪剂的热稳定性检测报告
Fig. 2  Thermal stability test report of No. 9 tracer

超过试验温度（100℃）6℃或以上，甚至均未达到环境温度。由此可知，随机抽取的两种示踪剂分别与乳化炸药、粉状乳化炸药和乳胶基质的相容性良好。

应当指出，正常使用时，示踪剂与工业炸药的混合比例为 0.08% 左右，而本试验将 5g 示踪剂集中混入 400g 的各炸药样品的中心部位，不仅示踪剂的添加量大（炸药质量的 1.25%，为正常添加的 15.6 倍），而且示踪剂在炸药样品中呈聚积状态，这就强化了示踪剂与各炸药样品的化学反应条件。在这种强化条件下试样都表现出良好的热稳定性，充分说明了示踪剂与工业炸药的良好相容性。本试验实际上也模拟并验证了在工业炸药生产过程中添加示踪剂时，如果出现未与工业炸药混合均匀或者有部分示踪剂比较集中地混入工业炸药时，也同样具有热稳定性。

## 3  结论

采用杜瓦瓶热稳定性试验法，对随机抽取的两种示踪剂分别与乳化炸药、粉状乳化炸药和乳胶基质混合后的试样进行测试。相同试验条件下，6 个试样最高温度均小于试验温度 100 ℃。依据联合国《关于危险货物运输的建议书 试验和标准手册》第五修订版试验系列 8（a）ANE 的热稳定性试验方法的判定条件—"试样温度未超过试验温度 6℃或以上，则说明试样具有热稳定性"，试验结果表明所研究的安检示踪剂与乳化炸药、粉状乳化炸药和乳胶基质的相容性良好。

## 参 考 文 献

[1] 闫正斌，汪旭光，王尹军，等. 化学示踪剂在爆炸物品流向监管中的作用[J]. 工程爆破，2015，21

(3):54-59.

[2] 闫正斌,汪旭光,王超军,等. 爆炸物品示踪剂抗侵蚀试验研究[J]. 工程爆破, 2015, 21(3): 42-46.

[3] Ashley Haslett. Identification & traceability of civil explosives in Europe[C]. *Proceedings of the Thirty-sixth Annual Conference on Explosives and Blasting Technique*, International Society of Explosives Engineers, February 7-10, 2010ORLANDO, FL USA.

[4] Joseph Kennedy. Preventing the next Terrorist Attack is a Shared Responsibility[J]. International Society of Explosives Engineers, 2010(1):1-8.

[5] Luigi-Gabriel OBREJA, Ionut CIOBANU, Maria-Claudia SURUGIU. Logistic Processes for Inland Waterway Transport of Explosives[J]. *Supply Chain Management Journal*, 2014, 5(1):42-55.

[6] 樊瑞君,王煊军,刘代志. 含能材料热安定性及热安全性评价方法研究进展[J]. 化学推进剂与高分子材料, 2004, 2(2):22-24.

[7] 徐森,潘峰,刘大斌,等. 乳胶基质的危险性分级研究[C]. 全国危险物质与安全应急技术研讨会论文集(下). 重庆, 2011: 841-844.

[8] 田映韬. 几种有机过氧化物的热分解特性研究[D]. 南京:南京理工大学, 2013.

[9] 冯善娥. 实验室中杜瓦瓶的安全使用[J]. 高校实验室工作研究, 2013(1):67-68.

[10] 潘仁明,刘玉海. 有关AMBN热分解特征的研究[J]. 爆破器材, 2000, 29(6):6-9.

# 地面爆炸荷载作用下埋地钢管的动态响应分析与安全评价

谢先启　贾永胜　韩传伟　黄小武　姚颖康　刘昌邦

（武汉爆破有限公司，湖北 武汉，430023）

**摘　要**：本文以某设计储存炸药量为 5t 的民爆仓库意外爆炸对 100m 外埋深 2m 的高压天然气管道影响安全评估项目为依托，研究了地面爆炸荷载作用下埋地钢管的动态响应与安全性。首先根据相似理论开展了室外缩尺模型试验，采用动态测量技术，获得了不同药量、不同距离爆炸条件下埋地钢管的管壁动应力、动应变、速度与加速度等动力响应特征；其次，采用有限元显式动力分析软件 LS-DYNA 对模型试验的不同工况进行数值模拟，并在修正的力学参数基础上，对实际工况进行了有效模拟。最后，在相关工作基础上，对地面爆炸荷载作用下埋地钢管的安全性进行了评价。

**关键词**：地面爆炸荷载；埋地钢管动态响应模型；试验数值模拟；安全性评价

## Dynamic Analysis and Safety Evaluation of Buried Steel Pipeline under Surface Blasting Load

Xie Xianqi　Jia Yongsheng　Han Chuanwei　Huang Xiaowu
Yao Yingkang　Liu Changbang

(Wuhan Blasting Engineering Co., Ltd., Hubei Wuhan, 430023)

**Abstract**: Study on dynamic response and safety of the buried steel pipeline under surface blasting load rely on safety evaluation of high pressure nature gas pipeline whose buried depth is 2m, and 100m far from which is an explosive library which inventory is 5t. Firstly, outdoor model testis developed according to similarity theory and dynamic stress, dynamic strain, velocity and acceleration of buried steel pipeline in different conditions are measured by dynamic testing technology. Secondly, numerical simulation in different conditions is made by using dynamic finite element software LS-DYNA. Then further calculation is made rely on actual conditions on the basis of modified physics parameters. Finally, safety of buried pipeline under surface blasting load is evaluated by comprehensive means.

**Keywords**: surface blasting load; buried steel pipeline dynamic response model test; numerical-simulation; safety evaluation

在城市复杂环境条件下实施爆破作业时，经常会遇到地下管道结构，主要包括天然气管道、输油管道、供水管道和排水管道，涉及的材质多为混凝土和钢材。《爆破安全规程》中有

---

作者信息：谢先启，教授级高级工程师，博士生导师，xxablast@163.com。

关埋地管道的安全判据[1]，至今仍是空白。如何保障爆炸荷载作用下临近埋地管道的安全，是开展爆破作业时亟须考虑的一个难题。业内许多学者主要采用模型试验和数值模拟方法，开展了一系列研究，但尚未形成统一认识。马力秋、张建民、胡耘[2]等人采用清华大学50g-t土工离心机进行浅埋圆形结构物在地表爆炸条件下的试验研究，发现结构底部应变峰值约为顶部峰值的1/3，土层含水量越大，结构物的应变响应越大。刘新宇，马林建，马淑娜[3]在核爆压力模拟器内进行了土埋钢油罐模型的爆炸压力加载试验，发现作用在土埋圆柱壳上的动压呈现底部动压峰值较大的特点，壳柱为动态弯曲应力状态，其中，环向应变在底部为拉应变，侧部和顶部为压应变，纵向应变在壳体顶部和底部均为压应变，侧部为拉应变。王飞、王连来、刘广初[4]利用有限元计算软件ANSYS/LS-DYNA中的ALE算法对爆炸荷载作用下天然气管道（空管）的破坏情况进行了数值模拟，分析了爆炸荷载下管道的变形情况，管道破坏过程以及管道内部应变的发展过程，发现ALE算法能够很好地模拟管道的破坏变形情况。魏韡[5]利用LS-DYNA有限元程序结合已有的试验数据和解析方法对炸药在空气和土中爆炸仿真的可靠性进行了验证，发现管道与爆源距离、炸药质量因素对管道动态响应的影响更大，且爆炸动力作用下管道强度的衰减是前期剧烈后期平缓。

本文采用现场模型试验和数值模拟相结合的方法，研究了地面爆炸作用下临近埋地管道的动力响应特征，并对埋地管道的安全性给予了评价。

# 1 现场试验设计

以某设计储存炸药量为5t的民爆仓库意外爆炸对100m外埋深2m的高压天然气管道影响安全评估项目为依托，在实验场开展了小型的模型试验。实验场地为一般黏性土层，黏土层底部为灰岩，实验深度无地下水；天然气钢管直径为813mm，壁厚为11.9mm，长度为10m，埋深（管底至地面）为2.0m；炸药选用2号岩石乳化炸药。采用单次小药量爆破，监测地下管道的应力、应变状态和质点振动速度情况。

 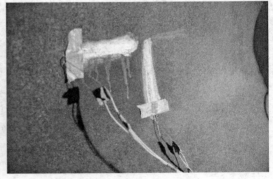

图1 埋设天然气管道　　　　　　　　　图2 管内壁应变片布置
Fig. 1 Buried steel pipeline　　　　Fig. 2 Stain gages arrangement on pipeline innerwall

考虑相似关系、实验场地条件、允许炸药用量、炸药型号等情况，设计爆破试验时采用的炸药量及其距离管道模型的距离如表1所示。

为实时监测爆炸荷载作用下埋地管道的动力响应特征，在管道内壁6个关键点处粘贴了竖向和横向应变片，分别监测环向应变和轴向应变，对应测点1~测点6；在管道正中间和1/4处分别放置一台爆破振动监测仪，监测质点振动速度，对应测点7和测点8；埋地管道测点布置情况见图3。

表1 实验方案的药量与距离选择情况
Table 1 Relationship between explosive weight and distance

| 工况序号 | 药量 $Q/\text{kg}$ | 爆心距离 $R/\text{m}$ |
|---|---|---|
| 1 | 1.6 | 0.0 |
| 2 | 3.2 | 8.0 |
| 3 | 8.0 | 10.0 |

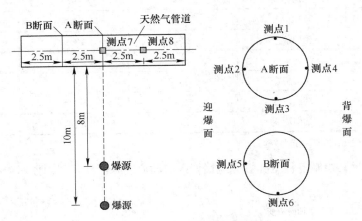

图3 埋地管道测点布置图

Fig. 3 Dynamic strain measure points arrangement on and in the buried pipeline

## 2 监测结果分析

### 2.1 动态应变分析

查阅文献[6]可知,炮、航弹在结构周围土中爆炸地冲击作用下自由场中质点峰值压力计算公式为:

$$p_0 = f \cdot (\rho_c) \cdot 160 \cdot \left(\frac{R}{W^{1/3}}\right)^{-n} \tag{1}$$

式中,$p_0$ 为压力,Pa;$f$ 为爆炸地冲击耦合系数;$\rho_c$ 为声阻抗,$\text{kg/m}^2 \cdot \text{s}$;$R$ 为自由场中质点与爆心的距离,m;$W$ 为装药重量,kg;$n$ 为衰减系数。

根据现场试验条件,爆炸地冲击耦合系数 $f = 0.2$,声阻抗 $\rho_c = 12.0 \times 10^5 \text{kg/m}^2 \cdot \text{s}$,衰减系数 $n = 2.0$。将工况1、工况2中的装药量 $W$ 和爆心距离 $R$ 代入公式(1),得到埋地钢管内壁的应变峰值分别为 $6.3\mu\varepsilon$、$7.4\mu\varepsilon$。

处理监测得到的数据,得到工况1~工况3下测点1~测点6处的应变峰值情况,如表2所示。

观察各测点动态应变的监测数据,可看出各测点的应变均在拉压间波动(拉为正,压为负)。比例药量 $\frac{\sqrt[3]{Q}}{R} = 0.2$ 时,埋地钢管内壁A截面处的动态应变值峰值在 $8.7 \sim 34.4\mu\varepsilon$ 范围内。对比经验公式计算值,可以发现,计算值比实测数据稍小,计算误差约为35.8%。

表2 各测点应变峰值情况

Table 2 Strain peak value of each measure point

με

| 编号（测点） | 监测项目（工况） | 1 | 2 | 3 |
|---|---|---|---|---|
| 1 | 环向应变 | -103.7 | -24.6 | -31.0 |
|   | 轴向应变 | 131.5 | 5.1 | 10.0 |
| 2 | 环向应变 | — | — | — |
|   | 轴向应变 | -107.8 | 13.6 | 16.2 |
| 3 | 环向应变 | 42.4 | 8.9 | -8.7 |
|   | 轴向应变 | 105.3 | -9.5 | 15.3 |
| 4 | 环向应变 | 28.8 | -8.8 | -13.0 |
|   | 轴向应变 | -119.6 | 28.9 | 34.4 |
| 5 | 环向应变 | 144.3 | 29.8 | 111.9 |
|   | 轴向应变 | -14.7 | -9.8 | -17.2 |
| 6 | 环向应变 | 44.9 | -5.5 | -17.0 |
|   | 轴向应变 | -27.0 | 35.7 | 45.7 |

注：表中"—"表示没有采集到数据。

依据实测数据，绘制各种工况下埋地钢管内壁动应变峰值柱形图，如图4所示。

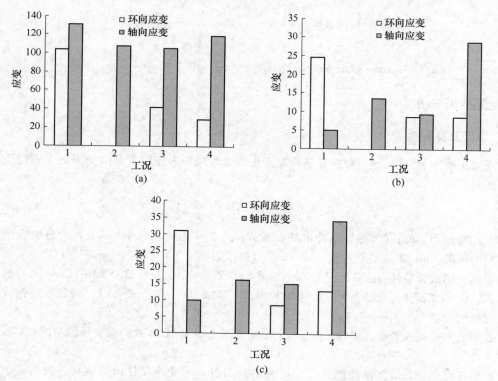

图4 各种工况下埋地钢管A截面的动态应变柱形图

(a) 工况1；(b) 工况2；(c) 工况3

Fig. 4 Dynamic strain on section A of the buried pipeline under different working conditions

观察埋地钢管内壁的 A 截面处的动态应变柱形图，可以看出：（1）在减小药量的情况下，爆源在埋地钢管正上方时，管道内壁的动态应变峰值明显要大于其他两种工况；（2）当爆源处于埋地钢管正上方时，管壁的环向应变峰值均大于轴向应变峰值；（3）当爆源处于埋地钢管一侧时，管壁顶点处的环向应变峰值小于轴向应变峰值，而其他 3 处位置的环向应变峰值依然大于轴向应变峰值。在管道实际运营过程中，考虑管道内压作用时，管道内壁的环向应变会进一步增大。因此，关注爆炸荷载作用下埋地管道的安全应重点监测环向应变。

## 2.2 振动速度分析

处理监测所得的数据，工况 1 ~ 工况 3 下其测点 7 和测点 8 处的质点振动速度峰值及对应的主频情况，如表 3 所示。

表 3 各测点振动峰值及主频情况
Table 3 Vibration peak values and dominant frequency of each measure point　　cm/s

| 编号（测点） | 监测项目（工况） | 1 | 2 | 3 |
| --- | --- | --- | --- | --- |
| 7 | $X$ | 1.9（40Hz） | 1.8（58Hz） | 2.8（46Hz） |
|  | $Y$ | 0.6（30Hz） | 0.7（15Hz） | 1.2（28Hz） |
|  | $Z$ | 2.0（22Hz） | 1.4（52Hz） | 2.0（39Hz） |
| 8 | $X$ | 1.3（29Hz） | 1.2（23Hz） | 2.1（45Hz） |
|  | $Y$ | 1.3（36Hz） | 0.7（58Hz） | 1.0（62Hz） |
|  | $Z$ | 2.5（34Hz） | 1.5（36Hz） | 2.0（37Hz） |

注：$X$ 向为指向爆源方向。

地面爆炸荷载作用下，埋地钢管的振动主频在 15 ~ 62Hz 之间，比例药量 $\frac{\sqrt[3]{Q}}{R} = 0.2$ 时，埋地钢管内壁 A 截面处的质点三个方向的振动速度峰值在 1.2 ~ 2.8cm/s 范围内。

计算每个测点位置质点的合速度后，采用撒道夫斯基公式两边取对数后进行线性拟合，拟合得到的函数为 $y = 4.53x + 8.55$，相关性系数 $R^2 = 0.99$，拟合得到的函数具有很高的可靠性。进而得到地面爆炸荷载作用下埋深 2.0m 处钢管的质点振动速度计算公式为：

$$v = 5177.1 \times \left(\frac{\sqrt[3]{Q}}{R}\right)^{4.53} \tag{2}$$

运用上述公式可以用于估算地面裸露爆破条件下，埋深 2.0m 处钢管的质点振动速度。

## 3 数值模拟验证

利用 LS-DYNA 动力学有限元软件，对爆炸荷载作用下埋地天然气管道的质点振动速度、动应变和加速度三个要素进行计算与分析。选取 8kg 乳化炸药，爆源与管道中心的水平距离为 10m 的工况。选取管道 A 截面处的测点轴向作为研究对象，对比数值模拟计算结果与现场试验实测数据，如表 4 所示。

在现场试验工况下，对比埋地天然气管道的动力响应的计算结果与实测数据。可以看出，质点振动速度、动应变和加速度的计算结果与现场实测值相差不大，计算误差在 10% 以内。由此证明，本次试算过程中所采用的材料模型合理，计算参数可靠，可以用于计算地表爆炸荷载作用下临近天然气管道的动力响应。

表4 管道A截面轴向计算结果与实测数据峰值对比
Table 4 Comparison of numerical simulation results and actural neasured data of section A

| 项 目 | 振动速度/cm·s$^{-1}$ | 动应变/εμ | 加速度/g |
|---|---|---|---|
| 实测值 | 1.18 | 16.0 | 13.18 |
| 计算值 | 1.07 | 15.1 | 14.02 |
| 计算误差 | 9.3% | 5.6% | 6.0% |

采用上述计算过程中所采用的材料参数，建立实际工况1∶1有限元模型，模拟地面爆炸荷载作用下埋地钢管的动力响应特征。计算得到埋地钢管 Von-Mises 有效应力云图，如图5所示。

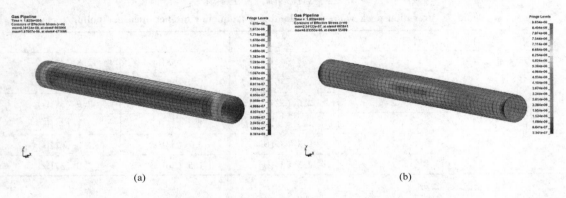

图5 爆炸荷载作用下埋地钢管 Von-Mises 应力云图
(a) $t=182.5$ms; (b) $t=194.5$ms
Fig. 5 Von-Mises stress contour of the buried pipeline under explosion load by numeried simulation

计算得到爆炸荷载作用下临近高压管网公司管道中心环面上，各测点的动应力峰值，如表5所示。

表5 中心环面各测点处单元的动应力峰值
Table 5 Dynamic strain peak values of measure points on the central round surface by numerical simulation   MPa

| 项 目 | 测点1 | 测点2 | 测点3 | 测点4 |
|---|---|---|---|---|
| 轴向 | 0.21 | 0.94 | 0.28 | 0.92 |
| 环向 | 0.27 | 0.01 | 0.28 | 0.01 |

观察管道中心环面4个测点的动应力峰值，可以看出，管道中心环面的轴向应力在0.21~0.94MPa范围内，环向应力在0.01~0.28MPa范围内。其中，迎爆面和背爆面处的轴向应力相比其他位置的应力较大，轴向应力最大值发生在中心环面的迎爆面端点处。

根据天然气管道设计施工资料[7]可知，民用炸药库临近段埋地钢管材质为L450（X65），其屈服强度为485MPa。因此，即使考虑天然气管道正常工作内压（6.0MPa），埋地管道在爆炸荷载作用下的变形仍在弹性范围内，民用炸药库发生爆炸事故，不会损坏临近的埋地天然气管道。

计算得到了爆炸荷载作用下埋地天然气管道不同位置处的质点三个方向的振动速度峰值，如表6所示。

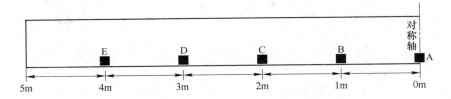

图6 天然气管道各位置质点振动速度测点布置图
Fig. 6 Points arrangement for measuring partical vibration value

表6 天然气管道各测点质点振动速度峰值
Table 6 Computed particle vibration peak value by numerical simulation  cm/s

| 测点编号 | | A | B | C | D | E |
|---|---|---|---|---|---|---|
| 振动速度 | $X$方向 | 1.31 | 1.19 | 1.03 | 0.97 | 0.84 |
| | $Y$方向 | 0.39 | 0.36 | 0.36 | 0.31 | 0.28 |
| | $Z$方向 | 0.06 | 0.05 | 0.07 | 0.08 | 0.11 |

目前，《爆破安全规程》（GB 6722—2014）无相关的天然气管道质点振动速度控制标准。依据武汉本土地震烈度（6度）以及类似工程安全防护标准，振动主频在1050Hz范围内，地下管线允许质点振动速度推荐值为7cm/s[8]。

分析管道中心面处各测点处质点振动速度峰值，可以发现：高压管网公司管道轴向不同位置处单元$X$方向的质点振动速度峰值在0.84~1.31cm/s范围内，$Y$方向的质点振动速度峰值在0.28~0.39cm/s范围内，$Z$方向的质点振动速度峰值在0.05~0.11cm/s范围内。因此，埋地天然气管道在爆炸荷载作用下仍有一定的安全裕量。

## 4 结论

以某设计储存炸药量为5t的民爆仓库意外爆炸对100m外埋深2m的高压天然气管道影响安全评估项目为依托，在实验场开展了小型的模型实验，分析了地面爆炸荷载作用下埋地钢管的动态响应特征，并对埋地天然气管道的安全性进行了评估。综合采用理论计算、现场试验和数值模拟的研究方法，获得了以下结论：

（1）爆源在埋地钢管正上方时，管道内壁的动态应变峰值明显要大于其他两种工况，埋地管道动态响应特征对爆心距离比较敏感；当爆源处于埋地钢管一侧时，管道内壁的环向应变峰值普遍大于轴向应变峰值，关注爆炸荷载作用下埋地管道的安全应重点监测环向应变。

（2）采用传统的经验公式计算地面爆炸荷载作用时埋地管道的动态应变，计算误差约为35.8%。根据管道内壁质点振动速度的监测数据，拟合得到了地面爆炸荷载作用下埋地钢管的质点振动速度计算函数。

（3）依据现场试验监测数据反演得到数值模拟中的材料参数，优化后的参数代入LS-DYNA有限元程序，计算得到了实际工况下埋地管道的动应变峰值与质点振动速度峰值；数据表明民用爆炸物品存储仓库意外爆炸后不会损坏临近的埋地天然气管道。

## 参 考 文 献

[1] 中华人民共和国国家标准. 爆破安全规程（GB 6722—2014）[S]. 北京：中国标准出版社，2015.
[2] 马力秋，张建民，胡耘，等. 地面爆炸条件下浅埋地下结构物响应离心模型试验研究[J]. 岩石力学与工程学报，2010，29(2)：3672–3678.
[3] 刘新宇，马林建，马淑娜. 核爆炸荷载作用下土埋刚油罐受力特性模型试验[J]. 解放军理工大学学报(自然科学版)，2009，10(2)：175-178.
[4] 王飞，王连来，刘广初. 爆炸荷载对天然气管道（空管）的破坏作用研究[J]. 爆破，2006，23(4)：20-24.
[5] 魏韡. 爆炸冲击荷载下尤其管道的动态响应分析与安全评价[D]. 西南石油大学，2014.
[6] 方秦，译. 常规武器防护设计原理[M]. 中国人民解放军工程兵工程学院，1997.
[7] 中国市政工程中南设计研究院. 陈安义至五里界高压管道线路工程设计说明书[Z]. 2009，7.
[8] 水利部长江科学院工程质量检测中心. 湖北云鹤大厦爆破拆除安全监测报告[R]. 2015，11.

# 路堑边坡岩体爆破开挖数值模拟研究

曹晓立　高文学　吴楠　赵浩

（北京工业大学建筑工程学院，北京，100022）

**摘　要**：爆破开挖是岩质路堑高边坡施工最常用的方法之一。在爆破作用下，路堑高边坡的稳定与否直接影响到开挖过程和后期公路运营的安全。基于鲁坨路路堑边坡爆破开挖工程，用非线性有限元软件 midas GTS 建立了爆破荷载作用下的边坡数值模型，对爆破过程中边坡坡体内的应力场、位移场和速度的分布与传递规律进行了了分析。研究结果表明在岩质高边坡爆破时，深孔爆破的爆破荷载与爆破振动作用叠加，在坡底一定范围内会形成一个应力集中影响区域；在爆破荷载作用下，沿着高程方向位移和速度具有明显的放大效应；而采用毫秒延期精细控制爆破技术可有效地控制爆源临近建（构）筑物质点的竖向振动速度。

**关键词**：路堑边坡；爆破振动；动力稳定；数值模拟

## Numerical Simulation of Blasting Vibration on Road High Cutting Slope

Cao Xiaoli　Gao Wenxue　Wu Nan　Zhao Hao

（Beijing University of Technology, Beijing, 100022）

**Abstract**: Blasting excavation is one of the most commonly used method in road high cutting slope construction. Under blasting vibration wave, highway excavation process and its operation is directly influenced by the stability of high cutting slope. Therefore, based on Lutuo Road construction project, a FEM model is established by midas GTS. The stress field, displacement field and velocity distribution and transfer laws are analyzed under blasting vibration, and conclusion about the dynamic response of high cutting slope under blasting vibration are as follows: As the explosion is close to the slope's corner, a stress concentration mainly effected field is formed within a certain altitude of the slope's corner; The displacement and vibration velocity of the high cutting slope has obvious magnification along the vertical direction under blasting vibration, which is similar to natural earthquake effect; Millisecond-delay-control blasting technology is adopted, so that vertical vibration velocity of the buildings can be controlled strictly.

**Keywords**: high slope of cut; blasting for excavation; dynamic stability; numerical simulation

## 1 引言

随着我国经济的迅速发展，山区和丘陵地带所修建的高等级公路出现了大量的岩质高边

---

作者信息：曹晓立，博士，1747507703@qq.com。

坡。在高边坡施工中，爆破振动产生的地震效应，作为主要影响边坡稳定性的外部因素，越来越受到学者的关注。

爆破荷载产生的振动以及后续一系列连锁反应对岩质高边坡的稳定性有着很大的影响，尤其在施工中路堑边坡岩体受到路基开挖的影响，应力场重新分布，当爆破荷载作用时，很可能诱发坡体崩塌、滑坡等灾害，不但阻碍工程的顺利进行，还会造成财产的严重受损[1~3]。因此深入研究爆破振动对路堑岩质高边坡稳定性的影响，以及保障公路施工过程中周围复杂环境的安全具有重要的现实意义。

## 2 路堑边坡岩体爆破开挖数值模拟

### 2.1 工程简介

鲁坨路工程由鲁家山生物质能源厂至羊圈头村，羊圈头村和西装店村段两侧居民房较为密集。根据北京城市规划设计研究院提供的《鲁坨路（京原公路—大灰厂路）道路选线及规划条件》，规划道路等级为二级公路，设计速度为60km/h，道路红线宽30m，规划断面为路基宽10m，路面宽8.5m。

本次勘察揭露的地层最大深度为20m，根据钻探资料及室内土工试验结果，按地层沉积年代、成因类型，将本工程场地勘探范围内的土层划分为人工堆积层（Qml）、第四纪坡残积层（Q4dl+el）和寒武系灰岩三大类，并按照地层岩性及其物理力学性质进一步分为3个大层及其亚层。

根据开挖路段的设计资料、周边环境、工程性质的分析，路基石方爆破确定采用深孔松动控制爆破施工方案。

爆区环境条件好、开挖深度在10m以内的地段，路堑范围内的岩石一次钻孔、一次爆破达到设计深度，以保证施工进度；开挖深度超过10m，采用分层爆破。为了控制爆破飞石，施工时确保堵塞长度，并在孔口加压沙袋，必要时覆盖荆芭；同时采用毫秒延期起爆技术，限定最大一段起爆药量，以控制爆破震动对周边建（构）筑物的影响[4]。

### 2.2 数值计算模型

#### 2.2.1 模型选取

采用midas GTS有限元软件对鲁坨路路堑边坡爆破开挖及其振动效应进行数值模拟。场地岩土物理力学参数基于地勘报告选取。同时，为了更真实的模拟爆破振动对周围风景悬石和居民房的影响，建模时将房屋简化为砌体结构，各材料主要物理力学参数如表1所示。

表1 材料物理力学参数一览表
Table 1 The material parameters table

| 参数 | 弹性模量/kN·m$^{-2}$ | 泊松比 | 密度/kg·m$^{-3}$ | 黏聚力/kN·m$^{-2}$ | 内摩擦角/(°) |
|---|---|---|---|---|---|
| 基岩 | 5000 | 0.3 | 2300 | 20 | 33 |
| 风景悬石 | 60000 | 0.3 | 2300 | 20 | 33 |
| 建（构）筑物 | 10000000 | 0.2 | 2200 | — | — |

模型网格划分时，监测点和爆源附近尺寸细密，远离爆源处尺寸稀疏，以满足计算精度要求，同时不致网格数量过多造成计算缓慢。模型共生成单元88145个，节点53114个。模型尺寸取值如下：X方向200m，Y方向300m，Z方向60m，图1所示即为爆破三维模型示意图，图中标注爆源以及各监测点位置。

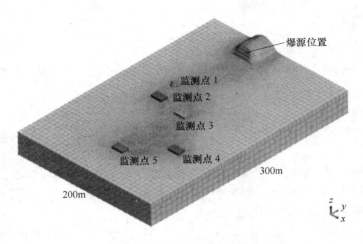

图 1　三维模型以及测点位置图
Fig. 1　3D model of numerical simulation

#### 2.2.2　边界条件

对于爆破荷载的动力分析,建立一般的边界条件会由于波的反射作用而产生较大误差,数值分析时采用 Lysmer 和 Wass 提议的黏性边界进行施加[5]。

#### 2.2.3　荷载计算

对于一般的动力分析,爆破荷载都是作用在孔壁垂直方向上,midas GTS 中采用美国 National Highway Institute 里提及的公式[6],即:

$$p_{det} = \frac{4.18 \times 10^{-7} \times \gamma \times v_e^2}{1 + 0.8\gamma} \quad (1)$$

$$p_B = p_{det} \times \left(\frac{d_c}{d_h}\right)^3 \quad (2)$$

式中,$p_{det}$ 为爆破压力,kbar;$p_B$ 为孔壁面上的压力,kbar;$v_e$ 为爆破速度,ft/s²;$d_c$ 为火药直径,mm;$d_h$ 为孔眼直径,mm;$\gamma$ 为比重。

本次模拟基于爆破设计方案,将爆破荷载时程曲线等效施加在两个成型的边坡坡面上。为了模拟逐排延时爆破振动叠加作用,施加爆破荷载时,设置不同的到达时间。每次爆破荷载的压力上升时间约为 0.01 s,共作用 0.1 s,分析计算时间取 1 s。单次爆破时程函数如图 2 所示。

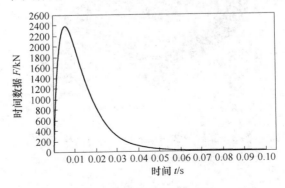

图 2　单次爆破时程函数
Fig. 2　The blasting load time history curve

## 2.3 数值模拟结果分析

### 2.3.1 特征值分析

在非衰减自由振动条件下，midas GTS 程序使用下面式子计算固有周期和振型：

$$K\phi_n = \omega_n^2 M\phi_n \tag{3}$$

式中，$K$ 为结构刚度矩阵；$M$ 为结构质量矩阵；$\omega_n^2$ 为第 $n$ 个阵型的特征值；$\phi_n$ 为第 $n$ 个阵型的振型向量。

特征值分析用于研究结构固有动力特性，同时也可以称为自由振动分析。通过分析特征值，可以得到结构的一些关键的动力特性，例如，阵形、自振周期（自振频率）、阵形中的参与系数等，这些特性一般由结构的刚度和质量决定[7]。

通过特征值分析得到，模型的第 1、第 2 振型的周期分别为 1.3198s、1.2923s。

### 2.3.2 竖向位移分析

图 3 为爆破荷载作用下边坡竖向位移云图。从云图分析可知，在爆破荷载作用下，边坡位移场由荷载作用面开始产生，逐渐向整个边坡深处及远处传播，并逐渐波及整个边坡坡体以及周边环境。

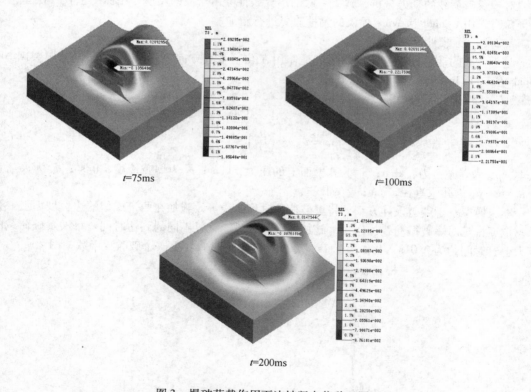

图 3　爆破荷载作用下边坡竖向位移云图
Fig. 3　Cloud diagram of the vertical displacement

由图中数值可以看出，爆源处竖向位移最大，在 75ms 时达到 22.88cm，之后逐渐减小；同时，由于爆破荷载的作用，边坡坡顶产生的一定范围的隆起，分析数据可得，坡顶在 100ms

左右出现第一个峰值（2.89cm），在此之后，振动波随着坡体向上传递，在200ms时由于延时爆破产生的振动叠加效应，出现第二个峰值（9.79cm），之后质点位移逐渐减小直至趋于稳定。

上述数据说明在爆源中心附近，边坡位移波动较为剧烈，在爆破荷载作用下，岩体松动破坏，产生贯通裂隙，坡顶处受到振动波的影响出现小范围的隆起，虽有震感但不致产生裂隙，只是安全系数相应减小，岩体保持完好。

#### 2.3.3 边坡质点振动速度

图4中数据分析可得，边坡坡面位置由于直接受到爆破荷载的强烈冲击，速度峰值出现在炸药引爆瞬间，炮孔附近质点的速度达到11.73m/s，之后随着爆破能量的衰减，速度迅速消散，400ms之后，速度降到14.5cm/s。同时，边坡坡顶各质点由于延时爆破所产生的多次爆破，其振动速度呈现波动状态，并出现多个振速峰值，并在500ms之后逐渐区域稳，约为5cm/s。

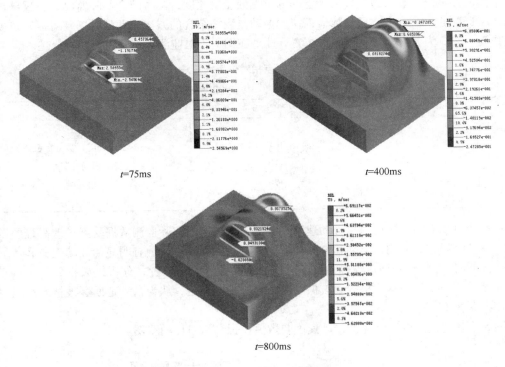

图4 边坡振动速度传递示意图
Fig. 4 Cloud diagram of vibration velocity

国内外许多专家学者对爆破振动作用下岩石边坡质点振动的安全阈值进行过研究，并根据爆破振动造成岩体损伤的调查研究结果，提出了基于损伤概念的爆破振动安全阈值标准。L. L. 奥利阿德提出当振速小于5.1~10.2cm/s时，边坡安全，当振速大于61cm/s时，岩石损伤破坏；原苏联库特吴佐夫认为，当振速小于20cm/s时，岩石没有破坏，当振速在20~50cm/s之间时，原有裂隙发展，局部被爆破振动削弱的岩石有脱落，振速在50~100cm/s之间时，原有裂隙强烈发展，伴随块石塌落，在构造裂隙充填较弱处出现裂隙，台阶边坡沿着构造裂隙破坏[8~10]。

张志毅等建议岩体爆破损伤质点振动峰值速度判据如表2所示。

表2 岩体爆破损伤质点振动速度表
Table 2 The damage of the rock blasting particle vibration velocity

| 质点峰值振速/cm·s$^{-1}$ | 岩体损伤效果 |
| --- | --- |
| 26 | 边坡有较小的张开裂隙 |
| 56 | 地表有小裂隙 |
| 75 | 花岗岩露头上裂隙宽约3cm |
| 110 | 花岗岩露头上裂隙宽约3cm；地表有裂隙超过10cm |

通过数值模拟与岩体爆破损伤质点振动表对比可以看出，爆源附近振速较大，岩体破裂；坡顶一定距离范围，将会产生裂隙，降低了边坡稳定性，因此，在后期的边坡防护施工中应加强安全监护和加固措施。

本次模拟不仅提取了边坡坡体附近部分质点的振动速度，同时结合实际监测，在爆破周边复杂环境选取若干监测点，通过数值模拟和振动监测相结合的方法验证延时爆破对振动速度的控制作用，表3为各个监测点的相对位置，此外在图1中对监测点位置也有相应描述。

表3 监测点相对位置一览表
Table 3 The location of the monitoring points list

| 编号 | 与爆源距离/m | 备注 |
| --- | --- | --- |
| 1 | 78 | 风景悬石 |
| 2 | 101 | 施工现场门口员工宿舍 |
| 3 | 110 | 施工现场外车库 |
| 4 | 176 | 村落鸭棚 |
| 5 | 205 | 居民玻璃房 |

从曲线可以看出，数值模拟振动速度衰减比较均匀，而实际监测数据受到场地高程差以及测振仪器本身误差的影响，振动速度虽随着距离的增大而减小，但有明显的波动现象和数值计算差距。同时，测点1距离爆源最近（78m），为风景石所在位置，分析结果得到，该点竖向振动速度为1.5cm/s左右，根据爆破振动安全允许标准规定，认为毫秒延期爆破技术可以将振动速度控制在安全范围之内。

图5为各监测点的实际监测振动速度与数值模拟结果对比曲线图。

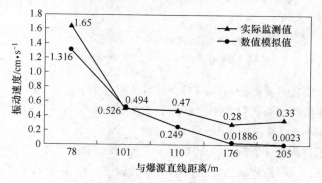

图5 振动监测与数值模拟值对比
Fig. 5 The contrast curve

#### 2.3.4 坡体应力场

爆破荷载作用下,不同时刻边坡的第一主应力的分布及传播规律如图6所示,由图可以看出,边坡的破坏是由边坡岩体上的局部破坏逐渐扩散到整体破坏的过程,同时也是边坡面上应力的传递和转移的过程,由于爆破荷载的反复作用,岩体抗拉强度指标降低,当岩体内部局部区域剪应力超过抗剪强度,岩体破坏,并形成一定程度的裂缝,这些裂缝可能与岩体原有的结构面贯通,从而形成完整的裂缝,最终可能形成边坡的整体滑裂,边坡失稳。

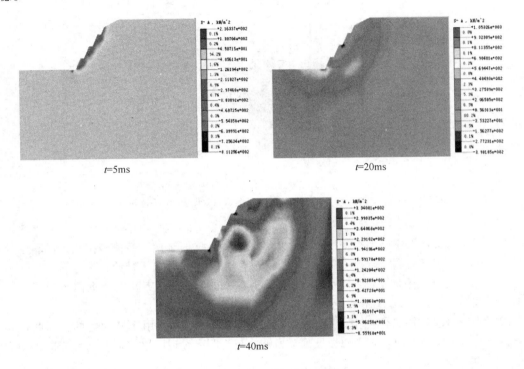

图6 边坡第一主应力云图

Fig. 6 Cloud diagram of the first main stress cloud diagram of the slope

根据地勘报告,取边坡岩体抗剪强度为1.3MPa,通过云图分析,在10~25ms为岩石受拉破坏的主要时间段,最大拉应力达到2.02MPa,认为岩体受拉破坏,出现贯通的裂缝,并从云图显示看出,在坡脚和边坡台阶处出现明显的应力集中,受拉破坏亦多集中在坡脚位置[11]。

图7为整个边坡包括场地以及周围建(构)筑物主应力云图。从图中可以看出,应力由路堑边坡面开始,范围逐渐增大,到1000ms左右时波及200m以外的建(构)筑物;除了爆破开始时,边坡爆破面产生较大的应力以至于出现裂隙以外,其余部分包括场地和复杂建(构)筑物处的应力均在110kPa范围内,没有达到建(构)筑物和周边土体等材料的抗拉强度,认为周围环境在爆破荷载作用下安全,满足振动安全控制标准。

## 3 结论

本文以鲁坨路路堑边坡为背景工程,采用数值模拟的方法分析了爆破过程中边坡的稳定

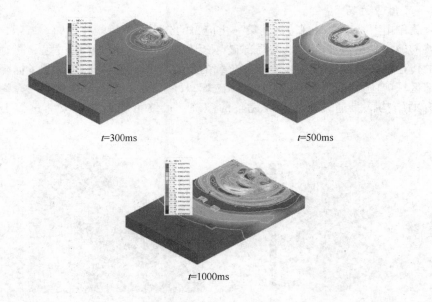

$t=300\text{ms}$　　　　$t=500\text{ms}$

$t=1000\text{ms}$

图 7　边坡及临近建筑应力场云图

Fig. 7　Cloud diagram of the first main stress cloud diagram of buildings around

性，得出了路堑边坡在爆破荷载作用下的动力响应规律，同时证明了数值模拟结果的科学性和准确性，并结合现场监测综合评价路堑边坡的动力稳定性，得出以下结论：

（1）爆破荷载的施加距离边坡坡底很近，因此在边坡坡底一定高度范围内会形成一个应力集中区域。

（2）在精细控制爆破作业中，爆破荷载是由多条波形叠加作用于坡面上的，因此位移和振速会产生多个振动峰值。其中边坡坡顶动力响应较为明显，说明沿着边坡高程方向，动力响应有一定的放大效应。

（3）采用毫秒延期精细控制爆破技术进行施工，可实现距离爆源 80m 以外建（构）筑物质点竖向振动速度的控制。符合爆破安全规程规定。

## 参 考 文 献

[1] 白志勇，黄素珍. 爆破对边坡岩体稳定性的影响[J]. 路基工程，1995(3)：19-23.

[2] 张永哲，甄胜利. 漫湾电站开挖爆破对高边坡动力稳定影响的分析研究[J]. 工程爆破，1996(1)：1-6.

[3] 张时忠，张天锡. 爆破施工对边坡稳定性影响初探[J]. 中国地质灾害与防治学报，1996(1)：39-43.

[4] 高文学，刘运通. 路堑高边坡岩体多边界爆破理论及其应用[J]. Chinese Journal of Rock Mechanics and Engineering，2007.

[5] 王海涛. MIDAS/GTS 岩土工程数值分析与设计——快速入门与使用技巧（附光盘）[M]. 大连理工，2013.

[6] 中国建筑书店. Midas/GTS 在岩土工程中应用[J]. 岩土力学，2013.

[7] 张小强. 深孔台阶爆破振动对岩质边坡稳定性影响研究[D]. 西安科技大学, 2013.
[8] 陈宁宁, 高文学, 周世生, 等. 爆炸荷载作用下路堑边坡稳定性数值分析[C]// 中国爆破新技术 iii. 2012.
[9] 高文学, 刘宏宇, 刘洪洋, 等. 爆破开挖对路堑高边坡稳定性影响分析[J]. 岩石力学与工程学报, 2010, 29(A01): 2982-2987.
[10] 高文学, 卓祖城, 李志星, 等. 爆破开挖对边坡影响的数值模拟[C]// 岩石力学与工程的创新和实践: 第十一次全国岩石力学与工程学术大会论文集. 2010.
[11] 刘磊. 岩质高边坡爆破动力响应规律数值模拟研究[D]. 武汉理工大学, 2007.

# RHT 模型在 SHALE 中的实现

江雅勤[1]　王宇涛[2]　刘殿书[1]　李胜林[1]

(1. 中国矿业大学（北京）力学与建筑工程学院，北京，100083；
2. 保利民爆哈密有限公司，新疆 哈密，839000)

**摘　要**：本文在深入研究 RHT 本构模型的建模思想和应力更新算法的基础上，结合对 SHALE 程序的计算原理以及计算结构的系统分析，通过建立 RHT 本构模型的计算数据流程和流向将其编程植入 SHALE 程序中，模拟了 SHPB 冲击过程并与试验结果对比验证扩展后程序的可用性和合理性。

**关键词**：RHT 模型；SHALE；数值模拟

## The Implementation of RHT Model in SHALE

Jiang Yaqin[1]　Wang Yutao[2]　Liu Dianshu[1]　Li Shenglin[1]

(1. School of Mechanics & Civil Engineering, China University of Mining and Technology, Beijing, 100083; 2. Poly Explosives Hami Co., Ltd., Xinjiang Hami, 839000)

**Abstract**: On the basis of the study of RHT constitutive model's modeling ideas and stress update algorithm, combined with systematic research program on SHALE calculation principle and computing structures, and through the establishment of data flow computing RHT constitutive model and its programming implantable SHALE program, this paper simulates SHPB impact process and comparison with experimental results verifi availability and rationality of expanded program.

**Keywords**: RHT model; SHALE; numeric simulation

## 1　引言

随着科学技术的迅猛发展，社会生产力得到了极大的提高。工程爆破技术在生产建设的各领域发挥着越来越重要的作用，并带了巨大的社会效益和经济利益。无论是矿山的开发，隧道的开凿，还是水利水电设施建设，交通、建筑、边坡等的工程设计，都离不开工程爆破技术。

RHT 模型是在 HJC 模型基础发展而来的，弥补了 HJC 模型拉静水区处理上的不足，并对压静水区处理也做了相应修正，是一种较为完备的混凝土动态本构模型，在爆炸冲击领域取得了较好的应用效果和发展前景。

岩石材料和混凝土具有类似的特性，在爆破冲击下同样表现出复杂的行为。从微观结构上分析，岩石和混凝土内部均存在许多的孔隙、裂纹、软弱层等缺陷；在受到爆破冲击荷载时，

---

作者信息：江雅勤，博士，13552339726@163.com。

这些缺陷的延伸扩展及相互作用,加上材料本身的非均质性和各向异性,使得岩石和混凝土呈现出包含应变硬化、损伤软化等复杂的非线性行为[1]。

由此可见,混凝土爆破冲击条件下动态损伤断裂的 RHT 模型同样适用于岩石类材料的爆破冲击损伤断裂研究。基于此,本文采用二维有限差分 Shale 程序,引入 RHT 本构模型实现对混凝土材料冲击损伤过程的数值模拟,以此为岩石爆破实际提供参考。

## 2 RHT 模型研究

### 2.1 RHT 模型的研究现状

RHT 模型是由 W. Riedel、K. Thoma、S. Hiermaier 和 E. Schmolinske 等[2]在 1999 年提出的一种综合考虑压缩损伤和应变率效应的混凝土本构模型,它是在 HJC 模型的基础上发展而来的。HJC 模型是 1993 年由 Holmquist 等[3]提出的一种混凝土本构模型,因为它的计算结果与实验数据拟合的效果比较好,所以在计算机数值模拟中被广泛应用。HJC 模型没有考虑偏应力张量第三不变量的影响。而 RHT 模型能够较全面的描述混凝土的损伤、应变率效应、残余强度、应变硬化以及强度的第一不变量和第三不变量相关特性,弥补了 HJC 模型的不足。

混凝土结构的复杂性决定了其在爆破冲击下的复杂性,RHT 模型并不能完整描述混凝土在不同条件下的本构行为。为此,众多的国内外学者结合试验和理论来考察 RHT 模型的实用性,并对其进行了补充修正,以得到更为切合实际的模拟结果。

熊益波[4]采用单个单元考察了包含 LS-DYNA 中包含 RHT 模型在内的五个模型所能模拟的混凝土主要本构行为,并分析了其适用性,结果表明,RHT 模型非常适用于除三轴拉伸外的大部分工况,而不能描述三轴拉伸下的软化或脆性断裂。Tu Z 和 Lu Y[5]利用 RHT 模型默认参数进行了混凝土动态损伤模拟,对比试验结果,发现无论是压缩和拉伸条件下,RHT 模型往往会表现出一个不切实际的应变软化缓慢的现象。后来他们对 RHT 模型参数进行了修正,得到了更加合理的数值模拟结果[6]。Preece 等[7]结合 AUTODYN 软件将 RHT 模型应用于模拟预测爆破冲击下岩石破碎情况,取得了较好的结果。

### 2.2 RHT 模型理论

RHT 本构模型引入了与压力相关的弹性极限面、失效面和残余强度面,分别描述了材料的初始屈服强度、失效强度及残余强度的变化规律。基于 Homquist 提出的等效思想,用一维等效应力代替三维方向上的应力所产生的力学响应,将 RHT 本构所反映的材料在低压力区域的偏应力-偏应变关系分为三个阶段:弹性阶段,线性强化阶段和损伤软化阶段。下面分析这三个阶段中所涉及的失效应力强度 $\sigma_{\text{fail}}$、弹性极限应力强度 $\sigma_{\text{elastic}}$ 及残余应力强度 $\sigma_{\text{residual}}$ 的计算。

#### 2.2.1 失效应力强度

失效面等效应力强度 $\sigma_{\text{fail}}$ 是关于归一化压力 $p^*$、罗德角 $\theta$ 及应变率 $\dot{\varepsilon}$ 的方程。

$$\sigma_{\text{fail}}(p,\theta,\dot{\varepsilon}) = f_c \cdot \sigma_{\text{TXC}}^*(p_s) \cdot R_3(\theta) \cdot F_{\text{rate}}(\dot{\varepsilon}) \tag{1}$$

式中 $\sigma_{\text{TXC}}^*(p_s)$ ——准静态失效面压缩子午线等效应力强度;

$R_3(\theta)$ ——罗德角因子;

$F_{\text{rate}}(\dot{\varepsilon})$ ——应变率动态增强因子;

$p_s = p/F_{\text{rate}}(\dot{\varepsilon})$ ——准静态压力。

### 2.2.2 弹性极限应力强度

原始材料弹性极限面等效应力是由失效面的等效应力推导而来，即

$$\sigma_{\text{elastic}}(p,\theta,\dot{\varepsilon}) = f_c \cdot \sigma^*_{\text{TXC}}(p_{s,\text{el}}) \cdot R_3(\theta) \cdot F_{\text{rate}}(\dot{\varepsilon}) \cdot F_{\text{elastic}} \cdot F_{\text{cap}} \tag{2}$$

式中　　$F_{\text{elastic}}$——弹性缩放函数；

$F_{\text{cap}}$——"帽盖"函数；

$p_{s,\text{el}} = p_s / F_{\text{elastic}}$——准静态弹性极限压力。

### 2.2.3 残余等效应力强度

残余等效应力强度：

$$\sigma_{\text{residual}} = B \times (p^*)^M \tag{3}$$

式中，$B$、$M$ 为材料参数。

RHT 本构通常与考虑了脆性材料多孔隙性的 $p$-$\alpha$ 状态方程一起使用。对于压实后或实体材料状态方程，采用多项式函数：

$$p = A_1\mu + A_2\mu^2 + A_3\mu^3 + (B_0 + B_1\mu)\rho_0 e, \quad \mu > 0 \tag{4}$$

$$p = T_1\mu + T_2\mu^2 + B_0\rho_0 e, \quad \mu < 0 \tag{5}$$

式中　　$\rho_0$——材料初始密度；

$\rho$——压缩过程中材料的密度；

$e$——初始内能；

$\mu = \dfrac{\rho}{\rho_0} - 1$，当 $\mu > 0$ 时，材料体积压缩；反之受拉体积膨胀；

$A_1$，$A_2$，$A_3$，$B_0$，$B_1$，$T_1$，$T_2$——材料参数。

## 3 RHT 数值模型的建立

### 3.1 植入程序 SHALE 平台介绍

SHALE[8,9] 程序是 R. B. Demuth 与 L. G. Margolin 等人在美国能源部的油母页岩研究项目中为模拟油母页岩爆破而研制的大型计算程序。该程序是研究岩石爆破和动力学问题的有力工具。与 ALE（Arbitrary Lagrange-Euler）算法一样，SHALE 程序可用 Lagrange 坐标（网格固定于质点）、Euler 坐标（网格固定于空间）或其他要求按坐标系来研究材料的变化情况，这对于炸药和岩石及混凝土类材料进行研究的爆破模拟特别有用。

### 3.2 程序模块及计算流程

SHALE 程序经改造后现分为可视化的人机交互前处理界面系统、计算系统和后处理三个部分。

#### 3.2.1 可视化的前处理界面系统

原始 SHALE 程序包含 28 个模块和一个公用数据文件，SolShale.cpp 为主调程序，引发整个计算。整个流程没有明显的可视化建模过程，只是单纯通过公用数据文件中相关原始参数的输入，继而调用其他计算模块共同实现 N-S 方程组的差分求解计算。

为了使得程序更为直观和便捷，对 SHALE 程序进行了改造，通过对整个流程的梳理单独抽离并编制了可视化的界面，整个风格仿 ANSYS 的树状结构，顺序为：建模→计算→后处理。

而前处理建模过程的输入顺序主线为模型框架→划分网格→材料分布→材料方程参数，其他参数如边界条件、计算时间设置等可在模型的框架参数定义后，以任意顺序输入，构成多条

参数输入辅线。

前处理建模完成后，通过后台模型数据的初始化并导入计算模型中开始进行计算以及后处理实现计算的实时监控和回放。

#### 3.2.2 计算流程

上述前处理建模过程所形成的数据在导入计算模型中需要通过预处理以实现数据的初始化。改造后的 SHALE 程序实现预处理功能的模块包括：begincal( )、rinput( ) 和 celset( )。

通过上述预处理模块实现了由建模模型类数据到计算类数据的转移，开始进入计算循环部分。

材料状态方程和本构方程的计算主要通过模块 phase1 和 celset 来实现的，因此我们所要添加的 $p$-$\alpha$ 状态方程及 RHT 本构模型的所有方程均在这两个模块中扩展完成的，详细的计算框架如图 1 所示。

选用 VC++ 语言作为编程工具，按照计算流程将 RHT 本构模型移植到 SHALE 程序中，实现程序的扩展。

### 3.3 RHT 数值模型在 SHPB 模拟试验中的验证及应用

为了验证前述植入 RHT 本构后程序的易用性、合理性及正确性，现在运用 SHALE 进行 SHPB 试验的模拟并与试验结果进行对比研究。

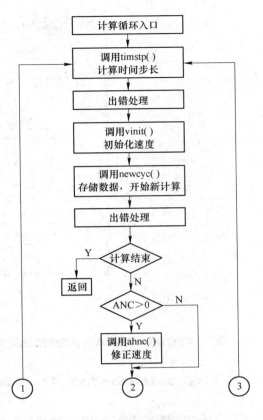

图 1　SHALE 计算主程序循环图
Fig. 1　The main program loop diagramof SHALE calculation

采用 SHALE 程序建立二维全模型，圆柱状杆的剖切面的二维模型为长方形，因此子弹长度取 600mm，输入杆长度取 2500mm，输出杆的长度取 2000mm，试样的长度 50mm，所有杆以及试样的宽度均为 75mm，计算模型如图 2 所示。

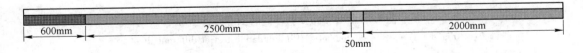

图 2　SHPB 模拟计算模型
Fig. 2　The calculation model of SHPB simulation

子弹、入射杆和透射杆材料采用相同的线弹性模型：主要物理参数包括：密度 $\rho$ = 7850kg/m³，杨氏模量 $E$ = 210GPa，泊松比 $\nu$ = 0.25；试件参数选用 AUTODYN 中 CONC-35MPa 默认的参数，默认参数值如图 3 所示。子弹设置初始速度为 5m/s。

以下为计算结果及对计算结果进行的分析研究。

计算后提取水平方向不同时刻的应力云图，如图 4 所示。

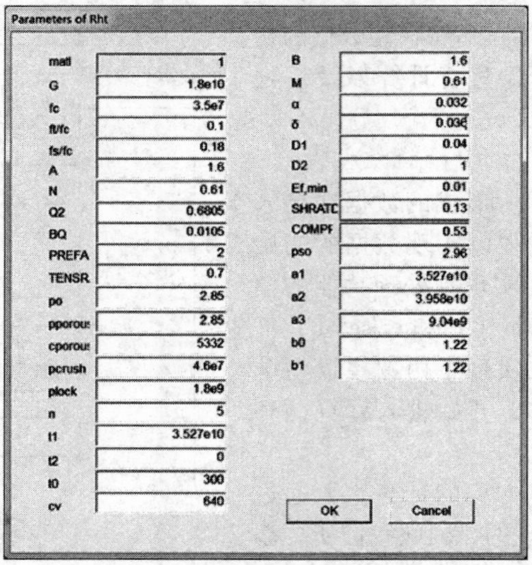

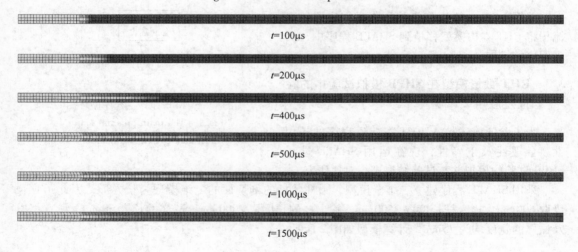

图 3 RHT 本构参数

Fig. 3 RHT constitutive parameters

图 4 SHPB 模拟试验不同时刻应力云图

Fig. 4 The stress contour of SHPB simulation test at different times

从图 4 可以看出应力波的传播过程,当 1.5ms 时应力波传播至试件端面并发生反射和透射,这与真实试验过程是一致的。

为了验证模拟结果,采用 C40 混凝土并加工成 $\phi 75mm \times 50mm$ 的标准试件进行 SHPB 动态冲击试验,子弹速度为 5.3m/s,对应的应变率约 $50s^{-1}$,得到入射波、反射波及透射波波形的模拟结果及试验结果分别如图 5 和图 6 所示。

从图 5 和图 6 对比可以看出模拟试验波形曲线与冲击试验波形曲线两者整体趋势吻合程度较高,模拟结果与试验结果符合较好,说明了使用 SHALE 程序来再现 SHPB 实验的可行性,同时检验了冲击压缩下 RHT 本构模型表现的力学行为与混凝土实际 SHPB 实验结果非常相似,

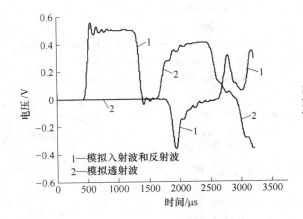

图 5　SHPB 模拟试验波形曲线

Fig. 5　The wave curves of SHPB simulation test

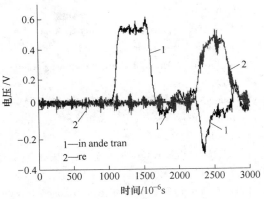

图 6　SHPB 冲击试验波形曲线

Fig. 6　The wave curves of SHPB impact test

推断出 RHT 本构模型适合描述 SHPB 试验，并证明了 RHT 数值模型植入 SHALE 程序的合理性和有效性。

运用"三波"公式[10]对模拟结果和试验结果分别进行处理和计算得到二者在应变率约 $50s^{-1}$ 时的应力-应变曲线如图 7 所示。

从二者的应力应变曲线可以看出模拟得到的应力应变曲线平滑，整体趋势较为一致，数值模拟与试验结果吻合较好，但应力峰值模拟结果较试验结果要小，表明其应变率增强效应还是有所欠缺，但整体可以得出：运用植入 RHT 本构模型的 SHALE 程序进行 SHPB 数值模拟能够很好地模拟混凝土试件的冲击实验，证明了程序的完整性和准确性。

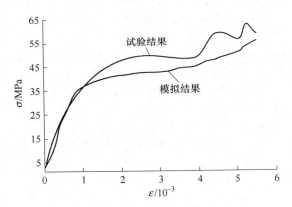

图 7　应力-应变曲线对比

Fig. 7　The comparison of stress-strain curve between simulation and test

## 4　结论

本文确定 RHT 模型为研究对象，从理论分析、软件程序扩展和数值模拟等对 RHT 本构模型进行深入研究。基于计算流体力学及弹塑性力学理论，对 RHT 本构模型进行了理论研究；以 SHALE 程序为平台，通过 VC++ 编程，开发建立了 RHT 本构模型为核心的动力学数值模拟分析系统。用植入后的 SHALE 程序模拟 SHPB 试验，与实验室已得到的实验结果进行对比，验证了 RHT 模型嵌入 SHALE 程序的有效性。论文为 RHT 模型进一步推广提供了理论基础，对相关研究尤其是数值模拟方面有理论和实际应用价值。

### 参 考 文 献

[1] Preece, Dale S, Chung, Stephen H. Blasting induced rock fragmentation prediction using the RHT constitu-

tive model for brittle materials[C]. Proceedings of the Twenty-Ninth Conference on Explosives and Blasting Technique, 2003.

[2] Riedel W, Thoma K, Hiermaier S, et al. Penetration of reinforced concrete by BETA-B-500 numerical analysis using a new macroscopic concrete model for hydrocodes[C]. 9th International Symposium Interaction of the Effects of Munitions with Structures, Akademie für Kommunikation und Information in Berlin-Strausberg: 1999.

[3] Holmquist T J, Johnson G R, Cook W H. A computational constitutive model for concrete subjected to large strains, high strain rates, and high pressures[C]. 14th International Symposium on Ballistics, Quebec, Canada: 1993.

[4] 熊益波. LS-DYNA 中简单输入混凝土模型适用性分析[C]. 第十一届全国冲击动力学学术会议, 2013.

[5] Tu Z, Lu Y. Evaluation of typical concrete material models used in hydrocodes for high dynamic response simulations[J]. International Journal of Impact Engineering, 2009, 36: 132-136.

[6] Tu Z, Lu Y. Modifications of RHT material model for improved numerical simulation of dynamic response of concrete[J]. International Journal of Impact Engineering, 2010, 37: 1072-1082.

[7] Preece, Dale S, Chung, Stephen H. Blasting induced rock fragmentation prediction using the RHT constitutive model for brittle materials[C]. Proceedings of the Twenty-Ninth Conference on Explosives and Blasting Technique, 2003.

[8] Johnson G R, Cook W H. A constitutive model and data for metals subjected to large strains, high strain rates and high temperatures[C]. Proceedings of the 7th International Symposium on Ballistics. The Hague, Netherlands, 1983: 541-547.

[9] Demuth R. B., Margolin L. G. et al. SHALE: A computer program for solid dynamics[R]. LA-10236 Los Alamos National Laboratory Report. 1985.

[10] 王宇涛, 刘殿书, 李胜林, 等. 基于 $\phi$75mm SHPB 系统的高温混凝土动态力学性能研究[J]. 振动与冲击, 2014, 33(17):12-17.

# 模拟深水爆炸压力容器的可靠性设计优化

李琳娜[1,2]　钟冬望[1,2]　涂圣武[1]

（1. 武汉科技大学理学院，湖北 武汉，430065；
2. 武汉科技大学爆破技术研究中心，湖北 武汉，430065）

**摘　要**：水介质爆炸容器是进行水下爆炸研究的重要实验设备，由于材料性质、制造公差以及环境载荷等设计参数存在不确定性，因此有必要进行设计优化。本文提出了一种基于能量吸收原理的模拟深水爆炸压力容器可靠性设计优化方法，该方法用能量吸收原理做为容器壁厚设计依据，同时考虑设计参数的随机性，进行可靠性设计优化。设计结果表明，该方法能获得更小的容器设计壁厚并满足可靠性要求。

**关键词**：可靠性设计；能量吸收；深水爆炸；压力容器

# Reliability Based Design Optimization of the Simulated Deep Water Explosion Pressure Vessels

Li Linna[1,2]　Zhong Dongwang[1,2]　Tu Shengwu[1]

（1. College of Science, Wuhan University of Science and Technology, Hubei Wuhan, 430065;
2. Blasting Technology Research Center, Wuhan University of Science and Technology, Hubei Wuhan, 430065）

**Abstract**: The water-media explosion containment vessel is a kind of important experiment equipment used to study underwater explosion. There are some uncertainties, such as manufacturing tolerances, material properties, and environmental loads, so the optimization in the design stage is a basic requirement. This work presents an efficient methodology for the reliability based design optimization of the simulated deep water explosion pressure vessels considering energy conversion. In this optimization methodology, energy conversion is adopted as the law of design replacing strength criterion, meanwhile the randomness of the design parameters are considered. The results show that the proposed methodology can obtain a reliable design with less thickness.

**Keywords**: reliability based design; energy conversion; deep water explosion; pressure vessel

# 1　前言

随着爆破技术的发展，水下爆破的应用越来越广泛。由于炸药在水下爆炸时，周围介质和

---

基金项目：国家自然科学基金（51404175，51174147）；湖北省科技支撑计划项目（2014BEC058）。
作者信息：李琳娜，副教授，linda020329@163.com。

环境非常复杂,尤其是在深水环境中随着炸药的入水深度变化,其输出能量及爆破效果也不同。为了对水下爆破技术进行深入研究,通常采用水介质爆炸容器,通过改变外加气压,模拟不同水深环境下的爆炸实验。

空气介质爆炸容器是按弹性失效准则进行强度设计计算的,但由于水中冲击波的衰减比空气中慢,作用在容器内壁的冲击波峰值高、作用时间短,所以水介质爆炸容器的强度计算和结构设计与空气介质爆炸容器有很大区别。对于椭圆封头圆柱形卧式爆炸容器,当装药在中心爆炸时,冲击波在水中传播,其强度随着距离增大而迅速衰减。因此容器受冲击载荷最大的部位通常在圆柱筒体的爆心截面处,容器壳体内壁的作用载荷是以水中爆炸冲击波反射超压形式作用的。水中爆炸冲击波的峰值较大,但正压作用时间较短(约为同等峰值空气中冲击波的1/100)。若直接以冲击波反射超压峰值作为计算压力,按照爆炸容器常规设计方法进行设计,容器壁厚值非常大,会导致容器结构笨重,成本高,使用不便。如果从能量观点出发,根据水中爆炸冲击波能量转换成容器壳体弹性变形能的思路进行容器壁部强度分析,再依据弹性失效准则进行壁厚设计,就可在保证容器承载需要的同时,优化容器的壁厚设计。

另外由于水介质爆炸容器存在着大量的随机不确定性因素,如爆炸载荷的波动、材料特性的分散性和结构尺寸公差等,在设计和加工过程中是不可能精确地确定的。而爆炸容器本身是一种潜在风险的限域装置,其设计对安全性有严格的要求。因此在基于能量吸收原理的容器壁厚设计基础上,结合不确定性分析方法,实现水介质爆炸容器的可靠性设计优化具有重要意义[1]。

本文就是针对模拟深水爆炸压力容器设计中其作用载荷的特殊性和设计参数的随机性,采用基于能量吸收原理的常规设计与可靠性分析相结合的优化设计方法,对椭圆封头圆柱形模拟深水爆炸压力容器的圆筒壳体进行了壁厚设计,该方法也可用于其他类似结构的优化设计。

## 2 基于能量吸收原理的模拟深水爆炸压力容器筒体壁厚设计

### 2.1 模拟深水爆炸压力容器筒体的能量吸收原理

以承受冲击波载荷作用最大的爆心截面处圆柱筒体计算容器的极限受力和变形状态[2,3],由于筒体厚度远小于直径,可作为薄壳考虑,即筒体整个厚度内应力状态一致。容器承受静态内压时,因为圆柱形水下爆炸容器为轴对称的薄壁圆筒,在柱坐标系中,有 $\sigma_z = \dfrac{pD}{4\delta_e}$,$\sigma_\theta = \dfrac{pD}{2\delta_e}$,$\sigma_r \approx 0$,即筒体的轴向应力约为环向应力的一半,径向应力为零。在爆炸载荷作用下,容器各向受力状态较复杂,为确保安全,只考虑筒体环向拉伸变形的能量。设筒体的计算厚度为 $\delta$ (mm),为了模拟深水环境,爆炸前容器内部加载一定静水压 $p_e$ (MPa),则筒体环向应力

$$\sigma_1 = \frac{p_e(D_i + \delta)}{2\delta} \tag{1}$$

式中,$D_i$ 为容器筒体的内径,mm。

当水中爆炸冲击波到达筒体内壁时,要求筒体能继续弹性变形直到完全吸收冲击波能量,此时筒体环向应力应不超过筒体材料的许用应力 $\sigma$。由弹性体变形能公式,并考虑静水压做功产生的能量,则爆心截面处筒体弹性变形过程中单位面积增加的能量,等于冲击波入射能量密度与容器受冲击载荷膨胀过程中静水压在单位面积容器壁面上的做功之和[4],即

$$V_{\varepsilon_2} - V_{\varepsilon_1} = E_0 + W \tag{2}$$

式中，$V_{\varepsilon_1}$ 为静压下容器单位面积的变形能，$J/m^2$；$V_{\varepsilon_2}$ 为爆炸后容器单位面积的变形能，$J/m^2$；$E_0$ 为冲击波的入射能量密度，$J/m^2$；$W$ 为静水压在单位面积容器壁面上的做功，$J/m^2$。

在弹性应变范围内，单位体积内的应变能为

$$v_\varepsilon = \frac{1}{2}\sigma\varepsilon \tag{3}$$

由胡克定律 $\sigma = E\varepsilon$，上式可写成

$$v_\varepsilon = \frac{\sigma^2}{2E} \tag{4}$$

设容器壁厚为 $\delta$，则筒体单位面积内的变形能

$$V_\varepsilon = v_\varepsilon \delta = \frac{\sigma^2}{2E}\delta \tag{5}$$

设爆炸后容器内壁上的应力为 $\sigma_2$，则有

$$V_{\varepsilon_2} - V_{\varepsilon_1} = \delta \frac{1}{2E}(\sigma_2^2 - \sigma_1^2) \tag{6}$$

将容器的变形看成平面变形，则筒体只有径向位移不为零，此时薄壁壳的切向应变为 $\varepsilon_\theta = \frac{u}{R}$，则静水压在单位面积容器壁面上的做功

$$W = p_c u = p_c R \varepsilon_\theta = p_c R \frac{\sigma_\theta}{E} \tag{7}$$

将式（6）和（7）代入式（2），得

$$\delta \frac{1}{2E}(\sigma_2^2 - \sigma_1^2) = E_0 + \frac{Rp_c}{E}(\sigma_2 - \sigma_1) \tag{8}$$

式中，$E_0$（MPa·m）由集中装药水中爆炸在距离爆心 $R$ 处的水中冲击波能量密度公式[5]确定

$$E_0 = m \sqrt[3]{W}\left(\frac{1}{\overline{R}}\right)^\gamma \tag{9}$$

式中，比距离 $\overline{R} = \frac{R}{\sqrt[3]{W}}$，$W$ 为装药质量。

## 2.2 模拟深水爆炸压力容器筒体壁厚计算

按照模拟深水爆炸压力容器筒体的设计要求，根据能量吸收原理，设计壁厚值应满足在设计要求的最大载荷下，当水中爆炸冲击波到达筒体内壁时，静水压力和爆炸冲击波对容器壳体做功能完全转换为筒体的弹性变形能，筒体环向应力不超过筒体材料的许用应力 $\sigma$。

建立模拟深水爆炸压力容器的壁厚确定模型为

$$\delta \frac{1}{2E}\left\{(\sigma)^2 - \left[\frac{p_c(2R+\delta)}{2\delta}\right]^2\right\} = m\sqrt[3]{W}\left(\frac{\sqrt[3]{W}}{R}\right)^\gamma \times 10^6 + \frac{Rp_c}{E}\left[\sigma - \frac{p_c(2R+\delta)}{2\delta}\right] \tag{10}$$

式中，$R$ 为容器筒体的内半径，m；$W$ 为设计最大装药量，kg；$m$ 和 $\gamma$ 为水下爆炸参数；$p_c$ 为最大加载静压，Pa；由容器设计最大模拟水深确定；$E$ 为容器筒体材料的弹性模量，Pa；$\sigma$ 为容器筒体材料的许用应力，Pa；$\delta$ 为容器筒体的设计壁厚，m。

将容器的设计参数代入该模型计算可得到满足设计要求的模拟深水爆炸压力容器的设计壁

厚 $\delta$。

## 3 模拟深水爆炸压力容器筒体壁厚可靠性设计优化

### 3.1 结构可靠性基本概念

结构的可靠性是指在规定时间内、规定的条件下完成规定功能的能力。在实际工程设计中引入了极限状态作为衡量一个结构是否可靠或者是否能完成功能要求的明确标志[6,7]。所谓极限状态，是指结构超过某一状态就不能满足设计规定的某一功能要求，则此特定状态就称为该结构的极限状态。结构可靠性分析主要用来评估模型参数的不确定因素对分析结果的影响，在结构的可靠性分析中，通过功能函数来描述极限状态。

将结构可靠度的一些具有随机性的影响因素，如载荷、材料性能和几何参数等作为基本变量，记作 $X = (X_1, X_2, X_n)$，则结构的功能函数定义为：

$$Z = g(X) \tag{11}$$

当 $g(X) > 0$ 时，结构处于安全状态；
当 $g(X) = 0$ 时，结构处于极限状态；
当 $g(X) < 0$ 时，结构处于失效状态。

称方程 $Z = g(X)$ 为极限状态方程。

度量结构可靠性的数量指标称为结构可靠度，其定义为结构在规定时间内、在规定条件下完成规定功能的概率，即结构可靠度是结构可靠性的概率度量。通常假设结构设计变量，如载荷、尺寸和强度等参数为随机变量，且服从某一分布，利用概率统计方法计算出结构在破坏准则下的可靠度。可靠度是从概率角度对于可靠性的定量描述，表示为 $P_r$，即

$$P_r = P(Z > 0) \tag{12}$$

相反，如果结构不能完成预定功能，则称相应的概率为结构的失效概率，表示为 $P_f$，即

$$P_f = P(Z < 0) \tag{13}$$

结构的可靠和失效是两个互不相容事件，由概率论可知

$$P_r + P_f = 1 \tag{14}$$

设应力 $S$ 为爆炸容器的最大应力，$R$ 为材料的许用应力，使用过程中若应力超过材料的许用应力则认为失效，采用失效概率来度量容器的可靠度

$$P_f = P(R - S < 0) = P(Z < 0) \tag{15}$$

则可靠度为 $P_r = 1 - P_f$。

### 3.2 应力-强度干涉模型

若最大应力 $S$ 和材料的许用应力 $R$ 分别服从正态分布：

$$f(s) = \frac{1}{\sigma_S \sqrt{2\pi}} \exp\left[ -\frac{1}{2} \left( \frac{S - \mu_S}{\sigma_S} \right)^2 \right] \tag{16}$$

$$f(r) = \frac{1}{\sigma_R \sqrt{2\pi}} \exp\left[ -\frac{1}{2} \left( \frac{r - \mu_R}{\sigma_R} \right)^2 \right] \tag{17}$$

且相互独立，则

$$Z = R - S \sim N(\mu_Z, \sigma_Z) \tag{18}$$

式中，$\mu_Z = \mu_R - \mu_S$，$\sigma_Z^2 = \sigma_R^2 + \sigma_S^2$。

失效概率为

$$P_f = P(Z < 0) = \int_{-\infty}^{0} f(z)\,dZ = \int_{-\infty}^{0} \frac{1}{\sigma_Z \sqrt{2\pi}} e^{-\frac{1}{2}\left(\frac{z-\mu_Z}{\sigma_Z}\right)^2} dZ$$

令 $\beta = \dfrac{\mu_Z}{\sigma_Z}$，$x = \dfrac{Z - \mu_Z}{\sigma_Z}$，

$$P_f = \int_{-\infty}^{-\beta} \frac{1}{\sqrt{2\pi}} e^{-\frac{1}{2}x^2} dX = 1 - \int_{-\beta}^{-\infty} \frac{1}{\sqrt{2\pi}} e^{-\frac{1}{2}X^2} dX$$

$$= 1 - \Phi(\beta) \tag{19}$$

可靠度为

$$P_r = \Phi(\beta) \tag{20}$$

即

$$P_r = \Phi\left(\frac{\mu_R - \mu_S}{\sqrt{\sigma_R^2 + \sigma_S^2}}\right) \tag{21}$$

### 3.3 容器壳体可靠性分析

材料力学中的第一强度理论，即最大主应力理论认为在三个主应力中，只要最大主应力达到单向拉伸屈服极限时为失效。根据前述对内压薄壁圆筒的应力分析，其最大主应力

$$S = \frac{p(D_i + \delta)}{2\delta} \tag{22}$$

式中，$p$ 为容器的工作压力，MPa；$D_i$ 为容器筒体的内径，mm；$\delta$ 为容器筒体的壁厚，mm。

将基本变量看成服从正态分布的随机变量，即有 $p = N(\mu_p, \sigma_p^2)$，$D_i = N(\mu_{D_i}, \sigma_{D_i}^2)$，$\delta = N(\mu_\delta, \sigma_\delta^2)$。将应力 $S$ 在基本变量的均值点展开成一阶泰勒多项式，然后利用正态分布的性质近似得到应力的均值和方差为：

$$\mu_S = \frac{\mu_p(\mu_{D_i} + \mu_\delta)}{2\mu_\delta} \tag{23}$$

$$\sigma_S^2 = \left(\frac{\partial S}{\partial p}\right)_\mu^2 \sigma_p^2 + \left(\frac{\partial S}{\partial D_i}\right)_\mu^2 \sigma_{D_i}^2 + \left(\frac{\partial S}{\partial \delta}\right)_\mu^2 \sigma_\delta^2 \tag{24}$$

$$= \left(\frac{\mu_{D_i} + \mu_\delta}{2\mu_\delta}\right)_\mu^2 \sigma_p^2 + \left(\frac{\mu_p}{2\mu_\delta}\right)_\mu^2 \sigma_{D_i}^2 + \left(\frac{\mu_p \mu_{D_i}}{2\mu_\delta}\right)_\mu^2 \sigma_\delta^2 \tag{25}$$

$R$ 为壳体材料在设计温度下的屈服强度，设 $R$ 为服从正态分布的随机变量，有 $R = N(\mu_R, \sigma_R^2)$，从而得到容器筒体在第一强度条件下的可靠性指标为

$$\beta = \frac{\mu_R - \mu_S}{\sqrt{\sigma_R^2 + \sigma_S^2}}$$

$$= \frac{\mu_R - \dfrac{\mu_p(\mu_{D_i} + \mu_\delta)}{2\mu_\delta}}{\sqrt{\sigma_R^2 + \left(\dfrac{\mu_{D_i} + \mu_\delta}{2\mu_\delta}\right)_\mu^2 \sigma_p^2 + \left(\dfrac{\mu_p}{2\mu_\delta}\right)_\mu^2 \sigma_{D_i}^2 + \left(\dfrac{\mu_p \mu_{D_i}}{2\mu_\delta}\right)_\mu^2 \sigma_\delta^2}} \tag{26}$$

由此可得到容器的可靠度。

## 4 实际模拟深水爆炸压力容器筒体壁厚的可靠性设计优化

### 4.1 设计要求

一模拟深水爆炸压力容器的设计要求为：

（1）容器主体为两端标准椭圆封头、中部圆柱直段的卧式容器结构，容器筒体内部有效实验空间 $\phi 2000 \text{mm} \times 3000 \text{mm}$（含椭圆封头部分）。

（2）容器内部充满水，加载静压 2MPa 时，可承受内部中心位置最大 0.01kg 当量 TNT 爆炸载荷而不发生可见塑性变形和漏水。

（3）容器壳体材料选用 16MnR 钢。

### 4.2 基于能量吸收法的壁厚初步设计

由容器的设计要求可以确定基本参数：容器筒体的内半径 $R = 1\text{m}$，最大装药量 $W = 0.01\text{kg}$，水下爆炸参数 $m = 0.083$，$\gamma = 2.05$，最大加载静压 $p_c = 2 \times 10^6 \text{Pa}$，容器筒体材料的弹性模量 $E = 2 \times 10^{11} \text{Pa}$，容器筒体材料的许用应力 $\sigma^t = 163 \times 10^6 \text{Pa}$，将基本参数代入筒体壁厚计算公式（10），计算可得到满足设计要求的模拟深水爆炸压力容器的设计壁厚 $\delta \approx 28\text{mm}$。

### 4.3 可靠性设计优化

由初步设计壁厚 $\delta \approx 28\text{mm}$ 可得圆柱筒体允许承受的静态工作压力

$$p = \frac{2\delta\sigma}{D_i + \delta} \approx 4.5 \text{MPa}$$

式中，钢板材料为 16MnR 钢；其许用应力 $\sigma = 163 \text{MPa}$。

可靠性设计条件为：容器筒体内壁的工作压力 $p$ 的均值 $\mu_p = 4.5 \text{MPa}$，标准差 $\sigma_p = 0.135 \text{MPa}$，内径 $D_i$ 均值 $\mu_{D_i} = 2000 \text{mm}$，标准差 $\sigma_{D_i} = 60 \text{mm}$，筒体材料的极限强度 $R$ 均值 $\mu_R = 325 \text{MPa}$，标准差 $\sigma_R = 9.75 \text{MPa}$。设允许失效概率为 $10^{-4}$，即 $P_r = \phi(\beta) = 0.9999$，查表得 $\beta = 3.08$。取变异系数 $c = 0.03$，代入式（26）通过 MATLAB 程序可计算得到满足失效概率小于 $10^{-4}$ 的设计壁厚均值 $\mu_\delta = 37 \text{mm}$，标准差 $\sigma_\delta = 1.11 \text{mm}$。

## 5 结论

（1）采用能量吸收原理做为模拟深水爆炸压力容器的壁厚确定准则，与直接以水下爆炸冲击波反射超压峰值作为工作压力，采用动力系数法进行壁厚确定方法相比，可以大大减小设计壁厚值，降低加工成本。

（2）从可靠性指标的几何含义出发，充分考虑了容器材料、尺寸和工作压力的随机特性，推导了可靠性设计优化的数学模型。

（3）将基于能量吸收的常规设计过程与可靠性设计优化很好的结合起来，既满足了容器的设计承载需要,又充分考虑了结构的随机特性,利用该方法实现了实际水介质爆炸容器进行的可靠性设计,可为类似结构的优化设计提供参考。

## 参 考 文 献

[1] Asayama, T., Takasho, H., and Kato, T., 2008, "Probability Pridiction of Crack Depth Distributions Observed in Structures Subjected to Themal Fatigue" ASME J. Pressure Vessel Technol., 131(1), p. 011402.
[2] 刘鸿文. 材料力学教程[M]. 北京:机械工业出版社,1993.
[3] 喻九阳,徐建民,等. 压力容器与过程设备[M]. 北京:化学工业出版社,2011.
[4] 李琳娜. 水介质爆炸容器动力响应分析与实验研究[D]. 武汉:武汉科技大学,2013.
[5] P. cole. 水下爆炸[M]. 北京:国防工业出版社,1960.
[6] 吴世伟. 结构可靠度分析[M]. 北京:人民交通出版社,1990.
[7] 武清玺. 结构可靠性分析及随机有限元法[M]. 北京:机械工业出版社,2005.

# 分水岭图像分割技术在岩石爆堆块度分析中的应用

孙俊鹏　缪玉松　徐垚　陈新　刘广兴

（大连经济技术开发区金源爆破工程有限公司，辽宁 大连，116600）

**摘　要**：爆堆块度作为评价爆破效果的主要指标之一，图像分割边界提取又是影响块度统计正确性的重要因素。本文针对爆破爆堆分布的离散性和特殊性，应用分水岭图像分割技术从爆堆图像提取、灰度处理、阈值分割、连通性标注和分水岭分割等，全面地介绍了爆堆块度的处理过程。图像处理结果表明，分水岭分割技术在处理岩石爆堆块度分析中具有精度可靠、使用方便、处理速度快等优点，为岩石爆堆块度分析的智能化提供了广阔的空间。

**关键词**：分水岭分割；爆堆块度；岩石爆破；图像处理

## Watershed Segmentation Technology in the Application of Rock Blasting Fragmentation Analysis

Sun Junpeng　Miao Yusong　Xu Yao　Chen Xin　Liu Guangxing

（Dalian Development Area Jinyuan Blasting Co.，Ltd.，Liaoning Dalian，116600）

**Abstract**：Rock fragment is one of the main indicator in evaluating blasting effects. Image segmentation and boundary extraction are the important factors in statistical validity. This paper based on discreteness and particularity of the blasting heap distribution, introduces the blasting fragment process from blasting pile image extraction to gray scale, threshold segment, connectivity annotation and watershed segment applying of watershed image segmentation technology. The image segment results show that watershed segmentation technology in the process of rock fragment analysis has high precision, reliable, and fast processing speed. It provides a novel method for the analysis of rock blasting heap fragment.

**Keywords**：watershed segmentation；rock fragmentation；rock blasting；image processing

## 1　引言

由于岩体受自然形成条件的影响，在其内部往往包含有节理、裂隙和断层等软弱结构面，使岩体构造为非均匀的不连续性介质，严重影响着爆破能量利用率及块度分布。人们通常认为岩石块度是在原有结构面的基础上对岩体进行的二次破坏。由于岩石爆堆块度的尺寸直接决定着二次破碎和铲装成本，因此，岩石块度分布已然成为了评价爆破效果的重要指标之一。传统的爆堆块度统计方法主要采用人工测量法，其工作量大，效率低下，易受场地条件影响，而且统计结果也不够准确。数码摄影及图像处理技术的发展，为爆堆块度分析提供了一种新型的统

---

作者信息：孙俊鹏，高级工程师，919348171@qq.com。

计方法。国内外学者进行了大量的实验研究并开发了一系列的图像处理系统。史秀志等[1]应用二值化图像分割技术对爆堆形状进行分析,得到边界清晰、断点少的岩石分割图像;赵国彦等[2]应用3DFR算法图像处理技术,同时考虑对比度、噪声和灰度的不确定性对爆堆图像进行处理,得到与实际测量较为吻合的结果;吕林[3]和杨金保[4]分别应用计算机软件 GUI 开发平台,通过图像处理的方式对爆堆块度进行分析;李凯[5]首先应用 photoshop 对采集的对象进行处理,并对处理的图像采用小波变换融合图像分割技术得到适用于爆堆统计的分割图。本文在爆堆块度分布模型的基础上,应用分水岭图像分割技术对采取的爆堆图像,进行阈值运算和连通性标注,最后应用尺寸统计,得出各级块度所占的比例,图像处理流程如图 1 所示。该分割方法操作简单、数据可靠、运算速度快,为岩石爆堆块度分析和参数设计提供一种新的分析方法和参考。

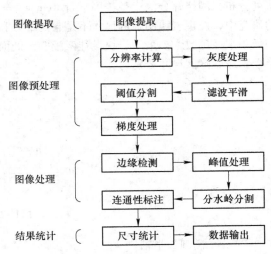

图 1 分水岭图像处理流程图
Fig. 1 Flow chart of watershed segmentation

## 2 理论基础

### 2.1 爆堆块度分布模型

爆堆块度的分布理论有很多,公认最具有代表性的是 R-R 分布和 G-G-S 分布函数。其中,R-R 分布函数为:

$$y = 1 - \exp\left[-\left(\frac{x}{x_0}\right)^a\right] \quad (1)$$

式中 $y$——岩块尺寸小于 $x$ 的体积比例,100%;
$x$——岩块尺寸,mm;
$x_0$——岩石块度分布特征值,mm;
$a$——与特征分布相关的函数。

G-G-S 分布函数为:

$$y = \left(\frac{x}{x_m}\right)^{3-D} \quad (2)$$

式中 $x_m$——岩石块度分布特征值,亦可为最大岩块尺寸,mm;
$D$——分形维数。

从爆堆块度分布模型上可以得出分形维数与块度累计相对量的关系,由于分形维数 $D$ 与岩石自身性质和围岩介质情况有关,可通过岩石力学相关内容求得,岩石块度分布特征值 $x_m$ 可以通过筛下岩石大块通过率求得。因此,上述两种分布特征均能表征爆堆块度分布。

### 2.2 爆堆块度图像处理理论

目前,使用比较广泛的表征爆堆块度的参数有投影面积法和网格筛分法。投影面积法[6]是用投影面积来表征块度大小,通过对图片的处理来获取各块度的投影面积,并以此为依据分析块度分布。网格筛分法[7]是美国学者 Kemeny 等人在多年利用图像处理技术统计爆堆块度分布的研究中,发现岩块的筛网尺寸不是它的最大和最小线性尺寸,而是岩块最佳匹配椭圆的最大和最小半径函数[8]。采用岩块最佳匹配椭圆的面积、周长等于岩块面积、周长,其最大、最小半径和最后筛网尺寸分别为:

$$a = \frac{\frac{p}{\pi} + \sqrt{\left(\frac{p}{\pi}\right)^2 - \frac{4S}{\pi}}}{2} \quad (3)$$

$$b = \frac{\frac{p}{\pi} - \sqrt{\left(\frac{p}{\pi}\right)^2 - \frac{4S}{\pi}}}{2} \quad (4)$$

$$d = 1.16 d \sqrt{\frac{1.13a}{b}} \quad (5)$$

式中 $a$——椭圆长半轴;
$b$——椭圆短半轴;
$d$——筛网尺寸;
$p$——块度周长;
$S$——块度投影面积。

## 3 图像处理

### 3.1 爆堆块度图像提取

只有将现实世界的图像转换为数字图像才能被计算机处理。随着数码相机、扫描仪和摄影机等技术的发展,数字图像提取的技术也越来越成熟。目前,关于爆堆块度原始图像的处理主要是采用数码相机技术。大量的试验数据和文献资料表明,在自然光条件下拍摄的爆堆原始图像普遍存在有如下特征[9]:

(1) 岩块内部与边界及各岩块间,均不存在某一恒定的灰度对比关系;
(2) 在同一岩块的边界上,各像素的灰度值也不是完全相同的;
(3) 不同边界上的灰度往往有很大的差异;
(4) 一般情况下,岩块内部灰度具有非均匀性,且边界像素要低于内部像素的灰度;
(5) 岩块迎光部分的灰度明显略高于背侧光源部分,后者则表现为阴影;
(6) 偏离光源部分的岩块间凹陷处其灰度值将变得很小。

因此,在对爆堆块度进行拍照时,拍照距离和角度成为了分析正确性的主要参数。倾斜拍照时,往往产生比例偏差和遮挡偏

图 2 爆堆图像采集
Fig. 2 Image of the blasting fragmentation

差；而垂直拍照时，由于相机的最佳投影面与岩石表面向重合，图像的各个部分的比例尺寸不会发生较大的变化，能够真实地反映岩石表面的块度特征。

## 3.2 灰度处理

灰度处理也称为对比度增强或点运算，其目的主要是增强图像的对比度。目前，关于爆堆对比度增强的方法主要有三种，即线性变换、非线性变换和直方图均衡化。线性变换、非线性变换是一种图像空间域的方法，通过灰度间的函数关系把图像各点灰度划分为256级；直方图均衡化是将原来原始图转化为均匀分布的形式，这样就增加了像素灰度值的动态范围，从而达到增强图像对比度的效果（如图3所示），一般来说，只要选择的函数适宜就会获得效果较好的直方图均衡化增强效果。此外，锯齿波变换、两端裁剪、三段线性等也可以用于图像对比度增强，但这三种方法更多的应用于粒度均匀的图像处理中，并不适合块度分散的爆堆图像。

图3 直方图均衡化的灰度处理
Fig. 3 Histogram equalization of the gray processing

## 3.3 边缘检测和梯度处理

为了能够实现区域边缘点灰度级从低到高的排序，实现从低到高的浸水淹没过程，通常先应用 Sobel 算子获得原始图像的梯度处理。Sobel 在技术上是一种离散性差分算子，用来运算图像亮度函数的灰度之近似值。Sobel 算子采用的是像素点上下、左右相邻点的灰度加权算法，先做加权平均，再微分，然后求梯度，根据边缘点处灰度极值的现象来监测图像的边缘。该方法能够较好的进行边缘检测，对噪声又有很好的平滑作用，尤其是当使用大的邻域时抗噪性能更好。

通常，图像处理是用一个 $M \times N$ 的二维数字阵列将图像看做二维离散函数：

$$[f(x,y)] = \begin{bmatrix} f(0,0) & f(0,1) & \cdots & f(0,N-1) \\ f(1,0) & f(1,1) & \cdots & f(1,N-1) \\ \vdots & \vdots & & \vdots \\ f(M-1,0) & f(M-1,1) & \cdots & f(M-1,N-1) \end{bmatrix} \quad (6)$$

图像梯度其实就是上述二维离散函数的求导：

$$\begin{cases} G(x,y) = \mathrm{d}x_i + \mathrm{d}y_j \\ \mathrm{d}x_{(i,j)} = f(i+1,j) - f(i,j) \\ \mathrm{d}y_{(i,j)} = f(i,j+1) - f(i,j) \end{cases} \quad (7)$$

式中，$f$ 为图像像素的值；$i$，$j$ 为像素的坐标。

图像在某像素点出的梯度反映了其在该点处的像素值变化情况，相应的梯度值反映了岩石块度边缘的差异。

## 3.4 阈值分割

为了降低分水岭分割的过度分割，通常要对梯度函数进行修正。阈值分割是避免图像过度分割的一类重要技术。主要利用图像中要提取的目标物体和背景在灰度上的差异，选择合适的灰度值作为阈值，通常可以取得一定的效果，其原理简单且通用性好，是目前比较受欢迎的一类分割方法[10]。在阈值分割的计算过程中，如何选择阈值是重点问题。按阈值选取技术可划分为全局阈值法、区域全局阈值法和局部阈值法，其中被广泛采用的方法是最大内间差阈值法、最大熵分割法和直方图门限法等。本文主要基于直方图门限法进行图像分割。对于爆堆图像，受天然岩石性质和图像提取方式的影响，在图像处理中，岩石像素与背景的边界区域有着较大的梯度值。根据梯度值加权，梯度值小的像素权值加大，梯度值大的像素权值减小。这样就会使得灰度直方图峰值更加凸起，谷底更加凹陷，达到较好的分离图像亮处和暗处的目的。

通过设置灰度级门限，可以将直方图划分为两段，一段对应于背景，另一段对应于爆堆本身，从而形成如下的二值化图像：

$$f(x,y) = \begin{cases} MAX & f(x,y) > TH \\ 0 & f(x,y) \leqslant TH \end{cases} \tag{8}$$

式中，TH 为阈值门限；MAX 为最大的灰度级值。

## 3.5 连通性标注

对于爆堆图像，进行图像梯度处理后如果直接进行分水岭分割，由于图像中的岩石是连接在一起的，产生的效果并不是很好。如果在图像中对前景对象和背景对象进行标注区别后，再进行分水岭分割算法会取得较好的分割效果[11]。连通性标注通常要对图像执行二次扫描。第一次全覆盖扫描各位域像素，判断像素间的邻域关系，对属于同一连通区域的像素赋值，并给出相同的连通标号，这种全区域的扫描往往会产生位域标号的重合，因此，需要进行二次扫描消除重复性的标号，合并属于同一连通区域但具有不同标号的子位域。标注时选择 0 像素为背景像素，1 像素为增加后的对象，依此类托，为分割后的每个对象赋予不同的像素值，为岩块大小的计算和统计提供必要的条件。

## 3.6 分水岭分割

分水岭分割算法的本质是将爆堆图像看做一幅"地形图"，其中亮度比较强的区域像素值较大，亮度较暗的区域像素值较小，通过寻找"汇水盆地"和"分水岭界限"对图像进行分割。"汇水盆地"之间的边界点即为"分水岭界限"。显然，分水岭表示的是输入图像的极大值点。分水岭的计算过程是一个迭代标注过程，其比较经典的计算方法是 L. Vincent 和 Soille 提出的浸没算法[12,13]。他将分水岭计算过程分解为排序和分解过程两个步骤。

(1) 首先对每个像素的灰度级进行从低到高的排序。利用梯度算子计算图像各个位域的梯度值，统计各位域的概率分布密度，再综合像素点的梯度值和分布概率计算位域的排序位置，最后按照梯度值从低到高的顺序排列；

(2) 按相同梯度值的点归为同一梯度级，假设当前梯度级为 h，将当前级所有邻域被标识的点推入到一个先进先出的队列中；

(3) 队列排序完成后，进行分解淹没过程。如果队列为非空，那么该队列的首元素会被弹出作为当前的处理点，并依次处理随后的所有梯度级为 h 的相邻点。若相邻点被标识，则根据邻点标识来刷新挡墙像素点的标识；若相邻点未被标识，则将该点推送至队列中，如此往复,直到所有梯度层全部处理完毕。

由于爆堆所在区域岩石特性相差不大,在进行图像处理时,往往产生对比度较低(灰度差太小)的情况。此时,如果采用分水岭分割算法可能会丢失一些重要的分割线,将灰度相差不大的位域归为同一浸没层,致使最终的误差过大。通过构造聚类函数对分割后的图像进行区域合并,计算分水岭分割后的各位域的灰度平均值,将各灰度均值再进行聚类,可有效避免浸没误差:

（1）首先以图像梯度作为输入端,对分割后的灰度差太小的每个位域进行编号;

（2）计算各位域的平均灰度值并输入至空间样本集;

图 4　分水岭分割图像
Fig. 4　Image of the watershed segmentation

（3）构造模糊聚类函数,求取函数最大值,利用模糊关系进行区域合并,最终得到最优化的输出结果。

## 4　结果分析与对比

图 5 给出了分水岭图像分割技术处理和传统筛分法得到的爆堆块度统计曲线,从图中可以看出,在尺寸小于 20$cm^3$ 时,筛分统计值要比分水岭图像分割统计值高出 0.5%;在 20～63$cm^3$ 时,分水岭图像分割技术得到的数值平均高于筛分统计值 1%～3%;在 63～100$cm^3$ 时,两者统计的结果十分吻合;在大于 100$cm^3$ 时,分水岭图像分割技术得到的岩石块数为 7 块,最大值为 121.89$cm^3$,筛分法得到的岩石块数为 4 块,最大尺寸为 130$cm^3$。虽然分水岭图像分割技术在不同区段与筛分法相比存在有一定的误差,但总体趋势相当。说明该方法可有效地反映出爆堆块度分布状态。

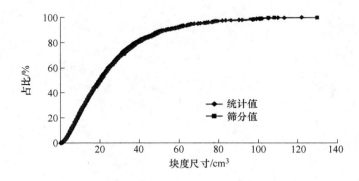

图 5　爆堆块度统计曲线
Fig. 5　Statistical curve of the blasting fragmentation

## 5　结论

通过对爆堆块度模型分析和图像处理方法的概述,得出分水岭图像分割技术能够较好地实现爆堆块度分析。但在实现的过程中，要对原始图像进行一定的分析和处理，依次得到爆破图像的灰度值、梯度处理、阈值分割、连通性标注、分水岭分割和块度统计。该方法有效地避免了轮廓偏移或丢失的现象，能够高效、准确地实现爆堆块度分析。对爆破参数设计和铲运能力评估具有一定的指导意义。

## 参 考 文 献

[1] 史秀志，黄丹，盛惠娟，等. 矿岩爆破图像二值化分割技术的研究与选择[J]. 爆破，2014(01)：47-50.

[2] 赵国彦，戴兵，马驰，等. 基于3DFR算法的爆堆块度图像处理研究及其应用[J]. 中南大学学报（自然科学版），2013(05)：2002-2007.

[3] 吕林，尹君，胡振襄. 基于图像处理的岩体块度分析系统[J]. 金属矿山，2011(02)：118-121.

[4] 杨金保. 图像处理技术在岩石爆堆块度分析中的应用[D]. 中国地质大学（北京），2009.

[5] 李凯. 基于数字图像处理技术的爆堆粒度分析[D]. 哈尔滨工业大学，2011.

[6] 李遥，吴亮，钟冬望. 空气间隔装药混凝土爆破试验块度分析[J]. 爆破，2014(01)：10-15.

[7] 黄志辉. 台阶爆堆块度分布测定及其优化研究[D]. 华侨大学，2005.

[8] 李遥，吴亮，钟冬望. 空气间隔装药混凝土爆破试验块度分析[J]. 爆破，2014(01)：10-15.

[9] Kemeny J M, Devgan A, Hagaman R M, et al. Analysis of rock fragmentation using digital image-processing [J]. Journal of Geotechnical Engineering-Asce, 1993, 119(7)：1144-1160.

[10] 李弼程，柳葆芳. 基于二维直方图的模糊门限分割方法[J]. 数据采集与处理，2000(03)：324-329.

[11] 陈柏生. 一种二值图像连通区域标记的新方法[J]. 计算机工程与应用，2006(25)：46-47.

[12] Vincent L, Soille P. Watersheds in digital spaces: an efficient algorithm based on immersions simulations [J]. IEEE Trans on Patter Analysis and Machine Intelligence, 1991, 13(6)：583-598.

[13] 陈婷婷. 采用模糊形态学和分水岭算法的图像分割研究[D]. 西南大学，2008.

# 炸药与岩石匹配的试验方法与工程应用

崔晓荣[1,2]

(1. 宏大矿业有限公司,广东 广州,510623;
2. 广东宏大爆破股份有限公司,广东 广州,510623)

**摘 要**：为了实现爆破施工时炸药与岩石的匹配,通过岩石爆破破碎理论及岩石与炸药匹配研究方法的对比分析,本文提出最佳埋深爆破漏斗试验对比法来优选炸药,并用以指导精细爆破施工。该方法基于现场混装炸药性能可调的优势,先生产系列高硫矿山安全炸药,再用最佳埋深爆破漏斗试验对比法为不同岩性的爆破对象优选匹配的炸药,最后进行台阶爆破参数的优化设计,从而达到提高爆破效果、降低爆破成本的目的。

**关键词**：工程爆破；炸药与岩石匹配；爆破漏斗实验；现场混装炸药；高硫矿山

## Test-Method of Matching of Explosive & Rock in Blasting Engineering and its Application

Cui Xiaorong[1,2]

(1. Hongda Mine Co., Ltd., Guangdong Guangzhou, 510623; 2. Guangdong Hongda Blasting Engineering Co., Ltd., Guangdong Guangzhou, 510623)

**Abstract**: In order to realize the matching of explosive & rock in blasting engineering, the theoretical basis and the research methods about the matching between explosive & rock are analyzed and compared, and then the best buried depth blasting crater test is used to select the explosive for various rock to blast, and this technology is used to guide the construction of blasting. Based on the advantages of site-mixed explosives, whose performance is adjustable, series of safe explosives for the high-grade sulfur mine are produced, and then the best buried depth blasting crater test is used to select the appropriate explosives for the different objects to blast. The parameters of bench blasting are optimized so as to improve the blasting effect and reduce the blasting cost.

**Keywords**: engineering blasting; blasting crater test; matching of rock and explosive; site-mixed explosive; high-grade sulfur mine

## 1 引言

在岩石爆破施工中,当炸药与岩石匹配时可充分利用炸药爆炸所释放的能量破碎岩体,此是爆破工程技术人员和民爆器材研制人员的共同关注点和追求目标。基于一维平面应力波的正

---

基金项目：广东省产学研合作院士工作站项目（2013B090400026）。
作者信息：崔晓荣,高级爆破工程师,smile66_cui@163.com。

入射理论,当炸药与岩石的波阻抗匹配系数等于1时,炸药爆炸后冲击波全部透射到岩石中去,能量传递系数最高,爆破效果最好[1,2]。显然,该理论假设对爆破中炸药爆炸能量向岩石传递的复杂过程作了简化,没有充分考虑爆轰气体对岩石爆破的贡献。

爆破施工时,可以通过炸药和岩石的波阻抗测量来选择炸药指导施工,但往往因成品民用炸药的区域垄断格局制约,炸药性能参数无可选性而失去实际意义。在炸药品种及其性能参数的可选性非常有限的情况下,通过相同工况不同炸药现场对比试验进行炸药的优选不失为可取办法;但是,当炸药品种较多,甚至炸药性能可调的情况下,通过规模十字交叉试验进行炸药比选,成本较高,耗时较长,甚至可能因实际爆破地质的非一致性导致误判。总之,由于岩石爆破理论的复杂性、工程地质的多变性和炸药区域垄断格局导致品种单一等原因,利用岩石与炸药的波阻抗匹配理论指导爆破施工仍不太现实。但是,随着现场混装炸药技术的推广应用,使生产与岩石匹配的炸药供爆破施工使用成为可能。现场混装炸药性能可调节范围较大,可根据现场地质变化生产不同性能的炸药用于爆破施工,从而提高爆破效果、降低爆破成本。

对于矿岩性能差别悬殊的露天矿山采剥工程,因规模大、周期长、地质复杂,利用炸药与岩石的匹配关系指导采矿施工显得尤为重要。考虑到炸药与岩石波阻抗匹配情况,现场测量的复杂性以及应力波破岩理论的局限性,提出实用性强的最佳埋深爆破漏斗试验对比法,用来优选与爆破岩体匹配的炸药。

## 2 爆破中岩石炸药匹配研究方法分析

### 2.1 波阻抗测试分析法

尽管冲击波和爆炸气体综合作用理论得到大多数爆破工程师的接受,但该岩石爆破理论模型复杂,施工现场难以直接使用,往往用炸药与岩石的波阻抗匹配来衡量爆破施工时炸药能量利用效率,即以应力波作用为主、爆轰气体作用为辅分析岩石爆破破碎。如果炸药与岩石的波阻抗接近,则认为炸药与岩石匹配,炸药能量利用率比较高,以此作为现场爆破器材优选和爆破参数设计的指导依据。

为了获得炸药与岩石的波阻抗匹配关系,往往需要测量炸药的密度、爆速和岩石的密度、声速四个物理量,两者分别相乘得到炸药和岩石的波阻抗[3,4]。一般采用爆速仪测试炸药爆速,其测试原理是通过插入一定长度药卷中的前后两根金属探针,其由于爆炸高温气体的先后电离致使仪器计数器先后触发并记录时间,用两个探针的间距除以触发信号的时间差得到炸药爆速。岩石声速一般采用声波探测仪测量,其通过声波的反射测试打磨岩样相对自由面的传输时间差,再用打磨岩样相对自由面的距离除以声波时差,获得该打磨岩样的声速(如图1所示)。

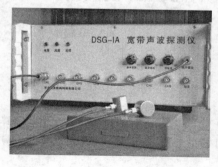

图1 声波探测仪及打磨岩样

Fig.1 Acoustic detector and polished rock

炸药岩石波阻抗匹配理论认为炸药与岩石的波阻抗匹配系数等于1时，炸药爆炸后其冲击波全部透射到岩石中去，能量传递系数最高。其依据炸药岩石界面上弹性纵波的入射与反射效应推导得出的，对爆破中炸药爆炸能量向岩石传递的复杂过程作了简化，没有充分考虑爆轰气体对岩石爆破破碎的贡献。爆破施工现场，通过岩石和炸药波阻抗的测量来选择炸药指导施工，往往也因成品民用炸药可选性差而失去实际指导意义。

## 2.2 现场爆破试验对比法

根据炸药与岩石波阻抗匹配理论，爆破施工时应根据岩石的波阻抗选择适当爆速和密度的炸药，使两者比较接近，才能充分利用炸药的能量，从而提高爆破效果、降低爆破成本。但现场工程地质往往比较复杂，岩石的密度和声速均在较大幅度内波动；而民用炸药区域专卖管理，成品民用炸药的可选择性差，要选择与岩石波阻抗匹配的炸药很难，只能从仅有的炸药品种中优选炸药。

因此，不少爆破施工工程不测试炸药和岩石的波阻抗，而是通过不同地质条件下不同品种炸药的现场爆破试验对比来选择炸药。现场试验方法包括爆破漏斗法和标准台阶爆破法[5~7]，前者通过相同埋深下等质量不同性能炸药爆炸后所得爆破漏斗体积的大小优选炸药，爆破漏斗体积最大者为最匹配的炸药；后者在台阶爆破施工时，同一爆区内分区装不同炸药，对比爆破效果，爆破效果好的区域所使用的炸药为较佳的匹配炸药。

在炸药的可选性非常有限的情况下，先通过相同工况不同炸药现场对比试验进行炸药的优选，再调整爆破孔网参数优化提升爆破效果，不失为可取办法；但是当炸药品种较多，甚至炸药性能可调的情况下，试验规模较大，成本较高，周期较长。另外，该方法理论上也存在一定的局限性，可能因试验设定爆破工况不合理导致误判。如爆破漏斗对比法，其用等质量不同性能炸药在相同埋深下进行爆破漏斗对比试验，可能某匹配性能较差的炸药因试验预先设置的埋深正好是其最佳埋深，而另一种匹配性能较好的炸药因埋深不合理导致爆破效果不好而被舍弃；标准台阶爆破对比法，其假设爆破对象的岩性相同，但考虑到"矿山三步一变岩"的实际情况，存在一定的误判可能。

## 2.3 炸药与岩石匹配试验方法总结分析

也有学者利用现场试验或者数值模拟手段，用爆轰气体等效荷载作用法来研究炸药与岩石的匹配情况，指导炸药性能优选和爆破参数优化设计。如图2所示，关于炸药与岩石的匹配研

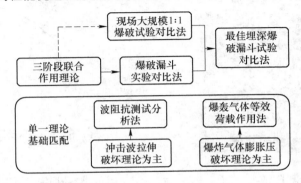

图 2 岩石炸药匹配研究方法及理论基础

Fig. 2　Research methods and theoretical basis of matching of explosive & rock

究,波阻抗测试分析法基于"冲击波拉伸破坏"为主的爆破理论,而爆轰气体等效荷载作用法基于"爆炸气体膨胀压破坏"为主的爆破理论,两者都是基于应力波或爆轰气体单一作用理论,所以误差较大,难以指导现场的精细爆破施工。用爆破漏斗对比法和标准台阶爆破对比法进行现场试验对比优选炸药,其爆破理论的基础是"三阶段联合作用理论",综合考虑了应力波和爆轰气体的综合作用,但存在误判的可能性。

因此,本文提出优化的"最佳埋深爆破漏斗试验对比法",用该方法优选与岩石匹配的炸药进行爆破,可以避免爆破漏斗对比法的误判可能,试验规模较小,试验效果对比分析方便,比标准台阶爆破对比法更方便操作。

## 3 最佳埋深爆破漏斗试验对比法

考虑到工程地质的复杂性和炸药性能可选性差的制约,通过波阻抗测试分析法和现场爆破试验对比法研究炸药与岩石的匹配情况都存在一定的弊端;特别是随着爆破、民爆"一体化"服务体系,即现场混装炸药爆破模式的推广应用,炸药性能可调节的范围大,使根据实际爆破区域的地质变化生产与岩石匹配的炸药供爆破施工中使用成为可能。在矿岩性能差别悬殊的矿山采剥工程中,因工程规模大、周期长、地质复杂,利用炸药与岩石的匹配关系指导采矿施工显得尤为重要,最佳埋深爆破漏斗试验对比法优选炸药理论基础完善,无需电子测试仪器,操作简单,实用性强。

最佳埋深爆破漏斗试验对比法,利用利文斯顿爆破漏斗实验进行研究和优选与岩石匹配的炸药。该方法将相同质量、不同性能的现场混装乳化炸药,埋置不同深度进行系列爆破漏斗试验,分别获得各炸药配方最佳埋深下的最大爆破漏斗体积,爆破漏斗体积最大的炸药即为与该岩石匹配的炸药。以在广东云浮硫铁矿进行的实验为例,爆破位置位于380水平1~4′线之间,系厚条带状黄铁矿(致密块状),矿石品位在16%~36%之间,$f = 18 \sim 26$,平均$f = 20$,矿石密度$2.78 t/m^3$,爆破漏斗实验采用$\phi 140mm$的炮孔,钻孔深度为$0.7 \sim 2.0m$,共18个炮孔,每孔装乳化炸药1kg进行爆破。炮孔装药起爆后,依次测量出不同性能炸药、不同埋深下爆破漏斗的半径和体积等数据,如图3所示。以其中某性能炸药获得的试验数据为例,根据最小二乘法原理,用MATLAB软件对实验数据进行三次项回归,得到炸药埋深与爆破漏斗体积的关系图(如图4所示),从曲线峰值可以得出最佳埋深1.15m,对应爆破漏斗体积$1.224m^3$。

类似的,可通过系列爆破漏斗试验,获得不同性能的多种炸药的埋深与爆破漏斗体积关系

图3 爆破漏斗实验

Fig. 3 Photo of blasting crater test

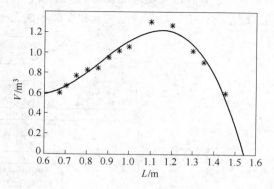

图4 炸药埋深与爆破漏斗体积关系图

Fig. 4 Relationship between depth of explosives and volume of blasting crater

的曲线。相同质量、不同性能炸药在同一地质条件、各自最佳埋深的情况下,爆破漏斗体积最大的炸药即为与爆破岩石最匹配的炸药,此时炸药单耗最低。此种方法在不同性能炸药均发挥其最佳爆破效果的情况下进行比较,即均为最佳埋深,避免了埋置深度对炸药作用率的影响,可更加准确地选择性能匹配的炸药用于爆破施工。

## 4 爆破漏斗岩石炸药匹配现场测试法的工程应用

广东云浮硫铁矿是我国最大的硫铁矿生产基地和硫精矿出口基地,水文地质呈中-强富水段,矿脉复杂多变、岩性差别大,且硫铁矿爆破时存在硫自燃的安全隐患,包装型的成品乳化炸药卷难以满足安全、高效爆破施工的要求。为了实现本质安全,提高生产效率,降低施工成本,引进现场混装技术进行爆破施工,一是利用现场混装炸药配方可调的优势,改善炸药在高硫矿山环境的安全性能[8~10];二是通过调节现场混装炸药的爆炸性能,生产与爆破岩体相匹配的炸药进行爆破施工,提高爆破效果、降低爆破成本;三是通过现场混装技术提高水孔的装药效率和延米炮孔装药量,从而提高炮孔的综合利用率,同时避免因水孔装药不连续常导致盲炮的问题。

### 4.1 炸药优化设计

综合考虑云浮硫铁矿的水文地质、安全生产等方面的要求,主要从以下三个方面进行现场混装炸药的优化设计[11~13]:

(1) 适当降低水相酸度:化学敏化的乳胶基质,最适宜的氧化剂水溶液pH值为3~4,此时发泡速度合理,气泡大小适中且分布均匀;而高硫矿山炮孔中含有酸性水,导致发泡速度过快,气泡大、不均匀,炸药威力变小。所以,针对硫铁矿特有的酸性环境,减少水相中酸的添加量,并适当降低敏化剂的量,使发泡速度合理,气泡大小适中、分布均匀,从而确保炸药威力较大。

(2) 以适量硝酸铵取代硝酸钠:通常情况下,硝酸钠作为富氧源引入乳化炸药中,它可以降低硝酸铵溶液的析晶点从而增强乳化炸药的稳定性;但在爆轰反应中,硝酸钠比硝酸铵消耗的炸药能量要多很多,每1%的硝酸钠损失爆热19.3kJ/mol。针对高密度、高强度的硫铁矿,应选用高威力乳化炸药,故以适量硝酸铵取代硝酸钠优化炸药配方,从而提高炸药的威力,促进炸药与岩石的匹配,有利于提高爆破效果。

(3) 选择优良高分子乳化剂:考虑到炸药配方中降低硝酸钠的含量,乳化效果变差,不利于乳化炸药的稳定性;且乳化效果较差甚至"破乳"的乳化炸药,析晶出的硝酸铵同酸性的硫铁矿接触后反应,造成安全隐患。因此,选择优良高分子乳化剂提高乳化效果和稳定性,形成理想的"油包水"体系。

通过上述三种途径,调整炸药配方各组分的含量,合理控制炸药的密度、爆热、爆速、威力等指标,为爆破施工时炸药与岩石(包括矿石)的匹配提供条件,以期达到较理想的爆破效果。

### 4.2 基于岩石炸药匹配试验的爆破优化

云浮硫铁矿矿区地层岩相变化较大,有片岩、变质炭质粉砂岩、炭质千枚岩、结晶灰岩、石英岩夹硫化物、锰质等沉积物。黄铁矿块矿最大4.76g/cm³,最小3.19g/cm³,平均3.48g/cm³;各种岩石最大2.94g/cm³,最小2.59g/cm³,平均2.79g/cm³。为了取得较好的爆破效果,降低爆破成本,需要生产不同密度、爆速的安全炸药,与需要爆破的岩体相匹配,从而充分利用炸药爆破释放的能量来破碎岩体。

现场首先通过系列最佳埋深爆破漏斗试验对比法，优选出针对不同性能矿岩的匹配炸药，再通过优选炸药爆区规模的工业对比试验，获得最佳的爆破孔网、装药结构、起爆方式、起爆顺序及延迟时间等参数[13-15]，从而充分发挥新炸药的功效，提高实际爆破效果。经过炸药技术和爆破技术的联合优化和改进，选择合理匹配的炸药用于采矿和剥离施工中，爆破效果得到了提升，炸药单耗降低了约15%，钻孔的延米爆破量提高了$6m^3/m$，钻孔的利用效率提高了约20%。

对30次爆区规模的工业对比试验统计分析，得到试验结果如表1所示，可见通过炸药技术和爆破技术的联合优化后不仅降低了采矿成本、提升了安全性能，而且降低了后续选矿成本。

表1 优化设计前后爆破效果统计分析
Table 1 Statistical analysis of blasting effect before and after optimization

| 不同工况 | 二次爆破万平方米雷管消耗量/发 | 装车效率 | 粗碎机台时处理量/t·(台·h)$^{-1}$ | 棒磨机台时处理量/t·(台·h)$^{-1}$ | 自磨机台时处理量/t·(台·h)$^{-1}$ |
|---|---|---|---|---|---|
| 优化前 | 110 | 4′ | 615.05 | 44 | 49.85 |
| 优化后 | 60 | 2′40″ | 821.22 | 61 | 64.84 |
| 功效比例 | -45.45% | +33.33% | +33.52% | +38.64% | +30.07% |

## 5 结论

用本文提出的最佳埋深爆破漏斗试验对比法进行炸药与岩石的匹配研究，理论体系较完善、实用性强，能够很好地指导现场混装炸药生产和矿岩精细爆破施工，实现炸药技术和爆破技术的协同发展，其核心一是进行现场混装炸药的配方参数和炸药性能优化，为充分利用炸药爆炸释放的能量破碎矿岩创造前提，二是优化调整现场爆破参数，提高实际爆破效果。

### 参考文献

[1] 汪旭光. 爆破设计与施工[M]. 北京：冶金工业出版社，2011.

[2] 汪旭光. 乳化炸药（第2版）[M]. 北京：冶金工业出版社，2008.

[3] 傅洪贤，李克民. 黑岱沟露天矿岩体可爆性及爆破对炸药性能要求的研究[J]. 工程爆破，2008，14(3)：24-26，30.

[4] 钮强，熊代余. 炸药岩石波阻抗匹配的实验研究[J]. 有色金属. 1988(4)：18-23.

[5] 叶图强. 云浮硫铁矿爆破漏斗试验研究[J]. 工程爆破，2014，20(1)：5-8，17.

[6] 周传波，范效锋，李政，等. 基于爆破漏斗试验的大直径深孔爆破参数研究[J]. 矿冶工程，2008，26(2)：9-16.

[7] 许志壮，王军忠，许志中，等. 高产量多品种炸药在歪头山露天铁矿的生产及应用[J]. 工程爆破，2002，8(2)：59-61.

[8] 陈寿如，周治国，梨剑华，等. 硫化矿预防炸药自爆技术的改进及应用[J]. 工程爆破，2001，7(1)：74-78.

[9] 袁昌明. 硫化矿炸药自爆机理分析与实验研究[J]. 爆破器材，2004，33(3)：16-20.

[10] 李孜军，古德生，吴超. 高温高硫矿床开采中炸药自爆危险性的评价[J]. 中国矿业，2002，11(2)：15-18.

[11] 叶图强，郑旭炳，汪旭光，等. 装药车制乳化炸药的试验研究[J]. 含能材料，2008，16(3)：

262-266.
- [12] 叶图强,郑旭炳,汪旭光,等. 装药车制乳化炸药配方的优化研究[J]. 中国矿业,2008,17(7):77-81.
- [13] 位晓成,崔晓荣,宋良波,等. 矿山民爆一体化在高硫矿山中的应用与优化设计[J]. 爆破,2013,30(4):148-151.
- [14] 熊代余,秦虎,任小民,等. 采用散装乳化炸药提高金堆城露天矿爆破生产效率[J]. 矿冶,2004(4):1-4.
- [15] 秦虎,熊代余. 车制乳化炸药深孔爆破参数优化[J]. 工程爆破,2000(2):63-67.

# 爆破拆除高大建（构）筑物重心位置高度的确定与计算

王 升[1]　郭天天[2]　易理辉[1]

（1. 湖南长工工程建设有限公司，湖南 长沙，430003；
2. 国防科技大学指挥军官基础教育学院，湖南 长沙，410003）

**摘　要**：高大建（构）筑物在定向倒塌爆破拆除时，由于考虑建（构）筑物失稳倾倒以及塌落振动安全校核，不可避免地必须考虑高大建（构）筑物的重心位置和重心高度。根据相关理论、规范，各种教材及大量的工程实践，对高大建（构）筑物重心位置的确定，重心高度的计算，提出一种切实可行，符合工程实际的计算方法。

**关键词**：高大建（构）筑物；爆破拆除；重心位置高度；计算方法

## Determination and Calculation of Gravity Center's Location and Height of Edifice Blasting Demolition

Wang Sheng[1]　Guo Tiantian[2]　Yi Lihui[1]

(1. Hunan Changgong Construction Co., Ltd., Hunan Changsha, 410003;
2. School of Basic Education for Commanding Officers, NUDT, Hunan Changsha, 410003)

**Abstract**: For the safety check of collapsing process and vibration during the edifice directional blasting demolition, the location and height of the edifice's gravity center must be determined. On the base of relevant theories and a lot of engineering practice a feasible approach is proposed which can determine the location of the edifice's gravity center and calculate its height and verified by engineering practice.

**Keywords**: edifice; blasting demolition; gravity center's location and height; calculating method

## 1　引言

随着经济发展、社会进步，一方面高大建（构）筑物如雨后春笋般耸立，另一方面又有很多高大建（构）筑物需要拆除。国内广大爆破工程技术人员在多年的爆破拆除工程实践中，成功拆除了广东中山山顶花园、温州中银大厦等多座高层建筑及冷水江电厂240m高、成都、南昌、锦州等电厂多座210m高钢筋砼烟囱。总结获得了许多有益的成功经验，丰富了爆破拆

---

作者信息：王升，高级工程师，1485313860@qq.com。

除工程理论。高大建（构）筑物爆破拆除最常用的方法为定向倒塌爆破拆除。

## 2 高层建（构）筑物爆破拆除失稳原理

建（构）筑物上作用的重力及支撑面上的反作用力必须在一条直线上，建筑物才能稳定。失稳原理就是利用爆破破坏建（构）筑物的部分或全部承重构件（梁、柱、墙），形成爆破切口，破坏结构原有的平衡，在建（构）筑物自重的作用下，使整个建（构）筑物失稳倒塌解体。定向倒塌则利用爆破切口的爆高差和起爆网路时间差，使建筑结构形成倾覆力矩，利用设计保留的转动铰链，使结构转动倾覆[1]。

高耸构筑物（烟囱、冷却塔、大型筒仓）失稳原理为采用爆破在高耸筒式构筑物的底部某一高度处形成一定尺寸大小的缺口，保留部分筒体支撑。上部筒体在重力与支座反力形成的倾覆力矩作业下失稳，沿设计倒塌方向偏转，并最终倒塌。

采用定向倒塌方式爆破拆除高大建（构）筑物，从爆破机理来看都是爆破局部破坏承重结构，利用建（构）筑物的自重产生的重力矩使建（构）筑物失稳、倾覆、倒塌。如此，不可避免地要面对重力、重心的问题。

## 3 高大建（构）筑物重心位置计算方法

常见高大建（构）筑物包括高层建筑物和大型构筑物。高层建筑物分为民用和工业高层建筑物，如酒店、写字楼、住宅楼、工业锅炉房等。大型构筑物为烟囱、冷却塔、仓储筒仓等。高层建筑物常见的结构为框架结构、框剪结构、全剪力墙结构、框筒结构和钢混结构。大型构筑物常见为钢筋混凝土结构和钢结构。一般高耸烟囱为单筒式和集束式，集束式烟囱内部为钢结构。高层建筑物由于功能要求，经常会有不同的结构、层高，还会附带有水箱、电梯机房、空调、水泵房等附属结构，导致整个建筑物的结构呈非均匀布置。布置形式有矩形、正方形、三角形、圆形、椭圆形，组合图形布置。大部分还带有裙楼、地下室等。

每个建（构）筑物都可以看成是由许多个单元体组成。重心位置的确定并不能按均质物体、标准几何图形进行确定。重心高度也因此会有不同的变化。

对高层建筑取一个典型单元，从基础一直到屋顶，把全部梁板柱砌体门窗楼梯阳台粉刷批挡、附属结构物等的重量的总和除以这一单元的总面积，即可得出每平方米建筑面积的自重。根据《建筑结构荷载规范》(GB 50009—2012)，各类建筑结构单位面积自重：框架结构 $11\sim14\text{kN/m}^2$，框架剪力墙结构 $12\sim15\text{kN/m}^2$，剪力墙结构 $13\sim16\text{kN/m}^2$，框架核心筒结构 $13\sim15\text{kN/m}^2$，地下室 $20\text{kN/m}^2$。

设楼层每个单元体重为 $\Delta P_i$，其作用点坐标 $C_i(x_i, y_i, z_i)$ 诸层合力作用点 $C$，即重心，其作用点坐标 $X_c$，$Y_c$，$Z_c$。根据合力矩定理，合力对各轴之矩应等于各分力对各轴之矩的代数和。合力 $P = \Sigma P_i$

$$PX_c = \Sigma \Delta P_i \cdot x_i$$
$$PY_c = \Sigma \Delta P_i \cdot y_i$$
$$PZ_c = \Sigma \Delta P_i \cdot z_i$$

推导：
$$X_c = \frac{\Sigma \Delta P_i \cdot x_i}{P}$$

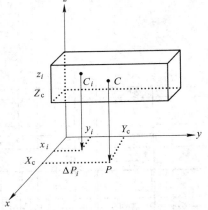

图 1 单元体及物体重心示意图

Fig. 1 Schematic diagram of the unit body and the center of gravity

$$Y_c = \frac{\Sigma \Delta P_i \cdot y_i}{P}$$

$$Z_c = \frac{\Sigma \Delta P_i \cdot z_i}{P}$$

## 4 重心位置计算示例

### 4.1 某高层建筑物重心计算

某国际大厦主楼19层,地下1层,全剪力墙结构,建筑面积17784.25$m^2$。主楼绝对标高64.40m,加机房层和水箱、女儿墙建筑绝对标高71.40m。由于结构功能要求,在第3层和第18层设置转换技术层,层高2.2m。标准层建筑面积852.07$m^2$。技术层及18、19层建筑面积876.42$m^2$,机房水箱层建筑面积234.9$m^2$。按建筑荷载规范。全剪力墙结构17.5kN/$m^2$。根据建筑结构将整栋建筑分为4个单元体。

表1 各层高、建筑面积及重量
Table 1 Floor high、built-up area and weight

| 楼层 | 层高/m | 合计高度/m | 各单元重心高度/m | 建筑面积/$m^2$ | 重量/t |
|---|---|---|---|---|---|
| 1、2层 | 5.5 | 13.2 | 6.6 | 2556.21 | 6560.94 |
| 技术层1(3层) | 2.2 | | | | |
| 4~17层 | 3.0 | 42.0 | 34.2 | 11928.98 | 20875.72 |
| 技术层2、18、19层 | 2.2、3.0 | 8.2 | 59.3 | 2629.26 | 4187.10 |
| 机房水箱层 | 3.5 | 7.0 | 66.9 | 469.8 | 1915.61 |

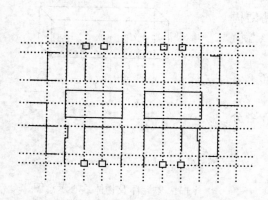

图2 建筑楼层平面布置图

Fig. 2 Building floor plan

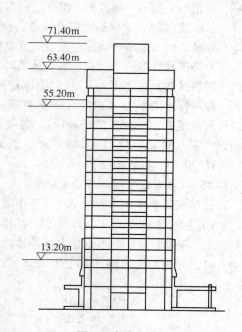

图3 建筑立面图

Fig. 3 Building elevation drawing

重心位于垂直于建筑平面中心轴线上。重心高度：

$$Z_c = \frac{6560.94 \times 6.6 + 20875.72 \times 34.2 + 4187.10 \times 59.3 + 1915.61 \times 66.9}{6560.94 + 20875.72 + 4187.1 + 1951.61} = 33.8\text{m}$$

### 4.2 高100m钢筋混凝土烟囱重心计算

以 05G212《钢筋混凝土烟囱》标准图集 TB100/2.5 型 100m 高钢筋混凝土烟囱计算其重心高度。烟囱壁厚 160~340mm，C30 混凝土。烟囱坡度 0.035~0.02。内衬及隔墙厚240mm，烧结普通砖，隔热层为水泥膨胀珍珠岩。厚100mm。C30 混凝土容重（含钢筋）2.40t/m³，烧结砖容重 1.7t/m³，水泥膨胀珍珠岩容重 0.6t/m³。筒壁混凝土 462m³，内衬 252m³，隔热层 156m³，钢筋 38.595t。设置两个钢平台，标高 95.50m 钢平台重 1.612t，标高 33.0m 钢平台重 2.322t。

表2 烟囱技术设计参数
Table 2 Technical design parameters of chimney

| 高度/m | 壁厚/mm | 坡度 | 外径/m | 筒壁重/t | 内衬、隔热层重/t | 钢平台重/t | 总重/t | 重心高/m |
|---|---|---|---|---|---|---|---|---|
| 90~100 | 160 | 0.02 | 3.32~3.72 | 45.312 | 47.72 | 1.612 | 94.644 | 94.905 |
| 80~90 | 180 | 0.02 | 3.72~4.12 | 55.536 | 48.92 | | 104.56 | 84.915 |
| 70~80 | 200 | 0.02 | 4.12~4.52 | 66.888 | 49.98 | | 116.868 | 74.923 |
| 60~70 | 220 | 0.02 | 4.52~4.92 | 79.416 | 51.14 | | 130.556 | 64.93 |
| 50~60 | 240 | 0.02 | 4.92~5.32 | 93.072 | 51.84 | | 144.912 | 54.935 |
| 40~50 | 260 | 0.02 | 5.32~5.72 | 107.856 | 52.2 | | 160.0561 | 44.94 |
| 30~40 | 280 | 0.035 | 5.72~6.42 | 126.984 | 53.2 | 2.322 | 182.506 | 34.904 |
| 20~30 | 300 | 0.035 | 6.42~7.12 | 151.08 | 54.62 | | 205.7 | 24.914 |
| 10~20 | 320 | 0.035 | 7.12~7.82 | 177.12 | 55.48 | | 232.6 | 14.922 |
| 0~10 | 340 | 0.035 | 7.82~8.52 | 205.416 | 56.68 | | 262.096 | 4.93 |

重心位于垂直于烟囱圆截面中轴线上。重心高度：

$$Z_c = \frac{\Sigma(各段总重 \times 各段重心高)}{\Sigma 总重} = 40.68\text{m}$$

## 5 结论

这种计算方法简便易行，可以比较准确的确定高大建（构）筑物的重心位置，计算重心高度。提出这种计算方法与广大同行共同商榷。

对爆破工程技术人员，应加强学习，掌握建筑结构相关专业知识，注意专业融合问题。

在今后的工作中可以借鉴计算机计算技术编制相应的计算软件进行计算确定，提高工作效率。

## 参 考 文 献

[1] 汪旭光,郑炳旭,张正忠,等. 爆破手册[M]. 北京:冶金工业出版社,2010:683-695.
[2] 汪旭光,于亚伦. 拆除爆破理论与工程实践[M]. 北京:人民交通出版社,2008:51-53,112-114.
[3] 魏晓林. 建筑物倒塌动力学及其爆破拆除控制技术[M]. 广州:中山大学出版社,2011:112-125.
[4] 史家埕,程贵海,郑长青. 建筑物爆破拆除理论与实践[M]. 北京:中国建筑工业出版社,2010:9.
[5] 中国大百科全书总编委. 中国大百科全书[M]. 北京:中国大百科全书出版社,2009:29-466,28-429.

# 基于层次分析法的隧道掘进爆破效果影响因素分析及方案优化研究

邓杰文[1]　白晓宏[2]　李必红[1]　杨诗杰[1]

(1. 国防科学技术大学，湖南 长沙，410072；
2. 中交一公局万利万达项目总部六分部，重庆，400000)

**摘　要**：隧道掘进爆破后的稳定性主要取决于岩体内不同地质结构的性质、空间变化以及开挖爆破过程中爆破作用对该地质结构的影响程度。研究分析各因素对爆破效果以及围岩隧道稳定的影响，有助于提高隧道爆破施工技术与安全性。由于以往各因素在其中所占的比重仅以传统经验类比确定，具有较大的主观性，难以综合考虑各因素对爆破效果的影响及对爆破方案的选择进行定量研究。本文通过利用模糊数学理论，进行多目标决策，同时利用层次分析法（AHP）确定各影响因素的权重，对影响爆破效果的因素进行综合分析，科学合理地选择最优的爆破方案。

**关键词**：隧道工程；爆破效果影响因素；层次分析法；方案优化

# Tunnel Excavation Blasting Effect Affecting Factors Analysis Based on the Analytic Hierarchy Process and Optimization Study

Deng Jiewen[1]　Bai Xiaohong[2]　Li Bihong[1]　Yang Shijie[1]

(1. National University of Defense Technology, Hunan Changsha, 410072;
2. The 6$^{th}$ Wanli Division of Wanda Project Headquarters of the 1$^{st}$
Highway Engineering Bureau Co., Ltd., Chongqing, 400000)

**Abstract**: The stability of tunnel excavation after blasting depends on the nature of the different geological structure of the rock mass, spatial variation and blasting during excavation blasting the degree of influence of the geological structure. Study on Influence of various factors on blast effects and layered surrounding rock tunnel stability, help to improve tunnel blasting construction technology and security. Due to various factors in the past in which the proportion of traditional experience only analogy determine with greater subjectivity, it is difficult considering the impact of various factors on the effect of blasting and blasting scheme of choice for quantitative research. Through the use of fuzzy math theory, multi-objective decision-making, to determine the weight of each factor weight, the effect of blasting on the factors affecting the comprehensive analysis, scientific and rational way to choose the best solutions while leveraging blasting Analytic Hierarchy Process (AHP).

**Keywords**: tunnel project; blasting effect affecting factors; AHP; optimization

作者信息：邓杰文，学士，1585017644@qq.com。

## 1 引言

由于我国社会经济的不断发展，铁路、公路、城市地铁以及水利水电等基建项目日益增多，隧道工程建设的任务量也随之增大。一般来讲，隧道工程施工方法的选择主要是根据工程地质条件、水文地质条件、埋深大小、开挖坑道断面形状及尺寸、长度、衬砌类型、坑道的使用功能、施工技术条件和施工技术水平及工期要求等综合考虑确定。目前被广泛利用的施工方法是钻爆法，即机械开挖与爆破相结合，共同掘进。爆破效果的好坏直接影响机械开挖的难易程度，从而影响掘进速度和工程进度。本文针对隧道掘进爆破设计的要求，应用 AHP 层次分析法方法，对影响隧道爆破效果的因素进行分析，综合考虑各项因素在爆破中所起的作用，研究出一套在确保作业安全和施工进度的基础上降低爆破成本、提升爆破效果的方案优化的方法。

## 2 AHP 分析模型

### 2.1 AHP 层次分析法

AHP(Analytic Hierarchy Process) 层次分析法，是美国运筹学家 T. L. Saaty 教授于 20 世纪 70 年代提出的一种实用的多方案或多目标的决策方法，是一种定性与定量相结合的决策分析方法。常被运用于多目标、多准则、多要素、多层次的非结构化的复杂决策问题，特别是战略决策问题，具有十分广泛的实用性。用 AHP 分析问题大体要经过以下五个步骤：

(1) 建立层次结构模型。将决策的目标、考虑的因素（决策准则）和决策对象按它们之间的相互关系分为最高层、中间层和最低层，绘出层次结构图。

(2) 构造判断矩阵。在确定各层次各因素之间的权重时，如果只是定性的结果，则常常不容易被别人接受，因而 Saaty 等人提出一致矩阵法，即不把所有因素放在一起比较，而是两两相互比较。对比时采用相对尺度，以尽可能减少性质不同因素相互比较的困难，以提高准确度。

(3) 层次单排序。所谓层次单排序是指，对于上一层的某个因素而言，本层次各因素重要性的排序。

(4) 判断矩阵的一致性检验。所谓的一致性是指判断思维的逻辑一致性。如当甲比丙是强烈重要，而乙比丙是稍微重要时，显然甲一定比乙重要。这就是判断思维的逻辑一致性，否则判断就会有矛盾。

(5) 层次总排序。确定某层所有因素对于总目标相对重要性的排序权值过程，称为层次总排序。这一过程是从最高层到最底层依次进行的。对于最高层而言，其层次单排序的结果也就是总排序的结果。

### 2.2 隧道爆破 AHP 分析模型设计

由于影响隧道爆破效果的因素千差万别，在各个工程中具体的影响因素也不尽然相同。

本文从总体性的角度出发，综合各个因素对隧道爆破效果不同的影响程度，将通过以下 9 个因素：(1) 围岩强度；(2) 围岩结构稳定性；(3) 掏槽孔布置；(4) 炮孔数量及密度；(5) 炮孔深度；(6) 炸药性能；(7) 炮孔直径；(8) 毫秒延期起爆时间；(9) 单孔平均装药量进行分析。通过对上述因素的综合分析，最终要达到的目标，是在确保爆破施工安全的前提下，对各个影响爆破效果的主要因素的相对重要性之间进行两两比对，根据不同因素对爆破效果影响程度的贡献率赋予相应的权重，并把这些量化得出的权重作为方案比较选择时的参照标准。

下面按照图1所示流程图上的步骤，对影响爆破效果的这九点因素进行 AHP 分析。

### 2.2.1 定义变量

对上述因素（1）~因素（9）做出以下定义：$C_1$，围岩强度及完整度；$C_2$，围岩结构稳定性；$C_3$，掏槽孔布置；$C_4$，炮孔数量及密度；$C_5$，炮孔深度；$C_6$，炸药性能；$C_7$，炮孔直径；$C_8$，毫秒延期起爆时间；$C_9$，单孔平均装药量，将其定义为影响爆破效果及最终方案选择的9个变量。

### 2.2.2 建立递阶层次结构

建立如图2所示的递阶层次结构图。在对方案进行优化选择的过程中，按从最底层向最高层的顺序进行递进分析：首先，根据变量间的相对重要性，计算出9个变量在爆破方案评估中各自所占的权重；其次，对不同爆破方案在以上9个方面进行比较，通过定量计算比较得出最优爆破方案。

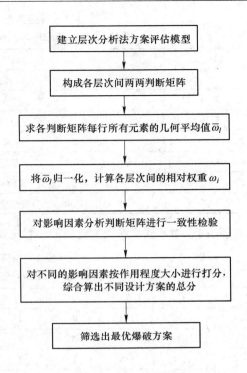

图 1　层次分析综合评估方法流程图
Fig. 1　Flow char of AHP comprehensive evaluation method

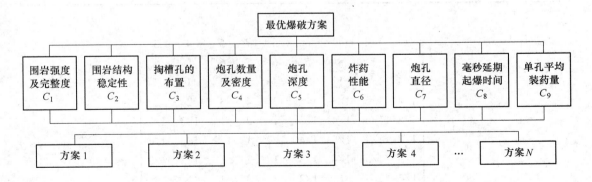

图 2　递阶层次结构图
Fig. 2　Hierarchical structure graph

### 2.2.3 构造判断矩阵

由专家对各个影响因素按照表1所示的分值，对两两比较的结果进行评分，可得到爆破效果影响因素的两两比较判断矩阵，如表1所示。

**表 1 各因素影响权重评价分值表**
**Table 1　Evaluation score of factors affecting weight**

| 分值 $a_{ij}$ | 定　义 |
|---|---|
| 1 | $i$ 风险比 $j$ 风险发生重要性一样大 |
| 3 | $i$ 风险比 $j$ 风险发生重要性略大 |
| 5 | $i$ 风险比 $j$ 风险发生重要性稍大 |
| 7 | $i$ 风险比 $j$ 风险发生重要性大得多 |
| 9 | $i$ 风险比 $j$ 风险发生重要性大很多 |
| 2,4,6,8 | $i$ 风险比 $j$ 风险发生重要性比较结果处于以上结果的中间 |
| 倒　数 | $j$ 风险比 $i$ 风险发生重要性比较结果是 $i$ 风险比 $j$ 风险发生重要性比较结果的倒数 |

对照表1，对不同影响因素之间的相对重要程度进行以下两两比对，如表2所示。

**表 2　两两比对分值表**
**Table 2　Pair-wise comparison score**

| 因素 | $C_1$ | $C_2$ | $C_3$ | $C_4$ | $C_5$ | $C_6$ | $C_7$ | $C_8$ | $C_9$ |
|---|---|---|---|---|---|---|---|---|---|
| $C_1$ | 1 | 1/3 | 4 | 4 | 5 | 7 | 5 | 4 | 3 |
| $C_2$ | 3 | 1 | 5 | 5 | 6 | 7 | 6 | 5 | 5 |
| $C_3$ | 1/4 | 1/5 | 1 | 3 | 4 | 5 | 4 | 1 | 3 |
| $C_4$ | 1/4 | 1/5 | 1/3 | 1 | 3 | 4 | 3 | 2 | 2 |
| $C_5$ | 1/5 | 1/6 | 1/4 | 1/3 | 1 | 2 | 1 | 1/3 | 1/2 |
| $C_6$ | 1/7 | 1/7 | 1/5 | 1/4 | 1/2 | 1 | 1/2 | 1/3 | 1/3 |
| $C_7$ | 1/5 | 1/5 | 1/4 | 1/3 | 1 | 2 | 1 | 1/3 | 1/2 |
| $C_8$ | 1/4 | 1/4 | 1 | 1/2 | 3 | 3 | 3 | 1 | 3 |
| $C_9$ | 1/3 | 1/5 | 1/3 | 1/2 | 2 | 3 | 2 | 1/3 | 1 |

令

$$A = \begin{bmatrix} 1 & 1/3 & 4 & 4 & 5 & 7 & 5 & 4 & 3 \\ 3 & 1 & 5 & 5 & 6 & 7 & 6 & 5 & 5 \\ 1/4 & 1/5 & 1 & 3 & 4 & 5 & 4 & 1 & 3 \\ 1/4 & 1/5 & 1/3 & 1 & 3 & 4 & 3 & 2 & 2 \\ 1/5 & 1/6 & 1/4 & 1/3 & 1 & 2 & 1 & 1/3 & 1/2 \\ 1/7 & 1/7 & 1/5 & 1/4 & 1/2 & 1 & 1/2 & 1/3 & 1/3 \\ 1/5 & 1/5 & 1/4 & 1/3 & 1 & 2 & 1 & 1/3 & 1/2 \\ 1/4 & 1/4 & 1 & 1/2 & 3 & 3 & 3 & 1 & 3 \\ 1/3 & 1/5 & 1/3 & 1/2 & 2 & 3 & 2 & 1/3 & 1 \end{bmatrix}$$

则 $A$ 为各因素影响权重的判断矩阵。

设 $\omega$ 满足 $(A-9)\omega=0$ 和 $|\omega|=1$，经计算，可得出权向量 $\omega$ 为：

$$\omega = (0.218, 0.281, 0.140, 0.103, 0.037, 0.022, 0.038, 0.098, 0.063)$$

### 2.2.4　一致性检验

下面对该判断矩阵的一致性进行检验：

几何平均值（$\overline{\omega_i}$）、相对权重（$\omega_i$）及一致性检验公式如下：

$$\overline{\omega_i} = \sqrt[n]{\prod_j^n a_{ij}} \quad \omega_i = \frac{\overline{\omega_i}}{\sum_i^n \overline{\omega_i}} \quad \lambda_{\max} = \sum_i^n \frac{(A\omega)_i}{n\omega_i}$$

$$CI = \frac{\lambda - n}{n - 1}$$

$$CR = \frac{CI}{RI}$$

式中，$\overline{\omega_i}$ 为几何平均值；$\omega_i$ 为相对权重；$a_{ij}$ 为判断矩阵元素；CI 为一致性指标；RI 为平均一致性随机指标；CR 为随机一致性比例。

根据上述公式，计算判断矩阵的最大特征值 $\lambda_{\max}$：

$$A\omega = \begin{bmatrix} 1 & 1/3 & 4 & 4 & 5 & 7 & 5 & 4 & 3 \\ 3 & 1 & 5 & 5 & 6 & 7 & 6 & 5 & 5 \\ 1/4 & 1/5 & 1 & 3 & 4 & 5 & 4 & 1 & 3 \\ 1/4 & 1/5 & 1/3 & 1 & 3 & 4 & 3 & 2 & 2 \\ 1/5 & 1/6 & 1/4 & 1/3 & 1 & 2 & 1 & 1/3 & 1/2 \\ 1/7 & 1/7 & 1/5 & 1/4 & 1/2 & 1 & 1/2 & 1/3 & 1/3 \\ 1/5 & 1/5 & 1/4 & 1/3 & 1 & 2 & 1 & 1/3 & 1/2 \\ 1/4 & 1/4 & 1 & 1/2 & 3 & 3 & 3 & 1 & 3 \\ 1/3 & 1/5 & 1/3 & 1/2 & 2 & 3 & 2 & 1/3 & 1 \end{bmatrix} \begin{bmatrix} 0.218 \\ 0.281 \\ 0.140 \\ 0.103 \\ 0.037 \\ 0.022 \\ 0.038 \\ 0.098 \\ 0.063 \end{bmatrix} = \begin{bmatrix} 2.394 \\ 3.559 \\ 1.257 \\ 0.895 \\ 0.343 \\ 0.238 \\ 0.352 \\ 0.894 \\ 0.539 \end{bmatrix}$$

$$\lambda_{\max} = \frac{2.394}{9 \times 0.218} + \frac{3.559}{9 \times 0.281} + \frac{1.257}{9 \times 0.140} + \frac{0.895}{9 \times 0.103} + \frac{0.343}{9 \times 0.037} + \frac{0.238}{9 \times 0.022} + \frac{0.352}{9 \times 0.038} + \frac{0.894}{9 \times 0.098} + \frac{0.539}{9 \times 0.063} = 9.817512$$

$$CI = \frac{\lambda_{\max} - n}{n - 1} = \frac{9.817512 - 9}{9 - 1} \approx 0.102$$

定义随机一致性指标为 RI，它的值与 $n$ 的关系如下：

$$CR = CI/RI = \frac{0.102}{1.45} = 0.0705 < 0.10$$

由于 CR 在容许范围之内，即可得出，判断矩阵 $A$ 通过一致性检验。

表 3  RI 的值与 $n$ 的关系
Table 3  Pair-wise comparison score between RI and $n$

| $n$ | 1 | 2 | 3 | 4 | 5 | 6 | 7 | 8 | 9 | 10 | 11 |
|---|---|---|---|---|---|---|---|---|---|---|---|
| RI | 0 | 0 | 0.58 | 0.90 | 1.12 | 1.24 | 1.32 | 1.41 | 1.45 | 1.49 | 1.51 |

## 3  实例分析

### 3.1  利用模型预测

为了验证隧道爆破 AHP 分析模型的合理性，以万利高速公路刘家岩隧道一组光面爆破试验数据为例进行分析。

表 4  第 1 次爆破参数表
Table 4  1st blasting parameter list

| 炮孔名称 | 孔径/mm | 孔深/mm | 孔数/个 | 孔距/cm | 排距/cm | 药径/mm | 单孔药量/kg | 总药量/kg | 围岩级别 |
|---|---|---|---|---|---|---|---|---|---|
| 掏槽孔 | 42 | 5000 | 14 | 53 | — | 32 | 3.2 | 44.8 | S4c |
| 辅助掏槽 | 42 | 4500 | 10 | 77 | 80 | 32 | 2.8 | 28 | |
| 1 圈辅助孔 | 42 | 4000 | 8 | 90 | 80 | 32 | 2.6 | 20.8 | |
| 2 圈辅助孔 | 42 | 4000 | 10 | 77 | 80 | 32 | 2.4 | 24 | |
| 3 圈辅助孔 | 42 | 4000 | 16 | 100 | — | 32 | 1.6 | 25.6 | |
| 4 圈辅助孔 | 42 | 4000 | 5 | 65 | — | 32 | 1.8 | 9 | |
| 光爆孔 | 42 | 3500 | 40 | 50 | — | 32 | 1 | 48 | |
| 底板孔 | 42 | 4000 | 9 | 120 | — | 32 | 2.2 | 18 | |

表 5  第 2 次爆破参数表
Table 5  2nd blasting parameter list

| 炮孔名称 | 孔径/mm | 孔深/mm | 孔数/个 | 孔距/cm | 排距/cm | 药径/mm | 单孔药量/kg | 总药量/kg | 围岩级别 |
|---|---|---|---|---|---|---|---|---|---|
| 掏槽孔 | 42 | 5000 | 14 | 53 | — | 32 | 3.4 | 47.6 | S4c |
| 辅助掏槽 | 42 | 4500 | 10 | 77 | 80 | 32 | 2.6 | 26 | |
| 1 圈辅助孔 | 42 | 4000 | 8 | 90 | 80 | 32 | 2.4 | 19.2 | |
| 2 圈辅助孔 | 42 | 4000 | 10 | 77 | 80 | 32 | 2 | 20 | |
| 3 圈辅助孔 | 42 | 4000 | 16 | 100 | — | 32 | 1.6 | 25.6 | |
| 4 圈辅助孔 | 42 | 4000 | 5 | 65 | — | 32 | 1.8 | 9 | |
| 光爆孔 | 42 | 3500 | 40 | 50 | — | 32 | 0.8 | 32 | |
| 底板孔 | 42 | 4000 | 9 | 120 | — | 32 | 2 | 18 | |

表 6  第 3 次爆破参数表
Table 6  3rd blasting parameter list

| 炮孔名称 | 孔径/mm | 孔深/mm | 孔数/个 | 孔距/cm | 排距/cm | 药径/mm | 单孔药量/kg | 总药量/kg | 围岩级别 |
|---|---|---|---|---|---|---|---|---|---|
| 掏槽孔 | 42 | 4000 | 8 | 70 | — | 32 | 3.2 | 25.6 | S4c 围岩裂隙发育,有断层 |
| 辅助掏槽 | 42 | 3500 | 8 | 70 | 80 | 32 | 1.6 | 12.8 | |
| 1 圈辅助孔 | 42 | 3000 | 8 | 70 | 80 | 32 | 1.6 | 12.8 | |
| 2 圈辅助孔 | 42 | 3000 | 8 | 70 | 80 | 32 | 1.6 | 12.8 | |
| 3 圈辅助孔 | 42 | 3000 | 18 | 100 | — | 32 | 1.6 | 28.8 | |
| 4 圈辅助孔 | 42 | 3000 | 5 | 65 | — | 32 | 1.6 | 9 | |
| 光爆孔 | 42 | 2500 | 40 | 50 | — | 32 | 1.2 | 48 | |
| 底板孔 | 42 | 3000 | 9 | 120 | — | 32 | 2 | 18 | |

由表 4、表 5 以及表 6 的对比可以看出,三次试验中改变的变量分别有:孔数、孔距、单

孔药量以及围岩情况，对照以上建立的 AHP 分析模型可得，其分别对应模型中 $C_1$、$C_4$、$C_9$。

图 3 和图 4 是隧道掘进炮孔布置图，开挖断面为上台阶，开挖隧道半径为 609cm，掏槽孔为斜式八字掏槽。图 3 适用于第 1、第 2 次试验；图 4 适用于第 3 次试验。以图 3 为例：1——光爆孔 40 个环向间距 50cm；2——底板孔 9 个水平间距 120mm；3——掏槽孔（1 段雷管）14 个排距 50cm，为斜式八字掏心；4——掏槽辅助孔 A（3 段雷管），10 个排距 80cm，孔距 77cm；5——掏槽辅助孔 B（5 段雷管），8 个排距 80cm，孔距 90cm；6——掏槽辅助孔 C，10 个排距 80cm，孔距 77cm；7——周边辅助孔 D（11 段雷管），16 个孔距 100cm；8——周边辅助孔 E（9 段雷管），5 个孔距 65cm。

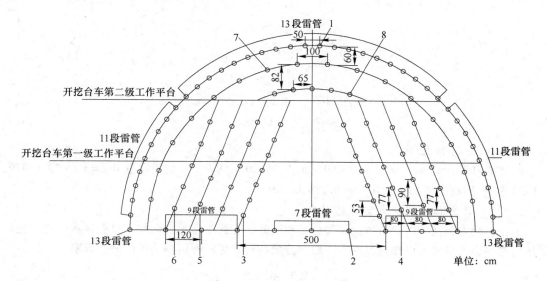

图 3　隧道掘进炮孔布置之 1
Fig. 3　Tunnel excavation hole figure 1

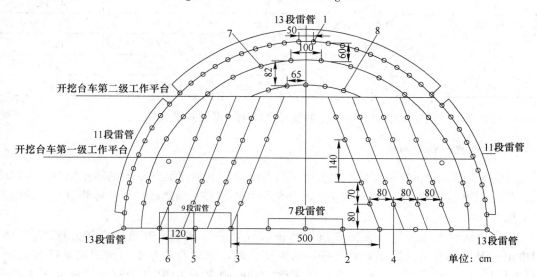

图 4　隧道掘进炮孔布置之 2
Fig. 4　Tunnel excavation hole figure 2

### 3.1.1 构造成对比较矩阵

根据图3及图4显示的炮布设情况,对三个试验方案在这三个方面进行两两成对比较,并分别构造出以下三个变量:$C_1$(围岩强度及完整度)、$C_4$(炮孔数量及密度)以及$C_9$(单孔平均装药量)的成对比较矩阵:

$$B_1 = \begin{pmatrix} 1 & 2 & 5 \\ 1/2 & 1 & 2 \\ 1/5 & 1/2 & 1 \end{pmatrix}$$

$$B_2 = \begin{pmatrix} 1 & 1 & 3 \\ 1 & 1 & 3 \\ 1/3 & 1/3 & 1 \end{pmatrix}$$

$$B_3 = \begin{pmatrix} 1 & 3 & 4 \\ 1/3 & 1 & 1 \\ 1/4 & 1 & 1 \end{pmatrix}$$

### 3.1.2 计算权变量

经计算可得,$B_1$的权向量$\boldsymbol{\omega}_{x1} = (0.606, 0.265, 0.129)^z$,$B_2$的权向量$\boldsymbol{\omega}_{x2} = (0.429, 0.429, 0.143)^z$,$B_3$的权向量$\boldsymbol{\omega}_{x3} = (0.636, 0.185, 0.179)^z$。

### 3.1.3 计算各个试验方案的总得分

由于试验方案在其他变量方面的得分是相同的,在此不作重复计算,只需将有变化的三个变量比对得出的得分乘以相应的权重,对得分之和进行排序即可判别得出最优方案。

表7 得分表
Table 7 Score table

| 变量 | $C_1$ | $C_4$ | $C_9$ | 总得分 |
| --- | --- | --- | --- | --- |
| 权重 | 0.218 | 0.103 | 0.063 | — |
| 试验1 | 0.606 | 0.429 | 0.636 | 0.216 |
| 试验2 | 0.265 | 0.429 | 0.185 | 0.114 |
| 试验3 | 0.129 | 0.143 | 0.179 | 0.054 |

根据总得分可预测,第1次试验的爆破方案较优,爆破效果较好。

## 3.2 现场试验和结果对照

如表8所示,表中显示的数据为进行了实际爆破试验后得到超挖值的测量结果。可以看到,通过AHP对试验1的爆破效果进行分析的可靠度较高,预测结果与实际测量显示的结果基本拟合。

虽然单从超挖这一方面无法全面地对爆破效果进行评估,但超挖值和欠挖值在一定程度上还是可以作为判断爆破效果好坏的重要依据。通过与表8中的试验结果进行对照,我们可以发现,在误差允许范围内,以上建立的隧道爆破AHP分析模型对爆破效果的分析预测有着较高的准确度。因此,可以认为利用该模型对爆破方案进行优化选择具有合理性和可行性。

表 8 超挖情况统计表
Table 8 Over-excavation statistics table

| 实验次数 | 循环进尺/m | 测点个数/个 | 测点超挖值/cm | 平均超挖/cm |
|---|---|---|---|---|
| 1 | 3 | 6 | 24、4、10、7、0、12 | 9.5 |
| 2 | 3 | 6 | 12、20、14、24、18、17 | 17.5 |
| 3 | 3 | 6 | 30、25、41、34、25、17 | 28.5 |

## 4 结语

本文通过对影响爆破效果的主要因素进行层次分析，得出一套评价选择方案时的决策方法，其优点主要有以下三点：

（1）分析方法具有系统性。层次分析法把研究对象作为一个系统，按照分解、比较判断、综合的思维方式进行决策，成为继机理分析、统计分析之后发展起来的系统分析的重要工具。不割断各个因素对结果的影响，且每一层的权重设置最后都会直接或间接影响到结果，而且在每个层次中的每个因素对结果的影响程度都是量化的，非常清晰、明确。

（2）决策方法简洁实用。这种方法既不单纯追求高深数学，又不片面地注重行为、逻辑、推理，而是把定性方法与定量方法有机地结合起来，使复杂的系统分解，能将人们的思维过程数学化、系统化，便于人们接受，且能把多目标、多准则又难以全部量化处理的决策问题化为多层次单目标问题，通过两两比较确定同一层次元素相对上一层次元素的数量关系后，最后进行简单的数学运算，计算相对简便，所得到结果简单明确，容易为决策者了解和掌握。

（3）所需定量数据信息较少。层次分析法主要是从评价者对评价问题的本质、要素的理解出发，比一般的定量方法更讲求定性的分析和判断，把判断各要素的相对重要性的步骤留给了大脑，只保留人脑对要素的印象，化为简单的权重进行计算，而不需要大量精确的调查计算，从而减少操作的复杂程度。

但也必须看到这种方法在隧道爆破实践应用中的缺点：

（1）因素影响程度的判别主观性较强。由于在对不同因素影响程度轻重的比较和判别上会存在一定的主观偏差，对不同因素的侧重不同，得到的结果往往会有很大的差别，不同的爆破工程实际中的这些因素影响程度也会有所不同，而不是千篇一律的。因此，这种方法虽然进行了一定的量化比较，但主观性、经验性较强，且对最终结果产生主要影响。

（2）影响因素的全面性有所欠缺。该方法在考虑影响隧道爆破效果的因素时缺乏全面性，容易忽略其他对爆破效果有着重要影响的因素，导致最后分析得出的结果不具备科学性。但这种缺点可以避免，该方法可以根据不同的工程实际进行因素拓展，采取同样的定性与定量比较之间的转换，最终得出的结果仍可作为评价方案的参考标准，前提是，在进行层次分析前针对具体的工程进行全面的分析，并筛选出对爆破效果有重要影响的因素。

## 参 考 文 献

[1] 赵静. 数学建模与数学实验[M]. 北京：高等教育出版社，2000.
[2] 许名标，彭德红，陈宝心. 层次分析法在爆破方案优化选择中的应用[J]. 西部探矿工程，2004(4).

# 小直径药柱传爆间隔装药技术研究

喻 智　林大能　郑文富

（湖南科技大学能源与安全工程学院，湖南 湘潭，411201）

**摘　要**：为利用间隔装药优点并改善其不足，本文提出小直径药柱传爆间隔装药技术。该技术在继承间隔装药降低单耗、大块率、振动效应、提高能量利用效率的同时能够减少雷管、导爆索的使用，简化爆破工艺。通过总结前人理论实验成果，给出了适用于小直径药柱传爆间隔装药技术的管道效应范围和传爆长度模型。基于 ANSYS/LS-DYNA 计算得到了水介质和空气介质径向不耦合装药条件下的炸药边界单元受力情况，从数值模拟的角度得出了水介质中炸药管道效应更弱的结论。

**关键词**：小直径药柱；间隔装药；管道效应

## Study on the Interval Charging Technology of Small Diameter Explosive Column Booster

Yu Zhi　Lin Daneng　Zheng Wenfu

（School of Energy and Safety Engineering, Hunan University of Science and Technology, Hunan Xiangtan, 411201）

**Abstract**: To exploit the interval charging advantage and overcome its shortcomings, the interval charging technology of small diameter explosive column booster is presented. This technology not only reduce consumption, chunks rate, vibration effects and improve energy efficiency, but also reduce the usage of detonators and detonating cord. Blasting process is simplified. By summing up the results of previous theoretical and experimental results, the range of pipeline effects and the booster length model which is suitable for this technology is given. Based on ANSYS/LS-DYNA, aqueous medium and air media's explosive boundary element stress situation is given in the case of radial decoupling charge. From the point of view of numerical simulation can draw water medium pipeline effect is weaker.

**Keywords**: small diameter explosive column; interval charge; pipeline effect

　　伴随近十年来经济建设的快速发展，爆破能量取代人力、机械力完成诸多工程，爆破技术作为岩土开挖工程的常用技术得到了充分的运用和发展，我国工程爆破行业已经开始从"控制爆破"向"精细爆破"阶段转变[1]。

　　爆破作业中采用连续柱状装药，一般具有单耗大、台阶上部岩石易产生大块、台阶下部岩石易出现根底，同时带来爆破振动危害、铲装和运输效率低下等诸多问题[2]。近年来，间隔装

---

作者信息：喻智，硕士，yuzhi2012@foxmail.com。

药技术得到了发展和广泛运用。吴亮[3]通过数值模拟和模型实验对比分析空气间隔装药与耦合装药,实验结果表明空气间隔装药结构能够调节能量分布,均匀爆炸压力,提高爆炸能量的有效利用率;本溪钢铁公司南芬露天铁矿[4]、歪头山铁矿[5]运用空气间隔装药技术降低了单耗和岩石大块率,充分降低了开采成本;袁飞[6]使用水介质作为间隔介质分段装药,爆后无明显爆破漏斗现象,无明显大块和飞石,减少了二次爆破量,取得了良好的实践效果;舟山市大神舟造船公司炸礁工程中运用水作为间隔介质并分层起爆,有效降低了有害效应[7]。

间隔装药中各分段炸药一般使用雷管或者导爆索起爆(传爆)。目前工程爆破领域大量使用的普通毫秒雷管,一般精度较低、误差较大,高段位易发生"串段"现象[8]。同一炮孔分段装药中多次使用雷管间隔装药可能产生串段、拒爆等现象,爆破效果受到影响,亦不利于爆破安全管理。若使用导爆索进行传爆,需将导爆索加工成传爆器具,增加了工人的操作难度,且增加了爆破费用,加大了矿山的成本压力。

基于此,秉承精细爆破的理念,笔者提出使用小直径药柱传爆间隔装药技术进行台阶爆破,继承空气间隔装药的优点的同时改善甚至消除普通间隔装药存在的弊端,简化装药工艺,对于有效利用爆破能量、精细控制工程爆破效果具有重要的理论意义和工程应用意义。

## 1 小直径药柱传爆间隔装药技术

小直径药柱传爆间隔装药技术是指相对于空气间隔装药而言,在空气间隔层中心放置中心带有圆柱形通道的间隔装药装置,通道中放置小直径药卷或者填充散装炸药进行传爆。该技术避免了普通毫秒雷管的弊端,提高了传爆性能。小直径药柱传爆间隔装药结构如图1所示。

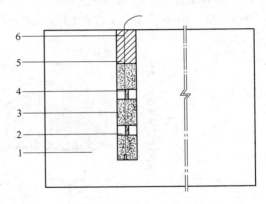

图 1 药柱炮孔位置关系图
1—开挖岩体;2—不耦合介质;3—被发药柱;
4—传爆药柱;5—泡泥;6—导爆管

Fig. 1 Positional relationship of explosives and borelole

该技术的关键要点在于确保间隔装药装置中的圆柱形炸药不发生熄爆,从而顺利引爆下一分段装药。

## 2 空气介质间隔传爆原理

### 2.1 炸药熄爆机理分析

炸药在传爆过程中熄爆的原因有多种,其中最常见的原因是不耦合装药中的管道效应及装药直径小于炸药爆轰临界直径[9]。管道效应是指在径向空气不耦合装药中,炸药在爆轰过程中由于炸药卷与孔壁之间存在径向裂隙,当装药长度大于一定值时,炸药传爆至某一距离后爆轰中止或爆轰不稳定,致使炸药能量不能充分用于破碎岩石的现象[10]。岩石型乳化炸药临界直径为20~25mm,设定药柱直径大于炸药爆轰临界直径,由于小直径药柱在炮孔中为不耦合装药,假定耦合装药段对小药柱传爆不产生显著影响,则小直径药柱熄爆的原因可考虑为管道效应。

### 2.2 管道效应产生范围

研究表明,管道效应的存在需要药卷与孔壁之间的间隙尺寸或者药卷直径处于某一范围,当间隙小于此范围时,空气冲击波在传播过程中摩擦阻力较大,衰减很快,对药卷的冲击压缩程度较弱,且爆轰产物侧向扩散量小,能量消耗少。当间隙大于此范围时,侧向膨胀波在膨胀过程中不断衰减,爆轰产物前沿波真面平均移动速度减小,减小了对药卷的压缩程度[11]。

许多国内外研究人员及研究机构都对管道效应发生的范围进行了研究,中国矿业大学采用 $\phi 85 mm$ 的 2 号岩石炸药药卷在不同内径钢管中进行了实验,得出间隙效应范围为[12]:

$$1.12 < Q = \frac{D}{d} < 3.71 \tag{1}$$

式中,$D$ 为管径,mm;$d$ 为药径,mm。

Johansson 和 Persson[13]研究瑞典的代那买特所发表的管道效应界限范围为:

$$1.12 < \frac{D_t}{D_c} < 3.82 \tag{2}$$

式中,$D_t$ 为管道直径,$D_c$ 为药柱直径。

刘谦、Alan Bauer[14]给出了铵油炸药、浆状炸药和乳化炸药存在管道效应的大致界限图(图2)。

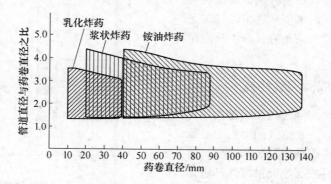

图 2 管道效应的界限
Fig. 2 Boundary of pipeline effects

因此,使用小直径药柱传爆间隔装药技术时药柱直径应当大于炸药的爆轰临界直径,在考虑爆破安全的前提下,当孔径与药径比处于 1.1~4 之间时,应当考虑管道效应对传爆的影响,确保安全施工。

## 2.3 传爆长度计算

管道效应反映了炸药与管道之间的相互作用,药卷直径 $d_b$、爆速 $D$、炸药密度 $\rho$、管道直径、强度、厚度和管壁粗糙程度是管道效应的影响因素。刘谦、Alan Bauer[14]给出了传爆长度的经验公式

$$\frac{L_d}{d_b} = k_1 \left( \frac{A_t - A_c}{A_c} \right)^{\alpha_1} \left( \frac{\rho D^2}{S_t} \right)^{\beta_1} = k_1 \left[ \left( \frac{D_t}{d_b} \right)^2 - 1 \right]^{\alpha_1} \left( \frac{\rho D^2}{S_t} \right)^{\beta_1} \tag{3}$$

式中,$L_d/d_b$ 是传爆长度与炸药直径之比;设 $q = (A_t - A_c)/A_c$ 是管道壁与炸药之间的空隙截面积与药卷截面积之比;$\rho D^2/S_t$ 是爆轰压力与管道抗拉强度之比;$k_1$、$\alpha_1$、$\beta_1$ 是由多元线性回归得到的系数。对于乳化炸药,$k_1$ 取 20.64,$\alpha_1$ 取 0.457,$\beta_1$ 取 0.030。

在使用空气介质小直径药柱传爆间隔装药技术施工时,可根据式(3)考虑小直径药柱的

传爆长度，从而保证小直径药柱的稳定传爆。

## 3 水介质间隔传爆原理

### 3.1 理论分析

国内外科研工作者对管道效应的发生机理提出了大量的假说，其中包括"空气冲击波超前压缩药包论"和"外部爆轰等离子体超前压缩药包或与炸药表层相互作用论"。前者认为管道效应是由于爆轰气体像活塞一样推动间隙中空气形成冲击波提高炸药密度从而导致炸药拒爆[15]。后者认为当爆轰波波阵面到达药包自由面时，反应区中的化学离子质点喷入沟槽中，这种受孔壁约束的外等离子体以大于爆速的速度喷射并超前压缩炸药致其拒爆[16]。以上假说均基于炸药与管道之间的沟槽内介质为空气，当沟槽中遍布水介质时，其管道效应与空气介质情况存在差异。

张荣生[17]等对炮孔内充水的管道效应开展了实验，2号岩石炸药在空气中的传爆间隙效应比较突出，一般间隙距离为20mm时，只爆3~6卷，而在水中1.33m长的装药能够一次起爆，可见传爆间隙效应在水中没有空气中明显。具体实验结果如表1所示。

表1 孔内充水的管道效应试验
Table 1 The pipeline effect test of water-filled hole

| 炸药品种 | 炮孔深度/m | 孔径/mm | 药卷直径/mm | 装药总长/m | 起爆方向 | 爆炸情况 |
| --- | --- | --- | --- | --- | --- | --- |
| 2号岩石防水 | 1.45 | 52 | 32 | 1.33 | 反 向 | 全 爆 |
| 铵黑防水 | 4.40 | 55 | 45 | 3.60 | 正 向 | 全 爆 |
| 铵 黑 | 6.60 | 52 | 40 | 5.95 | 正 向 | 全 爆 |

自1980年以来，胡峰[15]做过大量普查实验和若干机理研究实验。实验结果如表2所示。

表2 2号岩石铵梯炸药的管道效应指标
Table 2 Channel effect index of 2# rock ammonium nitrate explosive

| 序号 | 药径/mm | 管径/mm | 管材 | 管道介质 | 实验药卷长度/mm | 传爆长度/mm | 管道效应指标 |
| --- | --- | --- | --- | --- | --- | --- | --- |
| 1 | 25 | 40/52 | 有机玻璃 | 空气 | 900 | 481 | -5198 |
| 2 | 25 | 40/52 | 有机玻璃 | 清水 | 900 | 590 | -4237 |

由上述实验结果可知，当沟槽中充满水介质时，管道效应相对空气介质时得到了缓解。对于水介质能够缓解管道效应的原理，不少国内外专家给出了研究结论。张奇[18]认为水介质能够缓解管道效应是由于水介质压缩性相对空气更差，超前空气冲击波相对较弱；倪芝芳，李玉民[10]认为水作为堵塞物阻塞了爆轰产物的侧向飞散，从而避免了超前空气冲击波压缩炸药；LEX.L.UDY[16]认为是水介质完全抑制了等离子体，阻塞了等离子体发挥其能量。

综合分析上述实验结果及理论研究，当沟槽中充满水介质时，管道效应相对空气介质要弱，传爆长度相对更长，传爆稳定性更高。

### 3.2 数值模拟分析

为研究不同介质条件下，从数值模拟角度分析炸药在使用径向不耦合装药时受到的影响,作者建立了炸药径向不耦合装药模型,使用非线性有限元软件 ANSYS/LS-DYNA 进行计算,动态观察爆轰波分布,对比水介质与空气介质条件下的异同,以期得到有益的结论。

### 3.2.1 计算模型

径向不耦合装药模型由炸药、介质、岩石三部分组成(见图3)。选用实体单元 solid164 进行建模及拉格朗日网格划分,单元使用 ALE 算法进行计算,炸药从孔底开始爆炸。AB、AD、BC、CD 均为无反射边界。

### 3.2.2 材料模型和状态方程及参数

炸药模型选用 ANSYS/LS-DYNA 提供的高能炸药模型、1965年 Lee 等在 Jones 和 Wilkins 的工作基础上提出的 JWL 方程进行计算。具体参数见表3。

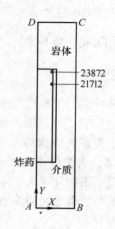

图3 计算模型

Fig. 3 Computational model

表3 乳化炸药参数[19]

Table 3 Parameters of emulsion explosives

| $\rho/\text{kg}\cdot\text{m}^{-3}$ | $D/\text{m}\cdot\text{s}^{-1}$ | $A/\text{GPa}$ | $B/\text{GPa}$ | $R_1$ | $R_2$ | $\omega$ | $E_0/\text{GPa}$ |
|---|---|---|---|---|---|---|---|
| 1150 | 3500 | 214.4 | 0.182 | 4.2 | 0.9 | 0.152 | 4.192 |

水介质材料选用 ANSYS/LS-DYNA 给出的 null 空材料模型和 Gruneisen 状态方程,该物质的参数如表4所示。

表4 水的参数及 Gruneisen 状态方程参数[20]

Table 4 Parameters of water and parameters of Gruneisen state equation[20]

| $\rho/\text{kg}\cdot\text{m}^{-3}$ | $C$ | $S_1$ | $S_2$ | $S_3$ | $\gamma_0$ | $a$ | $E$ |
|---|---|---|---|---|---|---|---|
| 1020 | 1.65 | 1.92 | 0.096 | 0 | 0.35 | 0 | 0 |

空气材料选用空白材料 MAT_NULL 进行描述,运用线性多项式状态方程 EOS_LINEAR_PLOYNOMIAL 进行模拟。具体参数见表5。

表5 空气参数及状态方程参数[19]

Table 5 Parameters of air and state equation[19]

| $\rho/\text{kg}\cdot\text{m}^{-3}$ | $C_0$ | $C_1$ | $C_2$ | $C_3$ | $C_4$ | $C_5$ | $C_6$ | $E_0$ | $V_0$ |
|---|---|---|---|---|---|---|---|---|---|
| 1.29 | 0 | 0 | 0 | 0 | 0.4 | 0.4 | 0 | $2.5\times10^5$ | 0 |

模型中被爆岩石选用 ANSYS/LS-DYNA 提供的 MAT_PLASTIC_KINEMATIC 塑形随动模型。模型参数参见表6。

表6 岩体模型材料参数[20]

Table 6 Material parameters of rock model[20]

| $\rho/\text{kg}\cdot\text{m}^{-3}$ | $E/\text{GPa}$ | 屈服强度 /MPa | 泊松比 $\nu$ | 切线模量 $E_T/\text{MPa}$ | 参数 $C/\text{s}^{-1}$ | $\beta$ | 参数 $P$ |
|---|---|---|---|---|---|---|---|
| 3800 | 25 | 75 | 0.25 | 150 | 2.5 | 1 | 4 |

### 3.2.3 计算结果分析

提取炸药传爆过程中不同时刻的应力云图如图4所示。

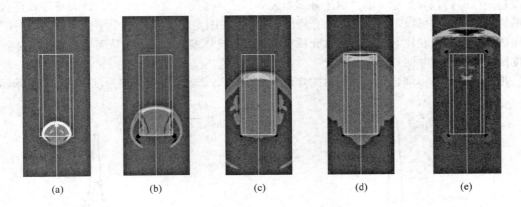

图4 径向不耦合装药孔底起爆应力云图
(a) 44.93μs; (b) 87.34μs; (c) 184.82μs; (d) 244.93μs; (e) 344.53μs
Fig. 4 Radial coupling charging hole bottom detonation stress cloud

由图4可知,在整个模型计算过程中,炸药从孔底起爆,在整个起爆过程中,应力波以"纺锤形"由孔底向孔口传播。炸药属于点源爆炸,爆轰波以球形的形式向周围传播,当爆轰波传播到岩石中时,由于岩石的吸能效应和波阻抗较大的特点,爆轰波呈现传播的不一致性,炮孔中爆轰波曲率半径较小,岩石中爆轰波曲率半径较大,从而呈现"纺锤形"由孔底向孔口传播。当炸药传爆到孔口,在孔口附近出现应力集中,随后冲击波传播到孔口岩石中,在孔口岩石中形成应力集中。

提取模型中与不耦合介质相接触的炸药单元21552、17632的 $x$ 方向压力曲线如图5所示。

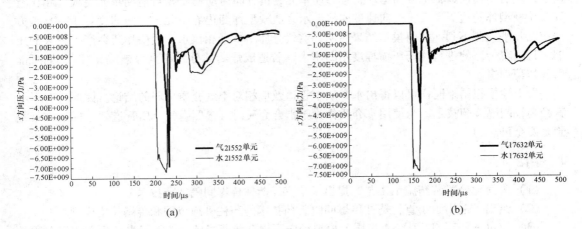

图5 炸药边界单元 $x$ 方向压力曲线
(a) 21552单元;(b) 17632单元
Fig. 5 Force curve of $x$ direction of explosive boundary element

对比图5 (a)、(b) 两图可知,空气介质模型中炸药边界单元受到了前驱力的作用,而水介质模型中炸药边界单元骤然受力,压力骤然提升,从压力曲线中几乎观测不到前驱波对炸药边界单元的作用。由前文理论分析可知,空气介质条件下炸药单元所受波动压力可能是空气冲击波超前压缩药包导致也可能是由于外部爆轰等离子体超前压缩药包所致,该力将导致药包的压缩。由图6同样可以看出,与空气介质的压力波峰相比,水介质模型中单元存在一段时间的高压区,这是由于相比空气介质,水介质密度更大,抗压缩能力更强,从而导致爆生气体膨胀速度慢,压力作用时间长。

提取模型中与不耦合介质相接触的炸药单元21712、23872的$x$方向速度曲线如图6所示。

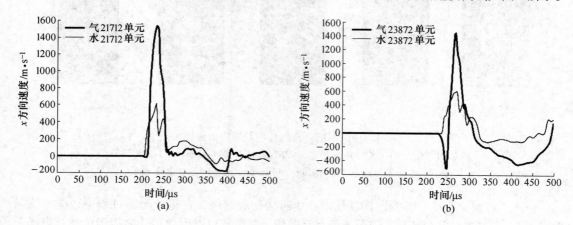

图6 炸药边界单元$x$方向速度曲线
(a) 21712单元;(b) 23872单元
Fig. 6 Velocity curve of $x$ direction of explosive boundary element

对比图6(a)、(b)两图可知,空气介质模型中炸药边界单元首先存在$x$轴负方向的运动速度,然后转而向$x$轴正方向运动,且后期单元$x$负方向运动速度相对前期单元更大。相比空气介质模型炸药边界单元$x$方向速度曲线,水介质模型炸药边界单元$x$方向速度更小,且负方向速度几乎观测不到。数值模拟结果表明,空气介质中炸药相比水介质中炸药会产生更大的压缩,且随着传爆的进行炸药压缩程度不断增大,若造成炸药部分或者全部被"压死",则可能引起炸药熄爆。

由上述模拟结果同样可以得出水介质中管道效应相对空气介质更弱的结论。因此,对于小直径药柱间隔装药技术,当使用水介质作为不耦合介质时,参照空气介质管道效应标准进行控制是安全可靠的。

## 4 结论

(1) 为简化分段装药施工工艺,提出了小直径药柱传爆间隔装药技术。
(2) 给出了适用于小直径药柱传爆间隔装药技术的药柱管道范围和传爆长度模型。
(3) 通过ANSYS/LS-DYNA有限元模拟径向不耦合装药爆破,获得了水介质和空气介质径向不耦合装药条件下的炸药边界单元受力曲线和速度曲线,分析了炸药在管道效应下的受力情况,得出了水介质中管道效应更弱的结论。

### 参 考 文 献

[1] 中国工程爆破协会. 爆破设计与施工[M]. 北京:冶金工业出版社,2011.

[2] 吴亮,朱红兵,卢文波. 空气间隔装药爆破研究现状与探讨[J]. 工程爆破, 2009, 15(1):16-19.
[3] 吴亮,周勇,杨聃,等. 空气间隔与耦合装药混凝土爆破对比分析[J]. 武汉科技大学学报, 2012, 35(3):225-228.
[4] 刘振东,高毓山,谭永后. 底部间隔装药结构在南芬露天矿的实验研究[J]. 矿业快报, 2002, 385(7):13-15.
[5] 李彬. 气囊间隔技术在歪头山铁矿爆破生产中的应用[J]. 金属矿山, 2003, 326(8):59-60.
[6] 袁飞. 采用水介质作为分段装药提高爆破效果的研究[J]. 中国矿业, 1999, 8:176-178.
[7] 秦人平,顾文彬,李裕春,等. 深水岩石钻孔爆破连续与间隔装药爆破效果研究[J]. 工程爆破, 2013, 19(1-2):10-14.
[8] 毕明芽,李名山,刘朝红,等. 爆破振动预测误差的因素分析[J]. 爆破, 2009, 26(2):96-98.
[9] 刘智远. 压导探针连续测量爆轰波与冲击波研究[D]. 大连:大连理工大学, 2013.
[10] 倪芝芳,李玉民. 不偶合装药管道效应的理论研究[J]. 爆破, 1988, (2):6-12.
[11] 郑福良. 关于沟槽效应机理的探讨[J]. 煤矿安全, 1994, (4):33-38.
[12] 荣际凯. 深孔爆破中炸药间隙效应的试验研究[J]. 中国矿业学院学报, 1981, (1):29-34.
[13] Johansson C. H. and Persson P. A. Detonics of High Explosives[M]. New York:Academic Press, 1970.
[14] 刘谦,Alan Bauer. 工业炸药管道效应的一般规律[J]. 山东矿业学院学报, 1991, 10(4):381-389.
[15] 胡峰. 炸药爆炸管道效应的初步研究[J]. 爆破器材, 1993, (2):3-8.
[16] LEX. L. UDY,宗海祥. 外部爆轰产生的等离子体对半约束药包爆炸性能的影响[J]. 国外金属矿采矿, 1979, (11):31-39.
[17] 张荣生,胡峰,张文魁. 深孔爆破和传爆间隙效应[J]. 煤炭科学技术, 1978, (7):52-54.
[18] 张奇. 管道效应各影响因素的综合分析[J]. 陕西煤炭, 1988, (1):18-22.
[19] 吴敏. 深孔间隔装药爆破模型研究[D]. 辽宁:辽宁工业大学, 2014.
[20] 钱立坤,林大能,刘医硕,等. 孔底轴向水介质不耦合效应的数值模拟[J]. 采矿技术, 2011, 11(5):103-106.

# 隧道掘进爆破参数优化设计

龚周闯宇[1]　白晓宏[2]　贺居獒[1]　黄　源[1]　彭　庆[1]

(1. 国防科学技术大学，湖南 长沙，410072；
2. 中交一公局万利万达项目总部万利六分部，重庆，404100)

**摘　要**：爆破参数设计是隧道爆破工程中最重要的工作，目前隧道掘进爆破参数设计主要依赖设计者的经验，往往导致爆破效果难以控制。本文依托爆破理论和国内外隧道掘进爆破工程经验，运用神经网络算法，开发了隧道爆破设计软件。该软件只要输入围岩相关数据、隧道断面尺寸等必要参数，即可快速调用数据库中相关算法并进行优化设计，自动地生成各类炮孔爆破参数。同时，根据设计结果自动生成炮孔布置图，为设计者提供形象、直观、准确的数据及图表。

**关键词**：隧道掘进；爆破参数；软件设计；精确化与定量化

## Optimization Design of Tunnel Blasting Parameter System

Gong Zhouchuangyu[1]　Bai Xiaohong[2]　He Juao[1]　Huang Yuan[1]　Peng Qing[1]

(1. National University of Defense Technology, Hunan Changsha, 410072;
2. Public Office in the Wanda Project Headquarters in the Six Divisions, Chongqing, 404100)

**Abstract**: Blasting parameter design is the most important first step in tunnel blasting engineering, and at present, it depends mainly on designer experience which usually results in the difficulty in controlling blasting effects. Based on the blasting theory and a lot of experience in China and abroad, we have designed software for dynamic design using the neural network algorithm. As long as the data of surrounding rocks and the rock tunnel section size, are put in this software can quickly call in related algorithm the database and can optimize the design, automatically generating blasting parameters of defferent kinds of holes. At the same time, according to the optimal parameters, the software can also generate the hole layout, form the blasting effect simulation map, providing the designer with the image, intuitive, accurate data and image.

**Keywords**: tunnel blasting parameter; software design; accuracy; quantification

## 1 引言

隧道掘进爆破是目前隧道施工领域中应用最广泛的技术，它能兼顾地质环境与建设工程要求，对岩质隧道进行快速掘进，其中，爆破设计是最重要的工作。爆破参数设计的合理与否，

---

作者信息：龚周闯宇，学士，740199085@qq.com。

直接影响着隧道施工的质量与效率。尽管人们在长期的工程实践和研究中，积累了大量的经验，但由于隧道工程掘进过程中岩体的不确定性和多变性，目前的设计主要还是以经验为主。经验设计的结果常常因人而异，并且不能满足施工的要求，这直接影响着工程的安全、经济效益、进度和质量。

本文基于岩石爆破理论，采用Visual Basic语言编程，开发了隧道爆破参数设计软件，它能自动设计参数、动态形成炮孔布置图和起爆网络设计图，同时还形成了国内外隧道掘进爆破实例数据库，以便人工神经网络进行算法运算，优化隧道掘进爆破参数设计。

## 2 理论与软件支持

（1）隧道爆破，是在需要开挖的断面上，用机械设备进行钻孔，向炮孔内装填炸药，以起爆网络的形式起爆，利用炮孔内炸药爆炸的冲击波和爆炸气体破碎岩体，从而进行掘进。

（2）Visual Basic语言开发软件，是一个由微软公司开发的结构化的、模块化的、面向对象的、包含协助开发环境事件驱动为机制的可视化程序设计语言，VB拥有图形用户界面（GUI）和快速应用程序开发（RAD）系统，可以使用DAO、RDO、ADO连接数据库，或者创建ActiveX控件。程序员可以轻松使用VB提供的组件快速建立一个应用程序。

（3）数据库，简单来说是存储在计算机内、有组织的数据的集合。Access是性能优异的桌面数据库产品，在运行速度、稳定性、易操作性、安全性等方面，均表现出色。Access作为数据库管理系统，通常只涉及表、查询和模块，而窗体和报表通常作为最终用户界面。我们开发的爆破设计软件选用Access作为数据库平台，它能将数据库的设计、应用界面、查询及报表功能集成到一起，借助强大的VBA开发工具，提供功能强大的数据库支持。

（4）神经网络系统设计。神经网络是高度并行、高度相互连接的、基于大脑的神经系统模型的动态系统，由巨量而高度连接的神经元组成，这些神经元高度协调、共同模拟人类大脑的结构和思维功能。神经网络根据外界环境修改自身的行为，即通过对大量样例进行归纳学习，将网络调整到一个相对稳定的状态，这时知识已经凝结在当前网络的稳定状态中，即可以根据外界的输入产生相应的一系列结果。

## 3 软件系统总体功能

软件系统主程序主要包括4个基本窗体和2个对话窗口，如图1所示。4个基本窗体分别为登录界面、分类提示界面、选择界面和输出界面，对话窗口主要用于原始数据输入和试验炮数据的反馈输入。

整个爆破设计系统包括如下六部分内容：

（1）原始数据输入。包括岩石相关数据、隧道掘进要求等。

（2）程序运算部分。根据原始数据，依托软件内部的数据库，计算出一系列爆破参数，并进行优化，完成爆破设计。

（3）设计结果保存与输出。根据爆破设计，主要包括炸药性能参数、围岩可爆性分级及其参数、掘进形状及相关参数，输出单孔装药量、掏槽孔、周边孔、辅助孔的孔距、装药结构等一系列爆破参数，并进行数据保存及生成爆破说明书。

（4）可视化炮孔布置图。根据最优参数设计结果生成炮孔布置图及起爆网络。

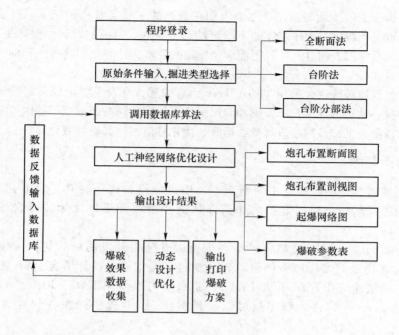

图1 程序设计流程图
Fig. 1 Program design flow chart

(5) 动态化设计功能。在施工过程中，随着围岩地质条件的不断变化，可根据经验和实际情况来适当调整优化爆破参数，进行相应的爆破参数动态设计。

(6) 反馈优化设计功能。根据现场试验所获得的数据，设计人员可以将其反馈到软件中，通过人工神经网络系统对爆破参数进行修正优化，得到更加准确可行的爆破参数结果。

## 4 程序设计与工程示例

### 4.1 程序设计

根据不同的工程地质条件和爆破环境进行最优的爆破设计是隧道爆破设计软件系统的主要功能。在得到已知的爆破条件之后，根据提供的炸药性能、岩石性质、隧道断面等情况，利用爆破理论的公式，进行设计，得到初步的设计方案。之后，匹配工程爆破实例库，参照爆破效果好的爆破实例，优化爆破参数表和炮孔分布图。在扩大数据库和得到爆破效果反馈之后即利用BP人工神经网络对爆破效果进行分析处理和调整，再根据结果对爆破设计参数进行逐步优化，最终达到最优。

### 4.2 程序算法示例

#### 4.2.1 线性拟合计算单位炸药消耗量

单位炸药消耗量随炸药性能、岩石性质、坑道断面以及爆破参数等因素的不同而不同。该值的大小对爆破效果、凿岩数量和装渣工作量、炮孔利用率以及坑道周壁平整性和围岩稳定性等均有较大影响。

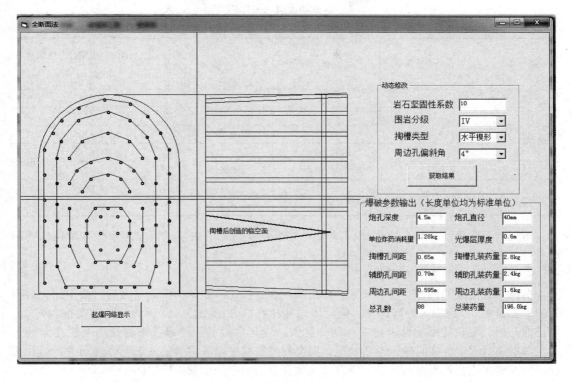

图 2 程序设计界面

Fig. 2 Program design flow chart

(1) 经验公式

平巷掘进,单位炸药消耗量按下式计算:

$$q = \frac{Kf^{0.75}}{\sqrt[3]{S_x}\sqrt{d_s}}e_x$$

根据岩石坚固性系数 $f$ 和断面积 $S$ 估算单位炸药消耗量:

$$q = 1.4\sqrt{\frac{f}{S}}$$

(2) 经验数据

一系列的理论公式与经验公式,均与工程实况有一定的误差。根据经验公式规律率,设定单位炸药消耗量 $q$ 与岩石坚固性系数 $f$、断面积 $S$ 的函数关系为:

$$q = a + b \times \sqrt{\frac{f}{S}}$$

调用数据库中大量的工程实况数据,运用线性拟合进行系数优化计算。

通过拟合曲线的方式,用线性回归方程求解:

$$\bar{q} = bx + a$$

$$b = \frac{n\sum_{i=1}^{n}x_i q_i - \left(\sum_{i=1}^{n}x_i\right)\left(\sum_{i=1}^{n}q_i\right)}{n\sum_{i=1}^{n}x_i^2 - \left(\sum_{i=1}^{n}x_i\right)^2}$$

$$a = \bar{q} - b\bar{x}$$

**表 1 单位炸药消耗量原始数据**
**Table 1 Original data of unit explosive consumption**

| 编号 | $f_i$（岩石坚固性系数） | $s_i$（面积）/m² | $x_i = \sqrt{\dfrac{f_i}{s_i}}$（设定的变量）/m$^{-1}$ | $q_i$（单位炸药理论消耗量）/kg·m$^{-3}$ |
|---|---|---|---|---|
| 1 | 8~10 | 53.53 | 0.4100 | 1.3937 |
| 2 | 8~12 | 42.12 | 0.4872 | 1.5388 |
| 3 | 10~12 | 17.06 | 0.8029 | 2.1325 |
| 4 | 8~10 | 32.08 | 0.5296 | 1.6185 |
| 5 | 8~12 | 46.85 | 0.4619 | 1.4914 |
| 6 | 8~10 | 2.72 | 1.8157 | 4.0365 |
| 7 | 12~14 | 17.06 | 0.8729 | 2.2640 |

得到岩石坚固性系数 $f$、断面积 $S$ 与单位炸药消耗量 $q$ 的关系式，与国家标准单位炸药消耗量参考表进行对照，经检验，误差均低于10%。

#### 4.2.2 可视化炮孔布置图

根据工程需要的掘进类型和尺寸，绘出断面图，按比例表示出断面。之后，调用优化后得到的炮孔排距 $b$、面积 $S$ 进行计算，同时考虑掏槽孔区域的安排，计算得出辅助孔排数 $n$。由每排炮孔的长度和孔距 $a$ 计算出每排的炮孔数，优化参数后，将炮孔布置绘图表现在断面图中。在掘进过程中，实时输入地质状况，则会在原有掘进爆破参数的基础上，自动进行炮孔布置图的调整优化并根据毫秒延期起爆原理在炮孔分布图中绘出起爆网络图。

#### 4.2.3 反馈优化设计功能

神经网络将输入的原始数据进行处理，通过函数传递后，得到输出信息。其后，调用数据库，考虑试验炮和前几次掘进的最大块率和平均块度，再将输出结果与期望的输出做比较，若误差过大，则反向传递信息，修改各层神经元得连接阈值和权值，重新计算，直到误差到达允许的范围里。

## 5 结论

（1）使用 Visual Basic 语言进行爆破参数软件的设计是可行的，能解决经验法设计爆破参数存在的不足，并能提供参数设计优化。

（2）根据不同的地质情况、工程要求，软件能提供最优的爆破设计参数，同时形成直观的炮孔布置图，对隧道爆破的安全性、准确性和经济性提供了保障。

（3）软件采用数据库和人工神经网络系统设计，根据现场获得的实时数据及大量工程示例，反馈程序，进一步优化爆破参数，有效提高隧道掘进爆破参数设计的准确性。

### 参 考 文 献

[1] 傅光明，周明安. 军事爆破工程[M]. 长沙：国防科技大学出版社，2011.
[2] 王红梅，东兆星，等. 隧道掘进爆破图表计算机辅助设计[J]. 工程爆破，2003，9(3):38-41.
[3] 谢强珍，李正龙，等. 岩巷掘进爆破图表计算机辅助设计[J]. 爆破，2002，19(1):21-23.
[4] 王进强，许文耀，等. 计算机辅助露天矿爆破设计软件开发与应用[J]. 金属世界，2009，(z1):56-60.
[5] 姚金阶，朱以文. 岩体爆破参数设计的神经网络模型爆破[J]. 爆破，2005，22(2):34-36.

# 基于概率统计方法的导爆管起爆网路的可靠性分析

杨诗杰　张佩晴　刘岳云　邓杰文　田永坤

（国防科技大学弹药工程与爆炸技术专业，湖南 长沙，410072）

**摘　要**：为了克服导爆管起爆网路无法用仪表对网路施工质量和传爆、起爆性能进行检测的缺陷，利用概率统计方法分析起爆网路的可靠性及其影响因素，并依托 Visual Basic6.0 和 Access 软件，开发出一套起爆网路可靠度分析软件，计算、分析、和判断各导爆管起爆网路的可靠度，找出影响起爆网路可靠度的因素及其规律，对于预防拒爆、保证安全以及设计更为合理的起爆网路具有非常重要的意义。

**关键词**：概率统计方法；导爆管起爆网路；可靠性分析；评估软件

## The Reliability Analysis of Nonel Priming Circuit Based on Probabilistic Method

Yang Shijie　Zhang Peiqing　Liu Yueyun　Deng Jiewen　Tian Yongkun

(National University of Defense Technology, Ammunition Engineering and Explosion Technique, Hunan Changsha, 410072)

**Abstract**: There's no way to using instruments to detect the quality of network, the propagation of explosion and the ignition properties. Therefore, this article mainly uses probabilistic method to analyse the reliability and influencing factors of priming circuit, and based on Visual Basic 6.0 and Access software, to explores a set of priming circuit reliability analysis software. It can calculate, analyse and judge reliability of each nonel priming circuit. It is important to find out the factors influencing the reliability of priming circuit and its regularity, for preventing misfire, ensuring safety and designing more reasonable priming circuit.

**Keywords**: probabilistic method; nonel priming circuit; reliability analysis; assessment software

目前，导爆管起爆网路在各种行业的爆破工程中广泛应用。自从塑料导爆管起爆系统在我国于 1979 年研制生产以来，已经经过了 30 多年的发展，对导爆管起爆网路的理论研究愈加深入，导爆管起爆系统呈现延期时间精确化、网路连接便捷化、网路形式多样化的趋势。但由于导爆管起爆网路目前还没有切实可行的仪器探测手段，所以在进行导爆管起爆网路设计时通过概率统计的方法来选择可靠度较高的起爆网路对降低网路失效率，提高爆破效果和保证工程的安全性具有重要意义。

---

作者信息：杨诗杰，学士，15200869124@163.com。

## 1  导爆管起爆网路可靠度概念

导爆管起爆网路可靠度分为相对可靠度和绝对可靠度,相对可靠度是指只考虑起爆元件的可靠性和起爆网路的设计结构等因素决定的起爆网路的可靠度。绝对可靠度是指综合考虑各种人为因素和系统因素的综合影响,是实际可靠度,本文主要对导爆管起爆网路的相对可靠度进行分析。

## 2  导爆管起爆网路设计可靠度计算方法

### 2.1  串联起爆网路设计可靠度

串联起爆网路系统是由 $k$ 个元件或分系统串联起来,如图1所示。

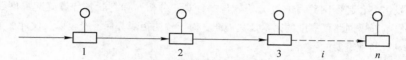

图1  简单串联起爆网路
Fig. 1  Simple series priming circuit

若该系统由 $n$ 个元件串联而成,即该系统称为单路系统,只有每个元件都正常工作,系统才能正常工作。因此,串联系统的可靠率

$$R_{串} = R_s = \prod_{i=1}^{k} R_i$$

式中  $R_s$ ——系统的设计可靠度;
$R_i$ ——第 $i$ 个元件的可靠度。

这表明,在串联系统中,系统的设计可靠度是元件可靠度的乘积。因为 $R_i$ 恒小于1,所以 $R_s$ 也必然小于1,而且 $R_s < R_i$,即串联系统的设计可靠度比任一元件比任一元件的可靠度要小。

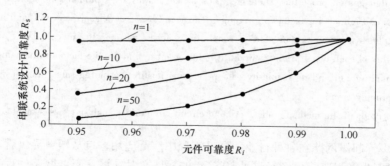

图2  简单串联系统 $R_s$-$R_i$ 关系曲线
Fig. 2  Simple series system $R_s$-$R_i$ relation curve

### 2.2  并联起爆网路设计可靠度

起爆网路是由 $n$ 个元件或分系统并联而成,在这种情况下,只要有一个元件正常工作,系统就能正常工作。只有所有的元件或分系统都失效时,它才会总失效。

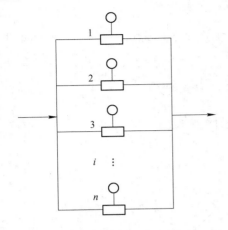

图 3　简单并联起爆网路
Fig. 3　Simple parallel priming circuit

由 $k$ 个独立元件组成的并联系统,有如下关系:
$$R_s = R_1 \cup R_2 \cup \cdots \cup R_d$$
$$\overline{R_s} = \overline{R_1} \cup \overline{R_2} \cup \cdots \cup \overline{R_d}$$

由于各元件相互独立,则系统的可靠度为:
$$R_s = 1 - \prod_{i=1}^{n}(1-R_i)$$

式中　$R_s$——系统的设计可靠度;
$R_i$——第 $i$ 个元件的可靠度。

又因为:
$$1 - \prod_{i=1}^{n}(1-R_i) \geq R_i \geq \prod_{i=1}^{n} R_i$$

这表明,并联系统的设计可靠度比任一元件的设计可靠度高,而串联系统则是降低了系统的可靠度。因此,可通过对一个元件添加并联元件的方法来提高系统的可靠性,即通过工作冗余设计提高系统的可靠性。

### 2.3　$k/n(G)$ 系统起爆网路设计可靠度

$k/n(G)$ 系统由 $n$ 个元件组成,当 $n$ 个元件中至少有 $k$ 个元件正常工作时,系统才算正常工作,即当系统中失效的元件大于 $n-k$ 时,系统失效。

由于每个元件只有工作或失效两种状态,所以 $k/n(G)$ 系统服从二项分布。则系统可靠度为:
$$R_s = 1 - \sum_{i=k}^{n}\binom{n}{i}F_{ia}^{i}(1-F_{iz})^{n-i}$$

显然,串联系统即是 $k/n(G)$ 系统在 $k=n$ 时的情况,并联系统是 $k/n(G)$ 系统 $k=1$ 时的特殊情况。

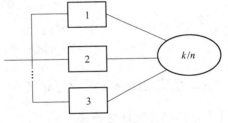

图 4　$k/n(G)$ 起爆网路系统
Fig. 4　$k/n(G)$ priming circuit system

### 2.4　混联起爆网路设计可靠度

如图 5 所示,是一套单孔双雷管孔间延时导爆管接力式起爆网路,共有 $n$ 排炮孔,第 $j$ 排

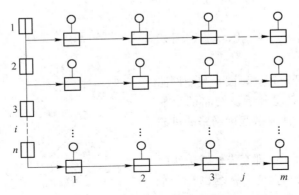

图 5　混联起爆网路
Fig. 5　Parallel-series connection priming circuit

的炮孔数为 $m$ 个。

显然，这套网络的设计可靠度 $R_s$ 应该是：所有各排最后一个炮孔的可靠度值中的最小值，即

$$R_d = \min R_{dj} \quad (j = 1, 2, \cdots, n)$$
$$R_{dj} = R_{dj1} R_{dj2} \tag{1}$$

式中，$R_{dj1}$、$R_{dj2}$ 分别为第 $j$ 个雷管对应的干线与支线的设计可靠度。

$$R_{dj1} = \prod_{i=1}^{j-1} R_i$$

式中，$R_i$ 为传爆干线上各传爆节点的设计可靠度。

$$R_{dj2} = \prod_{i1=1}^{mj} R_{i1}$$

式中，$R_{i1}$ 为传爆支线上各传爆节点的设计可靠度。

若有一导爆管起爆网路与图 5 相同，共 8 排炮孔，每排 10 个炮孔，若取单发导爆管雷管的可靠度为 96.25%，求该起爆网路的设计可靠度 $R_d$。

双发并联的设计可靠度

$$R_i = R_{i1} = 1 - (1 - 0.9625)^2 = 0.99859375$$

将 $R_{dj1}$、$R_{dj2}$ 代入式（1），整理后得：

$$R_d = \min 0.99859375^{j+m_j} \quad (j = 1, 2, \cdots, n) \tag{2}$$

将 $j = 8$，$m_j = 10$ 代入式（2）可得：

$$R_d = 0.99859375^{j+m_j} = 0.99859375^{8+10} = 97.50\%$$

## 3 复杂系统起爆网路设计可靠度

### 3.1 布尔展开定理分析法

设函数 $y = f(x_1, x_2, \cdots, x_n)$

令 $x_i = 1$：

则 $f_{1i} = f(x_1, x_2, \cdots, x_{i-1}, 1, x_{i+1}, \cdots, x_n)$

令 $x_i = 0$：

则 $f_{0i} = f(x_1, x_2, \cdots, x_{i-1}, 0, x_{i+1}, \cdots, x_n)$

则有： $y = x_i f_{1i} + \bar{x}_i f_{0i}$

上式即为布尔展开定理。以图 6 起爆网路为例，运用布尔展开定理分析该网路的可靠度。利用上式即可对一些复杂起爆网路的可靠度进行计算分析。

起爆网路中，每个元件都有失效或工作两种状态，用 $R_i$ 和 $\bar{R}_i$ 表示，整个系统也有工作和失效两种状态，用 $S$ 和 $\bar{S}$ 表示，根据布尔展开定理：

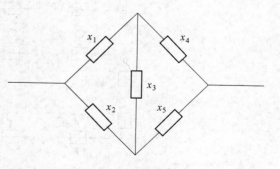

图 6 桥形网路

Fig. 6 Bridge priming circuit

$$S = f(x_1,x_2,x_3,x_4,x_5)$$
$$= x_3 f(x_1,x_2,1,x_4,x_5) + \overline{x_3} f(x_1,x_2,0,x_4,x_5)$$
$$= x_3 I[(x_1 \cup x_2) I(x_4 \cup x_5)] + \overline{x_3} I[(x_1 I x_4) \cup (x_2 \cup x_5)]$$

起爆网路系统的可靠度为:
$$R_d = P(S) = P\{x_3 I[(x_1 \cup x_2) I(x_4 \cup x_5)] + \overline{x_3} I[(x_1 \cup x_4) I(x_2 I x_5)]\}$$
$$= P(x_3)[P(x_1) + P(x_2) - P(x_1)P(x_2)][P(x_4) + P(x_5) - P(x_4)P(x_5)] +$$
$$P(\overline{x_3})[P(x_1)P(x_4)] + P(x_2)P(x_5) - P(x_1)P(x_4)P(x_2)P(x_5)]$$

则 $R_d = R_3(R_1 + R_2 - R_1 R_2)(R_4 + R_5 - R_4 R_5) + q_3(R_1 R_4 + R_2 R_5 - R_1 R_4 R_2 R_5)$

对同一系统的元件,可认为 $R_i = R, q_i = q = 1 - R$,则该起爆网路的可靠度就为:
$$R_d = 2R^2 + 2R^3 - 5R^4 + 2R^5$$

### 3.2 全概率分析法

全概率公式为:
$$P(A) = \sum_{i=1}^{n} P(A \mid B_i) P(B_i)$$

$P(A \mid B_i)$ 为条件概率公式,表示在事件 $B_i$ 发生的条件下事件 A 发生的概率,$B_i$ 之间为互不相容事件。

$$\bigcup_{i=1}^{n} B_i = I$$

导爆管起爆网路中,每个元件都可看做有两种状态,工作或失效,用 $X$ 和 $\overline{X}$ 表示,系统也只有两种状态,工作或失效,用 $S$ 或 $\overline{S}$ 表示,所以,起爆网路的可靠度就为:
$$R_d = P(S \mid X) P(X) + P(S \mid \overline{X}) P(\overline{X})$$

利用全概率公式将复杂起爆网路分解为简单的串联或并联网路,进而可以进一步计算起爆网路可靠度。

## 4 起爆网路中传爆雷管失效相关性近似处理

事实上,起爆网路中的各传爆雷管并不是相互独立进行的,假定每个传爆雷管相互独立是基于每个雷管的失效原因不同,实际情况是这些雷管失效往往具有共同的原因。

目前由于同一个厂家生产相同一批雷管的生产条件、作业程序、人员素质和相关环境都相同,所以这些雷管的往往具有失效相关性,相应的雷管可靠度也比较接近。所以,不考虑各传爆雷管的排序问题,假定每个雷管的条件关联系数相同。即

$$\lambda_1 = 0; \quad \lambda_i = \lambda_0 = 常数 \quad (i = 2,3,\cdots,n) \tag{3}$$

同一厂家生产的雷管自然厂家的生产水平等级和工人素质等级 $M$ 不变,假定条件关联系数基本值 $\lambda_0$ 与二者存在线性关系如:

$$\lambda_0 = 0.05M + 0.35 (M = 8 \sim 10 级) \tag{4}$$

所以,对串联起爆网路系统来说,如果考虑传爆雷管失效相关性,则有:

$$R_d = \prod_{i=1}^{n} [(1 - \lambda_i) R_i + \lambda_i]$$

对并联起爆网路系统来说，如果考虑传爆雷管失效相关性，则有：

$$R_d = 1 - \prod_{i=1}^{n}[1-(1-\lambda_i)R_i]$$

将上文分析假定得出的式（3）和式（4）两个条件带入，则有：

串联起爆网路系统可靠度：$R_d = R_1 \prod_{i=2}^{n}[(1-\lambda_0)R_i + \lambda_0]$

并联起爆网路系统可靠度：$R_d = 1-(1-R_1)\prod_{i=2}^{n}[1-(1-\lambda_0)R_i]$

## 5 起爆网路可靠度计算软件

在上文已经详细介绍了基本形式起爆网路可靠度的计算方法，但是，对于一些工程规模较大、且比较重要的爆破项目，导爆管起爆网路的分段数达到几百甚至几千段，这种网路的复杂程度很高，难以直接利用上述方法进行计算。况且这些工程起爆网路的设计形式对工程爆破的成功与否起着至关重要的作用，不同的起爆网路的敷设形式，对应着不同的可靠度，所以，利用上文介绍的概率统计方法编写一个可靠度软件来计算起爆网路的可靠度，并选择最合理的起爆网路，对预防拒爆现象的发生具有重要意义。

利用 VB 语言编制出"导爆管起爆网路可靠度计算软件"，如图 7 所示。

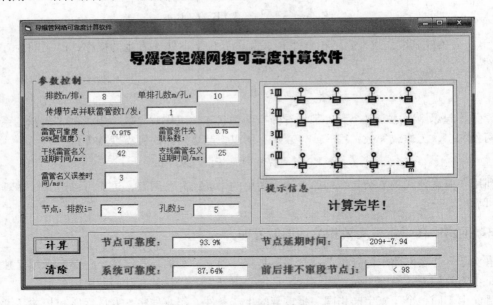

图 7 导爆管起爆网路可靠度计算软件工作界面
Fig. 7 Reliability calculation software interface of nonel priming circuit

导爆管起爆网路可靠度计算软件由登录界面和工作界面两部分组成，其中工作界面有四个窗口：

（1）参数控制窗口

该软件总共有 10 个基本参数：

1）炮孔排数 $n$：爆破工程设计方案中的实际炮孔排数；

2）每排炮孔孔数 $m$：实际使用主爆区每排炮孔孔数，一般情况下每排的炮孔数设计值相等，如果主爆区的炮孔数不完全相等，则输入起爆网路中数量最多的炮孔孔数；

3) 传爆节点并联雷管数：默认值为2发；
4) 导爆管雷管可靠度（95%置信度）：默认值为97.5%；
5) 传爆雷管条件关联系数：默认值为0.75；
6) 干线雷管名义延期时间：默认值为42ms；
7) 支线雷管名义延期时间：默认值为25ms；
8) 雷管名义误差时间：默认值为3ms；
9) 节点所在排数 $i$：根据实际方案情况输入；
10) 节点所在孔数 $j$：根据实际方案情况输入；
（2）可靠度计算结果输出窗口
用来输出计算结果，有4个，如下：
1) 节点可靠度；
2) 节点延期时间；
3) 系统可靠度；
4) 前后排不窜段节点。
（3）起爆网路示意图窗口
显示起爆网路整体示意图。
（4）提示栏窗口
用于提示整个软件运算的过程及出现的问题故障，如计算成功、参数输入错误等。

## 6 结语

通过分析各种基本起爆网路的可靠度计算方法及可靠度计算软件，可以得出，要想获得高可靠性的起爆网路，降低拒爆情况的发生概率。第一，在实际工程设计中，首先必须明确了解网路中每个元件的可靠度，以及对元件可靠度影响的各种因素（如出厂时间、雷管相关性、距离、温度、湿度等），并将这些因素考虑到实际的网路设计中。第二，要根据工程的实际情况设计出不同的起爆网路方案，通过起爆网路可靠度计算软件运算后，对方案作出进一步的评价和选择。

### 参 考 文 献

[1] 崔晓荣, 李战军, 周听清, 等. 拆除爆破中的大规模起爆网路的可靠性分析[J]. 爆破, 2012, 29(6).
[2] 江小波, 饶辉灿, 向华仙, 等. 三峡三期下游围堰爆破拆除起爆网路[J]. 工程爆破, 2007(9).
[3] 何斌全, 高宇梁, 张德明, 等. 中深孔切槽爆破设计与起爆网路可靠性分析[J]. 爆破, 2014(12).
[4] 张正宇, 等. 塑料导爆管起爆系统理论与实践[M]. 中国水利水电出版社, 2009.
[5] 建军, 黄凤雷. 导爆管起爆网路设计及其可靠性研究[J]. 矿冶工程, 2002(2).

# 炸药爆轰的连续测量研究

潘训岑 李晓杰 李雪琪

（大连理工大学，辽宁 大连，116023）

**摘 要**：爆轰速度测试是炸药研究、爆炸力学与爆破破岩研究中基础的问题之一，人们一直在寻求一种能够测量近场处冲击波以及连续测量爆轰速度的方法。本文在现有的爆轰波连续测量方法的基础上，使用新型连续压导探针测量梯形药柱和圆锥形药柱，测量得到了炸药药柱直径变化至熄爆时的连续变化爆速，并据此得到了该炸药临界直径。

**关键词**：连续测量；压导探针；爆速；熄爆直径

## The Continuous Measurement of Explosive Detonation

Pan Xuncen  Li Xiaojie  Li Xueqi

(Department of Engineering Mechanics, Faculty of Vehicle Engineering and Mechanics, Dalian University of Technology, Liaoning Dalian, 116023)

**Abstract**: The detonation velocity measurement is one of the most fundamental problems in explosive researches, mechanics of explosion and rock blasting. People have been always looking for a new way to measure continuous detonation velocity in blast holes or continuous shock wave velocity in the near field. Based on the existing detonation wave continuous measurement method, this paper use the continuous pressure conduction probe for measuring velocity of detonation. We have made some keystone Grain and some tapered Grain, and got the kind of explosive detonation in a stable and continuous change, and the minimum propagation diameter of the explosive is obtained.

**Keywords**: continuous measurement; detonation velocity; pressure conduction probe; minimum propagation diameter

## 1 引言

炸药爆轰参数的测量和计算是爆轰物理学研究和应用的基础，是炸药爆轰特征计算中最重要的参数。炸药爆轰速度的连续测试十分重要，只有得到连续的爆速，才能全面掌握炸药在某种特定状态下爆轰过程中的当前爆速的变化情况，从而才能清楚的了解炸药爆轰状态的连续变化过程。炸药的熄爆是装药起爆不能继续传播而中止的现象，不同炸药品种的熄爆直径（或临界直径）不同，是炸药的重要指标。本文利用便携式爆速记录仪，并利用所研制的新型连续压导探针测量梯形药柱和圆锥形药柱，测量得到了炸药药柱直径变化至熄爆时的连续爆速，并据

---

作者信息：潘训岑，硕士，storm.10.4@qq.com。

此得到了炸药临界直径。

所研制的新型连续压导探针是通过冲击压力（本文是指爆轰压力）的作用,使探针电阻发生变化从而产生变化的电信号。利用这些变化的电信号反映变化的所测对象的变化情况,本文中采用恒定电流源,所以跟随电阻变化的信号为电压信号。新型连续压导探针使用了弹性绝缘层代替金属管外壳,消除了金属射流和降低管道效应的影响,传统探针使用高速冲击或者高温烧穿使电阻改变的原理,而本文使用压致导通原理自作探针,并使用铜箔作为探针外壳,并且探针外壳接地和对整个测试电路进行严格的电磁屏蔽,构成了抗杂波干扰的压导电阻探针连续爆速测试系统,成功实现了爆轰速度的准确测量,通过所测爆速就可以计算爆压以及其他爆轰参数。

## 2 连续测量系统与连续压导探针的制备

在进行爆轰波与水下冲击波的连续测量时,本文采用 VOD 连续爆速记录仪,用自制连续压导探针进行爆轰波速度的测量。

如图1为连续爆速测量原理的示意图。如图1(a)所示,将连续电阻丝探针轴向埋入炸药药柱中间,当炸药从一端引爆后,爆轰波由该端向另一端传播,爆轰波波头具有高温高压的特点,会烧通图1(b)所示漆包电阻丝,造成电阻丝的长度从一端不断缩短,使探针的电阻值连续减小,同时爆轰波波头的电离层会促使电阻丝与毛细铜管壁导通,通过给回路提供恒定电流,电路就会采集记录下探针两端电压变化时程曲线,最后通过数据处理成爆轰波传播距离与时间关系,就实现了连续爆速测量。目前常用的电阻丝探针如图1(b)所示,采用直径1mm以下的金属毛细管（通常为铜管）作为外壳,在其中穿入漆包电阻丝,电阻丝一端与外壳焊接短路,电阻丝的另一端与外壳分别作为一个电极。当爆轰波从焊接端向电极端传播时,金属外壳被压垮冲击电阻丝并击穿绝缘漆层,使探针阻值产生连续变化。如图1(c)为恒流供电测试电路的原理图,即使用恒流源向电阻探针提供一个恒定的电流 $I_0$, 当爆轰波使探针电阻 $R(t)$ 变化时,由 AB 点记录外电路的电压随时间 $t$ 的变化 $V(t)$, 即可得到 $R(t)$ 值:

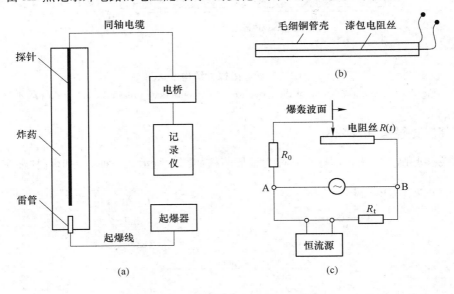

图1 连续爆速测试系统原理示意图

Fig. 1 Schematic diagram of the continuous detonation velocity test system

$$R(t) + R_0 = \frac{V(t)}{I_0} \tag{1}$$

式中，$R_0$ 为回路电阻。在已知电阻丝探针单位长度阻值 $r$ 的情况下（标定值 $r = R_t/L_0$，$R(t)$ 为探针有效段的初始阻值，$L_0$ 为探针有效段的初始长度），根据上式可求出被爆轰波压导的探针长度为：

$$L(t) = L_0 - \frac{R(t)}{r} = L_0 - \frac{V(t)}{rI_0} + \frac{R_0}{r} \tag{2}$$

将式（2）对时间求导，可以得到变化的爆速值：

$$D(t) = -\frac{1}{rI_0}\frac{\mathrm{d}V(t)}{\mathrm{d}t} \tag{3}$$

本文所使用的压导探针与传统金属外壳探针有所不同，以往探针原理是当爆轰波向前传播时，产生的高温、高压会烧断电阻丝或击穿电阻丝的绝缘层，利用电离层的导电性，促使探针导通，爆轰波的连续传播会促使回路的连续导通，以此来记录爆轰传播速度。而本文所用的新型压导探针是爆轰波向前传播时，波头的压力会促使探针导通，与测试电路形成闭合回路，随爆轰波的连续传播，探针连续短路，通过这种方式来记录爆轰波传播速度。

这种新型压导探针的测量原理：炸药起爆后，爆轰波连续向前传播，爆轰波压力会作用于铜箔层上，给电阻丝与螺纹铁丝施压，在压力作用下，骨架螺纹刺穿电阻丝的绝缘漆包层而使得电阻丝与螺纹铁丝导通，回路中产生电流，随着爆轰波波头的传播，电阻丝阻值连续减小，由于采用恒流源导致外电路两端电压值连续减小，连续爆速仪采集电压变化的时程曲线，然后通过仪器自带的数据处理软件处理成爆轰波传播距离与时间曲线，以实现爆速的连续测量。本文所使用的连续压导探针如图 2 所示。

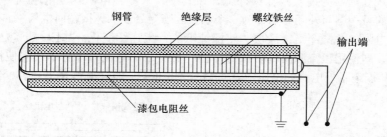

图 2　压导电阻探针结构示意图

Fig. 2　Schematic diagram of the structure of the continuous pressure conduction probe

## 3　炸药临界直径实验及分析

本文为实验制作了两种药柱，一种为锥形药柱如图 3 所示，一种为梯形药柱如图 4 所示，

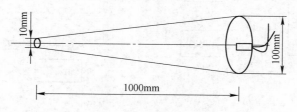

图 3　锥形药柱简图

Fig. 3　Schematic diagram of the tapered Grain

炸药均为粉状铵油炸药。

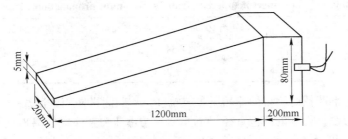

图 4 梯形药柱简图
Fig. 4 Schematic diagram of the keystone Grain

图 5 所示为所测量得到的爆轰波轨迹曲线（$L$-$t$），将对轨迹曲线数据经过多项式拟合，$R^2$ 越趋近于 1 说明拟合结果越好。然后对轨迹曲线求导计算出爆轰速度。再根据药包直径（或厚度）与药包长度的对应关系，导出所对应的药包直径（或厚度）与爆速关系曲线（如图 6 所示）。

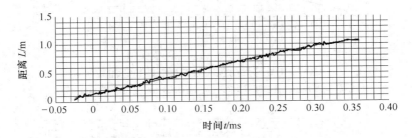

图 5 1 号锥形药包实验的爆轰波轨迹曲线
Fig. 5 1# the curve of detonation wave's track of tapered Grain

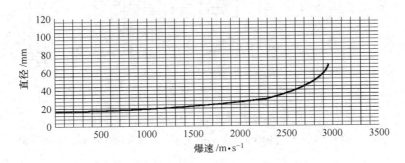

图 6 1 号锥形药包实验的爆轰波速度-直径曲线
Fig. 6 1# the curve of detonation wave's velocity-diameter of tapered Grain

根据图 6 测试所得的数据，所使用的锥形炸药柱由粗变细，直径较粗的正常炸药可以将临界直径以下的炸药带动半爆，所以如下表列出爆速在 1000m/s、1500m/s 处所对应的直径。由表 1 可见，这两个爆速所对应的药包直径相差约 4~5mm 左右，所以使用 1500m/s 爆速处的直径作为熄爆直径是偏于安全的。

表1 铵油炸药锥形药柱熄爆直径范围
Table 1 The range of tapered Grain's minimum propagation diameter

| 实验编号 | 爆速为1000m/s对应的直径/mm | 爆速为1500m/s对应的直径/mm |
| --- | --- | --- |
| 1号 | 19.580 | 23.524 |
| 3号 | 24.725 | 29.925 |

图7所示为梯形药柱的测量的炸药爆轰波轨迹，炸药同样使用铵油炸药。采用与锥形药包同样的数据处理方法，得到的药包直径（或厚度）与爆速关系曲线如图8所示。最终对3组实验爆速为1000m/s和1500m/s所对应的直径整理如表2所示。由表中可见，由于梯形药柱实验的装药量较锥形试验大得多，所以在大炸药量带动下，爆速为1000m/s和1500m/s所对应的药厚明显减小。

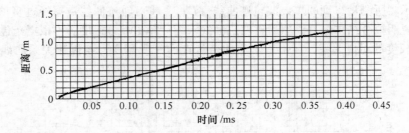

图7 4号梯形药包实验的爆轰波轨迹曲线
Fig. 7 4# the curve of detonation wave's track of keystone Grain

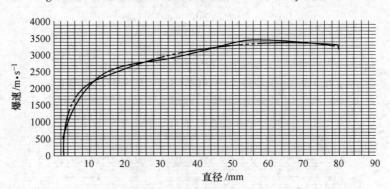

图8 4号梯形药包的爆轰波速度-直径曲线
Fig. 8 4# the curve of detonation wave's velocity-diameter of keystone Grain

表2 铵油炸药梯形药柱熄爆直径范围
Table 2 The range of keystone Grain's minimum propagation diameter

| 实验编号 | 爆速为1000m/s对应的直径/mm | 爆速为1500m/s对应的直径/mm |
| --- | --- | --- |
| 4号 | 5.427 | 6.101 |
| 5号 | 6.197 | 8.828 |
| 6号 | 7.572 | 8.725 |

## 4 结论

本文在现有的爆轰波连续测量方法的基础上，使用新型连续压导探针通过测量梯形药柱和圆锥形药柱的连续爆速，对炸药的临界直径测量进行了探索性研究。研究结果表明：通过连续测量梯形药柱和圆锥形药柱连续爆速的方法，测量炸药的临界直径是可行的。但所采用炸药药柱的锥度不能过大，否则影响测量结果。从本文的试验可见，其中锥形试验的药柱锥度较小，临界爆轰直径的测量结果较为合理；而梯形爆炸试验，由于梯度较大，已爆轰的炸药会使小于临界爆轰厚度的大量炸药半爆，致使临界爆轰厚度测量变小。因此，采用连续爆速测量方法研究炸药的临界爆轰直径和厚度必须保证较小的锥度和梯度，尽量消除炸药殉爆效应对测量结果的影响。

### 参 考 文 献

[1] 吴国栋. 炸药爆轰参数的测量[J]. 爆炸与冲击, 1987, 7(4):367-368.
[2] 顾泽慧. 多通道爆速测量仪设计[D]. 南京：南京理工大学通信与信息系, 2011.
[3] 章国升. 炸药爆速的连续测定技术[J]. 爆破器材, 1994, 23(3):32-34.
[4] 赵根, 王文辉. 孔内炸药连续爆速测试新技术[J]. 工程爆破, 2008, 14(3):63-66.
[5] 徐森, 唐双凌, 刘大斌. 用连续爆速法测定工业炸药爆速[J]. 含能材料, 2009, 17(4):467-469.
[6] 杜明阳. 导爆索法测定工业炸药爆速准确性的讨论[J]. 爆破器材, 1998, 27(2):7-9.
[7] 弓启祥, 陈毓, 吴国群, 等. 工业炸药在炮孔与露天两种情况下爆速测定比对[J]. 露天采矿技术, 2011, (6):52-60.
[8] 顾泽慧, 高见. CPLD 在爆速仪技术中的应用[J]. 现代电子技术, 2011, 31(22):175-177.
[9] 富治荣. 应用超高速摄影技术测定工业炸药爆轰参数[J]. 有色金属, 1981, 33(2):21-25.
[10] 李明明, 李国新. 光纤在燃速及爆速测试中的应用[J]. 火工品, 2000,(3):13-16.

# 改扩建隧道爆破开挖施工关键技术及其数值模拟研究

刘 冬[1,2]　高文学[1]　周世生[3]　刘丹卉[4]

（1. 北京工业大学建工学院，北京，100124；2. 北京市道路工程质量监督站，北京，100076；3. 北京市政路桥股份有限公司，北京，100086；4. 北京市道路工程造价定额管理站，北京，100053）

**摘 要**：以东长峪隧道改扩建工程为背景，针对既有隧道与扩建隧道相对位置及其不断变化带来的施工技术问题，对隧道拱顶塌腔段加固处理、扩建开挖方法和多临空面下隧道爆破技术等问题进行了研究，并选取塌腔段作为典型断面，通过数值模拟和现场监测分析，对爆破参数进行了优化，从而验证了施工方案的合理性。

**关键词**：改扩建隧道；塌腔段；爆破开挖；数值模拟

# Blasting Excavation and Numerical Simulation of Reconstruction and Expansion of Existing Tunnel

Liu Dong[1,2]　Gao Wenxue[1]　Zhou Shisheng[3]　Liu Danhui[4]

（1. Beijing University of Technology, Beijing, 100124; 2. Beijing Road Engineering Quality Supervision Station, Beijing, 100076; 3. Beijing Road and Bridge Municipal Ltd., Beijing, 100086; 4. Beijing Road Engineering Cost and Quota Management Station, Beijing, 100053）

**Abstract**: Based on the reconstruction and expansion project of Dong Changyu Tunnel, the paper analyses the technology of reinforcement and blasting excavation on collapse cavity section. Combined with the characteristics of the changing relative position of existing tunnel and expansion tunnel, it researches on blasting excavation technology with multi surface of tunnel, and designs the blasting parameters of collapse cavity section reasonably. By establishing the three-dimensional model for numerical simulation of tunnel excavation process, comparing with monitoring and measured results, the blasting parameters are optimized. It verifies the rationality of construction scheme and the reliability of numerical simulation.

**Keywords**: reconstruction and expansion tunnel; collapse cavity; blasting excavation; numerical simulation

## 1 引言

与新建隧道相比，既有隧道改扩建工程是在原址基础上扩大隧道断面，需要拆除原有支护结构，施工工序复杂，同时原隧道结构拆除及扩挖对围岩进行了多次扰动，围岩整体稳定性和自承能力会进一步降低，施工风险加大[1]。如果既有隧道曾发生过坍塌或存在较大空洞，改扩建施工就会面临更大的风险[2]。

隧道塌方处理方法大多是针对发生在施工过程中出现的坍塌，而有关对于改扩建工程碰到原塌方的处理案例和相关的研究文献则很少。东长峪隧道拱顶有较大塌腔段，且既有隧道与扩建隧道的相对位置在不断变化，国内罕见。本文主要对东长峪隧道塌腔加固处理和扩建开挖的施工方法进行分析，并以典型断面为对象，对爆破设计和开挖过程进行数值模拟与分析。

## 2 工程概况

熊东路位于北京市平谷北部山区，是沿线村庄出行的唯一道路，东长峪隧道位于熊东路终点，全长420m，于1980年建成。由于当时客观条件的限制，东长峪隧道为单车道隧道，最窄处约4m，断面形式为拱顶直墙。为满足日益增长的交通需要，提高隧道安全通行能力，需对原有隧道进行加高加宽改造，同时对隧道进出口线位进行调整，使隧道与熊东路现有道路线形连接更加顺畅。本次改扩建后东长峪隧道净宽10m，净高5m，为双车道隧道。隧道全长468m，其中改扩建段长约345m，分叉段约30m，改建段长93m。设计标准为山区三级公路，设计速度30km/h。

隧址区属于低山、丘陵地带，海拔高程为30~700m。隧道围岩主要为弱风化中厚层石英砂岩夹薄层页岩，局部破碎带为较软岩，裂隙发育情况为一般至较发育，拟建隧道围岩级别综合考虑按Ⅲ、Ⅳ、Ⅴ级采用。

根据地勘报告，K3+557~K3+586为塌腔段，围岩较为破碎，为Ⅴ级围岩，岩石坚固系数$f$为6左右。既有隧道拱顶有塌方引起的空洞，空洞长29m，宽2.5~6.0m，高2.7~5.5m，塌腔顶部埋深大于20m。

## 3 塌腔段扩建施工方案

目前国内尚无基于改建或扩建既有隧道的施工规范和规程作为施工方案的依据，相对于施工过程中的塌方，改扩建工程碰到原塌方的处理难度会更大，未知的控制因素会更多[3]。

通过对原塌方区情况调查分析，发现空洞顶部已超出改建隧道拱顶开挖轮廓线，既有隧道拱顶衬砌厚约50cm。综合现场施工条件与进度要求，提出既有隧道加固、塌腔处理、塌腔回填、边拆临时支撑边开挖的综合整治措施。施工工序如图1所示：（1）对既有隧道衬砌用工14型钢加固，工字钢间距1m，工字钢两侧用1~2根锚杆及锁脚锚杆；（2）塌腔最高点处泵送C25混凝土，混凝土高度1m，分两层浇筑，每层设φ20钢筋网，网格尺寸50cm×50cm，每层钢筋网设在距底面三分之一层厚处，每隔2m设置一道伸出筋，伸出筋入侧壁50cm并与两侧锚杆连接固定；（3）待回填混凝土强度达到70%以上后，在现浇的混凝土层上喷砂回填，喷砂层厚50~100cm；（4）混凝土养生达到设计强度后，上台阶进行超前小导管支护，小导管长3.5m，环向间距0.4m，每两榀打设一次；（5）既有隧道临时钢拱架拆除（拆除长度与循环进尺一致），上台阶开挖及初期支护；（6）隧道中台阶分左右开挖，初期支护；（7）下台阶开挖，施作仰拱，全断面初支封闭，仰拱段回填；（8）隧道防水层施工，二次衬砌及附属工程。

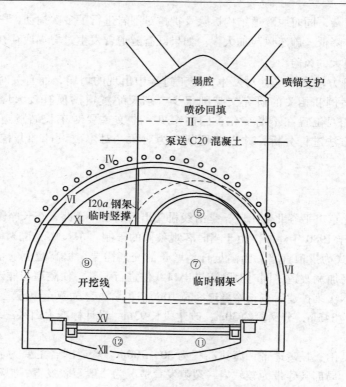

图 1　塌腔段扩建施工工序图
Fig. 1　Construction process of collapse cavity expansion

## 4　塌腔段爆破设计与分析

与新建隧道爆破开挖需要设置掏槽孔不同，既有隧道改扩建爆破不再设置掏槽孔，而是根据既有隧道位置的不同，合理利用，即直接将既有隧道作为爆破开挖的临空面[4,5]。

东长峪隧道轴线与既有隧道轴线小角度相交，且改扩建隧道高程不断变化，既有隧道与扩建隧道的相对位置也在变化，因此爆破方案需不断调整。同时配合爆破振动、围岩应力、隧道沉降与收敛等监测，严格控制爆破振动，优化爆破参数，确保塌腔段施工安全。

选取 K3+572 作为典型断面，由于围岩比较破碎，采用三台阶法施工。既有隧道位于改扩隧道开挖轮廓线之内，上台阶、中台阶掘进爆破以既有隧道为自由面，进行逐排毫秒延期控制爆破，循环进尺控制在 1~1.5 m。辅助孔采用 2、4、6、8、10、12 段雷管，周边孔采用 14 段雷管串联导爆索起爆。隧道爆破参数如表 1、炮孔布置和起爆顺序如图 2 所示。

表 1　爆破参数
Table 1　Blasting parameters

| 台　阶 | 炮孔分类 | 炮孔数量 | 雷管段位 | 炮孔长度/m | 单孔药量/kg |
|---|---|---|---|---|---|
| 上台阶 | 周边孔 | 31 | 14 | 1.5 | 0.3 |
|  | 辅助孔 | 28 | 2、4、6、8、10、12 | 1.5 | 0.6 |
|  | 底板孔 | 6 | 14 | 1.5 | 0.8 |

续表1

| 台 阶 | 炮孔分类 | 炮孔数量 | 雷管段位 | 炮孔长度/m | 单孔药量/kg |
|---|---|---|---|---|---|
| 中台阶 | 周边孔 | 12 | 10 | 1.5 | 0.3 |
|  | 辅助孔 | 16 | 2、4、6、8、10、12 | 1.5 | 0.6 |
|  | 底板孔 | 7 | 8 | 1.5 | 0.8 |
| 下台阶 | 周边孔 | 19 | 6、8 | 2.5 | 0.6 |
|  | 辅助孔 | 21 | 2、4 | 2.5 | 1.4 |
| 总 计 |  | 140 |  |  |  |

根据上表计算，上台阶单耗 $0.71 kg/m^3$，中台阶单耗 $0.68 kg/m^3$，下台阶单耗 $0.77 kg/m^3$。总单耗为 $0.74 kg/m^3$，总药量 90.5kg，与初步设计单耗接近。

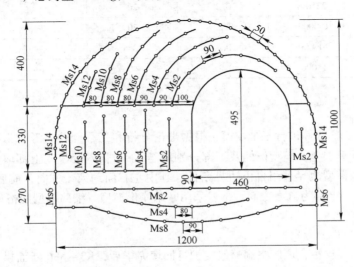

图 2  炮孔布置图和起爆顺序图（单位：cm）

Fig.2  Layout of blast holes and detonating sequence

## 5  施工过程数值模拟及其与现场检查的对比分析

隧道施工监控量测和数值模拟分析作为隧道动态设计的重要手段，对评价施工方法的可行性，爆破设计参数的合理性，了解围岩及支护结构的受力、变形特性等能够提供准确而及时的依据。

### 5.1  计算参数选取

选取 K3+572 断面进行数值模拟，V 级围岩，三台阶法开挖。扩挖隧道采用 $\phi22$ 中空注浆锚杆，长 3m，纵向间距 250cm，环向间距 100cm；喷射 25cm 厚 C20 混凝土，并挂 $\phi6$ 钢筋网。既有隧道锚杆长 2.5m，纵向间距 1.2m，环向间距 1m。数值模拟过程中，将钢拱架与钢筋网以刚度贡献方式折合到喷射混凝土中[6,7]。扩建后隧道是在初期支护稳定之后再施做二次衬砌，故二次衬砌只是作为安全储备，初期支护承担所有围岩释放荷载。建模过程中只考虑初期支护的作用，不考虑二次衬强度。依据工程地质报告、设计资料、工程经验和《公路隧道设计规范》等，选取的材料物理力学参数如表 2 所示。

**表 2 材料物理力学参数**
Table 2 Mechanical and physical parameter values

| 单元 | 弹性模量/MPa | 泊松比 | 重度/kN·m$^{-3}$ | 黏聚力/MPa | 内摩擦角/(°) |
|---|---|---|---|---|---|
| 表层风化岩 | 800 | 0.45 | 20 | 0.05 | 18 |
| 塌腔段围岩 | 1000 | 0.4 | 19 | 0.1 | 25 |
| 第三层围岩 | 2000 | 0.35 | 21 | 0.2 | 30 |
| 注浆加固区 | 1500 | 0.38 | 20 | 0.08 | 20 |
| 既有衬砌 | 10000 | 0.2 | 25 | | |
| 空洞段锚杆 | 200000 | 0.3 | 78.5 | | |
| 空洞段衬砌 | 12000 | 0.2 | 24 | | |
| C20 回填 | 22500 | 0.2 | 20 | | |
| 超前小导管 | 150000 | 0.28 | 30 | | |
| I14 钢拱架 | 206000 | 0.3 | 78.5 | | |
| 初衬 | 18000 | 0.25 | 40 | | |

## 5.2 模型建立

采用 MIDAS/GTS 软件进行三维建模,根据理论分析和工程经验,考虑工程的需要和有限元离散误差以及计算误差,模型两侧及下部分别取至 3~4 倍洞径[8],上部取至实际地表并对其进行合理简化。模型边界采用自由边界条件,其中左右面约束 $x$ 方向,前后面约束 $y$ 方向,底部约束 $xyz$ 方向,上部为自由表面。围岩采用摩尔库伦模型,细部模型网格如图 3 所示。

## 5.3 拱顶下沉

既有隧道钢拱架支护,塌腔空洞喷锚支护且回填完毕后,K3+586 断面拱顶最大沉降值为 0.21mm,位于塌腔空洞正下方处;上台阶开挖及初期支护完成后,由于既有隧道存在,临空面作用明显,使隧道变形发生不对称,拱顶最大沉降为 6.53mm,比回填空洞后同一点沉降值增加 6.32mm,如图 4 所示。隧道中台阶开挖后,拱顶最大沉降值由 6.53mm 增至 6.94mm,增

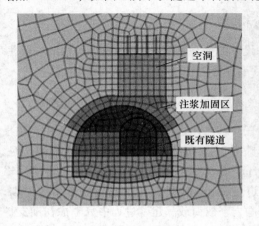

图 3 模型网格图
Fig. 3 Grid graph of model

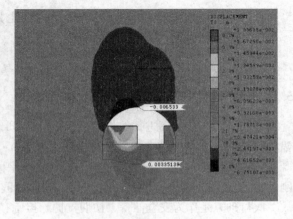

图 4 上台阶开挖位移云图
Fig. 4 Displacement nephogram of upper stage excavation

速变缓；下台阶开挖后，沉降值持续增加至 7.21 mm，仅增加 4%。

在整个施工过程中，拱顶的位移最大，特别是开挖上台阶后，拱顶位移增长迅速，施加喷锚支护对拱顶沉降收敛有显著的作用，所以拱顶是隧道开挖过程中监控量测的重点，必要时要加强支护。通过对比数值模拟与监控量测，发现塌腔段回填、上台阶开挖、中台阶开挖、下台阶开挖四阶段的拱顶下沉变化趋势一致，数值模拟沉降值略微偏小，如图 5 所示，这是由于 V 级围岩节理裂隙状况无法在模型中完全反映的结果。最大沉降值均出现在上台阶开挖过程中，随着初期支护的施做，中台阶和下台阶开挖时拱顶下沉逐渐收敛。这说明隧道塌腔段开挖采取三台阶法是合理的，加之初期支护及时跟进，使得围岩的变形得到有效的控制，保证施工安全。

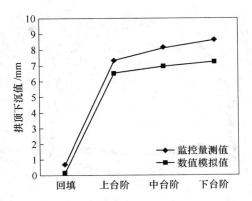

图 5 计算结果与实测值对比图

Fig. 5 Line graphs of vault sedimentation with measured value

## 5.4 应力应变

从图 6 应力云图可以看出，上台阶开挖完成后，隧道拱顶上方和塌腔下方均受拉，两台阶也分布有拉应力，不利于隧道的稳定，应及时支护；从图 7 应变云图可以看出，塑性应变分布范围主要集中在塌腔空洞下方、拱顶上方区域以及既有隧道周围区域，上台阶左侧拱脚处也有少部分应力集中现象。因此，在开挖过程中，应重点加强塌腔空洞区及左侧拱脚的监测与支护。

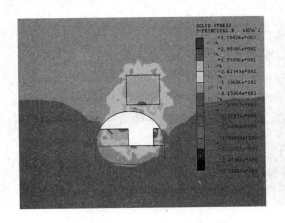

图 6 上台阶开挖围岩应力云图

Fig. 6 Stress nephogram of upper stage excavation

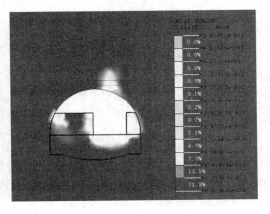

图 7 上台阶开挖围岩应变云图

Fig. 7 Strain nephogram of upper stage excavation

## 5.5 初衬结构

三台阶开挖完成后，衬砌结构最大变形位移为 2.54 mm，底拱向上隆起，拱顶最大位移变化为 1.82 mm，与围岩沉降、收敛规律吻合，初衬结构位移云图如图 8 所示。

初衬结构大部分受压，只有拱腰周围和拱底不均匀的分布局部受拉区域，如图 9 所示。三台阶开挖完成后，拱脚处围岩应力全部释放，围岩变形全靠支护结构约束，故衬砌结构拱脚处产生了较大的弯矩,其中最大弯矩值为 44.11kN·m。

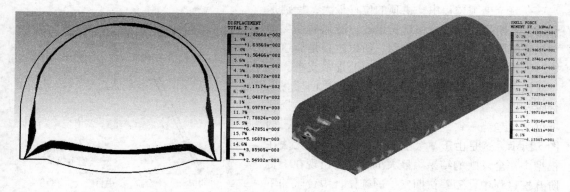

图 8　初衬变形云图　　　　　　　　图 9　初衬结构弯矩云图
Fig. 8　Displacement nephogram of the initial lining　　Fig. 9　Bending moment nephogram of the initial lining

## 6　结论

(1) 采用加固既有隧道衬砌、混凝土回填空洞、边拆临时支撑边开挖的三台阶施工方案,可确保隧道塌腔段扩建过程中围岩和衬砌结构的稳定性。

(2) 既有隧道为爆破开挖提供了临空面,因而可以不设掏槽孔;同时改扩建隧道掘进爆破炮孔布置、起爆顺序等应根据既有隧道的不同位置、断面形状的变化等进行调整、灵活布置,并应根据隧道沉降与收敛、围岩应力应变等监测情况,优化爆破参数。

(3) 应力应变分析表明,拱顶上方和塌腔空洞下方围岩应力集中明显,且为塑性区,施工过程中应重点监测与支护。

## 参 考 文 献

[1] 陈七林. 金鸡山隧道拓宽改造方案研究[J]. 隧道建设,2011,31(5):577-582.
[2] 徐学深. 海中洲隧道扩建中原隧道塌方的处理技术[J]. 隧道建设,2012,32(2):221-227.
[3] 钱七虎,戎晓力. 中国地下工程安全风险管理的现状、问题及相关建议[J]. 岩石力学与工程学报,2008(4):6-12.
[4] 高文学,邓洪亮. 公路工程爆破理论与技术[M]. 北京:科学出版社,2013.
[5] 尧少敏,陈克大,刘冬,等. 改扩建隧道掘进爆破与振动监测[J]. 工程爆破,2014,20:37-40.
[6] 晏启祥,何川,姚勇,等. 小净距隧道施工小导管注浆效果的数值模拟分析[J]. 岩土力学,2004,25(增2):239-242.
[7] 汤劲松,刘松玉,童立元,等. 破碎岩体浅埋大跨公路隧道开挖方案对比研究[J]. 岩土力学,2007,28(增):469-473.
[8] 段慧玲,张林. 大跨度公路隧道合理开挖方法对比研究[J]. 土木工程学报,2009,42:114-119.

# 炸药岩石波阻抗匹配的数值模拟研究

郝亚飞  杨敏会  周桂松

（中国葛洲坝集团易普力股份有限公司，重庆，401121）

**摘 要**：研究炸药与岩石波阻抗相匹配的理论对于岩体的爆破效果具有重要意义。采用有限元程序建立了不同岩性和不同炸药爆速的数值模型，从爆炸冲击波和爆轰气体两方面，并结合岩体的总能、内能和动能，解释了炸药与岩石波阻抗相匹配的实现过程。炸药的爆速越高，爆炸冲击波峰值越大；炮孔内炸药体积不变时，爆速越高，炸药爆炸后产生的总能越大；软岩适合于低爆速炸药、较硬岩适合于中爆速炸药、硬岩适合于高爆速炸药。通过现场两种炸药的爆破试验发现，炸药波阻抗远小于岩体波阻抗时，爆破效果较差；当炸药波阻抗接近于岩体波阻抗时，爆破效果较好。

**关键词**：波阻抗；LS-DYNA；爆炸冲击波；爆轰气体；能量

## Numerical Simulation Study on Wave Impedance Matching between Explosives and Rocks

Hao Yafei  Yang Minhui  Zhou Guisong

（China Gezhouba Group Explosive Co., Ltd., Chongqing, 401121）

**Abstract**: Study of theory of wave impedance matching between explosives and rocks has great significance for rock mass blasting effect. Numerical model of different lithology and different explosive velocity are established by using finite element program. The realization process of wave impedance matching between explosives and rocks was explained from explosion shock wave and explosive gas, and combined with total energy, internal energy and kinetic energy of rock. The higher the explosive velocity is the bigger peak the explosive shock wave will have. The total energy of explosives increases as explosives velocity rises when explosive volume remains constant. Soft rock is appropriate for using low detonation velocity explosive, medium hard rock appropriate for using medium detonation velocity explosives and hard rock appropriate for using high velocity explosives. It finds that the poor effect of blasting is produced when explosive wave impedance is for less than rock wave impedance, and the better effect is produced when wave impedance is closed to rock wave impedance by two kinds of explosive blasting test.

**Keywords**: wave impedance; LS-DYNA; explosion shock wave; explosive gas; energy

## 1 引言

为了提高炸药的能量利用率，改善爆破效果，众多科技工作者就炸药与岩石的匹配问题展

---

作者信息：郝亚飞，高级工程师，153158039@qq.com。

开了广泛的实验研究[1~8]，并提出了波阻抗匹配[1,4]、全过程匹配[2]和能量匹配等观点[5]，其中波阻抗匹配观点在现场爆破作业中应用较多。

波阻抗匹配系指炸药的波阻抗与岩石的波阻抗相等时，炸药的能量利用率最高，往往爆破效果最好。不同性质的岩石，其破岩过程也不尽相同，具体解释如下：对于高阻抗岩石，因其强度较高，为使裂隙发展，冲击波应具有较高的应力峰值；对于中等阻抗岩石，冲击波峰值不宜过高，而应增大冲击波的作用时间；在低阻抗岩石中，主要靠气体静压形成破坏，冲击波峰值应尽可能予以削掉[1]。然而，由于爆炸冲击波具有超高温、高压、持续时间极短等特性及现场试验设备的限制，现场试验很少能得到爆炸冲击波的特性，同时爆轰气体也较难测试，无法从机理上解释爆炸冲击波和爆轰气体对岩体的作用过程。

因此，本文采用数值仿真计算方法，建立相应的数值计算模型，分析不同性质的炸药对不同阻抗岩石的爆破作用效果，并进行相应的现场爆破试验，从而在理论上更好地指导工程实践。

## 2 计算模型及参数的选取

### 2.1 计算模型

采用二维模型网格计算半无限平面中的岩体的爆炸模型，考虑对称性，取模型的一半进行模拟分析。计算区域取 150m×200m。模型的左边界为对称边界，上表面根据实际情况为自由边界，右边界和底边界均为无反射边界，如图1所示。为了保证较高的计算精度和计算效率，模型采用渐进式网格划分，即在炮孔近区网格划分较密，远区网格划分渐粗。图2为模型局部网格划分形状。

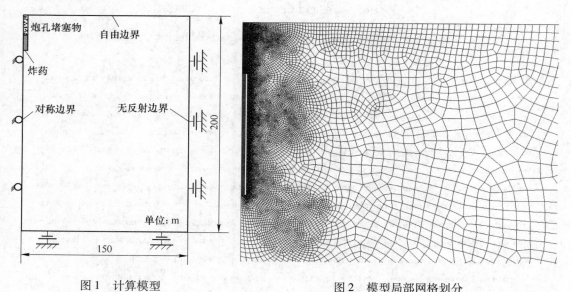

图1　计算模型　　　　　　　　图2　模型局部网格划分
Fig. 1　Calculation model　　　Fig. 2　Local mesh generation of model

### 2.2 岩体材料

由于炸药爆炸时近区岩体发生屈服以致破碎，应变很大且应变率效应明显，采用包含应变率效应的塑性硬化模型比较合适。故爆炸荷载作用下的岩体模型采用 Cowper-Symonds 模型来考虑，它在屈服应力中引进应变率因子 $1+(\dot{\varepsilon}/C)^{\frac{1}{p}}$，岩体屈服应力 $\sigma_y$ 与应变率 $\dot{\varepsilon}$ 如下[9]：

$$\left. \begin{array}{l} \sigma_y = \left(1+\left(\dfrac{\dot{\varepsilon}}{C}\right)^{\frac{1}{p}}\right)(\sigma_0 + \beta E_p \varepsilon_p^{\text{eff}}) \\ E_p = \dfrac{E_y E_{\tan}}{E_y - E_{\tan}} \end{array} \right\} \quad (1)$$

式中，$\sigma_0$ 为岩体的初始屈服应力，Pa；$E_y$ 为弹性模量，Pa；$\dot{\varepsilon}$ 为加载应变率，$s^{-1}$，工程爆破中，岩石的加载应变率 $\dot{\varepsilon}$ 为 $10^0 \sim 10^5 s^{-1[10]}$，且爆源近区应变率较高，可取 $10^2 \sim 10^4 s^{-1}$，本文取 $10^4 s^{-1}$；$C$ 和 $p$ 为 Cowper-Symonds 应变率参数，由材料应变率特性决定的常量，根据材料在各种应变率状态下的应力应变关系确定，本文参考岩石力学动态实验结果[11]及 Malvar & Ross 等人的研究成果[12]，$C$ 和 $p$ 分别约为 $2.5 s^{-1}$、$4.0$；$E_p$ 为岩体塑性硬化模量，Pa；$E_{\tan}$ 为切线模量，Pa；$\beta$ 为各向同性硬化和随动硬化贡献的硬化参数，$0 \leq \beta \leq 1$；$\varepsilon_p^{\text{eff}}$ 为岩体有效塑性应变，可由下式定义：

$$\varepsilon_p^{\text{eff}} = \int_0^t d\varepsilon_p^{\text{eff}}, \quad d\varepsilon_p^{\text{eff}} = \sqrt{\dfrac{2}{3} d\varepsilon_{ij}^{\text{eff}} d\varepsilon_{ij}^p} \quad (2)$$

式中，$t$ 为发生塑性应变累计时间；$\varepsilon_{ij}^p$ 为岩体塑性应变偏量分量。

本文分别选取软岩、较硬岩、硬岩为研究对象，其物理力学性能指标见表 1[13]。

表 1 岩体物理力学特性
Table 1 Physical and mechanical characteristics of rock mass

| 岩 性 | 密度/kg·m$^{-3}$ | 弹性模量/GPa | 泊松比 | 波速/m·s$^{-1}$ | 摩擦角/(°) | 抗压强度/MPa | 抗拉强度/MPa |
|---|---|---|---|---|---|---|---|
| 软 岩 | 1200 | 5 | 0.35 | 1500 | 30 | 5 | 0.2 |
| 较硬岩 | 2000 | 15 | 0.25 | 2000 | 50 | 20 | 1.5 |
| 硬 岩 | 2200 | 60 | 0.20 | 4500 | 70 | 50 | 3.2 |

由于绝大部分工业常用炸药的波阻抗一般小于硬岩的波阻抗，两者很难完全匹配。为了在计算过程中炸药波阻抗尽量与硬岩波阻抗接近，故本文定义的硬岩的物理力学参数要小于实际岩体的物理力学参数，不是实际意义上的岩体划分。

## 2.3 炸药材料

炸药采用 HIGH_EXPLOSIVE_BURE 材料模型模拟炸药的爆炸过程。在任意时刻，高能炸药单元的压力可由下式表示：

$$p = F p_{\text{eos}}(V, E) \quad (3)$$

式中，$p_{\text{eos}}$ 是由 JWL 状态方程决定的压力；$V$ 为相对体积，$E$ 为每个初始体积的内能密度；$F$ 为燃烧系数，取决于以下函数的最大值：

$$F = \max(F_1, F_2) \quad (4)$$

式中，$F_1 = \begin{cases} \dfrac{2(t-t_1)DA_{\varepsilon_{\max}}}{3v_e} & \text{当 } t > t_1 \\ 0 & \text{当 } t \leq t_1 \end{cases}$；$F_2 = \beta = \dfrac{1-V}{1-V_{\text{CJ}}}$；$V_{\text{CJ}}$ 为爆轰产物的相对体积；$t$ 为当前

时间；$D$ 为爆炸应力波传播速度；$A_{\varepsilon_{\max}}$ 为炸药爆炸时相对单元行心处的最大压强；$v_e$ 为爆炸应力波在 $t_1$ 时刻爆破产物体积与初始体积之比。

Jones-Wilkens-Lee（JWL）状态方程用于模拟由炸药爆炸膨胀产生的压力，该方程已经广泛应用于工程计算中[12]，可由下式表示：

$$p_{eos} = A\left(1 - \frac{\omega}{R_1 V}\right)e^{-R_1 V} + B\left(1 - \frac{\omega}{R_2 V}\right)e^{-R_2 V} + \frac{\omega E_0}{V} \tag{5}$$

式中，$A$、$B$、$R_1$、$R_2$、$\omega$ 均为与炸药相关的材料常数；$V$ 为相对体积，即爆轰产物的相对比容；$E_0$ 为初始比内能。

本文炸药分为低爆速、中爆速和高爆速炸药三种情况，密度和爆速见表2。

表2 炸药参数
Table 2 Explosive parameters

| 低爆速 | | 中爆速 | | 高爆速 | |
|---|---|---|---|---|---|
| 密度/kg·m$^{-3}$ | 爆速/m·s$^{-1}$ | 密度/kg·m$^{-3}$ | 爆速/m·s$^{-1}$ | 密度/kg·m$^{-3}$ | 爆速/m·s$^{-1}$ |
| 800 | 2000 | 1000 | 4000 | 1400 | 6000 |

结合表1和表2，可知软岩波阻抗与低爆速炸药波阻抗接近；中硬岩波阻抗等于中爆速炸药波阻抗；硬岩波阻抗与高爆速炸药波阻抗接近。

## 2.4 堵塞材料

炮孔堵塞物选取 SOIL_AND_FOAM 材料模型，该模型在某些方面具有流体性质，其主要应用于土或泡沫等材料被限制在结构中或有几何边界存在的情况下。该材料模型在负压缩状态下的体积应变是相对体积的自然对数，其中压力在压缩状态下为负。相对体积是当前体积与计算开始前的初始体积之比。模型的塑性屈服极限函数 $\phi$ 根据应力偏量第二不变量 $J_2$ 表述：

$$\phi = J_2 - (a_0 + a_1 p + a_2 p^2) \tag{6}$$

式中，$J_2 = \frac{1}{2} s_{ij} s_{ij}$；$p$ 为压力；$a_0$、$a_1$、$a_2$ 为常数。在屈服面上，$J_2 = \frac{1}{3}\sigma_y^2$，$\sigma_y$ 是单轴屈服应力。

炮孔堵塞物的主要参数见表3。

表3 堵塞物参数
Table 3 Stemming parameters

| 密度/kg·m$^{-3}$ | 剪切模量/GPa | 体积模量/GPa | $A_0$ | $A_1$ | $A_2$ | PC |
|---|---|---|---|---|---|---|
| 1800 | 0.0638 | 30 | $3.4 \times 10^{11}$ | 0 | 0 | $-6.9 \times 10^3$ |

## 2.5 空气材料

空气可采用 NULL 材料模型，该材料允许计算过程中状态方程不考虑偏应力。空气采用 LINEAR_POLYNOMIAL 状态方程描述，该状态方程的内能计算是线性的，压力可由下式表示：

$$p = C_0 + C_1 \mu + C_2 \mu^2 + C_3 \mu^3 + (C_4 + C_5 \mu + C_6 \mu^2)E \tag{7}$$

对于空气材料,可取 $C_0 = C_1 = C_2 = C_3 = C_6 = 0$,$C_4 = C_5 = \gamma - 1 = 0.4$,$E = 2.5 \times 10^5$;密度取 $1.25 \text{ kg/m}^3$。

## 2.6 计算工况

分别进行每种岩性下不同爆速的数值计算,计算工况分三种,每种工况分别进行低爆速、中爆速和高爆速炸药的数值计算,计算工况见表4。

表4 计算工况
Table 4 Calculation cases

| 工况一 | | 工况二 | | 工况三 | |
|---|---|---|---|---|---|
| 软 岩 | 低爆速 | 中硬岩 | 低爆速 | 硬 岩 | 低爆速 |
| | 中爆速 | | 中爆速 | | 中爆速 |
| | 高爆速 | | 高爆速 | | 高爆速 |

# 3 计算结果及分析

## 3.1 爆炸冲击波和爆轰气体分析

图3为不同爆速的炸药对应的炮孔壁上的爆炸冲击波时程曲线。由图知,炸药的爆速越高,爆炸冲击波峰值越大,即爆速与爆压密切相关。

由式(5)对应的炸药状态方程知,爆压与装药的相对体积 $V$ 成反比例关系。本文在炸药的参数选取过程中,炸药爆速越大,对应的相对体积 $V$ 越小,即爆炸后炸药的爆容越小。

## 3.2 炸药总能分析

图4为爆炸时刻为1.2 ms时对应的不同爆速炸药总能时程曲线。由图知,在炮孔内炸药体积一定的情况下,爆速越高、相对体积 $V$ 越小,则炸药爆炸后产生的总能越大。

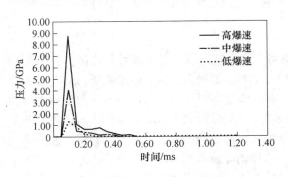

图3 爆炸冲击波时程曲线

Fig. 3 Time-history curves of explosion shock wave

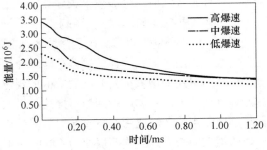

图4 炸药总能时程曲线

Fig. 4 Time-history curves of explosive total energy

## 3.3 岩体爆破破裂能量分析

LS-DYNA 后处理软件中的岩体能量分为三部分:岩体总能、岩体内能和岩体动能。其中岩体总能指炸药总能用于岩体耗散的能量,包括破碎岩体做功所需能量和爆破过程中损耗的能量，其值为岩体内能和岩体动能之和；岩体内能主要包括粉碎能、变形能和致裂能等；岩体动能主要指地震波携带的能量，即岩体的振动能量。由以上能量分析知，岩体爆破效果的好坏不仅取决于各部分能量的大小，还与各部分能量所占炸药总能的百分比有关。即岩体的内能越大、内能所占炸药总能的百分比越大，则爆破效果越好；岩体动能越大、动能所占主要总能百分比越大，则爆破效果越差。

### 3.3.1 软岩的爆破效果分析

图5、图6分别为岩体爆破能量之各部分能量大小及其所占炸药总能百分比随炸药爆速的变化曲线。结合图5、图6知，虽然岩体总能随炸药爆速的增大而增加，增长幅度不大，但软岩体总能所占炸药总能的百分比却随炸药爆速的增大而减小。而岩体内能和内能所占炸药总能百分比随炸药爆速的增大而减小，并且岩体动能和动能所占炸药总能百分比随炸药爆速的增大而增大。

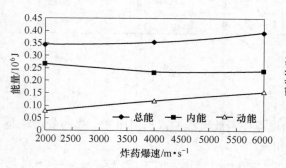

图5 软岩能量随炸药爆速的变化曲线

Fig. 5 The change curve of energy with explosive velocity

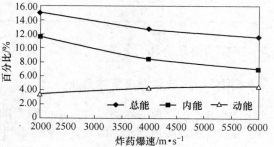

图6 软岩能量占炸药总能百分比随炸药爆速的变化曲线

Fig. 6 The change curve of rock energy percentage of explosive total energy

所以，由以上分析知，软岩适用于低爆速炸药，即炸药爆炸产生的爆炸冲击波峰值较小、爆轰气体体积较大时，爆破效果较好。

### 3.3.2 中硬岩的爆破效果分析

图7、图8分别为岩体爆破能量之各部分能量大小及其所占炸药总能百分比随炸药爆速的变化曲线。如图可知，同样，岩体总能随炸药爆速的增大而增大，但岩体总能所占炸药总能百分比随炸药爆速的增大呈先升高后减低的规律，即当爆速等于4000m/s时，岩体总能所占炸药总能百分比最大。岩体内能随炸药爆速的增大而增加，当爆速大于4000m/s后，岩体内能基本保持不变；当炸药爆速为4000m/s时，岩体内能所占炸药总能的百分比最大。岩体动能随炸药爆速的增大而增大；当炸药爆速为4000m/s时，岩体动能所占炸药总能的百分比最小。

由以上分析知，对于中硬岩，中爆速炸药比较合适。即炸药爆炸后产生的爆炸冲击波峰值不宜过高、爆轰气体体积应适量增大，则爆破效果较好。

### 3.3.3 硬岩的爆破效果分析

图9、图10分别为岩体爆破能量之各部分能量大小及其占炸药总能百分比随炸药爆速的变化曲线。由图9、图10可知，岩体总能、内能、岩体总能和内能所占炸药总能的百分比均随炸药爆速的增大基本成线性增长，即增长幅度较大。而岩体动能随炸药爆速的变化不大，岩体动能所占炸药总能的百分比随炸药爆速的增大而减小。

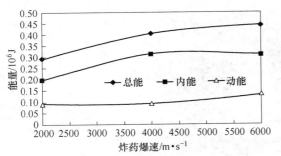

图 7 中硬岩能量随炸药爆速的变化曲线

Fig. 7 The change curve of energy with explosive velocity

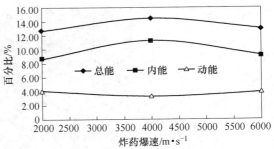

图 8 中硬岩能量占炸药总能百分比随炸药爆速的变化曲线

Fig. 8 The change curve of rock energy percentage of explosive total energy

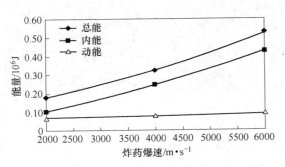

图 9 硬岩能量随炸药爆速的变化曲线

Fig. 9 The change curve of energy with explosive velocity

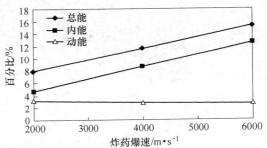

图 10 硬岩能量占炸药总能百分比随炸药爆速的变化曲线

Fig. 10 The change curve of rock energy percentage of explosive total energy

由以上分析知，对于硬岩而言，适合于高爆速炸药，即爆炸冲击波峰值要大，爆炸冲击波起主要破坏作用。当炸药爆速为2000m/s，炸药产生的能量已不足以破坏岩体，故当炸药的波阻抗与岩体波阻抗相差较大时，爆破效果最差，在随后的现场爆破试验中也验证了该点。

## 4 应用实例

在丰都县某石灰石矿进行了现场两种炸药爆速的爆破试验。原混装乳化炸药密度为1.2 g/cm³，爆速为4000m/s；在原混装乳化炸药中加入聚苯乙烯颗粒以降低炸药的密度和爆速，聚苯乙烯颗粒与混装乳化炸药在经过侧螺旋混拌均匀后，经测试炸药的密度为1.0g/cm³，爆速为1789m/s。图 11 为混拌聚苯乙烯颗粒过后的炸药形貌。

爆区炮孔直径 150 mm，炮孔深 14m；共四排，23 个炮孔，孔间距 6m，排间距 4m。图 12（a）所示的编号为 1 的位置装填混拌有聚苯乙烯颗粒的混装乳化炸药，共 19 个炮孔；剩余 4 个炮孔装填原混装乳化炸药，如图 12（a）所示的编号为 2 的位置。装药长度8m，堵塞段长度4m。

根据爆破前炮区情况可得出：岩体较破碎，天然裂隙平均间距约为 0.4m。根据现场石灰

图 11　混拌聚苯乙烯颗粒过后的炸药形貌
Fig. 11　Morphology of explosive mixed with polystyrene

图 12　爆破前（a）、爆破后（b）现场图
Fig. 12　Morphology of the pre (a) and post blasting (b)

岩的物理力学性能指标及 A. H. 赫努恰也夫岩石爆破性分级表[13]，结合现场岩体的裂隙平均间距，可确定岩体的裂隙程度为强烈裂隙、岩石爆破性为中等、岩体波阻抗为 $(5\sim8)\times10^5$ g/(cm$^2$·s)。经计算，混拌有聚苯乙烯颗粒的混装乳化炸药的波阻抗为 $1.789\times10^5$ g/(cm$^2$·s)，原混装乳化炸药波阻抗为 $4.8\times10^5$ g/(cm$^2$·s)。

从本次爆破效果可看出，当采用混拌有聚苯乙烯颗粒的混装乳化炸药时，其波阻抗远小于岩体波阻抗，故爆破后大块率高、爆堆不明显，爆破效果较差，如图 12（b）所示的编号为 1 的位置；当采用原混装乳化炸药时，其波阻抗比较接近于岩体波阻抗，故爆破效果较好，如图 12（b）编号为 2 的位置。现场爆破结果分析与数值模拟得出的结果一致。

## 5　结论

本文采用 ANSYS/LS-DYNA 有限元程序，模拟了三种岩性条件下的三种爆速炸药的爆破过程，分析了不同爆速炸药对应的爆炸冲击波特性和能量的大小，以及不同岩性的岩体总能、内能和动能的分析，分析发现炸药的爆速越高，在孔壁上产生爆炸冲击波峰值越大；在炮孔内炸药体积一定的情况下，爆速越高，炸药爆炸后产生的总能越大；软岩适合于低爆速炸药、较硬岩适合于中爆速炸药、硬岩适合于高爆速炸药。并通过现场两种炸药的爆破试验发现，当炸药波阻抗远小于岩体波阻抗，爆破后大块率高、爆堆不明显，爆破效果较差；当炸药波阻抗接近于岩体波阻抗时，爆破效果较好。

目前，ANSYS/LS-DYNA 有限元程序在模拟炸药爆炸过程中只能分析爆炸冲击波对岩体的破坏作用，而爆轰气体对岩体的破坏作用还无法在后处理软件中识别，只能通过调整输入炸药参数中的相对体积改变爆炸后爆轰气体的体积。所以，爆轰气体对岩体的作用过程还有待进一步研究。

## 参 考 文 献

[1] 王文龙. 钻眼爆破[M]. 北京：煤炭工业出版社，1989.
[2] 郭子庭，吴从师. 炸药与岩石的全过程匹配[J]. 矿冶工程，1993(3)：11-15.
[3] 李夕兵，古德生，等. 常规炸药与不同岩体匹配的可能途径[J]. 矿冶工程，1994，14(1)：17-21.
[4] 钮强，熊代余. 炸药岩石波阻抗匹配的试验研究[J]. 有色金属，1989，(4)：13-17.
[5] 赖应德. 论炸药和岩石的能量匹配[J]. 工程爆破，1995，(2)：22-26.
[6] 孙建鼎. 关于提高爆炸能量利用率的探讨[J]. 爆破，1996，(2)：20-24.
[7] 张立国，李守巨，付增绵，等. 炸药破碎岩石能量利用率的研究[J]. 辽宁工程技术大学学报（自然科学版），1998，(1)：133-137.
[8] 田建胜，程玉生. 岩石爆破中爆炸能量分布理论与控制方法研究进展[J]. 工程爆破，1998，4(1)：65-68，59.
[9] 夏祥，李俊如，李海波，等. 广东岭澳核电站爆破开挖岩体损伤特征研究[J]. 岩石力学与工程学报，2007，26(12)：2510-2516.
[10] 单仁亮. 岩石冲击破坏力学模型及其随机性研究[D]. 北京：中国矿业大学，1997.
[11] 刘世奇. 有侧向压力的花岗岩动态直接拉伸力学特性研究[D]. 武汉：中国科学院武汉岩土力学研究所，2007.
[12] Livermore software Technology Corporation. LS-DYNA keyword user's manual[M]. California, U. S. A., 2003.
[13] 张正宇. 现代水利水电工程爆破[M]. 北京：中国水利水电出版社，2003.

# 钢结构烟囱爆破切口参数正交优化研究

孙飞 龙源 赵华兵 刘建峰

(解放军理工大学野战工程学院,江苏 南京,210007)

**摘 要**:为获得钢结构烟囱爆破切口较优的参数组合,运用正交设计方法对影响钢结构烟囱爆破切口的主要参数进行优化设计,获得了不同的试验方案。利用 ANSYS/LS-DYNA 有限元分析软件对各方案进行了数值计算,得到了不同方案中钢结构烟囱筒体发生后坐时的偏转角度,经过对数值计算结果对比分析获得一组最佳的爆破切口参数组合方案。而后将优化的组合参数运用于实际工程,对比表明,使用正交试验法对爆破切口进行优化设计切实可行。并在此研究基础上对倒塌过程中数值模拟比实际工程总时长略短的原因作了简要的分析。

**关键词**:钢结构烟囱;爆破切口;正交设计;数值模拟

## Orthogonal Optimization of Blasting Cut Parameters for Steel Structure Chimney

Sun Fei  Long Yuan  Zhao Huabing  Liu Jianfeng

(College of Field Engineering, University of Science and Technology of PLA, Jiangsu Nanjing, 210007)

**Abstract**: In order to obtain a better blasting cut parameter combination for steel structure chimney, orthogonal design method is used to oplimize the main parameters affecting the blasting cut of steel structure chimney and different test schemes are obtained. The numerical calculations for every scheme are carried out by using ANSYS/LS-DYNA finite element analysis software. The deflection angles of different schemes for steel structure chimney body toppling are received. By comparing and analyzing the numerical results, a set of optimum combination of blasting cut parameters is obtained. Then the optimum combination parameters are applied to the practical engineering. It shows that using orthogonal test method to optimize the design of blasting cut is feasible. Based on the research, a brief analysis on the reason that the simulated time of the collapse process is slightly shorter than the actual time is made.

**Keywords**: steel structure chimney; blasting cut; orthogonal design; numerical simulation

## 1 引言

爆破切口是指在烟囱类高耸构筑物的定向控制爆破拆除工程中,利用炸药在爆破对象距底部一定位置高度处炸出具有一定形状的切口。其形成后可使烟囱筒体在自重与支座反力共同形

---

作者信息:孙飞,硕士,1326662880@qq.com。

成的倾覆力矩下失稳进而沿预定的方向倒塌,达到拆除的目的。对于该类高耸构筑物而言,爆破切口参数的合理选取是成功拆除的重要因素[1,2]。而目前国内外对爆破切口的研究对象大都为传统的钢筋混凝土结构和砖结构,对钢结构烟囱爆破切口结构参数研究十分有限,故本文以120m高钢结构烟囱爆破拆除工程为研究背景,采用数值模拟与正交试验分析相结合的方法,对筒体爆破切口的参数进行优化设计。

## 2 工程概况

### 2.1 烟囱结构特征

钢结构烟囱由筒体和塔架组成,总重约700t。筒体钢材料为Q235B,重心高度为53.97m,共由19节钢管通过加强螺栓连接而成,总高度为120m。钢烟囱筒体外半径、厚度等尺寸见表1。

表1 钢结构烟囱筒体尺寸一览表
Table 1 Size of steel chimney shaft

| 节数编号 | 标高范围/m | 外半径/m | 筒壁厚度/mm |
|---|---|---|---|
| 1~2节 | -0.2~28 | 3.5 | 16 |
| 3~8节 | 28~66.5 | 3.5 | 14 |
| 11~12节 | 66.5~84 | 3.5 | 12 |
| 13~19节 | 84~120 | 3.5 | 10 |

塔架钢材料为Q345B,高度为108m,其主构件为4根外半径400mm、厚度为16mm的钢管立柱,钢管立柱之间由钢连杆加强固定连接。钢结构烟囱结构示意图见图1。

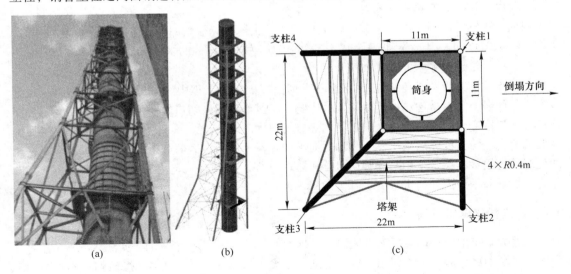

图1 钢结构烟囱结构示意图
(a) 现场图 (b) 三维图;(c) 俯视图
Fig. 1 Diagram of steel chimney
(a) Scene;(b) Graphic model;(c) Planform

## 2.2 爆破方案总体确定

根据爆破区域内爆破目标的高度、周围环境以及业主方对厂区内保留建（构）筑物等要求[3~4]。为确保有充足的倒塌范围和准确的倒塌方向，采用如下总体爆破方案。

烟囱倒塌方向：东偏南47°方向倒塌，如图1（c）所示。

烟囱筒体爆破切口位置：爆破切口下沿在距筒体底部4m处开设。

## 3 试验方案设计

### 3.1 爆破切口结构参数取值范围的确定

该钢结构烟囱爆破方案设计的核心是对爆破切口结构参数的设计，而爆破切口最主要的结构参数包括切口圆心角 $\alpha$、爆破切口高度 $H_p$、定位窗下端开设角度 $\gamma_1$、余留支撑体开设圆心角 $\gamma_2$ 等，近十几年国内外许多专家、学者对传统的钢筋混凝土烟囱爆破拆除的爆破切口参数做了大量的研究探讨[5~7]，为本文的研究提供了可靠的理论基础。

#### 3.1.1 切口圆心角 $\alpha$

经查阅相关资料表明，绝大多数钢筋混凝土烟囱爆破拆除采用的切口圆心角 $\alpha$ 在210°~230°之间。而目前为止未查询到有关钢结构烟囱爆破切口圆心角的研究，为了对比明显，结合钢材自身的特性取220°、240°、260°作为模拟试验的水平值。

#### 3.1.2 爆破切口高度

爆破切口高度 $H_p$ 是爆破拆除烟囱的重要参数。目前国内外已有许多学者对传统的钢筋混凝土烟囱爆破切口高度进行过研究，理论基础已趋于完善，同时在材料力学及结构力学分析的基础上提出了多种数学模型，其中被广泛学者认可的是重心偏移理论。为确保烟囱筒身的顺利倒塌，此处选取1m、1.5m、2m作为爆破切口高度 $H_p$ 的模拟试验水平值。

#### 3.1.3 定位窗下端开设角度

根据大量钢筋混凝土烟囱爆破拆除工程经验，正梯形爆破切口定位窗下端开设角度 $\gamma_1$ 通常在30°~70°之间。因此分别选取30°、50°、70°作为模拟试验的水平值。

#### 3.1.4 余留支撑体开设圆心角

余留支撑体开设圆心角 $\gamma_2$ 在钢筋混凝土烟囱爆破拆除工程中经常以预处理的形式进行开设，为方便研究其对烟囱筒体倒塌过程的影响，将其作为爆破切口的一个参数进行研究。考虑到爆破切口圆心角的取值范围，若该处与爆破切口同时起爆，极易导致余留支撑部位迅速发生屈服进而直接导致筒体后坐，发生倒塌方向不确定甚至倾而不倒的危险情况。参照工程中常用的延时雷管段数，决定采用与爆破切口分段延时起爆，延时时间定为2s。选取30°、50°、70°作为模拟试验中该因素的水平值。

### 3.2 正交优化试验方案

根据数十年国内外爆破拆除钢筋混凝土烟囱的经验可知，爆破切口的参数选取是否合适对烟囱能否顺利倒塌起决定性作用。故在本试验方案中选取切口圆心角 $A$、爆破切口高度 $B$、定位窗下端开设角度 $C$ 以及余留支撑体开设角度 $D$ 四个参数作为正交试验方案的优化因素。各因素及对应的取值水平如表2所示。

由于模拟的钢结构烟囱爆破切口处筒壁厚为16mm，相对于烟囱整体尺寸而言，属于薄壁型，当爆破切口形成后，在倾覆力矩与支反力矩双重作用下，余留支撑体极易屈服进而出现后坐现象，在屈服阶段，尽管切口处设计时尽可能使左右对称，但由于施工时产生的误差、钢结构年久力学性能的变化等原因，切口两侧支撑体处钢材料通常不会同时产生屈服。当一侧产生屈服时，筒体在倾倒过程中只受到另一侧的支撑力，因而极易向先屈服的一侧发生偏转，导致倒塌方向与预定方向产生偏离，甚至出现危险情况。由力学分析可知，当支撑体钢材料出现上述情况时，烟囱筒体倾倒角度越大，则倾覆力矩越大，从而越不容易偏离预定方向。因此此实验选取支撑体发生屈服时烟囱筒体的偏转角度 $X_i$ 为衡量指标。

表2 钢结构烟囱爆破切口参数分析的因素水平表
Table 2 Factor-levels of analysis of blasting cut parameters of steel structure chimney

| 序 号 | 切口圆心角 $A/(°)$ | 爆破切口高度 $B/m$ | 定位窗下端开设角 $C/(°)$ | 余留支撑体开设角 $D/(°)$ |
|---|---|---|---|---|
| 1 | 220 | 1 | 30 | 30 |
| 2 | 240 | 1.5 | 50 | 50 |
| 3 | 260 | 2 | 70 | 70 |

由于本次试验主要目的是确定切口各选取参数的最优取值范围，为对比方便不考虑各因素之间的交互作用。结合试验分析方法确定其四因素三水平的正交表构成见表3。

表3 四因素三水平正交表 $L_9(3^3)$
Table 3 Four factors and three levels orthogonal table $L_9(3^3)$

| 实验号 \ 因素 | A | B | C | D |
|---|---|---|---|---|
| 1 | 1 | 1 | 1 | 1 |
| 2 | 1 | 2 | 2 | 2 |
| 3 | 1 | 3 | 3 | 3 |
| 4 | 2 | 1 | 2 | 3 |
| 5 | 2 | 2 | 3 | 1 |
| 6 | 2 | 3 | 1 | 2 |
| 7 | 3 | 1 | 3 | 2 |
| 8 | 3 | 2 | 1 | 3 |
| 9 | 3 | 3 | 2 | 1 |

注：表中 A、B、C、D 四个因素分别与表2中的含义相对应，1、2、3 为各因素所对应的水平，水平值在表2中进行了说明。

## 4 有限元模型建立

采用 LS-DYNA 建立有限元模型，选用长度、时间、质量、压力数值单位分别为 mm、ms、kg、GPa。根据待拆 120m 高钢结构烟囱的相关图纸文件，运用 LS-DYNA 对其建立有限元模型并求解。求解后使用 LS-PREPOST 后处理程序显示计算结果的图形和动画，分析及提取相关历史变量进行对比研究[8~9]。建立模型示意图如图2、图3所示。

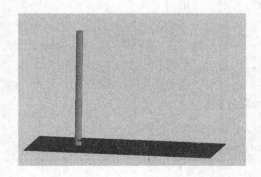

图 2 烟囱筒体建模示意图
Fig. 2 Schematic diagram of chimney modeling

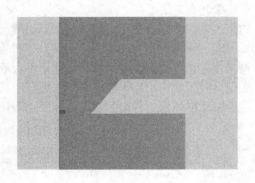

图 3 爆破切口图
Fig. 3 Blasting cut

## 5 数值模拟结果分析

在上述讨论中,我们给出了该正交表的评判指标为支撑体发生屈服时烟囱筒体发生偏转角度 $X_i$。通过对9组不同切口组合参数的模型进行数值模拟,可以得到每组模型失稳倾倒至发生下坐时筒体的偏转角度 $X_i$,各组模拟后的结果见表4。

表 4 模拟计算结果
Table 4 Simulation results

| 试验号 | 1 | 2 | 3 | 4 | 5 | 6 | 7 | 8 | 9 |
|---|---|---|---|---|---|---|---|---|---|
| 筒身下坐时偏转角度/(°) | 8.12 | 15.16 | 3.68 | 4.62 | 9.89 | 12.64 | 2.04 | 1.53 | 10.83 |

由表4可知,8号、7号试验分别在1.53°、2.04°时筒体就开始出现后坐现象,开设角度分别为320°和310°。主要原因是开设角度过大,余留支撑截面难以支撑筒体自重进而发生屈服,导致出现过早后坐现象。

由表4中的计算结果结合综合平衡法,可计算出各因素的单指标极差值及极差平均值,然后通过对同一因素不同水平极差平均值大小的对比,找出每个因素的最佳水平,进而对指标进行综合衡量,找出最优方案[10]。其中各因素的单指标极差分析结果见表5和图4。

表 5 单指标极差分析表
Table 5 Single index range analysis

| 因素 | 筒体下坐时偏转角度 $X_i$ | | | | | | | |
|---|---|---|---|---|---|---|---|---|
| | $K_1$ | $K_2$ | $K_3$ | $k_1$ | $k_2$ | $k_3$ | 极差 | 优方案 |
| $A$ | 26.96 | 27.15 | 14.40 | 2.996 | 3.017 | 1.600 | 1.417 | $A_2$ |
| $B$ | 14.78 | 26.58 | 27.15 | 1.642 | 2.953 | 3.017 | 1.375 | $B_3$ |
| $C$ | 22.29 | 30.61 | 15.61 | 2.477 | 3.401 | 1.734 | 1.667 | $C_2$ |
| $D$ | 28.84 | 29.84 | 9.83 | 3.204 | 3.316 | 1.092 | 2.224 | $D_2$ |

注:$K_i(i=1,2,3)$ 指的是试验中的各个因素在第 $i$ 水平所对应的指标值累加之和,$k_i$ 为其平均值。

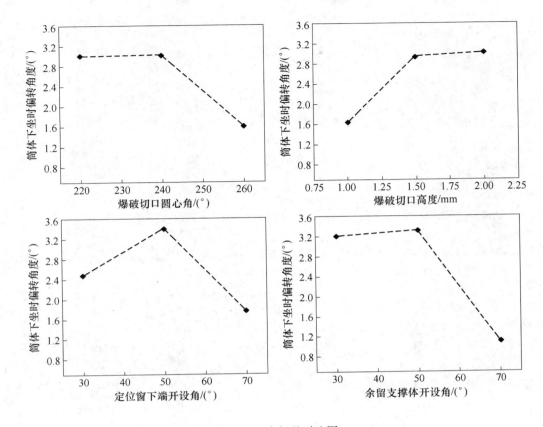

图 4　正交极差对比图
Fig. 4　Orthogonal range contrast

由表 5 和图 4 中的极差值可以看出，对于筒体失稳倾倒发生后坐时的偏转角度 $X_i$ 指标（以值大为佳）来说，影响最大的是因素 $D$，以第二水平为佳；其次是因素 $C$，以第二水平为佳；接着是因素 $A$，以第二水平为佳；最后是因素 $B$，以第三水平为佳。因此很容易就可得到最优方案为 $A_2B_3C_2D_2$，即爆破切口圆心角 $\alpha$ 取 240°、爆破切口高度 $H_p$ 取 2m、定位窗下端开设角 $\gamma_1$ 取 50°、余留支撑体开设角 $\gamma_2$ 取 50°。

运用有限元分析软件 LS-DYNA 对最优方案 $A_2B_3C_2D_2$ 进行建模计算，筒体失稳倾倒模拟过程见图 5。

图 5 给出了烟囱筒体倒塌过程中部分时刻的状态。图（a）是 $t = 0$ms 时刻烟囱筒体的状态，表示爆破切口形成瞬间；之后筒体绕支撑部缓慢倾倒，当 $t = 2000$ms 时，筒体偏转角度为 13.07°，此时余留支撑体开设部位被引爆，支撑体后部对筒体的拉应力消失，如图（b）；接着筒体加速倾倒，同时由于支撑截面减小，对筒身的支撑力骤减，余留支撑部分难以支撑由筒身自重引起的压力，进而发生屈服失效，如图（c）；随着时间推移，支撑部位失效加剧，如图（d）；当 $t = 7750$ms 时，支撑部位几乎全部失效，此时筒体偏转角度约为 16.43°，筒身在偏转的同时开始下坐，当 $t = 8800$ms 时，下坐完成，下坐全过程共用时约 1050ms；筒身此时偏转支点变为筒体与切口下沿接触处；偏转的同时，由于钢材料的特性，支点处筒体在倾覆力矩的作用下产生较大的变形，当 $t = 13000$ms 时，筒体倒塌触地，见图（i）。

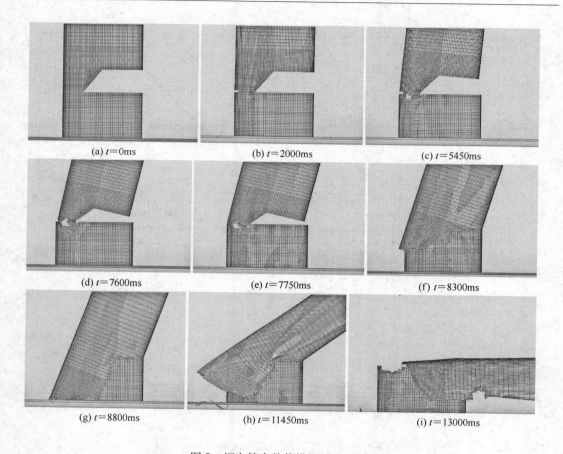

图 5 烟囱筒身数值模拟倒塌过程

Fig. 5 Numerical simulation of collapse process of steel chimney shaft

## 6 数值模拟与工程实例对比分析

为对比研究方便,将烟囱塔架一并建模。现将该工程中钢结构烟囱的数值模拟与实际爆破倒塌过程进行对比,如图6所示。由图6中倒塌过程中各阶段对比可知,数值模拟与实际工程倒塌过程相似度很高,且由正交试验优化的爆破切口参数组合也能较好地满足工程需要。

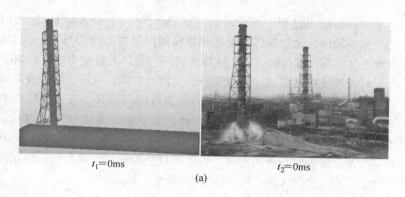

(a)

# 钢结构烟囱爆破切口参数正交优化研究 ·247·

$t_1=2000$ms　　　　　　$t_2=2000$ms
(b)

$t_1=3900$ms　　　　　　$t_2=3850$ms
(c)

$t_1=4550$ms　　　　　　$t_2=4700$ms
(d)

$t_1=6000$ms　　　　　　$t_2=6250$ms
(e)

$t_1=7250$ms　　　　　　$t_2=7550$ms
(f)

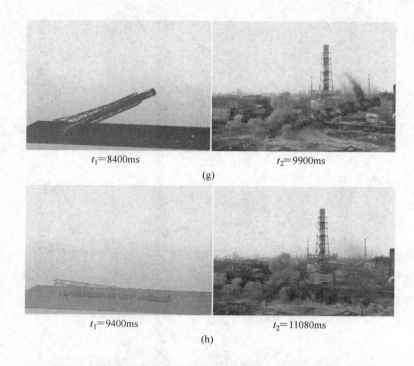

图 6 钢结构烟囱爆破拆除数值模拟与实际倒塌过程对比图
（a）爆破切口形成瞬间；（b）余留支撑体爆破瞬间；（c）余留支撑体开始失效；（d）烟囱筒身下坐过程；
（e）烟囱筒身下坐触地；（f）塔架触地瞬间；（g）烟囱绕塔架偏转过程；（h）烟囱倒塌完成

Fig. 6 Comparison of numerical simulation and actual collapse process of steel chimney blasting demolition
（a）Blasting cut；（b）The remaining suppor's blasting moment；（c）The remaining supprt begins to fail；
（d）Collaps process of chimney shaft；（e）Touchdown of the chimney shaft；
（f）The moment of the tower touchdown；（g）The deflection process of chimney
around the tower；（h）The chimney collapse process completes

由图 6 中数值模拟与实际倒塌过程的对比可知，数值模拟烟囱倒塌过程总时长为 9.4s，实际倒塌过程总时长为 11.08s。分析原因有如下两点：（1）有限元模型建立过程中，对实际烟囱结构尺寸进行了简化，只将烟囱的主体结构进行了建模，另为了节省 CPU 时间，将模型计算过程中的时间步长设置为 0.9，使得计算总时长在一定程度上比实际工程中偏小；（2）在有限元建模过程中，没有考虑烟囱周围环境对其倒塌过程的影响；由图 6 实际倒塌过程图中可以看出，烟囱周围环境复杂，且在烟囱倒塌方向上有一已爆但未清渣处理的钢筋混凝土烟囱，在烟囱倒塌后期会对其产生一定的支撑作用，阻碍其顺利倾倒，延长倒塌时间。

## 7 结论

（1）运用有限元数值模拟与正交试验相结合的方法，对钢结构烟囱爆破切口的主要参数组合进行了优化分析，获得一组较优的参数组合：爆破切口圆心角 $\alpha$ 取 240°、爆破切口高度 $H_p$ 取 2m、定位窗下端开设角 $\gamma_1$ 取 50°、余留支撑体开设角 $\gamma_2$ 取 50°。同时对该组参数组合下的爆破切口进行分析，获得烟囱筒体发生后坐时偏转角度约为 16.43°。

（2）将数值模拟与实际工程的倒塌过程进行对比，效果吻合度较好，并分析出倒塌过程中数值模拟比实际工程的总时长略短的原因。

## 参 考 文 献

[1] 汪旭光,于亚伦. 拆除爆破理论与工程实例[M]. 北京:人民交通出版社,2008.
[2] 谢兴博,贺五一. 拆除控制爆破实用技术[M]. 南昌:江西科学技术出版社,2009.
[3] 汪旭光,于亚伦,刘殿中. 爆破安全规程实施手册[M]. 北京:人民交通出版社,2010.
[4] 唐献述,龙源,王耀华,等. 大型钢结构厂房拆除控制爆破总体方案设计[J]. 工程爆破,2002,8(4):24-28.
[5] 龚相超,钟冬望,韩芳,等. 爆破拆除钢筋混凝土烟囱切口关键参数的研究[J]. 爆破,2013,30(04):32-35.
[6] 魏晓林,刘翼. 高大薄壁烟囱支撑部压溃皱褶机理及切口参数设计[J]. 爆破,2013,30(01):75-78.
[7] 卢子冬,张世平,张昌锁. 切口形式对烟囱爆破拆除影响的数值模拟[J]. 矿业研究与开发,2014,34(06):86-88.
[8] 储照权. 高耸钢筋混凝土烟囱爆破拆除的理论研究和数值模拟[D]. 宁波大学,2008.
[9] 王希之,吴建源,闫军,等. 高耸烟囱爆破拆除数值模拟及分析[J]. 爆破,2013,30(3):43-48.
[10] 李磊. 基于正交试验的多面聚能效应的数值模拟与应用研究[D]. 中国科学技术大学,2013.

# 深孔束状装药爆破数值模拟

崔新男[1,2]　宋锦泉[1]　汪旭光[2,3]　陈何[3]

(1. 宏大矿业有限公司，广东 广州，510623；2. 中国矿业大学（北京），北京，100083；
3. 北京矿冶研究总院，北京，100160)

**摘　要**：束状装药当量球形药包爆破技术是大直径深孔采矿法的一个发展和延伸，与传统的单孔装药相比，提高了炸药能量利用率，岩石破碎块度更均匀。本文采用 ANSYS 有限元软件建立了束状装药模型，模拟了爆炸应力波作用过程。结果表明束状装药结构爆区分为粉碎区、裂隙区和振动区，爆炸应力波在岩石中呈现负指数衰减形式，并得到了衰减函数。

**关键词**：束状装药；数值模拟；爆破作用

## Simulation of Deep Bunch-Hole Charging Blasting

Cui Xinnan[1,2]　Song Jinquan[1]　Wang Xuguang[2,3]　Chen He[3]

(1. Hongda Mining Co., Ltd., Guangdong Guangzhou, 510623; 2. China University of Mining Technology and Engineering (Beijing), Beijing, 100083; 3. Beijing General Research Institute of Mining and Metallurgy, Beijing, 100160)

**Abstract**: The bunch-hole equivalent spherical charging blasting technology, as a development and extension of the large diameter deep blasthole mining method, can improve the utilization rate of explosive energy and the blasting effect compared with the traditional single-hole charging blasting. The finite element analysis software ANSYS, is used to build the model and simulate the blasting effect of bunch-hole charging. There comes the conclusion that blasting area of the bunch-hole charging structure is divided into the crush area, the crack area and the vibration area. The blasting stress wave in rock shows negative exponential decay form and the attenuation function is obtained.

**Keywords**: bunch-hole charging; numerical simulation; blasting effect

## 1 概述

大直径深孔采矿法采场结构合理，凿岩效率高，爆破工艺先进，一次崩矿量大，出矿集中连续，机械化程度高，作业安全，在我国的安庆铜矿、凡口铅锌矿、铜绿山铜铁矿、凤凰山铜矿等矿山得到了较为广泛的应用[1]。束状装药当量球形药包爆破技术是以利文斯顿球形药包爆破漏斗理论和数个密集平行深孔形成共同应力场的作用机理为基础，发展起来的一种新型的爆破方法，其基本概念是：由数个间距为 3～8 倍孔径的密集平行深孔组成一束孔，束孔装药同

---

作者信息：崔新男，博士，chester_tsui@sina.cn。

时起爆,对周围岩体的爆破作用视为一个更大直径(等效直径)的炮孔的爆破作用[2]。

## 2 束状装药爆破作用过程模拟分析

有限元分析是一种模拟设计载荷条件,并且确定在载荷条件下各类响应的方法[3,4]。ANSYS LS-DYNA 有限元分析软件具有强大的显式动力求解能力,在碰撞、爆炸、冲击等非线性领域应用非常广泛。

### 2.1 模型建立

为简化计算,作出如下假定:(1)忽略原岩应力;(2)施加无反射边界,忽略边界效应。孔径 42mm,孔间距 210mm,4孔为一束,炸药和岩石采用共节点法计算,柱状装药并且炸药尺寸相对模型尺寸较小,简化为平面应变问题,在厚度方向上采用单层网格,模型尺寸为 3m×3m×0.005m,如图1所示。

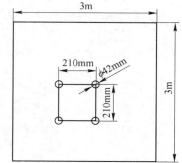

图1 束状装药模型示意图

Fig. 1 Bunch-hole charging model

### 2.2 确定本构模型及材料参数

岩石选用 *MAT_PLASTIC_KINEMATIC 随动硬化塑性材料模型,该模型适合于研究强度与应变率相关同时表现出塑性的材料,材料参数如表1所示。

表1 岩石材料参数

Table 1 Material parameters of the rock

| 密度/kg·m$^{-3}$ | 弹模/Pa | 抗压强度/Pa | 抗拉强度/Pa | 泊松比 | 剪切模量/Pa |
|---|---|---|---|---|---|
| $2.8×10^3$ | $1.18×10^9$ | $8.13×10^7$ | $5.49×10^6$ | 0.18 | $5×10^8$ |

炸药采用 *MAT_HIGH_EXPLOSIVE_BURN,添加 JWL 状态方程配合使用,炸药的材料参数和 JWL 方程常数如表2所示。

表2 炸药材料参数及 JWL 方程常数

Table 2 Material parameters of the explosive and the JWL equation parameters

| 密度/g·cm$^{-3}$ | 爆速/m·s$^{-1}$ | 猛度/cm | $A$/GPa | $B$/GPa | $R_1$ | $R_2$ | $\omega$ |
|---|---|---|---|---|---|---|---|
| 0.95~1.30 | 3200 | 14 | 47.6 | 0.53 | 4.50 | 0.90 | 0.30 |

在 LS-DYNA 中模拟裂纹的形成主要有两种方式,一种是定义单元失效准则即(*MAT_ADD_EROSION)[5,6];另一种是定义节点约束失效形成裂纹,本文使用第一种方法。

### 2.3 结果分析

#### 2.3.1 爆破作用全过程

设置计算时间 5ms,步长 10μs,总共 500 步。计算结果如图2(a)~(h)所示。

束状装药起爆后,爆轰波压力达 3.1GPa,如图2(a);爆轰波向岩石透射形成应力波,压力约 0.36GPa,在 49.6μs 时,每个炮孔都形成相同柱状波自炮孔中心向四周发散传播,如图2(b);在 138μs 时,应力波相遇形成粉碎区,如图2(c);在 189μs 时,形成一个大的粉碎区,半径约 0.16m,如图2(d);在 339μs 时,在 X 轴 Y 轴方向由于应力集中,形成密集裂隙和断

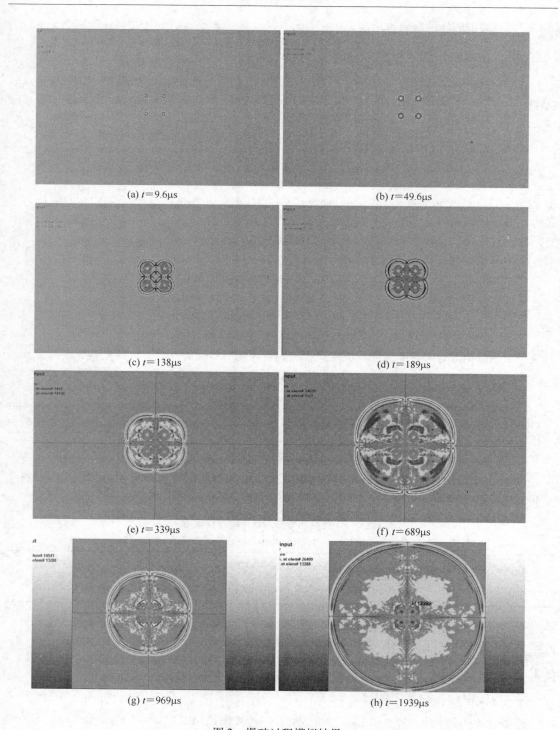

图 2 爆破过程模拟结果

Fig. 2 Simulation result of the blasting process

裂带,岩体被分割成块,破碎程度低于粉碎区,即粉碎区边界,叠加后的波形类似于柱面波,峰值压力已经衰减到 41MPa,如图 2(e);在 689μs 时,自粉碎区向外发展数条密集的裂隙,波形也更接近与柱面波，峰值压力 27.8MPa，如图 2（f）；在 969μs 时，裂隙停止扩展，裂隙区基本形成，半径约 0.53m，在 X、Y 轴方向裂隙继续扩展，最远达到约 0.85m，此时波头峰值压力为 22.4MPa，如图 2（g）；在 1939μs，裂隙停止扩展，应力波向模型外透射，将继续向远处传播形成地震波，如图 2(h) 所示。

#### 2.3.2 爆破作用分区分析

分析爆破近区内冲击波的情况，图 3 为 1/4 模型爆破近区放大图，选取了 2170 号、779 号和 1847 号单元，这三个单元的压力-时间历程曲线如图 4 所示。

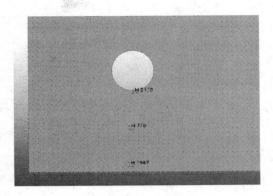

图 3　爆破近区图
Fig. 3　The near zone of the blasting

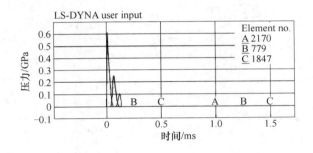

图 4　近区单元的压力-时间历程曲线
Fig. 4　The pressure-time history curve of the near zone elements

当单元失效后该单元的所有物理和力学参量都被赋零值，即从模型中删除，因此图 4 中三条曲线只有波峰没有波谷和随后的振荡曲线。定义相对爆心距 $r' = \dfrac{r}{r_0}$ 表示单元到爆心的距离与炮孔半径之比，时间为该单元压力到达峰值的时间。

表 3　炮孔近区单元参数
Table 3　The parameters of the near zone elements

| 单元编号 | 相对爆心距 $r/r_0$ | 时间/μs | 峰值压力/GPa |
|---|---|---|---|
| 2170 | 1 | 9.6 | 0.6 |
| 779 | 2.8 | 69.7 | 0.25 |
| 1847 | 4.6 | 118.7 | 0.11 |

爆破近区内冲击波峰值压力较大，高达 0.6GPa，衰减很快，在 2.8 倍孔径时衰减到 0.25GPa，在 4.6 倍孔径时只有 0.11GPa。

选取中远区 7 个单元，其压力-时间曲线如图 5 所示，曲线峰值压力如表 4 所示。

由表 4 和图 5 可见，相对爆心距从 6.8 到 10.5，压力衰减剧烈，从 83.8MPa 到 36.4MPa；从 10.5 倍开始，衰减速度放缓，从 36.4MPa 降低到 9.7MPa。

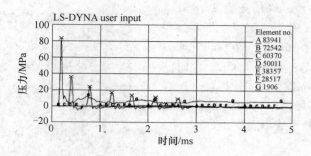

图 5 中远区单元压力-时间曲线

Fig. 5 The Pressure-time curve of elements in the central and distant zone

表 4 爆破中远区单元参数

Table 4 The parameters of elements in the central and distant zone

| 单元编号 | 相对爆心距 $r/r_0$ | 时间/μs | 峰值压力/MPa |
|---|---|---|---|
| 1906 | 6.8 | 189.9 | 83.8 |
| 28517 | 10.5 | 399.9 | 36.4 |
| 38357 | 16.6 | 788.4 | 24.3 |
| 50011 | 24 | 1248.5 | 17.1 |
| 60370 | 30.6 | 1659.1 | 13.7 |
| 72542 | 38.6 | 2149.2 | 11.5 |
| 3941 | 46.2 | 2619.5 | 9.7 |

2.3.3 爆破应力波衰减规律分析

结合表 3 和表 4，得出应力波衰减情况，峰值压力 $p$ 与相对爆心距 $r'$ 的关系可用指数形式表示，拟合曲线如图 6，拟合函数为 $p = 944.02e^{-0.49r'} + 20.64$。

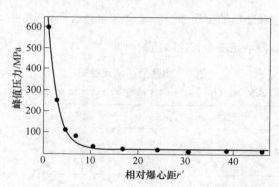

图 6 峰值压力与相对爆心距拟合曲线

Fig. 6 Fitting curve of peak pressure and equivalent blasting center distance

## 3 结论

本文使用 ANSYS LS-DYNA 对束状装药结构在无限岩体中爆炸作用的过程进行了模拟，主要结论如下：

（1）束状装药起爆后，由近及远形成粉碎区、裂隙区和振动区，与爆破破岩理论一致；在粉碎区，单元被完全删除，直径约 0.32m；在裂隙区，岩体被分割成若干块体，半径约为 0.53m，在炮孔的连线方向，裂隙扩展较远，达到 0.85m；

（2）爆轰波透射到岩石中，形成应力波，应力波随距离呈现指数衰减，衰减函数为 $p = 944.02e^{-0.49r'} + 20.64$。

## 参 考 文 献

[1] 王琪，徐志宏. 地下矿大直径深孔采矿法的爆破技术应用实践[J]. 金属矿山，2006(8)：365-367.
[2] 孙忠铭，陈何，王湖鑫. 束状孔等效直径当量球形药包大量落矿采矿技术[C]. 采矿科学技术前沿论坛论文集，2006：4-6.
[3] 赵海鸥. LS-DYNA 动力分析指南[M]. 北京：兵器工业出版社，2003.
[4] 谢伟，黄其青. 修正的多孔质材料屈服模型研究[J]. 西北工业大学学报，2009，(27)：760-764.
[5] 徐再贤，胡炜. 爆破载荷作用下洞室围岩应力数值模拟分析[J]. 长春理工大学学报，2010，(5)：52-54.
[6] Daniel Hilding. Simulation of a detonation chamber test case[C]. Engineering Research Nordic AB，2009.

# 球形炸药水下爆炸试验及数值模拟

胡 晶[1]　陈祖煜[1,2]　梁向前[2]　张雪东[2]　黄志杰[3]

（1. 北京航空航天大学交通科学与工程学院，北京，100191；2. 中国水利水电科学研究院，北京，100048；3. 浙江大学岩土工程研究所，浙江 杭州，310058）

**摘　要**：将黑索金压制成球形炸药进行了水下爆炸试验，研究了其水下爆炸冲击波特性，并根据脉动压力时间确定气泡的脉动周期，实测的冲击波压力波形与经验公式预测值较为符合。根据所得参数，对水下爆炸过程进行了数值模拟，分析了炸药水下爆炸的冲击波及气泡脉动特性。
**关键词**：水下爆炸；冲击波；状态方程；数值模拟

# Underwater Explosion Experiments and Numerical Simulations of Spherical Explosives

Hu Jing[1]　Chen Zuyu[1,2]　Liang Xiangqian[2]
Zhang Xuedong[2]　Huang Zhijie[3]

（1. School of Transportation Science and Engineering, Beihang University, Beijing, 100191; 2. China Institute of Water Resources and Hydropower Research, Beijing, 100048; 3. Institute of Geotechnical Engineering, Zhejiang University, Zhejiang Hangzhou, 310058）

**Abstract**: By underwater explosion of spherical explosives made of RDX, the shock wave characteristics of the spherical explosive are studied. And the periods of bubble oscillation are determined from the moments that bubble pulsation pressures produce. The peak pressures are approximately inverse proportional to the scaled distances, and the shock waves observed show well agreement with the predicted results by experiential formula. Generally, when numerical simulation of underwater explosion, the parameters of JWL equation are required. An experiential method is adopted to determine the detonation velocity and parameters of JWL equation of the spherical explosives. Base on the obtained parameters, numerical simulations of underwater explosion are undertaken to analyze the characteristics of the shock wave and bubble oscillation. Comparing the numerical results with the experiments, the applicability of the experiential method used is verified.
**Keywords**: underwater explosion; shock waves; equation of state; numerical simulation

---

基金项目：国家自然科学基金重点项目（51339006）。
作者信息：胡晶，博士，jinghu@buaa.edu.cn。

## 1 引言

水下爆炸理论研究中，通常将爆源视为"点源"。然而，限于试验条件，爆炸试验多采用雷管等代替，其爆炸能量的分布并不均匀，试验所用爆源与点源的假定存在一定的偏差。一些学者自制柔爆索中心起爆微型炸药[1,2]进行水下爆炸试验，药球爆炸冲击波、气泡具有较好的对称性。然而，微型导爆索的能量会对球形药球的爆炸参数产生干扰，并且导爆索需用雷管来引爆，起爆较复杂。而采用无起爆药雷管同样可以中心起爆球形炸药，并且对试验结果干扰相对较小。

本文采用微型导爆雷管中心起爆球形 RDX 炸药，并进行水下爆炸试验研究，分析其冲击波与气泡脉动规律。采用一种经验的方法确定了球形炸药的 JWL 状态方程参数，并通过数值计算结果验证所得参数的合理性。

## 2 球形炸药水下爆炸试验

### 2.1 爆源

对于雷管或普通的炸药、雷管组合爆源，爆炸能量向各个方向传播并不均匀，形成的爆炸冲击波并非球面波，不符合点源的理论假设。而采用微型雷管中心起爆球形炸药可以使爆炸能量分布趋于均匀。

球形炸药装药密度为 $1.65g/cm^3$，药量分别为 2g、3g。炸药选用黑索金 RDX，添加炸药总质量 5% 的石蜡，采用模具压装而成，并在炸药中预留起爆体空间。微型雷管药量为 0.3g PETN，将雷管插入球形炸药孔中（图1），完成炸药制作。RDX，PENT 爆热分别为 6320kJ/kg 和 6280kJ/kg。

### 2.2 试验测试系统

在钢质水下爆炸塔内采用球形炸药进行水下爆炸试验，爆炸塔直径、水深均为 5m，测试装置如图 2 所示。

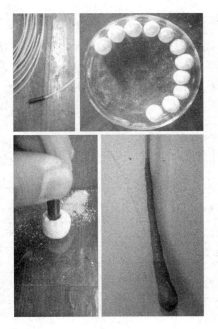

图 1 微型导爆雷管及球形炸药

Fig. 1 Micro detonating explosive and spherical explosive

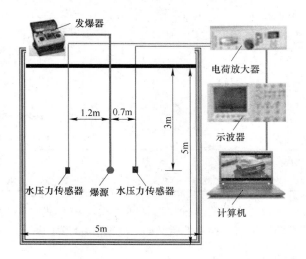

图 2 爆炸测试系统

Fig. 2 Explosion measuring system

炸药置于水下 3 m，在爆源水平距离 0.7m 与 1.2m 处安放 ICP 型 138A25 水压力传感器，爆源为微型雷管 + 2g，3g RDX 药球，各工况重复试验 5 次。

## 3 数值模拟球形炸药水下爆炸

### 3.1 JWL 状态方程参数确定

本文根据经验的方法确定炸药的 JWL 状态方程参数，首先需要确定炸药的爆速。通常炸药的爆速通常与装药密度有关，可由式（1）确定[8]

$$D = a + K\rho_0 \tag{1}$$

式中，$D$ 为爆速，km/s；$\rho_0$ 为装药密度，g/cm³；$a$、$K$ 为常数，与炸药种类有关，对于 RDX，可取 $a = 2.395$，$K = 3.589$[8]。

药球装药密度为 $\rho_0 = 1.65$ g/cm³，爆速 $D = 8.317$km/s。

由炸药的装药密度及爆速可以确定单位体积炸药的初始能量 $E_0$[9] 及爆轰产物的多方指数 $\gamma$[10]

$$E_0 = (0.204 - 0.073\rho_0)\rho_0 D^2 \tag{2}$$

$$\gamma = \rho_0/(0.14 + 0.26\rho_0) \tag{3}$$

炸药的 JWL 状态方程为，

$$p = A\left(1 - \frac{\omega}{R_1 V}\right)e^{-R_1 V} + B\left(1 - \frac{\omega}{R_2 V}\right)e^{-R_2 V} + \frac{\omega E}{V} \tag{4}$$

式中，$p$，$V$ 为爆轰产物的压力和相对比容；$E$ 为单位体积爆轰产物的内能；$A$，$B$，$R_1$，$R_2$，$\omega$ 为状态方程参数。式（4）对应的等熵线方程为

$$p_s = Ae^{-R_1 V} + Be^{-R_2 V} + CV^{-(\omega+1)} \tag{5}$$

式中，$C$ 为待定参数；下标 s 代表等熵过程。通常 $4 \leq R_1 \leq 5$，$R_2 \approx 0.27R_1$，$\omega \approx 0.33$[11]。文献 [6] 根据等熵线方程、炸药爆轰的 CJ 条件及 Hugoniot 关系建立关于参数 $A$，$B$，$C$ 的线性方程组，通过试算求出各个参数，详细过程参考文献 [6]，采用该方法确定的球形炸药参数见表 1。$\gamma$ 拟合法[5] 是另一种确定炸药状态方程参数的方法，其给出了如下的公式可以方便地定炸药 $p$-$V$ 曲线

$$p = \frac{\gamma^\gamma}{(\gamma+1)^{\gamma+1}} \frac{\rho_0 D^2}{V^\gamma} \tag{6}$$

表 1 状态方程参数
Table 1 Parameters of EOS

| $\rho_0$/g·cm⁻³ | $D$/km·s⁻¹ | $E_0$/GPa | $\gamma$ | $p_{CJ}$/GPa | $A$/GPa | $B$/GPa | $C$/GPa | $R_1$ | $R_2$ | $\omega$ |
|---|---|---|---|---|---|---|---|---|---|---|
| 1.65 | 8.317 | 9.536 | 2.9 | 29.266 | 594.844 | 2.212 | 1.906 | 4.236 | 1.143 | 0.33 |

根据表 1 的参数，可分别由式（4）、式（6）绘制出炸药的 $p$-$V$ 曲线，由图 3 可以看出，两种方法所得结果非常接近，这初步验证了表 1 参数的可靠性。

### 3.2 数值模型

采用 Autodyn 对球形炸药水下爆炸过程进行了模拟，建立一维模型图 4，模拟采用 Euler 单元；模型半径取 10m，边界设置为 flow-out 边界；炸药半径由等效炸药质量和装药密度计算得

出，分别为 5.6mm（1g），6.8mm（2g），7.7mm（3g），9.0mm（5g），11.2mm（10g）；模型计算结果受网格尺寸影响，网格密度宜为炸药半径的 1/50 到 1/20，本文网格尺寸取 0.2mm，径向网格共 50000 个；距离爆源 0.7m、1.2m、1.7m、2.2m、2.7m 处布置固定监测点，并于炸药边缘布置移动监测点记录气泡运动。

水体采用 Shock 状态方程，声速 $c_0$ 根据传感器间距和冲击波头到达传感器的时间差计算得出，为 1.32 km/s。考虑到气泡半径较小（约 300 mm），上下表面压力仅相差 4.3%，模拟忽略重力的影响，将静水压力视为均匀分布，3 m 水深处压力为 131 kPa，水初始内能为 468.75kJ/m³，其余参数为程序默认值，见表 2。

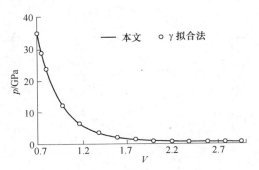

图 3 不同方法确定的炸药 p-V 曲线

Fig. 3 p-V curves determined by different methods

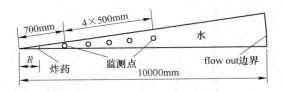

图 4 Autodyn 模型示意图

Fig. 4 Sketch of model in Autodyn

表 2 水状态方程参数

Table 2 Parameters of water EOS

| $\rho_0$/g·cm$^{-3}$ | $c_0$/km·s$^{-1}$ | $E_0$/kJ·m$^{-3}$ | Gruneisen coefficient | $S_1$ | $S_2$ |
| --- | --- | --- | --- | --- | --- |
| 1.0 | 1.32 | 468.75 | 0.28 | 1.75 | 0 |

注：$S_1$，$S_2$ 为状态方程线性项及二次项系数。

## 4 结果与分析

### 4.1 水下爆炸冲击波特性

根据爆热可计算球形炸药的等效 RDX 药量 $Q$，由传感器距药球的距离 $R$ 计算相应的比例距离 $R/\sqrt[3]{Q}$。表 3 列出各工况下位于均值附近的峰值压力 $p_m$ 试验数据。

表 3 球形炸药水下爆炸部分试验数据

Table 3 Partial data of underwater explosion of spherical explosive

| 工况号 | 等效 RDX 药量/g | 距离/m | 比例距离/m·kg$^{-1/3}$ | 峰值压力/MPa |
| --- | --- | --- | --- | --- |
| 1 | 2.20 | 0.7 | 9.227 | 6.381 |
| 2 | 2.20 | 1.2 | 5.382 | 3.823 |
| 3 | 3.15 | 0.7 | 8.186 | 7.397 |
| 4 | 3.15 | 1.2 | 4.775 | 4.327 |

采用 Autodyn 对微型雷管 + RDX 球形炸药的水下爆炸问题进行了模拟。图 5 给出 5g RDX 炸药起爆后不同监测点的冲击波压力曲线，冲击波到达各监测点的时间间隔基本一致，距离爆源越近，相邻监测点冲击波峰值压力相差越大。分别整理试验及数值所得峰值压力与比例距离

的关系（图6）。图7给出了试验所得的冲击波压力波形，其峰值压力位于各组试验均值附近，将之与经验公式及数值模拟结果进行对比。为简单起见，经验公式中衰减常数取为定值 $24\mu s$，即 $p(t)=34.58(\sqrt[3]{Q}/R)\mathrm{e}^{-(t-T_R)/24}$，$t$ 为时间（$\mu s$），$T_R$ 为冲击波到达距离 $R$ 处的时刻，$\mathrm{e}$ 为自然对数的底数。经验公式可以较好拟合冲击波的峰值，但是当压力低于 $p_m/\mathrm{e}$ 后，压力衰减较快，低压段与试验值存在偏差。距离爆源较近时（0.7m），数值模拟所得峰值压力偏大，2g 与 3g 炸药和试验均值偏差分别为10.1%和9.4%；而距离爆源1.2m处峰值压力与试验所得结果较为接近，偏差为4.9%和0.1%。数值模拟所得冲击波衰减较慢，压力波形相对比较平缓。

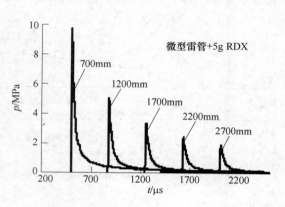

图5　数值模拟水下爆炸 $p\text{-}t$ 曲线

Fig. 5　Underwater explosion $p\text{-}t$ curve obtained from numerical simulation

图6　峰值压力 $p_m$ 与比例距离关系

Fig. 6　Relationship between peak pressure and scaled distance

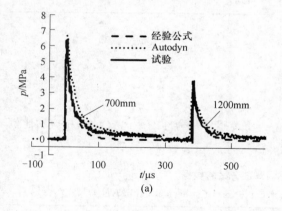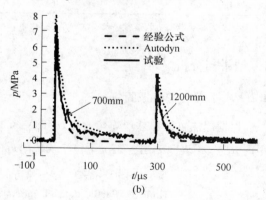

图7　距离爆源不同距离水下爆炸 $p\text{-}t$ 曲线

(a) 微型雷管 +2g RDX；(b) 微型雷管 +3g RDX

Fig. 7　Underwater explosion $p\text{-}t$ curve at different distances from explosive

(a) Micro detonator +2g RDX；(b) Micro detonator +3g RDX

## 4.2　水下爆炸气泡特性

试验未能采用高速摄影记录气泡的脉动过程，故将冲击波压力与脉动压力的时间间隔作为气泡脉动周期（表4）。微型雷管 +2g RDX 炸药气泡脉动周期均值为33.12ms，微型雷管 +3g

RDX 炸药气泡脉动周期均值为 36.50ms。

表 4  状态方程参数
Table 4  Parameters of EOS

| 气泡脉动周期/ms | 1 | 2 | 3 | 4 | 5 | 6 | 7 | 8 | 9 | 10 | 均值 |
|---|---|---|---|---|---|---|---|---|---|---|---|
| 微型雷管+2g RDX | 32.70 | 33.00 | 33.04 | 32.59 | 33.39 | 33.40 | 33.70 | — | — | — | 33.12 |
| 微型雷管+3g RDX | 36.44 | 36.50 | 35.67 | 36.40 | 36.48 | 36.90 | 36.47 | 36.03 | 36.76 | 36.94 | 36.50 |

当计算域取 10 m 时，数值模拟气泡脉动结果如图 8，微型雷管+2g RDX 炸药气泡脉动周期为 34.54ms，与试验值偏差 4.3%，最大气泡半径 233mm；微型雷管+3g RDX 炸药气泡脉动周期为 37.77ms，与试验值偏差 3.5%，最大气泡半径 264mm。由于能量的损失，第二个气泡周期最大气泡半径有不同程度的减小，气泡脉动周期也略微减小。

整理气泡脉动周期、最大气泡半径与药量立方根的关系，最大气泡半径与药量立方根基本成正比（图 9），这与库尔的水下爆炸理论一致。计算域取 10m 时，气泡脉动周期与药量的立方根成幂函数关系，而非线性关系。计算域尺寸对计算结果存在影响，炸药量越大，边界对结果的影响越显著。在气泡膨胀过程中，炸药量越大，气泡所受流场压力相比自由场中则越大，最大气泡半径和脉动周期相应减小，最大气泡半径和气泡脉动周期逐渐偏离线性关系。若将计算域扩大至 20m，不同药量的气泡脉动周期均有所增加，气泡脉动周期基本呈线性关系，符合库尔水下爆炸理论；而最大气泡半径线性相关程度略有提高。由于试验也非严格的自由场条件，可以认为采用 10 m 的计算水域一定程度上模拟了水塔内的水下爆炸气泡脉动过程。

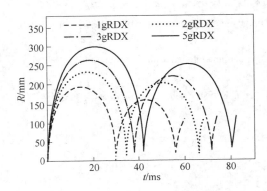

图 8  气泡半径随时间变化
Fig. 8  Evolution of gas bubble radius by time

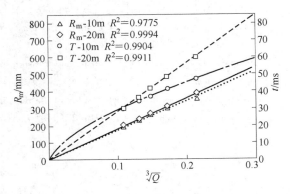

图 9  气泡脉动周期及最大气泡半径与装药量关系
Fig. 9  Variation of bubble oscillation periods and maximum bubble radius by explosive weight

## 5  结论

本文开展了球形炸药的水下爆炸研究，得出以下主要结论：

（1）为了实现爆炸能量的均匀分布，采用 RDX 制作了球形炸药，并采用微型雷管中心起爆球形炸药。

（2）对微型雷管+2g，3g RDX 药球进行了水下爆炸试验。试验所得水下爆炸冲击波压力峰值与比例距离基本为反比例关系，采用冲击波压力经验公式拟合试验压力波形，在压力较高时，试验曲线可以较好的采用经验公式拟合；由气泡脉动压力产生时间得到微型雷管+2g

RDX 药球的气泡脉动周期均值为 33.12ms，微型雷管 +3g RDX 炸药气泡脉动周期均值为 36.50ms。

（3）水下爆炸的数值模拟结果受计算域尺寸影响，基于经验方法确定的参数，采用 Autodyn 软件进行了球形炸药水下爆炸的数值模拟，取 10m 爆炸域时，所得冲击波压力随时间变化与试验结果基本一致，峰值压力计算偏差约 10%，而气泡脉动周期误差则小于 5%。

## 参 考 文 献

[1] 赵生伟,周刚,王占江,等. 小当量水中爆炸气泡的脉动现象[J]. 爆炸与冲击, 2009, 29(2): 213-216.
[2] 马坤,初哲,王可慧,等. 小当量炸药深水爆炸气泡脉动模拟实验[J]. 爆炸与冲击, 2015, 35(3): 320-325.
[3] 姚熊亮,张阿漫. 简单 Green 函数法模拟三维水下爆炸气泡运动[J]. 力学学报, 2006, 38(6): 749-759.
[4] 陈卫东,杨文森,张帆. 基于物质点法的水下爆炸冲击波数值模拟[J]. 高压物理学报, 2012, 27(6):813-820.
[5] 赵铮,陶钢,杜长星. 爆轰产物 JWL 状态方程应用研究[J]. 高压物理学报, 2009, 23(4):277-282.
[6] 沈飞,王辉,袁建飞. 一种确定 JWL 状态方程参数的简易算法[J]. 振动与冲击, 2014, 33(9): 107-110.
[7] 南宇翔,蒋建伟,王树有,等. 一种与爆轰参数封闭的 JWL 方程参数确定方法[J]. 爆炸与冲击, 2015, 35(2):157-163.
[8] 韩早,王伯良. 混合炸药爆速预报的新方法[J]. 爆炸与冲击, 2014, 34(4):421-426.
[9] Urtiew P A, Hayes B. Empirical estimate of detonation parameters in condensed explosives[J]. Journal of energetic materials, 1991, 9(4):297-317.
[10] Johansson C H, Persson P A. Density and pressure in the Chapman-Jouguet plane as functions of initial density of explosives[J]. 1966.
[11] Urtiew P A, Hayes B. Parametric study of the dynamic JWL-EOS for detonation products[J]. Combustion, Explosion and Shock Waves, 1991, 27(4):505-514.

# 岩土爆破与水下爆破

**Rock Blasting and Underwater Blasting**

# 城区复杂环境 213 吨炸药大区深孔爆破技术

张中雷[1,2]　管志强[1,2,3]　李厚龙[1,2]　王林桂[1]

(1. 大昌建设集团有限公司，浙江 舟山，316021；2. 大昌建设集团与浙江海洋大学联合专家院士工作站，浙江 舟山，316021；3. 浙江海洋大学，浙江 舟山，316021)

**摘　要**：介绍了城区复杂环境大区露天深孔爆破技术在牛头山剩余山体爆破工程中的应用。工程采用复杂环境大区深孔毫秒延时、逐孔起爆的一次性爆破方案。爆区预处理技术创造了良好的自由面，优质的爆破器材、合理的毫秒延期时间及可靠的网路搭桥技术，精心的施工组织及充分的爆前准备确保了爆破效果及施工过程的高质量、高效率、安全有序。该项爆破技术具有安全警戒、周边协调工作量最小，对周边居民及有关单位生活、工作影响程度最低，施工周期短、综合效益好的优点，对类似工程具有借鉴意义。

**关键词**：复杂环境；大区深孔爆破；预装药；施工组织；爆破效果

## Blasting Technique of 213 Tons of Dynamite Large-scale Deep-hole Blasting in Complex Urban Area Environment

Zhang Zhonglei[1,2]　Guan Zhiqiang[1,2,3]　Li Houlong[1,2]　Wang Lingui[1]

(1. Darch Construction Group Co., Ltd., Zhejiang Zhoushan, 316021; 2. The United Academician Workstation of Blasting Branch of Darch Constrction Group Co., Ltd. and Zhejiang Ocean University, Zhejiang Zhoushan, 316021; 3. Zhejiang Ocean University, Zhejiang Zhoushan, 316021)

**Abstract**: This paper Introduces the large-scale deep-hole blasting with millisecond delay in urban area complex environment carried out in the project of blasting the remaining mountain of Niutoushan. The one-time blasting scheme of large-scale deep-hole blasting with millisecond delay and blasting hole by hole in complex environment were applied. Pretreatment makes the free surface of the blasting area in the best condition. High-quality priming material, reasonable millisecond delay and reliable bypass technology, and elaborative construction organization and adequate preparations made sure the blasting effect in high quality, efficiency and safety. The technique has been proved to be of least workload of security alert and coordinating with neighboring units, lowest degree of influence to the surrounding residents and units, shortest construction period, and good comprehensive benefits. This project is of great significance for similar projects.

**Keywords**: complex environment; large-scale deep-hole blasting; precharge; construction organization; blasting effect

作者信息：张中雷，高级工程师，13506803886@163.com。

## 1 工程概况

牛头山剩余山体爆破工程位于舟山市临城新区惠民桥地块，该地块为惠民公寓二期工程建设用地。开工后由于前期周边居民拆迁协调及纠纷等原因，工程进展缓慢最后直至被迫停工，工期严重滞后。至2015年11月底，剩余山体需爆破方量约42万立方米。

本工程爆破开挖面积约3.3万平方米，包括+16m平台以下山体及周边+16m平台以上剩余山体如图1所示。

图1 爆区爆前状况
Fig. 1 Condition of blasting area before blasting

### 1.1 爆区周边环境

工程地处城区，爆区环境十分复杂[1]：

（1）爆区东南侧距沧海新村居民小区最近为180m，在15～100m范围零星分布着未达成拆迁协议的民房、祠堂等。

（2）爆区南侧距城市主干道海天大道最近为60m，距离中石油加油站137m。

（3）爆区西侧为三大线及浙江大学舟山校区，距三大线最近为124m，距浙江大学舟山校区大楼最近为204m。

（4）爆区西北侧距舟山海洋教育投资有限公司最近为130m，距惠民桥110kV变电站最近为80m，该变电站担负舟山市行政中心、舟山医院及舟山中学等一级用户的供电任务，是本工程重要的保护对象。

（5）爆区北侧距高压线铁塔（35kV）最近为80m。

爆区周边环境如图2所示。

### 1.2 工程特点

（1）爆区周边环境十分复杂，位于爆区北侧的惠民桥110kV变电站及高压线对爆破振动控制要求高。

（2）一次爆破规模特别大，刷新了舟山长峙岛外长峙山体大区深孔毫秒延时爆破工程所创造的在爆破规模、分段数量方面的全国同类工程纪录。

（3）正值连续近2个月的阴雨天气，孔内几乎满水，预装药时间长，要求炸药及起爆器材具有较高的稳定性及抗水性。

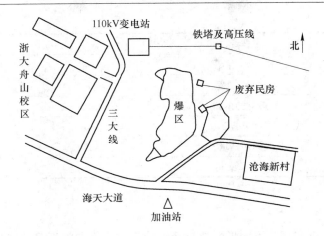

图 2 爆区周边环境示意图

Fig. 2 The diagram of the surrounding environment of blasting area

（4）由于爆区最初是按7次爆破规划，7个爆区相接的位置不规则，且剩余山体前后高差大，一次爆破的网路设计及敷设搭桥工作复杂。

（5）爆区周边分布着数家待拆迁居民，存在居民阻拦施工的风险，爆区南侧的海天大道是城市主干道，爆区北侧的惠民桥110kV变电站为重要设施，因此本次爆破需要新城管委会、社区、业主、公安、交警、电力等多个部门联动，协调工作比较复杂。

（6）装药工作一旦开始必须连续进行，必须提前考虑气候因素，避开极端天气，选好装药作业的时间窗口。

## 2 爆破技术方案

### 2.1 主要爆破参数

该次大区爆破选取设计炸药单耗为 0.4～0.5kg/m³[2]，最终实际炸药单耗为 0.53kg/m³。考虑到前排炮孔与变电站距离太近，为了控制单响药量，将 $\phi$115mm 孔径调整为 $\phi$102mm、$\phi$105mm。为了解决第1排部分炮孔底盘抵抗线过大的问题，前排布置部分倾斜炮孔（倾角80°～85°），其他炮孔为了便于控制钻孔质量，均采用垂直炮孔。由于排数多达55排，必然会出现爆区后部补偿空间不足的问题，影响爆破效果[3]，因此每间隔4排布置1排加密炮孔，从而增加装药量，加大对爆渣的挤压力度，为后排炮孔增加补偿空间。具体爆破参数如表1所示。

表 1 深孔爆破参数汇总表

Table 1 Deep hole blasting parameters summary

| 序号 | 爆破参数 | 单位 | 量值 |
|---|---|---|---|
| 1 | 台阶高度 $H$ | m | 10.0～24.7 |
| 2 | 钻孔直径 $D$ | mm | 102～115 |
| 3 | 钻孔倾角 $a$ | (°) | 80～85，90 |
| 4 | 超深 $h$ | m | 1.0 |
| 5 | 孔深 $L$ | m | 7.8～25.7 |
| 6 | 底盘抵抗线 $W_1$ | m | 4.0～4.5 |

续表1

| 序 号 | 爆破参数 | 单 位 | 量 值 |
|---|---|---|---|
| 7 | 孔距 $a$ × 排距 $b$ | m | 4.0 × 4.0 |
| 8 | 加密排排距 | m | 2.0 |
| 9 | 实际炸药单耗 $q$ | kg/m³ | 0.53 |
| 10 | 单孔装药量 $Q$ | kg | 64 ~ 197 |
| 11 | 延米装药量 $p$ | kg/m | 8.5 ~ 10 |
| 12 | 填塞长度 $L_2$ | m | 4.5 ~ 8 |

## 2.2 装药结构

对不同类型的炮孔采用了不同形式的装药结构，对于不同深度、不同覆盖层厚度的炮孔，采用了不同的堵塞长度，尤其是孔深超过20m的炮孔，为了控制单响药量，采用了孔内分段装药。对起爆体的安装位置也做了详细的规定。具体装药结构如图3所示。

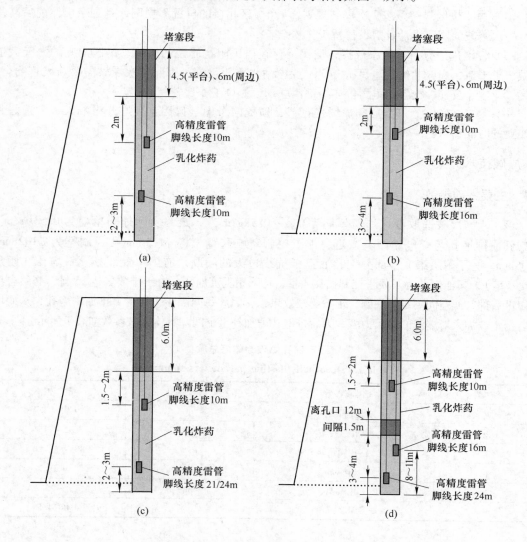

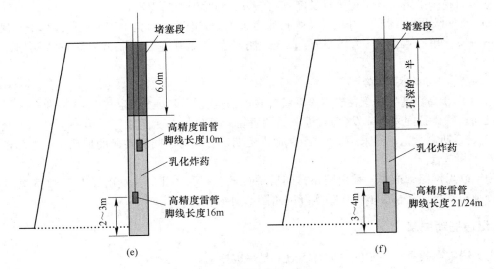

图 3 装药结构图

(a) 11m 以下炮孔装药示意图 (两发雷管); (b) 11~18m 炮孔装药示意图 (两发雷管);
(c) 18m 以上主炮孔装药示意图 (两发雷管); (d) 20m 以上分段装药炮孔装药示意图 (三发雷管);
(e) 平台加密孔装药示意图 (两发雷管); (f) 周边加密孔装药示意图 (一发雷管)
(平台是指 +16m 平台上的炮孔, 周边是指 +16m 平台以上剩余山体及周边 +16m 平台周边的炮孔,
深度 18m 以上炮孔均为周边山体的炮孔)

Fig. 3 The diagram of charging structure

## 2.3 爆破器材的选用

### 2.3.1 炸药的选用

由于炮孔内均有水，预装药工期较长，因此选择抗水性好的 2 号岩石乳化炸药。满水炮孔采用塑壳乳化炸药。为了解决乳化炸药长期浸泡在水中，起爆感度及起爆能可能降低的问题，起爆体采用抗水性更好的赛能迈锐（Senatel Magnarac）包装乳化炸药，该品种乳化炸药在浸入水孔 2 周后仍可安全高效引爆。

### 2.3.2 雷管的选用

本次爆破规模大，分段数多，对于最大单响药量控制要求高，且有分段装药，采用高精度的导爆管雷管。本次爆破采用了 Exel 高精度导爆管雷管起爆系统[4]，保证炮孔以设计确定的延时间隔按顺序依次逐孔起爆。

## 2.4 起爆网路

### 2.4.1 爆区开口位置

本次爆破的开口位置位于爆区中间，采用 V 形顺序起爆。开口位置的选择综合考虑了以下几个方面：

（1）自由面的条件。开口位置应该选择在自由面比较规整的位置，底盘抵抗线不应过大，不应有大的节理裂隙，前方无重要保护对象，有足够的爆渣抛散空间。

（2）网路连接方便、爆破持续时间短。开口位置的选择决定网路的总体传爆方向及爆破持续时间，也影响着爆破网路的设计及敷设难度。应尽量将开口位置布置于爆区中部，使两边的传爆时间趋于平衡，且缩短单排长度有利于减少延时误差的积累。

（3）开口处炮孔情况。开口处的炮孔均为 $\phi$115mm 炮孔，炮孔内积水均可以排干，保证炸药装填密实，单孔装药量大，做功能力强，能最大限度地将爆渣推出为后响炮孔创造补偿空间。

#### 2.4.2 逐孔起爆网路

采用 Exel 高精度导爆管雷管起爆系统。孔内根据孔深及装药结构装 1~3 发 400ms 高精度毫秒延期雷管；孔间采用 2 发 25ms 地表延期雷管，开口处左侧区域每排第一个炮孔采用 2 发 17ms 地表延期雷管，排间采用 2 发 65ms 地表延期雷管。对于间隔装药的炮孔，在上部雷管串接两发 9ms 雷管。

为了确保网路的准爆，采用网路排间搭桥技术。在爆区开口位置南侧 1/3、2/3 处及北侧中部分别布置排间搭桥。本次爆破实际网路图如图 4 所示。

### 2.5 爆破振动控制

本次爆破需要重点控制的爆破有害效应是爆破振动。

爆区周边主要的爆破振动保护对象为：惠民桥 110kV 变电站、舟山海洋教育投资有限公司，中石油加油站，沧海新村小区，其中 110kV 变电站距离爆区最近仅 80m，对爆破振动控制要求更高。

对于惠民桥 110kV 变电站内的变电设备的振动允许标准，《爆破安全规程》(GB 6722—2014) 中没有相关规定，针对 110kV 变电站的爆破振动控制与防护做了如下工作：

（1）在前期爆破作业中，进行了多次爆破振动测试，测得最大爆破振动达到 2.6cm/s，变电站未出现任何异常情况。经过评估，本次爆破变电站的爆破振动强度不会超过该最大值。

（2）在靠近变电站 100m 范围内采用 $\phi$102mm、$\phi$105mm 的炮孔，严格控制单孔药量；

（3）从减振和控制飞石两方面考虑，在起爆网路设计时调节开口位置，使变电站位于爆破最小抵抗线侧向[5]。

（4）通过爆前预处理，将靠近变电站附近炮孔的抵抗线适当减小，便于爆炸能量的释放，减小爆破地震波的强度。

（5）与有关电力部门协调制订应急预案，确认变电站内安全防护装置的可靠性，在爆破前调整有关设备的负荷并安排人员现场值守，一旦发生跳闸，立即采取措施恢复供电，减少损失。

## 3 爆破施工技术

### 3.1 爆前准备

#### 3.1.1 爆区预处理

本工程采用的预处理措施有：

（1）在爆区南部尖部如图 5 中预处理 1 所示，预先进行了一次小规模爆破。拉开了主爆区与加油站及海天大道的距离，使南侧爆区长度减小，形状规则，便于网路设计与施工；

（2）在爆区北部前端延伸处如图 5 中预处理 2 所示，布置小规模爆破并清渣，减少北部总排数，改善了后排爆区的自由面条件，有利于爆破能量的快速释放，控制爆破振动强度。

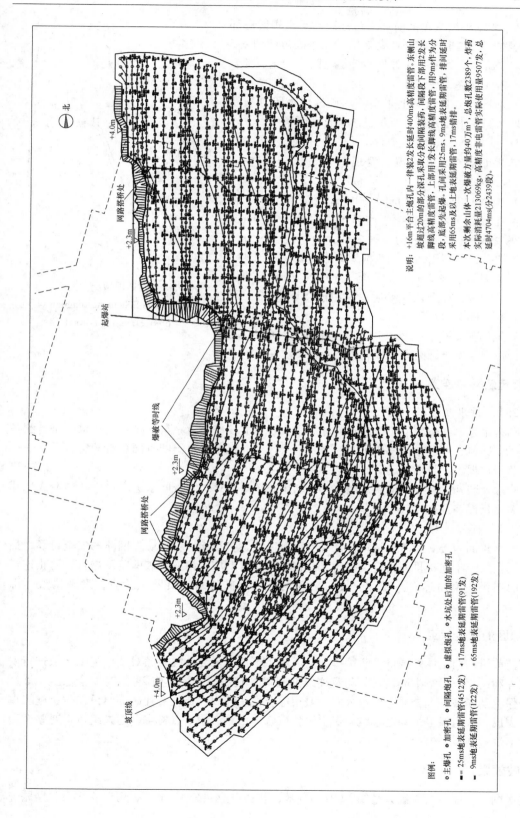

图 4 爆破实际网路图

Fig. 4 The actual network chart of the blasting

（3）为了解决主爆区前部平台标高高于主爆区底部标高的问题，在主爆区前部坡底采用浅孔爆破拉槽如图5中预处理3所示，为炮孔底部创造补偿空间，防止底部岩体爆而不松或最终场地爬坡。

（4）爆区前方自由面上采用液压破碎锤清除浮石及削坡处理如图5中预处理4所示，改善自由面条件。

### 3.1.2 装药前的准备工作

（1）提前检查炮孔情况，发现堵塞炮孔及时透孔、补孔。

（2）本次爆破有$\phi 102mm$、$\phi 105mm$、$\phi 115mm$三种不同规格孔径且分布不规律，炸药规格也分为$\phi 70mm$、$\phi 90mm$两种规格，装药结构多种多样，为了便于区分不同类型的炮孔，分别用不同颜色标识物进行现场标识。

（3）一般岩屑堵塞满水炮孔容易冲孔，在装药前提前灌制条形沙袋，在炮孔填塞时，先用沙袋填塞2m，再用岩屑填塞，确保填塞质量。

（4）隔两排炮孔、主线及网路搭桥位置分别拉三角串旗进行标记，便于网路敷设快速施工及检查。

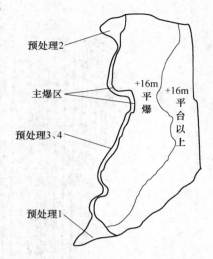

图5 预处理情况示意图
Fig. 5 The Schematic diagram of pretreatment condition

## 3.2 装药及网路连接

### 3.2.1 排水及装药

炮孔排水是本次爆破的一个难点问题。本次爆破共安排5个小组吹排孔内积水，每组配备一台高风压钻机、一名钻机操作工及4名吹水操作工。每个吹水组配备两个装药组，另外安排两个装药组根据进度灵活机动。

在吹水及装药过程中每个吹水组安排1名组长统筹指挥，防止吹水进度过于超前造成炮孔回水或滞后延误装药进度。

### 3.2.2 网路连接

爆破网路的连接必须严格按设计从临空面第一排逐排连接。为了确保网路的安全可靠，最后在起爆当天上午连接排间雷管及搭桥。连接搭桥雷管时应严格按爆破网路图进行，防止连错造成延时错乱。网路连接过程中，安排熟悉网路的爆破技术人员紧跟检查，发现错误立即纠正。

## 3.3 爆区的安全保卫

装药前沿剩余山体外围搭设防护排架封闭施工区域，安装监控视频对整个施工区域进行安全监控并利用无人机空中巡视。装药及连线期间对爆破作业现场实施24小时安全保卫。爆区的安全保卫及爆破安全警戒工作由公安、城市综合执法部门、街道及社区、建设单位、施工单位共同完成，分为保卫组和巡查组，保卫组负责各上山路口的卡点检查，巡查组负责对整个爆区进行巡逻检查。

# 4 爆破效果

本次剩余山体一次爆破方量约42万立方米，装药作业共分12个组，历时4.5天。网路连接作业及检查共分4个组，历时2天。共布置炮孔55排，其中加密排8排，总炮孔数2389个，总钻孔米数36979m。炸药实际消耗量213096kg，澳瑞凯高精度导爆管雷管使用量9507发，总延时时间4687ms（分2439段）。

## 4.1 振动、冲击波、粉尘监测结果

本次爆破建设单位邀请有资质的第三方进行爆破有害效应检测，在爆区周边布置10个振动监测点、5个空气冲击波监测点和2个粉尘监测点，监测成果如表2、表3所示。

表2 爆破振动及空气冲击波测试成果表
Table 2 The test results of blasting vibration and air shock wave

| 测点编号 | 测点部位 | 距爆区边界的距离/m | 水平径向 | | 竖直向 | | 水平切向 | | 空气冲击波峰压/Pa |
| --- | --- | --- | --- | --- | --- | --- | --- | --- | --- |
| | | | 峰值速度/cm·s$^{-1}$ | 峰值频率/Hz | 峰值速度/cm·s$^{-1}$ | 峰值频率/Hz | 峰值速度/cm·s$^{-1}$ | 峰值频率/Hz | |
| 1 | 惠民桥变电站 | 155 | 2.22 | 25 | 2.43 | 51 | 1.33 | 27 | 94.9 |
| 2 | 惠民桥变电站 | 332 | 0.98 | 15 | 0.91 | 24 | 0.85 | 16 | 98.6 |
| 3 | 浙大海洋学院国际交流中心 | 365 | 0.18 | 16 | 0.28 | 28 | 0.10 | 15 | |
| 4 | 浙大海洋学院国际交流中心 | 257 | 0.10 | 13 | 0.20 | 19 | 0.10 | 17 | |
| 5 | 新城指挥部办公楼 | 239 | 0.93 | 14 | 0.78 | 19 | 1.74 | 61 | |
| 6 | 新城指挥部门厅 | 130 | 2.31 | 18 | 1.64 | 34 | 1.18 | 12 | 27.7 |
| 7 | 已拆迁民房 | 279 | 2.38 | 14 | 5.63 | 38 | 2.20 | 47 | 77.5 |
| 8 | 沧海新村小区 | 69 | 1.35 | 17 | 1.84 | 49 | 1.10 | 20 | 36.0 |
| 9 | 35kV高压线塔 | 80 | 1.13 | 17 | 1.22 | 15 | 1.11 | 16 | |
| 10 | 110kV高压线塔 | 284 | 1.47 | 24 | 0.94 | 34 | 1.17 | 34 | |

表3 爆破粉尘浓度测试成果表
Table 3 The test results of blasting dust concentration  mg/m$^3$

| 测点 | 距离 | 爆破前30min粉尘浓度 | 爆破后15min粉尘浓度 | 爆破后30min粉尘浓度 | 爆破后45min粉尘浓度 |
| --- | --- | --- | --- | --- | --- |
| F1 | 284m | 0.274 | 0.278 | 0.227 | 0.293 |
| F2 | 335m | 0.11 | 0.259 | 0.166 | 0.26 |

惠民桥110kV变电站的1号、2号振动监测点波形图如图6、图7所示。

根据监测成果分析：

（1）沧海新村、浙大海洋学院、高压线铁塔等建筑物的爆破振动速度均低于《爆破安全规程》（GB 6722—2014）规定的安全允许振速及设计安全允许振速标准。

（2）爆破后，110kV输变电设备均正常运行，经检查，未发现任何设备损坏。

（3）爆破空气冲击波峰压最大值为98.6Pa，低于《爆破安全规程》（GB 6722—2014）规定的人员及建筑物安全允许值$0.02\times10^5$Pa。

（4）爆破前后粉尘浓度变化不大，说明此次爆破粉尘控制较好。测点粉尘浓度在30min内回落到爆前水平，对周围环境基本没有影响。

（5）离爆区最近的7号点废弃居民房测得竖直向振动速度达到5.63 cm/s，但房屋丝毫没有损坏迹象，在后续工程中对于类似建筑物的振动控制可以作为参考。

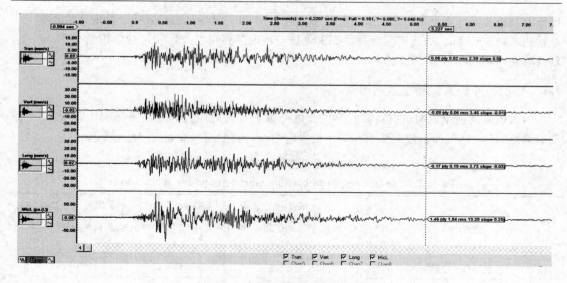

图 6  1 号测点爆破振动波形图
Fig. 6  The oscillogram of 1# measuring point

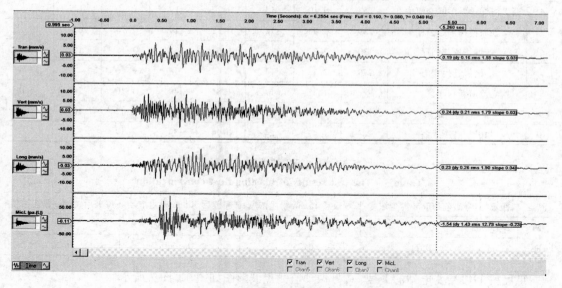

图 7  2 号测点爆破振动波形图
Fig. 7  The oscillogram of 2# measuring point

### 4.2  爆后效果

通过对爆破后的山体现场检查、视频资料以及挖装过程中的爆堆粒径分析,所有炮孔全部安全准爆,基本无冲孔现象,爆区正向爆渣往前抛掷在 30m 范围内,爆堆较均匀。惠民桥 110kV 变电站正常运行,爆区周边保护对象均安然无恙。

由于严格控制单响药量,钻孔、爆破器材等爆破直接成本增加约 20%,但是该技术缩短了工程施工工期,能明显降低工程的综合成本。采用该技术将 8 个月工期缩短为 2 个月,不仅为业主节约 1800 余万元安置租金,而且使近 1000 户当地居民提前 6 个月搬进新房,取得了很好的经济及社会效益。

爆破过程如图 8 所示。

图 8 爆破过程
(a) 装药前的爆区；(b) 爆破瞬间（爆区前方航拍）；(c) 爆破瞬间（爆区后方航拍）；(d) 爆堆情况航拍
Fig. 8 The Blasting process

## 5　几点体会

（1）复杂环境大区深孔爆破技术，在严格控制爆破有害效应的前提下，提高单次爆破规模，减少爆破次数，提高了施工强度，明显缩短了施工工期。

（2）该项技术总体上减少了安全警戒次数，减少了扰民次数及协调工作量，占用公共资源少，便于业主、公安等有关部门协助实施爆破安全警戒。

（3）该项技术虽然增加了爆破直接成本，但大大缩短了施工工期，综合效益好。

（4）由于受到普通乳化炸药在有水炮孔中的安全性、稳定性的制约，总的装药爆破时间宜控制在7天以内，施工强度较高，对爆破作业单位的施工组织能力提出了更高的要求。

（5）爆区的预处理是否到位，装药及网路连接前的准备工作是否充分，直接影响爆破作业效率与安全及爆破效果。

（6）在爆破作业过程中及爆破时，采用全封闭视频监控、无人机航拍，对于爆破作业期间的安全保卫及爆破效果后评估具有积极意义。

## 参 考 文 献

[1] 中华人民共和国国家标准. GB 6722—2014 爆破安全规程[S]. 北京：中国标准出版社，2014.
[2] 管志强，张中雷，王林桂，等. 复杂环境大区露天深孔台阶爆破技术在岙山油库区开挖中的应用[J]. 爆破，2011，28(2)：63-67.
[3] 朱鑫. 大区多排孔微差挤压爆破技术研究[D]. 四川：西南交通大学，1999.
[4] 吕锐，陈真. 高精度雷管爆破网路在峨口铁矿的实践与应用[C]//中国爆破新进展. 北京：冶金工业出版社，2014：672-677.
[5] 汪旭光. 爆破手册[M]. 北京：冶金工业出版社，2010.

# 空气间隔装药爆破应用研究

康 强[1,2]　赵明生[1]　池恩安[1]

(1. 贵州新联爆破工程集团有限公司，贵州 贵阳，550002；
2. 河海大学，江苏 南京，210098)

**摘　要**：空气间隔装药是一种有效的爆破装药技术。以往研究显示，间隔装药在减少炸药用量同时，能够改善爆破效果。但是为了取得良好效果，间隔装药必须采用适合的爆破参数。本文采用了数值模拟及现场试验结合的方式，研究了空气间隔装药的间隔位置及间隔长度对爆破效果的影响，探讨了适合的参数。该研究结果可以为工程爆破施工提供参考。
**关键词**：间隔装药；数值模拟；现场试验；爆破参数

## Influence Study of Rock Mass Integrity in Blasting

Kang Qiang[1,2]　Zhao Mingsheng[1]　Chi Enan[1]

(1. Guizhou Xinlian Blast Engineering Group Co., Ltd., Guizhou Guiyang, 550002; 2. Hehai University, Jiangsu Nanjing, 210098)

**Abstract**: Air deck charging is a effective blasting technique. There are researches show that the air charging can improving blasting effort when reducing explosive. To achieve a better effort, parameters must be suitable. In this article, numerical simulations and field tests are combined to study the effort of air deck position and length in air deck charging blasting, and the suitable parameters are discussed. The research results can provide a reference for blasting engineering.
**Keywords**: deck charge; numerical simulation; field tests; blasting parameters

钻孔爆破中，为了控制爆破效果，可以通过调整装药方式控制炸药爆破过程，改变炸药与介质的接触条件，改变药包的形态及空间位置。装药的细微差别决定了爆后最后呈现的结果，灵活运用可以帮助工程师更好地完成预设的施工目标。这些装药方式中，空气间隔装药作为一种工程爆破技术，已被广泛证明在合理参数条件下使用时具有提高爆破质量、降低爆破成本的效果。间隔装药在实际应用中的主要问题在于参数设置，根据间隔位置的不同，空气间隔装药主要可以分为孔口、中部、孔底三种类型，在确定位置之后还需要考虑应采取的间隔长度。目前，对于间隔装药的应用，还没有足够完备且可靠的理论及经验可供参考。为此，针对间隔装药的应用问题，本文中采用了数值模拟与现场试验结合的方式，开展了有关研究。

## 1　间隔装药研究现状

苏联 Melnikov 等人[1-2]最早进行了间隔装药的有关研究，对于这种技术手段作出了最初的

---

作者信息：康强，工程师，609991197@qq.com。

突出贡献,其研究认为间隔装药爆轰压力降低但是延长了作用时间,综合破碎效果可以优于耦合装药,并推论了合适间隔长度的理论值。基于苏联研究者的成果,美国马里兰州实验室的研究者[3]采用室内模拟实验测试了空气间隔装药时的爆轰过程及破碎效果,大体上支持了 Melnikov 等人的研究结论。N. T. Moxon 等人[4]同样进行了室内模拟实验,试图确定空气间隔装药的间隔长度合理取值范围,研究认为间隔装药临界间隔比例处于 30% ~ 35% 之间,间隔比例小于临界比例时间隔装药有效。在上述早期的研究结论的推动下,之后世界各国的研究者都进行了空气间隔装药的应用尝试,在大部分情况下,空气间隔装药被认为能起到明显的积极效果。在我国,众多研究者也对该技术开展了许多研究工作,在包括理论推导、模拟试验、现场应用等方面取得了一定成果[5~8]。

## 2 数值模拟

ANSYS/LS-DYNA 是目前在诸多工程领域受到广泛应用的一款数值模拟软件。该软件在爆破模拟中提供了拉格朗日、欧拉、流固耦合等多种不同算法,本文选择采用多物质流固耦合算法进行模拟研究。数值模拟条件设置为单炮孔中深孔爆破,炮孔孔径 90mm,台阶高度为 7m,堵塞长度 2.5m,反向起爆。图 1 所示为典型模型,模型中除 AB、BC、CD 面为自由面,正面为对称面外,其余各面均施加无反射边界模拟无限域条件。

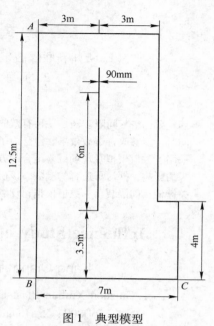

图 1 典型模型
Fig. 1 Typical simulation model

模型中岩石采用动力塑性材料 *MAT_PLASTIC_KINEMATIC 定义,炸药采用材料 *MAT_HIGH_EXPLOSIVE_BURN 及相关状态方程 *EOS_JWL 定义,各材料参数具体设置见表1。

表 1 模型材料参数
Table 1 Model parameters

| 岩石材料相关参数(*MAT_PLASTIC_KINEMATIC) | | | | | | | | | |
|---|---|---|---|---|---|---|---|---|---|
| RO | E | PR | SIGY | ETAN | BETA | SRC | SRP | FS | VP |
| 2750 | $55 \times 10^9$ | 0.3 | $1.5 \times 10^9$ | $5 \times 10^9$ | 0 | 0 | 0 | 0 | 0 |
| 炸药材料相关参数(*MAT_HIGH_EXPLOSIVE_BURN) | | | | | | | | | |
| RO | D | PCJ | BETA | K | G | SIGY | | | |
| 1300 | 4000 | $5.5 \times 10^9$ | 0 | 0 | 0 | 0 | | | |
| 炸药状态方程相关参数(*EOS_JWL) | | | | | | | | | |
| A | B | $R_1$ | $R_2$ | OMEG | $E_0$ | $V_0$ | | | |
| $2.144 \times 10^{11}$ | $0.182 \times 10^9$ | 4.2 | 0.9 | 0.15 | $4.192 \times 10^9$ | 1.0 | | | |
| 空气材料相关参数(*MAT_NULL) | | | | | | | | | |
| $C_0$ | $C_1$ | $C_2$ | $C_3$ | $C_4$ | $C_5$ | $C_6$ | $E_0$ | $V_0$ | |
| 0.0 | 0.0 | 0.0 | 0.0 | 0.4 | 0.4 | 0.0 | $2.5 \times 10^5$ | 1.0 | |

本文的数值模拟工况包括连续耦合装药,孔口 10%、15%、20%、25%、40% 4~5 种间隔比例,孔底相比孔口空气间隔装药多包括 30% 间隔比例,孔中上、正中、中下部模拟还包括

50%间隔比例，总共33种情况的模拟。所有模拟均为反向起爆，在中部空气间隔装药的情况下上、下装药段起爆点也均为各装药段的最下部。本文所有模拟情况的堵塞段长度完全相同。

不同工况的模拟结果如图2所示，图2中显示了不同工况下的岩体损伤范围。

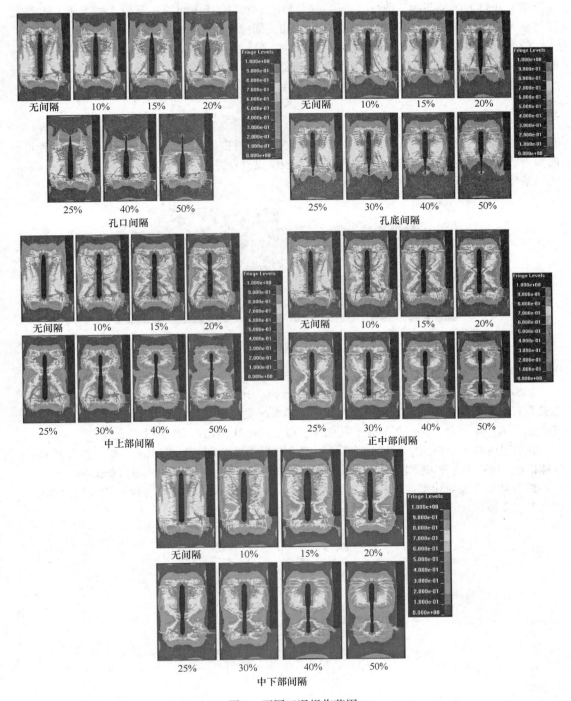

图2 不同工况损伤范围

Fig. 2 Damage zone of different conditions

对比不同间隔位置的损伤效果，可以得到以下结论：

（1）孔口与孔底空气间隔装药，间隔部分周边受到间隔长度变化显著影响，损伤范围的变化更为显著，意味着当间隔长度较大，这两种间隔装药方式更容易产生大块与根底的不良现象。

（2）中部间隔装药的三种情况，相同间隔比例时，尤其在间隔长度较大情况下，损伤范围明显大于孔口与孔底间隔，表明中部间隔比相同间隔比例孔口或孔底间隔效果要好。

（3）孔口与孔底空气间隔装药情况下可以发现除端部损伤加强现象，中部空气间隔装药的三种情况还可以发现炮孔中部的损伤加强现象。这些现象验证了以往研究得出的孔口与孔底空气层端部由反射叠加导致的应力增强效应与中部间隔装药的应力波叠加作用。

## 3 现场试验

试验场地位于贵州省遵义市，该区域岩石为陡倾斜中厚层灰岩、中等程度风化、南北走向，岩石的普氏硬度系数 $f = 8 \sim 10$，节理一定程度发育，经测量节理间距平均约为 $30 \sim 40 \mathrm{cm}$。现场条件如图3所示。

图 3　现场条件

Fig. 3　Field condition

试验炮孔选用靠近临空面的前两排炮孔，每排3孔，每组试验为6孔。试验的台阶高度、炮孔直径、孔深等参数均与数值模拟相同。试验工况设计也与数值模拟相同，分为孔口、中上部、正中部、中下部、孔底等五种装药结果，以及间隔比例均以5%为步长变化。

试验采用40mm直径PVC管制备间隔器。所用炸药为现场混装的铵油炸药，爆速约为3500m/s，性能稳定。炮孔采用导爆管雷管起爆，孔外3段雷管传爆，孔内采用10段导爆雷管起爆。

试验结果主要对比爆后大块率及平均块度，此处大块指1m以上岩块。试验结果如图4、表2及表3所示。

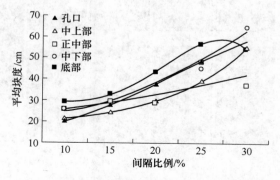

图 4　不同间隔位置与间隔比例的平均块度对比

Fig. 4　Comparison of average fragment of different conditions

表2 不同间隔位置及比例大块率
Table 2 Big rock ratio of different conditions %

| 试验区域及空气层位置 | 不同空气层位置各比例爆后大块率 | | | | |
|---|---|---|---|---|---|
| | 10% | 15% | 20% | 25% | 30% |
| 底部间隔 | 0 | 6.08 | 21.65 | 17.52 | 25.69 |
| 中上部间隔 | 0 | 0 | 6.47 | 8.55 | 21.49 |
| 正中间隔 | 0 | 0 | 6.23 | 14.52 | 22.16 |
| 中下部间隔 | 0 | 1.12 | 13.29 | 31.77 | 32.84 |

表3 不同空气层位置各间隔比例平均块度
Table 3 Average fragment of different conditions cm

| 空气层位置 | 不同空气层位置各比例爆后平均块度 | | | | |
|---|---|---|---|---|---|
| | 10% | 15% | 20% | 25% | 30% |
| 顶部 | 20.11 | 27.73 | 37.79 | 48.54 | — |
| 中上部 | 21.06 | 24.44 | 29.44 | 39.14 | 55.19 |
| 正中部 | 25.4 | 29.1 | 28.84 | 47.91 | 36.96 |
| 中下部 | 25.12 | 27.28 | 44.03 | 45.23 | 64.43 |
| 底部 | 29.12 | 32.88 | 43.82 | 56.33 | 54.22 |
| 底部间隔根底率 | 5% | 10% | 20% | 20% | 30% |

根据以上结果,可以看到:孔口空气间隔装药的爆破效果优于孔底空气间隔装药。从平均块度的角度来看,破碎效果最好的是中上部空气间隔装药,其次是空气层位于炮孔内正中部的情况,再次是空气层位于孔口与炮孔中下部,孔底空气间隔装药的效果最差。从不同位置间隔装药的整体效果上看,数值模拟结果与现场试验结果基本一致。

## 4 结论

综合数值模拟与现场试验结果,可以得到如下结论:

(1) 各种不同的空气间隔装药位置都有对应的最佳空气间隔装药间隔比例范围,间隔比例在合理范围内爆破效果接近连续耦合装药,间隔比例值超过该范围上限,大块率会大幅上升,影响铲装效率和增加二次爆破成本。

(2) 间隔比例相同且在临界范围以内时,总体上中部间隔的效果最好,在本文试验条件下临界值对中部间隔装药大致为小于40%,对于孔口、孔底间隔则约为小于30%。

## 参 考 文 献

[1] Melnikov N V, Marchenko L N, Zharikov I F, et al. Blasting methods to improve rock fragmentation[J]. Acta Astronaut, 1978(5): 11-12.

[2] Melnikov N V, Marchenko L N, Zharikov I.F, Seinov N P. Method of enhanced rock breaking by blasting [J]. Soviet Mining Science, 1993, 15(6): 575-572.

[3] Fourney W L, Bihr S, Leiste U. Borehole pressures in an air decked situation[J]. Fragblast, 2006(10): 47-60.
[4] Moxon N T, Mead D. Richardson S B. Air-decked blasting techniques: Some collaborative experiments[J]. Transactions of the Institution of Mining and Metallurgy, 1993(102): 25-30.
[5] 刘鹏程. 地下大直径深孔空气间隔装药结构讨论[J]. 矿业研究与开发, 1994, 14(4): 24-28.
[6] 杨军, 黄风雷. 深孔爆破空隙装药损伤演化过程的数值模拟[J]. 爆破, 1997, 14(2): 1-6.
[7] 陈先锋, 王玉杰. 不同装药结构对孔壁压力影响的分析[J]. 工程爆破, 2003, 9(2): 16-18.
[8] 吴亮, 位敏, 钟冬望, 等. 空气间隔装药爆破动态应力场特性研究[J]. 爆破, 2009, 26(4): 17-21.

# 非台阶拉槽爆破之孔内分层装药分段起爆施工技术

黎蜀明 樊荆连 杨斌

(深圳市华海爆破工程有限公司,广东 深圳,518019)

**摘 要**：本文介绍的是在没有第二临空面的情况下,为台阶爆破创造第二临空面进行的拉槽爆破。本文介绍两种方法：(1) 多孔齐发,孔内2层装药分段起爆；(2) 孔内3层装药,逐孔逐段起爆。它们对相邻孔和上、下层药包的起爆间隔时间有一定要求,是技术的关键,直接关系到爆破效果和安全。方法一拉槽深度的成功案例超过了11m,在同等条件下,最大单响药量不到以前非台阶拉槽爆破的1/4。方法二又是在方法一基础上发展而来的,与方法一相比单段药量更小,适合于更近距离建筑物旁的爆破施工。两种方法都适用于各种孔径,即使不进行覆盖防护也可以做到爆破无飞石。本文还就各段起爆顺序和间隔时间对岩石的破坏效果进行了分析。

**关键词**：拉槽爆破；分层装药；孔内分段起爆；破岩分析

## Construction Method for In-hole Layered Charging Stage Blasting of Non-bench Kerf Blasting

Li Shuming  Fan Jinglian  Yang Bin

(Shenzhen Huahai Blasting Engineering Co., Ltd., Guangdong Shenzhen, 518019)

**Abstract**: This thesis introduces the slot broaching blasting by creating a secondary free face for bench blasting while such secondary free space does not exist. In this thesis two blasting methods will be introduced: (1) Multi-hole in-hole 2-layer charging stage blasting; (2) In-hole 3-layer charging hole-by-hole & stage-by-stage blasting. These methods have certain requirements on blasting interval of the satchel charges in adjacent holes and upper and lower layers, which is the key technology and directly relates to blasting result and blasting safety. This method is developed based on the non-bench blasting method which was previously introduced. To compare with the previous method, method 1 provides a larger slot broaching depth and in some cases is over 11m; under the same condition the maximum explosive quantity in a sound is less than 1/4 of the previous method. Method 2 is developed based on method 1, and to compare with method 1 it requires less explosive quantity in single stage and is suitable for blasting closer from the buildings. Both methods apply to different apertures and are free from splatters even there is no covered protection. The thesis also analyzes the rock breaking effects with different blasting orders and intervals in each stage.

**Keywords**: slot broaching blasting; layered charging; in-hole stage blasting; rock breaking analysis

作者信息：黎蜀明,高级工程师,13902452791@163.com。

## 1 引言

关于非台阶爆破[1]以及为创造第二临空面进行的拉槽爆破,已有大量应用,并在相关文献中有介绍。本文介绍的方法一是为了减少同段最大药量,对以前使用的非台阶爆破[2]进行了改进;方法二是按照方法一的思路,使同段起爆药量更小、控制爆破振动的潜力更大。它们上面一层的装药量计算完全延用原算式。

在没有第2临空面的情况下,对方法一的掏槽孔而言(图2上、下层的1、10段),将一定区域内成片炮孔不分排次同时起爆,最小抵抗线$W$与炮孔平行。当多个炮孔同时起爆时,各炮孔产生的爆炸应力波在相邻孔之间相遇,此时就会衍生一股朝向临空面的拉应力(图1),使岩体处于拉伸和剪切状态(孔底拉伸周边剪切)。众所周知,岩石的抗拉强度最小,抗剪切强度次之,抗压强度最大。该方法的关键在于:为岩石处于拉伸状态创造条件。

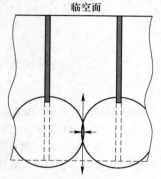

图 1 爆炸应力作用图

Fig. 1 Inteaction explosive stress diagram

## 2 非台阶爆破装药量计算

通常装药量公式为岩石体积与炸药单耗的乘积:

$$Q = a^2 L q \tag{1}$$

式中 $Q$——单孔装药量,kg;

$a$——相邻炮孔间距,m;

$L$——炮孔深度[3],m;

$q$——炸药单耗,kg/m³。

式(1)中只有间距$a$,而缺排距$b$,因为在非台阶条件下,当最先起爆的掏槽孔,不分排次地同时起爆时,从爆破能量均衡作用来考虑,炮孔布置呈正方形时能量利用效率最高,所以$ab = a^2$。即使成孔后的$a$和$b$不相等,计算单孔装药量时也应该以同段的与其距离最短的相邻炮孔的间距为计算依据。由此计算的装药量,可以避免局部过量装药而产生飞石。

实践中发现,如果从控制飞石的角度考虑,炸药单耗相同的情况下,炮孔的填塞长度越大越不容易产生飞石;换言之,填塞长度越大,孔网越密,允许的炸药单耗越大。破碎同等体积岩石所需要的炸药量,与炮孔的填塞长度成正比、与间距成反比,这种关系在一定范围内是有效的。因此,装药量与填塞长度和孔网参数相关。将式(1)乘以一个系数$k$,$k$为炮孔填塞长度与炮孔间距的比值,则可将式(1)修正如下:

$$Q_k = Qk \tag{2}$$

式中 $Q_k$——考虑了与填塞长度和孔网参数关系后的单孔装药量,kg;

$k$——炮孔填塞长度与炮孔间距的比值,$k = \dfrac{L_t}{a}$;

$L_t$——炮孔填塞长度,m。

实际装药量$Q_k$的大小,与$k$值的大小有关。但是,式(2)中的$k$值不能是任意值,它必须在一个合理的范围才有意义,这个值的范围与爆破现场周边的环境有关。如果是远离建筑物,要求大块率小一些,并允许产生一定距离的飞石,可以设得小些,例如0.8,如果距离被保护对象较近,为了防止产生飞石,或者爆破是以确保拉槽深度为主要目的,应该设大一些。根据经验,一般取 $k$ 值在 1.2~3.0 之间。

为了便于现场操作,由式(1)和式(2)衍生出式(3):

$$L_t = \frac{Q_L L}{aLq_j + Q_L} \quad (1.2a \leq L_t \leq 3.0a) \tag{3}$$

式中　$Q_L$——炮孔延米装药量,kg/m;

　　　$q_j$——炸药计算单耗,kg/m³;

其他符号意义同上。

## 3　方法一:多孔齐发孔内2层装药分段起爆拉槽爆破应用实例

利用 Excel 的制表功能,将算式(3)制成填塞长度表(表1),现场操作时查表装药。先按炮孔总长度和同段间距及炮孔的延米装药量(即使是同一孔径时,干孔与水孔延米装药量会不同),查表求得该孔的总填塞长度和总装药量。再将炮孔分成上下两段装药,并且使上下两层的装药底部在同一平面。上下两层装药量大致相等。下层只要保证中间有足够的填塞长度(根据下层的药量大小,填塞长度在 0.8~2.5m 之间),上层必须严格按孔深、同段间距及延米装药量查表得出。知道了填塞长度,装药量也就不难求出,即 $Q_k = (L - L_t)Q_L$。

本实例采用 φ90 乳化炸药,人工装药。图2为炮孔布置和装药结构及起爆顺序图。孔深 12m,孔径 φ115mm,实际间距 2.4~2.6m,4×4 布孔,共16孔;分上下两层装药,上层 7m,下层 5m。延米装药干孔 12kg/m,水孔 8kg/m。上层中间4孔1段雷管,对应下层是10段雷管,$q_j$ 按 0.35kg/m³ 查表装药。上层填塞 4.3~4.7m(按查表),中间填 1.2~1.5m,下层装药长 3.5~3.8m,总装药 936kg。孔内上下对应的雷管段别为:(1,10)、(6,12)、(7,13)、(8,14)段,各8发(每个药包双管);长度为 15m 的导爆管雷管。岩石坚固性系数 $f = 13$~14 微风化花岗岩。爆破后,破碎的岩石整体向上隆起约 4m,岩石破碎效果很好,没有飞石。爆破后拉槽深度超过 11m(图3),爆破率超过 90%。

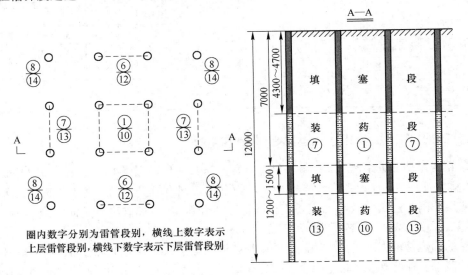

圈内数字分别为雷管段别,横线上数字表示
上层雷管段别,横线下数字表示下层雷管段别

图 2　炮孔布置和装药结构及起爆顺序图

Fig. 2　The collocation of the blast holes and the structure of charge and the blasting sequence

图3 爆破深度实景图
Fig. 3 Blasting depth

**表1 非台附爆破填塞长度表（节录）**
**Table 1 Non bench blasting stemming length**                    m

| 同段间距 $a$ | 1.8 | 1.9 | 2.0 | 2.1 | 2.2 | 2.3 | 2.4 | 2.5 | 2.6 | 2.7 | 2.8 | 2.9 | 3.0 | 3.1 | 3.2 | 3.3 | 3.4 | 3.5 | 3.6 |
|---|---|---|---|---|---|---|---|---|---|---|---|---|---|---|---|---|---|---|---|
| ⋮ | ⋮ | ⋮ | ⋮ | ⋮ | ⋮ | ⋮ | ⋮ | ⋮ | ⋮ | ⋮ | ⋮ | ⋮ | ⋮ | ⋮ | ⋮ | ⋮ | ⋮ | ⋮ | ⋮ |
| 孔深 $L$ 7.0 | 5.1 | 5.0 | 5.0 | 4.9 | 4.8 | 4.8 | 4.7 | 4.6 | 4.6 | 4.5 | 4.5 | 4.4 | 4.3 | 4.3 | 4.2 | 4.2 | 4.1 | — | — |
| 孔深 $L$ 7.2 | 5.2 | 5.1 | 5.1 | 5.0 | 4.9 | 4.9 | 4.8 | 4.7 | 4.7 | 4.6 | 4.5 | 4.5 | 4.4 | 4.4 | 4.3 | 4.3 | 4.2 | | |
| ⋮ | ⋮ | ⋮ | ⋮ | ⋮ | ⋮ | ⋮ | ⋮ | ⋮ | ⋮ | ⋮ | ⋮ | ⋮ | ⋮ | ⋮ | ⋮ | ⋮ | ⋮ | ⋮ | ⋮ |

| 同段间距 $a$ | 2.2 | 2.3 | 2.4 | 2.5 | 2.6 | 2.7 | 2.8 | 2.9 | 3.0 | 3.1 | 3.2 | 3.3 | 3.4 | 3.5 | 3.6 | 3.7 | 3.8 | 3.9 | 4.0 |
|---|---|---|---|---|---|---|---|---|---|---|---|---|---|---|---|---|---|---|---|
| ⋮ | ⋮ | ⋮ | ⋮ | ⋮ | ⋮ | ⋮ | ⋮ | ⋮ | ⋮ | ⋮ | ⋮ | ⋮ | ⋮ | ⋮ | ⋮ | ⋮ | ⋮ | ⋮ | ⋮ |
| 孔深 $L$ 12.0 | + | + | 6.6 | 6.5 | 6.4 | 6.3 | 6.2 | 6.1 | 6.0 | 5.9 | 5.8 | 5.7 | 5.6 | 5.6 | 5.5 | 5.4 | 5.3 | 5.2 | 5.1 | 5.0 |
| 孔深 $L$ 12.2 | + | + | 6.7 | 6.6 | 6.5 | 6.3 | 6.2 | 6.1 | 6.0 | 5.9 | 5.8 | 5.7 | 5.6 | 5.5 | 5.4 | 5.3 | 5.3 | 5.2 | 5.1 | 5.0 |
| ⋮ | ⋮ | ⋮ | ⋮ | ⋮ | ⋮ | ⋮ | ⋮ | ⋮ | ⋮ | ⋮ | ⋮ | ⋮ | ⋮ | ⋮ | ⋮ | ⋮ | ⋮ | ⋮ | ⋮ |

上层严格按查表装药：$q_j = 0.35$；$Q_L = 12$     $L_t = \dfrac{Q_L L}{aLq + Q_L}$ 且 $1.2a \leq L_t \leq 3.0a$

## 4 方法二：孔内3层装药逐孔逐段起爆应用实例

爆区距居民楼最近距离40m，微风化花岗岩，$f = 12 \sim 14$。孔深4.5m，孔径φ115mm，每排5孔共4排，计划20孔（图1），装药19孔，采用φ90乳化炸药，共装药123.5 kg，爆破体上面覆盖4层非国标建筑安全网（主要用于降低噪声和粉尘）。爆破后只是向上隆起1m多，无飞石，爆破深度4.2m，实测爆破振动速度为0.8cm/s。

孔深的确定是根据现场需要爆破的深度加超深，炮孔深度定为4.5m。从表中查得炮孔间、排距大致范围，在此既要考虑炮孔全长时的间距，又要兼顾最上一层的间距。本例选间、排距1.6m（图4），实际成孔间、排距1.3～1.8 m。因距离民房较近，取 $q_j = 0.2\text{kg/m}^3$，采用延米装药量10kg/m的填塞长度表，查表每孔装药6～7kg，取6.5kg。分三层装药，上层、中层

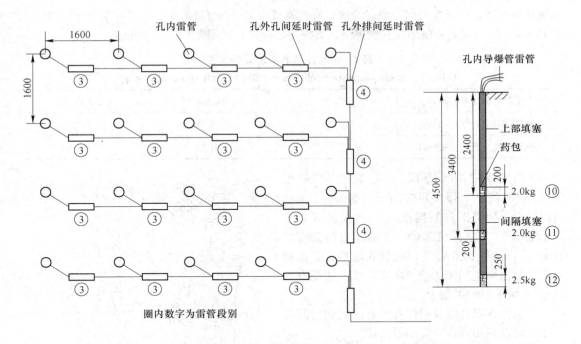

图 4 非台阶拉槽爆破3层装药逐孔逐段起爆药结构及起爆网路图

Fig. 4 The charge structure and initiation network of non-bench cuting blasting 3 layer powder charge technology and detonation of hole-by-hole and section-by-section

各 2.0kg，下层 2.5kg，查表孔深 2.4m（上层药包底部至孔口的长度），堵塞 2.2 m（见图4）。上层填塞长度和装药量必须严格按表操作，必须保证填塞质量，这关系到爆破效果和爆破安全。爆破深度见图5。

## 5 炸药计算单耗 $q_j$ 的选取

根据爆区与被保护对象的距离 $R$ 和最小抵抗线 $W$ 的大小来选取炸药计算单耗 $q_j$。在岩石坚固性系数 $f \leqslant 14$ 时，风化至微风化的花岗岩按表2所示条件选取。在实际爆破作业中，即使采用表中最右边的数值也不会出现飞石，可能会出现整体向上抛起的高度略高些。但为了安全更有保障，针对爆区与被保护对象的不同距离，表2分为3区间为 $q_j$ 提出建议值。

## 6 延时时差和上下层的起爆顺序对爆破效果和爆破安全的影响

图6是方法一的"起爆顺序对爆破效果影响分析图"。由于拉槽爆破最先爆是中间的掏槽炮（图2上层1段，对应下层的10段），它与扩槽炮（图2上层6段、7段、8段，对应的下层12段、13段、14段）的岩石位移方向不一致。掏槽炮岩石作垂直向上位移，扩槽炮岩石向掏槽炮的方向作水平位移。因此，掏槽炮必须为扩槽炮

图 5 爆破深度实景图
Fig. 5 Blasting depth

提供补偿空间，这需要时间。根据经验，浅孔爆破应大于等于100ms，深孔爆破一般应大于等于150ms。时间太短还没形成补偿空间，影响爆破效果；时间太长不利于安全。

表2 炸药计算单耗 $q_j$ 取值范围

Table 2　Value range of explosive calculated unit consumption $q_j$

| 与保护对象的距离 $R$/m | $R<50$ | $50 \leqslant R \leqslant 100$ | $R>100$ |
|---|---|---|---|
| 小孔径爆破（孔径≤42mm） | 0.20 | 0.25 | 0.30 |
| 大孔径爆破（孔径≥76mm） | 0.25 | 0.30 | 0.35 |

下层的掏槽炮（10段），应在上层扩槽炮（6、7段）炮孔起爆一定时间后再起爆。从图6可以看出，如果下层的掏槽炮（10段区域）先于上层的6、7段区域起爆，它的自由面宽度只有BC；只有当上部6、7段区域先爆后，下部掏槽炮的自由面空间扩大至AD或更大，才能有效减小10段区域的夹制力。

方法二各层各段及相邻孔的起爆间隔时间与方法一的思路相同，在此不再赘述。

## 7　几点说明

（1）方法一上层同段起爆的相邻孔，一定要以与其最近的炮孔孔距 $a$ 作为计算依据，以此计算才不会出现过量装药，才能有效控制飞石。

（2）由于考虑到掏槽区形成的第2临空面不是很充分，为防止冲炮，方法一对拉槽区以外同段起爆的各炮孔，也应以与其相邻的最小间距来计算装药量和填塞长度。

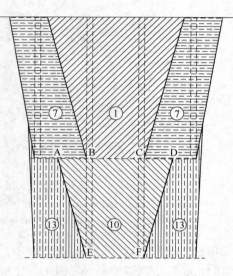

图6　起爆顺序对爆破效果影响分析图

Fig. 6　Analysis of effect of blasting sequence on blasting effect

（3）不同孔深对计算单耗 $q_j$ 的选取有区别，孔深越浅意味着最小抵抗线越小，$q_j$ 应相应减小一些。根据经验，孔深小于3.5m的炮孔，$q_j$ 应下降一个档次，在此人为地将每 $0.05\text{kg/m}^3$ 定为一档（针对表2的大孔径）。

（4）上层掏槽区的爆破当采用普通毫秒雷管时应选择3段或以下段别的雷管，如果用5段或以上段别的雷管，同段起爆的延时误差过大，爆破效果明显不佳。

（5）当地形不平整，孔口附近有斜面或岩坎时，应对填塞长度进行调整，使药柱上端面与临空面的距离不小于计算的填塞长度[3]。

## 8　结语

严格按式（3）制作的表格和上述起爆顺序的原则装药和填塞，已完成的相关工程都能达到预期爆破效果。该方法最先用于1层非台阶爆破，已使用多年，使用孔径分别有 $\phi$140、$\phi$115、$\phi$76和 $\phi$40，无论大、小孔径，飞石控制和爆破效果都很好。

上述介绍的两种方法，其目的就是为了降低最大单段药量，为城市环境条件下减少爆破振动对周边建筑物的影响。如果起爆雷管的段数足够多（如电子数码雷管），方法一至少还可增加一层装药，可做到孔内分3段起爆，一次拉槽的深度更大，也更有利于控制爆破振动。

## 参 考 文 献

[1] 付天杰，郭峰. 特坚硬岩石基坑浅孔控制爆破技术[J]. 工程爆破，2011，17(2)：31-33.
[2] Li S M, Luo W. A Method of Effective Controlling the Fly-rock in Rock Blasting under the Condition of Non-bench. ICEB 2013 The 7th International Conference on Exp-losives and Blasting (China-Japan-Korea).
[3] 黎蜀明. 一种控制爆破飞石的有效方法[M]. 中国爆破新技术Ⅲ，北京：冶金工业出版社，2012：1030.

# 大型弧形高边坡预裂爆破设计与施工技术

王永虎[1]　李雷斌[2]　金沐[2]　肖涛[2]

(1. 中国石油工程设计有限公司华北分公司，河北 任丘，062550；
2. 中铁港航局集团有限公司，广东 广州，510660)

**摘　要**：本文介绍了舟山国家石油储备基地扩建项目高边坡预裂爆破的设计与施工方法。为保证弧形高边坡开挖成型，且最大程度减小爆破对预留高边坡的破坏，确保后期库区运营安全，采用深孔大孔径进行预裂爆破设计与施工，对爆破参数、预裂孔的钻孔技术、不耦合装药方法、爆破振动控制等进行了优化。从实际效果来看，深孔大孔径预裂爆破不仅保证了弧形高边坡的成型，确保管线隧道在安全允许振动范围内，而且经济实用，大大节约了工期，对类似工程有一定的参考价值。

**关键词**：弧形边坡；深孔；大孔径；预裂爆破

## Large Arc High Slope Presplit Blasting Design and Construction Technology

Wang Yonghu[1]　Li Leibin[2]　Jin Mu[2]　Xiao Tao[2]

(1. CPE North China Company, Hebei Renqiu, 062550; 2. China Railway Port Channel Engineering Co., Ltd., Guangdong Guangzhou, 510660)

**Abstract**: This paper introduces presplit blasting design and construction method of high slope in the Zhoushan national oil reserve base expansion project. In order to form the shape of the arc high slope, minimize blasting damage to the reserve high slope, and ensure the safety of the lateroil depots operation, the deep hole large-diameter presplit blasting design and construction are applied, which optimize the blasting parameters, presplit blasting drilling technology, decouple charge method, and blasting vibration control. From the point of practical effect, deep hole large-diameter presplit blasting not only ensures to form the shape of the arc high slope, keep pipeline tunnel in the safety vibration, but also is economical, greatly saves the duration, and has the certain reference value to the similar projects.

**Keywords**: arc slope; deep hole; largeborehole; presplit blasting

## 1　引言

预裂爆破是在保护预留边坡的控制爆破中最常用的一种，它在减少爆破对预留边坡岩体的

---

作者信息：王永虎，工程师，181871785@qq.com。

破坏，保持边坡的稳定性方面起着重要作用。本文以舟山国家石油储备基地扩建项目弧形高边坡为工程载体，介绍了深孔大孔径预裂爆破的参数设计与施工方法。

## 2 工程概况

舟山国家石油储备基地扩建项目位于浙江舟山市定海区临城街道岙山岛，设计规模300万立方米，布置10万立方米储油罐30个。油库基地东南侧为中风化-微风化凝灰岩组成的低丘陵地貌，场区建设涉及山体高边坡开挖。高边坡设计为弧形边坡，最大开挖高度127m，坡脚高度8m，坡脚长752m，自下而上共分9级放坡，每级平台宽度3m，台阶高度12～15m，坡度45°～53°（见表1），设计坡面面积75320m²。坡脚为通行路、罐区，边坡安全设计等级为一级。

表1 边坡开挖设计参数表
Table 1 Slope excavation design parameters

| 分级 | 坡率 | 平台高程/m | 平台宽度/m |
| --- | --- | --- | --- |
| 1级 | 1：0.75 | 23 | 3 |
| 2级 | 1：0.75 | 37 | 3 |
| 3级 | 1：0.75 | 51 | 3 |
| 4级 | 1：075 | 65 | 3 |
| 5级 | 1：0.85 | 78 | 3 |
| 6级 | 1：0.85 | 91 | 3 |
| 7级 | 1：0.85 | 104 | 3 |
| 8级 | 1：1 | 116 | 3 |
| 9级 | 1：1 | — | — |

新建管线隧道贯穿山体（与山体开挖同时施工），入口在第1级边坡约中部位置，见图1。边坡爆破时应控制爆破振动对管线隧道的影响。

## 3 爆破方案选择

小孔径预裂爆破虽然能有效控制飞石，减少边坡超欠挖，但施工时间太长、不经济且对于较深的预裂孔不能保证钻孔角度。考虑本工程工期紧，为保证弧形高边坡开挖成型，且最大程度减小爆破对预留高边坡的破坏，确保后期库区运营安全，结合现场实际情况，采用深孔大孔径进行预裂爆破设计与施工。

## 4 爆破器材及施工机具选择

根据现场实际情况，爆破器材及施工机具选择如下：

(1) 主炮孔、缓冲孔选用2号岩石乳化炸药（φ90mm），导爆管雷管；预裂孔使用2号岩石乳化炸药（φ32mm），导爆索加导爆管雷管。

(2) 主炮孔、缓冲孔及预裂孔等均采用φ115钻头的履带式潜孔钻机钻孔。

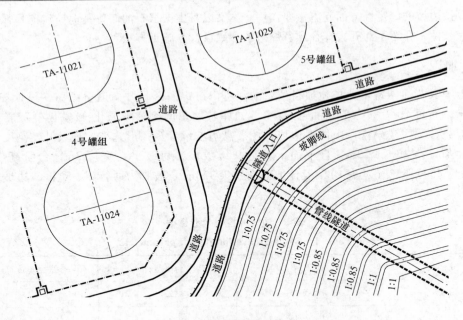

图1 边坡设计平面图
Fig. 1 Slope design plan

## 5 爆破设计

本工程弧形高边坡共9个台阶，每级边坡设计参数不同，为方便定量化计算爆破参数，本文以管线隧道入口处第1级边坡为例进行分析。该处边坡设计参数为：

坡率1∶0.75，台阶高度15m，坡顶圆弧半径105.65m，坡脚圆弧半径116.90m，见图2。

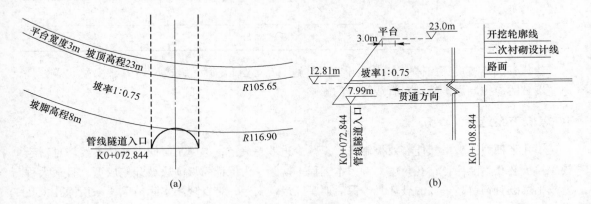

图2 管线隧道入口处第1级边坡示意图
（a）平面图；（b）剖面图
Fig. 2 Pipeline tunnel entrance level 1 slope design

### 5.1 主炮孔

主炮孔采用深孔控制爆破，其爆破参数见表2。

表 2 深孔爆破参数设计表
Table 2 Deep hole blasting parameters design

| 参数名称 | 单位 | 取值 | 备注 |
|---|---|---|---|
| 钻孔直径 $D$ | mm | 115 | |
| 台阶高度 $H$ | m | 15 | 边坡设计高度 |
| 钻孔角度 $\alpha$ | (°) | 90 | |
| 排距 $b$ | m | 3.8 | |
| 孔距 $a$ | m | 5.2 | |
| 超深 $h$ | m | 1.0 | |
| 孔深 $L$ | m | 16.0 | |
| 堵塞长度 $l_0$ | m | 4.6 | |
| 底部装药长度 $l_b$ | m | 2.5 | |
| 柱状装药长度 $l_p$ | m | 8.9 | |
| 每延米装药量 $\rho$ | kg/m | $\rho_b = 11.73$<br>$\rho_p = 7.19$ | 底部耦合装药，柱状不耦合装药 |
| 每孔装药量 $Q$ | kg | 93.32 | |
| 单位炸药消耗量 $q$ | kg/m³ | 0.315 | |

## 5.2 预裂孔

管线隧道入口处第 1 级边坡倾角为 53.1°，台阶高度 15m，钻孔直径 115mm，预裂爆破参数见表 3。

表 3 预裂爆破设计参数表
Table 3 Presplit blasting design parameters

| 参数名称 | 单位 | 取值 | 备注 |
|---|---|---|---|
| 钻孔直径 $D$ | mm | 115 | |
| 孔距 $a$ | m | 1.5 | |
| 钻孔角度 $\alpha$ | (°) | 53.1 | |
| 线装药密度 $l_{ex}$ | kg/m | 1.09 | |
| 超深 $h$ | m | 0.7 | |
| 孔深 $L$ | m | 19.5 | |
| 填塞长度 $l_0$ | m | 2.3 | |
| 单孔装药量 $Q$ | kg | 19.84 | |

## 5.3 缓冲孔

缓冲孔是用来降低主炮孔对预留边坡的爆破危害，同时为了降低大块率达到更好的爆破效果，在最后一排主炮孔与预裂孔之间布置的炮孔。根据主炮孔与预裂孔之间的距离，本次设计布置 2 排垂直缓冲孔。

当主炮孔与缓冲孔的孔径相同时，缓冲孔的排距 $b$ 与孔距 $a$ 为主炮孔的 70% ~ 80%，具体参数如下：排距 $b = 0.8 \times 3.8 = 3.0$m，孔距 $a = 0.8 \times 5.2 = 4.2$m，其余参数按照深孔爆破参数相关计算公式计算。

## 5.4 布孔方式

主炮孔、缓冲孔采用梅花形布孔，预裂孔沿坡顶圆弧布置，见图 3。

## 5.5 装药结构

(1) 主炮孔：连续装药结构，底部耦合装药，柱状部分不耦合装药（不耦合系数1.28）。

(2) 缓冲孔：连续装药结构，第1排缓冲孔（靠近最后一排主炮孔），采用柱状不耦合装药结构（不耦合系数1.28）；第2排缓冲孔（靠近预裂孔），采用底部耦合装药结构。

(3) 预裂孔：采用不耦合空气间隔装药结构。

所有炮孔均堵塞，主炮孔、缓冲孔及预裂孔的装药结构，见图4。

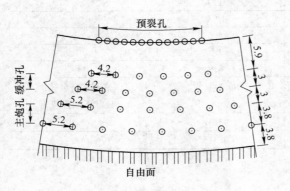 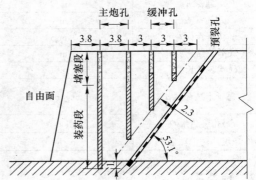

图3　钻孔布置平面图  
Fig. 3　Borehole layout plan

图4　主炮孔、缓冲孔及预裂孔装药结构图  
Fig. 4　Charging of main production, buffer and presplit holes

## 5.6 起爆网路

(1) 主炮孔、缓冲孔：本工程爆破主炮孔及缓冲孔采用的起爆网路是导爆管雷管、孔外延期的接力式起爆网路，单孔单响可有效降低爆破振动有害效应对新建管线隧道的影响（或根据最大单响药量控制多孔同时起爆），图5为逐孔接力式起爆网路。

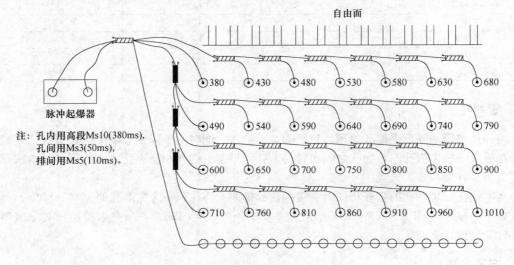

图5　逐孔接力式起爆网路  
Fig. 5　Hole by hole initiation pattern

(2) 预裂孔：预裂孔内采用导爆索串联，所有预裂孔均同时起爆或根据最大单响药量控制分组起爆（每组约 5~10 个预裂孔），分组起爆时间间隔约 25ms。导爆索主线与主炮孔的最初传爆雷管连接，如图 5 所示。

## 5.7 爆破振动控制

本工程新建管线隧道与山体边坡爆破同时施工，由于隧道入口在第 1 级边坡正下方，隧道贯通需等待第 1 级边坡开挖完成之后，才能由隧道出口向入口方向进行爆破贯通，同时考虑山体边坡对管线隧道的爆破振动影响，隧道预留 36m（12 个进尺），见图 2。

根据本工程前期多次爆破测得的振动数据及相关爆破参数，线性回归得到以下 3 个振动速度公式：

竖直向：
$$v = 247.9\left(\frac{\sqrt[3]{Q}}{R}\right)^{1.70} \tag{1}$$

水平径向：
$$v = 107.8\left(\frac{\sqrt[3]{Q}}{R}\right)^{1.31} \tag{2}$$

水平切向：
$$v = 297.4\left(\frac{\sqrt[3]{Q}}{R}\right)^{1.66} \tag{3}$$

式中 $v$——保护对象所在地质点振动速度，cm/s；

$Q$——炸药量，延时爆破为最大一段药量，kg；

$R$——爆源至保护对象的距离，m。

对于交通隧道，《爆破安全规程》规定安全允许速度 12~15cm/s，取最小值 12.0cm/s，以此代入式（1）、式（2）、式（3）分别计算出在允许安全振速时同时起爆炸药量如下：

$$Q_{竖向} = 222.92\text{kg}; \quad Q_{径向} = 305.82\text{kg}; \quad Q_{切向} = 141.04\text{kg}$$

根据计算结果，取 $Q = \min\{222.92, 305.82, 141.04\} = 141.04\text{kg}$ 作为同时起爆炸药量，来控制山体边坡爆破振动对管线隧道的影响。

因此，主炮孔和辅助孔采用逐孔接力式起爆网路，单孔最大装药量为 93.32kg < 141.04kg；预裂孔每孔装药量为 19.84kg，按每组不多于 7 个预裂孔分组起爆，可确保山体边坡爆破时管线隧道在安全允许振动范围内。

## 6 预裂爆破施工及效果分析

预裂爆破效果的好坏很大程度上取决于预裂孔的方向、角度和深度。施工前，用中海达 GPS V30 的圆弧放样功能准确测出设计边坡线和预裂孔的位置，然后在距离预裂孔 2m 左右再进行圆弧放样以便预裂孔的定位，此时应注意两次放样时坡顶孔距与"坡脚孔距"的区别，避免定向错误，见图 6。预裂孔的角度应与设计边坡坡度一致，钻孔过程中用坡度尺进行校正。

从实际效果来看，采用深孔大孔径预裂爆破，爆破效果达到了预期的目的，没有出现欠挖及超挖现象，不仅保证了弧形高边坡的成型（见图 7、图 8），增加了预留边坡的稳定性，降低了山体边坡爆破振动对管线隧道的影响，而且使装载、运输和机械破碎等后续工序发挥高效率，节约了工期，同时也降低了工程的总成本。

图 6 预裂孔钻孔
Fig. 6 Presplit hole drilling

图 7 预裂爆破局部效果图
Fig. 7 Part of effects from presplit blasting

图 8 预裂爆破全局效果图
Fig. 8 All of effects from presplit blasting

## 7 结论

(1) 本工程采用深孔大孔径预裂爆破方案,严格控制了超欠挖,不仅保证了弧形高边坡的成型,增加了预留边坡的稳定性。

(2) 主炮孔和辅助孔采用逐孔接力式起爆网路,预裂爆破按每组不多于 7 个预裂孔分组起爆(分组起爆时间间隔 25ms),严格控制同时起爆炸药量,确保了山体边坡爆破时管线隧道在安全允许振动范围内。

(3) 深孔大孔径预裂爆破辅助缓冲孔,有效解决了大块率问题,同时降低了单位炸药消耗量,提高了经济效益,还使装载、运输和机械破碎等后续工序发挥高效率,节约了工期。

### 参 考 文 献

[1] 汪旭光. 爆破设计与施工[M]. 北京:冶金工业出版社,2013:247-262.

[2] 丁率. 高边坡深孔预裂爆破施工技术[J]. 福建建材,2010(5):88-89.

[3] Wyllie C. Duncan, MahRock W. Christopher. Slope Engineering 4th Edition[M]. New York:Spon Press,2004:253-261.

[4] 杨年华. 爆破振动理论与测控技术[M]. 北京:中国铁道出版社,2014:148-149.

[5] Read John, Stacey Peter. Guidelines for Open Pit Slope Design[M]. Australia:CSIRO publishing,2009:276-310.

[6] 吴亮,金沐,李雷斌,等. 露天矿边坡爆破对既有隧道的影响分析[J]. 金属矿山,2015(5):8-9.

# 八达岭索道厂房基础控制爆破技术研究

石连松[1]　高文学[1]　刘　冬[1,2]　王林台[1]　曹晓立[1]

(1. 北京工业大学建工学院，北京，100124；
2. 北京市道路工程质量监督站，北京，100076)

**摘　要**：采用合理的孔网参数、限制最大单段起爆药量、合理优化孔排间延期时间等技术措施，采用一定的减振及防飞石方法，有效控制了爆破产生的振动效应，不仅使爆破后的岩石块度达到了工程要求，有效保证了基础周围边坡的稳定，同时确保了爆区周围设备、设施的安全，对以后临近高边坡土石方爆破参数的选取具有一定的参考意义。

**关键词**：爆破振动；高边坡；稳定；土石方爆破

## Study on Controlled Blasting Technology of BADALING Cableway Factory Building

Shi Liansong[1]　Gao Wenxue[1]　Liu Dong[1,2]　Wang Lintai[1]　Cao Xiaoli[1]

(1. Architecture and Engineering Institute of Beijing University of Technology, Beijing, 100124; 2. Beijing Road Engineering Quality Supervision Station, Beijing, 100076)

**Abstract**: Using reasonable borehole parameters, limiting the largest single charge, optimizing delay time interval, adopting vibration-absorption measures and fly rocks preventive measures, the blasting vibration effect was effectively controlled. Using the above measures, rock fragments after blasting met engineering requirements, the stability of the slope around foundation was effectively guaranteed, at the same time safety of the equipment and facilities around blasting area was ensured. The successful experience of the blasting can be referred for selection of future high slope earth Work blasting parameters.

**Keywords**: blasting vibration; high slope; stability; earth work blasting

## 1　引言

风景名胜区基础开挖、场地平整等，往往需要进行石方爆破，这使得在复杂环境下实施爆破作业时安全控制成为突出的问题。如果采用传统的浅孔爆破，不仅难以满足施工工期的要求，而且频繁的爆破振动、噪声等所引起的扰民问题亦严重影响工程施工；采用深孔爆破，其规模要比浅孔爆破大得多，但对爆破地震波、爆破飞石等有害效应的控制提出了更高的要求。

本文结合八达岭长城北线索道下站厂房基础爆破开挖工程，探讨了在5A级旅游景区复杂环境下，通过控制毫秒延期爆破最大段别药量、开挖减振沟、采用逐孔起爆技术和安全防护等

作者信息：石连松，工程师，sls_0829@126.com。

措施，有效地控制爆破振动和爆破飞散物的施工方法。本次爆破取得了圆满成功，基础高边坡、临近建（构）筑物及旅游设施等得到了有效保护。

## 2 工程概况

八达岭北线索道工程因改扩建的需要，拟拆除北线索道下站厂房及基础、上站隧道（部分）以及缆车设备塔座基础等。其中下站厂房基础开挖范围约35m（宽）×55m（长），开挖深度3.5~6.9m。基础及边坡岩石为风化~微风化花岗岩，岩石坚固性系数为8~14。由于岩石坚硬，拟采用爆破方法开挖，爆破基础如图1所示，图2为爆破前岩石基础实拍图。

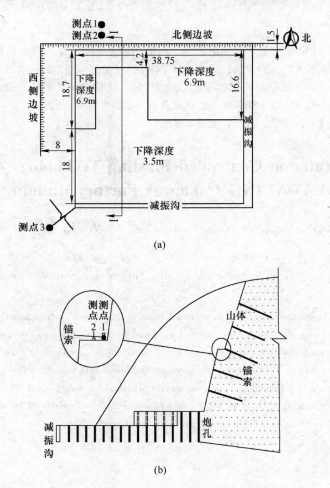

图1 爆破岩石基础平面图
（a）待加深基础及测点布置平面图；（b）待加深基础及测点布置Ⅰ—Ⅰ横断面图
Fig. 1 Plane graph of blasting rock foundation

拟开挖下站厂房基础，北侧和西侧均为高陡边坡，边坡高度8~30m，坡比约75°；厂房开挖基础距离北侧高边坡1.5m，距离西侧边坡坡脚8m。原下站厂房在建设过程中对边坡进行了锚索加固，因时间长，锚索加固长度、材质等无资料查证。此外，在基础南侧35m为配电室、50m为新购缆车设备存放处。

图 2 爆破前岩石基础实拍图
Fig. 2 Picture of rock foundation taken before blasting

## 3 爆破方案设计

### 3.1 方案选择

拟开挖下站厂房基础北侧和西侧均为高陡边坡；边坡在厂房建设之初进行了锚索加固，但因时间长，锚索加固长度、材质等无资料查证；另在基础处有配电室以及新购缆车设备存放仓库。施工期间，除需拆除部分长城对游客封锁外，其他区段均对游客开放，以上种种限制条件均对爆破提出了较为严格的要求。基于此，本工程采用排间和孔间毫秒延期深孔爆破技术，最大限度地减小单段起爆药量，同时，从理论和经验两个方面确定较为合理的爆破孔网参数，在自由面薄弱处减小装药量，避免爆破飞散物飞散过远，对建构筑物及人员造成伤害。采用合理的爆破方案及防护措施，以期达到较好的爆破效果。

### 3.2 爆破参数设计

根据工程设计及工期的要求，结合实际情况，采用潜孔钻机进行钻孔作业，为减小爆破振动对边坡的影响，靠近边坡的一排炮孔采用间隔装药，在采用排间延期起爆的同时，靠近边坡的一排 3~5 个炮孔延期一次，具体设计孔网参数如下：

（1）孔径和孔深。选取钻孔直径 $d = 90$ mm，根据工程要求及现场地形条件，钻孔深度 $H = 4.5 \sim 7.9$ m；为尽量避免炮孔底部产生根底，在设计炮孔深度时，留出一定的炮孔超深，参照爆破设计手册以及以往的爆破经验，在本工程中取超深 $h = (0.12 \sim 0.25)H = 1$ m，为钻孔施工方便，结合基础周边条件钻孔倾角 $\alpha = 90°$。

（2）采取合理的底盘抵抗线是爆破能否取得成功的关键，在本设计中底盘抵抗线 $W_1 = k \times d = 2.5$ m（系数 $k$ 一般取 25~45；$d$ 为炮孔直径）；孔距 $a = mW_1 = 3$ m（炮孔密集系数 $m$ 通常大于 1，本设计中取 1.2）；布孔方式采用梅花形布孔，排距 $b = a\sin 60°$，本设计中取 $b = 2.5$ m。

（3）填塞长度和装药长度。确定合理的填塞长度以及填塞质量，能有效改善爆破效果和提高炸药能量利用率；填塞长度与填塞材料、填塞质量密切相关，本爆破工程采用岩屑填塞炮孔，填塞长度 $l_2 = (0.7 \sim 1.0)W_1$，本工程中取 $l_2 = 2.5$ m。

（4）单位炸药消耗量。单位炸药消耗量是深孔爆破中的重要指标。在深孔爆破中，一般根据爆破块度尺寸要求、岩石的坚固性、炸药种类、自由面条件和施工技术等因素综合确定。

根据岩石坚固性系数结合实际情况及以往成功爆破经验，本工程中，单位炸药消耗量取 $q = 0.4\text{kg/m}^3$ [1]。

### 3.3 起爆网路设计

#### 3.3.1 延期时间的确定

多排孔毫秒延期起爆的原理是：（1）相邻孔的应力波相互叠加，增强岩石的破碎效果；（2）先爆孔为后爆孔创造新的自由面；（3）爆落岩石之间相互碰撞增强破碎；（4）减小爆破振动。

另外，孔间延期时间的选择应满足以下要求：（1）延期时间过长相当于单孔爆破漏斗发挥作用，甚至破坏爆破网络，延期时间过短，前一个炮孔在还没有为下一个炮孔形成自由面，起不到延期爆破的作用[2]；（2）合理的延期时间不仅能提高爆破效果还能够降低爆破振动效应。有研究表明在目前的雷管延期精度和大毫秒延时的作用下相位叠加的现象很少发生[3]。

基于以上考虑，在本爆破工程中采用孔外接力的延期方式，在相邻排间及排内均采用孔外延期的方式。相邻排间延期时间取 110ms，即排间采用 5 段非电导爆管雷管进行延期；孔间延期时间取 50ms，即排内孔间采用 3 段非电导爆管雷管进行延期；1~15 排炮孔内采用 12 段导爆管雷管，最后一排（靠近边坡）即第 16 排炮孔内部采用 12 段导爆管雷管和 14 段导爆管雷管交错布置，同时，最后一排炮孔采用间隔装药，最大程度上减小单段爆破药量。

#### 3.3.2 起爆网路的选择

该基础共布置钻孔 16 排，采用孔间和排间毫秒延期爆破技术，非电导爆管网路，最后用电雷管起爆。起爆顺序为：东西同排方向上，从基础中间向东西两侧依次起爆；南北排间方向上，从基础南部第 1 排向基础北部第 16 排依次起爆，排间采用 5 段导爆管雷管进行延期，同排炮孔间采用 3 段导爆管雷管进行延期，最大程度上避免了相邻排间及排内炮孔产生爆破振动叠加，对周围边坡起到了一定的保护作用。起爆网路图如图 3 所示。

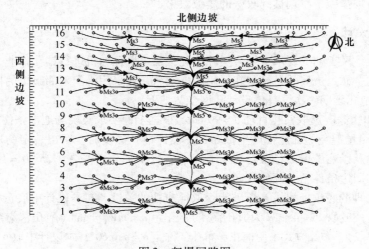

图 3 起爆网路图

Fig. 3 Blasting network diagram

第 1 排至第 12 排炮孔采用每两排延期一次，排内每 4~5 个炮孔延期一次；由于第 13 排至第 16 排靠近高边坡，为减小爆破振动的影响，炮孔采用每一排延期一次，排内每 3~5 个炮孔延期一次。

## 4 爆破安全技术与监测分析

### 4.1 爆破安全技术

此次爆破需要重点防护的对象是北侧和西侧的高边坡，边坡上的加固锚索，特别是北侧边坡，该侧边坡坡脚和最后一排炮孔最短距离为1.5m；另外，基础南侧新购缆车设备存放场地以及配电室也需要保护。

为减小爆破产生的振动效应以及最大限度控制爆破飞石的飞散，采用了以下防护和降振措施方法：(1) 采用孔间、排间毫秒延期技术以及最后排采用间隔装药，控制最大单段药量；(2) 在基础南侧开挖减振沟，从一定程度上减小了爆破振动对周围设施的影响，同时，也为第一排创造了自由面；(3) 采用草垫覆盖爆区，草垫上方炮孔位置压盖沙袋，有效控制了爆破飞石的飞散。

### 4.2 爆破监测结果

为了清楚爆破振动的大小，以及为此类工程积累宝贵的数据和经验，本爆破工程进行了爆破振动监测，此次爆破共布置三个振动测点，监测的主要内容是测点的峰值振动速度以及振动频率。振动监测对象是北侧和西侧经锚索加固的高边坡以及西南侧临时变电站。振动监测仪器平面布置情况如图1所示。

### 4.3 爆区北侧和西侧高边坡的爆破振动监测

在北侧边坡台阶上共布置了1号、2号两个测点，其中2号测点布置在锚索出露部分上，1号测点布置在锚索旁边1m处的台阶边坡岩石上以形成对比。图4和图5分别为测点1、测点2的爆破振动波形图以及频谱分析图。

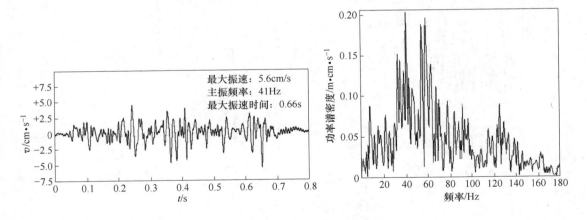

图4　测点1振动波形及频谱图

Fig. 4　Vibration waveform and frequency spectrum of measuring at point 1

从以上波形图可以得出，此次爆破测点1峰值振动速度为5.6cm/s，主振频率为41HZ；测点2峰值振动速度为5.3cm/s，主振频率为58Hz。

一般情况下，吨位在1000~3000kN范围内的预应力锚索，在单响药量不超过300 kg时，大多数中等岩性的工程岩体的预应力锚索影响区在5~10m范围以内，且不会发生失效

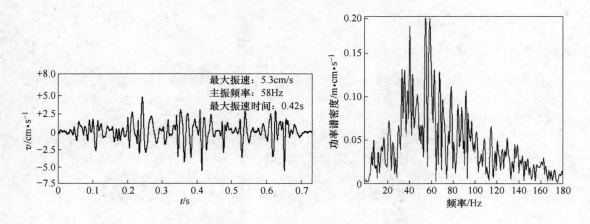

图 5 测点 2 振动波形及频谱图
Fig. 5 Vibration waveform and frequency spectrum of measuring at point 2

破坏[4]。

此次爆破的最大单响药量仅为 23kg，从测得的结果以及爆破效果来看，此次爆破未对北侧及西侧边坡造成显著影响。

### 4.4 爆区西南侧临时变电站振动监测

测点 3 布置在爆区西南侧临时变电站附近，测点 3 距离爆区的最近距离为 50m，测点布置情况如图 1 所示，图 6 为测点 3 的振动波形图和频谱分析图。

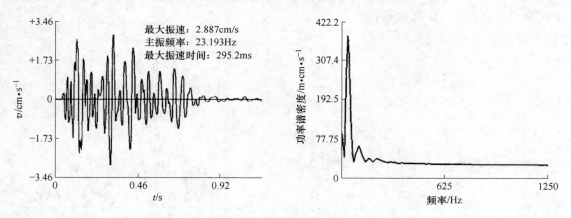

图 6 测点 3 振动波形及频谱图
Fig. 6 Vibration waveform and frequency spectrum of measuring at point 3

从测量结果来看，此次爆破测点 3 峰值振动速度为 2.887cm/s，主振频率为 3.193Hz，对比爆破结果得出，此次爆破没有发生电力开关受振跳闸的现象。

### 4.5 结语

由于爆区北侧以及西侧紧邻用锚索加固的高边坡，且锚索加固无详细资料作为参考依据，

图 7 爆破后岩石基础实拍图
Fig. 7 Picture of rock foundation taken after blasting

在这种情况下此次爆破采用孔内、排间毫秒延期技术,合理选择孔网参数和炸药单耗,有效保证了基础北侧和西侧边坡的稳定;同时采用开挖减振沟槽、爆区上方覆盖草垫等减振、防飞石措施,确保了南侧广场缆车设备以及临时活动办公楼的安全;从爆破结果(图7)来看,爆破后岩石块度均匀,基本无超挖、欠挖现象,此次爆破取得了较好的爆破效果,为此类环境下的爆破工程提供参考依据。

## 参 考 文 献

[1] 汪旭光,郑炳旭,张正忠,刘殿书. 爆破手册[M]. 北京:冶金工业出版社,2010.
[2] 张兆元,于宝新. 齐大山铁矿精确微差逐孔起爆技术试验研究[J]. 金属矿山,2004,5:4-7.
[3] 李顺波. 精确延时控制爆破作用机理研究:[D]. 北京:北京理工大学机电学院,2013.
[4] 李宁. 爆破应力波对边坡预应力锚索的动力影响[J]. 岩石力学与工程学报. 2007,7.

# 小间距下穿高铁隧道控制爆破技术

孟祥栋[1]　王立川[2]　孟令天[3]　钟金贝[3]
曾维英[3]　王守伟[4]　刘文鹏[5]　鲁甲兵[5]　蔡正清[5]

（1. 重庆城建控股(集团)有限责任公司，重庆，404100；2. 成都铁路局，四川 成都，610000；3. 重庆旭博建筑工程咨询有限责任公司，重庆，404100；4. 重庆市公安局，重庆，400023；5. 中铁十局集团第三建设有限公司，安徽 淮南，232000）

**摘　要**：本文以下穿兰渝线龙凤隧道的泄水洞为例，介绍了距上方运营客运专线仅5m时的爆破方法、爆破参数、起爆方式和电子雷管起爆时差。工程爆破效果良好，振动控制有效，保证了泄水洞在雨季前贯通，避免客运专线再次因雨停运。可为类似的工程作为参考。

**关键词**：下穿；微振法；电子雷管；逐孔起爆；错相减振；精确延时

## Controlled Blasting Technology for Tunnel Crossing under High-speed Rail in Small Distance

Meng Xiangdong[1]　Wang Lichuan[2]　Meng Lingtian[3]　Zhong Jinbei[3]
Zeng Weiying[3]　Wang Shouwei[4]　Liu Wenpeng[5]　Lu Jiabing[5]　Cai Zhengqing[5]

（1. Chongqing Urban Construction Holding(Group) Co., Ltd., Chongqing, 404100; 2. Chengdu Railway Bureau, Sichuan Chengdu, 610000; 3. Chongqing Xubo Engineering Consultancy Co., Ltd., Chongqing, 404100; 4. Chongqing Municipal Public Securing Bureau, Chongqing, 400023; 5. China Railway Ten Bureau Group Third Construction Co., Ltd., Anhui Huainan, 232000）

**Abstract**: This paper takes the engineering project as an example, which the drainage tunneling is progressed under current Longfeng high-speed rail line. It introduces the blasting method, blasting parameter, detonation and the time difference technique of electronic detonator for the situation that blasting center is only 5 meters below high-speed rail line. Results of blasting effect are prominent, and blasting vibration is effectively controlled. This enables drainage tunneling to be completed before wet season, hence high-speed rail is prevented from being out of service. This paper can be a sound reference to similar engineering project.

**Keywords**: under pass; slight vibration method; electronic detonator; hole-by-hole blasting method; stagger method; accurate delay

## 1　引言

随着国家高铁建设的不断推进，高铁运营线的泄水洞施工下穿既有线已是常见的情况。为

---

作者信息：孟祥栋，教授级高级工程师，1747036625@qq.com。

了确保高铁的运营安全，通常此类工程具有严格的振速控制要求。但由于地质、岩石条件的复杂性，传统微振法通常很难起到有效的减振作用。近些年来，高精度电子雷管以及相应的精确延时控制技术已被广泛应用到各类爆破作业项目中，并取得了显著的减振效果。这也为实现隧道爆破的振速控制增加了另一个有效的技术方法。

## 2 工程概况

因 2015 年雨季兰渝客运专线隧道内地下水涌出，致其停运，故兰渝龙凤隧道泄水洞必须在 2016 年雨季前贯通。该泄水洞分别下穿相邻并行的既有渭井上行线龙凤隧道、渭井下行线龙凤隧道、沪蓉线龙凤隧道，并与它们垂直相交。泄水洞拱顶与既有隧道仰拱底净距仅为 5m，原设计为机械开挖，但因下穿段围岩为弱风化白云岩、灰岩及盐溶角砾岩互层，岩质坚硬，机械开挖效率极低，故决定在绝对保证既有隧道运营安全的前提下，采用控制爆破开挖。在既有线轨道处爆破振速控制在 2.5cm/s 以下。

泄水洞与三条既有线隧道的平面关系如图1所示，剖面关系如图2所示。目前泄水洞的施工进度已下穿渭井线，但尚未及沪蓉线。

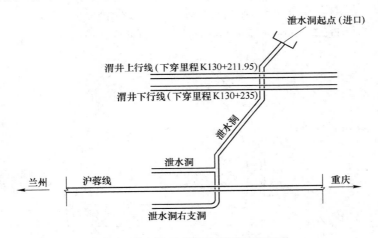

图1 泄水洞下穿既有线平面关系图
Fig. 1 Platform of drainage tunnel and in-service railway

爆破振速监测系统布置在既有隧道与下穿泄水洞正交处的轨道平面。为了避免对既有线运营的干扰，使用无线监测系统。监测仪器在既有线隧道内的安放位置如图3所示。

## 3 下穿前试爆段爆破施工

为保证既有隧道的运营安全，在临近下穿段前施作试验段，在相同工况下进行爆破试验。在试验段中分别使用传统微振爆破和数码智能爆破方法；试验了传统微振分部开挖、电子雷管逐孔起爆和电子雷管错相减振起爆的爆破方案，利用监测数据不断优化方案，最终确定了下穿段的爆破方法、爆破参数、起爆方式。

### 3.1 传统微振分部开挖

#### 3.1.1 爆破设计

因在试验过程中，爆破振动始终严重超标。为了降低振速，孔深从最初的 1.2m 逐渐减小，

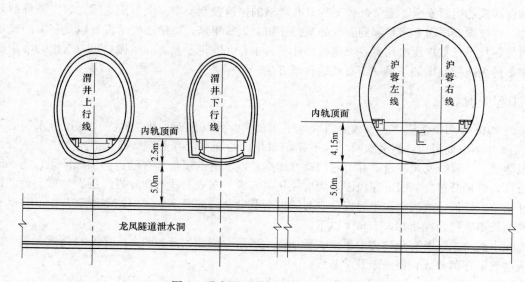

图 2 泄水洞下穿既有线剖面关系图
Fig. 2 Cross-section of drainage tunnel and in-service railway

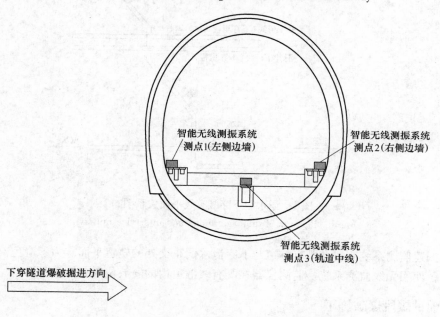

图 3 既有线内测振仪器位置图
Fig. 3 Vibration monitor in railway tunnel

对仅 33.3m² 的小断面隧道开挖方式也从全断面一次爆破调整到分部爆破,直到 0.8m 孔深,按下台阶掏槽部分、下台阶扩槽眼与辅助眼、上台阶辅助眼、底板眼与周边眼的顺序依次分 4 部开挖。这几乎是传统微振爆破工艺的极限。具体的布控图和爆破参数如图 4 及表 1 所示。

### 3.1.2 爆破效果

掏槽部分进尺约 0.8m,成型较平整;下台阶进尺约 0.6m,断面较平整;上台阶进尺约 0.6m,断面较平整;周边眼轮廓较为模糊,不平整。爆破前后效果对比见图 5。

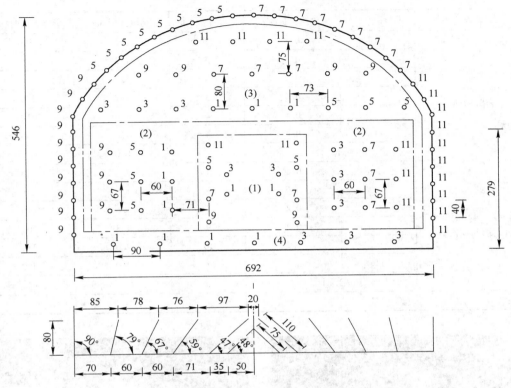

图 4 传统微振法炮孔、段别布置图

Fig. 4 Detonator arrangement using conventional slight vibration method

表 1 传统微振法爆破参数设计表

Table 1 Blasting parameters of conventional slight vibration method

| 爆破部位 | 段别 | 单孔药量/kg | 孔数 | 单段药量/kg | 导爆管延时/ms |
|---|---|---|---|---|---|
| （1）下台阶掏槽部分 | 1 | 0.4 | 2 | 0.8 | 10 |
| | 3 | 0.3 | 2 | 0.6 | 50 |
| | 5 | 0.4 | 2 | 0.8 | 110 |
| | 7 | 0.4 | 2 | 0.8 | 200 |
| | 9 | 0.6 | 2 | 1.2 | 310 |
| | 11 | 0.4 | 2 | 0.8 | 460 |
| | 合计 | | 12 | 5.0 | |
| （2）下台阶扩槽眼与辅助眼 | 1 | 0.4 | 3 | 1.2 | 10 |
| | 3 | 0.4 | 3 | 1.2 | 50 |
| | 5 | 0.4 | 3 | 1.2 | 110 |
| | 7 | 0.4 | 3 | 1.2 | 200 |
| | 9 | 0.4 | 3 | 1.2 | 310 |
| | 11 | 0.4 | 3 | 1.2 | 460 |
| | 合计 | | 18 | 7.2 | |

续表1

| 爆破部位 | 段别 | 单孔药量/kg | 孔数 | 单段药量/kg | 导爆管延时/ms |
|---|---|---|---|---|---|
| （3）上台阶辅助眼 | 1 | 0.4 | 3 | 1.2 | 10 |
| | 3 | 0.4 | 3 | 1.2 | 50 |
| | 5 | 0.4 | 3 | 1.2 | 110 |
| | 7 | 0.4 | 3 | 1.2 | 200 |
| | 9 | 0.4 | 4 | 1.6 | 310 |
| | 11 | 0.4 | 4 | 1.6 | 460 |
| | 合计 | | 27 | 8.0 | |
| （4）底板眼与周边眼 | 1 | 0.6 | 4 | 2.4 | 10 |
| | 3 | 0.6 | 3 | 1.8 | 50 |
| | 5 | 0.2 | 8 | 1.6 | 110 |
| | 7 | 0.2 | 9 | 1.8 | 200 |
| | 9 | 0.2 | 10 | 2.0 | 310 |
| | 11 | 0.2 | 10 | 2.0 | 460 |
| | 合计 | | 37 | 11.6 | |
| 总计 | | | 94 | 31.8 | |

(a) (b)

图 5 爆破效果图
(a) 爆破前下台阶断面；(b) 爆破后下台阶断面
Fig. 5 Blasting effect

表 2 传统微振法最大振速表
Table 2 Peak particle velocity generated by conventional slight vibration method

| 爆破日期 | 最大振速/cm·s$^{-1}$ | 爆破部位 | 爆源距测点直线距离/m |
|---|---|---|---|
| 2016.1.16 | 4.06 | 掏槽孔 | 18.4 |
| 2016.1.17 | 4.10 | 上台阶 | 16.7 |
| 2016.1.18 | 8.85 | 下台阶（除掏槽孔） | 15.8 |

续表2

| 爆破日期 | 最大振速/cm·s$^{-1}$ | 爆破部位 | 爆源距测点直线距离/m |
| --- | --- | --- | --- |
| 2016.1.19 | 8.68 | 上台阶 | 13.9 |
| 2016.1.21 | 6.07 | 上台阶 | 13.4 |
| 2016.3.16 | 7.59 | 上台阶 | 11.7 |
| 2016.3.17 | 12.29 | 上台阶 | 11.3 |
| 2016.3.18 | 15.09 | 周边孔 | 11.0 |

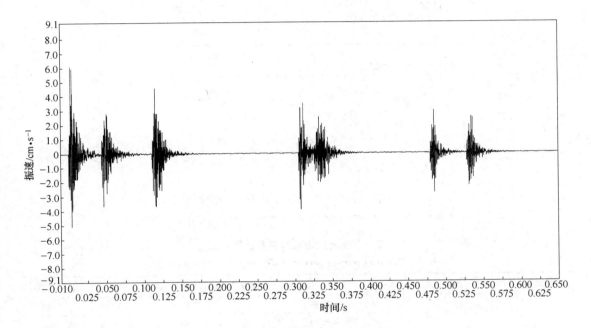

图6 传统微振法爆破振动波形图

Fig.6 Blasting wave generated by conventionalslight vibration method

由监测数据可见,在爆破设计已逼近传统微振爆破工艺的极限的情况下,依然远远无法达到控制振速的要求,尤其是在近距离下。因此必须采用其他爆破方法,故考虑采用电子雷管数码智能爆破方法。

## 3.2 电子雷管逐孔起爆

### 3.2.1 爆破设计

因传统微振爆破的设计思想是每段爆破的振动基本衰减完毕后起爆下一段,使得相邻段的爆破振动不叠加。减少单段药量可以降低爆破振速,当每段只爆破一个炮孔时振动最小(排除孔内分段的情况),所以这种方法减振的极限是单孔单响逐孔起爆。但因为传统导爆管雷管的段位有限,如果单孔单响,则没有足够的段位用于爆破,因此不得不分部爆破。而电子雷管通常具有16000ms总延时,延时间隔可在1~16000ms之间任意调整,精度达1ms,所以逐孔起爆法可完全实现单孔单响并且不受段位的限制,可实现全断面一次爆破,大大提高生产效率。具体爆破参数如图7及表3所示。

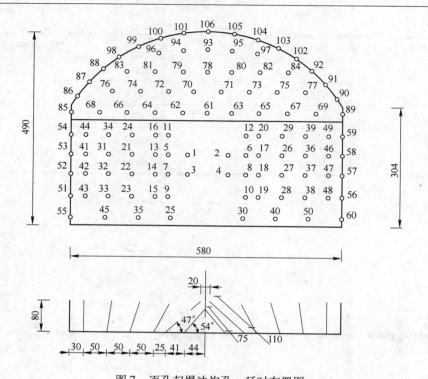

图 7 逐孔起爆法炮孔、延时布置图
Fig. 7 Detonator arrangement using hole-by-hole blasting method

表3 逐孔起爆法爆破参数设计表
Table 3 Blasting parameters of hole-by-hole blasting method

| 爆破部位 | 炮孔编号 | 爆破延时/ms | 单孔药量/kg | 炮孔类别 | 炮孔编号 | 爆破延时/ms | 单孔药量 kg | 炮孔类别 |
|---|---|---|---|---|---|---|---|---|
| 下台阶 | 1 | 1 | 0.2 | 掏槽（里） | 19 | 345 | 0.3 | 扩槽 |
| | 2 | 10 | 0.2 | 掏槽（里） | 20 | 380 | 0.3 | 扩槽 |
| | 3 | 19 | 0.2 | 掏槽（里） | 21 | 415 | 0.3 | 辅助（侧） |
| | 4 | 28 | 0.2 | 掏槽（里） | 22 | 450 | 0.3 | 辅助（侧） |
| | 5 | 37 | 0.4 | 掏槽（外） | 23 | 485 | 0.3 | 辅助（侧） |
| | 6 | 46 | 0.4 | 掏槽（外） | 24 | 520 | 0.3 | 辅助（侧） |
| | 7 | 55 | 0.4 | 掏槽（外） | 25 | 555 | 0.4 | 底板 |
| | 8 | 64 | 0.4 | 掏槽（外） | 26 | 590 | 0.3 | 辅助（侧） |
| | 9 | 73 | 0.4 | 掏槽（外） | 27 | 625 | 0.3 | 辅助（侧） |
| | 10 | 82 | 0.4 | 掏槽（外） | 28 | 660 | 0.3 | 辅助（侧） |
| | 11 | 91 | 0.4 | 掏槽（外） | 29 | 695 | 0.3 | 辅助（侧） |
| | 12 | 100 | 0.4 | 掏槽（外） | 30 | 730 | 0.4 | 底板 |
| | 13 | 135 | 0.3 | 扩槽 | 31 | 765 | 0.3 | 辅助（侧） |
| | 14 | 170 | 0.3 | 扩槽 | 32 | 800 | 0.3 | 辅助（侧） |
| | 15 | 205 | 0.3 | 扩槽 | 33 | 835 | 0.3 | 辅助（侧） |
| | 16 | 240 | 0.3 | 扩槽 | 34 | 870 | 0.3 | 辅助（侧） |
| | 17 | 275 | 0.3 | 扩槽 | 35 | 905 | 0.4 | 底板 |
| | 18 | 310 | 0.3 | 扩槽 | 36 | 940 | 0.3 | 辅助（侧） |

续表3

| 爆破部位 | 炮孔编号 | 爆破延时/ms | 单孔药量/kg | 炮孔类别 | 炮孔编号 | 爆破延时/ms | 单孔药量kg | 炮孔类别 |
|---|---|---|---|---|---|---|---|---|
| 下台阶 | 37 | 975 | 0.3 | 辅助（侧） | 49 | 1430 | 0.3 | 辅助（侧） |
| | 38 | 1010 | 0.3 | 辅助（侧） | 50 | 1465 | 0.4 | 底板 |
| | 39 | 1045 | 0.3 | 辅助（侧） | 51 | 1515 | 0.2 | 周边 |
| | 40 | 1080 | 0.4 | 底板 | 52 | 1517 | 0.2 | 周边 |
| | 41 | 1115 | 0.3 | 辅助（侧） | 53 | 1565 | 0.2 | 周边 |
| | 42 | 1150 | 0.3 | 辅助（侧） | 54 | 1567 | 0.2 | 周边 |
| | 43 | 1185 | 0.3 | 辅助（侧） | 55 | 1615 | 0.4 | 底板 |
| | 44 | 1220 | 0.3 | 辅助（侧） | 56 | 1665 | 0.2 | 周边 |
| | 45 | 1255 | 0.4 | 底板 | 57 | 1668 | 0.2 | 周边 |
| | 46 | 1325 | 0.3 | 辅助（侧） | 58 | 1715 | 0.2 | 周边 |
| | 47 | 1360 | 0.3 | 辅助（侧） | 59 | 1718 | 0.2 | 周边 |
| | 48 | 1395 | 0.3 | 辅助（侧） | 60 | 1765 | 0.4 | 底板 |
| 上台阶 | 61 | 1805 | 0.3 | 辅助（上） | 84 | 2725 | 0.3 | 辅助（上） |
| | 62 | 1845 | 0.3 | 辅助（上） | 85 | 2765 | 0.2 | 周边 |
| | 63 | 1885 | 0.3 | 辅助（上） | 86 | 2805 | 0.2 | 周边 |
| | 64 | 1925 | 0.3 | 辅助（上） | 87 | 2845 | 0.2 | 周边 |
| | 65 | 1965 | 0.3 | 辅助（上） | 88 | 2885 | 0.2 | 周边 |
| | 66 | 2005 | 0.3 | 辅助（上） | 89 | 2925 | 0.2 | 周边 |
| | 67 | 2045 | 0.3 | 辅助（上） | 90 | 2965 | 0.2 | 周边 |
| | 68 | 2085 | 0.3 | 辅助（上） | 91 | 3005 | 0.2 | 周边 |
| | 69 | 2125 | 0.3 | 辅助（上） | 92 | 3045 | 0.2 | 周边 |
| | 70 | 2165 | 0.3 | 辅助（上） | 93 | 3095 | 0.3 | 辅助（上） |
| | 71 | 2205 | 0.3 | 辅助（上） | 94 | 3145 | 0.3 | 辅助（上） |
| | 72 | 2245 | 0.3 | 辅助（上） | 95 | 3195 | 0.3 | 辅助（上） |
| | 73 | 2285 | 0.3 | 辅助（上） | 96 | 3245 | 0.3 | 辅助（上） |
| | 74 | 2325 | 0.3 | 辅助（上） | 97 | 3295 | 0.3 | 辅助（上） |
| | 75 | 2365 | 0.3 | 辅助（上） | 98 | 3345 | 0.2 | 周边 |
| | 76 | 2405 | 0.3 | 辅助（上） | 99 | 3395 | 0.2 | 周边 |
| | 77 | 2445 | 0.3 | 辅助（上） | 100 | 3445 | 0.2 | 周边 |
| | 78 | 2485 | 0.3 | 辅助（上） | 101 | 3495 | 0.2 | 周边 |
| | 79 | 2525 | 0.3 | 辅助（上） | 102 | 3545 | 0.2 | 周边 |
| | 80 | 2565 | 0.3 | 辅助（上） | 103 | 3595 | 0.2 | 周边 |
| | 81 | 2605 | 0.3 | 辅助（上） | 104 | 3645 | 0.2 | 周边 |
| | 82 | 2645 | 0.3 | 辅助（上） | 105 | 3695 | 0.2 | 周边 |
| | 83 | 2685 | 0.3 | 辅助（上） | 106 | 3745 | 0.2 | 周边 |
| 总计 | | | 106孔 | | | | 30.5kg | |

### 3.2.2 爆破效果

电子雷管全断面逐孔起爆法实现了全断面一次起爆，效果良好。2016年3月26日凌晨爆破,爆破前后效果对比如图8所示。

(a)　　　　　　　　　　　　　　(b)

图8　爆破效果图
(a) 爆破前断面；(b) 爆破后断面
Fig.8　Blasting effect

表4　逐孔起爆法最大振速表
Table 4　Peak particle velocity generated by hole-by-hole blasting method

| 爆破日期 | 爆破部位 | 测点1（左侧边墙） | | 测点2（右侧边墙） | |
| --- | --- | --- | --- | --- | --- |
| | | 最大振速/cm·s$^{-1}$ | 爆源距测点直线距离/m | 最大振速/cm·s$^{-1}$ | 爆源距测点直线距离/m |
| 2016.1.23 | 全断面 | 5.87 | 14.0 | — | — |
| 2016.3.21 | 全断面 | 4.02 | 11.9 | 2.52 | 17.3 |
| 2016.3.23 | 全断面 | 3.80 | 11.3 | 3.03 | 16.4 |
| 2016.3.24 | 全断面 | 2.93 | 11.0 | 3.40 | 15.9 |
| 2016.3.25 | 全断面 | 4.12 | 10.8 | 4.21 | 15.5 |
| 2016.3.26 | 全断面 | 5.46 | 10.7 | 2.65 | 15.0 |
| 2016.3.27 | 全断面 | 4.47 | 10.5 | 2.03 | 14.6 |

由监测数据可见,电子雷管逐孔起爆法已有效降低了振速,可仍存在单孔振速过大的问题。若坚持采用此方法,只能采取减小孔深和单孔药量的方式来降低振速。但为了保证爆破效果,0.8m的孔深已是最小。所以考虑更换电子雷管错相减振法。

## 3.3　电子雷管错相减振

### 3.3.1　爆破设计

电子雷管的基本原理是利用数码电子雷管孔内可编程、延时精度高等特点,在隧道爆破施工过程中,通过分析爆破振动波形,找出主振频率的半周时长确定合理的爆破延时,从而使相邻两个炮孔引起的爆炸波到路轨时相位相差π。这样一来,两个爆炸波在同一质点上振动矢量方向相反,合成振幅减小,降低了爆破振动波的能量,增加了爆炸破岩的能量最终实现了错相减振与爆炸能量的高效利用。上述的理想情况是反相,实际情况下,受到诸多外部条件的制约,无法做到完全反相,但在离开最佳反相点一定区间内的相位错动,仍有多个波的合成振幅小于单个波振幅的效果,这就是错相减振。具体爆破参数如图10及表5所示。

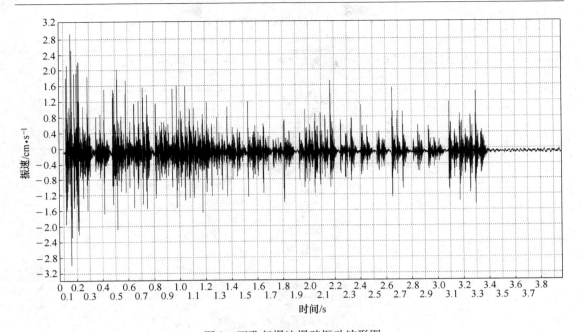

图 9 逐孔起爆法爆破振动波形图

Fig. 9 Blasting wave generated by hole-by-hole blasting method

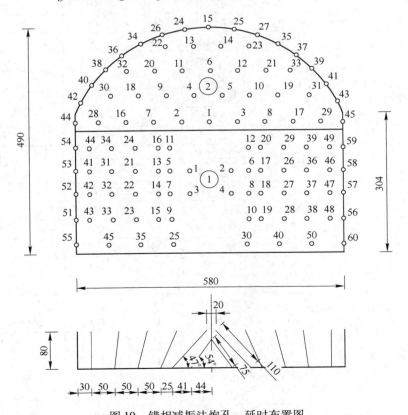

图 10 错相减振法炮孔、延时布置图

Fig. 10 Detonator arrangement using staggerphase reducing vibration method

表5 错相减振法爆破参数设计表
Table 5 Blasting parameters of stagger phase reducing vibration method

| 爆破部位 | 炮孔编号 | 爆破延时/ms | 单孔药量/kg | 炮孔类别 | 炮孔编号 | 爆破延时/ms | 单孔药量 kg | 炮孔类别 |
|---|---|---|---|---|---|---|---|---|
| 下台阶 | 1 | 1 | 0.2 | 掏槽（里） | 31 | 480 | 0.3 | 掘进（侧） |
| | 2 | 10 | 0.2 | 掏槽（里） | 32 | 500 | 0.3 | 掘进（侧） |
| | 3 | 19 | 0.2 | 掏槽（里） | 33 | 520 | 0.3 | 掘进（侧） |
| | 4 | 28 | 0.2 | 掏槽（里） | 34 | 540 | 0.3 | 掘进（侧） |
| | 5 | 37 | 0.3 | 掏槽（外） | 35 | 560 | 0.4 | 底板 |
| | 6 | 46 | 0.3 | 掏槽（外） | 36 | 580 | 0.3 | 掘进（侧） |
| | 7 | 55 | 0.3 | 掏槽（外） | 37 | 600 | 0.3 | 掘进（侧） |
| | 8 | 64 | 0.3 | 掏槽（外） | 38 | 620 | 0.3 | 掘进（侧） |
| | 9 | 73 | 0.3 | 掏槽（外） | 39 | 640 | 0.3 | 掘进（侧） |
| | 10 | 82 | 0.3 | 掏槽（外） | 40 | 660 | 0.4 | 底板 |
| | 11 | 91 | 0.3 | 掏槽（外） | 41 | 680 | 0.3 | 掘进（侧） |
| | 12 | 100 | 0.3 | 掏槽（外） | 42 | 700 | 0.3 | 掘进（侧） |
| | 13 | 120 | 0.3 | 扩槽 | 43 | 720 | 0.3 | 掘进（侧） |
| | 14 | 140 | 0.3 | 扩槽 | 44 | 740 | 0.3 | 掘进（侧） |
| | 15 | 160 | 0.3 | 扩槽 | 45 | 760 | 0.4 | 底板 |
| | 16 | 180 | 0.3 | 扩槽 | 46 | 780 | 0.3 | 掘进（侧） |
| | 17 | 200 | 0.3 | 扩槽 | 47 | 800 | 0.3 | 掘进（侧） |
| | 18 | 220 | 0.3 | 扩槽 | 48 | 820 | 0.3 | 掘进（侧） |
| | 19 | 240 | 0.3 | 扩槽 | 49 | 840 | 0.3 | 掘进（侧） |
| | 20 | 260 | 0.3 | 扩槽 | 50 | 860 | 0.4 | 底板 |
| | 21 | 280 | 0.3 | 掘进（侧） | 51 | 880 | 0.2 | 周边 |
| | 22 | 300 | 0.3 | 掘进（侧） | 52 | 885 | | 周边 |
| | 23 | 320 | 0.3 | 掘进（侧） | 53 | 900 | 0.2 | 周边 |
| | 24 | 340 | 0.3 | 掘进（侧） | 54 | 905 | | 周边 |
| | 25 | 360 | 0.4 | 底板 | 55 | 920 | 0.4 | 底板 |
| | 26 | 380 | 0.3 | 掘进（侧） | 56 | 940 | 0.2 | 周边 |
| | 27 | 400 | 0.3 | 掘进（侧） | 57 | 942 | 0.2 | 周边 |
| | 28 | 420 | 0.3 | 掘进（侧） | 58 | 960 | | 周边 |
| | 29 | 440 | 0.3 | 掘进（侧） | 59 | 962 | 0.2 | 周边 |
| | 30 | 460 | 0.4 | 底板 | 60 | 980 | 0.4 | 底板 |
| | 小计 | 孔数 | 60 | 药量 | | | 17.6kg | |
| 上台阶 | 1 | 1 | 0.3 | 掘进（上） | 9 | 177 | 0.3 | 掘进（上） |
| | 2 | 23 | 0.3 | 掘进（上） | 10 | 199 | 0.3 | 掘进（上） |
| | 3 | 45 | 0.3 | 掘进（上） | 11 | 221 | 0.3 | 掘进（上） |
| | 4 | 67 | 0.3 | 掘进（上） | 12 | 243 | 0.3 | 掘进（上） |
| | 5 | 89 | 0.3 | 掘进（上） | 13 | 265 | 0.3 | 掘进（上） |
| | 6 | 111 | 0.3 | 掘进（上） | 14 | 287 | 0.3 | 掘进（上） |
| | 7 | 133 | 0.3 | 掘进（上） | 15 | 309 | 0.2 | 周边 |
| | 8 | 155 | 0.3 | 掘进（上） | 16 | 331 | 0.3 | 掘进（上） |

续表5

| 爆破部位 | 炮孔编号 | 爆破延时/ms | 单孔药量/kg | 炮孔类别 | 炮孔编号 | 爆破延时/ms | 单孔药量 kg | 炮孔类别 |
|---|---|---|---|---|---|---|---|---|
| 上台阶 | 17 | 353 | 0.3 | 掘进（上） | 32 | 683 | 0.3 | 掘进（上） |
| | 18 | 375 | 0.3 | 掘进（上） | 33 | 705 | 0.3 | 掘进（上） |
| | 19 | 397 | 0.3 | 掘进（上） | 34 | 727 | 0.2 | 周 边 |
| | 20 | 419 | 0.3 | 掘进（上） | 35 | 749 | 0.2 | 周 边 |
| | 21 | 441 | 0.3 | 掘进（上） | 36 | 771 | 0.2 | 周 边 |
| | 22 | 463 | 0.3 | 掘进（上） | 37 | 793 | 0.2 | 周 边 |
| | 23 | 485 | 0.3 | 掘进（上） | 38 | 815 | 0.2 | 周 边 |
| | 24 | 507 | 0.2 | 周 边 | 39 | 837 | 0.2 | 周 边 |
| | 25 | 529 | 0.2 | 周 边 | 40 | 859 | 0.2 | 周 边 |
| | 26 | 551 | 0.2 | 周 边 | 41 | 881 | 0.2 | 周 边 |
| | 27 | 573 | 0.2 | 周 边 | 42 | 903 | 0.2 | 周 边 |
| | 28 | 595 | 0.3 | 掘进（上） | 43 | 925 | 0.2 | 周 边 |
| | 29 | 617 | 0.3 | 掘进（上） | 44 | 947 | 0.2 | 周 边 |
| | 30 | 639 | 0.3 | 掘进（上） | 45 | 969 | 0.2 | 周 边 |
| | 31 | 661 | 0.3 | 掘进（上） | | | | |
| 小计 | 孔数 | | 45 | | 药量 | | 11.8kg | |
| 总计 | 孔数 | | 105 | | 炸药量 | | 29.4kg | |

由于具有更长总延时的电子雷管价格更贵，业主考虑到节省成本，在使用错相减振法时把电子雷管更换成总延时为1000ms的型号。因此，由于总延时过短无法实现全断面一次爆破，故采用上下台阶分部爆破。

### 3.3.2 爆破效果

数码电子雷管错相减振上下台阶起爆的爆破效果良好。图11为2016年4月11日凌晨爆破效果。

(a)

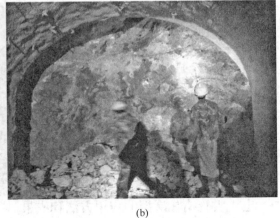
(b)

图11 爆破效果图
(a) 下台阶爆破后断面；(b) 上台阶爆破后断面
Fig. 11 Blasting effect

表6 错相减振法最大振速表
Table 6 Peak particle velocity generated by stagger phase reducing vibration method

| 爆破日期 | 爆破部位 | 测点1（左侧边墙） | | 测点2（右侧边墙） | | 测点3（轨道中线） | |
|---|---|---|---|---|---|---|---|
| | | 最大振速 /cm·s$^{-1}$ | 爆源距测点直线距离/m | 最大振速 /cm·s$^{-1}$ | 爆源距测点直线距离/m | 最大振速 /cm·s$^{-1}$ | 爆源距测点直线距离/m |
| 2016.3.29 | 上台阶 | 3.81 | 8.9 | 2.83 | 13.1 | — | 10.5 |
| | 下台阶 | 2.95 | 11.8 | 1.86 | 15.2 | — | 13.0 |
| 2016.3.30 | 上台阶 | 4.48 | 8.8 | — | 12.7 | — | 10.2 |
| | 下台阶 | 2.83 | 11.7 | — | 14.8 | — | 12.7 |
| 2016.3.31 | 上台阶 | 4.63 | 8.8 | — | 12.3 | — | 9.4 |
| | 下台阶 | 3.46 | 11.7 | — | 14.5 | — | 12.5 |

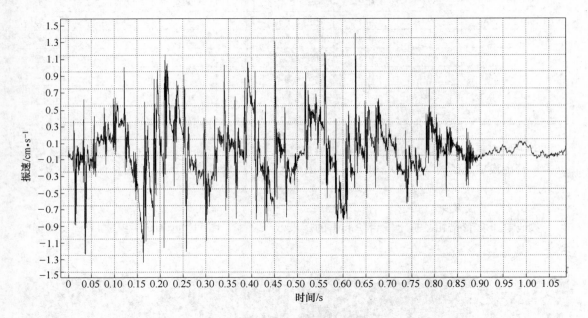

图12 错相减振法爆破振动波形图
Fig.12 Blasting wave generated by stagger phase reducing vibration method

通过监测结果可见，错相减振法降低振速的效果比逐孔起爆法更加明显。除此以外，两者的波形有明显的区别。因为数码电子雷管的应用都是单孔单响，所以在单孔装药量和时差布置相同的时段，波峰应像图9所示那样，是从时域上孤立的衰减波，不会有突然的降低。而图12与图9相比较，大波峰更为稀疏，大波峰的突然降低非常频繁，且两个大波峰之间通常是许多个连续的小波峰，这个现象说明错相削峰的效果已成功出现。

## 4 电子雷管错相减振的应用方法和成果

根据错相减振法的原理，最关键的是通过主频确定爆炸波的半周期，而主频是有现场岩石性质决定的。由于无法保证现场的岩石性质均匀，岩石性质也可能随着隧道施工进度的推进而变化，所以每次爆破的炮孔延时布置应根据上一次的爆破监测数据而调整，随时响应岩石性质变化。

通过比较在试验段使用的三种爆破方法的效果,最终确定使用电子雷管错相减振法作为下穿段的爆破方法。下穿段的爆破振速如表7所示,这是目前的最优调试结果。

表7 下穿段错相减振法最大振速表
Table 7 Peak particle velocity of criticalarea generated by stagger phase reducing vibration method

| 爆破日期 | 爆破部位 | 测点1（左侧边墙） | | 测点2（右侧边墙） | | 测点3（轨道中线） | |
|---|---|---|---|---|---|---|---|
| | | 最大振速 /cm·s$^{-1}$ | 爆源距测点直线距离/m | 最大振速 /cm·s$^{-1}$ | 爆源距测点直线距离/m | 最大振速 /cm·s$^{-1}$ | 爆源距测点直线距离/m |
| 2016.4.08 | 上台阶 | 2.73 | 8.8 | — | 11.1 | 2.62 | 9.0 |
| | 下台阶 | 2.65 | 11.8 | — | 13.2 | 1.35 | 12.0 |
| 2016.4.09 | 上台阶 | 1.63 | 9.1 | — | 10.4 | — | 8.9 |
| | 下台阶 | 2.72 | 11.9 | — | 12.9 | — | 11.7 |
| 2016.4.10 | 上台阶 | 1.80 | 9.3 | — | 10.1 | — | 8.8 |
| | 下台阶 | 2.43 | 12.0 | — | 12.7 | — | 11.7 |
| 2016.4.11 | 上台阶 | 2.41 | 9.7 | — | 9.5 | 1.41 | 8.8 |
| | 下台阶 | 2.71 | 12.4 | — | 12.2 | 1.02 | 11.6 |
| 2016.4.12 | 上台阶 | 2.93 | 10.6 | — | 9.0 | 1.95 | 9.0 |
| | 下台阶 | 2.00 | 13.0 | — | 11.8 | 1.10 | 11.8 |
| 2016.4.13 | 上台阶 | 2.88 | 10.9 | — | 8.9 | 1.72 | 9.1 |
| | 下台阶 | 1.88 | 13.3 | - | 11.7 | 1.09 | 11.9 |
| 2016.4.14 | 上台阶 | 2.27 | 11.3 | — | 8.8 | — | 9.3 |
| | 下台阶 | 2.07 | 13.6 | — | 11.7 | — | 12.0 |

需注意的是,除了泄水洞拱顶到既有线拱底的净距5m,渭井线拱底到内轨顶面的距离为2.5m,爆源到测点的距离的起算点是上下台阶的几何中心,因此表中的距离就是正下穿的数据。

## 5 结论

本文通过对兰渝线龙凤隧道泄水洞项目中所试用的三种爆破方法的比较和分析,验证了电子雷管错相减振技术的可行性,证明了错相减振技术可大幅降低爆破振速。

电子雷管错相减振的运用显著提高了施工进度,可保证泄水洞在雨季前贯通,避免客运专线再次因雨停运。

尽管减振效果明显,但从原理出发,由于场地岩石分布的复杂性和不确定性,错相减振无法达到其效果的理论极限。

在具体使用错相减振起爆法的过程中,每次爆破需结合上次爆破振速、频谱,和实际效果不断调整方案,以求减振效果的最大化。

参 考 文 献

[1] 田振农,孟祥栋,王国欣. 城区隧道电子雷管起爆错相减震机理分析[J]. 振动与冲击,2012,31(21).

[2] 杨年华,张志毅. 隧道爆破振动控制技术研究[J]. 铁道工程学报,2010(1):136.
[3] 李利平,李术才,张庆松. 浅埋大跨隧道施工爆破监测与减震技术[J]. 岩土力学,2008,29(8).
[4] 王晋,穆大耀,蒋跃飞. 高精度电子雷管在小龙潭矿中的应用[J]. 采矿技术,2005,5(4).
[5] 邢光武,陈清平,郑炳旭. 精确延时干扰减震爆破网路的试验研究[J]. 合肥工业大学学报,2009,32(10).
[6] 代勤荣,胡光全,薛里. 城区复杂环境大断面浅埋隧道精细控制爆破技术[J]. 工程技术,2011,28(4).
[7] 孟祥栋,田振农,王守伟,王国欣. 城区隧道微震爆破技术研究[J]. 爆破,2011,28(4).

# 预裂爆破技术在露天铅锌矿大孔径深孔爆破中的应用

倪嘉滢　邓红峰

(新疆天河爆破工程有限公司，新疆 阿克苏，842000)

**摘　要**：介绍了露天铅锌矿山最终边坡预裂爆破的设计参数及爆破效果分析，预裂爆破技术可以减小爆破对炮孔周围岩体的破碎作用，维护边坡的稳定；结合实际工程案例介绍了边坡施工中存在的问题及应当注意的问题，在实践中确定了适合露天铅锌矿大孔径深孔条件的预裂爆破参数，对其他类似露天矿山最终边坡预裂爆破具有一定借鉴意义。

**关键词**：铅锌矿；大孔径；预裂爆破；最终边坡控制；边坡稳定性

## Presplitting Blasting Technology in the Application of the Large Diameter Longhole Blasting in Open Lead-Zinc Mine

Ni Jiaying　Deng Hongfeng

(Xinjiang Tianhe Blasting Engineering Co., Ltd., Xinjiang Aksu, 842000)

**Abstract**: This paper introduces the open lead-zinc mine's ultimate slope presplit blasting design parameters and blasting effect analysis, Pre-splitting blasting technology can reduce blast's effect on the rock around holes fractured rock mass, and maintain the stability of the slope. Combined with practical engineering case, the problems existing in the construction of slope and that should be played attention to are introduced, in practice pre-splitting blasting parameters of outdoor lead-zinc mine suitable for large diameter deep holes are determid, a certain reference significance for other similar open-pit mine slope presplit.

**Keywords**: lead-zinc mine; the outdoor large aperture; pre-splitting blasting technology; the final slope control; slope stability

## 1　引言

预裂爆破技术是 20 世纪 50 年代开始发展起来的一种现代爆破技术，属于定向成缝成面的控制爆破技术范畴。因具有明显的优越性，所以自它问世以来，其规模也日益扩大，除在水利、水电、公路、隧道等开挖工程中迅速得到推广应用，在露天剥离中也广泛应用，现就我单位露天铅锌矿临近边坡爆破使用较大孔径实施预裂爆破技术；达到边坡最终控制，以乌拉根铅锌矿西区 2298 平台边坡预裂爆破设计为例介绍大孔径实施预裂爆破技术的应用。

---

作者信息：倪嘉滢，高级工程师，ni2789820@sina.com。

## 2 工程概况

乌鲁干塔什铅锌矿位于乌恰县265°方向，直线距离20km，中心地理坐标为：东经75°03′45″，北纬39°40′52″，行政区划属克孜勒苏柯尔克孜自治州乌恰县黑孜苇乡管辖，北距最近的城镇康苏镇5km。乌鲁干塔什铅锌矿主要位于乌拉根向斜南翼及其核部，包括了新疆乌恰县乌鲁干塔什Ⅰ区铅锌矿详查探矿权及新疆乌恰县乌拉根南翼锌矿采矿权。矿床共出露4个铅锌矿体，均位于古新统乌拉根组（Elw）第一、第二岩性段铅锌矿化带中。海拔在2100~2500m。矿区属中温带干旱荒漠性气候区。年平均气温7.5℃。夏季温凉短促，一年中以7月份最热，年平均20.1℃，最高气温34.8℃；冬季寒冷漫长，年平均-7.1℃，极端最低气温-29.9℃。年平均降水量178.6mm，年平均蒸发量1599.7mm。风向以西风为主，年平均风速2.3m/s，最大风速超过40m/s，≥8级大风天数为70d左右。该矿形成于新时代古近纪古新世早期，受乌拉根向斜构造控制，铅锌矿带（矿体）表现为沿转折端、南北两翼出露向向斜盆地轴部倾状的分布特征。矿床共出露4个铅锌矿体，均位于古新统乌拉根组（Elw）第一、第二岩性段铅锌矿化带中，赋矿岩石主要为砂岩、砂砾岩及白云质（角砾）灰岩中；矿体呈层状、似层状，局部膨大呈透镜状。矿床成因属于海底喷流沉积热液改造型铅锌矿。矿床水文地质条件简单，工程地质条件中等复杂，环境地质属中等。矿床氧化砂砾岩型矿石选矿流程复杂，成本高，属难选矿石，硫化砂砾岩型铅锌矿石选矿流程成熟简单易操作，属易选矿石。乌拉根铅锌矿临近边坡爆破原计划采用小孔径预裂爆破，孔径越小，孔痕率越高，但从乌拉根铅锌矿现有条件来讲，由于岩石节理裂隙十分发育，大多是碎裂结构，导致小孔径、高风压钻孔设备成孔率极低，尤其在西部边坡岩石破碎区域基本无法成孔，致使小孔径预裂爆破难以实现，随采场向下延伸，边坡问题日益暴露，临近边坡工作是影响边坡稳定性的最直接因素，这不仅是因为爆破过程形成的地震波对已形成边坡的破坏作用，更主要的是它直接决定着正在形成边坡的稳定性，这就要求我们进一步改进边坡爆破施工技术，且由于矿山爆破服务年限的限制，也不易再购进专用小孔径钻孔设备，为提高边坡处理质量，就因地制宜采用生产钻机钻凿预裂孔，实施大孔径预裂爆破，经多次试验和参数优化，最终确定相对合理的爆破参数，以西采区预裂爆破区域2286~2298平台为例，介绍大孔径实施预裂爆破技术的应用，该平台较为平整，设计边坡坡角为65°，工作区内岩性以砂岩为主、部分泥岩，结构部分破坏，北侧节理裂隙发育，风化程度较大。岩体基本质量等级为Ⅳ级，岩石硬度系数在6~8之间。采区地形图见图1。

## 3 预裂爆破设计

### 3.1 参数设计

钻孔直径：$D = 140mm$；

台阶高度：$H = 14m$；

主爆孔孔距：$a_{主} = 6m$，排距 $b = 5m$；

预裂孔孔距：$a_{预} = (8~12)D = 1.6m$；

缓冲孔孔距：$a_{缓} = (1/2~2/3) \cdot a_{主} = 3.5m$；

预裂孔与缓冲孔排距：$b_{预-缓} = 2.5m$；

缓冲孔与主爆孔排距：$b_{缓-主} = 4m$；

钻孔倾角：65°；第二排孔倾角为75°，第一排孔垂直90°或者85°；

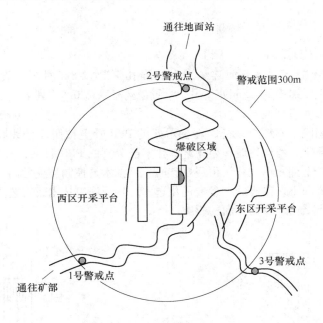

图 1 平面环境及现场警戒示意图

Fig. 1 Plane diagram of the environment and on-site guard

孔深：$L = H/\sin 65° + 超深 = 13.2 + 1$，取 $L = 14.5 \text{m}$；

堵塞长度：$L' = 1.5 \text{m}$；

装药直径：$\phi = 32 \text{mm}$，不耦合系数：4.375；预裂爆破要求形成预裂缝，而不是大量崩落岩石，不宜采用太大的孔径和装药直径，一般经验，不耦合系数取 2~5 即可；

线装药密度：$m = 500 \text{g/m}$；

单孔装药量：$Q = 7250 \text{g}$。

## 3.2 钻孔布置

钻孔布置如图 2 所示。

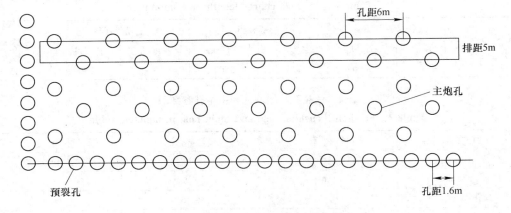

图 2 钻孔布置示意图

Fig. 2 Hole layout diagram

## 3.3 装药结构

### 3.3.1 主炮孔最大深孔装药结构

主炮孔炸药沿着抛空轴向方向连续装药,当孔深超过8m时,一般布置两个起爆药包(弹),一个放置距孔底0.3~0.5m处,另一个置于药柱顶端0.5m处。

### 3.3.2 预裂孔装药结构

预裂爆破采用间隔、不耦合装药;在标示好的PPR管上按照设计线装药量,用绑扎绳将200g/卷的φ32mm乳化炸药均匀地和导爆索绑扎于已分割的PPR管上,底部2.5m底部加强装药、中部正常装药、上部减弱装药。预裂爆破的关键技术是控制裂缝方向,使其只沿要求方向形成裂缝,而其他方向不产生裂缝,参数优化选取之外,施工技术或工艺予以保证:如炮孔形状、药包形状、装药结构、结构弱面的影响。

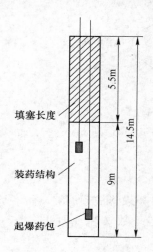

图3 最大深孔装药结构示意图
Fig. 3 Biggest hole depth charge structure

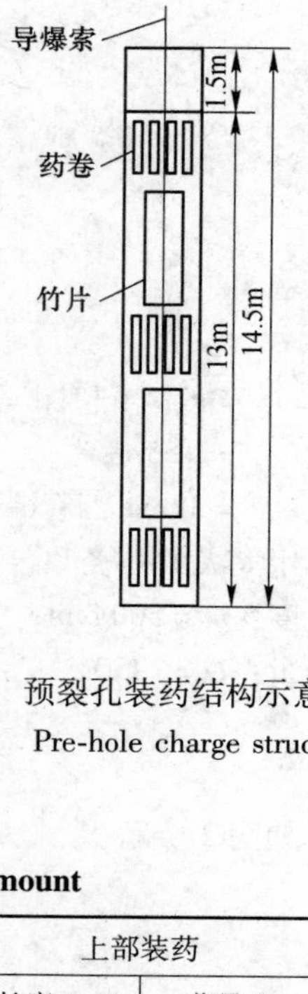

图4 预裂孔装药结构示意图
Fig. 4 Pre-hole charge structure

表1 预裂孔装药长度和药量表
Table 1 Pre-hole charge length and amount

| 孔深/m | 底部装药 | | 中部装药 | | 上部装药 | | 堵塞/m |
|---|---|---|---|---|---|---|---|
| | 长度/m | 药量/kg | 长度/m | 药量/kg | 长度/m | 药量/kg | |
| 14.5 | 2.5 | 3000 | 7.5 | 3500 | 3 | 750 | 1.5 |

表2 预裂孔、缓冲孔和主炮孔参数表
Table 2 Pre-hole, cushion hole and main hole parameters table

| 爆破参数 | 预裂孔 | 缓冲孔 | 主炮孔 |
|---|---|---|---|
| 孔径/mm | 140 | 140 | 140 |
| 孔距/m | 1.6 | 3.5 | 6 |
| 孔深/m | 14.5 | 14.5 | 14.5 |
| 钻孔倾角/(°) | 65 | 75 | 90 |
| 线装药密度/g·m$^{-1}$ | 500 | — | — |

续表2

| 爆破参数 | 预裂孔 | 缓冲孔 | 主炮孔 |
|---|---|---|---|
| 单孔药量/kg | 7.25 | 80 | 120 |
| 装药长度/m | 13 | 6 | 9 |
| 填塞长度/m | 1.5 | 8.5 | 5.5 |
| 不耦合系数 | 4.375 | — | — |
| 炸药品种 | $\phi$32mm(乳化) | ANFO | ANFO |

注：缓冲孔的装药量为主炮孔装药量的50%~70%。

## 3.4 起爆网路

起爆网络主炮孔及缓冲孔选择高精度导爆管雷管起爆网路，孔内为高强度等间隔系列导爆管延期雷管，孔外选用3段、5段雷管进行延期。尾线长度地表管7m，孔内管15m。预裂孔采用导爆索起爆网络，预裂孔先于主炮孔100~150ms起爆。

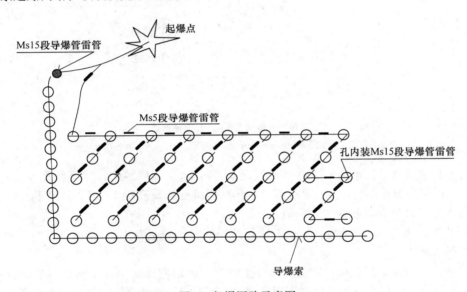

图5 起爆网路示意图

Fig. 5 Schematic diagram of initiation

## 4 预裂爆破施工注意事项

### 4.1 预裂爆破施工工艺流程

预裂爆破施工工艺流程如图6所示。

### 4.2 预裂爆破实施步骤

（1）工作面整理。由推土机在开挖边线位置进行钻孔工作面整理，尽量使岩石出露，个别位置高差起伏太大，可先用破碎机或浅孔爆破进行修整，使工作面大致平整。

（2）测量放样。根据设计图纸及实际地面高程，放出设计开挖坡顶线。

（3）装药。在标示好的PPR管上按照设计线装药量，用绑扎绳将200g/卷的$\phi$32mm乳化

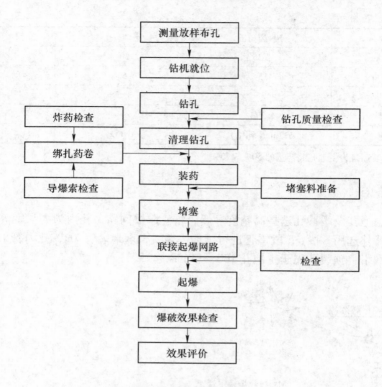

图 6 预裂爆破施工工艺流程

Fig. 6 Presplit blasting construction technology procedure diagram

炸药均匀地和导爆索绑扎于已分割的 PPR 管上，底部 2.5m 加强装药，并缓慢放入孔内（PPR 管长度不足时可以接续），中部正常装药、上部减弱装药，离孔口 1.5m 处不装药；在放置过程中，注意让 PPR 管背面靠保留区一侧。

（4）堵塞。为避免堵塞料落入孔内，宜用草团或塑料袋在离孔口 1.5m 处进行有效的间隔处理，再填塞岩渣。

（5）联网。为保证预裂爆破质量，预裂孔超前于正常主爆区引爆，同次爆破的预裂孔可以同时起爆也可以分段起爆，最好采用同时起爆。在不因爆破地震效应产生危害的前提下，同一预裂面的预裂爆破孔尽量同时爆破并提前主爆孔 100~150ms 起爆。

（6）安全警戒。在安全距离范围外（距爆区不少于 300m）设立警戒线，在各路口派设安全员进行安全警戒，并在爆破前发出全体人员能听到或看到的警戒信号，所有与爆破无关人员应立即撤到危险区以外，或撤至指定的安全地点，并向危险区边界派出警戒人员（参考地形图设置）。

（7）起爆预裂孔用导爆索连接，主炮孔选用高精度导爆管雷管连接，最后用电雷管击发起爆。

（8）爆后检查爆破后，爆破员必须在规定的等待时间后进入爆破地点，检查是否有危岩和盲炮等现象。若发现，应及时按《爆破安全规程》规定进行处理，未处理前应在现场设立危险警戒标志。只有确认爆破地点安全后，经当班爆破指挥长同意，方准人员进入爆破地点，爆破员应认真填写爆破记录。未发出解除警戒信号前，岗哨应坚守岗位，除爆破工作领导人批准的检查人员以外，不准任何人进入危险区，经检查确认安全后，方准发出解除警戒信号。

(9) 其他未述部分必须按现行《爆破安全规程》(GB 6722—2014)执行。

## 5 爆破效果及体会

从爆破效果看,采用大孔径预裂爆破,整个台段轮廓线整齐,裂缝贯通性较好,形成了整齐的台阶坡面,局部有凸起,经过液压破碎机处理后坡面平整光滑,同时主爆区采用控制单响药量,有效地减弱了爆破振动,达到边坡稳定的效果,为该露天矿的安全生产创造了一定效益,获得矿主方肯定。

图7 预裂爆破清渣后台阶坡面

Fig. 7 The stepped slope after presplitting blasting slag removal

图8 西采区预裂爆破边坡控制台阶

Fig. 8 Step in the western mining area presplitting blasting slope

图9 东(左)、西(右)采区全景远望

Fig. 9 Eastern (left)、western (right) mining area vista

图10 西采区预裂爆破后远景

Fig. 10 The western mining area vista after presplitting blasting

### 参 考 文 献

[1] 汪旭光. 爆破手册[M]. 北京:冶金工业出版社,2010.
[2] 刘殿书. 中国爆破新技术[M]. 北京:冶金工业出版社,2008.
[3] 于亚伦. 工程爆破理论与技术[M]. 北京:冶金工业出版社,2004.
[4] 汪旭光. 爆破设计与施工[M]. 北京:冶金工业出版社,2011.

# 桩井爆破优化设计

## 王强强　常露晴　倪嘉滢

（新疆天河爆破工程有限公司，新疆 阿克苏，842000）

**摘　要**：库车-伊犁 750kV 输变电线路基桩石方爆破施工存在超、欠挖，增加开挖成本，同时有安全隐患。为避免超挖、欠挖，对现有的爆破设计中周边孔的装药结构及周边孔布置进行优化，取得了较好的爆破效果。

**关键词**：桩井爆破；分层装药；参数优化

## Design Optimization to Control the Injury to the Foundation Pile Wall during Pile Foundation Rock Blasting

### Wang Qiangqiang　Chang Luqing　Ni Jiaying

(Xinjiang Tianhe Blasting Engineering Co., Ltd., Xinjiang Aksu, 842000)

**Abstract**: Compared with the design, the over break or underbreak phenomenon usually happens to the pile wall during the 750kV high-voltage wire pile foundation rock blasting, which will increase the cost of excavation and also exist security risks. In order to avoid the overbreak and underbreak phenomenon, we make small changes to the loaded drug structure of the perimeter holes and the distance between the pile wall to the hole. Practice has proved that the design after optimization achieved good blasting effect.

**Keywords**: foundation rock blasting; layered charge; design optimization

## 1　工程概况

库车-伊犁 750kV 输变电线路工程为国家重点工程，新疆天河爆破工程有限公司承揽了该项目Ⅵ标塔基平整、基坑和桩井爆破施工任务。Ⅵ标段长 46.524km，沿线高程 1900~2400m，自然坡度 20°~45°，局部达 50°~60°。由于风化严重，山体顶部、脊部多呈锯齿状，地表少有植被。区间地势陡峭、高差大。本标段沿线所揭露的地层岩性为：粉质黏土、含碎石粉质黏土、含黏性土石块、卵石、板岩、凝灰岩。地下水主要接受冰雪融水、冻结层水和大气降水的补给，地下水排泄以蒸发为主。冰雪融水和冻结层水赋存空间为构造裂隙、风化裂隙和孔隙，该层水富水性差异较大，一般北坡地下水不丰富，南坡地下水较为丰富。爆破桩位于库车县深山之中，爆区周围没有建（构）筑物，环境简单。

## 2　爆破试验研究目的

本工程基桩直径在 1.6~2.4m 之间，基桩设计深度在 7~12m 之间，基桩石方开挖爆破

---

作者信息：王强强，助理工程师，527121418@qq.com。

图1 局部地形图
Fig. 1 Local topographic map

采用手持式风动凿岩钻机凿孔,炮孔直径 $d=40\text{mm}$,炮孔布置分为中心空孔、掏槽孔、辅助孔和周边孔四种。每循环进尺炮孔深度控制在 1.2~1.4m 之间,空孔和掏槽孔超深 10~20cm。

施工过程中发现基桩内壁存在超挖、欠挖的现象,超挖会使浇筑方量变大,超挖顶部会存在滑坡、垮塌等安全风险;欠挖会使基桩尺寸无法满足设计要求,需要对欠挖部分进行二次爆破,影响基桩的施工工期。

本次研究目的:通过爆破试验优化爆破设计,控制爆破对基桩内壁的损伤,有效降低爆破施工过程中超挖、欠挖,加快工程施工进度。

## 3 爆破设计优化

### 3.1 原有桩井爆破设计

#### 3.1.1 炮孔间距 a

由于山体岩石为坚硬凝灰岩,且断面尺寸较小,基桩开挖爆破只有一个狭小的自由面,井壁临时支护抗震能力小,桩井开挖爆破采用小孔径浅孔爆破,孔间毫秒延时起爆。

本工程基桩石方开挖爆破采用手持式风动凿岩机打孔,炮孔直径 $d=40\text{mm}$,则 $a=(15\sim22)d$,即 57~85cm,选取时尽量取小值。

#### 3.1.2 炮孔深度 L 与循环进尺 L'

基桩开挖爆破的岩石多为中等坚硬凝灰岩石,桩井开挖直径只有 1.6~2.4m,在小直径基桩石方开挖爆破中,岩石夹制力大,炮孔深度不宜过大,否则会降低炮孔利用率。一般炮孔深度 L 取开挖桩直径 D 的 0.7~0.8 倍,即 $L=(0.7\sim0.8)D$。其中掏槽孔超深 10~20cm。

基桩石方开挖爆破炮孔利用率 $\eta$ 一般为 0.85~0.95,则循环进尺 $L'=\eta L=(0.85\sim0.95)L$。

#### 3.1.3 炮孔装药量 q

通常按装药量体积公式先求出每循环进尺所需药量 Q,即 $Q=0.78KD^2L$,再按工作面炮孔数

$N$ 分配至每个炮孔。一般情况下，掏槽孔装药量 $q_t$ 多装 20%~25%，即 $q_t = (1.2~1.25)Q/N$；周边孔装药量 $q_b$ 少装 5%~10%，即 $q_b = (0.9~0.95)Q/N$[1,2]。

### 3.1.4 炮孔布置

炮孔数目的多少直接影响每一循环凿岩工作量、爆破效果、循环进尺、桩井成型的好坏。炮孔数目 $N$，按下式计算：

$$N = q \cdot s / r\eta$$

式中 $q$——炸药单耗量，$\phi 1.6m$ 取 $4.0 \text{ kg/m}^3$；
$s$——开挖面积，$\phi = 1.6m$ 时，$s = 2.01 m^2$；
$r$——每米装药量，2号岩石乳化炸药每米装药量 $r = 1.0 \text{kg/m}$；
$\eta$——炮孔装药系数，取 0.7。

经计算：

$\phi = 1.6m$ 时，$N = 17$，其中，中空孔 1 个，掏槽孔 4 个，辅助孔 4 个，周边孔 8 个。

注：炮孔从桩井中心至井壁分别为中心孔、掏槽孔、辅助孔和周边孔，$l$ 为周边孔至基桩内壁的距离。

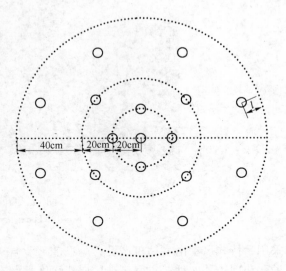

图 2  $\phi 1.6m$ 桩井炮眼布孔示意图

Fig. 2  $\phi 1.6m$ blast-hole schematic diagram

表 1  $\phi 1.6m$ 桩井爆破参数表

Table 1  $\phi 1.6m$ pile blasting parameters

| 炮孔 | | | 雷管段别 | 装药 | | |
|---|---|---|---|---|---|---|
| 名称 | 数量/个 | 孔深/m | | 类型 | 每孔装药量/kg | 总装药量/kg |
| 中心孔 | 1 | 1.4 | | | | |
| 掏槽孔 | 4 | 1.4 | 1 | 2号岩石乳化 | 0.8 | 3.2 |
| 辅助孔 | 4 | 1.2 | 3~5 | 2号岩石乳化 | 0.6 | 2.4 |
| 周边孔 | 8 | 1.2 | 7~15 | 2号岩石乳化 | 0.4 | 3.2 |
| 合计 | 17 | | | | | 8.8 |

注：1. 预计每循环进尺 1.1，循环爆破方量 $2.2 m^3$。
2. 炸药单耗 $4.0 \text{kg/m}$。
3. 周边孔采用 $\phi 32 mm$ 乳化炸药药卷，连续装药。

## 3.2 设计优化

设计采取优化周边孔的装药结构和周边孔距基桩内壁的距离来减少基坑爆破对基桩内壁的损伤，降低爆破对桩井岩体的粉碎作用，避免超挖、欠挖。

装药结构有两种，连续装药和间隔装药。理论和实践研究表明，装药结构的改变可以引起炸药在炮孔方向的能量分布，从而影响了爆炸能量的有效利用率。间隔装药降低了作用在孔壁的峰值压力，减少了炮孔周围岩石的过度粉碎，提高了有效能量的利用率[3]。因此，设计优化考虑将原有的连续装药结构改变为间隔装药结构，即分层装药结构，提高炸药能量的有效利用率。

#### 3.2.1 优化周边孔装药结构

现场施工中，周边孔爆破对周围岩石产生的破碎区在基桩内壁上的表现为装药位置对应的基桩壁上出现凹进去的岩石破碎区，产生超挖，不利于后期施工安全。因此选择改变周边孔的装药结构来解决此问题，由集中装药改变为分层装药，减弱装药段对基桩内壁的损伤。原有设计中周边孔为 0.4kg 连续装药，现代化成上下两层各装 0.2kg，中间 20cm 采用岩粉间隔，装药结构改变如图 3 和图 4 所示。

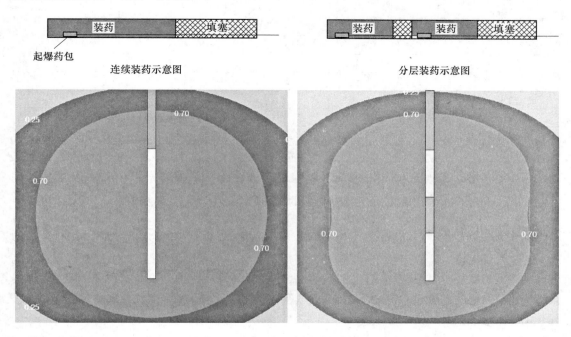

图 3　连续装药破碎区示意图　　　　图 4　多次分层装药破碎区示意图
Fig. 3　Continuous charge fracture　　　Fig. 4　Stratified charge fracture
zone schematic diagram　　　　　　zone schematic diagram

通过软件对炮孔周围岩石受力情况进行模拟发现：分层装药炮孔对周围岩石的破碎程度比连续装药弱。分层装药爆破后测量发现：分层装药结构的炮孔对周边岩石的破碎作用减弱，开挖时接触的坚硬面与基桩内壁几乎平行，超挖、欠挖得到很好改善。

#### 3.2.2 控制周边孔距基桩内壁的距离

通过采取改进装药结构这一措施之后，爆破对基桩内壁的损伤减弱，破碎区较平缓地贴近基桩内壁。实际施工中，按照设计中周边孔距基桩内壁的距离进行钻孔爆破仍存在超挖现象。因此施工中对周边孔距基桩内壁的距离进行调整，使其贴近爆破的破碎区半径，达到爆破的最佳效果。现场做了一些实验，在保持分层装药结构不变、装药量固定的情况下调整周边孔至内壁的距离，测量爆后开挖边界至内壁的距离，即超挖或欠挖。实验统计如表 2 所示。

表2 爆破实验统计表
Table 2 Blasting test statistics

| 基桩直径/m | 周边孔至内壁距离 $l$/cm | 爆破效果 | | |
|---|---|---|---|---|
| | | 超挖/cm | 不明显 | 欠挖/cm |
| 1.6 | 0 | 10.2 | | |
| 1.6 | 4 | 6.8 | | |
| 1.6 | 5（设计值） | 4.5 | | |
| 1.6 | 8 | | √ | |
| 1.6 | 12 | | √ | |
| 1.6 | 16 | | | 5.7 |
| 1.6 | 20 | | | 8.8 |
| 2.0 | 0 | 9.1 | | |
| 2.0 | 4 | 6.3 | | |
| 2.0 | 5（设计值） | 5.4 | | |
| 2.0 | 8 | | √ | |
| 2.0 | 12 | | √ | |
| 2.0 | 16 | | | 5.5 |
| 2.0 | 20 | | | 9.3 |

通过实际数据分析可得出如下结论：周边孔进行分层装药前提下，当周边孔至基桩壁距离控制在3~4倍孔径范围内时，爆破对基桩壁的损伤最小。

## 4 爆破设计优化效果

通过设计优化对周边孔进行分层装药，将周边孔至基桩壁距离控制在3~4倍钻孔直径范围内，爆破对基桩壁的损伤得到了很好的控制，图5为设计优化前基坑开挖情况，图6为爆破设计优化后的桩井，超挖、欠挖等得到明显改善。进而降低了劳动强度及后期浇筑成本，同时提高了施工进度和基桩的稳定性。

图5 设计优化前
Fig. 5 Before design optimization

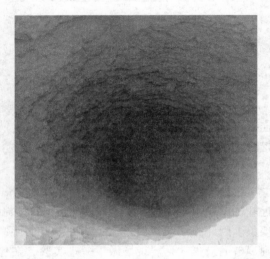

图6 设计优化后
Fig. 6 After design optimization

## 5 结语

库车-伊犁750kV输变电线路基桩石方开挖爆破中,为了满足基坑开挖的设计要求,施工过程中对爆破设计方案进行了优化:(1)周边孔的装药结构由原设计的连续装药结构更改为分层装药;(2)调整周边孔至基桩内壁的距离来控制爆破对基桩内壁的损伤。通过设计优化前后两种施工方案得出的现场爆破效果比较发现,当周边孔至基桩内壁的距离为3~4倍钻孔直径时,桩井爆破超、欠挖最小。

### 参 考 文 献

[1] 汪旭光. 爆破手册[M]. 北京:冶金工业出版社,2010.
[2] 周信,周思远. 通电高压线下桩井控制爆破技术设计[J]. 爆破,2010,27(4):55-58.
[3] 汪旭光. 爆破设计与施工[M]. 北京:冶金工业出版社,2013.

# 孔内分段间隔装药逐段爆破技术在复杂环境路堑开挖中的应用

李建设[1]　杨永敏[2]　李社会[1]　汤少静[2]　周奎[2]

(1. 承德滨达爆破工程有限公司,河北 兴隆,067300;
2. 河北承德远方公路工程建设有限责任公司,河北 滦平,068250)

**摘　要**：在滦赤线改造工程第一合同段深路堑开挖爆破工程中,针对复杂的爆破环境,采用孔内分段间隔装药逐段毫秒延时接力起爆技术,从爆后效果观察和爆破振动监测数据来看,采用该技术能够减少爆破次数、控制爆破振动速度,保证了工程进度和施工安全。

**关键词**：深路堑开挖；逐段毫秒延时接力起爆；复杂环境；爆破振动

## Application of Adopting the Inner Hole Interval Charging by Relay Blasting Technology in Complicated Surroundings Deep Cutting Excavation

Li Jianshe[1]　Yang Yongmin[2]　Li Shehui[1]　Tang Shaojing[2]　Zhou Kui[2]

(1. Chengde Binda Blasting Engineering Limited Company, Hebei Xinglong, 067300; 2. Chengde Yuanfang Highway Engineering Construction Limited Company, Hebei Luanping, 068250)

**Abstract**: In the Luanping-Chicheng roadway renovation project contract for the first segment of deep cutting excavation blasting engineering, aiming at the complex blasting environment, the inner hole interval charging by millisecond delay relay blasting technology for the blasting design is adopted. According to the observed blasting effects and the blasting vibration monitoring data, adoption of the technology can reduce the blasting times, control blasting vibration velocity, ensure the progress of the project and the construction safety.

**Keywords**: deep road cutting excavation; millisecond delay relay blasting; complicated surroundings; blasting vibration

## 1　工程概况

### 1.1　地形地质

滦赤线平房至大西营段养护改造工程（第一合同段）位于承德市滦平县,为原有道路改造施工,K35+400~k35+760（二道沟）段路基改线开挖需要进行爆破,工程量约40000m³,

---

作者信息：李建设,教授级高级工程师,lijiansheljs@sina.com。

最大开挖深度18m。该路段为全路堑开挖，为中低山的根部，地表覆土层很少，地势西低东高、南低北高。主要为花岗岩及片麻岩，岩石节理裂隙中等发育，地层结构较简单，但岩体完整性较好，无其他不良地质构造。上部属普坚石，下部属坚石，普氏硬度为 $f = 8 \sim 16$。路堑开挖边坡坡率为 $1 : (0.3 \sim 0.5)$；开挖路基面自下而上每10m设一个边坡平台，平台宽为2.0m。

## 1.2 爆区周围环境

路堑通过的地区环境复杂，开挖区整体上呈东西走向，北侧为山体，西侧为正在施工的隧道洞口，距离爆区约160m，爆区东侧与现有公路相交，距离公路约60m，爆区南侧沿线为二道沟村，爆区距离民房约55~120m，其中距爆区55m之内的民房已经进行了拆除，民房南侧紧邻原有公路。由于爆破开挖区距离民房、公路、隧道洞口较近，周围环境复杂，爆破方案设计应严格控制爆破振动和飞石的影响范围。爆破开挖区域周围环境如图1所示。

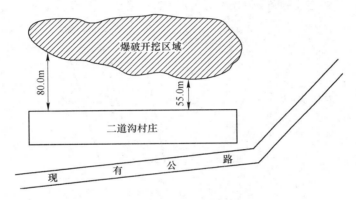

图1 爆破开挖区域周围环境图

Fig. 1 Surrounding environment map of blasting excavation area

## 1.3 技术要求

根据爆区周围环境及施工技术条件，该区域石方爆破要求如下：
（1）控制爆破飞散物的影响范围，确保周围临近村庄建筑物及线路的安全。
（2）应控制爆破振动对临近民房的影响，爆区周围民房为砖混结构，爆破振动速度应控制在2.5cm/s以内。
（3）由于邻近村庄住户多，且村庄与爆区走向平行分布，住户中有卧床病人，因而在保证安全的情况下尽可能增大单次爆破规模，减少爆破次数。
（4）爆破块度利于大型机械挖运，边坡易于采用机械修坡成型。

## 2 爆破方案选择

### 2.1 爆破方案选择原则

根据开挖路段的地形地质、周围环境情况和技术要求，制定爆破方案时应遵循以下原则：
（1）必须确保施工过程安全可靠。
（2）确保路堑施工质量要求和边坡的安全稳定。
（3）能够满足工程对工期的要求。
（4）爆破有害效应易于控制在安全范围内。

## 2.2 爆破方案选择

综合考虑工期、爆区周围要保护的建（构）筑物的情况，结合待爆山体的地形地貌、岩体性质、结构特点，决定采用"孔内间隔分段装药毫秒延时松动深孔爆破"的施工方案，采用导爆管雷管毫秒延时爆破网路，严格控制最大单段爆破药量。对于深度较大炮孔，采取孔内间隔装药毫秒延时控制单段最大药量。

## 3 爆破参数及网路设计

### 3.1 炮孔布置

全路堑开挖拉槽爆破，垂直路堑走向成排布置炮孔，采用正方形布孔，主炮孔向走向中心线倾斜，邻近边坡处的炮孔倾角约72°。炮孔布置详见图2。

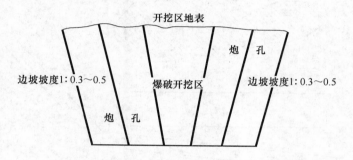

图2 路堑开挖典型断面炮孔布置示意图
Fig. 2 The cutting excavation layout diagram of typical section

### 3.2 爆破参数的确定

#### 3.2.1 单位炸药消耗量 $k$

$k$ 的选取与岩性、台阶高度、自由面数量、炸药种类、炮孔直径等多种因素有关，本工程 $k$ 值在 $0.25 \sim 0.35 \text{kg/m}^3$ 选取。

#### 3.2.2 孔径 $d$ 及炮孔深度 $L$

炮孔直径 $d = 90\text{mm}$，炮孔深度 $L = (h + h')/\sin\theta$，式中，$h$ 为台阶高度，$h'$ 为炮孔超深，$\theta$ 为炮孔倾角72°，取 $h' = 0.5 \sim 1.0\text{m}$。炮孔深度 $L = 2.5 \sim 17.5\text{m}$ 不等。钻孔过程中进行地质素描，并根据地质变化情况对爆破参数进行合理调整。

#### 3.2.3 炮孔间距 $a$ 及排距 $b$

炮孔间距 $a = 2.0 \sim 3.5\text{m}$，炮孔排距 $b = 1.5 \sim 3.5\text{m}$，根据现场实际情况进行调整。

#### 3.2.4 底盘抵抗线 $W$

底盘抵抗线 $W = 2.0 \sim 3.5\text{m}$，根据现场实际情况进行调整。

#### 3.2.5 单孔装药量 $Q$

第一排按 $Q = kaW_1H$ 计算，其他排按 $Q = K'kabh$ 计算，式中，$K'$ 为增加系数，取1.1。

#### 3.2.6 填塞长度

为了控制飞石的影响范围，填塞长度大于1.2倍炮孔的抵抗线。

装药结构：深度较小炮孔采用底部连续不耦合装药结构，孔内为高段位毫秒导爆管雷管，由于孔径较大,为了保证按照设计药量装药,装药时采取装药绳吊装的方法保证装药长度。深度较大的炮孔采用孔内间隔分段装药结构,装药分为上下两部分,两段装药的中间采用加装 0.5~1.0m 长度碎石袋进行间隔,控制单响最大药量。装药结构图见图3。

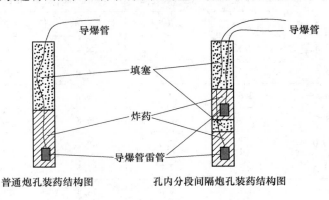

图3 炮孔装药结构图

Fig. 3 Figure of blasthole charge structure

## 3.3 爆破网路设计

采用毫秒导爆管雷管逐段毫秒延时接力起爆网路,孔内采用高段别(Ms8~Ms10)毫秒延期雷管,孔外采用低段别(Ms2~Ms5)雷管毫秒延期接力的起爆方法,在3~4排范围实现完全点燃阵面,确保网路的可靠性。孔内采用高段位雷管起爆装药,孔外排间采用低段位雷管编排接力起爆网路,孔间采用低段位雷管接力连接,排间及孔间毫秒延时间隔时间能有效地错开,确保接力起爆延期时间不发生重叠现象,能有效地控制爆破振动效应,改善岩石的破碎效果。

爆破传爆方向整体上沿走向方向自西向东、垂直走向方向自走向中心线向路堑两侧传爆,沿走向中心线分为南北两个爆区,两个爆区间通过低段位雷管进行毫秒延时间隔。普通炮孔孔内装 Ms8 雷管,超深炮孔上部为 Ms8、下部为 Ms10 雷管,孔间采用 Ms3 雷管、排间采用 Ms5 雷管进行延期编排接力起爆网路。采用激发器激发导爆管引爆整个爆破网路。爆破网路图见图4。

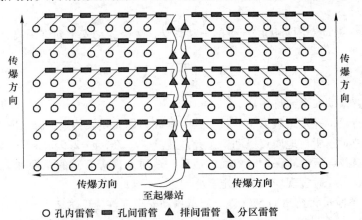

图4 多排逐段接力起爆网路图

Fig. 4 Multi row segment relay initiation network

表1 深孔爆破设计成果表
Table 1　Table of deep-hole blasting design

| 序　号 | 炮孔深度/m | 填塞长度/m | 装药长度/m | 装药量/kg | 孔数/个 | 药量/kg |
| --- | --- | --- | --- | --- | --- | --- |
| 1 | 2.5 | 2.0 | 0.5 | 4.0 | 2 | 8.0 |
| 2 | 3.5 | 2.8 | 0.7 | 5.6 | 1 | 5.6 |
| 3 | 5.5 | 3.5 | 2.0 | 16.0 | 38 | 608.0 |
| 4 | 6.5 | 3.6 | 2.9 | 23.2 | 3 | 69.6 |
| 5 | 8.5 | 3.9 | 4.6 | 36.8 | 40 | 1472.0 |
| 6 | 10.0 | 4.1 | 5.9 | 47.2 | 1 | 47.2 |
| 7 | 11.5 | 4.3 | 7.2 | 57.6 | 164 | 9446.4 |
| 8 | 14.5 | 4.7 | 9.8 | 78.4 | 23 | 1803.2 |
| 9 | 17.5 | 5.0 | 12.5 | 100.0 | 2 | 200.0 |

表2 爆破器材计划表
Table 2　Blasting materials and accessories schedule

| 序　号 | 名　称 | 规　格 | 数　量 |
| --- | --- | --- | --- |
| 1 | 乳化炸药 | 袋装及箱装 | 13680kg |
| 2 | 低段位毫秒导爆管雷管 | 7m脚线 | 650发 |
| 3 | 高段位毫秒导爆管雷管 | 15m脚线 | 650发 |
| 4 | 导爆管 |  | 250m |

## 4　爆破安全校核

### 4.1　爆破振动

为了防止爆破振动对附近民房产生的不利影响，爆破振动安全允许距离，可按下式计算：

$$R = \left(\frac{K}{v}\right)^{\frac{1}{\alpha}} \cdot Q^{\frac{1}{3}}$$

式中　$R$——爆破振动安全允许距离，m；

$Q$——炸药量，齐发爆破为总药量，延时爆破为最大一段药量，kg，即 $Q = 57.6$kg；

$v$——保护对象所在地质点振动安全允许速度，cm/s；$v = 2.5$cm/s；

$K$，$\alpha$——与爆破点至计算保护对象间的地形、地质条件等有关的系数和衰减指数，可按表选取，或通过现场试验确定。$K = 150$，$\alpha = 1.65$。

根据计算在单段最大药量为57.6kg，质点振动安全允许速度为2.5cm/s时，爆破振动安全允许距离为46.2m，而最近的民房距离爆区最近炮孔为55m，处于安全范围内，估算55m处爆破振动速度为1.87cm/s。因而在现场爆破实施时要确保单段爆破药量小于57.6kg。另外，受保护建筑物在高程上位于开挖区域下部，爆破振动对建筑物的实际影响会变得更小。

## 4.2 飞石距离计算

深孔爆破的个别飞石飞散距离可按下列经验公式估算：

$$R_f = (15 \sim 16)d$$

式中，$R_f$ 为个别飞石的飞散距离，m；$d$ 为炮孔直径，mm，$d = 90$mm。

个别飞石飞散距离的估算结果为144m。根据《爆破安全规程》有关规定，深孔爆破的安全距离不小于200m，因此，此次爆破的安全警戒圈半径划定为200m。

## 5 安全技术措施

合理确定爆破参数，采用逐段毫秒延时接力起爆技术，减少爆破振动对附近民房的影响。同时采取以下安全技术措施：

（1）采用毫秒导爆管雷管孔内外延期网路，网路连接实施时认真检查核对。严格控制最大单段装药量，孔内间隔装药时应准备好间隔的土袋，按照设计要求装药。

（2）保证填塞质量及填塞长度，在孔口压放20kg的土袋。

（3）由于孔径大装药时采用装药绳装药，保证装药长度，有水炮孔要控制装药速度，保证装药到位，有水炮孔要采用碎石屑进行填塞，填塞密实。

（4）考虑周围环境情况，在爆破实施时对爆破振动效应进行监测。

（5）由于爆破区附近有集中的居民住户，需要采用繁琐的施工工序精细作业，增加爆破器材数量，减少爆破次数，从技术及管理方面尽可能减少对周围居民的影响。

## 6 爆破效果分析及结论

从现场爆破效果来看，逐段接力起爆网路传爆可靠，爆破后建（构）筑物没有受到任何损坏，爆后爆堆向上隆起约1.5m，录像实际观测未发现飞石，无盲炮，爆破取得了圆满成功。采用NUBOX-6016智能振动监测仪对爆破振动速度进行了监测，监测点距离最近炮孔水平距离50m，在爆区的中部，$Y$方向平行于路堑走向。从监测结果来看，振动波形分布均匀有序，符合该爆破设计的要求，由于该段爆破为拉槽爆破，夹制性大，因而在$X$方向的振动速度与$Z$方向振动速度较大，监测振动速度与估算振动速度相近。

表3 振动监测数据表
Table 3 Blast vibration monitoring data table

| 通道号（方向） | 速度/cm·s$^{-1}$ | 最大速度时刻/s | 振动主频率/Hz | 振动持续时间/s |
| --- | --- | --- | --- | --- |
| $X$ | 1.802 | 2.406 | 30.5 | 3.275 |
| $Y$ | 1.059 | 1.324 | 27.2 | 3.273 |
| $Z$ | 1.806 | 2.701 | 27.2 | 3.274 |

（1）本工程根据环境要求和地形地质特点选择的爆破方案，设计合理，技术可行，安全可靠，在不需要特殊防护条件下，爆破无飞石；采用逐段接力起爆网路，实现了大区多排炮孔近300段毫秒延时间隔的顺序起爆，从而达到控制单段最大爆破药量，降低爆破振动的目的，保证了周围建筑物的安全。

（2）根据周围环境和岩石性质选择的爆破参数和采用的爆破网路，改善了爆破质量，加快了施工进度，减少了爆破次数，取得了较好的社会及经济效益，有效地控制了爆破的有害效应。

## 参 考 文 献

[1] 汪旭光. 爆破手册[M]. 北京：冶金工业出版社，2010.
[2] 王海亮. 铁路工程爆破[M]. 北京：中国铁道出版社，2001.
[3] 娄德兰. 导爆管起爆技术[M]. 北京：中国铁道出版社，1995.
[4] 李建设，李建彬，田爱军，李源泉. 承德市张双铁路（二期）第四合同段路基土石方开挖爆破振动测试及影响评价[J]. 爆破振动影响与测试技术座谈会论文汇编，中国工程爆破协会，2009，184-190.

# 炮台湾石灰岩矿深孔爆破裂隙区范围对炮孔排间距的影响

李子玉　赵良玉

（湖南铁军工程建设有限公司，湖南 长沙，412100）

**摘　要**：简要介绍了炮台湾石灰岩矿现有开采工艺及其相关爆破参数，通过相关文献了解爆破过程中岩石破碎作用机理，掌握岩石柱状耦合装药爆破裂隙区的计算方法，选定在炮台湾石灰岩矿对深孔爆破进行裂隙区研究，可以了解深孔爆破裂隙区范围对矿山开采的影响，从而调整爆破参数，优化爆破效果，达到节约爆破成本，使爆破作业更加经济合理。计算成果对以后爆破实践具有指导作用，也为同类型爆破施工项目提供借鉴。

**关键词**：深孔爆破；裂隙区；爆破效果

## Paotaiwan Area Deep-hole Blasting in Limestone Fissures of Borehole Effects of Row Spacing

Li Ziyu　Zhao Liangyu

（Hunan Tiejun Construction Engineering Co., Ltd., Hunan Changsha, 412100）

**Abstract**: Briefly introduced has Paotaiwan limestone mine existing mining process and related blasting parameter, through related literature understand blasting process in the rock broken role mechanism, master rock column-like coupled loaded drug blasting fractured district of calculation method, selected in Paotaiwan limestone mine on deep hole blasting for fractured district research, can understand deep hole blasting fractured district range on mine mining effect, to adjustment blasting parameter, optimization blasting effect, reached save blasting cost single consumption, makes blasting job more economic reasonable. Calculated after the results of the practice guide also provides references for construction project of the same type.

**Keywords**: deep hole blasting; fracture zone; blasting effect

## 1　工程概况

　　张家界炮台湾水泥用石灰岩矿位于湖南张家界市永定区后坪镇炮台湾村，矿山紧临省道S306，距水泥厂3.2公里，采用公路开拓，汽车运输。矿山起伏不大，岩石节理裂隙发育，矿山生产能力为年产90万吨。一次爆破方量为2500m³，台阶高度15m，工作台阶坡面角75°，钻孔深度16m，装药长度12m，填塞长度4m，炮孔直径90mm，改性铵油耦合装药结构，毫秒延

---

作者信息：李子玉，技术员，137473361@qq.com。

期雷管和乳化炸药引爆。爆破后要求石灰岩块度不得大于 0.8m×0.8m×0.8m，矿区正前方 300m 处有工业广场厂房。

## 2 爆破作用机理

相关研究表明[1]爆破过程分为两个阶段：（1）炸药爆炸在围岩中产生冲击波，使介质产生径向和环向裂隙，破碎成块；（2）爆生气体压缩装药周围的岩石形成空腔，随后作用于破碎的岩石，使其以一定速度向外抛掷。根据爆破作用后对周围岩体破坏的结果，可将爆孔围岩分为粉碎区、裂隙区和未受爆破破坏的弹性振动区，具体分布见图1。单个柱状耦合装药爆炸会在岩石中激起爆炸应力波，该应力波在岩石介质中作衰减传播；传播过程中在岩石中形成的三区，即压碎区、裂隙区和振动区，各区形成机理不同，相应范围也不同；多个柱状耦合装药同时或延期起爆，会形成共同作用，并直接影响到裂隙区的范围大小，通过对裂隙区半径的计算可以合理地布置钻孔排间距，控制合理的单位体积炸药消耗量，节约矿山开采成

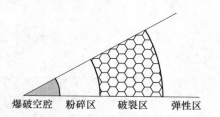

图1 岩石爆破后破碎分区
Fig. 1 Fragmentation zone after rock blasting

本。破碎区半径的计算方法可分为经验公式法、声学近似法、修正声学近似法和动力学近似分析法等[2]。爆炸冲击波的能量在对岩石作用过程中迅速衰减，爆炸冲击波的作用时间一般不超过 6ms，起爆后台阶面的膨胀抛出的时间不超过 30ms。根据爆破的动态过程和炮台湾矿石灰岩的力学性质，选择声学近似法能得出一系列的裂隙区范围值。

## 3 理论计算方法

爆破时，岩石处于拉压三向应力状态，相关资料[3~5]已得出，爆破的压碎区是岩石受压缩所致，而裂隙区则是受拉破坏的结果。爆破裂隙区半径影响因素有很多，如炸药种类、装药结构、岩性等。在此只考虑炮台湾石灰岩在柱状耦合装药条件下，按声学近似法[2,6]进行分析。爆炸作用对岩石的载荷有：

$$p_d = \frac{2\rho_m C_p}{\rho_m C_p + \rho_0 D} p_0 \quad (1)$$

式中 $p_d$——透射入岩石中的冲击波初始压力，MPa；

$p_0$——炸药最大爆轰压，MPa；

$\rho_0$，$\rho_m$——分别为炸药的装药密度和岩石的初始密度，kg/m³；

$C_p$，$D$——分别为岩石中的弹性纵波波速和炸药的爆速，m/s。

在柱状耦合装药条件下，炸药爆炸瞬时产生的高温高压气体爆轰产物作用在岩石上，对岩石施加极强的冲击压缩效应，直接与装药接触的岩石介质受到爆轰产物的强烈压缩，介质结构完全破坏，造成药包周围的岩石被极度压碎形成粉碎区。在此过程中，消耗了冲击波的大部分能量，使得粉碎区界面上冲击波衰减为应力波。在应力波的作用下，由于岩石的动抗拉强度远远小于动抗压强度，因此岩石中的径向应力和切向应力造成径向和环向裂隙。接着爆轰气体的膨胀和挤压作用助长了裂隙的延伸和扩张。根据 Mises 准则，如果 $\sigma_i$ 满足 $\sigma_i \geq \sigma_{cd}$，则为粉碎区；如果 $\sigma_i \geq \sigma_{td}$，则为裂隙区。其中 $\sigma_{cd}$、$\sigma_{td}$ 分别为岩石的单轴动态抗压强度和单轴动态抗拉

强度。

柱状耦合装药爆破时,其裂隙区半径 $R_T$ 计算公式[1]如下:

$$R_T = r_0 \left(\frac{p_d A}{\sqrt{2}\sigma_{cd}}\right)^{\frac{1}{\alpha}} \left(\frac{\sigma_{cd}}{\sigma_{ct}}\right)^{\frac{1}{\beta}} \tag{2}$$

式中 $A = [(1+\lambda)^2 - 2\mu(1-\mu)(1-\lambda)^2 + (1+\lambda)^2]^{\frac{1}{2}}$,其中,$\lambda$ 为侧向压力系数,$\mu$ 为岩石的动态泊松比,$\mu = 0.8\mu_0$,$\mu_0$ 为岩石的静态泊松比;

$\alpha$——应力衰减系数,$\alpha \approx 3$;

$\beta$——应力衰减指数,$\beta = (2-\mu)/(1-\mu)$;

$\sigma_{cd}$——岩石单轴动态抗压强度,$\sigma_{cd} = \sigma_c \xi^{\frac{1}{3}}$,$\xi$ 为加载应变率;

$\sigma_{ct}$——岩石单轴动态抗拉强度,$\sigma_{ct} = \sigma_t$;

$\sigma_c$——岩石单轴静态抗压强度;

$\sigma_t$——岩石单轴静态抗拉强度。

## 4 炮台湾石灰岩爆破裂隙区半径计算

炮台湾水泥用石灰岩矿石灰岩单轴抗压强度为 60.9~110MPa,单轴抗拉强度为 2.1~3.9MPa,$\lambda$ 为侧向压力系数,其与岩石的动态泊松比和爆炸应力波传播距离有关。在爆源附近 $\lambda$ 值较大,$\lambda \approx 1$;相关岩石力学参数和爆破参数取值[8,9]如表 1 所示。

表 1 炮台湾石灰岩矿各参数取值表
Table 1 Parameters of Paotaiwan limestone mine

| 石灰岩密度 $\rho_m/\text{kg}\cdot\text{m}^{-3}$ | 炸药装药密度 $\rho_0/\text{kg}\cdot\text{m}^{-3}$ | 弹性纵波波速 $C_p/\text{m}\cdot\text{s}^{-1}$ | 炸药爆速 $D/\text{m}\cdot\text{s}^{-1}$ | 膨胀绝热指数 $\gamma$ | 静态泊松比 $\mu_0$ | 侧向压力系数 $\lambda$ |
|---|---|---|---|---|---|---|
| 2650 | 900 | $4.3\times10^3$ | $3.2\times10^3$ | 3 | 0.3 | 1 |

岩石在爆炸作用下的加载应变率为 10~100s$^{-1}$ 之间[9,10]。分别取 $\xi$ 为 10、50、100 的条件下,用 MATLAB 程序计算不同岩石单轴静态抗拉强度和岩石单轴静态抗拉强度时裂隙区半径,结果如表 2~表 4 所示。

表 2 岩石不同单轴静态抗拉强度和单轴静态抗拉强度 $\xi = 10$ 时的裂隙区半径
Table 2 $\xi = 10$ the fracture zone radius of different uniaxial static tensile strength and uniaxialtensile strength of rock                                  m

| $R_T$ $\sigma_c/\text{MPa}$ \ $\sigma_t/\text{MPa}$ | 60 | 70 | 80 | 90 | 100 | 110 |
|---|---|---|---|---|---|---|
| 2 | 1.97 | 2.05 | 2.13 | 2.19 | 2.25 | 2.31 |
| 3 | 1.55 | 1.61 | 1.67 | 1.72 | 1.77 | 1.82 |
| 4 | 1.31 | 1.36 | 1.41 | 1.45 | 1.49 | 1.53 |

表 3 岩石不同单轴静态抗拉强度和单轴静态抗拉强度 $\xi=50$ 时的裂隙区半径
Table 3 $\xi=50$ the fracture zone radius of different uniaxial static tensile strength and uniaxial tensile strength of rock
m

| $R_T$  $\sigma_t$/MPa  $\sigma_c$/MPa | 60 | 70 | 80 | 90 | 100 | 110 |
|---|---|---|---|---|---|---|
| 2 | 2.27 | 2.36 | 2.45 | 2.52 | 2.59 | 2.66 |
| 3 | 1.78 | 1.86 | 1.92 | 1.98 | 2.04 | 2.09 |
| 4 | 1.50 | 1.56 | 1.62 | 1.67 | 1.72 | 1.76 |

表 4 岩石不同单轴静态抗拉强度和单轴静态抗拉强度 $\xi=100$ 时的裂隙区半径
Table 4 $\xi=100$ the fracture zone radius of different uniaxial static tensile strength and uniaxial tensile strength of rock

| $R_T$  $\sigma_t$/MPa  $\sigma_c$/MPa | 60 | 70 | 80 | 90 | 100 | 110 |
|---|---|---|---|---|---|---|
| 2 | 2.41 | 2.51 | 2.60 | 2.68 | 2.76 | 2.83 |
| 3 | 1.89 | 1.97 | 2.04 | 2.11 | 2.16 | 2.22 |
| 4 | 1.60 | 1.66 | 1.72 | 1.77 | 1.82 | 1.87 |

## 5 结论及分析

由以上数据分析可知，岩石爆破裂隙区半径随岩石加载应变率的增大而增大，岩石爆破裂隙区半径与岩石单轴静态抗压强度正相关，与岩石单轴静态抗拉强度负相关。单个柱状耦合装药爆炸时岩石爆破裂隙区半径最小为 1.31m，最大为 2.83m，说明炮台湾石灰岩矿深孔台阶爆破时炮孔理论计算的排间距在 2.62～5.66m 之间比较适宜。炮台湾石灰岩矿现场施工采用毫秒延期微差爆破，各药柱的起爆时间相差微小，被爆破的岩块在移动过程中相互撞击，形成极其复杂的能量再分配，能够有效地降低大块率。当岩体裂隙发育不明显时，孔距 4m，排距 3.2m，爆破效果较好，大块率较低；当岩体裂隙发育时，孔距 5m，排距 3.5m，爆破效果较好，大块率较低。现场爆破参数表明理论计算合理，爆破参数可根据现场实际情况在此范围内进行调整，从而降低爆破成本，实现矿山生产利润最大化。

## 参 考 文 献

[1] 张峰涛. 岩石在柱状耦合装药作用下的爆炸能量分布[D]. 华东科技大学，2007.
[2] 严东晋，孙传怀. 岩体中爆炸破碎区半径计算方法讨论[J]. 爆破，2010，6：29-31.
[3] 王文龙. 钻眼爆破[M]. 北京：煤炭工业出版社，1984：246，318.
[4] 张奇. 岩石爆破的粉碎区及空腔膨胀[J]. 爆炸与冲击，1990，10(1)：68-75.
[5] 宗琦. 岩石内爆炸应力波破裂区半径的计算[J]. 爆破，1994(1)：15-17.

[6] 颜事龙,陈叶青. 岩石集中装药爆炸能量分布的计算[J]. 爆破, 1993(12):1-5.
[7] 湖南省张家界市永定区炮台湾水泥灰岩矿资源储量报告[S]. 湖南万源矿业权评估咨询有限公司, 2007.
[8] 张家界市永定炮台湾水泥用石灰岩矿初步设计说明书[S]. 怀化湘西金矿设计科研有限公司, 2013.
[9] Grady D E, Kipp M E. Continuum modeling of explosive fracture in oil shale[J]International Journal of Rock Mechanics and Mining Sciences and Geomechanics Abstracts, 1980, 17: 147-157.
[10] 张连英,茅献彪. 高温状态下加载速率对石灰岩力学效应研究[J]. 岩石力学, 2010(11): 3511-3515.

# 高纬度地区季节性冻土深孔爆破技术的试验研究

张庆新

（北京中大爆破工程有限公司，北京，100083）

**摘 要**：高纬度地区冬夏季气温差异大，在坚硬的季节性冻土层包裹下的砂砾岩爆破难度大，如不能有效地解决冻层和冻帮问题，会导致大块率偏高，爆破难以达到预期的效果。目前对于冻土层的爆破以针对地表冻层的浅孔爆破为主，生产效率低，爆破规模有限，难以满足大型矿山的生产需要。为实现冻土层的深孔爆破，本文通过研究实践摸索出一套适用于高纬度地区冻土层爆破的深孔爆破技术措施，并取得了良好的效果。

**关键词**：高纬度；季节性冻土；深孔爆破

## The Experimental Study of Seasonally Frozen Soil Deep-Hole Blasting in High Latitudes

Zhang Qingxin

(Beijing Zhongda Blasting Engineering Co., Ltd., Beijing, 100083)

**Abstract**: The temperature difference is much greater between winner and summer in high latitudes. It's difficult to blast sandy conglomerate which wrapped by the hard seasonally frozen soil. If the problem of frozen soil blasting can't be resolved, the ration of the over specific size of block is high, and can't achieve goal of blasting. At present, the frozen soil blasting are mainly shallow hole blasting, inefficient production efficiency and low blasting scale, can't meet the mine production needs. In order to achieve the deep-hole blasting of frozen soil, we find out the way of seasonally frozen soil deep-hole blasting which apply to seasonally frozen soil blasting and have achieved the good results.

**Keywords**: high latitudes; seasonally frozen soil; deep-hole blasting

## 1 引言

神华集团宝日希勒露天煤矿位于内蒙古北部海拉尔地区，属高纬度地区，冬夏气温差别大。根据陈巴尔虎旗中心气象站观测资料，矿区冬季最低气温 -48℃；夏季最高气温37.7℃，不同的季节对爆破技术的要求差异较大。冬季施工中，受严寒天气影响季节性冻土层普遍存在，冻层和冻帮问题突出，冻结厚度 2.5～3.0m。冻土爆破的施工时间在每年的 3～4 月，采取浅孔爆破冻土层的方法存在炮孔数量多、劳动强度大、作业时间长等问题，不利于实现大规模的爆破，制约了矿山的正常生产，为实现季节性冻土的大规模爆破，冻土层的深孔爆破问题

---

作者信息：张庆新，工程师，硕士，zhang41702@163.com。

亟待解决[1]。

目前冻土爆破以针对地表冻层的浅孔爆破为主,冻土深孔爆破研究很少,按照非冻土地区的深孔爆破参数进行冻土深孔爆破设计,在首排孔的抵抗线和填塞长度等方面明显不适用。本文通过现场实践结合深孔爆破设计摸索出了一套行之有效的冻土深孔爆破技术措施,对于冻土地区深孔爆破具有借鉴意义。

## 2 工程地质情况

神华集团宝日希勒露天煤矿位于海拉尔河以北,莫勒格尔河东南的楔型地带,地理坐标为:东经119°48′28″~119°53′43″,北纬49°21′29″~49°24′37″。其宏观地貌显示为略有起伏的高平原,隶属于内蒙古自治区呼伦贝尔市陈巴尔虎旗宝日希勒镇和海拉尔区谢尔塔拉镇管辖。海拔标高最高约667m,最低约617m。本区属大陆性亚寒带气候,经常遭受西伯利亚寒潮的袭击,冬夏季气温相差悬殊。年平均降水量315.0mm,冬季平均积雪日数149.9天,平均结冰日期172天。

宝日希勒露天煤矿是以砂砾岩为主的季节性冻土,冻结层厚度2.5~3.0m,含水量大。砂砾岩以灰、灰白和灰黄色粗砂岩和中砂岩为主,分布不均匀,厚度变化较大0.5~13.8m。天然含水量一般为17.2%~22.7%,平均20.2%,比重2.54~2.65,平均2.60,弹性模量平均758MPa,泊桑比平均0.45,自然抗压强度平均1.78MPa。

## 3 冻土爆破存在的问题

(1)爆破器材。2号岩石乳化炸药天气寒冷时变硬,一方面炸药感度降低,另一方面即使划开炸药外包装也很难实现耦合装药,线装药密度低,爆破效果差。因此选用的炸药外径需与孔径尽量接近;使用导爆管雷管时,导爆管变硬变脆,使用时需小心捋顺雷管脚线,不得踩碰脚线,避免导爆管损坏造成盲炮。

(2)冻层和冻帮。冬季时砂砾岩上部形成厚度约2.5~3.0m的冻层,侧面约2m的冻帮(见图1),冻层和冻帮硬度高,内部未冻实的砂砾岩相对较软。如未采取有效措施上部冻层和侧面冻帮爆破效果差、大块率高且尺寸较大,无法铲装。特别是冻帮,如边帮效果差,铲装设备"开缺口"困难,铲装设备无法进入爆区给铲装带来很大的挑战。临近自由面的炮孔的抵抗线过大时无法破碎冻帮,造成爆区周边冻帮挖不动,形成一层"硬壳",爆破后爆区出现外硬内软的尴尬局面。

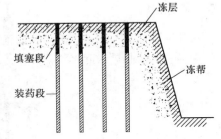

图1 冻土层爆破示意图
Fig.1 Design of frozen soil blasting

(3)二次破碎难度大。砂砾岩冻结后硬度高,如采用液压破碎设备进行二次破碎,也仅能形成浅坑,无法破碎岩石,破碎效果差、效率很低;采用二次爆破,单个大块布置的炮孔数量少,效果差,多数情况大块一分为二,仍需多次爆破。如炮孔布置多,爆破飞石距离远,带来极大安全隐患。

(4)冻土爆破的参数设计与非冻土地区爆破的参数设计差距大,主要体现在填塞长度和临近自由面的抵抗线大小,并直接关系到冻层和冻帮的爆破效果。

进入5月,随着气温的回升冻层逐渐消失,上述问题不复存在,爆破参数需重新调整,季节性差异显著。

## 4 冻土深孔爆破的技术措施

宝日希勒露天煤矿冻土深孔爆破的瓶颈主要在于坚硬的冻层和冻帮包裹着砂砾岩，形成一个坚硬的外壳，极易产生大块，严重影响了爆破效果和铲装作业。冻层和冻帮是冻土深孔爆破首先必须解决的问题。一般来说，当冻土层厚度不足1m时，在冻土层下放置药包可获得较好的爆破效果；当冻土层厚度超过1m时，宜将药包放置在冻土层中进行爆破[2]。

### 4.1 炮孔布置

炮孔布置参考非冻土地区爆破参数，针对冻层采用"深孔套浅孔"方案[3]，分别在深孔中间增加深度为2.5~3m的浅孔，浅孔呈不规则布置以解决冻层问题。即将爆区在垂直方面划分为两个部分，冻层以下按深孔爆破进行设计而冻层部分按浅孔爆破进行设计；针对冻帮，将周边炮孔布置在冻帮中，同时加密布置。炮孔布置示意图见图2。

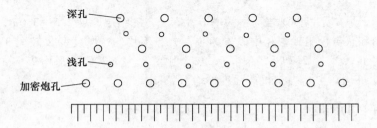

图2 炮孔布置示意图
Fig. 2 Design of layout of blast hole

### 4.2 装药结构

深孔采取间隔装药，上部炸药放置在冻层中；浅孔每孔装药12kg。深孔采用孔内分段，上部炸药与相邻浅孔同时起爆，下部炸药最后起爆。装药结构示意图见图3。

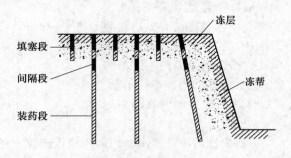

图3 装药结构示意图
Fig. 3 Design of charge structure

### 4.3 起爆网络

采取孔内分段，孔外延时逐排或楔形起爆网络。孔内采用Ms9和Ms10导爆管雷管，孔外采用Ms3导爆管雷管进行孔外延时。起爆网络示意图见图4及图5。

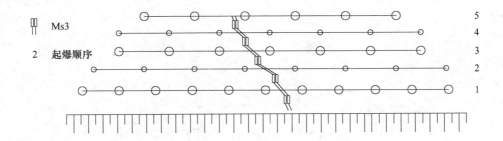

图 4 逐排起爆网络示意图

Fig. 4 Design of initiation circuit of blasting row by row

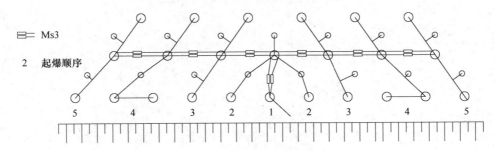

图 5 楔形起爆网络示意图

Fig. 5 Design of wedge-shape initiation circuit

## 5 工程试验

### 5.1 爆破方案设计

根据多年爆破实践，总结得出宝日希勒露天煤矿砂砾岩爆破单耗一般取 $0.17\sim0.19kg/m^3$。试验区域冻层厚度 $2.5\sim3m$，冻帮厚度约 $2.0\sim2.5m$。设计以下三个方案对上述技术措施进行验证。

钻孔设计：

由于深孔钻凿设备移动缓慢，但接杆相对容易，而小型钻机钻凿浅孔不用接杆，速度较快且移动方便。因此先使用深孔钻机打深孔，然后利用小型钻机打浅孔。深孔孔径 $165mm$，使用宣化英诺威克 DR65 钻机；浅孔孔径 $120mm$，使用宣化泰业 370 履带式液压潜孔钻机。

方案一：孔深 $9m$，孔网参数 $10m\times8m$，深孔采用间隔装药结构，下部装药 $120kg$，间隔至 $3m$，再装药 $12kg$，填塞 $1.8m$；浅孔装药 $12kg$，填塞 $1.8m$。首排孔的最小抵抗线 $3m$，深孔中间规则地布置浅孔，浅孔孔深 $3m$，孔网参数 $5m\times4m$。炮孔布置示意图见图 6。

方案二：孔深 $9m$，孔网参数 $10m\times8m$，深孔采用间隔装药结构，下部装药 $120kg$，间隔至 $3m$，再装药 $12kg$，填塞 $1.8m$；浅孔装药 $12kg$，填塞 $1.8m$。首排孔的最小抵抗线 $2m$，首排孔倾角 $70°$，在两排深孔中间规则地布置浅孔，浅孔孔深 $3m$，炮孔间距 $5m$。炮孔布置示意图见图 7。

方案三：孔深 $9m$，孔网参数 $10m\times8m$，深孔采用间隔装药结构，下部装药 $120kg$，间隔至

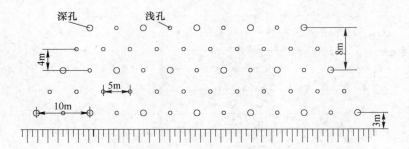

图 6 炮孔布置示意图
Fig. 6　Design of layout of blast hole

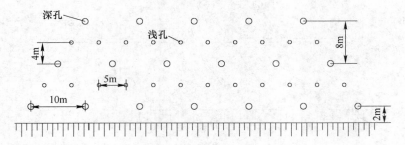

图 7 炮孔布置示意图
Fig. 7　Design of layout of blast hole

3m，再装药 12kg，填塞 1.8m；浅孔装药 12kg，填塞 1.8m。首排孔的最小抵抗线 2m、倾角 70°、炮孔间距 8m，首排孔装药 120kg，间隔装药结构，下部装药 99kg，间隔 1m，上部装药 21kg，填塞 2m。深孔中间不规则地布置浅孔，浅孔孔深 3m。炮孔布置示意图见图 8。

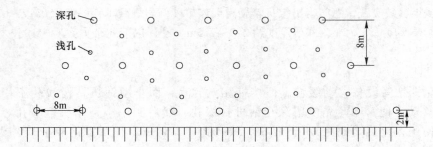

图 8 炮孔布置示意图
Fig. 8　Design of layout of blast hole

三个方案全部采用孔内分段、孔外延时排间顺序起爆网络，孔内上下分段分别使用 Ms9 和 Ms10 导爆管雷管，浅孔使用 Ms9 导爆管雷管，孔外采用 Ms3 导爆管雷管进行孔外延时。

## 5.2　试验效果分析

针对上述三个方案，共计爆破 6 次，爆破效果及炸药消耗情况见表 1。

表 1 爆破参数表
Table 1 Results of blasting parameter

| 方 案 | 爆破时间 | 炸药消耗量/kg | 爆破方量/m³ | 单孔装药量/kg | 炸药单耗/kg·m⁻³ | 爆 破 效 果 |
|---|---|---|---|---|---|---|
| 方案一 | 2014.2.25 | 7488 | 32556 | 132 | 0.23 | 爆堆正常，表面无大块，冻帮裂开较大缝隙，产生大尺寸大块，无法铲装 |
| 方案二 | 2014.3.1 | 2880 | 13100 | 131 | 0.22 | 爆堆较好，表面有少量大块，冻帮炮孔附近无大块，炮孔之间有大块 |
| | 2014.3.3 | 7704 | 35019 | 130 | 0.22 | |
| 方案三 | 2014.3.1 | 3624 | 17257 | 131 | 0.21 | 表面块度可满足铲装要求，个别大块。冻帮破碎效果较好，满足铲装要求 |
| | 2014.3.3 | 4080 | 20400 | 132 | 0.20 | |
| | 2014.3.9 | 8544 | 40689 | 131 | 0.21 | |

从爆破效果来看，三种方案的爆区内部铲装正常，区别主要在冻层和冻帮的效果。就冻层爆破效果来说，方案一的爆破效果最好，但炮孔数量最多，炸药单耗最高；方案二表面效果不稳定，个别区域被一排浅孔切割，形成较规整的大块，无法铲装；方案三表面效果介于方案一、方案二之间，块度较均匀，能够满足矿山设备的铲装要求，浅孔数量与方案二接近。整体而言，方案三对于冻层爆破来说是经济、有效的方案。

就冻帮爆破效果来说，方案一的冻帮没有得到解决，爆破效果最差，矿山铲装设备无法移动爆破产生的大块，后期两次爆破频繁，成本高；方案二中靠近炮孔区域破碎效果较好，破碎的岩石被推出，说明首排孔2m的抵抗线适合冻帮的爆破，但孔距偏大，炮孔间有大块；方案三炮孔加密，单孔药量减少，但爆破效果最好，破碎块度较均匀，爆区前部整体被推出，爆堆形态好。

# 6 结论

（1）对于宝日希勒露天煤矿的冻土爆破而言，在单耗保证在 0.18~0.2kg/m³ 之间，采取合理措施解决冻层和冻帮问题，解除外部包裹的冻土层的约束就可以保证爆破效果。

（2）采用"深孔套浅孔"的炮孔布置方案可以有效地解决冻层问题，但浅孔应呈不规则布置，在保证爆破效果的同时又可以起到控制钻孔成本的目的。

（3）当冻帮超过2.5m时，应将炮孔布置在冻帮中；冻帮厚度在2m以下时，炮孔应贴近冻帮布置，但爆破时应增加爆区临空面方向的警戒距离。

参 考 文 献

[1] 王万富,刘殿书,黄永辉,等. 海拉尔季节性冻土爆破参数实验研究[J]. 工程爆破,2013,19(5):21-24.
[2] 汪旭光. 爆破设计与施工[M]. 北京:冶金工业出版社,2012.
[3] 陈彬,刘学武. 冻土爆破方法[J]. 露天采煤技术,1997(1):22-24.

# 空气间隔装药在多裂隙岩体爆破中的现场应用分析

袁就生　窦富有　吴彪

（中铁港航局集团有限公司，广东 广州，510660）

**摘　要**：岩体节理裂隙对于爆炸应力波的传播有显著影响，节理裂隙越密集，爆炸应力波在向外传播过程中衰减得越快。空气间隔装药可以大幅降低冲击波峰值压力，延长爆破应力波的作用时间，使岩石破碎均匀，并减少爆破振动。本文以中铁港航局承接的大连临空产业园填海造地工程（二标段）的爆破施工为参考对象，对空气间隔装药技术在多裂隙岩体爆破中的应用进行研究，在节理裂隙发育岩体中进行空气间隔装药爆破，取得较好的岩石破碎效果和减振效果。

**关键词**：裂隙岩体；间隔装药；破碎效果

## The Application of Air-decking Charge Blasting in Multi-fractured Rock

Yuan Jiusheng　Dou Fuyou　Wu Biao

（China Railway Port Engineering Company, Guangdong Guangzhou, 510660）

**Abstract**: Fractured rock mass has remarkable effect on the spread of the explosion, and the more concentrated the fractures are, the faster the explosion stress wave decreases. The air-decking charge structure will not only contribute to reducing the shock wave peak pressure, but also extend the action time of blasting stress wave, which can greatly improve the uniformity of the rock breaking, and obviously reduce blasting vibration. This paper takes the blasting program that is managed by China Railway Port Engineering Company during the redamation engineering in Dalian as reference objects. And the application of the air-decking charge structure technology in the multi-fractured rock blasting is studied, proving the technology can improve rock crushing effect and damp down vibrations.

**Keywords**: fractured rock mass; air-decking charge; fragmentation result

## 1　研究背景

20 世纪 40 年代，苏联 Melnikov 等人首次将空气间隔装药技术作为一种爆破技术手段进行研究，通过大量室内外试验，验证了当空气层分别置于孔口、孔底及孔中部时，在一定的间隔比例范围内，可以在不降低破碎效果的前提下，有效降低炸药用量，获得可观的经济效益，同时可有效降低爆破振动[1]。

---

作者信息：袁就生，工程师，260558243@qq.com。

20世纪80年代,空气间隔装药技术开始被引进国内。刘鹏程在室内试验与矿山应用中观察到空气间隔装药确实有助于减小大块率、粉矿率,同时存在一个最佳的间隔比例范围,只在该范围内时爆破效果相比耦合装药得到改善[2]。2004年辜大志等在某矿山采用孔底空气间隔装药使爆破振动降低了10%~15%,同时减小了大块率。

2012年康强通过数值模拟和现场试验证明,最佳的间隔位置是炮孔中上部与正中部,在运用该技术时应当根据实际的爆破效果选择空气间隔位置,同时岩体节理裂隙会显著削弱爆破破碎效果[3]。

国内多数空气间隔装药爆破技术的研究主要是基于数值模拟或者是单一地质条件,较少涉及裂隙发育较完全的情况,从而整体来讲,节理裂隙发育岩体中进行空气间隔装药爆破时岩石破碎效果和减振效果的现场分析极为少见。

## 2 问题的提出

本文以中铁港航局承接的大连临空产业园填海造地工程(二标段)的爆破施工为参考对象,对空气间隔装药技术在多裂隙岩体爆破中的应用进行研究,分析在节理裂隙发育岩体中进行空气间隔装药爆破的岩石破碎效果和减振效果。

### 2.1 开采环境

大连临空产业园填海造地工程负责为大连新机场建设提供陆域回填石料,为保证回填质量,石料粒径控制要求严格,不得大于30cm³,同时,回填区域水位较深,为控制回填成本,石料粒径不宜低于 cm³。

主爆区岩性属中风化砂岩,顶部较为风化,底部为中风化和微风化砂岩,岩石节理裂隙发育较好,但裂隙走势不规则,岩石普氏系数为8~10,岩体发育情况如图1所示。

图1 主爆区岩体裂隙发育情况

Fig. 1 Rock fissures in the main blasting area

开采区周边环境复杂，西北边距离大华山爆区约400m处有一高速隧道，爆破山体南面临近一个变压站，主爆区临近驾校和大连市第六人民医院，因此爆破时要严格控制爆破振动危害。

## 2.2 研究重点

如何在裂隙发育完善的开采区实施规模爆破作业，在复杂爆破环境下控制爆破振动，最大限度地减小振动危害，同时保证爆破破碎效果，是本文的研究重点。本项目为降低爆破振动，采用逐孔起爆方式，并严格控制单孔装药量，取得了良好的效果，但是由于开采区岩体发育裂隙较多，装药量的减少会影响岩石的破碎效果，进行填海作业的石块粒径难以满足设计要求，增加二次破碎量，不利于成本控制。根据国内外学者的相关研究，要解决上述问题，可采用空气间隔装药技术进行装药作业。

采用空气间隔装药时，由于炮孔内存在空气间隔，炸药爆炸后爆压首先会压缩空气层并在短时间内反复加载和卸载，根据米尔尼科夫理论，药柱中的空气间隔会降低爆轰产物对炮孔的最终压力峰值，同时延长其作用时间，增大应力冲量以改善爆破块度质量，从而保证爆破效果。同时，空气间隔层的存在，还减小了单孔装药量，在一定程度上减小了爆破振动危害。

## 3 应用研究

采用空气间隔装药技术，将部分炸药用空气层取代，直接导致了装药量减少。在孔深、孔距、排距等参数不变的情况下，这意味着单耗下降，用于破碎岩体的能量总量减小，岩体节理裂隙会显著削弱爆破破碎效果。因此在裂隙发育完善的岩体中，空气间隔装药要取得可接受的效果，只有提高炸药能量的有效利用率，这就需要控制相关的影响要素，比如炮孔内药量的分配情况、空气间隔层长度及炮孔堵塞长度等。

### 3.1 主要技术参数设定

大连临空产业园爆破工程主要采用深孔台阶爆破的方法，孔深一般控制在13~16m，钻孔孔径为115mm或140mm，布孔方式采用梅花形布孔，具体孔网参数如表1所示。

表1 孔网参数
Table 1 Blasting parameter

| 孔径/mm | 孔深/m | 孔排距/m×m | 超深/m | 堵塞长度/m |
| --- | --- | --- | --- | --- |
| 115 | 13 | 5×4 | 1.5 | 4 |
| 140 | 16 | 6×5 | 2 | 5 |

采用大连本地产改性铵油炸药，经过现场实验，115mm孔径的线装药密度约为8.5kg/m，140mm孔径线装药密度约为13.8kg/m，单孔装药量视孔径和孔深的不同有所差别。

### 3.2 空气间隔器

由于传统的空气间隔器批量购买比较繁琐，而且操作起来比较耗费人力物力，为降低成本，现场技术人员自行制作空气间隔器，采用100mm孔径的PVC管，根据需要锯成不同长度，两头借助废弃炸药袋等杂物堵塞起来，防止炸药由管壁渗入，炮孔采用双雷管起爆，下部装药层装药完毕并放下导爆管雷管后，直接投入自制空气间隔器，然后进行上部装药，操作方便且易携带，PVC管市场价格约6元/米左右，成本合理。

## 3.3 装药结构

装药结构示意图如图 2 所示。

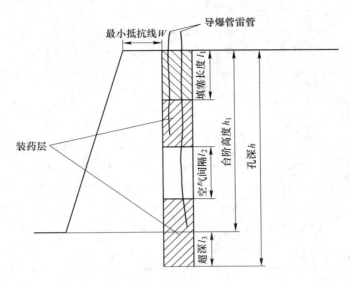

图 2 装药结构示意图
Fig. 2 Charge structure diagram

根据空气间隔层上下两段装药层的长度，总共分为上部、中上部、正中部、中下部、底部等五种装药结果。长期以来，爆破技术研究人员利用数值模拟和现场试验针对空气间隔层在炮孔内的最优位置做出了大量的研究，普遍认为空气间隔层位于炮孔中部能最好的保证爆破效果。

上部空气间隔即孔底装药，放入空气间隔器后直接进行填塞，底部空气间隔为底部放入空气间隔器，炸药装填到设计装药深度后直接进行填塞，中部空气间隔为孔底装填部分药量后放入空气间隔器，继续装填炸药至设计深度，然后进行填塞。中部空气间隔可通过调节空气间隔器上下两段装药量的比例分为中上部空气间隔、正中部空气间隔和中下部空气间隔。中上部空气间隔装药的上段装药量为总装药量的 20%～40%，相应下部药量为 80%～60%，中下部空气间隔装药的上下段比例则刚好相反，正中部空气间隔装药为上下两段介于 40%～60% 之间。各段装药量比例并无严格限定，数据划分仅为本文研究内容的表述提供方便。空气间隔对应关系如图 3 所示。

针对底部空气间隔和上部空气间隔进行现场试验，得出结论基本与前人一致，底部空气间隔致使炮孔底部炸药能量不足，易抬高台阶根部，不利于保持工作面持续循环作业，上部空气间隔易导致上部大块率较高，破碎效果无法达到回填料的技术要求，中部

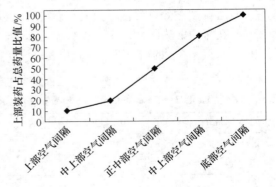

图 3 空气间隔对应关系
Fig. 3 Correspondence of the air-decking charge structure

空气间隔装药爆后爆堆较紧凑，块度均匀，满足生产要求，但中部空气间隔会由于间隔层的位置偏上、偏下或居中而有所区别，空气间隔层的长度也在一定程度上会影响爆破效果。

根据现场试验结果，我们选定中部空气间隔装药作为主要研究对象，调节空气间隔层的位置和间隔层长度，部分记录数据如表2所示。

表2 装药结构记录表
Table 2 Date form about the charge structure

| 项目编号 | | 孔均深度/m | 孔数/个 | 总延米/m | 底部装药长度/m | 空气间隔长度/m | 上部装药长度/m | 填塞长度/m |
|---|---|---|---|---|---|---|---|---|
| 115mm 孔径 | 1 | 13 | 84 | 1092 | 1.5 | 1.5 | 6 | 4 |
| | 2 | 12.3 | 82 | 1050 | 2.5 | 1.5 | 4.3 | 4 |
| | 3 | 12.2 | 86 | 1135 | 5.5 | 1.5 | 1.2 | 4 |
| | 4 | 13 | 91 | 1228.5 | 4.5 | 1.5 | 3 | 4 |
| | 5 | 14.3 | 79 | 1129.5 | 4 | 1.5 | 4.8 | 4 |
| | 6 | 14 | 73 | 1022 | 4 | 2 | 4 | 4 |
| 140mm 孔径 | 1 | 14 | 84 | 1176 | 1.8 | 2 | 5.2 | 5 |
| | 2 | 14.5 | 86 | 1247 | 4 | 2 | 3.5 | 5 |
| | 3 | 15.3 | 79 | 1208.5 | 6 | 2 | 2.3 | 5 |

## 4 结果分析

由于底部空气间隔装药和顶部空气间隔装药在初始试验阶段所取得的爆破效果无法满足良性循环生产和经济生产的要求，我们重点进行中部空气间隔装药的试验研究，调节上部装药量的比例控制空气间隔位置，对比不同间隔位置情况下的岩石破碎效果以及爆破振动。

### 4.1 破碎效果分析

#### 4.1.1 空气间隔层位置对爆破破碎效果的影响

本项目爆破工程要求填海粒径控制不大于30cm³，由于破碎块度的准确统计不容易办到，对于破碎效果的评价主要以统计上述尺寸以上大块的数量为主，即统计不同装药结构下大块数量情况（大块率）来评价破碎效果，粒径大于30cm×30cm则为大块，大块率越低，爆破效果越好，反之则爆破效果欠佳。为避免台阶高度差异影响爆破效果统计，本次的实验数据均在12~13m孔深的爆破条件下选取，根据记录数据和现场分析，115mm孔径，填塞长度为4m，空气间隔长度1.5m的情况下，不同位置空气间隔层爆破大块率统计如表3所示。

表3 不同位置空气间隔层的爆破大块率
Table 3 Rate of large boulder in the condition of differences air space position

| 空气间隔位置 | 中上部 | 中上部 | 中下部 | 中下部 | 正中部 | 正中部 |
|---|---|---|---|---|---|---|
| 上部装药量比例/% | 18 | 40 | 50 | 55 | 68 | 80 |
| 大块率/% | 6.4 | 5.6 | 6.3 | 6.9 | 7.8 | 9 |

爆破破碎效果如图4~图9所示。

上部装药量比例（空气间隔位置）与爆破大块率关系曲线如图10所示。

根据统计数据规律分析可知，115mm孔径，填塞长度为4m，空气间隔长度1.5m的情况

图 4 上部装药比例 18%
Fig. 4 Top loading ratio 18%

图 5 上部装药比例 40%
Fig. 5 Top loading ratio 40%

图 6 上部装药比例 50%
Fig. 6 Top loading ratio 50%

图 7 上部装药比例 55%
Fig. 7 Top loading ratio 55%

图 8 上部装药比例 68%
Fig. 8 Top loading ratio 68%

图 9 上部装药比例 80%
Fig. 9 Top loading ratio 80%

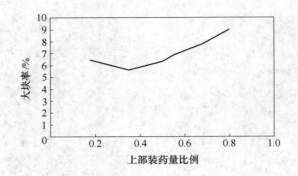

图10 空气间隔层位置和大块率的对应关系
Fig. 10 Correspondence of the air-decking charge position and large boulder rate

下，空气间隔层在中上部时大块率控制较好，整体在7%以下，爆破效果最好，大块率明显减少，爆破块度均匀，底部无根脚，爆后台阶标高保持不变，爆堆收缩理想，无冲炮和前排飞石现象。随着上部装药量所占比例的增加，大块率先减后增，说明上部装药量并非越少越好，以30%左右为宜。

当空气间隔层在装药层中下部时，爆破块度也可满足生产需要，大块率也无明显上升，但是爆后平台底部不平整，且爆堆收缩过小，应力波无法有效克制后排孔底部夹制力，致使爆后容易产生根脚，经济效益不佳。

当空气间隔层在装药层正中部时，爆破效果良好，随着空气间隔层上移，大块率呈减少趋势。

由实验结果分析可知，在多裂隙岩体台阶爆破中，采用空气间隔技术，当空气间隔层在中上部约2/3处（上部装药量占总装药量30%）左右时，大块率控制情况最好，经济效益最佳。

在140mm孔径，填塞长度为5m，空气间隔长度2m的情况下，控制爆破台阶高度14～15m，调节上部装药量比例进行爆破效果分析，得出结果与115mm孔径爆破作业结论一致，钻孔孔径为140mm时，空气间隔层最佳位置也在装药层约2/3处。

**4.1.2 空气间隔层比例对爆破破碎效果的影响**

关于最佳空气间隔层比例的对爆破破碎效果的影响，前人已进行了大量的研究分析，当空气间隔层比例超过30%时，单孔装药量较少，爆破能量不足，会产生大量大块，我们进行过一次爆破试验，台阶高度12.5m，115mm孔径，空气间隔层长度4m，填塞长度4m，上部装药长度1.8m，下部装药长度2.7m，爆破大块率达20%以上，不符合粒径控制要求，爆破成本较高。本次分析控制空气间隔层比例10%～25%，研究此范围内空气间隔层比例条件下的爆破效果，并对比全耦合装药条件下的爆破效果。

仍采用控制变量法，固定空气间隔层位置为装药段上部2/3处，调节空气间隔层的长度，孔径115mm，炮孔填塞长度4m，台阶高度控制在12～13m，对比不同空气间隔比例条件下的爆破效果，爆破效果评价标准仍以大块率作为主要参考，同时关注爆堆紧凑程度、块度均匀程度、爆破飞石以及残留根底等情况。

不同空气间隔比例条件下，装药参数如表4所示。

统计爆破后大块率，空气间隔层为10%时，大块率5.9%，空气间隔层为12%时，大块率6.3%，空气间隔层为14.4%时，大块率为6%，空气间隔层为17.69%时，大块率为

8.3%，空气间隔层为20%时，大块率为12%，空气间隔层为25.39%时，大块率为14.3%，全耦合装药时大块率为6.2%。如图11所示。

表4 不同空气间隔比例条件下的装药参数
Table 4 Blasting parameters in the condition of differences air space proportion

| 装药方式 | 孔深/m | 下部装药长度/m | 空气间隔层长度/m | 上部装药长度/m | 填塞长度/m | 空气间隔层比例/% |
|---|---|---|---|---|---|---|
| 空气间隔装药 | 13 | 5.4 | 1.3 | 2.3 | 4 | 10.00 |
|  | 12.5 | 5 | 1.5 | 2 | 4 | 12.00 |
|  | 12.5 | 4.5 | 1.8 | 2.2 | 4 | 14.40 |
|  | 13 | 4.5 | 2.3 | 2.2 | 4 | 17.69 |
|  | 12.5 | 4 | 2.5 | 2 | 4 | 20.00 |
|  | 13 | 4 | 3.3 | 1.7 | 4 | 25.38 |
| 全耦合装药 | 12.5 | — | 0 | — | 4 | 0 |

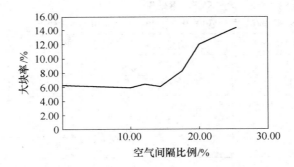

图11 空气间隔层比例和大块率的对应关系
Fig. 11 Correspondence of the air-decking charge proportion and large boulder rate

根据统计数据规律分析可知，空气间隔层位置为装药段上部2/3处，孔径115mm，炮孔填塞长度4m，台阶高度在12~13m时，随着空气间隔层比例的增加，在间隔层比例低于15%左右时，随着空气间隔层比例的增加，破碎效果相差无几，与耦合装药时破碎效果接近，当间隔层比例高于15%时，随着间隔层比例的增加，大块率明显提高。采用耦合装药时，爆堆较松散，有零散飞石，采用空气间隔装药时，爆堆较紧凑，基本无飞石，残留根底二者基本无差别。

### 4.2 爆破振动分析

由于单孔装药量、起爆网路、填塞长度以及现场地质条件等均会影响到爆破振动的检测结果，为保证试验所得的振动数据具有可比较性，我们统一采用单孔单响路，填塞长度按115mm和140mm孔径的不同分别填塞4m和5m，空气间隔层位置为装药段上部2/3处，并取孔深相近的振动检测数据进行对比分析，监测地点距离主爆区250m。

本批次试验监测数据采集设备类型为UBOX-5016，传感器类型为PS-4.5速度传感器，数据处理标准为 GB 6722—2003。数据处理示例如图 12 所示。

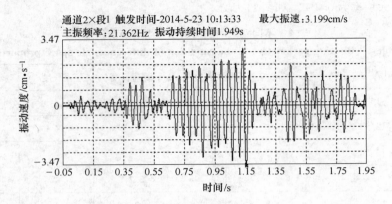

图 12　爆破振动监测数据处理
Fig. 12　Blasting vibration monitoring and data processing

对比监测数据如表 5 所示。

表 5　爆破振动监测数据
Table 5　Monitoring data of blasting vibration

| 记录编号 | 孔径/mm | 平均孔深/m | 空气间隔长度/m | 最大震动速率/m·s$^{-1}$ |
| --- | --- | --- | --- | --- |
| 1 | 140 | 14.5 | 0 | 3.547 |
| 2 | | 14.3 | 2 | 3.199 |
| 3 | 115 | 13.2 | 0 | 2.515 |
| 4 | | 13 | 1.5 | 2.363 |
| 5 | | 13.5 | 2 | 2.057 |

对比表 5 数据可得，140mm 孔径，15.78% 的空气间隔层时，比不进行空气间隔装药可有效减少爆破振动 9.81%；115mm 孔径，16.67% 的空气间隔层时，比不进行空气间隔装药可有效减少爆破振动 15.2%，21.03% 的空气间隔层时，比不进行空气间隔装药时可有效减少爆破振动 18.21%。

## 5　结论和不足

### 5.1　结论

（1）在岩体节理发育完善的多裂隙岩体爆破过程中，采用空气间隔装药技术可以有效控制爆破块度的均匀性，控制爆堆收缩，在减少炸药使用量的情况下，并不影响爆破效果，可增大爆破经济效益。

（2）在多裂隙岩体台阶爆破过程中采用空气间隔装药技术，空气间隔层置于炮孔中上部约 2/3 时效果最好，上部装药量占总装药量的 30% 左右，可以有效控制爆破后的大块率，空气间隔层的比例以 10%～15% 为宜。

（3）在节理发育较完善的岩体中进行空气间隔装药技术，可以降低爆破峰值，延长爆破作用时间，在有效保证爆破破碎效果的同时，减少飞石危害和爆破震动危害，在空气间隔层控制在 15%～25% 时，可有效降低爆破振动 10%～20%；理论上空气间隔层比例越大，孔径越小,降低爆破振动效果越明显,但为同时保证爆破破碎效果,不宜盲目扩大空气间隔层比例。

## 5.2 不足

(1) 现场爆破作业受多因素限制,钻孔孔径、爆破台阶高度、孔网参数、单次爆破作业规模等均有严格要求,不能进行更全面的现场试验,爆破技术参数对最佳空气间隔层比例的影响要素及方式须进一步探讨。

(2) 爆破现场环境相对较为单一,同一主爆区的岩体发育程度和裂隙走向相差不大,试验结果对当地的多裂隙岩体爆破有一定的借鉴意义,但不同裂隙发育情况的其他地区,尚需进一步分析。

## 参 考 文 献

[1] 胡涛,李祥龙,关思,等. 分段装药结构爆破效果的数值模拟研究[D]. 昆明:昆明理工大学国土资源学院,2014.

[2] 吴亮,周勇,杨郸,等. 空气间隔与耦合装药混凝土爆破对比分析[J]. 武汉科技大学学报,2012(6):35-38.

[3] 康强. 裂隙岩体空气间隔装药爆破数值模拟及试验研究[D]. 武汉:武汉理工大学,2012.

# 露天矿山爆破参数优化试验研究

辛国帅[1,2] 陈能革[3] 杨海涛[1,2,4]

(1. 马鞍山矿山研究院爆破工程有限责任公司,安徽 马鞍山,243000;
2. 中钢集团马鞍山矿山研究院有限公司,安徽 马鞍山,243000;
3. 马钢(集团)控股有限公司矿业公司,安徽 马鞍山,243000;
4. 金属矿山安全与健康国家重点实验室,安徽 马鞍山,243000)

**摘 要**：针对高村采场爆破效果差、大块率高的问题，从水泥砂浆模型试验出发，得出了最佳破碎抵抗线。在单孔大药量侧向爆破漏斗试验的基础上，开展了矿山爆破孔网参数优化现场工业试验，显著改善了爆破质量，较好地控制了爆破块度，为矿山生产爆破提供了重要指导参考。
**关键词**：侧向爆破漏斗；水泥砂浆模型试验；爆破参数优化；大块率

## Experimental Study on Lateral Blasting Crater in Open Pit

Xin Guoshuai[1,2]  Chen Nengge[3]  Yang Haitao[1,2,4]

(1. Maanshan Institute of Mining Research Blasting Engineering Co., Ltd., Anhui Maanshan, 243000; 2. Sinosteel Maanshan Institute of Mining Research, Anhui Maanshan, 243000; 3. State Key Laboratory of Safety and Health for Metal Mine, Anhui Maanshan, 243000; 4. Mining Company, Magang (Group) Holding Co., Ltd., Anhui Maanshan, 243000)

**Abstract**: For the problems of poor blasting effect and high chunk rate in Gaocun open pit, the best crushing resistance line was obtained based on cement mortar model tests. On the basis of lateral blasting crater tests of large doses for single blasthole, industrial tests of blasting parameters optimization were conducted in the mine. The quality of blasting was improved significantly, and blasting fragmentation had made a better controlling, which provided an important guide for production blasting in mine.
**Keywords**: lateral crater; cement mortar model test; blasting parameter optimization; chunk rate

## 1 工程概况

高村铁矿设计年产铁矿石 700 万吨，采剥总量为 1850 万吨，采用 KY250 牙轮钻机穿孔，$4m^3$ 和 $10m^3$ 电铲铲装。矿石以磁铁矿为主，矿体顶底板围岩均为闪长玢岩。矿山试验前的爆破参数、爆破器材及装药方式、爆破效果如表 1 所示。爆破参数与国内同类矿山相比，其孔网参数过小，而单耗偏大；从爆破器材和装药方式来看，由于采用连续柱状装药，上部填塞区段

作者信息：辛国帅，硕士，助理工程师，1032088579@qq.com。

高度过大,导致爆破后上部大块增多。

**表 1　工程概况表**
**Table 1　Project overview**

| | 矿石、岩石类型 | 磁铁矿 | 闪长玢岩 |
|---|---|---|---|
| 矿石基本条件 | 普氏系数 $f$ | 10~12 | 8~11 |
| | 抗压强度 $R$/MPa | 82~105 | 98~116 |
| | 纵波波速 m·s$^{-1}$ | 4500 | 4300 |
| 爆破参数 | 台阶高度/m | 12 | |
| | 孔径/mm | 250 | |
| | 炮孔超深/m | 2~2.5 | |
| | 孔距/m | 7.5~8 | |
| | 排距/m | 4.5~5.5 | |
| | 单孔平均负担面积/m$^2$ | 33.75~44 | |
| | 延米爆破量/m$^3$·m$^{-1}$ | 51.6 | |
| | 平均单耗/kg·m$^{-3}$ | 0.5~0.65 | |
| | 前排抵抗线/m | 9 | |
| 爆破器材与装药方式 | 炸药类型 | 乳化炸药或粒状铵油炸药(装药车生产) | |
| | 装药方式 | 连续装药 | |
| | 起爆方式 | 奥瑞凯高精度雷管　逐孔起爆 | |
| 爆破效果 | 大块尺寸/m | >0.8 | |
| | 大块率/% | 2.5~7.5 | |

## 2　水泥砂浆模型试验

### 2.1　试验模型

为寻求改善破岩质量的基本规律,为确定合理的爆破参数提供可靠的依据,分别进行了单孔和多孔两种水泥砂浆模型试验。

试验试块采用的水泥砂浆,水泥:砂 的质量比为1:2.5,材料为32.5号硅酸盐水泥及一般河砂。在浇注过程中预留直径4mm、深度8cm的炮孔。

(1) 单孔爆破试验:模拟深孔台阶爆破,孔内散装黑索金炸药量1g,采用不同抵抗线值进行爆破试验,模型抵抗线为3cm、5cm、7cm、9cm和11cm共5种。

(2) 多孔爆破试验:孔网面积和炸药单耗不变,改变抵抗线和孔距。试验参数 $W×a$ 分别为:35mm×230mm、45mm×180mm、60mm×140mm和80mm×100mm。模型上布置2~3排孔,每排炮孔单独起爆,每次同时起爆3~4个孔;每孔装药量均为1g。

试块爆破后采用过滤筛进行块度分级,用加权平均法计算平均块度及各粒级的百分含量。

### 2.2　试验结果分析

#### 2.2.1　单孔模型试验

为探究抵抗线大小对爆破质量的影响,开展了单孔水泥砂浆模型试验,试验结果见表2。

表2 单孔砂浆模型试验结果
Table 2 Test results of hole mortar model

| 抵抗线 $W$/mm | | 30 | 50 | 70 | 90 | 110 |
|---|---|---|---|---|---|---|
| 爆破破碎总量 $V$/g | | 517 | 1097 | 1622 | 2320 | 1413 |
| 破岩块度百分比/% | <10mm | 60.9 | 21.1 | 18.7 | 10.7 | |
| | 10~100mm | 39.1 | 70.4 | 48.1 | 40.2 | |
| | >100mm | 0 | 6.7 | 35.1 | 48.6 | |
| 破裂面与抵抗线夹角/(°) | | 73 | 67 | 61 | 57 | |

从表1及图1看出,当孔径及药量一定时,随着抵抗线 $W$ 的增加,模型破碎介质总重量 $V$ 也随之增大,但当 $W$ 增加到90mm后,爆破破碎介质总重量呈现下降趋势。因此,最大破碎量时的抵抗线可视为台阶爆破最佳抵抗线。

从图2看出,随着抵抗线的增大,爆破大块百分比随之增加,而小碎块的百分比下降,中块百分比则有一个极大值。说明单孔台阶爆破要得到均匀的破碎块度,抵抗线有一个最佳值,且具有最佳破碎粒度的抵抗线(即最佳破碎抵抗线)要小于最佳抵抗线。因此,为了得到最佳破碎块度,可以适当地减小抵抗线。

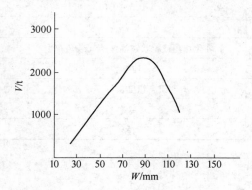

图1 单孔台阶爆破漏斗体积和抵抗线关系
Fig. 1 Relationship of funnel volume and resistance line for single hole bench

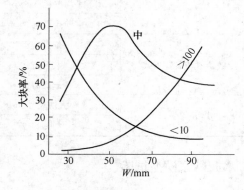

图2 抵抗线与破碎块度关系
Fig. 2 Relationship of burden and fragmentation

### 2.2.2 多孔模型试验

为探究孔网面积一定时,孔间距和抵抗线的变化对爆破质量的影响情况,开展了多孔模型试验,试验结果见表3。

表3 多孔砂浆模型爆破试验结果
Table 3 Blasting test results of porous mortar model

| 编号 | 孔网参数 | | | 爆破破岩总量/g | | 爆破块度百分比/% | | | |
|---|---|---|---|---|---|---|---|---|---|
| | 孔距 $a$/mm | 抵抗线 $W$/mm | 密集系数/$m$ | 第1排 | 第2排 | >100mm | | <4.5mm | |
| | | | | | | 第1排 | 第2排 | 第1排 | 第2排 |
| 1 | 230 | 35 | 6.6 | 3452 | 3282 | 16.5 | 8.8 | 21.1 | 16.7 |
| 2 | 180 | 45 | 4 | 5414 | 4278 | 11.4 | 4.8 | 13.5 | 19 |
| 3 | 140 | 60 | 2.5 | 5957 | 5487 | 31.5 | 10.6 | 7.77 | 10.9 |
| 4 | 100 | 80 | 1.25 | 6997 | 4694 | 61.9 | 27.4 | 5.45 | 11.6 |

从表 2 看出，当炮孔负担面积一定时，随着抵抗线的增大，孔距逐渐减小，爆破质量呈现变差趋势，大块率表现为不断增大趋势，但此时的碎块率（<4.5mm）却是下降的。

图 3 表明，增加抵抗线时，尽管孔距减小了，但大块率和平均块度仍然是上升的，也说明了孔距对破岩质量的影响不是主要的。1 号模型试验抵抗线最小，相应孔距最大，爆破总重量是最低的，并且爆完后两炮孔间留有"三角带"，每孔呈现单孔爆破的形式；虽爆破总量及大块率最低，但 <4.5mm 的粉矿却是最高的。这也说明了抵抗线过小，抵抗线方向反射拉力增强；但两炮孔间形成的孔间应力叠加小于孔间岩石动抗拉强度，结果留下了未爆岩体，爆破效果较差。

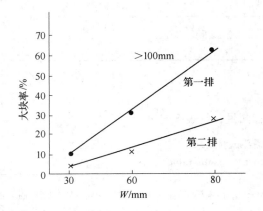

图 3　炮孔负担面积一定时，抵抗线与破岩质量的关系
Fig. 3　Relationship between burden and broken rock mass for a certain burden area

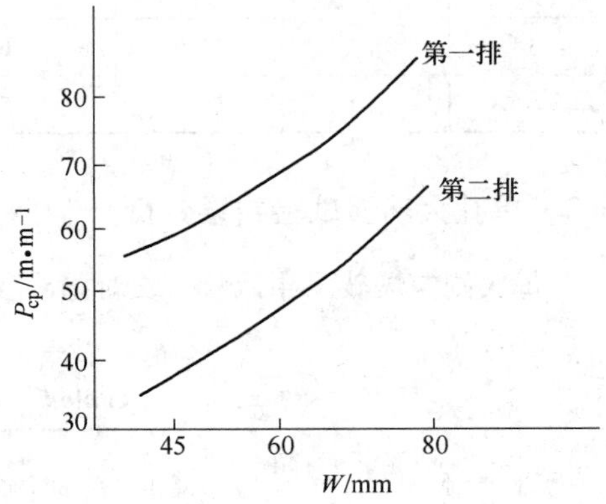

图 4　同一模型前排与后排爆破块度比较
Fig. 4　Comparison of front and rear blasting fragmentation for the same model

最佳破碎抵抗线是既可以保证较大的爆破体积也可获得最佳破碎效果时的抵抗线。在合理参数条件下，大孔距爆破时的排距应当由最佳破碎抵抗线确定，合理的孔距值的选取应以孔间不留三角带为准。由此试验得出：最佳破碎抵抗线为最佳抵抗线的 0.50 ~ 0.55 倍。

## 3　台阶深孔侧向爆破漏斗试验

### 3.1　台阶参数及矿石性质

为确定最佳破碎抵抗线，在高村铁矿进行孔径为 250mm 的大药量侧向爆破漏斗试验。高村铁矿为露天开采矿山，台阶高度为 12m，钻孔直径为 250mm。试验台阶节理裂隙较为发育；矿石密度为 3.3g/cm³；矿石坚固性系数 $f$ 为 10 ~ 12。

### 3.2　单孔大药量现场试验

试验炸药选用生产用的乳化炸药。为了尽量不影响高村铁矿正常生产，正常生产爆破中，距主爆区一侧 2 倍孔距以外布置单个炮孔，作为侧向爆破漏斗试验炮孔试验。为避免除生产爆破主爆区对试验孔的影响，试验孔先于主爆区起爆。

在铁矿石中进行了 6 组爆破漏斗试验，分别为正常生产抵抗线试验、减小抵抗线试验、增大抵抗线试验。

试验爆破后，采用爆破块度图像分析技术对爆破效果进行分析。同时结合爆破块度现场取样筛分结果，可以得到最佳爆破参数。试验爆破参数见表4。

表4 爆破参数表
Table 4 Experiments parameters table

| 编号 | 类别 | 孔深/m | 至眉线距离/m | 底盘抵抗线/m | 药量/kg | 填塞高度/m |
|---|---|---|---|---|---|---|
| 1 | 正常 | 15.2 | 5 | 8.3 | 375 | 7.7 |
| 2 | 正常 | 14.5 | 5 | 8.3 | 420 | 7.2 |
| 3 | 减小 | 15.4 | 4.5 | 7.8 | 350 | 7.8 |
| 4 | 减小 | 14.5 | 4.4 | 7.7 | 350 | 8.0 |
| 5 | 增大 | 14.5 | 6.7 | 9.9 | 460 | 7.0 |
| 6 | 增大 | 14.2 | 5.7 | 9.3 | 420 | 6.5 |

## 3.3 单孔大药量试验结果分析

每次侧向爆破漏斗试验后，对漏斗参数进行测量，见表5。

表5 爆破漏斗试验结果
Table 5 Experiments results table

| 编号 | 类别 | 测量漏斗角/(°) | 实际漏斗体积/m³ | 前冲距离/m | 后冲距离/m | 延米爆破量/m³·m⁻¹ | 单耗/kg·m⁻³ |
|---|---|---|---|---|---|---|---|
| 1 | 正常 | 108 | 852 | 20 | 3.5 | 56.1 | 0.44 |
| 2 | 正常 | 114 | 1007 | 22 | 2 | 69.4 | 0.42 |
| 3 | 减小 | 124° | 1260 | 32 | 5~5.5 | 81.8 | 0.28 |
| 4 | 减小 | 120 | 1020 | 35 | 6 | 70.3 | 0.34 |
| 5 | 增大 | 88 | 935 | 6~8 | 5 | 64.5 | 0.49 |
| 6 | 增大 | 98 | 888 | 10 | 6.8 | 62.5 | 0.47 |

试验中爆破后的大块率根据摄影法求得，其基本原理是对爆堆表面进行摄影，任意选择15%或15%以下的爆堆面积，用一个放在爆堆上的测量网格，对颗粒面积的百分比进行测量、摄影，照片冲洗完毕后，再用计算机仿真技术对照片进行灰度处理，最后利用照片对比度差别，计算出大块面积所占比例，从而得出大块率的值。目前我们使用的这套软件，通过多个矿山试验，其相对误差已达到5%以内[3]，基本满足现场试验要求。

根据每次侧向爆破漏斗试验后拍摄的照片，对每次爆破后的大块进行统计分析，把矿块长度大于800mm的视为大块，得出每次爆破后的大块率，如表6所示。

表6 侧向爆破漏斗试验大块率
Table 6 Chunk rate of lateral blasting crater test

| 试验编号 | 正常抵抗线1 | 正常抵抗线2 | 减小抵抗线3 | 减小抵抗线4 | 增大抵抗线5 | 增大抵抗线6 |
|---|---|---|---|---|---|---|
| 大块率/% | 3.39 | 2.98 | 0.98 | 1.21 | 7.53 | 5.91 |

由表5和表6可知，在一定范围内适当减小抵抗线，可以增加爆破体积，降低大块率和炸药单耗，获取较好的爆破质量，对于降低矿山生产成本具有重要指导意义。

图 5 爆破后台阶面
Fig. 5 Bench face after blasting

## 3.4 现场工业试验

矿山爆破后大块率高、单耗高，常常会出现根底。大块和根底是采场爆破难点，一次爆破不好，往往需处理根底及大块，严重影响了生产。从爆破现状孔网参数以及抵抗线进行分析（见表7），可以看出：单孔负担的爆破体积过小，矿山采用连续装药，炮孔装药量基本在400kg左右，导致单耗较高，药柱重心偏低以及炮孔填塞长度过大，爆破时在最小抵抗线方向先开裂破坏；炸药爆炸的冲击波和爆生气体主要作用于炮孔底部，使得孔口附近没有足够的能量充分破碎岩石，导致台阶上部产生很多大块。

表 7 优化前后爆破参数对比表
Table 7 Blasting parameters comparison table before and after optimization

| 试验爆破地点 | 优化前爆破参数 | | | | 优化后爆破参数 | | | | |
|---|---|---|---|---|---|---|---|---|---|
| | 抵抗线/m | 孔距/m | 排距/m | 大块率/% | 抵抗线/m | 孔距/m | 排距/m | 平均单孔装药量/kg | 大块率/% |
| −6m 台阶 | 9~10 | 7~8 | 4.5~5.5 | 4.33 | 8.5 | 10.5 | 4.5 | 420 | 2.38 |
| −6m 台阶 | 9.5 | 7~7.5 | 5~5.5 | 4.50 | 8.5 | 11 | 4.5 | 420 | 2.45 |
| +6m 台阶 | 9.5 | 7.5 | 4.5~5 | 5.45 | 8.5 | 9.5 | 5 | 400 | 2.39 |
| −18m 台阶 | 9.5 | 7~7.5 | 4.5~5 | 4.81 | 8.5 | 9.0 | 5 | 400 | 3.15 |
| −18m 台阶 | 8.5 | 8.5 | 6.0 | 4.52 | 8.5 | 9.0 | 5.0 | 400 | 3.25 |
| −18m 台阶 | 8.5 | 8.1 | 6.0 | 4.21 | 8.5 | 9.0 | 5.0 | 400 | 3.30 |
| +48m 北（特坚硬岩石） | 9 | 8.5 | 5 | 6.37 | 8.0 | 8.0 | 4.5 | 400 | 3.53 |
| | 8.5 | 7.0 | 5.5 | 7.65 | 8.0 | 8.0 | 4.5 | 420 | 4.37 |

侧向爆破漏斗试验中，减小一定的抵抗线，炸药单耗下降，爆破块度减小，延米爆破量增大。这与单孔砂浆模型试验中，抵抗线值增加到某一极值之后，爆破量随抵抗线的增加而减小是一致的；与爆破大块率随抵抗线的增加而增大的规律也是一致的。侧向爆破漏斗试验中，第三次和第四次的减小抵抗线试验取得了很好的爆破效果，并且延米爆破量和单耗均比其他炮次

试验低。因此，根据试验可知，高村铁矿爆破孔网参数取小抵抗线将取得更好的爆破块度。

当单个炮孔负担的爆破体积比较适中时，炮孔装药量与填塞长度趋于合理，爆破时孔口附近与最小抵抗线方向的岩体几乎同时开裂破碎，产生了较理想的爆破效果。但为了降低矿山爆破生产成本并充分利用炸药爆炸能，根据测向漏斗试验结果和前期研究，采用分段装药结构，增加装药分布的均匀性来降低大块率，选取分段填塞高度为 1.5~2m。分段装药结构示意图见图6。

根据试验结果，在矿山采场开展了优化孔距和排距的工业试验，炮孔直径250mm。在试验过程中将爆区分成两部分，一边采用矿山原有爆破参数，另一边采用优化后参数。

矿块长大于800mm 的视为大块，经过块度分析，正常生产孔网参数爆破区域的大块率平均为 5.23%，而优化孔网参数爆破后的大块率平均为 3.10%，大块明显减少，大块率降低40.73%，优化效果显著。

经过对比分析，矿山爆破参数优化后，矿石大块率得到有效降低，减小了二次破碎成本，优化区域块度均匀，爆堆形态好，不存在根底，爆破效果明显好于前期生产爆破，提高了企业经济效益。

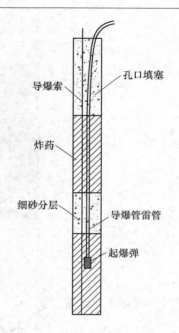

图6 分段装药示意图

Fig. 6 Schematic diagram of divided charge

图7 优化前爆破后典型大块

Fig. 7 Typical chunk before blasting optimization

图8 优化后爆破效果（标尺间隔为10cm）

Fig. 8 Blasting effect after optimization (Scale interval is 10cm)

## 4 结论

本文借助砂浆模型试验、侧向爆破漏斗试验和现场试验对矿山抵抗线、孔排距、装药结构的选取进行研究，得出以下结论：

（1）从砂浆模型试验中得出：最佳破碎抵抗线为最佳抵抗线的 0.50~0.55 倍；从侧向爆破漏斗试验中得出：减小一定的抵抗线，炸药单耗下降，爆破块度减小，延米爆破量增大。

（2）通过现场爆破试验，确定了该矿一般坚硬矿岩合理的抵抗线为 8～8.5m，孔距为 9～9.5m，排距为 4.5～5.0m，填塞高度为 6.5m。通过工业[1,2]试验，验证了优化参数后爆破效果的优越性，大块率在一般坚硬矿岩中降低 40.73%，取得了较好的爆破效果。

## 参 考 文 献

[1] Y M Wang, W Z Liu, X L Zhang, et al. Application of lateral crater test in open pit blasting parameters optimization[C]. 11th International symposium on rock fragmentation by blasting. The Australasian Institute of Mining and Metallurgy. 2015: 463-467.
[2] 汪旭光. 爆破手册[M]. 北京：冶金工业出版社，2010.
[3] 邹定祥. 计算露天矿台阶爆破块度分析的三维数学模型[J]. 爆炸与冲击，1984，4(3)：48-58.
[4] 刘为洲，邢洪义，陈继强，等. 台阶爆破参数的计算机模拟[J]. 金属矿山，1999(12)：17-19.
[5] [美] 库克（Cook, M. A.）. 工业炸药学[M]. 北京：煤炭工业出版社，1987.

# 复杂环境下组合控制爆破的设计与应用

陈艳春　项　斌

（浙江省隧道工程公司，浙江 杭州，310030）

**摘　要**：在复杂环境下进行石方爆破开挖，严格控制爆破有害效应对周边环境的影响，确保环境安全是一个难题。国家5A级风景区杭州西湖的核心区内某石方爆破开挖工程，安全风险高、工期紧，依据工程要求和环境特点，施工中采用以深孔爆破、浅孔爆破、预裂爆破的组合爆破设计方案，严格控制爆破振动速度，按期、安全地完成了开挖任务。本文详细介绍了该爆破设计的设计参数、起爆网路和施工技术，以及施工效果。对周边重点建（构）筑物的爆破振速监测结果表明，实施该方案大大降低了爆破振动危害，确保了重点建（构）筑物的安全。本设计可为其他复杂环境爆破工程提供参考。

**关键词**：复杂环境；深孔爆破；预裂爆破；监测分析

## Controlled Blasting Design for Rock Slope in Complex Urban Environment

Chen Yanchun　Xiang Bin

(Zhejiang Tunnel Engineering Company, Zhejiang Hangzhou, 310030)

**Abstract**: Based on a blasting project in a scenic spot, a design scheme is proposed for solving the harmful effects of rack slop control blasting in complex urban environment. Weak loose directional controlled blasting, combined with shallow-hole urban blasting and pre-splitting blasting were used in this scheme. This paper presented blasting design parameters of each design, with corresponding detonating circuit and sequence, and loaded constitution. Meanwhile, the blasting vibration of important surrounding constructions is monitored. The results showed that the vibration velocity of each monitoring point was far less than the safety requirement. Through strictly implementing this scheme, blasting harmful effects were extremely reduced and expected targets of blasting construction result were achieved, which to offer a certain reference for similar projects.

**Keywords**: complex urban environment; control blasting; pre-splitting blasting; monitoring analysis

## 1　引言

复杂环境下岩石边坡爆破问题，其难点不仅在于确保控制爆破的施工效果，更主要的是在爆破施工过程中严格控制爆破振动、飞石、滚石等爆破有害效应，确保周边人员、建（构）

---

作者信息：陈艳春，工程师，wuchen-617@163.com。

筑物以及相关设施的安全。为找到解决复杂环境下控制爆破有害效应的办法,吴立[1]通过理论计算及工程实践,揭示了爆破地震效应的实质,提出了爆破振动的破坏标准以确定安全距离。高文学[2]从主动和被动两方面,针对高边坡岩体爆破的飞石和滚石危害提出了控制爆破的技术措施。毛晖[3]提出了城市复杂环境下,基坑平整和挖孔桩入岩爆破计算参数和安全防护的设计方案。蔺新丽[4]从爆破有害效应控制的角度,详细介绍了各种测试方法和手段。

上述研究方法中普遍将不良条件简化,没有给出一个可供参考的综合性设计方案。本文根据本项目具体工程问题,针对岩质边坡的不同爆破开挖深度,提出了深孔爆破、浅孔爆破、预裂爆破相结合的设计方案。本方案的核心不仅在于确保爆破的施工质量和效率,更能最大限度地削弱爆破有害效应的影响,降低对爆区周边环境造成危害。

## 2 工程概况

本项目工程位于杭州市西湖5A级景区内,爆破区域南侧距道路1约203m,距道路1南侧房屋最近约210m,距西湖约330m。道路1北侧为本项目区域,区域内房屋均为项目用房,爆区距离其中最近南侧房约30m。爆区北、西侧50m范围内为山体,东侧距玛瑙寺约95m,100~300m内房屋密集。工程周边环境见图1。

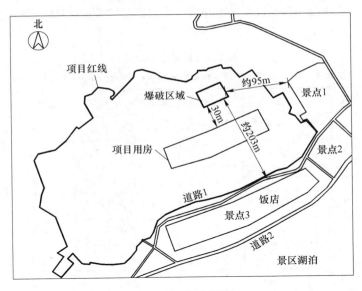

图 1 环境示意图

Fig. 1 Environment of the engineering

## 3 钻爆设计

### 3.1 爆破总体方案

根据边坡设计要求,本工程采用+29.6m,+23.0m两个平台,其中+23.0m作为临时平台,平台设置见图2。分三个平台分部爆破开挖,每层的开挖深度控制在10m以内。根据药量控制单响药量,浅孔采用3孔齐爆,深孔逐孔起爆。

(1) 台阶高度4m以上的为深孔爆破区。爆破类型为弱松动爆破,机械二次破碎,以满足石渣装车运输的要求;控制单次爆破总起爆药量不超过500kg,单响药量不超过30.78kg。

（2）台阶高度1～4m的为浅孔爆破区域，参考同类工程[6]单次总起爆药量不超过200kg，单响药量不超过10kg。

（3）为降低爆破振动损害，保证边坡稳定，边坡采用预裂爆破。

考虑到爆区周边砖房、非抗震的大砌块建筑物较多，爆破振动速度控制在2cm/s以内；要求炮孔利用率在90%以上，预裂爆破的半孔率在85%以上。

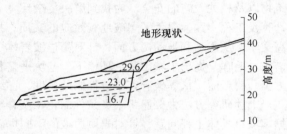

图2 台阶设置示意图
Fig. 2 Diagram of bench arrangement

### 3.2 深孔爆破设计

#### 3.2.1 爆破参数设计

（1）炮孔参数设计。炮孔直径$D=90$mm，倾斜钻孔；底盘抵抗线$W_d=(30\sim35)D$[7]；超深$h=(0.15\sim0.35)W_d$，本工程暂取0.8m；孔深$H=(d+h)/\sin\alpha$；孔距$a=(0.8\sim1.5)W_d$；排距$b=(0.8\sim1.0)a$，孔深小于5m时，炮孔排距取值为2.5m。施工中要求掌子面尽可能开挖到位，即最小抵抗线与底盘抵抗线基本相等。根据试爆结果和现场实际情况，深孔爆破设计参数见表1。

表1 爆破参数设计值
Table 1 Design value of weak loose directional controlled blasting

| 台阶高度 $d$/m | 孔深 $H$/m | 孔距 $a$/m | 排距 $b$/m | 底盘抵抗线 $W_d$/m | 超深 $h$/m | 堵塞长度 $\Delta L$/m |
|---|---|---|---|---|---|---|
| 4 | 4.8 | 2.5 | 2.0 | 2.5 | 0.8 | 3.0 |
| 5 | 5.8 | 2.5 | 2.0 | 2.5 | 0.8 | 3.0 |
| 6 | 6.8 | 3.0 | 2.5 | 3.0 | 0.8 | 3.0 |
| 7 | 7.8 | 3.0 | 2.5 | 3.0 | 0.8 | 3.0 |
| 8 | 8.8 | 3.0 | 2.5 | 3.0 | 0.8 | 3.0 |
| 9 | 9.8 | 3.0 | 2.5 | 3.0 | 0.8 | 3.0 |
| 10 | 10.8 | 3.0 | 2.5 | 3.0 | 0.8 | 3.0 |

（2）单孔药量。前排炮孔装药量按式（1）计算：

$$Q_1 = W \cdot H \cdot q \cdot a \tag{1}$$

式中，$W$为最小抵抗线，m；$H$为爆破作业台阶高度，m；$q$为单位炸药消耗量，kg/m³，参考同类工程，本工程控制在0.40kg/m³以下，施工时，可根据岩性及试爆情况进行调整；$a$为孔距，m。

后排炮孔装药量按式（2）计算：

$$Q_2 = H \cdot q \cdot a \cdot b \tag{2}$$

式中，$b$为排距，m；$H$、$a$、$q$意义同上。经计算和优化，深孔爆破单孔装药量见表2。

表2 单孔装药量
Table 2 Single hole charge of weak loose blasting

| 台阶高度 $d$/m | 4 | 5 | 6 | 7 | 8 | 9 | 10 |
|---|---|---|---|---|---|---|---|
| 单耗 $q$/kg·m$^{-3}$ | 0.38 | 0.38 | 0.38 | 0.38 | 0.38 | 0.38 | 0.38 |
| 前排单孔药量 $Q_1$/kg | 11.4 | 13.78 | 23.26 | 26.68 | 30.10 | 33.52 | 36.94 |
| 后排单孔药量 $Q_2$/kg | 9.12 | 11.02 | 19.38 | 22.23 | 25.08 | 27.93 | 30.78 |

（3）装药结构。根据爆破施工区的岩石性质、结构面及炸药与岩石波阻抗的匹配情况，以及宕碴及石料的粒径要求，装药结构采用连续装药，如图3（a）所示，以及非连续装药如图3（b）所示。当孔深小于8m时，炮孔采用连续装药；当孔深大于8m时，炮孔采用非连续装药，空气间隔与药包长度的比值 $l_{空}/l_{药}$ 控制在0.14~0.17之内。每个炮孔内设置两个导爆管雷管，分别置于炮孔底部和中上部的装药段内。堵塞长度 $\Delta L = (0.8 \sim 1.2) W$，根据本工程地形条件和孔深，90mm孔径炮孔堵塞长度不少于3.0m。

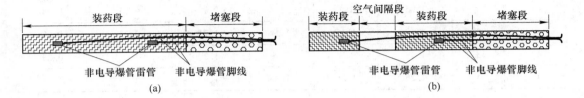

图3 装药结构图
（a）连续装药；（b）非连续装药
Fig. 3 Charge structure of weak loose blasting

### 3.2.2 起爆网路

采用导爆管雷管接力起爆网路，孔内Ms11段雷管、孔外Ms2段雷管接力。起爆网路见图4。

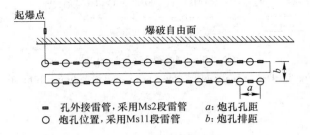

图4 起爆网路示意图
Fig. 4 Detonating network diagram of weak loose blasting

## 3.3 浅孔爆破设计

### 3.3.1 爆破参数设计

（1）炮孔参数设计

炮孔直径 $D = 42$mm；最小抵抗线 $W = (25 \sim 30) D$；孔距 $a = (1.0 \sim 1.2) W$；排距 $b = (0.8 \sim$

1.2)$a$。采用梅花形或矩形布孔。

(2) 单孔装药量

炸药单耗 $q$ 根据工程实际,结合同类工程[8]并根据现场试爆结果确定;单孔药量根据式(3)确定:

$$Q = q \cdot a \cdot b \cdot l \tag{3}$$

式中,$l$ 为孔深,m;其他符号意义同前。

(3) 装药及堵塞

采用连续装药结构,如图3(a)所示。堵塞长度应超过1/3孔深,或大于最小抵抗线。爆破参数设计值见表3。

表3 爆破参数设计值

Table 3 Design value of shallow-hole urban blasting

| 孔径 $D$ /mm | 孔深 $l$ /m | 最小抵抗线 $W$ /m | 炮孔间距 $a$ /m | 炮孔排距 $b$ /m | 堵塞长度 $\Delta L$ /m | 炸药单耗 $q$ /kg·m$^{-3}$ | 单孔药量 $Q$ /kg |
|---|---|---|---|---|---|---|---|
| 42 | 1 | 1.05 | 1.1 | 1 | 0.7 | 0.25 | 0.28 |
| 42 | 2 | 1.12 | 1.15 | 1.1 | 1.2 | 0.25 | 0.63 |
| 42 | 3 | 1.19 | 1.2 | 1.15 | 1.2 | 0.2 | 0.83 |
| 42 | 4 | 1.26 | 1.26 | 1.2 | 1.4 | 0.2 | 1.21 |

3.3.2 起爆网路

采用导爆管孔内延时起爆网路。在炮孔内安放不同段别(Ms1~Ms5段)导爆管毫秒雷管。采用四通接头组成闭合网路。起爆网路示意图见图5。

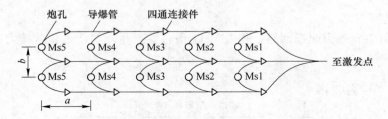

图5 起爆网路示意图

Fig. 5 Detonating network diagram of shallow-hole urban blasting

## 3.4 预裂爆破设计

3.4.1 爆破参数设计

根据工程特点,本工程边坡采用预裂爆破,以保证边坡稳定。

(1) 炮孔参数设计

钻孔直径 $D$ = 90mm;孔距 $a$ = (8~12)$D$ = 0.608m~0.912m,实取 $D$ = 0.8m。

(2) 单孔装药量

线装药密度可根据经验公式(4)[9]计算:

$$Q_{线} = 0.036[\sigma_{压}]^{0.63} a^{0.67} \cdot \tag{4}$$

式中，$\sigma_压$ 为岩体的极限抗压强度，MPa；$a$ 为炮孔间距。实取线装药密度 $Q_线$ 为 300~350g/m。

（3）装药结构

采用药卷直径为32mm的2号岩石乳化炸药，不耦合装药，不耦合系数 M 为[10]：

$$M = D/d_c \tag{5}$$

式中，$d_c$ 为装药直径，mm。计算得不耦合系数 $M$ 为3.5。

用竹片和导爆索按设计线装药密度间隔串联药卷。炮孔底部1~1.5m加强装药装药，线装药密度为正常段 $Q_线$ 的1~2倍，取600~700g/m；填塞段下1~1.5m为减弱装药段，线装药密度是正常段 $Q_线$ 的2/3，取200~230g/m，填塞不宜过分使劲，避免药卷在炮孔内弯曲，装药结构示意图见图6。

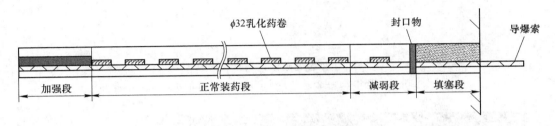

图6 预裂爆破装药结构示意图

Fig.6 Charge structure of pre-splitting blasting

### 3.4.2 炮孔布置及起爆网路

预裂爆破中，首先起爆预裂孔，其后再起爆主爆孔，布孔示意图见图7。

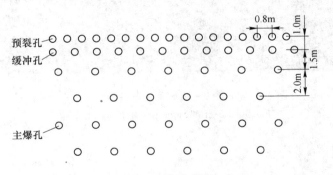

图7 布孔示意图

Fig.7 The sketch of hole arrangement

预裂孔和主爆孔中间布设缓冲孔[11]，需保证缓冲孔与预裂孔之间的排距 $W_1$ 合理，过小会造成孔间贯通，过大会改变预裂孔爆破方向，破坏预裂面，两者均会影响预裂效果。如图8所示，本工程选择 $W_1 = 1.0$m。预裂孔沿坡率1:0.15边坡开挖线进行布孔，孔距0.8m。

### 3.4.3 预裂爆破效果评价

该岩石边坡预裂爆破后，爆破效果良好。爆后边坡面不平整度小于25cm，保留边坡残留半孔率约75%，局部破碎岩层段残留半孔率较低，从图9中可看出整体爆破面较为平整，无明显岩石片落现象。从宏观观测结果可看知，该岩石边坡预裂爆破工程达到了预期效果，为后期开挖爆破提供了良好的开挖条件并提高了爆后岩石边坡稳定性。

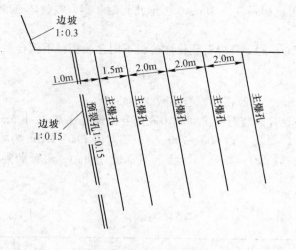

图 8 预裂爆破钻孔剖面示意图
Fig. 8 Drilling section diagram of pre-splitting blasting

图 9 边坡预裂效果图
Fig. 9 Effect of Slope pre-splitting blasting

## 4 爆破振动监测

### 4.1 监测方案

考虑到本工程位于国家 5A 级景区，应严格控制爆破振动对周边重点建（构）筑物的影响，选择其中 6 个重点建（构）筑物，分别在其地基础处布置 6 个监测点。具体监测点布置方式见图 10。

### 4.2 监测结果及分析

爆破区周边 6 个监测点的爆破振动测试结果，详见表 4。从表 4 可以看出，监测点 1 离爆心距离最近为 30m，其最大质点振速分量值为 0.832cm/s。监测点 5 离爆心距离最远，其最大质点振速分量值为 0.056cm/s。监测点 2、监测点 3、监测点 4、监测点 6 爆心距离相差不大，但因其分别布设在爆破区域的不同方位，质点振速未表现出明显的衰减规律。

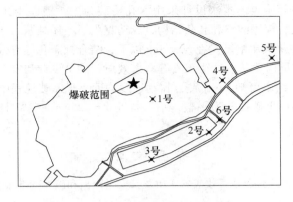

图 10 测点布置示意图

Fig. 10 Monitoring point arrangement diagram of pre-splitting blasting

表 4 爆破振动测试数据

Table 4 Blasting vibration test data

| 测点 | 爆心距/m | 振速分量最大值/cm·s⁻¹ | | | 主频率/Hz | | |
|---|---|---|---|---|---|---|---|
| | | $x$ | $y$ | $z$ | $x$ | $y$ | $z$ |
| 1 | 30 | 0.832 | 0.558 | 0.724 | 31.250 | 28.986 | 31.008 |
| 2 | 200 | 0.108 | 0.159 | 0.265 | 17.778 | 25.806 | 25.316 |
| 3 | 179 | 0.123 | 0.084 | 0.166 | 24.691 | 17.621 | 20.408 |
| 4 | 195 | 0.401 | 0.607 | 0.445 | 16.393 | 29.197 | 31.008 |
| 5 | 309 | 0.048 | 0.056 | 0.050 | 59.702 | 81.633 | 46.512 |
| 6 | 206 | 0.087 | 0.117 | 0.080 | 43.011 | 38.095 | 28.369 |

依据《爆破安全规程》(GB 6722—2014)[12]爆破振动安全允许标准，其安全允许值见表5。

表 5 爆破振动安全允许标准 (GB 6722—2014)

Table 5 Safety standards of blasting vibration (GB 6722—2014)

| 保护对象类别 | 安全允许质点振动速度/cm·s⁻¹ | | |
|---|---|---|---|
| | $f \leqslant 10Hz$ | $10Hz < f \leqslant 50Hz$ | $f > 50Hz$ |
| 一般民用建筑物 | 1.5~2.0 | 2.0~2.5 | 2.5~3.0 |
| 工业和商业建筑物 | 2.5~3.5 | 3.5~4.5 | 4.2~5.0 |
| 一般古建筑与古迹 | 0.1~0.2 | 0.2~0.3 | 0.3~0.5 |

按照被保护对象类别，测点1、测点5、测点6的保护对象属于一般民用建筑，测点2、测点3、测点4的保护对象属于商业建筑物。从表1中一次爆破各测点爆破振动实测数据可知：除测点5爆破振动主频率属于$f>50Hz$范围，其余5个测点均属于$10Hz<f \leqslant 50Hz$。6个测点质点振动速度三个分量中的最大值均远小于允许质点振动速度，说明了爆破不会对周边重点建（构）筑物结构造成破坏。

## 5 结论

（1）本工程施工区域地处5A级风景名胜区，周边人员密集，施工环境复杂，兼有施工工期短、爆破质量要求高等困难。本次设计采用深孔爆破为主，辅以浅孔爆破和预裂爆破的方案，选择合适爆破参数、起爆网路和装药结构，成功克服了上述难题。

（2）通过控制爆破最大单响药量在30.78kg以下，结合减震孔等有效措施，爆破过程未损伤附近民房结构安全，同时也没有产生飞石等有害效应，满足设计和安全的要求。

（3）根据爆破监测结果可知，6个测点振动速度均远小于爆破规程中所规定爆破振动速度允许值。预裂爆破后整体爆破面较为平整，不平整度小于25cm，残留半孔率约75%，达到预期效果。

## 参 考 文 献

[1] 吴立，陈建平，舒家华. 爆破地震效应的实质及其安全距离和破坏标准[J]. 地质勘探安全，1999(2)：21-23.
[2] 高文学，万元林，刘运通，等. 高边坡危岩体爆破及其控制技术[J]. 爆破，2005，22(2)：1-2.
[3] 毛晖. 城市复杂环境下岩石控制爆破及安全管理[J]. 采矿技术，2008(2)：72-74.
[4] 蔺新丽，李媛媛. 爆破有害效应的控制措施综述[A]. 中国煤炭学会煤炭爆破专业委员会，2008：6.
[5] 苏贺，汪海波，宗琦. 临近建筑物基坑岩石松动爆破振动监测[J]. 爆破，2009(1)：99-101.
[6] 怀平生，赵香萍. 以色列卡迈尔（Carmel）隧道大跨度双侧壁导坑法施工技术[J]. 铁道建筑技术，2010(1)：103-107.
[7] 李金铸，吴立，李波，等. 城市复杂环境下场地平整控制爆破设计及实施[J]. 爆破，2014，31(4)：58-62.
[8] 王政. 潜孔台阶弱松动爆破在实际施工中的应用[J]. 铁道建筑技术，2011(11)：119-124.
[9] 葛克水. 预裂爆破参数的研究[D]. 中国地质大学（北京），2009.
[10] 楼晓明，赖红源，唐小军. 预裂爆破参数的理论计算及应用[J]. 矿业研究与开发，2011，05：109-111.
[11] 尹吉，王明君. 预裂爆破技术在某露天矿中的应用[J]. 露天采矿技术，2014，(9)：65-67.
[12] 《爆破安全规程》GB 6722—2014 [S]. 北京：中国标准出版社，2014.

# 复杂环境下基坑开挖深孔控制爆破

夏裕帅[1]　朱振江[2]　韦凯[1]

(1. 深圳市蛇口招商港湾工程有限公司，广东 深圳，518067；
2. 汕尾市宏辉爆破工程有限公司，广东 汕尾，516601)

**摘　要**：本文介绍了在距离居民楼仅15m范围内开挖基坑的控制爆破技术研究与应用情况。采用预裂爆破技术沿基坑边缘炸出裂缝，再用浅孔爆破技术沿基坑边缘炸出约2m宽的沟槽，基坑剩余部分采用深孔爆破技术实施爆破。根据控制爆破理论对孔网参数、钻爆参数进行精细设计，选择合理的爆破方向和延时时间，对不同距离处每个炮孔的单次起爆药量进行精细控制，并采用数字测振仪监测爆破振动数据，确保爆破振动强度被控制在安全范围以内。测振结果表明：沟槽可以有效减少爆破振动。

**关键词**：复杂环境；基坑；振动监测；控制技术

# The Research and Application of Controlled Blasting Technology of Deep Holes under Complicted Environment

Xia Yushuai[1]　Zhu Zhenjiang[2]　Wei Kai[1]

(1. Shenzhen Shekou Merchants Harbor Engineering Co., Ltd., Guangdong Shenzhen, 518067; 2. Shanwei Honghui Blasting Engineering Co., Ltd., Guangdong Shanwei, 516601)

**Abstract**: The research and application of controlled blasting technology of excavation of foundation pit in 15 meters from the residential building was introduced. The cracks were blasted along the edge of the foundation pit by the blasting technology of the pre-splitting. Then two-meter wide groove was blasted along the edge of the foundation pit by the blasting technology of shallow hole. The rest of the foundation pit was blasted by the blasting technology of deep hole. According to the theory of controlled blasting, the hole network parameters, drilling and blasting parameters were precisely designed, blasting scale was controlled properly, and direction of blasting and delay time were selected reasonably. Each hole of the single detonation dose was precisely controlled with different distances. Blasting vibration data was monitored adopting digital vibration monitoring instrument to ensure the blasting vibration intensity was controlled within the scope of security. Vibration results show that groove could reduce blasting vibration effectively.

**Keywords**: complicated environment; the foundation pit; vibration monitoring; the control technology

作者信息：夏裕帅，工程师，1023890805@qq.com。

## 1 工程概况

### 1.1 概述

本工程位于深圳市南山区蛇口东角头金世纪路与望海路交叉口东北角。拟建基坑为新建高层公馆的地下室,基坑长约100m,宽约40m,开深度约7.5m,需爆破方量约24000m³。

### 1.2 周边环境

基坑东侧紧临废旧机械堆场;南侧距望海路约10m;西侧距金世纪路约25m;北侧距钢筋混凝土结构商用楼约15m。由于地处交通路口,来往人员、车辆较多,因此爆区环境十分复杂。详见图1 爆区周边环境示意图。

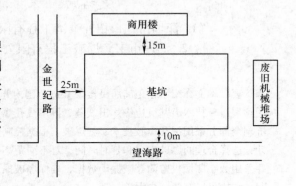

图1 爆区周边环境示意图

Fig.1 Scheme of blasting environment

### 1.3 工程特点及难点

爆区周围有商用楼、市政道路,周边环境十分复杂,既要保证正常施工,又要保证周围各种设施的安全。难点是距离商用楼仅仅15m,采用浅孔爆破方法,施工效率较低,采用深孔爆破技术,则爆破安全风险大。

## 2 爆破设计

### 2.1 爆破方案

由于爆区周边环境十分复杂,要最大限度地减少爆破有害效应对周围环境的影响,需要采用控制爆破[1,2]、精细爆破[3]理论和技术进行爆破方案的设计。设计原则是:

(1)沿基坑两条长边的轮廓线采用预裂爆破技术先炸出两条预裂缝;

(2)在靠近基坑两条长边和废旧机械堆场的地方选取宽2.1m的区域记为A区,采用浅孔爆破技术从地表向下分三层进行基坑掏槽爆破,形成宽2.1m,深7.5m的沟槽。A区爆破位置平面示意图见图2。

(3)对基坑余下部分采用深孔爆破技术,一次钻孔到底,实现快速施工,严格控制爆破振动强度和爆破飞石。爆破自由面朝向废旧机械堆场方向,向金世纪路方向后退式爆破施工。

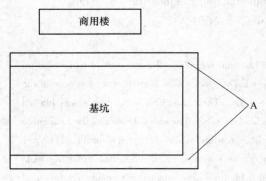

图2 A区爆破位置平面示意图

Fig.2 Area A plan sketch of blasting position

### 2.2 爆破参数

#### 2.2.1 预裂爆破参数

钻孔直径:76mm;孔距:0.7m;孔深:8.0m;线装药密度:250g/m;单孔装药量:$Q_{单}=$

2kg；填塞长度 1.5m。

#### 2.2.2 沟槽爆破参数

钻孔直径：$D=42$mm；孔距：$a=0.7$m；排距：$b=0.7$m；孔深：$L=2.8$m；填塞长度：$l_2=(20\sim30)D$，取 $l_2=1.3$m；装药长度：$l_1=L-l_2=1.5$m；单孔装药量：$Q_单=1.2$kg。

#### 2.2.3 深孔爆破参数

钻孔直径：$D=76$mm；台阶高度：$H=7.5$m；孔深：$L=8$m；孔距：$a=2$m；排距：$b=1.5$m；填塞长度：$l_2=2.5$m；装药长度：$l_1=L-l_2=5.5$m；单孔装药量：$Q_单=12$kg；单耗：$q=Q_单/abH=0.5$kg/m$^3$。

### 3 装药结构

#### 3.1 预裂爆破装药结构

预裂爆破炮孔中装药结构如下，把 10 条 $\phi$32 乳化炸药绑扎在 7.5m 长的毛竹片上，底部 1m 范围内药量适当加强，其线装药密度取正常装药段的 1.5 倍。距离孔口附近 1.5m 长范围内装药适当减弱，其线装药密度取正常装药段的 0.5 倍。其余沿炮孔均匀分布，中间穿一根导爆索，导爆索长约 7.5m。

#### 3.2 沟槽爆破装药结构

实际单孔装药量：每个炮孔均装 6 条 $\phi$32 乳化炸药共 1.2kg；实际装药长度：$l_1=1.5\sim1.6$m；实际堵塞长度：$l_2=1.2\sim1.3$m；装药结构：采用孔内连续装药，以增大堵塞长度，有效控制爆破飞石。

#### 3.3 深孔台阶爆破装药结构

采用孔内间隔装药结构，每个炮孔装 $\phi$60 乳化炸药 10 条共 12kg，下部装 6 条，上部装 4 条，中间间隔 1.5m 用钻屑或者黏土填塞。

### 4 起爆网路

#### 4.1 预裂爆破起爆网路

受爆破振动的限制，预裂爆破时必须逐孔起爆。100m 长预裂缝需要分成数段形成。为了一次尽可能多地起爆炮孔，孔内选择用 Ms17 段毫秒延期导爆管雷管（延时 1200ms）起爆导爆索和炸药，孔外用 Ms2 段毫秒延期导爆管雷管（延时 25ms）进行传爆接力，每次可以起爆 38 个炮孔，形成 26.6m 长的预裂缝。4 次预裂爆破就可以完成 100m 长的预裂缝。

#### 4.2 沟槽爆破起爆网路

沟槽爆破时，每次爆破 3 排、每排 30 个炮孔。采用孔间延时和排间延时相结合的方法实施单孔单响，以减少爆破振动。孔内采用 Ms15 段导爆管雷管，孔间传爆采用 Ms3 段导爆管雷管，排间传爆采用 Ms5 段导爆管雷管。整个起爆网路由两发电雷管引爆。炮孔布置及起爆网路图如图 3 所示。

#### 4.3 深孔爆破起爆网路

每次爆破 2 排、每排 14 个炮孔。同样采用孔间延时和排间延时相结合的方法实施单孔单

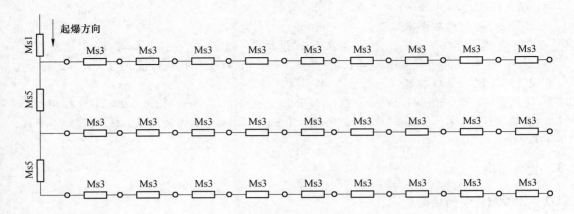

图 3 炮孔布置及起爆网路图

Fig. 3 Scheme of blasting arrangement and initiation network

响,以减少爆破振动。孔内采用 Ms15 段导爆管雷管,孔间传爆采用 Ms3 段导爆管雷管,排间传爆采用 Ms5 段导爆管雷管。

## 5 爆破安全分析

本工程主要采用深孔爆破,爆破有害效应是爆破飞石和爆破振动对周围商用楼和市政道路的影响。通过控制最大单响药量,降低爆破规模,调整爆破抵抗线的方向,加强覆盖等措施来避免爆破对周围商用楼和市政道路造成影响。

### 5.1 爆破飞石

深孔爆破个别飞石距离 $R_f$ 的计算公式如下:

$$R_f = 40D$$

式中 $D$——炮孔直径,单位英寸。

深孔爆破钻孔直径为 $\phi 76mm$ 时,$D=3$ 英寸。代入上式计算得:$R_f=120m$。当然,这是不进行防护的结果。根据《爆破安全规程》[4]的规定,爆破安全警戒距离的取值不小于 200m。

### 5.2 爆破振动

#### 5.2.1 安全振动控制标准

本工程周边的建筑物有市政道路、商用楼房等,商用楼为钢筋混凝土结构。《爆破安全规程》中对建筑物的爆破振动安全允许标准作了如下规定:工业和商业建筑物 3.5~4.5cm/s;因此,对商用楼附近爆破区取 3.0cm/s 作为建筑物的爆破质点振动速度允许值也是合理的。但是建筑物距爆破区较近,所以必须精心组织每一次爆破施工,加强控制,确保工程安全。

#### 5.2.2 爆破振动控制措施

(1) 采用多段毫秒逐孔起爆技术,严格控制最大段装药量。
(2) 保证钻孔的垂直性,减少钻孔偏差。
(3) 通过试验,选择合理的单位耗药量。

#### 5.2.3 爆破安全允许最大单响药量

最大单响药量可根据下式计算:

$$Q = R^3(v/K)^{3/\alpha}$$

式中 $Q$——最大单段爆破药量，kg；
$R$——爆心到被保护对象的距离，m；
$v$——保护对象所在地安全允许质点振动速度，cm/s；
$K$，$\alpha$——与爆破点至保护对象间的地形、地质条件有关的系数和衰减指数。

根据《爆破安全规程》有关 $K$、$\alpha$ 取值范围，结合现场地质条件，取 $R=15\mathrm{m}$，$v=3.0\mathrm{cm/s}$，$K=150$，$\alpha=1.8$ 代入上式，可以计算出 $Q=4.97\mathrm{kg}$。

## 6 爆破安全措施

### 6.1 预防飞石的安全措施

#### 6.1.1 立面防护

为确保安全，根据本工程周边的环境条件，在开挖红线外四周搭设12m高双排钢管防护排架。先挂两层竹笆网，然后再挂一层网格规格2cm×2cm铁丝网。在外侧，用钢管做斜撑，并系好缆风绳，保证其稳固可靠，并在排架下部码2m高、1.5m宽的砂土袋挡墙，以加强排架稳定性。防护排架经验收合格后才允许进行爆破施工作业，并在施工作业期间及时检查，发现问题及时加固处理。排架立面防护图见图4所示。

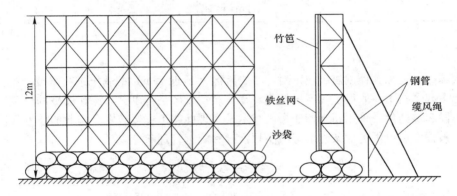

图4 排架立面防护示意图
Fig. 4 The figure of facade protection

#### 6.1.2 表面覆盖防护

根据爆破区域距建筑物的距离，采取不同的表面覆盖防护措施。距建筑物20m范围内采用四层覆盖防护，即孔口盖沙袋、铺铁丝网、铺竹笆、压沙袋。距建筑物20~40m范围内采用三层覆盖防护，即孔口盖沙袋、铺竹笆、压沙袋。距建筑物40~60m范围内采用两层覆盖防护措施，即孔口盖沙袋、铺竹笆。每次爆破作业，应严格认真进行爆破飞石的防护，确保爆破作业的安全。

### 6.2 爆破振动监测

#### 6.2.1 测点选择及仪器安装

为了保证信号源的同一性，传感器安放在楼房底层地面上，传感器与地面尽量黏结牢固，水平传感器的方向指向爆源。

### 6.2.2 振动监测对应的爆破参数

本次测振对应的是深孔爆破,测点距离爆破中心20m,炮孔深度8.0m,爆破总药量为168kg,最大一段单响药量是12kg。

### 6.2.3 检测数据

仪器检测的数据如表1所示。

表1 仪器设备设置参数和检测数据
Table 1 The parameters and testing data of instrument and equipment

| 时间 | 测点 | 仪器型号 | 通道 | 传感器 | 与爆区距离/m | 质点峰值振动速度/cm·s$^{-1}$ | | 主频/Hz |
|---|---|---|---|---|---|---|---|---|
| 6月12日 | 居民楼 | TC-4850 | 1<br>2 | TT0318345<br>TT0318345 | 20 | 垂直<br>水平径向 | 2.05<br>1.87 | 31.433<br>24.719 |
| 6月13日 | 居民楼 | TC-4850 | 1<br>2 | TT0318345<br>TT0318345 | 20 | 垂直<br>水平径向 | 1.97<br>1.95 | 31.433<br>24.719 |
| 6月14日 | 居民楼 | TC-4850 | 1<br>2 | TT0318345<br>TT0318345 | 20 | 垂直<br>水平径向 | 1.78<br>2.25 | 31.433<br>24.719 |
| 6月15日 | 居民楼 | TC-4850 | 1<br>2 | TT0318345<br>TT0318345 | 20 | 垂直<br>水平径向 | 2.01<br>2.14 | 31.433<br>24.719 |

## 7 结语

本次爆破采用深孔控制爆破技术对建筑物近区(最近15m)的基坑进行爆破开挖,严格实行逐孔起爆起爆技术,取得了满意的结果。在建筑物近区是可以进行深孔爆破的,关键是如何控制好单段起爆药量,采用精细控制爆破技术是实现此类工程爆破安全作业的技术保障。本工程控制爆破技术可以供类似条件下爆破工程设计和施工管理参考。

### 参 考 文 献

[1] 汪旭光. 爆破设计与施工[M]. 北京:冶金工业出版社,2011:252-255.
[2] 于亚伦. 工程爆破理论与技术[M]. 北京:冶金工业出版社,2004:122-125.
[3] 谢先启. 精细爆破[M]. 武汉:华中科技大学出版社,2010:1-10.
[4] 中国工程爆破协会. GB 6722—2014 爆破安全规程[S]. 北京:中国标准出版社,2014.
[5] 宗琦,汪海波,周胜兵. 爆破地震效应的监测和控制技术研究[J]. 岩石力学与工程学报. 2008,27(5):938-945.

# 石油硐室侧上部石方控制爆破

周浩仓[1,2]　罗福友[2]

(1. 长沙矿山研究院有限责任公司,湖南 长沙,410012;
2. 江西国泰五洲爆破工程有限公司,江西 南昌,330038)

**摘　要**:向莆动车铁路线沙县变电站基础修建需爆破20万立方米花岗岩山体,该山体东面15.0m为长深高速,西面51.0m处为淘金寨大酒店,17.0m处有比爆破山体低19.3m的中石化储备油硐室等。通过选择合理钻爆参数、炸药单耗、毫秒延时时间、铺设垫层、安全防护等措施控制爆破振动与飞石,保证了中石化储备油硐室、民房、长深高速等建筑和设施的安全。

**关键词**:石油硐室;复杂环境;控制爆破;安全与防护

## The Controlled Blasting of the Complicated Environment on the Topside of Oil Chamber

Zhou Haocang[1,2]　Luo Fuyou[2]

(1. The Limited Corporation of Changsha Mine Research Institution, Hunan Changsha, 410012; 2. The Limited Corporation of Jiangxi Guotai Wuzhou Blasting Engineering, Jiangxi Nanchang, 330038)

**Abstract**: The basic construction of transformer substation of Xiangpu bullet train railway line in Shaxian county requires the blasting of 200000m$^3$ granite mountain with Changchun-Shenzhen Expressway 15 meters away in the east, Taojinzhai Hotel 51 meters away and Sinopec reserve oil chamber which is 19.3 meters lower than the mountain 17 meters away in the west. A series of shock absorbing technology and measures, such as reasonable explosive and drilling parameters, specific charge, millisecond time, paving cushion and safety protection, are adopted, which will protect the Sinopec reserve oil chamber, fire mains and civil houses from the damage caused by blasting, effectively control the flying rocks, satisfy the normal operation of Changchun-Shenzhen Expressway and guarantee the safety of expressway as well as the life and property safety of people.

**Keywords**: oil chamber; complicated environment; control of blasting; safety and protection

## 1　工程概况

本次爆破工程是向莆动车专用铁路线三江镇至莆田(福州)段新三明牵引变电站所有地扩建项目,爆破范围约19.8亩,其标高为+118.0～+150.0m。爆区地形较陡,地势较高,起

---

作者信息:周浩仓,高级工程师,351931092@qq.com。

伏大，爆破范围内风化石已剥离，需要爆破岩石为花岗岩及闪长岩，节理裂隙不发育，岩石 $f$ 系数为 12～14，岩石坚硬难爆。

爆区四周环境：爆区东面距长深高速公路 15.0m；北面距铁路石场 190.0m；西面距离淘金寨大酒店 51.0m，距石油液化气罐区 236.0m，距石油硐室 17.0m，石油硐室标高低于爆区标高 19.3m，且硐室内有石油管道与石油液化气罐区相连，150m 处为进入县城主要道路；南面距新建向莆动车专用铁路线 60.0m，距民房区域 90.0m，详见图 1 爆区四周环境示意图。

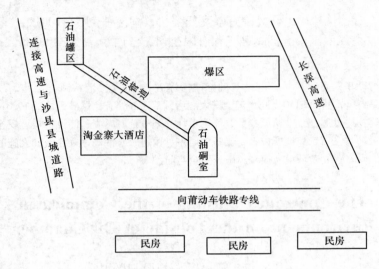

图 1  爆破周边环境示意图
Fig. 1  Sketch of blasting environment

## 2  工程难点

### 2.1  高速公路警戒受限

爆区距高速公路仅 15.0m，因高速车流量大，分流困难，高速交警对爆破警戒时间限定为 20min，同时不得有任何石块落入高速公路，影响行车安全。

### 2.2  爆区高于高速公路及周边建构筑物

爆区地理位置高于高速公路和周边建构筑物 10.0～25.0m，这就容易造成滚石，爆破飞石距离更远，对高速公路行车、周边建构筑物及行人安全带来更大危险。

### 2.3  不得使用排架防护飞石

在爆破施工期间，考虑台风可能会刮倒排架，造成高速公路中断，导致交通事故，所以高速交警和路政部门都不允许在靠近高速公路一侧设置排架来防止飞石落入高速公路，且不得损害高速公路各种设施，这给爆破飞石控制带来极大难度。

### 2.4  爆区侧下方石油硐室需严格保护

业主对距离爆区 17.0m、低于爆区 19.3m 的石油硐室提出安全要求：石油硐室为战备存储石油，目前虽没有存储石油，但仍须保障其内部管道等设施完好无损，不得损伤其内管道；硐室顶部山体不得因爆破形成垮落或裂缝；硐室结构不得破坏，硐室内部不能产生裂纹或裂隙等。

## 3 爆破方案

### 3.1 爆破方法选择

根据现场施工条件及工期要求，经研究采用以深孔台阶毫秒延时松动爆破方法为主，辅助以直径为90.0mm松动爆破方法处理高度5.0m以下部分。

未采用浅孔爆破的原因是：浅孔爆破钻孔量大和装药高度高，这就增加覆盖和网路连接工作量，且钻孔噪声影响周边居民工作及生活。

### 3.2 爆破参数设计

根据现有设备，选择用阿特拉斯D7钻机液压钻机钻孔，其直径为90.0mm，具体爆破参数及其计算公式[1]见表1。

表1 爆破参数计算汇总表
Table 1 Summary table for calculation of blasting parameters

| 爆破参数 | 计算公式 | 试爆参数 |
|---|---|---|
| 孔径 | | 90mm |
| 台阶高度 $H$ | | 10.0m |
| 底盘抵抗线 $W_1$ | $W_1 = K_1 d = (30 \sim 35)d$ | 3.2m |
| 超深深度 $h_1$ | $h_1 = (0.05 - 0.25)H$ | 0.5m |
| 孔距 $a$ | $a = (1.2 \sim 1.5)W_1$ | 3.6~4.0m |
| 排距 $b$ | $b = (30 \sim 35)d$ | 3.2m |
| 孔深 | $L = H + h$ | 10.5m |
| 填塞长度 | $L_1 = (0.8 \sim 1.2)W_1$ | 不小于3.8m |
| 装药长度 | $L_2 = L - L_1$ | 6.7m |
| 第一排孔装药量 $Q_1$ | $Q_1 = aW_1 Hq$ | 30.0kg |
| 后排孔装药量 $Q_2$ | $Q_2 = 1.05Q_1$ | 31.5kg |
| 单孔装药量验算 $Q_{验}$ | $Q_{验} = \pi D^2 h_2 \gamma /4$ | 42.0kg |

从表1可以看出：设计实际装药量比单孔装药量验算值少25%，其原因是采用低单耗毫秒延时控制爆破，使岩石只产生移动和破裂，而不出现岩石翻滚和产生飞石现象，有效控制其危害范围。

### 3.3 起爆网路

为控制飞石和振动，我们在现场分别采用0ms、25ms、50ms、75ms和110ms延时试爆，孔单响，斜线起爆，孔内装双发Ms10，孔间采用双发Ms2，起爆网路示意图见图2。经爆破振动监测，飞石、爆堆形状和效果等分析，毫秒延时时间为25ms时爆破效果最好，振动无叠加，爆堆抛散距离最近。

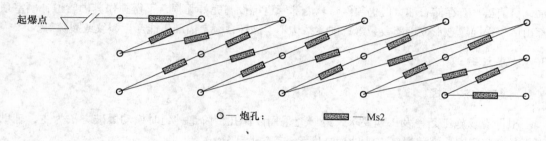

图 2 起爆网路示意图

Fig. 2　A schematic view of the firing circuit

## 3.4 爆破安全校核

爆破振动采用公式（1）[2]计算：

$$v = k \left(\frac{Q^{\frac{1}{3}}}{R}\right)^{\alpha} \tag{1}$$

式中　$v$——被保护对象所在地面质点振动速度，cm/s，根据现场实际为确保各建筑物不被破坏，取 1.5cm/s；

$Q$——最大同段起爆药量，kg；

$R$——爆破中心至被保护物的距离；

$k$，$\alpha$——与爆破点至被保护物之间的地形、地质以及爆破类型等有关的系数和指数，根据爆区情况 $k$ 取 180，$\alpha$ 取 1.6。

表 2　允许振速为 1.5cm/s 时最大单响药量

Table 2　Charge amount per delay interval in different distances when allowable vibration value 1.5cm/s

| 距离 $R$/m | 10 | 20 | 30 | 40 | 50 | 60 | 70 | 80 |
|---|---|---|---|---|---|---|---|---|
| 最大一段药量 $Q$/kg | 0.12 | 1.0 | 3.3 | 8.0 | 15.7 | 27.1 | 43.1 | 64.3 |
| 允许振速/cm·s$^{-1}$ | 1.5 | | | | | | | |

从表 2 可以看出：在爆区离建筑物距离小于 60.0m 时就要进行孔内分段或降低台阶高度，以确保最大段起爆药量不超标，实现爆破不破坏周边建构筑物的要求。

## 4 安全措施

### 4.1 炮孔底部减震措施

在靠近石油硐室 30.0m 范围，为降低爆破对石油硐室损害，我们采取下列措施：（1）严格控制炮孔底盘抵抗线，减少炮孔夹制，尽量使炸药能量作用于破碎岩石，而避免其引起振动和飞石等危害；（2）在炮孔底部装填 0.3~0.5m 的锯末或细沙，以减少炸药爆破时对孔底破碎作用和减少底部振动，以利于保护石油硐室；（3）在靠近石油硐室一侧钻预裂炮孔，阻断爆破振动传播路径，充分减少对其损害；（4）采用不耦合装药，减少爆破能量直接作用于岩石壁，降低爆破振动。

## 4.2 飞石控制措施

因为不能搭设防护排架，我们只有通过主动防护和被动防护来控制飞石，主动防护就是通过精确钻孔、精准药量、有效堵塞、合理起爆等爆破技术和施工手段控制爆破过程尽量不产生飞石；被动防护主要就是通过炮孔和爆区覆盖控制爆破产生的飞石损坏建（构）筑物，本节主要论述被动防护措施。

我们采用三种防护措施来控制炮孔飞石：第一种是在炮孔口覆盖一层竹笆，竹笆上放置一大型轮胎，在轮胎中央的孔口再堆放沙袋；第二种是在炮孔口上部放一竹笆，竹笆上压两个沙袋；第三种是在孔口直接压两个沙袋。在靠近高速公路 30.0m 范围内，我们还在超出每次爆破区域周边各 3.0m 区域的防护体上增加覆盖一层铁丝网，以防止小块石块飞到高速公路上，具体防护见图 3。

图 3　安全防护设计
Fig. 3　Safety protection design

## 5　爆破效果

整个项目在合同期内完成，经与业主和高速交警及高速路政等部门联合验收得出结论：一是周边建构筑物没有受到损失；二是爆破期间没有因飞石等爆破危害造成高速公路设施损坏或引发交通事故；三是石油硐室未受到破坏，没有出现裂纹或裂隙，爆破效果见图 4。

图 4　爆破效果图
Fig. 4　Blasting effect diagram

## 6 结语

(1) 采用深孔爆破比浅孔爆破经济效益好,施工效率高,劳动强度小。

(2) 在危险地段不搭设防护排架,只要控制好水孔爆破,精心设计、精确施工和合理防护,完全可以保障爆破施工安全。

(3) 高速公路附近爆破要严格遵守高速公路管理条例,避免引起事故和意外。

### 参 考 文 献

[1] 汪旭光. 爆破设计与施工[M]. 北京:冶金工业出版社,2014:224-245.

[2] 中华人民共和国国家标准. 爆破安全规程(GB 6722—2014)[S]. 北京:中国标准出版社,2015:41-45.

[3] 陈华腾,钮强,谭胜禹,等. 爆破计算手册[M]. 沈阳:辽宁科学技术出版社,1991:187.

# 800kV超高压线下岩石控制爆破技术及应用

毛益松[1]　陈志阳[1]　王二兵[2]　王 升[3]

（1. 国防科学技术大学九院，湖南 长沙，410072；2. 中交一公局第五工程有限公司，北京，100024；3. 湖南长工工程建设公司，湖南 长沙，410003）

**摘　要**：在通电800kV超高压线影响范围内进行岩石爆破施工，国内非常少见。必须保证高压线路和爆破施工作业的安全，对爆破振动和飞石控制严格，爆破设计和施工难度较大。本文介绍了岩石爆破方案选择、药孔爆破参数设计和爆破安全防护措施。针对岩溶地质采用台阶逐孔（排）延期弱松动爆破方案，保证了岩石爆破效果，保证了超高压线的正常运行，为类似工程提供了一些有益的经验。

**关键词**：山体爆破；高速公路；800kV超高压输电线；岩石爆破

## Rock Control Blasting Technology and Application under the 800kV EHV Transmission Line

Mao Yisong[1]　Chen Zhiyang[1]　Wang Erbing[2]　Wang Sheng[3]

（1. The Ninth College of National University of Defense Technology, Hunan Changsha, 410072; 2. CCCC First Highway Fifth Engineering Co., Ltd., Beijing, 100024; 3. Hunan Long Work Construction Co., Ltd., Hunan Changsha, 410003）

**Abstract**: Rock blasting construction within the influence scope of 800 kV EVH line of electricity, is very rare in China. Blasting construction must ensure that the high voltage line and the safety of the construction work, strict control of blasting vibration and flying rock, blasting design and construction is difficult. This paper introduces the rock blasting scheme selection and blasting safety protection measures. For the karst geological, adopting the steps one by one hole (row) delay weak loose blasting scheme, ensure the rock blasting effect, ensure the normal operation of the EHV transmission line, provides some useful experience for similar projects.

**Keywords**: mountain blasting; highway; 800kV EHV transmission line; rock blasting

## 1　工程概况

### 1.1　工程概述

龙（山）永（顺）高速公路第三合同段，位于湖南省龙山县境内，起于龙山县新城村

---

作者信息：毛益松，副教授，1213175424@qq.com。

K10+560，终于龙山县洗洛村 K17+000，全长 6.44km。有 1 条横向惯穿路基的 800kV 超高压输电线路（锦苏线），线路位于洗洛村明星组，如图 1 所示。800kV 超高压线影响范围内路堑开挖岩石地质为中风化石灰岩和砾岩，特性为灰白色，砾状结构，多呈亚圆状，钙泥质胶结，中厚层状构造，岩石节理裂隙较发育，岩石单轴抗压强度为 26.5~54.4MPa，属较坚硬岩（次坚石），需要进行爆破作业。爆破范围从 K12+530~K13+030，南北长 500m，K12+780 中心桩处挖深 7.58m，东西现地最大宽度 52m，在超高压线影响范围内路基开挖石方为 $11.3 \times 10^4 m^3$，如图 2 所示。

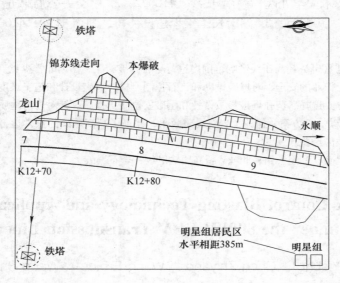

图 1 爆区周围环境示意图
Fig. 1 Schematic diagram of the blasting environment

爆区东侧为山体，无建筑物；南侧距明星组房屋 385m；西侧是施工便道，山坡下 55m 是农作物；北侧 K12+720 处有 1 条 800kV 超高压线（锦苏线），垂直高度 38.5m。高压线与爆区位置如图 2 所示。

## 1.2 本爆破工程风险分析

针对本工程的岩石特性及施工过程中彰显的各种矛盾，对存在的爆破风险进行了分析，其主要爆破施工风险分析为：

(1) 800kV 特高压线下爆破施工国内少见。根据查阅大量资料，对高压线影响范围内爆破施工的文献记载仅有 500kV 及以下高压线范围内，而 800kV 影响范围内爆破施工国内非常少见。

(2) 爆破飞石影响高压线风险。K12+720 处爆破点距高压线最近处不到 38.5m，一旦飞石碰到线路，就会引起线路碰撞位置的瞬间电阻过大，对高压线构成断裂威胁。

(3) 特高压线感应电流造成电雷管早爆、误爆事故风险。根据《爆破安全规程》（GB 6722—2014）要求，"使用电雷管起爆时，爆区至 110kV 高压线的最小安全距离大于 100m"，而本工程爆区的高压线为 800kV，且距高压线最近处只有 38.5m，为此，存在着一定强度电流磁场，在电爆网路中产生感应电流，当达到一定数值后，就可能引起电雷管爆炸，造成早爆事故。

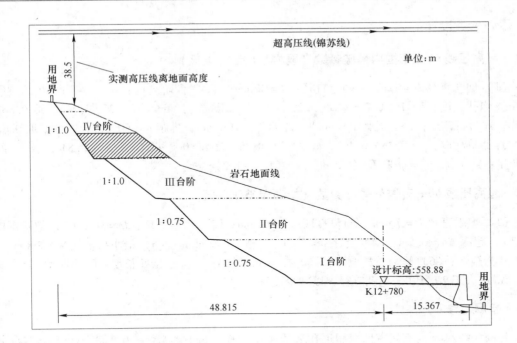

图 2 路基横断面示意图
Fig. 2　Sketch map of roadbed

（4）岩石爆破处在岩溶地区，有溶洞、溶沟、溶缝、石芽、石笋、探头石等形态，存在着钻孔装药困难风险。

以上既是本爆破工程的风险也是本爆破工程的特点和难点。

## 2　爆破方案选择

（1）爆破顺序：本爆破设计主要把 800kV 超高压线作为保护对象，需要控制爆破飞石。施工时，先沿道路由南侧逐步向北侧（特高压线）推进的开挖顺序，利用南侧的陡坡，最小抵抗线方向选择在南侧和西侧，以达到在爆破高压电线下方的石方时，控制飞石向南或西飞的目的。

（2）分台阶分层爆破：由于本爆破工程环境的十分恶劣，普通的土石方爆破方案如深孔爆破爆破无法应用于本工程中，通过现场分析论证和方案优化比较，决定采取浅孔台阶导爆管雷管松动爆破方案。总体思路是：道路中心最大开挖深度达 7.58m，边坡最大开挖深度达 37.48m，根据边坡设计，在距路基标高以上 8m 高程，边坡上有 1 条 2m 宽的安全平台，因此分台阶爆破比较合理，以降低一次爆破的梯段高度，降低单孔装药量，从而有效地控制爆破振动，将爆区分 4 个台阶，以安全平台的标高为分界线，每个台阶高度为 8m。

（3）以 800kV 高压线投影下及沿高压线走向距高压线 40m 范围内采用小台阶单孔毫秒延时弱松动控制爆破方案，其他部分采用浅孔松动控制爆破或深孔台阶毫秒延时控制爆破方案。

由于地质复杂，斜坡面尽是溶沟、溶缝、石笋、抬头石，因此，在超高压线影响范围内采用小台阶单孔毫秒延时弱松动控制爆破，每次钻孔深度为 1~2.8m。

1）爆完上一台阶，再爆下一台阶，（自北向南）逐次分台阶爆破；

2）爆破时起爆部位顶部用 2 层钢丝网片覆盖，网片上再加压土袋进一步防止个别飞石对线路的影响。

## 3 爆破参数设计

### 3.1 超高压线 60m 范围内爆破参数（弱松动爆破作业区）

（1）炮孔直径 $D=42\text{mm}$，药包直径：$d=32\text{mm}$；（2）台阶高度：$H=1\sim3\text{m}$；（3）超深 $0.2\text{m}$，炮孔深度：$L=H+0.2=1.2\sim3.2\text{m}$；（4）最小抵抗线：$W=(25\sim30)d$，最大取 $0.80\text{m}$，布孔方式为梅花形；（5）孔距 $a=(0.8\sim2.0)W$，取 $0.8\text{m}$，排距 $b=(0.8\sim1.2)W$，取 $0.6\text{m}$；（6）炸药单耗取：$q=0.35\sim0.40\text{kg/m}^3$；（7）填塞长度 $L=0.8\sim1.0\text{m}$，或 $>0.8W$；（8）单孔装药量：第 1 排，$Q=qaW_mL$，第 2 排，$Q=(1.1\sim1.2)qabL$。

### 3.2 超高压线 60m 范围外爆破参数（松动爆破作业区）

（1）炮眼直径 $D=76\text{mm}$，药包直径：$d=60\text{mm}$；（2）台阶高度：$H=8\text{m}$；（3）炮孔深度：$L=3\text{m}$，超深 $\Delta h=0.5\text{m}$；（4）孔距 $a=2.2\text{m}$，排距 $b=2.26\text{m}$；（5）最小抵抗线 $W=2.0\text{m}$，布孔方式为矩形；（6）炸药单耗取：$q=(0.4\sim0.60)\text{kg/m}^3$；（7）堵塞长度 $\geq0.75W=0.75\times2.0=1.5\text{m}$ 或大于 $20\sim30$ 倍炮孔直径，以减少飞石。

### 3.3 起爆网路

超高压线 60m 内起爆网路采用逐孔毫秒延时，60m 外起爆网路采用排间毫秒延时起爆的网路设计，连接方法如下：炮孔内同列装同段毫秒导爆管雷管，装 Ms9（310ms）或 Ms11（460ms）。炮孔装药堵塞完毕后，在孔外排之间的孔用 3 段（50ms）或 5 段（110ms）非电毫秒雷管将各炮孔导爆管联接起来，其延期时间及间隔标在图 3 中。

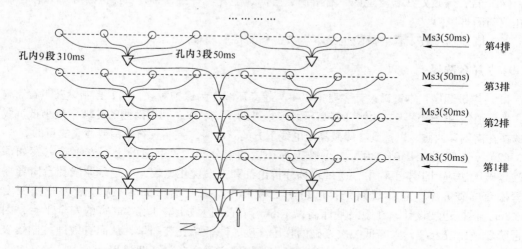

图 3 爆破网路示意图
Fig. 3 Schematic diagram of blasting network

## 4 爆破安全设计及安全技术措施

### 4.1 单段最大起爆药量计算

本次爆破根据电力部门设计标准，铁塔设计抗震烈度 6 度[2]，相对的爆破振动安全速度最大为 3~5cm/s,利用萨道夫斯基公式 $Q_{max} = R^3 \left(\dfrac{v}{K}\right)^{3/\alpha}$,计算单段最大起爆药量。计算得 $Q$ = 3200kg。式中,$R$ 为爆区与构筑物之间的距离,m,较近的苏锦线1663号塔基相距200m,以 $R$ = 200m 计算;$v$ 为允许最大振速,cm/s,允许振动速度取 4cm/s;$K$ 和 $\alpha$ 为衰减系数,分别取 200 和 1.5。

### 4.2 爆破飞石安全距离计算

爆破飞石由以下两个公式计算数据并结合以往爆破工程经验确定:

(1) 由瑞典德汤尼克孔径公式估算。飞石飞散距离与飞石的初始飞散速度有很大关系,而其初始飞散速度与装药量关系很大,装药量与孔径关系密切,即

$$R_f = K_q \times D$$

式中,$K_q$ 为安全系数,$K_q$ = 40;$D$ 为炮孔直径,英寸。该公式中,炮孔直径是以 in 为单位,而我们在进行工程作业时多以 mm 为单位标称炮孔直径,需要进行单位换算(1in = 25.4mm),如果炮孔直径单位为 mm,$K_q$ 取 1.57;如果炮孔直径单位为 cm,$K_q$ 取 15.7。通过计算,爆破飞石距离正面 $R_f$ 为 62.8m。

(2) 由 Lundborg 统计规律公式估算。根据 Lundborg 的统计规律,结合工程实践经验,炮孔爆破飞石距离

$$R_f = K_T \times q \times d$$

式中,$K_T$ 为与爆破方式、填塞长度、地质和地形条件有关的系数,取 $K_T$ = 1.0~1.5;$q$ 为炸药单耗,$q$ = 0.4~0.6kg/m$^2$;$d$ 为炮孔直径,本浅孔爆破孔径取 40mm。计算得:$R_f$ = 24.0~36.0m。

由以上两个经验公式估算个别飞石的飞散距离最大距离为 62.8m,考虑不确定因素,本次浅孔爆破的个别飞石的飞散距离按 100m 考虑。

### 4.3 防止爆破飞石措施

(1) 加压砂袋减少孔口飞石。可用编织袋装填砂袋加压孔口,它几乎不增加多少成本,既能限制了孔口松动石块的飞出。

(2) 靠近高压线附近表面再增加覆盖爆破安全网和砂袋。采取孔口覆盖复合钢丝网加泥袋,组成强力防护体,基本可以阻挡松动爆破的飞散物溢出。

## 5 爆破效果和体会

(1) 爆破效果。本次爆破工程经过两个多月爆破施工,比较地圆满完成了超高压线影响范围内的爆破施工任务。爆渣松散,爆堆分布良好,破碎均匀,未发现明显飞石。

(2) 体会。首先,在复杂环境下石质路堑开挖中,采用毫秒延时爆破技术,实现单孔或排间延时,结合填塞长度最后控制装药量的设计方法,是科学合理的,可以达到减小振动,稳定边坡,控制边度,提高边坡质量,控制飞石,可供类似的路堑爆破设计和施工借鉴;其次,本项目爆破最开始是由县民爆破公司挂靠一家爆破公司在相邻山体爆破。采用是电雷管起爆网路的一般爆破方案,建设单位在组织爆破安全培训时,发现高速公路施工路基山体上方有一根 800kV 超高压输电线。为此,重新进行了爆破技术方案设计,组织爆破、电力等相关专家进行爆破方案评审,将该爆破等级由四级提高至三级,将电雷管全部改成导爆管雷管,并完善了爆

破安全评估报告,聘请专业爆破安全监理单位实施监理。

## 参 考 文 献

[1] 汪旭光. 爆破设计与施工[M]. 北京:冶金工业出版社,2011:252-262.
[2] 李爱国. 预裂爆破技术在公路边坡工程中的应用[J]. 爆破,2002,12(4):24-25.
[3] 李夕兵. 凿岩爆破工程[M]. 长沙:中南大学出版社,2011,9:277-293.
[4] 葛勇,汪旭光. 逐孔起爆在高速公路路堑开挖中的应用[J]. 工程爆破,2008,3(1):35-38.
[5] 中国工程爆破协会. GB 6722—2014. 爆破安全规程[S]. 北京:中国标准出版社,2015.
[6] 丁邦勤. 超高压线下石方深孔控制爆破设计与施工[J]. 爆破,2002(1):24-25.
[7] 苏千立. 50万伏高压线下山体控制爆破[J]. 水运工程,2005,7(7):82-84.

# 复杂环境下严寒地区爆破施工技术的研究与应用

李延宝[1]　黎卫超[2]　李琦[1]　李鹏[2]　孙鹏举[2]

（1. 中国水利水电第十六工程局有限公司，福建 福州，350003；
2. 长江科学院，湖北 武汉，430010）

**摘　要**：本文以我国第一个重建的大型水电站——丰满水电站重建工程为背景，介绍了复杂环境下严寒地区坝基爆破开挖所遇到的技术问题和难点，通过开展现场爆破试验和振动测试等工作，进行爆破参数的优化设计。实践表明：采用降低孔距、排距，减小爆破规模，提高装药量的弱松动爆破，炸药异地预先绑扎等爆破施工技术达到了预期效果，爆破振动峰值速度及爆破飞石均控制在安全范围以内，未对周边建（构）筑物及设施造成危害，实现了施工有序、快速、安全的目标。研究成果期望为类似工程提供参考。

**关键词**：爆破；严寒地区；复杂环境；安全

## Research and Application on the Technology of Blasting Construction in Severe Cold Area under Complex Environment

Li Yanbao[1]　Li Weichao[2]　Li Qi[1]　Li Peng[2]　Sun Pengju[2]

（1. Sinohydro Bureau 16 Co., Ltd., Fujian Fuzhou, 350003；
2. Yangtze River Scientific Research Institute, Hubei Wuhan, 430010）

**Abstract**: Under the background of the first rebuild of a large hydropower station——Fengman Hydropower Station, the technical problems and difficulties in dam foundation excavation in severe cold area under complex environment has been introduced; blasting parameters has been optimized through field blasting and vibration tests. The practices indicate that the technique adopted by reducing the hole-row spacing and the blasting scale, increasing explosive charge, using the weak loosening blasting and lashing explosive in advance can help obtain the expected effects. Blasting vibration velocity and blasting flying rockets are both under control, the neighbor buildings and facilities are not damaged and the construction is carried out orderly, fast and safely. The research is expected to advance some references for similar projects.

**Keywords**: blasting; severe cold area; complex environment; safety

## 1　引言

我国已建成各类水库将近十万座，而其中大多数修建于20世纪五六十年代，由于处于建国初期缺乏经验，基本上都是在"边勘测、边设计、边施工"的模式下进行的，致使很多大坝存在

---

作者信息：李延宝，工程师，59107282@qq.com。

工程设计和施工方面的问题，这些先天性的缺陷若不能通过后期的除险加固处理就只能拆除或者重建了。丰满水电站一直在不断的加固与维护补强中运行，但始终未能彻底根除其存在的先天性缺陷，大坝的安全指标已不能满足国家的规范要求，对下游的生产生活安全产生了极大的威胁。经过多方案的比选及专家论证后，确定采取重建方式对丰满水电站进行全面治理。

丰满水电站重建工程位于第二松花江干流上的丰满峡谷口，上游建有白山、红石等梯级水电站，下游建有永庆反调节水库。该工程是按恢复电站原任务和功能，在原丰满大坝坝址下游120m处新建一座大坝，并利用原丰满三期工程，以发电为主，兼有防洪、灌溉、城市及工业供水、养殖和旅游等综合利用。治理工程实施后，不改变水库主要特征水位，不新增库区移民和征地。新建电站总装机容量1480.00MW，多年平均发电量$17.09 \times 10^9 kW \cdot h$。水库总库容103.77亿立方米。新建大坝为碾压混凝土重力坝，其坝顶高程269.50m，最大坝高94.50m，坝顶总长1068.00m，由左岸挡水坝段、河床溢流坝段、挡水过渡坝段、发电引水坝段及右岸挡水坝段组成。大坝共分56个坝段，1号~9号为左岸挡水坝段，总长162.00m；10号~19号为溢流坝段，总长180.00m；20号~25号为厂房坝段，总长168.00m；26号~56号为右岸挡水坝段，总长558.00m。该工程土石方开挖总量为358.24万立方米（自然方），土石方填筑总量131.14万立方米（实方），工程弃渣总量为532.29万立方米（堆方）。工程规划了2处永久弃渣场和1处石料场。施工道路充分利用现有丰满电站的场内交通道路及左、右岸上坝路，并辅以新建的施工临时道路，新建永久公路约4km，新建临时公路约14km，改扩建道路0.5km。

丰满水电站属于国内首个拆除重建的大型水利枢纽工程，其新坝基坑开挖需在一个枯水期完成，工期紧、施工强度大且需要跨越严寒的冬季进行爆破施工，是典型的严寒地区近坝开挖爆破，具有开挖爆破精度要求高、爆破危害控制严、工况条件复杂、周边不确定因素多、施工条件差异大等特点。丰满电站新坝基坑快速开挖爆破是重建过程中的核心控制环节，其设计、施工、安全控制、监测与评价等一系列理论和技术体现了工程爆破领域的学术前沿和科技进步水平，也是所有类似大坝重建工程中面临的高难度现实问题。因此本课题的研究对我国工程爆破技术的进步有重要意义，能为我国以后类似工程提供重要的参考价值。

## 2 工程概况

### 2.1 气象条件

丰满水电站位于中温带大陆性季风气候区，主要受太平洋季风及西伯利亚高气压影响，特点是春季干燥多风，夏季湿热多雨，秋季晴冷温差大，冬季严寒而漫长。

据丰满水电站附近的吉林气象站资料统计，本地区多年平均气温为4.9℃，极端最高气温为37.0℃，极端最低气温为-42.5℃；冬季11~3月平均气温为-3.2~-17.8℃，平均最低气温为-9.1~-24.5℃。年平均降水量为656.2mm，降水量在年内分配不均匀，6~9月降水量占全年降水量的74.5%。年平均蒸发量为1422.6mm（$\phi$20cm口径蒸发皿）。年平均风速2.9m/s，最大风速30m/s，相应风向为SW。最大冻土深度1.9m。

### 2.2 周边环境

新坝建设期间利用原大坝作为上游围堰，原一、二期厂房将在开挖前期停止运行，但原一期厂房的部分水轮发电机组需要进行保护性拆除，在原一期厂房停运后仍需要保证桥式起重机的正常运行、厂房结构稳定以及厂房门窗玻璃的完整性，而三期厂房将一直正常运行。因此，新坝坝基爆破开挖期间，在爆区周边需重点防护的原建（构）筑物有：

原常态混凝土主坝的基础和坝体本身；原一、二期厂房的水轮机、发电机的基础，尾水闸墩、平台的基础，发电厂中心控制室设备以及输变电开关站（厂房停运后只需保护厂房结构的稳定）；原三期厂房的水轮机、发电机的基础，尾水闸墩、平台的基础和混凝土结构物，发电厂中心控制室设备，输变电开关站以及发电引水隧洞及调压井；泄洪洞帷幕灌浆区域（主坝帷幕的组成部分）；高压线塔及高压线；距左、右岸坝基300m范围内不拆除的永久附属建（构）筑物，或需拆除但建设期在临时使用的临时建筑物等。爆区周边环境见图1。

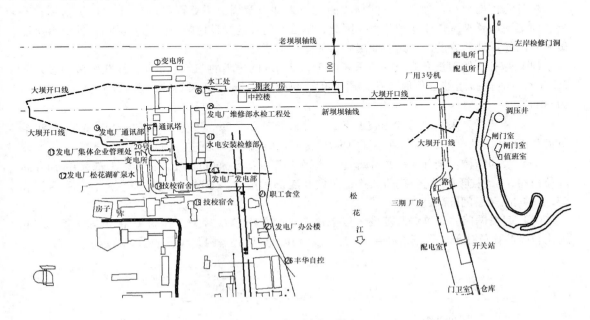

图1 爆区周边环境
Fig. 1 Surroundings of blasting area

## 2.3 爆破施工的主要特点及难点

新建大坝距老坝、现有电站较近，大坝基础开挖对老坝、现有电站的运行将造成一定影响，坝基必须采用控制爆破的方式进行开挖，并结合现场爆破试验和振动监测数据的反馈分析，及时调整爆破参数，加强爆破作业的现场管理和检查，落实爆破控制措施，确保老坝和现有电站的安全运行。同时，大坝基础开挖需要在一个枯水期完成，因此，本工程开挖爆破具有周边环境复杂、干扰大、开挖量较大、工期紧、施工强度高、建基面质量要求高、长缓坡开挖预裂面积大及爆破危害控制严等特点。

工程地处东北严寒地区，大坝基础开挖需跨越冬季施工，开挖施工过程中既要满足爆破作业设计技术要求，又要避免爆破对基础岩体造成层面错动、裂隙扩张、被保护构筑物出现基础性和结构性破坏等负面影响。因此，坝址区断裂构造较发育，节理密集带、挤压破碎带、断层破碎带是坝基处理的重点，爆破振动和爆破飞石的控制以及在严寒条件下采取有效的施工措施实现快速开挖爆破是难点。

## 3 爆破设计及施工技术

开挖方法及爆破参数的选择是决定开挖质量和爆破作业安全的根本要素，从目前国内钻爆资料来看，大多数是经验和半经验数据，这些数据的适用范围受到地质条件、技术要求等客观因素的制约，难以推广和选用。因此，要根据本工程地质情况、开挖的特点和技术要求，进行相关的、不同参数的爆破试验，寻求合理的爆破参数，指导爆破工程施工，使选用的爆破参数既响应设计、施工技术要求又与爆破区域地质条件相匹配。

## 3.1 爆破设计

坝基开挖是个动态过程，不同坝段的地质条件以及周边需要保护的建（构）筑物具有差异，施工期从夏季跨越严寒的冬季，因此，本工程的爆破设计应响应这些差异性，针对每次爆破做专门的爆破参数设计。典型的爆破参数设计如下：

（1）炮孔布置。浅孔爆破一般采用 1.5m×1.2m 间排距的三角形布孔，深孔爆破一般采用 2.2m×2.0m 间排距的三角形布孔，预裂孔孔间距为 0.8m，倾斜钻孔，所有炮孔钻孔直径均为 90mm。

（2）装药量。采用弱松动爆破的形式，爆破单耗非严寒季节为 0.35~0.38kg/m³，严寒季节为 0.40~0.45kg/m³，单孔装药量根据孔深、间排距以及单耗进行确定。

（3）装药结构。全部采用竹片绑扎，主爆孔底部采用 $\phi$60mm 成品药卷，上部采用 $\phi$45mm 成品药卷，采用连续不耦合装药结构；预裂孔底部采用 2+2$\phi$32mm 成品药卷，上部采用单节 $\phi$32mm 成品药卷间隔装药。

（4）起爆网路。冬季爆破范围一般较小，排间采用 Ms5 接力，孔间采用 Ms2 段接力，主爆孔和缓冲孔单孔单段，预裂孔 4~5 孔一段，其中典型起爆网路布置如图 2 所示。

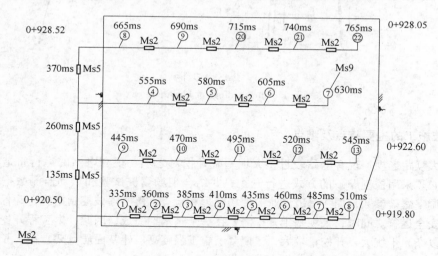

图 2 爆破起爆网路布置图
Fig. 2 Network layout of blasting initiation

## 3.2 施工技术

### 3.2.1 严寒地区冬季钻孔施工确保设备正常运转的措施

严寒地区冬季施工中，现场气候恶劣，夜晚温度低于 -20℃，所有机械均更换冬季使用的机油、液压油、防冻液等。同时，限制夜间作业的时间，一般到晚上 10 点即停止施工，避开极寒时间段，确保人身及设备的安全。

#### 3.2.2 严寒地区冬季开挖过程中火工品的使用对策

环境温度在-20℃的严寒条件下,外界气温对炸药的爆轰产生影响,乳化炸药受冻变硬会出现拒爆等现象。为了减少乳化炸药长时间暴露在严寒气温下,直接将炸药运至泄洪洞或者保温棚内,按照设计的装药结构将炸药绑扎在竹片上预先成加工药卷,然后运至爆区装入炮孔立即进行堵塞,防止炸药受冻造成起爆感度、爆轰感度降低出现拒爆现象。经过前期的爆破施工经验积累,先装没有水的炮孔,后装有水的炮孔,并总结出不同爆破规模装药、联网的施工时间,药卷加工完成后选择合适的时间开始装入炮孔,尽量减少炸药处在严寒气温环境下的时间。

#### 3.2.3 严寒地区冬季爆破开挖方式及施工管理措施

(1) 增加爆破作业面。丰满大坝冬季坝基开挖主要集中在泄洪坝段、消力池以及引水坝段,由于爆破开挖的区域较大,为加快开挖进度,实施分区、分块开挖,各个区域独立进行,提高设备和人员的效率,且各区、块延时爆破也防止叠加,有利于爆破振动的控制;同时在部分坝段开挖先锋槽增加爆破作业面,提高开挖速度。

(2) 提高严寒气候钻孔利用率。在开挖过程中由一期厂房和下游围堰处的渗水及冰雪融化的水流入基坑,虽然经过人工抽水将其排除,但还有部分开挖区域造成影响。对于含水区域的爆破,采用科学化划分爆破区域,小规模爆破,减少钻孔工作量,特别是减少含水区域的钻孔量,保证含水区域的炮孔当天完成装药起爆,避免炮孔夜晚结冰致使洗孔或重新钻孔增加钻孔工作量;不含水区域的炮孔采取防排水措施,避免水流入炮孔在孔壁形成冰凌影响装药,从而提高钻孔利用率。

(3) 布孔形式。冻结后岩体较普通岩体更加坚硬,且成孔后孔内碎屑和冰经孔内热熔后成塑冻状态或融化状态,黏性较大,具有塑性特征,破坏前有一个瞬间压缩过程,消耗的能量较多,因此采用小孔距和小排距的三角形布孔形式。

(4) 提高岩石破碎度。因为裂隙水结冰使岩体成为一个整体,使得强度增加,冬季开挖过程中在药量计算公式中引入岩石裂隙水结冰以及炮孔内含水的影响系数 $K_1$,采用不耦合连续装药的形式,既控制了有害效应又保障了岩石的破碎度,减少机械二次破碎工作量。

通过这些有效措施克服了严寒的气候条件,在环境复杂、质量要求高、工期紧迫的情况下,优化施工工艺,实现了采用普通乳化炸药快速、安全、经济的完成了丰满大坝坝基冬季开挖的工作,整个坝基开挖爆破取得了十分理想的效果,保障了大坝基础按期浇注。

## 4 爆破有害效应控制

### 4.1 爆破飞石

#### 4.1.1 主动防护

根据能量守恒原理,并考虑岩石抗压、抗拉强度与炸药性能的匹配,精心设计爆破参数,使每个炮孔内炸药所产生的能量与破碎炮孔周围岩石所需的最低能量相等,破碎后的岩石难以获得抛掷所需的动能,或获得的动能很小,难以长距离抛掷。因此,可采取如下措施对爆破飞石进行主动防护:

(1) 爆区前排孔应选取适宜的最小抵抗线大小及方向,避免最小抵抗线方向指向需要保护的建(构)筑物,若临空面上存在薄弱面,应对其进行地质描述并对此区域内炮孔进行专门的装药结构设计。

(2) 保证堵塞质量,堵塞要密实、连续,堵塞物中应避免夹杂碎石,堵塞长度不小于最小抵抗线值,要严格按设计参数施工。

(3) 采用弱松动爆破的炸药单耗,不耦合装药、非连续装药等装药结构,合适的装药量。

#### 4.1.2 被动防护

在重点防护的建(构)筑物近距离进行爆破作业时,还应采取必要的被动防护措施。本工程对一期厂房、三期厂房临爆区侧的窗子全部加装细密钢丝网进行防护。对浅孔爆破在爆破孔装药堵塞完成后放置砂袋,然后覆盖一层废旧轮胎并联的防爆被,最后铺设一层防爆网并将其四周进行固定,如图3所示。对于中深孔爆破在爆破孔装药堵塞完成后直接覆盖一层废旧轮胎并联的防爆被进行防护。

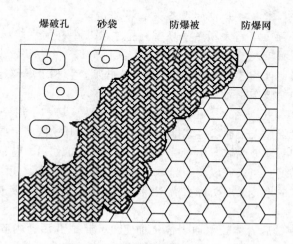

图 3　爆破飞石防护布置图
Fig. 3　Protection of blasting flyrock

在合理的爆破参数设计和有效的被动防护措施下,飞石得到了有效控制,整个坝基开挖期间未造成周边重点防护的建(构)筑物的破坏。

### 4.2　爆破振动

根据本工程爆破振动安全监测的特点,主要选择 YBJ-Ⅲ 远程微型动态记录仪 + 三方向速度传感器对爆破振动进行监测,辅助选择加拿大生产的 Mini Mate Plus 爆破微型测试设备对远区进行爆破振动监测。爆破振动安全监测持续整个坝基开挖过程,对每次坝基开挖爆破区域周边需要重点防护的建(构)筑物都进行爆破振动监测。整个坝基开挖期间共对676次爆破进行了监测,约5000点次,仅2014年10月15日左岸三期厂房最大振速0.41cm/s(水平径向)达到该保护对象爆破振动安全允许振速 0.5cm/s 的预警值(80%)。因此,本工程开挖爆破参数设计合理,爆破振动得到了有效控制。爆破振动监测布置图如图4所示。

## 5　结论

(1) 实践证明,通过爆破振动监测数据的反馈分析和对周边重点防护建(构)筑物安全距离的计算,确定合理的爆破参数,可有效控制飞石和爆破振动,并获得良好的爆破效果。

(2) 采用孔内和孔外微差相结合的起爆网路,并采取有效的防飞石措施,使爆破有害效应得到了控制,实现了施工安全的目标,这对爆破危害有严格要求的工程是非常实用的。

(3) 开挖先锋槽增加工作面,将爆区进行分隔,减小爆破规模的施工工艺不仅控制了爆

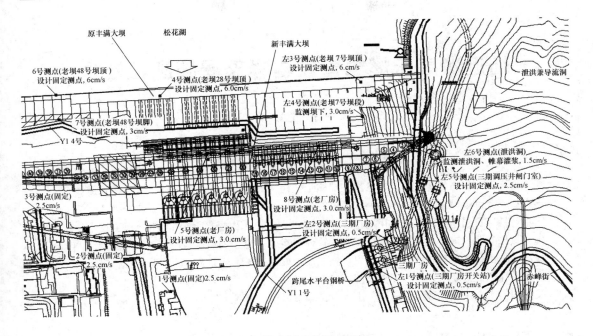

图 4 爆破振动监测布置图

Fig. 4 Monitoring points of blasting vibration

破有害效应,而且使在严寒气候下的钻孔得到有效利用,减少了因水在孔内结冰致使洗孔和重新钻孔的工作量,大大提高了开挖效率,为复杂环境严寒地区坝基快速开挖施工提供了有力保障,为我国工程爆破技术的进步积累了重要经验。

## 参 考 文 献

[1] 中华人民共和国标准. 爆破安全规程（GB 6722—2014）[S]. 北京：中国标准出版社, 2015.
[2] 王仁超, 张莹莹, 郝伟峰, 等. 利用原坝为围堰的重建工程施工导流风险分析[J]. 水电能源科学, 2012, 30(05):54-58.
[3] 王殿才, 范秀娟, 王达. 丰满大坝全面治理工程受天气气候影响的探讨[J]. 吉林师范大学学报（自然科学版）, 2012(02):106-109.
[4] 常治国, 李克民, 丁小华, 等. 严寒气候对露天矿山安全爆破影响的分析[J]. 工程爆破, 2011, 17(04):100-102.
[5] 查和平. 中深孔松动爆破技术在岩石冻结井中的应用[J]. 江西煤炭科技, 2011, 02：55-57.
[6] 路振刚, 张正平, 范永思, 等. 丰满大坝全面治理方案选择研究[J]. 水力发电, 2010, 36(01):60-62.
[7] 宗琦, 傅菊根, 汪海波. 乳化炸药塑料管抗压装药结构在立井冻结段爆破中的应用[J]. 工程爆破, 2008, 14(03):27-30.

# 临近次高压燃气管硬岩静态爆破施工技术

张俊兵

(中铁三局集团有限公司,山西 太原,030001)

**摘 要**:以深圳市轨道交通某车站出入口施工依托,为解决临近次高压燃气管线硬岩地铁车站出入口不允许爆破施工的技术难题,通过对比分析车站出入口明暗挖段岩石破岩机理及施工方案可行性,提出车站出入口采用明挖段静态爆破+暗挖矩形通道绳锯切割组合施工技术,现场施工效果表明:该组合技术既保证了燃气管线的运营安全,同时也确保了矩形通道断面平整,提高了施工效率,有效地解决了硬岩段施工技术难题;且满足了无振动、无飞石、无噪声、无污染的绿色施工要求,可为类似工程项目施工提供参考。

**关键词**:次高压燃气管线;硬岩;出入口;静态爆破;绳锯切割

# The Static Blasting Technology of Station Entrance-exit in Hard Rock Near Intermediate Pressure Gas Pipeline

Zhang Junbing

(China Railway No. 3 Engineering Group Co., Ltd., Shanxi Taiyuan, 030001)

**Abstract**:Based on a Rail Transit Station Entrance-exit in Shenzhen City, in order to solve the problem that is allowed blasting technical problems of station entrance-exit in hard rock near intermediate pressure gas pipeline, through the comparative analysis of rock fragmentation mechanism and construction scheme feasibility, static blasting technology in station open excavation section and wire saw cutting technology are adopted in station underground excavation tunnel. The result shows that the combination technology can ensure both the gas pipeline operation safety, but also ensure that the rectangular tunnel cross-section flat, improve the efficiency of the construction, can effectively solve the hard rock section of the construction technical problems;And agree with no vibration, no flying stone, no noise, no pollution of green construction requirements, it can provide a reference for similar project construction.

**Keywords**:intermediate pressure gas pipeline;hard rock;entrance-exit;static blasting technology;wire saw cutting technology

## 1 引言

随着我国城市地铁建设的快速发展,面临越来越多的燃气管线近接施工问题,燃气管线输送高压、易燃、易爆物质,施工操作稍有不当,会造成管道泄漏、爆管事故等,对人的生命、

---

作者信息:张俊兵,博士,教授级高工,zjb6211@163.com。

财产带来巨大损失[1]。同时,地下工程具有隐蔽性、施工复杂性、地质条件与周围环境不确定性等特点,增加了施工难度及风险[2~3]。《石油天然气管道保护条例》[4]规定"在管道中心线两侧或者管道设施场区各50m范围内不得进行爆破施工",因此,需要提出合理的施工方案,保证施工质量和安全,提高可操作性及经济性。

文献[5~7]阐述了静态爆破技术机理及发展历程;文献[8]介绍了静态爆破技术在隧道开挖方面的应用;文献[9]指出金刚石绳锯切割技术在建筑、路桥等领域得到越来越广泛的应用,与爆破法和机械破除法相比,对保留部分无振动区损伤,操作安全,对环境无破坏;但是,国内在地铁施工中使用绳锯切割技术还不多,应用于暗挖隧道洞身岩体切割施工尚无相关报道。本文以硬岩条件下临近次高压燃气管线某出入口施工为例,对出入口明挖段和暗挖段施工方案进行优化,提出"静态爆破+绳锯切割"组合施工技术,以期为类似工程施工提供参考和借鉴。

## 2 工程概况

深圳市城市轨道交通某车站,穿越地层为全风化砾岩、微风化变砾岩,岩石强度最大达到120MPa,整体性好,开挖难度大。该车站共设置4个出入口,其中A出入口位于车站西北侧,口部采用明挖法,西侧紧邻工业区厂房及办公楼,基坑距建筑物最小距离为4.3m,通道采用暗挖法,长43m,下穿管线较多,其中燃气管线距口部开挖面最小距离5m,距通道开挖面最小距离为2.4m。为减小爆破作业对临近次高压燃气管线的不利影响,须采用非爆破手段进行施工。图1为出入口附近燃气管线示意图。

图1 A出入口及周边次高压燃气管线

Fig. 1 A gateway and the surrounding intermidiate presure gas pipeline

## 3 施工方案的选择

(1)方案一:常规爆破施工。

优点:硬岩条件下,施工进度快。

缺点:产生的飞石、爆破振动对次高压燃气管线造成威胁。

(2)方案二:机械液压破碎锤技术。

优点:避免爆破飞石、振动、扬尘对周围环境的影响。

缺点:施工进度缓慢,工期滞后。

(3)方案三:静态爆破技术。

优点：不产生爆破有毒气体，对周围环境影响小，施工简单，易于操作。

缺点：钻孔多、岩石开裂时间控制难、投入资金大、硬岩通道不宜形成静态爆破所需临空面限制静态爆破剂的应用。

(4) 方案四：绳锯切割技术。

优点：无振动损伤，对环境没有破坏，操作安全可靠，切割成型规整，暗挖通道两侧具有操作空间。

缺点：必须形成切割封闭框架，在明挖段无法适用；相关技术在隧道开挖中的应用可借鉴工程案例报道较少。

综合分析上述四种方案的适用性分析，采用在出入口部明挖段采用普通膨胀剂静态爆破方法，通道采用金刚石绳锯切割岩体相结合的手段。通过两种技术的组合采用，最大限度地降低次高压燃气管线的影响，解决开挖投入大、时效慢、工期长的难题。

## 4 主要施工技术

### 4.1 技术原理

#### 4.1.1 静态爆破技术原理

静态爆破是利用混凝土或岩石抗拉强度远远小于抗压强度的特性，将含有钙、铝、镁、硅、铁等元素的无机盐粉末状破碎剂，用水调和成流动状浆体，灌入钻孔中，通过水化反应产生增力、扩张、劈裂作用，使得混凝土或岩石开裂，达到破碎、易于开挖目的。

#### 4.1.2 金刚石绳锯切割原理

利用地质钻机沿开挖轮廓线顺隧道走向钻取水平孔并钻穿，钻孔完成2个或多个后穿绳，金刚石串珠绳通过钻孔固定切割位置，张紧金刚石串珠绳，然后启动驱动装置和进给装置，对岩体进行切割。其中，主运动系统的齿轮马达带动主动轮高度旋转，保证金刚石串珠绳的循环运动；行走轨道保证金刚石串珠绳的持续给进；导向系统中的导向轮，通过丝杠转动，使切割框架作直线运动，实现绳锯沿钻孔的径向切割。

### 4.2 口部静态爆破开挖

采用手持式凿岩机钻孔，深度为1.5m，钻孔间距15cm，钻孔直径28mm（见图2）；放坡段边孔根据放坡要求进行调整钻孔角度。

采用SCA-Ⅱ破碎剂，加水搅拌水灰比控制在0.28~0.33范围内，形成具有流动性的均匀浆体，搅拌时间控制在40~90s；搅拌完成后进行灌孔，按"先四周，后中间""先外侧，后里侧"的灌孔顺序，连续密实地灌入孔腔内。桶内倒出的浆体保证连续不中断，以防止形成空气夹层，直到灌满孔腔为止，灌孔必须密实，孔口无堵塞。

作业面在灌浆完成后，其开裂的时间，随气温和被破碎体结构类型的不同而异。常

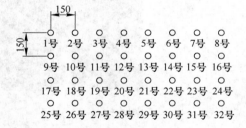

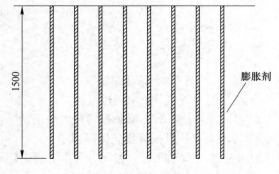

图2 布孔示意图

Fig.2 Holes arrangement diagram

温下，灌浆后 20~30min 内开始产生水化作用，反应时间 2~3h 后，开始在作业面上产生初始裂纹，6~8h 后裂隙不断加大，10~12h 后可达总破碎效果的 80% 以上。产生初始裂纹后，可用水浇缝，以加快其膨胀作用。常温下用普通清水浇缝即可；气温低于 10℃ 时，用 40℃ 左右温水浇缝为好如图 3 所示。

被破碎体完全开裂后，采用人工配合机具（如风镐、橇棒等）松动，挖掘机挖装铲除，人工清运，效果良好。

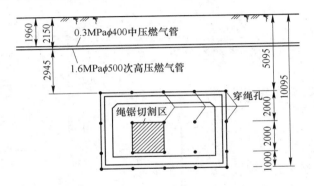

图 3　静态爆破岩体开裂效果图
Fig. 3　Rocking crack drawings of static blasting technology

### 4.3　暗挖通道绳锯切割开挖

A 出入口暗挖通道（参见图 4）岩体强度高，开挖难度大，不宜创造临空面，这直接限制了静态爆破剂的应用，选用金刚石绳锯切割技术进行开挖。

图 4　穿绳孔位布置图
Fig. 4　Position arrangement of lacing hole

钻孔前首先对隧道断面开挖边线测量，采用潜孔钻机沿隧道开挖边线水平取孔，孔径 φ76mm，顶排、底排孔水平间距 2~2.5m，两侧边墙取两排孔，竖向间距 2~2.5m（见图 5）。

金刚石串珠绳沿钻孔穿绳后，采用绳锯机进行切割，依次在相邻穿绳孔之间进行水平、竖向切割，如图 6 所示。利用 PC200 炮机进行岩石分块破除，根据破除岩体难易程度及为后续岩体破除提供更大自由面的原则，采用"先下部后上部、先中间后两边"对称破除的方式，具体破除顺序为：1-2-3-4-5-6-7-8（见图 7）。

### 4.4　保障措施

（1）静态爆破剂灌孔前，需用高压空气

图 5　水平钻孔成孔图
Fig. 5　Drilling figure of horizontal borehole

图 6 绳锯切割岩体示意图
Fig. 6 Drawing of wire saw cutting crock

吹洗钻孔,保证孔腔干净,同时施工过程中全程佩戴 PVC 防护眼镜。

(2) 水平钻机固定在施工平台上,采用全站仪复测钻机钻进角度,水准仪复测调整钻孔竖直角度。

(3) 依据现场施工情况确定绳锯切割行走轨道长度,进而确定单根绳锯长度,整根绳锯采用多跟绳锯拼接,在行走至轨道端部后剪去一段绳锯,回复切割机位置继续切割。

(4) 为了对高速运转的绳锯进行冷却,在穿绳孔内插入注水管,另一端采用棉絮进行封堵,保证孔内有清水存留,在绳锯切割过程中绳锯带动水沿出绳孔流出。

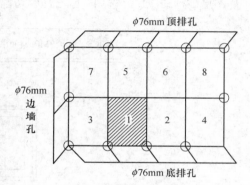

图 7 破除岩体示意图
Fig. 7 Drawing of cutting rock sequence

## 5 施工效果及体会

### 5.1 施工效果

采用"明挖静态爆破 + 暗挖绳锯切割"组合技术施工后,地表没有明显沉降,周边建筑物未发现沉降及变形,次高压燃气管线正常运行,未出现管道泄漏、爆管事故。暗挖通道段开挖技术,对比单独采用静态爆破技术,节省费用,工期缩短 4 个月,经济效益明显。明挖段形成规则的裂缝且岩面整齐,炮孔残留率高,眼痕明显;暗挖段施工断面平整规则(见图 8 及图 9),达到预期施工目的。

### 5.2 几点体会

(1) 紧邻次高压燃气管线出入口施工,采用"明挖静态爆破 + 暗挖绳锯切割"组合施工技术,保障次高压燃气管线运营安全,节省了材料和人员的投入,缩短了工期,为类似工程施工提供借鉴。

图 8　静态爆破效果　　　　　　　　图 9　绳锯切割效果
Fig. 8　Drawing of static blasting　　Fig. 9　Drawing of saw

（2）验证了绳锯切割在暗挖隧道洞身岩体切割的可行性，弥补了现有静态爆破在暗挖施工中造价高、工期长、粉尘污染严重的不足，为解决复杂环境下硬岩隧道非爆破开挖施工技术难题，提供了一种新的有效手段。

## 参 考 文 献

[1] 何晓琼. 天然气长输管道事故及应对措施[J]. 山西冶金, 2007, (6): 44-46.
[2] 黄宏伟. 隧道及地下空间建设中的风险管理研究进展[J]. 地下空间与工程学报, 2006(1): 13-20.
[3] 毛儒. 隧道工程风险评估[J]. 隧道建设, 2003, 23(2): 1-3.
[4] 中华人民共和国国务院. 石油天然气管道保护条例[Z]. 2001.
[5] 王殿福, 瞿美林, 陈大清. 静态膨胀破碎剂的发展概况[J]. 北京工业学院兵器部二一〇所, 1986 (4).
[6] 胡能钦. 静态破碎剂的应用与发展前景[J]. 长沙矿山研究院季刊, 1987, 7(3): 72-78.
[7] 郭瑞平, 杨永琦. 静态破碎剂膨胀机理及可控性的研究[J]. 煤炭学报, 1994, 19(5): 478-485.
[8] 游宝坤. 静态爆破技术——无声破碎剂及其应用[M]. 北京：中国建材工业出版社, 2008.
[9] 廖原时, 陶春广. 金刚石串珠锯发展概述[J]. 石材, 2001(6): 22-29.

# 地铁深基坑微振动及覆土防护爆破技术

李建强

(中国水利水电第十一工程局有限公司,河南 郑州,450001)

**摘 要**:深圳地铁 7 号线西丽湖站位于高层住宅和商业区,其盾构始发井部位石方日平均开挖强度不小于 300m³/d,高层住宅部位的爆破质点振动速度值不得大于 1cm/s,且不得产生爆破飞石、超标冲击波及噪音。基坑开挖采用微振动及覆土爆破技术,通过两组浅孔爆破试验及安全防护方法对比分析,确定了浅孔微振动钻爆参数及覆土厚度,采用先在爆破孔口压双层砂袋,然后覆盖 2.0m 厚覆土的爆破安全防护方法,爆破网路采用塑料电工扣线槽进行保护,实践表明,合适的覆土厚度能有效消除爆破飞石、爆破冲击波、噪声及烟尘,且施工工效高,经验可供城市及复杂爆破作业环境爆破工程参考。

**关键词**:地铁深基坑;爆破开挖;覆土防护;振动控制

# Micro Vibration and Soil Cover Protection Blasting Technology of Deep Foundation Pit in Subway

Li Jianqiang

(Sinohydro Bureau No. 11 Corp. Ltd., Henan Zhengzhou, 450001)

**Abstract**: Xili Lake Station of Shenzhen Subway Line No. 7 is located in high-rise residential and commercial area. According to construction requirements, the average rock excavation volume of the starting shaft for TBM shall be not less than 300m³/d, and the vibration velocity of the blast particle at the high-rise residential area shall not exceed 1cm/s. The blasting flyrock, excessive shock wave and noise are not allowed. Micro Vibration and Soil Cover Protection Technology are adopted for foundation pit excavation. The drilling and blasting parameters and the covering soil thickness during blasting operation are determined through comparison between two groups of shallow hole blasting tests and safety protection methods. Meanwhile, protection measures for blasting are provided. First put double sandbags on the blasting holes, then cover them by soil about 2.0m thick. The blasting network is protected by plastic electrician buckle trough. The practice has proved that suitable thickness of the overlying soil can effectively eliminate the blasting flyrock and blasting shock wave, noise and dust, and bring high construction efficiency. This construction experience can be used as reference for the blasting work in urban area and in complicated circumstances.

**Keywords**: deep foundation pit in subway; blasting and excavation; soil cover protection; vibration control

---

作者信息:李建强,高级工程师,bpzg_01@sina.com。

## 1 工程概况

深圳 7 号地铁线西丽湖站车站位于南山区丽水路上，为明挖地下岛式车站，车站主体东段北侧紧邻深圳市野生动物园；西端南侧紧邻西湖林语名苑小区及商铺，最近距离约 12~13m；西端盾构始发井靠近丽水路及丽山路交叉口，前期已对附近电力、电信、燃气等地下管线进行拆移，并对污水井采取了保护措施。

基坑一般开挖深度 17.6m，土石方开挖总量约 215600$m^3$，需开挖的中~微风化岩层厚度约为 3~16m，主要集中分布在车站西段，石方开挖总量约 24800$m^3$，其中车站西端盾构始发井部位深基坑开挖长 25.43m，宽 23.8~28.8m，覆盖层约 1~3m 厚，石方开挖量约 9000$m^3$，为石方主要钻爆区域。基坑岩石以块状、巨块状微风化岩为主，上部岩体节理裂隙较发育，夹杂少量中风化岩，岩石抗压强度在 85~119MPa，为坚硬岩，岩石出露呈西南略高、东北略低趋势。

## 2 技术难点

（1）车站主体部分长 295.45m，宽 19.4m，最大开挖深度 19.1m，属于深基坑土石方开挖，临近有支挡结构及土方开挖施工，存在施工干扰。

（2）盾构始发井爆破区南侧与西湖林语名苑小区及商铺最近距离约 12~13m，临近有混凝土连续墙及支挡结构；盾构始发井西侧紧邻城市道路，车辆及人流量较大且不能影响交通，对爆破有害效应控制要求严格，属复杂爆破作业环境。

（3）前期征地等相关问题，导致车站土石方开挖工期紧张，其中盾构始发井部位石方开挖月强度达到 8000$m^3$ 以上，在复杂爆破作业环境条件下，施工难度大。

（4）盾构端头附近为微风化花岗岩，岩石坚硬，爆破质点振动速度衰减慢、传播远。

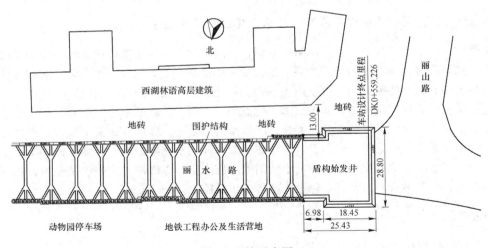

图 1 环境示意图

Fig. 1 Environment of the engineering

## 3 爆破安全控制标准

### 3.1 爆破振动速度控制标准

参照《爆破安全规程》（GB 6722—2014），对于钢筋混凝土结构房屋，最小安全允许振速为 3.0~4.0cm/s[1]，考虑爆破施工不能影响周边居民正常生活，且避免爆破振动对房屋装修结构产生不利影响，经深圳市公安局、深圳市工程爆破协会审定，爆破安全允许振速按不大于 1.0cm/s 控制。

## 3.2 爆破飞石、爆破冲击波及噪声控制标准

基坑石方位于城市繁华地段，周边分布有高层居民楼、城市道路、商铺、动物园等建筑设施，开挖期间不得产生爆破飞石、超标爆破冲击波超压及噪声。依据《爆破安全规程》(GB 6722—2014)，空气冲击波超压值的安全允许标准：对人员为 0.002MPa[1]；参照声环境质量标准 GB 3096—2008 规定，按 2 类声环境功能区控制，其噪声按昼间 60dB、夜间 50dB 控制[2]。

# 4 方案选择

## 4.1 静力开挖方法

静力开挖包括静态破碎剂开挖、液压钻钻导向孔+液压锤破碎法和旋挖机直接开挖法，但工效低且不满足施工强度需要，且液压锤破碎施工噪声过大，干扰居民正常生活。

## 4.2 爆破振动控制方法

结合类似工程经验，在城市场平[3]及基坑石方[8,9]爆破工程中，对爆破质点振动速度的控制，多采用毫秒延时爆破技术[7]，并结合爆破振动监测分析[5,6]，控制单段爆破药量。为使爆破地震波能量在时空上分散，有效降低和减弱爆破地震波强度，综合爆源能量分散原理及微差起爆技术的应用，选择微振动控制爆破技术，并结合布置防震孔、超前拉槽、预留保护层等施工技术措施，严格控制爆破质点振动速度，确保邻近建筑物的爆破安全。

## 4.3 爆破飞石、爆破冲击波及噪声、爆破烟尘综合防护技术

在爆破飞石、爆破冲击波及噪声防护方面，一般采用控制最小抵抗线方向、控制爆破孔封堵长度及封堵质量、爆破表面采用沙袋+橡胶带+钢丝网覆盖等加强覆盖[4]综合防护方法，但作业工序繁琐，且不能完全消除爆破产生的烟尘、冲击波及噪声等有害效应影响。

经论证分析，选择覆土爆破防护技术，优点如下：第一，就地取材，可充分利用临近的开挖土方，采用液压反铲进行覆土及清渣，施工效率高；第二，爆区表面覆土后，相对增加了封堵长度，不但杜绝产生爆破飞石，而且还使炸药的爆炸能量完全做用于岩体破碎，增加了爆破孔利用率，能基本消除炮根；第三，覆土能消除爆破烟尘、爆破冲击波超压及噪声，达到了绿色环保施工，尤其适合城市及复杂爆破作业环境爆破施工。

# 5 爆破试验

## 5.1 最大单段爆破药量计算

爆破作业过程中，主要的保护对象为西湖林语和深圳大学城清华大学园区居民楼，依据爆破安全规程[1]，初步选取的允许最大单段爆破药量 Qmax 计算如下，

$$Q_{max} = R^3 \cdot \left(\frac{v}{K}\right)^{\frac{3}{\alpha}}$$

式中，$Q_{max}$ 为延时爆破为最大一段药量，kg；$R$ 为爆心到临近被保护物的距离，m；$v$ 为保护对

象所在地质点振动安全允许允许速度，cm/s，选取 $v = v_允 = 1.0 \text{cm/s}$；$K$、$a$ 是与爆破条件、方法、传播介质等有关的系数和指数，参照深圳花岗岩地区类似工程经验，选取 $K = 143.17$，$a = 1.79$[3]。按此进行爆破试验相关参数计算，允许的单段最大爆破药量值 $Q_{max}$ 如表1所示。

表1 单段最大爆破药量计算值
Table 1 Calculation value of maximum cooperating charge

| $R$/m | $v$/cm·s$^{-1}$ | $K$ | $a$ | $Q_{max}$/kg |
|---|---|---|---|---|
| 10 | 1.0 | 143.17 | 1.79 | 0.24 |
| 12 | 1.0 | 143.17 | 1.79 | 0.42 |
| 15 | 1.0 | 143.17 | 1.79 | 0.82 |
| 20 | 1.0 | 143.17 | 1.79 | 1.95 |
| 30 | 1.0 | 143.17 | 1.79 | 6.58 |

## 5.2 爆破试验

### 5.2.1 爆破参数

试验区选择在西丽湖站盾构始发井基坑中部，共进行了两次爆破试验，试验区中心距离西湖林语小区建筑最近距离21m，钻孔采用YT28手风钻，钻孔直径42mm，采用垂直钻孔，炸药规格为乳化 $\phi 32\text{mm} \times 200\text{mm} \times 200\text{g}$，为监测爆破质点振动速度，试验阶段在西湖林雨住宅楼一侧共布置了6个监测点，试验情况如表2所示。

表2 爆破参数
Table 2 Blasting parameters

| 试验编号 | 孔深 $L$/m | 孔距 $a$/m | 排距 $b$/m | 装药长度 $L_1$/m | 封堵长度 $L_2$/m | 单孔药量 $Q$/kg | 单耗 $q$/kg·m$^{-3}$ | 覆土厚度/m |
|---|---|---|---|---|---|---|---|---|
| 1 | 1.5~1.8 | 0.9 | 0.8 | 0.4~0.5 | 1.1~1.3 | 0.4~0.5 | 0.35 | 1.2~1.5 |
| 2 | 1.5~1.8 | 0.8 | 0.8 | 0.4~0.6 | 1.1~1.2 | 0.4~0.6 | 0.42 | 1.2~1.5 |

### 5.2.2 第一次爆破试验效果

安全防护：采用孔口双层砂袋+单层橡胶带+1.2~1.5m黏土的覆盖方式。

爆破效果：距爆心水平距离8m处，爆破质点振动速度0.39cm/s；20m处，爆破质点振动速度0.25cm/s；27m处，爆破质点振动速度0.18cm/s；30m以外未触发（振动速度小于0.1cm/s）。达到无飞石、无爆破冲击波及噪声、无爆破烟尘的"四无"效果，爆破孔孔底岩体破碎，无炮根，爆破效果及爆破安全防护效果较好。

### 5.2.3 第二次爆破试验效果

安全防护方式：采用孔口单层砂袋+单层橡胶带+1.2~1.5m黏土的覆盖方式。

爆破效果：距爆心水平距离30m处，爆破质点振动速度0.22cm/s，30m以外未触发（振动速度小于0.1cm/s），无飞石、但个别孔有覆土上冲及少量炮烟溢出，无爆破冲击波及噪声。

## 5.3 爆破网路设计及爆破效果分析

采用孔外延期、孔内延时的单孔单响导爆管毫秒延时顺序起爆网路，两次爆破质点振动速度值均小于1cm/s，满足爆破安全控制标准要求。

## 6 实施情况

### 6.1 开挖方案

结合两次现场爆破试验成果，石方开挖按照"小台阶、密打孔、少药量、微振动、严覆盖"的施工原则，确保施工安全及减少扰民。为有效减振及创造良好的台阶爆破临空面，每层开挖前，先沿西湖林雨住宅楼一侧基坑开挖边线布置一排防震孔，然后在始发井左侧区域分层进行拉槽爆破，形成侧向临空面，再采用台阶爆破向四周扩挖，侧向及上部临空面采用覆土防护。接近基坑底部时，采用在爆破孔孔底设置柔性垫层的保护层一次开挖方法，保证基底岩石完整及防止超欠挖。

每层采用 V 形对称拉槽超前开挖，拉槽宽度 4.5m，深 2.8m（分为两层进行拉槽），拉槽长度约 8～10m，靠近基坑边缘，预留 2m 范围作为缓冲保护层区，沿基坑设计边线布置光面爆破孔，孔深 3m，孔距 0.5m，线装药量 200～250g/m，侧向及上部临空面采用覆土防护，保证基坑边墙开挖质量及爆破安全，施工过程中，结合爆破质点振动速度监测，及时优化调整钻爆参数。

### 6.2 爆破设计

钻爆台阶及爆破网路：为增大爆破规模及开挖工效，结合爆破试验成果分析，爆破台阶高度增加至 1.8～2.5m。钻孔采用手风钻，钻孔直径 42mm，采用孔内延时、孔外延期单孔单响导爆管毫秒延时顺序起爆网路。

爆破网路保护：为防止覆土过程中破坏起爆网路，在孔口进行双层沙袋防护之后，先采用塑料电工扣线槽进行导爆管起爆网路保护，然后再进行爆破作业面覆土。

爆破防护结构调整：两次爆破试验中，在爆破面与覆土之间采用了单层橡胶带，爆破后橡胶带与爆破石渣混杂在一起，增加了清渣难度。结合爆破试验成果分析，确定取消单层橡胶带，适当增加覆土厚度至 2m，爆破作业面采用孔口双层砂袋 +2.0m 覆土的防护方式。

表3 浅孔台阶爆破参数设计值
Table 3 Design value of shallow hole bench blasting parameters

| 台阶高度 $H$/m | 孔深 $L$/m | 孔径 $d$/mm | 最小抵抗线 $W$/m | 孔距 $a$/m | 排距 $b$/m | 单耗 $q$/kg·m$^{-3}$ | 单孔药量 $Q$/kg |
|---|---|---|---|---|---|---|---|
| 1.8 | 2.0 | 42 | 0.8 | 1.0 | 0.8 | 0.42 | 0.6 |
| 2.0 | 2.2 | 42 | 0.9 | 1.1 | 0.9 | 0.4 | 0.8 |
| 2.5 | 2.7 | 42 | 1.0 | 1.2 | 1.0 | 0.4 | 1.2 |

### 6.3 施工噪声及粉尘控制辅助措施

（1）限定钻孔及爆破作业时间，并采用告知牌方式在附近生活区、路口公示；车辆进入施工区以灯光代替喇叭，并沿基坑右侧设置隔声屏障，有效降低开挖施工对周边居民生活干扰。

（2）钻孔设备加装粉尘收集装置，严格控制爆破孔封堵及炮被覆盖质量，出渣前对爆渣进行洒水处理，有效降低施工粉尘；出渣运输车辆采用带盖板的自卸汽车，出场前进行清洗，并配备洒水车，及时对施工道路洒水，防止污染城市道路及产生扬尘。

## 7 施工体会

车站主体历经3个月完成了土石方开挖任务,其中盾构始发井部位石方开挖平均强度大于300m³/d,达到了预期施工强度目标,且施工期间,爆破质点振动速度值均小于1cm/s,爆破有害效应得到了有效控制,达到了绿色环保施工。施工体会如下:

(1) 提前对周边建筑物、市政管线及设施、城市道路以及周边居民等周边环境进行详细调查和记录、照相及录像,并结合保护要求,确定合适的爆破安全控制标准,制定保护方案并同相关方签订爆破作业安全保护协议。

(2) 爆破时间宜选在人不敏感时间段,严禁夜间施工,并采取施工围挡对施爆区进行封闭;尽量使用低噪声的施工设备,减少噪声排放;临近居民楼、商铺等人员较多地区,增加声屏障,减少噪声影响。

(3) 爆破孔口采用双层沙袋压孔为防止局部冲炮的关键,覆土材料优先利用临近开挖土方,并对爆破网路进行有效保护;采用微振动控制爆破技术有效减振。

(4) 遵循"小台阶、密打孔、少药量、微振动、严覆盖"施工原则。施工期间,爆破质点振动速度监测随每次爆破作业同步进行,并随作业面展开,及时对监测数据进行分析及回归计算,为后续的爆破设计及钻爆参数优化提供理论指导。

(5) 深基坑支挡结构与邻近区域的石方钻爆存在相互干扰及制约,需选择合适的开挖顺序及开挖方法,防止对基坑支挡结构造成破坏。

## 参 考 文 献

[1] 中华人民共和国国家标准. 爆破安全规程(GB 6722—2014)[S]. 北京:中国标准出版社,2015.
[2] 中华人民共和国国家标准. 声环境质量标准(GB 3096—2008)[S]. 北京:中国标准出版社,2008.
[3] 杨兵. 深圳场平石方爆破振动效应分析[C]//汪旭光,第七届全国工程爆破学术会议论文集. 乌鲁木齐:新疆青少年出版社,2001:739-742.
[4] 付天杰,郭峰. 特坚硬岩石基坑浅孔控制爆破技术[J]. 工程爆破,2011,17(2):31-33.
[5] 李洪伟,颜事龙,郭子如,等. 控制爆破技术在场地平整施工中的应用[J]. 爆破,2012,29(4):62-64.
[6] 谢博松. 复杂环境下石方控制爆破技术[J]. 西部探矿工程,2013,(5):127-128.
[7] 杜忠龙,张风华,符小海,等. 城市复杂环境基坑深孔控制爆破开挖[J]. 工程爆破,2014,20(4):38-40.
[8] 李雷斌,肖涛,金沐. 精细爆破在汕尾火车站场地平整工程中的应用[C]//王旭光. 中国爆破新进展. 北京:冶金工业出版社,2014:179-189.
[9] 李金铸,吴立,李波,等. 城市复杂环境下场地平整控制爆破设计及实施[J]. 爆破,2014,31(4):58-62.

# 超大断面竖井深孔爆破成井技术

史秀志[1]　邱贤阳[1]　聂军[2]　李必红[3]

(1. 中南大学资源与安全工程学院，湖南 长沙，410083；2. 中国有色金属建设股份有限公司，北京，100029；3. 国防科学技术大学，湖南 长沙，410073)

**摘　要**：为实现超大断面竖井高效掘进，提出基于多孔球状药包爆破和预裂爆破的深孔爆破成井技术。首先根据竖井掘进深度大、断面大的特点，研究设计了导井爆破、基于预裂爆破的侧崩爆破和破顶爆破的分区爆破方案；同时根据多孔球状药包爆破漏斗理论和微差爆破降振机理，提出导井精确短延时爆破成井技术，通过理论计算确定了导井爆破同层短延期时间和层间延期时间等爆破参数；基于预裂爆破作用机理，确定了周边孔预裂爆破参数。最后将研究结果在引松供水工程超大断面竖井掘进中进行现场试验，成功爆破形成了直径20m、高度50m的调压井。试验结果证明了深孔爆破成井技术应用于超大断面竖井掘进的可行性，研究结果具有广泛的推广应用前景。

**关键词**：深孔爆破成井；超大断面竖井；预裂爆破；延期时间

## Technology of Deep-hole Blasting in Ultra-large Section Shaft Excavation

Shi Xiuzhi[1]　Qiu Xianyang[1]　Nie Jun[2]　Li Bihong[3]

(1. School of Resources and Safety Engineering, Central South University, Hunan Changsha, 410083; 2. China Nonferrous Metal Industry's Foreign Engineering and Construction Co., Ltd., Beijing, 100029; 3. National Defense University of Science and Technology, Hunan Changsha, 410073)

**Abstract**: In order to achieve high efficient excavation of ultra-large section shaft, the technology of shaft driving by deep-hole blasting with presplit blasting was put forward. In accordance with oil shaft's character of large area and high depth, zone division blasting scheme was designed. Based on the theory of spherical charge blasting crater and vibration reduction mechanism of millisecond blasting, the surge shaft excavation by short-millisecond blasting with spherical-like charge was established. Then blasting parameters of surge shaft blasting and presplit blasting were calculated. The research results have been applied in an ultra-large section shaft excavation of Water Conveyance Project, and a cylindrical shaft with 50m depth and 20m diameter was formatted successfully by deep-hole blasting. The technology of

---

基金项目：国家"十二五"科技支撑计划（编号：013BAB02B05）；中南大学中央高校基本科研业务费专项资金资助（编号：2016zzts094）。

作者信息：史秀志，教授，博士生导师，shixiuzhi@263.net。

shaft driving by deep-hole blasting would have wide application prospect in the future.

**Keywords**: shaft excavation by deep-hole blasting; ultra-large section shaft; presplit blasting; millisecond time

## 1 引言

竖井（天井）在采矿工业、港口建设、机场建设、电站建设等工程中发挥着不可代替的作用，其高效掘进方法是工程建设中的一项关键技术[1]。天井掘进主要有四种方法：普通法、吊/爬罐法、机械钻井法、深孔爆破成井法。普通法和吊/爬罐爆破法掘进天井，均需要作业人员在井内经过多道繁琐而辛苦的工序，工作环境恶劣、安全性差、成本高、效率低[2]。机械钻井法虽然不需要作业人员在井内施工，工作环境好、安全，但施工机械庞大，施工准备时间长，设备购置费用高，尤其是施工机械本身还有待完善，因而应用受到限制[3]。相比之下，深孔爆破成井法具有安全性高、工期短、施工工序简单、费用低等优点，已成为天井掘进的重点推广对象[4~6]。

国内外学者对深孔爆破成井技术开展了大量研究，取得了丰硕成果。李启月等[7]提出了多孔球状药包爆破及直孔掏槽爆破两种深孔爆破成井模式，分析了一次爆破成井的技术难题，并提出相应解决措施；李金跃等[9]从孔位参数、起爆方式、分层高度等角度对球状药包爆破成井的夹制性进行了分析，并成功进行了多孔球状药包爆破一次成32m充填井试验；李廷春等[4,9]对超深孔爆破一次成井的起爆时差、起爆顺序、封堵长度和施工工艺进行了研究。综合国内外研究成果发现，深孔爆破成井大多应用于断面较小的天井掘进，未见有应用于断面积大于50天井的文献报道。本文以引松供水工程调压井掘进为依托，研究采用基于预裂爆破的深孔爆破法形成超大断面竖井，结合现场施工情况设计了分区爆破方案，通过理论计算确定导井爆破延期时间参数和预裂爆破参数，采用高精度雷管实现精确短延时导井爆破和预裂爆破，确保形成光滑壁面和降低爆破振动，最终成功爆破形成直径20m、高度50m的调压井。

## 2 工程概况

吉林省中部城市引松供水工程总干线施工四标段位于吉林市岔路河至饮马河之间，线路桩号为48mm+900m~71mm+855m，总长度为22 955m。在饮马河分水口之前设置直通地表的调压竖井，调压井位置见图1。调压竖井直径为20m，深度为50m，井筒形式为简单圆筒式。调

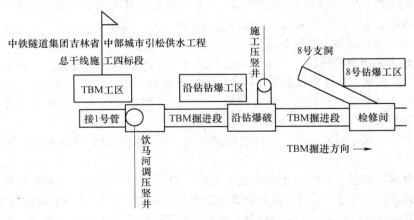

图1 调压井位置图
Fig. 1 Location of surge shaft

压井井口处山势陡峭，植被不发育（图2）。调压井部位主要岩性为凝灰质砂岩，致密坚硬，岩石坚固系数 $f = 10 \sim 12$，岩层稳固性较好，岩石松散系数为1.5，岩石物理力学参数见表1。

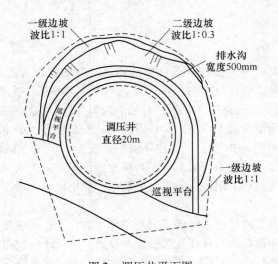

图2  调压井平面图
Fig. 2  Plan of surge shaft

**表1  岩石物理力学参数**
Table 1  Physical and mechanical parameters of rock

| 密度/g·cm$^{-3}$ | 弹性模量/GPa | 泊松比 | 切线模量/GPa | 抗压强度/MPa | 抗拉强度/MPa |
| --- | --- | --- | --- | --- | --- |
| 2.9 | 64 | 0.28 | 2.0 | 102 | 10 |

## 3  爆破方案与爆破规划

### 3.1  爆破方案

调压竖井的掘进存在地形条件复杂、施工条件差、调压井断面大（直径为20m）、掘进深度较深（50m）的特点，这增加了其施工难度。通过比较几种常用竖井施工方法，考虑该工程对施工工期的严格要求，确定采用深孔爆破法施工调压井。具体方案为：

（1）在调压井底部预先开挖下部硐室，为调压井的施工创造条件。

（2）在地表采用深孔钻机由上往下钻凿贯通下部空间的深孔，炮孔一次施工完成，再由下往上进行多次爆破，从而实现安全、高效、快速形成调压井。

（3）为给主体崩落爆破提供补偿空间和自由面，在调压井的中部由下往上分层爆破形成直径为6m的导井。

（4）为形成光滑的竖井壁面，并降低爆破振动，主体崩落爆破时在调压井轮廓线上采用预裂爆破。

（5）主体崩落爆破分为侧崩爆破和破顶爆破，根据补偿空间大小，每次爆破后在调压井内留下一定的碴量，最终爆破后爆破堆渣作为随后的支护平台，完成一定高度的支护工作后，再通过底下的隧道进行出碴，出碴量以便于后期支护工作为准，边支护边出碴，直至完成整个调压井的掘进工作。

## 3.2 爆破规划

调压井直径达 20m,为了保证调压井施工的安全作业,必须确保每次爆破调压井顶板的安全。调压井施工过程中安全系数最低的是最后一次破顶爆破,因此确定破顶层厚度是本次施工的关键。基于薄板理论和厚板理论,并结合三维数值模拟研究,确定破顶爆破预留层采用倒台阶状(图3),最薄处厚度为 14m。

为确保爆破质量并有效控制爆破振动,将调压井施工分成三类五次爆破,爆破规划见图3。三类爆破分别如下:

(1)基于多孔球状药包爆破的导井爆破。中间导井主要为后续主体崩落爆破创造自由面并提供补偿空间,是后续爆破顺利进行的先决条件。由于导井深度达 50 m,一次形成导井难度较大,结合国内外深孔爆破成井经验,将导井爆破分成 3 次进行,前两次单独进行导井爆破(图3中①和②),每次爆破高度18m,第3次导井爆破与破顶爆破一起实施。

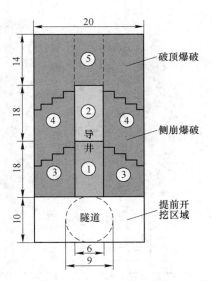

图 3 调压竖井爆破规划图(单位:m)
Fig. 3 Blasting planning of surge shaft (unit: m)

(2)基于周边孔预裂爆破的侧崩爆破。以中间导井为自由面进行侧崩爆破(图3中③和④),每次爆破形成倒台阶形状,以保证调压井顶板安全。每次爆破在调压井周边采用预裂爆破,以形成光滑的壁面。

(3)基于周边孔预裂爆破的破顶爆破。破顶爆破是将调压井范围内的剩余岩体爆穿,达到调压竖井设计断面,最终完成调压井的掘进。与侧崩爆破类似,破顶爆破也在调压井周边采用预裂爆破,以形成光滑的壁面。

## 4 导井爆破方案

由于导井断面较大,为实现高效爆破成井的同时降低爆破振动影响,采用短延时起爆多孔球状药包爆破成井技术实施导井爆破。短延时起爆使导井同层炮孔以同一自由面共同形成爆破漏斗,虽然爆破延期时间较短,但仍然降低了单段爆破药量,因此可以有效降低爆破振动影响。

由于导井爆破的两次爆破方案类似,因此本文仅介绍第一次导井爆破方案。

### 4.1 炮孔布置

导井共布置 4 圈炮孔,炮孔均匀分布于直径分别为 1.5m、3.0m、4.5m、6.0m 的圆周上,每圈炮孔数量分别为 5 个、10 个、15 个、20 个,炮孔总数 50 个,孔间距为 1.0~1.2m,炮孔直径 165 mm,如图 4 所示。

### 4.2 装药结构

导井第一次爆破分五层装药,根据爆破漏斗理论和每分层自由面宽度,确定第 1 分层高度为 4.5m,其中抵抗线为 2.5m,第 2~4 分层高度为 3.6m,其中抵抗线为 2.0m,第 5 分层高度为 2.7m,其中抵抗线为 1.5m。导井爆破装药结构如图 5 所示。

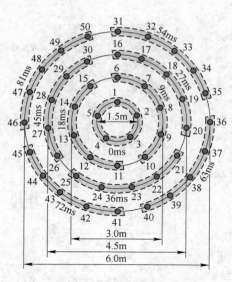
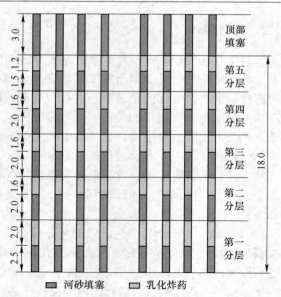

图4　导井炮孔布置示意图
Fig. 4　Arrangement diagrams of blasting holes

图5　导井爆破装药结构示意图（单位：m）
Fig. 5　Arrangement diagrams of charging structure（unit：m）

### 4.3　起爆网路

根据延期时间计算公式，并结合高精度雷管微差延期时间，确定短延期时间为9ms，层间延期时间为200ms。每层爆破以5个孔为一段爆破，段间采用高精度雷管短延期起爆。为实现短延期爆破，现场采用孔外延期起爆方式，同层孔间采用9ms高精度雷管、层间采用200ms高精度雷管，孔内统一采用1950ms高精度雷管起爆，起爆网路见图6。

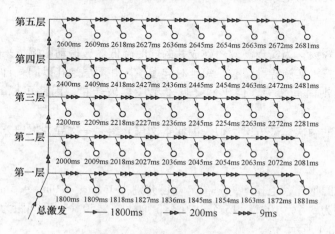

图6　导井爆破起爆网路示意图
Fig. 6　The chart of blasting network of the first pilot shaft blasting

### 4.4　爆破参数表

导井爆破使用直径120mm的2号岩石乳化炸药，单个药包长度0.4m，单个药包重量为

5kg。导井第一次爆破参数如表2所示。导井爆破单孔药量为100kg,最大段药量125kg,爆破总药量5000kg,单耗9.8kg/m³。

表2 导井第一次爆破参数表
Table 2 Parameters of the first pilot shaft blasting

| 参 量 | 第1分层 | 第2分层 | 第3分层 | 第4分层 | 第5分层 |
|---|---|---|---|---|---|
| 分层高度/m | 4.5 | 3.6 | 3.6 | 3.6 | 2.7 |
| 抵抗线长度/m | 2.5 | 2.0 | 2.0 | 2.0 | 1.5 |
| 单孔药包数量 | 5 | 4 | 4 | 4 | 3 |
| 药包总数 | 250 | 200 | 200 | 200 | 150 |
| 药量/kg | 1250 | 1000 | 1000 | 1000 | 750 |

## 5 基于预裂爆破的主体崩落爆破方案

### 5.1 预裂爆破参数计算

预裂爆破的目的是沿调压井开挖边界密集布置炮孔,采用低猛度不耦合串状间隔装药预裂爆破模式,在前方主体崩落爆破之前起爆,形成一条介于主体崩落爆破区和调压井边界保留区之间的裂缝,以减弱主炮孔爆破对被保护岩体的破坏并形成平整轮廓面。

#### 5.1.1 炮孔间距

炮孔间距不仅影响装药量的大小,还直接关系着预裂壁面的质量,在保证两孔之间裂开成缝的前提下,小间距的壁面质量远好于大间距的壁面质量。在爆破作用下,岩石发生断裂,断裂刚开始时,炮孔周边出现应力场。通常预裂爆破炮孔间距为:

$$a = (7 \sim 10)D \tag{1}$$

式中,$a$ 为炮孔间距;$D$ 为炮孔直径。

#### 5.1.2 线装药密度

预裂爆破要求炸药爆炸对孔壁岩石激起的压应力小于岩石的动抗压强度,而孔间岩石中激起的拉应力大于岩石动抗拉强度。根据岩石抗压强度、孔距和炮孔半径,线装药密度计算公式如下:

$$Q_L = 0.127\sigma^{0.5}a^{0.84}r^{0.24} \tag{2}$$

式中,$Q_L$ 为线装药密度,kg/m;$\sigma$ 为岩石极限抗压强度,MPa;$a$ 为炮孔间距,m;$r$ 为炮孔半径,m。

#### 5.1.3 药卷直径

根据预裂爆破的设计理念,装药为不耦合结构,要求炸药爆炸产生的孔壁应力波最大值小于孔壁岩石的极限动抗压强度,但要大于极限动抗拉/剪强度,确保能够在相邻炮孔间形成裂缝,但不能破坏残留孔壁。实践证明,一般情况下,不偶尔系数 $\xi$ 合理取值范围为2~4,本次设计实取3,通过药卷直径计算公式:

$$d = D/\xi \tag{3}$$

预裂爆破炮孔直径为150mm,可计算得预裂爆破药卷直径为50mm。

#### 5.1.4 预裂爆破炮孔设计

根据预裂爆破参数计算,炮孔间距为1.0m,预裂爆破炮孔设计见图7。

## 5.2 基于预裂爆破的侧崩爆破方案

两次侧崩爆破方案类似，本文仅介绍第一次侧崩爆破（即第三次爆破）方案。

### 5.2.1 炮孔布置

在导井外布置3圈主体崩落孔和1圈预裂孔，主体崩落孔分别布置在直径为10m、14m、18m的圆圈上，孔间距2m，每圈孔数为16个、22个、28个，第一圈崩落孔与导井边界和每圈崩落孔之间的距离为2m，炮孔直径165 mm；预裂孔距第三圈崩落孔的距离为1m，孔间距1m，炮孔直径150mm，预裂孔数为63个。侧崩爆破炮孔布置如图8所示。

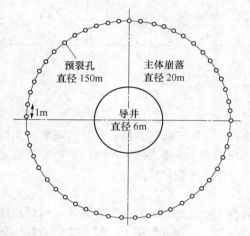

图7 预裂孔布置示意图
Fig. 7 Arrangement diagrams of presplit holes

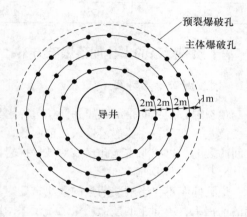

图8 侧崩爆破炮孔布置示意图
Fig. 8 Arrangement diagrams of blasting holes of

### 5.2.2 装药结构

侧崩爆破采用导爆索起爆孔内所有炸药，炮孔底部填塞1.5m，主体崩落孔每装1条炸药（0.4m）间隔0.3m，预裂孔每装1条炸药（0.5m）间隔0.4m，顶部填塞2.0m。炮孔装药结构如图9所示。

### 5.2.3 起爆网路

侧崩爆破孔内统一采用长延期1950ms的高精度雷管，主体崩落炮孔以相邻5孔为一段，段间延期采用孔外25ms延期雷管，由于预裂爆破孔数较多，为形成预裂缝的同时降低爆破振动，以相邻5孔为一段，段间预裂炮孔采用孔外9ms延期雷管。不同圈的延期采用200ms延期雷管，为了保证预裂效果，第1、第2圈崩落孔起爆后，预裂孔先于第3圈崩落炮孔起爆。侧崩爆破起爆网路如图10所示。

### 5.2.4 爆破器材消耗

侧崩爆破装药炮孔数量129个，主体崩落孔

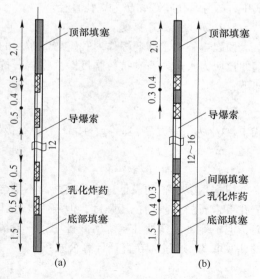

图9 装药结构示意图（单位：m）
(a) 主体崩落孔；(b) 预裂孔
Fig. 9 Arrangement diagrams of charging structure (unit: m)

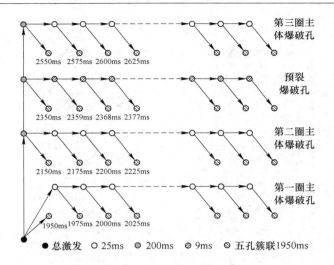

图 10 侧崩爆破起爆网路示意图
Fig. 10 The chart of blasting network

单卷炸药 5kg，乳化炸药 5490kg，预裂爆破单卷炸药 1kg，药量 693kg，爆破总药量 6183kg。第一次侧崩爆破参数见表 3。

表 3 侧崩爆破参数表
Table 3 Parameters of the first side collapse blasting

| 参量 | 第1圈崩落孔 | 第2圈崩落孔 | 第3圈崩落孔 | 预裂孔 |
|---|---|---|---|---|
| 孔数/个 | 16 | 22 | 28 | 63 |
| 爆破高度/m | 16 | 14 | 12 | 12 |
| 单孔药量/kg | 95 | 85 | 75 | 11 |
| 总药量/kg | 1520 | 1870 | 2100 | 693 |

## 5.3 基于预裂爆破的破顶爆破方案

### 5.3.1 炮孔布置与装药结构

破顶爆破是导井爆破与侧崩爆破的结合，其炮孔布置和装药结构与导井爆破和侧崩爆破类似，本文不再赘述。

### 5.3.2 起爆网路

破顶爆破孔数多，爆破网路极其复杂。首先起爆中间导井部分炮孔，起爆网路与前述导井爆破类似，之后起爆第 1、第 2 圈主体崩落孔，然后起爆预裂爆破孔，最后起爆第 3 圈主体崩落孔。爆破网路见图 11。

### 5.3.3 爆破覆盖防护

调压井破顶爆破作业时，主要保护对象有调压井底部已经开挖成型的总干线隧道、调压井上部已经完成支护工作的边坡、距离爆源 100m 的简易板房和约 300m 远的民房。主要爆破危害为飞散物和爆破振动，为确保爆破作业安全，采取了如下主要防护措施：导井上方采用整体覆盖防护，主要防护措施为：先覆盖一层约 50cm 厚的柴火（玉米秆），再于其上拉上横竖二道金属网（尽量连成整体），最后在其上的对应爆破位置压上砂袋（原则上压在炮孔位置），如图 12 所示。预裂孔上方压上一个沙袋，崩落孔上方压上三个沙袋。

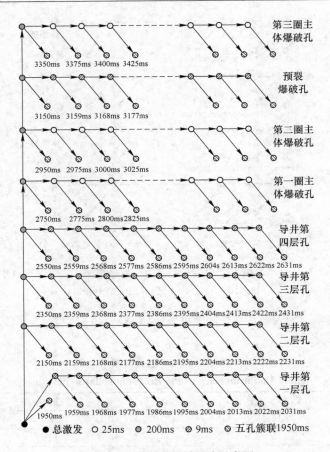

图 11 破顶爆破起爆网路示意图

Fig. 11 The chart of blasting network

## 5.4 爆破效果

爆破施工过程中进行了爆破振动监测，图 13 为第一次导井爆破时地表距离导井 100m 处测点垂直方向的爆破振动波形，爆破振动峰值振速为 1.59cm/s，爆破峰值振速分布均匀，可见爆破降振效果明显。

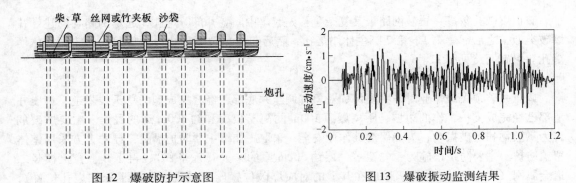

图 12 爆破防护示意图

Fig. 12 Arrangement diagrams of blasting protection

图 13 爆破振动监测结果

Fig. 13 Blasting vibration monitoring results

经过5次爆破,包括2次导井爆破、2次侧崩爆破和1次破顶爆破,成功完成直径20m、深度50m的调压井爆破,调压竖井断面达到了设计尺寸和规格,支护后的调压竖井成井如图14所示,证明了超大断面竖井深孔爆破成井技术的可行性。

# 6 结论

(1) 针对调压竖井掘进存在地形条件复杂、施工条件差、调压井断面大、掘进深度较深的特点,确定了导井爆破、基于预裂爆破的侧崩爆破和破顶爆破的分区爆破方案,并结合理论分析和数值模拟确定了倒台阶状的破顶爆破预留层厚度。

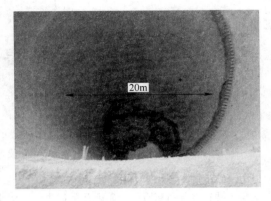

图 14 调压竖井爆破后成井照片
Fig. 14 Blasting raising photo of surge shaft

(2) 导井爆破采用短延时起爆多孔球状药包爆破成井方案,同层孔间采用高精度雷管实现短延时起爆,达到共同形成爆破漏斗的目的,同时有效降低了爆破振动破坏效应。

(3) 为形成调压井光滑壁面,调压井掘进的侧崩爆破和破顶爆破采用周边炮孔预裂爆破方案,由于预裂爆破孔数较多,为形成预裂缝同时降低爆破振动,预裂孔间采用高精度雷管短延时起爆。

(4) 对调压井爆破的导井爆破、侧崩爆破和破顶爆破进行设计,经过5次爆破最终成功完成直径20 m、深度50 m的调压井爆破,调压竖井断面达到了设计尺寸和规格,爆破振动监测表明爆破降振效果明显,证明了超大断面竖井深孔爆破成井技术的可行性。

## 参 考 文 献

[1] 袁再武. 我国天井掘进技术现状[J]. 长沙矿山研究院季刊, 1985, 5(1): 37-43.
[2] 孟令魁. 利民煤矿9号煤集中煤仓普通反井法施工方法[J]. 煤炭与化工, 2015, 38(1): 114-118.
[3] 荆国业. 大直径深反井施工新技术[J]. 煤炭技术, 2014, 33(8): 66-68.
[4] 李廷春, 刘洪强. 超深孔一次爆破成井施工工艺研究[J]. 爆破, 2012, 29(1): 40-44.
[5] 李廷春, 刘洪强, 王超. 超深孔一次成井微差爆破技术研究[J]. 岩土力学, 2012, 33(6): 1742-1746.
[6] 高文乐, 黄博, 毕卫国, 等. 井下矸石仓全深度一次爆破成井技术[J]. 爆破, 2011, 28(1): 40-44.
[7] 李启月, 李夕兵, 范作鹏, 等. 深孔爆破一次成井技术与应用实例分析[J]. 岩石力学与工程学报, 2013, 32(4): 664-670.
[8] 李金跃, 李夕兵, 李启月. 深孔多孔球状药包爆破一次成井技术应用[J]. 中国安全科学学报, 2012, 22(11): 132-137.
[9] 李廷春, 刘洪强. 一次成井掏槽爆破炮孔合理封堵长度研究[J]. 中国矿业大学学报, 2012, 41(3): 384-389.

# 石灰石露天矿深溜井高位堵塞处理方法的探讨

梁 锐[1]　刘国军[1,2]　张 龙[2]　许瑞平[2]　张海龙[2]

（1. 甘肃省化工研究院，甘肃 兰州，730020；
2. 甘肃兰金民用爆炸高新技术公司，甘肃 兰州，730020）

**摘　要**：在某石灰石露天矿山开采过程中，由于受地理条件影响，矿山运输系统采用溜井-平硐运输系统。溜井垂直深度424m，直径为4m，其中储矿仓为30m，直径为6m。在溜井开始运行近1个月时发生溜井堵塞，且堵塞高度距平硐放矿口近300m，由于堵塞高度较高，没有成熟的处理技术，处理难度大，且通过现场多次论证和试验，最终采用矿用火箭弹技术进行高位溜井堵塞处理方法。在处理过程中，由于堵塞位置高，溜井直径小，对火箭弹的安放和定位要求较为严格。通过对每次处理效果分析总结，并改进对火箭弹安放、定位及发射方式，最终安全高效完成深溜井堵塞处理。为类似矿山深溜井堵塞处理提供参考。

**关键词**：露天矿；深溜井；堵塞；火箭弹；安全

# Researching in Deep Open Pit Limestone High Chute Blockage Treatment Methods

Liang Rui[1]　Liu Guojun[1,2]　Zhang Long[2]　Xu Ruiping[2]　Zhang Hailong[2]

（1. Gansu Chemistry Research Institute, Gansu Lanzhou, 730020；
2. Gansu Lanjin Civil Blasting High-tech Company, Gansu Lanzhou, 730020）

**Abstract**: In the process of a limestone open-pit mining, due to the effect of geographical conditions, the chute-adit transportation system is used in mine. The vertical depth of the chute is 424m, and its diameter is 4m, in which the storage bunker is 30m deep, and its diameter is 6m. After running nearly a month, the chute is blocked, and the block height is nearly 300m away from the ore mouth. Due to the high congestion level, there is no mature processing technology, and the processing is difficult. Through on-site demonstrations and tests, the mining rocket technology is finally adopted to process the high chute block. In the process, due to the high blocking position and the small slip well diameter, the requirements of arranging and positioning are stricter. Through analyzing each treatment effect, and improving the rockets put, positioning and means of transmission, deep chute blockage was finally safely and effectively removed, providing a reference for similar mine deep chute blockage processing.

**Keywords**: open pit mine; deep chute; blockage; rocket; safety

---

作者信息：梁锐，教授级高级工程师，gsliangrui@sina.com。

## 1 引言

金泥集团黄草窑石灰石矿山露天开采工程，采用溜井-平硐运输系统，年出矿量约150万吨。由于受地理条件限制，矿山运输系统采用溜井-平硐运输方式，其主溜井深424m，直径为4m，底部储矿仓高度30m，直径为6m，直线式垂直溜井，振动放矿机装车出矿，为国内建材行业矿山开采少见深溜井。因此溜井作为矿山生产咽喉部分，保证溜井安全正常运行是溜井-平硐运输系统矿山安全生产最重要的环节。

## 2 矿山概况

矿山上部属于山坡露天矿开采，下部属于深凹露天矿开采。开采方案采用台阶式开采方法，每10m为一个台阶，在边坡部分两个台阶为一个台段，台阶爆破采用中深孔松动爆破，边坡部分采用深孔光面爆破技术施工。

## 3 深溜井运行

国内目前露天石灰石露天矿山溜井运输系统中，溜井深度一般在150~250m之间，溜井运行有满井运行，也有半井运行方式。在国内露天矿山少见垂直深度超过400m的溜井。本矿山由于地理位置原因，溜井设计深度为424m，对于溜井如何运行没有成功的经验。在现场运行过程中根据电石级石灰岩必须要求保证30~100mm的块度的要求，为了减少电石级石灰岩通过溜井出矿中粉矿含量，同时考虑保护井壁等，最终决定溜井采用满井运行方式。即溜井上部空井高度不超过100m。

在矿山具备初步出矿条件后，溜井开始试运行，为了降低矿石粉矿率，在矿山正常运行1个月后，发生溜井运行异常。通过对溜井运行情况进行分析计算后，确定溜井发生堵塞。由于溜井较深，综合考虑溜井中每米储矿量及平硐出矿量进行分析，确定溜井堵塞高度从储矿仓顶部至溜井堵塞处约276m左右。堵塞矿石厚度约65m左右，估计堵塞量约1800t，上部空井高度53m。

## 4 堵塞原因分析

由于国内少见如此深度垂直溜井，在结合现场运行情况分析，初步确定溜井发生堵塞原因有：

（1）溜井深度过深，根据对国内石灰石类似矿山了解，国内石灰石露天矿山溜井运输系统溜井深度一般在150~250m之间，少见有如此深度溜井生产。根据初步估算424m深溜井达到满井运行，井内矿石近17000多吨，如果放矿设备出现故障或不能及时出矿，很容易发生矿石坐实或结块现象造成堵塞。

（2）溜井在满井运行过程中出现振动放矿机故障，抢修时间超过近40h。根据溜井运行经验，如此深溜井在满井情况下，设备放矿停运时间不宜超过12h。

（3）溜井井壁有少量的自然渗水，造成井内矿石含水发生凝结现象。

（4）现场管理存在问题，由于现场监管不到位，在溜井储矿过程中出现集中填入大量粉矿现象。

（5）溜井设计缺陷，根据对同行业溜井-平硐运输系统矿山的了解，可设计成阶梯形溜井，减少矿石总重量，防止溜井堵塞。

（6）溜井深度424m，但只有在26m处有一个检查巷，因此对矿石在溜井内运行过程无法进行监控，无法及时发现溜井运行异常。

## 5 溜井处理方法

### 5.1 溜井堵塞处理常用方法

目前国内普通溜井堵塞处理方法有竹竿挑炸药包爆破冲击法、高压水冲击法、氢气球带炸药包爆破冲击振动法、溜井顶部灌水处理法以及矿用火箭弹等处理方法。

### 5.2 深溜井高堵塞处理方法

由于本矿溜井深度424m，且溜井堵塞高度近280m，对于如此深溜井高位堵塞事故，国内没有相关常规处理方法。通过采用目前国内常用的竹竿挑炸药包爆破法和氢气球带炸药包爆破法的方法，由于堵塞高度较大，经现场试验很难在溜井堵塞部位发生冲击作用。另外采用溜井上部注水的方法可能会有一定的效果，但综合考虑，如果注水处理不成功，可能造成溜井内的矿石结块，造成后期处理困难，也有可能造成废井的风险；以及注水处理可能对设备和平硐造成影响等因素。关于矿用火箭弹处理溜井技术，目前成功处理经验一般为堵塞高度50~100m左右，同时，国内没有使用矿用火箭弹技术处理溜井堵塞超过100m的相关经验。

由于现成的处理方法及经验都无法满足此次溜井堵塞事故处理要求。综合考虑现场实际情况，为了保证安全处理堵塞事故，决定采用金川公司镍钴研究院和江西新余国科公司新型研制成功的矿用火箭弹82型，本火箭弹的设计有效射程为300m，中心偏差30~50cm。基本满足本溜井堵塞处理要求。

为了溜井设备安全及作业人员便于操作。在发生堵塞事故后，继续对溜井底部未发生堵塞矿石进行出矿。将井内矿石高度降低至26m水平处（水平检查巷），既利用出矿舱内26m矿石作保护层保护放矿机等设备，防止发生跑矿及二次事故损失；也有利于人员进行火箭弹安放操作，保证人员安全。同时可以通过溜井对每次火箭弹处理效果进行总结分析；在火箭弹处理过程中，如果堵塞段下落矿石高于26m水平，即可采用放矿机进行出矿，可以防止储矿仓内矿石由于长时间不能活动，而造成凝结现象。

为了提高溜井堵塞火箭弹处理精确度，尽量减少由于火箭弹发生偏斜造成溜井壁筒损伤。火箭弹必须布置在溜井中心位置，对火箭弹安放处进行整平，基本保证火箭弹设计底座水平。在每次火箭弹安放时，必须采用简易防护棚对安放人员进行保护，同时可以提前将火箭弹垂直安放在固定"⊥形"平板上，有利于安放人员快速进行火箭弹安放找平工作，有利于减少火箭弹的安放时间，同时通过固定的标尺来确保将火箭弹安放在溜井的中心位置。深溜井的堵塞出来火箭的安放精度直接影响溜井处理的效果，同时可以保护溜井壁不受火箭弹的损伤。待准备工作完成后，所有人员撤离至安全位置，进行起爆。

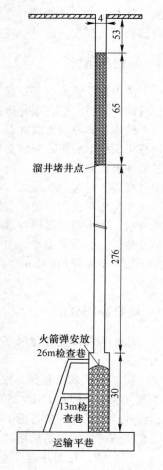

图1 溜井堵塞处理示意图
Fig.1 Schematic diagram of plugging treatment of deep well

## 5.3 安全措施

溜井在发生堵塞时，堵塞段矿石不断有碎石掉落，并存在处理过程中存在堵塞段突然塌落可能，对溜井内火箭弹安放人员安全造成很大威胁。同时在处理过程中，溜井疏通瞬间有大量的矿石瞬间垮落，有可能造成井底设备等的损坏，造成更大的经济损失或人员伤亡。为了保证溜井堵塞处理设备及作业人员的安全，必须采取如下安全措施：

（1）严禁将储矿仓内矿石全部放完，根据实际情况（检查井位置）在储矿仓保留不少于25m矿石作为缓冲层保护设备。

（2）考虑火箭弹安放定位，溜井内部作业人员不超过1个人。

（3）溜井内部火箭弹安放定位时间不能超过5min，并随时"观察分析"井内落石情况。

（4）所有进入现场作业人员必须正确佩戴劳保防护用品。

（5）为了防止矿石突然下落造成冲击波对人员的伤害，火箭弹发射起爆点必须选在主平硐井口之外。

（6）在所有准备工作全部就绪，无关作业人员全部撤离之后进行火箭弹的安放起爆工作。

（7）火箭弹起爆后必须在通风的情况下超过30min以上，在确保安全的情况下才能允许人员进行检查。

（8）如果第一次处理不能成功，必须最少等24h以上再考虑采取其他措施。

## 6 效果分析

在溜井堵塞使用火箭弹处理过程中，由于溜井直径为4m，堵塞高度近280m，受作业条件限制，在火箭弹定位及安放过程中，稍有偏差将严重影响火箭弹的命中效率，并且对井壁造成影响。因此火箭弹定位是矿用火箭弹技术处理深溜井堵塞最关键的工作；为了提高火箭弹命中率，在每次处理后，根据落矿量或发射架变形情况对处理效果进行分析。在现场不断对软沙袋铺底，发射底座固定以及灯光和线锤定位、精确对准方法等进行不断改进，逐步提高火箭弹的命中率。

在不断实验和技术改进过程中，火箭弹命中率得到大幅提高，并保证每次火箭弹能处理溜井堵塞段2~3m左右。对此次溜井堵塞事故安全处理分析：

（1）在溜井堵塞处理过程中对人员的安全防护措施必须到位。

（2）在保证设备及人员安全的前提下，在发生溜井堵塞后，应尽快进行处理，防止时间越长，堵塞段由于矿石自重不断加长，增加处理难度。

（3）必须保证每次火箭弹处理时间间隔，防止发生炮烟中毒度等二次事故。

（4）在溜井堵塞处理过程中，及时分析碎石掉落情况，对井内堵塞段矿石进行判断。

## 7 结束语

根据深溜井堵塞处理经验，针对矿山深溜井安全管理建议：

（1）在条件允许情况下，尽量采用半井操作或井内有一天用量为安全运行。

（2）在满井运行下，必须保证溜井内矿石每天都有较大活动距离。

（3）保证出矿设备正常，维修时间不宜超过24h。

（4）严格控制填入溜井矿石块度，避免集中粉矿或集中块矿现象。

（5）加强溜井内矿石运行过程监控。

## 参 考 文 献

[1] 焦玉书. 金属矿山露天开采[M]. 北京：冶金工业出版社，1989.
[2] 何标庆. 紫金山金矿溜井堵塞的疏通办法[J]. 江西有色金属，2005(1):23-25.
[3] 何标庆. 南方露天矿山溜井堵塞机理分析[J]. 矿业快报，2005(3):1719.

# 大采高坚硬顶板初采期间初次放顶深孔爆破技术研究

陈建安　张宝玉　杨翎　姜家明

（安徽江南爆破工程有限公司，安徽 宣城，242300）

**摘　要**：基于纳林河二矿$3^{-1}$大厚度煤层坚硬顶板的现状，采用FLAC3D对$3^{-1}$煤层初采期间顶板悬顶状态进行了模拟，模拟结果表明：当工作面推进64m时，基本顶发生初次破断。针对坚硬难垮落顶板条件下煤矿开采存在的采空区顶板大面积悬露、诱发冲击可能性增加及采空区漏风等一系列问题，设计采用深孔爆破技术对煤层坚硬顶板进行预先弱化处理。重点确定了爆破孔长度、间距、仰角等对深孔爆破影响较大的参数，爆破效果表明：$3^{-1}$煤层首采面实施深孔爆破后，基本顶初次来压步距减小了34m，随着工作面的推进，采空区坚硬顶板随采随落，消除了顶板大面积悬露可能引发的冲击灾害。

**关键词**：坚硬顶板；基本顶；深孔爆破；初次来压步距

# Research on Deep-hole Blasting Technology for the Primary Mining and Initial Caving of Hard Roof in Large Mining Height

Chen Jian'an　Zhang Baoyu　Yang Ling　Jiang Jiaming

(Anhui Jiangnan Blasting Engineering Co., Ltd., Anhui Xuancheng, 242300)

**Abstract**: Based on the current status of high thickness and hard roof in Nalin River II mine $3^{-1}$, a simulation was conducted by FLAC3D for the roof hanging condition of $3^{-1}$ coal seam during initial mining period. The result indicate that the basic roof will be fractured when 64m face advance is completed. To deal with a series of problems in the process of coal mining, for instance, roof hanging in the presence of mined out area, induced shock increasing, and air leak, the design adopts deep hole blasting technology to pre-weakening the hard roof of coal seam. Key parameters, which has great impact on deep hole blasting, like length of borehole, spacing, inclination, ect, were conformed. The blasting performance indicates: the pace of basic roof firstly weights decreased 34m after implementing deep hole blasting method for $3^{-1}$ coal seam. With the face advancement, the hard roof can realize mining and falling simultaneously, which minimizes the shock disaster possibility caused by the large area of hanging roof.

**Keywords**: hard roof; basic roof; deep-hole blasting; pace of first roof weighting

作者信息：陈建安，工程师，243398923@qq.com。

## 1 引言

顶板事故是煤矿生产的主要灾害之一，坚硬顶板具有强度高、节理裂隙发育差、整体性强等特点[1]。为了让坚硬难垮落顶板在开采过程中容易垮落，必须采取措施预先弱化顶板强度，目前国内外坚硬顶板弱化技术主要分注水弱化[2,3]和爆破弱化[4]两大类。采用爆破手段能够降低岩体的完整程度，使坚硬顶板变得容易垮落，达到了减小顶板悬露面积的目的，也降低了发生冲击灾害的可能性。

## 2 纳林河二矿 $3^{-1}$ 煤首采工作面概况

纳林河二矿 $3^{-1}$ 煤层埋深在 548～555m 左右，属深部开采煤层范畴。煤层层位稳定，从东到西逐步变薄，地质构造简单。煤层瓦斯含量在 0.00～0.22mL/g 之间。$3^{-1}$ 煤首采工作面走向长度为 2376m，工作面倾斜长度为 240m，煤层倾角 1°～3°，一盘区煤厚主要集中在 5.8～6.2m 之间，平均 5.95m。煤层顶板主要由砂质泥岩、中粒砂岩、细粒砂岩、粉砂岩组成。其物理力学参数：弹性模量为 10.89GPa，泊松比为 0.13，抗拉强度为 3.38～3.99MPa，抗压强度为 36.45～45.69MPa，浸水 10 天后，测得单向抗压强度为 33.88～38.5MPa。顶板属于坚硬的厚砂岩顶板范畴，回采过程中容易导致大面积悬顶。$3^{-1}$ 煤层首采工作面顶板综合柱状图见图 1。

| 岩性描述 | 平均厚度/m | 埋深/m | 柱状图 |
| --- | --- | --- | --- |
| 中粒砂岩：灰白色，巨厚层状，中粒砂状结构，分选中等，均匀层理，钙质胶结，与下伏地层过度接触，半坚硬 | 8.01 | 520.35 | |
| 粉砂岩：浅灰、灰色，局部为灰白色，粉砂质结构，水平层理，夹砂质泥岩、泥岩薄层，含物化石碎片，半坚硬 | 14.46 | 534.81 | |
| 细粒砂岩：浅灰、灰白色，细粒砂状结构，分选较好，水平层理，含较多暗色矿物 | 12.57 | 547.38 | |
| 砂质泥岩：灰、深灰色，砂泥质结构，参差状断口，波状纹理，含丰富植物化石残片，半坚硬 | 3.23 | 550.41 | |
| 煤：黑色，条痕黑褐色，块状结构，裂隙节理较发育 | | | |

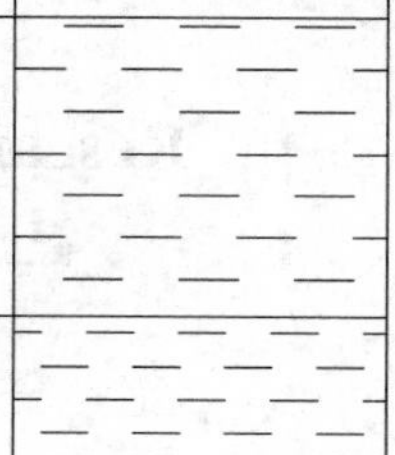

图 1 $3^{-1}$ 煤层首采工作面顶板综合柱状图

Fig. 1 Histogram of coal roof in primary working plane of $3^{-1}$ coal seam

根据纳林河煤矿二号井地质资料数据，结合矿井 $3^{-1}$ 煤层赋存条件，建立了 FLAC3D 数值分析模型，对初采期间顶板悬顶、不易垮落的形态进行了模拟。

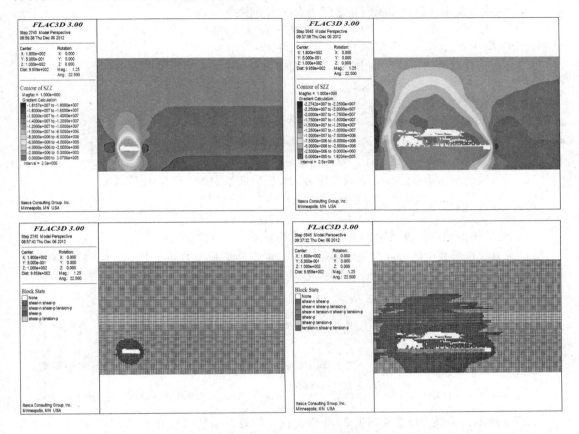

图 2　$3^{-1}$ 煤层初采期间顶板悬顶状态

Fig. 2　Hanging roof status of $3^{-1}$ coal seam in primary operation

图 2 为 $3^{-1}$ 煤工作面在不同推进阶段的顶底板破坏特征图。分析可知：当工作面推进至 16m 时，工作面直接顶开始破坏；当工作面推进距离为 64m 时，顶板中拉伸破坏高度达到 22m，此时基本顶发生初次破断，即初采期间基本顶要悬顶约 64m。按倾斜 240m 计算，悬顶面积达 15000m²，突然垮落势必造成安全隐患。

基本顶垮落后，采空区基本可以被充填满。当工作面推进至 80m 时，发生基本顶第一次周期破断，周期破断步距 16m。此后，随着工作面继续推进，冒落带和裂隙带高度基本不变，基本顶则周期性发生破断，步距为 8~24m，平均 16m。

根据 $3^{-1}$ 煤首采工作面顶、底板物理力学参数以及纳二矿初采期间顶板悬顶数值模拟结果分析可知：$3^{-1}$ 煤首采工作面基本顶单向抗压强度平均 41.92 MPa，当工作面推进距离为 64m 时，基本顶发生初次破断。由于采高较大，顶板冒落高度大，并且因为坚硬顶板不易垮落，导致顶板悬露面积大，一旦基本顶破断垮落，很可能引起顶板大面积来压。

顶板浸水前的单轴抗压强度为 36.45~45.69 MPa，浸水 10d 后，测得单向抗压强度为 33.88~38.5 MPa。由此可见坚硬顶板注水弱化技术在纳林河二矿 $3^{-1}$ 煤首采工作面是不可行的，我们设计采用深孔爆破技术对煤层坚硬顶板进行预先弱化处理。

## 3 深孔爆破预裂顶板技术参数确定

（1）深孔预裂爆破弱化顶板两孔之间最大作用范围：
$$R_{max} = 2(R_p + R_c + r_b)$$
式中，$R_p = R_{p1} + R_{p2}$；$R_c$ 压碎区半径；$r_b$ 为钻孔半径。

1) 顶板弱化爆破的压碎区是由爆炸冲击波的压应力造成的。压碎区 $R_c$ 为：
$$R_c = \left[\frac{\sigma_i \rho_m C_v^2 n}{8\sigma_r \sigma_{cd}}\left(\frac{r_c}{r_b}\right)^{1/\alpha_1}\right] \cdot r_b$$
式中，$\sigma_{cd}$ 为岩体的动态抗压强度；$\sigma_i$ 为岩体中任一点的应力强度（等效应力）；$\sigma_r$ 为爆破载荷作用区的径向应力；$\rho_m$ 为炸药密度；$C_v$ 为炸药的爆轰速度；$n$ 为压力增大系数；$r_c$ 为药卷半径；$r_b$ 为炮孔半径；$\alpha_1$ 为冲击波压力衰减指数。

2) 冲击波通过压碎区边界后衰减为应力波，应力波拉裂破坏区半径 $R_{p1}$ 为：
$$R_{p1} = \left(\frac{b\sqrt{2}\sigma_{cd}}{B\sigma_{td}}\right)^{1/\alpha_2}\left[\frac{B\rho_m C_v^2 n}{8\sqrt{2}\sigma_{cd}}\left(\frac{r_c}{r_b}\right)^{1/\alpha_1}\right] \cdot r_b$$
式中，$\sigma_{td}$ 为岩体的动态抗拉强度，一般认为 $\sigma_{td}$ 约等于静态抗拉强度 $\sigma_t$。

3) 应力波在爆破中区形成拉裂破坏后，在爆生气体膨胀压力和原岩应力作用下，爆破中区微裂纹将产生进一步发扩展，从而使裂隙区范围进一步扩大。进一步扩展的区域为：
$$R_{p2} = \left(\frac{p_0 - \sigma_\infty}{\sigma_{ld} + \sigma_\infty}\right)^{1/2} \cdot a$$
式中，$a$ 为应力波作用后的最大裂纹长度（$a = R_{p1} - R_c$）；$p_0$ 为空腔壁的压力；$\sigma_\infty$ 为原岩应力；$\sigma_{ld}$ 为裂纹扩展的临界应力。

（2）爆破孔垂深：$H_x \cdot \xi = H_c + H_x$，其中，$H_c$ 为煤层开采厚度，$\xi$ 为顶板岩石碎胀系数。

（3）爆破孔仰角：$\beta = \arcsin\dfrac{H_x + H_c - h\cos\theta}{l} - \theta$，其中，$h$ 为爆破孔到底板高度，$\theta$ 为煤层倾角。

如图 3 所示，采煤工作面共布置 32 个爆破孔，切眼处编号依次为 1~28 号，炮孔轴线方向与切眼轴线方向平行，炮孔仰角如图所示（炮孔仰角指炮孔与顶板之间的夹角），其中炮孔均距切眼外帮 1m 处顶板打眼；回风顺槽布置炮孔 2 个（顺 1、顺 2），运输顺槽布置炮孔 2 个（顺 3、顺 4）炮孔孔口距顺槽外帮 1m。工作面爆破孔参数如表 1 所示。

表 1 纳林河二矿 3$^{-1}$ 煤首采工作面爆破孔参数
Table 1 Blasting parameters in primary working plane of Nalin River Ⅱ Mine 3$^{-1}$

| | 炮孔编号 | 炮孔长度/m | 仰角/(°) | 孔径/mm | 装药长度/m | 装药量/kg | 封泥长度/m |
|---|---|---|---|---|---|---|---|
| 切眼 | 1 | 25 | 35 | 75 | 20 | 60 | 5 |
| | 2 | 32.4 | 35 | 75 | 26 | 78 | 6.4 |
| | 3 | 39.8 | 35 | 75 | 32 | 96 | 7.8 |
| | 4~25 | 41.8 | 35 | 75 | 33 | 99 | 8.8 |
| | 26~28 | 27.8 | 60 | 75 | 21 | 63 | 6.8 |
| 顺槽 | 1~2 | 41.8 | 35 | 75 | 33 | 99 | 8.8 |
| | 3~4 | 41.8 | 35 | 75 | 33 | 99 | 8.8 |
| 总计 | | 1100.2 | | | 867 | 2601 | 233.2 |

注：1. 设计需炸药 2997kg。以上按药卷规格为 $\phi$60mm×500mm，1.5kg/卷计算，若药卷长度变化则每孔药卷数量重新校核。

2. 导爆索需要准备 2600m（每卷 100m，26 卷）。

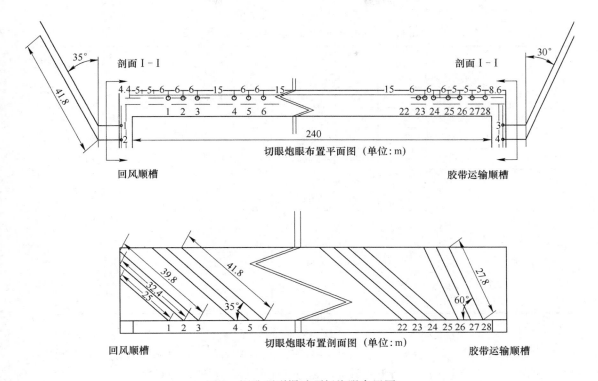

图 3 深孔预裂爆破顶板炮眼布置图

Fig. 3 Layout of pre-split blasting deep roof holes

## 4 深孔爆破预裂顶板施工工艺过程及效果分析

### 4.1 施工工艺过程

#### 4.1.1 施工设备

对纳林河二矿 3⁻¹ 煤首采工作面实施深孔爆破预裂顶板技术,如图 4、图 5 所示,采用 SGZ-300 全液压钻机及三翼金刚钻头打炮孔,钻头直径为 $\phi75mm$,钻杆直径为 $\phi50mm$,每根钻杆长度为 1.5m。具体深孔爆破所需要的设备与火工品详见表 2。

图 4 坑道钻机外观图

Fig. 4 External view of tunnel drilling machine

图 5 钻头外观图

Fig. 5 External view of drill bits

表2 设备与火工品清单

Table 2　Equipment and blasting accessories list

| 序号 | 品 称 | 型号及参数 | 数量 | 备注 |
|---|---|---|---|---|
| 1 | 全液压钻机 | SGZ-300 | 2台 | |
| | 钻杆 | $\phi 50mm \times 1500m$ | 100m | |
| | 三翼钻头 | $\phi 75mm$ | 4个 | |
| 2 | 煤矿许用乳化炸药 | $\phi 60 \times 500mm$ | 约5176kg | 每米炸药按3kg |
| 3 | 雷管 | 6号瞬发或同一段位 | 80 | 每个孔内2发 |
| 4 | 炮棍 | 共40m，螺纹对接头，$\phi 50mm$ | 40m | 炮棍头2个 |
| 5 | 炮泥 | 黄土颗粒$<\phi 5mm$ | $20m^3$ | 40个孔 |
| 6 | 母线 | 放炮母线 | 500m | 用于放炮 |
| 7 | 放炮器 | MFB-200型 | 2个 | 用于起爆 |
| 8 | 掐线钳子、尖嘴钳子、剪子、壁纸刀、防水绝缘胶带等 | | 若干 | |

### 4.1.2 施工工艺过程

安监（检查瓦斯）→洒水→装药、连线→安监（检查瓦斯）→洒水→放炮→检查瓦斯→洒水→安监→工作面检查→进行下一循环（每道工序前都要进行敲帮问顶）。

装药前提前对炮孔附近20m范围的瓦斯、通风等情况进行检查，发现问题及时采取措施进行处理。装药及爆破工作分为如下几个工序：

(1) 用炮棍探孔：对炮孔进行检查，预知孔深。

(2) 装药、联线：利用炮棍将炸药送入孔底，采用"局部并联，总体串联"的方式进行联线。

(3) 封炮泥：将封孔段的炮孔用炮泥封死，孔口留300mm左右不要封炮泥。

(4) 将雷管分别绑在两根导爆索上，在将雷管及导爆索塞入剩余的300mm炮孔内，雷管脚线露出孔外。用黄泥封好剩余炮孔，避免明炮。

(5) 放炮。

## 4.2 效果分析

### 4.2.1 工作面初次来压分析

未实施深孔爆破顶板弱化时，据数值模拟预算，工作面回采至64m顶板初次来压，由于悬露顶板面积大，突然垮落势必造成安全隐患。而$3^{-1}$煤首采工作面采取深孔爆破弱化顶板之后，工作面回采至30m顶板初次来压，初次来压步距减小了34m，顶板冒落面积大大减小。并且初次来压期间工作面稳定，未出现压垮、推倒支架等现象。

### 4.2.2 工作面周期来压分析

根据纳林河二矿初采期间顶板悬顶数值模拟预计，$3^{-1}$煤首采工作面周期来压步距平均为16m。$3^{-1}$煤首采工作面回采28m时，根据数值模拟预测工作面处于第一次周期来压阶段，现场实际观测发现，工作面后方采空区未出现大面积悬顶。工作面回采40m时，根据预测值工作面再次处于周期来压阶段，工作面压力未出现较大波动，采空区顶板没有大面积悬顶现象。

分析认为，在 $3^{-1}$ 煤首采工作面回采前，深孔爆破在顶板内产生大量裂隙，破坏了顶板的完整性，在工作面回采过程中，顶板在支承压力的作用下及时垮落，缩小了回采工作面初次来压步距，并且，受爆破弱化作用的影响，整个回采工作面周期来压不明显，避免了工作面煤壁大面积片帮等矿压显现现象。

## 5 结论

（1）针对坚硬顶板难垮落的特点，采用深孔爆破技术，在坚硬岩体中产生爆破裂隙带，同时岩体中的原生节理裂隙将会在爆炸冲击波的冲击作用下扩展贯通，达到预先弱化顶板的效果。

（2）纳林河二矿 $3^{-1}$ 煤首采工作面实行深孔爆破技术弱化顶板，基本顶初次来压步距减小了 34m，采空区顶板悬露面积减小了 50% 以上，降低了工作面来压程度，保证了工作面的安全正常开采。

### 参 考 文 献

[1] 靳钟铭，徐林生. 煤矿坚硬顶板控制[M]. 北京：煤炭工业出版社，1994.
[2] 闫少宏，宁宇，康立军. 用水力压裂处理坚硬顶板的机理及实验研究[J]. 煤炭学报，2000，25(1)：32-35.
[3] 冯彦军，康红普. 定向水力压裂控制煤矿坚硬难垮顶板试验[J]. 岩石力学与工程学报，2012，31(6)：1148-1155.
[4] 李春睿，康立军，齐庆新，等. 深孔爆破数值模拟及其在煤矿顶板弱化中的应用[J]. 煤炭学报，2009，34(12)：1632-1636.

# 复杂地质交通隧道掘进爆破

胡文柱[1]　白晓宏[1]　赵东升[1]　杨志[1]　周明安[2]

（1. 中交一公局万利万达项目总部万利六分部，重庆，404100；
2. 国防科学技术大学指挥军官基础教育学院，湖南 长沙，410072）

**摘　要**：复杂地质条件下如何优化解决安全、进尺、控制超欠挖矛盾，是隧道掘进爆破时需统筹解决的问题。万利高速公路是重庆高速公路网"三环十射三连线"中重要支线之一，是重庆出渝入鄂的重要通道，是连接东南沿海地区重要的大通道组成部分。刘家岩隧道位于重庆万州区龙驹镇，左洞 970m，右洞 833m。端墙式明洞洞口，隧道净空（宽×高）：9.94m×8.47m。隧道环境复杂，有民房需保护。地形地质复杂，隧道最大埋深 160m，最小埋深为 17m，Ⅳ、Ⅴ级围岩，裂隙水丰富。根据地质情况选择开挖方法，Ⅳ级围岩采用上下台阶法开挖，Ⅴ级围岩采用三台阶法开挖。采用光面爆破技术，根据同步实施的地震波、有害气体、周边位移、拱顶下承等监测结果，地质及支护状况观察结果，及时反馈调整优化钻爆参数、支护方法。控制超挖量小于 20cm，在复杂地质条件下单循环进尺：Ⅳ围岩 4m、Ⅴ级围岩 3m。

**关键词**：复杂地质；隧道掘进；同步检测；动态设计

# Tunnel Excavation Blasting under Complex Geological Conditions

Hu Wenzhu[1]　Bai Xiaohong[1]　Zhao Dongsheng[1]　Yang Zhi[1]　Zhou Ming'an[2]

（1. Sixth Division of Wanda Manley Project Headquarter of CCCC First Highway Engineering Co., Ltd., Chongqing, 404100; 2. School of Basic Education for Commanding Officers, NUDT, Hunan Changsha, 410072）

**Abstract**: Safety, excavation depth, over break and under break in the process of tunnel excavation should be considered comprehensively. Wanli highway is an important branch in the Chongqing highway network, an important channel for Chongqing to Hubei Province and an important part of the main channel connecting the southeast coastal areas. The Liu Jiayan tunnel is located in Longju Town, Wanzhou, Chongqing, of which the left hole is 970m and the right hole is 833m. The entrance is end wall open cut tunnel portal, and the tunnel clearance (width × height) is 9.94 × 8.47m. The tunnel's environmental, topographical and geological condition are complex. The largest tunnel depth is 160m, minimum depth is 17m, and rock type is Ⅳ and Ⅴ with rich fissure water. Double bench blasting is used for the type Ⅳ rock, and triple bench blasting is used for the type Ⅴ rock. Smooth blasting technique is used and the drilling. Blasting parameters and supporting method are adjusted dynamically according to the simultaneous seismic wave, harmful gas monitoring, peripheral displacement, arch sink, supporting status and geologic conditions monitoring. The overbreak volume is controlled under 20cm. The single cyclic excavation depth is 4m for type Ⅳ rock, 3m for type Ⅴ rock.

**Keywords**: complex geology; tunnel excavation; simultaneous monitoring; dynamic design

# 1 引言

隧道爆破施工爆破设计的核心问题是如何统筹解决安全、提高循环进尺、减少超挖、降低成本间的矛盾，动态设计，采用光面爆破是解决矛盾的有效方法。中交一公局万利万达项目总部万利六分部，在万利高速公路刘家岩隧道爆破施工中，在地质条件复杂的情况下，采用光面爆破技术取得较好的效果。进行了光面爆破与普通爆破对比研究，从爆破参数、装药结构、起爆网路、测量标定、钻孔等多方面进行光面爆破技术的试验研究，优化了光面爆破设计及施工技术，控制超挖量小于20cm，平均单循环进尺：Ⅳ级围岩4m、Ⅴ级围岩3m。

# 2 工程概况

## 2.1 环境地质情况

万利高速公路是重庆高速公路网"三环十射三连线"中重要支线之一，是重庆出渝入鄂的重要通道，是连接东南沿海地区重要的大通道组成部分。刘家岩隧道位于重庆万州区龙驹镇，端墙式明洞洞口，隧道净空（宽×高）：9.94m×8.47m。左线起讫桩号ZK44+740～ZK45+710，全长970m；右线起讫桩号K44+867～K45+700，全长833m，双线间距21.9～31.6m，属一般小净距+分离式隧道。隧道环境复杂，隧道右线外侧160m有土坯房2处、砖房6处。地形地质复杂，隧道最大埋深160m，最小埋深为17m，Ⅳ、Ⅴ级围岩，岩性主要为砂岩及灰岩，岩层产状328°∠49°，灰岩段深部有发育岩溶现象，砂岩段常伴有有宽10～50cm，横向夹泥破碎夹层，裂隙水丰富，涌水量平均107.57$m^3$/h。围岩级别长度占隧道长度比例如表1所示。

表1 刘家岩隧道围岩级别比例表
Table 1 Lee rock tunnel rock classification ratio table

| 左 线 | | | 右 线 | | |
| --- | --- | --- | --- | --- | --- |
| 围岩级别 | 长度/m | 占隧道长度百分比/% | 围岩级别 | 长度/m | 占隧道长度百分比/% |
| Ⅳ | 782 | 80.2 | Ⅳ | 622 | 72.7 |
| Ⅴ | 178 | 19.8 | Ⅴ | 233 | 27.3 |

## 2.2 工程特点

环境复杂，有民房需保护。地形地质复杂，右洞口边坡高度达50m，有偏压、浅埋段，地质变化大，有发育岩溶现象，有夹泥破碎夹层，裂隙水丰富。洞口施工是工程难点。确保施工安全，提高单循环进尺，减少超挖是施工需不断解决的问题。

# 3 爆破设计及施工技术

## 3.1 爆破总体方案

洞口施工先支护，先采用机械开挖，采用弱扰动、短进尺爆破，循环进尺控制1m。进洞后逐渐加大循环进尺，根据地质情况选择开挖方法，Ⅳ级围岩采用上下台阶法开挖，Ⅴ级围岩采用三台阶法开挖。对保护目标实施地震波监测，根据民房的结构情况，爆破振动安全允许标准控制不大于 1.5cm/s。实施有害气体监测，地质及支护状况观察，周边位移、拱顶下承等监测，进行动态设计不断调整优化爆破参数。采用光面爆破技术，控制超挖量小于 20cm。

### 3.2 炮孔布置

先布置掏槽孔、周边孔，再布置底板孔，最后布置辅助孔。炮孔径均为 $\phi$42mm。

洞口施工段采用水平掏槽，进洞后采用倾斜掏槽。八字斜式掏槽孔个数为 12~16 个，在掏槽孔中间设计 2~3 个空孔，增加其自由面，同时也是减少爆破后岩石块度，便于出渣。掏槽孔间距与辅助掏槽孔间距 500~650mm。

周边孔的间距 400~600mm，向外扩展小于 100mm，外倾角小于 4°~5°，炮孔相互平行，孔底落在同一平面上。

### 3.3 装药结构及填塞

采用直径 32mm 乳化炸药按不同的装药结构和有无填塞进行了对比试验。

周边孔装药结构按孔底连续装药，不填塞；其他炮孔连续装药，不填塞。试验段平均超挖值如表 2 所示。

**表 2 每一循环断面线性平均超挖值**
**Table 2　Each cycle section linear average value over excavation** cm

| K45+040 | K45+043.3 | K45+049 | K45+052.4 | K45+055 | K45+059 | K45+062 | K45+065 | K45+068.4 | K45+104 |
|---|---|---|---|---|---|---|---|---|---|
| 23.3 | 24.2 | 17.1 | 14.4 | 24.8 | 31 | 25.9 | 27.3 | 17.7 | 31.9 |

该实验段平均超挖为 23.76cm。

光爆孔采用导爆索轴向不耦合装药结构，孔口填塞长度 0.6cm；其他炮孔连续装药，炮泥填塞。试验段平均超挖值如表 3 所示。

**表 3 每一循环断面线性平均超挖值**
**Table 3　Each cycle section linear average value over excavation**

| 桩　号 | K45+099 | K45+111 | K45+113 | K45+117 |
|---|---|---|---|---|
| 超挖值/cm | 22.48 | 13.83 | 14.98 | 15.15 |

该实验段平均超挖为 16.61cm。

实验结果表明，尽管周边孔采用导爆索轴向不耦合装药结构增加了直接成本，增加了作业难度，但对保护保留围岩，减少超挖，效果明显，总体节约了成本。隧道爆破施工因现场无炮泥或认为填塞影响作业时间，多不填塞。试验证明炮孔全部用炮泥填塞，可减少炸药单耗，节约成本，减少空气冲击波，提高了循环进尺及爆破效果。

### 3.4 典型断面爆破设计

爆破参数随地质条件、监测反馈数据调整。图 1 是进洞后Ⅳ级围岩上下台阶法开挖炮孔布置的代表形式，表 4 为对应的爆破参数。

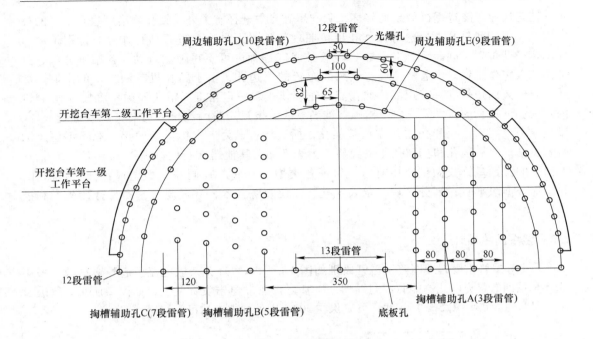

图 1 Ⅳ级围岩炮孔布置图
Fig. 1 Drilling hole pattern of Ⅳ rock

表 4 爆破参数表
Table 4 Blasting parameters

| 炮孔名称 | 孔径/mm | 孔深/mm | 孔数/个 | 孔距/cm | 排距/cm | 药径/mm | 单孔药量/kg | 总药量/kg | 围岩级别 |
|---|---|---|---|---|---|---|---|---|---|
| 掏槽孔 | 42 | 5000 | 14 | 53 | — | 32 | 3.4 | 47.6 | |
| 掏槽辅助孔 A | 42 | 4500 | 10 | 77 | 80 | 32 | 2.6 | 26 | |
| 掏槽辅助孔 B | 42 | 4000 | 8 | 90 | 80 | 32 | 2.4 | 19.2 | |
| 掏槽辅助孔 C | 42 | 4000 | 4 | 77 | 80 | 32 | 2 | 8 | S4c |
| 周边辅助孔 D | 42 | 4000 | 16 | 100 | — | 32 | 1.6 | 25.6 | |
| 周边辅助孔 E | 42 | 4000 | 5 | 65 | — | 32 | 1.8 | 9 | |
| 光爆孔 | 42 | 4000 | 40 | 50 | — | 25 | 0.8 | 32 | |
| 底板孔 | 42 | 4000 | 9 | 120 | — | 32 | 2 | 18 | |

## 3.5 施工技术

测量放线。控制测量采用全站仪作导线控制网，配合激光定位仪准确绘出开挖轮廓线及周边孔、掏槽孔和辅助孔的位置，并控制开挖边线。距开挖面 50 m 处埋设中线桩，每 100 m 设临时水准点。每次放线时，要对上次爆破效果检查一次并及时将结果告知技术主管和爆破人员，技术人员对测量数据进行计算机分析，及时修正爆破参数，以达到最佳爆破效果。

钻孔作业。隧道爆破效果的好坏，除与爆破参数选择有关外，钻孔精准度也是重要的决定因素。由专业钻孔工班熟练操作技工按照现场技术人员指导进行钻孔作业。特别是周边孔和掏槽孔位置、间距和数量，未经主管技术工程师许可不得随意改动。各钻手分区、分部位定人定位施钻。沿着隧道周边轮廓线布置的周边孔，由于钻孔机具和技术的限制，炮孔口要偏离周边轮廓一定距离，炮孔需向轮廓线倾斜一定角度，钻孔外插角度控制在4°以内。为保证钻孔质量，采取以下措施：准确看线、枪尺定位，测量人员对开挖线进行放样、布点，引导在周边孔和掏槽孔先钻基准孔，插进标杆，为工人提供参照点。准确定位风动凿岩机钻杆，周边孔和掏槽孔孔位偏差不大于5cm，其他爆破孔位偏差不大于10cm，钻孔方向平顺；预量钎长做到心中有数，保证各类炮孔孔底落在同一平面上；套钎子打深孔，易于保证炮眼平直；划分区域，定人定孔，以便熟练技术，掌握规律，提高打孔速度和准确性。

## 3.6 起爆网路设计

采用导爆管雷管起爆网路，雷管段别如图1所示。为避免杂散电流引起早爆事故，采用CHA-E系列数字充电式高能脉冲起爆器，CCH导爆管非电击发针激发，如图2所示。爆破母线采用铜芯（$1.0 \sim 1.5 m^2$）导线，可确保在300m以外的点火站可靠起爆。

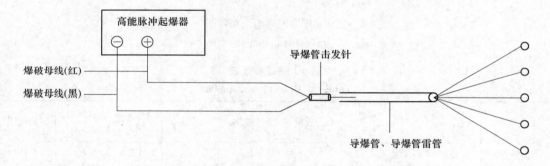

图2 网路连接图
Fig.2 Blasting network

## 4 爆破效果

以2015年12月19～22日4次爆破效果统计为例。表5为爆破循环进尺及超挖统计结果，表6为半孔率统计表，平均半孔率53%，表7为炮渣级配及堆渣高度。

表5 循环进尺及超挖统计表
Table 5 Statistics of cyclic excavation depth and over break

| 测量时间 | 循环进尺/m | 测点个数/个 | 测点超挖值/cm | 平均超挖/cm |
| --- | --- | --- | --- | --- |
| 2015.12.19 | 3.3 | 6 | 11、18、20、9、5、6 | 11.5 |
| 2015.12.20 | 3.5 | 6 | 15、17、11、19、4、5 | 11 |
| 2015.12.21 | 3.5 | 6 | 18、6、10、7、2、8 | 8.5 |
| 2015.12.22 | 3.2 | 6 | 20、11、15、11、19、21 | 13 |

表6  半孔率统计表

Table 6  Statistics of half hole rate

| 测量时间 | 孔深/m | 周边孔个数/个 | 光爆孔总长/m | 保留半孔数量/个 | 保留半孔总长/m | 半孔率/% |
|---|---|---|---|---|---|---|
| 2015.12.19 | 4 | 40 | 160 | 25 | 80 | 50 |
| 2015.12.20 | 4 | 40 | 160 | 26 | 85 | 53 |
| 2015.12.21 | 4 | 40 | 160 | 30 | 100 | 62.5 |
| 2015.12.22 | 4 | 40 | 160 | 22 | 75 | 46.8 |

表7  炮渣级配及堆渣高度统计表

Table 7  Statistics of slag grade and height

| 抛距/m | 炮渣级配/% | | | | | | 堆渣高度/m |
|---|---|---|---|---|---|---|---|
| | 0~40mm | 40~100mm | 100~160mm | 160~220mm | 220~280mm | >280mm | |
| 20 | 1 | 4 | 6 | 4 | 40 | 45 | 3.6 |
| 20 | 1 | 4 | 5 | 10 | 45 | 35 | 3.6 |
| 24 | 3 | 5 | 4 | 3 | 35 | 50 | 3 |
| 19 | 3 | 6 | 5 | 6 | 30 | 50 | 3 |

现隧道已完成70%，安全无事故。采用导爆管激发针起爆，避免了杂散电流造成早爆事故的风险。周围民房爆破振动检测速度均小于1.5cm/s，在安全允许范围以内。根据有害气体的检测情况，调整通风时间、人员进洞时间。通过对习惯的不填塞、周边孔连续装药爆破方法及光面爆破实验对比，结果表明采用光面爆破技术，及时调整爆破参数，检测测量配合，精心的施工，在复杂地质条件下，炮孔利用率达90%以上，提高了循环进尺，平均单循环进尺：Ⅳ级围岩4m，Ⅴ级围岩3m。尽管光面爆破外观效果不够美观，平均半孔率53%左右，单有效控制超挖小于20cm，对确保围岩稳定、减少支护节约成本效果明显，总体节约成本10%左右。

## 参 考 文 献

[1] 汪旭光. 爆破设计与施工[M]. 北京：冶金工业出版社，2011.
[2] 汪旭光. 典型爆破工程与技术[M]. 北京：冶金工业出版社，2006.
[3] 傅光明，周明安. 军事爆破工程[M]. 长沙：国防科学技术大学出版社，2007.

# 深部硬岩巷道掘进爆破技术的研究

闫大洋[1]　胡坤伦[2]　叶图强[1]　徐淼[1]　贾建军[1]

(1. 鞍钢矿业爆破有限公司，辽宁 鞍山，114046；
2. 安徽理工大学化工学院，安徽 淮南，232001)

**摘　要**：针对新集二矿巷道掘进施工中岩石硬度大，炮眼利用率低，爆破效果差，循环进尺低等特点。通过分析深部硬岩巷道掘进爆破效率的因素，进而对试验工作面的炮眼直径、装药直径、掏槽方式和爆破参数进行分析和优化。试验表明：采用双楔形掏槽，增加超深中心眼，扩大掏槽眼直径，既可保证大断面硬岩巷道的成型质量又可加快掘进速率，爆破效果也有了很大的提高。

**关键词**：硬岩巷道；双楔形掏槽；掘进爆破；爆破参数；影响因素

# Research on Excavation Blasting Technology of Hard Rock in the Deep

Yan Dayang[1]　Hu Kunlun[2]　Ye Tuqiang[1]　Xu Miao[1]　Jia Jianjun[1]

(1. Ansteel Mineral Industry Blasting Co., Ltd., Liaoning Anshan, 114046;
2. Anhui University of Science & Technology, Anhui Huainan, 232001)

**Abstract**: According to the high hardness rock in Xinji 2nd Mine, the problems of low degree of blasthole utilization ratio and undesirable effect of blasting with low circulating footage in the roadway construction have arisen. By analyzing the factors on the blasting effect on roadway heading in hard rock, the diameters of blasthole and charges cutting modes and other parameters of blasting are optimized. Test shows that by applying the double wedge cut, increasing the number of ultra-deep middle cut, expanding the diameter of the blasthole, the improvement ensures good formation of large cross section roadway in hard rock while the heading speed and blasting efficiency are greatly enhanced.

**Keywords**: roadway in hard rock; double wedge cut; excavating blasting; blasting parameter; influencing factors

目前，国内许多矿山采用钻眼爆破的方法进行巷道掘进，但随着煤炭开采向深部发展，深部岩巷掘进钻爆理论与技术面临着一些新的难题，造成许多煤矿岩巷掘进效率不高，接续紧张，从而极大地影响了生产的可持续性[1]。如何实现巷道的优质高效掘进，一直是矿山巷道掘进所面临的主要问题。对此，国内学者在爆破参数优化方面进行了大量的试验研究工作，并取

---

作者信息：闫大洋，硕士，工程师，137703926@qq.com。

得了一定的研究成果[2-4]。

新集二矿岩巷掘进施工中岩石硬度大，炮眼利用率低，爆破效果差，循环进尺低。针对以上问题，在对岩石物理力学性能分析和高应力条件下爆破机理研究的基础上，进而对巷道掘进的爆破参数进行优化。新的爆破方案与之前相比，炮眼利用率从原来的80%提高到93%，单循环进尺也从原来的1.6m提高到2.0m。

# 1 影响掘进爆破效率的因素

随着煤矿开采深度的增加，地应力、温度和地下水渗透压也都相应增加（即三高条件：高应力、高温度、高渗透压），煤岩突出（瓦斯突出、冲击地压，岩爆）灾害日趋严重。深部岩石受到高地应力的影响，更增加了爆破的难度。影响掘进爆破效率的因素主要有岩石的物理力学性能、爆破参数的选取（包括掏槽方式、钻眼深度、装药结构、起爆方式等）[5]。

## 1.1 岩体的物理学性能

在巷道掘进中，岩石的物理力学性能和地质构造是影响爆破效率的重要因素。对于硬度高、可钻可爆性差且节理不发育的岩体，爆破效率很低。反之，凿岩爆破工作比较容易，爆破效率较高。

## 1.2 掏槽爆破

掏槽爆破是井巷和隧道爆破工程中的重要技术内容，是决定爆破进尺和炮孔利用率的主要因素。当前巷道掘进的掏槽方式和爆破参数基本上都是根据以往经验确定，和理想的掏槽爆破效果相差甚远。因此，必须选择合理掏槽形式和装药量，达到提高炮孔利用率的目的[6]。

## 1.3 炮眼深度

炮眼深度的大小，不仅影响着掘进工序的工作量和其他工序的时间，而且还影响爆破效果[7]。它是决定每班掘进循环次数的主要因素。一般来说为实现快速掘进，应加大炮眼深度，但岩体对炮眼的夹制作用也会相应增加，炮眼利用率和掏槽效果也会明显降低。因此，选择合理的炮眼深度可以提高整个巷道掘进的进度和爆破效果。

## 1.4 装药结构

由于掏槽部位爆破时不仅要把此部分岩石破碎而且要抛掷出来，因此需要消耗较多炸药能量。为了提高爆破效率，掏槽炮眼、辅助眼和底眼以连续装药为主，尤其是在坚固岩层中，需要提高掏槽眼的装药量（增大装药系数）；为实现光面爆破，可以增大周边炮眼不耦合系数[8]。

## 1.5 起爆方式

实践表明，在有良好堵塞的前提下，即使在有瓦斯矿井中，反向起爆也是安全可靠的。反向起爆不仅可以延长爆炸产物在孔内作用的时间，还能降低爆破有害效应（爆破空气冲击波）。因此，在无瓦斯或瓦斯较少的巷道中，可以采用反向爆破提高爆破效果。

# 2 试验条件及设备选取

## 2.1 试验条件

现场试验在国投新集煤电集团公司新集二矿进行，该矿岩巷掘进巷道断面大，岩石硬度大，岩石以粗砂岩和中粗砂岩为主，给巷道施工带来很大困难。新集二矿2101采区变电所在掘进中岩石多为中粗粒砂岩，岩石普氏系数 $f=10\sim12$，层理清晰，节理较发育。巷道埋深 $-650m$，断面为直墙半圆拱形，掘进宽度4.2m，掘进高度3.6m，掘进断面面积13.23$m^2$。采用锚网喷支护形式，喷厚150mm，采用$\phi18$等强锚杆，锚杆间排距800mm×800mm。

## 2.2 设备选取

普通的气腿式凿岩机在硬岩巷道中打眼，卡钻情况严重，钻眼速度慢。根据巷道快速掘进施工要求，选用7655型气腿式凿岩机，该凿岩机适宜在中硬或坚硬岩石上钻凿水平或倾斜炮孔，钻孔深度可达5m。为缩短凿岩时间，工作面最少同时使用4台凿岩机，另外备用一台凿岩机，每台凿岩机均配用长度为2m、2.5m和3m，直径为22mm的中空六角钢钎。

## 3 巷道掘进爆破技术研究

### 3.1 岩石物理力学性能测试

从施工工作面取多块岩石，并对其进行物理力学性质测试，为爆破方案的设计和改进提供依据。新集二矿2101采区变电所在掘进中岩石经取样后在实验室加工成标准试件，测试结果为：岩石的密度为$2.47\sim2.57g/cm^3$，泊松比为0.25，弹性模量为$(1.6\sim3.0)\times10^4MPa$，抗压强度$75.0\sim121.0MPa$，抗拉强度为$5.7\sim8.9MPa$，纵波波速为$3.5\sim4.2km/s$。

### 3.2 炮眼深度

炮孔深度（孔深）主要根据试验要求，钻眼机具的凿岩能力、工人的操作水平、安全要求的空顶距决定。根据现场施工水平，孔深取$1.8\sim2.3m$，预计循环进尺$1.8\sim2.1m$。掏槽眼、辅助掏槽眼、中心眼的垂直深度比周边眼、二圈眼、三圈眼深$100\sim200mm$。

### 3.3 炮眼直径和装药直径

岩巷钻爆法施工中，炸药是决定爆破效果的重要因素。根据现场实际情况，采用三级煤矿水胶炸药。考虑到实施中深孔爆破和27mm药径使用中存在炮眼利用率低等因素，为提高炸药能量和传爆效果，将掏槽眼、辅助掏槽眼、中心眼（12个炮孔）的直径32mm改为42mm，药包直径由原来的27mm改为35mm，增大了药径，不耦合系数由1.18增加到1.2，延长应力波作用时间，从而能更大限度地破碎岩石，提高爆破效果。

### 3.4 掏槽方式和掏槽爆破参数优化

#### 3.4.1 掏槽方案的确定

循环进度小于2.0m的软、硬岩破碎岩层中掘进可采用三对楔形掏槽，凿岩采用2.2m规格的钎杆，炮孔深度为2m左右，采用双楔形掏槽，布置三对楔形掏槽眼和两对辅助楔形掏槽眼，中间加2个中心眼。掏槽眼眼深比其他炮眼深100mm，中心眼的深度有比掏槽眼大$100\sim200mm$，掏槽眼的角度应保证其孔口距离、孔底距离严格符合设计要求；循环进度大于2.0m的软、硬岩中的凿岩采用2.0m以上规格的钎杆，掏槽方式及掏槽眼布置严格按设计说明书进行，保证爆破循环进尺。

#### 3.4.2 辅助眼、周边眼的确定

视断面大小辅助眼有三圈眼、二圈眼两种，主要是用来继续扩大掏槽，辅助眼间距为

600mm，布置在掏槽眼与周边眼之间，方向基本垂直于工作面，保证爆落下来的岩块均匀，为装岩创造有利的条件。周边眼直接决定巷道轮廓成形的好坏，一般周边眼眼口距离巷道周边100mm，岩石愈坚固，靠周边应愈近，周边眼间距不宜过大，一般为400mm，以利于保证巷道断面轮廓，尽量减少刷帮或喷浆量。辅助眼和周边眼的眼底应尽量落在同一深度的平面上，这样爆出来的工作面比较平整，有利于下一次打眼，爆后留的残眼也较浅。

### 3.4.3 起爆顺序的布置

为了使掏槽眼彻底，先给其他药包提供一个自由面，三对掏槽眼用一段雷管起爆，二对辅助掏槽眼、中心眼用二段，其他炮眼的段数由内往外依次排下去。中心眼的深度比掏槽眼大100~200mm，适当装入一定量炸药，中心眼起到了后续抛渣的作用，提高槽腔的成型质量及底部破岩能力，扩大槽腔体积，有效破碎底部岩石，使得槽腔的破碎更加充分，加深掏槽有效深度，加强抛渣作用。具体的断面炮眼布置如图1所示，掏槽爆破参数选取见表1。

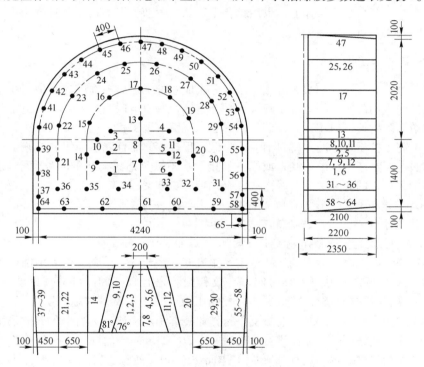

图 1 优化后炮孔布置图

Fig. 1 Optimized borehole arrangement

**表 1 优化后的爆破参数**
**Table 1 Optimized blasting parameter**

| 名称 | 编号 | 孔深/m | 孔距/mm | 抵抗线/mm | 角度/(°) 垂直 | 角度/(°) 水平 | 装药量/kg 孔数 | 装药量/kg 每孔 | 装药量/kg 总量 | 起爆顺序 | 延时时间/ms | 连接方式 |
|---|---|---|---|---|---|---|---|---|---|---|---|---|
| 掏槽眼 | 1~6 | 2.2 | 400 | 1000 | 90 | 73 | 6 | 0.75 | 4.5 | 1 | 0 | 串联 |
| 中心眼 | 7,8 | 2.3 | 400 | 400 | 90 | 90 | 2 | 0.45 | 0.9 | 2 | 25 | |
| 崩落眼 | 9~13 | 2.3 | 500 | 200 | 90 | 81 | 5 | 0.75 | 3.75 | 2 | 25 | |
| 三圈眼 | 14~20 | 2.1 | 650 | 650 | 90 | 90 | 7 | 0.50 | 3.5 | 3 | 50 | |
| 二圈眼 | 21~30 | 2.1 | 650 | 650 | 90 | 90 | 10 | 0.50 | 5.0 | 4 | 75 | |

续表1

| 名称 | 编号 | 孔深/m | 孔距/mm | 抵抗线/mm | 角度/(°) 垂直 | 角度/(°) 水平 | 装药量/kg 孔数 | 装药量/kg 每孔 | 装药量/kg 总量 | 起爆顺序 | 延时时间/ms | 连接方式 |
|---|---|---|---|---|---|---|---|---|---|---|---|---|
| 底眼 | 31~36 | 2.1 | 600 | 400 | 87 | 90 | 6 | 0.60 | 3.6 | 4 | 75 | 串联 |
| 周边眼 | 37~57 | 2.1 | 450 | 450 | 87 | 90 | 21 | 0.30 | 6.3 | 5 | 100 | |
| 底眼 | 58~65 | 2.1 | 700 | 450 | 87 | 90 | 8 | 0.60 | 4.8 | 5 | 100 | |

## 4 深部巷道掘进施工组织管理和处置措施

深部巷道施工中，采用先进的技术和科学的施工组织，管理方法，是加快巷道施工速度的重要条件。在巷道施工中，根据断面的大小、岩性采取一次成巷或分次成巷施工方法。组织正规循环作业和多工序平行交叉作业，采用综合工作队的劳动组织形式和严格执行一系列行之有效管理制度，加快巷道施工速度。

### 4.1 一次成巷的施工方案

巷道施工方法有两种：一次成巷施工法、分次成巷施工法。一次成巷就是把巷道施工中掘进，永久支护和水沟砌筑三项分部工程视为一个整体，有机地联系起来，在一定距离内，按设计要求做到最大限度地同时施工，做到一次成巷，不留收尾工程。这种施工方法，不但作业安全，有利于提高支护质量，减少材料消耗，降低工程成本，而且能够加快巷道施工速度。分次成巷施工方法主要是一些大断面巷道或硐室使用，在不满足通风需要的时候通常采用此方法。按照掘进和永久支护的相互关系，一次成巷有几种施工方案：

（1）掘进与永久支护平行作业施工方案。
（2）掘进与永久支护顺序作业施工方案。
（3）掘进与永久支护交替作业施工方案。

组织巷道快速施工时，对于围岩较稳定，掘进断面大于 $8m^2$，应优先采用掘支平行作业施工方案。因为永久支护不占用循环时间，有效利用巷道有限空间，可提高成巷速度30%~40%；节约大量临时支护材料，降低成本，提高工效，对施工质量和施工安全都有可靠保证。特别是锚喷支护的推广，为一次成巷掘支平行作业开辟了广阔前景。当永久支护采用喷射混凝土时，喷射工作可紧跟掘进工作面进行，先喷一层30~50mm厚的混凝土，作为临时支护控制围岩，随着工作面推进，视岩石性质在距工作面20~40m处再进行二次补喷，达到设计厚度50~200mm，如永久支护采用锚喷联合支护，则锚杆可紧跟掘进工作面安设，喷射混凝土工作可在工作面后面一定的距离处进行。如顶板围岩不太稳定，也可在放炮后立即喷射一层30~50mm厚的混凝土封顶，然后再打锚杆，最后喷射混凝土到设计厚度。

### 4.2 正规循环作业和多工序平行交叉作业

要实现巷道的优质、高效、低耗、安全施工，除了正确的选择一次成巷的施工方案外，还必须采用科学的技术管理方法。组织正规循环作业，是目前国内外巷道快速掘进施工的一种有效方式。正规循环作业就是在规定的时间内，以一定的劳力和施工设备，按照一定的顺序完成全部工序及工作量，并保证周而复始在进行工作。

为了保证正规循环的实现，必须认真制定出切实可行的循环图表。编制掘进循环图表时，应根据施工设备、施工技术及管理水平，对各工序作业时间和潜在能力进行必要测定、估算，合理确定循环方式。为便于组织，一个班循环次数为整数，即每班完成一个循环或 2~3 个循环。在断面大、地质条件差的巷道亦可实行一日一循环。

为了充分利用掘进循环时间，积极采用多工序平行交叉作业是合适的，在目前巷道施工机械化水平不高的情况下，实行多工序平行交叉作业对提高掘进速度是必要和有效的。随着掘进机械化程度的不断提高，整个工序需要的作业时间将显著减少。

## 4.3 劳动组织形式

在巷道快速施工中，劳动组织和管理工作非常重要。正确选用和确定劳动组织形式和工种人数，对施工速度和施工工效的提高，有着重要的作用。衡量选用的劳动组织合理与否，其主要标志是每个工人的技术专长能否充分发挥和工时是否得到充分利用。劳动组织是根据施工条件和任务的具体要求而定的。确定劳动组织（包括组织形式、工种人数）时，应重点考虑各工种工人的工时充分利用问题。但是，合理的劳动组织形式，必须辅以强大的技术和行政组织管理工作，才能真正发挥其作用，收到预期效果。

## 5 试验结果对比分析

试验前的爆破掏槽方式为六眼楔形掏槽，炮孔直径全部为 32mm，装药直径为 27mm，采用煤矿许用三级水胶炸药。试验前单循环进尺 1.6m，炮孔利用率 80% 左右。优化后的新方案采用双楔形掏槽，外加一对中心孔，炮孔直径为 42mm，采用直径为 35mm 的煤矿许用二级水胶炸药。爆破后，断面成型及围岩稳定性较好，抛碴较为合理。炮孔利用率从原来的 80% 提高到 93%，单循环进尺也从原来的 1.6m 提高到 2.0m。现场实测的爆破效果统计数据见表 2。

表 2 优化后爆破效果统计数据
Table 2 Statistics of optimized blast effect

| 序 号 | 项目名称 | 单 位 | 数 量 | 序 号 | 项目名称 | 单 位 | 数 量 |
|---|---|---|---|---|---|---|---|
| 1 | 炮孔利用率 | % | 93 | 5 | 循环雷管消耗 | 个 | 65 |
| 2 | 循环进尺 | m | 2.0 | 6 | 单位炸药消耗 | kg/m$^3$ | 1.21 |
| 3 | 循环实岩体积 | m$^3$ | 26.8 | 7 | 单位雷管消耗 | 个/m$^3$ | 2.43 |
| 4 | 循环炸药消耗 | kg | 32.35 | 8 | 循环炮孔长度 | m | 138.0 |

## 6 结论

（1）从炸药现场的实际爆破性能来看，二级煤矿许用水胶炸药的性能优于三级煤矿许用水胶炸药的性能，大直径煤矿许用水胶炸药的性能优于小直径煤矿许用水胶炸药的性能。因此从爆破的角度来看，应尽可能的选用大直径二级煤矿许用水胶炸药，尤其是在瓦斯浓度较低且岩石比较坚硬的工作面。在岩石较软的工作面可以考虑选用三级煤矿许用水胶炸药。

（2）对于深部硬岩巷道掘进，宜采用双楔形掏槽，克服周围岩体夹制作用，槽眼部位的岩石更容易掏出。在槽眼中心部位适当增加中心眼的深度和装药量，以便更好的辅助其他槽眼把深部的岩石抛出。

（3）试验表明 7655 型气腿式凿岩机适宜在中硬或坚硬岩石上钻凿水平或倾斜水平方向的炮孔，凿岩效率比较高，可广泛应用在深部硬岩巷道中。

（4）针对坚硬岩石施工条件，利用大直径掏槽提高爆破效果和小直径崩落提高钻进效率相结合的爆破设计，既保证了巷道成型质量又加快了掘进速率，取得了预期爆破效果。

## 参 考 文 献

[1] 胡坤伦,杨仁树,徐晓峰,等. 煤矿深部岩巷掘进爆破试验研究[J]. 辽宁工程技术大学学报,2007,26(6):856-858.
[2] 杨仁树,张志帆,孙强,等. 淮南矿区深部硬岩巷道钻爆技术研究[J]. 煤炭科学技术,2005,33(2):42-45.
[3] 汪峰,牛宾,胡坤伦,等. 提高大断面硬岩巷道掘进爆破效率试验研究[J]. 煤炭科学技术,2013,41(增):110-112.
[4] 杨仁树,胡坤伦,肖同社,等. 提高煤矿深部岩巷掘进爆破效率的试验研究[J]. 煤矿爆破,2005,70(3):1-4.
[5] 姚建,田冬梅. 煤矿岩巷中深孔掘进爆破试验研究[J]. 华北科技学院学报,2011,8(1):26-29.
[6] 傅菊根. 井巷掘进爆破炮眼利用率的影响因素[J]. 爆破器材,1998,27(3):26-29.
[7] 汪旭光. 爆破设计与施工[M]. 北京:冶金工业出版社,2013.
[8] 孙强. 含夹矸层半煤岩巷现场爆破试验研究[J]. 煤炭科学技术,2003,31(12):40-44.

# 露天矿地下复杂采空区爆破崩塌处理技术

贾建军　邵 猛

（鞍钢矿业爆破有限公司，辽宁 鞍山，114000）

**摘 要**：弓长岭铁矿因前期大量无序的开采，形成许多无规则、复杂的采空区，给日常生产留下了安全隐患。通过三维扫描探测技术，准确掌握了采空区的分布及空间形态，并提出采空区爆破处理的方案。结合163第一层空区处理实例，从爆破参数、起爆方式、起爆网路以及施工安全等方面加以考虑，对采空区进行了处理并取得了良好的效果，为以后同类型矿山采空区处理提供一定的参考。

**关键词**：露天开采；采空区处理；深孔台阶爆破

## Blasting Technique for Underground Complex Goaf in Open-Pit Mine

Jia Jianjun　Shao Meng

(Anming Blasting Co., Ltd., Liaoning Aushan, 114000)

**Abstract**: Due to a large number of disordered expoitation in the Gongchangling iron mine, many irregular and complicated gobs are formed, leaving potential risks for the daily operation. By the three-dimensional scanning probe technique, the arrangement and shape of the mined area is accurately showed, and solutions for Gob blasting process are proposed. Combined with the example of the first 163m underground layer, on considering blasting parameters, initiation methods, initiation network, construction safety, etc., the mined-out area were processed and good results are achieved. It could provide a certain reference for the same type goaf treatment in the future.

**Keywords**: surface mining; goaf disposal; deep hole bench blasting

## 1 概况

辽宁省弓长岭露天铁矿是一座开采比较早的老矿山，早在20世纪30年代就形成了许多地下采空区。特别是近年来，民营与个体小矿点不规范的地下采矿活动，在采场地表下形成了多处不明地下采空区[1]。这些采空区形成时间跨度大，产生原因复杂，形态多变，而且随着矿区水文条件的变化和开采活动影响，有的可能已经坍塌、充水。随着开采范围拓展与延深，采空区不仅影响了资源的合理高效开采利用和采剥工程的计划执行，也成为矿山安全生产的重大安全隐患[2]。

通过近几年对何家采空区的探测，在扫描定位探测和钻探验证的基础上，开展了基于扫描

---

作者信息：贾建军，高级工程师，gcljjj@sina.com。

建体的采空区精细探测技术，准确的掌握了采空区的分布及其空间形态，为后续的爆破施工设计提供了有力的支持。

## 1.1 采空区分布特征

通过三维激光扫描探测，获取了163m水平以下第一层和第二层空区的分布及其空间形态，其中：第一层空区东西长约45m、南北宽约40m，地表投影面积808m², 爆破作业影响面积1800 m²。空区顶板最高标高158m，底板最低标高146m，空区最大高度12m，顶板最小厚度7m，最大厚度12m；第二层空区几乎占据了整个作业平台，东西长约140m、南北宽约120m，空区投影面积约7000 m²，爆破作业影响面积16800 m²。空区顶板最大标高143m，底板最低标高127m，空区最大高度16m，顶板最小厚度20m，最大厚度30m。在第一层空区，由于部分区域顶板不稳定，空区南侧已经形成直径10.2m、深度18m的塌陷坑，如图1所示。

图 1  空区南侧的塌陷坑
Fig. 1  Sink pit on the south of the gob

## 1.2 采空区地质情况

根据地质工作人员现场勘察，区域内岩体以角闪岩为主，有少量磁铁石英岩和绿泥片岩。具体岩性如下：角闪岩，暗绿色，粒状变晶结构，片状构造，岩石等级Ⅵ~Ⅶ级，节理较为发育；磁铁石英岩，钢灰-灰黑色，不等粒变晶结构，条带状构造，局部是块状构造，岩石等级Ⅷ级，节理发育一般；绿泥岩，灰绿色，粒状变晶结构，块或片状构造，岩石等级Ⅴ~Ⅵ级，节理较为发育。

## 2  采空区爆破处理方案的选择

采空区处理方案的选择直接影响到矿山开采的经济效益和安全生产，因此，采空区的处理方案选择显得极为重要[3]。目前常用于采空区处理的方法，概括地说，主要是崩落法和充填法[4]。弓长岭铁矿处理空区的目的是为了进行露天开采，采用充填法进行采空区处理不能为露天开采创造有利条件，在经济和时间上都存在问题。因此，选取崩落法处理何家采空区是最为合理的方法。

随着开采水平的下降和工作面拓展，空区呈集中连片出现的特点。在采区的中西部，表现出层位浅、分布面积大、顶板跨度大、多层空区显现且相互叠加，其复杂性和处理难度空前，需要认真研究、科学设计、严密组织。根据矿山生产布局安排，需尽早处理位于何家采区西区北侧163空区集中区域。

选取163空区第一层空区为主要对象，即空区标高在150~140m的中西部区域，同时考虑空区标高在140~128m第二层空区的处理，由于第二层空区顶板厚度为25~30m，难以在本水平一次性进行有效处理。对于两层空区相互叠加的区域，优先对第一层空区顶板进行爆破崩塌处理，在保证安全的基础上，再进行下一层空区的处理，特别对于矿柱厚度小于8m的区域，需进一步钻探详查后进行后续处理。

## 2.1 安全厚度的确定

安全厚度是指保证人员和设备在待处理采空区顶部覆盖层正常作业的最小厚度。露天生产作业均为大型作业设备，安全厚度的确定，是露天深孔爆破处理采空区的关键[5]。因此，确定合理的安全厚度对露天作业的人员、设备的安全以及后续的爆破设计、施工是非常重要的。

目前，国内外确定空区顶板安全厚度的方法主要有厚跨比法、空场长宽比法以及普氏拱理论估算法等。根据采空区现场条件考虑，选择空场长宽比法确定安全厚度[6]。

(1) 当采空区的长度与宽度之比小于或等于2时，此时可将空区顶板视为一个整体板结构，受露采作业荷载和矩形双向板自重均布荷载。最小安全厚度为：

$$H_n = \frac{L_n}{\varphi_x} \times \{3rL_n + [9r^2L_n^2 + 6\varphi_x\sigma(P + P_1)]^{1/2}\}/\sigma \tag{1}$$

(2) 当采空区的长度与宽度之比大于2时，此时采空区顶板类似一块两端固定的梁，受均布连续载荷作用。最小安全厚度为：

$$H_n = \frac{L_n}{8} \times \{rL_n + [r^2L_n^2 + 16\sigma(P + P_1)]^{1/2}\}/\sigma \tag{2}$$

$$P = \frac{KrH(K_c + K_n)}{K_p} \tag{3}$$

式中　$H_n$——最小安全厚度，m；

$L_n$——采空区宽度，m；

$r$——采空区顶板岩石的密度，t/m³；

$\varphi_x$——系数，根据采空区稳定性取值；

$\sigma$——采空区顶板岩石的准许拉应力，t/m²；

$P$——由爆破而产生的动荷载；

$P_1$——设备对地面的单位压力；

$K$——载重冲击系数；

$H$——台阶高度，m；

$K_c$——爆堆沉降系数；

$K_n$——钻孔超深系数；

$K_p$——爆破之后岩石的膨胀系数。

由于采空区的长宽比小于2，根据空区现场条件带入式（1）计算得出最小安全厚度 $H_n = 10$m。

## 2.2 爆破参数设计

### 2.2.1 孔网参数

本次钻孔选用孔径为250mm的牙轮钻和孔径为115mm的潜孔钻。经分析空区顶板厚度在10m以上的，可采用牙轮钻钻孔进行爆破法崩塌处理，第一层空区炮孔50个，孔深按空区顶板预留厚度3m确定。

对于无空区或顶板厚度大于25m的第二层空区区域按正常台阶爆破要求设计，孔深按超深3m设计，该区域牙轮孔数40个。孔距根据岩石的可爆性和可钻性取6.5m，特殊区域按5.5~7m调整，孔网参数为6.5m×6.5m，设计孔深7~13m，共设计钻孔90个。当空区顶板厚度小于10m时或顶板出现不稳定、已经形成空区塌陷（南侧塌陷坑）的区域采用潜孔钻进行钻孔，孔深按空区顶板预留厚度2~3m确定。孔网参数为3m×4m，设计孔深5~10.2m，共设计钻孔27个。

#### 2.2.2 装药量计算

采用体积药量公式计算炮孔装药量，每孔装药量：

$$Q = k \cdot q \cdot a \cdot b \cdot H \qquad (4)$$[7]

式中，$k$为考虑矿岩阻力作用的增加系数，$k=1.1~1.2$，本次爆破工程拟取$k=1.1$；$q$为单位炸药消耗量，$kg/m^3$，一般空区顶板一次性崩塌爆破时$q$取0.4、正常台阶爆破$q$取0.65；$a$为孔距；$b$为排间距；$H$为台阶高度。

经计算总装药量24180 kg，爆破量123500t，综合炸药单耗为0.196 kg/t。

#### 2.2.3 装药结构与堵塞

本区爆破采用连续柱状装药结构，顶板未穿透的炮孔可正常装药。对于已经穿透顶板的炮孔，装药前将空气间隔器放置在顶板底部上方1.5~2m处或吊袋固定在顶板底部，再装药施工。炸药品种为多孔粒状铵油炸药，采用现场混装方式施工。炮孔填塞高度一般不低于孔径的25倍，取6~6.5m，对于第一层空区顶板处理区域，由于装药高度仅为4m，填塞高度取3.5~4m。图2所示为炮孔装药结构示意图。

### 2.3 爆破网路设计

本次爆破采用澳瑞凯高精度毫秒延时导爆管起爆，控制排采用25ms导爆管传爆，普通排采用42ms和65ms导爆管传爆，孔内均采用400ms导爆管起爆。每个炮孔1发500g起爆弹和2发导爆管雷管，需消耗起爆弹117发，孔内导爆管雷管234发、地表连接导爆管雷管150发。爆区外连接用普通50m导爆管。起爆顺序按照正常台阶爆破方式，临近自由面的南侧炮孔先起爆，依次逐孔起爆。

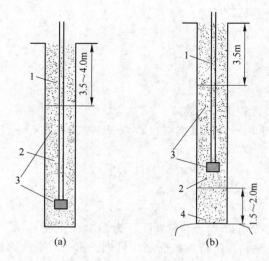

图2 炮孔装药结构示意图

(a) 未穿透孔装药结构示意图；(b) 穿透孔装药结构示意图

1—充填堵塞；2—炸药；3—双发雷管起爆药包；4—空气间隔器

Fig. 2 Charge structure in the blasting holes

## 3 采空区爆破安全措施

（1）施工时应提前探测空区危险区的分布和地质构造情况，观察岩体节理发育程度以及是否有三级以上断裂构造或和边坡滑坡等，发现异常及时报告并组织人员和设备安全撤离。

（2）钻孔时若发现空区，应确认穿透顶板高度位置并做好记录，判断能否保证钻机在空区作业的安全，如不能保证要立即调整设备移到安全部位并及时报告。

（3）在爆破施工期间，必须严格按照国家有关规定程序进行作业，严禁闲杂人员进入爆破现场。空区爆破前，应提前要求附近人员、设备提前撤离到安全地点。

## 4 采空区处理效果与结论

2013年2月27日，在弓长岭露天铁矿何家采区实施崩落法处理空区，有效处理了163m水平以下两层相互叠加的第一层空区。根据塌落的情况和现场测量，本次爆破，共处理空区面积1800 $m^2$，空区体积17100 $m^3$，成功消除了该区域第一层空区所带来的安全隐患，达到了预期目标。得到以下结论：

（1）处理空区的目的是为了保证露天采矿日常生产的安全。对于情况不明错综复杂的采空区的开采，必须结合三维激光扫描探测技术，遵循边探边采边处理空区的原则。

（2）处理多层采空区时，下层采空区顶板和上层采空区顶板之间的隔层厚度大于最小安全厚度，宜采用多层分次处理。

（3）由于处于空区集中区域，爆破介质不均且条件复杂，大块率不容易控制，爆后产生矿根和矿墙。

## 参 考 文 献

[1] 宋晓军，鲍晓东，林立，等．辽宁弓长岭露天铁矿采空区探测[J]．地质与资源，2007，16(4)：303-305.

[2] 李地元，李夕兵，赵国彦．露天开采下地下采空区顶板安全厚度的确定[J]．露天采矿技术，2005，(5)：17-20.

[3] 张五兴，宋嘉栋，谷新建．三道庄钼钨矿1350复合空区处理技术研究[J]．采矿技术，2011，11(4)：89-90.

[4] 陈晶晶，蓝宇．复杂环境中采空区爆破处理实践[J]．金属矿山，2013，439(1)：89-90.

[5] 叶图强，曾细龙，林钦河，等．露天深孔爆破处理大型采空区的实践[J]．中国矿业，2007，17(8)：97-101.

[6] 梁治明，丘侃，陆耀洪．材料力学[M]．北京：高等教育出版社，1985：86-92.

[7] 汪旭光．爆破设计与施工[M]．北京：冶金工业出版社，2013.

# 隧道复杂溶洞超前地质预报及连接段爆破施工方法

刘 刚[1]　申 会[1]　厉建华[2]　叶元寿[3]　吴立根[1]

(1. 浙江省隧道工程公司，浙江 杭州，310030；2. 浙江省工程爆破协会，浙江 杭州，310007；3. 浙江恒荣建设工程有限公司，浙江 宁波，315800)

**摘　要**：超前地质预报已经广泛应用在隧道施工中，由于溶洞出现的偶然性，会造成很多安全隐患，所以超前地质预报在溶洞处理中显得尤为重要。由于溶洞的不可预知性和复杂性，在隧道掘进过程中，溶洞的处理是隧道施工中一个传统的技术难题。特别是复杂溶洞，处理方式的不当造成隧道施工效率低下，并常伴随着安全事故，因此在超前地质预报成果的基础上，及时调整爆破开挖工艺流程和爆破参数，是连接段爆破掘进施工的重点。本文就沪蓉国道主干线湖北省沪蓉西（宜昌至恩施）高速公路土建工程第二十合同段隧道施工中采用的复杂溶洞超前地质预报及连接段爆破施工方法进行总结。

**关键词**：超前探测；复杂溶洞；导洞；控制爆破

# Tunnel Advanced Geological Prediction in the Complex Karst Caves and Blasting Construction Method in the Connection Section

Liu Gang[1]　Shen Hui[1]　Li Jianhua[2]　Ye Yuanshou[3]　Wu Ligen[1]

(1. Zhejiang Tunnel Engineering Company, Zhejiang Hangzhou, 310030; 2. Zhejiang Society of Engineering Blasting, Zhejiang Hangzhou, 310007; 3. Zhejiang Hengrong Construction Engineering Company, Zhejiang Ningbo, 315800)

**Abstract**: Advance geological forecast has been widely used in the tunnel construction. Due to the contingency of karst cave, it can cause a lot of unsafe hidden trouble. Advance geological forecast in karst cave treatment is particularly important. Because of the complexity and unpredictability of karst cave, the processing of karst cave is a traditional technical problem in tunnel construction. Especially in complex karst cave, improper handling can lead to the low efficiency of the tunnel construction and is often associated with safety accidents. Therefore, on the basis of the results of advanced geological prediction, adjustment the blasting excavation process and blasting parameters are the key of the connection section of the blasting excavation construction. In this paper, the advanced geological forecast of complex krast cave and the blasting method of connection section in the Hurong west expressway civil engineering 20th contract section of the Shanghai to Chengdu National Highway (from Yichang to Enshi) were summarized.

**Keywords**: advanced detection; complex karst cave; pilot tunnel; controlled blasting

作者信息：刘刚，高级工程师，748917251@qq.com。

## 1 概述

沪蓉西（宜昌至恩施）高速公路土建工程第二十合同段隧道，合同段起止桩号 YK116 + 860.25 ~ YK120 + 170.037，其中漆树槽隧道长 1266.5m，出现大小溶洞 20 余处，其中多处贯穿型溶洞。隧道复杂溶洞通过超前地质预报，根据超前地质预报成果，能大致判断溶洞的位置与大小，但由于溶洞成因特点造成隧道与溶洞位置关系的复杂性。此时，如果采用常规的隧道掘进爆破方法，可能出现因为爆破参数的选择不当造成爆破事故，严重时，如果击穿富含水溶洞，还会造成涌水事故，对施工人员生命和财产安全带来严重威胁。根据隧道复杂溶洞的实际情况对隧道开挖方案与爆破参数进行调整，提前做好应对措施。

爆破方案应根据不同岩性进行调整，围岩较差时采用分部开挖方法，而围岩较好时采用全断面掘进法。溶洞的出现改变了爆破岩体力学性质的变化，爆破方案要进行相应的调整。

爆破前对沪蓉西高速公路第 20 合同段隧道掘进过程中出现的溶洞进行了探测，根据溶洞出现的位置情况，对隧道溶洞连接段采用的是先导后扩爆破开挖施工，充分利用溶洞空腔的自由面，进行了爆破参数的重新设计，避免爆破事故的发生。

## 2 隧道超前地质预报施工方法

对溶洞段施工来讲，超前地质预报的作用是不言而喻的。如果在常规的施工过程中超前地质预报发现前方有岩溶时，应进行加密探测，尽量把溶洞的位置、大小以及跟隧道的位置关系探测准确，为下一步施工提供数据参考。

### 2.1 溶洞处理中超前地质预报施工程序

隧道溶洞施工中超前地质预报施工程序框图如图 1 所示。

### 2.2 操作要点

隧道开挖面地质素描：地质预报人员对隧道开挖面的地质状况作如实的调查和编录，采集必要的数据，具体包括：开挖面地层、岩性、节理发育程度、受构造影响程度、围岩稳定状态等进行编录。本项目采用 TSP203 超前地质预报系统。

（1）TSP 超前地质预报系统与其他反射地震波方法一样，采用了回声测量原理（见图 2）。它能方便快捷预报掌子面前方 100m 甚至更远范围内的地质情况，为隧道工程以及变更施工工艺提供依据。地震波在指定的 24 个激发孔（见图 3）用小药量激发产生。地震波在岩层中以球面波形式传播，当地震波遇到溶洞、岩溶破碎带和岩层的分界面时，一部分地震波将会被反射回来，另一部分信号折射进入前方介质。反射的地震波将通过接收孔被高灵敏度的地震检波器接收并传递到主机。反射波的旅行时间和反射界面的距离成正比，故而能提供一种直接的测量[18,20]。

（2）TSP203 超前地质预报系统利用地震波反射原理，方便快速地预报开挖面前方 100 ~ 200m 范围内的岩溶、断层破碎带、软弱地层等不良地质情况。

工作方法：TSP203 地质超前地质预报系统测线布置在开挖面附近的边墙上，它由两个接收器和 24 个炮孔组成。两个接收孔对称分布在两边墙，接收器孔与第一个炮孔间距 15 ~ 20m，孔深 2.0m，孔径 42 ~ 45mm，孔口距隧道底约 1.0m，与炮孔等高。当用环氧树脂固定接收器套管时，为了使孔内的水能够流出，接收器孔向上倾斜 5° ~ 10°；当用水泥砂浆固定接收器套管时，为了利于水泥浆的凝固，接收器孔向下倾斜 5° ~ 10°（见图 3）。

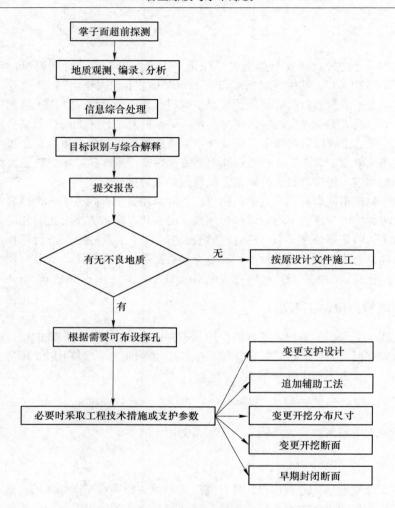

图 1 隧道溶洞施工中超前地质预报施工程序框图
Fig. 1 The construction procedure diagram of advance geological forecast in karst tunnel

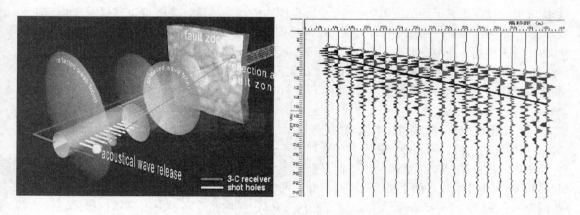

图 2 TSP 法工作原理示意图和波形记录
Fig. 2 The TSP method principle schematic diagram and the waveform record

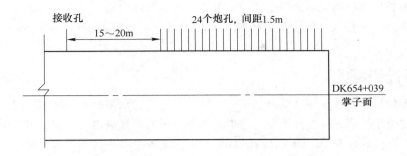

图 3 断面观测系统布置平面示意图（沪蓉西高速公路第 20 合同段 DK654+039 为例）

Fig. 3 The layout plan sketch of the section observation system

（3）24 个炮孔等间距分布在边墙两侧，炮孔间距 1.5m，深 1.5～2.0m，孔径 35～38mm，炮孔向下倾斜 15°～20°，根据围岩软硬和完整破碎程度以及距接收器位置的远近，每个炮孔装药 20～50g，炸药最好为高爆速炸药，雷管采用零延期电雷管。

（4）当正式爆破采集数据时，洞内一切施工必须停止，以确保采集到的数据准确。为使接收器能与周围岩体很好地耦合以保证采集信号的质量，采集信号前至少 12h 时应将一个保护接收器的接收器套管插入孔内，并用含两种特殊成分的不收缩水泥砂浆使其与周围岩体很好地黏结在一起。每个爆破孔装药量 10～40g，根据围岩软硬和完整破碎程度以及距接收器位置的远近而不同。若地震情况特别复杂，有时需要在隧道另一边墙上也布置一个接收器和 24 个爆破孔，通过左右边墙所测资料的对比分析，得出较为准确的判断结果。

## 3 隧道溶洞连接段的爆破开挖施工工法

### 3.1 先导后扩的爆破开挖施工方法

在超前地质预报的基础上，我们能初步推断出溶洞位置大致的岩层厚度，溶洞短跨距或长跨距型都是在隧道轴线方向上完全将隧道切断，由此推断出开挖最后一个循环的时机，隧道溶洞连接段采用先导后扩的爆破开挖施工方法。最后一个循环的爆破方案采取导硐法进行分部开挖。在隧道断面中心位置先爆破出一个导硐，导硐与溶洞空腔贯通，然后围绕着导硐进行扩挖，最后边缘部位采用浅孔垂直炮孔进行修边的方法进行爆破作业（见图 4）。

即往掘进方向先打一个小导硐，导硐的位置和大小根据隧道与溶洞的参数进行设计。导硐形成后，即起到了掏槽孔的作用，把导硐作为辅助孔的爆破主自由面方向，然后以导硐为主自由面进行周边扩挖，把溶洞过渡段一次性爆破到位。先导后扩分两步进行，导硐的作用除了起到增加自由面和排除涌水的作用外，还起到探测孔的作用，所以

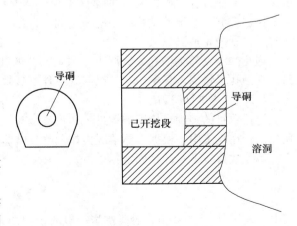

图 4 溶洞连接段爆破开挖示意图

Fig. 4 Blast excavation diagram in the karst cave connection

先导后扩爆破施工可以避免爆破安全事故的发生，提升后继爆破的可靠性，同时，由于导硐增加了爆破自由面，能有效避免边帮残留减少二次处理，大大提高了隧道溶洞段开挖的效率和安全。

## 3.2 爆破开挖布孔原则

导硐的开挖按一般隧道掘进的方法进行，周边孔的布置根据公式计算后确定。

钻孔深度由于导硐的存在而改变，考虑到岩石自由面为导硐边缘，炮孔深度太浅会造成边帮残留，太深则造成反穿孔，并造成孔口部位边帮残留。通常在孔底部位留30~50cm厚度岩层。

以导硐为临空面后，钻孔应适当加密，炮孔间距要适当小于底部预留，避免造成自由面反转，同时也利用了溶洞空腔，会多一个自由面，爆破效果更加理想。

由于溶洞改变了炮孔的深度与间距，所以单孔装药量要根据变化的情况进行调整。

为保证自由面的作用，炮孔堵塞长度一般为30~50cm左右。

# 4 隧道溶洞连接段的爆破参数设计

## 4.1 导硐位置与参数设计

根据超前探测结果，我们得到了溶洞的相关参数数据。根据溶洞与隧道的位置关系，我们通常把导硐的位置设置在溶洞断面的中部，导硐的深度以过渡段的长度为依据，导硐的设计思路是一次爆破到位。而导硐的直径越大越好，一般保持边帮的厚度在70cm以上即可，如果太小，不利于后继边帮部分钻孔爆破，很可能产生边帮残留，增加二次处理。

由于隧道与溶洞过渡段一般厚度不会太大，导硐爆破设计采用微差一次成型。利用前进端和溶洞端作为两个自由面，采用孔内延时技术，一次爆破到位。相关爆破参数按下面方法进行设计。

### 4.1.1 炮孔深度

由于溶洞岩面不规则，钻孔应根据不同位置围岩的厚度来决定炮孔的深度。炮孔深度不宜过深，一般保证保留底部岩层的厚度不少于堵塞段长度即可，否则可能会发生反向冲孔的现象。根据溶洞的情况，钻孔间距应适当调整，钻孔深度减小时，钻孔适当加密，若钻孔深度增加时，钻孔间距适当加大。

炮孔的深度除掏槽孔外，周边孔与辅助孔的孔底距溶洞边缘约10~20cm。采用楔形掏槽时，掏槽孔尽量深入导硐中部，以起到最佳爆破效果（见图5）。

### 4.1.2 导硐炮孔数目

炮孔数目的多少直接影响掘进工作量、爆破效果、进尺、成型的好坏。一般按下式计算炮孔数目，在施工中，根据具体情况再作调整，以达到最佳爆破效果。

炮孔数目按下式计算确定：

$$N = qs/r\eta$$

式中　$q$——炸药单耗量，Ⅲ类围岩一般取 $q = 1.45 kg/m^3$；

　　　$s$——开挖断面面积，$m^2$；

　　　$r$——线装药密度，2号岩石硝铵炸药取 $r = 0.78 kg/m$；

　　　$\eta$——炮孔装药系数。

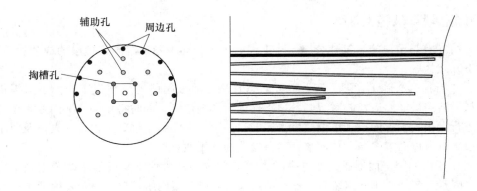

图 5　导硐炮孔布置示意图

Fig. 5　The layout diagram of pilot tunnel blastholes

### 4.1.3　单孔装药量

无溶洞情况下，同类型炮孔装药量都比较均匀。由于溶洞改变了炮孔的深度与间距，所以单孔装药量也要做相应的调整。单孔装药量按下式调整：

每个炮孔的装药量

$$Q_1 = \eta L r$$

式中　$\eta$——炮孔装药系数，取 $\eta = 0.8$；

　　　$L$——孔深；

　　　$r$——线装药密度，根据岩性决定。

周边孔采用连续装药结构，辅助孔、周边孔底部进行加强装药，由于有掏槽孔的作用，孔口可以留置一定的空腔作为堵塞段。

## 4.2　边帮扩挖

导洞成型后，把导硐作为主自由面，采用微差爆破技术，设置辅助炮孔和光爆孔，边帮部位以底部为缺口先行起爆（1 区），然后是周围辅助孔（2 区），再是顶部辅助孔（3 区），最后是光爆孔，爆破一次成型（起爆顺序见图 6）。

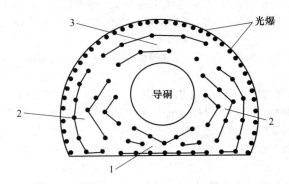

图 6　边帮爆破开挖示意图

Fig. 6　Boundary blasting excavation schemes

## 5 溶洞连接段爆破施工总结

沪蓉西（宜昌至恩施）高速公路土建工程第二十合同段隧道溶洞连接段的成功爆破施工，得到如下几点经验：

（1）进行信息法施工管理，施工实行动态管理，加强超前地质预报工作，迅速提供准确地质资料。溶洞揭露后应及时对溶洞各项指标进行详细量测，同时将相关情况向业主单位和设计单位进行上报，确保向设计单位提供真实准确的第一手资料。爆破工程技术人员及时根据地质变化情况进行爆破方案与参数调整，确保参数的适用性。

（2）由于溶洞因水而形成，发育中的大部分溶洞都富含地下水或涌水，爆破施工应充分考虑这一因素，装药采用防水装药，爆破网络采用非电起爆网络。钻孔中若发生涌水或有其迹象时，应及时调整施工方案，首先把水的问题解决掉，采取抽、排、引等措施，保证下部施工的安全。

（3）根据溶洞与隧道的相对位置及溶洞的形状，进行针对性爆破开挖设计，重点是利用溶洞空腔这一自然形成的临空面来作为爆破的可控自由面，变害为利，达到经济、安全双赢。

（4）爆破参数的设计应充分考虑到溶洞的不规则性，在超前地质勘探结果不十分精密的情况下，参数设计应尽量保守，避免爆破反穿冲孔，造成安全事故。

（5）确保爆破网络的可靠性。爆破网络是实现炮孔按顺序起爆，使隧道形状达到设计要求的关键。施工中应严格按设计要求进行网络连接，并保证施工质量。

## 6 小结

沪蓉西高速公路第二十合同段隧道溶洞段施工中采用超前地质预报，在超前地质预报成果的基础上，其中多处贯穿型溶洞连接段采用先导后扩的爆破施工方法进行过渡段的开挖，确保了爆破安全。同时导硐的施工又起到探测孔的作用，作为探测溶洞情况的窗口，为后续针对性施工方案的制订提供了准确的地质预报，有效地避免了溶洞涌水、反冲孔等爆破事故的发生，提高了施工安全性和可靠性。

## 参 考 文 献

[1] 赵世科．溶洞对隧道施工的影响研究[D]．西南交通大学，2002．
[2] 徐贵辉．复杂岩溶地区隧道施工综合地质预报技术及工程应用[D]．中南大学，2010．
[3] 沈东东．乐广高速岩溶隧道稳定性及突涌水研究[D]．中国地质大学，2011．
[4] 刘瑞琪．城市岩溶区地铁隧道的溶洞超前探测及处治技术[J]．石家庄铁道大学学报（自然科学版），2012(6)．
[5] 刘志刚，刘秀峰．TSP（隧道地震勘探）在隧道隧洞超前预报中的应用与发展[J]．岩石力学与工程学报，2003(8)．
[6] 薛翊国．隧道施工期超前地质预报实施方法研究[J]．岩土力学，2011(8)．
[7] 李宇翔．溶洞隧道的超前预报与治理措施分析[J]．交通科技与经济，2012(4)．
[8] 刘瑞琪．城市岩溶地铁隧道的溶洞超前探测及处治技术[J]．石家庄铁道大学学报，2012．
[9] 陈建．地铁隧道穿越溶洞的施工处理技术[J]．城市轨道交通研究，2005(3)．
[10] 刘清文．铁路隧道溶洞处理技术[J]．西部探矿工程，2005(7)．
[11] 蒋忠信．南昆铁路隧道溶洞的预测与检验[J]．铁道工程学报，1997(1)．

# 深水条件下岩塞钻孔爆破关键技术及应用

赵 根　吴新霞　周先平　黎卫超　胡英国　吴从清

（长江科学院，湖北 武汉，430010）

**摘　要**：为实现深水条件下的岩塞钻孔爆破贯通与成型，系统研究了深水条件下岩塞钻孔爆破的贯通机理；提出了结合隧洞开挖的岩塞爆破试验方法，可对岩塞钻孔爆破参数的合理性、爆破器材的防水抗压性能以及起爆网路的可靠性、施工工艺等进行了现场试验；对岩塞在库区与隧洞内外不同水压差情况下的爆破石渣运动形态进行水工模型试验，解决了高水压条件下的岩塞钻孔爆破贯通成型、石渣运动控制等技术难题，并成功应用于长甸水电站扩机工程的岩塞爆破中。可为类似岩塞爆破工程提供参考与借鉴。

**关键词**：岩塞爆破；电子雷管；模型试验；爆破效应

# The Key Technology and Application of Rock Plug drilling Blasting under Deep Water Condition

Zhao Gen　Wu Xinxia　Zhou Xianping　Li Weichao　Hu Yingguo　Wu Congqing

（Yangtze River Scientific Research Institute，CWRC，Hubei Wuhan，430010）

**Abstract**：In order to realizing the plug through, contour formation and controlling the adverse effects of blasting, the site experiment was implemented to test the rationality of the rock plug blasting parameters, the waterproof compression performance and the reliability of detonating network. The movement form of the blasting debris under different water pressure difference was investigated by using the hydraulic model test. Research results work out the technical problems such as the contour formation and movement control of rock debris, which were used in the rock plug blasting of expansion project of Changdian hydropower station successfully. It also can provide good reference for the similar engineering of rock plug blasting.

**Keywords**：rock plug blasting；electronic delay detonators；model test；blasting response

# 1　引言

基于国家十三五规划提出的水资源高效利用的方针，对部分水库增建水工隧洞进行二次开发是大势所趋。增建的水工隧洞进口常位于水面以下数十米甚至百米深处。常规修建围堰的方法具有以下缺点：（1）需降低库水位，水量损失大；（2）当水深超过20m时，如采用挡水围堰方案，其爆破风险及费用将成倍增加；（3）在界河流域上，由于保密和国家安全因素的影

---
作者信息：赵根，教授，wh_zhaogen@126.com。

响，不允许修建围堰。在此情况下，水下岩塞爆破成为解决问题的重要途径。水下岩塞爆破不受水位消涨和季节条件的影响，可省去工期长成本高的围堰工程，施工与水库的正常运行互不干扰，是一种适合深水条件下的引水洞进口施工方法。

岩塞爆破技术在挪威应用较早，在上世纪近百年期间已约有600多例岩塞爆破工程，Jaeger等[1]早在1979年便对岩塞爆破的基本理论和方法进行了介绍。我国自20世纪60年代开始应用岩塞爆破技术以来，基于大量的工程实践，国内岩塞爆破技术在设计方法、进水口成型、爆后岩渣处理措施以及对附近建筑物的影响等方面，都有所创新。赵根等[2]研究了电子雷管起爆系统在岩塞爆破中的应用；杨建红等[3]总结了岩塞爆破技术在水利水电工程中的应用实例；刘美山等[4]研究了岩塞爆破在塘寨水电站取水口工程中的应用；荣立爽等[5]针对岩塞爆破的振动加速度反应谱进行了分析；李江[6]等研究了刘家峡岩塞爆破的水工模型试验技术；杨朝辉[7]、任焕强[8]、田小宝等[9]基于不同的工程背景，研究了岩塞爆破的具体实施技术。

早期由于认识水平和技术条件的限制，水下岩塞爆破多采用硐室爆破的方法，后逐渐发展为在岩塞体中部用集中药包、周边扩大部分用钻孔爆破，该种方案能兼顾成型和贯通，由于适应性较好，国内之前的规模稍大的岩塞爆破均采用硐室爆破或药室排孔相结合的爆破方案。然而硐室爆破由于其爆破振动影响大，不确定性影响因素高，有违现代爆破向精细控制方向的发展要求，因此如今多数工程不允许或放弃采用硐室爆破的方式。相比之下，全排孔爆破有其独到的优点，在如今毫秒延时爆破精度逐渐提高以及钻孔施工精度明显进步的条件下，可以有效地控制单响药量，减少爆破对保留岩体以及近区建筑物的影响，安全性显著提高。然而，我国完全采用钻孔爆破仅用于岩塞直径小于6m（印江岩口）的较小断面岩塞爆破，在大直径长岩塞的条件下实施全排孔岩塞爆破尚未尝试和探索，未来采用全钻孔的岩塞爆破技术可能成为关注的重点。

岩塞爆破技术虽在不少工程中已被深入应用，但已有的文献大多涉及岩塞爆破的施工工艺，鲜有研究从系统的角度对深水条件下的岩塞钻孔技术进行系统的阐述和总结。

## 2 岩塞钻孔爆破贯通成型机理

岩塞爆破成功的判别标准可分为以下方面：（1）爆后轮廓面质量满足设计要求：包括洞口形状、尺寸符合预定的设计要求，且洞壁光滑稳定、损伤小；（2）石渣堆积在集渣坑内；（3）周围环境安全，包括洞内结构安全、洞外结构及周围建筑物安全。

岩塞爆破贯通成型是岩塞钻孔爆破的核心要点，针对深水条件下的岩塞钻孔爆破的贯通成型机理的研究显得尤为重要，图1为深水条件下岩塞爆破力学环境示意图。

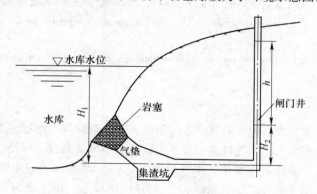

图1 深水条件下岩塞爆破力学环境示意图

Fig. 1 Schematic diagram of rock plug blasting under deep water condition

进水口岩塞采用钻孔爆破时，一般围绕岩塞的中轴线依次布置掏槽孔、崩落孔和周边孔。当掏槽孔起爆时，炮孔周围岩石在爆炸能量的作用下产生强烈的压剪与拉裂破坏，并向空孔和两端临空面区域移动并抛掷，形成圆柱形的临空面；崩落孔由内而外依次起爆，破碎的岩石向掏槽孔形成的临空面做径向运动，向两端临空面进行轴向抛掷；最后周边孔形成平整轮廓面。与此同时，在岩塞体内外水压差的作用下，库区水体经岩塞口高速涌入，并将爆渣冲入集渣坑，至此岩塞体消失，形成贯通的进水口。以上是岩塞爆破过程的定性描述，要顺利实现这一过程，掏槽爆破效果至关重要，如果掏槽效果不好，径向不能形成良好的临空面条件，崩落孔破碎的岩石只能向两端临空面进行轴向抛掷，可能造成虽然岩塞体两端爆除了而中部却出现残埂的后果。

因此需要研究岩塞爆破的掏槽效果及影响因素，进而提出改善岩塞爆破效果的解决方案。从表观层面看，岩塞爆破与常规的隧洞掘进开挖类似，通过合理地布置掏槽孔、崩落孔以及周边孔，实现开挖成型；但需要指出的是常规隧道掘进一个循环的爆破深度为3~5m左右，而岩塞爆破的一次爆破成型深度一般为10m左右，有的甚至达15~18m。在超长的孔深条件下，沿炮孔轴线长度方向的岩体夹制作用可能对爆破效果产生决定性的影响。为此图2给出了基于动力有限元仿真的岩塞掏槽爆破损伤分布图。

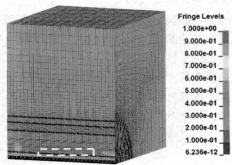

图2　11m岩塞掏槽爆破效果示意图
Fig. 2　Schematic diagram of blasting effect for rock plug

从图中可以看出，两端掏槽爆破效果较好，而中部效果略差，这表明在岩塞长度较长时，掏槽效果首先在岩塞体中部变差。如上所述，掏槽效果是岩塞爆破的关键所在，中部掏槽效果变差必然影响该区域的贯通效果。

为此，图3给出了崩落孔与周边孔中间区域沿岩塞体轴线的损伤程度分布曲线。岩塞两端的破碎程度较高，而在中部其损伤程度降低。为避免掏槽孔深度过大出现炮孔中部掏槽效果不理想的情形，可设法减少掏槽孔的深度，于是预先开挖中导洞的爆破方案应运而生。

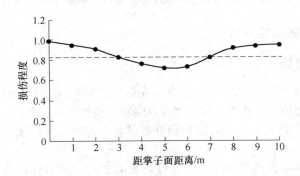

图3　崩落孔与周边孔中间区域的损伤程度分布曲线
Fig. 3　Damage distribution of position between caving holes and contour holes

中导洞的存在将显著改变岩塞的贯通效应，主要体现在以下两个方面。首先针对临近中导洞部分的岩体而言，一方面很大程度解除了岩体的夹制作用，另一方面由于中导洞的壁面为该区域岩体的破碎提供了临空面，爆炸应力波传播至临空面时反射产生拉应力波，可以加强岩体的破碎。其次中导洞掏槽实际上减小了岩塞一次贯通的长度，根据上文分析结果，当一次贯通深度降低时，沿岩塞轴线方向的夹制作用将减弱。

中导洞的开挖方案必然提出了中导洞的参数问题，基于常规的施工条件和施工设备，中导洞的直径一般在3~4m，因此中导洞的深度是个需要确定的问题。图5给出了岩塞贯通效果评价指数与中导洞深度的对应关系。

从图中可以看出，随着中导洞掘进深度的增加，岩塞爆破效果评价指数增大，但增大趋势逐渐平缓。中导洞进深的增加提高了爆破临空面的面积，有利于爆破贯通。另一方面在全断面的岩塞爆破中开挖形成中导洞，无疑将会影响其稳定性。随着中导洞掘进深度的增加，岩塞体的安全系数降低，但岩塞贯通效果指数有增加的趋势，两个主要参考指标分别随中导洞的深度呈正相关和负相关的变化趋势，如果对两个参考指标进行限定，则可以得到合理的中导洞掘进深度。

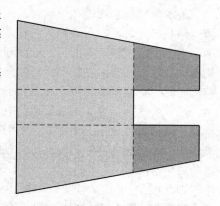

图4　带中导洞的岩塞钻孔爆破示意图
Fig. 4　Schematic diagram of rock plug with middle drift

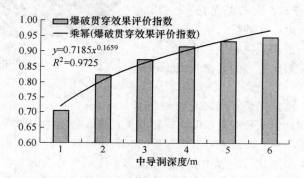

图5　不同中导洞深度与爆破贯通效果评价指数的对应关系
Fig. 5　Relationship of blasting effect and the depth of middle drift

## 3　深水条件岩塞爆破试验方法

### 3.1　岩塞爆破试验方法

岩塞爆破关系到整个工程的成败，且离正在运行的重要水工建筑物（大坝、中控室等）较近，因此，对岩塞爆破设计提出了较常规拆除爆破更高的技术要求：

（1）对爆破设计中遇到的技术问题均须开展试验，进行充分论证，做到技术措施的完善与落实；

（2）岩塞爆破必须一次爆通成型，满足过流断面要求，力争较好的水力学参数，同时使洞脸边坡保持整体稳定；

（3）在岩塞爆破轮廓成型的条件下，应尽量减小爆破对周边建筑物的有害影响。

为探明水下岩塞爆破在设计与施工中可能遇到的关键技术难题，大多采用在岩塞爆破工程附近选一个试验场地，进行一个与原型相同或规模稍小的岩塞爆破试验。如丰满水电站泄洪洞的水下岩塞爆破，岩塞直径11m，采用集中药室爆破的方法，总药量为4075kg，当时就进行了直径为6m的水下岩塞爆破试验，总药量为828kg。

在岩塞爆破工程附近，单独开展岩塞爆破试验，将导致工程量增大，同时爆破试验的次数有限，一旦试验失败，将严重影响下一步的工作。在长甸水电站改造工程的进水口岩塞爆破项目中，创新性地提出了结合引水隧洞开挖进行岩塞爆破试验的方法，取得了良好效果。该试验方法具有以下特点：（1）结合隧洞开挖进行爆破试验，不需另外选址，基本不增加额外工程量和投资；（2）可进行多参数组合的岩塞爆破方案优化试验，试验次数基本不受限制。

### 3.2 岩塞爆破试验内容

岩塞爆破试验的主要内容如图6所示，并以长甸岩塞爆破工程为例，介绍岩塞爆破试验各项内容的操作方法。

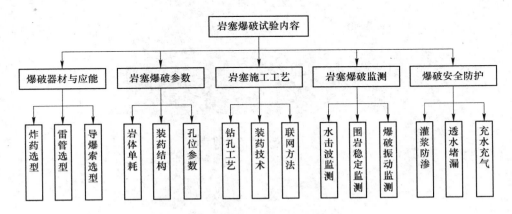

图6 岩塞爆破的试验内容

Fig. 6 Experiment content of rock plug blasting

在爆破器材试验方面：将炸药、雷管放入压力罐中加压至0.55MPa，7天后测试雷管的延时精度、可靠度，10天后开展炸药的爆速以及殉爆距离试验等。另外，在水库进行水深60m的雷管起爆炸药、导爆索引爆炸药以及雷管引爆导爆索等起爆性能试验。

在爆破参数试验方面：长甸岩塞爆破试验，结合引水隧洞的正常开挖，设计了多组岩塞爆破参数试验方案，包括不同掏槽孔形式、周边孔光面与预裂爆破方式的选择以及中导洞设置与否等试验方案。最终确定了适合该区域岩性特征的单耗、掏槽形式、周边孔爆破方式以及不同类型炮孔的装药结构等爆破参数。

在施工工艺试验方面：开展钻孔放样、定位、监控等钻孔工艺试验；按设计装药结构怎样进行绑扎、防水处理，堵塞材料的选择与使用、雷管脚线的保护等均是需要解决的问题。因此开展岩塞爆破施工工艺试验，既熟悉了施工流程，又对可能出现的问题提出了解决方案，为实际岩塞爆破施工锻炼了队伍、提高了操作水平、提出了应急预案。

针对岩塞爆破的有害效应监测，开展岩塞爆破时，每次试验均进行爆破振动、冲击波监测，爆后爆堆形状以及爆破块度进行测量和分析，并采用声波法进行爆破后洞壁岩体影响深度的测试。

## 4 岩塞爆破有害效应控制技术

### 4.1 水击波效应控制技术

岩塞爆破产生的水击波影响分两个方面，一是岩塞体爆破向库区传播的水击波，可能对水库养殖区、大坝等产生一定的影响；二是向隧洞内传播的水击波，可能对闸门井等产生影响。采用毫秒延时起爆技术，可有效降低水击波的危害。如长甸岩塞爆破的瞬间，在岩塞口上方水域，出现内含多头"蘑菇"的鼓包（图7），实测的水击波波形（图8）也表明，由于采用了毫秒延时爆破技术，水击波分散成了多个小峰值。在隧洞内降低水击波危害最有效的方法，就是使岩塞体内表面与水体隔离，其间留有空气垫层，使岩塞爆破溢出的能量首先产生空气冲击波，再传输到水体产生水击波，这样可极大地降低水击波的对隧洞结构、闸门等的破坏影响。

图7 岩塞爆破产生的鼓包
Fig. 7 The expansion of water during rock plug blasting

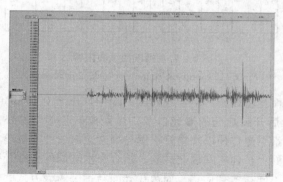

图8 实测水击波波形
Fig. 8 The waveform of water shock wave

## 4.2 爆破振动效应控制技术

在爆破振动效应控制方面，岩塞爆破可采用的措施与常规爆破类似，需要通过开展爆破振动衰减规律测得爆破振动衰减参数，进而基于保护对象的控制标准与爆心距。确定合理的爆破单响药量。爆破振动控制采用数码雷管起爆技术，严格控制起爆每段雷管的起爆时间，确保不重段、不窜段，使爆破单段药量的控制得以严格实现。

## 4.3 爆破石渣与闸门井涌浪的控制技术

岩塞爆破石渣处理分两种情况，一种是让石渣在水流的作用下由隧洞泄出，如排沙洞岩塞爆破；另一种是将爆渣留在集渣坑内，否则爆渣会对发电机组产生破坏影响，如发电引水洞进口岩塞爆破。集渣坑的形状、大小、集渣效果等，需通过水工模型试验来确定。

从安全角度考虑，闸门井水体涌浪的高度不能超过闸门井预警高程（顶板），因此需要合理确定闸门井爆前的水位。已有的研究表明，闸门井的涌浪高度与水库水位、闸门井水位差存在一定的正相关关系。但闸门井涌浪高度的确定涉及复杂的水动力学运动过程，一般需通过水工模型试验方法来综合确定。

## 5 岩塞爆破施工工艺

### 5.1 装药与联网

岩塞掌子面因炮孔渗水点多、库水温度低、作业空间局促，施工条件恶劣。装药施工关键问题在于采取有效的措施保证装药施工质量，尽量避免渗水对爆破材料的影响。装药可采用有一定柔性的 PE 管预先加工药包（筒）、单孔一次性安装到位的工艺。

由于岩塞掌子面环境恶劣，联网施工一定要按照爆破器材的特性做好细节工作。例如，数码电子雷管的连线接头不能置于水中（尽管爆破器材试验时，将接头置于水下 60m，也能正常起爆），因此需制定严格措施保障在集渣坑充水过程中所有数码电子雷管接头高于水面。起爆网路的防护是爆破成败的一个很重要环节，必须建立严格的联网制度，由经培训的爆破人员联网，并由主管技术工程师负责网路的检查。

### 5.2 岩塞充水与补气实施

开始充水补气环节意味着施工作业进入不可逆的阶段。必须在岩塞体爆破装药及联网完成并检查无误后，才能开始集渣坑的充水。

为保证闸门井的水位达到一定的高程，同时确保岩塞体内的起爆网路不被水淹没，必须对气垫进行补气加压。

实施过程中充水、补气系统需进行跟踪监测，集渣坑内水位可利用摄像头实时传递到现场爆破指挥中心，充水过程遇到临时堵头渗漏量较大的问题时须及时处理。

### 5.3 岩塞爆破效果监测方法

在靠近岩塞体隧洞侧壁上布置摄像头，对岩塞爆破瞬间、爆穿后的水石流等进行拍摄和跟踪。

在水、空气击波压力的测试方面，通过水击波计和空气击波计进行动态监测，监测范围为岩塞进水口至闸门井后临时堵头迎水面。

针对爆破振动监测，主要测点与水、空气击波计同位置布置，另在锚固灌浆洞内、闸门井高程检修平台、临时堵头迎水面以及堵头下游等不同位置布置测点，视监测条件而定。

同时需对岩塞口及附近周边围岩变形监测，可将多点位移计布置在锚固灌浆洞，分别监测岩塞口上部围岩和集渣坑顶拱的变形。

## 6 工程应用实例

长甸水电站改建工程岩塞进水口系统由岩塞体、连接段和集渣坑等部分组成。长甸进水口岩塞中心轴线与水平夹角43°，岩塞段厚度为 12.5m，岩塞外口直径为 14.6m，塞底直径为 10m，扩散角 10°，岩塞厚径比为 1.25。岩塞与集渣坑之间设中心线长 7m 的连接段，内径 10m。集渣坑采用气垫式布置，该段下部为集渣坑，上部在爆破时为气垫室。

采用中导洞超前开挖的全排孔岩塞爆破方案；结合引水隧洞爆破开挖，分别对岩塞以及中导洞开挖的爆破参数进行了试验，并得到合理的爆破参数；同时对爆破器材进行选型及试验，确保其在55m水头下能安全准爆。

爆破简要过程如下：2014年6月16日9：00，岩塞爆破领导小组决策上午10：26实施爆破。随即于9：30关闭闸门井启闭室电源，对启闭室设备进行保护作业。水库库面、施工支洞洞口等各警戒区陆续完成警戒确认。10：00，停止对集渣坑充气，此时集渣坑水位高程45.4m，闸门井水位68.77m。10：20，进入岩塞爆破倒计时，起爆网络开始充电；10：26发布起爆命令，按动起爆按钮，约1.5s后，监测屏幕出现岩塞起爆图像，直至采集摄像头被爆破冲击波破坏和淹入水中。随后，库面观察组传来起爆后水面鼓包信息。10：30，确认岩塞爆破成功。闸门井启闭室开始进入恢复供电程序，相关各组进行安全检查，进入闸门井启闭室，查看岩塞爆破涌浪情况，闸门井水位上升至库水位，未发现涌浪进入闸门井启闭室底板（123.5m）现象。启闭室恢复动力电源供给后，闸门缓慢下降，于12：20顺利关闭，说明爆渣未进入闸门槽附近。

根据爆后水击波、空气冲击波、爆破振动以及进水口围岩的变形结果，所有测试指标均在合理安全的范围以内，长甸水电站进水口岩塞爆破取得圆满成功。

## 7 结语

本文针对深水条件下的岩塞爆破关键技术，研究了岩塞爆破的贯通机理，并提出了中导洞全排孔岩塞爆破方案，创新性地提出了结合隧洞开挖的岩塞爆破试验方法，对岩塞爆破有效的控制、爆破施工工艺等进行了研究。研究成果在长甸岩塞爆破工程中得到了成功应用。

### 参 考 文 献

[1] Jaeger, J. C. Cook, N. G. W. Zimmerman, R. W. Fundamentals of Rock Mechanics (Third Edition)[M]. Wiley-Blackwell, 1979.

[2] 赵根，吴新霞，周先平，等. 电子雷管起爆系统及其在岩塞爆破中的应用[J]. 爆破，2015，32(3)：91-94.

[3] 杨建红，等. 岩塞爆破技术在水利水电工程中的应用[J]. 电力学报，2003，18(2)：107-112.

[4] 刘美山，余强，王缪斯，赵根，张正宇，等. 贵州塘寨电厂取水口岩塞爆破[J]. 工程爆破，2011，17(4)：36.

[5] 荣立爽，孙建生，等. 岩塞爆破的振动加速度反应谱分析[J]. 太原理工大学学报，2008，39(4)：415-418.

[6] 李江，叶明. 刘家峡水电站岩塞爆破模型试验施工技术[J]. 水利水电施工，2015(1)：13-17.

[7] 杨朝辉，赵宗棣. 印江岩口应急工程泄洪洞进口水下岩塞爆破设计与实践[J]. 工程爆破，2000，6(1)：64-69.

[8] 任焕强，李荣伟，于江. 某引水隧洞进口水下混凝土塞爆破[J]. 水科学与工程技术，2013(4)：91-94.

[9] 田小宝，郭维扬，张喜梅. 数码电子雷管在某水下岩塞爆破工程的应用[J]. 中国矿业，2015，24(8)：148-152. 徐守刚，余常新. 岩塞爆破对响洪甸大坝性态的影响[J]. 水利水电技术，2000，31(2)：61-63.

[10] 冯立孝. 气垫式水下岩塞爆破的技术研究及应用[J]. 爆破，2007，23(4)：66-70.

# 某地震堰塞湖应急泄流洞岩塞贯通过程分析

刘美山

（长江科学院，湖北 武汉，430010）

**摘 要**：某地发生 6.5 级地震，诱发严重山体垮塌，在震中的一条江上形成了一个蓄水量近 2.6 亿立方米的巨大堰塞湖，严重威胁下游乡镇的安全。应急抢险阶段在坝体顶部开挖了一个泄流槽，同时利用该震区已有的一个旧水电站的调压井，爆破形成了一个高位小型泄水洞，险情得到基本控制。进入应急除险阶段后，为了彻底除险，利用该电站的引水发电隧洞，另外开辟一条应急泄流洞，应急泄流洞与引水隧洞之间预留岩塞，最后爆除岩塞，实现泄流。先后进行了三个阶段的岩塞爆破方案研究，对岩塞体型、爆破参数、起爆网路进行了精心设计。并根据施工过程揭露的工况变化，对爆破设计进行了不断优化。但后来受到水压和余震影响，岩塞未爆而自通，本文对应急泄流洞岩塞贯通过程进行了分析，对贯通原因进行了总结，可供类似工程参考。

**关键词**：地震；堰塞湖；岩塞爆破

## Penetrating Process Analysis of the Emergency Discharge Tunnel Rock Plug of an Earthquake Landslide Lake

Liu Meishan

(Yangtze River Scientific Research Institute, Hubei Wuhan, 430010)

**Abstract**: After the 6.5 magnitude earthquake, serious landslide induced at local river, a huge Landslide lake water of nearly 260 million m$^3$ water storage, endangered the safety of downstream township. A flood relief channel was excavated at the top of the dam in the stage of emergency rescue, moreover using the surge tank of local already existing Hydropower Station, a small high position drainage hole was formed by blasting, the danger was controlled basically. In emergency treatment stage, in order to eliminate the danger completely, utilizing the diversion tunnel of the original Hydropower Station, open up an emergency discharge tunnel, reserve a rock plug between emergency discharge tunnel and diversion tunnel, eliminate the rock plug by blasting finally, discharge was realized. The blasting program research of rock plug was conducted, elaborate design of rock plug shape and blasting parameters and initiation network. Blasting design was optimized constantly according to change of working condition. But Affected by water pressure and aftershocks, the rock plug broken over by itself. In this paper, analyzed the rock plug penetrating process of emergency discharge hole, summarized the penetrating reason, can provide reference for similar engineering.

作者信息：刘美山，教授级高级工程师，35802349@qq.com。

**Keywords**: earthquake; landslide lake; rock plug blasting

# 1 概述

2014年8月3日下午某地发生6.5级地震,震源深度12km,此后发生余震1335次。震区有一条江,该条江上在震中附近有一个已建成的水电站,由于强烈地震造成山体滑坡,使得在该江上的水电站下游区域形成了一个巨大的堰塞湖。8月正值当地的雨季,江水被阻断后,堰塞湖水位迅疾蹿升,每小时上涨约1m,到8月10日,这个"自然"形成的堰塞湖,已经蓄水2.6亿立方米,对下游的3万多居民,两座水电站和几座公路桥梁及大量农田构成了严重威胁。

抗震救灾总指挥部紧急启动了应急抢险工作,应急抢险分显性工程和隐性工程两个部分。显性工程就是在堰塞体上开凿一条应急泄水槽,一旦水位上升到大坝顶部,由这条泄水槽将江水泄出,以避免漫坝、溃坝所带来的巨大危害。而隐性工程,就是"寻找或者开凿可以过水的隧洞,将湖水彻底排出"。

显性工程于2014年8月12日在堰体顶部中央偏左相对低洼部位顺河开槽,泄流槽底宽5m、深8m、边坡坡比为1:1.5。

隐性工程主要是打通震区的这个水电站的调压井施工支洞堵头检修门。该水电站引水隧洞下游靠近调压井附近设有一个9m×8m的施工支洞,施工支洞堵头长20m,堵头设有一条检修通道,检修通道直径为1.8m,末端设有检修门。拆除检修门后,检修门孔可下泄水流。同时对调压井实施有限爆破,增大引水隧洞调压井井筒的自由泄流流量,可减缓堰前水位上升,为后续处置工作赢得时间。到8月10日,经过对调压井和检修门的精细控制爆破,引水隧洞调压井开始泄流,初始流量约为80m³/s。随着水位上升水压的增大,下泄流量略有增加,到8月13日,入库流量和下泄流量逐步趋于平衡,水位不再上升,使堰塞湖水位稳定在1177~1181m之间,为堰塞湖排险处置和下游群众转移赢得了时间。

堰塞湖维持了入库和出库平衡,水位稳定,但2.6亿立方米堰塞湖水并没有减少,依然是威胁下游安全的一个巨大隐患。为了彻底解除威胁,抗震救灾指挥部提出要求从底部打一条洞子,将堰塞湖水放空,彻底消除堰塞湖威胁,至此现场工作进入应急除险阶段。

经过对左右岸山体地质情况及原有地下工程的综合分析,决定在低于堰塞湖水平面70多米的河流另一侧江边,向山体内部开凿一个高和宽分别为7.5m×7.5m,长287m的应急泄流洞,然后把它和电站原有的引水隧洞接通,湖水就可以从此处彻底泄出。应急泄流洞平面如图1所示。

# 2 岩塞爆破设计

## 2.1 第一次岩塞爆破设计

应急泄流洞要求一个月完成,在泄流洞与引水隧洞之间预留岩塞,最后采用岩塞爆破方法使应急泄流洞和引水隧洞贯通。隧洞的掘进属于常规爆破,最后一次贯通的岩塞爆破属于特殊爆破,从方案之初,就对岩塞爆破进行了精心设计。

初期的岩塞爆破设计采用排孔方案,岩塞厚度根据岩塞爆破经验选择,为了确保贯通,经验比值约为厚度是直径的1.0~0.85倍。为保证施工安全,本除险工程岩塞爆破设计选1.0倍洞径,即7.5m。考虑到原引水隧洞有0.6m的钢筋混凝土衬砌,钢筋混凝土抗震能力和承压能力较强,会承载一部分水头压力,因此1.0倍洞径的岩塞设计是安全的。并设计了中导洞,中

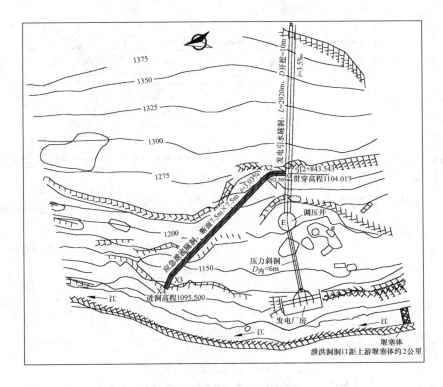

图 1 应急泄流洞平面布置图
Fig. 1 Layout of the emergency discharge tunnel

导洞最后预留岩石段长度为3.0m。要求钻孔前采用物探方法确定岩塞的准确厚度，钻孔深度根据实测岩塞厚度进行调整。钻孔前须用测量仪器精确放出测量点位。钻孔采用架子钻，孔径$\phi 80mm$，钻孔方向需搭设施工平台精准确定，孔底进入发电引水隧洞设计衬砌厚度1/2位置，开孔误差控制在±2cm，孔底和孔深误差控制在±3cm。钻孔深度控制采用设计孔深和孔内渗水双控。当钻孔孔深达到设计要求时，即使孔内没渗水也立刻停止钻孔；当钻孔深度未达到设计要求，出现渗水时，在孔底已进入或接近衬砌时，停止钻孔。岩塞前端设集渣坑，集渣坑容量按设计爆破松方量控制。中导洞先挖段采用手风钻开挖，预留段采用架子段和岩塞段一同施工。本方案的预测当前堰塞湖水位高程为1176m，请参见图2和图3。

## 2.2 岩塞爆破的调整方案

初期设计方案完成后，2014年9月17日，召开了"该泄流洞岩塞拆除爆破方案评审会"，对应急泄流洞岩塞拆除爆破方案进行了评审。根据提供的地质资料为Ⅲ类围岩，分析认为预留7.5m岩塞的泄洪洞爆破方案岩塞体是安全可行的，认为水平岩塞，断面为标准原型结构，与一般岩塞断面为梯形结构并不一致，此类岩塞的爆破特性缺乏类似的经验可以借鉴，但又不具备做试验的时间，有必要对岩塞爆破设计进行不断的跟踪优化。集渣坑的设计没有必要，而是应该利用水流将石渣全部冲走。建议最好是采用探孔打穿来确定岩塞体的厚度和形状。3.0m深的中导洞很难实现，且施工风险大，建议取消。关于引水隧洞的衬砌情况和衬砌质量，引水隧洞内是否充水及水压如何，建议慎重对待，收集原有电站的设计资料，进行分析判断衬砌质量。根据会议精神，对岩塞爆破方案进行了调整，调整后的方案见图4。

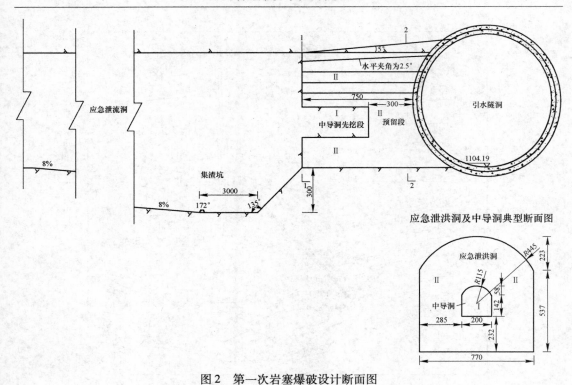

图 2 第一次岩塞爆破设计断面图

Fig. 2　First blasting design section of the rock plug

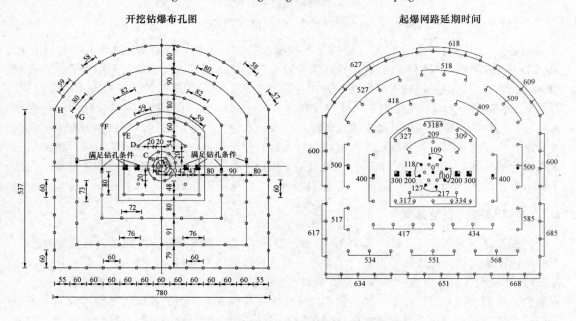

图 3 第一次岩塞爆破设计及起爆网路图

Fig. 3　First blasting design and initiation network of the rock plug

新方案的岩塞长度调整为9.0m，厚度与洞径之比达到1.2，已经具有较大的安全余地。不设置中导洞。钻孔前采用物探方法确定岩塞的准确厚度，用测量仪器精确放出测量点位，钻孔

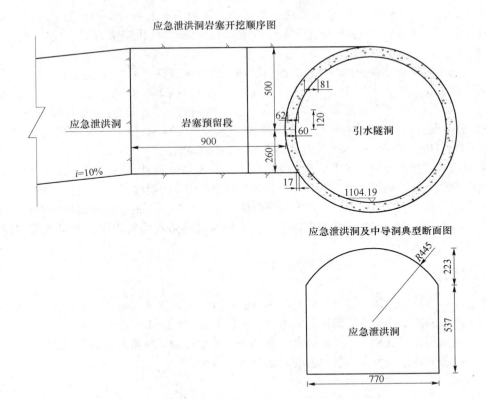

图 4 第二次岩塞爆破设计断面图

Fig. 4 Second rock plug blasting design section

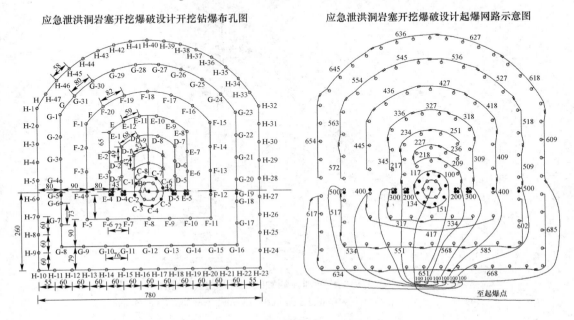

图 5 第二次岩塞爆破设计及起爆网路图

Fig. 5 Second blasting design and initiation network diagram of rock plug

采用架子钻，孔径φ89mm。应急泄流洞正常开挖段离岩塞段最后一次爆破时，为了保证岩塞段钻孔位置，应急泄流洞边墙和顶拱需要扩挖20cm。采用直孔掏槽方式，导爆管雷管起爆网路。

在岩塞爆破设计完善的同时，应急泄流洞的掘进继续进行，平均每天掘进10m左右，最快的一天掘进13m。至9月24日凌晨1时，泄洪洞开挖至0+266.9（0+18.739），距离引水洞内边墙14.339m，此时岩石断面完整。当日凌晨4时响炮后，掌子面揭露岩石为泥质白云岩（属Ⅴ类偏下围岩），且多处有渗水，不停掉块、坍塌。至24日19时，共坍塌约4m，坍塌至桩号0+273（0+12.639），岩塞长度缩为7m，且持续掉块。

由于岩塞段围岩类别为Ⅴ类，现场实际情况与原来爆破设计预估的Ⅲ类围岩有较大差别，围岩强度明显降低，抗压能力减弱，且岩塞长度已低于9m的设计长度。根据现场判断，施工期间岩塞段存在很大安全风险。在岩塞爆破拆除施工过程中剩下的堵头无法精确造孔，增加了爆破效果的不确定性。如果造孔击穿混凝土，高压水流将造成岩塞崩塌；如果造孔深度不够，则无法保证爆破效果。

## 3 岩塞贯通

堰塞湖后续处置指挥部及时召集有关各方面商讨制定新的岩塞爆破方案，根据对现场情况的分析，原有的方案已经不能保证岩塞体的爆破施工安全，因此决定，对原有设计方案进行调整。原有隧洞停止掘进，沿轴线浇一个15m堵头，将原有洞子封堵住。然后退后20m，从旁边打一个岔洞去重新连接引水隧洞。新的调整方案见图6。

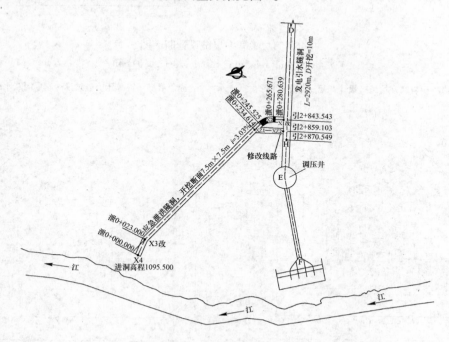

图6 调整后的应急泄流洞轴线及岩塞位置示意图

Fig. 6 Emergency discharge tunnel axis and rock plug location after adjustment

开挖爆破和混凝土浇筑，两个工作同时推进，只用了3天时间混凝土堵头浇筑完成。10月3日14时28分，又发生了一次余震，受到这次余震的影响，原设计隧洞轴线上的岩塞、混凝土堵头及附近围岩崩塌，巨大的水流快速漫涌出来，应急泄流洞岩塞及堵头段未经爆破而自动贯通。到10月4日14时50分，堰塞湖的水排空了，该堰塞湖无声无息地消失了。

## 4 贯通原因分析

应急泄流洞贯通了，岩塞湖应急除险工作彻底结束。参建各方严格执行标准且规范设计施工，岩塞的突然贯通具有不可预见性和不可抗力。但综合分析整个过程，还是有如下经验需要总结。

### 4.1 关于预留岩塞体厚度

实践表明本设计对岩塞厚度的风险估计不足，国际上通行的岩塞厚度与洞径之比一般在1.0~1.5，下限的极限也有用到了0.8倍的。该岩塞的最初设计是1.0倍，第二次设计调整为1.2倍，从设计上来说已经有足够的安全余地。但在9月17日发生掌子面塌方后，岩塞厚度最薄处只有4.6~4.7m，加上理论上的钢筋混凝土衬砌0.6m。实际最薄5.2~5.3m，洞径按照7.5m计算，实际比例为0.69~0.70倍。但如果考虑到塌方形成的腔体，洞径远远大于7.5m，实际的岩塞厚度与洞径之比小于0.7倍。尽管国内外类似工程也有小于0.7倍的案例，但本工程的岩石受到地震和多次余震的影响，岩体力学性能已经严重劣化，需要考虑地震破坏的不利影响。根据这个问题，以后的类似工程需要进一步研究岩塞厚度与洞径之间的比值关系，寻求极限的下限值，建立岩塞厚度与洞径的比值和岩塞体质量、水头压力之间的数学模型。方可避免类似的问题发生。同时，初始设计，在类似工程取值的基础上，还应留出更大的安全余地。本工程的岩塞厚度与洞径之比宜按大于1.5设计，更加岩体质量进行调整，宜增大不宜减小。

### 4.2 关于0.6m钢筋混凝土衬砌的问题

在整个方案设计过程中，都认为原有该电站引水隧洞的0.6m的钢筋混凝土衬砌质量很好，因为拱形的大体积钢筋混凝土抗震能力较强，受到地震的影响有限，能满足其设计的力学要求。但实际情况可能是，这个工程建成年代较久远，钢筋混凝土使用时间较长，在使用过程中，混凝土衬砌本身以及与围岩的黏结部位力学特性已经劣化，质量已经达不到原设计要求。其二是该地震为垂直振动，上下作用，可能0.6m的钢筋混凝土衬砌早就因为地震的原因被剪切破坏了。类似地震的突发大荷载，对结构的影响评价是一个崭新的课题，需要深入研究。在没有明确的结论前，需要更加审慎对待，做最不利的估计，预留更大的安全系数。

### 4.3 对围岩松弛层的力学特性劣化估计不足

在原引水隧洞开挖过程中，不论采用何种爆破工艺，对围岩都会造成一定的损伤。在原该电站原始验收资料中，认为是Ⅱ类岩体，根据岩体质量优化了支护设计，由双层钢筋变成了单层钢筋。现实的情况是，在开挖的过程中，围岩经过了爆破的一次损伤，在后期的运行过程中，围岩内的水起了长期的溶蚀作用，围岩的力学特性劣化。此外，突发地震对围岩又造成了进一步的破坏，力学特性进一步劣化。应急泄流洞距离引水洞内边墙14.339m，掌子面揭露岩石为泥质白云岩，属Ⅴ类偏下围岩，表明长期运行的围岩结构，当受到各种不利因素影响，其强度特性的下降是非常巨大的。

### 4.4 对透水和岩塞及附近围岩的监控

由于是应急除险工程，在追求施工速度的同时，快速监控手段更需要及时跟进。在应急泄流洞爆破掘进过程中,已经遇到过多次余震的威胁,围岩也偶有掉块垮塌,但由于围岩的变形监测需要安设仪器设备,需要有监测周期等,这方面的工作受到施工时间紧迫的影响,没有做细,只是定期对隧洞掌子面和围岩进行宏观调查和巡视检查,仪器观测手段较少,而且在原设计轴线封堵结束后,受到条件限制,对岩塞的观测基本停止,对贯通前的岩塞情况失去掌控。经验表明,快速有效的监测手段对类似的应急抢险工作至关重要。

## 5　结束语

这次应急除险工作,最后的岩塞贯通是整个除险工作的核心,虽然做了充分的爆破设计和爆破准备工作,尽管最终没有实施爆破,但其中对爆破的启示是很多的,也使我们对地震核心区域的岩塞爆破有了全新的认识,岩塞的预留体型设计、爆破方案和爆破参数等,都超越了以往的认知,必须充分考虑地震和反复多次作用的余震的影响,每一道工序都应预留足够的安全系数。我国是一个地震灾害频发的国家,爆破是地震应急抢险的重要手段,本工程中积累的经验,可为类似事件处置提供借鉴。

### 参 考 文 献

[1] 郝志信,赵宗棣,等. 密云水库水下岩塞爆破技术[G]. 岩爆工程资料汇编,水利部基建总局,1980.
[2] 黄绍钧,郝志信. 水下岩塞爆破技术[M]. 北京:中国水利水电出版社,1993.
[3] 张正宇,张文煊,吴新霞,李长生. 现代水利水电工程爆破[M]. 北京:中国水利水电出版社,2003.

# 丰宁抽水蓄能电站异形岩塞爆破设计

刘治峰　陈智勇　李海民　高成卫　梁朝军

（河北省水利工程局，河北 石家庄，050021）

**摘　要**：丰宁大（1）型抽水蓄能电站供水工程，其引水平洞断面为城门洞形式，洞身长度短、断面小、水头低，呈6%逆向纵坡。针对以上工程特点，采取了一种渐变椭圆弧形异形岩塞施工方案。该岩塞炮孔采用扇形布置，施工中运用特制的钻架完成钻孔。由于炮孔深度、倾角种类繁多，对于每一个炮孔的爆破参数都要经过精心设计。施工中钻孔、装药、网路敷设等均由经验丰富人员完成。本项目采用光面爆破技术保证了岩壁的完整，采用设聚碴坑的泄碴方案保证了泄渣效率。

**关键词**：异形岩塞；聚碴坑；光面爆破；单位炸药消耗量；炮孔长度

## Fengning Pumped Storage Power Station Special-shaped Rock Plug Explosive Design

Liu Zhifeng　Chen Zhiyong　Li Haimin　Gao Chengwei　Liang Chaojun

（Hebei Water Conservancy Engineering Bureau，Hebei Shijiazhuang，050021）

**Abstract**：In the Fengning large Ⅰ type pumped storage power station water supply project, the water intake horizontal tunnel section adopts the arched section shape, the barrel is short, the section is small and the water head is low, which is 6% reversed longitudinal slope. Aim at above project characteristics, the gradient oval arc heteromorphic rock plug construction scheme was adopted. The rock plug blasthole adopts fan efficiency pattern, and special drill stand was used for drilling work. As for there were varies of blasthole depth and obliquity, the blasting parameter of every blasthole was well-designed. And the drilling, charging and route arrangement were done by experienced person. The smooth blasting technique used in this project ensures the integrity of the rock face, and ballast discharge scheme which is to built the ballast conglomeration pit ensures the discharge efficiency.

**Keywords**：special-shaped rock plug；ballast conglomeration pit；smooth blasting；explosive material unit consumption；blasthole length

## 1　概述

丰宁抽水蓄能电站位于河北省丰宁满族自治县境内，工程规划装机容量3600MW，为一等工程，大（1）型规模。分两期建设，本期装机容量1800MW，安装6台单机容量为300MW的

---

作者信息：刘治峰，教授级高级工程师，hbsjzclm@126.com。

可逆式水泵水轮机组。电站主要由上水库、水道系统、地下厂房系统、蓄能专用下水库及拦沙库等建筑物组成。

上水库施工供水系统设计供水能力 280m³/h，取水水源为丰宁一级水电站水库。取水口由取水竖井和引水平洞构成，竖井直径 3m，深度约 30m；平洞为城门洞型宽 2m，高 2.5m，长度约 25m。水池均为圆形钢筋混凝土结构。

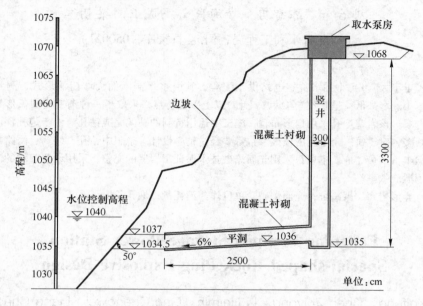

图 1　引水平洞布置图
Fig. 1　Diversion adit layout

取水建筑物埋深较浅，围岩卸荷及风化裂隙发育，岩体结构较为松散，围岩类别为Ⅳ类，围岩不稳定，需要加强支护；另石英闪长岩与花岗岩接触带附近岩体破碎，裂隙发育，岩体完整性差，平洞布设时应尽量避开接触带，在平洞洞口处，地形较陡，卸荷强烈，裂隙较发育，裂隙切割可能形成不利于边坡及洞室稳定的块体。

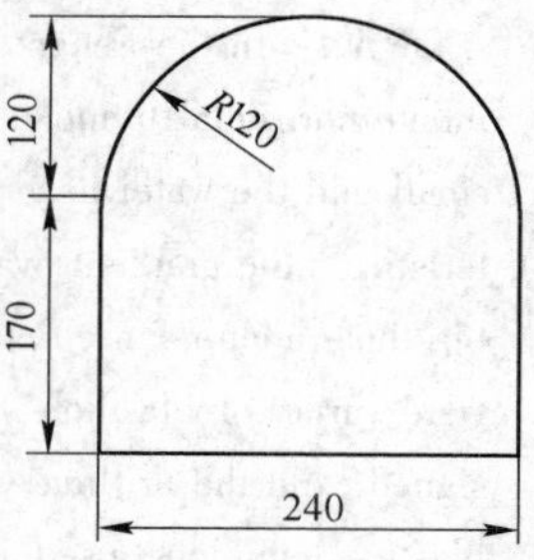

## 2　岩塞爆破设计

### 2.1　岩塞进口位置

岩塞大体水平布置，呈近似喇叭口形状，上游面大于下游面。

图 2　引水平洞断面图
Fig. 2　Diversion adit section

### 2.2　岩塞形状尺寸的确定

根据工程特点，本工程采取预留岩塞钻孔爆破方案。岩塞段厚度一般略大于平洞直径，经验比值约为 1.0～1.1 倍。

根据我单位施工经验，结合本工程具体情况，岩塞水平方向厚度取 3.0m（垂直工作面厚度为 2.3m）。

根据本项目的引水隧洞的向下倾斜的布置形式及城门洞型的断面形状，为保证进水口水流的通畅，岩塞亦设计成城门洞的形状，岩塞体大体水平布置。为保证洞脸上部岩体稳定，岩塞进口上缘线尽量向上部倾斜。另外，为避免爆破或因洞脸局部塌方掉块填塞洞口，影响隧洞正常运用，岩塞进口应具有一定向下倾斜的形式。具体尺寸如图3所示。

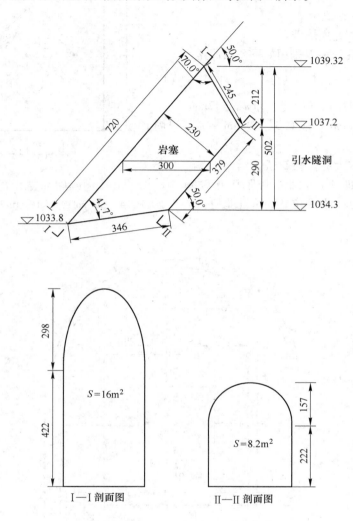

图3　岩塞设计形状断面图

Fig. 3　Rock plug design shape section

## 2.3　岩塞爆破钻孔方案设计

### 2.3.1　工作面炮孔布置

#### 2.3.1.1　炮孔直径

本工程所有钻孔直径均采用42mm。

#### 2.3.1.2　掏槽孔

本工程采用五梅花小直径中空直孔掏槽形式。掏槽孔布置如图4所示。其中1号孔为掏槽中心孔，其周围布置四个空孔（2~5号孔），空孔周围布置四个掏槽孔（6~9号孔），空孔及掏槽孔均平行于掏槽中心孔。另外，为保证爆破效果，在掏槽孔周围再布置4个辅助掏槽孔（10～13号孔）。

#### 2.3.1.3 周边孔

周边孔均采用光面爆破。

光面爆破炮孔间距 $E$ 采用如下公式计算：

$$E = (8 \sim 12)d_{孔} \tag{1}$$

本工程采用42mm的孔径，即 $d_{孔} = 42\text{mm}$。

经计算炮孔间距 $E$ 取 0.34～0.5m，本工程周边孔孔距取0.4m。

#### 2.3.1.4 扩大孔（辅助孔）

扩大孔（辅助孔）孔距、排距均取0.5m。钻孔布置如图5所示，图中位置为炮孔垂直方向投影的位置。

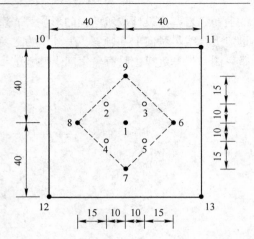

图4 掏槽孔布置图（垂直面投影）

Fig. 4 Cut hole layout (vertical plane projection)

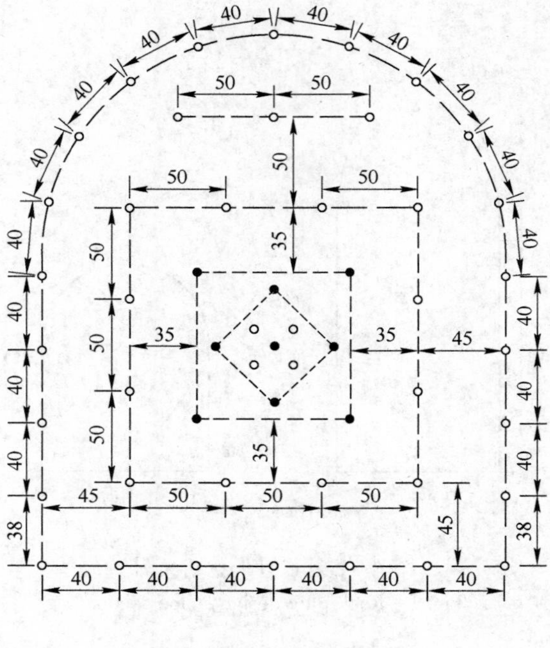

图5 岩塞爆破钻孔布置图

Fig. 5 Rock plug explosion borehole layout

#### 2.3.1.5 炮孔数目确定

炮孔数目与掘进断面、岩石性质、炮孔直径、炮孔深度和炸药性能等因素有关。可按如下公式进行估算。

$$N = 3.3 \sqrt[3]{fS^2} \tag{2}$$

式中　$N$——炮孔数目，个；
　　　$f$——岩石坚固性系数，本工程取 $f=12$；
　　　$S$——巷道掘进面积，$m^2$。

根据公式计算炮孔数目

$$N = 3.3\sqrt[3]{12 \times 12.1^2} = 40 \text{ 个}$$

式中，巷道掘进面积取岩塞上下游面断面面积的平均值。

图5所示共计布孔48个（不含空孔）。由于按公式 $N = 3.3\sqrt[3]{fS^2}$ 计算炮孔数目时，没有考虑炸药性能、药卷直径和炮孔深度等因素的影响，根据本工程具体情况，炮孔数目按48个确定，其中爆破孔24个，周边孔24个。

钻孔编号如图6所示。

#### 2.3.2　爆破参数的确定

##### 2.3.2.1　炮孔长度及角度

为保证该异形岩塞的顺利爆除，按以下原则进行钻孔：掏槽孔（1~13号孔）孔底至岩塞底面30cm，其他孔孔底距岩塞底面均为40cm；1~9号孔相互平行，

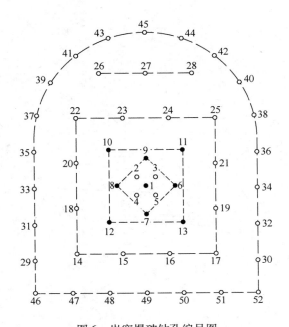

图6　岩塞爆破钻孔编号图
Fig. 6　Rock plug explosion borehole No.

剩余所有孔的角度均按孔口位置等比例投放到孔底相应位置的连线控制，具体详见图7所示。

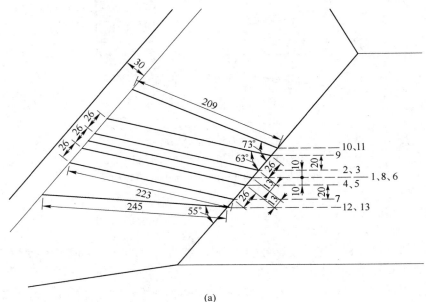

(a)

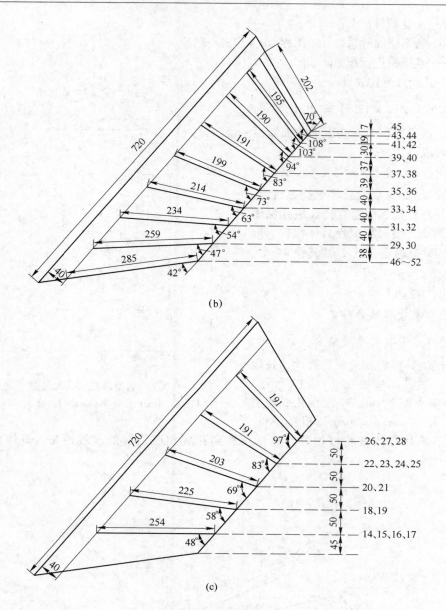

图 7 岩塞爆破钻孔布置图
（a）掏槽孔；（b）周边孔；（c）扩大孔（辅助孔）
Fig. 7 Rock plug explosion borehole layout

炮孔长度及角度值详见表1。

2.3.2.2 炮孔装药量及填塞

（1）周边孔线装药量。周边孔采用光面爆破，装药结构采用 $\phi$20mm 小药卷加导爆索，线装药密度取 0.25kg/m；填塞长度 40cm。

（2）掏槽孔及扩大孔装药量。采用 $\phi$32mm×200mm×200g 标准药卷全孔连续装药，填塞长度控制在 40~45cm 之间。

#### 2.3.2.3 单位炸药消耗量

(1) 按设计方案计算单位炸药消耗量。按"炮孔装药量及填塞"方案,经计算,本项目单位炸药消耗量为 2.06kg/m³。如表 1 所示。

表 1 岩塞爆破炮孔参数一览表
Table 1 Rock plug explosion blast hole chart

| 分类 | 炮孔编号 | 炮孔数目/个 | 炮孔倾角/(°) | 炮孔长度/cm | 填塞/cm | 装药量/kg 单孔 | 装药量/kg 小计 | 备注 |
|---|---|---|---|---|---|---|---|---|
| 掏槽孔 | 1、8、6 | 3 | 63 | 223 | 43 | 1.80 | 5.4 | 空孔 |
| | 2、3、4、5 | 4 | 63 | 223 | | | 0 | |
| | 7、9 | 2 | 63 | 223 | 40 | 1.80 | 3.6 | |
| | 10、11 | 2 | 73 | 209 | 45 | 1.65 | 3.3 | |
| | 12、13 | 2 | 55 | 245 | 45 | 2.00 | 4 | |
| 扩大孔 | 14、15、16、17 | 4 | 48 | 254 | 44 | 2.10 | 8.4 | |
| | 18、19 | 2 | 58 | 225 | 45 | 1.80 | 3.6 | |
| | 20、21 | 2 | 69 | 203 | 43 | 1.60 | 3.2 | |
| | 22、23、24、25 | 4 | 83 | 191 | 41 | 1.50 | 6 | |
| | 26、27、28 | 3 | 97 | 191 | 41 | 1.50 | 4.5 | |
| 周边孔 | 29、30 | 2 | 47 | 259 | 40 | 0.65 | 1.30 | 本工程平均线装药量取 250g/m,孔底加强装药,孔口减弱装药 |
| | 31、32 | 2 | 54 | 234 | 40 | 0.60 | 1.30 | |
| | 33、34 | 2 | 63 | 214 | 40 | 0.55 | 1.20 | |
| | 35、36 | 2 | 73 | 199 | 40 | 0.55 | 1.10 | |
| | 37、38 | 2 | 83 | 191 | 40 | 0.50 | 1.00 | |
| | 39、40 | 2 | 94 | 190 | 40 | 0.50 | 1.00 | |
| | 41、42 | 2 | 103 | 195 | 40 | 0.50 | 1.00 | |
| | 43、44 | 2 | 108 | 200 | 40 | 0.50 | 1.00 | |
| | 45 | 2 | 110 | 202 | 40 | 0.50 | 0.50 | |
| | 46~52 | 2 | 42 | 285 | 40 | 0.80 | 5.60 | |
| 合计 | | 52 | | 岩塞体积:27.5m³ | | | 56.7 | 2.06kg/m³ |

(2) 单位炸药消耗量核算。单位炸药消耗量的大小取决于炸药性能、岩石性质、巷道断面、炮孔直径和炮孔深度等因素。一般采取经验公式法和国家定额标准确定。

1) 修正的普氏公式

$$q = 1.1 K_0 \sqrt{\frac{f}{S}} \tag{3}$$

式中 $q$——单位炸药消耗量,kg/m³;
$f$——岩石坚固性系数;
$S$——巷道掘进断面面积,m²;
$K_0$——考虑炸药爆力的修正系数,$K_0 = 525/p$($p$ 为爆力,mL)。

式中岩石坚固性系数取 12;巷道掘进面积按上下游平均面积计算,上游面积为 16m²,下游 8.2m², 平均 12.1m²; 爆力 p 取 260。

经计算单位炸药消耗量为 2.22kg/m³。

2) 定额与经验值

在实际应用过程中, 还可以直接根据国家定额或工程类比法选取单位炸药消耗量数值。本工程参考原煤炭工业部制定的平巷与平洞掘进炸药消耗量定额值, 并稍作调整。

表 2 平巷与平洞掘进单位炸药消耗量定额值
Table 2 Level and adit tunneling unit explosive consumption rating

| 岩石坚固性系数 $f$ | 巷道断面面积/m² | | | | | | | | | |
|---|---|---|---|---|---|---|---|---|---|---|
| | <4 | <6 | <8 | <10 | <12 | <15 | <20 | <25 | <30 | >30 |
| | 平巷与平洞掘进炸药消耗量定额/kg·m⁻¹ | | | | | | | | | |
| <4 | 1.91 | 1.57 | 1.39 | 1.32 | 1.21 | 1.08 | 1.05 | 1.02 | 0.97 | 0.91 |
| <6 | 2.85 | 2.34 | 2.08 | 1.93 | 1.79 | 1.61 | 1.54 | 1.47 | 1.42 | 1.39 |
| <10 | 3.38 | 2.79 | 2.42 | 2.24 | 2.09 | 1.92 | 1.86 | 1.73 | 1.59 | 1.46 |
| >10 | 4.07 | 3.39 | 3.03 | 2.82 | 2.59 | 2.33 | 2.22 | 2.14 | 1.93 | 1.85 |

查表, 本工程炸药单耗接近 2.33kg/m³。

(3) 单位炸药消耗量确定。经综合考虑, 本项目取 2.06kg/m³。

2.3.3 填塞

填塞材料为黏土或浸湿牛皮纸, 要保证填塞长度及填塞质量。填塞长度见表 1。

2.3.4 爆破网路设计

采用孔内毫秒延时爆破, 孔内全长敷设导爆索, 每个炮孔内装两发导爆管雷管, 捆绑导爆索上, 位置在装药段顶部。将所有炮孔分为四个分区 (如图 8 所示), 并联每一分区所有孔内的一发导爆管雷管, 用两发导爆管雷管引爆, 再并联四个分区共计八发导爆管雷管, 用两发导

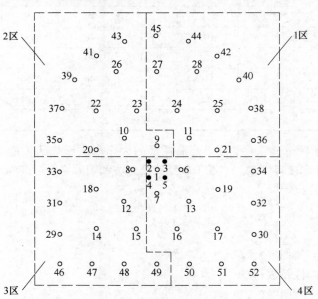

图 8 爆破网路连接分区图
Fig. 8 Explosion network connecting zoning plan

爆管雷管引爆，这样就形成一条爆破网路。按上述方式连接孔内另一发导爆管雷管形成第二条爆破网路。最后将两条爆破网路的四发导爆管雷管用两发电雷管引爆。爆破网路布置见图9。

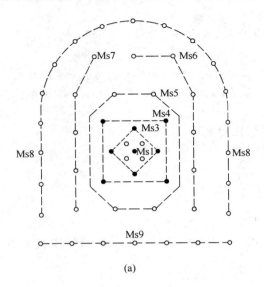

(a)

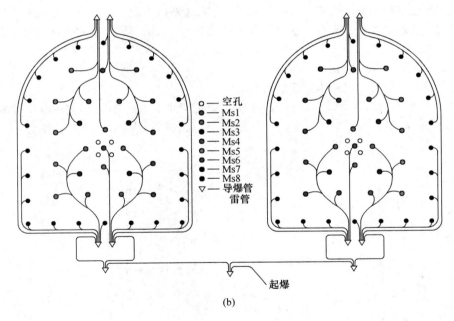

(b)

图9 爆破网路图
(a) 孔内延时分布图；(b) 网路连接图
Fig. 9 Explosion network plan

### 2.3.5 爆破振动校核

根据单孔装药量和爆破网路图计算，本项目最大单响药量为16.4kg。

本工程为水工隧洞，查相关爆破振动安全允许标准相关表格，安全允许质点振动速度为 $10 \sim 15 \mathrm{cm/s}$，采用如下公式进行校核：

$$v = K\left(\frac{\sqrt[3]{Q}}{R}\right)^{\alpha} \tag{4}$$

式中 $v$——地面质点峰值振动速度，cm/s；

$Q$——炸药量（齐爆时为总装药量，延迟爆破时为最大一段装药量），kg；

$R$——观测（计算）点到爆源的距离，m；

$K$, $\alpha$——与爆破点至计算点间的地形、地质条件有关的系数和衰减系数。

本工程按中硬岩石计算，$K$ 取值范围为 150~250；$\alpha$ 取值范围为 1.5~1.8。$K$ 取 150，$\alpha$ 取 1.8。

一般隧道和巷道的爆破振动控制点为距爆源 10~15m 处，$R$ 取 10。

经计算 $v = 12.73 \text{cm/s}$，满足工程要求。

## 3 岩塞石碴处理设计

### 3.1 方案的选择

根据本工程的特点，可以采用两种泄碴方案。第一种为蓄碴方案，另一种为逆向充水排渣施工方案。

#### 3.1.1 蓄碴方案

蓄碴方案就是利用聚碴坑泄碴的施工方案，即在岩塞体下游适当位置开挖足够容纳爆破岩碴的聚碴坑，岩塞爆通后，岩碴在重力和水流的利用下进入聚碴坑，以此完成引水隧洞导通的施工方案。

#### 3.1.2 逆向充水排碴施工方案

逆向充水排碴施工方案总体布置如图 10 所示。

由图 10 可以看出取水井顶部高程为 1068m，施工期间水库控制水位为 1040m，水位差最大为 28m。岩塞爆破时，可将竖井充水至一定高程，然后利用竖井水位与水库控制水位之间的水

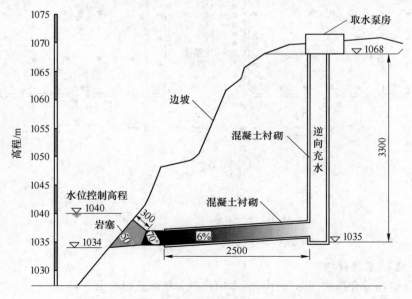

图 10 逆向充水排渣施工方案总体布置图

Fig. 10 Reverse water filling and slagging construction scheme general layout

位高差,将爆破岩塞石碴泄至上游库区内。

### 3.1.3 方案的选定

逆向充水排碴方案与设聚碴坑的施工方案相比较,其优点是由于不设聚碴坑,缩短了工期,减少了投资。缺点是对爆破器材的抗水性能要求较高,另外对于逆向充水排碴方案,其岩碴应向库区爆落,对环境的影响较大,抛碴效果有一定的局限性。

设聚碴坑的施工方案相比较简单,虽然延长了工期、增加了部分投资,但比较安全可靠,泄碴率高,可以保证过水。因此,本工程采用设聚碴坑的设计方案。

## 3.2 聚碴坑设计

本工程采用浅式聚碴坑设计方案。

浅式聚碴坑适应条件:

(1) 岩塞尺寸较小。

(2) 运行期洞内流速小。

根据本工程特点,采用矩形浅式聚碴坑,其优点是:形式简单,开挖技术要求较低,施工方便。缺点是:沿隧洞轴线占用长度较大,集碴效果较差。

聚碴坑布置在岩塞下游,上游面向下游倾斜,紧邻岩塞工作面底边。其位置如图 11 所示。

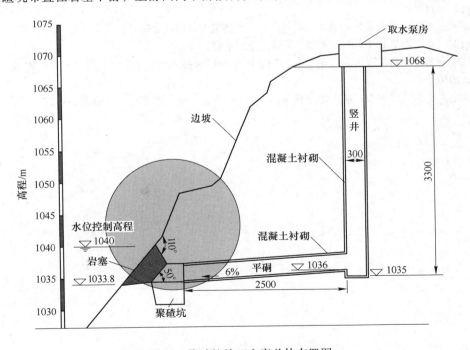

图 11 聚碴坑施工方案总体布置图

Fig. 11 Slag accretion construction scheme general layout

聚碴坑容积计算

$$V_C = \frac{K_1}{K_2} V_b$$

式中 $V_C$——聚碴坑容积,指聚碴坑下游边与洞身底部交点高程以下的体积,$m^3$;

$V_b$——岩塞爆破设计爆除的石方体积与预计坍塌石方体积之和(不考虑覆盖层体积),$m^3$;

$K_1$——石碴松散系数、一般取 1.5~1.7,取 1.5;

$K_2$——碴坑容积利用系数,一般取 0.65~0.8,取 0.8。

取:$V_b = (8.2 + 15.7)/2 \times 2.3 = 27.5 m^3$。

经计算聚碴坑容积为 $51.5 m^3$。蓄碴时考虑 30% 的抛掷率,聚碴坑容积为 $36 m^3$。

据此计算,聚碴坑开挖尺寸设计为底宽 2.4m,深 2.3m,上口长 7m,下口长度 6.5m。

聚碴坑所在洞段,可以看做是简化的洞身的扩大开挖,洞身段仍按一般隧洞开挖方法开挖,洞身开挖完成后,先进行岩塞段的钻孔作业,完成岩塞的钻孔作业之后再进行底部扩挖即聚碴坑的开挖。

## 参 考 文 献

[1] 中国工程爆破协会,汪旭光. 爆破设计与施工[M]. 北京:冶金工业出版社,2012.
[2] 汪旭光,郑炳旭,张正忠,等. 爆破手册[M]. 北京:冶金工业出版社,2010.
[3] 张正宇,等. 现代水利水电工程爆破[M]. 北京:中国水利水电出版社,2003.
[4] 刘治峰,张戈平,赵瑞海,等. 大型病险水库除险加固控制爆破技术[M]. 北京:中国水利水电出版社,2011.
[5] 黄绍钧,等. 水下岩塞爆破技术[M]. 北京:水利电力出版社,1993.
[6] 梁向前. 水下爆破技术[M]. 北京:化学工业出版社,2013.
[7] 中国水利学会工程爆破专业委员会. 水利水电工程爆破技术新进展[M]. 北京:中国水利水电出版社,2010.
[8] 水利电力部东北勘测设计院. 水下岩塞爆破[M]. 北京:中国水利电力出版社,1983.

# 爆炸挤淤的卵砂层处理技术

杨仕春[1]　方宝林[2]

(1. 安徽江南化工股份有限公司，安徽 合肥，230022；
2. 北京中科力爆炸技术工程有限公司，北京，100190)

**摘　要**：当淤泥中存在砂层、贝壳层、卵石层或卵砂混合夹层等地质结构时，淤泥处理难度增加，泥石瞬间置换受阻，不能为夹层下部淤泥提供良好的排淤通道，造成爆炸挤淤处理效果差，淤泥处理达不到设计深度。为解决这一问题，本研究借鉴预裂切割爆破技术与爆破漏斗理论，将淤泥中夹层切割爆破出一定宽度沟槽，为夹层下部淤泥创造排淤通道，以更好的实现泥石置换，堤身下的夹层通过多次爆破振动压实，与堤身堆石成为一体，提高堤身密实度。抗滑性及稳定性经计算符合堤身设计、标准及规范要求，虽然爆破费用相应增加，但减少了抛石填筑工程量，工程整体综合成本没有增加，该方法可供类似工程借鉴应用。

**关键词**：软基处理；爆炸挤淤；切割爆破；排淤通道

# Treatment Technology of Squeezing Silt by Blasting in Sand Gravel Layer

Yang Shichun[1]　Fang Baolin[2]

(1. Anhui Jiangnan Chemical Industry Co., Ltd., Anhui Hefei, 230022;
2. Beijing Zhongkeli Blast Technology Engineering Co., Ltd., Beijing, 100190)

**Abstract**: In practical engineering applications, geological structures, such as sand layer, shell layer, gravel layer or mixed interlayer being in the presence of silt, would increase the difficulty of silt treatment, hindering instant replacement of mudstone, and can't supply favorable passageway for silt removal in the beneath of interlayer, causing bad performance and the treatment depth is beyond the reach of the designe done. In order to solve the problem, taking presplit cutting blasting technology and crater theory as reference, a certain width of trench in the interlayer of silt was created by cutting blasting in a bid to form a passageway for silt removal in the lower interlayer, and facilitate completion of mud replacement. The dike interlayer and rockfill were combined by repeatedly blasting vibration compacting, improving the compactness of the dike. Anti-sliding and stability were calculated, which is in line with originally dike design, standards and regulatory requirements. Although the blasting cost increased, it reduced the amount of riprap embankment engineering, keeping the overall costs stable and may serve as a reference for similar projects.

**Keywords**: soft foundation treatments; squeezing silt by blasting; cutting blasting; silt discharge passageway

---

作者信息：杨仕春，教授级高工，yangsc@dunan.cn。

## 1 引言

爆炸挤淤技术自 1984 年由中国科学院力学研究所牵头研发以来，广泛应用于防波堤、护岸、围堤、路堤、围海造地等工程，由于该技术具有比常规挖泥填筑和土工布砂垫层填筑等施工方法节省投资，施工速度快，特别是爆破作业后侧向淤泥反压以及多次爆破振动的作用，使得堤身的稳定性比常规方法有了较大改善，在具备爆破条件的区域已经成为近海淤泥软基处理的首选技术，并逐渐向内河及湖泊推广。该技术的核心是爆破作业形成空腔，瞬间完成置换，堆石体在重力及振动作用下，加速下滑，淤泥被挤向堤身两侧。爆破空腔，淤泥液化以及有效的排淤通道，是爆炸挤淤技术成功的关键因素。

由于地理位置的不同，淤泥沉积的成因及环境变化造成了地质条件的差异性，淤泥的成分及固结情况变化较大，部分地区在淤泥中含有砂层、贝壳或卵石等混合夹层，固结良好，当厚度达到一定程度，堤身堆石体的载荷短时间不能破坏其完整性，爆破形成的空腔及石舌滑动效果均受到限制，堤身落底达不到设计要求，堤身两侧的淤泥包不明显，使得爆炸挤淤技术处理难度加大。简单的加大药量不能有效解决这一问题，也为软基处理带来质量隐患，由于施工地点大多距建构筑物或海水养殖区域较近，加大药量使得水中冲击波及爆破振动的危害效应扩大，常规爆炸挤淤使用的液压式或锤击式装药器，遇到砂层或卵砂层，装药作业困难，这就为爆炸挤淤技术处理含砂层或卵砂混合层提出了新的课题。

## 2 爆炸挤淤卵砂层处理技术

### 2.1 爆破处理卵砂层设计思想

淤泥中卵砂层由于沉积时间较长，爆炸挤淤药包埋置于卵砂层下部的淤泥中，在爆破作用下，虽然淤泥形成空腔，卵砂层下部的淤泥能液化，但卵砂的整体没能受到有效破坏，爆炸不能形成有效的排淤通道，从而影响了堆石体石舌的下滑及下部淤泥的排出。

利用卵砂层固结良好的特性，完全可以将其作为堤身的一部分，只要解决好卵砂层下部淤泥的排淤通道，就可以完成淤泥置换，使堤身充分落底，从而保证整个堤身的稳定。借用预裂爆破的思路，先将堤身两侧的卵砂层预先爆破一定宽度的沟槽，使堤身部分卵砂层与其整体分离，其自身与其上部填筑的堆石体载荷共同作用，按照爆炸挤淤的技术要求布置药包，完成爆炸挤淤施工作业，使整个堤身宽度及落底深度达到设计要求。

### 2.2 爆炸挤淤处理卵砂层的施工方法

常规的爆炸挤淤施工方法和施工流程对处理卵砂层不太适用，卵砂层处理爆破作业对填筑作业干扰较大，影响工程进度。处理卵砂层一次循环至少需要 3 次以上的爆破作业，爆破作业对堆石体的填筑施工设计与常爆规炸挤淤的填筑施工设计有差异，处理卵砂层需要对堤身进行多次补填。

为解决这一问题，须改变爆破方向及填筑顺序，按照堤身中心轴线为分界，以子堤的方式半幅填筑，在半幅堤身两侧卵砂层布置药包，将卵砂层爆破出一定宽度，再补充填筑半幅堤身至爆炸挤淤设计的高度及宽度，进行爆炸挤淤作业，补填剩余半幅堤身，按照上述工序进行卵砂层爆破及爆炸挤淤作业，每次爆破长度不受填筑长度的影响，除起爆时间以外，爆破作业与填筑作业之间互相不干扰，整体工期不受影响。

## 3 工程实例

### 3.1 工程概况

福建省莆田市涵江区兴化湾港前路工程，设计选用爆炸挤淤换填石料的方法进行软基处理，一期工程 K0+000 至 K0+2300，淤泥平均厚度 10m，设计资料显示路堤位置下部均为淤泥质，故软基处理施工按照爆炸挤淤工艺设计和施工，爆炸挤淤施工至 K0+500 左右，用插入式装药器装药出现装药困难的现象，改用锤击式装药器装药，在爆破振动允许条件下，以装药器最大极限加大单响药量，缩小药包间距，但爆破后石舌下滑效果不理想。爆炸挤淤处理过的堤身段，通过钻孔取芯检测，K0+500 至 K0+800 段堤身未达设计落底深度。自 K0+700 桩号起采用挖机锤击式冲孔对堤身位置下部淤泥进行探摸，结果显示淤泥面以下 3.5~6m 处出现 1.5~3.2m 厚的细砂混卵石夹层，并伴有少量粉质黏土层。现场探摸采样显示卵砂层含石密度较高，颗粒较大。取样如图 1 所示，探摸数据如表 1 所示。

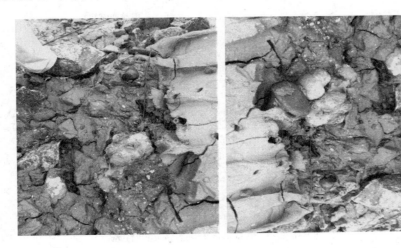

图 1 淤泥间卵砂层现场取样图片
Fig. 1 Sampling of silt from sand grand layer

表 1 地质变化探摸情况表
Table 1 Exploration data of geological transformation

| 设计文件提供的地质情况 | | |  |  |  |
|---|---|---|---|---|---|
| 特征值 | 桩号 K0+740 | | 桩号 K0+790 | | |
| 原泥面顶标高/m | 5.74 | | 5.6 | | |
| 卵砂持力层标高/m | −3.48 | | −3.48 | | |
| 实际地质情况 | | | | | |
| 特征值 | 桩号 K0+752 | 桩号 K0+760 | 桩号 K0+768 | 桩号 K0+776 | 桩号 K0+784 | 桩号 K0+792 |
| 爆后泥面高/m | 6.87 | 7.00 | 6.89 | 6.88 | 7.07 | 7.20 |
| 第一层泥厚/m | 6.5 | 6.2 | 5.8 | 6 | 5.7 | 6.3 |
| 卵砂夹层厚度/m | 1.5 | 1.8 | 1.8 | 1.9 | 1.7 | 1.5 |
| 第二层淤泥厚度 | 3 | 3 | 3.4 | 3.1 | 3.6 | 3.2 |

## 3.2 卵砂层处理工艺及施工流程

### 3.2.1 总体方案

根据施工、现场探摸及两侧淤泥包的隆起不明显等情况,分析认为该工程处理卵砂层关键是解决卵砂层下部淤泥排淤通道,只有让堤身卵砂层下部淤泥充分排出,才能有效完成泥石置换。

经过方案比选,采用"切割"爆破卵砂层,形成一定宽度沟槽,然后进行侧向爆填的总体方案,施工以子堤方式直接抛填,再以侧向爆填方式向两侧扩展,形成堤身全段面。在子堤两侧一定位置的卵砂层内埋置药包(如图2所示),药包爆炸后形成沟槽,子堤抛填石料由于药包爆破的多次振动落入卵砂层上面,使填石与卵砂层合为一体,卵砂层作为堤身的一部分,堆石堤变成混合堤。经过原设计单位抗滑计算,能满足堤身的稳定及抗滑要求。

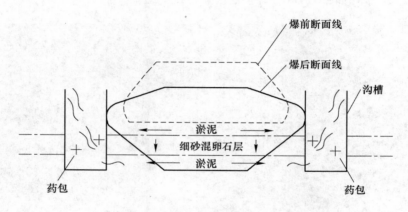

图 2 卵砂层沟槽"切割"示意图
Fig. 2 Sloting cutting sketch map in sand layer

### 3.2.2 卵砂层"切割"爆破

卵砂层"切割"爆破,由于其自身物理力学特性,不能像岩石预裂爆破一样形成裂缝,两种爆破机理和作用不同,卵砂层"切割"爆破只能形成一定宽度的沟槽,按照爆破漏斗理论,单个点药包形成一个爆破漏斗,多个爆破漏斗连续贯通即形成沟槽,为实现卵石层的充分"切割"破坏,爆破漏斗间应部分叠加减小漏斗盲区,为保证卵砂层"切割"爆破后的沟槽宽度,避免卵砂层回落,爆破漏斗拟采用加强抛掷爆破计算。

卵砂层爆破装药量 $Q$ 计算公式如下:

$$Q = f(n)kqW^3 \tag{1}$$

式中 $f(n)$ ——爆破作用指数函数,本方案加强抛掷取 1.2;
$k$ ——上覆水与淤泥附加载荷系数,取 2.5;
$q$ ——形成标准抛掷漏斗时的炸药单耗,卵砂层取 1.0;
$W$ ——最小抵抗线,取卵砂层厚度 3/4。

卵砂层沟槽爆破参数计算结果如表 2 所示。

**表 2　卵砂层沟槽爆破参数**
Table 2　Slotting parameters in sand gravel layer

| 卵砂层厚度/m | 排距/m | 药包间距/m | 单药包炸药量/kg | 埋深/m |
|---|---|---|---|---|
| 1.5 | 1.5 | 2.0 | 4.5 | 1.2 |
| 2.0 | 1.5 | 2.0 | 10.0 | 1.5 |
| 2.5 | 1.5 | 2.0 | 20.0 | 1.9 |

#### 3.2.3　卵砂层处理爆破装药工艺

卵砂层处理装药选用长臂挖机配大功率振动锤装药工艺，用硬链接的方式边振动边利用挖掘机长臂自重加压将装药桶穿入卵砂层，药包通过药桶埋入卵砂层底部。装药作业如图3所示。

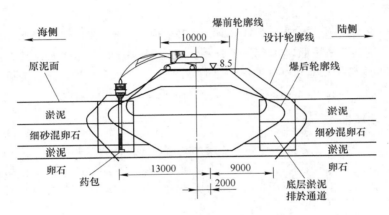

图 3　长臂挖机配振动锤装药示意图
Fig. 3　Loading sketch map of long boom excavator with vibration hammer

#### 3.2.4　侧向爆炸挤淤

根据含卵石层淤泥总厚度的变化，可分三种情况选择侧向爆填的爆炸参数，一次推进长度按50m计算，参数选用值见表3。

**表 3　侧向爆填爆炸参数与单炮药量**
Table 3　Parameters and explosive weight per holein side casting blasting

| 淤泥总厚度/m | 布药宽度/m | 药包埋深/m | 药包个数/个 | 单药包药量/kg |
|---|---|---|---|---|
| 5.0~9.0 | 50 | 3.0~5.0 | 17 | 24 |
| 9.0~12.0 | 50 | 5.0~6.0 | 20 | 24 |
| 12.0~15.0 | 50 | 6.0~7.0 | 25 | 24 |

#### 3.2.5　卵砂层处理工艺及施工流程

（1）子堤抛填，宽度10m，道路中线偏海侧7m，陆侧3m，抛填高程8.5m，抛填阶段长度50m。

（2）第一次切割爆破，抛填50m后分别在子堤内外侧1~2m处布置药两排药包，药包呈三角形排列，内外侧先后起爆，爆破后每侧形成一个4m宽的沟槽。

（3）第一次切割爆破后补抛石料并加高，标高8.5m，宽度14m，道路中线偏海侧9m，陆侧5m。

(4) 第二次切割爆破,爆破后的沟槽距离子堤5~8m。

(5) 第二次切割爆破后补抛,石料抛填加宽至17m,标高8.5m,道路中线偏海侧11m陆侧6m。

(6) 常规爆炸挤淤侧向爆填施工。

经过三次抛填、三次爆破后,逐渐形成堤身设计断面,下一段重复上述工艺施工。

### 3.3 起爆网路

卵砂层"切割"爆破采用双排药包毫秒延时起爆,药包内用导爆管雷管,泥面用导爆索作为主线连接,最后用导爆管雷管起爆。

### 3.4 爆破安全

该工程实行全封闭施工管理,施工作业范围2km内只有施工作业人、施工机械和施工临时建筑,爆破作业安全严格按照《爆破安全规程》及通过审查的爆炸挤淤设计方案控制,单响药量24kg以内,爆破振动危害不做考虑,但卵砂层中含有卵石,卵砂层"切割"爆破又按加强抛掷计算,个别飞石安全距离按500m控制,确保施工人员和设备安全。

### 3.5 卵砂层处理结果

该爆炸挤淤卵砂层处理方案,经业主、设计及监理同意,选取K0+740至K0+950段进行试验,处理结束通过钻孔取芯检测,均达到设计落底深度。采用新的施工工艺和施工流程,施工进度与常规爆炸挤淤相当,由于卵砂层作为堤身的一部分,减少了抛石填筑工程量,整体工程造价并未增加。

## 4 结论

通过借鉴预裂"切割"爆破的理念,先将淤泥中的砂、卵石、或砂卵混合夹层"切割"分离,形成一定宽度的排淤通道,使爆炸挤淤能顺利完成瞬间置换,保证堤身的落底深度达到设计要求。虽然爆破频次比常规爆炸挤淤施工工艺增多,爆破成本增加,但通过改变堆石体抛填顺序以及爆填方向,对工期不构成影响,砂、卵石、或砂卵混合体作为堤身的一部分,减少了堆石体工程量,工程总造价没有增加,此技术随后被应用于汕头广澳防波堤淤泥中砂层处理,获得良好的处理效果。

### 参 考 文 献

[1] 刘殿中,杨仕春. 工程爆破实用手册[M]. 北京:冶金工业出版社,2003.
[2] 刘永强,杨仕春. 爆破挤淤施工技术发展概述[M]//中国爆破技术新进展,北京:冶金工业出版社,2014.
[3] 张建华. 爆炸处理水下软基筑堤法. 工程爆破论文集(六).
[4] 王健,等. 爆炸处理表面有砂层的软土地基. 工程爆破论文集(七).
[5] 江礼茂,等. 爆炸处理软基筑堤的设计与施工. 工程爆破论文集(七).

# 斜坡海涂上修建海堤的爆炸挤淤施工技术

蒋昭镳[1] 江礼凡[2] 江礼茂[2] 王健[2]

(1. 宁波大学,浙江 宁波,315211; 2. 宁波科宁爆炸技术工程有限公司,浙江 宁波,315040)

**摘 要**:采用爆炸挤淤置换法在较陡的斜坡海涂上修筑海堤,因为堤身内外侧涂面高差大,施工过程中抛填堤身容易滑塌。我们最初在浙江舟山某海堤工程中遇到了这个难题。通过对堤身稳定性的计算分析,将堤身抛填方法调整为"内侧突前、外侧滞后",炸药布置侧重于内侧。既保证了施工期抛填堤身的稳定,又使得爆炸处理后形成的堤身断面满足设计要求。此后该方法又在多条类似海堤的施工中得到成功的应用,由此总结出了在斜坡海涂上修建海堤的爆炸挤淤技术,并申报了发明专利,专利号:201510908384.1。

**关键词**:斜坡海涂;海堤;爆炸挤淤

## Explosion Squeezing Silt Technology for Seawall Construction in Ramp Tideland

Jiang Zhaobiao[1] Jiang Lifan[2] Jiang Limao[2] Wang Jian[2]

(1. Ningbo University, Zhejiang Ningbo, 315211; 2. Ningbo Kening Explosion Technology Engineering Co., Ltd., Zhejiang Ningbo, 315040)

**Abstract**: Explosion squeezing silt replacement method in seawall construction in steep ramp tideland was used, because of the levee height difference between the coated inside and outside is large, and cast filling in the levee construction process is liable to slump. We first encountered this problem in a seawall project in Zhoushan Zhejiang Province. Based on the calculation of the stability of the levee, the levee filling method is adjusted to "pushing the inside faster than the outside", and putting more explosives on the inside, so that the filled levee stability during construction can be ensured, and the levee section after explosion process can meet the design requirements. We summed up the explosion squeezing silt technology for seawall construction in steep ramp tideland, which has been applied successfully in a number of similar seawall projects, and has declared a patent. Patent application number: 201510908384.1.

**Keywords**: ramp tideland; seawall; explosion squeezing silt

## 1 工程背景

爆炸挤淤是在软基上修建堤坝的一种施工技术,在我国最初是由中科院力学研究所等四家

---

资助项目:浙江省科技厅近海结构冲击安全与健康监测创新团队,编号:2013TD2110。
作者信息:蒋昭镳,高级工程师,jiangzhaobiao@nbu.edu.cn。

单位于20世纪80年代中期共同研发，并申请了专利"爆炸排淤填石法"，逐步在沿海围垦和港口工程中得到推广应用。多年来，爆炸挤淤技术逐步突破原专利"爆炸排淤填石法"的技术要求和限制条件，对挤淤的机理有了新的认识。

"控制加载爆炸挤淤置换法"[1]是宁波科宁爆炸技术工程有限公司于2002年申请的专利技术，它与"爆炸排淤填石法"的区别主要包含两方面：首先，是抛填的工艺，要求堤头抛宽，使泥下最宽部位基本达到设计断面的宽度，爆炸后加高的堤身逐步收窄，在爆炸有效影响范围以外，堤顶宽度能满足工程机械运行即可，但不小于设计宽度。它强调抛石的自重挤淤作用，所以在堤头爆炸前还要求临时加高堤头。其次，该技术不强求爆炸后能排开很大范围的淤泥，更主要的是降低堤头周边软土的强度，同时给予抛石堤身强大的振动能量，促使其挤淤下沉。

控制加载爆炸挤淤置换法已在我国沿海数十项海堤工程中得到成功应用[2,3]，有多条海堤的挤淤厚度超过了30m。该技术的关键工序是：堤头抛填，埋药爆炸使堤身下沉，在下沉的堤身上加抛，再堤头抛填推进，再埋药爆炸使堤身下沉，如此循环进行，在堤身延长到一定长度，根据需要在两侧埋药爆炸，补抛石料并整理成堤心设计断面，再进行护面和堤顶施工，直至成堤。该技术的堤头爆填推进及药包埋设的循环工序可由以下平面图（图1）和纵剖面图（图2）表示。

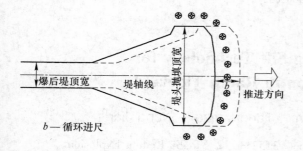 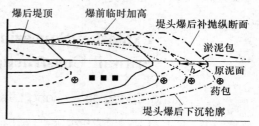

图1　堤顶、堤头推进平面示意图  
Fig. 1　Schematic plan of Crest, Dyke advance

图2　堤头爆填推进纵断面示意图  
Fig. 2　Schematic vertical section of Dyke blawt filling propulsion

近年来，由于工程需要，有些海堤需要选址在较陡的斜坡海涂上[4]，或离航道、水下深沟较近的部位，这给海堤的设计和施工增加了很大的难度，主要是施工期堤身极易滑塌。这种条件下堤身设计断面与一般的平坦涂面的堤身断面有较大的不同，而工程成败的关键则在于施工过程，如仍采用常规爆填施工方法，施工过程中堤身发生滑塌的可能性较大。我们于2007年在浙江舟山遇到了这个难题。

## 2　工程实例

浙江省岱山县江南山围垦工程[5]，位于岱山县高亭镇东南侧的江南山岛，与高亭镇隔海相望。该围垦工程海塘围堤由1~5号堤五段组成，分别将江南山、猴山、城干泥、荞麦格子山、和尚蟹山等5个岛屿通过海塘连接起来。需爆炸处理软基的海堤有：2号堤，长度为874.73m；3号堤，长度为516.34m；4号堤，长度为1249.73m。

### 2.1　工程的水文、潮汐情况

该工程海域属非正规半日浅海潮性质，潮汐作用明显，陆域地表水受潮汐作用影响较强。

海域水文测验资料表明,涨潮最大流速 1.7~1.9 m/s,落潮最大流速 1.5~2.0 m/s。

历年最高潮位 3.08m,平均高潮位 1.14m,平均低潮位 -0.80m,平均潮位 0.22m,最大涨潮差 3.75m,最小涨潮差 0.06m,平均涨潮潮差 1.95m;落潮最大潮差 3.21m,最小潮差 0.37m,平均落潮潮差 1.95m;涨潮平均历时 5 小时 52 分,落潮平均历时 6 小时 33 分。

## 2.2 地形与工程地质条件

该工程区处于近岸浅水滩涂区,地势略有起伏,向海域方向倾斜。原始涂面内外高差 3~9m。

该地区按其成因及力学强度不同可分为 5 个工程地质层及若干亚层,部分岩土层特征自上而下为:

第①层:淤泥质粉质黏土

灰色,流塑,饱和,干强度中等,高压缩性,中等韧性,稍有光泽。质较均,偶夹极薄粉土,底部含粉量较大。偶见贝壳碎屑,层理不明显。厚层状构造,全址分布。典型断面轴线处涂面高程 -9.0m,层厚 15.20m。

第②-1 层:黏土

灰绿色,软塑,饱和,干强度高,高压缩性,高韧性,切面光滑。略呈鳞片状,片间夹少量粉土,含腐殖质,偶有铁锰质结核。典型断面轴线处层厚 4.00m。

第②-2 层:粉质黏土

灰黄色,可塑,饱和,干强度中等,中等压缩性,中等韧性,稍有光泽。质较均,含铁锰质结核,偶夹少量砾砂。

第③层:砾砂

第④层:粉质黏土混砾砂、碎石

第⑤-1 层:全风化凝灰岩

设计以第②-2 层(粉质黏土)为持力层。

表 1 各土层物理力学性质指标建议值

Table 1 Recommended value of physical and mechanical properties indicators of various soils

| 土层编号 | 土层名称 | 天然含水率 $W/\%$ | 天然容重 $\gamma/kN \cdot m^{-3}$ | 孔隙比 $e$ | 液限 $W_l/\%$ | 塑性指数 $I_p$ | 液性指数 $I_l$ | 黏聚力(快剪)$C/kPa$ | 内摩擦角(快剪)$\varphi/(°)$ |
|---|---|---|---|---|---|---|---|---|---|
| ① | 淤泥质粉质黏土 | 4.26 | 17.91 | 1.188 | 33.66 | 15.2 | 1.53 | 9.9 | 1.8 |
| ②-1 | 黏土 | 45.9 | 17.85 | 1.330 | 36.48 | 23.0 | 0.97 | 19.4 | 2.9 |
| ②-2 | 粉质黏土 | 27.7 | 19.80 | 0.782 | 34.42 | 17.6 | 0.47 | 60.6 | 18.5 |
| ③ | 砾砂 | | | | | | | | |

图 3 是堤身的典型设计断面及爆炸处理后的实测断面图。

## 2.3 爆炸设计和施工

在该工程施工初期,对斜坡海涂没有引起足够的重视,采用控制加载爆炸挤淤置换法,仍按常规方法设计和施工。以 3 号堤为例,具体堤身抛填和爆炸参数根据堤身断面和地形地质等情况分别设计如下:

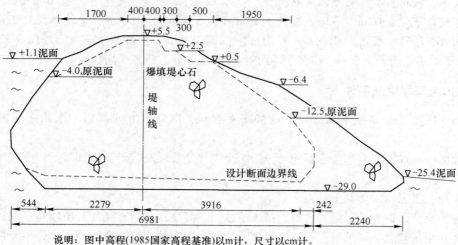

图 3 海堤爆填后的实测断面

Fig. 3 A seawall section found after explosion

表 2 3 号堤抛填参数

Table 2 Filled parameters of 3# seawall

| 桩号 | 爆前堤顶抛填宽度/m | | 抛填进尺/m | 爆前堤顶高程/m | 爆后堤顶抛填宽度/m | | 爆后堤顶高程/m |
|---|---|---|---|---|---|---|---|
| | 内侧 | 外侧 | | | 内侧 | 外侧 | |
| 0+101 | 21 | 26 | 4~6 | 5.0 | 4 | 6 | 4.0 |
| 0+201 | 16 | 20 | 4~6 | 5.0 | 4 | 6 | 4.0 |

注：在施工中随着堤头淤泥包的变化，抛填参数、高程和宽度要作适当调整。

表 3 3 号堤堤头爆炸参数设计表

Table 3 Designed explosion parameters of 3# seawall Dyke

| 桩号 | 药包间距/m | 单药包重/kg | 药包个数/个 | 药包埋深泥面下/m | 单炮药量/kg | 导爆索用量/m |
|---|---|---|---|---|---|---|
| 0+101 | 3.0 | 30 | 14 | 4~5 | 420 | 500 |
| 0+201 | 3.0 | 30 | 14 | 2~4 | 420 | 450 |

注：以上桩号段爆炸参数根据爆破情况作适当调整。

堤身推进过程中，堤头是平齐的，堤头前方和内外侧的药包布置仍是均匀的，如图 1 所示。

当堤身推进数十米后，在一次大潮的低潮时，堤身向外海侧滑塌。此前内侧淤泥包隆起较高，而外侧淤泥包大量的被潮流冲刷走，部分堤段淤泥面甚至远低于原涂面。其中一处断面实测的外侧泥面降至 -25.4m，比内侧泥面 +1.1m 低了 26.5m，如图 3 所示。另一处促使堤身滑塌的原因是，抛填堤身的土石方含泥量偏高，在高潮位浸泡下，堤身整体强度降低。

上述是海堤滑塌的直观原因，而根本的原因是抛填堤身的稳定性问题。

## 3 稳定性分析

在海涂上抛填石料形成堤身，由于海涂的承载力不足，堤身会自然下沉，在一定的时间段内是一个动态的稳定平衡过程。抛填过程堤身的自然沉降量与涂面以上堤身高度 $h$ 关系密切,$h$ 大则自沉量大,因此在同一条堤上,涂面低则自沉量大,涂面高则自沉量小。当涂面内浅外深时,即在倾斜涂面上抛填的堤身,其外侧沉降量会大于内侧,所以堤身底面也会呈内高外低的斜面。

图 4 是分别在平坦涂面和斜坡涂面上按控制加载爆炸挤淤置换法抛石形成的某部位堤身断面。两断面泥下最大宽度相同,中部下沉量相近,但后者因内外侧泥面高差 8.5m,故堤顶宽度减少约 13m(坡比按 1∶1.5 计),断面形状相差很大。

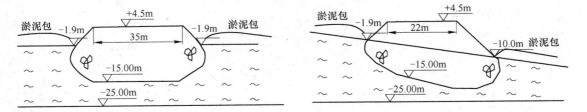

图 4 平坦涂面和倾斜涂面的施工期堤身断面对比
Fig. 4 Comparison of seawall sections of the flat coated surface and inclined surface

一般地,若其他条件相同,斜坡涂面上堤身的稳定系数低于平坦涂面的情形。若软土的指标均采用图 3 的指标,通过堤身稳定计算分析,前者的整体稳定安全系数为 0.98,而后者仅为 0.60。

斜坡上这样抛填的堤身,外侧的压载大于内侧,若在堤头布置同样的药包起爆,按"控制加载爆炸挤淤置换法"原理分析,每次堤头爆炸处理后外侧的下沉量都会大于内侧,经历多次堤头爆炸影响后的堤身,其底面的倾斜程度将较大,这不符合设计要求,也很不利于堤身的稳定。

由于水流、波浪的作用,因堤身下沉而挤出的淤泥包,在外侧被冲刷得较内侧严重,因此外侧淤泥包低于内侧。对于涂面向外倾斜的情况,海堤的存在使得外侧的水流和波浪明显大于内侧,由于水流和波浪的剧烈作用,外侧海涂面冲刷严重,外侧海底地形陡峭程度加剧。与此同时,爆炸挤淤施工过程中挤出的淤泥包位于堤身外侧部分原本对堤身起到反压作用而增加稳定性,但在陡峭地形条件及冲刷作用下淤泥包本身处于失稳状态,随着它的逐步滑移或消散,客观上造成了堤身外侧反压荷载的卸载,从而使堤身易于产生失稳破坏。

## 4 技术改进

针对上述情况,根据控制加载爆炸挤淤置换法的原理,从两个方面采取技术措施解决存在的问题。

### 4.1 抛填方案

对多数情况,堤身抛填石料载荷刚加上时不会导致软基瞬时滑移,即滑移面完全形成是有一个时间过程,本文的技术要点之一是在抛填堤身滑移之前进行爆炸处理,使堤身尽快下沉,增大稳定系数,保证堤身稳定。因此我们根据设计断面和地质资料,同时考虑到涂面的倾斜程度,确定抛填参数,堤头抛填时堤身内侧突前、外侧滞后,见图 5。

这样抛填有利于施工期堤身的稳定性:

在堤头前端,见 $A$—$A$ 剖面图。由于堤身断面狭窄,堤身厚度不大,内外侧涂面高差不明

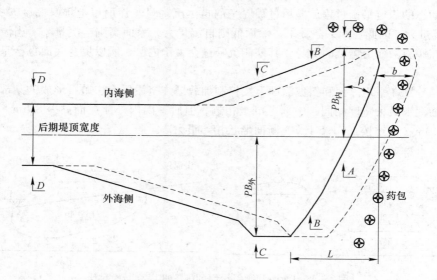

图 5 斜坡海涂上堤顶、堤头抛填推进平面示意图

Fig. 5 Schematic plan of cast filling advance of Crest and Dyke

显,而且离外侧泥面很深的部位较远,虽然稳定系数较低,但滑移面的形成会需要相对较长的时间,因此可以快速完成一个循环的抛填,而在滑移面形成前及时进行堤头爆炸处理。

越靠后断面逐步加宽,内外侧涂面高差也变大,但由于受到爆炸作用次数的增多而堤身达到的深度越大,断面的稳定性系数已经逐步增加,如 $B—B$ 剖面图。

当堤身宽度达到设计要求时,堤底面也较接近设计深度,见 $C—C$ 剖面图。

此后堤顶逐步收窄,在堤头爆炸影响范围外的部位,堤顶收窄到设计宽度,断面接近于设计断面,那么该处断面应是稳定的。见 $D—D$ 剖面图。

这样抛填的根本目的是:在倾斜的软基滑移前堤身尽量达到一定深度,同时将倾斜涂面高处的淤泥挤到低处,可以使这部分涂面临时变缓,增加稳定性;然后,可尽量挡住堤身内侧土压力对堤身外侧的影响;还可使得堤身横断面的底面线接近水平。

这实际上是控制加载爆炸挤淤置换法的改进,关键在于堤头抛填时"内侧突前,外侧滞后",而非按原技术工艺的整齐推进,这可以用堤头内外侧的错位长度 $L$ 来控制。根据多条海堤的施工经验总结,堤头内外侧的错位长度 $L$ 与涂面的坡率、软土层的物理力学性质、外侧淤泥包受冲刷程度、抛石堤身泥面上下的高度、石料质量、及抛填进度等有关,但不应大于堤头爆炸对堤身沉降的最大影响距离。可以这样确定 $L$:

$$L = k_1 k_2 D$$

式中,$D$ 为堤身断面泥下最大宽度,$k_1$ 为涂面坡率,系数 $k_2 = 2 \sim 4$,与软土的物理力学性质、外侧淤泥包受冲刷程度、抛石堤身泥面上下的高度、石料质量、及抛填进度等有关。

若外侧冲刷严重,或石料质量较差(无大块、含泥量高),则堤顶外侧抛填的设计宽度应适当缩小,应以泥下宽度达到设计图断面要求为准。因此 $L$ 也会适当变小,但堤头抛填的不整齐度(斜角 $\beta$)基本不变,如图 5 所示。

### 4.2 爆炸参数及药包布设方法

爆炸参数的设计与控制加载爆炸挤淤置换法基本相同,但对药包的布置进行了调整:

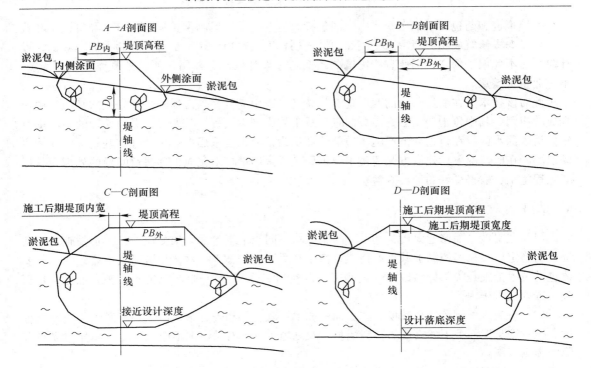

**图 6 各时段堤身剖面形状**
Fig. 6 Levee sectional shape of each period

在每次堤头爆炸时，与平坦涂面不同，药包布置主要在堤身内侧和堤头前方，而外侧不布置药包，见图 5。内侧药包间距为 $a_1 = 2 \sim 3$ m，内侧药包个数 $n_1 = \dfrac{b}{a_1}$（$b$ 为抛填循环进尺 m）；堤头正前方的药包横向间距为 $a_2 = 3 \sim 4$ m，泥面上实际布药间距略大于 $a_2$，药包个数 $n_2 = \dfrac{B}{a_2}$（$B$ 为堤头抛填的堤顶横向宽度 m）；每次堤头爆炸药包总数为 $n = n_1 + n_2$。

这种不均衡布药是为了进一步加快堤身内侧的下沉，在爆炸堤身下沉时减小堤身内侧土的压力，使得堤身经几次堤头循环爆炸挤淤处理后，同一横断面上堤身内侧落底深度与外侧落底深度大体一致。同时，在堤身完整断面形成前，可对外侧淤泥包起到保护作用。

## 5 工程实践

我们在分析原因、总结经验和技术探讨后，提出了上述技术改进措施，在堤头抛填时内侧突前，外侧滞后，抛填参数调整如表 4 所示（取 $k_1 = 0.05 \sim 0.12$，$k_2 = 2.5$）。

**表 4 3 号堤抛填参数表**（调整后）
Table 4 Filled parameters of 3# seawall (adjusted)

| 桩号 | 爆前堤顶抛填宽度/m | | 抛填进尺/m | 错位长度 $L$/m | 爆前堤顶高程/m | 爆后堤顶抛填宽度/m | | 爆后堤顶高程/m |
|---|---|---|---|---|---|---|---|---|
| | 内侧 | 外侧 | | | | 内侧 | 外侧 | |
| 0+101 | 18~20 | 15~18 | 3~6 | 5~8 | 5.0 | 4 | 6 | 4.0 |
| 0+201 | 16~18 | 12~15 | 3~6 | 8~10 | 5.0 | 4 | 6 | 4.0 |

注：在施工中随着堤头淤泥包及内外侧涂面高差等情况的变化，以上抛填参数要作适当调整。

抛填推进和药包布置如图5所示，药包参数基本不变，但侧重布置于内侧。经过试验和改进，该段海堤修筑成功。但由于外侧涂面被冲刷程度超过预计，又是首次遇到大坡率涂面，设计参数时不免偏于保守，因此有些堤段的断面超过设计较多，如图3所示外侧坡脚超宽很多。不过业主很满意。

此后该技术又在浙江舟山的西白莲、虾峙岛、秀山岛等多条海堤的爆炸处理软基施工中得到成功应用。其中位于岱山县秀山岛的惠生重工秀山围涂工程，其海堤已爆炸处理的一段堤身整体滑入深水区，在讨论会上原施工单位论证认为该处无法采用爆炸法处理软基筑堤，而后主动退场。在此情况下，建设方邀请我单位进场，并采用本技术完成工程遗留问题的处理及其后续工程施工，取得良好的社会效益。

## 6 结语

（1）在斜坡涂面修建海堤，其设计与施工均不同于平坦涂面，难度较大，特别是施工期间堤身的稳定性，采用控制加载爆炸挤淤置换法并适当改进施工技术，是可以安全修建的。主要改进的技术措施是堤头抛填改为"内侧突前，外侧滞后"，而非原常规技术的整齐推进，且药包布置则侧重于内侧。

（2）堤头内外侧的错位长度 $L$ 与涂面的坡率、软土的物理力学性质、外侧淤泥包受冲刷程度、抛石堤身泥面上下的高度、石料质量、及抛填进度等有关，但不应大于堤头爆炸对堤身沉降的影响范围。

由于完工后堤身泥下部分轮廓是根据少数钻孔资料推测的，肯定有一定误差，而且类似工程数据也不很多，因此对堤身内外侧采用不均衡的抛填和爆炸处理尚无法准确给出计算公式，而只能是经验性的。鉴于我国的土地紧缺，沿海围垦工程将会越来越多地选址在斜坡海涂上修筑堤坝，所以该技术还有待提升和完善，有大量的研究工作需要继续进行。

## 参 考 文 献

[1] 江礼茂. 控制加载爆炸挤淤置换法（专利号：ZL 03119314.5）[P]. 宁波科宁爆炸技术工程有限公司，2002.
[2] 屈兴元, 王江, 江礼茂. 爆炸挤淤置换法在浙江围垦工程中的应用和发展[J]. 浙江水利科技，2012，181(3)：28-32.
[3] 江礼茂, 许羿. 控制加载爆炸挤淤置换法处理软基技术及其工程实践[J]. 土工基础，2011，25(5)：27-30.
[4] 朱小敖. 斜坡上爆炸置换法处理软基建筑海堤的工程实践[J]. 土工基础，2008，22(6)：1-5.
[5] 屈兴元, 江礼凡, 王江, 等. 浙江省岱山县江南山围垦工程控制加载爆炸挤淤置换法处理软基竣工报告[R]. 宁波科宁爆炸技术工程有限公司，2008.

# 爆炸挤淤法处理含夹砂层软基技术应用

李雷斌　李浩

(中铁港航局集团有限公司，广东 广州，510660)

**摘　要**：爆炸挤淤已成为水下处理特殊软基的重要技术手段，本文结合工程实例，在传统爆炸挤淤法的基础上，根据施工所得经验成果，对爆炸挤淤填筑护岸及防波堤法处理含夹砂层软基的施工工艺、爆破参数、施工方法及爆炸挤淤理论等进行了探讨，为类似工程提供参考。

**关键词**：夹砂层；爆炸挤淤；护岸；防波堤；软基处理

## Application of Blasting Treatment of Soft Ground Containing Sand Layer

Li Leibin　Li Hao

(China Railway Port Channel Engineering Co., Ltd., Guangdong Guangzhou, 510660)

**Abstract**: Underwater explosion crowded silting has become an important technology of the special soft foundation processing. This paper combining an engineering example, on the basis of the traditional explosion crowded silting method, and based on the results of construction, the construction technology, the blasting parameters, the construction method and the theory of explosion crowded silting, etc. of the experience and the application of explosion crowded silt embankment revetment of breakwater and method of dealing with the sand seam with soft foundation are discussed in this paper, providing a reference for similar projects.

**Keywords**: stratified sand; explosion crowded silting; revetment; breakwater; soft ground treatment

## 1　工程概况

华润电力海丰电厂围填海场平工程厂址位于汕尾市海丰县小漠镇澳仔村，厂区地貌以滨海残丘台地和潮间浅海为主，北侧为旺公山，东、南及西侧为红海湾（南海）。拟建护岸、防波堤位于红海湾近海海域。护岸全长约1931m，防波堤全长约1186m。其中东护岸长986m，有936m需爆炸挤淤处理，南护岸长557m，全部需爆炸挤淤处理，西护岸388m，有63m需爆炸挤淤处理。淤泥主要为海积淤泥、淤泥质土、含淤泥粉砂及粉质黏土。东护岸淤泥质土中夹杂一层1~3m夹砂层。按地层埋藏深度和状态，岩土层按从上到下的顺序分层描述如表1所示。

---

作者信息：李雷斌，高级工程师，563524379@qq.com。

表 1 各岩土层及特性表
Table 1 The geotechnical layer and characteristics

| 岩土层名称 | | 厚度/m | 标贯击数/击 |
| --- | --- | --- | --- |
| 海积细砂、卵石 | 粉细砂 | 0.40~6.70 | 7.0~25.0 |
| | 卵石 | 0.87~2.50 | |
| 海积淤泥、淤泥质土、含淤泥粉砂及粉质黏土 | 海积淤泥 | 0.50~9.80 | 0~1.0 |
| | 淤泥质土 | 0.50~5.90 | 1.0~4.0 |
| | 含淤泥粉砂 | 0.60~5.30 | 3.0~17.0 |
| | 海积黏土 | 0.80~4.00 | 3.0~12.0 |
| | 海积粉质黏土 | 1.13~7.68 | 6.0~11.0 |
| | 海积细砂 | 1.00~5.24 | 8.0~29.0 |
| | 海积中粗砂 | 0.90~10.50 | 13.0~68.0 |
| | 海积卵石 | 0.50~1.40 | |
| 残积土 | 残积土、粉质黏土 | 1.00~5.90 | 16.0~29.0 |
| 凝灰岩、英安岩 | 全风化凝灰岩 | 1.20~6.20 | 30.0~43.0 |
| | 强风化凝灰岩 | 0.38~21.18 | 一般大于50 |
| | 中等风化凝灰岩 | 未揭穿 | |
| | 微风化凝灰岩 | 未揭穿 | |

## 2 含夹砂层软基爆炸挤淤扰动机理分析

本工程面临主要施工难点是如何运用爆破法处理含夹砂层淤泥软基。通过穿透夹砂层布药,在粉细砂层下方爆破,破坏粉细砂层与淤泥的平衡状态,使药包周围的淤泥及粉细砂受到强扰动并丧失强度,软基上的填石块体按一定方向定向滑移,在重力和多次爆炸振动的作用下沉落到淤泥下部的持力层。传统爆炸挤淤法无法完全满足工程要求,为此,根据资料与实验成果,在以下原理的基础上,改进施工技术。

### 2.1 爆炸载荷冲击作用

在爆炸瞬间,与炸药接触的泥沙受到超压、冲击波等强荷载直接作用,产生强烈的物化变化。根据泥沙软基等物质固结不排水动、静三轴试验结果表明,软基试样在受到不排水周期荷载作用下,将产生超静孔隙水压力,其大小随着周期、固结围压以及轴向动应力的增加而增大,而不排水抗剪强度却随之下降。爆炸挤淤时,泥沙层内部可以视为处于瞬时不排水状态,强大的爆炸冲击力将深层淤泥和夹砂层扰动,使其结构强度大大降低,造成深层泥沙沿轴线方向定向滑移的条件[1]。

另外,淤泥有强度触动性,灵敏度高达4~5m,且其渗透性很差,一般剪切强度很低,主要靠抗压强度来承载[2]。对于砂层,据同济大学土木学院有关研究分析,在低围压下密砂表现为剪胀性,而在高围压下有可能表现为剪缩性,所以在强扰动下,粉细砂层将被破坏失稳[3]。

## 2.2 爆炸空腔形成分析

炸药在含夹砂层软基中爆炸,会形成一定形状和大小的空腔。炸药爆炸后,药室内充满了高温、高压的爆炸气体。根据扩腔过程数值模拟结果显示:大约经历 20~30μs,装药爆轰完成。该气体在爆轰结束时,爆轰产物压力高达 11GPa[4]。由于高温、高压气体的作用,药室开始扩张,传播出一个近似于球形压力波,同时,爆炸空腔开始以椭球对称的形式向外扩散,可得到泥沙在炸药作用下的扩腔过程。

## 2.3 应力与振动效应

炸药在水下淤泥介质爆炸时,瞬间释放巨大的能量,会在周围物质产生很强的应力与振动效应,对周围一定范围内的介质产生很强的扰动。根据有关研究,泥沙体的屈服应力与扰动度密切相关。对高灵敏度的软基而言,当受扰动时,屈服应力、抗剪强度、静力触探锥尖阻力和压缩模量都会下降,且扰动强度越大,下降速度越快[5]。

# 3 典型段施工方法

对于地质条件较为简单的护岸及防波堤段采用常规抛石爆炸挤淤法处理软基,效果理想。而本工程局部工段海底淤泥层有夹砂层,其厚度为 1~3m,标贯系数 7~29 击,由于夹砂层的存在,如果在上层淤泥层中爆破,夹砂层将严重影响爆炸应力向下的传播,减弱了爆炸对夹砂层及下方软基部分的作用,无法充分破坏软基的平衡状态,影响挤淤爆破的效果。所以,普通爆炸挤淤法含夹砂层复杂软基,难以使地基达到设计承载力和在一定时间内沉降的要求。因此,必须改进布药设备,优化爆破参数,解决实际问题。

下面就工程具体施工过程选取两个典型的含夹砂层软基段爆炸挤淤施工方法来分析。

## 3.1 第一典型施工段

本典型段位于东护岸第一工作面起始段,该段软基在本工程护岸施工中最为常见。由护岸纵断面图知,软基中含有一层对爆炸挤淤落底效果产生较大影响的粉细砂夹层,厚度主要为 1~3m,较具代表性。具体情况如图 1 所示。

### 3.1.1 施工机具改装与使用

#### 3.1.1.1 布药机改装

根据本施工段淤泥层、夹砂层厚度、水深及现场情况,布炸药时必须穿透夹砂层,在粉细砂层下方爆破。采用挖掘机振冲式布药机进行布药。该装药机采用长臂挖掘机改装而成,将长臂挖掘机的料斗换成布药装置,布药装置由一台 220 型履带式长臂挖机、振动锤及装药圆管组成。振动锤功率 15kW,装药器的管内径为 219mm,管长 25m(可加长),装药量为 50kg/m,设底开门装置,如图 2 所示,其特点是陆上装药不受风浪及潮汐影响,装药快速。

#### 3.1.1.2 使用方法

通过长臂挖掘机的行走和旋转将装药器定位,利用加装的振动器在夹砂层中成孔;

当成孔深度达到设计装药标高时,挖掘机上提,自动脱钩装置开启,药包在配重和淤泥、水压作用下落至孔底,装药完成,然后提起装药器进行下一药包的装药。本工艺埋设单个药包约需 5min。

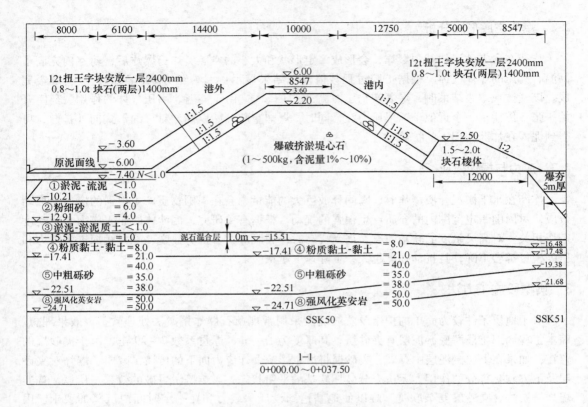

图 1  含有一层砂软基断面图

Fig. 1  Profile containing single sand layer soft foundation

图 2  改装的液压式陆上装药机

Fig. 2  Modification of the hydraulic loading machine on land

#### 3.1.1.3  布药位置及深度控制

流程如图 3 所示。

药包的平面位置控制采用极坐标控制以长臂挖机转动中心（A 点、B 点）建立极坐标，极轴

$$\rho = L \cdot \cos\alpha \tag{1}$$

式中，$\alpha$ 为装药机在平面内的转角；$L$ 为臂长度。

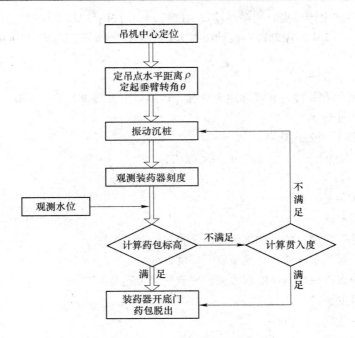

图 3 布药位置及药包标高控制流程图

Fig. 3 Medicine position and charge level control flow chart

药包埋入深度按标高及贯入度两个指标进行控制药包的埋入深度应满足设计标高要求。药包埋入标高计算见图4。药包埋入深度标高

$$H = H_1 - L_1 \tag{2}$$

式中，$H_1$ 为水面高程；$L_1$ 为装药器水面下长度。

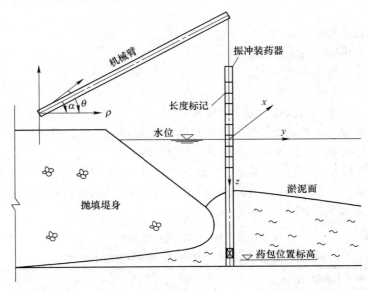

图 4 布药深度控制示意图

Fig. 4 The embedment depth of explosive control plan

当振冲器达不到设计标高时按振冲器贯入度控制。通过对现场土层的实际下沉率定，贯入度控制标准定为：当15kW振动锤在设计激振力作用下，1min下沉深度＜10cm，应达到设计要求持力层。

### 3.1.2 爆破参数布置

根据爆炸挤淤的有关理论和实际地质情况，运用以下方法设计爆破参数。

#### 3.1.2.1 药量计算

（1）线药量按下列公式计算：

$$q_L = q_0 L_H H_{mw} \tag{3}$$

$$H_{mw} = H_m + (\gamma_w/\gamma_m)H_w \tag{4}$$

式中 $q_L$——线布药量，kg/m；

$q_0$——炸药单耗，kg/m³；

$L_H$——爆破排淤填石的一次推进的水平距离，m；

$H_{mw}$——计入覆盖水深的折算复杂软基厚度，m；

$H_m$——置换夹砂层软基厚度或含夹砂层软基包隆起高度，m；

$\gamma_w$——水重度，kN/m³；

$\gamma_m$——软基重度，kN/m³；

$H_w$——覆盖水深，m。

（2）一次爆破排淤填石药量（单炮药量）按下式计算：

$$Q = q_L L_L \tag{5}$$

式中 $Q$——一次爆破药量，kg；

$q_L$——线布药量，kg/m；

$L_L$——爆破排淤填石的一次布药长，m。

（3）单孔药量按下列公式计算：

$$Q_1 = Q/m \tag{6}$$

式中 $Q_1$——单孔药量，kg；

$Q$——一次爆破排淤填石药量，kg；

$m$——一次布药孔数。

#### 3.1.2.2 布药线平面位置

（1）布药线平行于抛石前缘，位于前缘外1~2m。

（2）堤端推进爆破，布药线长度根据堤身断面稳定验算确定；堤侧拓宽爆破，布药线长度根据安全距离控制的一次最大起爆药量和施工能力确定。

软基含有夹砂层，一方面结构复杂，质地不均；另一方面软基强度较高。爆破必须充分破坏夹砂层的平衡状态。综合运用以上公式并结合现场实际，本段通过过优化参数，装药量比优化前提高10%，爆破参数如表2所示。

表2 第一典型段爆破参数
Table 2 The typical section of the blasting parameter

| 爆破位置 | 处理总长/m | 淤泥厚度/m | 循环进尺/m | 布药宽度/m | 药包间距/m | 药包埋深/m | 药包重/kg | 总药量/kg |
|---|---|---|---|---|---|---|---|---|
| 堤头爆破 | | 9~13 | 6 | 26 | 2 | 12 | 40 | 480 |
| 侧向爆填 | 100 | 9~13 | 50 | 50 | 2 | 10 | 40 | 2000 |

堤头爆破前后效果如图 5 所示。

图 5 堤头爆破前后效果图

Fig. 5 The dam head before and after blasting effect

## 3.2 第二典型施工段

该典型段位于防波堤施工里程（037.50-113.10 段），断面如图 6 所示。该种软基在本工程防波堤施工中最具有代表性，在淤泥层之间含有双层砂层，厚度分别为 1.1m、2m，淤泥厚度 9.4m。该软基处理方法基本类似，施工工艺相同，不同点是本段软基中双层砂标贯击数为 8.0~32.0 击，平均值为 20.0 击，承载力较大，爆炸挤淤泥石置换难度较大，且本段布药宽度、深度相对较大。

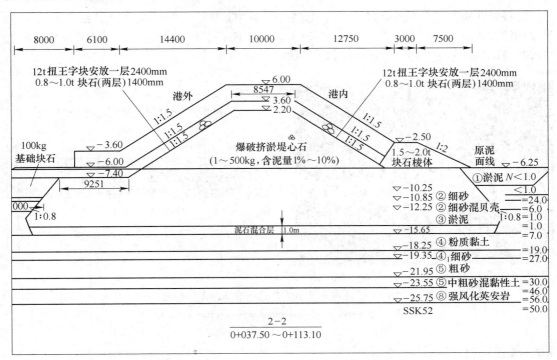

图 6 第二典型段断面图

Fig. 6 The second typical section of the profile

### 3.2.1 机具选择

由于淤泥层较厚，布药宽度较大，普通改装的长臂挖掘机振冲式布药机无法满足本施工段对布药深度和宽度的要求，所以该施工段采用履带吊机振冲式装药机进行布药。该装药机为一台100t履带式吊机和15kW振动锤及装药圆管组成。

### 3.2.2 参数布置

根据爆炸挤淤经验公式，结合现场实际，本施工段基本参数选择如表3所示。

表3 第二典型段爆破参数
Table 3 The second typical section of the blasting parameters

| 爆破位置 | 处理总长/m | 淤泥厚度/m | 循环进尺/m | 布药宽度/m | 药包间距/m | 药包埋深/m | 单药包重/kg | 总药量/kg |
|---|---|---|---|---|---|---|---|---|
| 堤头爆破 | 75.6 | 9.4 | 7 | 57.5 | 2.5 | 7.8 | 42 | 1008 |
| 侧向爆破 | 200 | 9.4 | 200 | 4 | 2.5 | 13.5 | 20 | 1180 |
| 外侧爆夯 | 200 | 9.4 | 200 | 4 | 3 | 10 | 12 | 732 |

## 4 施工质量检测

采用钻探法，物探法，体积平衡法能使质量控制做到点、面相结合，检测时间上长短相结合，克服各自不足，是提高工程进度，同时对爆炸挤淤法处理软基进行质量检测，质量检测准确性的有效方法。

### 4.1 钻孔法观察堤身落底状况

工程钻孔检测堤身横断面16个，钻孔44个，其中东护岸（横断面14个，钻孔36个）护岸平均填石厚度18.07~24.72m；西、南护岸（横断面2个，钻孔8个）护岸平均填石厚度17.90~24.2m，落底良好，钻探式样如图7所示。

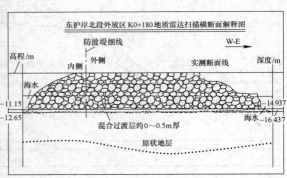

图7 钻芯取样及地质雷达扫描横断面解释图
Fig. 7 More and geological radar cross-section explanation

### 4.2 物探检测

在填堤施工过程中进行地质雷达检测1次，检测堤身横断面11个，纵断面1个，测点35点，置换范围满足设计要求。检测典型段结果如图7所示。

## 4.3 体积平衡法判断落底情况

护岸堤心设计断面填方总量 150 万立方米，实际填方总量 161 万立方米，基本平衡。另外，2013 年 9 月 22 日 19：40，强台风"天兔"登陆汕尾，最大风力 14 级，正面袭击本工地。当台风过后，通过观测，护岸及防波堤完好无损，再次证明了本工程护岸及防波堤施工技术的科学可靠。

## 5 总结

（1）改装布药机设备原理简单，操作方便，尤其可以可靠穿透夹砂层，实现设计深度装药，为处理含夹砂层复杂软基施工技术方法提供了设备支持。

（2）通过优化爆破参数，控制装药深度，增加装药量，能够使含夹砂层软基充分失稳，挤淤效果理想，满足施工质量要求。

（3）通过多种检测方法检测表明，本工程应用的爆炸挤淤法处理有表层砂及夹砂层的特殊软基科学、可行，能达到设计要求。

本文重点探讨了爆炸挤淤施工技术实践，对于爆炸挤淤相关机理的研究不深，尤其是爆破强扰动机理的研究有待进一步深入。

### 参 考 文 献

[1] 徐学勇，武金贵，程康．深厚淤泥爆炸挤淤软基处理技术[J]．爆破，2011，28(2)：94．
[2] 邓玉雷，耿鹏．用扰动爆破法处理淤泥软基的实验与应用[J]．爆破工程，1995(3)：52．
[3] 闫东霄．沙土稳态强度试验研究及颗粒流模型[D]．上海：同济大学，2007．
[4] 蒋丽丽，林从谋，蔡丽光．爆炸挤淤法处理软基扩腔过程数值模拟[J]．华侨大学学报，2009，30(3)：332．
[5] 邓永峰，刘松玉．扰动对软土强度影响规律研究[J]．岩石力学与工程学报，2007，26(9)：1944．
[6] 陶松垒，李未材．防波堤基础的爆炸处理方法及应用[J]．爆炸与冲击，2003，23(5)：477．

# 导爆管起爆系统在大型集装箱沉船爆破解体中的应用

李清明　刘文广　申文胜　刘少帅　李介明　何军

（上海消防技术工程有限公司，上海，200080）

**摘　要**：大型船上杂散电较难控制，采用电雷管起爆网路进行爆破的危险性较大。本文介绍采用导爆管起爆系统，一次性使用45t炸药将沉船爆破解体达到打捞块度的大型水下爆破技术。爆破对周边影响控制在允许范围内，取得了良好效果。

**关键词**：沉船；导爆管起爆系统；爆破解体

## Non-electric Initiation System Application in Blasting Disintegration of the Large Container Ship

Li Qingming　Liu Wenguang　Shen Wensheng
Liu Shaoshuai　Li Jieming　He Jun

（Shanghai Fire Technique Engineering Co., Ltd., Shanghai, 200080）

**Abstract**: As the stray electric is difficult to control in a large ship, the electric detonator detonating network is used for blasting in greater danger. This article introduces underwater blasting technology. Using the grid road blocks which will be blasting disintegration to wreck, with blasting effect on peripheral control within the scope of the permit, has obtained the good effect.

**Keywords**: sunken ships; non-electric initiation system; blasting disintegration

## 1　引言

导爆管起爆系统在水下爆破中应用不在少数，但一般规模较小，起爆药包数量少。爆破施工时根据海况水下特点，对导爆管起爆网路加强了防水、抗拉和抗摩擦能力。在沉船解体一次性使用45t炸药并采用导爆管起爆系统的大型爆破是一次成功的尝试。

## 2　工程概况

航行中的新加坡籍3100标箱集装箱船"BARELI"轮在福建南横岛东月屿附近水域触礁搁浅。该船总长220.4m，型宽32.3m，型深18.7m，总吨位35881t，载重吨42300t，空船自重15162t。

---

作者信息：李清明，高级工程师，jxlqm02@126.com。

难船触礁搁浅后，在第三、第四货舱舱壁位置断裂，救捞单位采用"链锯"工艺已将难船在146～147号肋位处锯断，完成了难船后段的整体起浮打捞和移位工作，已将其交于买方单位接收。

剩下的难船前段：长约108m，含第一、第二、第三货舱及船艏部，难船前段前倾约10°，右倾约3°，稳定坐沉在礁盘斜坡上。难船前段船艏处水深32米，断口处水深18m，船旁钢板厚18mm，船底钢板厚25mm。

难船处流速最快达3.5节。难船前段处于无遮蔽海区，水域范围宽敞，船舶航行流量很小，目前季节除台风影响外海况较好。

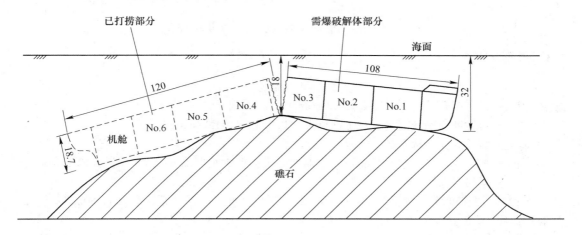

图1 沉船坐礁图

Fig. 1 Sunken ship schematic

周边水产养殖情况调查：最近的赤山到赤山仔离难船前段距离为3～3.5海里（5559～6486m），南宫口离难船前段4.5海里（8338m），其余养殖区距离更远，都在5～6海里以外。

由于该轮是在快速航行中触礁，因此难船前段船体破损十分严重，已无整体打捞后修复的价值；同时考虑前段船体已全部丧失浮力，须全部用外力抬浮，但由于难船前段坐在礁盘上，前段重量大部集中在船艏，船艏下无法穿过船底钢缆，客观上不具备整体打捞的条件；即使能整体打捞，吃水也很深，在当地或附近水域，也很难找到合适的滩地和去向；按常规，六月份台风可能会影响到福建沿海，打捞应在台风来之前结束。

鉴于上述诸多因素，难船前段打捞方案拟采用爆破切割解体打捞方法，达到快速有效清除目的。爆破切割后，用大型浮吊船吊装或专用大抓斗抓取残骸装于大型甲板驳运走，最终经现场扫测验收，达到恢复原海图水深的要求目标。

## 3 爆破解体设计方案

利用爆破切割、爆破撕裂相关的作用原理，在沉船上合理布放炸药，对沉船进行解体的定向运动，爆破后使沉船整体分割成若干部分，并且相对集中，符合大型打捞设施起吊要求，防止残骸飞散。

### 3.1 爆破器材的选用

（1）炸药：EL系列水下乳化炸药。

(2) 雷管：采用奥瑞凯产 8 号防水导爆管毫秒雷管。
(3) 起爆具：1000g/个。
(4) 导爆索：12~14g/m。
(5) 主起爆线：采用奥瑞凯生产的专用于起爆用的、加连接块的 700m 长导爆管接力起爆，用三段接力，起爆距离 2000m。

### 3.2 装药位置选取及布药形式

(1) 炸药条：分别在船底、船舱、艏楼舱、锚链舱和船底双层中间管弄间安装，共 15 根药条。
(2) 集中药包：分别在各舱船底两侧开洞放入，共 8 个集中药包。

### 3.3 炸药量计算

$$Q = K_1 K_2 S$$

式中 $Q$——条形药包单位长度耗药量，kg/m；
$K_1$——单位断面积耗药量，对于钢材 $K_1 = 0.025 \sim 0.04 \text{kg/cm}^2$；
$K_2$——装药几何结构系数，$K_2 = 1 \sim 3$；
$S$——切割处每米切割的断面积（本船船旁及内侧钢板厚 18mm，船底钢板厚 25mm，每米切缝面积 430cm²）。

经计算单位长度耗药量 10.75~51.6kg/m，考虑到布药位置关系，装药按 50kg/m 设计，局部采用集中药包。

经计算，爆破总药量 45000kg，起爆具 58 只，雷管约 120 发。具体数量见布药位置、药量、雷管一览表。

### 3.4 药条的加工

#### 3.4.1 两舷药条

由定形塑料药卷包装的 EL 系列乳化炸药垒并在一起，用塑料彩条布捆成每条长 35m 左右，直径 600mm，每米重 50kg 的药条，在药条中间纵向加一导爆索，导爆索穿过起爆具，另外纵向加一根直径 24mm 左右的钢缆绳，作压重与起吊药包用，在药条的适当位置安装二个起爆具。

#### 3.4.2 舱内药条

由定形塑料药卷包装的 EL 系列乳化炸药垒并在一起，用塑料彩条布捆成每条长 30m 左右，直径 600mm，每米重 50kg 的药条，在药条中间纵向加一导爆索，导爆索穿过起爆具，另外纵向加一根直径 24mm 左右的钢缆绳，作压重与起吊药包用，在药条的适当位置安装二个起爆具。

#### 3.4.3 集中药包

用集装袋网兜和彩条布将药包集中成堆状，在药包的适当位置安装二个起爆具，每个集中药包质量约 0.75t。

### 3.5 药条和药包的水下布设

潜水员首先在沉船上布药处清除障碍物和淤泥，并系好导引索。作业船利用旋转吊车，将条药渐渐吊入水中，同时由潜水员将药条沿着钢缆导索布设到爆破点，紧贴船体，用绳子扎牢固定或锚定,防止水流冲走,以确保爆破后解体充分完全。不同段别起爆的条药,应采取隔离措施防止殉爆串段。布药前应由设计人员向施工人员详细技术交底,并加强指导与监督。本工程采用毫秒延时起爆方式,减小最大一次起爆药量。炸药布置图见图2。

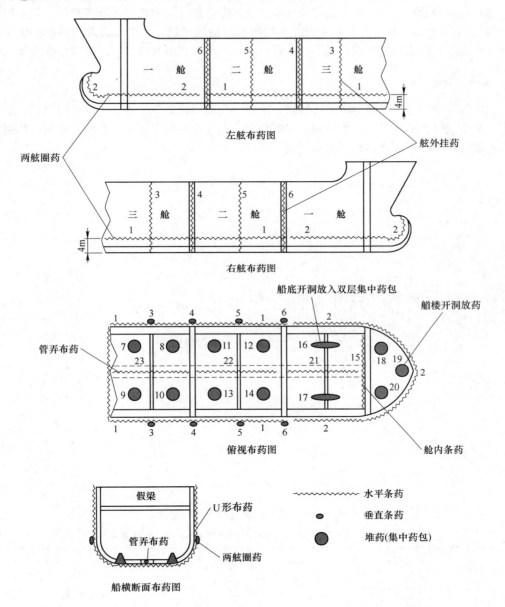

图 2　炸药布置示意图
(1、3～6号条为Ms1段;7～17号药包为Ms3段;2、18～23号药条为Ms4段)
Fig. 2　Explosive arrangement diagram

## 3.6　底板开洞

在艏舱甲板上和第一、第二号货舱中间和船底板上利用电氧水下切割开洞,开洞口不小于

3m×3m。底板切割开洞后用集中药包。

### 3.7 起爆具制作与安放

起爆具由专业厂生产,每个起爆具并联2发导爆管雷管(根据安放起爆具的位置不同脚线有长短),雷管收口处用环氧树脂密封,再用防水自粘胶布包扎,所有起爆线路的接头用防水自粘胶布密封,以确保雷管和起爆线路的可靠防水。每段药条各放二个起爆具,以确保准爆。

### 3.8 起爆网路

为确保准爆,起爆网路采用复式网路,即每个药条设置2个起爆具,每个起爆具设置2发雷管,每个起爆具的两根引出线分别接到两个单独的起爆网路中,这两个网路连接到两路主起爆线上到起爆点,形成两路独立的起爆网路。

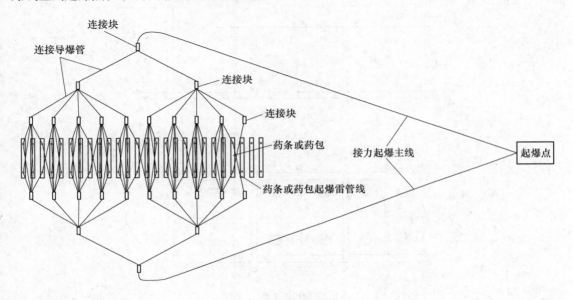

图 3 起爆网路图

Fig. 3 Detonating network diagram

**表 1 布药位置、药量和雷管一览表**

**Table 1 Cloth, the location and quantity detonators list**

| 编 号 | 单位长度药量 /kg·m⁻¹ | 药量 /kg | 起爆具数 /只 | 雷管/发 段别 | 雷管/发 数量 | 导爆索 /m | 扎药钢绳 /m | 布药位置 |
|---|---|---|---|---|---|---|---|---|
| 1号药条 | 50 | 6000 | 4 | 1 | 8 | 120 | 124 | 由4根35m药条搭接组成,船后侧 |
| 2号药条 | 50 | 6000 | 4 | 4 | 8 | 120 | 124 | 由4根35m药条搭接组成,船前侧 |
| 3号药条 | 50 | 3000 | 4 | 1 | 8 | 60 | 62 | 呈U形,沿船舷两侧并穿过船底,两根30m药条搭接 |
| 4号药条 | 50 | 3000 | 4 | 1 | 8 | 60 | 62 | |
| 5号药条 | 50 | 3000 | 4 | 1 | 8 | 60 | 62 | |
| 6号药条 | 50 | 3000 | 4 | 1 | 8 | 60 | 62 | |

续表1

| 编号 | 单位长度药量 /kg·m⁻¹ | 药量 /kg | 起爆具数 /只 | 雷管/发 段别 | 雷管/发 数量 | 导爆索 /m | 扎药钢绳 /m | 布药位置 |
|---|---|---|---|---|---|---|---|---|
| 7～10号药包 | 每个药包750 | 3000 | 8 | 3 | 16 | 40 | | |
| 11～14号药包 | 11～12号:750, 13～14号:925 | 3350 | 8 | 3 | 16 | 40 | | 装药网兜布放 |
| 15号药条 | 50 | 1400 | 2 | 4 | 4 | 28 | 30 | 舱底开洞,放入双层船底 |
| 16号药条 | 50 | 1500 | 2 | 3 | 4 | 30 | 31 | 舱底开洞,放入双层船底 |
| 17号药条 | 50 | 1500 | 2 | 3 | 4 | 30 | 31 | 舱底开洞,放入双层船底 |
| 18～20号药条 | 50 | 5250 | 6 | 4 | 12 | 105 | 108 | 甲板开洞,放入锚链仓 |
| 21～23号药条 | 50 | 5000 | 6 | 4 | 12 | 105 | 108 | 沿沉船长度方向放置 |
| 合计 | | 45000 | 58 | | 116 | 858 | 804 | 共分3段起爆:其中1段:18t、3段10.75t、4段16.25t |

## 4 爆破安全控制

### 4.1 水下爆破冲击波效应的计算和评估

此次海上爆破作业的海域内,爆破点5公里内属于无人区,较近的小岛属于无人岛,与陆地上爆破作业相比较,不存在飞石和噪声危害,主要考虑因素是爆破产生的水中冲击波对施工船舶、航行船舶的影响以及对水生物的影响,水中爆破冲击波效应按水中裸露药包爆破激起的水中冲击波效应进行考虑。

根据《爆破安全规程》,当一次起爆药量大于1000kg时,对人员和施工船舶的水中冲击波安全允许距离按如下计算公式进行计算:

$$R = K_0 \cdot Q^{1/3}$$

式中 $R$——水中冲击波最小安全允许距离振动速度,m;

$K_0$——系数(裸露药包:木船,$K_0=50$;铁船,$K_0=25$;潜水,$K_0=320$;游泳,$K_0=250$);

$Q$——一次爆破装药量,kg,毫秒延期取$Q=45000$kg计算。

通过计算,安全距离为:木船$R=1778.4$m,铁船$R=889.2$m,潜水$R=11382.1$m,游泳$R=8892.2$m。为了以防万一,取船舶安全距离2000m。起爆点布置在沉船外2000m。计算表见表2。

表2 水下爆破冲击波计算表
Table 2 Underwater blasting shock wave calculation table

| 药量 $Q$/kg | $R_{铁船}$/m | $R_{木船}$/m | $R_{游泳}$/m | $R_{潜水}$/m |
|---|---|---|---|---|
| 15000 | 616.6 | 1233.1 | 6165.5 | 7891.9 |
| 25000 | 731.0 | 1462.0 | 7310.0 | 9356.9 |
| 35000 | 817.8 | 1635.5 | 8177.7 | 10467.4 |
| 45000 | 889.2 | 1778.4 | 8892.2 | 11382.1 |

爆破前海事部门发布了有关航行和施工公告，爆破当天派出警戒船在周边十海里进行了警戒，确保了其他船只航行、施工作业的安全。

## 4.2 地震波效应

一般情况下，水是不可压缩的，水下爆破时地震波首先通过水底然后传到陆地，爆破地震波效应按水下裸露爆破所产生的爆破地震波效应进行考虑，按如下地震波计算公式进行计算：

$$v = 94 \times (Q^{1/3}/R)^{0.84}$$

式中　$v$——振动速度，cm/s；
　　　$R$——爆心距离，m；
　　　$Q$——一次爆破药量，kg。

通过计算，不同起爆距离处的振动速度见表3。

表3　振动速度计算表
Table 3　Vibration velocity calculation table

| $v$/cm·s$^{-1}$　　$R_m$/m　　　$Q$/kg | 1000 | 2000 | 3000 | 4000 | 5000 |
|---|---|---|---|---|---|
| 15000 | 4.19 | 2.34 | 1.67 | 1.31 | 1.08 |
| 25000 | 4.84 | 2.70 | 1.92 | 1.51 | 1.25 |
| 35000 | 5.31 | 2.97 | 2.11 | 1.66 | 1.38 |
| 45000 | 5.70 | 3.19 | 2.27 | 1.78 | 1.48 |

根据《爆破安全规程》的相关规定，建筑物在地面质点安全振动速度分别如下：

一般砖房、非抗震大型砌块建筑物：$v = 2 \sim 3$cm/s；

钢筋混凝土框架房屋：$v = 5$cm/s。

由于沉船沉在大海中，爆破时2km之内封航，5km之内没有居民和居民房等重点保护对象，故上述爆破作业激发的地震波不会对陆上设施造成损坏。

## 4.3 水中生物的保护

据调查，爆破施工期间无鱼类在此回游，距离水产养殖区在5500m以上，在本工程爆破施工中，为减少爆破施工对水中生物所产生的影响，采取如下措施：采取适当方法将鱼类等驱赶到安全区域，如利用物理方法产生噪声、振动等将水中生物驱赶出爆炸实施区域；在预计爆破施工区域持续释放一些一定频率的噪声来驱赶水中生物；在爆炸点周围制造气泡帷幕，可以大大减小水中冲击波的压力，选择海流方向远离养殖区方向时起爆，从而有效地避免爆破对周围水中生物的影响。

## 4.4 对周边岛礁的影响评估

离难船最近的岛礁名为东都屿、小月屿、东月屿，均为无人岛。距离难船分别为900m、1200m、1500m。根据上述冲击波、地震波计算，对这些最近的岛礁，不会造成损毁，外貌形态不会发生变化，对水下的双月屿礁盘，原最浅水深3~5m（二个测点），其余大多为10m水深，除难船在快速触礁过程中，对礁盘产生撞击破损外，爆破作业时由于大部分炸药在船舱内,并且采用毫秒分段起爆技术,威力大大降低,所以不会对水下礁盘产生过多的影响。

## 4.5 爆破产生涌浪的影响

爆破点平均在水面下20m左右,离水面较近,且远离养殖场和住人岛岸,爆破采用毫秒微差分段起爆,因此产生的水击波和涌浪不会对警戒范围内的船舶、人员产生影响,也不会对附近岸线产生影响。

## 5 爆破效果

本工程是采用导爆管起爆系统的一次大型水下爆破,从爆破后残铁清理和抓取的块度来看,爆破效果好,残料集中,块度达到设计和施工要求。爆后福建省海洋与渔业厅组织省海洋环境与渔业资源监测中心等监测单位对爆破海域及邻近养殖生产海区开展环境监视监测,各项常规监测项目指标正常(见2012年6月17日关于新加坡籍集装箱船搁浅事故海域应急监视监测情况的报告)。

图 4 爆破前照片
Fig. 4 Photos before blasting

图 5 爆破时照片
Fig. 5 Blasting photo

## 6 结论

水下爆破采用导爆管起爆系统，比电雷管起爆系统安全、可靠。但由于目前国内生产的导爆管脚线强度较低，若采用国产导爆管起爆系统，则须对其进行防护和加固后使用，以适应在海况环境中使用。为确保准爆，采用导爆管起爆系统，应做水下起爆和传爆试验。起爆系统的加固、防护和加工量大，需要大量人力。施工管理和协调难度大，施工前做好充分准备尤其重要。本次沉船切割爆破，采用了强度较高的奥瑞凯生产的导爆管起爆系统，并采用了复式网路，保证了45t炸药一次成功起爆，达到了预期的爆破切割效果，爆破有害效应也得到很好的控制，对沉船解体爆破是一次成功的尝试。

### 参 考 文 献

[1] 汪旭光. 爆破手册[M]. 北京：冶金工业出版社，2010.
[2] 张正平，等."金航"轮沉船水下爆破解体[J]. 工程爆破，2003，9(2):65-68.
[3] 刘少帅，李介明，程荣明，等."曙星1"沉船水下爆破解体工程[M]//中国爆破新进展. 北京：冶金工业出版社，2014：775-780.
[4] 刘少帅，缪玉田，贡书生."海蜂"轮沉船水下爆破解体打捞[M]//中国爆破新技术. 北京：冶金工业出版社，2008：557-561.

# 刘家峡发电厂洮河排沙洞工程岩塞爆破的监理要点

吴从清

（长江科学院，湖北 武汉，430010）

**摘　要**：刘家峡发电厂洮河排沙洞工程岩塞爆破采用硐室爆破、周边钻孔预裂爆破、水下50m大直径深孔爆破扰动泥沙的方案，具有技术复杂、风险因素多的特点。本文对该监理项目的爆破程序管理、爆破器材试验及施工工艺试验、现场记录及控制、爆破监测、爆破器材销毁等方面的部分关键技术及监理程序进行了介绍，可供同类工程监理参考。

**关键词**：监理；岩塞爆破；水下爆破

## Supervision Key Points of Rock Plug Blasting for Taohe Sediment Tunnel Construction in Liujiaxia Power Station

Wu Congqing

(Institute of Yangtze River, Hubei Wuhan, 430010)

**Abstract**: Rock plug blasting for Taohe sediment tunnel construction in Liujiaxia Power Station was realized by tunnel blasting and periphery pre-splitting blasting and large diameter deep-hole blasting 50m under water to disturb the sediment, it has the characteristics of complicated technology and more risk factors. This paper mainly presents the key technology and supervision procedure for blasting procedure management, tests for blasting materials and workmanship, site records and control, blasting monitoring, destruction of the blasting materials. It can be taken as a reference for the other similar projects.

**Keywords**: supervision; rock plug blasting; underwater blasting

## 1　引言

刘家峡发电厂洮河排沙洞工程岩塞爆破采用硐室爆破、周边钻孔预裂爆破、水下50m大直径深孔爆破扰动泥沙的方案，具有技术复杂、风险因素多的特点。根据《爆破安全规程》的规定应实施爆破安全监理，监理委托合同规定的工作范围包括岩塞爆破装药过程中的质量控制、进度控制、安全管理及协助甲方进行工程相关方的协调，具体工作内容包括（但不限于）参加专家方案讨论会，审查装药施工方案及作业指导书，有关施工质量、进度、安全的控制工作，监理工作完成后及时提供相应监理资料。安全监理工作概括地说就是要在保证安全的前提下达到良好的爆破效果，这在一定程度上超出爆破安全规程有关安全监理工作的相关规定，同时安全监理还存在与主体工程项目建设监理的包含及协作关系问题。本文对该安全监理项目的

---

作者信息：吴从清，高级工程师，wuwucq@126.com。

爆破程序管理、爆破器材试验及施工工艺试验、现场记录及控制、爆破监测、爆破器材销毁等方面的部分关键技术及监理程序进行了介绍，可供同类工程监理参考。

## 2 岩塞爆破的安全监理要点

### 2.1 岩塞爆破的程序管理

#### 2.1.1 岩塞爆破的定级及申报程序

在刘家峡发电厂洮河排沙洞工程岩塞爆破实施初期，按地下硐室爆破考虑，根据其最大装药量及《爆破安全规程》的有关规定，爆破确定为D级，项目由县级公安部门备案。后考虑到岩塞爆破应属于水下爆破、其技术及工艺的复杂程度、爆破对兰州等下游城市供水的影响及邻近大坝等重要建筑物等因素，认为定级偏低；而且根据《民用爆炸物品安全管理条例》的相关规定，设计应经安全评估后报市级公安机关审批，由此造成了装药时间的多次延误。爆破工程分级应根据爆破类别、一次总装药量及环境条件等因素，按照爆破安全规程的规定进行认定。准确定级及正确申报是保证爆破程序正常进行的关键。

#### 2.1.2 爆破技术设计文件的签认程序

根据爆破安全的规定，经公安机关审批的爆破作业项目，实施爆破作业时，应进行爆破安全监理，同时规定每次爆破的技术设计均应经监理机构签认后，再组织实施。岩塞爆破设计一般需要根据工程地质条件及实际情况进行多项试验后方能确认，仅在实施爆破作业阶段或在装药前开始进行安全监理，往往造成安全监理机构签认爆破技术设计文件的工作滞后或被动，尤其是一般设计文件未按施工要求进行量化处理。本次岩塞爆破实施前由业主、监理、施工设计单位对钻孔深度及药室尺寸进行了复核，要求施工设计单位给出预裂爆破单孔药量、起爆体药量及药室药量对应的药卷数，并提出各项容许偏差范围，便于施工过程控制。

采用硐室爆破结合钻孔预裂爆破进行岩塞爆破的风险程度较大，安全监理在对爆破技术设计文件的审核过程中，有利于设计方案的进一步优化。本项目安全监理机构提出了水下钻孔预裂爆破应采用连续装药结构以保证传爆可靠性的改进措施；对近距离药包或药室间相互影响可能导致拒爆或殉爆提出改进意见等。

#### 2.1.3 安全监理与项目建设监理的协作关系

对实行建设监理制的工程项目进行工程爆破安全监理时，爆破安全监理仅是阶段性的专项工作，对设计技术文件签认及相关监理文件处理流程应尽量符合已有建设监理的规定，相关文件应仍按建设监理收发程序处理，建设监理单位将相关文件转交安全监理机构签认意见（盖章）以后仍由建设监理单位签认及盖章，爆破安全监理相当于总体工程建设监理机构的专项监理，独立承担责任但包含于总体工程建设监理流程。

### 2.2 爆破器材试验

刘家峡发电厂洮河排沙洞工程岩塞爆破最大水深条件约80m，确保爆破器材在极大水深条件下的起爆及传爆性能良好是岩塞爆破成功及安全的关键。结合现场试验条件对以下试验项目进行了见证并提出了改进建议：

（1）导爆索及端头防水措施浸泡试验：发现人为因素对防水胶布绑扎质量的影响较大，提出了采用环氧树脂封闭导爆索端头的改进措施。

（2）$\phi 75mm$药卷及$\phi 40mm$药卷安装雷管后的浸泡及起爆试验：浸泡时间大于预计的开始装药至起爆的时间。针对预裂爆破非连续装药结构提出了增加$\phi 32mm$药卷安装雷管及导爆索

后再次传爆 $\phi$32mm 药卷的浸泡及起爆试验，提出了采用水下冲击波参数对比测试浸泡时间对起爆威力影响的量化措施。

（3）地表爆破网路试验：提出了采用断线信号及高速采样视频判读起爆时差的量化试验措施。

（4）存放期对炸药性能影响的对比试验：由于工期一再延误导致部分炸药存放期超过一年，因此需要对炸药性能进行对比试验，提出了采用爆炸冲击波参数测试方法代替爆破漏斗试验方法的简便措施，试验资料可靠性更高，比较适合于施工现场简陋条件下使用。

## 2.3 施工工艺试验

（1）现场药卷预加工：及时发现了部分起爆雷管位于药卷外表的问题，避免了水平深孔装药推进过程中雷管与孔壁摩擦起爆的危险；提出了水下淤泥孔装药分段间隔堵塞及上部改用小碎石堵塞、简化外包防水胶套的改进意见，减小了卡孔的可能性，同时保证药卷在孔内固定良好。

（2）预裂爆破及水下深孔爆破装药工艺试验：岩塞爆破周边预裂孔深最大约 15m，岩塞上部淤泥扰动钻孔最大深度约 20m。经过装药工艺试验可以确定班组人员分工、施工流程及质量保证措施，可以预计需要配备工人的数量及需要的装药时间，对确定开始装药时间并尽量减少装药完成后的等待时间十分重要，在装药前的钻孔验收过程中还及时发现了测试单位采用向下式陀螺测斜仪测试向上钻孔及采用金属推杆进行钻孔测斜的技术问题。

（3）封堵灌浆工艺试验：岩塞爆破的硐室封堵质量是保证药室按预定抵抗线方向起爆的关键，提出了逐天留样试压的质量保证措施，是合理确定封堵完成至起爆的待凝时间的重要依据。

（4）药室装药工艺试验：设计方案中在直径约 10m 的范围内前后上下布置了数个药室毫秒延时起爆，可以借鉴的资料很少，协同炸药供应厂家提出了对相邻药室的洞壁布置厚度 10cm 以上的泡沫板缓冲层的建议，尽量避免近距离高强应力波对相邻药室的冲击破坏及殉爆问题。

## 2.4 现场施工记录及控制

现场施工记录与控制的目的是爆破作业应按照设计方案施工，包括质量、安全与进度的控制等方面。

### 2.4.1 施工前的记录及控制

（1）检查施工方的施工准备，主要包括以下内容：爆破设计文件、施工进度计划、技术交底、主要施工设备及机具到位情况、施工安全和质量保证措施，还有专项安全措施方案，其中重要内容需经总监签字确认。

（2）爆破器材、建筑材料的成品或半成品检验是否合格及证明文件检查记录。

（3）劳动组织及人员安排，水、电供应等资源记录。

（4）辅助生产设施是否就绪；场地平整、交通道路、临时设施等准备情况检查及记录。

### 2.4.2 施工质量记录与控制

对施工全过程跟踪监理及记录，旁站及现场巡视，随时检查施工质量，检查施工记录，及时发现问题、解决问题。实行工序控制，每个钻孔及药室的装药预加工都必须经监理工程师检查合格后方可进入装药工序，装药工序验收完成后才能进入堵塞工序。其中，预裂爆破药卷预加工、雷管绑扎、药室堵塞前的检查等重要工序由总监执行，及时发现了雷管保护管路破损、药室封堵砌砖抹浆不密实等可导致后续封堵灌浆进入药室的问题。妥善处理施工异常情况，每天班后召开协调会议解决异常情况，完善相关设计变更手续。

根据本工程特点设置的以下报验资料或表格，经各方确认并采纳：药室装药及堵塞参数表、预裂爆破装药及堵塞验收、药室装药验收、药室堵塞验收、水下钻孔装药及堵塞验收。经各方签认的质量验收资料真实可靠，并可追溯。

### 2.4.3 施工进度的记录与控制

每天记录施工方资源投入及进度完成情况，根据施工熟练程度逐步加快进度；分析延误或可能延误施工进度的影响因素，及时克服这些因素以重新达到原计划进度所采取的措施。实际预裂爆破药卷预加工2天、预裂爆破装药及堵塞2天，药室装药及堵塞2天（与预裂爆破装药及堵塞分区同时进行）、水上淤泥孔装药及堵塞1天、药室洞内施工排架拆除2天、施工栈桥拆除1天、起爆1天，施工过程总体顺利。

### 2.4.4 安全管理的记录与控制

（1）从事爆破工作的爆破员应持有公安部门颁发的《爆破员作业证》方准上岗操作。

（2）装药施工时，必须在划定警戒范围的边界路口设置醒目的标志牌，标明警戒和注意事项，配备专职警戒人员，明确警戒人员职责。严禁施工区吸烟用火，严禁把其他易燃、易爆物品带入施工区。

（3）洞内装药及水上装药施工都必须保证道路通畅，架空走道设置栏杆，施工平台铺设木板应绑扎牢固并设置防护网。

（4）洞内及水上夜间进行装药作业，必须有充足的照明措施并采用防爆灯具，照明线路与爆破网路敷设必须分别位于洞室两侧。

（5）钻孔装药采用木制炮棍。

（6）检查施工方是否配备专职安全员，严格执行各项安全规章制度和操作规程，特别是施工通道、高空作业、照明、警戒、水上作业等安全措施，保证施工安全。

（7）发现事故苗头及时整改，发生事故及时报告并按规定处理。

## 2.5 爆破监测

岩塞爆破的主要有害效应是爆破振动对临近建筑物及边坡稳定的影响、水击波对鱼类的伤害、洞室贯通后高速水流及石渣对闸门井设施的冲击破坏等，必须按照对应设计技术文件的要求进行布点测试。测试成果表明，爆破振动及水击波有害效应与设计文件相符，岩塞贯通视频监测因为照明不足及洞内湿度较大容易导致镜头起雾而图像模糊，爆后高速水流及石渣冲击对与排沙洞斜交的扩机工程进水洞弧形闸门造成一定程度损伤，硐室爆破用于岩塞爆破容易产生大块。

## 2.6 爆破器材管理与销毁

施工单位设置专职安全员并建立爆破器材现场登记制度，监理工程师见证签字。施工现场起爆雷管（起爆体）加工必须在木质平台上进行，炸药应存放有序，雷管与炸药分开存放，人力运输爆破器材应符合相关规范要求，限定数量及轻拿轻放。由于岩塞爆破一般处在主体建设工程开挖基本结束时期，岩塞爆破完成后的剩余爆破器材一般需销毁处理，炸药销毁必须制定专门方案并报公安机关批准后实施。

# 3 存在的问题及建议

硐室爆破用于岩塞爆破是一个技术复杂的系统工程，应尽量缩短装药后爆破器材水下浸泡的时间，尽量减少爆破警戒的持续时间及对社会正常生活的影响。爆破安全监理是实施爆破作业的管理者，必须严格执行爆破安全规程规定的各项任务，同时承担安全监理合同约定的责任。刘家峡发电厂洮河排沙洞工程岩塞爆破成功实施，安全监理工作得到了业主及设计施工单位的认可。根据《爆破作业项目管理要求》(GA 991—2012)的规定，安全监理在爆破设计或安全评估已经完成的爆破作业项目申报阶段已经确定，根据《爆破安全规程》(GB 6722—2014)的要求，在实施爆破作业时应进行安全监理，容易根据惯性思维方式认为是装药阶段开始安全监理工作，由此作业时间较短、取费较低，特别是鉴于岩塞爆破的复杂程度，这不利于充分发挥安全监理的全面作用。

硐室爆破用于岩塞爆破，安全监理工作中应当注意的技术问题及细节包括：硐室爆破可能产生大块并引起冲击破坏的问题、近距离药室装药分段起爆的冲击破坏及殉爆问题、数码雷管用于较小孔距的炮孔分段起爆时应进行抗震能力试验、深水条件下导爆索防水措施可靠性分析、避免因岩石裂隙及雷管保护管破损等细节因素导致药室封堵灌浆进入药室的保证措施、钻孔装药药卷绑扎时应避免雷管位于外表部位。

## 参 考 文 献

[1] 周明安，曹前，唐成风. 如何实施爆破安全监理[J]. 采矿技术，2013(5):111-112.
[2] 蒙云琪，吴剑锋，王家维. 拆除爆破工程安全监理的实践探讨[J]. 铁道建筑，2004，21(3):86-88.
[3] 刘殿中. 工程爆破使用手册[M]. 北京：冶金工业出版社，1999.
[4] 王旭光. 爆破手册[M]. 北京：冶金工业出版社，2010.
[5] 钱七虎. 岩石爆炸力学的若干进展[J]. 岩石力学与工程学报，2009，28(10):1945-1968.

# 公路危岩体控制爆破

邓友祥[1]  陈代贵[2]  邹永生[1]

(1. 重庆顺能建设工程有限公司，重庆，401120；
2. 重庆顺安爆破器材有限公司，重庆，400713)

**摘 要**：根据危岩体构造特征和环境条件，在排危中采用了垂直孔与水平孔，较长孔（俗称长眼）与较短孔（俗称短眼）结合控制爆破方案，保护了危岩下部公路路基、水泥输送管道及在建基桩的安全，达到了预期排危效果。

**关键词**：危岩体；垂直孔与水平孔；控制爆破

## Directional Control Blasting Dangerous Rock Mass on Highway

Deng Youxiang[1]  Chen Daigui[2]  Zou Yongsheng[1]

(1. Chongqing Shunneng Construction Engineering Co., Ltd., Chongqing, 401120;
2. Chongqing Shun'an Blasting Equipment Co., Ltd., Chongqing, 400713)

**Abstract**: In the process of eliminating the risk by adopting the combination of the vertical hole and horizontal hole method to improve the blasting particle size, long holes with short holes control blasting plan was used, protecting the highway embankment, the cement pipelines and the building pile foundation under the dangerous rock, and achieving the expected risk eliminating result.

**Keywords**: dangerous rock mass; vertical holes and horizontal holes; directional control

## 1 概况

危岩体位于赤水市风溪口至香溪口公路 K15+880~930 改造加宽段，该道路为通往赤水十丈洞风景区主要道路，岩性为厚薄分层状赤水典型丹霞砂岩和页岩构造。危岩体高约 9~13m，宽约 7m，厚约 1.5~4m 不等，下部离公路路面 4m，系人为爆破开挖后悬空成一倒岩空腔（俗称倒岩石），呈一龟状伏在公路上方和危岩带上，方量约 300m³。危岩体上部与母岩之间有裂隙，中间呈楔形夹杂着一层页岩，下部因原修公路挖成倒岩腔后留有有少量的岩体作支撑，由于没有锚索锚固，加之岩体下部悬空，存在重大安全隐患。待爆危岩带坡角≥85°，岩石普氏系数 $f = 4~8$。

---

作者信息：邓友祥，高级工程师，631574158@qq.com。

## 2 危岩体周围环境

危岩体现场东侧 100m 处为本公路设置的临时混凝土搅拌站；西北角及正下方为加宽公路在建基桩；南侧为海拔高约 300m 的山体；危岩体正下方公路上靠里有混凝土输送管道；东北角坡底为凤溪口电站河道及电站提升闸门附属设施，水平距离 15m，公路与河道落差约 40m；危岩正北面下方与河道走向相向有一提升闸门用的高压线，水平距离 10m，参见环境图 1～图 6 所示。

图 1  危岩体原状

Fig. 1  Dangerous rock

图 2  危岩带环境情况

Fig. 2  Dangerous rock situation

图 3  俯视危岩体上部形态及环境

Fig. 3  Dangerous rock's top shape

图 4  周围环境情况

Fig. 4  The surrounding situation

图 5 爆后形态　　　　　　　　　　　　图 6 爆后基桩完好无损
Fig. 5　The morphology after explosion　　Fig. 6　The foundation pile complete

## 3　施工难点

施工难点包括：
（1）排危施工期正值雨季，危岩体上方狭窄路滑，布孔及钻孔困难。
（2）爆后石渣落入河道会引起河水涌浪，危及电站大坝提升闸门安全。
（3）危岩体西北角及下方路面加宽基桩正在施工，爆破时需要对其保护。

## 4　爆破方案设计及参数选取

### 4.1　爆破方案设计

为预防危岩从 40m 高度下落之后对河道及电站附属设施的破坏，危岩体上部采用松动爆破，下部中间和西面采用抛掷爆破，东面以定向倾倒，爆渣大部分塌落在公路上。

### 4.2　炮孔布置

在危岩上部与山体连接处布垂直孔，孔深 5m，孔排距 1.1~1.3m，孔间距 1.1~1.3m，孔径 38~42mm。为防止爆后将西面岩体带出新的危岩，在危岩体靠中深孔作业面方向和切割线方向分别布两排预裂孔，东西走向靠中深孔作业区布 4 个长眼，南北走向切割线上布 3 个长眼，整体呈 "7" 字形状，其余地方布 1 个孔。而后在长眼两边间隔 0.1m 处再各钻一个平行孔，孔深 2m。垂直孔 5m 下部中间及西面按照孔排距 1m × 0.6m 布置水平孔，深度按照地形 1.5~2m 不等的粉碎性抛掷爆破，主要解决垂直孔钻孔长度不够，易造成大块塌落时损伤公路路基、水泥输送管道和在建基桩。在危岩体东北角底部向下靠里面钻两个 2m 深的孔，由于地形有限，仅钻了一个孔，主要目的是破坏支撑点的平衡，让大部分石渣定向倾斜倒在公路落渣平台上。

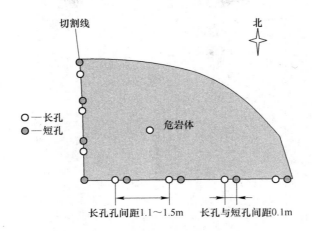

图 7　长短孔分布示意图
Fig. 7　Long hole and short hole distribution diagram

## 4.3　爆破参数

表 1　设计参数
Table 1　Design parameters

| 设计参数<br>作业位置 | 孔径/mm | 孔深/m | | 孔间距/m | | 孔排距/m | 装药量/kg | |
|---|---|---|---|---|---|---|---|---|
| | | 长孔 | 短孔 | 长孔间距 | 长短孔间距 | | 长孔 | 短孔 |
| 危岩体上部<br>(布垂直孔) | 38～42 | 5.0 | 2.0 | 1.1～1.3 | 0.1 | — | 2.0～2.2 | 1.0～1.2 |
| 危岩体下部<br>(布水平孔) | 38～42 | 1.5～2.0 | | 1.3～1.5 | | 1.1～1.3 | 0.4～0.8 | |

装药方式：垂直孔采用正向连续装药，水平孔采用反向连续装药。

由于条件限制上部岩体除切割线上之外，仅布一个垂直孔，参数与长孔一致；岩体底部支撑处设计一个斜向上的 2m 孔，意在破坏支撑点，中间及西部炮孔增加 100g 单孔装药量。

爆破网路：采用电爆网路和毫秒延时非电起爆网路混合网路。凡"7"字形长短孔垂直孔每个爆破药包都用 5m 脚线 5 段非电导爆管雷管，其他各部位均采用 7 段非电导爆管雷管，各非电管脚线用瞬发电雷管串联连接。

## 5　爆破安全措施

由于危岩体下部的保护物较多，因此在爆破设计时需加以控制之外，仍须对被保护物采取防护措施，具体如下：

（1）近体防护：在危岩体表面悬挂式棕垫防护，防止爆破冲击波及应力波弹射飞石对被保护物的伤害。

（2）在危岩体坡下方公路上原有的渣土用挖土机调平，并用渣土填埋水泥输送管道；在在建基桩上方用沙袋满实铺设防护。

（3）临时拆除危岩体下方河道中供提升闸门用的高压线。

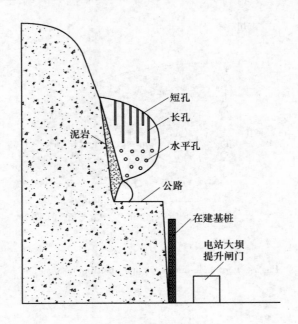

图 8 危岩体侧剖面图
Fig. 8 Dangerous rock's side sectioned view

## 6 结语

该危岩体爆破拆除施工中，由于设计合理、准备工作充分，安全措施到位，仅用了两天时间就顺利爆破拆除。爆破后石渣按设计大部分落入东面公路上的落渣平台上，少量小块石渣跃过被保护物直接抛掷到河中，危岩体下方公路路基、在建基桩、水泥输送管道和电站大坝设施在本次爆破中未受损，临时边坡和预切割地段爆后岩体成缝理想，坡面整齐平顺，未产生新的危岩体。

### 参 考 文 献

[1] 汪旭光，等. 爆破设计与施工[M]. 冶金工业出版社，2012：247-259，336-337.
[2] 施富强，何毅. 堑坡危石控制爆破技术研究与实践[J]. 新疆：全国工程爆破文集第七辑，2001：762-764.
[3] 王旭光，郑炳旭，张正忠，等. 爆破手册[M]. 冶金工业出版社，2010：234-250.
[4] 冯叔瑜，吕毅，杨昌杰，等. 城市控制爆破（第二版）[M]. 北京：中国铁道出版社，1996：234-236.
[5] 顾毅成，史雅语，金骥良. 工程爆破安全[M]. 合肥：中国科学技术大学出版社，2009：312-319，327-336.
[6] 王青屏. 复杂环境条件下的危岩处理爆破[J]. 爆破，2006，23(1)：85-87.
[7] 左宇军. 露天水平炮孔松动爆破的探讨[J]. 工程爆破，1998，4(2)：26-29，41.

# 宁明花山景区大型岩崩地质灾害爆破治理技术

**谭志敏　朱真　覃京音　石家良**

（广西地矿建设集团有限公司，广西　南宁，530023）

**摘　要**：介绍了自然山体发生大型岩质崩塌形成危岩体的基本情况，分析了危岩体稳定状况以及排险的难度和施工风险；针对危岩体稳定状况分析、选择适宜的排险方案——采用"后缘破裂超深孔爆破法"进行排险，即在悬空的危岩体潜在滑动面后缘钻凿大直径炮孔，通过爆破在危岩体与母岩之间形成一个贯通的爆破破裂面，使危岩体与母体脱离，在自身重力作用下滑落、下坠，最终安全地排除危岩隐患、达到了治理的目的。阐述了"后缘破裂超深孔爆破法"具体的技术措施、爆破施工工艺和爆破参数。可供类似工程进行参考。

**关键词**：地质灾害；危岩；治理；爆破

## Ningming Huashan Scenic Spots Large Rockfall Geological Disasters Blasting Control Technology

Tan Zhimin　Zhu Zhen　Qin Jingyin　Shi Jialiang

（Guangxi Mine Construction Group Co.，Ltd.，Guangxi Nanning，530023）

**Abstract**：The occurrence of large natural mountain rock collapse forms the basic situation of the dangerous rock mass. The dangerous rock stability conditions and the risk and difficulty of construction risk are analiezed. According to the analysis, the suitable solutions for risk on rock stability condition are chosen—using the posterior rupture of ultra deep hole blasting method. That is to drill large diameter holes on the trailing edge of sliding surface of the dangerous rock, and through blasting to form a thorough surface between rock and rock rupture to make the rock leave the parent. Under its own gravity, it falls down, and the hazard is eliminated, reaching the purpose of governance. This paper describes the technical measures, concrete blasting technology and blasting parameters of the posterior rupture of ultra deep hole blasting method. It could serve as a reference for similar projects.

**Keywords**：geologic hazard；rock；government；blast

## 1　工程概况

宁明花山风景区是著名风景名胜区，景区内有国家重点文物——宁明花山岩画，目前通往花山壁画景点仅有明江水路。

2013年11月距离花山风景区约3km处的明江上游岸边山体发生岩质崩塌地质灾害。该崩

---

作者信息：谭志敏，高级工程师，448562403@qq.com。

塌点位于宁明县城中镇耀达村达伎屯附近，崩塌点下方为明江，是花山风景区游船过往江段，河道宽 90~120m，河水两岸浅、中间深，深度 10~13m。

崩塌山体岩性为灰岩，南侧约 15000m³ 岩石崩塌落入明江。崩塌物堆积于明江，造成 110m 宽江面几乎阻断，明江航道受阻。崩塌物从山坡体约 60m 高处整体崩落，主崩方向 185°，崩落后形成多块碎块散落在河床上，崩塌物块体体积最大约为 35m×25m×12m，崩塌垂直下落约 60m，水平位移约 100m。崩塌掀起河水冲向对岸，河岸边约 100m 长的竹子全部被冲倒，大部分被连根拔起。

崩塌的山体高约 210m，坡度为 60°~70°，南侧临江，岩壁陡立（见图 1）。山体植被稀疏，主要为灌木，植被率约为 15%。山体岩石裸露，现场调查发现岩体破碎，节理裂隙发育。崩塌发生后，受断层和裂隙影响，山体崩塌处形成大型的悬空危岩，体积达到 25350m³，主崩方向 185°。危岩体 1 规模约为 80m×20m×15m（见图 1、图 2），与河面的高差为 60~140m，下部成悬空状，两侧裂隙贯穿上下及断层面的切割，使危岩与母岩分离，重心外倾，处于不稳定状态；危岩体 2 规模约为 30m×15m×3m，与河面的高差为 10~40m，受裂隙的影响，与山体分离，下部临空，重心外倾，处于不稳定状态（见图 1）。危岩威胁着下方过往船只的安全。因存在重大安全隐患，为了安全起见，当地政府封锁了明江游船航线和花山风景区，旅游经济受到影响，为尽快消除隐患，恢复航行，促进旅游业发展，保护人民生命财产安全，当地政府决定清除危岩体。

图 1　危岩体正面照
Fig. 1　Rock photo

## 2　危岩体稳定状况分析

经现场勘查，滑动面实为山体断裂构造的一种裂隙面，裂隙间有充填物，有裂隙水渗入，判断裂隙向上贯穿至山体顶部，对于崩塌部分，面裂隙率达到 90%，危岩体面裂隙率无法测算。

### 2.1　主要影响因素

据崩塌区所处的地质环境进行分析，危岩的形成包括内部条件和外部条件两类，内部条

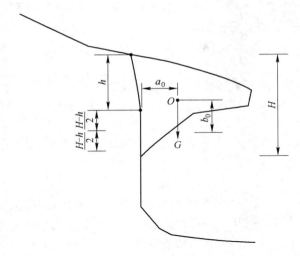

图 2　危岩稳定性计算剖面示意图
Fig. 2　The calculation section diagram of dangerous rock stability

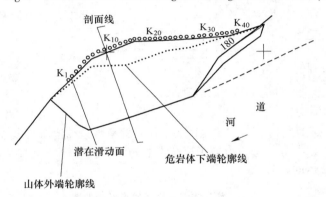

图 3　炮孔平面布置示意图
Fig. 3　Schematic diagram of blasthole layout

件包括地层岩性、坡体结构、地形和构造；外部条件包括降雨、风化、植被、人类工程活动等。

（1）地层岩性及裂隙发育情况。崩塌区地处岩溶区，地层岩性为灰岩，岩石坚硬性脆，利于裂隙发育。在崩塌附近有一条北西向断裂，受区域构造活动的影响，岩体在地质营力的作用下节理裂隙发育，岩体较破碎。据调查，区内主要发育有 2 组裂隙，裂隙面较平直稍糙，张开度一般 5~50cm，多无充填或充填少量黏土，卸荷裂隙延伸长，部分切割整个山体，贯通性好，部分贯通陡崖顶底，其相互切割与层面组合形成危岩块体。

（2）高陡临空面。崩塌区危岩陡崖坡度近于直立，崩塌后上部岩体悬空，大面积岩体悬空是崩塌形成的内部条件之一。

（3）风化。区内岩石为可溶蚀的灰岩，长期风化溶蚀作用加速了危岩体裂隙的扩展，裂面抗剪强度降低，促进了危岩体的失稳。

（4）水的作用。崩塌区降雨量大，水可促进风化作用，产生静水压力，同时水对裂隙内充填物质有软化作用，在流动时还能带走细粒物质，降低缝内充填物的凝聚力。

(5) 地震。测区地震基本烈度为Ⅵ度，在地震水平作用力的影响下，有助于崩塌的形成。

(6) 树木的根劈作用，破坏岩体整体性。

## 2.2　破坏方式

根据调查区内危岩现状空间几何特征、结构面组合特征分析，危岩体下部临空，同时受后缘陡倾结构面的影响，在风化、降雨、人类工程活动及自重力等的影响下，易形成坠落型破坏模式，发生崩塌。

## 2.3　稳定性评价

### 2.3.1　稳定性宏观分析

通过现场对危岩空间现状、几何特征的详细调查，发现危岩体裂隙较发育，裂隙交叉切割，这是危岩块体形成和破坏的决定性因素；区内地形坡度近于直立，部分岩体外突悬空，同时受水、树木的根劈作用以及人类工程活动等多种因素的影响，危岩体稳定程度将越来越差。各危岩体处于欠稳定状态。

### 2.3.2　计算分析

危岩单体崩塌失稳方式均为坠落式。按有关规范、规程要求，选用坠落式作为计算模型。

#### 2.3.2.1　计算工况

计算考虑天然工况（工况1）和暴雨工况（工况2）。

工况1（天然工况）：自重；

工况2（暴雨工况）：自重 + 暴雨时裂隙水压力。

#### 2.3.2.2　计算参数

本次危岩体的稳定性计算参数主要是同类岩质经验参数；结构面的参数主要依据结构面特征及充填物力学性质，参考《建筑边坡工程技术规范》（GB 50330—2013）的有关经验数据分析选用。具体计算参数见表1。

表1　危岩体稳定性计算参数一览表

Table 1　Calculate the parameter list of dangerous rock mass stability

| 类别 | 工况 | 重度/kN·m$^{-3}$ | 单轴抗拉强度/MPa | 结构面黏聚力/kPa | 结构面内摩擦角/(°) |
|---|---|---|---|---|---|
| 白云质灰岩 | 天然 | 24.9 | 0.40 | 70 | 25 |
| | 饱和 | 25.1 | 0.40 | 50 | 20 |

#### 2.3.2.3　危岩稳定性计算

勘查区可能发生坠落式崩塌的危岩其后缘均有陡倾裂隙，按下列二式计算，稳定系数取两种计算结果的较小值：

$$F = \frac{C(H-h)}{W} \tag{1}$$

$$F = \frac{\zeta f_{lk}(H-h)^2}{Wa_0} \tag{2}$$

式中　$\zeta$——危岩抗弯力矩计算系数，依据潜在破坏面形态取值，一般可取$1/12 \sim 1/6$，当潜在破坏面为矩形时可以取$1/6$；

$F$——危岩稳定系数；

$H$——后缘裂隙上端到未贯通段下端的垂直距离，m；

$h$——后缘裂隙深度，m；

$a_0$——危岩体重心到潜在破坏面的水平距离，m；

$b_0$——危岩体重心到过潜在破坏面形心的铅垂距离，m；

$f_{lk}$——危岩体抗拉强度标准值，kPa；

$C$——危岩体黏聚力标准值，kPa。

计算结果见表2。

**表2 坠落式危岩稳定性计算表**
Table 2 Fall type dangerous rock stability calculation table

| 工况 | 危岩编号 | $\gamma$ /kN·m$^{-3}$ | $S$ /m$^2$ | $W$ /kN·m$^{-1}$ | $H$/m | $h$/m | $a_0$/m | $f_{lk}$/kPa | $\zeta$ | 抗滑力/kPa | 下滑力/kPa | 稳定系数 $F$ | 安全系数 $F_s$ | 稳定性评价 |
|---|---|---|---|---|---|---|---|---|---|---|---|---|---|---|
| 工况1 | W1 | 24.9 | 1036 | 25796 | 72.5 | 48.3 | 2.2 | 400 | 0.167 | 38935 | 56752 | 0.686 | 1.8 | 不稳定 |
| | W2 | 24.9 | 809.8 | 20164 | 85.9 | 64.4 | 1.2 | 400 | 0.167 | 30745 | 24197 | 1.271 | 1.8 | 欠稳定 |
| 工况2 | W1 | 25.1 | 1036 | 26004 | 72.5 | 48.3 | 2.2 | 400 | 0.167 | 38935 | 57208 | 0.681 | 1.8 | 不稳定 |
| | W2 | 25.1 | 809.8 | 20326 | 85.9 | 64.4 | 1.2 | 400 | 0.167 | 30745 | 24391 | 1.260 | 1.8 | 欠稳定 |

根据上述计算结果，按《滑坡防治工程勘查规范》（DZ/T0218-2006）表13有关规定判别（坠落式危岩安全系数为1.80），W1危岩体在现状工况及暴雨状态下均处于不稳定状态，W2危岩体处于欠稳定状态。

#### 2.3.3 稳定性综合评价

据调查，崩塌区上部仍存在2处危岩，其稳定性差，如遇强降雨或震动等外力的作用下，极有可能发生崩塌，威胁下方明江河道安全，因此必须尽快进行治理。

## 3 治理方案

### 3.1 治理难点

（1）危岩体下方为河道，离河道高度大，若采用锚固方案，则要搭建的工作架高达80m，且无场地开展、布置治理工程。

（2）危岩体体量大，裂隙面贯通性好，陡峭悬空，单独采用锚固方案效果差，需同时采取混凝土墙垫托措施，但因河道深、危岩体高，需进行围堰修建混凝土墙基础，工程量大、工期长。

（3）最主要的问题是安全问题，危岩体位置高、成悬空状，稳定性较差，在下方长时间作业，人员、设备安全受到严重威胁，危险性太大。安全问题是锚索+垫托方案不适用的决定因素。

（4）鉴于以上分析，该危岩体宜采用清除方案进行隐患排除和治理。

### 3.2 治理方案选择

根据危岩体的地质环境、危岩的基本特征、特点、破坏类型、稳定状况及治理难度等因素综合考虑，排除一般较常用的锚索+垫托治理方案，选择采用一次性爆破清除方案——采取类似预裂爆破的危岩体后缘破裂爆破方案，即在危岩体潜在滑动面后缘布置破裂孔，通过破裂爆破使危岩体后缘产生裂缝与母岩分离，因自身重力而坠落、崩塌，从而达到排除危岩体的目的。

## 4 治理方案技术措施

采取后缘破裂爆破法对该危岩体进行排除，要因地制宜采取必要的措施：

(1) 通过详细勘查，了解、掌握危岩体潜在滑动面的具体位置，爆破破裂面确定滑动面后缘 1.0m，两者走向平行，破裂孔布置在破裂面平面投影线上。

(2) 绘制危岩体区域 1∶500 地形图，精确测量危岩体的空间体积分布及方量，包括高度、宽度、厚度，并界定危岩体的清除界限，为选择、确定具体的爆破参数特别是破裂孔的深度提供依据。

因危岩体上、下部不是平整的面，各破裂孔的深度不一样，每个破裂孔均需钻凿到危岩体的底部，保证爆破后能使危岩体彻底脱离母岩发生坠落崩塌。可以通过剖面图

(3) 拟排除的危岩体其根部已发生自崩并形成危险的悬空状，为保证施工人员、机械设备的安全，拟从清除对象后侧修建施工便道和搭建运输索道，供人员上下及材料运送。

因山体陡峭，人员上下、管路敷设及设备、材料运送是本爆破清除工程的难点，人员、设备要在潜在滑动面的后缘安全区域进行施工和布置。

## 5 爆破技术

### 5.1 爆破参数

(1) 炮孔布置方案：炮孔布置在危岩体潜在滑动面后缘，采用单排布孔方式，炮孔与崩塌体的滑动面相距 1m，深度 15～45m，角度 80°～90°。

(2) 孔径 $D$：根据所选用的凿岩机械，确定孔径为 90mm；

(3) 炮孔深度 L：根据危岩体的实际空间高度大小，孔深为 15～45m 不等，以现场施工时实际测量、调整确定炮孔深度。

(4) 炮孔间距 $a$：$a$ 取 20 倍 $D$，$a = 1.8$m。

(5) 线装药量，参考我国其他工程数据，结合本工程实际，取 1800g/m。

### 5.2 装药与填塞

各个破裂孔深度不相同，最深的达 45m。因在陡峭的山顶上钻凿炮眼，工作面不平整，通行差、工作条件差，无法采用装药车装药，选用人工进行装药，采用连续装药结构，药卷规格为 φ50mm。堵塞长度取钻孔直径的 30～35 倍，或按 10%～15% 钻孔长度，堵塞时，不得将导爆管拉得过紧，以防被堵塞材料损坏，堵塞过程要不断检查起爆线路，防止因堵塞损坏起爆线路而引起瞎炮。黄泥土或钻孔时排出的岩粉，但其中不得混有大于 30mm 的岩块。

起爆体的位置安放在离装药顶面或底面 1/3 处，起爆体的聚能穴指向主药包方向，安排上下两个起爆体。

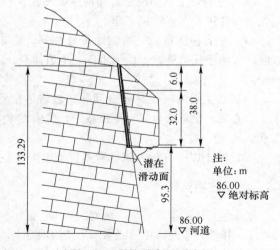

图 4  10 号炮孔断面示意图

Fig. 4  Sketch map of No. 10 hole section

采用竹片捆绑药卷的传统装药方式，将φ50mm炸药置放于竹片上，用包装绳系紧，防止炸药脱落。

表3 爆破参数表
Table 3 Blasting parametre list

| 孔号 | 孔径/mm | 孔深/m | 装药量/kg | 装药长度/m | 填塞长度/m | 线装药量/kg·m$^{-1}$ | 起爆段位 | 备注 |
|---|---|---|---|---|---|---|---|---|
| K1 | 90 | 15 | 27 | 13.5 | 1.5 | 1.8 | 1 | |
| K2 | 90 | 18 | 32.4 | 16.2 | 1.8 | 1.8 | 1 | |
| K3 | 90 | 18 | 32.4 | 16.2 | 1.8 | 1.8 | 1 | |
| K4 | 90 | 20 | 36 | 18 | 2 | 1.8 | 1 | |
| K5 | 90 | 25 | 45 | 22.5 | 2.5 | 1.8 | 1 | |
| K6 | 90 | 30 | 54 | 27 | 3 | 1.8 | 1 | |
| K7 | 90 | 30 | 54 | 27 | 3 | 1.8 | 1 | |
| K8 | 90 | 35 | 63 | 31.5 | 3.5 | 1.8 | 1 | |
| K9 | 90 | 35 | 63 | 31.5 | 3.5 | 1.8 | 1 | |
| K10 | 90 | 38 | 68.4 | 34.2 | 3.8 | 1.8 | 1 | |
| 小计 | | | 475.2 | | | | | |
| K11 | 90 | 38 | 68.4 | 34.2 | 3.8 | 1.8 | 3 | |
| K12 | 90 | 40 | 72 | 36 | 4 | 1.8 | 3 | |
| K13 | 90 | 42 | 75.6 | 37.8 | 4.2 | 1.8 | 3 | |
| K14 | 90 | 45 | 81 | 40.5 | 4.5 | 1.8 | 3 | |
| K15 | 90 | 45 | 81 | 40.5 | 4.5 | 1.8 | 3 | |
| K16 | 90 | 45 | 81 | 40.5 | 4.5 | 1.8 | 3 | |
| K17 | 90 | 45 | 81 | 40.5 | 4.5 | 1.8 | 3 | |
| 小计 | | | 540 | | | | | |
| K18 | 90 | 45 | 81 | 40.5 | 4.5 | 1.8 | 5 | |
| K19 | 90 | 45 | 81 | 40.5 | 4.5 | 1.8 | 5 | |
| K20 | 90 | 45 | 81 | 40.5 | 4.5 | 1.8 | 5 | |
| K21 | 90 | 45 | 81 | 40.5 | 4.5 | 1.8 | 5 | |
| K22 | 90 | 40 | 72 | 36 | 4 | 1.8 | 5 | |
| K23 | 90 | 38 | 68.4 | 34.2 | 3.8 | 1.8 | 5 | |
| 小计 | | | 464.4 | | | | | |
| K24 | 90 | 35 | 63 | 31.5 | 3.5 | 1.8 | 7 | |
| K25 | 90 | 35 | 63 | 31.5 | 3.5 | 1.8 | 7 | |
| K26 | 90 | 30 | 54 | 27 | 3 | 1.8 | 7 | |
| K27 | 90 | 25 | 45 | 22.5 | 2.5 | 1.8 | 7 | |
| K28 | 90 | 20 | 36 | 18 | 2 | 1.8 | 7 | |
| K29 | 90 | 18 | 32.4 | 16.2 | 1.8 | 1.8 | 7 | |
| K30 | 90 | 15 | 27 | 13.5 | 1.5 | 1.8 | 7 | |
| K31 | 90 | 15 | 27 | 13.5 | 1.5 | 1.8 | 7 | |
| K32 | 90 | 15 | 27 | 13.5 | 1.5 | 1.8 | 7 | |
| K33 | 90 | 15 | 27 | 13.5 | 1.5 | 1.8 | 7 | |
| K34 | 90 | 15 | 27 | 13.5 | 1.5 | 1.8 | 7 | |
| 小计 | | | 428.4 | | | | | |
| 总计 | | | 1908 | | | | | |

## 5.3 爆破网路

为减轻爆破震动，将总药量分成四个段别 Ms1、Ms3、Ms5、Ms7 进行毫秒延时起爆。采用导爆管簇联、电雷管起爆方式，距离远的炮孔采用 Ms1 导爆管雷管接力传爆。

图 5 爆破过程
Fig. 5 Blasting process

## 6 爆破安全验证

### 6.1 爆破安全距离

$$R_K = \left(\frac{K}{v}\right)^{\frac{1}{\alpha}} Q^{\frac{1}{3}} \tag{3}$$

式中 $R_K$——爆破地震安全距离，m；
  $v$——地震安全振速，cm/s，根据《爆破安全规程》规定，对于一般砖混结构建筑物，取其值 $v = 2.5$ cm/s；
  $Q$——最大一段起爆药量，540kg；
  $K$，$\alpha$——与爆破地点、地形、地质条件有关的系数和衰减指数，取 $K = 150$，$\alpha = 2.0$。

根据《爆破安全规程》规定，对于一般砖混结构建筑物其允许垂直振动速度为 $v = 2.5$ cm/s，对于一般古迹允许垂直振动速度为 $v = 0.2$ cm/s。

以 $v$、$m$、$K$、$\alpha$ 值代入上式，结果如下：

民房：$R_K = 70.52$ m；古迹：$R_K = 223.0$ m。

爆破点 250m 内均无建筑，所有的房屋均在爆破点 250m 以外，须重点保护的花山壁画也在 3km 以外。本次爆破，最大一段装药量 540kg，爆破振动不会对周围 250m 外的建筑物造成破坏，爆破不造成危害，采用破裂爆破排险是安全的。

根据经验，爆破时，自由面的反方向振动最大，而危岩体的山背面是达俊屯，为了减小爆破对达俊屯民房的影响，本工程 34 个炮孔分四段爆破，降低爆破振动。

### 6.2 爆破个别飞石的安全距离

根据《爆破安全工程》，个别飞散物的最小安全允许距离深孔台阶爆破按设计，但不大于 200m。

本次爆破属于山坡爆破，个别飞散物安全允许距离应增大 50%。为安全起见，警戒范围按500m设定，人员撤离至500m之外的安全距离。

## 7 结语

爆破实施后，后缘形成了一个爆破破裂面，巨大的危岩体与母岩分离，在重力作用下坠落入下方河道，冲击河面产生的巨大水浪和冲击波冲向河对岸，岸上50m范围内树木枝叶被折断、小草被压平。

作为爆破后形成的新的山体边坡面——爆破破裂面平整、光滑，半孔率达到60%，爆破排除了悬空的危岩体，达到消除隐患的治理目的。

对于各种原因形成的巨型危岩体，锚固和垫托无法采用的情况下，爆破排除是一种较适宜的治理方法。

采用何种爆破方案与危岩体的稳定性、空间体量有关，选择的爆破方案应够一次性地排除危岩体，并且施工中应能保证人员的安全。

爆破参数特别是孔深一定要与危岩体的空间尺寸相吻合，炮孔位置要布置在危岩体与母岩的联结面或点附近，将联结面或点进行破坏可完全消除危岩隐患。

图 6 爆破后效果

Fig. 6 Effect after blasting

### 参 考 文 献

[1] 汪旭光. 爆破设计与施工[M]. 北京：冶金工业出版社，2012.

[2] 于亚伦. 工程爆破理论与技术[M]. 北京：冶金工业出版社，2004.

[3] 王守伟，张凤海，等. 孔口段预留空气柱装药结构在深孔爆破中的应用[A]//中国爆破新进展[C]. 北京：冶金工业出版社，2014：169-173.

[4] 高毓山，张敢生，等. 露天矿山爆破飞石的控制方法[A]//中国爆破新进展[C]. 北京：冶金工业出版社，2014：234-238.

# 爆破能量的精细控制在危岩地质灾害处理中的应用

顾 云  袁桂胜  王 静

（核工业南京建设集团有限公司，江苏 南京，210003）

**摘 要**：在经济迅猛发展的当今，精细爆破在工程实例中的应用将日益增多。本文以在厚大尺寸的危岩地质灾害处理中的控制爆破应用实例为背景，分别从布孔、装药结构、起爆网络、防护覆盖四个方面，介绍了在危岩爆破处理时爆破能量的精细控制措施方法，为其他类似工程项目提供了可供参考的经验。

**关键词**：爆破能量；精细控制；地质灾害；危岩处理

## Application of Fine Control of Deep Hole Blasting Energy in the Application in the Processing of Dangerous Rock Geological Disasters

Gu Yun  Yuan Guisheng  Wang Jing

(Nuclear Industry Nanjing Construction Co., Ltd., Jiangsu Nanjing, 210003)

**Abstract**: Today with the rapid economic development today, fine blasting opplied in the engineering examples will be increased. Take the practical application of controlled blasting in the large size of dangerous rock geological disasters processing as the background, respectively from the holes arrangement, charge structure, priming network and passive protective covers four aspects, this paper introduces the fine control measures of blasting in the processing of dengerous rocks by blasting and providesa reference for other similar engineering projects.

**Keywords**: fine blasting; geology of surrounding rock; disaster management; in deep hole blasting

## 1 引言

在经济迅猛发展的今天，精细爆破在工程实例中的应用将日益增多。爆破作业产生的有害效应如爆破飞散物、爆破冲击波、边坡塌方、爆破振动、有毒气体等，会对周围环境和建筑设施带来影响[1]，达到爆破作业工程目的的同时，如何有效的采用针对性的措施手段控制炸药爆炸的能量[2,3]，进而达到控制爆破有害效应的目的，在爆破工程项目实施过程中关注度将日益加大。本文以浙江温岭某省道项目隧道进洞口上方危岩地质灾害爆破处理为背景，依据《爆破安全规程》《民用爆炸物品安全管理规定》《建筑施工安全检查标准》等，从布孔、装药结构、起爆网路、被动防护覆盖四个方面，分别阐述了深孔爆破能量精细控制的主要内容和控制方法，以及施工经验和体会。

---

作者信息：顾云，工程师，guyun522414@163.com。

## 2 工程概况

该工程地处浙江省温岭市肖溪村，危岩所在位置为建设中的81省道肖浦隧道进洞口靠右线左侧上方约50m处，拟建隧道上方3m处为地方兴修的防洪截水渠，水渠上方30.9m范围内山体坡度相对较缓且植被发育，30.9～47m范围内山势陡峭，可见裸露岩面，危岩尺寸为10.8m(宽)×7m(厚)×16.7m(高)，危岩上方顶面里侧(靠山体)高，外侧(靠临空面)低，台阶落差约4m，方量约1400m³，如图1所示。危岩下方隧道多次爆破施工产生的爆破振动对其扰动，存在其滚落危险，危害隧道施工安全与质量，同时也危及81省道通车后的行车安全，经业主方组织相关专家讨论研究决定采取爆破手段清除该安全隐患。

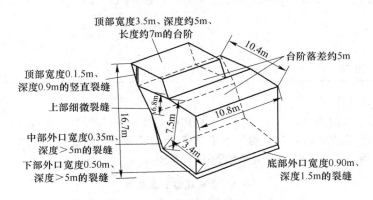

图 1 危岩立体图
Fig. 1 Stereogram dangerous rock

危岩直立陡峭，未有详勘报告，根据裸露岩面观察分析为硬质凝灰岩，危岩北侧与下方受雨水径流冲刷已有可见裂缝，深度、宽度不一，如图1所示；危岩底部及北侧可见落石若干；南侧因地形限制，人员无法到达，不能判断是否有裂缝及裂缝宽度、深度。

危岩所在位置东侧、南侧均为地势较高的山体，西侧200m内为空旷田地，仅北侧154～177m范围内有民宅3户12间，300m范围内有民宅28户67间，距县道横东线约160m；下方约47m处为防洪截水渠，约50m处为拟建肖浦隧道。

## 3 爆破能量的精细控制方法与措施

设计原则遵循一次爆破处理成功、安全第一、施工有序、化整为零。因未见详堪报告，故在考虑实施性爆破施工工艺的时候，将此处危岩爆破视为最不利条件下爆破，即在危岩顶部无裂缝，中部裂缝不贯通，甚至危岩底部生根，与下方岩体咬合的情况下采取最为稳妥的爆破施工工艺使之塌落，确保一次处理成功。

结合危岩实际尺寸与钻具钻孔能力，本方案采用小孔径平行孔（φ38mm）配合垂直孔（φ60mm），装填乳化φ32炸药，覆盖定向爆破破碎的施工工艺。因危岩顶部参差不齐存在约4m的台阶落差，不易钻机垂直孔，即在危岩北侧后方顶部突起区域采取由上至下钻进多排平行孔；危岩南侧受地形限制与平行孔穿孔能力限制，北侧平行孔穿孔能力达不到的剩余半部分危岩采取垂直孔定向爆破施工工艺。以下分别就爆破参数设计、布孔设计、装药结构、起爆网络设计、被动防护五个方面简述中深孔爆破能量的精细控制方法与措施。

## 3.1 爆破参数设计

### 3.1.1 平行孔爆破参数

危岩北侧断面为7m（平均）×16.7m，在北侧后方危岩顶部突起处由上至下钻进小孔径 $\phi 38mm$ 平行孔，装填乳化 $\phi 32$ 炸药。在危岩北侧由上至下沿危岩宽度方向多排布设水平矩形孔，爆破参数见表1。

表1 平行孔爆破参数表
Table 1 Parallel hole blasting parameter list

| 被爆体尺寸/m×m×m | 孔深 $L$/m | 孔距 $a$/m | 排距 $b$/m | 单耗 $q$/kg·m$^{-3}$ | 药量 $Q_{单}$/kg | 炮孔装药结构 |
|---|---|---|---|---|---|---|
| 3.6×8.8×4 | 3 | 1.5 | 1.2 | 0.30 | 1.6 | 连续装药 |
|  | 4 | 1.5 | 1.2 | 0.30 | 2.2 | 连续装药 |
|  | 5 | 1.5 | 1.2 | 0.30 | 2.7 | 连续装药 |

### 3.1.2 垂直孔爆破

结合危岩尺寸（顶面最大尺寸）10.8m×10.4m×16.7m与形状（见图1），危岩南半部分因地形限制，不便钻进平行孔且北侧平行孔穿孔能力不及，考虑钻进穿孔能力，该部分采取 $\phi 60$ 垂直孔定向爆破施工工艺，爆破参数如表2所示。

表2 垂直孔爆破参数表
Table 2 Vertical hole blasting parameter list

| 被爆体尺寸/m×m×m | 孔深 $H$/m | 超深 $h$/m | 孔距 $a$/m | 排距 $b$/m | 单耗 $q$/kg·m$^{-3}$ | 药量 $Q_{单}$/kg | 装药高度 $L_{装}$/m | 填塞 $L_d$/m | 炮孔装药结构 |
|---|---|---|---|---|---|---|---|---|---|
| 10.8×10.4×9 | 6 | 0.5 | 2 | 1.5 | 0.30 | 5.4 | 4.5 | 2.0 | 不耦合装药 |
|  | 7 | 0.5 | 2 | 1.5 | 0.30 | 6.3 | 5.2 | 2.3 | 不耦合装药 |
|  | 8 | 0.5 | 2 | 1.5 | 0.30 | 7.2 | 6.0 | 2.5 | 不耦合装药 |
|  | 9 | 0.5 | 2 | 1.5 | 0.30 | 8.1 | 6.7 | 2.8 | 不耦合装药 |

## 3.2 布孔设计

布孔方式采用多排矩形孔布置形式，结合危岩现状，炮孔布孔如图2所示。钻孔时时严格控制孔深，严禁出现孔底超出现阶段可见裂缝的位置，保证孔底位置落在可见裂缝上方1~2m范围内，这样就有可能形成台阶状孔位。

## 3.3 装药结构设计

（1）平行孔连续装填乳化 $\phi 32$ 炸药，孔内设置2发导爆管雷管。3m爆破孔连续装药，填塞1.4m；4m爆破孔连续装药，填塞1.8m；5m爆破孔连续装药，填塞2.0m。

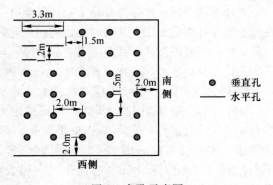

图2 布孔示意图
Fig.2 Holes

（2）垂直孔装填乳化 φ32 炸药，用导爆索各药卷连续串联，线装药密度 1.2kg/m，使药卷均匀分布在孔内，孔内设置 2 发导爆管雷管，孔口用炮泥填塞。以 6m 爆破孔为例，在导爆索上连续串联 27 节长度 20cm 的药卷，线装药密度 1.2kg/m，装药高度 4.5m，然后用纸团堵塞爆破孔并用炮泥填塞 2.0m，其余各深度炮孔根据设计装药量调整捆绑在导爆索上的各药卷间距，保证炸药能量均匀分布，避免药量过于集中，不利于爆破防护。

### 3.4 起爆网路设计

本次爆破中使用导爆管雷管，用导爆管和四通连成复式网路，保证爆破网路的准爆性。

延期时间的设计，主要考虑三个因素，一有利于控制单段最大药量保护周边构筑物的安全；二有利于爆破体的充分解体，三起爆顺序应考虑利于爆破飞石的防护。

采用孔内孔外延期结合，起爆各延时段的时间间隔≥25ms，垂直孔优先水平孔先行起爆，为后起爆的水平孔创造临空面，延期时间 25ms、50ms，起爆网络爆破孔最大延期起爆时间为 185ms，起爆网络图如图 3 所示。

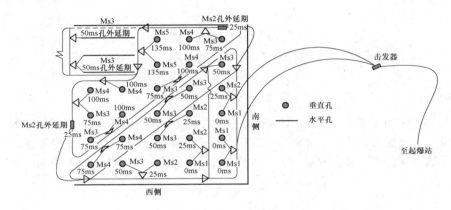

图 3　起爆网络示意图

Fig. 3　Detonating network diagram

### 3.5 被动防护设计

本次方案设计爆破振动控制峰值振动速度 1.0m/s，最大段齐爆药量为 40kg，爆破区域与民房最近距离为 147m，经核算 $v=0.487\text{m/s}^{[3]}$，满足安全振速要求。在保证装药量和填塞质量的前提下，不考虑空气冲击波的危害，主要是爆破飞石控制的防护措施。

防护材料选取：由于地形因素与中深孔爆破能量相对集中因素的影响，防护材料的选取方面着重从易于人工携带上下搬运的柔性防护材料，有草袋、铁丝网（网孔直径大约 2cm）、橡胶炮被、尼龙网。

防护形式：在危岩周围用草袋、铁丝网与橡胶炮被包裹防护，最里层紧贴岩面包裹一层草袋，紧贴草袋外面用一层铁丝网（网孔直径大约 2cm），第三层用橡胶炮被包裹覆盖，所有的防护材料上中下三处用 8 号铁丝固定牢固。最后在覆盖 1 区向前悬挂尼龙网的措施进一步阻挡爆破飞石，并且自上而下用三道绳索固定包裹住危岩岩面，防护分区如图 4 所示。

考虑起爆后飞石前冲与下坠的综合因素，覆盖时为避免延期时间太长而导致拉开未起爆的炮孔覆盖物，以爆破孔起爆时间 75ms 为界，针对 3 个临空面分为两个区域分别覆盖防护。

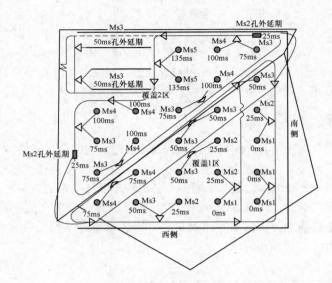

图 4 分区覆盖示意图

Fig. 4 Partition diagram

## 4 结束语

严格按照既定的方案进行施工,起爆后,包裹在危岩周边的被动防护网瞬间隆起,有效地控制了爆破飞石,爆破后石渣块度亦易于清运,爆破效果较好,较好实现了爆破能量的精细控制,取得了较好的经济与社会效益,为其他类似工程项目提供了可供参考的经验。

### 参 考 文 献

[1] 中华人民共和国国家标准. GB 6722—2014 爆破安全规程[S]. 北京:中国标准出版社,2015.
[2] 田建胜,程玉生. 岩石爆破中爆炸能量分布理论与控制方法研究进展[J]. 爆破器材,1998(6).
[3] 李启月. 深孔爆破破岩能量分项及其应用[D]. 博士学位论文,2008(9).
[4] 王铁,刘立雷,刘伟. 建筑物爆破拆除塌落振动数值模拟研究[J]. 爆破,2010(4).

# 拆除爆破
## Demolition Blasting

# 框架结构联体大厦双折叠爆破拆除

李伟  王群  胡军  高姗姗

(沈阳消应爆破工程有限公司, 辽宁 沈阳, 110000)

**摘 要**：本文根据大厦为联体框架结构及周围环境复杂的特点, 通过研究分析并确定切实可行的爆破方案, 选取合理的爆破参数和精心施工与周密防护措施, 成功地拆除了联体框架结构大厦, 取得了良好的爆破效果, 为同类工程提供了借鉴。

**关键词**：定向爆破；预拆除；爆破切口；结构特殊

## Double Folding Blasting Demolition of Frame Structure Building

Li Wei  Wang Qun  Hu Jun  Gao Shanshan

(Shenyang Xiaoying Blasting Engineering Co., Ltd., Liaoning Shenyang, 110000)

**Abstract**: This paper based on the building's CIS framework structure and complex surroundings, determined the practical blasting scheme through the research analysis, selected reasonable blasting parameters, made careful construction and took careful protection measures, the CIS framework structure building was successfully demolished. Good blasting results are obtained. It could provide a reference for the similar engineering.

**Keywords**: directional blasting; pre demolition; blasting cut; special structure

## 1 工程概况

### 1.1 大厦结构

世纪大厦总建筑面积 39682.42m², 其东西两侧分别有 3 层高的裙楼。大厦地面以上高 80.4m, 地上 19 层、地下 1 层, 属于高层建筑。楼体内部为框架结构, 单座大厦由 12 根立柱与中心剪力墙支撑, 纵向和横向梁组成田字格结构。3 层上部为设备层, 高度为 2m。各层支撑立柱尺寸为 1.2m、1.1m, 剪力墙壁厚为 30cm。单座外部形状为 27m×27m 的正方形筒体结构。1~4 层把两座独立的大厦连接为一个整体, 整体呈"U"字形。大厦 4 层以上分为两座独立筒体, 间距为 13m (见图 1)。

### 1.2 周边环境

世纪大厦坐落在葫芦岛市地标式建筑物——飞天广场的南侧, 周围环境复杂。东侧距海滨

---

作者信息：李伟, 高级工程师, syxylw@yeah.net。

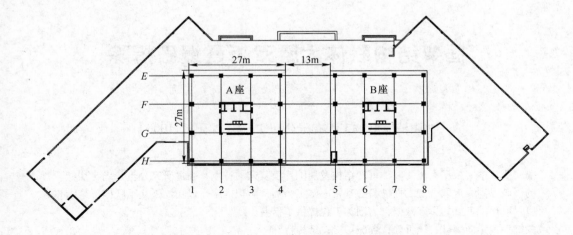

图 1 大厦结构及分区图

Fig. 1 The structure of the building and the zoning map

路 68m，海滨路东侧有快捷酒店、KTV、餐饮等大型商铺；东南距自来水监测站 120m；南侧距水表检定站蓄水池 65m（该蓄水池容积为 1000m³，负责龙港区的居民供水，该蓄水池已使用十年之久，地表以上已风化），距龙湾公园内花圃 92m，西南侧距离纪检委（华园宾馆）56m；西北侧距离龙湾大街 70m；北侧距街道 58m（街道地下沿线有天然气管道），距飞天广场 102m。周围环境示意图如图 2 所示。

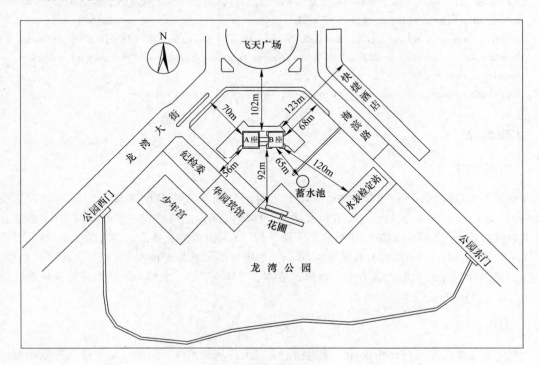

图 2 周围环境示意图

Fig. 2 Ambient environment map

## 1.3 工程难点

（1）受周围环境限制，大厦地面以上高度为80.4m，一次定向倾倒空间不足。

（2）筒体框架结构整体性好、抗拉应力大，爆破时必须一次性将其整体结构破坏。

（3）大厦自身质量较大，两座大厦同时倒塌的瞬间产生的爆破振动会很大，应严格控制爆破振动和倾倒触地振动。

（4）大厦采用折叠爆破，应加强爆破飞散物的防护，特别是高位切口，更应严格控制飞石。

（5）大厦南侧转盘车辆、人员流量大，飞石的控制是爆破重点。

## 2 爆破方案选择[1]

通过对大厦周围环境与结构的勘查与研究，决定两座大厦同时向南方定向折叠控制爆破的方法进行拆除。其施工方法是在大厦的1～4层开设第一道切口，切口高度为19.2m。第二道切口开设在13～14层，切口高度为7m。高切口有效地使大厦在起爆运动一瞬间产生下坐，充分利用地下室空间，缩短倒塌距离，双切口、高落差的方法有效地克服了大厦倾而不倒与倒塌空间不足的问题。另一方面为防止单座大厦先倾倒，另一座再倾倒时发生大厦相撞及偏转等现象，决定两座大厦同时进行爆破。

为使大厦顺利倒塌，在确保建筑物结构稳定和安全的基础上，对大厦进行预拆除工作。

（1）对大厦东西两侧的裙楼进行预拆除，并清除残渣防止大厦倒塌时产生飞石飞溅。

（2）对1～3层内的剪力墙（楼梯间）进行预拆除工作，拆除楼梯间内的隔墙及楼梯，由墙变柱只保留正方形楼梯间的四角呈"L"字形。由于设备层及上部切口机械设备进入困难，采用钻孔爆破的方式拆除。并对切口内的所有非承重立柱及隔墙进行拆除。

（3）对切口1～3层的梁进行处理，机械炮锤对纵向梁破碎，剥离混凝土使钢筋裸露出来。

## 3 爆破设计参数[2]

### 3.1 爆破切口设计

爆破切口的选取是根据以往成功爆破拆除的经验，经研究确定为采用上下两个切口。爆破切口采用三角形，下部切口位于1～4层，上部切口位于13～14层。切口形状及结构如图3所示。

### 3.2 孔网参数[3]

切口范围内立柱钻孔数量见表1。爆破参数见表2。

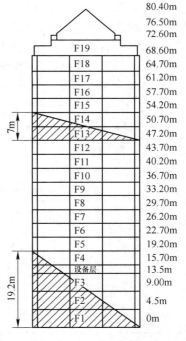

图3 切口布置图
Fig. 3 Layout of incision

表1 切口范围内立柱钻孔数量
Table 1 The number of drill holes in the cut area

| 层数 | 第1层 | 第2层 | 第3层 | 设备层 | 第4层 | 第13层 | 第14层 |
|---|---|---|---|---|---|---|---|
| H柱/个 | 8 | 8 | 8 | 8 | 8 | 8 | 8 |
| G柱/个 | 8 | 8 | 8 | 4 | 4 | 4 | 4 |
| F柱/个 | 8 | 8 | 8 | — | — | 4 | — |
| E柱/个 | 8 | — | — | — | — | — | — |

表2 爆破参数
Table 2 Blasting parameters

| 钻孔位置 | 1.2m×1.2m 立柱 | 1.1m×1.1m 立柱 | 1.0m×1.0m 立柱 | 0.9m×0.9m 立柱 | 0.8m×0.8m 立柱 | 剪力墙 | 梁 |
|---|---|---|---|---|---|---|---|
| 孔深/m | 90 | 90 | 70 | 75 | 65 | 20 | 30/40 |
| 孔距/m | 40 | 50 | 50 | 40 | 40 | 25 | — |
| 排距/m | 30 | 30 | 30 | 30 | 30 | 30 | — |
| 装药量/g | 410 | 430 | 276 | 230 | 200 | 50 | 50 |

注:一层底部两排孔增加药量5%,东西两侧立柱装药减小8%。

## 3.3 起爆网路[4]

本次爆破共选用七个段位,利用段位差同排相邻立柱布置相邻段位毫秒导爆管雷管交错起爆,有效地控制单响起爆药量和改善楼体破碎效果(见表3)。上部切口与下部切口之间连接425ms,短延期起爆(底部切口前三排起爆延时仅375ms),确保下切口快速形成,并使大楼有一定的下落高度,提高冲击破碎解体作用。网路采用复式闭合网路,双进双出的网路连接防止了导爆管不传爆的现象(见图4)。

表3 各层立柱雷管段位分布
Table 3 Arrangement of detonators of different delags in columns on different floors

| 楼层 | 立柱 | 1 | 2 | 3 | 4 | 5 | 6 | 7 | 8 |
|---|---|---|---|---|---|---|---|---|---|
| 1~4 | H | Ms3 | Ms4 | Ms3 | Ms4 | Ms3 | Ms4 | Ms3 | Ms4 |
| | G | Ms12 | Ms13 | Ms12 | Ms13 | Ms12 | Ms13 | Ms12 | Ms13 |
| | F | Ms15 | Ms16 | Ms15 | Ms16 | Ms15 | Ms16 | Ms15 | Ms16 |
| | E | Ms18 | Ms18 | Ms18 | Ms18 | Ms18 | Ms18 | Ms18 | Ms18 |
| | | | | | Ms18 | | | | |
| 13,14 | H | Ms3 | Ms4 | Ms3 | Ms4 | Ms3 | Ms4 | Ms3 | Ms4 |
| | G | Ms12 | Ms13 | Ms12 | Ms13 | Ms12 | Ms13 | Ms12 | Ms13 |
| | F | Ms15 | Ms16 | Ms15 | Ms16 | Ms15 | Ms16 | Ms15 | Ms16 |
| | E | — | — | — | — | — | — | — | — |

注:下部切口与上部切口使用Ms18雷管连接。

# 4 安全校核

## 4.1 开口形成瞬间的后坐分析

$$\min\{\sigma_\circ, \sigma_B\} > \sigma$$

经计算，$\min\{\sigma_o,\sigma_B\}=40\text{MPa}>2.25\text{MPa}$ 即支座承重大于楼房全重，在开口形成的瞬间不会产生后坐。

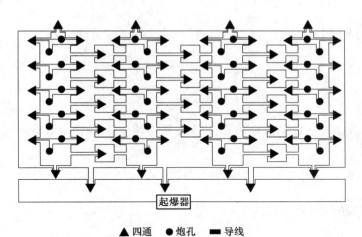

▲ 四通　● 炮孔　■ 导线

图 4　爆破网路示意图
Fig. 4　Schematic diagram of blasting network

## 4.2　爆破振动校核计算

本次爆破最大一次起爆药量控制在380kg。利用式（1）对周围建筑物进行爆破振动安全校核。

$$v = K'K(Q^{1/3}/R)^\alpha \tag{1}$$

表 4　质点振动的安全校核
Table 4　The safety check list of particle vibration

| 保护物名称 | 保护物距离/m | 质点运动速度/cm·s$^{-1}$ |
| --- | --- | --- |
| 葫芦岛市纪检委 | 56 | 0.68 |
| 水表检定站蓄水池 | 65 | 0.49 |
| 花圃彩钢房 | 92 | 0.30 |
| 快捷酒店 | 123 | 0.20 |

## 4.3　爆破飞石验算

爆破飞石验算见式（2）：

$$l = 70K^{0.57} \tag{2}$$

式中　$l$——个别飞散物的最大距离，m；
　　　$K$——炸药单耗，kg/m$^3$。

$$l = 70 \times 3.5^{0.57} = 143\text{m}$$
$$l = 70 \times 3^{0.57} = 131\text{m}$$

根据计算结果，我公司采用严密防护措施控制飞石飞出，将飞石飞散距离控制安全允许范围之内。

### 4.4 塌落振动

根据中科院提出的式（3）：

$$v_c = 0.08(I^{1/3}/R)^{1.67}$$
$$I = m(2gH)^{1/2}$$
(3)

经计算得：切口塌落振动，水表检定站距蓄水池 $v_t$（水池）= 1.8cm/s，花圃 $v_t$（房）= 0.11cm/s。

## 5 爆破安全措施

### 5.1 爆破飞石防护

#### 5.1.1 炮孔直接防护

承重立柱与剪力墙上有炮孔部位采用近体防护，用草帘子多层包裹，形成厚厚的草帘子被，在切口的楼层外侧采用远体防护，将草帘子铡挂成墙，形成一道弹性屏障。

#### 5.1.2 塌落飞石防护

在大于楼房倒塌预计范围，首先将地面松软，清除坚硬渣块，然后在上面铺设两层草帘子，并在其上压沙袋、洒水。然后在大厦75m处筑造一道宽5m、高3m的挡土墙防止大厦前冲和飞石。并在倾倒方向保护物前方空中设置一张钢丝网防止小块飞石飞出。

### 5.2 塌落振动预防

为了减小大厦的塌落振动，在大厦倾倒方向70m处挖一道减振沟，长75m、宽2m、深5m。在大厦的东南方向85m处挖第二条减振沟，长35m、宽2m、深5m。

### 5.3 降尘措施

爆破前，对楼体及内部楼板进行淋湿；爆破后，两辆消防车马上对街道进行洒水作业，直到灰尘消散。在爆破检查完成后消防车立刻进入现场对大厦爆堆进行洒水。

## 6 爆破效果与结论

2015年8月4日5时20分，葫芦岛世纪大厦成功爆破拆除。大厦按照原设计倾倒方向倒塌，倒塌爆堆长度为61m，爆堆最高位置高度为8m，大厦解体完全，爆破振动测振数据在安全范围内，爆破粉尘在10min内全部消退。本次爆破没有对周围建筑造成任何破坏及影响，爆破效果良好（见图5）。

葫芦岛世纪大厦成功爆破拆除。本次爆破通过科学的计算及类似爆破拆除经验，采用的双折叠控制爆破方式，克服了大厦自身结构及周围环境给爆破任务带来的困难。

（1）预处理对建筑物倾倒时支撑力破坏起到了重点作用。
（2）建筑物开口角度选取大角度事实证明是正确的。
（3）建筑物折叠爆破的方式有效克服周围环境的限制。
（4）减振沟及挡土墙对周围设施的保护起到了重要作用。

图 5 爆破效果

Fig. 5 Blasting result

（5）利用地下室的空间，有效地缩短了倒塌距离。

## 参 考 文 献

[1] 刘贵清. 爆破工程技术应用实例[M]. 沈阳：辽宁科学技术出版社，2012.
[2] 刘殿书. 中国爆破新技术 Ⅱ[M]. 北京：冶金工业出版社，2008.
[3] 王旭光. 拆除爆破理论与工程实例[M]. 北京：人民交通出版社，2008.
[4] 池恩安. 爆破拆除工程案例分析[M]. 北京：冶金工业出版社，2015.

# 18层框-筒楼房双向三折叠控制爆破技术

辛振坤 泮红星 骆利锋 王霞明

（浙江京安爆破工程有限公司，浙江 杭州，310011）

**摘 要**：在不能满足整体定性倾倒的复杂环境下，通过选择最佳倒塌方向、开设三个爆破切口、控制起爆延时、设置缓冲堤等措施，对18层大厦实施双向三折叠拆除爆破，有效解决了高层建筑爆破倒塌空间受限的问题，爆破振动危害得到有效控制，为类似工程提供了借鉴。

**关键词**：复杂环境；高层建筑；双向三折叠爆破；安全防护

## The Controlled Blasting Technology by Bidirection-3-times-folding of 18-storey Frame-shear Structure Building

Xin Zhenkun  Pan Hongxing  Luo Lifeng  Wang Xiaming

(Zhejiang Jing'an Blasting Engineering Co., Ltd., Zhejiang Hangzhou, 310011)

**Abstract**: The surrounding conditions can not meet the overall directional dumped in complicated environment. A 18-storey frame-shear structure building blasting demolition was operated through collapse direction selecting and three blasting open incisions setting and controlled detonation delay selecting and buffer embankment protection setting. The high-rise buildings collapsed space limited in city blasting vibration damage and other issues were effectively solved. It could provide a reference for similar projects.

**Keywords**: complicated environment; high-rise building; bidirection-3-times-folding blasting; safety protection

## 1 工程概况

临安市原电力大厦地处闹市中心，位于钱王大街和畔湖路交叉处西南侧，周边与超市、银行、小区、企事业办公楼等众多单位相邻，因城市规划需要予以拆除。大厦由高层主楼和多层群楼组成，地上18层，地下1层，主楼高73m，总建筑面积15200$m^2$，其中主楼建筑面积为8000$m^2$。

### 1.1 周边环境

待爆主楼北侧距围墙16.6m，围墙外为钱王大主街，其人行道上方有两台变压器和多路高

---

作者信息：辛振坤，高级工程师，410653472@qq.com。

压线、电视线等重要线路,地下有供水管、雨水管、通信光缆等重要管线设施;东侧距围墙16.8m,围墙外为畔湖路,其人行道上及地下有与北侧类似的管线,距楼39.1m 为玻璃幕墙装饰外墙的大型商场;南面距主楼23.3m 有老旧居民楼和单位办公楼;西侧为银行,与裙楼共墙相邻,距主楼29.0m。周边环境十分复杂,如图1所示。

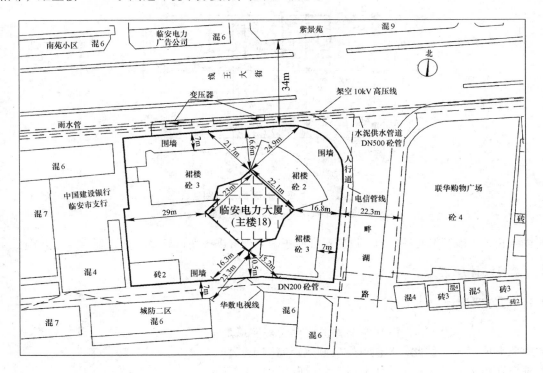

图1 周边环境示意图

Fig. 1 Schematic diagram of the surrounding environment

## 1.2 大楼结构

待爆主楼由中部的钢筋混凝土筒体(楼梯间、电梯井)和外围立柱组成的框-筒结构。

主楼自地下1层至15层平面呈矩形,长23m,宽22.1m,3跨4排,共18根立柱,16层以上为矩形塔楼。最大立柱的尺寸为900mm×800mm,剪力墙厚度为270～310mm。主楼平面结构如图2所示。

## 1.3 工程特点

(1) 周边环境复杂,倒塌空间受限。主楼周边电力线路及设施较多,围墙外地下供水管线埋深浅且年久老化、抗振能力差,爆破拆除必须确保爆堆不出围墙。

(2) 主楼为近方形框-筒结构,刚性好,难以在爆破倾倒过程中断裂,在爆前需对主楼中心筒体结构进行充分预处理,才能使主楼按预定方向顺利、准确倾倒。

(3) 主楼16层以上为电梯机房、观光楼及屋顶水箱。顶部钢筋混凝土四棱锥顶盖,结构

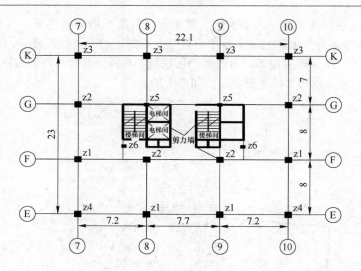

图 2 主楼平面结构示意图
Fig. 2 Schematic diagram of main planar structure

坚固细长,爆破倾倒时易抛出。爆破设计应正确处理好爆破切口起爆时差。

## 2 爆破设计总方案

### 2.1 总方案设计

待爆大楼高达 73m,而其四个方向可供大楼倒塌最大距离不足 25 m。因此,为使得爆破倾倒距离缩小,将爆堆控制在安全范围内,设计采用 3 个爆破切口双向三折叠拆除爆破方式。

### 2.2 爆破部位与切口高度

#### 2.2.1 爆破切口部位[1~5]

(1) 底部爆破切口设计。根据工程经验,该楼爆破切口倾角取 $25°\sim 35°$。则最大炸高:

$$H = B\tan\alpha$$

式中 $B$——倾倒方向楼宽($E$-$K$ 轴间的距离),23m;
$\alpha$——爆破切口倾角,取 $35°$。

计算得:$H = 16.1$m,即主楼底部爆破切口楼层自第一层炸至第五层楼(见图 3)。

(2) 中部及顶部爆破切口设计。为了使大楼充分解体,同时有效缩短爆堆长度,确保爆破倾倒范围控制在围墙以内,在大楼中部 9~13 层开设一个反向折叠爆破切口;在顶部 16~17 层再开设一个爆破切口。

#### 2.2.2 爆破切口内各排立柱炸高设计

爆破切口内各排立柱的炸高见表 1。筒体内电梯井

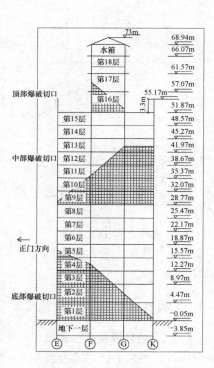

图 3 爆破切口部位示意图
Fig. 3 Schematic diagram of the blasting incision sites

及楼梯间剪力墙炸高高于同排立柱一层的炸高。

表 1 各排立柱炸高
Table 1 Each row of column blasting height

| 楼 层 | 炸高 $h$/m | | | |
|---|---|---|---|---|
|  | $E$ 轴 | $F$ 轴 | $G$ 轴 | $K$ 轴 |
| 1 层 | 3.0 | 3.0 | 3.0 | 0.5 |
| 2 层 | 3.0 | 3.0 | 1.5 |  |
| 3 层 | 2.1 | 2.1 |  |  |
| 4 层 | 2.1 | 1.5 |  |  |
| 5 层 | 1.5 |  |  |  |
| 9 层 | 0.5 | 2.1 | 2.1 | 2.1 |
| 10 层 |  | 1.5 | 2.1 | 2.1 |
| 11 层 |  | 0.5 | 1.5 | 2.1 |
| 12 层 |  |  | 1.5 | 2.1 |
| 13 层 |  |  | 0.9 | 0.9 |
| 16 层 |  | 2.1 | 0.5 |  |
| 17 层 |  | 1.5 |  |  |

## 2.3 主楼倾倒可靠性分析[4]

爆破切口内立柱失稳闭合后，大楼的重心偏移至大楼楼体以外能够保证其倾倒（见图 4）。经计算，大楼的重心高度 $Z_c$ 为 33m，大楼重心偏移至楼体外边线的临界切口闭合高度 $H_{临} = B\tan\beta$，$B$ 为大楼倒向长度（23m）。在转动过程中，转动角速度相同，楼房转动的 $\alpha = \beta$。经计算，$\alpha = 21.94°$，则 $\beta = 21.94°$，代入上述公式，则 $H_{临} = 9.26m$。

为确保大楼重心偏移至楼体外，爆破切口倾角 $\beta$ 增至 35°，则底部爆破切口高度 $H_p$ 为临界切口高度 $H_{临}$ 的 1.7 倍，即底部爆破切口高度 $H_p = 16.1m$。

闭合后，大楼的重心偏移出大楼外侧的距离为：

$$L_X = X - B = [Z_C^2 + (B/2)^2]^{1/2}\cos[\arctan Z_c/(B/2) - \arctan H_p/B] - B = 5.35m$$

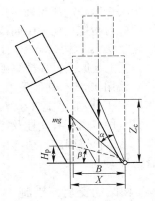

图 4 楼房倾倒可靠性分析图
Fig. 4 House dumping reliability analysis chart

从上计算结果可以看出，主楼重心已偏移至楼体以外较大距离（5.35m），爆破切口高度可使该楼可靠倾倒。

## 2.4 爆破倾倒范围评估

主楼爆破后分三段分别沿支点（切口后排立柱）旋转倾倒并挤压，主楼正前方爆堆最大前倾为 17m，反向西南面最大爆堆外倾估算在 15m 以内，爆堆最高估算 20m。经数值模拟验算，本楼爆后爆堆距围墙至少还有 5m 以上的安全距离，爆堆可控在围墙范围内。

## 2.5 预处理

预处理、预切割应高于同排立柱炸高,各转角预留墙柱,每侧宽度不小于 0.5m。楼梯间预拆除、预切割应高于同排立柱爆破高度。将每段楼梯与平台以及剪力墙连接处的混凝土打掉,然后用气割将连接钢筋割断。

## 3 爆破参数

### 3.1 立柱

根据试爆效果,确定底部和中部切口炸药单耗取 1000g/m³,顶部切口取 650g/m³,个别节点或单层立柱底部适当加强药量。爆破切口内立柱布孔如图 5 所示。

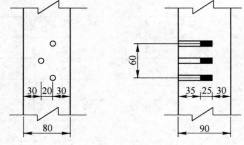

图 5 立柱布孔及装药示意图(单位:m)

Fig. 5 Schematic diagram of blast hole layout and charging (the black part is loaded, unit: m)

### 3.2 电梯井剪力墙

楼梯间、电梯井剪力墙布设纵向深孔,孔内装药以导爆索加小药包形成空气间隔装药。根据试爆效果,剪力墙炸药单耗确定为:底部、中部、顶部分别为 1000g/m³、800g/m³、650g/m³。

## 4 爆破网路设计[2]

为减小爆破振动和塌落振动,将大楼整体分成前后三区块,采用毫秒延时技术进行爆破,同一切口内同排立柱采用同段雷管起爆。三个爆破切口的爆破顺序为自上而下。在同一爆破切口内延时 0.5s 以内,上下切口间延时 1.0~1.2s。

根据上述原则,顶部爆破切口孔内采用 Ms2,中部爆破切口孔内,$E\sim F$ 轴线立柱(剪力墙柱)采用 Ms17,其他采用 Ms16;底部爆破切口 $E\sim F$ 轴线立柱(剪力墙柱)采用 Ms16,其他采用 Ms17 段非电雷管起爆。

每个切口内所有立柱及墙柱采用两发 Ms2 段雷管绑扎后,用塑料导爆管和四通连接成复式闭合多通道传爆网路,顶部切口与中部切口间用四通连接,中部切口与底部切口间用 Ms17 段雷管连接。

## 5 爆破振动安全与措施

爆破最大单响药量为 65kg,爆点中心到最近民房距离为 23.3m。根据拆除爆破地面振动速度计算公式:

$$v = K_1 K \left( \frac{\sqrt[3]{Q}}{R} \right)^\alpha$$

式中,$v$ 为振动速度,cm/s;$K$、$\alpha$ 分别为与地形、地质因素有关的系数,取 $K=150$,$\alpha=1.6$;$K_1$ 为衰减系数,取 0.25;$Q$ 为最大一段起爆药量,kg;$R$ 为药包布置中心至最近保护建筑物之间的距离,m。计算得 $v=2.25$cm/s,振速偏大,应采取隔振减振措施,减小爆破振动对相邻建筑的影响[6]。

### 5.1 倒塌触地振动

对于楼体倒塌触地振动计算,根据中国科学院力学所总结的冲量公式:

$$v_\mathrm{t} = 0.08\left(\frac{I^{1/3}}{R}\right)^{1.67}$$

式中，$I$ 为建筑物的触地冲量 $I = m\sqrt{2gH}$；$m$ 为触地时的最大质量，约为 $1.5 \times 10^6$ kg；塌落触地中心至民房最近距离 $R=45$m；落差取 $H=22$m。计算得触地振动速度为 $v_\mathrm{t} = 2.06$ cm/s[7]。

## 5.2 振动和二次飞溅物控制措施

在其倾倒前方约 10m 处铺设一条缓冲堤，并在缓冲堤及迎面处铺设三层沙袋，再用彩条布覆盖；沿围墙内侧开挖一条减振沟。

## 5.3 爆破飞石的控制

待爆立柱周围包裹三道防护（里层输送带、中间竹笆、外围绿网）；在爆破切口内外围一跨中间搭设毛竹排架防护；切口内所有窗口用竹笆加以封堵防护。在主楼底部爆破切口搭设外挂式双排毛竹排架和安全绿网。

# 6 爆破效果

本次爆破共使用 φ32 乳化炸药 203.55kg，雷管 2780 发，导爆管 7500m，导爆索 500m。主楼实现了明显的双向三次折叠，大楼倒塌范围的控制效果超过了预期，爆堆基本呈锥形，主楼横梁及楼板落地后逐层叠起，爆破对东南侧裙楼和西北侧裙楼均未产生破坏，爆破效果如图 6 所示。经测量，爆堆高度约 12.7m（设计 20m）。实现了"爆堆不出围墙，不碎周边建筑一块玻璃"的目标，达到了精细爆破的要求。

爆堆主要集中在原建筑的占地范围上方，平面投影与大楼平面位置进行对比，往东北方向最大位移约 10.7m（设计 17m），往西南方向最大位移约 4m，往东南方向最大位移约 5.6m，往西南方向位移约 4.8m；除了水箱外，大楼横梁及楼板落地后逐层叠起，充分体现"双向折叠"的设计初衷（见图 6）。

图 6　爆破效果

Fig. 6　Blasting effects

本次爆破在 50~100m 范围内共设了 7 个爆破振动测点。从监测结果来看，所有测点的振动速度最大幅值均小于 0.3cm/s，主振频率范围在 10~50Hz 之间，其中最大振速 0.272cm/s，对应主振频率 21.051Hz。实测最大振速比计算结果小很多，主要是隔振、减振措施起到了很好的缓冲作用。

## 7 结论

（1）爆破切口的开启和充分预处理，能有效确保爆破产生的爆堆高度和倾倒范围控制在设计范围内。

（2）双向三折叠爆破顶、中、底切口楼层的选择定位，以及切口之间的起爆延时时间间隔是非常关键的参数，爆前应进行数值模拟论证，并应对主楼倾倒的可靠性进行计算分析，能充分保障爆破的成功。

### 参 考 文 献

[1] 汪旭光. 爆破设计与施工[M]. 北京：冶金工业出版社，2011：201-203.
[2] 谢先启，韩传伟，刘昌邦. 定向与双向三次折叠爆破拆除两栋19层框剪结构大楼[C]// 刘殿书. 中国爆破新技术Ⅱ. 北京：冶金工业出版社，2008：366-370.
[3] 王霞明，程才林，顾平，等. 21层全剪力墙结构大楼的爆破拆除[C]// 汪旭光. 中国典型爆破工程与技术. 北京：冶金工业出版社，2006：617-620.
[4] 齐世福，刘定，谭雪刚，等. 西湖第一高楼定向爆破拆除[J]. 工程爆破，2007，13(4)：50-53.
[5] 王霞明，程才林，辛振坤，等. 十五层多边形框剪大楼的爆破拆除[J]. 工程爆破，2004，10(4)：35-39.
[6] 顾毅成，史雅语，金骥良. 工程爆破安全[M]. 合肥：中国科学技术大学出版社，2009：542-543.
[7] 周家汉. 爆破拆除塌落振动速度计算公式的讨论[J]. 工程爆破，2009，15(1)：1-4.

# 17层框-剪结构楼房拆除爆破

公文新　李尚海　张忠义　张家军　赵久德　于海滨　蒋桂祥

（哈尔滨恒冠爆破工程有限公司，黑龙江 哈尔滨，150070）

**摘　要**：针对复杂环境17层框架-剪力墙结构楼房单向折叠拆除爆破，对影响楼房倒塌距离的爆破切口位置、角度、起爆顺序、延期起爆时间进行了分析，总结了有效控制高大框架-剪力墙结构楼房的倒塌范围和实现最佳解体破碎效果的措施和方法，为同类楼房爆破提供了成功的范例。

**关键词**：复杂环境；高层建筑；框架-剪力墙结构；单向折叠爆破

## 17 Storied Frame-Shear Structure Building Blasting Demolition

Gong Wenxin　Li Shanghai　Zhang Zhongyi　Zhang Jiajun
Zhao Jiude　Yu Haibin　Jiang Guixiang

（Harbin Hengguan Blasting Engineering Co.，Ltd.，Heilongjiang Harbin，150070）

**Abstract**：This paper summerized a 17 storied frame-shear structure building blasting demolition unidirectional folding under complex environment. The affecting building collapse distance of blasting cut position, angle, detonating sequence and delay detonating time were analyzed. The collapse scope of frame-shear structure building and implementation collapse broken effect control measures and methods were summarized. It can provide a successful example for similar programmes.

**Keywords**：complicated environment；high rise building；frame-shear wall structure；unidirectional folding blasting

## 1　工程概况

黑龙江省电视台原办公大楼位于哈尔滨市中山路，地面以上17层、地下2层。始建于20世纪70年代，是黑龙江省的第一座高层建筑，自建成之日起便成为黑龙江省的标志性建筑。

### 1.1　周边环境

该楼位于哈尔滨市的政治、经济、文化中心。该楼西南方向30m处地下有水、电、通信管线，42m处为中山路，道路另一侧为哈尔滨市的保护建筑（市工人文化宫）和多家大型酒店、商场；西北方向120m处为一学校；东北方向25m处为需保留的变电所和办公楼；东南侧110m处为新巴黎大酒店；其他方向50m范围内均有20世纪80~90年代的老旧居民楼（见图1）。

---

作者信息：公文新，工程师，13804561597@139.com。

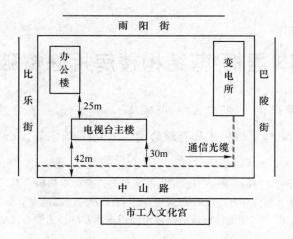

图 1　爆破现场平面示意图
Fig. 1　Plan of the blasting

## 1.2　楼体结构

该楼长 33 m、宽 13 m、高 69 m，地上 17 层、地下 2 层，是我国高寒地区第一座框架-剪力墙结构的高层建筑。楼房由 3 排立柱组成，每排 8 根立柱，东侧设有电梯井和管道井、楼梯间，西侧局部设有剪力墙（见图 2）。

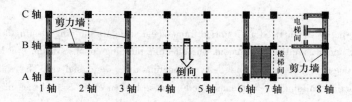

图 2　待爆破楼房结构平面示意图
Fig. 2　Plan of the blasting

## 1.3　工程难点

该楼为哈尔滨市的政治、经济、文化中心，周围环境十分复杂。西南方向 30 m 处地下有水、电、通信管线，42 m 处为中山路，路对面即是哈尔滨市的保护建筑（工人文化宫）和多家大型酒店、商场，中山路为哈尔滨市最繁忙的道路之一。

（1）爆破对象所处环境复杂。该楼所在区域紧邻黑龙江省行政中心，为老城区，四周不仅有众多建筑物，还有各种地上、地下管线，尤其是东侧 30 m 的一组通往龙塔（新电视台）的通信光缆，一旦发生意外将全部切断中央电视台与省内主要电视台的信号传输，影响极大。

（2）爆破对象构件尺寸超大。该楼为省内第一个"滑模"建筑，由于设计及工艺等原因，两端钢筋混凝土墙体的厚度为 0.5 m。

（3）爆破对象整体性非常好。框架-剪力墙结构是建筑结构中整体结构最稳定的一种，所有立柱、墙体、圈梁、横梁、纵梁均浇筑成一体。

（4）爆破对象的预处理工作量极大。根据设计要求，部分剪力墙、电梯井等钢筋混凝土墙体均须预拆除或削弱处理，尤其在较高楼层作业难度极大，既要保证进度和质量，又要保证安全。

## 2 方案论证[1]

该楼主体高度为69m，平面呈东西走向。横轴方向（南北方向）：倒塌距离均受限，其中北侧必须控制在25m内，南侧应控制在30m以内；纵轴方向（东西方向）：西侧允许倒塌距离不超过20m，东侧允许倒塌距离在80m以上。从外部环境上不难看出，东侧是最佳方向，其他方向倒塌均非常困难。

采取纵轴方向定向爆破的方案时，前排必须倒塌彻底，为后排建筑创造倒塌空间，否则就会造成爆破失败。然而，该楼的东端为电梯井、管道井和楼梯间，结构十分复杂，无论预拆除或是爆破切口难度都非常大，因而该楼不易向此方向倒塌。

横轴方向倒塌相对容易，该楼的电梯井和管道井均在楼房的北侧，南侧仅有楼梯间。相对来讲，楼房南侧更容易预拆除和爆破切口，且允许倒塌距离相对大些。因此，选择向南侧倒塌时操作难度相对较小，也相对较安全。但由于倒塌距离只有30m，所以必须采取折叠爆破等技术措施。

### 2.1 设计方案

经综合分析，最终确定总体爆破方案为向南单向折叠倒塌，爆破期间临时切断中山路交通、严密监控楼房倒塌范围内的水、电等管线。

### 2.2 爆前处理

为减少爆破工作量和炸药使用量，从而减小爆破振动，对能够拆除的部位尽量预先拆除。
（1）将爆破楼层内的门窗全部拆除，切断该楼的水、电、气等金属管线。
（2）电梯井、管道井、楼梯间等对楼房倒塌影响较大，爆破前进行必要的处理，破坏其强度和刚性。
（3）完全切断电梯井内的电梯升降轨道。

### 2.3 确定切口位置[1]

爆破切口位置的高度直接影响倒塌的长度，爆破解体后楼房的剩余高度不应大于允许的倒塌长度，并要保留1/3的前冲距离。该方案允许倒塌距离为30m，故每个爆破切口之上最多可保留22m的未爆破楼体，约合5层楼房高度。即自上而下每5层楼房作为一个折叠段（见图3）。

### 2.4 确定切口高度和角度[5]

爆破切口的破坏高度是爆破设计的主要参数，它对估算爆破后塌落范围具有重要作用。

在框剪结构中，主要承重构件是立柱。剪力墙主要承担横向受力，因此，爆破前按照设计切口的大小和角度，将剪力墙预先切口。在切口范围内，只保留立柱，从而简化和弱化楼体

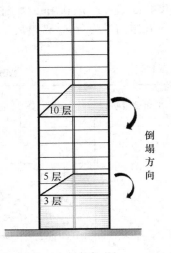

图3 爆破切口示意图
Fig.3 Plan of the blasting cuts

结构强度。根据经验公式（1）：

$$h = B\tan(15° \sim 30°) \tag{1}$$

式中，$h$ 为炸高，m；$B$ 为倾倒方向上边长，m。

本工程倾倒方向边长为 13m，倾倒角度实取 30°。经计算，理论炸高应为 7.5m，各楼层切口高度分配情况见表1。

表1　楼房立柱（墙）炸高
Table 1　Blasting heights of columns (walls)

| 切口 | 楼层 | 立柱炸高/m | | |
|---|---|---|---|---|
| | | A 轴 | B 轴 | C 轴 |
| 上切口 | 12 | 2.4 | 2.1 | 0.6（松动爆破） |
| | 11 | 2.4 | 2.1 | 0.6（松动爆破） |
| | 10 | 2.4 | 2.1 | 0.6（松动爆破） |
| 中切口 | 5 | 2.4 | 2.1 | 0.6（松动爆破） |
| | 4 | 2.4 | 2.1 | 0.6（松动爆破） |
| 下切口 | 3 | 2.4 | 2.4 | 2.4（抛掷爆破） |
| | 2 | 2.4 | 2.4 | 2.4（抛掷爆破） |
| | 1 | 2.4 | 2.4 | 2.4（松动爆破） |

## 2.5　确定切口起爆顺序

爆破切口的起爆顺序直接影响到实际倒塌的距离，自顶部起爆，可以有效减小楼房倒塌或折叠长度，从而可以有效地缩短倒塌距离。因此确定上部切口先行起爆，待楼房产生 15° ~ 30° 倾角后，再起爆中部和下部切口。

## 2.6　确定单孔药量[3]

该楼房所有立柱规格均为 0.8m × 0.8m，布孔形式全部采取单排布孔，最小抵抗线 $W$ 取 0.4m，孔距 $a$ 取 0.4m，炸药单耗 $q$ 取 1500g/m³。根据装药量经验公式 $Q_{单孔} = qaW^2$，计算标准单孔装药量为 96g。调整后，具体装药见表2。

表2　爆破药量统计
Table 2　Quantity statistics of blasting explosive

| 雷管段别 | 柱别 | 单根立柱孔数/个 | 立柱数量/根 | 单孔药量 g | 合计药量 g | 备注 |
|---|---|---|---|---|---|---|
| Ms3 | A 轴立柱 | 7 | 24 | 90 | 15120 | 10~12 楼层 |
| | B 轴立柱 | 6 | 24 | 90 | 12960 | |
| | C 轴立柱 | 2 | 24 | 90 | 4320 | |
| Hs2 | A 轴立柱 | 7 | 16 | 110 | 12320 | 4~5 楼层 |
| | | 7 | 24 | 130 | 21840 | 1~3 楼层 |
| Hs3 | B 轴立柱 | 6 | 16 | 110 | 10560 | 4~5 楼层 |
| | | 7 | 24 | 130 | 21840 | 1~3 楼层 |
| Hs4 | C 轴立柱 | 2 | 16 | 110 | 3520 | 4~5 楼层 |
| | | 7 | 24 | 130 | 21840 | 1~3 楼层 |

## 2.7 确定延期时间[3]

根据楼房结构特点，采取上、下爆破切口间延期与立柱（支点）排间延期相结合的方法，延期间隔时间为半秒；上部爆破切口采取齐爆方式，中部和下部爆破切口采取排间延期起爆方式。具体延期时间见表2，延期起爆顺序如图4所示。

由于采用孔内分段延期，可以采用"大把抓"和四通相结合的爆破网路。将每根立柱上的孔内导爆管作为一组，捆绑上两枚相同段别的导爆管雷管，作为孔外接力雷管。再将这两枚雷管，分别用四通连接在不同立柱上的孔外连接雷管，从而组成复式交叉网路，如图5所示。

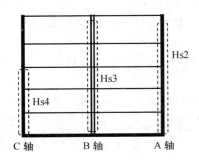

图 4 起爆延期示意图

Fig. 4 Plan of delay

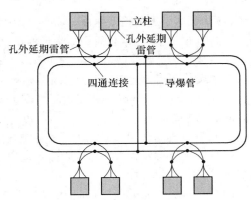

图 5 起爆网路示意图

Fig. 5 Plan of initiation netword

## 3 安全分析与防护

### 3.1 倾倒可靠分析[4~6]

在满足楼房的高宽比 $H_c \geqslant 1.4 \times (L/2)$ 的条件下，爆破切口高度 $h$ 的选取范围为：

$$\frac{H_c - \sqrt{H_c^2 - 2L^2}}{2} \leqslant h \leqslant \frac{H_c}{2} \tag{2}$$

式中，$L$ 为两外承重柱（墙）之间的跨度或爆破切口方向的水平长度，实取10m；$H_c$ 为上部结构的重心高度，该楼层整体结构相同，可视为质量均匀的规则几何体，由于该楼房总高度为69m，故几何中心高度按34.5m计算；$h$ 为爆破切口的相对高度，m。

计算得：$1.5 \leqslant h \leqslant 16.7$，上部切口取3层楼房的高度，中部切口取2层楼房的高度，均能满足上述条件。所以可以保证楼房解体后，可以从切口部位按设计方向完成折叠倒塌动作。

### 3.2 单响起爆药量校核

根据计算及试爆验证，确定单孔药量及单响药量见表2。其中最大单响段位为HS-2段，最大单响药量为34.16kg，根据式（3）：

$$v = K'K\left(\frac{Q^{1/3}}{R}\right)^\alpha \tag{3}$$

式中，$Q$ 为最大单响药量，kg；$R$ 为保护目标距离，m；$v$ 为爆破振动速度，cm/s；$K$，$\alpha$ 为与爆破点至计算保护对象间的地形、地质条件有关系数和衰减系数，取 $K=150$，$\alpha=1.5$；$K'$ 为修正系数，取 $K'=0.2$。

爆破部位距离需要保护的最近建筑物为25m，经计算$v_{爆}=1.4cm/s$，符合《爆破安全规程》（GB 6722—2014）的规定。

### 3.3 塌落振动校核[3]

楼房塌落会对地面产生强烈的冲击而形成塌落振动，其强度比爆破振动大、频率低，对周围保护建筑危害更大。塌落振动根据式（4）计算：

$$v = 0.08\left(\frac{I^{1/3}}{R}\right)^{1.67} \tag{4}$$

式中，$v$为塌落引起的振动速度，cm/s；$I$为构件触地冲量，$I=0.5m(2gh)$；$R$为保护物与冲击点距离，m，主要塌落位置距离最近保护物为东北方向的变电所和办公楼，估算$R=45m$；$m$为塌落质量，估算解体后最大单体质量$m=3245t$；$h$为建筑物重心到地面的距离，m，解体后最大单体塌落距离为上切口以上部位，估算$h_{上}=58m$。

经计算，$v_{落}=4.16cm/s$，略大于《爆破安全规程》（GB 6722—2014）的规定，因此必须采取有效的降振措施：

（1）通过排间延期起爆方式，使各排立柱塌落触地时间不同步，从而减小触地振动。

（2）在1层楼体内，用预拆除残渣堆积出若干个2m高的缓冲堆，减小楼体原地塌落产生的振动。

（3）在倒塌方向铺设2m厚土堆，减小解体后楼房坠地产生的振动。

（4）在楼房四周开挖一条宽1.5m、深4m的减振沟，阻断地震波的向外传输。

### 3.4 安全防护[1]

安全防护主要是对冲击波和飞石的防范措施：

（1）对所有立柱爆破部位用5层草垫子进行第一道防护，对剪力墙所有的爆破部位用3层草垫子进行第一层防护，降低爆破噪声、减少冲击波、降低爆破飞溅物的初始速度。

（2）对所有爆破部位用两层铁筛网进行第二道防护。该道防护要求适当有些松弛度，缓冲、阻滞飞出的爆破物。

（3）用1层潮湿杨木板进行第三道防护，将冲破前两道防护的大块混凝土阻挡住。

（4）再用3层草垫子加两层铁筛网进行第四道防护。要求用淬火线适当兜紧即可，尽可能将所有爆出的混凝土块全部挡住。

（5）在所有爆破部位的外部防护，主要用一层高密度安全网，宽松地围绕楼体防护一层。

（6）10~12层用一层木板和一层草垫子对所有窗口进行封堵。

## 4 爆破效果与体会

### 4.1 爆破效果

伴随着4次连续的爆破声响过，大楼按设计解体、倾倒、塌落。经实际测量倒塌长度为19m，最高爆堆高度为8m，无爆破飞溅物产生。全部倒塌过程历时5s，楼房解体充分、折叠过程明显，达到预期爆破效果（见图6）。

### 4.2 体会

（1）框架-剪力墙结构楼房的拆除爆破，采取预先拆除、预先弱化结构等处理措施，不仅能够减小爆破量，降低大楼整体刚性，还可以使大楼解体更加充分，爆破效果更加理想。

图6 爆破倒塌过程
(a) 起爆瞬间;(b) 开始折叠;(c) 倒塌效果
Fig.6 The collapsing process

(2) 延期时间对倒塌距离影响较大。最佳的延期时间是使楼房产生 15°~30°倾角后,使解体部分大落差地垂直下落,更容易使楼房的梁、柱、墙体解体成片状。

(3) 通过缓冲带和减振沟,可以使地震波有效地衰减,从而保护周边建筑和设施。

## 参 考 文 献

[1] 公文新. 26 层楼房爆破拆除[J]. 爆破,2004,21(3):40-44.
[2] 辛振坤,泮红星,骆利锋,等. 18 层大厦双向三次折叠控制爆破技术[J]. 工程爆破,2015,21(4):33-36.
[3] 葛勇,汪旭光,魏格平. 复杂环境下 11 层框架楼房拆除爆破[J]. 工程爆破,2014,20(3):13-15.
[4] 朱朝祥,崔允武,曲广建,等. 剪力墙结构高层楼房爆破拆除技术[J]. 工程爆破,2010,16(4):55-57.
[5] 由强,邹阳. 15 层剪力墙楼房爆破拆除[J]. 工程爆破,2013,19(2):74-76.
[6] 高主珊,孙跃光,张春玉,等. 20 层剪力墙结构大楼定向与双定向折叠爆破拆除[J]. 工程爆破,2010,16(4):51-54.
[7] 李勇,汪浩. 复杂环境中三角形大楼的分区定向爆破拆除工程[C]//汪旭光. 中国典型爆破工程与技术. 北京:冶金工业出版社,2006:631-635.

# 水压爆破拆除钢筋混凝土拱桥

王升[1]　孙向阳[2]　张汉才[3]　谢续文[2]

(1. 湖南长工工程建设有限公司，湖南 长沙，410003；
2. 湖南中人爆破工程有限公司，湖南 长沙，410001；
3. 湖南金能爆破工程有限公司，湖南 长沙，410000)

**摘　要**：钢筋混凝土下承式系杆拱桥位于老城区，周边环境复杂，桥梁系梁、拱肋为空心箱梁结构。为确保周边建筑物安全，满足爆破后水下清渣要求，保证河道畅通，从爆破方案的确定，水压爆破药量计算公式的选用，炸药品种、装药形式的确定等进行设计施工，对系梁、拱肋采用水压爆破方法进行爆破拆除，取得了很好的爆破效果。

**关键词**：水压爆破；钢筋混凝土拱桥

## Water Pressure Blasting Demolition of Reinforced Concrete Arch Bridge

Wang Sheng[1]　Sun Xiangyang[2]　Zhang Hancai[3]　Xie Xuwen[2]

(1. Hunan Changgong Construction Co., Ltd., Hunan Changsha, 410003;
2. Hunan Zhongren Blasting Engineering Co., Ltd., Hunan Changsha, 410001;
3. Hunan Jinneng Blasting Engineering Co., Ltd., Hunan Changsha, 410000)

**Abstract**: The reinforced concrete through tied arch bridge was located in the old city area with a complex surrounding environment. The structure of the tie beam and arch rib is hollow box girder. In the design and construction process of the blasting demolition, the determination of the blasting scheme, the choose of calculation formula of water pressure blasting charge, the type of explosive and the loaded constitution are all carefully considered to guarantee the safety of surround buildings, the convenience of underwater slag muck cleaning and the smooth of river course. The practical results showed that water pressure blasting demolition of the tie beam and arch rib had achieved good effects.

**Keywords**: water pressure blasting; reinforced concrete arch bridge

## 1　工程概况及周边环境

### 1.1　工程概况

株洲彩虹桥是沿江路上的一座骨干桥梁，由于南侧桥台出现滑移，经鉴定为四类危桥，严

---

作者信息：王升，高级工程师，1485313860@qq.com。

重影响城市道路通行安全，需要拆除重建。

彩虹桥为单跨下承式预应力混凝土系杆拱桥，桥长80m，桥宽22.4m，跨径65m，矢跨比为1∶5。拱肋为钢筋混凝土箱梁结构，工字形断面，高1.5m，宽1.2m，壁厚0.20m。每片拱肋间设间距为6m的吊杆9根。两片拱肋中心设有一根工字形风撑，为钢筋混凝土结构。桥两端各有两个直径 $\phi 2.5m$ 的钢筋混凝土桥墩。桥墩上方为钢筋混凝土系梁和端横梁。端横梁外形断面为矩形，高2.0m，宽0.6m。系梁为钢筋混凝土箱梁，矩形断面，宽1.2m，高2.0m，壁厚0.2m。吊杆间设有钢筋混凝土中横梁，工字形断面，高2.0m，宽0.3~0.5m。桥面铺装层为现浇钢筋混凝土板，厚0.25m。桥梁全貌如图1所示。

图1　桥梁全貌
Fig. 1　Complete bridge

## 1.2　周边环境

彩虹桥位于株洲石峰区白石港，紧临湘江，横跨白石港，大致呈南北走向，位于白石港流入湘江的出水口。桥梁所处河道呈V字形河谷形状，桥面至河床高差大，河床水位较深。桥梁南端30m为横跨湘江的芦淞大桥，桥台西南角为水泵房，距离桥体最近出不到2m，桥梁东北角为密集居民棚户区，房屋结构多为砖木结构，修建年代较早，最近处距离桥台约7m。桥梁南侧桥下有两条钢质自来水管线。周边环境十分复杂。

## 2　爆破拆除方案

### 2.1　拆除施工要求

株洲彩虹桥位于老城区沿江风光带，周边环境十分复杂，拆除时应满足以下要求：

（1）将彩虹桥实行控制爆破拆除，充分解体破碎，桥墩从河床表面以上破碎。
（2）对大桥控制爆破后的坍塌体实行二次破碎切割，便于装运。
（3）对大桥解体后的混凝土碎渣外运。
（4）有效控制爆破危害，确保爆破时不得损坏邻近建（构）筑物，并确保警戒线外的人员不受伤害。
（5）对棚户区旧房进行房屋鉴定并进行振动监测，确保周围民房的安全可靠。
（6）在规定的工期内完成施工。

## 2.2 爆破拆除方案

### 2.2.1 施工重点、难点、关键点

由于该桥结构和位置的特殊性，在爆破施工中将桥体炸倒同时又炸碎，使爆破后的桥体块度尽量小，保证后续水下清渣工作顺利进行是本工程的重点。

桥梁的结构整体性较好，所处位置的河水深度为4m多，爆破后桥体会塌落至河床上，对塌落至水中部分的桥体清理是本工程的难点。

桥梁周边人员和车辆流动性大，周边有泵房、大桥、棚户区旧民房等需要重点保护的建（构）筑物，其中最近的抽水泵房仅有2m，特别是北岸桥头7～25m范围内有多栋危房，抗振能力差，爆破拆除时保护好相邻的建（构）筑物不受到损害是本工程的关键点。

### 2.2.2 爆破拆除方案

（1）针对桥梁结构特点，采用水压爆破技术，将桥梁的拱肋、系梁爆破炸断成若干段。采用钻孔爆破桥墩使桥梁失稳坍塌。横梁、中横梁及风撑采用钻孔爆破，炸断成若干段，以利于后续清渣破碎施工。

（2）爆破时应尽量将桥体构件炸碎，使单一构件的质量在10t以内，使用大吨位吊车，配合潜水员水下作业，将被炸断的桥梁构件逐一吊起到岸上，用机械进行破碎。

（3）采取微差起爆技术，将水压爆破和钻孔爆破的总装药量分成多个段别，使一次齐爆最大药量控制在安全范围内，同时使桥体成柔性塌落，将爆破产生的振动和桥体塌落振动控制在安全范围内。

（4）用小型液压破碎锤在爆破前将桥梁栏杆、防撞墙、桥面铺装层预处理拆除，一是减少落入河中碎渣量，二是可以平衡水压爆破注水后增加的荷载。

（5）采取严密的防护措施，防止个别飞散物对周边建（构）筑物及人员造成伤害。

### 2.2.3 爆破部位

根据爆破拆除方案设计，桥梁的爆破部位确定如下：

（1）桥墩爆破：对桥墩地面以上部分全部实施爆破，将桥墩的混凝土炸碎。

（2）拱肋爆破：对两片拱肋采用水压爆破，每个拱肋上布设10个爆破切口，将拱肋炸断成9节，爆破部位的混凝土全部脱离钢筋笼。

（3）系梁爆破：对两根系梁采用水压爆破，除系梁上密实体部位之外，其他部位全部爆破，在每个系梁上布置20个爆破切口，使爆破部位的混凝土脱离钢筋笼。

（4）横梁、风撑爆破：对全桥的11根横梁和风撑全部进行爆破，在每根横梁和风撑上布置三组切断点，将各横梁、风撑炸断成两节。

## 3 爆破技术参数设计

### 3.1 爆破参数设计

各部位的爆破参数设计见表1。

### 3.2 钻孔爆破炮孔布置及装药结构

桥墩：直径2.5m，高4.5m，全部采用钻孔爆破的方式，孔径42mm。在立面中心线上钻一排炮孔，在中心线两侧60cm各钻一排炮孔，装药采用连续装药结构（见图2）。

## 表1 爆破参数
### Table 1 Blasting parameter list

| 爆破部位 | | | 最小抵抗线/cm | 孔距/cm | 孔深/cm | 装药长度/cm | 孔数/个 | 单耗/g·m$^{-3}$ | 单孔药量/kg | 药量小计/kg |
|---|---|---|---|---|---|---|---|---|---|---|
| 桥墩 | 上部 | 边孔 | 65 | 70 | 185 | 140 | 4×4 | 800 | 850 | 3.4×4 |
| | | 中间孔 | 65 | 70 | 215 | 170 | 2×4 | 800 | 1050 | 2.1×4 |
| | 中部 | 边孔 | 65 | 70 | 185 | 140 | 4×4 | 1000 | 1000 | 4.0×4 |
| | | 中间孔 | 65 | 70 | 215 | 170 | 2×4 | 1000 | 1450 | 2.9×4 |
| | 下部 | 边孔 | 65 | 70 | 185 | 140 | 4×4 | 1200 | 1400 | 5.6×4 |
| | | 中间孔 | 65 | 70 | 215 | 170 | 2×4 | 1200 | 1750 | 3.5×4 |
| | 小计 | | | | 同类型桥墩共有4个 | | | | | 21.5×4 |
| 横梁 | 端横梁(两根) | | 30 | 40 | 190 | 155 | 9×2 | 1500 | 750 | 13.5 |
| | 中横梁(九根) | 上部 | 15 | 30 | 190 | 165 | 9×9 | 2000 | 300 | 24.3 |
| | | 下部 | 25 | 30 | 190 | | 9×9 | 1500 | 100 | 8.1 |
| 拱肋拱脚 | 钻孔 | | 35 | 50 | 130 | 95 | 9×4 | 1200 | 1100 | 3.3×4 |
| 风撑 | | | 20 | 40 | | | 4 | 1200 | 500 | 2.4 |
| 合计 | | | | | | | | | | 147.5 |

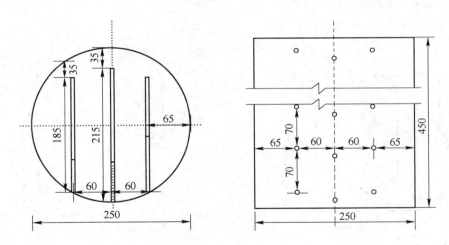

图2 桥墩炮孔布置及装药结构示意图（单位：cm）
Fig. 2 The arrangement of the hole of the bridge pier and the charge structure (unit: cm)

中横梁：在横梁的中间和与纵梁相交位置的内侧各布置3个垂直爆破孔。孔径为42mm，装药φ32乳化炸药。中横梁底部安装一个100g的药包，一个导爆管雷管，将6个50g的药包按设计间隔固定在铁丝上，用导爆索串联，安装一发导爆管雷管。端横梁同样采取间隔装药（见图3）。

拱脚：孔径42mm，每个爆破部位布置3排炮孔。每排布置3个孔，中间1个，中线两侧25cm处各布置1个炮孔。

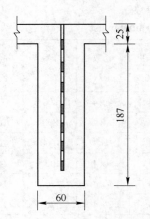
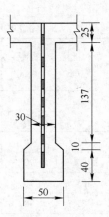

图 3 端横梁、中横梁装药结构示意图（单位：cm）
Fig. 3 Schematic diagram of the loading structure of the beam (unit：cm)

## 4 水压爆破药量计算公式的选用及装药布置

### 4.1 系梁拱肋结构

采用水压爆破破碎拱肋、系梁，拱肋混凝土强度为 C50，系梁混凝土强度为 C40。拱肋和系梁构件结构断面如图 4 和图 5 所示。

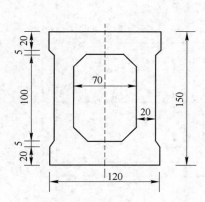
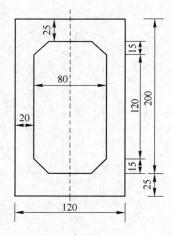

图 4 拱肋结构图（单位：cm）　　　　　图 5 系梁结构图（单位：cm）
Fig. 4 Archrib styucture diagram (unit：cm)　　Fig. 5 Beam structure diagram (unit：cm)

### 4.2 水压爆破药量计算

#### 4.2.1 简化冲量准则计算药量

简化冲量准则计算药量见式（1）：

$$Q = K(K_2 \delta_\text{等})^{1.6} R_\text{等}^{1.4} \tag{1}$$

式中　$Q$——药包质量，kg；

　　　$K$——与结构材质、强度、破碎程度、碎块飞掷距离等有关的系数；选取原则：对于一般混凝土或砖石结构，视要求破碎程度取 $K=1\sim3$。对于钢筋混凝土，视要求的破碎程度和碎块飞掷距离选取：混凝土局部破裂，未脱离，基本无飞石，$K=2\sim3$；混凝土破碎，部分脱离钢筋，碎块飞掷 20m 以内，$K=4\sim5$；混凝土炸飞，主筋炸断，碎块飞掷距离 $20\sim40$m，$K=6\sim12$；

　　　$K_2$——与结构内半径 $R_{等}$ 和壁厚 $\delta_{等}$ 的比值有关的坚固性系数，当薄壁时（$\delta_{等}/R_{等}\leqslant0.1$），$K_2=1$；其余 $K_2=0.94+0.7(\delta_{等}/R_{等})$，$\delta_{等}/R_{等}$ 越大，则表示壁厚或膛越小，结构物越坚固。

对于非圆筒形结构物，采用等效内径和等效厚度的概念，令：

$$R_{等}=(S_R/\pi)^{1/2}$$

$$\delta_{等}=R_{等}[(1+S_\delta/S_R)^{1/2}-1]$$

式中　$R_{等}$，$\delta_{等}$——等效内径和等效壁厚，m；

　　　$S_R$——通过药包中心结构物内空间的水平截面积，m²；

　　　$S_\delta$——通过药包中心结构物壁体的水平截面积，m²[1]。

简化冲量准则公式药量计算结果见表 2。

表 2　简化冲量准则公式药量计算结果
Table 2　Simplified formulate for calculating the impulse formula

| 计算项目 | 拱肋 | 系梁 |
|---|---|---|
| 构件总面积 $S_总/m^2$ | 1.6934 | 2.4 |
| 空腔面积 $S_R/m^2$ | 0.724 | 1.155 |
| 壁体面积 $S_\delta/m^2$ | 09694 | 1.245 |
| 等效内径 $R_{等}/m$ | 0.48 | 0.606 |
| 等效壁厚 $\delta_{等}/m$ | 0.254 | 0.268 |
| 坚固性系数 $K_2$ | 1.311 | 1.249 |
| 药量系数 $K$ | 10 | 10 |
| 单组炸药（TNT）量 $Q/kg$ | 0.616 | 0.873 |

### 4.2.2　考虑结构物截面积的药量计算

考虑结构物截面积的药量计算见式（2）：

$$Q=K_cK_eS \tag{2}$$

药量计算结果见表 3。

表 3　药量计算结果
Table 3　Calculation results of the drug dosage

| 计算项目 | 拱肋 | 系梁 |
|---|---|---|
| 钢筋混凝土 $K_c$ | 0.35 | 0.35 |
| 炸药换算系数 $K_e$ | 1.1 | 1.1 |
| 结构物周壁水平截面积 $S/m^2$ | 0.97 | 1.245 |
| 单组炸药（TNT）量 $Q/kg$ | 0.373 | 0.479 |

### 4.2.3 考虑结构物形状尺寸的药量计算

考虑结构物形状尺寸的药量计算见式（3）：

$$Q = K_b K_c K_d K_e \delta BL \tag{3}$$

药量计算结果见表4。

**表4 药量计算结果**
**Table 4 Calculation results of the drug dosage**

| 计 算 项 目 | 拱 肋 | 系 梁 |
|---|---|---|
| 与爆破方式方式有关的系数 $K_b$ | 1.0 | 1.0 |
| 与材料材质有关的系数 $K_c$ | 1.0 | 1.0 |
| 结构调整系数 $K_d$ | 1.0 | 1.0 |
| 炸药换算系数 $K_e$ | 1.1 | 1.1 |
| 结构物壁厚 $\delta$ | 0.2 | 0.2 |
| 矩形短边长 $B$ | 0.7 | 0.8 |
| 结构物的高度 $L$ | 1.5 | 2.0 |
| 单组炸药（TNT）量 $Q$/kg | 0.231 | 0.352 |

三种水压爆破药量计算公式见表5。

**表5 各公式计算的水压爆破药量**
**Table 5 Calculation table of wanter pressure blasting quantity calculated by the formula** kg

| 部 位 | 简化冲量准则计算药量公式 | 考虑结构物截面积药量计算公式 | 考虑结构物形状尺寸药量计算公式 |
|---|---|---|---|
| 拱 肋 | 0.616 | 0.373 | 0.231 |
| 系 梁 | 0.873 | 0.479 | 0.352 |

式（1）~式（3）都曾经用于工程实践并得到检验。但由于考虑的因素各不相同，其适用条件也不一样[2]。通过以上计算比较分析，简化冲量准则公式计算的药量最大，而其他两公式计算的药量较小。简化冲量准则公式中考虑了结构的材质、强度、破碎程度、碎块飞掷距离等因素。考虑结构物截面积药量计算公式仅考虑了结构的材料、壁厚，未考虑结构的强度、破碎程度、飞石距离。考虑结构物形状尺寸的药量计算公式仅考虑结构形式、是否封闭口、结构物形状及材料，也未考虑结构物的强度、破碎程度等比较全面的影响因素。但水压爆破桥梁却关系到桥梁爆破的成功率，否则将严重影响爆破效果，影响后续的清渣施工。

在水压爆破拆除工程实践中，简化的冲量准则计算药量公式也得到了较多的运用。综合考虑爆破拆除要求、爆破拆除对象、结构、高标号混凝土等因素，确定采用简化冲量准则公式计算的药量为设计药量。考虑使用的炸药品种为乳化炸药及分层装药形式，最终药量确定为：$1.65 \times 0.616 \times 1.1 = 1.12$ kg、$1.65 \times 0.86 \times 1.1 = 1.56$ kg（装药分成两个以上药包时，药量总和应增加0.65以上）[3]。

### 4.3 水压爆破装药布置与装药结构

拱肋每个爆破切口部位放置两组装药，间隔50cm，每组装药将设计的药量分上下两个药包，每个药包安装一发起爆雷管。

拱肋采用开孔器开 $\phi 80mm$ 孔，由于自拱脚向拱顶为斜坡状，如果不采取措施，拱肋空腔注水至钻孔口部后会漏水。为保证拱肋空腔注满水，首先将拱肋空腔通气孔用堵漏材料封堵，装药孔插入 $\phi 75PVC$ 管后用封堵材料将孔口封堵，然后注水到设计水位。将药包用钢丝固定插入水中，并将导爆管从管内引出。系梁装药结构与拱肋装药方式相同，不插 PVC 管（见图 6 和图 7）。

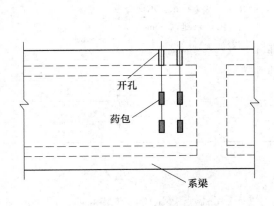

图 6　系梁装药结构示意图
Fig. 6　Sketch map of the strcture of the beam charge

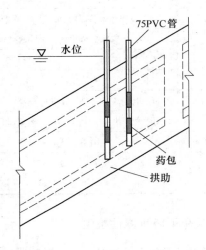

图 7　拱肋装药结构示意图
Fig. 7　Sketch map of the strcture of the arch rib

### 4.4　桥梁承载力安全校核

为减少后期清渣难度及清渣量，爆破施工前对上部结构的防撞护栏、人行道板桥面铺装层进行预拆除，拆除总质量约 838t。向系梁、拱肋箱梁空腔内注水约 200t，远小于预拆除结构质量。此校核为静载校核，考虑桥梁设计时的动载系数 $K_d = 1.1$ 和安全系数 $K_s = 1.7$，预拆除注水后桥梁结构可以保证为安全状态。

## 5　起爆网路设计

### 5.1　起爆器材选择

为避免在施工过程中杂散电流的作用导致误爆、早爆事故，减小一次起爆药量，起爆器材全部采用非电导爆管雷管。

### 5.2　起爆延时分段设计

起爆采取接力式起爆网路，孔内统一使用 Ms15（延迟时间 880ms）高段别导爆雷管做起爆元件，孔外使用不同段别的导爆管雷管做传爆元件实施接力式起爆。大区间使用 Ms5（延迟时间 110ms）段别在主传爆线路上传爆，小区间使用 Ms3 在小区网路上传爆。大桥的整体起爆从中间向两侧逐步起爆，小区的传爆从下游方向向上游方向传爆，确保爆破后桥体平稳塌落解体。起爆共分 12 个区段，各段延时时间见表 6。

表6 起爆分段及延期时间
Table 6 Blasting fragmentation and delay time

| 区段号 | 爆破部位 | 孔外传爆雷管 | 延期时间/ms |
|---|---|---|---|
| 1 | 5节、6节纵梁,5号横梁 | 起爆大区段用Ms5(延时110ms)接力传爆;小区段内使用Ms3(延时50ms)接力传爆 | 0 |
| 2 | 4节、7节纵梁,4号、6号横梁 | | 110 |
| 3 | 5节、6节拱肋,风撑 | | 160 |
| 4 | 3节、8节纵梁,3号、7号横梁 | | 220 |
| 5 | 4节、7节拱肋,0号墩一组 | | 280 |
| 6 | 2节、9节纵梁,2号、8号横梁,0号墩二组 | | 330 |
| 7 | 3节、8节拱肋,0号墩三组 | | 380 |
| 8 | 1节、10节纵梁,1号、9号横梁,0号墩四组 | | 440 |
| 9 | 2号、9号拱肋,0号、10号横梁,1号墩一组 | | 490 |
| 10 | 1号、10号拱肋,1号墩二组 | | 550 |
| 11 | 1号墩三组 | | 600 |
| 12 | 1号墩四组 | | 660 |

## 5.3 起爆网路可靠性检验

按爆破安全规程要求,应对爆破器材和设计的爆破网路做起爆试验。在装药前按起爆网路器材的10%做试爆,试爆网路的连接按起爆网路的设置方式严格实施,以检验爆破器材的性能和起爆网路的可靠性。

## 6 爆破安全设计与防护

### 6.1 爆破振动控制

根据周边环境和安全技术要求采用萨道夫斯基公式校核。根据北侧桥墩装药量级起爆网路分段设计,1号桥墩单墩药量21.5kg,分四组,每组起爆药量5.375kg,装药部位距旧民房距离 $R = 15m$。$K' = 0.28$,$K = 116$,$\alpha = 1.57$[4]。

$$v = K'K(Q^{1/3}/R)^{\alpha} \tag{4}$$

经计算校核,爆破振动速度 $v = 1.115 \text{cm/s}$。计算结果小于《爆破安全规程》规定的安全允许振动速度值。

爆破时在距桥梁最近处旧民房设置测振点,振动速度峰值为 $0.926 \text{cm/s}$。

### 6.2 塌落振动控制

由于公路桥为大型构筑物,爆破使其塌落时会对地面产生冲击振动。根据中国科学院力学研究所提供的经验公式,建筑物塌落触地振动速度可按式(5)计算:

$$v_t = K_t [(mgH/\sigma)^{1/3}/R]^{\beta} \tag{5}$$

该构筑物通过分区(每跨间隔450ms起爆时差)起爆后,最大触地部分的建筑物质量约300t,重心高度为12m,距重心高度落点处距被保护对象的最小距离约25m,依据此数据计算振动速度得：$v_t = 1.27 \text{cm/s}$。

计算结果小于《爆破安全规程》规定的安全允许振动速度值。

## 6.3 飞石控制

在拆除控制爆破无防护条件下，个别飞石的最大飞散距离按经验公式：

$$S = k_f q d \tag{6}$$

经计算校核 $S = 69 \text{m}$。

根据无防护条件下个别飞石最大飞散距离估算结果以及周边环境实际情况，对爆破飞石采取加强防护技术措施。主要的防护措施有：对于边跨爆破部位包裹三层草帘，加两层钢丝网，外包密目安全网一层，其他跨包裹两层草帘，加一层钢丝网和密目安全网。

桥墩和腹拱墩外侧防护与边跨相同。个别飞散物的飞散距离不会大于 50m。

爆破时经测量，个别飞散物最大飞散距离约 40m，且主要飞散方向为河道方向，对周围建筑物没有造成任何危害。

## 6.4 警戒范围确定

根据本次现场环境、爆破参数设计及防护措施，确定警戒范围为：陆上距桥头 200m。水上距桥体 500m；岸滩距水面 3m 高范围为警戒范围，警戒范围内的所有人员和车辆、船舶要离开该区域。爆破前对警戒范围内的道路实施交通管制，疏散人员和车辆。

# 7 爆破效果与体会

起爆后，桥梁按设计失稳坍塌，爆破振动、塌落振动符合爆破安全规程允许标准，破碎满足后续清渣外运施工要求（见图 8 和图 9）。

图 8 爆破后照片　　　　图 9 拱肋装药结构照片

Fig. 8 Post blasting photos　　Fig. 9 Photo of the strcture of the arch rib

由于桥梁所处位置、结构、构件混凝土强度较高的特殊性以及业主的要求，爆破选择了水压爆破结合钻孔爆破方式。在水压爆破药量计算时选择了多种计算方法进行比较分析，最终确定爆破药量，比较符合工程实际。针对桥梁结构特点，施工时选择开孔器抽芯钻孔。为保证箱梁空腔注水后不漏水，保证爆破效果，采用插入大直径 PVC 管确保管顶高于空腔注水最高水位，同时采用堵漏王对箱梁通气孔进行封堵，取得了较好的效果。在周边环境复杂时，通过科学设计合理确定起爆网路，采取加强的防护措施可以控制个别飞散物飞散距离，确保周边环境及人员安全。

## 参 考 文 献

[1] 汪旭光，郑炳旭，张正忠，等. 爆破手册[M]. 北京：冶金工业出版社，2010：765-767.
[2] 张云鹏，甘德清，郑瑞春. 拆除爆破[M]. 北京：冶金工业出版社，2002：105-114.
[3] 汪旭光，郑炳旭，张正忠，等. 爆破手册[M]. 北京：冶金工业出版社，2010：718.
[4] 汪旭光，于亚伦. 拆除爆破理论与工程实践[M]. 北京：人民交通出版社，2008：103.

# 复杂环境下 150m 钢筋混凝土烟囱定向爆破拆除

徐鹏飞  刘殿书  李胜林

（中国矿业大学（北京）力学与建筑工程学院，北京，100083）

**摘 要**：本文针对烟囱结构特点和周边环境情况，通过选择可行的爆破方案、合理的爆破参数和有效的安全防护措施，成功对150m钢筋混凝土烟囱实施拆除并利用LS-DYNA有限元分析软件对钢筋混凝土烟囱定向倒塌过程进行了数值模拟，数值模拟结果与实际倒塌过程基本吻合，证实了本文选取的计算模型和计算参数的合理性与正确性。

**关键词**：钢筋混凝土烟囱；爆破拆除；安全防护；数值模拟

## Directional Blasting Demolition of a 150m Reinforced Concrete Chimney in Complex Environment

Xu Pengfei  Liu Dianshu  Li Shenglin

（China University of Mining & Technology（Beijing），Department of Mechanical and Civil Engineering，Beijing，100083）

**Abstract**: Based on the characteristics of chimney structure and the surrounding environment, a 150m reinforced concrete chimney was demolished successfully by selecting feasible blasting program, reasonable blasting parameters and effective safety protection measures. Meanwhile, the directional collapse process of chimney was simulated by using finite element analysis software LS-DYNA. The results show that the numerical simulation results are in agreement with the actual collapse process which proves the rationality and correctness of the selected calculation parameters and calculation model.

**Keywords**: reinforced concrete chimney; blasting demolition; safety protection; numerical simulation

## 1 工程概况

为加快实施"上大压小"，需要对北京京丰热电有限责任公司一座150m高烟囱进行爆破拆除。

### 1.1 周围环境

烟囱东侧距电厂办公楼55m；北侧距新建厂房35m；西侧距主厂房72m；南侧距综合水泵房115m；距通风机动冷却塔159m；西南方距余热锅炉157m；距地下循环水管道163m；东北侧距输煤楼142m；周边环境示意图如图1所示。

---

作者信息：徐鹏飞，博士，xpfbjkd@126.com。

## 1.2 烟囱结构

待拆钢筋混凝土烟囱高150m，混凝土标号C30，底部外径为7.8m，+15m处筒体外径为6.6m，+20m处外径为6.2m，+25m处外径为6.0m，顶部筒体外径为2.25m，0～+15m位置筒体壁厚为0.4m，+20～+25m位置筒体壁厚为0.36m，+25～+150m位置筒体壁厚0.35m。

烟囱底部南北方向各有一个出灰口，尺寸为1.8m×2.4m，距离地面标高5.2m处，东西方向各有一个烟道口，尺寸为3.6m×6.3m，烟道口上边距地面11.5m。筒体内部距离地面5.2m处有一钢筋混凝土平台，平台有4根截面650mm×400mm的梁，梁由4根600mm×600mm立柱支撑。钢筋混凝土烟囱重约3865.3t（不含混凝土砌块和岩棉），重心距地面约58m。

烟囱系双层布筋，筒壁外层钢筋为$\phi 18mm$，内层钢筋为$\phi 12mm$，外层环向钢筋为$\phi 14mm$，内层环向钢筋为$\phi 12mm$，布筋间距150mm。

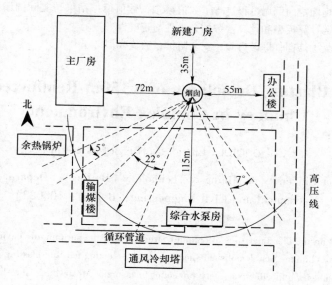

图1 周边环境示意图
Fig.1 Scheme of surroundings

## 2 爆破方案与参数设计

### 2.1 爆破拆除方案

根据烟囱周边环境情况，结合其自身结构特征，并考虑施工工期、施工难度，经综合分析折叠爆破方案与定向倾倒爆破方案的优缺点，最终决定选择定向倾倒控制爆破拆除方案。

### 2.2 倒塌方向选择

如图1所示，烟囱倒塌方向选择有三种可能：
（1）烟囱倒向西侧输煤楼与余热锅炉之间。
（2）烟囱倒向东侧综合水泵房与东边厂区路之间。
（3）烟囱倒向输煤楼与综合水泵房之间。

由于输煤楼与余热锅炉之间仅有5°夹角，范围太小，准确定向技术难度大；东侧综合水泵房与东边厂区路之间也只有7°夹角,倒塌范围也很有限,且东侧有高压线通过,难以控制;而在输煤楼与综合水泵房之间有22°的夹角范围可供倒塌。因此,按照此范围中线确定倒塌方向为西偏南57°,如图1所示。

## 2.3 爆破切口设计

### 2.3.1 切口位置选择

切口位置的选择有两种方案:

方案1:爆破切口布设在烟道口以上,距离烟囱底部15m以上。优点是可以避开烟道口、出灰口对烟囱定向的影响,同时满足场地要求;缺点是需搭设脚手架,成本增加;作业强度增加,增加施工工期,不利于工期控制;高空作业安全隐患多,施工难度大,切口精准度难以控制;高位切口爆破飞石防护难度加大。

方案2:爆破切口布设在烟囱底部。优点是施工方便,避免了高空作业所带来的不利因素。缺点是需对出灰口进行对称处理以及处理烟囱内部立柱和平台。

综合考虑,选择爆破切口位置布设在烟囱底部为最佳。

### 2.3.2 切口尺寸

根据烟囱自身结构情况,并根据钢筋混凝土烟囱爆破拆除的工程实践经验,决定采用正梯形爆破切口形式。切口对应的圆心角选取216°,实测切口圆心角219.84°,切口破坏高度最大为5m。经计算,+0.5m处理论切口圆心角所对应的弧长为29.3m,保留区的弧长为19.5m,3.5~4.4m弧长为23.8m。定向窗夹角47.5°,底边长2.75m,高3m。由于南侧出灰口已在切口范围内,为了对称性并减少爆破钻孔作业,将南侧出灰口尺寸扩大到3m×3.5m,在切口轴线对称方向上对称开设一个同样大小的窗口作为减荷窗。切口布置及尺寸如图2所示。

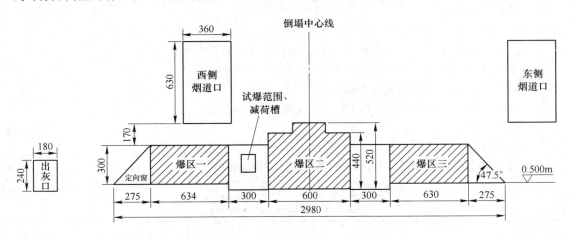

图2 爆破切口展开图

Fig. 2 Unfolded map of blasting cut

## 2.4 预处理

(1) 烟囱底部内外附属构件预拆除。烟囱底部外附属构件主要有设备及管线、爬梯、接地线等;烟囱内部主要为隔墙。烟囱外附属构件和内部附属构件都应拆除。

(2) 定向窗、减荷槽的预开设。为了利于烟囱精确定向倒塌,减少钻孔作业量,沿倒塌中心线对称开设减荷槽和定向窗。

(3) 烟囱北部出灰口封堵。提前10d用高标号水泥砂浆和红砖密实砌筑，砌筑时壁外部超出半边砖，内壁凹入半砖。

## 2.5 爆破参数与爆破网路设计

### 2.5.1 筒壁爆破参数

(1) 炮孔深：$L=(0.65\sim0.68)\delta$，壁厚400mm处取270mm，壁厚增大，孔深也应相应增大。

(2) 孔间距：$a=(0.85\sim0.90)L=270$mm，实取250mm。

(3) 排间距：$b$取300mm。

(4) 炸药单耗：$q=1600\sim3300$g/m³，底部孔取高单耗，上部孔取低单耗。

(5) 单孔装药量：$Q=qab\delta$，爆破前进行试爆确定最终爆破药量。

### 2.5.2 立柱平台爆破参数

对支撑平台的4根立柱和4根井字梁进行钻孔爆破，立柱截面600mm×600mm，梁截面650mm×400mm。

#### 2.5.2.1 立柱炮孔参数

立柱布单排孔，每柱10个孔。

最小抵抗线：$W=1/2B$（取柱厚度的1/2）实取300mm；

孔距：$a=1.3W$，实取400mm；

孔深：$L=2/3C$（取梁柱宽度的2/3），实取400mm；

单耗：$q=1000\sim1500$g/m³，考虑立柱在上下两端箍筋加密一倍，设计两端各两个孔单孔150g，其余孔100g。

#### 2.5.2.2 梁炮孔参数

梁水平布单排孔，立柱外侧各10个孔，立柱之间部分8个孔。

最小抵抗线：$W=1/2B$（取柱厚度的1/2），实取325mm；

孔距：$a=1.25W$，取值$a=40$cm；

孔深：$L=2/3C$（取梁柱宽度的2/3），实取270mm；

单耗：$q=1000\sim1500$g/m³；

单孔药量：$Q=100$g。

炮孔采用梅花形布置，每个炮孔采用单个药包，爆破参数见表1。

表1 爆破参数

Table 1 Blasting parameters

| 爆破部位 | 孔深/mm | 孔距/mm | 抵抗线/mm | 排距/mm | 炸药单耗/g·m⁻³ | 单孔装药量/g |
|---|---|---|---|---|---|---|
| 筒 壁 | 270 | 250 | 150 | 300 | 1600~3300 | 48~100 |
| 立柱平台 | 400 | 400 | 300 | 单 排 | 1000~1500 | 100 |
| 梁 | 270 | 400 | 325 | 单 排 | 1000~1500 | 100 |

注：筒壁底部取高单耗，上部孔取低单耗。

根据电厂环境条件，采用非电导爆管大把抓传爆网路。筒壁分三个爆区，每区按20根导爆管雷管为一簇大把抓，一簇大把抓用两发Ms3段雷管激发，二级大把抓采用两发Ms3段激发雷管。

## 3 爆破危害效应及预防措施

### 3.1 爆破振动

烟囱爆破振动可根据《爆破安全规程》中的萨道夫斯基公式进行校核[1]：

$$v = K(Q^{1/3}/R_1)^\alpha \tag{1}$$

式中，$v$ 为允许质点爆破振动速度，cm/s；$K$、$\alpha$ 为地质、地层系数，分别取 $K=50$，$\alpha=1.5$；$Q$ 为一次最大起爆药量，此次爆破最大的一次起爆药量约为20kg；$R_1$ 为距爆源中心的距离，取爆点与新建厂房的距离，$R_1=35$m；将有关数据代入式（1）可得 $v=1.08$cm/s。因此，爆破振动在爆破安全规程允许范围内，不会造成安全危害。

### 3.2 塌落振动

烟囱塌落触地振动采用《爆破安全规程实施手册》[2]中给出的式（2）进行校核：

$$v_t = K_t[(mgH/\sigma)^{1/3}/R_2]^\beta \tag{2}$$

式中，$v_t$ 为爆破目标塌落触地振动速度，cm/s；$K_t$ 为衰减系数，一般取3.37；$\sigma$ 为地面介质的破坏强度，MPa，取 $\sigma=10$MPa；$\beta$ 为衰减系数，$\beta=1.66$；$R_2$ 为观测点至撞击中心的距离，m；$m$ 为爆破目标倒塌部分的质量，取 $m=1000$t；$H$ 为爆破对象重心高度，$H=58$m。由图1可知，烟囱塌落触地中心点与需被保护建筑物距离最近的是综合水泵房，距离 $R_2$ 约为40m，经计算，烟囱塌落触地所引起的振动速度为3.19cm/s。

大量工程实践数据表明[3]，地面采取减振措施后，塌落振动速度可减小70%。因此，烟囱倒塌触地所引起的振动也是安全的，不会对周边建（构）筑物造成影响。

### 3.3 爆破飞石

爆破飞石与塌落触地造成的二次飞石，是高耸建（构）筑物爆破拆除的主要危害之一，为此，应采取主动防护与被动防护等综合措施加以严格控制，确保爆破安全。

个别飞石的安全距离可按式（3）计算[1]：

$$\begin{cases} v = 20K\left(\dfrac{\sqrt[3]{Q}}{W}\right)^2 \\ S = \dfrac{v^2}{2g} \end{cases} \tag{3}$$

式中，$v$ 为飞石初速度，m/s；$K$ 为系数，取 $K=0.3$；$Q$ 为切口最大单孔装药量，kg，取0.1kg；$W$ 为最小抵抗线，取0.27m；$S$ 为爆破飞石飞散最大距离，m；$g$ 为重力加速度，m/s²。

经计算，在不防护的情况下，切口在炸药爆炸过程中产生的个别爆破飞石飞散的最大距离为16m。爆破个别飞石距离小于被保护建筑物距离。为确保安全，爆破时需应加强防护，将飞石飞散距离控制在最小范围内。

### 3.4 空气冲击波

高大烟囱倒塌触地产生的空气冲击波具有方向集中、强度高的特点，因此，在烟囱倾倒方向应采取必要措施进行防护。

## 3.5 安全技术措施[1~4]

（1）在烟囱倒塌范围内铺设沙土等柔性材料，缓冲烟囱触地的撞击速度，降低触地振动效应，同时，在烟囱倒塌方向每隔10~12m用编织袋装入沙、土、煤灰等材料堆码成一条高1.5~3m、底宽2.0~3.0m的条形缓冲带。

（2）为了降低塌落振动效应，在烟囱与保护对象之间适当开挖减振沟。沟的深度至少2m，沟宽1.5m，沟长由保护对象的长度、距离和烟囱落地点远近确定。

（3）对爆破切口范围内，采用3层草帘、2层钢丝网贴近防护，外加多层尼龙网缓冲防护。

（4）为防止烟囱爆破飞散物对保护对象造成危害，对水泵房采用脚手架做围挡，并挂设草帘与铁丝网进行防护，对冷却塔表面、余热锅炉窗户挂设草帘与铁丝网进行防护。

## 4 爆破效果及结论

### 4.1 实际效果与模拟效果对比

起爆后约2s烟囱按照预定方向倒塌，整个倒塌过程经历13s，实际倒塌部分过程如图3所示。整个爆破过程未对周边建（构）筑物、设备设施及管道造成危害，爆破达到了预期爆破效果。经爆破后对现场进行勘察发现，烟囱倒塌方向稍微偏东，分析原因可能是由于在实际施

图3 实际倒塌过程
(a) 4s; (b) 7s; (c) 11s; (d) 12s
Fig. 3 Actually collapse process

工中西侧定向窗角度较东侧偏小，使得烟囱倒向偏东。

为了验证爆破方案的合理性与正确性，选取 MAT96 材料模型利用 DYNA 按照烟囱实际结构尺寸建立整体有限元模型，对烟囱定向倒塌过程进行数值模拟，烟囱数值模拟倒塌完成时间为 12s，烟囱部分倒塌过程如图 4 所示。对比图 3 和图 4 可以看出，数值模拟结果与实际过程基本相同，说明本文选取的计算参数和模型能够预测烟囱爆破拆除过程。

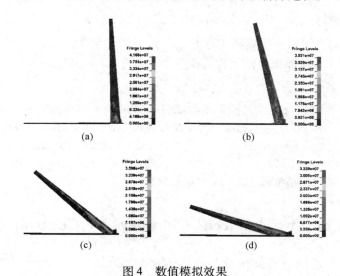

图 4　数值模拟效果
(a) 4s；(b) 7s；(c) 10s；(d) 11s
Fig. 4　Numerical simulation effect

## 4.2　结论

（1）施工前，应做到对切口圆心角、倾倒中心线位置、定向窗尺寸和角度进行复核，确保无误后再进行施工。

（2）烟囱在施工过程中，两侧开设的定向窗角度、大小和尺寸要保持一致，定向窗角度和切口圆心角不宜过大。

（3）高大烟囱采用一次定向倾倒爆破方案实施拆除时，由于烟囱高度大、质量重，塌落触地振动及空气冲击波危害较大，应选取沙、土和煤灰等柔性材料作为缓冲垫层，对倒塌区域内的建筑废料应当清除或采用缓冲材料进行一定厚度的覆盖，避免触地飞石飞溅。

## 参 考 文 献

[1] 中国工程爆破协会. GB 6722—2014 爆破安全规程[S]. 北京：中国标准出版社，2014.
[2] 汪旭光，于亚伦，刘殿中. 爆破安全规程实施手册[M]. 北京：人民交通出版社，2010.
[3] 周家汉. 爆破拆除塌落振动速度计算公式的讨论[J]. 工程爆破，2009，15(1)：1-4.
[4] 褚怀保，乔俊凤，张英，等. 180m 高钢筋混凝土烟囱三段单向控制爆破拆除[J]. 工程爆破，2010，16(4)：61-63.

# 相邻两座砖烟囱定向爆破拆除

章东耀[1]　罗伟[2]　张福炀[1]　孟国良[1]　金勇[1]　吴进东[1]

（1. 绍兴安盛爆破工程有限公司，浙江 绍兴，312000；
2. 深圳市地健工程有限公司，广东 深圳，518040）

**摘　要**：采用控制爆破，成功同时拆除两座相距4m、高度相差17m的烟囱。详细介绍了爆破工程的环境条件、结构特征、内衬处理方法、爆破参数选择、起爆网路设计及防护措施；工程实践表明，爆破法处理内衬效果良好，安全防护措施恰当，达到了良好的拆除效果，可为今后烟囱施工提供参考。

**关键词**：拆除爆破；定向倾倒；预拆除；爆破参数

## Demolition of Two Adjacent Chimneys by Controlled Blasting

Zhang Dongyao[1]　Luo Wei[2]　Zhang Fuyang[1]
Meng Guoliang[1]　Jin Yong[1]　Wu Jindong[1]

(1. Shaoxing Ansheng Blasting Engineering Co., Ltd., Zhejiang Shaoxing, 312000;
2. Shenzhen Dijian Engineering Co., Ltd., Guangdong Shenzhen, 518040)

**Abstract**: Two adjacent chimneys with a distance of 4m and a height difference of 17 m were successfully demolished by means of controlled blasting. This paper introduces the surrounding environment, structure characteristics, chimney lining treatment method, blasting parameters, blasting network design and protective measures. Engineering practices show that the effect of chimney lining treatment method by blasting was good, the security protection measures were appropriate. The blasting postures were perfect. It could provide same reference for the future chimney construction.

**Keywords**: controlled blasting; directional collapse; pretreatment; blasting parameters

## 1　工程概况

待拆除的两座烟囱位于绍兴县兰亭镇。其中1号待爆破拆除烟囱高度约35m，直径2.5m，壁厚37cm，内部有一层耐火砖内衬；2号待爆破拆除烟囱高度约52m，直径3.5m，壁厚60cm，无内衬；两座烟囱烟道位于圈梁以下。两座烟囱相距约4m，其中1号烟囱与南侧保留钢烟囱约5m。烟囱东侧距热力管道5m，距东侧较远厂房约50m，烟囱西面为山体；北面距离厂内自用配电室（废弃）约10m，距离楼房约47m；南东面距离厂房约34m；正南面距厂房约150m。需要保留周边设施，一次性爆破拆除，爆破环境较复杂（见图1）。

---

作者信息：章东耀，高级工程师，793547803@qq.com。

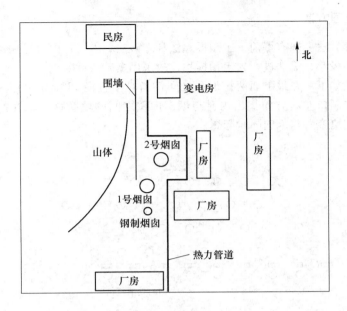

图 1 环境示意图

Fig. 1 Schematic diagram of surrounding environment

## 2 爆破方案选择

根据烟囱结构特征及周围环境条件等情况，确定选用定向倾倒控制爆破技术予以拆除，从现场环境的勘察，均选取向西南60°空地倒塌。

## 3 爆破拆除技术设计

### 3.1 爆破切口设计

根据建筑物失稳倾倒机理可知，爆破切口是影响结构失稳倾倒的关键因素之一[1,2]。一般认为，切口形状在烟囱初始倾倒阶段具有辅助支撑、准确定向、防止折断和后坐，以及使得倾倒过程准确、平稳的作用。所以爆破切口的设计是整个烟囱爆破拆除的核心内容。

3.1.1 切口的设计原则

爆破切口大小高低、位置是烟囱能否按设计方案顺利倒塌的重要保证。切口按照下述原则设计：

(1) 切口大小应满足爆破后，烟囱能在自身重力作用下，顺利按照设计方向倒塌。

(2) 切口设计必须保证爆破后，烟囱全部落地即倒塌而不是坐且不塌。

(3) 切口自身拆除量少，能创造良好的防护条件，落地后破碎效果好，塔身堆积高度低，以利于清渣。

3.1.2 爆破切口的形状

在烟囱爆破拆除中，常用的爆破切口有正梯形、倒梯形、矩形、三角形、复合型切口等形式[3~6]。根据实际经验和现场的情况，决定采用正梯形切口形式，爆破后一次成型，不开设定向窗。

## 3.2 烟囱内衬处理方法

烟囱内衬处理方法一般有爆前人工预拆除法和爆破法,本工程内1号烟囱有内衬,由于烟囱的直径和烟道均较小,无法进行人工预拆除,故采用爆破法拆除。

采用具体方案如下:在最下面两排炮孔之间钻凿6个直径130mm大孔,钻孔深度与壁厚一致,然后人工在洞口左右方向掏出内衬与烟囱内壁之间的填塞物,以放置两支炸药容积为宜,装药后用炮泥堵塞,与烟囱同时起爆。

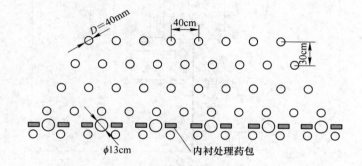

图2　1号烟囱炮孔布置及内衬处理药包示意图
Fig. 2　Sketch of first chimney hole and lining treatment charge layout

## 3.3 爆破参数选择[4~6]

两座烟囱壁厚分别为 $\delta_1 = 0.37$m, $\delta_2 = 0.60$m。

(1) 最小抵抗线 $W$:

1号烟囱: $W_1 = \frac{1}{2}\delta_1 = \frac{1}{2} \times 0.37 = 0.185$m;

2号烟囱: $W_2 = \frac{1}{2}\delta_2 = \frac{1}{2} \times 0.60 = 0.30$m。

(2) 炮孔眼距 $a$,排距 $b$:

1号烟囱:实际取 $a = 0.40$m, $b = 0.30$m;

2号烟囱:实际取 $a = 0.50$m, $b = 0.30$m。

(3) 炮孔孔深 $L$:

1号烟囱: $L_1 = 0.7\delta_1 = 0.7 \times 0.37 = 0.26$m;

2号烟囱: $L_2 = 0.7\delta_2 = 0.7 \times 0.60 = 0.42$m。

(4) 单孔装药量 $q$:

1号烟囱: $q_1 = ka_1b_1\delta_1$,根据经验取 $k = 900$g/m³,则 $q_1 = 900 \times 0.4 \times 0.30 \times 0.37 = 39.96$g,取40g;

2号烟囱: $q_2 = ka_2b_2\delta_2$,根据经验取 $k = 900$g/m³,则 $q_2 = 900 \times 0.5 \times 0.3 \times 0.6 = 81$g,取80g。

(5) 爆破切口高度 $h$、切口长度 $\phi$:

1号烟囱: $h_1 = 1.2$m, $\phi_1 = \frac{216}{360} \times C_1 = 0.6 \times 7.85 = 4.7$m,取4.40m;

2 号烟囱:$h_2 = 1.2 \text{m}$,$\phi_1 = \frac{230}{360} \times C_2 = 6.60 \text{m}$,取 $6.50 \text{m}$。

(6) 总药量 $Q$:

1 号烟囱:$Q_1 = q_1 \times 55 + 4.8 = 0.04 \times 55 + 4.8 = 7.0 \text{kg}$;

2 号烟囱:$Q_2 = q_2 \times 70 = 0.080 \times 70 = 5.60 \text{kg}$。

总药量 $Q = 11.6 \text{kg}$。

## 4 炮孔布置及装药要求

在切口范围内炮孔由烟囱表面向内水平打眼,按梅花眼布孔,烟囱打 5 排孔。炮孔装药后剩余部分用炮泥全部填塞。爆破切口及炮眼布置如图 3 和图 4 所示。现场装药结构如图 5 所示。

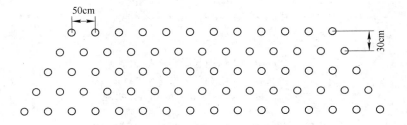

图 3  2 号烟囱炮孔布置示意图

Fig. 3  Sketch of second chimney hole layout

## 5 爆破网路设计

本次爆破采用非电导爆管复式网路,选用同厂同批次 3 段、4 段非电毫秒导爆管雷管,采用高压脉冲激发器击发起爆。采用簇联的方式引爆,网路分区如图 5 所示。两个烟囱之间用 4 段延期雷管连接,两者起爆时间间隔 75ms。整个网路分区采用上下凹凸形式分区,这样有利于控制倒塌方向,使烟囱安全倒塌。

## 6 安全核算及防护措施

### 6.1 爆破振动强度

根据《爆破安全规程》(GB 6722—2014)确定的公式[7]:

图 4  现场装药图片

Fig. 4  Picture of charge worksite

$$v = KK'\left(\frac{\sqrt[3]{Q}}{R}\right)^{\alpha} \tag{1}$$

式中  $R$——爆破振动安全距离,m;

$K$——与地震波传播途径有关的地形、地质等条件的系数;

$K'$——修正系数;

$v$——安全允许振动速度,cm/s;

$\alpha$——爆破衰减指数;

$Q$——一次所允许起爆的最大装药量或毫秒延时起爆时的单段最大装药量,kg。

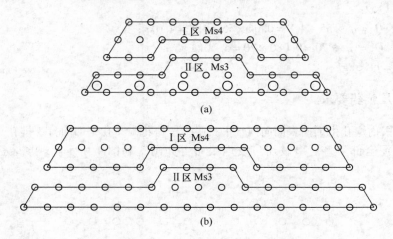

图 5　烟囱起爆网路图
（a）1号烟囱；（b）2号烟囱
Fig. 5　Chimney detonating network diagram

此次烟囱爆破，防振动保护物为废弃配电房，取 $K = 100$, $K' = 0.25$, $\alpha = 1.5$, $R = 10\mathrm{m}$, 最大单响药量为 4.8kg。

代入式（1）有：烟囱 $v_1 = 1.73 \mathrm{cm/s}$。

通过计算，爆破时振动速度低于 2cm/s，故此范围内建筑物安全。

## 6.2　落地冲击振动

待爆破烟囱高度不同，2号烟囱的高度和质量均较大，按照最不利条件计算，整体倒地塌落振动速度，根据公式[8]计算：

$$v_1 = K_t \left[ \frac{R}{(mgH/\sigma)^{1/3}} \right]^{\beta} \tag{2}$$

取 $m = 800\mathrm{t}$, $H = 52\mathrm{m}$, $g = 9.8\mathrm{m^2/s}$, $\sigma = 10\mathrm{MPa}$, $R = 30\mathrm{m}$, $K_t$、$\beta$ 分别为塌落振动速度衰减系数和指数，$K_t = 3.37 \sim 4.09$, $\beta = -1.80 \sim -1.66$。当采取开挖减振沟、垒筑土墙防振坝等防振措施时，$K_t$ 可减小到原值的 1/3～1/2，取 $K_t = 1.13$, $\beta = -1.66$。

带入相关数据得 $v = 1.3 \mathrm{cm/s}$。烟囱塌落引起的振动未超过塌落地点附近厂房及其他保护对象的允许值。为了降低建筑物塌落振动，结合现场实际情况，倒塌方向地面有一个废弃水污水处理池，利用水池的网格结构和表面的盖板，起到减弱爆破塌落振动强度的作用。

## 6.3　空气冲击波安全距离计算

根据露天裸露爆破时，一次爆破的炸药量不得大于 20kg，空气冲击波安全距离计算公式：$R_k = 25 \times \sqrt[3]{Q_\text{总}}$。代入公式有：烟囱 $R_{k1} = 47.8\mathrm{m}$。爆破过程中，所有人员及设备均撤离至 150m 以外。

## 6.4 爆破飞石安全距离计算

根据文献[9],爆破飞石安全距离经验计算公式:$S_飞=v^2/g$,其中 $v$ 为飞石初始飞行速度,控制爆破中当爆破作用指数为1时,$v$ 取 20m/s。经计算 $S_飞$ 为 40m。

## 6.5 防护措施

本工程中,主要的有害效应为爆破振动和飞石。爆破振动主要通过控制一次爆破药量及两座烟囱之间的延时时间,本次爆破两座烟囱之间的延期时间为 75ms,并且倒塌方向利用已有网格状的废弃水池,起到了缓冲作用。

针对爆破飞石,1号烟囱由于处理内衬的单个药包药量较大,对下面三排炮孔重点防护,对大孔先用炮泥堵塞密实,然后采用高强度橡胶传输带包裹一层,最后整体用竹排覆盖防护,同时用八号铁丝捆牢固。2号烟囱采用竹排直接覆盖防护,如图6所示。

图 6 现场防护措施图

Fig. 6 Picture of worksite chimney security protection measures

(a)　　　　　　　　　(b)

(c)

图 7  爆破效果图
（a）起爆前；（b）1 号烟囱触地倒塌瞬间；（c）2 号烟囱触地倒塌瞬间
Fig. 7  Blasting effects

## 7 结语

起爆后，两座烟囱在 6~7s 内按照预定方向和顺序倒塌解体，接触地面瞬间，地面溅起物均散落在安全范围内，倒塌过程如图 7 所示。由于 2 号烟囱结构上有裂缝，底部 30m 左右在空中倾斜倒塌过程中开始解体，随后触地倒塌后完全解体，破碎效果较均匀，达到预计目标。

1 号烟囱通过在外部钻取大直径炮孔，将药包布置在内衬与墙体之间的爆炸法处理内衬，达到了良好的效果。

整个烟囱网路分区采用上下凹凸形布置，爆破后烟囱倒塌方向定向准确，烟囱倒塌过程不产生后坐，是一种合理的网路设计方案。

## 参 考 文 献

[1] 杨仁华. 高耸钢筋混凝土烟囱的爆破拆除三例[J]. 爆破，2003，20(3)：50-52.
[2] 谢先启，贾永胜，罗启军，等. 双向折叠爆破 100m 钢筋砼烟囱[J]. 爆破，2004，21(3)：50-55.
[3] 汪旭光，中国工程爆破协会. 爆破设计与施工[M]. 北京：冶金工业出版社，2011.
[4] 唐小再，蒋跃飞. 多裂缝倾斜砖烟囱爆破拆除[J]. 工程爆破，2011，17(2)：63-64.
[5] 翁梅，宋亚林. 烟囱水塔类高耸建筑物拆除技术的理论探讨[J]. 建筑与工程，2010，21：375-376.
[6] 张厚科. 铜陵 110m 高烟囱和 120m 高烟囱爆破拆除[J]. 爆破，2008，25(4)：47-52.
[7] 中国工程爆破协会. 爆破安全规程（GB 6722—2014）[S]. 北京：中国标准出版社，2014.
[8] 周家汉. 爆破拆除塌落振动速度公式的讨论[J]. 工程爆破，2009，15(1)：1-4.
[9] 张云鹏，甘德清，郑瑞春. 拆除爆破[M]. 北京：冶金工业出版社，2002：143-144.

# 210m 钢筋混凝土结构烟囱爆破拆除

余兴春　任少华　杨建春　赵端豪　马世明

（河南富顺实业集团有限公司，河南 郑州，450000）

**摘　要**：针对 210m 高钢筋混凝土烟囱内衬为钢筋混凝土陶泥结构的特征，介绍了烟囱及陶泥混凝土内衬的爆破设计及施工工艺，并对施工经验进行了总结，可为类似工程爆破拆除提供参考。

**关键词**：钢筋混凝土烟囱；陶泥混凝土内衬；拆除爆破

## Blasting Demolition of 210m Reinforced Concrete Structure Chimney

Yu Xingchun　Ren Shaohua　Yang Jianchun　Zhao Duanhao　Ma Shiming

（Henan Fushun Industrial Co., Ltd., Henan Zhengzhou, 450000）

**Abstract**: The characteristics of this 210-meter-high chimney with reinforced clay concrete lining structure are presented in the article. In this article, the demolition blasting design of the chimney, especially the design and construction method of reinforced clay concrete lining blasting, was introduced. The construction experience can provide reference for the similar engineering blasting demolition.

**Keywords**: reinforced concrete chimney; reinforced clay concrete lining; demolition blasting

## 1 工程概况

### 1.1 基本情况

山西神头发电有限责任公司三期（5号、6号机组）为 225MW 火电机组，始建于 1982 年，为了落实国家"节能减排、上大压小"政策，于 2010 年 9 月关停、评估、处置设备、厂房及配套建（构）筑物拆除后，需对 210m 烟囱进行爆破拆除。

### 1.2 工程结构

#### 1.2.1 烟囱结构

拟拆烟囱高 210m，烟囱筒壁由外至内分三层：外层为钢筋混凝土结构，底部直径 19.44m，壁厚 0.70m；18~20m 高度，直径 17.64m，壁厚 0.70m；20~30m 高度，直径 17.44m，壁厚 0.65m；中间保温层为 0.08m 厚的珍珠岩；内层（内衬）为 0.20m 现浇钢筋陶

---

作者信息：余兴春，总工程师，1134979188@qq.com。

泥混凝土。烟道口及出灰口成西南、东北对称分布在烟囱两侧，烟道上沿距地高18m。

### 1.2.2 重点、难点分析

从烟囱结构上看，有以下几个特点，也是设计施工的重点和难点：（1）烟囱体积大、壁厚、质量大。其底部直径19.44m，壁厚（含筒壁、保温层和内衬）大于1m，自重约12000t，爆破时触地振动大，安全防护困难。（2）受烟道口影响，需提高爆破切口位置，即将爆破切口提高到烟道口上边沿（距地面18m），钻爆施工难度大。（3）烟囱筒壁布筋密、直径大、强度高，内衬为钢筋陶泥混凝土结构。烟囱筒壁为内外层布筋（$\phi22mm$）的钢筋混凝土结构，内衬为单层布筋（$\phi12mm$）的陶泥混凝土，抗压及抗弯曲强度高，且爆破切口区内衬不便于钻爆施工，给爆破增加了极大的难度。

## 1.3 工程环境

拟拆除烟囱东边8m处是待拆除厂房，190m是村庄；西偏南45°方向、182m处是保留检修厂；西偏北15°方向、220m处是待拆除的升压站；北面155m处是保留3号、4号机组主厂房。周边环境平面示意图如图1所示。

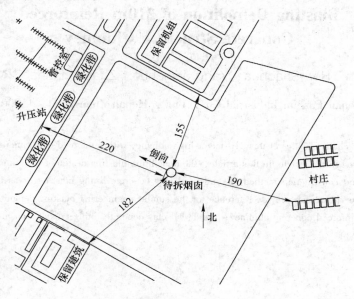

图1 拟拆除烟囱周边环境及爆破倒向图（单位：m）

Fig. 1 Schematic plan of surroundings of chimney and toppling direction (unit：m)

# 2 爆破技术设计

## 2.1 总体爆破方案

### 2.1.1 筒壁

根据烟囱筒壁建筑结构、高度及周边环境情况，决定在24.5m高度（烟道上沿6.5m处）西偏北20°为中心布置爆破切口，使其向西偏北20°方向倾倒。为确保烟囱倒塌方向准确，在切口的两边各开一个定向窗，以倒塌中心线为中心开宽度为1.2m的减荷槽，在减荷槽与定向窗间各开宽度为1.0m的辅助减荷窗口2~3个，以增加爆破效果。

#### 2.1.2 钢筋陶泥混凝土内衬

根据钢筋陶泥混凝土内衬具有韧性好、强度高的特点,采用以下两种方式进行处理:第一,适当加大筒壁钻孔深度和单孔装药量,通过筒壁爆破达到破坏内衬的目的;第二,先对爆破切口内筒壁及内衬进行预拆除(按设计在爆破切口两端开定向窗;沿切口中心线开1.2 m宽中心减荷槽1个,中心减荷槽两侧与定向窗间各开1.0 m宽辅助减荷槽3个),在筒壁与内衬间布置三排水平孔。内衬炮孔布置及装药结构示意图如图2所示。

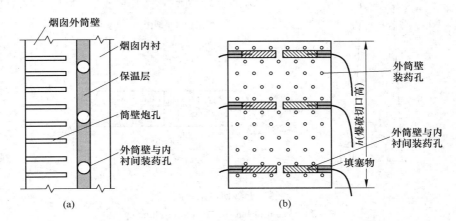

图2 内衬炮孔布置及装药结构示意图
(a)剖面图;(b)正视图
Fig. 2 Sketch of blasting notch and charging for the chimney lining

### 2.2 爆破参数设计

#### 2.2.1 切口形状及位置

(1)切口形状:采用正梯形切口。
(2)切口位置:采用高位切口,布置于烟道上沿6.5 m处,距地面24.5 m,西偏北20°方向。

#### 2.2.2 切口参数设计

(1)切口长度:切口长度按式(1)确定:

$$L = (3/5)\pi D \tag{1}$$

式中,$L$为爆破切口弧长,m;$D$为烟囱切口处外径,m。

(2)切口高度:根据理论和类似工程经验,烟囱爆破切口高度可按式(2)设计确定:

$$H = (1/6 \sim 1/4)D \tag{2}$$

式中,$H$为爆破切口高度,m;$D$为烟囱切口处直径,m。

经计算,并参考类似工程经验,爆破切口参数见表1。

表1 爆破切口参数
Table 1 Parameters of blasting notch

| 切口下沿弧长/m | 预处理后下沿弧长/m | 切口圆心角/(°) | 切口高度/m |
| --- | --- | --- | --- |
| 32.85 | 21.91 | 216 | 4.0 |

切口位置如图3所示。

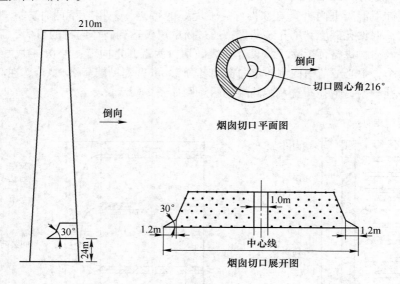

图3　爆破切口示意图
Fig. 3　Sketch of blasting notch for chimney

切口内筒壁钻孔及装药见装药结构示意图如图4所示。

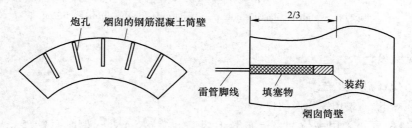

图4　筒壁布孔及装药示意图
Fig. 4　Sketch of chimney wall hole arrangement and charging

#### 2.2.3　孔网参数及装药量设计

（1）筒壁炮孔参数。

1）最小抵抗线：$W = \delta/2$（$W$ 为最小抵抗线；$\delta$ 为烟囱切口位置的壁厚）；

2）排距：$b = (0.85 \sim 0.90)a$；

3）孔深：$L = (0.65 \sim 0.68)\delta$。

（2）筒壁装药量设计。

1）单孔装药量

单孔装药量按式（3）计算：

$$Q = Kab\delta \tag{3}$$

式中，$Q$ 为单孔装药量，g；$K$ 为单位体积炸药消耗量，g/m³，钢筋混凝土壁厚30～50cm时，取1500～2000g/m³，50～70cm时，取1200～1500g/m³；$a$，$b$ 为炮孔间距和排距，m。

筒壁爆破参数见表2。

表2 筒壁爆破参数
Table 2 Parameters of blast hole network and charge weight

| 壁厚/cm | 最小抵抗线/cm | 孔间距/cm | 孔排距/cm | 孔深/cm | 排数 | 单耗/g·m$^{-3}$ | 单孔药量/g |
|---|---|---|---|---|---|---|---|
| 65 | 32.5 | 40 | 35 | 43 | 12 | 1500 | 136.5 |

2) 筒壁总装药量

在爆破切口内，筒壁总炮孔数为624个，总装药量为：$624 \times 136.5 = 85.18$ kg。

(3) 钢筋陶泥混凝土内衬装药量设计。

采用高位切口，受施工条件限制，内衬不便于钻孔爆破施工，采用在筒壁与内衬间的保温层上掏孔，按直列装药设计爆破药量，其装药量可按式（4）计算：

$$C = ABR^2L \tag{4}$$

式中，$C$ 为装药量，kg；$A$ 为材料抗力系数，炸散混凝土、不炸断钢筋取5，炸断部分钢筋取20，本工程取5；$B$ 为填塞系数，无填塞的外部接触爆破取9，有填塞可取 $3 \sim 6$（装药周边有空隙取大值，相反取小值），本工程取6；$R$ 为破坏半径，m，一般取构件厚度，根据要求的破坏范围和程度，亦可稍大或稍少，本工程取内衬壁厚0.2m；$L$ 为直列装药长度，m，本工程取1.1m。

经计算，单个药包质量为1.32kg。

## 2.3 起爆网路设计

针对电厂爆破周围环境感应电流多的特点，决定在此次爆破中采用非电塑料导爆管起爆网路，爆区划分和网路连接方法如下。

### 2.3.1 爆区划分

将切口分成两个区对称延时起爆，即切口中心线减荷槽两侧各两块筒壁孔内装Ms1瞬发非电导爆管雷管；切口两侧靠定向窗四块筒壁孔内装Ms3非电导爆管雷管，延时50ms起爆。为保证爆破切口的连续性、完整性，爆破切口底部三排和顶部三排孔装双雷管起爆。

### 2.3.2 网路连接方式

孔内导爆管采用簇联（"大把抓"）方式形成多个击发点，同一孔的双雷管连接在不同击发点上；为确保击发点准爆，每个击发点用两发Ms1非电导爆管雷管击发点火，之后将各击发点用导爆管、四通连接成复式网路，用击发雷管和传爆雷管（击发雷管和传爆雷管全用瞬发雷管）击发。起爆网路如图5所示。

## 3 爆破安全控制与防护

高烟囱爆破拆除的安全防护重点包括控制倒塌方向、飞石和塌落振动。

### 3.1 倒塌方向控制

复杂环境高耸建筑物爆破，控制好倒塌方向，是决定爆破成功与否的关键，也是安全防护的重点。为了确保烟囱准确按设计方向倒塌，应严把以下技术关：

（1）精心技术设计：首先应根据烟囱结构进行精心的技术设计，包括确定倒塌方向、选

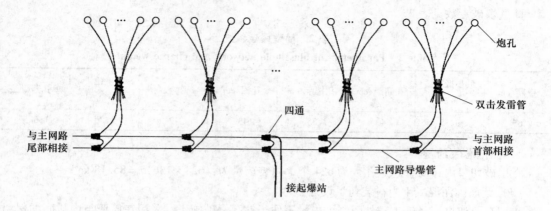

图 5　烟囱起爆网路示意图

Fig. 5　Initiation network of chimney

择切口位置、切口参数（切口形状，切口长、宽，定向窗角度）设计等。

（2）准确测量定位：根据技术设计方案，用全站仪将爆破切口标绘在烟囱上，严格按设计方案施工。

（3）搞好预拆除、控制施工质量：按技术设计开好减荷槽、定向窗，控制好定向窗的角度。

### 3.2　爆破飞石控制

爆破时产生的个别飞石可由式（5）计算：

$$R_{max} = K_T K D g \tag{5}$$

式中，$R_{max}$ 为最大飞石距离，m；$K_T$ 为与爆破方式、填塞长度、地质地形条件有关的系数，厂房等控制爆破 $K_T$ 取 1.2～1.5（钢筋混凝土取大值，砖结构取小值），本工程 $K_T$ 取 1.5；$K$ 为炸药单耗，kg/m³，本工程 $K$ 取 1.5；$D$ 为炮孔直径，mm，本工程取 38mm。

经计算，$R_{max} = 85.5$m。因此，应加强对爆破飞石危害的控制。此次爆破对烟囱筒壁实施两层防护，内层用双层草帘、外层用双层钢网包裹防护，之后用 8 号铁丝固定，防止爆破飞石飞出，如图 6 所示。并根据需要，用架子管、竹笆、建筑防晒网，在烟囱坍塌区域周边的建筑设施前搭设双排防飞石围挡，用以加强飞石防护。

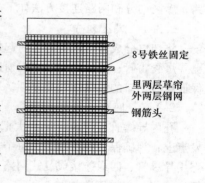

图 6　烟囱筒壁防护示意图

Fig. 6　Schematic of protection for the chimney wall blasting

### 3.3　塌落振动控制

塌落振动速度采用式（6）估算：

$$v_t = K_t [(mgH/\sigma)^{1/3}/R]^\beta \tag{6}$$

式中，$v_t$ 为塌落振动速度，cm/s；$K_t$ 为衰减系数，取 3.37；$\sigma$ 为地面介质的破坏强度，MPa，一般取 10MPa；$\beta$ 为衰减指数，取 1.66；$R$ 为观测点至撞击中心的距离，m，取 150m；$m$ 为下落构件的质量，取 10000t；$H$ 为构件重心高度，m，取 89.1m。

经计算得：$v_{210} = 1.59\text{cm/s}$，由计算可知，烟囱坍塌振动对周边建筑、设施是安全的，但对发电机组、精密仪器存在一点影响。

为降低塌落振动，在烟囱倾倒区域地面上构筑宽 5m、高 2~3m 的减振墙多道（减振墙高由内向外依次增加），第一道减振墙位于烟囱根部，以后每道减振墙间距 20m，用编织袋装松散的减振材料（泥沙土）压在减振墙上面，编织袋上面用建筑防晒网覆盖加固，通过以上防护减振措施，可大大削弱烟囱着地的坍塌振动速度，如图 7 所示。

同时，对周边保护建筑的门窗用竹笆、钢网、竹夹板、建筑模板等封堵遮挡，对重要设施、机械仪表等用钢板遮盖加强防护，确保安全。减振墙平面布置示意图如图 7 所示。

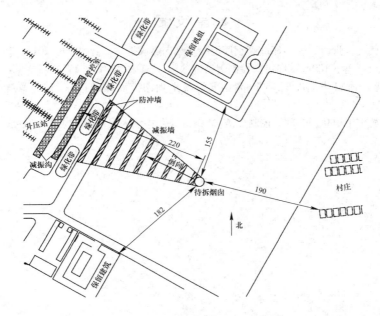

图 7 减振墙平面布置示意图（单位：m）
Fig. 7 Sketch of shock and collapse vibration absorption wall（unit：m）

## 4 爆破效果及经验

### 4.1 爆破效果

爆破于 2015 年 6 月 29 日上午 10 时 40 分如期进行，随着起爆口令下达，烟囱按设计倒向倾倒着地。经安全检查确认，爆破倒向准确，对爆破飞石及烟囱倾倒的坍塌振动防护效果好，烟囱倾倒解体后全堆积到预先构筑的减振墙上，周边的建筑设施安然无恙，爆破取得圆满成功。

### 4.2 经验体会

（1）科学设计爆破切口高度及弧长。此次烟囱爆破，当烟囱倾斜到 75°时产生了明显的后坐。因此，可适当减小爆破切口长度及切口高度，增加预留支撑筒壁弧长，防止后坐危及周边建筑设施。

(2) 根据结构变化调整炸药单耗及装药量。当烟囱爆破位于高处切口时，不便于试验爆破，在设计装药量时，可适当增大炸药单耗，尤其是烟囱内衬爆破药量设计，在保温层填料松散且有间隙时，计算药量时取大值，并可根据炸药爆速情况，对爆速中等偏低的炸药可增大装药量30%~50%，确保爆破后混凝土破碎离位，不留支撑。

(3) 提高减振墙构筑质量、增强抗冲击强度。烟囱爆破时产生的有害效应中，塌落振动对周边的建筑设施破坏性最大，防护塌落振动危害是安全防护的重点。提高减振墙构筑质量，增强抗冲击强度是关键。构筑减振墙时应选用细沙或干燥黏泥土为最佳，避免使用砖渣及拆除后的混凝土渣块等建筑垃圾，构筑时应逐层压实，提高其抗冲击强度，构筑好的减振墙，可大大提高抗坍塌振动的防护效果，降低烟囱坍塌引起的飞溅物。

## 参 考 文 献

[1] 李本伟，陈德志，张萍，等. 180m高钢筋混凝土烟囱爆破拆除[J]. 爆破, 2011, 28(4): 57-60.
[2] 何国敏. 复杂环境下180m烟囱定向控制爆破拆除[J]. 爆破, 2011, 28(3): 74-76.
[3] 夏卫国，曾政. 海口华能电厂150m高钢筋混凝土烟囱控制爆破拆除[J]. 爆破, 2011, 28(1): 71-73.
[4] 中国人民解放军工程兵司令部. 控制爆破[M]. 北京：中国人民解放军战士出版社, 1982: 9-59.

## 水电站导流洞围堰爆破拆除

刘美山[1] 杨育礼[2] 杨桂鹏[2] 薛山丹[1] 郑元福[1]

（1. 长江科学院，湖北 武汉，430010；2. 中国水利水电第十四工程局有限公司，云南 昆明，650041）

**摘 要**：乌弄龙水电站导流洞进口围堰和贝雷桥结合布置，桥的两端支点直接设置在围堰两端受力体上，且围堰距离闸门最近距离不到2m，围堰拆除爆破时振动和飞石可能危及贝雷桥、进口混凝土及闸门槽的安全。本文通过围堰的爆破方案和参数进行了设计，提出了双预裂减振，隔振孔隔振，强覆盖防飞石的综合控制方案，确保了贝雷桥和闸门的安全，对类似堰桥结合围堰爆破拆除有参考意义。

**关键词**：乌弄龙水电站；围堰；拆除爆破；贝雷桥

## Blasting Demolition of Hydropower Station Diversion Tunnel Cofferdam

Liu Meishan[1] Yang Yuli[2] Yang Guipeng[2] Xue Shandan[1] Zheng Yuanfu[1]

(1. Yangtze River Scientific Research Institute, Hubei Wuhan, 430010; 2. China Water Conservancy and Hydropower Engineering Bureau Fourteenth Company Limited, Yunnan Kunming, 650041)

**Abstract**: The diversion tunnel inlet cofferdam and Bailey bridge at Wunonglong hydropower station were built together. Both ends fulcrum of the bridge were fixed on force bodies of the cofferdam. blasting vibration and flying rocks may endanger safety of the Bailey bridge, entrance concrete and gate slot in cofferdam removal. In this paper, blasting scheme and parameters of the cofferdam are designed, the integrated control scheme of double pre splitting shock absorption, separating hole and strong anti stone cover are presented, which ensured the safety of the bridge and gate, and can provide a reference for similar blasting demolition program with cofferdam and bridge combined.

**Keywords**: Wunonglong hydropower station; cofferdam; demolition blasting; bailey bridge

## 1 概述

乌弄龙水电站位于云南省迪庆藏族自治州维西县巴迪乡境内的澜沧江上游河段上，是澜沧江上游河段规划7个梯级电站中的第2级电站，上邻古水水电站，下接里底水电站，总装机容量990MW。

待拆除围堰为C20混凝土重力围堰，围堰位于导流进口引渠轮廓线以外约9m处，围堰轴

---

作者信息：刘美山，教授级高级工程师，35802349@qq.com。

线长度为119.417m，最低高程为1817m，堰顶高程1828.5m，堰顶宽2.0m，底宽9～2m，高11.5m，围堰迎水面为垂直坡面，背水面为台阶形，台阶高2.5～3.0m，宽2～2.5m。围堰与贝雷桥布置如图1所示。

图1　围堰与贝雷桥布置结构图
Fig. 1　Layout structure of cofferdam and Bailey bridge

## 2　围堰爆破拆除方案分析

### 2.1　围堰拆除难点

（1）围堰和贝雷桥结合布置，桥的两端支点直接设置在围堰两端受力体上，且围堰距离闸门很近，最近距离不到2m，围堰爆破拆除时飞石和振动可能危及贝雷桥、进水塔混凝土、闸门槽等保护物的安全，爆破控制难度极大。如何控制爆破振动及飞石不对贝雷桥及进水塔造成危害，是本次爆破拆除的最大难点。

（2）主体围堰拆除属于半水下爆破施工，河床水位存在不可预知因素，且拆除工程量大，施工时间短，工期紧张，对围堰拆除施工工期构成了很大的制约。

（3）由于围堰距离进水塔较近，爆破后瞬间江水夹带石渣冲入导流洞，会对导流洞边墙及底板造成损害。并且由于前面河床抬高后部积渣空间小，爆后松渣抛掷难度大，极有可能在进水塔前形成淤积阻碍分流。

（4）围堰岩埂部分地质条件较差，节理裂隙发育，存在不良地质缺陷，易产生钻孔不到位，既影响爆破效果也增大了钻孔难度。钻孔通过帷幕灌浆区，围堰漏水现象难以避免。

（5）不具备水下出渣条件，只能依靠水流冲渣，对爆破块度和爆堆形状提出了很高的要求。

### 2.2　爆破拆除方案

根据导流洞进口堰前水位情况，导流洞进口围堰分四期进行拆除，高程1826m以上揭顶拆除为①期，高程1820m以上揭顶拆除为②期，堰外河床明渠岩埂开挖为③期，高程1820m以下围堰主体拆除为第④期。拆除顺序：①期高程1826m以上揭顶爆破拆除→②期高程1820m以上揭顶爆破拆除→③期堰外河床明渠岩埂开挖→④期高程1820m以下围堰主体拆除。爆破设计主要针对第④期高程1820m以下围堰主体拆除。围堰拆除分区及拆除顺序如图2所示。

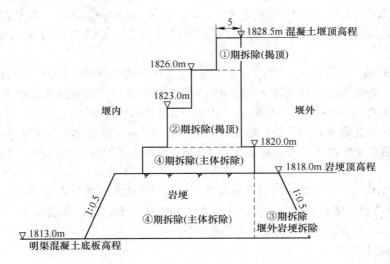

图2 进口围堰拆除分区及拆除顺序
Fig. 2 Dismantling zoning and sequence of the inlet cofferdam diagram

第一步，采用挖掘机对混凝土围堰外侧集渣和残留施工便道进行清理，采用潜孔钻配合地质钻钻孔爆松堰外岩埂部分，长臂反铲配合自卸车从中部往上下游挖运；第二步，高程1820m以上揭顶拆除采用手风钻配合QZJ100B造垂直孔爆破；第三步，主体围堰采用潜孔钻和QZJ100B钻孔，局部难以成孔的部位采用地质钻或锚索钻机钻垂直孔，一次性爆破拆除。主体围堰拆除工期为1个月，由于工期紧，为降低拆除强度，爆破拆除前，先将堰外岩埂及松渣堆积体进行分部、分阶段开挖清除，然后对堰体进行打孔爆破拆除，两者并行施工，最终拆除时间根据实际水文情况及过流要求确定。

贝雷桥的保护是本工程爆破的重点，为了控制爆破振动对桥的影响，围堰端部和桥支墩接触部位采用双层预裂设计。此外，底部结构轮廓设置了一排轮廓控制孔，从两端和底部切断爆破振动波到贝雷桥的传播路线。在爆破参数设计上，也充分考虑了贝雷桥的抗振能力，基于"精细爆破"的设计原则，确保贝雷桥安全。

## 3 围堰拆除爆破设计

### 3.1 爆破参数设计

（1）钻孔设备和钻孔直径。根据乌弄龙水电站实际情况及围堰分区分阶段拆除方案，导流洞进口主体围堰拆除采用潜孔钻和QZJ100B钻孔，局部难以成孔的部位采用地质钻或锚索钻机钻孔，炮孔尽量垂直布置，爆破孔钻孔孔径为$\phi 110mm$，预裂孔孔径为$\phi 90mm$，炮孔内分别内插$\phi 90mm$及$\phi 70mm$ PVC套管，便于后期装药。

（2）炸药单耗。正常的岩石破碎单耗为$0.4 \sim 0.6 kg/m^3$，要求爆破块度小于40cm，所需要的单耗为$0.8 \sim 1.2 kg/m^3$，考虑基岩有压渣及水压条件和抛掷需要，单耗选择在$1.2 \sim 1.5 kg/m^3$。根据以上情况，炸药平均单耗选为$1.5 kg/m^3$，根据爆渣部位的不同，抛掷的要求不同，水下部分炸药单耗控制在$1.5 \sim 1.8 kg/m^3$，水上部分控制在$0.8 \sim 1.2 kg/m^3$。

(3) 炮孔间排距。为确保岩埂的爆破效果，采用φ70mm乳化炸药，密度为1.1～1.6 g/cm³，炸药密度要求不小于1.1g/cm³。炮孔的延米装药量按$Q = 4.2$kg/m计算。当炸药单耗为$q = 1.5$kg/m³，炮孔负担的面积$S$为：$S = Q/q = 4.2/1.5 = 2.8$m²。布孔时对应的孔间距取$a = 1.5$m，排距取1.5m，在局部需要增加单耗的部位，开口部位和加强抛掷部位适当加密。

(4) 炮孔倾角和超深。炮孔大部分垂直布置。为减少围堰爆破对导流洞进出口明渠底板混凝土的扰动，避免爆破振动通过下部绕射影响贝雷桥的安全，在堰内底部增设一排轮廓体型控制孔，孔距为孔径的3～4倍，为40cm，孔深不低于8m。

选择合理的炮孔超深是为了更好地克服炮孔底部的约束，减小爆渣的大块率，采用堰顶钻孔爆破时，轮廓体形控制区域外主爆孔超深1.5m，轮廓体形控制区域内的主爆孔距轮廓体形控制孔0.5m。

(5) 装药结构。爆破孔均采用组合连续装药结构，乳化炸药的延米装药量为4.2kg/m，全部装φ70mm的药卷。堵塞的目的是防止产生过多的爆破飞石，保证爆破效果。主爆孔的堵塞长度按1～2m，堵塞物为黄泥、袋装砂或钻孔岩粉。

(6) 装药量计算。

$$Q = qaW_{底}H$$

式中　$q$——单位炸药消耗量，kg/m³；

　　　$a$——孔距，m；

　　　$H$——台阶高度，m。

(7) 预裂孔。上游下游两端设置双层预裂孔，两层之间的垂直距离1.25m，向下倾斜布置，钻孔间距为0.8m，孔底超深0.5m，线装药密度为500g/m，孔口堵塞长度为1.0m，采用导爆索将φ32mm药卷绑扎成串状的装药结构。

炮孔布置断面如图3所示，炮孔布置平面如图4所示。

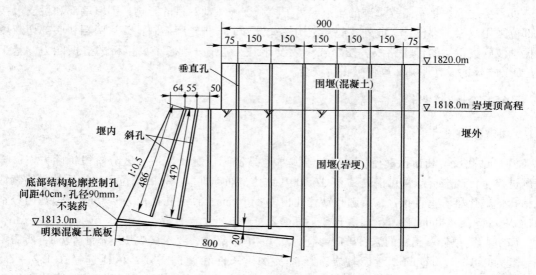

图3　炮孔布置断面示意图

Fig. 3　Schematic diagram of blasting hole layout diagram

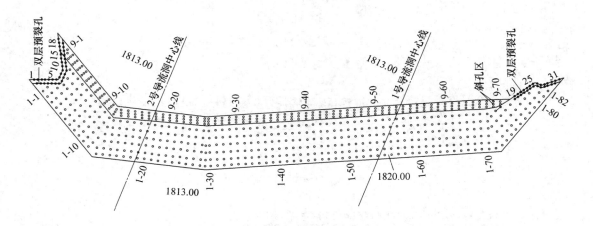

图 4 炮孔布置平面图

Fig. 4 Blasting hole layout plan diagram

## 3.2 起爆网路设计

起爆网路是爆破成败的关键，必须保证能按设计的起爆顺序、起爆时间安全准爆。且要求网路标准化和规格化，有利于施工中的连接与操作。

由于主体围堰拆除难度大，网路准爆性要求高，因此进口围堰主体爆破采用高精度非电导爆管雷管起爆网路。起爆网路的单段药量满足爆破振动安全要求，岩埂及混凝土下部基本按单孔单响设计，不出现重段和串段现象，整个网路传爆雷管全部传爆，第一响的炮孔才能起爆，最大单段药量产生的振动速度值不超过 15cm/s 的校核标准。

孔间传爆雷管选择 17Ms，局部采用 9Ms 段进行间隔；排间传爆雷管选择 42Ms；为防止由于先爆炮孔产生的爆破飞石破坏起爆网路，对于孔内雷管的延期时间必须保证在首个炮孔爆破时，接力起爆雷管已经完全传爆或者绝大多数已经起爆。经过理论排段计算，孔外最大延时为 718Ms，选择 1000Ms 段做孔内延时雷管比较适宜。此外为保证网路安全需要在主起爆线路左侧增加两条副起爆线路。考虑围堰堰前有堆渣及汛期淤积，围堰实体爆后，堆渣还将升高。因此，为保证爆后水流能直接冲渣，必须使渣堆形成最低缺口，为了确保最低缺口形成，选择在两端起爆，爆渣向两端抛掷，最终在围堰中部形成最低缺口。起爆网路如图 5 所示。

网路可靠度采用 $P_{ij}=[1-(1-R)^m]^{\max(i+j)}$ 计算。式中，$\max(i+j)$ 为网路排间、孔间结点数之和的最大值。本围堰排间最大节点数为 9，孔间为 20，节点雷管并联数为 2，普通塑料导爆管非电雷管的单发雷管的可靠度 $R$ 为 99.9%。代入上面公式计算得 $P=[1-(1-0.999)^2]^{29}=99.9971\%$，满足要求。

## 3.3 爆破器材质量要求及试验

乌弄龙水电站导流洞进口围堰及岩埂爆破拆除属于半水下爆破，由于水压的存在，因此，选择的炸药应必须能在水压力下完全爆炸。对炸药的基本要求是：炸药密度大于 1100kg/m³，炸药爆速在 4500m/s，做功能力大于 320mL，猛度大于 16mm，殉爆距离大于 2 倍的药径。最终选择的是云南当地的防水乳化炸药，乳化炸药具有抗水（3d）、抗压（3kg/cm²）性能，起爆（起爆 8 号雷管感度）传爆（连续传爆 25m）性能好。

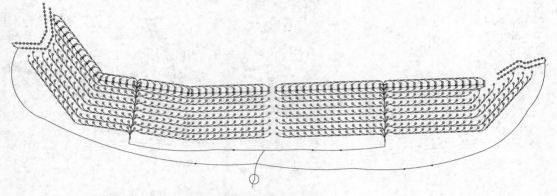

注：1. 围堰主体拆除在EL1820以上揭顶混凝土拆除完成后进行；
2. 主爆孔钻孔孔径φ110mm，上下游预裂孔间距0.8m，底部结构轮廓控制孔孔径90mm不装药；
3. 起爆网路采用孔内延时孔外微差起爆方式。孔内延时用1000ms段；排间接力雷管用42ms段；相邻孔间接力雷管用17ms段，局部用9ms段，预裂孔先于主爆孔起爆；
4. 根据图示爆破网路设计及布孔数，本爆破网路中孔外最后一孔延时总时段为718ms，小于孔内延时1000ms。此外为保证网路安全需要在主起爆线路左侧增加两条副起爆线。

图例：
□——42ms段雷管
◁——9ms段雷管
◁——17ms段雷管

**图 5　起爆网路示意图**
Fig. 5　Schematic diagram of initiation network

爆前取高精度塑料导爆管雷管各 10 发，分别在水下浸泡 5d，测试了各段别雷管的延时精度及起爆可靠度；随机抽取 φ32mm、φ70mm 乳化药卷各 5 节，水下浸泡 5d，进行了爆速和殉爆距离测试；导爆索在水下浸泡 5d 的爆破试验。为验证所采用的起爆网路的可靠性，爆前对实际爆破网路进行了模拟试验，模拟了实际网路的主干线和最后两排孔支线的传爆过程。爆破器材和起爆网路试验证明所采用的爆破器材和起爆网路是可靠的。

## 4 爆破安全设计

### 4.1 爆破振动校核

乌龙弄围堰拆除爆破控制的重点是爆破振动，围堰近区有贝雷桥，堰后有进水塔、闸门槽、边墙混凝土等保护物。这些保护物中，贝雷桥为钢结构，其余多为钢筋混凝土结构。类似工程经验认为钢结构和钢筋混凝土结构均具有很强的抗振性能，爆破振动控制值较高。根据《爆破安全规程》以及以往的施工经验，乌弄龙电站导流洞工程允许质点的振动速度按 10cm/s 校核，并参照地质条件相似的经验公式，导流隧洞进出口围堰取 $K=65$，$\alpha=1.90$ 代入爆破振动速度公式进行计算。

$$v = K(Q^{1/3}/R)^{\alpha}$$

式中，$v$ 为质点振动速度，cm/s；$R$ 为爆源中心至建筑物的距离，m；$K$，$\alpha$ 值为场地系数。选择围堰拆除时周围最重要的保护物中墩、进水塔、明渠边墙进行计算。保护物距离围堰距离的选取原则是起爆的炮孔中心点距离保护物最近边沿的直线距离。设计最大单孔装药量 $Q_{max}=$

33kg，采用两孔一响，则最大单响药量为66kg。计算结果见表1，从计算结果来看，质点振动速度均小于10cm/s，采用两孔一响也可以满足进水塔墩的抗振要求。

表1 围堰爆破振动安全校核
Table 1 Safety check of blasting vibration of cofferdam

| 保护点名称 | 距离爆破区最小距离/m | 最大单响药量/kg | 保护点振动/cm·s$^{-1}$ | 飞石 |
|---|---|---|---|---|
| 中墩 | 31 | 66 | 1.72 | |
| 进水塔 | 20 | 66 | 2.05 | 控制飞石 |
| 明渠边墙 | 20 | 66 | 3.96 | |

## 4.2 爆破飞石空气和空气冲击波的控制和防护

飞石是本次爆破主要的有害效应之一，必须严格控制装药量和堵塞长度及质量。防护首先是对贝雷桥、进水塔墩、闸门槽洞脸边坡和洞脸衬砌物等的影响，尤其是闸门槽和进水塔墩、闸门槽、塔机，需要严加防护。主要采取以下措施：（1）贝雷桥：在贝雷桥的底部及靠围堰侧用双层竹跳板满护；（2）进水塔塔身：EL1835平台以下塔身混凝土面采用8号铅丝现场将稻草帘连接成块，再用塔机配合将稻草帘沿塔身包裹一圈，在明渠底板表面覆盖一层沙，对混凝土进行保护；（3）对爆破工作面的顶部采取用沙袋和钢筋网的形式进行主动防护。

本工程为钻孔爆破，空气冲击波作用甚小，其防护不予考虑。但需要注意在附近的房屋要在爆破的当时打开所有的玻璃窗户。由于堰内无水，拆除爆破时，闸门未安装，水击波基本不会对洞内的其他保护物产生破坏影响。但水流夹带石渣的冲击和磨蚀影响需要进行适当的防护。

## 5 爆破效果

总爆破开挖石方量约0.94万立方米，平均炸药单耗1.48kg/m$^3$，总消耗炸药13.92t。爆堆形状合理，爆堆中大约20%爆渣被抛掷向河中，两侧开口位置首先起爆，爆渣向开口位置堆积，最后在围堰中部形成了最低缺口，下部岩埂被充分破碎，爆后即被水流冲开，分流效果良好。同时由于围堰周边三面布置预裂孔，尤其是两端的双层预裂，起到了很好的隔振作用。爆破振动测试结果表明，各保护物的基础质点振动速度控制在10cm/s以内。爆破后的巡视检查表明，本次爆破的飞石均控制在安全范围内，贝雷桥、进水塔、闸门槽等保护物均完好，爆破取得了圆满成功。

## 6 结束语

本工程爆破根据"精细爆破"设计原则，采用了双层预裂减振技术，底部的轮廓体形控制孔也起到了一定的隔振作用，在贝雷桥的底部及靠围堰侧用双层竹跳板满护的综合控制方案，确保了贝雷桥的安全，也证明了作为钢结构的贝雷桥具有很强的抗振能力，实际爆破中，更需要关注的是贝雷桥和支墩之间的连接位置。通过本次爆破，证明国产高精度雷管在导流洞围堰拆除中使用是可靠的，对保证爆堆和最低缺口的形成起到了重要作用，同时高精度雷管脚线的高强度、耐摩擦对于这种有高速水流的复杂爆破，有很强的实用性。

## 参 考 文 献

[1] 张正宇,张文煊,吴新霞,等.现代水利水电工程爆破[M].北京:中国水利水电出版社,2003.
[2] 张正宇,卢文波,刘美山,等.水利水电工程精细爆破概论[M].北京:中国水利水电出版社,2009.
[3] 张文煊,张正宇,等.大朝山水电站导流洞围堰及岩坎爆破拆除[J].爆破,2000,7(增刊):207-210.
[4] 郭士明,王文辉,等.大朝山水电站尾水出口围堰爆破拆除测试研究[J].水力发电,2001(12):26-29.

# 八达岭索道上站隧道爆破拆除

石连松[1]　高文学[1]　刘冬[1,2]　王林台[1]　曹晓立[1]

（1. 北京工业大学建工学院，北京，100124；
2. 北京市道路工程质量监督站，北京，100076）

**摘　要**：采用间隔装药以及合理的孔内和孔外延时爆破技术，有效地控制了爆破产生的振动效应对长城的影响；利用草垫加沙袋覆盖爆破体的方式，减小了爆破飞石的飞散距离，保证了长城以及爆破体周围设备设施的安全。本次爆破的成功经验可以为以后类似隧道拆除以及重要建（构）筑物周围实施的爆破作业提供参考。

**关键词**：隧道拆除；孔内（外）延时；长城；覆盖措施

## Badaling Cableway Upstation Tunnel Blasting Demolition

Shi Liansong[1]　Gao Wenxue[1]　Liu Dong[1,2]　Wang Lintai[1]　Cao Xiaoli[1]

(1. Architecture and Engineering Institute of Beijing University of Technology, Beijing, 100124; 2. Beijing Road Engineering Quality Supervision Station, Beijing, 100076)

**Abstract**: Using reasonable in-out hole delay blasting technology and hole interval charging technology, blasting vibration effect on Great Wall was effectively controlled. Straw mattresses and sandbags were used to cover explosive body to reduce the blasting fly-rocks flying distance. The safety of the Great Wall and the equipment around the explosive body was ensured. The successful experience of the blasting can be referred for demolition of similar tunnel and for blasting operations around important construction.

**Keywords**: demolition of tunnel; in-out hole delay; the Great Wall; cover measures

## 1　引言

随着拆除爆破这门技术的成熟和其带来的显著经济效益，拆除爆破已成为拆除业中最有竞争力的方法之一。目前，拆除爆破已在世界各地被广泛地采用，拆除内容涉及烟囱、水塔、筒仓、楼房等，然而一些拆除爆破不仅环境复杂，而且被拆除的建（构）筑物自身也具有一些特殊的结构特点，往往给爆破作业带来了一定的困难，这就要求爆破作业从设计到施工必须尽量做到精细。为了达到改扩建的要求，需要对八达岭长城北线索道上站隧道（简称上站隧道）部分隧道段进行拆除。待拆除隧道属于薄壁结构，内部钢筋密布，钻孔难度较大；爆区所在地为5A级旅游景区，该隧道与长城最近距离仅为60m。本文从爆破方案设计、爆破网路的敷设以及安全防护几个方面，介绍了该隧道的爆破拆除工艺以及爆破后效。

---

作者信息：石连松，博士，sls_0829@126.com。

## 2 工程概况

上站隧道位于山坡上,和索道下站房地面垂直高差700余米,需要拆除的隧道部分为明隧道,隧道为钢筋混凝土结构,隧道断面为直墙拱形,净宽8m,净高7.1m,隧道长度为17.2m,隧道分两段,前段隧道长度为8m,左右立墙壁厚为55cm,拱顶中间厚35cm,向两侧逐渐过渡到55cm;后段隧道长度为9.2m,左右立墙壁厚为65cm,拱顶中间厚45cm,拱顶向两侧隧道壁厚逐渐过渡到65cm;两段隧道净断面尺寸相同,但后段隧道壁厚要比前段隧道壁厚大10cm左右。隧道上部及周围为1m厚的浆砌块石层,浆砌块石层外部为自然土层,自然土层外部覆盖着杂草等植被,隧道断面规格如图1所示。索道上站部分拟爆破解体隧道东侧距离八达岭长城斜线距离约60m,隧道北侧和西侧为山谷,隧道周围无其他设施,上站隧道周边环境如图2所示。

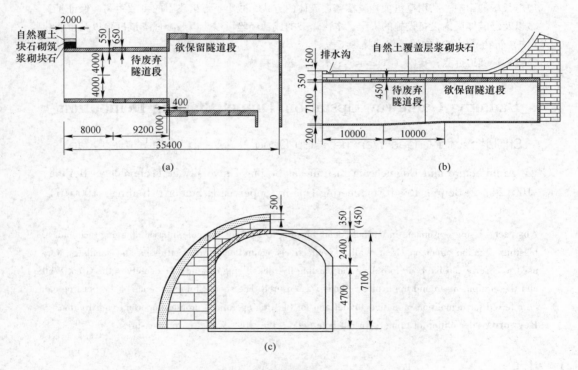

图1 八达岭索道上站隧道断面图(单位:mm)
(a)平面图;(b)纵剖面图;(c)横断面图
Fig. 1 Section of Badaling cableway upstation tunnel (unit: mm)

## 3 爆破方案设计

### 3.1 拆除方案选择

根据结构类型不同,拆除方法有以下几种:(1)重力锤冲击破坏拆除。(2)推力臂拆除或机械牵引定向倒塌拆除。(3)全机械化拆除。(4)静态膨胀剂破碎法。(5)控制爆破拆除。控制爆破就是控制倒塌方向、控制破坏范围、控制破碎程度、控制爆破危害,这种方法安全、快捷,是目前建筑物拆除的主要方法[1]。

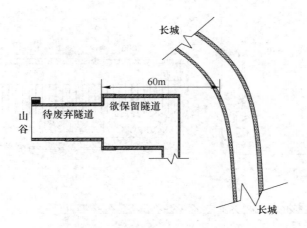

图 2 八达岭长城索道上站隧道周边环境
Fig. 2 Circumstances of Badaling cableway upstation tunnel

该隧道位于陡峭的山坡上，从下站至上站只有山间小路可以通行，大型机械设备根本无法运至上站；另外，拆除工期要求相对较短。结合这些因素，采用毫秒延期爆破拆除技术对隧道进行拆除，爆破后采用人工清渣。

爆破施工之前，人工清除隧道拱部及两侧部分浆砌片石；在拟拆除与保留隧道交界处，沿小断面隧道轮廓用风镐剔除一条宽 20~30cm 的切割缝，并切断钢筋；爆破设计拟采取沿拟拆除隧道侧壁布置垂直和水平炮孔进行爆破。

### 3.2 爆破参数设计

根据隧道的实际情况，采用垂直孔和水平孔相结合的布孔方式，减少了钻凿炮孔的数量，提高了钻孔效率。

（1）设计沿垂直侧壁方向向下钻凿炮孔，炮孔深度为 2.5m，隧道侧壁剩余部分垂直于侧壁钻凿水平炮孔。垂直炮孔，孔间距 $a = 50~60$cm，共布设 60 个，炸药单耗 $q = 800$g/m³，单孔装药量取 $Q = 750$g，炸药选择直径为 30mm 的乳化炸药，采用分段间隔装药，将药柱分为两段，中间用 30cm 的黏土隔开，黏土和下段药柱之间为空气间隔；填塞长度为 60cm，填塞黏土和上段药柱之间为空气间隔。炮孔布置如图 3（a）所示。

（2）隧道壁厚 55cm 部分长度为 8m，水平炮孔垂直于侧壁布置，孔网参数为：$a$（孔距）$\times b$（排距）$= 45$cm$\times 45$cm，孔深：$L = 2/3\delta$（$\delta$ 为两侧立墙壁厚），取 $L = 40$cm。

隧道壁厚 65cm 部分长度为 9.2m，水平炮孔同样是垂直于侧壁布置，孔网参数为：$a$（孔距）$\times b$（排距）$= 45$cm$\times 45$cm，孔深 $L = 2/3\delta$（$\delta$ 为两侧立墙壁厚），取 $L = 45$cm。炮孔布置如图 3（b）所示。

（3）隧道拱顶厚度不均，从拱顶中间至两侧逐渐增厚，拱顶中间厚度为 35cm 和 45cm，炮孔深度 $L = 25~45$cm，拱顶炮孔孔网参数为 60cm$\times$50cm。炮孔布置如图 3（c）所示。

隧道立墙及拱顶浅孔，炸药单耗[2] $q = 700~800$ g/m³。

### 3.3 起爆网路设计

该隧道爆破网路共分为两个大区，即隧道顶部浅孔以及侧壁垂直深孔划分为一个区域，侧壁水平浅孔划分为一个区域。每个大区域又可分为左右两个对称的小区域，每个小区域进行排

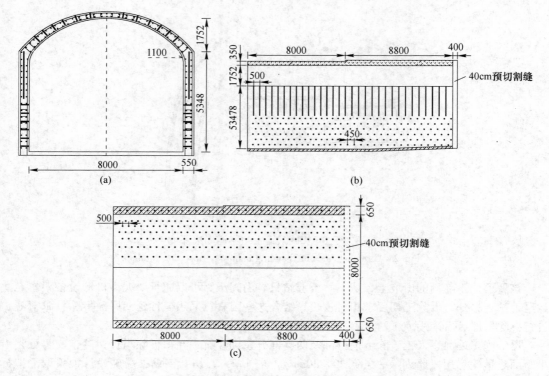

图 3　上站隧道爆破炮孔布置图（单位：mm）

（a）隧道断面炮孔布置图；（b）隧道侧壁炮孔布置图；（c）隧道侧壁、拱顶炮孔布置图

Fig. 3　Bore holes arrangement diagram of cableway upstation tunnel（unit：mm）

间和孔间延期。

单侧立墙水平浅孔起爆网路如图 4 所示，为尽量减小爆破振动，立墙第一排炮孔即最接近地面的一排率先单独起爆，切断了上面五排炮孔爆破产生的振动向下方基础传播的途径。网路延时的方式：垂直方向上延时两次，第一排起爆后，第二、三、四排起爆，最后第五排和第六排起爆，其间用 5 段导爆管雷管作为孔外延时雷管；水平方向上，第一排每 5 个炮孔同时起爆，第二、三、四排每 15 个炮孔（每排 5 个炮孔）同时起爆，排间用 3 段导爆管雷管作为孔外延时雷管。

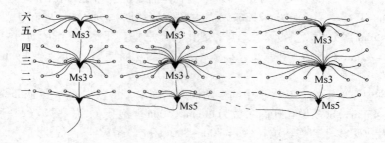

图 4　单侧立墙水平浅孔起爆网路图

Fig. 4　Blasting network diagram of horizontal shallow holes in single side vertical wall

单侧拱顶及立墙垂直深孔起爆网路如图 5 所示，网路延时方式：垂直方向上延时两次，拱

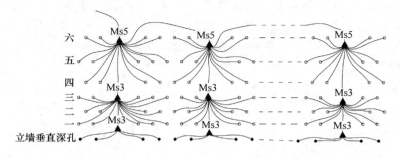

图 5 单侧拱顶及立墙垂直深孔起爆网路图
Fig. 5 Blasting network diagram of vertical deep holes in single side vertical wall and vault

顶第四、五、六排起爆后，拱顶第一、二、三排起爆，最后立墙垂直深孔起爆，其间用 5 段导爆管雷管作为孔外延时雷管；水平方向上，立墙垂直深孔每四个炮孔延时一次，拱顶第四、五、六排炮孔每 12~18 个炮孔（每排 4~6 个炮孔）同时起爆，拱顶第一、二、三排炮孔每 12~18 个炮孔（每排 4~6 个炮孔）同时起爆，排间用 3 段导爆管雷管作为孔外延时雷管。

另外，炮孔内部雷管布置情况为拱顶浅孔内部使用 12 段导爆管雷管，立墙水平浅孔内部使用 14 段导爆管雷管，立墙垂直深孔内部 12 段、14 段雷管交错布置，同时深孔内采用间隔装药，这种雷管布置以及装药方式也从一定程度上减小了爆破振动。

## 4 爆破安全技术与振动监测分析

### 4.1 爆破安全技术

为减小爆破产生的振动效应以及最大限度控制爆破飞石的飞散，采用了以下方法：（1）采用孔间、排间毫秒延期技术，控制最大单段药量；（2）确定合理的起爆顺序，从一定程度上减小了爆破振动对周围设施的影响；（3）采用草垫覆盖隧道拱顶，草垫上方压盖沙袋，有效控制了爆破飞石的飞散。

### 4.2 爆破振动监测与分析

此次爆破采取的有效降振措施包括：

（1）采用毫秒延期爆破技术，降低单段爆破药量；爆破振动强度的大小取决于最大单段药量的大小[3]，这种作用被称为"单段独立作用原理"。于是要降低振动效应的影响就必须将一次爆破分为多次爆破，因此，控制最大单段药量是控制爆破振动的有效方法。

（2）对靠近长城一侧的侧墙炮孔进行分段装药，由于该侧墙紧靠山体，因此，长城受到的影响主要来自该侧墙的爆破产生的振动。研究证明，分段装药和集中装药爆破的振动效应存在着显著差异，超浅孔极分散装药（一般建筑物拆除爆破中的梁、柱、墙等中的炮孔装药都可视为超浅孔极分散装药）爆破比常规集中装药爆破可降振 90% 以上[4]。因此，一般拆除爆破的爆破振动对周围建筑物不构成危害，但应考虑由建筑物倒塌落地时冲击地面而引起的地震效应。

（3）在欲废弃和需保留隧道交界处，剔出一条切割缝，并切断钢筋，最大程度上降低了爆破对需保留隧道的影响。

为了确定此次爆破产生的振动效应，在距离爆破地点仅 60m 的长城脚下以及长城顶共布置了3个测点,分别由3台仪器控制,测振仪器选用成都中科测控爆破振动测试仪TC-4850N,测振仪平面布置如图6所示。1号、2号测点距爆区65m,其中1号点在长城脚下,2号点位于该处的长城顶,3号测点距爆区60m,并位于长城顶。根据测得的数据,3个测点处的振动速度和振动频率见表1。

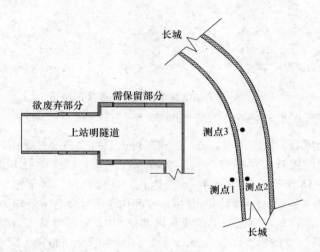

图6　爆破区域周围测点布置图

Fig. 6　Arrangement diagram of measuring points around blasting area

表1　上站隧道爆破振动检测数据

Table 1　Table of the upstation tunnel blasting vibration test data

| 测点 | 距爆区距离/m | 最大单响药量/kg | 垂向 | | 水平径向 | | 水平横向 | |
|---|---|---|---|---|---|---|---|---|
| | | | 振速/cm·s$^{-1}$ | 频率/Hz | 振速/cm·s$^{-1}$ | 频率/Hz | 振速/cm·s$^{-1}$ | 频率/Hz |
| 1号 | 65(长城脚下) | 6 | 0.39 | 56 | 0.48 | 57 | 0.41 | 57 |
| 2号 | 65(长城顶) | 6 | 0.37 | 57 | 0.45 | 50 | 0.48 | 50 |
| 3号 | 60(长城顶) | 6 | 0.49 | 53 | 0.38 | 59 | 0.40 | 50 |

由表1可得出,上站爆区距长城最近的3号测点振动速度最大值为0.49cm/s;2号测点振动速度最大值为0.48cm/s,长城脚下1号测点处最大振动速度也为0.48cm/s。经过对振动波的频谱分析,上站爆区各测点振动主频在50~60Hz范围,大大超过了建筑物的自振频率。测点1振动速度和振动频率波形如图7所示。根据《爆破安全规程》(GB 6722—2014)古迹的振动最大值为0.5cm/s,实测结果表明长城的振动最大值小于0.5cm/s。说明此次爆破产生的振动得到了很好的控制,没有对长城造成不利影响,图8为八达岭上站爆破后现场情况。

## 5　结语

此次拆除爆破作业环境较为复杂,爆区和长城的最小距离仅为60m,对飞石以及爆破振动都提出了严格要求,从此次爆破的结果(见图8)来看,爆破飞石和爆破振动均控制在了合理范围,爆破后混凝土块度较为均匀,内部钢筋基本被有效切断,给后续清渣作业带来了很多便利,此次爆破是一次成功的拆除爆破,为以后此类复杂环境下的爆破作业提供了参考。

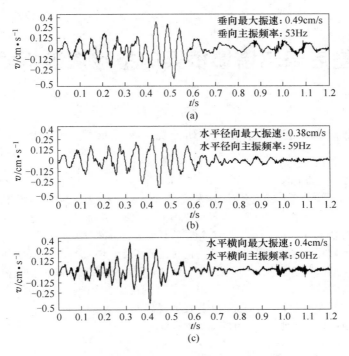

图 7　3 号测点三个通道振动速度波形图
（a）垂向振动速度；（b）水平径向振动速度；（c）水平横向振动速度
Fig. 7　Three channel vibration velocity waveform of No. 3 measuring point

图 8　上站隧道爆破后实拍图
Fig. 8　Picture of upstation taken after blasting

## 参 考 文 献

[1] 汪旭光，于亚伦. 21 世纪的拆除爆破技术[J]. 工程爆破，2000，3.
[2] 汪旭光，郑炳旭，张正忠，等. 爆破手册[M]. 北京：冶金工业出版社，2010.
[3] 吴腾芳，王凯. 微差爆破技术研究现状[J]. 爆破，1997，14(1)：53-57.
[4] 金淳圭. 分散装药爆破的振动效应[J]. 中国矿业，2000，9(1)：202-205.

# 震后局部垮塌桥梁的抢险爆破拆除

廖学燕 施富强 蒋耀港 龚志刚

(四川省安全科学技术研究院,四川 成都,610045)

**摘 要**:都汶高速公路福堂岷江大桥位于"5·12"汶川大地震的震中地段,为5孔T形桥梁,每孔由5片30m预应力T形梁组合而成,桥面宽12.5m。桥墩为双圆柱盖梁结构。大桥2号桥墩被泥石流冲倒,导致第二跨和第三跨桥梁垮塌。其中第二跨桥梁完全落入河床,第三跨桥梁一端搭接在3号桥墩盖梁上,另一端落在第二跨桥面上,桥面与水平面的夹角约23°。为了快速抢通大桥,计划将垮塌的桥梁实施爆破,同时保证其余正常部分桥梁不受损伤,爆破后在原地重建两跨桥梁与未垮塌段连接后恢复通车。该工程具有桥梁稳定性差、控制精度要求高、工期紧和施工条件差等特点和难点。采用"手术式"精准控制爆破技术成功将垮塌桥梁爆破解体,确保了保留桥梁的安全,可为类似工程提供借鉴。

**关键词**:爆破拆除;汶川地震;局部垮塌桥梁;抢险

## Demolition Blasting of Local Collapsed Bridge Caused by Wenchuan Earthquake

Liao Xueyan  Shi Fuqiang  Jiang Yaogang  Gong Zhigang

(Sichuan Province Academy of Safety Science and Technology, Sichuan Chengdu, 610045)

**Abstract**: Futang Bridge which is across the Minjiang river is one of the most important bridge on Duwen expressway which is the only expressway from Dujiangyan to Wenchuan. The bridge consisted of 5 spans of T-girder and located in the central area of "5·12" Wenchuan great earthquake. The bridge was 12.5m in width and each span was 30m in length and the pier of bridge was bicylindrical bent cap. The mountain which was shaking loose by the "5·12" Wenchuan great earthquake happened landslides when there was a torrential rains. After that the No. 2 pier of Futang Bridge was destroyed by the landslides. Then the second span of beams fell into the Minjiang River fully and the third span collapsed. One end of the collapsed span fell on the deck of the second span and the other end leaned on the No. 3 pier with angle of 23°. In order to repair the bridge quickly, it was essential to blast the third span of beams, and the same time keep the piers and beams in good condition. This blasting project had characters of difficult execution, tight schedules, bad circumstance of execution, high accurate execution and insecurity as the third span was unstable. The accurate demolition blasting technology that just like an operation was adopted to demolish the blasting span successfully, and the same time there was no other damage to other piers and beams. This "surgical" blasting technology may provide reference for

---

作者信息:廖学燕,高级工程师,liaoxueyan81@qq.com。

blasting peers.

**Keywords**: demolition blasting; Wenchuan earthquake; local collapsed bridge; rescue

# 1 引言

## 1.1 工程概况

都汶高速公路福堂岷江大桥位于四川省阿坝州汶川县,属于"5·12"大地震震中区域,为5孔T形桥梁,桥面宽12.5m,每跨长度30m,桥墩为双圆柱盖梁结构。特大泥石流将2号桥墩冲毁,第三跨与水平约23°的倾角斜撑在3号桥墩盖梁与河床之间,如图1所示。倾倒桥墩上的一跨桥梁塌落在河岸边,另一跨桥梁倾斜。在桥梁高端处,只有3组T梁搭在桥墩盖梁上,有2组T梁已经脱离桥墩处于悬空状态,与保留桥梁间隔最远处为2m,如图2所示。另外,由于倾斜桥梁高端,有部分悬空,导致桥梁受力不均匀,内部出现一定的扭转,已经不在一个平面上。为了快速抢通桥梁,需将垮塌的桥梁实施爆破解体,保证其余桥梁不受损伤,因此对爆破拆除的安全和精度控制都有较高的要求。

图1 垮塌桥梁现场图
Fig. 1 Collapsed bridge scene

图2 倾斜桥梁与桥墩搭接现场图
Fig. 2 Bridge and bridge pier photos

## 1.2 工程特点及难点

(1) 待爆破桥梁稳定性差。垮塌的桥梁倾斜水平夹角约为23°,低端搭落在另一跨垮塌的桥梁上,存在沉陷和移动的可能。高端有3组T梁搭在桥墩盖梁上,有两片已经脱离桥墩处于悬空状态,最远间距约为2m。另外桥梁出现扭转,已不在一个水平面上。所以倾斜桥梁存在倒塌的风险,施工中要做好安全措施,保证桥梁爆破前的稳定,确保作业人员安全。

(2) 控制爆破精度要求高。桥梁倾斜后,原有力学平衡被打破,并且有两组T梁高端没有受力,导致桥梁受力状态发生变化[1],爆破后桥梁塌落运动不易控制,若处理不当,爆破时极易撞坏或者拉断3号桥墩。因此,必须"手术式"地精准切断垮塌桥梁与3号桥墩的连接,避免3号桥墩被拉断;精确控制桥梁爆破倒塌及飞散物的运动轨迹,避免桥墩被撞坏。

(3) 施工难度大,施工条件差。桥梁钢筋较密,特别是梁肋有4组钢束,给钻孔工作造成很大的困难;桥梁的不稳定性并伴有再次发生地质灾害的风险,也给施工带来极大的风险,施工条件差。

(4) 工期紧。为了抢通生命通道,要在最短时间内完成爆破施工。

## 2 爆破方案

### 2.1 总体方案

考虑该工程特点,总体方案为:采用"手术式"精准控制爆破,首先将垮塌桥梁与桥梁连接处爆破解体,如"手术"般切断跨桥与桥墩的牵连,避免跨桥爆破时将桥墩拉断;然后桥梁中上部爆破解体,利用重力将上部桥梁拉离桥墩。

桥梁爆破时,为有效保护桥墩,并且控制桥梁坍塌方向,采用浅孔延期起爆技术[2,3]。为确保施工中桥梁稳定,首先对倾斜桥梁低端进行加固;施工过程中对桥梁进行实时位移观测。

### 2.2 爆破参数设计

桥梁分为护栏、梁肋、翼板和隔板4部分,爆破参数分述如下。

#### 2.2.1 护栏

护栏长30m,剖面为不规则体,为了计算方便,简化为梯形剖面,梯形高1.1m,上下底宽度分别为0.24m、0.38m。在护栏上布置三排孔,炮孔参数为:最小抵抗线为12cm,孔径40mm,孔距$a=30$cm,孔深$L$分别取15cm和30cm;如图3所示。

护栏单孔装药量按式(1)计算[4,5]:

$$Q = \frac{1}{2}Kas \quad (1)$$

式中,$Q$为单个炮眼装药量,kg;$K$为炸药单耗,kg/m³,本次取1.5kg/m³;$a$为炮孔间距,m;$s$为护栏截面积,m²。

单孔药量$Q = 0.5 \times 1.5 \times 0.3 \times 0.34 = 0.076$kg,取70g,堵塞长度10cm。

#### 2.2.2 T梁梁肋

由于梁肋支点端和跨中的几何尺寸和钢束的位置都不同,所以将梁肋支点端和跨中的参数分别设计。

##### 2.2.2.1 支点端

由于梁肋支点端钢束埋深较浅,沿中轴线孔深受限制,但又要保证好的爆破破碎效果,避免大块混凝土撞击桥墩,所以在梁肋上布置两排孔,避开钢束。炮孔参数为:按梅花孔形式布置,两排沿水平方向布置4.35m,孔径

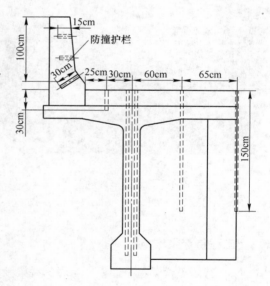

图3 桥梁炮孔布置示意图
Fig. 3 Blasting holes of bridge

40mm,孔距$a=30$cm,排距$b=12$cm,桥墩搭接处1.5m段孔深$L=1.7$m(底部留0.5m),其余孔深$L=1.9$m(底部留0.3m)(见图4)。

支点端单孔装药量按式(2)计算:

$$Q = KaWh \quad (2)$$

式中,$Q$为单个炮眼装药量,kg;$K$为炸药单耗,kg/m³,取2kg/m³;$a$为孔径,m;$W$为梁肋的厚度,m;$h$为梁肋加上桥面混凝土板的高度,m。

单孔药量$Q = 2 \times 0.12 \times 0.3 \times 2.2 = 0.158$kg,本次取150g,根据截面积尺寸变化做适当调

整。用导爆索分层装药,堵塞20cm,底部留空腔,炸药按每节40g均匀分布在孔内。

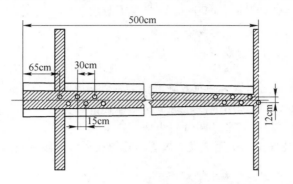

图4 支点端梁肋炮孔布置图

Fig. 4 Blasting holes of end of bridge rib

#### 2.2.2.2 跨中

梁肋跨中比支点横断面尺寸小,且钢束埋深较深,因此在梁肋中间布置一排竖直方向炮孔。炮孔参数为:孔径40mm,孔距$a=30$cm,孔深$L=1.3\sim1.9$m(包括桥面混凝土的厚度,钻孔至最上面钢束)。

按式(2)计算单孔药量$Q=1.5\times0.3\times0.2\times(2+0.2)=0.198$kg,取200g,现场装药时,根据实际情况做适当调整。用导爆索分层装药,堵塞长度20cm,底部加强装药,按每节40g将炸药均匀分布在孔内(见图5)。

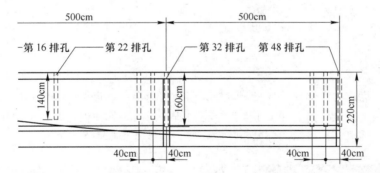

图5 T梁中跨梁肋炮孔布置示意图

(未标孔距的空白处孔距为30cm)

Fig. 5 Blasting holes of mid-span of bridge rib

#### 2.2.3 T梁翼板

T梁翼板厚度为15~25cm,设计时考虑桥面板块厚度20cm,在T梁翼板布置4排炮孔。炮孔参数为:孔径40mm,孔距$a=60$cm,排距$b=30$cm,孔深$L=30$cm,梅花形布孔。

按式(2)计算单孔药量$Q=1.5\times0.6\times0.3\times(0.25+0.2)=0.108$kg,取100g。连续装药,堵塞长度10cm。

#### 2.2.4 隔板

隔板厚度为0.18m,高度为1.75m,在隔板上布置1排炮孔。炮孔参数为:孔径40mm,孔

距 $a = 30\mathrm{cm}$，孔深 $L = 1.50\mathrm{m}$（包括翼板和桥面混凝土厚度）。按式（2）计算单孔药量 $Q = 1.5 \times 0.3 \times 0.18 \times 2.0 = 0.162\mathrm{kg}$，取 200g。用导爆索分层装药，堵塞 20cm，按每节 30g 将炸药均匀分布在孔内。

## 2.3 起爆网路

为确保桥梁按预定方向坍塌，并有效降低桥梁整体塌落时所产生的塌落振动，分 3 个区域延期起爆，如图 6 所示。1 区采用毫秒延期 Ms9 导爆管雷管（名义延期时间 310ms），2 区采用毫秒延期 Ms11 导爆管雷管（名义延期时间 460ms），3 区采用毫秒延期 Ms13 导爆管雷管（名义延期时间 650ms）；孔外全部采用瞬发导爆管雷管绑扎形成爆破网路[6]，如图 7 所示。

图 6 延时起爆顺序示意图

Fig. 6 Scheme of delay blasting

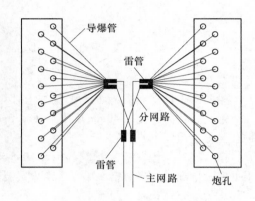

图 7 起爆网路示意图

Fig. 7 Scheme of blasting circuit

## 3 爆破效果及体会

爆破取得圆满成功，爆破效果良好。桥梁落在河床上，靠近保留桥墩端的 1/3 桥体充分破碎，钢筋和混凝土完全分离，保证了桥梁下落过程中没有撞伤保留桥墩；中部桥体较破碎，大部分钢筋外裸；远离保护桥墩的部分桥体较完整，爆破效果如图 8 所示。

图 8 爆破效果

Fig. 8 Blasting result

经爆破施工过程和爆破效果的分析，类似情况下总体方案可优化为：对靠近保留桥墩部分桥梁进行密集孔爆破，确保桥体充分粉碎以免桥体撞击桥墩，其余部分每隔5m布置4排密集孔对桥梁进行切割爆破，爆破塌落后再处理。这样既能保证桥梁顺利塌落，又能减小钻孔造成的桥梁变形，更好地保证施工过程中的安全。

## 参 考 文 献

[1] 王升，毛益松，黎谟炬，等.大跨度钢筋混凝土预应力桥梁保护性爆破拆除[J].采矿技术，2013(5):179-182.
[2] 汪旭光.爆破手册[M].北京：冶金工业出版社，2010.
[3] 赵明生，龙源，贾永胜，等.预应力混凝土连续梁桥控制爆破拆除[J].爆破，2015(4):103-109.
[4] 于亚伦.工程爆破理论和技术[M].北京：冶金工业出版社，2008.
[5] 林学圣.控制爆破[M].北京：中国人民解放军战士出版社，1982.
[6] 廖学燕，沈兆武，曾赞文，等.桁架拱桥控制爆破拆除[J].工程爆破，2010，16(1):49-51.

# 宁乡黄材水库溢洪道闸墩及溢流面爆破拆除

周明安[1]　贾金龙[2]　周晓光[3]　郭天天[1]

(1. 国防科学技术大学指挥军官基础教育学院，湖南 长沙，410072；
2. 湖南创意爆破工程有限公司，湖南 长沙，410000；
3. 湖南铁军工程建设有限公司，湖南 长沙，410000)

**摘　要**：近年来南方有大量病险水库需修整，因须赶枯水季节施工，工期紧，通常需采用爆破法拆除闸墩及溢流面等。爆破施工确保大坝、周围建筑及设施安全尤为重要。长沙市宁乡黄材水库溢洪道闸墩及溢流面需采取爆破拆除，爆区周围环境复杂。闸墩及溢流面为钢筋混凝土结构，靠山体一侧闸墩需保留。溢流面采用底部留保护层浅孔爆破，闸墩采用深孔爆破，采用毫秒延时起爆技术，开挖减振沟等减振措施，对爆破地震波实施监测，采取防护措施，严格控制飞石，爆破效果良好，提前完成爆破任务，确保了大坝、建筑物安全及保留闸墩的安全。

**关键词**：病险水库；闸墩；溢流面；爆破拆除

## Blasting Demolition of Spillway Pier and Surface of Ningxiang Huangcai Reservoir

Zhou Ming'an[1]　Jia Jinlong[2]　Zhou Xiaoguang[3]　Guo Tiantian[1]

(1. School of Basic Education for Commanding Officers, NUDT, Hunan Changsha, 410072;
2. Hunan Chuangyi Blasting Engineering Co., Ltd., Hunan Changsha, 410000;
3. Hunan Tiejun Construction Co., Ltd., Hunan Changsha, 410000)

**Abstract**: There is a large number of dangerous reservoirs need to be repaired in south. Usually the blasting demolition is used to demolish the spillway pier and surface due to the short dry season. Ningxiang Huangcai reservoir is one of these reservoirs. The liar and surface to be demolished are RC structure. The piers close to the mountain need to be retained. Shallow hole blasting is used for the spillway surface with a protective layer on the bottom, and deep hole blasting is used for the spillway pier. Millisecond delay blasting technology and damping ditch are used to reduce the blasting vibration effect and stone throw. The blasting effect is good and the demolition is finished in advance. The dam and retained piers are safe and sound.

**Keywords**: unsafe reservoir; pier; spillway surface; blasting demolition

## 1 工程概况

宁乡黄材水库位于长沙市宁乡县黄材镇胜溪村，溢洪道位于水库主坝东侧，溢洪道为南北

---

作者信息：周明安，教授，1976009004@qq.com。

走向，周围环境如图1所示。爆区距离主坝500m，距副坝100m，副坝下方有居民区，距离爆破区200m，距离爆破区30m为铝银粉厂，60m处为水库管理站，其他方向100m处有民房、厂房、高压电线，溢洪道上游90m为一拦鱼栅。

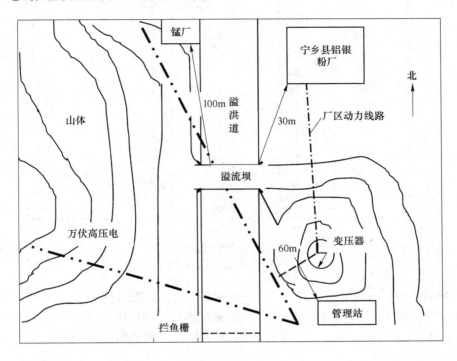

图1 溢流坝周围环境示意图

Fig. 1 Sketch map of the spillway dam's surrounding environment

溢洪道由闸墩、溢流面及闸门等组成，闸墩上方有小桥及启闭机房。

溢流面为钢筋混凝土结构，只在表面布少量钢筋。爆破拆除深度为1.4m，即高程从标高157.000~155.600，拆除面积为20m×30m。

闸墩自西至东编号为1号、2号、3号、4号、5号，如图2所示。1号闸墩墙西侧的山体为滑坡体，1号闸墩保留；2号、3号、4号、5号闸墩需爆破拆除。2号闸墩宽1.5m，3号、4号闸墩为两个相互独立紧密相连的闸墩组成，每个闸墩宽1.2m，5号闸墩宽度为1.2m。闸墩长度为20m，闸墩间距8~9m。闸墩为钢筋混凝土结构，混凝土标号为C25，钢筋较少。闸墩至溢流面标高169.500~157.000，高度为12.5m，拆除至高程155.600，拆除高度13.9m。

溢洪道爆破属于季节性工程，施工工期短，必须采取相应的措施，配备足够的人力、物力及设备，按时完成任务。由于溢洪道附近有大坝、建筑物、高压电线等，所以必须采取防振与防飞石措施，严格控制单段起爆药量，确保大坝、建筑物及高压电线的安全。标高157.00以上为高空作业，施工难度大，必须科学安排，合理使用机械与人员，防护措施必须到位，确保施工人员的安全。

## 2 总体方案

（1）采取爆破与机械结合的方法施工。机械拆除闸门、小桥及启闭机房，机械清运渣土及大块破碎。

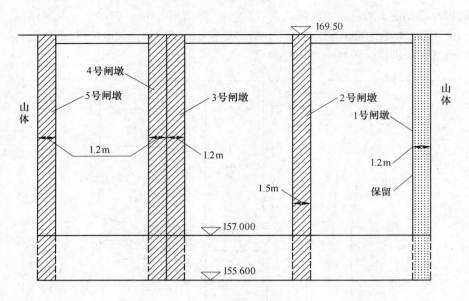

图 2 闸墩立面图

Fig. 2 Pier elevation

（2）根据闸墩的周围环境、结构、特点和施工要求，拟采用浅孔对溢流面先进行爆破，爆破时留保护层 40cm，即爆破至 156.000，机械破碎清理至设计标高 155.600。对 2 号、3 号、4 号、5 号闸墩采用深孔爆破，一次爆破拆除至标高 156.000，机械破碎清理至设计标高 155.600。

（3）爆破飞石的控制重点是对溢流面实施浅孔爆破。在对溢流面进行钻孔作业的同时在闸墩上搭设深孔爆破作业平台，浅孔爆破时作业平台对防止飞石向上飞散起到很好的防护作用。对爆破体采取覆盖防护措施，防止飞石对房屋建筑物、周围设施及人员的伤害。

（4）在 5 号闸墩东侧机械开挖宽度为 1.5m，深度达 155.60 标高以下，为 5 号闸墩爆破创造自由面，也是一道减振沟，有效减弱爆破振动对东侧建筑物、副坝的影响。溢流面爆破后在 1 号闸墩处开挖减振沟，深度达 155.60 标高以下，减少爆破地震对 1 号闸墩、山体及建筑物的影响。

（5）采用多段毫秒延时起爆技术，采用逐孔、逐排接力起爆网路，有效控制单段起爆药量。

（6）对爆破振动进行检测，及时反馈以便随时修正爆破参数，控制振速在允许范围内。

## 3 标高 157.000～156.000 溢流面浅孔爆破设计

标高 157.000 以下溢流面采用浅孔爆破，分 3 个爆破区域，每个区域东西宽 8～9m，南北长 20m。机械在溢流面南北两端开挖至标高 156.00 以下，形成浅孔爆破台阶及自由面。先在 2 号、3 号闸墩间的 2 区进行试验炮。

### 3.1 爆破参数

具体的爆破参数如下：

（1）炮孔直径：$D = 40mm$；

(2) 台阶高度：$H = 1\text{m}$；
(3) 最小抵抗线：$W = 0.4\text{m}$；
(4) 炮孔间隔：$a = (1.2 \sim 2.0)W = 0.48 \sim 0.8\text{m}$（取 $0.6\text{m}$）；
(5) 炮孔排距：$b = 0.4\text{m}$；
(6) 炮孔超深：$L_1 = 0.1\text{m}$；
(7) 炮孔深度：$L = 1.1\text{m}$；
(8) 炸药单耗：$400\text{g/m}^3$；
(9) 单孔药量：$Q = qV = 0.4 \times 0.4 \times 0.6 \times 1.0 = 100\text{g}$；
(10) 每个区炮孔总数：$N = 650$；
(11) 每个区总药量：$\Sigma Q = NQ = 650 \times 0.10 = 65\text{kg}$。

## 3.2 起爆网路

采用导爆管毫秒延时起爆网路，孔内 MS12（延期时间 550ms）、孔外 MS3（延期时间 50ms）相结合延期，排间延期时间 50ms，由南向北逐排起爆，起爆网路如图 3 所示。每区每排约 13 个炮孔，50 排，最大单响药量 1.3kg。

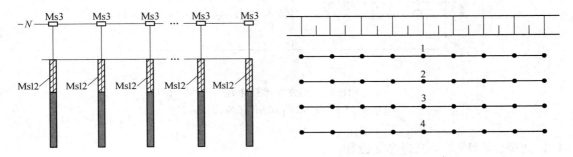

图 3　起爆网路图
Fig. 3　Priming network

## 4 闸墩爆破设计

闸墩采用深孔爆破，一次爆破拆除至标高 156.00。

### 4.1 2 号闸墩及爆破参数设计

2 号闸墩炮孔布置如图 4 所示。
(1) 炮孔直径：$D = 80\text{mm}$；
(2) 最小抵抗线：$W = 0.75\text{m}$；
(3) 炮孔间隔：$a = (1.2 \sim 2.0)W = 0.9 \sim 1.5\text{m}$（取 $1.0\text{m}$）；
(4) 单个闸墩炮孔个数：$N = 20$ 个；
(5) 炮孔深度：$L = 13.5\text{m}$；
(6) 炸药单耗：$350\text{g/m}^3$；
(7) 单个闸墩一次爆破所需药量：$Q = qV = 0.35 \times 13.5 \times 20 \times 1.5 = 141.75\text{kg}$；
(8) 平均单孔药量：$Q_1 = 7\text{kg}$。

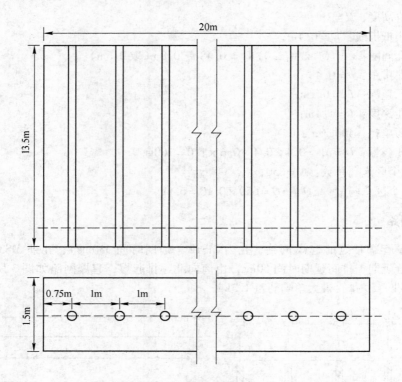

图 4　2 号闸墩炮孔布置

Fig. 4　Drilling hole pattern of No. 2 pier

### 4.2　3 号、4 号、5 号闸墩参数设计

3 号、4 号、5 号闸墩炮孔布置如图 5 所示。

(1) 炮孔直径：$D = 80\text{mm}$；
(2) 最小抵抗线：$W = 0.6\text{m}$；
(3) 炮孔间隔：$a = (1.2 \sim 2.0)W = 0.72 \sim 1.2\text{m}$（取 1.0m）；
(4) 单个闸墩炮孔个数：$N = 20$ 个；
(5) 炮孔深度：$L = 13.5\text{m}$；
(6) 炸药单耗：$350\text{g/m}^3$；
(7) 单个闸墩一次爆破所需药量：$Q = qV = 0.35 \times 13.5 \times 20 \times 1.2 = 113.4\text{kg}$；
(8) 平均单孔药量：$Q_1 = 5.67\text{kg}$。

### 4.3　装药结构

闸墩深孔爆破装药结构如图 6 所示。采用 $\phi32\text{mm}$ 乳化炸药连续装药，底部 2m 药量加倍，装药及导爆索绑在竹片上。孔口填塞长度 1.2m。

### 4.4　起爆网路

采用塑料导爆管起爆网路，每个炮孔内装 2 发毫秒 12 段塑料导爆管雷管，用 2 发毫秒 3 段导爆管雷管进行接力传爆，每个闸墩逐孔起爆，起爆网路如图 7 所示。2 号、3 号与 4 号、5 号

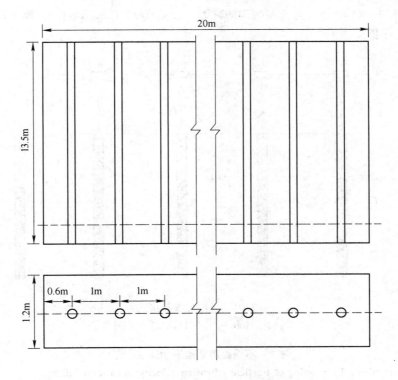

图 5　3号、4号、5号闸墩炮孔布置

Fig. 5　Drilling hole pattern of No. 3 pier, No. 4 pier and No. 5 pier

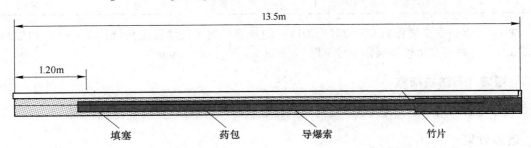

图 6　闸墩深孔爆破装药结构示意图

Fig. 6　Charge structure of pier

闸墩分3次点火起爆。

## 5　爆破安全设计

### 5.1　爆破振动安全校核

按照《爆破安全规程》(GB 6722—2014)的安全标准,安全振速(质点垂直振速)$v_c$采用式(1)计算:

$$v_c = KK'\left(\frac{\sqrt[3]{Q_m}}{R}\right)^\alpha \tag{1}$$

式中，取 $K=150$，$K'=0.5$（开挖减振沟的减振系数），$Q_m=7\text{kg}$，$\alpha=1.6$，则不同距离 $R$ 处的质点振动速度 $v_c$ 值见表1。

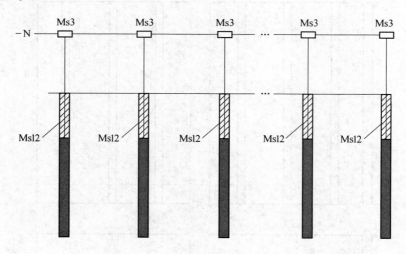

图7　逐孔起爆网路

Fig. 7　Hole by hole blasting network

**表1　不同距离质点振动速度 $v_c$ 值**

Table 1　$v_c$ value of particle vibration velocity at different distances

| 距离 $R$/m | 10 | 30 | 60 | 100 | 200 |
|---|---|---|---|---|---|
| $v_c$/cm·s$^{-1}$ | 5.3 | 1.2 | 0.3 | 0.13 | 0.044 |

根据《爆破安全规程》(GB 6722—2014)的规定，爆破振动安全允许标准：$v$（民用建筑）≤2cm/s，$v$（岩石高边坡及保留1号闸墩）≤8cm/s，$v$（大坝）≤8cm/s。

## 5.2　爆破飞石防护措施

爆破飞石采用草袋、竹夹板、安全网多层复合防护，炮孔位置用沙袋覆盖防护。

# 6　爆破效果

爆破块度均匀，适合机械清运。爆破过程在坝体、1号闸墩、民房等保护目标全程进行地震波检测，检测数据均小于计算值，小于爆破振动安全允许标准。飞石防护效果好，确保了人员、建筑物及设施的安全。

## 参 考 文 献

[1] 汪旭光. 爆破设计与施工[M]. 北京：冶金工业出版社，2011.
[2] 汪旭光. 爆炸合成新材料与高效、安全爆破关键科学和工程技术[M]. 北京：冶金工业出版社，2011.
[3] 汪旭光. 典型爆破工程与技术[M]. 北京：冶金工业出版社，2006.
[4] 傅光明，周明安. 军事爆破工程[M]. 长沙：国防科学技术大学出版社，2007.
[5] 刘殿书. 中国爆破新技术Ⅱ[M]. 北京：冶金工业出版社，2008.

# 复杂环境下倒锥式薄壁钢筋混凝土水塔的爆破拆除

王洪森 李洪伟 郭子如 江向阳 刘伟 汪泉

(安徽理工大学，安徽 淮南，232001)

**摘 要**：本文介绍了一复杂环境下倒锥式薄壁钢筋混凝土水塔的爆破拆除，根据周围环境要求，通过精确测量水塔各项参数和周边设施、线缆的具体位置，制定切实可行的定向爆破倒塌方案。严格计算和确定了爆破参数，通过精心施工、加强防护，降低水塔爆破和触地振动危害，达到了良好的爆破效果，为同类工程施工提供了经验。

**关键词**：爆破拆除；定向爆破；安全防护；薄壁水塔

## Blasting Demolition of Thin Wall Steel Reinforced Concrete Tower with the Shape of Reverse in Complicated Surroundings

Wang Hongsen  Li Hongwei  Guo Ziru  Jiang Xiangyang  Liu Wei  Wang Quan

(Anhui University of Science and Technology, Anhui Huainan, 232001)

**Abstract**: The blasting demolition of thin wall steel reinforced concrete tower with the shape of reverse cone in complicated surroundings is presented in this paper. A practical directional blasting scheme is formulated after the parameters of peripheral devices and equipments are precisely measured. The suitable blasting parameters are determined by accurate calculating. A blasting plan with scientific management, careful blasting operation and proper protection is designed. The results of blasting show that the blasting plan in this paper is effective and successful. The blasting experience could be referred to the similar blasting engineering.

**Keywords**: blasting demolition; directional blasting; safety protection; thin-wall tower

## 1 工程概况

某医院因改建需要将一座钢筋混凝土结构倒锥壳式水塔拆除，该水塔位于医院院内，周边环境十分复杂，综合各种因素，决定采取爆破方式将其拆除。

### 1.1 水结构塔

该水塔为倒锥式薄壁钢筋混凝土结构。经测量，水塔底部筒体外直径为2.45m，壁厚0.18m，水塔总高38.6m（含避雷针），其中支撑筒体高度26.4m，从27.4m高度开始为倒锥式水箱，最大直径14m处距离地面高度为32.4~32.7m，顶部气窗最高处为36.1m，避雷针高度

---

作者信息：王洪森，讲师，305721935@qq.com。

2.5m。筒体配筋情况：竖筋为 $\phi 28\times 120mm$，箍筋为 $\phi 14\times 200mm$，正南有 $0.8m\times 2.1m$ 小门。

## 1.2 周边环境

待拆除水塔所处环境十分复杂，东侧距离筒体 37.4m 有离地面 15m 高 220kV 高压输电线，南侧 5m 外有珍贵花圃，10m 外有高大珍贵树木，西侧紧邻水塔 0.2m 有监控、通信线缆，北侧 2m 外有花圃，15m 外为体检中心大楼，东北侧 8m 外有临时储藏室，东南侧距离高压线最近距离为 34m，地下 6~8.6m 深有医院自用燃气锅炉天然气输气管，周围环境和倒塌方向如图 1 所示。

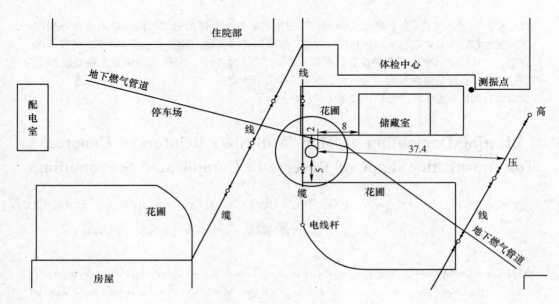

图 1　水塔周边环境示意图（单位：m）
Fig.1　The sketch of the buildings centered the cistern (unit：m)

## 2　爆破方案的确定

该水塔周边环境复杂，南、北两方向均无定向倒塌空间，西侧有停车场空地，有两路多条线缆需要降地保护，有配电室、燃气阀门控制柜等重要设施，且紧邻水塔西侧通道是医院的主干道，每天通行繁忙，综合各种因素，决定水塔向正东偏南 2°方向倒塌，使设计的缺口宽度超过南部小门范围，设计时必须仔细考虑水塔倒塌时水塔顶部与高压线之间的距离，确保爆破时不能对高压线路造成任何危害。

## 3　爆破参数选择

本次水塔爆破拆除，既不能产生后坐，也不允许前冲，以倒塌中心线对称开凿正梯形缺口，并且在切口两侧对称开凿两个尺寸完全相同的定向窗以确保倒塌方向。

### 3.1　切口长度的确定

水塔的倒塌是以保留的弧形筒体为支撑，在上方重力的作用下重心向倾倒方向偏移，形成倾覆重力矩，这时保留部分主要受拉应力为主[1]。

（1）水塔的配筋率为：

$$\mu = \frac{A_g}{A_c} = \frac{n\pi\frac{\phi^2}{4}}{\pi(R^2 - r^2) - n\pi\frac{\phi^2}{4}} = \frac{63 \times 0.028^2}{4 \times (1.225^2 - 1.045^2) - 63 \times 0.028^2} = 0.0312 \quad (1)$$

式中　$\mu$——配筋率；
　　　$A_g$——截面钢筋面积；
　　　$A_c$——截面混凝土面积；
　　　$n$——钢筋数量；
　　　$\phi$——钢筋直径；
　　　$R$——筒体外半径；
　　　$r$——筒体内半径。

（2）钢筋混凝土水塔的界面极限抗弯强度为：

$$[\sigma] = 1.5 \times (\sigma_c + \mu\sigma_g) = 1.5 \times (2 \times 10^6 + 0.0312 \times 235 \times 10^6) = 1.3985 \times 10^7 \quad (2)$$

式中　$\sigma_c$——混凝土的极限抗弯强度；
　　　$\mu$——配筋率；
　　　$\sigma_g$——钢筋的极限抗弯强度。

（3）切口对应的圆心角度。

水塔倒塌时保留的支撑面截面抗矩 $M_\sigma$ 不大于重力矩 $M_P$，即：

$$2[\sigma]\delta\bar{R}^2(\theta - \sin\theta) \leq P(\bar{R}\cos\theta + e)$$

$$\frac{\theta}{\cos\theta} - \tan\theta \leq \frac{P}{2[\sigma]\delta\bar{R}} \quad (3)$$

$$\frac{\theta}{\cos\theta} - \tan\theta \leq \frac{210 \times 10^3 \times 9.8}{2 \times 1.3985 \times 10^7 \times 0.18 \times 1.135}$$

$$\theta \leq \sin\theta + 0.3602\cos\theta$$

$$\theta \leq 60°$$

式中　$P$——水塔重力；
　　　$\delta$——水塔壁厚；
　　　$\bar{R}$——平均半径；
　　　$\theta$——保留部分的支撑面所对应的圆心半角；
　　　$e$——偏心矩（在初始时刻，偏心矩很小，可忽略）。

为了确保水塔在倒塌过程中不发生翻转偏移，保留区尽量取大值，所以爆破切口所对应的圆心角为：$\varphi = 360° - 2\theta = 240°$。

（4）爆破切口长度为：$L = \pi D\varphi = \pi \times 1.225 \times \frac{240°}{180°} = 5.1\text{m}$。

## 3.2　切口高度的确定

水塔定向倒塌首先要满足重力矩大于保留部分截面抗矩，爆破形成一定高度的缺口，使混凝土脱离钢筋骨架后裸露出来的钢筋失稳而发生倾倒[1,2]。爆破缺口上方筒体质量经估算为

210000kg，每根钢筋所承受的压力为：$F_p = \dfrac{P}{n} = \dfrac{210 \times 10^3 \times 9.8}{23} \times \dfrac{240}{360} = 5.97 \times 10^4 \text{N}$，而$\phi 28$ 螺纹钢的屈服应力为：$F_q = \sigma_b A = 200 \times 10^6 \times \pi \times \left(\dfrac{28}{2} \times 10^{-3}\right)^2 = 1.23 \times 10^5 \text{N}$，因$F_p < F_q$，所以爆破后钢筋属于细长受压杆。由欧拉公式得最小切口高度为：

$$h_{\min} = 2\pi \sqrt{\dfrac{EIn}{P}} = 2\pi \sqrt{\dfrac{E \dfrac{\pi d^4}{64} n}{P}} = \dfrac{\pi(28 \times 10^{-3})^2}{4} \sqrt{\dfrac{\pi 220 \times 10^9}{5.97 \times 10^4}} = 2.1 \text{m}$$

式中　$E$——钢筋弹性模量；
　　　$I$——钢筋截面惯性矩；
　　　$P$——上部结构荷载；
　　　$n$——缺口内钢筋数目。

### 3.3　定向窗的确定

为了精确控制倒塌方向，预先开设定向窗口，这样不但可以避免炮孔爆破对保留支撑区对称性的影响，而且还能保证水塔筒体平稳倾倒[2]。为达到预期的爆破效果消除爆破区域内水塔小门对倒塌精度的影响，本次爆破设计的定向窗夹角为30°底长1.1m，南侧超过小门0.3m，定向窗口形式如图2所示。

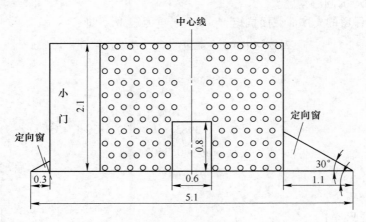

图2　爆破切口形式（单位：m）
Fig. 2　Shape of the blasting cut（unit：m）

### 3.4　切口尺寸的确定

此水塔竖筋配筋为$\phi 28 \times 120$mm，比较粗密，核算炸高为2.1m，加上20%的安全系数将达到2.5m，为了降低炸高保障水塔顺利倒塌，以倒塌中心线为中心开凿0.6m×0.8m的窗口，使缺口范围内的竖筋由23根缩减至18根，根据钻孔情况确认倒塌中心线两边各留9根竖筋。至此缺口尺寸确定，底边长5.1m（含两侧各有夹角30°长1.1m的定向窗），高2.1m，中间小缺口0.6m×0.8m，如图2所示。定向窗和中间小缺口内裸露出来的钢筋在爆破当天装药前用氧气焊割除。

## 3.5 爆破参数

炮孔深度 $l = 0.68\delta = 0.12$m，炮孔间距 $a = 0.2$m，炮孔排距 $b = 0.2$m，单炮孔药量（采用体积药量计算公式求出炮孔装药量，取 $K = 4000$g/m$^3$）$q = Kab\delta = 4000 \times 0.2 \times 0.2 \times 0.18 = 28.8$g，实际单孔装药量为30g，最下面两排炮孔单孔装药量为40g。

采用梅花形布孔方式，共布置11排108个炮孔，总装药量为3460g。

水塔周围环境复杂，倾倒过程中轴线左右偏移不能超过3.9°，为了快速稳定地形成足够高度的缺口，本次爆破全部采用两段延期导爆管雷管起爆所有的炮孔，为保证炮孔起爆的可靠性，每个炮孔装入两发雷管，采用四通连接并形成复式起爆网路。倒塌运行轨迹示意图如图3所示。

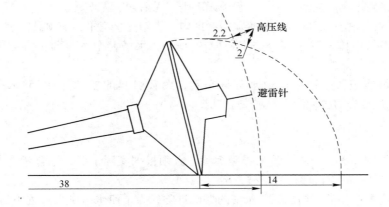

图3 倒塌运行轨迹示意图（单位：m）

Fig. 3 The sketch of schematic diagram of collapse trajectory (unit: m)

## 4 安全防护与技术措施

### 4.1 与220kV高压线距离核算

水塔全高38.6m（含避雷针2.5m），若以后支撑面为旋转轴倒塌，以38m直径画弧得到避雷针顶部倒塌过程运动轨迹，得出避雷针距离高压线的最短距离为2.2m。水塔触地后，顶部水箱盖强烈撞击地面垮塌并有可能向前翻转，以最极端概率，水箱顶盖不变形全尺寸翻转画弧得到箱盖运行轨迹，得出距离高压线最短距离为2m，而220kV高压线不停电时的安全距离为3.00m[3]，所以必须对水塔顶端避雷针进行预割除，水箱盖厚度薄、强度低，为确保顶盖触地时垮塌并折叠，主爆前对顶盖进行预破坏，因此能够满足与高压线之间安全距离3m的要求。

### 4.2 飞石和触地振动防护

水塔周围环境复杂，根据水塔爆破中飞石产生的原因和防治措施[4]，结合以前的工程经验，为减少爆破飞石和爆破空气冲击波的危害，在爆破缺口位置先用四层草袋和四层荆笆包覆，并用铁丝将相邻的草袋和荆笆扎紧使不留有缝隙，再包裹一层地毯，一层钢丝网，最后用铁丝在上、中、下部各捆扎数圈，周围医院的玻璃窗用荆笆覆盖严密。

水塔倒塌由于钢筋的支撑与牵扯，既不能后坐也不能前冲，上部倒锥型塔帽最大直径处估计会倒塌在距离水塔支撑点32.4~32.7m范围内,塔帽与筒体的加强段会倒塌在距离水塔支撑点26.4~27.4m的地方。为防止水塔倒塌撞击地面产生的混凝土碎块和其他杂物飞溅,在距离水塔东边缘30~32m范围内用沙袋堆积成宽16m、高1.0m的缓冲层,在24~26m范围内用沙袋堆积成宽4m、高1.5m的缓冲层,在两缓冲带之间敷设0.6m的黄沙并向外延伸至离塔边缘35m处,在距离水塔东边缘5m、10m、15m、20m远的中心线两边堆积宽3m、高1m的沙袋,减缓水塔筒体撞击地面的振动、产生碎石飞溅和对燃气管道的损伤。

## 5 爆后效果

水塔倒塌的全过程用高速摄像机进行了拍摄,起爆后钢筋失稳水塔开始发生倾斜,在此过程钢筋受力失稳、水塔重力矩大于保留部分截面抗矩而倾倒,速度较缓慢,起爆6s后定向窗缺口开始闭合,倒塌速度加快,倾倒过程中无下坐、无前冲、无偏转。

水塔倒地后,倒锥形塔帽准确地落在缓冲区内,塔帽完全扁平,盖顶破碎翻转前倒,筒体扁平破碎,塔帽与筒体加强段部分陷入地面约0.5m,水塔完全按照预定方向倒塌,无任何误差。

通过对水塔爆破、触地振动记录分析来看,爆破引起的振动为0.358cm/s,触地振动0.986cm/s,经过沙袋的缓冲满足爆破安全要求。

## 6 结论

(1) 对于周围环境复杂的构筑物爆破拆除,必须根据实际情况,综合考虑各个因素的影响,制定出切实可行的、最优化的爆破方案。

(2) 对于薄壁结构的钢筋混凝土水塔的爆破拆除,为了使水塔倒塌过程不后坐、不前冲,爆破切口的长度必须经过严格计算,使保留的支撑区有足够的强度,防止压垮后坐,对于竖筋较粗的水塔,可适当减少保留区的范围,核算支撑与水塔自重的关系。

(3) 对于薄壁结构的钢筋混凝土水塔的爆破拆除,必须对切口形成后,裸露出来的钢筋进行受力分析,来判断钢筋的受力类型,从而确定爆破切口的高度。特别是竖筋较粗时为了减少切口高度,降低装药量和防护难度,可以在倒塌中心线两侧对称开切口,从而使支撑面的钢筋数量减少,顺利压垮变形。

(4) 预先开定向窗口,可以使高耸构筑物在定向爆破拆除中,获得更加准确的倾倒方向。整个设计过程中要充分考虑水塔边门对倒塌方向、缺口宽度、定向窗尺寸的影响,综合分析,确定合理的爆破设计参数。

(5) 对于钢筋混凝土水塔倒地撞击地面引起的危害,必须给予高度重视,可以在倒塌范围内铺垫沙袋缓冲层,降低振动、减少碎石等杂物飞溅。

### 参 考 文 献

[1] 史雅语,金骥良,顾毅成. 工程爆破实践[M]. 合肥:中国科学技术大学出版社,2002.
[2] 王洪森,颜事龙,郭子如,等. 倒锥式薄壁钢筋混凝土水塔的拆除爆破[J],工程爆破,2006,12(4):38-40,46.
[3] 国家电网公司. Q/GDW 1799.2—2013 国家电网公司电力安全工作规程线路部分[S]. 北京:中国电力出版社,2014.
[4] 沈朝虎,张智宇,庙延钢,等. 钢筋混凝土烟囱触地飞溅分析[J]. 工程爆破,2004,10(1):16-18,34.

# 钢筋混凝土杆件轴向预埋炮孔拆除爆破技术探讨

叶建军[1,2]　程大春[2]　舒大强[3]　李夏牧[3]　明军[2]

(1. 湖北工业大学土木工程与建筑学院，湖北 武汉，430068；2. 武汉宏伟交通爆破工程有限公司，湖北 武汉，430000；3. 武汉大学水利水电学院，湖北 武汉，430072)

**摘　要**：针对钢筋混凝土杆件拆除爆破钻孔难、垂直轴向预埋炮孔耗材多和操作复杂的问题，本文提出了沿杆件轴线预埋炮孔的技术方案。该方案系统解决了预埋管分段设置、材料选择、尺寸参数确定，提出了炸药选择、装药结构及长孔稳定传爆措施。本文还以钢筋混凝土基坑支撑梁拆除爆破为例，采用数值分析方法对比分析了本方案与传统垂直轴向预埋炮孔的爆破动力响应；比较了两方案的技术经济指标。结果表明本方案下的混凝土和钢筋承受的爆破荷载冲击力更为均匀，变形和破碎效果更好；本方案消耗爆破器材更少、操作更简便、造价更低。

**关键词**：钢筋混凝土杆件；拆除爆破；轴向预埋炮孔

## The Technology of Reinforced Concrete Bar Demolition Blasting by Using Pre-buried Axial Pipes as Blast Holes

Ye Jianjun[1,2]　Cheng Dachun[2]　Shu Daqiang[3]　Li Xiamu[3]　Ming Jun[2]

(1. School of Civil Engineering and Architecture, Hubei University of Technology, Hubei Wuhan, 430068; 2. Wuhan Hongwei Jiaotong Blasting Co., Ltd., Hubei Wuhan, 430000; 3. School of Water Source and Hydropower Engineering, Wuhan University, Hubei Wuhan, 430072)

**Abstract**: Aimed at solving the problems in reinforced concrete bar demolition blasting projects such as the difficulty of drilling blast holes in reinforced concrete, consuming too many explosive materials and too complicated operations when pre-buried vertical-to-axised pipes are used as blast holes, this paper presents a new technical solution featured as using pre-buried axial pipes as blast holes, which puts forward systematically how to pre-buried pipes sectionally, select pipe materials and explosive type, determine dimensions of pipes, explosive-charging structure, and measures ensuring steady booster in long blast holes. Moreover, this paper takes the demolition blasting of temporary supporting reinforced concrete beams for foundation pit stabilization as example, and compares dynamic response of the beams with the pre-buried vertical-to-axised pipe as blast holes and with pre-buried axial pipes as blast holes by employing numerical analysis method, and compares their technical and economical indexes as well. The results show that our new solution can ensure the steel bars and concrete be subjected to more

---

基金项目：湖北省自然科学基金面上项目（2014CFB584）。

作者信息：叶建军，副教授，yjjyc@126.com。

uniform impact stress and deformation, and more complete broking. Our resolution also can achieve the benefits of fewer explosive material consumption, simpler operations, and lower cost.

**Keywords**：reinforced concrete bar; demolition blasting; pre-buried axial pipe used as blast holes

在工程建设中，很多钢筋混凝土杆件（梁或柱）需要拆除。爆破技术是钢筋混凝土杆件拆除的高效手段。对于钢筋混凝土杆件的爆破拆除，工程中通常的做法有两种，一种是在要建筑拆除时才施工炮眼和进行爆破作业；另一种是在钢筋混凝土杆件施工时就预埋管道作为将来拆除爆破的炮孔。为避免在钢筋混凝土杆件中钻孔的高难度、高成本和噪声污染，近年来工程界兴起了采取预埋管作为炮孔的方案。该方案的一个特征是预埋管垂直于杆件长轴线。这种杆件预埋炮孔的布置方案有较大缺陷：（1）炮孔在爆破时利用率低（特别是当梁的横截面尺寸不大时），一大截要用于堵塞，用于装药的有效长度小。（2）炮孔多，需要较多的雷管和堵塞材料，爆破耗材多。（3）由于炮孔多、雷管多，爆破堵塞和爆破网路连接操作工作量很大，人工成本高；且由于爆破网路复杂，可靠性降低，容易出现误操作，引起爆破事故。

针对这些问题，本文介绍一种新的沿钢筋混凝土杆件长轴线预埋炮孔的技术方案（该技术方案简称"轴向预埋方案"，已申请发明专利），并通过与已有技术方案的对比，分析了该技术方案技术经济的可行性和优越性。

## 1 钢筋混凝土杆件两种预埋炮孔拆除爆破技术方案

### 1.1 垂直于长轴线的预埋方案

垂直于钢筋混凝土杆件长（纵）轴线的预埋炮孔的一个方案（以下简称"垂直轴向预埋方案"）如图1和图2所示。类似方案在近年来一些基坑支撑梁拆除爆破工程案例中得到了应用。通过总结文献［1~5］报道的技术方案，可以得到该方案的技术特征如下：

（1）预埋炮孔垂直于杆件（一般是梁）的长（纵）轴，深度通常为杆件厚度的2/3。

（2）预埋孔一般采用塑料管（多用PVC），孔径一般为32~42mm，孔距为0.5~1.5m，排距为0.3~0.7mm；炸药单耗为0.5~1.5kg/m³。一般采用黄沙或炮泥堵塞，堵塞长度一般在0.2~0.5m。

（3）单响最大装药量根据萨道夫斯基爆破振动计算公式，当爆破方量较大时，炮孔很多，爆破网路较复杂。为达到控制振动的目的，需要精心设计和施工爆破网路。

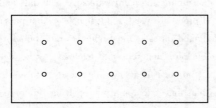

图1 梁预埋炮孔平面布置

Fig.1 Layout of pre-buried blast holes in beam

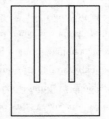

图2 梁横截面

Fig.2 Cross section of beam

### 1.2 轴向预埋方案

由于还没有文献介绍沿杆件长轴预埋炮孔的应用案例，本文只介绍书中所述的发明专利的技术方案。根据专利文献［6～8］,轴向预埋炮孔可以有几种布置方案,如图3～图7所示。通常情况下,轴向预埋孔可以两端（或一端）开口于梁或柱的端截面上（见图5和图6）。有些场合,可以一端或两端弯曲,开口于侧面（见图3和图7）。并且考虑到小直径深孔的传爆问题,在梁或柱长度较大时,可以每5～10m分段预埋（见图3和图7）。对于较长的梁轴向预埋孔,为了避免炸药包装因摩擦破损,实现准确装药（特别时间间隔装药）,可以使用装药长袋装药技术[9];为减小装药摩擦力和保证稳定传爆,可采用水耦合装药方案[8]。此时可利用水的浮力和润滑作用,实现顺利装药;炮孔布置如图3所示,便于孔内存水。

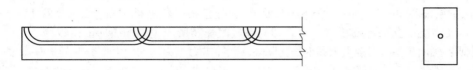

图3　梁轴向分段预埋炮孔　　　　　图4　梁或柱横截面
Fig. 3　Pre-buried sectional axial blast holes in beam　　Fig. 4　Cross section of beam or column

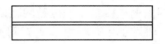

图5　梁轴向预埋炮孔
Fig. 5　Pre-buried axial blast holes in beam

图6　沿柱轴线预埋　　　　　图7　沿柱轴线分段预埋
Fig. 6　Pre-buried axial blast holes in beam　　Fig. 7　Pre-buried sectional axial blast holes in beam

该技术方案的其他特征如下：

（1）在杆件横截面尺寸（长、宽或直径）均小于1.2 m时,可只布置一根预埋管。当杆件横截面尺寸较大时,为避免单孔药量过大,考虑布置多根平行预埋孔。

（2）对于梁中预埋炮孔的装药,可采用先在炮孔中穿过一根牵引绳线,再在牵引绳线一端连续或间隔绑扎炸药（可同时绑扎导爆索）,最后拖拽牵引绳线另一端,将炸药拖入孔内。

（3）预埋孔一般采用塑料管（多用PVC）,根据杆件的大小,孔径一般在32～60mm,孔距为0.5～0.7m;分段布置时,弯起点距离0.5～1.0m;炸药单耗可略比垂直预埋方案低（原因见下面第2.1节部分分析）。炮孔端部采取堵塞,堵塞长度一般在0.4～0.8m。

（4）单孔或单响最大装药量可根据萨道夫斯基爆破振动计算公式,选用沟槽效应小的炸药,如乳化炸药和水胶炸药。

## 2 两种预埋方案的技术经济比较

### 2.1 两方案的爆破动力响应比较

文献[10]采用 ANSYS/LS-DYNA 软件，对比了炸药单耗相同的两种预埋炮孔（一种通过纵轴轴心，即轴向预埋；一种垂直轴向预埋）的爆破动力响应。该文中，炸药和混凝土均采用 SOLID164 号实体单元进行模拟，钢筋采用 BEAM161 号梁单元进行模拟。材料模型选择：炸药材料用 MAT_008、混凝土用 MAT_072、钢筋用 MAT_003。模型模拟基坑支撑梁的横截面尺寸 20cm×30cm，保护层厚度 2cm。使用 EOS_JWL 状态方程定义炸药爆破时的状态，INITIAL_DETONA-TION 定义高能炸药的起爆设置，荷载即为爆破时炸药所产生的爆破冲击荷载。

模拟结果表明：轴向预埋时，混凝土和钢筋受爆破荷载冲击力更为均匀，大部分混凝土都产生破碎破坏；钢筋由于重复拉压作用更容易产生疲劳破坏，变形更加一致。轴向预埋是更好的方案。

### 2.2 两方案的可靠性比较

相对于垂直轴向预埋的方案，轴向预埋方案能大量减少炮孔、减少雷管和简化爆破网路，这就可以减少由于雷管的拒爆、网路的连接错误、爆破网路设计不合理等引起的爆破失败。轴向预埋方案可能出现的长孔传爆问题（由于沟槽效应）可通过分段设置炮孔（每分段 5~10m）[7,8]、在药卷上绑扎导爆索、使用 EM 型乳化炸药等措施加入解决[11]。

因此，轴向预埋方案的可靠性更高。

### 2.3 两方案的安全性比较

相对于垂直轴向预埋的方案，轴向预埋方案能使更大比例的炸药埋在混凝土里，使更少的炸药接近炮孔口（炮孔即使有堵塞，堵塞材料也是薄弱点）；更多能量消耗在破碎钢筋混凝土上，更少的能量消耗在冲孔、飞石、振动、空气冲击波上。

因此，轴向预埋方案更安全。

### 2.4 两方案施工难度和成本比较

以一条宽×高×长的尺寸为 1m×1m×20m 的钢筋混凝土柱为例。轴向预埋方案：在柱中轴线上分段预埋两根长度 10m、φ36mm 的 PVC 塑料管两根（一端弯起）；垂直轴向预埋方案：每隔 0.6m，在侧面中线上预埋 67cm 深水平 φ36mm 的 PVC 塑料管，炮孔垂直于纵轴线。两方案的技术经济指标见表1。

表1 两方案技术经济比较（只考虑主要材料和爆破阶段人工成本）
Table 1 Technical and economic comparison of the two solutions (only main materials and labor cost used in demolition stage considered)

| 项 目 | 雷管数量/枚 | PVC 长度/m | 堵塞长度/m | 炸药单耗/kg·m$^{-3}$ | 传爆管线/m | 操作工时 |
|---|---|---|---|---|---|---|
| 轴向预埋 | 2 | 20 | 1 | 0.6 | 20（导爆索） | 0.125 |
| 垂直预埋 | 33 | 22 | 7.92 | 0.67 | 99（导管） | 0.375 |
| 单价/元 | 1.2 | 2.0 | 1 | 4.5 | 1.37/0.22 | 200 |

注：表中，垂直预埋＝垂直轴向预埋。1.37 为导爆索单价，0.22 为导爆管价格。炸药采用 φ32 乳化炸药药卷，药卷长度 20cm，质量 200g；雷管采取非电雷管。沿轴预埋时，装药间隔 20cm，每米装药 3 个药卷。垂直预埋时，每孔装药 2 个药卷，堵塞 0.36 m，每孔除雷管自带的导爆管外平均还需 3m 导爆管。采用文献[12]提供爆破器材价格；PVC 价格通过向企业询价获得（φ36mm，壁厚 1.8mm）；堵塞材料成本取每米 1 元。取每工时的价格 200 元。

按照表1列举的项目和单价,可以计算出两方案的总成本:轴向预埋为88.5元;垂直预埋为205.3元。在此案例中,轴向预埋方案的总成本不到垂直轴向预埋的一半。垂直轴向预埋方案中,33个炮孔的装药、堵孔和连线,都是很繁琐的工作,这既费人力,也容易出现差错。

如果还考虑其他成本,如预埋管的人工成本、绑扎材料成本、现场管理成本、其他辅助材料的成本,也会发现由于轴向预埋方案的炮孔少,预埋操作和现场管理简单,成本还会更低。而且,随着轴向预埋的分段长度越长,成本会更具优势。但分段长度受到最大稳定传爆长度和最大单孔药量限制。

从总成本看,PVC管的造价占很大的比重。在有些场合,我们可以采取如文献[1]介绍的拔管工艺,在混凝土终凝结束瞬间拔出PVC管道(预埋前在管道外壁涂润滑油)回收利用,这样可以大幅降低直接成本。

因此,从直接成本和施工难易程度看,轴向预埋的方案有巨大的优势。

## 3 展望

到目前为止,钢筋混凝土杆件的拆除爆破需求主要在基坑临时支撑梁的拆除爆破工程中。可以预测,本文提出的沿轴预埋技术方案也将首先在基坑临时支撑梁拆除爆破工程中得到应用。本方案在武汉市某大型基坑钢筋混凝土临时支撑梁工程中得以采纳,在浇筑支撑梁时,按照6m分段轴向预埋了PVC管作为炮孔(见图8),预计明年或后年进行拆除爆破。实际上,对于所有建筑物(房屋、桥梁、水工结构等)的杆件都可以采取建造时轴向预埋炮孔,并在建筑物报废时采用爆破拆除的技术方案。这种方案配合拔管回收的技术时,预埋炮孔的成本将只是少量人工成本。预埋炮孔在建筑物使用期间可以将端部堵塞,或者保持通畅用于电线、通信的穿线管或者水管。待建筑物拆除时,找到预埋孔端部,用压风清理干净就可以装药爆破。这个思想实际上就是全寿命设计思想——在建筑物的诞生之日,就考虑了建筑物的拆除。考虑到我国建筑的平均寿命只有30年[13],即使考虑建筑物建造时投入的预埋炮孔成本的时间价值,也远比目前建筑物拆

图8 钢筋混凝土支撑梁中轴向预埋PVC管

Fig.8 Pre-buried axial PVC pipes for blast holes in reinforced concrete supporting beam

除工程中广泛采用的人工、机械或钻孔爆破拆除的成本低得多,也更环保。可以预想,如果钢筋混凝土杆件预埋炮孔成为强制性的国家设计规范,将会改变目前钢筋混凝土杆件生产、使用和报废模式,带来巨大的社会经济效益。

## 4 结论

钢筋混凝土杆件的拆除爆破采用轴向预埋炮孔方案比采用垂直轴向预埋炮孔方案,爆破破碎效果更好、消耗爆破器材更少、操作更简便、安全性和可靠性更高、造价更低,是更优秀的技术方案。该方案具有广阔的应用前景。

### 参 考 文 献

[1] 赵坤,蒋昭镶.预埋炮孔法在钢筋混凝土支撑爆破拆除中的应用研究[J].爆破,2005,22(2):82-

83，99．
- [2] 温尊礼，顾月兵，韩文红．基坑围护钢筋混凝土支撑精确爆破拆除[J]．探矿工程，2015，42(3)：80-84．
- [3] 马怀章，刘海峰，汪仲琦，等．深基坑钢筋混凝土水平支撑爆破拆除施工技术[J]．地基基础，2013，35(12):1037-1039．
- [4] 葛正来．深基坑钢筋混凝土支撑的爆破与拆除[J]．地基基础，2013，35(10):889-891．
- [5] 冷熠．大型钢筋混凝土支撑的爆破拆除技术浅析[J]．采矿技术，2014，14(5):120-122．
- [6] 程大春，叶建军，明军．钢筋混凝土梁轴向预埋炮孔及拆除爆破方法：中国，CN104964624A[P]．2015-10-07．
- [7] 叶建军，程大春，明军．钢筋混凝土柱轴向预埋炮孔及拆除爆破方法：中国，CN105091682A[P]．2015-11-25．
- [8] 程大春，叶建军，明军．钢筋混凝土梁或柱水耦合装药爆破拆除方法：中国，201610116721.8[P]．2016-02-23．
- [9] 叶建军，程大春，舒大强．装药长袋及利用装药长袋对炮孔装药的方法：中国，201610110883.0[P]．2016-02-22．
- [10] 李夏牧．钢筋混凝土结构的爆破机理及拆除技术研究[D]．武汉：武汉大学，2015．
- [11] 汪旭光．爆破设计与施工[M]．北京：冶金工业出版社，2013：38-40．
- [12] 北京市民用爆破器材出厂价格标准．http：//bj.bendibao.com/cyfw/2014220/135987.shtm．
- [13] 侯艳．中国新建筑平均寿命被指不超30年．http：//www.chinanews.com/gn/2014/04-07/6035396.shtml．

# 电厂 100m 钢筋混凝土烟囱定向爆破拆除

毛益松[1]　郎智翔[1]　单志国[2]　卜　杰[1]　陈章明[2]

（1. 国防科学技术大学九院，湖南 长沙，410072；
2. 湖南长工工程建设公司，湖南 长沙，410003）

**摘　要**：本文介绍了怀化市火电厂一座 100m 高钢筋混凝土烟囱的定向爆破拆除。对烟囱爆破切口的选择、药孔参数设计、爆破安全距离估算及防护技术措施等方面进行了研究。烟囱起爆后按照设计方向准确倒塌，爆破效果较好。爆破飞散物飞散距离控制在 50m 以内，但烟囱着地飞溅物超过了 200m，故倒塌方向警戒安全距离设计在 300m 以外的方案非常合理，为以后类似爆破工程提供了有益借鉴。

**关键词**：钢筋混凝土烟囱；定向爆破；爆破安全

## Demolition of a 100m-high Reinforced-Concrete Chimney of Huaihua by Controlled Blasting

Mao Yisong[1]　Lang Zhixiang[1]　Shan Zhiguo[2]　Bu Jie[1]　Chen Zhangming[2]

（1. National University of Defence Technology, Hunan Changsha, 410072;
2. Hunan Long Work Construction Co., Ltd., Hunan Changsha, 410003）

**Abstract**: A directional blasting method was introduced to demolish a 100m-high chimney of reinforced concrete in Huaihua. The selection of blasting cut, blasting parameters design, estimation of the blasting safety distance and protection technology and method were studied for the directional blasting of the chimney. The chimney collapsed accurately according to the design after being detonated. The distance of the flying rock flied was controlled within 50m, and the 300m safety distance was reasonable as the splash flied to 200m away. The project provides experience for learners.

**Keywords**: reinforced concrete chimney; directional blasting; safety of blast

## 1　工程概况

### 1.1　烟囱结构

怀化市火电厂待拆除钢筋混凝土烟囱高度为 100m，距地面 3.5m 处直径 8.03m，周长 25.2m，混凝土壁厚 0.43m，标号 C30，内衬耐火砖厚 0.24m，隔热层 0.08m；筒身配置一层钢筋网，竖向钢筋圆钢/纹/$\phi$20/18@100，箍筋 $\phi$12@100。烟囱钢混凝土体积 489.87$m^3$，烟道口

---

作者信息：毛益松，副教授，1213175424@qq.com。

共有两个，高2.5m，宽2.5m。烟囱建造于1986年，结构完整，没有任何风化破坏痕迹。

## 1.2 周围环境

待爆破拆除烟囱位于原怀化火电厂院内。因烟囱爆破日期在厂区其他建筑拆迁之后进行，爆破环境相对较好，如图1所示。东侧距正在建的楼房212m以上；南侧31m处是厂内配电房（需要保护），距鹤城区盈口乡井坪村2号栋（3F）208m，距南华物资储运公司宿舍（4F）230m；西侧距沿河路130m处，爆破时需要对沿河路中断交通，西南侧220m是怀化市万江滨城广场项目部；北侧距离电厂3号楼（7F砖混）230m，距11号楼（4F砖结构）268m，距2号楼（7F砖混）195m，距离怀化市电力局城中110kV变电站125m。距天星路及二桥300m左右，天星路交通流量非常大，不宜中断交通。

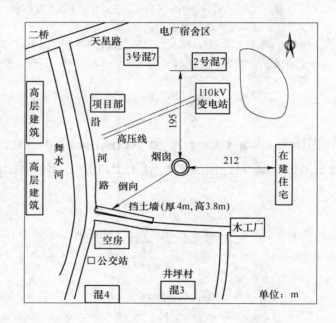

图1 爆区周围环境示意图

Fig. 1 Schematic diagram of the blasting environment

## 2 爆破设计方案

（1）烟囱倒塌方向选择：根据烟囱周围环境，烟囱四周均有倒塌条件。如烟囱向东侧倒塌，则烟囱倒塌后的飞溅物会影响110kV变电站；如向南侧倒塌，距井坪村住宅楼较近；如向北倒塌，飞溅物会影响电厂生活区，人员撤离工作较大。为此，烟囱采用向西稍偏南定向爆破拆除方案，如图1所示。

（2）采取矩形爆破切口形式，预先开设定位（向）窗；开设好定位窗后，对反向支承部位中心线进行精确测定并验算倒塌方向。

（3）利用开设定向窗预先进行试验爆破，正确确定主爆孔单孔装药量。

（4）烟囱爆破前的预处理要进行施工安全性校核，使预处理后的剩余支撑截面有足够的抗力来支撑烟囱上部的荷载，避免因盲目处理而导致"不炸自倒"的严重事故。

## 3 爆破参数设计

### 3.1 爆破切口设计

(1) 爆破切口位置及形式。烟囱出灰口和承台距地面约 3.5m，为了利用出灰口作为定位窗，将爆破切口位置下沿线定在距地面 3.5m 高处。为方便爆破作业施工，用挖土机堆土构筑作业平台。爆破切口的形式为矩形。

(2) 爆破切口长度。切口长度[3] $L_P$ 选择切口对应的圆心角 $\alpha$ 为 230°～235°，本工程取 230°，即切口的下沿长度为：$L_P = (\alpha/360°)\pi D = (230/360) \times 3.14 \times 8.03 = 16.11m$，校经爆破切口周长为 63.8%。

(3) 爆破部位高度。烟囱切口高度依据文献 [2]，按 $H_P = (3.0 \sim 5.0)\delta$ 经验公式计算，计算结果 $H_P = 1.29 \sim 2.35m$，取 2.4m。

### 3.2 炮孔参数设计

#### 3.2.1 药孔参数

(1) 最小抵抗线：$W = \delta/2 = 21.5cm$；(2) 孔距：$a = (1.3 \sim 1.8)W = 26 \sim 38.7cm$，取 35cm；(3) 排距：$b = (0.85 \sim 0.9)a = 29.75 \sim 31.5cm$，取 30cm；(4) 孔深：$L = (0.67 \sim 0.7)\delta = 28.0 \sim 28cm$，取 28cm；(5) 排数 $m$：$m = 9$ 排；(6) 一排孔数和总孔数：$N = (L_b/a) = (16.24/0.35) = 46$ 个，考虑到扣除烟道口宽 2.5m 的药孔数，实际每排炮孔数 $N = 32$ 个，总孔数 $\Sigma N = 9 \times 32 = 288$ 个；(7) 内衬炮孔数：内衬耐火砖炮孔设 3 排，间隔 30cm，排距 25cm，每排 20 个，小计 60 个。合计总炮孔数为 348 个。

#### 3.2.2 装药量计算

(1) 单位体积耗药量。考虑到混凝土标号高及乳化炸药威力较低，设计单耗 $q = 1000 \sim 1500g/m^3$。在开设定位窗的试验炮时采取 $1200g/m^3$，爆破效果很好，故最后装药确定为倾倒方向正面的药量增加 20%，即单耗取 $1500g/m^3$；倾倒方向两侧药量减少 120%，即单耗取 $1000g/m^3$。

(2) 单孔药量。$Q = qab\delta = 1.5 \times 0.35 \times 0.3 \times 0.43 = 0.068kg$，实践中 $Q_1 = 100g$（正面孔）或 $Q_2 = 80g$（侧面孔）。

(3) 总装药量。切口范围内布置 9 排共 288 个孔，装药量约 28.8kg。另增加烟囱内衬耐火砖共 60 个孔，每孔 40g，装药量 2.4kg。合计总装药量：$\Sigma Q = 28.8 + 2.4 = 31.2kg$。

#### 3.2.3 定位（向）窗及预处理

为保证钢筋混凝土烟囱的定向准确和顺利倒塌，在两边各设置了一个矩形定位窗，其作用是隔断爆破区与保留支撑区，保证支撑区不因爆破而使其对称性发生变化；同时在倒塌中心线设置了一个矩形定向窗，以保证切口闭合及筒体倾倒的平稳性。左侧定位窗利用原烟道口，再加上左移 1.1m，共计 3.6m，右侧定位窗利用原烟道口，宽度 2.5m。定向窗每排爆破 5 个孔，共计 45 个孔，宽度取 1.4m，如图 2 所示。定位（向）窗预处理如下：

(1) 用爆破法预处理定向窗。在正式爆破前检验所购买炸药和雷管质量可靠性以及炮孔参数的正确性，定向窗的单孔药量分别用 80g 和 60g。根据试爆结果分析，最后检验设计装药量是否合理。

(2) 用机械开设定位窗。左侧定位窗不用爆破法开设，直接用炮机开设定位窗。宽度为 1.1m，最大高度 2.5m。

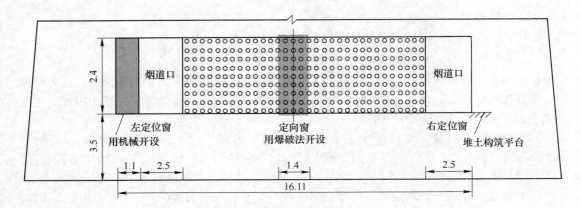

图 2  炮孔布置及定向（位）示意图（单位：m）

Fig. 2  Layout of blast holes and location (unit: m)

(3) 将定位窗与定向窗内的竖筋全部切断。切断定位窗及定向窗内全部钢筋，以减少烟囱倒塌过程中外层竖筋的牵拉影响，加快烟囱的倾倒速度，有利于筒体的破碎效果。

### 3.3 起爆网路设计

每个炮孔内的装药设置 1 发非电延期导爆管雷管，每 20 发雷管的导爆管构成一小簇；每 10 小簇构成一簇；每一簇用两发电雷管引爆。引爆非电延期导爆管雷管用的电雷管采用串联起爆网路，用 GBP413 型高功率微差起爆器起爆。

## 4  爆破安全估算及防护技术措施

由于烟囱爆破拆除的起爆药量较少，且位于地面以上，因此待爆破拆除的烟囱应考虑的主要危害效应是：爆破飞石、爆破振动以及着地飞溅物的二次飞石。

(1) 爆破飞石估算及安全防护措施。按照根据无覆盖条件飞石与单位用药量之间的关系式[3]：$R_f = 70Q_R^{0.58}$ 式中，$R_f$ 为无覆盖条件下拆除爆破飞石的飞散距离，$Q_R$ 为拆除爆破单位用药量，$Q_R = 1.5 kg/m^3$，计算得：$R_f = 88.56m$。由于烟囱筒体属于薄壁结构，钻孔过程中造成的深浅不均匀，实际飞溅距离大于计算距离，考虑对爆破部位进行防护。爆破部位采用三层防护措施：第一层为双层麻袋片，第二层为弹性钢板网，第三层为竹夹板，可有效防止飞石的危害效应，使个别飞石正面不超过 80m，两侧不超过 50m。

(2) 爆破振动估算。爆破振动估算根据萨道斯夫基爆破地面振动速度公式 $v = K(Q^{1/3}/R)^\alpha$ 计算，式中，$v$ 为被保护物处的质点振动速度，cm/s；$K$ 为与介质性质、爆破方式等有关的系数，$K = 150 \sim 200$；$K'$ 为分散与临空面系数，$K' = 0.25 \sim 1$；$Q$ 为同段起爆的最大装药量，取 $Q = 28.8g$；$R$ 为爆破中心到保护物之间的距离，以火电厂宿舍区 2 号楼（7F 砖混）距离 195m 为考察对象，$R = 195m$；$\alpha$ 与传播途径和地形有关系，近距离 $\alpha = 1.5 \sim 2.3$。计算得 $v = 0.39cm/s$，爆破地震引起的振动速度远小于"一般民用建筑 $v = 2.0 \sim 2.5cm/s$"允许的振动速度。

(3) 烟囱倒地时飞溅物估算的防护措施。烟囱筒体倒地时，对地面的冲击作用很大，松软地面的泥土或刚性地面易溅起距离较远，且抛距较大。因此，在烟囱倾倒中心线，从距烟囱根部 10m 开始，每隔 10m 铺设一道用沙包、稻草垒成的缓冲带，这样可以使筒体落地时不直接与地面接触，而是经过了沙包缓冲，从而大大减小泥土和碎块侧向飞溅距离。

## 5 爆破效果和经验总结

（1）爆破效果。2014年7月18日11时28分起爆，烟囱按设计倒塌方向准确倾倒，烟囱根部反向主筋全部断裂，烟囱主体基本破碎，爆破效果如图3所示。从录像分析爆破飞散物距离在50m以内，防护措施得当；周围震感不强，未对居民区房屋造成损失。

(a) (b)

图 3 爆破效果
（a）烟囱倒塌效果；（b）烟囱根部钢筋断裂效果
Fig. 3 Blast result

（2）经验总结。1）爆破前一周时间连降暴雨，倒塌方向经过挖土后处于低洼地段，积水多，土质松软。烟囱倒地后砸在地上的泥土和砾石超过了200m，沿河路上泥石很多，造成较长时间的交通中断，有个别碎石飞到了与着地点相距有290m的天星路二桥上。在本次爆破实施中，安全警戒距离均控制在300m以外是正确的。2）本次烟囱倒塌方向选择向西偏南比较正确，烟囱倒塌方向准确，其头部正好倒在原建有厚4m高3.8m挡土墙位置内，有效降低了飞溅物对井坪村厂房的影响，从爆破结果来看，挡土墙的利用有效地防止了碎石的飞溅及其对周围建筑、地面造成的破坏。

## 参 考 文 献

[1] 彭德伟，王升，毛益松，等. 钢筋混凝土烟囱定向爆破拆除着地物对周围的影响[J]. 采矿技术，2013(5)：45-46.
[2] 黎丹，清俞诚，汤月华，等. 210m钢筋混凝土烟囱定向爆破拆除[J]. 工程爆破，2009(1)：48-55.
[3] 汪旭光. 爆破设计与施工[M]. 北京：冶金工业出版社，2011.
[4] 胡刚，吴玉龙. 爆破地震控制的一种方法[J]. 煤炭技术，2004(4)：104-106.
[5] 中国工程爆破协会. GB 6722—2014 爆破安全规程[S]. 北京：中国标准出版社，2015.

# 130m 特殊结构烟囱爆破拆除

李伟　高姗姗　胡军　尹吉

（沈阳消应爆破工程有限公司，辽宁 沈阳，110000）

**摘　要**：本文针对 130m 具有特殊结构、特殊功能特点的钢筋混凝土烟囱，通过研究确定合理的爆破方案、精心选取爆破参数和安全可靠的防护措施以及精细的施工，成功地拆除了葫芦岛锌业有限公司烟囱，并为类似爆破拆除工程提供了借鉴与参考。

**关键词**：定向爆破；爆破切口；结构特殊；爆破振动

## Blasting Demolition 130m Special Structure Chimney

Li Wei　Gao Shanshan　Hu Jun　Yin Ji

(Shenyang Xiaoying Blasting Engineering Co., Ltd., Liaoning Shenyang, 110000)

**Abstract**: According to the special structure and special features of the 130m reinforced concrete chimney, through study and determining reasonable blasting plan, careful selection of blasting parameters, safety protection measures and the fine construction, Huludao Zinc Industry Co., Ltd., chimney was successfully dismantled, and it provides a reference for similar blasting demolition project.

**Keywords**: directional blasting; blasting incision; special structure; blasting vibration

## 1　工程概况

### 1.1　烟囱结构

葫芦岛市锌业股份有限公司为响应国家节能减排环保政策，须将公司厂区内一座已经停产的钢筋混凝土烟囱进行爆破拆除。待拆除的钢筋混凝土烟囱高为 130m，底部直径为 11.5m，周长 36m，底部壁厚为 0.4m，内部无内衬。烟囱底部正南方向有一个出灰口，出灰口高 4.2m，宽 3.6m；烟囱筒壁距地面自 12.5m 以上开始呈水平间隔对称布置采光通风孔，通风孔尺寸（高×宽）为 1.5m×0.9m，通风孔高度间隔为 5.8m，共计 20 个。烟囱筒壁距地面 10.5m 处南北方向对称各有一个直径为 2m 的圆形进气孔（见图 1 和图 2）。烟囱内部距地面 6.25m 以上每隔 6.25m 布设一层隔板至顶部，共计 20 个。烟囱采用双层布筋，外层竖向布筋为 $\phi20\times1500$mm，内层竖向布筋为 $\phi14\times150$mm。

### 1.2　周围环境

待爆破拆除烟囱坐落在葫芦岛锌厂有限公司院内。烟囱东侧 45m、72m 与 86m 处分别为待

---

作者信息：李伟，高级工程师，syxylw@yeah.net。

图 1 烟囱实景图

Fig. 1 The real map

图 2 烟囱内部

Fig. 2 The internal

拆厂房（不在保护范围内），东侧距离烟囱169m处为煤气供应车间；西侧70m处为投料设备，西南106m是待拆厂房（不在保护范围内），西南方向78m是煤仓、100m是料仓；南侧距离150m为水洗管道，161m为办公楼，185m为电机房；北侧11.5m为泵房和输水管道，63m为厂区食堂，104m为硫酸管道，110m为厂区主要道路，130m为水管道，136m为109硫酸系统。烟囱周围地下无重要管线，周围环境如图3所示。

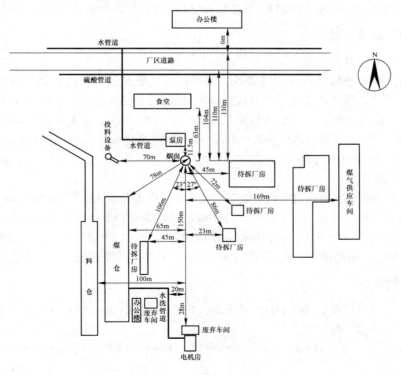

图 3 周围环境示意图

Fig. 3 Schematic diagram of the surrounding environment

## 2 工程特点与难点

### 2.1 功能特殊

该烟囱的作用是排放生产中产生的硫酸废气,废气中含有硫酸雾、二氧化硫、氮的氧化物等有害物质。这些有害物质长时间累积在烟囱筒身,易对爆破作业人员健康造成危害。

### 2.2 结构特殊

烟囱内部特殊隔板结构造成外筒和内部重心不在一条轴线上,造成烟囱重心偏离烟囱垂线中心,使烟囱爆破拆除的倒塌精确定位增加了难度。

### 2.3 环境相对复杂

周围建筑物内有精密仪器,且距离烟囱较近。保证爆破倒塌方向精准及塌落振动与飞石控制是本工程的重点。

## 3 爆破拆除技术方案

### 3.1 爆破方案选择[1]

根据烟囱的高度、结构状况、平面位置、周围环境和业主对施工的要求,经方案对比分析,决定采用向南定向倒塌方法进行拆除。烟囱定向爆破拆除设计原理是根据刚性整体绕定轴稳定转动倾倒,将烟囱势能转化为动能,在触地的瞬间产生的冲击载荷作用下破碎解体。烟囱失稳条件是在烟囱底部倾倒一侧破坏一个缺口,产生重力偏心力矩,导致烟囱整体失稳、倾倒。

### 3.2 爆破切口及预处理[2]

#### 3.2.1 爆破切口

为了保证烟囱爆破倾倒方向的准确性,根据以往的施工经验,选取烟囱爆破切口为正梯形。切口位置及中心线的确定通过全站仪精确测量选取,全站仪解决了因烟囱内部结构不对称造成切口位置难确定的问题。爆破切口角选取220°,对应爆破切口弧长 $L=22m$,保留支撑部分弧长为14m;烟囱切口高度取2.5m,切口高度大于烟囱壁厚的6倍。爆破切口底边线位于标高+0.5m,定向窗开口角为30°。

#### 3.2.2 预处理

在爆破切口两端预先开设两个对称的定向窗,定向窗夹角取30°,预先用风镐开凿,尽量做到使得两个定向窗开口平整、角度一直,为准确定向创造有利条件。烟囱倾倒中心位置有一个3.6m宽烟囱出灰口与倾倒方向重合,根据其结构确定该出灰口为导窗。定向窗和烟囱出灰口支撑框架处采用人工拆除破坏。将烟囱筒壁标高5m内外挂金属爬梯全部拆除(见图4和图5)。

### 3.3 爆破参数设计[3]

在爆破切口范围内布设水平炮孔,炮孔的方向朝向烟囱中心,炮孔直径 $d=38mm$。炮孔呈正方形布设。爆破参数设计如下:

(1) 最小抵抗线 $W$:爆破切口部位烟囱壁厚为0.4m,则最小抵抗线为 $W=\delta/2=0.2m$($\delta$ 为烟囱壁厚)。

(2) 炮孔间距 $a$:$a=(1.2\sim2)W=0.24\sim0.4$,取0.35m。

(3) 药孔排距 $b$:$b=(0.8\sim0.9)a=0.2\sim0.36$,取0.35m。

图 4 爆破切口与定向窗

Fig. 4 Blasting incision and directional window

图 5 爆破切口示意图

Fig. 5 Schematic diagram of blasting incision

(4) 炮孔深度 $L$：$L = (0.67 \sim 0.7)\delta = 0.27 \sim 0.28$，取 0.3m。

(5) 单位炸药消耗量 $q$：根据烟囱筒壁配筋率和混凝土标号，确定单位炸药消耗量为 $q = 1500 \sim 3000 \mathrm{g/m^3}$，底部孔取高单耗，上部孔取低单耗，并经过试爆确定炸药单耗。

(6) 单孔装药量：依据单位炸药消耗量，并根据 $Q = qab\delta$ 确定单孔炸药量。

### 3.4 起爆网路

为减少外界杂散电流、感应电流、射频电流对起爆网路的影响，确保起爆网路能安全准爆，选用非电导爆管微差起爆网路。复式四通连接的方式及每个药包内放两个同段别的导爆管电雷管，有效地提高了网路的整体传爆能力（见图 6）。

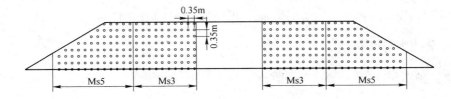

图 6 起爆网路分区示意图

Fig. 6 Detonating network partition map

## 4 爆破安全校核

### 4.1 爆破振动与触地振动

爆破拆除中，振动分为爆破振动和触地振动两种类型。烟囱爆破拆除时，一般炸药量较少,加之防护比较严密,故爆破振动较之触地振动小很多。因此,重点考虑烟囱倒塌触地振动[4]。

烟囱倾倒后,冲击地面引起振动的大小,与烟囱切口上部的质量、重心高度和触地点土层刚度有关。

根据中科院提出的式(1):

$$v_c = 0.08(I^{1/3}/R)^{1.67}$$
$$I = m(2gH)^{1/2}$$
(1)

式中 $v_c$——爆破坍塌物触地引起的地表振动速度,cm/s;
　　$R$——坍塌物重心触地点距建筑物的距离,m,坍塌物重心距离倒塌方向煤仓取65m;
　　$I$——坍塌物触地冲量;
　　$m$——坍塌物的质量,kg,根据资料总质量约2500t,由于烟囱倒塌时不是同时触地,所以取$m$ = 1200000kg;
　　$g$——重力加速度,m/s²,取9.8m/s;
　　$H$——爆破坍塌建筑物重心落差,m,取52m。

经计算得:爆破坍塌物触地引起的地表振动速度为1.26cm/s。

经过计算值与《爆破安全规程》(GB 6722—2014)爆破振动安全允许标准相对比,最大的塌落振动值在一般砖房、非抗振的大型砌块建筑物的质点运动速度最小值(2.3~2.8cm/s)范围内,爆破对砖混结构不会产生影响,爆破后可以保证其安全。

### 4.2 爆破飞散物

拆除爆破飞散物主要由爆破产生和触地造成碎石二次飞溅:(1)爆破飞石:爆破时由炸药爆炸产生的飞石;(2)触地飞溅飞石:由烟囱倒塌触地时触发产生的飞石。特别是高耸建(构)筑物,触地造成的二次飞石应高度重视。

根据Lundborg的统计规律,结合工程实践经验,炮孔爆破飞石距离可由式(2)计算:

$$R_f = K_T q D$$
(2)

式中 $K_T$——与爆破方式、填塞长度、地质和地形条件有关的系数,取1.0~1.5;
　　$q$——炸药单耗,kg/m³;
　　$D$——药孔直径,mm。

将$K_T$ = 1.2,$q$ = 2.50kg/m³,$D$ = 40mm,代入式(2)得$R_f$ = 120m。

## 5 爆破安全技术与防护措施

### 5.1 振动防护措施

振动的防护主要通过两种方式:一种是铺设缓冲垫层,即烟囱倒塌方向60~130m范围内筑七道15m长、2m高的土坝,土坝上铺设草帘子并用沙袋子压在草帘子上方;另一种是开挖减振沟,即在被保护建筑物与烟囱之间挖一道深沟,通过减振沟阻断或减弱地震波向被保护建筑物方向的传播。

### 5.2 飞石防护措施

飞石防护的具体防护措施如下:

(1) 用柔性材料草帘子加竹笆紧密包裹烟囱爆破切口部位，形成第一道柔性防护。

(2) 在烟囱倒塌方向范围内铺设草帘子且用沙袋压实，防止烟囱倒塌时触地造成石块溅起。

(3) 对爆破周围可能危及的建（构）筑物和设施，采取间接防护措施，进一步实时防护，确保安全。

## 6 结论

130m特殊结构烟囱成功爆破拆除。经爆后检查，爆破振动、飞石及其有害效应未对周围建筑物造成任何影响，达到了预期的爆破效果（见图7）。

图 7 爆破倒塌过程

Fig. 7 Blasting collapse process

通过本次爆破总结出以下几点：

(1) 全站仪在烟囱倾倒方向定位起到重要作用。

(2) 根据数据回放，土坝与减振沟有效地减小了烟囱倒塌时的塌落振动。

(3) 在爆破切口包裹草帘子及倒塌方向地面铺设草帘子防护解决了爆破瞬间与塌落触地时飞石飞溅问题。

## 参 考 文 献

[1] 刘国军. 复杂环境下50m高砖结构烟囱爆破拆除[J]. 爆破，2010，27(3):70-72.

[2] 魏忠义，顾家菽. 复杂环境中的烟囱双向折叠爆破拆除[J]. 爆破，2014，31(1):89-91.

[3] 袁岳琪，周洪文. 复杂环境下65m高砖烟囱定向爆破拆除[J]. 爆破，2012，29(1):81-83.

[4] 王希之，吴建源. 3座180m高钢筋混凝土烟囱爆破拆除[J]. 爆破，2012，29(4):76-79.

# 两座102m高烟囱爆破拆除

刘庆兰　彭小林　李晓东

（广东爆破工程有限公司，广东 广州，510700）

**摘　要**：相对单个烟囱的拆除，双烟囱拆除难度更大，为避免相互影响对倒塌方向的控制要求更严、振动的计算更复杂。本文介绍了双烟囱同时拆除的施工技术，提出了烟囱倒塌方向、时间控制要求，振动计算修正公式。通过增设减振沟、秒延迟爆破技术，可以有效减少地面振动，控制爆破飞石，满足了安全施工的要求。

**关键词**：钢筋混凝土烟囱；定向爆破；振动计算公式；安全防护

## Blasting Demolition of Two 102m Tall Chimneys

Liu Qinglan　Peng Xiaolin　Li Xiaodong

(Guangdong Blasting Engineering Co., Ltd., Guangdong Guangzhou, 510700)

**Abstract**: Explosive demolition of double Chimney is more difficulty than that of single Chimney, to avoid mutual interference control on collapse direction is stricter and the calculation of vibration is more complicated. This article presents the requirement of direction and time of chimney directional collapse, and vibration amendatory calculation formula. By damping ditch and second delay blasting, blasting vibration and blasting slungshot could be effectively controlled, which fits the safe construction requirements well.

**Keywords**: reinforced concrete chimney; directional blasting; vibration calculation formula; safety protection

## 1 引言

烟囱林立曾经是一个城市工业发达的象征。随着现代工业的发展，我国新建了一大批的工矿企业，当然也创造了不少的GDP，为我国的发展做出了贡献。但烟囱产生的废气造成大气污染，给环境保护带来压力。环保意识的增强和工厂升级改造的要求，另外，由于城市的不断扩张，原来是在郊区的工厂，慢慢变为城区，甚至是市中心，功能区在不断的调整，原来的工业区调整为商业、住宅等，一些工厂会被住宅包围，工厂不得不搬迁。越来越多的烟囱在近期被拆除，广州南玻玻璃厂因污染问题要求整体拆除，厂区内两条烟囱由广东爆破工程有限公司采用爆破方法一次拆除，相对单个烟囱，双烟囱同时爆破拆除在倒塌方向、塌落振动控制方面的难度更大。

---

作者信息：刘庆兰，高级工程师，liuql112@126.com。

## 2 工程概况

### 2.1 爆区环境

广州市黄埔区云埔工业区南岗片广州南玻玻璃厂烟囱位于康南路以西的厂区范围内。1号烟囱东面距康南路约15m，距离东北面水南村村口交叉路口约58m，距东面纽伦堡小区住宅楼最近为110m，2号烟囱距康南路约30m，两座烟囱相距约150m。工业区内其他三面原有厂房已拆除，爆破前均为厂区空地，不需要保护的重要建（构）筑物，爆区周围环境示意图如图1所示。因此，爆破倾倒环境相对较好，重点需要保护的是康南路以东的建（构）筑物。待爆烟囱西视图如图2所示。

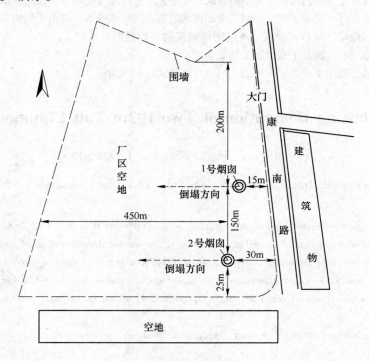

图1 周围环境示意图
Fig. 1 Surrounding environment of blasting

### 2.2 烟囱结构

广州南玻玻璃厂烟囱建于2005年，是两座现浇钢筋混凝土结构烟囱，烟囱底圆形外径约8m，烟囱顶内直径2.8m，烟囱总高为102m。烟囱基础采用预应力静压施工管桩基础，烟囱混凝土标号设计为C30，钢筋采用HPB235、HRB335钢（见表1）。竖向双层钢筋网片结构。外壁设有一座简易爬梯作上下检查使用。两烟囱结构形式一样。

烟囱共布置有3个洞口，西面为熔窑烟道口，底标高0.34m，顶标高3.76m，内径3420mm；东面为出灰口，底标高0.34m，直墙圆顶拱形，直墙高960mm，顶拱内径473mm，顶标高1.773m；南面为余热锅炉烟道口，为圆形，内径1.1m，余热锅炉烟道口中心标高5.8m。

图 2 待爆烟囱西视图
(a) 1 号烟囱；(b) 2 号烟囱
Fig. 2 View of chimney from west

表 1 烟囱筒身配筋情况
Table 1 Reinforcement situation of the chimney

| 节号 | 标高/m | 外径/mm | 筒壁/mm | 隔热层/mm | 内衬/mm | 竖筋（内外） | 环筋（内外） |
|---|---|---|---|---|---|---|---|
| 1 | 90~102 | 4166 | 160 | 100 | 113 | 100φ14 | φ14@150 |
| 2 | 80~90 | 4566 | 180 | 100 | 113 | 112φ14 | φ14@150 |
| 3 | 70~80 | 4966 | 200 | 100 | 113 | 112φ16 | φ16@150 |
| 4 | 60~70 | 5366 | 220 | 100 | 113 | 120φ16 | φ16@150 |
| 5 | 50~60 | 5766 | 240 | 100 | 113 | 128φ18 | φ18@150 |
| 6 | 40~50 | 6166 | 260 | 150 | 230 | 140φ18 | φ18@150 |
| 7 | 30~40 | 6566 | 280 | 150 | 230 | 148φ20 | φ20@150 |
| 8 | 20~30 | 6966 | 300 | 150 | 230 | 160φ20 | φ20@150 |
| 9 | 10~20 | 7366 | 320 | 200 | 230 | 168φ22 | φ22@150 |
| 10 | 8~10 | 7446 | 340 | 200 | 230 | 168φ22 | φ22@150 |
| 底部节 | 0~8 | 8034 | 1100 | 200 | 230 | φ22@150 | φ22@150 |

## 3 烟囱塌落振动的预测

烟囱拆除爆破工程实践表明，烟囱爆破用药量不大，而倒塌振动往往比爆破振动大。烟囱整体着地时，塌落振动波的作用时间长、频率低、幅值最大。所以必须预防烟囱塌落振动的危害。建筑倒塌冲击地面引起振动大小与被爆体的质量、刚度、重心高度和触地点土层条件等有关，对于单个烟囱的塌落振动计算，中国科学院工程力学研究所提出了硬质地面触地的振动公式（见式(1)）：

$$v_\mathrm{t} = K_\mathrm{t} \times \left[\frac{\left(\frac{mgH}{\sigma}\right)^{1/3}}{R}\right]^{\beta} \tag{1}$$

式中　$v_\mathrm{t}$——爆破坍塌物触地引起的地表振动速度，cm/s；
　　　$R$——观测点至冲击地面中心的距离，m；
　　　$m$——下落构件的质量，t；
　　　$g$——重力加速度，m/s$^2$；
　　　$K_\mathrm{t}$、$\beta$——衰减系数，$K_\mathrm{t} = 3.37$，$\beta = 1.66$；
　　　$H$——构件中心的高度，m，本项目取烟囱切口范围以上部分的重心的总高度 $H = 33.9\mathrm{m}$；
　　　$\sigma$——地面介质的破坏强度，MPa，一般取 $\sigma = 10\mathrm{MPa}$。

双烟囱同时起爆，会产生振动波的叠加影响，如两烟囱同向倒塌，且相距不远（$\leqslant 5D$，$D$ 为烟囱直径），计算或将以上经验公式进行修正（见式(2)）。

$$v_\mathrm{t} = K_\mathrm{t} \times \left[\frac{\left(\frac{mgH}{\sigma}\right)^{1/3}}{R}\right]^{\beta} \tag{2}$$

式中　$m = m_1 + m_2$，$m_1$ 为烟囱 1 的质量，$m_2$ 为烟囱 2 的质量；
　　　$R$——观测点至两烟囱冲击地面重合中心的距离，m。

当其他情况可取单个烟囱产生振动速度进行叠加，实际的速度会小于简单叠加的速度，但可以作为预控和采取减振措施的一个依据。

$$v_\mathrm{t} = v_\mathrm{t1} + v_\mathrm{t2} \tag{3}$$

式中　$v_\mathrm{t1}$——1 号烟囱爆破坍塌物触地引起的地表振动速度，cm/s；
　　　$v_\mathrm{t2}$——2 号烟囱爆破坍塌物触地引起的地表振动速度，cm/s。

## 4　爆破方案

### 4.1　爆破切口

#### 4.1.1　切口位置和高度

根据本工程烟囱结构的特殊性，底部（标高 0～8.0m 范围内）壁厚约 1.1m，且由于烟道口及出灰口的布置，其周围钢筋加密，局部钢筋间距仅 20mm。第 10 节筒身（标高 8.0～10.0m 范围内）因牛腿布置的原因，壁厚不均，逐渐变化，且该段环向钢筋加密，间距仅 75mm。因此本工程选取切口的位置为第 9 节筒身范围段，即爆破切口底部选择在标高 10.2m 的位置。该段筒壁外直径 7366mm，周长 23.13m，筒壁厚度 320mm。

倒塌方向为正西方向，如图 1 所示。

#### 4.1.2　切口长度

爆破缺口的形状直接影响烟囱倒塌的准确性，本设计采用易于控制的梯形缺口，爆破部分的圆心角为 230°，切口长度为 14.8m。定向窗位于爆破缺口两端，窗口宽为 2.6m。切口高度为 2.1m。两烟囱结构一样，切口相同。爆破切口尺寸如图 3 所示。

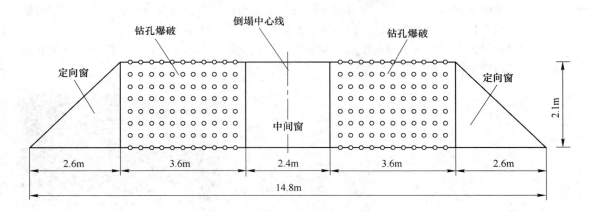

图 3 爆破切口尺寸图
Fig. 3 Size of blasting cut

## 4.2 爆破参数设计

爆破切口处筒壁厚度320mm，爆孔深度为壁厚的 0.65～0.70 倍，孔距 $a=(1.0～2.0)W$，排距 $b=(0.8～1.2)a$，综合考虑内衬的影响参考其他工程经验，采取矩形布孔，孔距和排距均为 0.30m，正方形布置，钻孔直径为 40mm，孔排数为 8 排，总孔数为 176 个。单耗：底部 3 排（66 个）$q$ 取 3.5kg/m³，孔深取 21cm，单孔装药取 100g；上部 5 排孔（110 个）$q$ 取 2.5kg/m³，孔深取 20cm，单孔装药量取 75g，单个烟囱总药量约 14.85kg。均采用集中装药。

## 4.3 起爆网路设计

为了保证爆破缺口所有炮孔同时安全准爆，采用瞬发导爆管雷管起爆系统。采用簇连方式连接（俗称"大把抓"），将炮孔引出的导爆管反向捆绑在双发导爆管传爆雷管上，以保证传爆的可靠性和准确性。孔内雷管用 Ms5 段，孔外传爆雷管用 Ms1 段。

## 5 安全防护

爆破飞石防护：根据无覆盖条件下个别飞石距离与单位炸药用量之间的关系：$R=70K^{0.58}$，本次爆破实际最大单位用药量为 3.5kg，无覆盖条件下个别飞石距离为 144.8m。虽然缺口倾倒方向 300m 范围内是空地，但为确保安全，本项目采用了悬挂式覆盖防护，在爆破部位采用了 3 层竹笆或 5 层草席柔性材料进行覆盖。

塌落振动减振措施：烟囱拆除爆破工程实践表明，建筑物的倒塌振动往往比爆破振动大，利用现场厂房整体拆除有利条件，沿两烟囱倒塌方向开挖了沟槽，清除了地面硬壳和钢筋混凝土结构，使烟囱塌落在松软土层的减振坑内，减振效果明显。

## 6 爆破效果与体会

查看爆破录像，起爆 12s 后，两个烟囱均按预定的设计方案倒塌于减振坑内，由于采取了一系列的安全技术措施，爆破产生的振动及烟囱倒塌振动很小，在烟囱南面 50m 处位置测得爆破振动速度为 0.55cm/s。经爆后检查，1 号烟囱倒塌长度 77m，2 号烟囱倒塌长度 75m，筒体破碎充分，飞石控制在设计范围内，爆破对附近建筑及居民没有造成负面影响。

对于双烟囱的同时爆破拆除，宜根据现场条件，准确制定各自烟囱的倒塌方向，对于场地条件限制，倒塌场地有交叉重叠的，需采取延迟爆破控制技术使烟囱先后倒塌。

双烟囱同时拆除，宜考虑坍落振动的叠加影响。通过采取柔性覆盖防护对控制飞石非常有利，设置减振坑减振效果明显。爆破效果如图4所示。

图4 爆破效果图

Fig. 4 The images of blasting results

## 参 考 文 献

[1] 汪旭光. 爆破设计与施工[M]. 北京：冶金工业出版社，2013：690-693.
[2] 徐顺香，陈德志，李本伟，等. 100m高钢筋混凝土烟囱爆破拆除及安全措施[J]. 爆破，2015，32(2)：106-108.
[3] 董晓军，杨元兵，贺红博，等. 复杂环境下病危烟囱抢险爆破[J]. 爆破，2015，32(2)：100-105.

# 100m 及 90m 砖砌烟囱定向控制爆破拆除

周晓光　陈学立

（湖南铁军工程建设有限公司，湖南 长沙，410003）

**摘　要**：本文针对张家界市永定区罗钧墙材有限公司砖厂两座烟囱进行爆破拆除。两座烟囱分别编为1号烟囱和2号烟囱，1号烟囱高100m，烟囱底部最大内直径6m，烟囱底部壁厚为0.6m；2号烟囱高90m，烟囱底部内径4m，底部壁厚0.48m。1号烟囱和2号烟囱均为砖砌结构，均无耐火砖内衬，两座烟囱外壁间相距2m。根据实践经验，结合无内衬、砖结构、大高度等实际情况，合理选择爆破参数及防护措施。烟囱按照预先设计的方向倾斜、倒塌，倾倒过程中没有发生后坐现象，取得了较好的爆破效果，可为类似工程的设计与施工提供参考。

**关键词**：烟囱；拆除爆破；定向倒塌；爆破切口

## Directional Blasting of 100m and 90m High Brick Chimneys

Zhou Xiaoguang　Chen Xueli

(Hunan Tiejun Engineering Construction Co., Ltd., Hunan Changsha, 410003)

**Abstract**: Two brick chimneys in Yongding Luojun Materials Co. need to be blasted. The chimneys were numbered Chimney 1 and Chimney 2. Chimney 1 is 100m high, its maximum internal diameter at the bottom is 6m, and its wall thickness at the bottom is 0.6m; Chimney 2 is 90m high, the inner diameter at the bottom is 4m, and its bottom wall thickness is 0.48m. The two chimneys are brick structure, and have no firebrick lining. The distance between the outer walls of the chimneys is 2m. According to practical experience, combined with the unlined, brick-structured and large-height situation, reasonable blasting parameters and protective measures were decided. The chimneys inclined in the pre-designed direction, and collapsed after dumping without backward collapse. It achieves good blasting results, and can provide reference for similar engineering design and construction.

**Keywords**: chimney; demolition blasting; directional collapse; blasting incision

## 1　工程概况

### 1.1　烟囱结构

张家界市永定区罗钧墙材有限公司砖厂因整体拆迁，有两座烟囱待拆除。1号烟囱高100m，烟囱底部最大内直径6m，底部壁厚0.6m。2号烟囱高90m，烟囱底部内径4m，底部壁厚0.48m。1号烟囱和2号烟囱均为砖砌结构，两座烟囱外壁间相距2m，如图1所示。1号烟

---

作者信息：周晓光，工程师，10276272@qq.com。

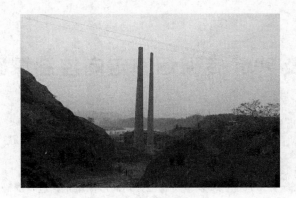

图 1 两座烟囱现场实景图

Fig. 1 Two chimneys real map site

囱和 2 号烟囱均无耐火砖内衬。

### 1.2 周围环境

1 号烟囱距 2 号烟囱 2m。东向距围墙 100m，距民房 110m；南向距架空高压线 130m；西向距民房 60m；北向距公司大门和办公楼 90m，距公路 100m。公司厂区内的建筑物拟全部拆除，环境较好（见图 2），具备定向爆破拆除条件。

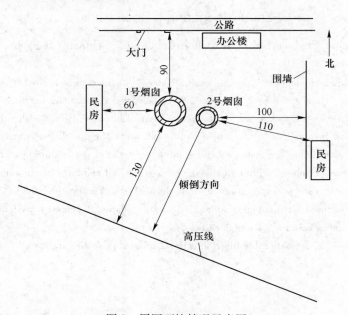

图 2 周围环境情况示意图

Fig. 2 Schematic diagram of the surrounding environmental

## 2 爆破方案

### 2.1 爆破总体方案确定

根据环境情况及 1 号烟囱和 2 号烟囱的高度，烟囱的南向场地较开阔，距高压线的距离为

130m，可满足烟囱定向倒塌的条件，决定采用定向倒塌控制爆破拆除方案，1号烟囱和2号烟囱均向南偏西方向倒塌，如图2所示。

## 2.2 确保倒塌方向准确的技术措施

为确保烟囱倒塌方向的精度，采用如下技术措施：
（1）现场确定两座烟囱的倒塌方向，用测量仪器精确测定烟囱倒塌中心线。
（2）确定爆破部位，准确标定爆破切口，合理布置炮孔。
（3）预先精确开设定向窗，开设好定向窗后，进一步校核倒塌中心线。
（4）通过试爆，调整和优化爆破参数。
（5）采用复式导爆管雷管起爆网路，保证准确可靠起爆。

## 2.3 参数设计

### 2.3.1 爆破切口参数

（1）爆破切口的位置。1号烟囱和2号烟囱均设置1个爆破切口。

因1号烟囱、2号烟囱底部均有一个较大宽度的烟道口，且不在设计倒塌方向上，不能有效利用（见图3）。为确保倒塌方向的准确，爆破切口应避开烟道口，故爆破切口选择在烟道口上方，切口下沿距地面3m。

图 3　烟道口位置

Fig. 3　Smoke crossing location

（2）爆破切口的形状。两座烟囱均采用梯形爆破切口。
（3）爆破切口长度 $L_P$。

$$L_P = 0.52\pi D$$

1）1号烟囱爆破切口长度：$L_P = 0.52\pi D = 0.52 \times 3.14 \times 7.2 = 11.75m$，取12m；
2）2号烟囱爆破切口长度：$L_P = 0.52\pi D = 0.52 \times 3.14 \times 4.96 = 8.1m$。

（4）爆破切口高度 $H_P$。

$$H_P = 3\delta$$

1）1号烟囱爆破切口高度：$H_P = 3 \times 0.6 = 1.8m$；
2）2号烟囱爆破切口高度：$H_P = 3 \times 0.48 = 1.5m$。

### 2.3.2 定向窗的开设

为保证钢筋混凝土烟囱的定向准确和顺利倒塌，在爆破切口两端各开设一个三角形定向窗，其作用是隔断爆破区与保留支撑区，支撑区的边缘在爆破前就已经确定且不受破坏，并保证支撑区的对称性,从而确保烟囱倒塌方向的准确性。定向窗的尺寸为:底宽取0.9m,高度取0.9m。

2.3.3 爆破技术参数

2.3.3.1 1号烟囱爆破技术参数

(1) 炮孔直径:$d = 40\text{mm}$;

(2) 炮孔深度:$L = 0.67\delta = 0.67 \times 0.6 = 0.4\text{m}$;

(3) 炮孔间距:$a = 0.4\text{m}$;

(4) 炮孔排距:$b = 0.3\text{m}$;

(5) 炮孔排数:$m = \dfrac{H_P}{b} + 1 = \dfrac{1.8}{0.3} + 1 = 7$ 排;

(6) 炮孔个数:第1排:$N_1 = \dfrac{L_P}{a} + 1 = \dfrac{12}{0.4} + 1 = 31$ 个,

第2排:$N_2 = N_1 - 2 = 31 - 2 = 29$ 个,

第3排:$N_3 = N_2 - 2 = 29 - 2 = 27$ 个,

第4排:$N_4 = N_3 - 2 = 27 - 2 = 25$ 个,

第5排:$N_5 = N_4 - 2 = 25 - 2 = 23$ 个,

第6排:$N_6 = N_5 - 2 = 23 - 2 = 21$ 个,

第7排:$N_7 = N_6 - 2 = 21 - 2 = 19$ 个,

炮孔总数:$N = 31 + 29 + 27 + 25 + 23 + 21 + 19 = 175$ 个;

(7) 单孔药量:$Q = qab\delta = 1200 \times 0.4 \times 0.3 \times 0.6 = 86.4\text{g}$,取80g;

(8) 总药量:$\Sigma Q = QN = 80 \times 175 = 14000\text{g} = 14\text{kg}$。

2.3.3.2 2号烟囱爆破技术参数

(1) 炮孔直径:$d = 40\text{mm}$;

(2) 炮孔深度:$L = 0.67\delta = 0.67 \times 0.48 = 0.32\text{m}$;

(3) 炮孔间距:$a = 0.3\text{m}$;

(4) 炮孔排距:$b = 0.3\text{m}$;

(5) 炮孔排数:$m = \dfrac{H_P}{b} + 1 = \dfrac{1.5}{0.3} + 1 = 6$ 排;

(6) 炮孔个数:第1排:$N_1 = \dfrac{L_P}{a} + 1 = \dfrac{8.1}{0.3} + 1 = 28$ 个,

第2排:$N_2 = N_1 - 2 = 28 - 2 = 26$ 个,

第3排:$N_3 = N_2 - 2 = 26 - 2 = 24$ 个,

第4排:$N_4 = N_3 - 2 = 24 - 2 = 22$ 个,

第5排:$N_5 = N_4 - 2 = 22 - 2 = 20$ 个,

第6排:$N_6 = N_5 - 2 = 20 - 2 = 18$ 个,

炮孔总数:$N = 28 + 26 + 24 + 22 + 20 + 18 = 138$ 个;

(7) 单孔药量:$Q = qab\delta = 1200 \times 0.3 \times 0.3 \times 0.48 = 51.84\text{g}$,取50g;

(8) 总药量:$\Sigma Q = QN = 50 \times 138 = 6900\text{g} = 6.9\text{kg}$。

## 2.4 炮孔布置

沿烟囱外壁布孔,炮孔对称于倒塌中心线呈方格形布置,1号烟囱爆破切口炮孔布置如图

4 所示，2 号烟囱爆破切口炮孔布置如图 5 所示。

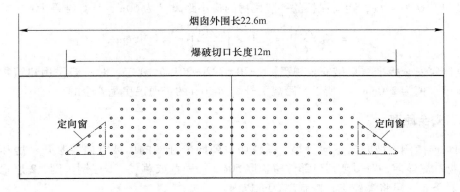

图 4  1 号烟囱炮孔布置示意图
Fig. 4  Chimney 1# hole layout schematic

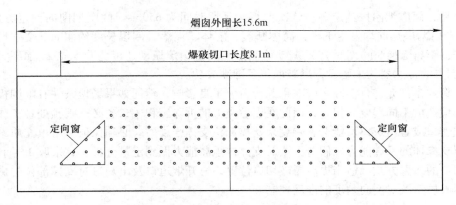

图 5  2 号烟囱炮孔布置示意图
Fig. 5  Chimney 2# hole layout schematic

## 2.5  起爆网路设计

（1）起爆方式：采用导爆管雷管起爆方式。

（2）起爆网路：两座烟囱的炮孔连接成独立的导爆管起爆网路，然后将两座烟囱的导爆管起爆网路连接在复式导爆管网路上，一次点火，按预定的顺序和延期时间依次起爆。每个炮孔的药卷用 1 发毫秒延期导爆管雷管起爆；每 20 ~ 25 发导爆管雷管簇联后用两发毫秒 1 段导爆管雷管传爆，两发传爆导爆管雷管分别用四通连接到复式导爆管网路上，复式导爆管网路端线并联后，用击发针和高能起爆器起爆。

## 3  爆破安全校核及技术措施

### 3.1  爆破振动速度

爆破振动速度按《爆破安全规程》（GB 6722—2014）推荐的公式（见式(1)）计算。

$$v = K\left(\frac{\sqrt[3]{Q}}{R}\right)^{\alpha} \tag{1}$$

对于此次烟囱爆破的场地条件，式中，$K$ 取 150，$\alpha$ 取 1.8，1 号烟囱的总药量最大（单段起爆总药量）$Q$ 为 14kg，距需保护的一般民房的最小距离 $R$ 为 60m，计算结果为：

$$v = K\left(\frac{\sqrt[3]{Q}}{R}\right)^{\alpha} = 150 \times \left(\frac{\sqrt[3]{14}}{60}\right)^{1.8} = 0.46\text{cm/s}$$

依据国家安全标准《爆破安全规程》（GB 6722—2014）规定，对一般民用建筑物允许最大振动速度取值为 2.0cm/s，所以，距离 1 号烟囱 60m 的普通民房是安全的。

## 3.2 飞石安全距离

烟囱均向南侧山坡方向定向倒塌，爆破切口朝向较开阔的山坡方向，避开民房和其他建（构）筑物。爆破前，对爆破切口部位覆盖厚 50cm 的稻草或草袋、1 层钢丝网、2 层尼龙安全网、1 层彩条布，可将爆破飞石控制在 20m 以内。

# 4 爆破效果与体会

起爆后，两座烟囱按预定顺序依次起爆，延期时间为 650ms。两座烟囱向预定方向倾倒，倾倒约 15°时两座烟囱均发生下坐，筒体断裂、解体、塌落，倒塌长度约 40m。个别爆破飞石小于 30m，距离烟囱 80m 处的爆破振动检测点，测得塌落振动速度为 0.5cm/s，距离 110m 和 300m 处测点的传感器均未触发，爆破取得了圆满成功。

由于场地条件允许，实际爆破效果并未造成不良影响，然而如果场地条件有限则极有可能对周边环境造成不同程度的损害，因此在以后类似的拆除工程中，务必重视预处理工作，尤其是涉及烟道口或者出灰口可能会影响剩余支撑部位支撑强度时，必须保证封堵填充质量并仔细校核保留支撑体的承载能力。假若无法对支撑体承载能力做到定量分析，宜采取 1 号和 2 号烟囱爆破切口的布置方式，适当提高爆破切口位置，避开烟道口及出灰口对支撑部位的影响，进而确保爆破质量及对倒向角度的准确控制。

## 参 考 文 献

[1] 汪浩. 超薄全剪力墙高层建筑多方向倾倒控制爆破拆除[J]. 工程爆破，2007，1.
[2] 王希之，吴建源，柴金泉，等. 3 座 180m 高钢筋混凝土烟囱爆破拆除[J]. 爆破，2012.
[3] 池恩安，魏兴，温远富. 100m 钢筋砼烟囱和 80m 砖烟囱定向爆破拆除[J]. 工程爆破，2002，1.
[4] 磨季云，周运奎，金沐，等. 厚壁砖结构烟囱爆破拆除[J]. 爆破，2012，2.

# 连体砖混结构教学楼控制爆破拆除

郭 靖　韩学军　丁 盛　牛 江　陈 战

（湖北凯龙工程爆破有限公司，湖北 荆门，448000）

**摘 要**：通过合理选取爆破参数、安全措施及精心施工，实现了砖混结构连体教学楼四层部分定向倒塌、三层部分原地逐跨坍塌，并有效控制了爆破有害效应。

**关键词**：砖混结构；教学楼；连体；控制爆破

## Controlled Blasting Demolition of Brick-concrete Structure Buildings of Overall Difference Floors Teaching Building

Guo Jing　Han Xuejun　Ding Sheng　Niu Jiang　Chen Zhan

（Hubei Kailong Engineering Blasting Co., Ltd., Hubei Jingmen, 448000）

**Abstract**: This paper summarizes the blasting demolition of a 4-storeyed and a 3-storeyed brick concrete structure teaching building. The two buildings are connected together. The design of the 4-storeyed part directional blasting and the 3-storeyed part in-site blasting one by one were made. Through proper selection of blasting parameters, adopting reasonable safety measures and careful construction, the blasting effectiveness is ideal.

**Keywords**: brick concrete structure; teaching building; overall; control blasting

## 1 工程概况

凯龙股份为改善专业技术人员的居住环境，拟在废弃的其子弟学校区域兴建凯龙专家人才园，区域内有一栋废弃的教学楼要拆除，经过比较决定采用爆破方式拆除该教学楼。待拆除的连体砖混结构教学楼呈"一"字形东西向布置，由三层小学部与四层初中部两部分组成，依地势而建，四层部分楼底标高比三层部分楼底标高低3.3m，两部分连接处设计有连接缝。四层部分教学楼长37.9m、宽6.8m、高13.2m，三层部分教学楼长44.6m、宽6.8m、高9.9m，教学楼总建筑面积约为2000m²。楼房墙体为标准红砖，承重墙厚24cm，在结构拐角处和中间共有27根构造柱（50cm×37cm），楼板呈东西铺向铺置在构造柱和承重墙上，其中，三层的为14跨，四层的为7跨（含非承重隔断墙）。

大楼外围约10m处为围墙，西面30m处为通往荆门北郊圣境山旅游区的公路，东面为山体，教学楼南北面均较空旷，其中南面为原学校操场。拟爆破拆除教学楼周边环境如图1和图2所示。

---

作者信息：郭靖，工程师，1975825070@qq.com。

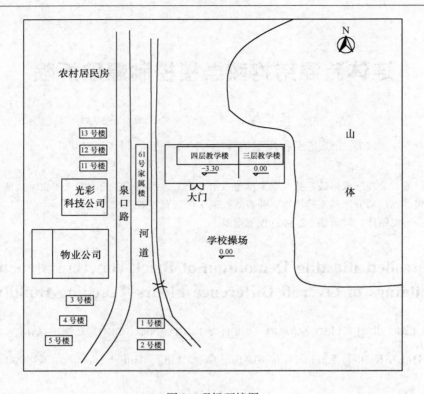

图 1　现场环境图

Fig. 1　Field Environment

图 2　待爆破拆除的教学楼

Fig. 2　Teaching building to be demolished

## 2　爆破方案[1,2]

根据楼房结构及周边环境，爆破方案设计上应着重考虑：

（1）该楼西侧距离凯龙股份 61 号家属楼及泉口路较近，应予以重点保护。

（2）根据楼房宽高比，选择适宜的爆破时差。

（3）连体楼房爆破拆除时，如选择不同的拆除方式，连接部位应提前采用人工、机械预分离或钻孔爆破分离。

(4) 根据现场实际情况，爆破缺口高度应适当增大，以实现楼房顺利倒塌，同时不至于破坏楼房前方的景观雪松树。

## 2.1 爆破方式

根据待拆除楼房的结构特点及周边环境情况，决定采用三层部分教学楼原地自东向西逐跨坍塌、四层部分教学楼整体向南定向倒塌的方式爆破拆除。连体楼房整体一次延时起爆。

## 2.2 预处理

(1) 爆破拆除建筑物时为减少爆破钻孔工作量，在保证安全的前提下一般预先对墙体进行最大限度的人工机械拆除，同时对部分承重墙采取"化墙为柱"。待拆除教学楼设计资料缺失，难以准确确定建筑物的结构、重量。根据中华人民共和国住房和城乡建设部颁发的《地震灾区建筑垃圾处理技术导则》预估砖混结构楼房拆除垃圾量为 $1.3 \times 10^3 \mathrm{kg/m^2}$。据调查，待拆除建筑物使用的是不低于 MU15 的红砖砌体，参考《烧结普通砖》(GB 5101—2003) 规定，其抗压强度不小于 12MPa。根据现场实际测量情况，楼房承重部分总面积为 $25.712\mathrm{m^2}$（按墙体截面）。由压强公式 $p = F/S$，承重部分转体承受的压强为 $p = (44.6 \times 3 + 37.9 \times 4) \times 6.8 \times 1.3 \times 10^3 / 0.24 \times [(37.9 + 44.6) \times 2 + 23 \times 6.8] \times 10^4 = 3.27\mathrm{MPa}$。根据计算理论上预拆除 2/3 后其压强为 $9.81\mathrm{MPa} < \mathrm{MU15}$ 红砖的抗压强度 12MPa，能保证预拆除后保留部分墙体可以承受楼房重力。为保险起见，预拆除部分墙体处理至 2 层，控制每面墙体预拆除部分不超过墙体长度的 1/3，且间隔预拆除，可以确保保留部分强度能足以支撑建筑结构，确保安全。

(2) 对所有楼梯人工拆除至 2 层，同时提前将两栋楼连接处预切割分离。切割分离效果如图 3 所示。

图 3 两栋楼连接处的预切割处理

Fig. 3 Pre cut treatment of two building joints

(3) 在钻孔前，人工将爆破切口区域构造柱边墙拆除。

## 2.3 爆破切口确定[3,4]

建筑物拆除爆破设计的基本原理是通过破坏建筑物的部分或全部承重构件，如柱、梁、墙体，使建筑物结构失稳，在自身重力的作用下塌落。对于砖混结构建筑物，可按下面的经验公式设计缺口倾倒一侧的炸高 $h$：

$$h \geq H_0/2\{1 - (1 - 2(D/H_0)^2)\}$$

式中，$D$ 为倒塌方向的底边长，m，$H_0$ 为楼房重心高度，m。

经计算，$h \geqslant 2.061\text{m}$。为了便于施工和确保爆破切口足够高，以满足楼房顺利倒塌，决定原地坍塌部分炸毁底部一层、二层切口范围内的全部墙、柱；定向倒塌部分爆破拆除建筑截面2/3范围内倒塌方向一层、二层的三面墙体及立柱，保留倒塌相反方向的墙体，防止倒塌时楼房后座。

## 2.4 爆破参数

不同构件单孔装药量 $Q$ 按下式确定：

$$Q = qabH$$

式中，$Q$ 为单孔药量，g；$q$ 为炸药单耗，$\text{g/m}^3$；$V = abH$ 为单孔破坏介质体积，$\text{m}^3$。最小抵抗线 $W = \delta/2$，其中 $\delta$ 为砖墙厚度，cm。

(1) 承重墙体（24cm）：孔距 $a = 2W = 25\text{cm}$；排距 $b = 0.9a = 23\text{cm}$；孔深 $H = 16\text{cm}$；单耗 $q = 1200\text{g/m}^3$（乳化炸药）。

计算得：$Q = 13.8\text{g}$，实际取 20g。

(2) 构造柱（50cm×37cm）：排距 $b = 30\text{cm}$；孔深 $H = 25\text{cm}$；单耗 $q = 1200\text{g/m}^3$。

计算得：$Q = 66.6\text{g}$，实际取 67g。

按照爆破设计，试爆选在三楼东侧山墙。按照设计孔网布置炮孔，根据设计单耗密实装药，试爆部位墙体完全被抛出，无防护情况下爆破飞散物飞散约12m。试爆结果说明设计的孔距、排距合理，选定的爆破单耗适宜。

## 2.5 爆破炮孔布置及起爆网路

设计采用 $\phi 38\text{mm}$ 直径炮孔，四层部分单元房间炮孔布置如图4所示。

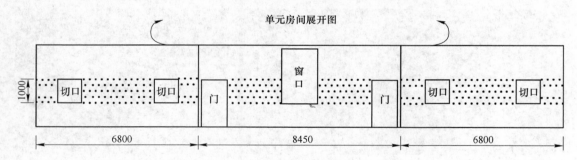

图4 单元房间炮孔布置展开图

Fig. 4 Blasting hole layout of apartment

三层逐跨原地坍塌部分孔内采用 Ms11 导爆管雷管，每20发左右孔内导爆管雷管连接两发 Ms1 接力雷管，每跨接力雷管汇聚成簇通过 Ms9 导爆管雷管搭接起来。四层定向倒塌部分山墙及中间隔断承重墙孔内使用 Ms11 导爆管雷管，倒塌方向檐墙孔内使用 Ms1 导爆管雷管，每20发左右孔内导爆管雷管连接两发 Ms1 接力雷管，最后将接力雷管全部用导爆管和四通复式搭接在 Ms11 导爆管雷管上与三层部分的最末一发接力雷管相连。爆破网路示意图如图5所示。

## 3 爆破安全校核与安全措施[5,6]

由于爆破点周围紧邻社区家属楼和电线，应对可能产生的爆破危害予以足够的重视。本次

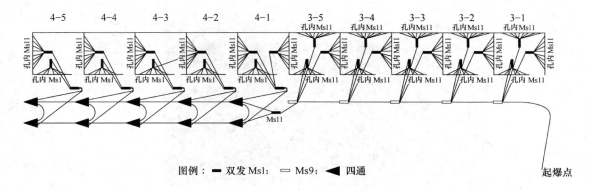

图 5 起爆网路连接示意图

Fig. 5 Schematic diagram of the initiation network connection

爆破待爆体有空旷的临空面，因此空气冲击波和爆破噪音对四周建筑物和人员的危害很小，可以不予考虑。

### 3.1 爆破振动

根据爆区环境，受爆振影响最大的是待爆体西边的凯龙股份61号家属楼，距待爆体的距离为20m。根据《爆破安全规程》(GB 6722—2014)，其安全允许振速为2.5cm/s。本爆破工程布置了两台测振仪监测现场爆破振动，两台测振仪布置在邻近教学楼的凯龙股份61号家属楼附近，现场实际布控的两台测振仪测振数据分为0.2cm/s和0.4cm/s(有天然水沟的减振因素)，振感很小，爆破振动对周围建筑物未造成任何不良影响。

### 3.2 爆破飞石

爆破飞石的飞散距离是划定爆破安全警戒范围和确定防护等级的主要依据。本次爆破防护措施为：在布置有炮孔的外壁覆盖2层防护毯，最外层再覆盖一层铁丝网，然后用铁丝扎紧，严防飞石飞出。在邻近61号家属楼区域采取拉设帘帐的方式进行防护，防止飞石飞出。爆破完毕经检查，爆破飞石未对周围建筑物造成任何影响，防护帘帐上观察不到孔洞，完好无损，同时爆堆周边未防护区域飞石距离均不超过12m。

## 4 爆破效果与体会

### 4.1 爆破效果

起爆后，楼房按照预定方式倒塌，三层部分像多米诺骨牌似逐跨坍塌，四层楼定向朝南倾倒，破碎效果良好。教学楼倒塌效果见图6。

定向倒塌部分前冲控制在10m范围内，爆堆高度约4m。布置在四层教学楼西侧的防护帘帐基本未受到飞石损伤。爆堆形状如图7所示。

### 4.2 经验教训与体会

(1) 对于长宽比较大的砖混结构楼房，在保证保留部分能支撑建筑物自重、确保结构稳定的前提下，可适当扩大预处理切口，减少钻孔工作量。对保留部分进行钻孔爆破时，可在其

图 6 教学楼倒塌效果
（三层部分垮塌后四层部分向前倾倒）
Fig. 6　Collapse Effect of Teaching building
(Part of the three layers collapse, part of four layers dumping forward)

图 7　楼房爆堆
Fig. 7　Muckpile of Building Explosive

上部和下部各钻两排炮孔装药爆破，减少钻孔工作量和炸药使用量。

（2）砖混结构立柱可适当加大钻孔间距，但必须适当增加单孔药量，确保爆破时能够顺利将立柱炸倒，同时为了便于钻孔和减少现场钻孔工作量，可将构造柱两边留1m左右的墙体，其他墙体均可以预处理拆除。

（3）三层教学楼逐跨坍塌的延期时间取跨间间隔300ms，能形成波浪式的逐跨坍塌效果，降低了爆破建筑物触地震动；四层楼定向倾倒的延期时差为前后排孔相差500ms，能很好地形成倾覆力矩，避免爆破时建筑物后座。

（4）爆破防护采取覆盖三层建筑毛毯，用铁丝网固定。在建筑物顶部拉设塑料遮阳网形成防护帘帐，帘帐仅固定上部，下部不固定或者简单固定，在防止爆破飞石飞散的过程中起到缓冲作用,防止爆渣飞散的效果较好。

## 参 考 文 献

[1] 汪旭光. 爆破设计与施工[M]. 北京:冶金工业出版社,2011.
[2] 刘昌帮,等. 8层砖混结构楼房控制爆破拆除[J]. 爆破,2007,13(1):76-77.
[3] 杨人光,等. 建筑物拆除爆破[M]. 北京:中国建筑工业出版社,1985.
[4] 顾毅成. 爆破工程施工与安全[M]. 北京:冶金工业出版社,2004.
[5] 谢先启. 精细爆破[M]. 武汉:华中科技大学出版社,2010.
[6] 汪浩,等. 复杂环境中的五层框架楼房爆破拆除[J]. 工程爆破,1999,5(2):30-33.

# 复杂环境下炸药生产厂房逐跨原地塌落爆破拆除

李建设　张海滨　蔡春阳　李社会　白建民　蔡小龙

（承德滨达爆破工程有限公司，河北 兴隆，067300）

**摘　要**：本文介绍了复杂环境下采用逐跨原地塌落方案对一栋炸药生产厂房进行爆破拆除。通过精心设计，确定了厂房的整体起爆顺序、炸高、毫秒延期起爆网路和爆破参数，成功地爆破拆除了炸药生产厂房，需保护设施及建筑物未受任何影响。

**关键词**：爆破拆除；逐跨原地塌落；炸药生产厂房；复杂环境

## Explosives Production Plant Blasting Demolition by Span In-situ Collapse in Complicated Surroundings

Li Jianshe　Zhang Haibin　Cai Chunyang
Li Shehui　Bai Jianmin　Cai Xiaolong

(Chengde Binda Blasting Engineering Company Limited, Hebei Xinglong, 067300)

**Abstract**: A explosives production plant blasting demolition by span in-situ collapse in complicated surroundings was introduced in this paper. Through careful design, the overall sequence, height of burst, millisecond delay initiation network and the blasting parameters reasonably determined. The explosive production plantd were demolished successfully. The protected facilities and buildings are safe.

**Keywords**: blasting demolition; by span in-situ collapse; explosives production plant; complicated surroundings

## 1　工程概况

### 1.1　结构情况

河北兴安民用爆破器材有限公司炸药厂位于河北省兴隆县城西部，粉状乳化炸药生产厂房位于总厂区的中部，根据生产规划的要求需要将其拆除。该厂房为东西走向，为钢筋混凝土框架结构，地上两层，自东向西由九跨组成，跨度 3m、6m 不等，东西两侧均为 3m 的跨度，中间的跨度为 6m，其中东侧 3m、6m 两跨由隔断墙及楼板隔开，西部为设备厂房结构；该厂房长 49.0m、宽 11.0m、高度 7.2m，建筑面积约 1078m²，由 23 根立柱支撑，立柱截面尺寸为 50cm×50cm，主筋 8×$\phi$25mm，立柱之间南北向主梁截面尺寸为 80cm×40cm，立柱之间东西向次梁截面尺寸为 60cm×30cm，二层顶板东西向次梁截面尺寸为 40cm×30cm，楼板厚度为

---

作者信息：李建设，教授级高级工程师，lijiansheljs@sina.com。

20cm。外部围护砖墙厚度40cm,中间隔断墙厚度为30cm,砖墙均为砂浆抹面,强度较高。该楼房为生产车间,为车间承重结构,楼房整体上坚固。

## 1.2 工程环境

该厂房位于总厂区的中部,周围重要的设施较多,环境极其复杂。楼房南侧2.3m为一条东西走向的架空蒸汽管线,高度2.0m,3m外为围墙,其南侧为山体,西部距离围墙5.0m,距离48m为硝酸铵库房,北侧距离围墙5.0m,距离53m为一400t硝酸铵库房,东侧距离围墙5.0m,东南侧距离55m为一配电室,东南侧120m为一正在生产的胶装乳化炸药生产线,其周围环境如图1所示。

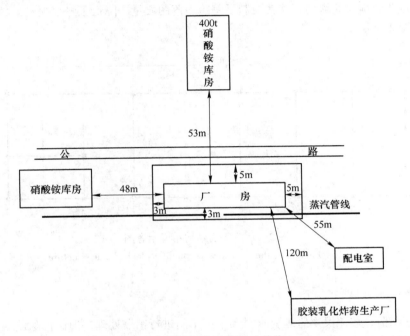

图1 厂房周围环境示意图(单位:m)

Fig. 1 Surroundings of the explosive production plant (unit: m)

## 2 爆破拆除方案

### 2.1 难点分析

(1)该厂房为粉状乳化炸药生产车间,周围分布有防护土堤,厂房四周空间狭小,而且南侧有需要保留的蒸汽管线,防护土堤也要继续使用。

(2)生产车间设备质量较大,厂房为承重结构,为了确保爆破拆除成功,爆破工程量较大。

(3)由于厂房距离配电室及另一正在生产的车间较近,需要控制建筑物塌落撞击地面的解体尺寸,从而控制塌落振动。

### 2.2 爆破拆除方案选择

拆除控制爆破的原理是通过对建筑物进行力学结构分析之后,准确地确定其内部关键承重部位和节点。然后,在其中按一定原则布置大量的微型药包,起爆后,利用炸药爆炸产生的能量局部破坏建筑物的重要支撑部位的强度,使其失去承载能力,在建筑物自身重力作用下失去稳定性,并使建筑物重力与地面的支撑力形成转动力矩,使建筑物产生失稳运动,实现使失稳后的建筑物本身所具有的势能向结构解体所需要的动能转化,最后,在建筑物自身重力作用下完成倾倒和解体。

爆破方案直接关系到工程的施工安全及其技术经济效果。由厂房结构及周围环境可以看出,只有厂房北侧和东侧有近5m的空地,根据厂房的周围环境及高宽比小于1的特点,决定采用毫秒延时分段自东向西逐跨、自北向南原地塌落的爆破拆除方案。

本次爆破采用每跨立柱东西排间毫秒延时逐跨起爆控制一次起爆药量,除控制爆破振动外,同时从自北向南向北塌落,这就控制了每跨塌落的质量,降低了触地振动。框架柱结构平面布置图如图2所示。

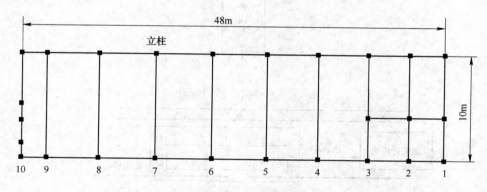

图2 厂房平面结构布置示意图
Fig. 2 Diagram of the explosive production plant planar structure

## 2.3 预处理

在拆除施工前,按照民爆管理要求对于生产车间进行销爆处理,确保拆除施工安全。为了减少爆破工作量及保证楼房触地后的解体效果,爆破前把一层、二层内隔断墙及外墙全部拆除,拆除时尽可能采用机械拆除,若不能采用机械拆除,采用人工大锤、风镐或爆破拆除。便于为厂房爆破提供原地塌落的塌散空间。

# 3 爆破参数

## 3.1 不同结构物的爆破参数

(1) 孔径 $d$:采用38mm钻头进行钻孔,孔径为40mm。

(2) 对于 $S = 50cm \times 50cm$ 钢筋混凝土立柱,布置单排孔,最小抵抗线 $W = 0.5B$,$B$ 为立柱的边长,$W = 0.25m$。孔距 $a$ 选取不宜过大,否则单孔药量增加、药包能量相对集中,不利于飞石的控制,选取 $a = 1.25W$,$a = 0.35m$。对于正方形立柱,孔深 $l = 0.58B$,$B$ 为立柱边长,$l = 0.29m$,炮孔单孔药量 $Q_i = kaS = 850 \times 0.35 \times 0.5 \times 0.5 = 74g$。对于 $40cm \times 40cm$ 钢筋混凝土立柱,$a = 0.25m$,$l = 23cm$,$k = 1.0kg/m^3$,$Q = 40g$。

(3) 对于 $80cm \times 40cm$ 钢筋混凝土主梁,$a = 0.3m$,$l = 48cm$,$k = 0.85kg/m^3$,$Q = 80g$,分两个药包每个为40g。对于 $60cm \times 35cm$ 钢筋混凝土次梁,$a = 0.3m$,$l = 36cm$,$k = 0.95kg/m^3$,

$Q=60\mathrm{g}$,分两个药包每个为30g。

(4)对于厚度40cm砖墙,$a=0.4\mathrm{m}$,$b=0.25\mathrm{m}$,$l=0.24\mathrm{m}$,$k=0.8\mathrm{kg/m^3}$,$Q=35\mathrm{g}$。立柱炮孔及装药布置如图3所示。

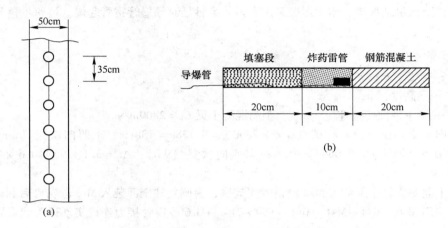

图3 立柱布孔及装药布置示意图
(a)立柱布孔;(b)立柱炮孔装药布置
Fig. 3 Shematic diagram of blast hole layout and charging

## 3.2 爆破高度确定

由于楼房高宽比(7.2/11=0.65)远小于1.0,而且楼房四周最大宽度为5m,采用逐跨延时塌落的起爆网路来进行塌落方向的控制,即用起爆时差来控制塌落方向。因而要尽可能地增大爆破高度,以利于钢筋混凝土结构解体及破碎,考虑到一层有预拆除堆碴,因而一层立柱爆高取2.2m,即一层高度(从地表以上60cm钻孔);二层北侧立柱爆高取2.2m,二层南侧立柱爆高取1.9m,有利于塌落时向北散落偏移,有利于解体破碎。在爆破立柱的同时对于柱两侧的主次梁均布置两个炮孔,形成铰接点,以利于逐跨塌落解体。

## 3.3 试爆

由于该厂房原来设计图纸无法提供,因而在西侧部位选取两根50cm×50cm立柱、1根40cm×40cm立柱、两个80cm×40cm主梁铰接点和两个60cm×35cm次梁铰接点进行了试爆,每个立柱试爆炮孔为3个。试爆后,立柱和主次梁试爆部分无残留混凝土,外侧防护用的草帘子、钢丝网、密目安全网被炸开抛出,且内部钢筋全部撑开,呈灯笼状,碎块飞溅距离5m,试爆效果较好。

表1 爆破参数
Table 1 Blasting parameters

| 名 称 | 截面尺寸/cm×cm | 抵抗线/cm | 孔距/cm | 孔深/cm | 单耗/kg·m⁻³ | 单孔药量/g |
|---|---|---|---|---|---|---|
| 立 柱 | 50×50 | 25 | 35 | 29 | 0.85 | 75 |
| 主 梁 | 40×80 | 20 | 30 | 48 | 0.85 | 80 (40+40) |
| 次 梁 | 35×60 | 17.5 | 30 | 36 | 0.95 | 60 (30+30) |
| 40砖墙 | 厚度40cm | 20 | 40 | 24 | 0.5 | 35 |

## 4 爆破网路

延时网路的时差设计应保证厂房向东北侧微倾斜塌落,还要保证厂房自东向西逐跨依次塌落解体,以降低触地振动。本次爆破采用孔内外毫秒延时导爆管雷管起爆。逐跨塌落延期时间计算见式(1):

$$\Delta t = 3.1 \times l/(h_0 \times C_0) \tag{1}$$

式中 $l$——梁长,m;
  $h_0$——梁高度,m;
  $C_0$——梁中声波传播速度,m/s,钢筋混凝土梁 $C_0 = 2800$ m/s。

南北向主梁:$\Delta t = 3.1 \times 10^2/(0.8 \times 2800) = 0.138$s $= 138$ms;东西向次梁(6m):$\Delta t = 3.1 \times 6^2/(0.6 \times 2800) = 0.066$s $= 66$ms;东西向次梁(9m):$\Delta t = 3.1 \times 9^2/(0.6 \times 2800) = 0.149$s $= 149$ms。

整体上北侧立柱全部装入 Ms2 段雷管先起爆,南侧立柱全部装入 Ms6 段雷管后起爆;自东向西依次采用 Ms6→Ms4→Ms4→Ms4→Ms4→Ms4→Ms6 段雷管接力连接实现逐跨起爆。爆破网路如图4所示。

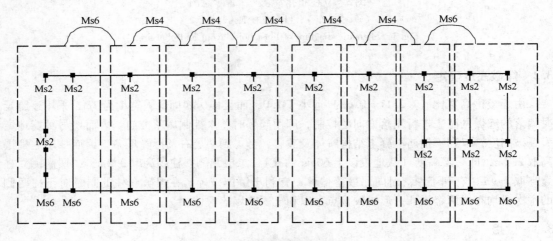

图4 爆破网路布置示意图
Fig. 4 Schematic diagram of blasting network

## 5 安全技术

### 5.1 爆破飞石

采用铁丝捆绑两层稻草帘对立柱及梁爆破部位进行严密覆盖防护,作为阻挡飞石的第一道防护体;然后在外侧再用铁丝捆绑两层密目安全网覆盖防护,最后在最外侧用铁丝捆绑一层铁丝网作为第三道防护体,三层防护保证爆破飞石的影响范围在 5m 之内。另外在厂房东侧的大门口处披挂建筑用密目安全网防止爆破飞石,对于爆区南侧的管线进行遮挡覆盖防护。

### 5.2 爆破振动

本次爆破主要考虑爆破振动对其东南侧距离 55m 的配电室是否会有不利影响,爆破振动速度可根据式（2）计算：

$$v = K\left(\frac{Q^{1/3}}{R}\right)^{\alpha} \tag{2}$$

本次爆破最大段起爆药量为 5kg，爆破中心距离最近的配电室 55m，$K = 32.1$，$\alpha = 1.54$。因此，该段爆破在该建筑物处引起的爆破振动速度值为 0.153cm/s。该值远小于《爆破安全规程》规定的水电站及发电厂中心控制室设备地面质点的安全振动速度 0.5cm/s，因此厂房爆破振动显然不会对东南侧配电室造成不利影响。

由于厂房高度低，混凝土结构配筋密，而且采用了逐跨解体塌落的方式进行拆除，每跨塌落的质量小，势能低，因而爆破拆除塌落振动对于周围建筑不会有任何不利影响。

## 6 爆破效果及体会

起爆后，厂房按照设计方案逐跨解体塌落，起爆网路按设定次序传爆。整个厂房逐跨塌落、倾倒全过程持续时间在 3s 以内。北侧、西侧爆堆高度约 1.0m，东南侧爆堆最高约 2.5m，爆堆整体上向北偏移约 0.8m，从爆堆分布可以看出，厂房按自东向西原地逐跨塌落。

经爆后检查，南侧需保留的管线完好，防护土堤及大门口无飞石残留，厂房塌落解体充分，布置在配电室处的 NUBOX-6016 智能振动监测仪未监测到爆破振动数据，表明爆破振动很小，对于配电室无影响。

采用逐跨接力毫秒延时爆破，使厂房内爆式塌落，不仅解决了场地倾倒不足的问题，而且逐跨解体充分，减小了塌落振动产生的能量。若设计时在房顶梁炸出铰接点，同时增大大逐跨间的延时间隔，将更有利于塌落解体的效果。

### 参 考 文 献

[1] 汪旭光. 爆破手册[M]. 北京：冶金工业出版社，2010.
[2] 史家埗，程贵海，郑长青. 建筑物爆破拆除理论与实践[M]. 北京：中国建筑工业出版社，2010.
[3] 李建设，袁向全，李建彬，等. 原北京面粉十厂提升塔楼控制爆破拆除[C]//第三届北京工程爆破学术会议论文集. 北京工程爆破学会，2003：136-139.

# 长田湾高速公路大桥爆破拆除

毛永利[1]　王守伟[2]　温良全[3]

（1. 重庆同益拆迁爆破有限公司，重庆，401320；2. 重庆市公安局，重庆，400023；
3. 中冶建工交通工程公司，重庆，400051）

**摘　要**：本文介绍了在重庆市渝北区长田湾高速公路大桥爆破拆除的设计和施工中，成功运用大孔径浅孔及深孔爆破技术拆除高速公路大桥，并对爆破效果进行了分析和描述，得出了一些结论。与过去习惯采用的一般浅孔爆破技术相比较，减少了钻孔数量，也减少了雷管用量，起爆网路简单可靠，装药结构简单，机械钻孔代替人工钻孔，作业速度快，成本低，安全可靠性高，为同类工程的爆破拆除积累了更多可供借鉴的经验。
**关键词**：爆破拆除；大孔径浅孔；深孔；爆破技术；高速公路大桥

## Blasting Demolishment of Changtianwan Expressway Bridge

Mao Yongli[1]　Wang Shouwei[2]　Wen Liangquan[3]

(1. Chongqing Civil Tongyi Relocation Demolition Limited Company, Chongqing, 401320;
2. Chongqing Municipal Public Securing Burean, Chongqing, 400023;
3. China Metallurgical Construction Traffic Engineering Company, Chongqing, 400051)

**Abstract**: In this paper, the blasting methods, blasting parameters, construction methods and security measures of the expressway bridge demolition by applying the large aperture shallow hole and deep hole blasting technique in the design and construction of the Changtianwan bridge blasting demolition project of Chongqing Yubei district are introduced. The blasting effect are described and analyzed. Compared with the shallow hole blasting technique, there are many obvious technical advantages such as less borehole to be drilled, low consumption of detonator, simple and reliable priming circuit, simple charge structure, mechanical drilling instead of manual drilling, running speed, low cost, high security and reliability. It adds successful experience for similar projects.
**Keywords**: demolition blasting; large aperture shallow hole; deep hole; blasting technique; expressway bridge

## 1　工程概况

重庆市渝北区长田湾大桥属于渝邻高速公路大桥，该桥于2004年4月竣工，由于在江北机场三期扩建范围内，高速公路改道需要对该桥进行爆破拆除。

---

作者信息：毛永利，工程师，413255433@qq.com。

## 1.1 工程结构

该桥为钢筋混凝土结构，全长281.4m，全宽24.5m，全桥分左右两幅，桥面左右半幅宽各是11.25m，桥面左右半幅之间间隔1.5m；桥上部结构是9×30m预应力混凝土简支T梁，预制吊装施工；下部结构是双柱式桥墩，双柱式桥墩由于地形变化，桥墩柱高度4~30m不等，桩基础，双柱之间设置联系梁；桥台为U形重力式桥台，扩大基础；桥面铺装30号混凝土厚约6+沥青混凝土9cm。在0号、9号桥台及3号、6号桥墩处设有伸缩缝。双柱式桥墩共计8个，32根柱，16个横梁，桥墩中心距30.09m，双柱中心距7.1m，两幅间双柱中心距5.6m（大桥结构和外观见图1）。

图1　大桥结构和外观

Fig.1　The structure and appearance of the bridge

墩柱直径有1.5m和1.8m。墩柱直径1.5m时配筋是内设30根$\phi$25mm竖向钢筋，间距150mm；墩柱直径1.8m时配筋是内设45根$\phi$28mm竖向钢筋，间距150mm；墩柱箍筋为$\phi$10mm钢筋，间距20cm，螺旋缠绕于竖向钢筋的外侧，于竖向钢筋的内侧设加强筋箍筋为$\phi$16mm钢筋，间距2.0m。墩柱混凝土是30号混凝土现浇。

联系梁离地高度分别有10~16m，断面尺寸分别是水平宽度1.2m、竖向高度1.4m及水平宽度1.4m、竖向高度1.6m两种。四周布筋，水平布$\phi$25mm钢筋，间距100mm，及水平布$\phi$28mm钢筋，间距100mm；竖向为$\phi$10mm钢筋，间距200mm；混凝土是30号混凝土现浇。

盖梁水平宽度2.1m、竖向高度1.6m、长度10.92m，四周布筋，与墩柱连接部位上部水平双层布筋第一层$\phi$28mm钢筋的间距为100mm，第二层$\phi$28mm钢筋，间距200mm及300mm，与墩柱连接部位下部水平单层布$\phi$28mm钢筋，间距为150mm；侧面布$\phi$12mm钢筋，间距160mm；30号混凝土现浇，墩柱中的竖向钢筋向上一直伸入盖梁内。

主梁是预应力混凝土简支T梁，长度为30m，梁宽为2.0m，高度为2.0m，梁底宽为0.4m，预应力混凝土采用50号混凝土。

## 1.2 工程环境

大桥呈南北走向，北端250m处为李子林隧道入口；南端与凤崖堡中桥相距40m（一起爆破拆除）；东侧与新建高架桥相距500m；西侧500m范围为机场在建平基工程工地，其中，300m范围内为填方区，水平高程低于桥梁桥面；西北侧300m处有机场工地施工用搅拌站；桥下是旱地、斜坡地形，无其他需要保护的管、线等（大桥周围环境示意图见图2）。

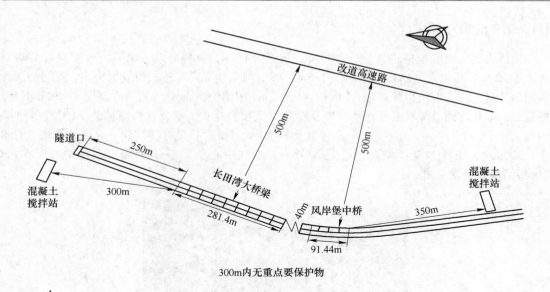

图 2 大桥周围环境示意图
Fig. 2 The environment map of the bridge

## 2 爆破总体施工方案的选择

### 2.1 拆除爆破方式的选择

根据桥梁的结构特点、环境情况及工程要求，确定全部爆破孔都采用机械钻大孔径控制爆破及延时控制爆破技术，炸毁承重墩柱部分高度，使大桥失稳坍塌的一次性爆破拆除的方式。具体方案如下：

（1）利用延时控制爆破技术，从中间逐跨向两端起爆，使桥从中间向两端，逐跨坍塌。

（2）采用机械钻大孔径控制爆破，一方面，从桥面用潜孔钻机对墩柱顶部爆毁段，钻垂直大孔径深孔爆破；另一方面，用潜孔钻机对墩柱下部爆毁段，钻水平大孔径浅孔爆破，避免搭设台架及人工钻孔。

### 2.2 预处理部位

（1）为了方便钻孔、装药，对桥面对应柱上的钻孔部位及 T 梁两翼的局部至横梁顶面进行处理。

（2）为了方便钻孔，对墩柱下部钻孔范围内的钢筋进行切断处理。

（3）为有利于桥梁顺利坍塌，对桥面与桥台的连接处，采用机械的方法进行预切割。

### 2.3 爆破切口高度及布孔

2.3.1 爆破部位

分别炸毁一段承重墩柱的顶部及底部，使桥失稳坍塌。

2.3.2 墩柱炸毁高度 $H_p$ 的确定

（1）立柱最小炸毁高度 $h$ 的计算。墩柱炸毁可以视为一端固定、一端自由的细长压杆，可以按照压杆理论计算失稳柱的破坏高度（炸高）。

根据欧拉公式计算，经计算得到：$h = 0.62$ m。

（2）墩柱炸毁高度 $H_P$ 的计算。墩柱炸毁高度可按工程爆破的经验公式计算：

$$H_P = K(B + h)$$

式中　　$K$——爆高系数，一般取 $1.0 \sim 2.0$；

$B$——立柱倾倒方向截面边长，按照最大墩柱直径 1.8 m 计算；

$h$——立柱最小破坏高度，$h = 0.62$ m。

经计算：$H_P = 2(1.8 + 0.62) = 4.84$ m。

（3）最终墩柱炸毁高度的确定。根据理论计算并结合类似工程的实践经验，桥墩的实施爆破高度根据不同柱高调整爆毁高 $4 \sim 11$ m。

## 2.4　爆破参数的确定及炮孔布置

在桥墩柱顶部段爆毁段钻垂直孔爆破（高度为 $3 \sim 4$ m），底部段爆毁段以水平孔爆破（高度为 $5 \sim 8$ m）（各排柱的炸高见表1，布药位置见图3）。

表1　各排柱的炸高
Table 1　The bursting altitude of each columns

| 墩柱编号 | 1号 | 2号 | 3号 | 4号 | 5号 | 6号 | 7号 | 8号 |
| --- | --- | --- | --- | --- | --- | --- | --- | --- |
| 墩柱高度/m | 4.1 | 19.7 | 29.7 | 30.0 | 30.0 | 28.7 | 20.0 | 11.5 |
| 总炸毁高度/m | 4.0 | 8.0 | 9.0 | 10.0 | 11.0 | 10.0 | 9.0 | 8.0 |
| 顶部炸毁高度/m | 4.0 | 3.0 | 3.0 | 3.0 | 3.0 | 3.0 | 3.0 | 3.0 |
| 底部炸毁高度/m | 0 | 5.0 | 6.0 | 7.0 | 8.0 | 7.0 | 6.0 | 5.0 |

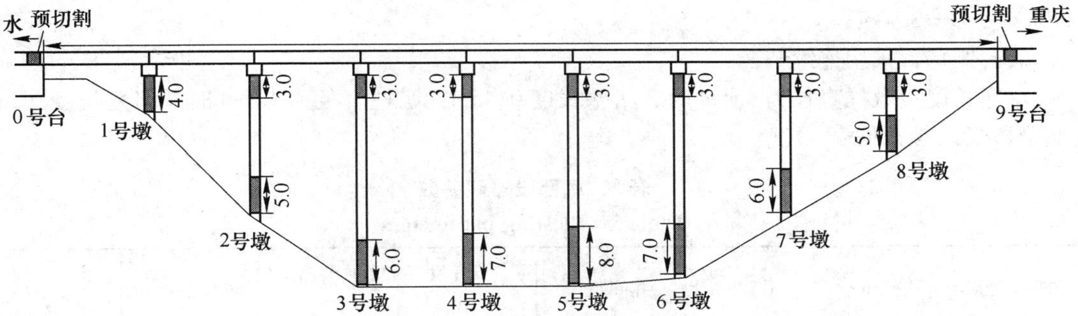

图3　布药位置示意图（单位：m）
Fig. 3　The charge layout（unit：m）

### 2.4.1　墩柱顶部段爆破参数及炮孔布置

炮孔布置：桥墩柱直径 1.5 m、1.8 m，在每一个柱中心，采用潜孔钻机，沿经向从上至下钻一个垂直向下的爆破孔。

炮孔直径：$d = 100$ mm；

炸高：$H = 3 \sim 4$ m；

最小抵抗线：$W = R$（$R$ 为半径，m），墩柱直径为 1.5 m，最小抵抗线 $W = 0.75$ m；墩柱直径为 1.8 m，最小抵抗线 $W = 0.9$ m；

炸药单耗：$q = 2.75 \sim 3.11 \text{kg/m}^3$；
单孔药量 $Q = qV$（$V$ 为每个炮孔负担的体积）；
装药结构：采用连续装药（顶部段爆破参数见表2）。

表 2 顶部段爆破参数
Table 2 Blasting parameters

| 柱直径/m | 孔径/mm | 最小抵抗线/m | 孔深/m | 炸药单耗/kg·m$^{-3}$ | 单孔装药量/kg | 延米装药量/kg·m$^{-1}$ | 堵塞/m | 装药结构 |
|---|---|---|---|---|---|---|---|---|
| 1.5 | 100 | 0.75 | 4.6~5.6 | 3.11 | 16.5~22 | 5.5 | 1.6 | 连续 |
| 1.8 | 100 | 0.9 | 4.6 | 2.75 | 21 | 7.0 | 1.6 | 连续 |

### 2.4.2 墩柱底部段爆破参数及炮孔布置

炮孔布置：自地面1.0m以上开始布孔，范围根据每根墩柱情况高度为5~8m；

炮孔直径：$D = 90 \text{mm}$，采用潜孔钻机，沿径向钻水平孔；

最小抵抗线：$W = 0.45 \sim 0.5 \text{m}$；

孔深：$L = (0.7 \sim 0.72)D$（$D$ 为直径，m），墩柱直径为1.5m，孔深 $L = 1.05 \text{m}$ 墩柱直径为1.8m，孔深 $L = 1.3 \text{m}$；

孔间距：相邻孔十字方式布孔，沿墩柱高度方向0.5m，同向孔口间距为0.5m（布孔形式见图4）；

炸高：$H = 4.5 \sim 8 \text{m}$；

炸药单耗：$q = 2.7 \text{kg/m}^3$；

单孔药量：$Q = qV$（$V$ 为每个炮孔负担的体积），墩柱直径1.5m时，$Q = 2.4 \text{kg}$；墩柱直径1.8m时，$Q = 3.4 \text{kg}$；

装药结构：采用连续装药；

堵塞长度：墩柱直径为1.5m时，堵塞长度0.45m；墩柱直径为1.8m时，堵塞长度0.5m（底部段爆破参数见表3）。

表 3 底部段爆破参数
Table 3 Blasting parameters

| 柱直径/m | 孔径/mm | 孔深/m | 孔间距/m | 炸药单耗/kg·m$^{-3}$ | 单孔装药量/kg | 堵塞长度/m | 装药结构 |
|---|---|---|---|---|---|---|---|
| 1.5 | 90 | 1.05 | 0.5 | 2.7 | 2.4 | 0.45 | 连续 |
| 1.8 | 90 | 1.3 | 0.5 | 2.7 | 3.4 | 0.5 | 连续 |

## 3 起爆网路的确定

### 3.1 起爆顺序及延期时间

采用一次点火，从中央开始向两端起爆，同一个桥墩采用同段别的雷管，两相邻桥墩采用延时起爆，延时时间0.5s，其中5号与4号墩柱之间相差0.7s。分布为：5号墩柱0.5s，4号墩柱1.0s+200ms，3号墩柱1.5s+200ms，2号墩柱2.0s+200ms，1号墩柱2.5s+200ms；6号墩柱1.0s，7号墩柱1.5s，8号墩柱2.0s。共分8段起爆。总延迟时间2.7s（起爆延时时间见表4）。

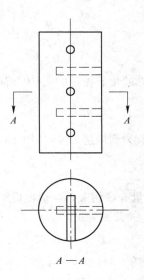

图 4 布孔形式示意图
Fig. 4 The map of borehole location

表 4 各部位装药起爆延时时间
Table 4 Delayed intervals of different positing

| 墩柱编号 | 1号 | 2号 | 3号 | 4号 | 5号 | 6号 | 7号 | 8号 |
|---|---|---|---|---|---|---|---|---|
| 起爆延时时间/s | 2.7 | 2.2 | 1.7 | 1.2 | 0.5 | 1.0 | 1.5 | 2.0 |

### 3.2 爆破网路

采用电雷管、导爆管雷管和导爆索组成的混合起爆网路。孔内每孔安装一根导爆索,再连接两发延迟非电导爆管雷管,孔外采用传爆导爆管雷管簇联,组成复式交叉起爆网路,最后用双发电雷管引爆,高能量起爆器作为起爆电源。

桥面与桥下分别平行连接,孔外均采用复式交叉起爆网路,在起爆点汇合,同时用电雷管引爆。

## 4 爆破安全校核及安全防护措施

### 4.1 爆破振动效应

爆破时引起的建筑物地面质点的振动速度 $v$ 按式(1)计算:

$$v = K'K_d \left(\frac{\sqrt[3]{Q}}{R}\right)^{\alpha} \tag{1}$$

本工程中,距离将报废的隧道最近处250m,其对应的振速为0.13cm/s。

### 4.2 塌落触地振动安全校核

根据2002年中国科学院力学所周家汉研究员修正后的计算公式,可得倒塌触地冲击振动速度为:

$$v_t = K_t \left( \frac{R}{\left(\frac{MgH}{\sigma}\right)^{1/3}} \right)^{\beta} \qquad (2)$$

计算得桥梁倒塌后造成250m处的爆破振速为 $v_t = 0.03\text{cm/s}$。

### 4.3 实时监测到振速

实施爆破时,在250m处实时监测到振速为 $v = 0.01\text{cm/s}$。

### 4.4 爆破飞石对人员的安全距离

爆破飞石与单位体积炸药消耗量有密切关系。根据拆除爆破的经验和国内同行的实践,采用爆破飞石距离($L$)与单耗($q$)的关系为:

$$L = 71q0.58$$

依照本次爆破最大所需炸药单耗3.11kg/m³,算得 $L = 137\text{m}$。安全警戒距离设置在桥两侧面500m处,桥的端头有山坡遮挡部分350m外。

### 4.5 指挥部统一指挥

以市公安局、区公安分局、机场派出所、机场建设指挥部、爆破监理单位及爆破施工单位等相关部门组成临时指挥部,统一指挥协调各方面的工作。

### 4.6 起爆网路的保护

导爆管雷管与导爆管的连接,按规程进行。连接好后用硬纸板将其覆盖,再用沙土袋覆盖硬纸板保护。网路已布好的区域严禁无关人员进入。

### 4.7 个别飞石的保护

在爆破区的外侧用铁丝做吊绳,将钢丝网与棕垫挂在大桥两侧遮挡。

### 4.8 粉尘的防护

由于本工程在郊外,爆破后扬起的粉尘采用自然降尘措施。

## 5 爆破效果

2015年12月11日14时15分起爆,爆破取得圆满成功(爆破后效果见图5),受到主管部门、业主及现场观众等高度赞扬。

## 6 结论

(1)运用大孔径浅孔及深孔爆破技术拆除高速公路大桥,与过去习惯采用的小孔径浅孔爆破相比较,装药结构简单,钻孔数量及雷管用量大大减少,使起爆网路得到了很大的简化,施工管理难度减少,起爆网路更加安全可靠。

(2)机械钻孔代替人工钻孔,作业速度快,成本低,安全可靠性高。

(3)大孔径装药与小孔径装药相比较,炸药量相对集中,爆破飞石的危害大大增加,对爆破飞石必须进行重点防护。本工程由于周围环境条件较好,采取了钢丝网防护,并加大了警

图 5　爆破后效果
Fig. 5　The blasting effect of the bridge

戒半径。

（4）在人工劳动力越来越少的情况下，采用机械设备代人力作业，是一种值得探索的道路。

## 参 考 文 献

[1] 汪旭光. 爆破设计与施工[M]. 北京：冶金工业出版社，2011：201-203.
[2] 汪旭光. 爆破手册[M]. 北京：冶金工业出版社，2010.
[3] 王守伟，唐家明. 大直径中深孔在桥梁爆破中的应用探讨[J]. 爆破，2011，28(1)：89-91.
[4] 贺五一，杨志旭，谭雪刚，等. 复杂环境下城市高架桥控制爆破拆除[J]. 爆破，2012，18：71-74.
[5] 谢先启. 城市高架桥精细爆破拆除[M]. 北京：科学出版社，2013.
[6] 冯叔瑜. 城市控制爆破[M]. 北京：中国铁道出版社，1987.

# 复杂环境下六角形钢筋混凝土水塔控制爆破拆除

仪海豹[1,2]　王铭[1,2]　张西良[1,2]　顾红建[1,2]　李明[2]

（1. 中钢集团马鞍山矿山研究院有限公司，安徽 马鞍山，243000；
2. 马鞍山矿山研究院爆破工程有限责任公司，安徽 马鞍山，243000）

**摘　要**：本文介绍了复杂环境下对一座高31m六角形钢筋混凝土框架结构水塔进行爆破拆除。通过优化炸高、装药量、起爆顺序等，采用爆破防护措施，控制了爆破有害效应，实现了水塔的定向爆破拆除任务。

**关键词**：复杂环境；爆破拆除；定向倒塌；控制爆破

## Controlled Blasting Demolition of Hexagonal Concretewater Tower under Complex Environment

Yi Haibao[1,2]　Wang Ming[1,2]　Zhang Xiliang[1,2]　Gu Hongjian[1,2]　Li Ming[2]

(1. Sinosteel Maanshan Institute of Mining Research, Anhui Maanshan, 243000; 2. Maanshan Institute of Mining Research Blasting Engineering Co., Ltd., Anhui Maanshan, 243000)

**Abstract**: A 31m high hexagonal reinforced concrete frame structure water tower blasting demolition in complicated surroundings was introduced in this paper. Through optimizing height of burst, optimum charge, detonating sequence reasonable, etc. the blasting protective measures were taken, the adverse effects of blasting were controlled successfully, and the water tower directional blasting demolition task was realized.

**Keywords**: complex environment; blasting demolition; directional collapse; controlled blasting

## 1 引言

　　针对如水塔一类的高耸建筑物，目前国内外通常采用爆破拆除法进行拆除。爆破法拆除高耸构筑物具有一定准确的定向性、倾倒过程的平稳性和减小有害效应的危害性等特点。随着我国爆破拆除技术的快速发展，取得了许多水塔爆破拆除的成功经验。刘军等人完成某学校内高度为37.5m的废弃砖混水塔的定向控制爆破拆除；胡刚等人将北京颐源居小区内高度为42m的钢筋混凝土薄壁结构水塔进行了定向爆破拆除；任志远完成了广西石化高级技工学校内150t倒锥形水塔的定向爆破拆除任务；张世平等人实施了山西经济管理干部学院内容量100t水塔定向倒塌拆除工作。结合国内外研究成果，本文从爆破方案设计、爆破危害效应控制等角度对铜陵县胥坝乡灌溉饮用水厂水塔的爆破拆除进行了介绍。

---

作者信息：仪海豹，硕士，hang_tianfeiji@126.com。

## 2 工程概况

### 2.1 水塔概况

铜陵县胥坝乡灌溉饮用水厂的水塔建于 1998 年,高度为 31m。由于废弃多年,地基下沉,水塔产生了一定的倾斜,存在较大的安全隐患,对周围百姓的正常生产生活造成严重威胁。该水塔周围环境复杂,东、南、北侧三面皆为民房,爆破难度大,施工安全要求高。水塔塔身为六角形钢筋混凝土框架结构,自上而下分为五节,每节之间采用横撑连接。最下部立柱断面尺寸为 450mm × 450mm,上部立柱断面尺寸为 400mm × 400mm,横撑断面尺寸为 600mm × 250mm。水箱为钢筋混凝土结构,圆形断面,直径 8m,容积为 200m³。从上而下每段立柱的主筋依次为 4$\phi$14、4$\phi$16、8$\phi$16、8$\phi$18、8$\phi$20;箍筋为 $\phi$6@200。从上而下每段横撑的主筋依次为 3$\phi$22、3$\phi$25、1$\phi$28、2$\phi$25、4$\phi$22、2$\phi$22 和 2$\phi$20;箍筋依次为 $\phi$10@250、$\phi$10@230、$\phi$6@250、$\phi$6@250、$\phi$6@250、$\phi$6@250。

### 2.2 周围环境

水塔周围环境复杂,四周有一围墙与周围民房隔离开;东侧紧邻材料库和值班房,南侧靠近一个水池;水塔与材料库的距离为 1.9m,与值班房相距 5.9m,与水池的距离为 5.4m。水塔与围墙南侧的民房距离为 21.8m,与西南侧的民房最近距离为 19.0m;水塔与北侧民房的最近距离为 12.5m,与西北侧的民房距离为 15.0m。围墙的东侧有一宽度 3m 的水泥道路,水泥路东侧民房与水塔距离为 19.3m。另外,在围墙的西南侧有 1 个厕所和 1 个水塘,厕所与水塔的距离为 17.9m,水塘与水塔的最近距离约为 20m。水塘的西侧有一乡村水泥道路,与水塔的距离约为 50m。水塔周围环境如图 1 所示,现场照片如图 2 所示。

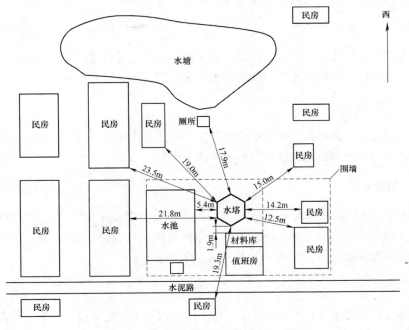

图 1 水塔周围环境图

Fig. 1 Surroundings of water tower

图 2 水塔周边环境现场照片
Fig. 2 Scene photo of water tower

本工程爆破采用定向拆除控制爆破技术，主要对爆破飞石、爆破振动、塌落振动等进行有效控制，以最大限度地降低水塔拆除爆破危害对周边民房和人员的影响，并将其控制在安全允许范围内。

## 3 爆破方案设计

### 3.1 倒塌方式

水塔东、南、北侧三面为民房，只有西侧场地较为开阔，设计采用定向倒塌方案。设计自西（倒塌方向）至东爆破切口高度依次递减，以保证倒塌方向的可靠性[1,2]。设计第一排立柱首先起爆，后三排立柱延迟起爆，保证倒塌方向的可靠性。

### 3.2 预拆除

为确保水塔的定向倒塌，首先对水塔上的人形梯和水管进行预拆除，避免梯子和水管等对水塔的倒塌造成影响；同时对水塔西侧的围墙及厕所进行预先拆除。

### 3.3 爆破切口高度

水塔共四排立柱，设计从西向东立柱爆破切口高度依次为2.4m、1.8m和0.6m，最后一排立柱起到铰链作用[3]，爆破切口高度示意图如图3所示。

### 3.4 爆破孔网参数

设计钻孔直径 $D$ 为40mm，孔距 $a$ 为30cm，孔深 $L$ 为27cm，堵塞长度 $l$ 为18cm。参考汪旭光主编的《爆破设计与施工》（冶金工业出版社出版）以及类似工程项目经验[4,5]，综合考虑炸药单耗取 $1.2kg/m^3$，计算可得单孔装药量为72.9g。

### 3.5 起爆网路

起爆网路采用孔内延时非电起爆网路。每个炮孔内装入两发同段别雷管，从西向东依次为Ms1段、Ms3段、Ms5段、Ms7段，孔外用瞬发导爆管雷管簇联方式连接，然后拉至起爆地点起爆。钻孔位置及网路连接图如图4所示。

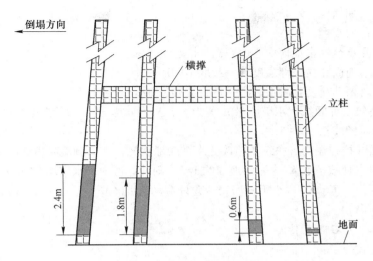

图 3  爆破切口高度示意图
Fig. 3  Blasting cut height

图 4  钻孔位置及网路连接图
Fig. 4  Blasthole location and network connection

爆破前必须对炮孔深度、倾角等参数进行准确测量,并严格控制堵塞质量和堵塞长度。同时,施工过程中应做好爆破网路的检查和防护工作,避免爆破防护时对起爆网路造成损害。

## 4  爆破危害效应控制

### 4.1  爆破安全距离估算

#### 4.1.1  水塔拆除塌落振动速度计算

根据中国科学院力学研究所周家汉教授对塌落振动的研究成果[6],水塔爆破塌落振动速度可以按照以下经验公式进行计算:

$$v_\mathrm{t} = K_\mathrm{t}\left[\frac{R}{(mgh/\sigma)^{1/3}}\right]^\beta$$

式中  $v_\mathrm{t}$——塌落引起的地面振动速度,cm/s;
　　　$m$——下落构件的质量,t;

$g$——重力加速度，9.8m/s²；
$h$——构件的高度，m；
$R$——观测点至冲击地面中心的距离，m；
$\sigma$——塌落地面介质破坏强度，一般取 10MPa；
$K_t$，$\beta$——塌落振动速度衰减系数和指数，分别取 3.37 和 -1.8。

根据水塔建筑设计图纸，水塔质量 $m$ 为 168t，高度 $h$ 为 31m，房屋至冲击地面中心的距离为 22m，这里 $K_t$ 取 3.37，取 -1.8。

通过在地面开挖减振沟、垒筑土墙改变水塔触地状况，水塔倒塌时塔体不是同时触地，塌落振动速度公式中衰减系数 $K_t$ 为原状地面的 1/3，则计算可知，水塔塌落在最近房屋附近引起的地面振动速度为 0.72cm/s，小于民房安全允许振动速度 2.0cm/s，可以控制在周边房屋的安全允许振速范围内。

### 4.1.2 爆破飞石距离估算

库图佐夫公式如下：

$$R_f = Kq^{0.58}$$

式中  $R_f$——无覆盖条件下拆除爆破飞石的飞散距离，m；
　　　$K$——系数，$K = 70$；
　　　$q$——拆除爆破单耗，$q = 1.2 kg/m^3$。

计算可得，在无覆盖条件下的爆破飞石飞散距离为 77.8m。通过采取覆盖防护等控制措施，可以将爆破飞石控制在 77.8m 以内。

设计爆破安全警戒范围为 300m，则按照设计要求设置警戒人员，可以确保周边人员的安全。

## 4.2 爆破危害控制措施

（1）塌落振动控制。在水塔西南侧和西北侧距离民房 3m 处，分别开挖一条长度 15m、深度 1.8m、宽度 0.9m 的减振沟，降低塌落振动对需保护民房的影响。在倒塌方向上设置两道高度为 1m 的沙包挡墙，作为塌落冲击时的缓冲垫层；两者与水塔中心的距离分别为 15m 和 18m，形成了沟埝组合防护措施。

（2）爆破飞石防护措施。在每根立柱的爆破部位采用"围裙"复式防护法进行直接防护，从内到外依次为草垫、铁丝网和竹笆；然后在外面悬挂一层竹笆进行覆盖防护。同时将水塔倒塌方向地面上的砖块等杂物清理干净，防止水塔倒塌落地时引起飞溅伤害事故。

## 5 爆破效果

虽然该水塔周边环境复杂，但通过精心设计和施工，水塔爆破后按照预定的方向倒塌，爆破控制效果较好，无爆破飞石产生，周边民房未见损害现象；爆破振动现场监测数据显示，振动速度在安全允许范围内，较好地说明了爆破参数、防护措施的可靠性。爆破作业达到了预期目标，保证了周边建筑物的安全。爆破后倒塌效果如图 5 所示。

## 6 结论

通过严格控制切口高度、孔网参数、起爆顺序等，精心组织、设计、施工，顺利实现了水塔的定向倒塌；通过采取减振沟、爆破防护等控制措施，成功将爆破塌落振动和爆破飞石控制

图 5 爆破后倒塌效果
Fig. 5 Blasting effect after collapse

在安全允许范围内。水塔爆破后,周边民房安然无恙,较好地保证了施工作业安全。

## 参 考 文 献

[1] 齐世福,夏裕帅,谢兴博.复杂环境下高大楼房控制爆破技术[J].工程爆破,2015,21(1):20-24.
[2] 许名标.框架结构水塔定向爆破拆除技术[J].爆破,2008,25(1):49-51.
[3] 傅菊根,姜建农,张宇本.高耸建筑物爆破拆除切口高度理论计算[J].工程爆破,2006,12(2):56-58.
[4] 汪旭光.爆破设计与施工[M].北京:冶金工业出版社,2015.
[5] 汪旭光,于亚伦.拆除爆破理论与工程实例[M].北京:人民交通出版社,2008:73-77.
[6] 周家汉.爆破拆除塌落振动速度计算公式的讨论[J].工程爆破,2009,15(1):1-4.

# 复杂环境下 50m 砖烟囱爆破拆除

刘国军[1,2]　张海龙[2]　赵存清[2]

（1. 甘肃省化工研究院，甘肃 兰州，730020；
2. 甘肃兰金民用爆炸高新技术公司，甘肃 兰州，730020）

**摘　要**：某高校一座 50m 高的砖结构烟囱，由于建造时间久远，风化较为严重，且烟囱质量差，强度低，周围环境较为复杂。通过现场实地勘查及烟囱自身安全性能分析，确定合理的定向爆破方案。通过选取爆破切口位置、形状、宽度及合理的爆破参数，优化爆破网路设计，精心组织现场施工；采用爆破切口近体防护及保护体铺设隔离墙等安全防护措施，确保烟囱按设计方向成功倾倒，未对周围建构筑物造成破坏。由于烟囱质量较差，在倾倒过程中，发生严重后坐现象，并对砖烟囱爆破切口形成瞬间塌落下坐的原因进行了分析。

**关键词**：复杂环境；风化；砖烟囱；定向爆破

## 50m Brick Chimney Blasting Demolition under Complicated Environment

Liu Guojun[1,2]　Zhang Hailong[2]　Zhao Cunqing[2]

(1. Gansu Chemistry Research Institute, Gansu Lanzhou, 730020;
2. Gansu Lanjin Civil Blasting High-tech Company, Gansu Lanzhou, 730020)

**Abstract**: Due to the long build time, a 50m tall brick chimney of a university is weathered relatively serious, with the poor quality and low intensity. The surrounding environment is complex. Through in-situ prospecting and the chimney's safety performance analysis, the reasonable directional blasting scheme is determined. By choosing blasting cut location, shape, width and reasonable blasting parameters, and optimizing blasting network design, site construction was elaborately organzied. Blasting incision protective wall protection and laid sound safety protection measures, such as to ensure the success fall of the chimney by the designed direction and make no damage to the surrounding structures. Due to the poor quality of chimney, in the process of dumping, the serious backward collapse happened. The reason of the backward collapse caused by blasting cuts on the chimney was analyzed.

**Keywords**: complex environment; weathering; brick chimney; blasting demolition

## 1　引言

兰州市某高校因场地改建需要，拟爆破拆除其中一座高 50m 的砖结构烟囱，烟囱修建年代

---

作者信息：刘国军，高级工程师，lgj2000@163.com。

不详，周围环境比较复杂。北距锅炉房13.6m，距库房4.3m；东距锅炉房围墙47m；南距水泵房仅2.8m；西边11m处为锅炉房库房，22m外为煤场，54m处有架空电线通过，电线外2m为简易平房，爆破烟囱周边环境如图1所示。

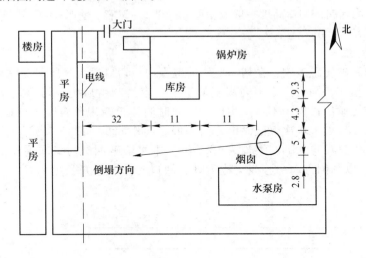

图1　爆破环境示意图（单位：m）

Fig. 1　Schematic diagram of surroundings（unit：m）

此烟囱外观结构比较完整，无明显裂痕，在开凿定向窗过程中发现该烟囱砌筑质量较差，砌体强度较低且筒体无钢筋。±0m标高处直径为5m，壁厚49cm，内衬厚24cm，中间有保温材料10cm。烟囱筒体±0m、+8m各有一道30×50的钢筋混凝土圈梁；北侧+0.5m处有高1.5m、宽2.5m的半圆拱烟道，南侧+0.5m处有一0.3m×0.5m出灰口。由于烟囱建设年代久远，无法提供烟囱原始设计和施工图纸，通过现场测量，确定该烟囱高50m，顶部外直径为2.6m，在垂直方向无偏向。

## 2　爆破方案

该烟囱东、南、北方向均有需要保护的建构筑物，只有西面库房与泵房之间有11.8m宽的狭窄场地，经测量倾倒范围只有19.5°，即西偏南15.4°至西偏北4.1°，爆破倾倒环境较为苛刻。根据周边环境条件确定西偏南3°方向为烟囱的倾倒方向[1]。

此次爆破的关键是保证准确定向，并有效控制碎块飞溅范围，为此用经纬仪准确测量烟囱高度并在烟囱壁上根据倾倒中心线准确标出切口中心线，然后人工开凿高质量的定向窗。同时，适当提高切口高度并封堵烟道口，以防止烟道口对烟囱准确定向爆破的影响。

## 3　爆破技术设计

### 3.1　爆破切口设计

#### 3.1.1　切口位置和形状

烟囱在+0.5m～+2m范围内有高1.5m、宽2.5m烟道和出灰口，两侧有0.25m厚混凝土立柱。烟道宽度占了烟囱直径一半，倒向确定后有部分烟道口处于切口支撑部分，即便对烟道封堵后，也由于封堵位置强度和其他部位不同而不利于倒向的准确。因此为避开烟道口对烟囱定向倾倒过程中保留支撑体结构对称性的影响,确保烟囱定向准确,决定爆破切口底部提高到 +3.5m 处,缺口形状为正梯形[2,3]。

### 3.1.2 切口高度

对于砖混结构烟囱,切口高度一般取壁厚 $\delta$ 的 1.5~3 倍,壁厚 $\delta = 0.49$m,结合以前施工经验取切口高度 $H = 1.4$m[4]。

### 3.1.3 切口弧长

有关资料和爆破实践表明:在切口允许的范围内,切口过大时所留支撑部分过小,倾倒过程中容易发生扭转,同时产生不同程度的下坐,容易产生后坐;切口过小则倾倒力矩较小,倾倒速度较慢倾倒过程中不易产生后坐,同时筒体折断现象较晚,倒地后前冲距离远,爆渣堆积长度尺寸较大。本次爆破倾倒方向倒塌距离比较小,故切口所占比例不宜过小[5]。烟囱切口位置处外直径 4.95m,周长为 15.54m,本次爆破烟囱切口取周长的 0.6 倍,即切口弧长为 9.3m,以倾倒方向中心线对称展开,缺口支撑段展开长度为 6.24m。爆破切口布置如图 2 所示。

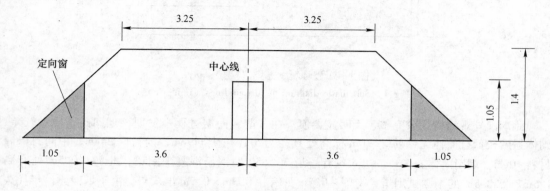

图 2 爆破切口示意图(单位:m)
Fig. 2 Sketch of the cutting shape(unit:m)

### 3.1.4 导向窗及定位窗

设计倾倒中心线两端对称部位,人工和机械配合开凿两个三角形导向窗,宽度和高度均取 1.05m[6]。设计倾倒中心线位置开凿尺寸为高 1.05m、宽 0.8m 的定位窗。经过计算剩余部分完全可以支撑住整个烟囱。

### 3.1.5 内衬及烟道的处理

从两侧定向窗和中间定位窗将切口范围内的内衬尽量打去,使其成拱形,中央留砖柱,从外墙直接钻孔,双层装药,与外墙炮孔一起同网起爆,堵塞时要注意堵塞质量。

北侧烟道口有 0.5m 宽,处于支撑部位下方,为防止其对烟囱倾倒方向的影响,爆破前对烟道口和掏灰口用红砖和砂浆砌筑。

## 3.2 爆破参数设计

最小抵抗线 $W$ 取切口处烟囱壁厚($\delta$)的一半;孔间距 $a$:$a = 1.2 \sim 2.0W$;排距 $b = (0.6 \sim 0.9)a$;孔深 $L = (0.67 \sim 0.7)\delta$;单孔装药量 $Q = Kab\delta = 80.64$g。根据计算初定每孔装药量为 80g,炮眼采用矩形方式,炮眼总数为 76 个孔,总药量 6.08kg。爆破参数计算结果见表 1。

**表 1　爆破参数计算结果**
Table 1　Blasting parameters calculation results

| 壁厚/cm | 最小抵抗线/cm | 孔径/cm | 孔深/cm | 孔距/cm | 排距/cm | 排数 | 炸药单耗/g·m⁻³ | 单孔药量/g |
|---|---|---|---|---|---|---|---|---|
| 49 | 24.5 | 40 | 32 | 40 | 35 | 5 | 1200 | 80 |

## 3.3　爆破网路设计[7]

采用非电毫秒微差塑料导爆管雷管和电雷管混合起爆系统，孔内非电毫秒微差塑料导爆管雷管延期；网路采用"并-串-串"形式，即导爆管雷管采用"一把抓"接法与两发串联的电雷管连接，各点电雷管相互串联方式连接。爆破网路如图3所示。

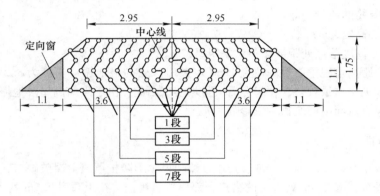

图 3　炮孔布置及起爆顺序示意图（单位：m）
Fig. 3　The schematic diagram of blast hole design and firing（unit：m）

## 4　爆破安全校核

### 4.1　爆破振动安全校核

根据中华人民共和国《爆破安全规程》（GB 6722—2014）中规定，爆破振动对周围建筑物破坏影响可采用式（1）来计算与修正：

$$v = kk_0(\sqrt[3]{Q}/R)^\alpha \tag{1}$$

式中　$v$——被保护物所在地质点振动速度，cm/s；
　　　$k$——与介质性质爆破有关的系数，$k=32.1$；
　　　$k_0$——修正系数，取 0.25～0.35；
　　　$Q$——延时爆破最大一段药量，kg，$Q=1.6$kg；
　　　$R$——爆破震动安全允许距离，m；
　　　$\alpha$——衰减系数，此处 $\alpha$ 取 1.6。

通过计算得出，在距离爆破对象西面 2.8m 水泵房处的质点振动速度为 1.97cm/s，13.6m 锅炉房处的质点振动速度为 0.05cm/s。参照有关资料数据，本设计爆破产生的振动是安全的。

## 4.2 触地振动安全校核

建筑物爆破倾倒后冲击地面而引起的振动大小与其质量、重心高度和触地点土层的刚度有关。根据中国科学院力学研究所提出的经验公式（2），建筑物塌落作用于地面造成的振动速度可计算。本次爆破主要考虑烟囱倾倒后引起的触地振动。

$$v_f = 0.08(I^{1/3}/R)^{1.67} \tag{2}$$

式中　$v$——触地引起的地表振动，cm/s；
　　　$I$——触地冲量，N·m，

$$I = m(2gh)^{1/2}$$

　　　$m$——建筑物的质量，kg；
　　　$h$——重心高度，m；
　　　$R$——重心高度落点处距被保护对象距离，m。

经计算，在距离烟囱重心倒塌位置15m（水泵房）处的触地振动速度为3.2 cm/s，在实际施工当中，由于烟囱质量较差，在起爆后大量塌落，因此，由于烟囱倒塌触地振动远小于计算值，此次爆破没有对周围建筑物造成影响。

## 4.3 飞石及其他

为防止爆破飞石，采用两层竹笆、两层草垫架设伞形防护罩覆盖爆破缺口，用铅丝扎紧后外层覆二层雨篷布；南侧3m处泵房的窗户全部用竹笆遮挡；在距泵房0.5m处码1.5m高土袋墙防止损坏其墙体；西侧倒塌方向上每隔3m码土袋墙，距烟囱52m处码1.5m高土袋墙，防止烟囱前冲损坏平房。

## 5 爆破效果分析

起爆后爆破切口全部形成，约1s烟囱出现向设计方向倾斜同时切口上部至8m圈梁处垮塌，圈梁以上筒体倾倒同时从底部到上部依次触地，近似于平面运动，5s时距烟囱定部1/3处筒体开始折断，中部筒体几乎垂直下落，上部1/3筒体略有倾斜，整个爆破历时8s。烟囱完全按设计方向倒塌，只有顶部1/3偏离设计1.5°，筒体完全破碎，倒塌长度40m，无后坐产生，靠近泵房处爆堆高度达到1.3m，库房，泵房均安然无恙。爆破总体效果较好。

## 6 砖烟囱切口塌落及下坐原因分析

（1）在倒塌条件较为苛刻的烟囱定向爆破中，准确测量烟囱倾倒中心线并开凿高质量的定向窗口对烟囱定向倒塌的准确性至关重要。

（2）在烟囱爆破中，对烟道口尺寸较大且无法包含在爆破切口内时，应考虑支撑体对称性原则，可适当提高爆破缺口高度，并封堵烟道口使其强度与支撑体强度相同。

（3）本次爆破说明，对于强度较差的砖烟囱，其倾倒的运动过程与钢筋混凝土烟囱做定轴转动明显不同，该类烟囱下部分运动是从底部到上部依次触地，近似于平面运动，而较早折断的上部分却几乎垂直下落运动，其坍塌后倾倒距离往往小于其高度，所以在决定坍塌范围时，应考虑这一问题。

## 参 考 文 献

[1] 张英才,张海涛,董宝立,等.复杂环境下150m砼烟囱两段单向控制爆破技术[J].工程爆破,2014(6):16-20.
[2] 李玉岐.砖烟囱爆破切口形状对切角和切口高度的影响分析[J].爆破.2004,21(3):47-50.
[3] 戴建毅,王艮忠,周珉,等.复杂环境下复杂结构水塔爆破拆除[J].工程爆破,2015(4):37-40.
[4] 程贵海,刁约,唐春海,等.80m烟囱高为切口定向爆破拆除[J].爆破,2014(31):108-110.
[5] 方宏,邓守锋.80m钢筋混凝土烟囱的定向爆破拆除[J].工程爆破,2008,14(1):69-71.
[6] 杨阳,李清.两座60m砖烟囱定向爆破拆除及结果分析[J].爆破,2013(3):91-95.
[7] 齐宪秀,张义平,迟恩安,等.复杂条件下4座烟囱拆除爆破[J].爆破,2010,27(3):64-66.

# 爆炸加工、油气井爆破与
# Explosion Working, Blasting in Oil-Gas Wells and
# 二氧化碳相变膨胀致裂技术
# Fracture by CO₂ Phase Change Expansion

# 爆炸烧结钨铜合金到铜表面的研究

李晓杰[1,2]　陈　翔[1]　闫鸿浩[1]　王小红[1]　缪玉松[1]

（1. 大连理工大学工程力学系，辽宁 大连，116024；
2. 大连理工大学工业装备结构分析国家重点实验室，辽宁 大连，116024）

**摘　要**：本文利用爆炸烧结方法将钨铜合金粉末烧结到铜表面制备得到了钨铜/铜复合材料。首先，利用机械球磨的方法制备钨粉与铜粉的混合粉末，并对得到的混合粉末进行表征，结果表明得到混合粉末是钨铜合金粉。然后将混合粉末预压实到铜板的表面后进行通氢烧结，再通过爆炸烧结将合金粉末压实在铜板表面，最后进行复烧使钨铜合金与铜板紧密地结合在一起。金相显微组织观察结果显示，钨铜粉末混合均匀且与铜的表面结合紧密。

**关键词**：爆炸烧结；机械球磨；钨铜合金；金相显微组织

## Explosion Sintered Tungsten Copper Alloy to Copper Surface

Li Xiaojie[1,2]　Chen Xiang[1]　Yan Honghao[1]　Wang Xiaohong[1]　Miao Yusong[1]

(1. Department of Engineering Mechanics, Dalian University of Technology, Liaoning Dalian, 116024; 2. State Key Laboratory of Structural Analysis for Industrial Equipment, Dalian University of Technology, Liaoning Dalian, 116024)

**Abstract**: This paper propose a new method to sinter tungsten powder and copper powder to the copper surface by explosive. The mixed powder of tungsten powder and copper is prepared by mechanical milling. By characterizing the mixed powder, results show that it is tungsten powder and tungsten-copper alloy powder. Sintering is conducted by hydrogen after the mixed powder is pre-compacted on the surface of the copper plate. The mixed powder was further compacted to copper surface though the pressure generated by the detonation of explosives. Sintering is conducted again to make sure tungsten copper alloy is tightly conducted to the copper plate after explosive compaction. Metallurgical microstructure observation showed that tungsten-copper powder was mixed and closely combined with the copper surface.

**Keywords**: explosion sintering; mechanical milling; tungstencopper alloys; metallurgical microstructure

铜及其合金因具有较高的导电及导热性、耐腐蚀性和优良的成形性而广泛应用于冶金、电力、化工及机械制造等行业[1-4]。但传统的铜及其合金强度和表面耐磨性能较差，不能满足在部分行业中应用的要求，例如要求表面具有高强度和高温性能的氧枪喷头，连铸结晶器以及面向等离子体材料等铜材零部件[5]。因此，很有必要对铜及其合金进行材料加工处理，在保持其

---

作者信息：李晓杰，博士，教授，dalian03@qq.com。

优良导热及导电性的基础上,进一步地增强其强度和耐磨性,扩大材料的应用领域。钨与铜结合而形成的钨铜复合材料综合了钨和铜的独特性能而具有优异的导电导热性、耐磨性、耐高温抗氧化性以及优异的力学性能等特点。由于钨铜复合材料具有众多优异的性能,许多学者对此进行了研究,但是由于钨和铜之间润湿性较差,钨和铜在平衡条件下几乎不互溶,而且两者在熔点、弹性模量和热膨胀性系数之间有较大的差异,从而导致钨铜复合材料在粉末烧结过程中很难实现全致密化,材料气密性差,这会严重影响钨铜复合材料的导电导热性能和机械性能。

目前铜及其合金表面制备钨或钨合金涂层的技术主要有电镀、等离子喷涂、物理和化学气相沉积、激光和电子束表面合金化等[6-9]。电镀技术对环境有较大的污染,涂层在外力作用下易发生脱落;大气等离子喷涂工艺在制备钨涂层的过程中,喷涂粒子在大气环境飞行过程中容易被氧化,因而制备出的涂层中氧化杂质含量较多。真空等离子体喷涂可以避免粒子氧化的问题,但由于操作过程需要在真空环境进行,因而加工工件的尺寸受到限制;气相沉积方法成本相对较高,而且沉积效率不够高,制备较厚涂层的难度较大;激光和电子束表面合金化成本高且能量利用率低。

爆炸加工粉末涂层是一种新兴的爆炸加工技术,文献[10]对纯铜表面爆炸涂覆纳米氧化铝强化覆层进行了研究,取得了很好的强化效果。本实验采用粉末冶金结合爆炸压涂的方法将钨铜合金粉压涂在铜的表面。电子探针检测结果显示钨铜混合均匀。运用该方法制出的涂层与基体结合紧密,涂层厚度可控,为钨铜复合材料的制备及研究提供了新的方法。

# 1 机械合金化

机械合金化方法是一种便捷的制备合金粉末的方法。许多学者[11-13]对机械合金化制备钨铜合金粉末进行了深入的研究。本实验使用74mm(200目)的钨粉和铜粉,制成85%W-15%Cu的混合粉末,球料比为4∶1,在300r/min的转速下机械球磨50小时。图1为球磨粉末的XRD衍射图谱。从中可以看出,钨和铜的衍射峰消失,出现了钨铜合金的衍射峰,这说明球磨过程中钨铜粉末间发生了挤压、焊合从而形成了钨铜合金粉末。对机械球磨后的粉末进行扫描电镜分析,从图2中可以看出球磨后粉末颗粒的尺寸大部分在0.5~5μm之间。这说明经过长时间的机械球磨,高速运动的磨球对粉末颗粒进行反复的挤压、碰撞,使颗粒发生变形、断裂,从

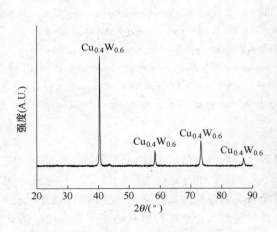

图1 钨铜合金的XRD图谱
Fig. 1 XRD patterns of W-Cu alloy

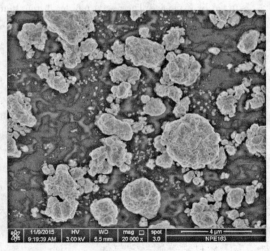

图2 钨铜合金粉末的SEM像
Fig. 2 SEM image of W-Cu alloy powder

而细化了金属粉末颗粒。

## 2 还原预烧结

将粉末均匀涂在铜板的表面，在压力机上进行预压，使粉末的密度达到理论密度的50%～60%。金属粉末在球磨的过程中和球磨以后不可避免地会与空气接触，这样就会使金属粉末的表面氧化，从而影响压实的效果。本实验将粉末置于氢气的氛围中进行预烧结，从而将合金粉末中的氧化物还原。文献［11］的研究表明在830℃下通氢烧结10h，可以将钨铜表面的氧化物充分还原。由于本实验中钨铜覆层的厚度非常的薄，易于还原，所以选择在850℃下通氢预烧结3h。

## 3 爆炸压实

爆炸压实装置示意如图3所示。本实验的装药不同于平面粉末的压实或轴对称粉末的压实[14]。参考相关的研究[15,16]选择装药参数。实验使用的是ANFO炸药，装药密度为1.0g/cm³，爆速约为3500m/s，爆压约为4GPa。顶部装药厚度为50mm，四周装药厚度为30mm。用电雷管从顶部中心起爆以保证产生的爆轰波是对称的。爆轰波将钨铜合金粉末进一步压实，使粉末颗粒之间、粉末与铜表面之间紧密地结合在一起。将爆炸压实完之后的试样放入真空烧结炉中在850℃下复烧1h，使钨铜粉末颗粒间进一步扩散烧结结合。

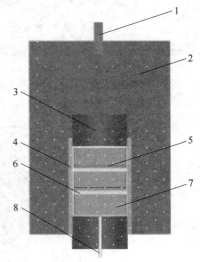

图3 实验装置示意图
1—雷管；2—炸药；3—钢柱塞；4—钢管；
5—模具；6—钨铜合金粉末；
7—铜板；8—通气孔
Fig.3 Schematic diagram of experimental set-up

## 4 结果与讨论

爆炸压实烧结出的铜基钨铜覆层材料如图4所示，上层是0.5mm的钨铜合金，下层是纯铜层，铜板厚度未发生变化为原始的1mm，整个试件为直径40mm圆盘。用阿基米德排水法对剥离的钨铜覆层进行了密度测量，结果表明钨铜覆层的密度为理论密度的99.3%。运用光学显微镜对试件进行显微金相分析，结果如图5和图6所示。图5为钨铜合金的金相图，图中明亮部分为钨颗粒，钨颗粒之间灰暗的部分是铜颗粒。由图可见，钨铜粉末混合均匀，大部分颗粒尺寸在5μm以下，少量的大块钨颗粒，尺寸在20～40μm之间，也较原始75μm降低1/2左右。图6为铜与钨铜合金交界处的金相图，左侧的灰暗部分是铜基底，右侧明暗相间的部分是钨铜覆层。从图中可以看出钨铜覆层与铜基底间无气孔和裂隙，表明覆层和基底结合紧密。

## 5 结论

本文采用粉末冶金结合爆炸烧结方法，将钨铜合金涂覆到铜基体上，制备得到了钨铜/铜复合材料。混合粉末表征结果显示，机械球磨可以将钨粉和铜粉制成钨铜合金粉末，同时颗粒的尺寸得到细化，大部分的颗粒尺寸达到5μm以下，少量在20～40μm之间。爆炸烧结制备得到的钨铜覆层的密度达到理论密度的99.3%，覆层与基体结合紧密，表明爆炸烧结装药参数设

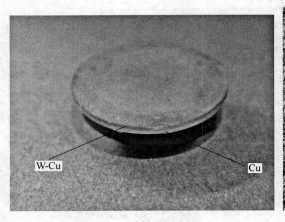

图4 制备的试样
Fig. 4 Prepared sample

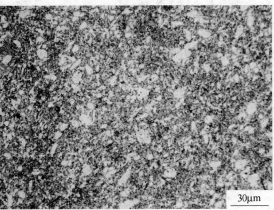

图5 钨铜合金金相图
Fig. 5 Metallographic figure of W-Cu alloy

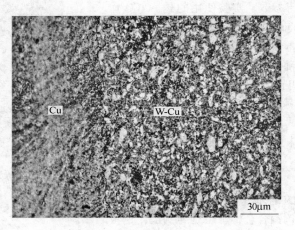

图6 铜与钨铜合金交界处的金相图
Fig. 6 Metallographic figure of Cu and W-Cu junction

计合理。

## 参 考 文 献

[1] 王碧文,王涛,王祝堂. 铜合金及其加工技术[M]. 北京:化学工业出版社,2007:1.
[2] K. Lu. The future of metals[J]. Science, 2010, 328: 319-320.
[3] M. R. Bateni, S. Mirdamadi, F. Ashrafizadeh, et al. Oxidation behavior of titanium coated copper substrate [J]. Surface & Coatings Technology, 2001, 139: 192-199.
[4] K. Maki, Y. Ito, H. Matsunaga, et al. Solid-solution copper alloys with high strength and high electrical conductivity[J]. Scripta Materialia, 2013, 68: 777-780.
[5] 郭双全,葛昌纯,冯云彪,等. 面向等离子材料钨厚涂层的制备及表征[J]. 稀有金属材料与工程,2011, 40(12):2167-2170.
[6] Nitta K, Nohira T, Hagiwara R, et al. Characteristics of a tungsten film electrodeposited in a KF-$B_2O_3$-$WO_3$

melt and preparation of W-Cu-W three-layered films for heat sink application[J]. Journal of Applied Electrochemistry, 2010, 40(8):1443-1448.
[7] Pintsuk G, Smid I, Döring J E, et al. Fabrication and characterization of vacuum plasma sprayed W/Cu-composites for extreme thermal conditions[J]. Journal of materials science, 2007, 42(1):30-39.
[8] Song J, Lian Y, Lv Y, et al. Development of CVD-W coatings on CuCrZr and graphite substrates with a PVD intermediate layer[J]. Journal of Nuclear Materials, 2014, 455(1):531-536.
[9] Auciello O, Chevacharoenkul S, Ameen M S, et al. Controlled ion beam sputter deposition of W/Cu/W layered films for microelectronic applications[J]. Journal of Vacuum Science & Technology A, 1991, 9(3):625-631.
[10] Sun W, Li X, Hokamoto K. Preparation of nano-$Al_2O_3$ dispersion strengthened coating via coating-substrate co-sintering and underwater shock wave compaction[J]. Ceramics International, 2013, 39(4):3939-3945.
[11] Wang Z, Li X, Zhu J, et al. Dynamic consolidation of W-Cu nanocomposites from W-CuO powder mixture [J]. Materials Science and Engineering: A, 2010, 527(21):6098-6101.
[12] Ryu S S, Kim Y D, Moon I H. Dilatometric analysis on the sintering behavior of nanocrystalline W-Cu prepared by mechanical alloying[J]. Journal of Alloys and Compounds, 2002, 335(1):233-240.
[13] Kim J C, Moon I H. Sintering of nanostructured W-Cu alloys prepared by mechanical alloying[J]. Nanostructured Materials, 1998, 10(2):283-290.
[14] Orlenko L P. Explosion Physics[M]. Fizmatlit, Moscow, 2004.
[15] Prümmer R. Explosive compaction of powders, principle and prospects[J]. Materialwissenschaft und Werkstofftechnik, 1989, 20(12):410-415.
[16] Hokamoto K, Tanaka S, Fujita M. Optimization of the experimental conditions for high-temperature shock consolidation[J]. International journal of impact engineering, 2000, 24(6):631-640.

# TA2/Q235B 复合板双立式爆炸焊接及防护研究

史长根[1] 杨 旋[1] 史和生[2] 赵林升[1] 葛雨珩[1] 吕 林[2]

(1. 解放军理工大学，江苏 南京，210007；
2. 南京润邦金属复合材料有限公司，江苏 南京，211803)

**摘 要**：采用双立爆炸+轧制综合制造技术可降低爆炸复合的面积，解决了大面积钛/钢爆炸焊接复合材料在结合区易出现"过熔"和"射流堆积"等微观缺陷，从而提高其界面质量和复合率；通过低爆速爆炸焊接用炸药试验优化，开发了一种低临界爆速爆炸焊接用炸药，可提高钛/钢爆炸焊接装药厚度窗口，解决了钛/钢双立爆炸焊接窗口窄的技术难题；设计确定了刚性防护板和柔性防护墙构成的双立综合防护结构及参数，此综合防护结构可有效限制双立法复合板运动且对材料性能未产生不利影响；对双立法钛/钢复合板结合界面金相测试表明，其界面成波状结合，几乎不存在金属熔化、漩涡等微观缺陷。

**关键词**：钛/钢复合板；双立式爆炸焊接；综合防护结构；临界爆速

## Study of in Double Vertical Explosive Welding and Protection of TA2/Q235B Cladding Plate

Shi Changgen[1] Yang Xuan[1] Shi Hesheng[2] Zhao Linsheng[1]
Ge Yuheng[1] Lü Lin[2]

(1. College of Field Engineering, PLA University of Science and Technology, Jiangsu Nanjing, 210007; 2. Nanjing Runbun Metal Co., Ltd., Jiangsu Nanjing, 211803)

**Abstract**: Double vertical explosive welding-rolling can reduce the composite area, avoid the appearance of micro defects such as "fusion" and "jet pile" in the bonding zone of large area explosion welding of titanium/steel composite material and improve the quality of interface and recombination rate. A minimum critical detonation velocity explosive was invented to enlarge the explosive welding charging window and solve the technical problem of narrow explosive welding window in double vertical explosive welding of titanium/steel after experiment and optimization of low detonation velocity explosive. A comprehensive protective structure made up of rigid protective plates and flexible protective walls was designed to restrict the movement of cladding plates in double vertical explosive welding effectively and protect the cladding plates from damage. The microstructure observation was conducted by means of optical microscopy (OM). Results showed that the bonding interface presents the pattern of periodical-

---

基金项目：国家自然科学基金资助项目（51541112）；江苏省成果转化专项基金资助项目（BA2012030）。
作者信息：史长根，研究生导师，xiru168@163.com。

ly wavy connection, and virtually no micro defects such as melt metal and swirl.

**Keywords**: titanium/steel cladding plate; double vertical explosive welding; comprehensive protective structure; minimum critical detonation velocity

## 1 引言

钛/钢复合板综合了钛材耐蚀、质轻和钢板强度高等优点,且能够节约稀有金属,降低成本,兼有性能和成本上的双重优势,目前已经在机械、航空航天、轮船、建筑、核能和石油化工等领域得到推广和应用[1]。

由于钛和钢的爆炸焊接窗口较窄,钛/钢复合板(特别是大面积钛/钢复合板)的制备技术和生产工艺仍存在一定问题,尤其在结合率和复合板性能上仍达不到某些领域的特殊要求。目前国内外的生产厂家和学者主要研究采用改变装药工艺的方法来改善大面积钛钢复合板爆炸复合后结合率偏低和结合质量不高的问题[2-5],但效果并不理想。双立爆炸+轧制综合制造技术在制备大面积、超薄钛/钢复合板时,避免了大面积布药带来的不利影响,能有效提高复合板结合质量,且在节能环保,降低生产成本方面具有突出优势。

双立爆炸焊接采用封闭式的装药方式,一次作业可以生产两块质量相同的复合板,和现行的平行法相比,不仅提高了炸药的能量利用率,削减了爆炸冲击波对周围环境的不利影响,而且易于控制爆炸焊接的工艺参数,并易于形成标准的工艺流程[6]。目前,双立爆炸焊接已成功制备了不锈钢/钢、铜/钢、铝/钢等金属复合板,而对钛/钢等较难复合材料的爆炸焊接工艺及其防护还需进一步的研究。采用双立法及其综合防护结构,在低临界爆速爆炸焊接用炸药的装药条件下对钛/钢复合板进行爆炸复合,研究钛/钢复合板在双立爆炸焊接装药工艺参数及其防护下的结合情况,对推动钛钢的双立爆炸焊接,实现低碳环保、大规模标准化生产具有重大意义。

## 2 双立式爆炸焊接方法

双立式爆炸焊接的装置图如图1(b)所示,其采用立式的对称安装结构,炸药在两复板之间形成封闭式的装药形式,炸药由雷管引爆后爆轰产生的冲击波使左右两侧竖立的两块复板均发生弯曲和塑性变形并分别与两侧同样平行竖立的两块基板产生碰撞并焊接,焊接后的两块复合板不是向下运动与地基发生碰撞,而是向两侧运动。

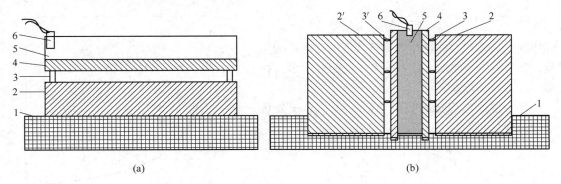

图1 爆炸焊接装置示意图
(a) 平行式; (b) 双立式
1—安装装置(地基); 2, 2′—基板; 3, 3′—间隙; 4—复板; 5—炸药; 6—起爆装置
Fig. 1 Two kinds of method of explosive welding

双立法和平行法在装药结构上有明显的区别，传统的爆轰作用机理和工艺参数体系已不再适用于双立式的爆炸焊接。下面将通过建立双立式爆炸焊接一维爆轰模型对双立式爆炸焊接的炸药爆轰机理和复板运动规律进行研究，为建立双立式爆炸焊接的合理工艺参数体系，实现双立式爆炸焊接新方法的工业化生产提供理论基础和依据。

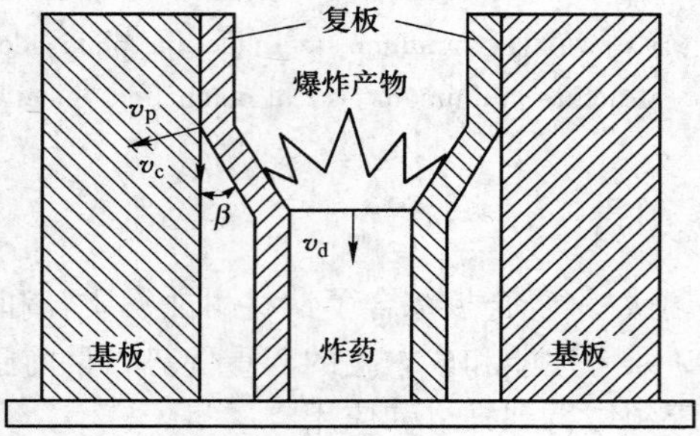

根据双立式爆炸焊接的过程（见图2）分析，假设炸药具有足够大的面积，爆轰产物的膨胀速度与距离呈线性关系，并忽略炸药爆轰侧向和起爆端稀疏波的影响，复板材料视为不可压缩物质。根据上述假设截取单位长度的复板和炸药单元，可得到如图3所示的双立式复板运动一维爆轰驱动模型。

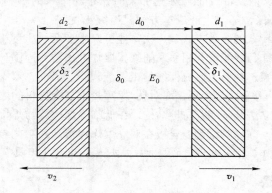

图 2　双立式爆炸焊接过程示意图

Fig. 2　Welding process of double vertical explosive welding

图 3　双立式一维爆轰模型

Fig. 3　One-dimensional model of double vertical

当左右两边采用相同的基复板时，根据一维爆轰驱动的 Gurney 公式[7]，可得到描述双立式爆炸焊接的爆轰驱动复板运动速度近似式：

$$v_{pd} = \frac{v_d}{\sqrt{\gamma^2 - 1}} \left( \frac{3R}{6+R} \right)^{1/2} \quad (1)$$

式中，$v_{pd}$ 表示双立式爆炸焊接条件下的复板碰撞速度；$R$ 表示装药的质量比；$\gamma$ 为炸药的有效多方指数；$v_d$ 为炸药爆速。

平行法爆炸焊接爆轰驱动的一维 Gurney 复板运动速度公式为：

$$\frac{v_{ps}^2}{E_0} = \frac{6R}{5 + R + \frac{4}{R}} \quad (2)$$

式中，$v_{ps}$ 为平行法时的复板碰撞速度。

现假设平行法与双立法具有相同的装药量和复板厚度，得到两种不同爆炸焊接形式下的复板碰撞速度比值与质量比的关系曲线如图4所示。由图4

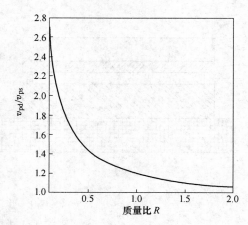

图 4　$v_{pd}/v_{ps}$-$R$ 的关系曲线

Fig. 4　$v_{pd}/v_{ps}$-$R$ curve

可知，双立式爆炸焊接在相同装药参数下，复板可获得更高的碰撞速度，能量利用率得到了提高，如当质量比 $R=0.5$ 时，双立式爆炸焊接的复板碰撞速度达到了平行法的 1.42 倍，也就是说，在相同的碰撞要求下，双立式可以使用更少装药量，而且封闭式装药还能降低炸药的临界爆炸厚度，为低厚度的临界爆速炸药的使用提供了可能。

## 3 低临界爆速爆炸焊接用炸药

爆炸焊接生产实践表明，金属钛与碳钢复合板的爆炸焊接与其他金属复合板的爆炸焊接相比（如铜/普碳钢、不锈钢/普碳钢、工具钢/普碳钢等），具有较大的难度和特殊性。钛钢复合材料可焊性窗口较小，在爆炸焊接中容易形成金属间化合物、气孔、绝热剪切带等缺陷和发生钛板延展、边界破裂和后续加工难等影响复合板结合质量的问题，对爆炸焊接的工艺参数要求较高。

为解决钛钢爆炸焊接难的问题，作者在理论研究及大量试验的基础上，开发了一种低临界爆速爆炸焊接用炸药。此低临界爆速炸药采用现行的乳化炸药作为主原料，按 30% 炸药和 70% 盐、珍珠岩、锯末等混合而成，在装药厚度为 6mm 时，其低临界稳定爆速约为 610m/s。

低临界爆速爆炸焊接用炸药具有爆速低等特点，在钛钢复合板的爆炸焊接中，可以有效地拓宽钛钢复合板的爆炸焊接窗口（见表1），便于对钛钢的爆炸焊接装药参数进行控制，进而有利于提高材料爆炸焊接界面结合质量，很好地解决了钛钢复合板结合界面质量问题。

表1 钛/钢爆炸焊接工艺参数
Table 1 Technology parameter of Ti-steel of explosive welding    mm

| 复层板厚 $\delta$ | 1.0 | 1.5 | 2.0 | 3.0 | 4.0 | 5.0 |
|---|---|---|---|---|---|---|
| 30 号炸药药厚 | 9~11 | 10~12 | 11~13 | 13~15 | 14~16 | 16~19 |
| 70 号炸药药厚 | 16~30 | 19~33 | 23~37 | 27~43 | 32~48 | 37~53 |

## 4 双立爆炸焊接的防护

在双立式爆炸焊接中，由于没有地基的作用，在基复板碰撞结合的瞬间，复板中的大部分动能将转化为复合板界面的结合能和变形能，从而使焊接界面发生金属的塑性变形、熔化和射流等，除了小部分能量引起复合板的宏观变形外，复板动能中剩余的能量将转化为复合板的动能，使焊接后复合板继续以较大的速度（理论上能达到100m/s以上）向两侧运动，给双立式爆炸焊接工作带来巨大的危险性，成为双立式爆炸焊接技术推广的一大阻碍。所以防护装置的研究设计是双立式爆炸焊接技术推广应用的关键。

在前期双立爆炸焊接防护的研究基础上[8]，作者综合柔性防护墙良好的吸能缓冲特性和刚性防护装置优良的抗冲击性能，提出了一种由刚性防护和柔性防护相结合的综合防护结构（图5）来解决双立防护问题。与以往的防护装置相比，此综合防护结构具有结构简单、安装方便、防护效果好、可永久使用等优点。

## 5 钛钢复合板的双立爆炸焊接及防护试验

根据双立式爆炸焊接的爆轰机理，在合理设置双立式爆炸焊接工艺参数的条件下，采用低临界爆速爆炸焊接用炸药，并结合双立式爆炸焊接复合板侧向飞散的特点，在优化设计的综合防护结构防护作用下，对钛/钢、不锈钢/钢进行了双立爆炸焊接实爆试验。试验材料的尺寸及力学性能如表2所示，工艺参数如表3所示。

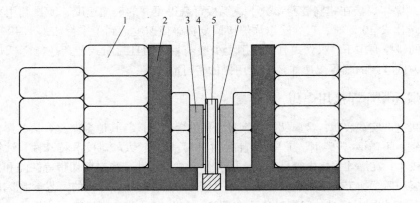

图 5  双立爆炸焊接及综合防护示意图
1—柔性防护墙；2—刚性防护墙；3—基板；4—复板；5—炸药；6—间隙
Fig. 5  Comprehensive protective of double vertical explosive welding

表 2  试验材料尺寸及其力学性能
Table 2  Size and mechanical property of experiment materials

| 组号 | 材料 | 尺寸(长×宽×厚)/mm×mm×mm | 密度/g·cm$^{-3}$ | 熔点/℃ | 声速/m·s$^{-1}$ | 屈服强度/N·mm$^{-2}$ | 抗拉强度/N·mm$^{-2}$ | 硬度(HB) |
|---|---|---|---|---|---|---|---|---|
| 1 | 不锈钢 304L(复) | 340×240×3 | 7.95 | 1410 | 5664 | ≥205 | ≥520 | ≤187 |
|   | 钢 Q235b(基) | 300×200×42 | 7.83 | 1538 | 5918 | ≥235 | 370~500 | ≤156 |
| 2 | 钛 TA2(复) | 340×240×5.5 | 4.58 | 1677 | 6096 | 250~500 | 300~600 | 100~190 |
|   | 钢 Q235b(基) | 300×200×42 | 7.83 | 1538 | 5918 | ≥235 | 370~500 | ≤156 |

表 3  试验工艺参数
Table 3  Experiment parameters and technology

| 工艺参数 | 炸药爆速/m·s$^{-1}$ | 装药厚度/mm | 基复板间隙/mm | 起爆点 | 其他工艺 |
|---|---|---|---|---|---|
| 304L/Q235b 与 TA2/Q235b | 2100 | 35 | 8 | 顶边中心起爆 | 待磨表面用砂轮打磨平整 |

钛钢复合板双立式爆炸焊接试验装置的安装和防护分别如图 6 和图 7 所示，图 8（a）和（b）分别为爆炸后的防护效果图和双立爆炸后获得的钛钢复合板。

图 6  试验装置安装
Fig. 6  Test unit installed

图 7  试验装置防护
Fig. 7  Test unit protection

(a) (b)

图 8 钛钢的双立爆炸焊接试验
(a) 爆炸后的防护效果图;(b) 爆炸后的 TA2/Q235b 复合板
Fig. 8 Double vertical experiment of Ti-steel explosive weld

由图可以看出,爆炸后防护装置和复合板的移动范围皆在安全距离以内;刚性防护装置有一定的偏转,但没有受到破坏和明显变形,大部分沙袋基本保存完好,可实现多次重复使用;经外观检查,复板外延被全部切除,复合板表面无烧蚀,且均无破坏和开裂,而且经超声波探伤检测,各复合板的复合率均达 98% 以上,且各项性能指标符合国家标准要求。

## 6 双立钛钢复合板结合界面

图 9(a)、(b) 和 (c)、(d) 分别为双立式爆炸焊接钛钢复合板在起爆端附近 50mm、150mm 采样点放大 40 倍和放大 100 倍的金相组织照片,图中下层为不易腐蚀的复材 TA2 钛,上层为基材 Q235b 普通碳素结构钢,爆轰方向如图中所示。由图 9(a)、(b) 的金相图可以看出,双立钛钢复合板的基复板材料在周期性的波状结合界面中实现了金属间的直接结合,且界面波形大小随着距起爆端距离的增大而增大,界面波的波长为 500~750μm,波高为 100~250μm,这与爆炸焊接理论基本相符[9];由图 9(c)、(d) 放大的金相图观察可以看到,双立钛钢复合板结合界面钢一侧的金属晶粒被显著拉长,并沿界面平行排列成细长流线,成为流动变形层,界面处没有黑色线条,也未产生 Ti-Fe 脆性金属间化合物,但在某些界面波的波头和波尾处有少量的漩涡和金属熔化块等微观缺陷产生。

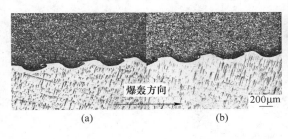 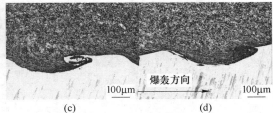

(a) (b) (c) (d)

图 9 双立式爆炸焊接钛钢复合板界面微观组织(40×)
Fig. 9 Interface microstructure of Ti-steel double vertical explosive welding

金相测试分析表明，双立钛钢复合板界面结合情况较好，采用双立爆炸法和低临界装药工艺对钛钢复合板的结合质量具有明显的改善。

# 7 结论

（1）双立式爆炸焊接应用在钛/钢复合板生产中，有效地克服了平行法爆炸焊接存在的不足，并节省了大约2/3的炸药量，极大提高了生产效率，有利于实现产品的质量控制和大规模机械化、标准化生产模式的形成。

（2）低临界爆速爆炸焊接用炸药拓宽了钛钢复合板的爆炸焊接窗口，便于对钛钢的爆炸焊接装药参数进行控制，很好地解决了钛钢复合板制备中结合面质量的问题。

（3）由刚性防护装置和柔性防护墙构成的综合防护结构能够承受爆轰波和高速运动复合板的冲击，且刚性防护装置和复合板没有发生破坏和变形，可以多次重复使用，有效地解决了双立爆炸焊接的防护问题。

## 参 考 文 献

[1] 闫力. 钛钢复合板的特点及应用领域[J]. 中国钛业，2011(3):12-14.
[2] 关尚哲，刘润生，等. 大板幅钛钢复合板控制界面熔化研究[J]. 中国钛业，2013(3):27-30.
[3] 张杭永，郭新虎，等. 大面积钛钢复合板的爆炸焊接工艺及其组织与性能研究[J]. 中国钛业，2013(3):27-30.
[4] 刘鹏，陆明，等. 钛钢复合板爆炸焊接装药厚度下限研究[J]. 兵器材料科学与工程，2011(3):14-17.
[5] 刘润生，张杭永，等. 爆炸焊接装药方式对钛钢复合板组织及性能的影响[J]. 钛工业进展，2014(3):34-38.
[6] 史长根，尤峻. 双立式爆炸焊接新方法[J]. 爆破器材，2008，37(3):28-30.
[7] Blazynski T Z. Explosive Welding Forming and Compaction[M]. Application Science Publishers Ltd，1983.
[8] 史长根，汪育，等. 双立式爆炸焊接及防护装置数值模拟和试验[J]. 焊接学报，2012，33(3):109-112.
[9] 邵丙璜，张凯. 爆炸焊接原理及其工程应用[M]. 大连：大连理工大学出版社，1987.

# 2205/X65 爆炸复合板组织及性能分析

杨涵鑫  刘建科  王军

（宝钛集团有限公司，陕西 宝鸡，721014）

**摘 要**：爆炸焊接使不同的金属实现完美的冶金结合，集不同材料的优点于一身。本文采用光镜观察、SEM 观察、能谱分析、显微硬度测试对 2205/X65 爆炸复合板的组织和力学性能进行了研究，在波谷和波峰附近各有一个宽度逐渐变化的局部熔化区。在狭窄的熔化区内遍布细小晶粒，在较宽的熔化区形成了垂直于界面方向生长的粗大柱状晶，柱状晶交汇的最后凝固区域容易形成缩松、气孔等缺陷。

**关键词**：2205/X65 复合板；爆炸复合；性能分析

## Microstructure and Property Analysis of 2205/X65 Explosive Composite Plate

Yang HanXin  Liu Jianke  Wang Jun

(BaoTi Group Co., Ltd., Shaanxi Baoji, 721014)

**Abstract**: Through the explosive welding technology can make the perfect metal metallurgy combination, achieving advantages of the two materials in a body. Using the light microscope observation, SEM observation, energy spectrum analysis and micro hardness testing, the microstructure and mechanical properties of 2205/X65 explosive composite sheet was studied in this paper. There are the partial melting zone with a gradually changed width in the vicinity of the troughs and peaks. There are tiny gains in the narrow melting zone and coarse columnar crystal growing perpendicular to the interface in the wide melting zone. The final solidification region of columnar grain confluence is easy to form shrinkage, porosity and other defects.

**Keywords**: 2205/X65 explosive composite plate; microstructure; properties

## 1 引言

目前新型复合材料的研究制造受到世界上各个国家的普遍重视，近年来很多种新的复合材料制备技术在飞速发展[1]。层状金属复合管是将不同性能的两种或多种金属，利用各自的性能优势进行分层组合而形成的一类金属材料。该复合材料可以充分发挥每种组元材料的优点，使材料的综合性能能够得到显著地提高。低成本、高性能金属复合材料加工技术是国家重点支持的高新技术领域之一，因为此技术符合国家节约能源、振兴新产业的相关政策[2]。

---

作者信息：杨涵鑫，硕士，助理工程师，531388570@qq.com。

单一的材料很难满足具有强腐蚀油气田开采的需要,作为输送石油、天然气的管道,不仅应具有高的强度来承载由于自身重量、输送压力以及地层压力等引起的工况载荷,还应该具有在高温、高压条件下耐强腐蚀性介质的能力。因此有必要研究开发出一种既能保证油气安全输送,又能降低生产制造成本的新型管材,层状结构双金属复合管就是一种能适应防腐需求的新型管材[3,4]。在层状结构双金属复合管制造过程中,其衬管可以根据不同的腐蚀介质环境选用相应的薄壁耐蚀合金材料,以保证良好的耐腐蚀性能,基层管道采用碳钢或者其他高强度合金钢,以保证优异的力学性能[5]。

## 2 复合板材料及界面形貌

### 2.1 材料及性能

爆炸复合板基层材料为 X65 管线钢,复层材料为 2205 双相不锈钢,板材状态为焊态。X65 管线钢和 2205 不锈钢化学成分如表1和表2所示,由表可知,试验采用的 X65 管线钢和 2205 双相不锈钢各种化学元素的含量都在国标规定的范围内,X65 管线钢和 2205 不锈钢的力学性能如表3和表4所示。

表1 X65 管线钢化学成分
Table 1 X65 pipeline steel chemical composition %

| 元 素 | C | Si | Mn | S | Cr | Mo | Ni | P |
|---|---|---|---|---|---|---|---|---|
| 标准值 | ≤0.12 | ≤0.40 | ≤1.65 | ≤0.01 | | | | ≤0.02 |
| 实测值 | 0.053 | 0.33 | 1.18 | ≤0.005 | 0.07 | 0.06 | 0.16 | 0.015 |

表2 2205 双相不锈钢化学成分
Table 2 2205 chemical constituents %

| 元 素 | C | Si | Mn | S | Cr | N | Ni | P |
|---|---|---|---|---|---|---|---|---|
| 标准值 | ≤0.03 | ≤1.0 | ≤2.0 | ≤0.02 | 22.00 | 0.14~0.20 | 4.50~6.50 | ≤0.03 |
| 实测值 | 0.02 | 0.56 | 1.42 | ≤0.001 | 22.02 | 0.15 | 0.16 | 0.029 |

表3 X65 管线钢力学性能
Table 3 X65 pipeline steel

| 性能指标 | 抗拉强度/MPa | 屈服强度/MPa | 屈强比 |
|---|---|---|---|
| 标准规定 | 535~755 | 450~600 | ≤0.92 |
| 炉号1 | 610 | 513 | 0.84 |
| 炉号2 | 580 | 476 | 0.82 |

表4 2205 不锈钢力学性能
Table 4 2205 stainless steel

| 性能指标 | 抗拉强度/MPa | 屈服强度/MPa | HB |
|---|---|---|---|
| 标准规定 | ≥655 | ≥450 | ≤293 |
| 炉号1 | 780 | 615 | 225.3 |
| 炉号2 | 790 | 620 | — |

## 2.2 光学组织形貌

为了研究爆炸复合板结合界面形貌，对复合板进行线切割制取金相试样，然后依次在粒度分别为 200 号、400 号、600 号、800 号、1000 号、1200 号、1500 号和 2000 号的水砂纸上手工磨光，再使用 1.5um 的金刚石抛光剂在金相试样抛光机上进行抛光。抛光后在成分为 100mL 酒精、100mL HCl、5g $CuCl_2$ 的腐蚀液中腐蚀，然后在光学显微镜下进行组织观察。

图 1 是爆炸复合板截面上不同位置的宏观形貌图，从图上可以看出在 2205 双相不锈钢波形界面的波谷和波峰附近分别形成了一个熔化区。图 2(a) 为波谷附近的熔化区，全部为柱状晶组织。X65 管线钢侧的金属伸入到 2205 不锈钢中，是碰撞压力和金属漩涡性流动共同作用的结果，当碰撞压力和金属漩涡性流动的作用非常剧烈时，部分 X65 管线钢还可能完全深入到不锈钢中。图 2(b) 为波谷附近稍宽的熔化区，熔化区边缘两侧组织形态为柱状晶，内部出现等轴晶和微裂纹。图 2(c)、(d)、(e) 是波峰附近的局部熔化区，波宽度从左往右不断增加，

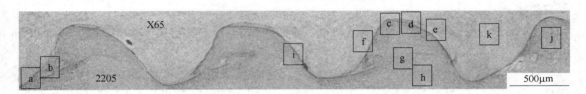

图 1 爆炸复合板界面宏观形貌图

Fig. 1 Compound plate interface macro topography

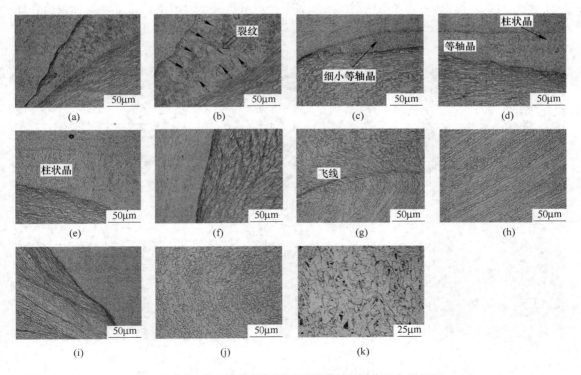

图 2 2205/X65 爆炸复合板界面及附近不同位置金相组织

Fig. 2 2205/X65 explosion clad plate interface and microstructure near a different location

在宽度较大的熔化区内液态金属沿着垂直于界面的方向结晶,形成较粗大的柱状晶组织。这一区域内柱状晶相遇的最后凝固位置处容易形成缩松缺陷。如图2(f)和(i)所示,在不锈钢波形区域的前沿或者后沿,两种材料之间分界十分清晰,界面附近2205金属发生剧烈的非均匀变形,不锈钢侧的轧制组织形貌完全消失。由于爆炸焊接过程中巨大的压力和剪切力作用,在界面附近双相不锈钢侧有从结合界面处飞出来的纤细的线条状组织,如图2(g)、(i)所示,该组织被称为飞线组织或剪切带,是一种特殊的塑性变形机制。在图2(g)中飞线上方不锈钢的奥氏体组织发生剧烈的塑形变形并呈现杂乱的团状形态,而飞线下方区域由于塑性变形程度较小,不锈钢的轧制组织形貌被较好地保留了下来,飞线呈弧形并与结合界面成约45°角。距离界面较远处的不锈钢基本保持了原始的热轧制状态组织形貌,即铁素体基体上均匀分布着长条状奥氏体组织,如图2(h)所示。距离界面较近处的不锈钢组织则比较凌乱,没有明显的轧制方向,如图2(j)所示。图2(k)为X65管线钢的组织形态,可以看出X65管线钢的组织为铁素体和珠光体,黑色的珠光体弥散分布在铁素体晶界边缘。

## 2.3 2205/X65 界面的 SEM 分析

对一个周期内的界面形貌进行扫描电镜分析,扫描结果如图3所示。图3(a)为2205/X65爆炸复合板结合界面SEM分析的五个典型位置,从图3(b)、(d)可以看出,波峰附近宽度较小的熔化区内遍布细小的晶粒,晶粒尺寸约在0.5~2μm之间,图3(b)中还发现再结晶区的存在,而在宽度较大的熔化区内晶粒尺寸显著增大,如图3(f)所示。从图3(c)和(e)可以看出,波浪状2205不锈钢区域的前沿和后沿边界十分清晰,与爆炸复合板结合界面相邻的2205不锈钢侧被拉长的奥氏体区域内分布大量晶界,与界面相邻的X65区域内的纤维消失。

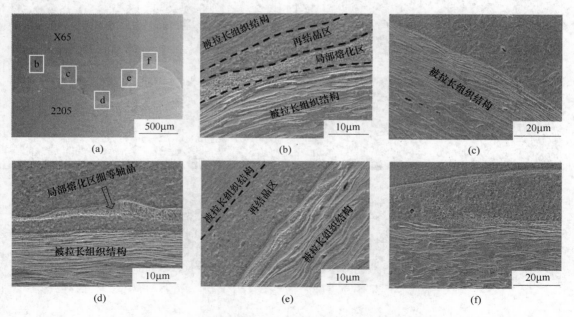

图3 2205/X65 爆炸复合板界面不同位置扫描形貌

Fig. 3 2205/X65 explosion clad plate scanning interface morphology different positions

## 3　2205/X65 界面附近合金元素分布

爆炸复合板结合界面附近容易出现宽度不等的夹层，为了研究夹层的成分，对不同位置处夹层区域分别进行区域能谱分析，分析部位及结果如图 4 和图 5 所示。

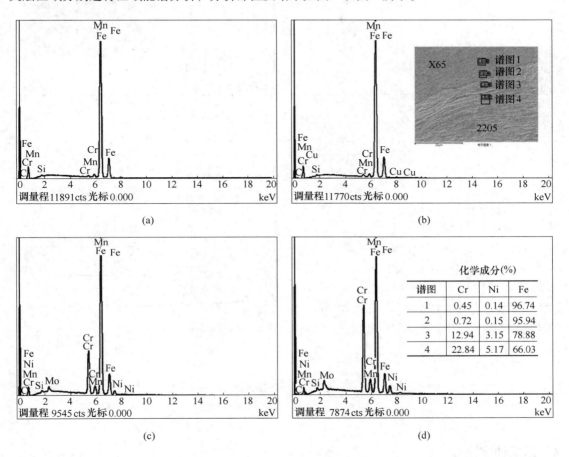

图 4　波峰处能谱图
Fig. 4　At peak energy spectrum

从图 4 可以看出谱图 1 区域和谱图 2 区域中 Cr、Ni 含量较少，Fe 的含量高达 96.74%，为 X65 管线钢材料。谱图 3 区域和谱图 4 区域中 Cr、Ni 含量相对较多，谱图 4 区域中 Cr 的含量达到 22.8%，Fe 的含量为 66%，为 2205 双相不锈钢材料。谱图 3 区域 Cr 的含量为 12.94%，Ni 的含量为 3.15%，其材料成分处于 X65 管线钢和 2205 双相不锈钢材料成分之间。

从图 5 可以看出，谱图 1 区域成分中 Cr、Ni 含量较少，分别为 0.61%、0.15%，为 X65 管线钢材料。谱图 2 区域成分中 Cr、Ni 含量比谱图 1 多，Cr 含量为 14.27%，Ni 的含量为 3.15%。谱图 3 成分中 Cr、Ni 含量处于谱图 1 和谱图 2 之间，Cr 含量为 3.36%，Ni 的含量为 0.61%。谱图 4 成分中 Cr、Ni 含量较多，Cr 含量为 22.12%，Ni 含量为 5.37%，此区域为 2205 不锈钢材料。由成分分析可以看出爆炸复合板结合界面附近部分 2205 双相不锈钢金属伸入到 X65 管线钢金属中。

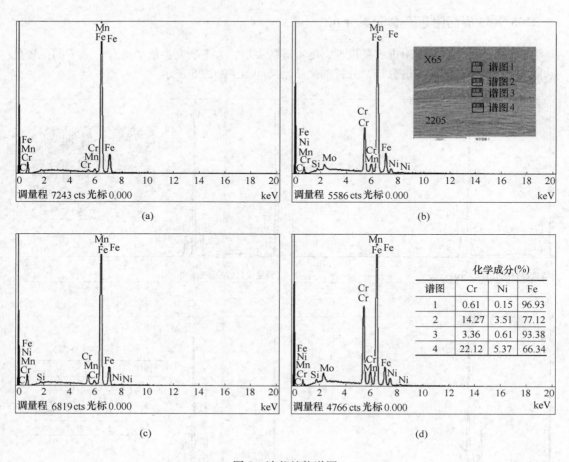

图 5 波谷处能谱图
Fig. 5 Trough energy spectrum

## 4 显微硬度试验

由于复合板爆炸焊接过程中材料受到强烈的爆炸冲击，结合界面及附近材料性能具有很大的不均匀性。表征材料性能不均匀性的试验方法中，显微硬度试验是最方便、最直观、有效的方法之一。爆炸焊焊接之后的复合板沿爆轰波方向的界面呈现周期性的波形特征，所以选取 5 个典型部位进行维氏硬度测试。维氏硬度试验所用设备为全自动显微硬度系统（设备型号：BUEHLER，MICROMET 5104；日本），载荷为 300gf，载荷保持时间为 10s，相邻两点间隔为 0.15mm。测试部位及结果如图 6 所示。

从爆炸复合板结合界面处 5 个位置测试的结果可以看出，不同位置处硬度大小分布的趋势基本一致；在界面附近区域 2205 不锈钢和 X65 管线钢的硬度比其他位置高，即界面附近区域金属硬化最严重。界面附近 2205 侧的最大维氏硬度约 470HV，比远离界面 2205 的 380HV 硬度增大了约 24%，界面附近 X65 侧的最大维氏硬度约 300HV，比远离界面 X65 的 225HV 硬度增大了约 33%，远离结合界面硬度值基本一致，2205 不锈钢硬度值大约为 370HV，X65 管线钢为 220HV 左右。

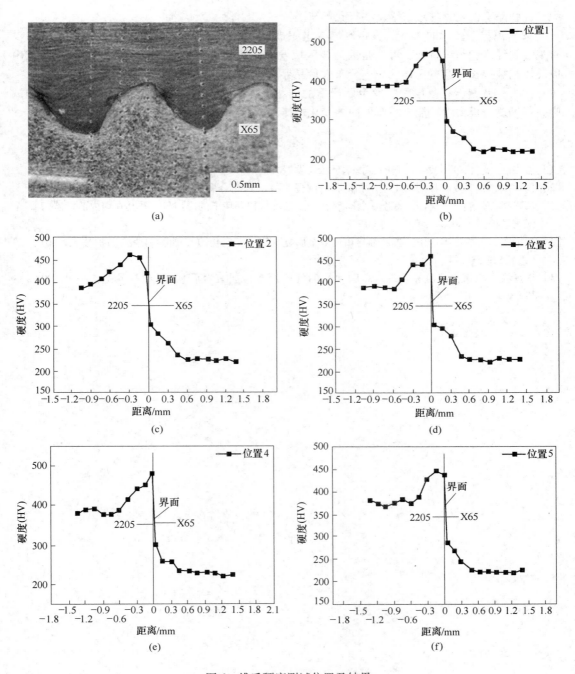

图 6 维氏硬度测试位置及结果
Fig.6 Vickers hardness test position and results

## 5 结论

（1）爆炸复合板结合界面附近存在局部熔化区，宽度较小的局部熔化区内遍布尺寸约在 0.5~2μm 的细小晶粒，宽度较大的局部熔化区形成了沿垂直于界面方向成长的粗大柱状晶组织，柱状晶交汇处容易形成缩松、气孔等缺陷。

（2）离界面较远的 X65 管线钢区域内组织被显著地拉长；而与界面相邻的 X65 区域内没有观察到纤维状组织特征，可能是因为该区域发生了回复再结晶。与界面相邻的 2205 区域内奥氏体相被拉长并且奥氏体区域内分布大量晶界。

（3）爆炸复合板复层材料发生了严重的硬化，界面附近的硬化最严重。通过分层拉伸试验获得了复合板力学性能沿板厚方向的变化规律。

## 参 考 文 献

[1] 孟宪静. 层状金属复合材料制备技术现状及发展方向[J]. 一重技术，2009(6)：7-9.
[2] 杨要杰. 金属复合板的加工技术和设备研制现状[J]. 有色金属加工，2013(2)：4-6.
[3] 郭崇晓，张燕飞，吴泽. 双金属复合管在强腐蚀油气田环境下的应用分析及其在国内的发展[J]. 全面腐蚀控制，2010，24(2)：13-17.
[4] 朱世东，王栋，李广山，等. 油气田用双金属复合管研究现状[J]. 腐蚀科学与防护技术，2011，23(6)：529-534.
[5] 李发根，魏斌，邵晓东，等. 高腐蚀性油气田用双金属复合管[J]. 油气储运，2010，29(5)：359-362.

# TA10/Q345R 复合板两种制造工艺对比试验研究

郭新虎　张杭永　臧　伟　郭龙创　关尚哲　王　军

（宝钛集团有限公司，陕西 宝鸡，721014）

**摘　要**：本文讨论了爆炸法和爆炸加轧制的方法生产大面积 TA10/Q345R 复合板的技术工艺。通过复合板宏观形貌、微观组织结构及力学性能分析，得出结论：爆炸法生产薄基、复层大面积 TA10/Q345R 复合板，由于 TA10 复板抗拉强度和屈服强度偏高、断面延伸率低，易产生边部熔化、不均匀变形以及复层撕裂等缺陷，影响产品质量稳定性；爆炸加轧制法生产的 TA10/Q345R 复合板由于爆炸坯料规格小，有效减少了复层撕裂和熔化等缺陷，轧制后宏观形貌和微观力学性能满足相关标准要求，且质量稳定性较高。

**关键词**：爆炸；爆炸加轧制；薄基复层

# Technological Research on TA10/Q345R Clad Plate of Thin Base and Cladding for Chemical Industry

Guo Xinhu　Zhang Hangyong　Zang Wei　Guo Longchuang
Guan Shangzhe　Wang Jun

（BaoTi Group Co., Ltd., Shaanxi Baoji, 721014）

**Abstract**: The paper studied the technology of explosion and explosion rolling methods producing large area and thin base, cladding layer TA10/Q345R clad plate. By analyzing macro-structure and micro mechanical property and structure, the study found that, due to tensile strength and yield strength of cladding material TA10 are higher, and the percentage reduction is lower, it is easy to produce defects such as edge melting, uneven deformation and tear of edge in the produced large area and thin base, cladding layer TA10/Q345R clad plate by explosion method, effecting product quality stability. As the smaller blank size of TA10/Q345R clad plate for using explosion rolling method, it is effectively reduced the cladding tearing and edge melting. After rolling process, the macro-structure and micro mechanical property satisfied the relevant standard demands with higher quality stability.

**Keywords**: explosive; explosive rolling; thin base and cladding layer

# 1　引言

钛及钛合金/钢复合板因高的性价比，兼具钛的耐腐蚀性能和钢的结构强度，广泛应用于化工、核电站、制盐等工业领域。在某些高温、高浓度等恶劣环境中，必须使用更耐特殊离子

---
作者信息：郭新虎，工程师，916622539@qq.com。

腐蚀的 TA10/Q345R 复合板或 TA9/Q345R 复合板。强腐蚀介质对焊缝腐蚀尤为严重，所以必须减小筒体的焊缝数量，即增加单张复合板的面积。而 TA10 强度高，塑性差，延伸率低，在用直接爆炸法制备的过程中容易出现边部撕裂、熔化、掉角等缺陷，严重影响成品质量[1]。目前国内生产的 TA10/Q345R 复合板长度小于 4500mm，通过爆炸+轧制的方法可以生产 8000mm 的 TA10/Q345R 复合板，其力学性能，结合率，结合强度等性能均满足 NB/T 47002.3—2009 标准要求。通过爆炸+轧制工艺的研究并应用于生产，成功解决了大面积 TA10/Q345R 复合板的生产难题，并拓展复合板产品的生产工艺，有效的提高产品质量及稳定性。

## 2 试验方法及过程

### 2.1 试验材料

试验材料力学性能和化学成分如表1所示。

表1 材料力学性能和化学成分
Table 1 Material mechanical performance and chemical property

| 牌号 | 力学性能 | | | 化学成分/% | |
|---|---|---|---|---|---|
| | $R_m$/MPa | $R_{p0.2}$/MPa | $A_5$/% | Fe | O |
| TA10（2mm） | 472 | 410 | 37 | 0.07 | 0.07 |
| TA10（8mm） | 490 | 380 | 31 | 0.06 | 0.08 |
| Q345R（14mm） | 500 | 270 | 25 | — | — |
| Q345R（56mm） | 510 | 260 | 27 | — | — |

### 2.2 试验方案

#### 2.2.1 直接爆炸法（a 工艺）

因为直接爆炸大面积 TA10/Q345R 复合板难度较大，所以本实验采用直接爆炸法生产的复合板面积为爆炸+轧制法生产复合板的 1/2。试验材料规格为 TA10/Q345R，2/14mm×1880mm×3300mm，1 块。

#### 2.2.2 爆炸+轧制法（b 工艺）

试验材料规格为 TA10/Q345R，8/56mm×1920mm×1700mm，1 块。轧制后规格为：2/14mm×1880mm×6800mm，1 块。

基、复材表面经抛光处理合格（$R_a \leq 2\mu m$）后，进行爆炸焊接试验，之后 a 工艺生产的 TA10/Q345R 复合板进行 540℃，保温 1.5h，随炉冷却的工艺进行去应力退火处理，b 工艺生产的复合板加热到 880℃，保温 1.5h 后进行轧制，终轧温度控制在 650℃以上，最终生产出薄复层 TA10/Q345R 复合板产品，对生产的复合板进行 100% UT 检测，在复合板边部本体取样，进行显微组织观察，力学性能检测等。

## 3 试验结果与分析

### 3.1 UT 检测结果分析

a 工艺生产的 TA10/Q345R 复合板贴和率为 94%，不贴和区域包含起爆点，边部局部的熔化层及角部的撕裂区，波形杂乱；b 工艺生产的 TA10/Q345R 复合板贴合率为 100%，且波形均匀。a 工艺爆炸面积大、基、复层薄，爆炸焊接时，复板变形不均匀，能量传递不均匀等因素，导致波形杂乱。b 工艺生产的 TA10/Q345R 复合板爆炸面积小，基、复层厚，复板变形均匀，且经过轧制加工，界面回波均匀、稳定。

## 3.2 复合板的力学性能分析

对复合板产品本体取样，力学性能测试结果如表 2 所示。

表 2 复合板力学性能
Table 2 Mechanical performance of clad plate

| 工艺 | 牌号 | 力学性能 | | | |
|---|---|---|---|---|---|
| | | $R_m$/MPa | $R_{p0.2}$/MPa | $A$/% | $\tau_b$/MPa |
| a | TA10/Q345R | 480 | 260 | 27 | 190 |
| | | 490 | 260 | 25 | 195 |
| | | 470 | 268 | 28 | 175 |
| b | | 460 | 260 | 27 | 180 |
| | | 470 | 240 | 28 | 168 |
| | | 473 | 254 | 27 | 175 |
| | | 460 | 240 | 28 | 162 |
| | | 450 | 220 | 26 | 160 |

从表 2 可以看出，直接爆炸法生产的 TA10/Q345R 复合板剪切强度高且离散度较大，采用爆炸+轧制法生产 TA10/Q345R 复合板剪切强度较低且均匀，剪切强度均满足 NB/T 47002.3—2009 标准规定。原因如下：

（1）爆炸焊接因为爆轰传播的不稳定，且薄复层复板平直度难以控制，在爆炸焊接过程中出现不均匀变形等因素，导致剪切强度离散性较大，而爆炸加轧制法生产的 TA10/Q345R 复合板因为爆炸面积小，爆炸焊接时变形较为均匀，且经过轧制加工，使结合质量更为均匀。

（2）直接爆炸法生产的 TA10/Q345R 复合板去应力退火温度为 540℃，保温 1.5h，界面脱 C 不明显，故剪切强度较高，而爆炸+轧制法生产的 TA10/Q345R 复合板因在 880℃保温，界面脱碳较为严重，且终轧温度有时偏低，所以剪切强度整体偏低[2]。

## 3.3 复合板硬度分析

复合板的硬度是复合板的一个重要技术指标，对后续的卷制、打孔过程影响较大，复合板硬度较大，不利于卷制，或者可能导致卷制开裂，管板打孔时容易出现分层且消耗钻头。复合板的硬度受原材料影响，同时爆炸焊接时，由于爆轰冲击造成硬度提高，后续去应力热处理，使界面和基、复材金属发生回复和再结晶，硬度下降。两种工艺生产的复合板硬度指标如表 3 所示。

从表 3 可以看出，a 工艺生产的复合板硬度高于 b 工艺生产的复合板硬度。这是由于 b 工艺加热温度高，界面脱碳引起硬度降低，同时伴随晶粒长大，导致硬度下降。界面硬度高于基体硬度，因为爆炸焊接过程中，界面处变形量最大，向基体表面依次减小，导致界面处加工硬化最明显。b 工艺生产的复合板经过轧制工序，使长大晶粒再次破碎，引起加工硬化和细晶强化，使复合板硬度不至于过于偏低。b 工艺生产的复合板满足标准和装备制造要求[3]。

表3 复合板硬度
Table 3 Hadness of clad plate

| 工艺 | | HV5 | | |
|---|---|---|---|---|
| a | TA10 侧 | 180 | 175 | 177 |
| | 界面 | 190 | 189 | 183 |
| | Q345R 侧 | 176 | 173 | 180 |
| b | TA10 侧 | 165 | 169 | 157 |
| | 界面 | 170 | 176 | 168 |
| | Q345R 侧 | 162 | 157 | 155 |

### 3.4 复合板金相组织分析

复合板金相组织如图1所示。

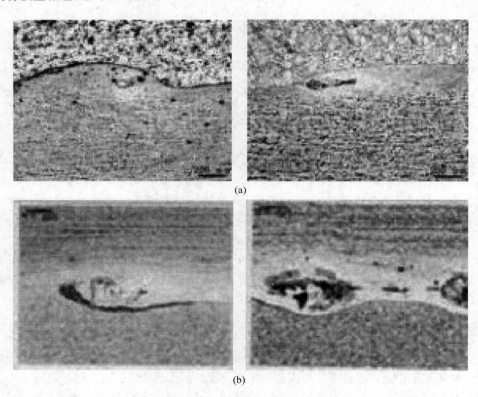

图1 界面显微组织
Fig. 1 Interface macro structure

图1（a）是直接爆炸法生产的 TA10/Q345R 复合板显微组织，可以看出，界面脱 C 不严重，爆炸焊接因为界面处变形大，会形成纤维状组织结构，540℃去应力退火处理后，钛侧和钢侧及界面附近均有不同程度的再结晶，钛侧晶界明显，有部分孪晶组织，晶粒大小均匀，没有明显长大，故力学性能良好，剪切强度高。图1（b）是爆炸加轧制法生产的 TA10/Q345R 复合板显微组织，从图1（b）可以看出，因为加热温度较高，达到880℃，界面脱碳较为严

重，可以看见明显的脱碳之后的白色区域，原始晶粒长大，通过轧制工序，长大晶粒再次破碎，沿轧制方向组织结构为纤维状[4]。

## 4  结论

（1）a 工艺生产的复合板贴和率为 94%，采用 b 工艺生产的复合板 UT100% 结合。

（2）a 工艺生产的复合板剪切强度高且离散度较大，采用 b 工艺生产复合板剪切强度较低且均匀。

（3）a 工艺生产的复合板硬度高于 b 工艺生产的复合板硬度，b 工艺生产的复合板更能满足标准和装备制造要求。

（4）a 工艺生产的复合板钛侧和钢侧及界面附近均有不同程度的再结晶，钛侧晶界明显，有部分孪晶组织，晶粒大小均匀，b 工艺生产的复合板通过轧制后，长大晶粒再次破碎，沿轧制方向组织结构为纤维状。

通过以上结论，采用爆炸加轧制法生产的 TA10/Q345R 复合板剪切强度均匀，解决了薄基、复层大面积复合板生产的关键制备技术。

### 参 考 文 献

[1] 郑哲敏，杨振声. 爆炸加工[M]. 北京：国防工业出版社，1981.
[2] 郑远谋. 爆炸焊接和金属复合材料及其工程应用[M]. 长沙：中南大学出版社，2001.
[3] 王耀华. 金属板材爆炸实践与研究[M]. 北京：国防工业出版社，2007.
[4] 宋秀娟，浩谦. 金属爆炸加工的理论和应用[M]. 北京：中国建筑工业出版社，1983.

# 爆炸焊接钛/铜复合板组织及性能的研究

郭龙创　张杭永　郭新虎　臧伟　关尚哲

(宝钛集团有限公司，陕西 宝鸡，721014)

**摘　要**：使用爆炸焊接的方法试制钛(TA2)/铜(T2)复合板，对其基复材料结合区显微组织形态进行观察并对其力学性能做了一系列的测试。结果表明，采用起爆点不等厚度装药工艺，可使钛(TA2)/铜(T2)爆炸焊接复合板结合区不存在明显的孔洞或脆性化合物等影响结合质量的因素，其剪切强度等力学性能满足国家标准的要求和规定，可以满足生产需要。

**关键词**：爆炸焊接；复合板；力学性能

## Study on Microstructure and Properties of Explosive Welding Titanium/Copper Clad Plates

Guo Longchuang　Zhang Hangyong　Guo Xinhu　Zang Wei　Guan Shangzhe

(BaoTi Group Co., Ltd., Shaanxi Baoji, 721014)

**Abstract**: The article carried out research on explosive welding titanium (TA2) clad copper (T2) plate. In the research, the microstructure on the bounding zone of cladding and base materials were observed and a seizes of mechanical properties were tested. The result showed that, with different charge depth on blasting spots, there is no obvious holes and brittle compounds, which effect the combination quality on the bounding zone by the selected explosion welding way of producing titanium (TA2) clad copper (T2) plate. And the shear strength and other mechanical properties satisfy the requirements and demands of national standards can meets the production needs.

**Keywords**: explosive welding; clad plate; mechanical property

## 1 引言

爆炸焊接是利用炸药产生的冲击力造成两种不同的材料迅速碰撞而实现焊接的方法。钛/铜复合板在电解设备的使用上有很重要的作用，一般都是通过直接轧制的方式进行，直接轧制有着结合强度低、生产效率低、成本高的问题，本次试验目的在于寻找适合铜/钛复合板爆炸的工艺方式，通过爆炸焊接的方式生产规格为 2/8（厚度 mm）钛/铜复合板，并符合 GB 13238 标准要求，满足生产需要。

---

作者信息：郭龙创，技术员，glch0527@163.com。

## 2 试验及分析

### 2.1 试验材料

试验用 TA2 规格为 2mm×1100mm×1440mm，共 4 块分两组，力学性能及其化学成分见表1，符合 GB/T 3621—2007 之要求。

表1 TA2 材料力学性能及化学成分
Table 1 Mechanical properties and chemical composition of material on TA2

| 牌号 | 抗拉强度/MPa | 屈服强度/MPa | 伸长率/% | 化学成分/% | | | |
|---|---|---|---|---|---|---|---|
| | | | | Fe | O | H | C |
| TA2 | 330 | 205 | 41 | 0.08 | 0.05 | 0.01 | 0.07 |

试验用 T2 为硬态，10mm×1050mm×1400mm 共 4 块，分两组，符合 GB/T 5231—2001 标准之要求。

表2 T2 力学性能及化学成分
Table 2 Mechanical properties and chemical composition on T2

| 牌 号 | 抗拉强度/MPa | 伸长率/% | 硬度 HV | 化学成分/% |
|---|---|---|---|---|
| T2 | 254 | 28 | 76 | Cu + Ag≥99.90 |

### 2.2 实验方案及结果

#### 2.2.1 安装方式

炸药及基复板安装形式如图1所示。

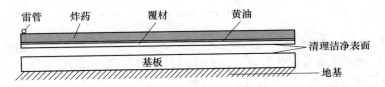

图1 炸药及材料安装
Fig. 1 Installation of explosives and materials

#### 2.2.2 试验结果

第一种：等厚度装药

开始首先选择使用等厚度布药这种常用的爆炸焊接方式进行爆炸焊接。

方案A：炸药厚度24mm，间隙高度6mm，起爆点选择长边中心起爆。

使用方案A爆炸后整体外观完整，经整板UT检测后发现起爆边距离边部约40mm范围内有部分区域不贴合（如图2所示），靠近起爆点部位不贴合现象较严重。

分析：(1) 由爆炸焊接机理可知，进行爆炸焊接的基、复板之间只有在焊接过程中产生射流，对结合金属表面进行清理，露出清洁表面，才能形成稳定结合。

由于起爆点炸药刚起爆时爆速较低，必须要经过一个加速过程才能达到射流产生的碰撞速度，这样，在起爆点一定范围内由于射流的缺失而造成结合界面不能顺利完成自清理得到清洁

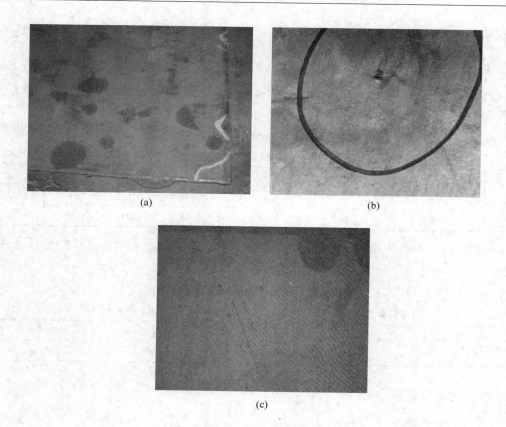

图 2 爆炸后出现的缺陷问题
（a）边部缺陷；（b）边部穿孔；（c）边部波纹
Fig. 2 Defects after the explosion

表面而造成局部的基、复板的不贴合或者贴合不良。

（2）起爆点位于基板垂直范围以外，起爆时起爆点下方无实物，起爆点能量向下碰撞，造成能量分散，起爆点边缘起爆速度无法迅速提升。

改进措施：（1）提高炸药厚度。（2）起爆点选择在复板边缘上方，垂直位置必须处于基板范围上方，经过第一次改进的方案称为方案 B。

方案 B：炸药厚度 28mm，间隙高度 6mm，起爆点选择长边中心起爆，起爆点在基板边缘上方位置。

使用方案 B 爆炸后发现起爆边对边出现轻微撕裂，靠近角部出现裂纹、波纹甚至穿孔（如图 2 所示），裂纹向内延伸 60mm 左右，经 UT 检测，发现起爆边点附近结合较方案 A 有所提高，起爆边及仍对边存在少量不贴合。

分析：（1）进行爆炸焊接时，装药边界产生的稀疏波，使得复板边界处爆轰产物的压力衰减比中央快，复板边缘质点的运动速度达不到设计值，从而造成边部局部不贴合的现象。

（2）起爆后，爆轰速度提高，能量的叠加在后期导致复合板距离起爆点较远的对边和角部出现撕裂或者表面波纹的问题，这对于薄复层复合板的生产是极为不利的，需要通过降低能量进行调整。

改进措施：在方案 B 的基础上作出以下改进：（1）选择不等厚度布药的方式，起爆端

100mm 之内炸药厚度 28m，其余板面装药高度 24mm。（2）复板大小在原来的基础上再向外延伸 40mm 以上，以将稀疏波的影响引导至基板之外，减少边界效应，经过第二次改进的方案称之为方案 C。

第二种：不等厚度装药

方案 C：起爆端 100mm 之内炸药厚度 28mm，其余部分炸药厚度 24mm，间隙高度 6mm，起爆点选择长边中心起爆。

爆炸后发现外观整齐，无撕裂及掉角现象，整板经 UT 检测除起爆点外均未发现不贴合情况。

爆炸后对结合界面取样进行金相组织分析，如图 3 所示，爆炸后界面呈均匀波状，没有连续熔化块产生，仅在漩涡内有疑似熔化样的组织产生，参照图 4 剪切强度曲线图，剪切强度基本在 170MPa 以上，均大于等于标准规定的 140MPa。

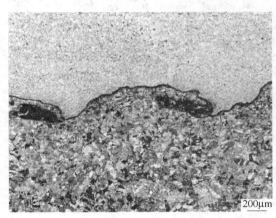 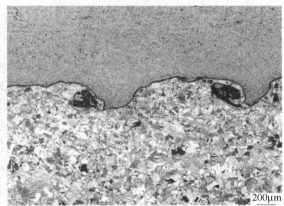

图 3 复合板界面金相组织

Fig. 3 The interface metallographic diagram of the clad plates

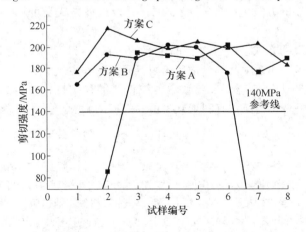

图 4 复合板界面剪切强度

Fig. 4 The Interfacial shear strength of clad plates

进行两次弯曲测试表明，经过两次改进之后的铜/钢复合板弯曲试验结果完好，说明此次爆炸后材料表面并没有细微的缺陷，有一定的抗抗弯强度；其次，基、复材料在弯曲过程中未出现脱层现象，进一步证明了使用方案 C 制成的复合板有较高的结合强度每次试验之后选择从短边边部每隔约 150mm 取一试样做剪切强度实验，实验数据统计图如图 4 所示。

分析：1~8 号取样分别从边部到中间，可以看到边部剪切强度稍低，中间剪切强度较高。这是因为爆轰波从起爆边向对边传播的过程中，开始时碰撞速度由零开始加速直至爆轰速度稳定再到边部传播受到影响，结合强度在随之变化，稳定的波状结合界面具有较好的结合强度。

通过一系列的试验，最终确定了生产工艺，进行了小批量生产（图 5），结果符合相关标准之要求，在后期设备制造中（图 6），经过了剪床剪切分料，边部未出现脱层现象，满足设备生产制造需要。

图 5　复合板成品　　　　　　　　　　图 6　复合板设备
Fig. 5　Products of clad plates　　　Fig. 6　Aplications of clad plates

## 3　结论

（1）使用爆炸焊接的方式生产薄复层钛/铜复合板这种方式是可行的，而且效率高、成品率高。

（2）采用长边起爆的方式进行复合板的生产的时候，可以采用不等厚度布药的方式改变起爆点处碰撞速度的起始加速度及减少边部撕裂等问题的发生。

（3）稀疏波产生的边界效应，会导致爆轰波传播的稳定性，使得边界处压力衰减加快，通过加大复板面积，提高装药面积有利于减少边界效应的影响，提高复合板的强度。

### 参 考 文 献

[1] 王耀华. 金属板材爆炸焊接研究与实践[M]. 北京：国防工业出版社，2007.
[2] 邵炳煌，张凯. 爆炸焊接原理及其应用[M]. 大连：大连工学院出版社，1987.
[3] T. Z. 布拉齐恩斯基. 爆炸焊接、成型与压制[M]. 北京：机械工业出版社，1988.
[4] 郑远谋. 爆炸焊接和爆炸复合材料的原理及应用[M]. 长沙：中南大学出版社，2007.
[5] 史亦韦. 超声检测[M]. 北京：机械工业出版社，2005.
[6] 韩顺昌. 爆炸焊接面相变与断口组织[M]. 北京：国防工业出版社，2011.

# 超低温状态下大面积爆炸焊接预热工艺探索

李敬伟  高峰

(辽宁新华阳伟业装备制造有限公司，辽宁 铁岭，112607)

**摘　要**：本文研究了北方地区低温条件下（-10～-15℃）大于15m²不锈钢复合板爆炸复合预热工艺。通过多种方案论证，利用已具备的加热条件、选择基板合理的预热温度，同时采取有效的过程保温措施，实现了$a_k$值低于110J/cm²的金属材料超低温状态爆炸复合，产品达到国家和行业标准的要求。

**关键词**：预热工艺；超低温爆炸；$a_k$值

## Explosive Composite Preheating Process to Explore Ultra-low Temperature Condition

Li Jingwei    Gao Feng

( Liaoning New Huayangweiye Equipment Manufacturing Co., Ltd., Liaoning Tieling, 112607 )

**Abstract**: This paper studies the pre-heating process for stainless steel explosive cladding plate which is greater than 15 square meters under low temperature ( -10 ～ -15° C) conditions is China's north. This study, varified by a variety of programs, by using heat treatment facilities, pre-heating temperature for backing plate, and effective insulation measures, to achieves a metal material with impact energy $a_k$ value below 110J/cm² under the ultra-low temperature explosive cladding, and make the clad material achieves the requirements of the national industry standard.

**Keywords**: pre-heating process; ultra-low temperature explosion; $a_k$ value

## 1　引言

　　金属复合工艺方法虽多但各有其特点，多年来，爆炸复合工艺已由理论到实践得到了深入和完善。爆炸复合工艺方法有着不可替代的优势，被广泛应用于不锈钢/钢、镍/钢、钛/钢、铜/钢等多种金属材料的复合，金属复合板的用量不断增加。本文介绍利用大型台车电阻炉探索了超低温状态爆炸复合预热工艺方法。

　　针对实践过程考虑到药量、爆速、间隙、热处理、表面氧化及边界温度的控制等诸多问题，并采取了有效的工艺措施。探索实践了经度处于123.38°，纬度41.8°，现场温度为-10～-15℃特殊条件下不锈钢复合板爆炸复合配套工艺，突破了北方冬季低温的禁区。

---

作者信息：李敬伟，高级工程师，lnxhy@lnxhy.cn。

## 2 温度对 $a_k$ 值影响因素

超低温状态下爆炸复合钢基板常产生开裂，其特征是基板边缘开裂、断裂。$a_k$ 值表示材料在冲击载荷作用下抵抗变形和断裂的能力，$a_k$ 值的大小表示材料的韧性好坏，一般把 $a_k$ 值低的材料称为脆性材料。

表 1 超低温爆炸复合状态相关参数
Table 1 The relevant explosion parameters under ultra-low temperature

| 序号 | 牌号 | 规格/mm | 力学性能 $a_k$/J·cm$^{-2}$ | 力学性能 $\delta$/% | 爆复温度/℃ 现场 | 爆复温度/℃ 板温 | 炸药/kg·m$^{-2}$ | 状态 |
|---|---|---|---|---|---|---|---|---|
| 1 | Q235 | 10× | 142 | 26 | -8 | -8 | 23 | 边（头）部开裂 |
|   |      | 16× |     |    |    |    | 23 | 头部微裂 |
| 2 | 16MNR | 16× | 125 | 22 | -8 | -8 | 23 | 头部开裂 |
|   |       | 20× |     |    |    |    | 23 | 头部开裂 |
| 3 | 16MN 锻 | 50×500×500 | 156 | 19 | -5 | -5 | 23 | 断裂 |
| 4 | 12CrMoR | 20×500×500 | 117 | 20 | -10 | -8 | 23 | 断裂 |
| 5 | 15CrMoR |            | 118 | 19 | -10 | -8 | 23 | 断裂 |

注：1. 序号 1～2 为热轧态，序号 3～5 为回火＋正火态；2. 气温用水银度计，板温红外扫描仪；3. 序号 1～2 实测，序号 3～5 试板。

（1）冲击韧度指标的实际意义在于揭示材料的变脆倾向，与脆性相反材料在断裂前有较大形变，所以钢基板在爆轰状态下断面常呈现外延形变，这是由于 $a_k$ 值过低时造成断裂。

（2）文献指出：材料的 $a_k$ 值随温度的降低而减小，即材料的韧性降低，脆性增加，材料由延性破坏转变到脆性破坏，所以我们在这里称金属材料在低温下呈现的脆性为冷脆性，发生脆性破坏的上限温度为"韧脆转变温度（$T_k$）"。

## 3 配套工艺因素

### 3.1 热处理工艺

爆炸复合板所用基板主要采用热轧态板材，对于普碳钢板的终轧温度及冷却速度的影响虽不明显，但对于低合金钢、锻件钢却影响较大。增加退火可进一步改善材料组织，提高材料塑性，弥补"韧脆转变温度（$T_k$）"造成的降低 $a_k$ 值。

热处理工艺方法虽然一定程度使基板断裂得到改善，但由于成本高、工序量大，仅适用于特殊合金钢及锻钢。

### 3.2 缓冲层

建立阻止较大形变的缓冲层以求减小变形，偶尔基板由于低温脆性造成延伸率降低出现的断裂。

表2 缓冲层测试数据
Table 2　Test data of the buffer layer

| 序号 | 牌号 | 规格 | 缓冲层 | 钢板温度/℃ | 状态 |
|---|---|---|---|---|---|
| 22 | 304/16MNR | 3/10 | 细沙 | -6 | 基板完好 缓冲层破坏 |
| 23 |  | X2000 | 中心钢板 |  |  |
| 24 |  | X8000 | 2000×2000 |  |  |

注：1. 剪切强度未检测；2. 板温红外扫描仪测定；3. 生产实测数据。

综上所述：超低温状态下爆炸复合中主要反映问题是钢基板的开裂，引发开裂的根本原因是：温度低形成金属材料冷脆，冷脆导致 $a_k$ 值急剧降低使金属材料无法抵抗爆轰下强大剪应力，从而引发基板开裂。

## 4　预热工艺探索

超低温状态下爆炸复合有效工艺在于如何保证金属材料的常温常规 $a_k$ 值，为此，选择合理的基板预热工艺成为基板在超低温下满足爆炸复合时金属材料抵抗冲击的有效工艺方法之一。预热工艺由以下方面组成。

### 4.1　装备条件

加热设备：3000mm×12500mm 台车电阻炉；

运输车辆：20t 10m 2台；

起吊车辆：16t 2台；

推铲车辆：清理积雪铺垫细沙；

石沙石粉：大量积存；

爆场距离：预热点距爆炸场6km；

运输时间：20min 内；

完成时间：60min 内；

接板温度：30℃ < $T_{接板}$ < 50℃；

起爆温度：10℃ < $T_{起爆}$；

温度计量：气温采用水银计，板温红外线测温仪。

表3　工艺条件
Table 3　Process conditions

| 牌号（基板） | 加热温度/℃ | | 爆复温度/℃ | | 表面要求 | 气温/℃ | 备注 |
|---|---|---|---|---|---|---|---|
|  | 炉温 | 板温 | 起运 | 起爆 |  |  |  |
| Q235 | 120~150 | 80~100 | 30~50 | >10 | 无氧化色 | -10~-15 | 板厚薄不限，以控制起爆温度为准，起爆以边部温度为准 |
| 16MNR | 150~80 | 100 | >50 | >15 |  |  |  |
| 低合金 |  |  |  |  |  |  |  |

### 4.2　工艺路线

通过2012年12月1280m²、2013年1~2月、12月三个月内2280m²，合计完成3560m²采取预热工艺进行爆炸的复合板。

经过连年冬季生产实践,探索出避开金属材料因低温产生的冷"脆"性的方法,确定超低温状态下爆炸复合预热工艺制度,为低温区域的冬季爆炸复合生产建立新的条件。

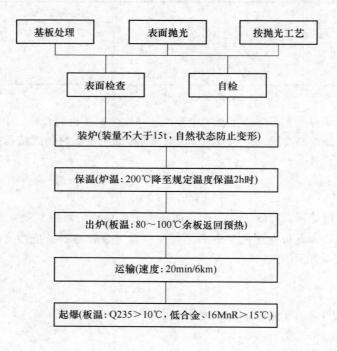

**表 4　工艺实施时间表**
**Table 4　Technology implementation timetable**

| 年 | 月 | 气温/℃ | 牌号 | 规格 | 完成量/m² | 备注 |
|---|---|---|---|---|---|---|
| 2012 | 12 | −5～−8 | 304L/Q235 | 2/8、3/8、3/14 | 500 | 一次成品率>98%<br>采用预热工艺<br>其他品种未统计 |
| | | | 316L/Q235 | 3/8、3/14 | 480 | |
| | | | 316L/16MNR | 2/12、2/16、2/18 | 300 | |
| 2013 | 1～2、12 | −8～−10 | 304L/Q235 | 4/8、4/12、4/16、3/18 | 900 | |
| | | | 316L/16MN 锻 | 10/60、10/90、10/110 | 600 | |
| | | | 316L/16MNR | 2/16、2/18 | 480 | |
| | | | 316L/20R | 3/14 | 300 | |

注:气温为白日温度值。

## 5　结论

本文仅就区域性超低温状态下爆炸复合工艺进行了初步探讨,提出解决和避开超低温造成的金属材料冷"脆"性而采取基板预热工艺方法,还需进一步研究以下问题:

(1)预热工艺方法虽然在实践得到了应用还待深入探讨,进一步上升到理论指导应用。
(2)由于及待工艺应用实际,其主要数据未得到细致统计分析,进一步完善是重要的工作。

(3) 需要测试低合金30℃状态下冲击值,细化预热工艺制度。

(4) 进行预热成本的计算,合理应用工艺。

(5) 对爆轰过程中剪切应力的分布还需在专家的领导下进一步测定探索。

## 参 考 文 献

[1] 初飞,钟群鹏. 金属韧脆转移评定标准及其相互关系[J]. 中国科学院上海冶金研究所,2000.

# 压力容器用大厚度 13MnNiMoR/S32168 爆炸焊接金属复合板及其生产工艺探讨

冯 健　侯国亭　李春阳　刘献甫　胡晓东

（舞钢神州重工金属复合材料有限公司，河南 舞钢，462500）

**摘　要**：爆炸焊接的大厚度 13MnNiMoR/S32168 复合板作为一种新型材料，既保证了钢的原有抗高温、抗脆化、抗裂纹等特性，又兼具了耐腐蚀、耐氧化等优良性能，而且节约了大量的生产成本，对满足压力容器对材料的苛刻要求有着积极的推动作用。本文依据爆炸焊接基本原理，通过实验论证了爆炸焊接参数选择的可行性，并根据压力容器对 13MnNiMoR/S32168 复合板的技术条件要求，制定了合理的正火和回火工艺，解决了 13MnNiMoR/S32168 复合板热处理后理化性能不符合要求的难题。

**关键词**：爆炸焊接；金属复合板；热处理

# Explosion Welding of 13MnNiMoR/S32168 Clad Metal with Large Thickness and Its Production Process for Pressure Vessel

Feng Jian　Hou Guoting　Li Chunyang　Liu Xianfu　Hu Xiaodong

(Wugang Shenzhou Heavy Industry Clad Metal Materials Co., Ltd., Henan Wugang, 462500)

**Abstract**: As a new material of large thickness 13 MnNiMoR/S32168 clad metal plats which is explosive welded, it contains not only the steel's original characteristics like anti high temperature, resistance to brittle, and crack resistance, but also the excellent properties of corrosion resistance, oxidation resistance, as well as cost saving, and has a positive role in promoting its quality to meet the strict requirements for pressure vessel. Based on the explosive welding principle, through the experiment, it is demonstrated that the explosion welding parameter selection is feasibility. The proper normalizing and tempering process are established according to technical requirements of 13 MnNiMoR/S32168 clad metal plates in pressure vessels. The problem that the 13MnNiMoR/S32168 clad metal plate does not meet the requirements after heat treatment is solved.

**Keywords**: explosive welding; clad metal; heat treatment

# 1　引言

随着压力容器日趋大型化、高压化、高温化要求的提高，加之一些压力容器中的介质对金属材料具有腐蚀、脆化作用，使得压力容器的工况环境更加恶劣[1]。因此，对压力容器用钢的

---

作者信息：冯健，工程师，fuheban@163.com。

性能要求也越来越高。尽管13MnNiMoR以国家标准GB 713—2014的形式纳入中温中压锅炉和压力容器用钢,不但力学性能优良,热强性高,而且抗裂纹扩展敏感性好[2],但在具有强腐蚀性介质的压力容器中,设备服役寿命将大大降低,设备脆化风险增大,单一的13MnNiMoR钢板已不适应一些特殊介质对金属材料的技术要求。为此,在13MnNiMoR钢板原有理化性能的基础上研发出一种即适应高温、高压需求,又满足强腐蚀性介质要求的新型爆炸焊接复合材料势在必行。

爆炸焊接的大厚度13MnNiMoR复合板作为一种新型材料,既保证了钢的原有抗高温、抗脆化、抗裂纹等特性,又兼具了耐腐蚀、耐氧化等优良性能,而且还节约了大量的经济成本,对满足压力容器对材料的苛刻要求有着积极的推动作用。

## 2 实验材料及工艺

### 2.1 实验材料

实验用基板选用舞钢生产的13MnNiMoR,规格尺寸为:100mm×1500mm×8000mm;复板选用太钢生产的S32168,规格尺寸为:4mm×1540mm×8040mm。两种金属材料的理化性能见表1~表4。

**表1 13MnNiMoR钢板的化学成分**
**Table 1 Chemical composition            %**

| C | Si | Mn | P | S | Cr | Mo | Nb | Ni |
|---|---|---|---|---|---|---|---|---|
| 0.12 | 0.17 | 1.34 | 0.012 | 0.005 | 0.25 | 0.32 | 0.018 | 0.76 |

**表2 13MnNiMoR钢板的力学性能**
**Table 2 Mechanical property of 13MnNiMoR plate**

| 抗拉强度 $R_m$/MPa | 屈服强度 $R_{eL}$/MPa | 伸长率 $A$/% | V形冲击功 $A_{kv}(0℃)$/J | 弯曲试验1800, $b=2a$ |
|---|---|---|---|---|
| 610 | 410 | 21 | 89, 110, 96 | 完好 |

**表3 S32168钢板的化学成分**
**Table 3 Chemical composition            %**

| C | Si | Mn | P | S | Cr | Ni |
|---|---|---|---|---|---|---|
| 0.05 | 0.62 | 1.90 | 0.015 | 0.012 | 18.12 | 10.89 |

**表4 S32168钢板的力学性能**
**Table 4 Mechanical property of S32168 plate**

| 抗拉强度 $R_m$/MPa | 屈服强度 $R_{p1.0}$/MPa | 伸长率 $A$/% | 弯曲试验1800, $b=2a$ |
|---|---|---|---|
| 540 | 260 | 42 | 完好 |

### 2.2 试验过程

#### 2.2.1 爆炸焊接

爆炸焊接工艺是金属复合板生产过程中的关键工艺之一,爆炸焊接质量的优劣,直接关系到金属复合板产品最终质量的高低。为了获得良好的双金属爆炸焊接结合界面,必须正确地选择技术参数[3]。平行安装法中，一般认为爆炸焊接的碰撞点移动速度与炸药的爆速相等，这样炸药爆轰波驱动复板碰撞基板的速度 $v_p$ 可用式（1）表示[4]：

$$v_p = 2v_d \sin\beta/2 \tag{1}$$

式中　$v_p$——复板碰撞基板的下落速度，m/s；

　　　$v_d$——炸药爆速，m/s；

　　　$\beta$——复板动态弯折角，一般为 2°~25°。

从式（1）可以看出，复板碰撞基板的速度和炸药的爆速 $v_d$ 及复板动态弯折角 $\beta$ 成正函数关系，而复板的动态弯折角 $\beta$ 与基复板间距有关。因此正确选择炸药爆速和基复板间距是成功进行爆炸焊接生产的关键。文献［5］给出了一般爆炸焊接金属复合材料所用炸药为粉状铵油炸药或粒状铵油炸药，炸药爆速范围为 1500~3500m/s，可根据不同金属复合材料的理化性能，通过加入木粉、工业盐、珍珠岩等材料调配到设计的炸药爆速。在确定炸药爆速的情况下，单位面积装药量及基复板间隙将直接影响到复板的下落速度和动态弯折角的大小。文献［6］分别给出了单位面积装药量和基复板间距的经验公式如下：

$$C = K(\delta_1 \rho_1)^{1/2} \tag{2}$$

式中　$C$——单位面积装药量，kg/m²；

　　　$\delta_1$——复板厚度，mm；

　　　$\rho_1$——复板密度，g/cm³；

　　　$K$——与炸药和复板材料相关的系数，对于复板为不锈钢，$K$ 取值 1.3~1.5。

$$S = 0.2(\delta_1 + H) \tag{3}$$

$$H = C/\rho_0 \tag{4}$$

式中　$S$——基复板的间距，mm；

　　　$H$——炸药厚度，mm；

　　　$\rho_0$——炸药密度，g/cm³。

关于动态弯折角和基复板间隙的关系式，文献［3］通过理论推导得出如下关系式：

$$\sin\frac{\beta}{2} = \frac{-5.7649S^2 + 131.4S + 0.7595}{2v_d} \tag{5}$$

在已知复板密度 $\rho_1 = 7.93$g/cm³、厚度 $\delta_1 = 4$mm，炸药爆速 $v_d = 2500$m/s、密度 $\rho_0 = 0.76$ 的情况下，可通过式（1）~式（5）分别计算出爆炸焊接的理论技术参数为：

$$H = 35.2\text{mm}$$

$$S = 7.84\text{mm}$$

$$v_p = 676.58\text{m/s}$$

$$\beta = 15.6°$$

根据理论计算参数，实际爆炸焊接生产中技术参数修正为：炸药爆速 $v_d = 2500$m/s、炸药装药厚度 $H = 36$mm、基复板间隙 $S = 8$mm。以此参数计算的复板动态弯折角 $\beta = 15.7°$、复板碰撞基板的速度 $v_p = 683$m/s。

采用以上参数爆炸焊接的金属复合板如图 1 所示，经超声无损检测，除起爆点有 $\phi25$mm

未复合外，其余部分全部实现复合。

爆炸焊接后的 13MnNiMoR/S32168 金属复合板如图 1 所示。

图 1　爆炸焊接后的 13MnNiMoR/S32168 金属复合板
Fig. 1　The clad metal plate after explosive welding

#### 2.2.2　热处理

爆炸焊接金属复合材料的热处理及其工艺参数的制定有其独特之处，首先必须考虑两种不同材料各自的理化性能以及它们在高温下相互作用的特性，从而正确的设计热处理参数和预测热处理对它们的结合区组织、结合强度和各自基体组织及性能的影响[7]。

本文爆炸焊接所使用的材料为大厚度 13mNnNiMoR 容器板和 S32168 不锈钢板，在爆炸焊接后的热处理过程中，既要考虑把大厚度 13MnNiMoR 容器板的力学性能恢复到爆炸复合前的状态，又要兼顾复层奥氏体不锈钢的敏化问题。所以正确制定爆炸焊接大厚度 13MnNiMoR/S32168 金属复合板的热处理工艺参数，是获得高质量、高性能 13MnNiMoR/S32168 金属复合板的关键条件。通常情况下，13MnNiMoR 钢板供货状态为正火 + 回火，正火温度在 980℃，高温回火为 680℃[8]，经爆炸焊接复合后，需再次进行正火 + 回火处理，以消除由于爆炸焊接所引起的内应力。文献［9］分析了 95mm 厚 13MnNiMoR 容器板重新热处理后冲击性能不合格的原因，特别指出导致冲击性能不合格的主要原因为正火后冷却速度严重不足，致使碳化物从基体沿晶界析出，在之后的高温回火过程中再次长大。文献［10］对 100mm 厚的 13mNnNiMoR 容器板冲击值不合格的原因进行了研究，指出不合理的热处理制度会造成 100mm 厚 13mNnNiMoR 钢板 1/2 厚度处 - 20℃ 低温冲击性能不合格。而且长时间的模拟焊后热处理会引起碳化物聚集长大和晶界弱化，也是引起 13mNnNiMoR 钢板 1/2 厚度处冲击性能不合格的原因之一。

一般钢种的正火保温温度为：$Ac_3 + (30 \sim 50)/℃$，根据相变公式 $Ac_3(℃) = 910 - 203\sqrt{C} + 44.7Si - 15.2Ni + 31.5Mo$ 进行计算[11]，最终确定 13MnNiMoR/S32168 金属复合板正火温度为 $930 \pm 10℃$；升温速度 180 ~ 200℃/h；保温时间 1.5min/mm；达到保温时间后，迅速把 13MnNiMoR/S32168 金属复合板吊至含 8% 氯化钠的水溶液中，以加速冷却速度，防止钢中合金元素以碳化物形式析出，降低合金元素的固溶强化效果[12]，保证或提高金属材料的理化性能；13MnNiMoR/S32168 金属复合板在 8% 氯化钠的水溶液中冷却至 450℃时吊出，进入空冷阶段，这样可保证奥氏体复层板 S32168 迅速通过 450 ~ 850℃的敏化温度区段。为保证最大限度的避开奥氏体不锈钢的敏化区段 450 ~ 850℃，而又能确保回火效果，回火温度采用 $620 \pm 10℃$，升温速度 80 ~ 120℃/h，保温时间 2.6min/mm，达到保温时间后出炉空冷。热处理曲线如图 2 和图 3 所示。

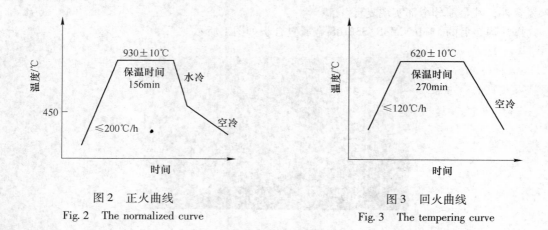

图 2 正火曲线
Fig. 2 The normalized curve

图 3 回火曲线
Fig. 3 The tempering curve

## 3 实验结果及分析

（1）经正火+回火热处理后的 13MnNiMoR/S32168 金属复合板，取样进行晶间腐蚀（E法）和力学性能实验，实验结果表明复层晶间腐蚀合格，力学性能符合标准且性能优良。力学性能检测结果见表 5，晶间腐蚀和力学性能试样见图 3 和图 4。

表 5 13MnNiMoR/s32168 复合板的力学性能
Table 5 Mechanical property of clad metal plate

| 抗拉强度 $R_m$/MPa | 屈服强度 $R_{eL}$/MPa | 伸长率 $A$/% | V 形冲击功 $A_{kv}$/J（0℃） | 内弯试验 1800, $b=2a$ |
|---|---|---|---|---|
| 620 | 405 | 20 | 90, 100, 95 | 完好 |

图 4 晶间腐蚀（E 法）弯曲试样
Fig. 4 Bending specimen of intergranular corrosion

图 5 力学性能检测试样
Fig. 5 Test sample of mechanical property

（2）爆炸焊接金属复合材料能否满足压力容器使用标准的要求，很重要的一点就是即要保证复层材料的耐腐蚀性能，又要满足基层材料的力学性能。本文中的金属复合材料分别为 13MnNiMoR 和 S32168 不锈钢，由于炸药爆轰的作用，虽然两种材料的化学成分不变，但复合材料内部将产生极大的内应力，为以后的机械加工成型埋下隐患，也不符合压力容器对原材料的性能要求，因此必须对爆炸焊接后的金属复合板进行去应力热处理。由于 13MnNiMoR 厚度较大，在进行正火热处理的过程中，必须确保基板内部组织受热均匀化，同时兼顾考虑奥氏体不锈钢 S32168 复板在敏化温度区段（450～850℃）的快速通过，使用水槽快速冷却工艺，可以有效实现基板晶粒度细小，力学性能满足设计技术要求，奥氏体不锈钢复板耐腐蚀性能不变的目标。而随后的回火工艺，是为了进一步提高 13MnNiMoR + S32168 金属复合板的综合机械性能，但回火温度 620±10℃ 落在奥氏体不锈钢敏化温度区段 450～850℃ 之间，但由于不锈钢 S32168 中含有稳定性元素钛，在较低温度和较短时间内不会进入敏化警戒线内。文献 [13] 对 6 种奥氏体不锈钢进行了不同温度和时间下材料的敏化程度实验，结果表明低碳不锈钢 316L 在 650℃ 加热 300min，未见发生敏化现象。本文中的奥氏体不锈钢 S32168 经回火后检测，也未发现敏化现象，因此本文中所制定的压力容器用大厚度 13MnNiMoR/S32168 复合板爆炸焊接参数和热处理工艺是可行的。

## 4 结论

（1）采用理论公式计算的爆炸焊接技术参数对压力容器用大厚度 13MnNiMoR/S32168 金属复合板是有效的是可行的，使用理论计算参数进行的爆炸焊接大厚度 13MnNiMoR/S32168 复合板完全满足压力容器用复合板对界面结合率的要求。

（2）爆炸焊接大厚度 13MnNiMoR/S32168 复合板经 930 + 10℃ 热处理，并经水槽快速冷却，再经 620 + 10℃ 回火处理，复合板理化性能指标完全满足压力容器用大厚度 13MnNiMoR/S32168 金属复合板技术要求。

（3）本爆炸焊接和热处理生产工艺也可推广应用到其他铬钼钢如 15CrMoR、14Cr1MoR 等复合板的爆炸焊接生产中。

### 参 考 文 献

[1] 周平，王月香，麻衡，等. 13MnNiMoR 热处理工艺对组织性能影响规律的研究[J]. 莱钢科技，2012，2：51-54.

[2] 高照海，许少普，崔冠军，等. 压力容器用特厚 13MnNiMoR 钢种的研制[J]. 山西冶金，2010，6：4-6.

[3] 冯健，冯叔瑜，史和生，等. 爆炸焊接间隙与动态弯折角关系式的研究[J]. 压力容器，2010，27（11）：30-33.

[4] 韩顺昌. 爆炸焊接界面相变与端口组织[M]. 北京：国防工业出版社，2011：4-6.

[5] 汪旭光. 爆破设计与施工[M]. 北京：冶金工业出版社，2011：496-504.

[6] 扬扬. 金属爆炸复合技术与物理冶金[M]. 北京：化学工业出版社，2005：37-39.

[7] 郑远谋. 爆炸焊接和爆炸复合材料的原理及应用[M]. 长沙：中南大学出版社，429-441.

[8] 郗峰波，李晴. 大厚板 13MnNiMoR/316L 碳洗塔焊接工艺研究[J]. 现代焊接，2012，6：41-43.

[9] 黄荣杰，杨朝瑞，陈小凤. 13MnNiMoR 钢热成型封头冲击值不合格原因分析及处理方法[J]. 工业锅炉，2012，2：26-29.

[10] 罗应明，张萌，林明新，等. 13MnNiMoR 钢板低温冲击性能不合原因分析[J]. 宽厚板，2014，20（2）：41-44.

[11] 高照海，许少普，崔冠军，等. 压力容器用特厚 13MnNiMoR 钢种的研制[J]. 山西冶金，2010，6：4-6.

[12] 董富军，赵和朋，刘小林，等. 模拟焊后热处理工艺对 13MnNiMoR 钢板组织和性能的影响[J]. 江西冶金，2014，34（1）：9-12.

[13] 冯志猛，蔡宏图. 奥氏体不锈钢及其复合板热加工与敏化温度[J]. 石油化工设备，2002，31（6）：38-39.

# 核聚变用大厚度铜/不锈钢复合板爆炸焊接试验研究

范述宁[1]　王宇新[2]　刘建伟[1]　杨国俊[1]

(1. 太原钢铁（集团）有限公司复合材料厂，山西 忻州，035500；
2. 大连理工大学，辽宁 大连，116024)

**摘　要**：大厚度铜/不锈钢爆炸复合板应用于核聚变试验装置线圈接头，要求复合板单个未结合不大于$\phi 1.2mm$，结合面波形细小均匀，不得有气孔、氧化物及金属化合物，此外还应对结合界面进行液体渗透检测，结合质量要求远远高于常规复合板要求。本文通过理论计算制定工艺参数进行爆炸试验，分析爆炸焊接试验结果，根据试验结果对工艺参数和操作方法进行改进和优化，生产出满足核聚变试验项目要求的大厚度铜+不锈钢复合板产品。

**关键词**：爆炸焊接；铜+不锈钢；复合板；结合界面

## The Explosive Welding Tests and Analysis of Extra-thick Copper/Stainless Steel Clad Plate Used for Nuclear Fusion

Fan Shuning[1]　Wang Yuxin[2]　Liu jianwei[1]　Yang Guojun[1]

(1. TISCO Composite Material Factory, Shanxi Xinzhou, 035500;
2. Dalian University of Technology, Liaoning Dalian, 116024)

**Abstract**: The extra-thick copper/stainless steel explosion composite plate is applied to coil terminals of the controlled nuclear fusion experimental. It requires that the unbound in the composite panel is not more than $\phi 1.2mm$, that the wave of the interface is fine and uniform, that it cannot have pores, oxides and metal compounds, and that through liquid penetrant test, the combined quality must be much higher than conventional clad plate products. The article determined the parameters by theoretical calculations to conduct exploding experiment, analyzed explosive welding test results, according to the test results, improved and optimized the process parameters and operation methods, and produced the extra-thick copper/stainless steel composite that meets the requirment of the experimental nuclear fusion project.

**Keywords**: explosive welding; copper + stainless steel; clad plate; binding interface

## 1　引言

"国际热核聚变实验反应堆计划（简称ITER计划）"是目前全球规模最大、影响最深远的国际大科学合作项目之一，该计划将集成当今国际上受控磁约束核聚变的主要科学和技术成

---

作者信息：范述宁，高级工程师，13835089732@163.com。

果，首次建造可实现大规模聚变反应的实验堆，是人类受控核聚变研究走向实用的关键一步。该项目中的导电接头采用材质为C12200/316L，厚度为20+90mm的铜/不锈钢复合板制作，要求复合板接头不允许存在大于$\phi1.2$mm的未结合区。但作为爆炸焊接法生产的复合板当复层厚度超过16mm时爆炸焊接困难，爆炸结合率急剧降低，成为爆炸焊接的瓶颈，尤其对于未结合面积不大于$\phi1.2$mm的探伤要求远远超出国际的要求。

## 2 试验研究

### 2.1 试验材料

基板316L尺寸：90mm×900mm×1200mm，飞板C12200尺寸：20mm×1000mm×1300mm。

### 2.2 技术要求

#### 2.2.1 超声波探伤
单个缺陷最大当量尺寸超过$\phi1.2$mm平底孔大小。

#### 2.2.2 液体渗透检测按ASTM标准验收
若出现以下问题，则拒绝接收：不允许有相关线性显示，四个或更多在一条直线上的相关的圆形显示，且间隔为1.5mm或更小（边对边）将拒绝接收。

#### 2.2.3 金相检验
样件截面应该用金相显微镜进行×100倍的放大观察。不允许结合面漩涡捕获氧化物、气孔等。

#### 2.2.4 力学性能检验
机械性能测试在常温下进行。在对样件加工及测试前，从双金属板上取下的全厚度待加工成测试样件的样本材料，需经过三次从300K到77K的冷热循环测试。

拉伸测试样的加工及测试应依据ASTM E8M，结合面的拉伸强度应大于铜的最小拉伸强度。

剪切强度测试样件的加工及测试按ASTM标准验收，剪切测试试样截取须在复合横向及纵向两个方向进行。复合板结合面的剪切强度须大于110MPa。

### 2.3 第一次实验结果

#### 2.3.1 实验参数
$\phi30$药柱爆速2100m/s，$v_p=300$m/s，用阿术兹公式估算，$R=0.55$。

#### 2.3.2 金相结果
金相结果如图1所示。

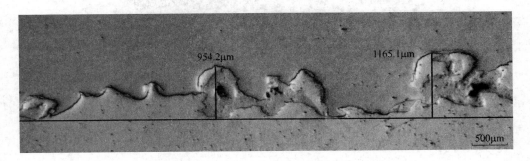

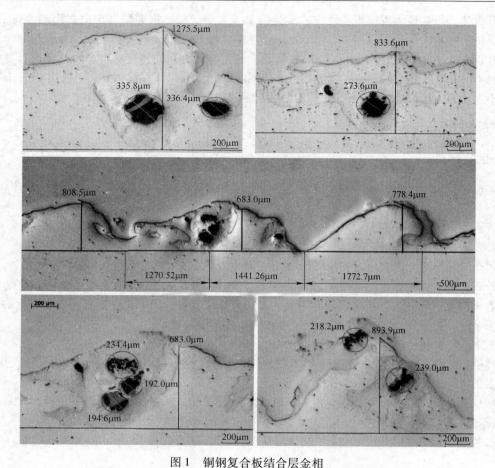

图 1　铜钢复合板结合层金相

Fig. 1　Microstructure of copper steel composite plate

### 2.3.3　液体渗透检测

液体渗透检测如图 2 所示。

图 2　铜钢复合板渗透照片

Fig. 2　Penetration of copper steel composite board

### 2.3.4 结果分析

对复合界面结合层的分析表明，铜-不锈钢复合板材的无损检测复合率不高，UT 检测存在着大量点状 $\phi \geqslant 1.2$ mm 的缺陷，PT 检测不满足要求，存在着孔洞、波纹比较粗大等缺陷。实验检测数据以及对存在的问题分析如下：

（1）界面波周期长度最大值为 2 mm，波峰高度最大值为 1.275 mm，同时界面波存在着高速涡旋以及孔洞现象。产生该问题直接原因是复合界面金属发生过熔。

（2）复合界面波形态存在流体涡旋状和严重的熔化拉伸现象，这种界面波将导致界面结合强度降低，并不是合理的波纹形状，飞板碰撞点速度达到了铜/不锈钢爆炸焊接上限，是由于炸药能量过大所致。

## 2.4 第二次实验方案

### 2.4.1 爆速测量

考虑实际爆速比计算使用的爆速高，为此，使用高速数据采集仪连续电阻丝法测试铵油炸药爆速，对实际厚度铵油炸药爆速实验测试数据如表 1 和直线拟合图 3 所示。

表 1 铵油炸药爆速实验测试数据
Table 1 Experimental data of explosive detonation velocity

| 时间/ms | 实际位移/m | 稳定爆速计算/m·s$^{-1}$ | 时间/ms | 实际位移/m | 稳定爆速计算/m·s$^{-1}$ |
| --- | --- | --- | --- | --- | --- |
| 0.182 | 0.566761132 | 3114.072151 | 0.199 | 0.618415057 | 3107.613349 |
| 0.183 | 0.561481701 | 3068.206018 | 0.2 | 0.634768563 | 3173.842816 |
| 0.184 | 0.560158531 | 3044.339841 | 0.201 | 0.67294085 | 3347.96443 |
| 0.185 | 0.560158531 | 3027.88395 | 0.202 | 0.720546629 | 3567.062521 |
| 0.186 | 0.553522701 | 2975.928501 | 0.203 | 0.695779723 | 3427.48632 |
| 0.187 | 0.556181036 | 2974.230142 | 0.204 | 0.68140353 | 3340.213383 |
| 0.188 | 0.556181036 | 2958.409769 | 0.205 | 0.694587985 | 3388.234074 |
| 0.189 | 0.553522701 | 2928.69154 | 0.206 | 0.649681087 | 3153.791685 |
| 0.19 | 0.534763449 | 2814.54447 | 0.207 | 0.658300175 | 3180.194083 |
| 0.191 | 0.542835629 | 2842.071354 | 0.208 | 0.755089037 | 3630.235756 |
| 0.192 | 0.565443258 | 2945.016967 | 0.209 | 0.70527292 | 3374.511581 |
| 0.193 | 0.573330752 | 2970.625659 | 0.21 | 0.841604603 | 4007.640966 |
| 0.194 | 0.58117111 | 2995.727373 | 0.211 | 0.328279954 | 1555.829168 |
| 0.195 | 0.603133147 | 3092.990498 | 0.212 | 0.542835629 | 2560.545418 |
| 0.196 | 0.601851475 | 3070.670792 | 0.213 | 0.561481701 | 2636.064325 |
| 0.197 | 0.620944554 | 3152.00281 | 0.214 | 0.85212082 | 3981.872991 |
| 0.198 | 0.62598869 | 3161.559041 | | | |

### 2.4.2 实验参数

根据实际爆速，当 $v_p = 300$ m/s，用阿术兹公式估算，$R = 0.33$。

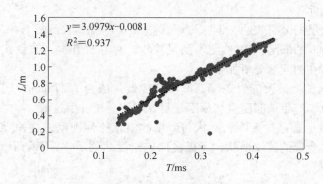

图3 炸药爆速实验数据线性拟合

Fig. 3 Linear fitting of experimental data of explosive detonation

### 2.4.3 实验结果

对复合板材进行 UT 和 PT 无损检测及力学性能检验。复合板剖切待测表面如图4所示。

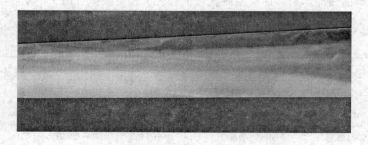

图4 复合板剖切待测表面

Fig. 4 Surface of composite plate to be measured

#### 2.4.3.1 铜/不锈钢复合板超声波检测报告

表2 UT 超声波检测技术参数

Table 2 UT ultrasonic testing technology parameters

| 产品形式 | 铜/不锈钢复合板 | 材 质 | TU1/316L |
|---|---|---|---|
| 材料规格/mm×mm×mm | (20+90)×75×840 | 检测面 | 复层表面 |
| 材料数量 | 1 | 表面状况 | 轧制表面 |
| 检测技术 | 直射波接触式 | 耦合剂 | 水 |
| 试块类型 | $\phi1.6mm$ 平底孔试块 | 检测范围 | 100% |
| 设备（型号/编号） | CTS-3020 | 探头（类型/频率/尺寸） | 直探头 5P20 |
| 耦合剂 | 水 | 探头线（类型和长度） | Q9-Q9/2m |
| 执行标准 | ASTM A578 | 验收标准 | 未结合<$\phi1.2mm$ |

UT 检测结论：

经 UT 检测，试件无直径或长度超过波高大于或等于 $\phi1.2mm$ 的未结合区缺陷。

#### 2.4.3.2 铜+不锈钢复合板液体渗透报告

### 表3 PT检测技术参数
### Table 3 Technical parameters of PT detection

| 产品形式 | 铜/不锈钢复合板 | 材料牌号 | TU1/316L |
|---|---|---|---|
| 材料规格/mm×mm×mm | (20+90)×75×840 | 检测部位 | 复合板四侧结合区域 |
| 光照设备 | 自然光 | 参考试块 | 镀铬试块 |
| 光照度 | 1100 lx | 表面温度 | 20℃ |
| 表面状态 | 机加工 | 表面粗糙度 | 2.0μm |
| 验收标准 | 1. 无线形显示<br>2. 圆形显示≤1mm<br>3. 不超过4个间距≤1.5mm的圆形显著显示（$d \geq 0.3$mm） | 检验规程 | ASTM E165 |
| 渗透材料 | 渗透剂 | 清洗剂 | 显像剂 |
| 型号 | HD-RS | HD-BX | HD-XS |

PT检测结论：观察渗透检验表面，被检测表面未发现任何缺陷显示。

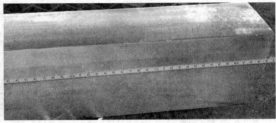

图5 PT检测表面显示结果

Fig. 5 Surface PT detection

#### 2.4.3.3 铜/不锈钢复合板机械性能检测报告

在室温下测量复合板机械性能，从复合板全厚度取样，试样从300k降低到77K三次热循环后加工成试件，进行剪切强度试验和粘接试验，试验结果如表4和表5所示。

### 表4 剪切强度试验结果
### Table 4 Shear strength test results

| 试样编号 | 材质 | 规格/mm | 剪切强度/MPa | | 备注 |
|---|---|---|---|---|---|
| 161 | TU1/316L | 20+90 | 178 | 143 | 横向，复材断裂，结合处未断 |
| 162 | TU1/316L | 20+90 | 167 | 166 | 纵向，复材断裂，结合处未断 |
| 163 | TU1/316L | 20+90 | 191 | 183 | 横向，复材断裂，结合处未断 |
| 164 | TU1/316L | 20+90 | 183 | 184 | 纵向，复材断裂，结合处未断 |

注：温度：25℃；湿度：45%RH。

### 表5 黏接试验结果
### Table 5 Adhesion test results

| 试样编号 | 材质 | 规格/mm | 黏接强度/MPa | | 备注 |
|---|---|---|---|---|---|
| 167 | TU1/16L | 20+90 | 350 | 305 | 复材断裂，结合处未断 |
| 168 | TU1/316L | 20+90 | 290 | 260 | 复材断裂，结合处未断 |

注：温度：25℃；湿度：45%RH。

#### 2.4.3.4 界面波分析

铜/不锈钢复合板界面波金相图片,界面波高及波长如图6所示。

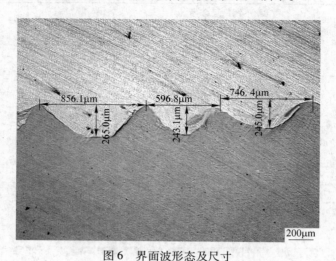

图 6 界面波形态及尺寸

Fig. 6 Morphology and size of interfacial

## 3 结果分析

(1) 由于飞板碰撞点速度超过了铜/不锈钢爆炸焊接上限,界面波周期长度最大值为2mm,波峰高度最大值为1.275mm,同时界面波存在着高速涡旋以及孔洞现象。

(2) 用通常的药卷测定的爆速与实际爆炸过程中的爆速较小,导致计算炸药与复板的质量比偏高,从而碰撞速度超过设计值,结合面波形粗大。

(3) 结合面液体渗透检测不出现相关线性显示时,结合层的波形要达到均匀细小。

## 4 结论

通过实测爆炸过程中炸药的爆速,确定合理的爆炸焊接参数,太钢复合材料厂可以生产满足核聚变对超厚铜钢复合板的技术要求。

(1) 复合板接头不存在大于 $\phi1.2mm$ 的未结合区。

(2) 复合板结合层侧面渗透检验表面未发现任何缺陷显示。

(3) 复合板力学性能达到技术要求,结合面剪切强度平均174MPa。

### 参 考 文 献

[1] 李晓杰,杨文彬. 厚板平行爆炸参数的选取[J]. 爆炸与冲击,1997.

[2] 郑哲敏,杨振声. 爆炸加工[M]. 北京:国防工业出版社,1981.

[3] 邵丙璜,张凯. 爆炸焊接原理及其工程应用[M]. 大连:大连理工大学出版社,1987:4-5.

[4] 布拉齐恩斯基. 爆炸焊接、成形与压制[M]. 李富,等译. 北京:机械工业出版社,1988:3.

# 铜/不锈钢加筋板爆炸焊接工艺试验研究

陈寿军[1]　段绵俊[2]　周景蓉[1]　黄文[1]

（1. 南京三邦新材料科技有限公司，江苏 南京，211155；
2. 南京炮兵学院，江苏 南京，211132）

**摘　要**：随着我国核电新能源的发展，新型材料的需求也在不断增加，铜/不锈钢加筋板是其中一种，具有重要工程应用价值，目前无法用常规的冷、热加工工艺进行生产。本文通过铜合金面板和316L不锈钢筋板为试验材料，采用一种新的"凸台式"装药形式，在支承模板设计及其填充方案、工装等方面进行了深入研究，优化了焊接参数，并对成品的结合界面进行了剪切强度测试、金相观测、电镜扫描和显微硬度测试。检测结果表明：铜/不锈钢焊接结合面为波状冶金结合界面，在波峰两侧存在含金属氧化物的"冠状"漩涡，结合界面附近的晶粒被拉长变细，显微硬度显著升高，界面结合强度超过铜材。

**关键词**：爆炸焊接；双金属材料；加筋板；结合界面

## A Study of Bimetallic Rib-reinforced Plate Made by Explosive Welding Experiment and Its Interface

Chen Shoujun[1]　Duan Mianjun[2]　Zhou Jingrong[1]　Huang Wen[1]

(1. Sanbom Metal Composite Materials Factory, Jiangsu Nanjing, 211155;
2. Nanjing Artillery College, Jiangsu Nanjing, 211132)

**Abstract**: With the development of nuclear power in china, the demand for new materials is also increasing. The copper/stainless steel plate is a new material. It has important engineering application value, but it is unable to use conventional cold, hot processing technology for production. Taking the copper alloy panel and 316L stainless steel plate as a test material, a new "convex table" charge form is applied. Studies on the supporting template design and its filling scheme, the tool and the like are conducted, the welding parameters are optimized, and shear strength test, metallographic observation, electron microscopy and micro-hardness test are conducted in the interface. The test results show that the copper/stainless steel weld joint surface is wave-like metallurgical bonding interface, that both sides of the peak present a metal-oxide-containing "crown" vortex, and that the grain in the vicinity of the bonding interface is elongated tapered, micro-hardness is greatly enlarged, and the interface bonding strength is significantly elevated above that of copper material.

**Keywords**: explosive welding; bimetallic; rib-reinforced plate; interfac

作者信息：陈寿军，工程师，sj_chen@duble.cn。

## 1 引言

一种聚变设施的建设需要具有良好的导电性和导热性、厚为6mm的大面积加筋板,该加筋板的面板选用铜合金材质,并在面板上设计了多道316L不锈钢加强筋以提高该加筋板的整体强度。上述设计满足了设备的特殊要求,但是给制备带来了困难。

上述铜/不锈钢加筋板属于金属复合材料,难以采用常规的金属复合技术制备。譬如:熔焊法操作简单,可以大规模生产,但仅适用于焊接性能相近的异种材料,而铜/不锈钢焊接时因熔点相差较大、导热性相差太大,焊接头容易产生宏观裂纹,此外,铜、钢熔融后易生成金属脆性化合物,焊接头结合强度低且易发生脆性断裂[1];钎焊法需在焊接界面引入熔点较低的钎焊剂,其界面结合强度差,耐热性差,不能用于耐热重载结构件的制备[2];热等静压法受设备容积所限,不能制备大面积的铜/不锈钢加筋板,且其成本高昂,难以大面积推广[3]。从上述可知,大面积铜/不锈钢加筋板,尚未有成熟的制备工艺和技术。而爆炸焊接具有焊接强度高、适用于大面积板材焊接的优点,可考虑用于大面积铜/不锈钢加筋板的制备。

爆炸焊接亦称爆炸复合,是一种利用炸药爆轰能量驱动两种相同或相异材料的金属构件发生高速倾斜碰撞,同时产生高速射流清除金属表面的氧化膜,使两个洁净的金属表面紧密接触而形成固相面结合的一种高能加工技术[4]。在应用层面上,已经实现了近300种不同金属板材的爆炸焊接[5],甚至多层金属箔、非晶合金、硬脆合金也已爆炸焊接成功[6~8]。

目前,爆炸焊接制备的双金属材料的材料虽多,但主要局限于双金属复合板、管与棒材的制备[9~11],关于加筋板的爆炸焊接研究鲜有报道,其原因在于加筋板的爆炸焊接与常见板材的爆炸焊接存在较大差异,因此难以实现[12]。

本文在模板设计及其填充方案、装药形式等方面进行了深入研究,克服了以上技术难题,运用爆炸焊接技术成功制备了一种铜/不锈钢加筋板(如图1所示),并对其焊接界面进行了深入研究。

图1 加筋板爆炸焊接现场照片
Fig.1 Photo of explosive welding ribbed plate

## 2 试验方法

### 2.1 实验材料

试验所用面板尺寸为800mm×500mm×6mm,材质为铜合金;筋板的尺寸为800mm×12mm×15mm,材质316L不锈钢。两种材料的化学成分如表1所示。

表1 爆炸焊接试验材料(Cu合金和316L不锈钢)的成分
Table 1 Chemical composition of explosively welded material %

| 材料成分 | Cr | Ni | Mn | Co | Ta | Si | C | S | P | Zr | Fe | Cu |
|---|---|---|---|---|---|---|---|---|---|---|---|---|
| 316L SS | 17 | 10 | 2.00 | ≤0.2 | ≤0.1 | 0.75 | 0.08 | ≤0.03 | ≤0.04 | | Bal | |
| Copper | 0.7 | | | | | | | | | 0.065 | | Bal |

所用炸药为江南有限公司生产的乳化炸药,其爆速约为3600m/s,经添加适当比例的珍珠盐后,其爆速下降为2450~2500m/s。

## 2.2 支承模板设计及其填充方案

加筋板的爆炸焊接以筋板为基板,以面板为复板,筋板间需填充支承模板。支承模板的设计与填充方案既是重点,也是难点。一方面,支承模板应选用与筋板强度相近的材料,否则将会导致面板凹陷或毁坏;另一方面,经爆炸冲击后,筋板和支承模板均延展变形,易相互夹持。因此填充模板时,筋板和模板间应预留一定间隙,但该间隙不能过大,否则冲击力将会导致面板凹陷甚至损坏。

根据以上分析结果,优选了45号钢板作为填充模板材料。且经统计,筋板冲击后变宽量约为5%,因此筋板与支承模板间隙应为筋板宽度的2.5%。

在此基础上,设计了加筋板的实验工装(如图2所示):在沙石地基上设置一个厚为20mm的钢垫板,将支承模板和筋板分别固定在钢垫板上,两者间隙约为支承模板宽度的2.5%;在支承模板上放置间隙柱,并将面板置于间隙柱上,再在面板上表面布设装药和雷管。

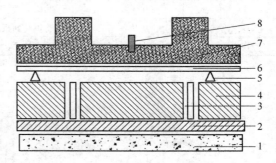

图2 爆炸焊接装置示意图
1—地基;2—垫板;3—筋板;4—填充模板;
5—间隙柱;6—面板;7—凸台式装药;8—雷管
Fig. 2 Schematic diagram of explosive welding set-up

## 2.3 凸台式装药

在常见的板与板爆炸焊接中,炸药是平面布置的,炸药被引爆后,迅速在平板表面形成稳定爆轰,推动复板形成适当撞击角与基板猛烈撞击;当复板速度和撞击角度达到适当焊接条件时,两金属表面形成射流,并焊接在一起。

而在筋与面板的爆炸焊接试验中发现,平面装药使得面板的非焊接区也激发了射流,虽然在防焊剂的作用下,该区域没有和模板焊接,但射流使得非焊接区面板也产生大量的金属积瘤状组织,破坏了面板表面。因此,为了减少非焊接区的碰撞能量,需要采用一种新型的"凸台式"装药。

凸台式装药装置如图2所示,它的主要特点是非焊接区装药(基础装药)和非焊接区装药(加强装药)高度不一致,基础装药为推动整个复板运动提供了基本能量,而加强装药使得焊接区面板达到了焊接所需的高速碰撞和适当碰撞角。该装药技术大大减少了非焊接区的碰撞强度,使其不受射流的侵害。

## 2.4 爆炸焊接参数优选

对于平板爆炸焊接而言,为了获得良好的爆炸焊接质量,应合理选择两个关键性参数:装药厚度 $d_e$ 和基、复板间隙 $s$,并有大量的经验公式对其爆炸焊接参数进行估算[4~8]。

然而加筋板的装药参数更为复杂,包括基础装药 $d_{e1}$、加强装药 $d_{e2}$ 与间隙 $s$,其装药参数的选择无经验可循。不过以往研究表明,6mm铜板的加强装药的厚度 $d_{e2}$ 约为55mm,间隙为12mm。因此,基础装药的厚度 $d_{e1}$ 与加强装药的厚度 $d_{e2}$ 之间的比例 $k$ 可采用试验确定。

根据实际经验,比例 $k$ 的取值范围为 0.7~1,试验参数和结果如表2和图3所示(为方便表述,对不同的试板予以编码,并标示在各栏括号内),试验结果分析如下:

表 2 不同基础装药与加强装药比例优选试验表
Table 2 Experimental results of optimization of basic and strengthen loading

| 试板编号 | 比例（$d_{e1}/d_{e2}$） | 试 验 结 果 |
| --- | --- | --- |
| A | 0.7 | 肋板与面板不焊接 |
| B | 0.8 | 肋板与面板焊接，面板基本无变形，内表面无损坏 |
| C | 0.9 | 肋板与面板焊接，面板非焊合区内表面有凹坑和麻点 |
| D | 1 | 肋板与面板焊接，非焊合区面板内表面有波纹和金属积瘤 |

图 3 不同基础装药与加强装药比例的试验结果
Fig. 3 Experimental results of optimization of basic and strengthen loading

（1）当 $k$ 为 0.7 时，一根肋板没有与面板发生焊接，只在面板上留下了碰撞痕迹，另一根肋板虽实现了焊接，但焊接强度不高，如图 3（a）所示。焊接失败的原因：在复板的运动过程中，由于凸台式装药的 $k$ 系数过小，加强装药区面板受到非加强区装药的影响，加强装药区面板的碰撞速度和碰撞角发生了改变，达不到射流激发条件，焊接能量有所减少，导致肋板焊接失败。

（2）当 $k$ 为 0.8 时，面板和肋板实现了焊接，面板的光洁度非常好，支承内模也顺利地脱离了空腔。面板整体没有明显的变形，如图 3（b）所示。

（3）当 $k$ 为 0.9 时，面板和肋板也实现了焊接，但是面板的下表面出现了麻点和凸凹不平，靠近肋板区域的面板的凸凹不平更为严重，如图 3（c）所示。这种现象说明，当 $k$ 达到

0.9 时，爆炸焊接中，靠近肋板区域的基础装药区的载荷也达到了射流条件，使得碰撞中也激发了部分射流，因此导致了面板的损坏。

（4）当 $k$ 为 1 时，即在等厚度装药条件下，非焊合区面板内表面产生了大量的波纹和金属积瘤如图 3（d）所示。这种波纹和金属熔化现象在爆炸焊接复合板结合界面的情况十分相似。曾经有研究人员将爆炸复合板的复合层剥离，在复合层上也发现了类似的波纹[13]。分析其成因，等厚度装药使得非焊合区面板也达到了焊接条件，因此在碰撞中也激发了射流，虽然在防焊剂的作用下，该区域没有和模板焊接，但是射流在非焊合区面板内表面留下了爆炸焊接特有的波纹和金属熔化现象，破坏了面板内表面。因此，等厚度装药对于肋板构件是有害的，且是应该极力避免的。

试验结果表明：

当 $k$ 取值为 0.8 时，加筋板的焊接效果最佳。

## 2.5 技术检验

为检验加筋板的焊合质量，采用超声探伤仪对 B 试样的复合率进行了检验，并在筋板的首、尾和中间位置取样进行了剪切试验以检验焊合强度，最后对 B 试板结合界面进行了金相组织分析、电镜扫描（SEM）检验和显微硬度测试。

## 3 试验结果及分析

超声探伤显示，B 试板的各筋板与面板复合率达到 95% 以上；各筋板的平均界面剪切强度达到 345 MPa，且试样的剪切破坏均发生在铜材上，说明爆炸焊接界面经过剧烈的塑性变形，得到了强化，其界面结合强度超过了铜材的强度，该结果与前人研究一致[7~13]。

微观硬度测试结果如图 4 所示，测试表明，靠近爆炸焊接界面的微观硬度数值上升非常明显，说明爆炸焊接中，强烈碰撞使得结合界面经受了强烈变形，产生了应力聚集。从图 4 中还可以看出，远离界面 1mm 后，组织的微观硬度保持了基本稳定，说明材料内变形主要局限在 1mm 范围内，爆炸焊接对于远离焊接界面的金属材料组织基本无影响。

图 5（a）、（b）为爆炸焊接界面的同一位置上铜合金侧与 316L 侧组织的金相照

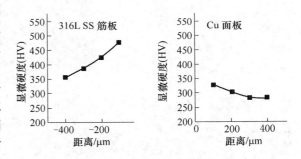

图 4 显微硬度测试结果

Fig. 4　Microhardness profile across the joint interfaces

片，从图上可以看出，大部分结合界面不存在熔融后的铸态金属组织，结合界面为铬铜/不锈钢直接过渡的、规则的波状结合界面。但在结合界面的每个波峰附近有两个冠状漩涡（如图 5(a) 中 A、B 所示），该现象表明，在爆炸焊接碰撞点附近的金属射流并没有完全被溅射出来，而是有部分射流被结合界面捕获，并凝固在波峰附近。

图 6 为铜/不锈钢结合界面中一个典型的波状界面的 SEM 照片，从图上也可发现，在波峰两端存在明显的冠状漩涡。对上述漩涡进一步放大观察，发现漩涡中主要为熔融后重结晶的金属混合物，如图 6(b)、(c) 所示，且在漩涡内有夹杂的金属颗粒，如图 6(c) 所示，该现象和金相检验结果相一致。此外，在熔融后的晶体中有气孔，如图 6(d) 所示，表明熔融金属的再结晶冷却速度非常快，金属液中部分气体在凝固过程中来不及溢出，在晶体内部形成了气孔。

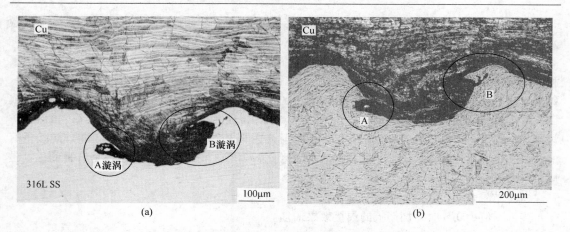

图 5 铜合金侧（a），316L 不锈钢侧（b）的金相照片
Fig. 5 OM figures of 316L SS side (a) and Cu side (b) of explosive welding interface

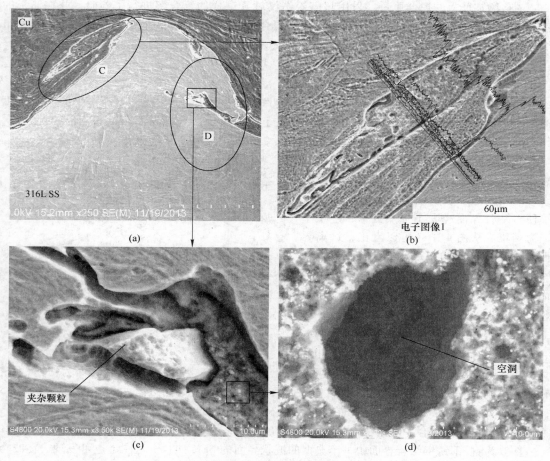

图 6 结合界面 SEM 照片
(a) 典型爆炸焊接波状界面；(b) 熔融后重结晶金属组织；
(c) 漩涡中夹杂的金属颗粒；(d) 重结晶过程中形成的空洞
Fig. 6 SEM image of interface (a); vortex (b); mixture (c) and hole (d)

利用 SEM 电镜,对漩涡中的熔融后重结晶的金属混合物进行元素扫描分析,扫描位置如图 6(b)中所示,扫描结果如图 7 所示。分析 EDS 元素扫描结果,发现漩涡的混合物的成分为铜合金和 316L 不锈钢的主要元素,并含有质量比重为 8% 的氧元素,表明该混合物包含部分金属氧化物,如表 3 所示。该分析结果表明,漩涡中的混合物来自于复板和基板的溅射射流,且包含部分被射流从板材表面冲刷、剥离的金属氧化物。而金属氧化物会降低结合界面的强度和韧性,使得构件易发生脆性断裂,应尽力避免。

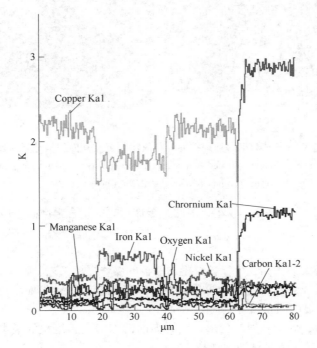

图 7　漩涡中金属混合物的元素线扫描结果
Fig. 7　EDS line analysis of the vortex

表 3　漩涡中的金属元素含量分析结果
Table 3　Chemical composition of material of vortex

| Element | Line | 质量分数/% | Element | Line | 质量分数/% |
| --- | --- | --- | --- | --- | --- |
| O | Ka | 8.90 | Fe | Ka | 31.79 |
| Si | Ka | 0.34 | Ni | Ka | 8.70 |
| Cr | Ka | 8.92 | Cu | Ka | 40.09 |
| Mn | Ka | 1.26 | total | Ka | 100.00 |

图 8(a)是普通的爆炸焊接界面附近的铜、铁元素面扫描图,该图显示铜、铁元素有清晰的过渡界面。而图 8(b)是波峰附近冠状漩涡区内铜、铁元素面分布扫描图,图中显示在漩涡区铁铜元素有明显的混杂现象。由于跟氧化物一样,铜铁金属间化合物会显著的增加材料的脆性,并导致材料无预兆的脆性断裂,引发严重后果,因此,材料混合对焊接质量的影响也是负面的。但是值得庆幸的是,对于爆炸焊接界面而言,绝大部分焊接界面是非融化的铜/钢直接过渡的界面,只有在波峰的冠状部分存在小范围的漩涡,金属混合的负面影响相对熔焊法

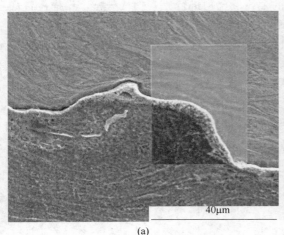 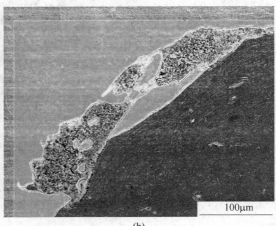

图 8 普通铜/钢爆炸焊接界面与漩涡附近元素面扫描结果对比

Fig. 8 Comparison between scanning of explosive weld interface of ordinary and element distribution near vortexes

(氩弧焊、激光焊、电子束焊等)较小,因此,爆炸焊接的结合强度高于熔焊法。

## 4 结论及讨论

(1) 获得了制备大面积高强度异种材料加筋板的爆炸焊接工艺。

(2) 经检测,爆炸焊接后,结合界面形成了波状结合界面,界面附近晶体细密,界面结合强度高,体现出明显的固相结合特征。

(3) 爆炸焊接后,由于剧烈的变形,金属界面两侧的金属组织的显微硬度都有大幅的提升,并且离结合界面越近,显微硬度越高。

(4) 金相检测及电镜检测表明,在结合界面附近存在部分熔融后重结晶金属组织,该金属组织被捕获在波峰两侧成为冠状漩涡,包含部分金属氧化物,给爆炸焊接界面带来不利影响,应尽力避免。

(5) 双金属材料加筋板可适应不同应用环境并可节约大量贵重金属,因此,该爆炸焊接工艺可广泛推广于各类异种材料的加筋板制备。

## 参 考 文 献

[1] 柴锋,杨才福,张永权,等. 含铜时效钢焊接粗晶区组织与韧性分析[J]. 焊接学报,2006,27(6):56-60.

[2] 杜长华,陈方,杜云飞. Sn-Cu、Sn-Ag-Cu 系无铅钎料的焊特性研究[J]. 电子元件与材料,2004,23(11):34-36.

[3] 张义文. 热等静压技术新进展[J]. 粉末冶金工业,2009,19(4):32-40.

[4] 郑远谋. 爆炸焊接和金属复合材料及其工程应用[J]. 稀有金属,2003,25(3):225-225.

[5] 王宝云,马东康,李争显. 爆炸焊接铝/不锈钢薄壁复合管界面的微观分析[J]. 稀有金属快报,2006,25(2):26-30.

[6] 孙守新,康宗维,付艳恕,等. 多层金属板爆炸焊接研究[J]. 南京理工大学学报,2009,33(5):596-599.

[7] 李晓杰,张凯. 非晶合金条带的爆炸焊接[J]. 高压物理学报,1993(4):265-271.
[8] 张保奇. 异种金属爆炸焊接结合界面的研究[D]. 大连理工大学,2005.
[9] 史长根,王耀华,蔡立艮,等. 爆炸焊接界面的结合机理[J]. 焊接学报,2002,23(2):55-58.
[10] 王建民,朱锡,刘润泉. 铝合金-纯铝-钢复合板爆炸焊接试验及性能研究[J]. 海军工程大学学报,2008,20(2):105-108.
[11] 田建胜. 爆炸焊接技术的研究与应用进展[J]. 材料导报,2007,21(11):99-103.
[12] 郑哲敏. 爆炸加工[M]. 北京:国防工业出版社,1981.
[13] 韩丽青,王自东,林国标,等. 爆炸复合TA2/316L板的组织和性能研究[J]. 材料热处理学报,2008,29(1):107-110.

# 爆炸焊接银-铝-银三层复合触点材料研制

侯发臣　邓光平　岳宗洪　李演楷

（中国船舶重工集团公司第七二五研究所，河南 洛阳，471023）

**摘　要**：本文研制了银-铝-银三层触点材料的工艺，即爆炸焊接-轧制联合工艺方法，重点论述了银-铝-银三层触点材料复合板坯爆炸焊接试验研究、银-铝-银三层复合板轧制试验研究等内容。研究结果表明：采用爆炸焊接-轧制联合工艺制得的银-铝-银三层触点材料完全满足各类低压电器的设计和使用要求。

**关键词**：银-铝-银；复合板；爆炸焊接；触点

## Research on Ag-Al-Ag Three-layer Contact Composite Material for Explosive Welding

Hou Fachen　Deng Guangping　Yue Zonghong　Li Yankai

（Luoyang Ship Material Research Institute，Henan Luoyang，471023）

**Abstract**：The paper introduces the background of contact material and illustrates the process development of Ag-Al-Ag three-layer contact material, namely the joint process method of explosive welding-rolling. This paper expatiates on the experimental study on explosive welding of composite plate with Ag-Al-Ag three-layer contact material and rolling experiment research of Ag-Al-Ag three-layer composite plate. Research results show that the Ag-Al-Ag three-layer contact material obtained by using explosive welding-rolling joint process can satisfy all kinds of low voltage electrical design and usage requirements.

**Keywords**：Ag-Al-Ag；composite plate；explosive welding；contact material

## 1　引言

电触点在高低压电器中起着接通和分断的作用，是电器中非常重要的接触元件，其性能的好坏直接影响着电器的使用寿命。国外对电接触元件和材料的研究已有六七十年的历史。早期的触点材料多采用纯钨、纯钼、纯铜及贵金属银，为了节省贵金属，后来开始研制复合触点，目前研究比较多的是低压电器银基触点材料、双层或多层复合触点材料、真空开关及其他封闭开关用触点材料等[1~5]。本文针对银-铝-银三层复合触点材料开展了试验研究工作，重点对银-铝-银爆炸复合工艺、热处理及轧制工艺等关键技术问题进行了试验研究，达到了预定指标，在该领域内取得了较大进展。

作者信息：侯发臣，高级工程师，13937908281@163.com。

## 2 试验材料及方法

### 2.1 材料力学性能

试验中复材选用 99.99% 的纯银；基材选用 1060 工业纯铝，其力学性能及材料常数见表1。

表1 银和铝的力学性能及材料常数
Table 1 The Mechanical properties and material parameters of silver and aluminum

| 试验材料 | 抗拉强度 $R_m$/MPa | 延伸率 $A_5$/% | 弹性模量 $E$/MPa | 硬度 (HV) | 线胀系数 /$10^6$ ℃$^{-1}$ | 密度 /$10^3$ kg·m$^{-3}$ | 熔点 /℃ |
|---|---|---|---|---|---|---|---|
| Ag99.99 | 150 | 40 | 82000 | 25 | 19.2 | 10.49 | 962 |
| 1060 铝 | 85 | 34 | 70000 | 19 | 23.5 | 2.71 | 660 |

### 2.2 设计要求

按照设计要求，低压电器用银-铝-银三层复合触点材料的规格为在铝的两面覆银，形成 0.6(0.02+0.56+0.02)mm 的三层复合结构，银层厚度为 0.02mm，铝层厚度为 0.56mm。其尺寸特点是厚度薄，因此难以采用爆炸焊接工艺实施直接复合。而爆炸焊接-轧制联合工艺，既可以发挥爆炸焊接工艺界面结合强度高的优点，又可以综合轧制工艺可任意延伸减薄得到大幅面板带材的长处[6~9]。因此，本文选择采用爆炸焊接-轧制联合工艺研制银-铝-银三层复合触点材料。

爆炸制坯首先制备高结合质量的银-铝-银复合板坯，根据金银铂等贵金属轧制所适用的轧机对板坯厚度的要求，选定爆炸焊接试验用的材料牌号为 Ag/1060/Ag，厚度为 0.5/14/0.5mm。炸药选用膨化硝铵炸药，并对其组分进行了优化选择，配制成低爆速混合炸药，爆速为 2100~2200m/s，密度约为 0.7g/cm$^3$，药高为 18mm，间隙为（Al）4mm。采用短边起爆。通过数值计算和爆炸焊接试验，设计优选出合理的爆炸焊接工艺。制得复合板坯在试验设计的轧制制度下，进行了轧制试验。对制得的爆炸复合板坯及轧制产品进行了结合强度、截面硬度检测，并观察了结合界面的微观组织结构。

## 3 结果与讨论

### 3.1 银-铝-银复合板坯爆炸焊接试验研究

爆炸焊接机理分析和实践证明，在爆炸焊接过程中，金属板材在高速倾斜碰撞时产生的再入射流，是实现二者结合的必要条件。微观组织和界面形貌观察也证实了再入射流在材料结合中所起的主要作用。

根据碰撞区质量守恒和动量守恒得到的再入射流的质量表达式：

$$m_j = m(1-\cos\beta)/2 \tag{1}$$

式中 $m$——复层材料单位面积质量；

$m_j$——单位面积再入射流质量；

$\beta$——动态碰撞角。

从式（1）可以看出，由于作为复层材料的银箔厚度太薄，单位面积质量 $m$ 过小，因此再入射流质量 $m_j$ 也小，难以形成足够稳定的射流，也就是说，难以保证得到良好的复合。同时，复层过薄，其加速向下运动时易出现振荡现象，造成碰撞过程的不稳定，为此本文采用了复层冲击加载技术来解决这一问题。

采用平行法安装，等厚度均匀布药，端部起爆的方式，试验装置如图1所示。

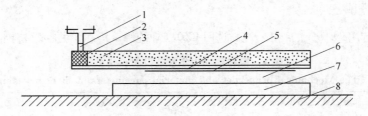

图1 爆炸焊接试验装置示意图

1—雷管；2—起爆药；3—主炸药；4—冲击体；5—银箔；6—间隙；7—铝板；8—基础

Fig. 1 Schematic diagram of explosive welding test equipment

本文试验的爆炸焊接效果良好。从复合结果来看，达到了100%复合；从界面拉剪强度指标来看，其平均值达到62MPa，略高于基材1060铝的强度之半；界面波纹形貌呈均匀细小的波状结合（见图2），波长约为0.30mm，波高约为0.03mm，符合下限参数原则，是良好的波纹状界面结合形式；侧弯曲试验，弯心直径为40mm，弯曲180°后，试样完好，未出现界面分层现象，表明其加工变形性能良好。这些试验结果表明爆炸焊接工艺及参数选择合理，能够满足低压电器用银-铝-银三层复合触点材料的设计要求。

### 3.2 银-铝-银热处理试验研究

银-铝-银三层复合板坯在轧制前需要进行热处理，通过热处理，既要使冷变形组织得到回复和再结晶，又要尽量减少银层表面的氧化，同时考虑两种金属的热处理可能的温度范围，来综合确定银-铝-银的热处理制度。首先，为了避免和减少银层的氧化，推荐采用真空热处理方式。在选择热处理温度时，对各组元的热处理特点进行了分析，并通过模拟热处理试验，研究探索了热处理温度对银-铝-银复合板坯截面硬度和微观组织等的影响。认为要获得较理想的组织和性能，加热温度不能偏高，以350~400℃为宜。而加热时间也应合理控制，时间不宜过长，也不宜过短。

试验在真空热处理炉内进行，真空度为$5 \times 10^{-6}$，温度误差范围为±5℃。表2为经375℃×1h真空热处理后的显微硬度变化测试值，压痕形貌见图3。如表2所列数据表明，经过375℃×1h热处理后，银、铝的硬度都有大幅度下降，达到了原始状态银箔和铝板的水平，

图2 爆炸复合界面结构形貌（50×）

Fig. 2 The interface structure of explosive composite

图3 显微硬度压痕形貌（50×）

Fig. 3 The indentation morphology of micro hardness

说明该热处理工艺能够消除银-铝-银爆炸过程中的硬化效应，是合理可行的。

表 2　断面显微硬度测试结果
Table 2　The micro hardness test results of section

| 测量部位 | 375℃热处理态（HV） | | | | 爆炸态（HV） | | | |
|---|---|---|---|---|---|---|---|---|
| | 1MPa | 2MPa | 3MPa | 平均 | 1MPa | 2MPa | 3MPa | 平均 |
| Ag99.99 | 23 | 27 | 30 | 27 | 82 | 74 | 59 | 72 |
| 1060铝 | 17 | 21 | 25 | 21 | 64 | 47 | 44 | 52 |

图 4、图 5 分别是爆炸态和 375℃热处理态的铝侧金相照片。对比明显看出，爆炸态是单相 α 的变形组织，有滑移和孪晶等变形组织特征，经真空热处理后，晶格的扭曲畸变得到回复，有明显的再结晶现象。铝为等轴 α 相，晶粒较细，晶粒度 6～7 级，表明经 350～400℃ 的真空热处理，材料已恢复到原始状态水平。

图 4　爆炸态的铝侧变形组织（100×）
Fig. 4　The deformed microstructure after explosion

图 5　375℃铝侧组织（100×）
Fig. 5　The microstructure of aluminum side

## 3.3　银-铝-银轧制试验研究

对于银-铝-银三层复合触点材料来说，由于构成其组元的银和铝的熔点、导热系数以及变形抗力等物理、力学性能存在着差异，相比之下，其轧制工艺要比单一材料复杂。

轧制过程是靠旋转的轧辊和轧件之间形成的摩擦力将轧件拖进轧辊之间，并使之受到压缩产生塑性变形的过程。在轧制过程中除使轧件获得一定形状和尺寸外，还要获得要求的性能。多数贵金属及其合金的轧制加工，都可在室温下进行冷轧，达到一定变形量后，实施中间热处理。冷轧的优点是可以获得较薄的轧件，尺寸精度高，表面品质好，产品的组织和性能均匀。

轧制力是决定轧制板、带、箔的重要参数，轧机的轧制力和轧辊直径应与轧件尺寸相匹配。另一个重要参数是咬入角。图 6 为轧制过程示意图，图中轧件和轧辊接触的弧（AB 弧）所对应的中心角 α 称为咬入角，咬入角不合适，无法进行加工。冷轧的咬入角一般为 3°～8°。

由于银-铝-银触点材料成品厚度为 0.6mm，因此，冷轧过

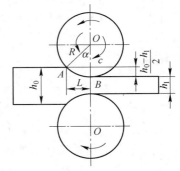

图 6　轧制时变形区和咬入角
Fig. 6　The deformation zone and bite angle in rolling

程设计为两步进行，即先将较厚的银-铝-银复合板坯在二辊不可逆轧机（1800kN）上冷轧到一定厚度（2~3mm），实施退火热处理，消除应力和加工硬化后，再在四辊可逆式冷轧机（1600kN）上冷轧到最终规定的厚度0.6mm。整个轧制过程中，遵循绝对压下量逐渐减小的轧制原则。银-铝-银复合板坯经轧制后，银-铝结合界面牢固，没有出现起皱、折叠、鼓包、分层等轧制缺陷。轧件平整、光洁，呈银白色金属光泽（如图7所示），图8为部分冲压成型后的触点产品的照片。

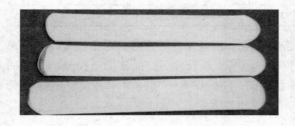 

图7  轧制后板材形貌　　　　　　　　　图8  冲压产品形态
Fig. 7  The sheet morphology after rolling　　Fig. 8  The form of stamping product

图9为精轧后的银-铝结合界面结构形貌。可以看出，冷轧后界面波形变平直，界面未观察到明显缺陷，银层厚度为25~30um，达到了设计要求，与国外产品（如图10所示）相比，达到了同一水平。

图9  精轧后银-铝界面形貌（500×）　　　图10  国外产品银-铝界面形貌（500×）
Fig. 9  The interface morphology after finishing　　Fig. 10  The interface morphology of foreign products

## 4  结论

（1）本文所确定的爆炸焊接工艺是合理的、可靠的，得到了界面结合质量良好的银-铝-银复合板坯。

（2）理论分析、微观组织观察、截面显微硬度测试结果表明，用本文制定的热处理、轧制工艺能够制造出质量优良的银-铝-银三层复合触点材料。轧后银-铝界面不会出现起皱、折叠、鼓包、分层等轧制缺陷，轧件平整、光洁，复层银的厚度可以达到设计要求。

### 参 考 文 献

[1] 陈文革，谷臣清，等. 电触头材料的制造、应用与研究进展[J]. 上海电器技术，1997，(2):12-17.

[2] 凯尔 A,维纳里库 E. 电接触和电接触材料[M]. 北京:机械工业出版社,1993.
[3] 翁桅. 我国低压电器用触头材料的现状和发展趋势[J],低压电器,1995,(2):49-52.
[4] 邵文柱,崔玉胜,杨德庄,等. 电触头材料的发展与现状[J]. 电工合金. 1999,(1):11-35.
[5] 马占红,陈敬超,周晓龙,等. 银基电触头产品的发展现状[J]. 昆明理工大学学报,2002,(4).
[6] 马志新,胡捷,李德富,等. 层状金属复合板的研究和生产现状[J]. 稀有金属,2003,27(6):799-803.
[7] 颜学柏,李正华,李选明,等. 轧制参数对钛/铝轧制复合板的结合强度和剥离面 SEM 形貌的影响[J]. 稀有金属材料与工程,1991,20(4):36-40.
[8] 高文柱,李选明,颜学柏,等. 热处理增强 TA1/LY12 轧制双金属板结合的研究[J]. 稀有金属材料与工程,1991,20(6):53-57.
[9] 张军良,裴大荣. 铝/钛爆炸复合板的牵引变形及热轧工艺[J]. 稀有金属材料与工程,1986,(6):13-17.

# 超级奥氏体不锈钢 S31254 爆炸复合材料开发工艺研究

夏克瑞　杭逸夫　赵鹏飞　夏小院　李超

（安徽弘雷金属复合材料科技有限公司，安徽 宣城，242000）

**摘　要**：本文综述了超级奥氏体不锈钢 S31254 复合材料的开发过程，重点对 S31254 的焊接、爆炸复合及热处理工艺进行了大量的试验。摸索出一套超级奥氏体不锈钢 S31254 复合材料的制造工艺。该工艺通过实际生产应用，证明是成熟、可靠的。

**关键词**：S31254；焊接；爆炸复合；热处理

## Development and Process Research of Super Austanic Stainless Steel S31254 Cladding Piate

Xia Kerui　Hang Yifu　Zhao Pengfei　Xia Xiaoyuan　Li Chao

（Anhui Honlly Clad Metal Materials Technology Co., Ltd., Anhui Xuancheng, 242000）

**Abstract**: This paper summarized the developing process of duplex stainless steel S31254 clad plate, focusing on a large number of tests been carried out on butt welding, explosive bonding and heat treatment of S31254 clad plate. Thereby, we have groped one feasible process route for producing duplex stainless steel S31254 clad plate. This process is proved to be mature and reliable through practical application.

**Keywords**: S31254; welding; explosive welding; heat treatment

## 1　引言

随着现代化工、能源行业的快速发展，新型化工产品层出不穷，因此对材料的耐腐蚀性及使用寿命的要求越来越高。超级奥氏体不锈钢 S31254 是一种高铬、钼合金，具有非常好的耐局部腐蚀性能，在充气、存在缝隙、低速冲刷条件下，有良好的抗点蚀性能（PI≥40）和较好的抗应力腐蚀性能，即使是在高温、海水等苛刻的环境下仍保持良好的耐腐蚀性能。在纸业漂白生产所需的酸性溶液和氧化性卤化物溶液中的耐腐蚀能力可与耐腐蚀力最强的镍基合金和钛合金相比美；在海洋工程或海水处理系统中，如滨海电厂海水冷却用薄壁冷凝管道、海水淡化处理设备、静海水设备中也可应用，尤其在有氯离子工作环境中的热交换器应用最为广泛。因此 S31254 是具有高耐腐蚀性的不锈钢品种之一。

---

作者信息：夏克瑞，工程师，jxxkr@sohu.com。

## 2 超级奥氏体不锈钢 S31254 焊接

### 2.1 焊接性

根据"晶间贫铬"理论，当奥氏体不锈钢的碳含量高于 0.08% 时，在加热过程中，过饱和的碳能以 $Cr_{23}C_6$ 的形式沿晶界析出，很容易造成晶间贫铬，从而降低奥氏体不锈钢的耐晶间腐蚀能力；但当奥氏体不锈钢的含碳量低于 0.02% ~ 0.03% 时，则碳全部溶解在奥氏体中，即使在 450 ~ 850℃ 之间加热，晶界也不会形成"贫铬区"而引起晶间腐蚀。由于超级奥氏体不锈钢 S31254 的碳含量小于 0.02%，在焊接时采用较小的焊接热输入，加快冷却速度，可以消除晶间腐蚀现象。

### 2.2 焊接方法

#### 2.2.1 材料

超级奥氏体不锈钢 S31254 是高铬、钼合金，其焊接材料采用 ERNiCrMo-3，化学成分见表1。

表1 S32154 板材及 ERNiCrMo-3 化学成分
Table 1  Chemical composition of S32154 plank and ERNiCrMo-3     %

| 元 素 | C | Mn | P | S | Si | Cr | Ni | Mo | N | Cu | Nb + Ta |
|---|---|---|---|---|---|---|---|---|---|---|---|
| 板材标准值（ASME SA240） | ≤0.02 | ≤1.0 | ≤0.03 | ≤0.01 | ≤0.80 | 19.5 ~ 20.5 | 17.5 ~ 18.5 | 6.00 ~ 6.50 | 0.18 ~ 0.22 | 0.50 ~ 1.00 | — |
| 板材实测值 | 0.01 | 0.30 | 0.012 | 0.005 | 0.45 | 20.20 | 18.15 | 6.35 | 0.20 | 0.88 | — |
| 焊丝标准值（AWS A5.14） | ≤0.10 | ≤0.50 | ≤0.02 | ≤0.015 | ≤0.50 | 20.0 ~ 23.0 | ≥58.0 | 8.0 ~ 10.0 | — | ≤0.50 | 3.15 ~ 4.15 |
| 焊丝实测值 | 0.009 | 0.12 | 0.01 | 0.003 | 0.15 | 21.88 | 64.12 | 8.85 | — | 0.01 | 3.58 |

#### 2.2.2 焊接过程

对待焊区域 50mm 范围内进行正反面打磨、抛光，并用丙酮擦洗焊道和焊丝，填充焊丝：ERNiCrMo-3；采用 GTAW 自动焊，用 99.9% 氩气进行保护，有氩气流的冷却作用，热影响区小，有利于提高焊接接头的抗晶间腐蚀能力，同时焊接稳定，焊缝成型好。

焊前注意事项：焊接时宜采用小电流、低电压、窄焊道，打底时应保证与根部熔合良好，收弧时要缓坡形，因 S31254 热裂纹敏感性较强，多层焊接时应控制层间温度，层间温度不大于 60℃。焊接过程中参数选择见表2。

表2 焊接工艺参数
Table 2  Welding process parameters

| 焊接方法 | 电源极性 | 焊接电流/A | 焊接电压/V | 焊接速度/mm·min⁻¹ | 气体流量/L·min⁻¹ 正面 | 气体流量/L·min⁻¹ 反面 |
|---|---|---|---|---|---|---|
| 一层 GTAW | 正 DCEN | 120 ~ 140 | 15 ~ 17 | 140 ~ 170 | 14 ~ 18 | 16 ~ 20 |
| 二层 GTAW | 正 DCEN | 120 ~ 140 | 15 ~ 17 | 140 ~ 170 | 14 ~ 18 | 16 ~ 20 |
| 三层 GTAW | 正 DCEN | 130 ~ 150 | 15 ~ 17 | 140 ~ 170 | 16 ~ 20 | 18 ~ 22 |
| 四层 GTAW | 正 DCEN | 130 ~ 150 | 15 ~ 17 | 140 ~ 170 | 16 ~ 20 | 18 ~ 22 |

### 2.2.3 焊缝评定检测

（1）焊后按 NB/T 47016—2011 对焊缝进行力学性能检验，数值均满足标准要求，见表3。
（2）焊后按 NB/T 47013—2015 对焊缝进行无损检测，RT 检测符合 NB/T 47013.2—2015 Ⅱ级，PT 检测符合 NB/T47015.5—2015 Ⅰ级。

表3 焊后力学性能检测数据
Table 3 Mechanical property testing data after welding

| 检测项目 | 拉 伸 | | | 弯 曲 $\alpha = 180°$ | |
|---|---|---|---|---|---|
| | $R_m$/MPa | $R_{p0.2}$/MPa | $A$/% | 面弯 | 背弯 |
| 标准值 | ≥650 | ≥300 | ≥35 | $D=4S$ | $D=4S$ |
| 实测值 | 684 | 336 | 44.5 | 合格 | 合格 |

## 3 爆炸复合

### 3.1 试验材料准备

试验材料为基层 Q345R，符合 GB 713—2014 标准要求，规格 $\delta12mm \times 1750mm \times 8000mm$；复层 S31254，符合 ASME SA240—2013 标准要求，规格 $\delta3mm \times 1800mm \times 8050mm$。

### 3.2 爆炸复合参数确定

（1）本实验选用粉状乳化炸药，实测爆速为3650m/s；因为粉状乳化炸药的密度可调范围宽，通过添加一些钝化剂可以获得预定的爆速。
炸药爆速计算公式：

$$v_T = [2Re(HV_f + HV_j)/(\rho_f + \rho_j)]^{1/2} \tag{1}$$

式中 $Re$——雷诺数，取 $Re = 10.3$；
　　$\rho$——材料密度，g/cm³；
　　HV——材料维氏硬度，下标的 f、j 分别表示复层、基层。
复层 S31254 密度为 8.0g/cm³，维氏硬度为 205HV；
基层 Q345R 密度为 7.85g/cm³，维氏硬度为 172HV。
将以上数据代入式（1）得：

$$v_T = 2213m/s$$

为了得到良好的细波形结合界面，根据经验，爆速选择 $v_d = v_T + 100 = 2313m/s$。

（2）装药量是爆炸焊接的关键参数之一，直接影响爆炸质量的好坏，而装药量的选择与复层的碰撞速度 $v_p$ 的大小有着直接关系。
最小临界碰撞速度计算公式：

$$v_{pmin} = K(HV/\rho)^{1/2} \tag{2}$$

式中 $K$——常数，取 $K = 0.6$。
由式（2）中计算可得 $v_{pmin}$ 为310m/s；但实际工程中碰撞速度比最小临界碰撞速度要高，根据经验公式 $v_p = v_{pmin} + 100m/s = 410m/s$。
由公式：

$$v_p = 1.2\, v_d \{ [(1 + 32R/27)^{1/2} - 1] / [(1 + 32R/27)^{1/2} + 1] \} \tag{3}$$

式中　$R$——单位面积的炸药重量与单位面积复层重量之比。

由式（3）中计算可得　　　　　　　$R = 0.67$

（3）安装方法。安装方法分为平行法和角度法，在较大面积 S32154/钢复合过程中的爆炸焊接装置中，都选用平行法安装。

（4）架高。复层以一定的间隙距离在基板上支撑起来，获得爆炸焊接所需的碰撞速度。如果架高过大，会发生复合板厚度减薄和端部结合界面波纹粗大现象见图1、图2。结合以往的经验，采取中心起爆法，缩短起爆区域到端部的爆轰波长度；另外采用小间隙安装，使基复层之间的碰撞角变小。在较大面积 S32154/钢复合过程中，复层平整度较差和炸药的重量所引起的重力作用使局部下垂，使复层下垂区域贴近或者直接接触到基层，这样预先设计的间隙值就无法保证。因此，支撑片的形状、放置位置和支撑片之间的距离根据复层的厚度、单位面积装药量、复层平整度来进行控制。

（5）基础。爆炸焊接基础的设计和选择十分重要。如果基层和基础的声阻抗差异很大，则会在两者之间出现拉伸波，可能会分离基层和基础之间刚刚形成的固相结合界面。实践当中我们通常选择结实和紧密的基础，然后铺上一层细砂，可以吸收部分复合板冲击时产生的冲击波，以此来提高爆炸焊接质量。

图1　复层面可见波纹
Fig. 1　Visible corrugated of cladding

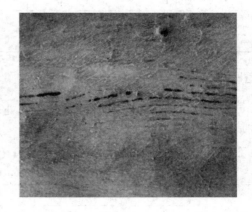
图2　去除复层后渗透检测情况
Fig. 2　Remove the cladding penetrant testing

## 3.3　爆炸焊接后检测

通过上述工艺参数和过程细节控制，成功制造了 S31254/Q345R 复合板，规格为 $(3 + 16)$ mm × 2780 mm × 14200 mm，经 UT 检测，除起爆点外，100% 复合。

## 4　热处理

### 4.1　热处理工艺实验选择

超级奥氏体不锈钢 S31254 热处理温度一般在 1125 ~ 1175℃ 之间，固溶并快速冷却，可以使材料具有良好的耐腐蚀性能，S31254/Q345R 复合板的热处理工艺首先需要考虑到复层 S31254 的耐蚀性能，其次还要考虑基层 Q345R 的力学性能以及制造加工过程中的工艺性能，

Q345R 超过 980℃将产生过热的魏氏组织，晶粒变大，造成性能变差。故本实验在金属间化合物析出区域选择高（920℃、保温 1h、风冷）、中（680℃、保温 3h、风冷）、低（540℃、保温 2h、炉冷）三种热处理工艺进行实验。

### 4.2 热处理后复层 S31254 耐蚀性能检验

S31254/Q345R 复合板按实验温度热处理后和 S31254 固溶状态下的耐蚀性能进行对比，分别按 ASME G28 A 法和 ASME G48 A 法进行晶腐实验，实验数据如表 4 所示。

表 4  S31254 不同温度热处理晶间腐蚀实验数据
Table 4  Intergranular corrosion of different heat treatment process

| 材 质 | 热处理工艺 | 实验方法 | 实验周期/h | 腐蚀率/mm·y$^{-1}$ |
|---|---|---|---|---|
| S31254 | 固 溶 | G28 A 法 | 24 | 0.5600/0.4200 |
| S31254/Q345R | 540℃×2h | G28 A 法 | 24 | 0.4700/0.4700 |
| S31254/Q345R | 680℃×3h | G28 A 法 | 24 | 4.9400/4.2600 |
| S31254/Q345R | 920℃×1h | G28 A 法 | 24 | 0.7000/0.7000 |
| S31254 | 固 溶 | G48 A 法 | 72 | 0.0171/0.0143 |
| S31254/Q345R | 540℃×2h | G48 A 法 | 72 | 0.0346/0.0350 |
| S31254/Q345R | 680℃×3h | G48 A 法 | 72 | 0.0354/0.0357 |
| S31254/Q345R | 920℃×1h | G48 A 法 | 72 | 0.0349/0.0348 |

### 4.3 热处理后力学性能检验

S31254/Q345R 复合板按实验温度热处理后其力学性能和标准值进行对比实验数据如表 5 所示。

表 5  S31254/Q345R 复合材料力学性能
Table 5  Mechanical properties of S31254/Q345R claddlng plate

| 项目状态 | 拉 伸 | | | 弯 曲 $\alpha=180°$ | | 剪 切 | 冲击 $K_{V2}$/J | | | |
|---|---|---|---|---|---|---|---|---|---|---|
| | $R_m$/MPa | $R_{eL}$/MPa | A/% | 内弯 | 外弯 | $\tau_b$/MPa | 试验温度 0℃ | | | |
| 标准值 | ≥532 | ≥338 | ≥21 | D=2a | D=4a | ≥210 | ≥41 | | | |
| 爆炸态 | 696 | 603 | 14.5 | 合格 | 合格 | 395 | 106 | 24 | 16 | |
| 540℃×2h | 610 | 447 | 22.0 | 合格 | 合格 | 323 | 84 | 112 | 88 | |
| 680℃×3h | 575 | 463 | 23.5 | 合格 | 合格 | 362 | 106 | 110 | 78 | |
| 920℃×1h | 568 | 392 | 26.5 | 合格 | 合格 | 337 | 202 | 206 | 214 | |

综合表 4 和表 5 数据，采取 920℃、保温 1h、风冷的热处理工艺可以有效消除爆炸焊接应力，保证 S31254/Q345R 复合板的综合力学性能及复层 S31254 的耐腐蚀性能。

## 5  结论

（1）S32154 选用 ERNiCrMo-3 焊丝；采用 GTAW 自动焊的焊接方法，焊接时采用小电流、低电压、窄焊道的方法能取得满意的焊接效果。

（2）采用低爆速炸药、降低基复板安装间隙等措施，能保证大面积 S32154/Q345R 复合板的爆炸焊接质量，并能有效控制边缘减薄和端部波纹粗大现象的产生。

（3）S31254/Q345R 复合板采取 920℃、保温 1h、风冷的正火处理可以有效消除爆炸焊接应力，保证其综合力学性能及复层 S31254 的耐腐蚀性能。

（4）通过对复层 S32154 的焊接和爆炸复合、热处理过程进行大量的试验，取得超级奥氏体不锈钢 S31254 爆炸复合材料成功研发。因此，爆炸焊接 S31254 复合材料的各项指标能符合标准要求，完全可以取代奥氏体不锈钢 S31254 纯材制造设备，降低设备的制造成本。

## 参 考 文 献

[1] 汪旭光. 爆破手册[M]. 北京：冶金工业出版社，2010.
[2] 李晓杰，杨文彬，奚进一，等. 双金属爆炸焊接下限[J]. 爆破器材，1996，28(3)：22-25.
[3] 杨文彬，奚进一，李晓杰，等. 爆炸复合板边际效应研究[J]. 大连：计算力学学报，1998.
[4] 王耀华. 金属板爆炸焊接研究与实践[M]. 北京：国防工业出版社，2007.
[5] 郑哲敏，杨振声. 爆炸加工[M]. 北京：国防工业出版社，1981.
[6] 邵丙璜，张凯. 爆炸焊接原理及其工程应用[M]. 大连：大连工学院出版社，1987.
[7] 中船重工第七二五研究所，等. CB/T 3953. 铝-钛-钢过渡接头焊接技术条件[S]. 2002.

# 镍基合金 N06059 爆炸复合板开发应用

刘 飞　邓宁嘉　王 斌　芮天安

（南京宝泰特种材料股份有限公司，江苏 南京，211100）

**摘 要**：通过试验和检测，对 N06059 合金的力学性能、焊接性能、爆炸复合性能以及温度对其耐腐蚀性能的影响进行了分析。结果表明，N06059 合金具有良好的爆炸焊接性能，可以进一步推广应用。

**关键词**：N06059 合金；爆炸复合；焊接性能

## Development and Application on N06059 Alloy Explosion Clad Plate

Liu Fei　Deng Ningjia　Wang Bin　Rui Tianan

（Nanjing Baotai Special Materials Co., Ltd., Jiangsu Nanjing, 211100）

**Abstract**: This thesis analyzes mechanical property, welding performance, explosion welding performance and temperature influence on corrosion resistance of nickel alloy N06059 by test and detection. The results show that N06059 alloy has a good explosion welding performance and can be further applied.

**Keywords**: N06059 alloy; welding; explosion cladding

## 1 引言

随着化工、能源等行业的高速发展，对设备的耐腐蚀要求及使用寿命都提出了很高的要求。因此，用于制造设备的材料也在不断的改进发展。其中镍基合金材料也在第二代 N10276、N06022 的基础上开发出了 N06059、N10675 等第三代材料，第三代镍基合金材料的成功应用，使化工、能源领域中的某些特殊设备的使用寿命及耐腐蚀性能有了很大提高。但 N06059 合金属价格很高，若直接使用其制造设备，成本高。因此，将 N06059 为覆层与某种基材复合制成复合材料成为最佳选择。以 N06059 为耐蚀覆层，钢作为基层承压材料的复合钢板具有广泛应用。

根据市场需求，南京宝泰特种材料股份有限公司也先后开发出了 N10276、N06022、N10675、N06059 等第二代、第三代镍基合金复合钢板，并已大量推广应用，取得了满意的效果。

本文介绍南京宝泰特种材料股份有限公司第三代镍基合金材料 N06059 与 Q345R 爆炸复合

---

作者信息：刘飞，工程师，liufei@baotaiclad.com。

钢板的试验情况及其性能。

## 2 试验方案

### 2.1 N06059 成分性能及金相组织

N06059 镍基合金符合 ASME SB575《低碳镍-钼-铬、低碳镍-铬-钼、低碳镍-铬-钼-铜、低碳镍-铬-钼-钽和低碳镍-铬-钼-钨合金板材、薄板和带材》标准[1],它是一种 Ni-Cr-Mo 合金,其硅、碳的含量极低,具有优秀的耐腐蚀性能和极高的机械强度。

N06059 镍基合金的化学成分、力学性能分别见表 1 和表 2,其母材金相组织见图 1。

表 1 N06059 镍基合金的化学成分(质量分数)
Table 1 Chemical composition of N06059 (mass fraction)   %

| 元 素 | C | Mn | P | S | Si | Cr | Ni | Mo | Co | Cu | Al | Fe |
|---|---|---|---|---|---|---|---|---|---|---|---|---|
| ASME SB575 标准值 | ≤0.010 | ≤0.50 | ≤0.015 | ≤0.010 | ≤0.10 | 22.0~24.0 | 余量 | 15.0~16.5 | ≤0.3 | ≤0.5 | 0.1~0.4 | ≤1.5 |
| 质证书示值 | 0.003 | 0.21 | 0.007 | 0.003 | 0.02 | 22.6 | 余量 | 15.4 | 0.02 | 0.01 | 0.3 | 0.9 |
| 复验值 | 0.01 | 0.16 | 0.005 | 0.001 | 0.01 | 22.84 | 余量 | 15.72 | 0.02 | 0.23 | 0.17 | 0.68 |

表 2 N06059 镍基合金的力学性能
Table 2 Mechanical properties of N06059

| 项 目 | $\sigma_b$/MPa | $\sigma_{0.2}$/MPa | $\sigma$/% |
|---|---|---|---|
| ASME SB575 标准值 | ≥690 | ≥310 | ≥45 |
| 质证书示值 | 768 | 403 | 58 |
| 复验值 | 760 | 445 | 55 |

图 1 N06059 镍基合金母材奥氏体(100×)
Fig. 1 Austenite of N06059 nickel base alloy (100×)

### 2.2 N06059 镍基合金焊接试验

#### 2.2.1 焊接试样及焊接参数

N06059 板的尺寸规格为 3.0mm×150mm×400mm,数量为两块。焊接采用的焊丝为 ERNi-CrMo-13,直径为 1.6mm。GTAW 自动氩弧焊机,电流 100A,电压 12~18V,氩气纯度

99.99%。

#### 2.2.2 焊缝检验

（1）射线（RT）检测。按 NB/T 47013.2—2015《承压设备无损检测》规定[3]，Ⅰ级合格。

（2）渗透（PT）检测。按 NB/T 47013.5—2015《承压设备无损检测》规定[3]，Ⅰ级合格。

（3）力学性能检测。按 GB/T 228—2002《金属材料拉伸试验》标准试验[4]，结果见表3。从表3的检查结果来看，各项指标均满足标准值要求。

表3 N06059 镍基合金焊焊缝力学性能检测结果
Table 3 Test results of mechanical properties of N06059 nickel base alloy welding seam

| 项 目 | 抗拉强度/MPa | 屈服强度/MPa | 伸长率/% | 冷 弯 |
|---|---|---|---|---|
| 标准值 | 690 | 310 | 45 | 不要求 |
| 实测值 | 755 | 535 | 56 | 180°，无裂纹 |
|  | 755 | 505 | 58 | 180°，无裂纹 |

（4）抗腐蚀性试验。

试验方法：ASTM G28《锻件、富镍以及含铬合金的晶间腐蚀敏感度检测》B法进行腐蚀试验[2]，试验周期为24h。试验结果为：腐蚀率0.255 mm/a，腐蚀率小于0.3mm/a 的规定。

## 3 Q345R/NO6059 爆炸复合试验

### 3.1 爆炸复合方案

材料牌号：Q345R/NO6059。

试验规格：基层 Q345R（宽×长×厚）为 400mm×300mm×16mm。

覆层 NO6059（宽×长×厚）为 450mm×350mm×3mm。

工艺参数：炸药选用粉状乳化炸药，经过添加适当的添加剂后调整至炸药爆速至相对较低的爆炸速度（2200～2300m/s）。由于 N06059 材料强度较高，塑性也很好，从理论上分析爆炸复合参数窗口较宽，但考虑到复合材料后续加工制作的问题，爆炸宜采用较小的爆炸复合参数配比，选用 6 mm 间隙。聚能直径 $\phi 15mm$，具体工艺方案见表4。

表4 爆炸复合工艺方案
Table 4 Explosive composite process

| 方 案 | 炸药种类 | 炸药爆速/m·s$^{-1}$ | 间隙/mm | 药高/mm | 起爆位置 | 聚能直径 |
|---|---|---|---|---|---|---|
| 方案a | 粉状乳化 | 2200 | 6 | 20 | 端部 | $\phi 15$ |
| 方案b | 粉状乳化 | 2200 | 6 | 30 | 端部 | $\phi 15$ |
| 方案c | 粉状乳化 | 2200 | 6 | 40 | 端部 | $\phi 15$ |

### 3.2 结果检测

外观：爆炸复合后观察方案a四周覆层飞边未全部切除，方案b和方案c四周覆层飞边剪切均匀。方案a和方案b覆层表面平滑，方案c结合面波纹粗大且覆层表面存在波浪形皱纹。

超声检测：进行100%超声检测（UT）。检测结果表明，方案a四周50mm范围内存在未贴合现象，方案b和方案c除起爆点外100%贴合。

通过表面外观检测和超声检测可见方案b为最优方案。

## 3.3 金相组织分析

为了检测材料在爆炸复合后结合区附近是否受到破坏，对方案 b 爆炸后的复合板取样进行了金相组织分析（见图2），结果显示，外观基层、覆层均未受到任何破坏，界面结合区没有出现界面脆化层和波峰和波谷漩涡缺陷，可能是金相组织放大倍数小的原因。

图 2　N06059 + Q345R 复合板结合面金相（10×）
Fig. 2　N06059 + Q345R composite board with surface microstructure（10×）

## 3.4 热处理

N06059 合金的热处理一般在 1100~1180℃ 之间固溶并快速冷却，可以使材料具有良好的耐蚀性能。N06059/Q345R 复合板的热处理既要考虑 N06059 合金的耐蚀性能，还要考虑基板 Q345R 热处理后的力学性能以及制造加工的工艺性能。对于 Q345R，超过 980℃ 将产生过热或过热的魏氏组织，晶粒长大，性能变差。故本试验在金属间化合物析出区域的下沿选择了 3 个温度。用 ASTM G28《锻件、富镍以及含铬合金的晶间腐蚀敏感度检测》A 法及 ASTM G28《锻件、富镍以及含铬合金的晶间腐蚀敏感度检测》B 法检查材料耐腐蚀性能[2]，以分析金属间化合物相析出，反映 N06059 合金在不同热处理温度耐晶间腐蚀的性能。不同热处理温度的力学性能和两种腐蚀试验结果见表5。

表 5　N06059 合金不同热处理温度的力学性能腐蚀性能试验结果
Table 5　Test results of mechanical properties of N06059 alloy with different heat treatment temperature

| 阶 段 | 编 号 | 热处理温度 | 力学性能 | | | 腐蚀性能/mm·a$^{-1}$ | |
|---|---|---|---|---|---|---|---|
| | | | $\sigma_b$/MPa | $\sigma_{0.2}$/MPa | $\delta$/% | ASTM G28-A | ASTM G28-B |
| 初步探索 | 1-1 | 原材料 | 760 | 445 | 55 | 0.6425 | — |
| | 1-2（复合板） | 低温 空冷 | 560 | 450 | 24.5 | 0.6448 | — |
| 系统试验 | 5-2 | 原材料 | — | — | — | 0.7701 | 0.17 |
| | 5-1 | 低温 空冷 | — | — | — | 1.014 | 0.154 |
| | 5-3 | 中温 空冷 | — | — | — | 1.632 | 1.872 |
| | 5-4 | 高温 空冷 | — | — | — | 0.693 | 0.147 |
| 产品试验 | N06059/Q345R 3/16 | 低温 | 585 | 460 | 24 | — | 0.142 |
| | | | | | | | 0.1445 |

表5中力学性能数据显示：低温热处理后复合板抗拉强度（$R_m$）、屈服强度（$R_{eL}$）和延伸率（$A\%$）均符合B1级标准的要求[5]，且按ASTM G28B法所做的腐蚀试验，其腐蚀率也满足要求（不大于0.3mm/a），覆层金相组织也基本恢复到了与母材基本一致（图3）；用中温热处理按ASTM G28B法所做的试验年腐蚀率数据离杜邦公司要求的不大于0.3mm/a的要求相差很远[2]；热处理温度为高温时碳化物析出减弱了，但δ相等析出仍很高，提高到大于1000℃对复合板热处理也失去了意义。所以把低温退火作为复合板热处理的工艺。

图3 N06059与Q345R结合区，N06059一侧奥氏体（100×）
Fig. 3 N06059 and Q345R binding region, N06059 side of the austenite（100×）

### 3.5 力学性能检测

为探究由于两种材料热膨胀系数不一样，在热处理过程中可能会造成基、复板局部分层，用经过试验确定后的热处理工艺（低温、空冷）热处理后避开起爆点按NB/T 47002.2—2009《压力容器用爆炸焊接复合板》B1级标准要求取样进行力学性能试验[5]，结果见表6。

表6 N06059/Q345R 力学性能
Table 6 Mechanical properties of N06059/Q345R

| 项目 | $R_m$/MPa | $R_{eL}$/MPa | $A$/% | $\tau_b$/MPa | 内弯曲 $d=2a$, 180° | 冲击功（基层区0℃）$a_{kv}$/J | | |
|---|---|---|---|---|---|---|---|---|
| 标准值 | 540 | 345 | ≥21 | ≥210 | 合格 | 34 | 34 | 34 |
| 方案a | 565 | 460 | 24 | 150 | 结合面分层 | 74 | 78 | 96 |
| 方案b | 585 | 475 | 24 | 285 | 合格 | 102 | 110 | 108 |
| 方案c | 625 | 505 | 21 | 220 | 结合面分层 | 80 | 82 | 82 |

通过试验后对试板各方面性能（包括贴合率、强度、塑性、贴合强度、冲击功及弯曲性能）的综合检测，方案b均满足NB/T 47002.2—2009的B1级标准的要求[5]。因此，可以认定N06059合金与Q345R可以实现良好的爆炸焊接。

## 4 结论

（1）N06059合金的焊接，N06059合金和Q345R爆炸复合及其热处理试验的各项性能指标满足标准要求。

（2）根据客户用 N06059 复合板制作的设备（反应器、塔器、换热器等）在苛刻的工况下较长时间运行后的情况反馈表明，将广泛使用 N06059/Q345R 复合板。

## 参 考 文 献

[1] ASME SB575 低碳镍-钼-铬、低碳镍-铬-钼、低碳镍-铬-钼-铜、低碳镍-铬-钼-钽和低碳镍-铬-钼-钨合金板材、薄板和带材[S].
[2] ASTM G28—2002 锻件、富镍以及含铬合金的晶间腐蚀敏感度检测[S].
[3] NB/T 47013—2015  承压设备无损检测[S].
[4] GB/T 228—2002  金属材料拉伸试验[S].
[5] NB/T 47002—2009  压力容器用爆炸焊接复合板[S].
[6] 郑远谋. 爆炸焊接和爆炸复合材料的原理及应用[M]. 湖南：中南大学出版社，2007. 152.
[7] （英）B. 克劳思兰. 爆炸焊接法[M]. 北京：中国建筑出版社，1979.
[8] 邵丙湟，张凯. 爆炸焊接原理及其工程应用[M]. 大连：大连工学院出版社，1987：188-202.
[9] 史长根，王耀华，李子全，等. 爆炸焊接界面成波机理[J]. 爆破器材，2004，33(5):25-28.
[10] ASME 2007，Ⅱ-B 篇 非铁基材料[S].
[11] ASME 2007，Ⅱ-C 篇 焊条焊丝填充金属[S].

# 铝合金/不锈钢爆炸焊接复合板工艺研究

许成武  邓宁嘉  戴和华  孙 健  蒋济仁  汪 孟

(南京宝泰特种材料股份有限公司,江苏 南京,211100)

**摘 要**：通过爆炸焊接试验得到了铝合金/不锈钢复合板爆炸焊接工艺参数和工艺措施。对爆炸焊接后铝合金/不锈钢复合板结合率、界面波形、结合强度、力学性能进行了检测分析。结果表明：爆炸焊接结合率大于99.9%，界面结合良好，波形规则，剪切强度大于100MPa。

**关键词**：铝合金；不锈钢；爆炸复合；工艺研究

## Study on Aluminum Alloy Plus Stainless Steel Clad Plate Process

Xu Chengwu  Deng Ningjia  Dai Hehua  Sun Jian  Jiang Jiren  Wang Meng

(Nanjing Baotai Special Materials Co., Ltd., Jiangsu Nanjing, 211100)

**Abstract**: The explosion welding process parameters and process measures of aluminum alloy plus stainless steel Clad Plate were determined by explosive welding test. The bonding rate, interface wave, bonding strength and mechanical properties of Aluminum alloy + stainless steel clad plate after explosive bonding process were analyzed. The results show that the explosion bonding rate is greater than 99.9% that the interface is good, that the wave form is regular, and that the shear strength is greater than 100MPa.

**Keywords**: aluminum alloy; stainless steel; explosion cladding; process study

## 1 引言

铝及铝合金在交通运输、化工、机械、仪表和建筑等工业部门，以及日常生活用品都得到了广泛的应用，特别是在航空、航天及国防工业许多部门，铝及铝合金更是不可缺少的材料。随着航海用铝合金板材的需求持续增长，将大大提升铝板的需求、开发和研究。我们致力于研究铝/钢复合板的工艺研究，使铝/钢复合板的使用量大大提升来节约资源、降低成本。

合金铝具有良好的塑性，耐腐蚀性强，焊接性能良好，强度、硬度、熔点低，但是却与不锈钢的熔点、强度等性能差别大，并且两者之间可生成很多金属化合物，很难用常规熔化焊接工艺将其焊接，而采用铆焊法，在结点易形成电离腐蚀，严重影响使用寿命。采用爆炸焊接法不仅能够大规模生产铝合金-不锈钢复合板，而且因为生产过程中无铆焊法结点的形成，因而可以大大提高其使用寿命。

---

作者信息：许成武，工程师，xcw12xcw@163.com。

## 2 理论依据

金属材料的爆炸加工主要依靠炸药的爆轰作用来驱动复板撞击基板材料，在基复板材料接触面上产生高温、高压而实现材料的有效黏合（焊接）。因此选择合理的爆炸能量是十分必要的。一般来讲，薄板敷设的炸药厚度与基、复板之间的安装距离应该相对较小；而厚板敷设的炸药厚度和基、复板之间的安装间距应该相对较大，这是因为厚板的焊接往往需要较大的冲击力和飞行速度。

爆炸焊接窗口和焊接参数的确定：爆炸焊接金属复合材料的质量取决于合理的爆炸焊接动态参数，根据材料在静态性能参数并根据动高压理论确定其高压、动载荷下的相关性能参数，针对铝-钢的爆炸复合，借助于爆炸焊接理论上限、下限、声速限、流动限的计算方法确定了其爆炸焊接窗口；结合试验，优化爆炸焊接的工程计算方法，使爆炸焊接参数不断优化并达到了成熟和稳定。其中重点解决铝/钢爆炸焊接动态碰撞角、碰撞速度等关键参数，得出了合理的动态爆炸焊接参数。

爆炸焊接起爆区不定常现象分析及不定常段的控制：采用简化理论分析对炸药定常爆轰的形成过程进行分析，在此基础上借助于脉冲计数仪和探针对铝/钢爆炸复合动态参数进行了测定，分别在炸药性能、起爆能、装药结构等因素不同的情况下进行系列对比试验，确定了上述因素对炸药爆轰不稳定性和不定常段的影响。

铝合金/不锈钢爆炸焊接复合材料力学性能（界面结合强度）研究：通过实验，研究了不同爆炸焊接参数、不同热处理参数对复合界面的力学行为、界面形态、界面显微组织、界面强度之间的关系，以确定最佳界面形态和界面特征，研究与其最佳使用性能和制造成本的联系，揭示其内在规律，进而实现材料的最佳优化设计。

### 2.1 炸药爆速选择

国内外曾经相当普遍地认为比强度、碰撞角及反映黏性流体性质的雷诺数等是影响爆炸焊接界面形态的重要参数。根据流体力学理论，黏流的流速 $v$、密度 $\rho$、特征厚度 $\delta$ 及黏性系数 $\mu$ 所构成的雷诺数 $Re = \rho v \delta / \mu$ 是流体从层流过渡到紊流的分界点。将它用于再入射流分析，取碰撞点移动速度为 $v_c$；密度 $\rho$ 为飞板和基板材料的平均密度；根据特里伯斯把 $\mu \dot{\varepsilon}$（$\dot{\varepsilon}$ 为碰撞点处的平均应变率）用维氏硬度 $h$ 代替，且令 $\dot{\varepsilon} = v_c/\delta$，于是便有

$$\mu = (h_f + h_j)\delta / v_c$$

分别代入雷诺系数公式，并整理得到再入射流从层流过渡到紊流时流速分界点的表达式：

$$v_t = [2 \times 10^6 \times Re \times (h_f + h_j)/(\rho_f + \rho_j)]^{0.5}$$

式中，$Re$ 为适用于流动过程的雷诺数；$\rho$ 为材料密度；$h$ 为维氏硬度（HV）；下标 f、j 分别代表飞板和基板。该式表明从平直界面到波形界面，碰撞点移动速度 $v_c$ 必须大于由上式计算出的 $v_t$。对于大多数金属，雷诺数 $Re$ 约为 $10^6$。

经计算得 $v_t = 1720\text{m/s}$。

Christensen 等提出用于钢料的 $v_c = v_t + 400\text{m/s}$。Stivers 等提出下列计算方法可供应用

$$v_c = v_t + 200 \quad (v_t < 2000\text{m/s})$$

$$v_c = v_t + 100 \quad (2000\text{m/s} < v_t < 2500\text{m/s})$$

$$v_c = v_t + 50 \quad (v_t > 2500\text{m/s})$$

根据驻点移动速度便可计算出所选炸药的爆速,当飞板与基板平行安装时 $v_c = D$。根据上述分析,计算了铝/钢爆炸复合时,选取理想爆轰速度所需参量的数据。根据计算可知,铝合金/不锈钢通过爆炸焊接复合的理想炸药爆速应在 1920m/s 左右(基、复板材料力学性能见表2)。

## 2.2 装药量与板间距的确定

评定爆炸焊接质量的指标主要有界面结合强度、耐热性、抗冲击能力、渗透率、耐应力腐蚀能力等,其中焊接界面的结合强度是最主要的评定因素,它通常取决于结合区界面的形状特征。一般来说,均匀细小的周期性波形结合界面,其结合强度较高;而波形畸变严重,形成涡旋并呈现缩孔和铸态组织等缺陷的,通常结合强度较低,不是理想的界面形态。

实现高质量的爆炸焊接必须要满足爆炸以下三点要求:
(1) 焊接时必须要有再入射流形成,使界面能够自清理,露出新鲜表面。
(2) 形成细小均匀的波纹状界面或强度足够的平直型界面。
(3) 结合界面不出现过熔现象。

为满足以上要求,焊接参数必须处在某一合适的范围之内。爆炸焊接是通过板与板间的高速斜碰撞实现的,其中有三个参数最为关键:碰撞速度 $v_p$、碰撞角 $\beta$、碰撞点移动速度 $v_c$。平行法爆炸焊接的三个参数满足如下关系:

$$v_c = v_f = v_d \tag{1}$$

$$v_p = 2v_c \sin(\beta/2) \tag{2}$$

爆炸焊接对以上三个参数有着严格限制,只有当这些参数满足一定条件时才能形成,一般通过碰撞点移动速度 $v_c$ 和碰撞角 $\beta$ 进行判断,这两个参数的取值范围在坐标系中形成的窗口区域称为"爆炸焊接窗口"(如图1所示)。爆炸焊接窗口由流动限、声速线、下限和上限组成,一般认为当 $v_c$ 和 $\beta$ 位于爆炸焊接窗口内时复板和基板才可以形成爆炸焊接。

爆炸焊接中炸药爆速、装药量和板间距是三个最重要的工艺参数。由式(1)可知,平行法爆炸焊接中炸药爆速 $v_d$ 等于碰撞点移动速度 $v_c$,因此当从爆炸焊接窗口中选定了 $v_c$(一般靠近下限选取)也就确定了爆速 $v_d$。装药量和板间距可以通过下面的方法确定。

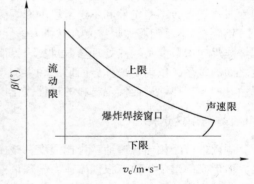

图 1 爆炸焊接窗口
Fig. 1 Explosive welding window

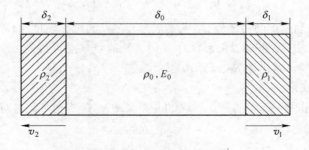

图 2 一维 Gurney 膨胀模型
Fig. 2 Expansion model of one dimensional Gurney

1943 年格尼在研究弹壳的爆炸时建立了最简单的一维膨胀模型下的工程近似公式,由于其形式极其简单,现在,在近似估算时仍为人们所采用。如图 2 所示,两侧为飞板,中间为炸药,当炸药一侧为自由面时,计算公式为:

$$v_1 = \sqrt{2E_0}\left[\frac{0.6R}{1+0.2R+0.8/R}\right]^{\frac{1}{2}}$$

式中,$R$ 为质量比;$2E_0$ 为具有能量量纲的参数;$E_0$ 为格尼能。如果把 $E_0$ 理解为维持爆轰所需要的能量 $Q$,并认为这部分能量全部转变为动能,根据雨贡纽方程及爆炸力学基本方程可推得:

$$v_1 = \frac{v_d}{\sqrt{\gamma^2-1}}\left[\frac{0.6R}{1+0.2R+0.8/R}\right]^{\frac{1}{2}}$$

式中,$\gamma$ 为该炸药的有效多方指数。可以看出格尼公式中速度只与装药比和爆速有关,不能反映飞板的加速过程,只能表示飞板的最终速度。

根据上述计算并在以往多次重复试验的基础上进行了改进,最终装药厚度与板间距的选择见表 3 和表 5,为筛选出最合理的爆炸参数,共选择了三组方案。

## 2.3 复层表面保护

由于爆炸复合时,炸药爆炸的瞬间产生的高温、高压条件下,直接与铝板表面接触会导致铝板表面被严重的冲击与烧伤,形成表面缺陷,严重影响爆炸复合后的表面质量。试验利用在复板表面不做保护层,涂抹润滑脂及铺盖纤维纸进行爆炸复合时对复板面的保护,以此对比选择出适合的保护层。根据试验结果可以得出润滑脂是较为合适的保护层。

# 3 爆炸焊接试验

## 3.1 铝合金/不锈钢试验

爆炸焊接试验基层采用牌号为 S31603 的不锈钢,厚度为 8mm;复层采用牌号为 5083 的铝合金,厚度为 12mm。基层 S31603 规格尺寸为 8mm×1000mm×1000mm,复层 5083 规格尺寸 $\delta$12mm×1050mm×1050mm,爆炸焊接用板材的化学成分见表 1,物理、力学性能见表 2。

表 1 爆炸焊接试验用板材的化学成分
Table 1 Chemical composition of steel plate for explosive welding

| 材质 | Si | Fe | Cu | Mn | Mg | Cr | Zn | C | Ti | Al | 其他 |
|---|---|---|---|---|---|---|---|---|---|---|---|
| S31603 | 0.75 | 余量 | — | 2.0 | | 17.00 | | 0.03 | | | |
| 5083 | 0.4 | 0.4 | 0.1 | 0.6 | 4.3 | 0.08 | 0.23 | — | 0.10 | 95 | 0.05 |

表 2 爆炸焊接试验用板材的物理性能
Table 2 Physical properties of explosive welding test

| 材质 | 密度 /g·m$^{-3}$ | 熔点/℃ | 比热容 /J·(kg·K)$^{-1}$ | 线膨胀系数 | 体积声速 /m·s$^{-1}$ | 屈服强度 /MPa | 抗拉强度 /MPa | 伸长率/% | 硬度(HV) |
|---|---|---|---|---|---|---|---|---|---|
| S31603 | 7.98 | 1371 | 0.502 | 16.0 | 5600 | 260 | 490 | 40 | 220 |
| 5083 | 2.66 | 630 | 0.9 | 26 | 5390 | 228 | 317 | 16 | 96 |

3组试验参数见表3。其中爆速为2.1小节中计算所得,间隙(板间距)与药高(装药厚度)为在2.2节中计算结果的基础上结合以往试验改进所得。对表3中参数进行爆炸试验得到的3组试件分别进行了100% UT检查及力学性能试验,结果见表4。表3试验编号与表4中试件编号一一对应。

表3 直接爆炸焊接复合工艺参数
Table 3 Parameters of direct explosion welding

| 试验编号 | 炸药爆速/m·s$^{-1}$ | 间隙/mm | 药高/mm | 表面保护 |
|---|---|---|---|---|
| 1 | 1900 | 14 | 70 | 无 |
| 2 | 1900 | 10 | 65 | 润滑脂 |
| 3 | 1900 | 8 | 45 | 纤维纸 |

表4 直接爆炸焊接复合试验结果
Table 4 Composite experimental results of direct explosion welding

| 试件编号 | UT | 剪切强度/MPa | 波纹 | 表面 |
|---|---|---|---|---|
| 1 | 未结合 | — | 无 | 起皱 |
| 2 | 未结合 | — | 无 | 完好 |
| 3 | 结合有杂波 | 30 | 无 | 起皱 |

根据以上3组(1,2,3)试验所得试件的复层表面质量,可以确定润滑脂为已知的、来源广、成本低、最合理的表面保护层。

根据表4的结果,最终得出结论试验编号3所用的爆炸参数选取最为合理。虽然选取了最合理的爆炸参数,但未形成良好的波状结合、剪切强度过低。根据2.2小节中爆炸焊接要求分析得出结论为:铝合金(5083)与不锈钢(S31603)材料的性能差别太大导致的(材料性能见表2)。

## 3.2 采用纯铝作为过渡层试验

如3.1所述,两种材料性能差别过大,无法得到波状结合良好、剪切强度高的复合板。为了得到更好的剪切强度,需减小两种材料的性能差距,故选用已成熟的爆炸复合工艺,用纯铝作过渡层进行一次爆炸成形试验,通过添加过渡层材料纯铝(1050)来实现铝合金(5083)与不锈钢(S31603)之间的复合。

表5 采用过渡层爆炸焊接复合工艺参数
Table 5 Composite process parameters of explosive welding using transition layer

| 试验编号 | 爆速/m·s$^{-1}$ | 间隙/mm | | 药高/mm | 表面保护 |
|---|---|---|---|---|---|
| | | 过渡层 | 复层 | | |
| 4 | 1900 | 10 | 12 | 60 | 润滑脂 |
| 5 | 1900 | 6 | 8 | 45 | 润滑脂 |

对4、5两组试验所得试件进行100% UT检测、剪切强度检测、波纹检测及表面质量检测,检测结果见表6。

表 6 采用过渡层爆炸焊接复合试验结果
Table 6 Composite experimental results of explosive welding using transition layer

| 试验编号 | UT | 剪切强度/MPa | 波纹 | 表面 |
| --- | --- | --- | --- | --- |
| 4 | 90%结合 | 95 | 良好 | 良好 |
| 5 | 100%结合 | 130 | 良好 | 良好 |

通过以上爆炸工艺参数的选取，最终得到了爆炸参数，爆炸结合率达到99.9%以上，界面剪切强度达到100MPa以上，对铝板表面通过试验分析采用润滑脂进行表面保护得到理想的效果。即试验5所对应的爆炸参数及条件为最合理的爆炸工艺。

## 4 试验结果分析

从试件1、试件2、试件3可得出结论，在合理的爆炸参数下，铝合金与不锈钢之间可以形成结合，但由于合金铝与不锈钢之间性能差别较大，不能产生良好的波状结合，因而剪切强度较低，无法满足使用要求。

爆炸复合后界面呈直线状，未形成爆炸复合特有的结合波纹，而是形成一层薄层基体金属，其熔化冷凝后汇集在界面上形成连续分布的熔化层。

从4、5试验板可以得到理想的复合板，剖开基层与过渡层看其界面，界面结合良好，属冶金结合，并呈波纹状。过渡层与合金铝的界面结合也很良好，剪切强度在100MPa以上，远高于标准值。

## 5 结论

（1）铝合金（5083）与不锈钢（S31603）由于性能相差较大，两种材质无法产生良好的波状结合，剪切强度低，无法满足使用要求。

（2）通过添加纯铝作为过渡层，铝合金/不锈钢复合板爆炸结合率可达100%，界面剪切强度大于100MPa，力学性能合格，完全满足使用要求。

## 参 考 文 献

[1] 李玉平，范述宁，王虎成，等. 铝+钢复合板的爆炸焊接研究[J]. 2008.
[2] 郑远谋. 爆炸焊接和金属复合材料及其工程应用[M]. 长沙：中南大学出版社，2002.
[3] 王建民，朱锡，刘润泉. 爆炸焊接工艺对铝-钢复合板界面性能的影响[J]. 2007.

# Inconel 625/铸钢阀门爆炸复合工艺研究及应用

许成武 邓宁嘉 戴和华 孙健 王斌 蒋济仁

(南京宝泰特种材料股份有限公司,江苏 南京,211100)

**摘 要**:在流体管道系统中,阀门是控制元件,其主要作用是隔离设备和管道系统、调节流量、防止回流、调节和排泄压力。管道系统选择最适合的阀门显得非常重要,所以生产优良耐腐蚀、耐摩擦等优越性能的阀门也变得至关重要起来。而目前我国的阀门内壁的防腐层基本都是采用低效率高成本的堆焊工艺来完成,生产效率低下且无法达到量产。本文主要研究采用爆炸复合的方法生产复合阀门技术,实验表明爆炸复合技术生产复合阀门不仅生产成本低,同时也能够大大提高阀门内壁焊接的质量。

**关键词**:阀门;爆炸复合;研究

## Study on Explosive Bonding Process and Application of Inconel 625 Clad Steel Casting Valve

Xu Chengwu  Deng Ningjia  Dai Hehua  Sun Jian  Wang Bin  Jiang Jiren

(Nanjing Baotai Special Materials Co., Ltd., Jiangsu Nanjing, 211100)

**Abstract**: In fluid pipeline system, valve is a control component. The main function of it is to insulate facility and pipeline system, adjust flow, prevent back flow, and regulate and drain pressure. It's very important to choose suitable valve for line system, so that to produce valve with high performance and excellent anti-corrosion and friction resistance becomes crucial. However, corrosion resistant layer of current valve inner wall basically adopts overlay which is of low efficiency and high cost. The manufacturing efficiency is low, and it is unable to achieve mass production. In this paper, we mainly study using explosive welding method for producing composite valve technology. Experimental results show that using the explosive welding technology to produce composite valve, not only the production cost is low, but also it can greatly improve the quality of the valve that is welded on the inner wall.

**Keywords**: valve; explosive bonding; study

## 1 引言

### 1.1 研究背景

阀门(Valve)是控制流动流体介质的流量、流向、压力、温度等的机械装置,阀门是管

---

作者信息:许成武,工程师,xcw12xcw@163.com。

道系统中基本的部件。阀门管件在技术上与泵一样，常常作为一个单独的类别进行讨论。阀门可用手动或者手轮，手柄或踏板操作，也可以通过控制来改变流体介质的压力，温度和流量变化。阀门是使配管和设备内的介质（液体、气体、粉末）流动或停止并能控制其流量的装置。阀门可用于控制空气、水、蒸汽、各种腐蚀性介质、泥浆、油品、液态金属和放射性介质等各种类型流体的流动。阀门的工作压力可从 0.0013MPa 到 1000MPa 的超高压，工作温度从 -269℃的超低温到 1430℃的高温。

### 1.2 爆炸焊接阀门研究的现状

阀门是介质流通系统或压力系统中的一种设施，它用来调节介质的流量或压力。其他功能包括切断或接通介质、控制流量、改变介质流向、防止介质回流、控制压力或泻放压力。这些功能都是靠调节阀门关闭件的位置来实现的。这种调节可用手工操作，也可以是自动的。目前国内化工及石油等行业腐蚀介质中的阀门，都是在铸钢阀门内壁堆焊一层耐腐蚀材料。此种方法虽然能满足工况要求，但对焊接设备要求很高（焊接设备依赖进口，每 1 台 400 万元左右），且工作效率很低，3 天左右才能堆焊 1 个阀体，而爆炸法 1 天能够爆炸成型 10~20 个阀体。焊材使用成本高，并且焊接后内壁不平整，需要抛磨或车加工，而爆炸成型的阀体内壁平滑过渡，表面平整，可省去内壁处理的工序。焊接法生产的复合阀门质量不稳定，焊接法缺陷多，返修困难，多出现气孔、裂纹等焊接缺陷。

因此，急需开发一种高效防腐耐磨阀门的工艺方法。在查阅大量资料的基础上，我们认为阀门的防腐耐磨采用爆炸焊接的方法最为优越。爆炸焊接法不仅不会影响阀门使用的安全性与防腐蚀能，而且使用的效果比采用堆焊法更加优越，最主要的是作为爆炸焊接阀门，在工艺完全成熟后，还能够实现大规模的生产来满足市场对阀门需求量的要求。

### 1.3 通过爆炸焊接研究阀门的意义

金属与金属之间复合方式一般有两种，即爆炸焊接和轧制[1]，其中爆炸焊接其结合强度最高，适用于压力容器或压力管道设备上，而轧制方法是利用轧机设备将两件金属挤压在一起，结合强度较低，适用于不承压设备外壳、地板或烟囱管，因此想在阀门狭小内壁上复合一层耐腐金属只有依靠爆炸焊接。爆炸焊接是金属复合比较常用的一种方法，是利用炸药爆炸瞬间产生的高温高压，使耐腐蚀材料管复合在铸钢阀门内壁上，此方法不仅在效率、质量上高于堆焊，在制造成本上也远远低于堆焊的方法。

## 2 试验数据

### 2.1 试验材料

本次研发的内容是以炸药作为能源，通过爆炸焊接的方法将金属材料 Inconel 625 管子爆炸复合在铸钢阀门内壁上，以实现量产化的要求，满足我国化工、石油等行业发展的需要。

本次研发方案：将金属材料 Inconel 625 管与阀门内壁保持一定间隙，在 Inconel 625 管内铺满特制的炸药，最终实现管与阀门内壁之间的复合，满足《NB/T 47002—2009 压力容器用爆炸焊接复合板　第二部分：镍-钢复合板》及 ASME SA-265《镍和镍基合金复合钢板》标准的结合强度要求。

Inconel 625 合金[2]是一种以镍为主要成分的奥氏体超耐热合金，具有广泛抗氧化和耐腐蚀的优良特性，适用于包括喷气式飞机引擎环境以及航空、化学加工在内的众多领域。在低温至华氏2000℉(摄氏1093℃),该合金亦具有非凡的抗疲劳特性。Inconel 625 合金的强度源于镍铬合金中所含的钼、铌固溶体强化效应。这些元素也使该合金具有卓越的耐腐蚀特性。虽然该合金是为适应高温环境的强度而设计的,其高度合金组合使其具有对一般腐蚀的高度耐受能力以及对广泛氧化和非氧化环境的耐受能力。铬、钼含量使合金具有抗氯化物离子产生的蚀损斑的优良特性,高镍含量增强合金对氯化物应力腐蚀裂化的抵抗能力。这种材料具有高度成型性,较许多以镍为主的合金更易焊接。即使在被焊接[4]的条件下,该合金仍然具有抗晶间腐蚀的能力。

Inconel 625 管与阀门之间的爆炸复合是把 Inconel 625 管作为接触腐蚀介质的一层,阀门作为承受载荷的另外一层。由于爆炸复合过程中 Inconel 625 管在炸药能量的作用下依次向阀门内壁加速运动,并形成一定的弯折角,才能形成管阀门间的有效结合。因此本次研发是在阀门内部进行爆炸复合,所以炸药量必须严格控制,以确保合理的利用炸药能量,炸药量过大易造成阀门壳体变形或开裂,炸药量过小易造成结合强度不高,所以药量的控制是本次研发的重点。其中 Inconel 625 管的主要化学成分见表1。

表1 Inconel 625 管的主要化学成分
Table 1 The main chemical components of Inconel tube 625  %

| 材料 | 碳 | 锰 | 磷 | 硫 | 硅 | 铬 | 镍 | 钼 | 铌+钽 | 钛 | 铝 | 铁 |
|---|---|---|---|---|---|---|---|---|---|---|---|---|
| Inconel625 管 | 0.05 | 0.03 | 0.01 | 0.003 | 0.25 | 22.0 | 余量 | 9.0 | 3.5 | 0.3 | 0.3 | 4.0 |

阀体与内管尺寸:

阀门内径(主阀口):$230 \times \phi 86mm$;

内管 Incolen625(主阀口):$4mm \times 70 \times \phi 82mm$、$4mm \times 60 \times \phi 82mm$;

阀门内径(侧阀口):$520 \times \phi 53mm$;

内管 Incolen625(侧阀口):$215 \times \phi 48mm$、$215 \times \phi 48mm$;

炸药:爆炸焊接专用炸药,密度为 $1.0 \sim 1.2 g/cm^3$,爆速约为 $2260 m/s$;

表面处理:阀体、复管外表面使用砂轮打磨抛光至光洁;

间隙垫:形状类似"Γ"的紫铜支撑间隙垫片。

## 2.2 阀门爆炸复合专用炸药的制备

由于本文试验在使用改性铵油炸药的基础上,通过添加适当的添加剂来降低炸药[3]的爆速,从而得到较好的爆炸焊接效果。表2是通过测速仪法得到的爆炸焊接专用炸药爆速的实验数据。

表2 阀门焊接专用炸药[5,6]爆速的测定
Table 2 Determination of detonation velocity of explosive for valve welding

| 实验号 | 铵油炸药量/g | 添加剂量/g | 爆速/$m \cdot s^{-1}$ |
|---|---|---|---|
| 1 | 1000 | 1000 | 2267 |
| 2 | 1100 | 900 | 2543 |

从以上数据可以看出:当改性铵油炸药与添加剂的质量比为1:1时,得到的专用炸药爆速满足要求,故此配比的炸药是阀门爆炸焊接专用炸药的最佳选择。

## 2.3 爆炸焊接试验及分析

### 2.3.1 第一次爆炸试验

(1)爆炸工艺:

炸药爆速：2260m/s；内管安装：阀门分2次爆炸复合，主阀内管一次性复合，侧阀内管一次性复合。主阀内管分成两段（60mm和70mm），两段管用焊丝连接，连接位置用胶带卷筒，筒的外径与625管外径一致，两段625管连接后长度225mm。侧阀内管操作方法与主阀管一致，长度是510mm，主阀内管爆炸间隙2mm，侧阀内管爆炸间隙2.5mm。主阀内管在布药时中间放置一根外径φ25mm的PVC管，侧阀内管不摆放PVC管，炸药填塞充实、压紧。

（2）阀门爆炸试验安装图示见图1和图2。

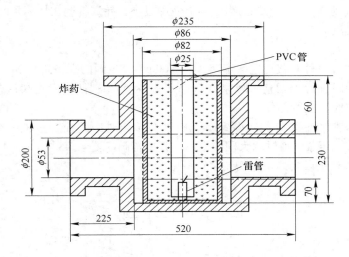

图1　第一次试验主阀口复合安装示意图

Fig. 1　Schematic diagram of the composite installation of the main valve port of the first gun

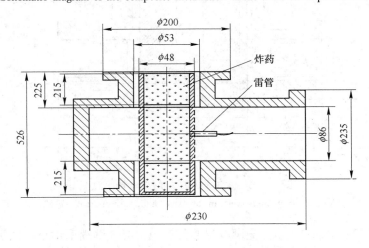

图2　第一次试验侧阀口复合安装示意图

Fig. 2　Schematic diagram of the composite installation of the first gun side valve port

（3）操作工序：

1）砂纸除去阀口内壁的锈迹，然后丙酮液擦洗其内壁表面至干净；

2）向侧阀口底部装填细沙，从侧阀口端部测量，填细沙至240mm，在细沙上加纤维板圆形垫片；

3）丙酮液清洗 625 管件外壁；

4）把管件放置在阀门耳孔内的居中位置，预留间隙 1.5～2.0mm 并用胶带封住间隙；

5）用预制好的 PVC 塑料管进行布药，首先布一层纯药，然后布满混药，并且捣实，抽出 PVC 塑料管；

6）起爆。

（4）试验结果。阀门侧阀口内管两段都完成焊接复合，主阀口内管底部完成焊接复合，上部没有完成焊接复合。分析结果为由于间隙使用过小，导致管壁在炸药瞬间爆炸时未达到贴合所需要的碰撞速度。

### 2.3.2 第二次爆炸试验

（1）阀门主阀口爆炸焊接工艺。爆速[8]：2260m/s。主阀的准备工作和第一次爆炸试验相同，试验对爆炸间隙进行了调整，间隙由 2mm 调整为 5mm。且阀门主阀口分两次爆炸成形，先爆炸复合阀门主阀口上段部分。

内管安装：内管（主阀口）间隙 5mm，内管在布药时中间插了一根外径 $\phi25$mm 的 PVC 管，炸药填塞充实、压紧，通过增大间隙来实现管壁与阀门复合。

（2）阀门主阀口上段爆炸试验安装示意图见图 3。

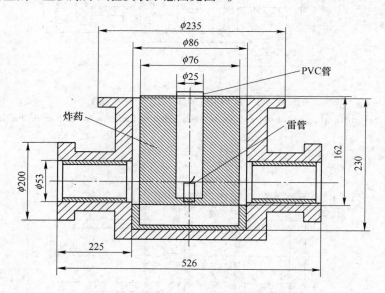

图 3 第二次试验阀门主阀口爆炸示意图

Fig. 3 Schematic diagram of valve main valve port explosion

（3）试验结果。主阀口上段完全没有焊接复合上，应该继续采用小间隙，通过改进炸药的使用量来确定最终爆炸焊接[7]参数。

### 2.3.3 第三次爆炸试验

#### 2.3.3.1 主阀口爆炸工艺

（1）阀门主阀口的爆炸（内径 $\phi115$mm）即图 4 阀门主阀口爆炸示意图。

炸药品名：改性铵油炸药，爆速：2260m/s。

（2）操作工序：

1）砂纸除去阀门主阀口内壁的锈迹，然后丙酮液擦洗其内壁表面至干净；

2)向主阀口底部铺上一层薄薄的细沙,再铺上3层纤维板圆形垫片,并将两端的侧阀口用圆形垫片封住;

3)丙酮液清洗625管件外壁;

4)居中得把管件放置在阀门主阀口内,预留间隙1.5~2.0mm并用胶带封住间隙;

5)把雷管放置在主阀口底部(加黑索金起爆药),用预制好的木锥棒进行布药,全部布满混药并且捣实,抽出木锥棒,详见图4所示;

6)起爆。

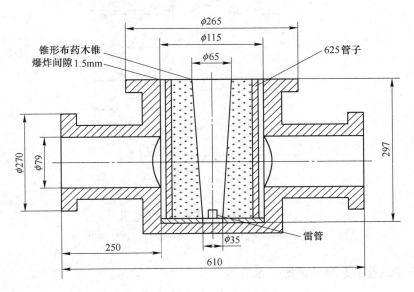

图4 第三次试验阀门主阀口爆炸示意图

Fig. 4 Schematic diagram of valve main valve port explosion

(3)试验结果。飞边切边较好,相贯线处切边整齐,相贯线清晰,但是端口位置管子存在撕裂现象,阀门变形量大,经总结研究得出的结论是药量过多,导致能量过剩。

#### 2.3.3.2 侧阀口爆炸工艺

(1)阀门侧阀口的爆炸(内径 $\phi 79$mm)即图5阀门侧阀口爆炸示意图。

炸药品名:改性铵油炸药,爆速:2260m/s。

(2)操作工序:

1)砂纸除去阀门侧阀口内壁的锈迹,然后丙酮液擦洗其内壁表面至干净;

2)向侧阀口底部装填细沙,从侧阀口端部测量,填细沙至240mm,在细沙上加纤维板圆形垫片;

3)丙酮液清洗Inconel 625管件外壁;

4)把管件居中放置在阀门耳孔内,预留间隙1.5~2.0mm并用胶带封住间隙;

5)用预制好的木锥棒进行布药,首先布一层纯药,然后布满混药,并且捣实,抽出木锥棒,上口放置雷管(详见图5所示);

6)起爆。

(3)试验结果。飞边切边较好,相贯线处切边整齐,相贯线清晰,但是端口位置管子存在撕裂现象,阀门变形量大,总结得出的结论是炸药量过多。

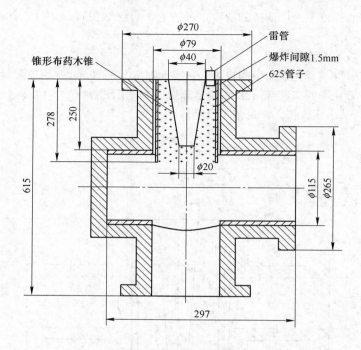

图 5 阀门侧阀口爆炸焊接示意图

Fig. 5 Schematic diagram of valve side valve port explosion

## 2.4 最终确定最佳工艺参数及操作示意图

炸药品名：改性铵油炸药，爆速：2260m/s。

（1）操作工序一，主阀口爆炸焊接：

1）砂纸除去阀门主阀口内壁的锈迹，然后丙酮液擦洗其内壁表面至干净；

2）在侧阀口处夹持变形保护装置，防止爆炸后的变形；

3）丙酮液清洗 Inconel 625 管件外壁；

4）把 Inconel 625 管居中放置在阀门的主阀口内，预留间隙 1.5～2.0mm 并用胶带封住间隙；

5）用预制好的木锥棒进行布药，布满混药，并且捣实，抽出木锥棒，阀口底部放置雷管（详见图 6 所示）；

6）起爆。

（2）操作工序二，侧阀口爆炸焊接：

侧阀口爆炸焊接采用两次爆炸复合，每侧阀口单独进行复合。

炸药品名：改性铵油炸药，爆速：2260m/s。

1）砂纸除去阀门侧阀口内壁的锈迹，然后丙酮液擦洗其内壁表面至干净；

2）在侧阀口处夹持变形保护装置，防止爆炸后的变形；

3）丙酮液清洗 625 管件外壁；

4）把 Inconel 625 管居中放置在阀门的侧阀口内，预留间隙 1.5～2.0mm 并用胶带封住间隙；

5）用预制好的木锥棒进行布药，布满混药，并且捣实，抽出木锥棒，阀口底部放置雷管

（详见图 7 所示）；

6）起爆。

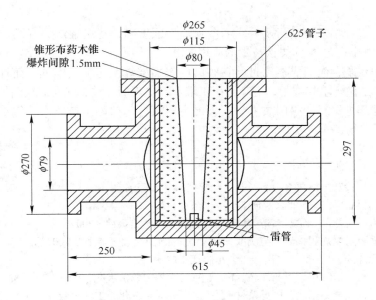

图 6　阀门主阀口爆炸焊接示意图

Fig. 6　Schematic diagram of the valve main valve port explosion welding

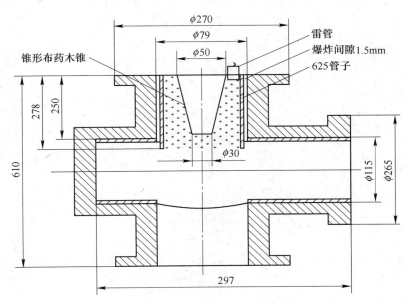

图 7　阀门侧阀口爆炸焊接示意图

Fig. 7　Schematic diagram of valve side valve port explosion welding

（3）试验结果。飞边切边平整，相贯线处切边整齐，相贯线清晰，阀门没有出现撕裂及变形的情况，爆炸效果较好。通过力学性能试验完全满足《压力容器用爆炸焊接复合板　第二部分：镍-钢复合板》（NB/T 47002—2009）及《镍和镍基合金复合钢板》（ASME SA-265）标准的结合强度要求。

## 3 结论

（1）通过爆炸焊接复合阀门技术，可得到焊接强度高，耐腐蚀能力强的阀门，爆炸焊接复合阀门技术大大扩展了爆炸焊接技术的应用领域。

（2）爆炸焊接复合阀门成本比目前在阀门内表面堆焊工艺的成本低，而且其结合强度及耐腐蚀性能方面也优于堆焊技术，避免了手工堆焊时出现的裂纹、气孔的缺陷等。

（3）通过爆炸焊接复合阀门技术，大大提高了复合阀门的生产效率，使复合阀门技术能够更好地应用于市场，实现批量化生产。

### 参 考 文 献

[1] 郑远谋. 爆炸焊接和金属复合材料及其工程应用[M]. 长沙：中南大学出版社，2002.
[2] 戴起勋. 金属材料学[M]. 北京：化学工业出版社，2012.
[3] 黄文尧，颜事龙. 炸药化学与制造[M]. 北京：冶金工业出版社，2009.
[4] 王耀华. 金属板材爆炸焊接研究与实践[M]. 北京：国防工业出版社，2007.
[5] 汪旭光. 乳化炸药[M]. 北京：冶金工业出版社，1989.
[6] 吕春绪，刘祖亮，倪欧琪. 工业炸药[M]. 北京：兵器工业出版社，1994：336-338.
[7] 吴树雄，尹士科，李春范. 金属焊接材料手册[M]. 北京：化学工业出版社，2008：390-393.
[8] 谢飞鸿. 爆炸焊接动力学及其计算方法[M]. 北京：科学出版社，2014.

# 异种金属设备贴条材料的制备方法研究

许成武　邓宁嘉　潘玉龙　蒋济仁　孙　健　王　斌　张　杰

（南京宝泰特种材料股份有限公司，江苏 南京，211100）

**摘　要**：目前我国部分压力容器反应釜有一段是锆钛钢，有一段是钽钛钢。锆板和钽板两种金属难以实现满足要求的熔焊焊接，焊缝质量缺陷多，容易造成腐蚀或者泄露。为了解决异种金属焊接的腐蚀和泄露问题，我公司研发出了钽（1.2mm）和锆（2mm）超薄复合板爆炸焊接搭接贴条作为两种金属的公共连接材料，实现了两种异种金属的焊接。目前国内对超薄复合板的爆炸焊接研究较少，因此必须自主创新，研发超薄复合板的爆炸焊接方法来解决异种金属化工装备制造难以实现熔化焊的问题，并已经取得了成功。

**关键词**：压力容器；超薄复合板；爆炸焊接；工艺研究

## Study on the Preparation Method of Dissimilar Metal Equipment Strip Materials

Xu Chengwu　Deng Ningjia　Pan Yulong　Jiang Jiren
Sun Jian　Wang Bin　Zhang Jie

（Nanjing Baotai Special Materials Co., Ltd., Jiangsu Nanjing, 211100）

**Abstract**: At present, zirconium/titanium/Carbon steel material is used on partial section of the reaction kettle, Zirconium plate and tantalum plate and difficult to meet the requirements of melt welding, the weld defects could cause corrosion or leaks. In order to solve the corrosion and leakage problem of dissimilar metal welding, tantalum (1.2mm) and zirconium (2mm) ultra-thin explosive clad plate was designed by NBSM to use as public connection strip of two kinds of metal, to meet the requirements of two dissimilar metals welding. Until now there are few researches on the explosion of ultra-thin clad plates, Therefore, we innovate independently and have developed explosive welding method of ultra-thin clad plate. Finally, we have solved this problem and got success.

**Keywords**: pressure vessel; ultra-thin clad plate; explosive bonding; process study

## 1　引言

### 1.1　研究背景

爆炸焊接金属[1]复合板是指在一层金属上覆以另一种或者多种金属的复合板，已达到在不

---

作者信息：许成武，工程师，xcw12xcw@163.com。

降低使用效果（防腐性能、机械强度等）的前提下节约资源、降低成本的效果。复合材料按外观可分为复合板、复合管、复合棒等。主要应用在防腐、压力容器制造，电厂建设、石化、医药、轻工、汽车等行业。

### 1.2 研究现状

与现有技术相比，本论文通过爆炸焊接的方法将金属材料钽板通过爆炸焊接的方式搭接在锆板上，钽板与锆板之间的爆炸焊接搭接是利用钽与锆同时具有高熔点、高沸点且耐腐蚀等特点。爆炸焊接过程中钽板在炸药能量的作用下依次向锆板做加速运动，并形成一定的弯折角，使爆炸结合面上出现周期性的界面波，最终使钽板与锆板间形成有效结合。在复合过程中要对炸药量须严格控制的同时对炸药的性能也严格的控制，既能使爆炸瞬间钽板在加速运动过程中产生弯折角产生焊接射流，同时也要防止钽板与锆板碰撞后能量过大导致焊接失败。

### 1.3 超薄钽/锆复合贴条的研究意义

本文所要解决的问题是通过爆炸焊接技术研究，提供一种能够在锆反应釜容器的耐腐蚀材料焊接的过渡性材料。超薄钽/锆金属复合板贴条不仅复合效果好、成本低而且还在延长反应釜使用寿命的基础上增加了压力容器的安全性。这对我国压力容器行业的发展具有重要意义。

## 2 理论依据

### 2.1 试验准备

由于传统爆炸工艺复合板复层厚度为2~16mm，基材最小厚度为6mm，且基材厚度与复材厚度之比通常不小于3。本论文中所采用基、复层数据见表1。由于基、复层小于常规厚度，且基板只有2mm，因此必要先对爆炸工艺进行理论分析。

金属材料的爆炸加工主要依靠炸药的爆轰作用来驱动复板撞击基板材料，在基、复板材料接触面上产生高温、高压而实现材料的有效黏合（焊接）。因此选择合理的爆炸能量是十分必要的。一般来讲，薄板敷设的炸药厚度和基、复板之间的安装距离应该相对较小；厚板敷设的炸药厚度和基、复板之间的安装间距应该相对较大，这是因为厚板的焊接过程中往往需要较大的冲击力和飞行速度。

### 2.2 工艺设计

爆炸焊接窗口和焊接参数的确定：爆炸焊接稀有金属复合材料的质量取决于合理的爆炸焊接动态参数，根据材料在静态性能参数并根据动高压理论确定其高压、动载荷下的相关性能参数，针对超薄板钽/锆的爆炸焊接，借助于爆炸焊接理论上限、下限、声速限、流动限的计算方法确定了其爆炸焊接窗口。结合试验，优化爆炸焊接的工程计算方法，使爆炸焊接参数不断优化并达到了成熟和稳定。重点解决了钽/锆爆炸焊接动态碰撞角、碰撞速度等关键性参数，得出了合理的动态爆炸焊接参数，以保证复合材料同板材料的均匀性。

爆炸焊接起爆区不定常现象分析及不定常段的控制包括，采用简化理论分析对炸药定常爆轰的形成过程进行分析，在此基础上借助于脉冲计数仪和探针对钽/锆爆炸焊接动态参数进行测定，分别在炸药性能、起爆能、装药结构等因素不同的情况下进行系列对比试验，确定了上述因素对炸药爆轰不稳定性和不定常段的影响。

当炸药[3]被雷管引爆后，爆轰波沿水平方向传播，高温高压的爆轰产物急剧膨胀驱动复板向下运动,经过一段距离的加速后,复板和基板发生高速的斜碰撞,在碰撞点附近产生高达 $10^6 \sim 10^7/s$ 的应变率和 $10^4$ MPa 的压强,基板、夹板和复板发生动态屈服,呈近似流体状态。此时板间会形成速度约为 $2 \sim 3$ km/s 的金属射流,板间接触界面约 $1\% \sim 3\%$ 厚度的含有氧化层及污染物的表层在射流的冲刷下被剥离,露出的新鲜表面在高压作用下发生适量熔化和金属原子间的扩散,形成结合牢固、组织均匀、呈波纹状的复杂结合界面,从而实现两种不同金属板间的爆炸焊接。

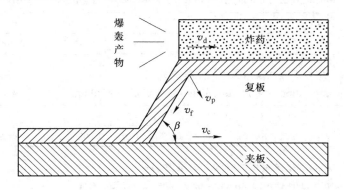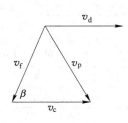

图 1　平行法爆炸焊接示意图

Fig. 1　Schematic diagram of explosive welding with parallel method

评定爆炸焊接质量的指标主要有界面结合强度、耐热性、抗冲击能力、渗透率、耐应力腐蚀能力等,其中焊接界面的结合强度是最主要的评定因素,它通常取决于结合区界面的形状特征。一般来说,均匀细小的周期性波形结合界面,其结合强度较高;而波形畸变严重,形成涡旋并呈现缩孔和铸态组织等缺陷的,通常结合强度较低,不是理想的界面形态。

一般认为实现高质量的爆炸焊接要满足以下三点要求:

(1) 焊接时必须要有再入射流形成,使界面能够自清理,露出新鲜表面。

(2) 形成细小均匀的波纹状界面或强度足够的平直型界面。

(3) 结合界面不出现过熔现象或者变色现象。

为满足以上要求,焊接参数必须处在某一合适的范围之内。爆炸焊接是通过板板间的高速斜碰撞实现的,其中有三个参数最为关键:碰撞速度 $v_p$、碰撞角 $\beta$、碰撞点移动速度 $v_c$。平行法爆炸焊接的三个参数满足如下关系:

$$v_c = v_f = v_d$$
$$v_p = 2v_c \sin(\beta/2)$$

爆炸焊接对以上三个参数有着严格限制,只有当这些参数满足一定条件时才能形成较好的结合面,一般通过碰撞点移动速度 $v_c$ 和碰撞角 $\beta$ 进行判断,这两个参数的取值范围在坐标系中形成的窗口区域称为"爆炸焊接窗口"(如图 2 所示)。爆炸焊接窗口由流动限、声速线、下限和上限

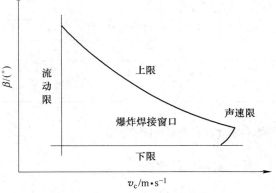

图 2　爆炸焊接窗口

Fig. 2　Explosive welding window

组成，一般认为当 $v_c$ 和 $\beta$ 位于爆炸焊接窗口内时复板和基板才可以形成爆炸焊接。

## 3 试验数据

试验所用材料性能如表 1～表 4 所示。

**表1 爆炸焊接试验用锆板的化学成分**
Table 1 Chemical composition of zirconium plate for explosive welding test %

| 材质 | Zr | Hf | Fe+Cr | H | N | C | Nb | O |
|---|---|---|---|---|---|---|---|---|
| R60702 | 99.2 | 4.5 | ≤0.2 | 0.005 | 0.025 | 0.05 | — | 0.10 |

**表2 爆炸焊接试验用钽板的化学成分**
Table 2 Chemical composition of tantalum plate for explosive welding %

| 材质 | Fe | Ni | W | Si | Mo | Ti | Nb | O | C | H | N | Ta |
|---|---|---|---|---|---|---|---|---|---|---|---|---|
| Ta1 | 0.005 | 0.002 | 0.01 | 0.005 | 0.01 | 0.002 | 0.05 | 0.02 | 0.01 | 0.002 | 0.005 | 余量 |

**表3 爆炸焊接试验用的物理、力学性能**
Table 3 Physical and mechanical properties of explosive welding test

| 材质 | 密度/g·m$^{-3}$ | 熔点/℃ | 体积声速/m·s$^{-1}$ | 抗拉强度/MPa | 伸长率/% |
|---|---|---|---|---|---|
| 锆 | 6.49 | 4377 | 5390 | 300 | 16 |

**表4 爆炸焊接试验炸药性能对比**
Table 4 Comparison of explosive welding test explosive

| 序号 | 密度/g·cm$^{-3}$ | 爆速 | | | 猛度 | | |
|---|---|---|---|---|---|---|---|
| | | 靶距/mm | 时间/μs | 爆速/m·s$^{-1}$ | 爆前铅柱/mm | 爆后铅柱/mm | 猛度/mm |
| 1 | 0.78 | 50 | 20.8 | 2604 | 60.1 | 49.0 | 11.1 |
| 2 | 0.76 | 50 | 20.2 | 2875 | 60.0 | 49.0 | 11.0 |
| 3 | 0.75 | 50 | 20.5 | 2739 | 60.0 | 49.2 | 10.8 |
| 4 | 0.79 | 50 | 20.7 | 2815 | 60.0 | 49.1 | 10.9 |
| 5 | 0.78 | 50 | 20.6 | 2614 | 60.1 | 49.1 | 11.0 |
| 6 | 0.76 | 50 | 20.5 | 2765 | 60.1 | 49.2 | 10.9 |
| 7 | 0.77 | 50 | 20.5 | 2645 | 60.1 | 49.0 | 11.0 |
| 8 | 0.76 | 50 | 20.3 | 2755 | 60.0 | 49.1 | 10.9 |
| 9 | 0.77 | 50 | 20.4 | 2615 | 60.1 | 49.2 | 10.8 |
| 10 | 0.78 | 50 | 20.5 | 2718 | 60.1 | 49.1 | 11.0 |

## 4 爆炸焊接试验及结果分析

### 4.1 第一次爆炸试验

#### 4.1.1 爆炸试验步骤

步骤一：选择地基夯实的区域，垫上 100mm 厚的粗沙，然后摆放事先准备好的碳钢垫板，然后再在碳钢垫板上摆放木板条垫块。

步骤二：在木板条垫块上摆放 2mm 厚的锆板，并用清洁剂对锆板的待结合面进行清理，然后再摆放 4mm 厚的间隙，在锆板的另一边摆放上事先准备好的 6mm 厚的木板条垫块以作支撑，然后把已经用清洁剂清洗过的 1.2mm 厚的钽板平齐的摆放在间隙与木板条垫块上。

步骤三：对钽板的边缘用纤维板进行固定，将炸药轻倒在钽板上形成炸药层，在布药的同时注意炸药不能洒在钽板与锆板之间，最后在钽板的中间安放雷管，完成准备工作。

步骤四：上述步骤无误后，于安全距离外起爆。

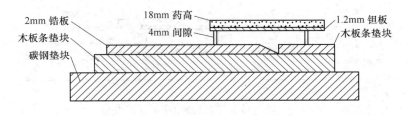

图 3　第一次钽/锆板搭接试验

Fig. 3　First tantalum/zirconium plate lap test

### 4.1.2　试验结果

以此方法进行两组爆炸焊接试验，试板分别编号为 1 号、2 号。

钽-锆搭接板 1 号与 2 号沿搭接边缘裂开，且爆炸变形非常严重，其中 1 号板直接出现 2 次焊接边缘裂开现象。

分析原因认为，由于炸药爆炸瞬间产生的高温高压条件，使钽板动能瞬间增大，又由于锆板存在坡口，在与锆板接触时，钽板与锆板之间的剪切力较大，使爆炸焊接完成后，板材搭接的边缘出现严重的撕裂现象。

为降低钽板、锆板之间的剪切力，使爆炸完成后板材搭接边缘不出现撕裂现象，考虑采用在锆板边缘点焊上钛板作为缓冲再进行试验，改进工艺后进行了第二次爆炸焊接试验。

## 4.2　工艺改进及第二次爆炸试验

### 4.2.1　改进工艺

第二次试验试板编号为 3 号，3 号试板采用工艺及参数与 1 号试板与 2 号试板略有不同具体改动细节为：

（1）在爆炸焊接之前用 2mm 钛板与锆板进行点焊对接，用 2mm 钛板取代第一次爆炸试验时的 2mm 木板条垫块。

（2）由于钽、钛在爆炸作用下也能产生冶金结合，故在钛板表面涂抹防护层，并以 A4 纸作为隔离层，防止钽、钛之间形成波状的结合界面。

### 4.2.2　工艺改进依据

爆炸试验工艺的改动不仅仅是根据以往的经验，更涉及了许多其他因素。

（1）由钛板取代木板条垫块。

1）考虑到木材的材质受树木的种类及生长环境影响较大，相同的试验可能出现完全不同的结果；

2）木材的物理、化学性能与金属相差过大，爆炸时易产生无法预计的影响；

3）将木材垫块改为金属材料，以锆板本身为最佳选择，综合考虑到价格与性质等因素，钛作为替代品较为合适。

1）和2）两点增加了试验分析的难度，减少了试验结果的说服力，所以必须更改，对于3）来说，试验应以锆为替代品最好，但考虑试验是为生产所服务，故选择钛最为合适。

（2）点焊对接、添加隔离层。钛、锆之间选择点焊，并在钛板表面涂抹防护层、添加隔离层，爆炸完成后钛板能轻易取下，在爆炸时还能暂时与锆板看作一个整体，因此是最合适的选择。

具体细节如图4所示。

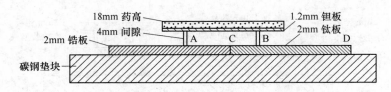

图4　改进爆炸工艺后钽/锆板搭接试验

Fig. 4　The test of tantalum and zirconium plate lap after the explosive process

### 4.2.3　第二次爆炸试验

步骤一：2mm锆板与2mm钛板点焊固定，修磨焊点与母材圆滑过渡。

步骤二：选择地基夯实的区域，垫上100mm厚的粗沙，摆放事先准备好的碳钢垫板，然后在碳钢垫板上摆放木板条垫块。

步骤三：在木板条垫块上摆放2mm锆/钛点焊对接板，并用清洁剂对锆板的待结合面进行清理。为防止爆炸后钽、钛之间产生冶金结合，在钛板表面涂上润滑脂作为防护层。

步骤四：在锆/钛点焊对接板上均匀布置4mm软铜间隙。钽板四周固定纤维板作为布炸药的药框，放置钽板于软铜间隙之上，保证AC之间距离为80mm。将炸药轻铺在钽板上形成炸药层，布药的同时注意炸药不能洒在钽板与锆板之间。在钽板几何中心布置雷管，完成准备工作。

步骤五：确保上述步骤无误后，在安全距离外起爆。

## 4.3　爆炸试验结果及分析

与现有技术相比，本次试验将金属材料钽板通过爆炸焊接的方法搭接在锆板上，钽板与锆板之间的爆炸焊接搭接是利用钽与锆同时具有高熔点、高沸点且耐腐蚀等特点。爆炸焊接过程中钽板在炸药能量的作用下推动钽板加速运动，并形成一定的弯折角，使钽板与锆板间形成有效结合。对炸药量须严格控制的同时炸药的性能也应严格的控制，合适的爆轰才能使钽板在加速运动过程中产生理想的弯折角，形成爆炸细波纹，使钽锆两种金属材料高强度复合。最终得到符合压力容器反应釜上使用超薄钽/锆板贴条。

爆炸焊接后取样对钽/锆搭接板进行剪切强度检测，剪切强度$\tau_b \geqslant 210MPa$，符合标准和使用要求。

## 5　结论

（1）通过超薄钽/锆爆炸焊接搭接技术，可得到焊接强度高，耐腐蚀能力强的压力容器反应釜用贴条，大大节约了焊接成本，同时提升了工作效率。

（2）传统的钽板与锆板直接进行搭接爆炸焊接，由于炸药在爆炸的瞬间产生高温高压的同时放出大量气体，使钽板瞬间获得较大的动量，从而使钽板与锆板进行搭接时动量过大，导致两板搭接处直接撕裂。采用钛板与锆板点焊后磨平技术，钽和钛重叠部分在钛层面涂上防护层润滑脂，能够有效的防止撕裂情况的发生。

（3）通过对超薄钽/锆爆炸焊接方法工艺的研究与改进，提高了对超薄复合板爆炸焊接的认识，对于复合板研究与改进具有重要意义。

## 参 考 文 献

[1] 郑远谋. 爆炸焊接和金属复合材料及其工程应用[M]. 长沙：中南大学出版社，2002.
[2] 戴起勋. 金属材料学[M]. 北京：化学工业出版社，2012.
[3] 黄文尧，颜事龙. 炸药化学与制造[M]. 北京：冶金工业出版社，2009.
[4] 王耀华. 金属板材爆炸焊接研究与实践[M]. 北京：国防工业出版社，2007.

# 爆炸焊接不锈钢复合板厚度减薄量分析

杨国俊　王强达

（太原钢铁（集团）有限公司复合材料厂，山西 忻州，035407）

**摘　要**：爆炸复合法生产复合板过程中，在爆炸焊接、热处理以及矫平、抛光等环节，都会造成复合板厚度减薄。生产过程各环节的减薄量决定了基复板投料时的原料厚度，原料厚度不足会导致复合板成品厚度达不到标准要求，原料过厚又会增加生产成本。本文对不同厚度范围内的复合板减薄量进行了测量分析，为复合板原料厚度的选择提供一定的技术支持。

**关键词**：爆炸复合；厚度减薄

## Explosive Welding Stainless Steel Clad Plate Thickness Reduction Amount Analysis

Yang Guojun　Wang Qiangda

(TISCO Composite Material Factory, Shanxi Xinzhou, 035407)

**Abstract**: In the explosive cladding composite panel production process, welding, heat treatment, straightening, polishing and other sectors, would result in the thickness decrease of a composite plate. The reduction of thickness in various aspects of the production process determines the thickness of the base material when re-feeding the plate. The shortage of the thickness of the raw material will result that the finished composite plate's thickness cannot meet the requirements. If the raw material is too thick, it will increase production costs. In this paper, the composite board thickness reduction within a range of different thicknesses was measured and analyzed. It provides some technical support options for choosing the composite plate thickness of the material.

**Keywords**: explosive cladding; thickness reduction

## 1　引言

复合板在爆炸焊接及其后续加工生产过程中，因为厚度减薄，经常会造成复合板成品的实际厚度小于标准要求值或合同规定的最低值，导致复合板成品无法交付或判废。而不同厚度的复合板，其在加工过程中的减薄量也不尽相同。通过试验和对大量复合板的厚度减薄量进行测量分析，从而得出复合板减薄量的规律，对复合板的生产具有借鉴和指导意义。

## 2　爆炸焊接不锈钢复合板生产工序及减薄原因

（1）本文讨论的爆炸焊接复合板减薄量涉及的工序和炸药参数如下：

---

作者信息：杨国俊，工程师，1003758849@qq.com。

不锈钢复合板的主要生产工序分为四大部分，即：前处理工序、爆炸焊接工序、热处理工序和后处理工序[1]。

炸药参数：低爆速铵油炸药，密度：650kg/m³，爆速：2500m/s。

（2）爆炸焊接不锈钢复合板各工序减薄原因。

前处理工序：基复板表面处理造成的厚度减薄。

爆炸复合工序：爆炸焊接是一种高速、高压、高温和绝热的过程，复板高速碰撞基板使结合区产生塑性变形，引起复合板减薄，长宽方向延伸[2]。

热处理工序：主要是基板表面氧化减薄。

后处理工序：复合板校平受压及表面处理（如抛光）等造成减薄。

## 3 试验思路

（1）针对不同厚度规格的复合板产品进行试验，测量基、复板和最终成品厚度，进行数据分析，得出不同厚度复合板的总减薄量。

（2）在复合板生产过程中测量各工序完成后复合板厚度，得出复合板生产过程各工序减薄量。

（3）对上述数据进行分析，得出不同厚度下复合板减薄量规律。

## 4 试验数据及分析

### 4.1 当复板为2mm，基板为14mm的（2+14）mm的复合板减薄量

通过对20张钢板进行测量，每张基板和复合板厚度测量6个点，复板厚度为1.95～1.98mm，视为2mm，实验数据如表1所示。

表1 厚度数据
Table 1 Thickness data  mm

| 板 号 | 基板厚度 | 成品厚度 | 板 号 | 基板厚度 | 成品厚度 |
| --- | --- | --- | --- | --- | --- |
| 1 | 14.4 | 15.8 | 4 | 14.3 | 16.1 |
| | 14.3 | 15.9 | | 14.4 | 15.9 |
| | 14.2 | 15.9 | | 14.4 | 15.9 |
| | 14.3 | 15.8 | | 14.4 | 16 |
| | 14.2 | 16.1 | | 14.4 | 15.8 |
| | 14.2 | 15.9 | | 14.4 | 15.8 |
| 2 | 14.4 | 15.9 | 5 | 14.4 | 16 |
| | 14.3 | 16.0 | | 14.3 | 15.9 |
| | 14.3 | 15.8 | | 14.2 | 16.3 |
| | 14.4 | 15.8 | | 14.3 | 16.5 |
| | 14.3 | 16.1 | | 14.3 | 16.3 |
| | 14.4 | 15.8 | | 14.2 | 16.2 |
| 3 | 14.4 | 16 | 6 | 14.4 | 15.8 |
| | 14.4 | 15.9 | | 14.3 | 15.9 |
| | 14.3 | 16.26 | | 14.4 | 15.8 |
| | 14.4 | 15.96 | | 14.4 | 15.8 |
| | 14.4 | 16.28 | | 14.3 | 15.9 |
| | 14.3 | 16.12 | | 14.4 | 15.8 |

续表1

| 板 号 | 基板厚度 | 成品厚度 | 板 号 | 基板厚度 | 成品厚度 |
|---|---|---|---|---|---|
| 7 | 14.5 | 15.8 | 13 | 14.2 | 15.9 |
| | 14.4 | 15.9 | | 14.3 | 16.0 |
| | 14.4 | 15.8 | | 14.4 | 15.8 |
| | 14.4 | 15.8 | | 14.2 | 15.8 |
| | 14.4 | 16.2 | | 14.3 | 15.9 |
| | 14.4 | 15.8 | | 14.4 | 15.8 |
| 8 | 14.4 | 15.8 | 14 | 14.3 | 15.8 |
| | 14.4 | 15.9 | | 14.5 | 15.9 |
| | 14.4 | 15.8 | | 14.4 | 15.8 |
| | 14.4 | 15.9 | | 14.4 | 15.8 |
| | 14.4 | 16.0 | | 14.5 | 16.0 |
| | 14.4 | 15.8 | | 14.4 | 15.8 |
| 9 | 14.4 | 15.8 | 15 | 14.3 | 15.8 |
| | 14.2 | 15.9 | | 14.2 | 15.9 |
| | 14.3 | 15.9 | | 14.5 | 15.8 |
| | 14.3 | 15.8 | | 14.3 | 15.8 |
| | 14.2 | 15.9 | | 14.2 | 16.0 |
| | 14.3 | 16.0 | | 14.5 | 15.8 |
| 10 | 14.3 | 15.9 | 16 | 14.5 | 16.2 |
| | 14.4 | 15.9 | | 14.3 | 16.2 |
| | 14.3 | 15.8 | | 14.5 | 16.0 |
| | 14.4 | 15.9 | | 14.3 | 16.5 |
| | 14.4 | 15.9 | | 14.3 | 15.9 |
| | 14.3 | 15.8 | | 14.5 | 16.2 |
| 11 | 14.3 | 15.8 | 17 | 14.3 | 16.1 |
| | 14.4 | 16.0 | | 14.2 | 15.8 |
| | 14.5 | 15.8 | | 14.2 | 16.2 |
| | 14.3 | 15.8 | | 14.3 | 15.9 |
| | 14.4 | 15.9 | | 14.2 | 16.2 |
| | 14.5 | 15.8 | | 14.2 | 15.9 |
| 12 | 14.5 | 15.8 | 18 | 14.4 | 15.8 |
| | 14.4 | 15.8 | | 14.4 | 16.0 |
| | 14.4 | 15.9 | | 14.3 | 15.8 |
| | 14.4 | 15.9 | | 14.4 | 15.8 |
| | 14.4 | 15.9 | | 14.3 | 15.9 |
| | 14.4 | 15.9 | | 14.4 | 15.8 |

续表1

| 板 号 | 基板厚度 | 成品厚度 | 板 号 | 基板厚度 | 成品厚度 |
|---|---|---|---|---|---|
| 19 | 14.3 | 16.0 | 20 | 14.3 | 15.8 |
|  | 14.3 | 16.0 |  | 14.3 | 16.0 |
|  | 14.3 | 16.0 |  | 14.4 | 15.9 |
|  | 14.3 | 16.0 |  | 14.2 | 15.8 |
|  | 14.3 | 15.9 |  | 14.3 | 15.9 |
|  | 14.3 | 16.2 |  | 14.4 | 15.8 |

复合板成品厚度数据分析如图1所示。

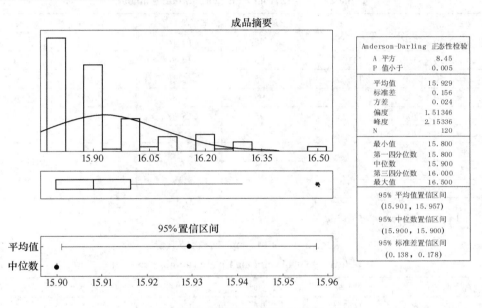

图1 复合板成品厚度数据分析
Fig. 1 Analysis of the thinckness of clad plate

复合板成品厚度平均值为15.9mm，最小值为15.8mm，120个数值中众数为15.8共出现47次。

两个样本T检验，利用假设检验计算结果、双样本T检验和置信区间以及基板厚度与成品厚度的双样本T如下：

| | $N$ | 平均值 | 标准差 | 标准误 |
|---|---|---|---|---|
| 基板厚度 | 120 | 14.3879 | 0.0765 | 0.0070 |
| 成品厚度 | 120 | 15.946 | 0.309 | 0.028 |

差值 = mu(基板厚度) − mu(成品厚度)；
差值估计： −1.5581；
差值的95%置信区间： (−1.6154, −1.5008)；
差值 = 0（与≠）的T检验：T值 = −53.59，P值 = 0.000，自由度 = 238；

两者都使用合并标准差 = 0.2252；
复合板减薄：2 - 1.56 = 0.44mm。
根据置信区间可算出（2 + 14）mm 复合板厚度减薄的波动范围在 0.4 ~ 0.5mm。

## 4.2 当复板为 3mm，基板厚度不同时的复合板减薄量

每块板厚度仍然测量 6 个数据，取这 6 个数的平均值作为单块板的厚度进行计算，下面表格中仅列出 6 个厚度的平均值。

(3 + 12)mm 复合板生产减薄量如表 2 所示。

表 2 (3 + 12)mm 复合板减薄量
Table 2 (3 + 12)mm clad plate thinning amount    mm

| 成品规格 | 基 板 | 复 板 | 基复板总厚度 | 复合板厚度 | 减 薄 |
| --- | --- | --- | --- | --- | --- |
| (3 + 12) × 2550 × 8330 | 12.21 | 2.95 | 15.16 | 14.45 | 0.71 |
| (3 + 12) × 2550 × 8330 | 11.91 | 2.95 | 14.86 | 14.25 | 0.61 |
| (3 + 12) × 2550 × 8330 | 12.23 | 2.95 | 15.18 | 14.45 | 0.73 |
| (3 + 12) × 2550 × 8330 | 11.85 | 2.95 | 14.80 | 14.25 | 0.54 |
| (3 + 12) × 2240 × 2700 | 12.43 | 2.95 | 15.38 | 14.95 | 0.44 |
| (3 + 12) × 2240 × 2700 | 12.41 | 2.95 | 15.36 | 14.95 | 0.41 |
| 平 均 | | | | | 0.57 |
| 最 大 | | | | | 0.73 |
| 最 小 | | | | | 0.41 |

(3 + 14)mm 复合板生产减薄量如表 3 所示。

表 3 (3 + 14)mm 复合板减薄量
Table 3 (3 + 14)mm clad plate thinning amount    mm

| 成品规格 | 基 板 | 复 板 | 基复板总厚度 | 复合板厚度 | 减 薄 |
| --- | --- | --- | --- | --- | --- |
| (3 + 14) × 2650 × 5600 | 14.71 | 2.95 | 17.66 | 17.29 | 0.37 |
| (3 + 14) × 1960 × 6600 | 14.75 | 2.95 | 17.70 | 17.21 | 0.49 |
| (3 + 14) × 2040 × 5600 | 14.30 | 2.95 | 17.25 | 16.78 | 0.48 |
| (3 + 14) × 1960 × 7950 | 14.63 | 2.95 | 17.58 | 17.08 | 0.50 |
| (3 + 14) × 1420 × 6000 | 14.33 | 2.95 | 17.28 | 16.87 | 0.41 |
| (3 + 14) × 1800 × 7700 | 14.77 | 2.95 | 17.72 | 16.93 | 0.79 |
| (3 + 14) × 2200 × 10150 | 14.21 | 2.95 | 17.16 | 16.67 | 0.49 |
| (3 + 14) × 2200 × 10150 | 14.01 | 2.95 | 16.96 | 16.65 | 0.31 |
| (3 + 14) × 2200 × 10150 | 14.12 | 2.95 | 17.07 | 16.49 | 0.59 |
| (3 + 14) × 2550 × 8330 | 14.19 | 2.95 | 17.14 | 16.32 | 0.82 |
| (3 + 14) × 2200 × 4220 | 14.34 | 2.95 | 17.29 | 16.53 | 0.76 |
| 平 均 | | | | | 0.54 |
| 最 大 | | | | | 0.82 |
| 最 小 | | | | | 0.31 |

(3 + 16)mm 复合板生产减薄量如表 4 所示。

表 4 （3+16）mm 复合板减薄量
Table 4 (3+16)mm clad plate thinning amount    mm

| 成品规格 | 基 板 | 复 板 | 基复板总厚度 | 复合板厚度 | 减 薄 |
|---|---|---|---|---|---|
| (3+16)×2440×8250 | 16.46 | 2.95 | 19.41 | 18.66 | 0.75 |
| (3+16)×2240×5500 | 16.46 | 2.95 | 19.41 | 18.72 | 0.68 |
| (3+16)×2240×5000 | 16.35 | 2.95 | 19.30 | 18.33 | 0.97 |
| (3+16)×2140×8100 | 16.30 | 2.95 | 19.25 | 18.69 | 0.56 |
| (3+16)×2170×6200 | 16.49 | 2.95 | 19.44 | 18.99 | 0.46 |
| (3+16)×2240×9600 | 16.69 | 2.95 | 19.64 | 19.08 | 0.56 |
| (3+16)×1700×7700 | 16.56 | 2.95 | 19.51 | 18.91 | 0.60 |
| (3+16)×1960×6400 | 16.32 | 2.95 | 19.27 | 18.75 | 0.53 |
| (3+16)×1700×7700 | 16.31 | 2.95 | 19.26 | 18.94 | 0.32 |
| (3+16)×1700×9600 | 16.23 | 2.95 | 19.18 | 18.69 | 0.49 |
| (3+16)×1960×8700 | 16.30 | 2.95 | 19.25 | 18.78 | 0.47 |
| (3+16)×1840×7700 | 16.44 | 2.95 | 19.39 | 18.67 | 0.72 |
| 平 均 |  |  |  |  | 0.59 |
| 最 大 |  |  |  |  | 0.97 |
| 最 小 |  |  |  |  | 0.32 |

（3+18）mm 复合板生产减薄量如表 5 所示。

表 5 （3+18）mm 复合板减薄量
Table 5 (3+18)mm clad plate thinning amount    mm

| 成品规格 | 基 板 | 复 板 | 基复板总厚度 | 复合板厚度 | 减 薄 |
|---|---|---|---|---|---|
| (3+18)×2440×7700 | 18.62 | 2.95 | 21.57 | 20.33 | 1.24 |
| (3+18)×2440×7700 | 19.06 | 2.95 | 22.01 | 20.49 | 1.52 |
| (3+18)×2440×7700 | 18.44 | 2.95 | 21.39 | 20.43 | 0.96 |
| (3+18)×2110×8800 | 18.05 | 2.95 | 21.00 | 20.21 | 0.79 |
| (3+18)×2110×8800 | 18.29 | 2.95 | 21.24 | 20.18 | 1.06 |
| (3+18)×2550×10000 | 18.37 | 2.95 | 21.32 | 20.38 | 0.93 |
| (3+18)×2550×10000 | 18.29 | 2.95 | 21.24 | 20.38 | 0.85 |
| (3+18)×2550×10000 | 18.37 | 2.95 | 21.32 | 20.38 | 0.93 |
| 平 均 |  |  |  |  | 1.04 |
| 最 大 |  |  |  |  | 1.52 |
| 最 小 |  |  |  |  | 0.79 |

（3+20）mm 复合板生产减薄量如表 6 所示。

表 6 （3+20）mm 复合板减薄量
Table 6 (3+20)mm clad plate thinning amount    mm

| 成品规格 | 基 板 | 复 板 | 基复板总厚度 | 复合板厚度 | 减 薄 |
|---|---|---|---|---|---|
| (3+20)×2400×8800 | 20.14 | 2.95 | 23.09 | 22.26 | 0.83 |
| (3+20)×2400×8800 | 20.24 | 2.95 | 23.19 | 22.16 | 1.03 |
| (3+20)×2400×8800 | 20.56 | 2.95 | 23.51 | 22.59 | 0.92 |
| (3+20)×2400×8800 | 20.21 | 2.95 | 23.16 | 22.30 | 0.86 |
| 平 均 |  |  |  |  | 0.91 |
| 最 大 |  |  |  |  | 1.03 |
| 最 小 |  |  |  |  | 0.83 |

(3+24)mm 复合板生产减薄量如表7所示。

表7 (3+24)mm 复合板减薄量
Table 7 (3+24)mm clad plate thinning amount  mm

| 成品规格 | 基板 | 复板 | 基复板总厚度 | 复合板厚度 | 减薄 |
| --- | --- | --- | --- | --- | --- |
| (3+24)×2050×10600 | 24.21 | 2.95 | 27.16 | 26.21 | 0.95 |
| (3+24)×2050×11800 | 24.15 | 2.95 | 27.10 | 26.08 | 1.02 |
| (3+24)×2050×8800 | 24.24 | 2.95 | 27.19 | 26.36 | 0.83 |
| (3+24)×2050×8800 | 24.43 | 2.95 | 27.38 | 26.33 | 1.05 |
| 平 均 | | | | | 0.96 |
| 最 大 | | | | | 1.05 |
| 最 小 | | | | | 0.83 |

### 4.3 其他厚度复合板的减薄量

(5+45)mm 复合板生产减薄量如表8所示。

表8 (5+45)mm 复合板减薄量
Table 8 (5+45)mm clad plate thinning amount  mm

| 成品规格 | 基板 | 复板 | 基复板总厚度 | 复合板厚度 | 减薄 |
| --- | --- | --- | --- | --- | --- |
| (5+45)×2360×5600 | 47.42 | 5.35 | 52.77 | 51.14 | 1.63 |
| (5+45)×2360×5600 | 47.38 | 5.35 | 52.73 | 51.03 | 1.71 |
| (5+45)×2360×5600 | 46.73 | 5.35 | 52.08 | 50.84 | 1.24 |
| (5+45)×2360×5600 | 46.66 | 5.35 | 52.01 | 50.79 | 1.22 |
| (5+45)×2360×5600 | 46.96 | 5.35 | 52.31 | 51.03 | 1.29 |
| (5+45)×2360×5600 | 46.52 | 5.35 | 51.87 | 50.49 | 1.38 |
| (5+45)×2360×5600 | 46.52 | 5.35 | 51.87 | 50.70 | 1.17 |
| (5+45)×2380×5600 | 46.65 | 5.35 | 52.00 | 50.64 | 1.36 |
| (5+45)×2380×5600 | 46.95 | 5.35 | 52.30 | 50.99 | 1.31 |
| (5+45)×2380×5600 | 47.28 | 5.35 | 52.63 | 51.28 | 1.35 |
| (5+45)×2380×5600 | 47.18 | 5.35 | 52.53 | 51.15 | 1.38 |
| 平 均 | | | | | 1.37 |
| 最 大 | | | | | 1.71 |
| 最 小 | | | | | 1.17 |

(6+30)mm 复合板生产减薄量如表9所示。

表9 (6+30)mm 复合板减薄量
Table 9 (6+30)mm clad plate thinning amount  mm

| 成品规格 | 基板 | 复板 | 基复板总厚度 | 复合板厚度 | 减薄 |
| --- | --- | --- | --- | --- | --- |
| (6+30)×1970×4330 | 30.69 | 5.89 | 36.58 | 35.32 | 1.26 |
| (6+30)×1970×4330 | 30.54 | 5.89 | 36.43 | 35.36 | 1.07 |
| (6+30)×1970×4330 | 30.51 | 5.89 | 36.40 | 35.08 | 1.32 |
| (6+30)×1970×4330 | 30.62 | 5.89 | 36.51 | 35.27 | 1.24 |

续表 9

| 成品规格 | 基板 | 复板 | 基复板总厚度 | 复合板厚度 | 减薄 |
|---|---|---|---|---|---|
| (6+30)×1970×4330 | 30.59 | 5.89 | 36.48 | 35.21 | 1.27 |
| (6+30)×1970×4330 | 30.58 | 5.89 | 36.47 | 35.77 | 0.70 |
| (6+30)×1970×4330 | 30.65 | 5.89 | 36.54 | 35.40 | 1.14 |
| (6+30)×1970×4330 | 30.53 | 5.89 | 36.42 | 35.39 | 1.04 |
| (6+30)×1970×4330 | 30.84 | 5.89 | 36.73 | 35.34 | 1.39 |
| 平　均 | | | | | 1.16 |
| 最　大 | | | | | 1.39 |
| 最　小 | | | | | 0.70 |

## 4.4 不同厚度复合板减薄量对比

不同厚度复合板减薄量对比如表 10 所示。

表 10　减薄量对比

Table 10　Comparison of thinning amount　　　　mm

| 厚度范围 | 平均减薄量 | 最大减薄量 |
|---|---|---|
| 2+14 | 0.44 | 0.70 |
| 3+12 | 0.57 | 0.73 |
| 3+14 | 0.54 | 0.82 |
| 3+16 | 0.59 | 0.97 |
| 3+18 | 1.04 | 1.52 |
| 3+20 | 0.91 | 1.03 |
| 3+24 | 0.96 | 1.05 |
| 5+45 | 1.35 | 1.71 |
| 6+30 | 1.16 | 1.39 |

从对比可知，随着复板厚度增大，复合板减薄量也随之增大；在复板厚度不变的情况下，随着基板厚度的增加，复合板减薄量也增大。

## 4.5 不同工序之间复合板减薄量

以(5+45)mm 复合板为例测量生产过程减薄量，做 Pareto 图进行分析，如图 2 所示。

从图 2 可知，(5+45)mm 复合板减薄主要产生在爆炸复合工序，占总减薄量的 81%。

## 5 结论

根据以上试验，我们得出以下结论：

(1) 随着复板厚度的增大，复合板减薄量随之增大，(2+14)mm 复合板平均减薄量范围为 0.4~0.5mm；(3+12~3+24)mm 复合板平均减薄量为 0.5~1.0mm；复板厚度在 5mm 和 6mm，基板厚度在 30~45mm 之间时，复合板平均减薄量为 1.2~1.4mm。

(2) 复板厚度不变的情况下，随着基板厚度增大，复合板减薄量也随之增大；复板厚度

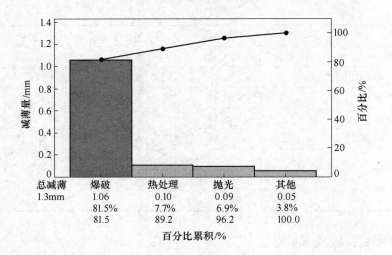

图 2 总减薄的 Pareto 图
Fig. 2 Total thinning of the pareto chart

为 3mm 时，基板厚度小于 18mm，平均减薄量为 0.6mm；基板厚度在 18-24mm 时，平均减薄量为 0.9~1.0mm。

（3）复合板减薄主要产生在爆炸复合工序，该工序减薄量占全工序减薄量的比例达到 80% 以上。

针对上述结论，可以针对不同厚度复合板的减薄量范围，选取相应的基复板厚度公差，防止复合板成品厚度不达标的情况发生。

## 参 考 文 献

[1] 汪旭光. 爆破设计与施工[M]. 北京：冶金工业出版社，2015.
[2] 刘昕，赵恩军，陈磊，等. 爆炸焊接复合板减薄的原因与对策[J]. 中国爆破新技术Ⅲ，2012.

# LNG 过渡接头用多层复合材料的研制

庞 磊　李演楷　邓光平　刘金涛　王志毅

（中国船舶重工集团公司第七二五研究所，河南 洛阳，471023）

**摘　要**：介绍了 LNG 过渡接头用多层金属复合材料的研制过程，对研制过程中存在的缺陷产生原因进行了分析，对爆炸焊接主要工艺参数进行了研究及优化，通过对比分析不同的试验结果，确定了此类金属复合材料的合理工艺参数。试验数据表明，此类多层复合过渡接头完全满足 LNG 汽化器要求。

**关键词**：LNG 多层复合材料；爆炸焊接；边界效应

## Study on the Multi-layer Composite Material for LNG Transition Joint

Pang Lei　Li Yankai　Deng Guangping　Liu Jintao　Wang Zhiyi

（Luoyang Ship Material Research Institute, Henan Luoyang, 471023）

**Abstract**: The paper introduces the development of multi-layer metal composite materials which is used in the LNG transition joint. The causes of defects in the development process are analyzed, and the main technological parameters of explosive welding are studied and optimized. Through comparative analysis of different test results, the reasonable technological parameters of this kind of metal composite are established. The experimental data shows that such multilayer composite transition joints fully meet the requirements of LNG carburetor.

**Keywords**: LNG composite material; explosive welding; boundary effect

## 1　研制背景

世界能源格局中，天然气的使用比重不断增加，天然气从开采到应用的诸多环节中，液化和汽化是两个重要的环节。在天然气液化及汽化装备中，LNG 汽化器（ORV）中的金属复合过渡接头是 LNG 进入 ORV 的关键构件，其材料的组成、性能参数直接影响 ORV 的正常工作以及 LNG 的应用。LNG 汽化器工作环境较为苛刻，其主要技术参数如表 1 所示。

由表 1 所示，复合过渡接头在低温环境、常温与低温交替环境及海洋环境作用下，复合接头的耐高压、高可靠性、高寿命，成为 ORV 建造的关键技术。

---

作者信息：庞磊，工程师，panglei.123@163.com。

表 1  ORV 技术参数
Table 1  The technical parameters of ORV

| LNG最大流气流量 /t·h⁻¹ | 压力 /MPa | 海水温度 /K | 天然气出口温度 /K | 天然气进口温度 /K | 最大海水流量 /t·h⁻¹ |
|---|---|---|---|---|---|
| 180 | 8 | 283 | 275 | 111 | 5000 |

本文针对LNG用多层金属复合材料开展了试验研究工作，采用爆炸焊接方法进行研制，重点对爆炸焊接工艺进行研究，最终通过剪切、抗拉、气密性、水压等试验进行比对，达到了预定指标，在该领域内取得了较大的进展，其多层金属复合材料如图1所示。

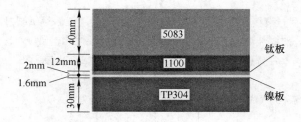

图 1  多层复合过渡接头示意图
Fig. 1  Schematic diagram of multilayer composite transition joint

## 2  试制用材料

试验中，选用5083+304L作为过渡接头的主要材料，由于多层复合过渡接头的工况环境恶劣，需要加中间过渡层进行研制。

首先选取其热膨胀系数应低于5083和TP304L材料，此接头结构可有效吸收因冷热变化而产生的应力。其次中间层选用N6可以提高复合板界面结合强度，还可以有效降低焊接时界面峰值温度，提高复合板耐焊接热循环能力，然后选用TA2可以有效提高铝界面结合强度，最后选用1100，在形成腐蚀电池的条件下，1100铝作为阳极容易受到腐蚀，可以有效保护5083铝合金、TA2、N6以及TP304L。

试验所用的材料检验依据如表2所示。

表 2  多层复合板原材料检验依据
Table 2  Inspection basis for raw material of multilayer composite plate

| 材料名称 | 验收标准 |
|---|---|
| TP304L | ASTM A240，热轧态 |
| N6 | GB/T 2054—2005，状态：M态 |
| TA1 | GB/T 3620—2007，GB/T 3621—2007，状态：M态 |
| 1100 | GB/T 3190—2008，GB/T 3880—2006，状态：O态 |
| 5083 | GB/T 3190—2008，GB/T 3880—2006，状态：O态 |
| 5083 | GB/T 3190—2008，GB/T 3880—2006，状态：O态 |

## 3  试验过程

### 3.1  试验主要工艺流程

按照设计要求，LNG用多层金属复合材料，整体厚度为84mm，各材料厚度组合为304L

(30mm)/N6(1.6mm)/TA2(2mm)/1100(12mm)/5083(40mm)，试验采用爆炸焊接方法进行，根据5083、1100厚度较厚，采用三层分次爆炸焊接工艺实施直接复合，1100分两次爆炸复合。

爆炸焊接微观上融合了压力焊（塑性变形）、熔化焊（熔化）和扩散焊（扩散）的特性，为不同基体金属原子之间的结合提供了更多和更好的条件。它们的结合强度通常不低于基材的较弱者。经爆炸载荷作用后，基体金属也会有一定程度的硬化和强化。然而它们的一些特殊的物理和化学性能，如耐蚀材料的耐蚀性能，导电材料的导电性能、金属的力学性能等，通常保持不变。

因此本文中所提的多层金属复合材料采用爆炸焊接方法进行研制，既不改变各金属的耐蚀及化学性能，而且超高的力学性能也能满足使用要求，本试验中采用两种不同性能炸药进行爆炸焊接，主要性能如表3所示。

试验路线如图2所示。

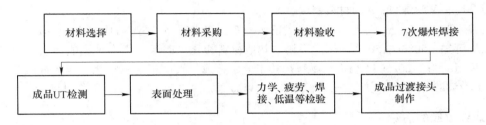

图2 多层复合过渡接头工艺过程
Fig. 2 Process of multilayer composite transition joint

## 3.2 炸药的选择

本试验采用两种不同性能的炸药，以便爆炸瞬间基、复板能有效结合。炸药性能如表3所示。

表3 配置炸药性能
Table 3 2 kinds of explosive performance

| 药 号 | 密度/g·cm$^{-3}$ | 爆速/m·s$^{-1}$ | 猛度/mm |
|---|---|---|---|
| A | 0.65~0.71 | 2300~2600 | 9.0~9.5 |
| B | 0.8~0.82 | 2000~2300 | 7.8~8.2 |

## 4 多层复合板爆炸焊接技术难点

### 4.1 5083与5083的爆炸焊接

多层复合板在爆炸焊接试验过程中，5083分三次进行爆炸焊接，在本试验过程中，出现了5083/5083结合面波纹粗大并产生不贴合，分析如下：

一方面，在本次研制的过程中，由于5083本身含有Mg等极易氧化的元素，Mg本身非常活泼，在高温情况下极易与氧生成MgO，从而影响爆炸焊接结合质量。另一方面，由于5083硬度、拉伸等性能较高，使得5083的爆炸焊接窗口较小，依据所示：

$v_T$的确定原理分析

$$v_T = 2(H_{dF} + H_{dB})^{1/2}/(\rho_F + \rho_B) \quad (1)$$

式中，$v_T$为临界流体传输速度；$H_{dF}$为复板硬度；$H_{dB}$为基板硬度；$\rho$为密度。由式（1）可知，

$v_T$ 与复合板基复板的硬度成正比关系。材料的硬度越大,所需要的临界流体传输速度越大。

最小临界冲击压力确定原理分析:

$$p_c = (R_{p0.2}/\rho)^{1/2} \tag{2}$$

式中,$p_c$ 为临界冲击压力;$R_{p0.2}$ 为材料屈服强度;$\rho$ 为材料密度。

由式(2)可知,$p_c$ 与复板的屈服强度成正比,在材料密度一定的情况下,屈服强度越高,所需临界冲击压力越大。

最大冲击速度的确定:

$$v_p = \frac{1}{N} \frac{(T_m c_b)^{1/2}}{v_c} \frac{(Kc_B)^{1/2}}{(\rho h)^{1/4}} \tag{3}$$

式中,$T_m$ 为熔点温度;$c_B$ 为材料本体声速;$K$ 为导热系数;$c_b$ 为比热容;$v_c$ 为碰撞点速度;$h$ 为复板厚度;$N$ 为常数;$\rho$ 为材料密度。

由式(3)可知,$v_p$ 与复板的熔点成正比关系。熔点越高,需要的最大冲击速度越大。

以上可知,5083 与 5083 的爆炸焊接与其他材料相比,需要考虑多种影响因素,而在试验初期,采用的与 1100/5083 相近的爆炸焊接工艺,造成较大面积的不贴合,而在本试验中合理调整 5083/5083 的爆炸焊接工艺,并取得了良好效果。

## 4.2 边界效应的消除

本试验中,铝合金板较厚,边部易不结合,不结合区宽度窄处为 30mm 左右,宽处为 60mm 以上。我们采取复板大于基板、降低复合板的间隙距离、每层爆炸焊接后切割边部的圆角区域以及切割边部的不贴合区域等方式来消除边界效应,也取得了良好结果。

## 5 试制结果及讨论

由于研制的 LNG 过渡接头产品使用条件苛刻,爆炸焊接完毕后,进行多项性能检测,(1)工况环境较为苛刻,检测了每层的结合强度,确保满足力学性能。(2)在 -196℃ 的环境下工作,做低温条件下的力学性能,除此之外也做了高温条件下的力学性能。(3)在使用中,流体对管壁的压力大约为 8MPa,试验中采用水压试验进行检测。(4)鉴于 LNG 的特殊性,不能有任何的泄露,采用氦气检漏的方式进行测试。其结果分别如下。

### 5.1 过渡接头各层剪切强度

根据图 3 所示,以上结果显示复合板各层的剪切强度值,均高于相关各层标准要求值,满足工况使用要求。

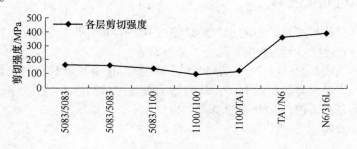

图 3 各层剪切强度

Fig. 3 Shear strength of each layer

## 5.2 过渡接头高温抗拉强度

根据图 4 可以看出，温度在 450℃ 以下时，拉脱强度在 140MPa 波动，当温度在 459℃ 以上时，拉脱强度急剧下降，因此多层复合过渡接头在焊接或者某些特定工况下，温度要保持在 450℃ 以下，以防拉脱强度下降从而使产品质量出现问题，LNG 过渡接头主要用于低温设备，此项满足要求。

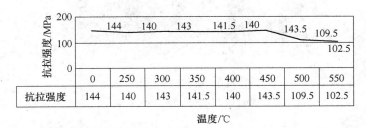

图 4　高温抗拉强度

Fig. 4　Tensile strength at high temperature

## 5.3 过渡接头低温抗拉强度

根据图 5 可知可以看出，可以看出，温度在 -80℃ 以上时，拉脱强度变化较小，当温度在 -80℃ 以下时，拉脱强度急剧上升，产品拉脱强度均高于 CB1343 要求，满足使用工况要求。

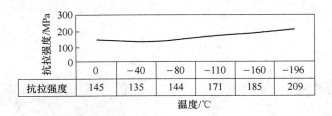

图 5　低温抗拉强度

Fig. 5　Tensile strength at low temperature

## 5.4 金相试验

由图 7 金相试验可知，TP304/N6/TA2/1100/5083 界面呈正弦分布，虽然有一定杂质，其结合质量较为良好，5083/5083 界面是一种几乎没有过渡区域的界面，也没有缝隙和空洞物出现。爆炸焊接质量良好。

## 5.5 水压试验

如图 8 所示，对加工成圆筒形的多层复合板进行水压试验，压力 24MPa，远远高于实际工况 8MPa 的使用条件，然后进行保压 10min，经检验合格。

## 5.6 气密性试验

如图 9 所示，气密性检验，进行氦检漏检测，达到 $1.9 \times 10^{-7}$，低于工况所要求的 $10^{-5}$，满足使用要求件。

图 6 抗拉试验试样
Fig. 6 Tensile test specimen

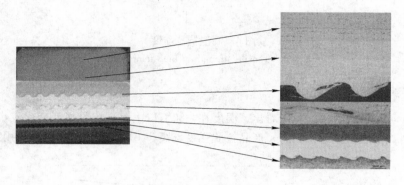

图 7 金相试验
Fig. 7 Metallographic test

 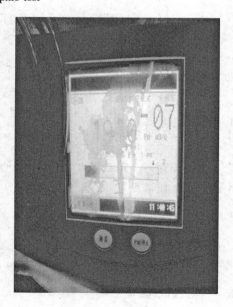

图 8 水压试验　　　　　　　　　　图 9 气密性试验
Fig. 8 Hydrostatic test　　　　　　Fig. 9 Air tightness test

## 6 结论

通过铝-不锈钢多层复合过渡接头的力学试验、焊接试验、微观检测等试验分析,得出主要结论如下:

(1)根据 LNG 汽化器使用的工况环境,5083 为复层,304L 不锈钢为基层,钛 TA1、镍 Ni、纯铝 1100 为过渡层的选材是适宜的。

(2)剪切试验、拉脱试验、系列温度热处理后的强度试验、打压试验、氦检漏试验的数据表明,过渡接头各项性能指标高于使用要求,试验设计的各种参数较为合理。

最终的研制产品如图 10 所示。

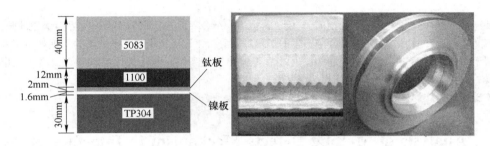

图 10 过渡接头产品

Fig. 10 Transition joint product

## 参 考 文 献

[1] 顾安忠. 液化天然气手册[M]. 北京:机械工业出版社,2010.
[2] 郭揆常. 液化天然气(LNG)应用与安全[M]. 北京:中国石化出版社 2008.
[3] 马志新,胡捷,李德富,等. 层状金属复合板的研究和生产现状[J]. 稀有金属,2003,27(6):799-803.
[4] 王耀华. 金属板材爆炸焊接研究与实践[M]. 北京:国防工业出版社,2007.
[5] 韩顺昌. 爆炸焊接界面相变与断口组织[M]. 北京:国防工业出版社,2011.

# 大厚度大幅面铜/钢复合板结合界面形成缺陷机理分析

冯 健　李春阳　刘献甫　侯国亭

(舞钢神州重工金属复合材料有限公司，河南 舞钢，462500)

**摘　要**：爆炸焊接大厚度、大幅面铜/钢复合板时，结合界面容易产生小面积的界面熔化缺陷。本文从理论和实践方面对这类缺陷产生的机理加以分析，提出了引起此类缺陷的机理是由于残留于界面内的绝热压缩空气引起的。通过修正爆炸焊接参数，消除了此类缺陷，提高了大厚度、大幅面铜/钢复合板的爆炸焊接成品率。

**关键词**：爆炸焊接；铜/钢复合板；界面熔化缺陷；动态弯折角 $\beta$

## Analysis of Melting Defects Mechanism in Interface of Clad Metal of Big and Thick Copper/Carbon Steel

Feng Jian　Li Chunyang　Liu Xianfu　Hou Guoting

(Wugang Shenzhou Heavy Industry Clad Metal Materials Co., Ltd., Henan Wugang, 462500)

**Abstract**: When explosive welding the big and thick copper clad plate, there are some quality defects of small area melding in interface appeared. This article analyses the problem mechanism in theory and practical, and points out that it is caused by the remnant adiabatic compress air in the bond. This kind of defect can be eliminated by amending parameters of explosive welding and the yield rate of final products of big and thick copper clad plate is increased.

**Keywords**: explosive welding; copper/carbon steel clad plate; defects of melding in interface; dynamic bend angle

## 1　引言

目前，尽管国内大部分企业对铜/钢复合板的爆炸焊接技术运用自如，但通常爆炸焊接复板面积小于 $10m^2$、厚度小于 $5mm$ 的范围，对于复板厚度大于 $6mm$、复合面积大于 $10m^2$ 以上的铜/钢复合板，尚焊接较为困难。例如，对于复板厚度小于 $5mm$、复合面积小于 $10m^2$ 的铜/钢复合板，界面结合率可以实现99％以上；但对于复板厚度大于 $6mm$，复合面积大于 $10m^2$ 以上的爆炸焊接铜/钢复合板，往往达不到设计的结合率。忽略可控的边界效应和雷管区引起的不复缺陷发现，大部分复合板面上分布着面积约为 $\phi50～100mm$ 的熔化界面，严重影响了铜/钢复合板的总体界面质量。本文以大厚度、大幅面铜/钢为研究对象，对爆炸焊接复合板结合界

---

作者信息：冯健，工程师，fuheban@163.com。

面熔化缺陷进行了试验和理论分析,查明熔化缺陷产生的机理,找出了消除该缺陷的技术,提高复合板的产品质量。

## 2 分析与讨论

一般进行大幅面大厚度复合板爆炸焊接时,多采用平行法安装,有:

$$v_\mathrm{P} = 2v_\mathrm{d}\sin\frac{\beta}{2} \tag{1}$$

式中,$v_\mathrm{P}$ 为复板下落速度;$v_\mathrm{d}$ 为炸药的稳定爆速;$\beta$ 为复板的动态弯折角。

实践证明,要得到合格的爆炸焊接材料。必须得到最小的 $v_\mathrm{P}$ 值,但 $v_\mathrm{P}$ 过小,压力就小,就不能产生类流体状态,不是流体状态,也就没有射流概念。因此要达到爆炸焊接的目的,一定要有一个最小的临界压力存在,也即最小的 $v_\mathrm{Pmin}$,由公式1可知,在动态弯折角($5<\beta<25$)一定的情况下,要想得到 $v_\mathrm{Pmin}$,只有降低炸药爆速 $v_\mathrm{d}$,对于厚板的爆炸焊接,由于复板质量较大,在同一 $v_\mathrm{P}$ 值时,其动能就比薄板的大,就有可能发生界面熔化现象。因此可以说,金属复合板的面积越大、复层板越厚,炸药的爆速应当越低[1]。

文献[2]导出了厚板爆炸焊接的理论上限和下限公式,并且得出结论:爆炸焊接的下限、声速限与驻点最小压力限和复板的厚度关系不大,但焊接上限与复板的厚度关系非常明显,随着板厚的增加,上限下移,使可焊窗口变窄。要可靠的进行厚板的爆炸焊接,选择的爆炸焊接参数应尽可能地远离上、下限,考虑厚板爆炸焊接时射流较厚,界面清理作用较强,可适当的选用较低的打击速度,适当低的装药质量比(0.3~1.0)。

对于幅面比较大的爆炸焊接复合板,文献[3]通过对结合界面的微观分析与研究,揭示出爆炸复合界面存在的气体及形成原因,并分析出随着复合板的宽度增加,排气条件越差,会有更多的气体滞留在界面,将会出现长条状的不结合区,严重影响爆炸焊接复合板的质量。

通过以上分析可知,影响爆炸焊接大厚度、大幅面复合板的质量因素主要有炸药爆速的选择和排气路径的确定,也即精确控制复板碰撞基板的动能和起爆点位置,这样才能确保爆炸焊接大厚度、大幅面复合板的质量达到设计要求。

## 3 爆炸焊接实验

基板采用 Q345R,$R_\mathrm{eL}=420\mathrm{MPa}$,$R_\mathrm{m}=550\mathrm{MPa}$,$A=32\%$,尺寸为 46mm×2000mm×8000mm;复板采用 T2 紫铜,$R_\mathrm{m}=260\mathrm{MPa}$,$A_{11.6}=36\%$,尺寸为 8mm×2040mm×8040mm。复板四周边按基板尺寸铣削出宽度 2mm,深度约为板厚1/3,即 2mm。平行安装。

炸药的选择

本次试验采用粉状乳化铵油炸药,厂家提供的实测数据:堆积密度 = 0.80g/cm³,爆速 3423m/s,猛度 16.01 mm。经重新调配后,炸药实测数据如下:堆积密度 = 0.75g/cm³,爆速 2500m/s,猛度 10.25 mm。

爆炸焊接时,装药厚度:$\delta_1=56$;间隙值:$h_0=13$,采用中心起爆法。

经爆炸复合试验,复合板的质量达到了预期的效果,但板面上出现的少量小面积不复合引起了我们的思考。除由边界效应引起的板面四周少许不复合外,还发现一些随机出现的、尺寸大约为 φ30~50mm 左右的不复合现象。打开后,发现界面上有明显的过熔现象,如图1所示。

这些缺陷的产生,我们认为不是简单地使用过熔理论就能够完全解释的,从结果看,应该是由残留的少量绝热压缩空气引起的界面熔化现象。

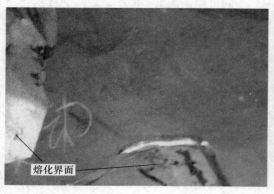 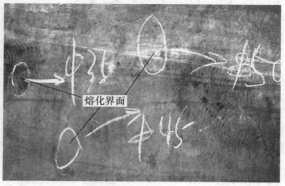

图 1 基、复板界面过熔

Fig. 1 Melting in interface

文献[3]对大幅面复合板界面熔化缺陷的产生机理进行了研究与分析，指出在理想的状态下，基复板间的气体是要排出去的，但在实际爆炸焊接生产中，要完全排出所有的气体是不可能的。当复合板的复合速度超过声速时，在基复板间的气体就遇到声障问题，根本来不及排出，它们被绝热压缩，使温度骤然上升到 $10^5℃$，造成界面金属融化，形成界面质量缺陷。而文献[6]则从能量方面对造成复合板界面熔化缺陷进行了探讨，指出当两块板高速倾斜碰撞后，由于剪切变形而引起碰撞点附近的温度达到数百度甚至上千度，如能量过大则在界面处产生过熔缺陷。为减少此类缺陷的产生，以上理论建议，在大幅面大厚度复合板的爆炸焊接生产中，应调整起爆位置，使气体排出的路径越短越好；尽量采用装药下线，以预防能量过大而引起界面过熔。为此，重新制定了消除焊接界面熔化缺陷技术。

根据以上生产实践中产生界面熔化缺陷的机理分析，结合大幅面大厚度板面的爆炸焊接下限理论和低爆速炸药选用原则，决定调整爆炸焊接的动态弯折角 $\beta$ 值。动态弯折角的大小主要取决于炸药和复板的质量比。在复板质量不变的情况下，爆速越高或单位面积药量越小，动态弯折角越小。动态弯折角越小，排气条件越不良，越不利于爆炸焊接。另外，在炸药质量或爆速不变的情况下，随着复板厚度的增加，动态弯折角也越小[7]。为此，在生产过程中，重新调整爆炸焊接参数如下：

（1）增大装药质量比，从原来的下限装药厚度 $\delta_1 = 56mm$ 上调到 $\delta_1 = 60mm$。

（2）为保证预定的 $v_p$ 值不变，降低间隙值到 $h_0 = 12mm$。

（3）改变起爆点位置，采用角起爆法，缩短排气路径。

利用以上调整的爆炸焊接参数进行了相同尺寸、板幅试验，实验结果比较理想，之后把此调整后的参数用于实际生产。检验发现，随机出现的界面熔化缺陷比调整前减少 90% 以上，提高了大幅面大厚度铜、钢复合板的成品合格率。

## 4 结论

（1）因安装参数和排气距离的差异，小幅面大厚度铜/钢复合板的爆炸焊接参数不能机械的用于大幅面大厚度铜/钢复合板的爆炸焊接。

（2）爆炸大幅面大厚度铜/钢复合板时，影响复合板质量的主要因素是随机出现的小面积界面熔化缺陷，这一缺陷是由于少量气体未完全排出，被绝热压缩引起的。

（3）在保证选用低爆速炸药的同时，爆炸焊接参数应选用高于理论下限 5% ~ 7% 左右。

（4）适当增大动态弯折角 $\beta$ 值，最好选用 $10°\leqslant\beta\leqslant15°$，以加强界面间的自清理作用，利于界面间的气体完全排出。

（5）经过大批量的实际生产，证明大幅面大厚度铜/钢复合板界面熔化缺陷的机理分析是正确的，消除这种缺陷所采取的措施也是有效的。这种方法也可以用于预防其他大幅面大厚度复合板如不锈钢、镍、钛等熔化缺陷的产生。

## 参 考 文 献

[1] 邵丙潢，张凯. 爆炸焊接原理及其工程应用[M]. 大连：大连工学院出版社，1987：4-5，89.
[2] 李晓杰. 厚板爆炸焊接窗口理论的应用[J]. 爆破器材，25(4)：28-29.
[3] 韩顺昌. 爆炸焊接界面相变与端口组织[M]. 北京：国防工业出版社，2011：12，210-211.
[4] 王铁福. 大型不锈钢/普碳钢厚板坯的爆炸焊接[J]. 焊接学报，25(2)：87-88.
[5] 王耀华. 金属板材爆炸焊接研究与实践[M]. 北京：国防工业出版社，2007：26-27.
[6] 冯健，史和庆. 钛/钢复合板爆炸焊接后周边端部被撕裂的机理分析[J]. 压力容器，25(2)：2.
[7] 郑远谋. 爆炸焊接和爆炸复合材料的原理及应用[M]. 长沙：中南大学出版社，2007：160.

# 凝汽器用钛钢复合板微观组织与力学性能研究

张杭永　郭龙创　郭新虎　臧伟

(宝钛集团有限公司，陕西 宝鸡，721014)

**摘　要**：对凝汽器用 ASME SB265 Gr1/SA516 Gr70 钛钢复合板进行爆炸焊接试验，并对复合板结合界面的微观组织特征及力学性能进行了分析测试。微观组织分析显示，界面为波状结合，界面两侧的金属均发生了不同程度的塑性变形；界面附近存在短距离的元素互相扩散；界面无分层、夹杂等缺陷。力学性能测试表明，结合界面处的维氏硬度最高，随着与界面距离的增大逐渐降低；复合板的拉伸、冲击、弯曲性能符合 ASTM B 898 标准的要求，能够满足装备使用要求。

**关键词**：凝汽器；爆炸焊接；界面组织；力学性能

## Research of Interface Micro-structure and Mechanical Properties on Condensing Steam Titanium Clad Steel Plate

Zhang Hangyong　Guo Longchuang　Guo Xinhu　Zang Wei

(BaoTi Group Co., Ltd., Shaanxi Baoji, 721014)

**Abstract**: The paper carried out explosion welding experiments on titanium clad steel plate, namely, ASME SB265 Gr1/SA516Gr70. Then, the interface micro-structure and mechanical properties were analyzed and tested. The microscopic analysis showed that the combination of plate interface is wave-shaped, and metal on both sides of the interface are presented different degree of plastic deformation. Near the interface there existed short mutual diffusion of elements, and no defects such as lamination and inclusion in the interface. Mechanics performance test showed that the Vickers hardness is highest on combination of interface, and it is gradually reduced with the increase of distance off the interface. The tensile, impact, bending performance of clad plate conforms meets the requirements of ASTM B 898, and it can meet the equipment usage requirements.

**Keywords**: titanium clad steel plate; explosion welding; interfaces structure; mechanical property

## 1 引言

随着装备制造的大型化，凝汽器对大面积、高结合质量的钛/钢复合板的需求不断增加，而国内大面积钛/钢复合板制备技术和生产工艺仍存在一定问题，尤其是结合质量的均匀性和稳定性依然达不到大型装备的特殊要求，在管板的钻孔过程中基、复层易出现局部脱

---

作者信息：张杭永，工程师，baotifhc@163.com。

层[1]。本研究采用分段布药的方式，对凝汽器用钛/钢复合板进行爆炸焊接试验，并对复合板结合界面的微观组织特征及力学性能进行分析测试，确保其满足后期的装备制造与使用。

## 2 试验材料与方法

### 2.1 试验材料

试验所用基层材质为 ASME SA516 Gr70，复层材质为 ASME SB265 Gr1。基、复层规格分别为 37mm×3980mm×5700mm、5mm×4080mm×5800mm。

### 2.2 试验方法

试验采用分段装药的爆炸复合工艺，如图1所示。图1中炸药爆速 $v_{d1} > v_{d2} > v_{d3} > v_{d4}$。爆炸后在540℃进行退火处理，采用金相显微镜、扫描电镜对复合板进行微观组织检验，并对复合板进行剪切、拉伸、弯曲和钻孔试验，以检测复合板的力学性能和加工性能。

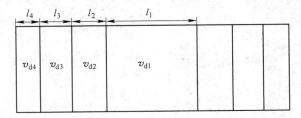

图 1 布药示意图

Fig. 1 Schematic diagram of dynamite loading modes

## 3 结果与分析

### 3.1 界面微观组织分析

在制备的钛/钢复合板上，分别距起爆点 500mm、1500mm、2500mm、2800mm 处（分别对应 $v_{d1}$、$v_{d2}$、$v_{d3}$、$v_{d4}$）取样，进行金相组织观察，结果如图2所示。制备的复合板界面为波状结合，界面两侧的金属均发生了不同程度的塑性变形，界面附近晶粒细小，结合良好，未发现连续熔化及孔洞等微观缺陷如图2所示，局部有少量漩涡如图2（c）所示。在结合界面钢侧波峰上的铁素体和珠光体呈现形变特征，远离波峰的基体组织为正常的铁素体+珠光体；钛侧界面处晶粒细小，基体组织为典型的 α 相组织。漩涡区为两种金属的互溶体。

钛/钢复合板爆炸焊接属于异种金属的焊接，这在复合板的复层钛和基层钢之间造成了元素的浓度梯度。在爆炸焊接过程中，随着结合区波形的出现，在波形内产生了强烈的塑性变形[2-4]。用能谱仪对距起爆点 500 mm 处结合界面两侧元素的扩散及界面成分进行分析，其结果如图3所示。可以看出，在结合界面两侧钛和铁元素有轻微扩散。在钛侧，铁元素的含量随着距离界面的距离的增加而降低，在钢侧，钛元素的含量同样随着距离界面的距离的增加而降低。在结合界面上，如图4所示，铁元素的质量百分含量略高于钛元素的质量百分含量，分别为 58.14% 和 24.93%，还存在 9.37% 的氧及 7.56% 的碳。结合界面侧两元素相互扩散的深度只有几微米量级。

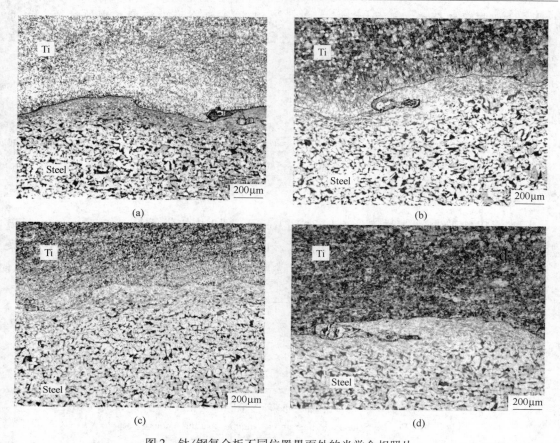

图2　钛/钢复合板不同位置界面处的光学金相照片
（a）距起爆点500mm；（b）距起爆点1500mm；（c）距起爆点2500mm；（d）距起爆点2800mm
Fig. 2　Microstructure at different position on titanium clad steel plate

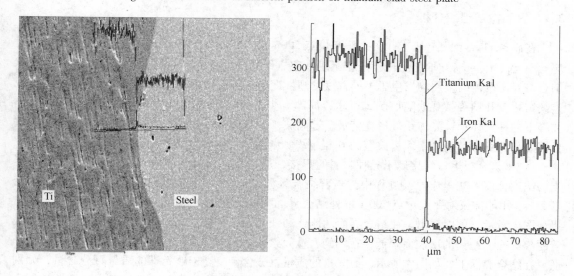

图3　复合板界面线扫描结果
Fig. 3　Result of clad plate interface

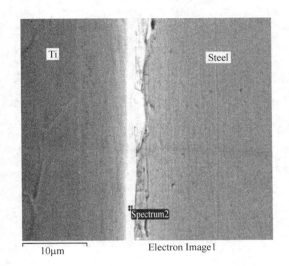

| 元素 | 质量分数/% | 摩尔分数/% |
|---|---|---|
| CK | 7.56 | 22.68 |
| OK | 9.37 | 21.09 |
| TiK | 24.93 | 18.74 |
| FeK | 58.14 | 37.49 |
| 合计 | 100.00 | 100.00 |

图 4  复合板界面扩散特征

Fig. 4  Interface diffusion of clad plate

## 3.2 复合板力学性能分析

对爆炸焊接后的复合板进行力学性能检测，取样位置分别为距离起爆点 500mm、1500mm、2500mm、2800mm 处的横截面上，结果如表 1 所示。

表 1  力学性能检测结果

Table 1  Testing results of mechanical properties

| 编号 | $R_m$/MPa | $R_{p0.2}$/MPa | $A_{50}$/% | $\tau$/MPa | 弯曲180° | 取样位置/mm |
|---|---|---|---|---|---|---|
| 1 | 520 | 300 | 33 | 240 | 无裂纹 | 500 |
| 2 | 536 | 310 | 32 | 225 | 无裂纹 | 1500 |
| 3 | 540 | 315 | 34 | 190 | 无裂纹 | 2500 |
| 4 | 538 | 308 | 33 | 200 | 无裂纹 | 2800 |
| 标准值 | 485~620 | ≥260 | ≥21 | ≥140 | 无裂纹 | 任意位置 |

注：参照 ASTM B 898 标准进行检测，取样位置为距离起爆点距离。

由表 1 可知，采用分段布药方式制备的爆炸复合板其抗拉强度、屈服强度、延伸率均比较稳定；剪切性能检测结果均匀性较好，而且均满足标准要求；弯曲检验表明无裂纹和分层现象。各处的力学性能均达到 ASTM B898 标准的要求，表明该爆炸焊接工艺取得较好的效果。

显微硬度测试表明，复合界面附近硬度最高，两侧逐渐下降，如图 5 所示，反映出了正常的爆炸复合材料特征[2~4]。

## 3.3 钻孔试验结果分析

对制备的复合板 1/4 区域进行钻孔试验（孔径 $\phi$19 mm，管桥 5 mm），钻孔后对界面先目视检查后渗透检验，结果表明管桥处无分层现象，可以满足加工要求。

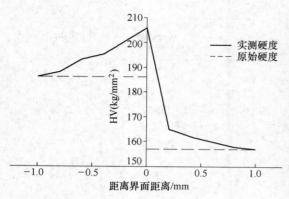

图5 界面附近的显微硬度测试结果
Fig. 5 Micro hardness across the interface

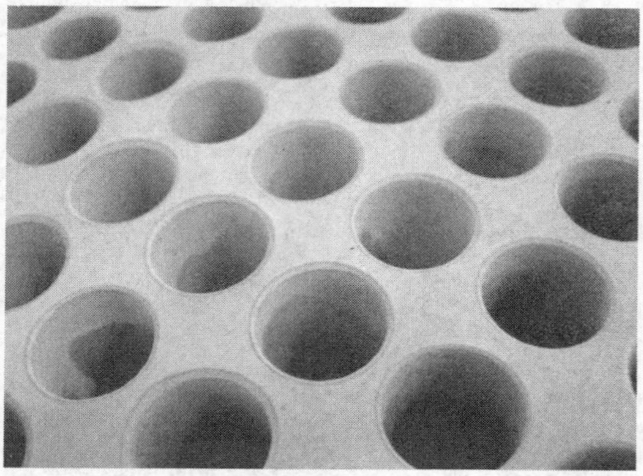

图6 钻孔试验PT检测图
Fig. 6 PT detection images of drilled plates

## 4 结论

(1)采用分段布药成功实现了凝汽器用 ASME SB265 Gr1/SA516 Gr70 钛/钢复合板的爆炸焊接,界面微观结合质量良好,力学性能符合 ASTM B 898 标准要求。

(2)经过钻孔检验,整板未出现分层现象,可满足装备制造对其加工性能的要求。

### 参 考 文 献

[1] 刘润生,张杭永,郭龙创. 爆炸焊接装药方式对钛/钢复合板组织及性能的影响[J]. 钛工业进展,2014,31(3):34-38.
[2] 郑哲敏,杨振声,等. 爆炸加工[M]. 北京:国防工业出版社,1981.
[3] 郑远谋. 爆炸焊接和金属复合材料及其工程应用[M]. 长沙:中南大学出版社,2001.
[4] 王耀华. 金属板材爆炸实践与研究[M]. 北京:国防工业出版社,2007.

# N10276/S30408 爆炸复合板热处理工艺研究

唐凌韬 赵恩军 刘昕

（大连船舶重工集团爆炸加工研究所有限公司，辽宁 大连，116023）

**摘 要**：爆炸复合板热处理工艺设计时需综合考虑基、复板的热处理特征，本文通过对 N10276/S30408 爆炸复合板不同热处理工艺试验后的力学及耐蚀性能进行分析，得出最佳热处理工艺为 1150℃×10min 固溶处理。

**关键词**：N10276；S30408；爆炸复合板；热处理

## Study on Heat Treatment of N10276/S30408 Explosive Clad Plate

Tang Lingtao  Zhao Enjun  Liu Xin

(Dalian Shipbuilding Industry Explosive Processing Research Co., Ltd., Liaoning Dalian 116023)

**Abstract**: The heat treatment of explosive clad plate needs to be integrated into the characteristics of base plate and cladding plate. The mechanical and corrosion resistant properties of N10276/S30408 explosive clad plate were studied after different heat treatment processes in this paper. It is concluded that the best heat treatment process is 1150℃×10min solution treatment.

**Keywords**: N10276; S30408; explosive clad plate; heat treatment

## 1 引言

镍基合金 N10276 是一种万能的抗腐蚀合金，主要耐湿氯、各种氧化性氯化物、氯化盐溶液、硫酸与氧化性盐，在低温与中温盐酸中均有很好的耐蚀性能。因此，在苛刻的腐蚀环境中，如石油化工、煤化工、烟气脱硫、海水淡化等工业领域有着广泛的应用[1]。但是 N10276 镍基合金价格昂贵，为了降低设备成本，同时节约贵重材料，近年不少设备制造厂使用 N10276/S30408 爆炸复合板代替纯 N10276 镍基合金。由于爆炸焊接过程中 N10276 与 S30408 之间发生高速碰撞，在其复合界面产生残余应力，使界面两侧材料局部硬化[2,3]。为了消除爆炸复合界面的残余应力，必须对其进行热处理[4]。爆炸复合板的热处理温度需精心选择，必须兼顾基、复板的热处理特征。本文通过研究不同热处理工艺下 N10276/S30408 爆炸复合板的力学性能和耐蚀性能，试图寻求最佳的热处理工艺。

---

作者信息：唐凌韬，工程师，bzstlt@163.com。

## 2 实验材料和实验方法

### 2.1 实验材料

试验用的 N10276/S30408 爆炸复合板厚度为 (3+14) mm,复板 N10276 镍基合金和基板 S30408 不锈钢的化学成分和力学性能如表1和表2所示。

表1 N10276 和 S30408 的化学成分
Table 1 Chemical composition of N10276 & S30408 %

| 材料 | C | Co | Cr | Fe | Mn | Mo | W | V | Ni | P | S | Si | N |
|---|---|---|---|---|---|---|---|---|---|---|---|---|---|
| N10276 | <0.001 | 1.09 | 15.50 | 5.85 | 0.54 | 15.45 | 3.41 | 0.01 | 余 | 0.008 | 0.003 | <0.02 | — |
| S30408 | 0.05 | — | 18.19 | 余 | 1.07 | — | — | — | 8.08 | 0.028 | 0.002 | 0.47 | 0.053 |

表2 N10276 和 S30408 的力学性能
Table 2 Mechanical properties of N10276 & S30408

| 材料 | $\sigma_s$/MPa | $\sigma_b$/MPa | $\delta_5$/% | HBW |
|---|---|---|---|---|
| N10276 | 352 | 793 | 64 | 175 |
| S30408 | 331 | 713 | 51 | 185 |

### 2.2 选择热处理工艺

复板 N10276 属于 Ni-Mo-Cr-Fe-W 系镍基合金。该合金中 Cr、Mo、W 的加入将 N10276 镍基合金的耐点蚀和缝隙腐蚀的能力大大提高。从 N10276 镍基合金的 TTT 曲线（图1），可以看出 700~1000℃ 区间为 N10276 镍基合金的敏感区。N10276 镍基合金热处理时,若在此区间停留时间过长,极易在晶界处析出一种含高 Cr、Mo 的 Fe-Cr/Fe-Mo 金属间化合物 σ 相,导致晶界附近形成贫铬/钼区,这势必导致 N10276 镍基合金在腐蚀环境中发生晶间腐蚀,晶粒破碎,甚至脱落,从而降低其耐蚀能力,所以 N10276 镍基合金热处理时必须避开此区间。

基板 S30408 是应用最为广泛的一种 Cr-Ni 奥氏体不锈钢,具有良好的耐蚀性,但是此钢种在热处理时易产生敏化现象。从 S30408 不锈钢的 TTT 曲线（图2）,可知在 450~850℃ 温度区间停留时,奥氏体中过饱和的碳,会迅速地向晶界扩散,在晶界上,碳消耗了晶界周围的 Cr,与 Cr 形成 $Cr_{23}C_6$ 碳化物,并在晶界沉淀析出。由于 Cr 的扩散速度太慢而得不到及时的补充,结果在晶界周围形成严重的贫 Cr 区,并且造成最邻近的区域 Cr 贫化,使得这些区域对腐蚀敏感[5]。

基于上述分析,结合复板 N10276 镍基合金和基板 S30408 不锈钢的热处理特征,选择了 540℃×2h、540℃×6h 退火、1150℃×10min 固溶三种工艺对 N10276/S30408 爆炸复合板进行了热处理试验。

### 2.3 试验方法

按 NB/T 47002.2—2009 B1 标准,检验 N10276/S30408 爆炸复合板经三种热处理工艺后的力学性能;按 ASTM G28 A 法,对比复层 N10276 爆炸焊接前及经各种热处理试验后的腐蚀速率;按 GB/T 4334—2008 E 法,对比基层 S30408 爆炸焊接前及经不同热处理过程后的腐蚀速率。

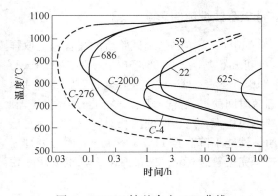
图 1　N10276 镍基合金 TTT 曲线
Fig. 1　TTT curve of N10276

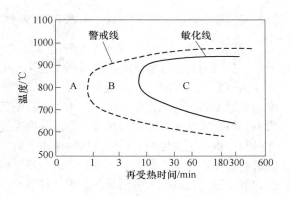
图 2　S30408 的 TTT 曲线
Fig. 2　TTT curve of S30408

## 3　试验结果及分析

### 3.1　不同热处理工艺对 N10276/S30408 爆炸复合板力学性能的影响

表 3 列出了 N10276/S30408 爆炸复合板热处理前和分别经 540℃×2h、540℃×6h 退火、1150℃×10min 固溶热处理试验后的力学性能。爆炸复合板依靠炸药爆轰产生的冲击力完成基、复板的冶金结合，完成爆炸焊接的同时，复合板也产生了冲击硬化和内应力。表 3 中复合板的爆炸态力学性能，与表 2 中基、复板原始状态相比，其力学性能表现为强度高，屈强比高，断后延伸率低，且界面硬度高。540℃ 的低温热处理，旨在回避复层 N10276 的析出相和基层 S30408 的敏化区的同时，尽量消除爆炸冲击波的影响，恢复性能。从表 3 的数据可知，540℃ ×2h 的退火，复合板的强度、硬度下降不明显，其屈强比仍然高，断后延伸率仍然低，这说明低温短时间的退火不能完全消除界面应力，使复合板的力学性能满足 NB/T 47002.2—2009 B1 标准的要求；那么将退火保温时间延长至 6h 后，复合板的延伸率有所提高，刚达到标准的要求。强度、硬度虽呈下降趋势，但降幅较小。而经 1150℃×10min 固溶处理后的复合板，由于超高的加热温度和水冷的降温方式，使得整个热处理过程完全避开了基、复板各自的敏感区，使其强度等力学性能指标恢复至爆炸复合前的状态。虽然经固溶处理后，复合板的界面剪切强度较爆炸态、退火态有所下降，但是变化不大，况且 345MPa 还是远远高于标准要求。

表 3　不同热处理工艺下 N10276/S30408 爆炸复合板的力学性能
Table 3　Mechanical properties of N10276/S30408 explosive clad plate after the different heat treatment processes

| 试样状态 | $\sigma_s$/MPa | $\sigma_b$/MPa | $\delta_5$/% | $\tau_b$/MPa | HBW | | |
| --- | --- | --- | --- | --- | --- | --- | --- |
| | | | | | 复层 | 界面 | 基层 |
| 爆炸态 | 803 | 890 | 28 | 430 | 310 | 450 | 330 |
| 540℃×2h | 726 | 835 | 31 | 390 | 298 | 426 | 317 |
| 540℃×6h | 580 | 786 | 41 | 365 | 273 | 385 | 296 |
| 1150℃×10min | 340 | 694 | 58 | 345 | 192 | 210 | 203 |

## 3.2 不同热处理工艺对 N10276/S30408 爆炸复合板耐蚀性能的影响

分别从经 540℃×2h、540℃×6h 退火、1150℃×10min 固溶热处理试验后的复合板上取样做基、复层的耐蚀性能试验,结果列于表 4。由表 4 可知,基层 S30408 经以上三种热处理试验后,晶间腐蚀试样完好,都没有产生裂纹。复层 N10276 经 540℃×2h 退火热处理后的腐蚀速率与其原始固溶状态比较,波动不大,这说明低温短时间的退火热处理未对复层产生明显不利影响,但是随着保温时间的延长,复层的腐蚀速率迅速增大,这表明低温长时间停留,使复层在晶间上析出了脆性相,导致其腐蚀速率上升,耐蚀性能下降。经 1150℃×10min 固溶处理后复层的腐蚀速率,只是稍高于热处理前的原始状态,完全符合标准 ASTM G28 A 法的要求,说明固溶处理工艺没有影响到材料的耐蚀性能。

表 4 不同热处理工艺下 N10276/S30408 爆炸复合板的耐蚀性能
Table 4　Corrosion resistant properties of N10276/S30408 explosive clad plate after the different heat treatment processes

| 试样状态 | 复层 N10276<br>ASTM G28 A 法 | 基层 S30408<br>GB/T 4334—2008 E 法 |
|---|---|---|
| 原始固溶状态 | 5.3 | 完　好 |
| 540℃×2h | 5.8 | 完　好 |
| 540℃×6h | 12.4 | 完　好 |
| 1150℃×10min | 6.1 | 完　好 |

## 4 结论

(1) N10276/S30408 爆炸复合板经低温短时间退火(540℃×2 h),其力学性能达不到标准 NB/T 47002.2—2009 B1 级的要求,经低温长时间退火(540℃×6 h),各项力学性能符合标准要求,但是复层已析出有害相。

(2) 固溶处理(1150℃×10 min)后的 N10276/S30408 爆炸复合板,能同时满足力学性能和耐蚀方面的要求。

### 参 考 文 献

[1] 张总. 退火工艺对哈氏 C-276 合金耐蚀性的影响分析[J]. 热加工工艺,2014,43(12):201-203.
[2] 郑远谋,黄荣光,陈世红. 爆炸复合材料中金属的硬化[J]. 矿冶,1999,8(3):61-64.
[3] 郑远谋,黄荣光,陈世红. 爆炸复合材料中金属的强化[J]. 工程爆破,2000,6(1):25-31.
[4] 郑远谋,黄荣光,陈世红. 金属爆炸复合材料的热处理[J]. 金属热处理,1999,1:26-30.
[5] 秦丽雁,张寿禄,宋诗哲. 典型不锈钢晶间腐蚀敏化温度的研究[J]. 中国腐蚀与防护学报,2006,26(1):1-5.

# S31254/14Cr1MoR 爆炸复合板热处理工艺探索

成泽滨　张越举　李子健　刘鸥　刘晓亮　聂伟

（大连船舶重工集团爆炸加工研究所有限公司，辽宁 大连，116023）

**摘　要**：通过不同热处理条件对 S31254 超级奥氏体不锈钢组织和抗腐蚀性能的研究和 14Cr1MoR 钢板热处理工艺的分析，设计了 S31254/14Cr1MoR 爆炸复合板的不同热处理制度。对热处理后的复合板进行了力学性能试验研究，结果表明，对于中厚 14Cr1MoR 钢板的 S31254/14Cr1MoR 爆炸复合板，采用低于 14Cr1MoR $A_1$ 线且不超过 S31254 高温析出相的温度进行退火，可以获得满足要求的复合板。

**关键词**：爆炸复合；热处理；抗腐蚀；煤制油设备；超级奥氏体不锈钢；铬钼钢

## Exploration of Heat Treatment Process for S31254/14Cr1MoR Clad Plate

Cheng Zebin　Zhang Yueju　Li Zijian　Liu Ou　Liu Xiaoliang　Nie Wei

(Dalian Shipbuilding Industry Explosive Processing Research Co., Ltd., Liaoning Dalian, 116023)

**Abstract**: In this paper, we reviewed the metallurgical structure and corrosion resistance of super austenitic stainless steel S31254 under different heat treatment condition, and we analyzed the base steel 14Cr1MoR heat treatment process. By all above mentioned we designed the clad plate of S31254/14Cr1MoR with different heat treatment process. With the tensile and sharp-V impact tests of the specimens, the suitable process was selected for S31254/14Cr1MoR. The process is that the temperature must choose under the $A_1$ line and no more than the temperature of S31254 high temperature precipitated phase produced.

**Keywords**: explosive welding; heat treatment process; corrosion resistance; coal to oil equipment; super austenitic stainless steel; Cr-Mo steel

## 1 引言

煤制油大型项目气化炉装备用复合板，由于复杂的介质成分和压力温度条件，以往的设备均采用昂贵镍铁铬钼铜合金 N08825。这种合金材料能够满足煤制油气化炉高温强腐蚀介质的工作环境。如生产线上气化炉设备全部采用镍铁铬钼铜合金 N08825 合金复合板，必将大大增加工程的投资成本，同时对于资源也是一种浪费。S31254 超级奥氏体不锈钢具有优良的抗点

---

作者信息：成泽滨，工程师，bingo164132053@aliyun.com。

蚀、晶间腐蚀、缝隙腐蚀和应力腐蚀，在氯化物和还原性介质中，耐腐蚀性能尤为突出。近年来，有设计者提出了采用 S31254 超级奥氏体不锈钢材料与 14Cr1MoR 钢的复合材料应用于煤制油气化炉装备，这是一项非常有意义的探索。然而 S31254 超级奥氏体不锈钢材料与 14Cr1MoR 钢两种材料的热处理制度存在较大的差异，同时经过爆炸复合的极端工艺后，复合材料存在着力学性能回复和保存复层材料优良抗腐蚀性能的两难选择。本文通过爆炸复合获得了 S31254/14Cr1MoR 复合板，并对复合板进行了一系列不同工艺的热处理，在尽可能保护复层优良抗腐蚀性能的条件下，获得了一个较为合理的热处理工艺。

## 2 爆炸复合板制备

### 2.1 试验材料

选用 OUTOKUMPU 生产的 S31254 超级奥氏体不锈钢和舞阳生产的 14Cr1MoR 钢板材料。钢板材料的化学成分和原始力学性能如表 1 所示。S31254 超级奥氏体不锈钢的化学成分和原始力学性能如表 2 所示。

**表 1 钢板 14Cr1MoR 化学成分和原始力学性能**
Table 1 Chamical composition and material mechanics of 14Cr1MoR

| 化学成分/0.001% | | | | | | | | | | | | | |
|---|---|---|---|---|---|---|---|---|---|---|---|---|---|
| C | Si | Mn | P | S | Cr | Alt | Mo | Ti | Cu | Nb | Ni | V | Ceq |
| 120 | 540 | 550 | 5 | 3 | 1370 | 39 | 570 | 3 | 20 | 2 | 160 | 7 | 630 |

| 力学性能 | | | | | | | |
|---|---|---|---|---|---|---|---|
| 拉伸性能 | | | 冲击试验 | | | 高温拉伸试验 | |
| $R_{eL}$/MPa | $R_m$/MPa | A/% | 温度/℃ | | -10 | 温度/℃ | $R_{p0.2}$/MPa |
| 445 | 578 | 22.0 | 181 | 152 | 225 | 350 | 345 |

注：熔炉号：13406196N3；批号：GCHA322277-1。

**表 2 试验材料 S31254 化学成分和原始力学性能**
Table 2 The chemical composition and raw material mechanics of exerimental S31254

| 化学成分/0.001% | | | | | | | | | | | |
|---|---|---|---|---|---|---|---|---|---|---|---|
| C | Si | Mn | P | S | Cr | Ni | Mo | Nb | Cu | Co | N |
| 11 | 390 | 450 | 20 | 1 | 20010 | 17890 | 6070 | 12 | 660 | 270 | 210 |

| 力学性能 | | | | | | |
|---|---|---|---|---|---|---|
| 拉伸性能 | | | 硬度 | | | |
| $R_{p0.2}$/MPa | $R_{p0.1}$/MPa | A/% | HB | | | |
| 320 | 350 | 45 | 223 | 192 | 192 | 194 |

注：批号：433341-002。

### 2.2 复合板爆炸制备

选用爆速为 2500m/s 的粉状铵油炸药，密度为 750kg/m³。炸药量设置为 24kg/m²，基板与复板间的距离设置为 8mm。按照以上设计对 S31254 和 14Cr1MoR 材料组合，尺寸为 (4+40)mm×600mm×1160mm 进行爆炸复合。复合后经 UT 探伤，结果表明复合良好。

## 3 复合板热处理试验

### 3.1 热处理工艺设计

爆炸复合材料的热处理首先应考虑组元各自的熔点和再结晶温度、强度和塑性、耐蚀性和耐磨性、比热和热胀系数，以及其他物理和化学性能，特别是它们在高温下相互作用的特性，从而正确地设计热处理的工艺参数和预测热处理对它们的结合区组织、结合强度和各自基材组织及性能的影响。对S31254在950~1250℃区间不同高温条件下固溶处理材料的研究表明[1]，其点腐蚀倾向是随着温度的升高逐渐增大而后降低的。1150℃条件下固溶处理的材料点腐蚀倾向最大。试验获得的数据表明，950℃与1250℃固溶处理的材料的腐蚀速率相差不大，且耐腐蚀性较强。也有研究认为[2]，当时效温度为800℃时，S31254基本没有高温析出相，晶内存在少量夹杂；时效温度为900℃时，开始出现再结晶，奥氏体晶界处和晶内出现少量的析出物，析出物并不连续；当时效温度为950~1000℃时，高温析出相的数量明显增多，且随着温度的升高，高温析出相逐渐连成网状；时效温度到1050℃时，晶粒内部的高温析出相和奥氏体晶界处的棒状和链状高温析出相逐渐溶于基体，晶粒基本呈等轴晶。研究认为，1050℃和800℃条件下的耐腐蚀速率相差不大，而1000℃条件下的耐蚀性能最差。这些研究都表明了S31254超级奥氏体不锈钢热处理的特点，即不能在高温下，尤其是在950~1000℃区间进行热处理。

而对于基板材料14Cr1MoR钢板，研究表明[3]，临界点温度为 $A_{c1} = 766℃$，$A_{r1} = 643℃$，$A_{c3} = 863℃$，$A_{r3} = 782℃$。表3[4]为14Cr1MoR钢板在不同高温处理条件下钢板晶粒度的变化，由表中结果可以看出，当钢板在 $A_{c3}$ 以上的温度进行热处理时，随着温度的提高，钢板晶粒度的级别在降低，即晶粒逐渐粗大化，尤其是温度达到980℃以上时，晶粒度的级别已经超出一般对14Cr1MoR钢板奥氏体5级及更细晶粒度的要求。

表3 14Cr1MoR钢热处理后奥氏体晶粒度
Table 3 The grain size of 14Cr1MoR steel after heat treatment

| 热处理状态/℃ | 900 | 930 | 950 | 980 | 1000 |
|---|---|---|---|---|---|
| 奥氏体晶粒度级别 | 8 | 6.5 | 6 | 5 | 4 |

考到以上对复层S31254和基层14Cr1MoR钢板热处理方面已有的研究成果，对S31254/14Cr1MoR复合板设计了如表4所示的系列热处理方案。

表4 S31254/14Cr1MoR爆炸复合钢板热处理试验制度
Table 4 Heat treatment techniques for explosive clad plate of S31254/14Cr1MoR

| 样号 | 热处理制度 | 正火/淬火 | | | | 回火/低温退火 | | | |
|---|---|---|---|---|---|---|---|---|---|
| | | 温度/℃ | 时间/min | 升温速度/℃·h$^{-1}$ | 降温方式 | 温度/℃(±5℃) | 时间/min | 升温速度/℃·h$^{-1}$ | 降温速度/℃·h$^{-1}$ |
| 1 | 爆炸态 | — | — | — | | — | — | — | — |
| 2 | 退火态 | — | — | — | | 580 | 120 | 150 | 100 |
| 3 | 退火态 | — | — | — | | 580 | 180 | 150 | 100 |
| 4 | 退火态 | — | — | — | | 720 | 180 | 150 | 100 |
| 5 | 正+回 | 910 | 30 | 200 | 空冷 | 720 | 180 | 150 | 100 |
| 6 | 淬+回 | 910 | 30 | 200 | 水 | 720 | 180 | 150 | 100 |
| 7 | 淬+回 | 910 | 30 | 200 | 水 | 600 | 180 | 150 | 100 |

续表4

| 样号 | 热处理制度 | 正火/淬火 ||| 降温方式 | 回火/低温退火 ||||
|---|---|---|---|---|---|---|---|---|---|
| | | 温度/℃ | 时间/min | 升温速度/℃·h⁻¹ | | 温度/℃(±5℃) | 时间/min | 升温速度/℃·h⁻¹ | 降温速度/℃·h⁻¹ |
| 8 | 淬+回 | 820 | 30 | 200 | 水 | 720 | 180 | 150 | 100 |
| 9 | 淬+回 | 1000 | 30 | 200 | 水 | 720 | 180 | 150 | 100 |
| 10 | 淬+回 | 910 | 120 | 200 | 水 | 720 | 180 | 150 | 100 |
| 11 | 淬+回 | 1000 | 30 | 200 | 水 | 600 | 180 | 150 | 100 |
| 12 | 淬+回 | 820 | 120 | 200 | 水 | 720 | 180 | 150 | 100 |
| 13 | 淬+回 | 820 | 120 | 200 | 水 | 600 | 180 | 150 | 100 |
| 14 | 淬+回 | 1000 | 120 | 200 | 水 | 720 | 180 | 150 | 100 |

## 3.2 复合板性能检验和分析

对不同热处理制度下的试样按照 GB/T 6397—86 制备板状拉伸试样，全部去复层做拉伸试验；热处理后复合板在同一位置按照 GB/T 229—2007 取样制备 10mm×10mm×55mm 标准试样，开 V 形缺口进行 -10℃ 夏比冲击试验。试验结果见表 5 所示。

表 5 不同状态试样的力学性能检验结果
Table 5 Results of mechanical test for different heat treatment state of clad plate samples

| 样 号 | 屈服强度/MPa | 抗拉强度/MPa | 伸长率/% | -10℃冲击/kJ |
|---|---|---|---|---|
| 标准要求 | ≥310 | 520~680 | ≥19 | ≥47 |
| 1 | — | 727① | 18.3① | 298, 263, 273 |
| 2 | 596 | 705① | 22 | 269, 275, 284 |
| 3 | 616 | 733① | 24.1 | 281, 282, 283 |
| 4 | 464 | 658 | 24 | 300, 300, 300 |
| 5 | 423 | 574 | 23.3 | 300, 300, 300 |
| 6 | 462 | 601 | 23.9 | 300, 300, 300 |
| 7 | 755 | 844① | 15.3① | 230, 134, 132 |
| 8 | 399 | 547 | 30.3 | 300, 300, 300 |
| 9 | 465 | 616 | 23.1 | 300, 300, 300 |
| 10 | 475 | 591 | 25.6 | 300, 300, 300 |
| 11 | 791 | 864① | 15① | 206, 201, 210 |
| 12 | 418 | 551 | 27.8 | 300, 300, 300 |
| 13 | 517 | 689① | 23.3 | 256, 250, 265 |
| 14 | 436 | 597 | 26.9 | 300, 300, 300 |

① 不合格值。

由表 5 数据可知，S31254/14Cr1MoR 爆炸复合钢板应进行热处理，解决复合板爆炸硬化和残余应力导致的无屈服点、抗拉强度超上限、断后伸长率低等力学性能低劣的问题。对于 14Cr1MoR 钢，第一次高温热处理，应使材料内部组织获得单一的马氏体、贝氏体或者马氏体和贝氏体的混合物，因此，第一次热处理时必须保证降温速度。对照表 4 的 13 种热处理制度，由表 5 的力学性能检验可知，对于(4+40)mm 这种厚度组合的 S31254/14Cr1MoR 爆炸复合板，仅仅采用低于600℃进行消应力处理,显然存在着难度(2号、3号),因此,必须考虑较高的温度进行热处理。同时也发现,当回火温度为600℃时,7号、11号和13号样的抗拉强度均超680MPa的上限,7号和11号试样的断后伸长率也低于标准要求的19%。虽然600℃回火试样的拉伸性能没有达到标准要求,但试样的-10℃冲击值均大大超过标准要求的47kJ。研究表5中的数据可以看出,不管复合材料是否进行了第一次高温处理,只要第二次回火处理温度为720℃,试样的冲击值均可以达到300kJ的稳定数值。而在580℃或者600℃的回火处理温度条件下,试样的冲击值都低于300kJ,甚至存在不稳定的现象(2号、3号、7号、11号和13号样)。这表明,对S31254/14Cr1MoR爆炸复合钢板(或者其他基板为14Cr1MoR爆炸复合钢板),将回火温度设置为720℃是稳定材料冲击性能的一个理想选择。

马丽娜等人的研究表明[2],S31254超级奥氏体钢在800℃时效处理时基本没有高温析出相,但晶内存在夹杂相,而900℃时效处理时出现少量高温析出相。而潘坤等[5]对S31254在中温时效条件下的研究表明,S31254会在850℃存在以$\sigma$相为主的富Cr、富Mo低Ni的金属件化合物析出,这说明,S31254超级奥氏体不锈钢不能在高于850℃的条件下进行热处理。考虑到对于S31254/14Cr1MoR复合钢板后期制作为设备过程中,还需要进行焊后热处理,一般按照600℃最大26h,最小8h的工艺消除焊接应力。大量实践得知,Cr-Mo钢板在这一温度下长时间保温,其抗拉强度一般会下降30~50MPa。因此,要保证制作完成的设备材质仍然满足14Cr1MoR钢板标准要求,就应使S31254/14Cr1MoR复合钢板的抗拉强度尽可能地靠近上限要求,即尽可能靠近680MPa。

结合以上数据和分析,对于4mm厚S31254和40mm厚14Cr1MoR的爆炸复合钢板,最佳的热处理工艺应为720℃±5℃,保温180min。

## 4 结论

(1)通过力学性能试验,获得了满足14Cr1MoR标准要求力学性能的S31254/14Cr1MoR爆炸复合钢板。

(2)通过对复层S31254超级奥氏体不锈钢高温时效后抗腐蚀性能的分析,认为720℃进行S31254/14Cr1MoR爆炸复合板的热处理,能够一定程度上保持复层的抗腐蚀性。

(3)对于40mm厚或者更薄的14Cr1MoR钢板,经爆炸复合的冲击硬化后,580℃的低温消应力退火不易于回复钢板的力学性能。将温度提高至720℃,能够获得力学性能优良的S31254/14Cr1MoR爆炸加工复合板。

### 参 考 文 献

[1] 王箭,张晶辉,马丽娜,等.固溶处理对254SMO奥氏体不锈钢腐蚀性能的影响[J].热加工工艺,2014,43(20):170-172.

[2] 马丽娜,李建春,范光伟,等.时效处理对254SMO不锈钢电化学腐蚀性能的影响[J].材料热处理学报,2014,35(5):92-96.

[3] 杨海林,杨秀芹.热处理工艺对14Cr1MoR钢的组织和性能的影响[J].金属热处理,2003,28(11):35-37.

[4] 薛巍,党兆凯.国产14Cr1MoR+SUS321复合钢板性能研究[J].压力容器(增刊),2001,18:81-83.

[5] 潘坤,陈海涛,郎宇平等.中温时效对超级奥氏体不锈钢S31254析出相的影响[J].金属热处理,2014,39(11):72-77.

# 爆炸焊接复合板残余应力分析

黄文[1]　黄雪[2]　陈寿军[1]　陶娟[2]

（1. 南京三邦新材料科技有限公司，江苏 南京，211155；
2. 南京德邦金属装备工程股份有限公司，江苏 南京，211153）

**摘　要**：外加载荷作用在整个基体材料上，此时除结合区会出现方向不同和大小不同的残余应力之外，在整个基体内还会出现方向不同和大小不同的残余应力。爆炸焊接金属复合材料内的残余应力的分布比单金属焊接时的要复杂得多。残余应力分析，对于复合材料力学性能、加工性能及使用性能的稳定具有十分重要的意义。本文简述了利用X射线对材料表面宏观残余应力的检测方法。并通过此方法对多种爆炸焊接复合板不同状态下的残余应力进行了检测。从而总结出X射线测量残余应力的原理和多种爆炸焊接复合板的残余应力情况。

**关键词**：爆炸焊接；复合板；残余应力；X射线

# The Residual Stress Analysis of Explosive Welding Composite Panels

Huang Wen[1]　Huang Xue[2]　Chen Shoujun[1]　Tao Juan[2]

（1. Nanjing Sanbom New Material Technology Co., Ltd., Jiangsu Nanjing, 211155；
2. Nanjing Duble Metal Equipment Engineering Co., Ltd., Jiangsu Nanjing, 211153）

**Abstract**: Through additional load on the substrate material, the residual stress will be produced in the bonding zone and the entire matrix in orientation and different size. Because in the distribution of residual stress the explosion welding metal composite materials is much more complex than that in the single metal welding, thus it is important to analyze the residual stress distribution for the mechanical properties, processing performance and performance stability of composite materials. This article describes the method of using X-ray to detect materials macroscopic residual stress in the surface. Through this method residual stress of a variety of explosive welding composite panels on different conditions is tested and summed up the X-ray measurement principle and the regularity of residual stress are summed up.

**Keywords**: explosive welding; composite panels; residual stress; X-ray

爆炸焊接复合板不仅是焊接技术上的重大突破，也是金属材料领域里的一次革命。利用爆炸焊接高能量加工技术，可以使不同金属达到固相结合，形成一种新型材料而同时具备两种或两种以上材料各自的优异性能，既弥补了普通均质材料耐蚀、耐高温性能较差的不足，又大大降低稀贵金属材料的消耗。但在爆炸焊接的情况下，外加载荷作用在整个基体材料上，此时除结合区会出现方向和大小不同的残余应力之外，在整个基体内还会出现方向不同和大小不同的

作者信息：黄文，工程师，x_huang@duble.cn。

残余应力。对爆炸复合板的残余应力分析与控制技术研究，对于复合材料结合强度、加工和使用性能的稳定有着很重要的作用，探寻其产生规律，以及降低和消除其中残余应力的方法是爆炸焊接理论和实践的一项重要课题，是金属复合材料的优良性能得以充分发挥的基础性研究。

残余应力是材料及其制品内部存在的一种内应力，是指产生应力的各种因素不存在时，由于不均匀的塑性变形和不均匀的相变的影响，在物体内部依然存在并自身保持平衡的应力。通常残余应力可分为：

（1）宏观应力（第一类应力）：存在于整个工件或者较大宏观区域内的应力。

（2）微观应力（第二类应力）：存在于晶粒范围内的应力。

（3）超微观应力（第三类应力）：存在于晶界、滑移面、位错附近等更微小区域内的应力。

爆炸复合板中残余应力的大小与材料的线膨胀系数、弹性模量、屈服点、导热系数、熔点、比热以及爆炸焊接工艺参数等均有关。爆炸复合板内残余应力的存在会严重地影响双金属和多金属的结合强度，基体金属的强度和硬度、刚度、加工精度和尺寸稳定性，耐蚀性等物理化学性能。因此，研究爆炸复合板中塑性变形分布的规律，掌握其内残余应力分布的规律，并用于预测、控制和调整它们的大小和分布对爆炸复合板有着重大意义。

## 1 宏观残余应力的测试方法

在弹性范围内，因为宏观残余内应力引起的应变完全可以通过晶体中某一特定的晶面族的晶面间距的变化来表示（本文针对试样的422晶面进行应力测试），而此变化必定导致相应的X射线衍射峰的位移。这是X射线衍射法测宏观残余应力的基础。当采用$\sin^2\Psi$法测定应力时，衍射关系见图1。

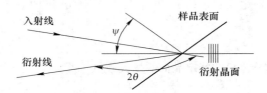

图1 衍射晶面与样品表面夹$\Psi$角时的衍射几何关系

Fig. 1 The diffraction geomety relation of the angle between diffraction plane and sample surface

宏观残余应力是残余应力在整个工件范围或相当大的范围内达到平衡。使$\theta$角发生变化，衍射线位移。测定衍射线位移，可求出宏观残余应力。

取$n$个不同的$\Psi_i$角度进行测定$2\theta_i$（$i=1,2,3,\cdots,n$），一般取$n \geqslant 4$，然后采用最小二乘法进行数据处理。原理如下：

$$2\theta_\Psi = 2\theta_0 + M \cdot \sin^2\Psi \tag{1}$$

式中，$2\theta_\Psi$为样品表面法线与衍射晶面法线夹角为$\Psi$时的衍射角，$2\theta_0$为$\Psi=0$时的衍射角，$M$为曲线$2\theta_\Psi$-$\sin^2\Psi$的直线斜率。

若测得$n$对数据$(2\theta_i, \sin^2\Psi_i)$对应每个$\sin^2\Psi_i$点的测量值$2\theta_i$与式（1）的相应点$2\theta_{\Psi i}$的偏差为：

$$\Delta_i = 2\theta_i - 2\theta_{\Psi i} = 2\theta_i - 2\theta_0 - M\sin^2\Psi_i \tag{2}$$

由最小二乘法原理，当$\sum_{i=1}^{n}\Delta_i^2$等于最小时式（1）中的$M$和$2\theta_0$为欲求的最佳值，根据极佳值条件得出：

$$\frac{\partial \sum_{i=1}^{n} \Delta_i^2}{\partial 2\theta_0} = 0, \frac{\partial \sum_{i=1}^{n} \Delta_i^2}{\partial M} = 0$$

由此可求得：

$$M = \frac{\sum_{i=1}^{n} 2\theta_i \sum_{i=1}^{n} \sin^2\psi_i - n \sum_{i=1}^{n} 2\theta_i \sin^2\psi_i}{(\sum_{i=1}^{n} \sin^2\psi_i)^2 - n \sum_{i=1}^{n} \sin^4\psi_i}$$

## 2 微观残余应力

微观残余应力是残余应力在一个或几个晶粒范围内平衡。有微观应力存在时，各晶粒同一{HKL}面族的面间距将分布在d1～d2范围内，衍射谱线变宽，根据衍射线形的变化，就能测定微观应力。

微观残余应力是平衡在晶体材料中几个晶粒之间的残余应力，它往往由于形变过程中各个晶粒之间的不均匀形变，或相变过程中不同相的体积效应，致使不同晶粒内的同族晶面间距了发生不规则的变化，因而造成了衍射线的宽化。本试验只针对被测样品中的特定相的特定晶面而测出的特定相的微观应力定义为 $\sigma_{Micro}$，单位为MPa。若被测样品的特定相的特定晶面的真实曲线仅由该样品的特定相的微观应力导致的对X射线的反射合成偏离布拉格角的情况造成的，则有：

$$n = 2.44 \left|\frac{\Delta d}{d}\right| \tan\theta$$

式中，$n$ 为函数 $1/(1 + k^2 x^2)^2$ 表示的微观应力引起的真实曲线的积分宽度，单位为弧度；$\left|\frac{\Delta d}{d}\right|$ 为面间距变化的平均值；$\theta$ 为被测样品中的特定相的特定晶面的布拉格角。则

$$\sigma_{Micro} = E \left|\frac{\Delta d}{d}\right|$$

式中，$E$ 为被测样品中的特定相的特定晶面的杨氏模量。

## 3 超微观残余应力

超微观残余应力是平衡在原子尺度范围内的残余应力，它往往是由晶体缺陷引起的，因为，在晶体缺陷周围的原子总是偏离正常的节点位置，常称这种畸变为静畸变，它的存在必导致衍射线强度的下降。根据衍射线的强度下降，可以测定第三类应力。

应用X射线的技术对爆炸焊接的复合板进行了应力测试。通过比较爆炸态和热处理后的复合板应力的变化情况来观察热处理的效果如何。

试验检测仪器为日本岛津（XD-3A）X射线衍射仪，铜靶（$CuK_\alpha$，$\lambda = 1.542$Å），石墨单色器（$2d_\alpha = 6.708$Å）。样品旋转架，样品以其表面法线为轴旋转，转速57r/min，从而可测得和样品表面夹不同角晶面的平均晶面间距，同时可减小样品的面织构或切应力对测试结果的影响。检测试样的测试面直径约3cm，并进行抛光腐蚀。采用同倾固定$\Psi$角方式对试样的应力测试晶面进行$\sin 2\Psi$法应力测试，分别测出$\Psi$为0°、15°、30°和45°时的应力测试晶面的衍射曲线。试样的检测位置是复合板的覆层表面。

选取以上四组试样是考虑到此四类复合板的爆炸焊接后都是低温消应力热处理的方法。温度都较低，无法预测应力的消除程度，因此通过检测可以了解热处理的效果，残余应力的大小，有利于总结复合板的后期使用技术要求。检测结果统计如表1，具体测试数据如图2(a)～(h)。

表1 爆炸复合板表面宏观残余应力检测结果
Table 1 The test results of residual stress on explosive clad plate

| 材 质 | 规格 | 试样状态 | 面宏观残余应力 $\sigma$/MPa | 数据图 | 热处理工艺 |
|---|---|---|---|---|---|
| N04400/Q345R | 3/22 | 爆炸态 | −222.6 | (a) | 580℃×3h 退火 |
| | | 热处理后 | −86.8 | (b) | |
| BFe30-1-1/Q345R | 3/22 | 爆炸态 | 36.9 | (c) | 650℃×1h 退火 |
| | | 热处理后 | 8.2 | (d) | |
| R60702/TA2/Q345R | 4.7/22 | 爆炸态 | −654.5 | (e) | 540℃×1h 退火 |
| | | 热处理后 | −615.1 | (f) | |
| TA2/Q345R | 10/28 | 爆炸态 | −212.3 | (g) | 540℃×1h 退火 |
| | | 热处理后 | −139.1 | (h) | |

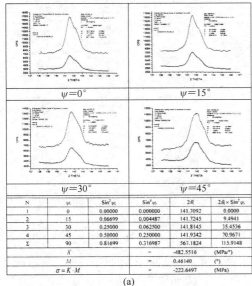

(a)

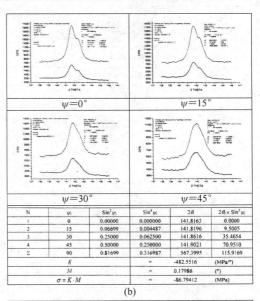

(b)

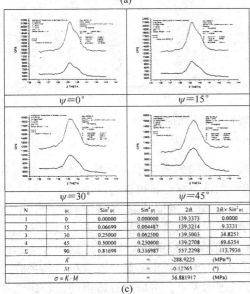

(c)

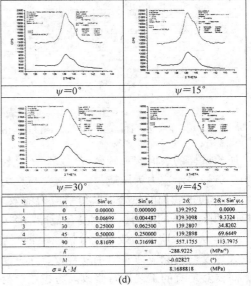

(d)

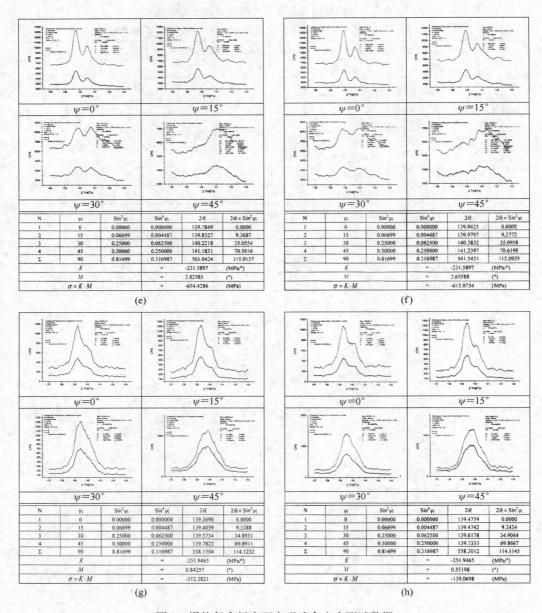

图2 爆炸复合板表面宏观残余应力测试数据

Fig. 2 The test data of residual stress on the surface of explosive clad plate

所检试样的表面宏观残余应力反映了试样覆层与基层间的相互作用对表层表面的平面力的影响，负号表示应力为压应力，反之为拉应力。通过测试数据分析可以总结出：

（1）通过我们的热处理取得消应力的效果为，镍钢复合板能消除约61%的应力；铜钢复合板能消除77%的应力；锆钢复合板能消除6%的应力；钛钢复合板能消除34%的应力。

（2）从消除应力的效果上分析，镍钢复合板、铜钢复合板的热处理工艺是较合适的，能够较大程度的消除应力；锆钢复合板、钛钢复合板的应力消除效果不足，复合板内残余应力较大，需要对现有的工艺进行修改。考虑覆层材质对温度的要求，可以通过适当的延长保温时间来提过消应力的效果。但此两类复合板在延长保温时间时还需考虑钛－钢界面的结合强度的变化情况。

（3）锆钢复合板 R60702/TA2/Q345R 由于是两次爆炸焊接，因此在消除应力时要考虑两次应力的叠加，在制定热处理工艺时需要分步考虑。此复合板的界面结合强度的薄弱点在于钛-钢界面，因此第一层复合后的热处理也非常重要。

（4）从应力的性质看分析，低温消应力的爆炸焊接复合板主要是以压应力为主。此类应力一般会提高材料的强度，特别是屈服强度，而会降低材料的塑性。但铜－钢复合板 BFe30－1－1/Q345R 的铜表面测定的残余应力却是拉应力，此应力必然会导致界面的结合强度降低。从而也能够帮助解答此复合板在对不结合区域焊补时，很容易造成不结合区域的扩大。

测定残余应力的方法有电阻应变片法、机械引伸仪法、小孔松弛法、超声波、光弹性覆膜法和 X 射线法等。但是用 X 射线测定残余应力有以下优点：

（1）X 射线法测定表面残余应力为非破坏性试验方法。

（2）塑性变形时晶面间距不变化，就不会使衍射线位移，因此，X 射线法测定的是纯弹性应变。用其他方法测得的应变，实际上是弹性应变和塑性应变之和，两者无法分辨。

（3）射线法可以测定 1～2mm 以内的很小范围内的应变，而其他方法测定的应变，通常为 20～30mm 范围内的平均。

（4）X 射线法测定的是试样表层大约 10μm 深度内的二维应力。采用剥层的办法，可以测定应力沿层深的分布。

（5）可以测量材料中的三类应力（宏观残余应力、微观应力、点阵静畸变应力）。

（6）在诸多测定残余应力的方法中，除超声波法外，其他方法的共同点都是测定应力作用下产生的应变，再按虎克定律计算应力。

（7）X 射线残余应力测定方法也是一种间接方法，它是根据衍射线条的 θ 角变化或衍射条形状或强度的变化来测定材料表层微小区域的应力。

X 射线法测残余应力还是有它的局限性。不能直接的测出材料的残余内应力。对试样的要求高，特别是试样表面，在试样加工时容易破坏试样的应力状态，造成测量结果的不准确。

加快爆炸复合材料的残余应力分析与控制技术的研究，对于复合材料力学性能、加工性能及使用性能的稳定，同时节约大量稀有金属，合理利用资源，提高装置设备的使用寿命和安全性，替代进口、改善环境、提高经济效益无疑具有十分重要的意义。

## 参 考 文 献

[1] 郑远谋. 爆炸焊接和金属复合材料及其工程应用[M]. 长沙：中南大学出版社，2002.
[2] 米谷貌. 残余应力的产生与对策[M]. 北京：机械工业出版社，1983.
[3] 郑哲敏，杨振声. 爆炸加工[M]. 北京：国防工业出版社，1981.
[4] 史美堂. 金属材料与热处理[M]. 上海：上海科技出版社，1990.
[5] 范雄. 金属 X 射线衍射学[M]. 北京：机械工业出版社，1998.
[6] 范雄. 金属 X 射线衍射学[M]. 北京：机械工业出版社，1998.
[7] 钱桦，习宝田. X 射线衍射半高宽在研究回火残余应力中的作用[J]. 林业机械与木工设备，2004.
[8] 郑远谋. 爆炸复合材料中的残余变形[J]. 上海有色金属，2002.

# 爆炸焊接 904L-14Cr1MoR 复合钢板焊接试验研究

王小华　杨辉　李军

(中国船舶重工集团公司第七二五研究所，河南 洛阳，471039)

**摘　要**：本文针对爆炸焊接超级奥氏体不锈钢 904L-14Cr1MoR 复合钢板的焊接特点，研究了其焊接性能，目的是选择匹配的焊接材料和焊接方法及相应的技术措施。通过对焊接试板组织观察和性能检测，试验结果表明，904L-14Cr1MoR 复合钢板耐蚀堆焊层焊缝及其热影响区的各项性能均满足相关标准和产品技术协议的指标要求，焊接工艺合理可行。

**关键词**：904L-14Cr1MoR 复合钢板；耐蚀堆焊；组织；性能

## Investigation of Welding Test of the Super Austenitic Stainless Steel 904L-14Cr1MoR Clad Metal Plate

Wang Xiaohua　Yang Hui　Li Jun

(Luoyang Ship Material Research Institute, Henan Luoyang, 471039)

**Abstract**: Test investigations about anticorrosion overlaying welding were carried out according to weld ability of 904L-14Cr1MoR clad metal plate in this research paper. Metallurgical structures were observed and mechanical property tests were carried out. The test results indicate that performance of the anticorrosion overlaying welding and it's heat-affected zone is able to meet requirements of standards associated and customer.

**Keywords**: 904L clad metal plate; anticorrosion overlaying welding; metallurgical structure; mechanical property

　　超级奥氏体不锈钢 904L 属于 ASME SA240 中的耐蚀合金材料，对应的 UNS 代号为 N08904。与奥氏体不锈钢 316L、317L 相比，904L 的 Cr 含量比 316L 增加了 1.5 倍，比 317L 增加了 50%，其化学成分介于普通奥氏体不锈钢与镍基合金之间，Mo、Cu 等合金元素含量较高。904L 的显著特点是对氯化物有着良好的耐应力腐蚀性能，在中性氯化物中有着非常好的耐点蚀性能。当应力腐蚀以点蚀为起点时，则选用此种不锈钢较为适宜。设计以 904L 为复层、以压力容器用钢 14Cr1MoR 为基层制成的 904L-14Cr1MoR 复合钢板。某项目氯洗塔用 904L-14Cr1MoR 复合钢板，其制造方法为爆炸焊接，爆炸焊接后的 904L 复层起爆点等未结合区域需进行耐蚀堆焊。由于 904L 属高合金奥氏体不锈钢，其组织为奥氏体柱状晶组织，易于杂质的偏析及晶间液态薄膜的形成，在一定的拉应力下可能引发晶间开裂。加之 904L-14Cr1MoR 复合

---

作者信息：王小华，高级工程师，wxh725@126.com。

钢板复层耐蚀堆焊为异种材料间的焊接,两种材料的成分及性能存在很大差别,进一步增加了904L-14Cr1MoR复合钢板焊接的复杂性。本文针对904L-14Cr1MoR复合钢板的焊接特点,对其复层904L耐蚀堆焊层的组织和性能进行了一系列试验研究。

# 1 焊接材料及焊接方法

试验用材料904L的化学成分见表1,根据镍和铬当量计算公式,镍当量 $Ni_{eq} = w(Ni) + 30w(C) + 0.5w(Mn)$,铬当量 $Cr_{eq} = w(Cr) + w(Mo) + 1.5w(Si) + 0.5w(Nb)$,计算得知镍当量 $Ni_{eq} = 25.19\%$,铬当量 $Cr_{eq} = 24.87\%$,查舍夫勒图[1]可知904L为全奥氏体组织,因此其焊接热裂纹非常敏感。特别是纯奥氏体如Cr25Ni20不锈钢组织,热影响区晶粒长大现象较严重,由于焊接热循环的不平衡加热,在晶界产生有害杂质元素(如S、P等)的聚集,这就形成低熔点共晶液膜,因而产生焊接液态裂纹。[2]为减小焊接过程中热裂纹的产生,本试验中选用了高Ni低C、S、P的焊接材料。不锈钢复合板复层及过渡层的焊接,宜采用钨极氩弧焊和焊条电弧焊。[3]为了保证产品焊接质量并提高生产效率,本项目试验中采用了焊条电弧焊的工艺方法,其特点是灵活方便,并可实现全位置焊接。对于焊条电弧焊,根据耐腐蚀性、接头韧性的要求及焊接位置,可选用酸性或碱性焊条,采用酸性焊条时,脱渣优良,焊缝光滑,接头成形美观,但焊缝金属的冲击韧性较低,由于本项目中904L-14Cr1MoR复合钢板的冲击试验仅考虑基层,对于复层耐蚀区不考虑其冲击韧性,因此在本项目试验中选用了酸性焊条。904L-14Cr1MoR复合钢板复层耐蚀堆焊关键是在基层和复层之间的界面处,即在复层904L和基层14Cr1MoR之间应增加过渡层,过渡层是为防止基层成分对复层焊缝金属的不利影响,以保证接头质量和性能,预先在基层焊缝金属表面熔敷一层规定成分的金属层。[4]增加过渡层的目的,主要是为了补偿复层904L由于稀释所引起的合金元素(如铬镍等)的降低,使复层904L焊缝的合金成分保持应有的水平。在本项目中基层和复层界面处采用A042进行过渡层的焊接,复层采用焊条E385进行焊接。

焊接条件如下:

焊接设备:WS-400焊机;

试验用材料牌号及规格:904L/14Cr1MoR复合钢板(3+14)mm×400mm×600mm;

过渡层用焊接材料牌号及规格:A042,$\phi 3.2$mm;

盖面层用焊接材料牌号及规格:E385,$\phi 4.0$mm。

试验用904L材料的化学成分见表1,为计算试验用904L的铬当量,复验其铌含量为0.021%。焊接材料A042和E385的化学成分见表2。

表1 母材904L化学成分

Table 1 Chemical composition of base 904L %

| 材料 | C | Si | Mn | P | S | Cr | Ni | Mo | Cu |
|---|---|---|---|---|---|---|---|---|---|
| 904L(标准值) | ≤0.020 | ≤1.00 | ≤2.00 | ≤0.045 | ≤0.035 | 20.0~23.0 | 23~28 | 4.0~5.0 | 1.0~2.0 |
| 904L(复验值) | 0.013 | 0.34 | 1.48 | 0.021 | 0.001 | 20.96 | 24.06 | 4.39 | 1.34 |

表2 A042和E385化学成分

Table 2 Chemical composition of A042 and E385 %

| 材料 | C | Si | Mn | P | S | Cr | Ni | Mo |
|---|---|---|---|---|---|---|---|---|
| A042(标准值) | ≤0.04 | ≤1.00 | 0.5~2.5 | ≤0.04 | ≤0.03 | 22.0~25.0 | 12.0~14.0 | 2.0~3.0 |
| A042(复验值) | 0.032 | 0.580 | 2.1 | <0.0050 | <0.0050 | 22.75 | 12.85 | 2.45 |

续表2

| 材料 | C | Si | Mn | P | S | Cr | Ni | Mo |
|---|---|---|---|---|---|---|---|---|
| E385（标准值） | ≤0.02 | ≤0.75 | 1.0~2.5 | ≤0.03 | ≤0.02 | 19.5~21.5 | 24.0~26.0 | 4.2~5.2 |
| E385（复验值） | 0.02 | 0.72 | 2.11 | 0.017 | 0.011 | 20.57 | 24.66 | 4.82 |

## 2 焊接

### 2.1 坡口型式及尺寸

焊前使用角向磨光机加工坡口，坡口形式及尺寸见表3。修磨坡口时，应保证碳钢部分的深度低于复合界面1.0~2.0mm（对应表3坡口示意图中$d$），对坡口面按NB/T 47013—2015《承压设备无损检》进行渗透检测，Ⅰ级合格。

表3 904L-14Cr1MoR 复合钢板坡口型式
Table 3 The bevel of 904L-14Cr1MoR clad metal plate

| 基层厚度+复层厚度/mm | 坡口示意图 | 焊接层数 | 坡口角度/(°) |
|---|---|---|---|
| 4+32 | （覆层、基层、堆焊过渡层、堆焊覆层，标注$c$、$d$） | 过渡层 盖面层 | 60 |

### 2.2 904L/14Cr1MoR 复层耐蚀堆焊工艺

#### 2.2.1 焊前清理

焊前严格清理坡口及两侧表面至少20mm范围内的油污、水分、灰尘、氧化膜等，否则在焊接过程中将影响电弧稳定性恶化焊缝成形，并可能导致气孔、夹杂、未熔合等缺陷，然后用丙酮清洗，以免杂质进入焊缝熔池形成气孔。

#### 2.2.2 焊接工艺参数

904L-14Cr1MoR 复合钢板复层耐蚀堆焊参数见表4。

表4 904L-14Cr1MoR 复合钢板焊接工艺参数
Table 4 Weld process paramerers of 904L-14Cr1MoR clad metal plate

| 焊接方法 | 焊材 | 接法 | 层次 | 焊接电流/A | 焊接电压/V | 焊接速度/mm·min$^{-1}$ |
|---|---|---|---|---|---|---|
| SMAW | A042 | 直、反 | 过渡层 | 90~100 | ~24 | 160~180 |
| SMAW | E385 | 直、反 | 盖面层 | 120~130 | ~24 | 170~200 |

#### 2.2.3 技术措施

（1）过渡层焊前预热。过渡层焊前进行预热，预热温度为150~200℃，过渡层焊接过程中层间温度与预热温度要求相同。

（2）小规范、窄焊道。由于复层904L在焊接的快速连续加热过程中，处于敏化区（450~850℃）的热影响区易造成晶间贫铬，进而产生晶间腐蚀，因此，为了减小热影响区的宽度，减小在敏化区停留时间，过渡层焊接时在保证焊接质量的前提下，尽量采用小的热输入、窄焊道技术。过渡层厚度高于复合界面 0.5~1.0mm（对应表 3 坡口示意图中尺寸 c）。

（3）盖面层快冷。盖面层焊接过程中不允许焊条作横向摆动，加快冷却速度，力求使基层侧熔池较浅，以降低对复层 904L 的稀释。在不影响焊接接头质量的前提下，尽量加快复层焊接的冷却速度，以减小热影响区宽度并减少在敏化区的停留时间。

（4）控制层间温度。在 904L-14Cr1MoR 复合钢板复层堆焊过程中由于焊接道次较多，在焊接加热和冷却过程中，焊接接头易形成较的拉应力，加上焊缝结晶时易形成方向性很强的柱状晶，导致杂质的偏析和缺陷的集中，若形成晶间液膜，在一定的拉应力下可能引发晶间开裂，因此 904L-14Cr1MoR 复合钢板复层耐蚀堆焊时应防止产生热裂纹，盖面层的层间温度控制在 100℃ 以下。

## 3 试验结果

### 3.1 无损检测

#### 3.1.1 外观检测

焊后对 904L-14Cr1MoR 复合钢板复层耐蚀堆焊层外形尺寸及表面质量进行外观检查，外观检查率为 100%，焊缝表面平整，焊缝成形均匀、致密、平滑地向母材过渡。焊缝表面无裂纹、气孔、夹渣、咬边、弧坑等缺陷，成形良好。

#### 3.1.2 渗透检测

在外观检测合格后，对 904L-14Cr1MoR 复合钢板复层耐蚀堆焊层按《承压设备无损检测》（NB/T 47013—2015）进行 100% 渗透检测，Ⅰ级合格。

### 3.2 性能检测

#### 3.2.1 力学性能检测

904L-14Cr1MoR 复合钢板复层耐蚀堆焊区机械性能检测结果见表 5。

表 5 904L-14Cr1MoR 焊缝机械性能
Table 5 Mechanical property of 904L-14Cr1MoR clad metal plate

| 厚度/mm | 室温力学性能，不小于 | | 冷弯侧弯（4件） | 横向冲击($A_{KV}$,0℃)/J | | |
|---|---|---|---|---|---|---|
| | 抗拉强度 $R_m$/MPa | | $D=4a$, 180° | | | |
| | 标准值 | 测试值 | | 标准值 | 焊缝区测试值 | 热影响区测试值 |
| 3+14 | ≥514 | 586、567 | 合格 | 47 | 285、291、289 | 245、260、282 |

904L-14Cr1MoR 复合钢板复层耐蚀堆焊横向拉伸、弯曲试验后的试样照片分别图 1 和图 2，试验后一组两件拉伸试样均在母材区韧性断裂，一组四件侧弯试样受拉面完好，无任何缺陷。

图 1 拉伸试验后试样照片

Fig. 1 The tensile specimen photograph after test

### 3.2.2 复层熔敷金属化学分析

对904L-14Cr1MoR复合钢板复层904L耐蚀堆焊层熔敷金属化学成分进行取样分析，检测结果见表6。

由表6中检测结果可知，904L-14Cr1MoR复合钢板复层耐蚀堆焊熔敷金属的化学成分在母材904L的标准范围内，保证了复层耐蚀堆焊的焊缝具有与复层母材904L相近的抗腐蚀性。

### 3.2.3 晶间腐蚀试验

根据项目技术协议要求分别对904L耐蚀堆焊层按《检测奥氏体不锈钢晶间腐蚀敏感度的标准方法 E法》（ASTM A262—2015）和《检测变奥氏体不锈钢晶间腐蚀敏感性的标准方法 B法》（ASTM A262—2015）进行了晶间腐蚀试验，试验结果如下：

按《检测奥氏体不锈钢晶间腐蚀敏感度的标准方法 E法》（ASTM A262—2015）对904L耐蚀堆焊层进行晶间腐蚀试验，在微沸的硫酸-硫酸铜溶液中煮15h后采用直径为试样厚度的压头对试样弯曲180℃，在弯曲外表面未产生裂纹。

图2 弯曲试验后试样照片
Fig. 2 The cold bending specimen photograph after test

表6 904L焊缝化学成分
Table 6 Chemical composition of 904L welding  %

| 材 料 | C | Cr | Ni | Cu | S | P | Si |
|---|---|---|---|---|---|---|---|
| 母材（标准值） | ≤0.020 | 20.0~23.0 | 23~28 | 1.0~2.0 | ≤0.035 | ≤0.045 | ≤1.0 |
| 母材（复验值） | 0.013 | 20.96 | 24.06 | 1.34 | 0.001 | 0.021 | 0.340 |
| 熔敷金属（测试值） | 0.016 | 20.06 | 24.00 | 1.37 | <0.005 | 0.020 | 0.530 |

试验后的晶间腐蚀试样受拉面局部放大照片见图3，检测结果显示904L耐蚀堆焊层未发生晶间腐蚀现象。腐蚀后的试样经直径为试样厚度的压头弯曲180°后，弯曲部位外表面未产生裂纹，弯曲后的试样形貌如图5所示，晶间腐蚀结果见表7。

图3 904L焊缝晶间腐蚀试验后试样照片
Fig. 3 Intergranular corrosion sample photo for 904L welding

图4 904L焊缝晶间腐蚀试验后的表面形貌
Fig. 4 Surface morphology of intergranular corrosion for 904L welding

表7 904L焊缝晶间腐蚀试验结果
Table 7 Results of intergranular corrosion for 904L welding

| 试样长度/mm | 试样宽度/mm | 试样厚度/mm | 失重/g | 年腐蚀速率/mm | 平均年腐蚀速率/mm |
|---|---|---|---|---|---|
| 49.64 | 14.78 | 2.20 | 0.0747 | 0.378 | 0.437 |
| 49.56 | 14.80 | 2.02 | 0.0965 | 0.495 | |

### 3.2.4 点腐蚀试验

对904L耐蚀堆焊层分别按《在氯化铁溶液中不锈钢及其合金的抗点蚀和缝隙腐蚀标准检测方法 A 法》(ASTM G48—2003)和《不锈钢电化学临界点温度标准检测方法》(ASTM G150—2013)进行点腐蚀性能试验,试验结果如下:

图6为试样点腐蚀试验后的上下两表面形貌,由图6可以看出,试样的上下表面均未出现点蚀坑。根据各试样失重数据及试样表面积,计算试样的腐蚀速率,计

图5 904L焊缝试样弯曲后的表面形貌
Fig. 5 Surface morphology of cold bending specimen for 904L welding

算结果如表8所示,由于试样仅有弱微失重,且表面没有明显点蚀坑存在,因此点蚀深度和平均点蚀深度均在表8中没有列出。试验结果表明:点腐蚀试样在 $(22\pm2)$℃ 的 6% $FeCl_3$ 溶液中腐蚀72h后,均没有发生明显的点腐蚀现象,平均年腐蚀速率为0.012mm。

表8 904L焊缝点腐蚀试验结果
Table 8 Results of pitting corrosion for 904L welding

| 试样长度/mm | 试样宽度/mm | 试样厚度/mm | 失重/g | 年腐蚀速率/mm | 平均年腐蚀速率/mm | 点蚀坑最大深度/mm | 平均最大点蚀深度/mm |
|---|---|---|---|---|---|---|---|
| 47.86 | 25.00 | 2.92 | 0.0020 | 0.010 | 0.012 | — | — |
| 47.86 | 24.98 | 2.92 | 0.0026 | 0.014 | | | |

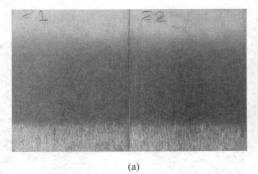
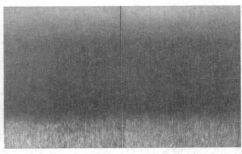

(a) (b)

图6 904L焊缝点腐蚀试验后表面形貌
(a) 试样上表面;(b) 试样下表面
Fig. 6 Surface morphology of pitting corrosion for 904L welding

试验后的试样照片见图7，试验检测结果显示其临界点蚀温度分别为61.5℃、57.2℃，满足项目设计要求的复层904L临界点腐蚀温度不小于40℃的要求。

### 3.2.5 金相组织观察

依据标准《金相显微组织检验方法》（GB/T 13298—1991）、《金相平均晶粒度测定方法》（GB/T 6394—2002）和《金属材料 维氏硬度试验 第1部分：试验方法》（GB/T 4340.1—2009）对904L-14Cr1MoR复合钢板复层耐蚀堆焊区进行金相组织观察。试样低倍组织见图8，由图8可见复层耐蚀堆焊层无未熔合等缺陷。焊缝组织为呈枝晶状的奥氏体+少量颗粒状的析出相。图9所示热影响区组织为奥氏体晶粒度为7.0级，母材晶粒度7.0级，因此热影响区无明显的晶粒长大现象。如图10、图11所示，其中图11左下部分为焊缝，右上部分为热影响区。图12为904L堆焊各区硬度梯度图，经检测热影响区的显微硬度为HV207，焊缝区显微硬度为HA210，904L母材显微硬度为HV227，热影响区无淬硬倾向。

图7 904L焊缝点腐蚀试验后的试样照片

Fig. 7　The pitting corrosion photograph of 904L welding

图8　904L焊接试样宏观形貌

Fig. 8　The macro morphology sample for 904L welding

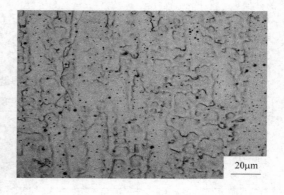

图9　904L焊缝组织（500×）

Fig. 9　Metallographic of 904L welding

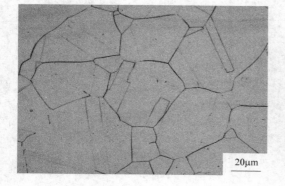

图10　904L母材组织

Fig. 10　Metallographic of the 904L base metal

图11　904L热影响区组织

Fig. 11　Metallographic structure of the 904L HAZ

图 12 904L 焊接接头母材、热影响区和焊缝区硬度

Fig. 12 Hardness between welding joint parent material, the heat-affected zone and the weld metal of the 904L

从以上试验检测结果可以看出,904L-14Cr1MoR 复合钢板复层耐蚀堆焊的焊缝成形良好,堆焊区表面渗透检测结果显示达到了 NB/T 47013—2015 Ⅰ 级要求,熔敷金属横向拉伸强度大于标准要求,冷弯性能优良,拉伸面完好,无任何缺陷,焊缝区和热影响区的冲击值均不低于母材标准值(≥47J),并有较大裕量,复层耐蚀堆焊区抗晶间腐蚀及抗点腐蚀性能优良,不同腐蚀溶液下的平均腐蚀率和临界点腐蚀温度均满足项目技术协议指标要求。

## 4 结论

904L-14Cr1MoR 复合钢板复层耐蚀堆焊项目的焊接材料选择正确,技术措施合理可行。采用该焊接工艺,堆焊区熔敷金属成形良好,力学性能完全满足项目技术协议的指标要求,化学成分与母材相近,抗腐蚀性能优良,金相组织细小均匀。

### 参 考 文 献

[1] 中国机械工程学会焊接学会. 焊接手册 2 材料的焊接[M]. 北京:机械工业出版社,2007.
[2] 李箕福,王移山,薛春月. 不锈钢及耐蚀热合金焊接 100 问[M]. 北京:化学工业出版社,2000.
[3] 中国机械工业委员会. 焊接手册 3 焊接方法及设备[M]. 北京:机械工业出版社,1992.
[4] 《不锈钢复合钢板焊接技术要求》(GB/T 13148)[S]. 北京:中国标准出版社,2008.

# 双相不锈钢爆炸复合板热处理工艺研究

夏小院　方雨　赵鹏飞　张剑　夏克瑞

（安徽弘雷金属复合材料科技有限公司，安徽 宣城，242000）

**摘　要**：本文阐述了 S22253 双相不锈钢复合板的生产工艺，重点介绍不同的热处理工艺对 S22253/Q345R 复合板的力学性能、复层的微观组织及腐蚀性能的影响，并对试验结果进行了讨论，从而摸索出一套双相不锈钢复合板生产的可行性工艺路线。

**关键词**：双相不锈钢复合板；热处理；力学性能；微观组织

## Study on Duplex Stainless Explosive Clad Plate Heat Treatment Processt

Xia Xiaoyuan　Fang Yu　Zhao Pengfei　Zhang Jian　Xia Kerui

(Anhui Honlly Clad Metal Materials Technology Co., Ltd., Anhui Xuancheng, 242000)

**Abstract**: This paper summarized manufacturing process of S22253/Q345R clad plate, focusing on introducing influences of different heat treatment process on mechanical properties, cladding layer microstructure and anti-corrosion performance of 2205/Q345R clad plate. Thereby, we have groped one feasible process route for producing duplex stainless steel clad plate.

**Keywords**: duplex stainless steel clad plate; heat treatment; mechanical properties; microstructure

## 1 引言

双相不锈钢是一种铁素体相和奥氏体相共存的不锈钢，两相理想比例 $\alpha:\gamma$ 为 50∶50，它兼具了铁素体钢和奥氏体钢的特点。双相不锈钢属于不锈钢产品中的高端产品，它的强度和耐蚀性能远远超过普通不锈钢。S22253（2205）双相不锈钢的代表品种，是瑞典 Sandvik 公司与 20 世纪 70 年代针对油井井管及管线要求开发的，因其耐综合腐蚀性能优越，所以一面世即迅速被美、英、日等国引用。除油气井外还成功应用于换热器，蒸发器等设备，并已在国外大量应用。因其价格与 316L、317L 相差不多，但结构强度和耐蚀性远超过同类奥氏体不锈钢，从而引起国内外重视并大力推广使用。我国于 20 世纪 80 年代开始对该合金进行研发应用，其中双相不锈钢/钢复合板也得到大量应用。通过爆炸焊接，由双相不锈钢作为接触腐蚀介质的复层，由钢作为承受载荷的基层。复层双相不锈钢有较高的强度和导热性，良好的加工性和焊接性，同时具有良好的耐腐蚀性能。双相不锈钢/钢爆炸复合板兼具了复层双相不锈钢和基层碳钢钢

---

作者信息：夏小院，工程师，24292238@qq.com。

板的优异性能。但爆炸双相不锈钢/钢复合板，其爆炸复合在结合面产生的爆炸应力必须采用适当的热处理工艺来消除。而 S22253 复合板对热处理温度比较敏感，如果温度控制不好，容易造成相比例失衡及其他有害相生成如 σ、χ 相（见图 1），那将极大影响该材料的综合耐蚀性能。为解决这一问题，针对 S22253/Q345R 复合板的热处理进行大量的试验，摸索出一套成熟的双相不锈钢热处理工艺。

## 2 实验方法

### 2.1 试验材料

基层材料为 GB713/Q345R 钢板，复层材料为 GB/T 24511 S22253，规格尺寸为 $(10+70) \times \phi 3200$，成分见表 1~表 3。

表 1 S22253 实测化学成分
Table 1 Measured chemical composition of S22253　　　%

| 元素 | C | Si | Mn | S | P | Cr | Ni | Mo | N |
|---|---|---|---|---|---|---|---|---|---|
| 含量 | 0.028 | 0.51 | 1.31 | 0.006 | 0.009 | 21.64 | 6.18 | 2.68 | 0.13 |

表 2 S22253 实测力学性能
Table 2 Measured mechanical properties of S22253

| 抗拉强度 | 屈服强度 | 延伸率 | 冲击韧性（V 形 -40℃） |
|---|---|---|---|
| 755MPa | 540MPa | 45% | 298J/298J/298J |

表 3 Q345R 实测的力学性能
Table 3 Measured mechanical properties of Q345R

| 抗拉强度 | 屈服强度 | 延伸率 | 冲击韧性（V 形 0℃） | 冷 弯 |
|---|---|---|---|---|
| 545MPa | 385MPa | 26.5% | 120J/114J/146J | 合 格 |

### 2.2 试验过程

#### 2.2.1 爆炸准备

基、复层材料下料后首先对复层进行拼焊，良好的复层板型是获得好的爆炸质量的关键参数之一，因此采取措施尽量减小焊接变形，焊后对复层上薄板多辊矫平机进行矫平。基、复层待结合面的光洁度也是影响复合板剪切强度的主要参数，因此要结基、复层的待结合表面打磨抛光。

#### 2.2.2 爆炸焊接

不锈钢/钢的爆炸焊接工艺是目前国内各家复合板厂最成熟的工艺之一，但由于参数高，能量大，造成爆炸后复合板的爆炸应力也很大，不利于后期热处理应力的消除。根据这种材料的特殊性，通过大量的爆炸试验，在保证剪切强度满足标准的前提下，选用了小能量、小间隙的爆炸参数，以获得爆炸后复合板爆炸应力最小。

#### 2.2.3 复合板热处理

为所选的热处理工艺能保证爆炸复合板的理化性能完全符合标准要求，特对各种状态下的性能进行全面的试验分析。充分考虑基材 Q345R 及复材 S22253 的材料热加工性能（见图 1），在570~610℃之间能避开σ相的析出及475℃脆性区。对爆炸复合后的坯料进行取样,并按590℃×3h、水冷、650℃×3h水冷、960℃×3h复层雾冷以及爆炸态进行检测。

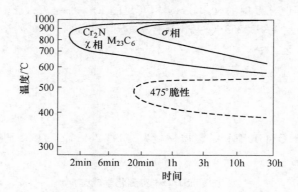

图1 S22253的时间温度敏化曲线
Fig. 1 Time temperature sensitization curve of S22253

## 3 试验结果与分析

### 3.1 热处理温度对基层和剪切强度的影响

为充分掌握复合板的综合力学性能,拉伸试验试样采用基、复层等比例减薄的矩形试样,试验机型号为CHT4605。复层冲击试样采用55mm×10mm×7.5mm小试样,基层冲击采用55mm×10mm×10mm标准试样,冲击试验机型号为ZBC300A。试验结果如表4所示。

表4 各状态下的力学性能
Table 4 Mechanical properties of each state

| 状态项目 | 抗拉强度<br>/MPa | 屈服强度<br>/MPa | 延伸率/% | 基层冲击<br>V形(0℃)/J | 复层冲击V形<br>(-40℃)/J | 剪切强度<br>/MPa | 内弯<br>($D=3a$, 180°) |
|---|---|---|---|---|---|---|---|
| 爆炸态 | 760 | 650 | 14.5 | 42/54/96 | 296/298/296 | 385/335 | 合格 |
| 590℃×3h 水冷 | 655 | 525 | 22 | 86/102/96 | 296/296/296 | 315/335 | 合格 |
| 650℃×3h 水冷 | 665 | 510 | 21 | 98/102/88 | 196/224/198 | 360/375 | 合格 |
| 960℃×3h<br>复层雾冷 | 560 | 425 | 25.5 | 54/86/92 | 116/142/86 | 330/350 | 合格 |

以上数据可见,爆炸态S22253/Q345R存在大量爆炸应力,直接使用必然给后续加工带来困难,且产品质量无法保证。经过消除应力退火,强度降低,塑性提高。其中960℃×3h复层喷雾冷却工艺的结果是应力充分消除,但复层的韧性明显降低。但在实验过程中发现基层钢板氧化皮厚,达到0.3~0.5mm,并且在雾冷过程中,水滴低落在热处理炉上,对耐火砖的使用寿命有较大影响,以及成本较高,工人劳动强度大等缺点。

### 3.2 热处理温度对S22253组织及耐蚀性能的影响

#### 3.2.1 金相组织

金相试样侵蚀试剂为KOH(30g)+$K_6(FeCN)_3$(30g)+60mL$H_2O$,煮沸后侵蚀10s。显微镜

型号为 XJP-3C。图 2 为不同热处理工艺下的复层 S22253 金相照片，红褐色为铁素体，蓝白色为奥氏体。爆炸态下，铁素体含量实测 53%；在 590℃×3h 水冷工艺下的组织与爆炸态的相当，铁素体含量 55%，相比例基本无变化，无有害相析出；在 650℃×3h 水冷工艺下的组织，铁素体含量 48%，其两相比例变化不大，但奥氏体与铁素体晶界变得模糊，并在晶界附近有碳化物析出；960℃×3h 雾冷的金相照片中可以看到金黄色 σ 相以及深褐色 χ 相，铁素体含量降低明显，实测仅 38%。σ 相富含 Cr 元素，χ 相富含 Mo 元素，它们的大量析出，必然降低双相不锈钢的孔蚀抗力当量。

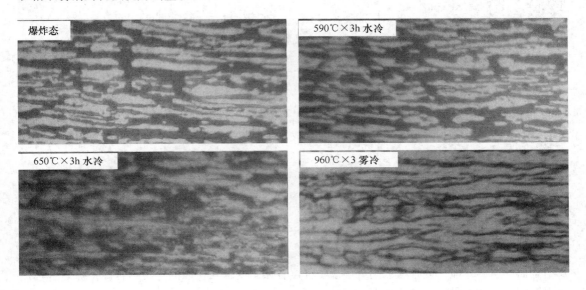

图 2 不同热处理工艺下的复层 S22253 金相照片（×400）

Fig. 2 The microstructure of the cladding material S22253 under different heat treatment process（×400）

### 3.2.2 晶间腐蚀

晶间腐蚀试验方法采用 ASTM A923.C 法，试验温度为 25℃。四种状态下的腐蚀率如表 5 所示，腐蚀试样的宏观照片见图 3。

表 5 四种状态下的腐蚀率
Table 5 Corrosion rate of 4 kinds of States

| 状 态 | 爆炸态 | 590℃×3h 水冷 | 650℃×3h 水冷 | 960℃×3h 雾冷 |
|---|---|---|---|---|
| 腐蚀率/mm·d$^{-1}$ | 0.30/0.35 | 0.47/0.55 | 3.92/1.60 | 6746.85/6973.59 |

结合金相照片及 ASTM A923.C 法腐蚀试验可见，仅 590℃×3h 水冷下的复层 2205 能保证母材原有的耐腐蚀性能。

## 4 结论

（1）针对双相不锈钢/钢（S22253/Q345R）爆炸复合材料，无论是正火还是消除应力退火，均能保证其力学性能，但仅在 590℃ 水冷的热处理工艺能保证复层 S22253 的相比例和耐腐蚀性能。

（2）爆炸复合板热处理工艺制度的制定不能只考虑复层或基层，要兼顾基复层两种金属

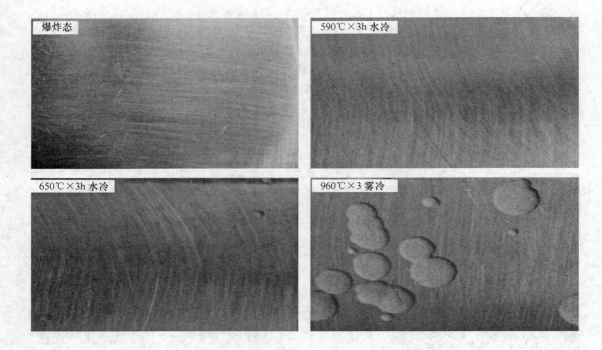

图3 经四种不同热处理工艺处理后晶腐试样腐蚀照片
Fig. 3 Images of crystal corrosion samples after 4 different heat treatment processes

及结合面,这样才能使复合板达到基层承受强度复层承受耐蚀性能的完美结合。特殊复合板热处理制度要通过大量的试验来确定。

## 参 考 文 献

[1] 汪旭光,于亚伦,王中黔,等.爆破设计与施工[M].北京:冶金工业出版社,2011:520-524.
[2] 闫鸿浩,李晓杰.爆炸焊接技术应用扩展[D].大连:大连理工大学工业装备结构分析国家重点实验室,2005.
[3] 吴玖,姜世振,韩俊媛,等.双相不锈钢[M].北京:冶金工业出版社,1999:31.
[4] Bernhardsson S et al. NACE CORROSION/85,1985,165.
[5] Edmonds D V,Cochrane R C. Structure-properties Relationship in Bainitic Steels. Meta. Trans. 1990,21A(6):1527-1540.
[6] 方鸿生,刘东雨,徐平光,等.贝氏体钢的强韧化途径.机械工程材料,2011,25(6):1-5.

# 铝铜爆炸焊接复合板结合强度与超声波探伤研究

刘 洋　孟繁和　王 勇　林乐明　张 鹏　郑 琪

（大连船舶重工集团爆炸加工研究所有限公司，辽宁 大连，116021）

**摘　要**：本文通过超声波显示波形及回波高度对比法，对1060/T2复合板中未结合缺陷及缺陷边界的判定方法进行研究。可应用于铝-铜复合板内部质量的检测，操作方法简便，可准确快速判断出结合质量及缺陷的范围。

**关键词**：爆炸焊接；铝铜复合板；超声波探伤；回波高度；剪切强度；渗透检测

## Analysis of Binding Strength and Ultrasonic Wave-Formation for Aluminum-Copper Clad Plate

Liu Yang　Meng Fanhe　Wang Yong　Lin Leming　Zhang Peng　Zheng Qi

(Dalian Shipbuilding Industry Explosive Processing Research Co., Ltd., Liaoning Dalian, 116021)

**Abstract**: This research is on the method for 1060/T2 to find the unbounded area in 1062/T2 clad plate, and the boundary of defect to be limited through ultrasonic wave form and the echo intensity. This method can be used in aluminum-copper clad plate for unbounded area validating. This method is easy to operate and judge. The quality and the defect range can be concluded through the method.

**Keywords**: explosive welding; aluminum-copper clad plate; ultrasonic testing; echo height; shear strength; shear strength

## 1　引言

　　铜具有良好的导电性和导热性，在金属材料中仅次于银居于第二，因此广泛应用于电力、机械等领域，但由于其在地壳中含量仅为0.01%，资源匮乏，故铜的价格相对较高；铝的导电性和导热性也较好，而且重量较轻，由于其在地壳中的含量高达8%，价格较便宜，但用铝直接代替铜在一些地方无法满足性能和使用要求，故采用铜和铝复合的材料，既能满足性能和使用要求，又节省了成本。铝铜复合材料具有铜导电性、导热性高和外表美观等优点，又具有铝的质轻、价格便宜等优点，两者复合后能够充分发挥两种金属的优良特性，因此，受到人们的重视。

　　铝铜复合材料是采用爆炸焊接制造，利用炸药爆炸瞬间产生的巨大能量，使金属产生塑性

---

作者信息：刘洋，工程师，ly_19820508@126.com。

变形，从而使其界面达到原子间的结合。由于使用的炸药类型、数量、厚度、配比、起爆方式以及材料平整度等因素的影响，结合强度有所不同，在结合界面亦会产生缺陷。根据复合板结构特点以及缺陷的性能，通过无损检测方法可以获得良好的检测效果。本文以1060/T2爆炸复合板为研究对象，探讨了利用超声波显示波形及回波高度对比法确定铝铜复合板中未结合缺陷及缺陷边界的超声波探伤方法[1-3]。

## 2 试验材料与方法

### 2.1 试验材料

试验所用原材料复板牌号为1060，符合《铝及铝合金轧制板材》（GB/T 3880—1997）中的相关规定。原材料基板牌号为T2，符合《导电用铜板和条》（GB/T 2529—2005）的相关规定。原材料基、复板的化学成分见表1，原材的力学性能见表2。

（1）材料的化学元素及力学性能，如表1和表2所示。

表1 原材的化学元素
Table 1 The chemical elements of raw material

| 牌号 | 厚度/mm | 化学成分/% | | | | | | | |
|---|---|---|---|---|---|---|---|---|---|
| | | Si | Fe | Cu | Mn | Mg | Zn | Ti | Al |
| 1060(H14) | 3 | 0.15 | 0.20 | 0.02 | — | — | 0.02 | 0.01 | 余量 |
| 1060(H112) | 6 | 0.20 | 0.24 | 0.03 | — | — | 0.02 | 0.02 | 余量 |
| 牌号 | 厚度/mm | Cu | Bi | Sb | As | Fe | Pb | S | — |
| T2 | 22 | >99.9 | <0.001 | <0.002 | <0.002 | <0.005 | <0.005 | <0.005 | — |

表2 材料的力学性能
Table 2 The mechanical property of raw material

| 牌号 | 厚度/mm | 力学性能 | | |
|---|---|---|---|---|
| | | 抗拉强度/MPa | 延伸率/% | 规定非比例伸长应力/MPa |
| 1060(H14) | 3 | 100 | 6.3 | 75 |
| 1060(H112) | 6 | 92 | 10.7 | |
| T2 | 22 | 217 | 37.2 | |

（2）规格：1060/T2规格为：$(6+3+22)$ mm × 600mm × 1350mm。

### 2.2 试验方法

将1060复板和T2基板，采用爆炸焊接的方法进行复合。采用频率为2.5MHz，探头直径为$\phi 20$mm的单直探头对爆炸复合后的复合板进行探伤检测，根据观察超声波显示波形并根据回波高度对比判断结合状态，同时采用剪切试验所测得的强度数据和渗透试验所显示出的结果加以确认。

## 3 结果与分析

### 3.1 超声波检测入射面的选取

按照超声波检测的入射面不同，复合板界面回波出现下面两种情况（见图1），从图中可以看出，超声波检测从铝板面和从铜板面进行，两者均能体现出结合界面的状态，并反映出相似的结果。但由于铝面较薄，从铝板面探伤的界面回波与始脉冲较近，观察不明显，故本文讨论从铜板面进行检测的情况，找出其中的规律。

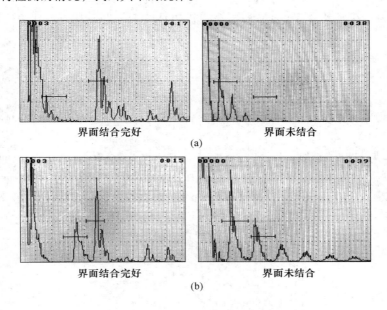

图 1　不同入射面的波形图
（a）从铝板侧探伤所得波形；（b）从铜板侧探伤所得波形
Fig. 1　The waveforms of different incident plane

## 3.2　对铝/铜复合板进行试验位置选取

为了能够很好地发现 1060/T2 复合板超声波检测显示波形并根据回波高度对比判断结合状态的规律，在铝-铜复合板选取 15 点进行超声波检测（图 2），并在这 15 个位置进行取样，分别进行了剪切试验和渗透检测。

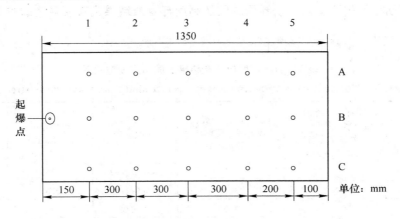

图 2　探伤点和取样点
Fig. 2　The schematic of the ultrasonic testing point and sample cut position

## 3.3 对选取各点超声波探伤形成的波形图

图3为所选取的15个点的位置探伤所形成的具代表性三种图形,显示出复合板结合界面的两种结合状态,分别为完全结合(a)、未完全结合(b),同时,后一种图形体现出了未结合边界(c)。

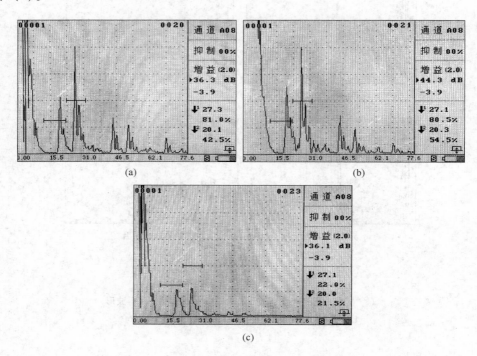

图3　1060/T2 复合板结合界面的三种超声探伤波形
(a) 完全结合；(b) 1060/T2 未完全结合；(c) 未结合边界
Fig. 3　Three wave formation of ultrasonic of 1060/T2 clad plate

## 3.4 依据探伤位置的不同,探伤界面的回波高度与渗透结果及剪切强度的关系

如表3所示为回波高度与渗透结果及剪切强度的关系。

表3　回波高度与渗透结果及剪切强度的关系
Table 3　The connection with echo height, penetration testing and shear strength

| 探伤部位 | 1060/T2 第一次结合界面反射波高度（将第一次底面反射波调节至显示屏的80%） | 1060/T2 结合界面波与底面反射波分贝差/dB | 渗透试验 | 剪切强度/MPa | 结　果 |
|---|---|---|---|---|---|
| 1A | 52 | 3.7 | 不连续裂纹 | 41 | 不合格 |
| 1B | 46 | 4.8 | 无裂纹 | 78 | 合格 |
| 1C | 47 | 4.6 | 无裂纹 | 67 | 合格 |
| 2A | 46 | 4.8 | 无裂纹 | 69 | 合格 |
| 2B | 44 | 5.2 | 无裂纹 | 88 | 合格 |

续表3

| 探伤部位 | 1060/T2 第一次结合界面反射波高度（将第一次底面反射波调节至显示屏的80%） | 1060/T2 结合界面波与底面反射波分贝差/dB | 渗透试验 | 剪切强度/MPa | 结果 |
|---|---|---|---|---|---|
| 2C | 45 | 5.0 | 无裂纹 | 76 | 合格 |
| 3A | 42 | 5.6 | 无裂纹 | 92 | 合格 |
| 3B | 46 | 4.8 | 无裂纹 | 82 | 合格 |
| 3C | 43 | 5.4 | 无裂纹 | 91 | 合格 |
| 4A | 48 | 4.4 | 无裂纹 | 62 | 合格 |
| 4B | 47 | 4.6 | 无裂纹 | 70 | 合格 |
| 4C | 56 | 3.1 | 点状缺陷 | 35 | 不合格 |
| 5A | 77 | 0.3 | 连续裂纹 | 13 | 不合格 |
| 5B | 无 | 无 | 开裂 | 无 | 不合格 |
| 5C | 68 | 1.4 | 连续裂纹 | 22 | 不合格 |

### 3.5　1060/T2 复合材料声阻抗与界面波显示情况分析

根据超声波垂直入射到两种介质的平界面上时的声能、声压传播规律，界面声压反射率 $r$ 为：

$$r = \frac{p_r}{p_o} = \frac{z_2 - z_1}{z_2 + z_1} \tag{1}$$

式中　$z_1$——第一种介质的声阻抗；
　　　$z_2$——第二种介质的声阻抗。

因铝和铜两介质的声阻抗差异大，超声波在传播过程中遇两介质界面时，在完全结合的情况下1060和T2界面也产生反射，所以根据观察超声波显示波形并根据回波高度对比判断结合状态。

根据式（1）可以出1060/T2界面反射率为 $r = -0.424$，这时底波 $B_1$ 与复合界面回波 $S_1$ 的分贝差为：

$$\Delta_{BS} = 20\lg\left|\frac{B_1}{S_1}\right| = 20\lg\left|\frac{1-r^2}{r}\right| \tag{2}$$

$$= 20\lg\left|\frac{1-(-0.424)^2}{-0.424}\right| \approx 5.7 \text{dB}$$

式中，$r$ 为结合材料界面反射率；$B_1$ 为第一次底面反射波；$S_1$ 为第一次结合界面反射波。

当复合板完全结合时，结合界面反射波波高比底面反射波波高始终低5.7dB。因此，探头扫查过程中，超声波波形显示结合界面反射波比底面反射波波高相差为5.7dB时，即可认为钢板完全结合。如图3（a）所示。

图3(b)为1060/T2未完全结合时超声波反射波形，当出现结合界面反射波与底面反射波的波高差值小于5.7dB时，可认为会存在未完全结合缺陷。根据表3所测得的数据，将剪切强度形成图表，并将分布各点分别采用线性趋势图、对数趋势图、多项式趋势图、乘幂趋势图和指数趋势图进行对比，其中指数趋势图的 $R$ 值最大，即该趋势图最为准确，故采用指数趋势图作为分布趋势，如图4所示，由图4可以看出，满足剪切强度的最小分贝差 $\Delta_{BS}$ 约为 4.3dB，即

$\Delta_{BS}$为 4.3~5.7dB 时，存在未完全结合缺陷，但此时满足标准要求，当 $\Delta_{BS}$ 小于 4.3dB 时，渗透界面出现缺陷，该部位的剪切值也小于标准要求。

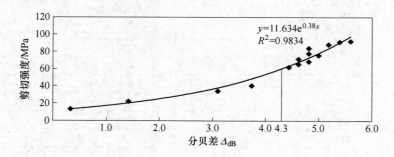

图 4　1060/T2 结合界面波与底面反射波分贝差与剪切强度散布图及趋势图

Fig. 4　The scatter diagram and tendency chart to show the dicibel difference which is between the interface wave and echo with the shear strength

图 3(c)为测定未结合缺陷边界时的超声波反射波形图。移动探头观察波形变化，当结合界面和底面反射波高相差 0dB 时，探头中心点即为未结合缺陷边界点。

由于在实际爆炸复合生产过程中，可能会出现铝和铜被完全压实，没有缝隙，此时超声波探伤检测显示结果为完全结合，但其界面实际是未结合，因该情况发生几率很小且通过超声波检测很难准确判定其结合状态，故本文所讨论的结果不包含此类情况。

## 4　结论

(1) 用单直探头直接接触法检测铝铜复合板时，通过比较结合界面反射波波高和底面反射波波高可以确定钢板是否存在未结合缺陷。结合界面反射波高比底面反射波高相差 $\Delta_{BS}$ = 5.7dB 可认为钢板完全结合；$\Delta_{BS}$ 介于 4.3~5.7dB 时，界面结合较好，剪切强度满足标准要求，结合界面完全结合；$\Delta_{BS}$ 小于 4.3dB 时，剪切强度无法满足标准要求，存在未完全结合缺陷；

(2) 利用结合界面反射波和底面反射波波高比较的方法可准确确定未结合缺陷边界，两个波波高相差 0dB 时，探头中心点即为未结合缺陷边界点。

## 参 考 文 献

[1] 郑晖，林树青. NDT 全国特种设备无损检测人员资格考核统编教材[M]. 北京：中国劳动社会保障出版社，2008：225-229.
[2] 杨永顺，杨栋栋. 铜铝复合板的加工方法及应用[J]. 热加工工艺，2011，40(12).
[3] 马国威. 用超声波检测铝-铜复合板材[J]. 洪都科技，1999(2).

# 药芯焊丝气体保护焊在不锈钢爆炸复合板挖补焊中的应用

王强达

（太原钢铁（集团）有限公司复合材料厂，山西 忻州，035500）

**摘 要**：不锈钢爆炸复合板挖补焊接中的过渡层、复层通常用手工电弧焊焊接，生产效率低、工人劳动强度大。本文通过分析药芯焊丝气体保护焊的工艺特点，选取合适的焊接工艺参数，开展焊接工艺试验，检验焊缝理化性能并对微观组织进行分析，研究药芯焊丝气体保护焊在复合板挖补焊中的应用，试验表明，该方法焊接的试样各项性能满足标准要求。在生产中，尚需根据实际情况对工艺进行调整，以获得最佳的作业方法。

**关键词**：不锈钢爆炸复合板；药芯焊丝；挖补焊

## Application of Flux-cored Arc Welding in Patching Welding of Stainless Steel Compound Plate

Wang Qiangda

(TISCO Composite Material Factory, Shanxi Xinzhou, 035500)

**Abstract**: In welding of Stainless steel clad plat, the transition layer and the multi-layer are usually welded by manual arc welding, which is of low productivity and high labor intensity. By analyzing the characteristics of flux-cored arc welding process, the article selected the appropriate welding parameters to carry out the welding process tested welds' physical and chemical properties, and the microstructures were analyzed and researched the application of the gas shielded FCAW in composite plate patching welding. Tests showed that the performance of the welding samples meet the standards. In practice, it still needs to be adjusted to obtain the best working practices according to the actual situation.

**Keywords**: stainless steel explosion clad plate; flux cored wire; patching welding

## 1 引言

药芯焊丝气体保护焊（FCAW-G）是一种高效、节能、经济的焊接方法，与实心焊丝气体保护焊相比，焊接飞溅小、焊缝成型美观、钢种适应性强；与手工电弧焊相比，生产效率高、综合成本低[1]。近年来，随着国内药芯焊丝的开发成功，药芯焊丝气体保护焊已经在生产中推广应用。不锈钢爆炸复合板未结合部位的挖补焊接通常采用传统的手工电弧焊（SMAW），清除未结合部位复层后先焊一层过渡层，再焊复层，但该方法作业效率低，工人劳动强度大，焊

---

作者信息：王强达，工程师，363730098@qq.com。

接质量易受工人技能水平影响。

因此,研究药芯焊丝气体保护焊在不锈钢爆炸复合板挖补焊中的应用,改进挖补焊工艺,可提高作业效率,降低生产成本。

## 2 工艺特点

不锈钢复合板的挖补焊属于耐蚀层堆焊,不仅要求焊缝具有合格的力学性能,而且要有良好的耐蚀性能。焊接时基层碳钢对复层耐蚀层的稀释和碳元素的扩散会降低复层的耐蚀性,因此焊接时需先用高牌号的焊材焊接过渡层,再使用与复层匹配的焊条焊接复层,采用小规范、多层多道焊,降低基层对复层的稀释。通过查阅文献,对比两种焊接方法的特性可知药芯焊丝气体保护焊熔深大,热输入高。这些都会对耐蚀堆焊层产生不利影响[2]。因此需要选取合适的焊丝直径和焊接参数,在实验中需要把握以下几点原则:(1)焊接电流不易过大;(2)焊层厚度控制在1.5~2.5mm;(3)严格控制层间温度。

## 3 焊接试验

(1)试验用过渡层焊丝为E309MoLT1-1,复层焊丝为E316LT1-1,执行标准为GB/T 17853—1999,焊丝直径为1.2mm,焊材化学成分见表1。

表1 药芯焊丝化学成分
Table 1 Chemical composition of flux cored wire %

| 焊接材料 | C | Si | Mn | P | S | Cr | Ni | Cu | Mo |
|---|---|---|---|---|---|---|---|---|---|
| E309MoLT1-1 | 0.030 | 0.36 | 1.18 | 0.009 | 0.002 | 23.20 | 13.52 | 0.05 | 2.58 |
| E316LT1-1 | 0.022 | 0.126 | 1.30 | 0.021 | 0.003 | 17.34 | 12.20 | 0.037 | 2.76 |

(2)本次试验的母材为生产中常见的不锈钢复合板,材质316L/Q245R,厚度(3+22)mm,按图1所示制作坡口,坡口部位将复层金属完全去除至基层0.5~1mm深。

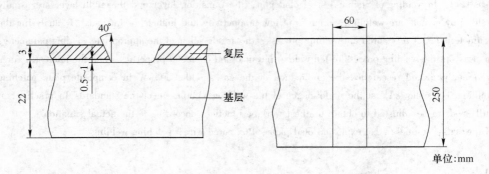

图1 坡口示意图
Fig. 1 Schematic diagram of groove

(3)焊接操作工艺。采用半自动焊法,焊枪由手工操作,焊接位置为平焊,后倾法焊接,焊枪与焊缝夹角控制在60°~70°。先焊过渡层再焊复层,过渡层焊一层,每层焊缝厚度不超过2.5mm,焊道宽度控制在15~18mm,焊道均匀搭接。其他焊接工艺参数见表2。

(4)焊缝检验。试板焊接完毕后,按《承压设备焊接工艺评定》(NB/T 47014—2011)对焊缝进行检验,检验项目包括:外观检查、渗透检测、弯曲试验、化学成分分析。此外,还对焊缝进行了晶间腐蚀检验和金相试验。

表2 焊接工艺参数
Table 2 Welding process parameter

| 焊 层 | 焊接材料 | 电流/A | 电压/V | 焊接速度/cm·min$^{-1}$ | 干伸长度/mm | 气体流量/L·min$^{-1}$ | 层间温度/℃ |
| --- | --- | --- | --- | --- | --- | --- | --- |
| 过渡层 | E309MoLT1-1 | 140~160 | 27~28 | 20~25 | 20~25 | 18~20 | — |
| 复 层 | E316LT1-1 | 140~160 | 27~28 | 20~25 | 20~25 | 18~20 | ≤120 |

注：试验选用$CO_2$作为保护气体。

外观检验：焊缝共焊两层，过渡层一层，复层一层，焊缝与母材搭接良好，无咬边、夹渣、未焊满等外观缺陷。

渗透检验：将焊缝打磨光整后，按照JB/T 4730.5—2005标准进行渗透检测，检验结果无裂纹、气孔等缺陷。

弯曲试验：垂直于焊接方向取4个侧弯试样，弯曲直径$d=4a$，弯曲角度180°，试样受拉面无裂纹。

晶间腐蚀试验：按GB/T 4334E法对焊缝进行晶间腐蚀试验，试验结果合格。

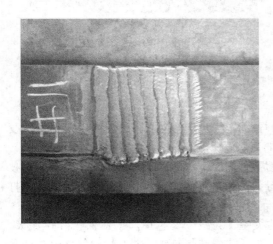

图2 焊缝试样
Fig.2 Weld sample

图3 侧弯试验
Fig.3 Side bend test

化学成分分析：焊缝化学成分见表3。

表3 焊缝化学成分
Table 3 Weld chemical composition %

| C | Si | Mn | P | S | Cr | Ni | Cu | Mo |
| --- | --- | --- | --- | --- | --- | --- | --- | --- |
| 0.03 | 0.53 | 1.19 | 0.024 | 0.003 | 17.66 | 12.42 | 0.04 | 2.55 |

金相试验：焊缝显微组织如图4所示。

# 4 结果分析

采用药芯焊丝气体保护焊焊接的试样，为降低母材对焊缝的稀释作用，选取合金元素含量高的焊丝焊接过渡层，堆焊焊缝化学成分满足母材标准，耐蚀性与母材相当。焊缝组织为奥氏体＋树枝状分布的铁素体，铁素体含量约为7%（如图4所示），这种双相组织保证了焊缝良好的抗裂性和塑韧性[3]，侧弯检验合格。基层靠近过渡层焊缝部位有明显的脱碳层，脱碳层下方组织为铁素体＋珠光体，与其他部位相比，晶粒较为粗大，再往下方晶粒逐步趋于正常（如图5所示），可知在焊接热的作用下热影响区金属发生了相变，重新结晶。

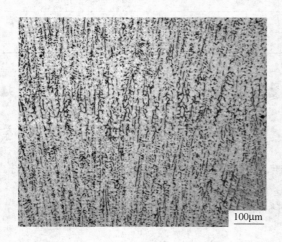

图4　焊缝　　　　　　　　　　　图5　基层
Fig. 4　Weld seam　　　　　　　Fig. 5　Base metal

## 5　结论

（1）制定合理的焊接工艺参数并选取合适的焊材，药芯焊丝气体保护焊可用于不锈钢复合板的挖补焊作业，实际作业效率约为手工焊条电弧焊的3倍左右。

（2）药芯焊丝气体保护焊焊丝融化速度快，焊层厚度不宜控制，对焊接作业人员操作技能提出了较高的要求。焊层过厚不仅热输入高，导致热影响区性能恶化，而且不利于薄板的打底＋盖面焊接。

（3）过渡层的焊接是不锈钢复合板挖补焊的关键，为减少药芯焊丝气体保护焊熔深大、热输入高带来的不利影响，实际生产中可采用传统的手工电弧焊打底，药芯焊丝气体保护焊盖面的方法，同时兼顾焊缝质量和作业效率。

## 参 考 文 献

[1] 陈祝年．焊接工程师手册[M]．北京：机械工业出版社，2002：425-427．
[2] 王天先．$CO_2$气体药芯焊丝堆焊测弯不合格原因分析[J]．电焊机，2010，40(2)：74-76．
[3] 陈茂华，陈俊华．复合材料的焊接[M]．北京：化学工业出版社，2005：16-18．

# 镍基合金 C276/钢复合板焊接工艺的研究

卫世杰　王海峰　王强达

（太原钢铁（集团）有限公司复合材料厂，山西 忻州，035500）

**摘　要**：介绍了镍基耐蚀合金 C276/钢复合板的焊接工艺，根据 C276/钢复合板的焊接性，制定了确实可行的焊接工艺参数。试验表明，打底焊时必须采取一定工艺措施防止过渡层稀释，减少焊接缺陷的产生。

**关键词**：C276/钢复合板；爆炸复合；工艺参数

## Welding of Nnickel Based Alloy C276

Wei Shijie　Wang Haifeng　Wang Qiangda

(TISCO Composite Material Factory, Shanxi Xinzhou, 035500)

**Abstract**: This paper introduces the welding procedure of nickel-based corrosion-resistant alloy, and confirms viable welding procedure parameters according to weld ability of C-276. The experiment results show that the necessary procedure measures must be taken to decrease the welding defects and to prevent oxidation in back of nickel based alloy when welded by GTAW for the root pass.

**Keywords**: C276/steel welding plates; explosive welding; procedure parameters

合金 C276 和 Q345R 通过爆炸法将其复合后进行固溶处理，具有优异的综合性能。为了使复合板减少对接焊缝，得到宽幅复合板，需要对 C276 板进行拼焊，由于复合后拼焊缝受到爆炸冲击，内部存在微裂纹，需要对拼焊缝挖补，过渡层的焊接质量，直接影响复合板的使用寿命。

合金 C276 是抗腐蚀的镍铬钼轧制合金，它能够阻止焊接热影响区的晶界沉淀的形成，有突出的点状腐蚀和应力腐蚀开裂抗力，有较好的硫化物和氯离子抗力，焊接后可以不再固溶处理，因此，其焊接状态的产品适用于大多数化学工程，可以承受湿氯蒸汽、次氯酸盐等化学介质腐蚀作用，广泛应用于烟气脱硫系统。

## 1　合金 C276 的特点

合金 C276（0Cr16Ni57Mo16W4Fe）流动性差，可以用焊接铬镍奥氏体不锈钢的焊接方法焊接，如 SMAW、GTAW、GMAW、SAW，在腐蚀环境下使用的部件不能用氧乙炔焊和埋弧焊方法焊接，避免焊缝增碳。

---

作者信息：卫世杰，工程师，923414642@qq.com。

C276 线膨胀系数大,焊接时有较高的热裂纹敏感性。热裂纹分为结晶裂纹、液化裂纹和高温低塑裂纹。结晶裂纹最容易发生在焊道弧坑,形成火口裂纹,沿焊缝中心线纵向开裂,也有垂直于焊缝。液化裂纹多出现在紧靠熔合线的热影响区和出现在多层焊的前层焊缝中,高温低塑裂纹既可能发生在热影响区中,也可能发生在焊缝中。液态焊缝金属流动性差,需增大接头的坡口角度,以便使用摆动工艺;另外焊缝金属控制熔合比,不能通过增大焊接电流来提高它的工艺特性,焊接电流过大使熔池过热,增大热裂纹敏感性,而且使焊缝金属中的脱氧剂蒸发,出现气孔。

## 2 焊接工艺试验

(1) 试板尺寸 600mm×300mm×(4+16)mm(4块),覆材为 C276,基材为 Q345R。

(2) 选用时代公司生产的 Ws-400 逆变焊机,手工钨极氩弧焊及焊条电弧焊两用电源。根据 Cr、Ni 当量,采用舍夫勒图选择焊条为美国泰克罗伊生产的 ENiCrMo-4 和大西洋公司 J507,焊丝为美国泰克罗伊生产的 ERNiCrMo-4 其化学成分见表1。焊条直径为 3.2mm,焊前焊条需经 150℃烘干并保温 2h,使用时放入焊条保温筒内。

表1 Q345R、C276 钢和焊条的化学成分
Table 1 Chemical compositions of Q345R, C276 steel and welding rod %

| 钢号 | C | Si | Mn | P | S | Ni | Cr | Mo | W | Cr 当量① | Ni 当量② |
|---|---|---|---|---|---|---|---|---|---|---|---|
| Q345R | 0.15 | 0.23 | 1.41 | 0.014 | 0.008 | | | | | 0.35 | 5.5 |
| C276 | 0.006 | 0.03 | 0.55 | 0.015 | 0.003 | 56.9 | 16.26 | 15.9 | 3.6 | 32.61 | 57.36 |
| J507 | 0.16 | 0.65 | 1.45 | 0.021 | 0.017 | 0.25 | 0.17 | 0.2 | | 1.35 | 5.8 |
| ERNiCrMo-4 | 0.005 | 0.02 | 0.39 | 0.006 | 0.005 | 59.1 | 15.97 | 16.1 | 3.23 | 32.1 | 59.4 |
| ENiCrMo-4 | 0.012 | 0.08 | 0.24 | 0.011 | 0.008 | 57.5 | 15.86 | 15.5 | 3.35 | 31.48 | 57.98 |

① 铬当量计算公式:Cr 当量 = (Cr + Mo + 1.5Si + 0.5Nb)%。
② 镍当量计算公式:Ni 当量 = (Ni + 30C + 0.5Mn)%。

(3) 焊接工艺方案:

工艺1采用 SMAW(基层、过渡层、复层);

工艺2采用 SMAW(基层、复层),过渡层采用 GTAW。

(4) 焊前将试板的坡口面及坡口边缘 20mm 以内用角磨机打磨干净,露出金属光泽,然后用清洗剂将坡口及两侧 20mm 左右擦拭干净。避免表面氧化皮形成夹渣或细小的不连续氧化物和 S、P 等能与 Ni 形成低熔点共晶物,减少热裂纹倾向。

(5) 焊前一般不需预热,但当母材温度低于 10℃和空气中湿度较大时,应对挖补焊位置两侧 250~300mm 宽的区域内加热到 50℃以上,以免湿气冷凝,并在焊缝两侧 200mm 内喷涂复合板焊接专用防飞溅剂。

(6) 镍基耐蚀合金复合板的焊接工艺与不锈钢复合板焊缝的焊接工艺相似,先焊基层,再焊过渡层,最后焊复层,过渡层的焊接不可避免受母材稀释,因此选择合适的焊材和熔深小的焊接方法是关键,过渡层焊材在形成焊缝金属的组织和性能要保持稳定,在使用条件下不会产生元素的迁移和脆性相的析出等不良现象,电极为铈钨极,型号为 WC-20,规格为 $\phi$2.5mm,圆锥角为 30°~60°,磨平尖端,直径约为 0.4~0.6mm。氩气保护,其纯度为 99.9%,喷嘴直径小于 12mm。收弧要成缓坡形,熄弧填满弧坑,如出现收弧缩孔或弧坑裂纹,应用角磨机磨掉重焊,焊缝裂纹见图1。

层间温度控制在120℃以下。由于液态镍基合金的熔深更浅及液态焊缝金属流动性差,在焊接中必须严格控制焊接参数的变化。一般要求焊接中要适当的摆动焊条,摆幅不超过焊条直径的2倍,采用短弧、平面焊,断弧时要稍微降低电弧高度并且增大焊速以减小熔池尺寸,可减少火口裂纹。焊接工艺参数见表2。

表2 焊接工艺参数
Table 2 Parameters of welding procedure

| 焊接方法 | 焊材牌号 | 焊材规格/mm | 电流/A | 焊接速度/mm·min$^{-1}$ | 焊接位置 |
|---|---|---|---|---|---|
| SMAW | J507 | φ3.2 | 120~135 | 140~150 | 基层 |
| SMAW | ENiCrMo-4 | φ3.2 | 100~110 | 130~140 | 复层 |
| GTAW | ERNiCrMo-4 | φ1.6 | 70~80 | 160~170 | 过渡层 |
| SMAW | ENiCrMo-4 | φ3.2 | 100~110 | 120~130 | 过渡层 |

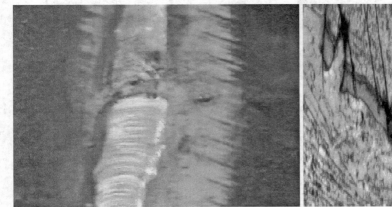
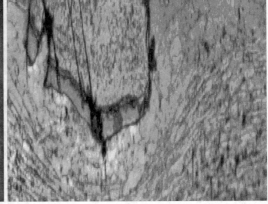

图1 焊缝形貌
Fig.1 Interface of welding line

## 3 无损检测

采用上述工艺措施及焊接参数施焊的焊缝,按照NB/T 47013—2015标准,进行了超声波探伤和射线探伤,没有夹渣、气孔和裂纹等缺陷。

### 3.1 UT检测

采用双晶探头检测,T为始脉冲,S为双晶探头界面回波,B为钢板底面回波,F为焊缝缺陷波,按照工艺1焊接的试板,在3~4mm位置发现缺陷,界面回波和钢板底面同时降低,按照工艺2焊接的试板,未发现缺陷。

### 3.2 RT检测

采用TX—2005携带式X射线机,对两种工艺焊接的焊缝进行检测,工艺1的焊接试板上有两处气孔和裂纹,工艺2的焊接试板未发现缺陷。

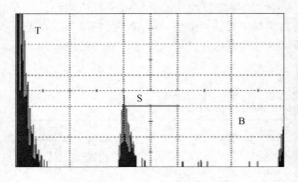 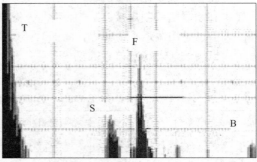

图2 UT 检验缺陷

Fig. 2 Crack interface of UT

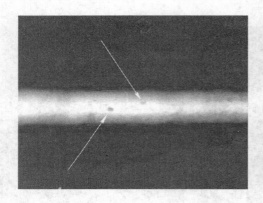 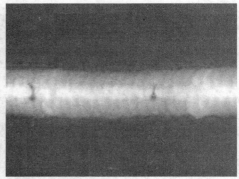

图3 RT 检验裂纹形貌

Fig. 3 Crack interface of RT

## 4 原因分析

由于复合板焊接过程中,镍很容易被氧化,形成氧化亚镍,与镍能形成低熔点合金,使焊缝产生裂纹,焊接时必须进行保护,避免镍氧化采用 GTAW[3]。

碳在珠光体中的含量远远高于奥氏体,形成一个浓度差。使碳从 $\alpha$-Fe 向 $\gamma$-Fe 中迁移。碳在液态铁中的溶解度大于在固态铁中的溶解度,焊接时基体母材中的碳向熔化态焊缝金属中扩散。同时奥氏体焊缝中含有更多的促进碳化物形成元素,其中铬是强碳化物形成元素,所以奥氏体焊缝对碳更具有亲和力,形成较稳定的 $Fe_xCr_yC_z$。正是由于上述因素的影响,使碳由珠光体向奥氏体扩散过程中,迁移到过渡层,生成针状马氏体,降低过渡层力学性能。

珠光体钢与镍基合金的导热系数有较大差异,见表3。由于 C276 的导热系数较低,热膨胀系数较大,膨胀变形较大。焊缝在冷却时,奥氏体钢比珠光体钢收缩变形大,而基层金属却强烈束缚着过渡层金属的收缩[4]。在焊缝方向上,在过渡层产生较大的残余应力作用。在高温运行时产生热应力,过渡层存在脆、硬的马氏体组织,在热应力的作用下,很容易产生热裂纹。

表3  Q345R 和 C276 物理性能

Table 3  Physical properties of Q345R and C276

| 钢号 | 线膨胀系数/$10^{-6} \cdot ℃^{-1}$ | 导热率/$W \cdot (m \cdot K)^{-1}$ | 纵向弹性模量/$10^3$ MPa |
| --- | --- | --- | --- |
| Q345R | 11.5 | 46.89 | 205.9 |
| C276 | 12.3 | 9.48 | 203.2 |

## 5  结论

C276 镍基合金的流动性差,为避免焊接缺陷的产生和过渡层被稀释,控制熔合比,需要低热输入量,快速堆焊,采取 GTAW 多层多道焊和短弧焊,可以有效避免热裂纹和气孔的产生。

## 参 考 文 献

[1] 张文钺. 焊接传热学[M]. 北京:机械工业出版社,1989.
[2] 中国机械工程学会焊接学会. 焊接手册:第2卷,材料的焊接[M]. 北京:机械工业出版社,1992,1143-1175.
[3] 中国腐蚀与防护学会. 金属的局部腐蚀[M]. 北京:化学工业出版社,1997:282-283.
[4] 张立新,周天锡. 复合钢板加工中常见裂纹及解决方法探讨[J]. 中国化工装备,2003(3).
[5] 黄嘉琥. 压力容器材料实用手册:特种材料[M]. 北京:化学工业出版社,1997:333-344.

# 大幅面钢/不锈钢复合板爆炸焊接影响因素研究

黄文尧[1]　汪宏祥[1]　曲桂梅[2]　夏金民[3]　刘正强[3]

（1. 安徽理工大学化工学院，安徽 淮南，232001；2. 抚顺矿业集团有限责任公司十一厂，辽宁 抚顺，113003；3. 郑州宇光复合材料有限公司，河南 郑州，450001）

**摘　要**：在爆炸焊接长度大于10000mm、宽度大于2500mm的大幅面钢-不锈钢复合板中，常常出现许多不结合缺陷，严重影响了复合板的整体质量。本文从板幅平整度、焊接表面处理、低爆速炸药及其混药均匀性、雷管起爆点位置与起爆结构四个方面分析了影响爆炸焊接质量的因素，并进行了钢/不锈钢爆炸焊接优化实验，结合率达100%，对提高大幅面复合板的爆炸焊接质量具有重要的参考价值。

**关键词**：爆炸焊接；大幅面钢/不锈钢复合板；不结合缺陷；影响因素；优化实验

## Researches on the Influencing Factors of Explosive Welding in the Large Acreage Steel-Stainless Steel Clad Plate

Huang Wenyao[1]　Wang Hongxiang[1]　Qu Guimei[2]　Xia Jinmin[3]　Liu Zhengqiang[3]

（1. School of Chemical Engineering，Anhui University of Science and Technology，Anhui Huainan，232001；2. The 11th Company of Fushun Mining Group，Liaoning Fushun，113003；3. Zhengzhou Yuguang Clad Metal Material Co.，Ltd.，Henan Zhengzhou，450001）

**Abstract**: In the process of explosive welding on the large acreage steel-stainless steel clad plate, where length is more than 10m, and width is more than 2.5m, it often happens many uncombined defects, which seriously impact on the overall quality of the composite plate. The impact factors of explosive welding quality were analyzed from the plate quality and its flatness, surface treatment of metal plate welding, low detonation velocity explosive and mixed homogeneity, detonator initiation point and initiation structure, to the corresponding measures. Explosion welding optimization experiments on the steel-stainless steel plate were put forward, and the combination rate achieved 100%. It has important reference value to eliminate uncombined defect of explosive welding on large acreage stainless steel clad plate.

**Keywords**: explosive welding; the large acreage steel/stainless steel clad plate; uncombined defect; influence factors; optimization experiment

基金项目：安徽省高等学校省级自然科学基金资助项目（KJ2013A102）。
作者信息：黄文尧，教授，2426712933@qq.com。

## 1 引言

爆炸焊接作为一种特种焊接技术，能够把相同的、不同的，甚至是任意组合的金属瞬间牢固地焊接在一起，目前已在国防、航空、航天、石油、化工、机械制造等许多领域得到了广泛的运用[1~3]。

爆炸焊接的一个优点是可以进行大面积焊接，可以把一个金属板，以"覆盖"的方式焊接到另一个金属板上。为了减少大型化工设备的焊缝，爆炸焊接不锈钢复合板从规格上呈现板幅越来越大的特点，单张复合板面积大于$25m^2$[4~5]。这种大幅面板材的爆炸焊接中，由于起爆位置、间距、装药形式、爆轰波传播方式等因素极易造成许多不结合缺陷，如图1所示。这种不结合缺陷不仅需要挖开进行补焊修复，增加工作量，而且还严重影响了板材的质量和生产效率。

图 1 不锈钢-钢爆炸焊接结合缺陷
Fig. 1 Explosive welding defects of stainless steel/ steel clad plate

## 2 大幅面不锈钢-钢爆炸焊接不结合影响因素

### 2.1 板幅平整度

爆炸焊接的幅面越大，气体在间隙中通过的路程越长，即时间也越长。通常，大幅面不锈钢-钢爆炸焊接，其基板厚度一般大于30mm，而不锈钢复板厚度不大于4mm，由于复板较薄，无法确保板幅的平整度。若板幅不平整，严重影响排气。所谓排气，即在爆炸焊接过程中，在复板与基板的撞击点前，间隙内的气体从间隙中向外排除。间隙内气体及时、全部排除是爆炸焊接工艺的必要条件之一。爆炸焊接工艺操作中，基板和复板间要用垫角支撑起来形成一个空气层，在爆炸焊接的瞬间，随着碰撞点的移动和焊接过程的进行，要求匀速消除这个空气层。

如果板幅不平整，复板与基板的间隔增大，两板之间的气体量相对较多。在爆炸焊接时，如果气体不能完全排除，轻者形成大面积熔化，重者形成气体鼓包。在对不结合部位进行超声波检测时，发现并非全部分层，也有些局部是结合的，揭开时难度并不是很大，人工采取钢钎即可撬开，撬开后看到界面有大量的熔化层和带有熔化层的波纹，如图2所示。

界面全部为熔化层时，在超声波探伤中为完全分层的波形，用金属块敲击可以听到"咚

图 2 界面间排气不畅引起的熔化层
Fig. 2 The melting layer caused by the poor interface between the exhaust gas

咚"的响声，撬开时很容易，几乎没有结合强度；带有熔化层的波纹超声波探伤中发现杂波的存在，敲击听不到"咚咚"的响声，撬开时有难度，说明有一定的结合强度，在后期的取样检测发现结合强度在 90～180MPa 之间，不能满足国标要求。从这种现象可以得出，板幅不平导致排气不畅是引起不结合缺陷的主要原因。

## 2.2 焊接表面处理

复板和基板爆炸焊接表面处理是影响爆炸焊接质量的重要因素。实践表明，初始表面有一定的粗糙度且表面洁净，爆炸焊接的质量就高。

通常采用的洁净方法有以下几种：喷丸和喷砂；砂轮打磨；砂布或钢丝刷打磨；酸洗或碱洗等。无论采用哪种方法，最好是当天表面处理，当天就进行爆炸焊接。如当天不能进行作业，应妥善保护好已清理的表面，爆炸焊接前，再用酒精或丙酮清理待焊表面。

## 2.3 低爆速炸药及其混药均匀性

不锈钢-钢爆炸焊接要求炸药的爆速为 2000～2300m/s，而国内膨化硝铵炸药和粉状改性铵油炸药的爆速大于 3200m/s，粉状乳化炸药的爆速大于 4000m/s。目前，国内外爆炸焊接用低爆速爆炸焊接炸药主要是在这类粉状炸药中掺入食盐、膨胀珍珠岩等稀释剂来制得低爆速炸药[6~8]。这类稀释剂中掺入食盐使炸药易吸湿，特别是夏天雨季，将导致炸药吸潮成团。而膨胀珍珠岩粉质轻易碎，见图 3，在现场人工通过筛混的方式混合不均匀，易出现分层现象，势必造成炸药爆轰传播不稳定，这也是大幅面复合板爆炸焊接多处不结合的原因之一。

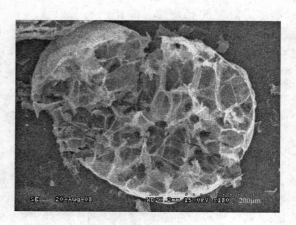

图 3　膨胀珍珠岩的扫描电镜图
Fig. 3　SEM image of expanded perlite

## 2.4 雷管起爆点位置与起爆结构

在爆炸焊接过程中，起爆点一般分为板幅中心、角、边三种。对大幅面复合板爆炸焊接，如果采用角起爆或边起爆，则四周排气不均衡，通常采用中心起爆，但中心起爆易出现雷管区。由于一发电雷管的起爆能量较小，炸药引爆后要经过一段不稳定爆轰才能成长为稳定爆轰，因此，在雷管起爆点下方的复板形成碰撞角的过程中，总存在一定范围的不结合区域，此区域称为雷管区。当雷管区的直径大于 25mm 时，需人工进行补焊修复[9]。如果单纯从点碰撞来看，用少量黑索金或泰安等猛炸药起爆更能消除雷管区，但这类猛炸药危险感度高，散装猛炸药也不利于安全管理。因此，设计一种聚能起爆结构，装填岩石粉状乳化炸药或膨化硝铵炸药等纯药，在起爆点迅速形成碰撞角，从而消除雷管区。

## 3　优化实验

### 3.1　试验材料与制作

本次设计所用的不锈钢金属材料为 S30403，具体尺寸是 3×2570×12820，钢板为 Q345R，具体尺寸是 30×2550×12800。由于国内不锈钢复板的宽度通常为1500mm，必须进行拼焊才能达到设计的宽度。具体做法是先将两块不锈钢板拼焊后再裁剪，并在车间和爆炸现场用吊杆进行吊装，从根本保证了复板的平整度。

不锈钢板虽然能抵抗大气和各种腐蚀介质，不易形成氧化膜。但也必须与钢板一样需要用电砂轮按从粗到细把金属焊接表面打磨、抛光，且表面粗糙度一般控制在 3μm 以下。在爆炸焊接现场用丙酮进行擦洗，以确保焊接表面光净。

炸药选用河南前进化工公司生产的 2 号岩石粉状乳化炸药，稀释剂选用自制分散剂，该分散剂是溶于水的矿物盐粉，不吸湿。按 1∶1 配比，将 2 号岩石粉状乳化炸药与分散剂用混药机混合，制得密度为 0.94~0.96g/cm³，爆速 2150~2250m/s 的低爆速炸药。

起爆点用自制的聚能起爆具起爆，聚能起爆具结构为直径25mm，高60mm 的 PVC 管，底部采用球缺形聚能穴，内装 2 号岩石粉状乳化炸药，装药密度为 0.81~0.85g/cm³。起爆雷管为河南前进化工公司生产的电雷管。

### 3.2 布药参数

根据最小能量模型[10]，从实现爆炸焊接所需的单位面积总动能来计算复板的最小撞击速度，其计算公式为：

$$v_{pmin} = (2E_1/\rho_f\delta_f)^{0.5} \tag{1}$$

式中，$\delta_f$ 为复板厚度；$\rho_f$ 为复板材料密度；$E_1$ 为实现焊接单位面积的最小能量。对于不锈钢 $E_1$ 可以取 $4.3×10^6 J/m^2$。实测不锈钢板的厚度为3mm，密度为 7.94g/cm³，代入上式得出 $v_{pmin} = 601 m/s$。

根据 Chandwick 的经验公式[11]装药质量比：

$$R = 2v_{pmin}/(0.612v_D - v_{pmin}) \tag{2}$$

式中，$v_D$ 为炸药爆速，实测炸药的爆速为2204m/s。根据装药质量比：

$$R = \rho_z\delta_z/\rho_f\delta_f \tag{3}$$

式中，$\rho_z$ 为炸药的假密度；$\delta_z$ 为炸药的布药厚度。

实测炸药的假密度是 0.95g/cm³，将式（3）代入式（2），得出 $\delta_z = 40.3mm$。

由间隙的经验公式：

$$H_0 = 0.2(\delta_z + \delta_f) = 8.7mm$$

得复板与基板之间的间隙值 $H_0 = 8.7mm$。结合生产实际经验，布药厚 $\delta_z = 38mm$；间隙值：$H_0 = 8mm$。

### 3.3 安装及爆破工艺

首先用推土机堆积厚度不小于 0.5m 沙土，上表面要求平整，按图4依次把基板、间隙物、复板、药框、炸药、中心聚能起爆具安装起来，待所人无关人员撤离后，由爆破员把电雷管插到起爆具中，插入深度为18mm，连线，待所有警戒到位后给发爆器充电，由爆破员吹三声哨响后起爆。

### 3.4 实验结果与分析

按上述方法对 S30403/Q345R 不锈钢-钢复合板进行爆炸焊接的实验产品见图5。并经现场超探检测，其结合率达到100%，中心起爆点也不存在雷管区。

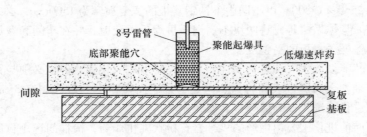

图 4　爆炸焊接装置

Fig. 4　Explosive welding device

图 5　优化工艺后的爆炸焊接产品

Fig. 5　Explosive welding products after process optimization

在优化实验中，为了确保大幅面复板的平整度，设计采用先拼焊再裁剪的方法，有效地避免了因焊接缝应力不均造成复板不平整的缺陷。同时，在车间和爆炸现场用吊杆进行吊装，从根本控制复板的平整度在2mm/m以下，保证了复板与基板之间的间隙基本相同，为复板与基板之间的排气顺畅提供了有利条件。

炸药选用流散性较好的 2 号岩石粉状乳化炸药，稀释剂不用食盐和膨胀珍珠岩，而是采用不溶于水的矿盐，密度为 $1.12\sim1.18g/cm^3$，且用混药机混药，有效避免了因人工筛混导致炸药混药的不均匀性。从食盐和分散剂的扫描电镜的微观结构可以看出，见图6和图7，分散剂与食盐的颗粒大小相近，具有较好的流散性，但分散剂具有不吸湿的显著优点，特别是夏季避

图 6　食盐的扫描电镜图

Fig. 6　SEM image of the salt

图 7　分散剂的扫描电镜图

Fig. 7　SEM image of the dispersant

免了加入的食盐使炸药吸湿导致炸药结块，也避免了因珍珠岩轻质使炸药分层，因此，炸药混药均匀，流散性好，不吸湿，布药方便，确保了炸药的低速爆轰的稳定性。

中心起爆点用聚能起爆结构，内装 2 号岩石粉状乳化炸药，下端为球缺形聚能穴，避免了起爆具下端因圆锥形或半球形聚能穴所形成的细长射流将复板直接击穿，又能保证复板在起爆点的动态弯折角、碰撞角、碰撞速度和碰撞能，从根本上消除了雷管区。

## 4 结论

（1）大幅面不锈钢与钢板复合板爆炸焊接质量影响因素较多，要搞好爆炸焊接的质量是一项系统工程。通过优化实验表明，做好金属板材选取和制作、炸药及其稀释剂选择及其混药均匀性、起爆点的位置及其聚能起爆结构，设计准确的布药参数，现场安装工艺操作精细化，能有效避免不结合缺陷，提高大幅面不锈钢-钢复合板爆炸焊接质量。

（2）该方法通过推广，还可以应用在大幅面钛-钢复合板、镍-钢复合板、铜-钢复合板等爆炸焊接。

### 参 考 文 献

[1] 郑远谋. 爆炸焊接和爆炸复合材料的原理及应用[M]. 长沙：中南大学出版社，2002.
[2] 黄文尧，张凯，吴红波，等. 低爆速爆炸焊接乳化炸药的制备与性能[J]. 含能材料. 2013，17(3)：357-362.
[3] Kim J H, Yang H S, Baik K H, et al. Development and properties of nanostructured thermal spray coating [J]. Current Applied Physics, 2006, 6(6)：1002-1006.
[4] 杨国义，孔胜先，陈志伟. 压力容器用爆炸焊接复合板境内技术发展状况及标准状态[J]. 压力容器，2012，29(11)：44.
[5] 铀铀，冯健，王超，等. 压力容器用大幅面爆炸焊接不锈钢复合板缺陷形成机理[J]. 压力容器. 2014，31(3)：15-19.
[6] 黄文尧，余燕，吴红波，等. 低爆速膨化铵油爆炸焊接炸药的实验研究[J]. 含能材料，2012，20(6)：784-788.
[7] 岳宗洪，李亚，韩刚. 爆炸焊接专用炸药的研究与应用[J]. 工程爆破，2011，17(2)：73-76.
[8] 王勇，张越举，赵恩军，等. 金属爆炸复合用低爆速膨化铵油炸药实验研究[J]. 含能材料，2009，17(3)：326-327.
[9] Grignon F, Benson D, Vecchio K S. Explosive welding of aluminum to aluminum ansys[J]. Conputations and experiments. 2004，30：1333-1351.
[10] 王铁福. 大型不锈钢/普碳钢厚板坯的爆炸焊接[J]. 焊接学报，2004，25(2)：87-88.
[11] 冯健，史和庆. 钛/钢复合板爆炸焊接后周边端部被撕裂的机理分析[J]. 压力容器，2008，25(2)：1-4.

# 爆炸焊接炸药中添加剂的应用比较

刘自军[1]　陈寿军[2]　周景蓉[2]

(1. 黄山三邦金属复合材料有限公司，安徽 黄山，245200；
2. 南京三邦金属复合材料有限公司，江苏 南京，211100)

**摘　要**：为解决爆炸焊接过程中，工业盐添加剂对植被影响及炸药爆炸产生的噪声、振动危害对周边环境的影响，在乳化炸药中添加碳酸钙来取代工业盐在爆炸焊接炸药中充当爆速及密度调节的作用，通过实验确定最终性能比较稳定的低爆速的混合炸药。通过测试，该炸药可以降低噪声及爆破振动，消除了工业盐对爆炸焊接场地周边环境的影响，且能增大爆炸焊接场地的生产能力，降低生产成本。因此，具有较好的推广应用前景。

**关键词**：爆炸焊接；炸药；添加剂；噪声；振动

# Research on Comparison of Additive Application in Explosives for Explosion Welding

Liu Zijun[1]　Chen Shoujun[2]　Zhou Jingrong[2]

(1. Huangshan Sanbom Metal Composite Materials Limited Corporation, Anhui Huangshan, 245200; 2. School of Chemical Engineering, Nanjing Sanbom Metal Composite Materials Limited Corporation, Jiangsu Nanjing, 211100)

**Abstract**: To reduce the effects of industrial salt additive on vegetation and blasting noice and vibration damage on the surrounding environment influence, the calcium carbonate was added in emulsion explosive to replace the industrial salt in explosive welding of explosives, regulation detonation velocity and density. Through experiments stable low detonation velocity explosive mixture is determined, Through test, the explosive can reduce the noise and the blasting vibration, eliminat the industrial salt's effect on explosion welding site surrounding environment, increase the explosion welding field capacity, and reduce the production processing cost. It has a good application prospect.

**Keywords**: explosive welding; explosive; additive; noise; vibration

## 1　引言

爆炸焊接是以炸药为能源，使两种或多种金属体之间产生高速斜碰撞，从而使金属体之间产生固相冶金结合的材料爆炸加工技术[1]。按中共中央关于制定"十三五"规划建议，在未来5年内生态环境质量总体改善。对于爆破工程来讲，把修复自然生态，防止水土流失作为重

---

作者信息：刘自军，助理工程师，x_huang@duble.cn。

要的设计和施工原则。同时要控制和约束爆破对环境造成的破坏和干扰,包括爆破地震、噪声冲击波等。由于爆炸焊接使用炸药的特殊性,常规的低爆速炸药基本上是在工业炸药中添加工业盐进行二次调配,工业盐不参与爆炸化学反应,爆炸焊接后炮场周围残留大量的食盐,一旦下雨与雨水溶解后,对炮场周围土壤的离子浓度影响较大,对周围植被破坏严重。同时在爆炸过程中产生的声音、振动等对周边的自然环境和居民生活有一定影响。在保障居民生活的同时也就要求单次生产炸药使用量必须控制在一定范围之内。限制了爆炸焊接场地的生产能力。复合板销售市场竞争激烈,大板幅也日益增多,通过使用碳酸钙来取代工业盐在焊接炸药中的作用的方法,来保护炮场周边环境,降低生产成本,提高企业在同行业的竞争能力[2-4]。

## 2 试验材料与方法

为保证爆炸焊接的质量,对爆炸焊接炸药有许多特殊的要求。对爆炸焊接所使用的爆速要有一定的限制,其爆速不得超过金属材料声速的1.2倍,一般要求炸药的爆速在1900~2400 m/s之间,猛度一般在8.5mm左右[5,6]。猛度是指炸药爆炸后对与其相接触的物体破碎的能力,它是衡量炸药做功能力的主要参数之一,根据爆炸焊接理论,炸药爆炸焊接是一个复杂的物理化学过程,如果炸药的爆速和猛度超出爆炸焊接窗口的限制,基板和复板的结合率会大大降低,影响爆炸焊接板材的质量。本文主要是通过比较在焊接炸药中加入工业盐和加入碳酸钙条件下,爆破后对周边环境的影响比较,来确定降低爆炸焊接对周边环境影响的方法。将粉状乳化炸药、碳酸钙($CaCO_3$)按一定质量比进行混合搅拌,测定爆速约为2200m/s,密度为$1.2g/cm^3$,猛度为8.2mm。满足爆炸焊接炸药性能要求。

## 3 试验结果与分析

### 3.1 碳酸钙作为添加剂使用可行性的确定

为了获得碳酸钙作为添加剂使用的可行性,通过不同材质、厚度的金属板材进行爆炸焊接后的检测来确定碳酸钙在爆炸焊接炸药中的使用可行性。测试所得的实验数据见表1。

表1 不同板材焊接试验的结合率和剪切强度
Table 1 The combination of different welding experiments plank rate and the shear strength

| 序号 | 材质 | 复板厚度/mm | 基板厚度/mm | 一次UT超探结合率/% | 剪切强度/MPa |
| --- | --- | --- | --- | --- | --- |
| 1 | 0Cr13AL/Q345R | 3 | 22 | 100 | 446 |
| 2 | 0Cr13AL/Q345R | 4 | 18 | 100 | 398 |
| 3 | 0Cr13AL/Q345R | 6 | 38 | 100 | 513 |
| 4 | 0Cr13AL/Q345R | 8 | 48 | 100 | 467 |
| 5 | 0Cr13AL/Q345R | 10 | 48 | 100 | 453 |
| 6 | TA2/Q345R | 3 | 18 | 100 | 433 |
| 7 | TA2/Q345R | 4 | 22 | 100 | 367 |
| 8 | TA2/Q345R | 6 | 28 | 100 | 403 |
| 9 | TA2/Q345R | 8 | 48 | 100 | 432 |
| 10 | TA2/Q345R | 10 | 48 | 100 | 415 |

从表1可以看出，用碳酸钙作为添加剂的焊接炸药进行爆炸焊接试验，复合板的结合率均达到100%，两种不同的复合板材的力学性能符合复合板材的标准要求，碳酸钙可以再在爆炸焊接炸药作为一种添加剂使用。

## 3.2 加入工业盐和加入碳酸钙在爆炸焊接炸药中对环境影响的比较

表2 相同药量不同添加剂的爆炸焊接炸药产生的噪声、振动的测试及比较
Table 2 The same dose of different additives produced by the explosion welding noise, vibration test and comparison

| 序号 | 时间 | 混药量/kg | 混药成分含量/kg | | | 声音/dB | 测量距离/m | 振动通道 | 振动峰值 | 主频 |
|---|---|---|---|---|---|---|---|---|---|---|
| | | | 纯药 | 工业盐 | 碳酸钙 | | | | | |
| 1 | 10:40 | 340 | 170 | 0 | 170 | 117 | 50 | X | 6.77 | 30.83 |
| | | | | | | | | Y | 1.49 | 16.68 |
| | | | | | | | | Z | 4.13 | 20.13 |
| 2 | 11:53 | 340 | 221 | 119 | 0 | 123.4 | 50 | X | 5.23 | 72.86 |
| | | | | | | | | Y | 2.49 | 17.97 |
| | | | | | | | | Z | 4.07 | 27.69 |
| 3 | 13:03 | 340 | 170 | 0 | 170 | 118.2 | 50 | X | 5.24 | 16.1 |
| | | | | | | | | Y | 1.37 | 19.77 |
| | | | | | | | | Z | 5.51 | 18.72 |
| 4 | 14:11 | 340 | 221 | 119 | 0 | 121.9 | 50 | X | 8.34 | 66.07 |
| | | | | | | | | Y | 2.06 | 15.53 |
| | | | | | | | | Z | 6.48 | 23.94 |

注：噪声测量距离为200m。

表3 相同药量不同添加剂的爆炸焊接炸药产生的噪声、振动的测试及比较
Table 3 The same dose of different additives produced by the explosion welding noise, vibration test and comparison

| 序号 | 时间 | 混药量/kg | 混药成分含量/kg | | | 声音/dB | 测量距离/m | 振动通道: X/Y/Z | | |
|---|---|---|---|---|---|---|---|---|---|---|
| | | | 纯药 | 工业盐 | 碳酸钙 | | | | | |
| 1 | 08:20 | 600 | 390 | 210 | 0 | 108.6 | 108.9 | 108.9 | 500 | 无 |
| 2 | 08:48 | 600 | 300 | 0 | 300 | 98.2 | 98.5 | 98.5 | 500 | 无 |
| 3 | 09:15 | 600 | 390 | 210 | 0 | 108.2 | 108.6 | 108.6 | 500 | 无 |
| 4 | 09:46 | 600 | 300 | 0 | 300 | 97.8 | 98.2 | 98.2 | 500 | 无 |
| 5 | 10:09 | 600 | 390 | 210 | 0 | 108.2 | 108.5 | 108.5 | 500 | 无 |
| 6 | 10:38 | 600 | 300 | 0 | 300 | 98.3 | 98.3 | 98.6 | 500 | 无 |
| 7 | 11:15 | 600 | 390 | 210 | 0 | 108.8 | 108.8 | 108.9 | 500 | 无 |
| 8 | 11:50 | 600 | 300 | 0 | 300 | 98.3 | 98.6 | 98.6 | 500 | 无 |

从表2、表3中可以得出：

（1）在同等药量情况下，在50m处，加入碳酸钙和加入工业盐相比，爆破产生主振频率和振动峰值明显较低。在200m处的声音测定也明显较低，约低3~6dB(A)。

(2) 在同等药量情况下，在 500m 处，加入碳酸钙和加入工业盐相比，爆破产生的振动均不明显。在 500m 处的声音测定明显较低，约低 10dB(A)，两者现场噪声感觉较为明显。

(3) 在限定爆破振动和噪声的条件下，在焊接炸药中加入碳酸钙可以增大单次生产炸药使用量，增大爆炸场地的生产作业能力。

在炸药中添加碳酸钙在爆破产生的噪声和振动方面能得到明显的改善，在一定程度上降低爆炸产生的危害效应对附近居民区和环境的影响。由于在炸药中添加入碳酸钙取代了常规添加工业盐的工艺，减少了工业盐对周边植被的污染。

## 3.3 经济效益的比较

以爆炸焊接不锈钢钢复合板为例，比较加入工业盐和加入碳酸钙后生产成本。炸药单价：8 元/kg。见表 4。

表 4 不锈钢每平方使用工业盐和碳酸钙（$CaCO_3$）生产成本比较
Table 4 Stainless steel square using industrial salt and calcium carbonate ($CaCO_3$) production cost comparison

| 覆板厚度/mm | 药高/mm | 纯炸药量/kg | 药高（$CaCO_3$）/mm | 纯炸药量/kg | 差值/kg | 金额/元 |
| --- | --- | --- | --- | --- | --- | --- |
| 2 | 30 | 19.5 | 23 | 13.8 | 5.7 | 45.6 |
| 3 | 35 | 22.75 | 28 | 16.8 | 5.95 | 47.6 |
| 4 | 45 | 29.25 | 35 | 21 | 8.25 | 66.0 |
| 5 | 55 | 35.75 | 45 | 27 | 8.75 | 70.0 |
| 6 | 65 | 42.25 | 55 | 33 | 9.25 | 74.0 |
| 8 | 85 | 55.25 | 75 | 45 | 10.25 | 82.0 |
| 10 | 105 | 68.25 | 95 | 57 | 11.25 | 90.0 |
| 12 | 115 | 74.75 | 105 | 63 | 11.75 | 94.0 |
| 14 | 135 | 87.75 | 125 | 75 | 12.75 | 102.0 |

从表 4 可以得出，使用碳酸钙每平方的不锈钢使用的工业炸药量明显的降低，同等药量的情况下，单次作业生产量得以提高，生产成本节约也随着炸药量使用的增大而增大。

## 4 结论

(1) 在焊接炸药中加入碳酸钙代替传统的食盐作为添加剂，可以改善食盐吸潮的缺点，同时消除了目前用食盐作为添加剂的炸药爆炸对周边环境的污染。

(2) 在焊接炸药中引入碳酸钙可以降低爆炸焊接过程中的噪声和振动，降低了生产成本和对周边环境的影响，增大了爆炸焊接场地的生产能力，具有较好的推广应用价值。

### 参 考 文 献

[1] 郑远谋. 爆炸焊接和金属复合材料的原理及应用[M]. 长沙：中南大学出版社，2007.
[2] 郑炳旭. 中国爆破新技术Ⅲ[M]. 北京：冶金工业出版社，2012.
[3] 袁胜芳，李亚. 低爆速爆炸焊接炸药的实验研究[J]. 煤矿爆破，2010，89(2)：1-3.
[4] 安立昌. 低爆速爆炸焊接炸药的配方设计[J]. 火药炸药学报，2003，26(3)：68-69.
[5] 王文，石秀文. 低爆速混合炸药配方的优化研究[J]. 爆破，2003，20(1)：89-91.
[6] 聂云端. 爆炸焊接专用粉状低爆速炸药的研制[J]. 爆破，2005，22(2)：106-108.

# 爆速对气相爆轰法制备纳米二氧化钛的影响

闫鸿浩　吴林松　孙　明　李晓杰　王小红

（大连理工大学工业装备结构分析国家重点实验室，辽宁 大连，116024）

**摘　要**：在气相爆轰合成纳米材料中，通常研究初始条件的改变（如前驱体量、可爆气体比例等）对爆轰产物的形貌及性质的影响，而没有考虑在爆轰反应中更加基本的性质如爆温爆速对制备纳米二氧化钛产物形貌性质的影响。通过设计一种简易起爆装置来提高爆轰管内的爆速，并使用高速摄影测定爆轰管内爆轰波的速度证明装置的有效性。使用 XRD、TEM 等技术对产物进行表征，探索了不同爆速对产物形貌性质的影响，实验结果表明，爆速对产物的晶型、结晶度、粒径大小均有一定影响；随着爆速提高，产物结晶度提高，锐钛矿相比例提高，粒径略有增大。

**关键词**：气相爆轰合成；爆速影响；高速摄影；TiO$_2$

## Influence of Detonation Velocity on TiO$_2$ Nanoparticles Synthesized by Gaseous Detonation Method

Yan Honghao　Wu Linsong　Sun Ming　Li Xiaojie　Wang Xiaohong

(State Key Laboratory of Structural Analysis for Industrial Equipment, Dalian University of Technology, Liaoning Dalian, 116024)

**Abstract**: The influence of initial conditions, such as amount of precursor, the proportion of explosive gas, etc., have been studied in gaseous detonation synthesis of nanomaterials, but the basic properties, such as detonation velocity and explosion temperature, have not been taken into consideration. In this paper, a simple detonating device is designed to improve the detonation velocity, and measured by high-speed photography to show its efficiency, in detonation tube. XRD and TEM techniques are used to characterize the morphology and properties of products, and the results show that detonation velocity have a certain influence on products' morphology, crystallinity and particle size. As detonation velocity increased, the crystallinity improved, anatase phase ratio increased, and particle size slightly increased.

**Keywords**: gaseous detonation method; influence of detonation velocity; high-speed photography; TiO$_2$

## 1　引言

纳米 TiO$_2$ 是当今应用最为广泛的催化剂[1]，常用的 TiO$_2$ 催化剂制备方法有溶胶凝胶法、

---

作者信息：闫鸿浩，副教授，honghaoyan@vip.sina.com。

水热法、阳极氧化法、爆轰法等[2~4]。爆轰合成法是利用爆轰时产生的瞬间高温、高压特点使前驱体发生分解、裂解、相变或和爆炸后的产物发生化学反应，破坏原来物质的结构，所有分子或部分原子进行重新排列，生成新物质的快速反应过程[5~6]。爆轰法最先利用于纳米金刚石[7]合成，随后被推广在多种纳米材料合成，包括纳米氧化铝，碳包覆金属等[8~10]。气相爆轰法是直接利用气体前驱体或通过加热等方法将前驱体变为气体，并在气体状态与可燃气体爆炸源点火引爆，最后形成纳米材料，其优点是易操作，设备要求低，反应速率快，只要合理的选择爆轰系统、调节反应气体种类、改变初始气体的压力、温度、选择强起爆方式等可以得到纯度高、分散性好、粒径分布均匀、团聚小的纳米粉体。

在气相爆轰合成纳米材料中，通常通过改变初始条件[11~12]来观察产物的形貌及性质，而没有考虑在爆轰反应中更加基本的性质如爆温爆速对产物形貌性质的影响，本实验探索了不同爆速对产物形貌性质的影响。首先在实验中系统性的研究通过加长爆轰管对爆速产生何种影响，再研究爆速的影响给产物的形貌性质带来的变化。

## 2 实验

### 2.1 高速摄影测定爆速

实验通过在起爆端增加一段不同长度的不锈钢波纹管来提高爆轰管内的爆速，通过高速摄影仪记录爆轰管末端的爆轰波传播。拍摄速度为 40000 帧/秒，爆轰管长 1100mm，装有视窗的尾管长 485mm，视窗长度为 240mm，结构如图 1 所示。

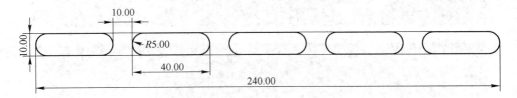

图 1 视窗结构

Fig. 1 Windows structure

### 2.2 高速摄影分析

实验条件为 $H_2$ 体积比 0.5，$O_2$ 体积比 0.25，空气体积比 0.15，初始压力为 0.9atm，初始温度为 298K，试验中并未加入前驱体，各实验高速摄影如图 2 所示，选取爆轰波波头进入视窗或前一张照片为时间 0，通过计算爆轰波穿过视窗的时间 $t$ 计算爆轰波波速，并进行一次重复试验取两次计算的平均值作为爆轰波波速。

实验 $D_1$ 高速摄影图为：

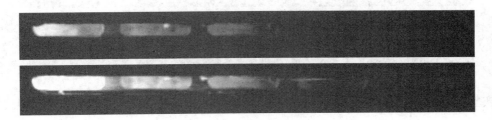

实验 $D_2$ 高速摄影图为:

实验 $D_3$ 高速摄影图为:

实验 $D_4$ 高速摄影图为：

爆轰波传播速度 $D$ 计算结果见表 1。由表 1 可知随着起爆端的延长，爆速有着明显地提高，说明在爆轰管中爆轰波是在加速传播，并在管尾达到稳定爆轰。

### 2.3 纳米 $TiO_2$ 的制备

实验采用自制气相温控爆轰管，如图 2 所示，它是由内径 100mm，长度为 1100mm 的钛管和钛法兰盘组成的圆筒形密闭容器，同时装备有起爆点，进料口，真空表和温控系统等组成。

## 表1　高速摄影计算爆速
### Table 1　Experimental result

| 编号 | 起爆端延长/m | 爆速/m·s$^{-1}$ | 编号 | 起爆端延长/m | 爆速/m·s$^{-1}$ |
|---|---|---|---|---|---|
| $D_1$ | 0 | 2160 | $D_3$ | 0.8 | 2400 |
| $D_2$ | 0.4 | 2160 | $D_4$ | 1 | 3000 |

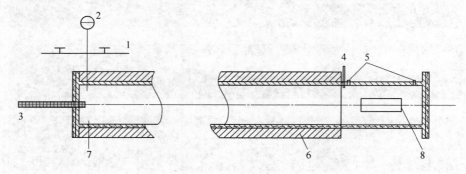

图 2　爆轰管结构
1—进气口；2—真空表；3—火花塞；4—进料口；5—压力感应器；
6—控制装置；7—反应室；8—视窗窗口
Fig. 2　Schematic of Detonation Tube

首先分别在爆轰管的起爆端接入同长度的不锈钢波纹管，用温控系统将气相爆轰管加热至403K，用真空泵将管内抽成真空（真空度 -0.09 大气压），之后注入5mL的TiCl4溶液，通过观察真空表的指针变化，可知溶液的气化程度。接着通入0.5V氢气，最后通入0.25V氧气使真空表读数为0，静置3~5min，待气体充分混合均匀后，引爆混合气体，20min后，可收集到白色粉末状产物，最后对产物进行干燥脱酸。实验参数见表2。

## 表2　实验参数
### Table 2　Experiment parameter

| 实验编号 | 初始温度/K | TiCl$_4$用量/mL | 起爆端/m | H$_2$体积比 |
|---|---|---|---|---|
| $T_1$ | 403 | 5 | 0 | 0.5 |
| $T_2$ | 403 | 5 | 0.4 | 0.5 |
| $T_3$ | 403 | 5 | 1 | 0.5 |

## 3　结果和讨论

### 3.1　XRD分析

图3为所有产物的XRD图谱，衍射图主要参数在表中列出，衍射图中的衍射峰 $2\theta$ = 25.3°，36.9°，37.8°，38.6°，48.1°，53.9°，55.1°，62.7°，68.8°，75.1°等峰对应着TiO$_2$的锐钛矿相（JCPDS No. 84—1286），其他衍射峰 $2\theta$ = 27.4°，36.1°，41.2°，54.3°，56.6°，69.0°等对应着金红石相（JCPDS No. 73—1765），由此可知，所得产物为TiO$_2$金红石锐钛矿混晶，从图中可以看出，1~3号样品，衍射峰强度明显提高，可利用特征衍射峰的峰强计算相

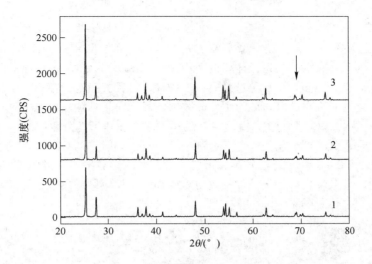

图3 样品的 XRD 图谱
Fig. 3 XRD of samples

应物相的百分含量,锐钛矿相百分含量采用下面公式计算:

$$X_A = 1/[1 + I_R/K \cdot I_A]$$

式中,$X_A$ 代表锐钛矿相的百分比;$I_A$ 和 $I_R$ 分别代表锐钛矿相和金红石相的峰高;$K$ 为常数 0.8。计算结果见表4,由计算结果可知金红石相在产物中的比例略有降低,根据谢乐公式

$$D = K\lambda/\beta\cos\theta$$

式中,$D$ 为晶粒在衍射峰对应晶面法线平均厚度,以此作为平均晶粒大小(nm);$\lambda$ 代表所用 X 射线波长(0.154nm);$\beta$ 为对应衍射峰的半峰宽,单位为弧度;$\theta$ 为衍射峰对应的布拉格角;$K$ 为常数,一般取 0.89。产物的平均粒径略有增大。说明爆速对产物的晶型有一定影响,爆速提高,金红石相比例降低,粒径略有增大。

表3 样品主峰参数
Table 3 XRD parameter

| 实验编号 | 起爆端/m | 主峰(2θ)/(°) | | I/% | | FWHM | |
| --- | --- | --- | --- | --- | --- | --- | --- |
| | | A | R | A | R | A | R |
| 1 | 0 | 25.28 | 27.40 | 100 | 40.5 | 0.186 | 0.174 |
| 2 | 0.4 | 25.34 | 27.48 | 100 | 24.1 | 0.179 | 0.163 |
| 3 | 1 | 25.28 | 27.42 | 100 | 17.1 | 0.177 | 0.172 |

表4 样品的粒径与各相含量
Table 4 Particle size and content of sample

| 实验编号 | 锐钛矿和金红石含量/% | 晶粒尺寸(XRD)/nm | 晶粒尺寸(TEM)/nm |
| --- | --- | --- | --- |
| $T_1$ | A:68.7;R:31.4 | A:43.31;R:46.49 | 135.1 |
| $T_2$ | A:78.6;R:21.4 | A:45.00;R:49.63 | 129.2 |
| $T_3$ | A:83.8;R:16.2 | A:45.51;R:47.03 | 149.5 |

## 3.2 TEM 分析

用 TF30 场发射透射电镜进行 TEM 分析。图 4 是各样品的 TEM 图，从图中可以看出，样品 1 粒径大多分布在 50~300nm 之间，计算得平均粒径为 135.1nm，粒径分布较为平均，颗粒形貌以球形为主，并有少量多边形；分散性良好。样品 2 粒径分布范围在 60~250nm 之间，平均粒径 129.2nm，颗粒形貌同样以球形为主，分散性较好。样品 3 粒径在 50~300nm 之间，平均粒径为 149.5nm，颗粒以球形为主，并有少量的小颗粒和多边形，分散性良好。从 TEM 图可以看出，样品均粒径较大，球形度良好，并有部分多边形，同时平均粒径基本一致，这是由于实验中 $H_2$ 体积分数为 0.5，实验爆温较高，造成了颗粒之间熔融凝结成球的速率大于碰撞速率，样品以球形为主，分散性良好；爆速的提高也略微提高了反应区的爆温，样品平均粒径随爆速提高略有提高，但总体影响不大。

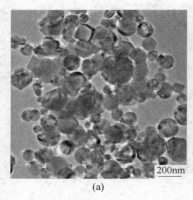
(a)

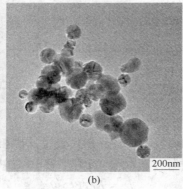
(b)

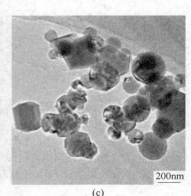
(c)

图 4 样品的 TEM 图
(a) 样品 1；(b) 样品 2；(c) 样品 3
Fig. 4 TEM image of sample

## 4 结论

采用气相爆轰法制备合成了 $TiO_2$ 纳米颗粒，通过延长起爆端调节反应的爆速，通过高速摄影装置计算爆轰反应的爆爆速。所得样品经 XRD、TEM 分析，可得以下结论：

(1) 通过高速摄影分析，设计的起爆装置能有效提高爆轰管内的爆速。

(2) 爆速对产物的晶型，结晶度有一定影响，爆速提高，金红石相比例降低，锐钛矿相比例升高，同时样品的结晶度提高。

(3) 爆速对样品的粒径大小有一定影响，但影响并不显著。

## 参 考 文 献

[1] A. Fujishima, K. Honda. Electrochemical photolysis of water at a semiconductor electrode, Nature 238 (1972): 37-38.

[2] M. F. Abdel-Messih, M. A. Ahmed, Ahmed Shebl El-Sayed, Photocatalyticdecolorization of Rhodamine B dye using novel mesoporous $SnO_2$-$TiO_2$ nano mixed oxides prepared by sol-gel method, Journal of Photochemistry and Photobiology A: Chemistry 260(2013): 1-8.

[3] B. Liu, K. Nakata, M. Sakai, H. Saito, T. Ochiai, T. Murakami, K. Takagi, A. Fujishima, Mesoporous $TiO_2$ core shell spheres composed of nanocrystals with exposed high-energy facets: facile synthesis and formation mechanism, Langmuir 27(2011): 8500-8508.

[4] Han Song, Jing Shang, Chen Suo, Fabrication of $TiO_2$ Nanotube Arrays by Rectified Alternating Current Anodization, Journal of Materials Science & Technology, Volume 31, Issue 1, January 2015, Pages 23-29.

[5] Staver A M, Gubareva N A, et al. Ultrafine powder manufac-tured with the use of explosive energy. FizikaGoreniia I Vzryva, 1984, 20(5): 100-107.

[6] Beloshapk A G, Bukaemskii A AStaver A M. Formation of ultradispersed compounds upon shock wave loading of porous alumi-num[J]. Combust. Explo. Shock Waves. 1990, 26(4): 457-461.

[7] Graham R A, Morosin B, Venturini E L, et al. Materials modification and synthesis under high pressure shock compression[J]. Ann. Rev. Mater. Sci., 1986, 16: 315-341.

[8] Li R Y, Li X J, Xie X H. Explosive synthesis of ultrafine $Al_2O_3$ and effect of temperature of detonation Combust[J]. Explo. Shock waves, 2006, 42(5): 607-610.

[9] Luo Ning, Li Xiaojie, Wang Xiaohong, Synthesis and characterization of carbon-encapsulated iron/iron carbide nanoparticles by a detonation method, CARBON[J]. 48, 13, 3858-3863, 2010.

[10] Yan H H, Wu L S, Li X J. Detonation synthesis of $SnO_2$ nanoparticles in gas phase[J]. Rare Metal Materials and Engineering [J]. 2013, 42(7): 1325-1327.

[11] 李晓杰, 欧阳欣, 闫鸿浩, 等. 气相爆轰法制备纳米 $TiO_2$ 粉末及环境温度的影响[J]. 稀有金属材料与工程, 2007, 36(3): 371-373.

[12] 闫鸿浩, 吴林松, 李晓杰, 等. 前驱体相对物质的量的变化对氢氧气相爆燃制备纳米 $SiO_2$ 颗粒的影响[J]. 爆炸与冲击, 2012, 32(6): 581-584.

# 爆轰法合成10纳米二氧化钛颗粒

闫鸿浩　赵铁军　李晓杰　浑长宏

（大连理工大学工业装备结构分析国家重点实验室，辽宁 大连，116024）

**摘　要**：在反应釜内，中心起爆球状混合炸药成功制备了10纳米二氧化钛颗粒。通过X射线衍射仪、电子透射电镜、能量弥散X射线探测器及紫外-可见光光度计对样品的物相、形貌结构、光学性能进行了表征，发现样品是由金红石与锐钛矿组成的混晶，金红石相所占比例大于锐钛矿。样品颗粒呈不规则多边形状，颗粒达10纳米级别。所制备二氧化钛的禁带宽度为2.9eV，略低于二氧化钛的禁带宽度3.0eV。初步确定了制备更小尺度（10纳米左右）二氧化钛的混合炸药配方。

**关键词**：爆轰法；二氧化钛；10纳米

## Preparation of 10 nm Titanium Dioxide Particles by Detonation Method

Yan Honghao　Zhao Tiejun　Li Xiaojie　Hun Changhong

(State Key Laboratory of Structural Analysis for Industrial Equipment, Dalian University of Technology, Liaoning Dalian, 116024)

**Abstract**: In reaction kettle, 10 nm titanium dioxide particles were sucessfully prepared by central igniting spheral composite explosive. The phase, morphology, structure, optical property of samples were characterized by XRD, TEM, EDX, UV-Vis absorbtion spectrum. It fines that the samples are consist of rutile and anatase, and the content of rutile is higher than that of anatase. Samples are irregular polygons and particle size is about 10 nm level. The band gap of samples is 2.9eV, which is a little smaller than it of titanium dioxide, 3.0eV. In this paper, the furmula of the composite explosive, which could be used to prepared much smaller (about 10nm) titanium dioxide particles, was primary designed.

**Keywords**: detonation method; titanium dioxide; 10nm

## 1　引言

二氧化钛是一种很好的光催化材料[1]，具有很好的光催化性能，在净化污水中有机物[2]、太阳能电池[3]等领域有很大的应用潜力。不过，纳米二氧化钛的禁带宽度略大，只能利用少部

---

基金项目：国家自然科学基金重点项目（10872044，10602013，10972051，10902023）；辽宁省自然科学基金（20082161）。

作者信息：闫鸿浩，副教授，honghaoyan@vip.sina.com。

分太阳光，为此许多学者对其进行改性[4~6]。其中，研究者发现二氧化钛颗粒尺寸也是影响其光催化性能的重要因素，颗粒尺寸越小，其相对表面积越大，更能有效地利用太阳光，因此，光催化性能也就越好[7,8]。所以，制备粒径更小的纳米二氧化钛十分重要。

目前，可以用水解法[9]、sol-gel法[10]以及分解法[11]制备出粒径在10纳米左右的二氧化钛。不过，这类方法消耗大量的能量、时间，并且产率不是很高。欧阳欣、曲艳东等[12,13]用爆轰法制备了纳米二氧化钛，这提高了反应效率，但样品粒径较大，很难达到10纳米级别。本文，在爆轰法原理之上，通过调整混合炸药配比来研究10纳米级别二氧化钛的制备。

## 2 实验与样品表征

本文所用的前驱体是经洗涤干燥后的白色沉淀物，该沉淀物由硫酸氧钛与氢氧化钠溶液反应得到。白色沉淀干燥一定程度后，按照一定质量比例依次与硝酸铵、黑索金、球状聚苯乙烯（EPS）混合，最终形成浆状混合炸药，混合炸药配比见表1。最后，该混合炸药球形装药，采用中心起爆方式，在爆轰反应釜内[14]引爆。

表1 混合炸药配比表
Table 1 The ratio of different components in mixed explosives

| No. | 组分质量比① | EPS用量/g |
|---|---|---|
| Y1 | 1:1:0.4 | 2 |
| Y2 | 1:1:0.5 | 2 |
| Y3 | 1:1:0.6 | 2 |

① 混合炸药组分质量比为：$m$(前驱体)：$m$(硝酸铵)：$m$(RDX)。

爆轰反应后，15min后收集爆轰产物。爆轰产物经提纯后，分别记为Y1、Y2、Y3。用X射线衍射仪（型号D/MAX 2400，日本理学公司，Cu靶，40kV，30A）、电子透射电镜（型号Tecnai F30，美国FEI公司）、紫外-可见光光度计（型号Jasco V-550，日本岛津公司）对样品的物相构成、形貌结构及光学性质进行了表征。

## 3 结果与分析

### 3.1 XRD表征分析

从三组样品的XRD图谱（图1）中可知，三者皆为金红石相与锐钛矿相的混晶二氧化钛。$2\theta$在27.5°、36.1°、41.3°、54.4°分别对应金红石相的（110）、（101）、（111）、（211）晶面。$2\theta$在25.7°、48.7°分别对应锐钛矿相的（101）、（200）晶面。Y1与Y2样品中，$2\theta$在21.6°附近有一个很弱的衍射峰，经分析它是由EPS产生的。Y2样品$2\theta$在32.6°附近有一个明显的衍射峰，经表征它是氧化铁，来自铁质雷管残屑。

从样品中EPS衍射峰的强度来看，Y1样品中EPS的衍射峰强度最大，Y3样品中EPS的衍射峰几乎没有，Y2样品中EPS的衍射峰强度则处于二者之间。说明，随着混合炸药中炸药成分含量越大，样品中EPS的残余量越少，即EPS被分解的程度越高。因此，为了减少样品中EPS杂质，硝酸铵及黑索金用量应基于Y3实验的比例。此外，该比例下，样品的锐钛矿相衍射峰的强度也相对较强，这有利于光催化反应。因此，从XRD图谱分析，前驱体、硝酸铵和黑索金质量比为1:1:0.6可认为比较理想的配比。

样品中锐钛矿与金红石的比例，平均晶粒度分别用Supurr-Myers公式[15]与Scherrer公式[16]进行计算，结果见表2。

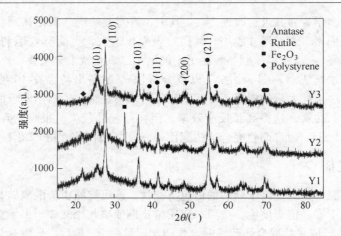

图1 三组样品的XRD图谱

Fig. 1 XRD pattern of three samples

表2 样品中金红石相与锐钛矿相含量比例及晶粒大小

Table 2 The proportion and particle size of Rutile and Anatase in samples

| No. | EPS 用量/g | 成分和含量[①]/% | 晶粒大小/nm[②] |
|---|---|---|---|
| Y1 | 2 | 78.5（R）21.5（A） | 14.0（R）19.7（A） |
| Y2 | 2 | 78.4（R）21.6（A） | 10.1（R）16.3（A） |
| Y3 | 2 | 68.3（R）31.7（A） | 15.0（R）16.3（A） |

① R：金红石；A：锐钛矿；② Obtained by Scherrer formula。

从表2可看出，随着硝酸铵与黑索金用量的增加（Y1→Y2→Y3），金红石相的含量有减少趋势，但由Y1到Y2时，其含量几乎没有变化。三组样品的平均晶粒大小在10～20nm之间，由于Scherrer公式只是简单计算，精度不高，需进行电子透射电镜检测表征。

## 3.2 EDX 分析

对样品Y2进行元素分析，结果见图2。从图中可看出，样品中含有铁元素、氧元素、碳

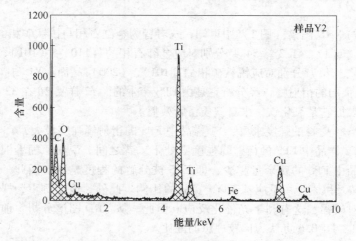

图2 样品Y2的EDX图谱

Fig. 2 The EDX result of Sample Y2

元素、铜元素以及少量的铁元素。其中,碳元素及铜元素来自表征时所用载体,铁元素来自铁质的雷管碎屑,这正好解释 XRD 图谱中为何出现氧化铁的衍射峰。

## 3.3 TEM 结果分析

图 3 是各组样品的 TEM 图片,总体上,样品中有许多尺寸很小的颗粒紧密地聚在一起,形成较致密的结构,结晶度较好。这些颗粒大小不一。从图 3(a)、(b)、(c)中看出,除图

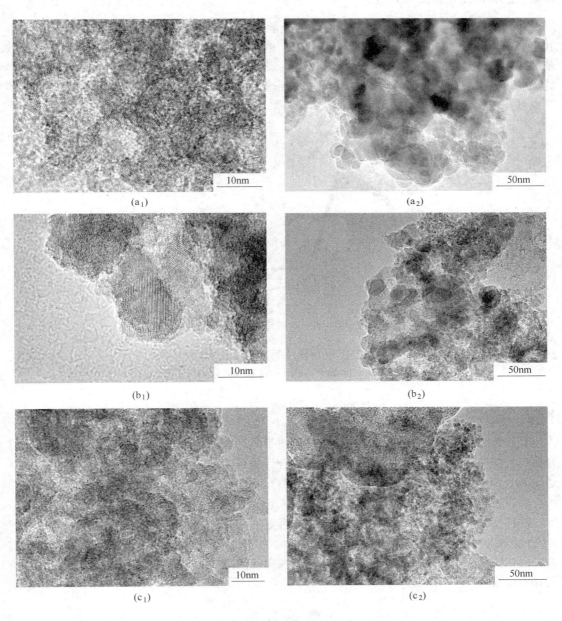

图 3　三组样品的 TEM 图片
(a),(b),(c)分别来自样品 Y1、样品 Y2、样品 Y3
Fig. 3　The TEM images of three samples

($b_1$)的样品呈不规则多边形外,其余皆呈不规则球形。

图($a_2$)中,二氧化钛颗粒普遍较大,基本上大于20nm,且结晶度较差一些。图($b_2$)中粒径稍大,在15~40nm之间,分散性较好,结晶度很好。从图($c_1$)中发现,粒径在10nm左右,结晶度良好。从图($c_2$)可看出,样品是由粒径很小的颗粒团聚而成,粒径均小于22nm,且大小相对均匀。

### 3.4 紫外-可见光漫反射分析

用紫外-可见光漫反射检测了三组样品的光学性质,如图4。从图4可看出,Y2样品的带边吸收(band-edge absorption)在428nm附近,也就是说Y1样品的禁带宽度为2.90eV,该数值略小于二氧化钛的禁带宽度(3.0~3.2eV),表明Y2样品能够吸收一部分可见光。Y1与Y3样品的带边吸收分别在416nm和419nm,即禁带宽度分别为2.98eV与2.96eV,表明二者的禁带宽度几乎没有什么变化。

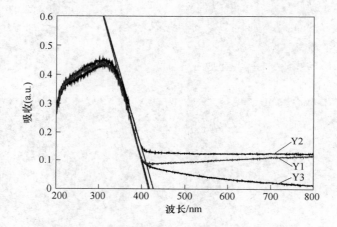

图4 三组样品的紫外-可见光漫反射吸收光谱

Fig. 4 The diffuse reflectance ultraviolet-visible spectra of three samples

## 4 结论

将含钛前驱体、硝酸铵、黑索金按照一定质量比混合后,添加一定质量的EPS得到浆状混合炸药,在爆轰反应釜内,用中心起爆球状混合炸药成功制备了10纳米的二氧化钛颗粒。通过XRD、EDX、TEM及紫外-可见光光度计对样品进行了表征,发现样品是二氧化钛混晶,由金红石相与锐钛矿相组成,且金红石相比例大于锐钛矿相。样品呈不规则多边形或不规则球形,颗粒尺寸可达到10纳米量级。样品的禁带宽度为2.90eV,略低于二氧化钛的禁带宽度3.0eV。综合考虑样品的纯度、结晶度、颗粒大小,初步确定使用爆轰法制备粒径10纳米左右的二氧化钛混合炸药配方。由于该研究仍处于探索阶段,对影响颗粒尺寸的相关因素将在后期研究中详细探究。

### 参 考 文 献

[1] Liu M, Piao L, Zhao L, et al. Anatase TiO(2) single crystals with exposed {001} and {110} facets: facile synthesis and enhanced photocatalysis[J]. Chem Commun (Camb), 2010, 46(10): 1664-1666.

[2] Jiang X, Qin X, Gong M, et al. Improvement of Surface-enhanced Raman Scattering Properties of $TiO_2$ Nanoparticles by Metal Ni Doping[J]. Chemical Journal of Chinese Universities-Chinese, 2014, 35(3): 488-492.

[3] Kim C Y, Park Y S. Nanostructure Developments of $TiO_2$ Nanocrystals andAerogels and Their Dye-Sensitized Solar Cell Application[J]. Journal of Nanoscience and Nanotechnology, 2015, 15(7): 5271-5274.

[4] Seabra M P, Salvado I M M, Labrincha J A. Pure and (zinc or iron) doped titania powders prepared by sol-gel and used as photocatalyst[J]. Ceramics International, 2011, 37(8): 3317-3322.

[5] Kachina A, Puzenat E, Ould-Chikh S, et al. A New Approach to the Preparation of Nitrogen – Doped Titania Visible Light Photocatalyst[J]. Chemistry of Materials, 2012, 24(4): 636-642.

[6] Bessekhouad Y, Robert D, Weber J V. Photocatalytic activity of $Cu_2O/TiO_2$, $Bi_2O_3/TiO_2$ and $ZnMn_2O_4/TiO_2$ heterojunctions[J]. Catalysis Today, 2005, 101(3-4): 315-321.

[7] Xu N P, Shi Z F, Fan Y Q, et al. Effects of particle size of $TiO_2$ on photocatalytic degradation of methylene blue in aqueous suspensions[J]. Industrial & Engineering Chemistry Research, 1999, 38(2): 373-379.

[8] Chae J, Kang M. Cubic titanium dioxide photoanode for dye-sensitized solar cells[J]. Journal of Power Sources, 2011, 196(8): 4143-4151.

[9] Wang M L, He T, Pan Y F, et al. Water concentration controlled hydrolysis and crystallization in n-octanol to $TiO_2$ nanocrystals with size below 10nm[J]. Materials Chemistry and Physics, 2011, 130(3): 1294-1299.

[10] Mao L Q, Li Q L, Dang H X, et al. Synthesis of nanocrystalline $TiO_2$ with high photoactivity and large specific surface area by sol-gel method[J]. Materials Research Bulletin, 2005, 40(2): 201-208.

[11] Chin S, Park E, Kim M, et al. Photocatalytic degradation of methylene blue with $TiO_2$ nanoparticles prepared by a thermal decomposition process[J]. Powder Technology, 2010, 201(2): 171-176.

[12] Qu Y D, Li X J, Li R Y, et al. Preparation and characterization of the $TiO_2$ ultrafine particles by detonation method[J]. Materials Research Bulletin, 2008, 43(1): 97-103.

[13] Xin O Y, Li X J, Yan H H, et al. Synthesis of $TiO_2$ Nanoparticles from SprayedDroplets of Titanium Tetrachloride by the Gas-Phase Detonation Method[J]. Combustion Explosion and Shock Waves, 2008, 44(5): 597-600.

[14] Yan H H, Zhao T J, Li X J, et al. Detonation Synthesis and Friction-Wear Test of Carbon-Encapsulated Copper Nanoparticles[J]. Journal of Inorganic and Organometallic Polymers and Materials, 2015, 25(6): 1569-1575.

[15] Yan H H, Zhao T J, Li X J, et al. Synthesis of Cu-doped nano-$TiO_2$ by detonation method[J]. Ceramics International, 2015, 41(10): 14204-14211.

[16] Yan H, Wang S, Li X, et al. Influence of Oxygen Concentration on $TiO_2$ Nanoparticles Prepared by Gaseous Detonation[J]. Journal of Materials Engineering, 2013, 6(6): 82-86.

# 形状记忆合金 $Ni_{50}Ti_{50}$ 与 Cu 爆炸焊接界面扩散的研究

罗宁[1] 李晓杰[2] 申涛[1]

(1. 中国矿业大学，力学与建筑工程学院，深部岩土力学与地下工程国家重点实验室，江苏 徐州，221116；2. 大连理工大学，运载工程与力学学部，工业装备及结构分析国家重点实验室，辽宁 大连，116024)

**摘 要**：本文通过对形状记忆合金 $Ni_{50}Ti_{50}$ 和 Cu 进行爆炸焊接，基于 SEM 等微细观尺度对爆炸焊接界面进行实验分析，为了揭示微细观尺度爆炸焊接机制，采用分子动力学方法深入探讨爆炸焊接界面原子扩散机制，深入了解爆炸焊接界面相关问题的力学机理。

**关键词**：形状记忆合金；爆炸焊接；焊接界面；原子扩散；分子动力学

# Research on Atomic Diffusion Across Shape Memory Alloy $Ni_{50}Ti_{50}$ and Cu Explosive Welding Interface

Luo Ning[1]  Li Xiaojie[2]  Shen Tao[1]

(1. State Key Laboratory for Geo-mechanics and Deep Underground Engineering, School of Mechanics and Civil Engineering, China University of Mining and Technology, Jiangsu Xuzhou, 221116; 2. State Key Laboratory of Structural Analysis for Industrial Equipment, Dalian University of Technology, Liaoning Dalian, 116024)

**Abstract**: Based on the SEM mesoscopic scale experimental of explosive welding interface of the shape memory alloy $Ni_{50}Ti_{50}$ and Cu and to reveal the atomic diffusion mechanism of explosive welding, the molecular dynamics methods are introduced to depth analysis of the related mechanics issues of explosive welding interface.

**Keywords**: shape memory alloy (SMA); explosive welding; welding interface; atomic diffusion; molecular dynamics

## 1 研究背景

20 世纪以来，复合材料的研究深度和应用广度及其生产发展的速度和规模已经成为衡量一个国家科学技术先进水平的重要指标之一。其中现代复合材料以独特的结构和性能优势得到

---

基金资助：国家自然基金项目（No. 10972051，11272081，11502282）；中国留学基金委（No. 201506425040）；江苏省自然基金项目（No. BK20140178）；中央高校基本科研业务费专项资金资助（No. 2015XKZD02）；中国博士后基金项目（No. 2014M551700）；深部岩土力学与地下工程国家重点实验室开放课题（No. SKLGDUEK1404）。

作者信息：罗宁，副教授，nluo@ cumt. edu. cn。

了人们的重视和广泛关注。高新技术的发展需要越来越多的具有诸如抗腐蚀、耐疲劳、高热变形温度、低收缩率、低挠曲性、比重小、比强度和比模量大等优异性能的新材料来满足工业生产。自从 1944 年 Carl[1] 提出爆炸焊接，1959 年美国人 Philipchuk[2] 首次成功地将钢-铝焊接实现应用。之后，爆炸焊接技术的工业应用以及理论、实验研究便在苏联、英国、联邦德国、捷克、日本等国迅速展开。20 世纪 60 年代，我国也开始了爆炸焊接技术与理论的研究，1968 年大连造船厂陈火金等试制成功了国内第一块爆炸复合板。20 世纪 80 年代以来，爆炸焊接技术的理论研究和应用得到了长足的发展，其应用领域在不断地拓宽，在化工、石油、制药、造船、军事甚至核工业、航空航天等领域都有了广泛应用[3]。目前在工程上常用的焊接组合有：低碳钢-钢，铝-铝，不锈钢-钢，钢-铝，钢-钛，镍-铝，铁-铜，铝-铜，镁-铜，钛-钢，金属-金属玻璃等。据不完全统计，超过 260 种金属和合金组合可以通过爆炸焊接技术焊接到一起[4]。爆炸焊接最主要特点就是能够将两种或多种不同熔点、不同强度、不同厚度、不同热膨胀系数以及硬度差别很大的金属焊接在一起，甚至能够对金属与非金属（如陶瓷）材料实施焊接。爆炸焊接的另一大特点是可以方便地进行大面积焊接，其焊接完好面积还可以保持在 98% 以上。爆炸焊接不仅可焊接平板，还可以对金属管进行外包与内包焊接，即在某种材料母管的内壁或外表面上，焊上另一种材料的薄金属管。如钢管与钛管、钛管与紫铜管、硬铝管与软铝管、铜管与钢管的焊接等，这是别的焊接方法所无法代替的[5]。此外，爆炸焊接工艺简单，操作简便，是一种可迅速上马、快速应用、投资少、见效快的工艺和技术，在节约材料、节约能源、促进环境保护等方面都具有重大的意义。从爆炸焊接发明至今，国内外在爆炸焊接各领域尤其是双金属爆炸焊接领域中都进行了大量的理论和实践工作，对处于爆炸载荷下的复板的运动姿态的描述，射流的形成，碰撞点近区速度场、应力场和应变场的计算，爆炸焊接的可焊参数的确定等问题都已经得出了很好的结果[6~19]，但爆炸焊接界面处的结构尤其是微观结构的形成机理及其对焊接产品的质量的影响机理等仍未能得到令人满意的解释。近些年数值模拟特别是分子动力学方法和电镜实验等技术的广泛应用为上述问题的解决提供了新的途径。本文通过对记忆合金 $Ni_{50}Ti_{50}$ 和金属铜爆炸焊接，采用分子动力学方法并结合微观表征手段研究原子扩散对焊接件界面结构、性能的影响进行研究；从微观尺度对爆炸焊接过程和焊接界面的探索。

## 2 模型建立

记忆合金 $Ni_{50}Ti_{50}$ 是一种应用广泛的合金，在不同温度下可能会处于马氏体或奥氏体这两种状态之一。爆炸焊接生产一般都是在室温下开始进行，室温下 $Ni_{50}Ti_{50}$ 呈现的是马氏体的状态，该结构属于 $P112_1/m$ 空间点群（见图1），该晶胞属于单斜晶胞，图 1（a）展示的是其一

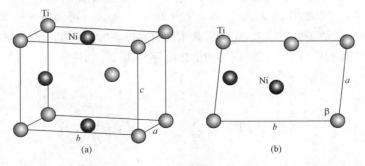

图 1 单斜的 $Ni_{50}Ti_{50}$ 马氏体晶胞，蓝色圆球表示 Ni 原子，灰色的圆球表示 Ti 原子

Fig. 1 Monoclinic martensite cell $Ni_{50}Ti_{50}$, the blue spheresare Ni atoms and the gray onesare Ti atoms

般视图，图1（b）展示的是其俯视图。该晶胞的三边长度分别为 $a = 20885(4)$ Å，$b = 4.622$Å，$c = 4.120(5)$ Å；$a$ 与 $b$ 之间的夹角 $\beta = 96.8(1.0)°$。

数值模拟 Box 的尺寸是 $2.88(x) \times 8.28(y) \times 82.2(z)$ nm³。Cu 块和 $Ni_{50}Ti_{50}$ 合金块被分别放入 Box 的两端。Cu 块长度为 36nm，共含有 73600 个原子，$Ni_{50}Ti_{50}$ 合金块长度为 41.2nm，一共含有 72000 个原子。放置的时候使 $Ni_{50}Ti_{50}$ 晶体的 $a$ 边和 $c$ 边分别与体系坐标轴的 $x$ 方向和 $z$ 方向重合。根据 Cu 的 fcc 晶胞结构和 $Ni_{50}Ti_{50}$ 马氏体晶胞的尺寸，Cu 块正好包含 $8(x) \times 23(y) \times 100(z)$ 个晶胞，$Ni_{50}Ti_{50}$ 块正好包含 $10(x) \times 18(y) \times 100(z)$ 个晶胞。在彩色三维建模图中 Cu 原子用红色表示，Ni 原子用蓝色表示，Ti 原子用淡黄色表示。因为 $Ni_{50}Ti_{50}$ 的单斜结构和上述放置方式，所以在 $y$ 方向上会呈现出间隔分布的状态。在 Cu 块和 $Ni_{50}Ti_{50}$ 中间是一个长度为 5nm 的真空区域，在撞击模拟开始前起到分割作用，以免两个块体相隔太近，原子间发生相互作用。在 Box 的两端，各设有 3 层原子厚度的一个过渡区，用来消除高速冲击波对模拟的不利影响。在模拟体系的 $x$ 方向和 $y$ 方向采用周期性边界条件，所有原子的初始热速度服从 Maxwellian 分布。

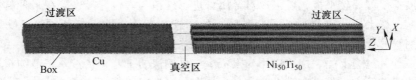

图 2    $Ni_{50}Ti_{50}$ and Cu 焊接初始几何构型

Fig. 2    Analogue initial geometry of $Ni_{50}Ti_{50}$ and Cu welding

在模型几何条件和参数设置好之后，模拟阶段仍旧采用 Nose-Hoover 热浴。在加载阶段和卸载阶段模拟中采用的系综和具体控制方法与 Cu-Al 爆炸焊接模拟中的控制方法一致。本文选用的炸药是 AN 炸药与黑索金（5% ~ 8%）的混合物，经测定其实际爆速在 3800 ~ 4100m/s，所以根据公式：

$$v_P = 2v_d \sin\frac{\beta}{2} \tag{1}$$

式中，$v_P$ 表示复板速度；$v_d$ 表示炸药爆速；$\beta$ 表示复板的动态弯折角。

本文对 $Ni_{50}Ti_{50}$-Cu 爆炸焊接模拟的复板撞击速度分别采用 $u_z = -1500$m/s，$u_x = 700$m/s。采用的势函数依然是 EAM 势，但是势函数与 Cu-Al 爆炸焊接模拟中用到的 EAM 势的不同[20]，本文用到的关于 Cu、Ni 和 Ti 的 EAM 势函数来自 Zhou[21] 等人，可以描述包含 Cu、Ni 和 Ti 在内等 16 种金属元素的势函数。该 EAM 势在基本的材料性质方面与实际符合得很好，例如晶格常数、弹性常数、体积模量、空穴形成能和生化能等。其具体描述如下：

$$\phi(r) = \frac{A\exp\left[-\alpha\left(\frac{r}{r_e}-1\right)\right]}{1+\left(\frac{r}{r_e}-\kappa\right)^{20}} - \frac{B\exp\left[-\beta\left(\frac{r}{r_e}-1\right)\right]}{1+\left(\frac{r}{r_e}-\lambda\right)^{20}} \tag{2}$$

式中，$r_e$ 表示最近邻之间的平衡距离；$A$、$B$、$\alpha$ 和 $\beta$ 是四个可调参数；$\lambda$ 和 $\kappa$ 是关于截断半径的两个额外参数。电子密度函数采用对势中引力项的相同形式，并采用 $\beta$ 和 $\lambda$ 的数值，即：

$$f(r) = \frac{f_e \exp\left[-\beta\left(\dfrac{r}{r_e} - 1\right)\right]}{1 + \left(\dfrac{r}{r_e} - \lambda\right)^{20}} \tag{3}$$

然后可以退出不同种类原子 $a$ 和 $b$ 之间的对势形式：

$$\phi^{ab}(r) = \frac{1}{2}\left[\frac{f^b(r)}{f^a(r)}\phi^{aa}(r) + \frac{f^a(r)}{f^b(r)}\phi^{bb}(r)\right] \tag{4}$$

要想使能量函数在一个非常广泛的电子密度范围里都能很好的使用，需要额外增加三个方程使之适用于不同的电子密度范围。对嵌入能平滑变化的情况来说，这三个方程在彼此交点处的函数值和斜率必须相同。根据上述原则，选用如下三个方程：

$$F(\rho) = \sum_{i=0}^{3} F_{ni}\left(\frac{\rho}{\rho_n} - 1\right)^i \quad (\rho < \rho_n, \rho_n = 0.85\rho_e) \tag{5}$$

$$F(\rho) = \sum_{i=0}^{3} F_i\left(\frac{\rho}{\rho_e} - 1\right)^i \quad (\rho_n \leq \rho < \rho_0, \rho_0 = 1.15\rho_e) \tag{6}$$

$$F(\rho) = F_e\left[1 - \ln\left(\frac{\rho}{\rho_s}\right)^\eta\right]\left(\frac{\rho}{\rho_s}\right)^\eta \quad (\rho_0 \leq \rho) \tag{7}$$

## 3 结果与讨论

### 3.1 加载阶段体系的热力学状态

在本文的模拟中 Cu 块的加载速度为 $u_z = -1500\text{m/s}$，$u_x = 700\text{m/s}$，现对模拟过程中加载阶段的状态参量进行分析。该情况下的温度与压强随时间变化的曲线整理在的图 3（彩色）中。如图所示，蓝色的曲线表示的是压强的时间历程，红色的曲线表示的是温度的时间历程。从图中可以明显地看出，随着体系的动能不断转化为内能，体系的温度在大约 90ps 的时间内剧烈增加到 1160K 左右，这个时间与 Cu-Al 体系相比慢了一倍[20]，这应该是由体系的增大和原子数目的增多导致能量的传递时间变长造成的。与此同时，体系的压强剧烈振荡。在大约前 120ps 的模拟中，体系的压强振荡逐渐变小，120ps 以后已经趋于平衡。最后体系的温度稳定在 1350K 左右，而压强稳定在 28GPa 左右。

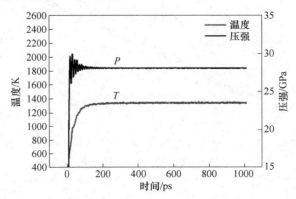

图 3　加载阶段 $Ni_{50}Ti_{50}$-Cu 体系的压强和温度

Fig. 3　The pressure and temperature of $Ni_{50}Ti_{50}$-Cu system during the loading process

## 3.2 均方位移和扩散系数

图 4 中所展示的是 $Ni_{50}Ti_{50}$-Cu 体系在加载和卸载两个阶段的 MSD-时间曲线。空心菱形表示的是 Cu，实心圆点表示的是 $Ni_{50}Ti_{50}$。由于 LAMMPS 是对一块整体内的原子一起进行 MSD 的统计，所以 $Ni_{50}Ti_{50}$ 的 MSD 数值被统计在了一起。根据后文中对实际 Ni 和 Ti 原子扩散位置的分析，目前这种统计和处理方式不会对扩散性质的分析造成不利影响。如图 4（a）所示，在经过一些比较剧烈的振荡之后，加载阶段的两条 MSD 曲线最终近似与时间轴平行。在 1000ps 时刻下，Cu 的 MSD 值稳定在大约 $1.8nm^2$ 左右，$Ni_{50}Ti_{50}$ 的 MSD 值稳定在 $3.4nm^2$ 左右。这中曲线形状和走势说明，整个体系在只经过加载之后，仍旧处于固体状态。如图 4（b）所示，在卸载阶段中，Cu 和 $Ni_{50}Ti_{50}$ 的 MSD 值基本随着时间的增加而不断线性地变大，在经过 1000ps 的模拟之后，分别达到了大约 $6.1nm^2$ 和 $5.07nm^2$。加载阶段的 MSD 曲线平行于时间轴，只通过降压操作就使卸载阶段的 MSD 曲线变成斜线。这说明在卸载阶段开始后，体系的压强一经卸除，熔化就迅速开始了。在熔化发生的同时，Cu 原子和 $Ni_{50}Ti_{50}$ 原子开始各自由 Cu 块和 $Ni_{50}Ti_{50}$ 块一侧朝着焊接界面对侧扩散。由 MSD 曲线的斜率可以看出，在该模拟的条件下，Cu 的扩散速度要比 $Ni_{50}Ti_{50}$ 整体的扩散速度快。

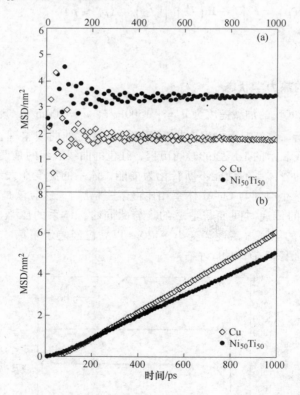

图 4 $Ni_{50}Ti_{50}$-Cu 体系在加载和卸载两个阶段的 MSD-时间曲线
（a）加载阶段；（b）卸载阶段
Fig. 4 The MSD-time curves of $Ni_{50}Ti_{50}$-Cu system underthe different process

综上所述，与 Cu-Al 爆炸焊接过程的模拟相比较[20]，$Ni_{50}Ti_{50}$-Cu 模拟中的原子扩散行为具有相同的边界条件，类似的扩散过程和性质，因此可以尝试用相同的混合方法来计算 $Ni_{50}Ti_{50}$-Cu

的界面扩散层厚度。计算方程如下所示：

$$L = \sum_{i=Cu,Ni_{50}Ti_{50}} 3\sqrt{2D_i t} \tag{8}$$

式中，$L$ 表示扩散层厚度；$D_i$ 表示扩散系数，这里可以通过将图 4（b）中的数据做线性拟合，然后将斜率除以 2 得到。再次假设扩散时间在 5～10 μs 的范围内，那么可以通过计算得到 $Ni_{50}Ti_{50}$-Cu 的界面扩散层厚度在一个从 1.03 μm（5 μs）到 1.45 μm（10 μs）的范围内。

## 4 实验验证

图 5 分别展示的是 Ni50Ti50-Cu 的 SEM 彩色图像，焊接界面属于平纹，可以看出焊接质量相当好。用来做 EDS 实验然后和模拟进行验证对比，左图展示的是其中一条 EDS 扫描线上的原子浓度分布，红色表示的 Cu 的原子浓度，蓝色表示的是 Ni 的原子浓度，黑色表示的是 Ti 的原子浓度。划线长度大约 34.5 μm，数据密度大约是每微米 5 个点。

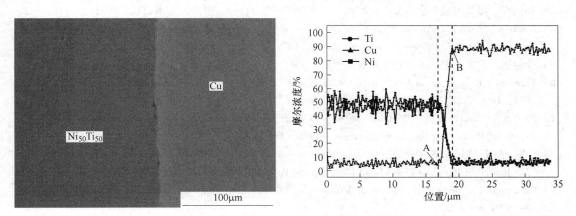

图 5 $Ni_{50}Ti_{50}$-Cu 爆炸焊接界面 SEM 图（左图）和
$Ni_{50}Ti_{50}$-Cu 爆炸焊接界面某一个 EDS 线扫描实验结果（右图）
Fig. 5 SEM image of $Ni_{50}Ti_{50}$-Cu explosion welding interface (left) and
EDS spectrum of $Ni_{50}Ti_{50}$-Cu explosion welding interface (right)

图中虚线表示的是大致的扩散层边界，较精确的结果会在下文给出。在扩散层左侧，Cu 的原子浓度一直维持在 5% 左右，Ni 和 Ti 的原子浓度在 47% 上下波动；在扩散层右侧，Cu 原子浓度最高值维持在 90% 左右，Ni 和 Ti 的原子浓度都维持在 5% 左右。A、B 两点是虚线与 Cu 的原子浓度百分比曲线的交点。A 点处的浓度大约是 5%，B 点处的浓度大约是 90%。选取扩散层边界位置的具体方法是：沿着 Cu 的浓度分布曲线，从扩散层中间开始向两侧遍历，左侧将碰到的第一个浓度值为 5% 的点取为 A 点，右侧将碰到的第一个浓度值为 90% 的点取为 B 点。然后经过 A、B 两点分别做两条虚线，虚线中间的部分就认为是扩散层。B 点和 A 点的横坐标之差就是扩散层厚度。据此求出此 EDS 扫描线经过的扩散层厚度约为 1.56 μm。而上述分子动力学的模拟结果是 1.03～1.45 μm，实验和模拟的两种结果的差距在可以接受的分子动力学计算误差之内。

## 5 结论

通过分子动力学模拟与焊接界面微观分析，扩散时间在 5～10 μs 的范围内，通过选择合适的 EAM 势函数及材料参数,运用分子动力学计算得到 Ni50Ti50-Cu 的界面扩散层厚度在一个从 1.03μm～1.45μm 的范围内;实验结果采用 SEM、EDS 微观分析验证了获得焊接界面扩散层厚度约为 1.56μm,基本与计算结果相一致。从而充分验证了计算模型及方法的有效性和可靠性,实验和模拟的两种结果的差距在可以接受的分子动力学计算误差之内。弄清界面处的原子在扩散之后的分布将有助于研究整个焊接界面的物理结构和性质,也将有助于通过适当调整焊接参数和焊接材料来生产具有特殊性质的焊接件,这些对爆炸焊接工艺的发展和改进都是十分有意义的。

## 参 考 文 献

[1] Carl L R. Brass weld made by detonation impulse[J]. Metal Progress, 1944, 46(1):102-103.

[2] Philipchuk V. Explosive welding and forming open another door for industry[J]. Weld Engineering, 1959, 44(4):61-62.

[3] 郑远谋. 爆炸焊接和金属复合材料及其工程应用[M]. 长沙:中南大学出版社, 2002.

[4] Kacar R, Acarer M. An investigation on the explosive cladding of 316L stainless steel-din-P355GH steel[J]. Journal of Materials Process Technology, 2004, 152:91-96.

[5] 邵丙璜, 张凯. 爆炸焊接原理及其工程应用[M]. 大连:大连工学院出版社, 1987.

[6] Kennedy J E. In Proccess behavior and utilization of explosives in engineering design conference[C]. ASME, 1972:109.

[7] Reid S R, Sheriff N H S. Prediction of the wave length of interface waves in symmetric explosive welding[J]. Journal of Mechanical Engineering Science, 1976, 18:87-94.

[8] Gillan M J, Dixon M. The calculation of thermal conductivities by perturbed molecular dynamics simulation [J]. Journal of Physics C-Solid State Physics, 1983, 16(5):869-878.

[9] Groschopp J, Heyne V, Hoffman B. Explosively clad titanium steel composite[J]. Welding International, 1987, 9:879-883.

[10] Balasubrahmanian V, Rathinasabapathi M, Raghukandan K. Modelling of process parameters in explosive cladding of mild steel and aluminium[J]. Journal of Materials Process Technology, 1997, 63:83-87.

[11] Mamalis A G, Szalay A, Vaxevanidis NM, et al. Fabrication of bimetallic rods by explosive cladding and warm extrusion[J]. Journal of Materials Processing Technology, 1998, 83:48-53.

[12] Mousavi A A, Burley S J, Hassani S T S. Simulation of explosive welding using the Williamsburg equation of state to model low detonation velocity explosives[J]. International Journal of Impact Engineering, 2005, 31(6):719-734.

[13] Kahraman N, Gulenc B. Microstructural and mechanical properties of Cu-Ti plates bonded through explosive welding process[J]. Journal of Materials Process Technology, 2005, 169:67-71.

[14] Kahraman N, Gulenc B, Findik F. Joining of titanium/stainless steel by explosive welding and effect on interface[J]. Journal of Materials Processing Technology, 2005, 169(2):127-133.

[15] Lindgren LE. Numerical modelling of welding[J]. Computer Methods in Applied Mechanics and Engineering, 2006, 195(48-49):6710-6736.

[16] Kahraman N, Gulenc B, Findik F. Corrosion and mechanical-microstructural aspects of dissimilar joints of Ti-6Al-4V and Al plates[J]. International Journal of Impact Engineering, 2007, 34(8):1423-1432.

[17] Wronka B. Testing of explosive welding and welded joints: joint mechanism and properties of explosive welded joints[J]. Journal of Materials Science, 2010, 45(15):4078-4083.

[18] Sudha C, Prasanthi T N, Murugesan S, et al. Study of interface and base metal microstructures in explosive clad joint of Ti-5Ta-1-8Nb and 304L stainless steel[J]. Science and Technology of Welding and Join-

ing,2011,16(2):133-139.
[19] Bataev I A, Bataev A A, Mali V I, et al. Structural and mechanical properties of metallic-intermetallic laminate composites produced by explosive welding and annealing[J]. Materials & Design, 2012, 35: 225-234.
[20] Chen S Y, Wu Z W, Liu K X, et al. Atomic diffusion behavior in Cu-Al explosive welding process[J]. Journal of Applied Physics, 2013, 113: 044901-044906.
[21] Zhou X W, Johnson R A, Wadley H N G. Misfit-energy-increasing dislocations in vapor-deposited CoFe/NiFemultilayers[J]. Physical Review B, 2004, 69(14): 144113-144118.

# 纳米氧化铝爆轰法表面基团改性研究

王小红　李晓杰　王达　闫鸿浩　王立成

（大连理工大学运载工程与力学学部，辽宁 大连，116024）

**摘　要**：本实验用爆轰法对纳米氧化铝进行爆轰改性研究，并对实验产物进行 XRD、透射电镜、红外光谱表征分析。并确定爆轰合成的产物中生成了中温、球形的 γ 型氧化铝和 α 型氧化铝，其粒度大小约为 10~100nm。经过红外光谱分析发现爆轰后的氧化铝表面产生了新的基团，氧化铝得到了改性。爆轰改性后氧化铝在基础油中进行分散，证实氧化铝得到了更好的分散效果。

**关键词**：纳米氧化铝；爆轰合成；爆轰改性；分散效果

# Surface Groups Modification of Alumina by Detonation

Wang Xiaohong　Li Xiaojie　Wang Da　Yan Honghao　Wang Licheng

(Department of Engineering Mechanics, Dalian University of Technology, Liaoning Dalian, 116024)

**Abstract**: In present research, the detonation modification research of aluminium oxide was carried out via the detonation technique, and with the characterization analysis of experimental products by means of XRD、TEM (Transmission Electron Microscope) and infrared spectroscopic was carried out. Thus it was determined that there had been mesothermal and spherical aluminium oxide with the type of γ and α generated in the synthesis products, the particle size of which was about 10~100nm. Through the infrared spectrum analysis, we found the surface of aluminium oxide had produced new groups after detonation, and that was the modification of aluminium oxide. Then they were dispersed in the base oils, and it confirmed a better dispersion effect gained in the aluminium oxide.

**Keywords**: ultrafine aluminum oxide; detonation synthesis; detonation modified; dispersion stability

## 1 引言

从 20 世纪 40 年代开始[1]，一直到现在，人们一直痴迷于对纳米材料的探索研究，并应用于实践当中。纳米材料是指材料在三维空间中至少有一维处在纳米范围。这种特殊结构使纳米材料具有了特殊效应与性能，包括量子尺寸效应、小尺寸效应、表面与界面效应、宏观量子隧道效应和介电效应，以及其化学性能、催化性能、光学性能、电磁性能和其他性能。使其广泛应用于各行各业当中。纳米氧化铝作为一种纳米材料具有很多的优异性能，如高硬度、高强

---

作者信息：王小红，副教授，Inxhy@ lnxhy. cn。

度、耐热、耐腐蚀及其他特点,现以应用于陶瓷、复合材料、化学传感器等领域。制备纳米氧化铝的方法有固相法、气象法、液相法和爆轰合成法[2,3]。由于纳米氧化铝很容易发生团聚现象,所以研究纳米氧化铝表面改性方法很重要。纳米颗粒常见的表面基团改性方法有[4],无机沉淀反应改性、脂肪酸和氧化物纳米粒子的表面羟基反应改性、利用醇和氧化物纳米粒子的表面羟基反应改性、接枝反应改性、偶联剂改性和纳米制备反应改性同时进行。

通过爆轰方法合成纳米材料已经是一种成熟的方法,爆轰法合成纳米金刚石[5~8]和爆轰法合成纳米氧化物都取得很大成果。李瑞勇[9]用爆轰合成的方法合成了纳米氧化铝,通过用炸药对硝酸铝进行爆轰分解,得到了γ型纳米氧化铝。本文尝试用爆轰法对纳米氧化铝表面功能团进行改性和爆轰合成氧化铝(属于纳米制备反应改性同时进行)并对其表面基团进行研究,并将爆轰改性后的纳米氧化铝在基础油(150SN)中进行分散研究,并观察分散情况。

## 2 氧化铝爆轰与分散实验

(1)爆轰合成氧化铝:以硝酸铝、硼酸、氨水和蒸馏水为原料。本次实验是用40g硝酸铝,1g硼酸完全溶于蒸馏水中后逐滴加入氨水直至不在有氢氧化铝沉淀生成。然后将得到混合物在100~150℃温度下加热烘干。得到10g粉末(可能含有未反应的硝酸铝),与40g黑索金进行混合制备混合炸药。

(2)氧化铝的爆轰实验:对纳米氧化铝爆轰改性的实验以氧化铝10g,硼酸1g为原料,与黑索金按1:4的质量进行混合,制备混合炸药。

把制备的混合炸药做成药柱装入图1装置,并对装置进行抽真空后冲入氮气作为保护气氛。然后起爆炸药,收集到粉末状的黑色产物。对收集到的产物进行TEM、XRD衍射和红外光谱分析,确定产物的形貌、晶体结构和表面基团等参数。

(3)氧化铝颗粒分散实验:选取爆轰合成的氧化铝、爆轰氧化铝和纯氧化铝三个样品各0.3g,分别在砂磨机中以酒精为介质在2000r/min条件下研磨1.5h。收集研磨后的样品加入T154,进行超声分散,使研磨后的样品全部分散到T154溶剂中,然后自然条件下使酒精挥发掉,或低温下慢慢蒸干。溶于基础油SN150中,制成氧化铝含量为0.2%的分散液,观察氧化铝颗粒的分散情况。

## 3 结果与讨论

爆轰实验容器如图1所示。

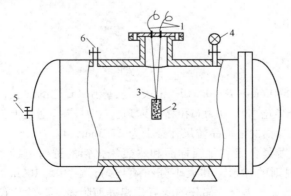

图 1 爆轰实验装置图

1—导爆线;2—爆炸混合物;3—雷管;4—真空表;5—充气/泄压孔;6—真空表

Fig. 1 Schematic of the explosion vessel

## 3.1 爆轰氧化铝衍射与形貌表征

图 2 为爆轰合成氧化铝所得爆轰产物的 X 射线的衍射图,由于产物中含有杂质所以出现很多杂峰,在所处峰值中 $2\theta$ 值为 66.65°、45.73° 和 37.31° 处的衍射峰对应的 $d$ 值分别为 1.402nm、1.982nm 和 2.408nm,和标准的卡片(ASMT)对比,其与标准的 $\gamma$ 型三氧化二铝的特征晶面(440)、(400)和(311)所处的 $d$ 值很吻合。由于收集到的试验样品为黑色,与文献[8]得到的灰色氧化铝的颜色不符,其原因是产物中可能存在大量的石墨或碳。所以在图 2 上 $2\theta$ 值为 26.5° 到 $2\theta$ 值为 32.6° 处的衍射峰为石墨和碳。

图 3 为爆轰高纯度氧化铝 + 硼酸的 XRD 衍射图谱,在 $2\theta$ 角度为 43.262°、57.419°、25.516° 和 35.602° 处四个强衍射峰对应的晶面间距 $d$ 值分别为 2.0896nm、1.6035nm、3.4881nm 和 2.5572nm。与标准的 PDF(99-36)卡片对比发现该氧化铝为 $\alpha$ 型三氧化二铝。在 $2\theta$ 角度为 37.698°、52.460°、66.457° 和 68.141° 处的衍射峰均为 $\alpha$ 型三氧化二铝的衍射峰,说明爆轰并未改变氧化铝的晶型结构。

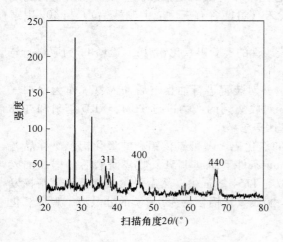 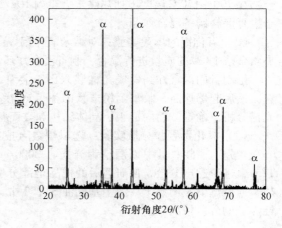

图 2　爆轰产物的 XRD 衍射图谱　　　　　图 3　爆轰氧化铝的 XRD 衍射图谱
Fig. 2　XRD pattern of explosive product　　Fig. 3　XRD pattern of explosive product

在根据 Scherrer 公式:

$$D = \frac{k\lambda}{B\cos\theta}$$

式中,$k = 0.9$;$\lambda = 0.15406$nm;$B = 0.316$。$\lambda$ 表示实验中 Cu 靶的波长;$B$ 表示的是劳厄积分宽度(或衍射峰的积分半宽高);$\theta$ 为布拉格衍射角。$2\theta$ 对应 X 射线上最强的衍射峰,可以计算出试验产物中三氧化二铝的平均晶粒尺寸分别为 27.3nm,47.7nm。

图 4 和图 5 分别为爆轰合成氧化铝样品和爆轰氧化铝的透射电镜图。从 TEM 的图像上,爆轰产物均为完整的规则的球形,其大小分布不均匀,在 10 ~ 100nm 之间。其粒径大小与 Scherrer 公式计算的结果基本吻合,部分纳米氧化铝表面附着一些物质但未完全包覆,部分氧化铝被完全包覆;从图片上看,而爆轰合成氧化铝颗粒的分散性较好,或者说,爆轰法对于纳米氧化铝颗粒的尺寸分布改善有限。

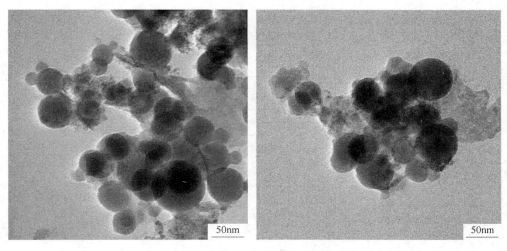

图 4　爆轰合成产物的透射电镜
Fig. 4　TEM photo of detonation synthesis products

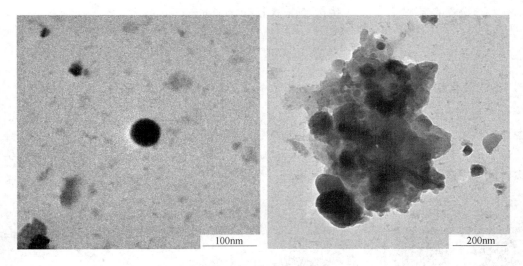

图 5　爆轰氧化铝的透射电镜
Fig. 5　TEM photo of powders via detonation

## 3.2　红外光谱分析

图 6 中 1、2、3 分别为纯氧化铝,爆轰合成氧化铝和爆轰改性氧化铝的红外光谱图。从图中曲线 1 可见,纯氧化铝只含有在 2637 $cm^{-1}$ 处空气中二氧化碳的振动吸收峰,没有其他的表面功能团;而在曲线 2 和曲线 3 上,在 1300~1700 $cm^{-1}$,2500~3750 $cm^{-1}$ 之间多了许多伸缩振动或弯曲吸收峰,这些吸收峰或为氨基中 N—H 键,或为 C—H 键,或为结晶水中 O—H 键、酰胺峰 N—H、C=O 和 C—H 键、C=O 键等振动吸收峰或弯曲吸收峰。这说明,无论是爆轰合成的氧化铝,还是爆轰法改性得到的氧化铝,其表面均有效的吸附了一些化学基团,这对于颗粒在溶剂中的分散十分有利,如 3.3 节所示。

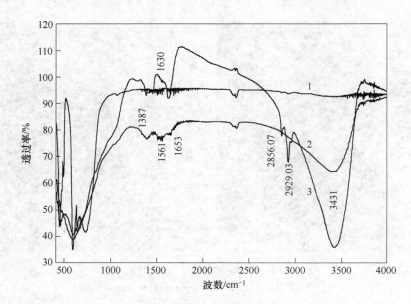

图 6 纳米氧化铝的红外光谱
1—爆轰氧化铝粉末；2—爆轰合成氧化铝粉末；3—原始氧化铝粉末
Fig. 6　FTIR spectra of nano-$Al_2O_3$ and explosive product

### 3.3　纳米氧化铝分散结果

图 7 为三个样品分散后的照片，(a)、(b)、(c) 分别为爆轰氧化铝、爆轰合成氧化铝和纯氧化铝粉末，通过观察 c 中未经过改性的纯氧化铝粉末在分散第二天开始出现明显的沉降情况，(a) 和 (b) 均为分散第一天和第五天均未发现沉降。分散良好。说明改性后的氧化铝比未改性的氧化铝更有利于分散在油中。

图 7　分散样品
(a) 爆轰氧化铝粉末；(b) 爆轰合成氧化铝粉末；(c) 原始氧化铝粉末
Fig. 7　Dispersed samples

### 3.4　结果讨论

由于爆轰的过程是在密闭的装置中进行，装置中会瞬间产生超高温、超高压现象，容易使产物的表面基团与外界发生物理变化和化学变化。可能是发生的物理包覆，也可能是与氧化铝表面基团发生键合的化学过程，使氧化铝表面吸附基团，从而达到改性的效果。在红外光谱实验中可以发现，氧化铝表面都产生了大量基团，两个结果非常相似，这可能是爆轰反应过程很难控制，很难对产物指定分配其含有特定的某种基团，这也是以后爆轰法改性待解决的问题。

## 4 结论

确定爆轰合成的产物中生成了中温、球形的 γ 型氧化铝和 α 型氧化铝，其粒度大小约为 10～100nm。爆轰法使纳米氧化铝表面基团发生了改变，产物表面吸附和包覆的絮状物改变了氧化铝的表面基团，使氧化铝晶粒表面得到改性，这使得爆轰改性后的氧化铝较比未改性的氧化铝在油中更稳定的分散，但是爆轰法对于纳米氧化铝颗粒的尺寸分布改善有限。

### 参 考 文 献

[1] 朱世东，周根树，蔡锐，等. 纳米材料国内外研究进展 纳米材料的结构，特异效应与性能[J]. 热处理技术与装备，2010，31(3)：1-5.
[2] 张永刚，闫裴. 纳米氧化铝的制备及应用[J]. 无机盐工业，2001，33(3)：19-22.
[3] 周刚，黄风雷，恽寿榕. 炸药爆轰合成超细金刚石机理的研究概况[J]. 高压物理学报，1995，9(2)：149-152.
[4] 陈云华，林安，甘复兴. 纳米颗粒的团聚机理与改性分散[C]. 第五届全国表面工程学术会议论文集. 190-196.
[5] 陈鹏万，恽寿榕，陈权，等. 爆轰合成纳米超微金刚石的热稳定性研究[J]. 金刚石与磨料磨具工程，1995，5：2-5.
[6] 恽寿榕，黄风雷，马峰，等. 超微金刚石——二十一世纪新材料[J]. 世界科技研究与发展，2000，22(1)：39-46.
[7] 金增寿，徐康. 炸药爆轰法制备纳米金刚石[J]. 含能材料，1997，7(1)：38-44.
[8] 中国力学学会工程爆破专业委员会. 爆破工程[M]. 北京：冶金工业出版社，1996.
[9] 李晓杰，李瑞勇，赵峥，等. 爆轰法合成纳米氧化铝的实验研究[J]. 爆炸与冲击，2005，25(2)：145-150.

# 爆轰法合成碳包覆坡莫合金纳米颗粒

李雪琪  李晓杰

(大连理工大学,辽宁 大连,116024)

**摘 要**:本文采用爆轰法合成了碳包覆纳米级别坡莫合金颗粒,分析了前驱体的氧平衡值、碳源的还原性、黑索金比例和保护氛围对产物的影响。研究结果表明,碳源的还原性是影响爆轰合成产物含氧量的主要因素,采用高比例黑索金及氩气保护更有利于获得纯净的产物。

**关键词**:爆轰合成;碳包覆金属;纳米复合颗粒;坡莫合金

## Synthesized Carbon-encapsulated Metal Nanoparticles by Detonation

Li Xueqi  Li Xiaojie

(Dalian University of Technology, Liaoning Dalian, 116024)

**Abstract**: In this paper, the carbon coated nanometer grade permeability alloy particles were synthesized by detonation method. The effects on the products based on oxygen balance value, carbon reduction, RDX proportion and atmosphere of the precursors have been analyzed. The results of the study indicate that the reduction of carbon source is the main factor that affects the oxygen content of detonation products, and argon gas protection and high proportion of RDX have advantageous to obtain much purer products.

**Keywords**: detonation synthesis; carbon-encapsulated metal; composite nano particle; permeability alloy

## 1 引言

纳米材料是指三维尺寸中至少有一维在纳米尺度(1~100nm)的小尺度材料,尺寸的改变使材料的温度、强度等属性都发生了变化,并具备了体积效应、表面效应、量子尺寸[1,2]、量子隧道、介电限域等性质。这些特性使不同的纳米材料在电子、医疗[3]、催化[4]等领域拥有了广阔的发展前景,备受社会关注。

本文以铁镍基这类金属为研究对象,前人已通过很多方法获得纳米金属一类的材料,这类

---

作者信息:李雪琪,博士,3483791509@qq.com。

方法有电弧放电法、化学气相沉积、激光辐照蒸发、热解、爆轰法等。其中，有一些科研人员通过电弧法[5]、化学气相沉积[6]、爆轰法[7]等方法[8,9]成功地制备出了碳包覆铁镍纳米颗粒。这类材料的碳层对核心的铁镍合金具有一定的保护作用，而且依旧具备良好的电磁特性，应用前景值得关注。但是大部分方法对设备、技术的需求比较高，有些反应时间过长，导致生产效率与效益难以得到保障，而爆轰法的操作简单、成本较低、生成速度快。然而利与害往往是共存的，爆轰法的缺点主要有两点：一、具备一定的危险性；二、机理不够成熟，产物类型与纯度需要进一步处理。其中的缺点一可以通过规范操作等方法进行避免，缺点二则需要大量的实验研究与分析，从而逐步完善爆轰合成理论。

本文是对铁镍基乳化基质爆轰产物的分析研究，以合成铁镍合金为本意进行试验。由于铁镍合金为较为活泼金属材料，所以爆轰氛围需要严格控制，其爆轰基质需要是负氧平衡的。而高温与高比表面导致反应中的铁镍元素反应速率很快，且较易与氧化基团发生反应。故而爆轰产物可能存在铁镍合金、铁镍氧化物、碳等固体，气体主要有一氧化碳、水蒸气、氮气。通过XRD对材料进行定性分析，并通过TEM对其形貌进行表征。

## 2 实验方法

### 2.1 产物合成

爆轰的前驱体为乳化基质与黑索金的混合物。其中，乳化基质是由九水硝酸铁、六水硝酸镍、硝酸铵、尿素、蒸馏水、机油、凡士林、司斑80、萘、石墨粉等材料在一定的条件下合成的，而铁与镍元素的摩尔比均为1∶1。该系列实验的彼此间的不同点在于碳源、保护氛围与黑索金含量。

将电雷管插入前驱体内，固定好置于爆轰容器内部，将容器密封好，抽真空并充入惰性气体到常压，以此作为爆轰反应氛围。引爆电子雷管，放气，等待10min左右使产物沉淀并收集。将产物除杂后用于表征。

### 2.2 XRD表征

产物使用D/max-2400型全自动X射线衍射仪进行分析，可获得6张XRD衍射图谱。将该六张图对应的前驱体依次列为1~6号样品。其中，1号、2号和3号，4号，5号和6号分别进行三批次实验。其中，只有4号样品的保护氛围为氮气，其他为氩气；3号与6号样品黑索金所占质量比为50%，其他为33%；1号与3号所用额外碳源分别为有油质（链状烃）、萘（苯环类），其他皆添加石墨粉。

#### 2.2.1 基质材料分析

XRD图谱和物质匹配时，主要看衍射角与衍射强度。本文均按实际情况选取强度最高的2~4个峰进行匹配，弱强度峰用来进一步佐证，为了更易于观察，只有达到主峰强度10%的衍射角数据以表格形式列出（根据数据数目稍作修改）。

1号样品爆轰产物的结晶度相对较低，该图中最明显的三个峰对应的角度分别为35.139°、42.940°和62.520°，分别可以与磁铁矿的72-2303#PDF和氧化镍的73-1523#PDF卡片相对应。然72-2303#PDF卡片的主峰衍射角为35.412°处存在主峰，43.037°和62.495°处只有主峰强度的20.7%和37.4%。恰好73-1523#PDF卡片的主衍射峰衍射角为43.253°，且62.828°处衍射峰强度为主峰的44.1%，两者耦合在一起与图1(a)衍射谱相对一致。各衍射角对应情况如表1

所示。

2号样品爆轰产物的结晶度较好，且其主峰相当明显、杂峰较少，说明该产物较为纯净，如图1(b)所示。此图中较强的衍射峰所对应的衍射角分别为26.439°、43.419°、50.560°和74.378°。上述方式进行分析，该图可以与47-1417#PDF和41-1487#PDF相匹配，这两组卡片分别为镍纹石和石墨。衍射角对应情况情况，见表2。

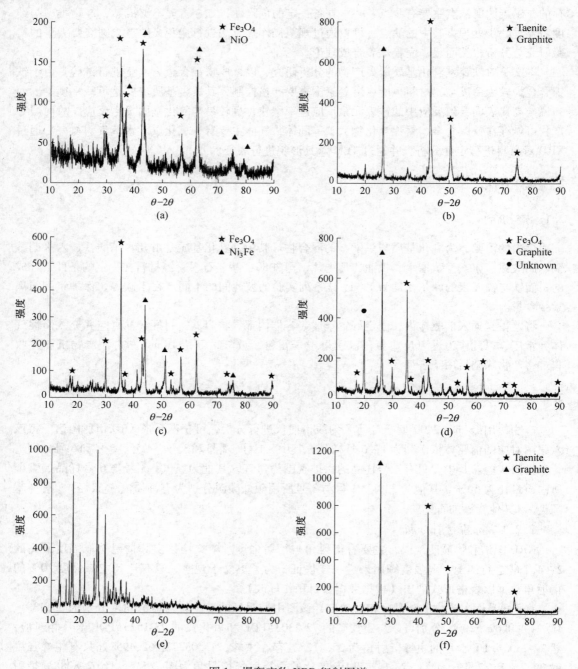

图1 爆轰产物 XRD 衍射图谱

Fig. 1 XRD patterns of detonation products

表1　1号样品衍射角图表
Table 1　Sample No. 1 diffraction angle icon

| | 衍射角 $2\theta/(°)$ | | | | | | | |
|---|---|---|---|---|---|---|---|---|
| 1号样品 | 29.843 | 35.139 | 36.897 | 42.940 | 56.935 | 62.520 | 75.238 | 79.093 |
| 72-2303 | 30.065 | 35.412 | 37.043 | 43.037 | 56.912 | 62.495 | | |
| 73-1523 | | | 37.227 | 43.253 | | 62.828 | 75.349 | 79.339 |

表2　2号、6号样品衍射角图表
Table 2　Sample No. 2 and No. 6 diffraction angle icon

| | 衍射角 $2\theta/(°)$ | | | |
|---|---|---|---|---|
| 2号样品 | 26.439 | 43.419 | 50.560 | 74.378 |
| 6号样品 | 26.382 | 43.381 | 50.539 | 74.379 |
| 47-1417 | | 43.494 | 50.673 | 74.539 |
| 41-1487 | 26.381 | | | |

3号样品爆轰产物的主峰较多,具体情况与1号产物较接近。其最强的两个衍射峰对应的衍射角为35.362°和44.039°。同理可匹配出88-0866#PDF和88-1715#PDF两组卡片,分别对应磁铁矿和铁镍矿。其中,该号磁铁矿中能达到主峰强度5%以上的衍射峰均能在图1(c)中找到;而铁镍矿中能达到主峰强度1%以上的衍射峰同样可以在图1(c)中发现,衍射角对应情况详见表3。

表3　3号样品衍射角图表
Table 3　Sample No. 3 diffraction angle icon

| | 衍射角 $3\theta/(°)$ | | | | | | | |
|---|---|---|---|---|---|---|---|---|
| 3号样品 | 18.219 | 30.024 | 35.362 | 43.038 | 44.039 | 51.361 | 56.900 | 62.518 | 75.598 |
| 88-0866 | 18.312 | 30.121 | 35.479 | 43.119 | | | 57.026 | 62.622 | |
| 88-1715 | | | | | 44.216 | 51.516 | | | 75.842 |

氧平衡是指炸药中所含的氧用以完全氧化其所含的可燃元素后,所多余或不足的氧量。对于通式为 $C_aH_bO_cN_d$ 的单质炸药,其氧平衡计算可通过下式计算:

$$O_B = [c - (2a + 0.5b)] \times 16 \div (12a + b + 16c + 14d) \times 100\%$$

而混合炸药氧平衡的计算,可以将各组成分氧平衡数值乘以该组分的质量分数,再计算其乘的代数和,可表示为:

$$O_B = \sum_i O_{Bi}\omega_i$$

根据该方法可计算出其乳化基质和黑索金的氧平衡,并计算出爆轰前驱体的氧平衡。有明确分子式的物质按分子式计算,而凡士林和机油没有明确的分子式,按 $CH_2$ 计算。如表4所示:1号、3号、2号的 $O_B$ 值在提高,而生成物却从氧化物逐渐变为单质。理论上反应物质种类相同的情况下,随着 $O_B$ 值的提高,产物中具备的氧化物质比例会提高。实验结果与理论明显不符,这说明产物的含氧量不是由前驱体的 $O_B$ 值决定的,而是由前驱体碳源的还原性所决定的。在瞬间高温反应时,石墨粉、苯环结构、链状烃体现出的还原性依次降低。

表4 前驱体的 $O_B$
Table 4 Oxygen balance of precursor %

| 额外碳源 | 基质 $O_B$ | 黑索金 $O_B$ | RDX 质量分数 | 前驱体 $O_B$ | 产物类型 |
|---|---|---|---|---|---|
| 1号（链烃类） | −53.46 | −21.62 | 33.33 | −42.85 | 金属氧化物 |
| 3号（苯环类） | −50.83 | −21.62 | 33.33 | −41.10 | 单质与氧化物 |
| 2号（石墨粉） | −48.79 | −21.62 | 33.33 | −39.73 | 金属单质 |

#### 2.2.2 黑索金比例分析

5号和6号样品爆轰产物的衍射峰情况差异较大。而这两者乳化基质完全相同，只是混合黑索金的含量有所差异（5号为33%，6号为50%）。其中，图1(e)中杂峰非常多，除了能在26.381°处与41-1487#PDF 较为一致，可确认加入的石墨粉依旧存在，而其他峰未找到对应的物质，得到结论：此实验爆轰不完全，甚至未形成稳定爆轰，产物中有晶格的物质种类太多，峰值叠加形成紊乱的反应谱。而图1(f)所对应的衍射角与图1(b)中较为一致，只是较强主峰对应衍射角有所变化，变化情况如表2所示。这表明：提高黑索金的含量可以提高稳定爆轰的概率，有利于生成稳定的产物。

#### 2.2.3 保护氛围分析

4号样品的保护氛围是氮气，其他5个样品的保护氛围都是氩气。图1(d)显示，4号样品爆轰产物的衍射谱峰值比较多，强度最高的三个峰值对应的衍射角为20.000°、26.339°和35.282°。用之前匹配的方法可以找到其对应的产物。其中，后两者可以分别与41-1487#PDF 和79-0419#PDF 相对应。而衍射角为20.000°处却未能找到相匹配的峰。通过单峰搜索，主峰对应的有49-1721#PDF 的 $C_{60}$、73-2113#PDF 的 $Ni(CO)_4$ 等，但其他较强的次峰均不匹配，因此不能确定对应物质。结果表明氩气保护更有利于获得纯净产物。

### 2.3 TEM 表征

六次实验的爆轰产物均通过透射电镜进行了表征，如图2。1~6号分别依次对应六种产物类型。从整体上上来看，爆轰所形成的产物个体上达到了纳米尺度，但周围有较深的灰色物质将各种金属类核心连接到了一起；3号、4号和6号尤其明显，整体上已超过纳米尺度，团聚现象明显。个体上分析：1号样品没有明显的圆形结构，核心部分的深浅变化较明显，厚度变化较大，且其中有许多直径5nm 以内的白点，核心结构相对不规则；2号样品金属核心类似于圆形，从中心到边缘颜色逐步变浅，而核心尺寸由10nm 到80nm 不均差别较大，内部间的连接较淡；3号样品中存在类圆形结构，与2号类似但数目较少，而左下角部分位置深浅不一，没有具体形状与1号中大部分的填充区域较类似；4号样品较为特殊，透射电镜采集图片时聚焦效果比较差，图片较为模糊，与其生成物的物质是否相关尚不可得知；5号样品多存在多边形结构，四周有小颗粒分散；6号样品明显存在很多圆形核心，大小分布更广，由10nm 到500nm 均有分布，团聚现象尤其严重。根据以上内容，圆球形的核心很可能是不同配比成分的铁镍合金；不规则的结构与四氧化三铁可能有较大联系，1号中的白点不排除和氧化镍的存在有关；而多边形的结构类似晶体可能是由于未爆轰而残留的硝酸盐晶体或黑索金等成分。

## 3 结论

（1）通过爆轰乳化基质可以生成单质和其氧化物的纳米尺度材料，但团聚现象严重。

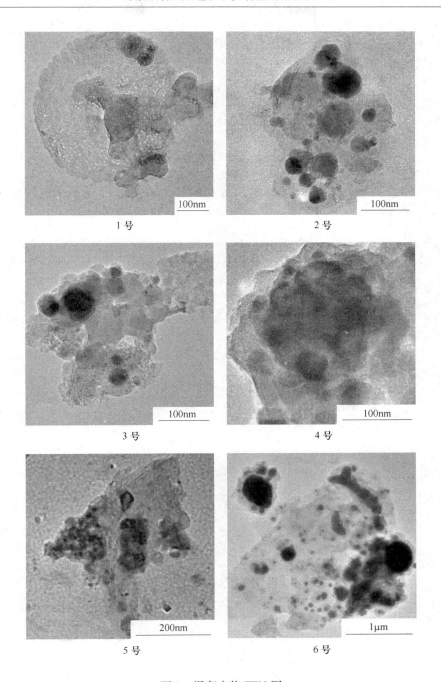

图 2 爆轰产物 TEM 图
Fig. 2 TEM image of detonation products

(2) 石墨粉、苯环、碳链在爆轰过程中体现出的还原性逐步降低。
(3) 氧平衡虽然对生成物有影响，但在此实验的条件下不足以成为决定性因素。
(4) 适当加大黑索金的含量有利于形成稳定爆轰，但核心颗粒分布同样会更加不均。
(5) 氩气保护氛围下，稳定爆轰的产物相对纯净，且较利于单质的生成。

(6) 用乳化基质爆轰生成的碳包覆铁镍合金与液体复合炸药[7]爆轰所得对比, 可以确认石墨粉有助于镍纹石类型的铁镍合金的生成, 而乳化基质爆轰所得的铁镍合金主要由无定形包覆, 少见明显的薄包覆层, 个别存在石墨层包覆, 但不完全。

## 参 考 文 献

[1] 雍岐龙, 程莲萍, 孙坤, 等. 纳米材料与纳米技术的研究方向及应用前景[J]. 云南冶金, 2001(5): 34-37, 48.

[2] 张中太, 林元华, 唐子龙, 等. 纳米材料及其技术的应用前景[J]. 材料工程, 2000(3): 42-48.

[3] 方红. 生物医学纳米材料研究现状与发展趋势的分析[D]. 东南大学, 2004.

[4] 徐明丽, 张正富, 杨显万. 纳米材料及其在电催化领域的研究进展[J]. 材料导报, 2006, S2: 2-6.

[5] Dong X L, Zhang Z D, Jin S R, et al. Characterization of Fe Ni(C) nanocapsulates synthesized by arc discharge in methane. J Mater Res, 1999, 14(5): 1782.

[6] 曹高翔, 付业伟, 孙慧慧, 许占位, 李贺军, 田松. 碳包覆纳米铁镍磁性颗粒的合成 (英文)[J]. 无机化学学报, 2011(7): 1431-1435.

[7] 李晓杰, 罗宁, 闫鸿浩, 王小红. 爆轰法制备碳包覆铁镍合金纳米颗粒及其表征[J]. 稀有金属材料与工程, 2010, S1: 429-433.

[8] 曹宏, 王学华, 宾晓蓓, 陈理强, 王家辉. 石墨包覆纳米铁镍材料的制备及表征[J]. 矿物学报, 2005(1): 75-80.

[9] 宋军, 赵军. 碳包裹纳米铁、镍及铁镍合金粒子的制备及其吸波性能[J]. 材料导报, 2009, S1: 19-21, 24.

# 油气井射孔技术的现状与发展

路利军　孙志忠　贺红民　扈勇　许琦

(中国石油集团测井有限公司长庆事业部，陕西 西安，710077)

**摘　要**：射孔技术作为完井工程的重要组成部分和试油技术的主要环节，是利用高能炸药爆炸形成的射流射穿油气井管壁、水泥环和部分地层，建立油气层和井筒之间油气流通道的一种技术。随着油气勘探开发的不断深入，复杂的储层类型以及多样的油气井完井工程对射孔技术提出了更高的要求。为满足不同的需求，近些年来射孔技术也得到了快速发展。本文主要介绍了油气井射孔工艺技术的现状以及将来可能发展的方向。

**关键词**：起爆技术；自清洁射孔；定面射孔技术

## Present Situation and Development of Perforation Technology in Oil and Gas Well

Lu Lijun　Sun Zhizhong　He Hongmin　Hu Yong　Xu Qi

(Changqing Division, China Petroleum Logging Co., Ltd., Shaanxi Xi'an, 710077)

**Abstract**: Perforation technology, as the main part of well completion engineering and oil testing technology, is a technology that uses explosion jets from high explosives to penetrate oil and gas pipe wall, cement ring and a portion of the formation, for establishing oil and gas flow channel between reservoir and wellbore. With the development of oil and gas exploration and development, the complicated reservoir type and the variety of oil and gas well completion engineering technology put forward higher requirements for the perforation technology. In order to meet the different needs, perforation technology has been developed rapidly in recent years. This paper mainly introduces the current situation and future development trend of perforation technology in oil and gas well.

**Keywords**: initiation technique; self cleaning perforation; perforation technique

## 1　引言

　　油气井爆破是为了穿透套管及水泥环、构成目的层至套管的油气通道。最初，其目的比较单纯，技术手段也比较单一，主要有子弹式射孔器、鱼雷式射孔器等，由于子弹式射孔器的穿深极为有限，经常无法形成有效的射孔孔道，影响后续的正常生产。自从将反装甲武器的聚能效应应用于油气井射孔后，极大地提高了射孔穿深，引领了油气井爆破行业的快速发展，也成了油气井爆破行业的主流技术。经过多年来的努力，通过引进、吸收和研发，国内的射孔弹、

---

作者信息：路利军，高级工程师，luli@cnpc.com.cn。

射孔工艺以及施工设计优化也得到了飞速发展。油气井射孔目的由最初的射穿油气层,打开油气流通道,转变为改造油气层,辅助提高油气单井产能。特别是近些年提出了射孔技术与压裂技术结合,科学合理的完成油气储层整体开发。

## 2 国内射孔技术现状

### 2.1 起爆技术

电缆射孔作业中,为了防止射孔施工周围环境可能存在的射频、杂散电流或静电对电雷管造成影响,油气井使用的电雷管经过持续改进,发展到现在普遍使用的需要非常高的特定频率电流方可起爆的磁电雷管和使用1A以上电流起爆的大电流雷管,极大地提高了电雷管使用的安全性能。特别是近几年国内引进、研发出的无起爆药的 EFI 雷管和 EBW 雷管,通过爆炸铂或爆炸桥丝引爆猛炸药完成起爆,消除了热桥丝电雷管对射频、杂散电流或静电敏感的缺陷。另外,Dyna 公司将集成电路模块应用在电雷管内,研发出了需要特定脉冲序列起爆的 RF-Safe 雷管,使用更加安全可靠[1]。

油管输送射孔起爆方式有多种,选择不合理可能导致起爆失败或射孔作业返工。从起爆的机理划分,主要有机械撞击起爆和压力起爆两种。根据不同的工程需求及实际井况,又可细分为用于油管输送射孔-测试联作起爆的环空压力起爆,井筒负压射孔的机械撞击式起爆,多层同时射孔的多级投棒起爆、多级增压起爆或压力延时起爆,一次性管柱完井的全通径射孔等。国外已研发出了通过时间倒计时激发或采用一系列压力脉冲激发的智能起爆仪,适用于连续油管或油管输送的分簇射孔作业。

### 2.2 穿透技术

射孔弹被喻为打开油气宝藏的"金钥匙",主要由药型罩、壳体、炸药三部分组成。它的穿孔深度直接影响着油气井的产能。射孔弹穿孔越深,沟通的地层裂缝就越多,从地层流进孔道的油气也越多,油气开发的产量就越高。90年代初,国内引进了先进的射孔弹生产线,开展了技术革新。射孔弹穿深逐渐加深,先后突破了400mm,700mm,1000mm。2008 年以后,国内各家射孔弹厂通过创新设计药型罩结构及装药结构,提高了射孔弹穿孔性能。采用混合粉末制备工艺,改善了药型罩密度分布均匀性。应用粉末药型罩高温热处理工艺,改善了金属射流的连续性,提高了射孔弹的穿孔深度。表1给出了美国 API 协会公布的几个代表性厂家相同型号射孔器混凝土靶测试数据。标志着我国射孔弹穿深达到了国际领先行列。

表 1 国内外部分厂家射孔器穿深指标[2]
Table 1 Perforating depth index of some manufacturers at home and abroad[2]

| 供应商 | 枪径/mm | 弹型 | 装药量/g | 孔密/孔·m$^{-1}$ | 穿深/mm |
| --- | --- | --- | --- | --- | --- |
| 美国 GEO Dynamics 公司 | 114.3 | 4039 RaZor HMX | 39 | 16 | 1597 |
| 美国 Owen 公司 | 114.3 | SDP-4500-411NT3 | 39 | 16 | 1376 |
| 四川射孔弹厂 | 114.3 | SDP48HMX39-1 | 39 | 16 | 1538 |
| 大庆射孔弹厂 | 114.3 | SDP45HMX-1 | 39 | 16 | 1356 |

另外,射孔作业中,选用射孔器的外径由井眼内径决定,在满足施工安全的条件下,通常选用的射孔器与井眼之间的间隔最小,更有利于射孔器发挥其最佳的穿透效果。但是在水平井射孔作业时,射孔器的外径比直井内的外径小一些,同时射孔器在井眼中处于偏心状态。使用

常规的射孔弹射孔后距离射孔器近的下部套管穿孔效果正常，但距离射孔器远的套管孔眼明显变小，同时穿深大幅度降低。如图1中右图所示。国外生产厂家已研发出了不受井眼位置限制的孔眼一致性射孔弹，射孔器在井眼处于偏心位置射孔后在套管上形成的孔眼大小基本一致，更有利于后期压裂。如图1中左图所示。通过上井试验证明，使用压裂射孔弹可以降低井口破裂压力，提高油气井产能，延长单井采油周期。

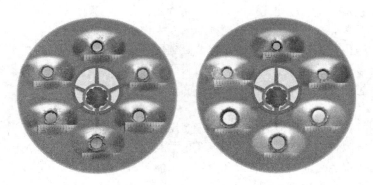

图1 孔眼一致性射孔弹与常规射孔弹偏心状态穿孔效果对比
Fig. 1 Two types Perforation effect comparison in the eccentric state

## 2.3 自清洁射孔技术

聚能射孔过程中，金属射流作用在岩石上，射孔孔道周围将形成岩石压实带，孔道前端形成杵堵，降低了原始地层的渗透率，阻碍了地层流体流向井筒。自清洁射孔是将聚能射孔与高能气体压裂或放热反应相结合，射孔的同时产生高能气体或强烈的放热反应作用于孔道，大量气体和热量改善压实带渗流特性，并将孔道内脱落的岩石碎屑和金属粉末从孔道内清除，最终实现清洁孔道、提高导流能力的目标。同时射孔孔道以裂缝形式向前延伸扩展，形成多条多方位裂缝，从而达到改善产层与井眼之间的连通性，增加渗流面积，提高油气井产能。

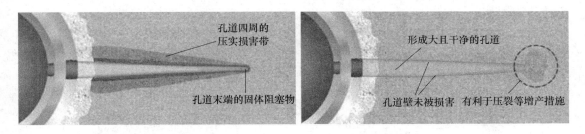

图2 常规射孔与自清洁射孔效果对比
Fig. 2 Conventional perforating and self-cleaning perforating effect comparison

目前的自清洁射孔主要是包括复合射孔技术和孔道内二次释能的后效射孔技术。

复合射孔技术是利用了炸药爆炸与复合推进剂燃烧两种能量结合作用的原理设计而成。当射孔器点火后，导爆索爆轰起爆射孔弹，射孔弹以微秒级速度先完成射孔，聚能射流射穿套管及水泥环，并在地层中形成一定长度的孔道，同时被点燃的增效药以毫秒级的速度形成一定高温高压气体以冲击加载的形式沿射孔孔道挤压冲击地层，对射孔压实带进行改造。目前使用的复合射孔工艺根据复合药安装的位置及作用效果分为内置式弹间安装复合射孔器、射孔器下端连接复合药的下挂式复合射孔器、复合药套装在射孔枪外的袖套式复合射孔器以及为了增加复合药的能量在弹架上同时安装复合药的多级脉冲复合射孔器等。形式多样，各有优缺点。

后效射孔技术是近些年国内研制出的将聚能射孔与非爆类特效药粉相结合工艺技术，特效药粉是由一些易燃金属氧化物所构成。起爆后借助射孔金属射流将这些特效药粉带入射孔孔道，在射孔孔道内产生强烈的放热反应，瞬间释放出具有一定质量的动能波及应力波，以微秒时间持续作用于孔道内壁，改变孔道的几何形态，瓦解影响孔眼渗流的压实层，作用效果类似与复合射孔。不同之处在于复合射孔是在井筒内发生作用，载药量大但能量损失严重，而特效药粉是在射孔孔道内发生作用，装药量小但能量利用率较高。目前国内将这种特效药安装在射孔弹的前端或与金属药性罩压制在一起，以便射孔过程中金属射流将特效药粉带入射孔孔道。

## 2.4 特殊射孔工艺

油管输送射孔由于其输送能力强；适用于高压油气井，施工安全；可实现负压射孔保护油气层等技术特点，根据施工需求，与其他射孔工艺相结合形成了形式多样的油管输送射孔工艺技术。例如：为一次性完成大跨度，射孔段较长的油管输送多级射孔工艺技术；为避免压井作业对地层带来的伤害，缩短试油周期，形成了射孔-酸化联作、射孔-压裂联作、射孔-测试联作、射孔-下泵联作以及全通径射孔工艺[3]。

定向射孔是利用相应的定向仪器或工具实现对射孔方向的控制，以达到优化射孔方案的目的，主要包括直井定方位和水平井自定向技术。水平井自定向是依靠偏心配重的作用实现射孔自定向。直井定方位射孔是依靠方位测量仪测量射孔器或定位键的方位，然后通过地面旋转管柱或调整射孔弹与定位键之间的夹角实现定方位，主要分为油管输送和电缆输送两种。见图3。由于后者操作简单方便，所以使用更为广泛。

另外，常规射孔器多采用为60°相位或90°相位螺旋布孔格式，每发射孔弹的射孔方向与井眼相互垂直，压裂时裂缝延最大主应力方向扩展。而定面射孔采用特制超大孔径射孔弹及特殊布弹方式，每3发弹成一簇，每簇射孔后形成一个扇面并与套管横截面相互垂直。见图4。

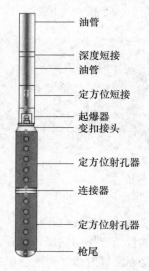

图3 油管输送定方位射孔示意图
Fig. 3 Schematic diagram of tubing conveyed oriented perforating

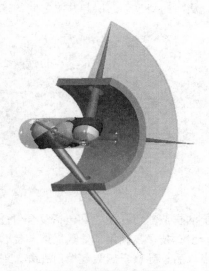

图4 定面射孔示意图
Fig. 4 Schematic diagram of transverse perforation

由于同一横截面上出现多个孔眼,在井筒径向方向就形成了应力集中。与常规射孔相比,有助于压裂破碎岩层,从而降低井口破裂压力。同时压裂裂缝延应力集中面向井筒径向扩展,控制裂缝走向,水平井分段压裂射孔作业时避免段与段之间压裂裂缝交叉串通,直井底水油气层射孔作业时,可有效控制底水,提高单井产能。

水力泵送桥塞-射孔联作是国内近些年来针对水平井页岩气层或致密油气层开发的一种射孔新工艺,是在井口带压的环境,利用电缆连接多根射孔器和桥塞工具,依靠水力泵送,一次下井完成桥塞封堵及分段射孔作业。枪串结构见图5。其与"体积压裂"技术配合,能够在最短的时间内完成水平井分段封堵、分段压裂。保障高效、经济、完美地打开各段油气储层。主要包含以下技术要点:分级点火技术、水力泵送技术、速钻桥塞技术以及大通径井口电缆防喷技术等。北美地区85%的致密油气和页岩气开发均采用此项技术。

图5 水力泵送桥塞-射孔联作工具串示意图
Fig. 5 Schematic diagram of multi-level perforating combined line bridge plug of the unconventional horizontal wells

## 2.5 射孔方案优化

射孔作业参数主要包括孔密、孔深、孔径、相位、污染深度、污染程度等,选用不同的射孔参数对油气井的产能将有不同的影响,因此为了能够获得理想的射孔效果,需要对射孔方案进行优化选择。当前国外一些从事射孔服务行业的企业已经开发了针对不同油藏地质条件和井眼状况的射孔方案优化软件,方便选用合理的施工方案,预测施工效果。大庆试油试采分公司、四川测井公司、中国石油集团测井有限公司等均开发了不同区域地层的优化设计软件,可结合射孔工艺、地层条件及开发目的等进行区域或单井射孔方案设计,提供优化的射孔器选择及产能预测。但由于地质环境的复杂性以及参数的多变性,方案优化的准确性和适用性还需不断验证和完善。

## 3 射孔技术发展方向

(1) 超深油气井中超高温、超高压爆破器材及工艺的研究与应用。当前,我国陆续在四川、塔里木等地发现的一批深层、超深层油气资源,气藏埋深普遍在5500~8500m。对于深层、超深层油气层,由于井下温度高、压力高、射孔作业管柱工况复杂,常规射孔器材不能满足深井安全、高效作业要求。因此需要开展深层、超深层油气藏用射孔器技术研究,开发出更高耐压、更高耐温,6000m以上深井射孔需求的超高温超高压深穿透射孔器材,破解深井、超深井射孔器材国产化难题,降低勘探开发费用,促进深部油气藏高效开发。因此,超深油气井中超高温、超高压爆破器材的研究将成为国内油气井爆破器材行业未来的攻关目标。

(2) 以页岩油气、致密油气藏为未来主要开采方向的非常规油气藏的配套爆破技术需要进一步研究、完善和提高。目前国内外开展的以"水平井+体积压裂"为主流的射孔工艺技术的开发,需要更加深入的研究配套其智能化分级起爆器材、全可溶桥塞等关键技术,以便为非常规油气藏体积压裂开发提供可靠的技术支撑并降低水平井全井开发成本。在国外,此类产品已经开始推广应用。典型的产品有PROBE公司生产的智能起爆器;DYNA公司设计生产的RF雷管等;GUARDIAN公司生产的电子选发模块等,其器材无论在结构尺寸上还是使用智能性上都远远优于国内产品。而在我国国内由于受到电子元器件功能的限制，类似产品尚未在石油射孔领域大量应用。因此智能化起爆、传爆技术是国内器材发展的趋势之一，也是紧跟国内外市场的需求。

（3）老井改造配套技术的研发。随着石油天然气工业的发展，我国的油气田开发已经从陆地开采延伸到对内海、滩海和浅海的开采，甚至向深海进行开发。一方面，国内从发现大庆油田至今，已建成十座较大规模的油田；由于长时间采油、注水、压裂等井下工艺的施工，再加上地层移动、常年腐蚀等诸多因素的影响，使油井井下的套管发生变形、缩颈、错断或腐蚀形成漏洞，造成大量油井停产，不能正常生产。另一方面，目前海上每年以数百口井的速度递增，而多年来遗留在海上不再产油的废弃井口及海洋钻井平台的桩腿、导管架形成了海上通航的障碍物，严重危害和影响了航运、船舶作业、捕捞作业中的人员生命财产和安全，更影响潜水艇水下活动的安全。因此，针对此类套损井、报废井的配套爆炸整形、爆炸焊接加固及高能气体动力补贴加固技术和针对水下不同规格管材的爆炸聚能切割技术等工程技术的研究、配套和规模应用，必将为油气井的增产及延长寿命提供强有力的技术支持，同时，对我国的海洋石油开发，沉船打捞、航道疏浚、军事国防等均能发挥重要作用。

（4）开展模拟真实储层条件下的油气井爆破射孔器材性能的检测与评价技术研究。科学、合理地选择爆破器材，是降低施工成本、有效提升施工效率的关键，也是科学指导油气井爆破射孔器材产品开发的基础，这是目前国内油气井爆破行业的不足，今后需加强开展和研究。

（5）继续优化射孔弹的穿透性能，保持世界领先水平。穿深超 1.8 m 的射孔弹、孔眼一致性射孔弹等新型射孔器材及前沿技术与国外技术还存在一定的差距，持续跟踪同行业技术发展，加快研究和发展步伐，保持与世界先进技术一致，是我们始终的目标和追求。

## 4 结语

随着国内外油气藏开发类型的不断丰富，油气田开发难度不断增大，特别是近些年受国际油价影响以及油藏开采观念的转变，将对射孔技术也提出更高的要求。射孔技术在保护储层、提高产能和作业效率，提高油田最终采收率等方面将发挥越来越重要的作用，同时我们需要一个服务射孔、方便交流的技术平台来推进油气井射孔的发展。

### 参 考 文 献

[1] 贺红民，路利军，慕光华，孙志忠，扈勇．防射频可编址分级点火技术[J]．测井技术，2014，38(3)：375-377.
[2] 刘合，王峰，王毓才，高扬，成建龙．现代油气井射孔技术发展现状与展望[J]．石油勘探与开发，2014，41(6)：731-737.
[3] 陆大卫．油气井射孔技术[M]．北京：石油工业出版社，2012．

# 油气井射孔装备与工艺技术

陈 斌  刘雪峰  宋 杰  肖胜飚

（中国石油集团西部钻探工程有限公司测井公司，新疆 克拉玛依，834000）

**摘 要**：射孔被誉为油气勘探开发过程中的"临门一脚"，在完井工程中占用重要的地位。近年来，随着致密油、页岩气的规模开发，全新的射孔装备与技术得到了长足发展。本文通过对目前油气井射孔器材应用与工艺技术的分析，并结合油气田勘探开发现状与趋势，展望了射孔技术的发展前景。

**关键词**：射孔技术；射孔装备；射孔优化

## Perforation Equipment and Technology of Oil and Gas Well

Chen Bin  Liu Xuefeng  Song Jie  Xiao Shengbiao

(CNPC Xibu Drilling Engineering Company Wire-line Logging Company, Xinjiang Karamay, 834000)

**Abstract**: Perforation is known as the "finishing touches" in the process of the oil and gas exploration and development, occupying an important position in the drilling and completion engineering. In recent years, with the scale development of, dense oil and shale gas, new perforation equipment and technology have been rapidly developed. This paper, through the analysis of the application of the current oil and gas well perforation equipment and its technology, combined with the status quo and trend of oil and gas exploration and development, prospects the development prospects of perforation technology.

**Keywords**: perforation technology; perforation equipment; perforation optimization

## 1 引言

射孔是目前使用最广泛的完井方法，射孔建立起井筒与目的层之间的油气通道，被誉为油气勘探开发过程中的"临门一脚"。随着勘探开发的不断深入，储层特性越来越复杂，射孔作业与储层特性以及完井工艺、试（采）油工艺结合越来越紧密，对射孔作业提出了更高的要求。

## 2 射孔装备与技术

### 2.1 射孔器材

射孔器材是指用于射孔的爆破器材（射孔弹、导爆索、传爆管、雷管等）及其配套件的

---

作者信息：陈斌，教授级高级工程师，chenbinwanghong@163.com。

组合体,按结构分为有枪身射孔器和无枪身射孔器。经过油气井140余年的射孔技术发展,射孔器材形成了10大系列、100余种规格型号产品,最高穿深1539mm,最大孔径27.2mm,射孔器最高孔密120孔/米;外径为从$\phi 51mm$到$\phi 178mm$的不同孔密的射孔器的主体系列,耐温指标提高到了200℃,最高可达230℃,基本满足了各种井筒条件下射孔作业的需求。

### 2.1.1 射孔弹

近年来,射孔弹生产厂商为了满足用户要求以及提高市场占有率,不断加大研发投入,形成了超深穿透射孔弹系列,国内射孔弹的穿深能力基本可以与国际公司同台竞技。表1给出了美国API协会公布的几个代表性厂家相同型号射孔器混凝土靶测试数。

表1 国内外部分厂家的射孔器穿深指标
Table 1 Perforation depth index of some manufacturers at home and abroad

| 生产商 | 枪径/mm | 弹型 | 装药量/g | 孔密/孔·米$^{-1}$ | 穿深/mm |
|---|---|---|---|---|---|
| 美国GEO Dynamics公司 | 114.3 | 4039 RaZor HMX | 39 | 16 | 1597 |
| 美国Owen公司 | 114.3 | SDP-4500-411NT3 | 39 | 16 | 1376 |
| 四川射孔弹厂 | 114.3 | SDP48HMX39-1 | 39 | 16 | 1538 |
| 大庆射孔弹厂 | 114.3 | SDP45HMX-1 | 39 | 16 | 1356 |

### 2.1.2 射孔起爆方法

射孔作业主要依据射孔工艺的不同选择合适的起爆方式,油管传输射孔(TCP)主要有压力起爆、投棒(机械撞击)起爆、电起爆等方式(见表2)。

电缆传输射孔工艺(WCP)主要选择电起爆方式:大电流雷管(见图1)、磁电雷管(见图2)、飞片雷管(见图3)等。

在分簇射孔还应用了可寻址式的电起爆方式。

表2 油管传输射孔工艺(TCP)起爆方式
Table 2 Initiation mode of tubing conveyed perforating (TCP)

| 起爆装置类 | | |
|---|---|---|
| | 撞击起爆装置 | 单发火防沙撞击起爆装置 |
| | | 双发火防沙撞击起爆装置 |
| | | 撞击解锁安全起爆装置 |
| | | 安全防沙撞击起爆装置 |
| | | 撞击开孔起爆装置 |
| | 压力起爆装置 | 小直径压力起爆装置 |
| | | 压力起爆装置 |
| | | 压差起爆装置 |
| | | 压力开孔起爆装置 |
| | | 压控起爆装置 |
| | 双效起爆装置 | |
| | 全通径起爆装置 | |

### 2.1.3 射孔枪系列

随着射孔弹性能逐步提高射孔枪已经形成非盲孔、盲孔、内盲孔等多种产品系列化,射孔

图 1　大电流安全雷管
Fig. 1　The high current safety detonator

图 2　磁电雷管
Fig. 2　Magnetoelectric detonator

图 3　飞片雷管
Fig. 3　Flyer detonator

枪外径包括 φ51mm 到 φ178mm，孔密从 10 孔/米到 120 孔/米，相位包括：0°、45°/135°，耐压包括 35MPa 到 175MPa 等多种型号。国内射孔枪的制造工艺发展迅速，斯伦贝谢、哈里伯顿等多家国际知名公司作业使用国内厂商生产的射孔枪。

表 3　国内主力射孔枪产品外径对应射孔枪壁厚指标
Table 3　The external diameter of the main perforating gun in China and the wall thickness of the perforating gun

| 外径/mm | 壁厚/mm | 外径/mm | 壁厚/mm |
| --- | --- | --- | --- |
| 60.30 | 5.00 | 96.00 | 10.00 |
| 68.00 | 5.50、6.30 | 101.60 | 7.00、9.00、9.50、10.00、11.00 |
| 73.00 | 5.51、7.82、9.19 | 108.00 | 8.00 |
| 82.50 | 9.00 | 114.30 | 8.50、9.50、10.00、11.10、12.50、13.00 |
| 83.00 | 9.00 | 127.00 | 9.50、11.00、12.50 |
| 88.90 | 6.45、7.10、8.00、8.80、9.19、10.00、12.00 | 159.00 | 12.00、12.50、13.00 |
| 95.00 | 8.00、10.00 | 178.00 | 12.00 |

### 2.1.4　射孔电缆

在进行常规射孔作业时，一般选取单芯电缆作为通用配置。随着致密油、页岩气的规模开发，分段式射孔服务需要射孔和压裂组合作业，进入到水平段时，射孔施工对电缆张力的要求就更高，高强度的单芯泵送电缆、高强度的三芯电缆（见图 4）逐渐得到应用。采用三芯射孔专用电缆和普通电阻式雷管（见图 5），完成分段式射孔作业，大大降低了作业成本。

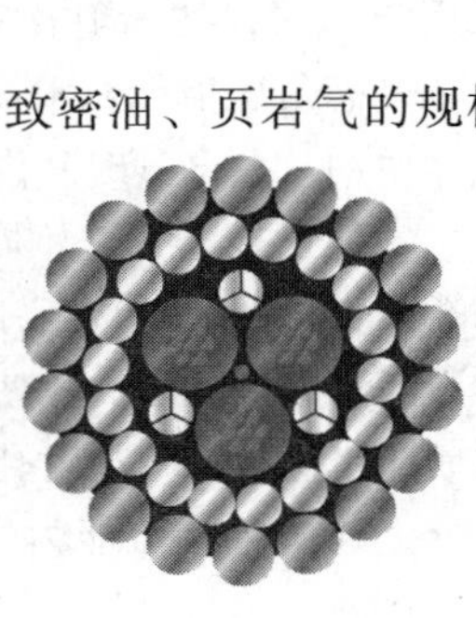

## 2.2　射孔工艺技术

射孔工艺技术经过百余年的不断发展，针对各类储层特性、各种井型工况形成了完备的射孔配套工艺技术。

图 4　三芯电缆
Fig. 4　Three core cable

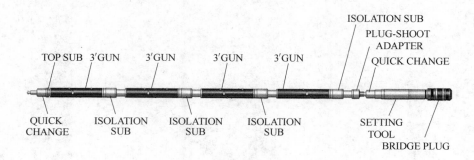

图 5 三芯电缆分级射孔井下管串
Fig. 5 Three core cable grading perforating hole pipe string

#### 2.2.1 改善渗流能力的射孔技术

针对底孔、低渗、致密储层以及钻井污染带大等井周渗流能力低得油气井，射孔的主要目的是良好沟通井筒与储层，增加泄流面积及保持储层流通性。改善渗流能力的射孔技术主要有深穿透射孔技术、超正压射孔技术、复合射孔技术、定向射孔技术以及动态负压射孔技术等。

深穿透射孔技术：根据目标井的井身结构、固井水泥环厚度以及钻井污染带等参数，优化射孔枪、弹组合，使射孔孔道能够穿透套管、水泥环以及钻井污染带并能够进入原状地层一定深度，为油气流入井筒提供一个畅通的射孔孔道。

超正压射孔技术：射孔时射流产生一个约 $3\times10^4$ MPa 的压力，该压力大大超过所在岩石的应力和强度，结果形成孔眼和孔道，射流穿透岩石时在射孔隧道壁上产生一个很高的聚应力，该应力释放时对孔道壁产生压力并形成裂缝。超正压射孔是在形成裂缝的同时立即施加一个压力到裂缝上，此裂缝会增大延长，这将在地层与井筒间提供一个更有效的流动通道。

复合射孔技术：即在射孔孔道形成后瞬间，套管增效火药药剂燃烧产生的高压对射孔孔道进行二次做功，使射孔孔道产生裂缝，增加射孔孔道延伸性，提高射孔孔道的渗流能力，从而达到提高产能的目的。

定向射孔技术：垂直井定向射孔技术是 20 世纪末开发的一项前新的射孔工艺技术，在美国、沙特阿拉伯、委内瑞拉等国家的各大油气田采用该项技术，取得了显著的应用效果。针对低孔隙、低渗透、非均质性油气藏地层的地质构造，有针对性地选择射孔方向，可使油气井目的层达到最佳产能，最终达到提高油气田产率比的目的；在完井工程上，针对套管外的窜槽，采用定向射孔技术射孔后，通过挤水泥等有效手段达到有效封堵套管外窜槽的目的。

动态负压射孔技术：动态负压射孔技术即控制射孔过程中井筒内瞬间压力变化，使得射孔枪起爆后约几百毫秒时间内在地层和井筒之间产生一个很高的动态负压并维持一定时间，是和传统的"负压射孔"完全不同的全新的射孔技术。动态负压射孔时，井筒内的压力在射孔冲击波造成的瞬间变化后上升，当井内流体进入射开的枪身后下降，动态负压枪通过快速吸收井筒内的残余爆轰能量和液柱压力，使井筒内压力在射孔后瞬间下降，产生瞬间冲击回流，冲洗射孔孔道及孔道周围压实带，减小射孔污染，尽可能降低射孔表皮效应，最大限度提高油气井产能。

上述改善渗流能力的射孔技术各有特色、互为补充，并不孤立存在，可以在特定条件下组合应用。

#### 2.2.2 复杂条件下的射孔技术

复杂条件下的射孔工艺技术主要针对射孔作业的井筒、井深、井温、井眼轨迹、井内压力等环境超出正常射孔作业的条件，需要通过射孔作业的传输手段、井口控制、提高射孔枪耐压以及射孔弹和起爆器的耐温（耐压）性能、抗腐蚀性等工艺技术手段来完成射孔作业，其中涉及射孔管柱、作业管柱以及井内套管的安全性评估、射孔在复杂环境的有效穿深评估等有针对性的方案设计。复杂条件下的射孔工艺技术主要包括深井（高温高压井）射孔技术、高酸性气井射孔技术、水平井射孔技术、欠平衡钻井配套射孔技术、锚定式射孔技术、老井再射孔技术、过油管射孔技术等，复杂条件下的射孔作业需要考虑的因数众多，基本是一井一设计，通过对射孔作业的传输方式、射孔参数、射孔管柱安全性、作业管柱安全性以及套管剩余强度以及井控、储层保护等多方面因数进行综合评判，进行射孔优化设计，已达到顺利施工、解放储层的目的。

### 2.2.3 提高作业效率的射孔技术

提高作业效率的射孔技术主要是结合下步流程试油、采油工艺的特点，提高对射孔器及射孔工艺的优化，达到缩短试油、上产周期和减少试油、上产工序实现节省费用的目的，主要包括全通径射孔技术、TCP多层分级起爆技术、WCP多次点火射孔技术、射孔测试联作技术、射孔酸化测试联作技术、多层射孔测试联作技术、一次性射孔完井技术。各家作业公司在上述技术实现各有特点且技术成熟，本文不作详细介绍。

### 2.2.4 射孔系统安全技术

射孔系统安全主要分为射孔地面安全与井下安全，地面安全又分为火工品存储安全、运输安全、现场操作安全等。

射孔系统地面安全主要通过消除静电、雷电、杂散电流干扰的安全技术措施以及使用安全雷管、安全起爆装置、安全开关隔离等火工品本质安全两个方面实现；射孔系统井下安全主要通过过程监控、丢枪、管柱减振等措施来实现。

射孔作业由于有火工品贯穿于作业的全过程，火工品的误激发是射孔作业最大的风险，射孔系统安全必须通过加强制度管控、技术防范措施、火工品本质安全等多方面进行控制。

## 3 射孔技术发展

近年来，随着信息技术、监测技术、制造技术、数据采集技术等的发展，国外射孔工艺技术得到了飞速的发展。射孔装备与技术必将进一步加强与油气藏类型、地质条件、试油工艺、压裂改造等密切结合，形成为油气井"量身定做"的优化射孔技术。

### 3.1 射孔优化技术

在过去一个时期，射孔工艺技术没有与油气藏地质和采油工程进行有机地结合或者结合不够深入，在应用效果评价上只做了一些简单的定性分析，没有进行详细机理分析和理论方面的研究，造成了射孔工艺技术，特别是新的工艺技术在油田勘探开发上没有得到有效的发挥，射孔工艺技术的不当应用对油气井的产能还会造成负面影响。

随着油田勘探开发的深入和致密油气藏开采，对射孔工艺技术提出了更高的要求，因此，射孔优化技术的应用能够助推射孔工艺技术与油气藏地质和采油工程有机的结合，提出相适宜的射孔完井方案。射孔优化技术必须做实、做精。

（1）不同射孔工艺和技术参数对不同油气储层产率比影响机理研究（见图6）。

（2）射孔分段优化设计（见图7）。依据射孔孔径过流面积、孔壁摩阻系数等因素影响，对高泵压和高排量过流时在射孔孔眼中的流动效率进行计算。确定射孔孔数和射孔段长度；依据测井解释成果和目的储层上下地层的流体物性，对目的储层的射孔段进行优化。

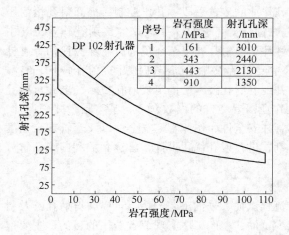
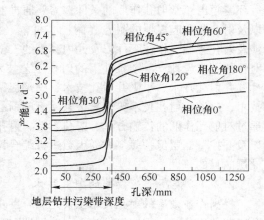

图6 射孔孔深与岩石强度关系、射孔孔深与产能关系

Fig. 6 Relationship between perforation depth and rock strength, perforation depth and productivity

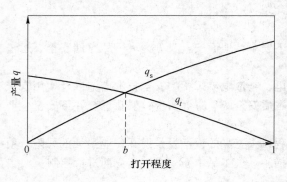
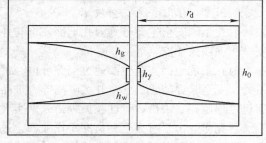

图7 射孔段优选计算方法

Fig. 7 Calculation method of perforation section optimization

(3) 水平井射孔分段优化设计。依据致密油气储层地质物性和压裂改造方案，对水平段射孔长度进行分段和分簇优化设计（见图8和图9）。

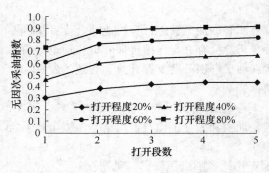
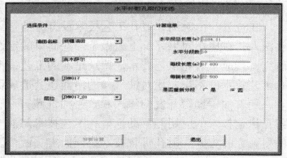

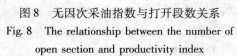

图8 无因次采油指数与打开段数关系

Fig. 8 The relationship between the number of open section and productivity index

图9 水平段长度、分段、分簇设计

Fig. 9 Horizontal segment length, segment and cluster design

（4）射孔爆轰参数、射孔压力、射孔管柱冲击载荷和射孔套管剩余强度等安全性分析研究。依据爆轰力学理论，根据不同射孔器爆轰参数对射孔作业管柱的力学强度和射孔段套管剩余强度的理论研究，进行了压力脉动与射孔冲击载荷分析、射孔压力作用下管柱强度安全性分析和射孔段套管力学分析（见表4），确保射孔作业井下管串安全。

表4 射孔套管屈服时对应加载值
Table 4 The corresponding loading value of the yield of the perforation casing

| 组 别 | $A$/kN | $B$/kN | $C$/kN | $D_{max}$/MPa |
| --- | --- | --- | --- | --- |
| 1 | 141.951 | 176.842 | 151.032 | 342.682 |
| 2 | 150.258 | 188.778 | 146.424 | 366.726 |
| 3 | 153.382 | 179.471 | 149.884 | 334.409 |
| 4 | 147.816 | 185.186 | 155.246 | 352.164 |
| 5 | 163.086 | 180.471 | 153.837 | 358.865 |
| 6 | 157.364 | 183.669 | 152.780 | 340.213 |
| 平均值 | 152.310 | 182.403 | 151.533 | 349.089 |

注：$D_{max}$为加载过程中套管$D$点（未屈服）达到的最大应力值。

## 3.2 射孔安全技术

在第1.2.4节已经阐述了射孔安全技术现状以及重要性，这里不做重复描述，笔者认为射孔安全应该在以下方面进行详细研究，为安全射孔作业提供本质安全。

### 3.2.1 压力编码起爆技术

入井前预设压力编码，射孔器到位后，通过在井口按照预设的压力编码加压实现射孔器起爆。国外该项技术较成熟，但仪器费用昂贵，国内处于起步阶段，具有成型产品，但性能有待进一步提高，需要进一步加强研究（见图10）。

图10 压力编码起爆示意图
Fig. 10 Schematic diagram of detonation pressure encoding

### 3.2.2 可寻址电子选发起爆技术

利用控制器独立的编码地址控制起爆，对各类非起爆电流不受干扰，射孔作业安全性保障更高。该项技术国外发展比较成熟，国内处于起步阶段，部分研究、生产机构初步掌握，需要进一步完善（见图11）。

### 3.2.3 安全雷管制造

随着射孔工艺技术的发展，射孔作业现场的环境也越来越复杂，各种复杂环境条件下对射孔的不利影响因素增加，研制可靠的抗射频、抗杂散电流甚至防意外冲击的起爆雷管对于复杂环境的现场作业安全具有重要意义。

目前国内有机构研制出来可靠的"安全雷管"，但是由于结构复杂、价格昂贵而得不到推广应用，研制出价格适中的"安全雷管"迫在眉睫。飞片雷管如图12所示。

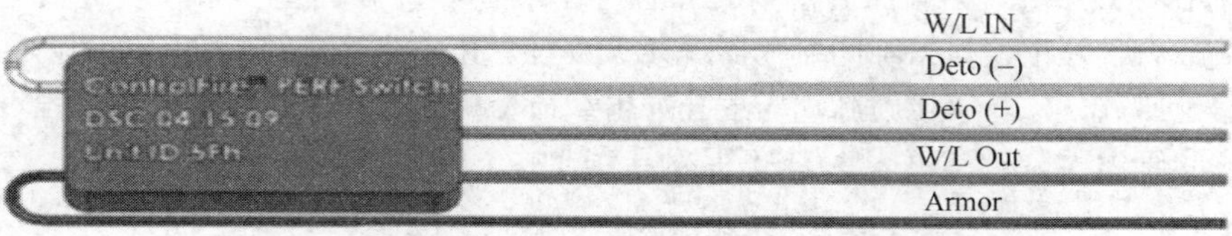

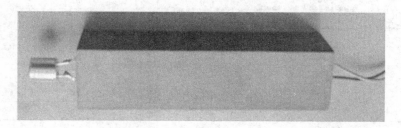

图 11　电子选发模块

Fig. 11　Electronic selection module

图 12　飞片雷管

Fig. 12　Flyer detonator

## 3.3　水平井射孔技术

随着致密油、页岩气成为油田开发的新宠，适用于致密油、页岩气开发水平井射孔技术（见图13和图14），得到长足发展。现阶段多级分段射孔桥塞联作技术是保障致密油、页岩气开发的重要射孔工艺，但是该技术在带压电缆传输作业、泵送传输作业、工具串遇卡等多个工艺环节风险高，国内外在作业现场都不可避免地出现过各种工程复杂、发展安全可靠的水平井射孔技术，具有重要意义。

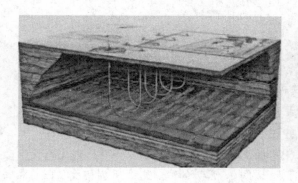

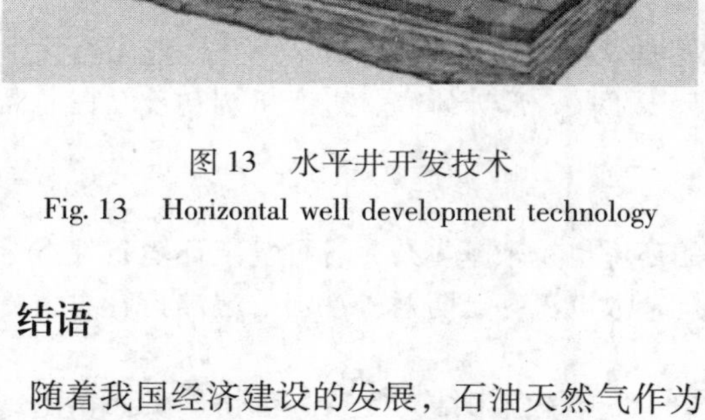

图 13　水平井开发技术

Fig. 13　Horizontal well development technology

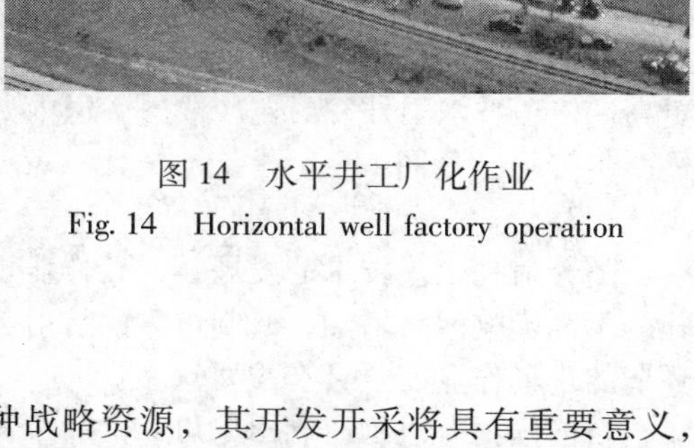

图 14　水平井工厂化作业

Fig. 14　Horizontal well factory operation

## 4　结语

随着我国经济建设的发展，石油天然气作为一种战略资源，其开发开采将具有重要意义，但鉴于油气井开发难度的不断增大，油气井射孔装备的研发与应用技术会愈发重要。本文在叙述目前射孔器材应用现状与工艺技术的基础上，提出了应进一步优化现有射孔技术，提高射孔效率和确保射孔安全以及开发射孔新技术的观点，有利于促进油气井爆破作业技术的进步与发展。

## 参 考 文 献

[1] 中国石油勘探与生产公司. 水平井压裂酸化改造技术[M]. 北京：石油工业出版社，2011.
[2] 陆大卫. 油气井射孔技术[M]. 北京：石油工业出版社，2012.
[3] Jim Almaguer. 定向射孔技术[J]. 国外测井技术，2002，12(6).

# 页岩气储层内爆炸压裂技术探讨

汪长栓[1]　姚元文[1]　刘海让[2]　冯国富[1]　王宝兴[1]

（1. 北方斯伦贝谢油田技术（西安）有限公司，陕西 西安，710065；
2. 西安市公安局治安分局，陕西 西安，710000）

**摘　要**：结合液体火药井下高能气体压裂解堵技术及工艺，文中提出一种用于页岩气储层开发的"层内爆炸"压裂技术原理及施工工艺，该技术在水力压裂裂缝中注入液体炸药，通过固体推进剂点燃液体火药，进而引燃液体炸药，产生燃烧转爆轰效应，在主裂缝周围产生多条短裂缝，改善页岩气储层的渗流物性，大幅度提高页岩气产量。

**关键词**：页岩气；层内爆炸；水力压裂；液体火药；液体炸药

## Discussion on Technological Process of "Exploding Stimulation" for Shale Gas Reservoir

Wang Changshuan[1]　Yao Yuanwen[1]　Liu Hairang[2]　Feng Guofu[1]　Wang Baoxing[1]

（1. North Schlumberger Oilfield Technology (Xi'an) Co., Ltd., Shaanxi Xi'an, 710065；2. Xi'an Municipal Public Security Bureau of Bublic Security Bureau, Shaanxi Xi'an, 710000）

**Abstract**: Based on conventional technology of high energy gas fracturing (HEGF) by liquid propellant, this paper presented a new technology of "Exploding Stimulation in hydraulic fracture" particularly for Shale Gas Reservoir, including fundamental and technological process. Liquid explosive and liquid propellant were injected/positioned into hydraulic fractures and wellbore in proper order, liquid propellant in wellbore ignited by solid propellant, then adjacent liquid explosive ignited by liquid propellant. Combustion turns into deflagration and detonation. Such a process helps create additional multiple fractures along with the exiting fractures, and consequently, improves the conductivity of the reservoir, and therefore, the output of shale gas jump significantly.

**Keywords**: shale gas reservoir; exploding stimulation; hydraulic fracture; liquid propellant; liquid explosive

## 1 引言

页岩气是指赋存于有机质泥页岩及其夹层中，以吸附或游离状态为主要存在方式的非常规

---

作者信息：汪长栓，高级工程师，wang.changshuan@xtc.slbcn.com。

天然气。我国高度重视页岩气资源工作,将页岩气列为独立矿种,并要求"对页岩气资源的开发,要尽快制定规划,首先要搞好资源调查,研究开采技术方法""加强生成机理、富集条件、技术攻关和重点靶区研究"[1]。

页岩气储层一般具有孔隙发育差、低渗致密的物性特征,页岩气流的阻力比常规天然气大,采收率低,采用常规天然气开采方法效果不佳,必须采取大型储层压裂改造措施才能开采出来[2,3]。

我国页岩气资源十分丰富,分布范围广泛,开发潜力大。国内中石油、中石化、中海油、延长石油近几年都投入大量资金采用大型水力加砂压裂进行了前期开发,取得了较好的效果,但是水力压裂要消耗大量的水资源,采用"千方砂,万方水"的规模化压裂改造才能实现页岩气的高产气量。因此,对于我国水资源欠缺的大多数地区,研究探索页岩气储层的低成本改造措施具有重要的经济意义。

"层内爆炸"技术通过水力压裂工艺和液体火炸药结合,将能量释放场所延伸到地层内,在地层裂缝中实现爆炸效应,可大幅度改善页岩气储层的渗流条件,实现页岩气低成本高效开发的目标。

液体炸药在地层裂缝中燃烧爆炸技术最早始于1946年,是美国在洛克斯芳林格斯油页岩油田的一口井注入了5t硝化甘油,爆炸后油井产量增加了8倍[4]。

中科院力学所在中石油支持下于1997~2001年开展了"低渗透油气田层内爆炸增产技术可行性研究"的先导工作,建立了薄层炸药爆炸流体力学模型[5]。

中国石油大学(华东)石油工程学院承担的中石化重点项目"水力裂缝层内爆炸提高采收率技术研究",对挤进油层压裂缝内炸药爆炸对岩石的作用也进行了基础性研究[6]。

综上所述,国内外的研究者对层内爆炸增产技术进行了侧重点不同的长期艰苦的研究工作,但该项技术在页岩气开发中的应用研究尚未开展。

## 2 页岩气储层"层内爆炸"技术原理

页岩气储层"层内爆炸"技术首先利用水力压裂工艺向裂缝中注入液体炸药,随后注入液体火药到储层靠近井筒部位,液体炸药沿两条翼形裂缝分布,液体火药控制在储层近井筒部位,采用固体推进剂在井筒射孔段点火引燃液体火药,火焰通过射孔孔眼传播到裂缝深处并引燃液体炸药,液体炸药在极高压力下由燃烧转为爆轰,两条翼形裂缝因缝面剪切坍塌错位得到支撑,在裂缝法线方向会形成许多微裂缝,这些微裂缝会显著改善储层的渗流条件,提高产气量。层内爆炸压裂生成的裂缝效果如图1所示。

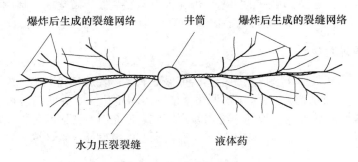

图 1 "层内爆炸"压裂生成的裂缝网络示意图

Fig. 1 Schematic of fracture network generated by exploding stimulation

## 3 "层内爆炸"压裂技术及施工工艺

### 3.1 液体火药特性

液体火药指在常温下呈液态，在适当的外界能量作用下，自身能进行迅速而有规律的燃烧，同时生成大量高温燃气的物质。在军事上主要用作枪弹、炮弹的发射药和火箭、导弹的推进剂及其他驱动装置的能源。

（1）在高温（100℃）、高压（100MPa）条件下性能稳定，不发生自爆自燃，具有较高的本质安全性，在现场能非常安全地配置、注入和处理。

（2）能够被固体推进剂引燃，并通过射孔孔眼可靠传播。

（3）具备较低的爆燃临界尺寸，能在微缝隙内部（缝宽5mm以上）可靠爆燃，稳定传播，具备足够的能量，并能够在一定条件下引燃水力裂缝中的液体炸药转为爆轰，且不损伤套管和水泥环。

（4）无固体或液体燃烧残余物，对储层污染小，地面反排液污染小。

（5）原材料来源广泛，成本适中，可大批量生产。

满足以上要求已有成熟的液体火药配方为：硝酸铵或尿素（50%～60%）；甘油（10%～15%）；水（15%～20%）；乳化剂（5%～10%）。

### 3.2 液体炸药特性

液体炸药指在常温下呈液态，通过一定的外界激发冲量的作用，能引起自爆轰的物质。炸药在军事上可用作炮弹、航空炸弹、导弹、地雷、鱼雷、手榴弹等弹药的爆炸装药，也可用于核弹的引爆装置和军事爆破。在工业上广泛应用于采矿、筑路、兴修水利、工程爆破、金属加工等，并且还广泛应用于地震探查等科学技术领域。

液体炸药必须具有良好的流动性，而且制造工艺简单、安全性能高，原料来源广泛、价格较低。使用时可将原料组分单独运输，现场配用，并可泵送到储层。

硝基甲烷类液体炸药具有较小的临界直径，能够把爆炸波通过狭窄的缝隙网络传播到地下岩层内，同时能用于冷的气候中，对普通地下岩层中所遇到的高温也相容，因而国外均把它作为液体混合炸药的主体成分。20世纪70年代，美国人用硝基甲烷作为主要成分，加入辅料做液体药，在一口油层深约731.5m的停产井上注入1814kg，层内燃烧爆炸后产量提高约10倍[4]。硝基甲烷是一种无色透明的钝感液体炸药，它对热和机械作用不敏感，具有一定安定性，原料丰富，价格便宜，无腐蚀性，常温条件下用8号雷管不能起爆，需要用强的传爆药引爆。为了解决硝基甲烷起爆感度低的问题，可加入甲基醋酸铵为敏化剂，制成以硝基甲烷为基的液体混合炸药。

### 3.3 液体药的精确置放

利用液体火药高能气体压裂成熟的工艺，可保证液体药置放位置准确。施工时下界面通过油性液垫（柴油+四氯化碳等）、人工水泥桥塞或封隔器定位。上界面定位可在水力压裂后期用清水配合油性液垫将管柱内的液体火药顶替到储层靠近井筒射孔段部位，井筒内液体火药的跨度不大于储层厚度。层间液体火炸药注入量根据水力压裂设计分别计算。

### 3.4 压裂技术

压裂挤注工艺是层内爆炸技术中的关键，本工艺探讨使用的压裂挤注技术类似"酸压工艺"，不同的是工作液不是盐酸而是液体炸药。施工前需要设计半缝长 $L$、缝高 $h$ 和缝宽 $w$，确定缝体积 $V$，其中缝宽 $w$ 必须大于液体火药的稳态燃烧临界尺寸 $W_{cr}$，约为 5~10mm，缝宽越大越有利于实现稳定爆燃。缝体积 $V$ 加上井筒内火药液柱体积为总的液体配置量。水力压裂结束关井期间地层保持一定压力，使得裂缝不再延伸，也不会闭合，以免裂缝闭合造成液体火药的反吐，导致井筒内药量骤增。此外，对射孔参数要求孔密大于等于 16 孔/m，套管入孔孔径大于 10mm。

### 3.5 固体推进剂点火技术

借鉴液体火药采用固体推进剂点火燃烧的技术成果，设计井筒内点火引燃系统。固体药、液体火药、液体炸药依次传递能量，直至产生爆炸效应。固体推进剂可采用电缆过油管工艺输送至目标位置，装药量和点火位置视处理储层厚度确定。

### 3.6 施工工艺

以成熟的水力压裂结合液体火药高能气体压裂工艺，构成"层内爆炸"工艺系统技术。

液体火药及炸药可在现场采用专用装置进行混配，减少运输环节。采用的主要施工设备为压裂泵车，施工前配置好压裂管柱，在管柱尾部连接筛管，在施工层段上一定距离安装水力锚。主要工艺施工步骤为：(1) 选井、选层；(2) 通井、洗井后定位下界面，并下放压裂管串至射孔井段；(3) 挤前置液加压造缝；(4) 井场配制液体炸药及隔离液；(5) 泵车挤入液体炸药后再挤入隔离液；(6) 井场配制液体火药；(7) 泵车挤入液体火药、隔离液、顶替液；(8) 准备工作完成后，采用过油管电缆输送工艺将固体推进剂下放至井筒液体火药中部点火，此工艺必须在井口连接电缆防喷高压管；(9) 点火后即可上提电缆至井口，关闭防喷管；(10) 洗井、回收管柱、处理后续工作，完井投产。

## 4 现场试验

采用文中所述液体火药配方及工艺，我公司曾经在长庆油田安 47-×× 井及胜利油田 12×× 井分别进行了垂直井施工工艺及安全性评价试验。安 47-×× 井泵送注入液体火药 1200kg，采用过油管工艺下放 5kg 固体推进剂点火引燃了液体火药，施工后产量提高 2.5 倍。12×× 井泵送注入液体火药 900kg，施工后产量提高 3 倍多。国内中原油田也进行了多口井的液体火药气体压裂技术现场试验及应用，取得了较好的增产效果[7]。利用文中所述相关工艺，西安石油大学在大庆油田的一口水平井进行了液体火药压裂的现场试验，注入液体药近 6.8t，试验结果表明：液体药输送安全，正常起爆，工艺试验取得突破[8]。

因此，结合液体火药及液体炸药施工的成功经验，开展页岩气储层"层内爆炸"压裂工艺技术研究条件基本成熟。

## 5 结论

(1) 页岩气储层"层内爆炸"工艺技术是固体火药点火燃烧、液体火药压裂、爆炸压裂、水力压裂等油田综合工艺应用的集成技术，是继高能气体压裂、水力压裂之后的又一项新技术。该技术在水力压裂裂缝中产生裂缝带，可显著改善地层渗透率，对提高页岩气采收率，降低开采成本具有重要的社会效益和经济效益。

(2) 针对低渗储层的爆炸压裂，国内外已开展了先导性技术研究，探索出一些理论成果，现已进入现场工艺的试验研究探索阶段，随着这一技术难题的攻破，"层内爆炸"压裂技术在页岩气储层开发中将会具有广泛的应用市场。

## 参 考 文 献

[1] 张大伟. 页岩气发展规划（2011-2015 年）解读[J]. 天然气工业, 2012, 32(4): 6-8.

[2] 崔思华, 班凡生, 袁光杰. 页岩气钻完井技术现状及难点分析[J]. 天然气工业, 2011, 31(4): 72-75.

[3] 李道品. 低渗透油田高效开发决策论[M]. 北京: 石油工业出版社, 2005.

[4] 李传乐, 王安仕, 李文魁. 国外油气井"层内爆炸"增产技术概述及分析[J]. 石油钻采工艺, 2001, 23(5): 77-78.

[5] 丁雁生, 陈力, 张盛宗, 等. 低渗透油气田"层内爆炸"增产技术研究[J]. 石油勘探与开发, 2001, 28(2): 90-96.

[6] 陈德春, 孟红霞, 张琪, 等. 水力裂缝层内爆燃压裂油井产能计算模型[J]. 石油大学学报（自然科学版）, 2005, 29(6): 69-73.

[7] 叶显军, 张惠生, 田国理. 液体火药高能气体压裂技术研究和在深层油气藏中的应用[J]. 石油勘探与开发, 2000, 27(3): 67-69.

[8] 吴晋军. 低渗油层层内深度爆炸技术作用机理及工艺试验研究[J]. 西安石油大学学报（自然科学版）, 2011, 26(1): 48-50.

# 油气井起爆技术现状与发展趋势

王雪艳 王峰 肖勇 彭加斌 李哲雨

(西安物华巨能爆破器材有限责任公司,陕西 西安,710061)

**摘 要**：按油气井射孔作业方式分电缆传输射孔（WCP）起爆和油管传输射孔（TCP）起爆两个方面分别介绍了国内目前石油射孔作业的起爆技术发展成果。经过多年的努力，经历引进仿制、消化吸收再到自主创新研制，多数爆破器材达到了国际水平，在生产配套起爆器材等方面有了一定成绩。但是，与国外大型公司的先进技术相比，仍有不小的差距。本文分析了产生原因，提出了我国自主研发油气射孔起爆技术发展的方向。

**关键词**：油气井；电缆射孔；油管传输射孔；起爆

## Status and Development Trend of Oil and Gas Well Initiation Technology

Wang Xueyan  Wang Feng  Xiao Yong  Peng Jiabin  Li Zheyu

(Xi'an Wuhua Juneng Blasting Equipment Co., Ltd., Shaanxi Xi'an, 710061)

**Abstract**: The paper introduces the domestic status and development of oil and gas well perforating initiation technology according to the WCP and TCP operations. Through years' development, from imitation to self-dependent innovation, most blasting materials have reached the international level, and achievements have been made in initiation material manufacture. However, there is a difference when compared with the multinational company's technology. The causes were analyzed, and development trend of the domestic self-dependent innovation was put forward also.

**Keywords**: oil and gas well; WCP; TCP; initiation technology

## 1 引言

油气井完井射孔作为建立油气储层与井筒之间连接通道的施工环节是油气田勘探和开发的一个非常重要环节。整个射孔施工作业管柱由激发源、雷管、起爆器、传爆管、传爆装置、射孔枪、导爆索、射孔弹等爆破器材构成。由于起爆器材是整个爆炸序列的"源头"，所以起爆过程中的可靠性和安全性在油气井射孔施工中尤为重要。

射孔起爆技术的发展是伴随着射孔施工工艺的发展而逐渐成熟的。目前，从施工工艺传输方式上可分为电缆传输射孔（WCP）和油管传输射孔（TCP）两类。鉴于射孔用起爆器材使用环境的特殊性和作业施工的时效性，由其对耐温温度、耐压程度、耐温时间和起爆方式等都提出了较高要求。

---

作者信息：王雪艳，工程师，wxy2130504@163.com。

人们对应用在油气井射孔起爆方面的火工品进行了系列研究。伴随着材料技术、火炸药技术和电子技术等基础学科的持续发展以及射孔施工单位对起爆器材的个性化需求提高，可以看出，下一步要将传统起爆技术与目前的电子芯片技术、单片机编程、远程遥控等技术结合，使得油气井射孔起爆技术逐步向安全化、微型化、智能化和数字化的方向发展。

## 2 起爆技术现状

### 2.1 电缆射孔起爆技术现状

随着起爆技术的提高，国内电缆射孔用雷管如早期的 8 号电雷管、耐温抗静电雷管已被淘汰。常用电起爆器材如延期磁电雷管、液体拒传磁电雷管、EBW 雷管、EFI 雷管等产品快速发展。

目前产品分类包括以下六种方式。

（1）按照起爆方式分为：磁电雷管、大电流机械安全雷管、大电阻雷管、EBW 雷管、EFI 雷管等。

（2）按照药剂安全性分为：常规起爆药雷管、无起爆药雷管。

（3）按是否延期分为：瞬发雷管，延期雷管。

（4）按照耐温性能分为：高温电雷管和超高温电雷管。

（5）按照是否承压分为：常规电雷管和耐压电雷管。

（6）按照是否在射频环境中安全分为：常规电雷管和 RF-SAFE 电雷管。

#### 2.1.1 磁电雷管[1]

磁电雷管是目前国内电缆射孔应用最多的电雷管，具有耐温 180℃/2h，抗杂散电流、抗静电、抗工频电（50～60Hz，脚-脚通交流 220V 和 380V，产品不发火）等优点，需要用特制的磁电雷管起爆仪才能起爆（见图 1）。

图 1　磁电雷管和起爆仪

Fig. 1　Magneto-electric detonator and Initiation instrument

磁电雷管结构如图 2 所示，主要由安全元件和桥丝式电雷管组成，安全元件核心是绕有初级和次级两组线圈的铁氧体磁芯，初级线圈是磁电雷管的脚线，次级线圈与电雷管脚线相连。其发火原理是利用起爆仪输出的高频脉冲电流作用于初级线圈，通过磁环的磁电转换，再与磁环连接的电雷管的次级线圈内产生的感应电流，通过有一定电阻的金属桥丝，产生热量，使桥丝升温达到灼热状态，加热桥丝周围的起爆药并起爆雷管的主装炸药。

将磁电雷管输出结构间隔一定空位后增加传爆管，外壳上增加进液孔，可成为液体拒传磁

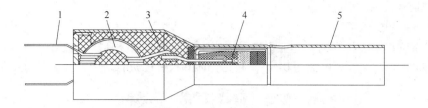

图 2 磁电雷管结构示意图
1—脚线；2—磁环；3—填充物；4—电雷管；5—管壳
Fig. 2 Structure diagram of magneto-electric detonator

电雷管（见图3），当射孔枪内进水时，该种雷管起爆但不能使输出端传爆管爆炸，就能够有效地避免"炸枪"事故。

耐压磁电雷管是以磁电雷管为核心，外覆耐压的壳体和插针构成。除具有磁电雷管的一切性能外，还具有耐压 60~140MPa 的特性，用于无枪身电缆射孔和爆炸松扣等作业中。

### 2.1.2 大电流机械安全雷管[2]

大电流机械安全雷管（见图4）是由大电流电雷管和加装的安全构件组成。这些构件包括插针、开关本体、弹簧、雷管座等。

图 3 液体拒传磁电雷管
Fig. 3 Fluid disabled magneto-electric detonator

图 4 大电流机械安全雷管
Fig. 4 Heavy current safety of machinery detonator

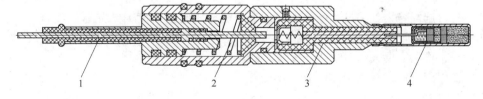

图 5 大电流机械安全雷管结构示意图
1—（耐压）插针；2—弹簧；3—雷管开关；4—电雷管
Fig. 5 Structure diagram of heavy current safety of machinery detonator

该雷管随射孔枪下井后，井内压力作用于插针上，当压力大于弹簧预应力时，插针向雷管座方向移动，短路帽接通，断路状态变成导通状态。随着短路帽下移脱离极帽，解除了电雷管的短路状态，电雷管桥丝两端就分别与电缆和雷管外壳形成两极即可实施通电起爆。若因故电缆上提时，井液压力逐渐小于弹簧预应力，插针回归，短路帽复位，大电流机械安全雷管恢复短路状态或断路状态。

### 2.1.3 大电阻雷管[3]

大电阻雷管用于有枪身射孔作业引爆导爆索,对液体敏感。其技术参数为全电阻56Ω,安全电流0.2A/5min;全发火电流为0.8A,利用壳体和极针间进行放电,具有抗静电能力。

图6 大电阻雷管

Fig. 6 Resistance bridge detonator

### 2.1.4 EBW 雷管

爆炸桥丝雷管(exploding-bridgewire detonator,简称 EBW 雷管),是一种用于激发含能材料产生爆轰反应的雷管。桥丝在几十纳秒内汽化,形成高温高压气体,向四周膨胀而形成冲击波将猛炸药起爆。在国外先进技术国家已广泛使用该种雷管,由于爆炸桥丝雷管的起爆必须要有特殊的高压电子点火装置,所以价格比较昂贵,在国内主要是在海上油田应用。

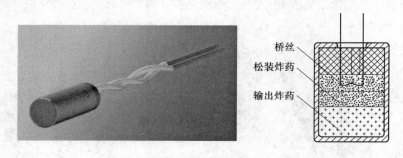

图7 爆炸桥丝雷管及示意图

Fig. 7 EBW detonator and structure diagram

爆炸桥丝雷管中,炸药分两段按两种不同的密度压制,不装起爆药。第一段装药称为引发装药,第二段装药称为输出装药。

从爆炸桥丝雷管的结构可以看出,同其他低能雷管相比,其具有以下一些特点:

(1)不含起爆药,且邻近桥丝的炸药是猛炸药,压制的密度为结晶密度较低,输出药柱的材料和结构是类似的。

(2)正常作用需要大约200kW 和200A 的电能。

(3)在生产、贮存和使用过程中十分安全。

### 2.1.5 EFI 雷管[4]

爆炸桥箔雷管(Exploding Foil Initiator,简称 EFI),也称作冲击片雷管,是一种使桥箔上通过强大的电流脉冲产生高速飞片撞击引爆猛炸药的电雷管(图8)。

EFI 雷管的特点是:

(1)爆炸桥箔、飞片和加速膛与始发装药完全隔离。

(2)始发装药的密度比爆炸桥丝雷管始发药的密度高得多,爆炸桥丝雷管很难起爆如此高密度的次级炸药。

(3)作用时间短,引爆阈值范围窄,重复性和同步性好。

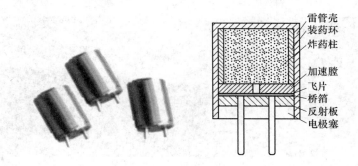

图 8 EFI 雷管及结构示意图
Fig. 8 EFI detonator and structure diagram

(4) 结构紧凑，具有良好的抗振、抗冲击和抗过载能力。
(5) 点火需要特殊的能量脉冲（低电感、大电流和短脉冲作用时间）。
(6) 对静电和电磁辐射有很好的抗干扰能力等。

EFI 技术在射孔枪起爆中的应用，国外已经有使用爆炸桥箔（EFI）起爆方式的产品，如 OWEN 公司的 PX-1 Fireset 连接 3 英寸双绞线或 6 英尺同轴电缆即可起爆 EFI 雷管，Schlumberger 公司使用一种称作 S.A.F.E. 的爆炸箔起爆装置进行油井射孔作业。在国内石油射孔爆破中，现在有 LDG 型 EFI 雷管，其技术指标按温度分为耐温 120℃/4h、160℃/4h、220℃/4h 三种类型。根据使用要求可以分为正电起爆和负电起爆两种类型。

图 9 油气井用某型号 EFI 雷管和专用起爆仪
Fig. 9 EFI detonator and Initiating instrument

### 2.1.6 RF-SAFE 电子雷管

RF-SAFE 电子雷管产品是在高安全要求和操作平台环境恶劣的首选，因其能够许可钻井平台上在射孔作业的同时，其他射频通信、焊接等作业不间断，进行正常运作。

目前，我国涪陵等地区页岩气开采中使用的 RF-电子雷管（DynaEnergetics 公司），就是此类型产品。初期，与高鼎或 TITAN 公司的电子选发模块配合使用，截至目前，已经将电子选发功能集成到雷管芯片成为一体，使用地面操作设备和技术软件，可直接进行井下射孔枪的选发射孔。该雷管可应用与射频环境中，还能够起到液体拒传效果，主要用于石油分级选发射孔施工中。

## 2.2 油管传输射孔起爆技术现状[2]

起爆装置用于油管输送射孔工艺，根据施工起爆激发源的不同分为投棒撞击式和压力激发

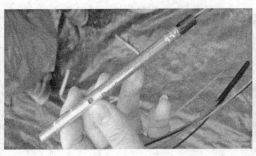

图 10 RF-SAFE 电子选发雷管及操作仪器

Fig. 10 RF-SAFE electronic select detonator and initiation instrument

式起爆两大类，但装置机械总成都最后作用到撞击雷管上。撞击雷管目前使用的有单发火结构和双发火结构两种（见图11）。

图 11 撞击雷管

Fig. 11 Percussion initiator

目前起爆装置的产品分类包括以下四种：
（1）按照起爆方式分为：投棒式和压力式。
（2）按照雷管耐温分为：高温型和超高温型。
（3）按照承压级别分为：60MPa、100MPa 和 150MPa。
（4）按照是否有冗余结构分为：单发火型和双发火型。

### 2.2.1 撞击激发式起爆装置

作用机理就是利用撞棒在油管中下行产生的冲量，剪断固定销后，活塞下行击发起爆器起爆。这类起爆装置具有使用简便，稳定可靠的特点，是目前国内油管传输射孔作业中工艺使用最多最广的一类起爆装置。

#### 2.2.1.1 防砂撞击起爆装置

防砂撞击起爆装置是撞击激发式起爆装置的一种，如图12所示。

机械总成各型号基本相同，由本体、活塞及组件等构成，其上端的油管扣与油管接箍相连，其本体上的方槽孔作为排沙泄垢通道。其作用原理是当撞棒下行后撞击活塞使固定销剪断，活塞快速下行，其前端的击针击发火帽发火，引爆起爆器，从而引爆射孔弹传爆序列。

#### 2.2.1.2 撞击开孔起爆装置

撞击开孔起爆装置特别适合垂直的补射井、稠油井或负压射孔作业。作用原理也与防沙撞

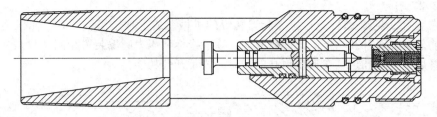

图 12 防砂撞击起爆装置
Fig. 12 Mechanical impact firing head

击起爆装置相似,所不同的是在撞棒撞击装置上的活塞,活塞剪断剪切销下行击发起爆器的同时,拉动挡套下移露出生产孔,在起爆器引爆射孔弹传爆序列的同时,完成开孔功能。

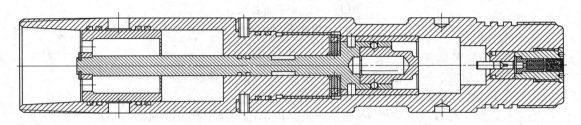

图 13 撞击开孔起爆装置
Fig. 13 Mechanical impact firing head with auto vent

### 2.2.2 压力激发起爆装置

压力激发式起爆是在井口施加压力作用于压力起爆装置活塞上,活塞在井口施加压力和井液压力的共同作用下剪断剪切销后快速运动,进行解锁或击发起爆器爆轰,引爆射孔枪串。

常见的压力起爆装置种类、型号很多,按在射孔管串的位置来说有枪头压力起爆装置、枪尾压力起爆装置;按功能来说有压力开孔复合起爆装置;按压力作用过程来说还有压控起爆装置和压差起爆装置,按作用效果有压力全通径起爆装置等。

#### 2.2.2.1 压力起爆装置

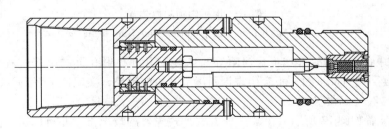

图 14 压力起爆装置
Fig. 14 Pressure activated firing head

使用前,根据目的层压力和温度,确定安全压力值后,用计算公式或软件算出装置所需剪切销数量;将剪切销均布于活塞上,以保证活塞剪切力的平衡、稳定。当井口施加压力和井液压力超过剪切销额定剪切值时,活塞剪断剪切销迅速运动,击针击发起爆器起爆,进而引爆射孔序列。

### 2.2.2.2 压力开孔起爆装置

该起爆装置（见图15）是在压力起爆装置的机械总成上加工了生产孔，使压力起爆装置除起爆功能外又具有开孔功能。其起爆原理、性能指标和压力起爆装置相同，只是在活塞下行的过程中开启了生产孔道，在实现射孔的同时完成了开孔功能。

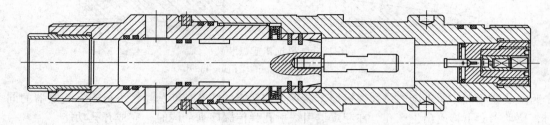

图 15 压力开孔起爆装置

Fig. 15 Pressure activated firing head with auto vent

### 2.2.3 综合起爆装置

撞击与压力激发装置是集撞击与压力两种击发方式于一体的起爆装置。

#### 2.2.3.1 撞击解锁起爆装置

撞击解锁安全起爆装置如图16所示，主要由本体、撞击套、解锁钢珠、支撑销、击针、起爆器等组成。下井过程中，解锁钢珠处于锁定状态，支撑销始终处于自由状态，不受外力的影响，确保了安全。若支撑销在地面被误操作切断，击针没有压力作用，仍处于锁定状态，地面也不会发生爆炸。

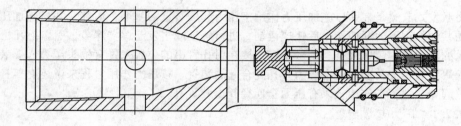

图 16 撞击解锁起爆装置

Fig. 16 Mechanical safety impact firing head firing head

射孔器下井后，若因故（如下井遇阻等）未能射孔，在射孔器的上提过程中，击针的受压逐渐减小，当小于1MPa时，不会出现误引爆射孔枪的现象，实现返工情况下的安全施工。

#### 2.2.3.2 双效起爆装置

双效起爆装置如图17所示。在某一种击发方式失效的情况下，还可以选择另一种方式继续击发起爆，避免了上提管串的时间和费用，消除安全隐患，提高了射孔成功率。

## 3 与国外射孔起爆技术水平的差距

### 3.1 电雷管性能与国外产品的差距

国内电缆射孔施工中使用的电雷管主要以磁电雷管、大电阻雷管等为主，均为含有敏感起爆药的雷管，在国内海上油田有部分EBW雷管使用，而国外大部分井施工采用的多为EBW雷

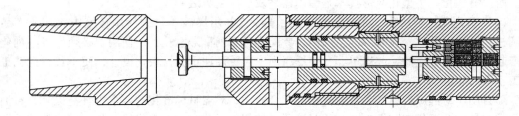

图 17　双效起爆装置

Fig. 17　Redundant annulus pressure firing system

管。国内生产的电子元器件耐温基本在150℃以下，很多高温元器件需要进口，例如起爆 EBW 或 EFI 雷管的高压电子点火器中的电容器等，造成此类产品的价格十分昂贵，增加了电缆施工成本，所以国内陆上油田射孔仍使用国产常规电雷管。

在非常规电缆施工中，为了配合分级射孔选发起爆，多数油田选用 DynaEnergetics 公司（德国）的 RF-safe 电子选发雷管，而此类型雷管在我国内尚无同类型产品。

### 3.2　起爆装置类在性能方面的差距

从起爆装置的结构上看，国内水平和国外欧文等知名公司的产品基本不相上下，有些产品的结构设计甚至更优于国外的产品，能够更加适应国内不同油田的井况。但总体来说，主要在产品构成的零部件原材料的加工和产品的耐温耐压上仍存在一定差距。

国外油服公司可提供 HNS 和 PYX 的火工品。比如欧文公司的撞击雷管 51-6985-3 标称数据为：使用的 HNS 药剂可达到100h 耐温为232.2℃（450℉），DET-3050-136 数据为200h 耐温值达到223.9℃（435℉）。在耐超高压方面，国外欧文公司的 Ultra UHPT 点火头技术指标为耐压227.4MPa，耐温指标为260℃，目前国内正在进行该方面的技术攻关。

### 3.3　制约技术进步的原因

（1）国内射孔起爆技术方面对基础学科的依赖性很高，产品技术提升在原材料、机械加工、电子通信、无线测试等方面均受限制。

（2）行业的局限性以及语言沟通差异造成很多先进技术资料无法获取，有的跨国油服公司对我国一直在实行技术壁垒。

（3）国内对本行业的科技投入基本是在各自企业中自行开展，经费、人力等均有限，未能很好地与高校、研究所等进行交叉科学的合作，未能将对石油起爆技术的理论化研究转入的工程化应用。

## 4　未来起爆技术发展趋势

（1）高安全起爆技术。用户对射孔施工安全性的要求在不断提高，传统起爆技术使用了敏感性药剂而具有较高的危险性。在国外，石油起爆领域中无起爆药的雷管已经在广泛使用，因此，无敏感性药剂的高安全起爆技术将是射孔起爆技术的一个发展趋势。

（2）智能化、小型化起爆技术。智能化、小型化典型技术产品如 PROBE 公司的智能起爆器、DYNA 公司的 RF 雷管、Titan 公司的电子选发模块等，无论在结构尺寸小型化上还是使用智能化上都远远高于我国传统产品。而国内受电子元器件功能的限制，类似产品尚未大量应用。所以智能化、小型化起爆技术是国内器材发展的趋势之一。

（3）系列化、模块化、标准化技术。由于油气井用爆破器材的使用环境中大部分产品都是圆柱、轴向型器材，在有限的空间内，要配合各系列型号射孔器的使用，必须形成系列化的配套起爆器材。相应的，起爆单元在传爆序列中应更加注重其模块化设计，便于各种射孔工艺施工管串的装配操作。

随着用户对起爆器材和各种射孔器的配合使用，对器材标准化的要求也日益提高，石油行业标准委员会在近年来陆续颁布关于起爆器材的相关行业标准，表明标准化亦是该类相关器材的发展趋势之一。

（4）超高温超高压技术。提高起爆器材长时间（数百小时）耐温和耐压性能是随日益复杂的射孔施工工艺及井深增加要求而提出的。欧文公司在2013年公布的超高温超高压起爆器材指标为260℃，耐压达227.4MPa。这必将成为国内射孔器材行业内追赶的目标，也是未来3~5年发展的趋势。

## 参 考 文 献

[1] 赵海文，林成财，王峰，等. 油气井射孔安全起爆技术研究[J]. 成都电子机械高等专科学校学报，2012，15(1)：10-13.
[2] 陆大卫. 油气井射孔技术[M]. 石油工业出版社，2012：121-129.
[3] http://www.cnmpoil.com/ProductList.
[4] 王雪艳，王峰，章松桥，等. EFI雷管技术在石油民爆中的应用研究[C]//2013年油气井射孔技术交流会论文集. 中国石油学会测井专业委员会，2013.5：65-69.
[5] 贾晓宏，杨祖一. 我国工业雷管现状及展望[R]. 中国爆破器材行业工作简报，2010，6.

# 高能气体压裂技术的进展

廖红伟 冯煊 张杰 张鑫

(西安石油大油气科技有限公司,陕西 西安,710065)

**摘 要**：高能气体压裂技术经过多年的发展取得了巨大进展。虽然在作用机理和测试手段方面研究还存在不足，但在国内外各类型油田中得到了大量应用并取得了很多经验。它具备了单独施工、与射孔或酸化联作施工等多种运用形式，在煤层气、页岩气开采方面也有所涉足。本文论述了高能气体压裂技术的发展历程、发展趋势和运用情况，列举了固体高能气体压裂技术、液体药压裂技术、水平井高能气体压裂技术及高能气体压裂复合技术等在国内的运用实例。

**关键词**：高能气体压裂；进展；运用情况

## The Progress of High Energy Gas Fracturing Technology

Liao Hongwei  Feng Xuan  Zhang Jie  Zhang Xin

(Xi'an Oil Big Oil and Gas Technology Co., Ltd., Shaanxi Xi'an, 710065)

**Abstract**: High energy gas fracturing technology has made great progress after many years development. Though the research on mechanism and test means is insufficient, it has been widely applied various application forms, like in various types of oil field was at home and abroad, and a lot of experience has been obtained. It has separate construction and combined perforating or acidizing operation. It is also used, in the aspect of coal bed methane, and shale gas exploitation. This paper discusses the development trend of high energy gas fracturing technology, and domestic application examples of the solid high energy gas fracturing technology, liquid medicine fracturing technology, horizontal Wells of high energy gas fracturing technology and high energy gas fracturing composite technology were enumerated.

**Keywords**: high energy gas fracturing; progress; application case

高能气体压裂是一种利用火药在短时间内燃烧产生的高温高压气体来压裂地层，从而改善井筒附近地层渗流能力的技术。高压气体压裂技术在深井、近水储层和海上油田使用具有独特的优势，但地下情况的复杂及测试手段的限制，使得其在机理研究还有很多缺点，这些缺点制约了其进一步推广。尽管如此，该技术的施工工艺已经很成熟并且在国内外各个种类的油藏和井型中有广泛运用。面对当前低油价的形势，低成本的高能气体压裂技术与水力压裂相比展现出了更大的优势，具有很好的运用前景。

## 1 高能气体压裂机理及技术特点

高能气体压裂技术是一种利用火药或火箭推进剂在井筒内快速燃烧产生的大量高温高压气

---

作者信息：廖红伟，博士，副教授，lhw169@163.com。

体压裂地层,在井筒附件储层产生多条裂缝以取得增加油井产量及水井注入量。其增产、增注的作用机理有:

机械作用(造缝):高加载率产生裂缝不都是垂直于最小主应力方面,裂缝上切应力不为0,一旦裂开就会错断而不会闭合。压力超过一定限度后,岩石会产生塑性变形、压力下降后仍有线性裂缝。

水力振荡:高能气体压裂在裂缝延伸过程之后,总伴随着压力脉动过程,对冲刷近井堵塞物和降低流体孔隙界面张力有着积极作用。

高温热:火药燃烧时释放出大量的热能可融化近井地带的蜡质和沥青质,提高地层渗流导流能力。

化学作用:燃烧产物($CO_2$、$N_2$、$HCl$)在高压下溶于原油,降低黏度和表面张力。

## 2 高能气体压裂技术发展趋势

### 2.1 多脉冲加载压裂技术

#### 2.1.1 多脉冲加载压裂技术原理

多脉冲加载压裂技术是在原有单脉冲加载高能气体压裂基础上发展起来的[1]。其原理是采用多种不同火药(火箭推进剂)或同一种火药经过合理的装药设计,控制其在井筒依次有规律的脉动燃烧,产生大量高温、高压气体压裂岩层,形成多个高压脉加载冲击岩层(见图1、图2),使岩层产生多条沿井筒径向延伸的垂直裂缝,并促使裂缝在多脉冲加载波的连续作用下,快速拓展延伸,形成较长的多裂缝体系,从而增加了与天然裂缝沟通的概率,并伴随大量的热化学作用地层深部,有效提高油层渗透导流能力,增加油井产量[2]。

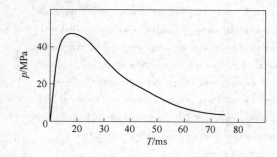

图 1 单脉冲 $p$-$T$ 曲线示意图

Fig. 1 Schematic diagram of single pulse $p$-$T$ curve

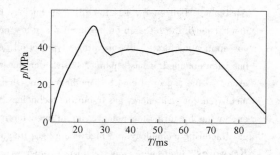

图 2 多级加载压裂 $p$-$T$ 曲线示意图

Fig. 2 Schematic diagram of $p$-$T$ curve for multi-stage loading fracturing

#### 2.1.2 多脉冲加载压裂技术特点

与单脉冲高能气体压裂技术相比,多脉冲加载压裂技术的主要特点是:(1)提高了能量的利用率,装药结构设计更趋合理,在油井下作用过程更为科学,适合岩层起裂造缝的特点,快燃速药主要用于起裂岩石产生多裂缝,中、慢燃速药主要用于连续脉冲使裂缝延伸,提高压裂效果。(2)提高了装药量,多脉冲加载压裂技术由于合理控制药的燃速,装药量可适当加大,不会损坏套管。(3)延长了对地层的作用时间,由于提高了中、慢燃速的药量,井下作用时间延长,有利于延伸裂缝。(4)热化学能量大大增加,提高了综合压裂效果,降低了成本。(5)可使用电缆传输,安全快捷。(6)药柱尺寸可多种组合,方便应用于各种套管井。

### 2.1.3 多脉冲加载压裂技术现场运用

近三年来，西安石油大油气科技有限公司已在长庆油田、延长油田、吉林油田等进行多脉冲加载压裂技术1200井次以上（表1），取得了明显的效果，有效率达到80%。通过现场施工观察，可直观看到压挡液冲击2~4次。

表1 长庆油田部分新注水井施工效果
Table 1 Part of the new water injection wells in Changqing oilfield construction effect

| 井 号 | 施工层段/m | 施工效果 | 井 号 | 施工层段/m | 施工效果 |
|---|---|---|---|---|---|
| 杏250-23 | 1254~1259 | 达到配注 | 塬98-3 | 2510~2516 | 达到配注 |
| 高42-20 | 1885~1890 | 达到配注 | 塬95-45 | 2581~2587 | 达到配注 |
| 高42-22 | 1739~1742 | 达到配注 | 塬85-25 | 2855~2845 | 达到配注 |
| 王398-9 | 1339~1405 | 达到配注 | 地221-58 | 2638~2644 | 达到配注 |
| 城31-13 | 1225~1227 | 达到配注 | 地213-74 | 2609~2616 | 达到配注 |
| 里12-7 | 1674~1676 | 达到配注 | 地221-74 | 2521~2531 | 达到配注 |
| 河376 | 672~676 | 达到配注 | 塬100-9 | 2632~2640 | 达到配注 |
| 河371-1 | 543~546 | 达到配注 | 塬97-49 | 2632~2672 | 达到配注 |
| 河348-1 | 516~518 | 达到配注 | 塬85-27 | 2670~2680 | 达到配注 |
| 杨47-11 | 1054~1057 | 达到配注 | 地239-86 | 2548~2554 | 达到配注 |

## 2.2 液体药高能气体压裂技术

### 2.2.1 液体药高能气体压裂机理

液体药高能气体压裂技术机理是采用液态火药在生产段井筒内燃烧以产生大量的高温、高压气体压裂地层，使地层产生更长的多裂缝体系，并伴随丰富的热量，对地层进行造缝压裂、解堵、原油高温降粘、清蜡等作用，以达到改善地层渗流特性、增大泄油面积、提高储层自然产能的一种增产、增注压裂技术[4]。其作用特点是整个压裂过程作用时间长，能形成更长的多裂缝体系，综合改善地层效果好，适用于多油层、较长井段的一次性压裂施工。

### 2.2.2 液体药高能气体压裂特点

（1）燃烧时间长，压裂效果显著。由于液体药自身的燃烧特性是先经雾化再燃烧，因此液体药燃烧相对缓慢，燃烧过程持续时间长，可以加大药量，增加压裂效果。

（2）成本低，能量高。

（3）安全可靠。液体药对摩擦和冲击均不敏感。对压力的敏感性大约是100MPa开始分解，在现场泵送下井时，只要遵守安全规则，液体药的使用是安全可靠的。

（4）液体药特别适用于气井的高能气体压裂，因为液体药本身就是压挡液的一部分，同时还可减少压挡液对气层的污染。

### 2.2.3 液体药高能气体压裂现场运用

液体药高能气体压裂施工过程为：通井洗井、地面泵车替入前隔离液、替入液体药、替入后隔离液、替入顶替液、点燃液体药。

目前在长庆油田、中原油田、大庆油田、吐哈油田等油田施工50多口油气井，总有效率达90%以上，平均增油1倍以上（表2）。

表2 液体药高能气体压裂施工效果
Table 2 Effect of liquid propellant high energy gas fracturing

| 井 号 | 施工井段/m | 孔隙度/% | 渗透率/×10$^{-3}$ μm² | 工效/m³·d$^{-1}$ 施工前 | 工效/m³·d$^{-1}$ 施工后 | 备 注 |
|---|---|---|---|---|---|---|
| 冯52-50 | 1452~1457.6 | 17 | 11.9 | 0 | 9.17 | 该井为新井,作业后产量稍高于该区块小型水力压裂(加砂5 m³),有效期已达5月 |
| 杏14-28 | 1620.4~1645.4 | 13 | 2.65 | 0 | 3.0 | 作业前无产量,准备转注,作业后初期日产油3 m³,两年后仍有1.5 m³ |
| 英143-7 | 1752.6~1813.6 | 24.7 | 659 | 3.1 | 8.6 | 老井增产,有效期达一年 |
| H1128 | 1482.5~1528 | 14 | 8.3 | 0 | 3.6 | 老井增产,有效期半年以上 |
| 卫334-4 | 2818.6~2825.8 | 15 | 9.6 | 1.2/周 | 5.6 | 作业后初期日产油5.6 m³,目前待查 |
| 文侧33-296 | 2730.5~2744.2 | | | 3.2 | 28 | |

## 2.3 水平井高能气体压裂技术

### 2.3.1 水平井固体药高能气体压裂技术

高能气体压裂从其发展至今,在压力发生器的结构方面不断改进和创新。目前使用的压力发生器大约有两种类型:有壳火药压力发生器、无壳火药压力发生器。有壳压力发生器是指有壳压裂弹系指有金属外壳的高能气体压裂弹。由于有壳压力发生器有金属外壳,装药量少,已很少使用,但是随着近几年井筒结构(大斜井、水平井、分支井等)及推进剂的性能改进,传统的有壳压力发生器在大斜井、水平井、分支井等井况中又得到了新的应用。

目前设计并生产出3种适应水平井的固体高能气体压裂技术的配套工具(表3)。

表3 固体药水平井高能气体压裂配套工具
Table 3 High energy gas fracturing matching tool forsolid propellant horizontal well

| 壳体外径 | 内置推进剂规格 | 壳体规格/m |
|---|---|---|
| φ127 | φ85 | 3 |
| φ102 | φ76 | 2 |
| φ89 | φ66 | 1 |

固体药水平井施工工艺与普通的油管传输高能气体压裂工艺相同,起爆方式采用压差起爆。经现场应用,工艺成功率100%,地质有效率90%以上(表4)。

表4 固体药高能气体压裂水平井现场应用实例表
Table 4 Application example of high energy gas fracturing horizontal well with solid propellant

| 井 号 | 施工层段/m | 推进剂使用量 | 壳体规格 | 增产效果/t·d$^{-1}$ 施工前 | 增产效果/t·d$^{-1}$ 施工后 | 备 注 |
|---|---|---|---|---|---|---|
| 长平19 | 565~570/765~770/833~837 | 133kg | φ102×16 | 1.4 | 2.8 | 三次施工 |
| 长平3 | 690~700/745~755 | 133kg | φ102×16 | 0.4 | 4.1 | 三次施工 |
| 长平6 | 564~567/672~675 | 126kg | φ102×15 | 0.6 | 2.9 | 三次施工 |
| 长平4 | 423~428/561~556/609~614 | 126kg | φ102×15 | 0.8 | 2.8 | 三次施工 |
| NP18 | 2413.30~24240.20 | 42kg | φ127×4 | 1.1 | 4.7 | |
| 果平7-56井 | 1881.0~1891.0 | 30kg | φ89×5 | 1.5 | 5.5 | |

### 2.3.2 水平井液体火药高能气体压裂技术

由于目前在水平井上实施水力压裂、酸化等增产措施一般仅适合固井射孔完井,因此必须研究有效的工艺技术来进行水平井的高效开发。水平井油层增产改造措施必须考虑两个因素:首先结合水平井油层地质特点,不伤害地层;其次是是结合水平井完井方式和井身结构特点,满足水平井工艺使用要求,综合研究制订实施方案。结合水平井复杂井身结构及地质特点,基于高能气体压裂原理与方法,开展水平井液体药高能气体压裂技术的研究,其目的是改善水平井储层渗透导流能力,提高水平井产量。

#### 2.3.2.1 朝平-2井水平井液体药高能气体压裂试验

朝平2井是朝阳沟油田杨大城子油层朝501区块的1口水平井,与1996年投产,初期产量1.8t/d,累计产油927t,至1999年7月油水不出。该井垂直井身1202.78m,水平井段1202.78~1774.18m,水平段长度571.4m,人工井底1774.18m,最大井斜91.87°,最大造斜率17.16°/30m(表5)。

表5 朝平2井射孔数据
Table 5 Perforation data in Chaoping 2 wells

| 射 孔 | 射孔井段/m | 射开厚度/m | 有效厚度/m | 孔密/孔·m$^{-1}$ | 孔数/孔 |
| --- | --- | --- | --- | --- | --- |
| 第一次射孔 | 1705~1704.4 | 0.6 | 0.6 | 10 | 6 |
|  | 1338~1337.4 | 0.6 | 0.6 | 10 | 6 |
| 第二次射孔 | 1308~1735全井段 | 427 | 427 | 6 | 2352 |

#### 2.3.2.2 朝平-2井水平井液体药高能气体压裂设计及施工

针对水平井特殊情况。充分研究分析水平井结构特点及现有资料的基础上,采用全水平井段装药工艺,设计药量6800kg,密度1.28g/cm$^3$,充满水平井段580m,保证了全井段压裂。

#### 2.3.2.3 朝平-2井水平井液体药高能气体压裂试验效果分析

朝平-2井在压裂后,初期产量日产油2.0~2.5t,截至目前日产油1.0~1.5t,已经累计连续间歇生产四年多,产油已超过3000余吨,增产效果非常明显,同时说明在水平井上实施液体火药高能气体压裂技术是可行的,为水平井地层的压裂增产改造又提供了一项新技术。水平井液体药高能气体压裂技术有望得到进一步的试验应用和推广,使水平井液体药压裂的研究取得新进展,成为水平井油层储层压裂开发的重要技术措施。

## 3 高能气体压裂复合技术

### 3.1 高能气体压裂与水力压裂复合技术

#### 3.1.1 高能气压裂与水力压裂复合的优点

增大了渗流面积。高能气体压裂与水力压裂联作不仅在近井地带产生了垂直于最小主应力的裂缝,同时还产生了平行于最小主应力的裂缝,所以有效地增加了裂缝的渗流面积[5]。根据对近100口井的高能气体压裂与水力压裂联作统计,同单一的水力压裂相比,油井普遍多增产35%,注水井则多增注50%,液体药压裂与水力压裂联作效果应好于固体高能气体压裂与水力压裂联作。

降低地层破裂压力。高能气体压裂在近井地带产生的裂缝,将使水力裂缝自动扩展的门限压力降低,即降低了水力压裂时地层的破裂压力。作为水力压裂前预处理技术的典型例子是塔里木近4500m的2口探井LN31和LN48。在此之前，已在塔里木其他几口井上进行过水力压裂，因地层破裂压力高而大部分未获成功。该2口井进行高能气体压裂后3个月左右，又成功地进行了水力压裂。说明高能气体压裂作为水力压裂前的处理技术可降低破裂压力，提高其成功率。

可增大水力压裂时砂比，减少压裂液用量。高能气体压裂后，在近井区域形成的多条径向裂缝，减小了水力压裂起裂相位与射孔相位不一致造成的压力损失上升，清理了堵塞，从而可增加水力压裂时砂比，减少压裂液用量。

### 3.1.2 高能气体压裂与水力压裂复合技术应用

高能气体压裂与水力压裂复合应用在大庆油田源258-定144井区块进行，液体火药高能气体压裂与水力压裂复合技术效果见表6。

表6 高能气体压裂与水力压裂复合应用效果表
Table 6 Effect of high energy gas fracturing and hydraulic fracturing

| 分类 | 井号 | 有效厚度/m | 投产初期 | | | 目前 | | |
|---|---|---|---|---|---|---|---|---|
| | | | 产液/t·d$^{-1}$ | 产油/t·d$^{-1}$ | 采油强度/t·(d·m)$^{-1}$ | 产液/t·d$^{-1}$ | 产油/t·d$^{-1}$ | 采油强度/t·(d·m)$^{-1}$ |
| 液态火药高能气体压裂 | 源258-定144 | 8.0 | 4.0 | 4.0 | 0.500 | 1.8 | 1.8 | 0.225 |
| 水力压裂井（对比井） | 源254-144 | 10.4 | 3.2 | 3.2 | 0.308 | 0.7 | 0.7 | 0.067 |
| | 源252-定146 | 10.8 | 3.3 | 2.6 | 0.241 | 2.0 | 2.0 | 0.108 |
| | 源262-定128 | 8.8 | 3.1 | 2.5 | 0.284 | 1.1 | 1.0 | 0.144 |
| | 源264-130 | 8.6 | 3.2 | 2.6 | 0.302 | 2.0 | 2.0 | 0.233 |
| | 源262-144 | 10.4 | 4.1 | 3.3 | 0.317 | 1.1 | 1.1 | 0.106 |
| | 平均 | 9.8 | 3.4 | 2.8 | 0.290 | 1.4 | 1.4 | 0.139 |
| 差值 | | -1.8 | 0.6 | 1.2 | 0.210 | 0.4 | 0.4 | 0.086 |

源258-定144井液态药高能气体压裂与水力压裂复合后投产初期日产液4.0t，日产油4.0t，采油强度为0.500t/(d·m)；目前日产油1.8t，采油强度为0.225t/(d·m)，而单独水力压裂井平均采油强度为0.139t/(d·m)，较水力压裂井平均采油强度提高62.9%。

## 3.2 高能气体压裂与射孔复合技术

高能气体压裂与射孔复合工艺技术即复合射孔压裂技术，是我国近十多年来兴起的一项油层增产技术，其作用特点是把射孔技术与高能气体压裂技术融合在一起，对地层进行射孔与压裂的复合作用，提高地层渗流导流能力，以实现增加油气井产量为目的，这也是高能气体压裂技术适用于低渗复杂油田开发研究与应用的重要发展方向[1,3]。

高能气体压裂与射孔复合工艺技术的装药结构的形式多种多样，各有特点和优势。从该技术总体分析，其主要作用特点：在目的层，首先进行射孔，射开地层，随即伴随高能气体压裂连续多脉冲作用，是地层产生多裂缝体系，多是两种工艺合二为一，施工一次完成。总的技术特点体现在穿透地层能力即加深射孔孔眼通道，降低孔眼壁压实带即加大射孔孔径，高温、高压气体机械作用即在地层产生多条裂缝，以提高地层渗透导流能力，实现增加油气井产量的目的。不同结构其作用特点可能会有变化，但其重要的一点都是体现在能在地层产生多长的裂缝。常见高能气体压裂与射孔复合类型，从结构上分大致分为内置式（a）、下挂式（b）及袖套式（c），如图3所示。

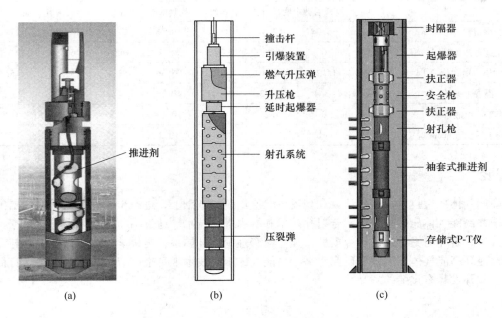

图3　高能气体压裂与射孔复合装药结构示意图
（a）内置式复合射孔器；（b）下挂式复合射孔器；（c）袖套式射孔器
Fig. 3　Schematic diagram of the composite charge structure of high energy gas fracturing and perforation

### 3.2.1　高能气体压裂与射孔复合技术优点

经过试验应用对比评价，复合射孔技术具有以下优势：

（1）应用范围广，适应各种地质条件的油水经的射孔作业需要，在低渗透、特低渗地层中应用明显。

（2）边底水油藏应用复合射孔技术较常规射孔油井产量高，同时减少常规射孔油井产量低而进行二次施工作业导致连通底水的风险，注水井中可直接投产，降低费用。

（3）可降低地层破裂压力，改善后续酸化、压裂的施工条件。

（4）快速投产及其滚动勘探开发。

（5）可解除常规射孔技术无法避免的钻井液及完井液对储层的伤害。

要获取到较长的裂缝体系，在等同条件下必须压力持续的时间越长，故此在有限空间、施工安全条件下推进剂的使用量越大，施工后的效果越好。袖套式推进剂射孔器相对于内置式、下挂式大大提高推进剂使用量。

### 3.2.2　高能气体压裂与射孔复合技术应用试验

表7为延长油田定边采油厂实施的8口井现场试验，采用最新研制的存储式P-T仪对峰值压力、持续时间、温度变化、前后液量变化比较情况，袖套式射孔器明显优于复合射孔器，但袖套式射孔器也有局限性，外径过大，在一些套变、侧钻井中无法实施。油田现场应用证明，高能气体压裂复合射孔技术疏通地层效果明显，当然也要考虑地层的条件与工艺要求采用不同的复合射孔技术。

表7 复合射孔效果对比表
Table 7　Comparison of composite perforation effect

| 井　号 | 4629-3 | 4273-2 | 4171-1 | 4848-1 | 4423 | 4372-1 | 4736-3 | 4531-2 |
|---|---|---|---|---|---|---|---|---|
| 施工类型 | 复合射孔 | 复合射孔 | 袖套射孔 | 袖套射孔 | 袖套射孔 | 袖套射孔 | 袖套射孔 | 袖套射孔 |
| 射孔峰值压力/MPa | 40.86 | 34.94 | 67.0 | 149.4 | 106.6 | 92.2 | 146.12 | 127.18 |
| 射孔过程持续时间/ms | 6 | 6 | 198.3 | 393.7 | 86.7 | 148.4 | 169.38 | 171.49 |
| 最大压力增大值/MPa | 23.86 | 14.24 | 49.56 | 140.33 | 95.56 | 81.1 | 135.91 | 115.35 |
| 温度上升/℃ | 24.9 | 43.4 | 26.43 | 26.02 | 19.72 | 17.9 | 26.01 | 26.23 |
| 施工前出液量/m³ | 0.5 | 0 | 1.2 | 0.6 | 0.4 | 0.8 | 0.6 | 0.8 |
| 施工后出液量/m³ | 1.13 | 0.8 | 13 | 5.3 | 10.2 | 6.3 | 5.7 | 11.3 |

## 4　结论

高能气体压裂技术在室内研究和现场试验应用研究基础上，进一步发展了与低渗油层配套的水平井高能气体压裂技术、复合射孔技术和层内爆炸技术。通过不断地现场实验与数据检测采集分析、研究与完善理论计算模型，建立配套理论设计体系，更科学合理地指导工艺与设计研究，提高高能气体压裂效果研究水平，高能气体压裂技术现场推广应用和促进低渗、特低渗油田有效开发具有重要的意义。

## 参 考 文 献

[1] 张杰,廖红伟,薛中天,张新庆.高能多脉冲超平衡射孔技术及其应用[J].天然气工业,2003:86-88.

[2] 张杰,张伟峰,宋和平,等.多脉冲高能气体压裂——二氧化氯复合解堵技术研究[J].西安石油学院学报,2003(3):21-24.

[3] 张杰,廖红伟,薛中天,张新庆.高能多脉冲超正压射孔技术[J].断块油气田,2003(5):82-83.

[4] 张杰,李鐾,田和金.高能气体压裂流体漏失量的计算[J].河南石油,2004(1):43-45.

[5] 雷群.浅谈高能气体压裂与水力压裂联作技术[J].钻采工艺,1999,22(4):17-19.

[6] 廖红伟,张杰,王彦明.石油爆燃技术[M].北京:中国石化出版社,2012:128-134.

[7] 吴晋军,苏爱明,等.多级强脉冲加载压裂技术的试验与应用[J].石油矿场机械,2005,34(1):77-80.

[8] 西安石油学院高能气体压裂研究室.高能气体压裂机理研究[D].1991:372-373.

[9] 王安仕.高能气体压裂用液体药点火与燃烧研究[J].西安石油学院学报,1995,10(3):12-14.

[10] 丁雁生,等.低渗透油气田"层内爆炸"增产技术研究[J].石油勘探与开发,2001,28(2):90-96.

[11] 王安仕,吴晋军,等.袖套式射孔压裂复合装置[P].中国:98207782.3.1998-8-12.

# 水力泵送桥塞-射孔联作应用技术

孙志忠 路利军 扈勇 贺红民

(中国石油集团测井有限公司长庆事业部,陕西 西安,710201)

**摘 要**:水力泵送桥塞-射孔联作工艺技术是针对页岩、致密油气藏等非常规储层进行水平井分段压裂而配套的快速高效施工工艺。介绍了水力泵送桥塞-射孔联作应用技术,实现了从分级起爆设备、封堵速钻桥塞等施工器材到电缆水力泵送、水平井接箍校深等工艺技术标准的全套国产化,施工质量与技术指标均达到国际先进水平,满足了油田高效开采与降低成本的根本目的。

**关键词**:水力泵送;分级起爆;速钻桥塞

## Localization and Application of the Technology of Hydraulic Pump Plug-perforation Combination

Sun Zhizhong Lu Lijun Hu Yong He Hongmin

(Changqing Division, China Petroleum Logging Co., Ltd., Shaanxi Xi'an, 710201)

**Abstract**: The technology of hydraulic pump with plug and perforation combination is a fast and efficient construction technology for horizontal well fracturing of shale, tight oil and gas reservoirs and other unconventional reservoirs. The technology is introduced in this paper. Domestic production of operation equipment like classified initiation equipments and the fast drolling bridge plug is realized, and domestic technology standards on table hydralic pump, horizontal well conncted hoop depth correction, construction quality and technical indicators reached the international advanced level, and it meets the efficient exploitation of oil fields and reduce the cost of the fundamental purpose.

**Keywords**: hydraulic pumping; staged initiation; speed drilling bridge plug

## 1 引言

水平井分段连续压裂改造技术,是目前国内外针对页岩、致密油气藏等非常规储层而采取的一种新型施工工艺。该工艺技术目前主要有三种方式:水平井裸眼封隔器投球滑套分段压裂技术、水力泵送桥塞分段压裂技术、水力喷射分段压裂技术。水力泵送桥塞分段压裂技术与其他水平井压裂技术相比,其技术优势在于一次下井完成的射孔簇数多、压裂层位定位准确、封隔可靠性好、施工效率高,因而得到了广泛的应用,是该项工艺的主流技术。目前,国内油田施工大多全部或部分采用国外进口器材,不但成本高,还受技术控制、时间周期等多种影响,

---

作者信息:孙志忠,高级工程师,sun1690@163.com。

限制了该项技术的进一步推广应用。本文将重点介绍该项技术的国产化及应用成果。

## 2 水力泵送桥塞-射孔联作工艺原理

### 2.1 工艺原理

水力泵送桥塞-射孔联作工艺技术：采用水力泵送的方式将多级射孔与桥塞联作工具串推送至井下预订位置，先坐封易钻复合桥塞，封堵下部地层，然后上提工具串在上部目的层位置进行分级射孔，射孔后起出射孔枪串进行压裂作业。

### 2.2 操作程序

水力泵送桥塞-射孔联作工艺操作程序如下：
（1）采用水力泵送电缆输送的方式输送作业工具串，具有起下速度快、效率高的优点，但其也存在作业过程井口带压、施工难度相对较大的缺点，需做好完备的密封工作。
（2）一次下井，可连续完成桥塞封堵作业和多簇分级射孔，施工效率高。
（3）封堵使用的速钻桥塞采用复合材料制作，易钻磨，易返排，有利于后续作业。
（4）起爆位置的确定采用电缆跟踪接箍测量的方式校深，作业深度更加准确。
（5）整个施工过程需要射孔队、压裂队、试油队等多方配合，对作业安全要求程度高，需要各方相互了解、认真沟通并密切配合。
（6）一般整个水平井的施工周期比较长，要求现场配备较多的设备与器材，同时能够保证进行作业工具的维修、保养以及作业人员的后勤保障工作。

## 3 关键技术的国产化

自 2011 年开始，通过引进、集成和研发等方式，形成了一项核心技术、两项关键技术与三项配套技术，即核心技术：分级起爆控制技术；关键技术：速钻桥塞技术、水力泵送技术；配套技术：电缆接箍校深技术、电缆桥塞座封技术、系统配套技术，从而实现了水力泵送桥塞分级射孔联作工艺技术的全面国产化。

### 3.1 分级起爆控制技术

按照作业中要分别引爆桥塞点火器、射孔电雷管及分级射孔的需要，采用地面控制与井下选发相结合的原则，研制开发了液压式与电子式两种选发开关，通过研制配套的地面控制面板，进行对井下选发开关地址编码的选择与导通，实现了对桥塞工具点火器、射孔电雷管的起爆，从而实现了分级起爆。

电子式起爆控制原理框图与实物如图 1 所示。

液压式选择开关工作原理：利用上一级起爆后进入的液体压力使下一级选择开关导通，通过地面控制面板起爆射孔器材。液压选择开关如图 2 所示。

目前开发的控制系统可实现对磁电雷管、大电阻雷管、EFI 雷管、防水拒爆雷管射孔起爆具以及 Baker20 号、Gearhart 桥塞工具点火器起爆的分级起爆功能，具有起爆范围广可靠性高的特点。

### 3.2 速钻桥塞技术

研发的速钻桥塞以复合材料为主体，采用球墨铸铁卡瓦、中心铝管、丁腈橡胶密封，通过

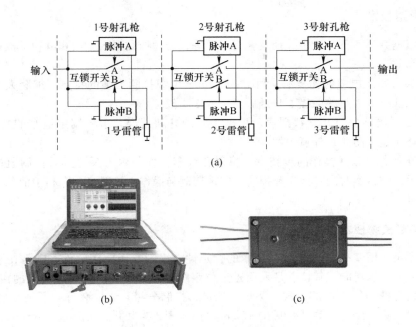

图 1 电子式起爆控制原理框图与实物
(a) 电子式分级起爆原理框图;(b) 地面控制面板;(c) 电子选发开关
Fig. 1 Block diagram and in kind of electronic ignition control

图 2 压力选择开关
Fig. 2 Pressure selector switch

投球或自密封两种方式封堵,满足了井下的压裂需求;大直径中心孔与研制配套的可降解密封投球,又可满足后续在不钻除桥塞的情况下进行试采或其他作业;全复合材料的桥塞主体,配合特殊结构的座封卡瓦,保证了后续钻除时的高效与快速返排。速钻桥塞技术指标如表1所示。

表 1 速钻桥塞技术指标
Table 1 Technical specifications of speed drilling bridge plug

| 外径/mm | 内通径/mm | 耐温/℃ | 耐压/MPa |
|---|---|---|---|
| 108 | 50 | 125 | 70 |

## 3.3 水力泵送技术

主要是根据井斜、下井枪串外径及套管尺寸等，合理控制泵入排量和电缆下放速度，保障施工安全与高效。

（1）大直径带压电缆射孔技术。利用$\phi$11.8mm电缆拉断力强的特点，配套大直径电缆放喷装置，在保证有效密封的前提下泵送更安全、更高效。

（2）制定泵送排量与井斜数据表。根据不同的井斜情况，事先制定适宜的数据对照表，方便现场作业实施，防止意外事故发生。

（3）绞车操作与泵送操作同步技术。将射孔绞车操作与水力泵送排量控制通过分频系统实现同步显示，进行实时同步操作和控制，实现控制与操作无缝对接，有利于消除干扰，保障泵送施工安全。

## 3.4 电缆接箍校深技术

根据水力泵送桥塞-射孔联作工艺技术的特殊性，编制专用施工软件，满足在水平段施工中的连续测量与校深功能。其特点是采用磁定位跟踪校深，以距离起爆点最近的接箍为标准，采取连续"射孔挂挡"定位的方式，测量、确定、控制分级点火"停车"深度，因而施工中起爆位置控制准确，深度误差可控制在±5mm以内。图3为某井的实际施工截图。

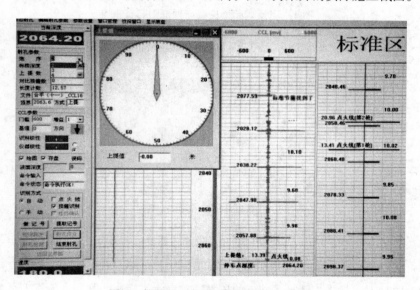

图3 某井施工时的电缆接箍校深截图

Fig. 3 Construction of a well in the cable connection of the school depth screenshot

## 3.5 电缆桥塞封堵技术

先后研制配套了速钻桥塞的座封工具、完成了Baker 20号工具的爆破器材、配套了多种桥塞工具，实现了3.5英寸、4.5英寸、5.5英寸和7英寸套管内桥塞封堵作业的系列化。

## 3.6 系统配套技术

完成了从磁性定位器、射孔马笼头、雷管仓到射孔器等全部井下器材与工具的国产化。

完善和形成了规范的现场施工设计与技术规范，保证了施工的安全与高效。

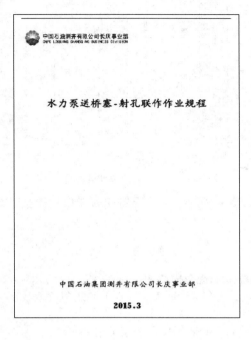

## 4 配套及应用

按照先地面配套试验再下井施工的原则，先后进行了国产桥塞工具与桥塞的地面封堵试验、射孔器分级起爆下井试验、速钻桥塞承压与钻磨试验，在确认各项指标达到施工要求后进行了下井试验与施工，其中 2013 年完成试验 3 井次，共完成速钻桥塞座封 11 次、分簇射孔 45 簇，分级起爆成功率 100%、复合桥塞座封成功率 100%，达到了预期的设计目的。

从 2014 年开始推广应用，至 2015 年年底，共计完成国产化施工：78 井次、座封桥塞 738 段、分级射孔 2728 簇，总体实现桥塞座封成功率 97.3%、分级射孔起爆成功率 99.9%。

桥塞-射孔联作工艺单次电缆下井完成速钻复合桥塞座封和多簇分段射孔施工，单段施工时间 4~5h，单段压裂施工 3~4h；完成单段体积压裂改造仅需 8h 左右。

现场桥塞-射孔联作分段多簇压裂试验表明，体积压裂技术指标明显提升，速钻桥塞分段多簇压裂具有压裂排量高、射孔簇数多的优势。其中排量最大 15$m^3$/min、入地液量最高 2×10$m^4$ 方、单段射孔 3~6 簇、裂缝带宽 110~140m，相比水力喷砂分段压裂提高 75%。

统计长庆油田吴×××井区与附近井网对比，无论是开发初期产量，还是后期稳产，单井产量提高明显，如柱状图所示。

对比长庆油田西×××井区引进技术与庄×××井区国产化技术费用表明：在水平段长度、压裂段数相同的情况下，国产化技术成本降低 64%。其中施工情况为：水平段长 1500m，改造 10 段，单段 4~5 簇，施工费用为引进技术费用：600 万元，国产化费用：217.8 万元，成本降低效益明显。

## 5 结束语

经过引进、研制、试验、应用的不断改进与完善，实现了水力泵送桥塞分级射孔联作工艺技术，从设备到器材，从工艺到标准全面实现国产化。

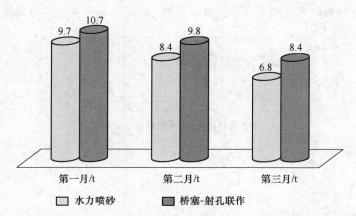

现场施工中桥塞座封成功率 97.3%、分级射孔起爆成功率 99.9% 的技术指标,表明该技术已达到了国际先进水平。

## 参 考 文 献

[1] 吴奇,刘玉章. 水平井分段改造配套技术[M]. 北京:石油工业出版社,2013.
[2] 李宗田,苏建政,张汝生,等. 现代页岩油气水平井压裂改造技术[M]. 北京:中国石化出版社,2016.
[3] 陆大卫. 油气井射孔技术[M]. 北京:石油工业出版社,2012.
[4] 贺红民,路利军,慕光华,孙志忠,扈勇. 防射频可编址分级点火技术[J]. 测井技术,2014,38(3):375-377.
[5] 闫永萍,李新弟,刘顺,李小玲. 浅析水平井分段压裂改造技术在长庆油田的应用[J]. 内江科技,2012(5):106-106.

# 液态 $CO_2$ 相变膨胀破岩机理及其安全效应现场测试

李必红[1]　辛燎原[2]　张翠茂[3]　夏军[1]　陈丁丁[1]

(1. 国防科技大学，湖南 长沙，410072；
2. 湖南天拓工程科技有限责任公司，湖南 长沙，410083；
3. 河北星云航天设备科技有限公司，河北 石家庄，050066)

**摘　要**：液态 $CO_2$ 相变膨胀破岩技术从 20 世纪九十年代引入中国，近几年得到了飞速发展，尤其在露天矿山破碎岩石方面开展了大量的试验研究，但对该技术的破岩机理及其安全效应研究方面尚不多见。本文拟在上述方面取得突破，首先建立应力波传播模型对 $CO_2$ 气相变膨胀激起的岩石应力波及其传播开展研究，其次与现行爆破破岩的作用进行对比，最后设计并开展了安全效应现场测试试验。本文的研究将为该技术的应用提供强有力的理论和试验支持，同时也为开展后续研究提供了新的思路和分析方法。

**关键词**：$CO_2$；液气相变；破岩机理；安全效应；现场测试

# Rock Fragmentation Mechanism and Safety Test of Carbon Dioxide Liquid-gas Phase Change

Li Bihong[1]　Xin Liaoyuan[2]　Zhang Cuimao[3]　Xia Jun[1]　Chen Dingding[1]

(1. National University of Defense Technology, Hunan Changsha, 410072; 2. Titiantop Engineering Technology Co., Ltd., Hunan Changsha, 410083; 3. Nebula and Space Equipment Technology Co., Ltd., Hebei Shijiazhuang, 050066)

**Abstract**: Carbon dioxide liquid-gas phase change expansion rock technology was introduced to China in the 1990s, and obtained the rapid development in recent years. Especially in the aspect of open-pit mine and broken rock it has been carried out a large number of experiments. But the effect of rock fragmentation mechanism and the safety of the technique research papers is still rare. This paper made a breakthrough in the above. Firstly, the rock stress wave caused by the expansion of liquid-gas phase transition in carbon dioxide and its transmission were analyzed. Then its effect was compared with the effect of traditional rock blasting. Finally, en-site safety effect test was designed and carried out. In this paper, the research will provide the powerful theory for the application of the technology and test support, as well as a new way of thinking and analysis method for the follow-up study.

**Keywords**: carbon dioxide; liquid gas phase transition; rock fragmentation mechanism; safety effect; a field test

---

作者信息：李必红，副教授，博士，1374118986@qq.com。

## 1 引言

液态 $CO_2$ 相变膨胀破岩技术是国内近几年新兴的非炸药破岩技术,具有安全、环保、经济、高效的特点,正被越来越多地作为爆破技术应用的有效补充。该技术的核心是通过压缩灌装机将液态 $CO_2$ 压缩后灌装入一特制膨胀管内,如图 1 所示,通过激活器快速放热,在极短时间内将 $CO_2$ 从液态转变成气态,形成高压 $CO_2$ 气团(类似于高压爆轰气体产物);当气团压力超过破裂片压力阀值时,高压 $CO_2$ 气体就从喷气头往外喷射。

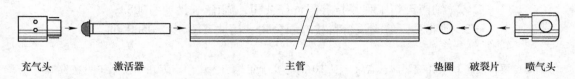

图 1 单节 $CO_2$ 膨胀管结构示意图

Fig. 1 Diagram of the single $CO_2$ expansion tube

在液态 $CO_2$ 相变膨胀破岩工程应用中,根据需要将一到多节 $CO_2$ 膨胀管串联装入事先钻好的膨胀孔(即炮孔)内,将一次作业的多个膨胀孔的膨胀管连成网路,通过专用激发系统将激活器激活,实现 $CO_2$ 液气相变产生高压 $CO_2$ 气团,该气团通过喷气头往膨胀孔内喷射并在孔壁上激起应力波,在该应力波和 $CO_2$ 气体的共同作用下破碎岩石。由于 $CO_2$ 气团的初始压力远小于炸药爆破爆轰压力,因此其产生的振动波、冲击波及飞散物等危害效应远小于常规的炸药爆破作业。

## 2 $CO_2$ 膨胀破岩作用机理

$CO_2$ 是空气中常见的化合物,常温下是一种无色、无味、无毒和不助燃的气体。$CO_2$ 能以固、液、气三相存在,如图 2 所示。液态 $CO_2$ 是无色、无味透明液体。在 20℃时,将 $CO_2$ 加压到 5.6MPa(密度为 0.770kg/m$^3$)即可变成无色液体,通常压缩储存于钢瓶中。液态 $CO_2$ 在受到高温激发后,从液态到气态在极短的时间内呈现 600~1000 倍的体积骤增(相当于 1 个标准大气压下的体积),该技术正是利用了这一瞬间相变产生大量气体的特点。

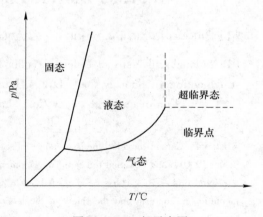

图 2 $CO_2$ 三相示意图

Fig. 2 Three-phase diagram of $CO_2$

### 2.1 岩石应力波的形成

#### 2.1.1 岩石应力波的形成过程

在不耦合结构膨胀破岩的情况下(如图 3 所示),从膨胀管喷射出来的高压 $CO_2$ 气团在膨胀管与膨胀孔之间进行衰减传播,而后与膨胀孔孔壁进行碰撞(如图 4 所示),激起岩石应力波(如图 5 所示)。

#### 2.1.2 岩石应力波初始压力计算

为研究问题方便,对于初始应力波的计算可作如下假设:

(1) 充填介质通常为空气,由于其作用较弱,忽略不计,按真空处理。

(2) 膨胀管真实材料为高强度钢,在高压作用下会发生弹性变形;如果钢材足够好,可以作为刚体处理,即不会发生任何变形。

(3) $CO_2$ 气体在间隙内按等熵规律进行膨胀,遇孔壁时产生冲击压力,并在岩石内激起岩石应力波。

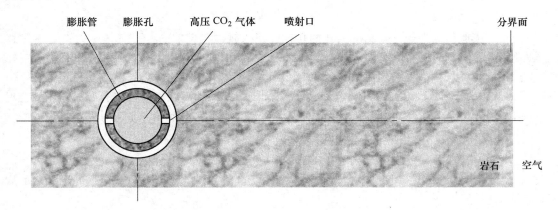

图 3　膨胀管在孔内布置断面示意图

Fig. 3　Fracture surface furnished diagram of expansion tube in the hole

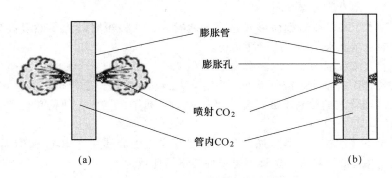

图 4　$CO_2$ 气体从膨胀喷射口喷出示意图

(a) 在空气中喷射 $CO_2$;(b) 在膨胀孔内喷射 $CO_2$

Fig. 4　Diagram of $CO_2$ spurting from Jet port of expansion tube

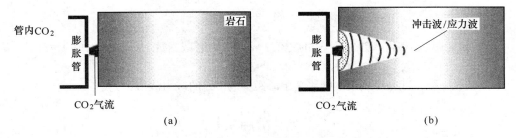

图 5　岩石冲击波/应力波激起示意图

(a) $CO_2$ 气流经充填介质到达孔壁;(b) $CO_2$ 气流与岩壁碰撞激起应力波

Fig. 5　Diagram of rousing of rock shock wave

(4) $CO_2$ 气体的初始压力按破裂片的压力阈值（$p_m$）计。
(5) 整个过程均不考虑温度场的影响，即温度不变。

基于上述假设，可以构建孔壁上产生的初始压力计算模型。

(1) 碰撞孔壁前的 $CO_2$ 气体压力（即入射压力）为：

$$p_1 = p_m \left(\frac{d_g}{d_0}\right)^6$$

式中，$d_g$ 为膨胀管的外径；$d_0$ 为膨胀孔的孔径；$p_1$ 为碰撞孔壁前的 $CO_2$ 气体压力；$p_m$ 为膨胀管破裂片压力阈值的压力值。

(2) 碰撞激起的岩石应力波初始压力。

$CO_2$ 高压气体和孔壁发生碰撞，会产生透射和反射现象。高压气体撞击孔壁时，压力会增大 $n$ 倍。因此，在不耦合结构膨胀破岩条件下，作用于孔壁上的初始冲击压力为：

$$p_2 = np_1 = np_m \left(\frac{d_g}{d_0}\right)^6$$

式中，$n$ 为 $CO_2$ 高压气体和孔壁发生碰撞后的压力增大倍数；$p_2$ 为 $CO_2$ 气体碰撞孔壁激起的岩石应力波初始压力。

## 2.2 岩石应力波的传播

### 2.2.1 岩石应力波传播规律

$CO_2$ 高压气体膨胀以冲击载荷形式作用于岩石上，在极短时间内突然升高到极高的有限值，然后迅速的衰减下来，即形成衰减传播。

造成岩石应力波衰减的主要原因有以下几个方面：
(1) 随着传播距离增大，波阵面面积不断增大，其单位面积上分布的能量不断减少。
(2) 正压区随着波的传播不断拉宽，受压缩的介质不断增大，使得单位质量介质的平均能量不断下降。
(3) 传播是不等熵的，在其传播过程中始终存在着因介质受冲击绝热压缩而产生的不可逆的能量损耗，并且波强越强，这种不可逆的能量损耗越大。

### 2.2.2 传播过程中的应力波压力

根据大量的岩石中冲击压力随距离变化的量测资料进行比较，可以得出近似计算在硬岩（如大理岩、花岗岩、石灰岩、辉绿岩等）爆炸近区压力（应力）随距离增加而衰减的公式：

$$\sigma = \frac{p_2}{\bar{r}^\alpha}$$

式中，$\bar{r}$ 为到孔中心距离与膨胀孔半径的比值；$\alpha$ 为应力衰减指数，$\alpha = 2 + \nu/(1-\nu)$，$\nu$ 为泊松比。

综合以上分析，可以得到距离膨胀孔中心距离为 $r$ 处的应力波值，如下式：

$$\sigma = np_m \left(\frac{d_g}{d_0}\right)^6 \left(\frac{d_0}{2r}\right)^{2+\frac{\nu}{1-\nu}} \tag{1}$$

## 2.3 岩石应力波的反射

应力波在传播过程中，遇到岩石中的层理、节理、裂隙、断层和自由面，或者介质性质发生改变（例如岩性不同的交界面）时，应力波的一部分会从交界面反射回来，另一部分透过交界面进入第二种介质。

当应力波垂直入射自由面时，自由面处的应力会加倍。

## 2.4 与炸药破岩的对比计算

在露天石灰石（$\rho_m = 2420\text{kg/m}^3$，$C_p = 3430\text{m/s}$，$\nu = 0.1$）矿中进行岩石破碎，试分别计算采用 $CO_2$ 相变破岩技术和炸药爆破技术在孔壁处、距离钻孔中心 0.5m、1m 和 2m 处的岩石应力波压力峰值。

采用 $CO_2$ 膨胀管时，一般采用 73 号膨胀管（即管外径 73mm、壁厚 14mm 的膨胀管），孔径为 90mm，破裂片阈值压力为 150MPa，此时根据式（1）可以进行计算，计算结果如表 1 所示。

采用炸药时，有两种情况：一是采用不耦合装药结构，二是采用散装耦合装药结构。

不耦合装药结构时，不同距离处的岩石应力波峰值计算公式为：

$$\sigma = \frac{1}{8}\rho_0 D^2 \left(\frac{d_0}{d_b}\right)^6 n \left(\frac{d_0}{2r}\right)^{2+\frac{\nu}{1-\nu}} \tag{2}$$

式中，$d_b$ 为炸药卷直径；$\rho_0$ 为炸药密度；$D$ 为炸药爆速。

采用散装耦合装药时，不同距离处的岩石应力波峰值计算公式为：

$$\sigma = \frac{1}{4}\rho_0 D^2 \frac{2}{1 + \frac{\rho_0 D}{\rho_m c_p}} \left(\frac{d_0}{2r}\right)^{2+\frac{\nu}{1-\nu}} \tag{3}$$

式中，$\rho_m$ 为岩石密度；$c_p$ 炸为岩石纵波速度。

炸药密度 1050kg/m³，炸药爆速 4000m/s，代入式（2）和式（3）进行计算，结果如表 1 所示。

表 1 采用 $CO_2$ 相变技术和炸药技术破碎石灰石时的岩石应力波峰压对比表
Table 1 Comparison table of peak pressure of stress wave using $CO_2$ phasing and blasting technology

| 破碎方式 | | 岩石应力峰值/MPa | | | |
|---|---|---|---|---|---|
| | | 孔壁处 | 50cm 处 | 100cm 处 | 200cm 处 |
| 1 | 73 号 $CO_2$ 管 | 341.714 | 2.118 | 0.490 | 0.113 |
| 2 | 70mm 药卷 | 5125.439 | 31.770 | 7.354 | 1.702 |
| 3 | 散状炸药 | 6047.854 | 37.488 | 8.677 | 2.008 |
| 73 号 $CO_2$ 管的：70 mm 药卷的 | | 1∶15.0 | | | |
| 73 号 $CO_2$ 管的：散状炸药的 | | 1∶17.7 | | | |

分析上表，可以得出如下结论：

（1）采用 70mm 药卷不耦合装药破碎岩石所产生的岩石应力波峰值是 73 号 $CO_2$ 膨胀管的 15 倍，采用散装耦合装药破碎岩石所产生的岩石应力波峰值是 73 号 $CO_2$ 膨胀管的 17.7 倍。

（2）对比石灰石的抗压强度（10～200MPa）和抗拉强度（0.6～11.8MPa），可以发现 73 号 $CO_2$ 膨胀管产生的岩石应力波强度与之相匹配，不易产生过大的危害效应；而炸药产生的岩石应力波强度则高一个数量级，控制不当，极易产生爆破危害。

## 3 $CO_2$ 相变破岩安全效应现场测试

为有效说明 $CO_2$ 破碎岩石所产生的危害效应小,在湖北省武穴市一靠近长江边的采石场进行现场测试试验。

### 3.1 采场基本条件

采场离居民区距离较近,最近距离约 50m,最远不超过 300m,大多在 100m 范围内,部分居民房比较破旧,采用传统的炸药爆破难度较大。采场岩石主要为灰色灰岩,(饱和)单轴极限抗压强度为 33.7~70.8MPa,平均值约为 50MPa,属于强风化,裂隙较发育,结构较松散。

### 3.2 $CO_2$ 破岩试验设计

本次试验共布设 6 个直径 90mm 的钻孔,呈一线布置,平均孔深 5.6m,孔间距 2.5~3.0m 不等,上抵抗线平均 2m,下抵抗线平均 3m。每个钻孔内装填 73 号膨胀管 5 节,单节膨胀管灌装 $CO_2$ 约 800g,所有钻孔串联用电激发。

地面振动测试设计如图 6 所示,在距离 7m、17m、32m 及 52m 设置了四台 NUBOX601615042 振动测试仪;噪音测试设计在距离钻孔后侧约 15m 处进行;飞散物回收设计,在距离钻孔后侧约 2m 处铺设约 70$m^2$ 的彩条布进行检查;在台阶侧面约 45 度的 100m 远处架设了一台高速摄影仪用来捕捉飞散物的运动轨迹。

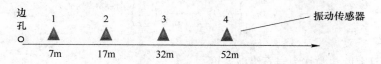

图 6 地面振动监测传感器布置图

Fig. 6 Diagram of furnish of vibration monitoring sensor

### 3.3 安全效应测试结果

(1) 地面振动测试结果为:设置在 7m 处的最大振速为 1.06cm/s(小于炸药爆破的 1/20),主振动频率为 34.18Hz,其他三台仪器均未触发(设计阈值为 0.2cm/s),如图 7 所示。

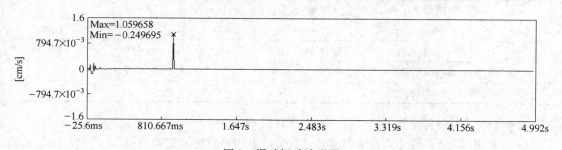

图 7 爆破振动波形图

Fig. 7 Oscillogram of blasting vibration

(2) 噪声测试结果为:在风速为 1.8m/s 的情况下,约 15m 处测得的最大噪声为 75dB,约等于成年人的正常说话。

（3）飞散物回收结果为：距离约2m处的彩条布上没有回收到明显的回落石块，如图8所示。

图 8　飞散物回收系统回收效果照片
Fig. 8　Photo of the effect of flying debris recycling system

（4）高速摄影结果为：台阶面上无明显抛掷现象，只有少量的烟尘顺台阶面下滚，如图9所示。

（5）破碎效果分析：破碎后，用挖掘机进行开挖，基本上呈现砂块（平均块度不大于20cm），但是底部约1m处挖不动，如图9所示。

图 9　高速摄影1854.667ms图片
Fig. 9　Picture of high speed photography of 1854.667ms

## 4　结语

本文对非炸药破岩技术——$CO_2$相变破岩技术的岩石破碎机理开展了研究，分析了岩石应力波的形成及传播规律，并与炸药爆炸应力波进行了对比计算，得出前者不足后者的1/15，且与岩石的抗压（拉）强度数量级相当，难以产生更多的危害效应。

本文设计了$CO_2$相变破岩安全效应测试试验，并进行了现场测试，测试结果表明：$CO_2$相变破岩技术产生的地面振动相当小，不足炸药爆破产生的1/20；产生的噪声约等于成年人的正常说话级别；台阶面后方无飞散物，台阶面前方基本无飞溅；破碎后的岩石便于机械开挖。

通过理论分析与试验测试基本上验证了$CO_2$相变破岩技术应用于露天岩石破碎能够达到微

振动、无飞石、无冲击波破坏、微噪声等的危害效应,是复杂环境下岩石破碎的可靠选择。

## 参 考 文 献

[1] 李必红,等. 爆炸作用基础[M]. 长沙:国防科技大学出版社,2015.
[2] J. 亨利奇. 爆炸动力学及其应用[M]. 熊建国,等译. 北京:科学出版社,1987.
[3] 张守中. 爆炸冲击动力学[M]. 北京:兵器工业出版社,1993.
[4] 李必红,等. 特种爆破[M]. 长沙:国防科技大学出版社,2015.

# 二氧化碳智能爆破系统在煤矿中的研究与应用

毛允德[1]　张茂宏[2]　王钦方[1]　孙守富[1]

（1. 北京龙德时代技术服务有限公司，北京，100096；
2. 枣庄矿业集团高庄煤矿，山东 枣庄，277000）

**摘　要**：瓦斯是煤矿第一杀手，爆破引起的瓦斯、煤尘爆炸事故在重特大事故中占有极高的比重。用二氧化碳智能爆破代替炸药爆破将大大降低相关事故，极大地促进煤矿安全生产。本文介绍了该技术在煤矿应用的专业设备、爆破技术、使用范围、效果等。

**关键词**：二氧化碳；煤矿；智能爆破

## Research and Application of Intelligent Carbon Dioxide Cold Blast System in Coal Mine

Mao Yunde[1]　Zhang Maohong[2]　Wang Qinfang[1]　Sun Shoufu[1]

(1. Beijing Longde Era Technology Service Co., Ltd., Beijing, 100096;
2. High Coal Mine of Zaozhuang Mining Group, Shandong Zaozhuang, 277000)

**Abstract**：The coal mine gas is the most fatal killer. Gas and coal dust explosion accidents caused by blasting occupy a high proportion in serious accidents. Using intelligent carbon dioxide instead of explosive blasting will greatly reduce the related accidents, and greatly promote the safety of coal mine production. This paper introduces the application of the technology in the coal mine and its professional equipment, blasting technology, the scope of use, effect, etc..

**Keywords**：carbon dioxide; coal mine; intelligent blasting

## 1　引言

根据权威统计，在煤矿炸药爆破造成了60%以上的特别重大事故，40%左右的瓦斯煤尘爆炸事故。而且，从煤矿流失的爆炸物品屡屡被用于制造爆恐案件，成为影响社会安宁与稳定的重大隐患。二氧化碳智能爆破系统，克服了炸药的缺点，保持了炸药的优点，在杜绝煤矿瓦斯、煤尘爆炸事故，促进煤矿本质安全以及反恐防恐方面将产生巨大作用。另外，2016年1月1日开始实施的《反恐怖主义法》第21条规定，某些地域爆破须采用电子编码电雷管，这将使雷管的成本增加10~20倍以上。第22条规定必须对炸药进行编码，促使炸药成本大大增加。

---

作者信息：毛允德，研究员，maoyunde@126.com。

智能二氧化碳爆破的威力,近来已经明显的增强,已经实现了对石英岩、花岗岩等硬岩石的成功爆破,这将极大地促进其在煤矿的应用,特别是在岩石巷道掘进的应用,为在煤矿部分替代炸药展现了足够的技术实力。

## 2 系统构成

二氧化碳智能爆破系统由充装设备、毫秒延时发爆器、爆破管、智能云平台四个部分组成。

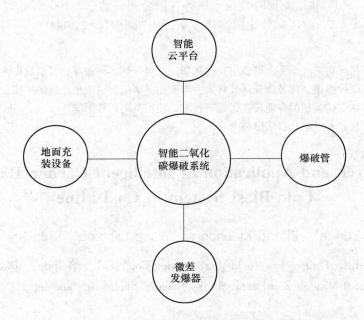

图 1 二氧化碳智能爆破系统构成示意图

Fig. 1 Schematic diagram of intelligent carbon dioxide cold blast system

### 2.1 地面操作间充装设备

地面操作间应设置在尽量靠近井口和爆破地点的地方,面积 $50m^2$ 以上。

地面操作间的设备有:二氧化碳储液罐、充装机、充装台、拆装机等。操作间的作用是充装爆破管、存储爆破管、发放爆破管,以及对相关设备的维修等。

### 2.2 爆破管

爆破管是二氧化碳智能爆破的核心设备之一,由储液管、充装头、释放头等组成。爆破管长 1~2m,外径 51~73mm,充装液态二氧化碳后质量约为 18~25kg(管长 1m)左右。爆破管采用优质特高强度钢材加工而成,结实耐用。

### 2.3 毫秒延时智能云安全发爆器(毫秒延时发爆器)

毫秒延时发爆器是智能二氧化碳爆破专用发爆器,实现毫秒延时爆破,便于掏槽孔、辅助孔、周边孔等的分次延时起爆施工。同时具有人员、时间、地点等多参数闭锁功能,确保不安全就不能起爆;同时,还具有智能云通信连接等功能,实现与智能云系统的通信。

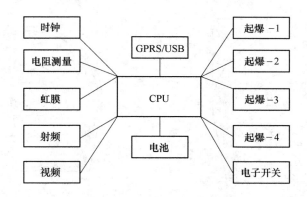

图 2 毫秒延时智能云安全发爆器
Fig. 2 Micro difference intelligent cloud safety explosion device

## 2.4 智能云系统平台

智能云系统平台,是监管监控二氧化碳爆破的智能平台,主要功能为:收集每一次的爆破数据,包括孔深、孔数、孔距、岩性、爆破效果,以及起爆时间、操作人员、地点等;对爆破作业实现安全闭锁,不安全就不能起爆;实现大数据管理,为改进完善爆破作业提供数据支持,达到强化管理力度,避免事故发生的目的。

# 3 适用范围与技术设计

## 3.1 适用范围

煤矿智能二氧化碳爆破系统,适用于巷道掘进、放顶煤开采、瓦斯欲裂抽放、煤仓堵塞疏通,工作面过断层处置等需要松动、破岩等的作业。

## 3.2 技术设计(以岩石巷道为例)

全岩岩巷掘进爆破参数设计及炮孔布置如附图3所示(仅仅作为参考,具体需要根据巷道与岩石构造情况调整)。

(1) 掏眼孔:掏槽孔4个,所有掏槽孔向内与工作面斜交,倾角70°,孔距200mm,孔深2m。岩石硬度大时,可适当增加掏槽孔的数量。掏槽中心垂直工作面的钻孔为空孔,以增加自由面,提高掏槽效果。

(2) 辅助孔:又称崩落孔,是大量崩落岩石和继续扩大掏槽的炮孔,辅助孔要均匀布置在掏槽孔与周边孔之间,其间距一般为500~700mm,炮孔方向一般垂直于工作面。

(3) 周边孔:即爆落巷道周边岩石、最后形成巷道断面设计轮廓的炮孔。按光面爆破要求,周边孔的中心一般布置在巷道轮廓线上,孔底应稍向轮廓线外倾斜。一般不超过100~150mm,使下一循环凿岩机有足够的作业空间,同时尽量减少超挖量。底孔负责控制底板标高,底孔孔口应比巷道底板高出150~200mm,以利钻孔和防止灌水,但孔底应低于底板标高100~200mm,避免巷道底板欠挖。底孔孔距一般为500~700mm。

(4) 炮孔参数:直径60~65mm,深度1800~2000mm。

(5) 起爆顺序:用智能云安全发爆器起爆,起爆顺序是掏眼孔—辅助孔—周边孔。

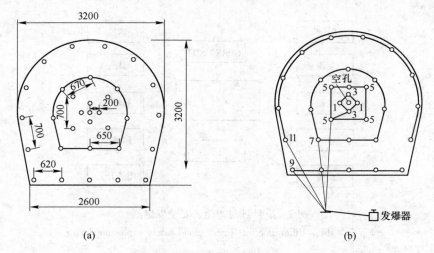

图 3 二氧化碳智能爆破炮孔布置与起爆顺序示意图
(a) 布孔图；(b) 起爆顺序
Fig. 3 Schematic diagram of intelligent carbon dioxide blasting hole layout

根据试验，采用 51mm 的爆破管时，炮孔数量低于采用 32mm 炮孔和药包直径为 25mm 的乳胶炸药的炮孔数量。

### 3.3 基本操作流程

#### 3.3.1 总体步骤

爆破管清洗→充装液态二氧化碳→运输→打孔→装炮孔→封孔→管体的固定防飞→连线→起爆→炮后检查→回收管体→反向运输→云数据传输→拆卸管体→再清洗组装→循环往复。

#### 3.3.2 清洗与充装

在地面充装操作间完成，对爆破管进行拆卸、清理、维修、组装、充装二氧化碳。采用拆装机、重装机、充装架、存放架等专业设备完成上述操作，严格按照各个设备的操作规程进行。

#### 3.3.3 设备运输

将充装好的设备，采用矿车运输至爆破地点。

#### 3.3.4 打孔

按照施工技术措施要求打孔，孔径 60～65mm，孔深一般 2m。

#### 3.3.5 下管

用销子把爆破管与提拉头连接，把连接好的爆破管放到炮孔里面。

#### 3.3.6 封孔

对爆破管（提拉管）与炮孔之间的缝隙首先用棉纱塞紧（用大螺丝刀和锤子打进去），然后把木楔用大锤打入空隙，防止泄气和飞管。

#### 3.3.7 保险防飞

用直径 20mm 以上的钢丝绳把所有的爆破管的提拉管连接在一起，然后将钢丝绳固定在巷道壁锚杆、锚索上。

#### 3.3.8 连线起爆

采用毫秒延时爆破技术进行爆破。首先分别将掏槽孔、辅助孔、周边孔各自进行串联，并检查连接的可靠性，然后将掏槽孔母线（不少于50m）连接到接线端子1，辅助孔母线连接到接线端子2，周边孔母线连接到接线端子3。然后，按照发爆器的提示步骤进行起爆。

3.3.9 爆破管回收与重复使用

爆破完成后，用绞车拉连接爆破管的钢丝绳，将爆破管全部拉出来，然后拆卸，装车，运到地面充装车间，进行清理、充装，准备下次使用。

3.3.10 智能云控制

起爆完成后，在有手机信号的地方（或者wifi），把智能云安全发爆器的数据传到智能云平台。

3.3.11 参数优化

根据大数据进行后继爆破的调整优化。

## 3.4 劳动组织与效率分析

地面充装站，工作人员1~2人，进行充装、清洗、维修、装配爆破管工作。

目前充一根管的速度大约1.2min，一小时充30~50根。正常掘进每个断面每一个班30根管左右。井下，与炸药爆破相比不需要增加作业人员。布孔个数少于小药卷的爆破孔数的20%左右，钻孔时间与炸药爆破相当。装管起爆简便，爆后可即使进入作业面。处理爆破管需要采用绞车快速拉出来，人工处理，并装车运输到地面。

掘进速度，一次爆破，孔深2m，岩石硬度小时进尺1.8m左右，硬度大时1.6m左右。只要有足够的爆破管周转就能够形成很好的循环作业。

## 3.5 主要安全技术措施

（1）地面运输，以及车间装管的作业有一定风险，如二氧化碳容器突然损坏，造成泄露，有可能冻伤人员，因此作业人员应远离出气孔，自动躲避伤害。

（2）"飞管"是二氧化碳智能爆破现场最危险的事情，预防措施有三条，一是，封孔必须认真措施得力，软岩、中硬岩石打木楔封孔，硬岩石打道钉或者其他铁楔封孔。二是，把所有爆破管用直径20mm以上的钢丝绳穿起来，并将钢丝绳固定在至少一个坚固的锚杆上。三是，爆破时，人员必须躲到设计安全距离的躲避硐里，不直接面对爆破地点。

（3）支护，二氧化碳智能爆破对围岩损害很小，但是也必须采取足够的支护措施。

（4）加强对二氧化碳检测，将二氧化碳检测点（含传感器）放到地面以上0.5m。下山掘进、采煤时，必须在低洼、不容易通风的地方安装二氧化碳传感器，防止二氧化碳的集聚超标，造成窒息事故。

# 4 效果

二氧化碳智能爆破用于巷道掘进，适用于煤层、页岩以及中硬岩石以上的岩石，但是必须根据岩性等情况调整爆破设计参数。施工速度大致与炸药爆破相当。

在用于抽放瓦斯的预裂爆破时，欲裂的有效影响半径可以达到30m以上，影响范围半径约100m。受爆破孔管直径、深度、爆破强度等影响，布孔时，孔距一般5m，深度可以达到100m上，爆破冲击压力为300~400MPa。抽采瓦斯效果大大提高。例如有的矿井，平均单孔瓦斯抽采纯量达0.321$m^3$/min，60天后平均单孔瓦斯抽采纯量仍可达0.2572$m^3$/min，分别是未预裂单孔瓦斯抽采纯量的36.47倍和31.01倍，抽采瓦斯浓度能较长时间（60天以上）地保持在50%~80%。在较难抽采煤层中瓦斯抽出浓度可由原来的2%~3%骤升至30%~90%，瓦斯抽采纯量也相应增加，瓦斯抽采浓度和抽采率可提高约 15~30 倍，从而大幅度减少钻孔工程量、简化抽采系统、降低抽采成本，极大地提高了抽采效率。

## 5 结论

随着二氧化碳智能爆破机理的不断完善，爆破装备的不断改进，爆破工艺的不断提高，工程实例的不断积累，上述爆破技术将能够在煤矿替代传统炸药的爆破作业，从而为煤矿安全生产带来巨大福音。

### 参 考 文 献

[1] 汪旭光. 爆破设计与施工[M]. 北京：冶金工业出版社，2011：201-203.
[2] 李付涛. 二氧化碳增透技术的试验应用[J]. 煤，2016，197(1).
[3] 姜立厚. 煤矿采掘工作面爆破安全技术解析[J]. 华东科技（学术版），2015(7)：368-368.

# 二氧化碳智能爆破的优势与前景展望

毛允德[1] 纪洪广[2] 甘吉平[1] 王钦方[1] 张茂宏[3]

（1. 北京龙德时代技术服务有限公司，北京，100096；2. 北京科技大学，北京，100083；3. 枣庄矿业集团高庄煤矿，山东 枣庄，277000）

**摘 要**：炸药爆破引起的瓦斯和煤尘爆炸事故，在煤矿特大事故中，占到60%以上比重，在瓦斯煤尘爆炸事故中占到40%左右的比重。在露天以及其他矿山，爆破事故在重大事故中也占有极高的比重。同时，爆炸物品引发的爆恐案件时有发生，带来了极大的危害和社会恐慌。随着二氧化碳智能爆破技术的提升和完善，预计在煤矿爆破、城市内爆破、村庄附近爆破、特殊爆破、精细爆破等方面有快速挤压炸药爆破的市场，形成一个具有深远影响的创新产业。

**关键词**：二氧化碳；智能；爆破

## Advantages and Prospect of Intelligent Carbon Dioxide Cold Blast

Mao Yunde[1]　Ji Hongguang[2]　Gan Jiping[1]　Wang Qinfang[1]　Zhang Maohong[3]

（1. Beijing Longde Era Technology Service Co., Ltd., Beijing, 100096；
2. University of Science and Technology Beijing, Beijing, 100083；
3. High Coal Mine of Zaozhuang Mining Group, Shandong Zaozhuang, 277000）

**Abstract**：Gas and coal dust explosion accidents caused by explosives, in coal mine accidents, accounted for more than 60% of the proportion and in the gas and coal dust explosion accidents accounted for about 40% of the proportion. In the open pit and other mines, blasting accidents also occupies a high proportion in major accidents. At the same time, the explosion of explosives caused by the terrorist cases have occurred, and have brought, it has shown a tendency to replace explosives. With the improvement of Intelligent Carbon Dioxide Blasting Technology, coal mine blasting, urban blasting, blasting near a village, special blasting, fine blasting. It will form an influential innovation industry.

**Keywords**：carbon dioxide；intelligent；blasting

## 1 引言

炸药爆破引起的瓦斯和煤尘爆炸事故，在煤矿特大事故中，占到60%以上比重，在瓦斯煤尘爆炸事故中占到40%左右的比重。在露天以及其他矿山，爆破事故在重大事故中也占有极高的比重。同时，爆炸物品引发的爆恐案件时有发生，带来了极大地危害和社会恐慌。因此，急需要一种本质安全的爆破技术。二氧化碳智能爆破，较好地满足了这一要求，已经在煤

---

作者信息：毛允德，研究员，maoyunde@126.com。

矿、隧道工程、露天采石工程中开始试验并推广应用,一个具有千亿元规模前景的新的行业雏形正在形成。

## 2 原理

二氧化碳爆破原理,就是利用液态二氧化碳在突然加热的条件下相变,急剧快速气化膨胀(600倍以上),产生强大的冲击力,通过适当的控制,造成爆破破岩的效果,如图1所示。

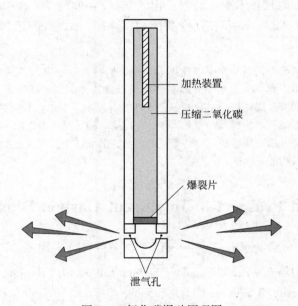

图1 二氧化碳爆破原理图
Fig. 1 Schematic diagram of carbon dioxide cold blast

## 3 系统构成

二氧化碳爆破系统由充装间装备、爆破设备、智能云系统平台三部分组成。

充装间的设备有:二氧化碳储液罐、充装机、充装台、拆装机等,操作间的作用是充装爆破管、存储爆破管、发放爆破管,以及对相关设备的维修等。

现场爆破设备主要是爆破管、智能云安全发爆器。

爆破管是二氧化碳智能爆破的核心设备之一,由储液管、充装头、释放头等组成。采用超强度的特殊钢材并经过特殊处理而成,具有极高的强度和韧性。智能云安全发爆器,是启动爆破管内加热器的核心设备。同时具有延时起爆、人员闭锁、时间闭锁、地点闭锁等多参数闭锁,确保系统安全以及与智能云通信连接等功能。

智能云系统平台(见图2),是监管监控二氧化碳爆破的智能平台,其功能为:

(1)收集每一次的爆破数据,包括孔深、孔数、孔距、岩性、爆破效果,以及起爆时间、操作人员、地点等。

(2)对爆破作业实现安全闭锁,不安全就不能起爆。

(3)为改进完善爆破作业提供数据支持。

(4)强化管理力度,避免事故发生,等等。

图 2　智能云平台系统图
Fig. 2　Intelligent cloud platform system diagram

## 4　系统优势

### 4.1　安全

安全是二氧化碳智能爆破的最大优势,表现在如下几个方面:

(1) 二氧化碳化学、物理特性优越,非常安全。二氧化碳分子式 $CO_2$ 是真正的惰性气体。因此,在整个爆炸过程中,没有新的有害物质产生。反之氮气、空气不是惰性气体,爆破时可能产生氧化氮等有害气体。而且从物理性质来看,由于二氧化碳临界温度接近常温,氮气和空气的临界温度非常低(见表1),将其液化非常困难。此外,根据国际碳排放的有关协定,化工厂必须收集储存或消化二氧化碳气体,反之如采用氮等其他气体尚需要制备和消耗一定的能源。

表 1　相关气体液化特性
Table 1　Associated gas liquefaction characteristics

| 气　体 | 临界温度/℃ | 临界压力/MPa |
| --- | --- | --- |
| 二氧化碳($CO_2$) | 31.1 | 7.4 |
| 氧气($O_2$) | -118.57 | 5.043 |
| 氮气($N_2$) | -147.05 | 3.39 |

(2) 二氧化碳在生产、储存、运输中,即使泄漏,遇火也不会爆炸。

(3) 二氧化碳爆破是液态变成气态的过程,因此会吸收大量的热量,使周围环境变冷,故不会引爆瓦斯、煤尘。这一特性,尤其适用于瓦斯、煤尘等有爆炸气体和粉尘环境下的爆破作业。全面应用,将使煤矿重大特大事故降低50%以上。

(4) 二氧化碳智能爆破产生的振动微弱,破坏力很小。据测试其爆速远低于炸药爆破,冲击压力一般为400MPa,也低于炸药爆破的1000~5000MPa。通常离爆破点2~3m远,就基本没有破坏作用了。

(5) 爆破时不产生新的有害气体,即使在井下爆破,高度1m以上二氧化碳气体含量也不会超标。

（6）不能用于恐怖活动。一方面因为二氧化碳不能燃烧，不能爆炸。另一方面，二氧化碳爆破必须在封闭空间里才产生破坏作用，在开放的空间中，几乎不能产生破坏作用。同时，因二氧化碳爆破安全可靠，无需公安等部门的进行严格的监管，从而让客户等省心。

## 4.2 减轻监管力度

如前所述，二氧化碳既非爆炸物品，也非危化品，爆破过程中也很安全，故无需公安和质检部门监管，只需安全生产管理部门依法进行，适当监控即可。同时二氧化碳智能爆破系统的应用，还能大大降低重大特大安全生产事故和爆恐案件的发生，是急需要大力提倡发展的行业。

## 4.3 环保

二氧化碳智能爆破对环保的贡献，主要表现如下方面：

一是，二氧化碳是化工厂或者是燃煤电厂的废气，是废气的再利用。不用再消耗能源去生产。二是，其爆破过程，不像炸药爆炸产生大量一氧化碳等有毒有害气体和粉尘污染环境。三是，爆炸的噪声低，振动小，基本不扰民。

## 4.4 智能监控

全程智能监控，依托智能云平台可对每次爆破实施全程监控，并建立全国的大数据中心，实现：

（1）远程监控分散的爆破施工，包括人员、时间、地点、二氧化碳用量、岩性、爆破参数、爆破效果等。可以实现，监管（管理）机关不同意就不能起爆。

（2）远程监控爆破地点，爆破区域，实现不在规定的地点作业，可自动闭锁，不能起爆。

（3）远程监控爆破时间，不在规定的时间作业，就自动闭锁，不能起爆。

（4）远程监控操作与管理人员，实现相关人员不在，就自动闭锁，不能起爆。

大数据将为系统的完善升级、提高爆破效率及其提供了强有力的支撑。

## 4.5 效果

二氧化碳冷爆破，通过采用不同的技术或者工艺途径，可以实现（已经在部分工程实现）与炸药爆炸几乎相同的破岩效果。例如在隧道（巷道）掘进中，在每次进尺 $1\sim2m$ 的情况下，采用 $51mm$（孔径 $60mm$）的爆破管代替 $25mm$（孔径 $35mm$）爆破时，需要的爆破管数量约为采用炸药数量的 $80\%\sim90\%$，开挖效果几乎等同。因此，在增加设备完善施工工艺的情况下，可以满足大规模开采的需要。

## 4.6 用途

二氧化碳智能爆破已经开始（或者可以）用于地面工程施工，例如，露天剥离与开采、道路施工、基坑开挖、石材开采、孤石危岩爆破等；井下与隧道工程，例如煤矿（金矿）采矿、掘进、欲裂开采、隧道施工；其他特殊爆破，例如建筑物居民区附近爆破等要求无破坏无噪音的地区爆破、高温等特殊环境条件下爆破等。与炸药爆破相比，在安全、环保等方面均显示了其相应的优势。

## 4.7 低价

低价是相对的。目前,部分地区,部分工程,二氧化碳智能爆破的价格已经低于炸药。从综合角度和发展的眼光来看,二氧化碳智能爆破的成本优势,在如下三个方面将会逐步显现:

(1) 施工成本。由于爆炸物品的监管费用奇高,并且在节假日等特殊条件下,公安系统将暂停审批爆破作业,这将造成一些地区炸药爆破成本已经远高于二氧化碳智能爆破。

(2) 随着《中华人民共和国反恐怖主义法》的实施,爆炸物品的价格将大幅度提高。因为反恐法第 21 条和第 22 条分别要求对雷管、炸药进行电子编码,这将大大提高爆炸物品的价格。与此相反,二氧化碳智能爆破,随着技术的完善提高,成本还会降低。

(3) 防恐反恐成本和社会心理压力成本为零。炸药等爆炸物品应用,产生了巨大的防恐反恐成本,以及高昂社会心理压力成本是二氧化碳智能爆破所没有的。如表 2 所示。

表 2 二氧化碳智能爆破与炸药爆破主要优缺点对比表
Table 2 Contrast table of main advantages and disadvantages of intelligent carbon dioxide cold blasting and explosive blasting

| 对比项目 | 炸药爆破 | 二氧化碳智能爆破 |
| --- | --- | --- |
| 安全性 | 高温、火焰 | 降温、无火 |
| | 储运易爆炸 | 存储不爆炸 |
| | 产生有害有毒气体 | 不产生新的有害气体 |
| | 爆速大,破坏力大 | 爆速极小,无破坏 |
| | 用于恐怖案件 | 不能用于爆恐案件 |
| 环保性 | 振动强烈 | 几乎无振动 |
| | 大量粉尘 | 几乎无粉尘 |
| | 噪声大 | 几乎无噪声 |

## 5 前景展望

### 5.1 当前存在的主要问题

(1) 机理研究滞后。

主要表现在:爆破机理研究滞后,液态二氧化碳加热膨胀的温度、压力、爆泄的速度、冲击压力等过程不清楚。爆破力与管装二氧化碳的数量等的关系不清。

破岩机理研究滞后,二氧化碳爆破是靠什么能量破岩,如何有效控制?如何进一步提高爆破破岩的能力,尚需深入研究。

(2) 爆破工艺设计参数研究滞后。

二氧化碳爆破的能力等没有定量的数据,设计无理论和规律可循,包括布孔方式、孔深、孔数、孔径、排距、孔距、起爆顺序、起爆方式等的设计缺少依据。

(3) 设备成套性差、自动化程度差。

目前没有针对不同工程所需的成套设备,装填二氧化碳的钢管需要进口,作业工艺也不够先进。

(4) 人员占用多。

爆破管清理装卸、下管、拔罐等工艺尚需人工作业,人员占用多。

## 5.2 前景展望

二氧化碳智能爆破技术在爆破能力方面，已经表现出了能够替代炸药的趋势，并且表现出了很快的推广速度。随着爆破能力的提升、技术的完善，预计五年内基本形成行业规模，并在煤矿爆破、城市内爆破、村庄附近爆破、特殊爆破、精细爆破等方面会有快速的发展，快速挤压炸药爆破的市场，甚至形成替代。在道路施工、地铁施工、露天采石等方面也将有很大进展。预计十年内，将形成一个具有影响力创新产业。

主要的前景与研究方向如下。

### 5.2.1 国家政策层面

要从技术创新、防恐反恐、安全生产三大战略高度，去认识指导二氧化碳智能爆破技术的发展，给出明确的发展方向和扶持政策。

一是，在煤矿全面推广，同时终止炸药爆破，以降低煤矿事故。二是，在城市（村庄、集镇）内推广，以杜绝爆炸物品在城市内部的违法运输、违法使用，极大地提高反恐防恐能力，消除炸药爆破对建筑物的损害、扰民、噪音、粉尘、有害气体等的危害。三是，在特除爆破精细领域推广，例如高速公路拓宽、地铁（隧道）施工浅层爆破、高温区爆破、冲击地压区爆破、建筑物附近爆破等。

### 5.2.2 专业技术层面

（1）进一步提高爆破能力，主要通过两种途径，一是提高初期爆破冲击力，达到 600MPa 以上。

（2）延长破岩时间。需要突破爆破管相关附件防冲击的技术，保障超高冲击力作用下不被破坏，需要增加爆破管有效的储存容积等。

（3）开展对各类二氧化碳智能爆破装备的研究和工程试验，形成针对性强的细分的专业成套装备和爆破工艺。例如，煤矿二氧化碳成套爆破装备和爆破工艺，用于掘进、放顶煤、放顶、堵塞疏通、微振动等煤矿专业。其他专业，如露天、隧道、地铁、浅层、高温区、冲击地压等，皆应形成不同装备系列和独特的爆破工艺。

（4）深化二氧化碳爆破破岩机理，建立相关数学模型，形成相关技术标准体系，引导技术的快速推广。

（5）开展替代进口材料研究，实现爆破管材料的国产化。

（6）研发施工机器人、机械手，降低劳动强度，提高劳动效率。加强智能云监控技术研究，实现每次爆破的人员、位置、爆破参数、效果、视频等的实时采集，并建立云数据库，为研究和创新提供数据支撑。

（7）研究并制定相关技术标准和规程，提升行业监管能力，推动行业有序健康发展。

## 参 考 文 献

[1] 田维银. 工程爆破技术的发展现状与发展趋势[J]. 工程技术，2013(23).
[2] 汪旭光. 爆破设计与施工[M]. 北京：冶金工业出版社，2011.
[3] 费鸿禄，等. 爆破理论及其应用[M]. 北京：煤炭工业出版社，2008.

# 液态 $CO_2$ 爆破技术进展及工程实例

郭温贤[1] 刘汉卿[1] 李爱涛[1] 范永波[2] 乔继延[2]

（1. 河北饶阳鸿源机械有限公司，河北 饶阳，053900；
2. 中国科学院力学研究所，流固耦合系统力学重点实验室，北京，100190）

**摘 要**：本文介绍一种高压液态 $CO_2$ 爆破技术，通过电极和导爆管将 $CO_2$ 加热使其体积瞬间膨胀，压力升高，冲破爆破筒末端防爆片，$CO_2$ 通过爆破筒末端的出气口释放出来。现场试验结果表明，高压液态 $CO_2$ 爆破筒可有效地产生岩石裂缝。爆破筒可回收重复利用，高压液态 $CO_2$ 价格便宜，因此该方法是一种低成本、高效率方法，同时，爆破筒产生的振动很小，而且能量利用率高于常规炸药，在一定程度上可代替炸药提供可靠高效的岩石爆破。

**关键词**：爆破筒；高压液态 $CO_2$；防爆片；岩石破裂

## Progress in High Pressure $CO_2$ Liquid Explosion Technology

Guo Wenxian[1]  Liu Hanqing[1]  Li Aitao[1]  Fan Yongbo[2]  Qiao Jiyan[2]

（1. Hebei Raoyang Hongyuan Machinery Co., Ltd., Hebei Raoyang, 053900；
2. Key Laboratory for Mechanics in Fluid Solid Coupling Systems,
Institute of Mechanics, Chinese Academy of Sciences, Beijing, 100190）

**Abstract**: A method about explosion technology by high pressure $CO_2$ liquid is put forward, the volume of $CO_2$ dilate in a moment by heating electrodes and detonating pipe, then the pressure goes up and rupture disk bursts, finally $CO_2$ releases from the end of the cardox blaster. The results indicate that the cardox blaster with high pressure $CO_2$ liquid can effectively produce the crack. Cardox blaster is recycled and the price of $CO_2$ liquid is cheaper, so it is a low cost and high efficiency method, and vibration caused by cardox blaster is slighter than that caused by explosive, and energy efficiency of the cardox blaster is higher than that of explosive. To some extent, the cardox blaster will provide reliable and efficient application for the rock basting.

**Keywords**: cardox blaster; high pressure $CO_2$ liquid; rupture disk; rock fracture

## 1 引言

高压气体爆破方法是 20 世纪 60 年代初期在美国等一些采矿业发达的国家开始研究应用的一种物理爆破方法，美国埃多克斯公司最先研制成功了液态 $CO_2$ 爆破筒。美国、英国、法国、俄罗斯、波兰、挪威等国先后开发试验。高压液态 $CO_2$ 爆破是一种无炸药爆破，60 年代初，美国用高

---

作者信息：郭温贤，董事长，18903281616@126.com。

压气体爆破法开采的原煤已占其总产量的20%。利用机械设备或通过物理变化产生的高压液态$CO_2$，充入爆破筒内，再将爆破筒装入炮孔中，接通电源，导爆管起爆将液态$CO_2$加热，变成气态$CO_2$，使爆破筒内气体压力瞬间升高，当气体压力大于爆破筒末端防爆片的抗剪应力时，高压$CO_2$通过爆破筒末端的出气口快速释放出来，为被爆物提供气动力和推力，将介质破碎。

高压气体爆破与一般炸药爆破相比，气体缓慢膨胀、扩散，剪切效果平稳，对破碎多孔脆性介质较适合。高压气体的压力比炸药爆破的压力小，约为黑火药的1/3，硝铵炸药的1/6，高压气体爆破后，压力上升相对于炸药较为缓慢且高压时间持续时间较长，这对于通过高压促使岩石材料产生裂隙，有更为直接的作用。

## 2 国内研究现状

国内学者开展了大量的试验工作，郭志兴（1994）和徐颖（1996，1997，1998）利用液化$CO_2$作为传递爆炸威力的媒介，爆破前将液化的$CO_2$充入爆破筒，工作时通过电极和加热元件将$CO_2$加热使其压力增加到一定程度，从而冲破爆破筒末端切变盘，使受热快速膨胀的$CO_2$通过爆破筒末端的气门释放出来，为被爆物提供气动力和推力，将被爆物体胀开。可分为活塞型气体爆破筒，容器型气体爆破筒和剪切型气体爆破筒三类。邵鹏（1997）用石膏和石子做成不同强度的正方形试块，尺寸为200mm×200mm×200mm，放入爆破筒。将高压$N_2$注入爆破筒，由于爆破膜片的密封作用，使高压$N_2$暂时储存于爆破筒内。随着$N_2$压力的不断增高，爆破膜片上的压力达到破膜压力时即被撕裂，高压$N_2$将由撕裂孔迅速释放并作用于被爆介质，使介质产生破碎。最终给出了破膜压力与材料强度的关系曲线，随着介质抗拉强度的增加，破碎介质所需要的破膜压力呈非线性增长。杜玉昆等（2012）开展了超临界$CO_2$射流破岩试验研究，超临界二氧化碳流体具有接近液体高密度和接近气体低黏度的特性，表面张力小，因而有较好的流动、渗透和传质性能。证实了超临界$CO_2$能有效降低破岩门限压力，导致岩石出现大体积破碎。

## 3 爆破筒规格和性能

目前国内应用较多的爆破筒直径有$\phi 51$，$\phi 73$，$\phi 83$，$\phi 95$等多种规格，顶部螺栓外部接通电极，并连接起爆器，内部连通导爆管；底部带有出气孔的螺栓可对防爆片压紧密封。通过$CO_2$灌注机对灌注过程的充气压力、充气质量进行全程实时数据采集，同时可对充气温度进行设定。起爆器点火加压后，导爆管对液态$CO_2$加热4ms，瞬间温度升高至800～1000℃，液态$CO_2$体积瞬间气化膨胀为500～600倍体积的气态$CO_2$，气态$CO_2$释放时间30～50ms，爆破压力150～270MPa。可根据工程需求，进行单孔两根串联和多孔串联同时起爆。

## 4 实施案例

### 4.1 试验概况

本次试验布置在北京房山一个大理岩采石场，爆破筒分两排，其中东侧布置9个孔，每个孔1根$\phi 95mm$爆破筒，9根爆破筒之间通过导线串联，距离临空面1.5m；西侧布置6个孔，每个孔2根$\phi 95mm$爆破筒串联，6根爆破筒之间通过导线串联，距离临空面1m。每两根爆破筒间距1m，两排爆破筒东西间距25m，南北排距4m，如图1所示。在东侧9根爆破筒的中垂

图1 两排爆破筒相对位置图
Fig. 1 Relation location of two rows cardox blaster

线共布置4个测点,其中两个测点与爆破筒处于一个平台,另两个测点处于平台之下,相对位置及间距如图2所示,其中每个测点同时布置加速度和速度传感器,使用速凝水泥固定于地表面,如图3所示,用于获取振动信号强度和到时的数据采集。数据采集仪采用INV3018A型24位高精度数据采集仪,适合高精度的振动、噪声、冲击、应变、压力、电压等各种物理量信号采集。

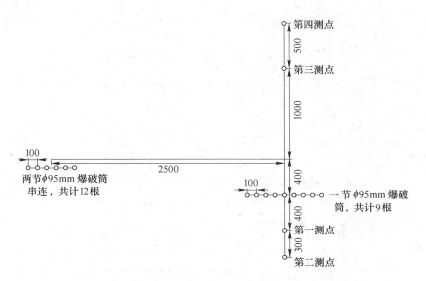

图2 爆破筒及测点相对位置图

Fig. 2 Relation location of cardox blaster and reasuring point

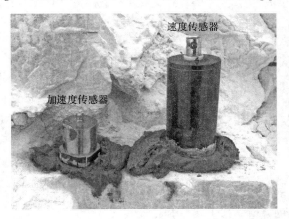

图3 测点布置加速度和速度传感器

Fig. 3 Acceleration and velocity sensor

## 4.2 振动数据分析

### 4.2.1 幅值特征

本次试验布置4个测点,每个测点有2路信号(加速度和速度),测试2次。由于现场条件的影响,试验总计得到11路有效的数据。图4和图5分别给出加速度和速度的典型波形。

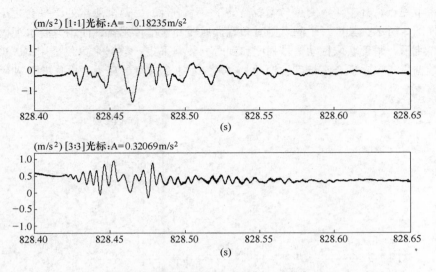

图 4 加速度典型波形（测点1和测点2）

Fig. 4 Time-history curve of measuring points 1 and 2

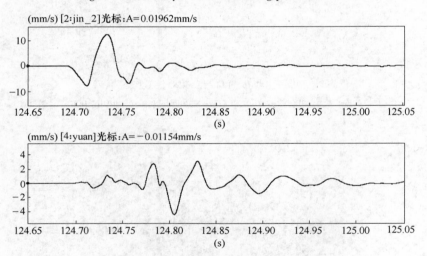

图 5 速度典型波形（测点3和测点4）

Fig. 5 Time-history curve of measuring points 3 and 4

读取各路振动信号的峰值，列于表1中。

表1 测点加速度和速度峰值统计表

Table 1 Statistical table about acceleration and velocity velue of measuring point

| 参　数 | 第一测点 | | 第二测点 | | 第三测点 | | 第四测点 | |
|---|---|---|---|---|---|---|---|---|
| | 第一次 | 第二次 | 第一次 | 第二次 | 第一次 | 第二次 | 第一次 | 第二次 |
| 速度/mm·s$^{-1}$ | 0.26 | — | 2.39 | 1.20 | 0.66 | 0.42 | 0.43 | — |
| 加速度/m·s$^{-2}$ | 14.60 | 1.51 | 1.57 | 0.65 | — | — | — | 1.47 |

根据表1中所列的数据，振动幅值有以下特征：（1）第二次起爆时，测点距离爆破筒较

远,因此测点的速度和加速度的峰值较小。(2)基于理论的推断,对于同处于台阶上或者台阶下的测点来说,距离爆破筒越近,振动峰值越高,在相同距离条件下,台阶下方的测点比台阶上方的振动幅值高。但是表1中的数据并不完全支持这样的结论,数据有离散性。(3)数据离散性的原因在于,测试场地的地表条件差异很大,使传感器接收到的振源信号产生差异。因此,为了得到振动幅值随距离衰减的确切规律,需要足够数量的数据拟合。(4)振动速度的规律性好于加速度,振速幅值都只限于mm/s量级,比常规爆破(炸药)的振动至少低一个数量级。

#### 4.2.2 频率特征

对于工程爆破来说,如果冲击波所占的部分能量比较小,有利于气体对岩体做功,从而提高能量的利用效率。冲击波所产生的振动频率,明显高于气体膨胀时的振动频率。因此,对所测的振动信号进行频谱分析,在频域上看振动幅值的分布,有助于了解爆破能量的利用率。

图6和图7分别给出台阶上测点1、测点2和台阶下测点3、测点4的频谱图。其中,图6中的4路信号,分别代表测点1的加速度、速度和测点2的加速度、速度,图7中的2路信号,分别代表测点3的速度和测点4的速度。

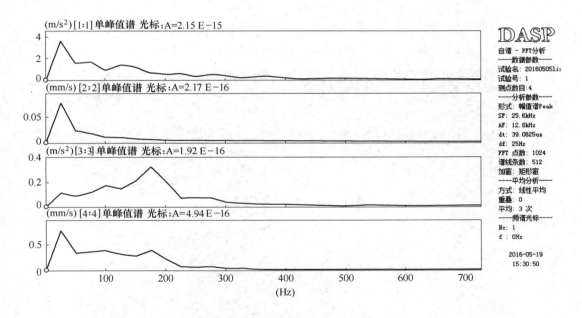

图6 台阶上方测点的频谱分布(第一次爆破)

Fig. 6 Spectral distribution of measuring point above steps (first blasting)

除了图6中的第3路信号异常以外,其他各路信号的主频都是20~30Hz,相比于常规爆破的主频率(百余Hz),明显低很多。这说明,爆破筒在起爆后,对岩体的载荷中高频成分少,能量利用率高,既能够避免爆源局部岩体的过粉碎,又能够使岩体产生裂缝。

### 4.3 爆破效果分析

两次爆破,均在岩体中产生了连续平直的裂缝,且图8(b)裂缝明显优于同等条件下图8(a)裂缝,显示出两根爆破筒串联的能量远高于单根爆破筒,爆破效果明显优于单根爆破筒。

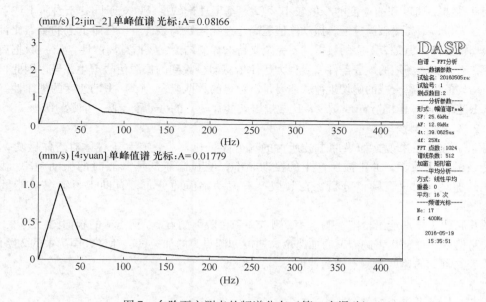

图 7　台阶下方测点的频谱分布（第一次爆破）

Fig. 7　Spectral distribution of measuring point below steps (first blasting)

(a)　　　　　　　　　　　(b)

图 8　单根和两根串联爆破效果图

（a）单根；（b）两根串联

Fig. 8　Blasting effect about single and double carbox blaster

## 5　结论

本文主要介绍了爆破筒国内外发展现状及国内现有爆破筒的性能特点，并基于爆破筒开展的现场试验，进行了初步的数据分析和爆破效果的验证。可获得如下认识：

（1）该爆破筒结构设计合理，充气、运输和现场引爆，安全性和可靠性较高，同时，充装高压液态 $CO_2$ 技术成熟，全程可控性较好，操作简便。

（2）通过高压液态 $CO_2$ 爆破筒的现场爆破，可获得沿爆破筒走向排列的预裂缝，而且爆破管可回收重复利用，高压液态 $CO_2$ 价格便宜。因此该方法是一种低成本、高效率方法，在一定程度上可代替炸药提供可靠高效的岩石爆破。

（3）根据所测的数据来看，相比于常规爆破，爆破筒产生的振动很小，对周边建筑的安全和岩体的稳定不会产生影响。

（4）爆破筒破岩的能量利用率，高于常规的炸药爆破。

## 参 考 文 献

[1] 徐颖，程玉生，王家来. 国外高压气体爆破[J]. 煤炭科学技术，1997，25(5)：52-53.
[2] 郭志兴. 液态二氧化碳爆破筒及现场试爆[J]. 爆破，1994：72-74.
[3] 徐颖，程玉生. 高压气体爆破破煤视理模型试验研究[J]. 煤矿爆破，1996，34(3)：1-15.
[4] 徐颖. 高压气体爆破破煤模型试验研究[J]. 西安矿业学院学报，1997，17(4)：322-325.
[5] 徐颖. 高压气体爆破采煤技术的发展及其在我国的应用[J]. 爆破，1998，15(1)：67-82.
[6] 邵鹏，徐颖，程玉生. 高压气体爆破实验系统的研究[J]. 爆破器材，1997，26(5)：6-8.
[7] 杜玉昆. 超临界二氧化碳射流破岩机理研究[D]. (Doctoral dissertation，2012，中国石油大学).

# 液态 $CO_2$ 相变破岩技术综述

夏军[1]　辛燎原[2]　李必红[1]　张翠茂[3]　陈丁丁[1]

（1. 国防科学技术大学，湖南 长沙，410072；2. 湖南天拓工程科技有限公司，湖南 长沙，410083；3. 河北星云航天设备科技有限公司，河北 石家庄，050066）

**摘　要**：液态 $CO_2$ 相变破岩技术具有鲜明的优点，受到采矿及爆破界的广泛青睐。当前，应用已由煤矿领域拓展至露天非煤矿山等领域。为该项技术的科学应用与推广，本文主要就 $CO_2$ 液气相变膨胀破岩技术历史沿革、破岩装置及作用原理、破岩过程、破岩能力及应用效果等做了简要综述，以供参考。

**关键词**：$CO_2$；相变；膨胀破岩；破岩装置

## A Survey of the Technology of Rock Breaking for Gas Expansion for $CO_2$ Liquid-gas Phase Transition

Xia Jun[1]　Xin Liaoyuan[2]　Li Bihong[1]　Zhang Cuimao[3]　Chen Dingding[1]

（1. National University of Defense Technology, Hunan Changsha, 410072;
2. Torway Engineering Technology Co., Ltd., Hunan Changsha, 410083;
3. Nebula and Space Equipment Technology Co., Ltd., Hebei Shijiazhuang, 050066）

**Abstract**: The technology of rock breaking by gas expansion for $CO_2$ liquid-gas phase transition has distinct characteristics, which is favored by mining and blasting. At present, the application of the technology has been expanded from the field of coal mine to open non coal mine field. For the scientific application of this technology and extensive promotion, in this paper, the history and evolution of the technology, the rock breaking device and its function principle, the rock breaking process, the rock breaking capacity and the application effect are briefly reviewed. The technology review will serve as a reference for the field.

**Keywords**: carbon dioxide; liquid-gas phase transition; rock breaking by gas expansion; rock breaking device

## 1　引言

美国的 AIRDOX 公司最早于 1938 年开始研究高压气体爆破，到 20 世纪 50~60 年代，世界上一些采矿比较发达的国家如英国、法国、美国、俄罗斯、波兰、挪威等已将高压气体爆破

---

作者信息：夏军，博士，副教授，putian9988@163.com。

采煤设备用于采煤工作面[1]。最早出现的高压气体爆破设备是$CO_2$爆破筒，如美国LONG-AIR-DOX公司研制的液态$CO_2$爆破筒[2]，后来还开发了成熟的高压气体爆破系统并与活塞型、容器型及剪切型三种气体爆破筒配套使用，类似的还有ARMSTRONG COALBREAK公司开发的ARMSTRONG气体爆破系统[3]。英国CARDOX公司开发研制了液态$CO_2$相变致裂装置，称为Cardox管[4]。Cardox管早期主要作为一种采煤器应用于高瓦斯矿井的采煤工作面，代替炸药，提高块煤率，且不会引起瓦斯爆炸，曾获得英国安全与健康理事会关于该设备为非爆品的认证。随着大规模综采设备的问世，采煤效率极大的提高，Cardox管在采煤工作面的使用逐渐被取代[4]。但作为一种安全性高、使用方便的致裂装置，仍用于工程致裂爆破、锅炉清堵等领域。20世纪80年代，该技术迅速发展，逐步应用到爆破振源、金属制品成型、地下矿山、露天矿山开采等领域，成为一种有潜力的新型爆破器材[5]。20世纪90年代，我国开始引进该项技术，如1992年3月28~29日在平顶山矿务局七矿地面针对模拟煤体进行了爆破筒试验，爆破效果良好[6]。进入21世纪，国内$CO_2$爆破器材生产商逐步涌现（产品主要部件仍然依靠进口），应用范围进一步拓宽，从地下矿山开采拓展到露天矿山开采，从煤矿领域跨越到非煤矿山，出现了很多非煤矿山运用的成功范例[5]。

目前，针对高瓦斯和突出矿井煤层开采深度增加、瓦斯含量及压力增加、煤层透气性愈加降低的问题，利用液态$CO_2$相变产生高压$CO_2$气体作为增透和驱替介质，增加煤层渗透率、促使瓦斯产生解吸，在竞争吸附作用下使吸附在煤体内的瓦斯尽可能由吸附状态转变为游离状态，提高瓦斯解析率方面的研究逐步增多[7~18]。针对低渗透油气藏和非常规油气藏开发难度大的问题，依据超临界$CO_2$钻井可大大提高机械钻速、降低复杂情况发生概率、减少储层伤害、改善油气流通通道的特点，超临界$CO_2$钻井技术研究逐步成为热点[19~28]。2014年以来，将液态$CO_2$相变膨胀设备应用于露天岩石开采的网络报道日渐增多，内容涉及产品作用原理、结构组成、操作使用、作业流程及应用案例等，尤以成功案例演示居多，未见有技术参数及性能指标的系列研究报道。2016年3月22日，中国爆破行业协会在北京举办了"非炸药爆破技术座谈会"，受邀公司就"液态$CO_2$相变膨胀破岩技术"进行了汇报与交流，汪旭光院士作了座谈会总结并就该技术的深入研究和推广应用发表重要讲话。

图1 座谈会现场照片图

Fig. 1 Forum site photos

## 2 液态$CO_2$相变膨胀破岩装置及作用原理

如诸多文献所述，该装置称作二氧化碳爆破筒、二氧化碳爆破装置、二氧化碳致裂器、二氧化碳开采器等,下文称液态 $CO_2$ 相变膨胀破岩装置。

## 2.1 装置组成

液态 $CO_2$ 液气相变膨胀破岩装置主要有主管体、充装端头、泄能端头、定压破裂片、激发器、锥形底端头及密封垫片等。其中,主管体用于盛装液态 $CO_2$ 并提供形成高压状态的腔体;充装端头设置有充装孔用于充装 $CO_2$ 及进气口阀门顶针用于密闭充装孔;泄能端头沿径向设置有数个出气口用于泄出高压气体(煤矿用泄能端头较长,出气口较多;露天矿用泄能端头较短,出气口常设置成对称的 2 个或 4 个);定压破裂片设置于泄能端头的主管体内,初期起到密封作用,后期视管体内压力情况即时破裂;激发器主要成分为化工药剂,可用电引火头通过电能激发,用于加热主管体内液态 $CO_2$;锥形底端头用于设置在最下方/最里端破岩装置的泄能端,以便于破岩装置顺利置于钻设的炮孔中;密封垫片用于装置密封,防止漏气。

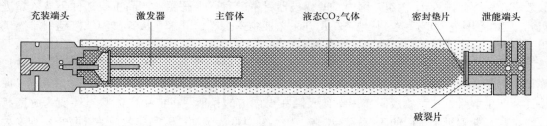

图 2 破岩装置结构示意图

Fig. 2 Schematic diagram of rock breaking devide structure

破岩装置配套有充装设备及作业用附件,充装设备主要有二氧化碳储存罐、制冷压力泵及显示屏、液压旋紧机、计量充装台(架)及组装台(架)等;作业用附件主要有矿用欧姆表、矿用起爆器、连接杆、装填管卡具及旋紧扳手等。液态 $CO_2$ 相变膨胀破岩装置结构示意如图 2 所示,某型装置组件实物如图 3 所示。

## 2.2 作用原理

$CO_2$ 在大气中为无色、略带刺激性和酸性味的无毒气体,不能助燃,其密度为空气的 1.53 倍[29]。在 20℃、$5.6 \times 10^6 Pa$ 环境下 $CO_2$ 呈液体,液态 $CO_2$ 转变为气态,体积膨胀约为初始状态的约 600 倍。将液态 $CO_2$ 密闭于高强度容器,通过热能快速激发使其发生液-气相变,在密闭容器形成高能量状态,压强可达 300MPa,高能量状态 $CO_2$ 突破定压(抗压强度常设定在几十至 300MPa)破裂片的封堵,瞬间释放产生冲击效应,对周围介质冲击、压缩及膨胀做功。

## 3 液态 $CO_2$ 相变膨胀破岩过程

关于装置使用过程中 $CO_2$ 相变,文献[7]、文献[17]、文献[27]、文献[28]等有不同程度的描述;关于膨胀破岩过程,多是基于岩石的冲击波和爆炸气体综合作用理论展开表述。其中,文献[7]将液态 $CO_2$ 爆破煤体作用分为两个过程:一是爆破产生的应力波扰动作用过程,二是爆破产生的高压 $CO_2$ 气体的准静态高压作用过程,并将钻孔周围介质破坏分为粉碎区、裂隙区及振动区。

### 3.1 管体内 $CO_2$ 状态变化过程

液态 $CO_2$ 相变膨胀破岩装置主管体内通过制冷压力泵充装二氧化碳,充装压力常设定约

图 3 设备实物图
Fig. 3 Equipment physical map

10MPa,温度不高于常温,管体内 $CO_2$ 主要呈以液态为主并伴有小量气态的液-气共存状态;充装完毕的破岩装置将与周围环境发生热交换,如静置在露天作业环境下,其主管体温度较充装初期有一定的增加,压力可达数十兆帕,管体内 $CO_2$ 主要呈密相液态;激发器激发后,瞬间放出大量的热,主管体内温度尤其是压力快速升高,由于 $CO_2$ 的临界温度为 31.06℃,临界压力为 7.382MPa, $CO_2$ 快速由液态转变为超临界态。超临界态的 $CO_2$ 呈气态状,并不会液化,密度接近于液体,是气体的几百倍;黏度接近于气体,比液体小两个数量级;扩散系数介于气体和液体之间,约为气体的 1/100,比液体大几百倍,具有较大的溶解能力[29]。

## 3.2 $CO_2$ 膨胀破岩过程

当主管体内高能量状态 $CO_2$ 突破泄能端头定压破裂片的封堵作用,超临界状态 $CO_2$ 瞬间发生液气相变,形成高压气体从泄能端头侧面出气口泄出。初期,高压气体冲击、压缩周围岩石介质,引起近区岩石的压缩变形、径向位移,形成切向拉应力产生径向裂隙;随后,压缩变形、径向位移过程中积蓄的弹性变形能开始释放,形成朝向泄能中心的径向拉应力,在已形成的径向裂隙间产生环状裂缝;期间, $CO_2$ 气体渗入裂隙内,起着气楔作用,使裂隙进一步扩展、相互贯通;随着高压气体不断扩张,膨胀区容腔内压力整体下降。

## 4 液态 $CO_2$ 相变膨胀破岩能力

液态 $CO_2$ 相变膨胀破岩能力与破岩装置内 $CO_2$ 的储量及相态、激发器释放热量、定压破裂片的选用、泄能端头泄气口等因素有关。

## 4.1 $CO_2$ 液气相变膨胀技术参数

文献[7]对某类煤矿用液态 $CO_2$ 相变预裂爆破装置 YL51-200 及 YL51-150 两种型号的试验结果进行了描述，装置规格参数如表1所示。经实测，$CO_2$ 释放时间为 30~50ms，释放的初始压力为 70~150MPa。与炸药预裂爆破及水力压裂效果进行了比较，技术参数对比如表2所示，升压曲线对比示意如图4所示。可见，液态 $CO_2$ 相变爆破后，压力峰值在数百兆帕量级，压力上升相对于炸药爆破较为缓慢且其高压时间持续时间较长，相对水力压裂其压力更大，这些技术参数对岩石开采、破碎、抛掷具有积极的意义。

表 1 装置规格参数表
Table 1 Device specification parameter list

| 型 号 | 管体长度/cm | 管径/mm | $CO_2$ 充装量/kg | 压力范围/MPa |
|---|---|---|---|---|
| YL51-200 | 200 | 51 | 1.8±0.1 | 70~150 |
| YL51-150 | 150 | 51 | 1.4±0.1 | 70~150 |

表 2 技术参数对比表
Table 2 Technical parameter comparison table

| 类 型 | 峰值压力/MPa | 升压时间/s | 加载速率/MPa·s$^{-1}$ | 总过程/s |
|---|---|---|---|---|
| 炸药爆破 | >10$^4$ | 10$^{-7}$ | >10$^8$ | 10$^{-6}$ |
| $CO_2$ 液气相变爆破 | 10$^2$ | 10$^{-3}$ | 10$^2$~10$^6$ | 10$^{-2}$ |
| 水力压裂 | 10 | 10$^2$ | <10$^{-1}$ | 10$^4$ |

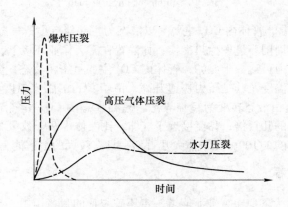

图 4 三种技术升压曲线对比示意图
Fig. 4 Comparison of the boost curve of the three technologies

## 4.2 液态 $CO_2$ 相变膨胀能力预估

文献[7]忽略储液管内气体膨胀做功，重点考虑储液管内液态 $CO_2$ 蒸发到标准状态下释放的能量，基于公式 $E_g = pV/k - 1[1 - (0.1013/p)^{(k-1)/k}]$ 对单根装置 YL51-200 的爆破能力进行了近似计算，式中，$E_g$ 为气体的爆破能量，J；$V$ 为容器的容积，m$^3$；$p$ 为容器内绝对压力；Pa；$k$ 为气体的绝热系数，即气体的定压比热与定容比热之比。定压破裂片的破裂压力取为

90MPa，储液管容积取为 2.4L，管内装液量取为 1.8kg，结果得爆破能量为 732.01kJ。1kg TNT 炸药的爆破能量取为 4250KJ/kg，则该型号液态 $CO_2$ 相变膨胀装置爆破能量 TNT 当量为 0.172kg。几种常见气体的 $k$ 值如表 3 所示。

表3 常见气体的绝热系数 $k$
Table 3 $k$ value of the common gases

| 气体名称 | 空 气 | 二氧化碳 | 氧 气 | 氢 气 |
| --- | --- | --- | --- | --- |
| $k$ | 1.400 | 1.295 | 1.397 | 1.412 |

文献[17]指出泄能装置（定压破裂片）会将管内压力在尚未达到极限压力之前将其释放，以达到安全可控的目的，并且泄放压力的大小与破裂片的材料、厚度有关。其利用某优质碳钢进行多组试验得到泄放压力随破裂片厚度增加而增加，且符合指数规律 $p = 14.992e^{0.4912d}$，$p$ 为泄能压力，MPa；$d$ 为破裂片厚度，mm；当使用 6.0mm 厚破裂片试验时未能完全破开。可见，破裂片过薄难以积聚较高压力，过厚则不能瞬间破裂，泄能效果欠佳。文献[17]同时指出，对于管状密闭容器，其管内压力发展、能量泄放过程与球形、方腔形容器有很大不同。其基于文献[7]同样的公式对某型管长为 1m、直径为 51mm、容积为 0.96L、破裂片破裂压力为 250MPa 的装置进行了能量计算，得 TNT 当量为 0.15kg。

文献[27]认为液态 $CO_2$ 储存于储液管中，经加热后迅速反应由液态转化为气态，以压缩气体形式存在，直到撑破定压破裂片产生爆破效果，其基于压缩气体与水蒸气容器爆破定义，利用文献[29]公式（与文献[7]所用公式一致）针对文献[30]提到的 F57L 型储液管、SD390 型定压破裂片及与之相配的激发器，即定压破裂片的破裂压力取为 276MPa，储液管容积取为 1.26L，管内装液量取为 1.248kg，结果得爆破能量为 1178.85KJ，相应的 TNT 当量为 0.277kg。

## 5 液态 $CO_2$ 相变膨胀破岩技术应用

液态 $CO_2$ 相变膨胀破岩装置可重复使用，除一次性使用的激发器、定压破裂片外，装置使用完毕需回收，由于装置较重（单件可达 20 余千克），当前露天破岩作业较多应用某型 73 号管，其管长 1m、管体外径 73mm、管体内径 45mm、定压破裂片破裂压力 150~280MPa、管内装液量约 1.0kg。

### 5.1 破岩装置使用

为增强爆破效果，提高作业效率，单个炮孔通常使用多个装置，首尾连接沿炮孔方向一线设置，5 件相连示意如图 5（a）所示，单次爆破根据作业面展开情况通常设置约 10 个炮孔，总体形成串联线路如图 5（b）所示。文献[5]提出，由于目前爆破筒（$CO_2$ 液气相变膨胀破岩装置）的管径比较单一，存储液态 $CO_2$ 有限，当单排爆破筒能量不足时，对大孔径的炮孔，有时单孔布置双排爆破筒，增大对介质的破坏作用。

### 5.2 爆破参数设定

将 73 号管应用于普坚石，通常钻设炮孔直径为 90mm，炮孔深度约 6m，炮孔距自由面最小距离约 1.5~2m，单排炮孔间距 2.0~2.5m。文献[5]介绍了某小型石灰石、大理石共生露天矿，主体大理岩矿石抗压强度为 55.03~73.38MPa，抗拉强度为 2.45~4.38MPa，原岩平均密度为 2.35t/m³，属较坚硬岩石，矿区岩石物理力学性能如表 4 所示。采用单排炮孔，孔径为 90mm，炮孔深为 6m，与作业面呈 90°，炮孔孔距为 5m，炮孔距台阶坡顶线距离为 2m，台阶坡

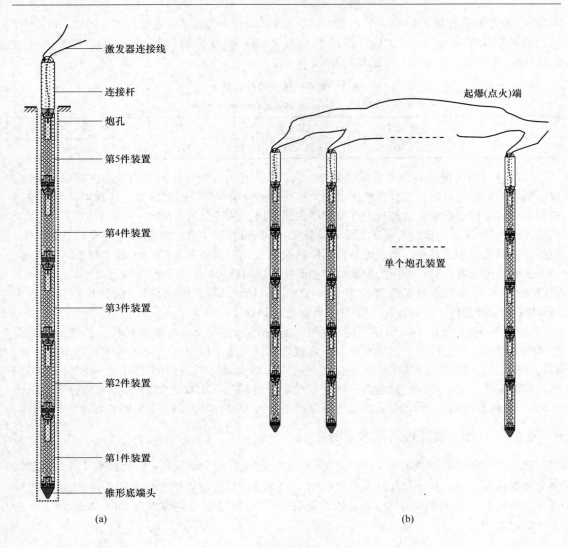

图 5 装置使用示意图
(a) 单个炮孔示意；(b) 多个炮孔示意
Fig. 5 Schematic diagram of the device

顶线平直，炮孔底盘抵抗线为 2~4m，装置设置完毕用细砂将炮孔间隙密实填充，炮孔上部 0.5m 用炮泥堵塞。爆破后岩体没有大幅整体位移，只在炮孔周边自上而下拉开了横向和纵向裂隙，采用大型反铲挖掘机采掘时，沿着裂隙逐步将大块的大理石采出，剩余的碎块和细屑作为石灰石制粉原料，用于电厂烟气脱硫。

表 4 矿区岩石物理力学性能
Table 4 Physical and mechanical properties of the rock in mining area

| 性 能 | 普氏硬度 | 抗压强度/MPa | 抗拉强度/MPa | 抗剪强度 | |
|---|---|---|---|---|---|
| | | | | 内摩擦角/(°) | 黏聚力/MPa |
| 指 标 | 7 | 71.34 | 3.16 | 27.61 | 33.38 |

## 5.3 爆破效果比较

文献[5]采用 $CO_2$ 液气相变膨胀破岩，大理石荒料率大幅度提高，爆破成本明显下降，降低了传统爆破法所特有的负面效应，如表5所示。

表5 二氧化碳爆破与炸药爆破效果对比
Table 5 Comparison of the effects of the $CO_2$ blasting and the explosive blasting

| 爆 破 法 | 大理石荒料率 | 爆破成本 | 采掘成本 | 爆破能量 | 地震波 | 飞石 | 烟尘 | 对原岩整体性的破坏作用 |
|---|---|---|---|---|---|---|---|---|
| 液态 $CO_2$ 相变膨胀破岩 | 17.1% | 较低 | 较高 | 较小 | 较弱 | 无 | 小 | 较 小 |
| 炸药爆破 | 10.3% | 较高 | 较低 | 较大 | 较强 | 较大 | 较大 | 较 大 |

## 6 结语

液态 $CO_2$ 相变膨胀破岩技术无需炸药、雷管，可作为传统炸药爆破破岩技术的重要补充；其相变产物温度低、无火花、无毒害气体等，可拓展破岩技术应用领域，尤其对地下煤矿开采、有瓦斯爆炸危险矿区具有独特优势；其膨胀破岩能力可高于岩石抗压强度一个数量级，在达到破岩目的的同时可不产生爆破振动、爆破飞石及爆破噪声等危害；从能量利用率来看，可避免炸药爆破破岩在爆破压碎区存在的能量损耗及爆破过程中高温造成的能量损耗等。

当前关于 $CO_2$ 液气相变膨胀破岩技术的研究与应用都还不够系统与深入，如 $CO_2$ 液气相变机理研究，炮孔内应力场变化规律研究，$CO_2$ 液气相变膨胀破岩与炸药破岩机理、效果对比研究，破岩装置结构、材料、选型优化研究等还有待作出系列研究。期盼液态 $CO_2$ 相变膨胀破岩技术研究单位及团体能够加强交流与沟通，技术应用单位及个人能够客观地对待这项技术，在中国爆破行业协会的统筹下，将这项技术不断完善与发展。

## 参 考 文 献

[1] 徐颖，程玉生. 国外高压气体爆破[J]. 煤炭科学技术, 1997, 25(5): 52-53.
[2] R E Greenham, H Stafford. Shotfiring and its alternatives in the United States America. Transaction-the Institution of Engineers, Vol. 113. 815, 836.
[3] 徐颖. 高压气体爆破采煤技术的发展及其在我国的应用[J]. 爆破, 1998, 15(1): 67-69.
[4] 黄园月, 尹岚岚, 倪昊, 孙小明, 唐春晓. 二氧化碳致裂器研制与应用[J]. 爆煤炭技术, 2015, 34(8): 123-124.
[5] 王军, 肖永胜. 用二氧化碳爆破技术开采某石灰石矿的大理石材[J]. 现代矿业, 2015, 554(6): 15-17.
[6] 郭志兴. 液态二氧化碳爆破筒及现场试爆[J]. 爆破, 1994(3): 72-74.
[7] 孙建中. 基于不同爆破致裂方式的液态二氧化碳相变增透应用研究[D]. 中国矿业大学, 2015.
[8] 李付涛. 二氧化碳爆破增透技术的试验研究[J]. 煤, 2015(1): 16-18.
[9] 范迎春. 二氧化碳爆破增透技术在低透气性煤层中的应用研究[J]. 中州煤炭, 2015(5): 1-3.
[10] 霍中刚. 二氧化碳致裂器深孔预裂爆破煤层增透新技术[J]. 煤炭科学技术, 2015, 43(2): 80-83.
[11] 范迎春, 霍中刚, 姚永辉. 复杂条件下二氧化碳深孔预裂爆破增透技术[J]. 煤矿安全, 2014, 45(11): 74-77.
[12] 刘文郁, 王滨. 二氧化碳爆破深孔预裂强化增透试验研究[J]. 煤炭科技, 2016, 35(3): 178-179.
[13] 李志强. $CO_2$ 预裂爆破增透技术在瓦斯抽采中的应用[J]. 山西焦煤科技, 2014(7): 30-31.

[14] 李宝华. $CO_2$ 增透预裂技术在常村煤矿瓦斯抽采中的应用[J]. 煤, 2014, 24(9): 53-54.
[15] 王兆丰, 孙小明, 陆庭侃, 韩亚北. 液态 $CO_2$ 相变致裂强化瓦斯预抽试验研究[J]. 河南理工大学学报(自然科学版), 2015, 34(1): 1-5.
[16] 王兆丰, 李豪君, 陈喜恩, 赵龙, 周大超. 液态 $CO_2$ 相变致裂煤层增透技术布孔方式研究[J]. 中国安全生产科学技术, 2015, 11(9): 11-16.
[17] 孙小明, 黄园月, 倪昊. $CO_2$ 致裂器泄能过程分析[J]. 煤炭技术, 2015, 34(4): 263-265.
[18] 白志鹏. 常村煤矿液态 $CO_2$ 循环爆破致裂增透技术研究[J]. 煤炭技术, 2016, 35(4): 184-186.
[19] 李敏霞, 马一太, 王洪利, 汪耀东. 超临界二氧化碳膨胀做功过程分析[会议论文], 2007: 236-239.
[20] 赵博, 赵焕省. 超临界二氧化碳流体钻井技术研究现状[J]. 中国石油和化工标准与质量, 2011, 31(11): 53.
[21] 邱正松, 谢彬强, 王在明, 沈忠厚. 超临界二氧化碳钻井流体关键技术研究[J]. 石油钻探技术, 2012, 40(2): 1-7.
[22] 程宇雄, 李根生, 沈忠厚, 王海柱, 刘爽, 迟焕鹏. 超临界二氧化碳钻井研究进展[J]. 钻采工艺, 2013, 36(2): 41-44.
[23] 杜玉昆, 王瑞和, 倪红坚, 霍洪俊, 黄志远, 岳伟民, 赵焕省, 赵博. 超临界二氧化碳射流破岩试验[J]. 中国石油大学学报(自然科学版), 2012, 36(4): 93-96.
[24] 杜玉昆, 王瑞和, 倪红坚, 岳伟民, 黄志远, 霍洪俊, 李木坤. 超临界二氧化碳旋转射流破岩试验研究[J]. 应用基础与工程科学学报, 2013, 21(6): 1078-1084.
[25] 张琳, 胥豪, 牛洪波, 刘晓兰. 超临界二氧化碳钻井技术[J]. 探矿工程(岩土钻掘工程), 2014, 41(4): 10-13.
[26] 董庆祥, 王兆丰, 韩亚北, 孙小明. 液态 $CO_2$ 相变致裂TNT当量研究[J]. 中国安全科学学报, 2014, 24(11): 84-88.
[27] 赵龙, 王兆丰, 孙矩正, 涂冬平. 液态 $CO_2$ 相变致裂增透技术在高瓦斯低透煤层的应用[J]. 煤炭科学技术, 2016, 44(3): 75-79.
[28] 肖钢, 常乐. 二氧化碳——可持续发展的双刃剑[M]. 武汉: 武汉大学出版社, 2012.
[29] 李文炜, 狄刚, 王瑞欣. 船运液态 $CO_2$ 储罐爆炸事故的原因分析[J]. 安全与环境工程, 2010, 17(1): 95-98.
[30] Zoran Radulovi. Mining of the cave arch using the CARDOX procedure[J]. Zoran Radulovic, 2012, 2(7): 314-320.

# 聚能射流在销毁废旧炮弹中的应用

王鲁庆　马宏昊　沈兆武　崔宇

（中国科学院材料力学行为和设计重点实验室，中国科学技术大学，安徽 合肥，230026）

**摘　要**：针对废旧炮弹无法采用诱爆法销毁的问题，进行了聚能射流侵彻钢柱的实验，并采用LS-DYNA 有限元分析软件对聚能装药射流进行了了数值模拟。通过对比侵彻深度及侵彻入口直径，实验结果与模拟结果相吻合，说明了实验设计的有效性。将此种方法应用于销毁二战时期的废旧炮弹上，解决了诱爆法无法销毁的问题。

**关键词**：炮弹销毁；聚能射流；LS-DYNA；数值模拟

## Application Study of Destroying Discard Old Bomb by Shaped Jet

Wang Luqing　Ma Honghao　Shen Zhaowu　Cui Yu

(CAS Key Laboratory of Mechanical Behavior and Design of Materials (LMBD),
University of Science and Technology of China, Anhui Hefei, 230026)

**Abstract**: To solve the problem that the method of blasting cannot destroy discard old bombs, the experiment of shaped jet penetrating a steel column was carried out. Numerical simulation was also made using LS-DYNA. It showed that the result of the experiment is corresponding to that of the numerical simulation through comparing the penetrating depth and the diameter of the penetrating inlet, which illustrated that the experiment was effective. This method can be used to destroy discard old bombs of the second war. Simultaneously, the problem that the method of blasting doesn't work on discard old bombs can be solved.

**Keywords**: destroy discard old bombs; shaped jet; LS-DYNA; numerical simulation

## 1 引言

抗日战争及解放战争时期，在长江流域爆发过许多大大小小的战争，因此遗留下许多深埋地下的炮弹。近年来，随着房地产等商业的发展，这些炮弹被挖掘出。为消除安全隐患，稳定社会治安，这些废旧炮弹必须进行销毁处理。目前国内外对废旧炮弹的销毁手段主要是诱爆法、燃烧法、熔解法和聚能切割法。针对多数废旧炮弹具有外壳及一定的爆炸威力，诱爆法应用最广泛。诱爆法的原理是诱爆炸药爆炸后产生的冲击波侵入弹丸内部，将主装药引爆，达到销毁目的。葛勇[1]、由强[2]、蒋跃飞[3]和温建平[4]等人对此种方法

---

基金项目：国家自然科学基金面上项目（51374189）。
作者信息：王鲁庆，硕士，aiyuan@mail.ustc.edu.cn。

及销毁过程进行了较为详尽的介绍。当炮弹壁较厚时,线性聚能切割法[5]能够较好地达到销毁目的。

聚能装药技术已广泛地应用于石油钻井、军事战斗、水下沉箱、地质深层开挖等方面。随着计算机技术的发展,聚能射流的数值模拟可以对这一复杂过程进行仿真,再现射流的形成过程。温万治[6]等对聚能射流侵彻钢板进行了全过程的数值模拟,张会锁[7]等通过数值模拟研究了起爆方式对聚能射流的影响。聚能效应的主要特点是能量密度高和方向性强,仅仅在锥孔方向上有强烈的破坏作用,非常适合应用于射孔类的工作[8]。

本文利用聚能装药的聚能效应,将此技术应用于废旧炮弹的销毁工作上。首先针对炸弹壁厚设计了聚能射流侵彻钢柱的实验,并结合显示动力学有限元软件 LS-DYNA 对此过程进行数值仿真模拟;将聚能射流应用于诱爆法无法销毁的炮弹上,达到了彻底销毁炮弹的目的。

## 2 聚能射流实验

### 2.1 炮弹壁厚估算

采用文献[5]中有关炮弹壁厚的估算公式:

$$\delta_b = (1/8 \sim 1/5)\delta_k \tag{1}$$

式中,$\delta_b$、$\delta_k$ 分别为炮弹壁厚和炮弹口径。本次待销毁炮弹直径最大不超过 100mm,因此壁厚不超过 20mm。

### 2.2 聚能装药设计

聚能装药示意图如图 1 所示。药型罩外径为 46mm、壁厚为 2mm、高度为 45mm,材料为紫铜。采用 PVC 管装药,装药高度为 75mm,炸高为 30mm。待侵彻钢柱高度为 60mm,材料为 45 号钢。装药实物如图 2 所示。

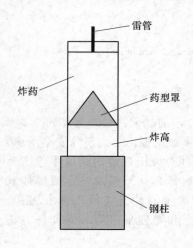

图 1 聚能装药示意图
Fig. 1 Sketch of shaped charge jet

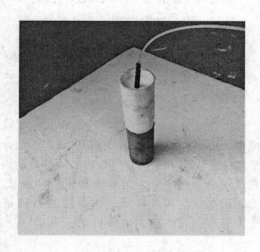

图 2 聚能装药实物图
Fig. 2 Entity of shaped charge jet

## 2.3 实验结果

图2中聚能装药用雷管起爆后,侵彻钢柱结果如图3所示。射流深度为33.13mm,扩孔入口直径约为19mm,扩孔基本为圆形。

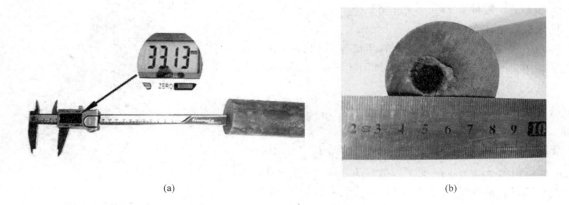

图3　侵彻结果
(a) 侵彻深度; (b) 侵彻入口直径
Fig. 3　Results of the penetration

## 3　数值模拟研究

采用显示动力学有限元软件LS-DYNA对射流形成过程及侵彻钢柱过程进行数值模拟。本文聚能装药结构为轴对称结构,故建模时可将问题简化为1/4圆柱体。由于药型罩在爆轰压力作用下形成射流的过程中存在大变形,使用Lagrange算法会造成单元严重畸变,导致计算终止,因此需要使用自适应网格技术。罩自身采用单面接触,聚能罩与炸药之间采用面-面接触。

### 3.1　计算模型及参数

计算模型如图4所示。聚能罩参数严格按照1.2中设计。炸药采用乳化炸药炸药材料模型,对应的Chapman-Jouget(CJ)压力为5.67GPa,爆轰速度为4500m/s,初始密度为1120kg/m³,爆炸气体的JWL状态方程[9]为:

$$p = A\left(1 - \frac{\omega\eta}{R_1}\right)e^{-R_1/\eta} + B\left(1 - \frac{\omega\eta}{R_2}\right)e^{-R_2/\eta} + \omega\eta\rho_0 e \quad (2)$$

式中,$\eta = \rho/\rho_0$,$\rho$为爆炸气体的密度,$\rho_0$为炸药的初始密度;$e$是高能炸药单位质量的内能;$A$,$B$,$R_1$,$R_2$和$\omega$是通过实验数据拟合得到的参数,表1给出了乳化炸药JWL状态方程的主要参数[10]。

聚能罩材料为紫铜,密度为8930kg/m³。在高压、高密度和高温的爆炸载荷作用下采用Mie-Gruneisen状态方程[9],其具体形式取决于紫铜的状态,在压缩状态下:

$$p = \frac{\rho_0 C^2 \mu \left[1 + \left(1 - \frac{\gamma_0}{2}\right)\mu - \frac{a}{2}\mu^2\right]}{\left[1 - (S_1 - 1)\mu - S_2 \frac{\mu^2}{\mu+1} - S_3 \frac{\mu^3}{(\mu+1)^2}\right]^2} + (\gamma_0 + a\mu)e \quad (3)$$

在膨胀状态下的压力：

$$p = \rho_0 C^2 \mu + (\gamma_0 + a\mu)e \quad (4)$$

式中，$\rho_0$ 为初始密度；$\eta = \rho/\rho_0$；$\mu = \eta - 1$，当 $\mu < 0$ 时材料处于膨胀状态，反之为压缩状态；$C$ 为声速；$\gamma_0$ 为 Gruneisen 系数；$a$ 为体积修正系数；$S_1$，$S_2$，$S_3$ 为实验拟合系数，具体参数见表 2[11]。

靶板（钢柱）采用随动塑性模型（Plastic-Kinematic），状态方程为 Gruneisen，应变率用 Cowper-Symonds 模型[12]考虑：

$$\sigma_Y = \left[1 + \left(\frac{\dot{\varepsilon}}{C}\right)^{1/p}\right](\sigma_0 + \beta E_p \varepsilon_p^e) \quad (5)$$

式中，$\sigma_Y$ 为屈服应力；$\sigma_0$ 为初始屈服应力；$\dot{\varepsilon}$ 为应变率；$C$，$p$ 为 Cowper-Symonds 应变率参数；$\beta$ 为硬化参量；$E_p$ 为塑性硬化模量；$\varepsilon_p^e$ 为有效塑性应变。$E_p$ 可由式（6）得到：

$$E_p = \frac{E E_{\tan}}{E - E_{\tan}} \quad (6)$$

式中，$E$ 为弹性模量；$E_{\tan}$ 为切线模量。计算参数见表 3。

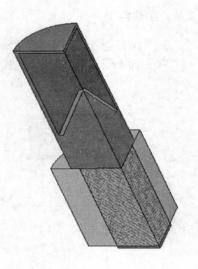

图 4　聚能装药模型
Fig. 4　Model of shaped charge

表 1　乳化炸药 JWL 状态方程参数
Table 1　JWL equation of state parameters for emulsion explosion

| 炸药类型 | $A$/GPa | $B$/GPa | $R_1$ | $R_2$ | $\omega$ | $e$/GPa |
| --- | --- | --- | --- | --- | --- | --- |
| 乳化炸药 | 178.7 | 5.8 | 5.8 | 1.56 | 0.57 | 1.7 |

表 2　紫铜模型计算参数
Table 2　Computational parameters for copper

| 材料 | $C$/m·s$^{-1}$ | $S_1$ | $S_2$ | $S_3$ | $\gamma_0$ | $a$ |
| --- | --- | --- | --- | --- | --- | --- |
| 紫铜 | 3940 | 1.49 | 0.0 | 0.0 | 2.02 | 0.47 |

表 3　钢柱模型计算参数
Table 3　Computational parameters of steel column

| $\rho$/g·cm$^{-3}$ | $E$/GPa | $\nu$ | $\delta_Y$/GPa | $E_{\tan}$/GPa | $\beta$ | $C$/s$^{-1}$ | $p$ |
| --- | --- | --- | --- | --- | --- | --- | --- |
| 7.81 | 204 | 0.28 | 0.366 | 22 | 1.0 | 4.0 | 0.6 |

注：$\rho$ 为钢柱密度；$\nu$ 为泊松比。

## 3.2　计算结果

模拟聚能射流形成及侵彻钢柱过程如图 5 所示。15μs 时刻，炸药爆炸将聚能罩压垮，开始形成射流；43μs 时刻，射流到达钢柱的上表面，侵彻开始；95μs 时刻，侵彻深度达到最大值，射流的剩余能量将入口孔径拓宽。最终侵彻效果如图 6 所示。

通过 A、B 两点的坐标可以计算侵彻入口直径与侵彻深度，侵彻入口直径为 20.1 mm，侵彻深度为 31.53 mm，数值模拟结果与实验结果吻合较好。

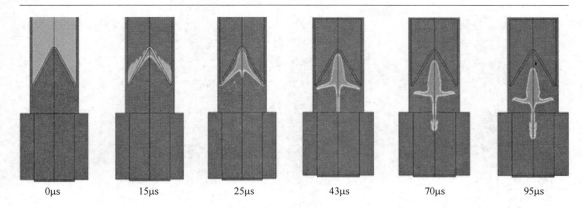

图 5  聚能射流侵彻钢柱进程图
Fig. 5  Process of shaped charge jet penetrating the steel column

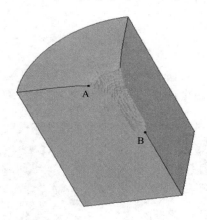

图 6  模拟侵彻结果
Fig. 6  Penetrating result of simulation

## 4 聚能射流销毁废旧炮弹

铜陵市位于长江中下游，抗日战争及解放战争期间发生过许多战役，因当时生产技术的落后，许多炮弹没有爆炸，深埋于地下。因此，在开发房地产的过程中挖出许多废旧炮弹，见图7。起初，当地公安机关采用诱爆法，将部分炮弹销毁，但是剩余三枚无法销毁，而是被炸到200m的远处。炮弹壁过厚是导致如上现象的主要原因，因此，销毁此类炮弹的首要任务是将炮弹壁击穿。受当地公安机关委托，本课题组拟采用聚能射流的思想，利用其能量密度高及方向性强的特点，将炮弹壁击穿，同时引爆炮弹。

由于废旧炮弹的壁厚不超过20mm，由实验及数值模拟的结果可知，采用本文的聚能装药结构侵彻弹体，可将炮弹壁面穿透，进而将内部炸药引爆，达到销毁炮弹的目的。

本次销毁废旧炮弹在山谷中进行，为保证起爆的可靠性，在炮弹两侧分别固定一个聚能装药结构，如图8所示。为保证安全，装药结束后工作人员远离爆源500m，起爆人员在距离爆源200m处的搭建掩体内，经指挥人员给出起爆口令后起爆。爆破后，由技术人员进入现场进行检查，在确认废旧炮弹全部销毁后，解除警戒。

图 7  现场废旧炮弹
Fig. 7  Discard old bomb on the spot

图 8  聚能射流侵彻弹体示意图
Fig. 8  Sketch of shaped jet penetrating the bomb

起爆后爆破地点升起绿色的浓烟,所要销毁的废旧炮弹全部起爆,图 9 为废旧炮弹销毁后留下的药筒尾部的沾有苦味酸的密封盖。

图 9  炮弹底座
Fig. 9  Base of the bomb

## 5  结论

本文通过试验及数值模拟设计了一种聚能装药装置,并采用该装置对废旧炮弹进行了销毁。研究结果表明,该聚能装药装置可以对 45 号钢造成 33mm 的侵彻深度,可以成功销毁弹径 100mm 的废旧炮弹。与诱爆法相比,采用聚能射流销毁废旧炮弹,用药量少,避免了诱爆法所产生大量的污染气体;且起爆网路简单易操作,爆破可靠性强;爆破后现场易于清理,避免了个别未爆炮弹抛射较远而导致无法清点而留下隐患的缺点。

## 参 考 文 献

[1] 葛勇，付天光，杨智广，费鸿禄，戴显超. 爆炸法销毁废旧炮弹[J]. 2006，15(11)：85-87.
[2] 由强，张波. 废旧炮弹销毁分析[J]. 工程爆破，2010，16(3)：90-92.
[3] 蒋跃飞，张正忠，杨雁，王宗国. 废旧炮弹销毁设计与施工[J]. 工程爆破，2009，15(2)：87-90.
[4] 温建平，胡小龙，魏晓林. 硐室内爆炸法销毁废旧炮弹的设计与实施[J]. 爆破，2007，24(3)：84-87.
[5] 葛勇，付天光，杨智广，戴显超. 聚能切割销毁废旧炮弹[J]. 2006，12(4)：74-76.
[6] 温万治，恽寿榕，赵衡阳，张月琴. 聚能装药侵彻钢板全过程的数值模拟[J]. 爆炸与冲击，2001，21(2)：126-130.
[7] 张会锁，赵捍东，黄延平，石兴玉，张燕欣. 起爆方式对聚能射流影响的数值仿真研究[J]. 含能材料，2008，16(4)：415-419.
[8] 曹丽娜. 聚能射流和破甲过程数值模拟方法的研究[D]. 长春工业大学，2010.
[9] John O. Hallquist. LS-DYNA Theory Manual[M]. California：Livermore Software Technology Corporation，2006.
[10] 缪广红. 蜂窝结构炸药与双面爆炸复合的研究[D]. 中国科学技术大学，2015.
[11] 时党勇，李裕春，张胜明. 基于ANSYS/LS-DYNA8.1进行显示动力分析[M]. 北京：清华大学出版社，2005.
[12] 谭多望，孙承伟，赵继波，张克明，谢盘海. 大锥角聚能射流实验研究[J]. 高压物理学报，2003，17(3)：204-208.

# 线性聚能切割器水下切割钢板性能的实验研究

谢兴博　钟明寿　龙　源　刘健峰　王　敏

（解放军理工大学野战工程学院，江苏 南京，210007）

**摘　要**：本文研究水介质对于线性聚能切割器切割效果的影响，首先通过理论分析找出水介质对于切割效果影响较大的四个因素，然后设计实验进行验证，最后得出一组可用于工程以及军事实践的数据，达到对药量的有效控制和钢板的精确爆破。为线性聚能切割器水下钢板爆破在国防工程中的应用和实践提供了理论依据和参考。

**关键词**：线性聚能切割；水下切割；影响因素；实验研究

## Experimental Study on the Linear Shaped Charge Cutting Steel Target under Water

Xie Xingbo　Zhong Mingshou　Long Yuan　Liu Jianfeng　Wang Min

（College of Filed Engineering，PLA University of Science and Technology，Jiangsu Nanjing，210007）

**Abstract**：We studied the effects of the water medium on the linear shaped charge cutter for cutting. At first we find four factors of water medium which have greater influence on the cutting effect through the theoretical analysis, and then design the experiment verificaty. Finally it is concluded that a set of data can be used in engineering and military practice to achieve the effective control of the dosage and precise blasting of steel plate. It provides a theoretical basis and reference for the linear shaped charge cutter plate underwater blasting application in national defence engineering and practice.

**Keywords**：shaped cutting；liner；underwater；influencing factors

## 1　引言

自从聚能效应被门罗发现以来，利用这一效应的新型破甲弹、聚能切割器等武器装备陆续装备部队，众多学者也对这一效应进行了较为详细的研究。但是，针对聚能效应的研究大多是在空气介质中，而我国面临日益复杂的海洋权益斗争，水下聚能爆破在交通、建筑、水电、人防等国防建设工程还有军事斗争中发挥着越来越重要的作用。而且我军在破坏水下沉船、集装箱等大型钢结构目标时，缺乏有效的装备器材。因此，如何精确有效的利用线性聚能切割器对钢铁物体爆破分解是我国基础设施建设和军事斗争准备中亟待解决的问题。Zhang[1]利用有限

---

基金项目：国家自然科学基金资助项目（51304218，51339006，51508569）。
作者信息：谢兴博，硕士，副教授，znbxie@126.com。

元程序分别研究了单层和双层柱状壳体结构在水下接触爆炸时的破坏特点；Wierzbicki 等[2]针对侧向爆炸冲击载荷作用下半无限长薄壳体局部区域的毁伤评估进行了理论研究。

本文主要探讨线性聚能切割器在水下使用时可能受到的影响，对影响因素进行参数量化，然后通过实验进行验证，最后对实验数据进行总结，得出一组可供工程以及军事实践参考的数据。

## 2 理论分析

### 2.1 聚能现象及线型聚能切割器

由于炸药爆炸后，爆炸产物在高温高压下基本是沿炸药表面的法线方向向外飞散的[3]。因此，带凹槽的装药在引爆后，在凹槽轴线上会出现一股汇聚的、速度和压强都很高的爆炸产物流，在一定的范围内使炸药爆炸释放出来的化学能集中起来[4]。这种爆轰产物的聚集，可以大大提高局部作用力，与没有空穴装药相比，它可在金属板上造成一个较深的空穴，这种提高局部破坏作用的效应称为聚能效应，该现象称为聚能现象[5]。

线性聚能装药是最常规的聚能装药[6]。当炸药起爆后，爆轰波一方面沿着炸药的长度方向传播，另一方面沿着药型罩运动，聚能作用使爆炸能量向药形罩会聚，爆轰产物以高达几十万大气压的压力作用于药形罩，并将其压垮，而后向对称轴闭合运动，并在对称面内发生高速碰撞，药形罩内壁附近的金属在对称平面上挤出一块向着装药底部以高速运动的片状射流，通常称为"聚能刀"。它一般是呈熔融状态的高速金属射流，其头部速度约为 3000～5000m/s，集中了很高的能量。当它与金属靶发生相互作用时，迫使靶板表面压力突然达到几百万大气压。在高压作用下，将靶板表面金属排开，向侧表面堆积。随着金属射流的不断作用，最终实现对金属的切割作用。

### 2.2 水下聚能切割影响因素分析

水下线型聚能切割在对钢板、钢梁等构件的切割中，被切割构件位于水中，水介质充满在切割器周围，由于水介质相对于空气介质具有密度大、不易压缩、阻力大、传导热量迅速、存在静水压力、高温气化等特点[7]，其切割过程和效果与空气中相比有较大不同，具体从金属射流形成与传播两方面来看，排除次要因素，水下聚能切割主要影响因素有以下 4 点：(1) 水的阻力与降温；(2) 水的静压力；(3) 聚能槽内介质；(4) 炸高的影响[8]。下面就上述 4 点做具体分析：

(1) 水阻力的影响。相对于在空气中使用，线性聚能切割器在水下切割钢板最大的不同就是水介质贯穿于爆破所有过程中，而水介质相对空气流动性要差，阻力大。阻碍药型罩在炸药压力下翻转形成射流，明显阻碍射流的速度。高速摄影资料表明金属射流头部速度在空气中高达 7000～8000m/s，而数值模拟显示射流经过 20cm 水之后速度将为 500～1000m/s，其动能明显不足，对钢板切割效果差。而且线性聚能切割器主要是利用高速熔融状态的金属射流不断冲击目标，而水介质在这一过程中可以对射流快速冷却降温，使射流变成散落的金属渣而非塑状的流体，无法在金属目标表面形成高温融化效果。水的冷却作用甚至影响金属射流的有效形成，从而降低爆破效果。

(2) 水压的影响。金属射流前端一般较细，在水中开始穿行形成类似的空洞，水压作用会迅速减小孔径，需要后续射流继续穿孔扩孔，重复消耗能量。但是，由于水介质同样充斥于装药外表面会使得装药爆炸能量更多集中在药型罩上，使得射流具有更高的初速，会提高金属射流的侵彻能力。在聚能切割时，水压的影响更是不能忽略，具体是有利还是有弊需要实验具体体验证。

（3）聚能槽内介质影响。线性聚能切割器主要依靠线性聚能槽的聚能效果，形成刀型金属射流。金属射流在形成初期是很脆弱的，这个时候如果受到水介质影响，对射流的形成影响很大，可能导致射流飞散，不能聚集，从而降低爆破效果。如果聚能穴内是空气，而装药其他表面是水介质时，有利于炸药能量向聚能穴集中，爆破切割效果会增加。这一点之前的分析也已经提到。

（4）炸高对切割能力的影响可以从两方面分析，一方面随炸高的增加，射流伸长，从而提高破甲深度；另一方面，随着炸高的增加，射流会产生径向分散运动和摇摆，射流延伸到一定程度后会产生断裂现象，分散的金属射流颗粒到达靶板，使破甲进口很乱，使得破甲深度降低。炸高的确定与药型罩锥角、药型罩材料、炸药性能以及有、无隔板都有关系。

## 3 实验验证

通过实验找出水阻力、水压、聚能空气槽与钢板爆破效果之间的关系，并记录实验数据，总结试验结果，为工程施工和军事实践提供理论指导。

### 3.1 实验设计

实验装置如图1所示。实验通过2型号线性聚能切割器对45钢进行切割研究，切割器主要技术指标：外观尺寸聚能穴角度$90°+3°$，宽2.8cm，高1.9cm，外壳材料为铅锑合金。通过测量钢板切割深度来对切割效果进行评估。

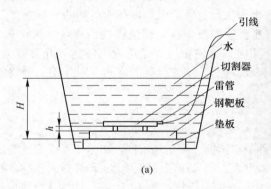

图1 试验设置示意图和实物图

Fig. 1 Sketches and physical graph of test set-up

在水下爆破中，由于水的影响，炸高反而有可能增加了射流和水的接触机会，从而减弱射流的切割作用。本实验分别设计了空气与水中三个不同炸高的实验对比。其中线型聚能切割器的具体尺寸如图2所示。

### 3.2 实验结果及分析

在对以上设计的实验进行客观实验后我们得到如表1所示的实验数据：

#### 3.2.1 水阻力、水的降温数据分析

根据实验结果可以看出，与理论预期的一样，由于水的降温、阻力等因素，线性聚能切割器在

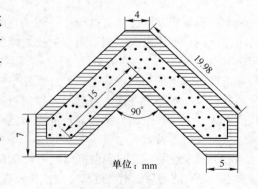

图2 线型聚能切割器截面图

Fig. 2 The sectional view of the cutter

水下使用时，无法正常形成金属射流，对钢板只有有限的冲击波作用，与普通炸药块没有区别，爆破效果被极度削弱。

表1 第二次试验数据
Table 1 The second test data

| 条件($H=250mm$) | 钢板厚度/mm | 切割深度1/mm | 切割深度2/mm | 切割深度3/mm | 平均深度/mm |
| --- | --- | --- | --- | --- | --- |
| 空气炸高0 | 20.0 | 12.0 | 11.5 | 12.5 | 12.0 |
| 空气炸高4mm | 20.0 | 12.0 | 16.0 | 13.0(12.0) | 13.2 |
| 空气炸高10mm | 20.0 | 16.0 | 19.0 | 16.0(18.0) | 17.5 |
| 水中炸高0 | 20.0 | 11.0 | 9.0(11.0) | 8.5(10.0) | 10.0 |
| 水中炸高4mm | 20.0 | 8.0 | 5.0 | 8.0 | 7.0 |
| 水中炸高10mm | 20.0 | 5.0 | 7.0 | 3.0 | 5.0 |

#### 3.2.2 水压沉深数据分析

从实验数据中可以看出，不同沉深情况下，钢板的切割深度有所不同，与水下深孔爆破不同的是，水压对爆破能量反而起到汇聚作用，更多的能量朝钢板射去，沉深越大，切割效果越好。根据数据得简单的水压与切割深度关系：

$$L_1 = (K_1 - K_2)H + L \tag{1}$$

式中 $L_1$——钢板切割深度；
 $L$——钢板厚度；
 $K_1$——水压影响系数，$K_1 = 0.0385$；
 $K_2$——其他因素影响系数；
 $H$——钢板沉深。

#### 3.2.3 空气聚能槽数据分析

金属射流的形成过程直接影响着切割效果，在水中，水的降温和阻碍作用影响了聚能罩的反转和杵体的拉伸，从两次实验看出，将聚能槽密封隔水后，切割效果明显加强，是解决切割器水下使用的有效方法。对聚能槽进行防水密封后，切割效果约为空气中的81%~89%左右。

#### 3.2.4 炸高数据分析

从实验可以看出，虽然在空气中恰当的炸高有助于射流的拉伸，但是在水中，炸高的设置增加了射流与水的接触时间，非但没有帮助射流拉伸，反而阻碍了射流传播，炸高越大，影响越大。

## 4 结论与成果

(1) 线性聚能切割器水下钢板切割爆破时，由于受到水介质的影响使切割器无法形成有效金属射流，从而无法达到切割目的，并且炸高的设置反而减弱射流的作用；

(2) 通过实验研究，可通过防水密封方式，最大限度保证射流的形成，可以发挥空气中效果的81%~89%左右，在比空气中药量略有增加后，仍可达到爆破切割目的；

(3) 同时实验发现，水压可对炸药的爆破能量进行汇聚，沉深越深，效果越好，对水下裸露爆破具有增强作用，影响系数为0.0385。

## 参 考 文 献

[1] Zhang Zhifan. Damage characteristics of coated cylindrical shells subjected to underwater contact explosion [J]. Shock and Vibration, 2014.
[2] Wierzbicki T, Hoo Fatt M S. Damage assessment of cylinders due to impact and explosive loading[J]. International Journal of Impact Engineering, 1993, 13 (2): 215-241.
[3] Li Yang, Yu Wang, Qing Ming-Zhang etc. Numerical Study on Damage Response of Ship Composite Armor Structures to Contact Underwater Explosion[J]. Advanced Materials Research, 2009, 79: 1329-1332.
[4] 沈晓军,张鹏翔,孙韬,等. 杀爆战斗部破片对厚壁钢管的毁伤效应研究[J]. 兵工学报, 2005, 26 (4):438-442.
[5] 隋树元,王树山. 终点效应学[M]. 北京:国防工业出版社, 2000.
[6] [俄]Л. П. 奥尔连科. 爆炸物理学[M]. 孙承纬,译. 北京:科学出版社, 2011.
[7] 苟瑞军. 线形爆炸成型侵彻体形成机理研究[D]. 南京:南京理工大学, 2006.
[8] 王海福,江增荣,俞为民,等. 杆式射流装药水下作用行为研究[J]. 北京理工大学学报, 2006, 26 (3):189-192.

# 爆炸切割结合沉管技术在盾构穿越地下障碍中的应用

刘少帅　申文胜　李介明

（上海消防技术工程有限公司，上海，200080）

**摘　要**：本文介绍了利用爆炸切割和套管沉管施工工艺，对盾构掘进区间的钢管井等障碍进行清理的过程和工艺步骤。设计了一种环形聚能切割器用于切断水井钢套管，然后结合加高压水幕、气幕的沉管技术，成功地提拔出水井钢套管。本文为盾构施工提供了一种爆炸聚能切割与沉管技术相结合的清障方法，经实践证明，该方法快速安全，具有实效，满足工程需要。

**关键词**：爆炸技术；切割弹；钢套管施工

## Application of Explosive Cutting Combined with Immersed Tube Technology to Eliminate Underground Obstacles in Shield Tunneling

Liu Shaoshuai　Shen Wensheng　Li Jieming

(Shanghai Fire Technique Engineering Co., Ltd., Shanghai, 200080)

**Abstract**: This paper introduces the clearance process and steps of the steel tube well in the sheield excavation range by using explosive cutting and pipe sinking construction craft. A ring shaped cutter used for cutting steel casing of the well is designed, and combined with pipe sinking technology with high pressure water curtain and air curtain, the steel casting tube is pulled out. This article provides a clearance method with the combination of blast shaped cutting and pipe sinking technology. The practice has proved that it is rapid, safe and practical, and meets the needs of the project.

**Keywords**: explosive technology; cutting projectile; steel casing construction

## 1　引言

机场大道站-奥体中心站盾构左右线区间上各存在1口钢管井，用于高庄子村未拆迁之前村民饮水和灌溉之用，始建于20世纪60~70年代。左线井：距离机场大道站164m，距线路中心0.72m，位于农田灌溉沟渠中。直径400mm，壁厚10mm，井深约600m，水深大于35m。右线井：距离机场大道站126m，距离线路中心1.9m，位于乡村土路路边灌溉沟渠中（如图1所示）。直径100mm，壁厚10mm，井深约200m。两井位于盾构掘进线路上，受埋深、材质等因素影响决定在地下25m处利用爆炸切割将管体切断，然后用钢套管加高压水幕、气幕振动沉

---

作者信息：刘少帅，工程师，shaoshuai1028@163.com。

管法拔除钢管井。

图 1 左右线钢管井平面位置图
Fig. 1 The right and left side of the pipe well plan

## 2 整体方案

根据环形聚能切割理论,把切割药型罩做成环形,并装填高能环形聚能炸药,炸药爆炸时环形聚能穴药型罩被压垮并碰撞形成高速运动的环形连续射流,该射流的头部速度可达3000~6000m/s,可以切断不同壁厚的钢管,利用这一原理,我们此次采用内切割型聚能切割弹。

## 3 爆破切割方案

### 3.1 装药量计算

根据爆破切断装药量计算公式计算:

$$Q = 25\pi dh$$

式中,$Q$ 为 TNT 药量,g;$d$ 为钢管外径,cm;$h$ 为钢管壁厚,cm。

经计算 100 型钢管装药量 785g、400 型钢管装药量 3140g,考虑到周边爆破安全环境良好,以及土压力的对聚能爆破阻碍作用,实际装药量:100 型钢管井取 1000g,400 型钢管井取 4000g。

### 3.2 装药量试验

爆破前我们在靶场先进行了模拟试验,用以检验聚能切割弹对钢板的切割效果。聚能切割弹试验件的装药与实际结构完全相同,试验切割器长度 200mm,装药量约 120g;试验选用 10mm 厚钢板放置到水中模拟现场条件。试验结果表明,切割线性装药量可以满足炸断钢管层的要求（如图 2 所示）。

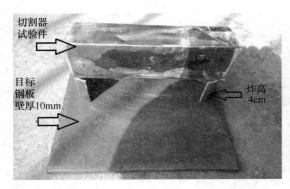
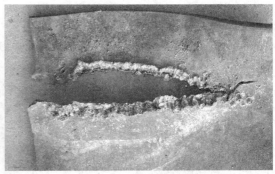

图 2 模拟试验及效果图
Fig. 2 Simulated Experiment and its Result

### 3.3 爆破切割施工过程

（1）聚能切割弹规格为：100 型钢管聚能切割弹弹体直径为 80mm，长度为 1000mm、400 型钢管聚能切割弹弹体直径约为 350mm，长度 400mm（如图 3 所示）。

图 3 切割弹安装加工
Fig. 3 Cutter installation processing

（2）切割弹放置方法：在井体上设置三脚架，利用塑料包皮的钢丝绳将切割弹放置至切割位置。

（3）起爆网路连接：采用电起爆方式，连接前做好导线防水处理。将起爆主线放至距离爆破中心 100m 处，复测网路电阻。

## 4 爆破效果

爆炸切割后采用钢套管加高压水幕、气幕振动沉管法提拔钢管井，待露出钢管井顶部，采用 50t 履带吊悬挂 DZ135 振动锤打 φ900 钢套管至需要清除管井的底标高 −25m 处，利用高压水幕、气幕液化土体，然后用吊车拔出管井，采用黏土回填。经管内回填后，利用 50t 履带吊悬挂 DZ135 振动锤拔除钢套管，经对套管长度测量，达到了设计要求。如图 4 所示为水井钢套

图 4 钢管井拔除及炸断断口照片
Fig. 4 Steel tube Wells and downed photos

管拔除及炸断断口情况。

## 5 结论

为了清除盾构区间的钢套管水井障碍,本文设计了一种环形聚能切割器用于切断水井钢套管,然后结合加高压水幕、气幕的沉管技术,成功地提拔出水井钢套管。本文为盾构施工提供了一种爆炸聚能切割与沉管技术相结合的清障方法,经实践证明,该方法快速安全,具有实效,满足工程需要。

### 参 考 文 献

[1] 汪旭光. 爆破设计与施工[M]. 北京:冶金工业出版社, 2011.

# 物联网无人机技术在工程爆破中应用研究

罗 潇[1]　王雪峰[2]

(1. 广东隆源检测技术有限公司，广东 珠海，519000；
2. 珠海华源爆破工程有限公司，广东 珠海，519000)

**摘　要**：近年来，物联网技术在工程爆破中的远程视频监控、爆破振动远程监测、爆破作业全过程智能化等领域中得到了很大程度的推广运用。而无人机在商业影视制作、地图测绘、地质勘探、环境监测等领域中也得到了广泛应用。本文分析了结合物联网技术的无人机在工程爆破中的勘察、图纸绘制、工地远程视频监控、爆破过程全景实时视频图像航拍直播、爆破有害效应辅助监测等领域的应用前景。物联网无人机技术，能为工程爆破的信息化、可视化管理，提供更多样化的途径。

**关键词**：物联网；无人机；工程爆破；航拍；远程视频监控

## Applicable Prospect of UAV with IOT Technology in Blasting Engineering

Luo Xiao[1]　Wang Xuefeng[2]

(1. Guangdong Longyuan Testing Technology Co., Ltd., Guangdong Zhuhai, 519000;
2. Zhuhai Huayuan Blasting Engineering Co., Ltd., Guangdong Zhuhai, 519000)

**Abstract**: In recent years, IOT technology has been widely used in remote video monitoring in engineering blasting, remote monitoring of blasting vibration, and intelligent blasting operation process the UAV has been widely used in the commercial film and television production, mapping, geological exploration, environmental monitoring and other fields. This paper analyzes the application prospect of the combined technology of UAV with the IOT in engineering blasting site survey, drawings, site daily remote video monitoring, blasting process panoramic video real-time aerial images, blasting harmful effect monitoring and other fields for information and visual management in blasting engineering. UAV-IOT technology could provide diverse ways.

**Keywords**: IOT; UAV; blasting engineering; aerial photography; monitoring

## 1 引言

物联网是指通过各种信息传感设备，实时采集任何需要监控、连接、互动的物体或过程等各种需要的信息，与互联网结合形成的一个巨大网络。物联网技术近年来已在工程爆破领域得

---

作者信息：罗潇，助理工程师，649469335@qq.com。

到很大程度的推广运用，如远程视频监控、爆破振动远程监测、爆破作业全过程智能化管理等领域。

与此同时，无人机（本文特指民用级无人飞行器）近年来也被广泛应用于电力巡检、环境监测、影视剧拍摄、快递、遥感测绘等领域。无人机最大的价值在于通过搭载不同功能的仪器，从空中提供了一个新的观测环境和采集数据的角度。而通过在所搭载的仪器内整合物联网技术（搭载各类信息采集传感器），这些仪器所采集的数据可以方便直接地通过互联网进行传输。

无人机作为一个载体，通过融合物联网技术及相关电子信息工程技术，可以成为一种新兴的智能设备或配套工具，在工程爆破领域的一些重要环节中，可以发挥辅助性甚至主导性的作用，有很大的应用前景及商业推广价值。

## 2 融合物联网技术的无人机在工程爆破领域的作用

### 2.1 爆炸作业现场的远程视频监控和全景直播

通过无人机航拍方式，采用4G移动通讯网络及网络视频直播技术，实现爆破作业现场远程视频监控，爆破作业过程全景直播。该方案的视频传输流程如图1所示。

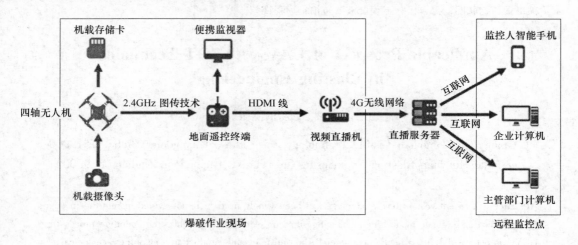

图1 无人机远程视频传输及监控流程示意图

Fig. 1 The flow chart for UAV remote video transmission and monitoring system

方案采用国内生产的某型号消费级四轴无人机，通过内置的航拍照相机及三轴增稳相机云台，可拍摄稳定的4K/HD视频和1240万像素照片；原始视频或照片实时保存在机载存储卡内。与此同时，通过内置的2.4GHz无线图传系统，可将机载摄像头画面以720p高清画质实时传输至地面遥控终端（图传系统最远传输距离可达5kg），地面遥控终端同时提供两路视频输出，第一路输出用于接驳便携监视器，以便无人机操作人员能以第一人称视觉操控无人机航行及调节摄像头拍摄方向和角度；第二路输出用于接驳4G无线网络视频直播机；该直播机通过内置的4G模块接入互联网，实时将视频上传到网络直播服务器。只需将该服务器的访问链路，权限信息发送给远程监控点的相关人员，即可通过计算机或智能手机实时观看爆破作业现场视频直播。

通过与网络视频直播机的连接，使无人机具备了物联网的属性，随着技术进步，网络直播功能也可直接整合到无人机主体或地面遥控终端内，进一点减少视频传输的中间环节，整个系统将更加精简，更加节能和高效。

表 1  无人机远程视频监控系统与传统远程视频监控系统对比
Table 1  The comparison table between video monitoring system and traditional remote video monitoring system

| 对比项目 | 传统远程视频监控系统 | 无人机远程视频监控系统 |
| --- | --- | --- |
| 对电源的要求 | 需要固定电源供电，需布线 | 采用可充电、可更换的电池供电，无需布线 |
| 对安装位置的要求 | 监控摄像头的安装及信号线、电源线的敷设均需要固定的位置及占用相应的安装空间 | 无人机随时可移动或空中悬停，无需固定的安装位置 |
| 适用范围 | 可用于室内、室外监控 | 仅适用于室外监控 |
| 是否需要本地局域网支持 | 视频采集、本地监控、本地存储等流程均需要本地局域网支持 | 无须本地局域网支持 |
| 远程监控数据传输方式 | 有线网络、WiFi 或 4G 移动通信网络 | 4G 移动通讯网络（同时兼容有线网络和 WiFi） |
| 便携性 | 固定系统，不具备便携性 | 全套系统均采用便携设备组成，体积小，携带轻便 |
| 监控方式 | 固定点监控 | 可移动监控 |
| 监控视野 | 地面固定监控点，视野受周边建筑物、构筑物、地形等因素影响，存在视野盲区 | 空中可移动监控点，全景视野，无盲区 |
| 持续监控时间 | 24h 不间断监控 | 消费级无人机续航时间约为 28min，如需实现不间断监控，需定时降落更换电池或采用多机轮换监控的方式 |
| 是否可以无人值守 | 是 | 消费级无人机仍需专人实时操控，行业专用无人机已具备技术条件实现预设航线，由人工智能自主飞行并实施监控 |
| 运行中是否有噪音 | 无 | 飞行器螺旋桨会产生一定的噪声 |
| 气像条件限制 | 无 | 消费级无人机在大风及雷雨天不适用，行业专用无人机已可实现工业三防（防火、防雨、防尘）以适应多种复杂环境下的工作 |
| 安全隐患 | 无 | 存在操作不当导致无人机坠落的隐患，为避免造成人员或财产损失，须让无人机保持在施工现场空旷区域上空飞行或悬停 |
| 安装工程量 | 监控点越多，摄像头的数量越多，设备安装工程量越大 | 无须安装即可直接使用 |

通过上表的比较可以看出，无人机远程视频监控系统与传统的远程视频监控系统相比，具有灵活、机动、便携、节能、视野广阔、无需布线安装等优势。在露天爆破、拆除爆破等在室外爆破作业的安全监督管理中有一定的推广使用前景，虽然其现阶段在 24h 全天候监控、室内监控方面尚无法取代传统的远程视频监控系统，但考虑到其设备所需投入的资金较为低廉，可以作为传统远程视频监控系统的一个重要补充手段。而消费级无人机在续航时间方面的劣势，

随着技术的进步，新电池的开发利用（国内已有企业研发成功并即将投产，采用氢燃料电池的无人机，能达到超过 4.5h 的续航时间），将会进一步得到改善。

## 2.2 无人机低空航测技术辅助工程爆破的工地勘察、图纸绘制

无人机作为一种新型的地理信息获取载体，具有灵活机动、精细准确、价格低廉、高效快速、安全可靠等优点。无人机低空航测已发展成为当前较流行和先进的航空摄影测量方法，广泛用于国土测绘领域，同样亦非常适合应用于工程爆破中的勘察，图纸绘制环节。

爆破工程技术设计图纸包括：爆破环境平面图，爆破区地形、地质图或被爆体结构图，药包布置平面和剖面图，药室和导硐平面图、断面图，装药和填塞结构图，起爆网路敷设图，爆破安全范围及岗哨布置图，防护工程设计图等。利用无人机低空航测技术，不仅可以绘制出上述所需的地形图，还可以进一步生成数字高程模型、数字正射影像，三维场景等，形成多样化，精细化的图纸档案，以便更加直观、清晰和准确地反映爆破工程施工设计的各项细节，为爆破作业过程提供了重要的原始映像资料，起到非常重要的辅助作用。

## 2.3 有害效应的远距离监测

无人机搭载爆破有害效应传感器，通过无线传输技术，将采集信号实时传输到地面遥控终端，遥控终端整合监测仪器的数据分析端，实现远距离进行有害效应的监测。

根据《爆破安全规程》（GB 6722—2014）要求："D 级以上爆破工程以及可能引起纠纷的爆破工程，均应进行爆破有害效应监测"，"监测项目涉及：爆破振动、空气或水中冲击波、动水压力、涌浪、爆破噪声、飞散物、有害气体、瓦斯以及可能引起次生灾害的危险源"。

现行的爆破有害效应监测方法，均须要由检测人员携带相关的检测仪器前往监测地点进行安装和设置，作业人员不可避免地需要近距离接触危险源，有一定的安全隐患。而无人机除可以搭载摄像头在空中取得航拍图像数据外，还可以搭载专用传感器，进行相应有害效应参数的数据采集。针对所需监测的爆破有害效应，可以搭载空气质量传感器、粉尘传感器、空气冲击波传感器、爆破噪声传感器等，这样操作人员就可以在安全范围外，操作搭载传感器的无人机前往有害效应危险源附近采集数据，通过无线传输技术，将采集信号实时传输到地面遥控终端，遥控终端整合监测仪器的数据分析端，实现远距离进行有害效应的监测。从而避免了作业人员直接近距离接触危险源所产生的人身风险。

## 3 结论

物联网 + 无人机 + 工程爆破，拥有巨大的应用领域和广阔的发展前景。无人机作为一个空中平台，可以根据功能需求搭载相应的传感器，有着宽广的扩展性。而物联网技术把传感器、控制器、机器、人员和物等通过新的方式联在一起，形成人与物、物与物相连，实现信息化、远程管理控制和智能化的网络。相信物联网、无人机这两项新兴技术与工程爆破这个传统行业的跨界融合，必定能开辟出一系列新的"蓝海"。

### 参 考 文 献

[1] 汪旭光. 爆破设计与施工[M]. 北京：冶金工业出版社，2013.
[2] 爆破安全规程（GB 6722—2014）.
[3] 陈晓东. 4G/LTE 在无人机直播 4K 超高清电视新闻中的应用[J]. 广播与电视技术，2015，Vol. 42 (10).

# 爆破器材与装备

## Blasting Materials and Equipment

# 储氢型乳化炸药的爆轰性能研究

程扬帆[1,2]　汪泉[1]　颜事龙[1]　郭子如[1]　沈兆武[2]　马宏昊[2]

（1. 安徽理工大学，安徽 淮南，232001； 2. 中国科学技术大学，安徽 合肥，230027）

**摘　要**：针对乳化炸药在使用过程中存在的压力减敏等问题，研制出以 $MgH_2$ 为敏化剂的储氢型乳化炸药，利用包覆 $MgH_2$ 的方法有效提升了乳化炸药的敏化效果。冲击波动压减敏实验和水下爆炸实验结果表明，与玻璃微球型乳化炸药相比，$MgH_2$ 型储氢乳化炸药的冲击波峰值压力、比冲击波能和比气泡能分别有了较大的提升。

**关键词**：乳化炸药；压力减敏；储氢材料

## Performance Research on Hydrogen Storage Emulsion Explosive Sensitized by MgH$_2$ with Chemical Method

Cheng Yangfan[1,2]　Wang Quan[1]　Yan Shilong[1]
Guo Ziru[1]　Shen Zhaowu[2]　Ma Honghao[2]

（1. Anhui University of Science and Technology，Anhui Huainan，232001；
2. University of Science and Technology of China，Anhui Hefei，230027）

**Abstract**：Based on the pressure desensitized and low power problems that traditional emulsion explosives exists in utilization, a hydrogen storage emulsion explosives sensitized by $MgH_2$ with chemical method was developed, and the foaming process is controlled effectively by coating $MgH_2$ with paraffin wax film. Shock wave dynamic pressure desensitization experiments and underwater explosion experiments are implemented, and experimental results show that compared with glass microspheres type of emulsion explosives, the shock wave peak pressure, shock wave energy and bubble energy of $MgH_2$ type of hydrogen storage emulsion explosives increased.

**Keywords**：emulsion explosive； pressure desensitization； hydrogen storage material

## 1 引言

乳化炸药是应用广泛的工业炸药，具有优良的抗水、环保、安全和雷管起爆感度[1]。然而，在实际应用过程中也存在着一些问题，如：在延时爆破和深水爆破中，乳化炸药因"压力

---

基金项目：国家自然科学基金项目（编号：51374189；1150211）；安徽省高校自然科学研究重点项目资助（编号：KJ2015A074）；安徽省自然科学基金项目青年项目资助（编号：1608085QA15）。
作者信息：程扬帆，讲师，cyf518@mail.ustc.edu.cn。

减敏"作用而导致的半爆和拒爆现象；传统乳化炸药爆炸威力较低，破岩效果不理想。这些问题不仅影响了爆破效果，延缓了施工进度，而且处理盲炮容易引发安全事故。因此，研究压力减敏问题和高威力乳化炸药具有重要意义。国内外有关乳化炸药压力减敏问题的研究主要集中在影响因素的分析上[2~4]，但乳化炸药的抗压力减敏能力未得到显著提高；现有高威力乳化炸药通常含有猛炸药、高氯酸盐和高能燃料（如铝粉）[5~7]，在提高乳化炸药爆炸威力的同时也降低了乳化炸药的安全性。为了改善乳化炸药的性能，研制出了以 $MgH_2$ 为敏化剂的储氢型乳化炸药[8]。该炸药通过 $MgH_2$ 水解产生氢气泡使其发生敏化，并采用石蜡膜包覆 $MgH_2$ 的方法有效控制其发泡过程，同时 $MgH_2$ 作为含能材料可以提高炸药的爆炸威力。利用冲击波动压减敏实验和水下爆炸实验，研究了储氢型乳化炸药的抗动压减敏性能、爆轰性能以及储存稳定性，并与传统乳化炸药的性能进行了对比。

## 2 抗动压减敏性能

利用冲击波动压减敏装置，模拟延时爆破中乳化炸药因受到先起爆炸药的动压载荷而发生的减敏现象，研究储氢型乳化炸药的抗动压减敏性能，并与传统的玻璃微球型和 $NaNO_2$ 型乳化炸药进行了比较。

### 2.1 实验设计

乳化炸药的动压减敏装置结构如图 1 (a) 所示，通过引爆中心处的压装 RDX 产生冲击波动压，对两侧的乳化炸药进行动压加载，得到不同距离处（不用冲击强度）的受压乳化炸药样品，然后将其在水下爆炸塔中引爆并测量冲击波压力时程曲线，水下爆炸测试系统如图 1 (b) 所示，详细的实验设备介绍和实验方法见文献 [9, 10]。

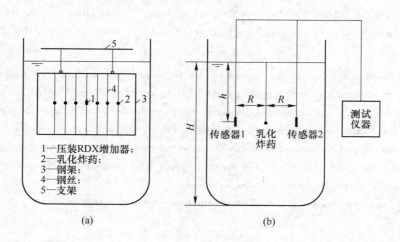

图 1　实验测试系统
(a) 乳化炸药受压实验；(b) 水下爆炸实验
Fig. 1　Experimental testing system

实验用 $MgH_2$ 的平均粒径为 $20\mu m$，与水反应会生成 $H_2$，购于阿法埃莎（中国）化学有限公司；玻璃微球的平均粒径为 $55\mu m$，购于美国 3M 公司；$NaNO_2$ 购于国药集团化学试剂有限公司；乳化基质的密度为 $1.31g/cm^3$，购于安徽某化工厂。动压减敏实验中乳化炸药的配方见表1，每个乳化炸药样品的质量为30g，在水下爆炸测试系统中，受压乳化炸药与传感器的距离为70cm。

表1 不同乳化炸药的配方设计
Table 1 Different formulation designs of emulsion explosives

| 乳化炸药/% | 乳化基质/% | GM/% | $NaNO_2$/% | $MgH_2$/% |
| --- | --- | --- | --- | --- |
| 玻璃微球型 | 96 | 4 | 0 | 0 |
| $NaNO_2$型 | 99.8 | 0 | 0.2 | 0 |
| $MgH_2$型 | 98 | 0 | 0 | 2 |

## 2.2 实验结果与分析

图2分别为三种乳化炸药不同距离受压后，水下爆炸的冲击波压力时程曲线。随着受压距离的减小（冲击强度增大），三种乳化炸药的压力峰值都出现不同程度的降低，说明动压加载对乳化炸药的爆轰性能产生了影响。为了定量描述动压减敏对乳化炸药爆轰性能的影响程度，引入参数"减敏度"，计算方法见文献[11]。减敏度越大，说明乳化炸药的动压减敏现象越严重，乳化炸药的抗动压能力越低。减敏度为100%时，表明受压后的乳化炸药拒爆，减敏度为0时，表明受压后的乳化炸药爆轰性能未受影响。

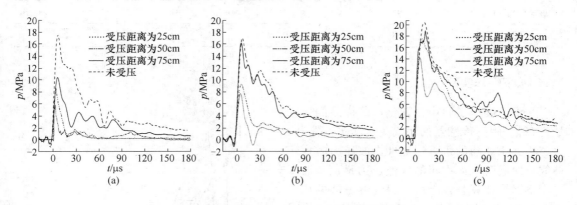

图2 不同距离受压后乳化炸药压力时程曲线
（a）玻璃微球型；（b）$NaNO_2$型；（c）$MgH_2$型

Fig. 2 Pressure-time curves of emulsion explosives compressed at different distances

由表2可知，当受压距离为25cm时，玻璃微球型乳化炸药的减敏度为100%，炸药拒爆，$NaNO_2$型乳化炸药的减敏度也高达88.12%，而储氢型乳化炸药的减敏度只有38.97%；当受压距离为50cm时，玻璃微球型和$NaNO_2$型乳化炸药的减敏度分别为79.82%和71.63%，储氢型乳化炸药的减敏度为12.11%；当受压距离为75cm时，玻璃微球型乳化炸药的减敏度依然高达63.64%，$NaNO_2$型乳化炸药的减敏度降为15.59%，储氢型乳化炸药的减敏度为11.76%。三种乳化炸药不同距离的减敏度表明，化学敏化的储氢型乳化炸药抗动压减敏能力要远强于另外两种乳化炸药，$NaNO_2$型乳化炸药次之，玻璃微球型乳化炸药的抗压性最差。

表 2 三种乳化炸药不同距离受压后的减敏度
Table 2 The desensitization ratios of three types of emulsion explosives compressed at different distances

| 减敏度 | 受压距离 | | |
| --- | --- | --- | --- |
| | 25cm | 50cm | 75cm |
| 玻璃微球型 | 100% | 79.82% | 63.64% |
| $NaNO_2$ 型 | 88.12% | 71.63% | 15.59% |
| $MgH_2$ 型 | 38.97% | 12.11% | 11.76% |

## 3 爆轰性能的研究

利用水下爆炸实验,对化学敏化的储氢型乳化炸药的做功能力进行了研究,实验装置如图1(b)所示。为了更好地体现储氢型乳化炸药的爆轰性能,实验将其与玻璃微球型和玻璃微球-Al 粉型乳化炸药进行了对比,炸药配方见表3,每个样品测3次。

表 3 乳化炸药的配方设计
Table 3 Different formulation designs of emulsion explosives

| 乳化炸药 | 乳化基质/% | GM/% | Al/% | $MgH_2$/% |
| --- | --- | --- | --- | --- |
| 玻璃微球型 | 96 | 4 | 0 | 0 |
| 玻璃微球-Al 粉型 | 92 | 4 | 4 | 0 |
| $MgH_2$ 型 | 98 | 0 | 0 | 2 |

### 3.1 水下爆炸实验

在水下爆炸实验中,乳化炸药样品的质量为50g,距离传感器的距离为150cm。图3是三种乳化炸药的水下爆炸冲击波压力时程曲线,储氢型乳化炸药的峰值压力最高。通过水下爆炸计算公式[9]可以得到冲击波的相关参数,$p$ 为压力峰值,$\theta$ 为衰减时间,$I$ 为比冲量,$E_s$ 为比冲击波能,$E_b$ 为比气泡能,$E$ 为总能量,见表4。

由表4可知,与传统玻璃微球型乳化炸药相比,化学敏化的储氢型乳化炸药的冲击波峰值压力 $p$、比冲击波能 $E_s$ 和比气泡能 $E_b$ 分别增加了 20.5%、21.2% 和 34.7%,其冲击波总能量 $E$ 提高了 29.4%。向乳化炸药中添加铝粉能够提高爆热并延缓冲击波的衰减,提高乳化炸药的做功能力[12],与传统玻璃微球型乳化炸药相比,玻璃微球-Al 粉型乳化炸药的冲击波衰减时间 $\theta$ 和冲击波总能量 $E$ 分别增加了 17.8% 和 12.86%,但是爆压却减小了 1.6%。

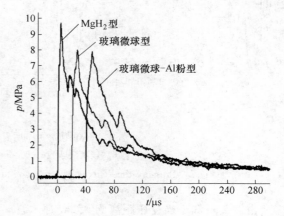

图 3 三种乳化炸药水下爆炸压力时程曲线
Fig. 3 Pressure-time curves of three different types of emulsion explosives

表4 乳化炸药水下爆炸冲击波参数
Table 4 Shock wave parameters of emulsion explosives in underwater explosion experiments

| 乳化炸药 | $p$/MPa | $\theta$/μs | $I$/Pa·s | $E_s$/kJ·kg$^{-1}$ | $E_b$/kJ·kg$^{-1}$ | $E$/kJ·kg$^{-1}$ |
|---|---|---|---|---|---|---|
| 玻璃微球型 | 8.1 | 37.1 | 588.3 | 622.3 | 1571.3 | 2582.0 |
| 玻璃微球-Al粉型 | 7.9 | 43.7 | 641.2 | 647.1 | 1863.4 | 2914.1 |
| MgH$_2$型 | 9.7 | 37.9 | 683.4 | 754.2 | 2116.3 | 3341.2 |

## 3.2 分析与讨论

水下爆炸实验结果表明，储氢型乳化炸药的冲击波主要参数均优于玻璃微球型和玻璃微球-Al粉型乳化炸药。并且，由前期研究结果[10]可知，与铝粉单纯作为含能添加剂提高炸药能量不同，MgH$_2$的加入改变了乳化炸药的爆轰方式，使其爆轰反应程度大幅提高（传统的乳化炸药爆轰不完全），是乳化炸药爆轰性能改善的主要原因。因此，MgH$_2$作为一种新型含能添加剂提高乳化炸药爆炸威力，具有研究价值。

## 4 储存稳定性的研究

MgH$_2$是一种离子型氢化物，遇水会发生快速的水解反应而生成H$_2$，化学敏化的储氢型乳化炸药就是利用该原理实现敏化。然而，在实际操作过程中发现，MgH$_2$的发泡时间过长会导致敏化气泡过大，从而影响其爆轰性能以及产生后效作用，影响其储存稳定性。

### 4.1 发泡过程的控制

通过实验研究发现，在乳化基质中添加质量分数为0.5%的MgH$_2$，就足以起到敏化的作用，剩余的MgH$_2$主要通过参与爆轰反应来提高爆炸威力，因此可将不参与敏化反应的MgH$_2$包覆起来，使其不发生水解。利用溶胶-凝胶法制备出了石蜡膜包覆的MgH$_2$，图4是MgH$_2$包覆前后的微观结构图，从图4中可以看出石蜡膜能够实现MgH$_2$的均匀包覆。

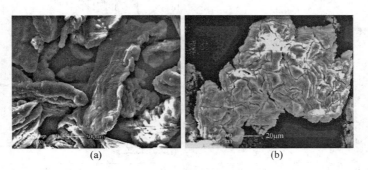

图4 MgH$_2$的微观结构图
(a) 未处理的；(b) 石蜡包覆后的
Fig. 4 Micro structure of MgH$_2$

为了验证石蜡膜的防水效果，对包覆后的MgH$_2$防水性能进行了测试。如图5所示，未包覆的MgH$_2$加入水中后会快速反应形成乳浊液并放出大量的气泡，而石蜡膜包覆的MgH$_2$与水不发生反应而悬浮于水面上，具有很好的防水性能。因此，可以将石蜡包覆的MgH$_2$和未包覆

图 5 MgH$_2$ 的防水性能测试
(a) 未包覆；(b) 石蜡包覆
Fig. 5 Water resistance testing of MgH$_2$

的 MgH$_2$ 按比例与混合后加入乳化基质中，从而达到既不影响储氢型乳化炸药爆轰性能又能控制其发泡过程的目的。

## 4.2 炸药的储存稳定性

乳化炸药是民用炸药，与军用炸药不同，其从生产到使用时间间隔较短，一般不超过 5 个月。因此，可以通过测试储氢型乳化炸药储存 5 个月后爆轰性能变化情况，并与传统玻璃微球型乳化炸药进行比较，研究其储存稳定性。实验中储氢型乳化炸药的配方为 乳化基质：MgH$_2$ = 100：2，其中未包覆的 MgH$_2$ 占炸药质量的 0.5%，其余的 MgH$_2$ 经石蜡膜包覆处理，玻璃微球型乳化炸药的配方为 乳化基质：玻璃微球 = 100：2。炸药样品的质量为 30g，离传感器的距离为 70cm。图 6 是两种乳化炸药储存 5 个月前后水下爆炸压力时程曲线，表 5 是两种乳化炸药储存前后冲击波压力峰值的变化情况。

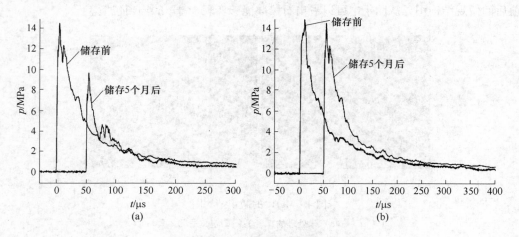

图 6 乳化炸药储存前后冲击波压力时程曲线
(a) 玻璃微球型；(b) MgH$_2$ 型
Fig. 6 Shock wave time-pressure curves before and after storage

由表 5 可知，储存 5 个月以后，传统的玻璃微球型乳化炸药的压力峰值从 14.1MPa 降到

9.7MPa，减小率高达31%；储氢型乳化炸药的压力峰值降低了0.2MPa，只降低了1.2%，远低于传统的玻璃微球型乳化炸药。因此，储氢型乳化炸药的储存稳定性符合要求。

表5 乳化炸药储存前后冲击波压力峰值变化
Table 5 The changes of shock wave peak pressure of emulsion explosives before and after storage

| 乳化炸药 | 储存前/MPa | 储存5个月后/MPa | 降低率/% |
| --- | --- | --- | --- |
| 玻璃微球型 | 14.1 | 9.7 | 31 |
| $MgH_2$型 | 15.0 | 14.8 | 1.2 |

## 5 结论

（1）储氢型乳化炸药具有优异的抗动压减敏性能，在受到相同强度的冲击波压缩后，其减敏率远低于$NaNO_2$型乳化炸药和玻璃微球型乳化炸药。

（2）与传统玻璃微球型乳化炸药相比，化学敏化的储氢型乳化炸药的冲击波峰值压力、比冲击波能和比气泡能分别增加了20.5%、21.2%和34.7%，$MgH_2$作为一种新型含能添加剂具有研究价值。

（3）利用石蜡膜包覆$MgH_2$的方法，能够有效控制储氢型乳化炸药的发泡过程，并提高其储存稳定性。

## 参 考 文 献

[1] 汪旭光. 乳化炸药[M]. 北京：冶金工业出版社，1993.

[2] Sumiya F, Hirosaki Y, Kato Y. Detonation velocity of precompressed emulsion explosives, Proceedings of the 28th Annual Conference on Explosives and Blasting Technique[C]. Cleveland：International Society of Explosives Engineers, 2002：253-263.

[3] 王尹军，吕庆山，汪旭光. 冲击波对含水炸药减敏作用的实验研究[J]. 爆炸与冲击，2004，24(6)：558-561.

[4] 任冬梅，吴红波，颜事龙. 动压作用下乳化炸药析晶现象的实验研究[J]. 安徽理工大学学报（自然科学版），2010，30(4)：44-46.

[5] Jolanta Biegan'ska. Using Nitrocellulose Powder in Emulsion Explosives[J]. Combustion, Explosion, and Shock Waves, 2011(47)：366-368.

[6] L Liqing. Use of aluminum in perforating and stimulating a subterranean formation and other engineering applications. U.S. Patent[P]. 20030037692.

[7] Ustimenko E V, Shiman L N, Kholodenko T F. On environmental effects of emulsion explosives with products of processing of solid propellants in blasting works[J]. Nauch. Vestn. Nats. Gorn. Univ. Ukrainy, 2010(4)：35-40.

[8] 马宏昊，程扬帆，沈兆武. 氢化镁型储氢乳化炸药专利：CN102432407A，[P]. 2012-05-02.

[9] 程扬帆，马宏昊，沈兆武. $MgH_2$对乳化炸药压力减敏影响的实验研究[J]. 爆炸与冲击，2014，34(4)：427-432.

[10] Yangfan Cheng, Honghao Ma, Zhaowu Shen. Detonation Characteristics of Emulsion Explosives Sensitized by $MgH_2$[J]. Combustion, Explosion, and Shock Waves, 2013, 49(5)：614-619.

[11] 颜事龙，王尹军. 冲击波作用下乳化炸药压力减敏度的表征方法[J]. 爆炸与冲击，2006，26(5)：441-447.

[12] 张虎，谢兴华，郭子如，等. 铝粉含量对乳化炸药性能的影响[J]. 含能材料，2008，16(6)：738-740.

## 乳胶基质失稳机理分析

王阳[1]　汪旭光[1,2]　王尹军[2]　陶铁军[3]　张阳[1]　周建敏[3]　赵明生[3]

(1. 北京科技大学，北京，100083；2. 北京矿冶研究总院，北京，100160；
3. 贵州新联爆破工程集团有限公司，贵州 贵阳，550002)

**摘　要**：通过总结乳液的五大失稳机理：分层、絮凝、相反转、奥氏熟化和聚合，从理论上分析了乳胶基质发生失稳的可能机理和研究方法。使用激光粒度仪测试乳胶基质经过高低温加速老化后的平均粒径，结果可知：在乳胶基质严重析晶前平均粒径无变化，因此由于乳胶基质具有高稳定性，不存在分层、絮凝、相反转、奥氏熟化和聚合过程。通过显微镜观测结果推测出乳胶基质唯一失稳机理是内相过饱和无机盐水溶液的析晶。

**关键词**：乳胶基质；失稳机理；析晶

## Analysis of Instability Process of Emulsion Matrix

Wang Yang[1]　Wang Xuguang[1,2]　Wang Yinjun[2]　Tao Tiejun[3]
Zhang Yang[1]　Zhou Jianmin[3]　Zhao Mingsheng[3]

(1. University of Science and Technology Beijing, Beijing, 100083;
2. Beijing General Research Institute of Mining & Metallurgy, Beijing, 100160;
3. Guizhou Xinlian Blasting Engineering Group Co., Ltd., Guizhou Guiyang, 550002)

**Abstract**: From the summary of instability processes of emulsion: creaming, sedimentation, flocculation, Ostwald ripening and coalescence, the possible instability mechanisms of emulsion explosive matrix were analyzed and deduced in theory. Measuring the average size of dispersed particles in emulsion explosive matrix was carried out with laser particle analyzer. The variation of average drop size of dispersed particles in emulsion explosive matrixes suffering different freeze-thaw cycles shows that Ostwald ripening and coalescence did not occur in emulsion explosive matrix before seriously crystallization happened so that the dominating mechanism of aging of emulsion explosive matrix was the crystallization of a supercooled salt solution forming the droplets of dispersed phase.

**Keywords**: emulsion matrix; instability process; crystallization

## 1　引言

高内相乳液的工业应用非常广泛，包括食品、化妆品、乳化炸药等[1]。高内相乳液又称为超浓乳液，是指分散相体积分数 $\varphi > 74.05\%$ 的乳液。与普通的乳液一样，高内相乳液分为油

---

作者信息：王阳，博士，wangyang19880920@126.com。

包水（W/O）型和水包油（O/W）型。乳胶基质[2]是内相体积分数 $\varphi$ 大于90%的W/O型高内相乳液，内相是以硝酸铵为主的无机盐过饱和水溶液，连续相是石油产品等油类物质。由于其较高的内相比，并且分散相水溶液为过饱和状态，相对于一般的高内相乳液有着十分特殊的物理化学性质[3]。

乳胶基质的稳定性是评价乳化炸药质量的重要指标[4]，是乳化炸药研究的重要课题。乳胶基质的老化，大大影响了其爆破性能、泵送特性和运输能力。目前国内对于乳胶基质稳定性的研究主要集中在影响稳定性的因素和规律上，但是对于乳胶基质的失稳机理研究较少[5]。本文通过一般乳液的失稳机理，理论分析乳胶基质的失稳机理，并通过实验进行验证。

## 2 理论分析

对于一般乳液失稳的过程有：分层（creaming or sedimentation）、絮凝（flocculatin）、相反转（phase inversion）、奥氏熟化（ostwald ripening）、聚合（coalescence）。每个过程的作用结果如图1所示。

分层不是内外相的完全分离，而是由于内相材料密度和连续相材料密度不同，使得内相液滴在重力的作用下，造成的在乳液上部或者下部集中的现象。当体积分数增加到临界值 $\varphi_p = 74\%$，此时乳液的分层速度几乎为零[6]。因此对于乳胶基质，内相体积分数 $\varphi$ 大于90%，内相液滴被压缩为不规则多面体，乳胶颗粒很难自由移动。因此乳胶基质是不会发生分层的。

絮凝是两个或者多个内相液滴聚集在一起的现象。当液滴间范德华引力超过了液滴间的排斥力，液滴间就开始排液，使得液滴间的距离非常小，界面膜变薄。在絮凝过程中，分散相的液滴聚集成团，但是小液滴仍然存在。它是一个非常弱的可逆的过程，液滴的数量和粒径都不会发生变化。对于乳胶

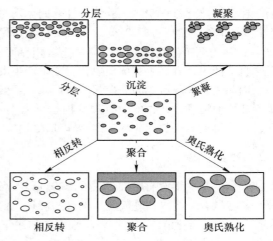

图 1 乳液失稳的过程
Fig. 1 Schematic representation of the breakdown processes in emulsions

基质这种高内相乳液，界面膜的厚度约为8nm左右[1]，并且内相液滴处于被压缩状态，液滴间斥力远大于吸引力。因此，在这种条件下不会发生絮凝。也就是说絮凝不是乳胶基质的失稳机理之一。

相反转就是内外相材料换位。在一定条件下，O/W（或W/O）型乳液转变为W/O（或O/W）型乳液。在制备乳胶基质的过程中，如果加料速度异常或者油相材料黏度过大，随着水溶液的加入，会出现先成乳然后油水完全分离的现象，这就发生了相转变。不过乳胶基质是高稳定乳化液，一旦制乳完成，基本上很难发生相转变。所以相反转不是乳胶基质的失稳机理之一。

### 2.1 奥氏熟化

奥氏熟化是Wilhelm Ostwald在1896年发现小颗粒的晶体或胶体颗粒重新溶解在大颗粒表面或大胶体颗粒内部的现象。本质上是粒子大小不同导致的自由能不同，而使大的粒子（具有

较低的自由能）逐步长大，小粒子（较大的自由能）逐步减小的过程。由于小颗粒消溶，大颗粒长大，则单位质量的比界面能减小，系统总的自由能降低。

根据内相材料转移的机理不同，奥氏熟化机理可以分为两种：扩散控制机理（diffusion-controlled ripening，$\Omega_3$）和表面控制机理（surface-controlled ripening，$\Omega_2$）[6]：$\Omega_a = \mathrm{d}D^a/\mathrm{d}t$。式中，$D$ 为粒子的平均直径。

如果奥氏熟化是扩散机理（$a=3$），那么粒径的三次方和时间成直线函数关系。其机理是由于不同粒径液滴的溶解度不同，使得内相物质从一个液滴扩散到另外一个液滴中[7]。奥氏熟化速率可以用 Lifshitz-Slyozov 理论公式计算：$\Omega_3 = \dfrac{64\gamma_{\mathrm{int}}\mathrm{Diff}SV_{\mathrm{m}}}{9RT}$。式中，$S$ 为分子溶解度，$V_{\mathrm{m}}$ 为摩尔体积，Diff 为内相材料在外相材料中分子扩散系数，$\gamma_{\mathrm{int}}$ 为界面张力。理论上讲，这个公式仅适用于极稀的乳液。

Schmitt[8]研究了内相体积分数高达 80% 的 O/W 乳液。实验发现乳液的内相平均粒径分布刚开始窄，然后渐渐变宽。他们认为第一个过程是奥氏熟化造成的，第二个过程是聚合造成的。在奥氏熟化过程中，实验结果计算的奥氏熟化的速率和 Lifshitz-Slyozov 公式计算的 $\Omega_3$ 的值不相符，而粒径的平方和时间成直线关系。这说明高内相乳液奥氏熟化的机理是表面控制机理（$\Omega_2$），认为两个液滴间会产生穿过连续相界面膜的通道。如果产生小的通道，物质转移完成后会自动消失，则发生了奥氏熟化；如果产生大的通道，则会导致两个液滴发生聚合。

因此，乳胶基质作为高内相乳化体系，其奥氏熟化也可能是表面控制机理（$\Omega_2$）。由于 $\Omega_2$ 基于活化通道理论，目前没有理论模型可以用来计算。只能通过粒径的平方和时间的函数关系，计算得到奥氏熟化速率，即 $\Omega_2 = \mathrm{d}D^2/\mathrm{d}t$。

## 2.2 聚合

聚合就是由小液滴融合为大液滴的过程。高内相乳液聚合包括两个过程：界面膜的破坏和液滴相互融合。高内相乳液发生聚合的机理[9]：液滴间首先随机生成相对分子质量级的小通道（直径为 $r$），活化能为 $E$；在表面张力的作用下，通道不断增大，当通道直径达到临界值 $r^*$，活化能为 $E_{\mathrm{a}}$；此后液滴便开始慢慢发生聚合。液滴间生成活化通道的过程和活化能变化如图 2 所示。

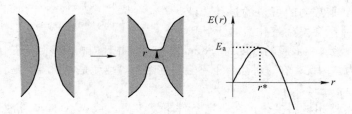

图 2 液滴生成活化通道过程和通道的活化能变化曲线

Fig. 2 Scheme of the hole nucleation process and variation of the energy cost with hole radius r

根据 Arrhenius 公式，单位表面积生成活化通道的频率 $p = p_0 \exp\left(-\dfrac{E_{\mathrm{a}}}{k_{\mathrm{B}}T}\right)$。式中，$p_0$ 为液滴间通道的自然生成频率，$k_{\mathrm{B}}$ 为玻耳兹曼常数，$T$ 为温度。

由于乳液系统的复杂性和热力学常数的难测性，目前没有公式可以预测乳液聚合速度，只能通过测试乳液物化性能的变化计算其聚合速率。第一次测定乳液的聚合速率的是 Kabalnov 和

Weers[10]，通过测试内相体积分数为50%的水-月桂醇聚醚-辛烷的析出水的速率，进一步推算出活化能 $E_a = 47 k_B T$。

Schmitt[11]制备了内相体积分数为78%的辛烷-SDS-水乳液，使用激光粒度仪测试粒径变化，使用$D[3,2]$表征平均粒径。实验结果可知，此种高内相乳液先进行奥氏熟化然后进行聚合。当粒径分布较窄（$P<20\%$）并且（$d^2D[3,2]/dt^2 \leqslant 0$）时，可认为乳液正在发生奥氏熟化，且奥氏熟化过程为表面控制机理$\Omega_2$；当粒径分布较宽（$P>20\%$）并且（$d^2D[3,2]/dt^2 \geqslant 0$）时，可认为乳液正在发生聚合。并理论推导了乳液内相液滴的聚合速率$\omega$：

$$\omega = -\frac{1}{\pi}\frac{d}{dt}\left(\frac{1}{D[3,0]^3}\right)D[3,2] \tag{1}$$

式（1）适用于高内相高黏度，并且$D[3,2]<10\mu m$的乳液。从计算结果上分析可知：高内相乳液聚合速率随着时间不断降低。

因此，乳胶基质是高内相高黏度体系，并且$D[3,2]<10\mu m$，理论上可以使用式（1）来计算聚合速率。研究乳胶基质聚合速率的方法是：首先应测试平均粒径$D[3,2]$和$D[3,0]$随时间的变化曲线，然后计算$d^2D[3,2]/dt^2$值；如果该值小于零则乳胶基质目前处于奥氏熟化过程，如果该值大于零则乳胶基质处于聚合过程；然后通过式（1）计算值$\omega$即可。

## 3 实验部分

### 3.1 乳胶基质制备

#### 3.1.1 实验原料和设备

实验原料：硝酸铵，工业级（纯度大于99.5%），重庆华强投资有限公司；硝酸钠，分析纯，成都金山化学试剂有限公司；Span80，非离子表面活性剂，阿拉丁；0号柴油，中石油；机油，昆仑天润SG15W-40，中石油。

仪器：激光粒度分析仪，BT-9003S，丹东百特仪器有限公司；Motic 生物显微镜，BA310-2506，Motics；高低温交变试验箱，GDWJ-JC50，上海交程试验设备厂；乳化器，RW20，IKA；精密天平，ME403，METTLER TOLEDO。

#### 3.1.2 乳胶基质制备

为了保证实验有效性，同时制备三种乳胶基质E1、E2、E3。三种乳胶基质样品的配方见表1。

表1 乳胶基质样品配方
Table 1 The formula of Emulsion matrixs %

| 样品名 | Span80 | 机油 | 柴油 | 硝酸铵 | 硝酸钠 | 水 |
| --- | --- | --- | --- | --- | --- | --- |
| E1 | 2 | 1.25 | 3.75 | 70 | 7 | 16 |
| E2 | 2 | 2.5 | 2.5 | 70 | 7 | 16 |
| E3 | 2 | 3.75 | 1.25 | 70 | 7 | 16 |

### 3.2 粒径测试

使用激光粒度仪器测试乳胶基质内相液滴的粒径，测试方法是将乳胶基质稀释在柴油中，然后滴加在激光粒度仪的样品池中进行测试。从测试结果可知，乳胶基质的粒径基本服从正态分布。由于本实验所研究的乳液失稳过程都是以表面为基础的。因此，本实验所使用的平均粒径均为表面平均粒径 $D[3,2]$。

为了验证使用激光粒度仪测试乳胶基质粒径的精确度。将配方为 E1 的乳胶基质制备三次分别为 E1-1、E1-2、E1-3，然后每个样品都使用激光粒度仪测试三次。平均粒径测试结果见表2。

表2 乳胶基质 E1-1、E1-2、E1-3 的三次测量结果
Table 2　The Sauter average size of emulsion droplets E1-1，E1-2，E1-3　　μm

| 样品名 | 1次 | 2次 | 3次 |
| --- | --- | --- | --- |
| E1-1 | 4.8 | 5.0 | 4.9 |
| E1-2 | 4.8 | 4.8 | 4.9 |
| E1-3 | 4.9 | 4.8 | 4.9 |

通过表2可以看出，对于乳胶基质的激光粒度测试，同一个样品其误差不大于 $\pm 0.1\mu m$，同一种配方的样品不大于 $\pm 0.2\mu m$，同一配方的误差稍微偏大可能是由于乳化操作和称量产生的误差造成的。因此粒径变化在 $\pm 0.2\mu m$ 范围内，可视为无变化。

## 3.3　试验结果

将新制备的乳胶基质 E1、E2、E3 封口放置于高低温交变试验箱中，内置计算机设置为 $-10℃$、16h、$50℃$、8h。每次循环结束后，取三个基质的样品，进行粒度分析计算。实验结果总汇到表3中。

表3　不同高低温循环后乳胶基质的平均粒径
Table 3　The sauteraveragesize of emulsion droplets sufferring freeze-thaw cycles

| 高低温循环次数 | E1/μm | E2/μm | E3/μm |
| --- | --- | --- | --- |
| 0 | 4.8 | 3.6 | 2.5 |
| 1 | 4.8 | 3.7 | 2.5 |
| 2 | 4.8 | 3.7 | 2.6 |
| 3 | 4.7 | 3.7 | 2.5 |
| 4 | 4.7 | 3.6 | 2.6 |
| 5 | — | 3.6 | 2.5 |
| 6 | — | 3.6 | 2.6 |
| 7 | — | 3.5 | 2.6 |
| 8 | — | 3.6 | 2.5 |
| 9 | — | 3.6 | 2.7 |
| 10 | — | 3.5 | 2.6 |
| 11 | — | 3.5 | 2.6 |
| 12 | — | 3.7 | 2.6 |
| 13 | — | 3.5 | 2.6 |
| 16 | — | 3.7 | 2.7 |
| 17 | — | — | — |

注：表中没有数据的为乳胶基质已经发生了严重的析晶，准备样品时不能有效将晶体有效分离，因此不再进行粒径测试。

从表 3 中可以看出，在乳胶基质发生严重析晶之前，乳胶基质 E1 的粒径都在 $(4.8\pm0.1)\mu m$，乳胶基质 E2 的粒径都在 $(3.6\pm0.1)\mu m$，乳胶基质 E3 的粒径都在 $(2.5\pm0.1)\mu m$。因此可以得到结论：在乳胶基质发生严重析晶之前，乳胶基质的内相液滴平均直径没有发生变化。

## 4 乳胶基质失稳机理分析

通过上述理论分析和实验结果可以看出：分层、絮凝、相反转是不会发生的；对于奥氏熟化，由于乳胶基质的 $D[3,2]$ 没有变化，因此 $\omega_a = d(D[3,2]^a)/dt = 0$，说明乳胶基质未发生奥氏熟化；对于聚合，$d(D[3,2]/dt)$ 和 $d^2D[3,2]/dt^2$ 都为零，因此乳胶基质中也无聚合发生。所以可以推断出分层、絮凝、相反转、奥氏熟化、聚合都不是乳胶基质失稳破乳的机理。

本实验组使用显微镜跟踪观测乳胶基质的失稳过程，寻求除了内相液滴粒径变化之外的微观变化。乳胶基质微观变化的主要四个阶段如图 3 所示。

   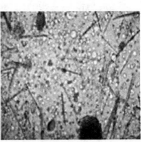

　　新乳胶基质　　　　　晶核和小晶体产生　　　　晶核的增多和晶体增大　　　　晶体的聚集

图 3　乳胶基质逐渐失稳的微观图像

Fig. 3 Microscopic images of aging process of emulsion matrix

从图 3 可以看出：第一张图是新制备基质，由于乳化完全，新基质中几乎无任何无机盐晶体；第二张图可以看出有少量的针状晶体出现，由于晶核的体积在纳米级，因此不能在显微镜中看到晶核的产生，只能看到已经长到微米级的少量小晶体；第三张图可以看出随着老化，晶体的数量和体积逐渐增多；第四张图可以看出乳胶基质老化严重时，晶体的数量和体积也是不断增加，并且大量的晶体会聚集。目测乳胶基质中大量的白色固体即为晶体聚合体。

## 5 结论和展望

对于乳胶基质来说，分层、絮凝、相反转、奥氏熟化、聚合这些过程是微弱的，甚至可以忽略。制备乳胶基质的乳化剂一般是高分子乳化剂，其和油相材料组成的界面膜有着很高的强度，可以减缓或者阻止液滴聚合的发生。并且乳胶基质是高内相高黏度乳液，这些特性降低了液滴间发生碰撞和接触的机会。因此对于乳胶基质而言，过饱和无机盐溶液的析晶则是乳胶基质失稳的最主要机理。乳胶基质的析晶主要有三个过程：晶核生成、晶体生长、晶体聚集。大量的析晶导致其流变性和爆炸性能发生很大改变。

本课题组下一步工作主要研究乳胶基质析晶动力学过程，包括晶核生成机理和晶体的生长动力学，并且研究其影响因素和规律。通过研究乳胶基质的析晶机理和动力学过程，可以更加有效地控制乳胶基质的稳定性。

### 参 考 文 献

[1] 汪旭光. 乳化炸药[M]. 第 2 版. 北京：冶金工业出版社，2008.

[2] 宋锦泉，汪旭光. 乳化炸药的稳定性探讨[J]. 火炸药学报，2002(1)：36-40.
[3] Villamagna F. Modelling of Interfaces in Emulsion Explosives[M]. McGill University，1992.
[4] 王尹军. 乳化炸药压力减敏的实验研究与机理分析[D]. 北京：北京科技大学，2005.
[5] 闫国斌. 乳化炸药微观结构及其对性能影响研究[D]. 北京：北京科技大学，2013.
[6] Leal-Calderon F，Schmitt V，Bibette J. Emulsion science：basic principles[M]. Springer Science & Business Media，2007.
[7] Leang V M. Ostwald ripening in highly concentrated oil-in-water emulsions[M]. University of California，Davis，2010.
[8] Schmitt V，Cattelet C，Leal-Calderon F. Coarsening of alkane-in-water emulsions stabilized by nonionic poly (oxyethylene) surfactants：the Role of molecular permeation and coalescence[J]. Langmuir，2004(20)：46-51.
[9] Leal-Calderon F，Schmitt V，Bibette J. Emulsion Science：Basic Principles[M]. Springer Science & Business Media，2007.
[10] Kabalnov A S，Weers J. Macroemulsion stability within the winsor III region：theory versus experiment[J]. Langmuir，1996(12)：1931-1936.
[11] Schmitt V，Cattele C，Leal-Calderon F. Measurement of the coalescence frequency in concentrated emulsions[J]. Europhys. Lett. 2004(67)：662-668.

# 乳化炸药抗静水压力实验研究

张立[1]　熊苏[2]　刘洁[1]　李沛玲[1]　代坤垚[1]

（1. 安徽理工大学化工学院，安徽 淮南，232001；
2. 广州军区工程科研设计所，广东 广州，510515）

**摘　要**：水下和含水深孔爆破时常发生乳化炸药半爆和拒爆现象，为了研究其机理，借鉴欧盟相关检测标准，利用自行设计的抗静水压力实验装置，对国内大量使用的化学敏化岩石型乳化炸药，进行了模拟静水压力实验研究；通过测定炸药试样在分别承压 0.0MPa 与 0.1MPa、0.2MPa、0.3MPa 2h 后的爆速和猛度，定量描述静水压力对其爆炸性能影响。研究结果表明：承受 0.1MPa 静压后试样与 0.0MPa 相比迅速转为低速爆燃，而承受 0.2MPa 静压后试样接近拒爆，0.3MPa 则完全拒爆。说明该类型乳化炸药在承受静水压载荷达一定时间后，爆炸性能随压力增加明显恶化。研究结果对有水环境爆破选择炸药和促进国内制定炸药抗静水压测试标准有参考价值。

**关键词**：乳化炸药；静水压力；爆速；猛度；爆炸性能

## Experimental Researches on Hydrostatic Pressure Resistance of Emulsion Explosive

Zhang Li[1]　Xiong Su[2]　Liu Jie[1]　Li Peiling[1]　Dai Kunyao[1]

(1. School of Chemical Engineering, Anhui University of Science and Technology, Anhui Huainan, 232001; 2. Guangzhou Military Engineering Research and Design, Guangdong Guangzhou, 510515)

**Abstract**: Emulsion explosive often happens half-explosion and misfire in the process of blasting underwater and watery deep hole, Relative test standard of European Union was used for reference to explore the mechanism. The simulative experimental researches on hydrostatic pressure were done to the rock emulsion explosive sensitized by chemical method, which was used by self-design experimental equipments of hydrostatic pressure resistance. The detonation velocity and brisance of emulsion explosive were measured, which were bear two hours pressure of 0.0MPa, 0.1MPa, 0.2MPa and 0.3MPa respectively. The effect of hydrostatic pressure on the explosion performance of emulsion explosive was described quantitatively. The research results show that it converts quickly low-speed deflagration under 0.1MPa compares with 0.0MPa, and it is close to misfire under 0.2MPa, but it is misfire entirely when the pressure is up to 0.3MPa. The researches indicate that the explosion performance will happen deterioration obviously when emulsion explosive bears hydrostatic pressure after a certain times, which has a ref-

---

作者信息：张立，高级工程师，zhangli@aust.edu.cn。

erence value for choosing explosive and promoting the test standard draft of hydrostatic pressure resistance in the condition of watery environment.

**Keywords**：emulsion explosives；hydrostatic pressure；detonation velocity；brisance；explosion performance

# 1 引言

作为乳化炸药内形成"热点"的气泡，在压力作用下发生的变化会影响持续爆轰，因此在20世纪80年代就引起关注并得出了一些研究结果[1]。

大量使用的化学敏化乳化炸药，承载的外部压力来自水下爆破或含水深孔起爆前的静水压力，以及装药爆炸后产生的水中冲击波或岩体中应力波，对相邻未爆装药作用的动压力[2~5]。较之动压力，乳化炸药抗静水压能力是基本性能，因为在静水压载荷作用下还可以正常爆轰，才能对相邻未爆装药产生动压效应。

目前绝大多数研究乳化炸药抗静水压文献采用的方法是施加不同压力至一定时间，泄压取出后测爆速和猛度（或只测爆速），根据测试结果评价抗静水压能力[6~8]。我国工业炸药性能测试仅有两个标准涉及抗静水压，也是泄压后测试其他爆炸性能[9,10]。实际爆破作业从开始装药至起爆需数小时，起爆与传爆也是在保持静水压载荷（以下简称"保压"）条件下进行的。研究表明，将受试乳化炸药取出泄压后的爆炸性能与处于静水压力下的爆炸性能存在差异，这是由于试样在泄压之后爆炸性能会发生部分弹性复原。因此上述试验方法存在一定的失真现象。针对静水压产生的影响，有单位研制的耐压乳化震源药柱和采取塑料套管抗压措施也取得很好效果[11,12]。

本文采用模拟深水下爆破环境的测试方法进行研究，更符合实际情况，测试结果更准确，对制定乳化炸药抗静水压标准有积极意义。

## 2 抗静水压研究装置及测试条件

### 2.1 研究装置

参照欧洲标准化委员会的"耐静压性能测定"[13]，结合具备的条件，自行研制了乳化炸药抗静水压力实验装置，如图1所示。该装置工作原理是：调节压缩空气使压力容器和耐压透明爆炸管处于同一设定静水压，被试药卷保压至规定时间后起爆，根据爆速、铅柱压缩值及观察爆炸管炸毁后的破片形状、数量来判定抗静水压能力。与前述测试方法最大不同是模拟水下或含水深孔环境保压起爆。

### 2.2 耐压透明爆炸管

爆炸管采用透明材质（观察保压时药柱变化），为避免"管道效应"，管内径不小于6~7倍药卷直径，高度大于被试药卷、钢片和铅柱长度之和，可承受不小于实验的静水压力，组装后的爆炸管如图2所示。

被测药卷是整根化学敏化岩石型乳化炸药（160~170克/卷），爆速和猛度测定执行相关标准，爆速探针端头要做好防水；药量虽大于猛度规定，但所有实验药量均相同，可以做相对比较。爆炸管密闭放置在爆炸容器内加压、保压、起爆。

### 2.3 测试条件

0.1MPa静水压相当10m水深，某些有水环境爆破深度达30m，结合参考标准的规定[11]，测试条件及参数见表1。

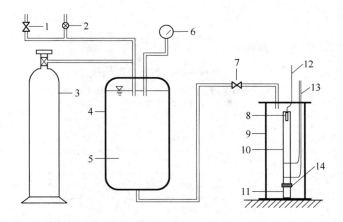

图 1 乳化炸药抗静水压力装置示意图

1—进水阀；2—泄压阀；3—压缩空气瓶；4—压力容器；5—水；6—压力表；7—单向阀；8—电雷管；
9—爆炸管；10—被试药卷；11—铅柱；12—脚线；13—测爆速探针；14—钢片

Fig. 1 Equipment schematic of emulsion explosive anti-hydrostatic pressure

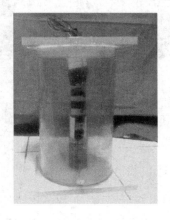

图 2 组装后的爆炸管

Fig. 2 Explosion tube after assembly

表 1 抗静水压力测试条件及参数
Table 1 Anti-hydrostatic pressure test conditions and parameters

| 静水压力/MPa | 0.0 | 0.1 | 0.2 | 0.3 |
|---|---|---|---|---|
| 保压时间/h | 2 | 2 | 2 | 2 |
| 测爆速 | ✓ | ✓ | ✓ | ✓ |
| 测猛度 | ✓ | ✓ | ✓ | ✓ |

## 2.4 雷管的耐压性能测定

采用欧洲标准化委员会 EN 13763-12 耐静压性能测定[14]（0.3MPa 静水压力、保压时间 48h、室温）测试了电雷管和非电雷管，然后进行起爆能力的铅板穿孔测试。电雷管全部合格，非电雷管因封口塞问题不合格，故用电雷管作起爆源。

## 3 测试结果与分析

测试结果见表2及图3。

表2 爆速和猛度数据处理结果
Table 2 The results of detonation velocity and brisance data

| 静水压/MPa | $D_0$/m·s$^{-1}$ | $D_i$/m·s$^{-1}$ | $\eta_D$/% | $H_0$/mm | $H_i$/mm | $\eta_H$/% |
|---|---|---|---|---|---|---|
| 0.0 | 4637.00 | — | 0.00 | 11.52 | — | 0.00 |
| 0.1 | — | 1517.00 | 67.28 | — | 6.17 | 46.44 |
| 0.2 | — | 263.00 | 94.32 | — | 1.42 | 87.67 |
| 0.3 | — | 46.60 | 98.99 | — | 0.13 | 98.87 |

图3 典型铅柱压缩结果
Fig. 3 Compressing result of typical lead column

如果以0.0MPa静水压数据为基准，与其他压力数据的相对降低程度表征爆速和猛度的改变，可由式（1）和式（2）计算：

$$\eta_D = (D_0 - D_i)/D_0 \times 100\% \tag{1}$$

$$\eta_H = (H_0 - H_i)/H_0 \times 100\% \tag{2}$$

式中 $\eta_D$——乳化炸药爆速降低程度，%；
$D_0$——0.0MPa静水压爆炸平均爆速，m/s；
$D_i$——保压爆炸平均爆速，m/s；
$\eta_H$——乳化炸药猛度降低程度，%；
$H_0$——0.0MPa静水压爆炸平均猛度，mm；
$H_i$——保压爆炸平均猛度，mm。

计算得到的曲线如图4所示。

分析以上图表总结出：乳化炸药保压起爆后，0.1MPa的爆速和猛度与0.0MPa相比迅速转为低速爆燃，0.2MPa接近拒爆，0.3MPa则完全拒爆。说明乳化炸药试样承受2h静水压载荷后，爆炸性能随压力增加明显下降。

化学敏化的乳化炸药均匀分布大量微气泡，依靠气泡形成热点而具有起爆感度，在静水压持续作用下，缩小、变形、坍塌甚至破灭，随着静水压增大，气泡压缩越严重。部分或完全失去雷管爆炸能量传递的起爆感度，不能持续爆轰。

热点减少，不仅降低了起爆感度，也延长了爆轰成长期，感度降低使其难以被起爆，而爆轰成长期延长消耗了更多的能量，达到稳定爆轰时间变长，使稳定爆轰波速度变小，猛度下降。当气泡小于成为热点的极限最小半径时，这些气泡成为了"无效热点"，出现半爆和拒爆现象。

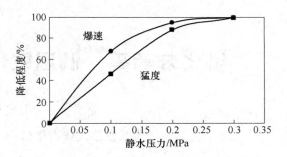

图4 爆速与猛度降低程度曲线
Fig. 4 Reducing degree Curves of detonation velocity and brisance

## 4 结论

抗静水压能力测试可以促进生产企业产品升级，自行研制的装置适应乳化炸药、工业雷管抗静水压实验与研究，压力和保压时间还能够进一步增加。为了和国外先进测试标准接轨，我国应制定乳化炸药抗静水压力测试标准。

保压起爆与泄压后起爆会使测试结果相差很大，被试药卷保压2h起爆，0.1MPa迅速转为低速爆燃，0.2MPa接近拒爆，0.3MPa则完全拒爆。因此，业界需要研制抗静水压力能力优越的乳化炸药品种，以满足不同有水环境爆破施工时选用合适的炸药。

## 参 考 文 献

[1] 松本荣，田中雅夫，韩学波，译.关于含水炸药在加压下的爆轰及复原性研究[J].爆破器材，1987，(1):36-39.

[2] 解立峰.乳化炸药受压钝化问题的探讨[J].爆破器材，1991，(2):6-9.

[3] 贯荔，译.乳化炸药的压力减敏作用[J].爆破器材，1994，23(2):35-38.

[4] 王尹军，李进军，方宏.乳化炸药密度对其压力减敏的影响[J].爆炸与冲击，2009，29(5):529-533.

[5] 吴红波.动压作用下乳化炸药减敏机理研究[D].淮南：安徽理工大学，2011：25-113.

[6] 杨民钢.静压力对乳化炸药性能影响的试验研究[J].爆破器材，1994，23(2):1-5.

[7] 刘磊，汪旭光，杨溢，等.水下爆破中乳化炸药抗水性能的实验研究[J].工程爆破，2010，16(1):66-69.

[8] 郑思友，夏斌，何振.乳化炸药损伤对爆炸性能的影响[J].爆破器材，2013，42(2):21-25.

[9] 刘永明，董春海，王玉成，等.MT/T 931—2005.小直径药卷炸药技术条件[S].北京：中国标准出版社，2005.

[10] 郭元旦，佟春燕，任流润，等.GB 15563—2005.震源药柱[S].北京：中国标准出版社，2005.

[11] 赵洁，俞珍权，于永华，等.耐压高威力乳化震源药柱的制备及其性能研究[J].爆破器材，2013，42(1):22-25.

[12] 宗琦，傅菊根，汪海波.乳化炸药塑料管抗压装药结构在立井冻结段爆破中的应用[J].工程爆破，2008，14(3):27-30.

[13] 欧洲标准化委员会.EN 13631-6—2002.高能炸药—耐静压性能测定[S].布鲁塞尔，2002.

[14] 欧洲标准化委员会.EN 13763-12—2003.雷管和继爆管—耐静压性能测定[S].布鲁塞尔，2003.

# 乳化炸药高、低温敏化生产工艺技术浅析

陈杰恒　王文斌　王兴平

（贵州盘江民爆有限公司，贵州 贵阳，551400）

**摘　要**：通过对我公司高温和低温敏化方式乳化炸药生产线的工艺流程、工艺技术参数、产品性能及安全性等方面进行对比分析，总结高温敏化和低温敏化生产工艺的优点和存在的不足。通过分析得出：高温敏化工艺小直径药卷产品的生产效率较高，乳化过程减少了高转速机械剪切作用，无敏化后效问题；低温敏化工艺生产线建设和维护成本较低，乳化效果较为理想，产品性能较好，无浸水药问题。高温和低温敏化生产工艺具有各自优点。

**关键词**：乳化炸药；敏化；生产工艺

## Analysis of Production Technology of Emulsion Explosive by High Temperature and Low Temperature Sensitization

Chen Jieheng　Wang Wenbin　Wang Xingping

(Guizhou Panjiang Industrial Explosives Co., Ltd., Guizhou Guiyang, 551400)

**Abstract**: Comparative analysis between high temperature and low temperature sensitization of our emulsion explosive production line is presented in the aspects of safety, productivity, process parameters, product performance etc. The advantages and shortcomings are summarized. For the high temperature sensitization process, the production efficiency of small diameter cartridge products is high, and the mechanical shearing of emulsification is low. For the low temperature sensitization process production line, the construction and maintenance costs are low and emulsifying effect is more ideal. High temperature and low temperature sensitive production processes have their own advantages.

**Keywords**: emulsion explosive; sensitization; process

## 1 引言

乳化炸药敏化技术主要包括化学敏化和物理敏化，化学敏化工艺根据敏化时乳化基质温度不同分为高温敏化（80~90℃）和中低温敏化（40~50℃）。早期，国内采用化学敏化方式的乳化炸药生产线均为中低温敏化，现在已建成并投入使用了多条高温敏化生产线。

我公司于2012年对乳化炸药低温敏化生产线进行了改造，改造后的连续化低温乳化炸药生产线年产量25000t；公司于2012年新建一条连续化高温乳化炸药生产线，年产量25000t。

本文根据我公司高、低温敏化乳化生产线的实际生产状况，从工艺流程、工艺技术参数、

---

作者信息：陈杰恒，高级工程师，511175670@qq.com。

产品性能及安全性等方面进行对比分析，以总结高温敏化和低温敏化生产工艺技术的优点和存在的不足。

## 2 工艺流程

乳化炸药连续化生产主要工序为水、油相配置、乳化、敏化、装药和包装。低温敏化生产线敏化温度远低于乳胶基质温度，因此在敏化工序前必须进行乳胶基质降温的过程，即先对乳胶基质冷却然后再敏化装药，如图1所示。高温敏化乳化过程为静态乳化，静态乳化之前进行低转速的动态搅拌过程即粗乳，敏化工序是直接对高温的乳胶基质进行的，然后装药再对药卷冷却降温，整个过程是先敏化、装药后冷却，如图2所示。

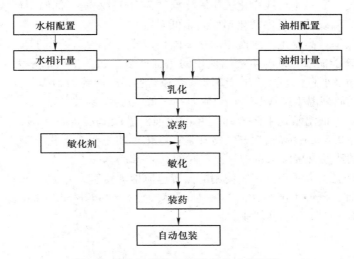

图1 低温敏化乳化炸药生产工艺流程

Fig. 1 The production process of emulsion explosive by low temperature sensitization

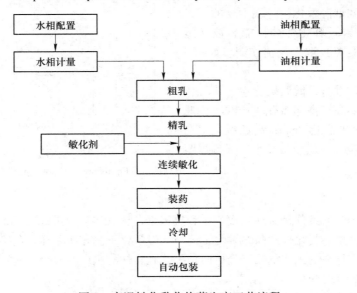

图2 高温敏化乳化炸药生产工艺流程

Fig. 2 The production process of emulsion explosive by high temperature sensitization

## 3 工艺技术参数

（1）乳化效率。低温生产线动态乳化器能够达到要求的7.5t/h产能；高温生产线搅拌器和静态乳化器能够达到要求的8t/h产能。乳化能力均能满足生产需求。

（2）水、油相温度。高温生产线水相温度为100℃左右，油相温度为90℃左右；低温生产线水相温度为110℃左右，油相温度为105℃左右。高温乳化炸药生产线水油相温度均低于低温生产线。

（3）乳胶基质温度。高温生产线静态乳化器出口的乳胶基质温度为100℃左右；低温生产线乳化器出口的乳胶基质温度为105℃左右。高温线乳胶基质温度低于低温线。

（4）敏化温度。高温生产线敏化工序敏化温度为100℃左右；低温生产线敏化工序敏化温度为45℃左右。高温线敏化工序敏化温度高于低温线。

（5）装药机效率。高温生产线使用的是美国旋转式装药机，生产的是32mm直径药卷，单机装药达到4t/h产能需求；低温生产线使用的是国产装药机，生产的是大直径药卷，单机装药效率达到3.5t/h，小直径装药机生产32mm直径药卷，产能约为3t/h。乳胶基质高温时其黏度较低温时小，因此高温生产线装药机效率要高于低温生产线。

（6）冷却方式。低温敏化工艺冷却是在敏化前对乳胶基质进行冷却，使用的是钢带冷却机，冷却时间约为2.5min；高温生产线冷却是在敏化包装之后对乳化炸药成品药卷进行冷却，冷却方式为将成品药卷直接浸入水中，浸水时间约为18min。

（7）转速。高温生产线粗乳工序使用的低转速搅拌机转速约为600r/min，连续混合器转速约为800r/min为宜；低温生产线乳化工序乳化器转速约为1400r/min。高温生产线粗乳工艺搅拌器转速低于低温生产线乳化器转速。

## 4 产品性能

### 4.1 爆炸性能

将高温敏化和低温敏化生产线生产的已经存放10d的2号岩石乳化炸药性能参数（爆速、猛度和殉爆距离）取平均值作图，如图3所示。

从图3中可以看出，低温敏化生产线乳化炸药爆速和猛度要高于高温敏化生产线，爆速高达400km/s，猛度高达1mm；高温敏化生产线乳化炸药殉爆距离比低温敏化生产线殉爆距离高1mm。

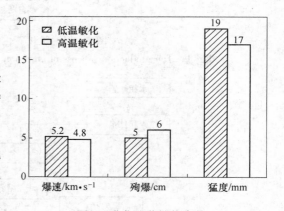

图3　乳化炸药性能参数
Fig. 3　Emulsion explosives performance parameters

### 4.2 安全性能

乳胶基质热分解的条件是必须生成热点和热积累，热点和热积累的形成条件是乳化炸药生产过程中的危险因素。乳化炸药高温敏化工艺与低温敏化工艺有所差异，危险点不同，现就生产过程中乳化基质存在的主要危险点分析两种工艺乳化炸药生产线安全性进行分析。

#### 4.2.1 热点形成分析

通常认为炸药热点的形成主要有3种方式：

（1）在机械能传入炸药时，惰性硬杂质之间的摩擦、炸药颗粒体之间的摩擦或炸药与容器壁表面的摩擦。

（2）当炸药从两冲击面间挤出时，由于炸药迅速流动所形成的塑性加热，这种形式的热点只有在流动速度很快、剪切很激烈时才有效。

（3）反应物中散布的小气泡的部分绝热压缩。

#### 4.2.2 热积累条件

一般乳化炸药实际生产过程中的热点是存在的，生产中难以避免。炸药在外界能量作用下所形成的热点必须有热积累的过程（足够大的尺寸、足够高的温度和放出足够的热量），才能逐渐发展而使整个炸药爆炸[1]。

（1）压力对乳化基质热分解的影响。常压下乳化炸药发生明显的热分解温度一般在200℃以上，而H. Perlid试验发现，正常运转条件下螺杆泵中的乳化基质发生爆炸时的温度低于160℃[2]，这是密闭约束条件作用的影响所造成的。压力的增大会对乳化基质产生气体的绝热压缩，造成局部的温度升高而且有可能会造成破乳；压力增大会增大乳化体系（尤其是硝酸铵）的热分解速率，放热量增加。

（2）机械能作用和设备的散热性[1]。乳化生产过程中，机械设备在不停的运转，一是强力机械剪切造成其与物料之间强力摩擦；二是设备自身的零部件之间相互摩擦。国内外所发生的乳化炸药爆炸事故，大多都是由乳化器和螺杆泵引起的，乳化器和螺杆泵的机械转动是形成热点和造成热积累的主要因素。乳化需要高速的机械剪切作用，转速很大且长时间的高速转动在转动轴处会因摩擦而产生热量。如果因摩擦产生的热大于散热就会发生热积聚，腔体内的乳化炸药温度会逐渐升高，因此，通常乳化器的外壳夹套和转动部件部位设有冷却装置，目的就是增加散热，防止乳化器内的物料形成热积累。

#### 4.2.3 低温工艺的乳化

乳化炸药低温敏化生产工艺的乳化工序主要危险点。乳化过程需要强机械剪切力，乳化器机械转速一般为1400r/min左右。

乳化过程中有可能存在乳胶基质与乳化器内壁摩擦及坚硬物体与乳化器内壁摩擦等；高转速机械搅拌时乳胶基质存在一定程度的塑形剪切。当乳化器冷却不理想而热量积累；物料断流形成乳化器空转，滞留的乳胶基质不断被剪切，摩擦温度迅速升高，生成的热量高于散失的热量，基质温度持续上升高于其爆发点就会发生爆炸。

#### 4.2.4 高温工艺的乳化

高温敏化乳化炸药生产线动态机械剪切发生在粗乳工序，转速较小为600r/min左右，且为非密闭空间，热点形成和热积累可能性小于低温乳化工序。

高温敏化乳化炸药生产线精乳工序虽然无强机械剪切，但由于静态乳化器乳化原理是通过高压将初乳液分散成小体积单元并高速碰撞实现乳化，与高速机械搅拌乳化一样需要外界能量，只是能量形式不同。敏化方式与低温敏化为化学敏化方式，但高温敏化为连续的密闭式结构，压力较大且不利于散热。

高温敏化生产线乳胶基质输送过程中存在较高压力，尤其在螺杆泵长期作业后有可能出现转子与定子摩擦导致定子脱落堵塞静态乳化器，压力瞬间增大。高压力下硝酸铵热分解速度明显加快，高温敏化生产线高压力下使热点形成和热积累成为可能。

## 5 其他问题分析

### 5.1 敏化后效问题

低温敏化生产线敏化温度较低，产品装箱前乳化炸药中敏化剂短时间内无法完全反应，尤其是在冬季室外温度较低的情况下，产品装箱入库后发泡剂会继续发泡致使包覆膜破裂甚至箱体破裂而出现质量问题。

高温敏化生产线敏化温度较高，发泡剂在乳化炸药装箱前基本已经完全发泡，后续基本无后效问题。

### 5.2 浸水废药问题

高温敏化生产线乳化炸药必须浸水降温才能装箱，由于装药机装药过程中不可避免地会出现废品，随着装药机实用年限越长废品率升高，药卷浸水过程中乳化炸药落入水池形成浸水废药。浸水废药量与操作人员操作水平、装药机稳定性及塑料膜和卡口的质量有关。乳化炸药浸水后含水量大大提高，很多已经破乳，处理难度较大。

低温乳化炸药生产线产品无需直接浸水冷却，无浸水废药处理问题。

### 5.3 废水问题

高温敏化生产线敏化工序后药卷需要浸水冷却，冷却水池需要大量水，废水量较大。

### 5.4 成本问题

国内低温敏化生产线技术已经非常成熟，整套生产线的机械设备完全国产化，建设和维护成本较低。高温敏化生产线装药机为进口设备，建设和维护费用较高，目前国内已研发出类似装药机，但性能与国外相比还有待提高。

综上所述，高温敏化乳化炸药的生产工艺和低温敏化乳化炸药的生产工艺均有各自优点，为充分发挥两种工艺的优点，我公司高温敏化生产线主要生产小直径产品，低温敏化生产线主要生产大直径产品。

## 6 结论

（1）高温敏化生产线的乳化、装药效率高于低温敏化生产线。低温敏化生产线乳化炸药性能与高温敏化生产线乳化炸药相比，爆速和猛度较高，殉爆距离较小。

（2）低温敏化生产线乳化工序存在高速机械剪切，高温敏化生产线粗乳工序存在一定转速搅拌，转速较低，但高温线增加螺杆泵、静态乳化和密闭条件下的敏化会产生较大的压力。

（3）低温敏化生产线敏化后存在后效问题，高温敏化生产线浸水冷却会产生浸水药。高温敏化生产线建设维护成本高于低温线。

### 参 考 文 献

[1] 王文斌,高娜娜,杨祖一,等.乳化器内乳胶基质热爆炸条件探讨[J].矿业研究与开发,2015,35(3)：23-26.

[2] Perlid H, Nilimaa F. Dyno Nobel/Kimit AB pump safety work[C]//Proceedings of the 13$^{th}$ Annual Conference in SAFEX, 1999：90-110.

# 低爆速膨化铵油炸药在异种金属爆炸焊接中的应用实验研究

王海峰

(太原钢铁(集团)有限公司复合材料厂,山西 忻州,035407)

**摘 要**:专用炸药在异种金属焊接起着十分重要的作用一直以来是一个研究重点。本文对金属爆炸焊接的膨化铵油炸药进行实验研究,结果表明:膨化铵油炸药稀释剂含量在30%~40%时,爆速的变化较为平缓。当炸药中稀释剂含量为50%、药厚25~50mm之间时,炸药爆速为2300~2360m/s,药厚对爆速的影响不大。应用该炸药爆炸焊接的不锈钢-钢复合材料质量良好。

**关键词**:爆炸焊接;膨化铵油炸药;低爆速;爆炸性能

## Experimental Study of Low-speed Welding Expanded ANFO Blasting in Dissimilar Metal

Wang Haifeng

(TISCO Composite Material Factory, Shanxi Xinzhou, 035407)

**Abstract**: Special explosives using in dissimilar metal welding plays a very important role, which has long been a focus of research. In this paper, metal explosive welding puffed ANFO experimental study, results showed that: expanded ANFO diluent content of 30%~40%, change of detonation velocity is more gradual. When explosives diluent content of 50%, while between 25~50mm thick drugs, detonation velocity of 2300~2360m/s, the drug has little effect on the thickness of detonation velocity. Application of the explosive welding in stainless steel-steel composite material has good quality.

**Keywords**: explosive welding; expanded ammonium nitrate explosive; low detonation velocity; explosive performance

## 1 引言

随着科技的发展和进步,人们在从事生产活动时对生产工具和材料的运用要求越来越高,为适应现代化的生产要求,多种材料构成的生产工具正被广泛运用在生产中,其中异种金属材料在石油化工、煤矿企业中的使用越来越重要。为实现异种金属的焊接,提高爆炸焊接工艺及焊接质量,爆炸焊接用炸药的研制成为相关研究人员的重要研究项目。实践证明,为降低炸药爆速,进而获得更好的焊接效果,对炸药的爆炸性能提出了更高的要求。本文基于此背景,在

---

作者信息:王海峰,工程师,wanghaifeng0626@126.com。

传统爆炸焊接用硝铵炸药的基础上,按照一定的配比在膨化铵油中加入爆速调节剂,使按照适当配比获得的炸药爆速保持在爆炸焊接期望的范围内,获得最佳焊接效果。

## 2 低爆速膨化铵油炸药的准备

本试验研究的低爆速膨化铵油炸药,在常规膨化炸药基础上进行密度调整而得。因此,炸药的准备工作主要包括膨化硝铵炸药的配置、密度调整剂的选择及它们的混合等内容。

### 2.1 常规膨化铵油炸药的配置

首先对膨化硝铵进行加工,运用工具轮碾机,然后按照5.5%的比例在膨化硝铵中加入柴油并轮碾混合均匀,轮碾时间为25min。此时混合形成的膨化铵油炸药爆速为3300m/s(30mm药厚),此时的炸药爆速不在爆炸焊接炸药爆速的合理范围之内(2000~3000m/s),需要进行调整。此时混合形成的膨化铵油密度为0.44g/cm,远低于正常爆炸焊接所需的密度0.7~0.8g/cm$^3$,不利于常见复合金属的焊接,需要进行调整。

### 2.2 密度调节剂的选择

对此前混合形成的膨化铵油炸药进行调整主要在三个方面,(1)炸药的爆速,(2)密度,(3)感度,这就需要稀释剂来完成对炸药的调整。运用稀释剂对膨化铵油炸药的调整要求为:爆速对药厚不敏感,稀释剂不影响膨化铵油炸药的吸湿结块性能,稀释剂要具备较高的性价比和广泛的来源。目前工业常用的稀释剂有工业食盐、珍珠岩和玻璃微珠,综合分析三种稀释剂的特性与配合性能可知,食盐与珍珠岩能够提高混合炸药的密度,玻璃微珠能够降低混合炸药的密度。除此之外,食盐与珍珠岩还能够在爆轰感度方面是混合炸药获得提升。工业食盐以较小的粒度优势避免膨化铵油炸药在混合后的使用等过程中发生偏聚现象。本文选取工业食盐和玻璃微珠按照一定比例的混合形成稀释剂,对混合后的膨化铵油炸药进行调整。

### 2.3 稀释剂含量对膨化铵油炸药爆速的影响

本文进行的稀释剂对膨化铵油炸药爆速影响的实验主要从两个方面实施:(1)单纯稀释剂质量比或药厚的膨化铵油炸药爆速影响;(2)排除稀释剂质量比因素下,药厚对膨化铵油炸药爆速的影响。经过实验所统计的数据分析结果可知,混合炸药的爆速与稀释剂质量比成反比例函数关系,如图1所示,与药厚成正比例函数关系,如图2所示。当稀释剂的含量在

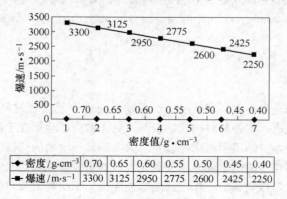

图1 密度与爆速关系图

Fig.1 Density and detonation velocity diagram

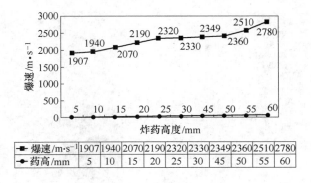

图2 药高与爆速关系图

Fig. 2 Highly explosive and detonation velocity diagram

30%~40%之间时,混合炸药的爆速基本处于一个平稳的状态,变化差异性不大。此外,将稀释剂含量调整为50%固定时,对药厚的影响度进行测量,结果显示,药厚在5~25mm时,爆速变化较为明显,从1900m/s快速上升至2360m/s,当药厚在25~50mm时,爆速较为平稳,变化不大,大约在2300~2360m/s之间变动,当药厚大于55mm时,爆速再次开始显著上升。这说明,50/50炸药的药厚在25~50mm范围内时,药厚对爆速的影响不大,属于合理范围。

## 3 爆炸焊接实验

本文所进行的低爆速膨化铵油炸药爆炸焊接实验所选择的金属材料为不锈钢与钢板,实验材料的参数为:复板尺寸为3mm×530mm×2030mm,基板尺寸为18mm×500mm×2000mm。不锈钢与钢板的表面处理为表面打磨抛光,然后用丙酮清洗。为满足爆速保持在2000~2800m/s之间,以及获得类似正弦波形态的焊接界面,实验选择的混合铵油炸药的稀释剂含量为35%,药厚为30mm。

### 3.1 药量计算机药高、间隙物准备

在本实验中,按照单位面积来计算药量,公式为:$W_g = K_g \sqrt{\delta_1 \rho_1}$,其中,$\delta_1$、$\rho_1$分别表示复板的厚度和密度,$K_g$在实验中的取值为1.4,表示异种金属爆炸焊接用药量的相似系数。单位面积爆炸焊接药量$W_g$与单位面积复板质量($m$)的质量比为:$R = \dfrac{W_g}{m}$;药高的计算公式为:$\delta_0 = \dfrac{R\delta_1\rho_1}{\rho_0}$,如图3所示,其中,$\rho_0$表示低爆速膨化铵油炸药的密度。本实验中的间隙物选择等厚的铝条,间隙计算依据经验公式为:$h_0 = 0.2 \times (\delta_0 + \delta_1)$,如图4所示。

### 3.2 复合板质量检测

对爆炸符合材料的质量检测从三个方面进行,采用超声波探伤检测。超声波探伤是利用超声波的穿透性特点,观察超声波穿透复合界面边缘发生反射的特点来检测零件缺陷。超声波探伤检测的结果显示,复合板的结合率为100%。

复合板焊接强度的检测通过抗拉实验、弯曲实验、剪切实验来进行。对复合板进行拉伸实验,获得的实验数据分析结果显示($R_{p02}$为条件屈服强度下限值;$R_m$为抗拉强度下限值):$R_{p02}$均值为437.5MPa,$R_m$均值为552.5MPa,均满足标准规定。复合板的弯曲实验显示弯曲方向为

图3　依据公式计算后的炸药高度　　　　　图4　依据公式计算后的间隙高度
Fig. 3　Explosive height according to the formula　　Fig. 4　Gap height according to the formula

内弯和外弯时均完好无损，表明该配比的铵油炸药符合不锈钢-钢的焊接要求生产要求；进行剪切实验之后，实验结果的数据统计显示，不锈钢-钢复合板界面剪切强度均值为386MPa，明显高于规定的210MPa数值，说明复合板界面结合形态是理想的。

## 4　结论

研究表明，膨化铵油炸药稀释剂含量在30～40之间时，爆速的变化较为平缓。当混合炸药的稀释剂含量为50%、药厚25～50mm范围之间时，药厚对爆速的影响不明显，爆速较为平稳。所设计的低爆速膨化铵油炸药爆炸焊接的不锈钢-钢复合材料质量良好，表明该炸药适用于相关金属材料的爆炸焊接。

### 参 考 文 献

[1] 余燕，张凯．新型稀释剂在爆炸焊接粉状改性铵油炸药中的应用[J]．爆破，2013(3)．
[2] 余燕．低爆速乳化炸药及其在爆炸焊接中的应用[D]．安徽理工大学，2013，6．
[3] 刘连生，胡勇辉．水分含量对改性铵油炸药性能的影响[J]．工程爆破，2014(3)．

# 基于逾渗模型对乳胶基质破乳现象的研究

张 阳[1,3]　汪旭光[2]　宋锦泉[1]　王 阳[1,3]　成 旭[3]　杨德强[1,3]

（1. 宏大矿业有限公司，广东 广州，510623；2. 北京矿冶研究总院，北京，100160；
3. 北京科技大学土木与环境工程学院，北京，100083）

**摘　要**：本文针对乳胶基质的破乳现象，基于逾渗理论构建了乳胶基质的逾渗模型，对其破乳的过程进行了描述。对乳胶基质进行高低温循环试验，加速其破乳的进程，并检测电导率。用逾渗模型对试验结果中电导率在多次循环后出现突变的现象进行了合理的解释，为判断乳胶基质的破乳提供了一个理论判断依据。

**关键词**：逾渗模型；乳胶基质破乳；电导率

## Study on the Demulsification Phenomena of Emulsion Explosive Matrix Based on Percolation Model

Zhang Yang[1,3]　Wang Xuguang[2]　Song Jinquan[1]
Wang Yang[1,3]　Cheng Xu[3]　Yang Deqiang[1,3]

（1. Hongda Mining Co., Ltd., Guangdong Guangzhou, 510623; 2. Beijing General Research Institute of Mining and Metallurgy, Beijing, 100160; 3. School of Civil and Environmental Engineering, University of Science and Technology Beijing, Beijing, 100083）

**Abstract**: Considering the demulsification phenomena of emulsion explosive matrix, a percolation model of the emulsion explosive matrix is built, which is based on the percolation theory to describe the process of the demulsification. After the high and low temperature cycle test to accelerate the demulsification process of the matrix, the conductivity is detected. The percolation model have a reasonable explain for the inflection point of the conductivity after several cycles, which provide theoretical basis for the judgement of the breakdown of the emulsion explosive matrix.

**Keywords**: percolation model; demulsificasion of emulsion explosive matrix; conductivity

## 1　引言

"逾渗"是 1957 年由 Hammersley 和 Broadbent 研究流体通过无规介质时首先提出来的。逾渗理论是处理强无序和具有随机几何结构系统常用的理论方法之一，为描述空间分布的随机过程，提供一个明确、清晰、直观的模型[1]。随着联结程度的增加，无规系统中的组元，如颗

---

作者信息：张阳，博士，ycym90@qq.com。

粒、格点、键等，在一定的条件下（如临界点或临界阀值）将首次形成跨越整个系统的集团，实现长程连接。在热力学的极限条件下，将出现无限大集团。这个现象称为逾渗转变，系统的性质将发生突变，属于连续相变。因而逾渗过程成为解释多种现象的一个自然模型。

Mamunya 等人[1]基于经典统计的逾渗理论，充分考虑了填料的形状、大小及物性，提出了填充型导电复合材料电导率的经验公式。Bueche 等人[1]考虑到基体树脂电导率对复合体系的影响，认为导电网路与聚合物结构网路具有相似性，提出了聚合物凝胶的概念。Nielsen[1]从原生粒子的形状和配位数出发，结合填料体积分数、结构性参数及絮凝指数对材料的电导率进行了推导。Miyasaka 等人[1]则从热力学现象的角度，认为导电复合材料的逾渗现象不仅与填充粒子和聚合物的性能相关，还与两相间的界面张力有关。Emilio 等人[5]根据逾渗理论严格论证了在二维情况下，高浓度乳状液的分散相体积分数与储能模量的关系式，并在此逾渗模型的基础上通过 tayor 展开一阶近似式，对高浓度乳状液的三维模型进行了推导。

乳胶基质[6]是以氧化剂水溶液的微细液滴为分散相，悬浮在似油类物质构成的连续介质中，在乳化剂作用下，形成的一种高内相的油包水型乳化体系。由于乳化炸药处于热力学不稳定状态，伴随着常温储存过程中分散相液滴之间的絮凝和聚结作用，硝酸铵晶体从水相溶液中析出，则乳胶基质发生破乳。乳胶基质破乳会造成乳性能严重下降。在以往研究中，通常是采用观测表面有无晶体析出，以及用电导率法表征破乳程度。但乳胶基质破乳过程的研究并不深入，对于乳胶基质的破乳现象并没有明确的标定。本文用逾渗模型描述乳胶基质的 W/O 内部微观结构，通过分析高低温循环后乳胶基质电导率的变化，对乳胶基质的破乳机理进行了解释。

## 2 试验原理

### 2.1 乳胶基质的电的确定性分形结构

乳胶基质中油相为连续相，多为通常不导电的蜡类或者黏度合适的液态石油产品。因而电的确定性分形结构可用来描述乳胶基质分散相液滴间绝缘介质中所形成的复合体系的有效电阻抗[7]。如图 1 所示，由于乳胶基质连续相是油相材料，所以不导电。表示连续油相的电容 $Z_0$ 作为原始代，生成元是用 1 个单胞替代原始的电容。单胞由上下两部分串联而成，下部包含两个并联的原始电容 $Z$，上部则是由电容 $Z_0$ 和水相液体盐溶液所构成的电阻 $\zeta$ 并联组成，单胞的阻抗表示为 $Z_1$，生成元单胞中，包含 4 个单元，其中有 $f$ 组分的电容 $Z_0$（一般 $1/2 < f < 1$，图 1 中取 $f=3/4$）和组分为 $(1-f)$ 的电阻。参量 $f$ 也成为填充因子，不断地进行重复迭代，每一次迭代中，所有的电容均被一个单胞替代，其下半部由两个相同的电容并联，上半部由 $4(1-f)$ 个电容和 $(4f-2)$ 个相同电阻并联组成；电阻保留不变。重复迭代，形成自相似的传导网络。迭代到第 $n$ 代，其包含有 $4[(4f)^{n-1}+(1-f)]$ 个电路元件，其中有 $(4f)^n$ 个电容和 $(1-f)[1+(4f)^{n-1}]$ 个电阻，整个网络的分形维数 $d_f = \ln 4f / \ln 2$。

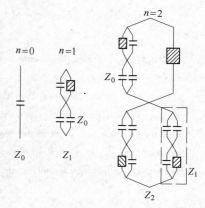

图 1　乳胶基质电的确定性分形模型

Fig. 1　Electric deterministic fractal model of emulsion matrix

### 2.2 乳胶基质的逾渗模型

逾渗模型是建立在网格上的，主要有键逾渗和座逾渗两种。键逾渗是在网格中相邻两点之间设置一个阀门,当这个阀门连通时,这两点之间才可以发生渗透。由于乳胶基质具有高内相体积比,则内相液滴近似呈六方体结构[8],如图2所示的W/O结构,其中实线代表内相粒子间的界面膜,圆点代表键逾渗过程中的阀门。当相邻的水相粒子之间的界面膜遭到了破坏时,可以认为此时发生了键逾渗。对于键逾渗发生的机理有两种解释:一种是[9]由于内相液滴主要为硝酸铵的过饱和溶液,$NH_4^+$和$NO_3^-$结为离子对,该离子对进一步结合形成离子群,当离子群成长到一定大小时结为晶核,最终硝酸铵析晶后刺破与相近粒子之间的界面膜,导致两个水相粒子之间相通;另一种解释基于Ostwald熟化与Marangoni效应。由于内相粒子之间大小不同,小尺寸粒子的Gibbbs自由能高于大粒子,在界面能的作用下,小颗粒溶解,大颗粒长大,最终形成新的粒子。

逾渗集团一般不是严格的自相似结构,而是具有统计自相似结构,不仅包含多种长度标度,还包含有各种不同大小的空洞,也是一种分形结构,如图3所示。采用链(links)-节点(nodes)-滴(blobs)模型(LNB模型)来模拟乳胶基质中逾渗集团的微结构构形[10],链(L)表示逾渗集团网路的一维通道即乳化炸药中已经聚结贯通的水相粒子,至少三条链相交的点被称为节点(N),而滴(B)是两个节点间相互连接所形成的密集部分即乳胶基质中由于水相粒子间聚结所形成的一些较大的粒子团。由链、节点、滴共同组成的逾渗集团的核心部分称为主干,与主干相连的是一些悬挂键或称为空端,乳胶基质中构成主干的内相粒子是电流传输的通道,而空端部分不能传输电流。假定发生键逾渗的概率为$p$,那么一组相互连接的键形成一个键的集团。当$p$很小时,所形成的集团很小。但是在逾渗过程中,都存在一个逾渗阈值$p_c$(percolation threshold),当$p_c$达到这个阈值$p_c$($p_c<1$)时,整个网络(从样品的一端到另一端)就开始实现连通,出现长程连接的集团,网络的拓扑结构发生了质的转变。此时,在样品的宏观上也会出现明显的变化。

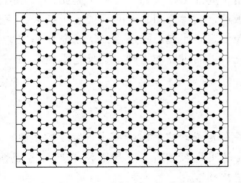

图2 乳胶基质的键逾渗模型

Fig. 2 Bond percolation model of emulsion matrix

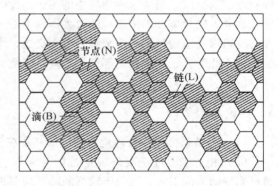

图3 乳胶基质中逾渗集团的LNB模型

Fig. 3 The LNB model of percolation cluster in emulsion explosive matrix

## 3 试验部分

### 3.1 试验过程

试验所制备乳胶基质的组分及质量分数为硝酸铵70%、硝酸钠10%、尿素2%、水10%、乳化剂2%,油相4%。对样品进行高低温循环,高温50℃保存8h,低温-10℃保存16h,作为一个温度变化循环。每次循环之后使用DDS-11A型电导率仪对样品进行测试记录并观测样品表面有无析晶。试验设备具体参数及操作步骤参见文献[11]。

## 3.2 试验结果及分析

在对试验样品进行高低温循环之后所测电导率曲线如图4所示。

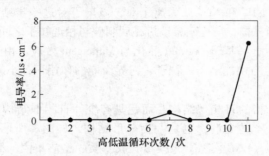

图4 乳胶基质的高低温循环次数与对应的电导率曲线

Fig. 4 Electric conductivity curves of emulsionmatrix with different high-low temperature cycle times

由图4可以看出,在最初的高低温循环过程中,所测样品的电导率为零,而在经历过多次循环之后,电导率出现上升,在第11次循环之后,电导率发生突变,曲线出现拐点。这是由于在乳胶基质的油包水结构中,连续相为不导电的油相材料。在制备之初,W/O 结构并未受到破坏,电导率为零。随着高低温对界面膜的影响,相邻水相粒子之间发生键逾渗,最初发生键逾渗的粒子数目较少,聚集程度低,在网格中并未形成链。但随着高低温循环试验的进行,发生键逾渗的粒子数目快速增加,水相粒子间由于相互贯通形成的链在网格中相交产生节点,并逐渐扩大范围,组成逾渗集团中的主干。此时,由于局部出现大的水相粒子集团,部分网格已经连通,电导率开始增加。随着界面膜的进一步破坏,逾渗集团主干的规模逐渐增大,直至在达到逾渗阈值的时刻,整个网格出现贯通,水相粒子之间实现长程连接,从而电导率发生突变。由于此时乳胶基质在内部结构上发生了重大变化,因而可以作为判定乳胶基质破乳的一个重要依据。

## 4 结论与展望

(1)逾渗模型可以合理地解释乳胶基质在经历高低温循环之后电导率出现突变的现象。

(2)相对于通过观察外观是否析晶来判定乳胶基质是否破乳,电导率法更具有客观性,通过逾渗阈值的引入,更便于对判断破乳现象提供量化标准。

(3)现阶段乳胶基质的逾渗模型具有一定的局限性,主要是由于乳胶基质微观结构并不是规则的形状,且粒径大小也存在差异,对于建立的模型还有待进一步的优化。

### 参 考 文 献

[1] 刘生丽,冯辉霞,张建强,等. 逾渗理论的研究及应用进展[J]. 应用化工,2010,39(7):136-140.

[2] Lux F. Models proposed to explain the electrical[J]. Journal of Materials Science,1993,28(2):285-301.

[3] O. breuer, M. narkis, A. siegmann, et al. Segregated structures in carbon black-containing immiscible polymer blends: HIPS/LLDPE systems[J]. Journal of Applied Polymer Science,1997,64(6):1097-1106.

[4] 罗延龄,王庚超,张志平. PTC 特性的复合导电体系中炭粒子分布的逾渗模型与电阻率的计算[J].

高分子通报，1998(4)：25-35.
[5] Paruta-tuarez e, Marchal-P. Association of percolation theory with princen's approach to model the storage modulus of highly concentrated emulsions[J]. Industrial and Engineering Chemistry Research, 2013, 52 (33)：11787-11791.
[6] 汪旭光. 乳化炸药[M]. 北京：冶金工业出版社, 2008.
[7] F Brouers, D Rauw, J P, Clerc. Far infrared absorption of conducting fractal aggregates[J]. Physica A: Statistical Mechanics and its Applications, 1994, 207(1)：249-257.
[8] 申英锋, 汪旭光, 肖裕民. 乳化炸药粒径分布的表征方法及分布模拟算法[J]. 爆破器材, 1998(5)：1-4.
[9] 刘杰, 徐志祥, 孔煜. 乳化炸药稳定性及其破乳机理研究[J]. 爆破器材, 2015, 44(6)：48-52.
[10] 李振, 亚高雷, 孙华. 异质复合介质的电磁性质[M]. 北京：北京大学出版社, 2012：21-23.
[11] 张阳. 乳化炸药微观结构变化对电导率影响的探究[D]. 淮南：安徽理工大学, 2015.

# 乳化炸药微观结构对其宏观性能的影响分析

王尹军[1]　汪旭光[1]　闫国斌[2]

(1. 北京矿冶研究总院，北京，100160；2. 华刚矿业股份有限公司，北京，100039)

**摘　要**：本文分析了乳化炸药内相粒子大小和分布、界面膜、油膜、第三相物质（敏化剂）对其爆炸性能、稳定性、流变性或黏度等宏观性能的影响，建立了微观结构与宏观性能的关联关系，对一些常见现象进行了解释。分析认为，乳化炸药内相粒子的大小与分布，主要取决于机械作用强度和乳化剂的种类和用量两个方面。在相同的配方和工艺条件下，乳化炸药的内相粒子越小，粒径分布越窄，其稳定性和爆炸性能就越好，黏度较大。内相粒子间界面膜和油膜既与内相粒子密切相关，也对乳化炸药的黏度、流动性和稳定性有重要作用。依据热点理论分析认为，当气泡或者气泡载体的尺寸在有效范围之内，且分布均匀时，则形成热点的时间接近，有利于爆炸反应的快速激发和传递，宏观上表现为乳化炸药爆轰感度、爆速和猛度等较大。

**关键词**：乳化炸药；微观结构；宏观性能；界面膜

# Analysis of the Influence of the Microstructure of Emulsion Explosive on Its Macro Performance

Wang Yinjun[1]　Wang Xuguang[1]　Yan Guobin[2]

(1. Beijing General Research Institute of Mining & Metallurgy, Beijing, 100160;
2. SICOMINES Co., Ltd., Beijing, 100039)

**Abstract**: In this paper, the influence of the particle size and distribution, the interfacial film, the oil film and the third phase substance (sensitization agents) on the explosive properties, stability, rheology and viscosity of emulsion explosives are analyzed. The relationship between microstructure and macroscopic properties is established and some common phenomena are explained. The analysis shows that the size and distribution of the phase particles in emulsion explosives are mainly determined by two aspects of the mechanical strength and the type and dosage of the emulsifier. Under the same formulation and process conditions, the smaller the particle size distribution is, the more narrow the particle size distribution is, and the better the stability and explosive properties are, the greater the viscosity is. The interfacial film and oil film of the internal phase particles are closely related to the internal phase particles, and also have important effects on the viscosity, fluidity and stability of emulsion explosives. The analysis according to the theory of hot spot shows that when the size of the bubble or bubble carrier with-

---

基金项目：中国工程院咨询研究项目（2016-XZ-09）；国家自然科学基金资助项目（50704005）。
作者信息：王尹军，高级工程师，yjwang0281@163.com。

in the effective range and uniform distribution, the time to form every hot spot are close, which is in favor of the explosion reaction fast excitation and transfer, and the detonationsensitivity, velocity of detonation and brisanceof emulsion explosiveare larger in mass.

**Keywords**: emulsion explosive; microstructure; macro performance; interfacial film

## 1 引言

乳化炸药在我国经过了 30 多年的发展历程，从无到有，从小品种到主要品种，尤其是"十二五"期间的快速发展，已经成为我国工业炸药的主要品种。2015 年乳化炸药产量为 221 万吨，占工业炸药总产量的 59.91%[1]。《工业和信息化部关于进一步推进民爆行业结构调整的指导意见》（工信部安 [2010] 581 号）将乳化炸药作为优化产品结构、加快产品升级换代的鼓励发展品种之一。因此，对乳化炸药的研究，具有重要的实际意义。

不同的爆破工程对乳化炸药的性能有不同的要求，国内生产企业和研究机构研制出不同配方和性能的系列产品，以满足不同需求。因此，对乳化炸药性能的研究伴随着乳化炸药的整个发展历程，是乳化炸药基础研究的一个重要内容。从使用角度来看，乳化炸药的性能主要指爆炸性能、稳定性、流变性、黏度等，其中爆炸性能包括爆轰感度、爆速、爆热、爆炸威力、爆轰压等。例如：对于坚硬岩石等爆破对象需要高爆速、高威力的乳化炸药，对于软岩等爆破对象就需要低爆速、低威力的乳化炸药；对于包装型的乳化炸药而言，其流变性越低越好，即黏稠、成形性好，对于现场混装乳化炸药就要求有良好的流变性，即稀软、流动性好，以利于管道输送和现场装药[2]；无论包装型还是现场混装型乳化炸药，均需要有一定的稳定性，以保证在保质期内的爆炸性能和流变性不发生变化，因此稳定性是乳化炸药的一个基本性能。但是由于乳化炸药的 W/O 型微观结构所具有的热力学不稳定性，宏观上所表现出来的稳定性是相对的，研究者长期致力于提高乳化炸药的稳定性[3,4]。

研究结果和实践均表明，决定乳化炸药宏观性能的因素主要有组分、配比、工艺参数、混合均匀度、密度等[5-8]。关于乳化炸药的性能，国内外开展了大量的研究工作。有的针对不同组分和配比进行研究，有的针对一些添加剂进行研究，也有针对生产工艺参数的调整进行研究，还有的结合乳化炸药的微观结构进行研究。总体上看，研究乳化炸药各个主要组分对其宏观性能影响的报道比较多，研究微观结构的报道比较少。

在组分和配比一定的前提下，混合均匀度就是决定乳化炸药宏观性能的一个重要因素。对于乳化炸药而言，混合的均匀度就表现在 W/O 型微观结构，如内相粒子的大小与分布、界面膜的性质等[9,10]。由于受到测试手段和仪器的限制，在乳化炸药微观结构领域的研究相比于组分和添加剂对乳化炸药性能的研究要少得多。颜世留等人[11]研究了乳胶基质和乳化炸药受冲击波作用后的微观结构变化。张阳[12]研究了乳化炸药微观结构变化对电导率的影响。闫国斌等人[13]用显微三维断层扫描仪观察乳化炸药及其基质微观结构。目前为止，业界对乳化炸药的微观结构，还没有一个准确、清晰且被广泛认同的论述。

本文基于作者和业内广大研究者多年的研究结果，从乳化炸药 W/O 型微观结构的形成过程出发，分析了内相粒子的大小与分布、界面膜、第三相等因素对乳化炸药宏观性能的影响，以期建立微观结构与宏观性能的关联关系，对乳化炸药的研究和应用提供一定的指导。

## 2 内相粒子对乳化炸药宏观性能的影响分析

### 2.1 W/O 型微观结构的形成过程及内相粒子大小与分布对宏观性能的影响分析

乳化炸药 W/O 型微观结构的形成过程就是乳化过程，该过程是机械作用与乳化剂的化学作用"互相配合、密切合作"的结果。机械作用先将水相快速地分隔、分散，乳化剂再对分散的液滴迅速地实施包围，最终形成乳化炸药这种特殊的乳化液。如果没有机械作用，水相无法成为微小液滴；如果没有乳化剂的化学作用，成为微小液滴也只是短暂的。由此可见，乳化炸药内相粒子的大小与分布，主要取决于机械作用强度和乳化剂的种类与用量两个方面。

乳化炸药内相粒子大小及其分布是其稳定性的重要标志，内相粒子越小，粒径分布越窄，其稳定性就越好。内相粒子大小对乳化液的黏度有明显影响，内相粒子直径越小，乳胶黏度就越大。内相粒子越小，粒径分布越窄，体系内的水相和油相之间的接触面积越大，氧化剂和还原剂之间的距离越小，越有利于爆炸反应的激发和传播，炸药的爆速就会越高，猛度和威力也相应增大。

## 2.2 界面膜在微观结构中的作用及对宏观性能的影响分析

为区别于传统的"液膜"概念，本文对界面膜进行界定，即内相粒子与油膜之间主要是由乳化剂分子整齐排列形成的膜。界面膜的性质主要有致密性、强度、弹性（或韧性）、厚度和自复原能力等几个。而这些性质之间是相互联系、互为因果的。

乳化剂对乳化炸药宏观性能的影响，归根结底是由界面膜的特性来决定的。界面膜的质量好，乳化炸药的质量就好，内相粒子就细小而均匀，稳定性就好，爆炸性能亦高。界面膜的特征与乳化剂的种类、添加量、添加剂、与油相材料的匹配性等因素有关。其中乳化剂种类的影响主要表现在分子结构、亲水基和亲油基的作用力大小、亲水和亲油基团的几何尺寸及复合作用等。

乳化剂界面膜的组织结构极大地影响其稳定性，也影响其流变性。油水界面膜中的乳化剂分子必须紧密排列且形成足够的机械强度方能保证乳化液的稳定。凡是有利于提高界面膜强度和厚度的因素，均有利于乳化体系稳定性的提高。这是由于界面膜的强度愈大，内相粒子聚结时所遇阻力就愈大，乳胶体系就愈稳定。乳化剂的表观黏度愈大，会使界面膜的强度增加，但如果黏度太大，则界面膜的韧性和自复原能力易变差。只有黏度较高且界面膜具有一定的弹性和自复原能力，才对乳化炸药的稳定性有利。

## 2.3 油膜在微观结构中的作用及对宏观性能的影响分析

油膜由油相材料构成，存在于界面膜之间（普莱特边界），在整个乳化体系中是互相贯通的、可流动的、外在的，是一个连续的整体。在 W/O 型的微观结构中起重要作用。

油膜的首要作用就是与乳化剂分子的亲油基相互吸附，成为形成界面膜的必要条件之一。油膜中的长链分子与乳化剂亲油基还可形成网状结构骨架，对于增强界面膜的强度、阻止内相析晶、保护内相粒子起重要作用。油膜既防止内相氧化剂盐向外界水中散失和水分流失，又阻止了外部水的侵蚀和沥滤作用。油膜的黏度是乳化炸药黏度的决定因素之一。油膜的流动性使得内相粒子间滑动接触，韧性增大，阻力减小，是乳化炸药的摩擦、撞击硬度都比较低的内在原因。

# 3 第三相——敏化气泡及其他敏化物质的讨论

## 3.1 第三相的存在状态

在乳化炸药内部的每个气泡，均处于数个甚至数十个内相粒子的包围之中。微小气泡与内相粒子间依然隔着一层薄薄的连续相，连续相与气泡的界面也会吸附乳化剂分子，形成一种新的界面膜。这种界面膜的致密性和强度不如内相粒子的界面膜，但也同样使表面张力下降，对于稳定气泡有利。再加上乳化体系相当大的黏度，使得气泡能够稳定的存在。

类似于敏化气泡，乳化炸药内的空心玻璃微球也是处于数个至数十个内相粒子的包围之中。空心玻璃微球的外壁与这些内相粒子紧密接触，由于是玻璃材质且具有一定的亲油性，因此这个接触面没有对乳化剂分子产生明显的吸附而产生第三相的界面膜，而是由连续相的油膜包裹。这个油膜是其周围内相粒子紧贴微球外壁一侧相连成片形成的面积的总和。

与敏化气泡和空心玻璃微球相比，膨胀珍珠岩的体积较大，易吸潮，易破碎，抗压强度较低。除此之外，珍珠岩的吸油性强，普通的膨胀珍珠岩的空隙是开放型的，表面粗糙，加入乳胶基质中之后，在储存过程中，其体内会吸入少量的乳胶基质，即内相粒子，赶跑空气，使其内部的气体减少，乳化炸药感度降低。同时棱角对界面膜也有一定的破坏作用，尤其是在机械混药和装药过程中被挤压时，其破坏作用更加明显，容易造成乳化炸药破乳失效。

## 3.2 第三相对乳化炸药稳定性的影响

第三相对乳化炸药稳定性的影响主要表现在两个方面。一方面，这些敏化物质对乳化炸药W/O型微观结构的破坏作用；另一方面，这些敏化物质本身的稳定性。敏化物质本身的稳定性好，乳化炸药的稳定性就好，在储存期间乳化炸药的爆炸性能下降的比较缓慢；相反，如果敏化物质本身不稳定，乳化炸药的稳定性和爆炸性能也会变差。一般来说，空心物质敏化的乳化炸药比发泡敏化的稳定性要好，封闭的空心微粒（玻璃微球、树脂微球等）比敞口的疏松物质（如敞口珍珠岩等）敏化效果要好，细粒的比粗粒的效果好。总体上看，以空心玻璃微球敏化的乳化炸药稳定性最好，化学发泡次之，膨胀珍珠岩最差。但也不是绝对的，主要还得看敏化质量。有些化学发泡效果不好的乳化炸药，稳定性可能会不如膨胀珍珠岩敏化的乳化炸药；相反，有些化学发泡效果好的乳化炸药，稳定性可能会达到甚至优于空心玻璃微球敏化的乳化炸药。

空心玻璃微球敏化的乳化炸药稳定性较好与封闭的球体而且表面经过特殊处理、具有亲油性有关系，使之与连续相结合紧密，不对内相粒子界面膜有破坏作用。

化学气泡对乳化炸药稳定性的影响，视发泡效果有很大差异。如果发泡剂添加过量或者与发泡促进剂配比失调，会加速乳化炸药的失稳直到破乳。过多的气泡会吸附更多的乳化剂分子，必然对其周围的内相粒子界面膜产生不利影响，直至影响微观结构的稳定性。较稀的乳胶基质固泡能力较差，气泡聚结、逃逸的现象较明显；黏稠的乳胶基质固泡能力较强，其内部的敏化气泡能够长时间保留而不发生聚结和逃逸。

用膨胀珍珠岩敏化的乳化炸药贮存稳定性较差，与膨胀珍珠岩的颗粒结构、形态、材质、性质，尤其是表面性质有关。与内相粒子接触，珍珠岩表面对油膜的吸纳比较容易破坏内相粒子的界面膜。如果乳胶基质的质量不好，界面膜更容易遭破坏。

## 3.3 第三相对乳化炸药爆炸性能的影响

就爆轰感度而言，在一定的密度范围内，乳化炸药密度愈小，感度愈高。但从使用的角度来考虑，密度的降低必然引起炸药威力的相应下降，对爆破效果不利，因此敏化气泡等密度调整剂或敏化剂的添加量通常在一个合理的范围内。

空心玻璃微球对乳化炸药爆轰性能的影响，与其粒径和含量有关。在无约束状态下，当密度保持相同时，爆速随着微球粒径的变小而增大。在药卷直径大到不受侧向稀疏波影响时，其爆速不会随着玻璃微球粒径的改变而改变，爆速比在无约束状态下要高。

在一定直径范围内敏化气泡越多，分布越均匀，乳化炸药的爆轰感度越高，稳定性越好。由于气泡细小而密集，能够产生较多的"热点"。而膨胀珍珠岩数量较少，粒径较大，形成"热点"的温度较低、尺寸较大，且单位体积炸药中热点个数较少，再加上珍珠岩本身是惰性物质，因此气泡敏化的乳化炸药的爆速和猛度一般都会比膨胀珍珠岩敏化的乳化炸药要高。

## 3.4 第三相对乳化炸药黏度的影响

相同的乳胶基质中分别添加化学发泡剂、空心玻璃微球、膨胀珍珠岩制成的乳化炸药，具有不同的黏度，且差异较明显。相比之下，化学发泡的乳化炸药黏度最小，空心玻璃微球次之，膨胀珍珠岩最大。

化学发泡的乳化炸药黏度小的原因，与敏化气泡的易变形有关。气泡在乳化炸药内可随着外力作用而发生不同程度的变形，使气泡周围的乳胶基质能够发生相对位移，客观上表现为流动性较好。表现在乳化炸药的黏度上就是比较稀软。

空心玻璃微球均匀分散于乳化炸药之中，与内相粒子紧紧黏附在一起。空心玻璃微球周围的内相粒子的流动性下降。但是，在它们之外的内相粒子仍然保持着较好的流动性，或者说其流动性优于空心玻璃微球周围黏附的内相粒子。在整体上表现出比气泡敏化的乳化炸药较稠，黏度较大。

膨胀珍珠岩均匀分散于乳化炸药之中，由于其表面的粗糙性，与内相粒子黏附得更牢，而颗粒较大，每个颗粒黏附的内相粒子范围也大，这些与珍珠岩紧紧黏附的内相粒子流动性下降。乳化炸药在整体上表现得更稠，黏度更大。

## 4 基于爆轰反应机理对微观结构对乳化炸药爆炸性能的影响分析

基于热点理论，从乳化炸药爆轰反应机理出发，对乳化炸药内相粒子大小和分布、油膜厚度、第三相与乳化炸药爆炸性能的关系进行分析。

### 4.1 乳化炸药内相粒子大小和分布与乳化炸药爆炸性能的关系分析

笔者采用业界统一认可的热点理论进行解释。先假设对于同一种敏化物质而言，乳化炸药在受到冲击波和爆轰波之后，其内部的气泡或气泡载体受到绝热压缩引起的热点大小是一致的（玻璃微球敏化的更是如此），在极短的时间内，温度急剧升高，使热点周围的氧化剂和可燃剂迅速汽化（气泡周围一定范围内的内相和外相）。由于乳化炸药的内相比外相沸点高，所以外相先汽化，而后是内相汽化。同时内相粒径小的汽化所吸收的热量小于粒径大的汽化所吸收的热量，因此内相粒径小的先汽化，也就是内相粒径小的先反应，粒径大的后反应，这也就说明了内相粒径小的起爆感度高、爆速高。

如果内相粒径细小且分布均匀，则内相粒子汽化所需时间一致，对应的外相汽化时间也一致，也就是每个粒子可几乎同时达到最大"能量"；相反，如果粒径分布很宽的话，粒径小的先反应，粒径大的后反应，不会同时达到最大"能量"，因此前者要比后者猛度大、爆炸威力大。这也就从微观上解释了粒径越小，起爆感度越高、爆速越高；粒径分布越狭窄，猛度越大、爆炸威力越大的原因。

内相的急剧汽化对外相有强烈的爆裂作用，使外相成为极为微小的液滴悬浮在氧化剂分解后的产物中。我们知道内相粒径越小，膜越薄，也就是外相越薄，在内相急剧汽化之后，外相受到内相汽化强烈的爆裂作用，迅速液化，成为微小的液滴分散在汽化的内相中，内相粒径越小，膜越薄，导致内相汽化对外相爆裂所形成的微小液滴的粒径越小，在汽化的内相之中分布得就越均匀越致密，这也就是说氧化剂和还原剂能够很致密的接触，这就使发生反应越迅速，爆轰也就越容易，爆速也就越高。相反，内相粒径越大，膜也就越厚，亦即周围的外相就越厚。在内相汽化对外相强烈的爆裂作用之后，厚的外相所形成的液滴分散在汽化的内相中的时间明显要长于内相粒径小的时间，因此所表现出来的是粒径大的爆轰感度、爆速、猛度等宏观性能要弱于内相粒径小的。

### 4.2 油膜厚度与乳化炸药爆炸性能关系分析

油膜对于每一个内相粒子都存在着一个最佳厚度，油膜的厚度与水相和油相材料的比例有关，零氧平衡的炸药配方所形成的油膜厚度为最佳。

如果油膜的厚度小于最佳厚度的话，那么经过内相汽化的爆裂作用后形成的微小液滴的密度就不会很致密，直接导致了燃烧剂的不足或氧化剂的过量，同时过量的氧化剂在汽化过程中还要吸收在炸药前期反应过程中产生的热量，这都直接导致炸药爆速、猛度等宏观性能的降低。

相反，如果油膜的厚度大于最佳厚度的话，那么经过内相汽化的爆裂作用后形成的微小液滴的分布密度较大，直接导致了氧化剂的不足或燃烧剂的过量，同时过量的燃烧剂在液化过程中还要吸收在炸药前期反应过程中产生的热量，这同样直接导致炸药爆速、猛度等宏观性能的降低。

### 4.3 第三相粒子大小与乳化炸药爆炸性能关系

综上所述，不管采用何种敏化方式，依据热点理论进行分析可知，敏化气泡或气泡载体在受到冲击波和爆轰波作用之后，都将产生绝热压缩，而产生热量。如果气泡或者气泡载体的尺寸在有效范围内，且细小而分布均匀，则形成热点的时间和大小相近，有利于爆炸反应的激发和成长，在宏观上表现为感度、爆速和猛度较大；反之，则所形成的热点大小不一致，形成热点的最高能量的时间也有时间差，对于促进乳化炸药整体爆炸反应不利，因此宏观性能如猛度和猛度相对弱一些。玻璃微球粒径要比化学敏化气泡和膨胀珍珠岩粒径可控，大小一致，这也就解释了玻璃微球敏化的要比化学发泡敏化和膨胀珍珠岩敏化的乳化炸药爆速猛度等宏观性能好的原因。

## 5 结论

乳化炸药的内相粒子、界面膜、油膜等微观结构均对乳化炸药的宏观性能起基础性的作用。内相粒子对乳化炸药的稳定性、爆炸性能、流变性等宏观性能的影响作用，主要在于内粒的大小和分布。对应关系为，内相粒子细小而均匀，乳化炸药的稳定性和爆炸性能就较好，黏度较大。内相粒子的大小和分布既取决于乳化过程中的机械能，也取决于乳化剂与油相材料和水相的化学作用。界面膜和油膜的性能主要由化学作用决定，因此界面膜和油膜是维持内相粒子大小和分布的内在因素。

在相同乳胶基质（即内相粒子大小和分布相同）的前提下，第三相物质是决定乳化炸药宏观性能的另一重要因素，与敏化物质的材质、粒度和分布等相关。

### 参 考 文 献

[1] 中国爆破器材行业协会. 工作简报，2016(1)：16.
[2] 张凯铭. 乳化炸药基质的流变性研究[D]. 南京：南京理工大学，2015.

[3] 宋家良. 乳化炸药的几何稳定性理论研究[J]. 煤矿爆破, 2005(4): 1-3.
[4] Bernard P Binks, Anaïs Rocher. Effects of temperature on water-in-oil emulsions stabilised solely by wax microparticles[J]. Journal of Colloid and Interface Science, 2009(335): 94-104.
[5] 崔安娜, 汪旭光. 乳化炸药基质粒子的结构与观测技术[J]. 爆破器材, 1984(1): 30-32.
[6] 汪旭光, 申英锋. 乳化炸药结构与稳定性关系的研究[J]. 中国工程科学, 2000(2): 24-29.
[7] 申英锋, 汪旭光, 任志昆. 乳化炸药多元分散体系三维结构模拟[J]. 爆破器材, 1998, 27(4): 1-7.
[8] 汪旭光. 乳化炸药[M]. 第2版. 北京: 冶金工业出版社, 2008.
[9] Valeria Califano, Raffaela Calabria, Patrizio Massoli. Experimental evaluation of the effect of emulsion stability on micro-explosion phenomena for water-in-oil emulsions[J]. Fuel, 2014(117): 87-94.
[10] S Mudeme, I Masalova, R Haldenwang. Kinetics of emulsification and rheological properties of highly concentrated explosive emulsions[J]. Chemical Engineering and Processing: Process Intensification, 2010(49): 468-475.
[11] 颜世留, 欧阳虎, 颜事龙, 等. 乳胶基质和乳化炸药受冲击波作用后的显微观察[J]. 工程爆破, 2012, 18(1): 91-93.
[12] 张阳. 乳化炸药微观结构变化对电导率影响的探究[D]. 淮南: 安徽理工大学, 2015.
[13] 闫国斌, 汪旭光, 王尹军. 用显微三维断层扫描仪观察乳化炸药及其基质内部微结构[J]. 工程爆破, 2016(1).

# 地雷与爆破器材绿色再制造研究

曹勇[1,2]　李奇[1]　蔡连选[1]　吴广通[1]　李志军[1]

（1. 中国人民解放军66446部队，北京，102300；
2. 装甲兵工程学院再制造技术国家重点实验室，北京，100072）

**摘　要**：地雷与爆破（地爆）器材再制造是再制造工程的重要研究内容，对废旧地爆器材实施再制造能够有效地节能减排，恢复甚至提升其储存、服役、安全性能，军事、经济和社会效益巨大。地爆器材的特殊性，使得其再制造过程面临严峻挑战。本文阐述了地爆器材再制造的基本内涵和技术特点，比较了地爆器材与机械零部件再制造的异同，介绍了报废地爆器材再制造工艺流程，探讨了无损检测、拆解、清洗、装药改性等地爆器材再制造关键技术。

**关键词**：地雷与爆破器材；再制造工程；循环经济；废品处置；绿色制造

# Research on Green Remanufacture of Out-of-service Mine & Blasting Materials

Cao Yong[1,2]　Li Qi[1]　Cai Lianxuan[1]　Wu Guangtong[1]　Li Zhijun[1]

（1. PLA 66446 Unit，Beijing，102300；2. Science and Technology on Remanufacturing Laboratory，Academy of Armored Forces Engineering，Beijing，100072）

**Abstract**：As an important part of the remanufacturing engineering, remanufacture of out-of-service mine & blasting materials has an important effect on environmental pollution, energy-saving and emission-reduction, and could recover, even enhance its performance of storage, service, and security, so remanufacture of out-of-service mine & blasting materials has tremendous military, economic and social benefits. Because of the particularity with out-of-service mine & blasting materials, there are a lot of difficulties and challenges during the remanufacturing process. The remanufacturing connotative meaning and characteristics of out-of-service mine & blasting materials are described, the main technological process is introduced, the difference between remanufacturing of mine & blasting materials and that of mechanical parts is compared, and the key technologies about nondestructive examination, resolving, cleaning and explosive modify are analyzed.

**Keywords**：out-of-service mine & blasting materials；remanufacturing engineering；recycling economy；discard proceeding；green manufacturing

基金项目：中国博士后科学基金资助项目（2012M512125，2014T71020）。
作者信息：曹勇，讲师，cr0001@126.com。

## 1 引言

受制造工艺、储存年限和保管技术条件等限制，每年都有大量地雷与爆破器材（地爆器材）进入报废阶段。这些报废地雷爆破器材具有时间长、数量大、批次多、稳定性差和危险性高等特点，常用的处置方法有：溶解法、化学法、拆解法和引爆法等，其中爆破销毁因具有操作简单、效率高、经济性好等优点而被普遍采用。随着近年来环境污染日益加重和大众环保意识不断增强，采用爆破方法对报废器材销毁处置正面临巨大挑战，更为严重的是该处置方法属于破坏性销毁，地雷爆破器材的原有价值也随着爆破的实施而丧失。

近年来快速发展起来的再制造工程[1,2]为报废地爆器材处置提供了一条新途径。再制造工程能够节约资源和能源、保护自然生态环境，实现废旧资源中蕴含的"剩余价值"最大化，因此，实现地爆器材再制造具有重要的军事、经济和社会价值。

本文阐述了地爆器材再制造的基本内涵，分析了其技术特点，比较了地爆器材与机械零部件再制造的异同，介绍了地爆器材再制造的工艺流程，探讨了无损检测、拆解、清洗、装药改性等再制造关键技术。

## 2 地爆器材失效分析

### 2.1 失效的特殊性分析

与机械零部件相比，地爆器材的报废失效具有特殊性，主要体现在：

（1）失效评判指标不同。地雷和爆破器材的失效主要是以储存期限作为是否失效的评价指标，而机械零部件失效评判指标是指其达到预定的工作小时或服役中性能降低或丧失。

（2）失效机制不同。机械零部件的失效机制以磨损、腐蚀和断裂为主。地爆器材的失效机制除了机械件的失效特征外，更多是以材料老化和装药分解为主。

（3）失效危害性不同。地爆器材均为含能材料，通常都集中存放，一旦发生爆炸极易引发连锁效应，进而造成重大人员伤亡和财产损失。机械零部件发生失效后通常会导致装备的工作可靠性降低，或者停机，引发二次事故可能性相对较小。

（4）失效可控性不同。地爆器材失效后不稳定性大大增强，可能在正常起爆条件下都不爆炸也可能在无外界作用下自行爆炸，一旦发生爆炸，爆轰波传播速度极快，时间极短，现有手段难以有效控制。机械零部件发生失效前，会伴随噪声增大、振动等，反应时间较长，能够及时得到控制。

### 2.2 失效原因分析

按照结构可将地爆器材分为装药、装药结构和控制部件等，各结构的失效原因分析如下：

（1）装药失效。导致装药失效的主要原因有储存时间过长、储存环境（湿度、温度、抗静电性）不当以及装药自身发生分解而导致的裂解、结晶和泄漏等。

（2）装药结构失效。装药结构的材质主要有塑料、橡胶、树脂等高分子材料和钢、铝、铜等金属材料。高分子类装药结构的失效主要是在物理、化学和微生物综合作用下导致的机械性损伤、挤压破坏、老化、裂纹、化学侵蚀、局部烧蚀、碳化、表面磨损、扭结变形、龟裂、硬化、脆化以及油漆粉化，有机玻璃发黄和银纹出现等。金属类装药结构的失效主要是装药结构内、外层表面出现锈蚀、裂纹、微孔、变形等。

（3）控制部件失效。控制部件用来对起爆过程实施控制，主要包括引信、电子雷管、火箭发动机和控制装置等,属于地爆器材中的高附加值部件。控制部件的主要失效方式是电子器件(芯片)的失效,可分为内部失效和外引线失效。器件内部失效主要是由加工缺陷、加工工艺不当、划伤、腐蚀和氧化、材料缺陷等导致的器件易烧坏或无法正常工作;外引线失效主要是由锈蚀斑点、应力作用、晶体粗大、金属镀层脱落、组织缺陷等导致的外引线断腿和可焊性差[3~6]。

## 3 地爆器材再制造内涵、特点与工艺过程

### 3.1 地爆器材再制造的内涵

废旧爆破器材的绿色再制造是以爆破器材的全寿命"价值"周期理论为基础,以各种报废的地雷、爆破器材为对象,以安全、可靠、高效、节能、节材和环保为准则,以信息、材料、化工、爆破和机械制造、生物等多学科融合为特征的多种先进技术为手段,通过风险评估、拆解、清洗、质量分类、改性、装配和质量检验等过程,实现废旧爆破器材"剩余价值"最大化、环境污染最小化的技术手段的统称。爆破器材再制造是再制造工程的重要组成部分,其独有特性将是对再制造工程理论的丰富和发展。

### 3.2 地爆器材再制造的特点

(1) 材料回收高。废旧地爆器材主要是由于达到一定的储存时间而报废,并非在服役状态下失效,因此,在总量和外形上没有明显减少和改变,采用合适的再制造工艺就可实现最大限度地回收再利用。

(2) 经济效益好。较爆炸、焚烧、溶解和化学分解法等现有常规废品处置方法相比,再制造使得地爆器材的原有价值得以保留,同时也无须消耗用于爆炸、溶解和化学分解所需的材料,因此,对报废器材实施再制造具有显著的经济效益。

(3) 环境污染小。爆炸销毁、化学销毁和水溶解产物都会对环境产生恶劣影响,有些甚至是长期、不可逆的,再制造技术则没有爆炸、化学销毁和水溶产物,仅有少量清洗产物,对环境污染降到了最低限度,因此,属于绿色再制造。

(4) 社会效益大。再制造后的机械零部件质量和性能不低于新品,成本只是新品的50%,节能60%,节材70%,报废地爆器材的特殊性使得其节能、节材优势更突出,再制造后的地爆器材储存时间更长,性能更优异,同时,又能拓宽人力资源需求渠道,因此社会效益显著。

(5) 要求更苛刻。地爆器材的报废判定、分级、拆解、清洗、改性等再制造全过程对安全的要求在内容上更广泛、标准上更严格,有着更高、更严的要求,既有防火、防爆的要求,也有预防再制造设备出现意外和人身安全的要求,还有废水、废液、废物对环境污染的要求。

### 3.3 地爆器材再制造的工艺过程

地爆器材再制造一般工艺流程如图1所示。主要包括风险评判、拆解、清洗、检验与分类、改性、装配、质量检验等内容。风险评判是报废地爆器材再制造的基础和前提,只有风险可控的地爆器材才允许进行再制造。目前较为认可的爆炸物风险评估分级是联合国颁布的"爆炸品危险性分级程序、试验方法和标准"[7],其将爆炸物危险等级分为6级:1级为具有整体爆炸危险的物质和物品;2级为具有抛射危险但无整体爆炸危险的物质和物品;3级为具有燃烧危险和较小爆炸危险或抛射有危险但无整体爆炸危险的物质和物品;4级为没有重大危险的物质和物品;5级为有整体爆炸危险的非常不敏感物质;6级为没有整体爆炸危险的极端不敏

感物品。根据报废地爆器材再制造技术需求，4级以下列入风险不可控，对其不进行再制造，直接进入销毁程序。5级和6级为风险可控，因此只有5级、6级的报废地爆器材才能进入再制造流程。拆解后，可将地爆器材分为装药和零部件两部分，对零部件进行清洗，然后对清洗后的零部件和装药进行检验和分类，将其分为完好件、可再制造件和不可再制造件三类，完好件是指经过清洗和检测后其质量和性能能够满足二次服役要求的零部件；可再制造件是指经修复处理并质量验收合格后就可以投入使用的产品；不可再制造件是指无法修复或修复成本太高而选择报废的零部件。对完好件直接应用，对可再制造件或装药采用升级、等级和降低改性处理，其中升级和等级改性处理后的再制造件或装药就可作为新品进行装配，对降级改性处理的装药可将其转化为小粒药和民用特种炸药，对不可再制造件直接报废。经升级和等级改性后的再制造零部件或装药与完好件、其他新件进行装配，并经质量检验，成为再制造地爆器材新品，进而完成报废地爆器材的再制造过程。

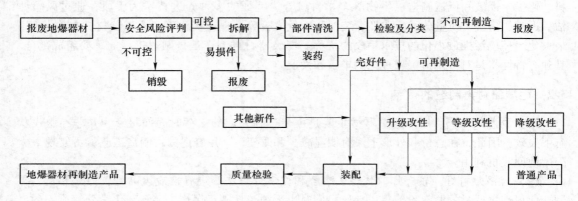

图1　地爆器材再制造一般工艺流程

Fig. 1　The main technological process of remanufacture of out-of-service mine & blasting materials

## 4　地爆器材再制造关键技术

地爆器材再制造关键技术主要有无损检测、绿色拆解、清洗技术和材料改性等。

### 4.1　无损检测

利用声、光、电和磁等特性，在不破坏或不触发废旧地爆器材起爆效应的前提下，检测废旧地爆器材装药和零部件是否存在缺陷或不均匀性，给出缺陷的大小、位置、性质和数量等信息，进而对被检对象的二次服役状态进行判定和再制造分级。常用的无损检测技术有超声、射线、涡流、磁粉、渗透、金属磁记忆、声发射技术、红外和激光超声检测等[8]。比如采用射线探测就可实现装药密度的检测；采用红外热成像就能发现控制部件的异常发热点，进而对故障点进行判断；采用磁粉探测就能实现装药外壳完整性的检查；利用太赫兹波对非金属和非极性材料的强穿透性，可穿透塑料等地爆器材外壳，进而提取到其内部信息，对报废地爆器材的报废缺陷进行探测[9]；采用瞬态脉冲试验方法也可实现桥丝电火工品的无损检测[10]；也可通过工业计算机断层成像（CT）技术实现地爆器材装药的无损检测，该方法采用非传统的成像方法，通过非接触、非破坏的方式获得地爆器材内部装药的检测断层各点的射线衰减系数，并建立相应的断层图像，以此获得装药疵病的检测数据[11]。近年来出现的特种细菌也可用来对报废地爆器材的装药完整性进行探测[12~17]，其原理是：报废地爆器材内部的装药在长期渗透作用下，会到达地爆器材的外表，采用经基因序列重组处理过的特种细菌会对这些特定化学物质做出不同反应，并以可见光或荧光等可视信号的形式向外界传递，进而对地爆器材装药的封装情况进行判断，这些基因组改性过的特种细菌与装药（如TNT）接触后将产生代谢或应激式应答反应。有些细菌以装药（如TNT）为代谢原料，如假单胞菌属细菌可在TNT环境下将TNT作为唯一氮源；另一些细菌则将装药作为一种有毒物质来应答，其会在细胞中产生应激蛋白，来启动对抗有害物质的防御机制。

## 4.2 绿色拆解

报废地爆器材的拆解危险性较大，因此较常规拆解要求更苛刻，标准也更高。除了常规的击卸、拉卸、压卸、温差以及破坏拆解[18]之外，还有水射流切割、高压液氮低温切割和聚能切割等拆解技术。

水射流切割[19]作为绿色拆解新技术，具有操作安全、方便、工艺性能好、无刀具磨损、水消耗量少、成本低、设备维修费用低、经济性等特点，适用于加工热敏、压敏、脆性、塑性等性质的材料，尤其适合地爆器材易燃、易爆等危险作业环境。水射流切割可用于废旧炸药的销毁、火箭发动机推进剂的切割、装药壳体内炸药的清洗等，研究表明：水射流爆破器材进行拆解时的射流压力应小于140MPa，不能含有任何磨料，射流速度不得超过520m/s，喷嘴直径不超过0.25mm。

高压液氮低温切割技术[20]是利用高压液氮系统的高压、高速、低温等特点来实现报废地爆器材的切割的。高压液氮切割系统压力可达到350MPa，射流速度可达900m/s，流量可达1~10L/min，温度达140℃，在此低温下，液氮可对弹体瞬时完成切割，且液氮迅速挥发不会与地爆器材混合，便于分类回收，该方法在处置主炸药及单质炸药时更有效果，无爆炸、燃烧和对切割物质产生高温灼烧的风险。

聚能切割[20]是利用"聚能效应"原理，在聚能装药爆炸瞬间形成高温、高速的金属射流来切割破坏引信，使其无法起爆，聚能切割器是聚能切割的关键部件，其结构通常呈线状，采用聚能切割技术可对弹药结合部进行精确分离，尤其在防坦克地雷装药与壳体、扫雷弹装药与壳体的分离中具有优势。

## 4.3 清洗技术

报废地爆器材的绿色清洗技术除了热能清洗、浸泡清洗、超声波清洗和化学清洗等传统清洗方法之外，还有干冰、紫外线、等离子体、激光和生物工程清洗等新型清洗技术[21]。

干冰清洗是将$CO_2$制成一定尺寸的干冰球状颗粒，以压缩空气为动力源，将其高速喷射到待清洗器材表面，利用器材表面及涂层之间产生的收缩张力（大于污垢与涂层的结合力），将污垢从器材表面剥离。

紫外光清洗技术是利用有机化合物的光敏氧化作用达到去除黏附在材料表面上的有机物质，经过光清洗后的材料表面可以达到"原子清洁度"。

等离子清洗的机制是依靠处于"等离子态"的物质的"活化作用"达到去除物体表面污渍的目的。

激光清洗机制是基于物体表面污染物吸收激光能量后，会发生汽化挥发或瞬间受热膨胀而克服表面对粒子的吸附力，使其脱离物体表面，进而达到清洗的目的。激光清洗具有无研磨、非接触、无热效应和适用于各种材质的物体等特点，被认为是一种绿色清洗新技术。除此之外，以生物降解、生物酶清洗技术为代表的生物工程清洗也已成为绿色清洗的研究热点。

## 4.4 装药改性

装药是地爆器材的主要组成部分,通过新技术对报废装药的改性处理可实现报废装药的性能提升或复原,变废为宝或自然降解。研究者对报废发射药采用了粒度控制和加入钝感剂的方法制成了新型低爆速炸药,该低爆速炸药密度为 $1g/cm^3$,爆速 $2000m/s$,对温度变化不敏感并具有良好的传爆性能,该新型炸药与普通高爆速炸药相比,对地层分辨率可有效提高,可将其用于石油勘探或地质考察。还可通过在报废发射药颗粒的空隙中加入氧化剂和高分子混合溶液,就能将氧化剂溶液制成凝胶状的灌注炸药,该灌注炸药密度可达到(大于 $1.4g/cm^3$),并具有抗水性好、爆速较高的特点[22]。有研究者将报废发射药 SF-3 溶解,并加入增能物质 RDX,采用球形药的制药工艺加工成小粒药,用于中高和低能量射钉弹装药。还可通过生物合成的方法培养出报废装药降解细菌,实现装药的绿色无公害处理[23]。

## 5 结论

地爆器材再制造以地爆器材的全寿命"价值"周期理论为基础,以各种报废的地雷、爆破器材为对象,以安全、可靠、高效、节能、节材和环保为准则,以信息、材料、化工、爆破和机械制造、生物等多学科融合为特征的多种先进技术为手段,通过安全分级、报废定级、拆解、清洗、改性等过程,最终实现了废旧地爆破器材的"剩余价值"最大化、环境污染最小化和全寿命周期服役最优化,其工艺流程主要由风险评判、拆解、清洗、检验与分类、改性、装配和质量检验等组成,涉及的核心关键技术有无损检测、绿色拆解、清洁和装药改性等技术。

## 参 考 文 献

[1] 徐滨士,董世运,朱胜.再制造成形技术发展及展望[J].机械工程学报,2012,48(15):96-105.
[2] 徐滨士.中国再制造及其新进展[C]//北京:2012 再制造国际论坛报告集,2012:1-6.
[3] 刘贵民,杜军.装备失效分析技术[M].北京:国防工业出版社,2011:123-127.
[4] 黄云,恩云飞.电子元器件失效模式影响分析技术[J].电子元件与材料,2007,26:(4):12-15.
[5] 王开建,李国良,张钧,等.电子器件的失效分析[J].半导体学报,2006,27(5):23-26.
[6] 恩云飞,罗宏伟,来萍.电子元器件失效分析及技术发展[J].失效分析与预防,2006,1(1):31-33.
[7] ST/SG/AC. 10/11/Rev. 5. Recolnrnendations on the transport of dangerous goods, tests and eriteria, sth Rev. ed[M]. New York: United Nations Publication, 2009.
[8] 张元良,张洪潮,赵嘉旭.高端机械装备再制造无损检测综述[J].机械工程学报,2013,49(7):80-90.
[9] 刘晓东,张志杰,李仰军.太赫兹时域谱技术在地雷探测中的应用[J].中北大学学报(自然科学版),2014,35(5):610-614.
[10] 周彬.桥丝式电火工品瞬态脉冲无损检测技术研究[D].南京:南京理工大学,2003.
[11] 吕宁,徐更光.基于工业计算机断层成像的装药底隙无损检测方法研究[J].兵工学报,2015,36(1):157-162.
[12] 刘宪军,吕志堂,张利平.苯胺降解菌的分离及降解特性研究[J].环境工程学报,2008,2(6):858-860.
[13] 曹宏安,张怀智,刘鹏.报废发射药降解菌种选育及降解特性[J].环境工程学报,2011,5(8):1917-1920.

[14] 陈晓鹏,易筱绮,陶雪琴. 石油污染土壤中高效降解菌群的筛选及降解特性研究[J]. 环境工程学报, 2008, 2(3):413-417.
[15] Esteve Nunez A, Caballero A, Lamos L J. Biological degradation of 2, 4, 6-trinitrotoluene[J]. Microbial Mel Bial Rev, 2001, 65(4):335-352.
[16] Mac G Rregor J T, Farr S, Tucker J D, et al. New molecular endpoints and methods for routine toxicity testing[J]. Fundam App Toxicol, 1995, 26(2):156-173.
[17] 谭俊杰,刘刚,李玉霞. 合成生物学技术在地雷检测中的应用[J]. 军事医学, 2011, 35(12):947-949.
[18] 朱永星,岳文辉,翁建鑫. 绿色再制造拆解技术及其在混凝土泵车中的应用[J]. 工程机械, 2014, 45(1):56-60.
[19] 钟树良. 水射流切割炸药的技术研究[D]. 绵阳:中国工程物理研究院, 2006.
[20] 黄鹏波,张怀智,谢金民. 废弃常规弹药销毁技术综述[J]. 工程爆破, 2013, 19(6):53-56.
[21] 任工昌,于峰海,陈红柳. 绿色再制造清洗技术的现状及发展趋势研究[J]. 机床与液压, 2014, 42(3):158-161.
[22] 魏晓安. 废弃发射药制造炸药的应用研究[D]. 南京:南京理工大学, 2001.
[23] 蔡昇. 废弃火炸药制造小颗粒药和民用特种炸药的研究[D]. 南京:南京理工大学, 2003.

# 塑料导爆管遥控起爆系统的研究

王项于[1]　王波[2]　周明安[1]

（1. 国防科学技术大学指挥军官基础教育学院，湖南 长沙，410073；
2. 湘西自治州雷特爆破仪表有限责任公司，湖南 吉首，416000）

**摘　要**：本文研究一种高可靠性的塑料导爆管遥控起爆系统，以解决遥控起爆装置由于无线通信本身和采用电雷管引爆所带来的安全性和易受干扰性的问题。主要通过无线电遥控、高能脉冲发火和击发针替代电雷管实现远距离遥控起爆，利用异符号双脉冲、二次指令控制、跳频技术和信号加密等技术解决复杂电磁环境下非正常信号干扰问题。

**关键词**：遥控；塑料导爆管；击发针；起爆；抗干扰

## A Research on the Remotely Controlled Detonating System with Nonel Tube

Wang Xiangyu[1]　Wang Bo[2]　Zhou Ming'an[1]

(1. College of Basic Education, National University of Defense Technology, Hunan Changsha, 410073; 2. Xiangxi Autonomous Prefecture Rett Blasting Instrument Co., Ltd., Hunan Jishou, 416000)

**Abstract**: The paper mainly researches on a kind of highly reliable remotely controlled detonating system with nonel tube in order to solve the secure and easily disturbed problem which the remotely controlled detonating system brings for wireless control and using electric detonators to detonate. Mainly through wireless remote control, inflammation with high energy pluses and firing pin replacing electric detonators, the system can remotely control detonating from long distance. Meanwhile the system can solve the disturbed problem from improper signs in the complicated electromagnetic environment by means of different symbols double pulses, two-commanding control, FHSS (frequency-hopping spread spectrum) and signal encryption. Because the system achieves anti-interference of wireless remotely controlled detonating and effectively solves the problem of inflammation with high energy pluses, wireless remotely controlled detonating becomes securer, more reliable and more convenient. And the system can be applied so widely in dual-use that it has a bright prospect.

**Keywords**: remote control; nonel tube; firing pin; detonate; anti-interference

## 1 引言

爆破技术广泛应用于国防和国家基础设施建设，而起爆技术是爆破技术的重要环节。目前

---

基金项目：国家大学生创新训练项目；国防科学技术大学"长城信息杯"学员科技创新项目。
作者信息：王项于，学士，18373159532@163.com。

常见的起爆技术有电起爆法、导爆管传爆法以及遥控起爆法等。电起爆法需要敷设线路，工作量大且线路复杂，而且采用的电雷管容易受外界静电、雷电及杂散电流干扰而误爆；导爆管传爆法起爆条件高，需要高电压脉冲使击发针激发；遥控起爆法由于无线通信控制技术自身的缺陷，在复杂电磁环境下容易遭受非正常信号恶意进攻或无意干扰而早爆误爆，造成生命财产损失，这也是遥控起爆技术至今发展缓慢的一个重要原因。

针对现行起爆技术存在的不足和缺陷，研究设计一款抗干扰性能强、操作稳定便捷以及施工成本低的塑料导爆管遥控起爆系统，以满足军民两用。

## 2 功用实现

本文主要介绍一种高可靠性能的塑料导爆管遥控起爆系统，通过无线电遥控、二次指令控制、异符号双脉冲工作制、跳频技术、信号加密、高能脉冲发火、击发针代替电雷管和配套使用塑料导爆管引爆等综合技术手段，一是突破控制点和起爆点之间的距离限制，实现远距离控制起爆，操作者与起爆点之间不需要导电线，减少敷设线路工作量，省时省力，降低成本，也提高操作者安全保障；二是解决传统遥控起爆装置由于采用的敏感电雷管容易遭受周围静电、杂散电流以及感应电流干扰，由此带来的安全性和易受干扰性的问题；三是抑制复杂电磁环境下非工作信号干扰，避免因误动作、非工作信号干扰以及恶意信号的主动干扰造成的早爆误爆，使无线遥控起爆技术更加安全稳定、可靠可控、灵活方便、经济节约，更加符合军事斗争和社会建设需求。

### 2.1 无线电遥控实现远距离控制

高科技迅猛发展的今天，传统起爆技术方法已经不能满足当今工程爆破需要，实现远距离控制起爆，无线电遥控起爆系统亟待发展创新。控制指令经过数字信号和模拟信号的转换，通过发射、接收天线的传递，远程操控起爆器发火引爆装药。对于爆破作业，达到安全距离即可，研究设计中根据天线频率、干扰情况设定最大控制距离为2km，并通过实验检验。

无线遥控起爆技术可实现远距离控制起爆，操作者与起爆点之间不需要连接线，再给予接收端装置一定安全防护措施即可。由此减少敷设线路的工作量，军事上提高了作战机动性和隐蔽性，提升了战场生存能力；民用上节约材料，较传统起爆技术更加经济节约，使用方便，具有较高的经济效益和社会效益。

### 2.2 高能脉冲发火击发针实现安全起爆

现有的无线电遥控起爆技术通常是采用电雷管引爆爆破网路。因为电雷管敏感度较高，周围环境存在静电、雷电、杂散电流或者感应电流时都可能引发其早爆误爆，发生安全意外事故，造成生命财产损失。这也是无线电遥控起爆器虽然实现了远距离控制起爆，目前在国内仍然没有得到广泛应用推广的原因。

通过高能脉冲发火、击发针代替电雷管和配套使用塑料导爆管引爆等技术手段就能解决上述问题。击发针是要求较高电压发火的电子元器件，通常两端加载的电压超过千伏时，才会使电能转换成电火花。塑料导爆管是内壁涂有混合炸药粉末的塑料软管，同样需要2000V以上电压才能起爆。通过2000V以上电压的高能脉冲放电，击发针动作发火使塑料导爆管传递爆轰波，爆轰波使导爆管雷管爆炸，进而引爆装药。而且塑料导爆管传递爆轰波快速安全，速度在

1500~2000m/s，能量高效集中。这样的方法就代替了敏感电雷管带来的易干扰和安全问题，大大提高了无线遥控起爆系统的安全性和可靠性。

## 2.3 综合技术实现高性能抗干扰

### 2.3.1 设置两道指令（充电指令、起爆指令）分阶段控制

为了使起爆过程更加安全可靠，在遥控起爆系统里采用二次指令控制，即设置两道指令（充电指令、起爆指令）分阶段控制起爆进行。第一阶段：当下达充电指令后，电源开始对储能电容充电。当达到预设电压时，断电自保护并保持高电压但不立即引爆；第二阶段：当收到起爆指令后导通放电电路，高电压使击发针产生电火花引爆塑料导爆管，进而引爆主装药。这样分阶段控制就避免了误操作引起的非正常起爆。在特殊情况下，还可以在第二道指令未下达时取消起爆计划。

### 2.3.2 异符号双脉冲工作制

所谓的异符号双脉冲工作制，就是配合二次指令控制信号，只有当接收端先后接收两个不同符号的控制信号作用时，第二阶段才能正常工作，储能电容才会放电使击发针发火。也就是说，如果第二次指令与工作信号不符，系统不会有效发火，避免非工作信号干扰。实现异符号双脉冲工作制的重要电子元器件就是倒相器，它可以将信号倒相即相位反转180°。

### 2.3.3 指定特殊的通信频道

无线控制需要通信作基础，指定特殊的通信频道就可以有效抵消非工作信号干扰。根据通信原理理论和综合考虑收发天线尺寸比较小，通信距离控制在2km以内，通信信号要强以及抗干扰能力要高等实际工作情况，系统采取超短波通信。设计该系统采用与其他常用通信不同的工作频率波段，增强了抗干扰性。

### 2.3.4 FSK调制方式

基本的数字载波调制方式有3种：即振幅键控（ASK）、频率键控（FSK）和相位键控（PSK）。综合三种调制方式的特点和系统传输距离、抗干扰性、误码率、硬件规模等要求，采用FSK调制方式。数字基带信号直接作用于调频电路，来产生FSK信号。

### 2.3.5 应用跳频技术（FHSS）

目前常见的无线控制技术多是定频通信，即信号在固定频率上收发，很容易受到在此波段上的恶意信号和无意信号干扰，影响通信控制。针对这种情况，采用跳频技术（FHSS）可以有效地避免干扰。跳频技术是指用伪随机码序列进行频移键控，使载波频率不断跳变而扩展频谱的一种方法，所谓的"打一枪换一个地方"就是这种方式。采用跳频技术，收发信号的频率经常跳变，跳变规律难寻，有效地避免非正常信号干扰。

## 2.4 加密处理避免复杂电磁环境下恶意信号干扰攻击

当今信息化条件下，电磁空间环境复杂多变。采用无线电发送接收充电、起爆信号指令过程中，恶意信号的主动攻击和非工作信号的无意干扰都会使线路非正常起爆，产生早爆误爆。为使系统安全可靠，工作就需要具备较高的抗干扰能力，这势必对现有的无线电遥控起爆系统的抗干扰能力提出巨大挑战。我们基于数字通信基本原理，对用户输入信息进行编码、调制、加密、发送，然后对信号进行接收、处理、解调、解密。其中重要的抗干扰技术便是加密（解密）手段。把信号以一定手段变为乱码进行传输即加密，当信号到达目的地后再以相同或不同的手段还原，即解密。作为加密技术的重要元素，采用DES算法和自制对称密钥。DES算法

是最早的算法，一直用到今天，而且算法公开。但由于自制对称密钥是隐秘的，即使知道算法也不能干扰信号，使指令信号区别于常规信号，增强抗干扰性能，确保无线电传输的准确性和可靠性，很大程度上降低了电磁干扰信号带来的误爆诱爆的可能性。

## 3 结构设计

系统装置主要由发射端装置、接收端装置和高电压发火的击发针三大部分组成，辅以配套使用的塑料导爆管。系统装置结构如图1所示，其中发射端装置主要是实现控制指令信号的发射，通过无线传输通道以无线电信号形式传输到接收端装置。而接收端装置则接收控制指令信号并根据控制指令信号决定何时充电何时放电，进而击发针发火，引爆导爆管，起爆装药，完成爆破任务。

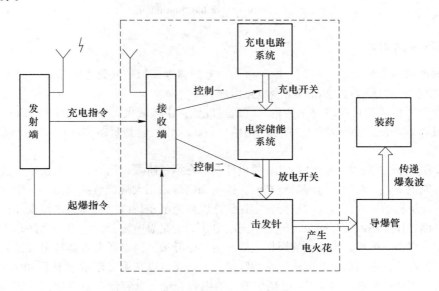

图 1　系统装置结构图
Fig. 1　Structure of the system

### 3.1　发射端装置设计

发射端电路由（倒相）调制、倍频、高频放大、功率放大等模拟信号处理电路以及单片机控制电路等数字信号指令电路组成（见图2）。

发射原理：用户从触屏控制面板键入指令，在单片机中把用户输入的指令进行加密编码，由单片机串口输出给指令输出电路，然后经调制芯片对信号进行（倒相）调制，在经过倍频、前置电压放大器、功率放大器、匹配网络，由天线向空中辐射电磁波信号。

设计中起爆由二次指令控制实行，即使发射端共发射两次控制指令信号，先后分别是充电指令信号和起爆指令信号。同时采用异符号双脉冲工作制。在第一阶段，充电指令使电源向电容储能系统充电，直至达到击发针工作的高工作电压并保持，但不立即引爆。第二阶段，起爆指令必须经倒相后才能被识别接收，使放电电路工作，电容通过击发针放电产生电火花，引爆塑料导爆管进而引爆主装药。这样分阶段控制就避免了误操作引起的非正常起爆。特殊情况下，还可以在第二道指令未下达时取消起爆计划。

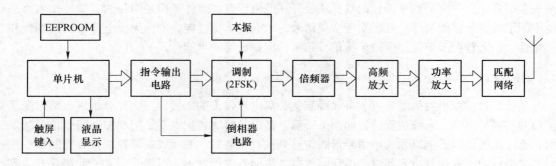

图 2　发射端装置结构图

Fig. 2　Structure of the transmitter

### 3.2　接收端装置设计

接收端电路由高频放大、混频、中频放大、鉴频器等模拟信号处理电路以及同步信号提取电路和单片机控制电路等数字信号指令电路组成。

接收原理：由天线接收发射来的信号，通过混频、中频放大、鉴频、同步提取过程，完成解调译码解密等功能，由单片机将指令输出给执行机构，控制其状态和动作，即控制储能电容充电和放电。

在两个阶段里，接收端分别进行充、放电控制。在第一阶段，当下达充电指令后控制充电电路系统结合充电开关，对储能电容进行充电。接收端内部采用大规模集成电路，其中的程序芯片可以自动对起爆器达到峰值电压后进行稳定保护，以杜绝电压持续上升造成电路损坏；同时不会立即起爆。而且还采用四位高亮数码管显示充电电压、网路总电阻值，可检测网路是否有短路或者断路情况。在第二阶段，当收到起爆指令后导通放电开关，高电压电容通过击发针放电产生电火花，引爆导爆管，进而引爆主装药。在特殊情况下，还可以在第二道指令未下达时取消起爆计划。接收端采用循环充电的直流 6V 电池供电，给电容充电。电容储存电压达到 2000V 以上，才能对击发针放电。电容量大，储存电压高对于大中型爆破和要求电压较高时尤为适用。

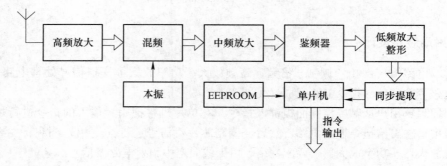

图 3　接收端装置结构图

Fig. 3　Structure of the receiver

### 3.3　击发针与塑料导爆管

击发针是利用高能脉冲，在两金属电极之间，把电能转化产生火花能从而引爆塑料导爆管的一种电子击发器件。使用时，与塑料导爆管配合使用，直接把击发针插入导爆管内2cm，然后用高能脉冲引爆。由于击发针发火需要高电压，此处电压配置2000V以上。

## 4 结论

本文设计与研究制作的塑料导爆管遥控起爆系统，真正做到了军民两用结合，安全可靠、抗干扰性能强、成本低，而且安装、携带、使用便捷，具有很好的发展前景。

在军事领域里，该系统可以运用于远距离遥控起爆，对于障碍破除、弹药销毁和军事爆破等复杂爆破环境可以降低危险系数，节约工作时间，提升伪装效果和机动效率，提高战场生存保护能力。在民用方面，该系统可以增大控制点和炸点之间距离，抗干扰性强，减少布线环节，节约成本，可以广泛应用于矿山开采、建筑物拆除、构件爆破和道路抢修等工程。塑料导爆管遥控起爆系统安装、携带、使用方便，适用范围广阔，装置定型后可批量生产。

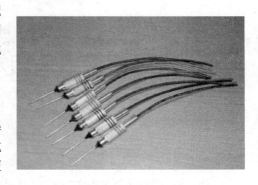

图4 击发针
Fig. 4 Firing pin

### 参 考 文 献

[1] 周明安，李必红. 爆破器材与起爆技术[M]. 长沙：国防科技大学出版社，2008.
[2] 傅光明，周明安. 军事爆破工程[M]. 长沙：国防科技大学出版社，2007.
[3] 张正宇. 塑料导爆管起爆系统理论与实践[M]. 北京：水利水电出版社，2009.
[4] 秦斌，冯英. 轻松学继电器与可编程控制器[M]. 北京：科学出版社，2009.
[5] 郭天天，沈青. 弹药系统信息控制技术[M]. 长沙：国防科技大学出版社，2015.
[6] 康行健. 天线原理与设计[M]. 北京：北京理工大学出版社，1992.
[7] 赵知劲，尚俊娜. 认识无线电技术[M]. 北京：科学出版社，2013.
[8] 陈永甫. 无线电遥控入门[M]. 北京：人民邮电出版社，2007.
[9] 陈永甫. 试实用无线电遥控电路[M]. 北京：人民邮电出版社，2007.
[10] 张一尘. 高电压技术（第三版）[M]. 北京：中国电力出版社，2015.

# 导爆索端头防水的综合措施试验

吴从清

（长江科学院，湖北 武汉，430010）

**摘 要**：导爆索用于深水条件及重要爆破时的端头防水措施是成功爆破的重要保证，常用的防水措施包括采用防水胶布或弹力防水胶带缠绕端头，采用密封胶、石蜡、环氧树脂、黄油涂抹端头，采用塑料套、热缩管封堵端头等多种措施。本文对导爆索防水措施的操作安全性、人为因素影响、水温引起冷缩、黏结力等方面进行了对比分析及评价，提出了内塞环氧树脂、外套塑料端头或热缩管的综合防水措施，可供同类工程参考。

**关键词**：导爆索；防水措施；试验

## Test on Water-proof Measures for Detonating Cord

Wu Congqing

(Yangtze River Scientific Research Institute, Hubei Wuhan, 430010)

**Abstract**: Water-proof measures for detonating cord are the key factors for a successful deepwater blasting or any other important blasting. The traditional water-proof measures are given, such as using mackintosh or elastic water-proof tape to wrap the ends of detonating cord, or using sealant, paraffin, epoxy resin and grease to paint the ends, or using plastic case or shrinkable tube to plug the ends. This paper presents a comparison analysis and assessment on operation safety of water-proof measures, human factors, and cold-contraction by water temperature as well as cohesive force, etc, and puts forward a comprehensive water-proof measure of inserting epoxy resin inside and covered by plastic end or shrinkable tube. It can be taken as a reference for the other similar projects.

**Keywords**: detonating cord; water-proof measures; test

## 1 引言

普通导爆索广泛应用于非连续装药传爆的光面爆破、预裂爆破，也经常用于深孔爆破以加强孔内起爆能力。成箱供应的导爆索单根长度约50m，《爆破安全规程》（GB 6722—2014）要求切割导爆索只能用锋利的小刀，采用搭接、扭接和水手接及三角形方式连接。导爆索敷设在水下时，索头需要密封完好，以防止水从索头处渗入使药芯潮湿而不能起爆。导爆索端头防水措施要求比较简单。一般爆破工程仅现场采用石蜡浸泡、防水胶布缠绕、黄油涂抹等简单措施，深水及重要爆破工程经常采用防水胶布或弹力防水胶带缠绕端头，再用密封胶、石蜡、环

---

作者信息：吴从清，高级工程师，wuwucq@126.com。

氧树脂、黄油涂抹端头或塑料套、热缩管封堵端头等多种措施,部分水电站开挖施工中经常简单采用胶布缠绕绑扎端头或插入乳化炸药内使用。实际使用导爆索过程中发现不同结构导爆索的防水性能差异较大,到底哪种措施得当且真正有效目前尚无研究者进行系统分析。由于导爆索的串联关系,因此如果防水措施效果不好,则整个导爆索传爆网路可能因为仅有的一处导爆索端头潮湿而导致后续网路拒爆。

本文从操作安全性、人为因素影响、水温引起的冷缩、黏结力下降等方面对导爆索防水措施进行了对比分析及评价,提出了内塞环氧树脂、外套塑料端头或热缩管的综合防水措施。

## 2 导爆索端头的渗透通道分析

普通导爆索由白色粉状黑索金或泰安药芯和红色塑料管或线绕防水外壳两部分组成,按部颁标准 WJ 759—73 的规定,直径 5.5～6.2mm,药芯内部设有几根索线以加强抗拉性能,药芯外层一般缠绕纸条、面纱或塑料条以包裹粉状猛炸药,装药量 8～14g/m,爆速不得低于 6000m/s。塑料导爆索具有较好的抗水和防油能力,线绕导爆索也有一定的防水性能,标准要求在 0.5m 静水中浸泡 24h,感度和爆炸性能仍能符合检验标准的要求,在 50±3℃ 的环境中存放 6h,性能不改变,2m 长的导爆索能完全起爆 200gTNT 药块,利用 8 号雷管可正常起爆导爆索,导爆索受 490N 拉力后应保持爆轰性能。导爆索端头的渗透通道与导爆索结构相关,从里到外具有以下几个渗透通道:

(1) 芯线渗透。芯线为紧密棉线或尼龙线,棉线相对渗透较快;

(2) 药芯渗透。由于粉状药芯密度较大,潮湿后成糊状,渗透较慢;

(3) 药芯外层绕线及间隙渗透。面纱层渗透相对较快,缠绕的多条塑料条之间的间隙渗透也较快;

(4) 药芯外层绕线与塑料外皮的间隙。外皮与药芯一般较为紧密,但渗透面积较大,应该是渗透的主要通道。

应该说国内外厂家生产的导爆索结构不尽相同,使用过程中发现药芯外层采用塑料条缠绕的导爆索抗渗性能最差。

## 3 端头防水实验

### 3.1 端头防水措施

(1) 防水胶布或弹力防水胶带缠绕端头。采用胶布缠绕端头必须用力拉紧胶布,由于导爆索较软,对导爆索一端封堵时必须靠近缠绕点才便于用力。基本的缠绕方法有两种:一种是首先顺沿导爆索至端头折返并双层牢固黏结,然后沿与导爆索斜交方向多层叠压缠绕。应该强调指出的是,缠绕方向与拉紧力度关系很大,从导爆索端头看,顺时针方向便于操作并有利于用力拉紧胶布,一般缠绕长度为 5cm 即可,斜向缠绕的胶布在端头处并不是与直径相同厚度,容易留出间隙并形成渗透通道。另一种是全部沿与导爆索斜交方向多层叠压缠绕,至导爆索端头后逐渐减小缠绕直径并形成尖头,松软的胶布前段不易拉紧或在尖头处留出空隙并形成渗透通道。针对端头缠绕封堵的不等厚弊端,有一种改良的方法就是先用一块极薄的塑料膜覆盖端头,然后再采用胶布斜向叠压缠绕,相对减少了端头渗透通道面积。

在使用双根导爆装药时,或是为减少端头封堵工作量,有时对一根导爆索的两个端头进行搭接或对接封堵,搭接封堵时两个相接的圆与外缠胶布是相切的关系,两根导爆索与胶布之间必然存在空隙并形成渗透通道。导爆索端头对接时可形成等厚条件,仅采用防水胶布或弹力防水胶带斜向叠压缠绕接头即可封堵良好。

(2) 采用密封胶、石蜡、环氧树脂、黄油涂抹端头。这几种材料都易于采购，但石蜡必须加热熔化，由此不便于现场加工。环氧树脂需要现场调配溶剂比例及待固化，环氧树脂及密封胶均有刺鼻气味，黄油的黏结性差而容易脱落。因此，施工现场采用密封胶相对容易，大规模预加工时采用环氧树脂涂抹端头的效果相对较好。

(3) 采用塑料套、热缩管封堵端头。采用塑料套、热缩管封堵端头一般需要与上述方法中的一种或多种方法配合使用，与黄油涂抹端头措施配合使用时容易沾污导爆索并导致无法采用胶布绑扎，可先采用密封胶或环氧树脂涂抹端头，然后牢固黏结塑料套、热缩管，必要时可进一步采用胶布缠绕绑扎。如果是采用石蜡或黄油涂抹端头，则最后必须采用胶布缠绕绑扎。热缩管有一端封堵及通长封堵两种型号，其中第二种更便于采购，采用热缩管封堵端头时需要使用热风机或蜡烛，违反安全规定，不宜采用。

## 3.2 浸泡条件

(1) 水深条件。试验水深通常采用需要工程装药的最大水深条件，如丹东水丰湖岩塞爆破最大水深60m，甘肃刘家峡水电站排沙洞岩塞爆破最大水深80m。本文数据来自最大水深27m的卡里巴北岸扩机工程进水口围堰拆除爆破浸泡试验。导爆索浸泡试验在坝前水库内进行，试件编号后采用尼龙袋包装并配重后沉至湖底一定深度，有条件时可采用配备压力表的一定容量压力容器进行试验。

(2) 试验组数。每种防水措施作为一组试验，每组试验3个试样，每个试样的导爆索长度为6m。

(3) 浸泡时间。浸泡时间一般根据预计开始装药时间至起爆的最长时间确定，岩塞爆破或围堰拆除爆破一般从装药至起爆的时间约为一周。

## 3.3 实验数据

全长6m的试样达到浸泡时间后首先切断试样中点观察药芯是否潮湿，然后再取1/4长度观察药芯是否潮湿，最后对可以初步判断未潮湿的试样一端连接雷管起爆。

(1) 防水胶布或弹力防水胶带缠绕端头的防水效果。一端封堵的全部试样中点潮湿，部分药芯已呈糊状；搭接封堵的全部试样中点药芯呈糊状；对接封堵的全部试样中点药芯无明显潮湿，3组试样、6根端头，有两根拒爆。

(2) 采用密封胶、石蜡、环氧树脂、黄油涂抹端头的防水效果。采用密封胶、石蜡、黄油涂抹端头的全部试样中点潮湿，部分药芯已呈糊状，部分端头石蜡破裂，部分端头密封胶与导爆索胶皮松脱；采用环氧树脂涂抹端头的试样全部起爆。

(3) 采用塑料套、热缩管封堵端头的防水效果。采用塑料套、热缩管封堵端头与防水胶布或弹力防水胶带缠绕端头配套使用的防水措施有一根中点潮湿，两根端头拒爆；采用塑料套、热缩管封堵端头与石蜡、密封胶、黄油涂抹端头配合使用并采用防水胶布或弹力防水胶带缠绕端头的防水措施，有一根1/4中点潮湿，1根端头拒爆；与环氧树脂配合使用时全部起爆。

## 4 实验数据分析

(1) 防水胶布或弹力防水胶带缠绕导爆索一端时由于端头处不等厚，必然留有渗透通道，采用对接时的防水效果较好，但由于加工人员缠绕胶布的水平差异较大，仍可导致防水失效。

(2) 采用密封胶、石蜡、黄油涂抹端头的防水效果极差，水深较大时的水下温度与加工环境温度差异较大导致密封胶松脱、石蜡破裂、黄油水解等，导爆索防水措施完成后仍要经过绑扎药卷、绑扎进孔等工序，因此不宜单独用于导爆索防水处理。采用环氧树脂涂抹端头的防水效果较好。

（3）采用塑料套、热缩管封堵端头是十分有效的防水措施，特别是与端头镀膜及防水胶布绑扎配合使用的效果更好。

## 5 结论

导爆索药芯外层缠绕材料的不同可导致防水性能的较大差异，良好的导爆索防水措施应是材料易得、现场加工简便、人为因素差异小及防水效果良好，由此推荐一般采用塑料套封堵端头与缠绕胶布的综合措施，双根使用导爆索时可直接对接导爆索端头及缠绕胶布，采用顺时针方向缠绕有利于拉紧胶布。必要时可额外采用密封胶涂抹端头，重要的爆破工程及水深较大时应额外采用环氧树脂涂抹端头。

### 参 考 文 献

[1] 金明刚，王建灵，任松涛，等．爆渣危险品深水安全起爆性能研究[C]//全国危险物质与安全应急技术研讨会论文集，2013.
[2] 杨光煦．常用起爆材料在水下工程爆破中的应用[J]．爆破器材，1985(5)．
[3] 张可玉，王兴雁，詹发民，等．深水爆破中的难题与对策[J]．工程爆破，2006(4)．
[4] 白云龙．矿用爆破器材抗水耐压性能的实验研究[J]．山西煤炭，2000(2)．
[5] 王旭光．爆破手册[M]．北京：冶金工业出版社，2010.
[6] 刘殿中．工程爆破使用手册[M]．北京：冶金工业出版社，1999.

# 点火方式和气室长度对延期时间影响的实验研究

袁和平　郭子如　汪泉　汤有富　钱海

（安徽理工大学，安徽 淮南，232001）

**摘 要**：将工业雷管的延期元件装配在石英玻璃管中，模拟延期体在雷管中的状态，铅延期体点火采用普通导爆管点燃和电引火药头点燃两种方式。利用高速摄影观察延期体的发火状态并得到了不同点火方式和气室长度对铅芯延期体延期时间的影响规律。实验发现：点火后，延期体点火端会喷出正在燃烧的延期药；相同条件下，采用引火药头点火方式时，铅延期体延时时间更短；采用导爆管点火时，气室长度的改变对延期时间影响不显著；采用电引火药头式点火时，随气室长度的增加，2段和4段延期体延时时间均增加。

**关键词**：雷管；延期元件；燃烧；点火；气室长度

## Effect of Ignition Ways and Gas Chamber Size on Delay Time

Yuan Heping　Guo Ziru　Wang Quan　Tang Youfu　Qian Hai

（Anhui University of Science and Technology，Anhui Huainan，232001）

**Abstract**：In this paper, in order to simulate the state of delay element in the detonator, the delay elements of civil detonators are assembled in a quartz glass tube. Two methods are used to ignite the lead delay element was ignited by two methods: ignite by the plastic detonating tube and by the electric fusehead. The author used high-speed photography to observe the ignition state of delay element, and studied the influence on the total delay time of the delay element when changing the ignition and the gas chamber length. It was found that: After firing, the firing end of delay element will emit burning delay composition. Under the same conditions, when ignited by the electric fusehead, the lead delay element gets a shorter delay time. Change the length of the chamber has no significant effect on the delay time when ignited by the plastic detonating tube. But the delay times of 2# and 4# delay element increase with the length of the air chamber when ignite by the electric fusehead.

**Keywords**：detonator; delay element; combustion; ignition; air chamber length

## 1　引言

工业雷管延期体（亦称延期元件）延期时间的影响因素有很多，包括延期元件自身因素（延期药配方组成、组分粒度及表面状态、制造工艺、延期体材质及厚度、储存时间等）和外界条件的影响。在延期体自身影响因素方面，许多学者做了大量的研究工作，武双章等人[1]通

---

作者信息：袁和平，硕士，1519105682@qq.com。

过研究硼系延期药的燃烧特性，发现硼含量不超过 16% 时，燃速随延期药中硼含量的增加而增大；Lu K. T. [2,3] 等人研究了低燃速的钨系延期药和 Zr/B 及 Ti/B 延期药的燃烧特性；张建富等人[4]通过试验不同粒度级配的 Si-CuO 延期药延期精度，发现 Si 和 CuO 粒度分布一致性越好，延期药的延期精度越高；韩体飞等人[5]研究了压药压强与装药密度及装药密度与燃速的关系，结果显示装药压强决定的装药密度是影响延期药燃速的重要因素，装药压强与装药密度及装药密度与燃速都呈指数关系；任庆国等人[6]利用扫描电子显微镜、能谱分析及 X 射线粉末衍射研究了共沉淀法中的化学反应，制备出的延期药精度高；王志新等人[7]利用热分析技术对硅粉表面氧化过程进行了研究，提出改变硅粉研磨时间和高温加速老化的办法来提高精度；许俊峰等人[8]研究了管壳材质的导热性对延期药燃速的影响；颜事龙等人[9]对铅丹-硅系延期药在密封储存条件下的化学反应机理进行了研究，给出了相应的化学反应方程式，并讨论了反应的自发性。但是，对影响延期体延期时间的外界条件的研究较少。

本文通过将工业雷管生产中使用的延期体装配在石英玻璃管中，模拟了延期体在雷管中的状态，利用高速摄影观察延期体的发火状态并得到了不同点火方式和气室长度对铅芯延期体的延期时间和影响规律。

## 2 实验器材与实验方法

### 2.1 实验器材

实验所用的毫秒铅芯延期体（铅丹-硅系延期药）、引火药头、导爆管均为淮南某厂生产的同批次产品。高速摄像仪为日本 NAC 公司生产的 Memrecam HX-3 型高速摄像机。

### 2.2 实验方法

为模拟延期体在雷管中的状态，用胶水将延期体固定在石英玻璃管（外径 10mm，内径 6.3mm）内一端，在另一端插入药头或与导爆管连接的橡胶塞并用胶水固定，胶水同时起到密封作用。通过调节药头顶端或橡胶塞底部到延期体端面的距离来控制气室长度。将制作好的装置固定在木箱中，木箱一面开口并对着高速摄像仪。为安全起见，在木箱与高速摄像仪之间放置一块厚度为 10mm 的钢化玻璃（保护镜头）。用发爆器使药头或导爆管发火，用高速摄像仪拍摄延期体从点火到喷火的过程，拍摄速率为 50000 帧/秒。图 1 所示为实验系统示意图。

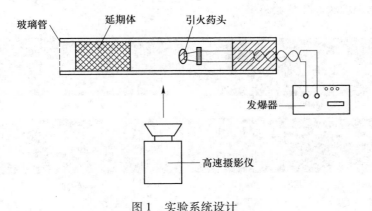

图 1 实验系统设计
Fig. 1 Design of experiment system

## 3 实验现象及分析

### 3.1 延期体点火至喷火过程

图2是导爆管点火至延期体（毫秒2段，3芯）喷火的整个过程，采用高速摄像，拍摄速率为50000帧/秒，每幅图片时间间隔为0.02ms，通过图片可以准确地计算出延期时间。若以第一次喷火（延期体点燃起爆药的端面喷火，以下称为延期体输入端喷火）即可使雷管起爆来计算延期时间，则延期时间为41.58ms。0.00ms时，导爆管喷出的火焰到达延期体点火端面，延期体被点燃；2.25ms时刻，延期体点火端开始以较低的速度喷出少量正在燃烧的延期药粒，喷出过程持续2.40ms，图2中有三个较大的正在燃烧的延期药粒，可以认为是三个药芯各自喷出一个较大药粒。在41.58ms时刻，第一次从延期体输出端喷火（以下称为延期体输出端喷火），喷火过程持续0.13ms，至41.71ms后结束。

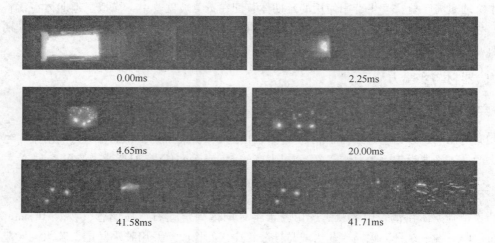

图2 导爆管点火至延期体喷火过程

Fig. 2 Delayelement firing process ignited by detonating tube

图3是用电引火药头点火时的图片。药头在0.00ms开始发火，经过0.63ms火焰传播至延期体端面，17.16ms时刻开始第一次喷火，持续0.6ms，至17.76ms结束。药头点燃延期体后，残余药渣在气室中继续燃烧，遮盖了点火端喷火过程。

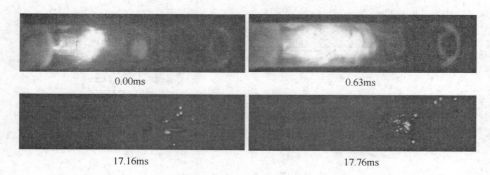

图3 药头点火延期体喷火过程

Fig. 3 Delayelement firing process ignited by electricalfuse head

## 3.2 输入输出端喷火分析

图 2 中 2.25~4.65ms，点火端有少量正在燃烧的延期药粒以较低的速度喷出，这是由于延期药的燃烧具有层状振荡燃烧的特点，从而使得少量药剂从点火端喷出燃烧[10]。

延期药的振荡燃烧是一个典型的非线性化学动力学现象[10]。点火后，第一层延期药接收点火能量迅速被点燃并燃烧放热，后部延期药受加热升温，氧化剂 $Pb_3O_4$ 分解生成氧气和一氧化铅，两种产物再分别与硅粉发生反应，反应式如下[7]：

$$2Pb_3O_4 \xrightarrow{550℃} 6PbO + O_2 \uparrow$$

$$Si + O_2 \longrightarrow SiO_2$$

$$2PbO + Si \longrightarrow SiO_2 + 2Pb$$

氧气与硅粉的反应是气-固相反应，对燃烧过程和燃烧速度起着决定性作用[11]。在高温和外部约束的共同作用下，生成的氧气在延期体内部形成高压气体，气体压力大于正在燃烧的药柱的抗拉强度及药柱与约束环境间的摩擦力之和时，气体推动正在燃烧的药柱向点火端移动，产生裂隙，燃烧气体产物向未燃区域的扩散速度减小，传热速度减小；同时氧气浓度降低，与硅粉的气-固相反应速度降低，燃速也降低。但随着反应的积累，一定时间内燃速又开始增加。从非线性化学动力学的角度来看，燃烧反应波的扩散速度具有周期性脉冲的特点。

延期药的燃烧是沿着燃烧波阵面法线方向层层再点火传播的，喷出的粒药可以认为是延期药振荡燃烧形成的第一层层状燃烧产物。但由于正在燃烧的延期药药量较少，分解产生的气体量和放出的热量不足，内部气体压力没有达到最大，与输出端喷出的燃烧物质运动速度相比，输入端喷火速度较低。输入端被喷出的药剂未能对后部延期药传热，一定程度上降低了燃速。

## 4 试验结果分析

### 4.1 实验结果

表 1 为电引火药头式点火延期时间，表 2 为导爆管式点火延期时间。实验中采用的三芯延期体，芯孔药柱长度相同，在讨论点火方式和气室长度对延期时间的影响时，可以以每个芯孔药柱作为单个研究对象，单个延期体的延期时间为三个芯孔药柱的平均延期时间。

表 1 药头式点火延期时间
Table 1 Delay time of medicine head type ignition

| 气室长度/mm | 各组延期体每个芯孔延期时间/ms | | | | | | | | | | | |
|---|---|---|---|---|---|---|---|---|---|---|---|---|
| | 2段1组 | | | 2段2组 | | | 4段1组 | | | 4段2组 | | |
| 12 | 17.16 | 17.77 | 17.90 | 19.46 | 19.48 | 19.58 | 60.90 | 65.1 | 66.06 | 64.10 | 66.15 | 66.95 |
| 16 | 21.82 | 28.54 | 28.66 | 24.50 | 25.50 | 28.66 | 68.26 | 72.52 | 73.49 | 67.37 | 72.06 | 73.24 |
| 20 | 33.58 | 35.34 | 35.68 | 36.41 | 38.10 | 38.32 | 69.22 | 73.78 | 75.17 | 65.91 | 72.02 | 73.15 |

表2 导爆管式点火延期时间
Table 2　Delay time of detonating tube type ignition

| 气室长度/mm | 延期体每个芯孔延期时间/ms | | | | | | | | | | | |
|---|---|---|---|---|---|---|---|---|---|---|---|---|
| | 2段3组 | | | 2段4组 | | | 4段3组 | | | 4段4组 | | |
| 6 | 42.67 | 46.56 | 46.82 | 47.29 | 48.44 | 48.76 | 66.48 | 69.97 | 71.24 | 75.66 | 83.44 | 85.85 |
| 9 | 39.60 | 41.56 | 42.03 | 43.52 | 46.72 | 46.97 | 66.87 | 71.96 | 73.12 | 62.80 | 65.60 | 67.20 |
| 12 | 44.60 | 49.00 | 51.22 | 41.58 | 42.35 | 51.75 | 75.84 | 76.85 | 77.48 | 74.51 | 75.02 | 77.22 |

### 4.2 点火方式的影响

导爆管式点火气室是非封闭的,火焰直接到达延期体端面,瞬间即可点燃延期体;而药头在发火瞬间产生的火焰并不能立即到达延期体端面,而是在密闭的气室中有一个振荡的过程。药头发火瞬间燃烧生成了高温高压气体,在气室这个微小密闭空间内气体膨胀波向两端传播,先后遇到两端的延期体和塑料塞后反射,推动火焰来回移动。该特性是由点火方式决定的,在图3中,此过程0.63ms。气室长度不同,该过程所需的时间不同。

由表1和表2可知:药头式点火时,在长度不同的气室中,2段延期体各芯孔延期时间为17.16~38.32ms,4段延期体各芯孔延期时间为60.90~75.17ms;导爆管式点火时,在长度不同的气室中,2段延期体各芯孔的延期时间为39.60~51.75ms,4段延期体各芯孔延期时间为62.80~85.85ms。可以明显看出,药头式点火延期秒量明显短于导爆管式。

延期药的燃烧存在着复杂传热过程,热量通过热传导、热辐射及燃烧气体产物的扩散作用传入未燃烧延期药。延期药燃速随压力变化的规律可用式(1)表示[12]:

$$u = a + bp^\gamma \quad (1)$$

式中,$a$、$b$分别表示燃烧反应在固相和气相进行的程度,$p$表示压力,$\gamma$约等于1。由式(1)可知压力越大,燃速越快,对未燃烧延期药的加热作用越快。导爆管式点火的气室是与外界相通的,反应产生的高温气体会从管内向外泄露,而药头式点火的气室密闭性好,燃烧产生的高温气体不流失,气室内压力大,使得燃烧气体产物向后部未燃区域的扩散作用更强,燃速增加。药头在燃烧过程中产生的一部分热量通过铅芯向药柱传导,对药柱起到了预热的作用。

### 4.3 气室长度的影响

对比表1中数据可以看出:采用药头式点火时,2段的延期时间随气室的增长而增加,4段则不明显。利用SPSS软件对数据进行单因素分析发现:置信度设为99%,气室长度为12mm、16mm、20mm时,2段和4段延期体延期时间均存在显著性差异。说明对于2段及4段延期体,气室长度对其延期时间影响较大。

对表2中2段和4段延期时间分别进行单因素分析后发现:气室长度分别为6mm、9mm、12mm,置信度为99%时,其延期时间无显著性差异。说明导爆管式点火时,气室长度对2段和4段延期体延期时间无明显影响。

## 5 结论

(1) 延期体被导爆管点燃后,起燃端面有少量正在燃烧的延期药粒以较低的速度喷出,喷出的药粒可以认为是延期药脉动燃烧形成的层状燃烧产物的第一层。

（2）由于气室气密性的不同，导爆管式点火和药头式点火在点燃长度相同的同种延期体时，药头式点火的延期时间明显比前者更短。

（3）运用显著性分析手段发现：采用药头式点火时，对于2段及4段延期体，气室大小对延期时间影响较大，延期时间随气室长度增加而增长。采用导爆管式点火时，气室长度的变化对延期时间无显著影响。

## 参 考 文 献

[1] 武双章，沈瑞琪，叶迎华，等. 硼系延期药燃烧特性分析[J]. 含能材料，2008(5)：502-505.

[2] Lu K T, Wang Y C, Yeh T F, et al. Investigation of the burning properties of Zr/B type and Ti/B type alloy delay compositions[J]. Combustion and Flame, 2009, 156(8)：1677-1682.

[3] Lu K T, Yang C C, Ko Y H. Investigation of the burning properties of slow-propagation tungsten type delay compositions[J]. Propellants, Explosives, Pyrotechnics, 2008, 33(3)：219-226.

[4] 张建富，胡延臣. 延期药粒度级配对延期精度的影响[J]. 含能材料，2014，22(1)：84-88.

[5] 韩体飞，钟帅，张涵，等. 微气体延期药柱燃烧传播与装药密度的关系[J]. 煤炭技术，2014，11：282-284.

[6] 任庆国，乔小晶，李旺昌，等. 硅系延期药的共沉淀法制备及其性能[J]. 含能材料，2012，20(4)：409-413.

[7] 王志新，李国新，劳允亮，等. 硅系延期药贮存与硅粉表面稳定性研究[J]. 含能材料，2005，13(3)：158-161.

[8] 许俊峰，彭加斌，王秀芝. 管壳对长延期钨系延期药燃速的影响[J]. 火工品，2007(2)：43-46.

[9] 颜事龙，张涵，何杰，等. 铅丹-硅系延期药贮存中的化学反应机理[J]. 火炸药学报，2014，37(2)：86-90.

[10] 冯长根，曾庆轩. 化学振荡混沌与化学波[M]. 北京：北京理工大学出版社，2004.

[11] 劳允亮，盛涤伦. 火工药剂学[M]. 北京：北京理工大学出版社，2011.

[12] 刘媛媛. 延期药燃烧机理及压力对燃烧的影响[D]. 淮南：安徽理工大学，2014.

# 物联网构架下的现场混装炸药车监管系统开发

佟彦军[1]　孙伟博[2]　王 燕[2]

（1. 北方爆破科技有限公司，北京，100089；
2. 西安科技大学能源学院，陕西 西安，710054）

**摘　要**：为提高现场混装炸药车的跨境作业和海外作业管理水平，在分析现场混装炸药车作业特点和管理要求的基础上，运用物联网技术，将监控系统设置为车载终端、地面站监控中心和监管平台三个层次，进行分级管理。采用 Apache + Php + MySQL 的设计结构建立监管平台，车载终端将现场混装炸药车的实时工况、周边环境、作业位置等信息整合传输到监管平台，监管平台将指令传输到现场混装炸药车。实现对现场混装炸药车的实时管控，提高了企业管理水平，为精细化、无人化爆破奠定了基础。

**关键词**：物联网；现场混装炸药车；监管系统

## Site Mixed Explosive Vehicle Monitoring System under the Framework of Internet of Things

Tong Yanjun[1]　Sun Weibo[2]　Wang Yan[2]

（1. North Blasting Technology Co., Ltd., Beijing, 100089; 2. School of Energy Engineering, Xi'an University of Science and Technology, Shaanxi Xi'an, 710054）

**Abstract**: In order to improve the cross-border and overseas on-site mixed explosive vehicle operation, based on the analysis of on-site mixed explosive operation characteristics and management requirements, this paper use of internet of things technology, set up the three-level monitoring system, the vehicle terminal, the monitoring center of the ground station and the monitoring platform. The establishment of monitoring platform based on the design structure of Apache + Php + MySQL, the real time conditions of on-site mixed explosive vehicle, surrounding environment, work location and other information is integrated and transmited to the network platform. The command is transferred to on-site mixed explosive vehicle by the monitoring platform. It realizes the real-time control the position of on-site mixed explosive vehicle, working state and the surrounding environment information and improves the enterprise's management level, which lays the foundation for the fine blasting and unmanned blasting.

**Keywords**: internet of things; on-site mixed explosive vehicle; monitoring system

## 1　引言

近年来，现场混装炸药车的应用越来越广泛。我国不少正投入使用的现场混装炸药车仍是

---

作者信息：佟彦军，教授级高级工程师，tyjfirst@126.com。

操作人员以手动控制的方式进行装药,此种情况极大地影响了现场混装炸药车的装药效率与生产出的炸药性能[1]。同时,现场混装炸药车跨省作业、海外作业的数量不断增多,对现场混装炸药车生产管理的问题也日渐凸显。在这种情况下,对混装炸药车生产进行实时有效的信息化管理,实现对混装车的各组分消耗量、单次装药量和总装药量等参数的自动储存和读取,从而对混装炸药的生产进行准确监控具有重要意义[2]。随着物联网技术的发展,将物联网技术应用到现场混装炸药车的生产管理中,可以提高现场混装炸药车的管理水平。在这一方面葛立芳等人[3]采用Java和MySQL数据库技术,结合工业控制平台HMI Builder组态软件的图形、通信、GPS自动校时功能等工具,实现了生产量和车辆位置信息的定时上报。

本文根据现场混装炸药车的生产模式,提出了由车载终端、地面站监控中心和监管平台构成的基于物联网技术的监控系统,并介绍了车载终端、地面站监控中心和监管平台的功能和构成。

## 2 系统功能设计

### 2.1 现场混装炸药车的生产模式

现场混装炸药车主要有两种生产和管理模式。第一种是以矿山为单位,建立混装炸药原料制备地面站,每个地面站配备若干台混装炸药车,负责为周边若干个矿山提供现场装药服务。在此种模式下,地面站和混装炸药车归矿山所有,矿山负责其地面站和混装炸药车的管理和维修保养。

另一种生产模式为专业化爆破服务的模式,由营业性爆破公司负责多个地区的矿山的爆破服务工作,爆破公司在其所服务的地区建立原料制备地面站,并配备相应数量的混装车。在此种模式下,混装车和地面站归爆破公司所有,爆破公司负责对其地面站和现场混装车的运行管理、监控和维修保养。

无论何种模式,混装车的运行和地面站的生产过程必须处于政府主管部门的全程监控之下。因此,混装炸药车监控系统需要涉及的管理机构和部门包括地面站、矿山或专业公司、公安机关等,其关系如图1所示。

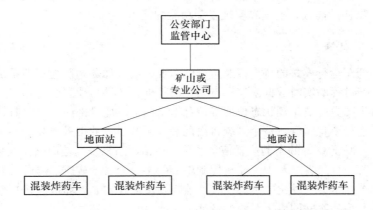

图1 混装车、地面站、监管中心关系图
Fig. 1 Mixed loading truck, ground station, monitor ceter diagram

### 2.2 现场混装炸药车监控系统功能

根据混装炸药车的运行模式和特点,现场混装炸药车监控系统应包括以下几个方面的功能:

（1）炸药生产过程的自动化和智能化控制，以实现炸药混装过程的自动化，改变人工手动操作的落后模式，提高生产效率和安全性。

（2）炸药车生产过程数据实时采集及设备状态的实时监控、炸药原料用量及产量统计，并传送到上级监管部门，以便监管部门对各生产企业炸药生产数据的管理和监视。

（3）对混装炸药车的生产过程、行进过程及行进路线进行实时监视和管理，包括对生产现场、行进过程的视频、音频实时监视，行进路线的实时记录，视频、音频信号以及当前车辆位置信息须实时上传至监管部门以便实现车辆的全程监控。

（4）地方公安部门作为地区监管中心需要对所辖区域内的混装炸药车实现监督与管理，因此在地方公安部门建立混装炸药车监控中心，并与省级及国家级监管中心联网，实现全国范围内的混装炸药车的统一网络化管理。

## 3 软件架构

在网络系统中，软件架构有两种，一种为C/S结构，即客户机和服务器结构；另一种为B/S结构，即浏览器和服务器结构。C/S结构是一种传统的软件架构，由客户机和服务器构成，两者可分别称为前台程序与后台程序。一旦服务器程序被启动，就随时等待响应客户程序发来的请求；客户应用程序运行在用户自己的电脑上，当需要对数据库中的数据进行任何操作时，客户程序就自动地寻找服务器程序，并向其发出请求，服务器程序根据预定的规则作出应答，返回结果，应用服务器运行数据负荷较轻。B/S结构是在Internet技术基础上对C/S结构进行改进的一种结构。在这种结构下，用户工作界面是通过浏览器来实现的，极少部分事务逻辑在前端实现，主要事务逻辑在服务器端实现，形成所谓三层3-tier结构。综合C/S结构和B/S结构的特点，在本系统中采用了C/S、B/S混合的结构形式，以充分发挥两者的优点，克服其不足。对于监控界面浏览、数据查询等任务，采用B/S的形式，只需在操作电脑上用浏览器访问系统服务器就可以实现。而对于数据库设定、参数修改等比较重要的任务，采用C/S形式，在客户端安装专用的应用软件才能进行，使得本系统既具有B/S结构使用和维护方便的特点，又具有C/S结构的高效、安全和实现复杂功能的能力。

## 4 系统整体技术方案

根据混装炸药车运行模式的特点以及监管的需要，混装炸药车监控管理系统除实现混装炸药车、地面站生产过程的实时数据采集和自动化监控外，还要与地区监管部门、省级及中央监管部门联网，将生产数据及车辆状态位置等信息上传到上级监管部门，以便监管部门对炸药的生产和使用过程进行全程监管。整个系统将由混装车生产过程数据采集和自动化控制系统、视频音频监控系统、基于GPS的车辆位置信息系统、通信网络系统、地面站监控系统、区域监管部门监控指挥中心系统、省级及中央监控控制中心等多个分系统构成。因此，混装炸药车监控管理系统集传感器技术、自动化技术、视音频监控及传输技术、计算机网络技术、无线通信技术于一身，具有典型的物联网应用系统的特征，主要由车载终端、地面站监控中心、监管部门监控中心三个大部分组成。

### 4.1 车载终端部分

车载终端处于系统的最底层，也是整个系统最为关键的部分，是系统的核心，它包括了以下几部分：

（1）炸药混装生产过程数据采集系统。由传感器、数据采集模块、数据处理模块构成，可对混装车运行状态和生产数据进行监视、采集统计、报警、诊断，数据统计和分析结果通过车载通信终端将数据传输到地面站控制中心以及监管部门控制中心，是系统的最前端。

（2）混装生产过程自动控制系统。由传感器、控制器、执行机构构成，实现对生产过程中相关的阀门、输送泵的自动控制，通过传感器采集各原料流量，与设定的配方比例比较，实时调节输送装置的速度以保证流量与配方设定的流量一致，实现配料比例和装药量的自动控制。

（3）车载视频监控系统。在混装车的重要部位安装摄像头，实时监视驾驶室、混装操作台、搅拌器、炸药输送出口等部位的状态，图像存储在车载硬盘录像机中，并可通过车载无线通信终端传输给监管部门监控中心。

（4）车载 GPS 定位系统及无线通信终端。混装车的位置信息通过 GPS 获得，车载终端无线传输模块集成了 GPS 接收模块，同时具有 GPRS 和 4G 通信接口，并能自动选择合适的传输通道进行数据传输，传输的内容包括车辆所处的地理位置信息、生产状态和产量数据、监控视频和音频信号。

（5）车载射频识别系统。每台现场混装炸药车安装有一个射频卡，射频卡内存储有混装车的型号、厂家、装载原料品种和数量、生产现场等信息，生产过程中还向其中写入已生产炸药量和已使用的原料量等信息，在地面站控制中心装料车间安装有读卡器，可向其中写入信息。在地面站出入口也安装有读卡器，可对车辆出入情况进行自动识别和记录。

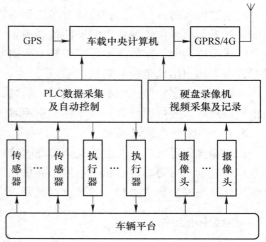

图 2　车载系统框图
Fig. 2　Vehicle-mounted system diagram

## 4.2　地面站监控中心

地面站主要完成原料储存、制备和装载任务，其生产过程由独立的控制系统实现监控。同时地面站还负责所属的混装炸药车的监管管理任务，中心设有通信网络终端、数据服务器、监控终端等设备，服务器软件通过通信网络对各混装炸药车进行监控，下达生产指令或请求数据，包括生产数据、车辆位置以及视频图像等信息。地面站监控中心可作为上级管理与混装车的中转系统，可以接受管理部门下达的指令并发送给混装车，或者将所管辖的车辆数据和信息打包上传，起到承上启下的作用。

## 4.3　监管部门监控中心

监管部门监控中心处于系统的最顶层，它负责所管辖区域内的所有地面站、混装车的监管，监控中心由多种服务器、网络交换机、监控终端以及大屏幕显示系统构成，所有车辆必须定时向监管中心服务器发送其状态信息，处于运行或者生产状态的混装车需要实时发送其地理位置和生产产量等信息，以便全程处于监管系统的监控下。发生异常如车辆事故、车辆偏离指定行进路线（电子围栏功能）或者车辆违规生产，系统将立即产生报警信息，大屏幕将显示该车辆的地理位置及其他状态信息，以便监管人员及时处理紧急情况，保证安全生产。

## 5 监控中心的网络结构及数据流

### 5.1 监控中心的功能

#### 5.1.1 数据管理功能

用户和车辆信息管理：用户是指监控终端的人员、司机、公司管理人员等，车辆是指监控系统注册的车辆。其中车辆信息包括两部分，一部分是车牌号、型号等信息；另一部分是运行车辆的状态信息，如出行时间、炸药名称、炮孔号等动态信息。

车辆数据实时处理：监控终端对接收到的行驶和生产信息进行处理存储，这些数据是电子地图实时显示车辆位置和生产状态的数据源。

电子围栏功能：监管人员可在屏幕上利用鼠标划定行车路线以及车辆的活动范围构成电子围栏，当车辆超出此范围时系统自动报警。

车辆历史信息：监控中心的车辆历史信息，包括车辆位置信息、状态信息、生产信息和历史报警信息等，并可回放某指定车辆在指定时间段内的历史轨迹。

#### 5.1.2 报警及处理功能

当车辆异常运行时，车载终端会自动向监控终端报警，监控终端收到报警信息后，会及时并醒目地显示出报警车辆的相关信息，并做出相应处理。引发车载终端自动报警的信息包括：车辆运行状态发生异常报警、区域监控报警、应急报警、超速报警等。

### 5.2 监控中心结构

中心管理系统采用 Apache + Php + MySQL 的设计结构。Apache 是现在世界排名第一的 WEB 服务器，因其跨平台和安全性而被广泛使用；Php 由于其快捷、效率高、跨平台性高等优点，也得到了广泛的应用；MySQL 体积小、速度快、总体拥有成本低，因而也被广泛应用。中心管理系统负责前端设备登录账号和客户端监控账号的管理，包括单位管理、设备管理、用户管理等。中心服务器包括负载均衡单元、中心控制单元、流媒体转发单元和数据传输单元服务器。负载均衡单元是系统的控制服务器，用户的请求都首先发到此服务器上，然后此服务器根据各个实际处理服务器的具体状态将请求具体分配到某个实际处理服务器中。通信服务器主要负责有关数据的存储和转发，监控终端通过通信服务器接收车载终端上发的数据信息，并进行实时显示，管理人员可在监控终端上对车辆进行监控、指挥和调度。监控终端的主要功能包括：实时数据显示、车辆位置跟踪、历史轨迹回放、设置工作区域与路线、车辆行驶信息和作业数据的统计和系统管理等。

监控终端与车载终端的数据传输遵循以下的应答模式，应答流程如图 3 所示。

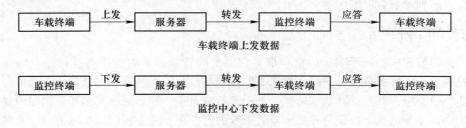

图 3 应答流程图

Fig. 3 Acknowledge flow chart

## 6 结论

采用 Apache + Php + MySQL 结构设计的监管平台，按照车载终端、地面站监控中心和监管平台三个层次建设的现场混装炸药车监管系统，在缅甸蒙育瓦铜矿实际生产过程中取得了良好的管理效果。国内的管理者可以通过监管平台实时了解在海外正在运行的现场混装炸药车的生产、运行情况，并能通过监管平台得到车辆作业区域、炸药生产情况等信息，极大地提高了现场混装炸药车异地作业的管理水平。

### 参 考 文 献

[1] 周建伟. 现场混装炸药车及相关装备在矿山开发中的作用[J],矿业装备，2011，4：42-44.
[2] 仲峰，苗涛，刘侃. 混装乳化炸药车装药控制系统关键问题的研究[J],爆破，2011，4：90-92，96.
[3] 葛立芳，查正清，龚兵，等. 基于 Java 技术的炸药现场混装车动态监控信息系统研究与实践[C]//中国工程爆破协会、中国力学学会. 中国爆破新技术Ⅲ，2012.

# 智能地下装药车视觉寻孔伺服机器人研制

臧怀壮 李 鑫 王明钊 迟洪鹏 龚 兵

（北京矿冶研究总院，北京，100160）

**摘 要**：在地下矿山上向炮孔的炸药装填作业中，机械化的装药车装药逐渐开始替代人工装填包装型炸药，矿山地下装药作业现场的少人要求促使炸药装药设备向机器人化和智能化方向发展。北京矿冶研究总院在国家"863"计划资助下，利用本院在地下装药车领域的技术优势，研制成功国内第一台带视觉寻孔伺服机器人的智能装药车。本文主要介绍了智能地下装药车五自由度机械臂的运动学模型的建立，分布式五自由度工作臂液压伺服控制系统的组成，炮孔的机器视觉识别系统定位原理及组成结构。智能地下装药车视觉寻孔伺服机器人在地下装药作业中的应用能够大幅提高装药效率及爆破作业的安全性、自动化和智能化水平。

**关键词**：地下装药车；视觉寻孔；机器人

## Development of Robot to Find Borehole Basing on Machine Vision of Intelligent Underground Charging Vehicle

Zang Huaizhuang    Li Xin    Wang Mingzhao    Chi Hongpeng    Gong Bing

（Beijing General Research Institute of Mining and Metallurgy，Beijing，100160）

**Abstract**：The explosives mechanization of borehole loading gradually began to replace manual loading packaging explosives in underground mine, Robotics and intelligent technology of loading explosives device can reduce labor in blast site. Robot to find borehole basing on machine vision of intelligent underground charging vehicle has been first successfully developed by Beijing General Research Institute of Mining and Metallurgy. This article describes the establishment of Five degrees of freedom manipulator kinematic model, composition of the arm hydraulic servo control system, borehole identification and location principle based on machine vision. Robot to find borehole basing on machine vision of intelligent underground charging vehicle can improve blasting efficiency, security, automation and intelligent level.

**Keywords**：underground charging vehicle；find borehole basing on machine vision；robot

## 1 地下装药车与装药工作臂

我国矿业发展方向逐渐由露天转向地下、地下转向深部开采，地下矿山机械化、自动化开采成为采矿设备技术开发的重要研究方向。目前，地下矿山的爆破装药方式主要为人工装药，

---

基金项目：国家863计划项目资助项目（2001AA060405）。
作者信息：臧怀壮，高级工程师，zanghuaizhuang@163.com。

存在效率低、劳动强度大、爆破费用高等缺点，机械化装填乳化炸药成为国内外的发展趋势，对于上向深孔的爆破，人工装药更是费时费力、安全性差，甚至难以实现。

芬兰 Normet 公司生产的 Charmec 系列混装炸药车将吊篮工作平台安装在液压工作臂（superboom）上，操作人员于吊篮上通过操作键盘控制工作臂的上下、左右移动，将炸药软管对准炮孔和装药。澳大利亚 Orica 炸药公司的装药车采用多节式工作臂和送管器结构（见图1），同时 Orica 炸药公司同澳大利亚联邦科学与工业研究组织（CSIRO）开展了视觉寻孔的装药工作臂研究（见图2）。

图 1　Orica 装药工作臂　　　　图 2　CSIRO 视觉寻孔的装药工作臂研究
Fig. 1　Orica charge working arm　　Fig. 2　CSIRO charge working arm of looking for holes by visual

北京矿冶研究总院研究开发的 BCJ-4I 型乳化炸药混装车，将五自由度工作臂、机械送管器、软管卷筒等设备进行集成设计，实现了炮孔遥控寻孔，自动送退管，成套装备和技术通过工信部组织的科技成果鉴定。

北京矿冶研究总院在国家"863"十二五课题经费资助下开始研发地下智能炸药混装车（见图3），在车体上安装集成了自主研发设计的液压伺服五自由度工作臂及带图像引导的机器人系统，实现了井下装药的自动寻孔。

图 3　地下智能炸药混装车
Fig. 3　Smart underground explosives mixed charger

## 2 装药寻孔五自由度工作臂研制

### 2.1 五自由度工作臂的机械结构

五自由度工作臂由底座、回转支撑、转台、嵌套可伸缩臂、臂头两套回转机构等组成（见图4），共5个自由度。该工作臂结构紧凑，通过5个自由度的复合动作，实现工作范围内全方位炮孔的寻孔，五自由度工作臂液压阀组采用射流管电液伺服阀以实现高精度控制。

### 2.2 五自由度工作臂控制器

从布线及便于安装考虑，机械臂安装三个控制器，分别安装于车载控制柜的主控制器、垂直变幅臂伸缩臂和臂头，控制器之间通过CAN总线通信。

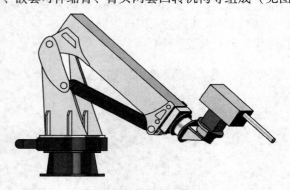

图4 五自由度工作臂
Fig. 4 Five degrees of freedom working arm

主控制器接受机械臂模型控制系统和手动操纵杆的命令，计算和解译后形成控制命令并通过CAN总线发给下属两个命令执行模块。并将命令执行的实时数据采集和发送给上级工控PC机。垂直变幅臂伸缩臂控制器对垂直变幅臂伸缩臂的动作进行控制，并接收变幅臂的角度转角传感器数据和伸缩臂的位置传感器数据，接受主控制模块命令，在执行命令的同时将命令执行的实时数据发送给主控制模块。臂头模块对上端两维机械手的动作进行控制，并接收两维机械手的两个角度转角传感器数据及激光测距传感器数据。

### 2.3 五自由度工作臂运动学模型的建立

对五自由度机械臂进行运动学分析，为每个自由度建立相对于基座的坐标系（见图5），

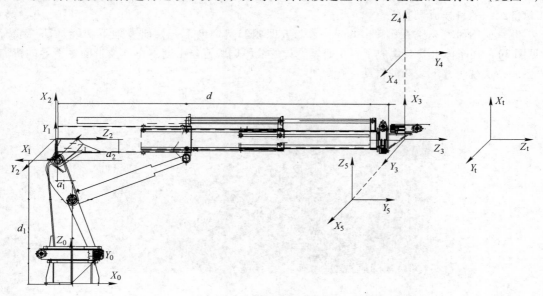

图5 五自由度机械臂坐标系
Fig. 5 Five degrees of freedom manipulator coordinate system

用 D-H 参数表示工作臂自由度的几何结构关系（见表1），并建立了机械臂的正运动学模型，根据视觉引导获取的炮孔坐标位置坐标逆运动学求解得到五个自由度的控制量解。

表1 D-H 参数
Table 1 D-H parameters form

| 参数 | $\theta/(°)$ | $d$ | $a$ | $\alpha/(°)$ |
|---|---|---|---|---|
| 1 | 180 | $d_1$ | $a_1$ | 90° |
| 2 | 90 | 0 | $a_2$ | −90 |
| 3 | 0 | $d$ | 0 | 0 |
| 4 | 90 | 0 | 0 | 90 |
| 5 | 0 | 0 | 0 | 0 |

## 2.4 五自由度工作臂的视觉引导

机械臂的视觉引导系统硬件由康耐视7200工业相机及4只激光测距传感器组成（见图6）。要将机械臂末端的送药管垂直送入到炮孔中，就需要得到目标点和岩壁的垂直矢量。视觉引导需要实现如下几个步骤：首先，通过送管器上安装的4个测距传感器获取机械臂和炮孔之间的垂直距离；其次，通过4个单点激光器获取炮孔（目标点）所在平面在工具坐标系炮孔的方向矢量；最后，获取炮孔在工业相机中的坐标位置，通过坐标变换后，得到炮孔在机械臂工具坐标系的空间 X—Y—Z 坐标。

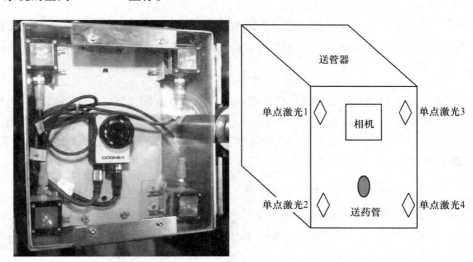

图6 视觉引导系统
Fig. 6 Visual guidance system

炮孔的图像通过圆形和灰度特征的阈值识别，通过测距传感器配合获得与墙壁的倾斜角度，通过较简单的单目相机图像算法实现了岩壁炮孔的三维视觉引导，同时通过不同距离的视觉引导，提高了工作臂对孔精度（见图7）。

## 2.5 五自由度工作臂控制软件

五自由度工作臂控制软件通过应用层、行为层和硬件层的模式来构建软件框架。

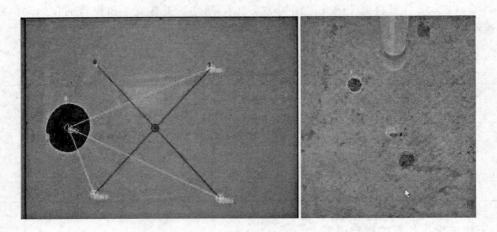

图 7 炮孔识别
Fig. 7 Blast hole recognition

（1）应用层为机械臂与操作者交互的部分，分别是操作者的任务输入界面和三维动画显示界面，分别是接受操作者生成的控制命令和显示机械臂的运行状态。

（2）行为层是机械臂控制命令生成层，也是整个控制软件核心部分。分别通过 MATLAB 程序计算机械臂的正逆运动学，通过 VC++ 构建整个程序框架，并且通过硬件层获取的传感器数据计算得到机械臂末端的位置和姿态，以及操作者控制命令的解析等。

（3）硬件层实现的主要是与硬件部分通信的功能，此部分包括通过 ETHERNET 通信的视觉系统，通过 CANBUS 通信的单点激光系统，以及通过 CANBUS 通信的液压伺服控制系统。

## 3 结论

自主开发的智能地下装药车视觉寻孔伺服机器人，属于非制造领域中应用的特种机器人范畴，同生产线用机器人工作臂相比工作环境更加复杂，控制困难更高，智能化要求更高。在普通地下现场混装车上安装带视觉引导寻孔的智能工作臂与常规台车相比可大幅提高装药效率、减轻工人操作强度，并将推动我国地下矿山的采矿爆破自动化、智能化水平。

### 参 考 文 献

[1] 李介谷. 计算机视觉的理论与实践[M]. 上海：上海交通大学出版社, 1991.
[2] 吴福朝, 李华, 胡占义. 基于主动视觉系统的摄像机自标定方法研究[J]. 自动化学报, 2001(6).
[3] 赵玮, 宗华光, 毕树生. 微操作机器人的视觉伺服控制[J]. 机器人, 2001(3).

# 牙轮钻机远程监控管理信息软件开发

段 云  熊代余  查正清  徐国权

（北京矿冶研究总院，北京，100160）

**摘 要**：针对目前露天矿山牙轮钻机工作状态，还是靠纸质、无线对讲机等方式汇总的落后局面，以 LabVIEW2015 作为开发平台软件，开发了钻机远程监控管理信息系统客户端软件。采用 ADO 技术实现远程服务器数据库的访问，对 GIS 开发控件 MapX 进行二次开发，实现钻机在矿山地质图上位置的显示，以及工作状态的标识，实现了钻机工作状态、工作进度、穿孔信息、钻机运行参数、钻机作业分布的实时监测。软件具有穿孔数据统计、分析、数据导出等功能，为管理人员能够准确高效地指挥、调度、管理钻机提供了可靠的数据支持。实现了钻机穿孔信息的数字化管理，也为数字化矿山爆破提供了安全有效的管理平台。

**关键词**：牙轮钻机；远程管理；数字化矿山；GIS

## The Study on Remote Monitor Management Information System of Rotary Drill

Duan Yun  Xiong Daiyu  Zha Zhengqing  Xu Guoquan

(Beijing General Research Institute of Mining & Metallurgy, Beijing, 100160)

**Abstract**: The working condition information collection of open pit rotary drill mainly depends on handwritten and wireless Interphone at present. The remote monitoring management information system client software of rotary drill is developed using LabVIEW2005 in this paper. Remote server database access is realized by ADO technology. The position of rotary drill in mine geological map and working condition of rotary drill can be recorded by secondary development of GIS based on MapX. Real-time monitoring of the working condition, work progress, perforation information, operating parameters and Job distribution of rotary drill is completed. The software has the function of statistics, analysis and data export, which provides reliable data support for the management of the drilling rig. The digital management of drilling hole information is realized, and it provides a safe and effective management platform for digital mine blasting.

**Keywords**: rotary drill; remote management; digital mine; GIS

## 1 引言

牙轮钻机、装药车、电动轮、电铲是露天矿山开采的四大装备，其中钻机是矿山开采的主

---

基金项目：国家自然基金项目（51104018）；西城区优秀人才培养资助项目（20120071）。
作者信息：段云，高级工程师，yduan_nmg@126.com。

要施工设备,其管理水平的高低,不仅影响矿山开采效率,同时还影响矿山爆破效果和矿山安全。目前,国外先进矿山牙轮钻机实现了GPS辅助定位穿孔,钻机关键参数的实时监测,钻机随钻岩性的实时识别,穿孔任务无线下达等[1],但是国内大部分矿山牙轮钻机作业实时监测、钻机穿孔数量、关键参数还有由人工纸质汇报的落后局面,爆破设计人员、钻机管理人员不能实时掌握钻机穿孔详细信息,导致爆破设计与现场钻机实际施工的不衔接,无法实现精细化施工。针对上述问题,本文在前期爆破数字化管理技术的基础上[2,3],进一步开发了牙轮钻机施工作业情况的远程管理信息客户端软件,实现了钻机作业、穿孔、钻机主要工作参数的数字化管理,为全面实现数字化矿山提供技术支持。

## 2 功能需求

开发一套客户端软件,在读取爆破一体化管理平台服务器数据库数据的基础上,实现以下功能:(1)钻机当前工作状态查询,对被监视的所有钻机工作状态能够整天进行查看,钻机工作状态包括:关机、穿孔中、提杆、下杆、暂停;(2)钻机工作进度查询,显示单台钻机的穿孔任务以及已打孔数,以及每个已打孔的详细信息;(3)钻机实时工作界面,实时观察钻机的工作状态,包括:电流、电压、轴压、功率、钻速、转速、行走速度、穿孔时间、穿孔深度、卫星定位情况;(4)钻机历史数据查询,查询特定时间的所有钻机工作的数据,数据包括:钻机号、GPS坐标、定位模式、行走速度、穿孔深度、穿孔时间、回转电流、回转电压、输出功率、电机钻速、轴压等;(5)钻机作业位置预览,在矿山地质图上显示每台钻机工作位置的坐标。

## 3 软件开发

### 3.1 开发语言选择

开发远程监控系统的软件有C++、VC、C#等,在前期研究成果的基础上,综合考虑开发时间和成本,选择开发相对较容易的LabVIEW编程语言。LabVIEW软件[4]平台与服务器间的数据交换技术成熟,开发周期相对较短。LabVIEW具有丰富的图形控件、简易的图形编程语言,开发者对底层功能也进行了良好的封装。结合现有的LabVIEW与远程服务器数据通信资料以及LabVIEW对第三方插件良好的兼容性,能够开发出较为稳定且功能完善的监测系统。

### 3.2 数据的获取与处理

#### 3.2.1 LabVIEW编程环境下的数据库访问

LabVIEW对数据的访问通常有以下几种途径[5]:(1)利用NI公司的附加工具包LabVIEWSQLToolkit进行数据库访问,但这种工具包需要购买才能应用;(2)利用第三方的LabSQL。对数据库操作函数进行了封装,但远程访问数据库的功能有待开发;(3)使用ADO技术。ADO是微软最新的数据访问技术,LabVIEW通过对ADO库文件的引用就能够以ADO技术为手段实现数据库的访问,使用ADO技术进行数据库的编程。在LabVIEW前面板右键选择"引用句柄"→"自动化引用",通过创建方法节点实现对ADO的引用,引用后通过"CommandText"写入Sql语句执行数据库的相应操作。如果执行读取指令,则通过读取GetString获取查询结果。

#### 3.2.2 数据统计

读取服务器数据并将数据处理成数组后,即可通过数据计算完成相应数据的统计。软件中完成的统计内容有：（1）钻机当前任务孔数；（2）当前布孔任务下钻机已完成的孔数；（3）时间段内的穿孔个数；（4）时间段内的穿孔米数。分别读取服务器［DesignCoordUpdate］与［DrillState］表内的数据个数，完成对任务孔数与完成孔数的统计。对［DrillState］内数据进行计算实现对孔数与米数的统计。统计结果如图 1 所示。

已完成孔数 24
时间段： 2014/4/2 11:29:26 —— 2014/6/3 11:29:26
打孔个数： 24
穿孔米数： 206.92

| 孔序号 | X坐标 | Y坐标 | Z坐标 | 钻杆倾角X | 钻杆倾角Y | 穿孔深度 | 穿孔时间 | 岩性参数 | 时间 |
|---|---|---|---|---|---|---|---|---|---|
| 2133865 | 12423.46 | 71074.39 | 252.28 | -4.27 | -1.05 | 0.47 | 0.58 | 2746557229. | 2014/4/28 13:41:1 |
| 2133866 | 12423.47 | 71074.4 | 251.28 | -0.84 | 0.91 | 0.00 | 0.00 | 3277811605. | 2014/4/28 13:41:4 |
| 2133867 | 12423.58 | 71074.43 | 250.68 | -4.55 | -1.05 | 0.00 | 0.00 | 4321021573. | 2014/4/28 13:42:05 |
| 2133868 | 12417.51 | 71060.06 | 254.7 | -3.01 | 0.77 | 3.30 | 4.01 | 1991588848. | 2014/4/29 09:47:3 |
| 2133869 | 12425.03 | 71062.44 | 256.86 | -0.42 | -1.75 | 5.54 | 6.93 | 3618503880. | 2014/4/29 10:13:4 |
| 2133870 | 12430.39 | 71056.04 | 266.54 | -1.68 | -0.42 | 15.10 | 17.13 | 3405549045. | 2014/4/29 10:39:2 |
| 2133871 | 12427.84 | 71032.08 | 265.7 | 1.96 | 2.10 | 14.38 | 2.17 | 1232116320. | 2014/4/29 11:03:2 |
| 2133872 | 12424.7 | 71035.8 | 262.65 | -3.22 | 1.54 | 11.39 | 7.89 | 863043155.9 | 2014/4/29 13:14:3 |
| 2133873 | 12420.5 | 71039.54 | 261.77 | -3.15 | -0.77 | 10.23 | 1.27 | 1407803016. | 2014/4/29 13:34:0 |
| 2133874 | 12413.87 | 71041.85 | 251.28 | -0.35 | 0.91 | 0.00 | 0.00 | 1803420512. | 2014/4/29 13:34:1 |
| 2133875 | 12420.51 | 71039.59 | 250.71 | -2.87 | 4.83 | 0.00 | 0.00 | 5409190373. | 2014/4/29 13:34:4 |
| 2133876 | 12420.47 | 71039.51 | 252.19 | -4.13 | -1.89 | 0.82 | 0.64 | 1739886955. | 2014/4/29 13:38:1 |
| 2133877 | 12425.96 | 71040.69 | 264.08 | 0.63 | 0.14 | 12.62 | 3.72 | 3188434839. | 2014/4/29 14:08:5 |
| 2133879 | 12447.3 | 71039.33 | 265.42 | -6.73 | -0.07 | 13.53 | 14.26 | 2514511960. | 2014/4/30 16:04:0 |
| 2133880 | 12454.26 | 71040.63 | 266.2 | -5.89 | 3.08 | 15.07 | 15.24 | 4601066495. | 2014/4/30 16:31:2 |
| 2133881 | 12448.83 | 71046.36 | 266.72 | 2.03 | 4.55 | 15.17 | 17.18 | 3816435365. | 2014/4/30 16:57:0 |
| 2133882 | 12441.28 | 71045.32 | 265.83 | -3.99 | -2.24 | 14.38 | 15.39 | 4344549839. | 2014/4/30 17:48:5 |
| 2133883 | 12435.79 | 71050.75 | 265.29 | -1.26 | 0.28 | 13.97 | 16.23 | 2260833541. | 2014/4/30 18:16:5 |
| 2133884 | 12443.71 | 71052.06 | 266.26 | -4.69 | -4.20 | 14.79 | 17.19 | 3825998771. | 2014/4/30 18:42:1 |
| 2133885 | 12438.19 | 71058.74 | 266.04 | -3.71 | 0.42 | 14.66 | 17.46 | 3006624312. | 2014/4/30 19:10:0 |
| 2133886 | 12432.55 | 71063.88 | 265.67 | 0.35 | -2.24 | 14.32 | 18.87 | 3351591174. | 2014/4/30 19:39:2 |
| 2133887 | 71074.39 | 252.28 | -4.27 | -1.05 | 0.47 | 0.58 | 2746557230.0 | 1 | 2014/5/22 13:56:5 |
| 2133864 | 11 | | | 2.00 | 2.00 | 2.00 | 2.00 | | 2014/4/20 19:52:5 |
| 2133878 | 12450.29 | 71034.69 | 265.85 | -0.63 | -3.08 | 14.60 | 14.41 | 2257892754. | 2014/4/30 11:34:0 |

图 1　数据统计结果

Fig. 1　Result of data statistics

### 3.3　基于 MapX 的钻机作业实时分布图

该部分功能主要实现在矿山地质图上，观测到每台钻机的位置坐标以及工作状态标识（钻机是否作业），基于 Gis 开发控件 MapX 实现此功能。

#### 3.3.1　MapX 简介[6,7]

MapX 是由美国 MapInfo 公司开发，基于 ActiveX（OCX）技术的可编程控件。通过对 MapX 控件的二次开发能够实现显示 MapInfo 格式的地图；对地图进行放大、缩小、漫游、选择等操作，专题地图、图层控制、数据绑定、动态图层和用户绘图图层、生成和编辑地图对象、简单地理查询等功能。MapX 控件的主要组件有 60 余个，能够开发出功能较为完善的 GIS 系统。MapX 程序开发的一般流程为：坐标系统设置→图层添加→动态图层添加→属性方法调用

#### 3.3.2　地图转换

为了实现钻机分布实时地图的显示，首先要选取合适的图层，由于 MapX 读取的地图文件为格式为 MapInfo。结合系统应用实际情况，矿区有较为详尽的地质图，以 CAD 文件格式保存。因此，通过两种文件的转换，可以为 MapX 开发提供真实详尽的静态基础图层。后续通过动态图层的添加即可实现动态更新。两种格式的地图转换的流程为：后缀 DWG 格式文件→后缀 DXF 格式文件→后缀 Tab 格式文件。

DWG 文件转换为 DXF 文件时可以在 CAD 软件中通过文件另存实现。DXF 转 Tab 文件时较为繁琐，需应用 MapInfo 软件。在 MapInfo 软件中转换方法为：

表→导入→选择 . dxf 文件→投影与变换设置→完成。在进行投影设置时需要注意的是，由

于我们选用的原始地图的坐标系为平面坐标系无投影且目标地图也是平面坐标系。因此选择投影为 Non-Earth (meters)。在实际中,根据具体情况选择相应球面投影。

#### 3.3.3 坐标系统设置

添加 MapX 控件后,首先需要设置使用的坐标系。可选择的坐标系有经纬度坐标、高斯球面坐标系、54 球面坐标系、平面坐标系等几十种坐标系。系统中设置为非球面的坐标系,但必须设置该坐标系的边界。MapX 的平面坐标系设置程序如图 2 所示。

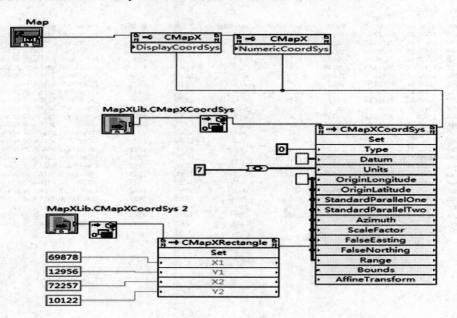

图 2 坐标系统设置程序

Fig. 2 Program setup of coordinate system

#### 3.3.4 图层添加

对于用户来说首先接触的是图层,图层分为静态图层与动态图层。在本系统中静态图层是整个矿山的基本轮廓、等高线、边坡等的显示。动态图层完成实时的钻机工作状态与位置更新。静态图层可以通过 MapX 的 Layers 类的 Add 方法实现。图层添加后界面如图 3 所示。

#### 3.3.5 动态图层添加

为了实现实时性,需要一定时间段内对数据进行更新,然后进行重绘。为了减小系统开销,在静态图层的基础上,创建动态图层,并将实时更新的图元显示在动态图层中。

##### 3.3.5.1 图层创建

首先创建图层,然后将该图层设置为动态图层,一般来说动态图层也需要设置坐标系统,由于初始化时设置了坐标系统,因此动态图层坐标系默认为该坐标系。新创建的图层为空白图层,后续通过与数据的通信获取数据并以最新的数据为基础添加图元完成钻机动态显示。

##### 3.3.5.2 钻机图元

图元是 MapX 中可以编辑的最小图形单位,MapX 有四种图元:线型图元、区域图元、符号图元与文字图元。本系统中钻机图形是一个线型图元。

(1) 图元创建。以线型图元为例,首先应该确定线段的路径点,点的坐标与添加顺序直

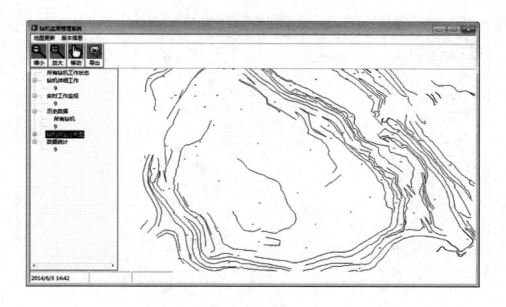

图 3 静态图层界面
Fig. 3 Interface of static state layers

接影响了线型图元的形状。以钻机为例,数据库中获取的坐标为钻杆的坐标,已知钻机的长、宽以及方向等可以计算出钻机四个角的坐标以及钻机履带的坐标。设:钻机的钻杆的北京54坐标为 $(x,y)$;钻机偏角 $\phi$,以正北方向为零度。钻机长 $L$、宽 $W$,钻杆到钻机边缘最近的距离为 $N$,如图4所示。根据以上参数计算出 $(X_1,Y_1)$、$(X_2,Y_2)$、$(X_3,Y_3)$、$(X_4,Y_4)$,经过前面说的坐标系转换和单位转换后利用 VC++绘出钻机轮廓模型。

按照画图习惯的顺序将图元的路径点添加到创建的 MapX 的 Points 类,并将 Points 作为参数输入到 FeatureFactory 类的 CreateLine 函数,然后创建圆形区域图元作为钻杆图标,通过 FeatureFactory 类的 CombineFeatures 函数将两个图元合并一个线型图元即钻机图元。

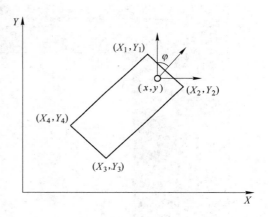

图 4 钻机轮廓坐标计算
Fig. 4 Coordinate calculation of drill contour

(2)图元添加。图元创建完成后需要将其添加到动态图层中,并且在每个程序周期要对所有图元进行重绘。通过程序判断钻机工作状态后根据不同状态对图元的颜色进行相应改变。图5为添加钻机图元后的监控图。

### 3.3.6 工具切换

为了方便对地图查看以及其他操作,MapX 增加了一些小工具,包括地图放大/地图缩下、拖拽等。地图缩下工具引用通过工具栏消息响应完成相应工具的切换。

### 3.3.7 软件界面

通过上面程序的编写,成功开发了牙轮钻机远程监控客户端软件,图6是该软件的主界面。

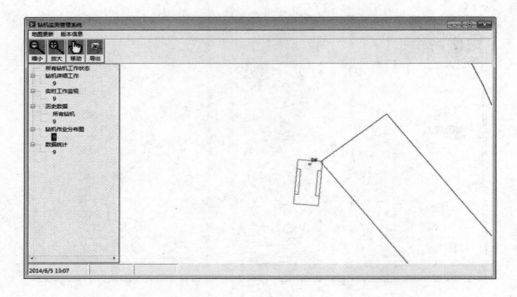

图 5 加钻机图元的监控图
Fig. 5 Monitor of drill primitive

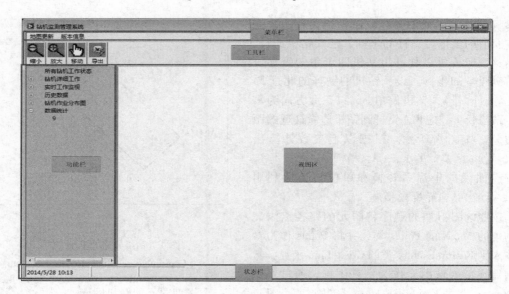

图 6 系统主界面
Fig. 6 Main interface of system

主界面分为菜单栏、工具栏、功能栏、视图区与状态栏，菜单栏完成两个任务地图更新与版本查询，工具栏是软件相应功能的操作部分，分为对地图的操作与数据的导出操作两部分，可以将穿孔数据导出到 Excel 表格中。功能栏是软件功能实现的主要部分，通过对功能栏相应部分的选择实现不同功能。并将结果显示在视图区，视图区对软件功能的选择，数据查询结果，监测界面都在视图区显示。

## 4 结论

采用 B/S 架构模式,以 LabVIEW 2015 作为开发语言的牙轮钻机远程监控管理信息客户端软件,使管理人员能够通过 Internet 网实时查看钻机工作情况,掌握钻机关键工作参数,详细了解每一个炮孔的作业情况,实现了钻机工作参数的数字化管理,为实现数字化矿山提供技术支持。

### 参 考 文 献

[1] John Hutchings, Datavis Pty. Ltd., JohnVynne. Drill Monitoring Systems and the Integration with Drill and Blast Software[C]//ISEE Annual Conference, 2011. Nashville, Tennessee.
[2] 段云,熊代余,徐国权. 钻孔数字化与钻孔岩性自动识别技术[J]. 金属矿山,2015,10:125-129.
[3] 段云. 露天爆破设计 GPS 布孔和钻机自动定位技术及设备开发[R]. 北京矿冶研究总院研究报告,2013,2-110.
[4] 陈树学,刘萱. LabVIEW 宝典[M]. 北京:电子工业出版社,2011.
[5] 阮奇桢. 我和 LabVIEW:一个 NI 工程师的十年编程经验[M]. 北京:北京航空航天大学出版社,2009.
[6] 苏婷,祝小平,周洲. 基于 VB 和 MapX 二次开发的网络拓扑设计[J]. 科学技术与工程,2012,12(6):1285-1288.
[7] MapInfo. MapX 开发人员指南[M]. MapInfo Corporation,2003.

# 5kg TNT 当量球形爆炸容器球体的设计计算

宫婕　汪泉　汤有富　李兴珠

（安徽理工大学，安徽 淮南，232001）

**摘　要**：本文设计了一种用于教学实验、TNT当量为5kg的球形不锈钢复合板爆炸容器。采用了动力系数法将动态载荷转化为静态载荷，对其壁厚和应力进行了设计计算，同时对爆炸产生的冲击波、飞散物、振动和噪声等有害效应的控制提出了改进措施。

**关键词**：爆炸容器；动力系数法；动态载荷

## Design of Spherical Explosion Vessel with 5kg TNT Equivalent

Gong Jie　Wang Quan　Tang Youfu　Li Xingzhu

（Anhui University of Science & Technology，Anhui Huainan，232001）

**Abstract**：In this paper, a kind of spherical stainless steel composite board explosive container with 5kg TNT equivalent is designed for teaching and experiment. It is necessary to convert the dynamic load to static load by dynamic coefficient method in the progress of calculation, and calculating wall thickness and stress of the explosion container. At the same time, putting forward the improvement measures of controlling the explosive shock wave, flying objects, vibration and noise.

**Keywords**：explosion vessel；dynamic coefficient method；the dynamic load

## 1　引言

爆炸容器是一种用于爆炸测试的特殊内高压化工容器，能够对爆炸冲击波和爆炸产物的作用范围进行限制，保证实验人员的安全且对周围环境的危害极小，因此广泛应用于爆炸材料性能测试、爆炸效应测试、爆炸加工及爆炸销毁等民用及国防军事领域[1]。

本文根据爆炸容器设计的常用方法，初步设计了5kg TNT当量的球形复合结构爆炸容器，采用了动力系数法，将爆炸冲击波作用于筒体的动态载荷转化为静态载荷，进行壁厚计算和应力校核，同时对爆炸产生的冲击波、飞散物、振动和噪声等有害效应的控制提出了改进措施。

## 2　爆炸容器的结构

压力容器的结构形式主要有：球形、圆柱形和组合型等。球形压力容器的优点为：（1）在相同内压力作用下，球形压力容器壳体上所受的应力，仅为相同直径和壁厚的圆筒形压力容器的一半。因此，球形压力容器的壁厚，可减薄到同一直径筒形压力容器壁厚的一半。（2）与筒体

---

作者信息：宫婕，硕士，1538632929@qq.com。

容器的应力分布不同,球壳中应力分布均匀,在相同壁厚条件下,球壳表现出良好的承载能力[2]。(3) 在容积相同时,球形压力容器表面积最小。在同一工作压力下,相同容积的压力容器中以球形压力容器的质量为最轻。因此,采用球形结构一方面节约钢材,另一方面能够承受更大的应力,提高安全性。由于爆炸冲击波对容器内壁的强烈作用,本文设计采用了抗压能力更好的球形爆炸容器。

具体结构设计:(1) 由于容器人孔门及附件结构处的应变增长较其他位置大,因而在这些位置需要重点防护,防止发生应力集中[3]。该爆炸容器采用了内、外人孔门,方便实验人员进入室内操作,同时双层门提高了抗应变能力,保证了安全性。(2) 球形爆炸容器的底部铺设沙子来减缓爆炸振动效应的危害,为了使其底部固定较为稳定,设计了混凝土底座基础。(3) 设计有楼梯,方便操作人员到操作台进行实验操作。(4) 球形爆炸容器采用双层结构,内层采用50mm厚的钢复合板材,外壳采用10~12mm的普通碳钢,在内外层中间填充缓冲材料,使得作用于爆炸容器的冲击波得以衰减。爆炸容器的结构示意图如图1所示。

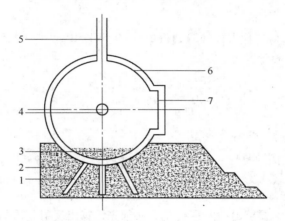

图1　5kg TNT 当量爆炸容器结构图
1—钢柱支座;2—底座基础;3—底部缓冲沙子;4—观察孔;5—排烟管;
6—双层复合板结构;7—内外双层门

Fig. 1　Design drawing explosion-containment vessel with 5kg TNT Equivalent

## 3　载荷计算

爆炸容器不同于一般的压力容器,炸药在爆炸容器中爆炸后会产生爆炸冲击波,作用于爆炸容器的内壁后发生反射[4]。因此,作用于爆炸容器内壁的是动态载荷,必须将动态载荷转换为等效静载荷进行计算,然后再按照《钢制压力容器》(GB 150—2011)的标准来设计。

### 3.1　瞬态载荷计算

#### 3.1.1　入射波超压的计算

计算炸药在空气中爆炸后产生的超压,常采用 H. L. Brode 公式、K-G 公式、W. E. Baker 公式等三种计算方法,通常取三种计算结果的平均值作为入射波超压 $\Delta p_1$[4]。

H. L. Brode 公式:

$$\Delta p_1 = \frac{6.7}{\overline{R}^3} + 1 \tag{1}$$

式中，$\bar{R}$ 为装药对比距离，m，$\bar{R} = \dfrac{R}{\sqrt[3]{W}}$，其中，$R$ 为容器壳体半径，m；$W$ 为炸药的 TNT 当量，kg。

K-G(Kinney and Graham) 公式：

$$\Delta p_1 = 808 \times p_0 \dfrac{1 + \left(\dfrac{\bar{R}}{4.5}\right)^2}{\left[1 + \left(\dfrac{\bar{R}}{0.048}\right)^2\right]^{0.5} \left[1 + \left(\dfrac{\bar{R}}{0.32}\right)^2\right]^{0.5} \left[1 + \left(\dfrac{\bar{R}}{1.35}\right)^2\right]^{0.5}} \tag{2}$$

式中，$p_0 = 1.01325 \times 10^5 \text{Pa}$。

W. E. Baker 公式：

$$\Delta p_1 = \dfrac{0.67}{\bar{R}} + \dfrac{3.01}{\bar{R}^2} + \dfrac{4.31}{\bar{R}^3} \tag{3}$$

将 $R = 2.0$m，$W = 5$kg，代入式 (3)，得 $\Delta p_1 = 0.594$ MPa。

### 3.1.2 反射超压的计算

$$\Delta p_2 = 2\Delta p_1 + \dfrac{6\Delta p_1^2}{7p_0 + \Delta p_1} \tag{4}$$

式中，$\Delta p_1$、$\Delta p_2$ 的单位为 $10^5$Pa。

将入射超压值 $\Delta p_1 = 0.594$MPa 代入计算，可得 $\Delta p_2 = 2.81$MPa。

## 3.2 等效静载荷的计算

首先确定动力系数，要求出动力系数 $C_d$，必须先计算出反射超压的作用时间 $\tau$ 和容器的自振周期 $T$。

$$\tau = \dfrac{\eta R}{\sqrt{Q_0}} \tag{5}$$

$$T = \dfrac{2\pi}{\sqrt{\dfrac{E}{\rho}}} \tag{6}$$

式中　$\tau$——反射压力作用时间，s；

　　　$\eta$——经验系数，球形容器取 0.35；

　　　$Q_0$——单位质量炸药的爆热，J/kg，TNT 炸药：$Q_0 = 4.184 \times 10^6$J/kg；

　　　$\rho$——壳体材料密度，$\rho = 7.8 \times 10^3$kg/m$^3$；

　　　$E$——弹性模量，$E = 209$GPa。

动力系数 $C_d$ 的公式为：

$$C_d = \sqrt{\left(\dfrac{\omega\tau}{2}\right)^{-2} \sin^4 \dfrac{\omega\tau}{2} + \left(\dfrac{\sin\omega\tau}{\omega\tau} - 1\right)^2} \tag{7}$$

等效静载荷的确定：

$$P_e = \Delta P_2 \times C_d \tag{8}$$

经计算，等效静载荷 $P_e = 1.21$MPa。

## 3.3 壁厚计算

采用第三强度理论进行校核,球形容器壁厚设计公式为:

$$\delta_d = \frac{P_e D_i}{4[\sigma]^t \varphi - P_e} + C_2 \tag{9}$$

式中 $\delta_d$——球形爆炸容器的设计厚度;

$[\sigma]^t$——设计温度下容器材料的许用应力,16MnR 钢的许用应力 $[\sigma]^t$ = 163MPa;

$\varphi$——容器的焊缝系数;

$C_2$——材料的腐蚀裕量,$C_2$ = 1mm。

经计算得:$\delta_d$ = 8.44mm,名义厚度 $\delta_n$ = 9mm,有效厚度 $\delta_e$ = 7.75 mm。

## 3.4 应力校核

在确定设计壁厚之后,需要进行应力校核,校核公式为:

$$\sigma^t = \frac{P(D_i + \delta_e)}{4\delta_e} \leq [\sigma]^t \tag{10}$$

经过校核可知,$\sigma^t$ = 156MPa < 163MPa,设计壁厚 $\delta_n$ = 9mm 符合条件,但由于在设计过程中需要对球形爆炸容器进行开孔,同时考虑到长期爆炸载荷作用下筒体的疲劳损伤,以及外筒体的腐蚀程度,在实际加工过程中厚度取 50mm。

## 4 爆炸有害效应的控制

炸药爆炸会产生冲击波、振动效应、有毒有害气体以及噪声等危害,由于该爆炸容器建立在人员较为密集的教学区,周围环境较为复杂,在进行爆炸容器设计时应尽量减轻和控制这些危害。

### 4.1 爆炸冲击波的控制

炸药在容器内爆炸后,产生大量高温高压气体,使周围介质发生强烈扰动,这种扰动在空气中传播就形成了冲击波。冲击波的作用主要是由超压引起的,当冲击波超压达到一定值时,会对人体和建筑物造成一定的危害。因此在进行爆炸容器设计时,要尽量减缓爆炸冲击波的破坏作用,本文采用了在内外钢板之间填充缓冲材料的方法。

目前常用的缓冲材料主要有膨胀珍珠岩、泡沫铝等。膨胀珍珠岩是一种内部为蜂窝状结构的白色颗粒状的缓冲材料。泡沫铝作为一种新型缓冲材料,同时兼有金属和气泡的特征。其密度小、吸能效率高、耐高温、防火性能强、抗腐蚀、隔音降噪、易加工、易安装、成形精度高、可进行表面涂装。泡沫铝具有独特的压缩性能,受到冲击载荷作用时易发生变形,压缩变形会消耗大量的功,使得泡沫铝具有很高的吸能效率。另外,泡沫铝利用其孔壁振动来吸收声音的能量,能够削弱噪声[5],因此可以作为很好的缓冲材料。爆炸容器夹层结构如图 2 所示。

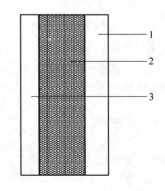

图 2 爆炸容器夹层结构
1—内层钢板;2—夹层缓冲材料;3—外层钢板
Fig. 2 The sandwich structure of explosion-containment vessel

## 4.2 爆炸振动控制

一方面由于爆炸振动的能量主要沿地面表层传播，因而在地面表层的振动效应较强[6]；另一方面爆炸容器筒体的自重较大，为了使其底座较为稳定，不受振动效应的影响，需要对底座支架进行加固处理，设计采用了混凝土底座基础，即在沙子上面铺设碎石，碎石上倒水泥砂浆，将三个独立的钢柱支撑体插入底座基础内。这样减少了爆炸振动效应对容器的影响，提高了底座的稳定性。另一方面，爆炸容器采用了双层复合结构，中间填充缓冲材料，底部铺设沙子和碎石子等缓冲介质，吸收爆炸产生的能量，减小了振动效应。

## 4.3 爆炸有害气体的控制

炸药在容器内爆炸会产生有毒有害气体，主要为 $CO$、$N_xO_y$ 等。这些有毒有害气体若不及时排出，将对人体产生很大的危害，因此设计时应该考虑到爆炸容器的排烟净化处理。

在球形爆炸容器上部开设一个排风口，实验结束后打开排风装置，将容器内的气体及时排出，气体通过排烟净化装置进行物理化学净化，同时对爆炸容器内的气体浓度进行及时检测。

## 4.4 爆炸噪声的控制

爆炸噪声是炸药爆炸后冲击波衰减形成的一种声波，对人体身心健康产生危害[8]。由于该爆炸容器位于教学区，应该严格控制爆炸产生的噪声，以免影响日常教学活动。为了减缓噪声，可在爆炸容器最外层加一层吸音棉，常用的吸音棉主要有玻璃纤维吸音棉和聚酯纤维吸音棉两大类。两种产品各有不同，吸音效果基本一样，但聚酯纤维的阻燃效果不好，较易燃烧，因而采取玻璃纤维吸音棉。

## 5 结论

球形爆炸容器受力均匀性、耐压性、使用安全性和加工制造的经济性较好。本文设计的 5kg TNT 当量球形室外钢制爆炸容器满足人员密集的教学区使用，其安全性和可靠性较高，且炸药爆炸产生的冲击波、飞散物、振动和噪声等危害效应得到了严格控制。同时筒体具备长期爆炸载荷作用下的耐疲劳和抗损伤能力，外筒体的耐腐蚀性能较高。

### 参 考 文 献

[1] 梁志刚,马艳军,秦学军,等.小当量双层爆炸容器的研制[J].兵工学报,2010,31(4):525-528.
[2] Wei Li, Guangyan Huang, Yang Bai, et al. Dynamic response of spherical sandwich shells with metallic foam core under external air blast loading-Numerical simulation[J]. Composite Structures, 2014, 116: 612-625.
[3] 刘文祥,张庆明,谭书舜,等.球形爆炸容器的应变增长现象[J].爆炸与冲击,2013(增刊):99-104.
[4] 龙建华,苏红梅,胡八一.小当量密封爆炸容器的设计[J].机械工程师,2006,11:86-87.
[5] 王祝堂,张睿.泡沫铝性能及制备技术[J].轻合金加工技术,2011,39(10):10-22.
[6] 林大超,曾德斌,白春华.浮放设备在爆炸振动作用下的冲击振动响应[J].振动与冲击,2005,24(6):106-107.
[7] 张玉明,张奇,白春华,等.爆炸振动测试技术若干基本问题的研究[J].爆破,2002,19(2):4-6.
[8] 马海洋,龙源,刘好全.非金属复合材料抗爆性能研究[J].兵工学报,2012,33(9):1081-1087.

# 基于物联网技术的地下矿现场混装炸药车

田 丰[1]　齐宝军[2]　查正清[1]　龚 兵[1]

（1. 北京矿冶研究总院，北京，100160；2. 首钢矿业公司，河北 迁安，064405）

**摘　要**：基于地下矿无线定位与通信技术，实现混装车地下远程定位与双向通信，解决了卫星定位与 GPRS 网络无法用于地下的难题。地面控制终端可以在线登录混装车控制系统，录入各项装药指令，调阅生产数据和生产过程音视频。在数字矿山平台下，利用物联网全过程在线管理，将混装车生产管理与爆破设计和生产调度相结合，提升了地下混装车的信息化管理水平，对促进地下矿生产安全管理具有重要意义。

**关键词**：现场混装炸药车；地下矿；物联网；无线通信

## The Underground Mine Mixed Loading Truck Based on Internet of Things Technology

Tian Feng[1]　Qi Baojun[2]　Zha Zhengqing[1]　Gong Bing[1]

（1. Beijing General Research Institute of Mining and Metallurgy，Beijing，100160；
2. Shougang Mining Corporation，Hebei，Qian'an，064405）

**Abstract**：Based on the wireless location and communication technology, the long-range location and double data link communicationin of mixed loading truck could be achieved at underground environment, the problem that satellite positioning and GPRS communication network cannot be used for underground is solved. Ground control terminal can visit the mixed loading truck control system, input loading instructions, and access to production data and audio/video information of production process. Within the digital mining platform, the use of the internet of things could combine production management of mixed loading truck to blasting design and production scheduling, which enhances information management and safety management.

**Keywords**：mixed loading truck；underground mine；internet of things；wireless communication

## 1　研究背景与现状

对于地下矿上向孔装药爆破，目前国内大多采用人工装药或半机械化人工辅助装药。近年来，国内企业相继研发了一系列地下矿混装车设备，但大多还停留在如何解决 30~40m 上向深孔防掉药，以及提高混装车机械化、机动性等方面，而采、选等其他部门则已在远程控制、物联网远程管理等方面取得了长足进步，与钻机、铲运机等装备相比，装药设备的自动化、信息

---

基金项目：国家高技术研究发展计划（863 计划）项目（2011AA060405）。
作者信息：田丰，工程师，tianfeng3525@126.com。

化水平明显滞后。

有鉴于其他部门的两化融合发展趋势,北京矿冶研究总院在研制地下矿用乳化炸药混装车技术的过程中,将提高混装车的机械化、自动化与提高混装车的信息化相结合,研制成功了信息化地下混装车及其生产信息动态监控系统,实现了混装车物联网管理。

## 2 地下矿混装炸药车物联网设计

地下矿混装车物联网系统是矿山数字化、信息化综合管理系统的组成部分之一(见图1),按照统一管理、统一接口和标准的技术要求,混装车物联网系统分为感知层、网络层、应用层三个层次进行设计。

图1 信息化地下混装乳化炸药车
Fig. 1 Underground mixed loading truck with information technology

感知层是对混装车的感知,北京矿冶研究总院研制的信息化地下混装车具有较高的机械自动化水平,能够准确感知设备的运行状态和混装炸药的流体特征。该车由汽车底盘、装药系统、自动送管系统、多自由度机械臂寻孔系统、电液比例控制系统、动力配电系统6大部分组成,可实现上向扇形炮孔的全自动遥控装药。其中,装药系统、自动送管系统、机械臂寻孔系统采用电液比例控制方式,利用传感器对执行机构运动副进行反馈,实现了全数字化闭环控制。对于装药系统的感知计量摒弃了传统的霍尔传感器间接测量法,采用精度更高的数字式体积流量计量法,解决了高黏度乳胶基质计量不准的问题。

基于WiFi无线通信的网络层将混装车和其他移动设备接入矿山以太环网(见图2)。混装车配备的无线生产信息动态监控系统以混装车PLC作为上位机,通过WiFi模块与井下分布的无线基站进行双向数据通信,无线基站通过光缆接入以太环网将数据传输到地面的企业中心服务器,进而将分类数据通过Internet传输到安监、公安、民爆等监管部门网络平台上,实现更大范围的物联网管理。

应用层对混装车产生的各种数据进行存储、查询、处理,以及新作业指令的下达。调度人员可以在三维GIS终端计算机上观察混装车所处的位置和历史运行轨迹,对混装车进入危险区域进行报警;在组态终端上监控混装车的实时生产信息,调阅和打印历史报表,远程录入扇形孔装药参数,远程设备故障诊断,以及在装药过程中对超温、超压、断流故障实时报警;在视频终端上查看现场画面。

## 3 地下混装车的物联网建设

### 3.1 感知层的建设

#### 3.1.1 装药系统

传感器是感知层建设的关键,感知对象包括混装炸药与装药设备,采用的传感器主要包

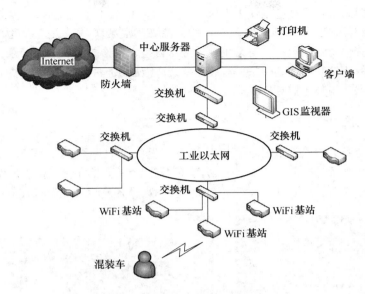

图2 地下矿混装炸药车物联网拓扑图
Fig. 2 Topological graph of IoT for underground mixed loading truck

括：体积式流量计，分别测量高黏度乳化基质和添加剂流量，并控制两者的质量比例维持稳定，计量累计装药量，监测螺杆泵是否发生断流；螺杆泵出口压力传感器和温度传感器，主要用于监测输药软管内是否发生堵料，防止螺杆泵内发生干磨，压力传感器兼具防断流功能；螺杆泵和敏化剂泵马达转速计，用于控制混装炸药的输送速率。

装药系统传感器的精度和稳定性决定了混装乳化炸药的敏化效果，对确保混装炸药车安全操作具有重要作用。

### 3.1.2 送管系统

自动送管系统的功能有两点：（1）将输药管送至上向炮孔孔底，自动探测孔底、测量孔深；（2）在退管过程中确保退管速度与装药速度相匹配。此外，送管器与输药管卷筒之间必须保持速度同步。为此，送管器与卷筒上安装了速度传感器和位移传感器，分别测量软管的输送方向、送退管速率及其在炮孔内的输送深度。在送管器液压传动系统中还增加了压力传感器，用于监测送管过程中是否发生了顶管、卡管等现象，以此判定输药管是否到达孔底。

### 3.1.3 机械臂寻孔系统

送管器安装在工作臂末端，通过工作臂的俯仰、旋转、伸缩等多个自由度组合使送管器出口对准炮孔。工作臂采用液压驱动、无线遥控操作，操作手站在炮孔附近的下方，手持遥控器完成快速寻孔。

为了提高寻孔效率，特别是降低最后几厘米精确对孔时工作臂惯性和振动的不利影响，要求工作臂的每一个自由度均要配备相应的位移、速度、加速度传感器。

### 3.1.4 自动控制系统

自动控制系统是感知层建设的核心，混装车的高度自动化是实现信息化物联网管理的必要条件之一，将混装车的工作状态以数字化的方式进行呈现，才能借助无线WiFi网络进行远程监控。

信息化混装车的自控系统借助电液比例控制技术和负载敏感技术，替代了传统的模拟量液压控制，利用触摸式工业平板电脑作为人机交互界面（见图3），通过 PLC 控制比例液压阀组的开度以及各个阀组之间的联锁逻辑关系，大幅提高了混装车的自动化程度。除了前述功能外，自控系统的其他功能还包括：对系统软件进行自检、自诊断；设定螺杆泵、敏化剂泵、送管器、卷筒之间的比例联锁控制关系；对装药系统、液压系统的安全联锁保护和超限报警；存储和调阅传感数据和视频监控数据。

### 3.2 网络层的建设

地下混装车与露天混装车相比，所采用的动态监控信息系统具备 WiFi/GPRS 双模网络，系统可以根据混装车所处的网络环境自动切换（见图4）。动态监控信息系统作为混装车自控系统的下位机，主要功能是通过连接车载自控系统和远程客户端进行双向数据通信。

图 3　混装车自动控制系统人机界面
Fig. 3　Automatic control system interface

图 4　矿用 WiFi 无线路由器
Fig. 4　Underground mine WiFi router

工业 WiFi 通信系统近年来发展迅速，国内外均有较为成熟的技术产品，较为知名有澳大利亚镁思锑公司（MineSite）、中国台湾的友讯科技股份公司（D-Link）等，国内转让 WiFi 通信技术和 RFID 技术的物联网企业有远望谷、大唐电信等。混装车物联网的网络层建设可以与矿山信息化网络统一规划、统一建设，实现信息一体化综合管理。

### 3.3 应用层的建设

#### 3.3.1 组态软件设计

远程客户端组态软件编程是应用层建设的核心，应包括生产统计、设备运行状态、故障报警三大类信息的存储和显示功能，以及远程登录自控系统录入部分生产指令的功能（见图5）。

信息化混装车的生产统计类信息主要有上向扇形孔各排、各孔的实际装药量，设计装药量，孔口填塞预留长度，以及当班累计装量和车内剩余药量，设备运行状态和故障报警信息则依靠前述的各种传感器，监控混装炸药各组分物料的压力、温度和流量处于安全合理的范围内，监控机械设备和液压系统的油压、转速、油缸伸缩量等参数处于正常状态。

远程登录功能针对混装车装填上向扇形孔，根据爆破控制需要，扇形孔每孔的孔深、装药米道都有差异，以往人工装药时需要技术员在装药前根据作业指令确定每孔的装药量，在装药后统计每孔实际装药结果，升井后再将统计数据报给生产调度。远程登录功能可以快速完成上

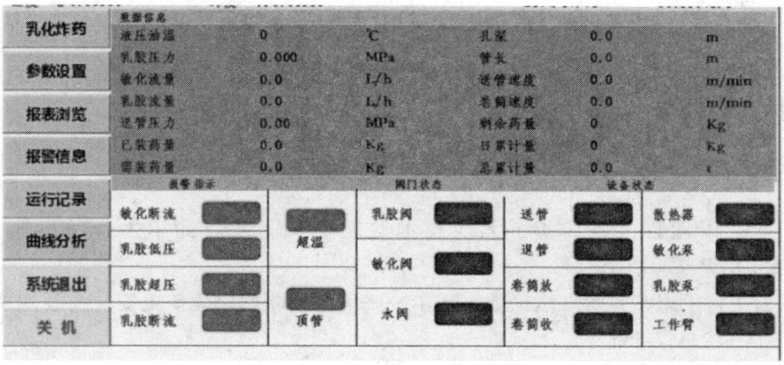

图 5 动态监控信息系统客户端

Fig. 5 Monitoring information system client

述工作,提高了安全生产管理效率,消除了人为抄送过程中可能发生的错报、漏报、瞒报现象。

#### 3.3.2 三维 GIS 定位

目前,基于 WiFi 通信的地下矿 RFID 识别技术已较为成熟,已在国内外地下矿广泛应用于人员和移动设备的定位与轨迹追踪。

GIS 定位系统在井下 WiFi 基站中内置 RFID 射频读卡器,在混装车上安装无源 RFID 标签,当混装车进入某一基站的工作区时,读卡器通过其发射的电磁波激活标签,标签将其所含的身份信息发送给读卡器实现身份认证。

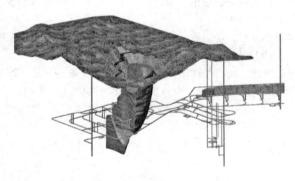

图 6 矿山 GIS 定位系统

Fig. 6 Undergroud mine GIS positioning system

#### 3.3.3 视频监控

信息化混装车的监控摄像头分别位于工作臂的顶端和车载控制柜的顶端,视角可覆盖工作臂移动范围内任意角度的装药过程,以及操作人员对控制柜触摸式平板电脑和按钮的所有操作,确保了视频监控无死角。

调度室视频监控系统可以随时调阅混装车的视频信息,并与其他井下设备在大屏幕上集中显示。当混装车所处的位置 WiFi 信号强度不足,无法完成远程客户端实时显示时,车载视频监控系统还配备了大容量硬盘录像机用于数据暂存,待信号强度恢复时及时上传。

## 4 结论与展望

(1) 研制和推广应用地下矿用混装炸药车是我国民用爆破器材行业的技术发展方向之一。北京北矿亿博公司研制的信息化地下矿用乳化炸药混装车技术,提高了上向扇形孔装药爆破作业的机械化、自动化水平,实现从过去的人工装药或人工辅助半机械化装药向全自动遥控装药的转变。

(2) 利用日渐成熟的地下矿 WiFi 无线通信和定位技术,解决了卫星定位与 GPRS 网络无法用于地下的难题,通过自主研发的车载动态监控信息系统和远程客户端,实现了混装车的远程信息化物联网管理。

（3）信息化的管理模式提高了对混装车安全生产监管的时效性，有效提高了矿山生产企业的工作效率、监管能力和服务水平，提高了处置企业安全生产事故的能力，同时也为各级安全生产监督管理部门提供了重要的技术支持，具有很高的推广应用价值。

## 参 考 文 献

[1] 查正清，田丰，田惺哲，等．基于无线技术的地下矿混装炸药车生产信息监控系统：中国，201520307483.X[P]．2015-10-14.
[2] 吴立新，汪云甲，丁恩杰，等．三论数字矿山——借力物联网保障矿山安全与智能采矿[J]．煤炭学报，2012，37(3)：357-365.
[3] 格林加德．物联网[M]．北京：中信出版集团，2016.
[4] 古德生．地下金属矿采矿科学技术的发展趋势[J]．黄金，2004，25(1)：18-22.
[5] 孙其博，刘杰，黎羴，等．物联网：概念、架构与关键技术研究综述[J]．北京邮电大学学报，2010，33(3)：1-9.
[6] 林曙光，钟军，王建成．物联网在煤矿安全生产中的应用[J]．移动通信，2014，24：46-50.
[7] 孙彦景，钱建生，李世银，等．煤矿物联网络系统理论与关键技术[J]．煤炭科学技术，2011，39(2)：69-72.
[8] 李冠君，姜国智，姚晓楠，等．基于物联网技术的井下智能预警系统[J]．电子测量技术，2015，38(9)：89-97.
[9] 汪建．瑞典基律纳铁矿考察报告[J]．矿业工程，2011，9(1)：57-62.
[10] 谢理，焦玉书．今日瑞典基律纳铁矿[J]．中国矿业，2003，12(4)：46-52.
[11] 英国《采矿杂志》编辑部．不伦瑞克铅锌矿的全盘自动化[J]．矿业工程，2004，2(2)：20-22.

# 爆炸容器设计与检验浅谈

杨国山　谢胜杰

（北京矿冶研究总院，北京，100160）

**摘　要**：爆炸容器已广泛应用于爆炸加工等诸多领域，但尚无一套成熟的设计标准，本文系统介绍了爆炸容器的设计与检验方法，尤其是对等效载荷的计算方法进行了深入分析，可为爆炸容器的设计与检验提供实用参考，也可为航天器燃料舱、武器弹头等的设计提供借鉴。
**关键词**：爆炸容器；设计方法；等效载荷；检验方法

## Brief Probe into Design and Test of Explosion Vessel

Yang Guoshan　Xie Shengjie

(Beijing General Research Institute of Mining & Metallurgy, Beijing, 100160)

**Abstract**: The explosion vessel has been used widely in many fields such as explosion working. However, there is not a set of well-accepted design standard yet. In this paper, the design and test method of explosion vessel are introduced systematically and the calculation method of equivalent load is analyzed thoroughly. Those studies can provide practical reference for the design and test of explosion vessel. At the same time, it can provide reference for design of the spacecraft fuel cabin and weapon warhead.

**Keywords**: explosion vessel; design method; equivalent load; test method

## 1　引言

爆炸容器，通常是指爆炸物在其中爆炸时，能保护周围人员、设备或环境使其不被损坏或污染的一种密封压力容器。它能对其内部的爆炸能量进行有效约束，将爆炸产生的冲击波和破片限制在容器内部，有效保护人员、设备和环境的安全，已在爆炸加工、爆轰合成纳米材料、特种物质运输、过期弹药销毁、有毒有害核材料动力学响应研究等诸多领域得到了广泛应用。

20世纪40年代，国内外专家学者开始进行爆炸容器的研究设计工作。1945年，美国洛斯阿拉莫斯国家实验室研制出世界上首台爆炸容器[1]；苏联科学院西伯利亚分院于1968年开始对爆炸容器进行系统研究，申请了多项专利，并建成多个装备爆炸容器的车间；20世纪70年代末我国开始对爆炸容器进行研究，并于1984年在江西洪都爆炸机床厂制造出国内首个爆炸容器，至今仍在安徽理工大学用于炸药爆轰性能研究；中国工程物理研究院也先后

---

作者信息：杨国山，助理工程师，jaw19871002@163.com。

研制出不同 TNT 当量的爆炸容器,并进行了一定的试验工作。2002 年,为推进爆炸容器设计标准的建立,美国机械工程师学会集中了多国核武器实验室的爆炸容器研究设计人员,成立了爆炸容器研究设计组。纵观爆炸容器数十年的应用和发展历史,虽然已有诸多产品问世,也已应用于诸多领域,但鉴于爆炸的瞬时性及其所产生的高压、高温环境,以及爆炸过程和容器响应过程的高度非线性,很多问题亟待解决,直到今日都尚未形成一套成熟的爆炸容器设计标准。基于此,本文对近年来爆炸容器研究设计的相关成果进行了归纳总结,对设计载荷的计算进行了深入分析,并对相关的检验方法进行了介绍,旨在为爆炸容器的设计和检验人员提供借鉴。

## 2 设计思想

爆炸容器是一种特殊的压力容器,它与一般压力容器的区别在于其所受载荷为瞬态载荷。因此,可通过爆炸力学和结构力学相关理论计算出容器所受瞬态载荷的等效静载荷,再根据压力容器设计规范进行后续设计。归纳起来,可按以下步骤进行爆炸容器的设计[2]:

(1) 综合考虑所设计爆炸容器的用途、使用频次、爆轰产物腐蚀特性等,确定容器的形式、材料等。

(2) 根据爆炸力学相关理论,计算作用于容器内壁的瞬态载荷,根据结构力学相关理论,确定瞬态载荷的等效静载荷。

(3) 根据步骤 2 所计算的等效静载荷,依照《压力容器》(GB150) 完成爆炸容器的设计。

(4) 应用有限元软件对爆炸容器进行态应力分析,验证有关设计与计算,对薄弱区域进行修正。

### 2.1 等效静载荷的确定

爆炸物在容器内爆炸时,产生向四周传播的冲击波,冲击波遇到容器内壁受阻发生反射,反射波之间相互作用,再次作用到容器内壁上,使内壁载荷表现出复杂的特征。在冲击波多次反射后,容器内压力趋于均匀,作用在容器上的载荷转化为准静态压力载荷[3]。进行爆炸容器设计时,需将瞬态载荷转变为等效静载荷,等效静载荷的计算一般按如下步骤进行:

(1) 根据爆炸力学相关理论计算出炸药爆炸后作用于容器内壁的入射超压和瞬态载荷。

(2) 由瞬态载荷确定出反射主脉冲的峰值和脉宽,再根据结构力学相关理论,计算容器主体响应的动力系数。

(3) 根据等效静载荷的动力系数法,计算等效静载荷。

#### 2.1.1 入射超压计算

裸炸药球在空气中爆炸后产生超压,常用的超压计算方法有 H. L. Brode 公式,苏联科学家 I. A. Naumyenko、G. I. Petrovskyi 和 M. A. Sadovskyi 公式,JosefHenrgeh 公式。

(1) H. L. Brode 把空气作为理想气体,求得了式 (1)、式 (2) 所示公式[4]。

当 $0.01 \leqslant \Delta p_1 \leqslant 1.0$ 时:

$$\Delta p_1 = \frac{0.0975}{\overline{R}} + \frac{0.1455}{\overline{R}^2} + \frac{0.585}{\overline{R}^3} - 0.0019 \tag{1}$$

当 $\Delta p_1 > 1.0$ 时:

$$\Delta p_1 = 0.67/\overline{R}^3 + 0.1 \tag{2}$$

(2) 采用模型相似理论,I. A. Naumyenko 和 G. I. Petrovskyi 建立了 $\overline{R} \leqslant 1.0$ 时的超压公式,如式 (3) 所示;M. A. Sadovskyi 建立了 $1 < \overline{R} \leqslant 15$ 时的超压公式,见式 (4)[4]。

当 $\overline{R} \leqslant 1.0$ 时：

$$\Delta p_1 = \frac{1.07}{\overline{R}^3} - 0.1 \tag{3}$$

当 $1 < \overline{R} \leqslant 15$ 时：

$$\Delta p_1 = \frac{0.076}{\overline{R}} + \frac{0.255}{\overline{R}^2} + \frac{0.65}{\overline{R}^3} \tag{4}$$

(3) JosefHenrgeh 用试验的方法建立了如式（5）、式（6）、式（7）所示的超压公式[4]。

当 $0.05 \leqslant \overline{R} \leqslant 0.3$ 时：

$$\Delta p_1 = \frac{1.40717}{\overline{R}} + \frac{0.55397}{\overline{R}^2} - \frac{0.03572}{\overline{R}^3} + \frac{0.000625}{\overline{R}^4} \tag{5}$$

当 $0.3 < \overline{R} \leqslant 1$ 时：

$$\Delta p_1 = \frac{0.6198}{\overline{R}} + \frac{0.03262}{\overline{R}^2} + \frac{0.21324}{\overline{R}^3} \tag{6}$$

当 $1 < \overline{R} \leqslant 10$ 时：

$$\Delta p_1 = \frac{0.0662}{\overline{R}} + \frac{0.405}{\overline{R}^2} + \frac{0.3288}{\overline{R}^3} \tag{7}$$

其中：

$$\overline{R} = \frac{R}{\sqrt[3]{W}} \tag{8}$$

(4) W. E. Baker 求得了 $0.5 \leqslant \overline{R} \leqslant 70.9$ 时的超压计算公式，见式（9）[5]。

$$\Delta p_1 = \frac{0.67}{\overline{R}} + \frac{3.01}{\overline{R}^2} + \frac{4.31}{\overline{R}^3} \tag{9}$$

(5) K-G（Kinney and Graham）公式[5]。

$$\Delta p_1 = 808 \times p_0 \times \frac{1 + (\overline{R}/4.5)^2}{[1 + (\overline{R}/0.048)^2]^{0.5} [1 + (\overline{R}/0.32)^2]^{0.5} [1 + (\overline{R}/1.35)^2]^{0.5}} \tag{10}$$

式中　$R$——爆距，m；

　　　$W$——TNT 当量，kg；

　　　$\overline{R}$——比例距离，m/kg$^{1/3}$；

　　　$\Delta p_1$——入射超压，MPa。

### 2.1.2　瞬态载荷确定

冲击波在传播过程中遇到容器内壁受阻发生反射，结构不会产生破坏或者破坏很小，可按冲击波正向作用于刚性固壁考虑，则反射冲击波峰值超压按式（11）计算[6]。

$$\Delta p_2 = 2\Delta p_1 + \frac{6\Delta p_1^2}{\Delta p_1 + 7p_0} \tag{11}$$

对于弱冲击波，即 $\Delta p_1 \ll p_0$ 时：

$$\Delta p_2 \approx 2\Delta p_1 \tag{12}$$

对于强冲击波，即 $\Delta p_1 \gg p_0$ 时：
$$\Delta p_2 \approx 8\Delta p_1 \tag{13}$$

式中　$\Delta p_2$——反射冲击波峰值超压，$10^5$ Pa；

　　　$\Delta p_1$——反射冲击波峰值超压，$10^5$ Pa；

　　　$p_0$——初始大气压，$p_0 = 1.01325 \times 10^5$ Pa。

### 2.1.3 等效静载荷计算

等效静载荷计算方法主要有经验公式法、洪都法和动力系数法三种。其中，动力系数法应用较为普遍。作为一种基于结构力学理论的简化设计方法，其基本思想是：当容器在某一静载荷作用下的径向位移与容器在瞬态载荷作用下的最大径向位移相等时，认为容器可按照该静载，即等效静载荷进行设计。对于容器的动力响应问题，一般是将其简化为单自由度无阻尼强迫振动问题后，根据得到的位移响应来确定动力系数，再通过动力系数和瞬态载荷峰值计算等效静载荷。该方法已成功应用于多种 TNT 当量的爆炸容器设计中，实践表明该方法可行可靠[7]。

（1）动力系数计算。

作用于内壁的反射冲击波可近似按三角波处理，爆炸容器的动力响应主要取决于第一个反射压力的峰值及其脉宽，后续的反射脉冲及准静态气体压力对壳体的最大应变贡献很小[2]。因此可根据第一个反射脉冲的峰值压力和作用时间确定壳体动力响应的动力系数[8]，计算方法见式（14）、式（15）。

当 $\tau < 3T/8$ 时：
$$C_d = \sqrt{\left(\frac{\omega\tau}{2}\right)^{-2}\left(\sin\frac{\omega\tau}{2}\right)^4 + \left(\frac{\sin\omega\tau}{\omega\tau} - 1\right)^2} \tag{14}$$

当 $\tau \geq 3T/8$ 时：
$$C_d = 2(1 - (\omega\tau\tan\omega\tau)^{-1}) \tag{15}$$

其中：
$$\tau = \eta R/\sqrt{Q_0} \tag{16}$$

式中　$\tau$——反射压力的作用时间，s；

　　　$\eta$——经验系数，一般柱对称取 0.5，球对称取 0.35；

　　　$R$——容器壳体半径，m；

　　　$Q_0$——单位质量的爆热，对 TNT 炸药 $Q_0 = 4.86 \times 10^6$ J/kg。

对于薄壳，一般只考虑半径方向作相同周期性变化的拓展运动，根据结构力学相关理论，容器自振圆频率见式（17）、式（18）[9,10]。

柱壳：
$$\omega^2 = \frac{E}{\rho R^2} \tag{17}$$

球壳：
$$\omega^2 = \frac{2E}{(1-\mu)\rho R^2} \tag{18}$$

式中　$\omega$——容器固有振动圆频率，rad/s；

$E$——壳体材料的杨氏模量，MPa；
$\rho$——壳体材料的密度，kg/m³；
$R$——容器壳体半径，m；
$\mu$——壳体材料的泊松比。

(2) 等效静载荷计算：

$$p = C_d \Delta p_2 \tag{19}$$

式中 $p$——等效静载荷，MPa；
$C_d$——动力系数；
$\Delta p_2$——瞬态载荷，MPa。

## 2.2 有限元分析及修正

作用于容器内壁的爆炸载荷近似为等效静载荷后，根据《压力容器》（GB 150）进行后续设计工作。待设计完成后，应用有限元软件（如 LS-DYNA、AUTODYN）对容器壳体的动力响应进行分析以模拟容器实际工况下的应力状态，确定薄弱区域，进而对该区域进行修正补强，有限元分析结果也可为容器实际操作时冲击波防护装置的设置提供参考[11,12]。

## 3 爆炸容器的检验

爆炸容器制造完成后，需进行相关检验方可使用。目前，爆炸容器的检验尚无统一的标准，较为常用的是按照《压力容器安全技术监察规程》进行检验，主要分为静态测试、动态测试、探伤检查。

### 3.1 静态测试

为检查爆炸容器在超压状态下的宏观强度，包括材料缺陷、各部分变形、焊接接管强度、法兰连接有无泄露，需进行静态试验。目前，静态试验主要采用的是液压试验法。试验时，利用液压机对爆炸容器进行加压，使试验压力上升到等效静载荷的 1.25 倍，保压 30min，观察容器有无破裂、变形及泄露等现象发生[13]。

### 3.2 动态测试

实际使用过程中，爆炸容器所受的载荷是动载荷，为保障容器在使用过程中的安全，需进行动态测试。动态测试的结果不仅可检验爆炸容器设计、加工的合理性，还可为安全操作提供依据[14]，测试要点如下：

(1) 测量爆炸容器在爆炸载荷作用下外表面环向与径向的应变、应力。
(2) 测量容器一定距离处的爆炸噪声。
(3) 测量容器设备基础、防振沟外实验地面上的振动加速度（或速度）的垂直分量峰值。
(4) 通过定期测试振动信号，建立爆炸容器的健康档案，监测容器可能发生的损伤及损伤程度，评估其剩余寿命。

### 3.3 探伤检查

为保障爆炸容器使用过程的安全，应定期按《焊缝无损检测超声检测技术、检测等级和评定》（GB 11345）或《承压设备无损检测》（JB 4730）进行超声波探伤检查，建立焊缝裂纹或缺陷的详细档案记录,以确保容器在工作时刻不出现灾难性的破裂事故[15]。

## 4 结论与展望

（1）结合理论、试验、数值模拟,进行更为深入的设计研究工作。

（2）参考国内外相关规范、标准,编制爆炸容器设计与检验标准,制定安全合理的操作规程,建立爆炸容器寿命评估与安全评价体系。

（3）借鉴国内外最新研究成果,结合压力容器制造工艺,将新型抗爆结构应用到爆炸容器的设计中来。

## 参 考 文 献

[1] 胡八一,柏劲松,张明,等．球形爆炸容器动力响应的强度分析[J]．工程力学,2001,18(4):136-139.

[2] 胡八一．爆炸容器的工程设计方法及其应用[J]．压力容器,2000,17(2):39-41.

[3] 张舵,吴克刚,卢芳云．建筑物内爆炸波的动压载荷研究[J]．采矿技术,2009,9(5):68-72.

[4] 周听清．爆炸动力学及其应用[M]．合肥:中国科学技术大学出版社,2001.

[5] 龙建华,胡八一．100g(TNT)当量真空密封爆炸容器的设计[J]．机械,2006,33(2):27-28.

[6] 张守中．爆炸基本原理[M]．北京:国防工业出版社,1988.

[7] 陈石勇,胡八一,谷岩,等．球形爆炸容器动力响应的实验研究[J]．兵工学报,2010,31(4):504-509.

[8] 赵士达．爆炸容器[J]．爆炸与冲击,1989,9(1):85-96.

[9] 王定贤,胡永乐,曹钧,等．柱形爆炸容器的振动特性研究[J]．压力容器,2007,24(11):6-8,63.

[10] Dong Q, Li Q M, Zheng J Y. Further study on strain growth in spherical containment vessels subjected to internal blasting loading[J]. International Journal of Impact Engineering, 2010, 37(2):196-206.

[11] 饶国宁,陈网桦,王立峰,等．内部爆炸载荷作用下容器动力响应的数值模拟[J]．中国安全科学学报,2007,17(2):129-133.

[12] 张亚军,张梦萍,徐胜利,等．爆炸容器内冲击波系演化及壳体响应的数值研究[J]．爆炸与冲击,2003,23(4):331-336.

[13] 胡立双,胡双启,武巍．多功能球形爆炸容器研究[J]．中国安全生产科学技术,2011,7(11):151-154.

[14] 方向．爆炸容器测试报告[R]．军事理工大学工程兵工程学院,2003.

[15] 胡八一,刘仓理,刘光祚．浅谈提高爆炸容器使用安全性的技术措施[J]．中国安全科学学报,2001,11(5):25-27.

# 爆破测试技术
Blasting Test Techniques

# 基于爆破振动的岩质边坡损伤神经网络预测

邹玉君[1,2]　严鹏[1,2]　卢文波[1,2]　陈明[1,2]　王高辉[1,2]

（1. 武汉大学水资源与水电工程科学国家重点实验室，湖北 武汉，430072；
2. 武汉大学水工岩石力学教育部重点实验室，湖北 武汉，430072）

**摘　要**：岩石高边坡的爆破开挖会对保留岩体造成损伤，岩体损伤过大可能导致边坡失稳，为严格控制并准确确定开挖损伤深度，提出一种快速精确的损伤深度预测方法十分必要。以白鹤滩水电站左岸 834.0~770.0m 高程坝肩槽边坡爆破开挖为背景，通过六个开挖梯段的多高程多爆心距爆破振动监测及损伤深度声波检测，建立基于振动峰值的爆破损伤深度 BP 神经网络预测模型，可对高边坡爆破损伤深度进行实时预测。该方法利用不同部位及不同爆心处的质点峰值振动峰值作为主回归变量，同时还考虑了最大单响药量和岩体强度的影响。结果表明，当开挖区域坡体岩性相似且无长大软弱结构面发育时，运用神经网络模型及多高程实测爆破振动预测本梯段爆破损伤深度的方法简便可行，预测精度可满足实际工程需求。作为传统爆破损伤声波检测的补充，可大大减轻现场声波测试工作量。

**关键词**：岩石高边坡；爆破振动；BP 神经网络；爆破损伤；实时预测

# Prediction of Blast-induced Damage Depth for Rock Slope Based on Monitored Vibration and Neural Network Model

Zou Yujun[1,2]　Yan Peng[1,2]　Lu Wenbo[1,2]
Chen Ming[1,2]　Wang Gaohui[1,2]

（1. State Key Laboratory of Water Resources and Hydropower Engineering Science,
Wuhan University, Hubei Wuhan, 430072; 2. Key Laboratory of Rock
Mechanics in Hydraulic Structural Engineering Ministry of Education,
Wuhan University, Hubei Wuhan, 430072）

**Abstract**: The blasting excavation of high rock slope in large-scale hydropower projects leads to damages on the reserved rock mass. Such damages may cause slope failure, so the blast-induced damage depth should be strictly controlled and precisely determined and it is urgently needed to find an efficient and accurate method to determine damage depth. During blasting excavation of the left bank slope between altitude of 834.0 m and 770.0 m of the Bai-he-tan Hydropower Station, the vibration caused by the first to the sixth bench blasting are monitored at different points and the blasting damage depths are

---

基金项目：国家自然科学基金杰出青年基金项目（51125037）；国家自然科学基金面上项目（51179138）。
作者信息：邹玉君，硕士，zouyujun@whu.edu.cn。

also obtained by sonic wave testing. Then the BP artificial neural network model is established for real-time prediction of damage depth based on monitored vibration. This method takes the vibration at different distances and altitudes to the blast center as main regression variable, and also the maximum explosives per delay and rock mass strength are considered. The result indicates that if the lithology of each bench are similar and there are no large structural planes existing, the method that applying BP artificial neural network model presented with monitored vibration is convenient and feasible. The prediction accuracy of damage depth can meet the requirement of practical project, and this method for supplementary will significantly reduce the massive traditional sonic wave testing workload.

**Keywords**: high rock slope; blasting vibration; BP neural network; blasting damage; real-time prediction

# 1 引言

大型水电工程高边坡爆破开挖会对保留岩体造成动力损伤，而且损伤区在受到后续开挖扰动、降雨等不利因素的作用不断演化扩展，尤其是随着开挖高程的降低，人工边坡变得越来越陡，岩体损伤过大可能导致边坡失稳[1~3]。因此，严格控制并准确确定开挖损伤深度，对提供边坡支护依据、确保施工安全和防止边坡滑坡具有重要意义。

目前，岩体开挖的损伤范围主要是通过现场探测来确定，由于声波测试法较为简便、效率高，成果易判读，精度也较高，因而已经被写入规范[4]中，并在岩体开挖工程中有着普遍的应用。但是，声波测试存在一个显著的缺点。声波测试需要钻取声波孔，而且探测是将探杆伸入孔内每隔一小段距离逐步进行，对于大规模的岩体边坡开挖，声波检测量十分巨大且费时费力，表1列出了国内几个大型水电工程岩石高边坡开挖损伤声波探测所需的工作量。因此，在实际工程中急需一种快速高效地确定损伤深度的方法，来减小探测工作量和提高工作效率。

表1 国内几个大型水电工程岩石高边坡声波探测所需工作量
Table 1 Estimated sonic wave testing workload of different high slope projects in China

| 序号 | 高边坡工程 | 坝高/m | 自然边坡高度/m | 平均坡角/(°) | 边坡开挖高度/m | 探测孔总长度/m | 所需声波探测工作量/m | 所需探测费时/h | 工程建设状态 |
|---|---|---|---|---|---|---|---|---|---|
| 1 | 小湾水电站 | 295 | 700~800 | 47 | 670 | 2680~4020 | 5360~8040 | 1072~1608 | 已建 |
| 2 | 锦屏Ⅰ级水电站 | 305 | >1000 | >55 | 530 | 2120~3180 | 4240~6360 | 848~1272 | 在建 |
| 3 | 溪洛渡水电站 | 276 | 300~350 | >60 | 300~350 | 1320~1980 | 2640~3960 | 528~792 | 在建 |
| 4 | 白鹤滩水电站 | 289 | 440~860 | >42 | 400~600 | 2000~3000 | 4000~6000 | 800~1200 | 在建 |
| 5 | 乌东德水电站 | 263 | 830~1036 | >43 | 430 | 1720~2580 | 3440~5160 | 688~1032 | 计划建 |

另外，通过控制爆破振动来减少边坡开挖岩体损伤、保证工程顺利进行的理念也早已为爆破工作者所接受，并用于指导爆破设计。Holmberg 和 Persson 于1978年引入了一种基于爆炸冲击波引起的质点峰值振动速度控制的轮廓爆破设计方法[5]，此设计方法在国际上得到了广泛应用；Hustrulid 对这种设计原理进行了深化，提出了临近边坡岩体轮廓面的开挖爆破设计方法[6]；在此基础上，卢文波等[7]建立了爆源近区质点峰值振动速度的确定公式，并用于计算最后一排主爆孔离边坡轮廓的最小距离，从而优化爆破参数，控制爆破损伤范围。

大量研究和工程实践表明，边坡爆破开挖诱发的振动与岩体爆破损伤深度之间从统计结果上来看具有较好的相关性。由于爆破振动监测方便快捷，所以利用实测振动与损伤范围之间的关系来预测爆破的损伤范围，是一种快速经济的方法。谢冰等[8]以宁德核电站核岛基坑爆破开挖为例，分析研究了一定爆心距处的质点峰值速度与损伤范围之间的函数关系；唐海等[9]认为岩性相同时，基岩损伤深度随质点峰值振动速度增加而呈指数增加；夏祥等[10-15]对质点峰值振动速度与岩体损伤之间对应关系的研究也有相关结论。但是，对于质点峰值深度与岩体损伤深度之间的关系缺乏统一的函数表达式，目前的研究均是建立在实验和数据统计分析的基础之上，这样不便于计算、比较和推广运用于工程实践；而且爆破破岩过程复杂，仅考虑爆破振动而忽视其他因素（如装药量、装药结构和岩体强度等）对开挖损伤的影响，更加限制了此类方法的使用范围。因此，在实际工程中，提出一种基于爆破振动并且考虑装药量和岩体强度的基岩损伤深度快速简易的预测方法更有应用价值。

人工神经网络具备大规模计算的能力，尤其是 BP 神经网络可实现输入和输出间的任意非线性映射，为人们解决实际问题提供了一个崭新的手段，已广泛应用于工程领域。在爆破工程中，李守巨等[16]通过分析爆破振动相应数据，建立了基于人工神经网络的爆破冲击荷载参数识别方法；唐海等[17]运用人工神经网络原理，对质点爆破振动速度峰值进行了预测，预测精确度明显高于传统的萨道夫斯基公式；汪学清、单仁亮[18]基于爆破实验利用人工神经网络模型，准确预测了爆破块度。所以，将人工神经网络引入爆破开挖损伤深度的预测研究是切实可行的。

本文以白鹤滩水电站左岸 834.0~770.0m 高程坝肩槽边坡爆破开挖为背景，运用第一至第六开挖梯段的爆破振动监测及损伤深度声波检测数据，建立了爆破损伤深度的 BP 神经网络预测模型，对高边坡爆破损伤深度进行实时预测，并利用后续梯段对该关系进行了验证。

## 2 工程概况

白鹤滩水电站位于金沙江下游四川省宁南县和云南省巧家县境内，电站装机容量 16000MW，设计坝型为混凝土双曲拱坝，坝高 289m。两岸坝肩边坡岩体为峨眉山组玄武岩的多个岩流层，岩性主要为隐晶质玄武岩、杏仁状玄武岩及变玄武质角砾熔岩等，岩石坚硬，强度如表 3 所示。

该电站左岸 834.0~770.0m 高程坝肩槽边坡分为七个梯段自上而下开挖，开挖坡比为 1：0.76~1：0.94。由于边坡高而陡、工程量大，故采用深孔梯段爆破的方式开挖。坝肩槽边坡作为拱坝坝基的一部分，其开挖质量和效果直接影响到坝基的安全稳定，故而需要最大限度地降低爆破对保留表层边坡岩体的损伤影响。根据规范要求，为减小爆破开挖对保留岩体的损伤，在边坡的设计轮廓面上采用了预裂爆破的轮廓控制爆破技术，典型钻爆设计和爆破设计参数分别如图 1 和表 2 所示。

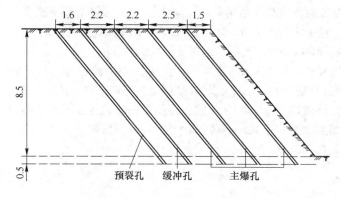

图 1　典型预裂钻爆设计

Fig. 1　Typical pre-splitting blasting design

表 2 典型爆破参数表
Table 2 Typical blasting parameters

| 序号 | 孔名 | 钻孔参数 | | | | 装药参数 | | |
|---|---|---|---|---|---|---|---|---|
| | | 孔径/mm | 孔深/m | 孔距/m | 堵塞长度/m | 药径/mm | 单孔药量/kg | 最大单响药量/kg |
| 1 | 预裂孔 | 90 | 0.7~11.6 | 0.5~0.8 | 0.5~1.2 | 32 | 0.5~4.6 | 18.4~30.0 |
| 2 | 缓冲孔 | 90 | 0.7~11.6 | 1.5~1.6 | 0.5~1.2 | 70 | 3.2~18.0 | 36.0~54.0 |
| 3 | 主爆孔 | 90 | 3.2~10.0 | 2.5~3.0 | 0.8~2.0 | 70 | 5.3~30.0 | 60.0~90.0 |

## 3 神经网络预测模型

### 3.1 输入变量

预裂爆破的主要特点是首先在轮廓面上实施预裂孔的爆破，形成预裂缝，然后由远及近依次实施梯段爆破和缓冲爆破。由于预裂缝可以屏蔽爆区其他爆破产生的应力波向保留岩体传播，从而减少爆破对保留岩体的损伤。因此，在保证预裂效果的情况下，预裂爆破对保留岩体的损伤几乎只由预裂孔爆破产生[9,19~22]。同时，预裂缝有很好的隔振效果，预裂爆破（预裂孔起爆）产生的振动大于梯段爆破（主爆孔和缓冲孔起爆）产生的。边坡梯段开挖诱发的振动大小与爆源与监测点之间的地形地貌有关，为提高预测精度，选择不同高程不同爆心距处的质点峰值振动速度。

各梯段预裂爆破均填装同种乳化炸药，采用孔内外非电毫秒延时起爆网络，装药结构为分段间隔不耦合装药且不耦合系数一致，使用固定的延期雷管系列，所以各梯段预裂孔爆破对保留岩体引起的损伤差异只需考虑预裂孔爆破的最大单响药量。

从炸药起爆对岩体介质的作用机理来看，保留岩体受到的损伤包括压剪损伤和拉压损伤，而834.0~770.0m高程段的地质条件基本一致，岩性比较相近，只是在岩体强度上有些差异，所以可将岩体抗压强度和抗拉强度作为岩体的物理力学参数来确定岩体损伤。

针对本工程的轮廓控制爆破，选择以下6个变量作为计算边坡爆破开挖损伤深度的主要参数：爆心距、高程差、质点峰值振动速度、最大单响药量、岩体抗压强度和岩体抗拉强度。

### 3.2 预报模型

BP神经网络一般为多层神经网络，主要包括输入层、隐层、输出层及各层之间的传输函数几个方面。本文的爆破损伤预测网络模型中，输入层参量为爆心距、高程差、质点峰值振动速度、最大单响药量、岩体抗压强度和岩体抗拉强度；输出参量为最大损伤深度和平均损伤深度；由于模式样本数较多，为减小网络规模，选择使用双隐层网络[23]；传输函数为S（sigmoid）型函数；因此，网络设计为多输入（输入参数6个）、双输出的双隐层BP神经网络模型。

通过建立的神经网络预测爆破开挖损伤深度的过程如图2所示，边坡轮廓爆破开挖对保留岩体产生动力损伤，同时诱发地震波在坡体内传播，在坡表各爆心距处测得各监测点质点峰值振动速度，将振动测点参数、最大单响药量和岩体强度参数输入经过训练好的BP神经网络模型，便可得到预测的损伤深度。

### 3.3 神经网络训练

如图2所示，由爆破区的装药设计可得到预裂孔的最大单响药量，通过振动监测可得到各个测点的振动参数（爆心距、高程差和质点峰值振动速度），岩体强度可由相关测试得到。规

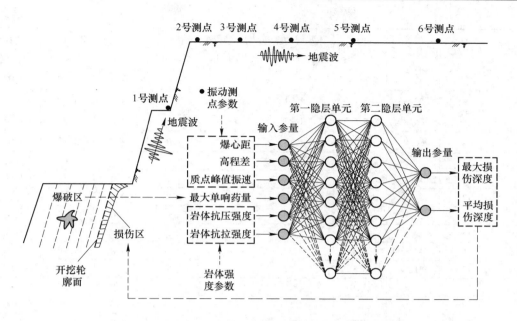

图 2 BP 神经网络爆破开挖损伤深度预测模型示意图
Fig. 2 BP neural network model for blast-induced damage depth

范[4]中明确规定以同部位处爆后相较于爆前的纵波波速下降率大于 10%时来判断爆破破坏，根据声波测试孔中爆后声波波速与爆前波速的差值随孔深逐渐减小的变化特点，确定 10%波速下降率所对应的岩体深度即为爆破损伤深度，具体值可通过爆前爆后的声波波速分析得到。对振动的监测布置在爆破区以上的各台阶马道内侧和地表，保证各爆心距处都有测点分布，每次爆破布置 5~10 个测点，每个测点布置一台三向速度传感器（可同时测量竖直向、水平径向和水平切向的振动速度），最后对振动信号进行存储分析。

将七个梯段的爆破开挖实测数据列于表 3，爆心距和高程差分别为监测点到爆源中心的直线距离和垂直方向距离；只选用水平径向的质点峰值振动速度来计算，因为三个方向的数据相差不大，全部选用计算网络规模会较大，可只选择单一方向的振动数据；最大单响药量为每次梯段爆破开挖时的预裂孔起爆单响药量；岩体抗压强度和抗拉强度为开挖梯段的岩体强度；最大损伤深度和平均损伤深度为声波检测得到的统计分析结果。

表 3 实测数据
Table 3 Monitored data

| 梯段 | 样本序号 | 爆心距/m | 高程差/m | 水平径向振动速度/cm·s$^{-1}$ | 最大单响药量/kg | 岩体抗拉强度/MPa | 岩体抗压强度/MPa | 最大损伤深度/m | 平均损伤深度/m |
|---|---|---|---|---|---|---|---|---|---|
| 第一梯段 | 1 | 12.0 | 0.0 | 7.56 | 18.4 | 3.0 | 64.0 | 1.20 | 1.07 |
| | 2 | 13.4 | 0.0 | 19.00 | 18.4 | 3.0 | 64.0 | 1.20 | 1.07 |
| | 3 | 19.5 | 0.0 | 6.91 | 18.4 | 3.0 | 64.0 | 1.20 | 1.07 |
| | 4 | 21.4 | 0.0 | 3.14 | 18.4 | 3.0 | 64.0 | 1.20 | 1.07 |
| | 5 | 41.2 | 8.5 | 6.70 | 18.4 | 3.0 | 64.0 | 1.20 | 1.07 |
| | 6 | 52.2 | 8.5 | 2.50 | 18.4 | 3.0 | 64.0 | 1.20 | 1.07 |

续表3

| 梯段 | 样本序号 | 爆心距/m | 高程差/m | 水平径向振动速度/cm·s$^{-1}$ | 最大单响药量/kg | 岩体抗拉强度/MPa | 岩体抗压强度/MPa | 最大损伤深度/m | 平均损伤深度/m |
|---|---|---|---|---|---|---|---|---|---|
| 第一梯段 | 7 | 54.1 | 8.5 | 2.10 | 18.4 | 3.0 | 64.0 | 1.20 | 1.07 |
| | 8 | 63.3 | 8.5 | 1.01 | 18.4 | 3.0 | 64.0 | 1.20 | 1.07 |
| | 9 | 65.8 | 8.5 | 1.28 | 18.4 | 3.0 | 64.0 | 1.20 | 1.07 |
| | 10 | 66.0 | 8.5 | 1.15 | 18.4 | 3.0 | 64.0 | 1.20 | 1.07 |
| 第二梯段 | 11 | 11.2 | 8.5 | 7.70 | 18.4 | 2.9 | 59.0 | 1.40 | 1.00 |
| | 12 | 10.1 | 8.5 | 20.30 | 18.4 | 2.9 | 59.0 | 1.40 | 1.00 |
| | 13 | 34.8 | 8.5 | 4.68 | 18.4 | 2.9 | 59.0 | 1.40 | 1.00 |
| | 14 | 37.9 | 8.5 | 7.80 | 18.4 | 2.9 | 59.0 | 1.40 | 1.00 |
| | 15 | 24.5 | 8.5 | 5.69 | 18.4 | 2.9 | 59.0 | 1.40 | 1.00 |
| | 16 | 47.6 | 17.0 | 3.53 | 18.4 | 2.9 | 59.0 | 1.40 | 1.00 |
| | 17 | 31.5 | 8.5 | 5.37 | 18.4 | 2.9 | 59.0 | 1.40 | 1.00 |
| | 18 | 62.1 | 17.0 | 1.25 | 18.4 | 2.9 | 59.0 | 1.40 | 1.00 |
| | 19 | 55.0 | 17.0 | 2.56 | 18.4 | 2.9 | 59.0 | 1.40 | 1.00 |
| | 20 | 70.7 | 17.0 | 1.00 | 18.4 | 2.9 | 59.0 | 1.40 | 1.00 |
| 第三梯段 | 21 | 45.5 | 17.0 | 2.14 | 18.4 | 3.2 | 70.0 | 2.00 | 1.22 |
| | 22 | 29.5 | 17.0 | 3.19 | 18.4 | 3.2 | 70.0 | 2.00 | 1.22 |
| | 23 | 26.5 | 17.0 | 6.03 | 18.4 | 3.2 | 70.0 | 2.00 | 1.22 |
| | 24 | 46.1 | 17.0 | 1.44 | 18.4 | 3.2 | 70.0 | 2.00 | 1.22 |
| | 25 | 48.2 | 17.0 | 3.62 | 18.4 | 3.2 | 70.0 | 2.00 | 1.22 |
| | 26 | 22.6 | 8.5 | 5.20 | 18.4 | 3.2 | 70.0 | 2.00 | 1.22 |
| | 27 | 38.7 | 17.0 | 2.63 | 18.4 | 3.2 | 70.0 | 2.00 | 1.22 |
| | 28 | 43.2 | 17.0 | 2.50 | 18.4 | 3.2 | 70.0 | 2.00 | 1.22 |
| | 29 | 53.8 | 25.5 | 1.33 | 18.4 | 3.2 | 70.0 | 2.00 | 1.22 |
| | 30 | 62.4 | 25.5 | 1.90 | 18.4 | 3.2 | 70.0 | 2.00 | 1.22 |
| 第四梯段 | 31 | 35.2 | 16.7 | 1.50 | 19.2 | 3.8 | 78.0 | 1.00 | 0.78 |
| | 32 | 16.3 | 8.5 | 4.40 | 19.2 | 3.8 | 78.0 | 1.00 | 0.78 |
| | 33 | 46.4 | 16.7 | 1.00 | 19.2 | 3.8 | 78.0 | 1.00 | 0.78 |
| | 34 | 48.7 | 16.7 | 0.80 | 19.2 | 3.8 | 78.0 | 1.00 | 0.78 |
| | 35 | 20.4 | 8.5 | 1.00 | 19.2 | 3.8 | 78.0 | 1.00 | 0.78 |
| | 36 | 42.7 | 16.7 | 0.80 | 19.2 | 3.8 | 78.0 | 1.00 | 0.78 |
| | 37 | 55.1 | 25.2 | 0.20 | 19.2 | 3.8 | 78.0 | 1.00 | 0.78 |
| | 38 | 65.2 | 25.2 | 0.30 | 19.2 | 3.8 | 78.0 | 1.00 | 0.78 |
| 第五梯段 | 39 | 22.3 | 13.5 | 4.90 | 21.2 | 3.8 | 84.0 | 1.00 | 0.77 |
| | 40 | 33.6 | 18.5 | 2.20 | 21.2 | 3.8 | 84.0 | 1.00 | 0.77 |
| | 41 | 57.1 | 34.0 | 0.93 | 21.2 | 3.8 | 84.0 | 1.00 | 0.77 |
| | 42 | 35.8 | 18.5 | 0.84 | 21.2 | 3.8 | 84.0 | 1.00 | 0.77 |
| | 43 | 46.1 | 27.0 | 0.90 | 21.2 | 3.8 | 84.0 | 1.00 | 0.77 |

续表 3

| 梯段 | 样本序号 | 爆心距/m | 高程差/m | 水平径向振动速度/cm·s$^{-1}$ | 最大单响药量/kg | 岩体抗拉强度/MPa | 岩体抗压强度/MPa | 最大损伤深度/m | 平均损伤深度/m |
|---|---|---|---|---|---|---|---|---|---|
| 第六梯段 | 44 | 22.8 | 15.0 | 4.34 | 30.0 | 4.2 | 91.0 | 1.00 | 0.68 |
| | 45 | 26.9 | 15.0 | 1.75 | 30.0 | 4.2 | 91.0 | 1.00 | 0.68 |
| | 46 | 19.1 | 10.0 | 6.46 | 30.0 | 4.2 | 91.0 | 1.00 | 0.68 |
| | 47 | 22.3 | 10.0 | 3.40 | 30.0 | 4.2 | 91.0 | 1.00 | 0.68 |
| | 48 | 46.3 | 25.0 | 0.82 | 30.0 | 4.2 | 91.0 | 1.00 | 0.68 |
| | 49 | 44.7 | 25.0 | 2.07 | 30.0 | 4.2 | 91.0 | 1.00 | 0.68 |
| | 50 | 59.3 | 35.5 | 1.00 | 30.0 | 4.2 | 91.0 | 1.00 | 0.68 |
| 第七梯段 | 51 | 24.0 | 15.0 | 3.55 | 22.0 | 3.9 | 85.0 | 1.10 | 0.88 |
| | 52 | 24.0 | 15.0 | 5.12 | 22.0 | 3.9 | 85.0 | 1.10 | 0.88 |
| | 53 | 30.1 | 21.0 | 3.20 | 22.0 | 3.9 | 85.0 | 1.10 | 0.88 |
| | 54 | 30.1 | 21.0 | 1.48 | 22.0 | 3.9 | 85.0 | 1.10 | 0.88 |
| | 55 | 69.0 | 37.0 | 0.74 | 22.0 | 3.9 | 85.0 | 1.10 | 0.88 |
| | 56 | 53.0 | 37.0 | 1.05 | 22.0 | 3.9 | 85.0 | 1.10 | 0.88 |
| | 57 | 73.0 | 37.0 | 0.57 | 22.0 | 3.9 | 85.0 | 1.10 | 0.88 |

用 MATLAB 作为仿真平台，对样本集进行神经网络训练，最大迭代次数为 2000 次，其目标误差设为 0.001，学习初始速率设为 0.01，将数据归一化到取值区间 [-1, 1]。选择表 3 中第一至第六个梯段的 50 组数据作为训练和测试数据，来得到满意的训练网络进行目标参量的预测。从这 50 组数据中随机取出 80% 的组数用作正常训练数据，10% 的组数用于变量数据来防止训练中出现过拟合状态，其余 10% 的组数用于测试数据来验证训练效果（即网络的预测精度和泛化能力）。经过多次训练，选择确定各隐层节点数、传输函数和训练学习函数，所用的人工神经网络拓扑结构如图 3 所示。

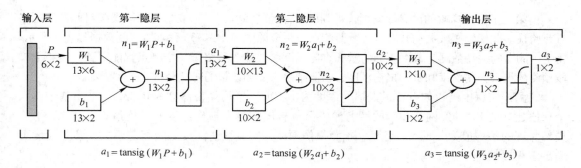

图 3 人工神经网络拓扑结构

$P$—输入失量；$W_1$，$W_2$，$W_3$—权重；$b_1$，$b_2$，$b_3$—偏差；
$a_1$—第一隐层输出；$a_2$—第二隐层输出；$a_3$—网络输出

Fig. 3 Topological structure of artificial neural network

## 3.4 实验结果与分析

经过多次试验发现，训练学习函数选择 trainlm，迭代次数一般都不超过 100 次，训练样本的均方差为 0.002369，收敛相当迅速，且收敛速率比较稳定。此外，为保证合理的精度，给测试数据的网络仿真结果和实际结果设置了误差限值（损伤深度误差不超过0.1m），每次训练网络后，将这个误差和设置值比较，得到满意训练网络后，保存训练网络，用于下一梯段的损伤预测。图4为所选样本训练预测结果和测试预测结果与实测值的对比，前45组为训练结果，可知训练样本的吻合度很好；后5组为网络测试预测结果，由图可知网络的预测精度较高，损伤深度误差均不超过误差限值0.1m，可用于下一梯段的损伤深度预测。

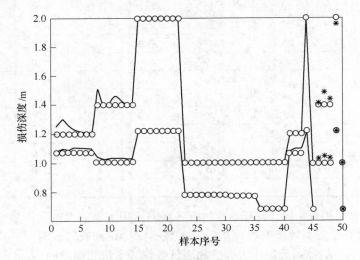

图 4　样本训练预测结果和测试预测结果与实测值对比
○—真实值；——训练值；＊—预测值
Fig. 4　Comparison of training and predicted results with specimens

## 4　预测结果

由第一至第六梯段的试验数据训练得到以上神经网络模型，选取第七梯段爆破对此预测网络进行验证。此梯段爆破振动共安置7个监测点，距爆源中心24～73m，具体实测数据如表3所示。将7个测点的振动数据、最大单响药量和岩体强度参数输入网络，每个测点都能得到一组第七梯段预测的最大损伤深度和平均损伤深度，预测结果与实测结果的对比分析如表4所示。

实测损伤深度结果如下：最大损伤深度为1.10m，平均损伤深度为0.88m。采用基于前六个梯段建立的BP神经网络预测的第七梯段保留岩体的最大损伤深度的平均值为1.03m，平均损伤深度的平均值为0.83m。可见，预测损伤深度与实测损伤深度之间相差不大，预测精度可满足工程要求。

表 4　保留岩体实测损伤深度和预测损伤深度对比
Table 4　Comparison of measured damage depth and predicted damage depth of reserved rock mass

| 类别 | | 测点1 | 测点2 | 测点3 | 测点4 | 测点5 | 测点6 | 测点7 | 平均值 |
|---|---|---|---|---|---|---|---|---|---|
| 最大损伤深度/m | 实测值 | 1.10 | 1.10 | 1.10 | 1.10 | 1.10 | 1.10 | 1.10 | 1.10 |
| | 预测值 | 1.02 | 1.02 | 1.06 | 1.06 | 1.03 | 1.00 | 1.03 | 1.03 |
| 平均损伤深度/m | 实测值 | 0.88 | 0.88 | 0.88 | 0.88 | 0.88 | 0.88 | 0.88 | 0.88 |
| | 预测值 | 0.82 | 0.82 | 0.85 | 0.87 | 0.80 | 0.79 | 0.84 | 0.83 |

从理论上来看，爆源中远区的地表振动与近区爆破损伤之间没有严格的理论关系，因为爆破释放的能量在近区造成岩体的损伤破坏，并以体波的形式传播，在中远区的地表测得的振动实际上是由面波引起的。但是，谢冰等[8]、唐海等[9]、李海波等[11]以及严鹏等[15]的研究表明地表质点峰值振动速度与爆破损伤在统计学关系上相关性较好。此类方法仅考虑一定爆心距处的爆破振动这一间接反映岩体损伤的参数，忽视了其他直接决定岩体开挖损伤的因素（如炮孔装药、岩体强度和地形地貌等），而且爆破振动也与炮孔装药、爆破点至振动监测点间的地形、地质条件密切相关，因而对振动测试和坡体工程地质条件要求较为严格，限制了其使用范围。

本文提出的基于爆破振动监测的岩质边坡损伤深度 BP 神经网络预测模型，简化了对实测数据繁琐的统计分析过程。虽然神经网络的训练调试过程略显复杂，但是只需将实测振动数据输入模型，便可准确快速预测岩石高边坡爆破损伤深度；而且随着高边坡开挖进程的持续推进，实测爆破振动、损伤及相关数据库不断丰富，预测精度会进一步提高，这对边坡支护动态调整及信息化施工具有重要意义。

## 5 结论

通过对白鹤滩水电站左岸 834.0～770.0 m 高程坝肩槽边坡爆破开挖的振动监测和对保留岩体的声波损伤检测，基于第一至第六梯段的试验数据训练得到了对保留岩体损伤深度的 BP 神经网络预测模型，对第七梯段的爆破开挖损伤范围进行了预测验证。得到了以下结论：

（1）当边坡岩性较为相似，且开挖区域坡体上无长大软弱结构面发育时，运用提出的 BP 神经网络模型预测下一梯段损伤范围的方法简便可行，预测精度较高，可满足工程要求。

（2）在考虑不同部位及不同爆心处的质点峰值振动速度的同时，还考虑了最大单响药量、岩体强度及地形地貌等环境特征的影响。可对高边坡爆破损伤深度进行实时预测，以减少岩体损伤检测的工作量，提高工作效率。

（3）因爆破开挖损伤的影响因素较多且较为复杂，为进一步提高预测精度，可随高边坡开挖进程的持续推进，不断丰富实测爆破振动、损伤及相关数据库，增加岩体结构面、爆破孔网参数等作为预测输入参量。

## 参 考 文 献

[1] 李海波，蒋会军，赵坚，等. 动荷载作用下岩体工程安全的几个问题[J]. 岩石力学与工程学报，2003，22(11)：1887-1891.

[2] 闫长斌. 爆破作用下岩体累积损伤效应及其稳定性研究[D]. 长沙：中南大学，2006.

[3] 周创兵. 水电工程高陡边坡全生命周期安全控制研究综述[J]. 岩石力学与工程学报，2013，32(6)：1081-1093.

[4] 行业标准编写组. DL/T 5389—2007 水工建筑物岩石基础开挖工程施工技术规范[S]. 北京：中国电力出版社，2007.

[5] Holmberg R，Persson P A. The Swedish approach to contour blasting[C]//Proceedings of the 4th conference on Explosive and Blasting Technique. ISEE，1978：113-127.

[6] Hustrulid W. Blasting principles for open pit mining：general design concepts[M]. New York：A A Balkema Publishers，1999：64-67.

[7] 卢文波，Hustrulid W. 临近岩石边坡开挖轮廓面的爆破设计方法[J]. 岩石力学与工程学报，2003，22(12)：2052-2056.

[8] 谢冰，李海波，刘亚群，等. 宁德核电站核岛基坑爆破开挖安全控制研究[J]. 岩石力学与工程学报，2009，28(8)：1571-1578.

[9] 唐海, 李海波, 周青春, 等. 预裂爆破震动效应试验研究[J]. 岩石力学与工程学报, 2010, 29(11):2277-2285.
[10] 夏祥. 爆炸荷载作用下岩体损伤特征及安全阈值研究[D]. 武汉: 中国科学院武汉岩土力学研究所, 2006.
[11] Li H B, Xia X, Li J C, et al. Rock damage control in bedrock blasting excavation for a nuclear power plant[J]. International Journal of Rock Mechanics and Mining Sciences, 2011, 48(2):210-218.
[12] Bauer A, Calder P N. Open pit and blast seminar[R]. Kingston: Mining Engineering Department, Queens University, 1978.
[13] Savely J P. Designing a final blast to improve stability[C]//Proceedings of the SME Annual Meeting. New Orleans: [s. n.], 1986: 80-86.
[14] Mojitabai N, Beatti S G. Empirical approach to prediction of damage in bench blasting[J]. Transactions of the Institution of Mining and Metallurgy: Section A, 1996, 10(5):75-80.
[15] 严鹏, 邹玉君, 卢文波, 等. 基于爆破振动监测的岩石边坡开挖损伤区预测[J]. 岩石力学与工程学报, 2016, 35(3):538-548.
[16] 李守巨, 刘迎曦, 何翔, 等. 基于人工神经网络的爆炸冲击荷载参数识别方法[J]. 岩石力学与工程学报, 2003, 22(11):1870-1873.
[17] 唐海, 石永强, 李海波, 等. 基于神经网络的爆破振动速度峰值预报[J]. 岩石力学与工程学报, 2007, 26(S1):3533-3539.
[18] 汪学清, 单仁亮. 人工神经网络在爆破块度预测中的应用研究[J]. 岩土力学, 2008, 29(S1):529-532.
[19] 胡英国, 卢文波, 陈明. 不同开挖方式下岩石高边坡损伤演化过程比较[J]. 岩石力学与工程学报, 2013, 32(6):1176-1184.
[20] Badal R. Controlled blasting in jointed rocks[J]. International Journal of Rock Mechanics and Mining Sciences, 1994, 31(1):79-84.
[21] Soejima M. Analysis of the influence of crack in coke on the fracture[J]. Journal of the Iron and Steel Institute of Japan, 2001, 87(5):245-251.
[22] 邹奕芳. 预裂缝和减震槽减震效果的爆破试验研究[J]. 爆破, 2005, 22(2):96-99.
[23] Mohamed M T. Performance of fuzzy logic and artificial neural network in prediction of ground and air vibrations[J]. International Journal of Rock Mechanics and Mining Sciences, 2011, 48(5):845-851.

# 基于经验格林函数方法的爆破振动预测

杨年华

（中国铁道科学研究院，北京，100081）

**摘　要**：通过单孔爆破振动监测试验，获取点震源的经验格林函数，利用单孔震源的格林函数来叠加合成群孔爆破振动时程。本文根据经验格林函数法原理建立相应的爆破振动预测方法，编制了专用的预测分析软件。通过实例验证，若应用电子雷管精确控制起爆时差，预测目标点的群孔爆破振动波形与实测结果相当吻合。该方法获得的爆破振动预测准确度显著高于传统的回归统计分析法，不仅可以预报爆破振动峰值速度，而且可对频率及持续振动时间进行预测，充分体现了爆破地震波的时频域信息，其爆破振动的预测结果更全面。

**关键词**：爆破振动；格林函数；电子雷管；振动预测

## Prediction of Blasting Vibration Based on Empirical Green's Function Method

Yang Nianhua

(China Academy of Railway Sciences, Beijing, 100081)

**Abstract**: The empirical Green's function of the point vibration source is obtained by single-hole blasting vibration test, and the velocity-time graph of group-hole blasting vibration can be predicted by composing the Green's functions of single-hole vibration sources. The paper established the method of blasting vibration prediction based on empirical Green's function method, and developed the corresponding software to predict and analyze the vibration at target points. According to experimental verification, when the delay time between initiations was accurately and precisely controlled by electronic detonators, the predicted wave of group-holes blasting vibration at the target points matched the test results. The accuracy of such prediction method is higher than that of the traditional regression analysis method. It can also predict the peak velocity of blasting vibration, main vibration frequency and duration of vibration. Therefore, the result of prediction is more comprehensive.

**Keywords**: blasting vibration; Green's function; electronic detonator; vibration prediction

## 1 引言

常规的爆破振动预报是根据大量实测数据，用萨道夫斯基公式回归统计法，分析其传播衰减公式的经验系数，通过经验进行预报。其主要缺陷是确定经验系数的过程中影响因素多、人

---

作者信息：杨年华，研究员，ynianh@sina.com。

为经验干扰，只能对爆破振动速度峰值预测，爆破振动的持续时间及其振动主频都靠经验定性预估，误差大。实际上，萨道夫斯基公式是根据集中药包硐室大爆破的经验和统计得来的，引用到群孔爆破中影响因素更加复杂，回归分析的相关性较低，近距离的爆破振动峰值计算误差可达200%~300%，远距离的计算误差也很大。而且当深孔爆破采用高精度导爆管雷管及孔内、孔外毫秒延时接力网路时，需要逐孔起爆，孔间延时间隔小于10 ms，炮孔连续不断地引爆，如仍采用公式

$$V = K\left(\frac{\sqrt[3]{Q}}{R}\right)^{\alpha} \tag{1}$$

预报爆破振动强度，无法核算单响药量 $Q$，此经验公式（1）已不适用小间隔毫秒延时的爆破振动峰值估算。综合分析，采用常规的萨道夫斯基公式和经验系数方法进行爆破振动预测存在以下缺陷：

（1）式中 $K$ 和 $\alpha$ 的值主要靠经验确定，即使利用现场爆破振动测试数据回归分析确定 $K$ 和 $\alpha$ 值，其回归分析的相关性不高，因此爆破振动速度峰值只能从概率原理上进行预测，预测结果的可信度和准确度难以把握。

（2）式中炸药量 $Q$ 值通常取为起爆网路中同段装药总量的最大值，$R$ 代表最大药量爆破药包对应到预测目标点的距离。而实际工程应用中，若采用短延时逐孔接力起爆模式，难以区分各段药量，各炮孔振动波前后叠加，无法确定单段起爆药量。

（3）同段起爆的多个炮孔至目标点的距离各不相同，即使多炮孔同时起爆，各炮孔相应的 Q 和 R 值有较大差异，采用该公式的基本假设已不成立，得出的预测结果自然准确度降低。有些情况误差达一个数量级。

（4）通常评估爆破振动效果时除需考虑质点振动速度的峰值 $V$ 外，还需考虑爆破振动频率和爆破持续时间。而式（1）仅仅给出了对质点振动速度的峰值 $V$ 的预测方法，无法得知爆破振动频率和爆破持续时间，因此采用上述公式对爆破振动进行分析评估不够全面。

近年来也有人采用 BP 神经网络方法预测爆破振动强度，它具有很强的非线性动态处理能力，振动峰值预测效果好于萨道夫斯基经验公式，但这种方法的本质仍然是基于同类工程的大样本统计规律预测，只是统计分析方法有所改进。关于爆破振动波的数值模拟计算预测方法，受爆破过程的复杂性和介质条件的不均匀影响，模拟结果的可靠性很不理想。无论如何，这些探索一定程度上推动了爆破振动预测技术的发展，加深了对爆破振动规律的认识，但其缺陷是仍然停留在半理论半经验阶段，经验格林函数法为爆破振动预测展开了新思路，它有可靠的理论基础，预测结果信度较高。

## 2 经验格林函数法预测爆破振动的原理

当源被分解成很多点源的叠加时，如果能设法知道点源产生的场，利用叠加原理，可以求出同样边界条件下任意源的场，这种求解数学物理方程的方法就叫格林函数法。将格林函数法应用到爆破地震的研究中，提出群孔爆破产生的地震场是所有单点振源的振动错时叠加合成所致。若获得单个点振源的振动时程函数，并且单点振源与群孔爆破震源有相同的爆破条件和振动传播环境，利用叠加原理即可求解出群孔爆破的地震时程函数。根据地震学的研究，将弹性理论的互换定理和格林函数相结合，得到以体力和边界条件表示介质中任意一点的位移公式——位移表示定理[1]。位移表示定理告诉我们地震产生的位移场由震源位错时间函数和格林函数的卷积决定，于是求解地震动场的问题归结成求解震源位错时间函数和格林函数的问题。就

目前情况看，由于我们对爆破场地岩土介质中的地震波速变化不能准确得知，难以计算出符合真实地震介质状况的精确理论格林函数。但是用"经验格林函数法"代替理论格林函数的方法预测地震波是可行的。实践经验证明，用主震前的单孔爆破震波或主震后的单孔爆破震波作为经验格林函数，以单孔爆破获得的经验格林函数合成群孔爆破地震波的方法非常有效。其基本思想是：将群孔爆破震源看成是由一系列单孔爆破震源构成的，选择前震或余震的单孔爆破震动记录作为点源引起的地面反应即经验格林函数，然后按一定的起爆时序，把这些经验格林函数叠加就能得到群孔爆破地震动时程。由于单孔爆破震动记录本身已经包含了传播介质的信息，所以用单孔爆破振动记录合成的群孔爆破振动时程也考虑了传播介质的复杂性，并能克服计算理论格林函数的困难，因此爆破振动预测更准确。

在单孔和群孔爆破震动满足相似性条件的前提下，按照经验格林函数方法，用式（2）来合成计算群组药包爆破振动，参见图1和图2。

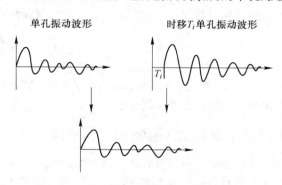

图1 经验格林函数法地震波叠加原理示意图
Fig. 1 The scheme of seismic wave superposition

$$F(t) = \sum_{i=1}^{n} f_i(t + T_i) \tag{2}$$

式中，$F(t)$为预测的群孔爆破振动位移；$T_i$为当前单个炮孔爆炸地震波传播到目标位置相比上一炮孔延迟的时间；$f_i(t)$为当前单个炮孔爆炸形成的振动位移；$n$为炮孔数。

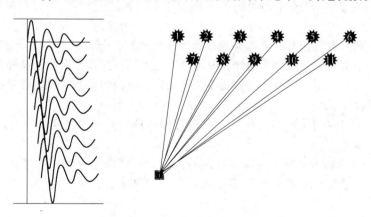

图2 预测点爆破振动的叠加示意图
Fig. 2 The scheme of wave superposition at a certain location

式（2）尚有不足之处，即没有考虑不同炮孔药量大小、距离变化等震源参数的校正方法，为了提高经验格林函数方法的严密性，对式（2）中$f(t)$进行修正。假设各炮孔爆炸引起的地面爆破振动与经验格林函数的表达基本相似，只是药量和距离的小范围变化使得振动幅值相应变化，则根据萨道夫斯基衰减公式的原理提出如下修正计算式：

$$f_i(t) = \sqrt[3]{Q_i/Q_0} \cdot (L_0/L_i)^\alpha f_0(t) \tag{3}$$

式中，$f_i(t)$ 为任意某炮孔的振动修正经验格林函数；$f_0(t)$ 为单孔爆破试验得到的振动经验格林函数；$Q_0$ 为单孔试验装药量；$L_0$ 为单孔试验点至测振点距离；$Q_i$ 为任意某炮孔装药量；$L_i$ 为任意某炮孔至测振预测点距离；$\alpha$ 为单孔爆破振动峰值衰减指数，由现场试验获得。

关于式（2）中的 $T_i$ 为任意某炮孔起爆后地震波传播到预测点位置的延迟时间，其中包括了雷管延期时间和地震波穿越一定距离传至预测点位置的传播滞后时间。

$$T_i = t_i + \frac{L_i - L_0}{c_v} \tag{4}$$

式中，$t_i$ 为炮孔的设计延期时间；$L_0$ 为单孔试验点至测振点距离；$L_i$ 为任意某炮孔至振动预测点距离；$c_v$ 为地震波传播速度。

## 3 经验格林函数预测爆破振动的实施方法

采用经验格林函数方法对爆破振动进行预测时，首先应选取一基准炮孔进行爆破试验，用于获取经验格林函数，基于经验格林函数的爆破振动预测方法按如下步骤实施：

（1）在待爆区范围内选择一个合适的炮孔进行单孔爆炸试验，采集单孔爆破振动数据。也可以安排群孔爆破的首（末）炮孔采集前振或余震的单孔振动经验格林函数，但首（末）爆孔与其他炮孔爆破的延时间隔应在 200ms 以上。

（2）在振动预测目标点测线方向安放多台测振仪（不少于 5 台），测点距离从近至远，尽可能涵盖预测点距离范围。根据测试结果回归分析单孔爆破振动峰值衰减指数 $\alpha$、爆破场地的地震波波速 $c_v$。

（3）收集现场爆破参数，包括：炮孔总数，各炮孔坐标、孔深，各孔装药量，爆破网路延时间隔等。

（4）对采集到的首（末）单孔爆破振动速度波形进行积分计算，获得位移经验格林函数。

（5）利用经验格林函数法的叠加计算原理开发了专用软件，输入群炮孔爆破参数和对应的设计延期时间，软件自动计算得到群炮孔爆破地震位移时程的预测结果，通过微分计算再回到质点振动速度时程波形。

（6）根据预测结果对爆破网路延期方案进行修改调整，使之优化并符合爆破振动要求的指标后，再进行爆破。

（7）再次记录现场爆破振动，并与软件的预测分析结果进行对比，进一步优化经验格林函数及参数，若某爆破场地能进行 2~3 个循环的实测和参数优化，预测结果的准确性就大为提高。

上述爆破振动波形预测方法，不仅可以预测目标点的爆破振动速度峰值、振动频率和振动持续时间等评价指标，而且还能得知峰值出现的时刻。更加全面地预测爆破振动过程和爆破振动影响效果，从而为优化爆破网路设计提供参考依据。

鉴于经验格林函数法对低频的地震预测符合性较好，在爆破振动波形预测进程中，可对各单孔爆破实测波形进行低通滤波处理，低通滤波阈值以小于 300Hz 为佳，这样有利于抑制高频噪音的影响，从而有利于提高振动预测的准确性。

## 4 经验格林函数法预测爆破振动的应用实例

在德兴铜矿进行了隆芯 1 号数码电子雷管推广试用中，应用本方法在富家坞采区进行了工程实验。炮孔布置平面图如图 3 所示。其爆破台阶高度 15m，炮孔全部为垂直孔，孔径 250mm，孔深 15～17.5m，药柱装填高度 7.5～9m。每孔放置两个起爆弹，每个起爆弹中放置一发电子雷管。共 41 孔，孔网参数为 8m×8m，单孔装药量 500～700kg/孔，爆破总药量 37t。按照本方法的实施步骤，在爆破前进行了单孔爆破试验，群组炮孔和测振点位置如图 3 所示。图 4 是三个测点的单孔爆破振动速度记录。实际群组爆破时，三个测点的位置与前期单孔爆炸试验测振位置完全相同。1 号测点距离单孔 98m，2 号测点距离单孔 142m，3 号测点距离单孔 211m。在进行群组炮孔爆破前，根据已有的爆破设计参数，利用开发的经验格林函数法预测振动软件对振动情况进行了模拟计算，在爆破后与实际的振动记录进行了比对。模拟计算波形与实测波形对比如图 5 所示。

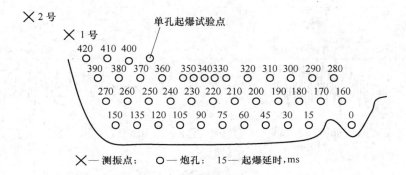

图 3 振动测点和预测值对比的现场位置示意图

Fig. 3 Locations of vibration testing points and blasting holes

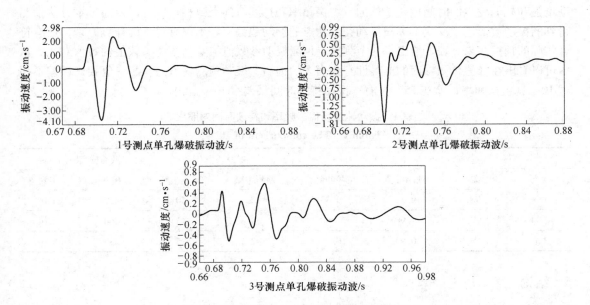

图 4 单孔爆破时三个测点的基础振动波形

Fig. 4 Vibration wave forms of single hole blasting

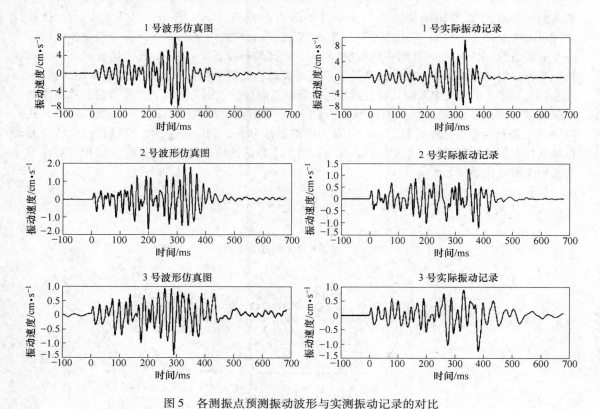

图 5 各测振点预测振动波形与实测振动记录的对比
Fig. 5 Conparison of predicted wave forms and measured wave forms

从图 5 可以看出,在三个不同地点的预测波形,与实测波形的波动变化规律基本一致,振动增强和减弱发生的时间也是接近的,主振频率和持续时间大致相当。可以说通过本方法预测得到的振动波形基本反映了爆破振动在预测点的振动趋势,它不仅有科学的计算原理,还有符合实际的预报效果。表 1 给出了三个测振点预测振动参数值与实测振动参数值的数值对比,从中可以看出在峰值预测方面的准确性有相当大的提高,振动预测峰值与实测峰值相比误差不超过 10%;主振频率误差在 15% 左右;振动持续时间误差在 10% 以内。

表 1 振动速度峰值、频率和持续时间对照表
Table 1 The comparison of PPV

| 测振点 | | 振动速度峰值/cm·s$^{-1}$ | | 主振频率/Hz | | 振动持续时间/ms | |
|---|---|---|---|---|---|---|---|
| 编号 | 距离/m | 预测峰值 | 实测峰值 | 预测主频 | 实测主频 | 预测 | 实测 |
| 1 号 | 98 | 9.29 | 9.33 | 50 | 50 | 430 | 420 |
| 2 号 | 142 | 1.98 | 1.80 | 49 | 45 | 460 | 470 |
| 3 号 | 211 | 0.93 | 0.88 | 42 | 35 | 530 | 570 |

## 5 结论

实践证明,根据经验格林函数法的地震源叠加原理,考虑预测点位置与各炮孔的相对位置关系,并按照实际起爆网路设计的各炮孔起爆时差、装药量和场地地震波传播速度等参数,计

算获得预测点的爆破振动波形，不仅避免了复杂的理论参数和计算模型，又能综合体现实际地质条件和爆破条件的信息。它可以快速预测爆破振动速度峰值和完整的振动波形，更可获知爆破振动持续时间及主振频率分布范围。当前主要问题是预测爆破振动的准确性依赖于深孔爆破的雷管起爆延时精度，雷管起爆延时精度高则计算结果可靠性较好。

综上所述，基于经验格林函数法预测群组爆破时指定点的爆破振动具有更大的理论和实用价值，与传统的统计加经验系数预报方法相比有以下突出优点：

（1）爆破振动参数的预报分析不仅局限于振动峰值速度，而是预测全部地震波的波形，使得振动分析评价中包含了爆破振动的频率和持续时间，预测结果更全面。

（2）本方法在工程实际应用中不必选用经验系数，避免了人为因素影响；而且包含了实际地质条件和爆破条件的信息，预测结果更准确。特别适用于高精度延时雷管的炮孔爆破振动预测。

（3）本方法工程现场实施过程中需要现场实测振动点数量相比传统预测方式要少很多，预测效率和准确度有显著提高，工程可行性更强，便于在实际工程中推广。

## 参 考 文 献

[1] 李启成，景立平. 经验格林函数方法模拟地震动研究现状[J]. 世界地震工程，2012，28(4).
[2] 杨年华. 爆破振动理论与测控技术[M]. 北京：中国铁道出版社，2014.
[3] 赵明生，张建华，易长平. 基于单段波形叠加的爆破振动信号时频分析[J]. 煤炭学报，2010(8)：1279-1282.
[4] 杨年华，张乐. 爆破振动波叠加数值预测方法[J]. 爆炸与冲击，2012，32(1)：84-90.
[5] 张光雄，杨军，卢红卫. 毫秒延时爆破干扰降振作用研究[J]. 工程爆破，2009，15(3)：17-21.
[6] 魏晓林，郑炳旭. 干扰减振控制分析与应用实例[J]. 工程爆破，2009，15(2)：1-6.

# 大型水封洞室群开挖爆破振动安全控制标准研究

李 鹏　吴新霞　张雨霆

（长江科学院，湖北 武汉，430010）

**摘　要**：大型地下水封储油洞库的开挖这几年才刚刚开始起步，其爆破振动控制标准的制定尚无直接可供参考的规范。故采用现场试验法与数值分析法相结合的方法，通过现场试验获取围岩振动及损伤监测数据，并通过动力数值计算对爆破荷载作用下洞库围岩及锚固设施进行安全评价，得出了爆破对围岩、锚杆、喷混凝土等随爆源距离变化的影响规律，从而提出了适合本工程特点的随爆心距变化的爆破安全控制标准。现场多种测试及调查的结果均验证了所提出的爆破安全控制标准的合理性。

**关键词**：地下洞室群；水封；爆破振动；安全控制标准

## Safety Criteria of Blasting Vibration for Large-Scale Underground Water-Sealed Cavern Group Excavation

Li Peng　Wu Xinxia　Zhang Yuting

(Yangtze River Scientific Research Institute, Hubei Wuhan, 430010)

**Abstract**: The construction of large-scale underground water-sealed oil storage carvens has only just been started in recent years. And there are no feasible standards for making the safety criteria of blasting vibration. Field experiment and numerical analysis are both applied in this paper. Vibration and damage monitoring data of the surrounding rock was obtained through field experiment and the safety assessment of surrounding rock and anchoring facilities under blast loads was implemented by dynamic numerical calculation. The regulations of blasting influence on the surrounding rock, bolt, and shotcrete varied with distance from blasting source was acquired. And the safety criteria suitable of blasting vibration varied with blast-to-source distance were proposed. Results of field experiments and investigations verify the feasibility of the safety criteria of blasting vibration.

**Keywords**: underground cavern group; water-sealed; blasting vibration; safety criteria

## 1　前言

为了保障经济的健康发展，应对各种突发事件，国家正在启动新的石油储备战略，目前正在沿海地质条件优良的场区建设和规划不同的规模的地下水封石洞油（气）库项目。这些大

---

基金项目：国家自然科学基金资助项目（51309026，51379194）。
作者信息：李鹏，高级工程师，博士，lp31580088@163.com。

型地下水封洞库通常采用钻爆法开挖。与其他行业大型地下洞室相比，大型地下水封洞库工程具有不衬砌、洞室密度大、对围岩完整性要求高等特点[1]。其主体工程的施工都在水幕系统注水环境下进行。因此地下水封洞库爆破施工成型效果要求非常高，爆破振动控制也非常严格，除了需要控制爆破对本洞、邻洞的动力稳定性影响外，还需要控制爆破对洞室水封性的影响[2]。因此，岩体开挖爆破振动安全控制是大型地下水封洞室群开挖的关键技术问题之一。

现行国家标准《爆破安全规程》(GB 6722—2014)[3]对地下水封洞库工程并无针对性。且地下水封洞库的开挖这几年才刚刚开始起步，尚无与本工程规模相当的类比工程经验可用，水电工程中地下洞室群的经验[4-5]仅可作参考，无法成为制定标准的依据。因此，本文以某地下水封洞室群开挖工作为依托，采用现场试验法与数值分析法相结合的方法，通过现场试验获取围岩振动及损伤监测数据，并通过动力数值计算对爆破荷载作用下洞库围岩及锚固设施进行安全评价，从而确定适合该工程特点的爆破安全控制标准。

## 2 工程概况

某地下水封洞室群主要由主洞室、竖井、水幕系统及施工巷道等组成。主洞室群分成3组，每组3个洞室，共9个洞室。主洞室平行设置，为直立边墙圆拱洞，跨度为20m，高度30m，长度在484～717m之间。洞室区以相对较完整的花岗片麻岩为主。场区基本以Ⅱ、Ⅲ级围岩为主。

本地下洞库均采用爆破法开挖。其中第一层开挖先进行中导洞开挖，然后再进行两侧的扩挖。爆心距量值水平相当时，中导洞两侧边帮扩挖爆破对岩体的振动效应要显著低于中导洞最先起爆的掏槽爆破效应。因篇幅限制，本文仅以第一层中导洞爆破开挖为例进行分析。

爆破振动监测测点主要有两种：(1) 预埋顶拱测点，即通过设置在主洞室拱顶上的洞室预先埋设测点，传感器距离下部开挖的主洞室顶拱距离仅1m；(2) 非预埋测点，即在本洞室及邻洞内与爆区对应的喷混凝土、锚杆头或岩石部位布设仪器进行爆破振动监测。测点布置如图1所示。

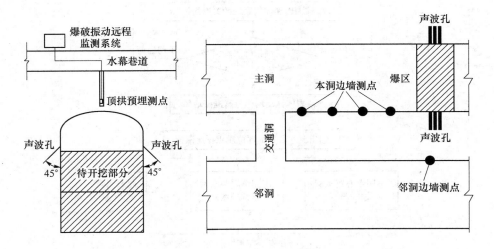

图 1 爆破振动测点布置图

Fig. 1 Arrangement of monitoring points of blasting vibration

实测数据表明：预埋测点属岩体内部测点，受到的外界干扰较少，且监测对象为其正下方主洞室的连续施工爆破作业,爆源距对每个测孔的振速监测成果的影响最大。此外预埋测点获取了近区的爆破振动效应,故比较适合用来对爆破动荷载进行定量化反演。

## 3 地下水封洞库工程爆破振动安全控制标准研究方法

本爆破振动安全控制标准研究方法为:首先通过数值计算对地下洞库的爆破振动进行模拟,然后利用预埋测点的爆破振动反演爆破动荷载输入,并以此为基础,通过爆破动力分析计算,确定围岩和锚固系统正常工作的关键指标;然后逐渐增加爆破动荷载的输入,当洞库的任何部位的围岩、锚杆或喷混凝土的关键指标达到其破坏门槛值时,停止继续增加爆破动荷载,并将此时爆破动荷载所引发的岩体振动场作为确定安全控制标准的基准振动场,每个部位的峰值振速即该部位的振动安全控制标准。上述安全控制标准研究的基本思路见图2。

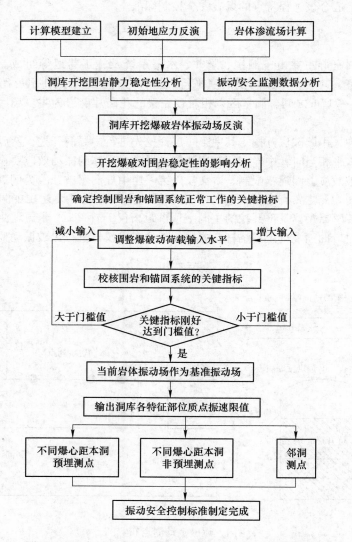

图 2 地下水封洞库开挖爆破振动安全控制标准研究方法

Fig. 2 Study method on safety criteria of blasting vibration for large-scale underground water-sealed cavern group excavation

## 4 爆破作用下地下洞室围岩响应特性的数值分析

### 4.1 数值计算模型

本研究采用 FLAC$^{3D}$ 软件进行数值计算。该方法是基于 Cundall P. A. 提出的一种显式有限差分法。为了分析主洞室的施工爆破引起的岩体振动对本洞和邻近洞室围岩和支护安全的影响，建立了包含两个主洞室的动力分析模型，如图 3 所示。

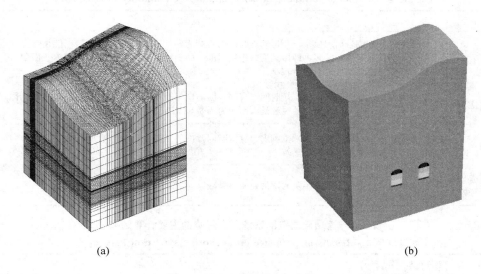

图 3 计算模型
（a）模型网格剖分；（b）洞室位置
Fig. 3 Calculating model

爆破动力分析中，采用三角形荷载简化爆破动荷载时程，并将爆破动荷载作用于等效弹性边界上[6,7]。对于掏槽段爆破，等效弹性边界见图 4。

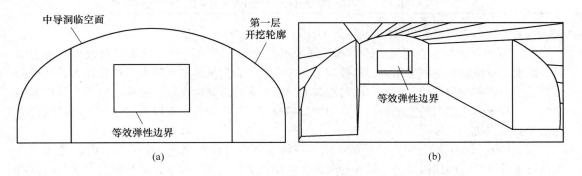

图 4 爆破荷载计算简图
（a）横截面；（b）透视图
Fig. 4 Plot of calculation of blast load

确定爆破动荷载的等效弹性边界后，便可以根据现场岩体振动监测数据，通过反演确定等效弹性边界上的爆破动荷载应力峰值,进而确定爆破动荷载时程。

## 4.2 爆破动力计算分析

对爆破荷载作用下的围岩稳定性和锚固系统安全性进行了数值分析,将主要计算结果列入表1和表2。

**表1 开挖爆破对围岩稳定性影响的主要计算结果**
**Table 1 Results of influence on surrounding rock stability of blasting**

| 评价指标 | 主要结论 |
|---|---|
| 围岩塑性区 | 爆源近区的围岩出现拉裂,稍远离炮孔的围岩则为塑性区,再远为弹性区,仅是爆源附近的掌子面局部围岩塑性区较多,即爆破荷载作用对围岩的塑性区影响仅局限在爆源掌子面附近,对围岩开挖临空面塑性区分布影响较小 |
| 围岩应力 | 爆破作用仅是对围岩形成了短时间、有限范围的应力扰动,对洞周围岩的应力分布总体规律影响并不显著。爆源近区围岩的时程最大压应力为8.62MPa,时程最大拉应力为1.53MPa |
| 围岩位移 | 爆破作用仅对爆源近区有限范围内、有限时间段内的围岩位移分布有所影响,爆破作用前后的洞周围岩位移分布规律基本一致 |
| 洞周围岩质点峰值振速 | 本洞围岩峰值振速随爆源距的增加而明显衰减 |

**表2 开挖爆破对锚固系统受力影响的主要计算结果**
**Table 2 Results of influence on anchoring system of blasting**

| 评价对象 | 评价指标 | 主要结论 |
|---|---|---|
| 锚杆 | 锚杆杆体受力 | 爆破作用下,锚杆杆体应力总体上呈现出受压趋势,时程最大压应力为192.6MPa |
| 锚杆 | 锚杆砂浆体最大剪应力变化幅值 | 距爆区水平距离4.5m内的拱顶表层最大剪应力变化幅值均超过锚杆砂浆体剪切强度;距爆区水平距离0m时,拱顶1.9m深范围内的最大剪应力变化幅值超过砂浆体剪切强度,可能使局部锚杆砂浆体发生剪切破坏 |
| 喷混凝土 | 压应力 | 爆破作用下,距爆源最近的喷混凝土最大压应力为33.3MPa |
| 喷混凝土 | 拉应力 | 爆破作用下,距爆源最近的喷混凝土最大时程拉应力为19.6MPa |

从表1和表2可以看出以下几点:

(1)开挖爆破对围岩稳定性的影响,爆区附近的围岩应力受到开挖爆破荷载影响较为明显,出现了量值较大的围岩压应力和拉应力。考虑到围岩的抗压能力远大于抗拉能力,且根据计算成果,爆破荷载作用下,围岩的时程最大拉应力更接近其动态抗拉强度,故而在开挖爆破过程中,对于洞库围岩的安全控制,应当主要控制其不发生拉坏,即控制围岩的时程最大拉应力小于其动态抗拉强度。

(2)开挖爆破对锚杆受力的影响,锚杆杆体在开挖爆破作用下主要受压,时程最大压应力仍显著低于锚杆的屈服应力。锚杆砂浆则在开挖爆破作用下,砂浆浆体受到的空间剪切效应要大于沿锚杆轴向的剪切效应,在锚杆砂浆体发生滑移前,浆体即已可能在空间最大剪应力的作用下发生剪切破坏。因此,针对锚杆的爆破振动控制,应主要控制锚杆砂浆浆体不被剪坏,即控制砂浆体所承受的空间最大剪应力变化幅值小于其剪切强度。

(3)开挖爆破对喷混凝土受力的影响,在开挖爆破作用下,喷混凝土的时程拉应力增加较为显著,对喷混凝土的拉应力影响范围要显著大于压应力的影响范围,更容易发生受拉破坏。因此，对喷混凝土的爆破振动控制，应以控制其不发生拉坏，即控制喷混凝土时程最大拉应力小于其动态抗拉强度。

## 5 洞库开挖爆破振动安全控制标准确定

### 5.1 围岩

以Ⅲ类围岩为例，取其动态抗拉强度 2MPa。在数值模拟中，通过不断调整爆破动荷载的输入量值，得到对应的围岩时程最大拉应力，二者关系见图 5。

图 5 中，爆破动荷载输入采用百分比形式表示，其中 100%即为根据振动监测数据反演得到的实际爆破动荷载输入。可以看出，当爆破动荷载输入为 110%时，围岩最大拉应力达到 2MPa，则此时的岩体振动场即为控制Ⅲ类围岩不发生拉坏、保障其稳定性的基准振动场。取Ⅱ类和Ⅳ类围岩的动态抗拉强度分别为 2.5MPa 和 1.5MPa，同样可以得到相应的爆破动荷载输入上限，分别为 121%和 99%。分别针对Ⅱ~Ⅳ类围岩，根据所获得的基准振动场，提取洞库不同部位围岩的质点峰值振速，作为控制围岩不发生拉坏、保障围岩稳定性的安全控制标准。得到的拱顶预埋测点及本洞边墙墙角测点的不同类型围岩岩体质点峰值振速的爆破振动安全控制标准值，见表 3 和表 4。

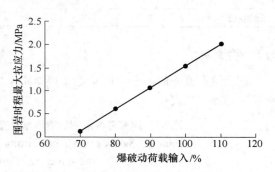

图 5 爆破动荷载输入与围岩时程最大拉应力的关系图

Fig. 5 Plot of blast load versus largest tensile stress of surrounding rock

表 3 本洞拱顶预埋测点围岩的爆破振动安全控制标准

Table 3 Safety criteria of blasting vibration of embedded measuring point in the rock of underground carven vault     cm/s

| 围岩类别 | 距爆区的水平距离 | | | | | | | |
|---|---|---|---|---|---|---|---|---|
| | 5m | 10m | 15m | 20m | 30m | 40m | 50m | 60m |
| Ⅱ类围岩允许振速 | 44.78 | 32.75 | 25.11 | 21.74 | 15.44 | 12.31 | 10.50 | 8.80 |
| Ⅲ类围岩允许振速 | 39.60 | 24.82 | 19.03 | 16.49 | 10.04 | 7.74 | 5.86 | 4.71 |
| Ⅳ类围岩允许振速 | 35.67 | 22.36 | 17.14 | 14.85 | 9.04 | 6.97 | 5.28 | 4.24 |

表 4 本洞边墙墙角围岩的爆破振动安全控制标准

Table 4 Safety criteria of blasting vibration of the side wall corner on the rock of underground carven     cm/s

| 围岩类别 | 距爆区的水平距离 | | | | | | | |
|---|---|---|---|---|---|---|---|---|
| | 5m | 10m | 15m | 20m | 30m | 40m | 50m | 60m |
| Ⅱ类围岩允许振速 | 33.05 | 25.23 | 21.29 | 20.24 | 11.07 | 6.87 | 5.43 | 4.13 |
| Ⅲ类围岩允许振速 | 30.06 | 22.95 | 19.36 | 18.42 | 10.07 | 6.25 | 4.94 | 3.75 |
| Ⅳ类围岩允许振速 | 27.08 | 20.67 | 17.44 | 16.59 | 9.07 | 5.63 | 4.45 | 3.38 |

## 5.2 锚杆

锚杆砂浆浆体剪切强度取1.2MPa，按同样的方法可以得到锚杆砂浆的爆破振动安全控制标准，见表5。

表5 洞库开挖本洞锚杆砂浆的爆破振动安全控制标准
Table 5 Safety criteria of blasting vibration of the grout around anchor in the rock of underground carven

| 距爆区的水平距离/m | 5 | 10 | 15 | 20 | 30 | 40 | 50 | 60 |
|---|---|---|---|---|---|---|---|---|
| 允许振速/cm·s$^{-1}$ | 18.10 | 13.82 | 11.66 | 11.09 | 6.07 | 3.77 | 2.98 | 2.26 |

## 5.3 喷混凝土

钢纤维混凝土的动态抗拉强度取16.5MPa，按同样的方法可以得到喷混凝土的爆破振动安全控制标准，见表6。

表6 洞库开挖本洞边墙墙角处喷混凝土的爆破振动安全控制标准
Table 6 Safety criteria of blasting vibration of the side wall corner on the shotcrete of underground carven

| 距爆区的水平距离/m | 5 | 10 | 15 | 20 | 30 | 40 | 50 | 60 |
|---|---|---|---|---|---|---|---|---|
| 允许振速/cm·s$^{-1}$ | 22.93 | 17.50 | 14.77 | 14.04 | 10.49 | 6.29 | 4.99 | 3.85 |

## 6 小结

（1）结合爆破振动数据反演及动力时程分析，提出了地下水封洞库工程爆破振动安全控制标准研究方法，并结合本工程，提出了该工程开挖不同保护对象（不同类型围岩、锚杆、喷混凝土）随爆心距变化的爆破振动安全控制标准。

（2）所有测点的爆破振动监测数据均在本文提出的爆破安全控制标准的校核值以内，而绝大多数测点的监测数据也在设计值以内。部分场次爆破的洞壁岩石及喷层混凝土处实测值虽然较大，但未超过我们所提爆破安全控制标准，经宏观调查未发现明显的破坏和掉块。声波测试及静力测试的结果也验证了所提出的爆破安全控制标准的合理性。

## 参 考 文 献

[1] 王者超，李术才，吕晓庆，等. 地下水封石油洞库施工期围岩完整性参数敏感性分析[J]. 岩石力学，2011，32(2):489-495.

[2] 李鹏，赵晓，金潇男，等. 大型地下水封洞库开挖爆破方式优选[J]. 长江科学院院报，2014，31(04),104-108，113.

[3] 《爆破安全规程》(GB 6722—2014)，北京，2014.

[4] 唐春海，于亚伦，王建宙. 爆破地震安全判据的初步探讨[J]. 有色金属，2001，53(1):1-4.

[5] 吴德伦，叶晓明. 工程爆破安全振动速度综合研究[J]. 岩石力学与工程学报，1997，16(3):266-273.

[6] 卢文波，杨建华，陈明，等. 深埋隧洞岩体开挖瞬态卸荷机制及等效数值模拟[J]. 岩石力学与工程学报，2011，30(6):1089-1097.

[7] 许洪涛，卢文波，周小恒. 爆破震动场动力有限元模拟中爆破荷载的等效施加方法[J]. 武汉大学学报（工学版），2008，41(1):67-71.

# 爆速连续测量中杂波的成因分析

李科斌　李晓杰　闫鸿浩　王小红　易生泰

（大连理工大学工程力学系，辽宁 大连，116024）

**摘　要**：针对商用连续电阻丝探针在实际爆速测量过程中易出现间断、跳跃等波形不连续问题，本文通过理论推导和数值仿真，重点分析了产生此类杂波的若干原因：外界电磁波干扰、探针中空气冲击波与金属射流干扰。同时结合分析结果，提出了消除各类干扰因素的改进方法，即通过元件外壳接地和对整个测试电路进行严格的电磁屏蔽；采用压致导通原理代替原先的高温电离导通，改进探针制作工艺，从而可以消除金属射流与降低前驱空气冲击波的影响，最终构建了抗杂波干扰的新型压导探针连续爆速测试系统，测得了较为光滑的爆速曲线，提高了测试数据的准确性。

**关键词**：连续爆速测量；电磁屏蔽；金属射流；管道效应；压导探针

# The Mechanism Analysis of Noise Wave in Detonation Velocity Continuous Measurement

Li Kebin　Li Xiaojie　Yan Honghao　Wang Xiaohong　Yi Shengtai

(Department of Engineering Mechanics, Dalian University of Technology, Liaoning Dalian, 116024)

**Abstract**: Some discontinuity problems such as gap and jump are rather frequent in an actual detonation velocity measurement with commercial continuous resistance wire probe. By theoretical derivation and numerical simulation, we mainly analyze the cause of these noise waves, including electromagnetic interference from outside, internal air shock wave and metal jet interference. Besides, some improved methods are put forward in order to eliminate these influences based on the result. The device shell is earthed and the overall test circuit is shielded from electromagnetic wave. Then, we substitute pressure conduction principle for high temperature ionization, improve the probe working principle and the production technique, which are able to eliminate metal jet and precursory shock wave. In the end, a new pressure conduction probe for continuous detonation velocity measurement with anti-noise wave is developed, and we obtain smooth detonation velocity curve, which means the test accuracy is improved.

**Keywords**: continuous detonation velocity measurement; electromagnetic shielding; metal jet; channel effect; pressure-conduction probe

---

基金项目：国家自然科学基金项目（11272081）。
作者信息：李科斌，博士，lkbin1988@163.com。

## 1 引言

爆轰速度的测试是炸药研究、爆炸力学与爆破破岩研究中最基础的问题之一。炸药爆速测量的方法有很多种，包括：用导爆索进行对比测量的道特里奇法、用探针短路信号测量时间间隔的测时法，以及利用高速摄影和各种光纤探针的光测方法等。早在20世纪60年代，人们就已经开始了使用连续电阻丝对炸药爆速进行测量的研究[1]，但由于信号采集与记录的模拟电路十分复杂，一直没有得到广泛应用。之后，人们又采用数字示波器和高速瞬态记录仪等进行了爆速连续测量的研究[2,3]。近年来，随着电子仪器数字化和小型化的飞速发展，促进了现场小型高速数据采集记录仪器的发展，目前很多小型便携式记录仪器的采样AD转换率已经达到1~10Msps，并出现了一些专用的现场连续爆速测量仪器，使研究工业炸药爆轰成长，以及在炮孔中的爆轰性能更加方便可行。如：文献[4]对连续爆速测量的电阻探针法进行了验证，文献[5,6]使用连续电阻测量方法分别对煤矿许用炸药、改性铵油炸药的爆轰成长连续变化进行了研究，文献[7]则使用这种方法对工业雷管的连续爆速变化进行了动态测量。还有的研究者[8~11]对炮孔内炸药的爆轰传播特性进行了大量的连续测量，研究结果表明，由于连续电阻爆速测量可以真实记录现场实际炮孔中炸药爆轰状态变化，因此对改进现场混制炸药质量控制，从理论上确定含水炮孔等爆破环境变化对爆破效果的影响等方面都具有重要意义。

另一方面，从上述研究中的测量结果来看，无论是采用商用的还是自制的电阻探针，测量数据的波形都存在有大量的杂波干扰，必须对测量结果进行大量的数据处理，有时甚至无法得到可信的结果。基于此，本文通过对连续爆速测量中杂波干扰的产生原因进行理论分析，发现外界杂电、炸药爆轰电离、探针结构的冲击波管道效应和金属碰撞射流等均会干扰测量结果，并且提出了一种自制的新型压导电阻探针，实现了抗杂波的爆速连续测量。

## 2 爆速连续测量系统的原理

图1为电阻丝连续爆速测量原理的示意图。测量系统如图1（a）所示，将连续电阻丝探针直接埋入炸药药柱中间，当炸药从下端引爆后，爆轰波由下向上传播，爆轰压力直接作用于电阻丝探针上，造成电阻丝从一端不断短路，使探针的电阻值连续减小，通过电路采集记录下探针阻值变化时程曲线，最后通过数据处理成爆轰波传播距离与时间关系，就实现了连续爆速测量。目前常用的电阻丝探针结构如图1（b）所示，采用直径小于1mm的金属毛细管（通常为铜管）作为外壳，将漆包电阻丝穿入其中，电阻丝一端与外壳焊接短路，电阻丝的另一端与外壳各作为一个电极。当爆轰波从焊接端向电极端传播时，金属外壳被压垮，击穿绝缘漆层与电阻丝导通，探针阻值因此产生连续变化。图1（c）为恒流供电测试电路的原理图，即使用恒流源向电阻探针提供一个恒定的电流 $I_0$，当爆轰波使探针电阻 $R(t)$ 变化时，由AB点记录的电压随时间 $t$ 的变化 $V(t)$，即可得到 $R(t)$ 值：

$$R(t) + R_0 = V(t) / I_0 \tag{1}$$

式中，$R_0$ 为回路电阻，在已知电阻丝探针单位长度阻值 $r$ 的情况下（标定值 $r = R_t/L_0$，$R_t$ 为探针有效段的初始阻值，$L_0$ 为探针有效段的长度），根据式（1）可求出被爆轰波压致导通的探针长度为：

$$L(t) = L_0 - \frac{R(t)}{r} = L_0 - \frac{V(t)}{rI_0} + \frac{R_0}{r} \tag{2}$$

将上式对时间求导，可以得到变化的爆速值：

$$D(t) = -\frac{1}{rI_0}\frac{\mathrm{d}V(t)}{\mathrm{d}t} \tag{3}$$

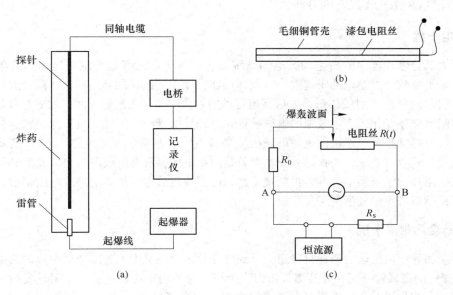

图 1 连续爆速测试系统原理示意图

Fig. 1 Schematic diagram of continuous detonation velocity measurement system

另外，从图 1（c）测试电路可见，除回路感抗和容抗外没有任何电容与电感，为纯电阻电路，理论上不受响应频率的限制，信号响应频率只取决于电阻丝传感器的闭合时间；整个测试系统的响应频率与测量精度取决于恒流源、记录仪器的信号放大器，以及数字记录仪的 AD 转换率和字长。目前常用的超高速数字记录仪的 AD 转换率均可达到 1Msps（即每微秒采集一个数据）以上，数据字长在 12~16bit 之间，完全可以满足爆速测试要求，如常用的加拿大的连续爆速测试仪 HandiTrap[II] 的 AD 转换率为 1Msps，数据字长 12bit，总记录时长 131ms。

从以上分析结果来看，连续电阻丝法从测量原理上完全满足炸药爆速测试要求，但在实际使用中，常常会出现测试曲线不连续，波形产生间断和跳跃的问题，致使很难精确分析爆速，图 2 为典型的失效测试结果。为了消除测试数据波形上的间断、跳跃点，本文对杂波干扰问题

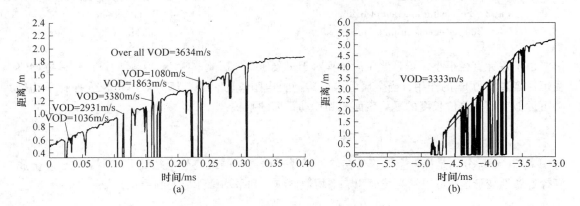

图 2 典型的失效爆速测试曲线[11]

Fig. 2 Typical failure curves in VOD test

进行了理论分析,并自制了新型的压导电阻探针,基本消除了爆速连续测量中的杂波干扰。

## 3 爆速连续测量中杂波成因分析

### 3.1 杂电干扰

对于大部分爆炸现象的高速动态电测系统而言,所测量的都是长距离传输的高频弱电信号,非常容易受到外界杂电的干扰[12,13]。而炸药实验中雷管起爆的高压放电,爆轰波和空气冲击波电离引起的脉冲X射线辐射,波后高速运动的电离层切割大地磁场和矿物磁场等都会引起瞬间的空间电磁场变化,产生较强的电磁辐射,对测试信号产生干扰。对于这种来自外界的电磁辐射干扰,通常是采取严格的电磁屏蔽措施来解决[12]。然而,对于如图1(b)所示形式的电阻丝探针,其数百毫米长的裸露外壳本身就是一个电极,没有屏蔽层,很容易受到干扰;如果对测试线路和记录仪器电磁屏蔽再处理不严,起爆高压放电、爆炸电离等电磁辐射也必然会对爆速测试信号产生较强的干扰。

### 3.2 探针金属射流干扰

空心金属管穿电阻丝的探针自身还会受到外壳管闭合在管中引起的金属射流的影响。如图3所示,探针的金属管外壳在炸药爆轰压力下会被迅速地向中心加速,与电阻丝发生碰撞,该过程类似于爆炸焊接时金属板侧表面形成的速度高达5~7km/s的液态金属射流,应用有限元程序AUTODYN的光滑粒子模型可模拟此过程如图4所示,碰撞过程的具体计算可以使用文献[14]的理论模型或有限元数值方法,在此,为了简化分析中心碰撞速度大小,采用粗略的能量分析进行估算。

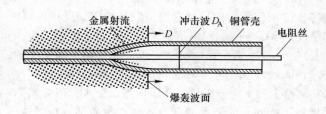

图3 探针管内的高速冲击效应示意图

Fig. 3 Schematic diagram of high speed impact effects in probe tube

图4 爆炸焊接金属射流模拟

Fig. 4 Metal jet simulation of explosive welding

由于探针直径很小,爆轰波压溃过程对于爆轰压力的影响非常小,可以假设探针外壁始终受恒定爆轰压力$p_{CJ}$的作用,当金属管内壁碰撞上电阻丝时,爆轰压力对单位长度探针平均做功可近似表示为单位长度的平均表面积和运动距离的乘积:

$$W_B = \pi(R_0 + R_C) \cdot p_{CJ} \cdot (R_0 - R_C) \quad (4)$$

式中,$R_0$与$R_C$分别是探针金属管的初始外半径和碰撞时的最终外半径。另外,单位长度金属管探针塑性变形能,可表示为截面积、平均塑性应力和平均塑性应变的乘积,即:

$$W_P = \pi(R_0^2 - r_0^2) \cdot \frac{Y}{\sqrt{3}} \left[ \ln\left(\frac{R_0}{r_0}\right) + \ln\left(\frac{R_C}{r_C}\right) \right] \cdot \frac{1}{2} \left[ \ln\left(\frac{R_0}{R_C}\right) + \ln\left(\frac{r_0}{r_C}\right) \right] \quad (5)$$

式中，$r_0$ 与 $r_C$ 分别是探针金属管的初始内半径和碰撞电阻丝时的内半径（即电阻丝的外半径）；$Y$ 是金属管的屈服强度。最后，可由外力功和变形能对金属管飞行动能的贡献，得到下式：

$$\frac{1}{2}\pi(R_0^2 - r_0^2)\rho v_P^2 = W_B - W_P \tag{6}$$

式中，$\rho$ 为金属管密度；$v_P$ 为金属管碰撞电阻丝时的质心速度。再注意到 $R_0^2 - r_0^2 = R_C^2 - r_C^2$，即压缩后金属管截面积不变。整理式（4）、式（5）、式（6）可得：

$$v_P = \sqrt{\frac{2p_{CJ}}{\rho}\left(\frac{r_0^2 - r_C^2}{R_0^2 - r_0^2}\right) - \frac{Y}{\sqrt{3}\rho}\left[\ln^2\left(\frac{R_0}{r_C}\right) - \ln^2\left(\frac{\sqrt{R_0^2 - r_0^2 + r_C^2}}{r_0}\right)\right]} \tag{7}$$

并可用金属管质心运动距离和平均速度得到连续电阻丝传感器导通响应的特征时间，为：

$$\Delta t \approx \frac{\sqrt{\frac{(R_0^2 + r_0^2)}{2}} - \sqrt{\frac{(R_C^2 + r_C^2)}{2}}}{\frac{v_P}{2}} = \frac{\sqrt{2}}{v_P}\left(\sqrt{R_0^2 + r_0^2} - \sqrt{R_0^2 - r_0^2 + 2r_C^2}\right) \tag{8}$$

表 1 即为用上述两式计算得到的碰撞质心速度和响应时间。从表 1 中可见，即使是在爆压为 1GPa 时，探针的响应时间也小于 $1\mu s$，完全满足连续爆速测试要求；而铜管外壳向电阻丝的对撞速度为 $2v_P = 0.532 mm/\mu s$，远大于铜材产生射流的特征速度 $0.154\ mm/\mu s$[15]，而爆炸加工常用炸药爆速大多小于铜材体波声速 $3.910\ mm/\mu s$，所以碰撞势必会产生金属射流。而金属射流理论速度为 $2D$，超前的射流一旦对电阻丝产生碰撞切割，就会使电阻丝提前短路或断路，显然也是爆速测试波形中杂波产生的原因之一。

表 1 铜管电阻丝探针动态参数表
Table 1 Brass resistance wire probe dynamic parameter table

| 爆轰压力 $p_{CJ}$ /GPa | 碰撞质心速度 $v_P$ /mm·$\mu s^{-1}$ | 响应时间 $\Delta t$ /$\mu s$ | 爆轰压力 $p_{CJ}$ /GPa | 碰撞质心速度 $v_P$ /mm·$\mu s^{-1}$ | 响应时间 $\Delta t$ /$\mu s$ |
|---|---|---|---|---|---|
| 1 | 0.226 | 0.980 | 15 | 1.426 | 0.155 |
| 5 | 0.786 | 0.282 | 20 | 1.655 | 0.134 |
| 10 | 1.151 | 0.192 | | | |

注：金属管取为铜管 $\rho = 8.93 g/cm^3$；$Y = 0.21 GPa$；$R_0 = 0.4 mm$；$r_0 = 0.25 mm$；$r_C = 0.03 mm$。

## 3.3 探针空气冲击波干扰

由图 3 中还可见，电阻丝探针的外壳管内始终充满空气，经外界炸药爆轰压缩闭合，闭合的铜管部分类似于活塞的高速推进，一定距离后必然向前产生空气冲击波，产生类似纵向不耦合装药炮孔中的"管道效应"[16]。

图 5 模拟了与铜管内径相同尺寸空间内的活塞以爆速 $D$ 向前推进的过程，图中可明显观察到活塞（探针中则为闭合点）前方的空气被剧烈压缩产生了超前冲击波，该冲击波后的空气运动速度与爆速 $D$ 相等，高达 $10^3 m/s$ 量级；因此，冲击波波阵面的速度 $D_A$ 大于爆速 $D$，会在碰撞点前传播。前驱空气冲击波后的空气会被强烈压缩产生 $10^3 \sim 10^4 K$ 高温并电离，而一般漆

包电阻丝的直径只有 40~100μm，绝缘厚度 4~16μm，$10^3$~$10^4$K 的高温空气很容易烧穿绝缘层，甚至烧断直径仅有几十微米量级的电阻丝，同样会造成提前短路或断路。图 6 为根据文献[17]的附录 1 数据绘制的空气冲击波后质点运动速度 $D$ 与波后温度关系曲线，其中空气初始温度为 288.16K，常用工业炸药爆速 $D$ 为 2.0~5.0mm/μs，在此范围内，空气冲击波波后温度可达 2500~8000K，大大超过一般电阻丝的熔点（康铜熔点约 1553K、锰铜约 1233K、镍铬约 1673K），完全可以造成电阻丝熔化。在该温度段空气的多方气体指数 $\gamma = 1.3 ~ 1.2$，从文献[18]公式经简单推导可得冲击波速度为：

$$D_A = \frac{1}{4}D(\gamma + 1) + \sqrt{C_0^2 + \frac{1}{16}D^2(\gamma + 1)^2} \tag{9}$$

式中，$C_0$ 为波前的气体声速，常温常压时空气声速为 0.34mm/μs。由于 $D_A \gg C_0$，对于超强冲击波，有：

$$D_A/D = (\gamma + 1)/2 \approx 1.15 ~ 1.10$$

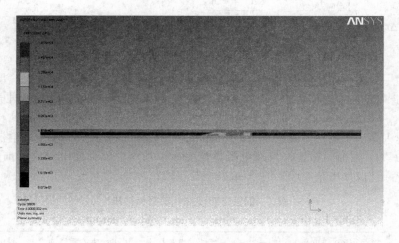

图 5　超前空气冲击波

Fig. 5　Advancing air shock wave

可见空气冲击波超前探针闭合段 15%~10%，对于较长探针测试结果影响很大，如：当爆轰波压导段为 500mm 时，空气冲击波的超前影响段可以达到 75~50mm 长度。

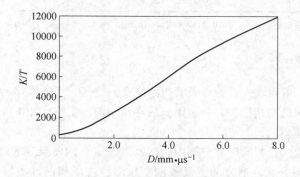

图 6　空气冲击波质点速度与波后温度关系图

Fig. 6　Particle velocity of air shock wave versus temperature behind the wave

## 4 电阻丝压导探针研制与测试结果

根据上述理论分析，为了解决爆速测试波形中的杂波问题，必须对测试系统整体进行严格的电磁屏蔽，同时需最大限度地消除探针外壳管内的金属射流与空气冲击波的影响。为此，本文研制了如图7所示的电阻丝压导探针（双根电阻丝），使用螺纹钢丝作为骨架在探针中心起到支撑和压致导通电阻丝的作用（单根电阻丝时也作为一个输出端），在钢丝表面铺设漆包电阻丝作为测量爆速的核心元件，同时使用密封缠绕膜将两者紧密包裹，一方面可以使两者紧密依附，降低两者间的空气量，避免空气冲击波"管道效应"的发生，同时也起到绝缘层和缓冲保护层的作用。之后在上述主体表面包裹厚度为0.1mm的铜箔作为屏蔽层，最后使用直径相近的热缩套管将以上结构固定，从而根本上消除了金属射流的产生，整个结构需引出三根导线，电阻丝作为两个输出端（单根电阻丝时钢丝作为一个输出端），铜箔引出导线接地，从而更好地避免杂波干扰。该电阻丝探针完全依靠压力导通，在爆轰波或冲击波压力作用下将电阻丝与螺纹线剧烈压紧，螺纹齿刺穿电阻丝的绝缘漆层而导通。

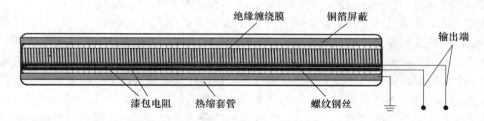

图7 压导电阻探针结构示意图
Fig. 7 Structural scheme of pressure conduction probe

在实际实验中，本文使用直径0.08mm漆包康铜丝；螺纹丝直径0.6mm，螺距为0.8mm；绝缘层采用热缩套管；外壳采用铜箔作为屏蔽层；制成900~950mm长的探针。测试中所有线路都采用同轴屏蔽电缆，对接头都采用铝箔包裹屏蔽，采集仪使用HandiTrap$^{II}$ VOD。图8为密封于水中的铵油炸药药柱测得的爆轰波和近炸药区水下冲击波的传播轨迹，其中药柱总长1000mm，直径50mm，爆轰波测试长度300mm，过渡段长度100mm，冲击波测试长度600mm。由图可见测得的波形曲线较为光滑，杂波信号很少。

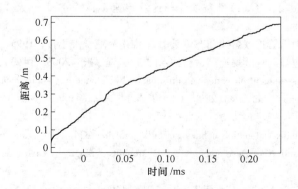

图8 新型压导探针测得的距离时间曲线
Fig. 8 Measured curve of the new pressure conduction probe

## 5 结论

本文对电阻丝连续测量爆速的方法的发展进行了简单的回顾,并简要地分析了其测试原理和目前数字电路特点。文中重点对电阻丝连续测量爆速时大量杂波产生的原因进行了理论分析,并通过消除诱发杂波的条件,研制了一种新型电阻丝压导探针,成功地消除了连续测量爆速曲线的杂波,得到了较为光滑的测试波形。理论分析表明爆速波形中杂波产生的原因如下:

(1) 实验中雷管起爆的高压放电,爆轰波和空气冲击波引起瞬间的电磁辐射,对测试信号都是干扰源。

(2) 通常电阻丝探针铜管外壳在炸药爆轰压力下会向电阻丝高速碰撞。理论分析表明,斜碰撞会产生金属射流,而理论速度 $2D$ 金属射流会超前探针闭合点运动,对电阻丝产生碰撞切割使之提前短路或断路,产生测试杂波。

(3) 电阻丝探针铜管外壳在炸药爆轰压力下驱动闭合,会压缩驱动管内空气产生冲击波,冲击波超前探针闭合长度的 10%~15%,冲击波温度可高达 2500~8000K,可以提前熔断电阻丝或烧穿其绝缘层,空气冲击波"管道效应"是产生测试杂波主要原因。

另外,文中还通过理论分析得到了连续电阻丝元件响应时间的估算式(8)。计算结果表明,一般设计的金属管探针测试元件的响应时间均小于 $1\mu s$,完全满足炸药爆速测试的要求。

最后,通过使用弹性绝缘层消除金属射流、降低前驱空气冲击波的影响,将依靠高速冲击或高温烧穿的电阻丝接通原理改为压致导通,并以铜箔作为屏蔽层对整个测试电路进行严格的电磁屏蔽,同时进一步降低金属射流和超前空气冲击波的干扰,最终构成了抗杂波干扰的新型压导电阻探针连续爆速测试系统,测得了较为光滑的爆速曲线,进一步提高了测试数据的准确性。连续压导探针不仅可以测量爆轰波,同时还可以实现近炸药区水下冲击波传播轨迹的连续测试,其进一步的改进和深入应用将更具有实际工程价值。

## 参 考 文 献

[1] Ф. М. 加拉奇, 张军. 爆速测定方法的改进[J]. 爆破材料, 1967(2): 34-36.
[2] 赵敏. 爆速的连续测定和爆痕的观测[J]. 煤矿安全, 1990(2): 58-61.
[3] 章国升. 炸药爆速的连续测定技术[J]. 爆破器材, 1994, 23(5): 32-34.
[4] 徐森, 唐双凌, 刘大斌. 用连续爆速法测定工业炸药爆速[J]. 含能材料, 2009, 17(4): 467-469.
[5] 陶林. 煤矿许用炸药爆速变化对爆破安全性影响的研究[J]. 煤矿爆破, 1995, 28(1): 1-6.
[6] 徐森, 唐双凌, 刘大斌, 等. 改性铵油炸药连续爆速实验研究[J]. 火炸药学报, 2009, 32(3): 25-27.
[7] 谢兴华, 张涛. 工业雷管连续爆速动态测量[J]. 淮南矿业学院学报, 1995, 15(2): 48-53.
[8] 赵根, 王文辉. 孔内炸药连续爆速测试新技术[J]. 工程爆破, 2008, 14(3): 63-66.
[9] A. Bilgin, S. Esen. Assessment of explosive performance by detonation velocity measurements in Turkey. Mine Planning and Equipment Selection 2000 (Ed. T. N. Michalakopoulos, G. N. Panagiotou), CRC Press, 2000: 21-27.
[10] M. Pradhan, R. K. Jade. Detonation behavior of bulk emulsion explosive in water filled blast holes. Performance of Explosives and New Developments (Eds Mohanty, Singh), Taylor & Francis Group, London, 2013: 65-70.
[11] H. S. Venkatesh, G. R. Adhikari, A. I. Theresraj. Variability in velocity of detonation of commercial explosives as measured in field trials. Mining Technology, 2008, 117 (1): 6-11.
[12] 胡八一, 刘仓理, 刘宇, 等. 强电磁干扰环境下的爆炸容器动态应变测试系统[J]. 测试技术学报,

2005, 19 (1): 30-32.

[13] 张从和, 王军. 爆轰条件下应变测量抗干扰技术研究[J]. 自动检测技术, 2001, 20(2): 33-35.
[14] 李晓杰, 王金相, 闫鸿浩, 等. 基于 Laval 喷管的圆管爆轰驱动近似解[J]. 工程爆破, 2003, 9(4): 7-9.
[15] 李晓杰, 杨文彬, 奚进一, 等. 双金属爆炸焊接下限[J]. 爆破器材, 1999, 22(3): 22-26.
[16] F. Sumiya, K. Tokita et al. Experimental study on the channel effect in emulsion explosives. J. Mater. Proc. Techhol., 1999(85): 25-29.
[17] 北京工业学院八系《爆炸及其作用》编写组, 气体动力学基础和爆轰理论[M]. 上册. 北京: 国防工业出版社, 1978: 329.
[18] R. 柯朗, K. O. 弗里德里克斯, 著. 超声速流与冲击波[M]. 李维新, 徐华生, 管楚淦, 译. 北京: 科学出版社, 1986: 137.

# 地铁隧道爆破电子雷管延时优选试验与数值分析

## 康永全　孟海利

（中国铁道科学研究院铁道建筑研究所，北京，100081）

**摘　要**：本文依据北京地铁16号线肖西区间的隧道爆破工程，进行了多次爆破试验和振动监测。基于实地采集到的单孔振动信号，利用MATLAB编程得到1～11ms不同延时的仿真预测波形，7ms或8ms延时的爆破振动强度不大于单孔爆破的振动强度；利用HHT方法，对不同延时的爆破振动信号进行频谱特征分析，延时时间在7～10ms时，主频大于50Hz，50Hz以上的频带能量占比接近50%。综合分析结果表明，该工程地质条件下，电子雷管的延期时间在7ms左右，降振效果和爆破效果最佳。

**关键词**：隧道爆破；电子雷管；延时；数值分析

## The Experiment and Numerical Analysis of Electronic Detonator Delay Optimization in Subway Tunnel

### Kang Yongquan　Meng Haili

（China Academy of Railway Sciences，Railway Engineering Research Institute，Beijing，100081）

**Abstract**：According to tunnel blasting engineering of Xiaoxi side of Beijing metro line 16, this paper carries out group-hole blasting testing and vibration monitoring. Based on single-hole vibration signal collected in the field, Matlab programming is used to get waves of the simulation and the prediction of the different delay of 1～11ms. The blasting vibration strength of the delay of 7ms or 8ms is not more than the blasting vibration strength of one hole. After using HHT method to analyse the spectrum characteristics of the blasting vibration signal of the different delay, in the delay time of 7～10ms the frequence is greater than 50Hz, and the ratio of 50Hz or more frequency band energy is nearly 50%. The results of the comprehensive analysis shows that in these engineering geological conditions, the delay time of electronic detonators is at around 7ms and the effect of blasting and vibration reduction works well very.

**Keywords**：blasting in tunnel；electronic detonator；delay；numerical analysis

## 1　引言

钻爆法对地质条件的适应性强，成本相对较低，是目前城市地下隧道常用的开挖方法。由于城市轨道交通线路往往下穿或邻近居民楼、风景区和其他市政基础设施，施工中必须严格控制爆破振动，最大限度地减小对周围环境的影响。电子雷管毫秒延时爆破作为最新的降振技术很好地解决了这一工程难题。

---

作者信息：康永全，硕士，675090722@qq.com。

数码电子雷管是火工品技术与信息技术完美融合的产品,具有延时精度高、安全性能好、节能环保等诸多优点。对于电子雷管爆破技术的研究,已进行了一定的工程实践和科学试验:傅洪贤对下穿居民区的长大隧道进行了电子雷管与非电雷管联合降振试验,达到了预期目的[1];杨年华在渝利铁路中进行了电子雷管的应用研究,取得了良好的爆破效果[2]。国内外众多研究表明,电子雷管可以降低爆破振动30%～60%,降低炸药单耗8%～15%,提高炸药能量利用率10%～20%,提高综合经济效益8%～13%[3]。延期时间是电子雷管爆破技术中最关键的参数,也是可具操作性的技术措施,关于电子雷管延时时间的确定还没有统一的理论和公式,亟须全面深入的研究。

本文结合北京地铁16号线隧道爆破工程,进行了多次现场试爆,通过优化延时方案,对实测的爆破振动信号进行分析处理,探讨电子雷管不同延时对爆破振动幅值和频率的影响。

## 2 工程背景

北京地铁16号线08标段肖家河站至西苑站区间全长2420m,其中区间风井-西苑站采用矿山法施工,单线长118.2m。本工程为北京五环内首次使用爆破法开挖的地铁隧道项目。

待爆隧道顶板地层以强风化砂岩、中风化砂岩为主,洞身和底拱主要位于中等风化砂岩中;强风化砂岩以钙质～硅质胶结,岩芯多呈碎块状,中风化砂岩坚硬,完整性好,岩芯多呈柱状,长柱状,饱和极限抗压强度91.27～110.70MPa,岩石可爆性较好。

爆破段平行下穿圆明园西路、邻近颐和园路,沿线车流量大,爆破环境复杂。隧道西侧主要建筑物有国际关系学院办公楼、同仁堂药店;隧道东侧临近西苑北桥,与西苑北桥最近水平距离为12m,西苑北桥为城市快速路,属重点保护对象;隧道上方有污水管、雨水管、上水管、燃气管等市政管线,其中市政管线与隧道拱顶的最近距离为16m。爆破周边环境如图1所示。

图1 爆区周边环境图

Fig.1 The blasting area environment

隧道整体埋深较浅，工程地质条件较差，土岩结合部对地表和拱顶的变形影响较大，需考虑爆破振动对围岩稳定性的影响；西苑公交枢纽站车辆、人流汇聚，必须重视爆破振动和噪声对居民的影响；地面需保护的建（构）筑物较多，国际关系学院、同仁堂药店与隧道的最近距离为28m，与西苑北桥最近水平距离仅为12m，必须采取有效的减振技术与防护措施，确保周边建（构）筑物的安全。

## 3 爆破试验研究

### 3.1 爆破试验方案

区间隧道断面尺寸为：宽6.3m，高6.4m，长118m。分上、下两个台阶进行爆破开挖。上台阶设计如下：孔径42mm，采用楔形掏槽方式，中间钻2~3排掏槽孔，垂直深度1.3m，辅助孔排距0.75m，孔距0.7m，周边采用光面爆破，孔深1.2m，孔距0.5m；下台阶孔网参数采用水平钻孔，孔深1.3m，排距0.7m，孔距0.8m，单孔装药量0.3~0.9kg，底板眼孔距0.75m。炸药采用φ32二号岩石乳化炸药。采用数码电子雷管逐孔起爆网路，排间按顺序依次起爆，电子雷管孔间延时根据试验情况确定。隧道断面的炮孔布置如图2所示。

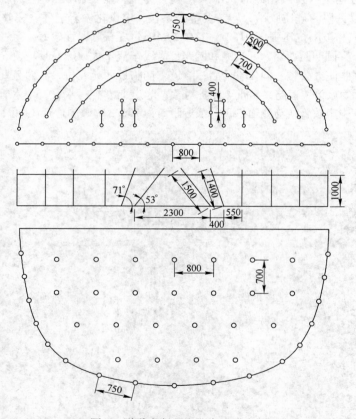

图2 隧道全断面炮孔布置示意图
Fig. 2 The blasting hole arrangement of the full section of the tunnel

### 3.2 爆破振动监测

采用成都中科测控有限公司生产的TC-4850遥感型爆破测振仪和三向速度传感器。爆破监测点的布置应具有代表性和易操作性,所以,三个测点分别布设在市政管线正上方(3号)、西苑北桥下方(2号)和离爆源最近的商业建筑(1号)处,测点紧随掌子面的推进而向前移动,所以测点距爆源的水平距离可认为基本不变。

## 3.3 监测结果与分析

按照测试方案进行了 8 次试爆,得到 5 组有效振动数据,爆破参数以及振动测试结果如表 1 所示。

表 1 爆破振动监测结果
Table 1 Blasting vibration test data

| 序 号 | 仪器编号 | 最大段装药量/kg | 总装药量/kg | 垂向距离/m | 延时时间/ms | 孔 数 | 垂向振速/cm·s$^{-1}$ | 主频/Hz |
|---|---|---|---|---|---|---|---|---|
| 1 | 1 | 0.6 | 18 | 28 | 0 | 38 | 0.75 | 32.5 |
|   | 2 |     |    | 12 |   |    | 1.75 | 13.42 |
|   | 3 |     |    | 16 |   |    | 1.63 | 20.20 |
| 2 | 1 | 0.9 | 18 | 28 | 4 | 34 | 0.85 | 55.55 |
|   | 2 |     |    | 12 |   |    | 1.92 | 45.45 |
|   | 3 |     |    | 16 |   |    | 1.38 | 58.34 |
| 3 | 1 | 0.6 | 21 | 28 | 7 | 43 | 0.6  | 35.71 |
|   | 2 |     |    | 12 |   |    | 1.26 | 48.36 |
|   | 3 |     |    | 16 |   |    | 1.22 | 75.61 |
| 4 | 1 | 0.9 | 20 | 28 | 7 | 42 | 0.33 | 43.47 |
|   | 2 |     |    | 12 |   |    | 1.57 | 52.63 |
|   | 3 |     |    | 16 |   |    | 1.09 | 76.92 |
| 5 | 1 | 0.6 | 16 | 28 | 10 | 33 | 0.63 | 45.45 |
|   | 2 |     |    | 12 |    |    | 1.35 | 52.63 |
|   | 3 |     |    | 16 |    |    | 1.23 | 55.71 |

分析上表数据可得:

(1)整体来看,燃气管道正上方和西苑北桥处的振动都在 2.0cm/s 以下,不会对燃气管道的运营和西苑北桥的行车造成影响,离爆源最近的商业建筑的振动控制在 1.0cm/s 以下,现场震感不强烈,对居民和行人影响较小。

(2)从不同爆破参数得到的振动数据可知,为减低振动强度,掏槽孔装药不应过多,但也应充分重视炮孔之间的联动作用,否则掏槽失败。在最大段装药量相同的条件下,孔间延时 7ms 降振效果较明显,且振动信号主频有增大的趋势,这对建筑物的保护是极为有利的。

图 3 孔间延时 7ms 爆后效果
Fig. 3 The effect of time delay 7ms explosion between holes

从图 3 现场的爆破情况可以看出：爆后围岩稳定，无大的剥落和坍塌，超欠挖符合设计要求，轮廓成形较好；掌子面附近爆堆完整且集中，破碎块度均匀适中，便于铲装，加快了后续的出渣工作，爆破效果良好。

## 4 试爆振动信号分析

### 4.1 基于单孔爆破振动信号的叠加仿真

基于实地记录的单孔振动波形涵盖了爆破条件、地形地质条件和临空面等信息，比较全面地反映了该场地条件下爆破振动的属性，将多个单孔振动波形在时间轴上错位叠加，分析不同的延时间隔对爆破振动强度的影响，具有充分的现实和理论依据[4]。由于西苑北桥距爆源最近，故以此处监测的振动信号为研究对象，利用 MATLAB 编制程序，进行基于单孔波形不同延时的振动信号叠加运算，预测不同延期时间的叠加波形，找出振幅最小的波形，并与实测波形比较分析。

在满足工程要求的前提下，做如下假设：由于每孔装药参数基本相同，产生的单孔爆破振动波形可认为是相同的；由于该区域岩性条件一定，各个地震波传播过程中的时频特性近似不变；由于测点与掌子面的距离远大于炮孔间距，可认为波形叠加的时间差即为电子雷管的延时时间。

在爆破试验过程中，特意设定第一个孔与第二个孔间隔 100ms 起爆，摘取掏槽孔的单孔振动波形，如图 4 所示。以掌子面掏槽孔为研究对象，共 6 个，左右各一排，以单孔波形为基础，按照线性系统中信号的叠加原理，得到群组药包（6 个掏槽孔）不同延时时间的叠加仿真波形。利用 MATLAB 软件读取 TC-4850 测振仪采集的单孔振动信号（txt 文件），通过编程进行叠加运算。图 5 为延时分别为 1~11ms 时的叠加预测波形。图 6 为孔间 7ms 延时实际振动记录。

由图 4 可知，由于掏槽孔装药较多，振动比较强烈，最大振速接近 2cm/s，主振周期为 15.25ms，振动历程时间不到 100ms，能

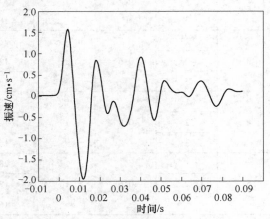

图 4　实测单孔振动波形
Fig. 4　The wareform of the measured single hole

量很快衰减。从图 5 中不同延时的波形叠加变化情况可以看出：延时为 1~5ms 时，叠加波形严重变形，不符合典型振动波形的形式，且振动强度明显数倍大于单孔振动强度；结合图 5 和图 6 分析，设定延时为 7ms 和 8ms 时，因为接近实测单孔波形的主振半周期，振速峰值基本和单孔的相近，没有出现叠加增强的情况，预测波形和实测波形的波动变化规律基本一致；延时超过 9ms，振动开始增强。由此可得：应用高精度电子雷管可以实现不同炮孔间振动波的干扰叠加，延时 7ms 或 8ms 可以使得叠加后的振动强度不大于单孔爆破的振动幅值。

### 4.2 基于 HHT 法的爆破振动信号时频分析

HHT 变换作为最新发展的处理非线性、非平稳随机信号的有力工具，它能准确地提取爆破振动波形上的频率特征，便于结合时域和频域两个维度分析爆破振动信号的能量分布特性，从而对爆破振动信号作全面深入的研究，具有十分重要的工程应用价值。

HHT法包括经验模态分解（EMD）和希尔伯特变换，为了验证EMD分解的完备性，需将分解的IMF分量用数值方法进行原始数据重构，即按频率从低到高将IMF分量依次叠加[5,6]。利用西苑北桥处测点孔间延时7ms的振动数据进行EMD完备性检验。实测的垂向振动波形如图7所示，重构后的信号误差如图8所示。

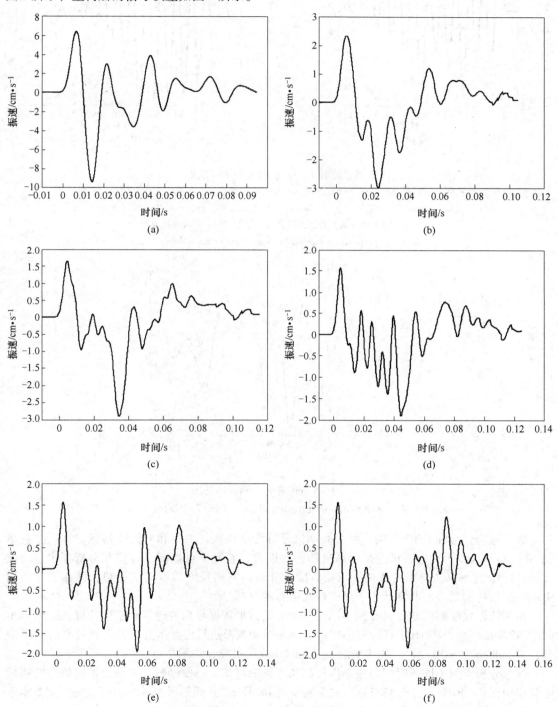

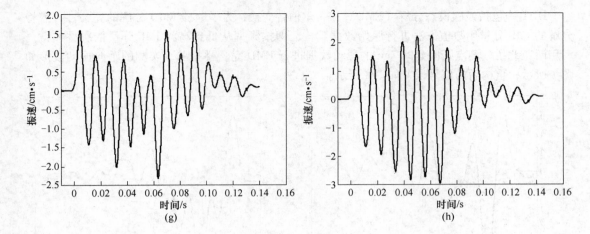

图 5　延时 1~11ms 的叠加仿真波形

(a) 孔间 1ms 延时叠加波形；(b) 孔间 3ms 延时叠加波形；(c) 孔间 5ms 延时叠加波形；
(d) 孔间 7ms 延时叠加波形；(e) 孔间 8ms 延时叠加波形；(f) 孔间 9ms 延时叠加波形；
(g) 孔间 10ms 延时叠加波形；(h) 孔间 11ms 延时叠加波形

Fig. 5　Superposition simulation waveform of time delay 11ms

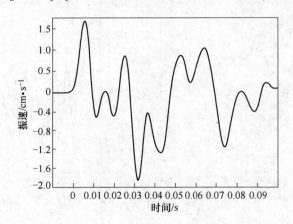

图 6　孔间 7ms 延时实测振动波形

Fig. 6　Measured vibration waveform of time delay 7ms between holes

原始振动信号和 EMD 方法重构的振动信号符合度很高，二者相对误差甚微，其误差量级在 10~16cm/s 以上，这有可能是计算机的舍入误差，它完全可以满足计算和分析要求。由此可见，EMD 分解算法简单高效地从原始数据中分解出不同尺度的波动或趋势，并在实际应用中取得了很好的效果，非常适用于爆破振动信号的分析。

使用测振仪配套的软件将孔间不同延时的振动波形数据导出并进行数字化处理，运用 Matlab (R2010b) 软件将 HHT 算法程序化，对原始振动波形进行经验模态分解得到所有的 IMF 分量，经 Hilbert 变换得到它们的功率谱图和 Hibert 能量谱图，如图 9 所示。

综合分析空间不同延时爆破振动信号的功率谱图可知：齐发爆破采集到的振动信号的能量主要集中在 0~50Hz，占比 83.7%，主振频率为 16.3Hz，孔间延时 4ms 时，频域的宽度基本不变，主振频率稍微变大，为 30.5Hz，信号能量整体向右移动，在 50Hz 对称分布，孔间延时

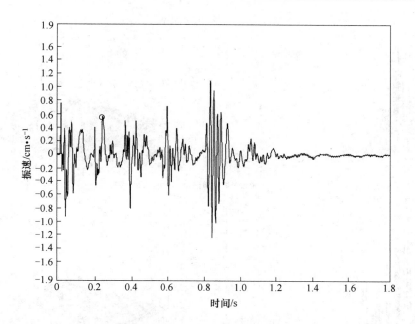

图 7　孔间 7ms 延时实测垂向振动波形图
Fig. 7　Measured vertial vibration waveform of time delay 7ms

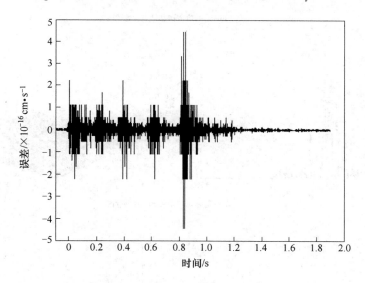

图 8　重构误差
Fig. 8　The error of reconstruction

7ms 时，能量沿频率轴分布相对均匀，主振频率大于 50 Hz，50～100Hz 的能量占到爆破总能量的 48%，爆破振动的频带范围变宽，有向高频方向发展的趋势。众所周知，频率对爆破振动有害效应起着决定作用，毫秒延时爆破使振动频率向高频方向移动，由于建筑物的自振频率比较低，从而避免产生共振反应，有利于对建筑物的保护。表 2 为不同延时爆破振动信号的主频和频带能量占比的情况。

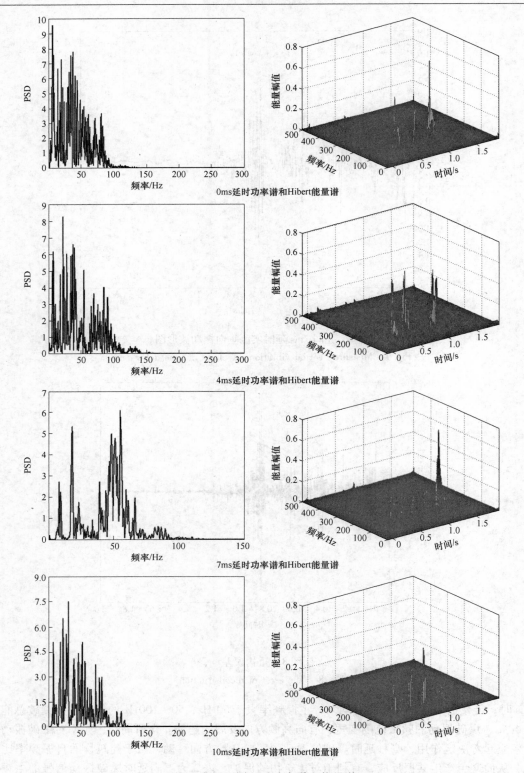

图 9 孔间不同延时功率谱和能量谱

Fig. 9 The different time delay power spectrum and Hibert energy spectrum between holes

表 2 爆破振动信号各频带能量占比

Table 2 Energy proportion of each frequency band of blasting vibration signal

| 序 号 | 孔间延时/ms | 主频/Hz | 频带能量占比/% | |
|---|---|---|---|---|
| | | | 0~50Hz | 50~100Hz |
| 1 | 0 | 13.42 | 83.7 | 10.2 |
| 2 | 4 | 45.45 | 60.7 | 32.4 |
| 3 | 7 | 58.36 | 50 | 48 |
| 4 | 10 | 52.63 | 54.8 | 45.2 |

## 5 结语

纵观爆破行业的发展历程，爆破技术的更新升级是不断努力创造自由面的过程，数码电子雷管的研制成功使毫秒延时逐孔精确爆破得以实现，通过优化延期时间，炸药能量的释放得到有效控制，针对不同环境的爆破工程，可以设计相对应的爆破网路，电子雷管爆破技术正广泛应用于各种复杂环境的控制爆破工程。本文通过对城市浅埋隧道爆破试验的振动监测以及对振动信号的分析处理，得到如下结论：

（1）数码电子雷管通过选择合理的延期时间可以获得良好的降振效果。

（2）在编写爆破设计文件或进行爆破施工之前，进行爆破试验和振动监测是十分必要的，一方面可以了解该场地的地形、地质条件对爆破地震波传播的影响，另一方面可以优化爆破设计参数，确定电子雷管合理的延时时间。

（3）根据现场试验结果和波动理论分析，基于单孔振动波不同延时的叠加过程，从降低爆破振动强度的角度可以得到该案例合理的延时时间为 7ms 或 8ms。

（4）从频率的角度分析，在该工程地质条件下，电子雷管延时时间在 7~10ms 时，主频大于 50Hz，50Hz 以上的频带能量占比接近 50%，按照《爆破安全规程》的规定，相当于频率提高一个等级，就算振动强度稍超过允许限值，也不具有危害性。通过合理设计延时方案，可以提高振动频率，从而使爆破振动"震而无害"。

## 参 考 文 献

[1] 傅洪贤，等. 隧道电子雷管爆破降振技术试验研究[J]. 岩石力学与工程学报，2012，31(3).

[2] 杨年华，等. 隆芯1号数码电子雷管在渝利隧道工程中的应用[C]//数码电子雷管爆破技术. 北京：北京北方邦杰科技发展有限公司，2012：219-222.

[3] 姚浩辉，等. 我国工业雷管现状及发展方向[C]//数码电子雷管爆破技术. 北京：北京北方邦杰科技发展有限公司，2012：7-11.

[4] 杨年华. 爆破振动理论与测控技术[M]. 中国铁道出版社，2014.

[5] 张义平. 爆破震动信号的 HHT 分析与应用研究[D]. 长沙：中南大学，2006.

[6] 李夕兵，张义平，刘志祥，等. 爆破震动信号的小波分析与 HHT 变换[J]. 爆炸与冲击，2005，25(6):528-535.

# 高耸建筑物爆破触地振动分布规律研究

薛 里  孟海利  刘世波  付天杰

（中国铁道科学研究院，北京，100081）

**摘 要**：在现有的塌落振动计算公式的基础上，利用振速叠加的方法，提出了高耸建筑物倾倒塌落振动计算方法。经过实例应用，振速预测值与实测值较接近。同时，通过画等振速线的方法获得了烟囱倾倒触地塌落振动的传播规律，烟囱爆破拆除时，塌落振动主要由烟囱上部 2/3 的部分塌落触地产生，塌落中心线近区，振速分布为以烟囱倾倒中心线为对称轴，呈前大后小的葫芦形向外传播，并且随着传播距离的增大，等振速线越接近于圆形。受多点振速叠加的作用，倾倒中心线两侧的振速衰减较慢，烟囱倾倒方向的前、后部振速衰减较快。

**关键词**：高耸建筑物；爆破拆除；触地振动；分布规律

## Research on Touchdown Vibration Distribution Rules of Tower Building in Demolition Blasting

Xue Li  Meng Haili  Liu Shibo  Fu Tianjie

（China Academy of Railway Sciences, Beijing, 100081）

**Abstract**: Based on the collapse vibration calculation formula of existing and the method of superposition of vibration speed, the high-rise buildings collapse vibration calculation method is put forward. Through practical application, the calculated value and the measured value are approximately the name. At the same time, by using the method of drawing velocity line, the touchdown vibration propagation rule of chimney collapse is obtained. On the chimney blasting demolition, collapse vibration is mainly caused by the upper two-thirds of the chimney touching the ground. Near collapse of the center line, velocity distribution for chimney toppling center line for the axis of symmetry, a former small gourd shaped spread outward, more to spread out, vibration velocity line closer to round. In addition, due to the role of multiple vibration velocity, the damping of the vibration velocity of the two sides of the center line is slow, and the front and rear vibration velocity attenuation of the chimney dumping direction is faster.

**Keywords**: tower building; demolition blasting; touchdown vibration; distribution rule

## 1 引言

对于高耸建筑物拆除爆破，其振动主要分为两部分：一部分是爆破振动；另一部分是触地振动。根据大量的实践和资料证明，被拆建筑物倒塌产生的触地振动一般要比其爆破振动大，

---

作者信息：薛里，博士，副研究员，ylg538515@163.com。

对周围建筑物的危害也大。爆破拆除建（构）筑物产生的地震的特点为[1]：建筑物倒塌触地振动的振速高，频率较低，振动的频率接近建筑物的自振频率，且比爆破振动作用时间长，对周围被保护建筑物的危害也较大。目前触地振动的预测仍以经验公式为主。1979年Heyrrihc[2]通过对房屋爆破拆除的观测分析，提出了第一个触地振动的估算公式：

$$A = C/R \quad (1)$$

式中，$C$为常量；$A$为振幅（$C=500$，$A$为平均振幅；$C=2000$，$A$为最大振幅）；$R$为观测点到触地点的距离，m。

王希之[3]等学者结合工程实践，针对高层建筑物的解体形式、撞击地面的能量和地震波在介质中的传播规律等进行分析，建立了特定条件下高层建筑物塌落振动质点振动速度的数学模型：

$$v = \beta \left(\frac{m_i}{M_d}\right)^\lambda \eta (2gh_i)^{1/2} e^{-\alpha R} \quad (2)$$

式中，$\beta$为能量损耗系数；$m_i$为$i$块塌落体的质量；$M_d$为被撞击处地面介质的质量；$\eta$为实际速度与理论速度的比值；$\lambda$为待定系数；$h_i$为$i$块塌落体的质心高度。

该公式揭示了高层建筑物塌落振动地面质点振动速度随各相关变量的关系及变化规律，为建筑物塌落振动的试验研究以及对研究高层建筑物塌落振动的预报和控制提供一定的理论基础，更便于工程应用。

之后，周家汉[4~6]在基于对烟囱类高大建（构）筑物爆破拆除塌落过程的基础上，提出了塌落振动速度计算公式：

$$v_1 = K_1 \left(\frac{R}{(MgH/\sigma)^{1/3}}\right)^\beta \quad (3)$$

式中，$v_1$为塌落引起的地面振动速度，cm/s；$M$为下落构件的质量，t；$g$是重力加速度，9.8m/s$^2$；$H$是构件高度，m；$\sigma$为地面介质的破坏强度，一般取10MPa；$R$为观测点至冲击地面中心的距离，m；$K_1$、$\beta$为塌落体振动速度衰减系数和指数。

式（3）为目前普遍采用的公式，而对于烟囱、冷却塔等高耸建筑物，倾倒触地为逐渐连续过程，对于固定的观测点，其$M、R$值都无法准确确定，随之$H$也不能明确取值，因此对于烟囱爆破拆除，采用该公式预测塌落振动值就存在一定的不确定性。因此，考虑烟囱倒塌过程，对触地振动进行研究将更具有重要的应用价值。

## 2 高耸建筑物倾倒塌落振动分布规律

针对上面提出的问题，我们采用振动叠加的原理来计算烟囱的塌落振动。将烟囱分割成小单元体，利用式（3），各自计算对某观测点的振动值，再进行振动叠加，以此方法来计算烟囱的塌落振动，进而分析高耸建筑物倾倒塌落振动的传播分布规律。图1为塌落振动叠加计算示意图。

将烟囱分割成小节，每节为一个单元，由于烟囱倒地后会压扁，压扁后宽度约原直径的1.5倍，因此每节的高度取直径的1.5倍，该单元其质量$M$为该节筒体的质量。每单元体的高度$H$为爆前该节烟囱质心所在的高度。到观测点的距离$R$为烟囱倾倒后该节质心至观测点的水平距离。根据经验知道，振动波的传播速度约3000m/s，塌落振动影响的范围一般为300m内，在这个范围内对某一观测点来说，各单元的塌落振动波几乎同时到达，且波形相似。因此，我们采用各单元的波形采用直接叠加的方式，即：

$$v_{测点} = \sum_{i=1}^{n} K_1 \left( \frac{R_i}{(M_i g H_i / \sigma)^{1/3}} \right)^{\beta} \quad (4)$$

每一节筒体的上下口直径近似认为是相等的，因此其质量 $M_i$ 为：

$$M_i = 3r_1 \cdot \rho \pi (r_1^2 - r_2^2) \quad (5)$$

式中，$M_i$ 为第 $i$ 节单元体的质量；$r_1$ 为该节筒体的外径；$r_2$ 为该节筒体的内径；$\rho$ 为钢筋混凝土的密度，取 $2600 kg/m^3$。对某观测点的距离 $R_i$ 可采用实际测量的方式确定。采用该公式可以计算得到任意观测点的触地振动速度，下面我们针对浙江浙能温州发电有限公司的 210m 烟囱爆破拆除为例进行进一步的分析。

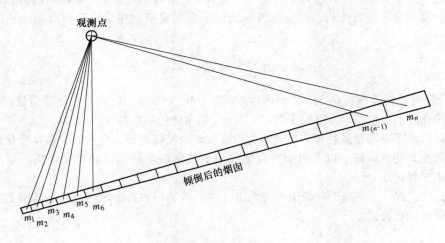

图 1  触地振动叠加计算示意图
Fig. 1  The diagram of touchdown vibration superposition calculation

## 3 应用实例

### 3.1 工程简介

待拆烟囱为整体现浇钢筋混凝土筒体结构，0～100m 筒身为 300 号硅酸盐水泥砼，100～210m 筒身为 300 号抗硫酸盐水泥砼。其结构尺寸为：底部（相对标高 ±0.00）外半径 10.75m、内半径 10.05m、壁厚 70cm；烟囱整体混凝土体积 $3158.67m^3$，隔热层体积 $558.6m^3$，内衬 $864.58m^3$，整体重量 9344t。烟囱东侧 98m 为运行发电机组、158m 为运行机组主控房；南侧 83m 为储煤区、183m 为输煤栈道；西侧 98m 为在建工地、138m 为办公楼等建筑物，北侧 280m 为输变电主控楼和输变电线路。

根据不同方案的必选，最终选择单向倾倒爆破，倒塌方向西偏南 10°。该方向倒塌范围长度可达到 246m，满足烟囱定向倒塌长度需要。计采用"正梯形"切口，根据烟囱结构尺寸取 $H=7.43m$、切口底标高 +0.5m、顶标高 +7.93m、切口圆心角 $\alpha$ 取 220°。

### 3.2 监测方案

爆破时对爆破振动进行了监测，共布设 7 个测点，各检测点的布设位置见图 2。测点 1 布置在厂区办公楼南侧，距烟囱 298m，距烟囱端头落地点为 142m；测点 2 布置在燃料检修楼南侧，距烟囱端头落地点 65m，距烟囱爆破点 275m；测点 3 布置在运营的发电机组下，距爆区

117m；测点 4 布置在运营机组主控机房处，距离爆区 128m；测点 5 布置在汽机锅炉检修楼南侧，距倾倒范围中线 5m，距烟囱爆区 210m；测点 6 和测点 7 布置在厂门口横河的两侧的，距烟囱爆破点分别为 451m 和 482m。

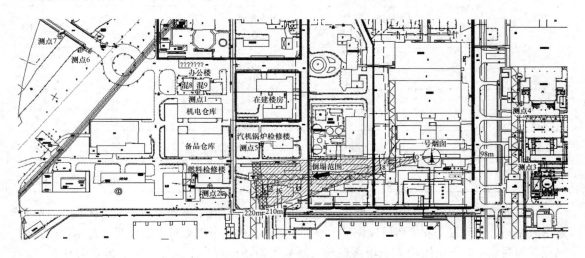

图 2　烟囱拆除爆破环境及测点布置示意图
Fig. 2　Schematic diagram of blasting environment and arrangement of measuring points

### 3.3　监测结果分析

各测点仪器均正常运行，采集到了完整的振动波形。图 3 为测点 3 典型振动波形图，波形数据整理结果见表 1。

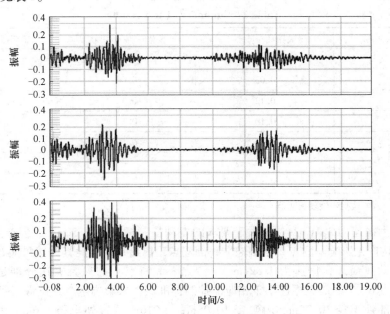

图 3　测点 3 爆破振动波形图
Fig. 3　Blasting vibration waveform of measuring point 3

表1 各监测点的爆破振动测试结果

Table 1 Blasting vibration test results of each test point

| 测点号 | 距烟囱水平距/m | 径向 | | 横向 | | 垂向 | |
|---|---|---|---|---|---|---|---|
| | | 最大振速/cm·s$^{-1}$ | 主振频率/Hz | 最大振速/cm·s$^{-1}$ | 主振频率/Hz | 最大振速/cm·s$^{-1}$ | 主振频率/Hz |
| 1 | 298 | 2.71 | 7.9 | 1.27 | 6.6 | 1.05 | 10.1 |
| 2 | 275 | 3.65 | 1.5 | 2.91 | 1.6 | 2.63 | 2.1 |
| 3 | 117 | 0.31 | 8.7 | 0.26 | 4.2 | 0.38 | 7.8 |
| 4 | 128 | 0.22 | 2.6 | 0.19 | 4.8 | 0.32 | 9.2 |
| 5 | 210 | 4.82 | 4.2 | 3.04 | 4.6 | 2.87 | 4.6 |
| 6 | 451 | 0.21 | 3.2 | 0.18 | 2.6 | 0.11 | 2.9 |
| 7 | 482 | 0.18 | 13.7 | 0.14 | 1.8 | 0.16 | 4.4 |

从振动波形图中可以看出，整个振动过程持续了18s左右。振动过程分三个区段[7]，分别是爆破振动、下坐振动和塌落触地振动，表2为各测点振动分段处理汇总结果。离烟囱较近的测点3和测点4的下坐振动大于塌落振动，其最大振动出现在下坐振动时，分别为0.38cm/s和0.32cm/s；离烟囱端部倾倒触地处较近的测点1和测点2，其塌落振动远大于爆破振动和下坐振动，分别为2.71cm/s和3.65cm/s；距倒塌轴线最近的测点5的塌落振动最大，为4.82cm/s；测点6和测点7距爆区和倾倒范围较远，其振速值也很小，最大振速分别为0.21cm/s和0.20cm/s。经过对振动波的频谱分析，爆破振动的主振频率在8~15Hz，塌落振动主频在1.5~9Hz范围。

表2 各测点振速处理汇总

Table 2 Summary of test results

| 测点 | 爆破振动/cm·s$^{-1}$ | 下坐振动/cm·s$^{-1}$ | 塌落振动/cm·s$^{-1}$ |
|---|---|---|---|
| 1 | 0.02 | 0.04 | 2.71 |
| 2 | 0.03 | 0.06 | 3.65 |
| 3 | 0.12 | 0.38 | 0.19 |
| 4 | 0.10 | 0.32 | 0.18 |
| 5 | 0.04 | 0.16 | 4.82 |
| 6 | — | — | 0.21 |
| 7 | — | — | 0.18 |

注：划"—"为未检测到该段振速值。

测点1最大振速为2.1cm/s，略大于要求的振动控制标准值1.5cm/s，但产生的振动未对办公楼主体结构产生影响。测点2距烟囱端头倒塌点距离最近，因此其振速最大，为3.65cm/s，测点5距倒塌轴线最近，振速为4.82cm/s，测点3和测点4的最大振速分别是0.38cm/s和0.24cm/s，测点6、7的最大振速小于相应的控制标准值，未影响生产的正常运营。

该烟囱底部外半径10.75m、内半径10.05m；+210m位置外半径3.6m、内半径3.22m。即烟囱底部单元体高度为32.5m，顶部单元体高度为10.8m，烟囱筒体中间部分单元体高度采用等差的方式求得。

采用式（4）对该烟囱的塌落振动分布规律进行计算，利用 Excel 软件计算烟囱倒塌中心线一侧的多点塌落振速值，随即得到沿塌落中心线对称一侧的相应点的塌落振速值，再采用南方 CASS 测绘软件，按着画等高线的方法，绘制等振速线，绘制结果见图4。

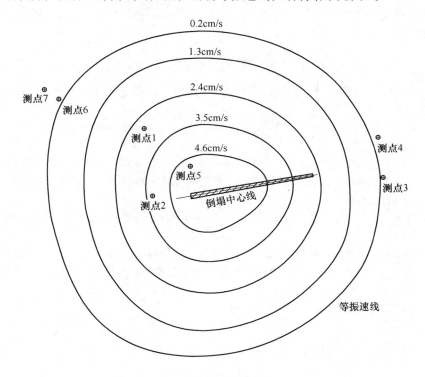

图 4　烟囱倾倒塌落振动等振速线
Fig. 4　The equalvelocity line of chimney collapse vibration

从现场布设测点的实测结果（表2）可以看出，实测值与计算值相符，说明计算方法合理可行，能满足实际需要。

从图4中可以看出，烟囱爆破拆除时，塌落振动主要由烟囱上部2/3的部分塌落触地产生，塌落中心线近区，振速分布为以烟囱倾倒中心线为对称轴，呈前大后小的葫芦形向外传播，越往外传播，等振速线越接近于圆形。另外，受多点振速叠加的作用，倾倒中心线两侧的振速衰减较慢，烟囱倾倒方向的前、后部振速衰减较快。在倾倒中心线两侧290m时，振速衰减为0.2cm/s，而在倾倒方向前侧，距烟囱头部250m处，振速已衰减为0.2cm/s，在倾倒方向后侧，距烟囱底部113m时塌落振速为0.2cm/s。

今后的烟囱爆破拆除时，利用该方法，可以提前大致了解振动分布情况，并根据现场实际情况采取有效的防护措施，做到有的放矢。

## 4　结论

在现有的塌落振动计算公式的基础上，结合振速叠加的方法，对高耸建筑物倾倒塌落振动分布规律进行了研究，得到以下结论：

（1）经过实例应用，采用塌落振速叠加的计算方法得到的计算值与实测值一致。

（2）通过采用画等振速线的方法得出了烟囱倾倒触地塌落振动的传播规律，烟囱爆破拆除时，塌落振动主要由烟囱上部 2/3 的部分塌落触地产生，塌落中心线近区，振速分布为以烟囱倾倒中心线为对称轴，呈前大后小的葫芦形向外传播，越往外传播，等振速线越接近于圆形。

（3）受多点振速叠加的作用，倾倒中心线两侧的振速衰减较慢，烟囱倾倒方向的前、后部振速衰减较快。

## 参 考 文 献

[1] 张世平，阎晋文．爆破拆除高大建筑物产生的震动危害与减震方法[J]．太原理工大学学报．2006，37(6)：36-38．

[2] Henryeh. J. The Dynamics of Hernrch. J, The Dynamics of explosion and its use[M]. Elsevier Scientific Publishing Company, 1979．

[3] 王希之．高层建筑物爆破拆除塌落震动的数学模型[J]．爆炸与冲击，2002，22(2)，188-191．

[4] 周家汉，杨人光，庞维泰．建筑物拆除爆破塌落造成的地面震动[A]．土岩爆破文集（第二辑）[e]，冶金工业出版社，1984：317-326．

[5] 周家汉，陈善良，杨业致，等．爆破拆除建筑物时震动安全距离的确定[J]．土岩爆破文集（第三辑）[C]，1988：112-119．

[6] 周家汉．爆破拆除塌落振动速度计算公式的讨论[J]．工程爆破，2009，15(1)：317-326．

[7] 吕淑然，杨军，刘国振．高大建筑物定向爆破地震振动效应监测与控制研究[J]．爆破，2003，20(3)，71-74．

# 深水厚淤泥中钻孔爆破地震及冲击波特性研究

王文辉 赵根

(长江科学院水利部岩土力学与工程重点实验室,湖北 武汉,430010)

**摘 要**:本文结合深水厚淤泥中钻孔扰动爆破测试实例,对爆破地震波、动孔隙水压力、水中冲击波传播特性等进行了分析,认为地震波具有近区幅值大而衰减快特性,相同装药情况下其幅值主要由装药与岩基距离决定,动孔隙水压力在爆破近中区仍具冲击波特征,传播速度与水中声速相当,表明该区域爆破能量主要由孔隙水传递,而在中远区主要由土颗粒传递,压力幅值衰减较快,爆破溢出至水中冲击波压力与炮孔堵塞长度密切相关,同时随着与炮孔轴线夹角增大迅速衰减。

**关键词**:深厚淤泥;爆破;地震波;水击波;动孔隙水压力

## Study on Seism and Shock Wave Characteristics of Drilling Blasting in Thick Silt Soil under Deep Water Demolition

Wang Wenhui   Zhao Gen

(Key Laboratory of Geotechnical Mechanics and Engineering of the Ministry of Water Resources, Changjiang River Scientific Research Institute, Hubei Wuhan, 430010)

**Abstract**: According to a drilling blasting in thick silt soil under deep water demolition test example, propagation characteristics of blast seismic wave and dynamic pore pressure and water shock wave were analyzed. The results shows that the seismic wave showed characteristics of fast attenuation and large amplitude in the area near blasting, which are decided by the distance from charge to batholith in the case of same charge. Dynamic pore pressure shows characteristics of shock wave in the close and middle distance from blasting area, where propagation speed is equal to that of sound propagation in water, indicating that the blasting energy is delivered rather by the pore water in nearby region than attenuated faster in middle and far region mainly delivered by soil particles. The water shock wave caused by the blasting energy overflow into water is mainly decided by stemming length and should be rapidly attenuated with increasing angle between the borehole axis.

**Keywords**: thick silt soil; blasting; seismic wave; water shock wave; dynamic pore pressure

## 1 引言

为解决泥沙淤积问题、提高库区有效库容,往往须在已运行水库内修建用冲沙洞。此类冲

---

作者信息:王文辉,高级工程师,wangwh71@126.com。

沙洞进水口通常处于深水及厚泥沙下，而要在不泄空水库并保证水库正常运行的情况下完成施工，通常采用岩塞爆破。在深水及厚淤泥层下进行岩塞爆破淤泥问题对爆破效果影响不容忽视，通常采用抗剪力法计算淤泥对爆破作用的影响时，尤其对于厚淤泥层如只考虑淤泥荷重而不考虑淤泥自身具有一定强度，则计算得到的岩塞上下游面爆破漏斗抗剪力阻抗比有可能与实际爆破效果有较大差距。对此，一些工程采用对淤泥层进行先期扰动的解决方案，利用爆扩成井原理，采用水下淤泥中钻孔、线性装药的爆破方法，希望当岩塞上层药包爆炸瞬间，岩塞口附近淤泥已扰动，并在岩塞口附近形成较大空间，允许岩塞上层岩石有膨胀的空间，便于岩石破碎成块，从而确保岩塞口爆通成型。

为判别爆破对淤泥的扰动情况及扰动范围，有必要对爆炸应力波在淤泥中的传播特性进行研究，此外，淤泥中钻孔爆破还将产生一些有害效应，主要包括爆破地震波引起的地震效应对周边建筑物的影响、水中冲击波对水中建筑物及周边岸坡的影响等，因此，有必要对淤泥钻孔爆破地震波及冲击波特性（包括水中及淤泥中）进行研究，以期为验证及优化爆破设计提供必要资料，为分析爆破对周边建筑物的影响提供依据。

本文以黄河刘家峡洮河口排沙洞工程岩塞爆破试验及原型爆破为例，对深水深厚淤泥中钻孔爆破地震波及冲击波特性进行分析，为今后类似工程中爆破设计及地震波、水击波效应控制提供参考。

## 1.1 工程概况

刘家峡水电站位于甘肃省永靖县，电站总库容 $(57.4 \times 10^8) m^3$。洮河段死库容于1987年淤满，1999年淤沙坎高程超过水库运行死水位 $1 \sim 9m$，造成河道阻水、机组严重磨损，泥沙淤积向坝前推移给电站安全运行和度汛造成严重危害。修建洮河口排沙洞工程拦截入库泥沙是解决刘家峡电站泥沙问题的一项紧迫工程措施。排沙洞的进水口采用水下岩塞爆破方案。

岩塞爆破口在正常蓄水位以下70m有27m厚的淤泥沙层。岩塞下开口直径10m，上开口近似椭圆形，尺寸 $27.84m \times 20.30m$，岩塞进口轴线与水平面夹角45°，最小厚度12.30m。此类大直径、高水头、厚淤泥沙层排沙兼发电的岩塞爆破工程国内外尚无先例，岩塞爆破的技术难度较大。因此，确定通过现场岩塞爆破模型（简称模型）试验，模拟岩塞爆破以解决淤泥处理（扰动）和岩塞在大直径、高水头、厚淤泥沙层及岩塞口的边坡稳定性等特殊条件下的爆破设计问题。

模型的岩塞内口为圆形，内径7m，外口近似椭圆，外口尺寸 $14.96m \times 12.63m$；模型岩塞最小厚度9.8m，进口轴线与水平面夹角18.3°。

现代冲积淤积层主要来源于洮河，分布于岩塞口上下游的水下，顶面高程为 $1702 \sim 1692m$，厚度一般为 $5.37 \sim 43.97m$，从上至下分为粉土、细砂、粉质黏土三层。

淤积土层天然密度为 $1.68 \sim 1.79g/cm^3$，孔隙比为 $0.96 \sim 1.18$，压缩模量为 $3.2 \sim 4.9MPa$。

## 1.2 淤泥钻孔爆破情况

### 1.2.1 模型岩塞爆破

在模型岩塞口正上方淤泥中按正菱形布置4个炮孔，孔距2m，孔径$\phi 100mm$，孔深为 $16 \sim 21m$，孔底距岩塞斜坡岩面0.5m左右。以高能乳化炸药入孔，装药长度为 $12 \sim 15.5m$，线装药密度5kg/m，堵塞长度为 $4 \sim 5.5m$，采用水土堵塞，其中编织袋土堵塞2m，单孔药量为 $60 \sim 77.5kg$。总起爆药量为272.5kg，提前模型岩塞上部贯通药室50ms起爆。

### 1.2.2 原型岩塞爆破

在岩塞口正上方淤泥中按正菱形布置4个炮孔，并在菱形中心增加1个炮孔，此外，在菱形布孔外侧沿岩塞轴线增加2个炮孔，孔距1m。孔径$\phi$100mm，孔深为23~26m，孔底至少嵌入岩塞斜坡基岩0.5m，兼具斜坡岩面找平作用。以高能乳化炸药入孔，线装药密度5kg/m，为保证爆破扰动效果采用满孔装药。总起爆药量852.5kg，提前岩塞预裂孔50ms起爆，提前岩塞上部贯通药室170ms起爆。

## 2 测试布置

### 2.1 地面振动测点布置

模型试验测点布置在岸坡地表岩石上布置质点振动速度测点5个，为1~5号，各测点水平向爆心距分别为：79.4m、93.0m、111.7m、160.5m、228.1m。

原型爆破测点布置在岸坡地表岩石上布置质点振动速度测点6个，为1~6号，各测点水平向爆心距分别为：62.8m、105.0m、136.3m、174.5m、255.7m、351.1m。

每个测点观测3个方向的速度值，即竖直方向、径向方向（指向爆源）和切向方向。

### 2.2 淤泥孔隙水压力测点布置

仅在模型爆破试验中进行了此项测试。在岩塞口中心上方淤泥中与洞轴线呈90°方向布置一条测线，布置孔隙动水压力测点5个，为1~5号，测点至爆心水平距分别为23.1m、29.3m、49.4m、59.8m、68.7m。压力传感器分别埋入水与淤泥交界层面下2m左右。

用于淤泥中孔隙水压力测试的压力变送器带宽不低于75kHz，上升时间≤0.1ms。

### 2.3 水击波压力测点布置

在模型试验以及原型爆破中均进行了此项测试。

模型爆破试验中，在岩塞口中心上方与岩塞轴线呈90°方向布置一条测线，布置水击波压力测点5个，测点至爆心水平距分别为23.1m、29.3m、39.1m、49.4m、59.8m。水击波压力传感器均位于水深10m处，爆破区域水深约27m。用于测试的传感器带宽不低于1MHz，上升时间≤1μs。

原型爆破中，在岩塞口中心上方沿岩塞轴线方向布置一条测线，布置水中冲击波压力测点5个，为1~5号，测点至岩塞中心水平距离分别为103.6m、143.1m、199.0m、246.7m、399.9m。传感器高程位于水面以下10m处，爆破区域水深约25m。用于测试的传感器带宽不低于0.5MHz，上升时间≤1.5μs。

## 3 爆破地震特性分析

### 3.1 模型试验爆破地震特性

图1为模型试验爆破时2号测点竖直向振动历程。振动速度峰值统计分析结果见表1。

爆破地震速度波形中包含淤泥钻孔爆破及岩塞爆破的信息，同岩塞爆破相比淤泥钻孔爆破振动呈现不同的特征：

起爆后首先出现较高频峰振动，经过2~3峰约40ms后峰振动周期明显增加，振频下降，随后出现最大峰振值，峰振周期约为初至高频振动的两倍，为两种特征明显不同的振动。从起爆时间分析,先出现的是淤泥钻孔爆破地震波产生的振动,由于淤泥中炮孔孔底距岩塞斜坡岩面有 0.5m 距离,爆破冲击波在淤泥中传播衰减速率相对基岩中要快,而炮孔底部近区淤泥中能量主要以孔隙水冲击波形式传播至基岩面,故相对岩塞贯通药室爆破,本次淤泥炮孔爆破地震呈现高频、幅值较快衰减特性,当比例距离大于 $15.75 kg^{1/3}/m$ 时,峰频仍可超过 100Hz。

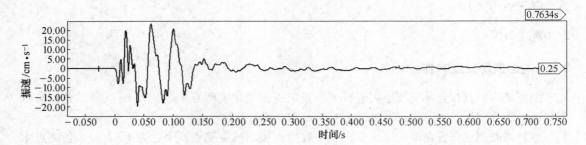

图 1  模型试验爆破 2 号测点竖直向振动历程

Fig. 1  Ground vertical vibration velocity process recorded by 2# monitoring point of model test blasting

表 1  模型试验地面振动历程峰值统计

Table 1  Statistic results of model test blasting aground vibration peck

| 振动测向 | 测点1 | | 测点2 | | 测点3 | | 测点4 | | 测点5 | |
|---|---|---|---|---|---|---|---|---|---|---|
| | 峰振速 /cm·s$^{-1}$ | 峰频 /Hz | 峰振速 /cm·s$^{-1}$ | 峰频 /Hz | 峰振速 /cm·s$^{-1}$ | 峰频 /Hz | 峰振速 /cm·s$^{-1}$ | 峰频 /Hz | 峰振速 /cm·s$^{-1}$ | 峰频 /Hz |
| 水平切向 | 1.04 | 122 | 0.72 | 80.6 | 0.70 | 54.3 | 0.47 | 49 | 0.15 | 78.1 |
| 竖直向 | 1.44 | 79.4 | 2.01 | 73.5 | 1.22 | 41 | 0.78 | 41 | 0.62 | 49 |
| 水平径向 | 1.91 | 49 | 1.02 | 59.5 | 0.90 | 54.3 | 0.60 | 38.5 | 0.36 | 24.8 |

## 3.2  原型爆破地震特性

图 2 为原型淤泥扰动爆破时 2 号测点水平切向向振动历程。振动速度峰值统计分析结果见表 2。

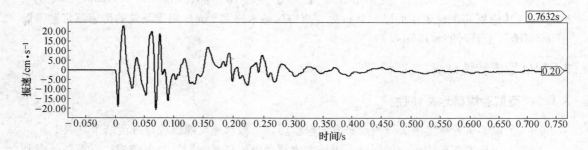

图 2  原型爆破 2 号测点水平切向振动历程

Fig. 2  Ground horizontal tangential vibration velocity process recorded by 2# monitoring point of prototype blasting

表 2  原型淤泥爆破地面振动历程峰值统计
Table 2  Statistic results of the prototype silt blasting aground vibration peck

| 振动测向 | 测点 1 | | 测点 2 | | 测点 3 | | 测点 4 | | 测点 5 | | 测点 6 | |
|---|---|---|---|---|---|---|---|---|---|---|---|---|
| | 峰振速 /cm·s$^{-1}$ | 峰频 /Hz | 峰振速 /cm·s$^{-1}$ | 峰频 /Hz | 峰振速 /cm·s$^{-1}$ | 峰频 /Hz | 峰振速 /cm·s$^{-1}$ | 峰频 /Hz | 峰振速 /cm·s$^{-1}$ | 峰频 /Hz | 峰振速 /cm·s$^{-1}$ | 峰频 /Hz |
| 水平切向 | 3.73 | 25 | 2.58 | 35 | 0.8 | 56.8 | 0.99 | 36.8 | 0.46 | 39.4 | 0.18 | 37.9 |
| 竖直向 | 12.85 | 29.3 | 3.63 | 18.9 | 1.81 | 46.7 | 3.24 | 31 | 2.49 | 26.7 | 0.55 | 42.4 |
| 水平径向 | 7.33 | 25.6 | 4.67 | 32 | 2.14 | 28.4 | 3.28 | 24.4 | 1.62 | 23.8 | 0.59 | 23.8 |

时域分析表明最大地振峰值主要出现在起爆后 100ms 以内，即出现在淤泥孔爆破时段或预裂爆破时段，淤泥孔爆破振动峰值与预裂爆破相当，明显大于岩塞段药室贯通爆破，为后者的 2～3 倍。有可能淤泥爆破已充分扰动岩塞口附近淤泥，并在岩塞口附近形成空腔使岩塞上层岩石有较充裕的膨胀空间，减少了药室爆破转化为地振波的能量，从而明显降振。

此外，原型淤泥孔爆破单段药量约为模型试验的 3 倍，在相同传播距离下，前者最大单向峰振值也达前者的 3～4 倍，即相同比例距离时前者爆破地振影响效应明显更强，主要由于前者炮孔底部嵌入岩塞基岩 0.5m，而一旦炮孔底部未触及基岩由于淤泥对冲击波的明显衰减效应，引起的地表振动效应就可能明显下降。

原型淤泥孔爆破峰振频率大约仅为试验爆破的 1/3，与预裂爆破基本相当，略低于岩塞药室爆破，表明其与一些岩石炮孔爆破具有相近特性。

### 3.3 地震波衰减规律

对振速峰值合速度（PSV）进行研究，得到如下衰减经验公式：

（1）原型淤泥孔爆破

$$PSV = 312.5(Q^{1/3}/R)^{1.57} \quad (1)$$

$Q^{1/3}/R$ 范围为 0.063494～0.027138；

（2）模型试验淤泥孔爆破

$$PSV = 144.4(Q^{1/3}/R)^{1.52} \quad (2)$$

$Q^{1/3}/R$ 范围为 0.124013～0.026503。

可见，两次淤泥孔爆破都具有近区振幅大、衰减较快的特点，衰减系数 α 值很接近，而式（1）K 值约为式（2）的两倍，表明在一定比例距离内原型淤泥孔爆破地振强度约为模型试验时的两倍。

## 4 淤泥孔隙水压力特性分析

表 3 列出模型试验岩塞爆破时孔隙水压力超压峰值。图 3 为模型试验岩塞爆破时 1～5 号测点孔隙水压力历程。

表 3  模型试验孔隙水压力峰值统计
Table 3  Statistic results of pore water pressure peck

| 测 点 | 距离/m | 超压峰值/MPa | 测 点 | 距离/m | 超压峰值/MPa |
|---|---|---|---|---|---|
| 1 | 23.1 | 1.558 | 4 | 59.8 | 0.038 |
| 2 | 29.3 | 0.938 | 5 | 68.7 | 无明显超压 |
| 3 | 49.4 | 0.056 | | | |

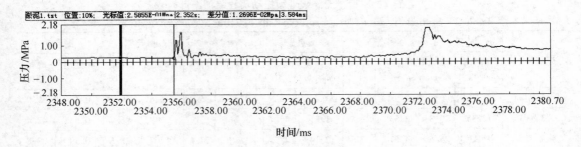
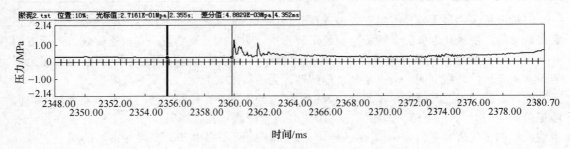
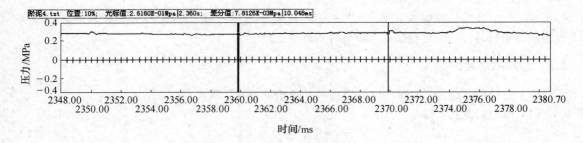

图 3　模型试验爆破 1～3 号测点孔隙水压力历程

Fig. 3　Process of pore water pressure recorded by 1#～3# monitoring point of model test blasting

(1) 1号、2号测点孔隙水超压仍具冲击波特性，最大峰值分别为 1.558MPa、0.938MPa，分析表明，其波头前沿上升时间一般不足 100μs，且具三角波特征，主要受泥水界面反射切断效应影响；至4号测点超压衰减很快，压力仅具压缩波特征，峰压仅 0.056MPa。

(2) 淤泥起爆完成后，超孔隙水压力消散很快，没有残余压力。

(3) 1号、2号测点间淤泥波速为 1426m/s，与水中声速接近，表明在近区爆破冲击波作用下，淤泥很快产生液化，土骨架被完全破坏，能量主要以孔隙水形式传递，而在中远区土体骨架没有完全破坏，主要依靠土体颗粒之间的相互挤压传递与转换能量，依靠孔隙水传递的能量只占一小部分，故孔隙水超压峰值衰减较液化区要快得多。

(4) 本次爆破压力由冲击波向压缩波转换的临界值大约为 0.9MPa 左右，液化范围大致在 30m 左右。

## 5　水中冲击波压力特性分析

表4列出试验及原型爆破时部分测点水击波压力超压峰值。图4为原型爆破时1号测点水击波压力历程。

表 4 水击波压力峰值统计

Table 4 Statistic results of water shock wave pressure peck

| 分 类 | 测 点 | 距离/m | | 超压峰值/MPa |
|---|---|---|---|---|
| | | 水 平 | 竖 直 | |
| 试验爆破 | 1 | 23.1 | 17 | 1.035 |
| | 2 | 29.3 | 17 | 0.635 |
| | 3 | 39.1 | 17 | 0.313 |
| 原型爆破 | 1 | 103.6 | 15 | 0.794 |
| | 2 | 143.1 | 15 | 0.283 |
| | 3 | 199.0 | 15 | 0.220 |

（1）试验爆破中，当测点距炮孔口水平距与竖向距相差不大时，压力峰值随着水平距增大衰减迅速，水平距增加比率69%，压力衰减率为70%；相应地测点与炮孔轴线夹角仅由53.6°增大到66.5°，增加比率为24%，即超压峰值衰减与测点与炮孔轴线夹角相关性更为密切。

（2）原型爆破中爆源距超过100m处超压峰值已超过试验爆破2号测点，且从图4来看仍具有明显冲击波特征。当孔深、孔径及装药直径等参数相同或相近时，炮孔口溢出爆生产物产生的水击波超压大小主要与炮孔堵塞情况有关。试验爆破中炮孔堵塞长度为2m，而原型爆破中炮孔未堵塞，可见水击波大小与炮孔堵塞长度密切相关。

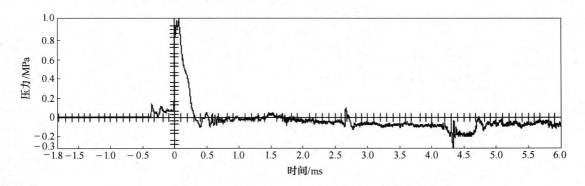

图 4 原型爆破1号测点水击波压力历程

Fig. 4 Process of water shock wave pressure recorded by 1# monitoring point of prototype blasting

# 6 结语

结合工程实例对深水厚淤泥中钻孔爆破地震及冲击波特性研究进行了分析，结论如下：

（1）深水厚淤泥中钻孔爆破地震波具有近区幅值大而衰减快特性，相同装药情况下其幅值主要由装药与岩基距离决定。

（2）钻孔爆破使近区淤泥产生液化，在液化区能量主要以孔隙水形式传递，而在中远区土体骨架没有完全破坏，主要依靠土体颗粒之间的相互挤压传递与转换能量，依靠孔隙水传递的能量只占一小部分，孔隙水超压峰值衰减较液化区要快得多。

（3）炮孔口溢出至水中冲击波压力峰值随着与炮孔轴线夹角增大迅速衰减，同时与炮孔堵塞长度密切相关，增大堵塞长度能有效降低溢入水中的冲击波压力峰值。

## 参 考 文 献

[1] GB 6722—2014 爆破安全规程[S]. 北京：中国标准出版社，2014.
[2] 石教往，佟锦岳，熊长汉，等. 爆炸压实饱和砂土的试验研究[J]. 长江科学院院报，1992，9(4)：25-32.
[3] 屈俊童，周健，李进军. 爆炸密实饱和粉细砂地基中孔隙水压力的增长和消散[J]. 工程爆破，2004，10(3)：22-52.
[4] 穆朝民，齐娟，辛凯. 高饱和度饱和土中爆炸波的传播特性[J]. 土木建筑与环境工程，2010，32(1)：18-23.

# 水泥砂浆试块的爆炸裂纹观测试验研究

吴红波 邢化岛 缪志军 王波

(安徽理工大学,安徽 淮南,232001)

**摘 要**:利用自制的水泥砂浆试块,用高速相机拍摄水泥砂浆试块在毫秒延期雷管引爆后裂纹的形成过程。实验观测结果表明,水泥砂浆试块在无约束的条件下,在不同的方向上其裂纹扩展的长度和宽度在是不同的,这主要是由于在不同方向上受力作用不同所致。该爆炸裂纹的观测结果为进一步研究裂纹的形成机理和数值模拟提供了一定的参考价值。

**关键词**:爆炸;裂纹;高速相机;裂纹扩展;应力波

## Explosion Crack Observation of Cement Mortar Test Block

Wu Hongbo  Xing Huadao  Miao Zhijun  Wang Bo

(Anhui University of Science and Technology,Anhui Huainan,232001)

**Abstract**:Using self-made cement mortar test block, the forming process of crack was shot by high speed camera after the cement mortar test block was initiated by millisecond delay detonator. The experimental observation results show that the length and width of crack propagation of cement mortar test block are different at different directions under unrestrained conditions. It is caused by different force at different directions. The observations results of explosion crack supplies a certain reference value for further study on formation mechanism and numerical simulation of crack.

**Keywords**:explosion;crack;high speed camera;crack propagation;stress wave

## 1 引言

随着国家对涉及民生的基础工程的大规模不断投入,岩土爆破在交通、水利水电、石油矿山等领域得到了广泛的应用和发展,同时也促进了工程爆破理论和工程爆破技术的发展。在岩土爆破过程中,如何精确地控制爆破时裂纹的产生位置以及发展方向,如何精确地控制裂纹的发展长度,如何精确控制断面的形成[1],对于爆破安全和爆破质量具有十分重要的意义。

炸药在岩中爆炸时,在岩石内部将产生爆炸应力和爆生气体,岩石在爆炸应力波的动作用和爆生气体的准静压作用下使裂纹初步形成并得到扩展,岩石的爆破破坏是二者共同作用的结果[2-4]。张玉柱、卢文波、陈明等人研究了爆炸应力波驱动的岩石开裂机制,分析了爆炸应力波随时间、空间的变化规律及其对岩石开裂过程的影响[5]。姚学锋,方竞,熊春阳研究了利用动态焦散线方法对爆炸应力波与裂纹和空孔的相互作用进行了试验分析,捕捉了爆炸应力场中

---

作者信息:吴红波,博士,副教授,hbwu@aust.edu.cn。

裂纹尖端和空孔附近的动态焦散斑图,分析了爆炸应力波的传播规律与裂纹及孔洞的相互作用[6]。赵新涛[7],严成增[8],卢文波[9]等对爆生气体作用下裂纹的扩展进行了分析、模拟和计算,得到了许多有价值的结论。在相关的研究中,利用高速摄像技术观测爆炸过程中产生的裂纹扩展的论文相对较少,为了研究问题的方便,本文利用自行制作的水泥砂浆试块,用高速相机拍摄水泥砂浆试块在毫秒延期雷管引爆后裂纹的形成过程,并对其进行分析和研究,以期对岩石的破岩机理的研究有所帮助。

## 2 实验部分

### 2.1 水泥砂浆试块的制作

根据实验设计的要求,制作水泥砂浆试块的模具,将水泥:沙子:水按照1:2:0.6的配比加入到混凝土搅拌机中均匀10~15min,待搅拌均匀后,将其倒入模具中,用振动棒震动均匀后,将表面抹平并预留装药孔,养护28天备用。实验制作的水泥砂浆试块的尺寸为:长60cm、宽40cm、高15cm,如图1所示,两孔的直径均为18mm,孔深12cm,两孔间距为20cm,两孔到各边的距离均为20cm。

图1 水泥砂浆试块
Fig. 1 Cement mortar test block

### 2.2 实验测试仪器及方法

实验采用日本 NAC 公司生产的 HX-3 型高速相机,该相机是一款 CMOS 制式的高速相机,最高拍摄速率为1300000fps,本实验经过试验,最终采用的拍摄速率为20000fps。实验前,将高速相机与电脑相连,调整好光圈和拍摄频率,然后将1号发8号雷管插入炮孔中,将炮孔用黄泥堵实,接好放炮线,做好相应的安全防护措施后起爆,同时打开高速相机开门,记录雷管爆炸后岩石裂纹的扩展过程。

### 2.3 爆炸后裂纹的观测

图2为水泥砂浆试块立起后放在木凳上,用1号发电雷管起爆一个炮孔后爆炸裂纹的扩展情况的部分图片,由拍摄的图片可知,雷管起爆后,首先在水泥砂浆试块的竖直方向出现裂纹,大约经过0.5ms左右,炮孔上部的裂纹已贯穿整个试块,经计算,裂纹的扩展速度约为

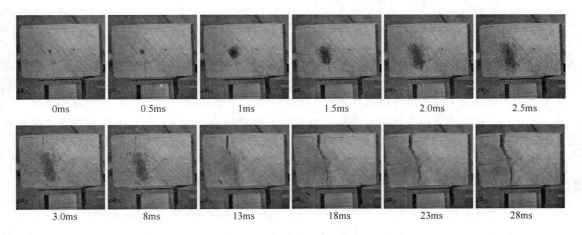

图 2  1 发雷管起爆后爆炸裂纹扩展

Fig. 2  Extension process of explosion crack after one detonator was initiated

400m/s，在水平方向和其他方向上出现裂纹的时间相对晚一些，由于雷管起爆后，堵塞炮孔黄泥向外运动和炮烟的遮挡作用，裂纹出现的时间不容易分辨出来，因此，其他方向的裂纹扩展速度不好确定。但从拍摄的结果看，在不同方向上裂纹的扩展长度和宽度是不同的，在竖直方向上，裂纹的扩展长度最长，宽度也最大，但其位于炮孔上半部分的宽度自上而下逐渐减小，水平方向的宽度次之，其他方向的宽度最小。

图 3 是两炮孔用 1 段和 3 段电雷管延期起爆后裂纹的扩展情况，这次水泥砂浆试块放置在水泥试块上，拍摄条件相同，但此次裂纹的扩展情况和图 2 中裂纹的扩展情况有所不同，图 3 中，裂纹的扩展还是从竖直方向开始，但 1 段雷管起爆后，裂纹的扩展是从炮孔以下部分开始的，其扩展速度也有很大的不同，根据拍摄频率计算，裂纹的扩展速度只有 120m/s 左右，裂纹的长度还是竖直方向较长，但炮孔下方的裂纹宽度大于上方的裂纹扩展宽度，与图 2 中的刚好相反。在第一个炮孔的 1 段雷管起爆 47ms 后，第二个炮孔开始起爆，裂纹开始迅速沿不同方向扩展，两炮孔之间的裂纹扩展速度约为 110m/s，与炮孔下方裂纹的扩展速度大致相当。

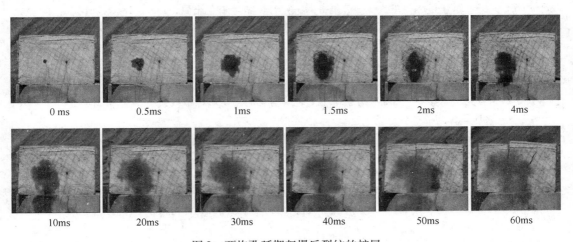

图 3  两炮孔延期起爆后裂纹的扩展

Fig. 3  Extension process of explosion crack after two charge hole were initiated by delay detonator

## 3 实验结果分析

雷管起爆水泥砂浆试块后，在炮孔中产生爆炸冲击波，爆炸冲击波以应力波的形式在水泥砂浆试块中传播，形成应力波的动作用加载，产生初始裂纹，接着在爆生气体的准静压作用下，裂纹开始扩展。从图2和图3裂纹的扩展顺序分析可以看出，爆炸区域在爆炸应力波的作用下产生大量的微裂纹，这些裂纹的分布具有一定的随机性，并在爆生气体的压力作用下会产生二次扩展。由于水泥砂浆试块并不是严格意义上的理想均匀介质，存在不均匀性和各向异性。因此，两次用雷管起爆后，裂纹的扩展顺序有所不同，图2中炮孔上方的裂纹起先开始扩展，并且炮孔上面的裂纹的扩展宽度大于下方的扩展宽度，而图3中的裂纹的扩展情况刚好相反，其扩展速度也有所不同。这表明裂纹的产生具有一定的随机性，裂纹的扩展通常发生在爆破介质中具有裂隙、节理和断层等结构面上强度较弱的地方，并在爆生气体的作用下进一步扩展。从图2和图3还可以看出，裂纹在扩展的过程中，竖直方向上裂纹的扩展宽度大于其他方向的扩展宽度，这可能与水泥砂浆试块无约束和放置方式有关，在竖直方向裂纹扩展，受到的外力作用除了爆炸产生的应力和爆生气体的准静压作用下，主要为搁置的木凳和水泥块的摩擦阻力，而在水平方向上的外力有炮孔上部水泥砂浆试块本身重力的作用及上下部之间的摩擦阻力，因此在水平方向上产生的裂纹的宽度相对较小。

## 4 结论

由于岩石材料的非均匀性和各向异性，岩石爆破损伤和裂纹扩展过程是一个十分复杂的过程，目前理论上很难对其构成进行准确的描述。本实验利用自行制作的水泥砂浆试块，用高速相机拍摄了无约束条件下水泥砂浆试块在毫秒延期雷管引爆后裂纹的形成过程，分析和讨论了在不同的方向上其裂纹扩展的长度、宽度和速度。该爆炸裂纹的观测结果为进一步研究岩石损伤断裂机理、裂纹的形成机理和数值模拟具有一定的参考价值。

## 参 考 文 献

[1] 李炜. 数值分析模拟爆生气体作用下岩石裂纹扩展研究进展[J]. 工程建设，2008，40(2)：16-22.
[2] 杨小林，王树仁. 岩石爆破损伤断裂的细观机理[J]. 爆炸与冲击，2000，20(3)：247-252.
[3] 卢海湘. 爆炸冲击波作用下岩体破碎机理的研究[J]. 湖南有色金属，2002，18(3)：1-3.
[4] 宗琦，曹光保，付菊根. 爆生气体裂纹传播长度计算[J]. 阜新矿业学院学报（自然科学版），1994，13(3)：18-21.
[5] 张玉柱，卢文波，陈明，等. 爆炸应力波驱动的岩石开裂机制[J]. 岩石力学与工程学报，2014，33(增1)：3144-3149.
[6] 姚学锋，方竞，熊春阳. 爆炸应力波作用下裂纹与孔洞的动态焦散线分析[J]. 爆炸与冲击，1998，18(3)：231-236.
[7] 赵新涛，刘东燕，程贵海，等. 爆生气体作用机理及岩体裂纹扩展分析[J]. 重庆大学学报，2011，34(6)：75-80.
[8] 严成增，孙冠华，郑宏，等. 爆炸气体驱动下岩体破裂的有限元-离散元模拟[J]. 岩石力学，2015，36(8)：2419-2426.
[9] 卢文波，陶振宇. 爆生气体驱动的裂纹扩展速度研究[J]. 爆炸与冲击，1994，14(3)：264-268.

# 工业炸药爆压的现场测量技术研究

易生泰[1]　李晓杰[1,2]　闫鸿浩[1]　王小红[1]

(1. 大连理工大学工程力学系，辽宁 大连，116024；
2. 大连理工大学工业装备结构分析国家重点实验室，辽宁 大连，116024)

**摘　要**：通过自制的石蜡压导探针，对同一个炮孔中的爆轰波和冲击波进行连续测量，得到了炸药爆轰波和冲击波的时间历程演化曲线。由此计算出炸药爆速、石蜡中冲击波速度随时间的变化曲线；进一步由石蜡的冲击雨果尼奥关系式和动量定理，计算得到了炸药爆压、石蜡近场冲击波速度变化曲线。结果表明，在距离炸药-石蜡界面一定范围内，冲击波是匀速传播的，传播长度超出范围后，冲击波就会发生衰减，速度变慢。

**关键词**：爆压；连续测量；探针；冲击波；爆轰波

## Research on Field Measurement Technology of Detonation Pressure for Industrial Explosive

Yi Shengtai[1]　Li Xiaojie[1,2]　Yan Honghao[1]　Wang Xiaohong[1]

(1. Department of Engineering Mechanics, Dalian University of Technology, Liaoning Dalian, 116024; 2. State Key Laboratory of Structural Analysis for Industrial Equipment, Dalian University of Technology, Liaoning Dalian, 116024)

**Abstract**: By using self-made paraffin pressure-conduction probe, the continuous measurement of detonation wave and shock wave in the same blasting hole is realized, and the time history curve of detonation wave and shock wave are recorded. Then, detonation velocity and the time history curve of paraffin shock wave velocity can be obtained. Furthermore, detonation pressure and time history curve of paraffin shock wave are calculated according to the impact Hugoniot relationship of paraffin and the momentum theorem. The results show that, at a certain distance of dynamite-paraffin interface, the shock wave is uniform propagation, and when the propagation length is out of range, the shock wave attenuation occurs, and the speed will be slow.

**Keywords**: detonation pressure; continuous measurement; probe; shock wave; detonation wave

## 1　引言

炸药在军事领域中拥有不可替代的作用，同样，在一些民用领域中，相比于机械作业，爆破的效率更高、经济效益更好、作用效果更佳、安全性更好、过程更简便，所以工业炸药的应

---

作者信息：易生泰，硕士，958489822@qq.com。

用越来越普遍。爆速、爆压是研究炸药的重要参数，有多种的理论计算方法和实验测量方法。炸药爆速的测量较为方便、精度较高；而爆压的测量相对较为复杂，一般只能间接测量；通常的爆压测量都是在实验室条件下进行的，在工业炸药的使用时进行现场测量尚未见研究报道。

鉴于以往对于工业炸药的实验研究基本都是在实验室等非真实现场进行的，这样的实验结果必定与真实的情况有所差别。本文将使用连续测量方法对工业炸药在工程应用现场进行连续测量研究。

## 2. 测试方法研究

### 2.1 爆压探针的设计要求

在炸药爆压的计算过程时需要先计算爆速和炸药相邻介质中冲击波的初始速度；稳定爆轰的爆速是一个常量，容易得到；对于炸药相邻介质中的冲击波，初始速度，这是一个点的速度，需要知道精确值，否则会影响爆压的计算结果。此外，在工程爆破现场，尽管每一个炮孔的直径、装药密度情况大体都一样，但是钻孔机械、操作人员技术、爆破人员稍有不同，就可能造成不同炮孔中炸药爆轰情况和爆破效果的不同。所以，在测量爆压数据时需要在同一个装药孔中同时测量爆轰波和冲击波的数据；而且最好是炸药与相邻介质交界面附近的爆轰波，冲击波必须要包括交界面位置的数据。为此，需要设计一套满足上述要求的新探针进行测量。

### 2.2 冲击波传播介质的选取

首先，探针需要布置在孔中炸药与相邻介质交界面处，并向两者有所延伸。其次，炮孔的填塞物一般为石粉、黏土、砂子或者三者的混合物[4]，这些物质填入炮孔中很容易造成质地不均匀，尤其是填入混合物的时候；再者，用这些填塞物覆盖探针的过程中，不小心石块或者大体积石粉落下时极易造成探针的提前被压导通，造成实验中断；所以必须选取合适的物质作为冲击波传播的介质。由爆压的测试方法可以把水、有机玻璃[5]和石蜡等作为备选介质。水价格低廉，其流动性极大，需要很好的密封性，一旦密封性出现问题，将会导致炸药受潮，影响爆破作业；此外，还需要承受上部的砂子等固体填塞物，制作工艺有难度。有机玻璃密度比水大，约为 $1.18g/cm^3$，价格低，绝缘性好，流动温度约为 160℃，机械强度高，不易断裂；石蜡密度约为 $0.9g/cm^3$，熔点在 47~70℃，120℃ 以上时会慢慢分解，不溶于水，无毒，纯石蜡电阻率为 $1000\Omega/m$，在大约 35℃ 时软化，凝固收缩率大[6]，与有机玻璃相比，石蜡熔点低，加工简单，密度小，即使是在测试过程中被高压冲出炮孔也容易碎裂，不易像有机玻璃一样形成大块，从而降低危险性，最终选取石蜡作为冲击波传播的介质。

### 2.3 石蜡探针的制作

首先，选用恒温箱，以 75℃ 或者 80℃ 恒温加热来融化石蜡；再把制作好的探针放入空心柱体模型的中轴位置，并固定好；使得探针连接导线的一端放在模型中，用于测量炮孔中与炸药相邻部分的冲击波的数据；另一端留在模型外，用于测量炮孔中炸药的爆速，这样就能保证在一个炮孔中，使用一个探针和一台信号采集仪就能一次性的获得所需要的全部数据。模型周围套上橡塑保温管，在模型顶部同样采用保温材料进行保温，以便保证石蜡能够缓慢降温；柱体的成型采用分层注入液态石蜡的方法，当模型上层的石蜡开始出现凝固的迹象时，开始注入新的液态石蜡。制作好的石蜡探针去掉外壳后如图 1 所示。

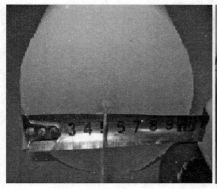 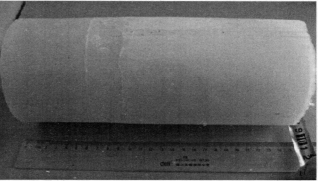

图 1　石蜡探针
Fig. 1　Paraffin probe

## 2.4　探针的改进

如上所述，计算爆压需要精确知道炸药相邻介质中冲击波的初始速度，这就要求精确确定界面分界点的位置；但仅凭制作石蜡时对探针长度分布情况进行测量，就略显不足。所以，在文章[7~9]基础上我们需要对探针再做出改进。如图 2 所示，把探针内部的电阻丝在起始端折回设计，这样在采集的信号曲线的起始端应该会有一个矩形台阶式的跳跃。同样，如果在电阻丝接近末端的部分也做类似的设计，在信号曲线的相应位置也应该会有一个矩形台阶式的跳跃。在最初的，有两种回折设计，区别在于末端回折的设计方案，如图 2 所示。相比之下，最终选择了第二种回折设计，原因在于：除了回折的 AB 和 CD 段之外的其他段的电阻丝是产生本文所需要数据的部位，为了保证这些电阻丝在爆轰过程中能够达到理想的导通效果，在探针的制作过程中必须首先保证 BC 和 CE 段电阻丝和骨架平行的固定在一起，然后再把回折的 AB 段和 CD 段平行并固定在外面；之后再进行其他的操作步骤。

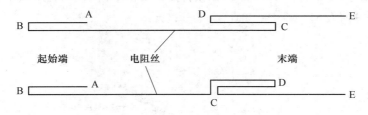

图 2　回折设计
Fig. 2　Design of back type

在制作过程中，分别记录两个回折部分的长度和两个回折设计之间的距离，这样就可很容易地在信号曲线上找到探针的起始记录点、有效数据段和数据终点；对在同一条记录有爆轰波和冲击波的曲线上，能够轻松确定和轻松区分爆轰波段和冲击波段及其分界点，尤其是分界点的位置的精确定位，对于爆压的计算有着至关重要的作用。如图 3 所示，从信号曲线上可以直观看出回折设计在曲线上形成的台阶式跳跃。

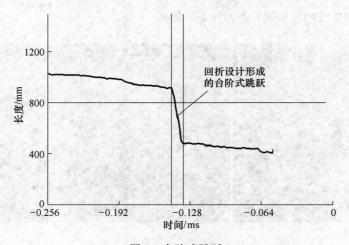

图 3 台阶式跳跃
Fig. 3 Terraced jumping

## 3 测试结果分析

### 3.1 冲击波数据分析

在无限长药柱稳定爆轰过程中,连续不断的后续能量会削减、消除侧向稀疏波对稳定爆轰波的影响。但在有限长度药柱末端,随着稳定爆轰的结束,侧向稀疏波会以声速沿着径向朝轴线传播,在其传播范围内,使得冲击波产生衰减,速度不断减小。根据冲击波的传播曲线可以看出,在冲击波的初始阶段,冲击波的传播长度与时间呈线性关系,根据文献[10]可以计算得出:在距离炸药-石蜡界面52mm的石蜡范围内,冲击波是匀速传播的,传播长度超过52mm后,冲击波就会发生衰减,速度变慢。所以,实验测量得到的冲击波传播信号是由直线和曲线两部分组成。

对冲击波原始信号进行转换,对传播距离为 0~52mm 范围内的冲击波进行线性拟合,得到改性铵油炸药在实际使用中初始阶段冲击波传播长度和传播时间的关系式,如图4所示,冲击波初始速度为3632m/s。

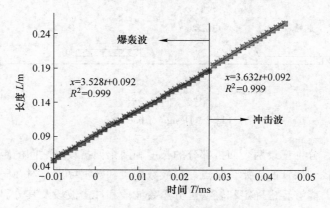

图 4 爆轰波、冲击波的数值拟合
Fig. 4 Numerical simulation of detonation wave and shock wave

## 3.2 冲击波压强和爆轰波压强的计算

当爆轰波沿着炮孔垂直传入石蜡中后，传入石蜡中、界面处的冲击波符合动量定理，由此可得出

$$p_{P0} = \rho_{P0} D_{P0} v_{P0} \tag{1}$$

式中，$p_{P0}$ 为传入石蜡中冲击波的初始压强；$\rho_{P0}$ 为石蜡的密度；$D_{P0}$ 为在石蜡中传播的冲击波的初始速度；$v_{P0}$ 为炸药与石蜡界面上石蜡中的质点速度。

以炸药-石蜡体系为研究对象，符合质量守恒、动量守恒定律；考虑到炸药与石蜡介质分界面上质点速度连续、压力相等，利用冲击波的声学近似，得到炸药爆压的计算公式为：

$$p_H = \frac{p_{P0}(\rho_0 D + \rho_{P0} D_{P0})}{2\rho_{P0} D_{P0}} \tag{2}$$

将文献[11]关于石蜡雨果尼奥数据中质点速度为 0～2527m/s 的部分进行二次拟合得到拟合方程为：

$$D_P = -0.3077 v_p^2 + 2.7726 v_p + 1.5186 \tag{3}$$

将冲击波初始速度（3632m/s）代入式（3），计算出炸药-石蜡界面处石蜡的质点速度为：840.9 m/s。再由式（1）即可得到石蜡中冲击波的初始压强为 2.6878GPa，由式（2）计算得到实验中炸药—石蜡界面处炸药的爆压为 2.8850GPa。

## 4 结论

本实验通过使用特制石蜡探针，成功实现了对工业炸药爆压的现场测量，获得了可靠的数据，例如：改性铵油炸药在炮孔稳定爆轰速度、分界面附近冲击波的传播、冲击波初始速度、冲击波初始超压、爆轰波阵面C-J压强等。并且实现了对炸药-石蜡体系中爆轰波和分界面附近冲击的连续测量，获得了冲击波连续传播数据。

### 参 考 文 献

[1] 邵丙璜，张凯. 爆炸焊接原理及其工程应用[J]. 1987.
[2] 李晓杰. 厚板爆炸焊接窗口理论的应用[J]. 爆破器材. 1996(4)：27-30.
[3] 罗宁，李晓杰，闫鸿浩，等. 爆轰合成碳包覆钴，镍磁性纳米颗粒的探索[J]. 高压物理学报. 2009(6).
[4] 曾贵玉，高大元，黄辉，等. 有机玻璃法测试硝铵炸药的爆压[J]. 兵工学报. 2009(5)：541-545.
[5] 周志强，易建政，蔡军锋，等. 炮孔填塞物的作用及其研究进展[J]. 爆破器材. 2009, 38(5)：29-33.
[6] 周海鹰. 石蜡切削机理及性能改善研究[Z]. 华南理工大学, 2009.
[7] 齐凯文. 爆轰波与水下冲击波连续测量方法[Z]. 大连理工大学, 2012.
[8] 刘智远. 压导探针连续测量爆轰波与冲击波研究[Z]. 大连理工大学, 2013.
[9] 李现远. 二维柱对称装药爆轰波与水下斜冲击波测试[Z]. 大连理工大学, 2014.
[10] 郑锋, 段赟, 刘永明. 用水箱电探针法测定工业炸药的爆轰压力[J]. 煤矿安全. 2003, 34(6)：40-42.
[11] Marsh S P. LASL shock Hugoniot data[M]. Univ of California Press, 1980.

# 乐天溪航道水下炸礁爆破对船舶的影响及安全控制

李红勇

（长江重庆航道工程局，重庆，400011）

**摘 要**：根据长江三峡-葛洲坝之间乐天溪航道炸礁工程实例，对施工水域中临近爆破区无法迁移的船舶提出了水中冲击波控制标准，施工前进行水下炸礁爆破安全设计，施工中采取了降低水中击波峰值措施，同时结合对水下爆破的水中冲击波的监测，有效控制了水中冲击波对船舶的影响。

**关键词**：水下炸礁；钻孔爆破；水中冲击波；船舶

## Influence of Underwater Reef Blasting in the Letianxi Lane on Ships and Safety Control

Li Hongyong

（Changjiang Chongqing Waterway Engineering Bureau，Chongqing，400011）

**Abstract**：According to the project in the Letianxi Lane between the Yangtze River Three Gorges and Gezhouba the shock wave control standard in waters for unmovable ships near the blasting area is put forward. The safety blasting design was conducted before the blasting and the peak of the shock wave in water was reduced during the blasting. Combined with the monitoring of the shock wave in water, the impact of waves on ships was controlled.

**Keywords**：underwater reef blasting；drilling blasting；underwater shock wave；watercraft

## 1 工程概况

长江三峡-葛洲坝两坝之间乐天溪航道炸礁工程位于宜昌境内三峡大坝和葛洲坝之间，工程由上下锚地、江心石梁、虾须梁右岸突嘴等单位工程组成，工程目的主要是扩容三峡大坝过闸锚地，改善两坝间航道尺度和流态，为日益增长的三峡过闸船舶提供更为安全便捷的航行条件。施工周边环境复杂，施工水域紧邻三峡大坝下游船闸航道，上下锚地施工区周边有1个水厂抽水囤船、4艘囤船，两岸还有公路、护岸、民房、渡口和国家重点文物保护单位黄陵庙等，保证这些建筑和设施的安全是爆破控制的重点。

乐天溪河段河床水流平缓，河床基质以中等风化带闪云斜长花岗岩为主，岩质坚硬，岩体完整。

---

作者信息：李红勇，工程师，546735657@qq.com。

## 2 爆破保护对象

三峡乐天溪上下锚地施工水域停泊囤船多，上锚地三峡油囤距爆破区31m，下锚地的水厂抽水囤船距爆破区66m，二艘囤船都因为使用和有接岸设置等原因无法搬迁，其中水厂囤船在施工过程中还需要正常使用。《爆破安全规程》（GB 6722—2014）规定非施工船舶安全距离：爆破点上游1000m，爆破点下游或静水区时1500m；施工船舶安全距离按表1规定。

表1 施工船舶的水中冲击波安全允许距离
Table 1 Safety distance against shock waves between ships and the blasting point

| 装药及船舶状况 | | 炸药量/kg | | |
|---|---|---|---|---|
| | | ≤50 | >50 ~ ≤200 | >200 ~ ≤1000 |
| 裸露装药 | 铁 船 | 100m | 150m | 250m |
| 钻孔装药 | 铁 船 | 70m | 100m | 150m |

施工船舶的水中冲击波安全允许距离（表1）规定可以得知，按钻孔爆破对铁船的最小药量控制，最小安全距离要保证70m以上，显然施工水域的两艘囤船不搬迁时无法满足规程中的安全要求，需要在爆破设计和施工中采取措施进行控制。

## 3 爆破安全设计及监测

### 3.1 爆破安全保护对象

两艘囤船施工爆破点分别在31m和66m，是爆破有害效应防护主要保护对象，爆破设计时主要考虑爆破振动和爆破水中冲击波的有害效应防护。

### 3.2 爆破振动安全计算

根据施工水域爆破区距船舶的最小距离，计算一次起爆最大单段药量。

$$V = K(Q^{1/3}/R)^\alpha$$

即：

$$R = (K/V)^{1/\alpha}Q^{1/3}$$

式中 $V$——质点峰值振动速度，cm/s，取为2cm/s；

$K$——与爆破点地形、地质等条件有关的系数，取为200；

$\alpha$——与爆破点地质等条件有关的衰减指数，取为1.5；

$R$——爆破地震安全距离，m；

$Q$——最大一段装药量，kg。

根据上式计算不同距离和不同装药量的振速见表2。

表2 船舶接岸设施爆破振动安全距离
Table 2 Safety distance against blasting vibration from shore facility of ships to the plasting point

| 序 号 | 保护设施 | 距离/m | 按2cm/s设计炸药量/kg | 位 置 |
|---|---|---|---|---|
| 1 | 油囤船接岸设施 | 31 | 3 | 上锚地 |
| 2 | 水厂囤船接岸设施 | 66 | 29 | 下锚地 |

注：1. 砖混结构允许爆破振动速度2~3cm/s。
   2. 本次爆破振动速度按2cm/s控制。

## 3.3 爆破水中冲击波安全计算

炸药水中爆炸水中冲击波计算目前一般采用库尔公式计算，但考虑到该工程爆破区距囤船距离太近，且为钻孔爆破，应通过对距爆破区大于 70m，小于 50kg 单段药量的现场实际爆破进行监测，对监测数据进行统计回归得出合理 $k$ 值、$\alpha$ 值后，再计算出最近距离的水中冲击波超压峰值。

### 3.3.1 囤船安全控制标准设定

现国家和行业没有制订船舶爆破水中冲击波安全控制标准，参照三峡三期上游围堰拆除爆破水中冲击波钢结构和柔性结构安全控制标准：允许水中冲击波压力为 0.4MPa。考虑到供水囤船正在运行，有电气设备和供水管路，按水中冲击波安全控制标准计算出的最大用药量，同时应满足爆破振动计算出的最大单段用药量控制要求。

### 3.3.2 水中冲击波监测

为了掌握在现有工况下，正常施工时水中冲击波峰压值，由长江科学院进行现场水下钻爆水中冲击波监测。监测仪器采用 MH90-H 压电式压力传感器、MiniMatePlus 微型爆破测试记录仪和 TST300 动态测试分析仪进行信号采集和分析，测试系统如图 1 所示。

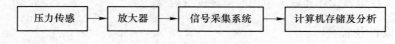

图 1 测试系统框架图
Fig. 1 Framework of test system

测试仪器放在钻爆船上，水击波测试的探头设置在测试点的水上浮筒下。
爆破施工水中冲击波监测数据见表 3。

表 3 水中冲击波监测值
Table 3 Monitoring value of shock wave in water

| 炮 次 | 传感器入水深/m | 监测水平距离/m | 爆破单段药量/kg | 超压峰/MPa |
|---|---|---|---|---|
| 1 | 4 | 104 | 40 | 0.025 |
|   | 4 | 236 | 40 | 0.011 |
| 2 | 4 | 75 | 27.5 | 0.12 |
|   | 4 | 149 | 27.5 | 0.052 |
| 3 | 4 | 91 | 15 | 0.031 |
|   | 4 | 149 | 15 | 0.01 |
| 4 | 4 | 87 | 27.5 | 0.047 |
| 5 | 4 | 59 | 12.5 | 0.032 |

### 3.3.3 爆破水中冲击波特征分析

（1）从水中冲击波超压峰值监测数据分析，爆炸瞬间产生的水中冲击波压力随距离增加呈迅速衰减的规律，压力幅值下降较快。

（2）爆破时一般是第一段爆破峰压值明显大于其他段，不是炮次中最大一段药量，说明水下钻爆水中冲击波影响因素复杂，不但与药量多少有关，同时与施工水深、堵塞长度、堵塞质量、孔排距、岩石破碎程度、临空面有关。如图 2 所示。

图 2 水击波超压力程图
Fig. 2 Water hammer pressure range map

(3) 根据长科院对上述 5 组数据进行统计回归，采用库尔公式形式分析得到 $K=120.5$，$a=1.43$。

$$p_{峰} = k \cdot (Q^{1/3}/R)^a$$

式中 $p_{峰}$——水中冲击波压力，$10^{-1}$ MPa；

$Q$——水下钻孔爆破单段药量，kg；

$R$——爆源中心至保护物的距离，m。

(4) 对油囤船和水厂囤船按理论单段药量进行水中冲击波峰值计算见表 4。

表 4 爆破水中冲击波峰压控制值
Table 4 Control value of shock wave peak pressure in blasting water

| 序 号 | 保护设施 | 安全距离/m | 爆破单段药量/kg | 水中冲击波峰压值/MPa | 备 注 |
|---|---|---|---|---|---|
| 1 | 囤船 | 31 | 3 | 0.15 | 上锚地 |
| 2 | 水厂囤船 | 66 | 29 | | 下锚地 |

按 2cm/s 爆破振动速度使用的理论单段最大用药量，计算两处囤船的水中冲击波峰压值为 0.15 MPa，为设定参照值 0.4MPa 的 37.5%，囤船的安全能够保证。

## 4 水下钻爆控制技术措施

在实际水下钻爆施工中，对爆破水中冲击波计算理论值，根据实际监测值进行验证，再调整爆破参数，并推算相关系数进行计算，对爆破水中冲击波进行控制。但水中冲击波受水下爆破区域地形、水流、爆破方式和施工工艺影响较大，在进行爆破单段药量控制的同时，还应根据爆破水中冲击波的特性，采取以下措施有效控制爆破水中冲击波。

(1) 水下钻孔装药要留足堵塞长度，不小于1m，重视堵塞质量控制，堵塞物应采取碎石和粗沙混合堵塞方式，先用碎石进行堵塞防止炸药浮出钻孔，再用粗砂堵塞确保堵塞密实。

(2) 采用延时爆破，段发雷管起爆顺序应尽可能从深水向浅水、从临空面较好的方向布设排列。

(3) 对爆破层较厚的爆破区，在采取常规单孔单段爆破时，爆破振动和水击波设计计算仍无法满足设定安全标准时，采用分层爆破方式，进一步降低和控制单段药量，达到控制和消减水中冲击波峰压。

(4) 预备措施：采取在爆破区和船舶之间设置水下气泡帷幕方式进行防护，消减水中冲击波峰压。本工程在采取单段药量控制和其他爆破控制技术措施后，水中冲击波峰实际监测值低于爆破设计设定值，故未实施水下气泡帷幕防护措施。

## 5 结语

在长江三峡-葛洲坝两坝之间乐天溪航道炸礁工程水下钻爆施工中，采取单段药量控制等技术措施，通过距船舶最近距离处的水下钻爆水击波监测表明，水中冲击波峰压值均控制在设定安全值内，且爆破施工过程中附近船舶的未发生安全事故。

## 参 考 文 献

[1] 汪旭光. 爆破设计与施工[M]. 北京：冶金工业出版社，2010.
[2] 赵根，吴新霞，刘美山，等. 水工围堰拆除爆破[M]. 北京：中国水电出版社，2009.
[3] 长江水利委员会长江科学院. 三峡至葛洲坝两坝间乐天溪航道炸礁工程安全监测成果报告[R]. 武汉：2013.

# 爆破空间三维激光精细化测绘技术研究

崔昊[1]　张达[1,2]　马志[1,2]　杨斐文[1,2]

（1. 北京矿冶研究总院，北京，102608；
2. 金属矿山智能开采技术北京重点实验室，北京，102608）

**摘　要**：三维激光扫描技术在爆破空间测绘方面有广泛的应用前景，针对目前三维激光扫描在爆破空间测绘中存在的点云分布不均的问题，本文以 BLSS-PE 矿用三维激光扫描测量系统为基础，研究了一种精细化扫描算法。该算法可以使测量系统在爆破空间扫描过程中产生的激光点云分布更均匀，从而提高扫描系统的分辨率和运行效率。选择某矿山作为试验场地，经过大量实验证明该扫描算法具有很强的适应性。

**关键词**：爆破空间探测；三维激光；精细化扫描算法

# Study on Blasting Space Fine Survey Based on BLSS-PE

Cui Hao[1]　Zhang Da[1,2]　Ma Zhi[1,2]　Yang Feiwen[1,2]

（1. Beijing General Research Institute of Mining and Metallurgy，Beijing，102608；
2. Beijing Key Laboratory of Nonferrous Intelliegnt Mining Technology，Beijing，102608）

**Abstract**：3D laser scanning technique has wide application prospect in blasting space survey. Aiming at the problem that the point cloud of 3D laser scanning system is not evenly distributed in blasting space survey, this paper describes an algorithm of fine survey based on BLSS-PE. This algorithm can make the point cloud distrabuted more evenly so as to increase the resolution and the efficiency of the scanning system. In the end, many experiments in the mine prove that the algorithm has strong adaptability in different underground spaces.

**Keywords**：blasting space survey；3D laser scanning；fine scanning algorithm

# 1　引言

目前在我国矿山应用较为广泛的采矿方法是大直径深孔采矿法，于1981年在凡口铅锌矿首次引用，具有采场结构合理、爆破工艺先进、凿岩工作率高、单次崩矿量大、出矿连续、集中、过程安全，能有效提高采场效率和生产能力的特点。适合于开采中厚以上、矿围岩均较稳固、形态较规整的矿体，在我国矿山中获得了广泛的应用[1]。

但是，在采用大直径深孔采矿法进行采矿的过程中，随着钻孔深度的加大，钻头轴所受的

---

基金项目：国家高技术发展研究计划（863计划）（2011AA060405）。
作者信息：崔昊，硕士，13998151731@163.com。

压力越来越大,周围岩石的构造情况也越来越复杂,因此难以对钻孔的质量加以控制,偏斜率较高的问题频频出现。钻孔的偏斜程度将极大地影响着采场的爆破效果,尤其是采场边孔的偏斜程度将直接导致采场超爆、欠爆情况发生,进而对后续的采矿产生影响。为了解决该问题,需要获取采场开采后的具体形态,为后续的采矿及爆破设计提供数据基础。

三维激光扫描技术是利用三维激光扫描仪对观测对象表面进行非接触式三维扫描,形成观测对象表面精确三维点云的一种先进测量技术[2]。三维激光扫描技术以其高效高精度的特点成为爆破空间探测的最佳选择。

以北京矿冶研究总院研发的 BLSS-PE[3] 三维扫描仪为例。三维激光扫描仪的典型结构如图1所示,底座连接处电机为轴向电机,带动头部激光测距装置旋转的电机为径向电机。常用的扫描方式有两种:一种是轴向优先,即以轴向电机为主动轴,径向电机为从动轴,扫描轨迹为螺旋状;另一种是径向优先,即以径向电机为主动轴,轴向电机为从动轴。

目前常见的三维激光扫描仪激光测距模块的扫描频率都不能实时调节,在一个完整的扫描过程中,扫描频率固定。在以上两种扫描模式下,激光扫描仪的两电机都在匀速运动,所以在激光器频率不变的情况下,距离激光器越远的地方,点云的分布越稀疏,距离激光器越近的地方,点云的分布越密集。点云密度过低会严重降低建模精度,为了保证远处的点云分布密度,不得不降低电机运行速度,这又严重影响扫描效率。

图1　BLSS-PE 矿用三维激光扫描仪

Fig. 1　BLSS-PE 3D laser scanner for mine

## 2　精细化扫描介绍

针对传统三维激光扫描模式存在的问题,本文提出了精细化扫描模式。为了实现精细化扫描,需要对轴向电机和径向电机进行实时控制,从而使激光器在目标空间划出需要的轨迹,这就需要进行两电机同步插补[5]。插补就是将曲线上的空间进行数据密化,从而形成要求的轮廓轨迹[6]。要完成上述任务,需要首先给出轴向电机运行的一系列位置点 $M_{11}$, $M_{12}$, $M_{13}$, $M_{14}$,…以及径向电机运行的一系列位置点 $M_{21}$, $M_{22}$, $M_{23}$, $M_{24}$,…,然后将两个电机轴的运动位置同步起来组成二维位置点 $(M_{11}, M_{21})$、$(M_{12}, M_{22})$、$(M_{13}, M_{23})$、$(M_{14}, M_{24})$、…

三维激光扫描仪以轴向优先的方式扫描前方水平面的示意图如图2所示,O点为激光器所在位置,$k_1$ 为某一圈激光点连成的线,$k_2$、$k_3$ 分别是接下来两圈激光点连成的线。$BB_1$ 为一条在地面上与轴向电机轴平行的线,E、F、G 分别为 $BB_1$ 与 $k_1$、$k_2$、$k_3$ 的交点。三维激光扫描

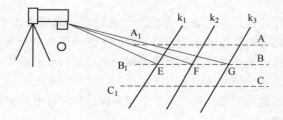

图2　轴向优先模式扫描前方水平面示意图

Fig. 2　Diagram of scan a front plane in axial priority scanning mode

仪扫描模式为轴向优先，轴向电机和径向电机都在进行匀速运动，轴向电机每转360°所需时间都是固定值（假设为$t$），从E点到F点的运行时间与从F点到G点的运行时间都是$t$，因此$\angle EOF = \angle FOG$。$OG > OF > OD$，所以$FG > EF$。

如果将径向电机的运动模式有匀速运动变为实时调节，在扫描轨迹由F螺旋运动到G时降低径向电机的速度，就可以实现$FG = EF$。

实现方式如图3所示。

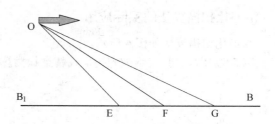

图3 轴向优先模式扫描前方直线示意图

Fig. 3 Schematic diagram of scan a front line in axial priority scanning mode

图3中箭头方向为扫描仪底座电机主轴方向，$B_1B$为地面上一条平行于主轴方向的直线，O为激光头的位置，E、F为相邻的两条扫描轨迹与MN的交点，G为接下来将要扫过的扫描轨迹与$B_1B$的交点。其中OE、OF、$\angle EOF$为已知量，$\angle FOG$为待求量。另外EF为扫描轨迹间隔，G点为规划轨迹上的点，根据规划目的，FG为目标值。设$OE = l_1$，$OF = l_2$，$OG = l_3$，$EF = d_1$，$FG = d$，$\angle EOF = \theta_1$，$\angle EFO = \theta_2$，$\angle GFO = \theta_3$，$\angle FOG = \theta_4$。

$$d_1 = \sqrt{l_1^2 + l_2^2 - 2l_1l_2\cos\theta_1} \tag{1}$$

$$\cos\theta_2 = \frac{l_2^2 + d_1^2 - l_1^2}{2l_2d_1} \tag{2}$$

$$\theta_3 = \pi - \theta_2 \tag{3}$$

$$\cos\theta_3 = -\cos\theta_2 \tag{4}$$

$$\cos\theta_3 = \frac{l_2^2 + d^2 - l_3^2}{2l_2d} \tag{5}$$

由此可得：

$$l_3 = \sqrt{l_2^2 + d^2 - \frac{d}{d_1}(l_1^2 - d_1^2 - l_2^2)} \tag{6}$$

综合以上公式，可以算出$\cos\theta_4$

$$\cos\theta_4 = \frac{l_3^2 + l_2^2 - d^2}{2l_2l_3} \tag{7}$$

$$\theta_4 = \arccos\frac{l_3^2 + l_2^2 - d^2}{2l_2l_3} \tag{8}$$

当$\angle FOG = \theta_4$且E、F、G三点共线时，可使$EF = FG$。

轴向电机每行进固定的角度，就记录该点的轴向电机角度、径向电机角度、激光点距离，将该点命名为特征点，图2中的E、F、G即为特征点。扫描轨迹为螺旋形，将具有相同轴向电机角度的特征点连成线，该线命名为特征线，图2中的$BB_1$即为特征线。在轴向电机进行运动的过程中，激光点轨迹由一条特征线上的特征点向相邻特征线上的特征点运动，当轴向电机运动360°后，激光点回到起始特征线上，但是特征点向后移动一位，由此循环便可将激光点轨迹变为间距相同的螺旋线。

在轴向电机运行范围内设置的特征线越多，螺旋线间距越符合理想情况，但是同时在轴向电机运行速度不变的情况下，径向电机需要进行速度调节的频率越高，对于硬件的要求也越高。

## 3 精细化扫描算法的实际应用

精细化扫描算法如图 4 所示。

图 5 为 BLSS-PE 三维激光扫描仪精细扫描算法的现场测试图，每圈的特征点为 10 个。

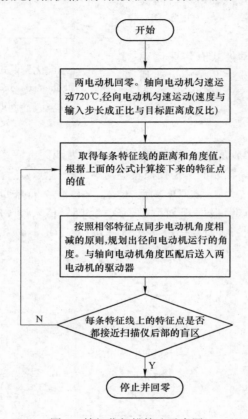

图 4　精细化扫描算法示意图
Fig. 4　Schematic diagram of fine scanning algorithm

图 5　在国内某金矿进行现场扫描测试
Fig. 5　Scan test in a domestic gold mine

测试环境为河北某金矿某采空区,大小为 30m×12m×5m,在精细扫描算法螺旋线目标间距为 400mm 的情况下,扫描时间为 4min,扫描得到的效果如图 6(a)所示。在相同的扫描时间,使用轴向优先扫描方式和径向优先扫描得到的效果分别如图 6(b)和(c)所示。

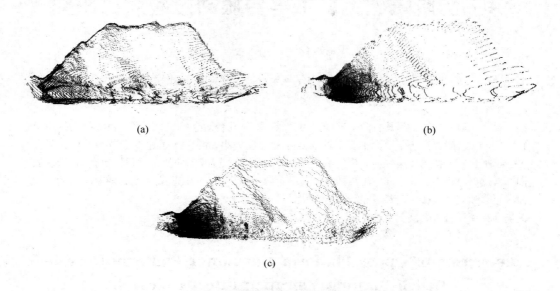

图 6 不同扫描方式扫描效果对比图
Fig. 6 Scan results in different scanning mode

## 4 结论

三维激光扫描测量在爆破空间探测领域应用的前景十分广阔。通过井下大量实验表明,精细测量模式相对于轴向优先和径向优先模式得到的点云分布更均匀,空间分辨率得到增强且效率较高,为接下来的建模工作打下坚实基础。

### 参 考 文 献

[1] 韦立新. 大直径深孔采矿的优化方法[J]. 技术与市场, 2010, 09: 28-29.
[2] 陈凯, 杨小聪, 张达. 采空区三维激光扫描变形监测系统[J]. 矿冶, 2012(1): 60-63.
[3] 陈凯, 杨小聪, 张达. 采空区三维激光扫描变形监测试验研究[J]. 有色金属(矿山部分), 2012(5): 1-5.
[4] 盖荣丽, 王允森, 孙一兰, 等. 样条曲线插补方法综述[J]. 小型微型计算机系统, 2012(12): 2744-2748.
[5] 舒志兵, 严彩忠. PVT 插补及位置伺服变加减速处理[J]. 电气应用, 2007(4): 86-89.

# 深孔台阶爆破上、下平台振动效应对比研究

祝 鑫  谢 烽  刘殿书  李胜林

(中国矿业大学(北京)力学与建筑工程学院,北京,100083)

**摘 要**:以凤山矿露天深孔台阶爆破施工为背景,对深孔台阶爆破上、下平台爆破振动效应进行对比研究,对比分析了不同平台上的质点振动速度大小,并引入了速度衰减率 $\beta$ 作为研究上、下平台质点振动速度峰值对比的参数指标,分析速度衰减率的变化规律。研究结果表明,同一次爆破过程中,处于同一距离的上、下平台两个质点,它的速度衰减率 $\beta$ 随着距离的增大而减小,随着单段最大药量 $Q$ 的增大而增大。

**关键词**:深孔台阶爆破;爆破振动;质点振动速度;速度衰减率 $\beta$

## Comparison of Upper Platform and Lower Platform Deep-hole Bench Blasting Vibration Effect Research

Zhu Xin  Xie Feng  Liu Dianshu  Li Shenglin

(School of Mechanics & Civil Engineering, China University of Mining and Technology, Beijing, 100083)

**Abstract**: Taking the deep-hole bench blasting construction in Fengshan mountain open pit as the background, the present paper is aimed at studying the deep-hole bench blasting vibration effect on upper platform and lower platform. On the basis of the field monitoring data, a comparison of the value of particle vibration velocity has been made different platforms and introduced the concept of attenuation rate of velocity $\beta$. The study shows that the attenuation rate of velocity $\beta$ of the two particles with the same distance from explosive source on different platforms, decreased with the increasing of the distance from explosive source, while increased with the increasing of single segment maximum loading in the same blasting process.

**Keywords**: deep-hole bench blasting; blasting vibration; particle vibration velocity; velocity attenuation rate $\beta$

## 1 引言

在凤山矿台阶爆破过程中,边坡稳定性影响到施工的安全。只有充分了解和掌握爆破地震效应的产生、发展及传播的规律以及不同爆破参数对其振动效应的影响,才能保证其周围设施的安全、露天边坡的稳定,保证矿山生产的正常进行[1]。在以往的露天矿深孔台阶爆破中,国

---

作者信息:祝鑫,硕士,734892930@qq.com。

内外学者往往考虑的是上平台的振动对周边建筑物的影响[2~4]，更多的也是研究上平台的振动衰减规律[5~7]。但是，很多时候下平台离矿区相对更近，下平台的振动效应对矿区的生活区会产生直接的影响，因此对于下平台的振动衰减规律研究相当重要。

目前，学术界并没有精确描述爆破振动衰减规律的统一方程，尤其是在不同的平台上，爆破振动衰减也会有所差别[8]。本文从分析并对比药量和距离变化对于不同平台振动速度衰减规律的影响入手，研究深孔台阶爆破上、下平台振动效应的特点，为深孔台阶爆破振动控制提供参考，并在今后的施工和设施防护过程中能更好地区别上、下平台振动效应的差别，以便采取更合适的控制措施，从而达到施工目的。

## 2 工程概况

凤山石灰岩矿属于大型露天矿，分多期进行开采，采用深孔台阶爆破。该矿区位于华北平原与燕山山脉的交接部位，大地构造上属燕山东西向构造带的北京断凹。岩层总体走向NE36°，向南东方向倾斜，倾角25°~35°，自南西向北东向逐渐变缓。爆破区域北方向300多米处有凤山矿破碎站一座，西方向350m左右处为炸药库，南方向400多米处有凤山矿破碎站一座。凤山矿爆破区域周围环境如图1所示。

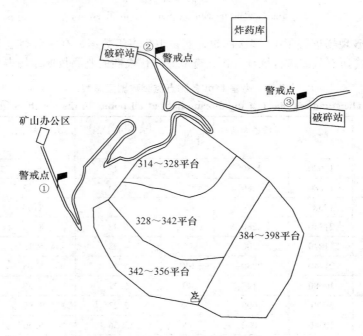

图1 凤山矿爆区周围环境图

Fig.1 The diagram of circumstances surrounded blasting area in Fengshan mining

在凤山矿爆破过程中，钻孔直径为150mm，孔深16.5m，采用连续装药结构，主要采用散装的炸药，填塞高度为4m。孔距为6~7m，排间距为3.5~4m，孔数和排数根据每次爆破的总量确定。

## 3 测点布置及监测数据

测点布置的合理程度直接影响到爆破振动测量的效果和监测数据的实用性，研究凤山矿上、下平台的振动衰减规律，在矿区上、下平台沿直线布置测点，测点布置如图2所示。

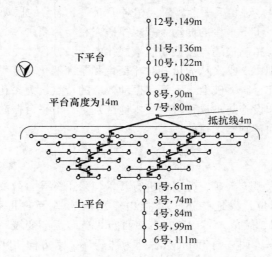

图 2　测点布置示意图
Fig. 2　The measuring point layout diagram

在凤山矿爆破现场进行了10多次测试，获得100多组数据，有平台高差14m和高差42m的两大类数据，将所有数据进行统计分析，选取具有代表性的监测数据，如表1和表2所示。

表 1　高差14m各测点监测数据汇总表
Table 1　The summary sheet of monitoring data at all points in the bench height of 14m

| 监测部位 | 序号 | 总药量/kg | 单段最大药量/kg | 距离/m | 水平切向振速/cm·s$^{-1}$ | 水平径向振速/cm·s$^{-1}$ | 垂向振速/cm·s$^{-1}$ |
|---|---|---|---|---|---|---|---|
| 上平台 | 1 | 17680 | 2280 | 80 | 5.12 | 3.61 | 5.68 |
|  | 2 | 17680 | 2280 | 100 | 4.44 | 2.32 | 5.02 |
|  | 3 | 17680 | 2280 | 120 | 2.78 | 2.60 | 3.64 |
|  | 4 | 21240 | 2280 | 65 | 6.48 | 8.48 | 10.2 |
|  | 5 | 21240 | 2280 | 95 | 4.33 | 5.16 | 5.40 |
|  | 6 | 21240 | 2280 | 100 | 5.17 | 5.05 | 5.58 |
|  | 7 | 10680 | 1140 | 40 | 5.22 | 2.62 | 6.77 |
|  | 8 | 9720 | 1000 | 105 | 2.23 | 1.98 | 5.35 |
|  | 9 | 19280 | 2000 | 76 | 5.36 | 5.60 | 6.35 |
|  | 10 | 19280 | 2000 | 82 | 7.36 | 7.58 | 7.75 |
|  | 11 | 19280 | 2000 | 145 | 1.65 | 1.85 | 2.23 |
|  | 12 | 9560 | 1520 | 133 | 1.82 | 1.60 | 1.89 |
|  | 13 | 9560 | 1520 | 115 | 2.39 | 2.30 | 2.42 |
| 下平台 | 14 | 21240 | 2280 | 130 | 1.39 | 1.66 | 1.11 |
|  | 15 | 10680 | 1140 | 130 | 0.30 | 0.99 | 0.67 |
|  | 16 | 10520 | 1710 | 122 | 1.32 | 2.04 | 1.18 |
|  | 17 | 19280 | 2000 | 75 | 0.87 | 2.51 | 1.97 |

续表1

| 监测部位 | 序号 | 总药量/kg | 单段最大药量/kg | 距离/m | 水平切向振速/cm·s$^{-1}$ | 水平径向振速/cm·s$^{-1}$ | 垂向振速/cm·s$^{-1}$ |
|---|---|---|---|---|---|---|---|
| 下平台 | 18 | 19280 | 2000 | 125 | 1.48 | 4.44 | 1.52 |
| | 19 | 10520 | 1710 | 149 | 1.00 | 1.45 | 0.77 |
| | 20 | 10520 | 1710 | 85 | 1.59 | 2.32 | 2.01 |
| | 21 | 19280 | 2000 | 95 | 3.02 | 4.81 | 2.51 |
| | 22 | 19280 | 2470 | 112 | 0.76 | 2.15 | 0.93 |
| | 23 | 19280 | 2470 | 85 | 1.43 | 1.58 | 1.07 |
| | 24 | 7160 | 1242 | 65 | 1.40 | 2.51 | 1.69 |

表2 高差42m下平台各测点监测数据汇总表

Table 2 The summary sheet of monitoring data at all points in the below bench height of 42m

| 监测部位 | 序号 | 总药量/kg | 单段最大药量/kg | 距离/m | 水平切向振速/cm·s$^{-1}$ | 水平径向振速/cm·s$^{-1}$ | 垂向振速/cm·s$^{-1}$ |
|---|---|---|---|---|---|---|---|
| 下平台 | 1 | 7040 | 950 | 40 | 0.55 | 0.60 | 0.86 |
| | 2 | 7040 | 950 | 50 | 0.55 | 0.66 | 0.78 |
| | 3 | 7040 | 950 | 85 | 0.43 | 0.49 | 0.50 |
| | 4 | 7040 | 950 | 70 | 0.68 | 0.59 | 0.79 |
| | 5 | 7240 | 1710 | 80 | 0.31 | 0.33 | 0.37 |
| | 6 | 7240 | 1710 | 70 | 0.60 | 0.48 | 0.76 |
| | 7 | 9200 | 1137 | 36 | 1.21 | 1.07 | 1.56 |
| | 8 | 9200 | 1137 | 46 | 0.47 | 0.98 | 1.03 |
| | 9 | 9200 | 1137 | 56 | 0.46 | 0.96 | 0.96 |
| | 10 | 9200 | 1137 | 66 | 0.44 | 0.75 | 0.78 |
| | 11 | 7040 | 950 | 100 | 0.41 | 0.43 | 0.63 |
| | 12 | 9200 | 1137 | 46 | 0.89 | 1.18 | 1.21 |
| | 13 | 9200 | 1137 | 56 | 0.34 | 0.72 | 0.81 |
| | 14 | 9200 | 1137 | 66 | 0.34 | 0.75 | 0.81 |
| | 15 | 9200 | 1137 | 76 | 0.57 | 0.95 | 0.98 |
| | 16 | 9200 | 1137 | 86 | 0.58 | 0.82 | 0.90 |
| | 17 | 9200 | 1137 | 36 | 0.43 | 1.14 | 1.29 |
| | 20 | 7040 | 950 | 60 | 0.54 | 0.55 | 0.51 |
| | 21 | 7040 | 950 | 40 | 0.59 | 0.88 | 0.77 |
| | 22 | 7040 | 950 | 50 | 0.67 | 0.86 | 0.85 |
| | 23 | 7040 | 950 | 60 | 0.51 | 0.81 | 0.76 |
| | 24 | 7240 | 1710 | 40 | 0.59 | 0.73 | 0.44 |
| | 25 | 7240 | 1710 | 50 | 0.50 | 0.77 | 0.66 |
| | 26 | 7240 | 1710 | 60 | 0.48 | 0.61 | 0.47 |
| | 27 | 7240 | 1710 | 40 | 0.66 | 0.76 | 0.70 |
| | 28 | 7240 | 1710 | 60 | 0.38 | 0.47 | 0.41 |
| | 29 | 9200 | 1137 | 76 | 0.49 | 0.65 | 0.49 |
| | 30 | 7240 | 1710 | 70 | 0.56 | 0.84 | 0.71 |

## 4 测试结果分析

### 4.1 各平台质点三向振速对比

在所监测到的数据中,垂向振速最大的数据有 13 组,占 29.55%,水平切向振速最大的数据有 8 组,占比为 18.18%,水平径向振速最大的数据有 23 组,占比 52.27%。表 1 中 14m 高差下平台样本数据共 24 组,垂向振速最大的数据有 10 组,占 41.67%,水平切向振速最大的数据有 3 组,占比为 12.5%,水平径向振速最大的数据有 11 组,占比 45.83%。表 2 中 42m 高差下平台样本数据共 30 组,垂向振速最大的数据有 17 组,占 56.67%,水平切向振速最大的数据有 2 组,占比为 6.67%,水平径向振速最大的数据有 11 组,占比 36.67%。

从表 1 和表 2 可以看出,三个方向上振速最大时的样本占比在各个平台上都不相同。将三个方向振速分别最大时在各个平台的占比用图表形式直观地表达出来如图 3 所示。

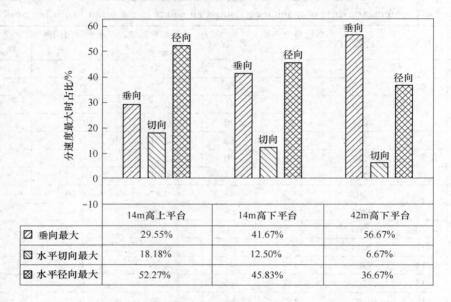

图 3　三个方向振速分别最大时在各个平台的占比
Fig. 3　The proportion of maximum velocity in three direction at each bench

(1) 不论在哪个平台,垂向分速度和水平径向分速度最大时的占比始终都要明显大于水平切向分速度。在 14m 高差的上平台和下平台中,水平径向分速度最大时的占比最大,垂向分速度次之,水平切向分速度最小。在 42m 高差的下平台,垂向速度最大时占比最大,水平径向速度次之,水平切向速度最小。

(2) 比较 14m 高差的上平台,14m 高差的下平台,42m 高差的下平台,垂向速度最大时的占比逐渐增加,水平切向速度和径向速度最大时的占比都在减小。

在 98 组样本数据中,水平切向振速最大为 13 组,占比 13.27%,水平径向振速最大为 45 组占比 45.92%,垂向振速最大时共 40 组,占比为 40.82%。水平切向振速最大时占比较小,所以在爆破分析过程中基本可以不从这方向考虑,水平径向振速最大时要大于垂向振速最大时的占比,但是总体相差并不大。14m 高差的上、下平台,三个分速度的差值比较大,所以不能单从某个分速度方向去考虑爆破振动效应的影响,至少分析垂向和水平径向,从矢量合速度方向分析最佳。42m 高差的下平台的数据，垂向振速最大时的数据占比最大，而且在水平径向和水平切向振速最大时，垂向振速和它们的差值比较小。所以在分析 42m 爆破振动效应特点过程中，可以直接考虑垂向振速的影响。

### 4.2 上、下平台爆破振速变化对比

本次试验测得了大量下平台数据，针对同一次爆破，在距离爆区相同距离的条件下，将上、下平台质点的振速并进行对比，为了便于找到不同平台间的质点振动速度峰值的规律，引入速度衰减率 $\beta$ 作为一个参数指标：

$$\beta = (v_u - v_d)/v_u \times 100\% \tag{1}$$

式中 $\beta$ ——同一次爆破工程中，到炮区相同距离条件下，上平台质点振动速度峰值到下平台质点振速峰值的衰减程度，下文中直接用速度衰减率 $\beta$ 指代；

$v_u$ ——同一次爆破工程中，相同距离条件下，上平台的质点振速峰值；

$v_d$ ——同一次爆破工程中，相同距离条件下，下平台的质点振速峰值。

从表 1 监测数据可以很直观的发现，位于相等距离的质点，上平台速度要明显大于下平台的振速，各组监测数据中的速度衰减率 $\beta$ 有如下变化规律：

(1) 不同距离下质点振动速度衰减率 $\beta$ 随距离的变化规律：

当药量为 2280kg 时：82.57% (50m) > 75.48% (60m) > 71.42% (75m) > 65.12% (90m) > 51.78% (105m)；

当药量为 1140kg 时：63.30% (75m) > 57.79% (85m) > 52.43% (95m) > 44.08% (110m)；

当药量为 2470kg 时：74.35% (75m) > 66.20% (90m) > 62.05% (100m) > 57.42% (112m)；

当药量为 1710kg 时：65.97% (80m) > 61.27% (90m) > 54.79% (99m) > 50.46% (111m)；

当药量为 2000kg 时：78.31% (56m) > 70.12% (75m) > 64.02% (90m) > 47.47% (125m)；

当药量为 1520kg 时：52.11% (100m) > 47.19% (115m) > 37.50% (134m) > 23.40% (152m)。

以上数据显示速度衰减率 $\beta$ 都是随着距离的增大而减小，这可以说明在同一次爆破中，处于同一距离的上平台到下平台的质点振速峰值衰减程度随着距离增大而减小，即 $R\uparrow \Rightarrow \beta\downarrow$。

(2) 不同药量下指点振动速度衰减率 $\beta$ 随距离的变化规律：

当距离为 75m 时：74.35% (2470kg) > 71.42% (2280kg) > 70.12% (2000kg) > 63.30% (1140kg)；

当距离为 90m 时：66.20% (2470kg) > 65.12% (2280kg) > 64.02% (2000kg) > 61.27% (1710kg)；

当距离为 100m 时：62.05% (2470kg) > 54.79% (1710kg，实际距离为 99m) > 52.11% (1520kg)；

当距离为 110m 时：57.42% (2470kg，实际距离为 112m) > 50.46% (1710kg，实际距离为 111m) > 47.19% (1520kg，实际距离为 115m) > 44.08% (1140kg)。

结合上面列举的 75m、90m、100m、110m 这四个距离出现的速度衰减率 $\beta$ 随单段最大药量 $Q$ 的变化，可以推出：在凤山露天矿深孔台阶爆破中，处于同一距离的速度衰减率 $\beta$ 随着单段最大药量 $Q$ 的增大而增大，即 $Q\uparrow \Rightarrow \beta\uparrow$。

这两个规律对爆破施工过程振动控制有着重要的意义，可以通过其中一些测点测得的振速峰值就能够预估其他距离的质点振动速度峰值范围。需要指出的是，在其他工程上应用时，应

进行现场试验。

## 5  结论

本文分析了凤山矿振动测试的监测结果，得到了如下结论：

（1）统计三个方向速度分别最大时占的样本比例，得到了垂向速度和水平径向速度最大时占的样本比例较大。

（2）引入速度衰减率 $\beta$ 作为研究上、下平台质点振动速度峰值对比的参数指标，实测资料表明：同次爆破处于同一距离的上、下平台两个质点，它的速度衰减率 $\beta$ 随着距离的增大而减小，随着单段最大药量 $Q$ 的增大而增大。

### 参 考 文 献

[1] 张雪亮，黄树棠. 爆破振动效应[M]. 北京：地震出版社，1981.
[2] Giogio Berta. Blasting-induced Vibration in Tunneling[J]. Tunneling and Underground Space Technology，1994，9(2)：175-187.
[3] Gisle, Arne Myrvang. The influence of blasting on grouted rock bolts[J]. Tunneling and Underground Space Technology. 1998，13(1)：65-75.
[4] 毕卫国，石崇. 爆破振动速度衰减公式的优化选择[J]. 岩土力学，2004，25(S1)：99-102.
[5] 高善堂. 爆破振动速度计算系数的合理确定[J]. 矿业研究与开发，1995，15(3)：51-53.
[6] 李保珍. 露天深孔爆破地震效应的研究[J]. 长沙矿山研究院季刊，1989，9(4)：84-94.
[7] 卢文波，W Hustrulid. 质点峰值振动速度衰减公式的改进[J]. 工程爆破，2002，8(3)：1-4.
[8] 周俊汝，卢文波，张乐，等. 爆破地震波传播过程的振动频率衰减规律研究[J]. 岩石力学与工程学报，2014，33(11)：2171-2178.

# 两种不同传播介质下爆破振动传播规律分析

孙晓辉　金沐　肖涛　李雷斌

（中铁港航局集团有限公司，广东 广州，510660）

**摘　要**：本文结合工程实例，分别对山体爆破和水下挤淤爆破的振动速度测试数据进行线性回归，得到适用于两种不同传播介质下的振动速度衰减公式。通过振动速度衰减公式、振动速度波形、FFT 幅度谱三方面的分析对比，得出挤淤爆破对建（构）筑物的振动危害要比山体爆破更大，并提出了降低挤淤爆破振动的一些措施，为类似工程提供参考。

**关键词**：传播介质；振动速度；波形；FFT 幅度谱；挤淤爆破

## The Blasting Vibration Attenuation Law Analysis under Different Transmission Mediums

Sun Xiaohui　Jin Mu　Xiao Tao　Li Leibin

(China Railway Port Channel Engineering Co., Ltd., Guangdong Guangzhou, 510660)

**Abstract**: Combining with engineering examples, by linear regression analysis of test data of vibration velocity of mountain blasting and underwater squeezing sludge blasting, vibration velocity attenuation formulas are obtained under different transmission mediums. Through the analysis of the attenuation formulas of vibration velocity, vibration velocity waveform and FFT spectrum, it is concluded that squeezing sludge blasting vibration is more harmful to building (structure) than mountain blasting vibration, and some measures to reduce the squeezing sludge blasting vibration are proposed for similar projects.

**Keywords**: transmission mediums; vibration velocity; waveform; FFT spectrum; squeezing sludge blasting

## 1　工程概况

华润海丰电厂规划容量为 $4 \times 1000MW + 2 \times 1000MW$ 级机组，本次建设规模为一期工程建设的 $2 \times 1000MW$ 级超超临界燃煤机组围填海场平工程，主要施工内容为场地平整土石方开挖总量为 $468.89 \times 10^4 m^3$，基岩以凝灰岩为主，采用中深孔爆破施工方法；护岸和防波堤施工总长度为 3106.645m，有较厚的海积淤泥质黏土层，尤其是在爆破挤淤淤泥层间夹着细砂层，其厚度 1~3m，堤身采用爆炸挤淤填石置换法处理软地基。

## 2　测试仪器与测试方法

### 2.1　测试仪器

为定量分析对比陆地和水下不同传播介质下的爆破振动结果，本次试验采用的是 2 台四川

---

作者信息：孙晓辉，工程师，240529089@qq.com。

拓普测控科技有限公司开发的 UBOX-5016 智能爆破测振仪。UBOX-5016 是 4 通道同步并行数据采集器,采用 16Bit 高精度 A/D,每通道最高采样率可同时达到 200KSps。同时具有分段存储、多次触发、自动记录功能,可在现场应用中自动连续记录多次事件信号,无需人工干预。通信接口全兼容 USB 标准,适用于较低速动态信号的实时记录采集。

## 2.2 测试方法

UBOX-5016 爆破测振过程如下所述:

(1) 测试参数设置,见表1。

表1 UBOX-5016 主要参数设置表
Table 1 Main parameters set of UBOX-5016

| 序号 | 参数名称 | 参数设置 |
|---|---|---|
| 1 | 采样频率 | 5kHz |
| 2 | 采样时间 | 3.277s |
| 3 | 预采样长度 | −256 点 |
| 4 | 触发方式 | 通道出窗触发 |
| 5 | 触发电平 | 0.09V |
| 6 | 通道耦合 | 直通 |
| 7 | 分段参数 | 4 段,采集多次爆破数据 |
| 8 | 工程标定 | 输入传感器的灵敏度数值,软件可自动转换为 $K^{①}$ 系数,试验后可直接得到实际物理量 |

① 采集电压值与实际被测物理量的数学运算比例。

(2) 安装传感器,连接设备。选用的水平速度传感器和垂直速度传感器的频响均为 5~200Hz。为保证传感器的金属底盘与被测物形成刚性连接,在现场使用过程中可以借助生石膏固定两只水平传感器和一只垂直传感器,同时测量径向、切向和垂直方向的速度。径向传感器的安放应保持与水平面平行,传感器方向杆指向爆心;切向传感器的安放应保持与水平面平行,方向杆与爆心方向垂直;垂直速度传感器的安放应保持与水平面垂直,如图1所示。测试时应将设备放置于不易被爆破引起的碎片、飞石等硬物损坏的位置。

图1 传感器安装示意图
Fig. 1 Sensors installation schematic diagram

(3) 设备开机。打开电源后,设备开始初始化,此时电源灯、电量灯、采集灯会一起点亮,待采集灯灭掉,配置灯点亮后设备初始化结束,可进入下一步操作。

(4) 选择配置参数。通过面板上的 [配置选择] 按钮,配置指示灯会在配置 1~4 中循环点亮,点亮的配置表选项,就是当前采集有效的参数配置。

(5) 启动采集。轻按 [启动/停止] 键,即可启动采集。启动采集后,采集状态指示灯呈红色。

（6）等待采集结束，关机。发生爆破后，传感器捕捉到的振动信号满足触发条件时，设备会自动启动触发，开始记录信号，此时采集指示灯呈绿色。当本段采集结束后，设备会自动切换到下一段存储空间，同时等待触发。

## 3 测试数据

利用现场2台UBOX-5016智能爆破测振仪，分别对山体爆破和挤淤爆破进行了4次数据采集。爆破振动测试以三向量测为主，三向合速度更能反映振动强度大小，如表2、表3所示分别为山体爆破和挤淤爆破质点径向、切向和垂直方向最大振动速度的合速度。

表2 山体爆破最大质点振动合速度
Table 2 Resultant velocity of mountain blasting vibration

| 样本号 | 最大单响药量 $Q/\text{kg}$ | 测点至爆源距离 $R/\text{m}$ | 最大合速度 $v/\text{cm}\cdot\text{s}^{-1}$ | 主振频率 $f/\text{Hz}$ |
|---|---|---|---|---|
| 1 | 1100 | 159.13 | 1.64 | 24.4 |
| 2 | 1100 | 185.95 | 1.38 | 17.1 |
| 3 | 1344 | 162.95 | 2.15 | 9.8 |
| 4 | 1344 | 178.08 | 2.51 | 17.1 |
| 5 | 864 | 161.25 | 1.52 | 48.8 |
| 6 | 864 | 221.9 | 0.94 | 19.5 |
| 7 | 888 | 187.8 | 1.39 | 26.9 |
| 8 | 888 | 216.27 | 0.96 | 31.7 |

表3 挤淤爆破最大质点振动合速度
Table 3 Resultant velocity of squeezing sludge blasting vibration

| 样本号 | 最大单响药量 $Q/\text{kg}$ | 测点至爆源距离 $R/\text{m}$ | 最大合速度 $v/\text{cm}\cdot\text{s}^{-1}$ | 主振频率 $f/\text{Hz}$ |
|---|---|---|---|---|
| 1 | 288 | 824 | 0.37 | 10.4 |
| 2 | 288 | 977 | 0.28 | 7.9 |
| 3 | 432 | 1002 | 0.35 | 10.4 |
| 4 | 432 | 1103 | 0.28 | 7.9 |
| 5 | 336 | 912 | 0.35 | 10.4 |
| 6 | 336 | 1026 | 0.28 | 7.9 |
| 7 | 384 | 668 | 0.56 | 10.4 |
| 8 | 384 | 722 | 0.54 | 7.9 |

爆破振动速度采用萨道夫斯基公式回归分析：

$$v = K(\sqrt[3]{Q}/R)^{\alpha} \tag{1}$$

式中 $K,\alpha$——与地质、爆源等条件有关的系数；
$R$——爆心距，测点距爆源中心距离，m；
$Q$——最大段的药量，kg。
对式（1）等号两边分别取自然对数得：

$$\ln v = \ln K + \alpha\ln(\sqrt[3]{Q}/R) \tag{2}$$

利用数据分析和制图软件 OriginPro v9.0.SR2 对最大质点振动合速度分别进行线性回归，如图 2 和图 3 所示，得到如下振动速度衰减公式。

山体爆破： $v = 293.83\,(\sqrt[3]{Q}/R)^{1.83}$ （3）

挤淤爆破： $v = 624.53\,(\sqrt[3]{Q}/R)^{1.54}$ （4）

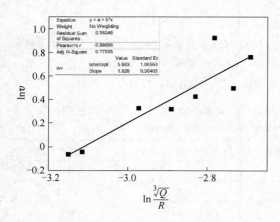
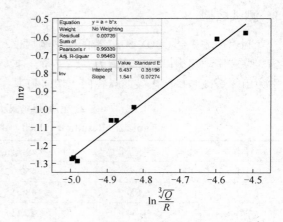

图 2 山体爆破振动速度衰减拟合曲线图
Fig. 2 Velocity attenuation fitting curve of mountain blasting vibration

图 3 挤淤爆破振动速度衰减拟合曲线图
Fig. 3 Velocity attenuation fitting curve of squeezing sludge blasting vibration

## 4 数据分析

### 4.1 振动速度分析

由式（1）可以看出：$K$ 值越大，$v$ 值越大；对于线弹性区域而言，$\alpha$ 值越小，$v$ 值越大。由式（3）、式（4）可以看出：当装药量 $Q$ 和爆心距 $R$ 相同时，挤淤爆破引起爆破振动效应明显高于山体爆破。这是由于陆地岩土中爆破时，地震波能量一般不到爆破总能量的 10%，而水介质中爆破，可达 20% 左右。另外，挤淤爆破振动速度衰减指数 $\alpha$ 小于山体爆破，说明前者振动速度衰减慢。

### 4.2 振动速度波形分析

为直观比较山体爆破和挤淤爆破的振动速度波形，分别取 2012 年 9 月 13 日山体爆破（装药量 864kg，爆心距 161.25m）和 2012 年 3 月 16 日东护岸（桩号 K0+631）挤淤爆破（装药量 336kg，爆心距 1026m）两个典型爆破进行分析，图 4、图 5 分别为山体爆破和挤淤爆破的振动速度波形。

从图 4 和图 5 可以看出：山体爆破振动持续时间 0.708s，挤淤爆破振动持续时间 3.225s，后者持续时间明显较长，波形衰减速度较慢。

### 4.3 FFT 幅度谱分析

利用爆破振动监测与分析软件（BM View for UBOX-5016），对以上两个典型爆破进行 FFT 幅度谱分析，如图 6 和图 7 所示。

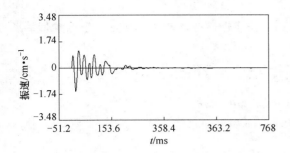

图 4 山体爆破振动速度波形图

Fig. 4 Waveform of mountain blasting vibration

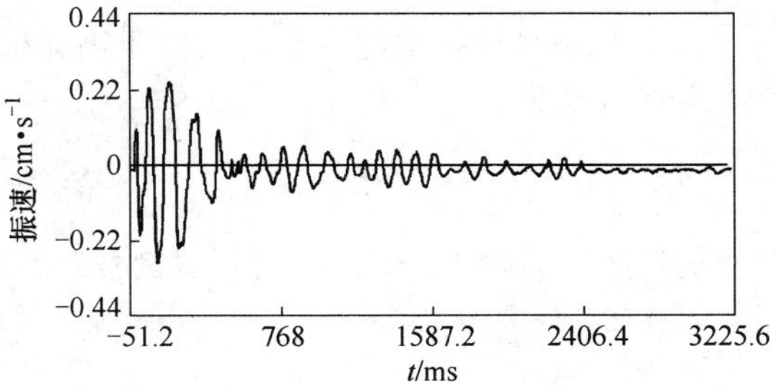

图 5 挤淤爆破振动速度波形图

Fig. 5 Waveform of squeezing sludge blasting vibration

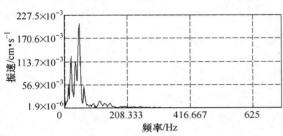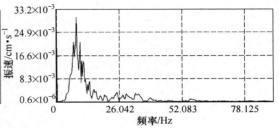

图 6 山体爆破 FFT 幅度谱图

（FFT 长度 2048，矩形窗口）

Fig. 6 FFT spectrum of mountain blasting

（FFT Length 2048，rectangular window）

图 7 挤淤爆破 FFT 幅度谱图

（FFT 长度 16348，矩形窗口）

Fig. 7 FFT spectrum of squeezing sludge blasting

（FFT Length 16348，rectangular window）

从图 6 和图 7 可以看出：山体爆破振动主振频率为 48.828 Hz，当达到 170.807 Hz 时，高频成分才开始慢慢消失，爆破振动能量显著集中于高频带；而挤淤爆破振动主振频率为 7.935 Hz，当达到 41.154 Hz 时开始快速消失，高频成分基本消失，爆破振动能量显著集中于低频带，且更接近建（构）筑物的自振频率范围 1~5 Hz，对建（构）筑物的危害更大。

## 5 降低挤淤爆破振动措施

水下爆破工程受周围水环境的影响，水的可压缩性比空气小、音速高，决定了水下爆破荷载作用不同于陆地爆破，且水下爆破对建（构）筑物的振动危害要比山体爆破更大，可采用毫秒微差延期爆破，分散爆破药量，减小一次起爆药量，从而减轻爆破振动强度。

## 6 结论

通过对山体爆破和挤淤爆破振动速度测试数据的分析对比，得到如下结论。

（1）根据试验采集的样本数据，通过线性回归得到适用于传播介质下的爆破振动速度衰减公式。

山体爆破： $v = 293.83 (\sqrt[3]{Q}/R)^{1.83}$

挤淤爆破： $v = 624.53 (\sqrt[3]{Q}/R)^{1.54}$

（2）同等条件下，挤淤爆破引起爆破振动效应明显高于山体爆破，且前者振动速度衰减慢。

（3）山体爆破振动能量显著集中于高频带，而挤淤爆破振动能量显著集中于低频带，高频成分基本消失。

## 参 考 文 献

[1] 谢先启. 精细爆破[M]. 武汉：华中科技大学出版社，2010：128.
[2] 石教往，佟锦岳，张正宇. 水下爆破地震效应的试验研究[J]. 水利水电快报，1997，18(18)：24-28.
[3] 周听清. 爆炸动力学及其应用[M]. 合肥：中国科学技术大学出版社，2001：109-111.
[4] 陆凡东，方向，高振儒，等. 防波堤爆破挤淤施工对在建核设施的振动影响分析[J]. 工程爆破，2010，16(2):66-69.
[5] 张志波，李春军，李红勇，等. 气泡帷幕在水下爆破减震工程中的应用[J]. 爆破，2003，20(2)：75-76.

# 小水池水下爆炸对地基振动的 HHT 分析研究

汤有富[1] 汪泉[1,2] 程扬帆[1] 朱恺波[1] 宫婕[1]

(1. 安徽理工大学化学工程学院,安徽 淮南,232001;
2. 安徽理工大学土木工程博士后流动站,安徽 淮南,232001)

**摘 要**:随着海洋资源的开发和海上军事防护的需求,水下爆炸技术越发得到重视。本文在安徽理工大学小型圆筒形爆炸水池(直径5.5m,高3.62m)中进行单药包和双药包两种形式爆炸实验。使用 Ubox-5016 测振仪采集水池临近区域爆炸振动信号,根据采集到的振动参数分析可知:(1)随着距离的增加振动速度减小而主振频率增大;装药量增加振速增大。(2)通过 Hilbert 能量谱分析可知,水下爆炸振动能量的频率分布在100Hz范围内,并且主要能量集中在50Hz以下的低频区;50~100Hz范围的频段,能量分量较少;通过边际谱分析可知,主振频带在3~10Hz范围内。(3)分别通过对振动信号进行 HHT 变换得到的能量谱、边际谱进行分析,进一步验证了毫秒延时起爆能够降低水下爆炸振动能量,减小振动效应。本文实验结果与分析对水工建筑结构抗震设计及水下军事对抗防护等方面具有重要参考价值。

**关键词**:爆炸力学;爆炸振动;HHT;振动效应

## The Influence of Underwater Explosion in a Small Pond on the Foundation Vibration Studied by HHT

Tang Youfu[1] Wang Quan[1,2] Cheng Yangfan[1] Zhu Kaibo[1] Gong Jie[1]

(1. School of Chemical Engineering, Anhui University of Science and Technology, Anhui Huainan, 232001;
2. Postdoctoral Mobile Research Station for Civil Engineering, Anhui University of Science and Technology, Anhui Huainan, 232001)

**Abstract**: With the development of marine resources and the demand of marine military protection, underwater explosion technology is getting more and more attention. The underwater explosion experiments with single charge & double charges were carried out in a small cylinder explosion pond of Anhui University of Science & Technology (diameter 5.5m, high 3.62m) in the article. Ubox-5016 type of blasting vibration tester was used to acquire the vibration signal near the pond, and the analysis results for vibration parameters show that: (1) with the increasing of distance, the vibration velocity decreases while the main vibration frequency increases, and with the increasing of the charge quantity, the

---

基金项目:国家自然基金项目(11502001);中国博士后面上项目(2014M561808);安徽省高校自然科学研究重点项目(KJ2014A065)。
作者信息:汤有富,硕士,184682601@qq.com。

vibration velocity increases. (2) Through Hilbert energy spectrum analysis, the frequency distribution of underwater explosion vibration energy is within the range of 100Hz, and the main energy is mainly concentrated in low frequency region below 50Hz, but the energy components for the frequency bandrange from 50～100 Hz is less; the marginal spectrum analysis shows that the main vibration frequency band is in the range of 3～10Hz. (3) Through the analysis of the energy spectrum and the marginal spectrum of the vibration signals by the HHT transform, it further verifies that the millisecond delay initiation can reduce the vibration energy of underwater explosion and the vibration effect. The results and analysis in the paper have important reference value for the design of hydraulic structures and the protection of underwater military confrontation.

**Keywords**: mechanics of explosion; explosion vibration; HHT; vibration effect

## 1 引言

水下爆炸振动产生的地震波是瞬态非平稳信号没有固定频率,对于传统的傅里叶分析是定义在全局上的函数,对于瞬时频率往往不适用[1]。目前在处理非平稳信号有效分析方法[2]主要有:连续小波变换(CWT)、离散小波变换(DWT)、多分辨分析(MA)、小波包分析(WPA)以及 Huang N E 等人[3,4]基于 Hilbert 变换提出的 HHT(Hilbert-Huang Transform)分析方法。Peng Z K 等人[5]通过改进 Hilbert-Huang 变换并应用于振动信号分析中。李夕兵、张义平等人[3,6]将 HHT 分析方法成功运用到硐室大爆破、露天矿山爆破监测的振动信号分析中,结果表明了 HHT 法在爆破振动信号分析上具有可行性、可靠性。钱守一[7]等人对比小波分析方法,证明 HHT 方法在微差爆破振动信号实际延迟时间识别的可行性。龚敏等人[8]通过现场工程实例进行 HHT 分析,证明了 EMD 识别法适用于小间隔微差爆破。凌同华等人[9]将时能密度法及信号时-频域转换技术应用于微差爆破。贾虎等人[10]基于 $\phi 5m \times 5m$ 水下爆炸实验水池对金属导爆索水下爆炸压力信号进行了 HHT 变换分析,结果表明 HHT 法适用于水下爆炸信号分析。徐振洋等人[11]使用电子雷管起爆,采集到的爆破震动信号利用 EMD 算法分析振动能量分布规律,并引入到建筑物安全保护中。本文在安徽理工大学的小型圆筒形爆炸水池(直径5.5m,高3.62m)中进行 RDX 单药包和双药包毫秒延时爆炸实验(分别采用 Ms3、Ms5 两个段别雷管延时起爆),采用 Ubox-5016 爆破振动测试仪采集振动信号,并对采集到的爆炸振动信号进行 HHT 分析,将 HHT 分析方法引用在水下爆炸振动信号领域,并探讨水下毫秒延时起爆对爆炸振动信号的影响,并通过对振动信号进行 HHT 分析得到的能量谱、边际谱对比,进一步验证了毫秒延时起爆能够降低水下爆炸振动能量。本文的实验结果与分析,能够为水下工程爆破、水工建筑结构抗震设计、水下军事对抗提供理论参考。

## 2 HHT 分析原理

HHT(Hilbert-Huang Transform)分析方法适用于处理非线性、非平稳信号。主要由经验模态分解(EMD)和 Hilbert 变换两部分组成[2,4]。相对于小波分析,EMD 分解克服了小波基选择问题,避免由于基函数不同所带来的影响。另外,原始信号经过 EMD 分解后得到的固有模态函数 IMF(Intrinsic Mode Function)具有不同特征尺度,这一过程是自适应的、高效的。通过 EMD 分解得到的各 IMF 分量经过 Hilbert 变换得到各 IMF 分量的瞬时频谱,综合所有 IMF 分量的瞬时频谱得到 Hilbert 谱。

爆炸振动得到的原始信号包含三个方向的信号,依据 GB 6722—2014《爆破安全规程》中的13.2.2条条例规定,可选取垂向振动信号 $X(t)$ 进行分析。

爆炸振动地振信号的 HHT 分析中 EMD 分解算法及 Hilbert 变换。原始信号 $X(t)$ 经过 $n$ 次 EMD 分解可表示为：

$$X(t) = \sum_{i=1}^{n} C_i(t) + r_n(t) \tag{1}$$

式中，$C_i(t)$ 表示经 EMD 分解得到的第 $i$ 阶 IMF 分量；$r_n(t)$ 表示原始信号减去 $n$ 个 IMF 分量之和的残差。

得到的 IMF 分量经 Hilbert 变换表示为：

$$H[C(t)] = \frac{1}{\pi} PV \int_{-\infty}^{\infty} \frac{C(t')}{t - t'} dt' \tag{2}$$

构造解析信号 $Z(t)$ 得到：

$$Z(t) = C(t) + jH[C(t)] = a(t) e^{j\phi(t)} \tag{3}$$

式中，$a(t)$ 为幅值函数：

$$a(t) = \sqrt{C^2(t) + H^2[C(t)]} \tag{4}$$

$\phi(t)$ 为相位函数：

$$\phi(t) = \arctan \frac{H[C(t)]}{C(t)} \tag{5}$$

原始信号通过分解可表示为：

$$X(t) = \text{Re} \sum_{i=1}^{n} a_i(t) e^{j\phi_i(t)} = \text{Re} \sum_{i=1}^{n} a_i(t) e^{\int \overline{\omega}_i(t) dt} \tag{6}$$

Hilbert 谱可表示为：

$$H(w,t) = \text{Re} \sum_{i=1}^{n} a_i(t) e^{\int \overline{\omega}_i(t) dt} \tag{7}$$

Hilbert 边际谱可表示为：

$$h(w) = \int_0^T H(w,t) dt \tag{8}$$

根据以上理论，采用 MATLAB 编写相应程序代码，加载相应模块即可作出相关谱图。

## 3 小水池水下爆炸振动实验

实验在安徽理工大学的小型圆筒形爆炸水池（$\phi 5.5m$，$H 3.62m$）中进行。采用钝化 RDX 防水处理后制成球形药包，药包分别选用单药包5g、单药包10g及双药包（2个各5g）三种形式，采用 8 号工业雷管起爆（双药包采用 Ms 3 段、Ms 5 段雷管起爆），药包间距30cm。测试时药包入水深度均为2.4m。使用 UBOX-5016 爆破振动测试仪采集信号，传感器分别布置在水池筒体外1m 和2m 的地面上（即距单药包爆炸中心3.75m、4.75m）。

### 3.1 爆炸振动测试结果

通过小水池水下爆炸实验得到如下结果：

（1）根据表1对比三个方向（切向、径向、垂向）最大振速，可以发现垂向最大振速远大于切向最大振速与径向最大振速。依据 GB 6722—2014《爆破安全规程》中的 13.2.2 条规定，主要对垂向分量进行进一步分析。

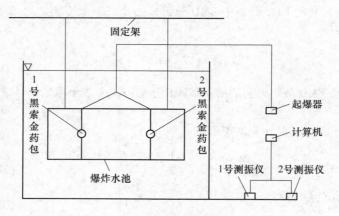

图 1 水下爆炸试验系统
Fig. 1 Experimental system of underwater explosion

表 1 爆炸振动实测数据
Table 1 The measured data of explosion vibration

| | 实验编号 | 单药包 RDX5g + 单发雷管 TNT 当量 7.46g | | 单药包 RDX10g + 单发雷管 TNT 当量 13.84g | | 双药包 RDX 各 5g + 两发雷管 TNT 当量 14.92g | |
|---|---|---|---|---|---|---|---|
| | | 1 号/1m | 4 号/2m | 2 号/1m | 5 号/2m | 3 号/1m | 6 号/2m |
| 径向 | 主振频率/Hz | 4.883 | 61.035 | 9.766 | 61.035 | 6.104 | 26.855 |
| | 最大振速/cm·s$^{-1}$ | 0.055 | 0.079 | 0.061 | 0.103 | 0.039 | 0.067 |
| | 最大振速时间/ms | 18.80 | 134.2 | 125.6 | 20.40 | 105.2 | 19.40 |
| | 振动持续时间/ms | 949 | 948 | 948 | 949 | 946 | 948 |
| 切向 | 主振频率/Hz | 61.035 | 4.883 | 61.035 | 9.766 | 26.855 | 6.104 |
| | 最大振速/cm·s$^{-1}$ | 0.081 | 0.038 | 0.100 | 0.060 | 0.075 | 0.038 |
| | 最大振速时间/ms | 15.40 | 81.60 | 18.00 | 120.6 | 17.20 | 104.2 |
| | 振动持续时间/ms | 945 | 949 | 946 | 948 | 947 | 949 |
| 垂向 | 主振频率/Hz | 4.883 | 28.076 | 9.766 | 9.766 | 4.883 | 26.855 |
| | 最大振速/cm·s$^{-1}$ | 0.460 | 0.439 | 0.725 | 0.650 | 0.542 | 0.457 |
| | 最大振速时间/ms | 24.40 | 140.4 | 40.00 | 43.00 | 26.00 | 24.80 |
| | 振动持续时间/ms | 936 | 929 | 917 | 943 | 939 | 937 |

（2）在垂向上，相同装药量条件下，最大振速随着测量距离增加而逐渐减小，主振频率随着测量距离增加而逐渐增大；相同测量距离条件下，最大振速随着装药量的增加而增大。

（3）通过 Ms3、Ms5 两个段别雷管实现毫秒延时起爆，从表中可看出，在相同的总药量（10g RDX）、相同测量距离（1m 或 2m）条件下，延时起爆的最大振速将减小 30% 左右，但主振频率方面未见明显规律。可见分段延时的水下爆炸实验对学校教学环境危害较小，在工程实践中也可通过毫秒延时爆破适当控制最大振动速度，减小爆破振动带来的危害。

## 3.2 爆炸振动信号的 HHT 分析

根据振动测试仪 UBox5016 采集到的振动信号，分别对单药包 10g RDX 和双药包各 5g RDX（通过 Ms3 段、Ms5 两个段别雷管实现毫秒延时起爆）在 1m 处垂直方向振动信号进行 EMD 分解和重构并作出 Hibert-Huang 能量谱图以及边际谱图。

### 3.2.1 爆炸振动信号的 EMD 分解和重构

根据振动测试仪 UBox5016 采集到的振动信号，以单药包 5g RDX 在 1m 处垂直方向振动信号为例，进行 EMD 分解和重构。

从图 2 中看出，实测信号与重构信号的误差为 $10^{-16}$ 量级，它们之间具有高度一致性，能够精确反应信号的原始情况特征，验证 HHT 方法中 EMD 分解应用于水下爆炸振动信号分析的可行性，保证后续波谱分析的可靠性。

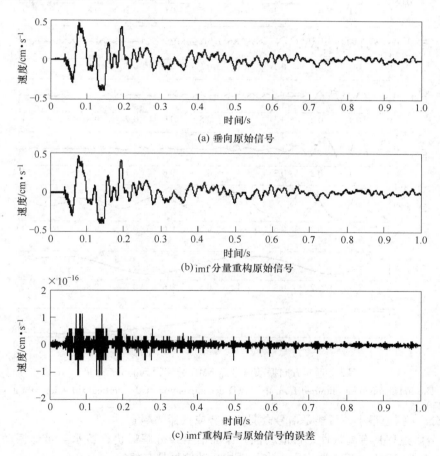

图 2 原始信号、重构信号和相对误差分布

Fig. 2 The original signal, the reconstructed signal and the relative error distribution

利用 EMD 分解图 2 对应的垂向爆炸振动信号，分解得到各 imf 分量如图 3 所示。从图 3 中可以看出，采用 EMD 分解得到 9 个 imf 分量和一个余量（residue）r。其中，$imf_1$ 分量中频率最高，所含能量低，表示信号包含的白噪声；$imf_2$ 分量表示信号的高频成分；$imf_1 \sim imf_6$ 幅值最大，所包含的能量最多，为信号的优势频率段，包含信号的最显著特征；$imf_7 \sim imf_9$ 为信号

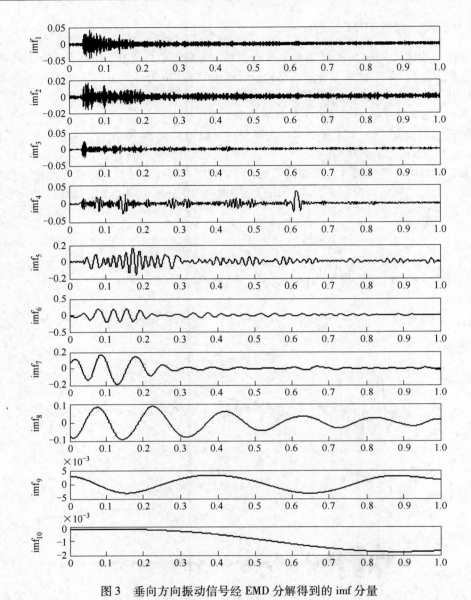

**图 3　垂向方向振动信号经 EMD 分解得到的 imf 分量**

Fig. 3　The imf component obtained from the EMD decomposition of the vertical direction vibration signal

的低频成分；$r$ 幅值很小，可能是信号微弱的趋势或仪器的飘零。

EMD 分解过程具有高效性、自适应性，保证信号经分解后仍保留水下爆炸振动信号的非平稳特性，表明 HHT 分析方法应用于水下爆炸振动信号是有效的。

#### 3.2.2　爆炸振动信号的 Hilbert 能量谱分析

Hilbert 能量谱是垂向爆炸振动信号经过 EMD 分解得到的各 imf 分量以频率-时间-振幅图的形式表现在颜色编码图中（能量大小用图中右侧的颜色编码棒图表示，即：点颜色越深，能量越大；点颜色越浅，能量越小）。

从图 4 和图 5 可看出，水下爆炸振动能量的频率分布在 100Hz 范围内，并且主要能量集中在 50Hz 以下的低频区；50～100Hz 范围的频段，能量分量较少；高于 100Hz 以上的频段，其

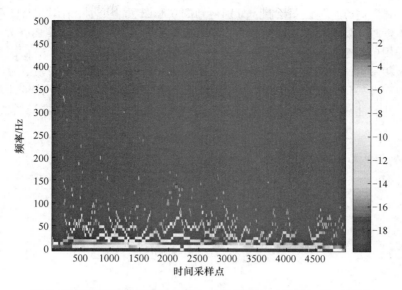

图 4 爆炸振动信号的 Hibert-Huang 能量谱图（单药包 10g RDX）

Fig. 4 Hibert-Huang energy spectrum of explosion vibration signal (single charge with 10g RDX)

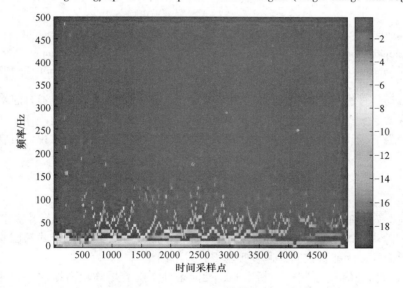

图 5 爆炸振动信号的 Hibert-Huang 能量谱图（双药包各 5g RDX）

Fig. 5 Hibert-Huang energy spectrum of explosion vibration signal (double charges with 5g RDX each)

能量分布明显很少。通过对比可看出，相同药量下，采用毫秒延时起爆方式，在 1m 处采集的信号其主要能量分布区间较为集中，振动能量分量相对更少，可能是由于振动波形相互叠加抵消，削弱振动幅值造成。

通过对振动信号进行 HHT 分析得到能量谱对比，验证了毫秒延时起爆能够降低水下爆炸振动能量。

3.2.3 爆炸振动信号的 Hilbert 边际谱分析

两种不同起爆形式在相同装药量（10g RDX）、相同测点距离（1m）处采集得到的垂向振动信号根据公式8进行边际谱图绘制，分别得到图6和图7，从边际谱图6与图7可看出：小药量水下爆炸近距离处振动主要以低频为主，其主振频带在3～10Hz范围内。对比图6和图7可以看出，采用单药包起爆得到的主振频带由一个明显子振频带组成，采用毫秒延时双药包起爆得到的主振频带由两个明显子振频带组成；采用单药包起爆得到的单峰幅值为0.13，采用毫秒延时双药包起爆得到的双峰幅值分别为0.055和0.033，表明了毫秒延时起爆方式可以将主振频带分散，并且能够降低总振动幅值能量从而达到降低振动强度，减弱振动危害。

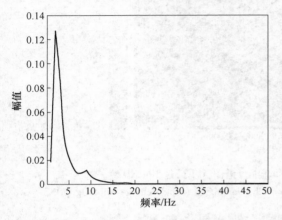
图6 爆炸振动信号的边际谱（单药包10g RDX）
Fig. 6 The marginal spectrum of explosion vibration signal (single charge with 10g RDX)

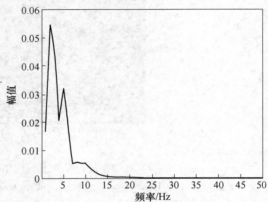
图7 爆炸振动信号的边际谱（双药包各5g RDX）
Fig. 7 The marginal spectrum of explosion vibration signal (double charges with 5g RDX each)

通过对振动信号进行HHT分析得到边际谱对比，进一步验证了毫秒延时起爆能够降低水下爆炸振动能量。

可见，恰当的毫秒延时起爆时间对于爆炸振动效应能够起到控制的效果，可在工程实践中加以应用。

## 4 结论

本文实验在安徽理工大学小型圆筒形爆炸水池（$\phi 5.5 m$, $H = 3.62 m$）中进行，完成了单药包和双药包2种形式爆炸实验。分析不同药量、不同距离、不同起爆形式等因素对水下爆炸振动效应的影响及振动能量控制，通过实验得到以下结论：

（1）通过对振动信号的HHT分析可知，相同条件下随着爆炸距离增加振动速度减小主振频率增大；装药量增加振动速度增大。

（2）通过Hilbert能量谱分析可知，水下爆炸振动能量的频率分布在100Hz范围内，并且主要能量集中在50Hz以下的低频区；50～100Hz范围的频段，能量分量较少；通过边际谱分析可知，主振频带在3～10Hz范围内。

（3）分别通过对振动信号进行HHT变换得到的能量谱、边际谱进行分析，进一步验证了毫秒延时起爆能够降低水下爆炸振动能量，减小振动效应。本文实验结果与分析对水工建筑结构抗震设计及水下军事对抗防护等方面具有重要参考价值。

## 参 考 文 献

[1] Pai P F. Nonlinear vibration characterization by signal decomposition[J]. Journal of Sound and Vibration,

2007, 307(3): 527-544.
[2] Huang N E, Shen Z, Long S R. A new view of nonlinear water waves: The Hilbert Spectrum[J]. Annual review of fluid mechanics, 1999, 31(1): 417-457.
[3] 张义平. 爆破震动信号的 HHT 分析与应用研究[D]. 博士学位论文, 长沙: 中南大学, 2006.
[4] Huang N E, Shen Z, Long S R, et al. The empirical mode decomposition and the Hilbert spectrum for nonlinear and non-stationary time series analysis[C]//Proceedings of the Royal Society of London A: Mathematical, Physical and Engineering Sciences. The Royal Society, 1998, 454(1971): 903-995.
[5] Peng Z K, Peter W T, Chu F L. An improved Hilbert-Huang transform and its application in vibration signal analysis[J]. Journal of sound and vibration, 2005, 286(1): 187-205.
[6] 张义平, 李夕兵, 赵国彦, 等. 基于 HHT 方法的硐室大爆破震动分析[J]. 岩石力学与工程学报, 2006, 37(1): 150-154.
[7] 钱守一, 李启月. 微差爆破实际延迟时间的 HHT 瞬时能量识别法[J]. 矿业研究与开发, 2012, 32(2): 113-116.
[8] 龚敏, 邱燚可可, 孟祥栋, 等. 基于 HHT 的雷管实际延时识别法在城市环境微差爆破中的应用[J]. 振动与冲击, 2015, 34(10): 206-212.
[9] 凌同华, 李夕兵, 王桂尧. 爆破震动灾害主动控制方法研究[J]. 岩土力学, 2007, 28(7): 1439-1442.
[10] 贾虎, 郑伟花, 罗强. 基于 HHT 的金属导爆索水下爆炸信号时频特性研究[J]. 工程爆破, 2015, 21(3): 5-8.
[11] 徐振洋, 杨军, 陈占扬, 等. 爆破地震波能量分布研究[J]. 振动与冲击, 2014, 33(11): 38-42.

# 爆破作用下巷道稳定性的动态应力比分析评价

宋志伟[1]　宋彦超[1]　姚　丹[1]　胡龙飞[1]　尹丽冰[2]　刘白璞[2]

(1. 浙江省高能爆破工程有限公司，浙江 杭州，310012；
2. 江西理工大学资源与环境工程学院，江西 赣州，341000)

**摘　要**：为研究矿山爆破作业对巷道损伤影响，将井下爆破实测信号通过 blastwave 进行分析，结果表明，爆破振动的振幅与主频随着测点到爆源距离的增加逐渐降低；在对测试结果分析的基础上，运用动态应力比的评价方法对巷道稳定性进行分析，得到 DSR ≤ 0.125，以相同条件进行爆破生产时，所研究巷道无损伤破坏，通过该法可确定合理爆破参数，用于指导矿山实际生产工作。

**关键词**：地下巷道；爆破振动；稳定性；动态应力比

# The Analysis and Evaluation of Dynamic Stress Ratio of Roadway Stability under Blasting

Song Zhiwei[1]　Song Yanchao[1]　Yao Dan[1]
Hu Longfei[1]　Yin Libing[2]　Liu Baipu[2]

(1. Zhejiang Gaoneng Corporation of Blasting Engineering Co., Ltd., Zhejiang Hangzhou, 310012; 2. Faculty of Resource and Engineering, Jiangxi University of Science and Technology, Jiangxi Ganzhou, 341000)

**Abstract**: In order to reduce the blasting influence to the roadways of the vanadium mine, the paper uses blastwave to analysis the seismometry data, and finds found that frequency and strength of particle vibration gradually decrease with the increase of distance between test point and explosion. Base on the seismometry data and the data of rock mechanical test, using evaluation method of dynamic stress radio to analysis the stability of roadways is used, and the result shows it made no damage to roadways by using the drafted method, so this method can be used to guide the practical work.

**Keywords**: underground roadway; blasting vibration; stability; dynamic stress ratio

## 1　引言

　　地下构筑物的稳定与安全性，严重影响着矿山的安全生产活动。由于我国大多数矿山皆采用凿岩爆破的方法实行矿石回采，而爆破作业对地下构筑物，尤其是出矿巷道的威胁极大，这导致如何在爆破振动的条件下保证出矿巷道的稳定成为矿山安全生产的首

---

作者信息：宋志伟，工程师，954107205@qq.com。

要问题。

目前，为减少生产爆破对周围环境的危害，国内外学者做了大量的研究，并提出了各种解决办法，其中刘建兵等人运用有限元数值模拟软件 ANSYS/LS-DYNA 模拟了爆破振动条件下边坡稳定性的变化，得出了爆破的水平距离与高程对边坡的影响规律[1]；钱立等人运用 FLAC$^{3D}$ 软件的动力分析功能研究了爆破振动对巷道稳定性的影响，发现了巷道顶板受到的振动危害最大的结论[2]；罗周全等人运用有限元软件 MIDAS-GTS 研究了爆破载荷下的边坡稳定性，得到了不同装药结构对稳定性的影响程度[3]；刘炜等人利用有限元法研究爆破对巷道稳定性的影响，发现了单段药量对稳定性的影响程度最大的结论[4]。但是利用动态应力比对爆破动荷载作用下出矿巷道稳定性的研究较少，故本文选择利用动态应力比对采场出矿巷道的稳定性进行评价。

## 2 矿山概况

某钒矿位于陕西省境内，地处秦岭东部区域。矿区平均海拔为 560～1300m，地势由西南向东北方向逐渐降低。该矿矿床属沉积型矿床，矿床长度达 7.55km，呈层状产出。该矿山主要开采介于勘探线 12～39 线之间的矿体，矿体长 2600m，均厚 12.70m，矿体品位分布均匀。上盘围岩主要由硅质白云岩构成，矿体下盘围岩主要由泥灰岩构成，矿体内分布有薄层状泥岩的夹石。矿区及周边地质条件简单，没有突出工程问题，矿床开采技术简单。

该矿山采用深孔爆破阶段矿房法自上而下开采矿石。矿区整体沿走向布置采场，矿块长为 56m，宽即为矿层厚度，为 12.7m。在矿块的回采过程中利用 ZQJ-100 潜孔钻机打孔、风动装药机装药、粉状硝铵炸药爆破。从凿岩硐室凿两排水平扇形深孔向下崩矿，第一排从离凿岩硐室底板高度 0.8m 处布置，第二排从离凿岩硐室底板 2.5m 布置，凿岩中心位于凿岩硐室中心。设计炮孔参数如下：孔深 3.0m，邻近系数 1.2，孔底距 3.6m，孔间延时 50ms。爆破参数：抵抗线取 3～3.5m 左右，孔底距取 3.5～4.5m 左右，依据爆破漏斗实验结果，综合考虑到本次爆破条件，炸药单耗设计取 1kg/m$^3$。

起爆方式采用排间和排内孔间微差的方式，排间顺序是先第一排，然后第二排，排内顺起爆序为先中间孔，然后下盘炮孔，最后上盘炮孔。炮孔装药结构采用连续装药，正向起爆。

## 3 爆破振动测试及分析

爆破的振动会造成出矿巷道整体结构出现裂缝，进而破坏其稳定性，且这种有爆破造成的损伤会随着矿块的逐步开采得到积累，最终导致该构筑物整体的垮塌。故在进行采场爆破作业时需要测试巷道顶板的振动强度，以此保证硐室内人员与设备的安全。

矿山现阶段以 745m 以上中段采场为主，测试期间爆破地点主要在东边 995 中段的 2 号、3 号采场，具体如图所示。根据爆破作业采场的实际情况，最后确定爆破振动测试点位于东边 995 中段三号采场的 1～3 号进路的底板。如图 1 及图 2 所示。

本测试选用 blastwave Ⅲ 型测振仪，其基本参数如表 1 所示。

表 1 Blastwave Ⅲ 基本参数表
Table 1 Basic parameters of blasting Ⅲ

| 参　数 | 振速量程 | 噪声量程 | 响频范围 | 振速分辨率 |
|---|---|---|---|---|
| 参数值 | 254mm/s | 88～148dB | 2～300Hz | 0.127mm/s |

为确保测试准确仪器均安置在相邻巷道的同一位置，监测水平深孔爆破产生的爆破地震波。现场测试前，爆破测振仪的参数设置均为：选用自动触发模式，触发水平设为 0.51mm/s，

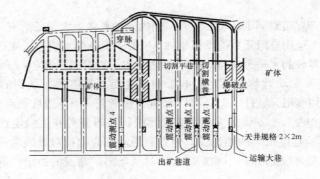

图 1 爆破测振测点布置

Fig. 1 Layout of blasting vibration measuring point

采样率为 2048/s，记录时间 4s，采用连续记录方式。设置完成后，人员即可离开仪器，同时避免走动及其他人为因素造成的响动触发仪器，减少无效数据的生成。仪器布置于巷道底板，并指向爆区。

测试后，把记录仪数据导入计算机，经过 Blastmare8 爆破振动分析软件处理，得到的速度、加速度和频率等相关数据，以及现场收集的炸药量、爆心距等数据整理如表 2 所示。其中，$T$ 表示水平切向方向；$V$ 表示垂直方向；$L$ 表示水平径向方向；$v_{合}$ 是振动的合成速度。实测爆破振速详见表 2。

图 2 现场仪器布置

Fig. 2 Layout of field instrument

表 2 振动测试数据表

Table 2 Data of vibration test

| 测试次数 | 测点编号 | 最大单段药量/kg | 爆心距/m | 质点振动速度峰值/cm·s$^{-1}$ | | | |
|---|---|---|---|---|---|---|---|
| | | | | $v_T$ | $v_V$ | $v_L$ | $v_{合}$ |
| 1 | 1 | 200 | 26.5 | 5.824 | 7.592 | 8.253 | 12.754 |
| | 2 | 200 | 34.6 | 4.176 | 6.422 | 7.319 | 10.049 |
| | 3 | 200 | 43.8 | 3.711 | 4.654 | 5.472 | 7.696 |
| 2 | 1 | 260 | 28.2 | 11.643 | 6.364 | 13.416 | 18.289 |
| | 2 | 260 | 36.7 | 8.769 | 7.241 | 10.687 | 15.605 |
| | 3 | 260 | 45.2 | 6.379 | 8.302 | 8.679 | 13.463 |
| 3 | 1 | 210 | 60.2 | 2.447 | 3.596 | 3.316 | 5.357 |
| | 2 | 210 | 72.8 | 1.368 | 2.479 | 2.165 | 3.741 |
| | 3 | 210 | 86.7 | 0.401 | 1.538 | 1.237 | 1.896 |
| 4 | 1 | 280 | 62.5 | 4.269 | 5.496 | 6.194 | 9.346 |
| | 2 | 280 | 74.4 | 2.345 | 3.186 | 3.713 | 5.326 |
| | 3 | 280 | 88.3 | 1.263 | 2.312 | 2.149 | 3.335 |

分析表2中测得的振动数据，得到以下规律：在单段炸药量不变的情况下，随着爆心距的增加，质点的振动速度会逐渐降低；随着炸药量的增加，质点的振动速度增加。

本文利用萨道夫斯基公式处理监测数据，以得到适用于该矿区振动的分布规律，公式如下：

$$v = K(Q^{1/3}/R)^{\alpha} \tag{1}$$

式中，$v$ 为质点的振动速度；$Q$ 为单段最大装药量；$R$ 为爆心距；$K$ 为场地系数；$\alpha$ 为衰减系数，$\alpha$ 与 $K$ 作为经验系数，取值详见表3所示。

表3 $K$、$\alpha$ 在不同条件下的取值
Table 3 Value of $K$, $\alpha$ under different conditions

| 岩 性 | 坚硬岩石 | 中硬岩石 | 软岩石 | 土 壤 |
|---|---|---|---|---|
| $K$ | 50~150 | 150~250 | 250~350 | 150~220 |
| $\alpha$ | 1.3~1.5 | 1.5~1.8 | 1.8~2.0 | 1.5~2.0 |

将式（1）等式两边同时取对数可以把公式简化为式（2）：

$$\ln v = \ln K + \alpha \ln\left(\frac{Q^{1/3}}{R}\right) \tag{2}$$

将表2的数据进行统计分析得到结果如下：

$$v_{合} = 185.80\left(\frac{Q^{1/3}}{R}\right)^{1.50}, 故 K = 185.80, \alpha = 1.50 \tag{3}$$

$$v_{T} = 203.32\left(\frac{Q^{1/3}}{R}\right)^{1.82}, 故 K = 203.32, \alpha = 1.82 \tag{4}$$

$$v_{V} = 82.43\left(\frac{Q^{1/3}}{R}\right)^{1.27}, 故 K = 82.43, \alpha = 1.27 \tag{5}$$

$$v_{L} = 154.89\left(\frac{Q^{1/3}}{R}\right)^{1.65}, 故 K = 154.89, \alpha = 1.65 \tag{6}$$

可得质点三维合成速度、质点垂直振动速度、质点径向振动速度、质点水平振动速度与单段最大药量与爆心距比值的散点及线性回归图，如图3~图6所示。

本文主要考虑的是质点的合速度对出矿巷道的稳定性影响，所以将 $K$ 取为185.80，$\alpha$ 取为1.50，最终本矿区的振动衰减规律如式（7）所示：

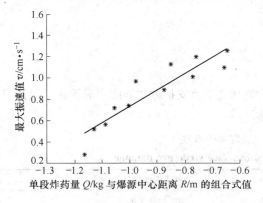

图3 三维合成速度线性拟合图
Fig. 3 Liner fit chart of three-dimensional synthetic speed

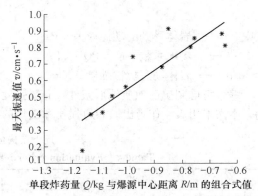

图4 垂直方向速度线性拟合图
Fig. 4 Liner fit chart of vertical direction speed

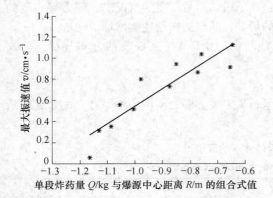
图 5 水平径向速度线性拟合图
Fig. 5 Liner fit chart of horizontal radial speed

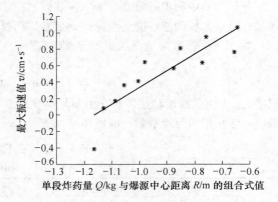
图 6 水平切向速度线性拟合图
Fig. 6 Liner fit chart of horizontal tangential speed

$$v = 185.80\left(\frac{Q^{1/3}}{R}\right)^{1.50} \tag{7}$$

由式（7）可以得出质点的振动速度会随着单段的炸药量的增加而增加，随爆心距的增加而减小，且岩石介质越坚硬振动速度衰减的越快。

## 4 巷道顶板的动态应力比评价

目前，国内大部分矿山仅选用爆破应力波的振速与频率作为巷道稳定程度的判断依据，但由于这种判断依据具有较大的局限性[6]，所以直接作为判断标准并不科学。大量的研究表明出矿巷道稳定性不仅受爆破应力波的持续时间、主振频率以及振动速度的影响，还与矿岩自身的强度、风化程度和含水率也有密切的关系。为了研究爆破振动对附近出矿巷道稳定性的影响，本文采用 DSR 即动态应力比评价方法，对岩土介质所受到的来自附近爆破作业的动态应力与其自身可以抵抗振动破坏的极限应力做比较，并由此确定出矿巷道的损伤程度。

动态应力比法中提出了无量纲参数 DSR 的概念，并以该参数的大小来判断出矿巷道的损伤程度。其计算公式如下[7]：

$$\text{DSR} = \frac{\sigma}{K_s \sigma_\tau} \tag{8}$$

式中 $\sigma$——岩体受到的动态应力，Pa；
$K_s$——场地系数，$K_s \approx \text{PQD} < 1$；
$\sigma_\tau$——岩体动态抗拉强度，MPa。

综合考虑到矿区地质地形条件、介质强度、构造程度以及支护方式等因素对评价结果的影响，本文采用表 4 作为出矿巷道损伤和破坏的判断依据。

表 4 地下结构损伤、破坏评价标准
Table 4 Evaluation criterition of subsurface structure damage

| DSR | 巷道损伤破坏情况 |
| --- | --- |
| ≤0.125 | 无破坏损伤 |
| 0.250 | 无可见性损伤破坏出现 |
| 0.500 | 微小、不连续的片落效应 |

续表 4

| DSR | 巷道损伤破坏情况 |
| --- | --- |
| 0.750 | 中等、不连续的片落效应 |
| 1.000 | 大部、连续片落破坏 |
| 1.500 | 完整巷道严重破坏 |
| ≥2.000 | 大部分崩落,通道废弃 |

一般情况下,对岩体由于爆破振动的传播而产生的动态应力的监测很难进行,但根据式(9)获取静态抗拉强度参数。

$$\sigma = \rho c_0 v \tag{9}$$

式中 $\rho$——介质密度,kg/m$^3$;

$c_0$——岩体介质的纵波波速,m/s;

$v$——爆破振速,cm/s。

目前的设备水平无法通过室内试验测试岩体的动态抗拉强度,本文则根据 Raphael 试验得到的式(10)求得[8]。

$$\sigma_{动} = 3\sigma_{静} \tag{10}$$

式中 $\sigma_{动}$——岩体动态抗拉应力,MPa;

$\sigma_{静}$——岩体静态抗拉应力,MPa。

由式(8)~式(10)可得到 DSR 的计算公式为

$$\text{DSR} = \frac{\rho c_0 v}{3 k_s \sigma_{静}} \tag{11}$$

根据矿山实际调查,得知矿床围岩大部分是泥岩。在采场提取岩芯,并通过进行室内试验可知:围岩密度为 2270 kg/m$^3$,纵波波速 2000 m/s,极限抗拉强度 3.35 MPa。考察场地选择 $K_s$ = PQD = 0.88,且在爆破监测点测得爆破振速最大值为 19.5 cm/s 并用于计算。

根据式(11)以及上述参数,可求得 DSR = 0.10,说明出矿巷道无破坏损伤,表明本文所选参数合理,可以用于指导矿山实际工作。

## 5 结论

(1)根据对现场爆破监测数据的分析,得知随着监测位置与爆破中心距离的增加,测得质点振动的强度会逐渐衰减;

(2)利用动态应力比法结合室内试验、现场检测的数据得到 DSR < 0.125,说明选择本文所选炮孔参数进行爆破不会对出矿巷道造成损伤,该爆破参数可以用于实际生产。

### 参 考 文 献

[1] 刘建兵,邵文浩,鄢德波,马俊荣. 平硐开挖爆破振动对边坡的影响分析[J]. 现代矿业,2015(08):45-47,50.

[2] 钱立,王文杰. 深部开采爆破震动对巷道稳定性影响的数值模拟研究[J]. 化工矿物与加工,2014(7):27-31.

[3] 罗周全,贾楠,谢承煜,汪伟. 爆破荷载作用下采场边坡动力稳定性分析[J]. 中南大学学报(自然

科学版),2013(9):3823-3828.
- [4] 刘炜,宋卫东,赵炳祁,陈勇. 爆破震动对巷道稳定性影响研究[J]. 金属矿山,2010(1):28-30,50.
- [5] 严尔炳,王彬. 大型爆破作业所引起的振动研究[J]. 西部探矿工程,2015(5):160-162.
- [6] 宋光明,江文明,史秀志,陈寿如,喻长智. 岩土结构爆破地震动态应力比评价标准的研究[J]. 矿冶工程,2000(1):23-25.
- [7] 陈国芳,王瀚霆,周盼,尹丽冰. 生产爆破下巷道顶板稳定性的动态应力比分析评价[J]. 有色金属科学与工程,2015(3):83-87.
- [8] 林皋,陈健云,肖诗云. 混凝土的动力特性与拱坝的非线性地震响应[J]. 水利学报,2003(6):30-36.

# 爆破振动地表振速预测的等效路径及应用

璩世杰¹　胡学龙¹　蒋文利²　杨　威²　李　华²　黄汉波²　胡光球¹

（1. 北京科技大学土木与环境工程学院，北京，100083；
2. 河北钢铁集团矿业公司，河北 唐山，063000）

**摘　要**：针对台阶爆破工程环境中地形和地质条件的多变性和复杂性，分析了地形对台阶爆破地震波传播路径的影响，提出了等效路径及等效距离两个概念。同时考虑最大一段起爆药量及炸药的定容爆热、岩石波阻抗和岩体的完整性系数等影响因素，构建了露天台阶爆破地震波地表质点振速峰值随等效距离衰减的表达式。通过矿山现场爆破振动监测应用试验，发现用该公式预测地表质点振速峰值，预测结果的准确性显著高于萨氏公式，表明该公式较好地反映了质点振速峰值沿等效路径衰减的基本规律，为台阶爆破地震波质点振速峰值预测提供了一种新方法。

**关键词**：台阶爆破；地震动；质点振速峰值；等效路径；等效距离

# The Equivalent Path and Its Use in Prediction of PPV of Blast Induced Ground Vibrations

Qu Shijie¹　Hu Xuelong¹　Jiang Wenli²　Yang Wei²
Li Hua²　Huang Hanbo²　Hu Guangqiu¹

（1. University of Science and Technology Beijing, Beijing, 100083;
2. Mining Company of Hebei Iron and Steel Corp, Hebei Tangshan, 063000）

**Abstract**: With efforts focused on complexity and variety of ground surface and geology of field bench blasting circumstances, effect of topography on the path through which seismic waves propagate is analyzed and two concepts, the equivalent path and the equivalent distance, are introduced. Based on the two concepts, an equation for prediction of surface peak particle velocity is established whilst the effects of the maximum explosive charge quantity fired per delay period, explosion heat of the explosive used, acoustic impedance of rock, and integrity coefficient of rock mass are taken into account. A series of field seismic monitoring tests are carried out to determine the reliability of the equation. Result of the tests show that this equation can be used to describe the relationship between the peak particle velocity and the equivalent distance, and be applied with a much higher accuracy than that of the Sardovsky'sequation, indicating a fair possibility for its use in field blasting prediction practice.

**Keywords**: Bench blasting; ground vibration; peak particle velocity; equivalent path; equivalent distance

作者信息：璩世杰，教授，qushijie@ustb.edu.cn。

## 1 引言

爆破引起的地震动是各种岩土爆破工程都会产生的一种有害效应，可对矿山边坡的稳定及附近一定距离范围内建构筑物的安全以及医院和学校等单位人员的正常工作与生活产生不同程度的消极影响。因此，准确预测爆破振动效应，对控制或避免爆破振动危害具有重要意义。

目前国内外普遍将质点振动速度作为表述爆破地震波衰减规律的一个主要指标，其影响因素主要包括药量、埋深、爆破方式等爆源因素，以及爆心距、传播途径、岩土条件等因素。在预测爆破振动效应时，全面和准确地考虑这些因素的影响是非常困难的，因此通常采用萨氏公式 $v = K(Q^nR^{-1})^{-\alpha}$[1] 或比例距离公式 $v = K(SR)^{-\beta}$[2] 等经验公式来反映爆破地震波随距离的衰减规律，并用以预测质点振速峰值。式中 $Q$ 为爆破最大一段起爆炸药量，$R$ 同为爆心距，即测点至爆区药包中心的距离，系数 $K$、$\alpha$、$\beta$ 是与爆破场地条件、地质条件有关的系数，$SD$ 为比例距离（$SD = RQ^{-n}$），$n$ 为与装药条件有关的系数。但是，实践中自爆源至不同方向不同距离上各测点的地形及地质条件在绝大多数情况下都存在着较大差异。研究表明：通过现场爆破振动测试获取或按岩石坚硬程度选取的 $K$、$\alpha$ 值预测质点振速峰值，远距离的预测误差可达50%以上，近距离爆破振动预测的误差则更大[3~7]。

本文针对露天矿山台阶爆破工程环境中地形和地质条件的多变性与复杂性，提出并运用等效路径和等效距离两个概念，尝试探索爆破地震波地表质点振速峰值随距离衰减的一般规律性，建立一种对地形和地质条件具有一定普适性的爆破地震波质点振速峰值预测方法。

## 2 研究现状及问题

爆破产生的地震波是在地表以下的岩土体这样一种半无限介质体中逐渐向外传播的。在如图1所示的露天矿山和大多数的自然地形环境中，爆源与测点之间的地形往往呈凹凸起伏状，爆破地震波不一定能在岩石中沿一条直线传播至测点位置。根据惠更斯-菲涅耳原理[8]，可认为任意地形条件下测点位置上的震动是整个地震波波前各子波向测点位置直线传播并在测点位置叠加的结果。然而，尽管这种定性的理论描述能够反映爆破地震波传播的某些本质，但迄今尚无法在严格的科学意义上对该问题给出数学上的解析解，即还不能通过波动理论给出一个能够反映复杂地形条件下质点振速峰值与爆破地震波传播距离之间关系的数学表达式。

图1 某露天矿山地形概貌

Fig. 1 A photo of the topographic environment of a surface mine

目前国内外仍普遍采用基于工程类比的经验公式来预测爆破振动效应。表 1 为国内外比较常用的爆破振动速度预测的经验公式。

表 1 国内外爆破地表质点振速峰值预测经验公式[9]
Table 1 Empirical equations for prediction of blast inducedpeak particle velocity

| 中国 | 美国 | 瑞典 | 英国 | 日本 | 印度 |
|---|---|---|---|---|---|
| $v = K\left(\dfrac{Q^n}{R}\right)^\alpha$ | $v = K(R \cdot Q^{-n})^\alpha$ | $v = K\left(\dfrac{Q^{1/2}}{R^{1/3}}\right)^\alpha$ | $v = K\left(\dfrac{Q^{1/2}}{R}\right)$ | $v = K\left(\dfrac{Q^{3/4}}{R^2}\right)$ | $v = K\left(\dfrac{Q}{R^{2/3}}\right)^\alpha$ |

注：式中各符号的意义同前。

采用表 1 中各公式及比例距离公式预测质点振速峰值，具有两个共同的重要特点，一是用若干个系数（如 $K$ 和 $\alpha$）的值反映地质地形条件对地表质点振速峰值的影响，二是用爆心距 $R$ 作为确定测点位置上质点振速峰值的一个重要因素。在我国的爆破工程实践中，通常是通过现场爆破震动测试获取或按岩石坚硬程度从相关的规程中选取 $K$ 和 $\alpha$ 的值。显然，采用这种做法预测质点振速峰值，自爆源/爆区至预测点之间的地质地形条件须与选定的 $K$ 和 $\alpha$ 值具有足够高的一致性，才有可能保证预测结果的准确性。但在矿山乃至其周围，爆源至不同方向不同距离上各测点的地质地形条件往往存在着各种各样或大或小的差异。在沿台阶走向方向，近距离范围内的地形一般都较为平坦，而在垂直或斜交台阶走向方向上的凹凸起伏却往往比较大（图 2）。与之同时，不同区域不同方向上的岩石种类一般也存在着不可忽略的差异。因此，尽管是在同一个矿山，任何一组选定的 $K$、$\alpha$ 值都无法同时有效地反映不同区域不同方向上不同地形和地质条件的影响。

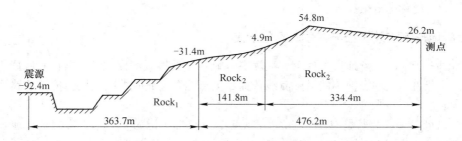

图 2 某露天矿山局部地形轮廓线
Fig. 2 A part of the ground surface profile of a surface mine

另外，在露天矿山台阶爆破工程环境下，应用以上所述的经验公式时，除地形平坦的情况外，如何确定爆心距 $R$ 也是一个无法回避的重要问题。在图 2 中，如果取爆心距 $R$ 为爆源与测点之间的直线距离，就意味着可以忽略爆源与测点之间可能存在的凹陷地形对爆破地震波传播的影响。这显然与公认的应力波传播理论和基本常识相冲突。然而，如何定义复杂地形条件下的爆心距，迄今尚无定论。

此前国内外关于地形对爆破地震波传播影响的研究很多，且取得了不少积极的进展。谭文辉等人基于爆破振动监测，发现高程差和岩石性质二者对萨氏公式的 $K$、$\alpha$ 值都具有重要影响[10]。郭学彬等[11]分析了不同类型的坡面对爆破振动的响应，发现迎坡面和背坡面均有高程放大作用。Ashford S. A.[12] 通过对 1994 年 Northridge 地震的分析，得出凸形地形放大效应具有方向性，与震源相同方向的山脊面，放大系数最大。张华等[13]发现应用传统的萨氏公式确定深凹露天爆破振动速度衰减规律时具有很大的误差，并提出了一个考虑高程效应等因素的修正公式模。S. Sklavounos[14]用计算流体动力学程序模拟爆破震动波的传播，得出凸形地形质点振动大。Fuyuki 等[15]采用有限差分法分析了瑞利波经过上跃台阶时，随台阶高度与波长之比的增加，台阶上拐点质点振动强度比下拐点增大。为反映高程差对爆破振动效应的影响，刘美山等人[16]对萨氏公式进行了改进，提出用公式 $v = K(Q^{1/3} \cdot R^{-1})^\alpha e^{\beta H}$ 预测质点振速峰值，式中 $H$ 为从测点到爆破中心的垂直距离（m），$\beta$ 是与地质条件有关的系数，其他参数的含义同前。朱传统等[17]认为振动速度沿高程有放大效应，因而振动速度的计算公式应为 $v = K(Q^{1/3} \cdot R^{-1})^\alpha (Q^{1/3} \cdot H^{-1})$，之后裴来政[18]用该公式对金堆城露天矿高边坡爆破振动效应进行了分析，认为爆破振动速度随着高程的增加存在一定的放大效应。宋光明等[7]则提出用公式 $v = K(Q^{1/3} \cdot R^{-1})^\alpha (R \cdot S^{-1})$ 来确定边坡上爆破地震波的衰减，式中 $R$，$S$ 分别为爆心至测点的斜距和水平距离。但是，如何反映爆源与测点之间地形的变化对质点振速峰值的影响及其规律性，尚需更进一步的研究。

## 3 台阶爆破地震波传播的等效路径

爆破地震波的传播过程即是其在地表以下的岩土体中随距离衰减的过程。对这一距离的定义，是研究爆破地震波传播距离与地表质点振速峰值之间关系以确定爆破地震波衰减规律的前提。

在其他因素都不变的前提下，可假定测点位置上的质点振速峰值取决于爆破地震波自爆源向测点传播过程中行走的最短距离。如果这一假定成立，则可以该假定作为确定任意地形条件下爆破地震波的传播路径与距离的基本准则。爆破地震波沿此路径传播的距离在形式上等效于平坦地形条件下爆源至测点位置的直线距离。从这个意义上讲，可将该路径称为等效路径，并将该路径的长度称为等效距离。

### 3.1 台阶地形下等效路径与等效距离的确定

在如图 3 所示的台阶地形条件下，从爆源 $O$ 画一直线段至测点位置，若该直线段内有与地表面相交的现象，则地震波不能沿此直线传播到测点位置。此时爆破地震波传播的路径即等效路径的确定方法与步骤为：

(1) 以最大一段装药量 $Q$ 的质心 $O$ 为原点作一射线（记为 $L_0$），以 $O$ 为轴在地表以下向测点 $M$ 旋转 $L_1$，记 $L_1$ 与地表或地表面上岩种交界线首先相交的第一个节点为 $P_1$，则用 $OP_1$ 表示等效路径的第 1 段折线段，记其长度为 $R_0$；

(2) 然后以点 $P_1$ 为轴向测点 $M$ 旋转 $L_2$（以 $P_1$ 为起点的射线），$L_2$ 与地表相交的第一个节点为 $P_2$，则 $P_1P_2$ 为等效路径的第 2 段折线段，记其长度为 $R_1$，并记 $OP_1$ 和 $P_1P_2$ 的交角为 $\theta_1$；以此类推，直至 $L_i$（以 $P_{i-1}$ 为起点的射线，当 $i = 0$ 时，则 $P_{-1}$ 即为 $O$ 点）与地面相交的点为测点 $M$。

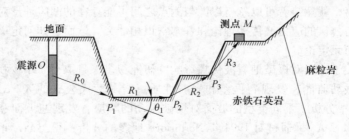

图 3　台阶地形条件下的等效路径示例

Fig. 3　Diagrammatic sketch of the equivalent path under bench-like topography conditions

于是，台阶地形条件下爆破地震波传播的等效距离 $R$ 可表示为：

$$R = \Sigma R_i, i = 0,1,2,\cdots \quad (1)$$

根据惠更斯-菲涅尔原理，假设波的传播方向与次波传播方向之间的夹角为 $\theta_i$，则波的振幅将随夹角 $\theta_i$ 的增大而减小。应用古斯塔夫·基尔霍夫给出的倾斜因子[8]

$$K(\theta_i) = (1 + \cos\theta_i)/2 \quad (2)$$

式（1）可改写为：

$$R = \Sigma R_i \cdot (1 + \cos\theta_i)/2, i = 0,1,2,\cdots \quad (3)$$

式中，$R_i$ 为节点 $P_i$ 至节点 $P_{i+1}$ 的直线距离；$\theta_i$ 为地震波传播至节点 $P_i$ 处的倾斜角度。

综合上述，台阶地形条件下的等效路径即是以最大一段装药量 $Q$ 的质心 $O$ 为始点、以测点位置 $M$ 为终点的折线，折线上的各个节点是地表面轮廓线上的拐点。

### 3.2 凹陷地形的等效路径与等效距离的确定

以如图 4 所示具有凹陷曲面的地形条件为例，以节点 $P_1$ 为轴向测点 $M$ 逆时针旋转垂线 $l$，其与凹陷段地表面轮廓线相切或相交的第 1 点即为节点 $P_2$，然后以测点 $M$ 为轴向节点 $P_2$ 顺时针旋转垂线 $l$，$l$ 与凹陷段地表面轮廓线的切点或交点即为节点 $P_3$。

基于一般的应力波传播理论，爆破地震波自节点 $P_2$ 传播至节点 $P_3$ 的过程极为复杂，难以采用理论解析的方法表征其传播的规律。对于此种情况，可采用以下步骤近似确定节点 $P_2$ 与节点 $P_3$ 之间的等效距离：

（1）自测点 $M$ 向节点 $P_3$ 引直线并延长，同时延长自节点 $P_1$ 至节点 $P_2$ 的直线。

（2）设二延长线的交点至地表的距离为 $B$，将该距离的 $1/2$ 处视为节点 $P_2P_3$。

（3）将自节点 $P_2$ 至节点 $P_3$ 凹陷地形的等效路径分为两段，各段的等效距离依次为 $R_2$ 和 $R'_2$。

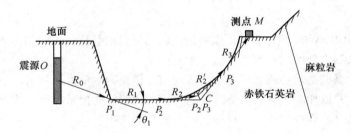

图 4　凹陷地形条件下的等效路径示例

Fig. 4　Diagrammatic sketch of the equivalent path under concave topography conditions

## 4　基于等效路径的质点振速峰值

运用上述等效路径和等效距离的概念，同时综合考虑最大一段装药量、炸药的定容爆热、爆破地震波传播的等效距离及该距离上岩石的波阻抗和岩体完整性系数对地表质点振速峰值的影响，引入式（1）~式（3），台阶爆破地表质点振速峰值与地震波传播的等效距离之间的关系可表示为：

$$v = K \left[ \frac{2(Q \cdot Q_v)^n}{\Sigma [R_i \rho_i c_i (1 + \cos\theta_i)/\eta_i]} \right]^\alpha, i = 1,2,\cdots \quad (4)$$

式中 $v$——质点振速峰值，cm/s；

$Q$——最大一段装药量，kg；

$Q_v$——炸药的定容爆热，kJ/kg；

$R_i$——节点 $P_i$（等效路径上的拐点和岩石岩性变化的分界点）与节点 $P_{i+1}$ 之间的等效距离，m；

$\theta_i$——地震波传播路径上节点 $P_i$ 处的方向角，(°)；

$\rho_i$——等效路径 $P_iP_{i+1}$ 上所对应岩石的密度，g/cm³；

$\eta_i$——等效路径 $P_iP_{i+1}$ 上所对应岩体的完整性系数，$\eta_i = (c_i'/c_i)^2$，其中，$c_i'$ 和 $c_i$ 分别为岩体和岩石的纵波传播速度，m/s；

$K, \alpha$——系统常数；

$n$——对远距离台阶炮孔爆破质点振速预测，可将最大一段装药量视为集中药包，取 $n = 1/3$。

为叙述方便，以下将式（4）称为等效距离公式。应用该公式预测不同地形地质条件下不同距离上地表质点振速峰值，并检验其反映爆破地震波随距离衰减规律的有效性和可靠性。

需要在此说明，萨氏公式的 $K$ 和 $\alpha$ 是用来反映地质地形条件影响的两个参数，而等效距离公式中的 $K$ 和 $\alpha$ 则是该公式的两个常数项。

## 5 质点振速峰值计算公式的试验检验

在一大型露天矿山进行了一系列台阶爆破震动监测，并应用最小二乘法对监测数据进行回归拟合处理，得出了公式中系统常数 $K$ 和 $\alpha$ 的值。将质点振速峰值的预测值与实测值进行对比，以检验该公式的有效性和可靠性。

### 5.1 爆破震动监测

测振仪器为 NUBOX-6016 智能振动监测仪，监测记录的数据主要包括地表质点振动速度时程曲线，且可读取测点处的质点振速峰值及主频。

各测线上各个爆破振动传感器将爆破地震动信号转换为电信号，尔后再由爆破震动记录仪转化为数字信号，并以如图 5 所示的质点振速时程曲线的形式记录保存。测点位置的质点振速峰值可由爆破震动分析软件自动从质点振速时程曲线上读出。

为保证在爆破信号振动在收集阶段产生的误差尽可能减小，测点位置的岩石应较为完整且坚硬，传感器与地面间用石膏形成刚性粘结，且保证传感器水平放置，其 $X$ 向指向爆心。在地表岩石破碎地段，测试时将传感器用长 20cm 的铁桩固定于地面，以形成传感器与地面的刚性

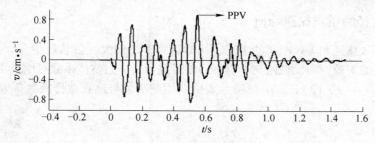

图 5 质点振速时程图

Fig. 5 An example of the monitored seismogram of blast induced ground vibrations

连接，避免测得的数据失真。使用多台仪器同时测试的时候，测点分布在一条指向爆区最大一段装药量位置的直线上（图6）。

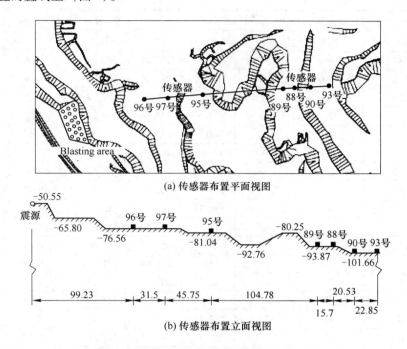

图6 爆破震动监测振动传感器的布置一例

Fig. 6 An example of layout of geophones for monitoring of blast induced ground vibrations

在进行爆破震动监测的同时，系统统计爆破及最大一段起爆炸药量及其位置坐标、炮孔装药种类与爆炸性能参数、爆破振动监测传感器的位置坐标、地形与岩层数据及其他的相关爆破技术参数等。铵油炸药和乳化炸药的定容爆热 $Q_v$ 分别为 3840kJ/kg 和 3200kJ/kg，岩石与岩体的相关参数列于表2。

表2 司家营铁矿部分岩石与岩体的相关参数

Table 2 Property of rock and rock mass of Sijiaying iron mine

| 岩 种 | | 密度 $\rho$/g·cm$^{-3}$ | 岩石纵波速度 $c$/km·s$^{-1}$ | 岩体纵波速度 $c'$/km·s$^{-1}$ | 岩体完整性系数 $\eta$ |
|---|---|---|---|---|---|
| Fe1 | Fe11 | 3.526 | 5.33 | 3.35 | 0.395 |
|  | Fe12 | 3.526 | 5.33 | 4.13 | 0.600 |
|  | Fe13 | 3.526 | 5.33 | 4.62 | 0.750 |
| Fe2 | Fe21 | 3.461 | 5.13 | 2.29 | 0.200 |
|  | Fe22 | 3.461 | 5.13 | 3.15 | 0.376 |
| SS | SS1 | 2.577 | 5.01 | 2.74 | 0.300 |
|  | SS2 | 2.577 | 5.01 | 3.71 | 0.550 |
|  | SS3 | 2.577 | 5.01 | 4.58 | 0.836 |
|  | SS4 | 2.577 | 5.01 | 4.75 | 0.900 |

表3 质点振速峰值现场监测试验结果

Table 3 Recorded peak particle velocity (PPV) from field seismic monitoring

| 序号 | 最大一段装药量 $Q$/kg | | 分段等效距离 $R_i$/m | | | 等效距离 $\Sigma R_i$/m | 质点振速峰值 PPV/cm·s$^{-1}$ | 主频 $f$/Hz |
|---|---|---|---|---|---|---|---|---|
| | EM | ANFO | Fe1 | Fe2 | SS | | | |
| 1 | 540 | 360 | 135.99 | 0 | 153.25 | 289.24 | 1.09 | 4.88 |
| 2 | 540 | 360 | 156.58 | 0 | 225.56 | 382.14 | 0.58 | 6.84 |
| 3 | 540 | 360 | 156.58 | 0 | 478 | 634.58 | 0.29 | 11.72 |
| 4 | 0 | 750 | 0 | 0 | 149.86 | 149.86 | 2.74 | 40.04 |
| 5 | 0 | 750 | 0 | 0 | 220.59 | 220.59 | 1.61 | 18.55 |
| 6 | 0 | 750 | 129.00 | 67.61 | 452.24 | 648.85 | 0.13 | 12.7 |
| 7 | 450 | 0 | 0 | 258.92 | 98.2 | 357.12 | 0.6 | 26.37 |
| 8 | 450 | 0 | 0 | 261.76 | 27.71 | 289.47 | 0.97 | 10.74 |
| 9 | 450 | 0 | 34.29 | 140.71 | 123.45 | 298.45 | 0.8 | 4.88 |
| 10 | 270 | 450 | 0 | 0 | 553.66 | 553.66 | 0.43 | 33.2 |
| 11 | 270 | 450 | 0 | 0 | 553.66 | 553.66 | 0.49 | 33.2 |
| 12 | 270 | 450 | 0 | 0 | 741.59 | 741.59 | 0.25 | 12.7 |
| 13 | 0 | 450 | 70.71 | 0 | 45.16 | 115.87 | 3.15 | 34.18 |
| 14 | 0 | 450 | 70.71 | 0 | 45.16 | 115.87 | 3.15 | 34.18 |
| 15 | 0 | 450 | 72.04 | 232.42 | 148.95 | 453.41 | 0.2 | 16.6 |
| 16 | 0 | 450 | 90.73 | 285.6 | 148.95 | 525.28 | 0.22 | 10.74 |
| 17 | 400 | 0 | 53.96 | 32.81 | 124.72 | 211.49 | 1.03 | 20.51 |
| 18 | 400 | 0 | 0 | 33.22 | 71.54 | 104.76 | 4.81 | 38.09 |
| 19 | 400 | 0 | 0 | 156.01 | 65.04 | 221.05 | 1.47 | 43.95 |
| 20 | 400 | 0 | 0 | 151.19 | 117.22 | 268.41 | 1.44 | 36.13 |
| 21 | 0 | 480 | 69.11 | 221.91 | 179.37 | 470.39 | 0.34 | 6.84 |
| 22 | 0 | 480 | 45.84 | 221.91 | 179.37 | 447.12 | 0.42 | 6.84 |
| 23 | 0 | 480 | 31.16 | 185.37 | 160.29 | 376.82 | 0.7 | 10.74 |
| 24 | 0 | 480 | 8.42 | 185.32 | 160.29 | 354.03 | 0.66 | 29.3 |
| 25 | 0 | 480 | 0 | 176.92 | 160.29 | 337.21 | 0.63 | 4.88 |
| 26 | 0 | 480 | 0 | 124.8 | 137.68 | 262.48 | 1.57 | 43.95 |
| 27 | 0 | 480 | 0 | 54.92 | 92.85 | 147.77 | 4.01 | 36.13 |
| 28 | 0 | 480 | 101.94 | 207.28 | 208.07 | 517.29 | 0.17 | 29.3 |
| 29 | 0 | 480 | 63.99 | 170.74 | 188.99 | 423.72 | 0.31 | 17.58 |
| 30 | 0 | 480 | 41.24 | 170.69 | 188.99 | 400.92 | 0.39 | 11.72 |
| 31 | 0 | 480 | 32.83 | 110.17 | 166.38 | 309.28 | 0.59 | 18.55 |
| 32 | 0 | 480 | 57.97 | 0 | 64.35 | 122.32 | 4.34 | 9.77 |
| 33 | 0 | 480 | 0 | 43.34 | 17.97 | 61.31 | 9.89 | 35.16 |
| 34 | 0 | 480 | 16.11 | 65.07 | 38.06 | 119.24 | 4.16 | 36.13 |
| 35 | 700 | 0 | 51.49 | 0 | 4.72 | 56.21 | 14.65 | 4.88 |
| 36 | 400 | 0 | 194.18 | 122.48 | 78.23 | 394.89 | 0.28 | 27.34 |
| 37 | 400 | 0 | 191.36 | 122.48 | 99.68 | 413.52 | 0.19 | 6.84 |
| 38 | 400 | 0 | 190.34 | 122.48 | 117.69 | 430.51 | 0.15 | 6.84 |

续表 3

| 序号 | 最大一段装药量 $Q$/kg | | 分段等效距离 $R_i$/m | | | 等效距离 $\Sigma R_i$/m | 质点振速峰值 PPV/cm·s$^{-1}$ | 主频 $f$/Hz |
|---|---|---|---|---|---|---|---|---|
| | EM | ANFO | Fe1 | Fe2 | SS | | | |
| 39 | 400 | 0 | 190.83 | 122.48 | 169.74 | 483.05 | 0.13 | 5.86 |
| 40 | 0 | 450 | 39.59 | 0 | 62.61 | 102.2 | 4.82 | 8.79 |
| 41 | 0 | 450 | 71.1 | 0 | 62.61 | 133.71 | 2.23 | 34.18 |
| 42 | 0 | 450 | 119.32 | 0 | 165.89 | 285.21 | 0.46 | 37.11 |
| 43 | 0 | 450 | 119.41 | 0 | 181.59 | 300.91 | 0.43 | 34.18 |
| 44 | 0 | 450 | 119.41 | 0 | 202.37 | 321.78 | 0.44 | 38.09 |
| 45 | 0 | 450 | 7.68 | 4.28 | 220.96 | 344.65 | 0.46 | 34.18 |
| 46 | 0 | 420 | 7.68 | 31.64 | 113.92 | 153.24 | 3.4 | 34.18 |
| 47 | 0 | 420 | 7.68 | 50.28 | 113.92 | 171.88 | 3.42 | 38.09 |
| 48 | 0 | 420 | 7.68 | 89.09 | 120.22 | 216.99 | 1.92 | 35.16 |

### 5.2 常数 $K$、$\alpha$ 值的求算

应用最小二乘法对表 3 所列质点振速峰值实测结果数据进行等效距离公式 (4) 的回归拟合分析，以求得公式常数项 $K$、$\alpha$ 的值，同时考察该公式与实测数据的相关性及误差水平。对式 (4) 两边取对数，得

$$\ln v = \ln K + \alpha \cdot \ln\left[\frac{2(Q \cdot Q_v)^{1/3}}{\Sigma[R_i \rho_i c_i(1 + \cos\theta_i)/\eta_i]}\right] \quad (5)$$

设 $x = \ln\left[\frac{2(Q \cdot Q_v)^{1/3}}{\Sigma R_i \rho_i c_i(1 + \cos\theta_i)/\eta_i}\right]$, $y = \ln v$, $a = \ln K$, $b = \alpha$, 得：

$$y = a + bx \quad (6)$$

按式 (6) 对表 3 所列数据进行线性回归拟合处理（图 7），可得式 (4) 中的常数 $K$ 和 $\alpha$ 分别为 1528 和 1.91；在置信度为 95% 时，其相关系数为 0.9825，剩余均方差为 0.2268，质点振速峰值与式 (4) 等号右边的等效距离等各个参量的相关性强，且离散性较小。因此，式 (4) 可写为：

$$v = 1528\left[\frac{2(Q \cdot Q_v)^{1/3}}{\Sigma[R_i \rho_i c_i(1 + \cos\theta_i)/\eta_i]}\right]^{1.91} \quad (7)$$

### 5.3 误差检验及结果

应用等效距离公式 (7) 对表 3 所列各测点的质点振速峰值进行预测，然后将预测结果分别与实测结果及应用萨氏公式预测得到结果进行对比，可以检验采用等效距离公式预测台阶爆破地表质点振速峰值的准确性和可靠性。

#### 5.3.1 萨氏公式 $K$、$\alpha$ 值的求算

采用萨氏公式对表 3 所列质点振速峰值和最大一段装药量数据进行如式 (5) 和式 (6) 的回归拟合处理，分别得到取水平距离和空间直线距离时萨氏公式的 $K$ 和 $\alpha$ 值（表 4）。

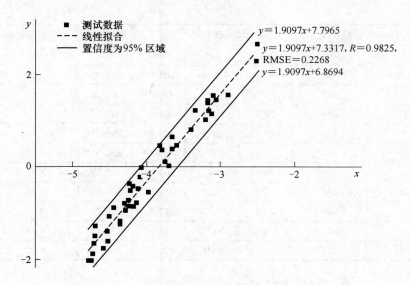

图 7 置信度为 95% 时公式 (6) 的线性回归拟合结果

Fig. 7 Result of linear regression of the equation (6) with a confidence level of 95%

表 4 萨氏公式回归分析结果

Table 4 Result of linear regression of peak particle velocity with Sardofsky'sequation

| 项 目 | $R = R_h$ | $R = R_s$ |
|---|---|---|
| $K$ | 704.2265 | 702.54 |
| $\alpha$ | 1.9384 | 1.9274 |
| 相关系数 $R_c$ | 0.9536 | 0.9515 |
| 剩余均方差 RSME | 0.3664 | 0.3743 |

由表 4 可见，用萨氏公式预测的质点振速峰值虽与最大一段装药量 $Q$ 和距离 $R$ 具有较好的相关性，但其剩余均方差都远高于等效距离公式，离散性偏大。

5.3.2 预测误差计算与对比

分别应用等效距离公式和萨氏公式预测各实测位置上的爆破地震波质点振速峰值，与实测值相比，采用等效距离公式预测质点振速峰值的平均误差为 19.14%。而采用萨氏公式，分别取水平距离和空间距离作为公式中的距离 $R$ 时，质点振速峰值预测结果的平均误差分别为 32.00% 和 32.69%，即采用水平距离和空间距离时萨氏公式的预测误差分别比等效距离公式高约 67% 和 71%，说明采用本文提出的等效距离公式预测台阶爆破地表质点振速峰值，能够更为准确地反映爆破地震波随距离衰减的基本规律，预测更为准确可靠。

## 6 结语

本文针对台阶爆破工程环境中地形和地质条件的多变性与复杂性，提出了爆破地震波传播的等效路径和等效距离的概念，同时考虑最大一段装药量和炸药的定容爆热、等效距离、等效路径上岩体介质的波阻抗和完整性系数等因素的影响，提出了一种预测地表质点振速峰值的计算公式——等效距离公式。将应用该公式预测台阶爆破地震波地表质点振速峰值的结果与实测值进行对比，发现该公式能够基本准确地反映矿山环境中具体地形和地质条件对爆破地震波地表质点振速峰值的影响，预测结果的准确性显著高于国内外广泛采用的萨氏公式，表明该公式较为准确地反映了爆破地震波随等效距离衰减的基本规律，为爆破震动预测提供了一种更为有效和可靠的新方法。

## 参 考 文 献

[1] 中华人民共和国国家标准编写组. GB 6722—2014 爆破安全规程[S]. 北京：中国标准出版社，2014.

[2] Reza Nateghi. Prediction of ground vibration level induced by blasting at different rock units. International Journal of Rock Mechanics and Mining Sciences，2011，48(6)：899-908.

[3] 张继春. 三峡工程基岩爆破振动特性的试验研究[J]. 爆炸与冲击，2001，21(2)：131-137.

[4] 郭学彬，肖正学，张志呈. 爆破振动作用的坡面效应[J]. 岩石力学与工程学报，2001，20(1)：83-87.

[5] 朱传统，刘宏根，梅锦煜. 地震波参数沿边坡坡面传播规律公式的选择[J]. 爆破，1988，10(2)：30-31.

[6] Khoa-Van Nguyena, BehrouzGatmiri. Evaluation of seismic ground motion inducedbytopographic irregularity. Soil Dynamics and Earthquake Engineering，2007，27(2)：183-188.

[7] 宋光明，陈寿如，史秀志，等. 露天矿边坡爆破振动监测与评价方法的研究[J]. 有色金属（矿山部分），2000，04：24-27.

[8] Gwenaël Guillaume, JudicaëlPicaut, Guillaume Dutilleux, BenoîtGauvreau. Time-domain impedance equation for transmission line matrix modelling of outdoor sound propagation. Journal of Sound and Vibration，2011，330(26)：6467-6481.

[9] 饶运章，汪弘. 爆破振动速度衰减规律的多元线性回归分析[J]. 金属矿山，2013，450(12)：46-47+51.

[10] 谭文辉，璩世杰，毛市龙，等. 边坡爆破振动高程效应分析[J]. 岩土工程学报，2010，32(4)：619-623.

[11] 郭学彬，肖正学，张志呈. 爆破振动作用的坡面效应[J]. 岩石力学与工程学报，2001，20(1)：83-87.

[12] Ashford S. A., Sitar N. Topographic amplification inthe 1994 Northridge earthquake：Analysis andobservations[C]. 6th U. S. National Conference onEarthquake Engineering，1997.

[13] 张华，高富强，杨军，等. 深凹露天爆破震动速度衰减规律实验研究[J]. 兵工学报，2010，31(suppl. 1)：275-278.

[14] Spyros Sklavounos, FotisRigas. Computer simulation ofshock waves transmission in obstructed Terrains [J]. Journal of Loss Prevention in the Process Industries，2004，17(6)：407-417.

[15] Masahiko Fuyuki, Masayoshi Nakano. Finite differenceanalysis of Rayleigh wave transmission past an upwardstep change [J]. Bulletin of the Seismological Society of America，1984，74(3)：893-911.

[16] 刘美山，吴从清，张正宇. 小湾水电站高边坡爆破震动安全判据试验研究[J]. 长江科学院院报，2007，24(1)：40-43.

[17] 朱传统，刘宏根，梅锦煜. 地震波参数沿边坡坡面传播规律公式的选择[J]. 爆破，1988，10(2)：30-31.

[18] 裴来政. 金堆城露天矿高边坡爆破震动监测与分析[J]. 爆破，2006，23(4)：82-85.

# 基于 FLAC$^{3D}$ 的露天矿土坝爆破振动模拟研究

武宇 李胜林 袁东凯 刘殿书 刘伟斌

(中国矿业大学(北京)力学与建筑工程学院,北京,100083)

**摘 要**:现场实测哈尔乌素露天煤矿防洪坝在爆破后的振动情况,并利用 FLAC$^{3D}$ 软件对其中某一土石坝的爆破振动响应进行数值模拟对比;对模型施加地震波,通过主频验证动力模型的正确性。通过对坝体在含水和不含水两种工况的模拟结果分析,得到结果:在爆破振动下(1)无水情况下坝体最大位移为 4.8mm,有水情况下坝体最大位移为 220mm;(2)有水情况下坝体塑性区分布范围明显大于无水情况下。结合分析结果给出了避免爆破振动引发坝体变形的建议。

**关键词**:坝体;FLAC$^{3D}$;爆破地震;数值模拟

## Influence Analysis of an Open-pit Coal Dam by Blasting Vibration with FLAC$^{3D}$

Wu Yu  Li Shenglin  Yuan Dongkai  Liu Dianshu  Liu Weibin

(School of Mechanics and Civil Engineering, China University of Mining and Technology, Beijing, 100083)

**Abstract**: Doing field measurement of Blasting vibration is measured at Haerwusu open-pit coal mine flood dam. Vibration response analysis of the dam is simulated by FLAC$^{3D}$ and compared with a set of measured blasting vibration data. Dynamic model is proved to be correct through the frequency after the seismic wave is applied on the model. It is divided into two conditions: water condition and dry condition. Apply vibration wave to the dam of those circumstances, and then analyze the dynamic process. The results show that: under the vibration imposed (1) the maximum displacement of dam is 4.8mm and 220mm under water condition; (2) The dam plastic zone of water condition is more than the anhydrous case's. Then advice is given to avoid deformation of the dam cased by blasting vibration combined those analysis.

**Keywords**: dam; FLAC$^{3D}$; blasting vibration; numerical simulation

## 1 引言

爆炸振动可能对距离爆炸中心较远处的结构产生不利影响,是爆破公害之一。爆破振动会对地面建(构)筑物的安全产生较大影响,甚至引起失稳破坏。炸药爆炸后形成的应力波损

---

作者信息:武宇,博士,spring2008119@sina.com。

伤岩体,使岩体力学性质下降,影响坝体稳定性[1~4]。对爆破振动危害的研究,主要是进行现场测试,根据实测的数据,结合爆破安全规程,确定最大震速和安全距离。该方法能直观地反映爆破振动危害,但无法对爆破振动引起的建(构)筑物的位移和塑性区的变化以及动力失稳机制进行研究。而数值模拟方法可以系统地研究爆破作用下建(构)筑物的动应力场分布规律及动静应力场的叠加作用机理,因此成为近年来研究爆破振动作用的有效方法[4~7]。鉴于FLAC$^{3D}$(Fast Lagrangian Analysis of Continua)在岩土力学分析中的优势和求解动力问题的特点,使得其可很好地解决非线性动力分析问题。FLAC$^{3D}$已成功应用于岩土开挖、边坡稳定分析及地振动力响应分析等许多领域[8~10]。

哈尔乌素露天煤矿防洪坝系位于内蒙古自治区准格尔旗东部,为防洪防水保证露天开采而修建。与哈尔乌素露天煤矿相邻较近的黑岱沟煤矿采用抛掷爆破的方式开采,爆破的规模达到每次爆破 1200~1500t 炸药,爆区距离哈尔乌素露天煤矿越来越近,其爆破影响范围已经直接波及哈尔乌素露天煤矿的防洪坝系。对距离哈尔乌素露天煤矿首采区较近的多个防洪坝的安全稳定性和可靠性产生重大影响,对煤矿的安全高效生产存在较大的潜在影响。本文通过FLAC$^{3D}$对爆破振动下的坝体进行数值模拟,分析坝体在爆破作用下的受力、变形以及破坏,进而对露天煤矿爆破进行设计优化,以达到高效生产和坝体安全的效果。

## 2 爆破振动的监测

防洪坝的测点位置如图1所示。为研究爆破振动时大坝的动力反应,并能使其能充分满足测试要求,我们选取大坝最大断面处的三个点作为测点,同时在坝顶两端布置两测点,即坝底两侧各布置一个点,坝顶两端布置一个点,中间布置一个点,拾振仪的 $X$ 向均与坝肩平行且指向朝里。保证坝顶三点在一条直线上,两坝底与坝顶中间测点在一条直线上。

爆破振动监测所用拾振仪采用重庆地质仪器厂生产的 CDJ-S2C-2Hz 三分量检波器。该检波器把三个方向分量的地震信号接收转换成电信号,具有水平调节装置及方位指标。内装有按笛卡尔坐标排列的三只2Hz检波器芯体。

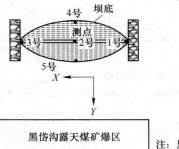

图 1 西圪奔坝测点位置布置平面图
Fig. 1 Measuring point layout

本次监测分别在坝脚和坝顶布置了检波器,其布置图如图1所示。其中 $X$ 向为坝的轴线方向,$Y$ 向为坝体横向方向,$Z$ 为竖直方向。

测试区域爆破参数如表1所示。

表 1 爆破参数
Table 1 Blasting parameter

| 时间 \ 参数 | 高程/m | 单响药量/kg | 距离/m | 排数(3段管) |
| --- | --- | --- | --- | --- |
| 2008.11 11:19 | 1040 | 3478 | 1640 | 4 |
| 2008.12 11:33 | 1040 | 1710 | 1560 | 4 |
| 2008.18 16:52 | 1095(逐孔) | 500 | 2070 | 5 |
| 2008.28 12:32 | 1033 | 2540 | 1670 | 4 |

续表1

| 参数<br>时间 | 高程/m | 单响药量/kg | 距离/m | 排数（3段管） |
|---|---|---|---|---|
| 2009.03.11：28 | 1040（逐孔） | 952 | 1810 | 3 |
| 2009.03.11：31 | 1020 | 1540 | 1640 | 5 |
| 2009.10.11：41 | 1010 | 890 | 1580 | 5 |
| 2009.11.11：44 | 1010 | 1200 | 1620 | 2 |
| 2009.11.11：52 | 1020 | 3457 | 1610 | 8 |
| 2009.11.15：52 | 1030 | 1630 | 1780 | 13 |
| 2009.17.11：20 | 1010 | 3046 | 1570 | 5 |
| 2009.18.11：26 | 1010 | 2290 | 1540 | 6 |

本次计算选用抛掷爆破时采集的 $X$、$Y$ 和 $Z$ 方向的速度时程曲线，速度时程曲线的主要参数为：$X$ 方向的主频为 3.82Hz，最大振幅为 2.265cm/s，$Y$ 方向的主频为 4.02Hz，最大振幅为 0.785cm/s；$Z$ 方向的主频为 4.78Hz，最大振幅为 1.393cm/s，如图 2 和图 3 所示。多次爆破振动后的结构响应统计可知，坝体横向振幅远大于轴向，因此计算模型采用平面模型的形式。

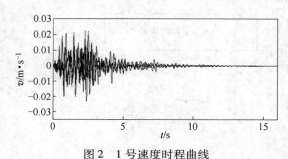
图 2　1 号速度时程曲线
Fig. 2　Velocity time-dependent curves of 1#

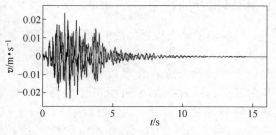
图 3　2 号速度时程曲线
Fig. 3　Velocity time-dependent curves of 2#

## 3　数值计算分析

### 3.1　计算模型的确定

哈尔乌素煤矿防洪坝系均为均质土坝，现选取其中之一的西圪奔坝作为研究对象。该坝高 46m，坝底宽 259m，坝顶宽 6m，坝长 199.86m。左侧坝坡比为 1：3，右侧为 1：2.5。通过现场的监测数据可知，坝顶测点横向振动速度一般均大于顺轴向振动速度，从坝的变形特征可知，坝横向更易发生破坏，出现滑坡或其他不稳定问题。因此，为减少计算规模，坝轴向方向取 1m。由于坝体上游为来波方向，为减少因坝基过长造成波的高频部分丢失，因此上游坝基为 4m，而下游坝基为 2 倍的坝基宽度 518m。在爆破地震波向下传播的过程中，能量的 80% 集中在 500m 范围内，因此坝基深度为 500m。

FLAC$^{3D}$ 模型的剖分网格如图 4 所示。该

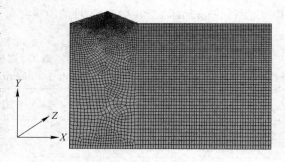
图 4　FLAC$^{3D}$ 模型
Fig. 4　FLAC$^{3D}$ model

模型共有个 5657 单元和 11648 个节点；按岩性参数的不同，可将模型分为 2 个区域，即坝体部分和基岩部分。根据现场调查，坝体部分为粉质黏土，基岩部分为不透水砂岩。

初始地应力场：由于坝体位于地表，并且无复杂构造，因此未进行现场地应力测试，初始地应力场仅按自重应力场考虑。根据弹性力学原理可知，竖向应力和水平应力分别为

$$\left.\begin{array}{l}\sigma_v = \gamma H \\ \sigma_h = k\sigma_v\end{array}\right\} \quad (1)$$

式中　　$H$——埋置深度，m；

　　　　$k$——侧压力系数，且 $k = \dfrac{\mu}{1-\mu}$；

　　　　$\mu$——泊松比。

边界条件：采用位移边界条件，即模型的左右（$X$ 方向）边界、前后（$Y$ 方向）边界和底边界均施加位移约束条件，上边界为自由边界。

## 3.2　岩体物理力学参数

本次计算模型中岩性较简单，仅分为粉质黏土和砂岩 2 种。计算所需的岩体物理力学参数是根据室内试验确定的岩石物理力学参数折减得来的，具体参数结果见表 2。

表 2　坝体基岩物理力学参数
Table 2　Physico-mechanical parameters of dam and basis

| 岩石名称 | 体积模量/MPa | 剪切模量/MPa | 内摩擦角/(°) | 黏聚力/kPa | 容重/kg·m$^{-3}$ |
|---|---|---|---|---|---|
| 粉质黏土 | 100 | 37.5 | 25 | 20 | 1703 |
| 砂　岩 | 16700 | 10000 | 35 | 500 | 2450 |

## 3.3　爆破地震波动载施加

在 FLAC$^{3D}$ 动力计算中，动载荷输入可以采用加速度时程、速度时程、位移时程和应力时程 4 种方式。若采用黏滞边界条件，则必须输入速度时程进行分析。由于测试数据为质点振动速度，因此动载荷输入选用爆破振动速度时程。根据工程实际情况，坝体所在区域属于爆破振动的远区，根据地震传播规律[9]，爆破振动的远区的爆破地震波是瑞利波，测试数据来源于坝体上游，因此爆破地震波施加在坝体地基的左侧，速度时程曲线呈楔形分布，沿 $X$ 正方向传播。

## 3.4　阻尼的选取

FLAC$^{3D}$ 动力计算提供了瑞利阻尼、局部阻尼和滞后阻尼 3 种阻尼形式。瑞利阻尼其理论与常规动力分析方法类似，计算得到的加速度响应规律比较符合实际。因此，本文动力计算采用瑞利阻尼。在 FLAC$^{3D}$ 中，使用瑞利阻尼必须确定最小中心频率 $f_{\min}$ 和最小临界阻尼比 $\xi_{\min}$。瑞利阻尼是与频率相关的，对于土石坝这种材料组成较为复杂的结构，中心频率既不是模型的自振频率，也不是输入地震波的主频，而与两者都有关系。本文采用对模型做无阻尼动力计算的方法确定中心频率。对土石坝进行无阻尼地振动力计算，得到坝顶点 $X$ 方向的时程速度。对时程速度作傅里叶变换，得到该点时程速度的功率谱。确定该土石坝的中心频率 $f_{\min}$ 约为 2Hz。

阻尼的选取通常与坝体的自由震荡有关,因此我们需要截取爆破地震波对坝体的影响结束的时候,仍然能够振动的阶段,对于低阻尼比体系,一般取相隔几周的反应波峰来计算阻尼比,可以获得更高的精度,即利用 $\ln\dfrac{v_n}{v_{n+1}} = \dfrac{2m\pi\xi}{\sqrt{1-\xi^2}}$,而对于小阻尼的情况,可由上式得到等价的近似关系,即 $\xi \approx \dfrac{v_n - v_{n+m}}{2m\pi v_{n+m}}$。

一般来讲在弹性小变形阶段,阻尼为结构的固有特性,对于均质结构来讲,阻尼趋于一个稳定的值。以抛掷爆破地震波作用下坝顶 2 号点竖向波形自由震荡作为我们计算阻尼比的依据。$Z$ 方向后半部分放大之后的图像,如图 5 所示。

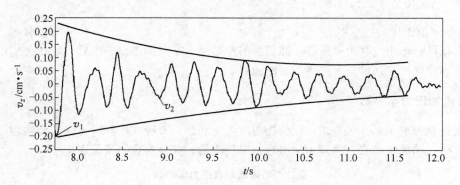

图 5 抛掷爆破下坝顶测点自由震荡波形
Fig. 5 Casting blasting free oscillation wave of crest point

从上图中可以得知,$v_1 = 0.19\text{cm/s}$,$v_2 = 0.05\text{cm/s}$,其中 $m = 9$,由此可以计算得到 $\xi = 0.04954$,取 $\xi = 0.05$。

## 3.5 动力模型的验证

正确建立模型,是整个数值计算的关键。本文通过对比黑岱沟露天矿抛掷爆破过程中坝体实测波形主频和模拟波形主频,验证模型正确与否。

通过对图 6、图 7 中的主频对比发现,坝体监测波形主频 $X$ 方向主频为 3.8Hz,模拟波形主频为 4.4Hz;监测主频 $Z$ 方向为 4.8Hz,模拟波形主频为 4.8Hz。主频大致相同,由此可确定动力模型建立正确。

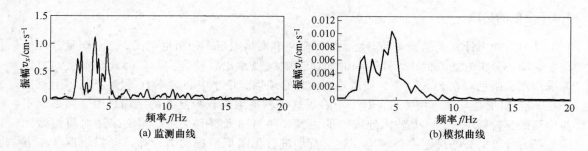

(a) 监测曲线    (b) 模拟曲线

图 6 2 号 $X$ 方向主频对比
Fig. 6 The frequency comparison of 2#'s $X$ direction

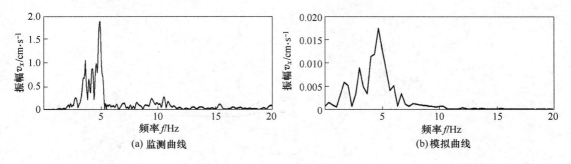

(a) 监测曲线    (b) 模拟曲线

图7 2号Z方向主频对比

Fig. 7 The frequency comparison of 2#'s Z direction

## 3.6 坝体破坏性分析

通过上述参数的调整后，施加爆破地震波在坝体上。现通过渗流分析、位移分析、塑性区分析对坝体数值模拟进行分析。

### 3.6.1 渗流分析

在有水情况下，进行渗流计算，可以看出渗流及水压力下的坝的孔隙水压力如图8所示，孔隙水压力成层分布，浸润线呈斜线分布。

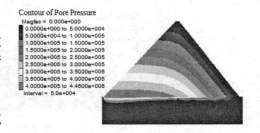

图8 孔隙水压力图

Fig. 8 Figure pore water pressure

### 3.6.2 位移分析

图9为坝体在施加动载后围岩位移分布图。可见，较大位移主要出现在坝顶部分。无水情况下，坝体位移以坝顶为中心呈现不规则扩散分布，坝体的最大位移量大约为4.8mm；有水情况下，坝体位移以坝体为对称轴呈对称分布，位移主要表现在坝体表面。如图10所示，坝体的最大位移量大约为220mm，位移量较大。

无水情况    有水情况

图9 位移分布图

Fig. 9 Displacement distribution

最大位移出现在坝体的顶部，这说明，施加动载荷后，不仅增大了围岩的最大位移量，而且改变了位移的分布形式和范围。

### 3.6.3 塑性区分析

图11为坝体在施加爆破动载后塑性区分布图。从塑性区分布情况来看，在无水情况下，坝体塑性区分布较少，集中在坝体的左侧坝脚处和坝顶，并且塑性区没有贯通，说明坝体受到的影响较小。有水情况下，塑性区几乎遍布了整个坝体，并且贯通现象非常严重，由此可推断有水情况下，坝体受到了较大的影响，基本破坏。

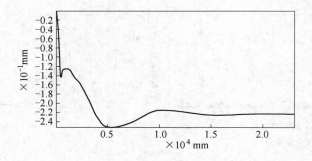

图 10 坝顶的竖向位移曲线图

Fig. 10 Vertical displacement curve of dam crest

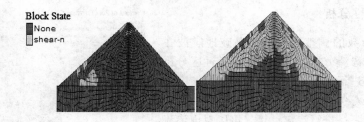

图 11 塑性区分布图

Fig. 11 The distribution plastic zone

## 4 结论与建议

（1）施加爆破动载荷后，坝体出现了较大的位移；有水情况下比无水情况下位移量大。

（2）施加爆破动载荷后，有无水情况下坝体均出现了剪切塑性区；并且有水情况下比无水情况下塑性区范围大，并且有水情况下塑性区贯穿严重，基本破坏。

（3）避免爆破动载荷引发坝体破坏的几条建议：

1）尽量减少最大段药量，并采用微差爆破等减震措施。

2）有水情况下尽量避免进行爆破作业。

3）应对坝体边坡进行监测，必要时采取加固措施。

### 参 考 文 献

[1] 林大超,张奇,白春华. 近地表爆炸地震的地面竖向振动速度的随机特性[J]. 爆炸与冲击,2000,20(3)：235-240.

[2] 许名标,彭德红. 边坡爆破振动测试及响应规律 ANSYS 时程分析[J]. 岩石力学与工程报,2012,31(1)：2629-2635.

[3] 罗忆,卢文波,陈明,等. 爆破振动安全判据研究综述[J]. 爆破,2010,27(1)：14-22.

[4] 言志信,吴德伦,王漪,等. 地震效应及安全研究[J]. 岩土力学,2002,23(2)：201-203.

[5] 刘春玲,祁生文,童立强,等. 利用 FLAC3D 分析某边坡的稳定性[J]. 岩石力学与工程学报,2004,23(16)：2730-2733.

[6] 尹贤刚,李庶林,唐海燕,等. 厂坝铅锌矿岩石物理力学性质测试研究[J]. 矿业研究与开发,2003,23(5)：12-14.

[7] 刘松伟,尹贤刚,陈黎明,等. 厂坝铅锌矿Ⅱ号矿体过渡层的工程地质调查与评价[J]. 采矿技术, 2003, 3(4): 1-4.
[8] Singh P K. Blast vibration damage to underground coal mines from adjacent open-pit blasting[J]. International Journal of Rock Mechanics and Mining Sciences, 2002, (39): 959-973.
[9] 闫长斌,徐国元等. 爆破振动对采空区稳定性影响的FLAC3D分析[J]. 岩石力学与工程学报, 2005, 24(16): 2894-2899.
[10] 顾淦臣,沈长松等. 土石坝地震工程学[M]. 中国水利水电出版社, 2009.12.

# 爆破振动三要素及龄期对新浇混凝土影响研究

梁书锋[1]　吴帅峰[1]　栗日峰[2]　刘殿书[1]　李胜林[1]

(1. 中国矿业大学（北京）力学与建筑工程学院，北京，100083；
2. 中国人民解放军92303部队，山东 青岛，266000)

**摘　要**：为研究爆破振动的幅值、持续时间、频率及龄期对新浇混凝土影响，本文利用小型振动台来模拟爆破振动信号，采用正交方法对3d龄期内的混凝土试件进行室内振动试验。极差分析得出各因素的影响顺序为龄期＞振动幅值＞频率＞持续时间。显著性方差分析表明混凝土龄期与振动幅值对新浇混凝土轴心抗压强度影响显著，频率对新浇混凝土轴心抗压强度影响较显著，在本试验条件下持续时间对新浇混凝轴心抗压强度影响较小。

**关键词**：爆破振动；混凝土；极差；方差；正交分析

## Study on the Influence of the Three Elements of Blasting Vibration and Age on Fresh Concrete

Liang Shufeng[1]　Wu Shuaifeng[1]　Li Yuefeng[2]　Liu Dianshu[1]　Li Shenglin[1]

(1. School of Mechanics and Civil Engineering, China University of Mining and Technology (Beijing), Beijing, 100083; 2. People's Liberation Army of Chinese 92303 Troops, Shandong Qingdao, 266000)

**Abstract**: In order to study the influence of blasting vibration amplitude, duration, frequency and age on fresh concrete, the small shaking table was used for simulating the blasting vibration signal and to execute vibration test on concrete specimens whose age was within 3days. The orthogonality analysis was used for determining the influence on axial compressive strength of fresh concrete which was caused by four factors: the age, the amplitude of vibration, the duration and the frequency. The range analysis showed that the order of factors influencing is age > amplitude > duration > frequency. The variance analysis showed that the age and the vibration amplitude had a highly significant effect on axial compressive strength of fresh concrete, and the frequency had a significant effect on axial compressive strength of fresh concrete. Under the condition of this experiment, the duration of the new pouring concrete has little influence on the axial compressive strength of the horizontal vibration of the new pouring concrete.

**Keywords**: blasting vibration; concrete; range; variance; orthogonality analysis

## 1　引言

目前的《爆破安全规程》（GB 6722—2014）[1]只是对现浇大体积混凝土在不同龄期的安

---

作者信息：梁书锋，博士，liangsf204@163.com。

允许振速进行了规定,且将龄期在3d内新浇大体积混凝土的爆破振动安全速度值统一定为2～3cm/s,而实际上在这段时间内混凝土强度增长和变化最大,爆破振动的影响亦有很大的差异[2-3],但目前缺少此方面的试验资料。为确定爆破振动的幅值、持续时间、频率及龄期对新浇混凝土影响,本文采用小型振动台来模拟爆破振动信号,对三天龄期内的新浇混凝土试件进行研究,同时采用正交方法来设计混凝土室内模拟试验,对混凝土龄期、振动幅值、持续时间、频率等四个因素对新浇混凝土的轴心抗压强度影响,研究混凝土龄期、振动速度、振动持续时间及振动频率对新浇混凝土影响的主次因素。

## 2 室内振动试验

### 2.1 正交试验设计

利用小型振动台模拟爆破振动信号,对3天龄期内的混凝土试件进行垂直振动试验。采用正交试验方法对混凝土龄期、振动幅值、振动持时及振动频率等因素进行研究。测量试验中混凝土试件养护28d后的轴心抗压强度,将该抗压强度作为考察以上几个因素的指标,寻找显著因素。

#### 2.1.1 表头设计

本试验研究中,混凝土龄期为初凝至3天($A$)、振动幅值2～10cm/s($B$)、持续时间0.2～1.5s($C$)、频率5～50HZ($D$),以上四个因素的垂直数均为5水平。

振动试验的因素、水平列为表1。

表1 振动正交试验表头

Table 1 The header of vibration orthogonal test

| 水平因素 | $A$ | $B$ | $C$ | $D$ |
|---|---|---|---|---|
| 1 | 初凝 | 2cm/s | 0.2s | 5Hz |
| 2 | 终凝 | 3cm/s | 0.5s | 10Hz |
| 3 | 1.5d | 5cm/s | 0.7s | 20Hz |
| 4 | 2d | 7cm/s | 1.0s | 30Hz |
| 5 | 3d | 10cm/s | 1.5s | 50Hz |

#### 2.1.2 确定合适正交表

本试验为四因素五水平的正交试验,根据正交表的选取原则选取$L25(5^6)$正交表[4]。因本试验仅考察四个因素对混凝土力学性能的影响效果,不考察因素间的交互作用。其中$E$、$F$为空列,在分析中两空列作为误差列进行分析。

### 2.2 实验仪器

实验时振动源采用中国矿业大学(北京)的WS-Z30小型精密振动台。该振动台能够实现在垂直和水平方向施加振动荷载,其主要功能有地震模拟、人工模拟地震波生成与应用、地震反应谱测试、随机波等,能够输出设定波形,其频率范围为5～20kHz,控制输出信号为正弦波、随机波、地震波、扫频正弦波白噪声,失真度小于2%,噪声值小于10mV。试件轴心抗压测试采用万能试验机进行。

## 2.3 实验步骤

### 2.3.1 制作试件[5]

混凝土试件配比如表 2 所示，混凝土设计强度等级为 C25。

表 2　混凝土配比
Table 2　The proportions of concrete mix　　　　　　　　kg

| 水泥 | 矿粉 | 粉煤灰 | 中石 | 小石 | 砂 | 水 | 减水剂 |
| --- | --- | --- | --- | --- | --- | --- | --- |
| 200 | 120 | 80 | 481 | 481 | 697 | 168 | 5.2 |

注：水泥采用 425 硅酸盐水泥。

试验分 25 批，每批 1 组 3 块试件，1 组对比试件（3 块）。共计 78 块试件。模具 26 组，混凝土用量 $78 \times 0.001 = 0.159 \mathrm{m}^3$。试件同时制作，如图 1 所示。

### 2.3.2 振动试验

将试件安装固定在振动台上，如图 2，按不同龄期（初凝，终凝，1.5 天，2 天，3 天）施加竖直振动荷载。试件在来回搬运过程中要轻拿轻放。

图 1　混凝土试件制作

Fig. 1　The production of concrete sample

图 2　垂直振动测试

Fig. 2　The vertical vibration test

### 2.3.3 养护

试验完成后，试件龄期达到三天拆模，拆模后在温度为 20℃±5℃的标准养护室进行养护，标准养护室内的试件应放在支架上彼此间隔 10~20mm 试件表面应保持潮湿并不得被水直接冲淋。试件养护至 28 天龄期后测试轴心抗压强度。

## 2.4 实验数据分析

垂直振动试件轴心抗压强度测试结果如表 3 所示。

（1）将对比组试件进行统计学分析后得出：$R_n = 26.5$，$S_n = 2.5$，$t = 0.99$。查表《概率度系数与保证率关系表》得到对比组试件保证率介于 82.9% 与 90.0% 之间。因此所采用的对比组满足质量要求。

（2）垂直振动下新浇混凝土轴心抗压强度极差分析。

## 表3 垂直振动试验试件抗压测试结果
Table 3 The test results of the concrete sample

| 试件编号 | 抗压/MPa | 试件编号 | 抗压/MPa | 试件编号 | 抗压/MPa | 试件编号 | 抗压/MPa |
|---|---|---|---|---|---|---|---|
| 0-1-1 | 25.7 | 6-1-3 | 29.6 | 13-1-2 | 30.6 | 20-1-1 | 25.6 |
| 0-1-2 | 24.2 | 7-1-1 | 33.5 | 13-1-3 | 30.4 | 20-1-2 | 26.2 |
| 0-1-3 | 29.1 | 7-1-2 | 34 | 14-1-1 | 27.9 | 20-1-3 | 27.8 |
| 1-1-1 | 25.2 | 7-1-3 | 32.4 | 14-1-2 | 25 | 21-1-1 | 26.1 |
| 1-1-2 | 24 | 8-1-1 | 30.2 | 14-1-3 | 28.1 | 21-1-2 | 25.2 |
| 1-1-3 | 26.6 | 8-1-2 | 30.5 | 15-1-1 | 27.6 | 21-1-3 | 27.6 |
| 2-1-1 | 30.4 | 8-1-3 | 31.2 | 15-1-2 | 28 | 22-1-1 | 29.7 |
| 2-1-2 | 29.4 | 9-1-1 | 31.1 | 15-1-3 | 29.4 | 22-1-2 | 32 |
| 2-1-3 | 27.6 | 9-1-2 | 28 | 16-1-1 | 30.3 | 22-1-3 | 26.7 |
| 3-1-1 | 27.5 | 9-1-3 | 31.3 | 16-1-2 | 29.4 | 23-1-1 | 29.9 |
| 3-1-2 | 27.5 | 10-1-1 | 22.4 | 16-1-3 | 29.4 | 23-1-2 | 27 |
| 3-1-3 | 28.7 | 10-1-2 | 30.7 | 17-1-1 | 27.5 | 23-1-3 | 30.8 |
| 4-1-1 | 26.4 | 10-1-3 | 32 | 17-1-2 | 26.3 | 24-1-1 | 27.9 |
| 4-1-2 | 28.8 | 11-1-1 | 26.4 | 17-1-3 | 31.2 | 24-1-2 | 29.4 |
| 4-1-3 | 26.9 | 11-1-2 | 23.4 | 18-1-1 | 29.5 | 24-1-3 | 29.3 |
| 5-1-1 | 27.8 | 11-1-3 | 26.7 | 18-1-2 | 29.9 | 25-1-1 | 26.3 |
| 5-1-2 | 24.9 | 12-1-1 | 30.1 | 18-1-3 | 29.9 | 25-1-2 | 28.6 |
| 5-1-3 | 28.4 | 12-1-2 | 28.1 | 19-1-1 | 27.2 | 25-1-3 | 26.4 |
| 6-1-1 | 28.7 | 12-1-3 | 31.8 | 19-1-2 | 26 | | |
| 6-1-2 | 28.7 | 13-1-1 | 30.8 | 19-1-3 | 28.5 | | |

将试件轴心抗压测试结果填入正交试验表中，对新浇混凝土轴心抗压强度进行极差分析。分析步骤如下：

1) 计算 $K_i$ 值。$K_i$ 为同一水平之和。以第一列 $A$ 因素为例：

$$K_{11} = 25.3 + 29.1 + 27.9 + 27.4 + 27.0 = 136.7 \tag{1}$$

$$K_{21} = 29.0 + 33.3 + 30.6 + 30.1 + 31.3 = 154.3 \tag{2}$$

$$\vdots$$

$$K_{51} = 26.3 + 29.5 + 29.2 + 28.9 + 27.1 = 141.0 \tag{3}$$

2) 计算各因素同一水平的平均值 $k_i$。以第一列 $A$ 因素为例：

$$k_{11} = 136.7/5 = 27.34 \tag{4}$$

$$k_{21} = 154.3/5 = 30.86 \tag{5}$$

$$\vdots$$

$$k_{51} = 141.0/5 = 28.20 \tag{6}$$

3) 计算各因素的极差 $R$，$R$ 表示该因素在其取值范围内试验指标变化的幅度。

$$R = \max(K_i) - \min(K_i) \tag{7}$$

第一列的极差 $R_1 = 30.86 - 27.34 = 3.52$

同理，$R_2 = 2.88$；$R_3 = 0.54$；$R_4 = 2.06$；$R_5 = 0.96$；$R_6 = 1.20$。计算得到表4。

表4 垂直振动下试件轴心抗压强度极差分析表
Table 4　Table of the range analysis of the axial compressive strength of specimens under vertical vibration

| 试验号\列号 | A | B | C | D | 空列 E | 空列 F | 抗压强度/MPa |
|---|---|---|---|---|---|---|---|
| 1 | 1 | 1 | 1 | 1 | 1 | 1 | 25.3 |
| 2 | 1 | 2 | 2 | 2 | 2 | 2 | 29.1 |
| 3 | 1 | 3 | 3 | 3 | 3 | 3 | 27.9 |
| 4 | 1 | 4 | 4 | 4 | 4 | 4 | 27.4 |
| 5 | 1 | 5 | 5 | 5 | 5 | 5 | 27.0 |
| 6 | 2 | 1 | 2 | 3 | 4 | 5 | 29.0 |
| 7 | 2 | 2 | 3 | 4 | 5 | 1 | 33.3 |
| 8 | 2 | 3 | 4 | 5 | 1 | 2 | 30.6 |
| 9 | 2 | 4 | 5 | 1 | 2 | 3 | 30.1 |
| 10 | 2 | 5 | 1 | 2 | 3 | 4 | 31.3 |
| 11 | 3 | 1 | 3 | 5 | 2 | 4 | 25.5 |
| 12 | 3 | 2 | 4 | 1 | 3 | 5 | 30.0 |
| 13 | 3 | 3 | 5 | 2 | 4 | 1 | 30.6 |
| 14 | 3 | 4 | 1 | 3 | 5 | 2 | 27.0 |
| 15 | 3 | 5 | 2 | 4 | 1 | 3 | 28.3 |
| 16 | 4 | 1 | 4 | 2 | 5 | 3 | 29.7 |
| 17 | 4 | 2 | 5 | 3 | 1 | 4 | 28.3 |
| 18 | 4 | 3 | 1 | 4 | 2 | 5 | 29.7 |
| 19 | 4 | 4 | 2 | 5 | 3 | 1 | 27.2 |
| 20 | 4 | 5 | 3 | 1 | 4 | 2 | 26.5 |
| 21 | 5 | 1 | 5 | 4 | 3 | 2 | 26.3 |
| 22 | 5 | 2 | 1 | 5 | 4 | 3 | 29.5 |
| 23 | 5 | 3 | 2 | 1 | 5 | 4 | 29.2 |
| 24 | 5 | 4 | 3 | 2 | 1 | 5 | 28.9 |
| 25 | 5 | 5 | 4 | 3 | 2 | 1 | 27.1 |
| K1j | 136.7 | 135.8 | 142.8 | 141.1 | 141.4 | 143.5 | |
| K2j | 154.3 | 150.2 | 142.8 | 149.6 | 141.5 | 139.5 | |
| K3j | 141.4 | 148.0 | 142.1 | 139.3 | 142.7 | 145.5 | |
| K4j | 141.4 | 140.6 | 144.8 | 145.0 | 143.0 | 141.7 | |
| K5j | 141.0 | 140.2 | 142.3 | 139.8 | 146.2 | 144.6 | |
| k1j | 27.34 | 27.16 | 28.56 | 28.22 | 28.28 | 28.70 | |
| k2j | 30.86 | 30.04 | 28.56 | 29.92 | 28.30 | 27.90 | |
| k3j | 28.28 | 29.60 | 28.42 | 27.86 | 28.54 | 29.10 | |
| k4j | 28.28 | 28.12 | 28.96 | 29.00 | 28.6 | 28.34 | |
| k5j | 28.20 | 28.04 | 28.46 | 27.96 | 29.24 | 28.92 | |
| 极差 R | 3.52 | 2.88 | 0.54 | 2.06 | 0.96 | 1.20 | |
| 主次因素 | | | | $A>B>D>C$ | | | |

注：$A$ 为混凝土龄期，5水平，分别为初凝、终凝、1.5天、2天、3天；$B$ 为振动幅值，5水平，分别为2cm/s、3cm/s、5cm/s、7cm/s、10cm/s；$C$ 为持续时间，5水平，分别为0.5s、1.0s、2.0s、3.0s、5.0s；$D$ 为频率，5水平，分别为5Hz、10Hz、20Hz、30Hz、50Hz；$E$、$F$ 为误差列。

根据极差大小，判断因素的主次影响顺序。$R$ 越大，表示该因素的水平变化对试验指标的影响越大，因素越重要。由以上分析可见，因素影响主次顺序为 $A > B > D > C$，$A$ 混凝土龄期因素影响最大，为主要因素，$B$ 振动幅值因素次之，$D$ 频率影响也较大，根据本次试验条件下 $C$ 持续时间因素为不重要因素。

（3）垂直振动下新浇混凝土轴心抗压强度方差分析。

垂直振动下新浇混凝土轴心抗压强度进行方差分析，分析步骤如下：

1）计算总平方和：

$$SST = \sum_{i=1}^{k}\sum_{j=1}^{r}(K_{ij} - \overline{K})^2 \tag{8}$$

式中，$K_{ij}$ 为极差，具体取值为表 5 中各行、列数值；$\overline{K}$ 为极差和的平均值。

2）处理平方和：

$$SSTR = k\sum_{j=1}^{r}(\overline{K_{\cdot j}} - \overline{K})^2 \tag{9}$$

式中，$K_{\cdot j}$ 为各列极差。

3）区组平方和：

$$SSBL = r\sum_{i=1}^{k}(\overline{K_{i\cdot}} - \overline{K})^2 \tag{10}$$

式中，$K_{i\cdot}$ 为各行极差。

4）误差平方和：

$$SSE = SST - SSTR - SSBL \tag{11}$$

5）自由度计算：

$$df(A) = df(B) = df(C) = df(D) = 5 - 1 = 4 \tag{12}$$

$$df(e) = d(f) = df(E) + df(F) = 4 + 4 = 8 \tag{13}$$

6）处理均方：

$$MSTR = \frac{SSTR}{r-1} \tag{14}$$

7）区组均方：

$$MSBL = \frac{MSBL}{k-1} \tag{15}$$

8）误差均方：

$$MSE = \frac{SSE}{(r-1)(k-1)} \tag{16}$$

9）$F_{tr}$ 服从分子自由度为 $r-1$，分母自由度为 $(r-1)(k-1)$ 的 $F$ 分布：

$$F_{tr} = \frac{MSTR}{MSE} \tag{17}$$

根据式(8)~式(17)对垂直振动数据进行计算，得出对于新浇混凝土垂直方向振动单轴抗压强度显著性检验方差分析表，如表 5 所示。

表5 垂直振动显著性检验方差分析表
Table 5 The range analysis of the vertical vibration significant test

| 变异来源 | 平方和 | 自由度 | 均方 | F值 | $F_a$ | 显著水平 |
|---|---|---|---|---|---|---|
| $A$ | 35.298 | 4.00 | 8.825 | 9.26 | $F0.05 (4,8) = 3.8$ | ** |
| $B$ | 28.454 | 4.00 | 7.114 | 7.46 | $F0.01 (4,8) = 7$ | ** |
| $C$ | 0.922 | 4.00 | 0.231 | 0.24 | $F0.1 (4,8) = 2.8$ | |
| $D$ | 15.018 | 4.00 | 3.755 | 3.94 | | * |
| 误差e | 7.625 | 8.00 | 0.953 | | | |
| 总和 | 87.317 | 24.00 | | | | |

混凝土龄期与振动幅值对新浇混凝土轴心抗压强度影响显著，频率对新浇混凝土轴心抗压强度影响较显著，本次试验中持续时间对新浇混凝土轴心抗压强度无影响。

（4）误差分析。

试验误差的估计，计算该试验的变差系数$C_v$：

$$C_v = \frac{\sigma_e}{\bar{x}} \tag{18}$$

式中，$\sigma_e$为误差均方根：

$$\sigma_e = \sqrt{MSE} \tag{19}$$

由上述公式，得到$\sigma_e = \sqrt{0.953} = 0.976$，$C_v = \frac{0.976}{28.5} = 3.42\%$。

垂直振动下新浇混凝土轴心抗压强度方差分析，误差的变差系数$C_v = 3.42\%$，小于5%，根据规定，可得出本试验属于优秀。

## 3 结论

（1）在本试验条件下，因素影响主次顺序为$A > B > D > C$，$A$混凝土龄期因素影响最大，为主要因素，$B$振动幅值因素次之，本次试验条件下$C$持续时间因素为不重要因素。

（2）混凝土龄期与振动幅值对新浇混凝土轴心抗压强度影响显著，频率对新浇混凝土轴心抗压强度影响较显著，本次试验中持续时间对新浇混凝土轴心抗压强度无影响。

（3）垂直振动下新浇混凝土轴心抗压强度方差分析，误差的变差系数$C_v = 3.42\%$，小于5%，本试验属于优秀。

## 参 考 文 献

[1] 国家质量监督检验检疫总局. GB 6722—2003 爆破安全规程[S]. 中国标准出版社出版，2003.
[2] 张正宇，等. 现代水利水电工程爆破[M]. 北京：中国水利水电出版社，2000：307-309.
[3] 陈明，卢文波，罗天云. 新浇基础混凝土爆破安全标准的影响因素研究 [J]. 长江科学院院报，2003, 20(增1)：11-14.
[4] 任露泉. 试验优化设计与分析. 第2版[M]. 北京：高等教育出版社，2003.
[5] 中国建筑科学研究院. 普通混凝土力学性能试验方法标准（GB/T 50081—2002）[S]. 高等教育出版社，2003.

# 城市复杂环境下浅埋地铁隧道掘进爆破地表振动响应研究

赵华兵　龙源　孙飞

（解放军理工大学野战工程学院，江苏 南京，210007）

**摘　要**：在城市建（构）筑物密集区域，特别是周围有需要特殊保护的古文物建筑，浅埋隧道掘进施工中控制爆破所产生的振动效应对地表建（构）筑物的危害是关键。本文结合南京地铁四号线一期工程，根据工程要求和围岩性质，提出短进尺、无掏槽、配合核心筒的孔内延期与孔外延期结合的爆破技术，通过现场监测试验和有限元分析，研究了浅埋隧道掘进施工的地表振动响应分布规律，为相近工程的减振掘进措施提供了工程借鉴。

**关键词**：地铁隧道；复杂环境；掘进爆破；爆破振动

## Study on Vibration Response of Urban Shallow-Buried Subway Tunnel Driving Blasting in Complicated Environment

Zhao Huabing　Long Yuan　Sun Fei

(College of Field Engineering, PLA University of Science and Technology, Jiangsu Nanjing, 210007)

**Abstract**: When buildings and structures distribute densely in the blasting area, especially around which there are ancient heritage buildings, the key work is to control the vibration response caused by the driving blasting of shallow-buried tunnel. According to the project requirements and surrounding rock properties of the first phase of Nanjing fourth metro line project, the blasting technology of inside and outside delay-blasting with short footage, non-cutting holes and core tube was proposed. Based on the on-site monitoring test and numerical analysis, the distribution laws of vibration responses of ground surface caused by the driving blasting of shallow-buried tunnel were studied. The research results could provide a reference for vibration reducing measures of similar projects.

**Keywords**: subway tunnel; complicated environment; driving blasting; blasting vibration

## 1　引言

在地铁公共交通建设中，爆破法掘进是主要的施工手段，过大的爆破振动很可能造成建筑物开裂或更为严重的破坏，对于比较重要建筑物的损害所造成的经济损失和信誉损失更将是不可估量，甚至会因此承担法律责任[1~3]。在此情况下，若采用明挖法施工，这又会造成居民

---

作者信息：赵华兵，博士，hua0513@163.com。

的大量拆迁，交通阻断，影响城市市容和原本较为稳固的路基结构，更会增大工程造价，甚至拖延施工工期[4]。若强行采用盾构机配合静态破碎法进行暗挖，则会大大提高工程成本，加长工期。因此，在该类工程中采用石方爆破法施工时，爆破振动需要得到很好的控制。在主动控制措施方面，采用一些常规爆破振动控制技术，优化爆破设计方案，并且根据实地围岩地质构造情况选取合理的孔网参数，从根源上保证掘进爆破产生的地震效应不会破坏地表建筑物[5~7]。

本文依托南京地铁四号线一期工程，由于暗挖地铁隧道上方建筑群多，同时还有国家级保护文物鼓楼。为此，提出一种全新的爆破掘进技术——孔外延期核心筒小进尺无掏槽松动爆破法。通过有效的现场振动监测和有限元分析，研究浅埋隧道爆破掘进的地表振动响应参数分布规律，可知此种爆破掘进技术产生的振动较小，并且降低了施工作业成本，加快了施工作业进度，取得了较好的经济与社会效益，为其他类似工程提供理论指导与实践经验参考。

## 2 工程概况

南京地铁四号线一期工程 D4-XK01 标云南路站-鼓楼站区间，西起于云南路与北京西路交叉口的云南路站，沿北京西路东行，至鼓楼公园碑楼北侧的鼓楼站，全长约 660m。区间离开鼓楼城阙水平距离约 1.3m，埋深约为 13m，地铁隧道与鼓楼公园空间位置关系，如图 1 所示。南京鼓楼位于南京城中心区，钟山余脉延伸入城的山冈上，是南京城的标志性建筑。南京鼓楼始建于明洪武十五年，迄今已历 600 余年沧桑。城阙上部城楼为清初康熙南巡时重建之碑楼，至今楼内仍有康熙帝手书劝诫碑。目前南京鼓楼建筑群存在大量建筑病害，所以对地铁隧道爆破掘进产生的振动效应要求极为严格。

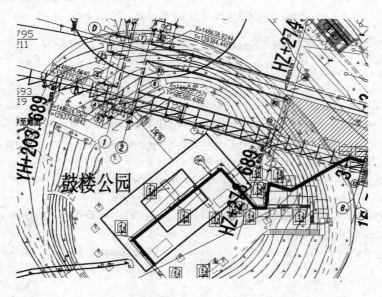

图 1 爆破区域与鼓楼空间位置关系
Fig. 1 Spatial relationship between blasting areas and the Drum Tower

## 3 掘进方法

根据工程要求、围岩性质和工程特点，爆破开挖采用"短进尺、无掏槽、配合核心筒的孔内延期与孔外延期结合的爆破技术",再配合以小型挖机的机械破碎清渣进行施工。

（1）本工程采用短进尺,上台阶每炮进尺控制在 0.6~0.7m；下台阶每炮进尺为 1~1.2m；循环进尺为 2~2.2m。区间隧道断面型式为马蹄形,外径 6.5m,埋深为 10m,台阶高度 3.25,台阶宽度 5m,核心筒直径 3.5m,宽度 1m。

（2）开挖采用宽 5~6m 的小台阶形式,分 6 个部分开挖,如图 2（a）所示。每个部分的炮孔采用毫秒孔内延期起爆,各个部分之间采用秒延期雷管按 1-6 的区域顺序连接,进行孔外延期起爆,以减小齐爆药量,错开爆破地震波峰值,达到主动减振效果。

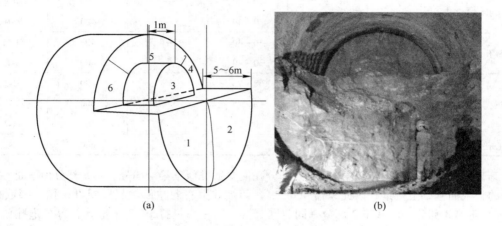

图 2  城市浅埋隧道爆破开挖技术示意图
（a）隧道开挖作业面 3D 示意图；（b）隧道开挖作业面现场布置
Fig. 2  Schematic diagram of excavation technology of urban shallow tunnel
（a）3D schematic diagram of tunnel excavation face；（b）Site arrangement of tunnel excavation face

（3）严格控制孔网参数和每个部位辅助孔的单段药量,最大齐爆药量小于 1.2kg。其中临空面的上台阶首爆部位（第 4 部分）孔网参数尤为重要,第 6 部分孔网类似于第 4 部分,如表 1 所示。

表 1  第 4、第 6 部分的孔网参数
Table 1  Hole pattern parameters of section 4 and 6

| 炮孔类型 | 分 类 | 炮眼个数 | 孔 距 | 排 距 | 单孔药量/g | 雷管段别 |
|---|---|---|---|---|---|---|
| 周边孔（9） | 上三孔 | 3 | 25~30 | — | 200 | Ms13 |
|  | 中三孔 | 3 | 25~30 | — | 200 | Ms12 |
|  | 下三孔 | 3 | 25~30 | — | 200 | Ms11 |
| 底板孔（4） | 左两孔 | 2 | 45~50 | — | 400 | Ms9 |
|  | 右两孔 | 2（1） | 35 | — | 400 | Ms10（9） |
| 掘进孔（10） | 内 排 | 3 | 50~55 |  | 400 | Ms1 |
|  | 中 排 | 3 | 50~55 | 45~50 | 400 | Ms3 |
|  | 外排下两孔 | 2 | 50~55 |  | 400 | Ms5 |
|  | 外排上两孔 | 2 | 50~55 |  | 400 | Ms7 |

对于第 1 和第 2 部分进行爆破掘进的时候,考虑到该部位临空面较好,并且便于机械的配合开挖,因此孔深采用最大孔深 1~1.2m（爆破漏斗体积恰好为零时的松动爆破）,而孔距采

用经过优化的 $a = \sqrt{2}R_{\mathrm{t}}$，$R_{\mathrm{t}}$ 为裂隙圈半径[8]。同时，为了节省雷管炸药并且高效开挖，采用"中心炮孔法"：在下台阶中心处临空面最好的位置使用3条乳化炸药进行大方量爆破。其孔网参数见表2。

表2 第1、第2部分的孔网参数
Table 2  Hole pattern parameters of section 1 and 2

| 炮孔类型 | 分类 | 炮眼个数 | 孔距 | 排距 | 单孔药量/g | 雷管段别 |
|---|---|---|---|---|---|---|
| 周边孔（4） | 上二孔 | 2 | 30~40 | — | 400 | Ms9 |
|  | 中二孔 | 2 | 30~40 | — | 400 | Ms10 |
| 底板孔（3） | 左两孔 | 2 | 30~40 | — | 400 | Ms11 |
|  | 右一孔（可无） | 1 | 30~40 | — | 400 | Ms13 |
| 掘进孔（6） | 最内排 | 2 | 60~75 | — | 400 | Ms3 |
|  | 外排上两孔 | 2 | 60~75 | 70~75 | 400 | Ms5 |
|  | 外排下两孔 | 2 | 60~75 | — | 400 | Ms7 |
| 中心孔（1） | — | 1 | — | — | 600 | Ms1 |

第2部分孔网参数类似于第1、第6部分孔网参数类似于第4部分。第5部分由于是在第4部分的临空面基础上掘进，因此只需400g单孔药量并由右向左依次起爆即可，孔网参数见表3。核心筒第3部分一般和第2部分一同起爆。核心筒一般只打1~2个炮孔，每个炮孔放入1~2条乳化炸药，便足以掘进如此大方量的围岩。

表3 第5部分的孔网参数
Table 3  Hole pattern parameters of section 5

| 炮孔类型 | 分类 | 炮眼个数 | 孔距 | 排距 | 单孔药量/g | 雷管段别 |
|---|---|---|---|---|---|---|
| 周边孔（10） | 左三孔 | 3 | 20 | — | 200 | Ms7 |
|  | 中四孔 | 4 | 20 | — | 200 | Ms11 |
|  | 右三孔 | 3 | 20 | — | 200 | Ms9 |
| 掘进孔（3） | 两边两个孔 | 2 | 45 | — | 400 | Ms1 |
|  | 中间一个孔 | 3 | 45 | — | 400 | Ms5 |

为了确保不出现导爆管被破碎岩块砸断情况的出现，对于起爆网路主干线一般采取"沿边铺设，大块遮挡"的方式进行简单防护。

## 4 浅埋隧道爆破掘进地表振动响应试验研究

### 4.1 测点布置

相关研究表明：爆破地震波产生的地表振速峰值在隧道掌子面及其前方10m范围内变化最大，故在掌子面对应地表前、后、侧三个方向10m范围内设置5个测点。监测点布置如图3所示。

### 4.2 监测试验结果分析

#### 4.2.1 地表爆破振动速度分析

表4列举了地表爆破振动监测实验的监测结果，从表中可以看出，爆破振动速度在1~

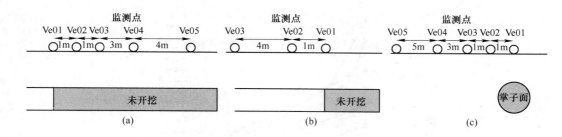

图 3 监测点布置示意图
(a) 未开挖方向；(b) 已开挖方向；(c) 掌子面侧方

Fig. 3　Schematic diagram of monitoring points layout
(a) Non-excavated directied; (b) Excavated direction; (c) Side direction of tunnel face

2cm/s 间有 2 个，在 2～3cm/s 间有 3 个，在 3～4cm/s 间有 3 个，在 4～6cm/s 间有 2 个。在各次测震实验中，垂向爆破振速最大，则研究主要针对垂向振速。由图 4 可以看出，不论在何种方向，地表爆破振动速度都随着爆心距的增加而衰减，相比于其他方向，在隧道未开挖方向上爆破振动速度衰减速度更快一些。

表 4　爆破振动实测结果
Table 4　Measured data of blasting vibration

| 实验组号 | | 总药量/kg | 最大段药量/kg | 雷管段别 | 垂向($Z$向)爆破振动峰值速度/cm·s$^{-1}$ | 主频/Hz |
|---|---|---|---|---|---|---|
| 1 | 未开挖 | 7.2 | 0.8 | 1,3,5,7,9,11,12,13,15 | 2.08 | 30.8 |
| 2 | | 7.6 | 1.2 | 3,5,7,9,10,11,13,15 | 3.09 | 27.4 |
| 3 | | 7.4 | 1.2 | 1,3,5,7,9,11,12,13,15 | 2.92 | 28.2 |
| 4 | | 7.8 | 1.2 | 1,3,5,7,9,10,11,12,13 | 3.14 | 23.3 |
| 5 | 侧方向 | 8 | 1.6 | 1,5,7,9,11,12,13,14,15 | 5.43 | 37.7 |
| 6 | | 7.2 | 0.8 | 1,5,7,9,11,12,13,14,15 | 1.44 | 26.0 |
| 7 | | 7.4 | 1.2 | 3,5,7,9,11,13,14,15 | 2.13 | 31.75 |
| 8 | 已开挖 | 7.8 | 1.2 | 1,3,5,7,9,10,11,12,13 | 4.71 | 40.2 |
| 9 | | 7 | 0.8 | 1,5,7,9,11,12,13,14,15 | 1.10 | 52.6 |
| 10 | | 8 | 1.6 | 1,5,7,9,11,12,13,14,15 | 3.63 | 31.75 |

### 4.2.2　爆破振动频谱分析

浅埋隧道爆破开挖产生的爆破振动对地表建筑物的危害不仅与爆破振动峰值速度有关，而且与其对应的主频有密切关系。图 5 表示第 4 次爆破振动监测现场实验监测点 Ve02 的三个方向的功率谱密度。从图中可以看出，三个方向振动信号的功率谱密度分布是近似的，频率主要集中在 10～50Hz 之间，其中 $Z$ 方向功率谱密度最大。$X$ 方向上爆破振动速度的最大功率谱密度的频率是 13Hz，$Y$ 方向爆破振动速度的最大功率谱密度的是 25Hz，$Z$ 方向爆破振动速度的最大功率谱密度的是 38Hz。表 5 是经南京建筑工程学院建筑设计研究院检验得到的南京鼓楼城阙、碑楼的自振频率。可知地表爆破振动的振动频率要明显高于南京鼓楼的自振频率，不会发生共振现象。

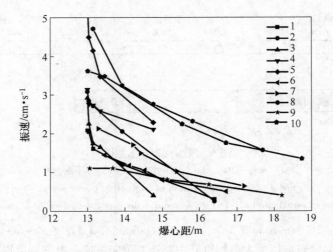

图 4 地表垂向爆破振动速度衰减曲线
Fig. 4 Attenuation curve of vertical blasting vibration velocity

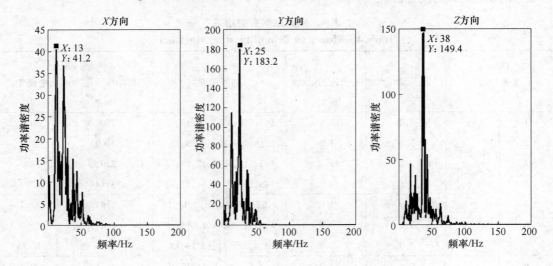

图 5 爆破振动速度的功率谱密度
Fig. 5 Power spectral density of blasting vibration velocity

表 5 南京鼓楼自振频率
Table 5 Natural frequency of Nanjing Drum Tower

| 模态阶数 | 1 | 2 |
| --- | --- | --- |
| 城阙横向自振频率/Hz | 4.20 | 5.03 |
| 城阙纵向自振频率/Hz | 4.64 | 6.11 |
| 碑楼横向自振频率/Hz | 1.37 | 2.79 |
| 碑楼纵向自振频率/Hz | 2.00 | 2.98 |

## 5 浅埋隧道爆破掘进地表振动响应有限元分析

### 5.1 建立模型

区间隧道断面型式为马蹄形,外径6.5m,埋深为10m,台阶高度3.25,台阶宽度5m,核心筒直径3.5m,宽度1m;开挖技术各部分尺寸,均按实际尺寸建模,左右根据现场实验测点位置进行建模,故模型尺寸为24m×25.25m×25m,共有86484个单元,如图6所示。为减小边界效应的影响,计算模型中左、右、前、后、下边界取为无反射边界。

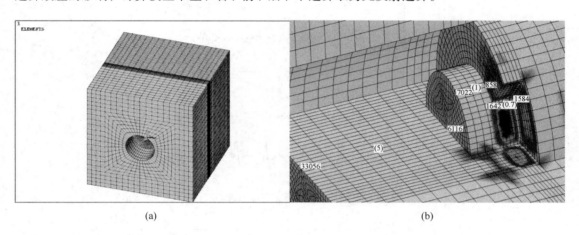

图 6 有限元模型
(a) 整体图;(b) 隧道作业面近距离图
Fig. 6 Numerical model
(a) Overall view; (b) Close view of tunnel excavation face

### 5.2 浅埋隧道爆破掘进地表振动响应数值结果分析

#### 5.2.1 隧道轴向地表振动响应分析

分析数值模拟结果时,验证其真实有效性,将其与现场监测实验结果进行数据对比,对应实验监测点,数值模型选取单元如图7所示,实测结果和数值模拟结果对比结果如图8所示。有限元模型中选取单元与现场实验监测点对应关系为:H76697~Ve01,H78981~Ve02,H78996~Ve03,H79031~Ve04,H79086~Ve05。

由图8可以看出,实测数据结果与数值模拟数据结果存在一定的差距,但是两者拟合较好,则数值结果在定性分析层面上是可行的。因此,通过该仿真结果的数据进行规律性分析,可弥补现场监测方法滞后性缺陷,同时把数值模拟分析与现场振动测试结果结合起来,有利于爆破设计方案的改进与优化,能够更全面的分析地表建筑的振动响应。

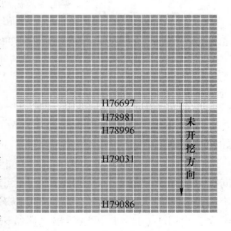

图 7 有限元模型轴向单元
Fig. 7 Axial units of finite element model

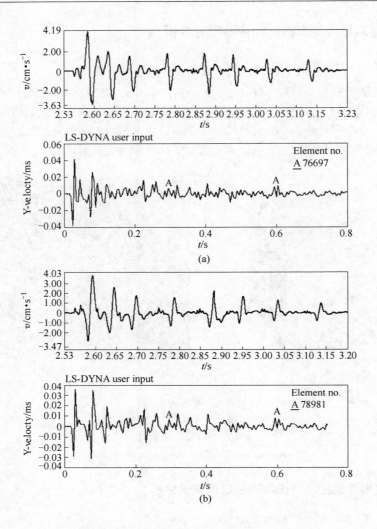

图 8 实测爆破振动和监测点模拟爆破振动时程曲线对比
（a）Ve01 监测点爆破振动实测和数值时程曲线； （b）Ve02 监测点爆破振动实测和数值时程曲线
Fig. 8 Measured and numerical time-history curve of monitoring points
(a) Measured and numerical time-history curve of monitoring point Ve01;
(b) Measured and numerical time-history curve of monitoring point Ve02

**5.2.2 隧道径向地表振动响应分析**

以浅埋隧道掌子面上台阶第 4 部分对应地表中心为圆点，半径 2m、5m 和 10m 选取单元，如图 9 所示。

由图 10 中，地表对应第 4 部分正上方 5m 范围内，(a)-(b) 和 (c)-(d) 可以看出切向和垂向振动峰值，是核心筒左侧方向上测点，较右方向上的测点较大；(e)-(f) 可以看出径向振动峰值是右侧较大。由 (a)-(c)-(e) 可以看出，2m 范围内未开挖方向和已开挖方向振动峰值差距不大，由 (b)-(d)-(f) 可以看出，后续未开挖方向上振动峰值大于已开挖方向，且差距逐渐拉大。由 2m 处到 5m 处的三幅振动峰值分布图可以看出，该距离区间内，切向振动和径向振动衰减情况较为缓慢，而垂向振动峰值衰减相对较快。且由于扇形应力加载，无论是方向上还是

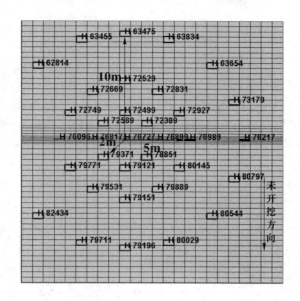

图 9　有限元模型径向单元
Fig. 9　Radial units of finite element model

大小上，均具有不对称性，故得到不规则的振动峰值分布图。

由图 11 可以看出，未开挖方向上的振动峰值明显大于已开挖方向，垂直方向上的振动峰值衰减最快。又由图（a）和图（b）可以看出，切向和垂向的侧方向振动峰值衰减速度，不仅仅比未开挖方向快，而且比已开挖方向衰减迅速，因此在侧向振动图像出现一个凹槽。然而由图（c）可以看出，径向振动速度刚好和垂向切向相反，在沿隧道掘进方向上衰减较快，而在侧方向上衰减较慢。

综上所述可知，爆破近区（0~2m 地表范围内），爆破振动峰值在各个方向上分布差别不大；垂向地震波在传播过程中较切向和径向而言衰减较快；切向地震波和垂向地震波在隧道侧方向衰减较快；径向地震波在隧道掘进方向上衰减较快；爆破中近区（2~5m 地表范围内），以核心筒为分界，起爆一侧方向上的切向和径向振动明显大于有核心筒的隧道中心另一侧，而垂向振动则小于另一侧。随着距离的拉长，该规律逐渐不明显。

## 6　结论

本文结合南京市鼓楼区地铁四号线一期工程 D4-XK01 标，云南路站至鼓楼站区间的暗挖隧道石方爆破开挖工程，提出短进尺、无掏槽、配合核心筒的孔内延期与孔外延期结合的爆破技术，通过现场监测试验和有限元分析，研究了浅埋隧道掘进爆破地表振动响应参数分布规律，主要得到以下结论：

（1）根据工程的特殊背景——位于城市中心地段、地表有国家级保护文物，隧道埋深较浅，考虑到围岩为Ⅲ级的较软岩层，且多溶洞多断层，因而采取"短进尺、无掏槽、配合核心筒的孔内延期与孔外延期结合的松动爆破技术"，再配合以小型挖机的机械破碎清渣。

（2）在现场监测试验中，垂向爆破振速最大，并且不论在何种方向，地表爆破振动速度都随着爆心距的增加而衰减，相比于其他方向，在隧道未开挖方向上爆破振动速度衰减速度更快一些。

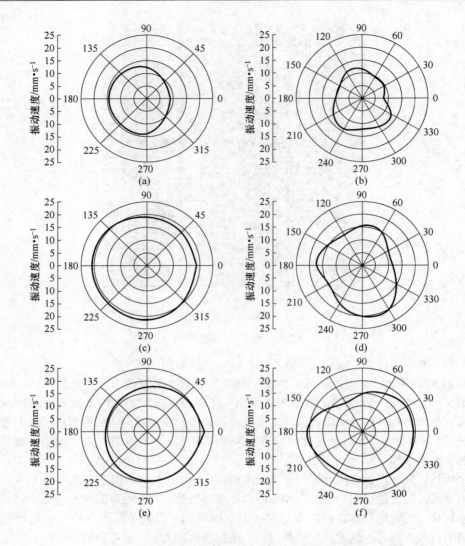

图 10 距离第 4 部分 2m、5m 处的爆破振动速度
(a) 半径 2m 切向振速；(b) 半径 5m 切向振速；(c) 半径 2m 垂向振速；
(d) 半径 5m 垂向振速；(e) 半径 2m 径向振速；(f) 半径 5m 径向振速

Fig. 10 Blasting vibration velocity of points 2 and 5 meters away from section 4
(a) Tangential velocity of radius 2m; (b) Tangential velocity of radius 5m; (c) Vertical velocity of radius 2m;
(d) Vertical velocity of radius 5m; (e) Radial velocity of radius 2m; (f) Radial velocity of radius 5m

(3) 通过对掌子面三个矢量方向的爆破地震波进行功率谱密度分析可以看出：三个方向振动信号的功率谱密度分布是近似的，频率主要集中在 10~50Hz 之间，其中 Z 方向功率谱密度最大。其中，对应 X 方向上爆破振动速度的最大功率谱密度的频率是 13Hz，对应 Y 方向爆破振动速度的最大功率谱密度的是 25Hz，对应 Z 方向爆破振动速度的最大功率谱密度的是 38Hz。

(4) 由隧道各向地表振动分布规律研究可得出：爆破近区（0~2m 地表范围内），爆破振动峰值在各个方向上分布差别不大；垂向地震波在传播过程中较切向和径向而言衰减较快；切向地震波和垂向地震波在隧道侧方向衰减较快；径向地震波在隧道掘进方向上衰减较快；爆破中近区

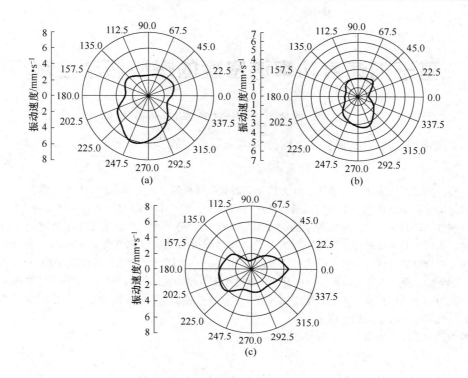

图 11 距离 4 部正上方 10m 处振动速度
(a) 半径 10m 切向振速；(b) 半径 10m 垂向振速；(c) 半径 10m 径向振速
Fig. 11 Blasting vibration velocity of the point 10 meters above from section 4
(a) Tangential velocity of radius 10m; (b) Vertical velocity of radius 10m; (c) Radial velocity of radius 5m

(2～5m 地表范围内)，以核心筒为分界，起爆一侧方向上的切向和径向振动明显大于有核心筒的隧道中心另一侧，而垂向振动则小于另一侧。随着距离的拉长，该规律逐渐不明显。

(5) 通过现场监测试验和有限元分析，城市复杂环境下地铁隧道爆破掘进采用短进尺、无掏槽、配合核心筒的孔内延期与孔外延期结合的爆破技术，可以有效控制地表振动危害效应，保证地表建（构）筑物的安全稳定。

## 参 考 文 献

[1] 王建宇. 关于我国隧道工程的技术进步[J]. 中国铁道科学, 2001, 22(1):71-78.
[2] 罗正. 城市浅埋大跨隧道爆破振动监测与控制技术研究[D]. 长沙：中南大学, 2011.
[3] 范鹏贤, 王明洋, 冯淑芳, 等. 爆炸地震波作用下深埋圆形隧道的动力响应分析[J]. 岩石力学与工程学报, 2013, 32(4):671-680.
[4] 马晓明, 王振宇, 陈银鲁, 等. 精确微差爆破震动能量分布特征分析[J]. 解放军理工大学学报（自然科学版）, 2012, 13(4):450-454.
[5] 周春锋. 城市浅埋隧道开挖减震控制爆破技术[J]. 工程爆破, 2001, 7(1):57-61.
[6] 郝庆桃. 隧道爆破振动控制技术[J]. 爆破, 1998, 15(4):83-87.
[7] 张继春, 曹孝军, 郑爽英, 等. 浅埋隧道掘进爆破的地表震动效应试验研究[J]. 2005, 24(22):4159-4163.
[8] 戴俊. 岩石动力学特性与爆破理论[M]. 北京：冶金工业出版社, 2002.

# 基于加速度功率谱密度的爆破振动控制

闫鸿浩  赵碧波  浑长宏  李晓杰  赵铁军

（大连理工大学工业装备结构分析国家重点实验室，辽宁 大连，116024）

**摘　要**：为实现以加速度功率谱密度为指标的爆破振动控制，在工程实践的基础上，将这一控制指标转化成爆破振动速度控制。通过计算不同速度、频率下的爆破振动加速度功率谱密度，与控制红线相对照，得出爆破振动的控制指标。以 Intel 公司光刻机加速度功率谱密度控制为案例，为保证其在爆破振动作用下正常运行，预估爆破振动速度峰值为 0.05 cm/s。采用深孔和浅孔联合爆破方式，并且在孔内使用 Ms 6、Ms 7、Ms 8 段导爆管雷管，地表采用 Ms 4、Ms 5 段导爆管雷管。数据结果表明，在设计起爆网路下，振动速度均小于 0.02 cm/s，且加速度谱密度值均小于给定标准。由此表明将加速度功率谱密度控制指标转化成爆破振动速度控制是可行的，为相似工程案例提供参考。

**关键词**：加速度功率谱密度；爆破振动；振动速度

# Blasting Vibration Control under the Index of Acceleration Power Spectral Density

Yan Honghao  Zhao Bibo  Hun Changhong  Li Xiaojie  Zhao Tiejun

(Dalian University of Technology, State Key Laboratory of Structural Analysis for Industrial Equipment, Liaoning Dalian, 116024)

**Abstract**: In order to realize the control of blasting vibration based on the index of acceleration power spectral density, on the basis of engineering practice, the control index is transformed into the control of blasting vibration velocity. By according to calculating the acceleration power spectral density of blasting vibration at different speeds and frequencies, and comparing with criterion of the red line, the control index of blasting vibration is achieved. Take the acceleration power spectral density control of lithography machine in intel company as a case. The predicted peak of blasting vibration velocity is 0.05 cm/s to ensure it can normally operate under the action of blasting vibration. The method of combining shallow holes with deep holes is used in the program. Ms6、Ms7、Ms8 section of nonel tube detonators are arranged in the holes, and Ms4、Ms5 section of nonel tube detonators are put on the surface. The results show that the vibration velocity is less than 0.02 cm/s, and the acceleration spectrum density is less than the given standard under the design initiation network. It shows that transition from the acceler-

---

基金项目：中国国家自然科学基金项目（编号：10872044，10602013，10972051，10902023）；中国辽宁省自然科学基金（编号：20082161）。

作者信息：闫鸿浩，博士，923309973@qq.com。

ation power spectrum density control to the control of the blasting vibration velocity index is feasible, providing reference for the similar engineering cases.

**Keywords**: acceleration power spectral density; blasting vibration; vibration velocity

## 1 引言

随着经济建设的迅猛发展，爆破技术越来越多的应用于水利水电、矿山、交通、隧道和城建等工程领域。大规模频繁的爆破作业带来了一系列严重的问题，不仅会干扰人们的日常工作和生活，也会对振动较为敏感的建筑设施和精密仪器产生影响。精密仪器对使用环境的振动要求比较苛刻，大多数精密仪器采用空气弹簧作为核心隔振设施，该设施对低频地面振动尤其敏感。据有关资料介绍，有些特殊精密仪器设备甚至提出了加速度小于 $10^{-7}m/s^2$ 微振动控制量级的要求[1]。

国内外近些年对加速度功率谱密度做了一些研究。李洪涛基于功率谱的爆破地震能量分析法[2]，借助大量工程实测数据，针对爆源形式对爆破地震能量分布特征的影响进行了分析。李国宝运用功率谱的爆破地震能量分析法[3]，对隧道掘进爆破的洞内和洞口临近区域振动能量分布特征进行研究。陈友红对爆破振动信号的不同周期形态进行频谱理论分析[4]，求得爆破振动参量各个频率成分的幅值分布，从而得到主要幅度和能量分布的频率值。李德林论述了爆破地震对建筑物的影响因素[5]，对这些反应谱曲线进行了分析，得出建筑物整个结构的运动峰值在 11Hz 左右，功率谱密度大约是地面的 38 倍。Dowding C H 通过对表面采矿爆炸震动的功率谱密度和传递函数分析[6]，得出了框架结构和砖混结构的固有频率和变化规律，这些结果可以直接应用于受地震动采矿活动结构响应的研究中。Hacıefendioğlu K 运用功率谱密度函数[7]，确定了一个对砌体桥梁的响应标准偏差的阴影图像计数器，分析了爆炸引起的地面运动下的历史砖石桥的随机动态响应。Datta T K 将地震考虑成一种部分相关的平稳随机过程特征的功率谱密度函数[8]，分析了海底埋地管线的地震反应。众位学者分析中，对于工程中加速度功率谱密度控制问题，没有给出具体的指标。本文基于大连 Intel 二期场平爆破工程实践，从保护光刻机这一核心设备出发，从国内外参考文献看，首次分析了爆破振动加速度功率谱密度控制的应用问题。

## 2 加速度功率谱密度

国内外对于爆破地震控制的研究重点是控制爆破振动的最大速度或最大加速度，他们主要根据爆破振动对建筑物、岩体等震害特征的宏观调查资料及其相对应的地震动观测值，确定建筑物或构筑物较为可靠的破坏标准。而对于精密仪器，若仅仅采用最大速度或最大加速度的控制指标，可能很难达到精度要求，因此提出采用加速度功率谱密度法进行控制爆破[9~12]。

功率谱密度实际上就是将原来对时间域的振动描述转化为对频率的振动描述。根据帕塞瓦尔定理，即信号在时间域的总功率等于在频率域的总功率，可以得到随机过程的功率谱密度，它反映了随机过程统计参量均方值在频率域上的分布，即在各个频率域上，振动能量的概率分布[13]。加速度功率谱密度其实就是分析信号不同频率段的能量分布，对于爆破地震能量特征的研究，目前多数学者都采用小波变换的方法[14~16]。但是这种方法不仅计算过程复杂，而且其物理意义不容易被工程技术人员理解，应用有一定的难度[17]，而功率谱密度与之相比就要简便许多。

采用功率谱密度法的操作过程为：首先对爆破振动的速度实测结果进行微分求解加速度，

再对加速度进行 FFT 变换得到加速度功率谱密度,通过加速度功率谱密度控制指标,确定爆破振动安全振速,最终可确定安全控制距离。选择速度测试的原因是当前爆破安全规程规定的建筑(构)物的爆破允许指标是振动速度及频率的大小。另外,加速度功率谱密度的衰减有无规律当前还没达成共识,而爆破振动速度的衰减规律通过成熟的萨道夫斯基公式计算,并不会出现太大的误差。

由于 Intel 公司光刻机型号属于保密信息,只能从网上借鉴同类用途光刻机及其他精密仪器的抗震指标。在爆破试验前,美方单方面提出了光刻机平台加速度谱密度控制红线:振动频率 1~4Hz 区间,PSD 为 $10^{-7}(m/s^2)^2/Hz$,大于 20Hz,PSD 为 $10^{-5}(m/s^2)^2/Hz$ 如图1所示。为保护设备安全,我方提出,在试验时采取光刻机设备停机,但其安全预警设备要处于工作状态。

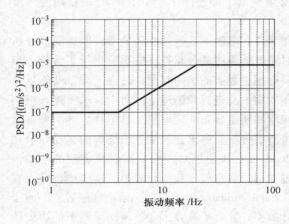

图 1　功率谱密度控制红线
Fig. 1　Control red line of power spectral density

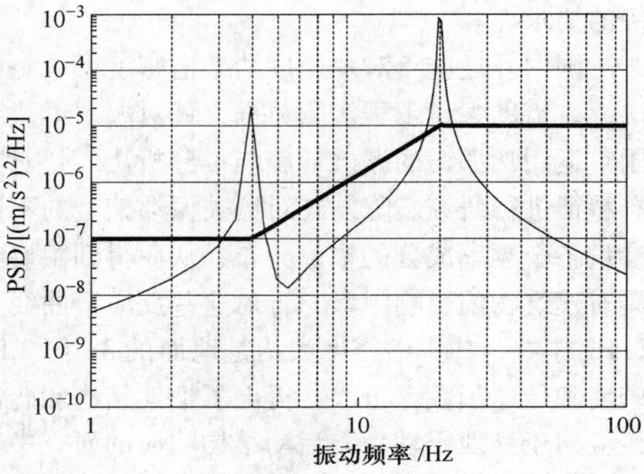

图 2　简谐振动加速度功率谱密度
Fig. 2　Acceleration power spectral density of harmonic vibration

## 3　不同频率的加速度功率谱密度分析

在方案设计时,选择本地区的爆破案例,计算不同速度、频率下的爆破振动加速度功率谱密度,与控制红线相对照,得出爆破振动的控制指标。首先选用三角函数(正弦函数、余弦函数并存形式)描述爆破振动信号,对其微分计算得到加速度图谱,再对加速度图谱进行 FFT 分析,确定该计算方法合理性。在考虑高频问题时,选择了铁路重载火车轨道附近测试的振动速度图谱分析。在考虑低频问题时,选择大窑湾水下炸礁工程进行分析。

### 3.1　简谐振动信号处理

在对工程案例分析前,首先应确定采用速度进行微分求加速度,再进行 FFT 变换求解加速度功率谱密度的方法是否可行。

当简谐振动发生时,设振动速度信号为(m/s):

$$v(t) = 0.0005\sin(2\pi \cdot 20 \cdot t) + 0.00025\sin(2\pi \cdot 4 \cdot t)$$

通过速度求得的加速度功率谱密度见图2,可以看出振动速度极值分别为 0.05cm/s 和 0.025cm/s,对应的振动主频为 4Hz 和 20Hz,符合上面的公式,反映了此方法是可行的。

这样的振动速度与爆破工程的许用值相比的确很小，参照《爆破安全规程》(GB 6722—2014)对于"一般古建筑与古迹"规定的安全振动速度来看：当频率不大于10Hz时，允许速度值为"0.1~0.2cm/s"，大于10Hz小于50Hz时，允许速度值为"0.2~0.3cm/s"。其加速度功率谱密度不论在低频段还是在高频段都已经超过了控制红线。而且实际爆破工程中不可能只有这两个频率而是有很多频率在叠加，所以还应根据工程实际再做分析。

### 3.2 高频振动信号处理

针对高频段速度标准问题，选择轨道交通中重载火车的振动信号分析，振动速度最大值为0.103cm/s，求得的功率谱密度全部在控制线以下，如图3所示。相对于三角函数振速分析，尽管本次速度大，但是振动频率主要分布在高频段，所以能够满足控制要求。

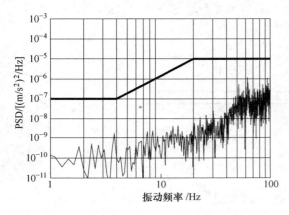

图3 轨道振动加速度功率谱密度
Fig. 3 Acceleration power spectral density of track vibration

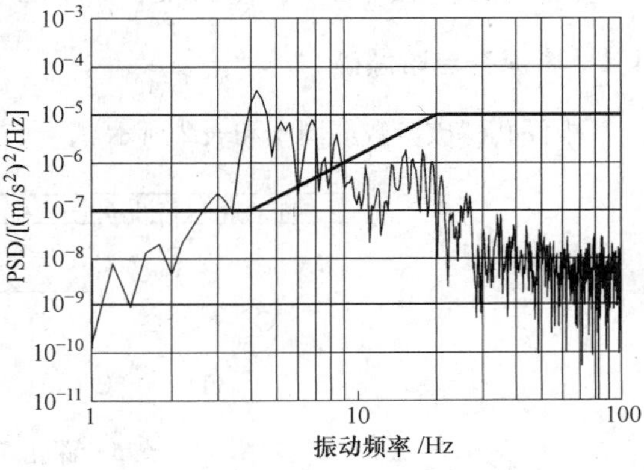

图4 爆夯振动加速度功率谱密度
Fig. 4 Acceleration power spectral density of explosive tamping vibration

### 3.3 低频振动信号处理

大窑湾水下炸礁工程位于大窑湾港区北岸，距离现有护岸南侧约230m的大连大窑湾汽车码头7号泊位，2013年10月27日的水下爆破数据见表1。

表1 爆破振动记录表
Table 1　Record sheet of blasting vibration

| 仪器编号 | 仪器位置 | 距离/m | $v_z$/cm·s$^{-1}$ | $v_y$/cm·s$^{-1}$ | $v_x$/cm·s$^{-1}$ | 合速度/cm·s$^{-1}$ |
|---|---|---|---|---|---|---|
| 37 | 奇瑞2号门 | 950 | 0.0941 | 0.2748 | 0.2879 | 0.3916 |
| 71 | 奇瑞3号门 | 1100 | 0.0974 | 0.0535 | 0.1220 | 0.1498 |
| 56 | 检验检疫中心 | 1450 | 0.1426 | 0.0965 | 0.0805 | 0.1683 |

选择奇瑞3号门测点$x$方向的振动速度分析，爆破振动速度峰值为0.1220cm/s，振动主频为5.714Hz，加速度功率谱密度在3~10Hz区间超出了控制红线，表明采用该起爆网路，振动速度处于0.1cm/s量级时，不能满足控制要求，如图4所示。由于水下爆夯是低频振动问题，因此设计Intel集团的工程方案时，应尽量避开低频影响。

## 4 INTEL 二期场平爆破案例分析

基于上述分析，拟定孔内使用 Ms6、Ms7、Ms8 段非电导爆管雷管，孔外选取 Ms4 及 Ms5 段雷管，爆破方案坚持降幅增频的爆破原则。浅孔爆破相对于深孔爆破，最大的特征是可提高爆破振动主频率，因此综合考虑成本因素，选择近处浅孔爆破，远处深孔爆破对振动主频进行控制。对于爆破振动速度拟定控制在 0.05cm/s 以下，对照《爆破安全规程》(GB 6722—2014)，该振动速度水平要求高于任何一项要求。具体设计方案如下：

(1) 浅孔爆破台阶高 2.5m，深孔爆破台阶不高于 6m。

(2) 浅孔爆破孔数不超过 1000 个，并且东西方向窄、南北方向宽，起爆顺序坚持从南向北方向，炸药不超过 1t，深孔爆破，炸药不超过 10t。

(3) 深孔区域宽 24m，长 200m，深度 6m；浅孔区域宽 5m，长 166m，深度 2.5~2.8m。

### 4.1 中深孔台阶爆破

中深孔爆破参数如图 5 和表 2 所示。

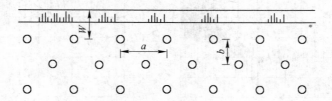

图 5 深孔爆破平面布置图
Fig.5 Deep-hole blasting Plane layout figure

表 2 深孔台阶爆破参数
Table 2 Deep-hole bench blasting parameters

| 钻头直径 $d$ /mm | 段高 $H$ /m | 超深 $h$ /m | 孔深 $H_k$ /m | 抵抗线 $W$ /m | 孔距 $a$ /m | 排距 $b$ /m | 单耗 $q$ /kg·m$^{-3}$ | 单孔药量 $Q$ /kg·孔$^{-1}$ | 填塞高度 $H_t$ /m |
|---|---|---|---|---|---|---|---|---|---|
| 115 | 6 | 0.5 | 6.5 | 4 | 3 | 2.4 | 0.37 | 上8+下8 | 3.5 |

### 4.2 浅孔爆破参数

浅孔爆破采用手持式凿岩机作业，孔径为 40mm，浅孔爆破参数如表 3 所示。

表 3 浅孔爆破参数
Table 3 Short-hole blasting parameters

| 阶段高度 $H$ /m | 抵抗线 $W$ /m | 孔距 $a$ /m | 排距 $b$ /m | 超深 $\Delta h$ /m | 孔深 $L$ /m | 单耗 $q$ /kg·m$^{-3}$ | 填塞长度 $H_t$ /m | 单孔药量 $Q$ /kg |
|---|---|---|---|---|---|---|---|---|
| 2.5 | 1.1 | 1.0 | 0.8 | 0.3 | 2.8 | 0.45 | 1.4 | 1.0 |
| 2.0 | 1.1 | 0.9 | 0.8 | 0.2 | 2.2 | 0.42 | 1.2 | 0.6 |
| 1.0 | 1.1 | 0.9 | 0.8 | 0.2 | 1.2 | 0.42 | 0.8 | 0.30 |

图 6 和图 7 分别为浅孔爆破、深孔爆破的起爆网路图。

在爆区附近和厂房内部不等间隔的布置 20 个测点进行监测，依据测试结果对起爆网路进行判断。

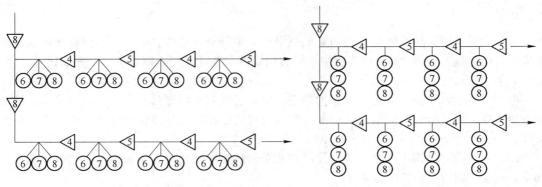

图 6 浅孔爆破多簇起爆网路
Fig. 6 Short-hole blasting multi group initiation circuit

图 7 深孔爆破分层装药起爆网路
Fig. 7 Deep-hole blasting layered charge initiation circuit

## 4.3 试验结果

两次爆破预警设备均未发出预警警报，说明该起爆网路基本可行，为了确定出该起爆网路下的最佳施工方案，对两次测试数据进行分析。

因为合加速度功率谱密度没有意义，因此选择各测点速度值最大方向进行功率谱密度分析。对于深孔爆破，图 8 为厂区边缘处测点最大速度方向的加速度功率谱密度图谱，对应的速度峰值 0.0231 cm/s。可以看出不改变当前工况下，振动速度控制在 0.02 cm/s 时基本满足要求，且达到了低频部分谱密度低，高频部分谱密度高的目的，这比预计采用 0.05 cm/s 的控制标准还要严格。

对于浅孔爆破，与深孔爆破类似，图 9 为厂房边缘处测点最大速度方向的加速度谱密度图谱。

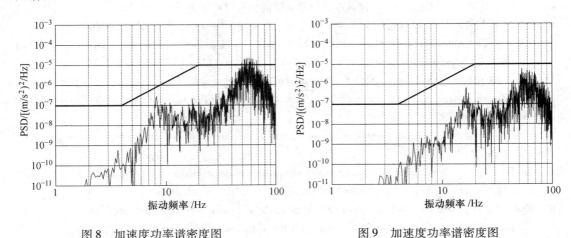

图 8 加速度功率谱密度图
Fig. 8 Acceleration power spectral density figure

图 9 加速度功率谱密度图
Fig. 9 Acceleration power spectral density figure

由图谱可以看出该种起爆网路速度标准按照 0.02 cm/s 进行控制基本可行。根据厂房边缘处加速度功率谱密度值进行药量调整，求出保证设备安全运行下的最大单段许用药量，并划分出深浅孔爆破区域范围，以达到既保证爆破施工安全，又避免了全部采用浅孔爆破带来的成本压力。

## 5 结论

为了确保爆源振动不对 Intel 公司光刻机平台的运行造成危害,在工程案例加速度功率谱密度分析的基础上,将加速度密度控制指标转化到爆破振动速度控制,进一步提出设计方案,得出如下结论:

(1) 加速度功率谱密度控制方法的确定,可以通过对不同爆破布孔方案进行实验,将加速度谱密度结果反演到对应的速度标准,然后通过确定控制速度峰值的方法进行控制,更加方便。

(2) 加速度功率谱密度不仅与速度峰值相关,还受起爆网路因素影响,表明采用加速度功率谱密度控制时,要考虑起爆网路。

(3) 当孔内使用 Ms6、Ms7、Ms8 段非电导爆管雷管,地表 Ms4、Ms5 段非电导爆管雷管,爆破振动速度峰值不大于 0.02cm/s 时,PSD 可以满足不同频率下加速度谱密度要求。

(4) 采用功率谱密度方法对深孔、浅孔爆破区域进行了划分,由于控制标准的严格,不但能够控制住爆破震动带来的危害,而且能够节约大量的成本,具有很高的经济效益。

未来城镇爆破工程中可能会经常遇到精密仪器的保护问题,本文解答了在给定加速度谱密度控制红线后,如何对爆破震动进行有效的控制,并提出建设性方案,对今后爆破工程中相似情况具有一定的指导意义。

## 参 考 文 献

[1] 于梅. 精密仪器环境振动测量和评价方法的研究[J]. 振动与冲击, 2010(08): 214.

[2] 李洪涛. 基于能量原理的爆破地震效应研究[D]. 武汉大学, 2007.

[3] 李国保, 舒大强, 蔡振. 隧洞爆破作用下洞内与露天区域振动能量特性分析[J]. 爆破, 2011(02): 105.

[4] 练友红, 王先义, 何刚, 陈庆. 爆破振动信号的频谱分析[J]. 矿业安全与环保, 2004(01): 49.

[5] 李德林, 方向, 齐世福, 刘强. 爆破震动效应对建筑物的影响[J]. 工程爆破, 2004(02): 66.

[6] Dowding CH, Atmatzidis DK, Murray PD. Dynamic properties of residential structures subjected to blasting vibrations[J]. Journal of the Structural Division, 1981, 107(7): 1233.

[7] Hacıefendioğlu K, Banerjee S, Soyluk K, Alpaslan E. Stochastic dynamic analysis of a historical masonry bridge under surface blast-induced multi-point ground motion[J]. Stochastic Environmental Research and Risk Assessment, 2015: 1-12.

[8] Datta T, Mashaly E. Seismic response of buried submarine pipelines[J]. Journal of energy resources technology, 1988, 110(4): 208.

[9] Hao H, Wu Y, Ma G, Zhou Y. Characteristics of surface ground motions induced by blasts in jointed rock mass[J]. Soil Dynamics and Earthquake Engineering, 2001, 21(2): 85-98.

[10] Smith AT. High-frequency seismic observations and models of chemical explosions: implications for the discrimination of ripple-fired mining blasts[J]. Bulletin of the Seismological Society of America, 1989, 79(4): 1089.

[11] Smith AT. Discrimination of explosions from simultaneous mining blasts[J]. Bulletin of the Seismological Society of America, 1993, 83(1): 160.

[12] Wu Y, Hao H, Zhou Y, Chong K. Propagation characteristics of blast-induced shock waves in a jointed rock mass[J]. Soil Dynamics and Earthquake Engineering, 1998, 17(6): 407-11.

[13] 田运生. 爆破地震地面运动的演变功率谱密度函数分析[J]. 爆炸与冲击, 2007(01): 7-11.
[14] 黄文华, 徐全军, 沈蔚, 温蓉, 季茂荣. 小波变换在判断爆破地震危害中的应用[J]. 工程爆破, 2001(01): 24.
[15] 龙源, 娄建武, 徐全军. 小波分析在结构物对爆破振动响应的能量分析法中的应用[J]. 爆破器材, 2001(03): 1-5.
[16] 中国生, 徐国元, 熊正明. 基于小波变换的爆破地震信号能量分析法的应用研究[J]. 爆炸与冲击, 2006(03): 222.
[17] 李洪涛, 杨兴国, 舒大强, 卢文波, 高星吉. 不同爆源形式的爆破地震能量分布特征[J]. 四川大学学报（工程科学版）, 2010(01): 30.

# 地铁隧道掘进爆破下两种建筑物的振动规律分析

高愿[1] 杨军[1] 路环畅[1] 佐建君[2]

(1. 北京理工大学爆炸科学与技术国家重点实验室,北京,100081;
2. 北京理工北阳爆破工程技术有限责任公司,北京,100081)

**摘 要**:本文以乌鲁木齐地铁1号线为工程背景,采用现场爆破振动监测的手段,对地表临近地铁施工路段的两栋典型建筑物进行爆破振动监测。通过对监测数据的分析,总结了地铁隧道掘进爆破时不同类型建筑物的爆破振动响应规律,对于类似隧道工程施工爆破安全具有一定参考价值。

**关键词**:隧道爆破;建筑物;爆破振动;振动响应

## Analysis of Vibration Regulation about Two Kinds of Buildings in Subway Tunneling Blasting

Gao Yuan[1]  Yang Jun[1]  Lu Huanchang[1]  Zuo Jianjun[2]

(1. State Key Laboratory of Explosion Science and Technology, Beijing Institute of Technology, Beijing, 100081; 2. Beijing Institute of Technology Beiyang Blasting Technology Co., Ltd., Beijing, 100081)

**Abstract**: Taking Urumqi Metro Line 1 as engineering background, this paper monitors the two typical buildings near the subway construction site. Based on monitoring data analysis, this paper summarized blasting vibration response rule of different types of buildings when subway tunneling blasting was conducted. This paper has a certain reference value for similar tunnel construction blasting.

**Keywords**: tunneling blasting; building; blasting vibration; vibration response

## 1 引言

近年来,作为新亚欧大陆桥中国段的西桥头堡,乌鲁木齐的城市规模不断扩大,为了发展乌鲁木齐城市基础交通设施,计划修建地铁,缓解交通拥堵。乌鲁木齐地铁1号线10标段(铁路局—小西沟)段位于新市区中心商业区,附近高大建筑耸立。在距离地面只有10~30m的地下进行爆破作业,爆破所产生的地震波对地面各种房屋结构将有不同程度的影响。本文通过对爆破振动效应进行了解,掌握了爆破地震波的类型和特性,参考了其他学者在类似方向上的研究成果,以地铁开挖施工为工程背景,分析比较地铁隧道掘进爆破下建筑物的振动

---

作者信息:高愿,硕士,2120130300@bit.edu.cn。

响应[1~6]。

## 2 地铁隧道开挖爆破对地面建筑物产生的振动测试

### 2.1 工程概况

乌鲁木齐轨道交通1号线（三屯碑—国际机场）工程10标段为从南侧中营工站—铁路局站，不包含端点两个车站，标段中间有一个车站为小西沟站，总长度为2.4km，以地下的形式沿北京南路向北敷设。该标段位于乌鲁木齐新市区繁华地段，区间沿线两侧建筑密集，既有高层商业建筑，又有低矮居民楼，施工作业环境复杂。

### 2.2 爆破方案设计

隧道围岩级别主要是Ⅳ级、Ⅴ级。Ⅴ级和Ⅵ级围岩隧道开挖严格遵循"短进尺，弱爆破，勤量测，早封闭"的原则，合理确定施工开挖步骤和循环进尺，避免较大规模的爆破作业。由于隧道断面较大，采用上下正台阶开挖法施工，设计循环进尺1m和1.5m。通过临时竖井，开挖一个横通道，采取双线南北两个方向四个掌子面一起起爆的施工方法。各掌子面分为上、下两个台阶面，上台阶比下台阶超前开挖5~6m。每个掌子面之间间隔起爆，用2发15段雷管串联起爆网络，保证各个掌子面单独起爆，不受其他掌子面爆破的影响。掌子面之间的起爆顺序是：掌子面D→掌子面B→掌子面C→掌子面A。图1为地铁隧道开挖示意图。

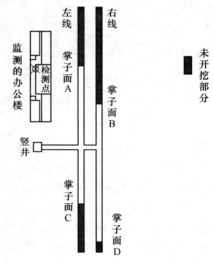

图1 隧道开挖示意图
Fig.1 Tunnel excavation schematic

### 2.3 爆破振动监测系统

本次监测设备采用是Instantel公司生产的NOMIS数字测振仪，型号选用轻便的MiniMate-Plus型主机 + ISEE型标准三向速度传感器（见图2）。该设备速度传感器可同时监测径向（$R$）、切向（$T$）、垂向（$V$）三个方向振动速度的变化，测试完成后现场仪器即时显示三个方向的速度、加速度、位移、矢量和峰值。

### 2.4 监测对象

#### 2.4.1 低层砖混结构办公楼

本次监测的对象为一座长跨度、年代较久、砖混结构的四层办公楼。该办公楼由于年久失修，已经基本废弃，除了1层和2层几个房间存放学校物品外，其余房间空置紧锁。3层和4层的一些墙面由于漏水，已经有许多地方掉灰。该楼房长61m，宽13m，高15m。

监测的办公大楼距离左线隧道垂直距离30m，距离右线垂直距离45.2m。试验1时掌子面A和掌子面B开挖距离差为36m，掌子面C与掌子面A相距150m，掌子面D与掌子面B相距150m。

三台测振仪分别放置在1层、3层、4层相同位置处。考虑到爆破地震波对墙体，墙角影

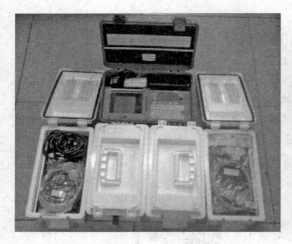

图 2 NOMIS 数字测振仪

Fig. 2 NOMIS digital vibrometer

图 3 低层砖混结构办公楼

Fig. 3 Low-rise brick and concrete structure office building

响较大,所以将测点布置在每层中间靠近墙体处。将传感器径向方向与隧道开挖方向垂直,传感器上箭头指向。各楼层的传感器安装完毕之后,将测振仪开机,每次监测各点位置不变。

### 2.4.2 高层框剪结构盈科大厦

盈科国际大厦为钢筋混凝土框剪结构建筑,为大型商业写字楼,许多公司在此楼内办公。该楼长 49.36m,宽 34.12m,高 86.20m。该楼共有 30 层,另外有地下室 3 层。一层层高 5m,其余各层层高 2.8m;地下室每层层高 3.6m,地下 3 层为停车库,其余地下两层为物业存放物品。盈科国际大厦临街而立,距离右线隧道边 42.3m。

盈科大厦距离最近的掌子面 B 的垂直距离为 45.5m,距离掌子面 A、C、D 较远,所以只

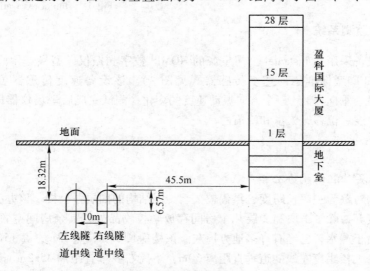

图 4 盈科国际大厦与隧道剖面关系示意图

Fig. 4 Sectional view showing the relationship between PCG International Building and tunnel cross-sectional

重点分析掌子面 B 爆破对盈科大厦的影响。为了研究分析掌子面 B 爆破对整个大楼的影响,将 3 台测振仪分别布置在底层 1 层,中间楼层 15 层和高层 28 层,且测振仪在每层的位置相同。

## 3 建筑物对爆破振动响应监测结果

爆破振动对建筑物的影响判据主要采用保护对象所在地的振动峰值速度和振动主频。我国对一般砖房、大型砌块建筑物、钢筋混凝土结构房屋的爆破振动判据就是采用保护对象所在地的振动峰值速度和振动主频。所以本文对两种具有代表性的建筑物——低层砖混砌体建筑物和高层混凝土框剪建筑物进行分析,研究两种建筑物对爆破振动的响应情况。

### 3.1 低层砖混砌体建筑物对隧道爆破振动响应

本次实验总共监测了 18 次爆破试验,由于只有掌子面 B 爆破时两种建筑都有监测数据,所以本文选取掌子面 B 爆破时两种建筑物的振动数据进行分析比对。

掌子面 B 时,办公楼爆破振动速度规律分析如下。掌子面 B 爆破,各楼层的径向振动速度变化规律基本一致,径向振动速度都在 0.0508 ~ 0.1714 cm/s 的范围内。由图 5 可以清楚地看出,3 层径向振动速度大于 4 层和 1 层径向振动速度。径向振动随着楼层高度增加呈现出先增大后减小的变化,说明径向振动速度在中间楼层有局部放大效应。

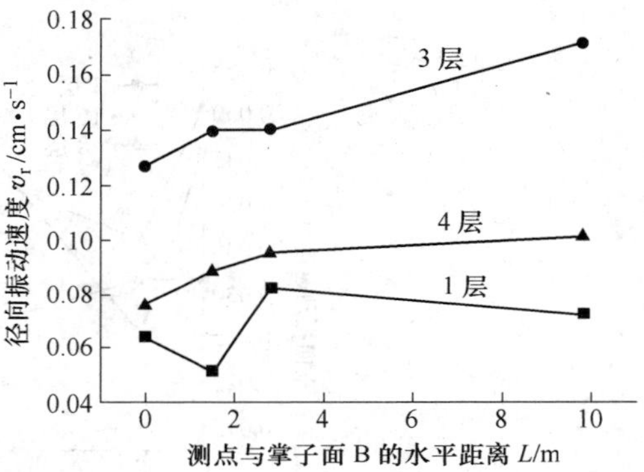

图 5 掌子面 B 爆破时办公楼径向振动速度变化图

Fig. 5 Office radial vibration velocity profile when tunnel face B blasting

### 3.2 高层框剪结构建筑对隧道爆破振动响应

在北京路主隧道开挖里程 YDK14 + 300.6-YDK14 + 318.1 的区域内,对盈科国际大厦进行了 6 次爆破振动监测。主要研究距离盈科国际大厦最近的掌子面 B 爆破对大厦的影响。一层测点位置与掌子面 B 的距离关系如图 6 所示。

掌子面 B 时,盈科大厦爆破振动速度规律分析如下。如图 6 所示,大体上盈科大厦三个方向上的 1 层振动速度大于 15 ~ 28 层振动速度,随着楼层高度的增加,呈现出逐渐衰减的趋势,说明随着楼层高度增加,爆破振动速度没有放大效应。

## 4 结论

城市地铁隧道的爆破开挖中,为了既充分发挥爆破技术的高效经济优势,又最大限度地降低爆破对地表建构筑物的危害,必须重视爆破地震规律及其对各种建构筑物影响的研究。通过以上的分析研究,得出以下结论:

(1) 低层砖混结构的爆破振动速度可能随着楼房的高度变化出现局部放大现象。

(2) 高层框剪结构的爆破振动速度底层最大,随着楼房高度增加没出现高度放大效应。

分析两种建筑物对于隧道爆破产生的不同振动响应规律,其原因可能是由于砖混结构办公楼的高度小于框剪结构大厦,其自振频率更接近爆破地震波的主振频率,因此其爆破振动响应的放大作用要高于框剪结构大厦。

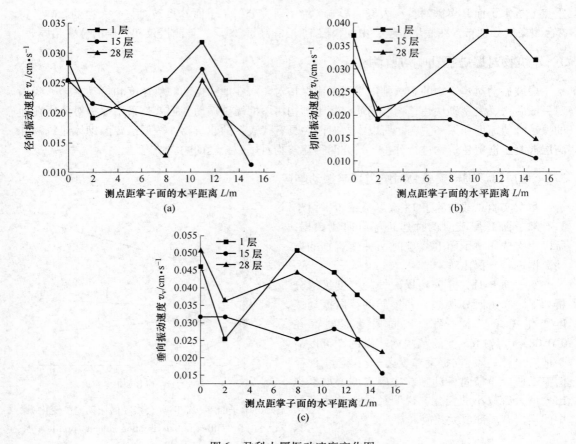

图 6 盈科大厦振动速度变化图

Fig. 6 PCCW Tower vibration velocity profile

## 参 考 文 献

[1] 喻军,卢彭真,龚晓南. 两种不同建筑物的振动特性分析[N]. 土木工程学报,2013(46):81-85.

[2] 侯爱军. 地铁隧道开挖爆破对地表建筑物的振动影响[J]. 四川建筑科学研究,2010,36(3):154-157.

[3] Lamb H. On the propagation of tremors over the surface of an elastic solid. Phil Trans Roysoc London,1904,203A(1):1-42.

[4] Henrych J. The dynamics of explosion and its use. Amsterdam:Elsevier Scientific Publishing Compang,1979.

[5] 杨年华. 爆破振动理论与测控技术[M]. 北京:中国铁道出版社,2014.

[6] 李顺波,杨军,陈浦,等. 精确延时控制爆破振动的实验研究[J]. 爆炸与冲击,2013(5):513-518.

# 地铁隧道孤石爆破地表振动计算方法及应用研究

温智捷[1,2]　林从谋[1,2]　肖绍清[3]　张帆[1]　殷榕鹏[1]　杨宾[1]

(1. 华侨大学岩土工程研究所，福建 厦门，361021；
2. 福建省隧道与城市地下空间工程技术研究中心，福建 厦门，361021；
3. 厦门爆破工程公司，福建 厦门，361021)

**摘　要**：近年来地铁隧道孤石地表爆破处理方法已成为常用手段，其中振害控制为当前亟待解决的问题。通过对岩石爆破中质点峰值振动速度衰减公式的改进，基于叠加原理获得了能同时考虑装药结构、岩性特性参数等影响因素的长柱药包峰值振动速度公式，对影响振动速度峰值主要因素进行了研究，并通过现场试验验证了该公式的有效性。计算结果表明：长柱形装药地下爆破引起的峰值振动速度不仅受药包长度与埋深影响，炸药的自身性质也为不可或缺因素；在装药长度不变条件下长柱药包的埋深对 25m 范围内峰值振动速度影响较大。本文研究成果可为地铁隧道孤石地表爆破处理方法产生的振动影响提供理论参考与预测方法。

**关键词**：地铁；孤石爆破；长柱装药；峰值振动速度

## Study on the Computing Method of Surface Vibration of Boulder Blasting in Subway Tunnel and its Application

Wen Zhijie[1,2]　Lin Congmou[1,2]　Xiao Shaoqing[3]　Zhang Fan[1]
Yin Rongpeng[1]　Yang Bin[1]

(1. Research Institute of Geotechnical Engineering, Huaqiao University, Fujian Xiamen, 361021;
2. Fujian Tunnel and Urban Underground Space Engineering Technology Research Center, Fujian Xiamen, 361021; 3. Xiamen Blasting Engineering Co., Fujian Xiamen, 361021)

**Abstract**: In recent years, the boulder blasting has become a commonly used method in the construction of city metro tunnel, and the main problem is the controlling of seismic effect from blasting. Through the improvement of the peak vibration velocity attenuation formula, based on the superposition principle, and with taking account of the influence factors of installed drug structure and lithologic characteristics parameters, the long column charge peak vibration velocity formula is obtained. The calculation results show that: (1) The peak vibration velocity about long cylindrical charge caused by underground blasting is not only affected by height and depth, but also explosive characters is an indispensable. (2) In the same conditions, the buried depth about long cylindrical charge has a significant im-

---

基金项目：福建省自然科学基金计划资助项目（2014J01197）；华侨大学研究生科研创新能力培育计划资助项目（1400204006）。

作者信息：温智捷，硕士，wzj0313@qq.com。

pact on the vibration velocity in the range of 25 meters, but it has the similar influence of vibration beyond 25meter. The results of this study can provide theoretical reference and prediction method for the boulder blasting pretreatment of subway shield zone tunnel.

**Keywords**: subway; boulder blasting; long cylindrical charge; peak vibration velocity

# 引言

在地铁盾构法隧道施工中,地层中常有大块孤石或孤石群,如不提前处理,会对盾构施工造成很大影响。目前爆破法以其经济高效、便于操作等优势,已成为地表处理孤石的常用手段。地铁隧道多处于城市建筑密集区,周边环境复杂,故爆破处理孤石时需格外注意对周边环境的影响。

现阶段对爆破处理孤石大多停留在施工方法的研究上[1~4],但对于爆破主要振害中的峰值振动速度,诸多学者已进行了广泛研究。多数国家预测爆破峰值速度均使用以下形式的经验公式[5]:

$$v = KQ^m R^n \tag{1}$$

式中,$v$ 为爆破峰值振动速度;$Q$ 为炸药量;$R$ 为测点到爆源中心距离;$K$ 为场地系数;$m$、$n$ 为场地条件的衰减指数;不同的国家地区,指数 $m$、$n$ 的取值不尽相同,有学者使用不同的公式依据同一组爆破振动数据回归,并把结果与实测数据对比,发现这些公式虽然在表达形式上不同,但最终预测结果差异不大[6]。

# 1 孤石爆破峰值振速计算方法

## 1.1 炸药与岩石特性对峰值振速的影响

已有的柱形装药经验公式不能直接反映所使用炸药性质以及介质岩石性质参数等因素对峰值振速的影响。卢文波等[7]基于柱面波理论、长柱状装药中的子波理论以及短柱状药包激发的应力波场 Heelan 解的分析,推导得到岩石爆破中质点峰值振动速度衰减公式,公式引入了炸药自身特性等影响因素:

$$v = kv_0 \left(\frac{b}{R}\right)^\alpha \tag{2}$$

$$v_0 = \frac{p_0}{\rho c_p} \tag{3}$$

式中,$\alpha$ 为爆破振动衰减指数;$b$ 为炮孔半径;$p_0$ 为炮孔内爆生气体的初始压力;$v_0$ 为炮孔壁上质点峰值振速;$\rho$ 为介质岩石密度;$c_p$ 为纵波在岩石中的波速,$c_p = [E(1-\mu)/\rho(1+\mu)(1-2\mu)]^{1/2}$,$E$ 为岩石弹性模量,$\mu$ 为泊松比。

在耦合装药的情况下,$p_0 = p_e$,$p_e$ 为炸药平均爆轰压力,$p_e = \rho_e D^2/2(\gamma+1)$,其中 $\rho_e$ 为炸药密度,$D$ 为炸药爆轰速度,$\gamma$ 为炸药的等熵指数。

通过对式(2)与常用公式比较可以看出,式(2)中引入了炸药特性以及岩性特性参数的影响,极大改善了公式的使用条件,但其适用条件为集中装药,与孤石预爆破中的长柱形装药存在一定差距。

## 1.2 地下长柱药包峰值振速计算方法

与传统的质点峰值振动速度衰减公式相比,式(2)可反映诸如炸药种类特性、孔径以及岩性参数等因素对质点峰值振动速度的综合影响，且其以柱面波为基础的推导更具理论性。而长柱药包爆破过程中，考虑到爆轰速度的影响，炮轰气体压力并非同时作用于孔壁之上，药包的埋深和长度亦为不可忽略的因素。

假设长柱药包由无限个球形药包叠加而成，从底部起爆，底部埋深为 $h$，炮孔堵塞长度为 $h_1$，药包长度为 $h_2$，测点距炮孔中心距离为 $L$，则计算简图如图 1 所示。

在集中装药条件下单个药包质量为：$Q = 4\pi\rho_e a^3/3$，其中 $\rho_e$ 为炸药密度，$a$ 为药包半径，设炮孔半径为 $b$，在耦合装药条件下 $b = a$，此时：

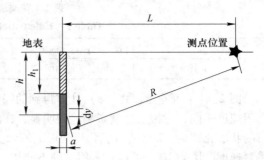

图 1　长柱药包爆破计算简图
Fig. 1　The calculating diagram of long cylindrical charge

$$b = a = \left(\frac{3Q}{4\pi\rho_e}\right)^{1/3} \tag{4}$$

将（4）式代入（2）式可得单个球形药包的峰值振速衰减公式：

$$v = k \frac{p_0}{\rho c_p}\left(\frac{3}{4\pi\rho_e}\right)^{\frac{\alpha}{3}}\left(\frac{Q^{1/3}}{R}\right)^{\alpha} \tag{5}$$

把长度为 $h_2$ 的柱状药包分解为无限个长度为 $dy$ 的小单元，$q$ 为线装药密度，则式(5)可化为：

$$dv = k \frac{p_0}{\rho c_p}\left(\frac{3}{4\pi\rho_e}\right)^{\frac{\alpha}{3}}\left(\frac{qdy}{(L^2+h^2)^{3/2}}\right)^{\alpha/3} \tag{6}$$

在炸药爆炸时，其自身的爆轰波速度比应力波在岩体介质中传播时的速度快很多，此时忽略各单元药包引起质点振动速度的时间和方向上的差异，则整个圆柱形药包爆炸所引起的质点振动速度积分可表示为：

$$v = k \frac{p_0}{\rho C_p}\left(\frac{3}{4\pi\rho_e}\right)^{\frac{\alpha}{3}}\left(\int_{h_1}^{h}\frac{qdy}{(L^2+h^2)^{3/2}}\right)^{\alpha/3} \tag{7}$$

$$v = k \frac{p_0}{\rho c_p}\left(\frac{3}{4\pi\rho_e}\right)^{\frac{\alpha}{3}}\left(\frac{q}{L^2}\right)^{\alpha/3}\left(\frac{h}{(L^2+h^2)^{1/3}} - \frac{h_1}{(L^2+h_1^2)^{1/3}}\right)^{\alpha/3} \tag{8}$$

式中，$h$ 为炮孔的深度，m；$h_1$ 为炮孔堵塞长度，m；$L$ 为测点到爆心距离，m。

## 2　孤石爆破峰值振速影响因素分析

### 2.1　不同炸药参数对振速的影响

以地下破碎孤石为例，围岩参数如表 1 所示，计算可得到 $c_p = 5142$m/s。取三种不同岩石乳化炸药，具体参数如下：2 号岩石乳化炸药，相应密度为 $\rho_e = 1100$kg/m³，爆轰速度为 $D = 3200$m/s，炮孔内爆生气体的初始压力 $p_0 = 1.41 \times 10^9$MPa；1 号岩石乳化炸药，相应密度 $\rho_e = 1100$kg/m³，爆轰速度 $D = 4500$m/s，炮孔内爆生气体的初始压力 $p_0 = 2.784 \times 10^9$MPa；岩石粉状乳化炸药，相应的密度 $\rho_e = 1100$kg/m³，爆轰速度 $D = 4000$m/s，炮孔内爆生气体的初始压力 $p_0 = 2.2 \times 10^9$MPa。$k$ 和 $\alpha$ 取值均按规范中取最大值，$k = 150$，$\alpha = 1.5$。

**表 1　花岗岩计算参数特征**
Table 1　Calculation parameter of granite

| $\mu$ | $\rho/\mathrm{kg\cdot m^{-3}}$ | $E/\mathrm{MPa}$ | $G/\mathrm{MPa}$ |
| --- | --- | --- | --- |
| 0.3 | $2.8\times10^3$ | $5.5\times10^3$ | $2.12\times10^4$ |

图 2(a) 中可看出,式(8) 计算得到的峰值振速曲线与使用炸药的种类有关,不同炸药的爆轰速度不同,对振动速度影响较为明显,在外部条件相同的情况下,1 号岩石乳化炸药、岩石粉状乳化炸药、2 号岩石乳化炸药形成的峰值振速依次渐弱,主要的影响因素是不同炸药的爆轰速度。图 2(b) 中可以看,用三种不同炸药通过[12]公式计算得到的曲线相同,不能反映所使用炸药种类对峰值振动速度的影响,且在距爆源较近范围内预测值偏小,在大于 50m 范围与式(8) 相近,且不同炸药在 40m 以外的影响均在 2.5cm/s 以下。

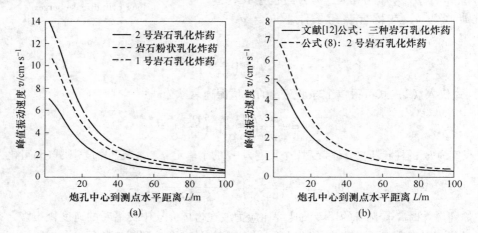

图 2　不同炸药情况下的振速-爆心距变化曲线
(a) 式(8) 三种炸药 v-L 值对比;(b) 式(8) 和文献[12] 公式 v-L 值对比
Fig. 2　Different cases of explosive vibration speed - pitch curve

## 2.2　药包埋深对峰值振速的影响

由图 3 显示,药包的埋深对爆心水平距离 25m 范围内的振动速度会产生较大影响,由于衰减迅速,爆心水平距离超过 25m 范围的峰值振速相差不大。

# 3　工程应用实例

## 3.1　工程概况

厦门市地铁 1 号线镇海路站基坑,右线主要穿越的岩土层自上而下为碎裂状强风化花岗岩和中风化花岗岩及下部微风化花岗岩。开挖地下孤石与基岩爆破,由于施工段的岩性处于中风化至微风化,岩质较为坚硬,施工过程需采用城市控制爆破方法。试验场地选取地铁基坑施工区,爆源与振动测点示意图如图 4 所示。

爆源炮孔直径 90mm,孔深 2m,每次试验装药量为 1kg,使用炸药为 2 号岩石乳化炸药,破碎岩石为中风化及微风化花岗岩,围岩参数如表 1 所示。

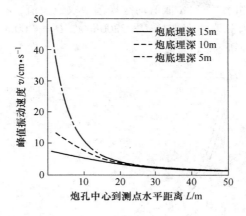

图 3 埋深对振速-爆心距的影响曲线

Fig. 3 Pore size and buried depth on the vibration speed-the influence of pitch curve

计算可得到 $c_p = 5142$m/s；其中炸药密度 $\rho_e = 1100$kg/m³，爆轰速度 $D = 3200$m/s，炮孔内爆生气体的初始压力 $p_0 = 1.41 \times 10^9$MPa。

## 3.2 公式验证

试验采用振动测试仪为成都中科测控有限公司生产，TC-4850爆破振动仪以及配套的三向速度传感器，采集过程为多通道数据采集、存储和分析。传感器由石膏固定于测点，测点与爆心距离逐渐接近，试验测试结果如表2所示，因数据较多，仅列出每次起爆振速量测最大值。表中为未做减振措施前的振动速度，实际现场通过减振孔等减振措施将振动控制在国家标准允许范围内以降低对周边房屋的影响。

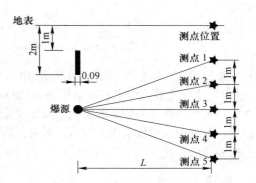

图 4 实验爆源-测点位置示意图

Fig. 4 The calculating diagram of long cylindrical charge

表 2 单次爆破振动监测振速最大值

Table 2 The maximum blasting vibration of single monitoring vibration speed

| 测点编号 | 爆心距离/m | 药包埋深/m | 线装药密度/kg·m⁻¹ | 最大振速/cm·s⁻¹ |
| --- | --- | --- | --- | --- |
| 1 | 4.80 | 2 | 1.00 | 20.84 |
| 2 | 5.30 | 2 | 1.00 | 16.68 |
| 3 | 6.70 | 2 | 1.00 | 5.97 |
| 4 | 8.56 | 2 | 1.00 | 7.05 |
| 5 | 9.06 | 2 | 1.00 | 6.38 |
| 6 | 10.79 | 2 | 1.00 | 7.72 |
| 7 | 12.04 | 2 | 1.00 | 3.26 |
| 8 | 14.04 | 2 | 1.00 | 4.10 |
| 9 | 15.03 | 2 | 1.00 | 5.22 |

峰值振动速度公式预测时，$k$ 和 $\alpha$ 取值均按规范中取最大值，$k=150$，$\alpha=1.5$，由于未对炸药实际爆轰速度测定，因此取爆轰速度 $D=3200\text{m/s}$，$D=4200\text{m/s}$ 两种情况下分别进行计算。计算结果如图 5 中曲线所示。

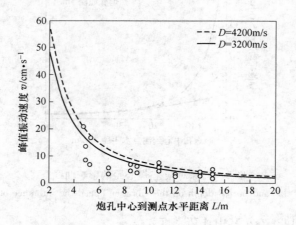

图 5　公式计算曲线与实测数据对比

Fig. 5　Comparison of experimental data and the calculated curve

根据改进公式估算所得峰值振动如图 5 中曲线所示。其中实线为爆轰速度取值 $D=3200\text{m/s}$ 计算结果，虚线为爆轰速度取值 $D=4200\text{m/s}$ 计算结果，蓝色圆圈为仪器实测振动数据。图中可以看出，随爆心距离的增大峰值振速呈指数趋势下降，实测峰值振速基本都小于预测峰值振速。改进公式不仅引入了埋深等因素，也可体现不同种炸药性质对振速影响。经实测实验数据检验表明，式（8）可以偏于保守地预测峰值振动速度随爆心距离变化的衰减规律。

## 4　结论

通过以上的分析和讨论，可获得以下主要结论：

（1）在长柱形装药地下爆破时，其他参数相同的情况下，峰值振动速度的主要影响因素为炸药爆轰速度与炸药埋深。但在药包长度不变条件下，药包的埋置深度对爆心水平距离超出 25m 测点的影响基本相同。

（2）本文建立的计算公式（8）可以偏于保守地预测地下孤石长柱形装药爆破的峰值振动速度随爆心距离变化的衰减规律。

由于试验中只使用了 2 号岩石乳化炸药对公式的验证，对于不同种炸药的预测是否准确仍有待更多试验进一步验证。

## 参 考 文 献

[1] 竺维彬,黄威然,孟庆彪,等. 盾构工程孤石及基岩侵入体爆破技术研究[J]. 现代隧道技术, 2011, 48(5):12-17.

[2] 路耀邦,刘洪震,游永锋,等. 海底盾构隧道孤石爆破预处理关键技术[J]. 现代隧道技术, 2012, 49(5):117-122.

[3] 黄力平. 地铁盾构施工遇花岗岩风化球的处理对策及关键技术[J]. 土工技术, 2012, 26(4):1-4.

[4] 何强,穆大耀,杨通国. 孤石爆破安全技术的研究[J]. 矿冶, 2014, 23(1):31-33.

[5] 易长平,冯林,王刚,等. 爆破振动预测研究综述[J]. 现代矿业, 2011(5):1-5.

[6] ManojKhandelwal, T. N. Singh Evaluation of blast-induced groundvibration predictors[J]. Soil Dynamics and Earthquake Engineering, 2007(27):116-125.
[7] 卢文波, Hustrulid W. 质点峰值振动速度衰减公式的改进[J]. 工程爆破, 2002, 8(3):1-4.
[8] 宋光明, 陈寿如, 史秀志. 露天矿边坡爆破振动监测与评价方法的研究[J]. 有色金属, 2000(4):24-27.
[9] 刘美山, 吴从清, 张正宇. 小湾水电站高边坡爆破震动安全判据试验研究[J]. 长江科学院院报, 2007, 24(1):40-43.
[10] 许海亮, 张继春, 杨红, 等. 钻孔爆破振动速度计算公式及其简化的探讨[J]. 同济大学学报（自然科学版）, 2007, 35(7):899-903.
[11] 唐廷, 王明洋, 葛涛. 地下爆炸的地表运动研究[J]. 岩石力学与工程学报, 2007, 26(增1):3528-3532.
[12] 程康, 沈伟, 陈庄明, 等. 工程爆破引起的振动速度计算经验公式及应用条件探讨[J]. 振动与冲击, 2011, 30(6):127-129.
[13] 吴建, 陈士海. 长柱药包爆破振动位移特性研究[J]. 工程爆破, 2014, 20(5):50-54.

# 爆破动载下支护参数对软岩巷道围岩稳定性的影响研究

宗琦 汪海波 王梦想

(安徽理工大学土木建筑学院,安徽 淮南,232001)

**摘 要**:随着巷道掘进爆破振动强度的增大,爆破动载对巷道围岩影响增大。根据具体巷道地质和支护参数,建立了不同断面巷道 FLAC$^{3D}$ 计算模型,分析了爆破动载作用下不同断面尺寸、锚杆长度、喷射混凝土厚度巷道围岩及喷射混凝土的应力和位移分布特征。研究结果表明:巷道断面越大,受爆破动载影响越大,最大应力出现在巷道帮部,最大位移出现在拱顶;增加锚杆长度,可以降低围岩应力,软岩巷道在锚杆长度每增加0.2m,变形减小幅度在5%左右;喷射混凝土厚度的增加对围岩应力和变形的影响较小。

**关键词**:软岩巷道;爆破动载;锚杆;喷射混凝土;应力;位移

# Research on Surrounding Rock Stability of Different Supporting Parameters under Blasting Dynamic Load in Soft Rock

Zong Qi Wang Haibo Wang Mengxiang

(School of Civil Engineering and Architecture, Anhui University of Science and Technology, Anhui Huainan, 232001)

**Abstract**: In view of the vibration strength increased in roadway drivage explosion, blasting dynamic load impact on the surrounding rock increases. According to the specific geological and supporting parameters of roadway, FLAC$^{3D}$ calculation models of different cross sections roadway are established, surrounding rock and the sprayed concrete stress and displacement distribution characteristic of different section size, anchor length and shotcrete thickness are analyzed. The research results show that the larger the cross section of roadway is, the effect by the blasting dynamic load is greater, and that the maximum stress appears in the department of roadway and the maximal displacement in the vault; increasing the anchor length can reduce the surrounding rock stress by 5% in each 0.2 m of soft rock roadway; increases of shotcrete thickness have less effect on the stress and deformation of surrounding rock.

**Keywords**: soft rock roadway; blasting dynamic load; anchor; shotcrete; stress; displacement

随着煤炭开采规模的扩大,巷道断面越来越大,再加上中深孔掘进爆破技术的推广应用,巷道爆破掘进时的单段药量和一次起爆总药量增大,巷道围岩和支护结构所受到频繁的爆破振

---

基金项目:国家自然科学基金项目(51274009、51404010);安徽省科技攻关计划项目(1501041123)。
作者信息:宗琦,博士,教授,qzong@aust.edu.cn。

动效应也随之增强[1-3]。爆破振动引起巷道围岩损伤和破坏，造成巷道围岩裂隙的进一步延伸，使巷道开挖形成的围岩松动圈加大，甚至造成巷道围岩爆振塌落破坏，严重影响了巷道的稳定性。煤系地层中的岩石较多为中硬以下岩性（$f<8$），更多是 $f<6$ 的松软岩层，如泥岩、页岩、砂质泥岩等，其坚固性低、整体性差，在爆破振动载荷的作用下，更容易松动破裂。目前此方面的研究，较多采用现场爆破振动监测与分析方法[4-6]。因此，在大断面巷道掘进爆破振动监测的基础上，通过建立巷道围岩的力学模型，利用测试得到的爆破地震波，分析爆破动载下不同支护参数时围岩及支护结构的位移和受力情况，研究支护参数对支护效果的影响。

## 1 巷道概况与模型的建立

### 1.1 工程概况

淮北某煤矿轨道大巷岩石以泥岩为主、裂隙较发育；经测试，坚固性系数 $f=4$ 左右，属于典型的软岩。巷道断面为直墙拱形，掘进宽度 5.40 m、高度 4.40 m，掘进断面积 20.631 m²。

为研究爆破振动作用下，相同地质条件与参数、不同断面大小，巷道的受力和变形特征，建立的小断面巷道参数如下：巷道掘进宽度 3.40 m，掘进高度 3.0 m，掘进断面积 8.960 m²。

### 1.2 计算工况与模型

建立计算模型时，除巷道断面几何尺寸和支护锚杆、锚索数量不同，划分网格尺寸、动载大小和边界条件等均相同；使用 cable 单元生成支护锚杆和锚索，shell 单元生成喷射混凝土[7]。计算模型参数为（长×宽×高）：35 m×30 m×40 m，划分成 71800 个单元，73950 个节点。以巷道拱部圆心为原点，巷道宽度向右为 $X$ 轴正向、走向方向为 $Y$ 轴正向、铅垂向上为 $Z$ 轴正向。巷道及支护结构网格模型见图 1。

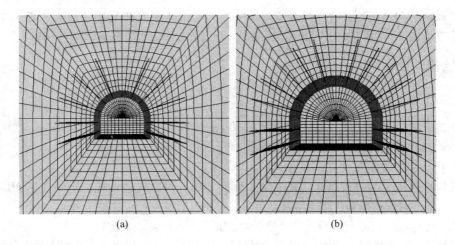

图 1 巷道及支护结构模型
（a）小断面巷道；（b）大断面巷道
Fig. 1 Fracture plane and supporting structure model of tunnel

施加的动载为实际测试的爆破地震波，按单段起爆药量 20 kg、峰值速度为 30.1 m/s 计算，加载前将速度波转换位应力波[8]。每次开挖 2.1 m，开挖结束后施加动载模拟爆破振动，接下来安装锚杆和喷射混凝土；如此往复，共开挖 16 次，即 33.6 m。数值计算时，选用莫尔-库仑模型。边界约束如下：在计算模型断面的两侧边界施加 $X$ 方向约束、吸收入射波；在巷道走向方向施加 $Y$ 方向约束；在模型下侧施加 $Z$ 方向约束；模型上部使用应力边界条件控制，在模型顶部施加初始地应力。

## 2 计算参数的选取

为减小计算工作量，对岩体和支护结构模型进行了简化：（1）忽略围岩岩体的流变特性、岩体中的节理、裂隙和可能存在的水等因素的影响；（2）视模型范围内为同一岩性岩石，且岩体和喷射混凝土支护视为均匀、连续、各向同性介质；（3）忽略支护钢筋网的作用。数值计算时岩体与锚杆的物理力学参数见表1和表2所示。

表1 岩石的物理力学参数
Table 1 Physical and mechanical parameters of rock

| 抗压强度/MPa | 抗拉强度/MPa | 内摩擦角/(°) | 黏聚力/MPa |
|---|---|---|---|
| 45.36 | 0.7 | 33 | 3.5 |
| 体积模量 $K$/GPa | 切变模量 $G$/GPa | 泊松比 | 普氏硬度系数 |
| 6.0 | 3.2 | 0.24 | 4 |

表2 锚杆的计算参数
Table 2 Parameters of bolt

| 抗压强度/MPa | 抗拉强度/MPa | 弹性模量/GPa | 砂浆单位长度黏聚力/N·m$^{-1}$ | 砂浆摩擦角/(°) | 砂浆单位长度刚度/N·m$^{-2}$ |
|---|---|---|---|---|---|
| 235 | 235 | 213 | $2.4 \times 10^5$ | 0 | $2 \times 10^8$ |

由于研究的巷道所处位置在地下 700 m 左右，考虑到深部开采扰动应力，根据文献 [9] 计算得垂直应力 $\sigma_z = 18.9$ MPa；取侧压系数 0.93，得水平应力为 $\sigma_h = 17.577$ MPa。

## 3 计算结果

### 3.1 巷道断面的影响

由于围岩破碎、强度低，锚杆间距采用 700 mm × 700 mm，锚杆长度 2400 mm，则小断面巷道支护断面锚杆数量 11 根，大断面巷道为 15 根。

#### 3.1.1 巷道围岩应力与位移分析

数值模拟得到了不同断面巷道开挖结束后围岩的应力、位移情况，不同各断面应力 SZZ、SXY 和 $Z$、$X$ 方向位移曲线见图2和图3。

由图2可得：（1）随巷道断面尺寸的增大，围岩的垂直应力降低。（2）施加爆破动载后，各断面巷道的垂直应力都有所增大，小断面的增量要更大一些。（3）垂直应力随巷道开挖距离的增大而有所降低，在 20 m 左右开始下降，大断面巷道下降较为缓慢，而小断面巷道垂直应力在后期下降得更快，呈直线式下降。（4）大断面巷道所受剪应力 SXY 要比小断面巷道大，平均在 1.5 倍以上，少数达 2.5 倍。（5）剪应力 SXY 较小，沿巷道走向，离爆破工作面越近剪应力值越大，最大值数量级在 $10^6$ Pa。（6）对图2(b)放大后，可看到随距离的增大，剪应力 SXY 亦增大，前期增长较慢，至第九次开挖后（18.9 m）增幅明显增大，在第十二次开挖时（25.2 m）就呈直线式增大了，小断面巷道剪应力最大值为 5.3598 MPa、大断面巷道为 5.8322 MPa。

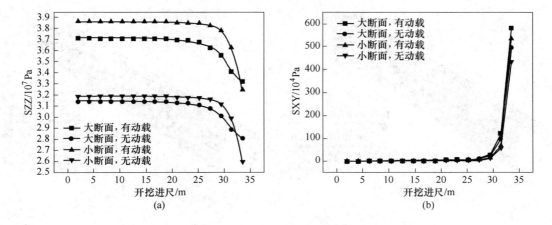

图 2 不同断面巷道开挖结束时各断面应力最大值
(a) 正应力 SZZ 最大值；(b) 剪应力 SXY 最大值
Fig. 2 Maximum value of stress in roadways different section

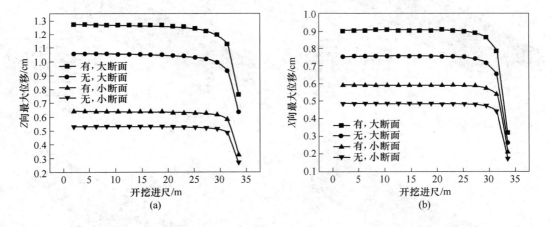

图 3 不同断面巷道开挖结束时位移
(a) Z 方向位移；(b) X 方向位移
Fig. 3 Maximum value of displacement in roadways different section

图3（图中"有"代表有动载作用，"无"代表无动载作用；下同）表明：(1) 随巷道断面尺寸的增大，开挖后围岩的位移量也增大，最大竖向位移为 1.2735cm。(2) 沿巷道走向各断面的位移有逐渐减小的趋势，且最后一个断面（33.5m 处）的位移比前一个断面（31.5m 处）小的很多（约为 40%），对于大断面巷道 Z 向位移分别是 0.31346cm（33.5m 处）、0.7833cm（33.5m 处），小断面巷道分别为 0.31922cm、0.57982cm；X 向位移：大断面巷道（0.31346cm、0.7833cm），小断面巷道（0.20912cm、0.53857cm）。(3) 施加动载前后巷道位移比较，断面尺寸越大，巷道围岩的位移增幅越大。

#### 3.1.2 喷射混凝土内力与位移分析

计算得到两种断面的弯曲应力和切应力值均较小，为 $10^4$Pa 量级，且最大值均出现在最后开挖断面处，但都在喷射混凝土承受范围内。图4为不同断面巷道混凝土喷层 Z 和 X 方向的变形情况。

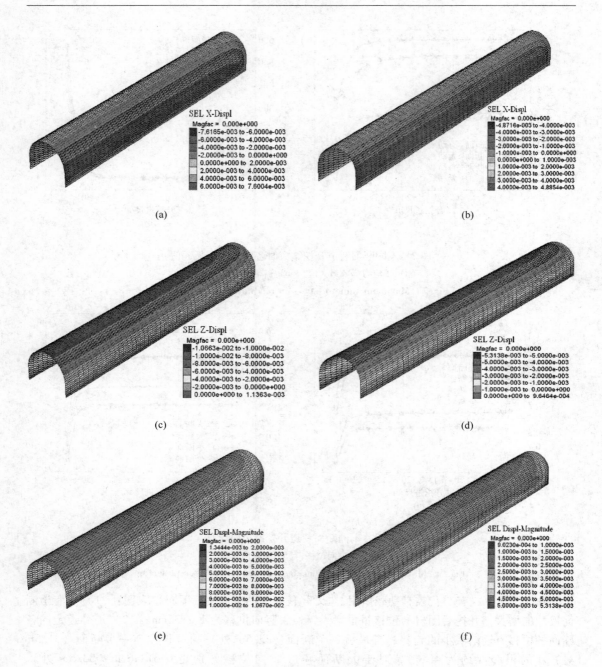

图 4 不同断面巷道混凝土喷层变形
(a) X 方向变形（大断面巷道）；(b) X 方向变形（小断面巷道）；(c) Z 方向变形（大断面巷道）；
(d) Z 方向变形（小断面巷道）；(e) 总的位移（大断面巷道）；(f) 总的位移（小断面巷道）
Fig. 4　Concrete liners displacement of roadway different section

由图 4：(1) 对大断面巷道，在相同初始地应力和爆破动载作用下变形要比小断面巷道的变形大，X 方向变形帮部较大，Z 方向变形大的区域在拱顶；且变形较大的区域沿巷道走向缓慢减小。(2) 图 4 (e)、(f) 显示的是巷道喷层各方向总的变形，最大变形都是在拱顶沿巷道走向分布，大断面巷道喷层的最大变形为 10.67mm、小断面喷层为 5.3138mm；直墙与拱相邻部位也是变形较大的区域；最后开挖支护的直墙下部拐角是变形最小的部位，变形量分别为 1.3444mm 和 0.9023mm。

## 3.2 支护参数的影响

结合测试巷道支护实际情况，数值模拟巷道的支护结构采用锚杆+钢筋网混凝土喷层这种最基本的支护形式。研究巷道由于围岩破碎锚杆间距 700cm×700cm，故在数值模拟时对锚杆间距的影响就不做分析，仅分析锚杆长度和混凝土喷层厚度的影响。

### 3.2.1 锚杆长度的影响

根据拟订的方案进行锚杆长度对巷道围岩应力和位移影响的数值模拟，得到了开挖完成时不同沿巷道走向各断面处的应力和位移分布。由于应力 SZZ 和 Z 方向位移最大，仅对不同长度锚杆支护时巷道各断面应力 SZZ 和 Z 方向位移进行对比分析，见图 5 和图 6。

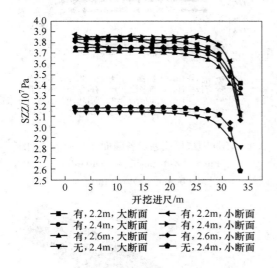
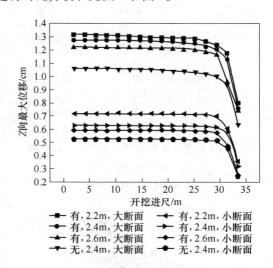

图 5　不同长度锚杆各断面 SZZ 最大值  
Fig. 5　SZZ maximum value of different anchor

图 6　不同长度锚杆各断面 Z 方向位移曲线  
Fig. 6　Z-displacement curves of different anchor

由图 5 可见：（1）随锚杆长度的增加，竖向应力 SZZ 有所降低，且巷道断面大的竖向应力比小断面降低的明显，大断面巷道采用 2.2m 长锚杆的 SZZ 要比采用 2.6m 长锚杆的 SZZ 高出 1MPa，而小断面巷道这个差值约在 0.5MPa 左右。（2）竖向应力 SZZ 沿巷道走向分布的形式没有明显差异，断面大的巷道稳定后的竖向应力要小于断面小的巷道，而靠近最后开挖段 SZZ 的分布恰恰相反；并且断面大的巷道最后开挖段应力降低相对缓慢，小断面竖向应力呈直线式下降。

图 6 表明：（1）随着支护锚杆长度的增加，围岩的变形略有减小，近似锚杆每增加 0.2m，变形减小幅度在 5% 左右。（2）竖向变形前期变形减小的趋势并不明显，而大断面巷道有动载采用 2.6m 长锚杆支护时，最后掘进的 2 个循环巷道的变形量比其他长度锚杆减小的更快。

### 3.2.2 喷射混凝土厚度的影响

巷道喷射混凝土厚度一般是初喷 0.1m、复喷 0.1m，总厚度 0.2m 也有少数喷 0.15m 的。

模拟时采用的是0.1m、0.2m进行对比分析,得到不同喷层厚度时各断面应力SZZ和Z方向位移沿巷道走向变化曲线,见图7~图9。由图7可见,围岩所受应力随巷道走向分布规律总体一致;而应力值的大小随喷射混凝土厚度的增加而稍有降低,但降幅极小。图8表明,喷层厚度由0.1m增加至0.2m后围岩变形的减少量在0.1cm。综合喷层厚度改变前后围岩应力和变形情况,可以说混凝土喷层厚度的增加对围岩应力和变形的影响很小。

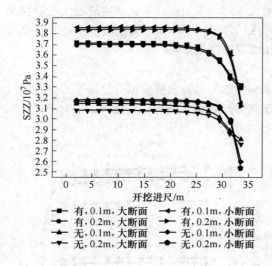

图7 不同喷层厚度巷道各断面SZZ最大值
Fig.7 SZZ maximum value of different concrete liner

图8 不同喷层厚度巷道各断面Z方向位移曲线
Fig.8 Z-displacement curves of different concrete liner

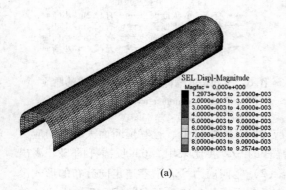
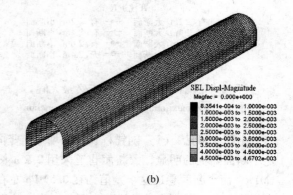

(a)                                      (b)

图9 不同断面巷道混凝土喷层位移
(a)大断面巷道;(b)小断面巷道
Fig.9 Displacement of different concrete liner

图9为混凝土喷层厚度0.2m时两种断面喷层的位移等值线图,将喷层厚度0.1m时对比,可得:(1)喷层位移分布规律相同,最大位移出现在拱顶位置,沿巷道走向位移逐渐减小,拱肩部位也是变形较大的区域。(2)喷层厚度0.2m时大断面巷道最大变形为9.2574mm、小断面为4.6702mm,而对应0.1m支护时为10.67mm和5.3138mm,分别减小了13.24%和12.11%。

## 4 结论

通过不同支护参数下巷道围岩的应力和位移动力分析，主要得到以下结论：

（1）爆破动载作用下，应力和位移有所增大，增幅在15%~20%，不至于造成巷道破坏。受所处环境影响，巷道围岩应力中垂直应力SZZ最大，最大值应力位于巷道帮部外侧，底板受拉应力作用，拱顶处位移最大。主应力和位移沿巷道走向变化可分两个区域：在前一段（从开始至20m左右）各参数沿巷道走向逐渐减小，曲线平缓；后一段（距掘进工作面12~15m开始）急速下降。而剪应力SXY则是在前一段缓慢增大，后一段呈直线式增大。

（2）巷道围岩的应力和位移随断面尺寸的增大而增大，混凝土喷层最大变形发生在拱部，沿巷道走向分布范围逐渐减小，直墙与拱相邻区域的变形也是较大。

（3）随锚杆长度的增加，围岩应力有所降低，且巷道断面大的竖向应力比小断面降低的明显。对于大断面软岩巷道，锚杆长度每增加0.2m，变形减小幅度在5%左右；且竖向变形减小量要大于横向变形。

（4）混凝土喷层厚度的对围岩应力和变形的影响较小，在喷层厚度增加一倍（10cm）后，变形量减小约为10%。

参 考 文 献

[1] 宗琦，刘菁华．煤矿岩石巷道中深孔爆破掏槽技术应用研究[J]．爆破，2010，27(4)：35-39．
[2] 黄启明，冯星宇，赵伟．大断面岩巷中深孔爆破快速掘进技术应用[J]．煤炭工程，2014，(02)：28-30，33．
[3] 崔长生．底部复式楔形掏槽中深孔爆破技术的推广应用[J]．中国煤炭，2009，35(5)：59-60．
[4] 宗琦，汪海波，徐颖，等．基于HHT方法的煤矿巷道掘进爆破地震波信号分析[J]．振动与冲击，2013，32(15)：116-120．
[5] 韩博，马芹永．煤矿岩巷毫秒延期爆破振动测试与控制技术研究[J]．煤炭学报，2013，38(2)：209-214．
[6] 杨国梁，杨仁树，车玉龙．周期性爆破振动下围岩的损伤累积效应[J]．煤炭学报，2013，38(S1)：25-29．
[7] 刘波，韩彦辉．FLAC原理、实例与应用指南[M]．北京：人民交通出版社，2005．
[8] 蒋楠，郑晓硕，张磊，等．采矿爆破振动对巷道围岩影响的数值模拟研究[J]．工程爆破，2010，16(3)：21-24．
[9] 蔡美峰，乔兰，李华斌．地应力测量原理和技术[M]．北京：科学出版社，1995．

# 控制爆破降幅增频技术研究

孔令杰　闫鸿浩　王小红

（大连理工大学工业装备结构分析国家重点实验室，辽宁 大连，116024）

**摘　要**：目前评价爆破的地震效应对结构的损伤主要是爆破振动速度，这在一定程度上具有合理性，但随着爆破作业的精细化及环保化，对爆破作业的安全性提出了更高的要求。降幅增频技术主要是通过降低单段起爆药量来降低爆破振动幅值，深孔爆破浅孔化来提高爆破振动频率。一般来说，爆破的振动频率分布在 10～200Hz，而建筑物的自振频率在 10Hz 左右。当两者的频率相等或接近时发生共振，爆破振动对结构的损伤最大。为此有效的提高爆破振动频率降低结构对振速的敏感性。

**关键词**：地震效应；降幅增频；浅孔化；共振

## Research in Reducing Amplitude and Increasing Frequency in Control Blasting

Kong Lingjie　Yan Honghao　Wang Xiaohong

(State Key Laboratory of Structural Analysis for Industrial Equipment,
Dalian University of Technology, Liaoning Dalian, 116024)

**Abstract**: At present, blasting vibration velocity is the main rule in evaluating damage of the structure by blasting seismic effect, which is reasonable in part, but along with the salvo of blasting growing refined and greening, it puts forward higher requirements to blasting security. Reduce amplitude and increase frequency of blasting by cutting down single segment of detonating charge to attenuate amplitude, improve frequency by deep hole blasting in shallow. Generally speaking, blast vibration frequency distribute in the 10～200Hz range, and nature vibration frequency of the building is about 10Hz. It is known that resonance occurs when the frequency of the two is equal or close, and then blasting vibration makes the maximum damage to the structure. Therefore, it is effective to increase the frequency of blasting vibration to reduce the sensitivity of the structure to the vibration velocity.

**Keywords**: seismic effects; reduce amplitude and increase frequency; shallow; resonance

## 1　引言

随着爆破作业在工程中的应用日益广泛，其低成本、高效率在矿山开采、隧道开挖等方面得到人们的重视。但随之而来的问题也逐渐凸显出来，炸药和雷管的运输和使用过程的危险性

---

作者信息：孔令杰，硕士，1634552053@qq.com。

以及爆破过程中由炸药爆轰所引起的施工场地的炮烟以及粉尘，及周边环境的爆破振动。上诉问题最棘手的问题就是如何降低爆破的地震效应。爆破地震波是炸药爆炸的必然产物，频率和振幅是其主要参数，其振动频率主要取决于爆破岩体非弹性区破碎半径、应力波的传播过程以及起爆方式等因素，降低外激励的振幅就是降低了激振的区间能量使其低于结构的承载能力，从而使结构免于破坏。目前，国内爆破振动以振速幅值为主要评价标准，但在很多爆破作业中会发现距离爆区较近的结构未破坏反而距离较远的结构遭到了破坏，由此以振动幅值作为唯一评价标准很难达到预期理想的效果，我们知道，当外激励频率和结构固有频率接近时将引起结构共振。因此提高外激励的频率成为关键。降幅增频成为日后爆破作业研究的主要课题。为此众多学者为之努力，其中通过孔间、排间以及区间的微差爆破降低地震效应就是研究成果之一。郭学彬[1]提出确定合理的微差爆破时间间隔需要考虑距离因素，并且根据爆破地震波各成分的初至时刻不同提出合理的微差时间应使地震波能量在时间和空间上分离。施富强[2]在实际工程中运用延时造频技术取得了良好的效果，同时提出只要解决了震源机理和振波频谱控制两个核心问题就能很好地解决爆破的振动问题。

## 2 爆破振动速度降幅的方法

综合以往爆破振动降幅的研究，爆破震动危害控制的方法大致有三种：一是针对爆源所采取的控制措施，如改变装药结构、预裂爆破、微差爆破等；二是针对爆破地震波在传播过程中所采取的措施，如截断震动传播途径的隔震法、开挖临空面和减震沟槽等；三是针对受控对象所采取的措施，如在受控对象上附加动力吸震器的吸震法、在受控对象上附加阻尼器的阻震动法以及通过修改结构来改变受控对象的动力学特性参数等，当然爆破工作者对此研究较少。

### 2.1 选用低威力、低爆速的炸药

张雪亮[4]用试验和生产实践证明，低威力、低爆速的炸药，爆破产生的震动效应要小得多。例如，若能设法使2号岩石硝铵炸药爆速从3200m/s降低到1800m/s时，其地震效应可以降低40%~60%。

### 2.2 改变装药结构

实践证明，在炸药量相同的情况下，在钻眼爆破中采用小直径的不耦合装药和在大爆破中采用空室条形药包，都比集中装药有明显的降低地震效应的作用；装药越分散，地震效应越小；排成一排的群药包，在药包中心的连线方向比垂直于连线方向的震速可降低25%~45%。

不耦合作用是利用药包和孔壁之间存在的空隙，以降低炸药爆炸后，爆轰产物作用在孔壁的初始压力，使孔壁不压缩破坏，由于岩石抗拉强度远小于其抗压强度，所以，爆破后产生的冲击波张拉应力，仍然可以使炮孔周围产生径向裂缝（其强度减弱）。

### 2.3 应用预裂爆破

预裂爆破是在未进行正式大爆破工程之前或先于主爆区延时起爆，预先在爆破体与保留体之间，钻一排或两排不装药孔——减震孔。如采用预裂爆破，先炸出一条裂缝，效果将会比只钻减震孔更佳，主要原因是预裂缝或预裂破碎带能使爆炸应力波在此处产生反射，强有力地减弱透过裂缝面的应力波强度，从而起到减震的作用。

## 2.4 微差爆破

微差爆破又称为毫秒爆破，即是将装药（药包）分组以毫秒级的时间间隔（即毫秒微差延时）按顺序进行起爆。微差爆破由于在爆破过程中产生辅助自由面和残余应力，发生应力波叠加和干涉，可以大大降低地震效应，不仅如此，如果参数选择合理，还能大大改善爆破效果，是由于爆破过程中增加了新的自由面和许多辅助自由面以及应力波叠加的结果。

## 2.5 开挖临空面和减震沟槽

大量实践证明，在被爆体周围开挖临空面和减震沟槽能有效阻隔甚至切断爆破地震波的传播途径，降震效果显著。每增加一个临空面，其地震危害可降低10%~15%。如被爆体周围是土介质时，可在被爆体与保护物之间的适当位置开挖减震沟槽，可以降低地震危害。减震沟槽的减震作用主要是阻隔和干扰爆破地震波的传播，爆破地震波通过减震沟时发生反射、绕射，加快了爆破地震波的衰减，从而使其强度得以降低[3]。减震沟的减震效果随减震沟深度的增加而增加，对减震沟的宽度要求不严格，但是不能有水。开挖面距离减震沟越近，减震效果越好。在保护区侧减震沟附近，由于减震沟的屏蔽作用，存在一个震速很小的区域。易长平[8]研究表明，当减震沟的深度及开挖面与减震沟的距离一定时，炮孔越深，减震效果越差，所以应根据工程实际需要来确定减震沟和炮孔深度。

## 3 爆破振动增频的方法

### 3.1 中深孔爆破振动频率

#### 3.1.1 试验方法

早在2009年，由于大连地铁建设需要，为获得浅埋隧道爆破振动基本规律，设计一种中深孔矩阵爆破法，以通过在典型地层中进行一系列的封闭爆破，在地面和管道深度处大量测试爆破振动速度，获得标准爆破地层地震传播规律数据，进而确定实际地铁修建中爆破的危害情况和评价标准。

#### 3.1.2 布点形式

中深孔矩阵法其特征是在典型地段进行矩形布孔（图1），装药孔为外矩形阵、测试点孔为内矩形阵，根据1kg、3kg、6kg、10kg装药量，用φ90乳化炸药在强风化层、中风化层装药，振动测试仪器放置在内矩阵孔内与地表，装药孔孔深取决于强风化层深度与中风化层深度，仪器放置孔孔深取决于被保护目标埋设深度。

图1是大连河口车辆段地址结构布置图，孔距4m，排距4m，孔深7.5m用于模拟强风化层爆破，孔深15m用于模拟中风化层爆破，测试孔孔深1.5m用于模拟各种管道所处位置；孔深7.5m、15m分别4个孔，4个孔为1组，其装药量分别为1kg、3kg、6kg、10kg；该药量用于模拟实际爆破施工中的单段起爆最大药量；单孔起爆，每次起爆从测试矩阵5点中选择3点分孔内、地表布置仪器。测试点距离爆点可以准确求出。这样药量、距离、振动速度可以形成数据库，很好进行反演爆破振动衰减规律的萨道夫斯基公式。每个地区可形成48套反演数据，4×4矩阵优势爆破振动测试距离为6~19m，基本上反映了地铁隧道爆破施工影响最严重区域。

填塞及起爆方式：炸药装填炮孔底部，药上部用碎石填塞到地表，孔内用Ms 8段雷管，逐孔起爆单独进行测试。

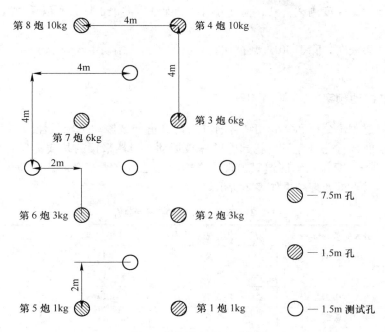

图 1 中深孔矩阵布孔图

**表 1 爆破监测数据记录表**（河口）

| 监测数据 | 仪器编号 | 仪器位置 | 有效距离 /m | 高差/m | 比距离 /m·kg$^{-1/3}$ | 垂直速度 $v_z$ /cm·s$^{-1}$ | 垂直频率 /Hz |
|---|---|---|---|---|---|---|---|
| 第1炮 1.15kg | 439 | （Ⅰ）孔内 | 13.79 | 13.5 | 13.1623 | 4.93 | 19.6533 |
| 第2炮 3.15kg | 439 | （Ⅰ）孔内 | 13.79 | 13.5 | 9.4072 | 7.89 | 17.7002 |
|  | 438 | （Ⅱ）孔内 | 14.91 | 13.5 | 10.1712 | 3.42 | 17.3340 |
| 第3炮 6.15kg | 439 | （Ⅰ）孔内 | 14.91 | 13.5 | 8.1380 | 8.32 | 17.0898 |
|  | 438 | （Ⅱ）孔内 | 14.91 | 13.5 | 8.1380 | 9.14 | 17.9443 |
| 第4炮 10.15kg | 439 | （Ⅰ）孔内 | 16.92 | 13.5 | 7.8147 | 5.59 | 50.4150 |
|  | 438 | （Ⅱ）孔内 | 15.95 | 13.5 | 7.3667 | 7.08 | 18.5547 |
| 第5炮 1.15kg | 439 | （Ⅰ）孔内 | 6.63 | 6.0 | 6.3282 | 9.27 | 13.1836 |
|  | 438 | （Ⅱ）孔内 | 8.72 | 6.0 | 8.3231 | 1.92 | 13.3057 |
| 第6炮 3.15kg | 439 | （Ⅰ）孔内 | 6.63 | 6.0 | 4.5228 | 18.48 | 11.1084 |
|  | 438 | （Ⅱ）孔内 | 6.63 | 6.0 | 4.5228 | 11.96 | 11.3525 |
| 第7炮 6.15kg | 439 | （Ⅰ）孔内 | 8.72 | 6.0 | 4.7595 | 5.95 | 11.2305 |
|  | 438 | （Ⅱ）孔内 | 6.63 | 6.0 | 3.6187 | 20.96 | 17.8223 |
| 第8炮 10.15kg | 439 | （Ⅰ）孔内 | 11.83 | 6.0 | 5.4638 | 5.00 | 15.6250 |
|  | 438 | （Ⅱ）孔内 | 8.72 | 6.0 | 4.0274 | 5.72 | 15.9912 |

当爆破振动仪布设在地表时，由于应力波在自由面反射造成地表振动速度远大于孔内的振动速度，为扣除地表这一特性影响，在分析频率时不采纳其地表测试数据。

三个方向上振动速度测试,只有垂直方向上能保证方向准确性,所以采纳数据时只用垂直方向上的数据。

河口测试结果表明,除了50Hz数据比较突出外,其余振动主频分布在11~20Hz之间,平均频率15.5640Hz。

### 3.2 浅孔爆破振动频率

代勤荣[9]通过理论分析和实验相结合的方法对隧道爆破振动平峰最佳间隔时差进行研究,在研究延时间隔时,首先研究了单孔起爆的爆破振动,当然采用的是浅孔爆破(孔径40mm,药卷规格32×200),每个振动图谱只出现一个峰值,之后是小幅余震,振动最大值一般出现在第一个波峰,其测试处理结果如表2所示。

表2 单个炮孔振动波形参数

| 序 号 | 最大峰值/cm·s$^{-1}$ | 最大值出现时刻/ms | 主波周期/ms | 主频/Hz |
| --- | --- | --- | --- | --- |
| 1 | 0.47 | 3.9 | 15.4 | 64.8 |
| 2 | 0.72 | 3.4 | 13.4 | 74.8 |
| 3 | 0.31 | 3.7 | 14.8 | 67.7 |
| 4 | 0.37 | 3.0 | 11.9 | 84.2 |
| 5 | 0.49 | 3.6 | 14.4 | 69.6 |
| 6 | 0.61 | 3.2 | 12.9 | 77.4 |
| 7 | 0.66 | 3.7 | 14.6 | 68.3 |
| 8 | 0.82 | 3.4 | 13.6 | 73.8 |
| 9 | 0.67 | 3.6 | 14.4 | 69.5 |
| 10 | 0.53 | 3.1 | 12.2 | 82.2 |

相对于中深孔爆破,主频分布在11~20Hz之间,明显可以看出采用90乳化炸药时中深孔爆破的振动主频明显小于浅孔爆破。

由此可以看出浅孔爆破对提高爆破振动频率具有十分明显的效果,为爆破作业提高振动频率提供了行之有效的解决途径。

此外,采用多段少量的微差爆破也可从源头上提高爆破振动频率[10]。同时改变装药形状及大小也可在一定程度上提高爆源振动频率,其核心是缩小爆炸载荷持续时间来提高爆破基础频率。小直径装药结构可以缩小载荷持续时间,提高爆破振动频率,也就是尽可能地采用浅孔爆破,如用深孔爆破,需要对深孔爆破进行改良达到浅孔爆破效果。

## 4 小结

爆破振动控制一直以来都是爆破行业众多学者专家研究的主要内容,通过大量实验研究目前已取得如下共识:

(1)爆破作业中通过控制距离和微差延时使各炮孔地震波的初至时间和主振相在时间和空间相互分离,从而降低地震波的幅值。

(2)在采矿以及隧道开挖时,应尽量采取浅孔爆破以提高爆破振动频率。

(3)在爆区和被保护结构之间可布置与地震波传播方向垂直的减震沟槽降振,其深度应不小于炮孔深度。

## 参 考 文 献

[1] 郭学彬,张继春,刘泉,等. 微差爆破的波形叠加作用分析[J]. 爆破,2006,23(2):4-8.
[2] 施富强. 爆破振动频率调控技术研究与应用[J]. 工程爆破,2012,18(6):54-59.
[3] 郭学彬,肖正学,张志呈. 爆破振动作用的坡面效应[J]. 岩石力学与工程学报,2001,20(1):83-86.
[4] 张雪亮,黄树棠. 爆破地震效应[M]. 北京:地震出版社,1981.
[5] Longforse, Westerberg, Kihlstrom. Ground vibration in blasting [J]. water power, 1958:331-421.
[6] Anderson D A, Winzer S R, Ritter A P. On computer-aided seismic analysis and discrimination. Pro-ceedings of 3rd International Symposium, Washington DC, 1983, 70:247-261.
[7] 李夕兵,凌同华,张义平. 爆破震动信号分析理论与技术[M]. 北京:科学出版社,2009.
[8] 易长平,陈明,卢文波. 减震沟减震的数值模拟[J]. 武汉大学学报(工学版),2005,38(1):49-52.
[9] 代勤荣,胡光全,薛里. 隧道爆破开挖平峰降振最佳间隔时差确定[J]. 中国爆破新技术Ⅲ:北京:冶金工业出版社,1073-1078.
[10] 殷志强. 白登磷矿爆破参数优化及爆破降振的试验研究[D]. 昆明理工大学,2008.

# 爆破安全与管理
Blasting Safety and Management

# 爆破安全评估及监理技术的探索

杨 瑞  闫鸿浩  李晓杰

（大连理工大学工业装备结构分析国家重点实验室，辽宁 大连，116024）

**摘 要**：爆破工程危险性较高，其爆破作业会对周边环境和居民生活带来一定影响。为此人们一直探寻各种方式来控制爆破，其中爆破安全评估是一种先导性工作，可以预判爆破作业的风险，与此同时爆破安全监理能够在爆破施工中起到指导和促进的作用，两者的相结合对爆破工程的质量控制发挥着重要的保障作用。文章针对爆破安全评估和监理技术提出了基本依据、内容职责，以及相关的法律法规。同时结合新的爆破安全规程，指出了爆破安全评估的变化，提出爆破安全总的流程图，有利于爆破安全工程日益规范化。

**关键词**：爆破安全评估；爆破安全监理；流程；规范化

## The Exploration of Blasting Safety Assessment Technology Supervision Technology

Yang Rui  Yan Honghao  Li Xiaojie

(State Key Laboratory of Structural Analysis for Industrial Equipment,
Dalian University of Technology, Liaoning Dalian, 116024)

**Abstract**: Blasting engineering holds relatively high danger and would bring certain influence to surrounding environments and residents. Therefore, people have been exploring ways to control the blasting. The blasting safety assessment is a kind of pilot work, which can predict risk of blasting operation. Meanwhile, Blasting safety supervision can play the role of guiding and promoting in the blasting construction, the combination of both to control the quality of blasting engineering plays an important role in security. In this paper, blasting safety assessment and supervision technology put forward the basic basis, content, function, as well as relevant laws and regulations. At the same time, combining with new blasting safety regulations, it points out the change of blasting safety assessment and puts forward the general flow chart of blasting safety, which is helpful to guide and improve the work of blasting operation teams.

**Keywords**: blasting safety assessment; blasting safety supervision; flow; standardization

## 1 引言

随着我国城市化进程的进一步加快，人口快速的增长和土地资源的日渐稀缺，土地有效的

---

基金项目：中国国家自然科学基金项目（编号：10872044，10602013，10972051，10902023）。
作者信息：杨瑞，硕士，yangrui123@ mail. dlut. edu. cn。

开发利用变得尤为重要。工程爆破在国家经济建设中有着重要的作用，它具有高效、快速、便捷等特点[1]，与此同时在工程应用中爆破安全问题逐渐突显出来，怎样能够避免或者减少生产建设中的安全事故成为了该行业的重点课题。近些年来，我国在一些重大工程爆破项目上设置爆破安全评估及监理，取得了不错的成效，但也还是有不足之处。爆破安全评估与爆破设计施工、爆破安全监理同样是工程爆破中必不可少的工作，能够有效地预防爆破事故的发生，是指导爆破工程的重要途径。在充分调研和广泛征求群众意见后，公安部于2012年5月2日发布了《爆破作业项目管理要求》（GA 991—2012）[2]，规定在城市、风景名胜区和重要工程设施附近实施爆破作业，要经设区级公安机关批准后才可进行，有效地解决了"民扰"和"扰民"问题，保障了公民生命财产安全和社会公共安全[3]。

目前我国对爆破工程实施安全监理仍处于探索阶段，张道振等人[4]近年来通过实际调研和总结爆破安全工程的实践经验，分析了当前爆破工程监理过程中存在的一些问题，并提出了相应的解决办法。经过长期的实践发现，安全监理能够在一定程度上保证爆破工程顺利实施，陆广亮[5]提出我们应该建立和完善对应的法律法规，科学合理地选择安全监理单位。在工程爆破的设计和施工中，如何加强监督和管理，成为了各部门密切关注的问题，倪嘉滢[6]从爆破实践中总结了爆破监理工程师应负的安全生产责任。在工程爆破中的安全评估问题，张树云[7]根据实践经验，揭示了工程爆破中安全评估的重要性、必要性和科学性。在研究工程爆破安全事故致因机理时，任才清等人[8]提出运用安全管理力学方法来探讨工程爆破安全事故的方法。本文总结了前人探究的基础，提出了具体而又明确的爆破安全评估技术的基本依据、内容职责以及相应的法律法规，同时结合新的爆破安全规程，指出了爆破安全评估的变化，有利于指导和提高爆破作业单位进行安全评估工作。首次提出了安全监理流程图来保证爆破作业安全有序的进行，同时也对安全监理的职责和内容做了明确的规定，有利于使爆破监理行业更加规范化、有序化。

## 2 爆破安全评估原则及职责

《民用爆炸物品安全管理条例》（国务院令第466号）[9]第三十五条规定要求："在城市、风景名胜区和重要工程设施附近实施爆破作业的，应当向爆破作业所在地设区的市级人民政府公安机关提出申请，提交《爆破作业单位许可证》和具有相应资质的安全评估企业出具的爆破设计、施工方案评估报告。受理申请的公安机关应当自受理申请之日起20日内对提交的有关材料进行审查，对符合条件的，作出批准的决定；对不符合条件的，作出不予批准的决定，并书面向申请人说明理由。实施前款规定的爆破作业，应当由具有相应资质的安全监理企业进行监理，由爆破作业所在地县级人民政府公安机关负责组织实施安全警戒。"本条规定了爆破评估的条件即"在城市、风景名胜区和重要工程设施附近实施爆破作业的"。《爆破安全规程》（GB 6722—2014）[10]第5.3.1条规定："需经公安机关审批的爆破作业项目，提交申请前，均应进行安全评估"，本条又进一步明确了安全评估的前提是需要公安机关审批的爆破作业项目，对于备案的爆破作业项目不应进行爆破安全评估。

### 2.1 基本原则

安全评估单位应按作业范围和资质等级承接相应级别的安全评估项目。安全评估单位及评估人员不应与爆破作业单位存在从属或利害关系。安全评估单位需承担相应爆破安全责任。安全评估单位需在接受委托之日起，7个工作日内完成评估工作，同时提交评估报告，安全评估报告应当内容覆盖面广、结论真实可信，还需安全评估单位项目技术负责人、技术负责人、法定代表人签字，加盖单位公章。最为重要的是爆破作业项目安全评估要做到依法、诚信、客观、公正，与设计施工单位、爆破安全监理单位三家共同担责，同时项目建设单位、爆破作业单位、公安等监管机关对爆破作业项目的安全管理工作做出有力保障。

## 2.2 安全评估的主要内容

爆破安全评估主要包括以下9项内容：（1）爆破作业单位的资质是否符合规定；（2）爆破作业项目的等级是否符合规定；（3）设计所依据的资料是否完整，设计方案以及设计参数是否合理；（4）起爆网路是否可靠；（5）设计选择方案是否可行；（6）存在的有害效应及可能影响的范围是否全面；（7）安全保证的措施是否可行；（8）对爆破项目预算是否满足安全要求；（9）制定的应急预案是否适当。

## 2.3 安全评估遵循的法律、法规

正如前文所述，爆破安全评估工作除了遵守国务院条例466号和《爆破安全规程》（GB 6722—2014）外，有很多的涉及爆破作业的法律及法规也必须掌握，避免只从技术层面考虑问题，而忽略了法律、法规这些前提。所涉及的法律、法规有《中华人民共和国海上交通安全法》《中华人民共和国渔业法》《中华人民共和国电力法》《中华人民共和国石油天然气管道保护法》等。具体的条款如下可以供广大评估专家参考。

（1）《中华人民共和国海上交通安全法》（中华人民共和国主席令六届第7号），1983年。

第四十条 对影响安全航行、航道整治以及有潜在爆炸危险的沉没物、漂浮物，其所有人、经营人应当在主管机关限定的时间内打捞清除。否则，主管机关有权采取措施强制打捞清除，其全部费用由沉没物、漂浮物的所有人、经营人承担。

（2）《中华人民共和国渔业法》（中华人民共和国主席令第25号），2004年。

第三十五条 进行水下爆破、勘探、施工作业，对渔业资源有严重影响的，作业单位应当事先同有关县级以上人民政府渔业行政主管部门协商，采取措施，防止或者减少对渔业资源的损害；造成渔业资源损失的，由有关县级以上人民政府责令赔偿。

（3）《中华人民共和国电力法》（中华人民共和国主席令八届第60号），2006年。

第五十二条 任何单位和个人不得危害发电设施、变电设施和电力线路设施及其有关辅助设施。在电力设施周围进行爆破及其他可能危及电力设施安全的作业，应当按照国务院有关电力设施保护的规定，经批准并采取确保电力设施安全的措施后，方可进行作业。

（4）《电力设施保护条例实施细则》（公安部令第8号）。

第十条 任何单位和个人不得在距电力设施周围500m范围内（指水平距离）进行爆破作业。因工作需要必须进行爆破作业时，应当按国家颁发的有关爆破作业的法律法规，采取可靠的安全防范措施，确保电力设施安全，并征得当地电力设施产权单位或管理部门的书面同意，报经政府有关管理部门批准。

（5）《中华人民共和国电信条例》（国务院令第291号），2005年。

第五十条 从事施工、生产、种植树木等活动，不得危及电信线路或者其他电信设施的安全或者妨碍线路畅通；可能危及电信安全时，应当事先通知有关电信业务经营者，并由从事该活动的单位或者个人负责采取必要的安全防护措施。

（6）《铁路运输安全保护条例》（国务院令第430号），2012年。

第十八条 在铁路线路两侧路堤坡脚、路堑坡顶、铁路桥梁外侧起各1000m范围内，及在铁路隧道上方中心线两侧各1000m范围内，禁止从事采矿、采石及爆破作业。

(7)《广播电视设施保护条例》(国务院295号令),2000年。

第七条 禁止危及广播电视信号专用传输设施的安全和损害其使用效能的行为:在标志埋设地下传输线路两侧各5m和水下传输线路两侧各50m范围内进行铺设易燃易爆液(气)体主管道、抛锚、拖锚、挖沙等施工作业。

(8)《中华人民共和国军事设施保护法实施办法》(国务院令298号),2009年。

第十六条 在作战工程安全保护范围内,禁止开山采石、采矿、爆破,禁止采伐林木;修筑建筑物、构筑物、道路和进行农田水利基本建设,应当征得作战工程管理单位的上级主管军事机关和当地军事设施保护委员会同意,并不得影响作战工程的安全保密和使用效能。

(9)《中华人民共和国防治海岸工程建设项目污染损害海洋环境管理条例》(国务院令第507号),2007年。

第二十五条 兴建海岸工程建设项目,应当防止导致海岸非正常侵蚀。

禁止在海岸保护设施管理部门规定的海岸保护设施的保护范围内从事爆破、采挖砂石、取土等危害海岸保护设施安全的活动。非经国务院授权的有关行政主管部门批准,不得占用或者拆除海岸保护设施。

分析以上9个法律或条例,可以发现,除了部分严禁爆破之外,大多数也可以进行爆破作业,但在评估报告中必须给予明确设计施工单位进行前置手续办理,这也从另一个方面保护了爆破评估单位。如果出现违法、违规问题,而安全评估报告给出了明确说明,确实能起到免责问题。如果深化评估工作的话,可以在报告中建议对可能发生的危害效应进行检测。

## 2.4 爆破安全评估新事项

爆破工程按工程类别、一次爆破总药量、爆破环境复杂程度和爆破物特征,分A、B、C、D四个级别,实行分级管理。工程等级见表1。

表1 爆破工程分级细化
Table 1 Refining the blasting engineering classification table

| 作业范围 | 分级计量标准 | 单位 | 级别 | | | |
|---|---|---|---|---|---|---|
| | | | A | B | C | D |
| 岩土爆破 | 一次爆破总药量 $Q$ | t | $Q \geq 100$ | $10 \leq Q < 100$ | $0.5 \leq Q < 10$ | $Q < 0.5$ |
| 拆除爆破 | 高度 $H$ | m | $H \geq 50$ | $30 \leq H < 50$ | $20 \leq H < 30$ | $H < 20$ |
| | 一次爆破总药量 $Q$ | t | $Q \geq 0.5$ | $0.2 \leq Q < 0.5$ | $0.05 \leq Q < 0.2$ | $Q < 0.05$ |
| 特种爆破 | 单张复合板使用药量 $Q$ | t | $Q \geq 0.4$ | $0.2 \leq Q < 0.4$ | $Q < 0.2$ | |

## 3 爆破安全监理技术

在实际工程应用中,爆破安全监理是指安全监理单位受建设单位委托,根据法律法规、工程建设标准、勘察设计文件及合同,对爆破作业过程进行安全监理,对工程相关方的关系进行协调,并履行爆破工程安全生产管理法定职责的服务活动[10]。

### 3.1 实施流程

爆破安全监理流程如图1所示。

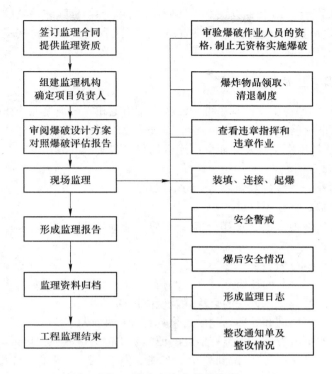

图 1 爆破安全监理总流程
Fig. 1 Total flow chart of blasting safety supervision

## 3.2 爆破监理项目基本要求

（1）安全监理单位应与委托单位签订安全监理合同。安全监理单位应根据自己单位资质等级和从业范围承接安全监理项目。爆破安全监理单位及人员应当与爆破作业设计施工单位无从属或利害关系。

（2）对爆破作业项目实施安全监理时，安全监理单位应确定安全监理项目技术负责人，并符合以下规定：

1）A级、B级项目安全监理项目技术负责人需具有高级爆破工程技术人员的资格。

2）C级或对公共安全影响较大的D级项目的安全监理项目技术负责人需具备中级以上爆破工程技术人员的资格。

3）D级及以下的项目安全监理技术负责人应为初级以上爆破工程技术人员。

4）安全监理单位应根据安全监理合同、设计施工方案、安全评估报告及公安机关审批意见，制定爆破作业安全监理方案。

（3）爆破施工项目结束后，安全监理单位应当分别向委托单位、设计施工单位和批准爆破作业项目的公安机关提交安全监理报告。

## 3.3 拆除爆破的安全监理特殊性

由于拆除爆破工程的前置特殊性，建设单位委托工程监理和工程招标之前，应向上级主管部门申请立项，纳入当地建设计划，并得到当地主管部门的批准。建设单位在委托监理单位和施工时，应提交所要拆除建筑物的有关文件和资料。同时承揽拆除和爆破的施工单位，必须取得《爆破作业单位许可证》（营业性）爆破资质，并且工程的级别要与其资质等级相匹配，不准超范围承揽工程。

### 3.4 安全监理过程中的责任规避问题

规避监理法律责任是指工程监理单位依法执业，防范和规避被追究法律责任，维护自己正当权益的行为。爆破工程施工中出现生产安全事故后，监理单位即使按照法律、法规、条例规定做了，也往往要被加以引申和外联而受到连带处罚。主要从以下几个方面进行避责：

（1）监理单位自身建设。
1）在承揽监理业务及履行监理合同中防范风险。
2）运用法律保护自身正当权益。
3）规避法律责任保护自己；承担与自身资质、能力相对应的监理业务；履行监理相关职责。

（2）备好申述和举证的资料。
1）反映监理依据的合法性证明。
2）反映监理工作的程序、方法的合法性及规范性的证据。
3）反映监理过程中协调和处理问题的后果具有合理性证据。
4）针对所追究的事故责任，提出有信度的证据来支持的事故原因申诉报告。

总而言之，在申述与举证中要做到科学、客观、公正，既表明监理自身的责任有或没有、大与小，也要能给事故责任处理提供佐证。

（3）应注意的几个问题。
1）加强监理机构建设，主要监理人员应掌握两个《细则》。
2）监理单位与建设单位、施工单位、评估单位不存在领导与被领导关系，相互间依合同为准则，相互约束，监理的管理不可以取代施工单位的安全管理。
3）只要是符合规范、规程、条例要求，符合安全技术保证措施或方案的要求，在确保安全施工的条件下，施工单位可自主采取施工方法，安全监理人员切不可指令施工单位按照监理人员确定的施工方式、方法，若认为确有必要需提出书面建议或进行必要的了解与沟通。
4）在处理事故时，协助建设方，依关心和帮助的立场，以尽量减少损失或避免更大的危害。
5）发挥监理通知单作用。发现并确认安全隐患的问题，必须坚持要求施工单位及时整改，对不认真整改的在征得建设单位意见后，应按规定及时签发暂时停工令，对拒不整改、拒不停工的应向主管部门报告。日常发现的安全问题，可用"监理通知单"书面通告施工单位进行整改，并要求施工单位对整改结果填写"监理通知单回复单"同时对整改结果做出相应回复。
6）建立自身的安全监理档案，备查。

## 4 结语

（1）文章详细介绍了爆破安全评估、监理的基本依据、原则、内容以及相关的法律法规，对于爆破施工单位能够提供参考，明确各部门的相关职责，能够有效地降低工程事故的发生。

（2）文章建立的监理总流程图，将指导监理单位更好地在工程的实施中掌控事故的风险，准确把握安全隐患并及时解决，保证项目安全顺利的进行。

（3）文章对爆破安全监理的责任规避问题做出了详细的阐述，有利于使监理人员能够切实履行自己的职责,提高监理的质量和服务水平。

## 参 考 文 献

[1] 闫鸿浩,王小红. 城市浅埋隧道爆破原理及设计[M]. 北京:中国建筑工业出版社,2013.
[2] 中华人民共和国国务院. 中华人民共和国爆破作业项目管理要求[S]. 北京:中国法制出版社,2012.
[3] 闫鸿浩,李晓杰. 城镇露天爆破新技术[M]. 北京:中国建筑工业出版社,2015.
[4] 张道振,何华伟,邵晓宁. 浅谈爆破工程监理存在的问题及对策[J]. 工程爆破,2008.
[5] 陆广亮. 爆破工程安全监理问题及对策分析[J]. 工程技术,2012.
[6] 倪嘉滢. 浅谈监理在爆破安全施工中的责任[J]. 西部探矿工程,2014.
[7] 张树云. 试论工程爆破中的安全评估[M]. 工程爆破,1996.
[8] 任才清,游波. 工程爆破安全事故致因机理的力学表达初探[J]. 采矿技术,2013.
[9] 中华人民共和国国务院. 中华人民共和国民用爆炸物品安全管理条例(国务院令第466号)[S]. 北京:中国法制出版社,2006.
[10] 中华人民共和国国家标准. GB 6722—2014 爆破安全规程[S]. 北京:中国标准出版社,2014.

# 三维数字化爆破质量评价技术研究

施富强  廖学燕  龚志刚  尹恒  赵鹏

（四川省安全科学技术研究院，四川 成都，610045）

**摘　要**：爆破质量的全面定量检测和评价是推动精细化爆破的基础。三维激光扫描技术具有快速、准确和区域整体测绘的特点，为高效、定量检测和评价爆破质量提供了技术手段。本文采用三维激光扫描技术对爆后结构面和爆堆形态进行扫描，建立三维实景数字模型，然后在三维实景模型中进行几何测量和质量评价。研究内容包括：爆破结构面、爆堆形态的现场三维激光扫描、三维实景数字化模型建立、爆破质量立体检测和爆破质量评价研究。研究表明，三维激光扫描技术具备精细化管理的全面质量检测和评价能力，为实现爆破数字化和智能化提供数据基础。

**关键词**：爆破；三维激光扫描；三维数字化；质量评价

## Study of Three-dimensional Digitalization Technique on Blasting Quality Evaluation

Shi Fuqiang  Liao Xueyan  Gong Zhigang  Yin Heng  Zhao Peng

(Sichuan Province Academy of Safety Science and Technology, Sichuan Chengdu, 610045)

**Abstract**: An overall quantitative detection and evaluation on blasting quality is the basis for promoting the refinement method of blasting. With the feature of speediness, high accuracy and the capacity of regional entire surveying, the three dimensional laser scanning technology can be used for detecting and evaluating blasting quality efficiently and quantitatively. In this paper, our researchers will make use of the three dimensional laser scanning technology to scan the blasting results, and build its 3D live-action digital model, with which we can make geometrical measurement and quality evaluation. The study contents include the 3D laser scanning of blasting results, the building of its 3D live-action digital model, the index of the overall detection and evaluation on blasting quality. The experiment result shows the three dimensional laser scanning technology is with the capacity of an overall quality detecting and evaluating with delicacy management, can provide the data base for blasting digitization and intelligentization.

**Keywords**: blasting; three dimensional laser scanning; three dimensional digitalization; quality evaluation

作者信息：施富强，教授级高级工程师，sfq@swjtu.cn。

## 1 引言

随着爆破技术的进步，爆破过程和效果受控程度逐步提高，同时对爆破质量定量评价的要求也越来越高。传统的爆破质量评价指标是在人工观测基础上提出的，常以抽样方法测量点、线为手段进行评价，如半孔率、平整度和块度等[1]。因此，如何客观、高效、全面、准确地对爆破质量进行评估是促进爆破技术进一步提升的关键环节。本文采用三维激光扫描技术，对爆破结构面、爆堆形态进行全样本测量和分析，形成三维数字化爆破质量评价技术。

## 2 爆破对象三维数字化研究

三维激光扫描技术作为一种新兴的测绘手段，可以对复杂结构体进行高精度的实景复制，具有精度高、非接触式、效率高和信息丰富等特点。它是利用激光测距以及水平和垂直方向的角距值计算，并记录被测物体表面密集点的三维坐标和反射率等信息，以点云的形式快速并且精确地在计算机中复建出被测物体的立体空间形状。由于采用激光测量，因此精度可达毫米级，并且不受光线影响[2]。

由于模型上的每个点都有翔实的坐标信息，因此可以在点云模型上进行测量、设计和分析[3]。为了方便利用传统的软件进行处理，也可以将点云转换成由网格面构成的立体模型。

在爆破前利用三维激光扫描技术建立爆破对象的三维点云模型，这就从真正意义上实现了爆破对象的三维数字化，如图1所示。爆破后进行扫描可以建立结构面及爆堆立体几何模型，并获取结构面空间几何、色度关系和爆堆形状、爆破块度、平整度等参数。另外，点云可以方便地转换为由网格构成的几何模型，便于进行后期设计和分析。

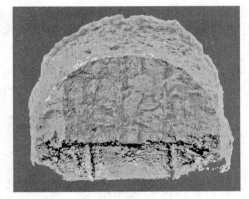

图1　隧道爆破三维点云
Fig.1　3D point cloud of tunnel

## 3 爆破质量三维数字化评价

爆破质量包括爆破对象的破碎效果和保留对象的爆破形态，下面分别进行叙述。

### 3.1 破碎效果

爆破后采用三维激光扫描技术获取整个爆破区域的点云实景，首先可以定量地评价爆破及堆积的效果。然后，可以对爆堆表面的岩块进行几何测量，如图2所示。从图2可以看出，岩块粒径大部分为0.3m左右，部分大块粒径约为1m。还可以将爆破前后的扫描数据进行对比，获取爆堆任意剖面的坡面角度、坡面长度等参数，如图3所示。从图3可以得出台阶爆破形成的爆堆坡面角度为13°，坡面长度为46m。逐次对爆区三维扫描，分析爆前与爆后轮廓形态，判定爆破参数的合理性。

### 3.2 爆破轮廓质量评价

对于光面爆破和地下开挖爆破，除了爆破破碎效果外，爆破后控制面的平整度、超欠量和裂隙也是关心的指标。采用三维激光扫描技术可以将爆破后效果和设计目标对比，并进行三维

图 2　爆破块度测量
Fig. 2　Blasting block degree measurement

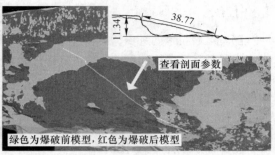
图 3　爆破前后的三维模型对比
Fig. 3　Comparison of the 3D model before and after blasting

质量评价。以隧道开挖爆破为例，采用三维激光扫描技术可以在没有光源的情况下获取隧道的三维模型，如图 4 所示。然后将设计模型与实际三维模型对比分析，得出任意点的超欠挖情况（见图 5），也可以统计超欠挖的分布和范围，如图 6 所示。根据 66923 个采样数据分析得出，该段隧道总欠挖占 19%，超挖 0~20cm 范围近 62%。

图 4　隧道三维激光扫描结果图
Fig. 4　Results of 3D laser scanning tunnel

图 5　实际模型与设计叠加分析图
Fig. 5　Actual model and design overlay analysis

另外，将爆破前后的三维点云模型进行对比，即可定量判断爆破质量，如图 7 所示。根据点云数据可以计算出该次爆破进尺为 3m，爆破方量为 254m$^3$。从三维模型可以看出，全断面爆

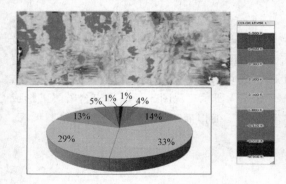
图 6　隧道超欠挖分布展开图
Fig. 6　Analysis chart of over-under-digging of tunnels

图 7　隧道爆破前后点云对比图
Fig. 7　Points contrast before and after tunnel blasting

破进尺差异较大，为调整炮孔深度，提供了定量的数据支持。

利用三维激光扫描技术快速获取爆破后的三维模型，然后可以在彩色的三维模型上准确地对炮孔残痕进行辨识和测量，如图8所示。根据轮廓面394个炮孔残留长度测量得到炮孔残痕长度为583m，按设计的孔深2.5m得到半孔率为59%。

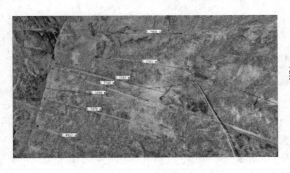

图 8　炮孔残痕长度测量

Fig. 8　Measurement of residual trace length

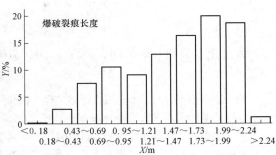

图 9　炮孔残痕长度统计图

Fig. 9　Hole residual trace length statistics

## 4　结论

（1）利用三维激光扫描技术实现爆破质量的定量评价是推动精细化爆破的重要手段，具有经济、快捷、客观、精准的特点。

（2）充分利用数字化信息技术，实现爆破设计与安全质量控制的系统耦合，是全面提升专业化水平和远程服务能力的有效手段。

（3）借助三维激光扫描对色度的敏感性，准确把握地质信息，为精细化设计提出科学依据。

（4）研究制定利用三维激光扫描技术评价爆破质量的技术标准，必将会促进爆破行业的创新发展。

## 参 考 文 献

[1] 汪旭光. 工程爆破手册[M]. 北京：冶金工业出版社，2010.
[2] 杨俊志，尹建忠，吴星亮. 地面激光扫描仪的测量原理及其检定[M]. 北京：测绘出版社，2012，130-136.
[3] 刘春，陈华云，吴杭彬. 激光三维遥感的数据处理与特征提取[M]. 北京：科学出版社，2009，41-83.

# 大型土石方爆破工程投标预算编制问题探讨

管志强[1,2]　吴嗣兴[1]

(1. 大昌建设集团有限公司，浙江 舟山，316000；2. 浙江海洋大学，浙江 舟山，316021)

**摘　要**：作者针对大型土石方爆破工程招投标预算编制的乱象，从此类工程的特点和行业健康发展的实际出发，认为预算应严格按照《建设工程工程量清单计价规范》(GB 50500—2013)和《爆破工程消耗量定额》(GYD-102—2008)要求进行编制。大型土石方爆破工程投标预算编制的措施项目应结合《爆破工程工程量计算规范》(GB 50862—2013)和《矿山工程工程量计算规范》(GB 50859—2013)露天矿山工程部分要求进行编制比较切合实际。

**关键词**：大型土石方；爆破工程；消耗量定额；预算；招投标；措施项目

## Discussion on Bidding Budgeting of the Large Earthwork Blasting Project

Guan Zhiqiang[1,2]　Wu Sixing[1]

(1. Darch Construction Group Co., Ltd., Zhejiang Zhoushan, 316000;
2. Zhejiang Ocean University, Zhejiang Zhoushan, 316021)

**Abstract**: Based on the chaotic bidding budgeting in the large-scale earthwork blasting project, from the reality of such engineering's characteristics and healthy development of the industry, the author believes that the budget should be strictly in accordance with GB 50500—2013 "Code of bills of qualities and valuation for construction works" and GYD-102—2008 "Consumption Quota of Blasting Engineering" for the preparation. Measure project of the large-scale earthwork blasting bidding budget should be combined with GB 50862—2013 "Standard method of measurement for blasting works" and open pit mine engineering part of GB 50859—2013 "Standard method of measurement for mining works" for the more realistic preparation.

**Keywords**: large earth; blasting; consumption of fixed; budget; bidding; measures project

## 1　引言

大型土石方工程是多数专业爆破公司的最主要业务，其施工产值也占有举足轻重的地位，同时也是爆破市场竞争最激烈的业务。同一个大型土石方爆破工程，不同单位的投标报价会出现成倍相差，究其原因：(1) 不按工程量清单计价规范和相关消耗量定额要求、措施项目漏项、安全生产费用被删减造成；(2) 不结合工程实际，凭借不成熟的经验随意套用，为低价

---

作者信息：管志强，教授级高级工程师，13505803468@163.com。

取得项目，不考虑工程机械折旧费等；（3）建设单位或招标代理机构不熟悉爆破行业业务，没有编制招标控制价或编制的招标控制价严重偏离工程实际。相对于建设工程其他行业，预算报价风险较大。

《爆破工程消耗量定额》（GYD-102—2008）虽然已经出台多年，该标准突出爆破工程行业的特点，是按照正常的施工条件、大多数施工企业的现有装备程度、合理的施工工艺、严密的施工安全防护措施和劳动力组织为基础编制的，反映了社会平均消耗水平和当前设计、施工中的最新技术成果，新技术、新工艺和新设备等。遗憾的是在爆破工程招投标中使用的并不多，影响力不大，因为大量的土石方爆破工程往往是矿山工程、建筑工程、市政工程、水利工程、交通工程等的一个子项或分部分项工程，这些行业的定额中都有与爆破相关的定额预算。行业定额、省市定额均有爆破工程相关定额，但不全面不系统，因为爆破基本不属于其主体工程，该类定额难以反映施工中的最新技术成果。爆破行业目前还只有一本消耗量定额，没有相应的费用定额、机械台班定额等配套定额。爆破工程在其他行业大多处于辅助工程，很少成为主体工程，相关的机械台班定额明显落后于爆破行业的实际状况。笔者试图以台阶深孔爆破为例，从多年来大型土石方爆破工程招投标及施工管理经验出发，对大型土石方爆破工程的预算报价做些探讨，以期对爆破行业的健康发展有所裨益。

## 2 大型土石方爆破工程预算存在的问题

大型土石方爆破工程，实际上是爆破、土石方挖装、运输和推平碾压几个分部分项工程。专业爆破公司从事的土石方爆破工程主要包括水利水电工程、港口工程、交通市政工程等的料场开采、路堑开挖等。露天矿山的剥离、采矿作业的穿爆采装工程也是爆破作业单位的主要工作内容之一。鉴于爆破行业发展的成熟度以及土石方爆破工程分散在其他行业。属于其他行业的一个单位工程甚至分部分项工程，加上社会上对土石方爆破的认识偏颇，土石方爆破工程预算往往受到轻视，施工价格偏低现象普遍存在，如不按定额要求、措施项目和费用不足等，严重约束了爆破行业正常发展，同时也为生产留下安全隐患。

爆破工程历史悠久，但它又是一个年轻行业，目前还没有一个行业综合管理部门。爆破资质已经从建筑行业退出。公安机关的管理主要还是基于爆破器材的安全管理，爆破作业单位许可证（营业性）与建筑企业资质还存在差距。安监部门将爆破企业纳入矿山企业管理，给爆破企业颁发安全生产许可证，但随着爆破资质在住建部门资质序列的退出，所谓的安全生产许可证（采掘施工）的依附依据不复存在。当然，安监部门又将眼光盯向具有矿山工程施工总承包资质的爆破作业单位。没有哪个部门真正关心爆破行业的发展问题。爆破行业基本上还不能摆脱从属于其他施工行业的命运。可以说，建筑、市政、水利、交通、铁道等几乎所有的与施工相关的行业定额中都有与爆破相关的内容，因为爆破作业在这些行业属于辅助作业，除隧道和地下空间掘进爆破外，几乎所有爆破作业是做"减法"，其他行业则是做"加法"。爆破作业要么把山搬掉，要么把建筑物拆掉，要么把礁石炸掉。其他建筑业则会在竣工后形成大楼、地铁、大坝、码头等。这些都是从根本上制约爆破行业发展的问题。无疑合理的、能保证爆破行业发展的土石方爆破工程预算编制会受到影响。除此之外，如下几个具体问题也是大型土石方爆破预算报价常常遇到的问题。

（1）预算定额、编制程序和取费标准过多。爆破作业单位造价人员要熟悉不同行业的预算定额及相关的编制程序和取费标准。矿山项目要熟悉矿山定额。矿山还分为煤炭、冶金、有色、建材、黄金、化工和核工业七种类型。建筑、市政、水利、电力、公路、港口、铁路等也有相应的爆破定额、编制程序和取费标准。经过爆破界的努力，《爆破工程工程量计算规范》

（GB 50862—2013）已颁布实施，相对于08版和03版《建设工程工程量清单计价规范》，此规范为新增，而且明确房屋建筑、市政的土石方工程中均不再列爆破项目。目前我国的行政管理体制还只能做到这一步。

（2）措施项目被删减。措施项目是指为完成工程项目施工，发生于该工程施工准备和施工过程中的技术、生活、安全、环境保护等方面的项目。措施项目包括通用措施项目和专业措施项目。因为爆破作业在工程建设中的地位以及相关部门造价人员不熟悉，往往导致专业措施项目空缺。即便是通用项目的安全文明施工费都不能满足财政部、国家安监总局联合发布的《企业安全生产费用提取和使用管理办法》财企〔2012〕16号要求，该办法第七条明确规定，建设工程施工企业以建筑安装工程造价为计提依据。根据不同行业提取标准为1.5%～2.5%。矿山工程属于最高的2.5%，爆破工程与矿山工程结合最紧密，单独招标的土石方爆破工程应照此执行。但含在其他行业的会按照相应的行业执行。

（3）预算编制的基础数据缺少且不能及时更新。人工费、材料费在工程地造价部门发布的价格信息基本可以查出，但爆破工程的机械台班经常不全，常常需要在公路、水利水电和港口工程等机械台班定额中查询，液压钻机台班几乎无处可查。

（4）行业科技进步进入相关行业定额标准时间长。爆破行业新材料、新技术、新工艺和新设备发展迅速。但相关行业定额中的爆破部分内容跟不上爆破发展步伐。未来中国爆破行业协会应加强与相关施工行业的及时沟通，使得各行业的爆破定额与爆破行业发展水平相适应。

## 3 工程量清单法土石方爆破工程预算的编制

### 3.1 大型土石方爆破投标预算报价内容

根据当前招投标相关法律法规要求，建设工程一般采用工程量清单法编制招投标预算造价。《建设工程工程量清单计价规范》（GB 50500—2013）规定，建设工程承发包及实施阶段的工程造价应由分部分项工程费、措施项目费、其他项目费、规费和税金组成。根据工程设计文件、施工方法、工程量计算规范、相应的预算定额和费用定额、各地相应的造价文件等，造价人员可以编制出工程预算造价。

为规范建设工程计价行为，统一建设工程计价文件的编制原则和计价方法，国家先后于2003年、2008年和2013年先后三次修订颁布《建设工程工程量清单计价规范》。《建设工程工程量清单计价规范》（GB 50500—2013）明确规定，使用国有资金投资的建设工程发承包，必须采用工程量清单计价。工程量清单应采用综合单价计价。措施项目中的安全文明施工费、规费和税金必须按国家或省级、行业建设主管部门的规定计算，不得作为竞争性费用。建设工程承发包、必须在招标文件、合同中明确计价中的风险内容及其范围，不得采用无限风险或类似语句规定风险内容及范围。投标报价不得低于成本价。工程量必须按照相关工程现行国家计量规范规定的工程量计算规则计算，必须以承包人完成合同工程应予计量的工程量确定。

一项有针对性的土石方爆破项目投标预算报价应根据设计资料、施工组织设计、相关预算定额、当地材料价格及工资标准等编制综合单价。需要注意的是国内现行综合单价爆破工程直接费及管理费、利润和风险费，规费和税金在单位工程汇总表中计算。因此，所谓的综合单价并非全费用综合单价。预算编制要素及流程如图1所示。

得到综合单价后，可以按照表1编制单位土石方爆破工程预算汇总表（投标报价）。

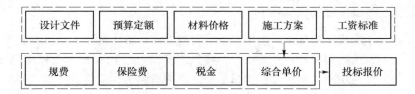

图 1 投标报价预算编制要素及流程示意图

Fig. 1 Bidding and budgeting process diagram elements

表 1 单位大型土石方爆破工程预算汇总表

Table 1 Summary unit large earthwork blasting budget

| 序 号 | 汇总内容 | 计算公式 | 金额 |
|---|---|---|---|
| 一 | 分部分项工程 | ∑(分部分项工程量×综合单价) | |
| | 其中:(1)人工费+机械费 | ∑(分部分项人工费+分部分项机械费) | |
| 二 | 措施项目费 | 2.1+2.2 | |
| | 2.1 施工技术措施项目费 | 按措施项目分别计算汇总 | |
| | 其中:(2)人工费+机械费 | ∑(措施项目人工费+措施项目机械费) | |
| | 2.2 施工组织措施费 | 3+4+…+12 | |
| | (3)安全文明施工费 | (1+2)×相应费率 | |
| | (4)冬雨季施工增加费 | (1+2)×相应费率 | |
| | (5)夜间施工增加费 | (1+2)×相应费率 | |
| | (6)已完工程及设备保护费 | (1+2)×相应费率 | |
| | (7)二次搬运费 | (1+2)×相应费率 | |
| | (8)行车行人干扰增加费 | (1+2)×相应费率 | |
| | (9)提前竣工增加费 | (1+2)×相应费率 | |
| | (10)工程定位复测费 | (1+2)×相应费率 | |
| | (11)特殊地区施工增加费 | 按实计算 | |
| | (12)其他施工组织措施费 | 按相关规定计算 | |
| | 2.3 施工安全措施费 | 按相关规定计算 | |
| 三 | 其他项目 | 按清单计价要求计算 | |
| | 其中:暂列金额 | | |
| | 其中:专业工程暂列费 | | |
| | 其中:计日工 | | |
| 四 | 规费 | 13+14 | |
| | (13)社保费、住房公积金、排污费 | (1+2)×相应费率 | |
| | (14)民工工伤保险费 | (1+2)×相应费率 | |
| 五 | 危险作业意外伤害保险费 | (1+2)×相应费率 | |
| 六 | 税金 | 按当地税务要求计算 | |
| 七 | 工程造价 | 一+二+…+六 | |

## 3.2 大型土石方爆破工程的措施项目

措施项目指为了完成工程施工，发生于该工程施工前和施工过程，主要指技术、生活、安全等方面的项目。包括通用项目和专业项目，建筑、安装、市政等专业工程均包涵上述两项，而爆破行业往往只有通用项目而将专业项目忽略，严重影响工程造价。

大型土石方爆破工程与露天矿山工程（特别是山坡露天矿）基本类似。所不同的是，一般只包括基建期的矿山剥离、开拓系统形成及相关附属工程。大型土石方爆破工程除了露天矿山工程的内容外，还包括生产期的穿孔爆破工程、采装工程等。因此，大型土石方爆破工程参照露天矿山工程措施项目是合适的。住建部新的资质标准颁布后，2016 年 7 月 1 日将全面实施。目前已有建设单位在工程招标中将大型土石方爆破工程资质标准确定为"矿山工程施工总承包资质＋安全生产许可证（采掘施工）＋爆破作业单位许可证（营业性）"是有一定道理的。

一般土石方爆破工程除通用措施项目外，应按照《矿山工程工程量计算规范》（GB 50859—2013）露天矿山措施项目，即伐树、植被清除、设备上山道路、作业平台、防洪沟、临时炸药库、脚手架以及大型设备场外运输。

环境复杂或有特别要求的土石方爆破项目还应按照《爆破工程工程量计算规范》（GB 50862—2013）增加如下爆破安全措施项目：爆破振动监测、爆破冲击波监测、爆破噪声监测、减振沟或减振孔、抗振加固措施、阻波墙、水下气泡帷幕、粉尘防护以及滚跳石防护。涉及搭设脚手架的项目，按照现行《房屋建筑与装饰工程工程量计算规范》（GB 50584）执行。

一些重要爆破项目，还包括试验爆破措施项目。试验爆破是在爆破做现场进行的爆破器材爆炸性能检查及爆破效果的试验项目，了解被爆破对象的材料性能及确定安全设计参数的试验检测项目。

对于重大爆破工程的现场警戒及实施涉及社会公共安全管理，应在公安机关指导下进行措施项目管理。爆破现场警戒与实施措施项目要求根据场地周边情况和要求，进行封闭式警戒。

## 3.3 影响大型土石方爆破预算报价的因素

影响土石方爆破预算报价的因素比较复杂，综合有如下五点：

（1）爆破对象。爆破山体的形态如坡度、作业范围及岩体的可爆性等对爆破成本会造成较大影响。山体形态过陡会使辅助工作量增加、设备生产能力降低。岩体的可爆性差导致炸药单耗上升。

（2）设计要求。矿山设计文件一般会对露天开采的道路走线、台阶高度及边坡要求有较详细设计。施工单位必须按照该设计文件要求编制施工组织设计和爆破方案，否则会受到矿管部门和安监部门处罚。道路的长度和断面与开拓工程量联系紧密。台阶高度会对钻孔设备的选择有较大影响，台阶高相应的钻孔直径也大，合适台阶的大孔径钻孔爆破会比小孔径钻孔爆破成本低。

（3）环境条件。复杂的爆破环境会增加技术成本，如加密孔网参数、降低延米爆破量，使得钻孔费用和起爆器材费用增加。同时还会增加安全防护、安全监测等措施费用。

（4）总工程量和施工强度。工程量大对固定费用摊销有利。但施工强度过大会造成设备大进大出，进退场费用明显增加。有时采用大区爆破会造成作业成本增加 30%。投标报价应综合考虑工程量和施工强度的关系。

（5）机械设备。不同的设备有不同的设计产能及适用条件。施工强度、台阶高度、爆破效果等也会对机械设备形成制约。设备配置既要利用好企业现有设备，也要考虑与施工强度、开采爆破参数及工作面条件相适应。使得机械设备在整个施工成本中的比例尽可能合理。

## 4 结语

大型土石方爆破工程投标预算规范编制对爆破行业的发展具有极其重要的意义。编制单位及人员应该按照《建设工程工程量清单计价规范》(GB 50500—2013) 和《爆破工程消耗量定额》(GYD-102—2008) 要求进行编制。大型土石方爆破工程投标预算编制的措施项目应结合《爆破工程工程量计算规范》(GB 50862—2013) 和《矿山工程工程量计算规范》(GB 50859—2013) 要求。同时还应该考虑设计要求、环境因素、总工程量、施工强度等综合权衡。做到不漏报，工程量清单、预算报价与设计、施工方案相匹配。大型土石方爆破工程主题按照矿山工程露天矿预算造价编制要求与当前爆破行业发展状况比较相适宜，大型土石方爆破工程基本上办理"采矿许可证"，纳入矿山工程预算管理也是当前爆破作业单位最有利的途径。

需要注意的是，2016年5月1日起，随着建筑业"营改增"在全国的全面实施。《建设工程工程量清单计价规范》中规费和税金不得作为竞争性费用的规定也将发生变化。规费和税金将会从投标报价汇总表一栏删除，在综合单价中增加规费和税金形成全费用综合单价，与国际上通用做法接轨。企业主要负责人、财税人员及造价人员应引起注意。随着我国实行"一带一路"战略，"中国投资"走出国门已成常态，实行与国际通行作法一致的全费用单价也是大势所趋。

## 参 考 文 献

[1] GB 50500—2013 建设工程工程量清单计价规范[S]. 北京：中国标准出版社，2013.
[2] GB 50862—2013 爆破工程工程量计算规范[S]. 北京：中国标准出版社，2013.
[3] GB 50859—2013 矿山工程工程量计算规范[S]. 北京：中国标准出版社，2013.
[4] GYD-102—2008 爆破工程消耗量定额[S]. 北京：中国标准出版社，2008.

# 爆破作业相关标准规范在执行中存在的问题讨论

冯新华[1]　管志强[1,2]　焦　锋[1]

(1. 大昌建设集团有限公司，浙江 舟山，316000；2. 浙江海洋大学，浙江 舟山，316021)

**摘　要**：本文从近几年发布的爆破作业相关标准规范在执行过程中存在的问题出发，认为爆破作业项目级别划分、爆破作业单位及技术人员业绩认定、项目许可、爆破有害效应监测等尚需进一步完善。探讨了可能的改进措施和办法。对爆破作业单位正确全面执行标准规范有参考意义，也为今后标准规范的修改完善提供依据。

**关键词**：爆破作业；标准规范；爆破分级；业绩认定；项目许可；有害效应

## Discussed on Problems in the Implementation of Blasting Operation Related Standards

Feng Xinhua[1]　Guan Zhiqiang[1,2]　Jiao Feng[1]

(1. Darch Construction Group Co., Ltd., Zhejiang Zhoushan, 316000;
2. Zhejiang Ocean University, Zhejiang Zhoushan, 316021)

**Abstract**: Based on the problems existing in the implementation of blasting-operation related standards published in recent years, this paper believes that the blasting project level division, the performance of blasting operations units and technical staff, project permits, blasting harmful effects monitoringetc need further improvement. It discussied possible improvements and methods. This provides a reference for the blasting units' the full implementation of the standards, and also provide a basis for future changes for improving standards.

**Keywords**: blasting operations; standard specification; blasting rating; results found; project license; harmful effects

## 1　引言

2012年以来，《爆破作业单位资质条件和管理要求》(GA 990—2012)、《爆破作业项目管理要求》(GA 991—2012)、《爆破安全规程》(GB 6722—2014)和《爆破作业人员资格条件和管理要求》(GA 53—2015)相继出台，对规范爆破工程的安全管理提供了新的重要依据，但在执行过程中也存在一些困惑和问题。如爆破项目作业级别确定，城市、风景名胜区和重要工程设施概念的明确定义，爆破安全评估委托单位应该是谁，爆破作业单位资质评审中单位及技术负责人业绩认定问题，爆破工程技术人员升级中遇到的业绩问题等，还有不少难以操作或值得商榷

---

作者信息：冯新华，高级工程师，fxh09@qq.com。

的地方。本文就近三年来执行过程中存在的问题及新出台的《爆破安全规程》(GB 6722—2014)、《爆破作业人员资格条件和管理要求》(GA 53—2015)存在的问题做探讨,以便将来进一步完善标准和相关管理工作参考。

## 2 爆破作业项目等级分类存在的问题

《爆破安全规程》(GB 6722—2014)在爆破工程分级部分明确:爆破工程按照工程类别、一次爆破总药量、爆破环境复杂程度以及爆破物特征,分为A、B、C、D四个级别,实行分级管理。

问题1:一般土岩爆破按照药量分级后级别再调整。以一个一次爆破总药量2t的爆破为例。(1)在居民集中区、大型养殖场或重要设施距爆区边缘100m范围内爆破时采用复杂环境深孔爆破,对应爆破工程级别为C。(2)距爆区1000m范围内有国家一、二级文物或特别重要的建(构)筑物、设施;距爆区500m范围内有国家三级文物、风景名胜区、重要的建(构)筑物、设施;距爆区300m范围内有省级文物、医院、学校、居民楼、办公楼等重要保护对象。露天深孔爆破按药量对应爆破工程级别为C,根据《爆破安全规程》4.2的规定应调整工程级别为B。

复杂环境深孔爆破如不参照4.2的规定情况调整工程级别,则会出现同样药量复杂环境深孔爆破的工程级别比露天深孔爆破的工程级别低。因此复杂环境深孔爆破还应按照《爆破安全规程》4.2的规定情况调整工程级别。

问题2:矿山内部爆破问题。《爆破安全规程》4.4规定:矿山内部且对外部环境无安全危害的爆破工程不实行分级管理。该款应包含下属前提条件:(1)采矿权人有《爆破作业单位许可证》(非营业性)资质;(2)矿山内部且对外部环境无安全危害的爆破工程;(3)有相对应的爆破工程级别一致的爆破技术人员。否则,应委托相应资质营业性爆破单位进行爆破作业。按照《爆破安全规程》(GB 6722—2014)对爆破分级的规定,除符合条件的矿山爆破不实行分级外,其他所有爆破都列入分级管理且最低级别为D级,与2003版规程相比变动较大。

## 3 爆破作业业绩认定问题

### 3.1 爆破作业单位业绩的认定

《爆破作业单位资质条件和管理要求》(GA 990—2012)对爆破作业单位业绩要求问题:以一级资质条件业绩为例,近3年承担过的A级爆破作业项目的设计施工不少于10项,或B级及以上爆破作业项目的设计施工不少于20项,工程质量达到设计要求,未发生重大及以上爆破作业责任事故。是否在城市、风景名胜区和重要工程设施附近实施爆破作业并没有规定。

现实情况是,公安机关认定业绩必须有符合GA991附表A.1要求的《爆破作业项目许可审批表》和B.1《爆破作业项目备案表》。且在审批表的作业地点栏目内注明实施行政许可的理由,即填写"在××城市范围内""在××风景区范围内"或"在××重要工程设施附近"。同时评估单位、监理单位齐全。否则业绩无法认定。这对一些大型工程项目明显不公平。大型工程项目往往投入多名高资质等级的爆破工程技术人员,爆破用药量有时一年达到数千甚至上万吨,单次爆破药量达到数十吨至数百吨,按照《爆破安全规程》可能达到A级,但按照当前业绩认定可能不能算业绩或最多算一个业绩。

另外,当一个施工标段内或一个项目施工范围较大,在进行爆破评估时,按有关规定分段评定爆破作业工程级别时,有一个合同段内会出现不同工程级别,当其中的一个等级的爆破作业结束，而合同内的其他级别未结束时，怎样判定其已完工爆破作业级别时间。

## 3.2 爆破工程技术人员业绩认定

《爆破作业人员资格条件和管理要求》(GA 53—2015)将爆破工程技术人员从高到低分为高级A、高级B、中级C和初级D。除初级以及取得硕士、博士学位申报中级C和高级B外没有业绩要求，其他均有从事上一个等级资格一定时间且有相应业绩要求。如申请中级C需要取得爆破工程技术人员初级D后连续从事爆破相关工作4年以上且主持过不少于3项D级爆破作业项目的设计施工。申请高级B需要取得爆破工程技术人员中级C后连续从事爆破相关工作4年以上且主持过不少于3项C级爆破作业项目的设计施工。申请高级A需要取得爆破工程技术人员高级B后连续从事爆破相关工作4年以上且主持过不少于5项B级爆破作业项目的设计施工。

问题1：对"主持"的理解。一般认为"主持"就是第一设计人。单位实施的爆破作业项目数量会严重限制爆破工程技术业绩。如某年某单位申报爆破工程技术人员高级A、高级B和中级C各1人（共计3人），那么该单位至少应实施过5个B级、3个C级和3个D级共11个爆破项目。如果某单位不是3人，而是6人、9人或更多呢？一个单位有如此多业绩吗？即便专业从事烟囱、楼房等建构筑物拆除爆破也有难度。

问题2：在低资质爆破作业单位工作的爆破工程技术人员无法申报高等级资格。相关法规和标准对爆破作业单位承接的爆破作业项目均有规定，要求爆破作业单位承接的爆破作业项目的等级不应超过其相应的资质等级，即一、二、三、四级资质对应的爆破作业项目等级分别为A、B、C、D级。四级作业单位工作的技术人员最高可申请中级C，三级作业单位工作的技术人员最高可申请高级B，只有在二级或一级作业单位可以申请高级A。

问题3：单位技术负责人的业绩。单位技术负责人一般就是总工程师，是一个单位的最高技术权威，不可能是第一设计人，而是单位技术报告或方案的审定或批准人。按照"主持"是指第一设计人的说法，技术负责人将不复存在，显然有悖常理。

## 4 爆破作业项目许可问题

《爆破作业项目管理要求》(GA 991—2012)规定：在城市、风景名胜区和重要工程设施附近实施爆破作业的，爆破作业单位应向爆破作业所在地设区的市级公安机关提出申请，受理申请的公安机关应在受理申请之日起20日内进行审查。对符合条件的，作出批准的决定；对不符合条件的，书面向申请人说明理由。经公安机关审批的爆破作业项目，实施爆破作业时，应由符合GA990要求具有相应资质的爆破作业单位进行安全监理。

经公安机关审批的爆破作业项目，应有相应资质的爆破作业单位进行安全评估、安全监理。

问题1：爆破作业项目级别与审批没有必然联系。（1）有相当部分爆破作业项目不在城市、风景名胜区和重要工程设施附近。亦即不审批（只备案），无须安全评估和安全监理。（2）有的项目虽然不在城市、风景名胜区和重要工程设施附近的范畴，但是按一次爆破药量等级已达B级或A级爆破。

笔者建议：（1）符合《爆破安全规程》4.4规定的矿山，实行备案；（2）其余爆破作业项目实行审批；（3）在城市、风景名胜区和重要工程设施附近及B级以上爆破作业项目，实施爆破作业时，均应进行安全评估和监理。

问题2：爆破安全评估的委托单位。在实际施工过程中，爆破设计、施工及安全监理的委托单位按建设工程有关法律法规认定为建设单位，如《建筑法》第四十二条规定建设单位应当按照国家有关规定办理爆破作业申请批准手续。公安部行业标准对爆破安全评估的委托单位比较模糊。在实际的评估工作中就出现有建设单位委托的和爆破作业单位委托的两种情形。笔者认为应明确由建设单位委托。

## 5 爆破有害效应监测问题

《爆破安全规程》（GB 6722—2014）6.10.1条规定"D级以上爆破工程以及可能引起纠纷的爆破工程，均应进行爆破有害效应监测。监测项目由设计和安全评估单位提出，监理单位监督实施。"分级标准中爆破作业项目最低级别为D级，该条中的"D级以上"显得没有实际意义。此外7.4.6条规定"爆破有害效应的监测除按6.10有关规定执行外，对C级及其以下级别的复杂环境深孔爆破工程，如认为可能引起民房及其他建（构）筑物、设施损伤，应作相应有害效应监测。"对照"6.10.1条和7.4.6条"令人费解。笔者认为"6.10.1条"中的"D级"应该为"B级"。

《土方与爆破工程施工及验收规范》（GB 50201—2012）对爆破有害效应监测有比较详细的规定。包括监测方案的编写、现场调查与观测、质点振动监测、有害气体监测、冲击波及噪声测试、水击波、动水压力及涌浪监测。另外，对监测报告应包括的内容也作了规定。爆破作业单位进行爆破有害效应的监测应按此要求执行。

## 6 爆破作业相关规范标准问题

作为一个成熟的施工行业，勘察、设计、施工、监理及验收技术规范和相应的管理规范应该配套齐全。目前，爆破行业最常见的规范标准主要围绕安全管理问题。相关的单行本爆破技术标准主要散落在水利水电、水运、铁道等部门。无论是国家标准还是行业标准在技术标准上都有待完善。表1汇聚了爆破行业常见的国家和行业标准。

表1 爆破行业常见的与爆破作业相关标准规范

Table 1 Blasting common industry standards associated with blasting operations

| 国家标准 | | 行业标准 | |
| --- | --- | --- | --- |
| 编号 | 名称 | 编号 | 名称 |
| GB 6722—2014 | 爆破安全规程 | GA 837—2009 | 民用爆炸物品储存库治安防范要求 |
| GB 50201—2012 | 土方与爆破工程施工及验收规范 | GA 838—2009 | 小型民用爆炸物品储存库安全规范 |
| GB 50089—2007 | 民用爆破器材工程设计安全规范 | GA/T 848—2009 | 爆破作业单位民用爆炸物品储存库安全评价导则 |
| GB 18098—2000 | 工业炸药爆炸后有毒气体含量测定 | GA 990—2012 | 爆破作业单位资质条件和管理要求 |
| GB 50862—2013 | 爆破工程工程量计算规范 | GA 991—2012 | 爆破作业项目管理要求 |
| | | GA 53—2015 | 爆破作业人员资格条件和管理要求 |
| | | JTS 204—2008 | 水运工程爆破技术规范 |
| | | TB 10122—2008 | 铁路路堑边坡光面（预裂）爆破技术规程 |
| | | DL/T 5135—2013 | 水电水利工程爆破施工技术规范 |
| | | DL/T 5333—2005 | 水电水利工程爆破安全监测规程 |
| | | GYD-102-2008 | 爆破工程消耗量定额 |

另外，一些地方标准也可供参考，如浙江省的《海堤工程爆炸置换法处理软基技术规范》（DB33/T 839—2011）等。

## 7 结束语

"十二五"期间，公安部发布了多项与爆破行业发展相关的行业标准，对爆破行业的规范发展起到了较好的指导作用，彻底改变了一本《爆破安全规程》管理爆破行业的局面。2016年全国各地爆破作业单位陆续进入《爆破作业单位许可证》换证申报时期。爆破作业单位对新一轮的换证工作都十分关注。新规范在执行过程中存在的问题有时会造成一些人员的困惑。笔者从多年的实践出发，将遇到的问题集中在一起讨论，起个抛砖引玉的作用。相对于其他施工行业，爆破还是一个新行业，公安机关作为爆破行业主管部门，与住建、水利水电、交通运输以及铁道等其他施工行业主管部门相比，前者基本上都集中在爆破器材的安全管理，对行业的发展关注相对较少。当前，中国工程爆破协会更名为中国爆破行业协会，进一步说明国家对爆破作为一个行业的认可。爆破行业的规范、健康发展还需要全体爆破人的共同努力。

## 参 考 文 献

[1] 中国工程爆破协会. GB 6722—2014 爆破安全规程[S]. 北京：中国标准出版社，2014.
[2] GB 50201—2012 土方与爆破工程施工及验收规范[S]. 北京：中国标准出版社，2012.
[3] GA 991—2012 爆破作业项目管理要求[S]. 北京：中国标准出版社，2012.
[4] GA 990—2012 爆破作业单位资质条件和管理要求[S]. 北京：中国标准出版社，2012.
[5] GA 53—2015 爆破作业人员资格条件和管理要求[S]. 北京：中国标准出版社，2015.

# 关于电子雷管和信息化监控在爆炸物品安全监管中的作用

马春强　刘忠民

（北京市公安局治安管理总队，北京，100000）

**摘　要**：北京构建世界城市战略为首都公安机关强化爆炸物品安全监管提出了更高的工作标准与要求。如何强化爆炸物品安全监管，减少和消除爆炸物品流失社会被不法分子利用的可能，是公安机关必须解决的难题之一。本文简要介绍了电子雷管和信息化监控两项新型技术，论述了采用这两项新技术对爆破器材安全监管的重要性和可行性，并结合北京的实际情况论述了在我市引入和推广这两项新技术的相关工作措施和步骤。

**关键词**：爆炸物品；安全管理；电子雷管

## The Effect of Using Electronic Detonators and Digital Monitoring in Safety Supervision of Explosives

Ma Chunqiang　Liu Zhongmin

（Public Security Administration, Beijing Municipal Public Security Bureau, Beijing, 100000）

**Abstract**: The strategy of building a World-City in Beijing sets higher work standards and requirements of improving the safety supervision of explosives for Beijing public security bureaus. One of the many problems that must be solved is how to improve the safety supervision of explosives to reduce and eliminate the possibility for criminals to use those explosives that are lost to the publics. This article briefly introduced the two new technologies, electronic detonators and digital monitoring. It discussed the importance and feasibility of using those two new technologies in the supervision of blasting equipment safety, and the relevant measures and procedures that can be taken to introduce and generalize the two technologies in Beijing by considering the circumstances of the city.

**Keywords**: explosives; safety supervision; electronic detonator

## 1　电子雷管爆破新技术应用

电子雷管技术是指在雷管内植入电子智能芯片，使得每发雷管都有自身对应的编码，并在芯片中设置起爆密码，电子雷管必须要使用专用起爆器起爆，在起爆时输入正确的密码才能起爆，这样即使暴恐分子非法获得雷管，要想利用电子雷管制作爆炸装置并非易事。而且该项技术的后续发展还可与互联网+相结合，如在专用起爆器上加装GPS模块，通过设置电子雷管的

---

作者信息：马春强，支队长，jfb2005@sina.com。

使用地域范围，一旦电子雷管超出其使用地域范围，雷管、起爆器与爆破员三者密码相匹配也无法成功起爆；此外通过互联网+可及时将已起爆的电子雷管编码信息上传到民爆物品管理信息系统。这些手段对加强公安机关公共安全管理十分有效。

北京地区虽然爆破作业项目不多，但涉及的爆破作业方式较为全面，既有地上露天爆破，也有地下爆破；既有大型矿山爆破，也有小型路堑爆破；既有需每日爆破的，也有四五天才爆破一次的。电子雷管爆破试点工作首先在全市范围有条件的工点试用，然后重点选定顺义和房山两个区全面推广，按照试点方案的具体措施，指导相关公安分局、爆炸物品使用单位在爆破实施中应用，建立了人员培训和实地监管制度，及时了解试行中存在问题，掌握电子雷管总体推进情况。经过3年多来在不同爆破作业项目上的试验和应用电子雷管，得到的结论是：深孔爆破中可降低爆破有害效应，石方爆破成本增加很少，对大多数露天矿山爆破是可以接受的。以房山采石场火工品使用情况为例：使用导爆管雷管每次爆破最多不能超过3t炸药，约30个孔，每孔两发管，加地面连接雷管，总共约使用70发导爆管雷管，则单次爆破的器材成本为每平方的爆破器材成本约为8.16元。如果采用电子雷管，按逐孔起爆，仍每孔两发电子雷管计算，则每平方的爆破器材成本约为8.30元，因此电子雷管爆破的器材成本增加了1.68%。密云威克铁矿单次爆破规模更大，电子雷管爆破的器材成本仅增加了不到1.0%；顺义石灰石矿深孔爆破，使用电子雷管后单次爆破规模比以前扩大了3~5倍，所以使用电子雷管爆破的整体成本并没增加。由此可知，当前电子雷管在大规模深孔爆破中有全面推广应用的条件。若在复杂环境下采用电子雷管降低爆破振动后，可以适当增加一次的爆破规模，同时将每个起爆体减到一发电子雷管，提高爆破效率和效果带来的附加效益可以抵消雷管成本的增加，更能显示出电子雷管的优越性。

综合分析，电子雷管出厂价为40元/发，虽然远高于普通雷管的价格，使用电子雷管直接成本有所增加，但对于大孔径深孔爆破而言，雷管使用较少，电子雷管所占成本比例很低，而其他附加效益有所增加，经过长期试用初步可以得出以下阶段性结论：

（1）从爆破减振、爆破块度、爆破规模效益等方面来说，电子雷管具有普通导爆管雷管不可比拟的优势。

（2）电子雷管虽然价格较高，但对于大型矿山来说，大孔径深孔使用电子雷管，其综合经济效益等同于普通导爆管雷管，露天深孔爆破具有推广应用优势。

（3）对于小孔径浅孔爆破或隧道爆破，采用电子雷管虽然从爆破减振、爆破块度方面有较好效果，但由于雷管价格较高，且起爆雷管费用占比较大，很难达到全面推广应用的价值。

（4）尽管电子雷管可以提高爆炸物品的本质安全，其流失社会被不法分子利用的可能性大大降低，提高了公安机关监管能力；但就目前的技术成熟度而言尚有待改进，根据应用效果统计，电子雷管准爆率还不及导爆管雷管，网路检测还时而出现问题。

（5）地下煤矿、磁铁矿环境条件下出现过网路不稳定现象，如何确保电子雷管的准爆率和可靠性是当务之急。

由此可知，电子雷管具有很大的推广应用前景，但仍需在不同爆破条件下进行大量的试验，需要提高寒冬低温条件、酷暑高温高湿条件等极端气候环境中电子雷管的稳定性、可靠性。

下一步推广电子雷管计划将从实际出发，根据技术条件成熟度和经济政治环境条件，积极推进电子雷管爆破的先进技术。具体措施如下：

（1）加强现场使用人员的培训，使爆破操作人员能够熟练掌握电子雷管的使用方法，做到规范操作。

（2）继续进行爆破振动、爆堆块度等方面的对比分析，探索最佳爆破参数，为更好地使用电子雷管打下坚实的理论基础。

（3）结合各区爆破的实际情况，制定相应技术推广应用方案。优先考虑露天矿山爆破和复杂环境下石方爆破，具体方案应包括各区电子雷管爆破技术培训安排、使用电子雷管爆破逐年提升比例数、应用电子雷管爆破技术出现的问题汇集、公安机关审批监管手段需做的调整建议等。

## 2 信息技术在爆破安全监管中应用

从公安机关查获的涉爆案件来看，涉案爆炸物品80%以上是不法分子通过非法渠道获取的正规厂家生产的爆炸物品，另20%是不法分子通过原料自制的，这表明合法爆炸物品流失社会被不法分子利用仍然是涉案爆炸物品的主要来源。强化合法爆炸物品的监管，减少其流失被利用的可能仍是公安机关防范打击涉爆案件的重要手段。如果在爆炸物品的储存、运输、使用过程中推行信息化监控技术，会因技术控制阻止不法分子获取的爆炸物品，从而将爆炸物品流失社会的风险降至较低水平。按照公安部要求建立的爆炸物品的跟踪系统，对运输、存储、发放、使用过程进行了流向追踪，总体上收到了很好的效果。随着信息化监控技术的发展，对民用爆炸物品储存、运输、发放、使用过程的全面监控是非常必要的，也是可以做到的。当前对于爆炸物品集中的爆破器材库房和运输车辆已经实现了信息化监管。

爆破器材库房已建立了：（1）防盗监控：通过安装防盗门、高清视频自动监控等，实现非库管人员不能进入炸药库，人员一旦进入通道自动报警，启动应急预案，进行处置。库房进门、通风口、发放点、库房通道采用高清视频监控，发现异常自动报警提示。（2）库房管理员离脱岗监控：规定库管员在一定时间内进行掌纹签到或定时打卡，在规定时间内没有签到的视为脱岗或离岗处理，使他们不能脱岗，保证他们的安全和库房安全。（3）库房安全环境监控：主要对库房的温度、湿度、风速、火情等各项指标进行监控，传感器安装在回风通道口，环境不合格时，自动报警，启动应急预案进行处理；湿度超标时，启动除湿装置。

运输过程监控是指从爆炸物品出库开始，到装卸、运输至目的地，以及爆炸物品运输车行走路线和过程的监控。运输过程监控包括车辆周围环境视频监控，以及对运输车辆的自动定位、闭锁、驾驶室视频等的监控。运输采用精确定位技术、智能视频监控技术实现对人员、车辆的监控，从而构筑了对运输过程的全面监控网络，一旦发生意外，自动启动应急预案，进行紧急处置。

鉴于爆破实施场地的流动性和复杂性，关于爆炸物品现场使用过程的信息化监控是当前的薄弱环节，随着物联网技术的发展，建立爆炸物品全程自动闭合监控已水到渠成了。发展爆炸物品物联网全程监控系统，可以杜绝"私藏、私盗、私买、私用"，确保"最后一公里"的可靠；杜绝无证不合格人员领退和使用爆炸物品；确保规定到岗人员不违章操作。具体监控措施初步有如下设想：现场爆破安全监理配备"爆破作业现场监控硬件系统"（见图1），包括上网和数据处理平台、视频采集

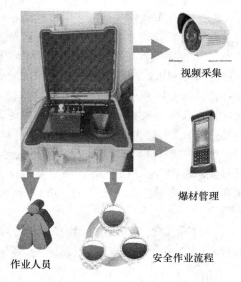

图1 爆破作业现场监控硬件系统
Fig. 1 The monitoring hardware systems of blasting work site

器、人员识别（虹膜或掌纹）认证、爆破器材编码识别器等。通过信息化识别系统规范工程管理，首先在爆破施工前通过掌纹识别仪对各类作业人员点名考勤管理，系统中上报的爆破技术负责人、爆破员、安全员和保管员，没有到齐不能进行炸药雷管的领取分发，对人员不符合相关资质要求和数量要求的，有权停止其爆破作业；现场爆材分发通过爆破器材编码识别器上传到管理系统中；现场装药、联网等施工情况及进度，通过视频、图片实时在线监测，对各环节产生的问题能够及时发现和纠偏。爆破安全监理相当于替代公安实现全程监管，公安机关可以随时上网察看系统中的视频图片和流向图1爆破作业现场监控设备，更利于将爆炸物品的安全隐患进行事前控制，有效降低社会治安事故发生率。

根据爆破作业主要环节，结合北京市爆破作业工点实际现状，对现场视频监控设备提出了具体使用及管理要求：

（1）爆破作业现场视频监控应用平台由监理单位使用，监理单位的现场监理人员负责视频采集设备的操作、管理。由监理人员记录爆破作业现场掌纹识别考勤。

（2）视频拍摄设备的数量要根据作业的实际情况和需要配备，必须保证每次作业、每班作业、每个作业面、每个作业点都能使用视频采集设备进行监控。采用视频采集设备拍摄爆炸物品现场看管、分发过程，现场爆破员领取、清退爆炸物品、数量情况。

（3）每班次使用设备前，要核对视频采集设备时间与计算机时间和实际时间是否相符，如不相符，修正后才能使用。

（4）拍摄作业过程包含：1）运输车到达临时存放点，现场卸车、领用爆炸物品环节；2）爆破作业人员现场考勤、爆炸物品现场看管环节；3）爆破作业点的装药、连线、防护、爆前检查确认等作业环节；4）爆破警戒、爆后检查作业环节；5）作业后清退爆破器材环节。各作业环节可分段进行拍摄。

（5）在拍摄过程中，注意掌握拍摄的距离、角度和方位，确保拍摄画面清晰和拍摄时长。

（6）拍摄装、卸车和核对数量时，爆破器材应码放整齐，便于核对和拍摄。

（7）要确保每个作业环节拍摄的内容完整，相关作业人员和作业过程要清晰；拍摄装、卸车时，要有车辆整体画面，并能够显示、辨认车辆类型和车牌号码；拍摄装药作业环节，要将装药环境、装药过程、剩余雷管和药量进行单独拍照。

（8）视频设备采集时，避免背对作业人员拍摄，确保面部图像清晰；拍摄装药、填塞、连线过程，分别进行现场全景拍摄和局部放大拍摄，反映人员现场作业状况；拍摄爆破清场和警戒过程，重要警戒点和起爆站需有局部放大视频图像，要求可清晰分辨起爆人员面部图像；爆破后盲炮及安全检查，要拍摄安全检查的人员和现场爆破后的爆堆；若发现有盲炮，需拍摄盲炮的位置和状况，以及盲炮处理过程。

（9）按照规定及时上传视频资料，有稳定信号源的情况下要确保实时上传，现场无网络信号或网络信号不稳定的情况下，要确保在作业完成后到信号良好位置及时上传。因其他原因在规定时间内确实无法上传的，应告知分局治安支队和派出所主管民警，采取其他方式传输视频。

（10）严禁使用视频采集设备用于与爆破作业无关的事宜，采集的视频信息要存储在专用电脑上，在30日内或未经公安机关同意不准删除计算机内的数据。

## 3 结语

北京作为首都是全国政治中心、文化中心、国际交往中心、科技创新中心，社会治安和反恐意识更强，公安机关对爆炸物品安全监管应有更高的工作标准与要求。为此要健全完善的管理制度，依靠高新技术手段来提高爆炸物品安全管理水平，尤其要加强人员和爆炸物品流向监督管理。根据近年来北京爆炸物品管理经验的总结，认为推广应用电子雷管和现场视频监控两项新型技术对提升北京的安全监管水平十分重要。

逐步推广应用电子雷管可以更好地阻止暴恐分子非法利用雷管制作爆炸装置，同时能提升深孔爆破技术进步，随着电子芯片技术发展和成本降低，电子雷管的全面推广应用必然是未来几年的发展方向，当务之急是提高电子雷管的准爆率和可靠性，降低生产和物流成本。

利用信息化监控技术并结合"互联网+"可对民用爆炸物品储存、运输、发放、使用过程的全面监控，减少和消除了爆炸物品流失社会被不法分子利用的可能，规范了爆破作业程序，可以事前控制爆炸物品的安全隐患，有效降低社会治安事故发生率。

总之，我市引入和推广这两项新技术，提出了相关工作措施和实施步骤，更好地破解了公安机关监管爆炸物品安全的重要难题，说明依靠技术创新和进步是爆炸物品安全监管法宝。

## 参 考 文 献

[1] 北京工程爆破协会. 数码电子雷管爆破技术[C]. 2011.
[2] 张瑞萍. 电子雷管技术的推广应用助力爆破器材安全管理工作[J]. 工程爆破，2012，18(4)：85-87.
[3] 曲广建，等. 远程视频监控技术研究及在爆破工程中的应用[J]. 工程爆破，2012，18(3).

# 未确知测度模型在拆除爆破安全评价中应用

池恩安  李 杰  余红兵

（贵州新联爆破工程集团有限公司，贵州 贵阳，550002）

**摘 要**：在未确知测度理论模型研究基础上，建立了拆除爆破安全评价模型，并结合贵阳市发电厂 2 号冷却塔抢险拆除爆破工程的现场具体情况，对该抢险工程拆除爆破安全情况进行了系统客观的综合评价。最终评价结果表明：基于该抢险工程建立的拆除爆破安全评价模型，且确定了评价指标相关权重以及识别准则前提条件下，综合采用了以信息熵以及置信度来对该抢险工程拆除爆破模型进行客观评价，避免了事故树分析、层次分析等相关数学评价方法的不足，使其更具有客观性。

**关键词**：未确知测度；拆除爆破；综合评价

# Effect Safety Evaluation of Demolition Blasting Based on Unascertained Measurement Model

Chi Enan  Li Jie  Yu Hongbing

（Guizhou Xinlian Blasting Engineering Group Co., Ltd., Guizhou Guiyang, 550002）

**Abstract**: In order to resolve the uncertainty problem of influence factors in effect evaluation of demolition blasting, the effect evaluation model of demolition blasting based on uncertainty measurement theory was built. Then this model was used to evaluate the safety of demolition blasting effect in Guiyang Power Plant's 2# Cooling Towel engineering. The evaluation results show that: based on the safety evaluation mode of this demolition blasting, the evaluation index weight and identifying criterion were obtained. The information entropy and confidence identifying criterion were respectively used to evaluate the safety of the mode of this demolition blasting. The calculation of evaluation model can avoid the shortage of other mathematic methods like accident tree analysis method and gradation method, which make this method more objected.

**Keywords**: uncertainty measure; demolition blasting; comprehensive evaluation

随着城市快速发展及节能减排相关要求，需对城市部分高大建构筑物（楼房、冷却塔、烟囱等）进行爆破拆除，使得相应的拆除爆破技术在建构筑物拆除施工过程中的应用越来越多。然而在拆除爆破过程中影响拆除爆破安全有许多外界因素，为了保证拆除过程中不产生安全事故，有必要分析找出影响拆除爆破安全的因素之间的主要和次要关系。本文以未确知测度基础，对拆除爆破安全进行客观评价，为拆除爆破工程提供相应的指导和参考。

作者信息：池恩安，博士，研究员，542042223@qq.com。

## 1 未确知测度模型

20世纪90年代由王光远教授提出了未确知信息及其相应的理论,该理论是一种新型的不确定性信息理论[1]。随着该不确定性信息理论的发展,不同行业的专家学者将该理论转化为未确知测度评价模型应用到各个学科领域当中[2,3]。

### 1.1 单指标未确知测度

现在假设一个评价对象空间集合,该评价对象空间集合由评价对象组成,集合记为 $\alpha$,则评价对象空间集合可表示为 $\alpha = [\alpha_1, \alpha_2, \alpha_3, \cdots, \alpha_i]$。每个评价对象的评价指标有 $j$ 个,用 $\beta_1, \beta_2, \cdots, \beta_j$ 表示,则评判指标空间集合可表示为 $\beta = [\beta_1, \beta_2, \cdots, \beta_j]$,其中若 $\alpha_{ij}$ 表示第 $i$ 个评价对象 $\alpha_i$ 关于第 $j$ 个评价指标 $\beta_j$ 的观测值,那么 $\alpha_i$ 可表示为向量:$\alpha_i = (\alpha_{i1}, \alpha_{i2}, \cdots, \alpha_{im})$。

对拆除爆破安全评价的单因素指标 $\alpha_i$ 对应第 $j$ 个评语等级,则该程度记为 $\alpha_{ij}$,现在通过专家打分,每个评价指标所有等级的总和分值为10分,专家需将 0~10 分打给每个评价指标 $\alpha_i$ 所对应的每个评语等级 $\beta_j$,使 $\sum_{j=1}^{j} \alpha_{ij} = 10$。评价指标 $\alpha_i$ 的第 $j$ 个评语等级 $\beta_j$ 的未确知测度用 $\mu_{ij} = \alpha_{ij}/10$ 表示。$\mu$ 是对评价对象的"程度"的一种测量结果,然而测量的相关结果务必满足三条测量准则,分别是非负有界、可加以及归一性。由此可得到指标测度评价矩阵如下:

$$\mu = \begin{bmatrix} \mu_{11} & \mu_{12} & \cdots & \mu_{1j} \\ \mu_{21} & \mu_{22} & \cdots & \mu_{2j} \\ \vdots & \vdots & & \vdots \\ \mu_{i1} & \mu_{i2} & \cdots & \mu_{ij} \end{bmatrix} \quad (1)$$

### 1.2 指标权重确定

观测值具有不确定性,主要体现在数量上的度量,是观测值分布的相应泛函,这就是熵[4,5]。熵最早是提出用来描述热力学中系统的状态,而后其被不同领域的专家引入到多个学科。然而对于离散型数理统计随机变量,其信息熵表示为 $S = -k\sum_{i=1}^{k} P_i \ln P_i$。其中,$P_i \geq 0$,$\sum_{i=1}^{n} P_i = 1$。熵具有的特点主要表现为非负性、可加性、对称性、极值性。现假设自然状态空间 $X = (x_1, x_2, \cdots, x_n)$ 为不可控,$x_i$ 为实际发生的状态。另外假设 $X$ 中各状态发生的概率 $P(X) = [P(x_1), P(x_2), \cdots, P(x_n)]$。则该假设自然状态的未确知程度熵函数表达式为:

$$H(x) = \sum_{i=1}^{n} P(x_i) \ln P(x_i), 0 \leq P(x_i) \leq 1, \sum_{i=1}^{n} P(x_i) = 1 \quad (2)$$

式(1)中的 $\mu_{ij}$ 表示为评价对象的评价指标 $\alpha_i$ 在评语等级 $\beta_j$ 处的未确知测度。现在将未确知测度 $\mu_{ij}$ 看为式(2)中的 $P(x_i)$,有:

$$H(\mu) = -\sum_{j=1}^{j} \mu_{ij} \ln \mu_{ij}, 令 v_i = 1 - \frac{1}{\ln j} H(\mu) = 1 + \frac{1}{\ln j} \sum_{j=1}^{j} \mu_{ij} \ln u_{ij}, \omega_j = \frac{v_j}{\sum_{i=1}^{m} v_j} \quad (3)$$

现在假设 $\omega_j$ 为相对重要程度,指测量指标 $\alpha_{ij}$ 相对于其他指标的重要度,且 $\omega_j$ 必须满足:$0 \leq \omega_j \leq 1$。则 $\omega = (\omega_1, \omega_2, \cdots, \omega_m)$ 为拆除爆破安全综合评价因素各个评价指标相对应的权重向量。

## 1.3 综合评价系统

假设令 $\mu_j$ 表示拆除爆破安全评价对象其评价结果，且属于第 $j$ 个评语等级的未确知程度，有：

$$\mu_j = W\mu = (w_1, w_2, \cdots, w_i) \begin{bmatrix} \mu_{11} & \mu_{12} & \cdots & \mu_{1j} \\ \mu_{21} & \mu_{22} & \cdots & \mu_{2j} \\ \vdots & \vdots & & \vdots \\ \mu_{i1} & \mu_{i2} & \cdots & \mu_{ij} \end{bmatrix} \tag{4}$$

则 $\mu = (\mu_1, \mu_2, \cdots, \mu_j)$ 为拆除爆破安全评价对象评价向量，该评价向量描述了拆除爆破安全评价对象在相对应的第 $j$ 个评语等级不确定性程度。为了得到对评价对象的确定性程度，需要对其评价向量进行相应的置信度识别。假设 $\lambda$ 为置信度（$\lambda$ 必须大于等于 0.5，通常情况下 $\lambda$ 取 0.6 或 0.7），且其置信度识别模型为

$$j_0 = \min \left| j = \sum_{j=1}^{j} \mu_{ij} > \lambda, j = 1, 2 \cdots, j \right| \tag{5}$$

取 $j$ 值满足相应的式（5），则拆除爆破安全评价对象的评价结果为第 $j_0$ 个评价等级 $\mu_j$。

## 2 评价指标体系模型的建立

基于未确知测度理论及多年来拆除爆破工程实例的统计资料分析，立足工程爆破现场施工以及爆破区域周边环境的具体情况，建立一套方便且完整的拆除爆破综合评价指标体系模型，为爆破现场施工管理以及具体内容的实施提供一些经验性的参考指导。确定了高大建（构）筑物拆除爆破安全评价以安全管理 $B_1$、安全教育 $B_2$、防范措施 $B_3$、作业区环境 $B_4$ 为一级指标体系[6,8]，以负责人安全意识 $C_1$、安全员安全意识 $C_2$、操作员安全意识 $C_3$、规章制度健全与执行 $C_4$、日常安全教育 $C_5$、作业前安全教育 $C_6$、爆破飞石防范 $C_7$、爆破振动防范 $C_8$、爆破冲击波防范 $C_9$、爆破粉尘污染防范 $C_{10}$、建构筑物情况 $C_{11}$、交通情况 $C_{12}$ 等 12 个因素作为拆除爆破安全评价指标体系二级指标，具体指标体系模型如图 1 所示。

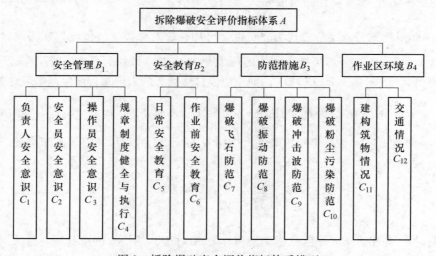

图 1 拆除爆破安全评价指标体系模型

Fig. 1 The model of safety evaluation index system for demolition blasting

## 3 工程应用实例

根据图1中拆除爆破安全评价指标体系模型,对贵阳市发电厂2号冷却塔抢险拆除爆破工程进行基于未确知测度的爆破安全综合评价。将该模型的评判划分为五个等级,且依次为:很好、好、一般、较差、差,由爆破行业专家库里的相关专家组分别将总分值10分打给每个待评价指标所对应的评价等级,具体打分结果见表1。

表 1　专家打分结果
Table 1　Expert scoring results

| 评价指标 | 评价等级 | | | | |
|---|---|---|---|---|---|
| | 很好 | 好 | 一般 | 较差 | 差 |
| 负责人安全意识 $C_1$ | 4.7 | 4.3 | 0.8 | 0.1 | 0.1 |
| 安全员安全意识 $C_2$ | 4.5 | 4.5 | 1.5 | 0.4 | 0.1 |
| 操作员安全意识 $C_3$ | 4.5 | 4.5 | 1.8 | 0.1 | 0.1 |
| 规章制度健全与执行 $C_4$ | 2.2 | 5.8 | 1.2 | 0.5 | 0.3 |
| 日常安全教育 $C_5$ | 6.5 | 2.5 | 0.6 | 0.2 | 0.2 |
| 作业前安全教育 $C_6$ | 5.8 | 3.2 | 0.5 | 0.3 | 0.2 |
| 爆破飞石防范 $C_7$ | 6.2 | 3.1 | 0.5 | 0.1 | 0.1 |
| 爆破振动防范 $C_8$ | 5.9 | 3.1 | 0.5 | 0.2 | 0.3 |
| 爆破冲击波防范 $C_9$ | 4.2 | 3.1 | 1.0 | 1.2 | 0.5 |
| 爆破粉尘污染防范 $C_{10}$ | 2.5 | 3.1 | 2.0 | 2.0 | 0.4 |
| 建构筑物情况 $C_{11}$ | 1.1 | 1.3 | 1.2 | 3.3 | 3.1 |
| 交通情况 $C_{12}$ | 1.3 | 1.2 | 2.1 | 3.1 | 2.3 |

根据爆破行业专家库里的相关专家组的打分结果,得到相应未确知测度的具体矩阵如下:

$$u = \begin{bmatrix} 0.47 & 0.43 & 0.08 & 0.01 & 0.01 \\ 0.45 & 0.45 & 0.15 & 0.04 & 0.01 \\ 0.45 & 0.45 & 0.18 & 0.01 & 0.01 \\ 0.22 & 0.58 & 0.12 & 0.05 & 0.03 \\ 0.65 & 0.25 & 0.06 & 0.02 & 0.02 \\ 0.58 & 0.32 & 0.05 & 0.03 & 0.02 \\ 0.62 & 0.31 & 0.05 & 0.01 & 0.01 \\ 0.59 & 0.31 & 0.05 & 0.02 & 0.03 \\ 0.42 & 0.31 & 0.10 & 0.12 & 0.05 \\ 0.25 & 0.31 & 0.20 & 0.20 & 0.04 \\ 0.11 & 0.13 & 0.12 & 0.33 & 0.31 \\ 0.13 & 0.12 & 0.21 & 0.31 & 0.23 \end{bmatrix}$$

由式(3)计算出评价因素的指标权重为:

$W = (0.1185, 0.0856, 0.0972, 0.0895, 0.1304, 0.1182, 0.1404, 0.1102, 0.0491, 0.0253, 0.0234, 0.0121)$

由式（4）可得最后的评价结果为：
$$\mu = (0.4941, 0.3608, 0.0921, 0.0422, 0.0289)$$

现置信度 $\lambda$ 取值为 0.7，由式（5）置信度识别准则判定贵阳市发电厂 2 号冷却塔拆除爆破的评价等级为"好"。未确知测度方法注意考虑到了评价空间是有序的，给出了比较合理的置信度识别以及排序评分准则，而这正是事故树分析法、层次分析法、模糊评价法以及灰色关联法所不具有的。

## 4 结论

本文运用系统工程的相关理论及方法，从安全管理、安全教育、防范措施、作业区环境 4 个主要方面出发，建立基于未确知测度的拆除爆破安全综合评价指标体系模型。基于未确知测度模型并结合贵阳市发电厂 2 号冷却塔抢险拆除爆破对未确知测度模型在拆除爆破安全综合评价中的应用进行了探讨研究，实现了对拆除爆破安全的综合评价。

### 参 考 文 献

[1] 王光远．论未确知性信息及其数学处理[J]．哈尔滨建筑工程学院学报，1990，23(4)：52-58．
[2] 李树刚，马超，王国旗．基于未确知测度理论的矿井通风安全评价[J]．北京科技大学学报，2006，28(2)：101-103．
[3] 龚凤强，李夕兵，董陇军，等．基于未确知测度理论的采空区危险性评价研究[J]．岩石力学与工程学报，2008，27(2)：323-330．
[4] 阳富强，吴超．基于未确知测度理论的硫化矿石爆堆自燃危险性评价[J]．中南大学学报（自然科学版），2010，41(6)：2373-2379．
[5] 张殿祜．熵-度量随机变量不确定性的一种尺度[J]．系统工程理论与实践，1997(11)：1-3．
[6] 段宝福．拆除爆破安全技术的探讨与应用[J]．工程爆破，2007，3(13)：83-85．
[7] 蒙云琪．拆除爆破工程安全监理的实践探讨[J]．铁道建筑，2005(9)：86-88．
[8] 李俊涛，王凤英．模糊综合评价在拆除爆破安全评价中的应用[J]．科技情报开发与经济，2006，16(1)：173-174．

# 销毁废旧爆炸物品的组织实施与安全管理

马春强

（北京市公安局治安管理总队，北京，100000）

**摘　要**：消除废旧爆炸物品的安全隐患，一直是各地公安机关面临的一个难题。本文总结多年来销毁废旧爆炸物品的成功经验，提出了规范销毁流程，引入专业公司处置，强化全过程监管的解决方案，为安全地处置销毁废旧爆炸物品提供了新思路。

**关键词**：废旧爆炸物品；销毁；社会化；全过程监管

## Implementation and Safety Supervision of Disposing Expired Explosives

Ma Chunqiang

(Public Security Administration, Beijing Municipal Public Security Bureau, Beijing, 100000)

**Abstract**: Eliminating the hidden danger of expired explosives has always been a serious problem faced by all local public security bureaus. The article summarizes the successful experience in disposing expired explosives over the years, and puts forward a normative process to destroy the expired explosives. Professional companies are involved in, and the solution to the monitor of entire process is improved. The article sheds new light on safely disposing the expired explosives.

**Keywords**: expired explosives; disposing; generalization; monitor of the entire process

　　收缴和销毁废旧爆炸物品是公安机关在民用爆炸物品安全管理工作中的一项重要任务。北京地区曾经历了军阀混战、抗日战争和解放战争，其间遗留了许多废旧爆炸物品，主要包括炮弹、航空炸弹、手榴弹、手雷、地雷、炸药、火具、火药、信号弹等，种类繁多，年代不一、形状各异，表面锈迹斑斑，内部炸药性质稳定性难以确定。

　　改革开放以来，随着北京城市建设的迅速发展，工程施工中经常挖掘出战争时期的各类制式弹药，每年达数百枚之多，如 2010 年 6 月，在北京北火车站一次性发现各类废旧炮（炸）弹 1382 枚。这些不便回收利用而又十分危险的爆炸品，一旦处置不当，极易发生爆炸事故。如何安全有效地销毁这些废旧爆炸物品、消除安全隐患，一直是各地公安机关面临的一个难题。

　　近十多年来，组织实施了 30 余次废旧爆炸物品销毁，系统地提出了"规范操作、专业处置、强化监督、重在安全"的方针，在销毁废旧爆炸物品的组织、技术方案和安全保卫措施方

---

作者信息：马春强，支队长，jfb2005@sina.com。

面开展较有成效的工作。通过精心谋划、严密组织、科学实施,及时消除了安全隐患,为首都的治安工作作出了突出贡献。

## 1 建规立制,保证爆炸物品销毁的规范化

处置销毁爆炸物品是一项专业性强、安全要求高的工作,为确保安全,北京市公安局治安管理总队始终坚持规范处置的工作理念。自 2002 年以来,治安总队制定了《发现收缴爆炸物品的工作规范》、《北京市公安局(兴寿)储存收缴爆炸物品库收存规范》,明确了公安机关在情况接报、安全警戒、收缴与储存、销毁现场监管等环节的职责。与此同时,治安总队指导专业公司制定了《收缴爆炸物品处置工作程序》,细化了爆炸物品处置、交接、库房值守、出入库登记等相关程序和规章管理制度。通过制定并不断完善相关规范,从制度层面确保了我市处置、销毁爆炸物品工作的安全性和可操作性。

由于废旧爆炸物品的销毁作业技术要求高、操作实施危险性大,加之我国尚无废旧爆炸物品处置专用技术规程,为进一步完善我市处置收缴爆炸物品工作,北京市公安局治安总队引入标准化管理理念,总结近十年来我市处置收缴爆炸物品的成功经验,并将其固化为处置废旧爆炸物品的技术指标,会同相关专家和专业公司联合制定了《废旧爆炸物品销毁处置安全规程》DB11/827—2011 北京市地方标准。规定了爆炸物品处置单位、人员及场地的一般要求,明确了处置爆炸物品的基本原则,细化了爆炸物品的挖掘、鉴别、包装、装卸、运输、销毁的具体操作流程和技术要求。该标准的制定不仅填补了我国废旧爆炸物品处置销毁技术性规范的空白,为其他省市提供了可借鉴的成功经验,也对维护首都公共安全、确保社会治安稳定具有十分重要的意义。

## 2 发挥技术优势,创新专业化处置、社会化服务模式

公安机关的治安管理部门作为民用爆炸物品安全监督管理的主要部门,长期以来负责民用爆炸物品的生产、销售、购买、储存、使用、运输、销毁以及爆破作业的许可审批、安全监督管理。但是废旧爆炸物品销毁处置环节技术要求高、专业性强,要求作业人员必须掌握一定的专业知识,方能胜任相应的工作。从公安机关现阶段的情况来看,往往缺少拥有爆炸技术专业的管理人才和技术人才,对废旧爆炸物品处置销毁心中没底,组织实施往往凭经验进行,安全保障也大打折扣。

为此,北京市公安局治安总队从管理创新的角度认真研究、深入思考,提出整合社会资源、发挥专业优势的总体工作思路。引入专业化处置、社会化服务模式,解决废旧爆炸物品处置销毁的难题。筛选具有技术优势和专业背景的爆破公司进行业务外包,以签订商业合同的方式,逐步将原有的危险性大、专业能力不强、凭经验操作的处置模式转变为由专业公司提供排除、运输、储存、销毁全环节技术服务和公安机关全程安全监管的工作模式,最大限度地杜绝处置过程中可能发生的意外。

我们按照这一原则,由市政府支持,面向社会公开招标,选定了一家原隶属于军队的爆破公司作为专业处置力量。该公司具有处置制式弹药等爆炸物品的资质,拥有各类爆破专业技术人员、专业施工人员 20 余人,且绝大部分为原工程兵部队转业干部和专业兵,在部队主要从事工兵培训、埋雷、排雷、销毁弹药等任务,部分人员还参加过云南老山前线对越反击战,荣立过个人一等功、二等功等,积累了丰富的实战经验和处置危险爆炸品的过硬素质。

在专业处置方面,固定 4 名技术员、2 辆专用车 24h 备勤,确保随叫随到。在人员培训方

面，聘请北京理工大学、总参科研所的专家对公司人员定期进行轮训和业务考核。

十年来，该爆破公司配合北京市公安机关成功实施了近 30 次废旧爆炸物品的销毁作业，销毁各种废旧炮（炸）弹约 5000 枚，及时消除了各类安全隐患（见图1）。

(a)                                      (b)

图 1   废旧爆炸物品的销毁现场
（a）爆破专业人员敷设药包；（b）航空炸弹销毁瞬间
Fig. 1   The destruction sit of expired explosives

## 3 做好安全保卫，突出监管职责

销毁爆炸物品时，专业公司按照分工负责运输和实施销毁作业，公安机关则主要负责上述环节的安全监管和警戒保卫工作。具体销毁作业流程如下。

### 3.1 废旧炮（炸）弹类别鉴别

废旧炮（炸）弹在销毁前必须经过专家逐个鉴定，其主要目的是：

（1）判断待销毁炮弹中是否存在化学弹，对有红色、黄色、青色或绿色等环形标识带标示的或有结晶体、黑色胶状物、油状物渗出、有刺激性气味的疑似生化弹，应按规定移交相关部门进行处置。

（2）判断废旧炮弹是否稳定，并对特别危险的炮（炸）弹进行特殊处理，确保装卸、储存、运输和销毁过程中的安全。

（3）对形状相似的假炮弹（炸弹模具、教练弹、金属制品）进行区分，交有关部门进行鉴定。

（4）对于鉴别后的常规废旧炮（炸）弹，按其型号和爆炸性能进行分类，以便于销毁处置作业。

### 3.2 销毁场地的选择和构筑

选择爆炸法销毁场地时，要考虑以下四个危害因素：

（1）空气冲击波对周围环境和人员的危害。

（2）爆炸破片及砂石碎片飞散的危险距离。

（3）地震波对地上地下建筑物和构筑物的危害。

(4) 诱发火灾、产生毒气的危险性。

《爆破安全规程》规定："爆炸法销毁场地应选在安全偏僻地带，距周围建筑物不应小于200m，距铁路、公路不应小于90m。"由于废旧炮炸弹内有高能装药，爆炸威力巨大，为保证爆炸销毁作业的绝对安全，销毁地点选在河北省怀来县下花园的总装工程兵部队爆炸试验场内，该场地地域广阔，远离村庄和道路，便于人员、车辆隐蔽，能有效地抑制冲击波的传播和破片的飞散。为了防火和便于收集未爆的飞散物，爆心50m半径范围内的易燃物和杂草要清理干净，必要时在一定范围内开辟15m宽的防火带。

### 3.3 运输与装卸

运输废旧爆炸物品的车辆，要求是技术状态良好，具有防火、防静电装置的专用车辆。

废旧炮炸弹装车时，要有专业技术人员进行指导，防止发生意外碰撞、挤压、跌落。废旧炮（炸）弹必须采用人工搬运，轻拿轻放。运输车上应先装入约30cm厚的细砂，将直径大于105mm炮（炸）弹平卧于细沙上，并用绳索将炮（炸）弹捆绑后固定在车厢板上，炮（炸）弹要横放装车，防止刹车弹头撞击车厢。对直径小于105mm的炮（炸）弹要进行装箱运输，箱内要用棉絮、沙子、碎纸条等物品固定卡牢。尤其是带引信的弹药，在箱内应装有起稳固作用的挡板或引信护罩，防止在装卸搬运或在汽车转弯、刹车时发生撞击而发生意外。

路况或天气不好时，行驶速度应减慢。数辆汽车同时运输时，在平地条件下，车距应保持在50m以上，上下坡时，车距应保持300m以上。运输过程中，应每隔2h检查一次。若发现丢失、泄漏等，及时采取相应安全措施并立即向有关部门报告。

### 3.4 置坑与装药

废旧炮（炸）弹置坑时，应把弹壳薄、炸药量大和威力大的弹头放在中央和上层。弹壳相对厚的，炸药量小的弹头要放在坑周围和下层。也可以把弹药多的和少的、弹壳薄的和厚的混合在一起，以充分利用弹内炸药，有效地克服炸毁不完全现象，并能减少引爆药的用量。

炮（炸）弹的种类、口径比较单一而且数量不多时，采用立式置坑法。如果炮（炸）弹的种类、口径比较复杂，数量多时，则采用辐射状置坑法。

待销毁炮弹放置好后，再将诱爆炸药按计算药量放置于废旧炮弹装药部位的上面，诱爆炸药放好后可用沙包覆盖。

### 3.5 安全警戒范围

安全警戒区划定要根据销毁规模的大小来确定。警戒范围大于石方爆破时的警戒范围。在平原地带销毁口径在100mm以上的弹药，警戒半径距爆炸中心为800~1500m。警戒区的边缘要设明显的危险标志和派专人看守，严防无关人员和车辆进入。设置安全警戒点根据需要确定，但不少于6个，具体位置根据现场情况确定。

### 3.6 检查销毁效果

在采用爆炸法销毁完成后，由民警现场监督，专业公司检查销毁效果，应根据登记的销毁炮（炸）弹的名称、数量逐一核对，查看是否有遗漏或拒爆的爆炸物品。

对于销毁后外形变化不大，无法确认是否销毁失效的炮（炸）弹应加大药量再次诱爆。对于未引爆，但已被炸断、炸裂、击穿的炮（炸）弹，经确认没有爆炸危险性，可进行回收处理。

## 4 结束语

废旧爆炸危险品的销毁处置对技术、设备、环境有较高要求，对方案制订、实施及现场监督也有严格规定，是一项难度较大、危险性高的系统工程。北京市公安局治安管理总队引入专业力量，明确职责任务，将安全监管作为重点，在处置废旧爆炸物品的工作中取得了较好的效果，守护了一方安宁。

### 参 考 文 献

[1] 娄建武，龙源，谢兴博. 废弃火炸药和常规弹药的处置与销毁技术[M]. 北京：国防工业出版社，2007.

[2] 公安部治安管理局. 爆炸物品安全监管执法手册[M]. 北京：群众出版社，2016.

# 高压喷水消除爆破烟尘技术研究

王振彪[1] 解文利[2]

(1. 石家庄铁道大学,河北 石家庄,050043;
2. 河北宏达爆破工程有限公司,河北 石家庄,050043)

**摘 要**:爆破烟尘对环境造成严重危害。以喷射水为手段的消除爆破烟尘技术必须满足四项原则:及时性原则(烟尘产生初期及时完成除尘);吸附性原则(控制灰尘采用的介质对烟颗粒的有效浸润吸附);严密包围性原则(介质如水雾要在灰尘产生初期实现严密包围,并有一定的包围纵深)以及可操作性原则。作者研制了一种高压喷水装置,可以实现以上四项原则,专门应用于爆破烟尘的消除,本文介绍该装置以及爆破烟尘消除技术路线。该技术已获国家发明专利。

**关键词**:高压喷水;爆破烟尘;水雾;烟尘颗粒吸附

## Study on the Technology of High Pressure Water Jet to Remove the Blasting Dust

Wang Zhenbiao[1] Xie Wenli[2]

(1. Shijiazhuang Railway University, Hebei Shijiazhuang, 050043;
2. Hebei Hongda Blasting Engineering Co., Ltd., Hebei Shijiazhuang, 050043)

**Abstract**: Blasting dust causes serious damage to the environment. The blasting dust technology that uses injection water should meet four principles: timeliness principle (eliminating dust in initial generation); adsorption principle (medium that control dust should effectively infiltrate and adsorb soot particles); closely bounding principle (medium such as water mist should closely surround dust when initial generate) and operability principle. The author designed a high-pressure water spraying device that meet above four principles to eliminate blasting dust. This essay is to introduce this device and the methodology of blasting dust eliminating technology. The technology has been patented by the state.

**Keywords**: high pressure water spray; blasting dust; water mist; dust particles adsorption

## 1 引言

### 1.1 问题的提出

(1) 在城市拆除控制爆破中,旧建筑物、构筑物的爆破伴随产生大量的烟尘向四周弥漫,

---

作者信息:王振彪,副教授,wzb630601@126.com。

浓烟滚滚、遮天蔽日，对周边环境造成巨大危害，随着环保意识的增强，该种危害越来越不能被忍受。

（2）在露天矿山开采爆破、土石方爆破工程过程中产生大量烟尘，对周边环境产生巨大危害。一些地区已经开始以此为由，限制爆破工程的实施了。

（3）地下矿山、长大隧道的钻爆施工，因爆破烟尘的影响，工程安全性、工程进度受到重大制约，从业人员职业健康受到威胁。

治理爆破过程中烟尘危害的相关技术、措施，成为愈来愈迫切的需要。本文作者强烈感受到了这种需求，并于1998年开始该方面的研究与实践。

### 1.2 国内技术现状

因为控制爆破烟尘的重要性凸显，人们为此做了大量不懈的努力，试图解决该难题。据报道，采用的方法有：

（1）消防车喷水灭尘。因爆破时消防水车不能靠近，待爆破完成，消防车开到近前，爆破烟尘早已开始弥漫，导致不能全面有效控制。

（2）预设管道，高压喷水除尘。因爆破烟尘在数秒内产生并迅速扩散，高压喷水及时性、持续性不能满足需要，也不能达到良好的消尘效果。

（3）仿照森林灭火，用直升机吊装水罐，在爆破同时，放水灭灰（如广州某爆破拆除工程），效果不理想。

（4）在建筑顶部布置水袋，在拆除爆破同时炸开水袋，洒水灭尘，效果差异较大。

（5）爆破前，给建筑洒水，以期减少烟尘的产生量，有一定效果，但对建筑爆破拆除施工不利。

（6）爆破网路连接完成后，采用泡沫剂，将整个建筑包裹，以吸附爆破产生的烟尘。该方法会导致爆破网路一旦发生故障，不能进行检查修复，大大降低了爆破的可靠度。

（7）在矿山深孔爆破中，有人在尝试水封炮孔，进行消尘；也有矿山布设管道，采用自动水枪喷射进行消尘。

据了解，目前还没有行之有效的控制爆破烟尘的方法。

## 2 爆破烟尘特性分析以及消尘四项原则

### 2.1 烟尘的产生

爆破产生烟尘源于3个因素：（1）炸药爆炸过程产生的有毒有害气体（主要有CO、NO、$NO_2$、$SO_2$、$H_2S$、$NH_3$等）以及爆炸反应不完全产生的颗粒物，俗称炮烟。（2）炮孔压碎圈粉尘以及被爆体破碎产生的灰尘。（3）在拆除爆破中，建筑塌落、结构解体产生的烟尘以及结构浮尘，一并因空间的压缩喷射出来。

### 2.2 烟尘特征

爆破烟尘与爆破过程共生，烟尘特征为：

烟尘颗粒线度一般在 $100 \sim 0.01\mu m$。$100\mu m$ 以上颗粒，在重力作用下逐渐落于爆破点四周，形成浮灰；$100 \sim 10\mu m$ 颗粒，随空气飞扬，污染空气范围更大，形成建筑等表面浮尘，进入设备，加剧磨损、锈蚀；$10 \sim 0.1\mu m$ 颗粒，难以自由沉落，长期飘浮在空气中，构成长期的大气污染，大于 $5\mu m$ 的颗粒可以被鼻毛与呼吸道黏液排除，而 $5 \sim 0.5\mu m$ 的颗粒可通过呼吸道直接到达肺部而沉积，严重危害人体健康。将 $PM_{2.5}$（线度小于 $2.5\mu m$ 的微粒）列入空气污染指标就是该原因。

## 2.3 消除烟尘的四项原则

爆破烟尘与爆破过程共生，在数秒时间内产生并迅速扩散。所有消除烟尘的措施必须至少满足以下四个原则：

（1）及时性原则：必须在爆破烟尘产生初期实现有效控制，一旦烟尘开始扩散，就会失控。及时性、有效性极为重要。

（2）吸附性原则：控制烟尘采用的介质，如常用水。水滴越小，曲率半径越小，吸附其他微粒的能力越强，同时，一定量的水形成的水滴数量越多，表面积越大，吸附其他微粒的效率越高。所以必须形成雾状水，对烟尘颗粒的吸附才能更有效率。考虑水滴对粉尘离子的亲和性，必要时还应加入适当物质，使其能形成对烟尘的浸润吸附（以下称除尘水）。

（3）严密包围原则：水雾要在烟尘产生初期实现严密包围，并有一定的包围纵深，才能实现好的消尘效果。

（4）可操作性原则：必须便于实施，不能影响爆破施工、爆破效果，要保证安全，不对环境造成二次污染。

试分析以往消除爆破烟尘措施的失败教训，无不是没有充分满足以上四项原则，以上四项原则是对以往实践的总结。

## 3 高压喷射水雾消除爆破烟尘技术

根据上述消除烟尘的四项原则，研制了高压喷射水雾消除爆破烟尘装置，经过无数次试验，终获成功。该技术已获国家发明专利。

### 3.1 核心思想

通过燃烧剂燃烧，短时间内产生大量高温高压气体，在该压力作用下，持续（20~120s）推动压力容器内的除尘水通过喷射管水雾状喷射。喷射出的雾状水，包围覆盖爆破产生的烟尘，将其吸附消除，实现爆破过程的烟尘控制。

### 3.2 技术特征

高压喷射水雾消除爆破烟尘技术具有如下特征：

（1）满足及时性原则：可以与爆破同步，在爆破烟尘产生同时产生水雾喷射，在爆破烟尘产生初期实现控制。本装置水雾持续作用时间可以在 10~120s 内调整。能够满足烟尘消除的及时性要求。

（2）满足吸附性原则：高速喷射的雾状除尘水，可以形成对烟尘颗粒的吸附。除尘水为清水中加入微量平平加或皂角粉等，改变雾珠的表面张力状况，使其能形成对烟尘的浸润吸附。大量的微小水滴与烟尘颗粒发生碰撞而结合成越来越大的尘粒聚合体，在重力作用下快速落于爆破点附近，从而减少影响范围。

（3）可以满足严密包围原则：可以根据需要，布置多个装置，使水雾在烟尘产生初期实现严密包围，并有一定的包围纵深，使水雾与烟尘充分混合，将烟尘限定在小的区域进行消除，防止扩散。

（4）满足可操作性原则：该装置布置在待爆体外围，施工过程独立于爆破施工，没有相互干扰，不影响爆破施工、不影响爆破效果及安全，不对环境造成二次污染。

## 3.3 高压喷水装置

高压喷水装置如图 1 所示。

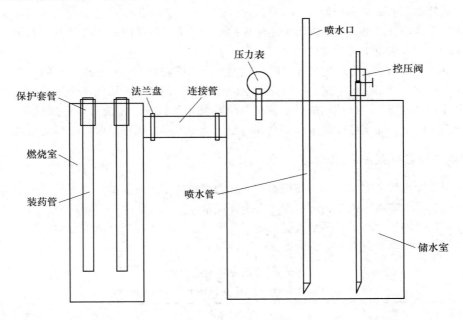

图 1　高压喷水装置示意图
Fig. 1　Diagram of the high-pressure water jet

## 3.4 喷水过程描述

高压喷水分为三个阶段：第一阶段，初喷期；第二阶段，稳喷期；第三阶段，尾喷期。高压喷水压力变化过程如图 2 所示。

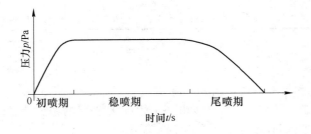

图 2　高压喷水压力变化过程示意图
Fig. 2　Water pressure changes over time of high-pressure water jet

第一阶段：初喷期。燃烧剂初燃，生成的气体迅速增加，温度迅速升高，导致储水罐内压力骤增。喷水管开始喷水，喷出的水出口速度迅速增大，直至增加的最大，射高达到最高。第一阶段完成，需要 1~5s 时间，而后进入第二个阶段。第一阶段喷水量依指数增长，但时间短促，从出水量、喷水高度、压力大小等，不作为分析重点。重点是第二阶段。

第二阶段：稳喷期。燃烧剂持续燃烧，喷水持续进行，燃烧增压与喷水泄压达到动态平衡，此时，储水罐内的压力基本稳定在最高值，喷水速度、高度都达到最大。如此持续，直至将储水罐内的水全部喷出或直至燃烧剂完成燃烧。该阶段喷出的水呈雾状分布，量大且高，是用于吸附爆破烟尘的最主要阶段。时间可以根据需要通过调整燃烧剂燃烧时间、燃烧速度、储水量、喷口尺寸进行调整。按照拆除控制爆破的实际需要，持续时间一般要 10~120s。爆破规模大，烟尘多，要求喷水时间就长。

第三阶段：尾喷期。分两种情况：喷气或涌水。如燃烧剂够多，储水罐中的水在第二阶段即实现完全喷射，第三阶段喷射出的就是多余的燃烧形成的气体。该气体会形成二次污染，应尽量减少其形成的量，所以使用的燃烧剂的量应与储水量匹配，不能过多；如燃烧剂量不足，燃烧剂全部燃烧后，储水罐中的水没能全部喷出，储水罐中的压强较大，出现涌水现象。

## 3.5 喷水过程各要素关系计算

欲达到除尘目的，需要喷射的高压水有一定的喷射高度、喷射量、覆盖范围、喷射持续时间等。高压水喷射高度、燃烧剂燃烧速度决定产气量速度，进而决定容器内压力的变化。

稳喷期容器内压力稳定，喷水流量与产气速度平衡，据此并根据流体力学以及气体状态方程等，进行相关计算，得到表1所示数据。

表1 高压喷水装置参数
Table 1 Parameters of High pressure water jet device

| 装药管直径/mm | 喷口面积/cm$^2$ | 容器内压强/10$^5$Pa | 喷水速度/m·s$^{-1}$ | 喷射时间/s | 喷水高度/m |
|---|---|---|---|---|---|
| DN25 | 1 | 2.29 | 15.98 | 45.65 | 13.03 |
|  | 2 | 6.46 | 33.01 | 11.41 | 55.91 |
| DN32 | 1 | 3.11 | 20.47 | 36.81 | 21.39 |
|  | 2 | 9.98 | 42.35 | 8.89 | 91.52 |
| DN40 | 1 | 4.29 | 25.61 | 29.42 | 33.43 |
|  | 2 | 15.07 | 53.03 | 7.01 | 143.47 |
| DN50 | 1 | 6.51 | 33.14 | 22.74 | 52.23 |
|  | 2 | 22.98 | 66.28 | 5.68 | 224.17 |

# 4 技术关键点

技术关键点如下：

（1）燃烧剂的配制。要实现在高压（0.5~4MPa）状态下的稳定燃烧，燃速为 2~10mm/s，且燃速可以根据需要进行调控，要燃烧完全但不能爆燃。

（2）喷射管的设计。运用流体力学知识，设计喷射管以控制喷水高度、雾型、水量药量关系等。

（3）除尘效果的研究。

（4）装置的实际应用。

（5）装置的安全可靠性分析。

## 5 爆破除尘技术应用前景

高压喷射水雾消除爆破烟尘技术的应用，旨在解决城市拆除爆破烟尘控制难题、露天矿山爆破烟尘控制难题、地下掘进爆破消尘进而加快施工进度。该技术进一步发展，可以实现高层消防灭火。

研究现状为：经上千次实验，现研制的小型样机已经可以实现30m高程的射水。稳定性、可靠性有待提高。

希望本文起抛砖引玉作用，供读者参考。期待大家共同努力，将该技术发展成为有实际价值的产品，让祖国的蓝天更蓝。

### 参 考 文 献

[1] 朱廷钰. 烧结烟气净化技术[M]. 北京：化学工业出版社，2008：11-30.
[2] 金国淼，等. 除尘设备[M]. 北京：化学工业出版社，2002：2-3.
[3] 潘功配. 高等烟火学[M]. 哈尔滨：哈尔滨工程大学，2007：61-66.
[4] 张续柱. 双基火药[M]. 北京：北京理工大学出版社，1997：42-61.
[5] 黄人骏，宋洪昌. 火药设计基础[M]. 北京：北京理工大学出版社，1997：72-106.

# 输电线路桩井爆破爆炸物品管理

李昱捷　赵　旺

（湖南铁军工程建设有限公司，湖南 长沙，412100）

**摘　要**：输电线路桩井爆破作业点多、分布散，地形环境复杂，涉及的行政区域多，桩井爆破爆炸物品管理难度大，爆炸物品易流失，存在社会安全隐患。本文通过法律法规依据和技术标准，结合输电线路桩井爆破爆炸物品管理工程实例从爆炸物品安全储存、爆炸物品运输、作业现场零散爆炸物品管理、井口安全防护、排查盲炮处理、应急救援预案等方面阐述爆炸物品管理措施和对策，对输电线路桩井爆破爆炸物品管理提供参考。

**关键词**：输电线路；桩井爆破；爆炸物品管理

## The Explosives Management of Pile-well Blasting in Transmission Line Engineering

Li Yujie　Zhao Wang

(Hunan Tiejun Engineering Construction Co., Ltd., Hunan Changsha, 412100)

**Abstract**: Transmission line pile-well blasting is characterized by many job sites, scattered distribution, terrain environment is complex, involving multiple administrative regions, pile-well difficult to manage blasting explosives, explosives easy loss, there is a social safety risks. By legal basis and technical standards, combined with transmission lines pile-well blasting explosives management project examples for remote blasting administrative examination and approval, the safe storage of explosives, explosives transportation, job site scattered explosives management, wellhead security, investigation and blind shot processing, and other aspects of emergency rescue plan elaborated explosives management measures and countermeasures, provide reference for transmission line pile-well blasting explosives management.

**Keywords**: transmission line; engineering pile-well; blasting explosives management

## 1　引言

国家建设大规模的跨区输电线路电网，是经济建设的必然要求，对电力资源的优化配置，提高了电力资源的使用效率。爆破工程具有节约人力、高效率的特点，在高压输电线路建设中有广泛的应用。但是输电线路桩井爆破作业点多、分布散，地形环境复杂，涉及的行政区域多，桩井爆破爆炸物品管理难度大，爆炸物品易流失，存在社会安全隐患。本文以溪洛渡左岸

---

作者信息：李昱捷，民爆主管，312576254@qq.com。

-浙江金华±800kV高压直流输电线路工程湘7标段输电线路桩井爆破工程为实例，阐述爆破作业单位在施工过程中爆炸物品末端管控，杜绝发生爆破安全生产事故及爆炸物品流失。

## 2 工程概况

溪洛渡左岸-浙江金华±800kV高压直流输电线路工程输电距离约1670.8km。设计直流电流5kA，输送容量8000MW。途经四川、贵州、湖南、江西和浙江5省，共分为23个施工标段（不含大跨）。湘7标段起于转角耐张塔2501号塔，止于转角耐张2704号塔，线路长度为80.637km，共有203个基础。本标段线路主要穿越湖南省东部，总体地势呈现西低东高，线路途经海拔高程一般为150~900m。受构造控制，山川、水系走向主要呈现为南北向展布。线路沿线地形比例为：高山大岭20.3%，一般山地57.7%，丘陵15.6%，河网6.4%，沿线经过地区最高海拔约900m。

塔基的构成基本相同，塔基由4个桩井组成，呈正方形布置。基础为原状土掏挖基础和岩石嵌固基础两种类型。塔基桩井直径1.8m，深度为6~18m。桩井上部为硬质黏土、软岩或风化石，用人工开挖。人工开挖深度为1~2m。中、下部为坚硬的岩石，需用控制爆破法开挖。采用浅孔控制爆破方式，爆破过程中必须保证施工人员、附近民房和高压输电线路的安全。

输电线路共有142基桩井需要爆破施工，分布在浏阳市所属的沙市镇、龙伏镇、淳口镇、溪江乡、古港镇、沿溪镇、达浒镇、官渡镇、张坊镇等9个乡镇。因工程周期较短，塔基分布散，需要爆破施工的点分布较散。

## 3 输电线路常见安全隐患

### 3.1 存储安全隐患

因输电线路工程的特殊性和工期短的要求，我单位分别在淳口镇和官渡镇两地租赁其非营业性爆破作业单位小型采石场的爆炸物品仓库，两地相隔112km。爆炸物品仓库安评合格，治安防范措施良好，库容大小为3000kg，10000发雷管，已配备齐全的仓库值守人员。本项目需要占用存放容量为，炸药960kg，雷管3000发。民爆器材销售公司会将当次购买的爆炸物品与租赁单位自购的爆炸物品同时配送，容易存在接触爆炸物品的人员过多，责任不明确，爆炸物品签收混乱的隐患。

### 3.2 运输安全隐患

输电线路作业点大部分都在半山腰以上，没有修建临时道路，当日当次使用的爆炸物品由危爆车运输至作业点最近的山下，爆炸物品运输至作业点的物品需要人工转运。其他作业班组可用牲口驮运水泥、砂、石等生产原材料，有条件的队伍使用架空索道运输原材料。当日同时期的作业班组最多有4~5个桩井需要爆破，作业人员反复爬山转运存在体力不支，将爆炸物品交由现场没有资质的人员帮助其搬运，爆破员用摩托车同时将雷管炸药装一起转运上山的现象，存在无证作业人员接触爆炸物品、爆炸物品存放不稳定的严重安全隐患。

### 3.3 爆破作业现场隐患

施工现场场地作业面小，同期施工的有钻孔班组、出渣班组、混凝土浇筑班组，交叉作业班组较多，同时施工场地还有临时搭建的材料工棚，有看守材料的人员值守，爆破作业需要及时清空作业现场无关人员，此时疏忽大意容易造成爆炸物品流失的安全隐患。

## 3.4 爆破作业安全隐患

安全防护、飞石、振动冲击波都是现场易产生的爆破有害效应。爆破作业施工现场周边条件有些是周边 200m 范围内无居民房屋等设施，爆破作业人员的安全防护意识易产生侥幸心理，遇到有鱼塘或养殖场等的周边环境稍复杂的环境也不注意防护，噪声飞石会引起作业场地周边老百姓的纠纷，特别是涉及建设单位的青苗赔偿等协调问题，容易造成当地居民借题发挥阻工闹事索赔。若不能将爆破有害效应降至最低，容易出现安全生产隐患和其他社会隐患。

## 4 输电线路桩井爆破爆破物品管理措施

### 4.1 存储安全管理

我项目部首先与爆炸物品仓库的所有权单位签订租赁协议，明确仓库值守人员的职责，在炸药仓库内划定 3m×2m 的区域专门存放输电线路工程的炸药。将原单位的爆炸物品核定库容量减去租赁的占用量上报给当地公安机关备案，禁止超量存储。每次签收爆炸物品项目安全员和保管员共同在场，首先核对购买证上爆炸物品的数量和品名，然后再负责转运至仓库内指定位置。发放爆炸物品时应由各作业点提前一天将次日计划使用量上报给仓库保管员和安全员，当日拟好次日配送路线及数量。领用时须安全员与爆破员同时在场，押运员清点好数量和品名后，由危爆车配送至各施工区域。

### 4.2 运输安全管理

对于危爆车不能对应地送至作业点的问题，需要严格管控爆炸物品的流向，爆炸物品要在视线范围内人工搬运，应将当次使用的炸药、雷管分箱装运。爆炸物品装运箱如图 1 所示。存放零散雷管时箱内应垫置软质材料，用于缓冲保护。人工搬运爆破器材时，一人一次运送的爆破器材数量不超过：雷管 200 发、拆箱（袋）运搬炸药 20kg、背运原包装炸药一箱（袋）、挑运原包装炸药两箱（袋），保证安全的情况下适当减少当日作业次数。二次运输最困难的 N26 塔基位于连云山脉海拔 800m，从山底至作业点有 2h 徒步路程，分别由 2 名爆破员分开携带炸药，雷管及各自炸药作业箱钥匙 1 把，1 名安全员携带 2 个作业箱钥匙 1 把，三人间距 10m 依次爬坡同行，为确保作业安全，严禁爆炸物品在山上过夜，一天只进行一次爆破作业，经过 7 天 N26 塔基全部按质按量完工。

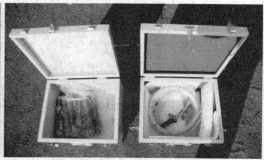

图 1 爆炸物品装运箱

Fig. 1 Explosives shipping carton

## 4.3 爆炸物品现场的安全管理

爆炸物品领取到爆破工点后容易被不法分子盗取。除做好施工现场的警戒外，爆炸物品要专人看管、登记，零散的爆炸物品要装在箱中保管[1]。爆炸物品到达施工现场后，所有配套单位的人员需要撤离至警戒范围外，安全员负责安全值守，直至所有无关作业人员撤离后，安全员、爆破员双人双锁打开炸药作业箱进行作业。桩井内的雷管和炸药必须分次用塑料吊桶吊放至作业面。提放物料、器械、岩渣时，一定注意检查挂钩是否牢靠。物料、岩渣装载高度不得超过吊桶高度，针杆和凿岩机要分开捆绑结实。吊放时，卷扬机手不得撒手让物料器具凭重力自由下滑。井下进行清渣、钻孔、装药作业前，仔细检查和排除井壁险石；作业人员必须戴安全帽[2]。

## 4.4 作业现场安全技术防范

桩井爆破危害主要有爆破地震、爆破飞石、空气冲击波和炮烟。爆破的单孔装药量不大且有填塞防护，因此冲击波、噪声和灰尘对周围建筑物和人员的危害较小，可以不考虑。

### 4.4.1 爆破振动速度计算及安全校核

垂直爆破振动速度按《爆破安全规程》(GB 6722—2014)[3]规定的式（1）计算：

$$V = K\left(\frac{\sqrt[3]{Q}}{R}\right)^{\alpha} \tag{1}$$

式中，$K$ 取 200，$\alpha$ 取 1.8，单段最大起爆药量 $Q$ 为 1.8kg，爆源中心距需保护的最近民房的距离 $R$ 为 160m，为安全起见，按 $R=100$m 进行计算，则垂直振动速度为：

$$V = 200\left(\frac{\sqrt[3]{1.8}}{100}\right)^{1.8} = 0.07\,\text{cm/s}$$

国家安全标准《爆破安全规程》(GB 6722—2014)[3]规定：普通建筑物最大允许振速为 2cm/s，爆破振动不会对民房造成不良影响。

### 4.4.2 爆破飞石

桩井爆破炸药单耗较大，易产生爆破飞石，是爆破施工中防护的重点。由于爆破在井内进行，飞石沿井口向上方向较远，周围水平方向飞石较少、较近。个别爆破飞石的最大飞散距离，按经验公式计算：

$$S = 2V/g \tag{2}$$

式中 $S$——飞石最远距离，m；

$V$——飞石初速度，爆破作用指数 $n=1$ 时，$V=20$cm/s；

$g$——重力加速度，取 $g=10$m/s$^2$。

$$S = 2V/g = 2 \times 20/10 = 40\,\text{m}$$

爆破飞石安全防护措施：爆破塔基周围场地较空旷，且桩井开挖爆破作业面在地表下一定深度，井径相对比较小，爆破飞石对周围的影响较小，但是周围有居民房屋存在，必须采取严密、有效的防护措施确保不会产生不良影响。故采取四层覆盖：

（1）最底放置2根直径为15cm、长度为1.5m的圆木，保证爆破气体散开；

（2）中间覆盖成捆的树枝（厚50~100cm）；

（3）放置一层50mm×50mm网眼的钢筋网；

（4）最上层放置沙袋（20~25kg）数个。

通过此项措施，能有效避免爆破飞石的影响。

防飞石措施示意图如图2所示。现场布置示意图如图3所示。

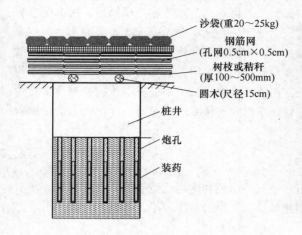

图2　防飞石措施示意图
Fig. 2　Prevent slungshot measures sketch

图3　防飞石现场布置图
Fig. 3　Prevent slungshot site layout

### 4.4.3　空气冲击波

空气冲击波对人员的安全距离按式（3）计算：

$$R_{\mathrm{f}} = 25\sqrt[3]{Q} = 25\sqrt[3]{1.8} = 30.4\mathrm{m} \tag{3}$$

在无任何防护情况下，空气冲击波的安全距离是30.4m，而在桩井开挖爆破时，空气冲击波主要朝上传播，爆破开挖面距井口有一定深度，再加上防护材料对空气冲击波的削弱减小作用，爆破冲击波不会对附近的民房造成不良影响。

### 4.4.4　炮烟

桩井开挖爆破可能产生一氧化碳等毒气，桩井内的炮烟（爆破毒气）靠自然通风扩散很难达到预期效果，如立即下井底作业易产生炮烟中毒事故。所以必须进行强制性机械通风排烟，可用空压机高压风管井底通风排烟。通风排烟时间应随爆破工作面深度增加而增长，一般应不少于20min。

### 4.4.5　排除盲炮处理

发现盲炮或怀疑有盲炮，应立即报告并及时处理。若不能及时处理，应在附近设明显标志，并采取相应的安全措施。盲炮产生的原因、处理与预防见表1。

难处理的盲炮，应请示爆破工作领导人，派有经验的爆破员处理。处理盲炮时，无关人员不准在场，应在危险区边界外设警戒，危险区内禁止进行其他作业。禁止拉出或掏出起爆药包。盲炮处理后，应仔细检查爆堆，将残余的爆破器材收集起来，未判明爆堆有无残留的爆破器材前，应采取预防措施。经检查确认炮孔的起爆线路完好时，可重新起爆。处理盲炮较浅时，可用木制、竹制或其他不发生火星的材料制成的工具，轻轻将炮眼内大部分填塞物掏出，用聚能药包诱爆。处理盲炮较深时，可取出部分填塞物，向孔内灌水，使之失效，然后进行下一步处理。盲炮处理应在当班处理，当班处理未完毕，应向下一班交代清楚，由下一班继续处理。

表1 盲炮产生的原因、处理与预防
Table 1 The causes of blind shot, treatment and prevention

| 现象 | 产生原因 | 处理方法 | 预防措施 |
| --- | --- | --- | --- |
| 孔底剩药 | 1. 炸药变潮变质，感度低；<br>2. 有岩粉相隔，影响传爆；<br>3. 管道效应影响，传爆中断 | 1. 用水冲洗；<br>2. 取出残药卷 | 1. 采取防水措施；<br>2. 装药前吹净炮眼；<br>3. 密实装药 |
| 炸药未爆只爆雷管 | 1. 炸药变质；<br>2. 雷管起爆力不足或半爆；<br>3. 雷管与药卷脱离 | 1. 掏出炮泥，重新装起爆药包起爆；<br>2. 用水冲洗炸药 | 1. 严格检验炸药质量；<br>2. 采取防水措施；<br>3. 雷管与起爆药包应绑连牢固 |
| 雷管与炸药全部未爆 | 1. 雷管质量不合格；<br>2. 采用不同段别的雷管引爆，导致爆序混乱，先爆雷管打断传爆线 | 1. 检查传爆线，重新安装雷管引爆；<br>2. 装聚能药包进行殉起爆；<br>3. 查出错连的炮孔，重新连线起爆；<br>4. 水洗炮孔；<br>5. 用风水吹孔处理 | 1. 严格检验起爆器材保证质量；<br>2. 保证导爆管无死结、无断药；<br>3. 采用同一段别雷管引爆；<br>4. 点火及爆序不乱；<br>5. 保护好起爆网路 |

### 4.4.6 应急预案

安全事故应急处理工作在公司统一领导下，由公司总经理负责，公司各部门分工合作，密切配合，高效、有序地开展工作。成立公司线路桩基爆破安全事故应急处理指挥部和现场事故救援部。总指挥由公司总经理担任，副总指挥由项目负责人担任。现场事故救援部由项目部领导和各部门组成，在指挥部的领导下开展工作，项目经理为现场负责人。经调查和分析，桩井石方开挖爆破可能发生的意外事故见表2。

表2 可能发生的意外事故
Table 2 The possibility of accident

| 序号 | 类型 | 潜在险情 |
| --- | --- | --- |
| 1 | 工程事故 | 桩井井壁塌方井内作业人员受伤 |
| 2 | 炮烟中毒 | 桩井内作业人员炮烟中毒 |
| 3 | 爆炸 | 盲炮处理不当，雷管、炸药意外爆炸 |
| 4 | 火灾 | 森林火灾 |
| 5 | 食物中毒 | 不当饮食引起的食物中毒 |
| 6 | 中暑 | 天气炎热，作业人员中暑 |
| 7 | 雷击 | 暴雨雷电造成作业人员伤亡 |
| 8 | 洪水、泥石流 | 洪水、泥石流造成作业人员伤亡 |

## 5 结语

输电线路桩井爆破作业点多，分布散，地形环境复杂，涉及的行政区域多，桩井爆破爆炸物品管理是一个不断完善和改进的过程，管理环节上任何一个疏忽都有可能留下严重的安全隐患，安全主体意识需要不断增强，安全技术方案也要根据爆破作业现场的实际情况不断调整优化。牢固树立安全发展理念和红线意识，共同维护社会安全稳定。

## 参 考 文 献

[1] 周明安,周晓光,李是良. 从反恐视角谈爆炸物品的管理[C]//中国爆破新技术Ⅲ. 北京:冶金工业出版社,2012.
[2] 中华人民共和国安全生产法(2014最新修正版)[M]. 北京:法律出版社,2014.
[3] 中国工程爆破协会. GB 6722—2014 爆破安全规程[S]. 北京:中国标准出版社,2014.
[4] 池恩安,张家富,魏兴. 民用爆炸物品使用现场的安全管理[J]. 工程爆破,2003,3(9):72-74.
[5] 龚向云. 民用爆炸物品的"闭环管理"机制研究[D]. 长沙:国防科学技术大学,2007.

# 乳化炸药现场混装车的安全管理探讨

刘晓文[1]　李建彬[1]　张辉宇[2]

（1. 北京矿冶研究总院，北京，100160；
2. 山东银光民爆器材有限公司，山东 临沂，273400）

**摘　要**：随着民爆生产设备的技术进步，装药车技术日益广泛地应用于各大矿山，劳动强度和爆破成本得到降低，装药效率和本质安全性大大提高，给矿山带来了显著的综合效益，但现场的安全管理环节仍较为薄弱，技术升级与安全管理匹配不够。本文基于乳化炸药现场混装车在露天矿山的应用，总结现场混装车的安全管理经验，指出现场安全管理存在的问题，并提出了安全管理措施。

**关键词**：乳化炸药；现场混装车；安全管理

# Study on Safety Management of Emulsion Explosive Mixed Loading Truck

Liu Xiaowen[1]　Li Jianbin[1]　Zhang Huiyu[2]

(1. Beijing General Research Institute of Mining and Metallurgy, Beijing, 100160;
2. Shandong Yinguang Explosives Co., Ltd., Shandong Linyi, 273400)

**Abstract**: With the technological progress of civil explosion production equipment, mixed loading truck technology is widely used in many Mines. Labor intensity and explosion costs are reduced. Explosive charge efficiency and intrinsic safety are greatly improved. It brings obviously comprehensive benefits for mines. But safety management for mixed loading truck is weak. It is not enough matching for technology upgrade and safety management. Based on applications of emulsion explosive mixed loading truck in open pit mine, this paper summarizes safety management experiences of mixed loading truck, and points out the problems existed in the safety management, and puts forward the safety management measures.

**Keywords**: emulsion explosives; mixed loading truck; safety management

## 1　引言

自1986年山西长治矿山机械厂引进美国IRECO公司现场混装乳化炸药技术以来，经过30年的消化、吸收、发展，该项技术已应用于我国各大矿山，以其安全性、先进性、高效性得到了广泛的认可，炸药现场混装技术信息化、自动化、智能化程度得到大幅提高[1]，但现场的安

---

作者信息：刘晓文，工程师，happyliuxiaowen@sina.com。

全管理水平良莠不齐，很多现场安全管理人员对乳化炸药现场混装车的安全管理作了深入的总结和研究[2-4]，提升了安全管理水平，而新投产的混装车系统和遗留问题较多的老厂仍存在很多安全隐患。笔者从现场安全管理经验出发，从人员管理、设备管理、现场管理和应急管理四个方面讨论现场混装车的安全管理。

## 2 人员管理

### 2.1 存在的问题

新投产的混装车系统配备的安全管理人员数量较少，管理人员身兼多职，精力分散，存在技术知识和管理经验不足的现象；而部分老厂管理人员数量众多，矿工家属工、关系户、大龄职工，很多人把地面站当成养老部门，而且分工不明确，安全责任不清，主要负责人对整体的安全生产状况难以准确掌握。

在矿山行业效益下行的压力下，一线员工待遇并不高，很多熟练的技术工人进城务工，在线的生产工人普遍素质不高；地面站混装车系统定员少，难以组成维修班组，仅依靠生产班组人员不能保证维修质量；由于人少，也会出现一人或多人请假造成不能正常生产，班组长或关键岗位人员不在岗，替代人员操作不熟练，经验不足，会带来安全隐患。

### 2.2 安全管理措施

（1）明确安全责任，层层签订安全生产责任状。安全指标层层分解，逐级落实，最终落实到岗，落实到人。

（2）加强人员培训，实行岗位轮换，激发职工的工作潜力，避免因人员请假影响生产和安全。

（3）组织管理人员、工人到安全管理先进的企业学习考察，增长见识，取长补短，同时能使员工有企业归属感，减少优秀工人的流失。

（4）提高员工进厂入职门槛，要求一定学历和管理经验，必须经过考核考试，考核合格，才能上岗。

（5）地面站主要负责人和安全管理人员的素质要求很高，必须责任心强，学习能力强，要重点培养懂安全管理、懂技术、懂经营的复合型人才。

（6）执行审慎的安全生产奖惩制度。以奖励激励为主，提高员工的积极性；惩罚教育为辅，使员工能够认识到错误，甘愿接受惩罚，同时安全管理人员更能够准确地了解事故或隐患的原因，提出防范措施。

（7）地面站生产中有叉车工、电工、司炉工等特殊工种，要经过专业机构培训学习，取得相应的资格证书后，才能上岗，严格执行持证上岗制度。

## 3 设备管理

### 3.1 存在的问题

设备管理是民爆企业安全管理的重中之重，近年来发生的民爆企业生产事故大多与设备故障与缺陷有关。混装车系统的设备管理也存在一些问题：如矿山生产任务重，停产会造成一定的经济损失，混装车服务于矿山爆破，设备出现异常时，安全管理人员不够重视，会出现设备"带病作业"现象；维修人员修理专用设备缺乏专业知识；特许作业安全防范措施不到位；关键设备维修后无验收程序；企业对部分设备进行技术升级后与生产系统存在不匹配的现象等。

## 3.2 安全管理措施

（1）安全阀、压力表、温度表必须按规定的时间检定，设备安全联锁系统每个月至少验证一次，如有异常立即处理。

（2）混装车系统常用的零配件要配齐补全，使设备能够及时得到维修，避免"带病作业"。

（3）专用设备的大修应在技术提供方或生产厂家指导下进行，大修后进行安全评估验收，符合安全生产条件方能安排生产。

（4）加强维修工具的管理，每次维修后必须清点工具，避免工具遗留在设备内。

（5）企业可充分利用设备维修分解期组织工人进行安全培训，让工人能够直观地了解设备的构成和原理，使员工更形象地认识设备危险源。

（6）动火作业、进入受限空间作业等特许作业必须按规定审批，充分落实安全措施，方可作业。

（7）混装车的检修不能仅注重螺杆泵、安全联锁等部位，要定期检查底盘、制动系统、车身、灯光等。维修班组没有维修能力时，可委托修理厂维修，维修时必须彻底清理车内的乳胶基质，并派安全员到现场监督。

（8）对部分关键设备进行技术升级或改造时，与原系统匹配性问题要充分论证，并请有资质的单位进行安全评价。

## 4 现场管理

### 4.1 存在的问题

乳化炸药现场混装车系统现场管理包括地面站生产现场管理和装药车作业现场管理，两个现场负责人可能来自两个部门，这样就会出现责任不明确，沟通有困难，管理人员不能整体掌握安全生产技术；矿山作业环境差，地面站、混装车脏乱；现场安全检查仅凭管理人员的经验，隐患排查不彻底；安全整改不到位，整改期间没有安全措施；厂区内施工改造与乳胶基质生产同时进行；定员、定置、安全标识不规范；混装车矿区作业车辆安全不能保证；恶劣天气作业；装药管堵管时不能正确处理；水孔装药操作不当；计量不准等。

### 4.2 安全管理措施

#### 4.2.1 地面站现场安全管理措施

（1）混装车应纳入地面站生产系统进行统一管理，避免责任不明确，有利于主要负责人系统管理。

（2）严格执行定员定置管理，地面站道路平整硬化，保持安全通道畅通，混装车进入地面站前应对车身清洗，生产设备无"跑、冒、滴、漏"现象，使现场环境整洁，工作有序。

（3）外来人员进入地面站要进行安全告知，土建施工改造或绿化工程等不得在生产时间进行作业。生产区和办公区进行有效隔离，防止无关人员随意进入生产区域。

（4）实施安全隐患闭环管理，发现安全隐患，应及时整改，明确整改责任人、整改期限、整改措施，整改完成后安全管理人员要进行复查复核。对于重大安全隐患，应停产整顿，由主要负责人制定并实施隐患治理方案。安全隐患在治理过程中，要采取相应的安全防范措施，设置警戒标志。

（5）安全警示标志应符合规范要求，注意标识颜色传递的安全信息。根据《工业管道的基本识别色》(GB 7231—2003)的要求对地面站各管道进行颜色区分。

（6）制订安全检查表定期对生产系统进行安全检查，对历次安全检查查出的隐患统计分析，并根据现场情况的变化，不断完善改进安全检查表，提升安全检查水平。

#### 4.2.2 混装车作业现场安全管理措施

（1）注意保持安全车速行驶，矿山作业车辆多，路况差，驾驶员要严格遵守矿山车辆安全管理规定，谨慎驾驶。

（2）大风、大雨、雷电、大雾等恶劣天气应立即停止作业，把混装车停放在安全区域，必要时安排人员撤离。

（3）驾驶员要熟悉作业面的环境，不得盲目移动车辆，复杂环境必须有专人指挥，移动车辆时要清理路线周边的爆破器材，避免破坏爆破网路或造成事故。

（4）混装车装药时，不要停放在靠近边坡或台阶边缘，防止因边坡不稳定造成人员和设备的伤害；最好不要停放在斜坡上作业，因现场环境的限制确需停放的，要采取阻车措施。混装车在爆区作业或停靠时，车头应朝向驶离爆区的方向，这样可以确保在紧急情况下可以快速撤离危险区域。

（5）重视装药管堵管现象的处理。操作人员作业时要关注压力变化，压力大于正常装药情况时，用清洗水清洗管路；打开静态混合器，检查管口是否被定子胶皮碎片堵塞，清除堵塞物后，压力会恢复正常；其他原因造成的堵管，应停机查明原因，妥善处理后方可装药。装药管被堵后应换管，不得用混装车螺杆泵强行通管，被堵的装药管运回地面站用清洗机疏通，注意把收集的管内乳胶基质按销毁规程销毁。

（6）计量要定期标定，避免装药量过大造成的爆破飞石伤人事故，或因装药过小影响爆破质量。

（7）水孔装药时要把输药软管伸入孔底，随着药柱的上升缓慢拔管，注意控制拔管速度，避免有水柱间隔导致炸药拒爆。

## 5 应急管理

### 5.1 存在的问题

应急管理工作是乳化炸药现场混装车系统安全管理工作的重要组成部分，同样也是部分企业管理的短板。应急救援预案编制不符合规范，不能切合现场的实际情况，可操作性不强；应急物资准备不足，不能及时补充维护；应急演练流于形式，管理人员和工人参与积极性不高，抱"完成任务"的心态；应急演练后没有及时修改预案，提出改进措施，应急管理水平没有得到本质提高。

### 5.2 应急管理措施

（1）按照《民爆行业生产安全事故应急救援预案及编制导则》的要求，结合现场条件，编制切实可行的应急预案，并定期修订。应急预案要经过评审，并到行业主管部门进行备案。

（2）各岗位要制订现场处置方案，要求针对性强，简洁明了，易于操作。

（3）保证消防器材、医疗救护器材、通信设备等应急物资的完好性。

（4）应急演练形式多样化，结合本企业的自身情况，组织桌面演练、示范性演练等，减少员工因重复同样演练内容引起的疲劳感；也可以与矿山或区域内的民爆企业进行联合应急演练，相互交流，提升应急互助能力。

（5）演练实施时要有专门人员记录，通过文字、照片、视频等手段记录演练过程；演练结束后要对演练进行全面评估总结，对暴露出来的问题要采取改进措施，包括修改应急预案、更新应急物资装备、加强应急人员的教育培训等。

## 6 结论

混装车系统的安全管理工作至关重要，关系到人员安全、财产损失和企业的存亡。近年来，随着民爆企业安全生产标准化的推行，混装车生产炸药企业的安全生产管理水平得到了大幅提高，但存在的问题仍然很多，安全隐患不容忽视。生产企业应以人员管理、设备管理、现场管理和应急管理四个方面为切入点，针对自身企业存在的问题，制定切实可行的管理措施，狠抓安全管理工作，这必将带来良好的安全效益。

### 参 考 文 献

[1] 李鑫，查正清，龚兵，等. BGRIMM 炸药现场混装技术新进展[J]. 有色金属工程，2015，5(3)：75-77.
[2] 王枚，迟平. 谈 BCRH-15 型乳化炸药现场混装车的露天矿山安全管理[J]. 广东科技，2013，22(14)：195-196.
[3] 孙伦奎，赵乾，周伟光. BCJ-3 型乳化炸药现场混装车在露天矿山安全管理探讨[J]. 广东化工，2012(18)：167-168.
[4] 黄青松，张彦龙，林洪平，等. 现场混装炸药车在露天矿作业中的安全管理[J]. 矿业工程，2009，5(12)：47-49.

# 大型地下洞室群开挖爆破综合管理信息系统研究

李 鹏　吴新霞　黄跃文

（长江科学院，湖北 武汉，430010）

**摘　要**：本文采用物联网技术，对爆破工程方案审批、各测点的监测设备及监测资料等进行远程管理，建立了地下洞室群开挖爆破设计、施工、监测、信息反馈、爆破器材等综合管理信息系统。本系统可以对爆破进行无线网络化实时监控，在线实时获取爆破数据，并进行爆破振动特性分析，及时调整爆破参数和施工方法，指导爆破安全作业。提高了爆破施工管理的效率，有效控制了爆破作业的风险。

**关键词**：地下洞室群；爆破管理；信息系统

## Information System of Integrated Blasting Management for Large-scale Underground sealed Cavern Group Excavation

Li Peng　Wu Xinxia　Huang Yuewen

(Yangtze River Scientific Research Institute, Hubei Wuhan, 430010)

**Abstract**: With the Internet of Things technology, the blasting scheme approval, the monitoring equipments and the monitoring data are remotely managed. The information system of integrated blasting management for large-scale underground cavern group excavation considering blasting design, construction, monitoring, information feedback, blasting equipment, etc. is established. This system can monitor the blast in real-time, access to blasting data online, and analyze the characteristics of blasting vibrations, so as to adjust the blasting parameters and construction methods in time and insure the safety of blast excavation. This system improves the efficiency of blasting management, and effectively controls the risk of blast.

**Keywords**: underground cavern group; blasting management; information system

## 1 引言

随着我国国民经济的持续、快速发展，以石油为代表的能源缺口越来越大。鉴于地下储油（气）库具有安全性能高、投资省、损耗少、运营管理费用低、使用寿命长、污染小等优点[1,2]，目前国家正在沿海地质条件优良的场区规划和建设多个大型地下储油（气）工程。

这些大型地下硐库一般采用钻爆法开挖。其爆破施工除了一般地下硐室开挖的基本特性外，还具有如下的特点[3,4]：硐库不衬砌，仅采用锚喷处理，对爆破施工的成型效果要求非

---

作者信息：李鹏，高级工程师，lp31580088@163.com。

高；硐室数量多且布置紧凑、立体交错，开挖及支护施工平行作业，施工干扰较大；施工环境复杂，要求在水幕注水环境下进行主硐室的施工。因此爆破施工安全控制及有序管理是大型地下储油（气）库开挖过程中需要解决的关键问题之一。

随着信息技术的飞速发展，物联网技术已开始广泛应用。通过物联网技术，可以实现爆破振动的无线远程监测，在线实时获取爆破数据并及时通知现场人员调整爆破参数和施工方法，从而大幅提高了爆破监测及管理的效率[5]。基于爆破振动远程无线监测系统，建立大型地下硐室群开挖爆破综合管理信息系统，对其爆破安全控制和管理具有重要的意义。

因此，我们建立了大型地下硐室群工程开挖爆破综合管理信息系统，实现了爆破设计、施工、监测全过程的信息化、智能化管理，并采用新一代信息技术中物联网的远程微型动态记录仪，形成了爆破无线远程监控、爆破数据自动上传、爆破振动自动预警等智能化监控系统。

## 2 爆破管理信息系统工作原理

地下硐库群开挖爆破管理信息系统按照施工监测对象的分层分布式监控系统进行设计，整个系统可以分为现场控制级、过程管理级和经营管理级，实现数据采集、数据传输、数据分析、数据反馈等全过程管理，其示意图如图1所示。

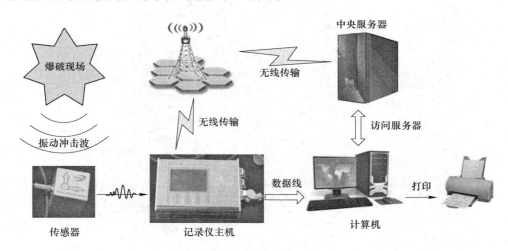

图 1 爆破管理信息系统原理图

Fig. 1 Schematic for information system of blasting management

该系统中，爆破记录仪的各种传感器作为现场控制级，该级别直接面对爆破现场，是所有数据信息的基础。

爆破记录仪主机作为过程管理级，该级别通过接受现场控制级传来的信号，按照要求进行控制规律运算，然后将结果作为控制信号发给现场控制级的设备，是集散控制系统的核心单元。爆破监测过程的各种工艺都需要它来设置、记录和调节，比如爆破参数的设置。

管理信息系统作为经营管理级，它作为集散控制系统的最高一层，可以监视爆破监测系统中的所有数据，并且对数据进行统计分析和处理，从全局出发，帮助管理人员进行爆破过程的监测和管理。

## 3 爆破管理信息系统管理流程

地下硐库工程开挖爆破管理信息系统以爆破任务为驱动进行爆破作业的全过程管理，以及通过对爆破振动的自动监测和数据的自动分析，来确保爆破作业的安全和合规，为提高工程管理效率和保证硐室围岩稳定提供了有效的工具。其主要功能包括：任务信息管理、振动监测管理、振动简报管理、设计文档管理、爆破器材管理以及用户信息管理等。

在系统中对爆破作业流程中各职能部门工作任务进行建设，确保工作各个流程有序落实，并对每一次爆破任务进行完整的信息存档，随时为管理者提供查询；对爆破振动监测数据、简报文档、设计文档、爆破器材仓库进行管理，拥有权限的用户可方便查阅相关信息；借助该爆破管理信息系统，并结合爆破振动远程无线监控，实现自动监测、自动分析、自动上传、自动发布警告等先进功能，达到爆破振动监控和管理的实时化、智能化和自动化。

爆破管理流程如图 2 所示。

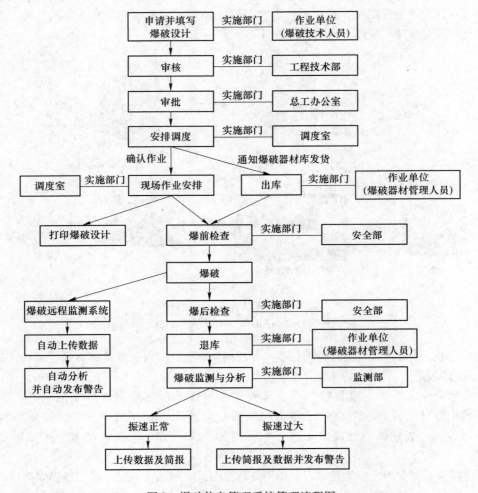

图 2 爆破信息管理系统管理流程图

Fig. 2 Management flow chart for information system of blasting management

具体流程如下：

（1）爆破任务申请。由作业单位爆破技术人员在管理系统内申请爆破作业并提交爆破设计，提交给工程技术部审核。爆破任务申请需在系统中提供申请人信息、申请时间信息、爆破时间信息、开挖部位信息、爆破设计参数、爆破设计图等，如图3所示。

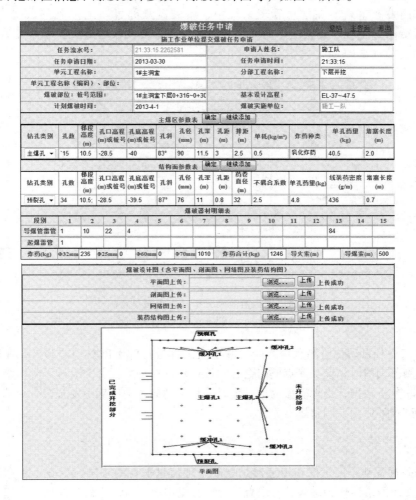

图3 爆破任务申请界面示意图

Fig. 3 Sketch of the interface of blasting task application

（2）爆破任务审核、审批。工程技术部和项目部总工办对爆破任务申请进行审核和审批。

（3）安排调度。调度室在管理系统内确认现场作业，并打印爆破设计，供作业单位现场作业人员参考，并开始现场施工；并依据现场作业情况，在管理系统内通知作业单位领取爆破器材。

（4）爆破器材领取。作业单位爆破器材管理人员在爆破器材管理室登记并根据爆破设计领取爆破器材，并将器材运至现场供现场作业人员装药。

（5）爆破前后安全确认。安全部对爆破前后进行安全确认，并在管理系统内发布确认信息。爆前在系统中记录计划爆破时间，并确认现场安全和通知进行爆破；爆破后记录实际爆破时间、实际使用爆破器材明细并确认现场安全和通知爆破器材退回。

（6）爆破器材退回。作业单位爆破器材管理人员退回未用完爆破器材，并在爆破器材管理室登记。

（7）爆破监测与分析。由监测部上传爆破监测数据，并提交简报，若爆破振动值过大，向各责任部门发布警告。在信息管理系统中，爆破监测部可以上传监测数据、波形文件、简报及分析结论，还可以查看上传的波形和简报，并针对较大的爆破振动发布警告，如图4所示。

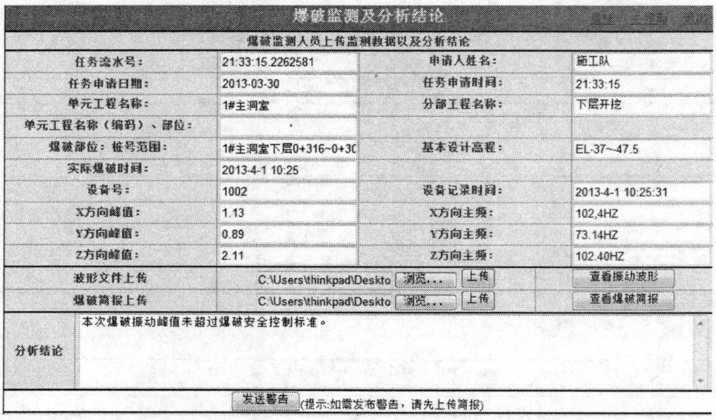

**图4　爆破监测及分析结论界面示意图**
Fig. 4　Sketch of the interface of blast monitoring and analyzing conclusions

（8）爆破远程自动化监测预警系统。除了监测部进行的爆破振动监测外，在进入自动监测测点的监测范围内时，该类测点同时会自动读取爆破振动数据，并通过无线网络自动上传到服务器，自动分析数据，当爆破振动值过大时，将主动向各责任部门发布警告短信，提醒相关各级管理人员查处原因，调整爆破方案。

## 4　小结

（1）爆破远程动态记录仪和传感器是爆破管理信息平台的基础，爆破远程记录仪采集到的信号通过无线网络传输到爆破管理信息平台的数据中心，从而为管理信息平台提供第一手现场资料。

（2）采用新一代信息技术中物联网的远程微型动态记录仪，并结合爆破管理信息系统以及爆破安全控制标准，研发了一套爆破远程自动化监测预警系统，实现了爆破振动的自动测试、自动分析、自动预警。

（3）大型地下硐室群爆破综合管理信息系统的建立，有助于管理者科学有效地对爆破施工全过程进行信息化管理，妥善存储爆破监测数据、文档资料，反映爆破器材仓储信息等，提高了爆破施工管理的效率，有效控制了爆破作业的风险。

### 参 考 文 献

[1] 李仲奎，刘辉，曾利，等．不衬砌地下洞室在能源储存中的作用与问题[J]．地下空间与工程学报，2005，1(3):350-357．

[2] 王者超,李术才,薛翊国,等.大型地下水封石油洞库围岩完整性、变形和稳定性分析[J].山东大学学报(工业版),2011,41(3):113-117.
[3] 王者超,李术才,吕晓庆,等.地下水封石油洞库施工期围岩完整性参数敏感性分析[J].岩石力学,2011,32(2):489-495.
[4] 李鹏,赵晓,金潇男,等.大型地下水封洞库开挖爆破方式优选[J].长江科学院院报,2014,31(4),104-108,113.
[5] 黄跃文,吴新霞,张慧,等.基于物联网的爆破振动无线监测系统[J].工程爆破,2012,18(1):67-70,74.

# 城市复杂环境下石方爆破安全防护技术

项 斌　吴 义　陈艳春

（浙江省隧道工程公司，浙江 杭州，310030）

**摘　要**：在城市进行石方爆破时，既要考虑对周边既有建筑物的影响，又要考虑附近行人的安全，因此需要采取可靠的爆破技术和防护措施。本文结合工程实例，首先根据爆破周边环境特点，合理组织爆破施工，再针对爆破中产生的振动、飞石等危害，采取弱松动控制爆破、预裂爆破等技术，有效地控制了爆破振动的危害。同时通过直接覆盖防护、钢管架近距离防护、立架防护等防护技术对爆破飞石进行控制。工程实践表明，该安全防护技术取得了良好的防护效果。

**关键词**：爆破安全技术；爆破降振；爆破飞石；覆盖防护

# Safety Protection Technology of Rock Blasting under Complicated Urban Conditions

Xiang Bin　Wu Yi　Chen Yanchun

（Zhejiang Tunnel Engineering Company，Zhejiang Hangzhou，310030）

**Abstract**：With the consideration of the impact on the surrounding existing buildings and the safety of pedestrians during rock blasting in the urban area, reliable blasting technology and protective measures should be taken. According to the project, reasonable arrangement for the blasting construction has been made based on the characteristics of the blasting surrounding conditions. After that, considering the vibration and flying rock caused by blasting, the weak loose controlled blasting and pre-splitting blasting technologies have been used, which effectively reduced the hazards of blasting vibration, such as direct covered protection, scaffold close protection and vertical scaffold protection. The practice shows that good protective effect has been obtained by using this safety protection technology.

**Keywords**：blasting safety technology；blasting vibration reduction；blasting flying rock；covered protection

## 1　引言

在城市中进行石方工程爆破，由于周边环境复杂，爆破危害较大，安全防护措施显得尤为重要。爆破危害主要包括：爆破振动、爆破飞石和冲击波危害等[1]，其中主要的危害是爆破振动及爆破飞石。控制爆破振动最有效的方法就是对爆破源降振。控制飞石主要采取优化爆破参

作者信息：项斌，工程师，1461305115@qq.com。

数控制飞石产生，同时加强外部安全防护。本文基于紧邻杭州西湖景区的基坑爆破工程，针对施工中可能出现的爆破危害，提出了爆破振动控制技术及爆破飞石安全防护技术，对类似工程爆破施工具有一定的参考价值。

## 2 工程概况

### 2.1 工程总体概述

该项目位于杭州西湖5A级风景区内，项目南侧为景区道路及西湖。该项目地下室基坑开挖时遇山体石方，由于该区域主要为凝灰岩，石质坚硬，机械开挖无法进行，需进行爆破施工。基坑爆破开挖方量约50000m³，开挖深度1~21m不等。设计开挖基坑底标高为+16.7m，在+29.6m处设置有一台阶，台阶宽度为2.0m，边坡分别为1:0.3和1:0.15。

### 2.2 工程周边环境

本工程爆破区域南侧距景区道路北山街约130m，距景区内房屋最近约35m，距西湖道路约203m。东侧距玛瑙寺景区古建筑约95m，100~300m内名胜古迹密集。爆破地点西侧、北侧50m范围内为山体，其中距浙江档案馆洞库仅10余米，项目部距离爆破区域约30m。本工程须重点控制东侧、南侧因爆破产生的振动、飞石和噪声危害。爆破点周边环境如图1所示。

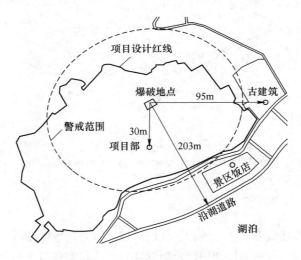

图1 爆破周边环境图

Fig.1 The surrounding environment map of blasting

## 3 爆破技术方案

### 3.1 总体爆破方案

#### 3.1.1 安全控制目标

考虑到本工程位于杭州西湖5A级景区核心地点，安全要求高，业主单位要求现场施工技术管理按常规城市控制爆破提高一个等级进行管理，控制爆破振动，采用精确的城市定向控制爆破实现最小飞石的目标，不对周边建（构）筑物造成损坏。

### 3.1.2 爆破方案

（1）根据设计要求，首先对北侧边坡设计位置进行预裂爆破，降低爆破振动和保证边坡稳定性。

（2）本工程西侧环境较好，拟采取西侧作为初始爆破临空面，有利于爆破飞石的控制，爆破开挖方向自西向东进行。

（3）对一次开挖深度在1~4m的爆破区域，采用浅孔城市控制爆破。浅孔爆破采用孔内延时，四通连接复式起爆网路，单次总装药量不大于200kg。

（4）对一次开挖深度在4m以上的爆破区域，采用弱松动城市控制爆破。控制爆破采用孔内外延时，采用孔内高段位、孔外低段位的连接方式，单次总装药量不大于500kg。

（5）主爆破区分两个平台施工，即+41m、+29.6m平台，按照分层分块的原则进行爆破开挖，每层的开挖深度控制在13m以内。

（6）由于采用弱松动城市控制爆破，岩石体积大，爆破后需进行机械二次破碎，以满足石渣装车运输的要求。

总体施工安排如图2所示。

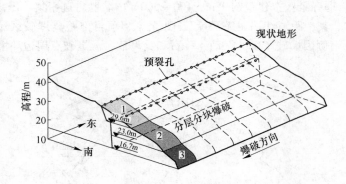

图 2 施工安排示意图
Fig. 2 Schematic diagram of construction schedule

### 3.2 技术控制措施

（1）爆破前应计算爆破参数，并进行小规模试爆，以确定最优爆破参数。

（2）控制爆破规模，其中弱松动城市控制爆破单次总起爆药量不超过500kg，单响药量不超过30.78kg，浅孔城市控制爆破单次总起爆药量不超过200kg，单响药量不超过10kg。

（3）预先在爆破区周边2m范围内钻两排减振孔，孔径$\phi 90mm$，孔排、间距$30cm \times 30cm$梅花形布置，以降低爆破产生的振动对周边建筑物产生的影响。

（4）做好安全防护，在爆破区域用炮被和砂袋覆盖防护；在爆破区域南侧15m处搭设防护立架。

## 4 爆破安全设计

安全防护是爆破施工中的关键环节，爆破过程中存在的不安全因素必须进行有效的控制，本工程实施爆破作业的不安全因素主要是爆破振动和爆破飞石影响。而且工程处于著名风景区内，游客众多，爆破点距离历史建筑物较近，施工安全显得尤为重要。

## 4.1 爆破振动控制

### 4.1.1 爆破安全距离验算

爆破引起的振动速度的计算公式为：

$$v = K\left(\frac{Q^{\frac{1}{3}}}{R}\right)^{\alpha} \tag{1}$$

式中，$v$ 为质点振动速度，cm/s；$Q$ 为单响最大起爆药量，kg；$R$ 为保护目标到爆破地点之间的距离，m；$K$ 为与地形地质有关的系数，根据现场地形、地质条件取150；$\alpha$ 为地震波衰减指数，取1.5。

根据我国《爆破安全规程》（GB 6722—2014）[2]的规定，不同类型的建（构）筑物的最小安全允许振速不同。本工程周边多为非抗震的砌体建筑物，取最小安全允许振速2.0cm/s；最近为场内的项目部用房，距离约为91m；本工程控制爆破单响最大药量为30.78kg。

将上述参数分别代入公式计算得：$v=0.98$cm/s 小于规定值2.0cm/s，不会对附近民房等建（构）筑物造成损伤。

### 4.1.2 预裂爆破设计

本工程边坡设计位置拟采用预裂爆破，即在主爆孔前预裂一条缝来降低爆破振动对边坡的影响，保证边坡稳定性和界面平整性。预裂爆破既能减小爆破振动对保留边坡的破坏作用，又能降低爆炸应力波的传递，从而达到减振目的[3]。预裂爆破参数见表1。

表1 预裂爆破参数
Table 1 Pre splitting blasting parameters

| 孔径/mm | 孔距/m | 孔深/m | 装药密度/kg·m$^{-1}$ | 堵塞/m |
|---|---|---|---|---|
| 90 | 0.8 | 4~10 | 0.35 | 1~1.2 |

### 4.1.3 弱松动定向控制爆破设计

为减少爆破振动，将爆破能量均匀发散，本工程采用毫秒延时爆破技术，将炮孔逐排分段延期起爆[4]。爆破网路采用孔内外延期，孔内高段位、孔外低段位的连接方式。主爆孔、缓冲孔分别采用地表导爆管雷管和孔内导爆管雷管实施逐孔起爆。地表导爆管雷管为25ms雷管，孔内导爆管雷管为400ms雷管。经计算能保证首排地表雷管起爆完毕传给第二排雷管，不会因主爆孔起爆过早导致爆破飞石砸断后续爆破网路[5]。单孔装药量大于允许值时进行孔内分段。

## 4.2 爆破飞石防护

### 4.2.1 爆破飞石的产生原因

局部抵抗线过小或药量过大将造成飞石沿最小抵抗线方向飞出；炮孔堵塞质量差或者长度不够将造成飞石朝孔口方向飞出；岩体存在软弱面，介质性脆都会造成飞石向软弱面方向飞出；爆破产生多余的能量作用在某些碎块上使其获得较大的动能而飞出。

### 4.2.2 控制爆破飞石的产生

（1）采取合理爆破参数，如孔网参数、装药量、最小抵抗线、炮孔间距和排距等，使得岩石爆破达到松而不散的效果。

（2）装药量要根据每个炮孔测量的结果进行设计，根据抵抗线大小及时调整装药量[6]。

（3）炮孔堵塞长度为1.4倍最小抵抗线，最短不得小于最小抵抗线的1.2倍[7]。堵塞材料由粗砂、岩粉混合而成,避免夹杂碎石;堵塞时应边回填、边捣实,确保堵塞段密实。

(4) 对于节理发育的岩石,布孔时应尽量避开;遇到断层或软弱面时,装药量要适当降低。

(5) 确定合理的起爆顺序和间隔时间,使爆破出来的岩石能够发生一定的位移,而不造成爆破面前方岩石堆积,减少后排爆下的岩石碰撞产生的飞石[8]。

#### 4.2.3 加强爆破飞石的防护

除采取主动控制减少飞石产生外,还应采取被动防护措施降低爆破飞石的危害。

(1) 飞石距离计算。爆破飞石最大距离采用式(2)计算:

$$R_F = \frac{40}{2.54}d \tag{2}$$

式中,$d$ 为炮孔直径,mm,本工程炮孔直径最大为90mm。代入式(2)计算得 $R_F = 141$m,因此还需对爆破岩体采取覆盖和架体防护等措施,将个别飞石距离控制在50m以内(项目在建工程安全距离)。

(2) 主爆破区域防护。为减少主炮孔产生飞石,炮孔完成堵塞后,首先用砂袋在孔口封堵,再用炮被覆盖,炮被上继续加载砂袋,以确保覆盖效果。炮被由废旧汽车胎编制而成,具有较高的强度、弹性和韧性,并有一定的质量,炮被之间用钢丝扎紧加固,编制严实[9]。为进一步防止爆炸气浪及溅起的飞石,在主炮孔上方搭设钢管架,架体高2m,并在架体顶部铺设竹片。覆盖防护示意图如图3和图4所示。

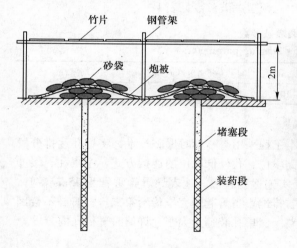

图 3 主爆破区域覆盖防护体系
Fig. 3 The main blasting area covering protection system

图 4 主爆破区域覆盖防护现场施工图
Fig. 4 The main blasting area covering the construction site map

(3) 爆破临空面防护。对于爆破临空面少量可能产生的飞石,在距炮孔顶部、台阶坡脚2m处搭设钢管架,钢管架上覆盖竹片并铺设高强尼龙网,减小临空面爆破飞石距离。防护示意图如图5所示。

(4) 预裂孔防护。在预裂孔两侧搭设钢管架,架体高1m、宽3m,横杆上方覆盖炮被和砂袋,立架临空侧单侧挂设竹片,立架上方覆盖体质量大于400kg,并在预裂孔口部覆盖炮被及砂袋。这种防护体系简单,安全防护效果明显,有效地解决了预裂孔爆破力突出的问题。具体构造示意图如图6所示。

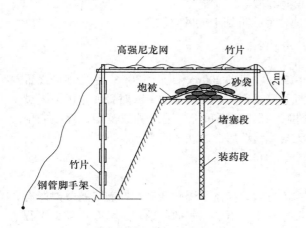

图 5 爆破临空面防护体系

Fig. 5 Blasting surface protection system

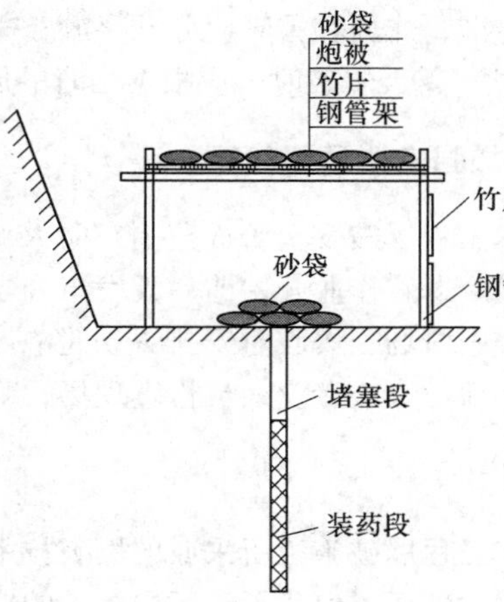

图 6 预裂孔防护体系

Fig. 6 The presplit hole protection system

（5）立架防护。为防护不可预见的零星飞石，在距爆破地点南侧 15m 处搭设钢管立架，以防飞石落入南侧景区道路内。立架宽 6m、高 18m、长 60m，采用 $\phi 50$ 钢管制做成基本骨架，底部将钢管插入地下不少于 0.5m，以 $2.0m \times 2.0m$ 间距搭设，竖向等间距设置剪刀撑。在临近爆破面首层、第三层钢管上满铺竹片严防飞石破坏。搭设立架时须用锚索斜拉固定，以确保立架不发生倾斜。该钢管立架防护体系适用于邻近爆破区域的建筑物、构筑物防护。立架搭设如图 7 所示。

### 4.3 爆破振动监测防控

图 7 钢管立架防护体系

Fig. 7 Steel pipe frame protection system

根据《爆破安全规程》(GB 6722—2014)[2]规定，应对邻近建筑物实施监控，本工程在爆破点周围设置 7 个监测点，采用 TC4850 振动测试仪获取爆破振动数据，监测点振动最大值为 0.832cm/s 满足规范要求。爆破后应对可能发生的破坏点进行房屋鉴定和灾害评估[10]，本工程邻近建筑物未发现结构体受损、墙体产生裂纹及粉刷层脱落等情况。

## 5 爆破安全管理措施

### 5.1 常规爆破安全措施

（1）同一爆破区域作业时，禁止钻孔和装药同时进行。

（2）爆破网路由爆破专业人员负责连线，由安全员监督，最后由技术人员检查，确认无误后方准起爆。

（3）定期检查炸药的质量，严禁使用过期、变质、受潮的炸药，炸药储存时必须注意防水和防潮；炸药和雷管应分开存放，搬运时不得一起搬运。

（4）露天爆破时，应根据当时的风向、风速，使人员处于上风向位置。

## 5.2 加强安全警戒管理

本工程爆破安全警戒范围东向150m、南向130m、西向200m、北向130m，并在现场设置警戒线。爆破作业开始前一天发布公告通知附近居民及行人；爆破前30min对警戒范围内人员进行排查清场；爆破时安排人员巡视警戒线周围，严禁车辆和行人进入警戒范围；爆破完毕后，必须由爆破专业人员检查现场，确认现场无盲炮情况后，才能解除警戒。

# 6 结语

本工程爆破施工所采取的爆破技术及安全措施有效地控制了爆破振动、爆破飞石等对既有建筑物的破坏，保障了景区内行人的安全，为后序施工打下了良好的基础，也为今后类似工程的设计与施工提供以下参考：

（1）在城市复杂环境下进行爆破开挖难度较大，但只要针对其周边环境和地质条件，合理地组织施工，并采取多种爆破技术相结合，就能保证施工安全，提高爆破质量。

（2）在既有建筑物附近爆破时，采取爆破孔覆盖防护、钢管架近距离防护、立架防护三种措施结合，能够取得良好的防护效果。爆破孔覆盖是减少飞石的第一道重要防线，钢管架近距离防护是减少飞石的第二道防线，立架防护是保护既有建筑物与行人的最后屏障。

## 参 考 文 献

[1] 赵新涛．城市岩体开挖爆破振动效应及安全控制研究[D]．重庆：重庆大学，2010．
[2] 中国工程爆破协会．GB 6722—2014 爆破安全规程[S]．北京：中国标准出版社，2014．
[3] 亢会明，李晓红，李通林，等．预裂爆破在软岩地段高边坡路堑开挖中的应用[J]．重庆大学学报（自然科学版），2001，1：47-50．
[4] 房泽法．控制爆破[M]．武汉：武汉理工大学出版社，2003．
[5] 唐小军，赖红源，夏鹤平，等．预裂爆破在紫金山金铜矿高陡边坡的应用[J]．爆破，2010，3：48-50．
[6] 刘殿中，杨仕春．工程爆破实用手册[M]．北京：冶金工业出版社，2003．
[7] 吴立，闫天俊，周传波．凿岩爆破工程[M]．武汉：中国地质大学出版社，2005．
[8] 金李，卢文波．节理岩体的爆破松动机理[J]．爆炸与冲击，2009，29(5)：274-280．
[9] 吕小师，孙博．紧临既有线石方控制爆破技术及安全防护措施[J]．爆破，2011，4：97-100．
[10] 江斌．城市复杂环境条件下控制爆破技术[J]．地下空间与工程学报，2007，3(4)：773-775．

# 城区中水电站开挖爆破影响分析与控制研究

苏利军[1]　王家鸿[2]　熊新宇[1]　张春燕[1]

(1. 长江勘测规划设计研究有限责任公司，湖北 武汉，430010；
2. 湖北省水利水电科学研究院，湖北 武汉，430070)

**摘　要**：银江水电站位于攀枝花市城区，工区周围环境复杂，为保证工程开挖爆破施工的安全与进度，分析了爆破对铁路交通、地方公路交通、民房和居民等的影响，研究了相应的技术和管理控制措施，论证了工程开挖爆破施工的可行性。

**关键词**：城区；水电站；开挖爆破；影响；控制

## Impact Analysis and Control Study on Excavation Blasting of Hydropower Station Located in Urban Area

Su Lijun[1]　Wang Jiahong[2]　Xiong Xinyu[1]　Zhang Chunyan[1]

(1. Changjiang Survey, Planning, Design and Research Co., Ltd., Hubei Wuhan, 430010；
2. Hubei Water Resourses Research Institute, Hubei Wuhan, 430070)

**Abstract**: The surrounding environment of Yinjiang hydropower station located in Panzhihua urban area is complex. In order to ensure the excavation blasting safety and excavation progress, blasting impact analysis on railway transportation, highway transportation, houses and residents was carried out, corresponding technical and construction management measures were recommended, feasibility of blasting excavation was testified.

**Keywords**: urban area; hydropower station; excavation blasting; impact; control

## 1　引言

银江水电站位于金沙江干流中游末端的攀枝花河段上，是金沙江中游水电开发的最后一个梯级，上游衔接梯级为金沙水电站，下游梯级为乌东德水电站。设计电站装机容量336MW，为Ⅱ等大型工程[1]。坝址位于四川省攀枝花市主城区，上距攀枝花市中心城区10.0km，下距雅砻江河口3.6km，由于施工环境条件复杂，其开挖爆破施工影响需重点论证，并需研究对不利影响的控制措施。

---

作者信息：苏利军，高级工程师，653386022@qq.com。

## 2 工程概况

### 2.1 工程布置

银江水电站可研阶段研究了"左厂右泄"的枢纽布置格局：河床布置长400.45m、高73.7m的混凝土重力坝；右岸布置底宽为43m的导流明渠；右岸泄洪建筑物为5个孔口尺寸为15m×25m的泄洪表孔，其中纵向围堰坝段以右导流明渠内布置两孔，纵向围堰坝段以左河床侧布置3孔；河床左侧布置6台单机的河床式电站厂房。施工期采用三期导流方式进行导流。工程主要土石方开挖量约723万立方米，其中石方明挖约495万立方米。

### 2.2 基本地质条件

坝址区一带属中山地貌，河谷较宽，呈宽缓U形，谷坡上缓下陡，高程1070m以上坡角8°~15°，以下坡角15°~35°。两岸大多基岩裸露，为晋宁期黑云母闪长岩（$\delta_{02}$），岩相变化大；弱风化岩单轴饱和抗压强度48.4 MPa，属较硬岩；微风化岩单轴饱和抗压强度，属坚硬岩。人工堆积物（$Q^s$）分布在两岸省道临江侧台地，厚5~20m。两岸岩体风化强烈，地表出露断层较少，规模较小。两岸全强风化带厚10~30m，弱风化带厚30~55m；河床岩体风化深度相对较小。

工程场地主要遭受外围地区强震和场地附近中强震的影响，工程场地的基本烈度为Ⅶ度，50年超越概率10%的基岩水平峰值加速度值为0.128g。

### 2.3 工区环境条件

左、右岸临江公路分别为310省道、214省道，路面高程1000m左右。左岸成昆铁路格里坪支线以隧洞或桥梁顺江穿过，路面高程约1032m。两岸省道临江侧多分布宽30~60m的堆积平台，有民房及加工厂等顺江相连分布；少数岸坡顶即为公路。工区环境示意图如图1所示。

左岸烂院子至大河沟高程1130~1340m分布攀钢大型尾矿弃渣体，堆积厚度60~100m，呈多级平台状依地形逐渐降低，前缘堆填坡角35°左右，至江边最近距离约500m。未发现整体或大规模变形迹象，整体稳定性较好。

### 2.4 开挖爆破规模

工程开挖区左岸开挖高程1075~936m，开挖区顺水流向长约300m；右岸开挖高程1086~963m，开挖区顺水流向长约1300m。工程开挖工程量大，按施工总进度安排，施工强度较高，按一天爆破两次计，高峰期强度可能需要达到1万立方米/次，每次用爆破炸药3.5~4t。

## 3 工程开挖爆破影响分析

### 3.1 对过坝铁路交通的影响分析

成昆铁路格里坪支线在左坝肩以隧洞或桥梁顺江穿过，路面高程约1032m。左坝肩开挖边坡距隧道最短距离约35m，距隧道洞口明线最小水平距离约65m；右岸开挖区在高程1039m马道处距隧道洞口明线距离约570m。

隧道围岩与左坝肩开挖区岩体同在$\delta_{02}^A$区，岩性以黑云母闪长岩为主，混有绿帘石斜长角闪岩、黑云母斜长角闪岩、花岗闪长岩及少量绿泥石化闪长岩，左岸全强风化厚达16~33m。

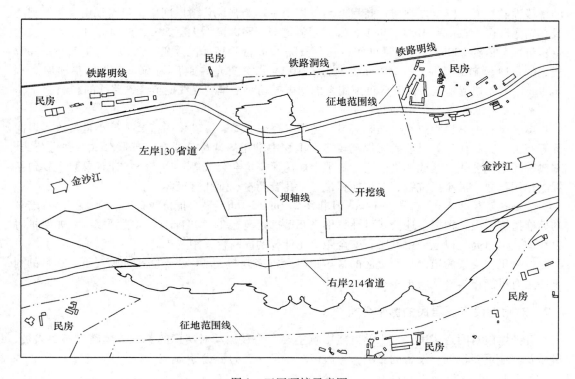

图 1　工区环境示意图
Fig. 1　Sketch map of site environment

隧道围岩主要为弱风化岩；开挖区高程 1051m 以上基本为强风化岩，以下近坡层为弱风化岩，近地表为全强风化层。

工程开挖爆破对格里坪支线的可能影响主要为爆破飞石和爆破振动。总体而言，左岸坝肩开挖区距隧道距离近至 35m，其对隧道的影响主要为爆破振动；由于天然的开挖临空面主要朝向右岸，故其爆破飞石影响不大。右岸坝肩开挖区距隧道距离远，其对隧道的爆破振动影响不大；虽然其天然的开挖临空面主要朝向左岸，但也由于距离大于 500m 而爆破飞石影响不大。左、右岸大方量开挖基本在高程 1000m 以下，距隧道最短距离已在 136m 以外，距隧道洞口水平距离已在 120m 以外，但爆破振动影响和爆破飞石影响尚需具体分析。

### 3.1.1　爆破振动影响分析

按《爆破安全规程》(GB 6722—2014) 规定[2]，交通隧道安全允许振速为 10～20cm/s；按 DL/T 5389—2007 规定[3]，计算机等电子设备在运行状态下安全允许振速为 2cm/s，在未运行状态下安全允许振速为 5cm/s。空载铁轨本身为钢结构且下枕碎石层有缓冲作用，故其抗振性能优于隧道本身及电子设备。结合上述分析及参考相关工程经验[4~7]，非列车运行状态下格里坪支线隧道安全允许振速可按 5cm/s 来分析。

左坝肩开挖对隧道的影响主要来自爆破振动。DL/T 5389—2007 规定，台阶爆破的最大一段起爆药量，应不大于 300kg；邻近设计建基面和设计边坡的台阶爆破以及缓冲孔爆破的最大一段起爆药量，应不大于 100kg。按爆区距隧洞的最小距离 35m，根据《爆破安全规程》(GB 6722—2014) 有关公式计算，保证隧道设施安全的最大一段起爆药量最小值约 44kg，此药量相当于直径 70mm 的药卷连续装药 11.4m，即仍然可以一孔一段的起爆方式实施 14m 高以内台阶的梯段爆破。而实际上左坝肩在高程1051m以上基本为强风化薄层削坡，只需采用手风钻辅助浅孔钻爆即可；在高程1051m以下，爆区距隧道最短距离已增大至58m，此时允许最大一段起爆药量最小值约200kg，此药量可作5孔一段的12m台阶高梯段爆破。对应DL/T 5389—2007规定的台阶爆破最大一段起爆药量300kg，其隧道安全允许距离为66m，即在左坝肩高程1039m以下，规范施工条件下已可不用考虑爆破振动对格里坪支线隧道及铁路线的影响。

### 3.1.2 爆破飞石影响分析

爆破飞石的抛掷距离主要与装药量、地形、爆破介质、爆破作用指数、最小抵抗线、风向等等有关，其具体计算目前尚无规范规定，工程中常用的计算公式有前苏联公式、弹道公式、瑞典德汤尼克公式、兰德博格公式、日本火炸药保安协会公式等，这些公式计算参数主要包括爆破作用指数、最小抵抗线、单位耗药量、单孔装药量、炮孔直径等[8]。

按炮孔直径90mm、梯段高12m、孔排距2.7m×3.0m、最小抵抗线2.7m、单耗0.37kg/m³的标准抛掷爆破，根据上述公式可计算出飞石抛掷距离在24~141m（同高程平距）。如保护对象在炮孔炮口高程以上，由其飞石安全距离比计算的同高程平距要小。

按格里坪支线隧道洞口距爆区的最短距离65m来判断，不作飞石防护的情况下，运行的列车还是有可能被爆破飞石击中。

## 3.2 对附近民房及居民的影响分析

开挖爆破对附近居民区带来的可能影响主要有爆破振动对房屋的影响，爆破飞石对人员、房屋及其他重要设施、设备的影响，爆破声对居民休息的干扰等。

### 3.2.1 爆破振动影响分析

按《爆破安全规程》（GB 6722—2014）规定，一般民用建筑物安全允许振速为1.5~3cm/s。本工程在上部边坡和基坑建基面处会有浅孔爆破，主要开挖区以深孔爆破为主，按其爆破振动主频的影响，对一般民房的安全允许振速为2.0~3.0cm/s，本报告按2.5 cm/s作分析。

经统计，左岸征地红线外民房距左坝肩开挖区（高程1039m）最近水平距离104m，根据《爆破安全规程》（GB 6722—2014）有关公式计算，保证民房安全的最大一段起爆药量最小值约300kg，此药量已达到DL/T 5389—2007规定的上限，即规范施工条件下左岸爆破基本不会对左岸民房产生振动破坏。

经统计，右岸征地红线外民房距右坝肩高程1084m开挖区最近水平距离58m，距高程1054m开挖区最近水平距离83m，距高程1024m开挖区最近水平距离89m。按58m核算，保证民房安全的最大一段起爆药量最小值约52kg，当于直径70mm的药卷连续装药13.5m，即仍然可以两孔一段的起爆方式实施，9m高以内台阶的梯段爆破。实际上即便按最大一段起爆药量300kg对应的安全距离104m核算，仅除上部边坡顶部小范围和下游边角处外，右岸开挖爆破基本不受振动方面的特别制约。

### 3.2.2 爆破飞石影响分析

对于爆破飞石的影响，按前述计算，不采取防护措施的深孔爆破有可能产生141m的飞石抛掷距离。按《爆破安全规程》（GB 6722—2014）规定，爆破飞石对人员的安全允许距离不小于200~300m，故正常警戒下不会对伤害人员，但无防护控制措施下可能击中邻近民房。

### 3.2.3 爆破噪声影响分析

爆破噪声声压大小与药量正相关，与距离反相关，同时还与风向、风速、气温、温度等气象条件有关[9]，按《爆破安全规程》（GB 6722—2014）规定，本工程相关声环境功能区类别为2类，爆破噪声控制标准为昼间100dB（A），夜间80dB（A）。经验表明，在大规模开挖爆破中，如不采取相应的减噪控制措施，爆破巨响容易引起近区居民的抱怨。

### 3.3 对地方公路交通的影响分析

由于两岸公路必须从坝肩通过，公路上下方爆区对公路交通的影响不可避免。本工程开挖爆破对两岸公路交通的不利影响主要为爆破飞石安全影响，和公路路面清理上方爆区掉渣或上下爆区飞石的干扰影响，在爆破期间需进行一定程度的交通管制，可间歇性通行。坝轴线处左岸310省道和右岸214省道现状水平距离约320m，改道后水平距离约400m，按爆破飞石安全距离200~300m计，两路间爆区如不采取防护控制措施，爆区飞石还是可能会对公路交通安全造成影响，按每日两次爆破计，每日影响时长约为2h。

### 3.4 对尾矿弃渣体的影响分析

按300kg单响药量爆破估算，500m以外的尾矿弃渣体基础质点振动速度约在0.23cm/s以下。银江水电站工程场地地震基本烈度为Ⅶ度，相应的地震动峰值速度为10~18cm/s[10,11]；有关手册表明，地面爆破质点振动速度在10~25cm/s时，砂土、弃石渣开始坍塌[12]；某尾矿库安全标准按0.5cm/s控制[13]。由上述数据基本可判断本工程开挖爆破不会对尾矿弃渣体造成坍塌破坏。

## 4 爆破不利影响控制措施要求

根据以上分析，本工程开挖爆破还是需要采取综合防护控制措施减少相关不利影响：

（1）严格按爆破安全规程及相关施工和安全规范进行爆破设计及爆破作业。

（2）采用不耦合装药、毫秒延时等爆破技术；采用低爆速炸药、高精度雷管等爆破器材；严格控制钻孔精度和封堵质量，做好孔口碎石清理、采取孔口炮被覆盖等主动防护措施；采取重要保护对象转移、遮挡等被动防护措施，综合防止爆破有害效应。

（3）大规模爆破之前需开展生产性爆破试验，确定爆破振动衰减规律，以便选择合适的钻爆参数；同时需加强爆破安全监测（包括宏观巡视），根据监测成果及时反馈爆破设计与施工。安全监测重点对象为爆区附近的代表性民房、格里坪支线隧洞、爆区附近本工程已建建筑物等；安全监测重点项目为质点振动速度和爆破噪声。

（4）不在夜间起爆，同时在白天相对固定时间点起爆；对内做好爆破安全知识教育，对外在当地加强爆破安全知识宣传；按规范要求做好爆破警戒。

（5）在爆破施工前，积极与铁路、公路相关管理部门沟通协商，并取得当地政府部门的支持和批准。起爆时间避开列车在左坝肩通过时段；在爆破期间对两岸公路交通进行一定程度的交通管制和疏导。

## 5 结语

本工程地处城区，开挖爆破对邻近铁路交通、公路交通、民房和居民等会造成一定程度的影响，但有限的不利影响可以通过技术措施、管理措施等解决，且复杂的施工环境基本不制约主爆区爆破开挖规模，即本工程爆破不利影响可控，开挖爆破施工可行。

### 参 考 文 献

[1] 长江勘测规划设计研究有限责任公司. 金沙江银江水电站可行性研究阶段施工总布置规划专题报告[R]. 2015.

[2] 中国工程爆破协会. GB 6722—2014 爆破安全规程[S]. 北京：中国标准出版社，2015.
[3] DL/T 5389—2007 水工建筑物岩石基础开挖工程施工技术规范[S]. 北京：北京科文图书业信息技术有限公司，2007.
[4] 王春梅. 小间距隧道爆破对既有隧道振动影响分析[J]. 爆破，2013，30(2)：84-89.
[5] 程刚，陈贵红. 新建公路隧道对既有铁路隧道的影响及处治措施探讨[J]. 现代隧道技术，2013，50(2)：139-144.
[6] 刘均红. 新建引水隧洞下穿既有铁路隧道爆破施工影响研究[J]. 铁道标准设计，2013(1)：94-97.
[7] 蒋楠，周传波. 爆破振动作用下既有铁路隧道结构动力响应特性[J]. 中国铁道科学，2011，32(6)：63-68.
[8] 董磊，汤道义. 扬州至绩溪高速公路宁绩段紧邻既有铁路线高边坡路堑爆破施工及控制技术[J]. 隧道建设，2014，34(6)：558-563.
[9] 林大泽. 爆破噪声及其控制[J]. 中国安全科学学报，1998(6)：26-29.
[10] GB/T 17742—2008 中国地震烈度表[S]. 北京：中国标准出版社，2009.
[11] 张文煊，吴新霞. 堰塞湖抢险爆破对坝基及保留堰体的液化影响分析[J]. 工程爆破，2008，14(3)：21-23.
[12] 张志毅，王中黔. 交通土建工程爆破工程师手册[M]. 北京：人民交通出版社，2002.
[13] 彭是清. 尾矿库附近的石方开挖爆破振动控制[J]. 铁路建筑技术，2015(2)：73-76.

# 石方爆破施工的测量控制方法

姜晓伟

(浙江凯磊爆破工程有限公司,浙江 舟山,310621)

**摘 要**:在大型的基础工程建设中,爆破施工发挥着重要的作用。随着各种工程施工技术在社会经济的发展下得到不断提高,其对石方爆破施工的要求越来越高,从普通爆破转向精细化施工,这就要求控制好在爆破施工中的每一个环节。工程测量是一项高度精密的工作,其测量的准确与否对矿山工程的成本控制、路堑工程的定线及施工放样的可靠性以及各种与爆破相关的工程都产生重要的影响,本文对施工工程中石方爆破的施工方法和测量与控制方法进行介绍,同时重点对施工测量进行阐述。

**关键词**:石方爆破;施工测量;成本控制

## Measurement Control Method of Rock Blasting

Jiang Xiaowei

(Zhejiang Kailei Blasting Engineering Co., Ltd., Zhejiang Zhoushan, 310621)

**Abstract**: In engineering construction, blasting plays an important role. With the improvent of all kinds of engineering construction technology in economic and social development, the requirements on stonework blasting construction have become increasingly demanding, from ordinary blasting to fine construction, which requires the well control of blasting construction in each link. Engineering measurement is a highly sophisticated work. The measurement accuracy of mining engineering has an important influence on cost control, line fixing of cutting engineering, reliability of construction layout, and various blasting and related engineering. Blasting application construction method and the methods of measurement and control of the construction engineering are introduced in this paper, while the measurement of construction is focused on.

**Keywords**: blasting application; measurement and control; cost control

## 1 石方爆破施工方法

根据施工现场的实际情况合理进行爆破施工,比如对施工现场的地质条件、开挖运输、边坡的稳定性与建筑的安全性。通常使用的是台阶式与梯段式深孔爆破的方式,其中边坡所采用的爆破方式是预裂爆破、预留保护层光面爆破。

---

作者信息:姜晓伟,工程师,wanv@ vip. qq. com。

## 1.1 钻孔施工

钻孔最重要的是对路堑中心所放出的中心线或开挖线进行测量,采用钻孔爆破设计工作平台,平台宽度要大于6m;测量出来的孔位需要用石灰标记好编号,由远到近,从内到外地进行钻凿排序;钻孔需要注意成孔的角度与深度,根据设计要求进行放样,测量放出孔位用石灰进行标记编号,深度控制设计深度与高差在10cm以内,钻凿根据由远到近、由内向外的顺序;钻机需要移位时,成孔与孔位标记要保护好原始的位置。

## 1.2 装药

装药前对现场周围的所有杂物进行全面的清理,避免堵塞炮孔现象的发生;同时需要用测绳来检查孔深和炮孔是否堵塞,若处理后无法满足原计划的设计要求,则根据实际测量的孔深修改装药量,期间要保护传爆线或者导电线。

## 1.3 起爆方法

一般山体实际施工中最常用的是导爆管起爆,采用四通或雷管连接,微差起爆。在起爆前严格检查爆破网路,避免接头与地面接触引起短路;起爆后,如果发生未爆的突发状况,超过15min以上才可进入现场检查,在技术人员的指导下,派有经验的爆破员进行处理。

路堑边坡的光面爆破是采取预留光爆层方式,其中边孔直径90mm,边孔间距 $a$ 按照工地测试实验确定,一般取1.2~1.5m,合理加密曲面边孔。边孔最小抵抗线最大不能小于1.3$a$,不超过2.2m。减小装药量,应该比正常减小,采用细药卷间隔装药,保证炮孔不偏离同一平面内,在主炮后起爆。

## 2 石方爆破施工控制要点

### 2.1 石方破碎程度

为了降低石块大块率的出现,需要提高破碎效果并降低爆破振动效应,采用大孔距、小排距的爆破原则进行石方爆破。

### 2.2 光面爆破在边坡中的使用

预留光爆层法可以确保路堑边坡稳定、美观,一般采用这种方式进行光面爆破。光面爆破采取潜孔钻机沿用边坡进行爆破时,若边坡设计有平台,可将平台分开光爆;若设计坡面没有平台时,从堑顶沿坡面进行钻孔,需要一次性钻到坡脚再进行光爆。

## 3 石方爆破施工的测量控制方法

### 3.1 施工前的准备工作

#### 3.1.1 制定测量施工规划

整个测量施工的首要纲领就是测量施工规划,其是展开测量施工前的准备工作,其主要的内容有以下几个方面:

(1) 测量工作需要有图纸、招标标文件及本单位相关文件等作为依据;

(2) 规定测量复核次数与施工内容,需要遵照实施工程的内容,根据测量工作的相关测

量需要复核制定;

（3）测量施工的工作制度与相关程序。

3.1.2 施工初期准备

（1）施工控制点。勘察设计单位提供石方爆破工程的水准点与导线点。由于勘察设计不能及时进场施工，预先埋水准点与导线点可能会因各种因素发生沉降与偏移，因此，施工单位进场之后首先要与业主接头，监理单位、施工单位与设计单位进行交桩，并需要做交接记录。在交接记录中要标明控制桩是否有问题或与点位不符资料时要及时注明，并需双方签字。

（2）水准点与导线点的复测。土石方爆破施工大部分都是在丘陵与山区地带，为了促进施工进度每个项目进行划分，将其划分为若干标段施工，并以标段为单位进行独立的复测。在交桩时，设计单位要在标段接头处说明两个导线点为两个标段共同点，其是前标段导线的终点边，同时是后标段的起点边。

（3）结构物导线点与建筑物加密。设计单位提供结构物施工和建筑物的水准点与导线点会因为障碍物阻碍、密度不够等因素满足不了放样的要求。因此，结构物、建筑物、大小型桥梁周围进行加密控制，加密控制在进行导线复测需要得到监理工程师的允许才可施行。

## 3.2 结构物基坑与路基、建筑物基坑的施工阶段

3.2.1 复核检测的内容

对建筑物通道、桥梁、基坑等结构物的基坑进行检测。首先要认真计算放样坐标，避免施工放样前的失误，然后根据测量监理确认的水准点与导线点的最后结果对其实际位置进行检测，保证施工放样的正确。

检测路线中桩、边坡上口、与建筑物轴线，重点检测深挖地段，每次施工到达一定的标高之后，需要对路线中桩、边坡上口、建筑物轴线进行检测，避免其不符合设计的要求。在施工时，测量人员应该经常对其进行复核检测。

对变更工程与隐蔽工程进行复核，这项工程十分重要，直接影响石方工程的工程造价。因此，测量工程师要认真负责，实事求是地采用严格的计算与计算方法，将真实的测量数据提供给测量监理工程师。

3.2.2 测量放样

以路堑爆破开挖为例，首先熟悉图纸，再根据建筑物设计出红线与轴线的平面位置、桥桩位的平面位置，将控制桩的坐标位置计算出来，再用坐标位置反算各桩的距离。用全站仪后视已知的控制点，再用另外一个控制点进行核对，保证无误之后才可施工放样。

（1）路基放样方式。路基挖方施工的放样要根据设计曲线转角表计算横断面坐标及各中桩坐标，然后对路基中桩进行放样。放样之后用钢尺在横断面的方向测量出路基宽度的一半时，再用水准仪测量出高程，按照横坡、挖方边坡的坡度、设计高程对中桩的距离进行计算，然后在横断面的方向上用钢尺测量此点与中桩的距离，再仔细计算出坡角点与中桩的距离，最后拉出这个距离，用这种方法进行反复放样出坡脚点位置。

（2）路床放样方式。路床放样用全站仪放出路线中桩和边桩，挖方路段设计有坡脚宽度与护坡道、路肩绿化带宽度与截水沟，如超出了部分边坡坡度时，在放样前需要放出最底层坡脚设计宽度，还要加上与护坡道、截水沟路肩绿化带宽度。

（3）布孔注意事项。但是我们在布孔环节经常出现偏差，导致爆破后留根，影响下一循环的施工。比如：布孔时首先根据临空面情况布置第一排孔，钻孔角度85°，第二排平行钻孔。但山体地形高低不一，第二排标高与第一排有差异，若是盲目地根据排距水平布置，按85°钻

孔，可导致孔底间距过大或过小，从而影响爆破效果。实际操作中，应根据标高调整孔位，确保前后孔之间距离不变。

## 3.3 交工验收

经过长时间的施工，原来的水准点与加密导线无法避免破坏或者使用上的差异。因此，测量人员在工程施工中期交工验收之前对施工单位的水准点与加密导线进行全面的补测与复测，还需要提交相关的测量结果报告。最后测量监理工程师对测量的结果报告进行签字确认，以此作为今后中期的交工验收与工程施工放样的依据。

## 4 结束语

石方爆破施工是石方工程中重要的技术，随着经济的快速发展，人们与国家对矿建工程质量的要求越来越高，工程施工单位对矿建工程石方爆破要求也更加严格。因此，石方爆破必须做到精细化与规范化；同时在工程测量中要做到整个测量成果的正确性与可靠性，同时，为了对测量结果进行有效的保障，必须在测量时做到有运算步骤，记录，有校核与层层做检查，对于最后的成果达不到技术规范的需要返工重新测量，最后完善测量施工制度，严格遵守测量工程的严谨性、准确性，才能保证测量的精度。

### 参 考 文 献

[1] 高建成. 石方爆破施工方法简介[J]. 山西建筑，2005(18).
[2] 隋东. 高边坡石方爆破施工技术要点分析[J]. 中国新技术新产品，2013(3).

# 接触与近场爆炸荷载作用下钢筋混凝土板结构的破坏特性分析

赵小华[1,2]　王高辉[1,2]　卢文波[1,2]　李麒[1,2]　陈明[1,2]　严鹏[1,2]

（1. 武汉大学水资源与水电工程科学国家重点实验室，湖北 武汉，430072；
2. 武汉大学水工岩石力学教育部重点实验室，湖北 武汉，430072）

**摘　要**：钢筋混凝土板结构是军事工程和核电工程中常用的构建物，但爆炸能够对其造成严重的破坏。本文首先分别建立方形混凝土板、钢筋、空气和 TNT 三维实体模型，采用 Lagrange-Euler 耦合算法仿真计算近场爆炸作用下方形钢筋混凝土板的抗爆性能，并通过与实验结果的对比验证了耦合模型的可靠性。在此基础上，使用该仿真模型对接触爆炸作用下方形钢筋混凝土板的毁伤特性进行了研究。结果表明：接触爆炸作用下钢筋混凝土板的破坏区域主要集中在板中心处，迎爆面压碎成坑、板中心冲切成孔和下表面的振塌剥落是其主要破坏模式。

**关键词**：数值仿真；钢筋混凝土板；破坏特性；接触爆炸

# Damage Mechanism and Mode of Reinforced Concrete Slab Subjected to Contact and Close-in Explosion

Zhao Xiaohua[1,2]　Wang Gaohui[1,2]　Lu Wenbo[1,2]　Li Qi[1,2]
Chen Ming[1,2]　Yan Peng[1,2]

（1. State Key Laboratory of Water Resources and Hydropower Engineering Science, Wuhan University, Hubei Wuhan, 430072; 2. Key Laboratory of Rock Mechanics in Hydraulic Structural Engineering Ministry of Education, Wuhan University, Hubei Wuhan, 430072）

**Abstract**: Reinforcement concrete is the principle material for military engineering and nuclear power plant, but the blasting pressure could destroy such structures. A three-dimensional material model including concrete, steel bar, air and TNT with separated modeling method taking into Arbitrary Lagrange-Euler coupling interaction is created to simulate close-in explosion. The reliability of the coupled model is verified by the comparisons between the numerical results and the experimental results. Then the damage mechanism and mode of reinforced concrete slab subjected to contact explosion has been studied. From this study it was observed that the main failure mode of the reinforcement concrete slab under contact explosion is punching and spalling.

---

基金项目：国家自然科学基金项目（51125037，51509189）；中国博士后科学基金资助项目（2015M572197）；中央高校基本科研业务费专项资金资助（2042015kf0001）。
作者信息：赵小华，博士，zhaoxh2014@126.com。

**Keywords**: numerical simulation; reinforcement concrete slab; damageme chanism; contact explosion

## 1 引言

近年来，随着恐怖袭击的日益频繁，钢筋混凝土的抗爆特性越来越受到学者们的重视。爆炸荷载具有传播速度快、作用时间短、峰值大的特征，因而研究爆炸作用下结构的动态响应过程是一个非常复杂的过程。已有学者通过现场实验和数值仿真对爆炸作用下钢筋混凝土板的动力响应开展了一系列研究，如通过现场实验和数值仿真测试了纤维增强混凝土的抗爆性能并与普通混凝土板进行对比，发现在混凝土中添加一定量的纤维能提高混凝土板的抗爆性能[1~4]；赵春风等人[5]通过数值仿真研究了内部爆炸荷载作用下混凝土容器的动态响应；Tai 等人[6]使用非线性有限元软件研究了爆炸冲击波的传播规律以及钢筋混凝土板的动态响应；Schenker 等人[7]研究对比了有防护措施和无防护措施的混凝土板的抗爆性能；汪维等人[8]通过现场试验和数值仿真研究了近场爆炸作用下单向支撑钢筋混凝土板的抗爆性能；赵春风和陈健云[9]使用 LS-DYNA 软件研究了近场爆炸作用下方形钢筋混凝土板的动态响应并与现场试验进行了对比；Li，Wu 和 Hao[10]通过现场试验研究了接触爆炸作用下高强混凝土板和普通钢筋混凝土板的抗爆性能。但由于问题的复杂性，对于单向支撑条件下钢筋混凝土板在接触爆炸作用下的毁伤特性的研究还较少。

本文首先利用 AOTUDYN 软件对单向支撑条件下方形钢筋混凝土板在近场爆炸作用下的抗爆性能进行研究，并将结果与现场实验进行对比以论证模型的可靠性。在此基础上，使用仿真模型对接触爆炸作用下钢筋混凝土板的破坏模式进行进一步的研究，为工程应用和毁伤评估提供参考。

## 2 高应变率下的混凝土非线性动态损伤本构

在爆破荷载的冲击下混凝土材料通常出现应变率效应和压缩效应[11]，本文采用的 RHT 模型是 Riedel 等人[12]在 HJC 模型[13,14]基础上提出的。为了描述混凝土材料的初始屈服强度、失效强度和残余强度，RHT 模型引入了弹性极限面、失效面、残余强度面，如图 1 所示。

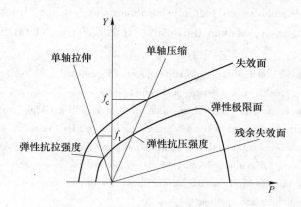

图 1 RHT 本构模型三个失效面示意图
Fig. 1 Three failure surfaces of RHT constitutive model

RHT 模型失效面方程：

$$Y_{\text{fail}}^* = \sigma_{\text{eq}}^*(P,\theta,\dot{\varepsilon}) = Y_{\text{TXC}}^*(P)R_3(\theta)F_{\text{RATE}}(\dot{\varepsilon}) \tag{1}$$

式中：$Y_{\text{TXC}}^*(P)$ 为压缩子午线强度，$\sigma_{\text{eq}}^*$ 为归一化等效应力，$R_3(\theta)$ 为任意应力角对应的子午线半径和压缩子午线半径之比，$F_{\text{RATE}}(\dot{\varepsilon})$ 为应变速率效应函数角隅函数。

RHT 弹性极限面方程为：

$$Y_{\text{ela}}^* = Y_{\text{fail}}^* F_{\text{CAP}}(P) \tag{2}$$

式中，函数 $F_{\text{CAP}}(P)$ 用于限制静水压力下的弹性偏应力的盖帽函数。

RHT 残余强度面方程为：

$$Y_{\text{res}}^* = B \times (P^*)^M \tag{3}$$

式中，$B$ 为残余失效面常数，$M$ 为残余失效面指数，分别取 0.7，0.8[15]。

当前屈服面介于弹性极限面与最大失效面之间时：

$$Y_{\text{pre}} = Y_{\text{ela}} + \varepsilon_{\text{pl,eq}}(Y_{\text{fail}} - Y_{\text{ela}})/\varepsilon_{\text{plhard,eq}} \tag{4}$$

式中，$\varepsilon_{\text{pl,eq}}$ 和 $\varepsilon_{\text{plhard,eq}}$ 分别为当前失效面和最大失效面对应的塑性应变。

RHT 本构模型的损伤定义为：

$$D = \sum (\Delta\varepsilon_{\text{PL}}/\varepsilon_{\text{p}}^{\text{failure}}) \tag{5}$$

式中，$\Delta\varepsilon_{\text{PL}}$ 为等效塑性应变增量；$\varepsilon_{\text{p}}^{\text{failure}} = D_1(P^* - P_{\text{spall}}^*)^{D_2} \geqslant \varepsilon_{\text{f}}^{\text{min}}$，$D_1$、$D_2$ 为损伤常数，分别取值为 0.015 和 1.0，$\varepsilon_{\text{f}}^{\text{min}}$ 为最小失效应变，取值 $8 \times 10^{-4}$[15]。

## 3 近场爆炸耦合模型验证

### 3.1 近场爆炸耦合模型建立

为了验证本文所建立耦合模型的可靠性，对参考文献[8]中所开展的现场实验进行数值模拟再现。该现场实验中，方形钢筋混凝土板边长1000mm、厚40mm，在底部布置单层受力钢筋，钢筋直径为6mm，间距为75mm，保护层厚度为10mm。炸药布置于板正上方400mm处，炸药质量为0.31kg。对钢筋混凝土板两端采用钢架固定，如图2所示。

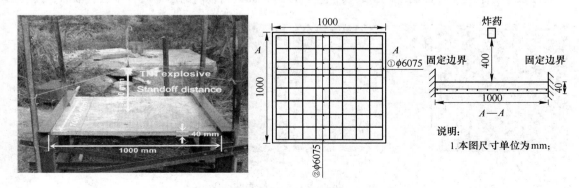

图 2 实验装置及钢筋混凝土板几何尺寸

Fig. 2 Experimental device and geometry of the reinforced concrete slab

由于结构具有对称性,故只需建立混凝土、空气、钢筋和炸药的 1/4 全耦合模型,如图 3 所示。为减少计算量,首先使用一维网格对 TNT 在空气中爆炸及冲击波的传播进行数值仿真计算,当冲击波传播 360mm 时,即冲击波即将到达钢筋混凝土板上表面时,使用映射技术将其导入三维模型继续进行计算。其中炸药和空气使用 Euler 单元,钢筋使用 beam 单元,混凝土使用 Lagrange 单元,钢筋和混凝土间使用共节点,混凝土和空气间使用 Lagrange-Euler 耦合。空气、炸药、钢筋、混凝土网格单元大小分别为 20mm、5mm、10mm、10mm,混凝土板两端面采用固定约束。由于计算 6ms 后,板内应力及振动速度均已经衰减到很小值,故本次仿真计算时间为 6ms。空气和 TNT 状态方程以及材料参数均采用参考文献 [16,17],钢筋状态方程以及材料参数均采用参考文献 [8],钢筋弹性模量为 200GPa,屈服应力为 501MPa。

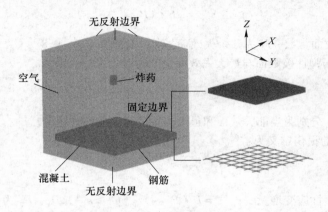

图 3　1/4 三维仿真模型

Fig. 3　1/4 three-dimensional numerical model

## 3.2　计算结果及与实验对比分析

数值模拟结果如图 4 所示,近场爆炸荷载作用下钢筋混凝土板迎爆面产生环形裂纹,底面出现层裂剥落破坏,同时板发生整体弯曲破坏,对比分析数值仿真和实验的这三项指标见表 1。

炸药起爆后,板迎爆面受到向下的冲击作用,使得混凝土受到径向拉伸作用,而混凝土抗拉强度较小,故在迎爆面出现环形裂纹,直径为 616mm;当板内的压缩波传至板底面时,压缩

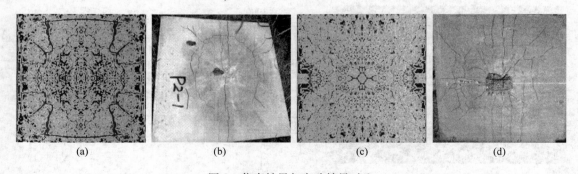

图 4　仿真结果与实验结果对比

(a) 迎爆面仿真结果;(b) 迎爆面实验结果;(c) 底面仿真结果;(d) 底面实验结果

Fig. 4　Comparison of the numerical and experimental results

波反射形成拉伸波,板底面出现层裂剥落区,层裂剥落区平均直径为165mm;由于板两端固定,且迎爆面受到冲击波的作用,故导致板出现整体弯曲破坏,最大残留扰度18mm。

表 1 仿真结果与实验结果对比
Table 1 Comparison of the numerical and experimental results

| 对比项 | 迎爆面环形裂纹直径 | 底面层裂破坏直径 | 残留扰度 |
| --- | --- | --- | --- |
| 实验/mm | 571 | 180 | 15 |
| 仿真/mm | 616 | 165 | 18 |
| 吻合度/% | 92 | 91 | 80 |

由图4和表1可以看出,仿真计算结果与实验结果吻合较好,能够合理地展现近场爆炸作用下钢筋混凝土板迎爆面的开裂、裂纹的传播、底面的层裂剥落以及板整体弯曲破坏的过程。

## 4 接触爆炸作用下钢筋混凝土板的毁伤特性

在第二节已验证模型的基础上,仅将图2、图3模型中的炸药向下移动到钢筋混凝土板上表面正中心位置,其他参数、边界条件、材料模型和状态方程均不变,进行接触爆炸条件下钢筋混凝土板结构的毁伤特性分析。

### 4.1 接触爆炸毁伤特性分析

钢筋混凝土板在接触爆炸作用下的毁伤模式如图5所示。从图5中可以看出,在接触爆炸荷载作用下,钢筋混凝土板迎爆面出现了一个直径为406mm的爆坑,底面形成了一个直径为440mm的振塌破坏区,同时在板中心造成一个直径为286mm的贯穿孔洞。

图 5 接触爆炸作用下钢筋混凝土板的毁伤模式
(a) 迎爆面;(b) 底面
Fig. 5 Reinforced concrete response to contact explosion

在接触爆炸作用下,爆炸产生的高压冲击波将直接作用在钢筋混凝土板的迎爆面上,而此压力往往高于混凝土抗压强度,因此造成迎爆面出现压碎区,即爆坑的出现;冲击波压力传播到钢筋混凝土板内部后将以压缩波的形式向底面传播,在板底面反射形成的拉伸波导致底面出现振塌剥落区;另外从图5中可以看出钢筋混凝土板在两固定端分别出现两条较宽的裂缝,这是因为当板受到向下冲击时,将在固定边界处形成较大的拉应力。在接触爆炸作用下钢筋混凝土板的毁伤模式主要为冲压、切破坏和振塌剥落破坏。

以上分析表明,在接触爆炸荷载作用下钢筋混凝土板的主要破坏模式表现为迎爆面的爆坑形成、板中部的冲切成孔和底面的振塌剥落，三种破坏面积平均直径的测量方法如图6所示。

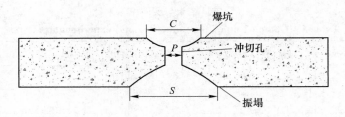

图6 破坏区域测量方法
Fig. 6 Measurement of the damaged areas

### 4.2 接触及近场爆炸荷载作用下的毁伤特性对比分析

如图4和图5所示，近场爆炸作用下由于起爆位置与板有一定距离，爆炸冲击波经空气传播后作用于整个迎爆面，因此板主要发生整体弯曲破坏，板中心残留挠度为18mm，并在迎爆面形成大量的环形裂纹。当炸药起爆位置移动到板上表面后，爆炸产生的高压波将直接作用于钢筋混凝土板，造成接触部位出现直径为286mm冲切孔洞，同时冲击波不经过衰减直接在板内部传播，而板本身较薄，导致底面受到的压缩波并未有明显衰减，从而反射形成较大的拉伸波，导致了底面的振塌破坏，振塌破坏区域平均直径为440mm。

近场爆炸荷载作用下，钢筋混凝土板主要发生整体弯曲和底面剥落层裂破坏，而接触爆炸作用下，钢筋混凝土板的破坏模式主要为局部冲压、切破坏和底部振塌剥落破坏。

## 5 结论

本文采用AUTODYN软件建立空气、钢筋、炸药和混凝土的三维耦合模型，对方形钢筋混凝土板在近场爆炸作用下的动力响应进行了仿真分析，并与实验结果进行对比。在此基础上，进一步研究了接触爆炸作用下方形钢筋混凝土板在单向支撑条件下毁伤模式，结果表明：

（1）数值模拟的钢筋混凝土板近场爆炸破坏模式与现场实验基本一致，说明建立的近场爆炸耦合模型能够有效地模拟钢筋混凝土板近场爆炸破坏过程。

（2）在接触爆炸作用下，钢筋混凝土板的破坏模式主要为局部冲压、切破坏和底部振塌剥落破坏；非接触爆炸荷载作用下，钢筋混凝土板主要发生整体弯曲和底面剥落层裂破坏。

### 参 考 文 献

[1] Foglar M, Kovar M. Conclusions from experimental testing of blast resistance of FRC and RC bridge decks [J]. International Journal of Impact Engineering, 2013(59):18-28.

[2] Aoude H, Dagenais F P, Burrell R P, et al. Behavior of ultra-high performance fiber reinforced concrete columns under pure axial loading[J]. International Journal of Impact Engineering, 2015(80):185-202.

[3] Foglar M, Hajek R, Kovar M, et al. Blast performance of RC panels with waste steel fibers[J]. Construction & Building Materials, 2015(94):536-546.

[4] Maji A K, Brown J P, Urgessa G S. Full-Scale Testing and Analysis for Blast-Resistant Design[J]. Journal of Aerospace Engineering, 2008, 21(4):217-225.

[5] Zhao C F, Chen J Y, Wang Y, et al. Damage mechanism and response of reinforced concrete containment

structure under internal blast loading[J]. Theoretical & Applied Fracture Mechanics, 2012, 61(61):12-20.
[6] Tai Y S, Chu T L, Hu H T, et al. Dynamic response of a reinforced concrete slab subjected to air blast load[J]. Theoretical & Applied Fracture Mechanics, 2011, 56(3):140-147.
[7] Schenker A, Anteby I, Gal E, et al. Full-scale field tests of concrete slabs subjected to blast loads[J]. International Journal of Impact Engineering, 2008, 35(3):184-198.
[8] 汪维, 张舵, 卢芳云, 等. 方形钢筋混凝土板的近场抗爆性能[J]. 爆炸与冲击, 2012, 32(3):251-258.
[9] Zhao C F, Chen J Y. Damage mechanism and mode of square reinforced concrete slab subjected to blast loading[J]. Theoretical & Applied Fracture Mechanics, 2013, 63-64(1): 54-62.
[10] Li J, Wu C, Hao H. Investigation of ultra-high performance concrete slab and normal strength concrete slab under contact explosion[J]. Engineering Structures, 2015(102):395-408.
[11] Malvar L J, Ross C A. Review of strain rate effects for concrete in tension[J]. ACI Materials Journal, 1999, 96(5): 614-616.
[12] Riedel W, Thoma K, Hiermaier S, et al. Penetration of reinforced concrete by BETA2B2500 numerical analysis using a new macroscopic concrete model for hyd-rocodes[C]//9th International Symposium, Interaction of the Effects of Munitions with Structures, Berlin-Strausberg: IBMAC, 1999: 315-322.
[13] Holomquist T J, Johnson G R, Cook W H. A computational constitutive model for concrete subjective to large strains, high strain rates, and high pressures[C]//Jackson N, Dickert S. The 14th International Symposium on Ballistics, USA: American Defense Prepareness Association, 1993: 591-600.
[14] Johnson G R. Computed radial stresses in a concrete target penetrated by a steel projectile[C]//Proceedings of the 5th International Conference On Structures under Shock and Impact. Greece, 1998: 793-806.
[15] ZhenguoTu, Yong Lu. Evaluation of typical concrete material models used in hydrocodes for high dynamic response simulations[J]. International Journal of Impact Engineering, 2009(36):132-146.
[16] 王高辉, 张社荣, 卢文波, 等. 水下爆炸冲击荷载下混凝土重力坝的破坏效应[J]. 水力学报, 2015, 46(2).
[17] Linsbauer H N. Damage potential of an upstream-side crack in a gravity dam subjected to an impact loading in the reservoir[C]. 841-846.

# 爆破工程风险管理与对策

曾春桥[1]  李运喜[2]  管国顺[1]  葛兆林[1]

(1. 宁波永安爆破工程有限公司,浙江 宁波,315700;
2. 浙江省高能爆破工程有限公司,浙江 杭州,310012)

**摘 要**:爆破工程的风险关系到整个工程的经济效益,本文从爆破工程的特点分析入手,分析爆破工程风险的特征及爆破工程风险管理的意义;爆破工程风险应对策略有三种,即风险控制、风险转移、风险自负等,建立和实施质量管理体系及工程保险是风险转移的可行方式;总结爆破工程实际中出现风险的机会,提出对策,对症下药,不断完善操作制度,并确保制度落实到位,增强对风险管理的主动性和预见性,做到未雨绸缪,保证爆破施工的安全实施,从而实现爆破工程本质安全化,确保爆破工程的安全。

**关键词**:爆破工程;风险管理;对策

# The Risk Management and Solutions of Blasting Engineering Projects

Zeng Chunqiao[1]  Li Yunxi[2]  Guan Guoshun[1]  Ge Zhaolin[1]

(1. Ningbo Yongan Blasting Engineering Co., Ltd., Zhejiang Ningbo, 315700; 2. Zhejiang Gaoneng Corporation of Blasting Engineering Co., Ltd., Zhejiang Hangzhou, 310012)

**Abstract**: The risk of blasting engineering projects is related to the economic benefit of the whole project. This paper analyzes the characteristics of blasting engineering at the beginning. As to the solution of the risk of blasting engineering projects, there are three main types: risk management, risk transfer and one's own responsibility for the risk. The construction and implementation of quality management system and engineering insurance is a feasible way. Concluding the risk probability, putting forward countermeasures, perfecting the systems, implementing the systems and enhancing initiative and foresight are all necessary for the safety of blasting construction. In this way, the safety of blasting engineering is guaranteed.

**Keywords**: blasting engineering; risk management; solutions

# 1 引言

进入 21 世纪以来,随着城市改扩建工作的快速推进,基础设施的不断完善,爆破的高效快速在其中发挥了重大的作用。爆破施工中要保证周围人和建筑物及各种设备、设施完好无

---

作者信息:曾春桥,工程师,zzchn0211@126.com。

损，对爆破安全性、技术性提出了更高的要求。因此，在爆破工程施工以前，对爆破工程中潜在的危险和有害因素进行风险辨识，分析引起爆破事故的技术和管理状况，论证安全技术措施的合理性，避免选用不安全的施工工艺和危险的材料，提出降低或消除危险的有效方法。对潜在的危险、有害因素进行定性和定量的分析，建立使系统安全的最优方案，实现爆破工程本质安全化。

## 2 爆破工程的特点

爆破工程的特点如下：

（1）爆破工程是一种高风险的、涉及爆炸物品的特种行业。炸药和雷管是爆破工程中必不可少的爆破器材，购买、运输、贮存、使用炸药等爆炸物品是爆破工作中必须涉及的工序；爆破设计、布孔、钻孔、装药、堵塞与网路连接、覆盖、警戒及爆后检查等施工环节较多，准备工作比较复杂，又因炸药爆炸是瞬时完成的，爆后的效果通常是在几秒内体现出来的，且是不可逆转的，故爆破工程是一种高风险的特种行业。

（2）爆破工程外部环境特定且复杂。一般来说，爆破工程都是在特定条件下进行的，其外部环境复杂且要求严格。例如，楼房拆除爆破通常是在闹市区和交通要道地区内进行的，且与保留建筑物毗邻或结构相互连接，地上地下又有市政管道等。在这样复杂的环境下进行拆除爆破，就会对设计、防护、环保、施工扰民等环节提出更高的要求。又如油、气井燃烧爆破通常在套管内指定井深处（如油层）进行射孔、压裂、整形、切割等工程内容。油井内空间有限，浓度不一，而且井内还充满了压井液，在这样特定的条件下进行爆破就要求爆破器材设计制造应非常精细、结构严密，并且施工技术要求十分严格。

（3）对爆破器材有特定的要求。尽管不同的爆破工程使用的爆破器材的品种有所不同，但是对爆破器材的质量、性能的严格要求却是一致的。例如，水下爆破特别是深水爆破时，要求爆破器材具有良好的抗水和抗压性能；高温爆破则对爆破器材的耐高温性能有特殊的要求。

（4）爆破工程施工环节多而复杂。一般来说，爆破技术人员应首先熟悉爆破对象的工程地质条件以及爆破要求，搜集有关资料，再设计、钻孔、装药、连接爆破网路、起爆、警戒、监测爆破有害效应。爆破周围环境的安全涉及社会和民生问题等诸多环节，每一个环节都必须慎之又慎，才能获得良好的爆破与安全效果。

（5）从业人员必须经过严格的培训，考核合格后，实行持证上岗，熟悉并严格遵守政府关于爆炸物品的管理规定和国家标准——《爆破安全规程》和《民用爆炸物品安全管理条例》。这些规定都是从成千上万例事故中总结出来的，是血的教训，必须严格遵守。

## 3 爆破工程风险溯源

风险指的是损失的不确定性。对爆破工程项目而言，风险是指可能出现的影响爆破工程目标实现的不确定性。爆破工程的风险包括爆破工程决策者的风险和爆破工程实施的风险。爆破工程实施的风险主要包括设计的风险、施工的风险以及材料、设备和其他物资的风险等，其中主要来源于以下几个方面：

（1）社会方面的风险。主要指政治方面的各种事件和原因所带来的风险，例如战争、政策多变、动乱等因素带来的风险。这方面的风险也往往造成灾难性的后果。

（2）自然方面的风险。宏观方面主要有恶劣的天气情况、恶劣的现场条件、未曾预料到的工程水文地质条件、未曾预料到的一些不利地理条件、爆破工程项目建设可能造成对自然环境的破坏等。微观方面主要是指施工现场条件特别恶劣，处于陡坡、隧道、潮湿或雷雨多发区，如无相应的防护措施，极可能发生人员伤害或财产损失。

（3）组织与管理方面的风险。主要是指由于各方关系不协调以及其他不确定性而引起的风险；或是在总体方案确定、投资决策、设计施工队伍的选择等方面，决策出现失误对工程产生决定性的影响；或是管理人员管理能力不强、经验不足、合同条款不清楚导致工程和公司损失；或是生产指挥不当、操作人员观察不够，导致机械设备损坏伤害现场人员，等等。

（4）经济方面的风险。主要是指在经济领域中各种导致爆破公司经营遭受损失的风险。如汇率波动、经济危机和金融危机、建材和人工费的涨落等。

（5）法律条文与实施方面的风险。对相关法律未能全面、正确理解而带来损失的行为等。

（6）技术风险。如爆破工程设计文件、工程施工方案是否具体和有针对性，工程物资和工程机械的配备是否齐全和及时到位等。

（7）合同风险。合同的订立、实施、控制和综合评价等，直接关系到公司的利益；合同风险最严重的体现是签订了无效合同。另外合同风险还体现在合同条款中，包括约定工期风险、工程款的支付及结算条款的风险，条款争议时解决事项风险，条款中设置相关程序障碍的隐患风险，以及分包、挂靠合同中的注意事项等。

（8）安全风险。爆破有害效应包括爆破振动、爆破空气冲击波、爆破水中冲击波、爆破个别飞散物、爆破粉尘等，是诱发风险的主要原因之一。风险还应包括：由于技术或客观的因素，爆破效果没有达到预计的目标，例如，爆破开挖工程欠挖或超挖，大块率过高，岩石级配不符合要求；抛掷爆破、定向爆破的抛掷百分数未达到设计要求；隧道开挖中炮眼利用率低；建筑物拆除爆破中出现爆而不倒等。由于管理、技术或不可预见的原因，引起爆破安全事故或其他次生灾害，造成经济和其他损失。例如，发生早爆或拒爆事故；由于个别飞散物、爆破空气冲击波、爆破振动、爆破堆坍物等爆破效应失控对周围建筑物、设备造成损害，乃至人员伤亡；爆破施工中发生不安全事故等。由于管理、技术或第三者责任的原因，造成延误工期，变更施工方案，增加工作量或成本支出等。

（9）资金风险。资金问题是每一个爆破工程无法回避的问题，先期的各项投入是否有足够的回报，并非想象的那样，而是隐含许多的风险性。资金风险涉及面十分广泛，包括施工企业的经济实力、工程款核算与支付、业主的支付能力和支付时效、撤资的可能性、成本控制管理、材料价格变化等，可谓十分复杂。

## 4 风险管理的意义

风险具有客观存在性和不确定性两个特点，风险管理是为了达到一个组织的既定目标，而对组织所承担的各种风险进行管理的系统过程，其采取的方法符合公众利益、人身安全、环境保护以及有关的法规要求，风险管理包括策划、组织、领导、协调和控制等方面的工作。

施工风险管理过程包括实施全过程的风险识别、风险评估、风险响应和风险控制。

### 4.1 风险识别

风险识别的任务是识别施工全过程存在哪些风险，其工作程序包括收集与施工风险有关的信息，它是风险管理的基础。风险的产生，首先是信息的不对称、不准确，并因此给施工项目带来盲目应对、决策失误等一系列不良后果，爆破工程在项目实施前务必尽可能多掌握有关施工项目目标的信息。信息收集后，对每一条信息进行分析、对照、评估、筛选，通过对风险进行分类可以加深对风险的认识和理解，辨清风险的性质和某些不同风险事件之间的关联，有助于制定风险管理目标，确定风险的因素，编制施工风险识别报告。

## 4.2 风险评估

风险评估包括利用已有的数据资料和相关专业方法分析风险因素发生的概率；分析各种风险的损失量，包括可能发生的工期损失、费用损失以及对工程的质量、功能和使用效果等方面的影响；根据各种风险发生概率的损失量，确定各种风险的风险量和风险等级。

## 4.3 风险响应

风险响应是针对项目风险而采取的相对应对策。常用的风险对策包括风险规避、减轻、自留、转移及其组合等策略。对难以控制的风险向保险公司投保是风险转移的一种措施。风险对策应形成管理计划，它包括：风险管理目标，风险管理范围，可使用的风险管理方法、工具以及数据来源，风险分类和风险排序要求，风险跟踪的要求，相应的资源预算。

## 4.4 风险控制

在施工进展过程中应收集和分析与风险相关的各种信息，预测可能发生的风险，对其进行监控并提出预警。

# 5 爆破工程的风险处理对策

对于爆破工程风险处理对策，主要有风险控制、风险转移、风险自负三种，以下主要介绍风险控制的几种方式。

## 5.1 回避

如了解到某工程风险较大，可以拒绝业主的投标邀请，一般来说，回避风险是一种消极的经营手段。

## 5.2 损失控制

风险损失控制是一种具有积极意义的风险处理手段，这一方法通过事先控制或应急方案使风险不发生，或一旦发生后使损失额最小或尽量挽回损失。损失控制方案分三种：预控风险、应急方案和挽救方案。

(1) 预控方案。预控方案的核心思想是通过主动控制风险发生条件，使风险不发生。这时爆破工程的设计与施工十分重要。只有预先对风险做出辨认，了解风险产生的原因、条件、环境和后果，才能采取有效的预控措施。

(2) 应急方案。应急方案的目的是使风险损失最小化，应急方案是在损失发生时起作用的，对爆破工程应对风险进行评估后，对那些较大风险或可以分类的风险制定应急方案，如：拆除的建筑物爆而不倒，爆破对周边水、气、电、通信设施造成故障等。

(3) 挽救方案。挽救方案的目的是将风险发生后造成的损失得到尽快的终止并减小到最低程度。一般而言，挽救方案是不能事先制定的，因为我们在风险发生之前不知道损害的部位和程度，因此不需要在风险发生前制定详尽的挽救方案，只需在应急方案中规定损失发生后挽救方案研究小组的人员配备和工作程序。

## 5.3 分离与分散

风险的分离与分散对策是常用的风险控制对策，它的主要思路是将企业或项目的风险因素分离开，分离是将风险单位分离开，在评估爆破工程风险时，应明确业主、设计、施工、监理以及有关单位的风险责任，既有利于在明确各自职责后避免风险的发生，又在一旦风险发生后，分离风险损失。分散是将企业的风险单位增多或扩大，是分散风险的好办法，这也是爆破企业发展的方向。

## 5.4 风险转移

这里所说的转移是指风险控制下的转移，而不是财务对策下的有偿转移（有偿负责与保险）。风险控制转移是将风险的活动转移，业主可以在合同中利用苛刻的免责条款开脱自己的风险而转移给承包商，这是一种不公平的做法，但承包商在项目较少时往往能予以接受。爆破企业也可以对诸如钻孔施工、预拆除中的人员伤亡事故，因爆破警戒疏漏造成的人员伤亡事故等风险转移给施工队或承担警戒任务的保安部门。

## 5.5 风险自留

风险自留是一种风险的服务对策，即由企业或工程项目自身承担风险。因这种承担方式是以自身的风险自留基金来保障的，所以把它归结为财务对策。为使企业有抵御风险的较大能力，爆破企业应注意建立风险自留基金。自留风险是与保险或有偿风险转移对立的方式。

# 6 建立和实施质量管理体系是风险预控的核心

爆破工程的施工过程复杂，质量和安全性能要求较高。为了能主动地对风险进行预控，建立和实施爆破施工企业质量管理体系，不仅是工程安全和企业效益的需要，也是市场和竞争的需要。

ISO 9000族标准是突出以过程为基础的质量管理体系，从相关方需求作为输入到最后满足相关方要求作为输出，即将围绕产品的实现作为质量管理体系活动的全过程，过程方法模式覆盖了标准的所有内容，这是目前广泛开展的质量体系认证工作的基础。对于爆破企业，实施质量管理体系的有效性和效率应体现在"组织在过程输出时应确保顾客和其他相关方满意"，即在完成一项爆破工程时，应确保业主和政府主管部门及其他相关方在爆破效果及安全等方面满意。为此，爆破企业应按照GB/T 19001—2000标准的要求，结合企业自身的具体情况，建立形成文字的质量管理体系，认真实施和保持，并持续改进其有效性。

企业通过过程方法使质量管理体系得以实施，因此客观识别爆破设计、施工和服务的过程（即产品实现过程）以及与此相适应的其他管理过程是最为重要的基础工作。在一般情况下，爆破工程按照生产流程可以划分成如下过程：工程信息、投标—合同—设计—安全评估—施工准备（含采购）—施工运作过程（钻孔及预拆除、装药、敷设起爆网路、防护、起爆、清渣—评估、验收）—回访。在施工运作过程中，有时还包含必要的试验和安全监测。对于每一项具体的质量活动而言，可以视为上述过程的子过程或者是围绕上述过程的实现而展开的支持过程（包括与管理活动、资源提供、产品实现和测量有关的过程）。爆破企业还应针对自身情况，明确工程承包过程中的外包过程，如工程分包、设计分包、劳务分包、试验分包等过程，并确保对其实施控制。

一个合格的质量管理体系文件，应当注意其文件的各项规定（含工序准则），应当与爆破设计、施工的相关过程对应，对无文件规定的过程应能够有效地控制。对于爆破企业，应包括设计过程控制，施工过程控制，采购过程控制，检验、试验和测量过程控制，检测装置控制，人力资源控制以及 ISO 9001 标准要求涉及的六个活动的程序等。

## 7 工程保险是财务对策下风险转移的可行方式

爆破安全规程规定：爆破企业、作业人员及其承担的重要爆破工程均应投购保险。爆破工程按建筑工程投保目前尚无参考保险费率，一般应由保险双方协商确定。对于爆破企业，以下几种投保的方式是可以参考借鉴的。

### 7.1 爆破施工作业人员，由企业团体投保意外伤害保险

该险种一般承保条件较宽，对被保险对象通常无资格限制，保险期一般为 1 年，也可以特定在某项工程的施工期内，意外伤害保险的责任是被保险人由意外伤害所致的死亡或残疾，或者支付医疗费用，不负责疾病所致的死亡或残疾。团体意外伤害保险其保险费率按行业、工种类别确定，对于同一单位的职工，由于工作性质不同，职业危险差别很大，可以分别采用不同的费率标准。团体意外伤害保险一般仅规定最低保额，对最高保额并未作出限制，但是保险人在承保时，可以根据投保人的要求，在对投保风险进行风险选择和评估后，与投保人商定一个保险金额进行承保。个人意外伤害保险的费用一般是比较低的，而团体投保由于降低了管理成本等方面的费用，故应适用更低的费率。对于爆破企业，这是值得推荐的投保方式。

### 7.2 爆破工程保险的第三者责任附加险

爆破工程保险的第三者责任附加险是指除保险人和所有被保险人以外的单位和人员，不包括被保险人和其他承包人所雇用的现场从事施工的人员。第三者责任附加险的内容包括：在保单有效期内因在工地发生意外事故造成工地及邻近地区的第三者人身伤亡或财产损失，依法应由被保险人负责时，可由保险人赔偿；事先经保险人书面同意的被保险人因此而支出的诉讼及其他费用，但不包括任何罚款，其最高赔偿责任不得超过保险单明细表中规定的每次事故的赔偿限额或保单的有效期内累计赔偿限额。第三者责任附加险实行整个工期一次性费率。有累计赔偿限额的费率为总赔偿限额的 2.8‰~3.2‰；无累计赔偿限额的费率为每次事故赔偿限额的 3.5‰~5.0‰；如加保交叉责任，视危险大小加收第三者责任保险费的 10‰~25‰。应当注意的是，第三者责任附加险中仅对财产损失部分规定免赔款，按每次事故赔偿限额的 1‰~2‰ 计算，除非有特别规定，人身伤亡部分一般不规定免赔款。对场地清理费一般不规定免赔款。免赔款的高低，可根据工程的危险程度、自然地理条件及工期长短等因素，由保险双方协商确定。对于爆破工程，投保第三者责任附加险，对于风险转移，是有实际意义的。

### 7.3 与业主共同分担风险与赔付

对于有的风险较大的爆破工程，由爆破企业独立承担风险与赔付，对爆破企业来讲，压力较大。也可以采取与业主共同分担风险的方式。即由业主对爆破工程投保，由于爆破企业回避了部分风险，并取得业主的认可，必然在承担工程项目的合同上要对业主让步，但在合同条款中，也可以同时规定，由于爆破企业的技术能力和保障措施，当风险避免时，由业主对爆破企业作出一定的回报和奖励，这也是爆破工程风险转移的一种方式。已有一些拆除爆破工程的经验表明，这种方式可以被有关方所接受，也是可行的。

## 8 爆破各阶段现场风险处理的对策

### 8.1 现场勘察要仔细

爆破现场的详尽勘察是爆破设计的基础，爆破现场的详尽勘察应注意以下几个方面：

（1）环境勘察中：既要重视表面目标，又要重视隐藏目标，如拆除爆破要弄清是否有地下电缆、地下通信设施和地下管道；既要注意可见目标，又要注意不可见目标，如确定是否有危及爆破安全的杂散电流、射频电流和易燃、易爆气体；既要重视外部情况，又要重视内部设施，如建筑内是否有需要保护的精密仪器，建筑内有无行走不便的卧床病人等。

（2）结构勘察时：应结合图纸进行现场核实，并应注意结构钢筋是否受到腐蚀；不仅要观察结构的形式，还要了解结构的坚固程度和承载力（进行爆破拆除设计时，容易仅顾及建筑的结构形式，而忽视了其坚固性和承载力，从而导致事故）；深入了解结构的稳定性，这样做既是为了保证爆破效果，也可防止预处理过多，出现安全问题。

（3）其他应注意的事项还有需保护设施的情况，警戒范围、关键防护部位和警戒点设置是否到位等。

### 8.2 爆破方案和参数选择要慎重

爆破参数的合理与否直接关系到爆破效果和爆破安全。爆破方案的选择要兼顾理论与实际经验数据，因爆破拆除常用的公式许多是经验公式，每个公式都有一定的使用范围，带有很强的局限性，这些经验公式对技术人员确定一些爆破参数有帮助，但应注意其使用条件和范围，否则难以达到预期目的，必要时通过试爆确定爆破参数。

### 8.3 对预处理时的安全要给予高度重视

爆破拆除的成功实施需要大量预拆除工作打基础。一般情况下，爆破拆除工程的预拆除工作量，占整个工程总工作量的1/3以上。预拆除工作不但影响工程进度，也是安全管理的重点部位之一。近几年来，某些爆破公司在进行爆破前预处理时发生的血的教训，提醒对建筑爆破前预处理时的安全管理不可轻视。

导致爆破前预拆除安全事故的原因主要有：对建筑未作结构受力分析或者结构分析失误，误将承重受力构件破坏，造成结构失稳；对承重墙处理过多，或者处理位置不当，造成结构整体失稳。砖结构楼房是近几年预处理安全事故的高发区。

### 8.4 严格按照设计施工

爆破施工中"精心设计是基础，严格施工是关键，安全管理是保证"。许多爆破安全事故的发生都是施工人员不按设计方案施工造成的。工程施工中此类现象有：增加或者减少炮孔药量或者漏装药；钻孔深度不合要求；孔距与设计差别过大；预处理不到位；雷管段数搞错；堵塞不合格；防护不到位等。现场施工人员要严格按照设计方案进行施工，设计方案是现场施工的主要依据，若需变更设计参数等必须事先征得现场主管工程技术人员同意。

### 8.5 安全防护必须到位

有些工程为了节约开支，对爆破体的主动（近体）防护不严密，对被保护对象的防护也是草率遮盖。在防护用材上图方便，所用防护材料质量差，没有防护作用；有些防护不讲究科学，防护工作简单化、形式化，这些都是安全工作的隐患。安全防护资金必须有保证，安全防护材料必须专人落实。

## 8.6 爆破作业前的周围居民走访必不可少

爆破工程是典型的扰民工程，爆破的成功实施需要周围居民的积极配合和支持。爆破前召开爆前协调会，将爆破拆除的潜在危害等讲清楚，使居民充分了解爆破前警戒撤离的必要性，必要时对爆破区域内居民进行走访，不但可以消除居民的侥幸心理，也可取得周围居民的谅解与支持，为确保爆破的安全进行打下基础。

## 8.7 爆破振动监测

施工过程中对重点保护物进行爆破振动监测，并将振动监测结果及时提供给施工单位，寻找爆破振动传播规律，并确定出振动衰减公式中的有关参数；爆前小规模的试爆，根据试爆结果和爆破监测数据，合理调整到最佳爆破参数，还可根据被保护物的振动要求确定最大允许单响药量或最小安全距离，指导爆破施工。

## 9 结束语

爆破工程的风险性决定了它对安全的高要求，同时对爆破工程的安全监督管理也提出了新的要求，各个环节齐抓共管，不能疏漏。在施工中，严格按爆破安全评估报告和《爆破安全规程》及有关规章制度施工，杜绝违章作业，不断完善操作制度，并确保制度落实到位，增强对风险管理的主动性和预见性，做到未雨绸缪，保证爆破施工的安全实施。

## 参 考 文 献

[1] 梁世连，惠恩才. 工程项目管理学[M]. 第2版. 大连：东北财经大学出版社，2004：319-347.
[2] 中华人民共和国标准. GB 6722—2014 爆破安全规程[S]. 北京：中国标准出版社，2015.
[3] 汪旭光. 爆破设计与施工[M]. 北京：冶金工业出版社，2011.
[4] 闫正斌，亓希国，张国亮. GA 991—2012 爆破作业项目管理要求. 公安部治安管理局.
[5] 闫正斌，亓希国，张国亮. GA 990—2012 爆破作业单位资质条件和管理要求. 公安部治安管理局.
[6] 民用爆炸物品安全管理条例（国务院令466号）.
[7] 于亚伦. 工程爆破理论与技术[M]. 北京：冶金工业出版社，2004.
[8] 刘殿中. 工程爆破实用手册[M]. 北京：冶金工业出版社，1999.
[9] 冯叔瑜，顾毅成. 爆破工程永恒的主题[J]. 爆破，2002，19(1).

# 移动实时视频监控系统在爆破作业现场的应用

张 艳  马元军  袁纯帧

(葛洲坝易普力四川爆破工程有限公司,四川 成都,610000)

**摘 要**:针对目前爆破作业现场实时监控方法存在的不足,分析了不同视频监控系统的结构特点及其适用条件,根据爆破作业现场位置偏远、爆破地点不固定、爆破现场通信信号不稳定等特点,研究了适用于爆破作业现场的移动式无线视频监控系统,主要包括一体化便携式视频采集系统、无线微波传输系统和视频数据监控系统。在爆破作业现场应用的结果显示,该监控系统视频采集系统移动携带方便,无线覆盖率能够达到95%以上,视频数据无线传输成功率能够达到90%以上,在远程能够通过云平台实时调取视频数据,从而实现对爆破作业现场的实时监管,对规范爆破作业人员行为、预防爆破安全事件及安全质量事故的追溯具有重要意义,为类似工程实时监控起到了借鉴作用。

**关键词**:爆破作业现场;无线;移动实时视频监控系统;实时监管

# Application of Mobile Real-Time Video Surveillance System in Blasting Work Site

Zhang Yan  Ma Yuanjun  Yuan Chunzhen

(Gezhouba Explosive Sichuan Blasting Engineering Co., Ltd., Sichuan Chengdu, 610000)

**Abstract**: For the shortcoming of current real-time monitoring methods in blasting work site, the structural characteristics and application conditions of different video surveillance system are analyzed and the mobile wireless video surveillance system, which include integrated portable video capture system, wireless microware transmission system and video surveillance system, is put forward on the basis of the special circumstances of blasting work site, such as remoteness, not fixed, communication signal instability. The application results show that the monitoring system mobile portable video capture system is portable, wireless penetration can reach more than 95%, video data wireless transmission success rate can reach more than 90%, managers can achieve real-time monitoring blasting work site through downloading video datas from the cloud platform at any time and anywhere, which is significant for regulating the behavior of the blasting operation, preventing the blasting safety incidents and retrospecting safety quality accidents. Furthermore, it can play a reference for similar projects.

**Keywords**: blasting work site; wireless; mobile real-time video surveillance system; real-time monitoring

作者信息:张艳,教授级高级工程师,547120711@qq.com。

## 1 引言

随着我国经济的快速发展，能源、矿山、水利、交通及城市改扩建等工程日益增多，爆破施工项目也越来越多。爆破施工作为一种高危行业，其现场施工环境复杂，多工种人员交叉作业，接触和使用爆炸物品的人多而复杂，技术防范措施难以到位，存在较大的安全隐患，因此，爆破施工现场实时安全有效的监管方法显得尤为重要。

常规的爆破施工现场安全监管方法以现场人管人为主，辅以制定安全生产制度、落实安全生产检查，以及安全生产事故应急处理等，不能实现现场监管的实时性，不便于事故现场的再现[1,2]。采用 DV 录制施工现场视频的方法，由于 DV 本身的局限性，如电池容量有限、拍摄视角有限、无法网络实时传输等，同样不能对爆破作业现场实时有效地进行监管[3]。本文将结合现代广播通信和移动通信技术，探讨实时视频监控系统在爆破施工现场的运用。

## 2 爆破作业现场视频监控方案优选分析

### 2.1 视频监控方案分类

现代视频监控系统主要有三个部分组成：监控前端、视频传输部分及监控中心。监控前端采集视频信号，然后通过各种视频传输手段将采集到的视频传输至远程监控中心，监控中心通过接收现场的视频信号进行远程监控，视频传输技术是关键，其决定了监控中心监控质量的好坏。根据视频传输技术可将视频监控方案分成三类：（1）基于有线互联网络的视频监控方案；（2）基于3G/4G通信网络的视频监控方案；（3）基于无线微波通信的视频监控方案。

### 2.2 视频监控系统比较分析

基于有线网络的视频监控系统[4]主要有有线宽带信号传输方式和光纤信号传输方式两种，这两种传输方式在爆破作业现场应用时均存在三个难题：（1）采用的电缆连接方式，在矿山等偏远地区电缆铺设难度大，成本高；（2）爆破作业时，产生的冲击波和飞石容易损坏电缆，给爆破作业现场视频监控带了较大影响；（3）根据矿山的实际情况，爆破作业点每天发生变化，电缆随时进行移动铺设，矿区面积一般较大，不可能对爆破作业现场进行不定时不定点的全矿区范围拍摄。

基于3G/4G通信网络的视频监控系统[5~7]，根据网络运营商的不同，主要包括中国移动 TD-SCDMA(3G)、TD-LTE(4G)网络信号传输，中国电信 CDMA(3G)、FDD-LTE(4G) 网络信号传输，中国联通 WCDMA(3G)、FDD-LTE(4G)网络信号传输，虽然3G/4G视频信号传输设备简单，信号接收方便，但是偏远矿区，其3G/4G移动网络覆盖率不高，部分地区较弱，易造成数据传输的中断，影响远程监控质量。

基于无线微波通信的视频监控系统就是将移动设备采集到的视频信号通过移动设备上的无线微波传输至中转基站，其传输方式一般采用双极化无线 WiFi 技术，传输速率高达 300Mbps，然后通过中转基站的无线设备将视频信号传送到地面站监控中心，实现视频信号无间断的远程传输。

通过对三种方法的分析可以发现，基于有线网络的视频监控方案适合固定式监控，不适合不定时不定点的远程实时监控，基于3G/4G通信网络的视频监控方案结构简单，运行方便。但是受通信网络信号的显示，偏于水电施工现场、矿山等地方通信信号较差，甚至没有，无法进行有效的视频信号传输。基于无线微波通信的视频监控方案设备架设简单方便、移动方便，能够实现对爆破作业现场实时的远程监控,传输数据不消耗流量,不产生额外的流量费用,更有利于偏远地区信号的传输。因此,针对矿区爆破作业现场的复杂情况,基于无线微波通信的视频监控方案为最佳的移动实时视频监控方案。

### 2.3 优选方案的技术分析

#### 2.3.1 安全性分析

在爆破作业现场,高频电磁波在一定情况下能够在电雷管引线上产生感应电动势,使回路里的电流超过电雷管的安全电流,从而引爆雷管,产生早爆,造成重大伤亡。

基于无线微波通信的视频监控系统中无线设备的工作频率为 5.8GHz,发射功率不大于 500MW,等效全向辐射功率不小于 2W,符合《爆破安全规程》[8]中规定的爆区与高频发射机的安全允许距离,同时监控系统的视频采集端采用的是 200W 像素的高清摄像头,一般架设在爆破 200m 以外,通过调焦远距离高清对爆破现场作业情况进行采集,进一步增加了无线微波在爆破作业现场应用的安全性。

#### 2.3.2 关键技术分析

考虑到爆破作业现场的特殊情况,对常用的无线微波传输系统进行优化,使其能更完整可靠地将视频信号进行传输,实现对爆破作业现场随时、随地、高清的监控,其关键技术有:

(1) 爆破作业现场不再架设任何固定式的支架,一个便携式箱子集成了视频采集、视频存储、无线发射、视频显示、供电、升降支架等六个模块,实现了随时、随地视频监控。

(2) 从爆破作业现场采集的视频数据通过无线微波传输技术,分级传输至分公司监控中心,传输过程中视频信号不会发射明显的衰减,视频传输稳定可靠。

(3) 分公司监控中心接收无线信号后,解析后通过 Internet 网络传输至云平台,运用虚拟化、视频云存储、大数据等先进技术,实现手机、平板电脑、计算机等设备实时通过网络域登录提取实时视频监控数据,实现主管部门随时监管。

无线移动监控系统构成要素如图 1 所示。

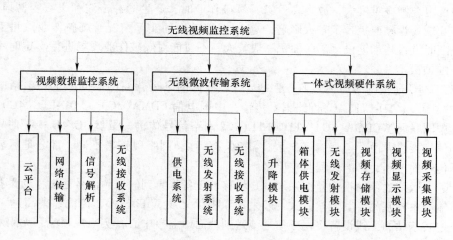

图 1 无线移动监控系统构成要素

Fig. 1 Components of wireless mobile surveillance system

#### 2.3.3 偏远地区信号传输技术

考虑偏远地区爆破作业现场,特别是水利水电工程、矿山存在信号不畅等问题,设置有多个汇聚点和中继点进行中转传输。各爆破现场监控点采集的视频信号通过无线微波技术发射出来后，同一采区的视频信号传输至地势较高的汇聚点，不同采区的视频再次以无线微波信号传输至中继点，信号最后通过中继点传输至监控中心，最后通过网络上传至云平台。各级主管部门通过网络域调取云平台实时视频数据，实现对爆破作业现场的实时监控，其网络拓扑图如图2所示。

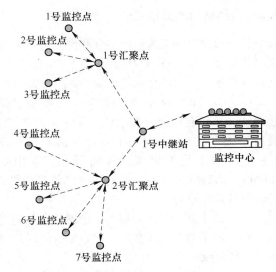

图2 基于无线微波通信的视频监控网络拓扑图
Fig. 2 Video surveillance network topology based on wireless microwave communication

## 3 工程应用

### 3.1 工程概况

四川省某石灰石矿山开采工程，最低海拔约1100m，最高海拔约1180m，爆破区域面积约80万平方米。地势险峻，目前有两条公路通往爆破区域，道路为泥结石路，道路弯多崎岖，且通往爆破区的道路山体随时伴随有塌方和滑坡的危险，爆破区目前没有成熟的网络信息通道，很多地区网络信号微弱甚至没有，因此对该矿区采用了基于无线微波通信的视频监控系统，矿区概况如图3所示。

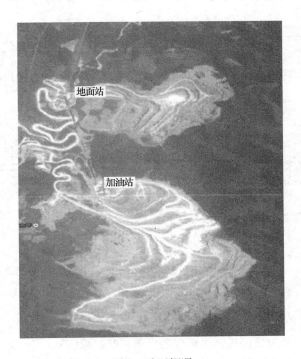

图3 矿区概况
Fig. 3 The situation of mining area

## 3.2 无线移动式监控系统方案设计

目前爆破现场无线监控的难度主要在现场数据采集至地面站接收这个过程，视频信号网络实时传输技术发展较为成熟，所以本次视频监控主要进行的是爆破作业现场数据采集、无线微波信号传输、地面站数据接收，具体的方案为：

（1）在矿山1140m平台安装一台镜头范围为12～85mm的一体化摄像机，同时具有云台功能，且具有存储、视频资料预览及回放功能，将采集到的数据通过网络数据线与无线设备连接，在移动箱体内安装一套IEEE802.11a/n双极化技术的无线设备，工作频率5.8GHz，抗干扰能力强，传输可靠。采用802.11n 2×2双极化无线技术，提供高达300Mbps的数据传输速率，将接收到的摄像机的数据通过本无线设备，以无线微波的方式，传输至就近中继点。

（2）由于整个矿区面积大，中继节点我们将选择矿区一个制高点（加油站后山坡上），架设一套120°全覆盖无线基站，接收来自矿区范围内的移动设备的视频信号，该中继节点的覆盖范围半径1000m无障碍。

（3）在地面站围墙外围安装无线微波接收站，接收中继点传输的200W像素的监控视频，对微波信号进行解析后上传至云平台。

（4）本次通过域访问调取云平台上的实时视频数据，在远程实现实时监控，实现对爆破作业现场的实时监管。

## 3.3 无线移动式监控系统监测结果及分析

无线移动式监控系统进行实时监控时，视频监控信号的传输过程如图4所示。

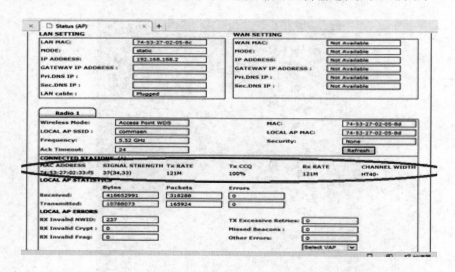

图4 无线微波通断数据显示图

Fig. 4 Wireless microwave on-off data display

由图4可以看出，利用便携式采集箱现场采集到的视频信号通过无线微波进行视频信号传输，其传输速度较快，且信号较强，能够很好地实现连续传输，达到实时传输的目的。

视频信号经过中继点最终传输至地面站（分公司监控中心），然后通过解析后通过网络传至云平台，手机、Ipad、电脑等通过网络域调取云平台上的实时视频监控信号，即可远程在线对爆破作业现场进行安全监管，如图 5 所示。

(a)　　　　　　　　　　　　　　　(b)

图 5　爆破作业现场实时监控图
（a）Ipad 远程实时监控图；（b）远程监控效果图
Fig. 5　Real time monitoring of blasting work site

通过在现场的实地测试，试验区爆破现场无线覆盖率达 95%，视频信号无线微波传输成功率达到 90%，从地面站接收到的实时视频监控结果来看，采用无线移动式视频监控系统传输的信号清晰、稳定，通过域访问至云平台能够随时调取现场实时监控数据，能够实现各级主管对爆破现场的实时监控，较好地满足日常监管的需求。

## 4　结论

通过在对视频监控系统优选分析并在现场进行运用，得出结论如下：

（1）基于无线微波通信的视频监控系统能够实现对爆破作业现场实时地远程监控，传输数据不消耗流量，不产生额外的流量费用，信号传输方式稳定可靠，更有利于偏远地区信号的传输，为爆破作业现场最佳远程视频监控方式。

（2）基于无线微波通信的视频监控系统，其核心为一个便携式箱子，其集成了视频采集、视频存储、无线发射、视频显示、供电、升降支架等六个模块，实现了随时、随地现场视频信号采集，视频微波信号的发射，根据爆破作业现场的距离，可以设置一定的中继点，实现视频信号的高清传输。

（3）通过现场运用，基于无线微波通信的视频监控系统能够使现场无线覆盖率达到 95%，视频信号通过无线微波技术传输的成功率达到 90%，无线微波传输的信号清晰、稳定，远程通过域访问云平台调取实时监控数据，能够实现主管部门全方位、多角度对爆破作业现场施工情况进行远程监测、实时管控，对爆破作业现场安全监管及事故预防具有重要意义。

### 参 考 文 献

[1]　杨建全，梁华，王成友. 视频监控技术的发展与现状[J]. 现代电子技术，2006，21：84-88.
[2]　王力争. 我国民爆行业安全管理存在的主要问题及其对策[J]. 中国安全生产科学技术，2006，2

(4):74-78.
[3] 卢秋波. 视频监控技术简介与发展趋势[J]. 电信网技术, 2007, 1:9-12.
[4] 侯宏录, 刘迪迪, 陈杰, 等. 基于光纤局域网的远距离多路视频监控系统的研究[J]. 光学仪器, 2011, 33(6):22-26.
[5] 苗瑞瑞. 基于3G网络的远程监控系统研究与实现[D]. 赣州:江西理工大学, 2011.
[6] 赵克. 爆破作业安全管理系统的设计与实现[J]. 煤矿爆破, 2015, 2:14-16.
[7] 李建文, 陈为. 工作面远程视频监控系统布控[J]. 中国锰业, 2013, 31(3):55-57.
[8] 中国工程爆破协会. GB 6722—2014 爆破安全规程[S]. 北京:中国标准出版社, 2014.

# 隧道掘进爆破人员管理定位系统

白晓宏　胡文柱　赵东升　杨　志

（中交一公局万利万达项目总部万利六分部，重庆，404100）

**摘　要**：隧道掘进爆破施工场地小、工序多，施工安全风险高，进出隧道人员的管控是难题。传统的人工管控不能对人员进行定位，而随着隧道掘进深度的增加，人员的精确管理尤为重要。隧道掘进爆破人员管理定位系统主要由阅读器及有源射频卡组成，具有人员动态显示、禁区报警及灾后急救信息等功能，可对施工人员进行区域定位识别管理，使管理人员在监控室就能及时掌握施工现场的具体情况。一旦发生事故，立即能显示出事故地点的携卡人员数量、人员信息、人员位置等信息，大大提高抢险效率和救护效果，并有利于爆破前确认人员和机械是否撤离危险区域。此管理系统在多个隧道掘进爆破施工项目中应用效果良好。

**关键词**：隧道掘进；定位系统；动态显示；禁区报警；救援信息

## Personnel Management and Positioning System for Tunnel Blasting Excavation

Bai Xiaohong　Hu Wenzhu　Zhao Dongsheng　Yang Zhi

(Sixth Division of Wanda Manley Project Headquarter Of CCCC First Highway Engineering Co., Ltd., Chongqing, 404100)

**Abstract**: The blasting in tunnel excavation is a high risk operation due to the small operating area and numerous procedures, so personnel in and out of the tunnel must be strictly controlled. The traditional manual control cannot do personnel positioning, but with the increase of the excavation depth, the precise management of personnel is particularly important. The tunnel blasting excavation personnel management and positioning system is composed of the reader and the active RF card with the functions of dynamic display of personnel position, restricted area alarm and providing emergency information etc. which can be used for the personnel zone location management to make sure the supervisor knows the situation on construction site remotely. Once an accident happens, the number of carrying card personnel, their personal information, position information will be displayed immediately on the screen, the rescue efficiency and rescue effect will be greatly improved and it is good for the confirmation of the evacuation of personnel and machinery from the dangerous area. The system has been used in multiple tunnel excavation blasting construction projects and achieved good effects.

**Keywords**: tunnel excavation; positioning system; dynamic display; restricted area alarm; emergency information

---

作者信息：白晓宏，工程师，1976009004@qq.com。

## 1 引言

隧道掘进施工场地小、工序多，施工安全风险高，施工现场管理是确保安全及进度的关键。进出隧道人员的管控一直是难题，传统的人工管控不能对人员进行定位，特别是随着隧道掘进深度的增加，人员的精确管理尤为重要。中交一公局万利万达项目总部万利六分部结合大量隧道掘进爆破的施工管理经验，采用人员管理定位系统，具有实时人员动态显示及禁区报警功能，可对施工人员进行区域定位识别管理，使管理人员在监控室就能及时掌握施工现场的具体情况。还具有灾后急救信息功能，一旦发生各类事故，立即能显示出事故地点的携卡人员数量、人员信息、人员位置等信息，大大提高抢险效率和救护效果。还有利于爆破前人员机械撤离危险区域的确认。

## 2 系统组成

系统主要由阅读器及有源射频卡组成。

### 2.1 阅读器

阅读器应具备以下特性：

识别速度：每秒100个标签（仅限ID号）；
防碰撞处理：200个标签同时读取；
识别距离：最远80m(与SP—TGS系列标签，空气中)；
工作频段：2.4~2.48GHz；
输出功率：≤3dBm（可软件调整）；
接收灵敏度：−90dBm；
微波通信检错：CRC16循环冗余校验；
天线极化：定向/全向；
工作温度：−40~+80℃；
保存温度：−60~+80℃；
抗电磁干扰：10V/m，0.1~1000MHz，AM调幅电磁波；
可靠性：MTBF≥70000h。

### 2.2 有源射频卡

有源射频卡应具备以下特性：

标准尺寸：60mm×35mm×6mm；
识别距离：最远80m(与SP—RFS300，空气中)；
工作频段：2.4~2.48GHz；
接收灵敏度：−80~−90dBm；
期望电池寿命：大于6年，电池电量过低时自动报警；
掉电保存期：10年以上；
ID号码：64bit；
工作温度：−40~+80℃；
保存温度：−60~+85℃；
抗电磁干扰：10V/m，0.1~1000MHz，AM调幅电磁波；

防护等级：IP54；
振动：10~2000Hz，15g，三个轴；
防爆标准：符合 GB 3836.1—2000、GB 3836.4—2000 的规定。

## 3 系统主要功能

### 3.1 考勤

在主洞洞口装 1 台考勤读卡器，往里 100~200m 再安装 1 台考勤读卡器。根据考勤读卡器读到卡的先后顺序来判断施工人员的进出情况，施工人员何时进、何时出、洞内有多少作业人员都能反映到系统软件中，使考勤情况一目了然。可对出入隧道人员进行统计，实现隧道人员考勤记录，建立并打印人员出入隧道的各种信息报表（如隧道时间报表、出勤月报表、加班报表、缺勤报表等），方便管理人员的查询与管理。

### 3.2 定位

可对人员、机械实施定位。施工人员将安全标志卡佩戴在安全帽内侧，无须主动刷卡，在每个定位基站的有效识别范围内，根据识别到的人员标志卡的情况对施工人员进行区域定位识别管理，使管理人员在监控室就能及时掌握施工现场的具体情况。任一时间查询并显示某个地点的人数、分布情况及身份；查询一个或多个人员现在的实际位置、活动轨迹；记录有关人员在任一地点的到/离时间和总工作时间等一系列信息，可以督促和落实重要巡查人员是否按时、到点地进行实地查看，或进行各项数据的检测和处理，减少因人为因素而造成的相关事故。

主洞内衬砌台车或凿岩台车上安装 1 台定位基站，随台车作业实时进行识别定位。

定位功能还有助于爆破前进一步确认人员、机械是否撤离到安全区域，确保爆破安全。

### 3.3 其他功能

信息多点共享。系统中心站及网络终端可以局域网方式联网运行，使网上所有终端在使用权限范围内实现信息多点共享，供多个部门及领导同时在不同地点共享监测信息、系统综合分析信息、查询各类数据报表。

禁区报警功能。对于指定的禁区，如果有非授权人员进入，实时声音报警，并显示进入禁区的人数。

灾后急救信息。一旦发生各类事故，上位机上立即能显示出事故地点的携卡人员数量、人员信息、人员位置等信息，大大提高抢险效率和救护效果。

传感器应急功能。传感器与地面中心站失去联系时，仍能独立工作，自动存储人员监测数据。

## 4 应用情况

中交一公局万利万达项目总部万利六分部结合大量隧道掘进爆破的施工管理经验，在万达高速多个隧道施工现场采用了人员定位系统，使用效果良好。软件界面如图 1 所示，显示人员姓名、卡号、工号、部门、职务及工种等信息。

隧道洞口显示屏实时显示情况如图 2 所示。

该系统还有待于进一步改进，扩展整合功能，如将爆破地震、爆破有害气体、周边位移、拱顶下承等监测数据、地质情况变化等信息整合，建立一个公共平台，实现隧道施工的信息化精细化管理。

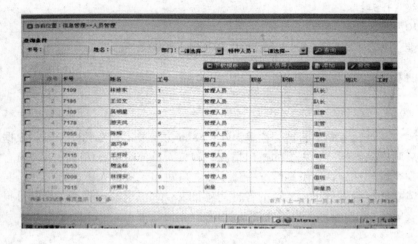

图 1 软件界面
Fig. 1 Software interface

图 2 隧道洞口显示屏
Fig. 2 Display screen on tunnel portal

## 参 考 文 献

[1] 汪旭光. 爆破设计与施工[M]. 北京：冶金工业出版社, 2011.
[2] 周明安, 李必红. 爆破器材与起爆技术[M]. 长沙：国防科技大学出版社, 2008.
[3] 刘殿书. 中国爆破新技术Ⅱ[M]. 北京：冶金工业出版社, 2008.

# 爆破管理系统在露天矿山爆破中的应用

娄文鹏[1]　白和强[1]　李红俊[2]　张　昭[1]　丁言鑫[2]

(1. 北方爆破科技有限公司，北京，100089；
2. 山西江阳工程爆破有限公司，山西 太原，030003)

**摘　要**：爆破管理系统是通过全球卫星定位（GPS）技术、蜂窝移动通信技术、计算机网络和数据库技术的综合应用形成的一套先进矿山爆破工具，是矿山爆破从传统的管理模式提升至现代化管理模式的高科技手段。系统通过GPS技术对爆破施工过程中的主要设备实时跟踪，提高了钻孔效率与装药精度。论文主要介绍了该系统在露天爆破中的应用，解决了钻孔精度低、装药精度低的问题，大大提高了施工效率。该系统对于降低生产成本具有积极意义，可以推广。

**关键词**：GPS；爆破管理系统；台阶爆破；数据传输；炮孔精度

## The Application of Blasting Management System at Surface Mine

Lou Wenpeng[1]　Bai Heqiang[1]　Li Hongjun[2]　Zhang Zhao[1]　Ding Yanxin[2]

(1. North Blasting Technology Co., Ltd., Beijing, 100089;
2. Shanxi Jiangyang Engineer Blasting Co., Ltd., Shanxi Taiyuan, 030003)

**Abstract**: The management information service of blasting is an advanced tool for surface blasting, it is combined with Global Positioning System, Cellular Mobile Communication, Internet and database. It's a kind of ways to promote management model of mine blasting from traditional to modern. The system monitor main equipment for real time by GPS, improve the accurateness of drilling and charging. The paper introduce its appliance to surface mine blasting, solve the problem of bit await orders for a long time, a low accurateness of drilling and charging. It improved construction efficiency highly. There is positive meaning for reducing produce cost and increasing company profit.

**Keywords**: GPS; the management information service of blasting; bench blasting; data transmission; the accurateness of holes

## 1　引言

露天爆破是露天矿生产中的重要环节，近年来，我国露天爆破技术有了很大进步，但是总体上依然落后于发达国家。因此，有必要对爆破生产各个工艺环节进行研究，来寻求降低爆破生产成本的方法。以爆破作业中的布孔环节为例，目前国内矿山普遍采用全站仪布孔，某些小型矿山甚至在使用水准仪，仅少数矿山在使用GPS。水准仪的缺点是施工速度慢，人工计算量

---

作者信息：娄文鹏，高级工程师，243334355@qq.com。

大，误差较大；全站仪虽然相对于水准仪施工效率大大提高，但不能与露天爆破其他环节进行有机的关联。

针对以上问题，本文提出了较为前沿的解决方案，并以缅甸莱比塘矿山的爆破生产为例，重点论述了爆破管理系统在露天爆破中的应用。

## 2 爆破作业施工流程中的问题

爆破作业施工流程主要包括爆破设计、放样布孔、钻孔、质量检验、爆破等环节，各环节紧密相连，一般的爆破作业施工流程如图1所示。

图1 爆破作业施工流程图

Fig. 1 Blasting construction process

### 2.1 爆破设计与布孔

爆破设计是爆破作业的第一步，十分关键，直接决定爆破效果的好坏，目前国内外相对成熟的矿山均有专业的露天爆破设计软件，典型的软件如 SHOT-Plus、BLASTCAD、LS-DYNA 等[1]。一般来讲，在爆破设计完毕后，即是现场布孔环节，布孔速度的快慢直接决定后续的生产进度。第一节已经提到，目前国内普遍的布孔作业效率较低，其主要的布孔作业流程为：

（1）现场根据自由面确定孔网参数，并使用测绳或量尺进行布孔。

（2）布孔完毕后，使用测量仪器测定高程，计算孔深。

以上布孔作业的主要缺点有：

（1）布孔作业不能与爆破设计紧密相连，现场布孔时不能合理根据岩石类型及地质条件确定孔网参数。

（2）测量时速度较低，测量完毕后，后续工作量较大，特别是在使用水准仪时，需手动计算孔深；而全站仪和GPS虽然后处理工作量低，但国内使用全站仪和GPS放样布孔的矿山较少。因此，提高布孔效率和布孔精度已经是亟待解决的问题[2]。

### 2.2 钻孔、质检及爆破

布孔完毕后，根据数据确定孔深并出图，所以在整个布孔环节这段时间里钻机是无法钻孔的，而且钻孔时如何保证钻头与孔位的偏差小于设计值，特别是目前大型矿山多数采用牙轮钻机，在钻孔时孔位偏差多数在±0.5m之间，但仍然有不少偏差较大的。因此，钻孔精度仍然有优化的空间。

质检即对孔深、孔位进行检查。目前多数矿山仅对孔深进行检查，并没有对孔位偏差进行检查，孔位偏差可使用GPS进行检查，下文将会详细讨论，这里不再赘述。

在爆破作业时，目前多数采用炸药混装车机械化装药，但单孔装药量却采用竹竿或测绳进行确定，存在一定误差，若单孔药量超装较大，则造成较大的浪费；若单孔药量达不到设计值，则容易产生大块或根底。因此，减小装药误差对露天爆破尤为重要。

## 3 爆破管理系统简介

什么是爆破管理系统？这里的爆破管理系统并不是指一个软件，而是一整套现代技术的组合。

可以这样定义，爆破管理系统是以 GPS 测量技术为核心，结合现代通信技术及计算机相关软件，优化控制爆破生产流程中的重点环节，从而达到降低成本、提高效率的目的。

根据图 2 可知，GPS 技术、计算机技术及现代通信技术是爆破管理系统的重要模块，在爆破设计初期，需要使用计算机技术进行爆破设计；爆破设计完毕后，导出设计爆区的布孔放样文件，通过 GPS 技术，实施精确放样，采集高程点后，通过相关软件，绘图处理。在钻孔和爆破环节，提前将布孔坐标及孔深导入到钻机上的 GPS 模块内，并用钻机上的 GPS 接收器实施精确定位。在爆破环节，首先将对应的装药量数据提前导入至炸药混装车的系统内，并根据混装车的 GPS 定位器确定孔号，从而自动输出对应的装药量。以下将简单介绍该系统中使用的 GPS 技术、计算机技术和现代通信技术。

图 2 爆破管理系统核心模块与生产流程的关系
Fig.2 The relationship of blasting management system core and blasting process

GPS 技术已经广为人知，这里只讲述其在矿山爆破中的应用。GPS 的使用，极大地提高了测量结果的准确性和快速性，更能满足爆破的精度要求。将 GPS-RTK 测量的数据输入到南方 Cass7.1 地形图处理软件中，通过软件将数据转换，采用南方 Cass7.1 数字化绘图，并对其精度进行分析。结果表明，在大型露天矿山爆破测量中运用数字测图，既有利于施工单位设计计算，又大大提高了测图精度，缩短了成图时间，提高了测图效率，在大规模大型露天爆破中，针对爆区地形图和爆堆实测成图，均采用南方 Cass7.1 测绘软件进行处理，在满足设计要求的同时大大加快了成图速度，提高了爆破测量的准确性。在整个测图的全过程中，原始数据的精度毫无损失，从而获得高精度测量成果，能很好地满足大型露天爆破测量的精度要求[3~5]。

先进的卫星定位系统、计算机网络技术、蜂窝信息通信技术、牙轮钻机与智能爆破技术相结合，使得爆破施工的数字化已成为现实。爆破管理系统是以往工作经验和现代化数字矿山爆破相结合的管理平台，该系统主要应用于测量布孔、钻孔和施工装药的关键环节，目前爆破管理系统应用于钻孔和装药施工尚处于探索阶段，但在布孔方面已经十分成熟。

## 4 爆破管理系统在露天爆破中的应用研究

虽然爆破管理系统应用于钻孔和装药施工处于理论摸索阶段，这里以缅甸莱比塘矿山为例，对该系统在露天爆破中的应用进行说明。

缅甸蒙育瓦莱比塘铜矿位于缅甸实皆省（Sagaing）西南部，是由万宝矿产（缅甸）铜业有限公司投资的大型露天矿山，矿山年计划采剥量 3000 万立方米，年产阴极铜 10 万吨。除去缅甸法定节假日和双休日,实际每年只有240天爆破时间,平均每天近12.5万立方米工程量的穿孔和爆破任务。

项目部于2014年购入徕卡测量仪器Leica-GS15(GPS-RTK),测量和放样精度达到以下标准(见表1)。

表1 Leica-GS15的测量精度
Table 1 The survey accuracy of Leica-GS15

| 静 态 | | 动 态 | |
| --- | --- | --- | --- |
| 水平精度 | 垂直精度 | 水平精度 | 垂直精度 |
| 5mm + 0.5ppm | 10mm + 0.5ppm | 10mm + 1ppm | 20mm + 1ppm |

实际操作中GPS-RTK(载波相位动态实时差分)精度可以达到$X$、$Y$、$Z$(三轴精度和)在±50mm范围内,GPS同时具有Bluetooth传输功能,可以将测量数据及时处理[6~8]。

### 4.1 爆破管理系统实验方案

为探索爆破管理系统在爆破中的应用,成立了攻关小组,并拟定如下实验方案及实施步骤:

(1)制定爆破设计。根据采剥周计划确定爆破区域,对该爆破区域范围进行测量(主要针对最小抵抗线界线测量),使用相关计算机软件(如南方Cass7.1、Surpac、3DMine矿业工程软件等)根据该区域的地质及岩石情况进行爆破设计,并将设计布孔坐标导入至GPS测量仪器内(见图3)。

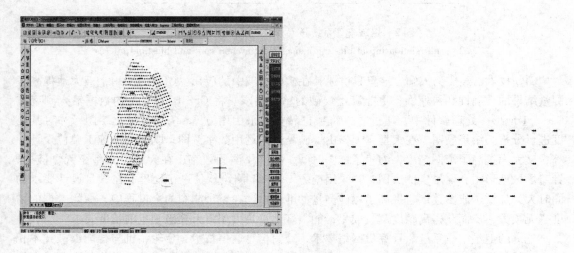

图3 南方Cass设计软件(左)、某爆区设计孔位(右)
Fig.3 The Cass software (left) and blasting area (right)

(2)放样布孔及数据处理。现场按照设计孔位坐标进行放样,并及时按照放样顺序在现场放置孔位(孔位由黑色塑料袋表示)及对应的孔号,仪器移动到钻孔设计范围并且精度达到设计标准处,放置表示孔位的塑料袋,并对该孔位进行测量,徕卡GPS-RTK放样在满足精度测量需要获得固定解,固定解获得后即可完成对此点自动测量(见图4)。

爆区放样完毕后,数据立即由GPS-RTK(载波相位动态实时差分)外业控制器用Bluetooth传输到智能手机,然后由手机通过电子邮件或社交软件发到办公室(这里需要使用蜂窝

图 4 测量人员现场放样（左）、放样时对应的孔号（右）

Fig. 4 Measure workers lofting in-site (left) and the number corresponding to hole during lofling (right)

通信技术)[9]。办公室技术人员对采集的数据进行处理并按照测量技术规范出钻孔设计图和质检图（图纸上包含孔号与孔深），然后将图纸编辑成 PDF 格式发送到钻机管理人员和钻机手的手机里，钻机手就可以按照接到的信息进行钻孔作业（见图 5，右图是左图的局部）。

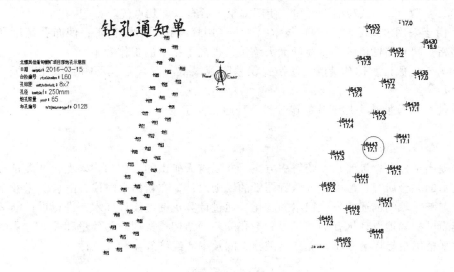

图 5 "5443"号孔

Fig. 5 Hole number "5443"

(3) 钻机人员在拿到电子图纸后，根据图上的孔号及孔深即可钻孔，但怎么保证钻孔误差小于设计值呢？在钻机的钻杆附近安装 GPS 接收机终端与孔深测量仪，并在布孔完毕后将数据发至接收机终端，钻机在钻孔时，可根据 GPS 接收机终端实施精确定位，当孔深达到设计值后，孔深测量仪自动提示，停止钻孔。关于钻机自动化寻孔的问题，目前国内已经有一定研究经验，可以借鉴。

(4) 同样的，在炸药混装车上安装 GPS 接收机，将爆破设计的装药量数据发送至混装车内，炸药混装车每行走至一个孔位，即可自动定位该孔坐标，并根据设计的装药量将炸药输入孔内（见图 6）。

图6 爆破管理系统数据链传输过程
Fig. 6 The process of blasting management data transmission

## 4.2 实验小结

本项目部实行的爆破管理系统实施一年以来，在爆破效果和质量控制情况都有大幅度的提升（杜绝了大部分根底及大块），牙轮钻机工作效率有明显的改善，单耗控制完成情况良好，爆破和测量技术人员工作水平提高很大。不足之处是在爆破的理论和爆破器材方面还缺乏进一步的研究。为完成精确性更高，爆破效果更好，还应加强数字爆破施工现代化和标准化建设，即在爆破施工中使用先进的科学技术设备和爆破器材，建立一支专业的数字化爆破队伍。

上节步骤（1）、步骤（2）已经试验完毕，步骤（3）、步骤（4）尚处理论阶段。根据步骤（1）、步骤（2）试验结果可知，使用本系统后有以下几点优势：

（1）由于采用最新的GPS-RTK技术，加上使用蜂窝移动通信技术，使布孔精度和布孔速度大幅提高，同时使钻机的待机时间大大缩短，提高了钻机的工作效率。

（2）有效地保证了钻孔精度，使钻孔误差降到最低。而且全程不需要纸质图纸，真正做到无纸化办公。

（3）使用阿拉伯数字加图片的设计易于理解，便于沟通。

## 5 结论

本文提出了一套爆破管理系统解决方案，并以露天矿山的应用为切入点，开展精细爆破与信息化技术的融合研究，改变传统依赖图纸的爆破设计，在新信息时代，随着测量数字化技术的发展，爆破对象的描述将发生根本的变化，通过计算机辅助设计技术，进行设计断面的精细剖分，进而可精确地设计炮孔的间排距和炮孔的装药结构，实现炸药药量和爆炸过程的精确控制。以此来精确指导爆破施工，提高爆破施工的效率、经济效益和安全性。

### 参 考 文 献

[1] 汪旭光. 爆破手册[M]. 北京：冶金工业出版社，2010：40-41.
[2] 郭连军，张大宁，栾丽华，等. 矿山数字爆破集成系统设计与分析//中国会议，2014：309-311.
[3] 周忠谟. 易杰军. GPS卫星原理与应用[M]. 北京：测绘出版社，1992.
[4] 王广运. GPS卫星定位的应用与数据处理[M]. 北京：测绘出版社，2003.
[5] 邱致和，王万义. GPS原理与应用[M]. 北京：电子工业出版社，2002.
[6] 张守信. 差分GPS定位技术与运用[M]. 北京：国防工业出版社，1994.
[7] 刘大杰. 全球定位系统（GPS）的原理与数据处理[M]. 上海：同济大学出版社，2007.
[8] 刘伟. 全球定位系统（GPS）数据处理[M]. 郑州：大象出版社，2008.
[9] 张平，王卫东. 第三代蜂窝移动通信系统—WCDMA[M]. 北京：北京邮电大学出版社，2000.

# 基于 Visual Basic 的隧道爆破安全风险评估系统

贺居獒[1]　胡文柱[2]　龚周闯宇[1]　朱林[1]　贺欢欢[3]

（1. 国防科学技术大学，湖南 长沙，410072；2. 中交一公局万利万达项目总部
万利六分部，重庆，404100；3. 河南师范大学，河南 新乡，476001）

**摘　要**：目前我国风险理论的研究主要侧重于风险分析方法以及其在企业管理和保险领域的应用方面，风险分析在工程项目的应用研究进展相对缓慢，尤其在隧道工程领域方面。目前安全风险评估主要依靠经验人员和专家进行评估，多为主观判断和定性分析，缺少定量分析。本文主要对评估方法以及软件开发两个方面进行分析，结合隧道爆破工程的安全风险案例，进行隧道爆破安全风险评估系统的初步研究，提出关于隧道爆破安全风险评估系统软件构建。软件开发主要依托 Visual Basic6.0 软件和 Access 软件，评估方法采用故障树分析法（FTA），结合格雷厄姆评价法（LEC 评价法）。对隧道爆破工程整个过程进行分析，找出危险源并计算其可靠率，系统模块主要进行安全风险评估以及提出相应安全隐患的解决措施，并将专家的经验录入数据库，提高系统实现对各事件的对比分析和风险的定量分析。

**关键词**：隧道掘进；风险评估；数据库；系统建立

## The Tunnel Blasting Safety Risk Assessment System Based on Visual Basic

He Juao[1]　Hu Wenzhu[2]　Gong Zhouchuangyu[1]　Zhu Lin[1]　He Huanhuan[3]

(1. National University of Defense Technology, Hunan Changsha, 410072;
2. Public Office in the Wanda Project Headquarters in the Six Divisions,
Chongqing, 404100; 3. Henan Normal University, Henan Xinxiang, 476001)

**Abstract**: Current theories of risk research focused primarily on the risk analysis method and its application in the field of business management and insurance, slow progress in the study on the application of risk analysis in projects, particularly in the areas of tunnel engineering. Current assessments of security risk assessments are largely empirical and experts, are subjective and qualitative analysis, lacking in of quantitative analysis. In this paper, an analysis of assessment methods, as well as two aspects of software development, combined with tunnel blasting engineering safety risk cases, preliminary study on tunnel safety risk assessment system, on the tunnel blasting construction of safety risk assessment system software. Software development mainly relies on Visual Basic6.0 software and Access software, evaluation method of fault tree analysis (FTA) and Graham evaluation (LEC method). Analysis of tunnel blasting the entire process to identify hazards and to calculate its reliability, system modules for security risk assessment and corresponding safety measures, and experience of the expert database, im-

---

作者信息：贺居獒，学士，1580223906@qq.com。

proved system for comparative analysis and quantitative analysis of the risk of each event.

**Keywords**: tunneling; risk assessment; database; system build

## 1 引言

在爆破工程、土木工程等高危工程作业中，安全风险评估是整个作业工程的重中之重。完善的安全风险评估体系可以有效地规避风险、降低危险发生的可能性，确保工程安全施工，保证工作质量。目前安全风险评估主要通过有经验人员和专家进行定性评估，多为主观判断和定性分析，缺少定量分析，存在以下四点问题：（1）评估作业因人工操作而引起许多误差；（2）评估方法多样，评估结果差异大，不能形成统一规范的评估方案；（3）评估参数人工计算需要大量时间；（4）评估复杂性高，影响评估效果因素众多，很难控制评估效果。

本文基于隧道爆破安全风险评估理论，利用 Visual Basic 语言开发软件和 Access 数据平台，依托故障树分析方法，结合格雷厄姆评价法（LEC 评价法），设计出一款基于 Visual Basic 的隧道爆破安全风险评估系统。

## 2 系统评估方法

### 2.1 危险源划分

本文利用故障树分析法将安全风险由上到下区分，分层排列。按发生概率的大小进行区分，容易找出所有基本风险事件，并确定所有事件之间的逻辑关系，有效地避免主观因素对评估结果的影响。

本文将易于发生且后果严重的事故作为顶事件，将故障树分析中仅导致其他事件的原因事件作为底事件。本系统将隧道爆破工程的五类风险（计划管理、作业人员、交通运输、装备器材、爆破作业）作为出现安全事故的故障树的顶事件，然后按照预先确定的顶事件、中间事件以及底事件。根据彼此间的逻辑关系，按照安全风险评估程序用逻辑门链接上下事件，形成倒置的逻辑树形图（见图1）。

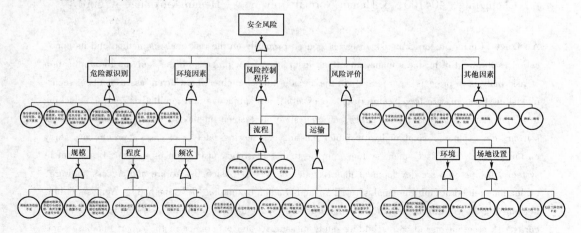

图 1　隧道爆破安全评估故障树

Fig. 1　Safety evaluation of tunnel blasting fault tree

## 2.2 风险评价方法

本文采用半定量计值的评价方法分析每个危险源导致风险发生的可能性和后果,确定危险程度的大小。评价方法采用作业条件危险评价法进行,该方法采用与系统风险有关的三个方面指标值的乘积来评价人员伤亡风险大小,这三个方面分别是:$L$(likelihood,事故发生的可能性)、$E$(exposure,人员暴露于危险环境中的频繁程度)和 $C$(consequence,一旦发生事故可能造成的后果)。给三种因素的不同等级分别确定不同的分值,再以三个分值的乘积 $D$(danger,危险性)来评价作业条件危险性的大小,即:

$$D = LEC$$

$D$ 值越大,说明该系统危险系数越高,需要增加安全措施,或改变系统自身因素,或减少人员暴露于危险环境中的频繁程度,或减轻事故造成的损失,直至调整到可接受范围之内。

## 2.3 评价量化标准

根据可靠率的大小确定此次工程的危险性。经过多次的软件运行实例进行论证,再与专家进行讨论,最终确定可靠率为 0.75 以下时不允许施工。0.75 以上时,针对出现的安全隐患,结合软件数据库中存储的其他模块进行的安全风险评估,软件进行数据对比,发现集中问题,提出相应整改措施或者提高安全可靠性的措施。

# 3 数据库模块设计

## 3.1 模块设计总体原则

数据库各模块负责系统信息的分类存储,主要包括人员信息管理模块、安全风险评估模块和预防措施模块。各模块使用 Microsoft Access 2013 数据库管理系统建立数据库单元,接口部分由 Visual Basic 6.0 自带控件 ADO 控件实现。

## 3.2 人员信息管理模块

人员信息管理模块是系统第一层模块,通过验证登陆者的身份信息,确保系统的安全性。为了保证系统数据的安全及相关的保密要求,该模块负责存储登录人员的个人信息及系统使用权限,同时定期对检测人员的信息进行更新,防止系统权限的滥用及相应泄密事情发生。用户信息表存储了登录人员的基本信息,如操作员 ID、权限值、职务、密码等,该表由系统管理员负责管理。

## 3.3 安全风险评估模块

安全风险评估模块是系统的核心模块,主要存储每次评估各个中间事件的评估可靠率。需要存储大量数据,数据库较为复杂。此模块中日期与隧道爆破作业中日期相对应。每一次的评估数据都会存在数据库里边,每次评估时出现安全隐患的底事件可靠率。安全风险评估表包括日期、xl、Zy 等。其数据库表的实现见表 1。

## 3.4 预防措施模块

预防措施模块是用于存储所有底事件的问题描述以及针对每个安全隐患提出的解决措施。其字段名为安全风险评估模块的底事件字段名,例如 jh1:在序号 = "问题"中存储的是"1、是否定期进行装备器材维护保养",序号="解决措施"中存储的是"遴选技术过硬、责任心强的作业人员负责装备的检查维修;明确责任分工,落实"三方签字"和责任追究制度"。

表 1 安全风险评估模块数据库
Table 1 Security risk assessment module database table

| 字段名 | 类型 | 字段大小 | 主键 | 必填字段 | 中文说明 |
| --- | --- | --- | --- | --- | --- |
| 日期 | 日期/时间 | 自动 | 是 | 是 | 训练日期 |
| xl | 数字 | 自动 | 否 | 是 | 思想心理风险评估 |
| xl 1 | 数字 | 自动 | 否 | 是 | 思想心理风险评估第1个底事件可靠率 |
| xl 2 | 数字 | 自动 | 否 | 是 | 思想心理风险评估第2个底事件可靠率 |
| ⋮ | ⋮ | ⋮ | ⋮ | ⋮ | ⋮ |
| zy | 数字 | 自动 | 否 | 是 | 爆破作业风险评估第1个底事件可靠率 |
| ⋮ | ⋮ | ⋮ | ⋮ | ⋮ | ⋮ |

## 4 系统实现

### 4.1 系统设计原则

(1)人机对话界面简洁化。在输入风险评估参数数据和输出评估结果的人机对话界面设计上,采用简洁、方便的对话框或下拉菜单,只需要简单的按钮指令和数据输入,即可以完成施工作业风险安全的评估设计,此外还提供了风险安全评估标准表格等提示文件。

(2)设计自动化、可视化。只要输入隧道爆破风险安全评估必要的已知参数,即可快速调用数据库中相关算法并进行优化设计,自动地生成评估报告。

(2)设计结果精确化。根据输入的相关数据,依托大量风险评估案例形成的数据库,进行初步的风险安全评估。

### 4.2 软件连接数据库

本文需用少量代码创建数据库应用程序,对数据库无须复杂操作,所以选择 ADO 控件实现软件与 Access 数据库的连接。

在使用 ADO 时,本文通过 Recordset 对象可以对几乎所有数据进行操作,Recordest 对象表示来自基本表或命令执行结果的记录全集,这样可以确保任何时候 Recordest 对象所指的当前记录均为集合内的单个记录。

### 4.3 登录界面及安全性设计

本文设置登录窗体来检查进入本系统的用户是否合法来确保安全性。用户分为管理员用户以及普通用户。只有当输入用户名以及密码正确,才能进入本系统的主界面(见图2)。

在存储用户名数据库表中,添加一个字段"权限值"。权限值为 0 时,用户为管理员,权限值为 1 时,用户为普通用户。密码输入连续三次错误时,系统自动退出。只有在系统确认为管理员时,才可以进入系统中的"用户管理",普通用户无法进入(见图3)。

### 4.4 系统主界面以及菜单设计

本文使用 Visual Basic6.0 编辑系统主界面,实现对本系统录入、更新、计算和生成评估报告四大功能的操作(见图4)。

图 2　系统登录界面
Fig. 2　System login interface

图 3　数据库表中用户名存放
Fig. 3　The user name in the database table

图 4　系统主界面
Fig. 4　System main interface

系统主要为下面三个模块，菜单只是辅助，所以使用 Visual Basic6.0 自带的菜单编辑器简单设计菜单。菜单及子菜单分级见表 2。

表 2　菜单及子菜单分级
Table 2　Menu and sub menu classification

| 顶菜单标题 | 顶菜单名称 | 一级子菜单标题 | 一级子菜单名称 |
| --- | --- | --- | --- |
| 用户管理 | Mnu0 | 添加普通用户 | Mnu0z1 |
|  |  | 删除普通用户 | Mnu0z2 |
|  |  | 普通用户信息管理 | Mnu0z3 |
| 数据库备份 | Mnu1 | 无 | Mnu1 |

续表2

| 顶菜单标题 | 顶菜单名称 | 一级子菜单标题 | 一级子菜单名称 |
| --- | --- | --- | --- |
| 故障树管理 | Mnu2 | 添加危险源 | Mnu2z1 |
| | | 删除危险源 | Mnu2z2 |
| | | 危险源管理 | Mnu2z3 |
| 退出 | Mnu3 | 无 | Mnu3 |

## 5 系统运行

### 5.1 录入

本系统采用两类录入模式。第一类使用组合框（combobox）控件进行选择，组合框是文本框和列表框的组合，可以在其中输入文本也可以通过列表框选择表项。第二类使用单选按钮控件（optionbutton），此控件在一个容器中只可以选择一项，所以需要使用frame控件在窗体中新建一个容器，供一个风险项的选择。录入信息单击选项即可选择。

### 5.2 中间事件功能实现

录入过程现设置七个窗体，且可通过数据库对录入信息进行更新。系统设计为每个窗体评估后将评估信息存入数据库，采用是非判断法对所需数据进行收集，然后采用评价打分法对录入信息进行分析。

### 5.3 计算最终可靠率过程

在七个中间事件窗体的可靠率录入完之后，单击系统主界面的更新，更新各个中间事件的可靠率到数据库，再通过算法算出最终可靠率。

### 5.4 评估报告生成模块

依据前期工作，自动生成评估报告。

第一步，使用代码在系统根目录创建一个命名为"评估报告"的.txt文件。

第二步，判断最终可靠率的得分，判断危险程度，并在刚刚创建的文本文档中写入此次安全风险评估的基本情况、事件、地点、最终得分。

第三步，通过存储的每个底事件的分数来调用数据库中风险评估模块中存储的解决措施，针对相应的风险源提出相应的安全措施。

第四步，导出评估报告，并可实时更新，便于现场进行安全风险评估。

## 6 总结

（1）在隧道爆破工程理论的基础上，实现对隧道爆破工程安全风险评估是可行的。将隧道爆破工程安全风险评估过程利用计算机高效实现，节约人力物力，定量分析提高了评估效率、准确率，为安全风险评估提供了一种新的思路。

（2）本文通过Visual Basic编程语言实现对安全风险评估的定量计算，对安全隐患进行分析并提出解决措施，基本上实现了系统的各项要求。

（3）本系统设计还处于试运行阶段，还存在一定的不足，需进一步完善，可在本风险评估系统理念的基础上进行参考和升级。

## 参 考 文 献

[1] 傅光明，周明安. 军事爆破工程[M]. 长沙：国防科技大学出版社，2011.
[2] 陈庆，王宏图，胡国忠，等. 隧道开挖施工的爆破振动监测与控制技术[J]. 岩土力学，2005，26(6):964-967.
[3] 王红梅，东兆星，等. 隧道掘进爆破图表计算机辅助设计[J]. 工程爆破，2003，9(3):38-41.
[4] 王进强，许文耀，等. 计算机辅助露天矿爆破设计软件开发与应用[J]. 金属世界，2009(增刊):56-60.
[5] 刘殿书，李胜林. 爆破工程[M]. 北京：科学出版社，2011.

# 探讨物联网在爆破施工过程安全管理中的应用

牛 磊　周明安

（国防科学技术大学指挥军官基础教育学院，湖南 长沙，410072）

**摘　要**：爆破行业作为高风险行业之一，在施工过程中非常容易出现安全问题。借助物联网技术，可以把施工现场、信息空间、管理空间融合在感知层、网络传输层和应用处理层的结构框架当中，通过对施工设施、设备、施工环境、操作人员等安全信息的交换、通信、处理和分析工作，来实现全面的安全管控、排除安全隐患、避免安全事故发生。射频识别技术（RFID）是一种无线通信技术，基于此技术的物联网在施工安全管理中起到了关键性作用。

**关键词**：物联网；爆破；施工；安全

## Discussion of Things in Blasting Construction Process Safety Management Application

Niu Lei　Zhou Ming'an

(National University of Defense Technology, Hunan Changsha, 410072)

**Abstract**: Blasting industry as one of high-risk industries, the construction process is very prone to security issues. With the Internet of Things technology, you can put the construction site, the information space, manage spatial integration framework in which the perception layer, network layer, transport layer, and information processing through the exchange for the safety of construction facilities, construction equipment, construction environment, the operator and other information, communications, processing and analysis work to achieve comprehensive security control, eliminate safety hazards, prevent accidents, to the construction process digitized controlled blasting purposes. Radio Frequency Identification (RFID) is a wireless communications technology, based on this technology networking has played a key role in the construction safety management.

**Keywords**: internet of things; blasting; construction; safety

## 1 引言

爆破安全是一项极其复杂的工作，多年来经过爆破专家和爆破行业从业人员的共同努力，使爆破安全问题降至最低，但新的安全问题也不断出现，短期内不能全部解决[1]。近年来，随着城市建设速度加快，爆破施工项目规模扩大、爆破方案设计愈加复杂，施工信息交互、施工资源协调统一难度越来越大，给整个施工安全管理工作带来了更大的困难。为了更好地解决安

---

作者信息：牛磊，学士，15243687640@qq.com。

全管理工作中的难题，需要结合先进技术和经验探寻一种更加行之有效的管理方法和手段。

物联网是将物理世界中人、物、传感器、计算机结合在一起形成的信息系统网络。它可以实现对网络中所有物体的监控，能够实时获取目标的属性信息，输入计算机进行处理决策。物联网技术可以很好地应用在爆破施工安全管理中，能够通过射频识别（RFID）技术实现对现场每一工人、设备、施工资源、火工品的实时监控管理。此外，随着21世纪以来物联网技术在我国的不断发展，在许多行业都有物联网技术和行业需要成功融合的例子，物联网技术较为成熟、便利，利于推广使用，因此将物联网技术应用在爆破施工中具有重要的意义。一般来说，施工现场环境比较复杂，人员、设备、资源流动较大，处于动态变化的过程，协调管理难度高，部分资源无法妥善管理，安全隐患较大，易发生安全事故。尤其是进行爆破施工时，往往要涉及爆破器材的管理问题，并且在施工过程中进行的预处理工作也会带来一定的安全隐患。这就需要我们对现场各种资源进行合理安排和协调管理，监控各种危险源，降低安全事故发生的可能性。建立爆破工程安全管理物联网可实现信息收集处理、现场资源实时调控、现场情况实时监控，实现有序化施工，降低施工现场安全隐患，达到安全管理的目的。

## 2 建设爆破施工安全管理物联网

### 2.1 物联网概念

物联网（internet of things），是指在物理世界的实体中，应用具有一定感知能力的射频识别（radio frequency identification，RFID）装置、激光扫描器、全球定位系统、红外感应器等嵌入式芯片或软件，实时感知所需的信息，然后按照约定的协议，通过网络设施，实现物与物或物与人之间的互联。物联网就是把物理世界和互联网按照约定的协议连接起来的一种网络，在这种网络中信息可以任意地被交换、通信和处理，可以实现对物理世界个体智能化识别、定位、跟踪、监控和管理等功能。物联网在军事、民用及工商业领域都具有广阔的应用前景。在军事领域，通过无线传感器，可将隐蔽分布在战场上的传感器获取的信息回报给指挥机构，实现战场上信息的透明化；在民用领域，物联网在家具智能化、环境监测、医疗保健、灾害预测、智能电网等方面得到广泛应用；在工商业领域，物联网在工业自动化、空间探索等方面都得到广泛应用[3]。

物联网网络架构如图1所示，由感知层、网络层和应用层组成。感知层作为信息的来源，是物联网的基础组成部分，实现对物理世界各类目标的智能感知识别、目标信息收集处理和控制，并借助通信传输媒介和网络层、应用层相连。主要通过RFID标签、摄像头、传感器、二维码等设备实现对目标的振动、应变、温度、湿度、运动状态属性等信息进行采集获取，并转化为可用信号提供给网络层和应用层处理。网络层主要实现信息的传递、路由和控制，位于感知层和应用层之间，是物联网中信息交换的桥梁和纽带。网络层可依托公众网络和互联网进行传输，也可依托行业专用通信网络。网络层通过传输网络按照通信协议获取感知层采集的信息传递给应用层进行处理，同时，当应用层作出相关指令后，网络层再将指令反馈给感知层实现，实现信息的交换和互联。应用层包括应用支持子层和各种物联网应用，位于物联网架构的最上层。主要功能是面向对象，与行业需求相结合，提供应用支撑平台和服务。其关键任务是实现信息共享、智能处理以及保障信息安全等。

### 2.2 射频识别技术原理

射频识别技术（radio frequency identification，RFID），也称为感应式电子晶片、电子标签、

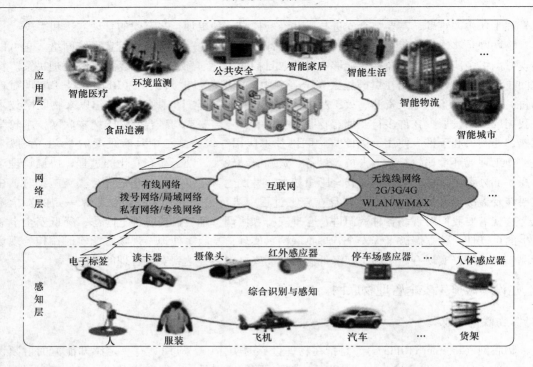

图 1 物联网总体架构

Fig. 1　Overall structure of the internet of things

电子条码、无线射频识别,是20世纪80年代开始出现的一种自动识别技术。它具有借助无线电信号识别特定目标并获取相关数据信息的功能,与常见的在识别系统和目标间建立接触性信号联系不同,RFID利用射频信号通过耦合空间磁场信号实现无接触的信息传递,进而达到识别目标的目的(见图2)。

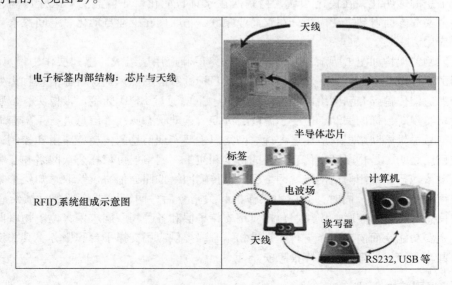

图 2　射频识别系统组成

Fig. 2　Radio frequency identification system

射频识别技术和传统的条形码识别技术相比，有以下几点优势：不需要人为的干预，可以非接触识别；对恶劣环境适应性强；可识别高速运动的物体，可同时识别多个对象或高速运动的物体等。短距射频识别产品不怕油渍、灰尘污染等恶劣的环境，可用于工厂流水线上跟踪产品。长距射频识别产品多用于交通上，识别距离多达几十米，如高速车辆自动收费或自动身份识别等[4]。

一般来说，RFID 系统一般由信号发射机（电子标签）、信号接收器（阅读器）、发射接收天线等几部分组成。

（1）电子标签（Tag 或称应答器）：由芯片及内置天线组成。芯片内存储有一定大小的数据，作为特定目标的标识信息，是整个系统真正的数据载体。射频天线和内置天线之间进行通信。

（2）读写器：读取或读写电子标签信息的设备，通过天线与电子标签进行无线通信，实现对标签识别码和存储数据的读写操作。主要任务是控制射频模块向标签发射读取信号，并接收标签的应答，对标签的对象标识信息进行解码，将对象标识信息连带标签上其他相关信息传输到主机以供处理。主要包括射频模块和信号处理单元两部分。

（3）天线：RFID 标签和读写器之间实现射频信号空间传播和建立无线通信连接的设备。射频识别系统包括两种天线，一种是标签上的天线，另一种是读写器天线。在实际应用中，天线是影响系统识别范围的主要因素。

## 2.3 爆破施工安全管理物联网

通过对爆破施工过程安全管理的研究，结合物联网的技术内涵和应用，本文提出在爆破施工过程中建立起基于物联网和传感器技术对工程全面感知的爆破施工安全管理物联网这一构想。在爆破施工现场和周围需要监测地点设置信息传感设备，经由信息通道将各个监测目标的属性和状态信息传输至计算机进行处理、分析、反馈，保证了工程中诸多安全影响因素信息的互联互通，实现对工程的实时监控、管理和决策。建立此物联网突破了传统模式下人工监控的方式，可以掌握以前在施工现场较难控制到的盲区，达到了信息资源、施工现场和管理进程的高度融合，有效地提升了对工程的安全管理能力。

感知层可以通过分布在施工现场的智能终端随时随地监控感知目标对象，获取其位置、位移、状况等信息。物联网技术中的网络层可以实时地把特定对象间的信息可靠传递及共享，从而能够及时掌握设施设备、人员、周围环境尤其是施工人员的危险行为等全方位的信息，在出现安全隐患时可以及时反应、控制、决策、处置，达到安全管理的目的。应用层把采集到的数据、信息在计算机平台中借助云计算、网络大数据技术进行处理分析，通过系统中数据库、模糊算法、智能算法等规则对施工现场的情况进行评估，根据评估结果及时采取相关措施来消除可能存在的安全隐患，从根本上避免安全事故的发生（见图3）。

## 3 物联网技术在爆破施工安全管理中的应用

将物联网技术引入到爆破施工领域，在整个现场施工过程中嵌入信息层、网络层、应用层物联网三层架构，发挥物联网技术互联互通、实时监控、即时处置的优势，可很大程度提升爆破施工安全管理的水平。

### 3.1 对人员和危险区域精确定位

一般在施工现场环境复杂，施工人员和器材配置分散，传统式的安全管理方法往往达不到

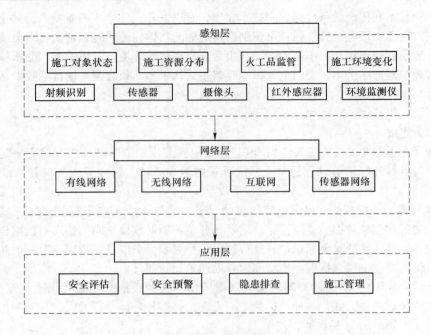

图 3 爆破施工物联网架构组成
Fig. 3 Construction of blasting construction of internet of things

效果。利用 RFID 技术，可以实现人员、危险区域的精确定位，对人员可以很精确地确定其位置。当人员信号源出现在危险区域信号范围内时，通过系统就可以知道人员已进入了危险区域，通过一系列的决策后可以马上发出安全预警信号提醒相关人员，避免安全事故的发生。尤其是装药或起爆需要进行安全警戒时，将传统的方式和先进的物联网技术相结合，可大大确保警戒时的安全，避免带来不必要的负影响。

### 3.2 建立炮孔信息空间模型

在爆破施工时，通常要规划爆破现场，分区检查炮孔的深度、间距和排距，统计炮孔的个数[5]。传统模式下并不能把炮孔的信息汇总到一起，难以做到全局掌控。利用 RFID 技术，可在每个炮孔内部放置感应器，通过网络传输到计算机平台建立含有炮孔信息的模型，可以确定每个炮孔的位置和状态。装药时可以进一步确定特殊装药和不合格炮孔的位置，提供装药施工效率。

### 3.3 预警提示安全环境的危险状态

在爆破施工时，周围的环境因素会影响到爆破的效果和成败，对工程安全也会产生复杂多变的影响。由于爆破施工作业有较为严格的环境要求，尤其在雷雨或炎热天气下施工影响较大，现场环境因素包括温度、湿度、气象、地质等，特别是在土石爆破时现场环境直接影响到爆破成功与否，显得尤为重要。利用物联网技术，可在施工现场周围关键区域设置传感器，根据实时传输回来的信息监测环境因素变化。当某些环境因素检测值超过安全施工所能容许的值时，系统会向工程管理者提供第一时间的预警信息，以便尽快采取对应的措施应对可能发生的施工环境变化。

### 3.4 在拆除爆破施工时监测预处理后构件的状态

在对建筑物进行拆除爆破施工时，往往要根据爆破设计方案对建筑物进行预处理。一般来说，预处理以后的建筑物构件会变得极为不稳定，仅靠肉眼来观察构件的变化并不可靠，其内部细微的变化都可能最终引起构件损坏，造成安全事故。可在构件上安装 RFID 标签和应力应变传感器，实时监测构件的位移、变形等状态参数，并传输到计算机平台，一旦构件某一参数超过安全容许值，通过 RFID 标签精确定位危险构件，及时对构件加固、修复，消除安全隐患，确保正在施工人员的安全。

### 3.5 现场合理调度和控制资源流动

施工过程中人员、车辆、机械、材料等在施工现场流动频繁，整个现场情况复杂，信息得不到交换共享，势必会出现拥堵、集中、混乱等现象，无意中就埋下了安全隐患。物联网可以根据施工现场实时资源的分布，严格控制人员、车辆、材料的出入顺序和作业位置，对整个现场资源进行调度，减少现场的拥堵、集中、混乱的情况。物联网能够根据施工现场不同区域的作业内容分配相对应的资源，很大程度上能避免资源浪费，提高整个施工过程的效率，减少工程成本和施工时间。

### 3.6 实现民爆器材动态管理

民爆物品管理工作主要是配送到爆破作业现场及怎样保管和使用的问题。目前惯用的方式是建立临时库房，由火工品库管员严格管理仓库内的火工品。虽然在一定程度上可以避免火工品丢失等意外情况的发生，但很大程度上还是依赖于人的经验和责任意识。可以利用 RFID 技术，将电子标签贴敷于火工品和爆破器材上，借助物联网络实现对火工品的精确定位和管理，确保整个火工品管理过程万无一失。

### 3.7 实时监控施工现场，安全隐患即查即究

施工过程中因为众多人为不可控的因素，总会遇到许多或大或小的意外状况，会不同程度上造成人员或物力损失，使施工进度和质量滞后。为了较好地解决这样的问题，可在各个关键点布设网络摄像头，对整个施工现场进行实时监控。在发现人员有不符合操作规程的行为或施工设施有发生意外的隐患时，及时采取措施补救。在施工出现意外时，可以借助监控系统查找问题的源头，有力地避免了从头到尾彻查彻究的情况，进一步节省了施工资源和时间，尤其施工质量和进度得到保障。

### 3.8 施工进度管理

物联网发挥功效，将录入的数据集中处理，实时掌控施工进程，管理者可结合施工计划和规划决策出下一阶段的工作内容。

### 3.9 进行施工规划，确保有序施工

无论按照施工进程下一步要做什么，实施前作出规划绝对事半功倍。在施工前或施工过程中，针对下一步作业内容，利用物联网信息互联互通的优势，结合目前人员、车辆、器材、资源分布情况，提前调度相关资源进行作业前的准备。作业过程中，根据感知层收集到的对象信息和各个部门得到的实时反馈结果，随时进行检查监督，保证每一步骤有序进行。在施工过程

中出现突发情况或施工进度严重滞后时,再根据现场实际情况进行协调处理,旨在提高施工效率,减少施工工期。

## 4 结语

本文将物联网技术探索性地引入爆破施工安全管理中,结合物联网技术和爆破施工安全的特殊性提出了建立爆破施工安全管理物联网,以求提高现有安全管理水平,为爆破施工安全管理工作提供新思路。总的说来,爆破施工安全管理不仅需要传统形式下的管理手段和方法,也需要结合现代新技术,借鉴有关国外先进经验,采用更先进的理念,提高爆破施工安全管理的水平。

### 参 考 文 献

[1] 张万营. 浅谈爆破施工过程安全管理[J]. 山西建筑,2009,35(10):220-221.
[2] 薛燕红. 物联网技术与应用[M]. 北京:清华大学出版社,2011:14-15.
[3] 王平. 物联网概论[M]. 北京:北京大学出版社,2013:8-9.
[4] 唐晓辉,杨双,李晨晖. 无线射频识别(RFID)技术与应用[J]. 桂林航天工业高等专科学校学报,2007,7(10):19-20.
[5] 表永一,肖昆明,文成立. 爆破施工现场安全管理工作的几点体会[J]. 爆破,2010,27(2):109-111.

# 爆破员、安全员和保管员培训与考核工作探索

周向阳[1]　胡 鹏[1]　齐世福[2]　李明珠[2]

(1. 南京市公安局，江苏 南京，210000；
2. 南京民用爆炸物品安全管理协会，江苏 南京，210094)

**摘 要**：根据国家相关法律、法规及规定，结合南京市爆破作业单位和爆破作业人员现状及条件，提出了一整套关于爆破员、安全员和保管员（简称三大员）培训与考核的具体方法，并经数年实践检验，取得了良好的效果。包括：三大员培训与考核工作规范的制定；三大员培训申报内容和方法；对申报爆破作业人员资格条件的初审及审定；初次领证人员和继续教育人员的培训内容；教学设计和教学模式；培训的组织与实施；建立、更新考核题库及计算机考核系统；不同类别培训人员的考核方法等。可为爆破作业单位和民用爆炸物品安全管理的部门贯彻执行《爆破作业人员资格条件和管理要求》（GA 53—2015）提供借鉴和参考。

**关键词**：爆破作业人员；培训方法；考核方式；教学设计；教学模式

# Exploration of Methods on the Training and Examination for Blast Operator, Safety Officer and Storekeeper

Zhou Xiangyang[1]　Hu Peng[1]　Qi Shifu[2]　Li Mingzhu[2]

(1. Nanjing Public Security Bureau, Jiangsu Nanjing, 210000; 2. Nanjing Civil Explosives Safety Management Association, Jiangsu Nanjing, 210094)

**Abstract**: According to the laws, regulations and provisions of China, in combination with current situation and conditions of blasting unit and blasting personnel in Nanjing, this article raises a package of training and examination methods of blast operator, safety officer and storekeeper (3 categories of staffs), and it achieves effective results after several years of practical testing. It includes the establishment of the examination rules for the 3 categories of staffs; training application content and method for the 3 categories of staffs; initial examination and judgment of qualification application of the blasting personnel; the training content for the first licensed staff and the personnel of continuing education; teaching design; teaching mode; training organization and implementation; setup and update of examination question bank and computer exam system; examining methods of different trainees, etc. It could be referenced by the blasting unit and civil explosives safety management unit to implement "Qualifications and management requirements for blasting personnel" (GA53—2015).

**Keywords**: blasting personnel; training method; examination mode; teaching design; teaching mode

作者信息：周向阳，高级工程师，595554581@qq.com。

# 1 引言

为了更好地贯彻执行中华人民共和国公共安全行业标准《爆破作业人员资格条件和管理要求》(GA 53—2015)，作为辖区涉爆单位较多的地市级公安机关，与南京民用爆炸物品安全管理协会合作，根据国家相关法律、法规及规定，结合南京市爆破作业单位和爆破作业人员现状及条件，提出了一整套关于爆破员、安全员和保管员（简称三大员）培训与考核的具体方法，自2013年起，经数年实践检验，取得了良好的培训与考核效果。其具体做法及体会可为爆破作业单位和民用爆炸物品安全管理的部门贯彻执行《爆破作业人员资格条件和管理要求》提供借鉴和参考。

# 2 三大员培训与考核工作规范

为更好地贯彻执行《民用爆炸物品安全管理条例》《爆破安全规程》以及《爆破作业人员资格条件和管理要求》等国家法律法规、标准和公安部、省公安厅的有关规定，统一和规范三大员培训与考核工作，明确三大员申报、培训与考核工作流程、证件使用、换证、证件的监督管理等相关规定，满足爆破作业单位对三大员的数量和资格的要求，做到持证上岗，确保工程爆破效果安全，杜绝爆破作业事故，在充分调研和征求意见的基础上，按照教考分离的原则，明确了企业、协会、公安机关的职责和任务，即爆破作业人员的培训、教育工作由企业或者民爆协会组织实施，考核工作由公安机关组织。为此，南京民用爆炸物品安全管理协会专门制定了《南京市爆破员、安全员和保管员培训与考核工作规范》。

本工作规范共计8章52条，第1章为"总则"；第2章为"培训申报"；第3章为"培训与考核内容"；第4章为"培训与考核的组织实施"；第5章为"证件使用"；第6章为"年审与换证"；第7章为"监督管理"；第8章为"其他"。

此外，本工作规范附有相关规范表格，包括《爆破作业人员许可证申请表》《爆破作业人员考核记录表》《爆破作业人员信息录入表》《南京市社会保险个人参保缴费证明表》《爆破作业人员申请培训与考核资料档案袋封面》《爆破作业人员安全作业证年审审批表》《爆破作业人员安全作业证换证审批表》共计7个表格。

本工作规范挂在协会网站，可供各申报单位学习了解其规定并下载表格使用。

# 3 三大员资格审定及培训与考核申报

三大员资格的审定工作较为重要，需按照《爆破作业人员资格条件和管理要求》(GA 53—2015)规定的条件严格把关，认真审查，确保人员质量要求达标；申报资料、手续应完备，符合相关规定和要求。

## 3.1 资格审定

(1) 三大员资格条件按照 (GA 53—2015) 规定的"一般要求 (6.1 条款)"和"特殊要求 (6.2.2 条款)"进行审查把关，须同时满足此两项要求方可报名参加培训与考核。

(2) 三大员的培训与考核应按照初次申请《爆破作业人员许可证》（简称初次领证）和继续教育培训两个类别分别申报。

(3) 培训与考核对象包括以下四类人员：

1) 申请《爆破作业人员许可证》的人员；

2) 持有《爆破作业人员许可证》的人员；

3）持有《爆破作业人员许可证》，并在我市从事爆破作业的外市爆破作业单位的三大员；

4）取得爆破工程技术人员安全作业证或持有爆破员作业证的人员可直接申报安全员作业证。

### 3.2 初次领证人员申报应提交的材料

（1）爆破作业单位相应的许可证或其他有关资质证明。

（2）欲新成立爆破作业单位的企业，需提交成立爆破作业单位的申请书及工商营业执照。

（3）《爆破作业人员许可证申请表》壹式贰份。

（4）《爆破作业人员信息录入表》壹式壹份。

（5）《居民身份证》复印件壹式壹份（但需提供原件和复印件，核对后原件退回）。

（6）无犯罪记录、无涉恐、无吸毒等其他不适合从事爆破作业的情况记录证明原件。

（7）初中或以上毕业证书复印件壹式壹份（但需提供原件和复印件，核对后原件退回，若提交学校开具的毕业证明，需提交证明原件）。

（8）原爆破员作业证或爆破工程技术人员证复印件壹式壹份（仅申报安全员者提供，同时提供原件和复印件，核对后原件退回）。

（9）申请人与涉爆单位签订的劳动合同复印件壹式壹份（但需提供原件和复印件，核对后原件退回）。

（10）涉爆单位为申请人缴纳的三个月以上的统一格式的南京市社会保险个人参保缴费证明。

（11）近期免冠彩色1寸照片和写有身份证号码的照片各1张（照片背面需注明申请人姓名）。

### 3.3 继续教育培训人员申报应提交的材料

（1）《爆破作业人员许可证申请表》壹式贰份。

（2）《爆破作业人员信息录入表》壹式壹份。

（3）《居民身份证》复印件壹式壹份（但需提供原件和复印件，核对后原件退回）。

（4）无犯罪记录、无涉恐、无吸毒等其他不适合从事爆破作业的情况记录证明原件。

（5）近期免冠彩色1寸照片和写有身份证号码的照片各1张（照片背面需注明申请人姓名）。

### 3.4 申报工作相关规定

（1）申请人按上述顺序将相关资料装入档案袋（一人一档），并在档案袋正面粘贴《爆破作业人员申请资料档案袋封面》。

（2）申请人上报的所有表格和文件资料，均需用A4纸打印或复印。要求填写内容全面、不漏项，表格规范，翔实准确。

（3）申请考核的爆破作业人员提前将准备好的申报材料送交民爆协会，由民爆协会工作人员协助做好相关材料的初审工作，并将其指纹录入爆破作业人员培训考核信息系统。

（4）由企业单位或民爆协会按照爆破作业培训要求，对申报人员组织培训。

（5）属地县级公安机关对申报人员进行背景审查，凡审查发现不符合申请条件或提供虚假证明材料的，一律取消其考核资格。

（6）经考核合格后，市公安局治安部门正式受理爆破作业人员行政许可申请，自申请之日起20日内核发作业证件。

（7）为减少企业负担，本地涉爆企业在外地承担爆破工程期间，培训人数较多时，采用派员去施工地点进行培训与考核等灵活多样的方式，具体事宜与协会联系商定。

（8）参训人员须事先备有统一规范的培训教材（公安部治安管理局编《爆破作业技能与安全》），做到人手一册，培训教材可自行购买或委托协会代购。

## 4  三大员培训与考核的组织实施

三大员培训与考核的组织实施工作，主要包括培训与考核的内容确定、师资力量的配备、教学设计、教学理论与授课模式的确定、PPT的制作、考核方式及相关规定等。

### 4.1  培训与考核内容的确定

（1）初次领证的三大员培训与考核内容，按照（GA 53—2015）第8.2.2.3条款规定的内容确定。

（2）继续教育的培训与考核，主要包括以下内容：

1）民用爆炸物品相关法律、法规、规章和标准；

2）公安部、省公安厅或市公安局最新出台的有关法律、法规和规定的宣贯；

3）本地区或爆破作业单位所承担主要爆破类型的相关爆破技能与安全技术；

4）本地区或爆破作业单位提出需要培训的相关爆破技能与安全技术措施等。

### 4.2  师资力量的配备

三大员培训的师资力量的配备，对于能否保证教学质量和教学效果至关重要。要求任课教员必须具有扎实的爆破理论与技术专业知识，爆破实践和爆破器材管理经验丰富、熟悉爆破相关法律、法规、规章和标准的人员担任，确实能够起到传道解惑、教书育人的作用。

（1）有关爆破法律、法规部分的授课，由取得省公安厅《爆炸作业人员培训师资、考核专家》资格的市公安局民爆物品安全管理的人员担任。

（2）其余内容的授课，由取得省公安厅《爆炸作业人员培训师资、考核专家》资格的工程爆破专业且具有丰富实践经验和教学经验的专家教授担任。

### 4.3  教学设计

教学设计是根据课程标准要求和教学对象的特点，将教学诸要素有序安排，确定合适的教学方案的设想和计划。一般包括教学目标、教学重难点、教学方法、教学步骤与时间分配等环节。教学设计是为了提高教学效率和教学质量，使培训对象在单位时间内能够学到更多的知识，更大幅度地提高培训对象各方面的能力，从而使培训对象获得良好的发展。因此，在培训班开课之前，任课教员必须做好培训的教学设计工作。

#### 4.3.1  教学设计方法

（1）教学设计要从"为什么学"入手，确定培训对象的学习需要和学习目标。

（2）根据学习目标，进一步确定通过哪些具体的教学内容提升学习者的知识与技能、过程与方法、情感态度与价值观，从而满足培训对象的学习需要，即确定"学什么"。

（3）要实现具体的学习目标，使培训对象掌握需要的教学内容，应采用什么策略，即"如何学"。

（4）要对教学的效果进行全面的评价，根据评价的结果对以上各环节进行修改，以确保促进培训对象的学习，获得成功的教学。

4.3.2 教案设计的原则

（1）系统性原则。教学设计是一项系统工程，它是由教学目标和教学对象的分析、教学内容和方法的选择以及教学评估等子系统组成，各子系统既相对独立，又相互依存、相互制约，组成一个有机的整体。教学设计应立足于整体，每个子系统应协调于整个教学系统中，做到整体与部分辩证地统一，系统分析与系统综合有机地结合，最终达到教学系统的整体优化。

（2）程序性原则。教学设计诸子系统的排列组合具有程序性特点。根据教学设计的程序性特点，教学设计中应体现出其程序的规定性及联系性，确保教学设计的科学性。

（3）可行性原则。教学设计要成为现实，必须具备两个可行性条件：1）符合主客观条件。主观条件应考虑培训对象的年龄特点、已有知识基础和师资水平；客观条件应考虑教学设备、地区差异等因素。2）具有操作性。教学设计应能指导具体的实践。

（4）反馈性原则。教学成效考评只能以教学过程前后的变化以及对培训对象作业的科学测量为依据。测评教学效果的目的是为了获取反馈信息，以修正、完善原有的教学设计。

4.3.3 教学设计基本内容

教学设计的基本内容包括主要内容、教学目标、教学重点、教学难点、板书设计（演示文稿、PPT）、主要教学方法、教学工具、各阶段时间分配、教学过程（五个环节）、任课教员活动、培训对象活动、各阶段设计意图、课后评价与反思等内容。

## 4.4 教学理论与授课模式的确定

在职业教育培训中，采用正确的教学理论和科学合理的教学模式，可以达到事半功倍的效果。正确的教学理论和科学合理的教学模式不仅是提高培训对象的学习兴趣、提高课堂教学效率、确保教学质量和教学效果的必要条件，也是任课教员传道解惑、教书育人的必备手段。

目前，国内外对教学理论的研究非常活跃，提出来众多理论，包括布鲁姆教育目标理论、建构主义理论、最近发展区理论、人本主义教育思想、"主导-主体"教学理论、学习金字塔理论等。任课教员应在分析研究各种教学理论的基础上，针对我国三大员职业教育培训的特点，从各种教学理论中汲取理论精华和推广实行的教学理念，这对于确保教学质量和教学效果具有重要作用。

教学模式可定义为：在一定的教学思想和教育理论的指导下，为实现特定的教学目标，设计组织教学，并以简化的形式稳定地表现出在实践教学中建立起来的各种教学活动的基本结构。由此可见，教学模式是教学理论的具体化，同时又是教育经验的系统概括。它在教育理论与教育实践中间架起一座桥梁。

国内外提出的教学模式多种多样，包括在线教学、翻转课堂、混合学习、协作学习、研究性教学、问题驱动、启发式、案例式、支架式、抛锚式、导学式、九段教学法、小班化、自主学习、BOPPPS模型、微课等教学模式。根据三大员培训对象文化程度较低、每班人数较多、教学条件特别是师资力量不同等特点，应着力推行问题驱动、启发式、案例式、导学式等为导向的教学模式，实现教学目标从"知识为本"向"能力为本"转变，教学内容从"知识传授"向"知识获取"转变，教员角色从"教学的主宰者"向"激发培训对象探索创新的引导者"转变的目的。

尚应指出的是，不同的教学条件、不同的任课教员、不同的教学内容和不同的知识点，其教学模式应根据不同情况加以选择，而不能僵化套用，千篇一律。

### 4.5 PPT 的制作

PPT 课件不仅是教材的浓缩和补充，而且是任课教员的授课提纲、主要内容及授课信息的形象展示。制作精良的 PPT 课件，既可增加培训对象的感性认知度，亦可通过在 PPT 中插入的视频、动画、图片和照片等信息弥补教材的不足，将抽象问题直观化，提高授课效果和授课效率，增加授课信息量。

在三大员示范培训课之前，要求任课教员在准备 PPT 课件时按照下述基本要求进行制作：

（1）PPT 课件展示的内容不是将文字教材全盘搬到计算机上进行演示，而是对所讲的教材内容进行归纳、浓缩、提炼、加工和升华演示。

（2）尽量收集和制作与所讲知识点密切相关的视频、动画、图片和照片插入 PPT 课件适当位置，并运用相应技术和手段，对视频、动画、图片和照片进行效果处理，以弥补教材的单调和抽象之不足，增加培训对象的兴趣、感性认识和授课信息量，提高授课效果和授课效率。

（3）选用的母板和文字颜色要形成强烈反差，整体色调和风格协调，颜色适宜，具有强烈的视觉冲击效果，特别是在培训对象人数较多时尤为重要。

（4）对文字要进行合理处理，大小适中，字体尽量采用黑体或艺术字体，加粗并适当用较大号字体（宜选择 28 号字体）。

（5）要确保 PPT 课件画面朴素、美观、大方，力戒花里胡哨，眼花缭乱。

（6）PPT 课件总体要求便于学员长期观看，适当部位均注明课程名称、章序号与章的名称。

按照上述要求，我们基于 PowerPoint 制作了示范培训用 PPT 课件，共制作 PPT 课件 24 个，总计 1647 个画面，插入视频、动画、图片和照片共计 924 个。收到了良好的教学效果。

### 4.6 考核方式及相关规定

（1）申请人参加培训与考核时须随身携带《居民身份证》以备查验，严禁请人代考或抄袭，一旦查实，申请人取消培训与考核资格，并取消代考人的爆破证件资格。

（2）学员参加考试时，除查验身份证外，须再次将指纹录入爆破作业人员培训考核信息系统与报名前的指纹进行比对，身份验证无误后方可参加考试。

（3）严格培训考勤制度，首次培训或晋级培训时原则上不准请假，如无故旷课超过 3 次者，则不能参加考核。

（4）初次领证的三大员考核方式为理论考核和面试考核，其中，爆破员和安全员加试实装操作（采用不具爆炸性而外观与实物完全一样的爆炸物品模拟品及其他操作器材工具操作）技能考核。

（5）初次领证的三大员理论考核分为省厅（公安部）试题库考核和本市局试题库考核，均采取闭卷考试方式并采用计算机考试系统进行，满分为 100 分，60 分及以上为及格。

（6）实装操作技能考核内容为爆破员和安全员的装药、堵塞、网路敷设和起爆等爆破工艺及安全技术方面的操作技能，按照及格与不及格两种考核结果界定。

（7）初次领证的爆破员和安全员的理论考核、面试和实装操作技能考核均及格的，考核结果为合格，否则为不合格；初次领证的保管员的理论考核和面试均及格的，考核结果为合格，否则为不合格。

（8）继续教育培训的考核方式为理论考核和面试考核，理论考核采取闭卷考试方式进行，满分为 100 分，60 分及以上为及格。理论考核和面试均及格的，考核结果为合格，否则为不合格。

（9）坚持教考分离原则，由南京民用爆炸物品安全管理协会或涉爆企业自行组织培训，考核由市局组织实施，考核专家由省厅认定，报省厅备案。考核成绩、考核结果和考核专家等信息全部录入爆破作业人员培训考核信息系统。

（10）继续教育培训考核不合格人员将暂缓从事爆破作业，需继续培训参加补考，直至考核通过，方可继续从事爆破作业。

## 5 考核题库与计算机考核系统

为科学评价受训者的培训效果，检验受训者对爆破作业技能和安全知识的掌握程度，杜绝考核工作中出现的代考、抄袭、非法获取试卷及其答案等作弊现象，统一规范考核标准，确保考核方式科学、合理、客观、真实，做到考核结果公开、公平和公正，运用计算机信息管理技术，我市自2013年开始组织相关专家，一是根据国家规定的三大员培训与考核内容及本市主要爆破类型、爆炸物品安全管理现状等编写了2500道考核试题，建立了考核试题数据库，且每年更新试题数据库；二是构建了三大员培训考核信息系统。首次取证人员除了要求通过省厅（公安部）试题库考核外，作为加考手段，还必须通过本市培训考核信息系统的考核；继续教育培训也必须通过本市培训考核信息系统的考核。考核时，待考人员输入其身份证和指纹，即可随机形成考核试卷，如同驾照理论考试，可以做到一人一卷，考核结束即可显示考生成绩。经数年使用情况来看，效果良好，完全达到了预期目的。

## 参 考 文 献

[1] 中国工程爆破协会. GB 6722—2014 爆破安全规程[S]. 北京：中国标准出版社，2014.
[2] 中国工程爆破协会. GA 53—2015 爆破作业人员资格条件和管理要求[S]. 2015.
[3] 民用爆炸物品安全管理条例[Z]. 北京：中国法制出版社，2006.
[4] 汪旭光. 爆破设计与施工[M]. 北京：冶金工业出版社，2011.
[5] 汪旭光. 爆破手册[M]. 北京：冶金工业出版社，2010.

# 网络云平台与爆破测振在线监管系统

邓志勇[1,2]　张勇[1,2]　赵超群[1,2]　林世雄[3]

（1. 深圳市和利爆破技术工程有限公司，广东 深圳，518040；2. 北京铁科工程检测中心，北京，100081；3. 成都中科测控有限公司，四川 成都，610041）

**摘　要**：介绍近年来爆破振动现场测试经验，利用"网络云平台"技术研发远程监测管理信息系统，不仅实现爆破振动的远程测试、数据分析，同时实现了爆破振动监测项目的在线管理，及时为现场施工和安全管理部门提供数据支持，实现爆破振动信息化实时管控。

**关键词**：网络云平台；网络测振仪；爆破测振；远程测试；在线监管

## Platform for Cloud Network and Blasting Vibration Online Monitoring System

Deng Zhiyong[1,2]　Zhang Yong[1,2]　Zhao Chaoqun[1,2]　Lin Shixiong[3]

(1. Shenzhen Peace Use Blasting Technology Engineering Co., Ltd., Guangdong Shenzhen, 518040; 2. Beijing Railway Engineering Testing Center, Beijing, 100081; 3. Chengdu China Science and Control Measure and Control Co., Ltd., Sichuan Chengdu, 610041)

**Abstract**: This paper mainly introduces the experience of the blasting vibration measurement recent years. The remote monitoring and management information system developed by using the "Platform for Cloud Network" technology, can not only achieve the remote test of blasting vibration and data analysis, and at the same time, it can also realize the on-line management of the blasting vibration monitoring project, providing timely data support for the site construction and safety management department, to realize the blasting vibration information real-time control.

**Keywords**: platform for cloud network; network vibrometer; blasting vibration; remote testing; on-line monitoring

## 1　引言

随着我国经济的持续快速发展，城市控制爆破越来越多，爆破环境越来越复杂，对爆破振动的控制要求不断提高，特别是《爆破安全规程》（GB 6722—2014）实施以来，严格执行规程 6.10 条款实施爆破安全管理，要求对 D 级以上爆破工程以及可能引起纠纷的爆破工程均应进行爆破有害效应监测，其爆破振动是其主要监测指标。为提高爆破安全管理水平，我们对近年来在爆破振动现场测试过程中的经验进行了总结，利用"网络云平台"技术研发了远程监测

---

作者信息：邓志勇，研究员，dzy68@hotmail.com。

管理系统，不仅实现了爆破振动的远程测试、数据分析处理，同时实现了爆破振动监测项目的在线管理，及时为现场施工和管理提供数据支持，以及实现安全监管部门对爆破施工状态的实时监控和管理，提高了爆破安全的信息化管理水平。

## 2 网络云平台爆破测振监管系统介绍

网络云平台爆破测振监管系统主要由数据处理中心、网络云平台服务器、网络测振仪、远程测试软件系统、移动互联网组成。图1为爆破振动远程监测管理系统示意图。通过构建服务器云平台系统，形成了统一的数据处理中心，各项目爆破振动监测数据直接通过无线3G(4G)网络实时传输到云平台服务器，由专业的爆破振动监测数据处理技术人员进行数据处理与分析，并根据项目需求，监测结果可以通过网络实现业主方、总承包方、监理方、爆破施工方、监管部门的软件终端上实时查看，真正实现爆破施工安全的信息化管控。

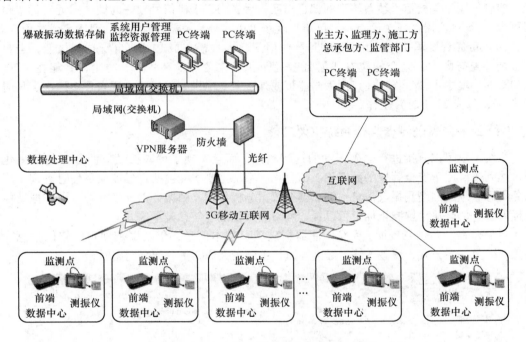

图1 爆破振动远程监测管理系统示意图

Fig. 1 Schematic diagram of remote monitoring and management system for blasting vibration

爆破振动远程监测管理系统主要包括以下几个部分：

（1）数据处理中心。专业数据处理人员利用爆破振动远程测试软件系统对现场实时传输的测试数据进行分析处理，并负责现场仪器设备的在线管理、维护。

（2）网路云平台服务器。现场爆破振动监测数据直接通过无线3G(4G)网络实时传输到网络云平台服务器，并对爆破振动测试结果及相关信息进行网络管理存储。相关单位可以通过互联网访问服务器，以实现爆破施工安全的信息化管控。

（3）网络测振仪。对现场振动数据进行采集，并通过手机信号(3G/4G)向云平台服务器实时上传数据，可现场实时显示测试结果。

（4）移动互联网。网络测振仪通过移动互联网上传监测数据、访问服务器，实现爆破振动远程测试信息化管理。

(5) 客户端。根据需要相关部门可以通过客户终端上实时查看监测数据，实现爆破施工安全的信息化管控。

## 3 网络测振仪简介

在 TC-4850N 网络测振仪的基础上研发了一款 TC-6850 型网络测振仪。其主要特点是：

（1）传感器芯片化：由超大规模芯片传感器替代了传统的磁电式传感器，由于芯片的高度一致性从而保证了测试结果的一致性，并能同时绘出测点的振动速度值和加速度值以及相关的曲线图。

（2）仪器一体化：传感器与数采主机融为一体，现场无需连线，且整体轻小（小于易拉罐）直接在测点上固定即可，相当快捷方便。

（3）数据传输网络化：该产品采用了局域网（WiFi）和 3G（4G）网络两种数据传输模式，前者适用于手机信号覆盖不到的偏远山区，后者用于手机信号较好的城镇附近。每个路由器可带 1~8 台仪器（每个测点一台仪器）现场可以多个路由器同时工作，且无需人员值守。

（4）可靠程度军品化：由于敏感元器件用了超大规模集成芯片，自身功耗极低，全封闭铝合金外壳与内构，完全能应对任何野蛮运输、爆破飞石以及防水、防尘，并能在 -20 ~ +70℃ 的环境中正常工作，还可用太阳能板或外接蓄电池供电，保证多测点、多炮次、长时间（365 天，每天 24 小时）工作。

## 4 网络云平台爆破测振监管系统主要功能

系统不仅可以直接进行爆破振动的远程测试，而且实现了爆破振动监测数据的信息化管理，达到爆破施工安全管控的数字化、信息化。系统主要功能包括：爆破项目信息查询、测振任务信息管理、网络测振仪信息查询、测振数据分析处理、测振数据分级查询、爆破振动控制指标设置、爆破振动控制指标报警设置、网络测振仪地理信息显示等。

（1）爆破项目信息查询。系统中注册爆破项目基本信息，包括爆破项目的辖区信息、项目负责人及联系方式、爆破方法、爆破参数、单响最大炸药量、起爆网路时差等。

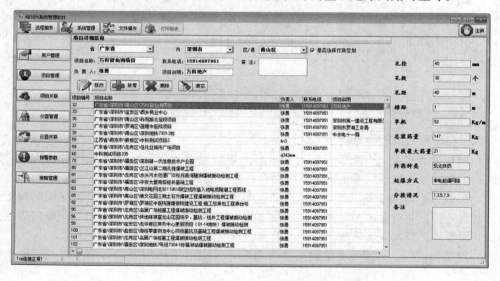

图 2 爆破项目信息查询页面
Fig. 2 Blasting project information page

（2）测振任务信息管理。根据测振任务合同和具体实施方案在系统中登记测试任务基本信息，包括测点位置、测试次数、测试频次等相关信息。

（3）网络测振仪信息查询。根据任务合同现场分配网络测振仪，并在系统中注册测振仪基本信息，包括测振仪编号、网络通信设置、触发电平等。

（4）测振数据分析处理。包括测点位置、距离、爆破时间、各通道的测振波形、最大振幅、主振频率等，后续还会增加在第四通道对爆破噪声的监测。

（5）测振数据分级管理。系统中数据按辖区以项目为单位进行多级管理，监测数据根据管理权限可以通过网络实现业主方、总承包方、监理方、爆破施工方、市级区级监管部门的软件终端上实时查看，真正实现爆破施工安全的信息化实时管控。

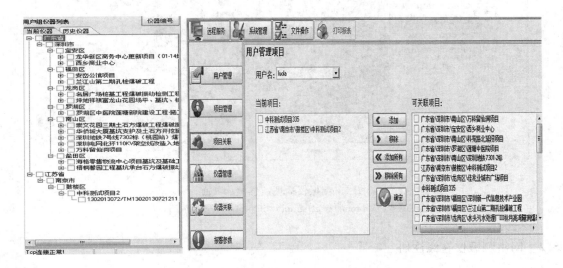

图 3　测振数据分级管理查询页面
Fig. 3　The vibration data classification management query page

（6）爆破振动控制指标报警设置。根据爆破项目安全评估报告、《爆破安全规程》等要求，在系统中设置爆破振动控制指标，实现与现场实测数据的比对。同时可以设置爆破振动控制指标报警，普通报警指标一般设置为爆破振动安全允许振动速度值的60%，紧急报警指标一般设置为爆破振动安全允许振动速度值的80%。监测数据超过系统设置的控制指标时，系统自动报警，并在相关单位的终端予以提示，各部门根据各自职能及时对爆破施工进行安全管控，特别是施工方可以第一时间根据监测结果及时调整爆破参数，确保爆破施工安全。

（7）网络测振仪地理信息。系统自动显示网路测振仪的地理信息，包括 GPS 位置，及时掌握现场测试状态，同时安全监管单位实现了对爆破施工状态的实时监控和管理。

## 5　远程监测管理系统工作流程

### 5.1　监测项目在线注册

项目实施前应进行在线注册。根据监测项目合同、监测方案、安全评估报告、爆破施工方案等按系统要求进行在线注册，并分配各级相关用户管理权限。

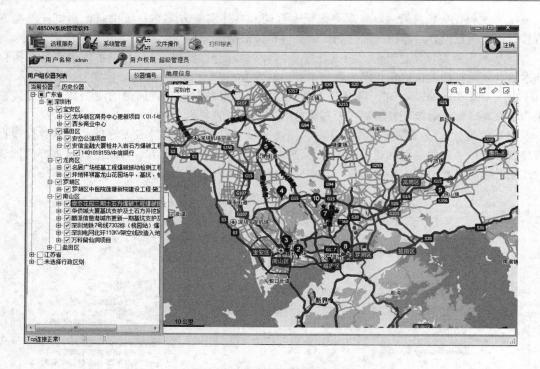

图 4 测振仪地理信息显示页面
Fig. 4 Vibrometer geographic information display page

## 5.2 网络测振仪在线注册

现场配置网络测振仪，根据监测合同、监测方案、爆破安全评估报告由工程技术人员进行现场踏勘布设测试点，并根据爆破施工单位提供的爆破参数等数据，设置测振仪相关参数，按系统要求进行在线注册。对于不同的测点要求设置对应的爆破振动控制指标、爆破振动控制指标报警设置。

## 5.3 现场测点布置

根据爆破施工时间安排，现场测试人员按要求进行测点布置、埋设，确定测点位置坐标、爆破点位置坐标，反馈数据处理中心。同时现场测试人员将本次爆破基本信息（孔网参数、钻孔直径、起爆网路、单响最大炸药量等由爆破施工单位提供）上报数据处理中心，按系统要求进行注册信息。

## 5.4 数据分析处理

现场测试数据通过网络传输至网络云平台服务器后，数据中心专业人员对测振数据进行分析处理，系统自动生成振动波形、主要数据统计等。如数据超过爆破振动控制指标或报警指标，系统会在不同分级管理终端予以显示，及时提醒相关单位对本次爆破状态进行调查了解。

## 5.5 爆破振动监测报告

根据监测项目合同要求，专业数据处理人员通过系统对现场实时传输的测试数据进行分析处理，及时出具爆破振动监测报告。

### 5.6 测试数据在线管理

测试数据实行多级管理，各相关单位根据自己管理权限可以通过互联网实时查看爆破振动监测相关信息和测试结果，及时了解现场爆破振动安全动态。施工单位可以根据振动测试结果，及时调整优化爆破参数，确保爆破施工安全。

### 5.7 爆破振动监测在线管理

通过系统自动显示网路测振仪的地理信息，包括 GPS 位置，安全管理单位可以实时掌握现场测试状态，对爆破振动现场测试进行在线管理，提高爆破安全管理的信息化水平。

## 6 结语

利用"网络云平台"技术对传统爆破振动监测进行升级。利用爆破振动监测数据的实时传输和在线管理，实现涉及爆破项目的多级单位的信息联动和共享，对爆破振动安全进行信息化管控，提高了爆破安全管理水平。

（1）施工单位能够及时根据监测结果优化调整爆破参数，使爆破振动监测真正起到指导爆破施工的作用，提高爆破施工安全管理水平。

（2）安全管理等单位可以根据自己管理权限通过互联网实时查看、接收爆破振动监测相关信息和测试结果，及时了解现场爆破振动安全动态，实现爆破安全的信息化管控。

（3）通过网络测振仪的地理信息，可以对每次爆破的地点、时间进行精确管控，保证每次测试数据的真实性和有效性。

（4）爆破振动监测的在线管理，可以及时反馈爆破振动安全信息，提高了爆破安全的信息化管理水平。

参 考 文 献

[1] 杨年华,薛里,林世雄. 爆破振动远程监测系统及应用[J]. 工程爆破, 2012, 18(1):71-74.
[2] 黄跃文,吴新霞,张慧,等. 基于物联网的爆破振动无线监测系统[J]. 工程爆破, 2012, 18(1): 67-70.
[3] 曲广建,朱振海,黄新法,等. 工程爆破远程测振系统[C]. 中国爆破新进展, 北京：冶金工业出版社, 2014：904-911.
[4] 中华人民共和国国家标准. 爆破安全规程（GB 6722—2014）[S]. 北京：中国标准出版社, 2014.

# 智能云爆破监控系统

甘吉平[1]　赵冲[1]　陈东[2]　毛允德[1]　张少锋[1]

（1. 北京龙德时代技术服务有限公司，北京，100096；
2. 山东凯乐化工有限公司，山东 枣庄，277000）

**摘　要**：2015年柳州恶性爆炸案件的发生以及《中华人民共和国反恐怖主义法》的实施，对爆炸物品的监控提出了更高、更严格的要求。其中被称为"最后一公里"的爆破现场与爆破过程的监控是当下监管难点和重点。智能云爆破监控系统就是一个监控"最后一公里"的系统，利用云与其他信息技术，实现对爆破现场的位置、人员、爆破器材的领用退数量、爆破作业过程、振动、景象等的实时监控，并具备违法自动闭锁和报警功能。同时，实现了对爆破工程、爆炸物品审批、爆破作业单位的评级等工作的信息化、一体化管理，大大提高了监管的力度和强度。

**关键词**：智能云；爆破；监控

## Intelligent Cloud Burst Monitoring System

Gan Jiping[1]　Zhao Chong[1]　Chen Dong[2]　Mao Yunde[1]　Zhang Shaofeng[1]

(1. Beijing Longde Era Technology Service Co., Ltd., Beijing, 100096；
2. Shandong Kaile Chemical Co., Ltd., Shandong Zaozhuang, 277000)

**Abstract**: In 2015, the incidence of the malignant explosion in Liuzhou and the implementation of the Anti Terrorism Law of the people's Republic of China put forward higher and stricter requirements for the monitoring of explosive materials. Which is known as the last mile of the blasting site and blasting process monitoring is the focus of the current regulatory difficulties. Intelligent Cloud blasting monitoring system is a monitoring "last mile" of the system, use of cloud and other information technology, the blasting site location, workers, blasting equipment with real-time monitoring of quantity, blasting, vibration, scene and retreat to achieve, and have illegal automatic locking and alarm function. At the same time, the realization of the blasting engineering, the approval of the explosives, blasting operations units of information, integrated management, and greatly improved the effort and intensity of supervision.

**Keywords**: intelligent cloud; burst; monitoring

## 1　引言

爆炸物品的监控包含了生产、运输、储存、应用过程的监控。生产、运输、储存的自动监

---

作者信息：甘吉平，学士，ganjuping565@163.com。

控技术成熟，并且已经全面实施。唯独应用监控，由于爆破监控在技术上存在较大困难，形成了自动监控的漏洞和盲点，形成了"最后一公里"的自动监控空白。由于爆破工地极度分散，甚至非常偏僻；接触人员非常多，监控参数多，造成监管极度困难。尽管公安等政府监管机关、爆破企业投入大量精力，效果还是不理想。其严重后果表现在两个方面：（1）爆恐案件不时发生，给社会造成巨大伤痛，例如2015年广西柳州系列连环爆炸案件，以及以前的广东公共汽车爆炸案件、新疆入室爆炸案件等等。（2）安全生产事故不断发生，例如2014年仅仅煤矿就发生六起，爆破引起的瓦斯煤尘爆炸事故，死亡111人，爆破引起的瓦斯煤尘爆炸事故。占了该类事故的30%~70%以上。其他矿山爆破事故也是最严重的事故。

但是，近年来，随着信息技术的不断进步，相关的监控技术手段也产生了质的飞跃，智能云爆破监控系统克服了相关技术障碍，实现了对爆破过程的全面自动监控。此项技术有利于更好地实施《反恐法》和柳州暴恐案件后的"十条规定"的贯彻实施。该系统与青岛市公安局合作开发，在青岛市公安局进行了成功的试验。预计2016年5月末将在青岛市和山东省全面实施。

## 2 智能云爆破监控系统解决的主要问题

智能云爆破监控系统，是专门为公安监管机关和爆破单位开发的对爆破过程的监控系统。其功能主要如下：

（1）爆破时间闭锁监控，就是起爆作业必须在规定的时间段，否则自动闭锁不能起爆。

（2）爆破地点闭锁监控，就是起爆作业必须在规定的、批准的区域，超过范围自动闭锁不能起爆。

（3）爆破安全位置闭锁监控，就是起爆人员位置必须在规定的位置，否则自动闭锁不能起爆。

（4）起爆人员闭锁，就是实现爆破时，批准的爆破员、经理、安全员、监理、库管员都必须在现场，只要一个不在，就自动闭锁不能起爆。

（5）爆破振动监控，超标报警。

（6）炸药雷管用量监控，不闭合就自动报警。

（7）全程摄像监控，包括应用入库、做炮头、装药、连线、起爆、炮后检查爆破效果监控几个方面。

（8）爆破项目审批监控，实现项目审批的信息化、网络化，审批的区域、用量、时间等数据自动显示到图、表系统，实现自动与爆破作业监控的连接。

（9）用量审批监控，实现用量审批的信息化网络化，并与爆破过程监控连接。

（10）爆破单位评级评分监控，实现相关信息的网络化、信息化，并自动与审批过程连接。

## 3 系统组成

智能云爆破监控系统，由智能云安全发爆器和智能云爆破监控平台软件系统组成，如图1所示。所有爆破施工地点的爆破数据，通过智能云安全发爆器传输到智能云监控平台，公安机关（爆破单位）通过联网的电脑、手机，通过云对所有爆破地点进行监控。

智能云安全发爆器由各种参数检测模块（时间、GPS、虹膜、摄像、振动等）、无线传输模块、起爆模块、自动闭锁模块等组成。实现现场安全参数监测，与云系统数据传输，自动闭锁控制等功能，结构如图2所示。

智能云平台系统，是一个依托"数据云"建立的大数据系统和远程监控系统，通过云平

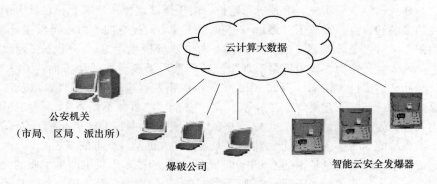

图 1　智能云爆破监控系统示意图
Fig. 1　Schematic diagram of intelligent cloud burst monitoring system

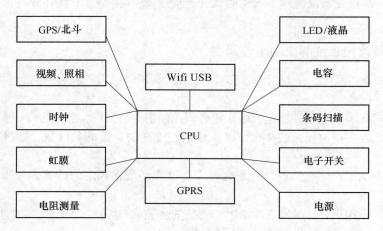

图 2　智能云安全发爆器结构示意图
Fig. 2　Intelligent cloud security blasting device structure diagram

台，将各级公安机关、爆破单位，以及爆破工地通过有线和无线的方式连接起来，公安机关在云平台实现爆破场地审批、爆炸物品审批、爆破现场与爆破单位检查与评价、爆破现场监控、应急控制等功能。爆破单位实现对本公司多个爆破工地实时远程监控，保障安全，提高管理效率，同时实现与公安监管的无纸化办公功能。

## 4　技术原理与功能实现

### 4.1　爆破时间闭锁监控功能的实现

依靠智能云安全发爆器具有时钟功能，起爆时，系统就自动监控时钟时间，如果与规定的时间不一致，就自动闭锁，不能起爆。

### 4.2　起爆区域和起爆安全地点闭锁功能的实现

所谓起爆区域，就是公安机关审批通过的爆破项目的范围，所谓安全起爆地点就是起爆安全地点所在的范围。两个范围审批确定后，由技术人员将相关数据录入云平台。爆破时，采用智能云安全发爆器自带的 GPS/北斗定位功能，首先测量本次起爆孔周边四个孔的位置，确认爆破区域。起爆操作时，系统还自动测定起爆安全地点，然后系统自动判断是否可以起爆，两个区域，有一个不符合规定，就自动闭锁，不能起爆。

### 4.3 人员闭锁监控功能的实现

采用虹膜识别技术，进行人员识别监控。虹膜识别，误差率为五十万分之一，是所有生物识别技术里面最可靠的，同时也是唯一方便地用于恶劣环境、体力劳动人员的识别技术（指纹、脸谱、静脉等技术不适应体力劳动环境）。使用时，首先采集爆破员、库管员、安全员、爆破施工负责经理、爆破监理员等人的虹膜信息，建立相关人员的数据库和虹膜库。然后，灌入智能云安全发爆器，爆破时，需要依次按照提示，识别相关人员，只要一个人不符合规定，系统就自动闭锁，不能起爆。

### 4.4 紧急状态终止爆破功能的实现

当遇到紧急状态，例如群众事件、特殊路线管制、雷雨大风等、节假日，市级区级公安机关（给定系统权限后），有权在系统上下达紧急状态，严禁爆破指令，爆破作业将立即终止（包括已经装药连线的）。原理就是，一旦智能云安全发爆器启动，就不停地巡查公安机关的指令，发现有"紧急状态，不得起爆"命令，就自动闭锁，不能起爆。

### 4.5 振动超标报警功能的实现

现场测得的爆破振动数据，与智能云平台里审批准的振动数据对比，不合格的就声光报警。采用具有定位和无线通信功能的爆破振动仪，可以将现场爆破振动数据实时上传到智能云爆破监控平台，这样能够确保数据的真实性。采用老式爆破测振仪时，需要将数据首先拷入爆破单位的管理机关，然后，通过系统平台传到智能云。

### 4.6 实时视频监控功能的实现

现场采用具有定位、无线通信、条码扫描等功能的摄像仪（手机），将装药、连线、爆破过程全程录像，并实时通过无线传输到云平台。无线信号差的，实时传输照片。事后，当天从单位平台传输到智能云。当天不传，系统自动闭锁发爆器。

### 4.7 雷管炸药用量监控功能的实现

（1）每次审批爆破项目时，就根据岩性等情况，预计炸药雷管用量。

（2）今后的用量审批时，自动显示，已经用的量以及与总审批量的关系，达到审批量的90%，就黄色警示。

### 4.8 审批事项数据监控功能的实现

审批事项有两类：（1）爆破项目审批，包含业主、爆破单位、位置坐标、岩石性质、预计岩石量、预计炸药雷管用量、开工时间、完成时间等，爆破单位申报纸质材料和电子版材料，经过批准后，相关图形坐标和其他数据自动到百度地图和数据库，并与爆破监控设备自动连接。（2）日常使用的炸药雷管审批，保送纸质版和电子版，包括项目信息、申请量信息、时间、操作监理信息等（按照公安实际表格为准），批准后，申请单位录入纸质扫描，电子版信息入库，入库后自动与爆破设备连接。

### 4.9 爆破单位安全检查评级管理功能的实现

公安现场监管人员，含市局、区局、派出所人员，对爆破单位和爆破现场，检查评级打分管理，现场采用手机 APP 软件完成，直接无线传输到智能云平台，系统汇总分析。评级结果与发放审批系统等连接。

### 4.10 涉爆单位人员数据库的建立

系统包含爆破单位、业主、人员（爆破技术人员、爆破员、安全员、库管员、监理员等）。相关数据与审批等连接。爆破单位录入，公安机关相关管理部门也录入。

### 4.11 图形显示功能的实现

采用百度地图显示。显示内容为：（1）爆破项目、审报范围、批准范围、批准内容，以及其他相关数据查询。（2）爆破单位。录入坐标后，自动上图。

## 5 结论

智能云爆破监控系统利用云与其他信息技术，实现对爆破现场的位置、人员、爆破器材的领用退数量、爆破作业过程、振动、景象等的实时监控，并具备违法自动闭锁和报警功能。同时，实现了对爆破工程、爆炸物品审批、爆破作业单位的评级等工作的信息化、一体化管理，大大提高了监管的力度和强度。它为公安监管机关和爆破施工单位实现爆破过程远程监控提供了新的技术保障。

### 参 考 文 献

[1] 张蕾．基于云计算的大数据处理技术[J]．信息系统工程，2014：4.
[2] 曲广建．远程视频监控技术研究与在工程爆破中的应用[J]．工程爆破，2012：9.
[3] 李伟忠．智能爆破监控系统方案的设计与实践[J]．煤矿综合自动化与机电技术，2012．
[4] 毛允德．本质安全型智能连锁放炮监控系统的研究与应用[J]．煤矿安全，2009：11.